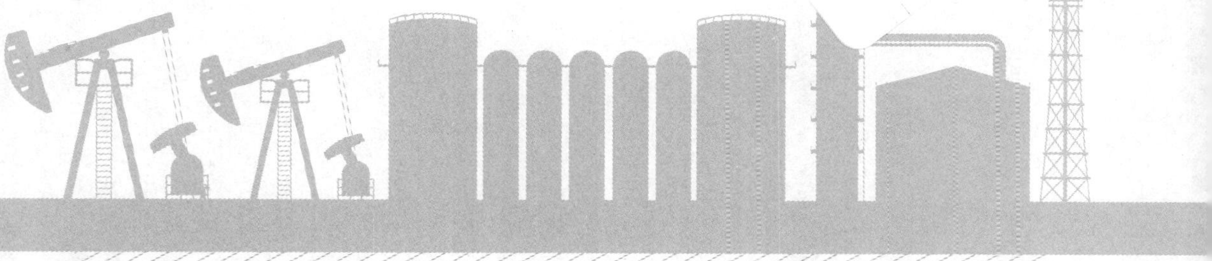

2021—2022 年度

石油工程建设工法汇编

上册

石油工程建设工法编辑委员会◎编

中国石化出版社
·北京·

Contents 目 录

催化装置“两器”模块化安装工法………刘清涛 袁 昌 彭新凯 马存厚 蒋文雅（001）

2500～5000t 大型塔器设备安装工法 ……李 翔 王国祥 宋明全 戚东东 薛运杰（020）

厚壁奥氏体不锈钢管道埋弧自动焊预制安装工法
………………………………………………韩廷檀 董浩杰 刘清涛 张 凯 卫高腾（039）

炼化装置高空吊装塔吊与履带吊配合作业施工工法
………………………………………………孟祥成 王 康 李佳亮 凌娱乐 任 佳（055）

新型三级旋风分离器模块化预制安装工法
………………………………………………刘清涛 朱 琦 周 勇 邓 波 李卬亮（068）

同轴式沉降—再生器内件快速更换工法…刘清涛 韩廷檀 卫高腾 郭 杰 王一君（085）

双立面塔架式火炬轨道“多机抬吊递送”施工工法
………………………………………………董 博 彭新凯 韩廷檀 姬 莉 郭 杰（102）

PX 装置刮壁式结晶器安装工法 …………刘汉谱 石少杰 金成哲 梁 贺 李建波（115）

基于柔性材料管道保冷施工工法…………薛姣龙 林 智 刘腾飞 许 磊 曲玉龙（130）

大口径复式万向膨胀节环向分段拉伸冷偏装施工工法
………………………………………………董 博 张平化 穆帅欢 杨万顺 张万勇（141）

LNG 储罐内罐壁板立焊缝自动焊接工法 杨尚玉 郭 鹰 魏雄标 程久欢 毕小康（155）

深水采油树安装施工工法…………………陈晓明 房泽岩 蒋喻栓 李 俊 曾亚骏（169）

ROV 式挖沟机挖沟施工工法 ……………李 俊 晋永昌 江凯贤 蒋喻栓 顾玉龙（183）

深水半潜式生产平台整体吊装大合拢施工工法
………………………………………………张庆营 韩少宁 于 琦 李 勇 牛建华（191）

半潜式生产平台船体陆地建造工法………万秀林 杨风艳 刘俊斐 田旺生 杨铁宁（200）

船体集成型内转塔单点集成工法…………郭 宁 陈 品 闫清波 李家伟 程晋宜（219）

浮式生产储卸油装置双相钢防爆墙体双面同步焊接施工工法
………………………………………………陈　哲　程晋宜　田　雷　张剑利　闵祥军（233）
大型海洋平台动力定位浮托法安装工法…秦立成　宋峥嵘　谢维维　贺　辰　张　勐（252）
深水海底管道终端单元（PLET）舷侧安装工法
………………………………………………宋峥嵘　李建楠　高庆有　赵　刚　刘　凯（261）
基于 ASME 标准的球罐无损检测施工工法
………………………………………………高金保　吴　昊　张　慧　岳　雷　龙　雨（272）
丙烯腈反应器建造工法……………………霍世栋　鹿金田　盛小英　周晓燕　黄继兵（281）
高温高盐环境下超大体积混凝土加强带结合高效降温措施施工工法
………………………………………………陈　兴　张益权　马玉峰　王伟龙　瞿长宝（295）
大型聚烯烃装置 L 型排列挤压造粒机安装工法
………………………………………………王　磊　刘丽华　雷　勇　刘永华　代　尧（309）
芳烃装置吸附塔施工工法…………………邓存武　李建江　王瑞奇　赵　军　张　鹏（321）
4M 型往复式压缩机主机安装工法 ………刘永华　王　磊　宋启越　蔡志远　陈　晨（334）
炼化厂区大型烟囱双层平台爬模施工工法
………………………………………………张振霖　雷　勇　付　恒　王志东　刘龙飞（345）
油气田站场采用 BIM 技术管道单元预制及自动焊施工工法
王　京　韩志强　刘爱军　胡　博　刁立明　高嘉宁　蒋建国　邱理强　李东根
……………………………………………………………………………………张俊峰（358）
长距离顶管隧道内管道定向钻回拖施工工法
………………………………………………范琼华　徐　杨　邹业英　朱　江　易万鹏（376）
油气管道管段全自动焊连接工法…………姜　洋　陈　东　李方军　刘艳龙　刘　伟（387）
长输管道地理信息系统（GIS）测量施工工法
………………………………………………蔺志春　蒋　璞　邹业英　徐向阳　罗　诚（398）
油气田小口径金属管道全自动焊接施工工法
………………………………………………胡景迪　陈光华　朱宏斌　杨　帆　王　萍（408）
海外大型天然气处理厂 66kV 变电所施工工法
……………………………………………　张　哲　郭　超　田彩刚　王万民　王　璐（419）
球罐焊接接头衍射时差技术（TOFD）及相控阵超声（PAUT）联合检测工法
………………………………………………高建峰　张登科　杨　鹏　马磊锋　王业民（433）
场站不同口径工艺管道涂料内防腐工法…段丙权　商晓平　罗爱民　王　飞　李　友（457）
浅覆土泥水平衡顶管施工工法……………段丙权　冯存栋　朱振详　寇宝庆　魏　恒（476）
30° 坡度条件下管道全自动焊施工工法 …靳红星　楼剑军　王　亮　邓　强　徐跃忱（488）
顶管工作井钢板桩施工工法………………赵建晖　王昊宸　曾庆福　罗　应　刘　洋（505）

管道斜井定向钻穿越工法……………………郭洪生　张　强　徐　轶　范红胤　罗明磊（518）
长输管道环焊缝全聚焦超声成像检测（TFM）工法
……………………………………………………董济功　王声吉　陶学刚　董军辉　安　闯（531）
管线桥受限空间管道施工工法………………常树禹　高阳阳　侯立津　尹利省　苏兆银（544）
地下水封洞库 10% 斜向巷道施工工法 …廖　潇　李晓仕　李　贺　宋宇皓　王仁来（558）
*R*60m 曲率半径隧道盾构施工工法 ………李广峰　贾　东　白　东　田　黎　孙显程（570）
油气管道穿越工程水域溶洞预处理工法…吉文龙　朱建明　刘　昆　焦子君　朱俊晔（587）
码头栈桥钢桁架管桥整体预制安装工法…赵保存　高云宇　何江涛　马永庆　郭英奇（600）
浅海区 PHC 管桩施工工法 ………………赵保存　刁慧娟　庞　静　郭英奇　李雅杰（612）
长距离大口径海底管道底拖施工工法……于燕龙　李明涛　雷　磊　程艳超　黄　健（621）
$8 \times 10^4 m^3$LNG 全容储罐低温混凝土罐壁施工工法
……………………………………………………巩向楠　赵　鑫　祝亚朝　代柏秀　穆维平（637）
大型 LNG 薄膜罐内罐施工工法 …………蒋小波　魏　明　王　军　向苍义　胡承杰（653）
大型机组油系统大流量冲洗施工工法……钟　耿　唐志和　姜　平　陆　敏　张　鹏（669）
大型悬吊式结构高压蒸汽锅炉本体安装施工工法
……………………………………………………王鹏飞　郭　瑞　莫振东　蒋明道　阳江华（679）

催化装置“两器”模块化安装工法

刘清涛　袁　昌　彭新凯　马存厚　蒋文雅

中国石油天然气第一建设有限公司

1　前言

随着国家工业建设的发展，炼油装置的规模不断增大，其设备都在向大型化发展。“两器”作为催化装置的核心设备，具有重量重、规格尺寸大、内部构件多、壳体焊接量大等特点。

传统的“两器”施工方法是现场壳体分片组焊、内件散装法，基于广东沿海地区施工环境、工期成本、场地狭小等因素，中国石油天然气第一建设有限公司在传统“两器”施工方法上优化创新，引进“模块化”理念，通过技术经济方面论证分析，结合广东石化 360 万 t/a 催化裂化装置的实践应用，梳理总结了“催化装置‘两器’模块化安装施工工法”。

本工法已成功应用在广东石化公司 360 万 t/a 催化裂化装置、山东京博石油化工公司 204 万 t/a K-COT 制丙烯装置应用，分别节约经济效益 426.07 万元、108.5 万元。

本工法经教育部科技查新工作站（L40）科技查新，未见完全相同的文献报道。“催化装置“两器”模块化施工技术研究”获得企业级科技成果一等奖。申请实用新型专利“一种螺栓定力矩紧固工装”（专利编号：ZL 202222730514.5）1 项，发明专利“一种塔器内件安装辅助设施”（专利受理号：202210773701.3）1 项。撰写《大型催化裂化装置“两器”模块化施工技术应用》论文 1 篇。“提高催化装置再生器斜插管安装精度”获得中国石油工程建设协会 QC 成果三等奖；“提高 12Gr5Mo 埋弧自动焊焊接一次合格率”获得中国石油工程建设协会 QC 成果二等奖。

本工法关键技术在 2023 年 7 月 10 日经中国石油工程建设协会科技成果评定委员会组织鉴定。结论：国内领先。

2　工法特点

2.1　保证工程质量

（1）“两器”筒体采用厂家模块化制造技术，将传统的散片到货现场组装工艺，优化成异地工厂化模块制造，能更好地从人员、机具、材料、技术、环境、检测等方面进行控制，壳体的施工质量更容易得到保证。

（2）将大部分作业从施工环境恶劣的地区转移到施工环境较好的地区进行异地工厂化制

造，有利于保证施工质量。

（3）采用模块化施工方法，将大部分现场作业转移到异地工厂制造，高处作业转移至地面作业，有限空间内作业转移到有限空间外作业，减少了现场、高空及有限空间内施工的工作量，改善施工人员的作业条件，有利于提高作业人员的施工质量。

2.2 降低安全隐患

（1）采用模块化安装施工时，减少了高空作业及脚手架的搭设，利于保证施工安全，降低安全隐患。

（2）采用模块化安装施工时，将大部分有限空间内作业转移到有限空间外及异地工厂化作业，利于保证施工安全，降低安全隐患。

2.3 提高生产效率

（1）采用模块化施工方法优化了施工顺序，减少施工交叉作业，提高时间利用率，加快了施工进度。

（2）施工作业由流水化变为平行化，加快了施工进度，保证作业人员安全。

2.4 降低施工成本

（1）采用模块化预制，现场装配施工，机械化程度高，提高了施工机具的使用效率，减少施工及管理人员数量，降低了施工成本，提高了经济效益。

（2）本工法施工效率高，能够显著缩短工期，施工质量可靠，施工风险低，具有良好的综合经济效益。

（3）传统的“两器”施工均采取分片到场，再组装成段、分段吊装，最后进行内件散件安装的模式，需要花费大量机械台班。而“两器”模块化施工技术，将很大一部分工作转移到制造厂完成，充分利用制造厂配备的固定行车，降低机械投入费用。

2.5 利于施工组织

（1）传统的“两器”施工方法导致现场射线检测工作量大，影响周边区域施工，制约了整体施工进度。而采用“两器”模块化施工后，现场射线检测工作量极少，显著减少了射线检测对周边施工的制约。

（2）采用传统的催化“两器”施工方法，需腾出很大面积的施工场地用于组装，且场地占用时间长，而炼化装置平面设计愈发紧凑，难以满足施工场地方面的需求。催化“两器”模块化施工技术，能够很好地解决这个问题。

（3）传统的“两器”施工方法，再生器壳体普遍需要现场整体热处理，耗费大量的人力、物力，增加施工难度和施工安全风险，对周边其他作业也造成了一定的影响；而模块化施工，现场不再进行整体热处理。

2.6 推广意义大

本工法经中国石油工程建设协会鉴定：国内领先。对国内大型催化裂化装置“两器”的施工有很大推广意义，对沿海地区非标大型设备有借鉴意义。

3 适用范围

本工法适用于催化裂化、裂解装置“两器”模块化施工。

4　工艺原理

通过“两器”制造模块规划技术，将“两器”的部件按制造条件分割出来作为个体模块，进行模块制造。并采用“两器”筒体模块运输和加固工装设计及校核技术运输到施工现场，从而实现异地工厂化与现场相结合模块化建设模式，以达到缩减工期、降低成本、提升质量、减少安全风险的目的。

4.1 “两器”模块制造规划技术

从运输能力、经济成本、制造周期、制造顺序、安装要求、作业环境、设计条件等方面综合考虑，对“两器”的范围规划、采购优先顺序、制造深度等全面深入研究，形成一套经济合理的“两器”制造模块规划原则。基于规划原则，采用 SolidWorks、3DS MAX 软件进行模块模拟划分（图 1）。

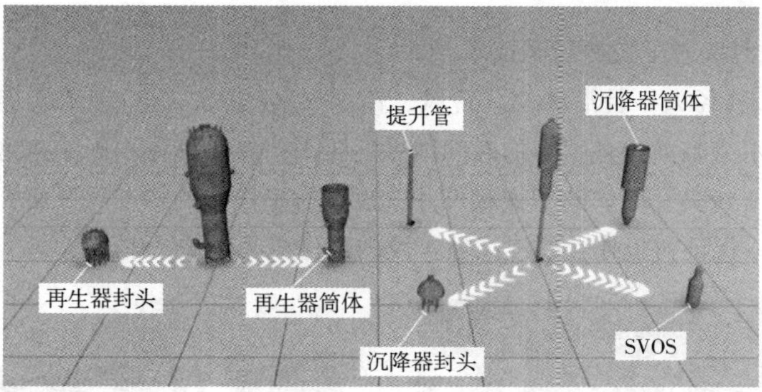

图 1　“两器”三维模块划分图

4.2　超大型压力容器合拢技术

通过鞍座、胎架组合使用，对设备进行有效支撑，确保其稳定性，保证了组对精度。组对过程中使用全站仪动态控制测量直线度，运用该技术安全、高效、大幅度减少了手段、材料的使用（图 2）。

图 2　大型压力容器合拢胎具

4.3 “两器”筒体模块运输和加固工装设计

从运输和加固的工装型式、选材、承载能力、失稳极限等方面进行深入研究，“两器”模块运输多采用海运线路。为保证“两器”模块的运输安全性，课题组针对筒体模块运输，设计一套安全、经济的“两器”模块运输和加固工装（图 3）。

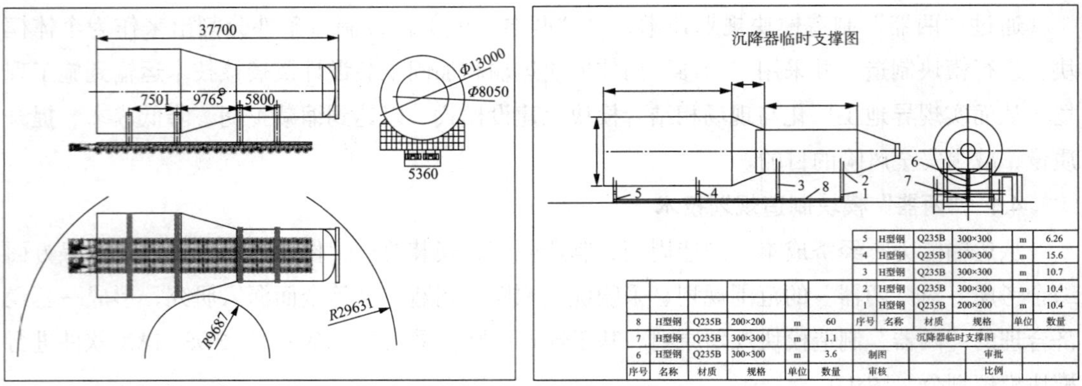

图 3 “两器”筒体防变形失稳加固设计

4.4 大直径封头衬里快捷防雨技术

“两器”封头直径大，且沿海地区台风、雷雨天气较多，衬里施工要连续、干燥才能保证施工质量。雨水来临前须在很短的时间内做好防雨措施，确保不影响正常的衬里施工。课题组针对“两器”封头及筒体的型式和尺寸，以及衬里作业的特点展开研究，设计一套快捷的衬里防雨工装，保证衬里作业的连续性，及内部件成品保护（图 4）。

图 4 大直径封头衬里快捷防雨

4.5 再生器大孔分布板整体模块安装技术

大孔分布板是再生器关键内件，安装作业受筒体空间制约大，安装精度要求较高，耐磨管与开孔同轴度公差 Φ1mm，整体水平度偏差在 5mm 以内，且焊接易变形、焊接过程中陶瓷环易出现裂纹、异种钢焊接量大等重难点。传统安装技术均采用分片吊装，设备内部组装焊接。本工法通过 CAD 制图与实际尺寸测量计算（考虑测量筒体制造偏差、大孔分布板制造偏差、焊接变形偏差等数据），焊接采用小电流、对称分段焊接，控制焊接变形，规避焊接中陶瓷环易出现裂纹等问题，实现了大孔分布板整体预制，模块整体安装的技术，减少了受限空间作业，同时保证大孔分布板的安装质量。

4.6 两器”模块现场防失稳技术

“两器”筒体、封头模块到货验收合格后，卧置在基础附近预先设置好的支墩上，完成平台劳动保护安装后，吊装到设备基础上，并利用垫铁进行找正找平。找正与找平应在同一平面内互成直角的两个或两个以上的方向进行（图 5）。支墩承重校核过程中，安全系数考虑取 1.5。

图 5　再生器筒体、封头模块防失稳支撑

5　施工工艺流程及操作要点

5.1　施工工艺流程

施工工艺流程如图 6 所示。

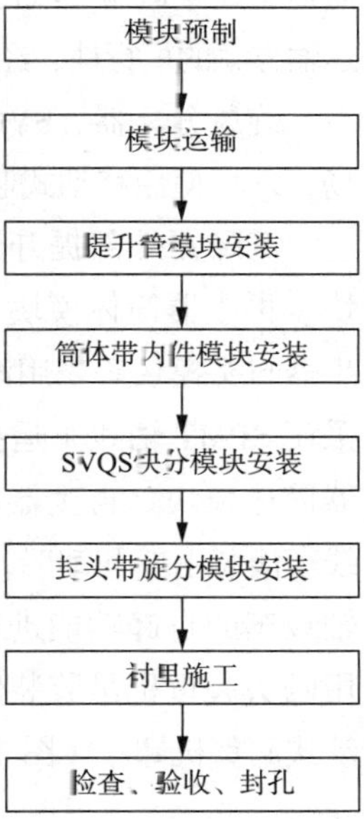

图 5　施工工艺流程图

5.2　操作要点

5.2.1　模块预制

从运输能力、经济成本、制造周期、制造顺序、安装要求、作业环境、设计条件等方面综合考虑，采用 SolidWorks、3Ds MAX 软件，将“两器”模块划分为六大模块。模块进行异地工厂化预制，根据模块划分的特性，从材料验收、排版、号料、下料、拼接、预组装、焊接、无损检测、热处理等全过程管控。SVQS 系统、旋风分离器、主风分布管、大孔分布板等内件选择专利厂商和优质制造商，聘请第三方监造单位，进行全过程监督制造，确保“两器”制造质量。

（1）将再生器分为再生器封头（带旋风分离器）（图 7）、再生器筒体及内部件（图 8）两大模块。

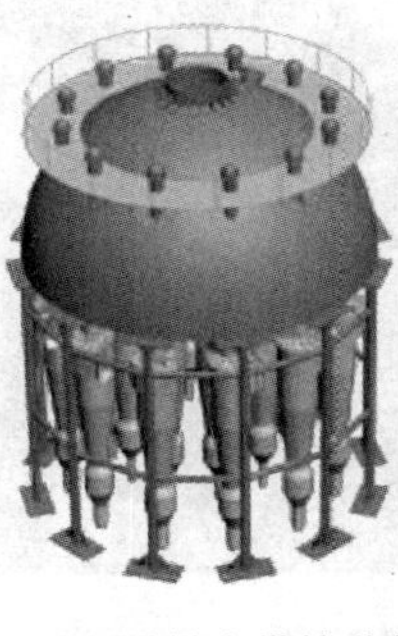

图 7　再生器封头带旋分模块

图 8　再生器筒体带内件模块

（2）将沉降器分为外部提升管（图 9）、沉降器筒体及内部件（图 10）、SVQS 快分系统（图 11）、沉降器封头（带旋风分离器）（图 12）四大模块。

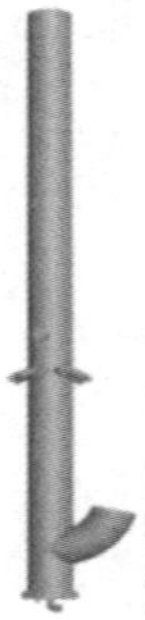

图 9 外部提升管模块

图 10 沉降器筒体模块

图 11 SVQS 快分系统模块

图 12 沉降器封头带旋分模块

5.2.2 模块运输

在“两器”模块规划过程中，结合路况条件，制定海运、汽运、铁路运输、海运＋汽运、海运＋铁路运输、汽运＋铁路运输等多套运输方案，并同步对运输路径条件进行了调研，对各运输方案的可行性、经济成本、安全性等进行综合分析，最终确定合适的运输方式（图 13）。

旋风分离器、SVQS 快分系统模块等由专利制造商采用汽车运输的方式直接运抵施工现场，现场使用移动式起重机吊装卸车（图 13）。

沉降器外部提升管模块、沉降器筒体模块、再生器筒体模块、沉降器封头模块、再生器封头模块等采用海运模式，海运到码头，采用 SPMT 轴线车运抵安装现场，其中沉降器筒体模块、再生器筒体模块采用 SPMT 轴线车滚装上船和卸船，运抵现场后利用 SPMT 轴线车的自卸功能进行卸车，其他模块则利用码头起重机吊装装船和卸船，现场利用移动式起重机卸车（图 14）。

图 13 SVQS 快分系统模块汽运到现场

图 14 再生器筒体卸船、运输

沉降器筒体模块、再生器筒体模块运输采用鞍座支承，支承鞍座同时要满足 SPMT 轴线车运输、海上船舶运输、SPMT 轴线车自卸和施工现场摆放的需求。通过对不同状态下鞍座支座反力、筒体轴向弯矩的计算，对鞍座应力、筒体应力进行校核，并对鞍座与筒体间轴向摩擦力进行校核，确保支承鞍座的稳定可靠。

对于船舶运输，主要考虑的载荷包括设备质量载荷产生的支座反力和风载荷（表1)。海浪力作用下的载荷组合包括两种模式：“自重+摆动+起伏+风载”和“自重+波动+起伏+风载”。

表1　驳船装运力在不同情况下的受力情况分析

情况	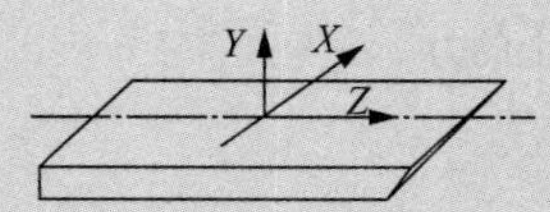 F——由驳船移动引起的力，N W——运输质量，N T——驳船的振动周期，s				
	状态	F_x	F_y	F_z	图例
1	重力	—	−1.0W	—	—
2a	滚动(图15) 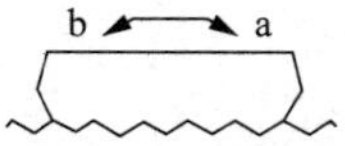	±0.45W	−0.4W	—	—
2b		±0.45W	+0.4W	—	—
3a	颠簸(图16) 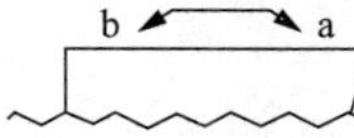	—	−1.5W	1.0W	—
3b		—	+1.5W	1.0W	—
4	起伏 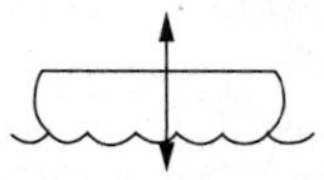	—	1.2W	—	—
5	碰撞 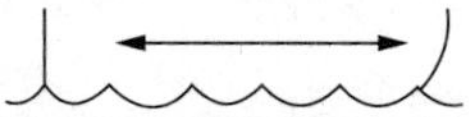	—	—	±1.5W	—
6a	滚动+重力	+0.95W +0.05W	−1.266W	—	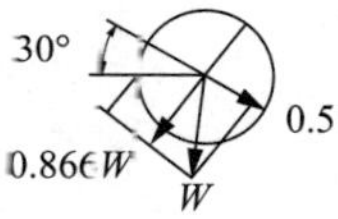
6b		−0.95W −0.05W	−0.465W	—	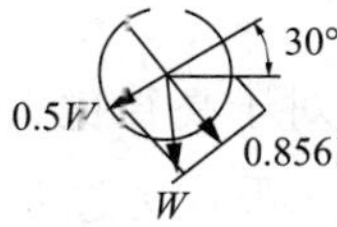
7a	颠簸+重力	—	−2.5W	±0.5W	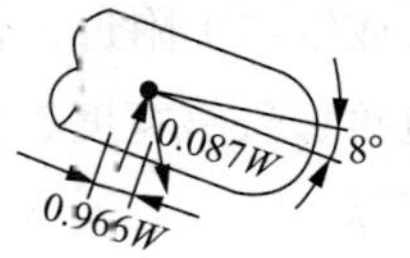
7b		—	+0.5W	±0.5W	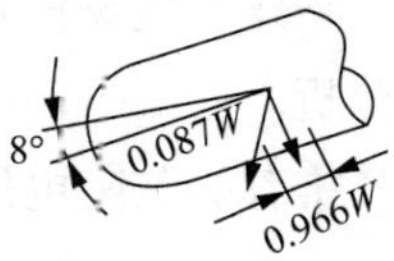

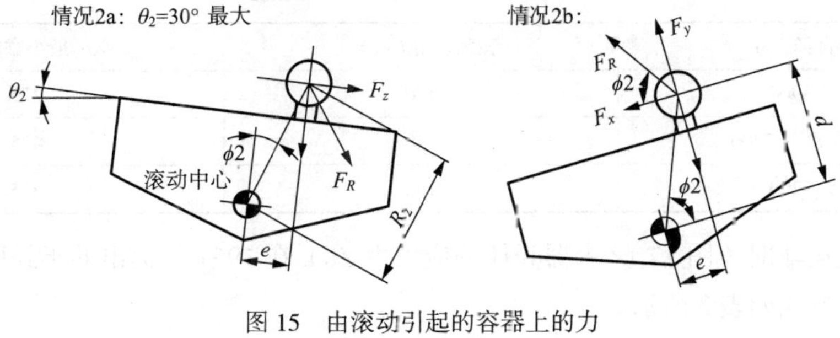

图15　由滚动引起的容器上的力

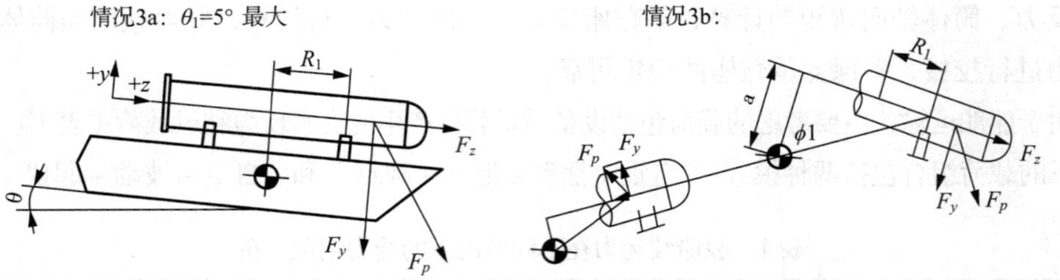

图 16　由颠簸引起的容器上的力

滚动引起的容器上的力计算公式为：

$$\phi_2 = \tan^{-1}\frac{e}{d} \tag{1}$$

$$R_2 = \frac{e}{\sin\phi_2} \tag{2}$$

$$F_R = \frac{0.0214WR_2\theta_2}{T_2^2} \tag{3}$$

颠簸引起的容器上的力计算公式为：

$$F = \frac{0.214WR\theta}{T^2} \tag{4}$$

$$\phi_1 = \tan^{-1}\frac{a}{R_1} \tag{5}$$

$$F_p = \frac{0.0214WR_1\theta_1}{T_2^2} \tag{6}$$

对于高径比大于 15 的壁厚相对较薄的容器，为避免鞍座跨距过大导致圆筒体产生严重变形及应力过大，需设置多个支承鞍座。运输鞍座应放置于紧邻刚性部件（如加强圈、封头或锥体）附近，在筒体内壁设置临时十字架加固。运输鞍座结构设计考虑的关键因素有：包角、鞍座宽度、结构形式、绑索系耳、千斤顶窝、与容器的固定方式、总的允许运输高度等。

鞍座承重校核采用 midas Civil 建立有限元模型，在模型中用板单元来进行鞍座应力及位移分析。

推荐的鞍座包角和鞍座宽度如表 2 所示。

表 2　推荐的鞍座包角和鞍座宽度

容器直径 /mm	鞍座包角 /（ ° ）	鞍座最小宽度 /mm
$D < 3900$	120	275
$3900 \leqslant D \leqslant 7200$	140	425
$D > 7200$	160	575

设备卧置运输时（图 17），容器壳体的应力由 Zick 在 1951 年提出的半经验分析理论确定。具体计算方式如表 3 所示。

表 3　筒体应力校核计算

<table>
<tr><th>应力</th><th colspan="2">状态</th><th colspan="2">最大应力出现在</th><th>公式</th><th>最大许用应力</th></tr>
<tr><td rowspan="2">纵向弯曲</td><td colspan="2" rowspan="2">壳体由封头或圈加强或壳体未加强</td><td colspan="2">鞍座处（顶部受拉，底部受压）</td><td>$S_1=\pm\frac{OA\left(1-\frac{1-\frac{A}{L}+\frac{R^2-H^2}{2AL}}{1+\frac{4H}{3L}}\right)}{KR^2\delta_s}$</td><td rowspan="2">拉伸：$S_1$ 加上内压引起的应力 $\left(\frac{PR}{2\delta_s}\right)$ 不应超过壳体材料的许用应力值乘焊缝系数
压缩：内压引起的应力减去 S_1 不应超过材料压缩屈服限的一半或下式得出的值
$S_1\leqslant\left(\frac{E}{29}\right)\left(\frac{\delta}{R}\right)\left(2-\frac{2}{3}\times100\times\frac{\delta}{R}\right)$</td></tr>
<tr><td colspan="2">跨距中点处（底部受拉，顶部受压）</td><td>$S_1=\pm\frac{\frac{QL}{4}\left(\frac{1+2\frac{R^2-H^2}{L^2}}{1+\frac{4H}{3L}}-\frac{4A}{L}\right)}{\pi R^2\delta_s}$</td></tr>
<tr><td rowspan="5">切向剪应力</td><td colspan="2" rowspan="2">鞍座离开封头
$A>R/2$</td><td colspan="2">壳体中</td><td>$S_2=\frac{K_2Q}{R\delta_s}\left(\frac{L-2A}{L+\frac{4}{3}H}\right)$</td><td rowspan="5">$S_2$ 应不超过 0.8× 容器材料的许用应力值
S_3 加上内压导致的应力应不超过 1.25× 封头的拉应力值
注：如未采用加强圈或者圈是靠近鞍座的，用带系数的 K_2 的公式。如采用的加强圈在鞍座平面中，则采用带系数 K_3 的公式。</td></tr>
<tr><td colspan="2">壳体中</td><td>$S_2=\frac{K_3Q}{R\delta_s}\left(\frac{L-2A}{L+\frac{4}{3}H}\right)$</td></tr>
<tr><td colspan="2" rowspan="3">鞍座靠近封头
$A>R/2$</td><td colspan="2">壳体中</td><td>$S_2=\frac{K_4Q}{R\delta_s}$</td></tr>
<tr><td colspan="2">封头中</td><td>$S_2=\frac{K_4Q}{R\delta_s}$</td></tr>
<tr><td colspan="2">封头中额外应力</td><td>$S_2=\frac{K_5Q}{R\delta_s}$</td></tr>
<tr><td rowspan="5">周向</td><td rowspan="2">$L>8R$</td><td>$A\leqslant R/2$</td><td rowspan="4">未加强</td><td rowspan="4">鞍座包角处</td><td>$S_4=\frac{-Q}{4\delta_s(b+1.56\sqrt{R\delta_s})}-\frac{3K_6Q}{2\delta_z^2}$</td><td rowspan="5">$S_4$ 应不超过 1.50× 壳体材料的许用拉应力值
S_5 应不超过 0.5× 壳体材料的压缩屈服限</td></tr>
<tr><td>$A>R$</td><td>$S_4=\frac{-Q}{4\delta_s(b+1.56\sqrt{R\delta_s})}-\frac{3K_6Q}{2\delta_z^2}$</td></tr>
<tr><td rowspan="2">$L<8R$</td><td>$A\leqslant R/2$</td><td>$S_4=\frac{-Q}{4\delta_s(b+1.56\sqrt{R\delta_s})}-\frac{12K_6QR}{L\delta_z^2}$</td></tr>
<tr><td>$A>R$</td><td>$S_4=\frac{-Q}{4\delta_s(b+1.56\sqrt{R\delta_s})}-\frac{12K_6QR}{L\delta_z^2}$</td></tr>
<tr><td colspan="2">加强或未加强</td><td colspan="2">壳体底部</td><td>$S_5=\frac{-K_7Q}{\delta_s(b+1.56\sqrt{R\delta_s})}$</td></tr>
<tr><td>应力</td><td colspan="6">正值表示拉应力，负值表示压应力
E 为壳体或加强圈材料的弹性模量，MPa</td></tr>
</table>

续表

应力	状态	最大应力出现在	公式	最大许用应力
纵向弯曲	最大弯曲应力可以受拉也可以是受压。 计算 S_1 公式中的拉应力，K 值为 K_1。 计算 S_1 公式中的压应力，K 值为 K_8。 当壳体加强时，S_1 公式中的 K 系数值＝3.14。在 $S_1 \geqslant 0.005$ 时，压应力不是钢制容器的因素，容器可完全按内压来设计，如 S_1 超过最大许用应力，则采用加强圈。			
切向剪应力	如采用了垫板，倘若垫板超过鞍座包角以上靠近封头延伸了 $R/10$，并在鞍座和相邻的加强圈之间延伸了，则在 S_2 的公式中，厚度 δ_s 可以取代壳体和垫板厚度之和。 在未加强的壳体中，最大剪力发生在鞍座角上。当将鞍座配置靠近封头，利用了封头的限制时，切向剪应力可在封头中引致另外的一个应力（S_3）。这个应力应与内压在封头中引起的应力相加。 当采用了加强圈是，最大剪应力发生在赤道处。			
周向	如采用了垫板，倘若垫板超过鞍座包角以上靠近封头延伸了 $R/10$，在 S_4 的公式中，厚度 δ_s 可以取代壳体和垫板的厚度之和，δ_z^2 可以取壳体厚度的平方加上垫板厚度的平方。亦应校核垫板顶边处的周向合应力，在校验该点时：δ_s 为壳体厚度；b 为垫板厚度；θ 为垫板的中心角，但不大于鞍座的包角加 12°。 如壳体未加强，最大应力发生在鞍座包角上，该应力则不与内压的应力相加。 在一个加强的壳体中，圈的最大压缩是在壳体底部。 如周向弯曲应力超过最大许用应力时，采用加强圈。			

图 17　再生器筒体模块实际运输照片

5.2.3　提升管模块安装

外部提升管模块到货后直接将其吊至设备基础框架内。利用框架结构梁，制作井字形加固，外提升管下部采用钢管进行加固，在加固的过程中对外提升管进行初步找正。待筒体模块就位找正后再将提升管提升与筒体模块进行对接（图 18）。

图 18　提升管模块就位支撑加固图

5.2.4　筒体带内件模块安装

筒体带内件模块到货验收合格，卧置到基础附近预先设置好的支架上，完成平台劳动保护安装后，吊装到设备基础上，并利用垫铁进行找正找平。找正与找平应在同一平面内互成直角的两个或两个以上的方向进行。再生器筒体内的主风分布管，可采用透明胶带对管嘴进行临时封堵保护，严格保证各支管间距及各支管与设备器壁间距，避免设备生产运行中热胀挤压。且在其上表面做硬防护，防止上部其他部件安装时损伤分布板喷嘴（图 19）。

图 19　再生器、沉降器筒体带内件模块吊装就位

5.2.5　SVQS 快分模块安装

沉降器 SVQS 快分系统模块，到货后在预制平台上进行整体验收。在安装前对需要安装的分离室上的支架进行确认。待沉降器筒体模块安装完成后，再将 SVQS 快分系统整体吊入筒体内进行安装（图 20）。

图 20　沉降器 SVQS 快分系统安装图

5.2.6　封头带旋分模块安装

封头、内集气室整体预制到货，一二级旋风成组预制到货（沉降器单级旋风分离器单个预制到货）。封头组件到货后，在“两器”基础附近设置临时支架，在地面完成封头衬里后翻转，内集气室、旋风及劳动保护平台安装，整体吊装就位与筒体模块组对焊接（图 21）。

5.2.7　衬里施工

综合考虑设计要求、运输防护、作业条件、专利商要求、工期等因素，为保证衬里质

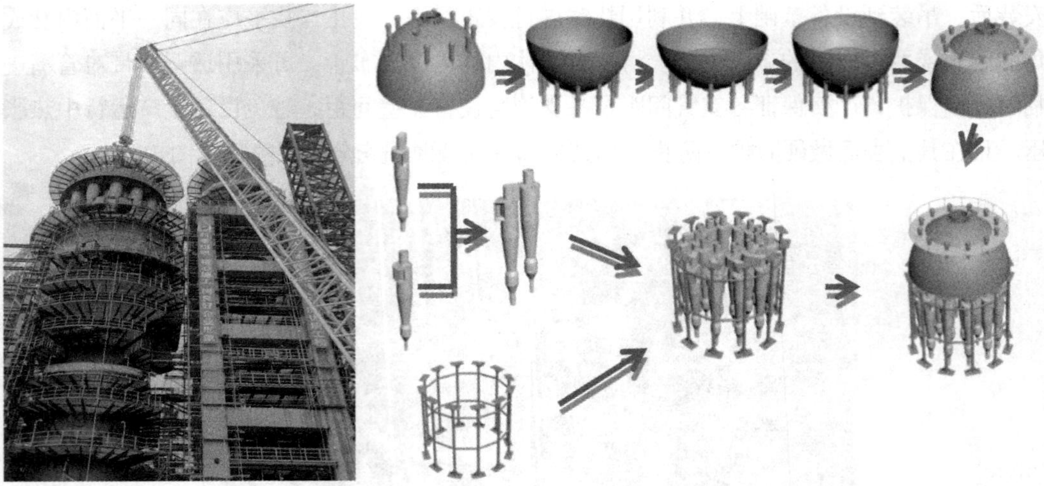

图 21　封头旋分模块组装、翻转、吊装

量，“两器”衬里内提升管、汽提段、外提升管、再生器过渡段、再生器旋分吊架口在制造厂完成衬里作业，旋风分离器、主风分布管、外取热器烟气返回管、SVQS 在厂家完成衬里，其他衬里在现场完成。

壳体衬里全部采用支圆弧形木模振捣浇注的施工技术，对于两器顶封头仰脸不易衬里的问题，将封头翻转以碗口朝上，采用“封头倒置、球形模板 + 振捣浇注”的衬里施工技术，衬里完养护到位后再重新翻转安装。翻转时碗口处设井字形加固防止变形损坏衬里。“两器”内部件补衬，采用手工涂抹捣打的方式进行，衬里过程安排专人全程监控实施。

5.2.8　检查、验收、封孔

工程完工后，将设备内部清扫干净，进行联合检查，确认合格后封闭所有开孔，并办理确认手续。

5.3　劳动力资源

劳动力需求计划见表 4。

表 4　劳动力需求计划表

序号	职务	单位	数量	备注
1	项目经理	人	1	总体负责
2	项目副经理	人	2	技术管理与施工管理
3	施工队长	人	3	施工现场负责人
4	安全员	人	2	现场安全监督检查
5	质检员	人	2	现场施工质量监督检查
6	技术员	人	2	现场技术跟踪与监督
7	测量员	人	2	工程测量
8	起重工	人	18	吊装指挥、手动葫芦操作
9	焊工	人	25	沉降器焊接

续表

序号	职务	单位	数量	备注
10	铆工	人	20	模块制造及内件安装
11	架子工	人	20	脚手架搭设
12	衬里工	人	25	衬里拆除与恢复
13	检测工	人	8	焊缝检验

6 材料与设备

以广东石化360万t/a催化裂化装置“两器”施工为例，列举主要施工材料见表5，列举主要施工设备见表6。

表5 主要施工材料一览表

序号	名称	规格型号	单位	数量	备注
1	钢管	Φ355mm × 10mm	m	30	制作管式吊耳
2	钢管	Φ406mm × 13 mm	m	16	制作平衡梁
3	钢管	Φ377mm × 10mm	m	120	锥段翻个儿平衡梁
4	钢管	Φ273mm × 10mm	m	260	吊装加固
5	钢管	Φ114mm × 6mm	m	200	封头支撑
6	型钢	[14a	m	600	旋风分离器安装加固
7	型钢	*HW*400mm × 400mm	m	200	制作临时平台
8	型钢	*HW*200mm × 200mm	m	200	制作临时平台
9	道木	—	根	150	支垫吊车或筒体板
10	钢丝绳	Φ6mm	m	800	架设生命线
11	钢丝绳	Φ28mm	m	500	固定钢架
12	钢丝绳	Φ15mm	m	500	固定钢架
13	钢板	δ=20mm	m^2	800	预制场平台制作
14	钢板	δ=30mm	m^2	100	制作组对销子、吊耳
15	钢板	δ=20mm	m^2	200	制作吊耳以及焊缝加固
16	钢板	δ=16mm	m^2	100	制作吊耳、连接板
17	钢板	δ=10mm	m^2	60	制作挡板或吊耳
18	钢板	S30408，δ=16mm	m^2	30	内件安装加固
19	钢板	S30408，δ=10mm	m^2	30	内件安装加固

表6 主要施工设备一览表

序号	机械名称	规划型号	单位	数量	用途
1	1600t 履带吊	利勃海尔	台	1	设备吊装
2	400t 履带吊	利勃海尔	台	1	设备吊装
3	50t 履带吊	三一重工	台	1	附件吊装

续表

序号	机械名称	规划型号	单位	数量	用途
4	50t 汽车吊车	徐工	台	2	附件吊装
5	10t 板车	—	台	4	材料运输
6	螺旋千斤顶	10t	台	4	设备、内件安装
7	螺旋千斤顶	5t	台	8	设备、内件安装
8	手动葫芦	20t	台	10	设备、内件安装
9	手动葫芦	10t	台	20	内件安装
10	液压扳手	—	台	4	螺栓紧固
11	力矩扳手	M20 ~ M36	台	5	螺栓紧固
12	卸扣	5t	个	10	—
13	电焊机	ZX7-400S	台	20	设备安装
14	电焊机	AX-500	台	5	设备安装
15	烘干箱	Y2H2-100	台	2	设备安装
16	角向磨光机	Φ125mm	台	20	内件安装
17	角向磨光机	Φ150mm	台	5	内件安装
18	室外照明灯具	—	套	20	内件安装
19	热处理设备	ZWK-I-240	台	1	内件安装

7 质量控制

7.1 执行标准

（1）GB 50461—2008《石油化工静设备安装工程施工质量验收规范》

（2）NB/T 47015—2011《压力容器焊接规程》

（3）TSG R0004—2009《固定式压力容器安全技术监察规程》

（4）SH 3504—2000《催化裂化装置反应再生系统设备施工质量验收规范》

（5）SH/T 3504—2014《石油化工隔热耐磨衬里设备和管道施工质量验收规范》

（6）SH/T 3536—2011《石油化工工程起重施工规范》

（7）SH/T 3515—2017《石油化工大型设备吊装工程施工技术规程》

7.2 质量保证措施

“两器”安装过程中质量保证要点包括：壳体模块及内件安装的垂直度、标高，壳体的焊接质量、衬里的施工质量等。具体的质量保证措施如下：

（1）施工中各种计量器具均应经计量合格，并在周检期内，否则不得使用。

（2）所有原材料在进入施工现场前必须经过严格的检验，包括合格证、产品质量证明书及有关产品说明等技术文件。

（3）严格控制壳体组对的几何尺寸以及开孔的位置尺寸。完善的班组自检、互检及检查员专职检查验收，报检（包括工序交接报检及工程最终报检）、共检制度，及时做好数据准确、签字完备的检验记录，做到有章可循，有据可查。

（4）内构件及旋风分离器组对焊接时，应采用小电流多道焊接，防止焊接应力引起垂直度超标。

（5）蒸汽环管安装完毕后，应对环管上的喷嘴进行临时封堵，防止其余配件安装过程中掉焊渣、尘土等堵塞喷嘴。

（6）内构件安装完成后，要仔细检查内构件的滑动夹持机构是否被焊住或卡住，防止投产后热膨胀而造成内构件的损坏。

（7）模块筒体组对安装须符合设计要求，焊接应严格按照焊接工艺规程执行。

（8）衬里混凝土拌合用水宜为生活应用水，水温宜为 10 ~ 25℃。使用其他洁净水时，氯化物的含量不应大于 50mg/L，pH 值宜为 6.5 ~ 7.5。

（9）需衬里的设备壳体及其附件和龟甲网均进行喷砂除锈、除油等；器壁上的管嘴、插管，喷砂前用牛皮纸或破布填实并绑扎牢固，防止砂粒堵塞，对易损坏的部件进行拆除，喷砂后再恢复安装。

（10）封头在衬里后吊装或翻转时，应在施衬前从减少局部应力和增强整体刚性两方面采取必要措施，防止吊装或翻转时衬里开裂。

7.3 质量关键控制点

催化装置“两器”施工质量关键控制点如表 7 所示。

表 7 催化装置“两器”施工质量关键控制点表

序号	环节	检查项目	指标要求	检查时机或频次	检查工具
1	到货验收	质量证明书或合格证	产品规格、型号、质量指标符合设计规范要求	到货验收	核对
		外观质量	无裂纹、夹杂、分层锈蚀、麻点、划痕、运输过程的损伤等缺陷	到货验收	目测
2	设备安装	人员资质	具有有效的特种作业人员资质证书	施工前	核对
		设备安装	筒体直线度为筒体长度的 1/1000	安装过程	拉线、钢尺
		旋风分离器	标高 ±5mm	安装过程	水平管、尺测量
			垂直度 5mm	安装过程	线坠、尺测量
		主风分布管	水平度为圆环直径的 1/1000，且不大于 10mm	安装过程	拉线、水平管、尺测量
			安装标高偏差 ±5mm	安装过程	尺
		大孔分布板	与壳体同轴度公差 Φ1mm	安装过程	拉线、水平管、尺测量
			整体水平度偏差 ±5mm	安装过程	尺
		汽提挡板	宽度允许偏差 ±2mm	安装过程	钢尺检查
3	焊接	焊材	质量证明书符合焊接规程要求	每批次	核对
		焊缝外观	表面无裂纹、气孔、弧坑、飞溅、咬边等缺陷	每条焊缝	放大镜目测、焊缝检验尺测量
4	衬里	材料	材质合格证符合设计要求	每批次	审核
		锚固钉安装	焊肉饱满	每个都检查	目测、锤击
		试块	试块制备、养护、检验符合设计要求	每批次	目测、旁站
		衬里质量	接口及修补无裂纹、空鼓现象	每处	目测、锤击

8 安全措施

（1）工人进场进行三级安全教育，工程施工前进行安全技术交底，做到工作任务明确，施工方法明确，安全措施明确，并按规定双方履行签字手续。

（2）脚手架搭设完成后经安全管理人员检查确认后方可使用，高处作业人员必须系安全带并正确使用。

（3）焊接作业要严格遵守电焊安全技术规程，焊接前先检查焊机和工具是否安全可靠，焊机外壳接地、焊机各接线点接触是否良好，焊接电缆的绝缘有无破损等。

（4）高处作业（≥ 2m）要设置可靠的防护措施，戴好安全带并拴挂在稳固点上。所用工具应有保险绳，不准随意抛投物件、工具。

（5）进入“两器”内部作业之前，办理受限空间作业许可证。受限空间内的电气设备和金属脚手架应作保护接地。照明电源必须是小于 12V 的低电压，并设漏电保护装置，照明灯必须有防护网罩。

（6）在“两器”内分层作业时，各层必须加设隔离层，作业人员随身配备工具袋，不得将工具散放在设备内，以防掉落伤人。在器壁人孔处应加设通风机，保证内部作业通风良好。

（7）吊装施工时，划定作业区域，施工期间闲杂人员不得过往，所有起重工应经过安全培训并且取得合格上岗证，必须有专人指挥，熟悉指挥信号，手语和旗语指挥准确。

（8）吊装要有完善的技术措施，要认真进行核算，禁止超载吊装，遇到险情时要立即停止，迅速查明原因，采取反事故措施，以防事态扩大。

9 环保措施

（1）对施工现场的边角余料及时回收、妥善处理。

（2）对施工产生的废料分类存放，及时清理。生活垃圾由专人分类清理，集中回收处理。

（3）焊接施工完毕，焊渣、废弃焊条头、碎屑要及时清扫、收集，不得随意丢弃。

（4）作业平台用电及照明设备做到人走断电，减少隐患节约电能。

（5）喷砂除锈的时间宜在晚上进行，要采取隔离保护措施，减少扬尘。

（6）吊装地基处理施工时开挖的沟、槽及时回填，余土及时运至业主指定的堆放场地。

（7）专人负责施工现场洒水及清扫，保证施工现场无粉尘、场地清洁和道路畅通。

（8）焊缝热处理完后，热处理保温材料及时回收，防止污染环境。

10 效益分析

10.1 经济效益

“两器”施工采用异地工厂化模块制造技术、模块化安装技术，具有显著的经济效益。以广东石化公司 360 万 t/a 重油催化装置“两器”施工为例，主要以设备的模块安装进行经济效益分析。

10.1.1 异地工厂化模块制造技术

根据催化“两器”制造安装的工程实际，“两器”制造安装采用“异地工厂化模块制造技术”，与“传统现场分片制造安装”方法的成本对比分析如表 8 所示，共节约成本 426.07 万元。

表 8　模块化施工与传统施工方法成本比对表

序号	项目内容		模块化制造安装						传统现场分片制造安装						模块化费用节约 / 元
	施工区域	明细	数量	单位	使用时间	单位	单价 / 元	费用 / 元	数量	单位	使用时间	单位	单价 / 元	费用 / 元	
1	制造厂	焊工、铆工、起重、架子工等	80	人	90	天	400	2880000	2	人	0	天	400	0	−2880000
2		脚手架	20	t	90	天	10	18000	0	t	0	天	10	0	−18000
3		手段用料	20	t	—	天	7000	140000	0	t	—	天	7000	0	−140000
4		主材	2	台	—	—	—	30000000	2	台	—	—	—	28000000	−2000000
5		行车	2	台	90	天	200	36000	1	台	30	天	200	6000	−30000
6		50t 履带吊	1	台	90	台班	2000	180000	0	台	30	台班	2000	0	−180000
7		自动焊机	2	台	90	天	85	15300	0	台	0	天	85	0	−15300
8		电焊机	20	台	90	台班	120	216000	0	台	0	台班	120	0	−216000
9		磨光机	20	台	—	台班	5000	100000	0	台	—	台班	5000	0	−100000
10	运输	“两器”	2	台	—	—	—	3000000	2	台	—	—	—	1000000	−2000000
11	施工现场	焊工、铆工、起重、架子工等	50	人	90	天	400	1800000	160	人	180	天	400	11520000	9720000
12		脚手架	20	t	90	天	10	18000	50	t	180	天	10	90000	72000
13		手段用料	10	t	—	天	7000	70000	50	t	—	天	7000	350000	280000
14		50t 履带吊	2	台	20	台班	2000	80000	4	台	80	台班	2000	640000	560000
15		200t 汽车吊	0	台	0	台班	13000	0	2	台	40	台班	13000	1040000	1040000
16		400t 履带吊	2	台	16	台班	13000	416000	1	台	20	台班	13000	260000	−156000
17		750t 履带吊	0	台	0	台班	60000	0	1	台	4	台班	60000	240000	240000
18		1600t 履带吊	1	台	4	台班	80000	320000	0	台	0	台班	80000	0	−320000
19		电焊机	10	台	90	天	4	3600	80	台	180	台班	4	57600	54000
20		磨光机	10	台	—	台班	5000	50000	80	台	—	台班	5000	400000	350000
合计								39342900	—					43603600	4260700

10.1.2　综合经济效益

广东石化公司 360 万 t/a 催化装置两器施工，采用了催化装置“两器”模块化施工技术，在广东石化“两器”模块化施工中，相比传统“两器”现场组焊施工方法，模块化施工工期节约 25%，安全风险降低 30%，质量管控难度降低 30%，施工现场占地节约 90%，成本降低 10%。圆满地完成了安全、质量、进度目标（图 22、图 23）。

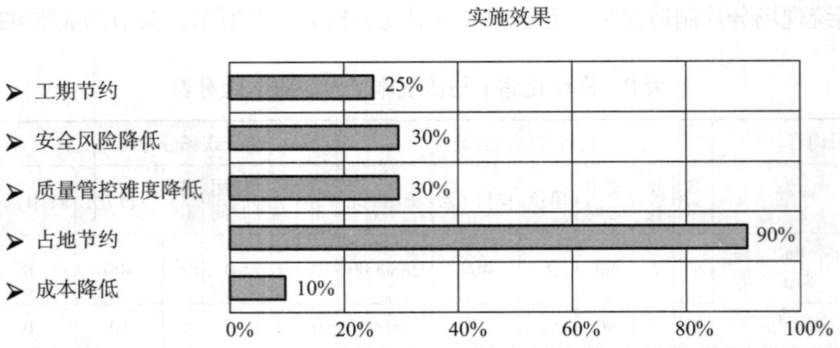

图 22　催化“两器”模块化安装实施效果

图 23　现场制造与模块到货对比图

10.2　社会效益

大型催化装置“两器”模块化施工技术的掌握和应用为大型催化装置“两器”模块化施工的安全性、可靠性、经济性提供了数据支撑，增强了公司在大型催化装置施工领域的竞争力，填补了国内催化裂化装置“两器”模块化建造的空白，推进了催化装置“两器”施工技术的新高度。

11　应用实例

实例一：广东石化公司 360 万 t/a 催化裂化装置

广东石化公司 360 万 t/a 催化裂化装置工程，开工时间为 2020 年 3 月 28 日，竣工时间为 2022 年 6 月 28 日，反应沉降器几何尺寸为 Φ13000/Φ8050mm × 44732mm × 32/42mm，总重约 514.8t，壳体最大壁厚 32mm，材质为 Q245R，壳体衬里厚度为 100mm，安装在标高 48600mm 的水泥框架基础上。再生器几何尺寸为 Φ8400/Φ5200/Φ1700mm × 68026mm × 26/30/20/30/16/32mm，总质量约 1305.3t，壳体最大壁厚 32mm，材质为 Q245R，壳体衬里厚度为 100mm，安装在标高 7500mm 的水泥框架基础上。

将再生器分为再生器封头带旋风分离器和再生器筒体带内件两大模块，将反应沉降器分为外部提升管、沉降器筒体、SVQS 快分系统和沉降器封头带旋风分离器四大模块。现场施工根据总体部署，所有模块到货后采用正装法将模块吊装就位。

采用大型吊车进行模块化安装，机械化程度高，提高了施工效率，保证了施工的安全，缩短了施工工期。

实例二：山东京博石油化工 204 万 t/a K-COT 制丙烯装置

山东京博石油化工有限公司新建 204 万 t/a K-COT 制丙烯装置催化单元，开工时间为 2022 年 5 月 1 日，中交时间为 2023 年 7 月 30 日，“两器”安装是制丙烯装置的建造关键，沉降器、再生器是同轴型式，再生器设备直径为 11650/12400mm，壳体材质为 Q245R，厚度为 36/38mm。沉降器设备直径为 9800mm，壳体材质为 Q245R，厚度为 32/36mm。两台设备总重为 1023t。

将再生器分为两个模块：第一模块包括再生器封头、旋风分离器、待生催化剂汽提段；第二模块包括再生器下封头及筒体。将沉降器分为两个模块；第一模块包括沉降器上封头、集气室、一级二级旋分；第二模块包括沉降器筒体及下锥段。

“两器”模块化施工方法相比传统施工方法，有效地控制了作业安全风险，保证了安装质量，减少了施工成本，节约了施工工期，取得了良好的施工效果。

2500 ~ 5000t 大型塔器设备安装工法

李 翔 王国祥 宋明全 戚东东 薛运杰

中国石油天然气第一建设有限公司

1 前言

随着近几年炼化装置规模的不断扩大，设备制造及运输水平不断提高，装置内大型塔器设备的规格和质量不断增大，安装要求也越来越高，在地面完成附件安装后整体吊装、安装就位的难度也越来越大。尤其是质量超过 2500t 的大型塔器，国内现有最大的 4000t 级履带式起重机也已无法满足整体安装的要求，面对市场 2500 ~ 5000t 大型塔器设备整体安装作业的需求，中国石油天然气第一建设有限公司通过技术革新和经济对比论证，经过近几年的不断实践，总结形成了一套利用大型门式液压起重机完成 2500 ~ 5000t 大型塔器设备的安装工法。

自 2018 年开始采用 2500 ~ 5000t 大型塔器设备安装工法，至今已完成了大连恒力石化 220 万 t/a 芳烃联合装置 4 台二甲苯塔、广东石化 260 万 t/a 芳烃装置 1 台抽余液塔，共计 5 台大型塔器的整体安装。工法采用整体运输到场，在地面完成附件安装后采用 MYQ 型 5000t 门式起重机作为主吊起重机，履带起重机作为抬尾起重机，使用液压提升法将设备吊装至竖直状态，然后利用起重机的多项专有技术完成设备的就位、找正调平和最终附件的安装等工作，其机械化、数字化程度高，整体安装施工工期短，有效减少高空作业，提高了设备安装过程的安全性，并降低工程造价。

本工法采用“5000 吨级吊具专利技术”、“大提升能力吊装系统”及“带载行走技术”，均得到业主的认可，并通过教育部科技查新工作站成果鉴定。本工法应用过程中，“研发 5000 吨级吊具系统”获得中国石油工程建设有限公司质量管理小组优秀成果一等奖，“5000 吨级超大型塔器吊耳及吊具系统设计与制造技术”获中国石油工程建设协会科技进步二等奖，“MYQ 型 5000t 门式起重机多工况底部承载结构设计及应用”获中国石油工程建设有限公司科技进步奖，“提高 MYQ 型 5000t 门式起重机主提升系统钢绞线穿设效率”获中国石油工程建设协会 QC 成果二等奖，“一种用于门式起重机自提升系统可塔节自行滑移的机构”获实用新型专利。

2 工法特点

2.1 精度高

设备吊装过程中选用的主吊门式起重机操作控制采用基于 Windows 开发的先进控制系

统，配置无线蓝牙控制模块、GPS 吊装定位等专有技术，可实现远程无线控制。吊装过程中，通过 GPS 吊装定位系统可实现设备位置按毫米进行调整，高精度控制保证设备精准就位。

2.2 质量好

整体安装的安装方法，可以在地面完成主要的焊接、试压等质量检查和控制。与空中分段安装的安装方式相比，避免了高空组对焊接等施工质量难以保证的缺点，设备整体安装质量更有保障。

2.3 工期短

现场只需要完成塔体附体的安装，省去了成片组对等众多制造流程，而且一次整体安装完成，工期大幅度缩短，同时还减少设备吊装区域的基础预留和对安装工程其他专业的影响，保证装置整体施工工期。

2.4 安全性强

设备整体安装，大量的附件全部在地面低空安装完成，有效地减少了现场高空作业，降低施工过程中安全风险。

3 适用范围

本工法适用于炼油、化工、煤化工等装置，设备最大直径 15m、质量 2500～5000t、高度 145m 的超大型塔器和反应器等设备整体安装。

4 工艺原理

本工法采用设备整体到货，在地面完成设备劳动保护、附塔管线等附件的安装后，选用大型门式起重机和履带式起重机，将 2500～5000t 设备一次整体吊装直立，然后利用门式起重机的高精度操作，配合设备调整找正，完成灌浆后再进行内件的安装工作。可有效地缩短施工工期，降低施工成本、提高作业安全性。

4.1 大提升能力的吊装系统

选用的门式起重机提升系统由 4 台国内目前在产最大的 1394t 钢绞线千斤顶组成，在每台千斤顶穿设 90 根钢绞线时，能完成最大 5576 t 吊装质量的提升（图 1）。

图 1 主提升钢绞线系统

4.2 高精度 GPS 吊装定位技术

基准站实时地将数据发送给安装在门式起重机塔架顶部的两台 GPS 接收机，通过观测数据，再根据差分定位原理，实时计算出监测点三维坐标及精度。中央控制系统将监测到的三维坐标换算，对起重机中心与设备基础中心偏差进行实时监测，确保设备吊装精准就位（图 2）。

4.3 5000t 级大吨位吊具系统专利技术

5000t 吊具系统能根据不同的工程需求组合出带旋转机构平衡梁和分离吊点形式，满足直径 15m 以内、质量 2500 ~ 5000t 的设备吊装，其中带旋转机构的吊具能将在吊装载荷 5000t 时实现设备 360° 自由旋转，轻松实现设备方位调整（图 3）。

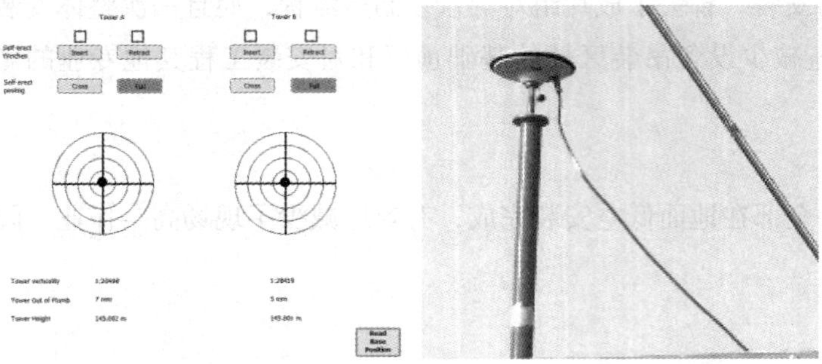

图 2 GPS 吊装定位系统

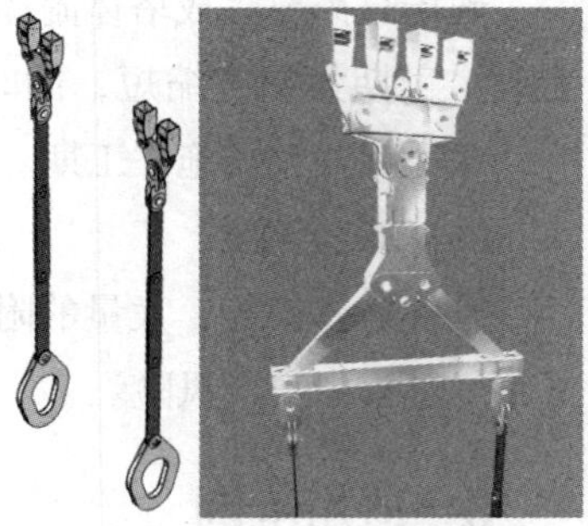

图 3 5000t 级吊具系统

4.4 带载行走技术

门式起重机具有在 5000t 负载情况下，实现塔架整体沿轨道方向纵向行走或提升时系统沿顶部横梁轨道上横向行走的技术，通过两个方向的行走，能调整大型塔器与基础的相对位置，保证设备吊装直立后裙座螺栓孔和基础地脚螺栓精准对正，保证设备顺利就位（图 4、图 5）。

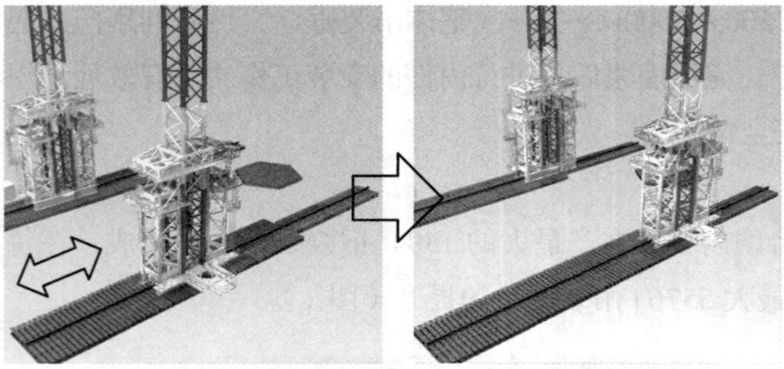

图 4 底部纵向带载行走机构

图 5 顶部横向带载行走机构

5 施工工艺流程及操作要点

5.1 安装工艺流程

设备安装工艺流程如图 6 所示。

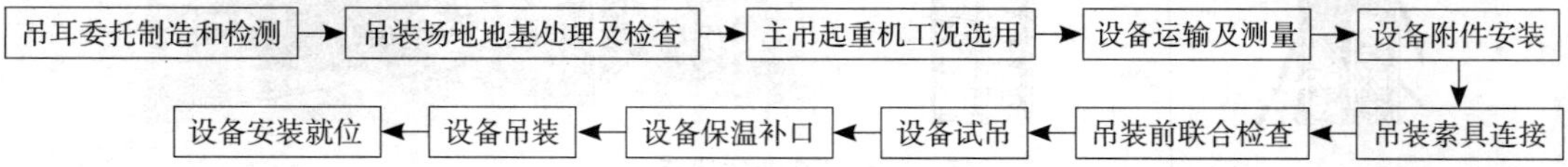

图 6 设备安装工艺流程图

5.2 操作要点

以广东石化抽余液塔安装为例，描述操作要点。

5.2.1 吊耳委托制造和检测

1. 主吊耳设计

根据设备吊装质量和平面布置，主吊耳设计为 1 组 5000t 级的管轴式吊耳（图 7），单个吊耳额定载荷 2500t，设置方位及位置见表 1。

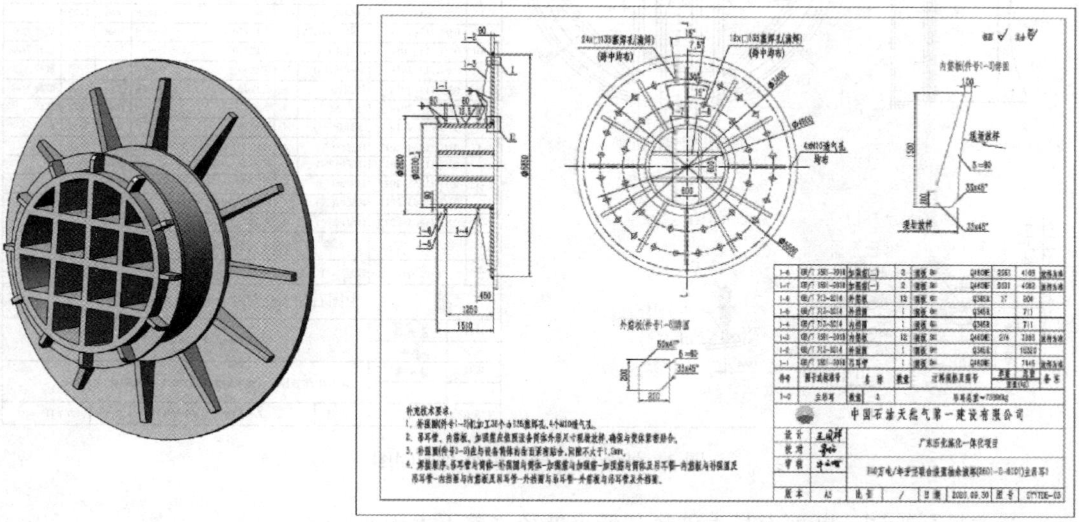

图 7 抽余液塔主吊耳设计图

表 1 主吊耳设置方位及位置表

设备名称	设备位号	吊耳方位	吊耳位置
抽余液塔	2601-C-6001	130° ~ 310°	距塔顶气相出口法兰上端面 31000mm

2. 抬尾吊耳及加固设置

为了减少裙座吊装过程中的局部应力，吊装抬尾吊耳采用 4 个 500t 板孔式吊耳，竖向采用双井字加固，侧向采用 V 形加固（图 8）。设置方位及位置见表 2。

表 2 抬尾吊耳设置方位及位置表

设备名称	设备位号	吊耳方位	吊耳位置
抽余液塔	2601-C-6001	220°，间距 1600mm/1000mm	距地脚环底部端面 1700mm

3. 吊耳检查

吊耳委托设备制造厂进行制造，主吊耳管、抬尾吊耳制造完成后，在与设备焊接前，安排技术人员到设备制造厂对吊耳检查。

（1）吊耳焊接前检查：

①主吊耳、抬尾吊耳定位方位、标高。

②主吊耳、抬尾吊耳外形尺寸。

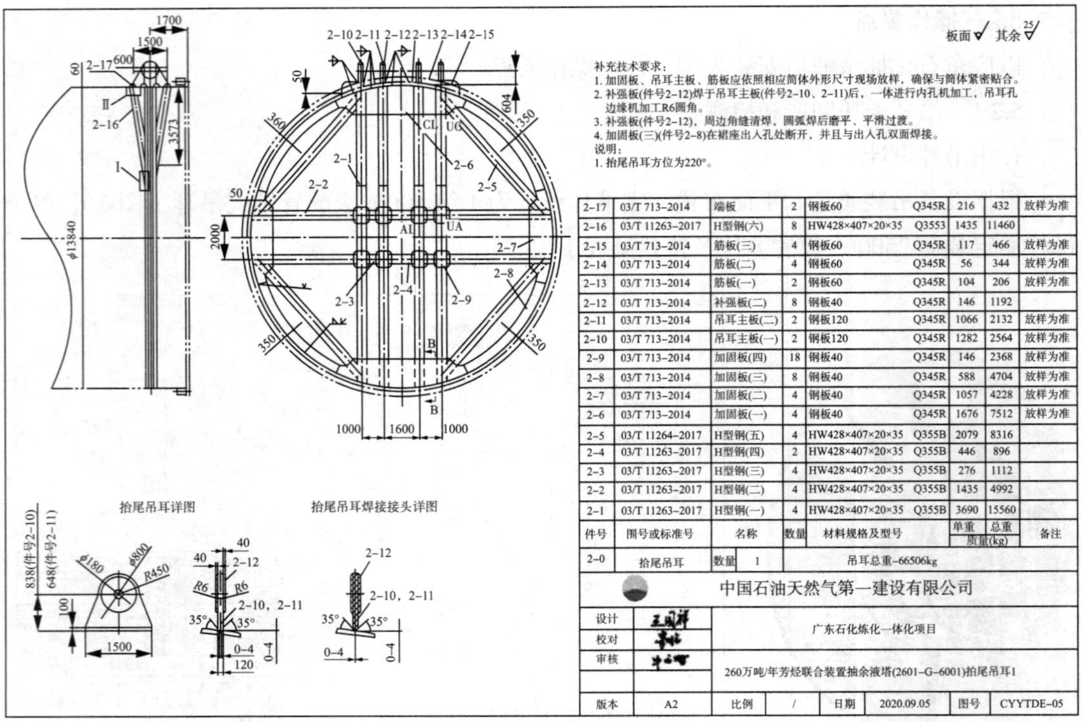

图 8 抽余液塔抬尾吊耳及加固图

③主吊耳管同一断面上最大外径与最小外径之差不大于 4.4mm。

④主吊耳内挡圈与外挡圈之间的主吊耳管表面粗糙度 *Ra* 为 12.5。

（2）吊耳焊接后检查：

①主吊耳轴线与设备轴向中心线垂直度偏差应不大于 0.1°。

②两个主吊耳管同轴度应≤ 5mm。

③抬尾吊耳焊接完毕后，4 件吊耳主板平行度、垂直度应控制在 ±2mm 范围内，4 件吊耳孔中心高度偏差应控制在 3mm 范围内。

5.2.2 吊装场地地基处理及检查

1. 主吊起重机地基处理

主吊起重机吊装作业区域基础与设备基础连为一体，采用桩筏结构基础（图 9），与塔体基础同步设计、施工，施工完成后，组织验收。主吊起重机组装前，在基础表面采用石粉进行二次找平，以满足主吊起重机吊装作业需求。

地基处理需求如下：

（1）地基处理区域：以设备基础中心线为基线，主吊起重机地基处理区域对称分布于基础两侧，单侧地基处理面积 11m×38m。其中，吊装区域单侧处理面积为 11m×20m，拆除区域单侧处理面积为 11m×18m。

（2）基础标高：混凝土筏板基础上表面与周边自然地坪平齐，铺设 50mm 石粉进行找平。

（3）排水沟设置：地基处理完毕后，在地基处理区域外侧周边设置 2m 宽散水坡，四周开挖 200mm 深、300mm 宽的排水沟，引至附近排水系统。

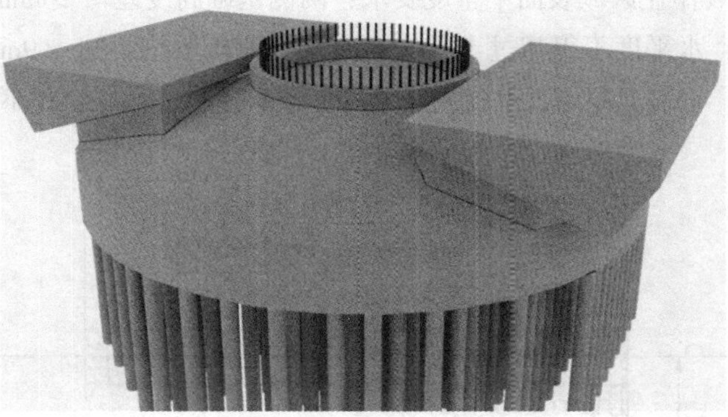

图 9　桩筏结构基础示意图

2. 抬尾起重机地基处理

抬尾起重机吊装作业区域采用毛石换填法进行地基处理，毛石换填材料要求为岩石经爆破后所得的石块，是不成型的石料，处于开采后的自然状态，作为回填材料时粒径大于 200mm 的颗粒含量需超过全重的 50%。材料抗压强度不低于 MU30（图 10）。

地基处理方法为：

（1）以设备基础中心为基准进行定位放线。

（2）以吊装作业区域周边自然地平为基准，开挖 1.5m。扰动区域开挖至原土层，采用原土每层 200 ~ 300mm 分层回填压实，压实系数不小于 0.95，回填至吊装基底标高。

（3）基底采用振动压路机振动压实。

（4）分 3 层回填压实，每层回填 400mm 毛石，铺设 100mm 沙土（顶层铺设 100mm 厚碎石），振动式压路机振动碾压 5 遍。

（5）地基处理完毕后，进行承载力检测。

（6）抬尾起重机吊装作业时铺设专用路基箱。

地基处理完成后，对处理场地进行验收，检查处理面积、平整度、地基承载力实验报告，对于不符合要求的场地进行局部二次处理，确认地基处理场地满足吊装要求。

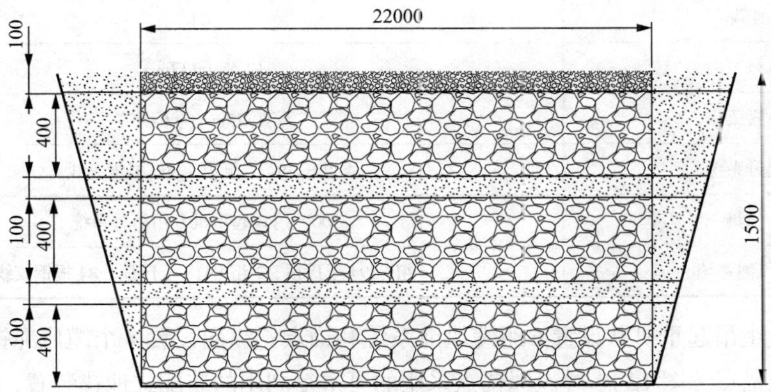

图 10　抬尾起重机吊装区域地基处理截面图

3. 地基检查

主吊起重机吊装作业区域表面平整度要求：两侧基础高度差≤ 20mm；同一侧基础高度差不得大于 20mm，水平度不得超过 1/1000；每块载荷扩散垫（3m×9m）底部的地面平整度≤ 2mm（图 11）。上表面平面水平度允许偏差每米不超过 5mm、全长不超过 10mm。

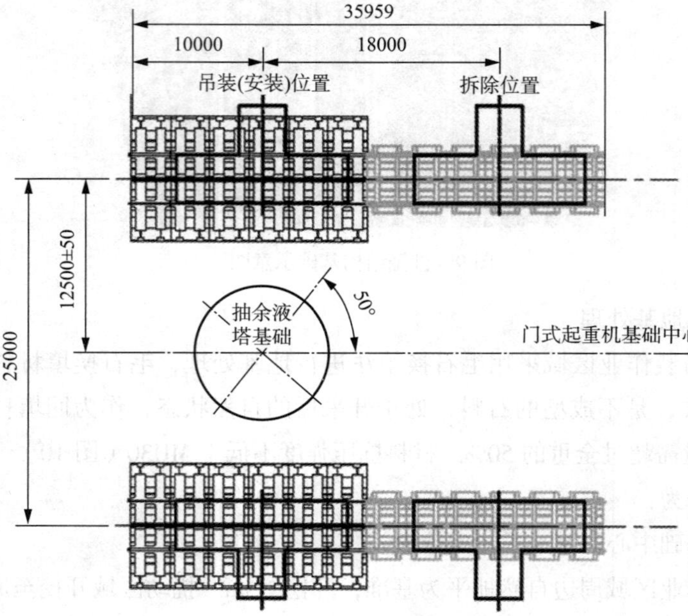

图 11　载荷扩散垫铺设尺寸（单位：mm）

抬尾起重机吊装作业区域地基处理完毕后，表面平整度偏差不大于 30mm。

抬尾起重机吊装作业区域地基处理完毕后，选择 4 处区域（每条履带下方 2 处）进行浅层平板载荷试验，要求地基承载力特征值为 36t/m^2。

5.2.3　主吊起重机工况选用

主吊起重机工况选择见表 3。

表 3　主吊起重机工况

工况	SG1
塔节	12 节（137m）
横梁	跨距 25m（带桁架）
提升系统	4 组 S1394 千斤顶（360 根钢绞线）
吊具	5000t 门式起重机专用吊具系统
缆风绳系统	4 组 S294 千斤顶、2 组 S418 千斤顶（84 根钢绞线）

吊装时，主吊起重机共设置 6 组缆风绳系统和锚点：纵向设置 4 个缆风绳锚点，横向设置 2 个缆风绳锚点（图 12）。缆风绳锚点采用的可重复利用的装配式地锚装置，各锚点位置、缆风绳布置角度、压重如表 4 所示。

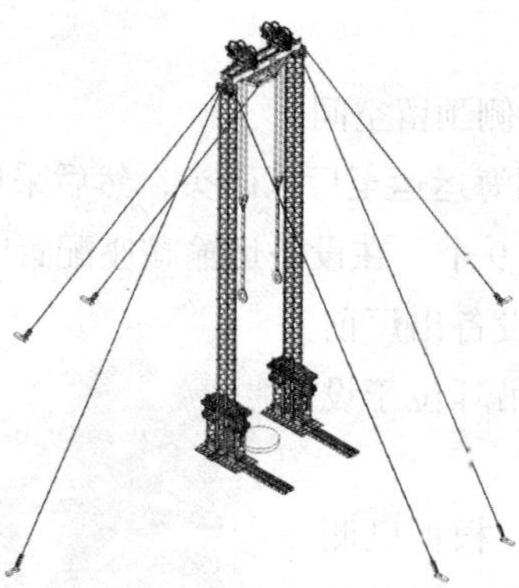

图 12　MYQ 型 5000t 门式起重机 SG1 工况

表 4　各锚点参数表

锚点编号	方位	锚点缆风绳出土点与主吊起重机始吊位置塔架中心距离 /m	各组缆风绳与地面夹角 /（°）	横向缆风绳水平偏移角 /（°）		压重 /t
				设备吊装位置	起重机拆除位置	
锚点 2#	横向	137.6	45.4	3.2	4.4	280
锚点 5#	横向	139.2	45.0	3.8	3.7	280
锚点 1#	纵向	141.8	44.5	—		200
锚点 3#	纵向	138.3	45.2	—		200
锚点 4#	纵向	138.3	45.2	—		200
锚点 6#	纵向	141.8	44.5	—		200

注：各锚点压重质量包含可移动式压置地锚结构质量（5t）。

为了增强锚点稳定性，在地锚前侧设置 4 块压重，每侧 2 块压重（图 13）。

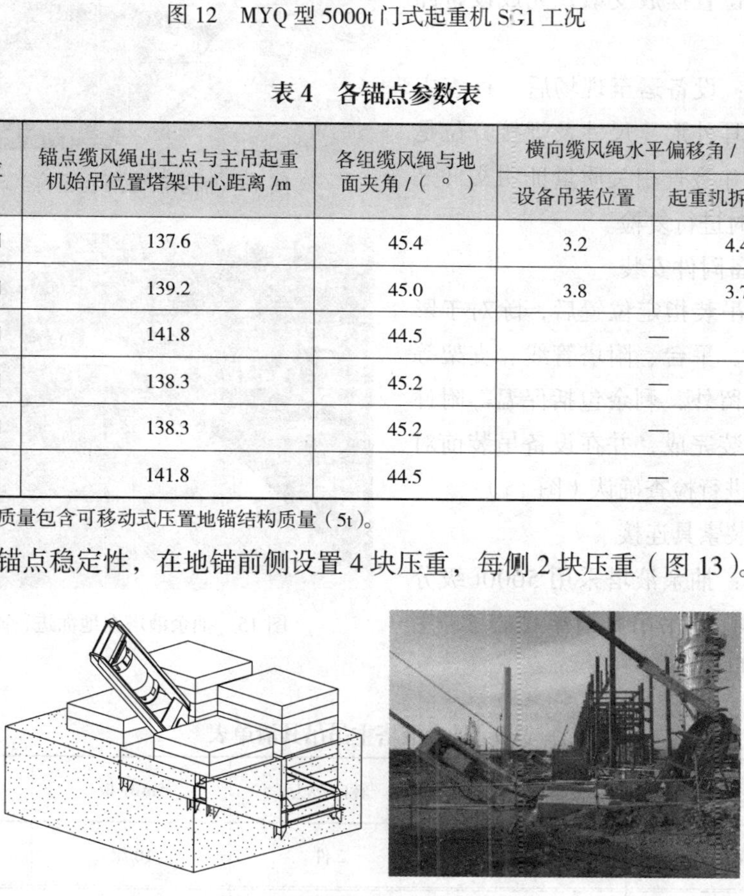

图 13　缆风绳锚点结构示意图

5.2.4　设备运输及测量

设备摆放位置测量放线：设备运输到场前，向设备运输单位提出装车需求，确认设备运输质量、装车方位、设备朝向、鞍座摆放位置等信息与安装方案一致。在吊装场地对设备鞍座及摆放位置进行定位放线，主要标识内容：

（1）设备轴心线。轴心线长度超出设备顶部、尾部的距离不小于 3m。

（2）设备顶部、尾部位置。

（3）设备主吊耳、抬尾吊耳中心线。中心线长度超出设备两侧距离不小于 2m。

（4）设备鞍座位置。

（5）设备运输到位，设备两侧预留空间。

设备运输及卸车：设备采用海运运至厂区码头，然后采用液压轴线车进行滚装卸船及运输（图 14），设备运输鞍座选用 9 个，在设备运输鞍座配置时应考虑到设备的本体强度和避开主要附件平台的安装位置。设备出厂前主吊耳轴线呈水平状态，抬尾吊耳位于设备上方呈竖直状态。

将设备运至吊装指定位置，根据已测量定位的鞍座位置摆放支墩，完成设备卸车工作。

吊耳复测：设备运至现场后，检查主吊耳、抬尾吊耳外形、尺寸及焊接方位是否按图施工，并检查相关质量证明文件是否齐全，必要时进行复检。

图 14　抽余液塔滚装运输至现场码头

5.2.5　设备附件安装

设备运抵吊装指定位置后，除对于影响吊装的直梯、平台、附塔管线、支架等小部分附件预留外，剩余包括保温等附件全部在地面安装完成，并在设备吊装前对预留设备附件进行检查确认（图 15）。

图 15　抽余液塔在地面进行附件安装

5.2.6　吊装索具连接

主吊吊具：抽余液塔采用 5000t 级分体式专用吊具。主吊吊具清单见表 5，主吊吊具示意图见图 16。

表 5　抽余液塔主吊吊具清单表

吊具	主提升固定锚	三角形连接板	转向接头	5m 拉板	2.5m 拉板
数量	4 件	2 件	2 件	10 组	4 组
吊具	吊环	Φ475mm × 740mm 销轴组合件	Φ475mm × 720mm 销轴组合件	Φ475mm × 710mm 销轴组合件	Φ475mm × 800mm 销轴组合件
数量	2 件	2 根	2 根	12 根	2 根

主吊吊环：通过主吊起重机主提升系统的平移和上下提升动作，与设备主吊耳连接。吊环与主吊耳连接后，保证两侧吊环中心线的间距为 14400mm，且每侧吊环与主吊耳内外挡圈间的距离均为 75mm，避免吊装过程中吊环与挡圈接触产生摩擦（图 17）。

抬尾吊具：通过 2 根 GJTΦ240mm × 50m/816t 无接头绳圈、4 个 BK 型 500t 卸扣与 4 件抬尾吊耳连接。采用 1 根 4 点支撑式平衡梁，保证 4 件抬尾吊耳在吊装过程中垂直受力。支撑式平衡梁通过 2 根 Φ30mm × 9m 无接头绳圈、2 件 9.5t 卸扣与抬尾吊钩连接。抬尾索具所用部件见表 6，连接示意图见图 18。

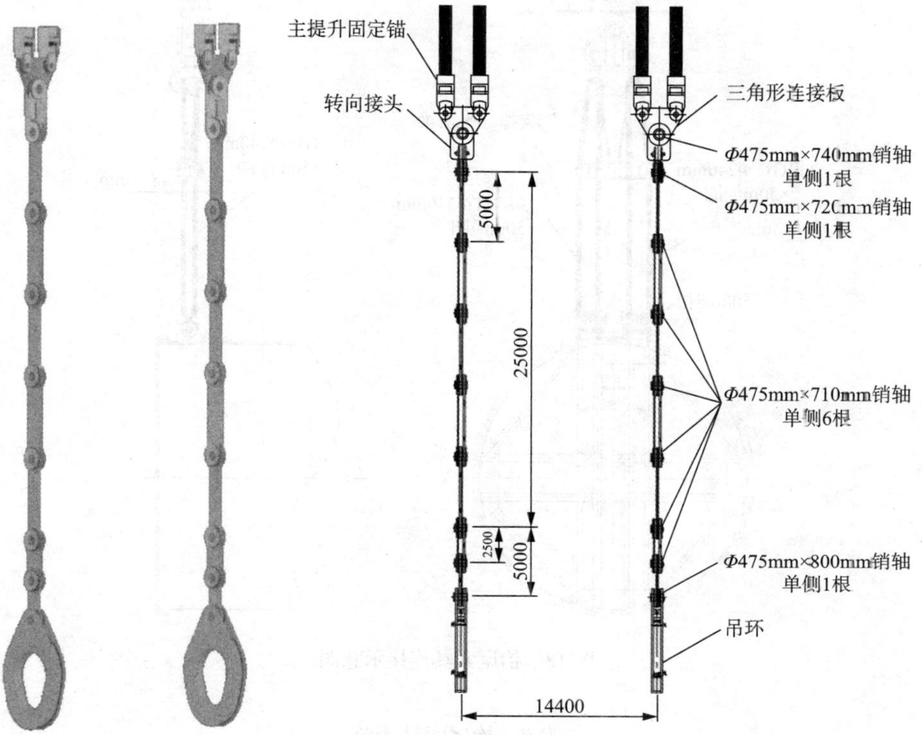

图 16　主吊吊具示意图

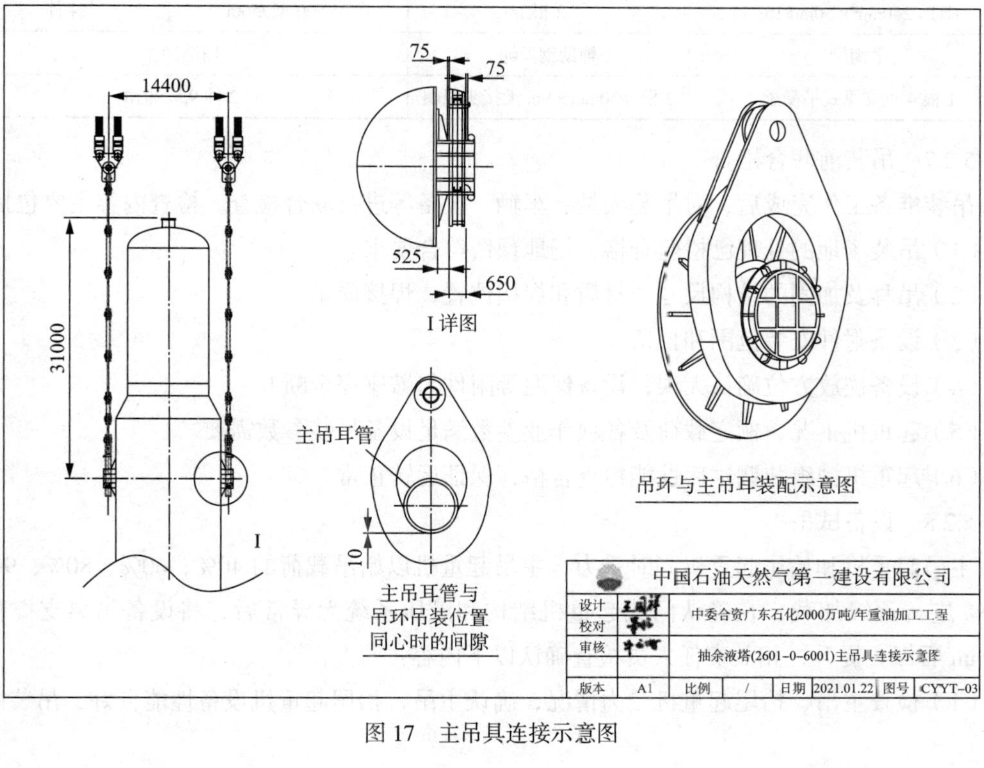

图 17　主吊具连接示意图

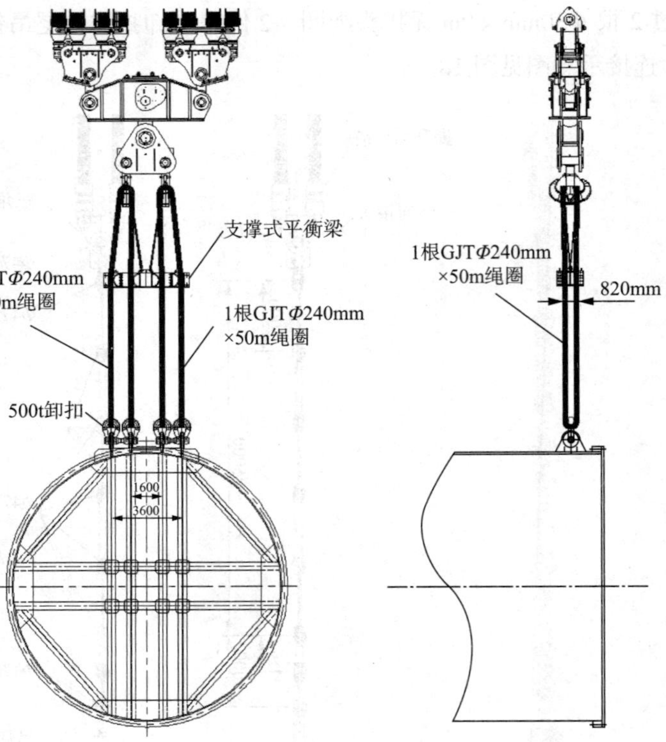

图 18　抬尾索具连接示意图

表 6　抬尾索具清单

无接头绳圈型号 / 单只额定载荷	无接头绳圈数量	卸扣型号 / 额定载荷	卸扣数量
GJTΦ240mm × 50m/816t	2 根	BK500 型 /500t	4 件
平衡梁	辅助钢丝绳	辅助卸扣	
1 根 4 点支撑式平衡梁	2 根 Φ30mm × 9m 无接头绳圈	2 件 9.5t 卸扣	

5.2.7　吊装前联合检查

吊装准备工作完成后，对吊装人员、车辆、设备等进行联合检查。检查内容主要包括：

（1）吊装场地的处理已检验合格，场地预留符合要求。

（2）吊耳及加固的结构尺寸、材质和焊接位置、焊接质量。

（3）设备附件安装范围和预留。

（4）设备摆放方位确认无误，设备保温等附件与鞍座完全断开。

（5）起重机工况、额定载荷及各项作业参数满足设备吊装参数需要。

（6）起重机械组装调试后性能检查合格，保证运转正常。

5.2.8　设备试吊

主吊起重机和抬尾起重机同时受力，主吊起重机以始吊载荷的 40%、60%、80%、90%、100% 进行逐级加载，在确认门式起重机结构和液压系统无异常后，将设备吊离支撑鞍座 200mm 后停止提升，相关责任人员检查确认以下内容：

（1）检查主吊、抬尾起重机受力情况，确认主吊、抬尾起重机设备性能良好，吊装能力能够满足吊装需求。

（2）检查确认吊索具连接合理，额定载荷能够满足吊装需求。

（3）检查主吊吊耳、抬尾吊耳和加固受力情况，确认无异常变形。

（4）检查吊点位置受力情况，确认无异常变形和损坏。

（5）检查主吊起重机地锚受力情况，确认地锚无移位，缆风绳钢绞线额定载荷、地锚压重能够满足吊装需求。

（6）测量塔架受力后整体垂直度和弯曲度的变化情况，垂直度和弯曲度的变化值不超过100mm。

（7）检查主吊、抬尾起重机吊装地基沉降情况，确认无明显沉降。

确认无异常后，安装单位撤离鞍座。

5.2.9　设备保温补口

设备悬空后在尾部摆放临时支墩，主吊及抬尾起重机吊钩同步回落，将设备尾部回落在临时支墩上，进行设备下方鞍座支撑处保温补口、梯子平台等附件安装，附件安装完毕后，撤除临时支墩。

5.2.10　设备吊装

再次确认各项条件满足吊装要求后，相关责任人员签署“吊装命令书”并开始正式吊装。

始吊：主吊起重机、抬尾起重机同时缓慢起升，使设备距离地面 10m，利用辅助履带吊铺设完成抬尾起重机行走路基箱。抬尾起重机缓慢回钩，使设备底部距离地面 200mm 后停止，主吊起重机和抬尾起重机配合操作，主吊起重机平稳提升，抬尾起重机在保证设备底部距离地面 200mm 左右的情况下缓慢向前移动，与主吊起重机提升速度相匹配（图 19）。

中间吊装：主吊起重机继续以 12 ~ 15m/h 速度提升，抬尾起重机随设备缓慢向前行走67m 后停止行走，作业半径由 20m 变幅至 30m，使设备底部高过基础地脚螺栓及导向锥顶部1m，逐渐直立并最终处于竖直状态。整个吊装过程中，抬尾起重机行走速度或变幅应与主吊起重机提升速度相匹配，保证主吊起重机提升钢绞线倾斜量不大于 100mm（图 20）。

图 19　抽余液塔吊装（始吊状态）

图 20　抽余液塔吊装过程

抬尾索具摘除：设备竖直后，抬尾起重机回钩，使抬尾索具不受力，利用辅助吊车逐一吊起每件抬尾卸扣及其连接的钢丝绳，保证卸扣轴处于自由状态，然后采用辅助机械摘除抬尾索具，抬尾起重机退出吊装作业。

5.2.11　设备安装就位

地脚螺栓检查及测量：设备运输摆放到吊装指定位置后，吊装前复测设备裙座螺栓孔中心所在圆直径、相邻螺栓孔中心弦长、螺栓孔直径等尺寸，测量设备基础地脚螺栓中心所在圆直径、相邻地脚螺栓中心弦长、螺栓直径等尺寸，核实对应螺栓孔和地脚螺栓的位置偏差，提前扩大螺栓孔或矫正地脚螺栓，保证安装尺寸相匹配。

垫铁设置：将设备基础地脚螺栓两侧垫铁摆放区域清理打磨平整，每个地脚螺栓两侧对称设置 2 组垫铁，每组垫铁的垫铁基数为 3 块（2 斜 1 平），垫铁高度通过不同厚度和数量的平垫铁进行调整，最多 1 组垫铁组垫铁数量不超过 5 块，使用水平尺对单组垫铁找平，水准仪对垫铁组整体找平。

设备找正、灌浆及内件安装：门式起重机组装时，根据抽余液塔基础位置，采用激光定位技术测量放线，控制门式起重机塔架横向中心线与抽余液塔基础 130°~310° 轴线重合，偏差小于 10mm，调整塔顶两组主提升机构使其与基础 130°~310° 轴线呈对称布置，与抽余液塔两个主吊耳间距相等。

设备摆放到位后，复测设备裙座螺栓孔和基础地脚螺栓所在中心圆直径、相邻螺栓孔中心弦长、螺栓孔直径等尺寸，计算螺栓孔和地脚螺栓的位置偏差，提前矫正，保证安装尺寸相匹配。

吊环与主吊耳连接时，以吊环为重锤，测量塔架顶部吊梁中心线与基础中心线的偏差值，同时用经纬仪、GPS 共同修正测量塔架垂直度，对比分析数据后调整塔架垂直度，使吊梁中心线在设备基础上的投影与两塔架中心连线重合，即设备基础、起重机、和设备三者中心线重合。

设备吊装至直立状态后，通过微调两组主提升机构的起升高度，调整设备在塔架平面内的位置，使裙座螺栓孔平面和基础地脚螺栓平面平行。

主吊起重机通过塔架纵向行走、主提升系统使用横梁上方设置的滑移千斤顶进行横向行走，调整设备与基础的相对位置，使裙座螺栓孔和基础地脚螺栓在 2 个方向对正。

根据上述步骤，调整设备裙座螺栓孔与基础地脚螺栓对正后，主吊起重机采用慢放模式，使设备缓慢、平稳回落至基础垫铁上。

使用 2 台经纬仪从相互垂直的 2 个方向测量抽余液塔设置的垂直度测量点，通过主吊起重机的加载、卸载检查配合设备找正和垫铁调整，对设备垂直度进行调整，设备垂直度满足要求后，将主吊起重机卸载，检查各组垫铁承载面积和接触情况，经检查确认无误后，主吊起重机摘除吊具，退出吊装区域，拆除离场，按规定力矩紧固地脚螺栓，对垫铁组进行隐蔽和点焊，完成设备二次灌浆等安装工作。

设备二次灌浆完成后，按图纸完成设备内件及剩余附件的安装（图 21）。

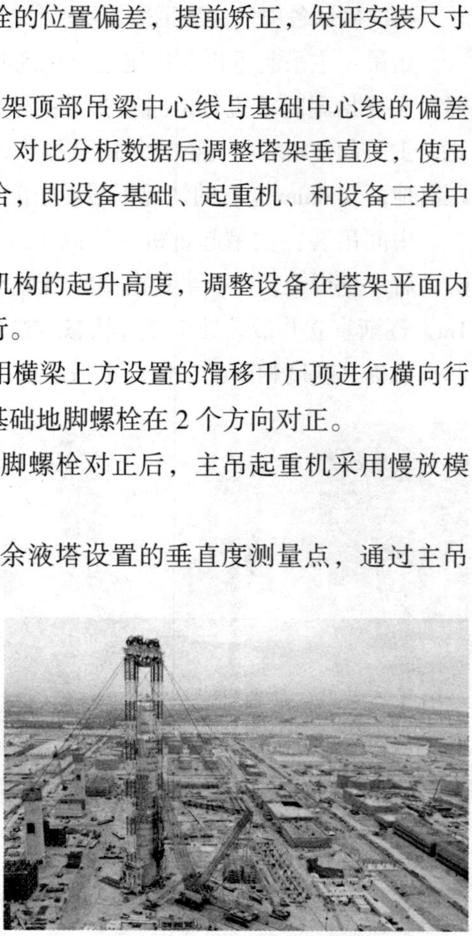

图 21　抽余液塔吊装就位

5.3 劳动力组织

以广东石化抽余液塔安装工程为例，统计劳动力组织情况见表 7。

表 7 劳动力需求计划表

序号	工种	人数	备注
1	起重工	14	吊装指挥和机索具准备
2	起重机操作人员	12	5000t、4000t、400t、150t 起重机操作
3	铆工	6	设备就位
4	管理人员	6	施工、技术、安全及现场管理协调
5	配合工种	20	施工配合

6 材料与设备

以广东石化抽余液塔安装工程为例，统计施工机具设备组织情况见表 8、表 9。

表 8 主要施工机具设备配置计划表

序号	名称	规格 / 型号	单位	数量	用途	进场 / 退场时间	备注
1	门式起重机	MYQ5000t	台	1	主吊	2020.12.26/2021.5.15	
2	履带吊	XGC88000/4000t	台	1	抬尾	2021.4.10/2021.4.30	
3	履带吊	LR1400/2/400t	台	1	安装配合	2021.4.10/2021.5.15	
4	履带吊	SC1500/150t	台	1	安装配合	2021.4.10/2021.5.15	
5	汽车吊	QY50/50t	台	3	安装配合	2021.4.10/2021.5.15	
6	主吊吊具	5000t 级	组	1	主吊吊具	2020.12.26/2021.5.15	
7	无接头绳圈	GJTΦ240mm × 50m/816t	根	2	抬尾索具	2021.4.10/2021.4.30	
8	卸扣	500t	个	4	抬尾机具	2021.4.10/2021.4.30	
9	支撑式平衡梁	3.6m	根	1	抬尾索具	2021.4.10/2021.4.30	
10	卸扣	55t	个	4	设备找正	2021.4.10/2021.4.30	
11	卸扣	35t	个	4	设备找正	2021.4.10/2021.4.30	
12	卸扣	25t	个	6	安装配合	2021.4.10/2021.4.30	
13	卸扣	17t	个	4	安装配合	2021.4.10/2021.4.30	
14	卸扣	12t	个	8	安装配合	2021.4.10/2021.4.30	
15	卸扣	9.5t	个	2	抬尾索具	2021.4.10/2021.4.30	
16	路基箱	8000mm × 2800mm × 280mm	块	70	吊装用	2021.4.10/2021.4.30	
17	钢板	10000mm × 2000mm × 40mm	块	10	吊装用	2021.4.10/2021.4.30	
18	钢丝绳扣	Φ48mm × 16m	根	4	吊装配合	2021.4.10/2021.4.30	
19	无接头绳圈	Φ30mm × 9m	根	2	抬尾索具	2021.4.10/2021.4.30	
20	钢丝绳扣	Φ28mm × 6m	根	4	设备找正	2021.4.10/2021.4.30	
21	吊装带	10t/12m	对	2	配合	2021.4.10/2021.4.30	
22	信号旗	红绿	幅	2	指挥用	2021.4.10/2021.4.30	

续表

序号	名称	规格 / 型号	单位	数量	用途	进场 / 退场时间	备注
23	望远镜	10 倍	部	2	吊装用	2021.4.10/2021.4.30	
24	对讲机	5km	部	12	指挥用	2021.4.10/2021.4.30	
25	经纬仪	ETH-332LA	台	2	设备安装	2021.2.10/2021.5.15	
26	水准仪	DS32	台	1	地基处理	2020.12.26/2021.5.15	
27	卷尺	50m	把	2	测量	2021.4.10/2021.4.30	
28	水平尺	—	个	1	起重机组装	2021.4.10/2021.4.30	
29	倒链	10t/6m	台	4	施工配合	2021.4.10/2021.4.30	
30	千斤顶	16t	个	2	施工配合	2021.4.10/2021.4.30	

表 9　施工手段用材料计划表

序号	名称	规格	单位	数量	用途	进场时间	备注
1	锂基脂	—	kg	10	涂抹吊具连接处	2021.2.1	
2	警戒带	—	m	500	作业警戒	2021.2.1	
3	柴油	—	L	800	5000t 门式起重机动力燃油	2021.2.1	
4	道木	160mm × 220mm × 2500mm	根	100	临时支垫	2021.2.1	
5	棕绳	Φ20mm	m	500	吊装溜绳	2021.2.1	
6	灭火器	干粉	瓶	4	应急物资	2021.2.1	
7	急救箱	—	个	1	应急物资	2021.2.1	
8	铁锹	—	把	2	应急物资	2021.2.1	
9	担架	—	个	1	应急物资	2021.2.1	

7　质量控制

7.1　质量标准

（1）GB 150.1—2011《压力容器》

（2）GB/T 1591—2018《低合金高强度结构钢》

（3）GB/T 3811—2018《起重机设计规范》

（4）GB/T 5082—2019《起重机手势信号》

（5）GB 50007—2011《建筑地基基础设计规范》

（6）GB 50017—2017《钢结构设计规范》

（7）GB 50798—2012《石油化工大型设备吊装工程规范》

（8）GB/T 51384—2019《石油化工大型设备吊装现场地基处理技术标准》

（9）HG/T 20582—2020《钢制化工容器强度计算规范》

（10）HG/T 21574—2018《化工设备吊耳设计选用规范》

（11）JGJ 79—2012《建筑地基处理技术规范》

（12）SH/T 3515—2017《石油化工大型设备吊装工程施工技术规程》

（13）NB/T 47013.1～15—2015《承压设备无损检测》

（14）SY/T 6279—2022《大型设备吊装安全规程》

（15）Q/SY-YGS G 331.13《MYQ 型 5000t 门式起重机安全技术操作规程》

（16）GB 50461—2008《石油化工静设备安装施工质量验收规范》

（17）SH/T 3542—2018《石油化工静设备安装工程施工技术规程》

（18）GB 50205—2020《钢结构工程施工质量验收标准》

（19）GB 50126—2008《工业设备及管道绝热工程施工规范》

（20）GB 50016—2014《建筑设计防火规范》

7.2 质量保证措施

（1）作业前对所有参加吊装作业的人员进行吊装技术交底，使施工人员熟悉整个安装过程、掌握关键控制要点、明确岗位职责。

（2）检查吊索具，吊装用钢丝绳无断丝，其他索具无明显变形、表面磨损等缺陷。

（3）吊装索具连接时，在各吊轴表面、轴孔内部、卸扣轴及吊耳孔内部涂抹锂基脂。

（4）吊装过程中，通过经纬仪及主吊起重机 GPS 系统，对主吊起重机塔架的垂直度和弯曲度进行监控，垂直度和弯曲度变化值不应超过 100mm。根据监测系统反馈的缆风绳拉力值及缆风绳与地平面的夹角值，保证同一平面内的水平分力相等。各千斤顶提升速度应保持一致。监测设备在上升过程中，当吊耳之间连线的水平度超过设备直径的 1/200 即 64mm 时，应停止提升，重新调整好水平度后再继续提升。

（5）相邻两组垫铁中心距不大于 500mm，垫铁应露出设备支座底板边缘 10～30mm，垫铁组伸入支座底板长度应超过地脚螺栓。

（6）垂直度测量不应在一侧受阳光照射或风力大于 4 级的条件下进行，垂直度允许偏差值为 H/1000 且不大于 50mm（H 为高度）。

（7）地脚螺栓的螺母和垫圈齐全，锁紧螺母与螺母、螺母与垫圈，垫圈与设备底座间的接触应良好，紧固后螺纹露出螺母不少于 2 个螺距。

7.3 质量控制要点

质量控制要点如表 10 所示。

表 10 质量控制要点

序号	检查部位	检验项目	控制指标	检验时机、频次	检验工具、方法
1	吊耳	吊耳外形尺寸	符合设计要求	吊耳焊接前	钢尺检查
		吊耳外径差	≤ 4.4mm	吊耳焊接前	钢尺检查
		吊耳焊接质量	符合设计图纸	吊耳焊接后	无损检测
		吊耳高度差	≤ 3 mm	吊耳焊接后	钢尺检查
2	地基	地面平整度	≤ 20mm	地基处理后	水准仪检查
		地基承载力	满足方案要求	地基处理后	浅层平板载荷试验

续表

序号	检查部位	检验项目	控制指标	检验时机、频次	检验工具、方法
3	起重机	起重机性能	各项性能正常	起重机组装后，设备吊装前	起重机运行检查
4	设备摆放定位	设备摆放轴线及吊耳位置中心线	≤ 50mm	设备到场前	经纬仪和盘尺检查
5	设备附件	设备附件预留	满足吊装需求	设备附件安装前、吊装前	观察检查
6	吊装索具	吊环与主吊耳外挡圈间距	≥ 75mm	索具连接后	钢尺检查
		索具受力	受力均匀	索具连接后	观察检查
7	地脚螺栓	外观检查	无损坏、无锈蚀	设备安装前	观察检查
		紧固后检查	螺母和垫圈配套齐全，螺母、垫圈与设备底座间接触良好	螺栓紧固后	观察检查、锤击检查
8	垫铁	相邻垫铁组中心距	≤ 500mm	设备安装前	钢尺检查
		垫铁组高差	± 5mm	设备安装前	水准仪检查
9	设备安装	标高	± 5mm	设备安装后	水准仪检查
		垂直度	≤ 50mm	设备安装后	经纬仪、钢尺检查

8　安全措施

8.1　安全标准

（1）GB 2894—2008《安全标志及其使用导则》

（2）SY/T 6279—2022《大型设备吊装安全规程》

（3）JGJ 46—2005《施工现场临时用电安全技术规范》

8.2　安全保障措施

（1）吊装作业前，主吊起重机的控制线路应正确连接，控制电脑与各动力包 CAN 节点通信正常，并明确各 CAN 节点所控制的千斤顶的 ID 地址及实际分布位置；急停系统、GPS 系统、监控系统均正常工作。控制系统配置不间断电源设备（UPS）。

（2）吊装作业现场设置警戒区和紧急集合点，并设置指示标牌。警戒区域设置警戒线并做好“无关人员禁止入内”的标识，由专职 HSE 管理人员现场监督。

（3）附件安装期间，安装单位应采取有效措施保护门式起重机控制系统、液压系统、结构系统和吊索具、吊耳及加固等免受损伤。

（4）吊装过程中，设置专人对主吊起重机提升钢绞线垂直度以及各缆风绳锚点进行监控，随时调整抬尾起重机行走或变幅速度，保证主吊起重机提升钢绞线倾斜量不大于 100mm。主千斤顶在使用过程中如发现个别钢绞线有松弛现象时，应立即停止提升并分析原因，同时应采取措施调整正常后，方可继续提升。

（5）抬尾起重机行走时，吊物距地高度 200mm 左右，整机水平度≤ 0.3°。设专人对起重机机体、行走路面及周围障碍物进行监控，以保证起重机的行走安全。

9 环保措施

9.1 环保法规、规范

（1）GB 12523—2011《建筑施工场界环境噪声排放标准》

（2）GB 16297—1996《大气污染物综合排放标准》

9.2 环保保障措施

（1）在起重机备用油料存放区域采取保护措施，在油桶下方放置防渗漏托盘，在油桶上方敷设防雨布，防止油料泄漏对起重机及地面污染。

（2）缆风绳地锚采用移动式地锚，只需在地锚设置位置开挖基坑，放置可拆卸地锚架和配重块，不需要浇筑混凝土，既节省材料，又能减少对原土的扰动。

（3）门式起重机动力系统为移动式动力泵站，各泵站排气口设置消音管，可有效减少噪声污染。

10 效益分析

2500 ~ 5000t 大型塔器设备安装工法在广东石化 260 万 t/a 芳烃装置抽余液塔整体安装作业中得到了成功应用，通过对人工费、机械费进行成本核算，与常规施工工艺相比，节约费用 465 万元，详见表 11、表 12。

表 11 经济效益对比分析表

施工方法	常规施工工艺	新施工工艺
施工工期	抽余液塔分 3 段到货，各段筒体附件安装、吊装组对时间共需 90 天	抽余液塔整体到货，附件安装、吊装就位时间共需 50 天
人工费	起重工及现场管理人员共计 80 人， 人工费：80 人 ×90 天 ×500 元 /（天·人）=360 万元	起重工及现场管理人员共计 58 人， 人工费：58 人 ×50 天 ×500 元 /（天·人）=145 万元
机械台班费	4000t 吊车机械台班使用费 =40 台班 ×10 万元 / 台班 =400 万元 2000t 吊车机械台班使用费 =60 台班 ×6 万元 / 台班 =360 万元 机械台班费共计 760 万元	5000t 吊车机械台班使用费 =30 台班 ×15 万 / 台班 =450 万元 4000t 吊车机械台班使用费 =6 台班 ×10 万 / 台班 =60 万元 机械台班费共计 510 万元
合计	360 万元 +760 万元 =1120 万元	145 万元 +510 万元 =655 万元

表 12 与常规的施工方法对比主要技术指标评价表

序号	施工方法	施工工期	发生费用	环保效果	节能效果	经济效益
1	常规施工工艺	90 天	1120 万元	施工周期长，机械使用能耗大，产生的尾气排放量多。现场组对焊接量大，产生的焊接烟尘污染环境	施工周期长，施工采用机械设备、起重设备造成的电能以及机械使用能源消耗大	人工费 360 万元 机械台班费 760 万元
2	新施工工艺	50 天	655 万元	模块化以及工厂化预制程度高，机械使用率高，施工周期短，机械能耗小，尾气排放量小。现场焊接量小，可减少焊接烟尘环境污染	施工周期短，机械效率高，施工采用机械设备、起重设备造成的电能以及机械使用能源消耗相对较小	人工费 145 万元 机械台班费 510 万元

11 应用实例

实例一：广东石化炼化一体化项目

广东石化炼化一体化项目炼油区 260 万 t/a 芳烃联合装置抽余液塔安装，设备高度 116m，设备直径 13.8m，吊装质量 4606t。采用 2500～5000t 大型塔器设备安装工法进行整体安装，于 2021 年 4 月顺利完成整体安装作业，合计节约成本 465 万元（图 22）。

实例二：恒力石化（大连）炼化有限公司 2000 万 t/a 炼化一体化项目

恒力石化（大连）炼化有限公司 2000 万 t/a 炼化一体化项目大型设备统一吊装服务工程（B 标段），芳烃联合装置 1# 二甲苯塔设备高度 113.1m，设备直径 12m，吊装质量 2638t。采用 2500～5000t 大型塔器设备安装工法进行整体安装，于 2018 年 6 月顺利完成整体安装作业，合计节约成本 132.5 万元（图 23）。

图 22 广东石化炼化一体化项目——抽余液塔吊装

图 23 大连恒力项目——二甲苯塔吊装

厚壁奥氏体不锈钢管道埋弧自动焊预制安装工法

韩廷檀　董浩杰　刘清涛　张　凯　卫高腾

中国石油天然气第一建设有限公司

1 前言

随着炼油化工装置逐渐趋向于设计大型化、安装模块化、生产节能化，大直径、厚壁奥氏体不锈钢管道在石油化工行业有着越来越多的应用，特别是在大型加氢装置中应用更加普遍。厚壁奥氏体不锈钢管道焊接要求高、焊接工作量大、工期紧，传统的手工焊很难满足业主的要求。埋弧自动焊作为一种操作简单、焊接合格率高的焊接方法逐渐在项目现场施工中应用，但厚壁奥氏体不锈钢管道埋弧自动焊在充氩效率、坡口加工效率、层间温度控制、特殊结构管道焊接等方面还有提升的空间。

中国石油天然气第一建设有限公司在广东石化炼化一体化项目 370 万 t/a 加氢裂化装置，330 万 t/a 柴油加氢Ⅰ、Ⅱ装置，80 万 t/a 焦化石脑油加氢装置厚壁奥氏体不锈钢管道施工中，采用耐高温气囊充氩、数控等离子切割机和坡面坡口机、循环水降温等技术，对厚壁奥氏体不锈钢管道埋弧自动焊不间断进行，提高了施工效率、缩短了施工工期，取得了良好效果。通过总结和梳理，形成“厚壁奥氏体不锈钢管道埋弧自动焊预制安装工法”，本工法施工工艺合理、质量和安全保证、成本节约，得到了业主方的认可，同时对以后类似工程施工具有重要指导意义。

该施工核心技术“一种高效低耗管道焊接内保护装置”获得国家发明专利、“一种弯头转动内部冷却管路防扭结装置”已受理国家发明专利申请。

2 工法特点

2.1 焊接质量高

本工法采用数控等离子切割机和端面坡口机，坡口加工质量好；采用气囊制作充氩室，充氩效果好；循环水降温效果好，埋弧焊合格率高，焊接质量高。

2.2 焊接工效高

本工法采用数控等离子切割机和端面坡口机进行管道坡口加工，坡口加工效率高；采用气囊制作充氩室，拆装效率高；采用循环水降低层间温度，降温效果好、降温工装能实现快速拆装。

2.3 节约人力

本工法采用循环水降低层间温度，能实现埋弧自动焊连续作业；埋弧焊效率远超手工焊，能节约大量手工焊焊工。

2.4 作业环境好

埋弧焊作业无弧光辐射，配备除尘设备，作业环境好。

3 适用范围

本工法适用于径厚比＜ 20 的奥氏体不锈钢管道埋弧自动焊预制安装施工。

4 工艺原理

4.1 气囊封堵充氩技术原理

管道背部充氩采用耐高温气囊封堵的方法，能快速制作充氩室，充氩密封效果好，并实现快速拆装，提高了充氩质量和效率。

4.2 氩弧打底工艺原理

为了保证焊接管段吊装时不开裂，氩弧焊打底两层再进行埋弧焊施工；为了确保背部不被氧化，两层氩弧焊过程中，须持续保持背部充氩。

4.3 焊缝循环水冷却工艺原理

埋弧自动焊焊接速度快，奥氏体不锈钢导热慢。为了快速降温，保证焊接过程中层间温度不超过 150℃，焊接过程中采用焊道背部循环水降温的方法进行持续降温，很好地保证了层间温度要求。

5 施工工艺流程及操作要点

5.1 施工工艺流程

施工工艺流程如图 1 所示。

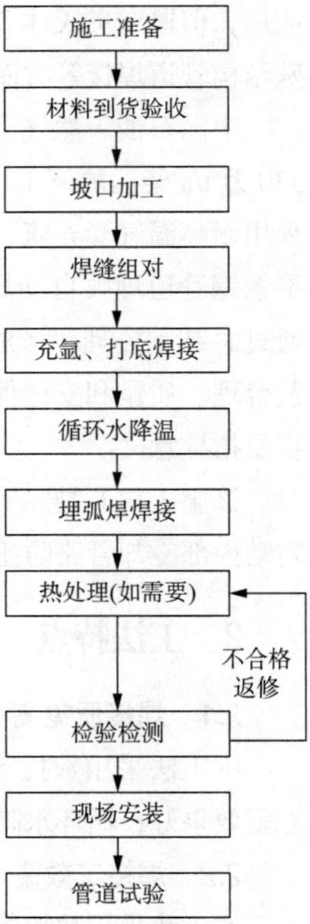

图 1 施工工艺流程图

5.2 操作要点

5.2.1 施工准备

1. 设备准备

等离子切割机、端面坡口机、氩弧焊机、埋弧焊机等设备依次顺序布置，便于物料流转，减少交叉作业。

作业区域配备行车，用于吊装作业，行车大小根据管段质量选型，确保使用安全。还需配备除湿机及远红外焊剂烘干箱，以满足焊材管理要求。

2. 人员准备

所有参与厚壁不锈钢焊接的焊工必须有相应的资质证件，并通过项目组织的焊工入场考试，由公司焊接技能专家和项目焊接工程师对焊工进行焊接前的理论指导，重点讲解厚壁奥氏体不锈钢的材料特性、焊接性能、焊接工艺及常见缺陷的预防措施。

对所有参与厚壁奥氏体不锈钢焊接的人员进行技术交底。参与交底的人员包括焊材烘干员、管工、电焊工、行车操作员等，交底的内容包括焊材选用及要求、保护气体要求、管道组对要求、焊接工艺要求、焊接质量要求、验收标准等。

3. 工装准备

根据需要焊接的焊缝规格和数量，准备适量的耐高温气囊、6mm 硅胶板、2mm 不锈钢板、水泵、循环水管等材料，用于制作充氩工装和循环水降温工装。

（1）充氩工装准备

充氩室采用耐高温、弹性好的硅胶缩颈球体气囊作为主要结构制作，包括耐高温缩颈球体、充气管、带开槽的环形分流器及与之相连的挡板和过滤网；充氩装置能耐 350℃高温，且一套工装适用的管径可在较大范围内变化（±100mm）。

硅胶球不使用黏结材料封堵缝隙，安装、取出方便快捷。充气 1 分钟即可完成密封，安装速度快，减少焊前准备时间；取出时，泄压使气球体积大幅减小，避免在弯头和管件处卡住无法取出，造成充氩工装损坏或管内遗留。

球体设计成缩颈状，保证气室空间最小化，减少氩气损失，缩短充氩时间。在缩颈处采用开槽环形充氩管外加滤网进行多级整流，保证气体均匀快速达到所需浓度。环形分流器开有宽度和深度不等的槽，利于排出翼板与耐高温缩颈球体之间的空气，增加排气效果，不产生紊流，提高保护气的纯度。

充氩室采用气囊封堵，气囊充氩室制作如图 2、图 3 所示。

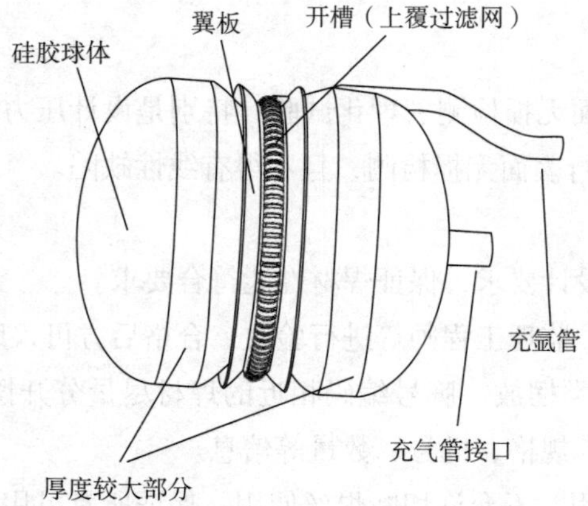

图 2　缩颈球体气囊充氩室制做图

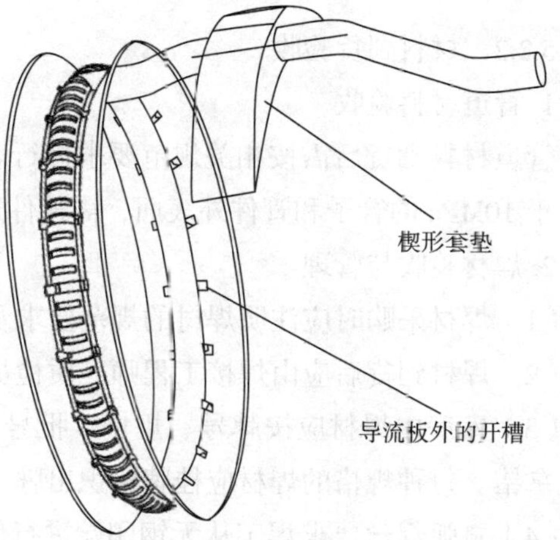

图 3　分流器详图

（2）循环水降温工装准备

采用循环水冷却法进行层间温度控制，工装主要是采用水箱、水泵、循环水管、管道密封装置及防旋转打结装置来实现不锈钢埋弧自动焊过程中的层间温度控制（图 4）。水箱大小约 1.5m³，水泵功率 750W，水箱和水泵固定在轮式小车上，便于移动；循环水管采用 Φ25mm

钢丝骨架软管，保证良好的流通性；管道密封装置采用 2mm 不锈钢板和 6mm 硅胶板组成。

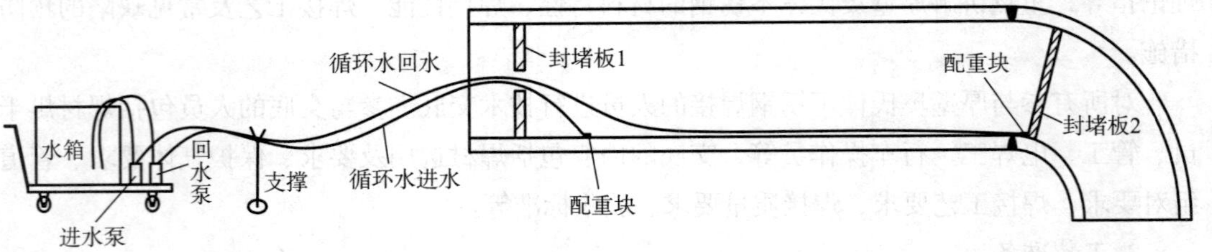

图 4　循环水降温系统图

封堵装置基体构架采用 2mm SS201 不锈钢板制作，在减轻质量的同时也能保证一定的刚度。密封板采用 6mm 硅胶板制作，连接螺栓为 M6 × 40mm 不锈钢或镀锌螺栓，把手采用 *DN*50mm 不锈钢或镀锌 U 形螺栓制作（图 5）。

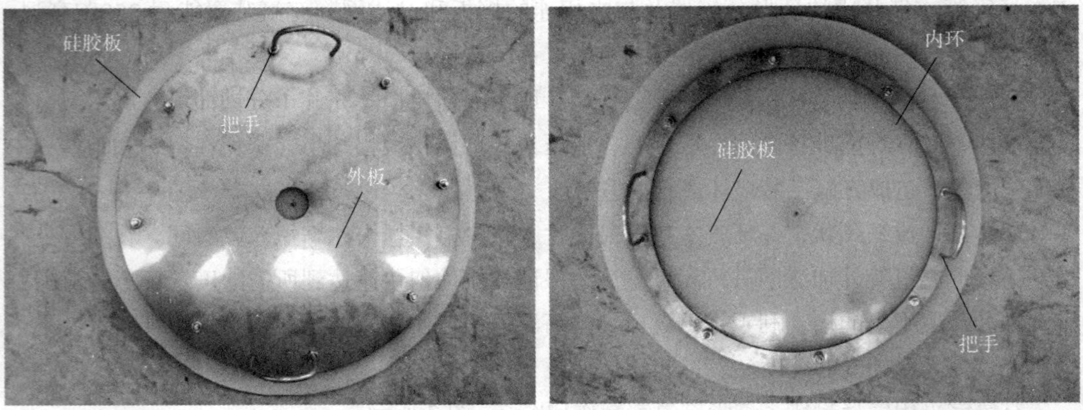

图 5　封堵装置结构图（正反面）

5.2.2　材料到货验收

1. 管道材料验收

管道材料到货后需按相关规范要求进行表面无损检测、理化试验，特别是设计压力大于或等于 10MPa 的管子和管件外表面，需逐件进行表面无损检测，且不得有线性缺陷。

2. 焊材验收与管理

（1）焊材采购时应注明焊材的规范要求及设计要求，保证焊材性能符合要求。

（2）焊材到货后应由焊接工程师、质检员、监理工程师等进行验收，合格后方可入库。

（3）库房内焊材应按牌号、规格、批号分类摆放。牌号编码相近的焊材尽量分开摆放，以免拿错。每种规格的焊材应挂牌标识出牌号、规格、批号、数量等信息。

（4）氩弧焊丝要求焊工从无钢印端进行使用，不允许切断焊丝使用，保证所有可用的焊丝都有钢印标识，避免焊丝用错。当拆完包装的埋弧焊丝盘上无标识时，应增加标识，避免错用。

（5）焊剂烘干温度、烘干时间、待用温度应按焊剂使用说明书执行，埋弧焊丝和焊剂应按厂家配套的批号组合进行使用。

（6）焊剂烘干应有专人负责，焊材烘干员应掌握烘箱设置及基本操作流程，按操作规程烘烤并做好记录。

（7）项目应制定焊材使用管理规定，明确焊材发放程序和要求。焊材应按每 4h 发放一次的规则进行，对于领用超出规定时间的焊材进行回收并再次烘干后才能使用。回收的焊剂和新焊剂混合使用时，旧焊剂的质量分数不应大于 50%，一般控制在 30% 左右。

（8）焊工领用焊材时应填写焊材领用卡（图 6），领月卡上明确焊材使用部位、母材材质、焊材牌号、规格、数量、使用单位、焊工姓名、焊工号、领用日期等信息。焊材领用卡应经相关技术人员审核后才能生效。

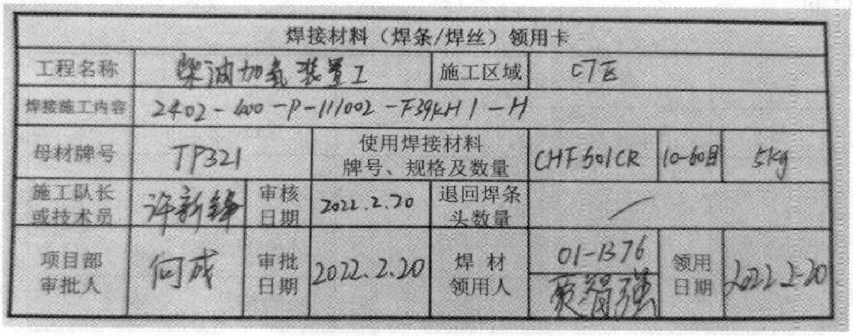

焊接材料（焊条/焊丝）领用卡

工程名称	柴油加氢装置Ⅰ			施工区域	C7区	
焊接施工内容	2402-600-P-11002-F39KH1-H					
母材牌号	TP321		使用焊接材料牌号、规格及数量	CHF301CR	10-60目	5kg
施工队长或技术员	许新锋	审核日期	2022.2.20	退回焊条头数量	/	
项目部审批人	何成	审批日期	2022.2.20	焊材领用人	01-1376 袁超强	领用日期 2022.2.20

图 6　审批完成的焊接材领用卡

5.2.3　坡口加工

厚壁管道由于壁厚大、材质特殊、双 V 形坡口加工要求高，采用等离子切割下料、机械加工坡口方法进行，主要设备为管道数控等离子切割机和管道数控端面坡口机。

厚壁管道采购成本高，采购裕量小，下料前一般需要按照轴侧图和管子到货长度进行排版，以减少焊缝数量。把到货的每根管子按材质规格编号，再根据排版图列出每根管子的下料长度，下料班组根据下料长度清单进行切割下料。

厚壁不锈钢管道坡口根据壁厚不同按图 7 和图 8 进行加工。

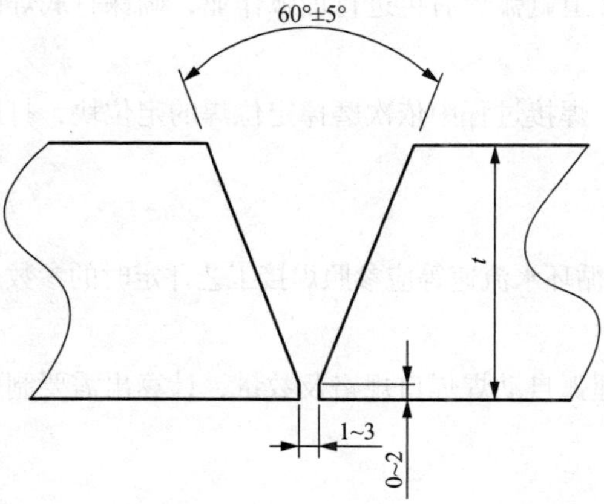

图 7　壁厚 $t \leqslant 19$mm 坡口加工图

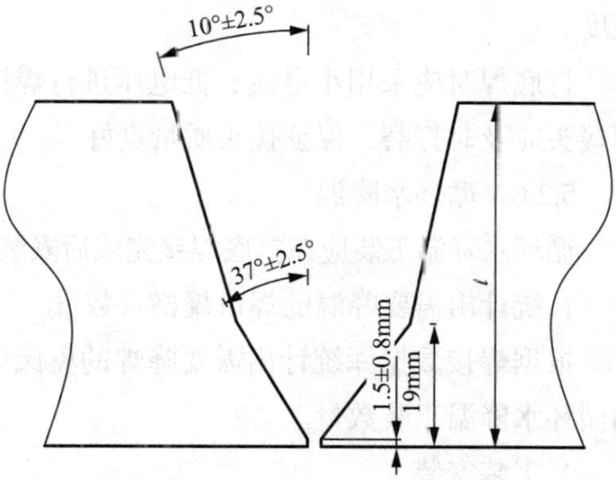

图 8　壁厚 $t > 19$mm 坡口加工图

5.2.4　焊缝组对

厚壁管道定位焊采用坡口内加定位块的方法，与母材焊接的定位块、工、卡具的材质应与管道母材相同或同一类别，当使用与母材不同类别的定位块、工、卡具时应堆焊一层过渡层，拆除工、卡具时不得损伤母材，拆除后将残余焊疤打磨修整至与母材齐平。不锈钢零部件组对时，不得在其表面使用碳素钢工、卡具，半成品存放时也要注意与碳素钢隔离，防止其腐蚀。

当壁厚不大时，组对后的定位焊采用根部定位焊。定位焊焊接工艺与正式焊接工艺相同。

作为正式焊接组成部分的定位焊焊缝长度宜为10～15mm，点数不少于4点，焊缝应均匀分布，焊缝应保证焊透及熔合良好，且无气孔、夹渣等缺陷。

在焊缝边缘100mm处用无氯记号笔标注焊缝标识（图9），包括管线号、焊缝编号、焊工号及焊接日期。

管线号	单元号—介质—管道编号	装置区域	单元号—区号
材质		规格	
炉批号	母材A 母材B	焊口号	
焊工号		施焊日期	
质检人		检测方法	

图9 焊缝标识图

5.2.5 充氩、打底焊接

不锈钢打底焊采用背面充氩保护工艺，以避免焊缝根部氧化。氩弧焊打底焊接2道，期间需持续背部充氩保护。

统计出需要充氩焊的焊口规格和数量，计算出需要制作的充氩工装规格及数量。

充氩时首先将分流器置于硅胶球缩颈处，使分流器对正焊缝，连接好充氩管和硅胶球充气管，先充入空气使硅胶球贴合管道内壁，形成密闭气室，然后打开充氩管，稍后即可开始焊接，焊至收尾处剩余10mm左右时，关闭充氩气体完成封口焊接。

当充氩打底焊采用氩弧焊的方法，且完成2道氩弧焊后再进行埋弧作业，确保打底焊的强度。

打底焊时应采用小电流、低电压进行焊接，焊接过程中依次磨掉定位焊的定位块，打底焊接头应及时打磨，保证接头质量良好。

5.2.6 循环水降温

循环水降温工装应在打底焊接完成后安装，循环水流速等应参照焊接工艺评定时的参数。

1. 统计出需要降温的焊口规格及数量

根据焊接数据库统计出需要降焊的奥氏体埋弧自动焊焊口规格及数量，计算出需要制作的循环水降温工装数量。

2. 工装安装

完成打底焊的焊缝进行管道封堵装置安装，封堵板按方向安装（图10）。在同一规格不同壁厚的管道中使用封堵板，当壁厚较大（管内径较小）时外板在内侧，内环在外侧；当壁厚较小（管内径较大）时外板在外侧，内环在内侧。

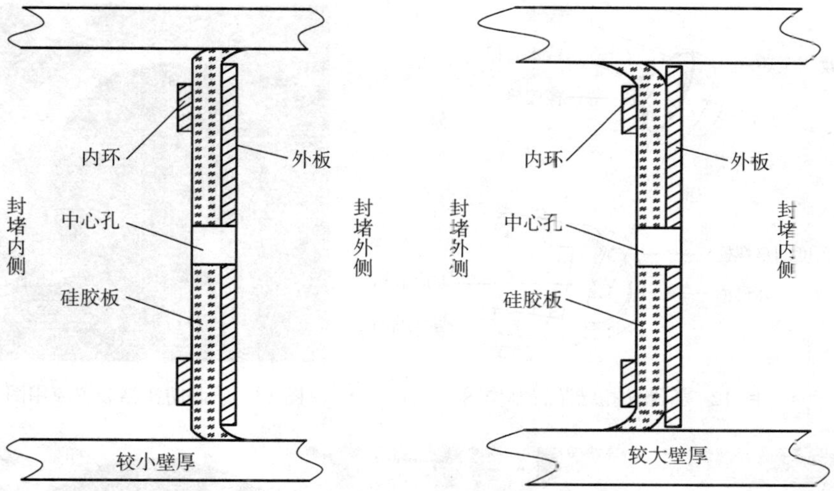

图 10　同管径不同壁厚管道封堵板安装示意图

封堵装置固定采用 3 个固定螺栓，3 个螺母沿圆周对称固定在外板上，通过螺柱的紧固来固定密封装置，可以实现快速安装和拆除（图 11）。螺栓可以用碳钢螺栓，螺柱顶部和不锈钢管道接触的位置增加不锈钢堆焊层，避免对不锈钢管道污染。

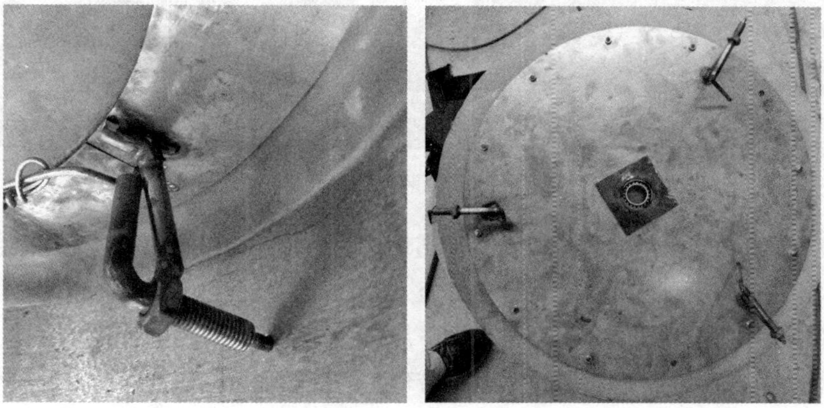
图 11　封堵装置紧固做法

对于弯头等其他结构形式的管段焊接时，管内的循环水会在弯头朝向下时在弯头处聚集，从而对封堵板产生一定的冲击力，所以在弯头侧的封堵板需要提前紧固好，且固定在接近焊道 15cm 处。

进出水侧的封堵装置需预留中心孔安装轴承，另一侧不需预留中心孔。

封堵板制作时需两面都安装把手，便于操作。

循环水管路防旋转扭结装置采用轴承和卡扣实现（图 12、图 13），通过调整卡扣与弯头的结合角度，可释放径向拉力，使内部封堵和弯头端部卡扣上的轴承均有良好的随转性能，不易出现卡顿现象，此防扭结装置可适用于直管段，也可适用于弯头结构焊件。

3. 循环水通水

焊缝水冷工装安装见图 14，安装完成后用行车把管段吊装到焊机上，调整好焊机托架的

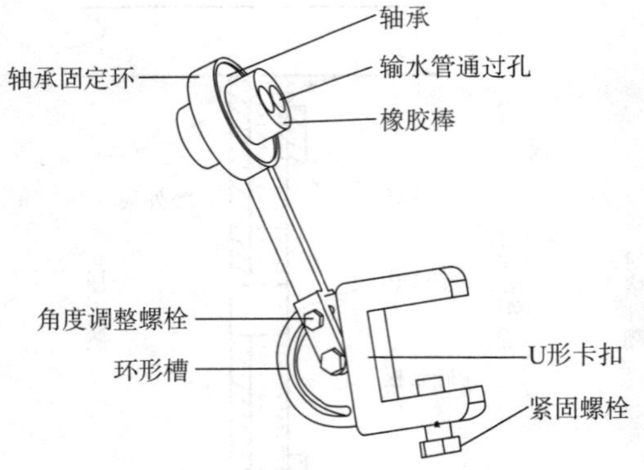

图 12 管路防扭结装置制作图

图 13 管路防扭结装置应用图

图 14 封堵装置安装示例

位置，安装好焊机二次线，调整好焊枪。管道固定好后打开控制阀门，接通用于层间温度控制的循环水，检查有无漏水现象；当水位升至 1/3 左右管径时开始焊接作业。

进水管和出水管应位于冷却焊缝的两侧，加强管内循环水的流动性。

循环水的水位以管内径 1/3 高度为宜，带弯头的管段水位应适当降低，以减小水流在管段旋转时对封堵装置的冲击。

5.2.7 埋弧焊焊接

1. 焊接参数选择

埋弧焊焊材及工艺参数应按照焊接技术交底工艺卡进行选用。

根据焊接工艺规程把不同类型（材质、壁厚、管径等）焊缝的焊接参数预存到焊机中，焊接时从焊机操作面板上进行选择即可，也可在选择后进行适当的调整再进行焊接。

管道埋弧焊的焊接位置为平焊位置，由于熔池在工件转动时有向后旋转的倾向，所以焊嘴要调整到焊件中心位置偏向熔池前方 15 ~ 30mm 左右（图 15），焊接过程中熔池经过中心位置时刚好凝固，焊缝成形好。当工件转速增大时，焊

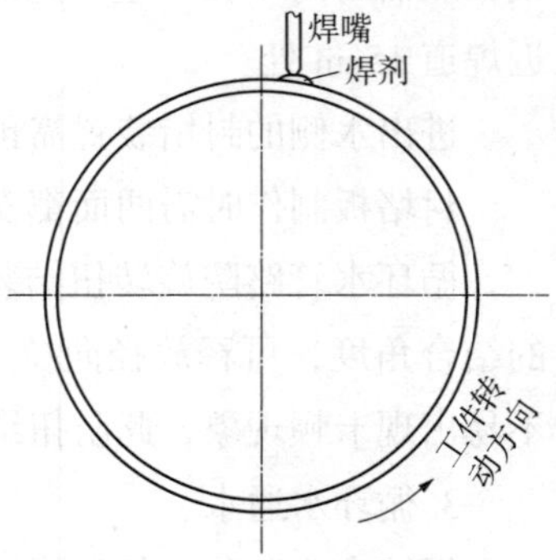

图 15 焊嘴偏移示意图

嘴偏移量应适当加大，但应以焊剂保护良好为前提。

焊丝干伸长度约为 20～40mm，既能保证焊丝熔敷率又能保证熔池保护良好。

2. 厚壁管道焊接时焊机改进

当焊接厚壁管道（壁厚大于 20mm）时，通用的保护套和导电嘴不能伸到坡口底部，应选购加长导电嘴且把导电嘴两侧打磨，焊枪上的焊剂保护套也应做成两侧稍扁的形状（图 16），避免焊接壁厚较大的焊缝时，焊缝坡口边缘熔合不良。

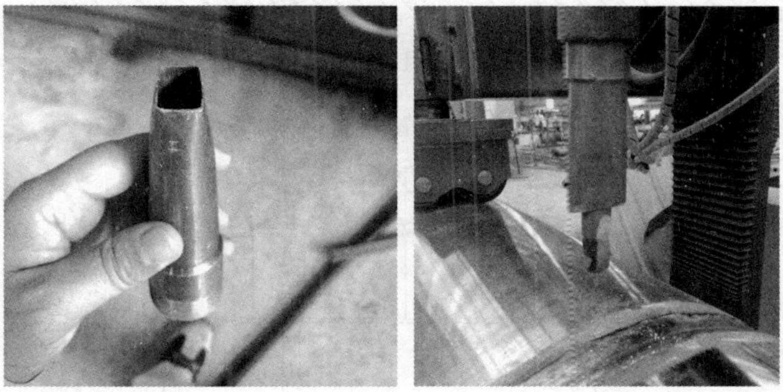

图 16　焊嘴改造图

焊剂在焊接过程中滑落过多，对熔池保护不好，特别是焊接小口径管道时，焊剂更容易滑落，造成保护不良，为了减少焊接过程中焊剂滑落，可以用手持型防焊剂滑落工装实现（图 17）。

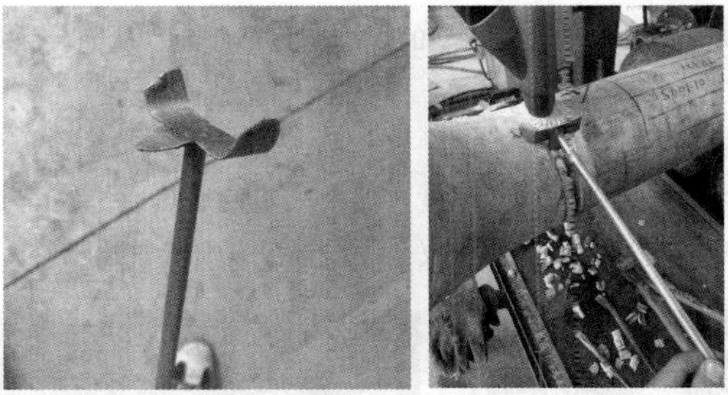

图 17　手持型防焊剂滑落工装

对于旋转半径长的管段，结构不对称，质量不平衡，埋弧自动焊时支撑小车滚轮的转动动力不足，管段易在焊接过程中滑动而出现焊接缺陷，需采用平衡配重法进行质量补偿。具体方法为采用临时弯头组成 S 形结构平衡质量（图 18），或采用"抱卡＋配重"法实现（图 19）。管卡内通过适当增加垫木等来匹配不同管径的焊接工件，配重可就地取材，不同直径的配重件也可通过调节螺栓的紧固来固定。

3. 焊接要点

（1）自动焊焊接第一层时焊接线能量适当减小，以免发生击穿打底焊道的情况。

（2）当焊缝坡口太深，焊接时坡口边缘熔合不良时，可适当向坡口方向倾斜焊枪，让电弧偏向坡口处，确保焊缝层间熔合良好。

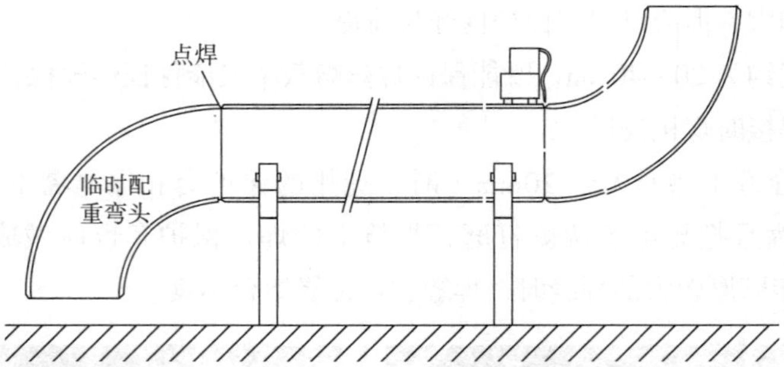

图 18　临时弯头组成 S 形结构平衡质量

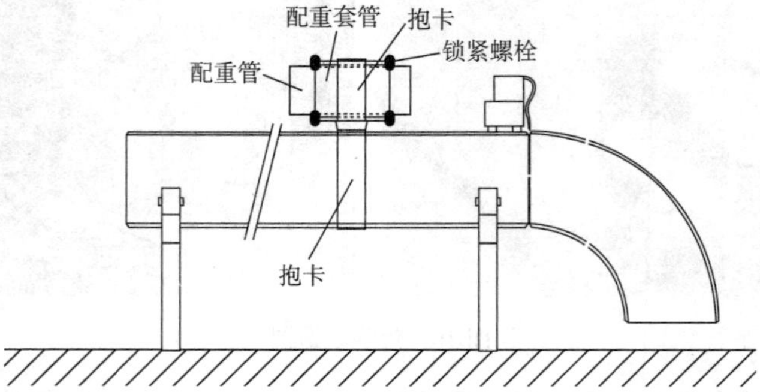

图 19　“抱卡 + 配重”法平衡质量

（3）焊缝接头应错开一段距离，避免接头缺陷聚集，接头区域 30mm 内应充分打磨，去除接头处可能存在的缺陷。

（4）焊接时应调整好焊接参数，成型的焊缝不宜窄而高，从而导致焊道两侧夹沟处形成缺陷。

4. 层间温度测量

焊接过程中实时监测焊件的层间温度，温度测量使用热成像仪辅助接触式热电偶进行（图 20、图 21）。如果温度过高，热成像仪会发出警报，则增加循环水泵的开机时间。

图 20　热成像仪层间温度测量

图 21　接触式热电偶层间温度测量

5. 层间清理

对于厚壁不锈钢焊缝，层间清理时小型角磨机不能进行有效清理，需采用大直径角磨机进行层间清理。本工程采用 SXJ–230（9 吋）气动磨光机（图 22），砂轮片直径 230mm，有效清理深度可达 90mm，满足大壁厚焊缝焊接层间清理需要。

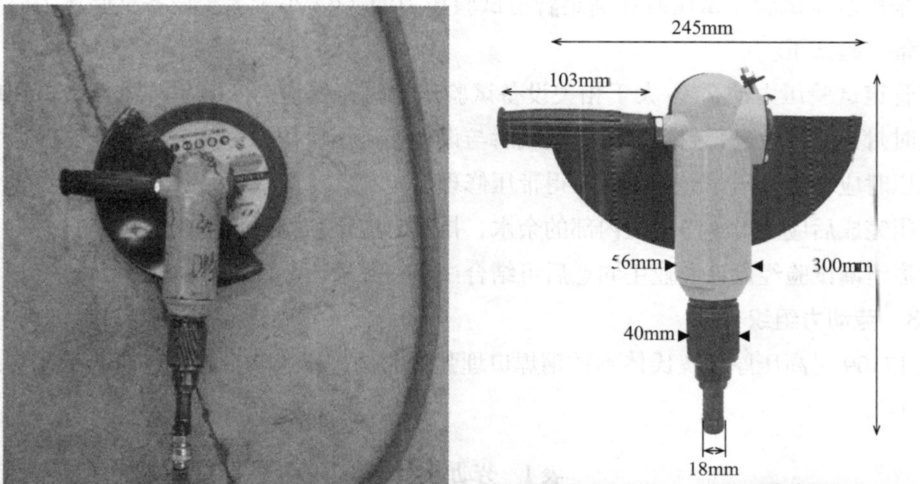

产品型号	SXJ-230(9吋)	空载转速	≤6600r/min
耗气量	27L/s	噪声	90dB
工作气压	0.63MPa	砂轮规格	230mm

图 22　大直径气动磨光机图

5.2.8　热处理

部分奥氏体不锈钢焊缝根据设计要求需进行热处理（如 900℃、4h 的稳定化热处理）。热处理过程中应做好支垫，避免管段在高温下强度下降产生变形；管口应做好封堵，避免出现“穿堂风”。

热处理保温棉应采用硅酸铝类保温棉，加热方式应采用电加热，测温采用热电偶测温，热电偶使用前应检定合格。

5.2.9　检验检测

焊接表面质量要求：不允许有裂纹、未熔合、气孔、夹渣、飞溅、咬边；焊缝表面不得低于管道母材；焊缝内表面不应有焊瘤、未熔合、烧穿等缺陷。表面检查合格后及时下发无损检测委托。厚壁管道焊缝射线检测以中心透照为主。

射线检测质量要求：射线检测 100% 合格，合格级别不低于Ⅱ级。

5.2.10　现场安装

埋弧焊预制完成的管道运至现场后利用吊车进行安装，安装前检查管道内部清洁度是否符合要求。

用吊车、倒链等设备配合滚轮穿管装置把预制完成的管段吊装到指定位置进行焊接、安装，穿管装置见图 23。

图 23　V 形滚轮穿管装置

法兰在安装前要用红丹检查密封面与金属垫圈的贴合程度，确保法兰面安装质量。法兰的紧固要严格按照给定的力矩值及紧固方法进行紧固作业。

5.2.11 管道试验

厚壁奥氏体不锈钢管道多为高压管道，管道试验压力高且与设备连接形式多为焊接连接，宜采用水压试验。试压时在满足管道试验压力的 77% 小于等于设备试验压力时，管道连同设备一起试压。

若管道试验压力的 77% 大于相关设备试验压力时，管道需断开单独试压。试压时管道采用临时封头或盲板进行封堵，试压完成后与设备连接焊口作为“黄金口”处理。

试压时应缓慢升压，如有泄漏不得带压修理。

试压完成后应及时排净管道内部的余水，排水时应提前打开放空阀。

管道泄漏试验经设计和业主同意后可结合试车一并进行。

5.3 劳动力组织

以 17109 吋高压厚壁奥氏体不锈钢焊口埋弧焊为例，投入 8 台自动焊机，劳动力组织情况见表 1。

表 1 劳动力组织表

序号	职务	单位	数量	备注
1	施工协调员	人	1	现场总协调
2	技术员	人	1	现场技术跟踪与监督
3	质检员	人	1	现场施工质量监督检查
4	安全员	人	1	现场安全监督检查
5	管工	人	8	培训上岗
6	氩弧焊焊工	人	4	持特种设备作业人员证上岗
7	埋弧焊焊工	人	8	持特种设备作业人员证上岗
8	等离子切割机操作员	人	3	培训上岗
9	坡口机操作员	人	3	培训上岗
10	行车操作工	人	4	内部培训发证上岗
11	叉车操作工	人	2	持特种设备作业人员证上岗
12	焊材保管员	人	1	培训上岗
13	保护电工	人	2	持特种作业人员操作证上岗
14	普工	人	10	培训上岗
合计		人	49	

6 材料与设备

以 17109 吋高压厚壁奥氏体不锈钢焊口埋弧焊为例，主要材料和设备投入见表 2、表 3。

6.1 主要材料

主要施工材料见表 2。

表 2 主要材料清单

序号	名 称	规格型号	单位	数量	备注
1	氩弧焊焊丝	ER347/ER321	t	2	
2	埋弧焊焊丝	CHW-347R	t	10	
3	焊剂	CHF601CR	t	11.5	
4	氩气	6L/ 瓶 99.99%Ar	瓶	300	
5	充氩工装	自制	套	10	
6	循环水降温工装	自制	套	4	
7	穿管器	V 形，带滚轮	套	30	

6.2 主要机具、设备

主要施工机具、设备见表 3。

表 3 主要设备、机具

序号	设备名称	型号	单位	数量	备注
1	五轴数控火焰 / 等离子切割机	*DN*100 ~ *DN*1000mm	套	1	
2	管道数控端面坡口机	*DN*100 ~ *DN*600mm	台	2	
3	管道数控端面坡口机	*DN*100 ~ *DN*1000mm	台	1	
4	悬臂式管道自动焊机（卡盘式）配焊剂回收和除烟除尘装置	*DN*100 ~ *DN*600mm	台	1	
5	悬臂式管道自动焊机（压臂式）配焊剂回收和除烟除尘装置	*DN*100 ~ *DN*600mm	台	2	
6	悬臂式管道自动焊机（压臂式）配焊剂机回收和除烟除尘装置	*DN*100 ~ *DN*1000mm	台	1	
7	大直径气动角磨机	9 吋	台	3	配 Φ230mm 砂轮片
8	高频氩弧焊机	ZX7-400GT	台	4	
9	高频氩弧焊把		套	4	
10	热处理设备	360kW	台	1	
11	热处理设备	240kW	台	2	
12	电动叉车	3t	台	1	材料、设备半成品装卸车
13	电动叉车	5t	台	1	材料、设备半成品装卸车
14	液压手推车	5t	台	2	材料、半成品转运
15	焊剂烘干箱	ZYDH-100	台	2	焊剂烘干
16	行车	16t/10t	台	6	

7 质量控制

7.1 主要执行标准

（1）GB/T 20801.1 ~ 6—2020《压力管道规范 工业管道》

（2）SH/T 3501—2021《石油化工有毒、可燃介质钢制管道工程施工及验收规范》

（3）SH/T 3523—2020《石油化工铬镍不锈钢、铁镍合金、镍基合金及不锈钢复合钢焊接规范》

（4）ASME B31.3—2020《工艺管道》

7.2 质量控制措施

（1）焊工持证上岗，新入厂的焊工必须在现场进行验证性考试，考试合格后方能施焊。自动焊机组的焊工固定机组位置，减少焊工和焊机的磨合。

（2）不锈钢管道应和碳钢类材料分开摆放。严格执行焊材领用制度，按要求进行领用和退库，保证使用的焊材符合要求。

（3）按照焊接工艺规程施焊，过程中做好层间温度监测。

（4）每名焊工焊接的前 2 道焊口进行 100%RT 检测，合格后再继续焊接；有不合格时，需进行培训后再继续焊接。

（5）用于冷却的循环水氯离子含量不应超过 50mg/L。

7.3 质量控制点

质量控制检查如表 4 所示。

表 4 质量控制检查表

序号	检查项目	检验方法	检验指标	检验频次
1	人员资质	资质查验、现场考试	证件合规、考试合格	入场前
2	1. 充氩气囊工装密封性 2. 循环水工装密封性 3. 材料质量证明文件 4. 检验、试验报告	目视检查、报告查验、理化试验、无损检测	外观符合要求、气囊不漏气； 循环水密封件外观良好、无破损； 材料质量证明文件清晰无误； 设计压力≥ 10MPa 的管道材料表面无损检测合格； 主要合金元素半定量光谱分析检测合格	质量证明文件全数检查；材料 100% 表面无损检测；光谱检测每批不少于 10%，且不少于 1 件
3	坡口角度、钝边尺寸	焊接检验尺测量	符合双 V 形坡口的相关要求	全数检查
4	组对间隙	焊接检验尺测量	间隙 1 ~ 4mm	沿圆周测量 4 ~ 8 点
5	充氩质量	目视检查	空气排净，根部焊道无氧化现象	全数检查
6	1. 循环水质量 2. 循环水是否漏水	报告查验、目视检查	循环水氯离子含量≤ 50mg/L； 循环水无漏水现象	焊前检查、焊中监测
7	1. 焊接参数 2. 接头质量 3. 层间温度	现场检查、热成像仪测量	焊接工艺参数符合焊接工艺交底卡； 接头处无缺陷； 层间温度≤ 150℃	全数检查
8	1. 热处理保温层厚度 2. 热处理温度	目视检查、热电偶测量	保温层不少于 2 层，热处理过程中保温层外表面温度≤ 60℃； 热处理温度达到工艺要求	全数检查
9	检验检测	射线检测	合格标准不低于 NB/T 47013.2 RT Ⅱ级	按设计要求
10	1. 法兰密封面质量 2. 管道水平度、垂直度	红丹试验、水平尺	法兰密封面红丹试验合格； 水平度不超过 0.3%L 且≤ 80mm； 垂直度不超过 0.5%L 且≤ 30mm	全数检查
11	试验压力	压力表测量	达到试验压力，无泄漏、无压降	按试压系统检查

注：L 为管子的有效长度。

8 安全措施

8.1 主要执行标准

（1）GB/T 50484—2019《石油化工建设工程施工安全技术标准》

（2）GB 9448—1999《焊接与切割安全》

（3）GB/T 34525—2017《气瓶搬运、装卸、储存和使用安全规定》

（4）GB/T 45001—2020《职业健康安全管理体系 要求及使用指南》

（5）GB/T 6067.5—2014《起重机械安全规程 第5部分：桥式和门式起重机》

（6）JGJ 46—2005《施工现场临时用电安全技术规范》

8.2 安全措施

（1）各项作业严格按照操作规程作业，避免发生设备损坏或发生安全事件。

（2）作业用电应符合安全规定，开关箱与设备实行“一机一闸一漏电保护。”焊机在使用之前，应检验、确认其绝缘性能，金属箱外壳必须有效接地，以保证处于安全工作状态。电焊把线不得使用任何绝缘损坏的电缆。

（3）手持电动工具和移动电器用具必须绝缘良好，并应配置漏电保护装置。所有的插座都应为工业用插座，不允许使用民用插座。

（4）材料转运过程中应有专人进行监护，避免发生交通事故。行车操作员应持证上岗，严禁行车超载工作，严禁行车“斜拉硬拽”。

9 环保措施

9.1 主要执行标准

（1）国务院令第253号《建设项目环境保护管理条例》

（2）GB 3095—2012《环境空气质量标准》

（3）GB 3838—2002《地表水环境质量标准》

（4）GB 12348—2008《工业企业厂界环境噪声排放标准》

（5）JGJ 146—2013《建设工程施工现场环境与卫生标准》

9.2 环保措施

（1）每台埋弧焊机配备一台除尘设备，以降低粉尘污染。

（2）每天下班前及时打扫场地，做到“工完料净场地清”，垃圾分类存放。

（3）用于降温的循环水应重复使用，当水质不合格，需更换时应排放到业主指定的地点。

（4）按照国家和业主环保相关要求，定期对施工区域进行环保检查，对不合格项限期整改。

10 效益分析

10.1 经济效益

本工法通过在广东石化炼化一体化项目加氢裂化，柴油加氢Ⅰ、Ⅱ，焦化石脑油加氢装置中成功应用，共焊接17109吋高压厚壁奥氏体不锈钢管道焊缝，壁厚大多在30mm以上，最大壁厚68mm。本工法采用气囊充氩、循环水降温等措施，焊接效率是手工焊的3倍左右；层间温度符合规范要求，焊接检测一次合格率达到99.2%以上；节约了施工成本210.119万元，节省人工日954个，节省工期53天，经济效益显著，经济效益对比分析见表5。

表5 经济效益对比分析表

费用类别	手工电弧焊施工方法	厚壁奥氏体不锈钢管道埋弧自动焊预制安装工法
人工	67人×450元/（天·人）×106天=319.59万元	49人×600元/（天·人）×53天=155.82万元
工期	106天	53天
辅助材料	0.8万元	3.6万元（主要为水冷装置、充氩装置）
机械	行车1000元/天，叉车1000元/天 ［4台×1000元/（天·台）+2台×1000元/（天·台）］×106天=63.6万元	行车1000元/天，叉车1000元/天 ［4台×1000元/（天·台）+2台×1000元/（天·台）］×53天=31.8万元
管理	（319.59+0.8+63.6）×9%=34.559万元	（155.82+3.6+31.8）×9%=17.21万元
合计	418.549万元	208.43万元

10.2 环保效益

本工法采用循环水降温，循环利用水资源，减少了工业用水的排放及水污染；每台自动焊机都配备有降尘设备，有效减少了空气污染；埋弧焊效率高，减少了能源消耗。

10.3 社会效益

这是公司首次大规模采用埋弧自动焊进行奥氏体不锈钢的焊接。通过本工法的实践和总结，为公司埋弧自动焊的推广起到了积极作用，也为集团公司后续类似工程建设提供借鉴。

11 应用实例

实例一：广东石化炼化一体化项目370万t/a加氢裂化装置

广东石化炼化一体化项目370万t/a加氢裂化装置，位于广东省揭阳市惠来县西溪镇大南海工业园，属于新建工程，装置开工时间：2020年1月2日，装置工程交接时间：2022年11月6日，最大管径为Φ760mm，最大壁厚为68mm，材质主要为TP347，采用此工法焊接完成8292吋，提高了施工效率，保证了装置一次投产成功，且装置运行正常。

实例二：广东石化炼化一体化项目330万t/a柴油加氢Ⅰ、Ⅱ装置

广东石化炼化一体化项目330万t/a柴油加氢I、II装置，位于广东省揭阳市惠来县西溪镇大南海工业园，属于新建工程，装置开工时间：2020年4月3日，装置工程交接时间：2022年11月6日，最大管径为Φ660mm，最大壁厚为52mm，材质主要为TP321，采用此工法焊接完成7561吋，提高了施工效率，保证了装置一次投产成功，且装置运行正常。

实例三：广东石化炼化一体化项目80万t/a焦化石脑油加氢装置

广东石化炼化一体化项目80万t/a焦化石脑油加氢装置，位于广东省揭阳市惠来县西溪镇大南海工业园，属于新建工程，装置开工时间：2020年5月26日，装置工程交接时间：2022年11月6日，最大管径为Φ356mm，最大壁厚为25.4mm，材质主要为TP321，采用此工法焊接完成1256吋，提高了施工效率，保证了装置一次投产成功，且装置运行正常。

炼化装置高空吊装塔吊与履带吊配合作业施工工法

孟祥成　王　康　李佳亮　凌娱乐　任　佳

中国石油天然气第一建设有限公司

1　前言

加氢裂化装置是炼化项目中的关键生产装置，反应器框架又是加氢裂化装置的核心区域。在炼化建设中因其设备规格尺寸大、管道规格种类多，钢结构框架高、施工周期长，成为加氢装置施工建设中的关键施工线路和施工的难点。

近些年炼化一体化项目越来越多，规模也越来越大，大型加氢反应器被广泛应用，超高、超大型结构框架也随之产生，框架包含的动静设备、管道及电气仪表等专业设备也越来越多。例如在盛虹炼化沸腾床加氢裂化装置中，有 2 台超 2000t 的反应器，2 台 175t 分离器，其他设备有将近 100t。2 台反应器由 4000t 大型履带吊直接吊装就位，剩余设备由中型履带吊进行安装。基于质量、安全、工期等条件要求的情况下，中国石油天然气第一建设有限公司经过近几年 2 套大型加氢裂化装置的实践，总结形成了炼化装置高空吊装塔吊与履带吊配合作业施工工法，在恒力石化（大连）炼化公司 1150 万 t/a 重油加氢裂化装置和盛虹炼化一体化项目 320 万 t/a 沸腾床渣油加氢装置中得到成功应用。与传统的利用履带吊或汽车吊进行散片化、零碎化等施工方法相比，此方法简单、施工效率高、施工成本低，起到了较好的指导和借鉴作用。

该工法核心技术运用 3D 动态模拟及模块化预制技术，利用塔吊与履带吊配合作业，使反应器框架整体结构、设备及管道安装能够更快、更有效地达到预期目标，完成施工建设。

2　工法特点

2.1　施工工期短

3D 吊装模拟技术，优化了传统的施工方法，实现了模块化预制安装，减少了施工作业量。塔吊和履带吊配合作业，能够同时进行钢结构、设备及管道的安装工作，从而缩短了施工工期。

2.2　施工质量高

（1）模块化预制技术，改变了作业条件及环境，尤其是在地面组装时，施工人员能够相互配合进行施工，减少主体结构连接节点，减少累积误差，保证了主体结构的垂直度及水平度。

（2）管道可以同时进行地面焊接预制，减少焊接量，提高焊接质量。

2.3 施工风险低

（1）在作业区域进行模块化预制，减少了高空作业，并且利用 3D 模拟技术，对结构模块、设备等构件的吊装状态进行动态模拟，从而优化吊装方案，科学地选择工况，操作性强，施工风险低。

（2）塔吊与履带吊同时作业时，避免了交叉作业，降低施工风险。

2.4 施工成本低

在结构框架安装过程中，实现了框架模块和连接次梁的同步施工，减少了脚手架的搭设量。塔吊和履带吊配合作业，能够同时进行各专业的安装工作，从而降低了机械台班施工成本。

3 适用范围

本工法适应于大型炼油化工一体化项目装置高层框架各专业安装施工。

4 工艺原理

炼化装置高层钢结构框架、工艺管道及电气仪表等设备一般为散件到货，在现场进行安装。首先根据钢结构框架高度及质量分解出若干模块，采用平行施工方法，分别对各个模块进行深度预制，然后利用履带吊依次将各个模块、设备及大型管道安装就位，最后利用塔吊进行框架附属构件及小型设备等安装。

4.1 基于 3D 模型及现场实际模块化技术

根据钢结构及设备到货状态、吊装参数及吊装机具配置情况，高层钢结构框架成框 / 成片及设备吊装工艺可采用“吊车抬送法”完成安装（图 1 ~ 图 4）。

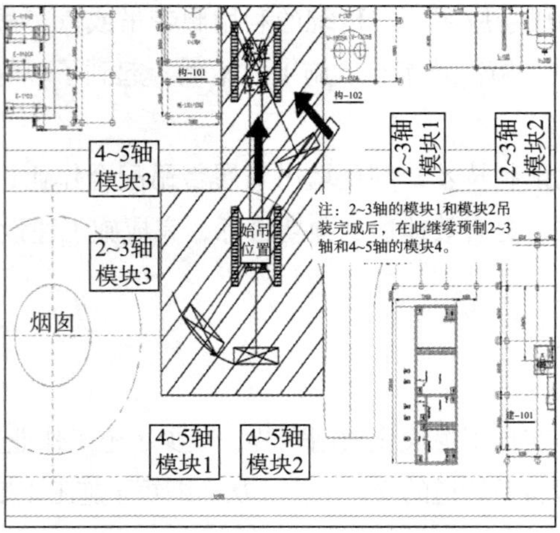

图 1 钢结构模块位置示意图

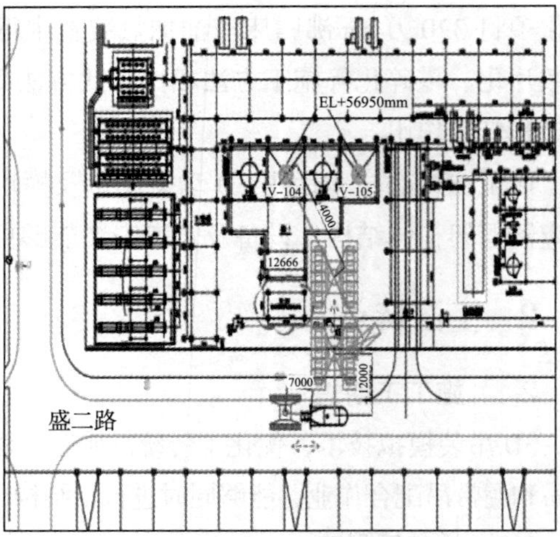

图 2 设备位置示意图

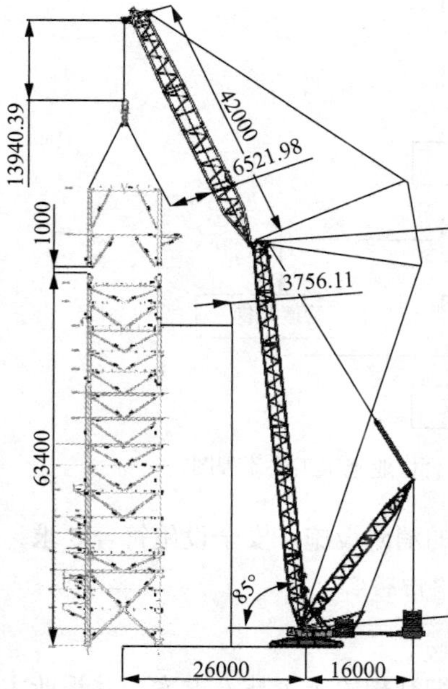

图 3　钢结构模块吊装示意图

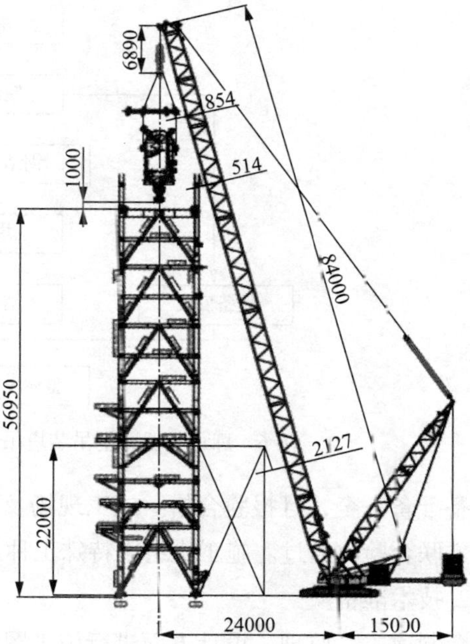

图 4　设备吊装示意图

4.2　高层吊装塔吊与履带吊配合作业技术

以盛虹炼化 320 万 t/a 沸腾床渣油加氢装置为例，反应器框架 80.83m，东西及北侧均有框架紧贴，南侧检修空地满足 1 台履带吊及 1 台塔吊进行施工，特别是北侧管廊高度低于反应器框架，能够很好地利用塔吊作业（图 5）。

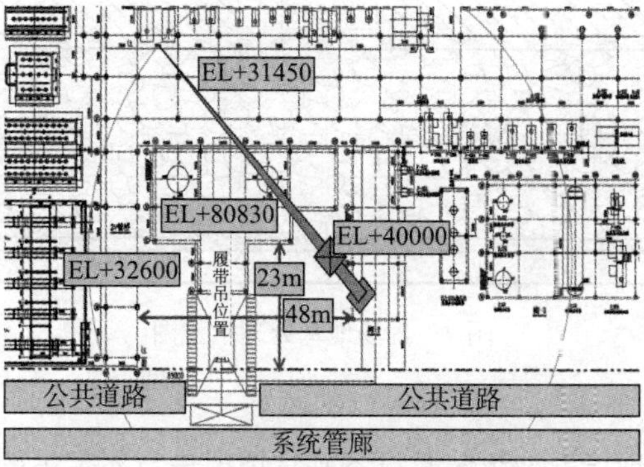

图 5　塔吊及履带吊位置示意图

5　施工工艺流程及操作要点

5.1　施工工艺流程

炼化装置高空吊装塔吊与履带吊配合作业施工工法流程如图 6 所示。

5.2　操作要点

5.2.1　施工准备

1. 现场准备

施工现场实现“四通一平”，即水通、电通、路通、通信通和地面平整。用于施工的机

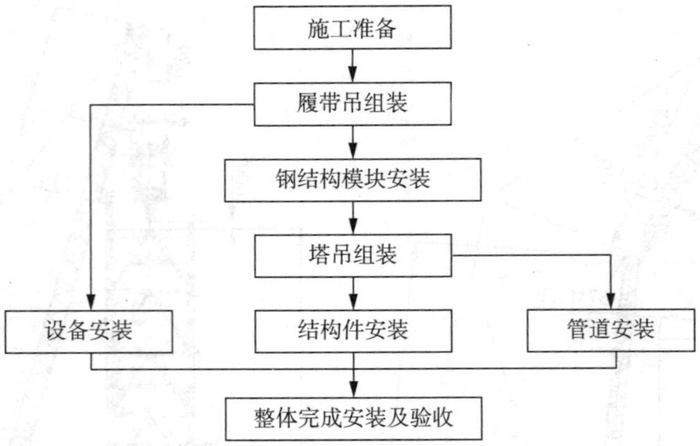

图 6　炼化装置高空吊装塔吊与履带吊配合作业施工工法流程图

械设备准备齐全，且报验合格。施工现场及预制场地的消防设施、安全设施符合要求，并经相关方联合验收通过。施工班组中特殊工种需通过资格审查等。

2. 技术准备

会同业主、监理、设计方面进行施工图纸会审。编制相关施工技术方案，并报业主和监理批准。对施工班组进行工程技术交底。

5.2.2　履带吊组装

1. 吊装现场地基处理

主吊车吊装区域地基处理方案根据实际情况，严格按照规范标准进行实施（图 7）。

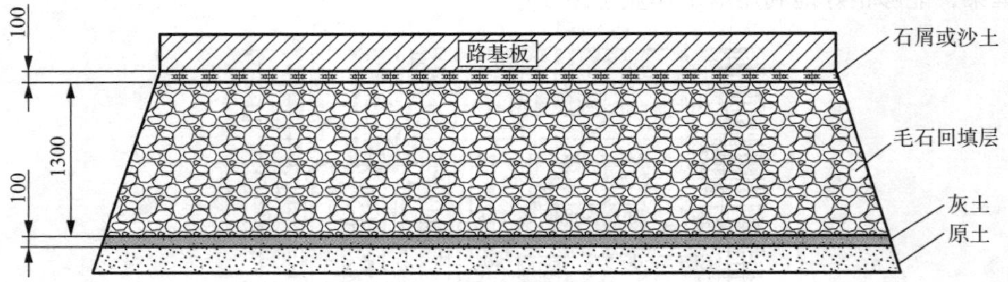

图 7　现场地基处理示意图

2. 履带吊组装

根据 3D 动态模拟，现场框架组装及设备到货情况进行履带吊的组装（图 8）。

图 8　炼化装置高层框架三维图

3. 吊耳机索具设置

索具连接形式如图 9、图 10 所示。

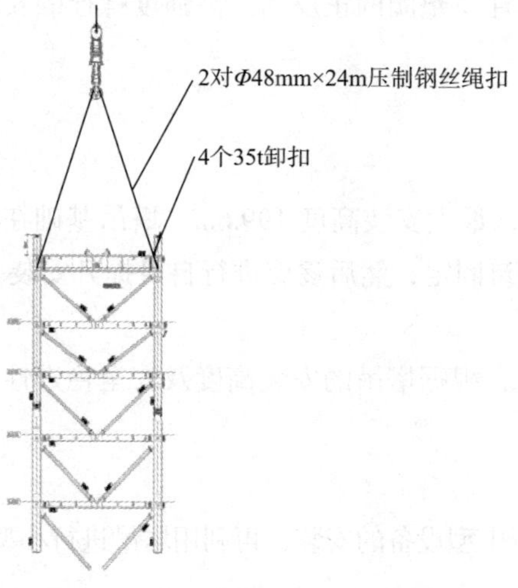

图 9　框架索具连接形式示意图

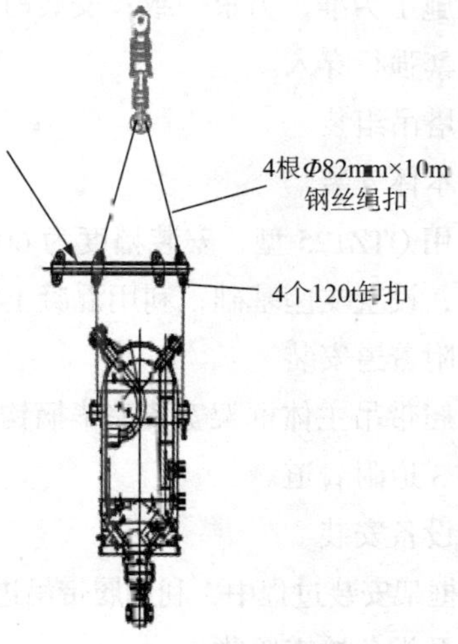

图 10　设备索具连接形式示意图

5.2.3　钢结构模块安装

在钢结构安装过程中，对框架进行模块化预制，利用履带吊进行主框架的安装。

1. 主框架结构模块组装

根据履带吊工况及现场实际，将框架分成若干模块在地面进行预制组装。

2. 直爬梯脚手架搭设

采用抱柱式搭设直爬梯脚手架进行摘钩工作。考虑到钢结构立柱与横梁要用螺栓来连接，因此在组对安装螺栓位置标高往下返 500mm 位置搭设脚手架操作平台（图 11）。

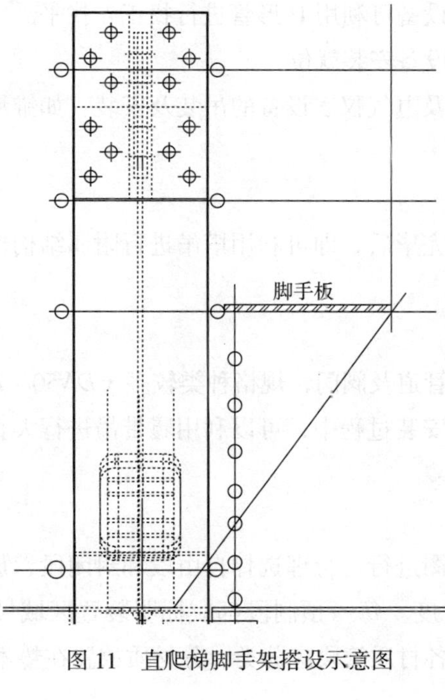

图 11　直爬梯脚手架搭设示意图

3. 主框架吊装及安装

利用履带吊将主框架模块进行吊装，在吊装就位后，进行高强度螺栓的穿入，其穿入方向应以方便施工为准，力求一致；安装时要注意垫圈的正反面。高强度螺栓的安装应能自由穿入孔，严禁强行穿入。

5.2.4 塔吊组装

1. 塔吊本体安装

塔吊采用 QTZ125 型，安装幅度为 60m，最大安装高度 199.6m，塔吊基础在框架预留空地附近开挖，设置支座基础，利用混凝土浇筑固定，然后逐层进行自身提升安装。

2. 塔吊附着道安装

在利用履带吊主体框架安装完毕摘钩后，根据塔吊的安装高度及安全稳定性，在钢结构框架上安装 3 道附着道。

5.2.5 设备安装

在整个框架安装过程中，利用履带吊进行中型设备的安装，再利用塔吊进行小型设备安装。

1. 基础及设备检查验收

在地面根据图纸对设备外观及零部件进行检查验收，因为设备需要安装在框架钢支座上，需对支座的水平度及垂直度进行二次测量。

2. 设备安装就位

反应器框架设备相对较重，需采用履带吊进行大型设备吊装及安装，主体框架已经分阶段完成，在吊装静设备过程中，要注意钢结构框架及静设备的成品保护。

3. 设备找平、找正

设备就位后，在同一平面内互成直角的两个或两个以上的方向上采用两台经纬仪进行找正；立式设备方位应以基础上距离设备最近的中心划线为基准；立式设备的铅垂度应以设备两端部的测点为基准；卧式设备可利用 U 形管进行找正、找平。

4. 设备附件及电气仪表设备安装就位

利用塔吊进行设备附件及电气仪表设备的吊装及安装，如锥形伴热管，反应器的表面热电偶操作柱、变送器等。

5.2.6 结构件安装

在第一组主体框架安装完毕后，即可利用塔吊进行附属结构件的安装，如连接次梁、钢格板、附属栏杆等。

5.2.7 管道安装

在框架上，有不同规格管道及阀门，规格种类较多（*DN*50 ~ *DN*650mm），并且管道工作量较大。为了保证工期，在安装过程中，可以利用履带吊进行大直径管道安装，再利用塔吊进行小直径的管道及阀门安装。

1. 管道预制

管道的预制严格按单线图进行，合理选择自由段和封闭段，加大预制深度，减少固定焊口，保证工程质量及施工进度。每一预制段都应标明装置区域号、管线号、焊口号、焊工号，并分装置、分区摆放。各材质管段应分类、分材质放置在垫木或砖垛上。

2. 管道、阀门吊装及安装

根据管道管径大小利用履带吊进行大直径管道吊装，再利用塔吊进行小直径的管道及阀门吊装。配管时应以设备接管为起始点向外配管，使固定口远离设备出口法兰。

阀门安装前，应按设计文件核对其型号，并应按介质流向确定其安装方向。阀门安装时，阀腔内必须清洁无物。

3. 管道试压、防腐、保温等

试压系统管道焊接及临时支撑全部完成，无损检测完成并合格，各项准备工作达到试压条件。

按照标准及规范要求进行压力试压。采用清洁水做试压介质，奥氏体不锈钢管道用水试验时，水中的氯离子含量不得超过25mg/L。压力表的量程宜为试验压力的1.5～2.0倍，压力表的精度应不低于1.6级，并在相关部门检验有效期内。

试验完成后，进行防腐、保温工作。

5.3 劳动力组织

以盛虹炼化一体化项目320万t/a沸腾床渣油加氢裂化装置反应器框架安装为例，劳动力组织情况见表1。

表1 劳动力组织情况表

序号	职务	单位	数量	备注
1	项目经理	人	1	总体负责
2	项目副经理	人	2	技术管理与施工管理
3	施工队长	人	3	施工现场负责人
4	安全员	人	2	
5	质检员	人	2	
6	技术员	人	5	
7	起重工	人	15	吊装作业
8	管工	人	40	管道安装
9	电焊工	人	30	管道安装
10	铆工	人	20	框架安装
11	架子工	人	20	脚手架搭设
12	防腐工	人	4	防腐
13	电工	人	20	电气仪表安装

6 材料与设备

以80m高钢结构框架为例，列举实施该工法需要的材料和设备（表2）。

表2 材料与设备

序号	名称	规格 / 型号	单位	数量	用途	备注
1	履带式吊车	150t/450t	辆	2	主框架 / 设备吊装	
2	塔吊	QTZ125 型	台	1	附属 / 管道吊装	

续表

序号	名称	规格 / 型号	单位	数量	用途	备注
3	汽车吊	50t	辆	2	材料倒运	
4	货 车	30t/3t	辆	3	材料倒运	
5	电焊机	ZX7-500	台	30	结构 / 管道安装	
6	电焊把钳	600A	把	30		
7	电焊把线	$50mm^2$	m	1000		
8	切割机		台	6		
9	磨光机		台	若干		
10	扳手		把	20	结构 / 管道安装	
11	水平尺		把	4	检测	
12	经纬仪		台	2	检测	
13	钢管架		根	若干	脚手架施工	
14	脚手板		块	若干	脚手架施工	
15	棕绳	Φ20mm	m	1000	脚手架施工	
16	梅花扳手	19 ~ 22#	把	10	脚手架施工	
17	压制钢丝绳扣	Φ48mm × 24m/20.5t	对	2	吊装索具	
18	压制钢丝绳扣	Φ40mm × 10m/15.7t	对	1	吊装索具	
19	卸扣	35t/55t/120t/300t	个	2	吊装索具	
20	平衡梁	3.6m/6.4m	根	1	吊装索具	
21	手拉葫芦		条	若干		
22	打压泵	SY-350	台	2		
23	压力表及表弯		块	若干		

7 质量控制

7.1 执行标准

（1）GB 50205—2020《钢结构工程施工质量验收规范》

（2）GB 50461—2008《石油化工静设备安装工程施工质量验收规范》

（3）SH/T 3501—2021《石油化工有毒、可燃介质钢制管道工程施工及验收规范》

（4）SH/T 3523—2020《石油化工铬镍不锈钢、铁镍合金和镍合金焊接规程》

（5）GB 50303—2015《建筑电气工程施工质量验收规范》

（6）GB 50254—2014《电气装置安装工程 低压电器施工及验收规范》

（7）GB/T 51384—2019《石油化工大型设备吊装现场地基处理技术标准》

（8）SH/T 3515—2017《石油化工大型设备吊装工程施工技术规程》

（9）SH/T 3555—2014《石油化工工程钢脚手架搭设安全技术规范》

7.2 关键工序质量要求及技术措施

（1）严格按地基处理方案完成地基处理，并按要求进行地耐力检测，合格后方可投入使用；操作人员严格按照操作规程，机组人员要分工协作，时刻观察起重机的整体平稳情况。

（2）吊装前，应对主吊起重机、抬尾起重机性能进行检查，且满足吊装需求。

（3）采用 2 台经纬仪呈 90° 夹角形式对钢结构框架安装进行找正，保证钢柱的垂直度，减少累积误差。高强度螺栓在安装过程中如需要扩孔时，使用铰刀扩孔。

（4）设备中心线和管口方位应以基础平面坐标和中心线为基准。立式设备的垂直度应以设备表面上 0° 、90° 、180° 、270° 的母线为基准。卧式设备的水平度应以设备两侧的中心线为基准。换热器的螺栓及螺母应涂防咬合剂。

（5）工艺管道焊接过程严格按照焊接工艺卡执行。严格按照焊接工艺评定的要求控制层间温度，焊接时用点温计随时测量，以防止焊接缺陷的产生，控制管道的防腐质量。管线现场组对时，严禁强力组对。

（6）法兰连接应与管道同心，并应保证螺栓自由穿入，法兰间应保持平行。法兰安装时将金属环垫放入槽内，旋转 45° 用红丹油检查接触线与梯形槽的严密性，不得有间断现象。螺栓紧固根据设计给出的力矩采用值液压扳手紧固。

（7）试压过程中，如发现异常现象如泄漏、异常响动等，必须立即停止升压，进行泄压检查并处理。

7.3 质量控制要点

施工质量控制要点如表 3 所示。

表 3 施工质量控制要点

<table>
<tr><th>序号</th><th>检查部位</th><th colspan="2">检验项目</th><th>控制指标</th><th>检验时机、频次</th><th>检验工具、方法</th></tr>
<tr><td rowspan="7">1</td><td rowspan="7">钢结构安装</td><td rowspan="3">模板化预制框架</td><td>垂直度</td><td>H/1000，且不大于 25mm</td><td>组装完成后</td><td>经纬仪或吊线和钢尺检查</td></tr>
<tr><td>连接梁水平度</td><td>L/1000，且不大于 10mm</td><td>组装完成后</td><td>水准仪检查</td></tr>
<tr><td>高强螺栓扭矩值</td><td>达到螺栓对应规格扭矩值</td><td>初拧、终拧</td><td>扭矩扳手</td></tr>
<tr><td rowspan="4">整体框架</td><td>垂直度（高度 60m 以下高层）</td><td>H/（2500+10），且不大于 30mm</td><td>整体安装后</td><td>经纬仪或吊线和钢尺检查</td></tr>
<tr><td>垂直度（高度 60~100m 高层）</td><td>H/（2500+10），且不大于 50mm</td><td>整体安装后</td><td>经纬仪或吊线和钢尺检查</td></tr>
<tr><td>连接梁水平度</td><td>L/1000，且不大于 10mm</td><td>组装完成后</td><td>水准仪检查</td></tr>
<tr><td>高强螺栓扭矩值</td><td>达到螺栓对应规格扭矩值</td><td>初拧、终拧</td><td>扭矩扳手</td></tr>
<tr><td rowspan="3">2</td><td rowspan="3">设备安装</td><td colspan="2">中心线位置</td><td>± 5mm</td><td>安装就位</td><td>经纬仪或吊线</td></tr>
<tr><td colspan="2">垂直度</td><td>H/1000，且不大于 50mm</td><td>安装就位</td><td>经纬仪或吊线</td></tr>
<tr><td colspan="2">水平度</td><td>—</td><td>安装就位</td><td>经纬仪或吊线</td></tr>
<tr><td rowspan="4">3</td><td rowspan="4">管道安装</td><td colspan="2">法兰、焊缝及其他连接件的位置，穿墙、楼板管道套管安装</td><td>检查焊缝返修记录和无损检测报告</td><td>全部</td><td>现场监督检查</td></tr>
<tr><td colspan="2">法兰、螺栓、垫片连接法兰面平行度、同心度</td><td>螺柱应能在螺栓孔中顺利通过，紧固后的螺栓符合规范要求；垫片使用正确，并符合设计文件要求</td><td>全部</td><td>工具测量</td></tr>
<tr><td colspan="2">高、低温管道螺栓热紧、冷紧是否符合规范要求</td><td>全部或按比例抽查</td><td>全部</td><td>目视与工具测量</td></tr>
<tr><td colspan="2">管道安装允许偏差坐标；标高；水平管道直线度；立管垂直度；成排管道间距；交叉管的外壁或绝热层间距</td><td>每种规格 5%，且不少于 10 件，符合设计及规范标准</td><td>组装完成后</td><td>目视</td></tr>
</table>

8 安全措施

8.1 执行的法律法规及标准

（1）GB/T 3787—2017《手持式电动工具的管理、使用、检查和维修安全技术规程》

（2）GB 50194—2014《建设工程施工现场供用电安全规范》

（3）SH/T 3555—2014《石油化工工程钢脚手架搭设安全技术规范》

（4）SY/T 6444—2018《石油工程建设施工安全规范》

（5）SY/T 6279—2016《大型设备吊装安全规程》

（6）JGJ 80—2016《建筑施工高处作业安全技术规范》

（7）JGJ 46—2005《建筑现场临时用电安全技术规范》

（8）YJ/ZH/PD/HSE-001—2020 公司《安全生产与环境保护责任制管理程序》

8.2 安全保障措施

（1）所有机具的管理责任细化到每个施工作业人员，班前认真检查机具作好检查记录，确实安全正常后方可使用，对不合格的机具设备作好标记，由专业人员进行维修。所有现场临时用电设施调专职电工统一管理，班前对所有电箱、电缆进行检查；班后关闭所有电源，锁好电箱。

（2）作业人员使用的工具应系防坠绳，严禁将工具随意放在作业平台，要配带工具包随用随取，防止发生坠落事故。使用撬棍时应用力均匀，并系防坠绳，以免撬棍滑坠落发生安全事故。禁止手扶安全绳在梁上行走。作业人员不得穿硬底鞋进行攀登作业，使用的工具如榔头、扳手、橄榄冲等工具配有安全尾绳拴在安全带上。

（3）参加吊装的特种作业人员和特种设备作业人员应持证上岗，工作人员穿戴必须符合劳动保护要求。吊装技术措施按照程序批准后，由吊装责任工程师对所有参加吊装作业的人员进行吊装安全技术交底，由现场吊装指挥进行岗位分工，使施工人员熟悉整个吊装过程、掌握关键控制要点、明确岗位职责。

9 环保措施

9.1 执行的法律法规及标准

（1）中油质安〔2018〕535 号《中国石油天然气集团公司环境保护管理规定》

（2）YJ/ZH/PD/HSE-002—2021 公司《环境管理程序》

（3）YJ/ZH/WI/HSE-003—2021 公司《安全生产与环境保护责任制管理程序》

（4）YJ/ZH/WI/HSE-027—2021 公司《工程建设项目环境保护（含清洁生产）实施指南》

9.2 环境保护措施

（1）对施工人员进行环保教育，提高环保意识，严格遵守业主现场文明施工管理规定。

（2）对施工现场进行科学规划，做到合理有序，整齐美观。

（3）设置专人负责现场水电管理，杜绝常流水和常明灯现象，节约使用能源。

（4）设置专人负责洒水工作，保证施工现场无粉尘。

（5）设置专人随时清扫施工现场，保证场地清洁和道路畅通。

（6）非工程车辆禁止进入施工现场，减少现场尾气排放。

（7）施工现场暂时不用的材料要标识清楚，分类摆放，规范防护。

（8）施工现场的工业废料和垃圾及时分类收回至废料箱和垃圾箱，并及时运至业主指定的堆放场地。吊装场地地基处理和地锚施工时开挖的沟、槽及时回填，余土及时运至业主指定的堆放场地。

10 效益分析

以盛虹炼化一体化项目 320 万 t/a 沸腾床渣油加氢装置反应器框架安装为例，按照原有施工方法，采用 450t 履带吊和 50t 汽车吊。钢结构框架绝对工期 90 天，管道安装绝对工期 90 天，电气仪表设备 20 天，履带吊 2 次工况转换 4 天，合计工期 204 天。但是采用炼化装置高空吊装塔吊与履带吊配合作业施工工法，整体框架、主框架及大型设备利用履带吊进行吊装，剩余的附属构件、管道及电气仪表设备利用 QTZ125 型塔吊进行安装，钢结构框架绝对工期 53 天，管道安装绝对工期 80 天，电气仪表设备 15 天，履带吊工况转换 2 天，合计工期 150 天。根据市场价至少可以节约 668.87 万元并缩短 54 日工期（表 4、表 5）。

表 4　与传统的施工方法对比主要技术指标评价表

序号	项目	工艺对比	
1	施工方法	传统施工工艺	新施工工艺
2	施工工期	204 天	150 天
3	产生费用	2647.92 万元	1979.06 万元
4	环保效果	机械使用量大，尾气排放多。防腐补漆高处作业多，滴漏影响面积大	履带吊与塔吊配合施工，减少了因机械使用导致的尾气排放，集中模块化防腐，减少了因防腐滴漏影响的作业范围
5	节能效果	施工周期长，施工采用机械设备、起重设备造成的电能以及机械使用能源消耗大	施工周期短，施工采用机械设备、起重设备造成的电能以及机械使用能源消耗相对较小
6	经济效益	人工费 2069.58 万元，材料费 3.908 万元，机械使用费 382.20 万元，管理费 196.14 万元	人工费 130.35 万元，材料费 3.908 万元，机械使用费 310.71 万元，管理费 146.60 万元
7	社会效益	企业具有钢结构框架施工能力，能够承揽类似工程建设	提高了机械使用率，展现了企业施工技术水平，更具有市场竞争力

表 5　与传统的施工方法相比经济效益参数表

施工方法 对比项目	传统施工工艺	新施工工艺
施工工期	按照原有施工方法，采用 450t 履带吊 +50t 汽车吊，钢结构框架绝对工期 90 天，管道安装绝对工期 90 天，电气仪表设备 20 天，履带吊 2 次工况转换 4 天。 合计工期：90+90+20+4=204 天	履带吊及塔吊配合，采用 450t 履带吊 +QTZ125 型塔吊；钢结构框架绝对工期 53 天，管道安装绝对工期 80 天，电气仪表设备 15 天，履带吊工况转换 2 天。 合计工期：53+80+15+2=150 天
人工费	管理人员 15 人，架子工、起重工、铆工、焊工共计 105 人，防腐工、管工共计 44 人，合计 164 人。 费用：204 天 ×［600 元 /（天・人）×15 人 +650 元 /（天・人）×105 人 +550 元 /（天・人）×44 人］=2069.58 万元	管理人员 15 人，架子工、起重工、铆工、焊工共计 105 人，防腐工、管工共计 44 人，合计 164 人。 费用：150 天 ×［600 元 /（天・人）×15 人 +650 元 /（天・人）×105 人 +550 元 /（天・人）×44 人］=1521.75 万元

续表

对比项目 \ 施工方法	传统施工工艺	新施工工艺
材料费	预制平台以及框架加固材料费 2.9 万元 脚手架：1.6t×6300 元 /t=1.008 万元 合计费用：2.9+1.008=3.908 万元	预制平台以及框架加固材料费 2.9 万元 脚手架：1.6t×6300 元 /t=1.008 万元 合计费用：2.9+1.008=3.908 万元
机械台班费	450t 吊车机械台班使用费：204 台班 ×12000 元 / 台班 =244.80 万元 150t 吊车机械台班使用费：30 台班 ×5000 元 / 台班 =15 万元 2 台 50t 机械台班使用费：204 台班 ×3000 元 / 台班 =122.40 万元 合计费用：382.20 万元	450t 吊车机械台班使用费：150 台班 ×12000 元 / 台班 =180 万元 150t 吊车机械台班使用费：30 台班 ×5000 元 / 台班 =15 万元 QTZ125 型塔吊：5 月 ×51420 元 / 月 =25.71 万元 2 台 50t 机械台班使用费 150 台班 ×3000 元 / 台班 =90 万元 合计费用：310.71 万元
管理费	（2069.58+3.908+382.20）×8%=196.14 万元	（1521.75+3.908+310.71）×8%=146.60 万元
合计	2647.92 万元	1979.06 万元

11 应用实例

实例一：恒力石化（大连）炼化公司 1150 万 t/a 重油加氢裂化装置

在 1150 万 t/a 重油加氢裂化装置施工中，1 套渣油加氢反应器框架总质量 1584t，框架高 76.5m，动静设备 18 台，管道有 3 万吋口，安装工程开工日期为 2018 年 7 月 16 日，竣工日期为 2018 年 12 月 7 日。项目部在西侧预留空地上采用“炼化装置高空吊装塔吊与履带吊配合作业施工工法”进行安装，起到节约材料、提高效率和确保工程质量的作用（图 12、图 13）。

图 12 恒力渣油反应器框架配合作业图

图 13 恒力履带吊及塔吊配合作业图

实例二：盛虹炼化一体化项目 320 万 t/a 沸腾床渣油加氢装置

在盛虹炼化一体化项目 320 万 t/a 沸腾床渣油加氢装置施工中，反应器框架总质量 1457t，框架高 80.83m，动静设备 21 台，管道有 3.5 万吋口，安装工程开工日期为 2019 年 8 月 25 日，竣工日期为 2018 年 12 月 23 日。项目部在南侧检修空地上采用“炼化装置高空吊装塔吊与履带吊配合作业施工工法”，起到提高施工效率，保证施工安全，缩短施工工期的作用，节约 668.87 万元，并且节省 54 日工期（图 14、图 15）。

图 14　盛虹塔吊与履带吊配合作业图一

图 15　盛虹塔吊与履带吊配合作业图二

新型三级旋风分离器模块化预制安装工法

刘清涛 朱 琦 周 勇 邓 波 李中亮

中国石油天然气第一建设有限公司

1 前言

随着国内炼油工艺的不断改进，炼油核心设备都在向大型化和一体化发展，催化裂化装置是炼油系统中核心装置，三级旋风分离器是该装置三大核心设备之一，因其规格尺寸大、质量大、结构复杂、布局紧凑、施工周期长，成为催化装置施工建设中的关键施工线路和施工的重难点。

传统三级旋风分离器的施工方法是现场将分片到货的壳体分节组装焊接、分节吊装，旋风等内件散件到货后，在壳体内部进行组装，衬里施工随壳体分节跟进。中国石油天然气第一建设有限公司基于多年的三级旋风分离器施工实践，通过经济技术论证，在传统方法中总结创新出新的施工方法，即将分片到货的壳体、衬里、内件等在异地工厂中深度预制成段，旋风系统用倒装法组装成型，按照正装筒节的原理选用合适的吊装机具，自下而上组装成形的施工技术。通过梳理总结形成了“新型三级旋风分离器模块化预制安装施工工法”，本工法具有工作效率高、质量容易控制、安全风险低、经济成本低等优点。

本工法在广东石化 360 万 t/a 油催化裂化装置、中国海洋石油总公司惠州炼化二期 480 万 t/a 催化裂化（Ⅱ）项目中成功应用，分别节约经济效益 138.3 万元、153.535 万元。

本工法 2023 年 6 月通过了中国石油天然气第一建设有限公司的工法成果鉴定；2022 年 12 月获得中国石油工程建设有限公司优秀论文一等奖；现将此工法推荐给业内同行，希望该施工方法在业内得到进一步的推广应用。

2 工法特点

本工法相比传统的施工方法，具有方法新颖、技术先进、质量便于控制、作业条件好、安全便于管理、工期短、成本低的优点。

2.1 施工工期短

（1）三级旋风分离器采用了异地工厂化预制施工技术，将三级旋风分离器整体划分为 3 段模块，以模块为单位在异地工厂内进行模块化预制，现场模块化安装。具有专业化施工特点，缩短了施工工期。

（2）现场模块化安装与传统安装相比，实现了三级旋风分离器交替作业，避免了旋风分离器壳体、内件、衬里等材料的二次倒运，不需要制作大型预制胎具，缩短了施工工期。

2.2　施工质量高

（1）本工法采用三级旋风分离器制造安装工序的模拟、测量、演算技术，充分考虑到每道工序的安装关系，明确了施工顺序，确保施工的科学性，能更好地保证施工质量。

（2）三旋模块化异地工厂化预制技术能更好地从人员、机具、材料、技术、环境、检测等方面进行控制，制造过程中充分重视异地工厂内预组装工序，形成现场作业指导书，为后续现场安装提供质量保障。

（3）现场组装旋分系统时采用倒装法，严格按照作业指导书进行组装，组装成整体后进行统一复测，确保每个部件的安装都合格后进行焊接作业。

（4）采用异地工厂化预制施工技术，减少了室外作业工作量，保证焊接质量；解决了以往现场上封头、过渡段等“仰脸”部位衬里施工质量不易控制的难题，保证关键部位衬里的施工质量。

2.3　施工风险低

（1）三级旋风分离器将现场施工作业转移到工厂内作业，改善了作业条件，减少了现场交叉作业风险、现场吊装、组焊、衬里等作业内容，很大程度上降低了作业风险。

（2）三级旋风系统组装工作，从高空受限空间内脚手架上作业，转移到地面与受限空间外作业，更利于保证施工安全。

（3）大型过渡段翻转技术，采用计算机进行模拟吊装实验，受力计算更加精准，降低了吊装的风险。

2.4　施工成本低

（1）异地化工厂预制，极大地缩短安装工期、自动化机械的投用，实现了“制造自动化”，降低施工人员数量，降低施工成本，提高经济效益。

（2）新型三级旋风分离器组合翻转施工工法与传统安装工法相比，减少了脚手架的搭拆量，减少高空作业，提高了工作效率，降低了施工成本。

（3）现场避免了大型预制胎具制作，吊装质量大大减小。避免了大型吊车频繁使用，机械使用费大大降低。

2.5　技术推广性强

国内炼化基地越来越多，催化裂化装置三级旋风分离器模块划分、内件倒装组合翻转技术具有显著综合效益，在大型炼化装置中，具有很好的推广性。

3　适用范围

本工法适用于催化裂化装置中三级旋风分离器新建、改造施工。

4　工艺原理

三级旋风分离器因尺寸巨大、内件复杂，通常为分片到货、现场组焊，结合制造、运输、成本、周期、环境等因素，科学合理地将三旋分段制造。异地工厂采用平行施工法，对每个模块深度预制与预组装；旋风分离器采用地面倒装工艺，翻转后，模块正装就位。

4.1 三级旋风分离器模块化拆分技术

三级旋风分离器受到厂家、运输路线等因素制约，且考虑现场实际情况将三级旋风分离器分成三段通过异地化工厂预制成模块后运至现场进行安装。第一段模块由三旋下锥体封头与过渡段下部壳体组成（图 1）；第二段模块由过渡段壳体、内集气室旋风等组成（图 2）；第三段模块由封头、过渡段上部壳体与中心管等组成（图 3）。三段组装完成后旋风分离器整体结构如图 4 所示。本次分段模块与传统的模块施工不同，传统的模块施工预制深度不深，而且不带衬里。除此之外，本次分段模块还为了现场安装质量编制模块总体拆分说明，明确拆分点、拆分编号，保证各拆分件编码唯一，箱单明确，便于现场回装。

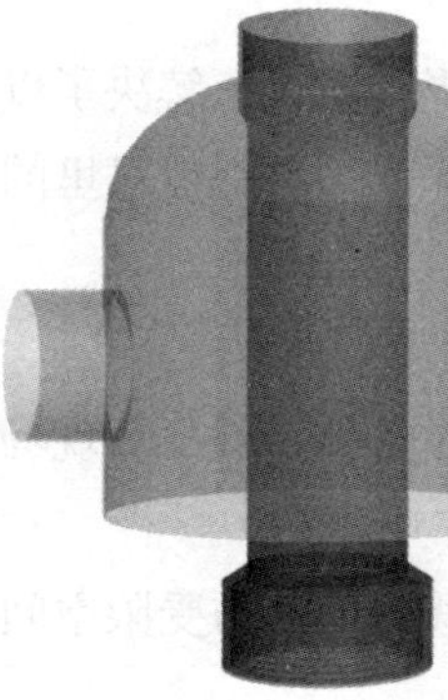
图 1 第三段三维

图 2 第二段三维

图 3 第一段三维

图 4 三段组装后旋风分离器整体结构图

4.2 旋风分离器倒装技术

旋风分离器安装精度要求较高，传统施工方法是旋分悬挂于临时工装上，待过渡段与集气室组焊完毕、施工完成后翻转至工装上，用提升法旋分与集气室组对完成；用旋分倒装法（图 5）由异地工厂化预制过渡段与内集气室安装完毕运至现场预制平台上，通过平台进行找平找正，旋分与中心管依次进行组装（图 6）；采用“水平管 + 激光准直仪”找旋分垂平度，组装焊接过程实时监测。旋分倒装法能够很好地保证安装精度，避免了制作临时工装与临时旋分支架，减少了高空作业和有限空间作业的风险。

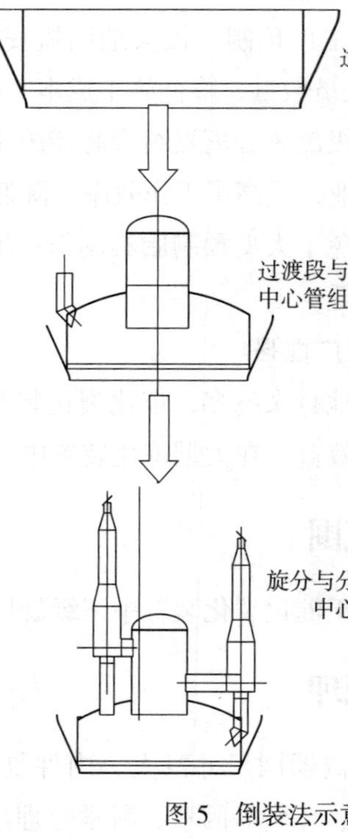

图 5 倒装法示意图

4.3 大型过渡段翻转技术

三旋过渡段施工采用单主机抬吊递送法吊装工艺进行翻转，共需使用三台起重机，分别为主吊车、抬尾吊车、一台起重机为翻转提供初始动力。完成翻转后主吊车采用直接提升法将其安装就位（图 7）。对于异型偏心结构，利用 AutoCAD、SolidWorks 等软件建立模型，计算出重心位置并确定吊点，对整个吊装过程及状态进行模拟。吊装前，为保证旋分稳固性，制作旋分临时加固工装。

图 6　旋风分离器倒装效果图

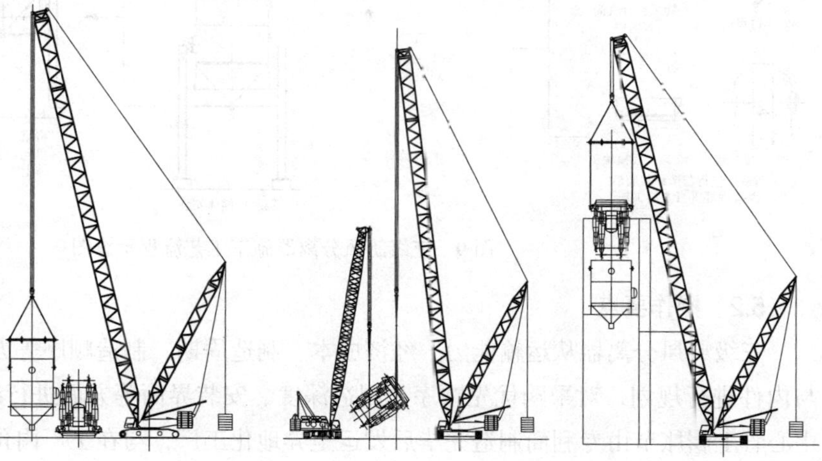

图 7　过渡段翻转模拟吊装

5　施工工艺流程及操作要点

5.1　施工工艺流程

施工工艺流程图如图 8、图 9 所示。

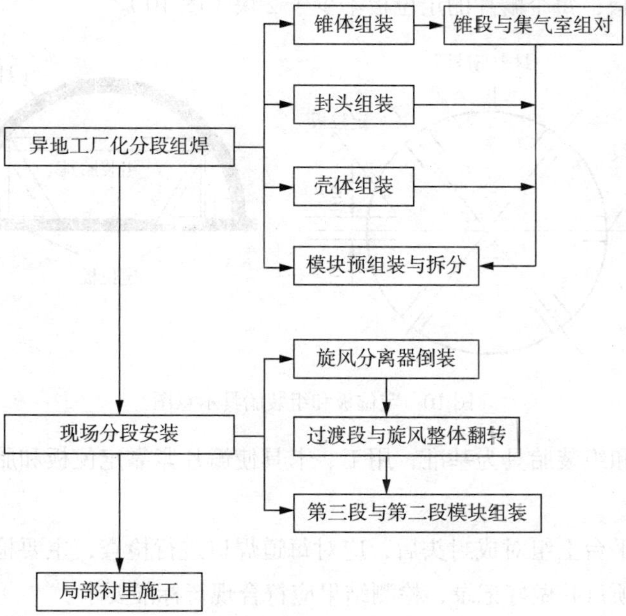

图 8　施工工艺流程图

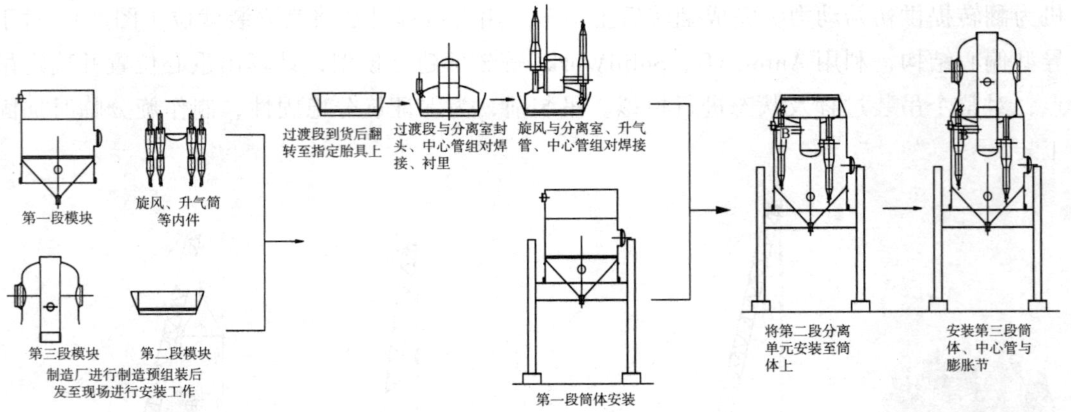

图 9　三级旋风分离器施工工艺流程示意图

5.2　操作要点

三级旋风分离器从运输能力、经济成本、制造周期、制造顺序等方面，对三级旋风壳体与内件进行规划，对采购优先顺序、制造深度、安装界面等方面进行统筹规划并制定方案。中心管上膨胀节由专利商制造完毕后发运至异地化工厂，与在工厂内预制的模块进行预组装后发运至现场，由现场进行组装施工。

5.2.1　异地工厂化分段组焊

1. 封头组装

在符合标准要求的平台上放样划基准圆，设置组装胎具，用吊车配合将封头瓣片板按排版图顺序组装。封头组装在钢平台上按下述程序组装：

（1）在钢平台上划出组装基准圆，将基准圆按照封头的分瓣数 n 等分，在距等分线 100mm 处点焊定位板，每个瓣片的定位板不少于 2 块（图 10）。

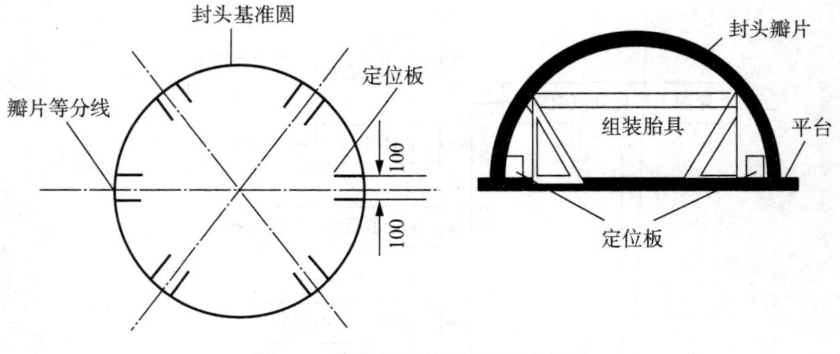

图 10　定位板和组装胎具示意图

（2）以定位板和组装胎具为基准，用工、卡具使瓣片紧靠定位板和胎具，并调整对口间隙和错边量。

（3）瓣片在钢平台上组对成封头后，应对每道焊口进行检查，主要检查对口间隙、错边量、棱角和圆度等项目并做好记录，检测结果应符合现行标准要求。

（4）封头全部组对完毕，可根据封头对缝的长度和板厚情况，每条纵缝上可适当加 2～4 个圆弧加固板以减小焊接变形，经复检后，进行焊接并检测。

（5）组焊合格后，按照排版图定出0°、90°、180°、270°4条方位线并做好标记，按开孔方位图组焊接管并检测，检测合格后进行衬里施工。

2. 锥体组装

瓣片板到货后，认真进行到货验收，在符合标准要求的平台上放样划基准圆，用吊车配合将锥体瓣片板按照排版图顺序安装。锥体组装在钢平台上按下述程序组装：

（1）在钢平台上划出锥体下口组装基准圆，将基准圆按照锥体的分瓣数 n 等分，在距等分线100mm处点焊定位板，每个瓣片的定位板不少于2块。

（2）以定位板和组装胎具为基准，用工、卡具使瓣片紧靠定位板和胎具，并调整对口间隙和错边量。

（3）锥体瓣片在钢平台上组对成型后，应对每道焊口进行检查、主要检查对口间隙、错边量、棱角和圆度等项目并做好记录。检测结果应符合现行标准要求。

（4）锥体全部组对完毕，经检验符合要求，可根据锥体对缝的长度和板厚情况，每条纵缝上可适当加2～4个圆弧加固板以减小焊接变形，焊接合格后，交下一工序进行锥体与集气室组装。

3. 壳体组装

依照排版图与实际壳体上标注的方位线（0°、90°、180°、270°）的要求采用专用卡具将筒节组对成段，组对点焊均在壳体的外口进行，环口采用100/200mm方式点焊，焊接顺序均为先内口，后外口，焊接严格按焊接工艺参数执行，焊接完成后衬里锚固钉、接管、衬里等应跟进施工（图11）。

图11 组对卡具示意图

三旋壳体吊装及运输时为防止变形，内部用米字形支撑加固；筒节应根据具体情况采取米字形临时加固措施，加固件应支撑在圆弧加强板上。形式如图12所示。

封头与筒体组对时，在壳体上口内（外）侧每隔约1000mm焊一块定位板，再将上面一圈筒节吊放上去，如图13所示，在对口处每隔1000mm放 δ=2～3mm的间隙片一块，以保证对口间隙，同时上、下2圈筒节的4条方位母线必须对正，其偏差不得大于5mm。

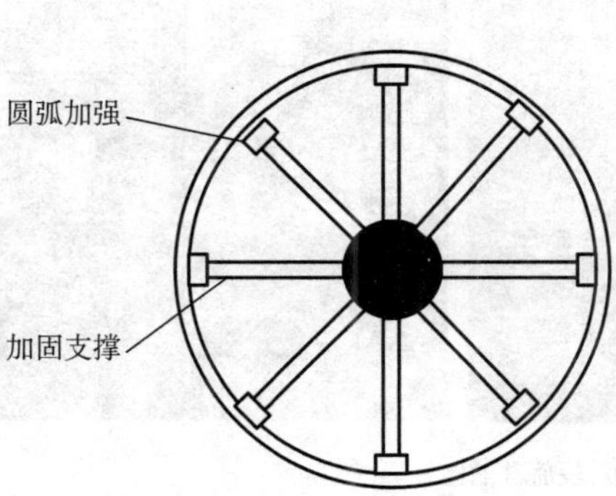

图12 筒体米字形加固图

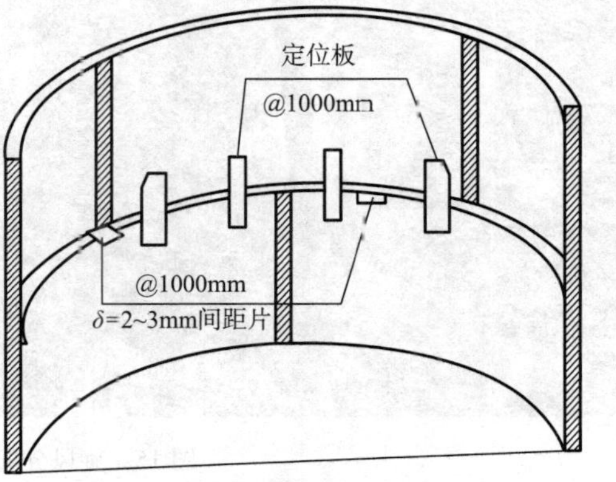

图13 筒体节间装配图

4. 锥段与集气室组对

锥段焊接完成后吊装至指定胎具上，利用激光水平仪找平找正后与已预制完成的内集气室进行模块组装，对组对间隙、安装标高、安装方位等尺寸进行复测，误差控制在 2mm 以内，复测合格方可焊接施工。焊接完毕经无损检测合格后进行锚固钉、衬里施工，衬里施工完毕经养护合格，对锥体上、下锥口进行十字形（图 14）或其他临时加固措施，加固件支撑在圆弧板上，防止运输变形。

图 14　过渡段模块吊装

5. 模块预组装与拆分

所有模块预制完毕后，进入预组装车间根据设计图纸进行所有模块间组装，组装完毕后对组装尺寸进行复检，尤其是中心管与膨胀节所有安装尺寸误差控制在 1mm 之内。经自检合格后，上部中心管、膨胀节与模块一进行组焊，下部中心管与集气室进行组焊施工后，对每个模块组装位置与方位进行标记模块编码等工作，并做好记录后进行拆分装箱，并编制指导书。

5.2.2　现场分段安装

1. 旋风分离器倒装

所有模块到货后，第一段模块吊装至钢结构基础上安装找正，安装精度保证在 5mm 以内，第三段模块放置在指定位置，第二段模块与旋风分离器到货后运至现场指定的组装平台，过渡段倒置于组装平台上并用激光水准仪进行找平找正后，按照事先编制的作业指导书将旋风分离器根据编号与顺序进行组装。组装完毕后对旋风分离器的直线度、同心度、同轴度等尺寸进行复测，复测合格进行焊接施工，待焊接检验合格，重新复测旋风分离器的安装尺寸保证安装精度（图 15）。

图 15　旋风分离器倒装施工图

2. 过渡段与旋风整体翻转

三级旋风分离器第二段模块倒置组对完成后，采用“单主机抬吊递送法”将其翻转 180° 然后吊装就位（图 16）。在壳体锥段上焊接 2 个管轴式吊耳作为主吊吊点，利用钢管制作焊接吊装加固作为抬尾吊点，放置吊装过程中防止旋风分离器受力过大发生变形。在“单主机抬吊递送法”中除了选用适合的主吊吊车与抬尾吊车外，还需增加 1 台起重机为翻转提供初始动力，以保证翻转作业的平稳，避免初始翻转不受控产生的冲击力造成抬尾吊车负载超限。正式吊装前吊车缓慢起升吊钩将设备吊至 300mm，在空中停留 2min，检查吊装机索具是否有异常情况，然后吊车回钩，在吊装过程中要保证负载率不能超过 78.3%，抬尾吊车和辅助吊车在试吊过程中确保模块不发生翻转，主吊车起升平稳时原则上均不受力，实际操作过程中负载控制在 10t 以内。试吊完成将设备重新放置在预制平台上，试吊结束进行正式翻转吊装，翻转完成第二段模块吊装就位后组焊施工。

图 16　过渡段模块翻转

正式吊装开始后，提升模块至距离地面 1m 左右，缓慢提升辅助吊车吊钩，回落抬尾吊车吊钩，使模块向抬尾吊车一侧倾斜，当倾斜角度达 15° 左右后，拆除辅助吊车索具。主吊车和抬尾吊车 2 台吊车将模块缓慢旋转至水平后，将模块回落至地面，用道木支垫牢固后，拆除抬尾索具并重新连接至支撑上方吊耳。水平时，抬尾吊车受力最大，为 S 工况，负载率不超过 69.9%。连接完成后，重新将模块调离地面，旋转至垂直后，拆除抬尾索具和临时加固，翻转吊装完成。最后，主吊吊车利用“直接提升法”将模块吊装就位（图 17）。

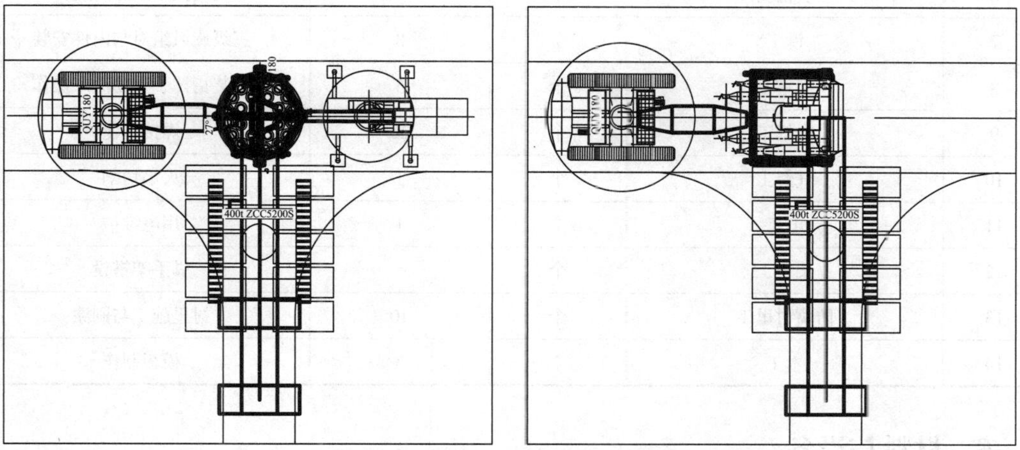

图 17　过渡段模块翻转吊车布置图

3. 第三段与第二段模块组装

三级旋风分离器第二段模块与第一段模块组对完成后，对内部旋风分离及中心管进行直线度、同心度、同轴度等尺寸复测，复测合格后进行焊接施工。焊接完成后，第三段模块与第二段模块进行组装，组装合格后对内部中心管的直线度进行复测，复测合格进行焊接施工。

5.2.3 局部衬里施工

三级旋风分离器衬里采用支模浇筑的施工方法，3 段模块分别在异地化工厂进行衬里浇筑、养护、烘衬，待检查合格后才能预组装。

（1）衬里施工前，在厂家指导下对衬里材料进行试验，确定衬里材料配比、加水量、缓凝剂等材料用量；确定振捣时间、振捣间距、插入深度等工艺参数。

（2）衬里混凝土拌合用水宜为生活饮用水，水温宜为 10 ~ 25℃。使用其他洁净水时，氯化物的含量不应大于 50mg/L，pH 值宜为 6.5 ~ 7.5。

（3）需衬里的设备壳体及其附件和龟甲网均需进行喷砂除锈、除油等；器壁上的管嘴、插管，喷砂前用牛皮纸填实并绑扎牢固，防止砂粒堵塞，对易损坏的部件进行拆除，喷砂后再恢复安装。

5.3 劳动力组织

劳动力组织情况如表 1 所示。

表 1 劳动力组织

序号	工种 / 岗位	单位	人数	备注
1	项目经理	个	1	总体负责
2	副经理	个	1	技术管理与施工管理
3	施工队长	个	2	施工现场负责人
4	安全员	个	1	现场安全监督检查
5	技术员	个	1	现场施工质量监督检查
6	质检员	个	1	现场技术跟踪与监督
7	铆工	个	8	三级旋风组对与内件安装
8	起重工	个	5	吊装指挥、手动葫芦操作
9	电焊工	个	20	焊接作业
10	气焊工	个	1	火焰切割
11	电工	个	1	用电维护
12	架子工	个	5	脚手架搭设
13	防腐衬里工	个	10	衬里施工与刷漆
14	木工	个	3	模板制作

6 材料与设备

实施该工法需要的主要施工手段材料见表 2，主要设备工机具见表 3，主要检验试验设备和测量器具见表 4。

表 2　主要施工手段材料一览表

序号	名称	规格型号	单位	数量	备注
1	钢管	Φ168mm × 7mm	m	100	临时加固
2	钢管	Φ377mm × 10mm	m^2	10	锥段翻转平衡梁
3	钢板	δ=20mm	m^2	36	铺设临时平台
4	道木	—	根	10	支垫吊车或筒体
5	钢板	δ=20mm	m^2	2	自作临时吊耳
6	钢板	δ=30mm	m^2	1	制作组对销子、吊耳
7	钢板	δ=20mm	m^2	1	制作吊耳以及焊缝加固
8	钢板	S30408，δ=16mm	m^2	1	内件安装加固
9	钢板	S30408，δ=10mm	m^2	1	内件安装加固
10	阻燃篷布		m^2	70	防风措施

表 3　主要施工机具一览表

序号	名称	型号规格	单位	数量	备注
1	履带吊	400t	台	1	分段吊装，过渡段翻转
2	履带吊	180t	台	1	过渡段翻转
3	汽车吊	80t	台	1	过渡段翻转
4	电焊机	ZX7-500	台	6	焊接
5	碳弧气刨	ZX7-1000	套	2	清根
6	等离子切割机	YP-100PS	台	1	切割
7	自动焊接		台	3	焊接
8	千斤顶	5t/10t	台	各 10	组对
9	手拉葫芦	2t/5t	个	各 10	组对
10	强制搅拌机	250L	台	2	隔热、耐磨衬里搅拌
11	搅拌机	10 kg	台	2	衬里搅拌
12	喷砂罐	$1m^2$	台	1	除锈
13	空压机	$0.9m^2$	台	1	除锈、清灰
14	角向磨光机	$\Phi125/\Phi150$mm	台	10	打磨
15	照明灯具	—	套	5	内件安装
16	钢丝绳扣	Φ60mm × 36m	根	4	主吊绳扣
17	钢丝绳扣	Φ47.5mm × 16m	根	6	壳体吊装
18	钢丝绳扣	Φ32.5mm × 16m/Φ21mm × 9m	根	各 6	内件吊装
19	卡扣	80t	对	6	主吊索具连接
20	卡扣	55t/35t/25t	对	各 6	索具连接

表 4 检验试验设备和测量器具一览表

序号	名称	型号规格	单位	数量	主要适用工序
1	风速仪	—	块	1	气象环境监控用
2	干湿温度计	—	个	2	烘干焊条及施焊环境监控
3	经纬仪	—	台	1	筒体垂直度测量
4	水准仪	—	台	1	设备基础标高测量
5	焊缝检验尺	万能、精度 0.02mm	把	1	焊缝检测
6	水平尺	0.02mm/m	把	3	—
7	钢盘尺	50m	把	1	—
8	钢卷尺	3m	把	5	—
9	钢卷尺	5m	把	5	—
10	弯尺	250mm × 500mm	套	5	—
11	钢直尺	1000mm	把	1	—

7 质量控制

7.1 执行标准

（1）TSG 21—2016《固定式压力容器安全技术监察规程》

（2）TSG Z6002—2010《特种设备焊接操作人员考核细则》

（3）GB 150—2011《压力容器》

（4）GB 50798—2012《石油化工大型设备吊装工程规范》

（5）GB/T 50484—2019《石油化工建设工程施工安全技术标准》

（6）GB 50236—2011《现场设备、工业管道焊接工程施工规范》

（7）GB 50474—2008《隔热耐磨衬里技术规范》

（8）NB/T 47013—2015《承压设备无损检测》

（9）NB/T 47015—2011《压力容器焊接规程》

（10）SH/T 3504—2014《石油化工隔热耐磨衬里设备和管道施工质量验收规范》

（11）SH/T 3609—2011《石油化工隔热耐磨衬里施工技术规程》

（12）SH/T 3601—2009《催化裂化装置反应再生系统设备施工技术规程》

（13）SH/T 3526—2015《石油化工异种钢焊接规范》

（14）SH/T 3524—2009《石油化工静设备现场组焊技术规程》

（15）SH/T 3542—2007《石油化工静设备安装工程施工技术规程》

7.2 质量保证措施

三级旋风分离器在制造与安装过程中质量保证要点包括：分片组装过程中的几何尺寸，开孔的位置尺寸，壳体及内件安装的垂直度、标高，壳体的焊接质量，衬里的施工质量等。

（1）建立健全质量保证体系，认真落实质量责任制，确保质量体系有效运行。

（2）严格按照施工图纸，遵照施工规范、标准以及合同质量文件要求认真施工。

（3）对特殊工种持证上岗，经考核合格后方可进入本项目从事施工作业。

（4）施工中各种计量器具均应经计量合格检验，并在周检期内，否则不得使用。

（5）所有原材料在施工前必须经过严格的检验，包括合格证、产品质量证明书及有关产品说明等技术文件，无相应质量证明的材料不允许进入现场，从材料源头上把好第一道关，并按照要求进行材料报验。

（6）严格控制壳体组对的几何尺寸以及开孔的位置尺寸。完善的班组自检、互检及检查员专职检查验收，报检（包括工序交接报检及工程最终报检）、共检制度，及时做好数据准确、签字完备的检验记录，做到有章可循，有据可查。同时强化工序控制，全面实施报检制，不经过质检人员检查、确认合格且技术资料齐全的工序，不得转入下道工序施工。

（7）内构件及旋风分离器组对焊接时，应采用小电流多道焊接，防止焊接应力引起垂直度超标。

（8）检查锚固钉焊接质量时，应用 0.5kg 铁手锤逐个敲击，锚固钉应发出铿锵的金属声，每 $4m^2$ 抽查一个锚固钉，锤击该钉端部，打弯 90° 不断裂为合格，之后在旁边再增焊一个锚固钉。

（9）衬里厚度允许偏差不超过 5mm，衬里密实度采用 0.5kg 手锤以 350mm 间距轻轻敲击检查，其声音铿锵清脆、无松动、无空鼓声。衬里表面要求平整密实，不得有疏松和蜂窝麻面等缺陷。衬里挡板下面的衬里要求密实，不得有空洞。

（10）衬里烘炉前，不得有贯穿性裂纹，收缩性裂纹的宽度 ≤ 0.5mm。衬里烘炉后，其裂纹的表面宽度 ≤ 3mm，且不得有贯穿性裂纹。

（11）过渡段在衬里后吊装或翻转时，应在施衬前从减少局部应力和增强整体刚性两方面采取必要措施，防止吊装或翻转时衬里开裂。已完成衬里的部位不宜在器壁上进行焊接作业。

（12）施工场地、运输道路、吊装位置、组焊场所等须满足施工基本要求，以避免构件在运输、吊装等过程中的变形。

7.3　质量关键控制点

三级旋风分离器施工质量关键控制点如表 5 所示。

表 5　三级旋风分离器施工质量关键控制点

环节	控制点		检查内容	检查方法	合格标准
	序号	名称			
施工前准备	1	设计交底、图纸会审	图纸及其他设计文件是否齐全、是否符合有关标准的要求	审核校对	技术部已为施工队配备专业技术员
			图纸会审、设计交底		图纸已会审、设计已交底，且有交底记录
	2	技术文件编制	施工方案	审核校对	经济合理
			焊接工艺评定、焊接工艺卡		符合图纸及规范要求
			质量检验计划		符合施工实际、便于操作
	3	技术交底	工艺要点、质量要求和注意事项	审核校对	符合施工要求
	4	焊工资格管理	焊工资格证书	审核校对	焊工持有效证书并对合格焊工发上岗证
	5	计量器具	计量器具经过检定、校准	查验报告	计量器具经过检定、校准，处于合格状态，并在有效期内
	6	施工机具	焊接设备、吊装设备、工卡具	核查	机具齐全，性能满足要求
	7	报检	向监检机构报检备案	查验报告	报检备案

续表

环节	控制点		检查内容	检查方法	合格标准
	序号	名称			
到货检验	8	材料检验、复验	材料检查	资料核查	主要受压元件材料质量证明书齐全且符合法规标准，压力容器上的材料代号和排版编号均有醒目的标记，和排版图相一致
			外观检查	目测	不得有腐蚀、裂纹、气泡、结疤、折叠、夹杂、分层
			几何尺寸检查	样板尺量	符合设计及规范要求
	9	焊接材料检验	焊接材料到货验收	资料核查现场检查	符合图纸及规范要求
			焊材管理包括焊材保管、烘干及发放、回收	资料核查现场检查	符合管理制度要求
过程施工	10	裙座预制	几何尺寸、错边量、纵缝冷角度	样板尺量	几何尺寸控制在 5mm 以内、错边量与纵缝冷角度小于 5mm
	11	封头组装	几何尺寸、错边量、附件安装基准线等	样板尺量	几何尺寸控制在 5mm 以内、错边量与纵缝冷角度小于 5mm
	12	筒体组装	对口间隙、错变量、椭圆度、焊接接头环向、轴向棱角度、直线度、总长度	样板尺量	对口间隙不大于 3mm、错边量不大于 4mm、纵缝冷角度小于 5mm、直线度不大于千分之一
	13	吊装	基础找平、垫铁摆放，吊装后设备垂直度找正	经纬仪尺量	基础找平与吊装后设备垂直度找正均不大于 5mm
	14	开孔与接管	管口或接管方位、标高、接管法兰垂直度或水平度	尺量	方位允许偏差 ±5mm、标高允许偏差 ±5mm、法兰垂直度或水平度不大于 3mm
	15	焊接	焊缝外观质量检查、热处理、焊缝无损检测、焊缝返修	焊接检验尺资料核查	符合规范要求
	16	旋风安装	垂直度、入口标高	水准仪尺量	垂直度不应大于 5mm、入口标高允许偏差 ±5mm
	17	集气室	垂直度、方位、同轴度、壳体同心度	水准仪尺量	垂直度、方位、同轴度、壳体同心度等允许偏差不大于 5mm
	18	内件安装	附件 / 内件方位、标高、角度、水平度、安装尺寸	水平尺尺量	符合图纸及规范要求
	19	设备安装	中心线位置、标高、铅垂度	经纬仪尺量	中心线位置、标高、铅垂度均不大于 5mm
	20	衬里施工	材料检验、试样检测、设备内壁喷砂除锈、锚固件焊接、隔热衬里施工	资料核查目测	符合图纸及规范要求
			衬里烘干后，衬里空鼓、裂缝、疏松、试块强度或验收记录	目测锤击	符合图纸及规范要求
	21	防腐	除锈洁净度、粗糙度	目测	符合图纸及规范要求
			防腐层质量厚度、搭接，针眼、气孔、漏点	目测测厚仪检查	符合图纸及规范要求
	22	设备封闭	各种孔类、法兰连接密封检查、内件检查	目测	内部清洁无异物
交工验收	23	资料审查	产品合格证、容器说明书、质量证明书、安全质量监督检验证书	资料核查	所有技术资料、施工记录合格证、证明书等资料齐全

8 安全措施

8.1 执行的法律法规及标准

（1）2021 年 6 月修正《中华人民共和国安全生产法》

（2）GB 50484—2019《石油化工建设工程施工安全技术标准》

（3）JGJ 46—2005《施工现场临时用电安全技术规范》

8.2 安全保障措施

（1）在开工前，应结合工程特点，制定有效的安全技术措施，落实安全设施与器具，落实劳保防护用品。

（2）新工人进场进行三级安全教育，工程施工前进行安全技术交底，做到工作任务明确、施工方法明确、安全措施明确，并按规定双方履行签字手续。

（3）特殊工种人员须培训合格后持证上岗，现场作业人员穿戴必须符合劳动保护要求。

（4）进入项目工地施工的所有机械设备应保持完好，进场后还应进行安全检查，合格后方可使用。机械操作工必须建立岗位责任制，持证上岗，禁止无证人员操作。

（5）脚手架搭设完成后经安全管理人员检查确认后方可使用，高处作业人员必须系安全带并正确使用。

（6）焊接作业要严格遵守电焊安全技术规程，焊接前先检查焊机和工具是否安全可靠，焊机外壳接地、焊机各接线点接触是否良好，焊接电缆的绝缘有无破损等。

（7）高处作业（$\geqslant 2m$）要设置可靠的防护措施，带好安全带并拴挂在稳固点上。所用工具应有保险绳，不准随意抛掷物件、工具。

（8）进入受限空间内部作业之前，办理受限空间作业许可证。受限空间内的电气设备和金属脚手架应作保护接地。照明电源必须是小于 12V 的低电压，并设漏电保护装置，照明灯必须有护网罩。

（9）在器内分层作业时，各层必须加设隔离层，作业人员随身配备工具袋，不得将工具散放在设备内，以防掉落伤人。在器壁人孔处应加设通风机，保证内部作业通风良好。

（10）吊装施工时，划定作业区域，施工期间闲杂人员不得过往，所有起重工应经过安全培训并且取得合格上岗证，必须有专人指挥，熟悉指挥信号。指挥人员手语和旗语指挥准确。

（11）吊装要有完善的技术措施，要认真进行核算，禁止超载吊装，遇到险情时要立即停止，迅速查明原因，采取反事故措施，以防事态扩大。

9 环保措施

9.1 执行的法律法规及标准

（1）2014 年 4 月修订《中华人民共和国环境保护法》

（2）2018 年 12 月修正《中华人民共和国环境影响评价法》

（3）2021 年 12 月通过《中华人民共和国环境噪声污染防治法》

（4）2020 年 4 月修订《中华人民共和国固体废物污染环境防治法》

（5）2017 年 7 月修订《建设项目环境保护管理条例》

（6）中油质安〔2018〕535 号《中国石油天然气集团公司环境保护管理规定》

（7）公司体系文件《健康安全环境管理手册》

9.2 环境保护措施

（1）对施工现场的边角余料及时回收、妥善处理。

（2）对施工产生的废料分类存放，及时清理。生活垃圾由专人分类清理，集中回收处理。

（3）焊接施工完毕，焊渣、废弃焊条头、碎屑要及时清扫、收集不得随意丢弃。

（4）作业平台用电及照明设备做到人走断电，减少隐患、节约电能。

（5）喷砂除锈的时间宜在晚上进行，须采取隔离保护措施，减少扬尘。

（6）吊装地基处理施工时开挖的沟、槽及时回填，余土及时运至业主指定的堆放场地。

（7）专人负责施工现场洒水及清扫，保证施工现场无粉尘、场地清洁和道路畅通。

10 效益分析

10.1 经济效益

新型三级旋风分离器组合翻转施工工法，异地工厂化预制减少了场地占用，节约了现场临时施工用地；受天气、环境因素影响较小，而且不受现场空间的限制，可多模块同时进行制造；在专业化的车间制造过程中，有利于提高工作效率和制作精度；车间制造可为壳体等重要部件的焊接创造出比现场更为有利的条件，有利于提高焊接质量，减少返修工作量；模块运抵现场，采用旋风倒装技术、大型过渡段翻转技术等，减少了劳动力投入，压缩了大型吊车使用时间，并且减少了施工中的高处作业，有效地缩短建造工期，从而使得人工费、施工机具使用费等费用降低。以广东石化公司 360 万 t/a 催化裂化装置中三级旋风分离器施工为例，与传统安装方法对比，节约经济效益 138.3 万元，详见表 6。

表 6 与传统安装法经济效益对比表

施工方法 对比项目	传统现场正装组焊施工工艺	模块化倒装施工工艺
施工工期	三级旋风分离器筒体组焊与接管安装 45 天；内集气室安装 8 天；旋风分离器安装 10 天，中心管与膨胀节安装 8 天；筒体吊装 10 天；衬里施工 35 天；根据施工顺序部分施工内容可平行施工。 施工工期合计：116 天	采用新的施工方法，壳体衬里在异地工厂化预制：三级旋风分离器筒体组焊与接管安装 40 天；内集气室安装 8 天；中心管与膨胀节安装 7 天，衬里施工 20 天；部分施工内容可平行施工，合计 75 天。 现场安装：旋风分离器安装 7 天，筒体吊装 3 天；补衬施工 10 天；合计 20 天。 施工工期合计：95 天
人工费	架子工、焊工、起重工、防腐衬里、铆工、检测工以及现场管理人员，共计 65 人。 人工费：65 人 ×116 天 ×450 元 /（天・人）=339.3 万元	架子工、焊工、起重工、防腐衬里、铆工、检测工以及现场管理人员，共计 60 人。 人工费：60 人 ×95 天 ×450 元 /（天・人）=256.5 万元
材料费	制作组对预制平台 10 万元，组对用加固材料 4 万元，临时加固材料 2 万元，脚手架 8t × 4700 元 /t=3.76 万元。 合计费用：19.76 万元	制作组对预制平台 4 万元，组对用加固材料 4 万元，临时加固材料 2 万元，脚手架 4t × 4700 元 / t=1.88 万元。 合计费用：11.88 万元

续表

对比项目 \ 施工方法	传统现场正装组焊施工工艺	模块化倒装施工工艺
机械台班费	250t 吊车机械台班使用费：20 台班 ×8000 元 / 台班 =16 万元 25t 吊车机械台班使用费：93 台班 ×1500 元 / 台班 =13.95 万元 30t 板车机械台班使用费：20 台班 ×1200 元 / 台班 =2.4 万元 合计费用：32.35 万元	400t 吊车机械台班使用费：5 台班 ×12500 元 / 台班 =6.25 万元 180t 吊车机械台班使用费：1 台班 ×6000 元 / 台班 =0.6 万元 80t 吊车机械台班使用费：1 台班 ×2400 元 / 台班 =0.24 万元 25t 吊车机械台班使用费：30 台班 ×1500 元 / 台班 =4.5 万元 合计费用：11.59 万元
管理费	（339.3+19.76+32.35）×24%=93.938 万元	（256.5+11.88+11.59）×24%=67.193 万元
合计	485.348 万元	347.163 万元

10.2 环保、安全效益

运用新型三级旋风分离器组合翻转施工工法避免了现场分片组焊，减少了大型机械使用，降低了能源的消耗、尾气的排放、机械噪声污染等。本工法提高了施工工效，减少了施工过程中生活垃圾、建筑垃圾等对环境的污染。

运用新型三级旋风分离器组合翻转施工工法在三级旋风分离器制造安装过程中，减少高空作业、减少施工交叉作业、减少受限空间作业等，管理上减少了安全生产中的薄弱环节，降低了安全生产管理的难度，便于现场监控与管理。

10.3 综合效益

新型三级旋风分离器组合翻转施工工法，施工工艺简单，能够减少高空作业以及施工交叉作业，具有施工作业安全性高，施工成本低，易于保证质量等特点。具有较好的科学性、经济性、适用性，较强的应用价值和推广意义，可以广泛应用到催裂化装置中的三级旋风分离器改造及新建工程中去，缩短施工工期，节约材料及能耗，使得装置尽快投料产出。

11 应用实例

实例一：广东石化公司 360 万 t/a 油催化裂化装置

360 万 t/a 油催化裂化装置，2020 年 3 月 20 开工，2022 年 6 月 28 日中交，2023 年 1 月投产运行。三级旋风分离器（几何尺寸：Φ7200/Φ5400mm×19590mm×28/24/34mm，金属质量 187.377t，壳体材质为 Q245R），安装顶部标高 52000mm。其内部设置分离单元包括旋风分离器 24 组，外侧旋风组对成对到货共计 16 组，内侧旋风单组到货共计 8 组，组成旋风分离系统，安装在钢结构基础标高 6200mm 上。

根据工程施工总体部署，三级旋风分离器壳体、封头、内件、衬里等在制造厂预制成型，施工计划按平行施工原则，三旋壳体分三大段，内件主要分两段进行安装，采用正装法将各安装段按吊装顺序在框架内安装成型，最后中心管与膨胀节按图纸要求进行重新组对并焊接。

该三级旋风分离器由中国石油天然气第一建设公司于 2021 年 7 月 15 日设备壳体开始组焊，2021 年 9 月 30 日全部安装完毕具备封孔条件。施工中选用三级旋风分离器施工技术进行安装，节约了材料，提高了效率，确保了工程质量。

实例二：中国海洋石油总公司惠州炼化二期 2200 万 t/a 炼油改扩建及 100 万 t/a 乙烯项目

中国海洋石油总公司惠州炼化二期 2200 万 t/a 炼油改扩建及 100 万 t/a 乙烯项目，2014 年 11 月 23 日开工，2017 年 9 月 30 日中交，2018 年 3 月投产。480 万 t/a 催化裂化（Ⅱ）中三旋结构复杂，连接反再区及能量回收区，将再生烟气中的催化剂进一步分离，减少催化剂跑损，降低烟机磨损，是催化装置的重要设备之一。三旋壳体材质为 Q345R，锥体 Φ9000mm × Φ736mm × 30mm、裙座筒体 Φ900mm × 26mm、Φ9000mm × 30mm、球形封头 SR4500mm × 46mm 中小旋分数量达 17 台，内件安装精度高。

根据工程施工总体部署，三级旋风分离器壳体、球形封头、内件、衬里等在制造厂预制成型，施工计划按平行施工原则，三旋壳体分三大段，内件主要分两段进行安装，采用正装法将各安装段按吊装顺序安装成型，最后中心管与膨胀节按图纸要求进行重新组对并焊接。

同轴式沉降—再生器内件快速更换工法

刘清涛　韩廷檀　卫高腾　郭　杰　王一君

中国石油天然气第一建设有限公司

1　前言

在催化裂化装置的反应—再生系统中，同轴式沉降—再生器长周期运行，会出现沉降器结焦严重、待生立管与套筒常发生卡塞、开裂等现象，严重时甚至会造成装置停车。对旋风分离器、待生立管、待生套筒、催化剂返回分布器等内件进行周期性更换、改造，确保沉降—再生器系统的正常运行，对装置的平稳运行具有重要意义。

旋风分离器、待生立管、套筒等内件更换数量多（多为散件到货现场组装）、施工空间狭小、工序衔接紧、施工工期短，且同轴式沉降—再生器内件同轴度要求高（不大于 1mm），如偏差超标会造成运行中待生塞阀的密性不严，直接影响装置运行。传统施工方法多采用内部散件拆装的方法。中国石油天然气第一建设有限公司在传统方法上优化创新，经过技术经济论证，采用沉降器顶部“掀大盖”内件模块化拆除、安装方法，实现快速更换内件的目的，解决了传统散件拆装方法的质量不易控制、受限空间作业多、交叉作业多的问题，取得了良好的综合效益，并梳理总结形成了一套完整的施工工法，其特点是效率高、成本低、质量好，对后续同类工程施工有较好的指导、借鉴作用，有很好的推广价值。

本工法已成功在中国石油华北石化 160 万 t/a 催化裂化装置、中国石油锦西石化 180 万 t/a 催化裂化装置检修改造工程中应用，分别节约经济效益 127.2 万元、88.25 万元。

本工法 2023 年 6 月通过中国石油天然气第一建设有限公司科技成果评定委员会组织鉴定。经教育部科技查新工作站（L40）科技查新表明，在国内公开发表的中文文献中，未见与本工法内容相同的公开报道。在《中国石油石化节能提效绿色低碳技术交流大会论文集》发表论文《同轴式沉降—再生器内件快速更换技术》1 篇。

2　工法特点

2.1　施工工期短

本工法采用“两器”内件模块化拆除、模块化安装的方法，优化了施工顺序，减少了施工交叉作业，提高了施工效率；在内件模块化拆除的，同时，完成地面模块预制工作，模块化拆除与预制同步进行，仅吊装作业即可安装到位，具有机械化程度高、作业路径短、受限空间和高空作业时间短等优点，缩短了施工工期。

2.2 施工质量高

同轴式沉降—再生器顶部“掀大盖”模块化内件拆装的施工方法，内件采用在地面预制平台进行模块化组焊技术，减少了现场、高空及有限空间内施工的工作量，改善施工人员的作业条件，有利于提高内件施工质量。降低了施工难度，作业环境得到了保证，避免了内部散件安装、累积误差较大的风险，便于内件同轴度精确定位及测量，有利于施工质量的提高。

2.3 施工风险低

（1）同轴式沉降—再生器顶部“掀大盖”模块化拆装的施工方法，采用内件模块化拆除，地面模块化预制组焊技术，将大部分受限空间作业转移到地面，减少了受限空间作业和高空作业，降低了施工风险。

（2）同轴式沉降—再生器顶部“掀大盖”模块化拆装的施工方法，模块化拆除、安装都是按顺序依次进行，避免了交叉作业，降低了施工风险。

2.4 施工成本低

（1）同轴式沉降—再生器顶部“掀大盖”模块化拆装的施工方法，内件采用地面模块化技术，实现内件深度模块化预制，减少安装阶段设备内部施工人员投入，减少高空作业，减少脚手架搭拆工作，提高了工作效率，降低了施工成本。

（2）同轴式沉降—再生器顶部“掀大盖”模块化拆装的施工方法，采用从上至下连续的模块化拆除、从下至上连续的模块化安装，模块的拆除与预制同步进行，工序衔接紧密，避免吊车机械闲置，提高了机械使用效率。

2.5 应用前景广阔

本工法主要应用在催化裂化装置检修改造工程中，一般检修或改造工期都比较紧张，本工法可以在较短时间内完成“两器”内部件更换，在催化裂化装置检修中，有很大的推广价值。

3 适用范围

适用于催化同类装置同轴式沉降—再生器内件的更换及改造。

4 工艺原理

将同轴式沉降—再生器内件合理划分为模块，利用同轴式沉降—再生器封头顶部空间，将内件全部拆除转移出去，新更换的内件在地面实现模块化深度预制焊接，使用吊车机械将预制的模块内件按照原拆除路径依次安装到位。

4.1 拆除、安装模块划分技术

关于同轴式沉降—再生器内件拆除、安装的模块化划分技术，内件制造、安装涉及多家制造商，模块的拆除、预制深度直接影响到设备内件的安装精度、同轴度以及成本工效。利用三维建模模拟拆装（图 1），避免因模块化划分不合理造成的安装精度偏差，且保证成本工效最优。

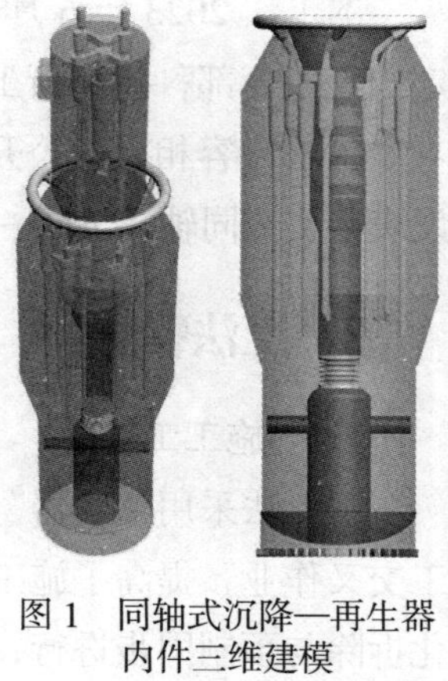

图 1 同轴式沉降—再生器内件三维建模

4.2　沉降—再生器封头带旋分模块的支撑胎架工装设计技术

同轴式沉降—再生器封头带旋分模块的支撑胎架设计校核技术，通过在地面制作临时支撑胎架（图 2），将封头带旋分模块拆除后摆放在支撑胎架上（图 3），拆除旧旋分后进行新旋分模块化组对，实现旋风分离器的模块化。

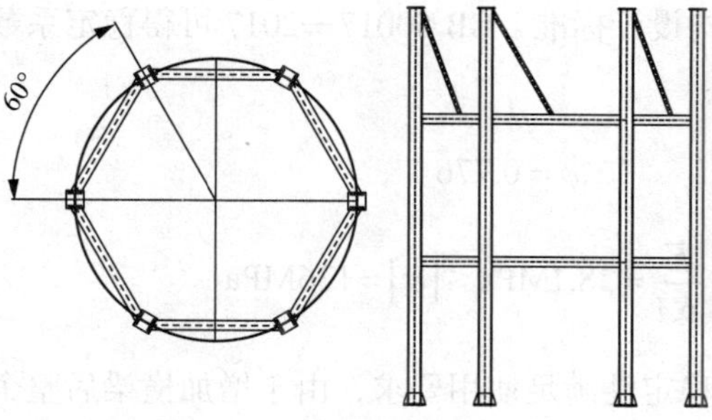

图 2　支撑胎架设计图

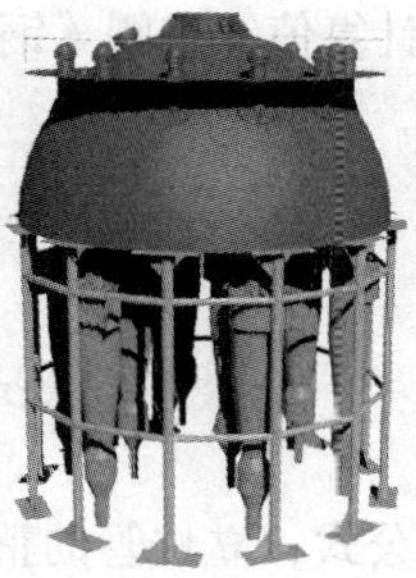

图 3　旋风分离器胎架支撑三维效果图

同轴式沉降—再生器封头支撑胎架立柱管选用 20# 材质，外径 D=325mm，壁厚 δ=12mm，内径 d=301mm。忽略结构横梁，仅以立柱管为对象核算其稳定性，立柱管稳定性计算如下：

（1）每根立柱受力

$$F=\frac{K_1G_3}{n}=\frac{1.5\times142.3}{6}=35.6\text{t} \qquad (1)$$

式中，K_1 为不均衡系数，取 K_1=1.5；G_3 为设备净质量，取 G_3=142.3t；n 为立柱数量，取 n=6。

（2）立柱管截面挤压应力

立柱管截面积为：

$$A=\frac{\pi(D^2-d^2)}{4}=\frac{\pi(325^2-301^2)}{4}=11793.8\text{mm}^2 \qquad (2)$$

截面挤压应力为：

$$\sigma=\frac{F}{A}=\frac{35.6\times9800}{11793.8}=29.6\text{MPa}\leqslant[\sigma]=136\text{MPa} \qquad (3)$$

通过以上公式计算，立柱管的截面挤压应力满足使用要求。

（3）立柱管整体稳定性校核：

主立管惯性矩为：

$$I=\frac{\pi(D^4-d^4)}{64}=144641127\ 9\text{mm}^4 \qquad (4)$$

截面回转半径为：

$$i=\sqrt{\frac{I}{A}}=110.7\text{mm} \qquad (5)$$

细长比为：

$$\lambda = \frac{L}{i} = 81.2 < 150 \tag{6}$$

通过以上公式计算，立柱管的细长比满足使用要求。

根据 λ 的计算值，查阅《钢结构设计标准》GB 50017—2017 可得稳定系数，整体稳定性校核：

$$\phi = 0.776$$

$$\sigma_w = \frac{F}{\phi A} = 38.1\text{MPa} \leqslant [\sigma] = 136\text{MPa} \tag{7}$$

通过以上公式，立柱管的整体稳定性满足使用要求，由于增加横梁后整个结构的稳定性增加，整个胎架的稳定性满足使用要求。

4.3 模拟吊装规划布置技术

同轴式沉降—再生器技术改造卧式部件吊装采用单机提升法完成吊装作业，立式部件吊装采用单主机抬吊递送法完成吊装作业。利用利勃海尔公司的利控工作计划（LICCON Work Planner）软件，对吊装作业进行设计、模拟和记录，通过输入履带式起重机的配置参数和作业时的臂杆幅度、臂杆方向、超起重量、吊装载荷等数据进行作业设计和模拟，得到相应的额定起重量和吊装系统的对地压载，从而优化吊车工况参数，并为吊装地基处理提供依据（图 4）。

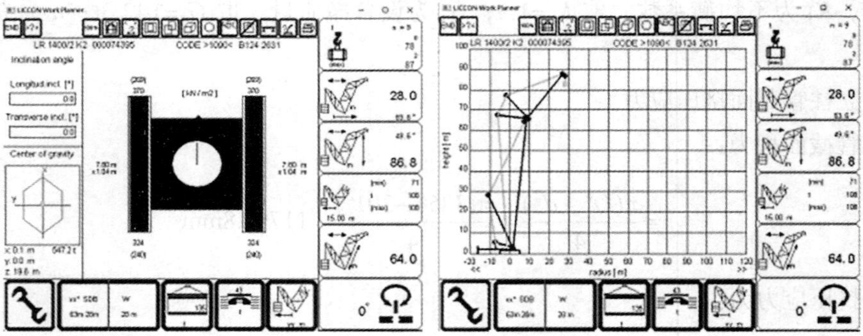

图 4　吊装作业模拟进行

利用 CAD 制图将吊车站位、新更换的内件、拆除的模块等提前规划好摆放位置，确保吊车就位后，保持吊装工作连续性，减少吊车位移次数，提高工效（图 5）。

4.4 保证待生塞阀密封性技术

待生塞阀密封性对设备正常运行至关重要，首先要保证待生立管垂直度。待生立管模块预制利用水准仪确保水平度，待生塞阀确定机械零点后，待生立管模块吊装就位，利用 4 根线坠，初步垂直定位。过渡段焊接采用分段对称同步焊接防变形技术，4 名以上偶数焊工对称焊接，过渡段焊接完毕后，待生塞阀向上行程，与塞阀阀座保持接触密封（图 6）。塞阀阀座找平，点焊固定，待生塞阀回到机械零点，将激光水平仪固定在阀座底部，监测阀座焊接过程变形，以便及时通过焊接顺序调整，矫正阀座水平度。焊接采用分段对称焊方法。

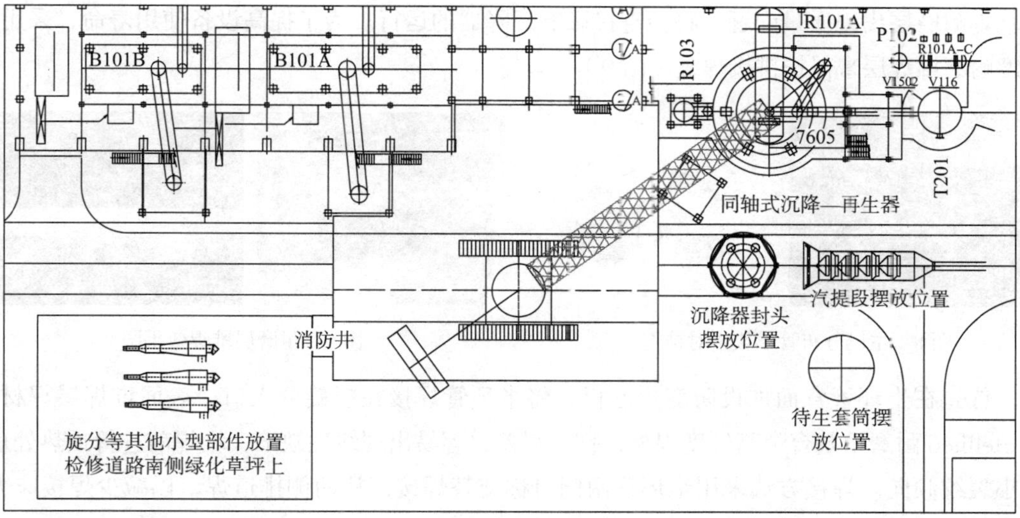

图 5　模拟吊装规划布置图

4.5　再生器一、二级旋风分离器模块组对技术

再生器一、二级旋风分离器组对是旋风系统施工最初也是最关键的一道施工工序。组对质量直接影响整个旋风系统的安装质量，每组在地面预制平台模块组对，通过拉设粉线的方式进行初步找正并加以固定，用水准仪进行精找正，用激光水准仪通过二级旋风分离器升气筒口进行水平度复测并在焊接过程中监测变化，通过 3 种检验方式保证组对精度，避免后续安装过程中出现返工情况（图 7）。

图 6　待生塞阀及塞阀阀座

图 7　一、二级旋风分离器组对水平检查

4.6　主风分布管模块组对技术

主风分布管作为沉降—再生器内件的核心，施工质量要求非常高，尤其模块化地面组对没有筒体作为参照，施工难度较高。存在风险：支管水平度，影响“两器”运行效果；支管外伸长度，若安装不好，运行时热膨胀，可能会与设备筒体或其他支管产生碰撞，造成质量事故；喷嘴防护，若安装时保护不好，进入硬性杂质，运行时可能对支管造成磨损，从而发生质量事故。

主风分布管模块组对技术采取组对地面找平，支管安装过程实时监测：组对前，先对筒体内部实际尺寸进行测量，参照物划线，根据实际尺寸结合设计允许间距进行三维模拟，同时在组对过程中进行详细测量；安装前将内部杂物清理干净，并对喷嘴采用塑料胶带进行保护，待投运前再进行拆除（图 8）。

4.7　沉降器粗旋分入口耐磨层堆焊技术

沉降器提升管油气进入粗旋分系统，大量油气会对粗旋分入口拼接焊缝产生长期冲刷，如堆焊耐磨层出现质量问题，将会直接影响沉降器的运行。为了提高设备使用寿命，采用高硬度耐磨堆焊层来保护拼接焊缝（图9）。

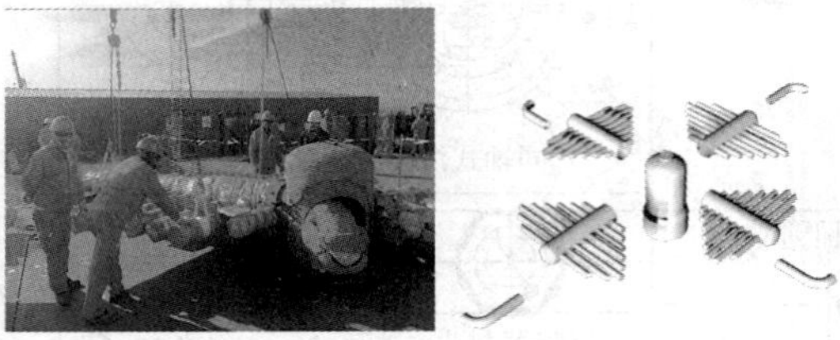

图8　主风分布管模块组对检查

图9　耐磨层堆焊效果图

首先在半环管背面加设防变形筋板，将半环管焊接在粗旋分入口，表面堆焊层焊材采用Stellite6耐磨钴基合金高硬度焊材，韧性很差，容易出现线性缺陷，堆焊前进行预热处理，减小裂纹倾向。焊接方法采用半环管两侧对称交替焊接，从两侧排道焊，以减少焊接应力。堆焊共分3层完成，每堆焊1层，采用PT检测1次。

焊接过程采用低电压、小电流、微摆动，较快的焊接速度，控制每层焊道厚度1.5～2mm左右，利用测温枪，持续监测层间温度，使其不超过100℃。钴基合金在焊接后会出现硬化现象，导致焊缝脆性增加。为消除这种脆性，需在后续进行热处理。

5　施工工艺流程及操作要点

5.1　沉降—再生器更换内件施工工艺流程

工艺流程见图10。

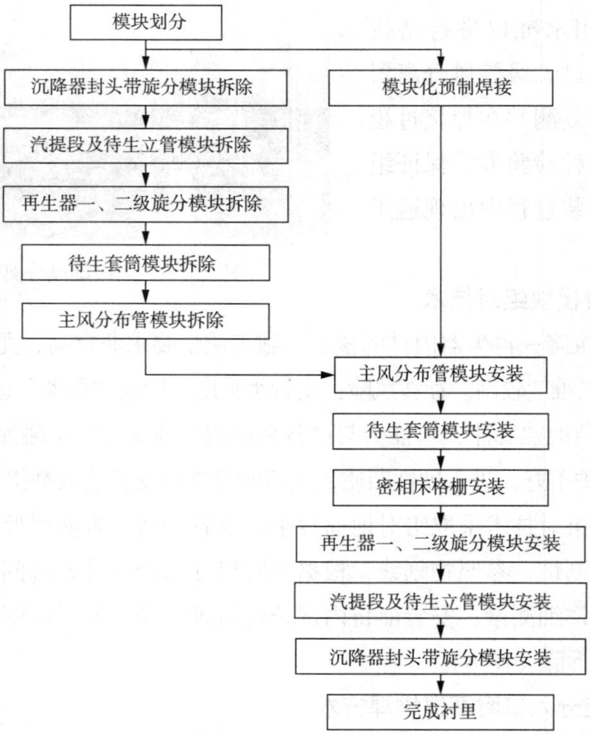

图10　同轴式沉降—再生器内件快速更换施工工艺流程图

5.2 施工操作要点

5.2.1 模块化划分规划

结合同轴式沉降—再生器的设备结构特点，通过沉降—再生器封头顶部空间内件进行模块化拆除、安装的方式。综合考虑场地、工期、成本、环境、安装等条件因素，确定拆除模块依次包括沉降器封头带旋分模块（图 11），汽提段及待生立管模块（图 12），再生器一、二级旋分模块（图 13），待生套筒及膨胀节模块（图 14），主风分布管模块（图 15）5 大模块。模块化安装，依次安装主风分布管模块，待生套筒及膨胀节模块，再生器一、二级旋分模块，密相床格栅模块，汽提段及待生立管模块，沉降器封头带旋分模块 6 大模块。拆除模块和新模块预制工作同步进行，确保内件拆除后安装工作的有序衔接。

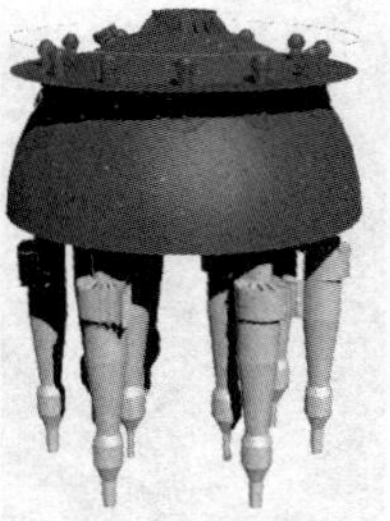
图 11 沉降器封头带旋分模块

图 12 汽提段及待生立管模块

图 13 一、二级旋风分离器模块

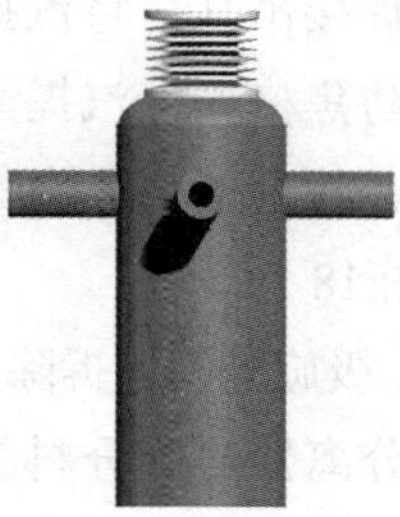
图 14 待生套筒及膨胀节模块

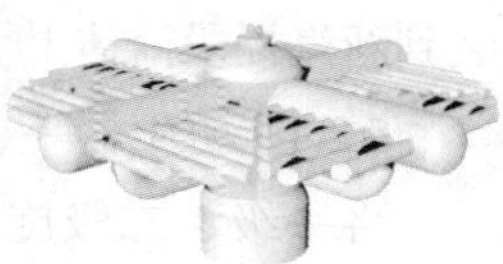
图 15 主风分布管模块

5.2.2 沉降器封头带旋分模块拆除

沉降器封头拆除前，保护性拆除影响沉降器封头吊装的工艺管道、电仪、电缆等，将油气集合室平台、消音器及管线、楼梯间平台断开并加固，搭设封头切割脚手架。

提前将封头带旋分模块的支撑胎架组焊安装，结合支撑胎架所承受的封头带旋分的总质量，设计钢结构的胎架结构图纸。支撑胎架基础验收合格后，在基础预埋板上安装胎架结构立柱，在相邻两立柱之间安装水平支撑管。

将沉降器内部清焦完毕，沉降器封头与筒体连接焊缝处砸除衬里，从原焊道处进行切割。将粗旋及单旋分料腿进行临时固定；将沉降器单旋分与料腿连接焊道处断开；将外集气室、沉降器封头及单旋分整个模块拆除，放置在地面支撑胎架一上；将单旋分拆除，将封头二次吊装到支撑胎架二上；将单旋分从支撑胎架一内分别吊出，外运至废料场（图 16）。

将沉降器粗旋、单旋风分离器料腿、拉杆及翼阀等散件吊至地面，将沉降器粗旋风分离器料腿整体吊至地面拆除沉降器防焦格栅，吊装至地面并清焦。

图 16 沉降器封头顶部附件拆除图

5.2.3 汽提段及待生立管模块拆除

为保证汽提段及待生立管模块（图 17）顺利吊装，将汽提蒸汽、松动风管线从靠近汽提段处及靠近再生器器壁处进行拆除。在汽提段上过渡段位置分片抽条环切、保护性拆除、编号标记并妥善保管。破除待生立管与待生套筒膨胀节连接处衬里，将待生立管

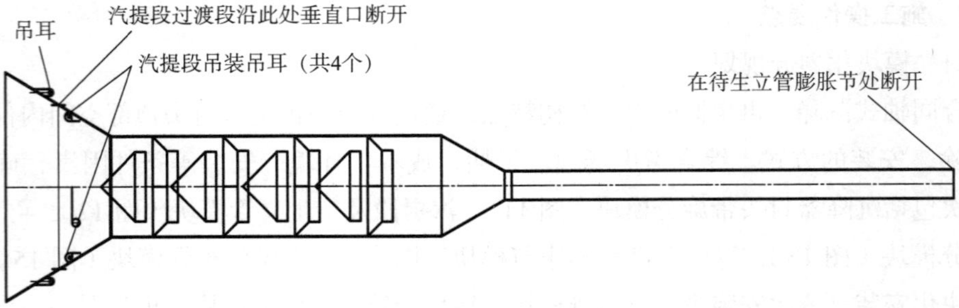

图 17　汽提段及待生立管模块图

与待生套筒断开。汽提段及待生立管模块完全断开后，在汽提段上过渡段位置焊接吊耳，将汽提段整体吊出沉降器后，在地面拆除防焦格栅、汽提蒸汽管、环形挡板、四方锥等内件，并将利旧部分内件清理干净安装到新汽提段筒体上（图 18）。

图 18　汽提段及待生立管模块吊装

5.2.4　再生器一、二级旋分模块拆除

将一级、二级旋风分离器与旋分料腿断开，旋分料腿拆除前焊接辅助吊耳，将料腿系挂于器壁处。汽提段上过渡段位置焊接吊耳，利用倒链将二级旋风分离器悬挂固定在过渡段焊好的吊耳上，然后，将二级旋风分离器在与烟气集合管短节衬里挡板处断开。拆除一级旋风分离器吊挂，将一、二级旋分模块依次吊装至地面，最后将旋风分离器料腿、拉杆、翼阀等吊至地面（图 19）。

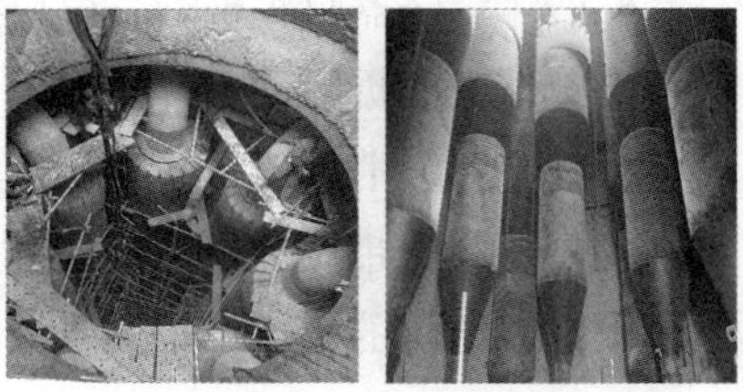

图 19　再生器一、二级旋分模块拆除

5.2.5　待生套筒模块拆除

将待生套筒的催化剂分配器拆除，在待生套筒底座位置破除衬里，从待生套筒底座整体环缝切割，进行待生套筒整体拆除后吊装至地面（图 20）。

5.2.6　主风分布管模块拆除

拆除主风分布管模块，在主风分布管与主风入口管连接处进行衬里破除，在适合回装焊接的位置进行切割，按模块进行整体拆除。

5.2.7　模块化预制焊接

将同轴式沉降—再生器安装模块划分为 6 大模块，在内件拆除的同时，进行安装模块的预制焊接。

主风分布管模块，一、二旋风分离器模块，汽提段及待生立管模块，密相床格栅模块，待生套筒模块，提前与制造厂家深度对接，减少现场组装工作量，设备材料到货后，按照图纸规范要求验收。验收合格后，

图 20　待生筒体模块拆除

按照模块划分的要求，在地面进行预组装、焊接组焊，确保各项内件模块的水平度、同轴度满足图纸规范要求。

5.2.8　主风分布管模块安装

将流化风环管吊装到套筒内部，并将法兰把紧，套筒内清理干净。主风分布管模块提前在地面预组装完成，确认调整好陶瓷喷嘴方向，将主风分布管模块吊装就位。焊接完毕后，将待生套筒分配管提前放置在主风分布管上面，等待生套筒安装、焊接完毕后，将分配管与待生套筒焊接（图 21）。

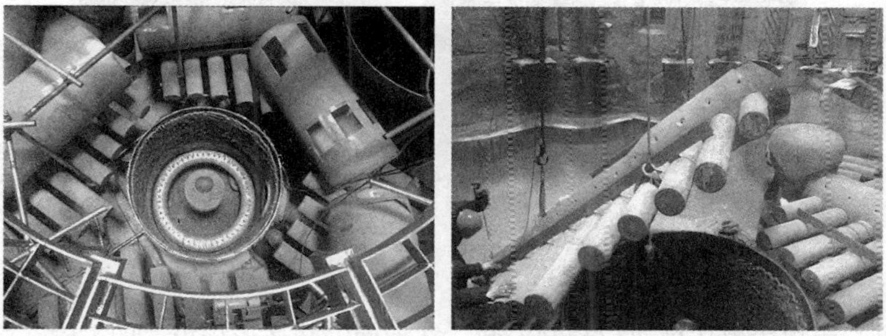

图 21　主风分布管、套筒分配管安装

5.2.9　待生套筒模块安装

将待生立管膨胀节提前与待生套筒进行组对焊接，注意膨胀节吊装过程加固保护。待生套筒及膨胀节模块整体吊装就位并且焊接完毕后，将放置在主风分布管上的待生套筒分配管与套筒进行组对焊接，注意待生分配管方位不要与旋分料腿、翼阀、防倒锥碰撞。

5.2.10　密相床格栅安装

再生器密相床内安装两层格栅，以进一步强化再生器烧焦过程。格栅提前在地面进行预组装，分模块组对。在安装第一层格栅前将旋分翼阀、防倒锥、底层拉杆等放在分布管支管上，随后安装第一层格栅悬臂梁并点焊内圈格栅，留出外侧格栅安装料腿位置。将新待生催化剂分配器分支管放置在第一层格栅上，调整标记好安装角度进行组焊，提前拆除影响安装第二层格栅主梁处的内取热盘管并将格栅配件及其他配件导入再生器内，安装第二层内格栅并将上层拉杆放置在格栅上（图 22）。

图 22　密相床格栅模块组装

5.2.11　再生器一、二级旋分模块安装

提前在再生器内搭设好一、二级旋分安装用的脚手架，将一、二级旋分料腿提前悬挂在

再生器器壁上。再生器一、二级旋风分离器到货验收合格后，在地面平台上进行模块预组装，控制水平度和同轴度并做好加固，按照模块依次吊装至再生器内，将一级旋分悬挂在拉杆套筒吊耳上，二级旋分悬挂在过渡段吊耳上，安装一级旋风吊杆，焊接二级旋风与集合管。最后，旋分料腿、拉杆回装，翼阀按照厂家调试角度安装（图 23）。

图 23　再生器一、二旋分模块组装吊装

5.2.12　汽提段及待生立管模块安装

待生立管与汽提段整体模块化预制安装，在地面安装环形挡板、四方锥，汽提段上过渡段组对焊接、热处理、无损检测合格后，将汽提段及待生立管模块吊入“两器”内。将汽提段上过渡段抽割的环板提升组对、打磨坡口，随后组对汽提段，利用线坠找垂直，焊接过程中确保与同轴度偏差在 1mm 以内（图 24、图 25）。

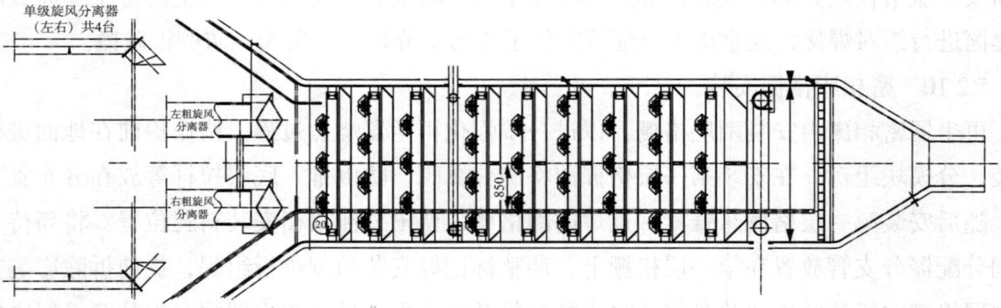

图 24　汽提段内件更换图

图 25　汽提段模块组对找平及内件安装

5.2.13　沉降器封头带旋分模块安装

沉降器新粗旋在地面组对焊接，确保水平度、同心度，焊接吊装吊耳。粗旋分提前就位，在指定位置焊接吊耳，将粗旋分、单旋分料腿及拉杆导入沉降器内并进行临时固定。将预制好的单旋升气筒和连接膨胀节、新的蒸汽环管提前放在封头内部区域，封头模块整体回装（图 26）。

图 26　沉降器封头及旋分模块吊装

回装沉降器封头模块时，按照拆除时标记的位置就位。封头组对、焊接，拆除所有加固，进行内部旋分找垂直度并焊接。完成拉杆安装。翼阀安装后按照厂家调试角度，恢复检修平台、恢复仪表管线等。

5.2.14　完成衬里

内件及封头所有焊道焊接完成并无损检测合格后，在内部脚手架拆除前进行局部衬里修补，恢复影响内件安装施工割掉的保温钉。汽提段及待生立管衬里采用支模浇筑法施工，其余部位采用手工涂抹捣打法施工，局部补衬采用手工涂抹捣打法施工。

5.3　劳动力组织

以华北石化 160 万 t/a 催化裂化装置停工检修工程为例，劳动力组织情况如表 1 所示。

表 1　劳动力组织情况表

序号	职务	单位	数量	备注
1	项目经理	人	1	总体负责
2	项目副经理	人	2	技术管理与施工管理
3	施工队长	人	2	施工现场负责人
4	安全员	人	4	现场安全监督检查
5	质检员	人	2	现场施工质量监督检查
6	技术员	人	2	现场技术跟踪与监督
7	测量员	人	2	工程测量
8	起重工	人	10	吊装指挥、手动葫芦操作
9	焊工	人	20	内件及封头焊接
10	铆工	人	20	内件拆除、组对施工

续表

序号	职务	单位	数量	备注
11	架子工	人	30	脚手架搭设
12	衬里工	人	10	衬里拆除与恢复
13	检测工	人	2	封头环缝无损检测
14	电仪工	人	6	拆除影响的电仪线路

6 材料与设备

6.1 施工材料

实施该工法需要的施工材料见表 2。

表 2 施工材料一览表

序号	名称	规格及材质	单位	数量	用途
1	钢板	δ=30mm，Q235B	m^2	2	吊耳
2	钢板	δ=28mm，Q235B	m^2	3	吊耳
3	钢板	δ=26mm，Q235B	m^2	2	吊耳
4	不锈钢板	δ=20mm，304	m^2	4	吊耳
5	架杆	*DN*40mm	t	20	临设、围挡
6	钢管	Φ325mm × 12mm20#	m	60	沉降器封头支撑胎架
7	钢管	Φ168mm × 6mm	m	36	支撑胎架斜支撑
8	钢管	Φ219mm × 8mm	m	40	支撑胎架连接梁
9	工字钢	I120	m	60	临时加固
10	槽钢	[100	m	100	临时加固
11	彩布条	—	m^2	200	库房用成品保护
12	道 木	—	根	100	支垫吊车或筒体板
13	阻燃篷布	—	m^2	1000	防风棚

6.2 施工设备

实施该工法需要的施工设备见表 3。

表 3 施工设备一览表

序号	名称	规格 / 型号	单位	数量	用途
1	履带式吊车	400t 利勃海尔	辆	1	内件模块拆除安装
2	汽车吊	50t	辆	1	材料倒运
3	客货车	1.5~3t	辆	2	值班、垃圾倒运、运加班饭
4	热处理设备		台	2	过渡段焊接
5	等离子切割机	风冷	台	2	内件拆除切割
6	半自动切割机	CG1-30	台	3	内件拆除切割
7	刨把		个	10	内件拆除切割

续表

序号	名称	规格 / 型号	单位	数量	用途
8	火焊把		个	10	内件拆除切割
9	空气压缩机		台	3	气刨、风镐、风动扳手
10	风泵		台	2	配等离子切割机
11	电焊机	ZX7-400ST	台	10	内件焊接
12	电焊机	630	台	3	内件焊接
13	焊条烘干箱	TIM-300/2	台	2	内件焊接
14	焊条保温筒		台	30	内件焊接
15	硬度仪		台	1	过渡段焊接
16	水准仪	DZJ3	台	1	气体段、旋分模块
17	激光水平仪		台	1	塞阀阀座焊接找平
18	大锤	8 磅 /10 磅	把	各 10	模块组装
19	倒链	10t/5t/2t	台	10/15/15	内件悬挂
20	角向磨光机	Φ125mm	台	30	焊口打磨
21	焊接检验尺		把	5	焊后检验
22	防爆探照灯		个	15	受限空间作业照明
23	对讲机		对	10	人员沟通

7 质量控制

7.1 执行标准

（1）GB 50461—2008《石油化工静设备安装工程施工质量验收规范》

（2）GB 50798—2012《石油化工大型设备吊装工程规范》

（3）TSG 21—2016（含 XG1-2020）《固定式压力容器安全技术监察规程》

（4）NB/T 47015—2011《压力容器焊接规程》

（5）SH/T 3601—2009《催化裂化装置反应再生系统设备施工技术规程》

（6）SH/T 3524—2009《石油化工静设备现场组焊技术规程》

7.2 关键工序质量要求及技术措施

（1）一、二级旋风分离器地面组对时，组装后中心线距离允许偏差 ±2mm。旋风分离器安装完毕，垂直度允许偏差不大于 5mm，入口标高偏差不得超过 ±5mm。

（2）旋风分离器吊杆中心到旋风分离器本体主轴线距离的偏差不得大于 3mm。

（3）料腿下端位置标高允许偏差不大于 20mm。料腿拉杆不应强力组对，每层拉杆中心线应在同一水平面上，各拉杆的水平度允许偏差为 2mm/m。

（4）旋风分离器检修平台支持角钢一端的螺母应拧紧，另一端先将第一个螺母拧紧，然后松回半扣，再把第二个螺母拧紧。

（5）翼阀与旋风分离器的安装焊接必须采用防变形措施，即焊前沿圆周设置 4 块加固板，采用小电流的焊接工艺，且每焊完一层要详细测量变形情况，可改变焊接顺序来纠正或防止变形，确保翼阀角度，角度允许偏差 0.5°。

（6）入口分布管的标高允许偏差为 ±5mm，入口分布管的水平度允许偏差为 5mm/m，分布主管与再生器底部锥形封头接口处的角焊缝应焊透，无裂纹、无夹渣，在焊缝根部和表面进行 100% 渗透探伤检查，合格后方可进行衬里。

（7）待生立管与待生套筒垂直度偏差不应大于 1mm。防倒锥安装水平度为 4mm/m。

（8）待生塞阀与阀座接触面，要保证塞阀密封性。

（9）衬里验收时衬里混凝土表面应平整密实，不得有裂纹、疏松、蜂窝麻面等缺陷。密实度检验应采用 0.5kg 手锤以 350mm 的间距轻轻敲击检查，声音应铿实清脆、无松动、无空鼓声。衬里烘炉后，衬里混凝土裂纹的表面宽度不得大于 3mm，且不得有贯穿性裂纹。

7.3 质量控制要点

催化装置“两器”内件更换质量控制要点如表 4 所示。

表 4 催化装置“两器”内件更换质量控制要点

序号	环节	检查项目	指标要求	检查时机或频次	检查工具
1	到货验收	质量证明书或合格证	产品规格、型号、质量指标符合设计规范要求	到货验收	核对
		外观质量	无裂纹、夹杂、分层锈蚀、麻点、划痕、运输过程的损伤等缺陷	到货验收	目测
2	设备安装	人员资质	具有有效的特种作业人员资质证书	施工前	核对
		旋风分离器	标高 ±5mm	安装过程	水平管、尺测量
			垂直度 5mm 以内	安装过程	线坠、尺测量
		主风分布管	水平度为圆环直径的 1/1000，且不大于 10mm	安装过程	拉线、水平管、尺测量
			安装标高偏差 ±5mm	安装过程	尺测量
		待生立管	垂直度偏差不大于 Φ1mm	安装过程	拉线、水平管、尺测量
		汽提挡板	宽度允许偏差 ±2mm	安装过程	钢尺检查
3	焊接	焊材	质量证明书符合焊接规程要求	每批次	核对
		焊缝外观	表面无裂纹、气孔、弧坑、飞溅、咬边等缺陷	每条焊缝	放大镜目测、焊缝检验尺测量
4	衬里	材料	材质合格证符合设计要求	每批次	审核
		试块	试块制备、养护、检验符合设计要求	每批次	目测、旁站
		衬里质量	接口及修补无裂纹、空鼓现象	每处	目测、锤击

8 安全措施

8.1 执行的法律法规及标准

（1）2021 年 6 月修正《中华人民共和国安全生产法》

（2）GB/T 50484—2019《石油化工建设工程施工安全技术标准》

（3）JGJ 46—2005《施工现场临时用电安全技术规范》

8.2 安全保障措施

（1）吊装技术方案按照程序批准后，由吊装责任工程师对所有参加吊装作业的人员进行吊装技术交底，使施工人员熟悉整个吊装过程、掌握关键控制要点、明确岗位职责和安全注意事项。

（2）现场临时配电线路必须按规范布置，架空线必须与支架绝缘且不得成束架空布置，也不得沿地面明敷。

（3）施工过程，尽量避免雨天施工，如遇雨天应立即停止内件吊装，更换作业并做好防护措施，防止衬里受潮、雨淋。

（4）受限空间作业，应佩戴防尘眼罩、防尘口罩以及防尘服。衬里拆除作业中产生粉尘的同时易产生噪声，还应佩戴耳塞。

（5）吊装作业时，设置警戒线，并由专职 HSE 管理人员现场监督，无关人员严禁进入吊装作业现场。吊装作业时，起吊重物及吊车吊臂下严禁站人。

（6）高处作业、动火作业和有限空间作业，必须做好安全条件确认并办理作业票，设置专人监护。

（7）脚手架搭设完成后，须经安全管理人员检查确认后方可使用，高处作业人员必须系安全带并正确使用。

（8）封头顶外侧设置护栏，无关人员不得进人。旋风分离器更换过程中无安全带系挂位置或不便处，应设置生命绳或防坠器保证作业安全。

（9）高处作业所用的工具和材料均应摆放平稳，临边和孔洞均应采取防护措施，杜绝高空坠物。

9 环保措施

（1）拆除的旧套筒、旋分、翼阀等内件应及时清理至指定地点。

（2）施工剩料统一收集处理，严禁现场焚烧任何废弃物，防止产生有毒有害物。

（3）设置专人负责现场水电管理，杜绝常明灯、常流水，节约使用能源。

（4）现场的电缆、导线、电焊把线等要统一规划、合理布置，不准乱拉乱扯。

（5）施工现场暂时不用的材料要标识清楚、分类摆放，防护规范。

（6）对所有施工人员进行环保教育，增强环保意识，严格遵守业主现场文明施工管理规定。

（7）设置专人定期洒水，保证施工现场无粉尘。

（8）设置专人随时清扫施工现场，保证场地清洁和道路畅通。

10 效益分析

10.1 经济效益

同轴式沉降—再生器内件快速更换施工工法，采用“掀大盖”模块化拆除安装施工方法，通过拆除安装模块划分技术、支撑胎架设计技术、保证待生塞阀密封性等技术，有效地缩短了施工周期，提高了劳动效率，保证了安全质量，经济效益显著。以华北石化项目 160 万 t/a 催化裂化装置为例，在保证 35 天工期的前提下，采用本工法后对人工费、材料费、机械费、管理费进行成本核算，相对于传统的内部散件拆装施工法节约费用127.2万元，详见表5。

表5 模块化拆装与散件拆装施工法经济效益对比表

施工方法 对比项目	内部散件拆装施工法	模块化拆装施工法
施工工期	封头开孔2天，内件更换32天，封头开孔恢复2天，共计36天	封头开孔2天，内件更换25天，封头开孔恢复2天，共计29天
人工费	架子工、衬里工、焊工、起重工、铆工、检测工以及现场管理人员共135人。 共计人工费：135人×36天×480元/（天·人）=233.28万元	架子工、衬里工、焊工、起重工、铆工、检测工以及现场管理人员共113人。 共计人工费：113人×29天×480元/（天·人）=157.3万元
材料费	吊耳板1万元，加固材料1万元，共计2万元。 脚手架：10t×4700元/t=4.7万元，共计6.7万元	吊耳板1万元，加固材料1万元，共计2万元。 脚手架：8.6t×4700元/t=4.04万元，共计6.04万元
机械台班费	400t吊车机械台班使用费：32台班×28600元/台班=91.52万元	400t吊车机械台班使用费：25台班×28600元/台班=71.5万元
管理费	（233.28+6.7+91.52）×24%=79.56万元	（157.3+6.04+71.5）×24%=56.36万元
合计	411.06万元	291.2万元

10.2 社会效益

催化裂化装置同轴式沉降—再生器内件快速更换施工工法，通过拆除及安装模块划分技术、待生塞阀密封性技术，旋风分离器、汽提段等内件地面模块化组焊技术，保证汽提段待生立管垂直度，确保待生塞阀的密封使用性。同时降低了施工劳动强度，保证了检修工程的进度，充分证明了同轴式沉降—再生器内件顶部"掀大盖"模块化内件拆装施工方法的应用可行性，为今后类似工程施工提供了实践依据。其施工质量保证了催化装置长周期平稳生产运行，同时推进集团公司"六化"建设在检修工程中的推广应用。

10.3 节能环保效益

催化裂化装置同轴式沉降—再生器内件快速更换施工工法，采用内件拆除及安装模块划分技术，避免了散件拆装，降低了机械使用时间，减少了机械能源的消耗；模块化施工技术，避免了高处作业，减少了材料在运输过程中对环境的污染；基于模拟吊装规划布置技术，提高了机械使用效率，减少了机械使用对能源的消耗和尾气的排放。

11 应用实例

实例一：中国石油华北石化160万t/a催化裂化装置

中国石油华北石化160万t/a催化裂化装置停工检修工程的开工日期为2017年4月01日，竣工日期为2017年5月25日。主要施工内容为同轴式沉降—再生器内旋分、待生立管、待生套筒、翼阀等内件全部更换。施工采用了同轴式沉降—再生器顶部"掀大盖"模块化施工法，保证了施工质量，降低了安全风险，经济效益显著，相比内部散件拆装施工方法，节约成本127.2万。

实例二：中国石油锦西石化180万t/a重油催化裂化装置

中国石油锦西石化180万t/a重油催化裂化装置停工检修工程的开工日期为2020年7月

10 日，竣工日期为 2020 年 8 月 15 日。主要施工内容为沉降器—第一再生器十沉降器内旋风系统、料腿、翼阀等内件更换，采用催化裂化装置同轴式沉降—再生器内件快速更换施工方法，通过顶部“掀大盖”内件模块化拆装技术，施工工期提前 9 天完成，节约经济效益 88.25 万元。实现了工程施工进度、成本、安全、质量的有效控制，充分证明了该施工技术的可靠性、实用性。

双立面塔架式火炬轨道“多机抬吊递送”施工工法

董　博　彭新凯　韩廷檀　姬　莉　郭　杰

中国石油天然气第一建设有限公司

1　前言

随着石油炼化工程建设项目高速发展，各种大型装置应运而生。火炬塔架结构日趋复杂、火炬筒径逐步增大，且施工周期缩短、难度增加。双立面塔架式火炬轨道安装一般利用大型吊车或卷扬机等设备，采用单机提升正装法对轨道逐段吊装后进行安装。每节轨道组对、连接均在高空作业完成，安全风险高，且无法保证轨道螺栓连接质量，施工周期长、成本高。

中国石油天然气第一建设有限公司针对广东石化炼化一体化项目 2 座双立面火炬塔架（图 1），采用工厂化预制、模块化安装技术，使用多机抬吊递送法代替传统单机提升正装法进行施工。降低了火炬轨道空中组对风险，提高了轨道安装质量，缩短了施工工期，节约了施工成本。通过梳理总结，形成了本工法。

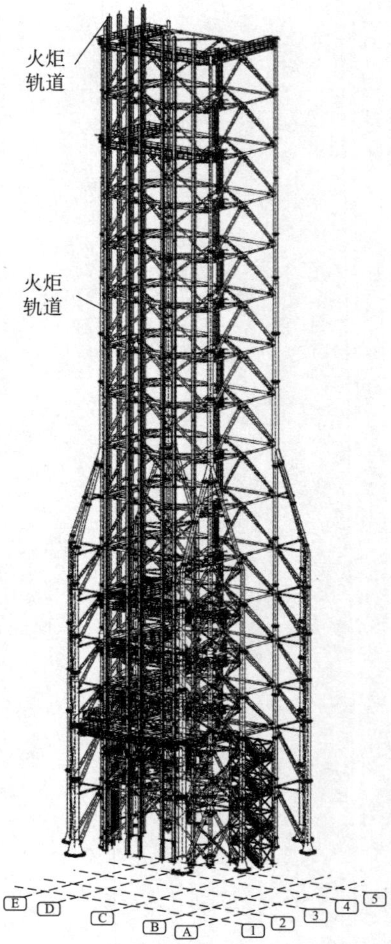

图 1　双立面火炬塔架三维模型

本工法在广东石化炼化一体化项目和盛虹石化炼化一体化项目双立面火炬系统轨道安装中成功应用，完成了广东石化炼化一体化项目 9 套火炬系统轨道安装及盛虹石化炼化一体化项目 8 套火炬系统轨道安装工作，分别节省工期 33 天时间及 21 天时间，并节约成本 87.04 万元及 65.32 万元。

本工法采用“导轨结构设计及优化技术”“导轨吊耳设计、核算及有限元分析技术”“多机抬吊递送法轨道安装技术”，均得到业主的认可，并通过教育部科技查新工作站成果鉴定。本工法应用过程中，获得“提高双立面火炬塔架空中组对螺栓连接质量”QC成果1项，获得省部级QC成果三等奖；“浅析双立面火炬塔架分段吊装技术”获得省部级优秀论文一等奖；《浅析150m双立面火炬塔架分段吊装技术》获得市局级优秀论文三等奖；在国家核心刊物发表《采用“多机抬吊递送法”巧装双立面塔架式火炬轨道》论文1篇。

2 工法特点

2.1 施工工期大幅缩短

在传统安装方法中，火炬轨道采用大型吊车或卷扬机等设备进行单机提升正装法逐段安装，施工周期较长；本工法将1#火炬每套轨道分2段（第1~6节、第7~12节），2#火炬每套轨道分2段（第1~7节、第8~13节）地面组装完成后，进行模块化吊装，可以实现多排轨道的流水化作业，组对完成后可使用吊车进行整体吊装，较以往的散件安装，工期由55天缩短至22天，工期缩短60%。

2.2 施工质量有效提高

在传统安装方法中，采用轨道逐节吊装，空中组对的方法，每节轨道采用高强螺栓连接、固定，轨道整体垂直度控制难度大；本工法采用地面分段组装，组装完成后对轨道水平度、对角线在地面进行测量，有效减少测量误差，同时能够保证高强螺栓紧固质量，提高施工质量。

2.3 安全风险大大降低

在传统安装方法中，采用轨道逐节吊装，空中组对的方法，高空进行轨道连接、螺栓定力矩紧固，高空作业较多，周期长、风险高、难度大；本工法将1#火炬每套轨道第1~6节、第7~12节，2#火炬每套轨道第1~7节、第8~13节地面组装，由轨道逐节空中组对转为地面模块化组装，减少了高空作业工程量，降低了高空作业安全风险。

2.4 节约施工成本

在传统安装方法中，轨道安装采用吊车逐节进行翻转、提升、空中组对，并需要其余机械车辆进行配合，施工周期长，施工成本高；本工法使用小型机械设备进行轨道地面组装，组装完成后采用吊车分2段吊装，减少施工工期，减少大型吊车使用量，节约施工成本。

3 适用范围

本工法适用于塔架式火炬轨道或易变形细长杆件竖直安装。

4 工艺原理

4.1 导轨结构设计及优化技术

双立面塔架式火炬轨道采用*HM*400mm × 300mm × 10mm × 16mm型钢结构，根据全厂大型起重机械资源配置计划，利用三维软件按照塔架结构型式进行二次设计，并结合塔架分段情况及结构型式从轨道安装方式、螺栓连接节点等方面进行优化。

4.2 导轨吊耳设计、核算及有限元分析技术

根据双立面塔架结构，将1#火炬每套轨道分2段（第1~6节、第7~12节），2#火炬

每套轨道分 2 段（第 1 ~ 7 节、第 8 ~ 13 节）进行地面组装，完成高强螺栓定力矩紧固。根据每段轨道外形尺寸、质量、安装高度等设计并核算吊耳，对轨道每个受力点进行有限元分析，计算轨道每个受力点弯曲应力及变形情况，避免局部受力过大造成轨道扭曲、变形。

4.3 多机抬吊递送法轨道安装技术

多机抬吊递送法使用 400t 履带吊主吊，150t 履带吊和 50t 吊车辅助吊装，150t 和 50t 吊车吊点位置分别设置 1 套滑轮组，进行轨道局部应力分解、受力平衡，以减少轨道提升、翻转过程中应力集中，避免扭曲变形。

5 施工工艺流程及操作要点

5.1 施工工艺流程

本工法施工工艺流程如图 2 所示。

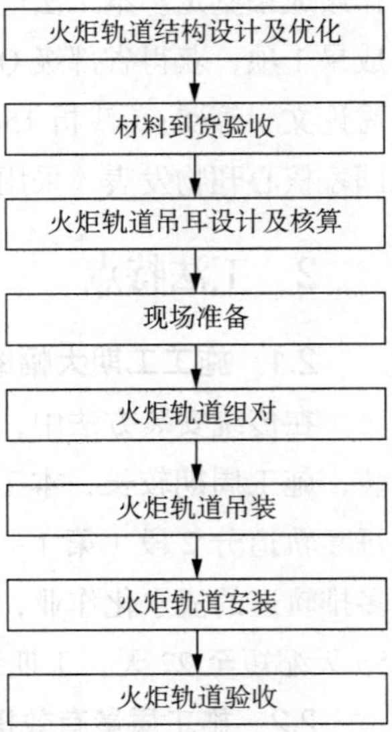

图 2 火炬轨道施工工艺流程

5.2 操作要点

5.2.1 火炬轨道结构设计及优化

双立面火炬塔架采用单构件法兰连接型式，法兰螺栓采用 10.9 级承压型高强螺栓连接，火炬轨道采用 10.9 级摩擦型高强螺栓连接。火炬塔架结构设计初期，与厂家进行技术交流，根据全厂大型起重机械资源配置计划，塔架结构型式及分段情况，利用三维软件根据火炬塔架结构进行建模、二次设计，并对每段轨道连接节点及分段情况进行优化。火炬塔架轨道具体参数如表 1 所示。

表 1 1#、2# 火炬塔架轨道参数表

1# 火炬塔架轨道参数表				2# 火炬塔架轨道参数表			
名称	安装高度 /m	质量 /t	长度 /m	名称	安装高度 /m	质量 /t	长度 /m
第 1 节	EL+13	1.7	13	第 1 节	EL+12	1.6	12
第 2 节	EL+24	1.4	11	第 2 节	EL+24	1.6	12
第 3 节	EL+36	1.5	12	第 3 节	EL+29	0.7	5
第 4 节	EL+48	1.5	12	第 4 节	EL+41	1.6	12
第 5 节	EL+60	1.5	12	第 5 节	EL+53	1.6	12
第 6 节	EL+72	1.5	12	第 6 节	EL+65	1.6	12
第 7 节	EL+83	1.4	11	第 7 节	EL+77	1.6	12
第 8 节	EL+95	1.5	12	第 8 节	EL+89	1.6	12
第 9 节	EL+107	1.5	12	第 9 节	EL+101	1.6	12
第 10 节	EL+119	1.5	12	第 10 节	EL+108	1	7
第 11 节	EL+131.9	1.6	12.9	第 11 节	EL+120	1.6	12
第 12 节	EL+143.5	1.4	11.6	第 12 节	EL+132	1.6	12
				第 13 节	EL+143.5	1.5	11.5

5.2.2　材料到货验收

火炬轨道到货后，需严格按照设计文件、厂家图纸、技术协议、标准规范等逐项检查验收，主要包含以下内容：

（1）按照材料到货清单进行检查，核对到货构件数量是否与清单保持一致。

（2）按照设计文件、技术协议等进行检查，核对轨道结构、轨道连接板、紧固螺栓、导向块等质量证明文件与设计文件、技术协议是否保持一致；检查轨道外形尺寸、平面度、弯曲度是否符合规范制造要求。

（3）按照现行标准规范进行检查，确认轨道配套高强螺栓、焊缝等第三方检验报告及检验项目是否符合 GB 50205—2020、GB 51029—2014 等相关规范要求。

5.2.3　火炬轨道吊耳设计及核算

塔架轨道采用 $HM400\text{mm}\times300\text{mm}\times10\text{mm}\times16\text{mm}$ 型钢制作，每节轨道之间采用螺栓连接。根据轨道结构型式、尺寸及质量设计并制作吊耳，轨道采用管轴式吊耳，吊耳焊接在 H 型钢翼缘板两侧，吊耳轴线距离轨道顶部 2500mm，轨道吊耳结构图如图 3 所示。

吊耳材料：Q235B；屈服强度：σ_S=225MPa；许用应力：[σ]=141MPa；[τ]=84MPa。

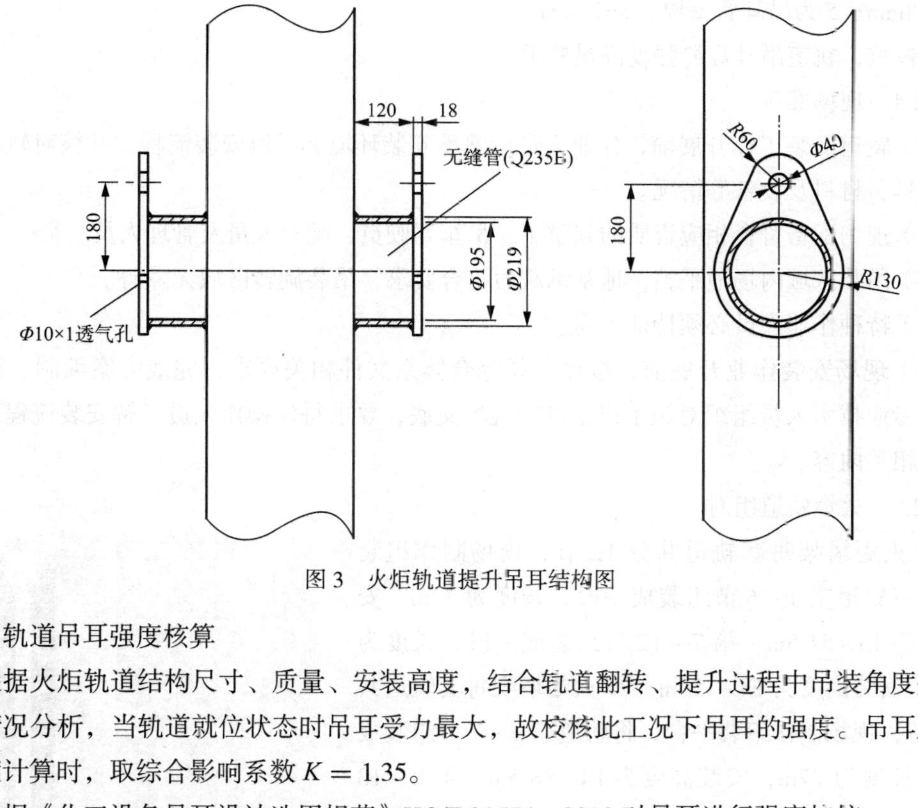

图 3　火炬轨道提升吊耳结构图

1. 轨道吊耳强度核算

根据火炬轨道结构尺寸、质量、安装高度，结合轨道翻转、提升过程中吊装角度变化及受力情况分析，当轨道就位状态时吊耳受力最大，故校核此工况下吊耳的强度。吊耳及其焊缝强度计算时，取综合影响系数 $K=1.35$。

根据《化工设备吊耳设计选用规范》HG/T 21574—2018 对吊耳进行强度校核。

拉应力
$$\sigma_L=\frac{KF}{(2R-D)\delta}=42.19\text{MPa}<[\sigma] \quad (1)$$

剪应力
$$\tau_L = \frac{KF}{(2R-D)\delta} = 42.19\text{MPa} < [\tau] \quad (2)$$

式中，F 为吊耳受力，F=45kN；R 为吊耳顶部圆弧半径，R=60mm；D 为吊耳板孔径，D=40mm；δ 为吊耳板厚度，δ=18mm。

经校核，轨道吊耳强度满足要求。

2. 轨道吊耳焊缝强度核算

轨道吊耳焊缝强度计算按照《钢结构设计标准》（GB 50017—2017）第 7.1.3 条公式（7.1.3-1）计算，焊缝的抗拉、抗压和抗剪强度设计值 f_t^w=160MPa。

就位状态时环形焊缝受剪力和弯矩最大，其弯曲应力和剪应力为：

弯曲应力
$$\sigma_C = \frac{32D_0KFL}{\pi[D_0^4-(D_0-2S)^4]} = 21.90\text{MPa} \leqslant f_t^w \quad (3)$$

剪应力
$$\tau_C = \frac{KF}{\pi(D_0-S)S} = 7.79\text{MPa} \leqslant f_t^w \quad (4)$$

式中，F 为吊耳受力，F=45kN；D_0 为吊耳管外径，D_0=219mm；L 为吊点到环形焊缝距离，L = 138mm；S 为吊耳管壁厚，S=12mm。

经校核，轨道吊耳焊缝强度满足要求。

5.2.4 现场准备

（1）轨道安装工作开展前，作业人员应熟悉安装环境、了解安装流程，并核对轨道安装相关工具、材料及设备等情况。

（2）现场配备符合相应资质的起重工、吊车驾驶员、配合人员及管理人员。

（3）吊装区域内场地平整，地基承载力符合要求，吊装旋转区域无障碍。

（4）特种作业人员必须持证上岗。

（5）现场安装作业开展前，按照公司综合体系文件相关要求，完成方案编制、流程审批，由专业技术人员组织对施工班组进行现场交底，要求每位操作人员了解安装流程、安装方法等相关内容。

5.2.5 火炬轨道组对

1# 火炬塔架每套轨道共分 12 节，现场制作组装平台，将轨道第 1 ~ 6 节组装成一段，长度为 72m，安装高度为 EL+81.5m。第 7 ~ 12 节组装成一段，长度为 71.5m，安装高度为 EL+153m；2# 火炬塔架每套轨道共分 13 节，现场制作组装平台，将轨道第 1 ~ 7 节组装成一段，长度为 77m，安装高度为 EL+86.5m。第 8 ~ 13 节装成一段，长度为 66.5m，安装高度为 EL+153m。每套火炬轨道分 2 段，地面组装完成后整体安装。

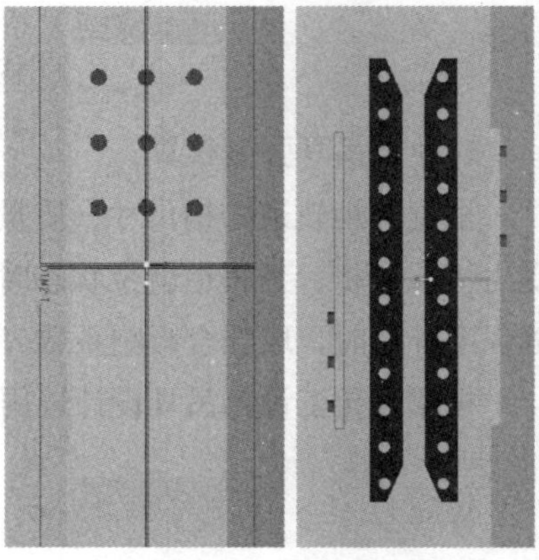

图 4 火炬轨道连接节点示意图

火炬轨道组对时，严格按照图纸连接节点（图 4）

安装轨道连接板、轨道导向板，进行逐节拼装并完成螺栓定力矩紧固工作。

火炬轨道组对前铺设组装平台，每段轨道两侧设置定位块，利用定位块进行轨道定位，防止轨道组对变形，并在轨道顶端位置架设红外水平仪，进行轨道直线度及变形量控制。每段轨道连接后使用力矩扳手进行定力矩紧固。轨道组装完成后，采用红外水平仪对轨道水平度进行最终测量。

5.2.6 火炬轨道吊装

火炬轨道吊装使用1台400t履带吊为主吊，150t履带吊和50t吊车辅助吊装，150t和50t吊车吊点位置分别设置1套滑轮组配合吊装。

（1）吊索设置：主吊车吊点设置在距离轨道顶部2.5m处，连接火炬轨道顶部吊耳，2台辅助吊车吊点分别设置在28.5m、52.5m处（轨道1/3、2/3位置），通过滑轮组保证轨道吊装过程中受力分布（图5）。

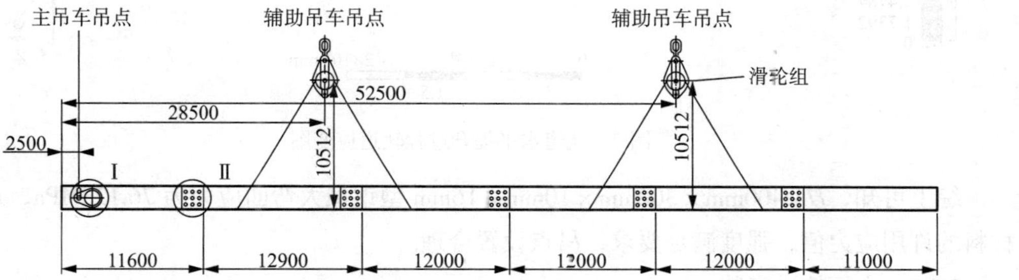

图5 火炬轨道吊点分布图

（2）轨道吊装：3台吊车同时水平提升至EL+1m高度后停止，观察轨道弯曲变形量。若变形量及弯曲度符合规范要求，继续提升至EL+10m高度，2台辅助吊车配合主吊车进行轨道翻转。400t主吊车缓慢提升，第一滑轮组150t辅助吊车逐步递送，缓慢提升；第二滑轮组辅助吊车保持不动，直至轨道翻转至竖直状态。摘除辅助吊车索具，由主吊车提升轨道至安装位置（图6）。

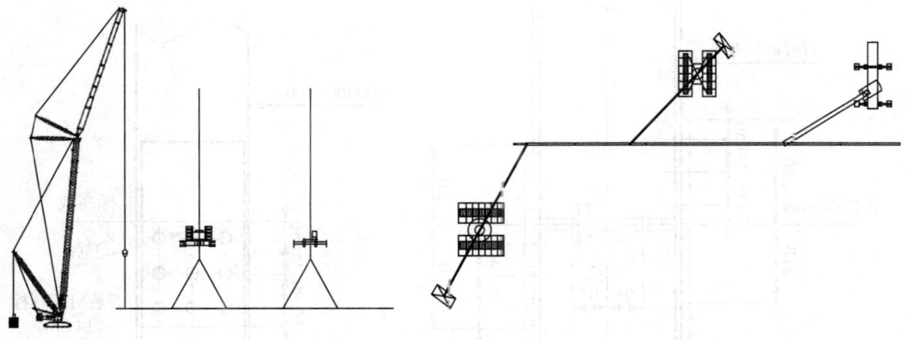

图6 火炬轨道吊装站位示意图

（3）当轨道翻转角度变化时，轨道吊点受力及应力会随之变化。利用ANSYS有限元分析软件，对轨道多机抬吊、翻转、提升过程进行模拟分析。根据分析结果，当轨道多机抬吊水平提升时，轨道辅助吊车吊点位置变形量及应力最大，因此在轨道水平提升至轨道递送阶段（即 0°～45° 角度区间）要进行轨道变形量监测。当轨道吊装过程中，发生扭曲变形、变形量超标时，应立即停止吊装作业，调整轨道吊装递送速度及角度。火炬轨道吊点分布及吊装水平提升过程有限元分析如图 7 所示。

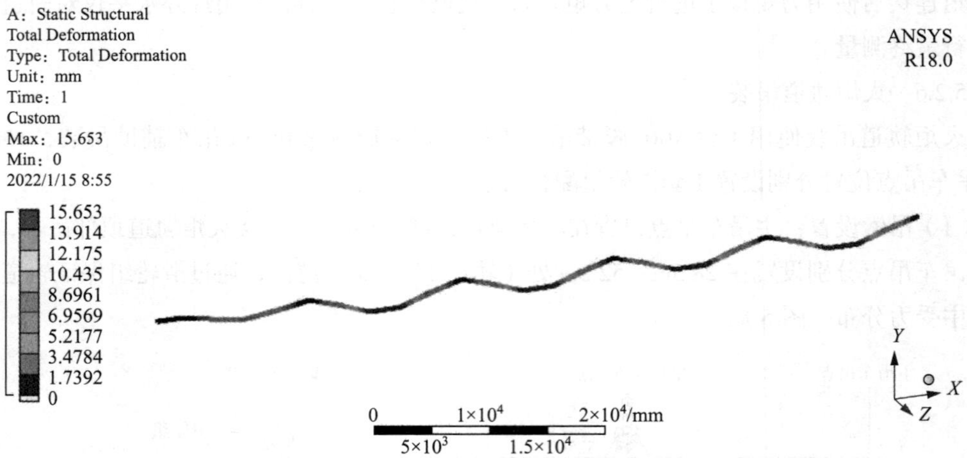

图 7　轨道水平提升过程轨道应变图

综上可知，*HM*400mm × 300mm × 10mm × 16mm 型钢最大弯曲应力为 76.128MPa，远小于材料的许用应力值，强度满足要求，吊点设置合理。

5.2.7　火炬轨道安装

以广东石化炼化一体化项目高架火炬系统为例，1# 火炬共 5 套火炬系统，2# 火炬共 4 套火炬系统，每套火炬系统配套 2 根火炬轨道。火炬轨道在地面逐节组装后，分两段进行安装。

（1）根据火炬轨道分段情况，在 1# 塔架 EL+81.5m 处、2# 塔架 EL+86.5m 处，轨道连接位置搭设脚手架。火炬轨道与轨道间采用 M30mm × 90mm 8.8 级和 M30mm × 90mm 4.8 级螺栓进行连接（图 8），在轨道连接处外表面加工 *Φ*33mm 深 10mm 螺栓孔，插入

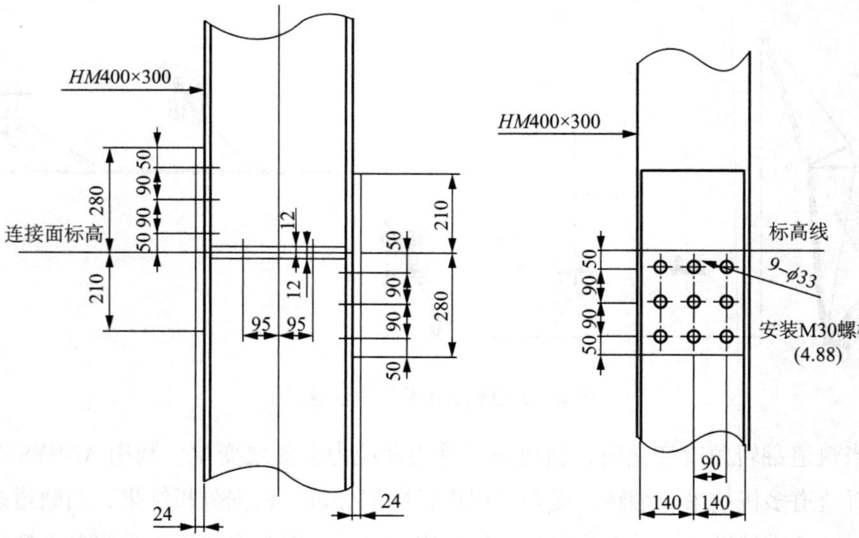

图 8　火炬轨道与轨道连接节点

M30mm × 90mm 8.8 级高强螺栓进行根部塞焊，使用连接板与轨道进行连接。火炬轨道与塔架通过连接杆进行连接（图 9），连接螺栓采用 M20mm × 80mm 8.8 级高强螺栓。安装前应熟悉安装图纸，轨道安装位置与连接节点必须与施工图纸保持一致，安装质量符合设计及规范要求。

（2）按照设计要求，轨道连接螺栓进行定力矩紧固，螺栓规格及紧固力矩如表 2 所示。高强螺栓采用电动扭矩扳手进行紧固，具体要求如下：

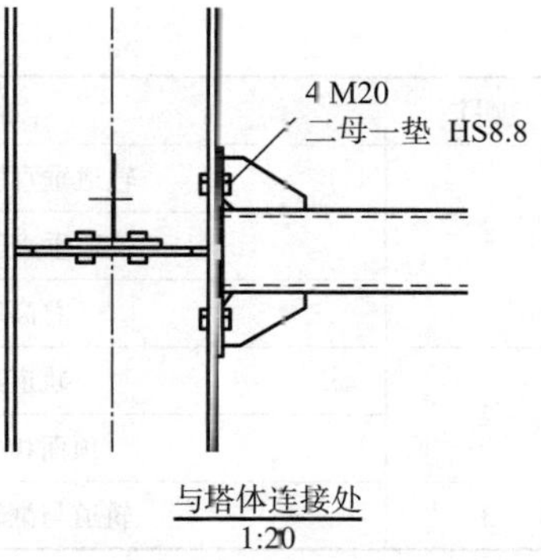

图 9　火炬轨道与塔架连接节点

表 2　螺栓规格及紧固力矩

序号	部位	螺栓规格	数量 / 套	紧固力矩 /（N·m）
1	1# 塔架轨道	M30mm × 90mm 8.8 级	1188	1225
2	1# 塔架轨道	M30mm × 90mm 4.8 级	1188	588
3	1# 塔架轨道	M30mm × 80mm 10.9 级	768	1962
4	2# 塔架轨道	M30mm × 90mm 8.8 级	1188	1225
5	2# 塔架轨道	M30mm × 90mm 4.8 级	1188	588
6	2# 塔架轨道	M30mm × 80mm 10.9 级	768	1962

①高强度螺栓连接板摩擦面的加工及摩擦系数值应符合设计要求。安装时，构件的摩擦面应保持干燥。

②高强度螺栓连接安装时，在每个节点上应穿入必要的临时螺栓和冲钉。其数量由安装时可能承担的荷载计算确定，一般不得少于安装总数的 1/3，且不得少于 2 个临时螺栓，冲钉穿入数量不超过临时螺栓的 30%。不得用高强度螺栓兼做临时螺栓，以防损伤螺纹引起扭矩系数的变化。

③安装高强度螺栓时，严禁强行穿入螺栓。如不能自由穿入，该孔应用铰刀进行修整，禁止气割扩孔。修孔时，为了防止铁屑落入板叠缝中，铰孔前应将四周螺栓全部拧紧，使板叠密贴后再进行。修整后孔的最大直径应小于 1.2 倍螺栓直径。

④高强度螺栓的施工扭矩值经计算确定，并符合设计与建设单位的要求。

⑤高强度螺栓的拧紧分初拧、复拧、终拧。初拧扭矩为终拧扭矩（施工扭矩）的 50% 左右。连接处的螺栓应按一定顺序施拧，一般由螺栓群中央顺序向外拧紧。高强度螺栓的初拧和终拧都必须做明显标记。

5.2.8　火炬轨道验收

轨道安装完成后对轨道垂直度、中心位置、标高等参数进行测量，应符合规范及设计要求。同时为了确保火炬筒体翻转、提升安装质量，轨道安装位置与翻转底座安装偏差控制在 ±2mm，火炬轨道安装允许偏差应符合表 3。

表 3　火炬轨道安装允许偏差

项目	检查项目	允许偏差
1	轨道垂直度：$H \leqslant 60$m 时	$\leqslant H/1500$，且 $\leqslant 25$mm
	轨道垂直度：$H > 60$m 时	$\leqslant H/2500$，且 $\leqslant 40$mm
	总高度允许偏差	± 50mm
2	轨道顶面水平度	± 2mm
	顶面相应点水平高差	± 1.5mm
3	轨道与翻转底座中心位置	± 2mm

5.3　劳动力组织

以广东石化炼化一体化项目高架火炬系统双立面塔架式火炬轨道施工为例，劳动力组织情况如表 4 所示。

表 4　劳动力组织情况表

序号	职务	单位	数量	备注
1	项目经理	人	1	总体负责
2	项目副经理	人	3	技术、施工、安全管理
3	施工队长	人	1	施工现场负责人
4	安全员	人	2	现场安全监督检查
5	质检员	人	2	现场施工质量监督检查
6	技术员	人	2	现场技术跟踪与监督
7	起重工	人	8	起重吊装指挥、操作
8	焊工	人	2	提升吊耳焊接
9	铆工	人	12	火炬轨道安装
10	架子工	人	16	脚手架搭设
11	检测工	人	2	吊耳焊缝检验

6　材料与设备

6.1　施工材料

本工法使用的主要材料见表 5。

表 5　主要材料一览表

序号	名称	规格	单位	数量	备注
1	钢丝绳	Φ48mm × 10m	对	1	现场吊装配合
2	钢丝绳	Φ28mm × 30m	对	2	现场吊装配合
3	吊装带	5t	对	2	现场吊装配合
4	吊装带	2t	对	2	现场吊装配合
5	卸扣	6.5t	个	4	吊装索具

续表

序号	名称	规格	单位	数量	备注
6	卸扣	8.5t	个	2	吊装索具
7	路基箱	4m × 2m	块	14	400t 履带吊
8	溜绳	Φ20mm	m	100	吊装溜绳
9	对讲机	科立讯 PT560	台	10	吊装指挥
10	水准仪	DZS3-1	台	2	场地处理
11	经纬仪	LT402L	台	2	安装找正
12	红外水平仪	KAPRO-875G	台	2	安装找正
13	道木	—	根	20	临时支垫
14	铁马	—	个	20	警戒围护

6.2 施工设备

本工法使用的主要机具设备见表 6。

表 6 主要机具一览表

序号	名称	规格	单位	数量	备注
1	履带吊	400t	台	1	主吊
2	履带吊	150t	台	1	溜尾
3	汽车吊	50t	台	1	溜尾
4	升降车	—	台	1	索具摘除
5	应急车	—	台	1	应急处理
6	力矩扳手	500 ~ 2000（N·m）	台	4	螺栓定力矩
7	滑轮组	3t	套	2	轨道安装
8	扳手	套筒扳手	套	10	吊装螺栓安装

7 质量控制

7.1 质量控制标准

（1）GB 50205—2020《钢结构工程施工质量验收标准》

（2）GB 51029—2014《火炬工程施工及验收规范》

（3）GB 50461—2008《石油化工静设备安装工程施工质量验收规范》

（4）GB 50017—2017《钢结构设计标准》

（5）SH/T 3536—2011《石油化工工程起重施工规范》

（6）SH/T 3507—2011《石油化工钢结构工程施工质量验收规范》

（7）HG/T 21574—2018《化工设备吊耳设计选用规范》

（8）JGJ 82—2011《钢结构高强度螺栓连接技术规程》

7.2 质量控制措施

（1）按照质量控制点，落实到部门和岗位，做到分工明确，细化质量职责。

（2）轨道提升吊耳制作完成后，应对吊耳的外形尺寸、结构型式、焊缝质量等进行检查，合格后方可使用。

（3）严格控制地基处理过程和质量。土方开挖前，要按照技术措施中的要求划出地基处理范围；土方开挖时，要监控好开挖深度，满足方案要求；回填时，要按照技术措施中的要求分层回填、碾压，压实度和平整度满足方案要求。

（4）对吊装设备机具完好性进行检查。设备性能参数符合要求，设备运转正常，工机具选用符合要求，质量完好；所用钢丝绳、卸扣等吊装索具质量证明文件齐全，并对其外形尺寸、制造质量进行复检，出具相关的复测记录和检验报告。

（5）起重技术员对地基承载力、吊车选用及站位、吊耳选用及吊点设置等方面进行逐项核对，应与施工方案保持一致，如发生变化及时进行核算，重新履行方案变更手续，并组织技术交底。

（6）质检员对力矩扳手性能、螺栓材质、规格及力矩紧固值进行确认，并对高强螺栓初拧、复拧、终拧全过程进行检查、确认，并对螺栓紧固进行标记，避免漏紧、漏检。

（7）轨道组对、安装使用的红外水平仪、经纬仪等计量器具应经过检定合格并在有效期内。

7.3　质量控制点

质量控制检查具体内容如表7所示。

表7　质量控制检查表

序号	检查项目	检验方法	检验指标	检验频次
1	地基承载力	现场试验	地基承载力为20t/m^2	1次
2	高强螺栓	扭矩系数检验	按照批次随机进行抽取，每批应抽取8套连接进行复验，扭矩系数标准偏差≤0.01	按照螺栓到货批次确定
3	高强螺栓	现场测量	热镀锌高强螺栓镀锌层厚度≥40μm	每种规格抽查8套
4	轨道外形尺寸、表面光滑度	现场测量、观察	翼缘对腹板的垂直度≤2mm 表面光滑度须满足要求	1次/套
5	吊耳	渗透检测	吊耳本体及焊缝位置进行渗透检测	1次/制作完成
6	轨道垂直度	现场测量	垂直度≤50mm	1次

8　安全措施

8.1　执行的法律法规及标准

（1）2021年6月修正《中华人民共和国安全生产法》

（2）GB/T 50484—2019《石油化工建设工程施工安全技术标准》

（3）JGJ 46—2005《施工现场临时用电安全技术规范》

（4）Q/SY 08246—2018《脚手架作业安全管理规范》

8.2　安全保证措施

（1）进入施工现场人员必须完成三级入厂安全教育，建立人员台账，起重、电焊、架子工等特殊工种做到100%持证上岗。

（2）进入施工现场人员必须正确穿戴劳保用品。

（3）施工前由专业技术人员编制吊装专项方案，并按照程序完成方案审批，由吊装责任工程师对所有参加吊装作业的人员进行吊装技术交底，由吊装指挥人员进行岗位分工，使施工人员熟悉整个吊装过程、掌握关键控制要点、明确岗位职责，并明确吊装过程中存在的风险及控制措施。

（4）现场设置专职安全员，及时发现安全隐患，并监督相关责任人限时整改。

（5）脚手架搭设必须符合规范要求，检验合格后，挂绿色合格牌后方可使用。

（6）作业高度超过 2m，作业人员必须正确佩戴安全带。

（7）设备吊装时现场指挥人员及吊装操作人员每人配备 1 台对讲机，吊装指挥人员采用语音对讲或旗语指挥，并做到语音清晰、旗语准确、传递及时。

（8）火炬轨道吊装、安装过程中，如发现轨道扭曲变形或吊装载荷超标等现象，立即停止吊装作业，问题处理完成并能保证安全的情况下，方可继续吊装作业。

（9）各设备、吊具的安全校核应满足安全要求。

（10）吊装准备工作完成后，应对吊车工况、吊索具等进行详细检查，检查合格后方可进行吊装。

（11）高处作业人员应接受培训，患有高血压、心脏病、贫血、癫痫、饮酒或者服用嗜睡、兴奋等药物的人员以及其他禁忌高处作业的人员不得从事高处作业。

（12）吊装作业前应提前收集气象信息，雷、雨、大雾天气，风速大于 10.8m/s，吊装范围内视线不可及距离严禁进行吊装作业，雨季施工应做好防雷、防电、防水等保护措施。

（13）吊装作业实施过程完全结束后，方可撤除警戒线及警戒标志等。

9　环保措施

9.1　执行的法律法规及标准

（1）2014 年 4 月修订《中华人民共和国环境保护法》

（2）2021 年 12 月通过《中华人民共和国环境噪声污染防治法》

（3）2018 年 12 月修正《中华人民共和国环境影响评价法》

9.2　环境保护措施

（1）施工现场进行车辆限速、洒水降尘。

（2）非工程车辆禁止进入施工现场，减少车辆尾气排放。

（3）施工现场注意文明施工，严格执行“工完料净场地清”。

（4）施工现场的废物垃圾要分类收集、统一处理。

（5）吊装场地处理的多余土方要及时运走，堆放至指定位置。

（6）加强施工人员环保意识，严格遵守公司和业主文明施工管理要求。

（7）定期检查临时用电使用情况，防止漏电、触电情况发生。

10　效益分析

10.1　经济效益分析

火炬轨道安装传统施工方法采用大型吊车或卷扬机等设备逐段进行提升、组对、安装。

本工法采用模块化预制、地面组装、多段提升的安装方法。“火炬轨道多机抬吊递送施工工法”较传统的火炬轨道安装方法在人工、材料、机械方面均得到了优化，大幅的降低了施工成本，详见表 8。

表 8　施工费用参数表

费用项目 对比项目	人工费 / 万元	材料费 / 万元	机械费 / 万元	费用总额 / 万元
传统施工工艺	26.4	3.0	220	249.4
新式施工方法	10.56	1.8	150	162.36
节约费用	15.84	1.2	70	87.04

注：人工费 = 人工单价 × 人数 × 工时；材料费 = 材料单价 × 数量；机械费 = 机械单价 × 工时。

10.2　社会效益

火炬轨道安装采用工厂化预制，模块化安装技术，通过多机抬吊递送法解决轨道翻转、提升过程中因应力集中、受力不均匀等因素造成的火炬轨道变形，同时缩短施工工期、减少高处作业风险、提高安装质量、降低施工成本。

根据目前国内各类科技成果及相关文献资料，火炬轨道安装采用多机抬吊递送法案例较少。通过运用此方法，提高了现场施工人员的技能水平，进一步拓展了公司在石油炼化领域的市场，提高了公司的核心竞争力，值得在以后类似设备安装领域进行推广。

11　应用实例

实例一：广东石化炼化一体化项目

广东石化炼化一体化项目高架火炬系统，2 座火炬塔架均为 4 根主钢柱加外围 8 辅助钢柱结构型式，其中 1# 火炬塔架底部钢柱根开为 25.5m × 24.0m，顶部为 15.5m × 13.0m，2# 火炬塔架底部根开为 26.5m × 24.0m，顶部为 16.5m × 13.0m。

2021 年 10 月 5 日至 2021 年 10 月 25 日，在广东石化炼化一体化项目高架火炬系统项目实施中，中国石油天然气第一建设有限公司采用此工法完成了 9 套火炬系统轨道安装工作。2022 年 4 月 24 日高架火炬投用至今，平稳安全运行。与传统的大型吊车或卷扬机等设备“单机提升正装法”逐段安装方法相比，采用本工法更安全、高效，节省工期 33 天，节约成本 87.04 万元。

实例二：盛虹石化炼化一体化项目

盛虹石化炼化一体化项目高架火炬系统，火炬塔架为双立面结构型式，火炬塔架底部钢柱根开为 36m × 30m，顶部为 36m × 25m。

2021 年 11 月 3 日至 2021 年 11 月 27 日，在盛虹石化炼化一体化项目高架火炬系统项目实施中，中国石油天然气第一建设有限公司采用此工法完成了 8 套火炬系统轨道安装工作。2022 年 4 月 28 日高架火炬投用至今，平稳安全运行。与传统的大型吊车或卷扬机等设备“单机提升正装法”逐段安装方法相比，采用本工法更安全、高效，节省工期 21 天，节约成本 65.32 万元。

PX 装置刮壁式结晶器安装工法

刘汉谱　石少杰　金成哲　梁　贺　李建波

中国石油天然气第一建设有限公司

1　前言

盛虹炼化一体化项目芳烃部 PX 装置Ⅱ系列构 10/ 构 13 共设有刮壁式结晶器 12 台，由荷兰 Escher 公司设计、制造、成套，结晶器主要由结晶容器（壳体）、驱动机构、刮料机构 3 大部分组成，为芳烃装置最核心设备。

结晶器是一种锥底的立式容器，容器高度约为 30m，直径为 3.65m，总重约 40t，侧壁设有波纹形不锈钢夹套，供乙烯制冷剂通过，外形结构见图 1。根据热虹吸原理，液相乙烯通过在夹套内的汽化吸热将 PX 结晶过程中释放的熔融热带走，从而实现 PX 晶体从混合 C8 芳烃中连续析出的目的。结晶器顶部配置电机驱动刮料机，每台刮料机机轴上装有 4 列尼龙刮刀，呈 90° 分布，沿结晶器内表面匀速转动，持续将结晶器内壁上结晶出的晶体刮落，随液流沉入容器。产品（液态混合二甲苯和对二甲苯晶体的混合物）从容器中排出，同时容器顶部持续进料保持液位恒定。

结晶器设备加工精度高，容器外壁夹套管仅为 2mm 左右，内部为镜面不锈钢，内部件构造复杂，零部件繁多，安装要求高，安装步骤极为严格。在没有此类设备安装经验情况下，不断总结、钻研图纸、合理安排工序，最终顺利完成 12 台结晶器的安装，经过梳理整理成此工法（图 2）。

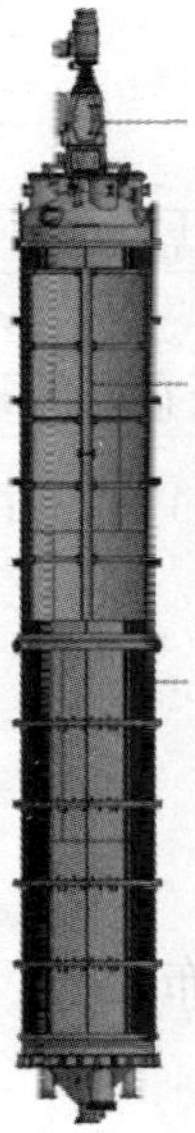

图 1　设备结构示意图

图 2　结晶器布置图

2　工法特点

2.1　高效性

结晶器壳体就位后厂家要求设备地脚螺栓紧固须在容器内充满除

盐水，考虑现场实际情况，后与厂家、业主沟通将此步骤调整至后期设备水联运时进行，与原来相比缩短近 2/3 安装周期。

2.2 创新性

本套结晶器属于国内首套设备，没有其他工程施工作为参考，所有施工方法均为国内首次。

2.3 科学性

（1）基于 BIM 的吊装模拟技术，计算好预留量，既能保证设备就位，又可以避免后期大量结构安装对设备造成损伤。

（2）通过 ESCHER 图纸与设计院图纸对比，结合现场实际施工情况，设备自带液压提升装置调整设备垂直度现场无法实施，与厂家协商后改为垫铁组来调整垂直度，使设备安装更科学合理。

（3）设备垂直度验收在夜间进行或阴雨天进行，可以最大程度避免光照对垂直度的影响。

2.4 特殊性

结晶器属于动静结合设备，设备壳体安装类似静设备安装过程，其驱动机构与内构件的安装属于动设备安装过程。

3 适用范围

本工法适用于刮壁式结晶器安装。

4 工艺原理

结晶器因其结构复杂，零部件繁多，通常为散件到货。根据现场实际情况，设备壳体部分就位后进行水平调整，灌浆完成后进行内构件的安装，最后驱动机构就位，待所有部件施安装完毕后进行充水试验，检验合格后完成设备安装。

5 施工工艺流程及操作要点

5.1 施工工艺流程

施工工艺流程如图 3 所示。

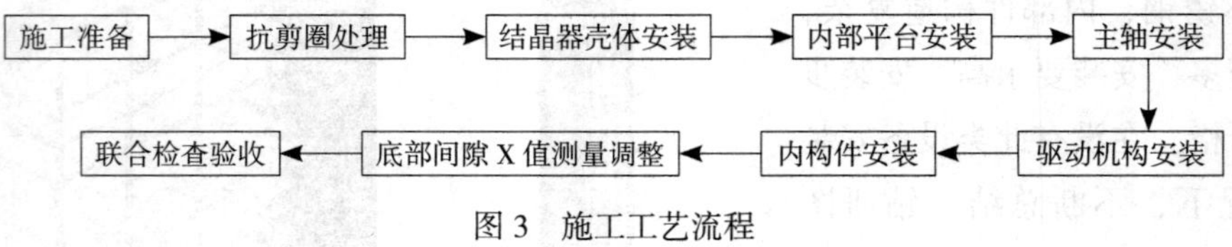

图 3 施工工艺流程

5.2 操作要点

5.2.1 施工准备

1. 技术准备

施工前应具备下列技术文件：

（1）设计文件齐全，包括设备平面布置图、安装图、设备基础图、钢结构平台图纸及相关专业的施工图。

（2）Escher 设备图纸及随机资料。

（3）结晶器 IOM 手册。

（4）结晶器厂家提供安装参考步骤。

（5）相关施工规范及经监理单位、建设单位确认的施工技术文件。

（6）设备的出厂合格证书、装箱清单及合同附件等。

（7）对施工人员进行详细的技术交底，并将交底记录进行存档。

（8）做好施工机具、量具、手段用料及消耗材料的准备工作。

2. 施工条件准备

（1）需预留 400t 主吊以及抬尾吊车站位场地。

（2）设备部件多，现场要有足够施工场地放置安装部件。

（3）施工现场须预留 2m × 30m 主轴组装场地，且保证场地清洁，不得有扬尘杂物等污染主轴。

（4）主轴安装所需的临时支架、胶皮、木方等准备到位。

（5）设备的起吊重量、起吊高度、行走速度及移动极限范围等性能必须检验合格，满足设备安装的工艺要求。

（6）设备安装时预留钢结构已拆除，保证设备顺利就位。

（7）进入设备内的施工用具须有绑绳固定在手上，防止工具掉落；进入设备内必须脚着干净软底鞋。

（8）内构件施工时要在设备人孔处安装通风风机，并且随身携带气体检测仪。

5.2.2　抗剪圈处理

抗剪圈（图 4）起到与设备支撑抗剪作用，上表面铺设隔冷圈，起到与框架本体隔离作用。表面起伏不大于 1mm，采用垫铁来调整抗剪圈水平度。抗剪圈水平度调整合格后，将隔冷圈均匀布置于抗剪件上，地脚螺栓临时安装于抗剪圈上，为设备就位做好准备。

图 4　抗剪圈

5.2.3　结晶器壳体安装

1. 就位准备

（1）就位前将地脚螺栓部件处的隔冷垫，地脚螺栓 FVC 套管、不锈钢垫，钢垫圈等部件准备到位（图 5）。

（2）设备椭圆度检查完毕，设备外观及夹套管厚度检查完毕。

（3）设备周边钢结构均需按照如图 6 所示方位预留完成，保证设备顺利就位。

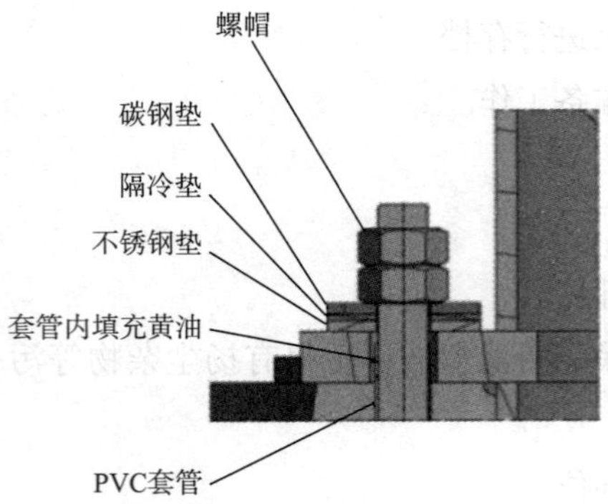

图 5　地脚螺栓部件构造

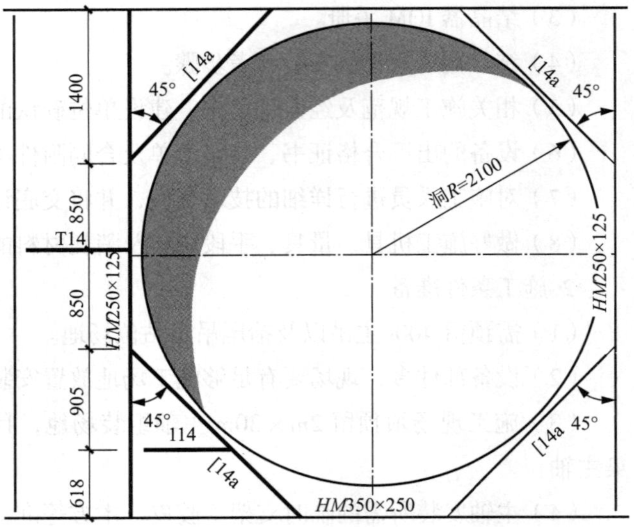

图 6　钢结构预留位置

2. 设备壳体就位（图 7）

图 7　设备壳体吊装图

（1）设备抬尾起吊按照图 8 步骤进行。

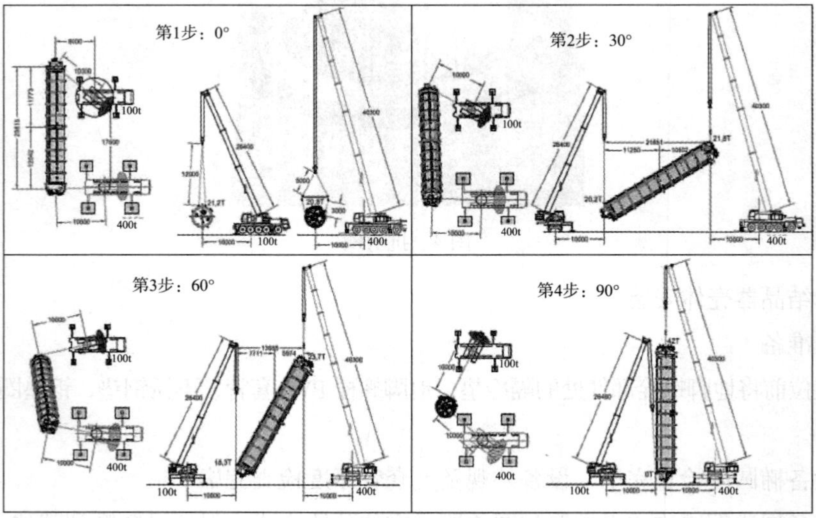

图 8　设备起吊抬尾示意图

（2）设备吊装就位时保证每层结构必须有人对设备进行监测，防止设备与钢结构磕碰。

（3）地面起重指挥与构架顶部起重指挥对讲沟通流畅，保证设备就位过程可控。

（4）设备就位完成后，应立即在设备周边搭设硬防护防止其他作业对设备外壁损伤。

3. 垂直度调整

垂直度采用抗剪圈底部垫铁组来调整。

拆下设备顶部中心孔 N8 和底部中心孔上 N1 的盲盖，将槽钢（长度 950mm）安装在容器的顶部法兰上，确保吊钩正好位于顶部法兰的中心。将尼龙绳连接到吊钩上，并将尼龙绳降到容器底部。将槽钢（长度 650mm）安装到容器的底部中心法兰上，并确保 20mm 孔正好位于底部法兰中心。将尼龙绳从底部槽钢的 Φ20mm 孔中穿过，并将 1kg 的铅坠连接到绳索上，使铅坠悬挂在距地面约 500mm 的位置。准备一桶水放在容器下面，让铅坠自由落入水里，水会抑制铅坠的运动（图 9）。

由于设备本体为不锈钢，且容器壁薄，阳光直射情况下中心垂直度测量会超过 40mm，因此调整垂直度的过程需在阴雨天与晚上进行。垂直度的报验工作须在日落 4h 以后与日出前进行，当尼龙绳与 Φ20mm 孔中心偏差≤ 1.6mm 时为合格，调整完毕后按照力矩要求紧固地脚螺栓，即可进行设备灌浆（图 10）。

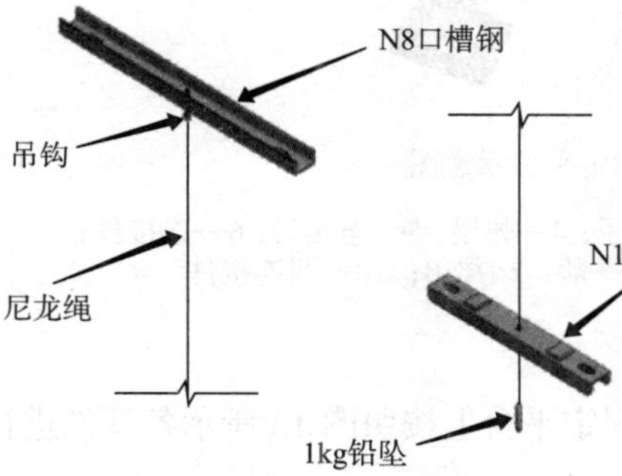

图 9　垂直度测量工装示意图

图 10　垂直度检查

5.2.4　内部平台安装

结晶器内部安装平台由底部固定平台和内部提升平台 2 部分组成。底部固定平台的作用是保护设备底部，是为作业人员提供进入设备内部工作场地而设立的平台。内部提升平台是为安装内构件而设置，固定在设备顶部与升降平台配套的钢支架上（图 11）。

图 11　内部平台

1. 注意事项

（1）确保平台组装工作在设备内部进行。

（2）该平台的额定起重量为悬挂平台自重和 4 个人的质量总和。

（3）操作平台运行之前，设备接地必须完成。

（4）操作平台运行时，确保中央控制盒上的所有提升机开关打开。

2. 底部固定平台安装

按照图 12 所示在设备底部锥段处搭设，在平台框架拼接完成后，将夹板放置于框架上，即完成底部固定平台安装。

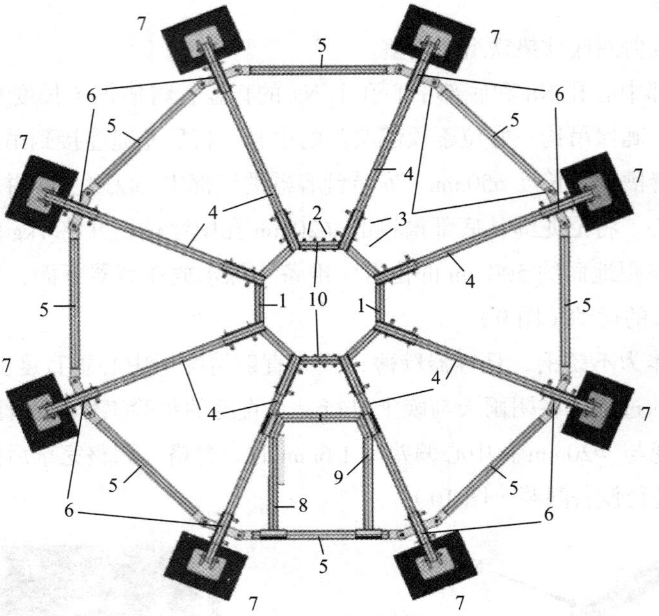

图 12　底部固定平台示意图

1—1/2 圆梁；2—固定圆螺栓；3—销子；4—腿梁；5—连接梁；6—连接件；7—支腿；8—舱口横梁 A；9—舱口横梁 B；10—圆连接件

3. 内部提升平台安装

内部提升平台如图 13 所示组装，在底部固定平台上按照图 13 所示各部件进行拼装。

图 13　内部提升平台示意图

1—提升机 U 形架；2—U 形架；3—内部膨胀销；4—提升箍筋；5—不带提升机的箍筋；6—大甲板；7、8—小甲板；9—大型侧架；10—小侧架；11—内护栏 A；12—内护栏 B；13—护栏；14—甲板栏杆；15—高度调节器；16—中央控制箱；17—提升机；18—带有舱口盖侧架；19—带栏杆小甲板

5.2.5　主轴安装

1. 主轴组装

（1）主轴组装场地必须清理干净，利用盘扣式脚手架搭设主轴组装支架（以实际情况

定），主轴与支架接触处用木方或胶皮进行隔离，主轴分为5段，组装顺序如图14所示。

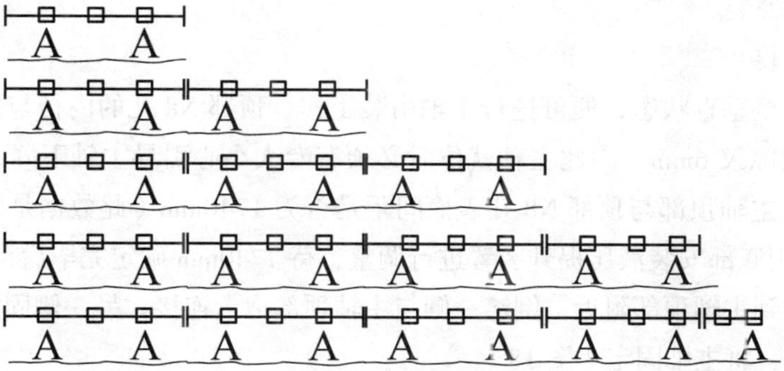

图14　主轴组装顺序

（2）主轴组装（图15）时，按照图纸要求各段主轴角度须做好标记。相同角度组装时位于同一侧，法兰对口处用厂家自带PVC导向杆定位，主轴连接螺栓须涂抹防咬合剂并按力矩紧固。

图15　主轴组装图

2. 主轴就位

（1）吊装前准备工作

①拆除底部中心孔与顶部中心孔垂直度检查工装，在底部中心孔N1处安装主轴液压顶升装置（图16），用于调整主轴安装高度和稳定轴。

②顶部中心N8口处安装主轴导向装置（图17），用于引导主轴就位。

图16　液压顶升装置安装

图17　主轴导向装置安装

③主轴吊装之前须在设备内部将升降小车调试合格，满足施工要求；确保主轴顶部用于固定轴的抱卡已安装。

（2）主轴吊装

将主轴溜尾至垂直状态，便可进行主轴吊装工作。顶部N8孔的内径与主轴上连接节点的外径之间的间隙仅6mm，因此主轴就位时必须有专人小心引导主轴下降，直至穿过底部轴承支架，测量主轴顶部与顶部N8孔表面间距是否为1740mm（此数据是为后序安装驱动机构预留）。使用底部安装液压提升装置进行调整，待1740mm确定完毕后，将液压泵锁紧。将小车向上行驶到主轴顶部附近，倒链一侧与主轴顶部抱卡连接，另一侧固定在顶部4个人孔处，拉紧倒链，将主轴固定（图18）。

注意主轴就位方位应保证驱动臂安装法兰与顶部4个人孔基本呈相切位置（图19），便于后期驱动臂和刮刀组件安装时部件吊入设备。

图18 主轴就位

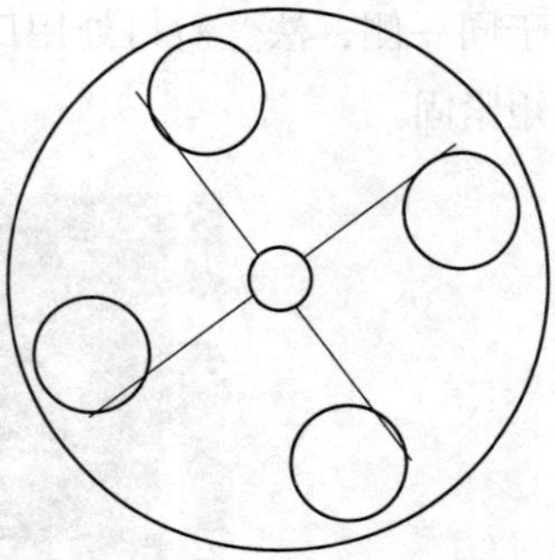

图19 主轴安装方位

5.2.6 驱动机构安装

在安装驱动装置之前，必须将主轴和驱动装置之间的连接轴安装到驱动轴上（图20）。驱动轴用专用扳手盘车5°至与主轴安装角度一致。

驱动机构吊装时，需要主吊车在前方拎住，后方使用吊车进行抬送，使其从水平状态提升至垂直状态，复测顶部1740mm数据（图21）。

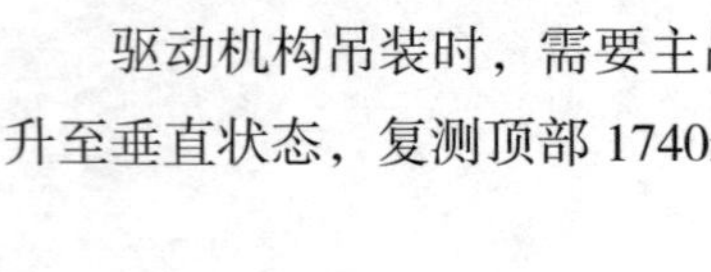

图20 连接轴安装

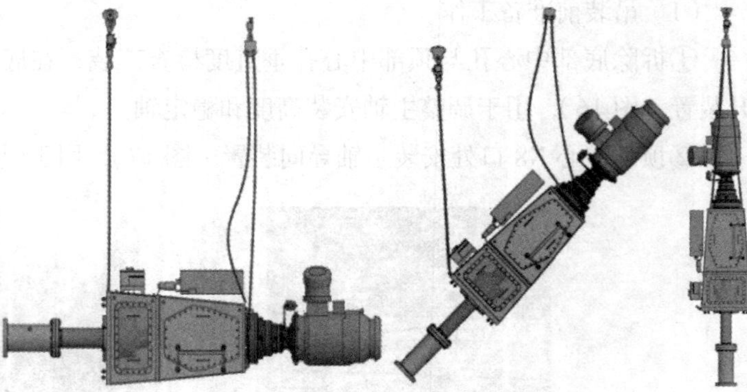

图21 驱动机构吊装

（1）将厂家提供的索具与驱动机构连接。

（2）抬尾吊车缓慢抬送驱动机构。抬送过程中，要保持匀速，不可过快，防止发生形变。抬送过程中，要有专人监护，防止驱动机构与周围物品发生碰撞。

（3）驱动机构直立。当驱动机构快要直立时，缓慢使驱动机构逐渐直立。当驱动机构直立后，摘除辅助索具。

（4）驱动机构直立后，主吊车缓慢起钩至驱动机构底部超过基础框架，旋转臂杆，并缓慢调节作业半径至驱动机构位于设备正上方中心孔。将密封环安装在 N8 口密封面处，此时进行找正，确认无误后就位。在就位过程中，施工人员要时刻注意驱动机构底部与设备的空隙情况，防止发生碰撞变形。

（5）驱动机构就位完成后按照力矩要求紧固 N8 口螺栓，此时可以将底部分体轴承安装就位，升降小车开至主轴顶部将连接轴与主轴用螺栓紧固连接，此时便可拆除主轴固定倒链和底部液压提升装置。

5.2.7　内构件安装

1. 安装原则

内件安装入口从顶部 4 个人孔吊装进入设备。

内构件安装包括 1～4 段：每段包括 3 层驱动臂，每层 4 根驱动臂与主轴水平垂直，4 组竖直刮刀组件与驱动臂相连；第 5 段包括 2 层驱动臂，每层 4 根驱动臂与主轴水平垂直，4 组扫料杆组件与驱动臂相连。

由于内构件整体做完动平衡之后到场，故每个构件安装位置是一定的，内构件安装前要按照厂家提供图纸构件代码，找出相应构件安装于相应位置。由于内构件安装操作人员在内部升降小车上进行安装作业，因此内构件所有安装位置须遵循从上至下安装原则，单段先安装第 1 层驱动臂，然后安装刮刀组件，再安装第 2 层、第 3 层驱动臂。

2. 内构件安装

（1）驱动臂安装

将内部升降小车升至顶层安装位置，驱动臂安装时，顶部 4 个驱动臂先安装到主轴上，驱动臂吊装用纤维吊带，为降低组件坠落风险，须全程使用吊带。当驱动臂临近主轴驱动臂的法兰时，驱动臂可以安装到主轴连接点的正确位置上。安装期间，驱动臂另一端应由吊带吊好，驱动臂用自锁螺母安装。注意必须涂抹防咬合剂，用扭矩扳手拧紧连接螺栓（图 22）。

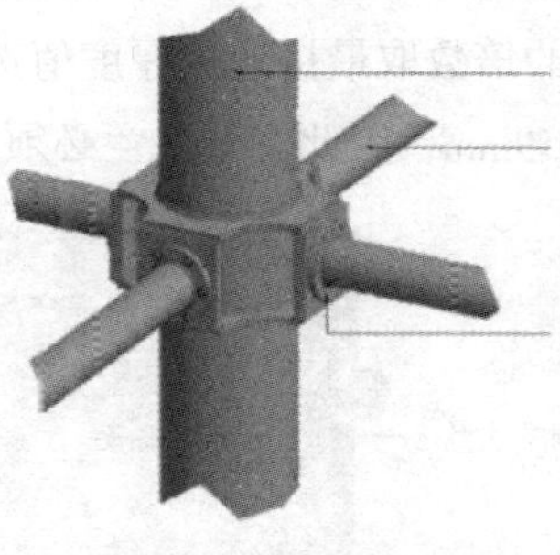

图 22　驱动臂安装

（2）刮刀组件安装

①由于刮刀组件正常运行时与容器壁之间是紧贴状态，刮刀组件在安装之前须对摇臂处进行预拉紧。将刮刀往下轻摁，利用弹簧拉力在摇臂弯钩下垫入黑色尼龙条，缩小刮刀与容器壁的距离才能保证其安装到位（图 23）。

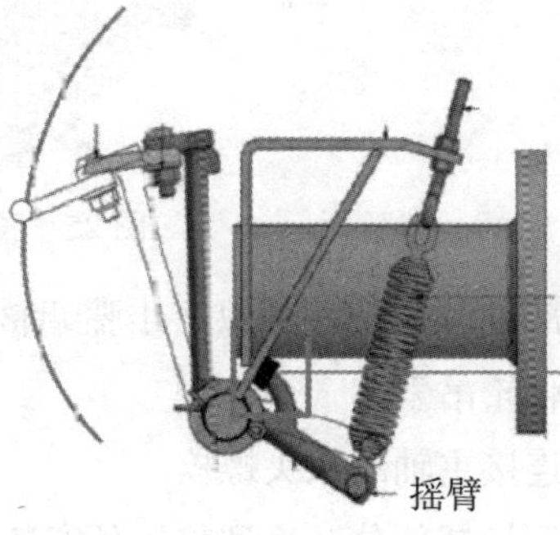

图 23　刮刀预拉伸

②内构件具体安装步骤如图 24 所示，每段刮刀组件与第 1 层驱动臂连接完成后便要拆除预拉伸用黑色尼龙条。

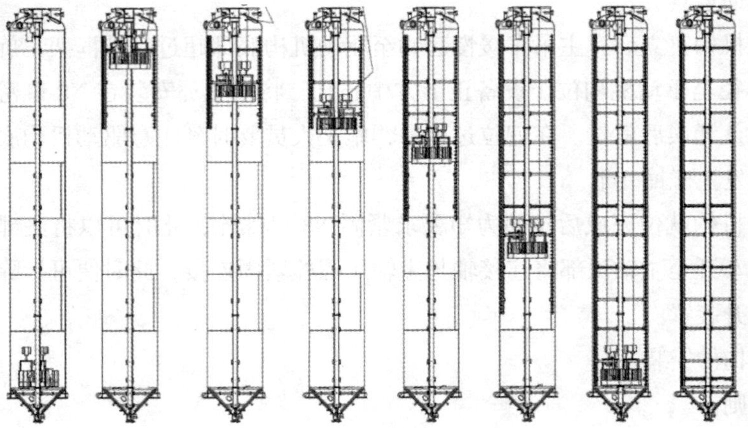

图 24 内构件安装步骤

5.2.8 底部间隙 X 值测量调整

（1）进行底部扫料杆安装前，内部提升平台与底部固定平台需拆除，从而保证安装空间；拆除的平台做好标记，方便下次使用。

（2）底部 X 值是指结晶器底部锥段处内壁与扫料杆的垂直距离。安装时通过在主轴法兰之间增加相应厚度的调整法兰，确保 4 个方向的扫料杆多个位置测量与设备锥段内表面垂直距离均应介于 38 ~ 40mm。计算调整法兰厚度原则：当 X 值介于 38 ~ 40mm 之间时，无需调整；如 X 值大于 40mm 时，每增加 1mm，主轴必须向下伸出 1.4mm。计算出主轴伸出长度后，按 5 的倍数取最接近的厚度值选用调整法兰（图 25）。例如扫料杆和锥段内壁之间的测量距离为 59mm，因此调整法兰必须为 $19 \times 1.4=26.6\text{mm} \approx 25\text{mm}$ 厚度。

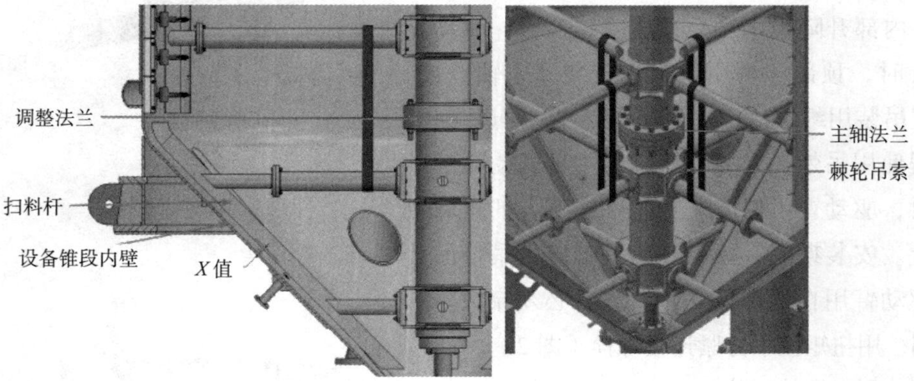

图 25 底部 X 值测量

（3）底部锥段 X 值按照以下步骤调整：

①拉紧棘轮吊索。

②拆卸连接主轴的双头螺栓。

③降低清扫杆部分，直到垫片环安装在法兰之间。

④放置垫环，确保在引入边缘涂上一些润滑脂。将 1 个双头螺栓穿过法兰孔和垫片环，然后围绕法兰之间的双头螺栓旋转垫环，以便轻松对齐。

⑤用棘轮吊索提升清扫杆部分，直到法兰完全贴紧。

⑥放置双头螺栓并按照力矩紧固主轴螺栓。

⑦拆除棘轮吊索。

⑧再次检查清扫杆和锥体之间的距离是否为 38 ~ 40mm。

5.2.9 联合检查验收

（1）安装过程中所有需要见证点，须业主、监理、外商厂家共同见证（如设备验收、垂直度检查、力矩紧固、构件吊装等）。

（2）底部 X 值测量完成且内部确认完毕后，内部所有杂物必须全部清理出来，并用白布将底部锥段清理干净。

（3）过程中所有测量数据，各方共同签字确认。

（4）将所有设备安装时打开的人孔法兰封闭。

5.3 劳动力组织

劳动力组织情况如表 1 所示。

表 1 劳动力组织情况表

序号	职务	单位	数量	备注
1	项目经理	人	1	项目总体负责
2	项目副经理	人	2	技术管理与施工管理
3	施工队长	人	1	施工现场负责人
4	安全员	人	1	安全监督检查
5	质检员	人	1	施工质量监督检查
6	技术员	人	1	现场技术跟踪与监督
7	起重工	人	4	吊车操作与指挥
8	焊工	人	2	焊接抗剪键
9	钳工	人	10	结晶器安装
10	铆工	人	4	结晶器安装

6 材料与设备

6.1 主要设备机具

本工法使用的主要设备机具见表 2。

表 2 主要设备机具

序号	名称	规格	单位	数量	备注
1	履带吊	400t	台	1	主吊车
2	履带吊	80t	台	1	副吊车
3	汽车吊	25t	台	1	溜尾吊车

续表

序号	名称	规格	单位	数量	备注
4	倒链	5t	台	4	主轴固定
5	轴流风机		台	2	容器通风
6	气体检测仪		台	2	
7	卷尺	5m	把	5	
8	游标卡尺	150mm	把	2	
9	深度尺	150mm	把	2	
10	活扳手	6in、8in、10in、12in	把	8	各 2 把
11	叉口扳手		套	1	
12	力矩扳手	0～100N·m	把	1	
13	力矩扳手	500～1000N·m	把	1	
14	手电筒		把	10	
15	吊装带	10t	条	4	吊装驱动机构
16	吊装带	35t	条	2	吊装容器
17	吊装带	5t	条	4	吊装内构件
18	平衡梁	10t	套	1	吊装驱动机构
19	平衡梁	60t	套	1	吊装容器

6.2 主要手段用料

本工法使用的主要手段材料见表 3。

表 3 主要手段用料表

序号	名称	单位	数量	备注
1	软底鞋	双	20	设备防护
2	白布	m^2	30	
3	破布	kg	50	
4	工具绑绳	件	10	工具防坠
5	工具包	个	10	
6	电缆	m	200	
7	胶皮	m^2	30	构件垫护
8	胶带	卷	10	
9	防雨布	m^2	100	构件防护
10	石棉板	m^2	100	
11	尼龙绳	m	50	Φ2mm
12	防咬合剂	罐	10	
13	记号笔	盒	2	

7 质量控制

7.1 执行标准

（1）相关设计图纸

（2）结晶器 IOM 手册

（3）《结晶器内构件安装专用升降车说明书》

（4）SH/T 3536—2011《石油化工工程起重施工规范》

7.2 质量控制措施

（1）设备到货验收。设备部件繁多，必须核对规格数量，建立材料台账。

（2）垂直度调整。必须保证在没有太阳直射情况进行调整及验收。

（3）设备本体防护。设备器壁为 2mm 极易损坏，必须做好外壁防护。

（4）设备内部为镜面不锈钢，必须保证内壁不被磕碰。

（5）所有连接螺栓必须涂抹防咬合剂，所有螺栓按力矩紧固。

（6）内构件防护。构件为极易损坏件，开箱和吊装时必须小心防护。

7.3 关键质量控制点

关键质量控制点见表 4。

表 4 关键质量控制点

序号	检查部位	检验项目	控制指标	检验时机、频次	检验工具、方法
1	抗剪圈	垫铁厚度	≤ 80mm	抗剪圈水平调整时	钢卷尺
		垫铁间距	≤ 500mm	抗剪圈水平调整时	钢卷尺
		水平度	≤ 1mm	抗剪圈水平调整时	水准仪
2	设备本体	椭圆度偏差测量	± 5mm	设备就位前	钢卷尺
		设备夹套管厚度测量	≥ 2mm	设备就位前	超声波测厚仪
3	设备垂直度	定位槽钢外形测量	≤ 1mm	垂直度检查前	钢卷尺
		垂直度验收	≤ 1.6mm	垂直度验收时	游标卡尺
4	底部锥段 X 值	X 值测量	38 ~ 40mm	X 值验收时	深度尺

8 安全措施

8.1 安全标准

（1）GB 50484—2019《石油化工建设工程施工安全技术规范》

（2）JGJ 46—2005《施工现场临时用电安全技术规范》

（3）JGJ 59—2011《建筑施工安全检查标准》

（4）JGJ 80—2016《建筑施工高处作业安全技术规范》

（5）GB 2894—2008《安全标志及其使用导则》

8.2 安全保证措施

8.2.1 高空作业保证措施

（1）结晶器高处施工，必须背好安全带，保持高挂低用。

（2）悬空作业处应有牢靠的立足处，视具体情况，必须配置防护网、栏杆或生命绳。

（3）建筑施工进行高处作业之前，应进行安全防护设施的逐项检查和验收。验收合格后，方可进行高处作业。验收也可分层进行，或分阶段进行。安全防护设施，应由单位工程负责人验收，并组织有关人员参加。

8.2.2　受限空间保证措施

进入受限空间作业前，容器内必须进行通风换气，并进行气体检测。监护人员和作业人员必须熟知紧急状况时的逃生路线和救护方法。作业现场应配备一定数量的、符合规定的救生设施和灭火器材等。设备的出入口内、外不得有障碍物，保证其畅通无阻，便于人员出入和抢救疏散。

8.2.3　吊装作业保证措施

（1）办理吊装作业票，设置警戒区，无关人员禁止进入。

（2）对吊车进行专项检查及维护，保证吊车运转正常，吊装前对吊装用索具进行检查和确认。

（3）大型吊装要制定专项施工方案，并按要求进行审批。吊装前进行技术方案和安全注意事项交底，明确岗位职责，指挥信号准确无误，严禁随意操作。

（4）现场设监护人，吊装时听从统一指挥，严格遵守“十不吊”原则。

8.2.4　防火措施

结晶器构架每层都配置消防砂、灭火器等。就位后设备附近动火施工要加盖防火毡。在所有可能发生火灾的地方，如进行焊接或贮存易燃易爆物资的地方，均应配置合适的灭火器。所有的灭火器应处于完好状态。

9　环保措施

9.1　环保标准

（1）2014 年 4 月修订《中华人民共和国环境保护法》

（2）2018 年 12 月修正《中华人民共和国环境影响评价法》

（3）2021 年 12 月通过《中华人民共和国环境噪声污染防治法》

（4）2020 年 4 月修订《中华人民共和国固体废物污染环境防治法》

（5）2017 年 7 月修订《建设项目环境保护管理条例》

（6）中油质安字〔2006〕362 号《中国石油天然气集团公司环境保护管理规定》

（7）中国石油天然气第一建设有限公司《健康安全环境管理手册》

9.2　环境保护措施

为保障施工阶段，保护环境，应严格按照施工现场平面图布置的要求，合理设置施工临时设施。

结晶器包装材料垃圾采取无害化分类处置，不得任意遗弃，避免造成二次污染。对施工人员较集中的作业场所进行焊接作业，要采取必要的遮光及防火措施。

结晶器施工班组“三标”管理工作（现场标准化、岗位标准化、操作标准化），操作人员进入现场统一穿劳保服装，并正确佩戴劳动保护用品。及时回收余料、废料，严禁乱堆乱放，施工材料做到“工完料净场地清”，保证场地清洁和道路畅通。

主轴组装场地保证常清理，底部避免扬尘，保证主轴清洁。

设备专用工具、内构件在施工现场要分类摆放，防护规范。施工所用的各种机具、设备应遵守有关管理制度，确保完好。设置专人负责水电管理，杜绝常明灯、常流水现象。现场的水线、电缆、导线、电焊把线、二次线要统一规划，合理布置，不准乱拉乱扯。

10 效益分析

以盛虹炼化（连云港）有限公司一体化项目第七标段 2 号芳烃联合装置 PX 装置Ⅱ系列结晶器安装过程为例，施工效率明显提高，科学合理地调整施工工序，保证施工进度和质量的前提下，大大提高了施工效率，做以下经济效益分析（表 5）。

表 5 经济效益对比表

技术 / 项目	工期 / 天	人数	机械使用费 / 台班	合计 / 万元
厂家指导工艺技术	25	12	20	29
采用本工法工艺	10	8	10	12.4
比较	15	4	10	16.6

按现场实际单价计算：400t 履带吊包月 30 万元，人工单价 300 元 / 人。

单台设备厂家需求 Q_1：$25 \times 12 \times 300+200000=290000$ 元。

单台设备实际需求 Q_2：$10 \times 8 \times 300+100000=124000$ 元。

12 台设备总计节省费用 Q：$(290000-124000) \times 12=1992000$ 元。

11 应用实例

实例一：盛虹炼化（连云港）有限公司一体化项目第七标段

项目位于江苏省连云港市，中油一建承包 2 号芳烃联合装置 PX 装置Ⅱ系列 12 台结晶器安装，结晶器施工日期从 2021 年 8 月 5 日至 2021 年 11 月 20 日，实施效果良好，所有设备一次安装成功。

实例二：本工法应用于盛虹炼化（连云港）有限公司一体化项目第六标段

项目位于江苏省连云港市，中化十公司承包 1 号芳烃联合装置 PX 装置 I 系列 12 台结晶器安装，结晶器施工日期从 2021 年 9 月 10 日至 2021 年 12 月 30 日，实施效果良好，高质量完成 12 台设备的安装工作。

基于柔性材料管道保冷施工工法

薛姣龙　林　智　刘腾飞　许　磊　曲玉龙

中国石油天然气第一建设有限公司

1　前言

随着全球对能源需求的增长和对环境保护要求的提高，节能降耗成为发展的重要目标。选用优良的管道保冷材料及与其相适应的施工工艺也是节能降耗的重要环节。PX 装置管道保冷施工是必不可少的程序之一。过程中介质输送处于低温状态，若保冷施工质量不佳，将造成冷量流失，管道表面易产生凝结水或结冰现象，不仅降低生产效率，还容易造成电气危害、设备损坏、人员伤害等生产事故。从传热角度讲，保冷和保温的含义大致相同，都是减少热量的传递，有所不同的是热量传递的方向不同。由于获得冷量比获得相同的热量所需付出的能量更多，且介质沸点越低，能耗越大。PX 装置中混合二甲苯经过冷却、降温后进入结晶罐，在结晶罐再冷却结晶，然后泵送入离心机进行分离等工序，进而得到合格的 PX 产品。其中结晶分离效果将直接影响产品的产量及质量，为保证结晶分离效果，通过优良的保冷施工工艺来减少冷量损失就显得尤为重要。通常保冷施工都是基于传统 PIR、PUR 硬质保冷材料及泡沫玻璃材料并带有玛蹄脂防潮层，且需预留伸缩缝处理的一种施工方法。本文基于柔性保冷材料特性，对本材料自防潮保冷管道具体施工工艺进行阐述。

2　工法特点

2.1　施工效率高

（1）本柔性材料无需安装防潮层，由于其闭泡结构和聚合物配方，该材料已经具备优良的抗水汽渗透性能。该发泡材料使产品在其厚度方向上具备连续抗水汽渗透的能力。相较于其他保冷材料减少了涂抹玛蹄脂工序，提高施工效率。

（2）本柔性材料无需采用纤维类材料作为膨胀伸缩缝的填充物。只需按推荐的预留长度，采用带压的方式进行每层低温弹性体材料的安装，即可解决传统所需的伸缩缝问题。从而减少伸缩缝施工工序，提高施工效率。

（3）本柔性材料柔软易施工。施工可操作性强，施工效率高。

2.2　施工质量佳

（1）该柔性材料使产品在其厚度方向上具备连续抗水汽渗透的能力，此特性延长整个保冷系统使用寿命，降低绝热层下管道腐蚀的风险，可有效保证施工质量。

（2）该柔性材料低温弹性使其在纵向具备膨胀和收缩的特点，从而有效地解决了由于金属管道低温收缩产生的应力积累问题。采用带压施工方法有效保证保冷层在运行工况下的完整性及密封性，从而保证施工质量。

3 适用范围

该工法适用于石油化工低温管道系统保冷施工，适用温度范围为 −200 ~ 125℃。

4 工艺原理

系统保冷结构如图 1 所示，内层采用二烯烃聚合物弹性体，以确保系统深冷低温下优化的机械性能，外层采用双层低温 NBR 丁腈橡胶聚合物发泡的弹性体材料，以确保系统优良的绝热性能并且经济合理。接口采用 520 胶水刷涂粘接。对于膨胀伸缩缝处理，采用预留足够长的弹性材料在安装时进行顶接处理。保冷材料特性参数见表 1。

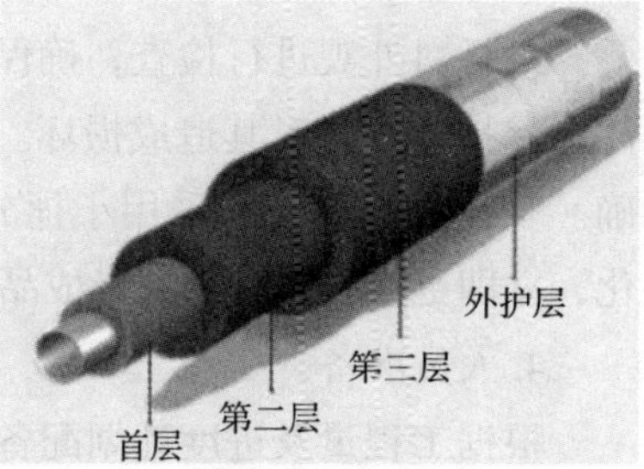

图 1　管道保冷结构示意图

表 1　柔性保冷材料特性参数表

性能	标准	内层	外层
基材类型	—	二烯烃聚合物	丁腈橡胶聚合物
导热系数 λ/［W/（m·K）］	ASTM C177 EN 12667	0.034，−50℃时 0.028，−100℃时 0.021，−165℃时	0.035，20℃时 0.033，0℃时 0.028，−50℃时
密度	ASTM D 1622	60~70kg/m	40~60kg/m
推荐使用温度范围	—	−200~125℃	−50~105℃
闭泡率	ASTM D 2856	＞95%	＞95%
透湿系数	ASTM E96	不适用	＜ 1.32 × 10g/(m·s·Pa)
湿阻因数 μ	EN 12086 EN 13469	不适用	μ ＞ 15000
pH	ASTM C871	6.0~8.0	6.0~8.0
抗拉强度 /MPa	ASTM D 1623	0.30MPa，−100℃时 0.25MPa，−165℃时	0.15MPa，0℃时 0.18MPa，−40℃时
抗压强度 /MPa（2mm 偏移量）	ASTM D 1621	≤ 0.37MPa，−100℃时	≤ 0.16MPa，−40℃时

5 施工工艺流程及操作要点

5.1 施工工艺流程

施工工艺流程如图 2 所示。

5.2 操作要点

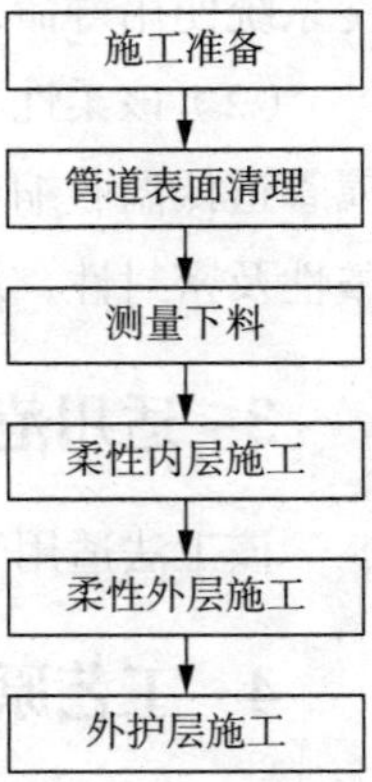

图 2 施工工艺流程

5.2.1 施工准备

1. 技术准备

施工前，管道保冷施工方案已获批，已逐级进行施工技术交底，管道单线图及管道表交底下发，并做好电伴热施工等工序交接。

2. 物资准备

保冷管材、板材等材料已进场验收合格，厂家配套的胶水在保质期内，材料抽检已合格，并有完善的储存及发放制度。

3. 现场准备

对材料外观进行检查，确保材料完整无损。保冷材料搬运过程中应注意保护，不得对其造成损坏。确保施工部位正确，材料选型及厚度正确。安装过程中胶水采用小桶分装，并及时密封胶水容器，以保证胶水质量。胶水一旦稠化，立即更换胶水。预制半成品材料也应合理存放，做好保护措施。

4. 人员准备

根据工程量及进度计划配备相应数量的保冷工、架子工、钳工、电工及管理人员等组织施工人员。

5.2.2 管道表面清理

安装前，确保管道及保冷材料表面无灰尘、油污、水渍。若有，以抹布或者其他方法清洁干净。

5.2.3 测量下料

测量时采用与保冷层同材质、同厚度的弹性橡胶发泡绝热材料条带（宽 50 ~ 100mm）进行周长测量。确定管道的周长后，使用板材下料。测量过程中，不得拉伸测量用的条带，按照测量周长下料。采用管材时，应沿纵向切开，并按“先两端后中间”的顺序下料。

5.2.4 柔性内层施工

1. 直管段施工

第一层的安装，当采用柔性板材安装管道时，在管托端部和柔性保冷材料表面刷 200mm 的胶水与管线金属表面粘贴，在管托处搭边 10mm 挤缝粘贴，接缝光滑无夹层，并使保冷材料处于压缩状态。最内层绝热层每 2m 长要刷 200mm 的胶水与管线表面粘贴，每 2m 填塞 30 ~ 50mm。直径大于 500mm 的管道满涂胶水粘贴，注意将里面的空气排尽，防止出现鼓泡，若出现鼓泡需切开排出空气，并用胶水重新粘接。接缝采用湿粘法进行粘接，柔性保冷材料与其他材料粘接时需在柔性保冷材料和其他材料粘接表面同时刷涂胶水。所有粘接缝无虚粘、漏粘，避免因刷胶过多或未初干出现拉丝。对于管件应尽量进行预制后再安装。对预制品应进行检查，接缝处达到要求后方可使用。安装时应尽量先行安装管件、支撑、法兰和阀门部分，然后安装直管段（图 3）。

在切面处薄刷一层专用胶水，并等待其达到触干（以指甲接触不粘）。分别在两端和中间局部的对压接缝粘接，最后从中间开始将整个接缝粘接严密。在管托端头可采用“湿接”，用刷子将胶水用力刷涂进两端头的缝隙。

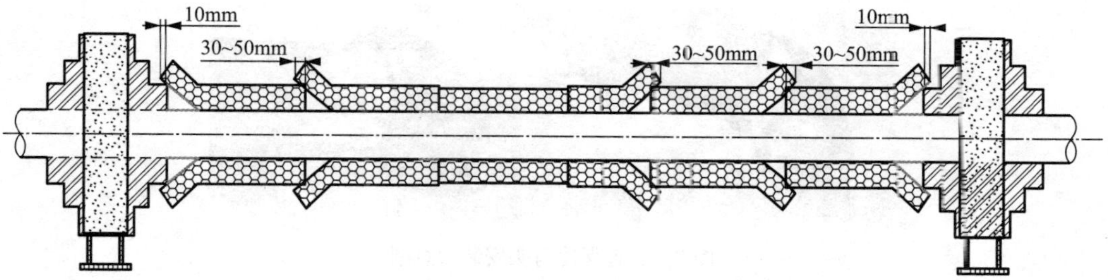

图 3　管道保冷第一层安装示意图

图 4　管道保冷同层错缝示意图

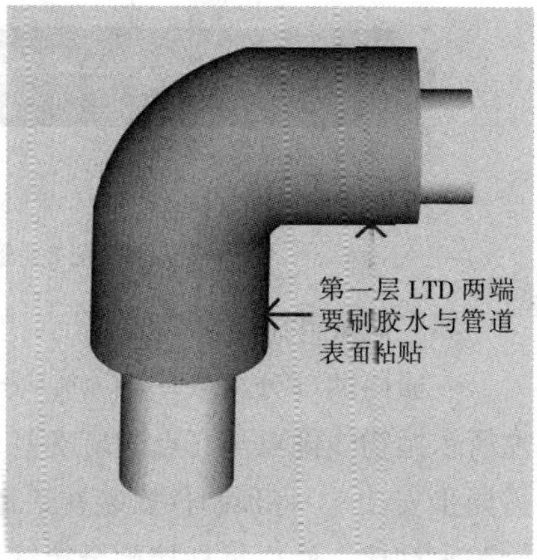

图 5　管道保冷第一层管件处安装示意图

为避免接缝再次张开，应确保胶水刷涂接缝的全部表面和边角，并有足够的胶水用量。在粘接时已经达到触干。控制胶水打开的时间，确保胶水正常使用。同层的纵缝错开至少 100mm（图 4）。管道承重耳轴有垫木，保冷需包裹垫木，无垫木则延伸 4 倍保冷厚度。管道和支撑的冷层同步进行，并且接缝沿顺水方向。

水平管道第一层柔性保冷材料在临近管托、阀门、法兰、管件、静止部件的端头位置采用胶水将其与管道粘接固定，并应将 2 个表面都刷涂胶水（图 5）。

2. 弯头管件施工

弯头部件（使用板材下料，r 为弯头内径，c 为管道保冷材料周长，t 为保冷材料厚度，Φ 为管径）由 2 个相同扇面部分组成（图 6）。下料时扇面两端错缝需要延长的长度之差为 100mm。将第一层扇面的短弧形内接缝先行粘接，然后将第二层扇面的长弧形外接缝粘接，交错粘接预制弯头部件。第一层安装时，管件表面及与其接触的保冷材料表面也需满涂胶水。将预制弯头部件的 2 个扇面安装在弯头管道上，粘接剩余接缝（图 7）。注意多层安装时的错缝处理，安装后层与层之间应呈“阶梯”状。弯头不允许直接使用管材套上，用管材下料时可采用“一中段，二中段”方法，增加弯曲半径，减小保冷材料与弯头间的缝隙，减小柔性保冷材料的拉压应力，安装如图 8 所示。

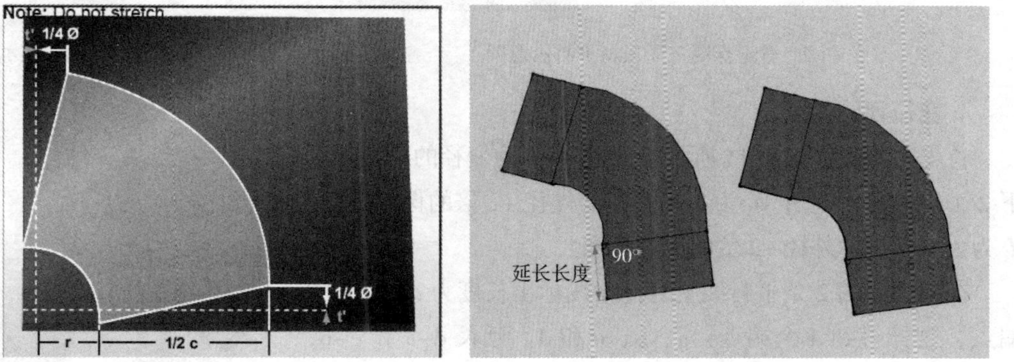

图 6　管道保冷弯头板材下料示意图

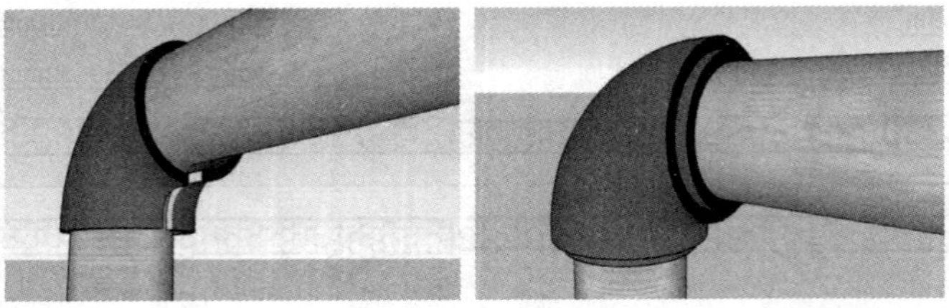

图 7　管道保冷弯头安装示意图

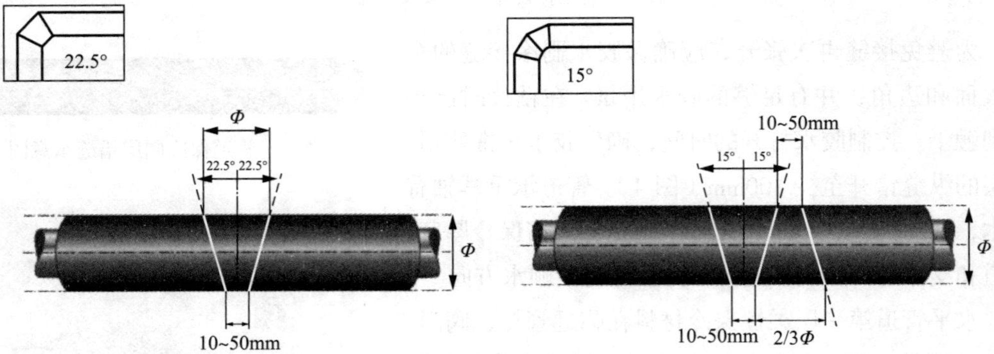

图 8　管道保冷弯头管材下料安装示意图

3. 三通管件施工

三通由两部分组成（图 9），分别为分支管部分（图 9 左）及主管部分（图 9 右），图 9 左所示抛物线低点与高点的高度差，应等于三通正交处顶部与侧边弧底的高度差（注意 2 片需同步安装）。将预制件安装在三通管道上，三通表面及与其接触的保冷材料表面也需要满涂胶水粘接，然后再粘接剩余接缝，可以将预制件旋转 180° 进行错缝处理。两部分板材搭接时需根据三通方向采取顺水搭接（图 10）。

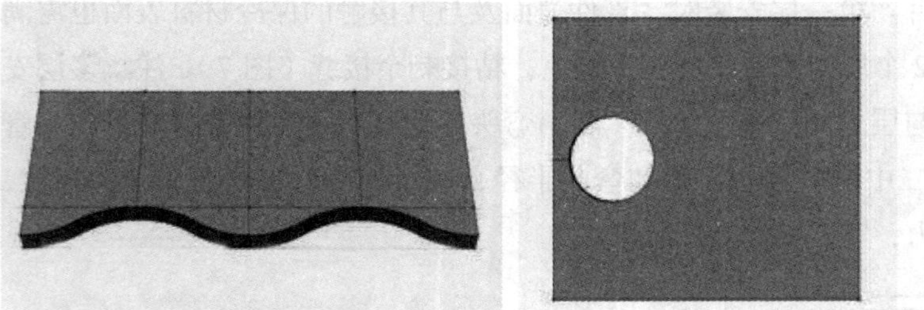

图 9　管道保冷三通板材下料示意图

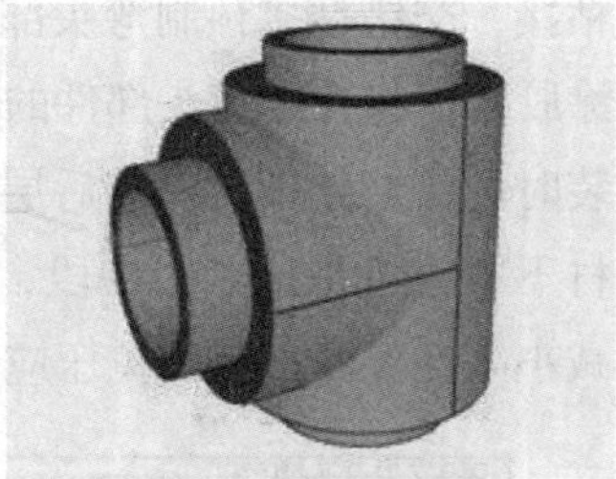

图 10　管道保冷三通安装示意图

4. 变径管件施工

首先需要确定如图 11 所示管件尺寸：h 为变径的高度（上下 2 个焊缝的距离），d_1 为小端管道的外径 +2 倍的保温厚度，d_2 为大端管道的外径 +2 倍的保温厚度。

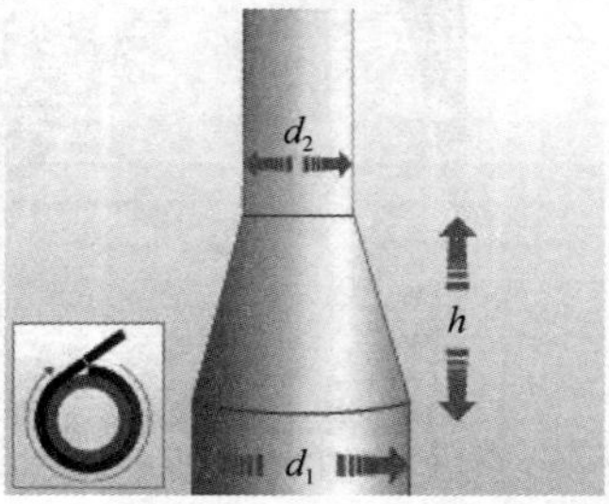

图 11　管道保冷变径示意图

在距离 h 的 2 条平行线上对称中线标出长度为 d_1 和 d_2 的端点，这样得到 4 个端点：a、b、c 和 d。延长 d–a 和 c–b，得出在中线上的一个交点，以这个交点为圆点画两个弧，这两个弧线分别通过 a–b，d–c。量取大端管道的周长 c_1 和小管端管道的周长 c_2，如图 12 所示。

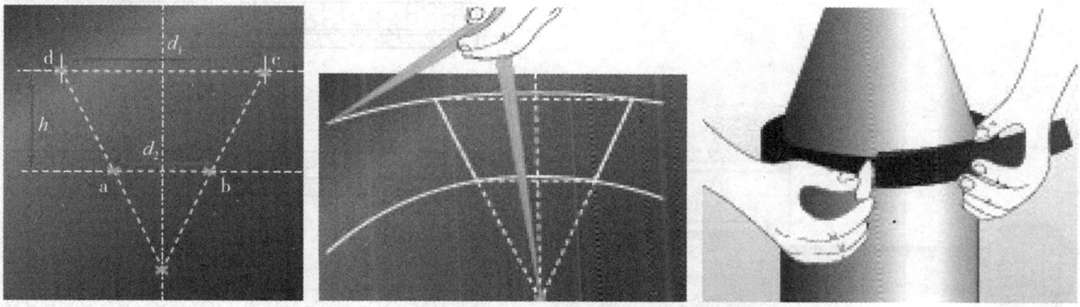

图 12　管道保冷下料示意图

在图 13 中用测量条测得的长度在大圆弧上标出 c_1 得到 C′–D′；在小圆弧上对称标出长度 c_2 得到 A′–B′。将 D′–A′，C′–B′ 用直线连接，就得到保温同心变径管件的形状。如图 13 浅色区域，剪裁并安装。同样的，变径表面及与其接触的保冷材料表面也需要满涂胶水粘接，然后再粘接剩余接缝，并做错缝处理。

5. 阀门施工

将阀门空隙进行填充，根据其形状采用 D 字形（图 14）或三通形状进行安装。用 520 胶水粘贴绝热材料与阀杆处，然后用密封材料作密封处理。法兰 2 个侧边用 2 个圆环封闭，在法兰相连的管线上延长一段保冷材料，以达到错缝的目的。多层时，延长段要形成阶梯，然后将法兰视为管线一样进行安装。

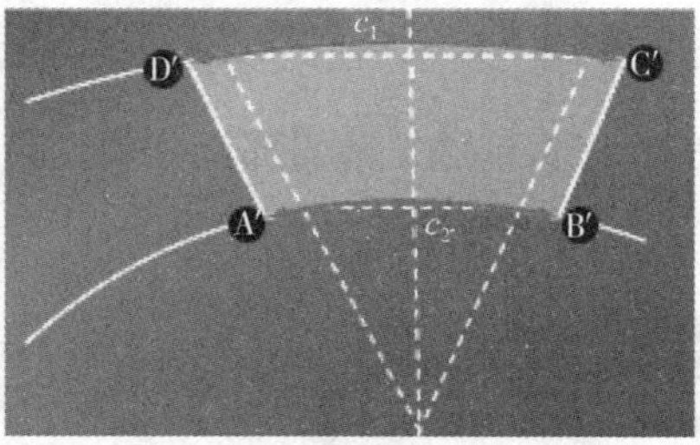

图 13　管道保冷下料示意图

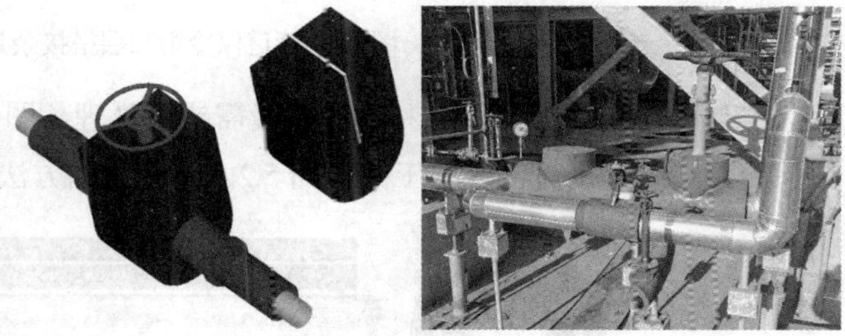

图 14　管道保冷阀门安装示意图

5.2.5　柔性外层施工

第二层及以上层的安装时，要通过条带测量确定周长，以满足形变余量。在 2 根管道端头也应适当留有形变余量，以保证端头接缝受到挤压力。对于绝热后管径大于 500mm 的水平管道，在安装柔性绝热材料第二层及以上多层时，层与层之间满涂胶水每米长度挤余量 30mm 粘贴。环缝搭边 10mm 挤缝粘接，使接缝均受到挤压的力量，而非拉伸的力量（图 15、图 16）。

对于绝热后管径小于 500mm 的水平管道，在安装柔性绝热材料第二层及以上多层时，管托端部的环缝搭边 10mm 挤缝粘接，其他环缝填塞 30mm，采用湿粘法粘接。处在“填充段”部分的管材和板材，应在长度方向上增加 30mm 或 50mm 的余量（图 17）。

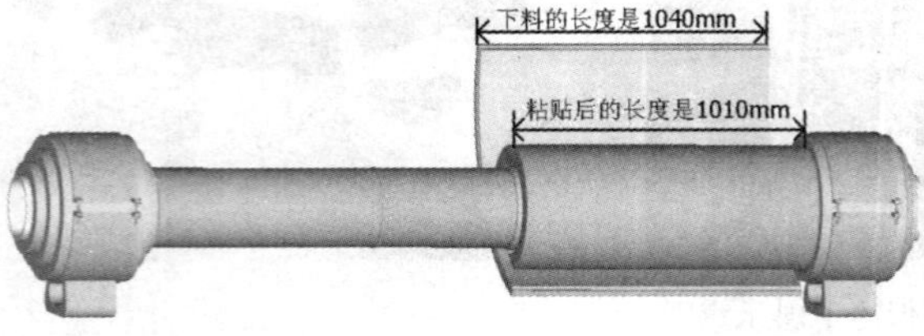

图 15　管道保冷第二层安装示意图

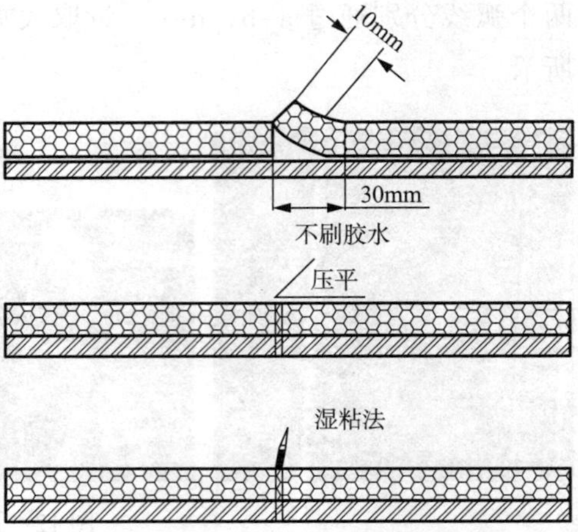

图 16　管道保冷第二层压接示意图

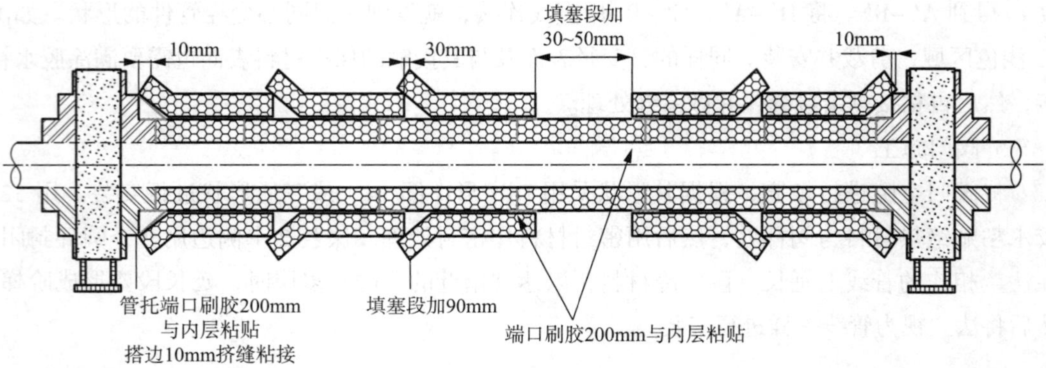

图 17　管道保冷第二层搭接余量示意图

层与层之间的纵向接缝和环向接缝需错开处理（图 18），以保证施工薄弱部位分散，保证保冷效果。其余管件处施工方法同 5.2.4 节中介绍方法，此处不再赘述。

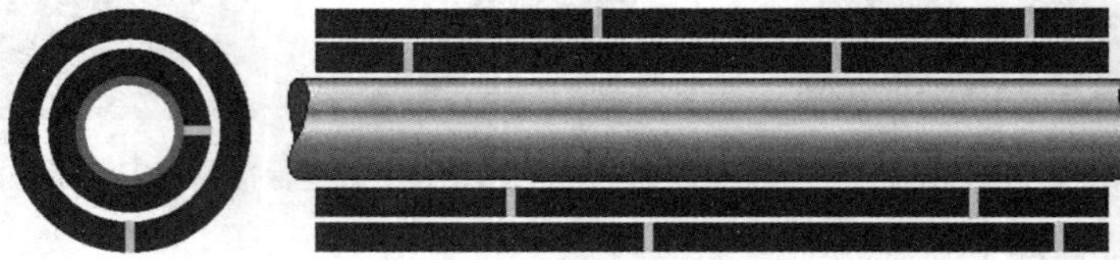

图 18　管道保冷错缝示意图

5.2.6　外护层施工

由于柔性保冷材料本身具有很好的防潮阻湿性能，因此无需再加防潮层。在外保护层施工时应注意保护低温弹性体保冷层，避免损伤其表面。外护层安装时，电钻钻嘴外露的长度不宜过长。金属外护层的厚度、选型应符合要求。采用钢带绑扎和铆钉同时固定的方式，外护层的安装遵循压缝、错缝，接缝朝下 45° 的原则。金属外护层安装时保证有足够的叠压宽度（50mm），使用密封胶做密封防水处理。不锈钢带选型正确，捆扎间距约 225mm。无论是否用钢带固定，均需采用铆钉固定（包括环向和横向缝），铆钉的间距为 150~200mm。最终安装效果如图 19 所示。

图 19　管道保冷安装效果图

5.3　劳动力资源配置

劳动力需要如表 2 所示。

表 2　劳动力需求计划表

序号	工种	人数	备注
1	保冷工	60	保冷施工
2	架子工	34	搭架子
3	钳工	4	设备保障、维修
4	电工	3	供电保障、维修
5	管理人员	5	现场管理、技术管理

6　材料与设备

6.1　主要材料配置

该工法主要材料需求见表 3。

表 3　材料需求计划表

序号	材料名称	规格	单位	数量
1	二烯烃管材	Φ114mm × 25mm	m	2805.50
2	二烯烃管材	Φ89mm × 25mm	m	1878.56
3	二烯烃管材	Φ60mm × 25mm	m	2647.16
4	丁腈橡胶管材	Φ139mm × 25mm	m	1255.92
5	丁腈橡胶管材	Φ110mm × 50mm	m	424.03
6	丁腈橡胶管材	Φ77mm × 25mm	m	833.68
7	二烯烃板材	25mm	m^2	6508.3
8	二烯烃板材	50mm	m^2	3963.6
9	丁腈橡胶板材	25mm	m^2	8806.9
10	丁腈橡胶板材	50mm	m^2	5661.3

6.2　施工机具设备配置

该工法主要施工机具设备配置见表 4。

表 4　主要施工机具设备配置计划表

序号	名称	规格 / 型号	单位	数量	用途
1	手电钻	—	台	30	铆钉
2	等离子切割机	—	台	1	保护层制作

续表

序号	名称	规格 / 型号	单位	数量	用途
3	压线机	—	台	1	保护层制作
4	滚板机	—	台	1	保护层制作
5	手推车	—	个	15	搬运材料

7 质量控制

7.1 主要执行标准

（1）GB 50645—2011《石油化工绝热工程施工质量验收规范》

（2）GB/T 8175—2008《设备及管道绝热设计导则》

（3）SH/T 3522—2017《石油化工绝热工程施工技术规程》

（4）SH 3010—2000《石油化工设备和管道绝热技术规范》

（5）GB 50126—2008《工业设备及管道绝热工程施工规范》

（6）GB 50185—2019《工业设备及管道绝热工程质量检验评定标准》

7.2 质量控制措施

（1）建立人员分工明确的质量保证体系，确保质保体系运行正常。

（2）建立进料台账，严格执行材料验收标准。

（3）做好成品保护，材料不得雨淋，且应该“下垫上盖”；材料堆放高度不得超过 2m，以免底部材料被压损变形。

（4）施工前逐级技术交底，明确施工重点、难点和关键控制点及质量要求。

（5）施工时管道表面要清理干净，表面清洁度要符合相关规范要求。

（6）条带测量时，不得拉伸测量用的条带。

（7）粘接过程中，使用新鲜的 520 胶水，小桶分装，及时密闭。

（8）粘接面均需双面涂刷胶水。

（9）采用“真空箱法”检查粘接面的贴合密实度。

（10）采用预制试块检查贴合面的粘结力。

（11）严格执行工序交接制度和“三检制”，确保质量始终处于受控状态。

（12）做好上道工序电伴热及本工序层与层间施工成品保护，保证施工质量。

（13）做好防潮防雨措施和环境监测，避免外界环境对施工质量的影响。

7.3 主要质量控制点

主要质量控制点如表 5 所示。

表 5 主要质量控制点

序号	主要施工工序	主要质量检查内容	检查方式
1	测量下料	下料尺寸	卷尺、测量条带
2	柔性内层施工	管道表面处理、胶水质量检查、搭边挤压长度、粘接缝检查	目测、卷尺
3	柔性外层施工	搭边挤压长度、是否错缝处理、粘接缝检查	目测、卷尺
4	外护层	外观质量	目测

8 安全措施

8.1 执行的法律法规及标准

（1）Q/SY 08246—2019《脚手架作业安全管理规范》

（2）GB/T 50484—2019《石油化工建设工程施工安全技术标准》

8.2 安全保障措施

（1）加强人员入场“三级教育”，全面提高作业人员的安全防护意识。

（2）作业前，技术人员和专职安全人员应完成工作危险性分析（JSA），并传达至每名施工人员。

（3）进入施工现场，必须确保劳保用品佩戴齐全，安全条件不具备时禁止作业。

（4）作业区及材料储存区应做好相应防火措施。

（5）吊装作业必须设置警戒区，并有安全员现场监督和提示。

（6）登高作业（≥ 2m）要设置可靠的防护措施，系好安全带并拴挂在稳固点。

（7）电动设备必须有可靠的接地措施。

（8）雨后用电作业必须事先检查电路有无异常。

（9）现场保持材料、工具摆放整齐，做到文明施工。

（10）不应把工具、撬棍、管件、螺栓放在管内。

（11）夜间作业要做好警示标识，确保作业面周围现场照明设施到位。

9 环保措施

9.1 法规和标准

（1）GB 18599—2020《一般工业固体废物贮存、处置场污染控制标准》

（2）GB 12348—2022《工业企业厂界环境噪声排放标准》

9.2 环保措施

（1）对施工人员进行环保教育，增强环保意识，严格遵守现场文明施工管理规定。

（2）原材料、成品、半成品的堆放和施工机具、设备的摆（停）放需整齐、合理，不得侵占场内道路，妨碍消防等应急措施的实施。

（3）预制场及现场施工，都要做到“工完料净场地清”，确保文明施工；生产垃圾采取无害化分类处置，不得任意遗弃，避免造成二次污染。

（4）施工现场暂时不用的材料要标识清楚，分类摆放，规范防护。

（5）设置专人负责现场水电管理，杜绝常明灯、常流水，节约使用能源。

（6）施工现场的施工废料及时运至指定的堆放场地，严禁现场焚烧任何废弃物，防止产生有毒有害物。

（7）配套胶水应妥善保管，及时封盖，避免溢洒污染。

（8）现场设置专用垃圾桶，避免生活垃圾随处丢弃。

（9）所有作业人员配备相应的卫生防护用品，保证作业人员身体健康。

（10）经常进行环境监控和检测，及时消除对环境的不利影响因素。

（11）夜间作业要有相应的噪声控制措施，避免噪声影响周边居民。

10 效益分析

10.1 经济效益

本施工工法相较于传统 PIR、PUR 硬质保冷材料及泡沫玻璃材料无需进行防潮层施工，同时无需设置膨胀伸缩缝，依靠材料自身性能及挤压缝施工的方法保证防潮以及密封，施工减少了玛蹄脂抹缝及表面涂抹玛蹄脂 2 个工序。而保冷施工过程中，这两道工序是工作量比重较大且施工缝多的工序。因此柔性保冷材料的施工效率提高，人工成本节约 1/4。

装置保冷管线总长约 21.5km，以目前当地市场价人工 400 元 /（天·人）计算，工期 30 天，保冷施工共节省量如表 6 所示。

表 6　节约量统计表

费用类别	硬质保冷	柔性保冷	柔性保冷节约量
人工数	80 人	60 人	20 人
马蹄脂 / 胶水费用	5.2 万元	3.1 万元	2.1 万元
材料损耗	6%	4%	2%

人工节约费用：400 元 /（天·人）×20 人 ×30 天 =24 万元

材料节约费用：约 6.2 万元。

总计节约费用：30.2 万元。

10.2 社会效益

本施工工法具有简单灵活，施工成本低，易于保证操作，保冷质量优良等特点，可以广泛地应用于低温管道保冷施工，对其他工程管道及设备保冷施工也有很好的借鉴意义。因此，该工法具有较强的科学性、经济性、适用性，有较高的应用价值和推广意义。

11 应用实例

实例一：盛虹炼化一体化项目 PX 装置Ⅱ系列

2022 年 9 月至 2022 年 11 月，在盛虹炼化一体化项目 PX 装置Ⅱ系列低温管道保冷施工中使用，管道最低操作温度 −87℃，管径范围 *DN*20~*DN*1050mm，最大工作压力 1.1MPa，主要保冷管道规格为 Φ114mm、Φ168mm、Φ219mm、Φ273mm、Φ324mm、Φ406mm、Φ508mm、Φ1067mm 等，保冷管线总长约 21.5km，目前管道试运行正常。

实例二：威联化学 200 万 t/a 对二甲苯项目 LNG 气化设施装置

2020 年 7 月至 2020 年 9 月，在东营威联化学 200 万 t/a 对二甲苯项目 LNG 气化设施装置低温管道保冷施工中使用，管道最低操作温度 −196℃，管径范围 *DN*50~*DN*350mm，主要保冷管道规格为 Φ60mm、Φ89mm、Φ114mm、Φ168mm、Φ219mm、Φ356mm 等，保冷管线总长约 5.5km，目前管道试运行正常。

大口径复式万向膨胀节环向分段拉伸冷偏装施工工法

董　博　张平化　穆帅欢　杨万顺　张万勇

中国石油天然气第一建设有限公司

1　前言

复式万向膨胀节是指能够有效补偿轴向任意角度变形作用的挠性元件，由波纹管和端管、支架、法兰导管等附件构成其工作主体，属于一种补偿元件。具有轴线柔度大，易变形收缩等特点。

中国石油天然气第一建设有限公司针对广东石化炼化一体化项目 80 万 t/a 苯乙烯装置 3 套复式万向膨胀节，按照工艺运行条件及设计要求，进行冷偏装。现场通过研究、探索和反复实践，总结出了一套复式万向膨胀节环向拉伸冷偏装施工方法，此方法施工工序合理，工程质量和施工安全得到有效保证，缩短了施工周期，大幅降低工程施工成本。为规范膨胀节的冷偏装施工工艺，便于在同类安装施工中广泛应用，总结形成了本工法。

本工法应用于广东石化炼化一体化项目 80 万 t/a 苯乙烯装置。2022 年 9 月和 10 月分别采用本工法完成 1 套 Φ3353mm × 65mm 膨胀节和 2 套 Φ1930mm × 22mm 膨胀节冷偏装工作，膨胀节安装状态及质量符合设计要求，并且已正式投用，运行平稳。

本工法偏装安装状态及质量符合设计要求，膨胀节冷偏装工艺技术得到了业主认可。本工法通过了中国石油天然气第一建设限公司工法成果鉴定，现将此工法推荐给业内同行，希望该施工方法在业内得到进一步的推广应用。

2　工法特点

该施工工法较传统的施工工艺相比具有以下先进性。

2.1　施工周期缩短

采用轨道滑车运输法和环向拉伸法解决了膨胀节狭小空间内安装降效，以及冷偏装不均匀形变问题，提高施工效率，缩短施工周期。

2.2　施工质量提高

采用环向拉伸法可有效控制膨胀节冷偏装角度、位移量及波纹管压缩量，确保管道冷紧口同轴度，减小组对间隙、错变量等，提高施工质量。

2.3 安全风险降低

利用 4 套 CRA-12 型地牛重物移位器，设计制作配套膨胀节安装底座，采用轨道滑车运输法完成膨胀节移动、安装，减少高处作业工程量，降低高空作业风险。

2.4 节约施工成本

采用轨道滑车运输法和环向拉伸法，可同时完成 2 套膨胀节安装、冷偏装施工。解决受限狭小空间膨胀节运输及安装难题，减少吊车使用，提高施工效率，缩短施工周期，降低施工成本。

3 适用范围

适用于石油炼化装置复式万向膨胀节冷偏装施工。

4 工艺原理

由于大口径万向膨胀节安装空间位置狭小，需考虑安装运输问题。并且根据所安装的热力管系位置，要求在管系投入使用后万向膨胀节恢复至原来正向态，即膨胀节初始状态，故在冷态安装期间需要通过冷拉伸使膨胀节处于偏移状态，待管系投入使用后恢复至万向膨胀节初始状态。

4.1 管系应力分析及膨胀节冷偏装轨迹模拟技术

复式万向膨胀节是安装在热力管系，为保证在投用后膨胀节受热膨胀恢复成正向态，需要在冷态安装前对所安装的膨胀节进行偏移模拟即冷拉伸至变形位置。冷偏装前利用三维软件根据冷、热态管系形变量对各元件受力情况及管系稳定性进行核算，同时根据膨胀节冷偏装角度、位移量，对膨胀节冷偏装轨迹进行模拟。

4.2 膨胀节轨道滑车运输安装技术

膨胀节安装空间狭小，吊装位置受限，利用 4 套 CRA-12 型地牛重物移位器安装底座（图 1、图 2），采用轨道滑车运输法解决了狭小空间膨胀节移动与安装难题。

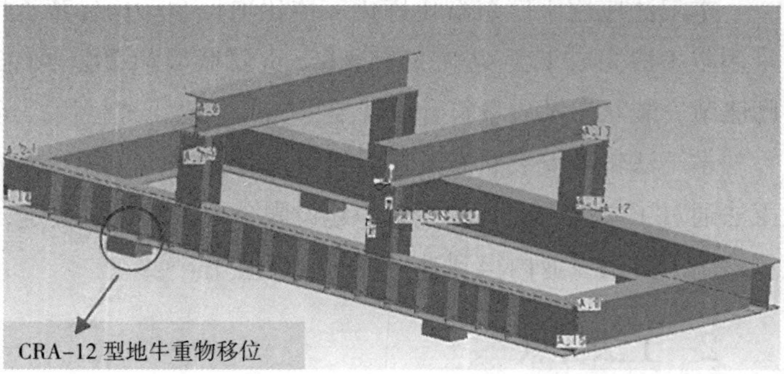

图 1 膨胀节安装底座

4.3 膨胀节环向拉伸冷偏装技术

膨胀节冷偏装采用 16 套拉杆环向固定（图 3），利用拉杆沿轴线方向拉伸，确保膨胀节冷偏装过程中管道组对同轴度，减少错变量，同时避免冷偏装过程中膨胀节金属波纹管因冷偏方向及收缩量不均匀

图 2 CRA-12 型地牛重物移位器

图 3 膨胀节环向冷偏装示意图

导致膨胀节发生异常变形，膨胀节层间密封受损及管系失稳等现象。

5 施工工艺流程及操作要点

5.1 施工工艺流程

膨胀节现场冷偏装施工工艺流程如图 4 所示。

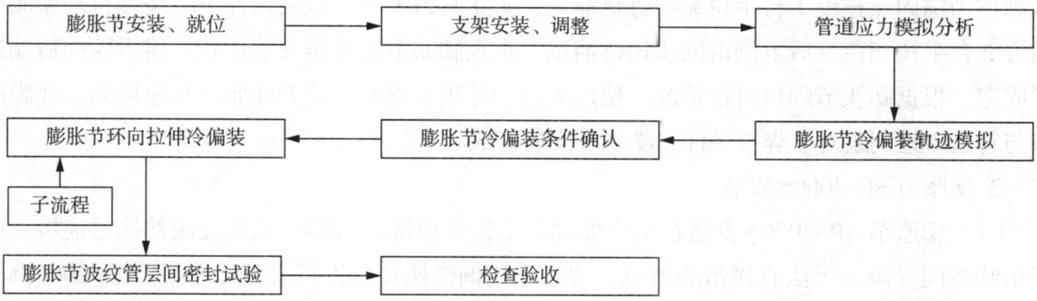

图 4 膨胀节现场冷偏装工艺流程图

膨胀节环向拉伸冷偏装子流程（图 5）：

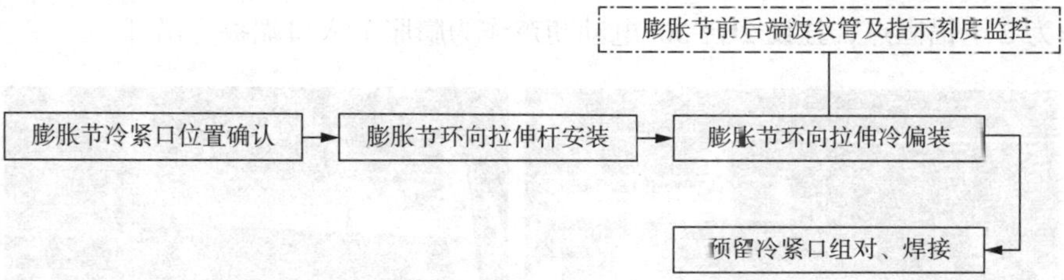

图 5 膨胀节环向拉伸冷偏装子流程图

5.2 施工操作要点

5.2.1 膨胀节安装、就位

1. 膨胀节 SP-30040 安装

（1）膨胀节 SP-30040 安装在四联换热器混凝土框架底部，无法直接吊装就位。现场制作安装底座，自膨胀节安装位置至吊装位置沿膨胀节轴线放置，采用轨道滑车运输法进行安装就位（图 6）。

图 6 膨胀节 SP-30040 采用轨道滑车运输法安装

（2）利用膨胀节顶部吊耳将膨胀节吊装至安装底座上方，调节膨胀节鞍座位置，将膨胀节鞍座与安装底座焊接固定，并使用垫铁将地牛移位器两侧固定，防止承重后由于轨道不平滑动。为防止运输过程中产生冲击等因素，将安装底座与 CRA-12 型地牛重物移位器适当焊接固定。

（3）在膨胀节行进路线正前方，以水泥柱为锚固点挂设 2 台手拉葫芦，后方利用混凝土基础作为锚固点挂设 1 台手拉葫芦进行溜尾，防止轨道不平导致失速冲击。缓慢拉动膨胀节前方 2 台手拉葫芦，后方倒链同步松链溜尾，直至膨胀节运输至安装位置，将滑轮前后端进行固定。根据膨胀节焊口对接情况，使用 4 台千斤顶在滑车旁顶升膨胀节鞍座微调，使膨胀节与管道口达到组对、焊接条件，膨胀节安装完成。

2. 膨胀节 SP-30005 安装

（1）膨胀节 SP-30005 安装在反应器混凝土框架内部，与第一脱氢反应器接口连接。由于吊装空间受限，无法直接吊装就位，现场采用倒链换接法进行就位（图 7），由 200t 汽车吊和 4 台 30t 电动葫芦相互协同就位。膨胀节出口端位于反应器裙座下方，无合适的锚固点，经与业主、设计沟通确认，利用反应器裙座内壁和加固横梁焊接 2 个板式吊耳作为锚固点，挂设 2 台 30t 电动葫芦作为膨胀节出口端提升吊点。在膨胀节入口端利用裙座的 2 个地脚螺栓作为 2 个锚固点，挂设 2 台 30t 电动葫芦作为膨胀节入口端提升吊耳。

图 7　膨胀节 SP-30005 采用倒链换接法安装

（2）吊车吊钩上挂设 1 台电动葫芦和 1 根钢丝绳，电动葫芦通过卸扣与出口端吊耳连接，钢丝绳通过卸扣与入口端吊耳连接。

（3）利用吊车将膨胀节吊装至混凝土框架外侧倒链换接位置，沿膨胀节轴线位置缓慢传送，内侧 2 个电动葫芦与膨胀节内侧吊装带两端通过卸扣连接，连接完毕后内侧电动葫芦提升，吊车上挂设的电动葫芦开始回钩，吊车缓慢往里转。以上动作同时协调工作，直至连接内侧吊耳的电动葫芦完全卸力后将其摘除。挂设于反应器裙座内侧的 2 台电动葫芦和吊车继续协同将膨胀节升至安装位置，进行焊接固定，膨胀节安装完成。

5.2.2　支架安装、调整

该管管系设计 10 处支架，其中 1 处为弹簧支架，5 处为恒力弹簧拉杆，3 处为刚性支撑，1 处为限位支架，约束东、西、南、北 4 个方向位移。膨胀节 SP-30040 顶部吊耳设计 2 处恒力弹簧拉杆，膨胀节 SP-30005 顶部设计 1 处恒力弹簧拉杆。弹簧支架按照设计要求的冷态位置及偏移方向进行安装。

弹簧支架安装时（图 8），利用线坠在弹簧支架与横梁连接中心位置拉一条竖直的粉线，然后使用卷尺测量偏移尺寸并做好标记，使用倒链将弹簧箱提升至安装位置进行焊接，然后安装弹簧拉杆（图 9）。

弹簧箱安装完成后，使用线坠，自弹簧箱上平行结构，吊至拉杆与吊耳轴侧下方位置，使用卷尺测量弹簧箱与线坠之间的距离，再测量拉杆吊耳中心与线坠的距离，2 个距离之间的数值差即为偏装尺寸。

5.2.3　管道应力模拟分析

根据管系中膨胀节和各弹簧支架冷、热态受力变化情况，并结合该管系冷、热态环境膨胀节偏移角度、位置、热态膨胀量及管支架等变化状态进行模拟分析。

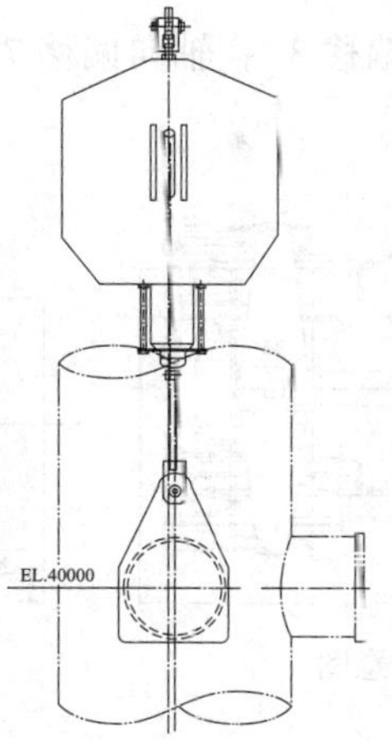

图 8　弹簧支架安装图纸

图 9　弹簧支架安装测量

该管系 3080 支撑为弹簧支架，3092、3093、8510、8520、3048 为恒力弹簧拉杆，8710、8810、8910 为刚性支架，8610 为限位支架，约束东、西、南、北 4 个方向位移。编号 8810 位置处支架向南侧偏装 170mm，编号 8710 位置处支架向南侧偏装 110mm，同时弹簧拉杆按照管系热态运行环境膨胀方向进行反向偏移，偏移量为热膨胀量 1/2。根据膨胀节冷偏装方向、位移及支架安装位置、偏移量，利用 Bentley AutoPIPE 软件对该管道应力进行模拟分析（图 10）。

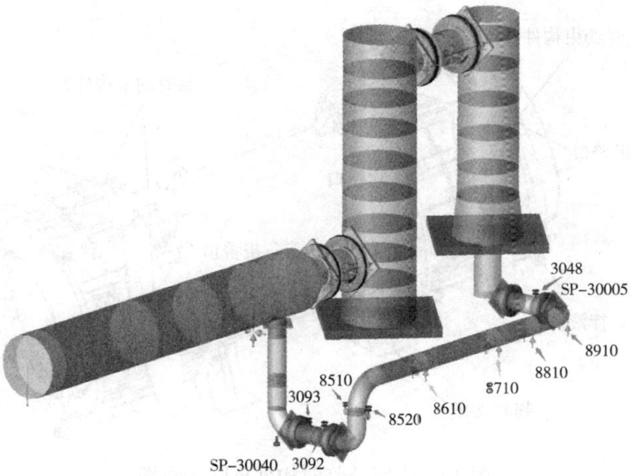

图 10　管系应力分析模型图

该管系根据膨胀节冷偏装方向、位移及管支架冷、热态状态、管道形变量等，经应力模拟分析及计算，各管支架形变状态及管系稳定性符合设计要求。

5.2.4　膨胀节冷偏装轨迹模拟

该管系设置 2 台复式万向膨胀节（规格：Φ1930mm × 22mm，质量：52221kg）（图 11），按照设计要求，膨胀节 SP-30040 向北侧冷偏装 250mm，膨胀节 SP-30005 向南侧冷偏装

150mm。针对膨胀节结构型式及冷偏装要求，采用 Pro/Engineer 三维软件对膨胀节冷偏装轨迹进行模拟，根据膨胀节波纹管形变角度及形变量，当膨胀节 SP-30040 向北侧偏移 250mm 后，膨胀节波纹管中心偏移 5°，轴向偏移 12mm（图 12）；当膨胀节 SP-30005 向北侧偏移 150mm 后，膨胀节波纹管中心偏移 3°，轴向偏移 7mm。膨胀节波纹管水平偏移角度及偏移量满足厂家制造要求。

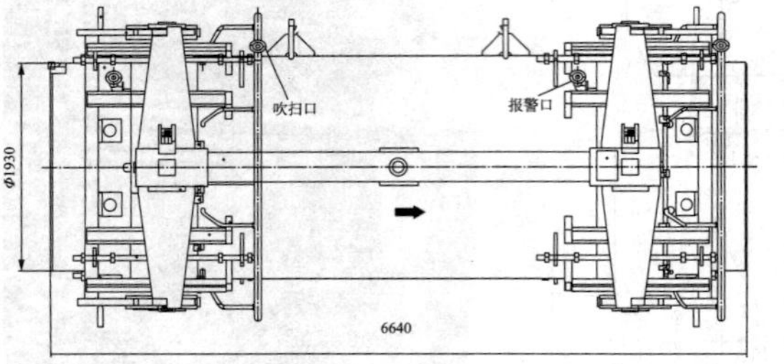

图 11　复式万向膨胀节示意图

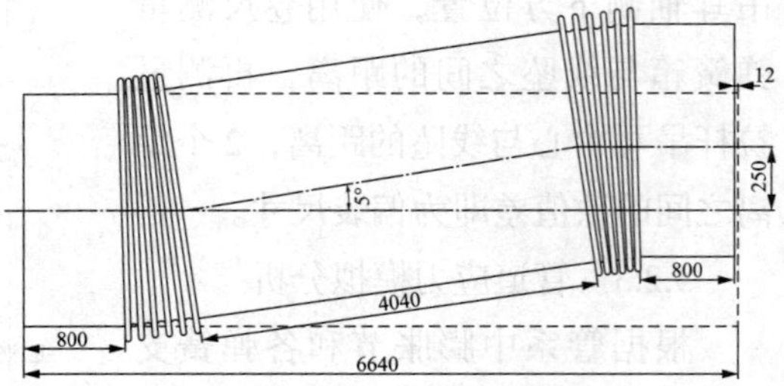

图 12　膨胀节冷偏装轨迹模拟

5.2.5　膨胀节冷偏装条件确认

根据膨胀节冷偏装时需要吸收的横向位移量，SP-30040 设计横向位移量为 500mm，SP-30005 设计横向位移量为 350mm。膨胀节冷偏装前，需满足以下条件：

（1）检查确认该管系的安装情况，管道安装尺寸、弹簧支撑、弹簧拉杆、固定支架及限位支架安装位置、偏移方向及尺寸、弹簧支架安装载荷、膨胀节进出口水平和垂直方向刻度标尺位置等均符合设计要求。

（2）拆除膨胀节环向临时约束构件 1、水平和垂直方向铰链板两侧临时约束构件 2、临时支撑，并检查确认膨胀节环向拉杆紧固状态是否符合要求（图 13）。

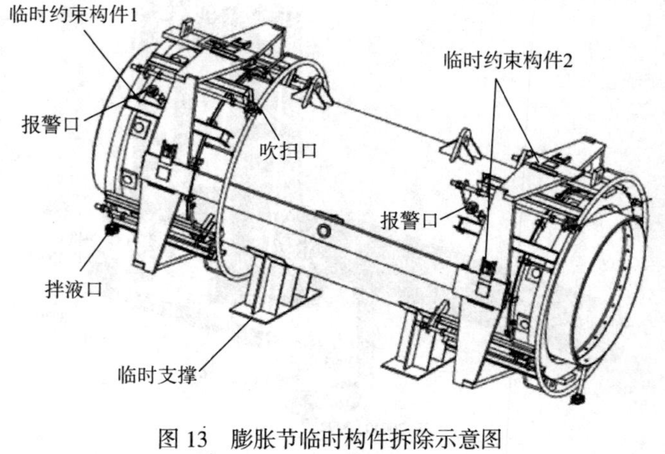

图 13　膨胀节临时构件拆除示意图

（3）除剩余 2 道冷紧口，其余焊口均焊接、检测完成，管道保温完成（为了使该管系趋于运行状态）。

以上条件经检查确认后，方可进行膨胀节冷偏装施工（图 14）。

3700–P–300443 管线及附属膨胀节再次冷偏移前安装确认表 2022.11.12

序号	加固位置	是否安装完成	施工单位	总包单位	膨胀节厂家	弹簧厂家	监理单位	建设单位
1	3700-P-300443 SH-06-40 止推管托重新加固完成	已完成	[illegible]	[illegible]		√	[illegible]	[illegible]
2	3700-P-300443 SH-06-039弹簧支架东侧 偏移完成，固定销轴已复位	已完成	[illegible]	[illegible]		√	[illegible]	[illegible]
3	3700-P-300443 SH-06-039弹簧支架西侧 安装偏移完成，固定销轴已复位	已完成	[illegible]	[illegible]		√	[illegible]	[illegible]
4	3700-P-300443 SH-06-073弹簧支架 安装偏移完成，固定销轴已复位	已完成	[illegible]	[illegible]		√	[illegible]	[illegible]
5	3700-P-300443 SH-06-074弹簧支架 安装偏移完成，固定销轴已复位	已完成	[illegible]	[illegible]		√	[illegible]	[illegible]
6	3700-P-300443 SH-06-075弹簧支架 安装偏移完成，固定销轴已复位	已完成	[illegible]	[illegible]		√	[illegible]	[illegible]
7	SP-30005膨胀节临时支撑已割除	已完成	[illegible]	[illegible]		√	[illegible]	[illegible]
8	SP-30040膨胀节临时支撑已割除	已完成	[illegible]	[illegible]		√	[illegible]	[illegible]
9	3700-P-300443 保温完成	已完成	[illegible]	[illegible]		√	[illegible]	[illegible]
10	SP-30005[16槽钢 临时约束拆除	已完成	[illegible]	[illegible]	[illegible]	√	[illegible]	[illegible]
11	SP-30005刚性拉杆 调整至冷偏移状态	已完成	[illegible]	[illegible]	[illegible]	√	[illegible]	[illegible]
12	SP-30040[16槽钢 临时约束拆除	已完成	[illegible]	[illegible]	[illegible]	√	[illegible]	[illegible]
13	SP-30040刚性拉杆调整至冷偏移状态	已完成	[illegible]	[illegible]	[illegible]	√	[illegible]	[illegible]
14	SP-30005膨胀节四个方向指针位置已具备偏移条件	已完成	[illegible]	[illegible]	[illegible]	√	[illegible]	[illegible]
15	SP-30040膨胀节四个方向指针位置已具备偏移条件	已完成	[illegible]	[illegible]	[illegible]	√	[illegible]	[illegible]
16	SH-06-040处已临时加固完成	已完成	[illegible]	[illegible]	[illegible]	√	[illegible]	[illegible]

图 14　管系安装状态确认表

5.2.6　膨胀节环向拉伸冷偏装

1. 膨胀节冷紧口位置确认

根据设计及厂家冷偏装要求，需将该管系除冷紧口外其余焊口全部焊接、检测完成，支架安装、调试完成。传统方法将膨胀节与管道接口位置作为膨胀节预留冷紧口，如图 15 冷紧口 1、2 位置。根据管道布置，当冷紧口 1、2 位置作为膨胀节冷偏装预留口时，膨胀节冷偏装偏移量会导致膨胀节与管道焊口组对时产生内外侧组对间隙不一致，错变量超标等问题。如采用冷紧口 3、4 位置作为预留口时，2 道预留冷紧口均为南北方向布置，且为同一轴线位置，采用“环向拉伸交替法”容易控制焊口组对间隙及膨胀节偏移量。因此，综合考虑膨胀节偏移角度及位移量，将冷紧口 3、4 作为预留位置。

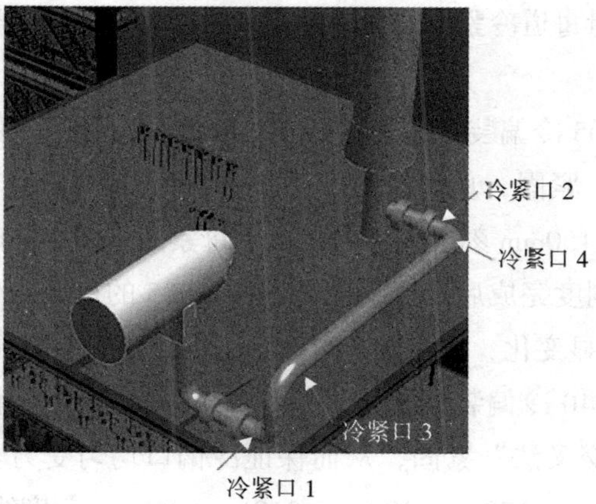

图 15　膨胀节冷偏装预留口位置

2. 膨胀节环向拉伸杆安装

根据膨胀节冷偏装 2 道预留冷紧口位置，在距焊口 75mm 位置，沿圆周方向分别焊接 16 个不锈钢临时耳板（规格：120mm × 120mm × 24mm），并加装 16 套 M36mm × 600mm 双头螺栓，作为膨胀节冷偏装紧固拉杆（图 16）。

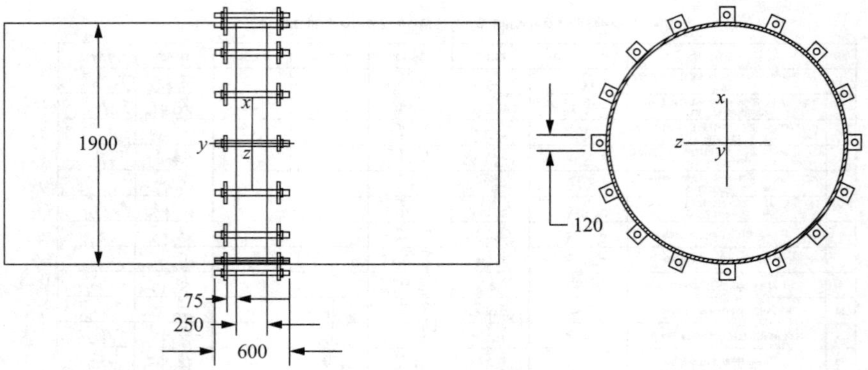

图16 膨胀节环向拉伸杆安装示意图

3. 膨胀节环向拉伸冷偏装（图17）

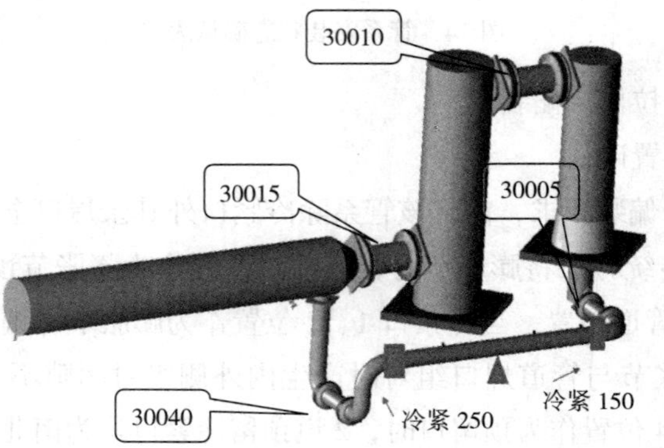

图17 膨胀节冷偏装示意图

（1）按照设计要求，膨胀节SP-30040向北侧冷偏装250mm，膨胀节SP-30005向南侧冷偏装150mm；现场测量每道冷紧口的实际距离，测量后对比2组数据的偏差情况，适时调整冷紧安装要求。

（2）膨胀节SP-30005冷偏装，首先进行30mm的预冷紧，使用力矩扳手分段同步对螺栓进行“十字式交叉法”紧固，从而保证冷偏口均匀受力。冷偏口下方设置0mm、30mm、60mm、90mm、120mm、150mm刻度线，力矩扳手每紧固一圈，同时观看下方的刻度线，使用钢尺测量，待30mm刻度完成后观察膨胀节SP-30005的指针变化情况，保证膨胀节SP-30005垂直方向指针无明显变化，水平方向指针变化符合膨胀节偏移范围。

（3）膨胀节SP-30040冷偏装，首先进行该端30mm的预冷紧，使用力矩扳手分段同步对螺栓进行“十字式交叉法”紧固，从而保证冷偏口均匀受力。冷偏口下方设置0mm、30mm、60mm、90mm、120mm、150mm、180mm、210mm、250mm刻度线，力矩扳手每紧固一圈，同时观看下方的刻度线，使用钢尺测量，待30mm刻度完成后观察膨胀节SP-30040的指针变化情况，保证膨胀节SP-30040垂直方向指针无明显变化，水平方向指针变化符合膨胀节偏移范围。

（4）交替进行两端冷紧口的偏移工作。膨胀节SP-30005端的冷紧要求150mm，调整间隙按30mm、60mm、90mm、120mm、150mm递进式进行冷偏装。冷偏装过程中按照0°、

180°、90°、270°使用力矩扳手“十字交叉紧固法”均匀紧固，保证环向同步拉伸。每次冷拉 30mm（每处对称紧固速度要慢，要保证波纹管的波纹变形均匀，波纹管的变形速度应小于 25mm/s）后观察冷偏口下方刻度线，并观察管系所有支架是否变形，观察膨胀节波纹管指针偏转情况是否异常。调整过程中注意检查 8610 限位支架南北方向位移量，直到 150mm 的冷紧口冷偏装完成。SP-30040 端的冷紧要求 250mm，调整间隙按 30mm、60mm、90mm、120mm、150mm、180mm、210mm、250mm 递进式冷偏装，冷偏装过程中按照 0°、180°、90°、270°环向同步拉伸。每次冷拉 30mm 后观察管系所有支架是否变形，观察膨胀节波纹管指针偏转情况是否异常。调整过程中注意检查 8610 限位支架南北方向位移量，直到 250mm 的冷紧口冷偏装完成。

4. 预留冷紧口组对、焊接

膨胀节冷偏装完成后，进行管道预留冷紧口组对、焊接，根据膨胀节冷偏装轨迹模拟、计算，膨胀节 SP-30040 水平冷偏装 250mm 时，管道径向位移 12mm；SP-30005 冷偏装 150mm 时，管道径向位移 7mm。因此膨胀节冷紧口组对时，可在冷紧口位置焊接临时挡板。焊接完成后对膨胀节冷偏装角度、位移量及和管系附属支架相关数据进行复测。

5.2.7 膨胀节波纹管层间密封试验

膨胀节 SP-30005 和 SP-30040 冷偏装完成后，按厂家提供“波纹管层间检漏试验工艺卡片”（图 18）对膨胀节进、出口端波纹管层间密封性进行气压力试验，试验压力 0.06MPa，稳压时间 8 个小时，检查波纹管层间密封情况。

波纹管层间检漏试验工艺卡片	产品代号	零部件号	零部件名称	第1页
	SP-30040 SP-30005	0-0	复式万向膨胀节	共1页

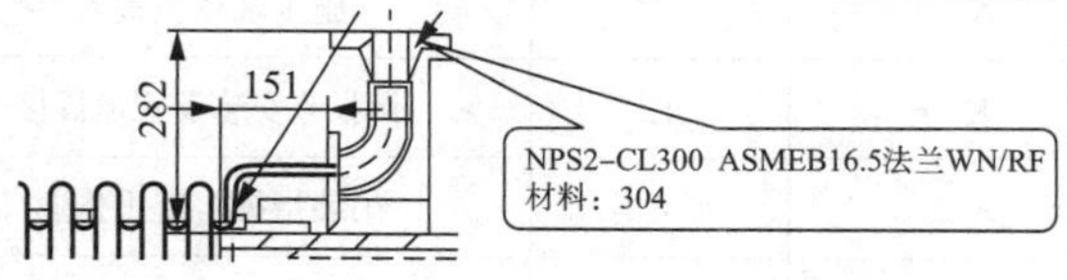

合同号：30320210005

工部号	工序号	工序名称及内容	技术要求	仪器设备、工装名称及代号	备注
	1	检查波纹管及环焊缝外观是否有异常?检查膨胀节承压件及承压焊缝是否有异常?			
	2.	按附图在报警口法兰处增加垫片配对法兰盖及螺栓螺母，（法兰盖开试压螺纹孔）		氮气瓶	
		连接试压三通组件，三通连接组件一端连接试压孔，一端装配1个经标定有效期		压力表 0~0.25MPa一只，精度1.6级	
		内的压力表，另一端连接氮气瓶（氮气瓶带控制阀及压力表）		NPS2-CL300 ASMEB16.5法兰盖WN/RF	304
	3.	层间检漏试验：接通气源，打开阀门，缓慢向层间充入氮气，缓慢升压至0.05MPa，			
		保压10min，保压期间，使用皂泡法检查波纹管焊缝，初步检查所有焊缝不得渗漏。			
		合格后继续缓慢升压至0.1MPa，保压7h30min，检查产品不得漏气。合格后缓慢			
		卸压。			

更改标记	更改单号	签字	日期	更改标记	更改单号	签字	日期	编制		复审		批准
									年 月 日		年 月 日	
								审核		标检		
									年 月 日		年 月 日	年 月 日

图 18 膨胀节波纹管层间检漏试验工艺卡

通过对膨胀节进、出口端波纹管层间密封的气压试验，可知其符合膨胀节厂家及设计要求。

5.2.8 检查验收

管道 1900-3700-P-300443 膨胀节冷偏装完成后，经总包、监理、业主、设计及厂家（膨胀节、弹簧）联合检查确认后，膨胀节 SP-30040 水平方向向北侧偏移 250mm，水平偏移 5°，垂直方向无变化；膨胀节 SP-30005 水平方向向北侧偏移 150mm，水平偏移 3°，垂直方向无变化。管道弹簧支架、弹簧拉杆、刚性支架及限位支架安装位置、偏移方向符合设计要求，管系稳定，未发生偏移。

5.3 劳动力组织

以广东石化炼化一体化项目 80 万 t/a 苯乙烯装置复式万向膨胀节环向拉伸冷偏装施工为例，劳动力组织情况如表 1 所示。

表 1 劳动力组织情况表

序号	职务	单位	数量	备注
1	项目经理	人	1	总体负责
2	项目副经理	人	2	技术管理与施工管理
3	施工员	人	2	现场施工协调
4	物资计划员	人	1	物资管理
5	安全员	人	1	现场安全监督检查
6	质检员	人	1	现场施工质量监督检查
7	技术员	人	1	现场技术跟踪与监督
8	测量员	人	1	工程测量
9	施工队长	人	2	施工现场负责人
10	管铆工	人	12	膨胀节安装及管道焊接
11	起重工	人	6	吊装指挥、起重作业
12	架子工	人	8	配合安装作业、脚手架搭拆

6 材料与设备

6.1 施工材料

该工法所用主要施工材料如表 2 所示。

表 2 施工材料一览表

序号	名称	规格 / 型号	单位	数量	备注
1	H 型钢	*HW*500mm × 400mm	m	40	膨胀节安装底座
2	H 型钢	*HW*400mm × 300mm	m	28	膨胀节安装底座
3	型钢	*HW*300mm × 500mm	m	80	管线安装临时支撑
4	槽钢	[18a	m	200	制作临时平台

续表

序号	名称	规格 / 型号	单位	数量	备注
5	钢板	δ =24mm/304H	m^2	1	膨胀节冷偏装支耳
6	钢板	δ =20mm/304H	m^2	0.6	膨胀节冷偏装限位挡块
7	刚性拉杆	M30mm × 600mm	套	16	膨胀节冷偏装拉杆
8	刚性拉杆	M30mm × 400mm	套	16	膨胀节冷偏装拉杆

6.2 施工设备

该工法所用主要施工设备如表 3 所示。

表 3 施工设备一览表

序号	设备 / 材料名称	规格 / 型号	数量	备注
1	汽车吊	200t	1 台	
2	汽车吊	160t	1 台	
3	汽车吊	50t	1 台	
4	汽车吊	25t	1 台	
5	电动葫芦	30t	4 台	
6	手拉葫芦	5t/10t	各 4 台	
7	CRA–12 型地牛重物移位器	18t	6 台	
8	螺旋千斤顶	10t	8 台	
9	螺旋千斤顶	5t	8 台	
10	卸扣	20t	8 个	
11	卸扣	10t	8 个	
12	卸扣	3t	6 个	
13	电焊条烘干箱	ZHY–60	1 台	
14	电焊机	ZX7–400	1 台	
15	角向磨光机	Φ150mm	10 台	
16	角向磨光机	Φ100mm	20 台	
17	半自动切割机	—	2 台	
18	力矩扳手	1200N·m	4 把	

7 质量控制

7.1 执行标准

（1）GB/T 12777—2019《金属波纹管膨胀节通用技术条件》

（2）GB 16749—2018《压力容器波形膨胀节》

（3）GB 50235—2010《工业金属管道工程施工规范》

（4）GB 50236—2011《现场设备、工业管道焊接工程施工规范》

（5）GB/T 17116.2—2018《管道支吊架　第 2 部分：管道连接部件》

（6）南京晨光东螺波纹管有限公司《膨胀节 SP-30005 和 SP-30040 现场预冷紧的要求》

7.2 关键工序质量要求及技术措施

（1）编制膨胀节冷偏装施工技术方案，施工前向施工作业人员进行详细技术交底，明确施工流程、操作要点和质量控制要求。

（2）膨胀节外观检查，重点检查波纹管表面有无运输及吊装过程中造成的机械损伤。

（3）坡口打磨时应对膨胀节重要部位（如波纹管）进行隔离保护。

（4）冷紧过程中紧固速度要严格按照方案执行，严禁速度过快或者不均匀紧固使波纹管变形，损坏波纹管。

（5）施工过程应注意对膨胀节的隔离保护，防止膨胀节碰伤损坏，以及焊接飞溅落到膨胀节上面引起损伤。

（6）除了设计要求冷紧的预变形外，严禁用波纹管形变补偿管道的安装偏差，避免对膨胀节功能造成影响。

（7）检查膨胀节所有的活动元件是否处于自由状态，不得被外部构件卡死或限制其活动部位正常动作。

关键工序质量控制检查如表 4 所示。

表 4 质量控制检查表

序号	检查项目	检验方法	检验指标	检验频次
1	底座安装结构	渗透检测	梁焊缝位置进行渗透检测	1 次
2	冷拉升	测量	使用线坠及直尺在冷拉升初期膨胀节下方进行测量	1 次 /30mm
3	环向吊耳	渗透检测	吊耳本体及焊缝位置进行渗透检测	1 次 / 制作完成
4	波纹管	气密检测	保压 8h，压力无变化	1 次

8 安全措施

8.1 执行的法律法规及标准

（1）JGJ 46—2005《施工现场临时用电安全技术规范》

（2）GB/T 50484—2019《石油化工建设工程施工安全技术标准》

8.2 安全保障措施

（1）搭设可操作脚手架活动平台，保证作业人员高空作业安全。

（2）特种作业人员和特种设备作业人员应持证上岗，工作人员劳保着装应符合要求。

（3）现场临时用电须设专用配电箱，采取用电挂牌制度，设置专人管理，杜绝违章作业，防止人身、线路、设备事故的发生。

（4）起重吊装作业时，应设置吊装作业警戒线，并做好“无关人员禁止入内”的警示标识，设专职 HSE 管理人员现场监督。

（5）现场施工作业前，须办理相关的作业票证。

（6）施焊前，确认现场动火环境安全，清理并隔离周边易燃易爆品，做好相应的防护措施；作业结束后确认现场安全后再离开。

（7）施工完毕后需要进行气压试验工作。气压试验过程中，设置安全警戒区域，无关人员不得靠近和进入。

（8）有夜间作业时，应保证有足够的照明设施，能满足夜间施工需要，并准备备用电源。

（9）高处作业面不得存放材料和垃圾、废料，不得堵塞安全通道，不得高空抛物。

9 环保措施

（1）现场施工所用油漆等危险化学品应定点存放，施工完毕及时清理至指定地点。

（2）施工产生的其他工业废料统一收集处理，严禁现场焚烧任何废弃物，防止产生有毒有害物。

（3）设置专人负责现场水电管理，杜绝常明灯、常流水，节约使用能源。

（4）现场的电缆、导线、电焊把线等要统一规划，合理布置，不准乱拉乱扯。

（5）施工现场暂时不用的材料要标识清楚，分类摆放，防护规范。

（6）对所有施工人员进行环保教育，严格遵守业主现场文明施工管理规定。

（7）设置专人定期洒水，保证施工现场无粉尘。

（8）设置专人随时清扫施工现场，保证场地清洁和道路畅通。

（9）对现场施工机具及车辆定期检查，防止“跑冒滴漏”现象发生。

10 效益分析

复式万向膨胀节结构复杂、安装空间受限、冷偏装位移大，现场施工难度比较大。采用本工法进行膨胀节安装及冷偏装施工，保证了施工作业安全，提高施工工效。通过采用“轨道滑车运输法”“环向拉伸冷偏法”解决了狭小空间膨胀节安装及冷偏装形变量控制难题，有效缩短了施工周期，提高了劳动效率，经济效益显著。以广东石化炼化一体化项目 80 万 t/a 苯乙烯装置为例，采用本工法后对人工费、材料费、机械费、管理费进行成本核算，相对于传统的安装工艺节约费用 87 万元（表 5）。

表 5 两工法经济效益对比表

费用类别	传统施工方法	冷偏装施工工法
人工	50 人 ×450 元 /（天·人）×57 天 =128.25 万元	38 人 ×450 元 /（天·人）×48 天 =82.08 万元
辅助材料	1.2 万元	2.8 万元（主要为制作鞍座平台）
工期	57 天	48 天
机械	200t 汽车吊车 6800 元 / 天， 6800 元 / 天 ×57 天 =38.76 万元	80t 汽车吊车 3200 元 / 天， 3200 元 / 天 ×48 天 =15.36 万元
管理	（128.25+1.2+38.76）×24%=40.37 万元	（82.08+2.8+15.36）×24%=17.21 万元
合计	211.29 万元	124.29 万元

11 应用实例

实例一：广东石化炼化一体化项目 *DN*1900mm 复式万向膨胀节

广东石化炼化一体化项目 80 万 t/a 苯乙烯装置四联换热器至第一脱氢反应器的 2 套 *DN*1900mm 复式万向膨胀节。中国石油天然气第一建设有限公司在 2022 年 9 月采用本工法完成 2 套膨胀节（规格：Φ1930mm × 22mm，质量：52221kg）冷偏装工作。膨胀节安装状态及质量符合设计要求，此工法与传统的安装方法相比，有效提高了施工效率，并降低了人员机具投入，节约了施工成本，施工质量也得到了保证，至此膨胀节已正式投用，运行平稳。充分证明膨胀节冷偏装施工技术应用的可行性，为今后类似工程施工提供了理论依据，同时展现了施工企业的技术水平。

实例二：广东石化炼化一体化项目 *DN*3300mm 复式万向膨胀节

广东石化炼化一体化项目 80 万 t/a 苯乙烯第一脱氢反应器至第二脱氢反应器设计 1 套 *DN*3300mm 复式万向膨胀节。中国石油天然气第一建设有限公司在 2022 年 10 月采用本工法完成 1 套膨胀节（规格：Φ3353mm × 65mm，质量：88170kg）冷偏装工作。此工法与传统的安装方法相比，有效提高了施工效率，并降低了人员机具投入，节约了施工成本，施工质量也得到了保证，得到了业主的褒奖，至此膨胀节已正式投用，运行平稳。充分证明膨胀节冷偏装施工技术应用的可行性，为今后类似工程施工提供了理论依据，同时展现了施工企业的技术水平。

LNG 储罐内罐壁板立焊缝自动焊接工法

杨尚玉　郭　鹰　魏雄标　程久欢　韩小康

海洋石油工程股份有限公司液化天然气工程技术分公司

1　前言

液化天然气（LNG）储罐内罐壁板焊接是整座 LNG 储罐建造中的核心。壁板材质一般为 9Ni 钢，其焊接质量水平直接决定储罐的安全性和使用寿命，焊接质量问题也是造成储罐失效的重要原因之一。目前，国内外已建及在建 LNG 储罐内罐壁板立焊缝的焊接几乎全部采用焊条电弧焊（SMAW）。这种手工焊工艺效率低、成本高、劳动强度大，焊接质量受人为因素影响大，而且此工艺的"清根"工作量大，焊缝成型不佳，导致焊材浪费严重，增加了储罐工程的建设成本，影响了储罐的安全性和使用寿命。

为了解决传统焊接工艺的上述问题，海洋石油工程股份有限公司提出并成功研发"9Ni 钢振动热丝变极性方波 TIP TIG 自动焊接技术"，有效解决了电弧磁偏吹、熔池流动和焊缝结晶粗化及组织劣化的问题，改善了焊缝成型，提升了焊接接头低温韧性，实现了焊接参数及焊接过程数字化精准控制，使焊接的过程可控、可追溯，提升了储罐的安全性和可靠性。通过总结梳理，形成"LNG 储罐内罐壁板立焊缝自动焊接工法"，工程应用创焊接一次合格率 99.8% 的行业纪录。这标志着 LNG 内罐壁板立焊缝焊接由手工向自动化、数字化的跨越，提升了行业装备技术水平，推动了行业技术进步。

本工法在漳州 LNG 项目、唐山 LNG 项目、龙口南山 LNG 项目中的应用结果表明，焊接效率提升 1 倍以上，焊接烟尘、粉尘减排 90%以上，打磨工时减少 95%以上，焊接材料节省 50%以上，工期可缩短 30 天，单座储罐可节省直接成本 190 余万元。本工法经过实践证明技术先进、安全可靠、经济适用，满足规范需求，降本增效显著，是一项值得推广应用的施工工法。

本工法关键技术通过了中国石油和石油化工设备工业协会组织的国内院士专家鉴定委员会的成果鉴定：该技术成果总体达到国际先进水平。申报国家专利技术 10 项、软著 1 项，发表论文 5 篇，获得全国设备管理及技术成果特等奖、中国石油石化装备行业新技术杰出创新成果奖。

2 工法特点

2.1 技术先进

提出并成功研发 LNG 储罐内罐壁板立缝自动焊技术，发明了振动钟摆式焊接施工工艺，实现了传统钨极氩弧焊工艺效率上的跨越式创新突破，从而实现了 LNG 储罐内罐壁板立焊缝焊接由手工向自动化、数字化的跨越，引领行业发展，推动行业技术进步。

油气储运行业专家黄维和院士对此项创新技术成果的鉴定意见：技术成果总体达到国际先进水平。

2.2 质量好

（1）焊缝成型良好，无需打磨即可满足射线检测的要求。

（2）焊缝 –196℃冲击功达 140J，是设计指标的 2 倍。

（3）焊接一次合格率达 99% 以上，且焊接质量过程可控、可追溯，降低了焊接质量人为影响，提升了储罐的安全性和使用寿命。

2.3 效率高

（1）振动、热丝焊接工艺的焊接熔敷速度均值达 2kg/h，实现了传统钨极氩弧焊接工艺的跨越式突破。

（2）焊接效率提高 130%，缩短工期 30 天。

2.4 节能经济

（1）窄坡口设计，减少填充金属量，降低材料成本。

（2）实现单面焊双面成型，免除清根工艺，减少打磨工时 95% 以上，降低能耗 80% 以上。

（3）节省焊接材料 50% 以上，减少打磨工等辅助人工，节省了工程成本。

2.5 安全环保

减少焊接烟尘、粉尘 90%以上，减少现场空气中 Cr、Mn、Ni 等成分的含量，有效降低施工人员患尘肺病的风险，同时降低了噪声污染，实现了清洁、绿色焊接。

3 适用范围

本工法适用于 LNG 储罐内罐壁板立缝的焊接，尤其是 LNG 全容储罐内罐 9Ni 钢壁板立缝的焊接。

4 工艺原理

9Ni 钢是典型的低碳马氏体低温钢，其 Ni 含量较高，具有一定的淬硬性。此类钢的供货状态一般为“正火 + 高温回火”或者“淬火 + 回火”，其组织状态是低碳板条状马氏体，特点是具有较高的低温韧性和良好的焊接性。

9Ni 钢焊接存在裂纹倾向性大、易发生焊接电弧磁偏吹、低温韧性降低等技术难题，9Ni 钢板作为 LNG 储罐内罐建造用的主要材料，其焊接质量直接决定了储罐的安全性和使用寿命。因此，9Ni 钢的焊接是整座储罐建造的核心。目前，国内外已建及在建储罐内罐 9Ni 钢壁板立焊缝的焊接主要采用焊条电弧焊工艺，环焊缝主要采用埋弧焊工艺。9Ni 钢施焊时须严格控制焊接热输入，同时要严格保持焊接区和施工环境的清洁。焊接施工前，焊接工艺应按照标准 GB/T 26978—2021 及相关标准完成焊接工艺评定试验，编制焊接工艺评定报告，并制定焊接工艺规程。对 9Ni 钢用焊接材料的基本要求是：焊接熔敷金属应满足储罐设计文件的规定，尤其是强度和低温韧性的要求，同时具有与 9Ni 钢板相近的热膨胀系数。研究结果表明，镍基合金焊接材料是当前最适用于 9Ni 钢焊接的焊接材料。

焊接是一种以加热、高温或者高压的方式接合金属或其他热塑性材料（如塑料）的制造工艺及技术。金属的焊接，按其工艺过程的特点分为有熔焊、压焊和钎焊 3 大类。本工法阐述的是一种熔焊，全称是振动热丝钨极氩弧自动焊。其原理是在焊丝送进熔池之前进行加热，并采用推拉与回抽的振动送丝方式，在纯氩气体保护下，利用钨极与焊件间产生的电弧热熔化母材和填充焊丝，形成焊缝的焊接方法。

4.1 热丝和振动送丝技术

本工法的关键技术之一是热丝和振动送丝技术。

在焊丝送进熔池之前先行加热，焊丝预热的能量和焊接电弧的能量分别独立控制，使得在不提高热输入的条件下，增加了焊丝熔化速度，提高了焊接熔敷速度，从而有效提升了焊接施工效率，同时严格控制了焊接热输入，有效解决了 9Ni 钢焊缝结晶粗化及组织劣化导致接头低温韧性低等技术难题，获得了性能优异的焊接接头。

振动送丝采用推拉与回抽的送丝方式，这对焊接熔池起到了搅拌作用，可以有效破坏熔池的表面张力，不仅细化了焊缝金属的晶粒，而且熔池中的气体及夹杂更加容易逸出，有效解决了 9Ni 钢焊接熔池流动性差，改善焊缝成型，使得焊缝质量更为优良。

4.2 U 形窄坡口配合可编程钟摆式焊接施工工艺

提出 16° U 形窄坡口设计，相比传统工艺 60° V 形坡口，减少了焊接填充金属量。研发了可编程钟摆式焊接施工工艺，焊接时可使钨极与坡口侧壁形成较大的夹角，使焊接电弧的高温区尽可能对着侧壁面，焊接熔池在坡口侧壁可以良好铺展，形成凹面弧形的焊道，实现坡口侧壁的充分熔合。有效解决了窄坡口自动焊接易产生侧壁熔合不良的行业难题。

4.3 LNG 储罐内罐立缝全自动焊接系统

研制了 LNG 储罐内罐立缝全自动焊接系统，具有焊丝加热、振动送丝功能，可实现高频起弧、大电流负载的直交流钨极氩弧焊。发明了氩弧焊接的氩气保护装置、自动焊焊接平台等装置，适应 LNG 储罐内罐壁板与外罐墙体之间“环形空间”有限作业空间，保证安全可靠地承载全部设备并为焊接操作人员创造必要的操作空间和条件，实现焊接系统结构刚度、强度、平衡和质量的最佳设计和一体化控制。

开发高频交流波形相位控制技术、无线通讯控制技术和一体化控制系统，解决了施工现场空间电磁场干扰、焊接电弧磁偏吹以及交流电源电弧易发散等技术难题，实现了焊接系统的集中控制和焊接参数及焊接过程数字化精准控制。

5 施工工艺流程及操作要点

5.1 施工工艺流程

5.1.1 总流程（图1）

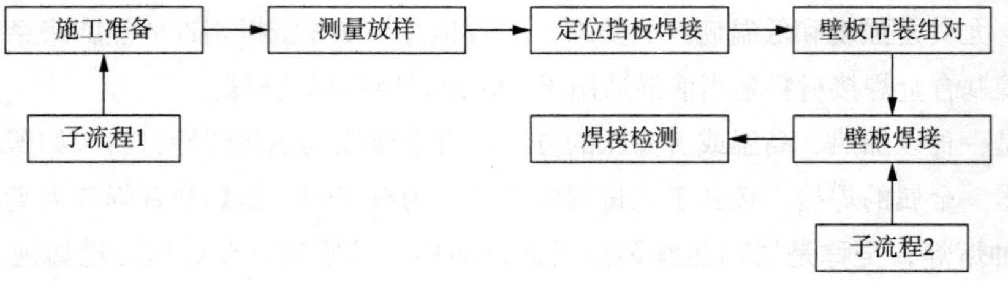

图1 LNG储罐内罐壁板立焊缝自动焊接流程图

5.1.2 子流程

（1）子流程1（图2）

图2 施工准备流程

（2）子流程2（图3）

图3 壁板焊接流程

5.2 操作要点

5.2.1 施工准备

1. 人员、材料和设备准备

（1）按照施工部署准备施工人员、材料和设备。

（2）焊工必须取得国家市场监督管理部门颁发的《特种设备安全管理和作业人员证》，以及国家应急管理部门颁发的《特种作业操作证》。

（3）设备工机具的合格证书齐全，完成入场报验。

（4）9Ni钢板、焊丝、氩气均完成入场验收且合格。

（5）9Ni钢板在吊装组对前需检测剩磁，剩磁不应超过5mT，剩磁超过标的钢板，吊装前应先做消磁处理。

（6）立焊缝坡口为U形，在钢板吊装组对前，根据设计图纸检测坡口的尺寸，重点关注钝边的加工精度，若出现超差尺寸要做好标记，正偏差处可采用精打磨的方式轻微处理。

（7）每层壁板预留一张加长板，此钢板是每层壁板最后安装的钢板，需要结合壁板安装的实际情况需要测量、下料和加工坡口，其切割下料采用等离子切割设备，并采用专用坡口加工设备将热影响区切屑去除，再按照设计图纸要求加工U形坡口。

2. 焊接工艺评定

在开始正式焊接作业之前，施工单位应根据项目设计文件的规定编制焊接工艺评定方案，完成焊接工艺评定试验并编制焊接工艺评定报告．根据焊接工艺评定报告形成指导施工的焊接工艺规程。

3. 施工人员培训

（1）施工人员按批准的施工方案进行作业培训和安全培训。

（2）焊工必须参加 9Ni 钢自动焊接系统操作培训并掌握操作要领。

4. 焊工操作技能考评

为了严格控制 9Ni 钢焊工的技能水平，焊工须参加操作技能考评，通过考评的焊工方能取得资格证书。

5. 技术交底

（1）做好内罐壁板设计图纸会审和交底。

（2）根据批准的施工方案，做好焊接施工的技术交底。

5.2.2　测量放样

根据设计图纸，利用全站仪放出第 1 圈壁板内侧安装半径和第 1 道立焊缝的中心位置。结合施工经验，第 1 圈壁板的安装半径放大适当尺寸（6 ~ 7mm）。

5.2.3　定位挡板焊接

放样完成后，开始焊接壁板定位挡板。壁板内侧挡板紧贴壁板内径线，壁板外侧挡板距内径线 60mm。挡板具体摆放位置：在壁板立缝两侧各 200mm 处，内侧挡板、外侧挡板各焊接 1 块，其余内外侧挡板每隔 1000mm 交替焊接 1 块。

5.2.4　壁板吊装组对

（1）根据放线位置，使用汽车吊或电动葫芦按顺时针方向从第 1 道立焊缝的位置开始吊装组对第 1 圈壁板，坡口的组对间隙为 0 ~ 1mm，错变量不大于 2mm。壁板吊装组对完成后，按如下要求完成检查：

①水平度：相邻两壁板上口水平偏差应不大于 2mm，整个圆周范围内允许偏差不应大于 6mm。

②垂直度：允许偏差为 ± 6mm。

③圆度：壁板内表面任意点半径允许偏差满足标准 GB/T 26978—2021 的要求。

（2）在第 1 圈壁板封闭前，必须将第 2 圈和第 3 圈壁板运送到罐内，放置于罐底部。

（3）第 1 圈壁板和罐底环形板之间的 T 形焊缝用固定块固定，暂时不焊接。待第 1 圈壁板的立焊缝焊接后焊接，以减小罐底环形板变形。

（4）第 1 圈壁板立焊缝焊接完成后安装施工平台，平台安装高度应以满足施工需要且不妨碍焊接设备移动为原则。

（5）按照图纸安装第 2 和第 3 圈壁板。

（6）环焊缝组对使用槽钢卡固定，环焊缝间隙使用间隙片控制。

（7）第 1 圈壁板施工门洞处壁板的立焊缝不焊接，完成第 2 圈壁板组对后，拆除第 1 圈的施工门洞处壁板，在拆除前根据施工图纸要求完成加固措施。

（8）后续壁板的安装与上述步骤类似。

（9）第 2 圈壁板及后续壁板的安装质量要求：

①水平度：相邻两板上端水平偏差不大于 2mm，圆周范围水平偏差不大于 6mm。

②壁板垂直度允许偏差不应大于该圈壁板高度的 4‰，整体垂直度不应大于 50 mm。

③在任何高度上，最大直径与最小直径之间的偏差不应超过直径的 1%，且不应超过 300 mm。

④坡口组对间隙 0~1mm，错边量不大于 2mm。

5.2.5 壁板焊接

1. 立焊缝外侧坡口焊接

（1）壁板组对检查确认无误后，先焊接立焊缝，再焊接环焊缝。立焊缝的焊接顺序为先焊接外侧坡口，再焊接内侧坡口。

（2）在焊接前需将坡口及坡口两边 20mm 范围内采用专用打磨工具清理干净，打磨至金属光泽。

（3）将自动焊设备移动至立焊缝焊口位置，并安装焊接轨道。在开始自动焊之前，先采用半自动 TT 焊接工艺将焊口两端进行定位焊接，定位焊道长度约 200mm。

（4）根据壁板的厚度，焊工从焊接系统工艺库中调取预设定好的焊接工艺参数，从壁板外侧焊接打底焊道。打底焊道由 1 名焊工和 1 名辅助人员共同配合完成，焊工在壁板外侧焊接作业，配合人员在壁板内侧观察背部熔透情况，并采用对讲机将相关情况实时告知焊工，焊工根据反馈的情况在工艺参数允许的范围内微调整，以保证打底焊道的质量。

（5）焊工更换钨极棒、调整机头位置，焊工从焊接系统工艺库中调取预设定好的焊接工艺参数，使用焊接系统控制器启动焊接，通过视频监控观察焊接熔池，实现焊接过程中的精准、便捷微调控，直至完成外侧坡口的第 1 道填充焊道的焊接后息弧、停车。按照焊接工艺规程规定，第一道填充焊道焊接背面需通氩气保护。

（6）焊工重复上述（5）步骤的操作，完成外侧坡口剩余填充、盖面焊道的焊接。

（7）外侧坡口焊接完成后，将自动焊设备移动至下一道焊口，重复上述（2）至（6）步骤的操作，完成下一道焊口外侧坡口的焊接。

2. 立焊缝内侧坡口焊接

（1）在正式焊接立焊缝内侧坡口之前，先将坡口组对卡具拆除掉，并检查打底焊道背面熔透及成型情况，并根据需要采取必要的处理措施。

（2）在确认具备焊接条件后，将焊接内侧坡口的焊接设备移动至焊口位置，安装焊接轨道，重复立焊缝外侧坡口焊接第（5）项至第（6）项的操作步骤，完成内侧坡口的焊接。

（3）内侧坡口焊接完成后，将自动焊设备移动至下一道焊口，重复上述（2）步骤的操作，完成下一道焊口外侧坡口的焊接。

3. 环焊缝焊接

从第 2 圈壁板安装开始，每张壁板立焊缝焊接完成并进行无损检测后，组织实施环焊缝焊接。

5.2.6 焊接检测

（1）整道立焊缝焊接完成后，无损检测工程师完成后续的外观检查、渗透检测（若需要）、射线检测。

（2）立焊缝焊接完成并检测合格后，安装壁板加强筋板安装（若有），最后完成施工门洞板的安装。

5.3 劳动力组织

本工法劳动力组织情况见表 1。

表 1 劳动力组织表

序号	职务	单位	数量	备注
1	队长	人	1	现场施工组织
2	技术员	人	1	现场技术跟踪与监督
3	质检员	人	2	现场施工质量监督检查
4	安全员	人	1	现场安全监督检查
5	铆工	人	10	培训上岗
6	起重工	人	2	持证上岗
7	电焊工	人	6	持证上岗
8	普工	人	2	培训上岗
9	司机	人	2	持证上岗
10	电工	人	1	持证上岗
合计		人	28	

6 材料与设备

6.1 主要投入设备

本工法主要机具设备见表 2。

表 2 主要机具设备

序号	机具设备名称	规格型号	单位	数量	备注
1	全自动焊接系统	DPS-3G	套	4	
2	半自动 TT 焊接设备	ALL-IN-ONE	台	2	
3	杜瓦罐	195 L	套	3	供应焊接保护气体氩气
4	坡口加工机	—	台	1	坡口加工
5	钨针打磨机	—	台	1	
6	汽车吊	25t	台	1	
7	电动葫芦	5t	台	8	
8	砂轮机	Φ100mm	台	4	
9	除湿机	DH-828E	台	2	
10	空压机	W-0.9/8	台	2	
11	风机	—	台	20	

续表

序号	机具设备名称	规格型号	单位	数量	备注
12	配电箱	二级箱	个	4	
13	配电箱	三级箱	个	6	
14	照明灯具	—	个	30	
15	全站仪	KTS-442LLCN	台	1	
16	水准仪	X2	台	1	
17	光谱分析仪	XL2 980	台	1	
18	焊缝检测尺	HJC 40	把	5	

6.2 主要施工材料

主要材料包括 9Ni 钢板、焊丝和氩气。

9Ni 钢板的规格和数量依据图纸确定。

焊丝采用 AWS A5.14 ERNiCrMo-4，规格为 Φ1.0mm、5kg 或 10kg 盘装焊丝。氩气纯度不低于 99.99%，数量根据项目实际需求确定。

7 质量控制

7.1 质量标准

（1）相关设计图纸

（2）GB/T 26978—2021《现场组装立式圆筒平底钢质低温液化气储罐的设计与建造》

（3）NB/T 47014—2023《承压设备焊接工艺评定》

（4）NB/T 47013—2015《承压设备无损检测》

7.2 质量保证措施

7.2.1 焊接环境条件

下述任一情况下，除非采取有效解决措施，否则禁止施焊。

（1）风速大于 2m/s（相当于二级风）；相对湿度大于 90%。

（2）当环境温度为 -20℃及以下。

7.2.2 焊接过程要求

（1）施焊前，应将坡口及附近 20mm 范围内母材上的油污、潮气、铁锈、污垢、沙尘、油漆、金属涂层或其他外部物质清理干净。

（2）焊接过程中，焊接参数严格按批准的焊接工艺规程（WPS）执行。

（3）若焊接过程中出现严重电弧偏吹，应立即采取消磁处理或采用半自动 TT 焊接工艺焊接。

（4）每个焊道焊接完成后应观察有无外观缺陷产生，若产生缺陷，应将缺陷打磨去除后，再继续施焊。

（5）在进行背面焊接前，应对根部焊道进行打磨清根，要求去除根部焊道产生的所有缺陷才能进行后续施焊。

（6）壁板临时附件去除应采取打磨或碳弧气刨方式至钢板表面 2mm 以上。注意不能损伤母材或使母材减薄，临时附件去除区域应打磨至光滑，并进行 100% 渗透检测，禁止采用锤击去除临时附件。

7.2.3　焊接返修要求

（1）内罐壁板的每处缺陷区域只允许返修 1 次。一次返修的意思是完成一侧返修及 RT 检验后，也可以在反侧进行返修。反侧返修及 RT 完成后，仍不合格需要再次进行的返修为第 2 次返修。如需二次返修，应得到总承办单位及监检单位批准才可以实施。

（2）使用打磨或气刨的方法清除焊缝或母材上的缺陷。

（3）焊接返修前，应对缺陷打磨区域进行渗透检测，确认缺陷是否去除干净。焊接修复完成后，应对修复部位进行渗透检测和射线检测。

（4）焊接返修采用半自动 TT 焊接工艺，返修工艺需编制焊接返修程序并获得批准。

（5）若返修部位去除缺陷后剩余焊缝金属厚度＜ 5mm，焊接时背面需要充氩保护。

7.2.4　外观检测要求

（1）所有立焊缝焊接完成后需 100% 外观检查，要求没有焊瘤、凸起或凹陷、咬边、气孔等表面缺陷。

（2）焊缝表面与母材光滑过渡，余高不超过 1.6mm。

7.3　关键工序质量控制点

关键工序主要技术指标检验统计见表 3。

表 3　关键工序主要技术指标检验统计表

阶段	质量控制点	技术指标	检查方法	检查时机或频次
施工准备	焊工资格	按照 TSG Z6002—2010 的要求考试合格并取得相应资质	查证件	上岗前
	无损检测人员资质	按照 TSG Z8001—2019 的要求考试合格并取得相应资质	查证件	上岗前
	焊接设备	检定	查检定报告	使用前
	计量仪器	检定	查检定报告	施工准备完成
	钢板	钢板几何尺寸偏差满足预制规格书及标准 GB/T 26978—2021 的要求，剩磁不超过 5mT，坡口钝边 2 ± 0.2mm	尺寸检查 材质证书	入场验收
	焊丝	图纸要求	材质证书	入场验收
	氩气	氩气纯度不小于 99.99%	材质证书	入场验收
	焊接工艺规程	依据 NB/T 47014—2023 的要求，编制焊接工艺规程	查规程	焊接前
测量放样	内径	半径允许偏差满足标准 GB/T 26978—2021 的要求	全站仪	第 1 圈壁板安装
	方位	图纸要求	全站仪	第 1 圈壁板安装
定位挡板焊接	方位	壁板内侧挡板紧贴内径线，壁板外侧挡板距内径线约 60mm，壁板立焊缝两侧约 200mm 处，内外侧各设置 1 块挡板，其余为外侧挡板每隔 1000mm 交替焊接 1 块	卷尺	测量放线后

续表

阶段	质量控制点	技术指标	检查方法	检查时机或频次
壁板吊装组对	水平度	相邻两板上端水平偏差不大于 2mm，圆周范围水平偏差不大于 6mm	全站仪、水准仪	组对后
	垂直度	壁板垂直度允许偏差不应大于该圈壁板高度的 4‰（第 1 圈壁板不大于 6mm），整体垂直度不应大于 50 mm	全站仪	组对后和焊接完成后
	圆度	在任何高度上，最大直径与最小直径之间的偏差不应超过直径的 1%，且不应超过 300 mm	全站仪	组对后和焊接完成后
	坡口间隙	间隙为 0 ~ 1mm	间隙尺	焊接前
	错变量	错边量不大于 2mm	焊接检查尺	焊接前
壁板焊接	坡口面	坡口及坡口两边 20mm 范围内清理干净至金属光泽	目测	焊接前
	氩气	打底焊道和第 1 道填充应通背部保护气体，气体流满足照焊接工艺规程的规定	目测、气体流量计	焊接中
	焊接参数	满足焊接工艺规程的要求	万用钳形表	焊接中
焊接检测	外观检查	无裂纹、烧穿、未焊透、咬边等缺陷 焊缝与母材平滑过渡，余高不大于 1.6mm	目测、焊接检查尺	焊接完成后
	射线检查	不低于标准 NB/T 47013.2—2015 的Ⅱ级规定	检测报告	外观检测后
	角变形	符合标准 GB/T 26978—2021 表 20 的规定	样板	焊接完成后
	气密检测	水压试验液位以上所有焊缝 100% 真空箱检测，最小压力 55kPa	真空箱	水压试验后

8 安全措施

8.1 安全标准规范

（1）JGJ 80—2016《建筑施工高处作业安全技术规范》

（2）GB 50194—2014《建设工程施工现场供用电安全规范》

（3）GB 12523—2011《建筑施工场界环境噪声排放标准》

（4）JGJ 46—2005《施工现场临时用电安全技术规范》

（5）GB/T 50484—2019《石油化工建设工程施工安全技术标准》

8.2 安全保证措施

（1）建立项目安全生产管理制度和安全检查制度，落实安全生产责任制。

（2）做好进场人员的三级安全教育和安全交底工作，加强安全培训，入场人员经过培训考核合格后才可上岗。

（3）特殊工种必须持证上岗，包括电工、焊工、起重工、吊车指挥等。

（4）进入施工现场的人员必须佩戴安全帽、工作服、工作鞋、防护眼镜。

（5）所用的吊车应有合格有效的检验报告，对吊车、电动葫芦、导轨进行日检，确保其状态良好，并按要求填写检查记录表。电动葫芦由合格的专门起重人员操作，其余无关人员严禁使用。

（6）吊装前后检查钢丝绳、锁具、卡扣，质量有问题的设备工具严禁使用。

（7）吊装时由专业起重工指挥吊车作业，旗哨配合、信号明确、慢起慢落。

（8）高处作业平台上的工装卡具等必须存放牢固，有防止坠落的措施。

（9）高空施工时，作业人员应佩戴合格的五点式双挂钩安装带，安全带必须做到高挂低用。

（10）高空作业下方应使用警戒绳或硬质的警戒护栏进行隔离，隔离范围应覆盖可能的高处坠落或坠物的影响范围，要求隔离范围离壁板 6m，使用移动围栏进行隔离。

（11）重要部位应设专人监护，坚决避免同一垂直面交叉作业。

（12）将所有易燃材料及时清离出作业区域，在作业区域内应放置充足的灭火器，每台焊接设备至少配备 1 个 4kg 干粉灭火器，确保满足应急时的使用需求。

（13）每台设备配置专用电箱，配电柜应正确接地，柜内应安装漏电保护器；用电设备应有防爆快速连接插座；专业电工应每天进行巡检，并做好巡检记录；

（14）为保证罐内照明，沿内罐壁板外侧安装照明灯具，照明灯数量应保证每张板不少于 1 个，同时每台焊接设备配置 2 个照明灯具。

（15）杜瓦罐操作人员必须培训后上岗。在每次焊接设备提升后对杜瓦罐、气包及连接管线进行检查，用高压金属软管将杜瓦罐液体阀所在管道与蒸发器相连，确认连接好后可打开液体使用阀，使用到杜瓦罐没有液相且气相的压力只有 5kg 时，即表示杜瓦罐内气体已使用完，请关闭液体使用阀，停止使用。杜瓦罐放置位置设置安全隔离标识，禁止非操作人员进入。

（16）对焊接设备的电缆及接地进行每日巡检，电缆应进行架空处理，对破损电缆及时进行更换，防止漏电伤人。

（17）作业平台提升后应组织施工单位、总包及监理进行联合安全验收，确保平台安全稳固、护栏完整及走道畅通，验收合格后方可投入使用。

（18）每台自动焊设备质量约 2t，使用额定载荷为 4t 及以上的电动葫芦吊运，吊索须满足安全要求。

（19）为施工人员配备安全帽、安全鞋和工作服，定期发放劳保手套。

（20）为电工配备绝缘鞋等保护用品，为电焊工配备防尘口罩、防护手套、耳塞和防护面罩。

（21）施工人员均要提供健康状况检查证明，并建立职工健康检查档案。

（22）食堂炊事员上岗要有健康证，并定期体检。

（23）不能购买和销售变质或腐烂食品，肉类食品要到政府定点屠宰处购买，保证职工的饮食卫生。

（24）为保障储罐内空气良好且流通，在大、小门洞分别放置 1 台风机保持通风，同时在罐顶管口处放置多台风机用于排烟、通风。

9 环保措施

9.1 环保标准规范

（1）GB 4281—1984《石油化工水污染物排放标准》

（2）GB 12523—2011《建筑施工场界环境噪声排放标准》

（3）GB 16297—1996《大气污染物综合排放标准》

9.2 环保保障措施

（1）现场施工严格遵守《中华人民共和国环境保护法》等相关法规，保持良好作业环境，最大程度降低施工作业对环境的影响。

（2）按照规定分类存放废弃物，做出标识，禁止混合、收集贮存性质不相容而未经安全性处置的危险废弃物，危险废弃物交由具备资质的单位进行集中处置。

（3）建筑垃圾和施工废弃料中的一般废弃物，委托有资质单位运输到环卫部门指定的地点倾倒，运输土方、垃圾等有遮盖措施，以防沿路洒漏。

（4）生产及生活废污水的排放，严格执行国家和地方关于污水综合排放标准的要求。

（5）施工现场做到“工完料净场地清”，剩余材料及边角料及时回收，指定地点统一存放。

（6）现场设置集中饮水处，厕所、卫浴等卫生设施应定期清扫，定期开展灭鼠、灭蝇活动，做好传染病防治工作。

（7）施工现场设置吸烟室，对吸烟室进行定期打扫和保持通风。

（8）施工过程注重文明施工，严格按照“标准化文明工地”的要求开展工作。

10 效益分析

本工法利用先进的技术，合理安排 LNG 储罐内罐壁板立焊缝焊接施工流程，形成流水作业方式，减少了资源浪费，提高了施工效率。采用本工法指导施工，工程建设进度快、焊接质量好、有利于文明施工、可以较合理利用各类资源，能确保周围既有设施完好无损，确保工人生命、财产安全，节约了辅助工作时间，减少了焊接材料浪费，降低焊接烟尘粉尘的排放，缩短了工程建设工期，实现了降本增效的目标。且本工法的编制促进了 LNG 储罐建造装备技术的进步和发展，为 LNG 储罐的建造提供了可靠的依据及施工指标，形成了良好的效益。

10.1 经济效益

应用本工法可节省焊接材料量 50% 以上，减少打磨工时 95% 以上，提高焊接熔敷速度达 200% 以上。本工法在漳州 LNG 项目、唐山 LNG 项目的应用结果（表 4）表明，实际工期比计划工期缩短 30 天，节省直接成本 190 余万元。此项创新成果具有良好的推广价值和广阔的应用前景，其潜在经济效益可观。

表 4 工法效益分析表

（以唐山 LNG 项目 20 万 m^3 储罐为例）

费用科目	焊条电弧焊工艺	自动焊技术	效益对比
人工费	焊工：8 人 ×650 元 /（天·人）×132 天 =68.64 万元 打磨工：4 人 ×500 元 /（天·人）×132 天 =26.4 万元	焊工：4 人 ×1000 元 /（天·人）×102 天 =40.8 万元	54.24 万元
设备费	弧焊机：73.96 元 / 台班 ×2474 台班 =18.3 万元 电焊条烘干箱：57.21 元 / 台班 ×247 台班 =1.41 万元 电焊条恒温箱：27.15 元 / 台班 ×247 台班 =0.67 万元 电动空压机：251.13 元 / 台班 ×258 台班 =6.48 万元	焊接设备：560 元 /（天·台）×4 台 ×102 天 =22.84 万元	4.02 万元

续表

费用科目	焊条电弧焊工艺	自动焊技术	效益对比
材料费	焊条：6500kg × 337 元 /kg=219.05 万元 砂轮片 Φ150mm：1825 片 ×6.19 元 / 片 =1.13 万元	焊丝：1500kg × 500 元 /kg=75 万元 氩气：1415 元 / 瓶 ×89 瓶 =12.6 万元	132.58 万元
小计	342.08 万元	151.24 万元	190.84 万元
工期	132 天	102 天	30 天

注：唐山 LNG 项目 2 座 20 万 m^3 储罐合计节约直接费用：2 座 ×190.84 万元 / 座 =381.68 万元；
唐山 LNG 项目 20 万 m^3 储罐缩短工期节省人工费用：200 人 ×500 元 /（天·人）×30 天 =300 万元；
合计节约总费用：681.68 万元。

10.2 质量方面

按照 LNG 储罐项目内罐壁板焊接质量目标：焊接一次合格率 ≥ 98%。应用该工法的漳州 LNG 储罐内罐焊接一次合格率为 99.55%，唐山 LNG 储罐内罐焊接一次合格率达到了 99.8%。

10.3 安全方面

通过技术创新，降低焊接烟尘、打磨粉尘的排放量 90% 以上，降低了施工人员患“尘肺病”的风险，实现了清洁、绿色焊接，有力地保障了安全生产、文明施工。

10.4 环保方面

技术革新减少了焊接烟尘、粉尘排放，减少环境污染，有效改善了施工场地的环境，具有良好的环保效益。

10.5 社会效益

（1）本工法采用全球首创“LNG 储罐内罐立焊缝全自动焊接技术”，填补空白，引领行业技术发展方向，推动行业关键核心技术进步，为实现双碳目标贡献价值。

（2）此项跨越性创新突破，有力推动了石油、核电、航空、航天等领域高端产品的焊接品质和焊接效率，降低了行业制造成本，带动材料、冶金、加工、建造等相关技术的发展，促进行业技术进步。

（3）此项创新成果，为攻关智能焊接技术、9Ni 钢焊丝国产化提供了技术基础，实现全链条系统性技术创新，构建行业新的技术体系。

（4）此项技术成果的成功转化，实现了 LNG 内罐壁板立焊缝焊接由手工向自动化、数字化的跨越，提升了行业装备技术水平，提高了储罐的安全性和使用寿命，助力高质量发展。

11 应用实例

实例一：漳州 LNG 接收站项目

国家管网漳州 LNG 接收站项目位于福建省漳州市龙海区兴古湾，项目一期工程建成 1 座生产规模为 300 万 t/a 的接收站，含 2 座 16 万 m^3 混凝土全容 LNG 储罐。

2021 年 3 月 23 日至 2021 年 5 月 23 日，海洋石油工程股份有限公司采用本工法完成了漳州 LNG 接收站项目 2 号储罐内罐壁板焊接施工，缩短工期 9 天，节省成本 390 余万元。焊缝 -196℃冲击功达到 140J，是设计规定值的 2 倍。焊接一次合格率 99.55%，相比传统焊接工艺，焊接熔敷速度提高了 280%，焊接效率提高了 56%，减少打磨工时 95%，节省焊接材料 56%。本工法在质量、效率、环保、成本方面的显著优势，赢得了业主的好评和业界权威专家组的高度评价：此项技术是当前国内 LNG 储罐内罐立焊缝“最先进、最可靠、最环保”的焊接技术。

实例二：唐山 LNG 项目

河北建投唐山 LNG 项目位于河北省唐山市曹妃甸工业区，LNG 接收站（一期和二期）在达产后的周转能力为 1700 万 t/a。接收站一期一阶段将建造 4 座 20 万 m^3LNG 储罐及工艺设施、公共设施、码头等。

海洋石油工程股份有限公司采用本工法完成了唐山 LNG 项目 3 号和 4 号 2 座 20 万 m^3 储罐内罐壁板焊接施工，累计完成焊口 522 道、焊缝 1833.68m，射线检测 6132 张片，创焊接一次合格率 99.8% 的行业新纪录，其中 507 口的焊接一次合格率是 100%。焊接施工效率提高 130%，缩短工期 30 天，节省成本 680 余万元，节省焊接材料用量 50% 以上，减少打磨工时 95% 以上，降低焊接烟尘、打磨粉尘量 90% 以上，实现了优质、高效、清洁焊接。本工法更加安全、环保、节能，具有良好的推广价值。

本工法继而在龙口南山 LNG 项目、天津 LNG 二期项目、唐山 LNG 项目一期二阶段等项目中推广应用，取得了良好成效。此施工方法具有安全、可靠、高效、经济的显著综合优势，值得全面推广。

深水采油树安装施工工法

陈晓明　房泽岩　蒋喻栓　李　俊　曾亚骏

中海油深圳海洋工程技术服务有限公司

1　前言

近年来，随着深水作业的增加，深水采油树的下放安装难度和风险大大提高，安装技术已成为水下采油树需要突破的关键技术之一。目前，国内大部分水下采油树安装是采用钻井船安装方法。对水下采油树安装，为了解决安装转杆偏移和受力影响，需要较高的作业海况要求以减少转杆受力和采油树运动响应的影响。由于需要较小浪高，较低流速和较小的波浪方向角，钻井船下放的作业窗口非常有限。除此之外，该方法作业成本高、海上施工窗口少、安装效率低下，增加了船舶运输成本，严重影响了项目的施工工期和项目成本。

为了解决传统工艺存在的上述问题，深圳海油工程水下技术有限公司利用船舶和设备优势，以水下采油树的下放安装为切入点展开研究，通过相关海上工程项目实践，总结和积累技术经验，编制了本工法。有效解决了水下采油树安装对海况严苛要求的限制，风速可以不高于 25 节，浪高不大于 2.5m，表面或水下海流流速不大于 2.5 节，可以在达到极限作业海况下进行施工。形成了一套完整的深水采油树安装施工工法。该工法已成功应用在流花 16-2、20-2 气田群开发项目施工中，创安装一次合格率 99.8%的行业纪录，每套采油树安装节省施工工期 8.6h，产生的效益约 1000 余万元。

本工法包括“采油树运输装船技术”“采油树海上吊装技术”“采油树定位技术”等多种先进技术的使用，共同解决了深水采油树安装施工的难题。本工法相关技术已通过了海洋石油工程股份有限公司组织的技术鉴定，鉴定结果为技术先进，具有明显的社会效益和经济效益。本工法适用于工程船的施工方法，并适用于深水采油树及 PGB（永久导向基座）的安装。

2　工法特点

（1）提出一套成熟的深水采油树安装方法，制定了采油树的安装流程。本工法采用通用的 DP（动力定位）安装，通过 ROV（水下机器人）操作完成采油树方向调整及全程参与，引导采油树安装至 PGB 基座，采油树下放到位后使用 Hotstab（热插拔）进行打压锁树，回收 MQC（多孔接头）补偿帽和安装 MQC 保护帽，并进行采油树 ROV 面板阀操作，密封保压测试，FFS（防渔网保护装置）桩腿打开等一系列采油树安装作业，采油树安装也成为一种成熟的安装工序。

（2）井口钢圈取放作业方案创新。降低钢圈放置风险，通过该作业方案的优化，将钢圈放置的时间缩短了 50%。

（3）与传统方法相比，本工法采用 2 台 ROV 同时进行水下作业，极大地提高了采油树安装效率。2 台 ROV 协同作业，在保证脐带缆不干涉的前提下，分别对船舶两侧的采油树同时进行井口清理，密封测试及其他介入性操作。

（4）采油树限位螺杆操作方案创新。设计了一个带 T 把的适配于 Class 4（4 级）套筒的扳手（简称 T 把扳手），用该扳手代替扭矩扳手进行限位螺栓锁紧。该 T 把扳手体积小，只有扭矩扳手体积的 1/3，便于 ROV 操作，而且该扳手无需液压连接，装卸方便，ROV 只需要使用七功能机械手便可以进行抓取并旋转限位螺栓。每个螺杆的锁紧作业时间缩短 60%，极大地缩短了采油树海上安装时长。

3 适用范围

本工法的安装方式适应性更强，适用于国内所有水下采油、采气树的安装（图 1）。

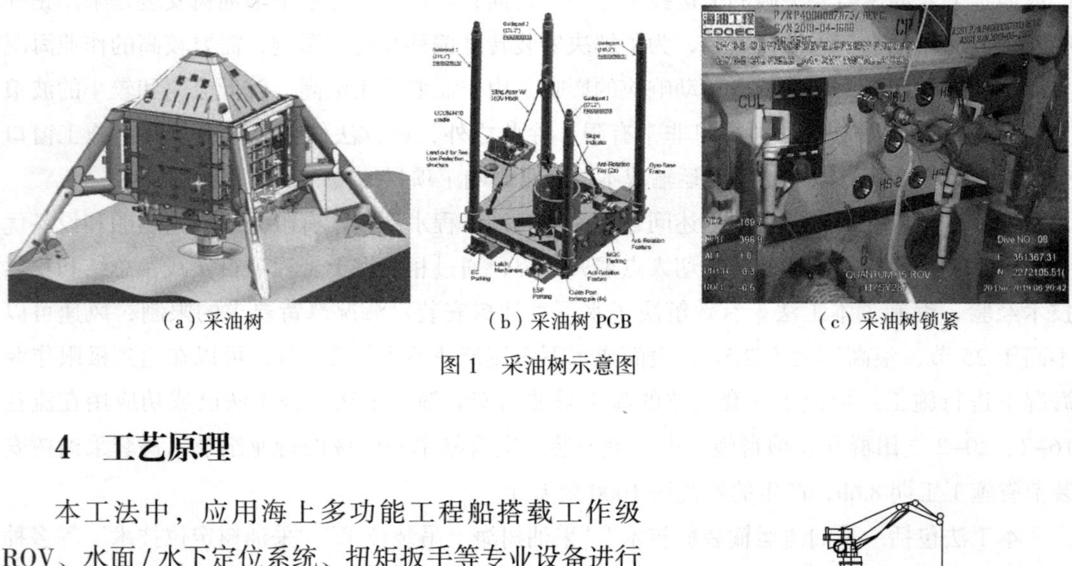

（a）采油树　　（b）采油树 PGB　　（c）采油树锁紧

图 1 采油树示意图

4 工艺原理

本工法中，应用海上多功能工程船搭载工作级 ROV、水面 / 水下定位系统、扭矩扳手等专业设备进行采油树的安装。工程船可以同时搭载 10 套采油树（根据船舶甲板面积而定），通过船舶搭载的 ROV，对井口进行井口帽拆除、井口打磨、清洗等工作，然后通过船舶吊机下放安装 PGB。该底座上设置有调节组件、安装组件和管路导向组件。PGB 调节组件用于调节采油树的水平度，然后通过船舶吊机下放安装采油树，采油树通过 PGB 导向柱坐落在 PGB 上，通过 ROV 提供的液压驱动采油树锁紧装置，将采油树锁紧，最后通过提拉测试采油树锁紧情况（图 2）。本工法形成的关键技

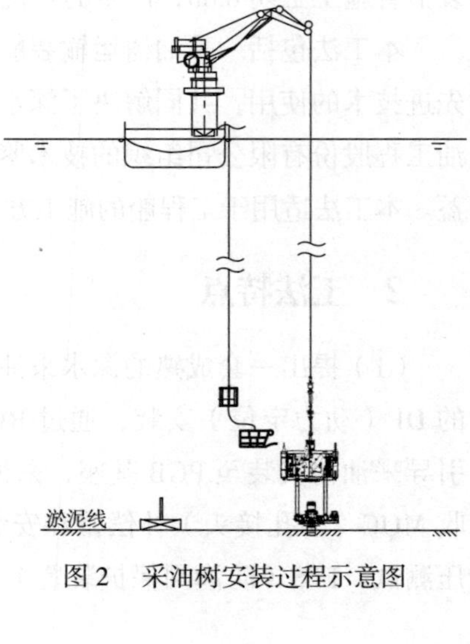

图 2 采油树安装过程示意图

术如下所述。

采油树为大型水下结构物，为了提高效率并节约成本，保证运输过程的安全性，需要进行装船强度分析计算，并根据分析计算结果进行装船设计。如果船舶甲板强度不够，通常采用工字钢格栅进行加强，然后将采油树坐落在工字钢格栅上，周边采用筋板进行焊接固定；如果船舶甲板不需要加强，则可以直接在船舶甲板上进行焊接固定（图3）。所有的焊接、切割工作在采油树装船前完成，装船后不进行热工作业，避免采油树受影响。

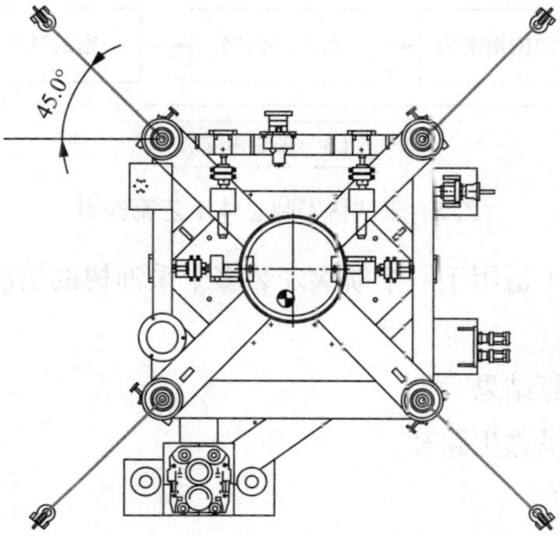

图3　采油树装船固定

根据采油树和PGB质量计算，采油树尽量安装在甲板中轴线上，PGB分布在船两侧（图4）。

图4　采油树及PGB装船整体图

5　施工工艺流程及操作要点

5.1　施工工艺流程

深水采油树安装总体施工工艺流程如图5所示。其中，海上施工主要包括采油树吊装、采油树安装、采油树提拉测试及其他工具回收几个关键步骤。

5.2　操作要点

5.2.1　施工准备

施工准备包括船舶选型、方案设计、装船布置、采油树甲板测试等。

（1）船舶选型：根据水深、采油树的质量选择船舶。

（2）方案设计：包括计算报告、施工程序、图纸等。

（3）装船布置主要考虑以下因素。

①采油树码头吊装上船和海上吊装入水的路径。

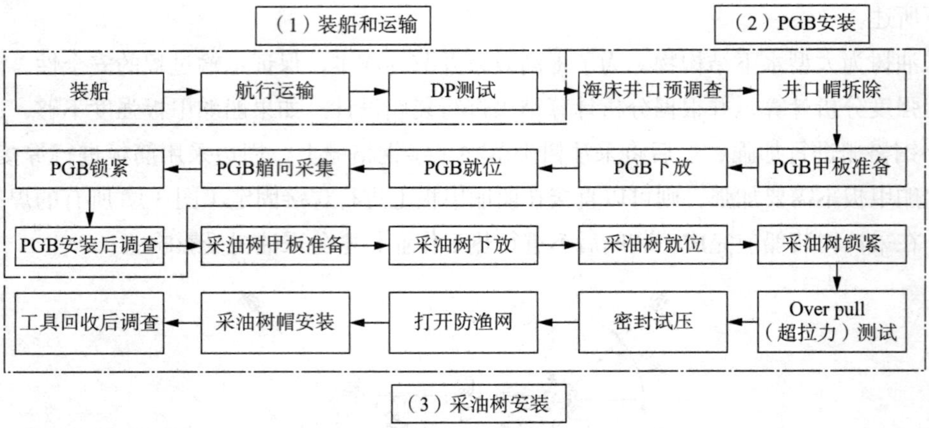

图 5　采油树安装总体工艺流程图

② 采油树安装的次序（适用于一个航次安装多个采油树的情况）。

③ 船舶甲板结构强度。

④ 采油树装船固定计算结果。

⑤ 预留安全所需的人员逃生路径。

⑥ 方便操作人员作业。

（4）采油树甲板检查阀门状态及测试。

（5）采油树吊装设备 MTRT（采油树机械解脱工具）准备。

5.2.2　采油树装船

船舶码头动员工作包括：

（1）人员动员。

（2）施工方案技术交底：

①配置或检查采油树吊装索具。

②采油树索具连接吊机。

③船舶甲板加固（如需要）。

④采油树吊装上船并就位。

⑤采油树甲板焊接固定。

（3）根据甲板布置图进行装船固定，操作原则如下：

①固定前应对设计方案进行计算和分析。

②在甲板上布置必要的加强结构，工作完成后应恢复甲板初始状态。

③焊接部位应进行探伤检测。

④固定装置应考虑到运输的稳定性和拆除的便捷性；固定装置不应损伤其他设备，必要时应在两者之间设置隔离和缓冲装置。

5.2.3　航行运输

采油树为大型水下结构物，为了提高效率并节约成本，保证运输过程的安全性，需要进行装船强度分析计算，并根据分析计算结果进行装船设计。如果船舶甲板强度不够，通常采用工字钢格栅进行加强，然后将采油树坐落在工字钢格栅上，周边采用筋板进行焊接固定。

如果船舶甲板不需要加强，则可以直接在船舶甲板上进行焊接固定。所有的焊接、切割工作在采油树装船前完成，装船后不进行热工作业，避免采油树受影响。

本工法考虑的是主作业船舶运输并安装采油树，采油树安装作业也可采用驳船运输、主作业船安装的组合方式。由于海上安装采油树前有很多准备工作，出于施工效率和施工安全的考虑，建议优先采用主作业船运输并安装的模式。

5.2.4 DP 测试

（1）船舶航行至作业现场，定位设备应满足安装数据采集需求，在装船动员前，定位设备应与 PGB 或 HXT 进行匹配测试和数据校准。

（2）定位设备包括但不限于：

①位置坐标数据采集设备。

②艏向数据采集设备。

③水平度数据采集设备。

5.2.5 海床井口预调查

井口检查内容包括：

（1）ROV 到达井口位置，应采集井口数据。

（2）ROV 观察井口，绕井口一圈观察卡槽。

（3）使用 ROV 清理工具清理井口卡槽。

（4）ROV 检查井口卡槽应无锈蚀和杂物。

（5）ROV 检查井口内部应无锈蚀和杂物。

5.2.6 井口岩屑帽拆除

采油树安装船抵达作业现场后，预调查工作开始前，需完成如下准备工作：

（1）完成船舶 DP 试验和定位系统校准。

（2）完成 ROV 甲板测试。

（3）确认天气条件满足 ROV 作业要求。

现场准备工作就绪后，下放 ROV（图 6）对采油树安装区域进行预调查，清除影响采油树安装的垃圾或障碍物。

用 ROV 移除岩屑帽放置于井口附近且不影响后续作业的位置，并在船舶导航屏幕上标记位置，用于回收；ROV 观察井口状态，并确认井口是否适合安装 PGB；移动 ROV 到预定的安全区域，等待下一步指令。

图 6　下放 ROV 进行预调查

ROV 提前进行井口调查，并打开井口保护帽，对井口进行打磨和放置钢圈。ROV 1# 携带井口打磨刷对拆除井口保护帽的井口进行打磨，需要 ROV 五功能机械手抓住打磨工具，通过 ROV 操作将安装百洁布或者打磨砂纸的打磨工具正对井口，启动液压，通过摩擦的方式清洁井口，清洁时间为 5min。移开打磨工具，ROV 七功能机械手抓取高压水枪再进行井口清洗，通过七功能机械手摄像头观察井口打磨情况，如符合打磨要求，ROV 2# 即进行钢圈工具的安装；如还需打磨，重复以上步骤直至井口清洁符合作业要求。

5.2.7 PGB 甲板准备及下放

（1）移船至下放安全区域，并将船舶调至最佳艏向，以实现最佳船舶运动。

（2）甲板人员切除 PGB 海固。在切除 PGB 海固时，切口应距锚体一定距离，确保锚体在海固切割过程中不会受损。

（3）PGB 起吊至设计高度（图 7）。如 PGB 起吊过程中海况变差，应立即停止吊装作业，PGB 吊回原位，并进行相应的焊接固定。

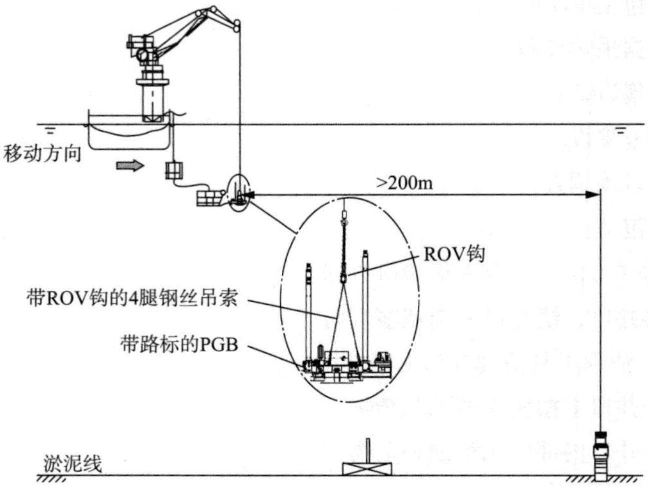

图 7 PGB 吊装入水

（4）旋转吊机，将 PGB 移动至舷外。如果从驳船起吊，驳船靠泊在安装船舷侧，当 PGB 起吊到一定高度后，驳船解缆驶离。

（5）PGB 缓慢通过飞溅区，建议下放速度≤ 0.1m/s。

（6）PGB 下放至水面以下约 30m 位置，ROV 进行 PGB 入水后检查并跟随下放。

（7）将 PGB 下放至海床以上约 20 m 高度，同时下放另一台 ROV 至井口位置待命。下放速度应符合 PGB 设计文件要求。

5.2.8 PGB 就位及艏向采集

（1）在距离水下井口 200m 的位置起吊 PGB，下放 PGB 至 30m 水深处，ROV 1# 检查 PGB 状态。PGB 安装过程中，为了提高施工效率，建议采用 2 台 ROV 协同作业，分别为 ROV 1# 和 ROV 2#。

（2）吊机开启主动升沉补偿，在距离井口 10m 时停止移船，ROV 2# 再次检查 PGB 和井口。

（3）ROV 2# 抓住 PGB 调整把手，ROV 调整 PGB 方向，使 Key（键槽）插入井口的 Y-slot（Y 形槽）中，继续下放 PGB，使 PGB 完全坐落在井口上。

在采油树安装过程中，采油树必须符合设计要求，当 Key 值不符合或者超过设计允许值时，则需要进行主动纠偏。本工法推荐采用 ROV 纠偏法：确认 Key 值，计算调整单位水平角度，需要 ROV 调整方向；缓慢旋转采油树，并实时观察采油树的 Key 值变化情况；Key 值达到允许误差范围内后，采油树才能安装在 PGB 上（图 8）。

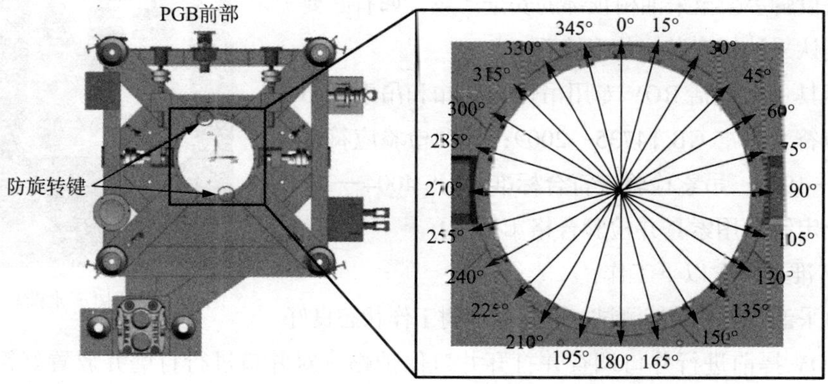

图 8　Key 的安装计算

①根据采油树的艏向要求和井口安装后的艏向报告计算 Key 的安装位置。

②每个 PGB 共 24 个 Key 安装位置。

③每个 PGB 需安装 2 个 Key，并且为 180° 对称。

（4）定位采集 PGB 艏向和水平度，确定艏向满足安装要求。

5.2.9　PGB 锁紧、安装后调查

步骤主要包括：

（1）调整船位，PGB 应在水平方向与井口中心轴线相距 5 m 左右并停下观察 15 min，开启吊机 AHC 功能。

（2）在 2 台 ROV 的引导下，将 PGB 放置到井口正上方 3 ~ 5m 高度。

（3）ROV 与 PGB 对接，读取并调整 PGB 艏向至设计要求。

（4）下放 PGB 直至完全坐到井口上，并再次确认艏向。

（5）按照 PGB 操作说明书完成与井口的锁定操作。

（6）按照 PGB 操作说明书确认 PGB 与井口锁定的可靠性。

（7）ROV 2#ROV 使用 Torque Tool（扭矩扳手）锁紧 PGB。最终顶部悬挂，底部锁紧，完成 PGB 的就位。

（8）PGB 下放安装过程中，特别小心 PGB 损坏井口。

（9）提前在甲板上安装 Guidepost（路标）。PGB 安装完成后进行试吊。

（10）ROV 1# 解钩 ROV 钩，锁紧 PGB。解钩吊装锁紧的 ROV 钩，释放吊机。

（11）ROV 2# 对安装完成的 PGB 全方位进行调查，确认无误后，结束 PGB 的安装。

5.2.10　采油树甲板准备

施工准备工作包括安装条件确认、采油树安装与测试、ROV 工具准备等工作。

1. 安装条件确认主要包含以下工作：

（1）确认天气条件是否满足采油树安装作业要求。

（2）船舶定位导航屏幕上要能显示所有设备、海底设施和安全落水区。

（3）海上吊装计划已获得批准。

（4）船舶吊机已设置指定吊装模式。

（5）搭设脚手架至采油树顶部的安全区域（如有必要）。

（6）确认采油树安装坐标和水深。

（7）索具主要包括 ROV 专用吊钩、卸扣和吊索，ROV 吊钩检验应符合标准 GB 14735—2009；卸扣检验应符合标准 JB 8112—1999；吊索检验应符合标准 Q/HS 4004—2015，特殊情况应定制专用索具并检验合格（图 9）。

图 9　采油树下水前检查阀门状态

2. ROV 准备包含以下工作：

（1）对采油树进行功能测试，确保采油树工作状态良好。

（2）ROV 提前进行井口调查并打开井口保护帽，对井口进行打磨并放置好钢圈。ROV 1# 携带井口打磨刷对拆除井口保护帽的井口进行打磨，需要 ROV 五功能机械手抓住打磨工具，通过 ROV 操作将安装百洁布或者打磨砂纸的打磨工具正对井口启动液压，通过摩擦的方式清洁井口，清洁时间为 5min，移开打磨工具，ROV 七功能机械手抓取高压水枪再进行井口清洗，通过七功能机械手摄像头观察井口打磨情况，如符合打磨要求，ROV 2# 即进行钢圈工具的安装；如还需打磨，重复以上步骤直至井口清洁符合作业要求。

5.2.11　采油树下放

（1）移动船舶，将采油树移至安装目标区域上方。

（2）吊机开启主动升沉补偿。

（3）ROV1# 抓住采油树上的 ROV 把手调整采油树的艏向。

（4）下放 HXT 之前，应先下放 ROV 1# 至船底以下约 50m 处待命，通过吊机将 HXT 吊至舷外下放到船底以下约 50m 处；在 ROV 1# 的观察下，将 HXT 下放至海床以上约 20m 高度处，同时下放 ROV 2# 至井口位置待命。下放速度应符合 HXT 安装设计文件要求。

在采油树安装过程中，为了提高施工效率，建议采用 2 台 ROV 协同作业，分别为 ROV 1# 和 ROV 2#。

5.2.12　采油树就位

步骤主要包括：

（1）调整船位，应保证 HXT（卧式采油树）在水平方向上与井口中心轴线相距 5 m 左右并停下观察 15 min，开启吊机 AHC（主动升沉补偿系统）功能。

（2）在 2 台 ROV 的引导下，将 HXT 放置到导向桩正上方 3 ~ 5m 高度。

（3）确认 HXT 和 PGB 的安装符合设计要求。

（4）在 2 台 ROV 的引导下使 HXT 沿着较高的一根导向桩进入导向插孔内，缓慢下放至另一根导向桩也进入导向插孔内，继续下放，直到 HXT 坐在井口上。

（5）若没有 PGB，在 ROV 1# 的引导下，将 HXT 放置到井口正上方 3 ~ 5m 高度，其中 ROV 2# 与 HXT 锁定并读取 HXT 艏向，在 2 台 ROV 的配合下，调整并保持 HXT 艏向，直至 HXT 坐在井口上。

5.2.13 采油树锁紧

（1）ROV 2# 打开采油树面板。

（2）吊机缓慢释放吊机负载，锁具保持一定的松弛。

（3）ROV 1# 拆除采油树面板 HS1 接口的假堵头，插入 Hot Stab 并加压，ROV 2# 在另一侧观察 connector（连接头）锁指示杆状态，并记录打压压力（打压压力不超过 17MPa）。

（4）采油树在液压作用下开始锁紧，ROV 2# 在采油树另一侧观察锁指示杆状态，并确认锁紧，ROV 1# 加压至 21MPa，并保压 5min。

（5）当采油树已经锁紧，ROV 1# 停止对采油树操作，泄压后拔出 Hotstab，并插回 Dummy（假体）Hotstab 保护堵头。

5.2.14 采油树及 Over pull 密封测试

（1）在采油树结构上放置索具，通过 ROV 2# 观察提拉索具状态。

（2）ROV 1# 远离采油树观察，Over pull 测试要求吊机缓慢提升，拉力达到 2t 时，ROV 检查锁紧。

（3）ROV 在安全位置就位观察，吊机缓慢提升至测试压力（采油树本身质量 + 采油树本身质量的 1.5 倍），保持 2min。

（4）完成提拉测试，缓慢放松吊机锁具，ROV 解锁 MTRT（采油树机械解脱工具），吊机回收至甲板。

（5）ROV 1# 关闭采油树面板门，采油树安装完成。

5.2.15 密封测试

ROV 通过 HXT 面板上的密封测试端口对 HXT 打压到规定的测试压力。按照 HXT 设计规格书要求进行保压测试。如规格书中未明确规定，则保压测试 15 min，压降不应超过初始压力的 2%，观察 HXT 和井口连接处是否泄漏。

5.2.16 打开防渔网

（1）ROV 1# 安装井口保护帽，ROV 2# 携带液压剪打开防渔网装置。

（2）采油树安装完成。

5.2.17 采油树帽安装

ROV 将放置于海床的井口保护帽回装至采油树井口。

5.2.18 工具回收后调查

安装完成后，应操作 ROV 在井口区域进行视觉检查，检查内容包括但不限于：

（1）采油树本体。

（2）采油树上阀门及仪表状态。

（3）岩屑帽安装状态。

（4）防渔网装置。

（5）井口周围是否有杂物。

5.2.19 船舶复员

安装船舶返航回码头，进行作业设备、物料及人员的复员工作。

5.3 人力资源配置

本工法实施过程中，具体人员配置如表 1 所示。

表 1 人力资源配置表

序号	人员名称	数量	备注
1	海上施工经理	1	
2	海上施工监督	2	
3	安全监督	1	
4	现场工程师	2	根据实际需要确定
5	ROV 监督	2	ROV 专业工程师 10 人
6	定位	2	
7	甲板监督	2	甲板辅助人员 10 人
8	采油树厂家工程师	2	根据实际需要确定
9	业主驻船代表	2	根据实际情况确定

6 材料与设备

深水采油树安装的主要机具设备如表 2 所示。

表 2 主要机具设备一览表

序号	工具名称	规格	数量	备注
1	扭矩扳手	Class 4	2	
2	扭矩扳手支架	与 Torque Tool（扭矩扳手）匹配	1	
3	撬块（ROV 专用）	与 Torque Tool（扭矩扳手）匹配	1	
4	热插拔接头	2 口	2	
5	高压水枪	2	1	
6	采油树垫圈安装工具	VX gasket installation and replace	2	
7	ROV 液压剪	用有吊带和钢丝绳切割	2	
8	浮球	25kg、30kg	4	
9	定位信标	3000m 级，配 10 个信标	2	常规水下定位
10	罗经	3000m 级	2	常规水下定位
11	ROV 钩	120t，25t 等	2	根据实际需要确定
12	吊带	100t、40t 等	若干	根据实际需要确定
13	其他锁具	若干	若干	根据实际需要确定

注：专用工具包括但不限于：①井口打磨工具；②垫圈安装和更换工具；③导向柱专用吊装工具；④ HXT 专用吊装工具；⑤应急回收工具。

7 质量控制

7.1 质量标准

（1）DNVGL-RP-E303《Geotechnical design and installation XMT》

（2）DNV-OS-H205《Lifting operations（vmo standard part 2-5）》

（3）DNV-OS-H206《Loadout, transportation and installation of subsea objects》

（4）DNVGL-ST-N001《Marine operations and marine warranty》

（5）DNV-OS-H102《Marine operations,design and fabrication》

（6）DNV-RP-H102《Marine operations during removal of offshore installations》

（7）DNV-RP-C205《Environmental conditions and environmental loads》

（8）DNVGL-RP-N103《Modelling and analysis of marine operations》

7.2 质量管理

7.2.1 质量目标指标

按照公司下达的质量指标，结合项目合同约定的质量指标，制定了项目的质量目标。一般情况下，ROV 采油作业质量合格率（工时）为 99.55%。

在项目实施过程中，制定了项目经理、项目副经理、项目工程师、QA 工程师、QC 工程师等关键人员的质量管理职责并严格落实。

为有效开展项目质量管理工作，对采油树及 PGB 的吊装、装船、安装、锁紧、提拉测试等过程的质量管理和质量控制工作作出明确规定，严格工序质量、产品质量、过程质量控制，确保安装过程质量满足项目质量要求。

7.2.2 主要技术措施

关键工序质量控制点主要技术指标检验见表 3。

表 3 关键工序质量控制点主要技术指标检验统计表

序号	检查点或工序	指标要求	检验时机	检验仪表或方法
1	装船设备焊接固定	焊缝磁粉检验合格	船舶动员时	磁力仪、悬浮剂
2	采油树吊装海况	风浪流满足设计要求	采油树海上吊装时	风速计、波浪测量仪、船载雷达
3	ROV 作业海况	风速：＜ 25 节 有义波高：＜ 2.5m 海底流速：＜ 1 节 海底能见度：＞ 10m	每次 ROV 入水作业前及作业过程中	风速计、波浪测量仪、船载雷达、多普勒流速剖面仪、水下摄像头
4	采油树位置偏差	± 2m	在 PGB 安装后	水下定位系统
5	PGB 安装角度	± 2°	整个 PGB 安装过程中时刻关注	牛眼
6	采油树艏向偏差（Key 值）	± 5°	整个采油树安装过程中时刻关注	水下定位罗经
7	采油树安装水平度	满足设计深度	采油树安装完成后	ROV 目视观察

1. 安装海况条件限制

下述任一情况下，除非采取有效解决措施，否则禁止安装。

（1）当风速≥ 25 节，或浪高≥ 2.5m，或表面 / 水下海流流速≥ 2.5 节时，工作级 ROV

禁止下水作业。

（2）当风速≥ 25 节，或浪高≥ 2.5m，或表面 / 水下海流流速≥ 1.5 节时，PANTHER ROV 设备禁止下水作业。

（3）当风速≥ 25 节，或浪高≥ 2m，或表面 / 水下海流流速≥ 2 节，或入水点升沉≥ 1.5m 时，禁止工作级 ROV 下水作业。

2. 安装过程要求

（1）甲板装船需要进行装船强度分析计算，并根据分析计算结果进行装船设计。

（2）吊装过程中，吊机需要进行试吊，试吊合格后才能进行。

（3）在 PGB 安装过程中，采油树必须符合设计要求，当 Key 值不符合或者超过设计允许值时，需要进行主动纠偏。定位采集 PGB 艏向和水平度，确定艏向满足安装要求。

（4）采油树在液压作用下开始锁紧，ROV 2# 在采油树另一侧观察锁指示杆状态，并确认锁紧，ROV 1# 加压至 21MPa，并保压 5min。

（5）Over pull 测试要求吊机缓慢提升，拉力达到 2t 时，ROV 检查锁紧。

（6）吊机缓慢提升至测试压力（采油树本身质量 + 采油树本身质量的 1.5 倍），并保持 2min。

7.3 质量保证措施

（1）以采油树安装中心位置为基准进行直径为 10m 的海床勘测，以确保无杂物和海床规则，如存在影响采油树安装的杂物，应进行清除。

（2）采油树下放至安全区域，应距离采油树安装区域和任何已有海底设施有一定安全距离，安全距离应根据相关规范进行计算。

（3）采油树海固切割时，海固切口距锚体应有一定距离，确保在切割过程中锚体不会受损。

（4）采油树下放时，应记录吊机实时荷载。

（5）采油树移动至安装位置时，ROV 应跟随采油树进行观察，以确保其准确对入 PGB 导向柱。

（6）采油树安装阶段，ROV 操作采油树阀门，另一 ROV 在底部进行监视。操作采油树 ROV 的摄像头应可以观察到电罗经显示屏和牛眼，以实时监测采油树的安装状态。

（7）采油树的最大着床速度应小于 0.2m/s（包括垂荡运动）。

8 安全措施

8.1 HSE 目标及管理

HSE 目标为零伤害、零事故、零污染。

8.2 HSE 管理组织机构

安全是工程顺利进行的关键。按照“谁主管，谁负责”的 HSE 管理原则，项目经理为 HSE 管理第一责任人，负责建立完善的 HSE 管理组织机构，并明确各层管理人员的 HSE 职责，确保项目 HSE 管理制度的贯彻执行，落实 HSE 管理措施。

根据现场需要配置若干名专职 HSE 管理人员，督促在施工过程中全面落实安全生产的各项措施，消除安全隐患，确保安全施工。

在项目实施过程中，制定了项目经理、项目副经理、项目 HSE 经理、项目 HSE 副经理、项目各部门经理、安全工程师、环境工程师等关键人员的 HSE 职责并严格落实。

8.3 安全保证措施

采油树安装过程中存在很多风险，其中包括：船舶碰撞、恶劣天气、火灾、触电、ROV 放漂、设备故障等，以上风险都可以通过充分的前期准备和严格的现场管理予以规避，具体措施如下：

（1）所有出海人员必须持有有效的健康证、五小证/四小证等证书，特殊工种必须持证上岗。

（2）所有人员上船必须进行安全培训。

（3）每次施工前必须召集所有施工参与人员召开技术交底会和安全交底。

（4）在施工过程中，任何人不得随意改变施工方案，如有特殊情况需进行调整，须进行施工方案变更审批。

（5）在船甲板进行作业时，施工人员必须穿戴劳保用品。

（6）出海前所有索具证书齐全，所有设备及工机具完成陆地调试，使用、测试记录完整。

（7）作业前检查 ROV、定位系统、吊机等设备，确保各设备正常工作，若发现故障或潜在隐患应暂停作业、及时处理。

（8）夜间作业必须保证工作区域有充足的照明。

（9）监测天气及海况条件（包括潮位、风速、浪高、流速等），选择满足作业要求的天气窗口进行作业，提供至少 72 h 天气预报，并制定恶劣天气的应急计划。

（10）制定船舶应急计划，做好日常演习，防控火灾、落水和其他伤害事故。

（11）定期组织作业安全检查，发现安全隐患后应立即实施整改，并根据问题的严重程度在各级安全会议上进行通报。

（12）甲板布置应规划留出消防和安全逃生通道。

9 环保措施

在施工前进行环境影响评估，识别出对环境会造成影响的各个因素，编制控制方案，具体措施如下：

（1）各作业船舶应有海事局要求配备和批准的《油污应急计划》《油类记录簿》《垃圾记录簿》和防污染告示牌。

（2）船舶配备防油污设施，如果发生漏油、溢油事故，应立即进行处理并上报相关部门。

（3）海上施工时，应禁止向海中抛放、倾倒工业垃圾、污油、塑料制品和其他无法分解的材料，所有排海的液体应经过无害化处理，化学品有环保部门的使用许可方能使用。

（4）施工期间，专（兼）职 HSE 监督人员必须按照 HSE 方案中的环境控制措施进行环境管理，并做好环境控制措施执行情况检查。

（5）采油树安装完成后应对施工地点海床上杂物进行清理。

10 效益分析

在掌握本工法的关键技术之前，国内采油树安装耗时，以辉固 ROV 安装采油树为例，平均每套采油树安装时间约 24.8h，而采用本工法的流花 16–2 油田群及流花 20–2 油田水下采油树安装平均用时 16.2h，每套采油树安装时间节省 8.6h。与此同时，本工法大大减少了水下采油树安装难度，更好地控制安装风险。因此，本工法安装所用时间比以往项目平均每套采油树安装节约 0.4 船天。

10.1 经济效益

应用本工法可节约船天 10% 以上，减少工具重复安装 95% 以上，提高水下采油树及 PGB 速度达 150%。本工法在流花 20–2 油田群开发工程项目的应用结果表明，实际工期比计划工期缩短 4 天，节省船舶使用天数、人工成本 1000 余万元。此项创新成果具有良好的推广价值和广阔应用前景，其潜在经济效益可观。

10.2 质量方面

按照流花 20–2 油田群开发工程项目采油树安装的质量目标：采油树安装一次合格率≥ 99%；应用本工法的流花 16–2 油田群开发工程项目采油树安装一次合格率为 99.55%，流花 21–2 油田群开发工程项目采油树安装一次合格率达到了 99.8%。

10.3 安全方面

施工过程中严格遵循安全施工规定，降低了人员与设备的风险。通过方法创新，有效减少安装工具切换、吊机长时间负荷作业，降低了施工人员疲劳作业的风险（表 4）。

表 4 采油树安装施工效益对比分析

序号	工艺对比	作业类型	安装时间 /h
1	传统安装工艺	采油树安装	24.8
2	深水采油树安装工艺	采油树安装	16.2
	节约时间		8.6

11 应用实例

流花 16–2 油田群开发工程项目位于中国南海流花作业区域，项目一期工程安装 26 个 PGB，二期项目包括 26 套采油树的安装。海洋石油工程股份有限公司作为项目施工单位，负责项目的所有运输、施工、调试及与本工程相关的其他单位工程的建设相关服务。

深水采油树安装施工工法在流花 16–2 油田群开发工程项目的应用，自 2019 年 7 月筹备工作启动到 2020 年 10 月完成施工，克服了元旦、春节及新冠疫情的影响，高效完成采油树验收、采油树安装方案专家论证、施工方案专家审查，为此项技术应用提供了保障。

应用本工法可节约船天 10% 以上，减少工具重复安装 95% 以上，提高水下采油树及 PGB 速度达 150%。本工法在流花 20–2 油田群开发工程项目的应用结果表明，实际工期比计划工期缩短 4 天，产生直接经济效益 1000 余万元。此项创新成果具有良好的推广价值和广阔应用前景，其潜在经济效益可观。

此项技术在质量、效率、环保、成本方面的显著优势，赢得业主的高度评价：此项技术是当前我国采油树最先进、最快速、最节能的安装技术，引领行业技术发展方向。

ROV 式挖沟机挖沟施工工法

李 俊 晋永昌 江凯贤 蒋喻栓 顾玉龙

中海油深圳海洋工程技术服务有限公司

1 前言

近年来，随着我国海洋油气田开发不断深入，新铺设管缆数量不断增多，面对新管缆挖沟后的保护需求，传统的喷射式挖沟机（图 1）逐渐不能满足要求。传统喷射式挖沟机采用大流量喷射模式，挖沟后沟型宽大，导致管缆长时间暴露在海底，存在管缆无法获得及时保护的问题。ROV 式挖沟机（图 2）利用喷射臂深入到海床内部，通过高压水流将管缆上方的土壤液化，管缆在自重作用下沉到沟底，挖沟沟型小，可实现边挖边埋，能更好地保护管缆。同时，ROV 式挖沟机还具有收放速度快、水深适用范围广、挖沟效率高、埋深自调查等优点，很好地适应了现今管缆挖沟后的保护需求。

图 1 传统喷射式挖沟机

图 2 ROV 式挖沟机示意图

中海油深圳海洋工程技术服务有限公司在国内外海上油气田大规模开发的背景下，瞄准管缆挖沟需求不断增加的机遇，通过相关课题研究和工程项目实践，总结和积累技术经验，编制了本工法。本工法包括“挖沟机装船与调试技术”“挖沟机参数优化技术”“淤泥质海床挖沟技术”“浅水挖沟技术”“埋深自调查技术”等多种先进技术的使用，共同解决了新管缆挖沟后保护的难题。

本工法相关技术通过了海洋石油工程股份有限公司组织的技术鉴定，鉴定结果为技术先进，已获得明显的社会效益和经济效益。

2 工法特点

2.1 适应性强

本工法适用范围为水深 10～2000m 的非黏性土海床及不排水抗剪强度小于 100kPa 的黏性土海床。它不仅适用于海底柔性管缆挖沟，同时还适用于硬质海管挖沟，适用的管缆最大直径达到 800mm。

2.2 效率高

本工法通过提高挖沟机收放速度，优化挖沟参数，采用压缆器、抽吸模块等辅助工具，提高挖沟综合施工效率，结合其应用的管缆挖沟项目，综合挖沟速度可达到 3～5km/d。

2.3 安全性好

本工法通过制订详细施工步骤，作业时使挖沟机精准坐落在管缆中间，根据管缆直径控制喷射臂间距，设置喷射臂与管缆接触力报警阈值，从源头处避免挖沟机接触损伤管缆。本工法通过十余个项目实践证明其安全可靠。

2.4 有益于环境保护

本工法进行海上挖沟作业，水流扰动的海床范围小，挖沟过程中产生的海洋浮尘量少，约是传统挖沟的 1/4，更有益于保护海洋环境。

3 适用范围

本工法适用范围为作业水深 10～2000m 的非黏性土海床和小于 100kPa 的黏性土海床，最大埋设深度达到 3m 的柔性管缆以及直径小于 800mm 的硬质海管挖沟。

4 工艺原理

ROV 式挖沟机挖沟施工的工艺原理是通过收放系统将挖沟机下放到海床，探缆设备寻缆并使挖沟机精准的坐落在管缆中间；操作喷射臂插入海床达到预定深度并喷射高压水流使喷射臂间的土体液化，管缆从而通过自身重力有效下沉，喷射过程中操作挖沟机沿着管缆往前行进（图 3）；正常挖沟时通过设置挖沟参数诸如喷射流量、喷射臂入土深度、行进速度等控制管缆埋深效果；挖沟完成后回收喷射臂，通过挖沟机携带的探缆设备 TSS440/350 再次沿管缆进行埋深后调查以检查管缆最终埋深效果。

本工法从 ROV 式挖沟机下放到正常挖沟再到管缆埋深后调查，均可以一次性完成，不仅避免了挖沟设备的多次收放，还无需动员其他调查船舶和设备，节约了工期和成本。而本工法形成的关键技术包含挖沟机装船与调试技术、挖沟机参数优化技术、淤泥质海床挖沟技术、浅水挖沟技术、埋深自调查技术。

图 3 ROV 式挖沟机破土原理

4.1 挖沟机装船与调试技术

挖沟机装船与调试技术是通过建模软件对

甲板受力分析来优化甲板布置，分析的重点为船体局部强度计算、装船强度计算、船舶稳定性计算。设备吊装完成后，再进行 A 架（收放系统）负载试验。

挖沟机装船与调试技术主要包括：甲板优化布置、船体局部强度计算、装船强度计算、船舶稳定性计算、设备连接调试、A 吊负载试验、系统联合调试等。

4.2 挖沟机参数优化技术

挖沟机参数优化技术是通过 ROV 式挖沟机在挖沟路由附近海床进行试挖沟确定；重点是依据挖沟区域的土壤性质、强度及管缆直径，选择喷射臂入土深度、喷射流量及挖沟机行进速度，再根据后调查结果，及时做出调整确定最优挖沟参数，通过后调查设备对挖沟效果复测，及时调整并确定最优挖沟参数，以实现最大挖沟效率及最佳挖沟效果的双重目的。

4.3 淤泥质海床挖沟技术

淤泥质海床挖沟技术是通过挖沟机推进器提供前进动力，辅助挖沟机前进，再适当增加挖沟机配重，增加摩阻力。其次通过加厚履带棱缘来提高履带的抓地力，以减缓挖沟机履带打滑，并提高挖沟速度。通过对挖沟技术和设备的改进，ROV 式挖沟机适应的土壤强度从 5～100kPa 拓宽到 2～100kPa，极大提高了挖沟机的适用性。

4.4 浅水挖沟技术

浅水挖沟技术是针对能见度低的海域。ROV 式挖沟机依靠前后声呐、TSS440/350 探缆系统，准确就位于管缆中间，关键点是采用挖沟机自带的 TSS400/350，通过设置自动寻缆模式进行精准的管缆挖沟；针对流速大工况，则可开启挖沟机推进器，根据流速方向提供反向推力来提高挖沟机的稳定性。

4.5 埋深自调查技术

ROV 式挖沟机埋深自调查技术是通过自带的后调查设备 TSS440/350，待喷射臂回收后即可进行后调查作业；在后调查前，需通过对调查设备进行背景补偿，来消除海水、噪声、挖沟机自身等影响带来的调查误差；而在挖沟机重新就位于已挖管缆后，即可开始沿管缆调查，TSS440/350 将自动采集埋深数据，最终实现挖沟埋深后调查。

5 施工工艺流程及操作要点

5.1 施工工艺流程

ROV 式挖沟机挖沟施工工艺流程如图 4 所示，其中海上施工板块主要包括施工准备、船舶码头动员、ROV 式挖沟机下放、试挖沟、ROV 式挖沟机就位、起始造坡、正常挖沟、出坡、后调查 9 个关键步骤。

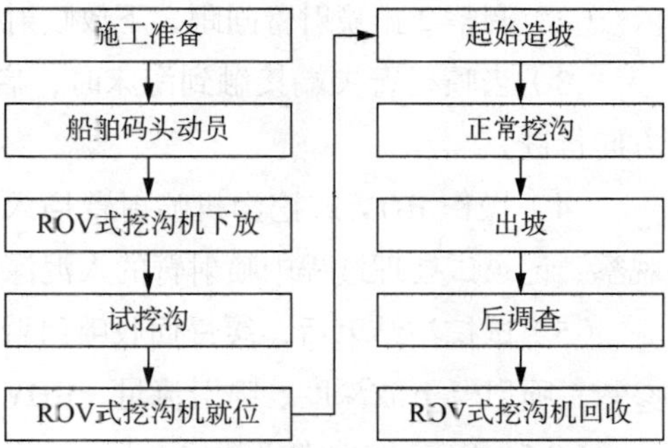

图 4 ROV 式挖沟机后挖沟总体工艺流程图

5.2 操作要点

5.2.1 施工准备

（1）船舶选型。

（2）装船布置方案设计。

5.2.2　船舶码头动员

（1）人员动员。

（2）根据装船布置图完成挖沟设备装船。

（3）挖沟设备连接调试。

5.2.3　ROV式挖沟机下放

1.下放前准备工作：

（1）挖沟作业船进行DP测试和定位校准。

（2）定位工程师在定位图中标记出试处理的起点、终点和路由上的限制区域。

（3）移船至安全下放区域，确认现场海况条件；定位人员在挖沟机上安装定位信标。

（4）ROV式挖沟机挖沟设备下水前检查。

2.ROV式挖沟机下放（图5）：

（1）甲板作业人员拆除ROV式挖沟机海固。

（2）操作提升绞车吊起ROV式挖沟机，到达一定高度后停止提升。

（3）调整A架角度，将ROV式挖沟机缓慢移动到舷外的下放位置。

（4）操作提升绞车缓慢下放ROV式挖沟机。

（5）ROV式挖沟机入水足够深度后停止下放，进行ROV式挖沟机入水后测试。

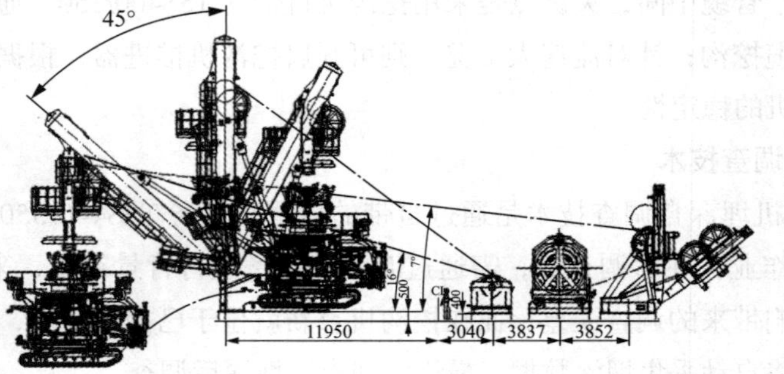

图5　ROV式挖沟机下放示意图

5.2.4　试挖沟

（1）操作ROV式挖沟机下降使其缓慢着落海床。

（2）调整2排喷射臂间距，下放喷射臂，使喷射臂尖端缓慢接近海床。

（3）当喷射臂尖端接触到海床时，启动喷射臂的喷头，同时ROV式挖沟机沿着试处理方向行进。

（4）操作ROV式挖沟机喷射臂插入深度由浅入深进行造坡，并逐步调大喷射臂流量，观察、记录试处理过程中喷射臂的入泥深度、喷射流量、处理深度、行进速度等数据。

（5）试挖沟结束后，缓慢回收喷射臂，进行出坡操作；总结试挖沟经验，确定后挖沟的参数：喷射臂下放深度、喷射流量、ROV式挖沟机移动速度。

5.2.5　ROV式挖沟机就位

（1）操作挖沟机至离海床10m高度，移船使其处于后挖沟起始点正上方；调整挖沟机的位置和艏向，使挖沟机的中心线与管缆的中心线对准（图6）。

（2）释放挖沟机脐带缆使其缓慢着落海床。

5.2.6 起始造坡

（1）调整 2 排喷射臂的间距（间距为管缆直径 +200mm），使喷射臂尖端缓慢接近海床，喷射臂位于管缆中间，当喷射臂尖端接触到海床时，启动喷射臂的喷头，同时 ROV 式挖沟机沿着路由方向行进（图 7）。

（2）操作 ROV 式挖沟机喷射臂插入深度由浅入深进行造坡；观察、记录造坡过程中喷射臂的入泥深度、处理深度、行进速度等数据。

图 6 ROV 式挖沟机在管缆中间就位

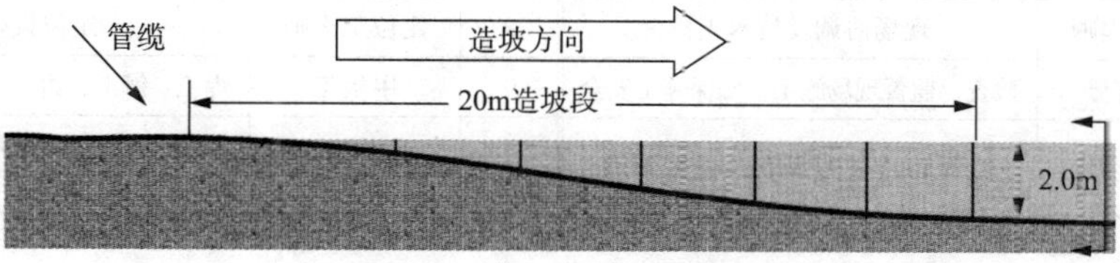

图 7 挖沟造坡示意图

5.2.7 正常挖沟

（1）保持造坡结束时挖沟机前进速度继续挖沟，主作业船配合 ROV 式挖沟机行进速度沿管缆路由移动，确保后挖沟过程脐带缆处于半松弛状态；设备操作人员应根据实时监测结果，调整 ROV 式挖沟机的行进速度和喷射臂插入深度。

（2）若遇到难挖沟区段，应放慢挖沟速度，提高喷嘴压力，保证挖沟深度；若挖沟机履带打滑，应启动推进器，辅助挖沟机前进；如第 1 遍挖沟结束后，调查埋深未达设计要求，则进行二次补充挖沟，若仍未满足，则对不满足区域采用其他方法保护处理。

5.2.8 出坡

（1）操作 ROV 式挖沟机喷射臂插入深度由深到浅进行出坡；观察、记录出坡过程中喷射臂的入泥深度、处理深度、行进速度等数据。

（2）使喷射臂尖端缓慢接近海床，关闭喷射臂喷头并使喷射臂归位。

5.2.9 后调查

（1）提起挖沟机移动到远离管缆 50m 区域，进行 TSS440/350 背景补偿。

（2）将挖沟机重新坐落在海床上，以未埋设管缆作为后调查起始点，挖沟机沿着管缆路由进行后调查，采集 TSS440/350 数据（图 8）；挖沟后调查至挖沟起始点后 10m 结束。

（3）移船至 ROV 式挖沟机回收安全区域（保证 ROV 式挖沟机回收位置至已有水下设施距离≥ 35m）；相关人员处理后调查数据，生成后调查报告。

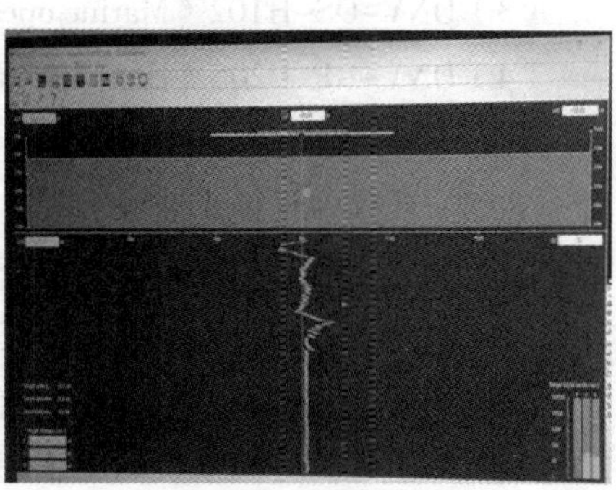

图 8 TSS440 调查结果

5.2.10 ROV 式挖沟机回收

（1）移船到回收安全区域；操作提升绞车缓慢提

升 ROV 式挖沟机至舷外的下放位置。

（2）调整 A 架角度，将 ROV 式挖沟机缓慢移动到作业船甲板；甲板作业人员绑扎 ROV 式挖沟机海固。

5.3 人力资源配置

本工法实施过程中，具体人员配置如表 1 所示。

表 1 ROV 式挖沟机岗位配置表

序号	种类	备注	序号	种类	备注
1	海上施工经理	项目海上施工总指挥	6	挖沟技术员	ROV 式挖沟机操作及维保
2	施工监督	海上施工指挥	7	定位监督	定位设备运营及管理
3	现场工程师	现场协调及技术支持	8	定位工程师	定位设备操作
4	安全监督	检查、监督现场施工，确保施工安全	9	甲板工	焊工、铆工、钳工、架子工、电工等
5	挖沟监督	负责 ROV 式挖沟机运营及管理	10	船舶作业人员	船长、DPO、大副、二副、轮机长、ETO、水手长、水手等

6 材料与设备

ROV 式挖沟机挖沟施工所需主要机具设备如表 2 所示。

表 2 主要机具设备汇总表

序号	名称	规格型号	单位	作业内容
1	多功能海上施工船	DP	艘	管缆挖沟
2	ROV 式挖沟机	ROV 式，7800 mm × 6300 mm × 5000mm	台	挖沟
3	USBL 定位系统	Sonardyne Mini Ranger2	套	定位
4	后调查设备	TSS440/350	套	挖沟后调查

7 质量控制

7.1 质量标准

（1）DNV-OS-H205《Lifting operations（vmo standard part 2–5）》

（2）DNVGL-ST-N001《Marine operations and marine warranty》

（3）DNV-OS-H102《Marine operations, design and fabrication》

（4）DNV-RP-C205《Environmental conditions and environmental loads》

7.2 质量措施

7.2.1 质量保证体系建设

（1）项目全生命周期内，按照公司管理体系文件开展项目质量管理。

（2）对施工船舶及相关设备工具进行检验，直至合格后方可使用。

（3）组织实施现场质量检查及监督管理，进行现场 CheckList 检查。

（4）海上施工开始前确认施工图纸均已批准且加盖业主及第三方批准章。

（5）进行埋深调查设备 TSS440/350 甲板校准和海床背景补偿。

（6）挖沟埋深探测实时监控。

7.2.2 关键工序质量控制点主要技术指标检验统计（表 3）

表 3 关键工序质量控制点主要技术指标检验统计表

序号	检查点或工序	指标要求	检验时机与频率	检验仪表或方法
1	装船设备焊接固定	焊缝磁粉检验合格	船舶动员时	磁力仪、悬浮剂
2	ROV 式挖沟机作业海况	1. 风速小于 25 节 2. 最大流速小于 2.0 节 3. 有义波高小于 2.0m	每次挖沟机入水作业前及作业过程中	风速计、波浪测量仪、船载雷达、水下摄像头
3	主作业船吊机作业条件	1. 风速小于 25 节 2. 最大流速小于 2.0 节 3. 有义波高小于 2.5m	每次挖沟机入水作业前及作业过程中	风速计、波浪测量仪、船载雷达、
4	ROV 式挖沟机挖沟半径	小于 30m	挖沟前预调查	二维声呐
5	与已有电缆间距	10m	挖沟前预调查	二维声呐
6	管缆埋设深度	设计要求	挖沟后调查	TSS440/350

8 安全措施

8.1 安全标准

本工法应遵守的安全法律法规包括但不限于下列各项，应用时以最新颁布的版本为准。

（1）2021 年 6 月修正《中华人民共和国安全生产法》

（2）交通运输部令 2021 年第 24 号《中华人民共和国水上水下施工作业和活动通航安全管理规定》

8.2 安全保证措施

ROV 式挖沟机挖沟过程中存在的风险主要包括：船舶碰撞、恶劣天气、火灾触电、设备故障等，以上风险都可以通过前期充分的准备和严格的现场管理予以规避，具体措施如下：

（1）每次施工前必须召集所有施工参与人员召开技术交底会和安全风险会。

（2）在施工过程中，任何人不得随意改变施工方案，如有特殊情况需进行调整，须进行施工方案变更审批。

（3）出海前所有设备证书齐全，所有设备及工机具完成陆地调试，使用、测试记录完整。

（4）甲板布置应规划留出消防和安全逃生通道。

9 环保措施

9.1 环保标准

本工法应遵守的环境保护法律法规包括但不限于下列各项，应用时以最新颁布的版本为准。

（1）2023 年 10 月修订《中华人民共和国海洋环境保护法》

（2）2020 年 4 月修订《中华人民共和国固体废物污染环境防治法》

（3）国务院令第 561 号《防治船舶污染海洋环境管理条例》

9.2 环境保证措施

在施工前进行环境影响评估，识别出对环境会造成影响的各个因素，编制控制方案，具体措施如下：

（1）各作业船舶应有海事局要求配备和批准的《油污应急计划》《油类记录簿》《垃圾记录簿》和防污染告示牌。

（2）挖沟过程中，若发现挖沟机漏油，须采取防止溢油措施，并回收挖沟机至甲板检修。

（3）海上施工时，应禁止向海中抛放、倾倒工业垃圾、污油、塑料制品和其他无法分解的材料。所有排海的液体应经过无害化处理，化学品有环保部门的使用许可方能使用。

10 效益分析

在掌握本工法的关键技术以前，国内管缆挖沟主要依靠传统的悬吊和拖拽挖沟机进行，该方式不仅作业范围窄，而且挖沟效率低，以悬吊式挖沟机为例，其参与的项目综合效率不足 2km/d，而 ROV 式挖沟机综合参与的十余个挖沟项目，效率已超过 5km/d（表 4）。

表 4 经济效益分析表

序号	应用项目	作业水深 /m	类型与参数	利用本工法实际费用 / 万元	节约费用 / 万元
1	宁波 19-6 项目电缆软管挖沟	100	海缆 / 软管挖沟：14.4km 外径：241.7mm（软管）、121.1mm（海缆） 埋设长度：7.2km（软管）、7.2km（海缆） 段数：1 段软管 +1 段海缆	1200	400
2	青州三风电海缆挖沟项目 & 三峡沙坡风电电缆挖沟项目	29	海缆挖沟：110km 外径：220mm/150mm 埋设长度：110km 段数：2	7000	1600
总计节约费用					2000

11 应用实例

本工法指导了深圳海洋工程技术服务有限公司多个管缆挖沟项目，其极高的作业效率以及广泛的适用范围为中国海上油气田的建设提供了有力保障。

实例一：宁波 19-6 项目电缆软管挖沟

工程名称：宁波 19-6 项目电缆软管挖沟

施工地点：中国东海海域。

施工工期：2022 年 8 月 18 日至 2022 年 9 月 12 日。

实际工程量：海缆 / 软管挖沟；外径：241.7mm（软管）、121.1mm（海缆）。

埋设长度：14.4km。

产生效益：400 万元。

实例二：青州三风电海缆挖沟项目及三峡沙坡风电电缆挖沟项目

工程名称：青州三风电海缆挖沟项目及三峡沙坡风电电缆挖沟项目。

施工地点：中国南海海域。

施工工期：2022 年 4 月 8 日至 2022 年 5 月 2 日。

实际工程量：海缆挖沟；外径：220mm/150mm。

埋设长度：110km。

产生效益：1600 万元。

深水半潜式生产平台整体吊装大合拢施工工法

张庆营　韩少宁　于　琦　李　勇　牛建华

海洋石油工程（青岛）有限公司

1　前言

深水半潜式生产平台整体吊装大合拢施工是国内首个深水半潜式生产平台建造工作的核心。为了加快油田投产进程，节省建造工期，该深水半潜式生产平台的建造采用了最节省工期的上部组块与下部船体分开同步建造的方式，在船体和组块分别建造完成后将两者进行整体合拢（图 1、图 2）。

图 1　上部组块与下部船体分开同步建造

图 2　整体吊装大合拢示意图

1.1　技术特点

区别于其他传统吊装合拢项目，本项目具有如下技术特点：

（1）半漂浮特点：因船坞低吃水、低承载导致的半漂浮坐墩特点，传统吊装合拢下船体处于漂浮状态，合拢过程中的对接位置调整及精度调节常规操作即可完成，但本平台重达 5 万吨以上，船坞内高潮位水深已无法整体浮起该平台，全部落墩坞底承载力又不满足，合拢只能在半漂浮半坐墩的状态下进行，导致一系列难题的出现，以往的施工经验都无法借鉴。

（2）点连接特点：本项目的上部组块和下部船体分开建造，合拢连接通过 4 根立柱上设置的 4 个点进行“点连接”，而传统的半潜式钻井船上部模块与下部船体是通过 4 根立柱全部对接的“面连接”方式。并且为了应对南海复杂内波环境下 30 年不回坞维修对疲劳设计的要求，对下船体的建造和整体合拢精度提出了极为苛刻的要求，即：下船体建造完工后连接点对角线精度要求为 70006mm ± 13mm（是 IACS 国际船级社协会造船精度管理标准的 4 倍），连接点合拢对接后上下对接立柱错皮误差不超过 6mm 等。

（3）四立柱开口变形特点：由于该半潜式生产平台下船体设计为 4 立柱开口形式，立柱高达 59m，且没有约束，建造过程自身变形不容易控制，下水后变形更难预测和控制。

（4）阳极与坞墩干涉特点：下部船体底板外部安装的 368 块阳极与船坞内铺设的 1351 个坞墩干涉，影响船体定位精度。

基于以上特点，特别是船坞低吃水、低承载导致的半漂浮坐墩问题，使得以前的吊装大合拢施工技术及方法都不能覆盖本项目的特殊要求，本项目整体吊装大合拢面临着诸多的“第一次”。

1.2 获得知识产权及奖励

本工法涉及的技术及工艺方法共申请获得 11 项专利（其中授权发明专利 3 项，受理发明专利 3 项，授权实用新型专利 5 项），发表科技论文 12 篇，并助力工程项目获得 2 项省部级科技进步特等奖（获得中国海洋石油总公司科技进步特等奖 1 项，获得海南省科技进步特等奖 1 项）。

2 工法特点

本工法是使用海油工程自主创新的施工技术完成世界首座立柱储油式深水半潜式生产平台整体吊装大合拢作业，具有里程碑意义。结合海油工程多年的项目施工和管理经验制定的施工工法，具有以下显著特点：

（1）施工能力强：本工法设计可以完成总重 53000t 级别深水半潜式生产平台整体吊装大合拢，目前位居国内第一。

（2）适用范围广：本工法解决了船坞低吃水和低承载情况下的大合拢难题，扩大了适用范围。

（3）施工精度高：下船体建造完工后连接点对角线精度为 70006mm ± 13mm，是 IACS 国际船级社协会造船精度管理标准的 4 倍严格，整体吊装大合拢时连接点对接偏差设计要求小于 250mm，连接点合拢对接后上下对接立柱错皮误差小于 6mm，该组合精度要求为世界首次。

（4）安全可靠：整体吊装大合拢前，上部组块先试吊再整体起吊，已确保被吊物的安全；吊装大合拢过程中，以安全为第一责任，从施工组织到保障措施，已做过全面预演及准备，整个施工过程安全可控。

3 适用范围

本工法适用于总重 53000t 级别以内的所有深水半潜式海洋结构物的整体吊装大合拢作业，包括半潜式海洋油气生产平台、半潜式钻井船等海工产品。

4 工艺原理

本施工工法最核心的工艺原理是大合拢各影响因素的变形精度控制，大合拢影响因素有很多，其中影响最大的有 3 个因素，分别是：合拢导向变形累积误差、4 立柱开口量的压载调整变形累积误差、下部船体精确就位及坐墩限位变形累积误差，其工艺原理就是各变形因素在 X、Y 2 个方向的变形累积误差之和不大于大合拢时捕捉偏移量（250mm）。

其工艺原理可以简化为如下公式：

$$\delta_1(x,y)+\delta_2(x,y)+\delta_3(x,y)+\cdots+\delta_n(x,y)\leqslant 250\text{mm} \tag{1}$$

式中，$\delta_1(x,y)$ 为大合拢变形影响因素 1，合拢导向变形累积误差；

$\delta_2(x,y)$ 为大合拢变形影响因素 2，船体 4 立柱开口量变形累积误差；

$\delta_3(x,y)$ 为大合拢变形影响因素 3，下部船体精确就位坐墩累积误差；

$\delta_n(x,y)$ 为大合拢变形影响因素 n，第 n 个累积误差。

5 施工工艺流程及操作要点

5.1 整体吊装大合拢工艺流程图

本工法共 6 个步骤：①整体吊装大合拢前准备；②上部组块进坞及吊装；③下部船体进坞及精确就位；④上部组块与下船体整体吊装大合拢；⑤合拢后连接工作；⑥半潜式平台整体出坞。

工艺流程图如图 3 所示。

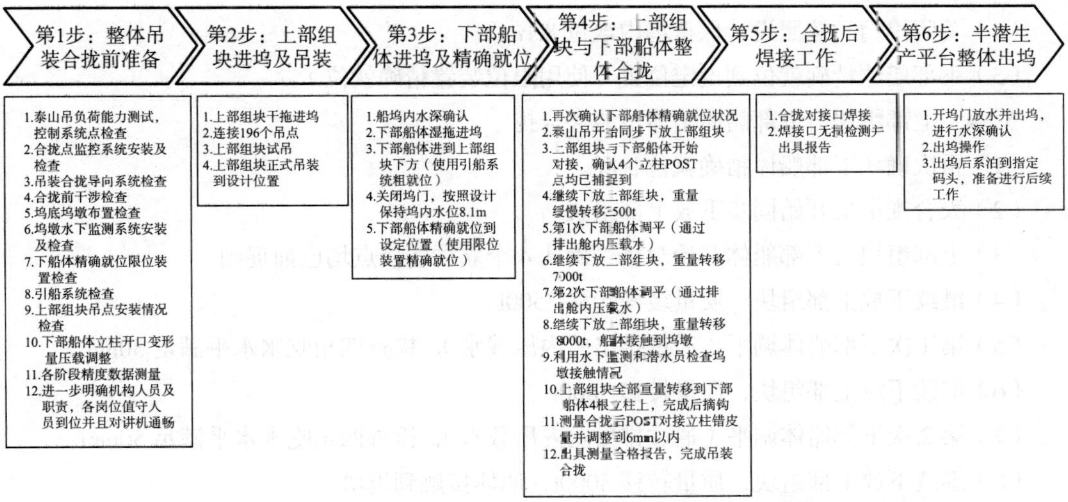

图 3 深水半潜式生产平台整体吊装大合拢操作流程图

5.2 整体吊装大合拢工艺操作要点

5.2.1 整体吊装大合拢前准备

（1）大合拢吊机负荷能力测试，控制系统点检查。

（2）合拢点监控系统安装及检查。

（3）吊装大合拢导向系统检查。

（4）合拢前干涉检查。

（5）坞底、坞墩布置检查。

（6）坞墩水下监测系统安装及检查。

（7）下船体精确就位限位装置检查。

（8）引船系统检查，按照公司既定检查流程操作，并配置至少 12 人的操作队伍。

（9）上部组块吊点安装情况检查。

（10）下部船体立柱开口变形量压载调整，使用 $25m^3$、72m 扬程潜水泵 10 台及水带等物资进行压载调整，9 个舱排水共计 $5615m^3$。

（11）各阶段精度数据测量。

（12）进一步明确机构人员及职责，各岗位值守人员到位并且对讲机通畅。

5.2.2　上部组块进坞及吊装

（1）上部组块干拖进坞，严格按照施工方案进行。

（2）连接 196 个吊点，配置 10 名吊点挂钩操作人员，严格按照方案进行操作。

（3）上部组块试吊。

（4）上部组块正式吊装到设计位置。

5.2.3　下部船体进坞及精确就位

（1）船坞内水深确认。

（2）下部船体湿拖进坞。

（3）下部船体进到上部组块下方（使用引船系统粗就位）。

（4）关闭坞门，按照设计保持坞内水位 8.1m。

（5）下部船体精确就位到设定位置（使用限位装置精确就位）。

5.2.4　上部组块与下部船体整体吊装大合拢

（1）再次确认下部船体精确就位状况。

（2）大合拢吊机开始同步下放上部组块。

（3）上部组块与下部船体开始对接，确认 4 个立柱连接点均已捕捉到。

（4）继续下放上部组块，质量缓慢转移 3500t。

（5）第 1 次下部船体调平（通过排出舱内压载水），检查四角吃水水平满足 50mm。

（6）继续下放上部组块，质量转移 7000t。

（7）第 2 次下部船体调平（通过排出舱内压载水），检查四角吃水水平满足 50mm。

（8）继续下放上部组块，质量转移 8000t，船体接触到坞墩。

（9）利用水下监测和潜水员检查坞墩接触情况。

（10）上部组块全部质量转移到下部船体 4 根立柱上，完成后摘钩。

（11）测量合拢后连接对接立柱错皮量并调整到 6mm 以内。

（12）出具测量合格报告，完成吊装大合拢。

5.2.5　合拢后焊接工作

（1）合拢对接口焊接。

（2）焊接口无损检测并出具报告。

5.2.6　半潜生产平台整体出坞

（1）开坞门放水并出坞，进行水深确认。

（2）出坞操作。

（3）出坞后系泊到指定码头，进行后续工作。

6 材料与设备

6.1 主要投入设备系统

本工法施工使用的主要设备清单见表1。

表1 主要设备清单表

序号	设备名称	规格型号	单位	数量	备注
1	主吊机系统	最大起重量：20000t； 起升高度：83m~113m； 双梁间距：35.5~49.5m	套	1	
2	主吊机配套系统	吊排系统、吊梁系统、吊点系统	套	1	
3	临时压排载系统	潜水泵：扬程72m，25m³/h，12台 流量计、水管、各类阀等	套	1	
4	精确限位装置	定制钢结构，配置200t千斤顶	套	2	
5	精度控制计算机模拟系统	精度控制计算机模拟系统	套	1	
6	精度测量用全站仪	按需配置	台	按需配置	

6.2 主要材料清单

本工法施工使用的主要机具材料清单见表2。

表2 主要机具材料清单表

序号	材料名称	规格型号	单位	数量	备注
1	应急汽车吊、叉车等	70t，5t	台	按工况配用	
2	对讲机	通讯用，摩托罗拉	台	按工况配用	
3	照明设备	防爆灯、手电筒等	个	按工况配用	
4	常用工具	电工、钳工工具，撬杠、榔头等	套	按工况配用	
5	消耗材料	棉纱、锯末、防雨帆布等	综	按工况配用	
6	急救包	急救包	个	按工况配用	
7	卸扣、卡环、钢丝绳	1t，2t	个	按工况配用	

6.3 施工过程中的人力配置

本工法施工过程中，需要配置的人力安排如表3所示。

表3 施工人力配置表

序号	工作内容	施工专业	人员数量	备注
1	操作总指挥	指挥员	1	现场唯一指令来源
2	吊装指挥	指挥员	5	听总指挥指令
3	吊机司机	司机	2	驾驶室
4	四立柱检查值守人员	施工员	8	4个立柱 ×2人/个
5	吊点挂钩人员	施工员	10	听指挥进行操作

续表

序号	工作内容	施工专业	人员数量	备注
6	精度测量	测量员	12	4 台全站仪 ×3 人 / 台
7	精确限位装置操作	操作员	4	2 台装置 ×2 人 / 台
8	引船系统操作	操作员	12	引船操作
9	压载调整操作	操作员	40	全过程压载调整

7 质量控制

7.1 本工法遵循的标准规范

本工法遵循的标准规范主要分为：海工产品建造施工类标准、吊机检验适用标准、引航操作类规范、舱室压排载类规范以及精度控制类规范等，具体标准规范如下：

（1）ISO 19901-5—2003《石油和天然气工业—海上建筑物的特殊要求》

（2）API-RP-2A-WSD《海上固定平台规划、设计和建造的推荐做法》

（3）TSG Q7002—2007《通用桥式起重机型式试验细则》

（4）TSG Q7015—2016《起重机械定期检验规则》

（5）2021 年 4 月修订《中华人民共和国海上交通安全法》

（6）交通运输部令 2021 年第 25 号《船舶引航管理规定》

（7）GB/T 34000—2016《中国造船质量标准》

（8）NORSOK M-101《Structural Steel Fabrication》

（9）国家安全生产、消防、环境保护、劳动保护及职业健康等相关法律法规

7.2 施工过程中的质量控制

本工法施工过程中，重要的质量控制点主要是：大合拢导向装置建造及安装质量控制、大合拢吊机检验质量控制、引航及进出船坞质量控制、立柱变形量压载调整质量控制、下船体精确就位精度质量控制等。

7.2.1 大合拢导向装置建造及安装质量控制

导向装置的建造和安装要符合 API-RP-2A-WSD 关于海上固定平台建造的相关规定，在船体下水前完成导向装置的安装，表面需打磨光滑，建造及安装综合精度偏差控制在 6mm 范围内。

7.2.2 大合拢吊机检验质量控制

大合拢吊机主要检验包括：移动梁铰支座检查、主要零部件检查、机械系统检查等。

7.2.3 引航及进出船坞质量控制

整体操作要严格遵守《中华人民共和国海上交通安全法》以及《船舶引航管理规定》执行。

7.2.4 立柱变形量压载调整过程中的质量控制

按照计算，为了调节立柱变形量，需要加压载水 10750t，合计舱内压载水为 11050t，下部船体可以达到基本正浮（吃水 7.2m）。为保证立柱开口变形量最小，需要在 8 个舱室内加入不同的水量，并且严格控制，不能混淆舱室和加注量。

主要质量控制点如下：

（1）区分舱室，不能加错舱室，不能混淆舱室。

（2）舱室加水量的质量控制。

7.2.5　下船体就位精确度的质量控制

下船体精确就位，上部连接点要求精确捕捉对接，下部船底板上 368 块阳极与坞底 1351 个坞墩不能有任何的干涉碰撞，重点质量控制点如下：

（1）精确定位的限位装置的安装精度及实施技术质量控制。

（2）精度测量的快速测量定位技术质量控制。

（3）辅助水下视像检查技术质量控制。

8　安全措施

本工法施工作业属于重大作业，必须严格按照国家和地方（行业）有关安全法规执行。

8.1　针对大合拢施工建立《大合拢安全指导手册》并下发执行

（1）建立应急指挥中心，确保紧急情况下各类救助资源快速到位。

（2）完善的防护用品：衣服、鞋帽、眼镜、耳塞等全套的安全防护用品，从设施上保证员工作业安全。

（3）工作安全分析会制度：作业前，召开各专业人员参见工作安全分析会，分析作业安全问题，提前提出解决方案。

（4）脚手架搭设实行挂牌制度，对整体吊装大合拢施工中临时搭设使用的脚手架进行严格挂牌管理，未挂绿牌脚手架禁止使用，确保脚手架使用安全。

（5）严格动火作业审批制度，确保安全。

8.2　编制建立《大合拢专项安全应急预案》并下发执行

（1）拖航突发事件处置。影响较大的主要突发情况有：突遇强风、浓雾以及拖轮缆破断。如遇上述任一情况发生，都须首先将船停住，利用所配拖轮使船稳定，对情况做出判断和评估，同时报告交管中心。

（2）当船舶大风断缆时应采取应急措施。

（3）在拖带作业期间有人员落水时，应采取紧急措施。

没有优质的安全措施，就没有优质的施工，在本工法作业中，严格执行上述安全管理规定，确保安全可靠地进行施工。

9　环保措施

在本工法施工过程中，必须严格遵守国家环保法律法规，重视作业区域环保措施，针对吊装大合拢施工作业区域的环境特点，重点预防和控制油品泄漏、海水污染、射线作业、扬尘、噪声、垃圾清理等事项，做到每日检查，定期检测。

（1）油品泄漏防护：施工现场准备了棉纱、锯沫等物品，保证在发生油品泄漏时能及时进行防护清理。

（2）扬尘控制：本工法施工区域大都是海边砂石土地，海边风大，扬尘比较严重，影响施工和工机具保护，需要采取措施确保无扬尘。

（3）噪声防护：针对施工场地噪声污染，给每名施工作业人员配备耳塞等防护用品，确保人员不被噪声伤害。

（4）做好垃圾清理工作：每日定时清理施工及生活垃圾，确保施工区域干净整洁。

（5）施工现场 24h 值班，设置监控录像和报警系统，并接受政府环境主管部门检查监督。

10 效益分析

10.1 经济效益分析

本工法在 2020 年 10 月已经成功完成了 5 万吨级深水半潜生产平台整体合拢作业项目，节省了高昂的分包费用，取得良好的经济效益。

本项目上部组块与下部船体的整体合拢工作，共对两种方案进行询价，一种方案是使用整体吊装大合拢；另一种方案是使用 Mammoet（ALE）顶升系统进行整体顶升滑移合拢。因为 2 种方案不同，最后项目交付使用的重大资源也不同，综合费用对比见表 4。

表 4 上部组块与下部船体整体合拢综合费用对比表 单位：万元

费用类别 \ 厂商	整体吊装大合拢方案	整体顶升滑移合拢方案
	COOEC 自主创新工艺	整体分包给 Mammoet（ALE）
整体合拢	4200	12000
上部组块装船 / 固定 / 运输（使用 HYSY229 船）	3257	
下部船体装船 / 固定 / 运输（使用 XGH）	8711	
FPU 整体装船 / 固定 / 运输（使用 XGH）		6726
生活楼火炬臂平台吊机等装船 / 固定 / 运输	1000	
整体吊装大合拢后设备吊装	1900	
异地施工费等	1000	
顶升辅助结构（材料 + 预制）		6700
合计	19068	25426
节省费用	6358	

由上表分析，使用整体吊装大合拢方案综合费用节省 6358 万元，经济效益明显。

10.2 社会效益分析

从全球范围来看，原来由韩国、新加坡等公司掌握的深水半潜生产平台的建造和整体集成合拢技术逐步转移到国内，海油工程公司在国家的支持下，通过集成技术创新，联合使用国内有效资源，以较低的经济投入，取得项目成功，极大地提高了我国超大型海洋石油平台建造总装过程中的专项施工能力。

本项目最终创造性地完成了业界高度关注和担心的重大合拢作业，创造出世界海洋工程界高精度合拢的又一个世界纪录。是中国海油利用国内资源成功完成首个超级半潜式生产平台能力的一次大检阅。在世界上树立了一个榜样，为我国海洋工程企业走向国际提供一个成功范例，有重要的应用价值和工程推广意义。

11 应用实例

工法应用项目名称：陵水 17–2 气田开发工程项目。

项目作业地点：烟台场地内。

项目作业时间：2020 年 10 月。

项目工作量：完成总重约 50000t 深水半潜式生产平台的整体吊装大合拢。

工法应用效果：自 2019 年 8 月初开始准备到 2020 年 10 月完成准备工作，历时近 15 个月的精心准备，最终成功顺利完成整体吊装大合拢作业，创造巨大经济和社会效益。

半潜式生产平台船体陆地建造工法

万秀林　杨风艳　刘俊斐　田旺生　杨铁宁

海洋石油工程（青岛）有限公司

1 前言

半潜式生产平台是一种重要的深水油气生产装备，一般由上部模块及船体组成。其中船体区域设计标准高、系统功能复杂、建造难度大，长期以来其建造由欧洲、美国、日本、韩国等国家和地区的海洋工程制造基地完成。国内尚无完整建造半潜式生产平台船体的经验。

国际上同类型船体均为“船坞内建造法”，即船体分段预制完成后，运输至船坞，通过船坞配套的吊装设备，完成船体总装。

传统建造工艺中，能匹配大型半潜式生产平台船体建造的船坞资源较为稀有，为拓展建造场地资源，提升建造效率，海洋石油工程（青岛）有限公司探索了在陆地上完成半潜式生产平台船体预制、总装的新工艺。与传统工艺相比，新工艺解决了大型船坞资源稀缺，总装效率难以提升等难点。通过拓展总装设备，提升了总体建造效率。其中通过重载运输车完成3000t 级船体分段一次性精确定位合拢，通过大型履带吊合抬完成 500t 级船体分段高空总装合拢，总装效率提升 1 倍以上，节省总装工期约 5 个月，实现了陆地上快速建造半潜式生产平台船体的世界首创。

本工法在陵水 17–2 项目、深远海浮式风电平台项目中实践应用，创造约 1.73 亿元经济效益，并取得巨大的社会效益。

本工法通过了海洋石油工程股份有限公司的工法成果鉴定及发布。该成果曾获中国海油集团公司特等奖、海油工程科技进步一等奖、海油工程优秀设计奖等奖项，申报国家专利技术 9 项，发布企业标准 5 项，发表论文 28 篇。

2 工法特点

2.1 适用场地类型广

本工法首创了半潜式生产平台船体在多地分段建造、陆地上总装船体建造的新工艺，突破了船坞内建造船体的固定模式，可有效解决大型船坞资源受限的难题。

2.2 建造效率高

本工法使用重载运输车及 SPMT（自行式模块运输车）将船体底部区域 3000t 级的巨型

总段直接运输就位；使用多台大型吊机及浮吊协同或并行方式进行船体立柱区域总段搭载合拢，能减少总装吊装次数，减少高空焊接和脚手架搭设工作量，节省人力，缩减工期。

2.3 质量可控性高

本工法创立半潜式生产平台船体疲劳特殊区域专项施工工艺，通过定向分段划分，有效地将船体特殊区域施工工序前置，释放了低空制造、区域管控的优势，能有效提高整体建造质量。

2.4 可推广程度高

本工法中的疲劳特殊区域施工工艺、大型总段高效总装等技术，可在各类型浮式生产设施、浮式风电平台施工项目中推广应用。

3 适用范围

本工法适用于在陆地上进行半潜式生产平台船体的建造过程。

4 工艺原理

半潜式生产平台船体由立柱、节点、浮筒组成。相比半潜式钻井平台，半潜式生产平台船体功能设计更复杂，建造难度更大。

其中船体疲劳特殊区域，是半潜式生产平台的重要设计因素。平台的系泊、立管、脐带缆等系统在船体上会形成交变载荷，此类系统在船体上的连接区域一般定义为“疲劳特殊区域”。除满足材料强度等基本因素外，此类区域对于焊缝数量、焊道布置、焊接形式等都有严格的质量要求，建造难度高。

半潜式生产平台船体陆地建造是一项大型综合施工工程。

其工艺过程主要概括为：施工准备、分段划分、分段预制、分段总装、舾装完善。

4.1 分段划分技术（将疲劳特殊区域建造前置）

本工法中采用的分段划分技术与国际上常见的环形分段划分方式（图 1）不同，除了考虑吊装运输能力、车间尺寸限制等基本因素外，着重考虑船体立柱顶部与上部组块的连接点、立柱与浮筒连接点、立管接收位置、系泊导缆器位置等疲劳特殊区域。划分分段时，将上述特殊区域尽量划分至就近的同一分段，将疲劳特殊区域的施工，由分段总装阶段的户外、高空施工环境，提前至车间内、低空施工环境，使分段施工更高效，提高施工质量控制、降低建造成本。

陵水 17–2 半潜式生产平台船体共分为 34 个总段。其中，每个立柱分为 7 个总段，共 28 个立柱总段，底部节点和浮箱分为 2 个浮箱总段和 4 个 L 形巨型总段，总段划分详见图 2。

4.2 疲劳特殊区域分段的预制施工工艺组合

本工法对船体疲劳特殊区域的预制施工工艺组合进行了梳理。其中，为实现疲劳改善，探索了板材厚度过渡区域结构装配工艺、圆方过渡区域钢结构冷加工及焊道打磨工艺等。

通过实施“渐变板厚型材过渡工艺”“圆方过渡板加工工艺”，能够有效提升半潜式生产平台船体的分段预制效率及施工质量。

例如陵水 17–2 项目的底部浮筒分段，通过实施上述工艺，减少型材切边 2000m，实现方形立柱圆弧边与节点直边的特殊型线连接，焊缝成型效果满足 300 年疲劳寿命要求。

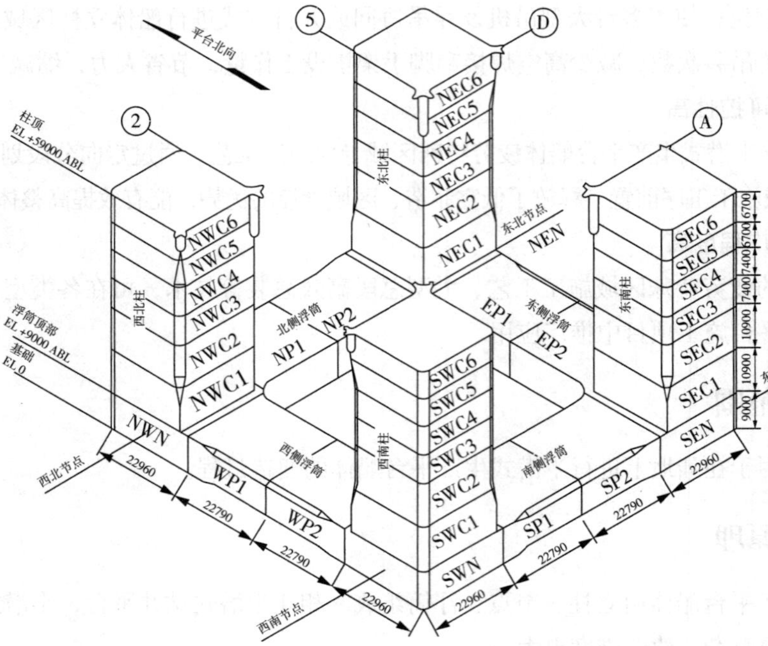

图 1　常规环形分段切分方式

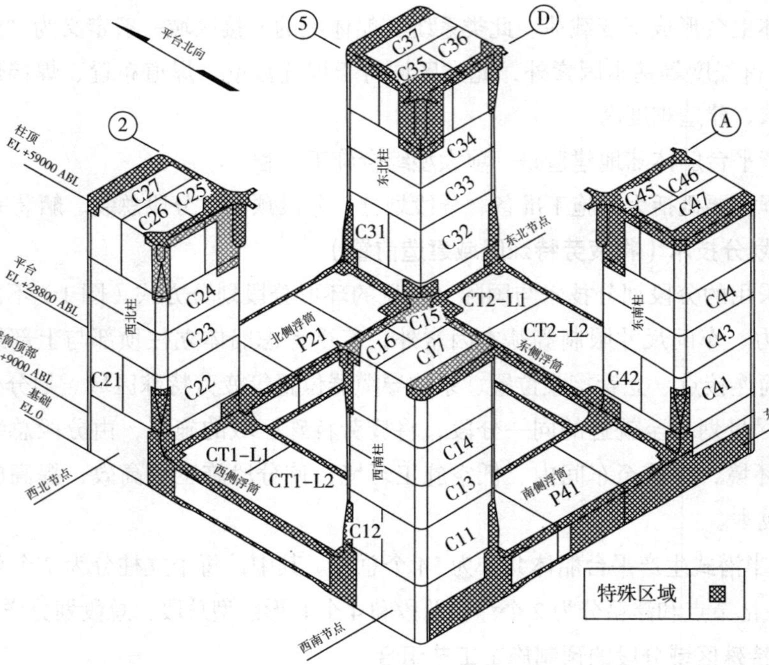

图 2　船体总段划分

4.3　3000t 级巨型船体总段精确定位合拢技术，基于多台履带吊、浮吊的立柱总段快速总装技术

半潜式生产平台的船体陆地总装搭载，是将船体总段运输至总装位置，并利用大型运输或吊装设备，按照一定顺序完成其陆地滑道总装就位的过程，包括滑道准备、分段运输、分段吊装等工序。

依托半潜型船体的结构特征及相对于船坞的陆地地面空间优势，在船体底部环段区域，创新地利用重载运输车及 SPMT（自行式模块运输车），完成 3000t 级巨型总段直接运输就位（图 3）。此技术将原本大量的小分段逐个安装方案，优化为“地面工位预合龙，大型总段一次性总装就位”，增加了相对安全、环境稳定的平地作业，减少总装场地露天高空作业，提高作业品质和生产效率（图 4）。

图 3　3000t 大型总段精确就位示意图

图 4　浮吊和履带吊吊装合拢示意图

4.4　半潜式生产平台船体舷外特殊附属构件安装工艺

半潜式生产平台的附属构件安装，是指船体主结构总装完成后，将平台舷外附属构件按照一定顺序安装就位的过程。半潜式生产平台船体附属构件主要包括系泊锚机、导缆器、液压浸没泵、立管接收器、船体立管及卡子、脐带缆及接头、护管及卡子、靠船护舷、落物及碰撞保护框架、各类操作平台、应急逃生梯、水尺及标识、系泊及拖航拖点等。

上述附属构件，其底座、生根点等宜与船体主结构分段一同预制、喷涂；跨分段布置、非钢结构件及因其他特定原因无法随主结构分段一同预制、喷涂的构件，在船体主结构分段总装搭载结束后，按照设计图纸以一定顺序完成安装。最终形成“半潜式生产平台船体舷外特殊附属构件安装工艺”。

通过此工艺，行业内首次实施了半潜式平台多点系泊设备、SCR 立管接收装置、立管 SSIV 及控制系统、动态脐带缆 DBSC 接头等多种油气生产平台所特有的附属构件，部分特殊部件安装精度达 ±1mm，属于国内领先地位。

5　施工工艺流程及操作要点

5.1　施工工艺流程

5.1.1　总流程（图 5）

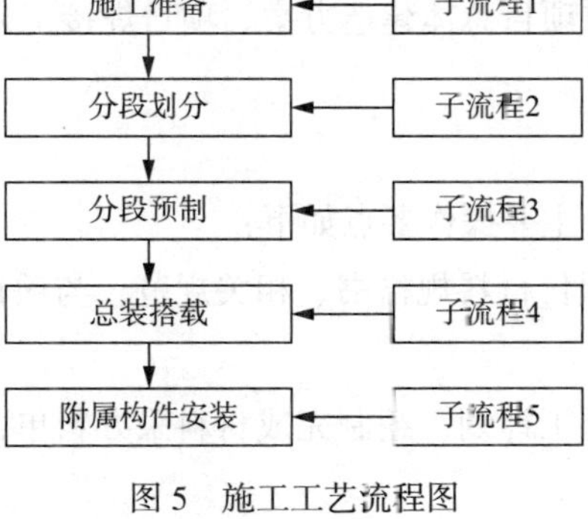

图 5　施工工艺流程图

5.1.2　子流程

（1）子流程 1（图 6）

图 6　施工准备流程

（2）子流程 2（图 7）

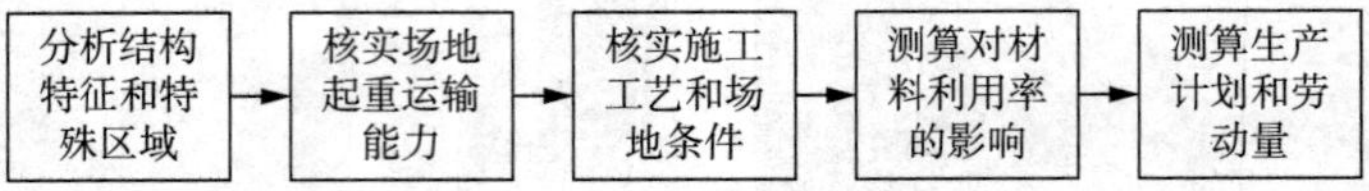

图 7　分段划分流程

（3）子流程 3（图 8）

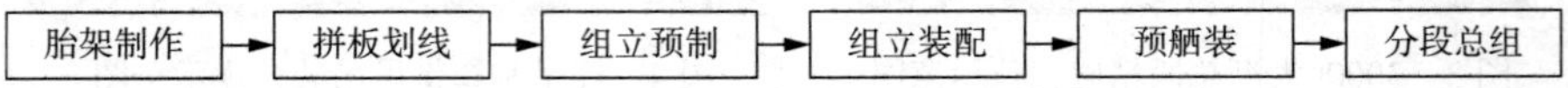

图 8　分段预制流程

（4）子流程 4（图 9）

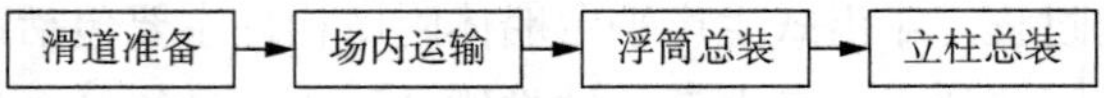

图 9　总装搭载流程

（5）子流程 5（图 10）

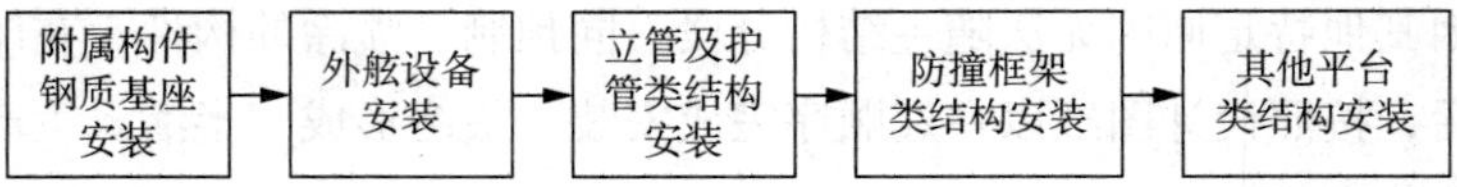

图 10　附属构件安装流程

5.2　操作要点

5.2.1　施工准备

1. 技术准备

（1）搜集船体相关详细设计图纸、建造规格书、材料规格书等输入文件。

（2）重点识别船体疲劳特殊区域，并熟练掌握疲劳特殊区域的质量要求。

（3）搜集并掌握半潜式生产平台船体建造所需遵循的船级社规范、标准。

（4）搜集并掌握建造场地的场地资源、设备、车间的相关数据。

（5）编制项目实施策略、项目总体建造方案、项目焊接工艺等施工设计文件。

2. 材料准备

材料准备工作分为 2 类。

（1）针对工程永久材料，主要操作要点如下：

①根据项目合同要求、项目材料规格书、相关规范，与项目甲方共同确定材料入级及取证的范围及证书具体要求。

②根据详细设计图纸、施工计划，编制完成材料采办料单，由钢材供货商提供满足证书

要求的工程永久材料。

（2）针对施工辅助材料，主要操作要点如下：

①施工方根据施工组织设计阀杆，估算施工辅助用料数量及材料要求，包括但不限于胎架、运输框架、吊装框架、总装支墩等。

②根据施工计划安排，分批次购置施工辅助材料。

3. 现场准备

（1）预制分段所需配备的场地、工位。

（2）满足半潜式生产平台船体建造承载能力的陆地滑道 1 条。

（3）准备建造所需工程设备及设施。

4. 人员准备

（1）根据项目合同及规格书，与项目甲方共同确定施工人员所需资质，包括但不限于焊工作业、防爆电器安装、无损检测等。

（2）准备建造所需人力。

5. 技术交底

（1）开工前做好半潜式生产平台船体的施工设计图纸会审及交底。

（2）根据批准的船体施工方案，做好建造施工方案交底、焊接技术交底。

5.2.2　分段划分

1. 分析结构特征和疲劳特殊区域

本阶段是半潜式生产平台船体分段划分的重要基础，收集结构等级分类图、总布置图、舱容图、结构平立面图等信息，进行结构特征及疲劳特殊区域的识别。对立柱顶部与上部组块的连接点、立柱与浮筒连接点、立管接收位置、系泊导缆器位置等区域进行重点分析，明确分段对接缝与此类结构区域的匹配，尽量将特殊区域划分至同一分段，逐步形成初始分段方案。

2. 核实场地起重运输能力

本阶段是分段划分的主要阶段。识别特殊区域后，以场地起重、运输能力为基础，对分段划分初始方案进行重点核实。应综合考虑建造场地的起重、翻身、运输能力，并将分段尺寸和质量控制在吊机、运输资源的条件允许范围内。

3. 核实施工工艺和场地条件

分段划分经过起重运输校核后，对预制车间、喷涂车间等关键施工资源的能力和尺寸进行校核。同时应考虑装配、焊接、舾装、涂装、机械安装等作业的便利性，逐步完善分段划分方案。

4. 测算对材料利用率的影响

分段划分逐步完善后，应评估对采购钢板尺寸的适用性，并初步对材料利用效率进行测算评估，若分段划分对钢板采购流程和材料利用率有较大影响，可在此阶段进行微调。

5. 测算生产计划和劳动量

分段划分逐步完善后，应评估分段的场地生产组织流程、施工面积等，对施工工作面、焊接工作量、总装吊装次数、可开展的预舾装工作量等进行定性评判，以测算分段划分对生产计划和劳动量的影响。

5.2.3　分段预制

分段预制是将零件、部件、组件组合并装焊的过程，包括胎架制作、拼板划线、组立预制、组立装配成分段、预舾装件安装、分段涂装、分段完工检测、分段总组等工序。

1. 胎架制作

胎架是分段装配和焊接的专用工艺装备，工作面需与分段外形相贴合。施工流程包括：胎架施工材料准备、分段施工基准面切取、胎架面制作及检验。在分段结构上胎前，对胎架水平度、线型、强度等进行确认，报验合格后方可拼板上胎。

2. 拼板划线

拼板划线是将若干零件板拼装、划线及焊接的过程。施工流程包括：板材准备、装配拼焊、划线、余量切割、修正打磨。操作要点包括：

（1）板材就位后应对板件尺寸、对接缝间隙、坡口方向及整体尺寸进行检测。

（2）划好结构线、对合线、肋位线、中心线等，并做冲印标记。

（3）针对半潜式生产平台为改善疲劳而设计的不同厚度板材中心对齐过渡节点，应在专用胎架上按照一定间距使用不同厚度钢板垫块，调整胎架表面标高。板材拼接装配后，使用检验样板及刻度尺检验板材装配精度（图 11）。

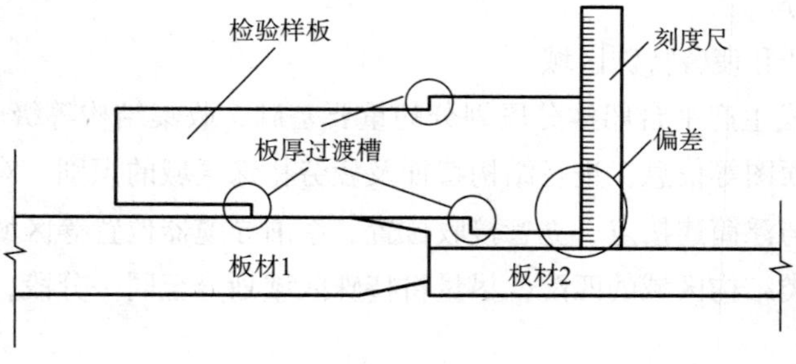

图 11　板材装配检验图

3. 组立预制

组立预制是将拼板、骨材、桁材等装配并焊接成一体的过程。施工流程包括：零件就位、划线组装、组立装配、组立内部焊接、组立尺寸检测。操作要点包括：

（1）组立焊接顺序应根据分段结构特点而定，优先布置较密的主向构件，再安装交叉构件。

（2）严格控制零件安装的就位位置、肘板倾斜、安装尺寸、焊后平整度等。

（3）确认焊前零件装配尺寸合格后方可焊接。

（4）针对半潜式生产平台为疲劳改善而设计的不同厚度板材中心对齐过渡节点，在板材过渡区域设置一定长度的过渡型材，调整板材厚度差（图 12）。

4. 组立装配成分段

组立装配是将 2 个或 2 个以上的组立在分段预制胎架上进行组装并焊接形成分段的施工过程。施工流程包括：组立准备、划线、基准组立就位、后续组立搭载组装、分段内部焊接、变形矫正。操作要点如下：

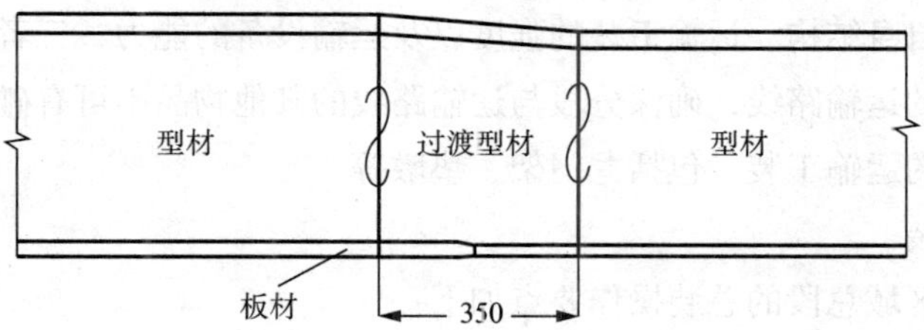

图 12　板厚过渡区域型材装配图

（1）严格控制组立装配的就位位置、肘板倾斜、安装尺寸、焊后平整度等。

（2）确认焊前组立装配尺寸合格后方可焊接。

（3）焊接变形矫正可通过机械矫正和火工矫正 2 种方式实现。

5. 预舾装件安装

预舾装件安装是将同一个分段范围内铁舾装、配管、电仪、通风等专业的支架、设备基座、穿舱件等钢制零件或组件，在分段施工结束前，安装至设计位置的过程。施工流程包括：预舾装件预制、划线定位、就位焊接。操作要点如下：

（1）提前考虑图纸及材料准备。

（2）预舾装件的安装范围应保证多专业钢制支架、基座等零件在分段预制结束时安装到位。

6. 分段总组

分段总组是在分段涂装完工后，总装作业之前，将数个分段合拢并焊接为一体的过程。施工流程包括：基准分段就位、其他分段合拢、预舾装件安装。操作要点如下：

（1）总结构强度较弱处应通过增加临时工装予以固定。

（2）管线、电缆托架、外购铁舾装件、设备等预舾装件在此阶段完成安装。

5.2.4　总装搭载

总装搭载是将船体总段运输至总装位置，并利用大型运输或吊装设备，按照一定顺序将分段或总段完成陆地总装就位的过程，包括滑道准备、场内运输、分段吊装等工序。

1. 滑道准备

滑道准备包括：滑道选择、滑道块选取、滑道块摆放。操作要点如下：

（1）滑道的长度、宽度满足垫墩摆放要求，并确保保留足够的过车和吊装空间。

（2）滑道的地基承载力应大于船体建造、总装、滑移等各种工况下的最大支反力。

（3）按设计要求选择合适的水泥滑道块。

（4）根据场地滑道设计要求，在滑道上浇注砂浆找平。

（5）按照各条滑道设计图纸中的滑块布置在砂浆上摆放滑道块。

（6）在滑道块上浇注砂浆找平。

（7）码头前沿使用钢制滑道块，钢制滑道块的选用和预制应满足装船要求。

2. 场内运输

场内运输的施工流程包括：分段运输设计、运输工装选型、分段运输。操作要点如下：

（1）选择场地运输设备，主要考虑 SPMT 小车、重载运输车等大型运输设备，尺寸及质量较小分段可以考虑使用平板车运输。

（2）校核分段自身结构、运输工装的强度以及运输设备的能力，三者需匹配。

（3）选择合理的运输路线，确保分段与运输路线的其他物品不可有碰撞。

（4）选择合适的运输工装，包括龙门架、垫墩等。

3. 浮筒区域总装

船体底部浮筒区域总段的总装操作要点如下：

（1）提前布置好垫墩或临时支撑，确保不同工况的稳固性。

（2）在船体总段及就位位置上准备好相应的导向工装。

（3）采用 SPMT 轴线车、重载运输车等设备直接运输至就位位置。

（4）必要时采用三维调整机进一步精确就位。

（5）按要求完成必要的焊缝后，再进行后续相邻分段的搭载工作。

4. 立柱区域总装

船体立柱区域总段的总装操作要点如下：

（1）根据资源条件选择履带吊或龙门吊设计施工方案，若布置适宜，也可考虑浮吊。

（2）考虑吊机能力、被吊物整体强度、吊点强度、吊点焊接区域局部强度等，开展方案设计。

（3）使用履带吊吊装分段时，宜考虑使用吊排系统，进行多吊点布置。

（4）吊点和吊点加强的材料应选用与被焊区域船体结构材料一致的船用钢板。

（5）所有布置在船体外板上的吊点、加强材料，在吊装完成后都应进行拆除。

5.2.5 舾装及附属构件安装

半潜式生产平台舾装及附属构件安装，是在船体主结构总装完成后，将船体内部及舷外的舾装件及附属构件按照一定顺序安装就位的过程。

半潜式生产平台船体舾装件及附属构件主要包括：系泊锚机及导缆器、立管接收器、船体立管及卡子、脐带缆及接头、泵护管及卡子、靠船护舷、落物及碰撞保护框架、各类操作平台、应急逃生梯、水尺及标识、系泊及拖航拖点等。

1. 附属结构钢制基座安装

半潜式生产平台船体的附属结构钢制基座，涉及系泊系统、立管接收器、应急关断设备、立管、泵护管、靠船护舷、防碰框架、系泊拖点等多种类别构件。此类结构钢制基座，需在分段预制阶段，作为分段结构的一部分，与分段主结构预制在一起。

2. 外舷设备安装

半潜式生产平台船体的外舷设备，包括导缆器、立管接收器、应急关断阀、脐带缆接头、监测系统、防盗系统、橡胶护舷等。此类设备需在主结构分段总装搭载完成、配套施工工作面准备完成以后，开展安装工作。部分操作要点如下：

（1）导缆器的安装需利用假轴等工装组合上下支架，安装后应通过摆动测试检查枢轴配合状况。

（2）锚机底座安装位置应与导缆器安装位置对应。

（3）立管接收器一般为外购件。安装时结构基础支撑板、结构基础面板、立管接收器外板，三者板厚中心线设计相交于一点。

3. 立管 / 护管类结构安装

半潜式生产平台的船体立管及护管跨越多个分段，并与立管接收器、应急关断阀、脐带缆接头等关键设备连接。此类结构，需在主结构分段总装搭载完成、相关设备初步安装到位后，开展安装工作。部分操作要点如下：

（1）立管和护管应通过卡子型支撑连接至船体。

（2）立管连接焊接后，应通过氯丁橡胶等专用材料对立管现场焊接口进行涂敷。

（3）立管安装前应预埋钢丝绳用于安装完成后的通球测径。

（4）立管安装后应进行压力试验，以检验立管强度和严密性。

（5）泵类护管底部防止异物进入的格栅，应用格栅卡子或焊接方式固定。

4. 防撞框架安装

落物及碰撞保护框架用来保护立管不受海面及水下异物或坠落物带来的碰撞损坏。按种类分为落物保护框架、碰撞保护框架。操作要点如下：

（1）保护框架设置缓冲筒，预制及安装应遵循国家、行业标准及规范的相关要求。

（2）保护框架的基座连接法兰，安装时应注意上下法兰螺栓孔的对位。

5. 其他平台类结构安装

各类操作平台主要用于舷外设备操作维修，按设备类别划分主要包括锚机平台、立管关断阀平台、海水提升泵平台、脐带缆平台、ADCP 平台、蛙人平台等。操作要点如下：

（1）工作平台的布置及尺寸应满足平台设计相关要求。

（2）高于周围平面超过 600 mm 的工作平台应安装栏杆和扶手。

5.3 劳动力组织

本工法劳动力组织情况见表 1。

表 1 施工过程人力配置

序号	工种	人员数量
1	项目经理	1
2	项目协调	8
3	费用工程师	2
4	计划工程师	2
5	精度控制工程师	2
6	材料工程师	2
7	施工经理	1
8	结构工	954
9	管路工	345
10	电仪讯工	99
11	轮机工	16
12	内舾装工	6
13	通风照明工	13

续表

序号	工种	人员数量
14	制管工	16
15	涂装工	320
16	设计经理	1
17	技术工程师	150
18	检验工程师	30
19	安全工程师	25
20	脚手架安装工	300

6 材料与设备

以陵水 17-2 船体项目为例，半潜式生产平台船体陆地建造所需要的主要施工机具设备和材料如表 2 所示。

表 2 主要施工机具设备和材料清单

序号	名称	规格	数量
1	滑道块	1.15m × 4m	480m
2	滑道块	1.15m × 7m	240m
3	垫墩	3.8m	305 个
4	垫墩	1.45m	400 个
5	切割胎架	2m × 4.4m	36 个
6	拼板胎架	9m × 12m	27 个
7	分段预制胎架	16m × 22m	12 个
8	SPMT	40t	138 轴线
9	平板车	270t	1 台
10	履带吊	1600t	2 台
11	履带吊	750t	2 台
12	履带吊	400t	4 台
13	浮吊	3600t	1 台
14	重载运输车	400t	16 台
15	吊排系统	800t	2 套
16	撑杆	800t	4 个
17	撑杆	150t	2 个
18	马腿	70t	20 个
19	叉车	15t	2 台
20	叉车	5t	4 台

7 质量控制

7.1 执行的标准规范

1. 项目设计图纸及规格书

2. 相关船级社规范及标准

（1）ABS《Rules for Building and Classing Mobile Offshore Drilling Units》

（2）ABS《Rules for Building and Classing Steel Vessels》

（3）ABS《Rules for Materials and Welding》

（4）ABS《Guide for Building and Classing Floating Production Installations》

（5）CCS《海上浮式装置入级规范》

（6）CCS《材料与焊接规范》

（7）国际船级社协会 IACS Rec.47 Shipbuilding and Repair Quality Standard

3. 国家相关规范及标准

（1）GB/T 709—2019《热轧钢板和钢带的尺寸、外形、重量及允许偏差》

（2）GB/T 9945—2012《热轧球扁钢》

（3）GB/T 706—2016《热轧型钢》

（4）GB/T 34000—2016《中国造船质量标准》

7.2 质量保证措施

半潜式生产平台船体建造过程中的主要质量控制要求是船体的几何尺寸控制、疲劳特殊区域质量控制以及分段安装精度等，具体保证措施如下：

1. 质量体系的建立及执行

（1）建立健全项目质量保证体系，随着工程的进展逐步配备各类专业人员和手段，完善项目部的质量体系，各部门和责任人员严格履行职责，确保质量体系的有效运行。

（2）建立 QHSE 管理体系，包括《记录控制程序》《不合格控制程序》《内部审核程序》《纠正预防措施程序》等体系文件，从市场开发、项目管理、加工设计、采办 / 分包管理、生产制造管理等过程进行全面控制，监督体系文件的执行。

（3）进行管理体系内部审核和项目内审，主要对项目运行过程中执行公司管理体系文件的情况和符合性进行审核。

2. 建造准备阶段

（1）项目 QA（质量保证）人员在项目开工之前编制质量计划和质量实施策略，在项目实施的过程中贯穿始终。建造过程中，严格按照质量计划和质量实施策略执行，从原材料、报检、复检、协作单位管理等方面进行过程控制，并配备专人进行 QA 支持，为项目的质量过程提供全面保证。

（2）项目实施前，要求重点人员对规格书、图纸进行熟练掌握。

（3）技术部门严格审查项目材料采购合同中的技术指标，需贯彻实施项目入级规范、材料取证要求、法定检验要求等。

（4）质量控制部门严格审查施工人员所需资质，包括但不限于焊工作业、防爆电器安装、无损检测等。

（5）车间各工序上的施工人员在开工前对技术规范、标准和相关要求进行系统培训，相关资料在车间内进行张贴，供施工人员参考。车间自有员工及协作单位员工都须进行相关的技术技能、质量安全培训，并对劳务工进行全面考核。

3. 分段预制阶段

（1）分段预制施工人员严格按照分段施工图纸及要求进行，不得随意更改，施工过程中遇到问题及时汇报，使问题能及时得到解决。

（2）针对半潜式生产平台船体的疲劳特殊区域施工，加强质量意识及技能教育，项目实施过程中，针对疲劳特殊区域的要求开展多频次质量培训。并对阶段性的培训结果进行考试考核，奖惩制度落实到位。

（3）拼板划线前对板件外形尺寸进行复查，严格按划线图纸的要求做好结构线、对合线、肋位线、中心线的划线，并做冲印标记，报检合格后方可进入下道工序。

（4）组立装配时要求对零件安装对位状况、肘板倾斜、安装尺寸、焊后平整度等过程进行严格控制。确认焊前数据在允许误差范围之内，方可焊接。

（5）分段完工数据误差在规范规定误差范围之内，才能进入下一工序。

4. 总装搭载阶段

（1）总装搭载施工人员严格按照结构布置图纸及要求进行，不得随意更改。施工过程中遇到问题及时汇报，使问题能及时得到解决。

（2）总装搭载时，需严格执行项目精度控制策略，总装前根据模拟搭载结果，对分段余量进行修切，总装误差需控制在规范规定误差范围之内。

（3）船体浮筒区域总装时，需提前确认总装基准段，并将总装基准段的就位精度控制在3mm以内。

（4）后续搭载分段，在基准段就位合格后，方可开展搭载作业。搭载时控制整体外形尺寸及重要对位位置，误差不超过3mm。

（5）底部浮筒环段整体外部尺寸中任一边长方向误差不得超过13mm。

（6）船体立柱搭载时，重点关注立柱外形及整体垂直度。单根立柱长和宽误差不超过6mm，整根立柱垂直度不超过25mm。

（7）船体顶部POST合拢点作为关键控制点，最终搭载完成后，对角线工作点间距不得超过13m。

5. 舾装完善阶段

（1）舾装及附属构件安装前，须充分识别相关舾装件及附属构件的安装要求，重点掌握与结构基础的对位连接要求。

（2）立管接收器、导缆器等半潜式生产平台所必备的附属构件，安装过程中须通过必要的安装辅助工具（自制或厂家配备），保证安装精度。

7.3 关键工序质量控制点

关键工序主要技术指标检验统计见表3。

表 3 关键工序主要技术指标检验统计表

阶段	质量控制点	技术指标	检查方法	检查时机或频次
分段划分	特殊区域划分方式	符合图纸要求	方案评审	建造开工前完成
	分段质量清单	符合生产要素利用最大化		
	分段总装搭载数量			
分段预制	胎架制作	1. 模板位置偏差不超过 2mm 2. 模板中线或基准线偏差不超过 1mm 3. 平线四角水平不超过 2mm 4. 模板型线与样板型线偏差不超过 1mm	线坠、水平仪、划线样板等	分段原材料上胎就位前
	拼板划线	中心线、理论线、对合线、检查线、安装位置线的划线误差不超过 1.5mm	钢卷尺、水平仪、盘尺等	划线后、零件装配前
	分段外形控制	1. 分段长、宽不超过 ±4mm，极限值为 ±6mm 2. 分段方正度不超过 5mm，极限值为 10mm	全站仪、水平仪、盘尺等	装配完成焊接前、焊接后
分段总装搭载	基准定位分段	1. 水平四角定位不超过 3mm 2. 各分段的外端肋骨位置，注意中拱	全站仪、水平仪、钢卷尺、模拟搭载系统等	定位分段就位后、下一个分段总装前
	后续搭载分段	1. 长、宽方向就位不超过 3mm 2. 同面对位按图纸、规格书设计要求对位良好 3. 检查对合基准线是否对齐		分段总装搭载完成焊接前、焊接后、下一个分段总装前
	整体外形控制	1. 单根立柱长、宽不超过 ±6mm 2. 相邻立柱工作点间距不超过 ±6mm 3. 相邻立柱对角线工作点间距不超过 ±13mm 4. 对角线立柱工作点间距不超过 ±13mm 5. 任意 2 个工作点水平高度差不超过 ±13mm 6. 任一工作点距零米线垂直距离不超过 ±13mm 7. 浮筒顶层整船任一边长不超过 ±13mm 8. 浮筒顶层整船对角线长度不超过 ±13mm 9. 整根立柱垂直度不超过 25mm		分段总装搭载完成后
关键附属构件安装	立管接收器	1. 结构基础支撑板与船体内部对位加强结构的错位偏差不大于 3mm 2. 结构基础支撑板、结构基础面板、立管接收器外板，三者板厚中心线设计相交于一点 3. 结构基础支撑板与立管接收器外板中心线实际偏差不大于 6mm	水平仪、钢卷尺等	附属构件装配后、焊接前、焊接后
	导缆器	1. 导缆器上下支架间距允许偏差为 ±1mm 2. 上下支架焊接板与船体对应传力结构板对立精度应小于 $t/10$ mm，最大不超过 3mm		

8 安全措施

8.1 安全管理规定

（1）安全监管总局令 2015 年第 78 号《海洋石油安全管理细则》

（2）安全监管总局令 2015 年第 78 号《海洋石油安全生产规定》

（3）《海洋石油工程（青岛）有限公司 HSE 管理制度》

（4）《海洋石油工程（青岛）有限公司作业许可管理程序》

（5）《海洋石油工程（青岛）有限公司工程项目健康安全环保管理程序》

（6）《海洋石油工程（青岛）有限公司起重作业安全管理规定》

（7）《海洋石油工程（青岛）有限公司临时入场人员安全管理规定》

8.2 工作保证措施

1. 建造准备阶段

（1）建立项目安全生产管理制度和安全检查制度，落实安全生产责任制。

（2）建立项目 HSE 组织机构。

（3）组织开展项目风险识别工作，并在项目建造阶段持续更新。

（4）做好进场人员的三级安全教育和安全交底工作，加强安全培训，入场人员经过培训考核合格后才可上岗。

（5）建立健全有限空间作业管理制度、作业许可制度，严格控制交叉作业风险。

（6）特殊工种必须持证上岗，包括电工、焊工、起重工、吊车指挥等。

2. 分段预制阶段

（1）进入施工现场的人员必须佩戴安全帽、工作服、工作鞋、防护眼镜。

（2）对焊接设备的电缆及接地进行每日巡检，电缆应进行架空处理，对破损电缆及时进行更换，防止漏电伤人。

（3）分段预制施工方案内必须编制工作安全分析（JSA）。结合施工特点，分析施工过程中可能产生的危险及其危害程度，并有针对性地提出各项安全措施。

3. 总装搭载阶段阶段

（1）半潜式生产平台船体分段陆地起重作业前，须严格审核相关作业单位资质，要求提报符合资质起重人员。

（2）大型吊装作业前技术部门制定吊装方案，安全管理部门组织风险辨识，落实相关安全责任。

（3）大型吊装作业落实现场检查，对吊装方案的执行情况、作业许可、吊索具、活动物清理，吊装路线和隔离区域进行严格检查，作业开始前对作业人员进行现场 JSA（作业安全分析）宣贯。

（4）总装作业前各相关单位及各生产负责人进行吊装前联合检查。

（5）吊索具实行季度检验，强化检验标准。

（6）总装阶段船体有限空间作业开始之前组织召开安全技术交底会议，讨论施工方案，识别作业风险，形成有针对性的 JSA。

（7）有限空间作业开始之前提前半小时测氧测爆，确认合格后方可进入；作业过程中，对作业进行分级管理，每半小时进行测氧测爆记录，且必须保证有限空间内外人员的有效沟通。

（8）对进出有限空间的设备工具、人员、和通风照明情况必须进行详细记录。

（9）临边洞口作业中，人与物有坠落危险的临边洞口，必须设置牢固的盖板、防护栏杆、安全网或其他防坠落的防护措施。

（10）临边和洞口作业，如装设围栏不可行，必须佩戴安全带，并系于稳固点上。

4. 脚手架及高空作业

（1）搭设脚手架的材料必须合格。脚手架操作面必须铺设满跳板，不得有空隙和飞跳板、探头板，操作面外侧应设 2 道护栏和 1 道档脚板。

（2）脚手架必须保证整体结构不变形，凡高度在 20m 以上的脚手架，纵向必须设剪力撑。执行合格挂牌使用制度，未挂表示合格可用的绿牌的脚手架严禁使用。

（3）患高处作业禁忌病者不得上岗作业。

（4）在高 2m 以上的工作面作业的人员必须穿戴全身式安全带，安全钩挂于稳固结构上，使用时高挂低用。

（5）高处作业上下攀登的用具，结构必须牢固可靠。作业用的梯子底部应坚实，不得垫高使用，立梯工作角度以 75° 为宜，踏板上下间距以 30cm 为宜，立梯不得有缺陷。

（6）严禁从高处抛投物体，作业人员严禁持重物在高处行走和上下。

9 环保措施

9.1 环保标准

（1）《海洋石油工程股份有限公司质量健康安全环保管理规定》

（2）《海洋石油工程（青岛）有限公司 HSE 管理制度》

（3）《海洋石油工程（青岛）有限公司工程项目健康安全环保管理程序》

（4）《海洋石油工程（青岛）有限公司 废弃物管理规定》

（5）《海洋石油工程（青岛）有限公司 噪声和水污染防治管理规定》

（6）《海洋石油工程（青岛）有限公司 大气污染防治管理规定》

9.2 环保措施

在施工过程中，施工方需严格遵守国家环保法律法规和业主的环保要求，保持良好作业环境，最大程度降低施工作业对环境的影响。

（1）及时清运施工垃圾，在易产生扬尘的季节采取现场洒水降尘等方法防止大气污染。

（2）施工现场设置专用的油漆油料库；危险材料（如油漆、柴油）在运输和使用过程中要有相应预防溢漏的措施；禁止将有毒有害废弃物用作土方回填，以防污染地下水和环境。

（3）定期对设备和车辆进行维护，降低施工现场的噪声。

（4）所有的设备都必须经过检查，有溢出现象的设备不准进入现场，经检查合格粘贴有合格标签的设备才能在现场使用；所有的用油施工设备均需配备泄漏预防设施；移动式施工机械如吊车等配备溢流预防工具；对于已浸入泄漏油等污染物的土壤，要将其清理干净并运送到业主指定的堆积场。

（5）定期对垃圾的堆放及处理、生活污水、现场施工环境中的噪声、现场积水、发生溢出 / 泄漏的地方、废气排放等情况进行检查，并予以记录。

（6）每周 HSE 部门对现场环境进行检查和评估，以便发现问题并采取相应的措施使现场环境符合要求。

（7）所有大型结构或附件的油漆均在涂装车间喷涂完成，对于直接兜拉已涂漆结构的吊装形式，尽量使用吊装带或采用对结构进行缠绕保护等措施，减少现场补漆的工作量，避免对环境的污染。

10 效益分析

半潜式生产平台船体陆地建造工法，在陵水 17–2 半潜平台项目以及深远海浮式风电国产化研制与示范应用工程项目中成功应用。采用本工法中的疲劳特殊区域前置管理、预制施工工艺、大型总段快速总装等创新技术，可以合理利用施工资源，提高工程建设效率，确保工程实施过程更加安全、可靠，缩短了工程建设工期，实现了降本增效的目的。

10.1 经济效益

通过应用本工法，将陵水项目分段预制工期缩短 6 个月；通过船体底部巨型环段运输合拢、立柱快速总装等技术，在陆地滑道上建造船体的新工艺，与传统的在船坞内建造工艺相比，合拢分段由传统方法 76 个总段减少到新工艺 34 个总段，总装工期缩短约 5 个月。在深远海浮式风电国产化研制与示范应用工程项目中通过特殊区域前置管理的方法，将分段划分进行优化，总体预制工期缩短约 1 个月。除此之外，新工艺较传统方法高空焊接工作量和高空脚手架搭设工作量都大大减少，总计费用节约 17322.8 万元。

以下为本技术与常规方法效益说明：

1. 疲劳特殊区域前置管理及疲劳改善施工工艺

通过应用本技术，渐变板厚区域的球扁钢通过过渡段形式连接，替代常规做法“球扁钢切边”。圆转方过渡段优化了焊缝布置、特殊区域材料专项管理等手段。

（1）在陵水项目中分段预制阶段提升材料利用效率，共计节省钢材和切割损耗约 540t。

（2）节省分段预制周期约 6 个月，按照青岛场地工效，共节约自有员工约 25000 人工日，节约施工分包约 57000 人工日。

（3）节约了分段预制期间的车间、装焊平台施工工机具，以及场地内运输车辆等机械设备费用。

（4）在深远海浮式风电国产化研制与示范应用工程项目中，通过特殊区域前置管理的方法，将分段划分进行优化，总体预制工期缩短约 1 个月，施工分包约 3000 人工日。

2. 船体底部环形总段精确定位合拢技术

通过应用本技术，采用“SPMT+ 云轨车”直接卸船并运输合拢，替代常规做法“分段卸船、分段运输至总装工位、履带吊吊装合拢”。

（1）节约常规做法 SPMT 或云轨车卸船、运输分包费用，共计节约 490 台班。

（2）节约租赁大型履带吊的租赁费用，按 1600t 履带吊核算，共计节约 2 个月使用周期。

（3）节约常规做法中的多次分段总装搭载所需人工费约 12000 人工日

（4）节约底部环段滑道总装期间的相关施工设备、工机具，场地内运输车辆等机械设备费用。

3. 基于履带吊和浮吊的立柱快速总装技术

通过应用本技术，采用“履带吊 + 浮吊”同期快速吊装，扩大被吊分段的质量及尺寸规模至 500t 级，替代常规做法“履带吊吊装 250t 级中小型分段”。两工法效益分析对比见表 4。

（1）分段搭载数量由 76 个总段减少至 34 个总段，合拢口余量设置明显减少，结合其他总段建造优势，共计节约材料损耗材料费约 204t。

（2）节约 1600t 履带吊租赁周期约 3 个月，浮吊租赁周期约 1.5 个月。

（3）节约立柱总段滑道总装期间的相关施工设备、工机具，场地内运输车辆等机械设备费用。

表 4　工法效益分析表

序号	依据 / 理由		本工法	传统工艺	是否节约成本	费用科目	数量单位	数量	单价 / 万元	金额 / 万元
1	特殊区域前置管理及疲劳改善施工工艺	减少切割损耗材料（钢材 + 切割耗材等）	25780 t	26320 t	√	材料费	t	540	0.8	432
		人工分包费	工期约 8 个月	工期约 14 个月	√	人工分包费	工日	60000	0.0383	2298
		自有人工			√	自有人工费	工日	25000	0.0738	1845
		自有场地机械设备			√	机械设备费				1096
2	船体底部环形总段精确定位合拢技术	SPMT+ 云轨车卸船及精确合拢	5 批次总装	20 批次总装	√	分包费	台班	490	6.5	3185
		1600 吨吊机租赁	总装工期 2 个月	总装工期约 4 个月	√	设备租赁费	月	2	160	320
		自有人工			√	自有人工费	工日	12000	0.0738	885.6
		场地自有机械设备			√	自有场地机械设备费				388
3	基于履带吊和浮吊的立柱快速总装技术	减少分段余量切割损耗材料（钢材 + 焊材 + 切割耗材等）	596 t 辅助材料	约 800 t 辅助材料	√	材料费	t	204	0.8	163.2
		人工分包	共 28 次大型总装	共 48 次大型总装	√	人工分包费	工日	48000	0.0383	1838.4
		自有人工			√	自有人工费	工日	24000	0.0738	1771.2
		1600 t 吊机租赁			√	设备租赁费	月	3	160	480
		浮吊租赁			√	设备租赁费	月	1.5	1200	1800
		自有场地机械设备			√	自有场地机械设备费				820.4
合计节约金额										17322.80

10.2　社会效益

本工法实现了我国半潜式生产平台船体滑道建造零的突破；初步形成了海油工程半潜式生产平台建造技术体系；培养了一批出色的深水浮式生产设施建造技术人才；提升了我国半潜式生产平台船体建造能力，掌握了深水半潜式生产平台船体建造核心技术；提升了中国海油浮体建造业绩形象，拓展了国际浮式生产设施的市场机遇。

11　应用实例

实例一：陵水 17-2 气田开发工程船体建造项目

项目作业地点：海洋石油工程（青岛）有限公司 5# 滑道。

项目作业时间：2019 年 4 月至 2020 年 10 月。

项目工作量：完成总重 33498t 深水半潜式生产平台船体的陆地整体建造。

工法应用效果：自 2019 年 4 月至 2020 年 10 月，历时 16 个月，通过本工法的深入应用，最终顺利完成全球首座万吨级储油半潜式生产平台船体的建造，成功地解决了项目要求高、工期短、吊装作业频繁等一系列技术难题，创造巨大经济和社会效益。

实例二：深远海浮式风电国产化研制与示范应用工程项目

项目作业地点：海洋石油工程（青岛）有限公司浮体平台。

项目作业时间：2022 年 5 月至 2023 年 2 月。

项目工作量：完成总重约 4400t 中国首座深远海浮式风电平台船体“海油观澜号”的陆地整体建造。

工法应用效果：项目实施过程中，成功应用本工法的面向特殊区域专项前置管理的分段划分等技术。垂荡结构、系泊点、基础顶法兰、大支撑连接点等特殊区域的专项管理，在正常施工流程的基础上，提高了整体建造质量可控性。最终成功助力中国深远海浮式风电平台船体建造的顺利完成，社会效益突出。

船体集成型内转塔单点集成工法

郭　宁　陈　品　闫清波　李家伟　程晋宜

海洋石油工程（青岛）有限公司

1　前言

船体集成型内转塔单点（SIT）系泊系统的主轴承、限位系统、滑环堆栈、船体月池舱四者的集成同轴度直接决定了整船的海上服役寿命。目前，该类型的单点集成施工作业，国内并无相关成功案例或经验。如果采用国外的技术方案，需要支付巨额的技术外包费用。

为了降低成本、缩短工期，海洋石油工程（青岛）有限公司成功研发了一种新的集成技术。相较于单点主要供应商法国 SBM Offshore 公司"集成一个完整的单点塔体"的做法，本技术将整个塔体分为 3 个单体分步集成，分项控制各个精度控制点，施工难度降低的同时精准度反而提升。同时，本工法将旋转试验总次数由 7 次压缩至 5 次，可缩短 20 天左右的工期；另外，本技术先用浮吊吊装下塔体，再配合千斤顶缓慢承接下塔体质量，后续使用千斤顶进行精确的姿态调整，可压缩 15 个浮吊台班。

海洋石油工程（青岛）有限公司通过对上述技术的梳理和总结，形成了"船体集成型内转塔单点集成工法"。

本工法在流花 16-2 FPSO 集成项目中成功应用，单点塔体与船体月池舱的实测同轴度达到了 ±3mm，同时为项目节省了 3910.06 万元的成本支出，缩短工期 20 天。

本工法技术成果获得"2021 年中国钢结构协会科学技术奖一等奖"（证书号：中钢构〔奖〕2021-KJ-1-06-D01）。获得发明专利 2 项，实用新型专利 3 项。形成集团公司级标准 1 项，获得软著 4 项，发表论文 6 篇。

2　工法特点

2.1　质量可控性高

相较于集成一个完整的单点塔体，本工法将内转塔塔体划分成 3 个单体，分步集成，以月池舱中轴线为基准，分项控制各个精度点，精度控制的难度降低，精准度反而提升。

2.2　施工效率高、工期短

相较于国外公司常规做法需要进行 7 次旋转试验，本工法将旋转试验的总次数压缩至 5 次，提高了施工效率，缩短了 20 天左右的施工工期。

2.3 施工安全性高

相较将塔体处于吊装状态进行精度调整的国外常规做法，本工法先将下塔体直接吊装坐落于特制的集成工装上进行粗就位，然后进行精确的姿态调整。这种方法规避了人员在被吊物下方长时间作业的安全风险，压缩了 15 天高风险作业的时长。

3 适用范围

本工法适用于船体集成型内转塔单点（SIT）在干船坞内集成至浮式生产储卸油船（FPSO）月池舱内的施工作业。

4 工艺原理

船体绕单点塔体旋转时，参与实现旋转机能的 3 个核心部件（主轴承、限位系统、滑环系统）与船体的月池舱的集成同轴度必须达到 ±5mm 以内，才能保证整个系统以最佳的状态旋转，使船体被动接受的环境荷载最小化；3 个核心部件与月池舱的相对空间位置如图 1 所示，单点各单体集成顺序如图 2 所示。本工法阐述的是一种单点塔体与船体在集成过程中上述 3 个核心部件与月池舱进行同轴度控制的工艺。

4.1 月池舱与主轴承的相对精度控制

月池舱的中轴线为船体设计的最佳绕轴旋转的轴线，当下塔体坐落到月池舱内部的集成底座上以后，首先要调整的是主轴承与月池舱的同轴度及标高精度（图 3），保证满足设计公差要求。本工法通过使用 6 个特制千斤顶配合 1 套专用集成工装完成上述精度调整。

4.2 限位系统与主轴承的同轴度控制

限位系统包含限位环和限位盘，其作用是为了减少塔体晃动给主轴承和滑环系统带来的冲击。限位环位于管汇平台最底层甲板面上，其与主轴承的同轴度要求为 ±4mm 以内（图 4）。

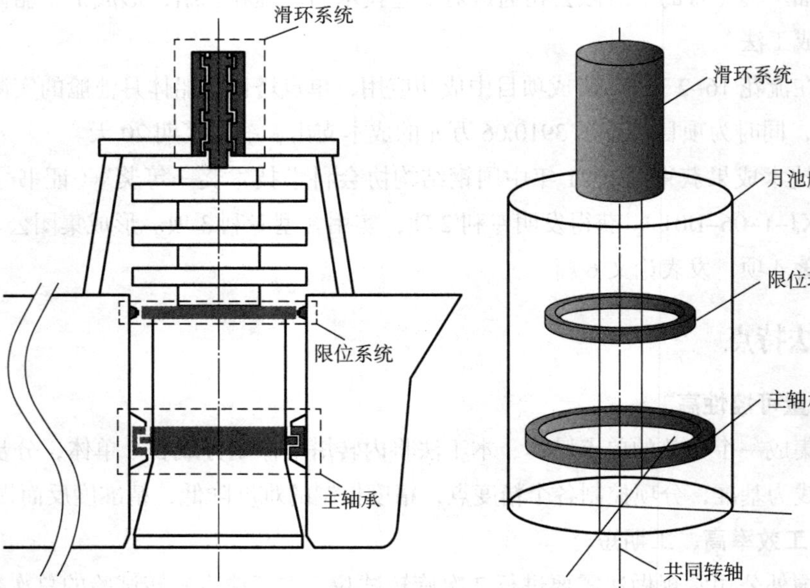

图 1 船体集成型内转塔单点集成安装示意图

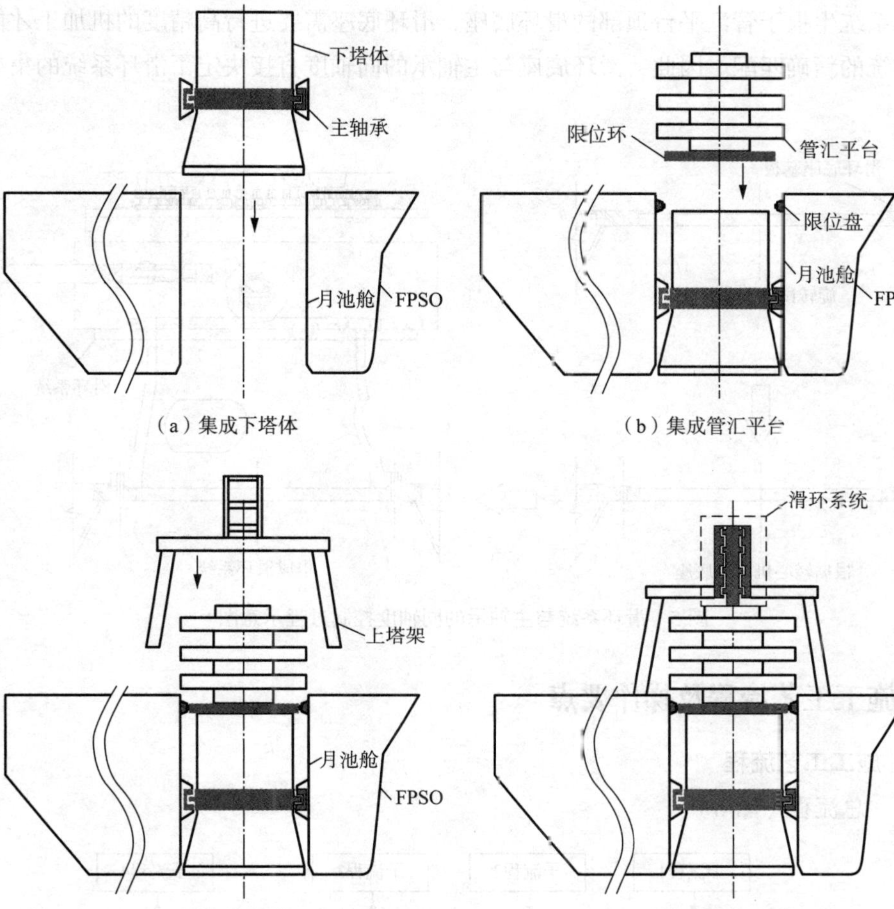

（a）集成下塔体　　（b）集成管汇平台

（c）集成上塔架　　（d）集成滑环系统

图 2　单点各单体集成顺序

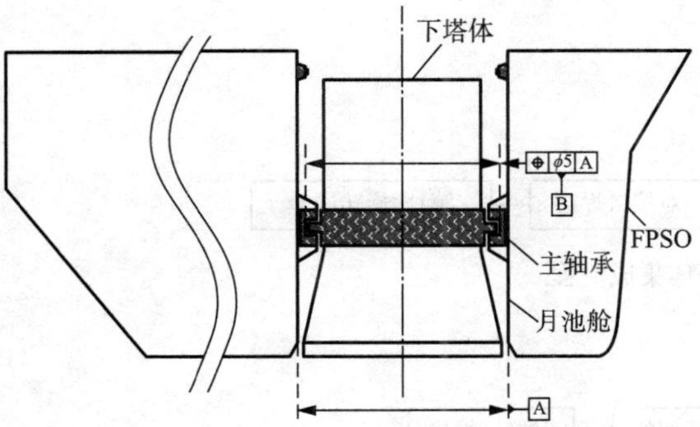

图 3　月池舱与主轴承的同轴度

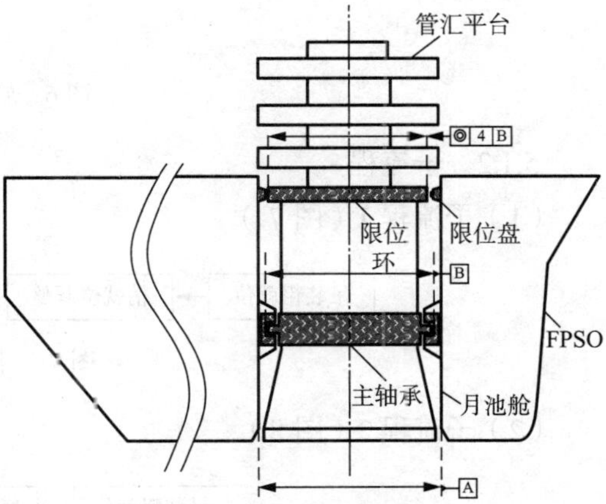

图 4　限位环与主轴承的同轴度

4.3 滑环系统与主轴承的同轴度控制

滑环系统生根于管汇平台顶部的滑环底座，滑环底座需要进行高精度的机加工才能实现与滑环系统的精确匹配。因此，滑环底座与主轴承的同轴度直接决定了滑环系统的集成精度（图 5）。

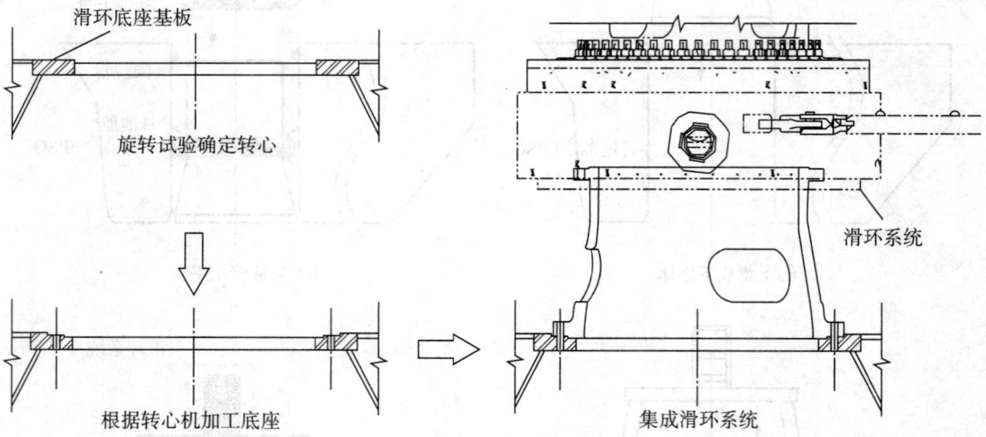

图 5　滑环系统与主轴承的同轴度控制过程示意图

5　施工工艺流程及操作要点

5.1　施工工艺流程

5.1.1　总流程（图 6）

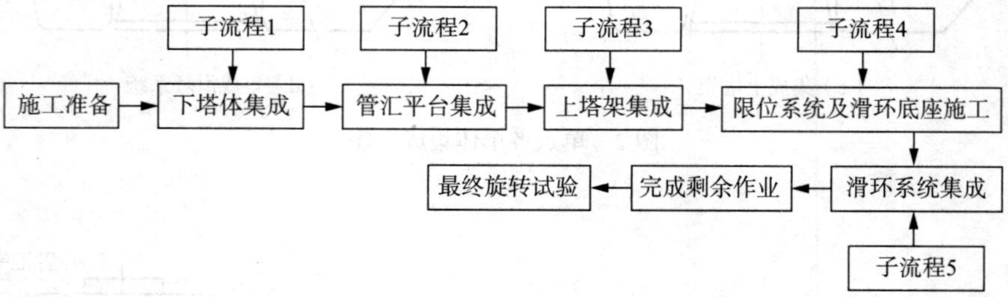

图 6　施工工艺流程图

5.1.2　子流程

（1）子流程 1（图 7）

图 7　下塔体集成流程

（2）子流程 2（图 8）

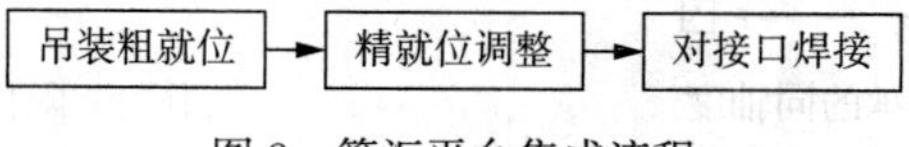

图 8　管汇平台集成流程

（3）子流程3（图9）

图9　上塔架集成流程

（4）子流程4（图10）

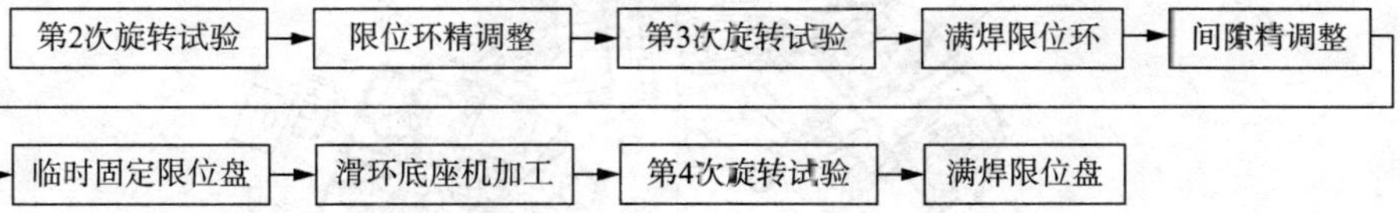

图10　限位系统及滑环底座施工

（5）子流程5（图11）

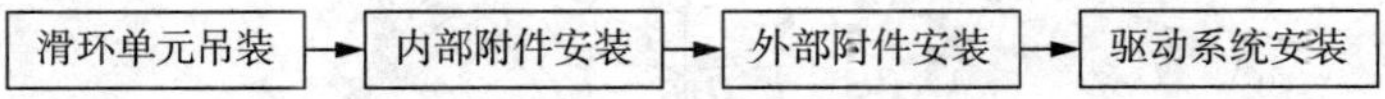

图11　滑环系统集成流程

5.2　操作要点

5.2.1　施工准备

（1）人员、设备、材料准备。

（2）场地准备：

①设置导向系统，包含主甲板上的导向及月池舱内的防碰撞导向。

②安装下塔体集成调整底座工装。

③安装底座上的6组千斤顶并进行预调试。

④布设供电系统、照明系统、监视系统、通风系统和接地保护等。

（3）施工指导文件准备。

5.2.2　下塔体集成

（1）下塔体吊装粗就位流程如下：

①浮吊抛锚就位。

②根据吊装方案配置吊索具。

③浮吊缓慢起钩，将下塔起吊至离地。

④浮吊绞船移位至月池舱正上方，依靠导向将下塔体缓慢下放至月池舱内。

⑤当接触到角度导向时，使用牵引绳轻微旋转下塔体使之与角度导向对齐。

⑥当下塔体落到距集成底座上表面约50mm的距离时停止下落。

⑦启动竖直千斤顶使其伸出，直到接触到下塔体，时刻监控千斤顶内部油压。

⑧逐步释放浮吊的负重缓慢转移至竖直千斤顶上，同时实时监控千斤顶内部油压。

⑨均匀缓慢缩回竖直千斤顶，将下塔体落放到集成底座上（图12）。

⑩浮吊摘扣移走。

（2）下塔体精就位调整：下塔体精就位的精度即为主轴承相对月池舱的同轴度（±5mm）和水平标高精度（±5mm）。3个水平安装的径向千斤顶用于调整下塔体水平方向（*X*和*Y*）

的姿态，3个竖直千斤顶用调整竖直方向（Z）的姿态（图13）。

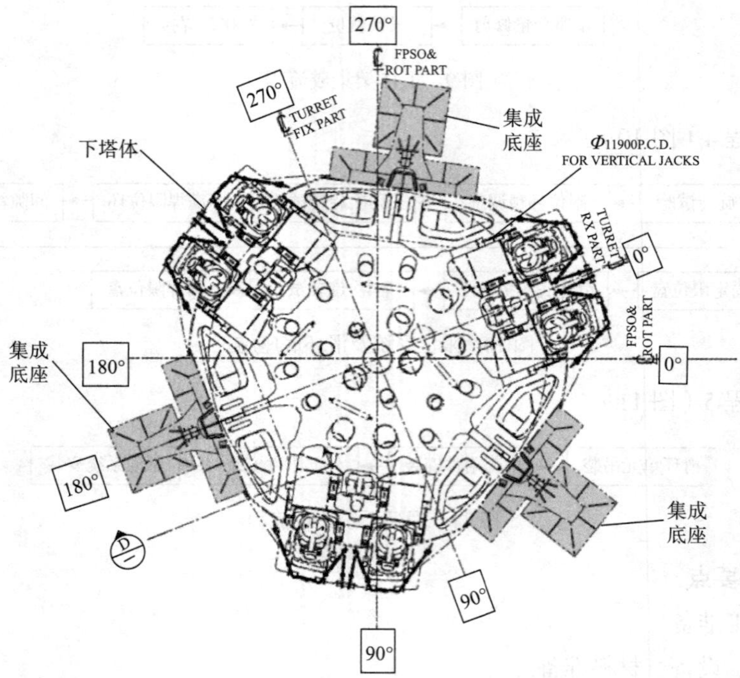

图12 下塔体集成垫墩布置图

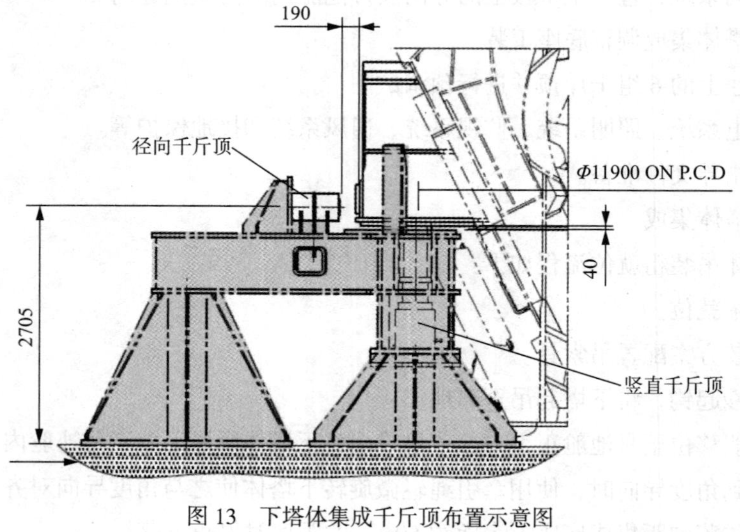

图13 下塔体集成千斤顶布置示意图

（3）下塔体与月池舱焊接。

（4）第1次旋转试验，根据压力读数计算启动旋转的扭矩值和旋转过程中的扭矩值。

5.2.3 管汇平台集成

（1）管汇平台吊装粗就位，操作流程如下：

①切除下塔体上口的集成吊装吊耳。

②在下塔体上口周圈焊接导向筋板。

③使用浮吊吊装管汇平台并下放至船体月池舱内。

④继续将管汇平台缓慢下放，依靠导向完成对接合拢。

（2）进行不圆度、组对错皮量、水平度、端部垂直度等精度调整。

（3）管汇平台与下塔体焊接。

5.2.4　上塔架集成

（1）上塔架吊装，其操作流程如下；

①船体基座余量修剪。

②在基座周围焊接若干吊装导向。

③使用浮吊吊装上塔架并下放至船体主甲板上，依靠吊装导向与基座进行对接，其吊装过程与下塔体相同。

④上塔架坐落至基座后，浮吊摘扣移走。

（2）上塔架腿与基座焊接。

5.2.5　限位系统及滑环底座施工

（1）第2次旋转试验：限位环（图14）点焊固定于管汇平台第1层甲板上，通过第2次旋转试验测量限位环与塔体的同轴度。

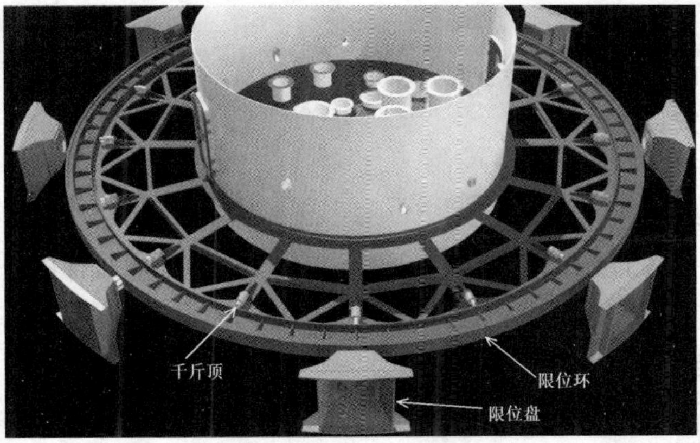

图14　限位环示意图

（2）限位环精调整：限位环与主轴承同轴度的精确调整。其操作流程如下：

①打开限位环的临时焊点。

②在限位环内侧甲板上均匀安装16个千斤顶。

③根据第2次旋转试验后测出的偏心量，计算限位环整体偏心的方向。

④操作多个对称千斤顶推动限位环，消除限位环偏心量。

（3）第3次旋转试验：验证限位环与主轴承的同轴度是否达标，同时确定滑环底座的转心。

（4）满焊限位环，然后间隙精调整，最后满焊限位盘。

5.2.6　滑环系统集成

（1）滑环单元吊装（图15），其操作流程如下：

①滑环单元预施工，预先安装滑环内部的部分管线、公用管线束、电缆架子等附件。

②根据吊装方案配置吊索具，并将吊索具与吊机连接。

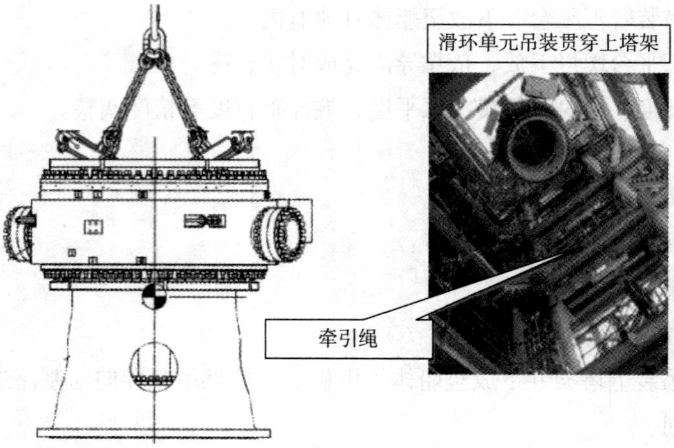

图 15 滑环单元吊装示意图

③吊机移位至第 1 个滑环单元上方，将吊索具与滑环单元连接。

④在滑环底座上的螺栓孔内均布安装 4 根导向柱。

⑤吊机缓慢起钩，将滑环单元吊离地面。

⑥将滑环单元缓慢下放，依靠导向引导就位至滑环底座上。

⑦吊机摘扣移走。

（2）滑环堆栈内部、外部各专业构件安装。

（3）驱动系统安装。

（4）检验与调试。

5.2.7 最终旋转试验

在完成所有剩余施工工作后，需要做最后一次旋转实验，来确保旋转部分和固定部分没有干涉，同时验证整个系统的旋转状态。

5.3 劳动力组织

劳动力组织情况见表 1。

表 1 劳动力组织情况表

序号	职务	单位	数量	备注
1	项目经理	人	1	负责项目的组织、管理和协调
2	项目副经理	人	2	整体负责协调现场施工工作
3	各专业施工负责人	人	6	负责协调管理各专业的施工
4	技术负责人及各专业技术员	人	7	负责各专业技术图纸方案及施工技术支持
5	安全员	人	2	现场安全监督检查
6	质控人员	人	3	现场施工外观质量控制
7	检验人员	人	8	焊接质量检验、精度测量
8	管工	人	12	配管专业施工人员
9	电工	人	8	电仪讯专业施工人员
10	钳工	人	6	机械专业施工人员

续表

序号	职务	单位	数量	备注
11	铆工	人	12	安装组对施工人员
12	焊工	人	8	焊接作业
13	辅助工	人	10	施工辅助工种
14	架子工	人	10	脚手架搭设
15	油漆工	人	10	喷涂补漆作业
16	起重工	人	6	吊装作业
合计		人	111	

6 材料与设备

6.1 主要投入设备

该工法主要机具设备见表 2。

表 2 主要机具设备清单

序号	名称	型号 / 规格	数量	备注
1	浮吊	3600t	1 台	单点塔体吊装作业
2	龙门吊	800t	1 台	滑环单元吊装
3	履带吊	400t	2 台	较重管段吊装作业
4	汽车吊	70t	2 台	30t 以下吊装作业
5	钢丝绳索具	直径 75~130mm	8 根	吊装作业
6	卸扣	25t/35t/55t	各 4 个	滑环 / 设备等大型吊装
7	卸扣	500t/800t	各 4 个	单点塔体浮吊吊装
8	叉车	5t	3 台	材料倒运
9	小型千斤顶	25~80t	16 台	管汇平台精度调整
10	大型千斤顶	600t	3 台	下塔体精度调整（竖向）
11	大型千斤顶	300t	3 台	下塔体精度调整（水平）
12	手拉葫芦	10~20t	6 台	构件组对
13	全站仪	精度 1mm	2 台	精度测量
14	焊机	气体保护焊接	16 台	塔体之间焊缝焊接
15	焊机	氩弧焊机	6 台	管线焊接
16	风机	管道式	10 台	舱室内或密闭空间通风
17	照明灯具	LED/220V	30 个	舱室内或密闭空间照明
18	千分尺	尖头 /30mm	10 台	限位系统动态间隙值测量
19	磁粉探伤仪	B310S	2 台	焊缝磁粉检验（MT）
20	超声波探伤仪	HS611e	2 台	焊缝超声波检验（UT）
21	视频监控系统	400 万像素 + 红外	4 套	碰撞监控、舱室施工监控

6.2 施工材料

该工法主要施工材料见表 3。

表 3 主要施工材料清单

序号	名称	规格	数量	备注
1	钢板	根据图纸确定	根据图纸确定	
2	焊材	LB-52U/THY-51AH	依工程量确定	
3	二氧化碳气体	纯度 99.5%	依工程量确定	
4	氩气	纯度 99.9%	依工程量确定	
5	脚手架材料	包含扣件、跳板、架子管等	依工程量确定	
6	帆布	5m × 5m	10 张	滑环单元保护

7 质量控制

7.1 质量标准

（1）相关设计图纸

（2）GB/T 34000—2016《中国造船质量标准》

（3）GB 50231—2009《机械设备安装工程施工及验收通用规范》

（4）GB 50017—2017《钢结构设计标准》

7.2 质量保证措施

7.2.1 下塔体集成

（1）下塔体即将坐落于集成工装时，应操作竖直千斤顶逐步承接下塔体的质量，使吊机的负重缓慢转移至千斤顶上，避免主轴承受到瞬间的冲击力。

（2）一旦下塔体的质量 100% 全部转移至千斤顶上，缓慢降下千斤顶活塞，并拧松止退挡圈，通过微小的增量移动使其与缸体一直保持 2mm 的间隙。

（3）下塔体就位精度调整完毕后，应将测量基准点转移至主轴承上表面，后续所有的精度测量及控制全部以主轴承上表面为基准。

7.2.2 管汇平台集成

（1）管汇平台与下塔体对接时，应提前进行焊接坡口的受压强度计算，如果强度不够，宜在对接口位置均匀保留若干段平口对接区域，待其他区域焊接完毕后，再对平口对接区域进行修口焊接作业。

（2）在管汇平台和下塔体对接口正式焊接之前，应检查对接口处对接筒体四周的组对错皮量是否满足要求，如果存在超差，应调整至满足要求。

7.2.3 上塔架集成

（1）塔架腿上的部分楼梯在塔架下落过程中会与管汇平台冲突，需要先进行模拟碰撞，明确散装楼梯清单，提前进行散装。

（2）上部塔架在船体主甲板上底座预留了 100mm 的余量，需要待管汇平台集成完成后，进行余量修剪，使上塔架坐落后塔架每层滑环平台的标高与主轴承上表面的标高满足 ±7.5mm

的公差要求。

（3）塔架基座高度修剪完毕后，需要在基座上口开 K 形坡口，在船体上开设人孔，用于进入塔架腿内部进行 K 形坡口焊接，该人孔应提前准备好。

7.2.4　限位系统及滑环底座施工

（1）限位盘底座相对限位环的精度控制包括水平标高（±7.5mm）、端面与限位环机加工面平行度（±1°）。

（2）每次旋转试验时的旋转增量不能超过 22.5°，以保证有足够的数据量来验证施工精度。

（3）限位环偏心精度调整完毕后，静态偏心量应满足 ±1mm，才能保证其转动过程中与主轴承的动态同轴度满足 ±5mm。

7.2.5　滑环系统集成

（1）滑环堆栈单元间的螺栓紧固及内部管线的螺栓紧固为质量控制的停工待检点，需记录并经业主和厂家确认。

（2）驱动系统的定位、安装及焊接为质量控制的停工待检点，需记录并经业主和厂家确认。

7.3　关键工序质量控制点

关键工序主要技术指标检验统计见表 4。

表 4　关键工序主要技术指标检验统计表

检验项目	指标要求	检查时机或频次	检查工具
施工准备	主轴承与船体龙骨底面平行度：±5mm	下塔体集成就位后首次检查；轴承支撑与船体焊接完毕后二次复检	全站仪
	主轴承与船体龙骨底面相对标高偏差：±5mm		
	主轴承与月池舱同轴度：±5mm		
管汇平台集成	导向筋板与筒壁间隙值：15mm±5mm	导向筋板安装完毕后	全站仪
	管汇平台与下塔体对接口不圆度：±10mm	对接口焊接前首次检查；对接口焊接后二次复查	全站仪
	管汇平台与下塔体对接口端部垂直度：±10mm		
限位环系统及滑环底座施工	限位环与主轴承平行度和标高偏差：±7.5mm	管汇平台与下塔体对接口焊接前后各检查一次	全站仪
	限位环与主轴承同轴度：±3mm	第 3 次旋转试验期间	千分尺
	限位盘与限位环之间动态间隙：17mm±3mm	第 4 次旋转试验期间	千分尺
	滑环底座与主轴承转动同轴度：±2mm	第 4 次旋转试验期间	全站仪
滑环系统集成	吊装碰撞检查（最小碰撞距离 ±300mm）	滑环集成之前	目测、卷尺、直尺、视频监控
	滑环底座与主轴承平行度和标高偏差：±5mm	滑环底座机加工完毕后	全站仪
滑环系统集成	滑环底座与主轴承同轴度：±2mm	第 4 次旋转试验期间	全站仪
最终旋转试验	旋转试验启动 / 旋转压力读数	试验过程中	压力读数器
	顶部滑环旋转偏心量	试验过程中	全站仪

8 安全措施

8.1 施工安全标准

（1）GB 4281—1984《石油化工水污染物排放标准》

（2）GB 12523—2011《建筑施工场界环境噪声排放标准》

（3）JGJ 46—2005《施工现场临时用电安全技术规范

8.2 安全措施

（1）下塔体集成底座应提前使用地脚螺栓固定或与地面预埋件焊接固定，避免下塔体坐落过程中与底座发生侧向碰撞导致底座移位或倾倒。

（2）下塔体水平标高调整的过程中，应先使3个径向千斤顶与下塔体侧向支撑的侧面保持2mm的间隙，然后锁死侧向千斤顶来限制下塔体垂直调整过程中任何可能的移动

（3）旋转试验开始前，应对塔体进行全面的检查，提前识别并消除所有旋转干涉点，清除塔体上有坠落风险的临时结构和工机具。

（4）限位盘安装时，应将内部销轴使用螺栓临时固定，并做倾斜45° 试验确保内部销轴不滑落后方可实施吊装就位。

（5）管汇平台吊装就位过程中，月池舱区域内及地面上应停止所有施工作业，并撤离所有施工人员。

9 环保措施

9.1 环保标准

（1）GB 8978—1996《污水综合排放标准》

（2）GB 12523—2011《建筑施工场界环境噪声排放标准》

（3）GB 16297—1996《大气污染物综合排放标准》

9.2 环保措施

（1）在易产生扬尘的季节，通过场地上洒水降尘等方法防止大气污染。

（2）施工现场应准备溢油回收装置，将冲洗千斤顶管路的废油进行回收处理，以此应对潜在的漏油状况。

（3）减少露天打磨作业，现场必须进行的打磨作业应搭设防尘罩，避免大量粉尘溢出污染大气环境。

（4）尽量减少车间外的补漆工作量，必要的补漆作业必须为刷漆作业，禁止露天喷漆作业，油漆应选择符合环保要求的材料。

（5）部分需要热喷铝的构件，必须在合格合规的车间完成热喷铝作业，禁止规划车间外的热喷铝作业。

（6）现场吊装作业优先考虑使用镀锌钢丝绳索具，使用浮吊的吊装作业禁止使用光面带油的钢丝绳索具。

10 效益分析

10.1 社会效益

“海洋石油 119”应用本工法成功完成了内转塔单点系泊系统集成安装施工，并于 2020 年 5 月 15 日受到了央视网的报道。在此之前，该技术被掌握在国外公司手中，本工法的出现，实现了对该系列技术的突破和解锁。

10.2 经济效益

“海洋石油 119”应用本工法，节省国外公司垄断的技术外包费和专项设计费达 2951.26 万余元；节约浮吊资源费 825 万余元；节省外包设计费和材料费 133.8 万元。上述共计产生经济效益 3910.06 万元（表 5）。

表 5 工法效益分析表

（以流花 16-2 FPSO 单点建造集成项目为例）

费用科目	应用本工法自主投入	外企外包费用（外包技术方案）	效益对比	备注
塔体坞内干式高精度集成技术专项外包费用	设计人工时 0.026 万元 / 工时，总计投入 15890 工时，总费用 413.14 万元	1106 万元	节约 692.86 万元	节省技术方案设计费用
滑环堆栈核心设备精确安装及测量技术专项外包费用	设计人工时 0.026 万元 / 工时，总计投入 13420 工时，总费用 348.92 万元	1392 万元	节约 1043.08 万元	
限位环系统高精度安装技术	设计人工时 0.026 万元 / 工时，总计投入 6560 工时，总费用 170.56 万元	638 万元	节约 467.44 万元	
管电仪讯加工设计技术专项外包费用	设计人工时 0.026 万元 / 工时，总计投入 9120 工时，总费用 237.12 万元	985 万元	节约 747.88 万元	
集成工装设计专项外包费用	设计人工时 0.026 万元 / 工时，总计投入 370 工时，总费用 9.6 万元	100 万元	节约 90.4 万元	
集成工装材料费用	使用场地旧工装改造，新材料仅为 18t 材料单价 0.7 万元 /t；总计费用 12.6 万元	外包设计图纸需要投入材料 80t；材料单价 0.7 万元 /t；总计费用 56 万元	节约 43.4 万元	节省施工投入费用
浮吊租赁费用	应用本工法占用 3600t 浮吊 12 天工期（单价 55 万元 / 天）；总费用 660 万元	外包技术方案占用 3600t 浮吊 27 天工期（单价 55 万元 / 天）；总费用 1485 万元	节约 825 万元	
合计费用	1851.94 万元	5762 万元	3910.06 万元	

10.3 工期效益

相较于国外公司常规做法需要进行 7 次旋转试验，本工法将旋转试验的总次数压缩至 5 次，缩短了 20 天左右的施工工期。并且，相较于国外公司将塔体处于吊装状态进度精度调整的做法，本工法先将下塔体直接吊装坐落于特制的集成工装上进行粗就位，然后吊机摘扣再进行集成精度调整，总计可以压缩浮吊台班 15 台班。

10.4 安全效益

如 10.3 节所述，本工法先将塔体吊装就位，且浮吊摘钩后再进行精度调整施工，可以大幅压缩大型高风险吊装作业的时长，规避了人员在被吊物下方作业的安全风险，相较于常规做法具备更高的施工安全性。

11 应用实例

如 10.1 章节所述，该类型的单点在浮式生产储卸油装置“海洋石油 119”应用之前，在全球范围内仅有 4 例应用；流花 16–2 FPSO 单点建造集成项目是迄今为止该工法的唯一一次应用。

地点：海洋石油工程（青岛）有限公司浮体平台。

开竣工时间：2018 年 12 月至 2020 年 4 月。

实物工作量：完成浮式生产储卸油装置“海洋石油 119”的内转塔单点系泊系统 3 个单体的集成安装施工，总重约 2820t。

工法应用效果：该项目应用本工法，实现了塔体与 FPSO 的月池舱同轴度 ±3mm 的精确就位，超出项目技术规格书中 ±5mm 的精度要求。缩短了 20 天的施工工期，压缩 15 天的 3600t 级浮吊台班，节省国外公司垄断的技术外包费和专项设计费、材料费共计 3910.06 万元。

浮式生产储卸油装置双相钢防爆墙体双面同步焊接施工工法

陈　哲　程晋宜　田　雷　张剑利　闵祥军

海洋石油工程（青岛）有限公司

1　前言

双相不锈钢具有“奥氏体 + 铁素体”双相组织，因此又称双相钢，因其优异的强度以及不论在动载还是在静载条件下，比普通钢更高的能量吸收能力，而经常在浮式生产储卸油装置等海洋工程防爆墙的承受冲撞、爆炸、海水侵蚀等场景下使用。由于其高强度的特点，因此可以大幅降低材料的厚度。

针对此类双相钢防爆墙的安装，主要是焊接工艺的创新，传统单面氩弧焊加背面充氩保护的方式在焊接施工中存在如下难题：①需要制作专门的充氩气工装进行背面充氩气保护；②该类焊缝壁厚薄、焊道长，焊接极易出现变形，焊后不允许热调直，机械调直又极易损坏母材；③要求测试铁素体含量，对焊接参数控制要求严格。以上情况造成其焊接施工难度较大，焊接成本较高，焊后容易变形。

为此，海洋石油工程（青岛）有限公司研究、开发并应用了浮式生产储卸油装置双相不锈钢防爆墙焊接新技术。通过采用双面同步氩弧焊，由 2 名焊工在焊道两面同时进行焊接，焊接保护气作为彼此的背面保护气体，采用极小的热输入实现了焊缝一次焊接成型，在获得双相不锈钢薄板的高效焊接的同时又使得焊接完成后变形满足项目要求，使施工效率得到大幅提升。通过总结梳理，形成“浮式生产储卸油装置双相钢防爆墙体双面同步焊接施工工法”。

截至目前，该工法已在英国壳牌企鹅 FPSO 项目、渤中 28-2 南油田二次调整项目中成功应用，取得经济效益 412 万余元。

该技术取得发明专利“一种双相钢防爆墙双面焊接工艺方法”（202010918041.4）1 项，实用新型专利“一种双相钢防爆墙定位焊的背面充氩装置”（202021459762.5）、“双相钢墙皮单面焊接的组对工装”（202020418992.0）2 项，发表核心期刊论文 1 篇，获得全国石油和化工行业优秀质量管理成果奖、海洋石油工程股份有限公司科技进步三等奖和“五新五小”成果二等奖，海洋石油工程（青岛）有限公司节能减排奖二等奖等。

2 工法特点

2.1 施工质量优异

该工法在英国壳牌企鹅 FPSO 项目、渤中 28-2 南油田二次调整项目中进行了大面积的推广应用，取得了良好的焊接质量，焊缝铁素体含量在 30% ~60% 之间，焊接一次合格率在 96% 以上，满足公司和项目施工质量要求。

2.2 施工效率高

该工法免除了背部充氩气的工序，降低了人工时，降低了焊接坡口面积，免去了定位焊的打磨去除，有效降低了传统单面焊引起的薄板焊接变形，提升了焊接施工效率 40% 以上。

2.3 施工成本低

该工法省去了背部充氩气的氩气成本、充氩气工装的材料与人工成本，降低了焊接与坡口打磨的人工成本。以企鹅项目双相钢防爆墙的安装施工为例，双面同步焊接施工共完成超过 4500m 焊缝的焊接，由于减少了背保护氩气的消耗，免去了背保护所需工装，并且减少了焊接与打磨等的人工时，降低成本 300 余万元。

2.4 技术成熟且应用范围广

该工法已经在多个项目进行大面积的推广使用，具有焊接合格率高，质量稳定的特点，也可适用于大壁厚不锈钢、双相不锈钢板的免背部保护气体双面焊接施工安装，目前正在进行更高效的焊接工艺开发和推广应用。

3 适用范围

该工法适用于浮式生产储卸油装置或其他海洋工程的双相不锈钢防爆墙建造安装施工。

4 工艺原理

该工法所规定的针对双相钢防爆墙的焊接施工，选用双面同步氩弧焊焊接工艺进行双面同步焊接，以焊枪的焊接保护气体作为彼此的背部保护气体，从而免除双相不锈钢焊接时的背保护气体。

4.1 双面坡口设计

采用双面双 V 坡口形式（图 1），角度为 55° ~ 60°，组对间隙为 2 ~ 4mm，钝边为 0.5 ~ 1mm。

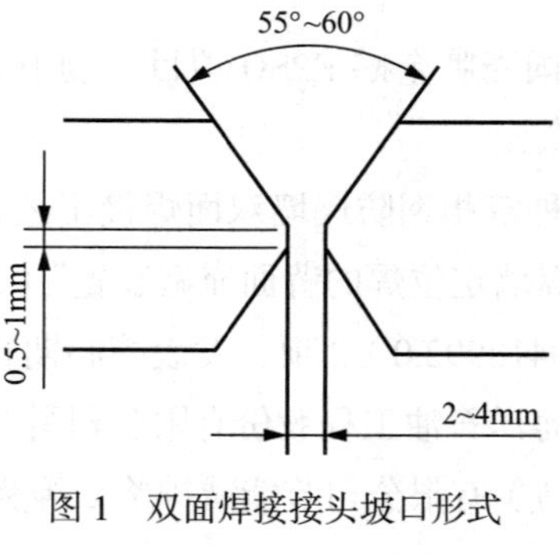

图 1　双面焊接接头坡口形式

4.2 双面同步焊接技术

通过在焊接前，两侧焊工同时开启焊枪的保护气对两侧坡口形成保护，且保持一段时间后再开始焊接。焊接时先引弧面焊枪与后引弧面焊枪同步移动，电弧间距维持一个熔池长度（5～10mm）。在焊接设备、环境和焊接条件相同的情况下，通过两侧焊工的协调作业，对同一焊缝从两面同步进行焊接，焊接保护气作为彼此的背面保护，采用极小的热输入实现一次焊接成型（图 2）。

4.3 定位焊免去除技术

组对时在坡口背面放置定位焊专用的背面充氩装置，保护罩内充纯度 99.99% 以上氩气，当保护罩内气体含量满足项目要求后，使用钨极氩弧焊在坡口根部进行定位焊，正式焊接时直接将定位焊熔入焊缝内，无需打磨去除（图 3）。

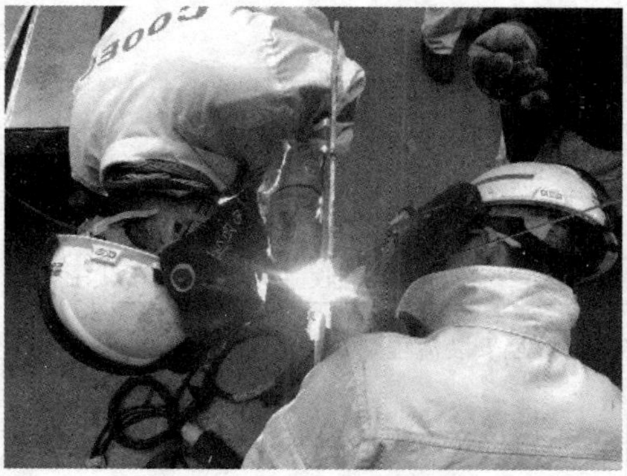

图 2　双面同步焊接

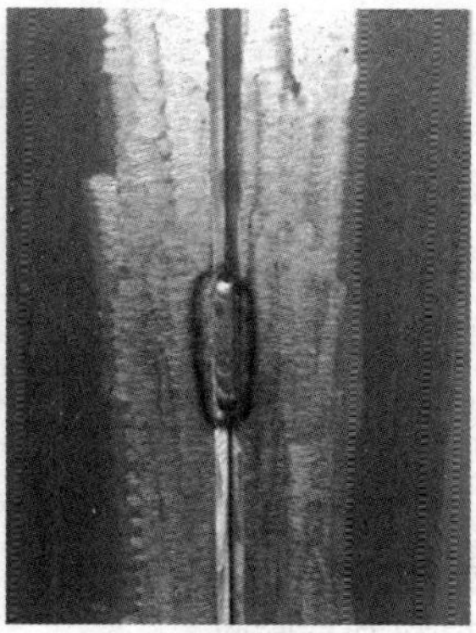

图 3　定位焊无需去除

5 施工工艺流程及操作要点

5.1 施工工艺流程

5.1.1　总流程（图 4）

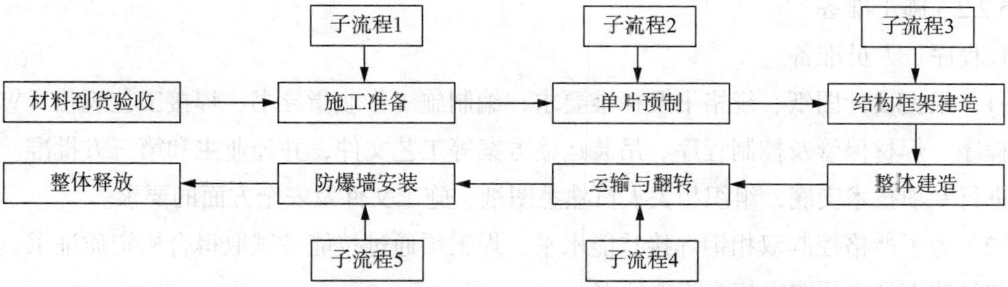

图 4　浮式生产储卸油装置双相钢防爆墙焊接施工流程图

5.1.2　子流程

（1）子流程 1（图 5）

图 5　施工准备流程图

（2）子流程 2（图 6）

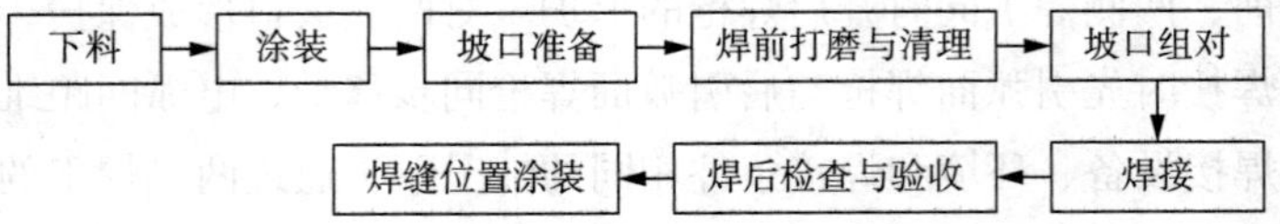

图 6　单片预制流程图

（3）子流程 3（图 7）

图 7　结构框架预制流程图

（4）子流程 4（图 8）

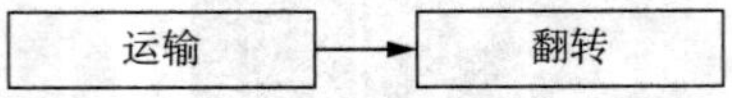

图 8　运输与翻转流程图

（5）子流程 5（图 9）

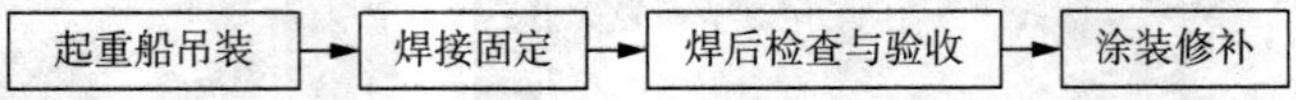

图 9　防爆墙安装流程图

5.2　操作要点

5.2.1　材料到货验收

（1）核对双相不锈钢质量证明书、规格、数量和标识，确定是否符合项目要求，并使用便携式合金元素分析仪测试化学成分是否符合 ASTM A240 标准要求，并做好记录。

（2）检查焊材整体包装、名称、牌号、批号、生产日期、规格、数量等信息，并做好记录。

（3）所有到货材料验收合格后，物资管理员办理材料入库手续。

5.2.2　施工准备

1. 程序、人员准备

（1）根据设计图纸、规格书及标准要求，编制施工作业指导书、焊接工艺规程（WPS）、检验程序、焊材保管及控制程序、吊装运输方案等工艺文件，并经业主和第三方批准。施工前，进行专项技术交底，组织相关人员熟悉图纸、施工文件及安全方面的要求。

（2）为了严格控制双相钢焊接技能水平，焊工须通过技能考试取得合格资质证书。检验人员和吊装人员也须取得相应资质证书。

2. 设备、辅助材料准备

（1）所有使用的设备应处于良好状态并得到良好维护。设备应符合制造厂的操作规程和规定的安全工作负荷，并按照有关规定进行执行。

（2）现场配备砂轮机、不锈钢打磨片、不锈钢钢丝刷等专用工具。配备纯度为 99.99% 的氩气（定位焊背面保护用），98%Ar+2%N_2（双面同步焊接）的焊接保护气体，检查气体标签是否满足焊接要求。现场配备氩弧焊焊机，所有焊机必须在标定范围内，注意焊接气嘴尺寸要求不小于 19mm，以保证对根部焊缝熔池充分的气体保护。

（3）吊装作业前应准备好相应索具证书。

3. 场地准备

（1）检查焊接区域工况，当风速超过 8 km/h 时，应做好防风措施；在环境相对湿度大于 80% 时，不得进行施焊。

（2）自行式模块化运输车和吊车行走路径应在吊装前一天清理干净并且保证平坦。在进行运输作业之前，应清理行走路线上的任何障碍物，尽量保证车道的平整。场地地基承载能力应满足吊机在满负荷状态下的承载要求。

5.2.3　单片预制

1. 下料

按照下料图对母材进行下料，采用等离子切割或机械切割，注意与碳钢材料的隔离；严格地进行清洁工作，使母材达到无锈、无油、无杂物状态。材料应存储于干燥通风环境，避免在存储和运输途中受潮或被雨水淋湿。应当注意与其他钢材分开放置，存放于木质或者喷漆的钢制架子或者橡胶垫上，避免灰尘，油污，铁锈对母材表面进行腐蚀。

2. 涂装

对下好料的母材进行涂装施工，防止碳钢对双相钢的污染，减少后期人工涂装工作。在焊接边缘 50mm 范围内粘贴 50mm 宽美纹纸胶带，减少打磨工作。对母材进行车间内整体涂装施工。为了防止结露，母材温度应不低于露点 3℃，相对湿度不高于 85%。涂装完工表面外观应良好无缺陷，不得有例如流挂、凹陷、针孔、孔洞、气泡、橘皮、沙粒、灰尘或其他有害的异常情况。所有钢材边缘在喷砂前应打磨圆滑，喷砂后应保留至少 2mm 的半径（图 10）。

图 10　胶带粘贴及母材涂装

3. 坡口准备

如母材进行了胶带粘贴和涂装工作，将焊接区域的胶带去除后，可以有效减少坡口周围打磨工作。

按照图 1 双面焊接接头坡口形式开设坡口，使用打磨或等离子切割等方式进行坡口制备。坡口加工完成后，检查坡口加工质量，不得有毛刺、沟槽等缺陷。

4. 焊前打磨与清理

若两侧焊缝 25mm 范围内存在油漆、油脂、铁锈、污垢或其他物质，需要用未在碳钢上使用过的氧化铝或碳化硅砂轮片或不锈钢钢刷清理干净。整个焊接过程中，所有的引弧和熄弧点都须打磨处理（图 11）。

5. 坡口组对

对母材进行组对，根部间隙为 2～4mm，错边量不超过 2mm；在坡口背面放置定位焊充氩装置（图 12），保护罩内充纯度为 99.99% 以上的 Ar，当保护罩内气体含量满足项目要求后，使用钨极氩弧焊在坡口根部进行定位焊，定位焊长度应超过 50mm，厚度不超过 3mm。定位焊边缘圆滑过渡，以便正式焊接时直接将其熔入焊缝内。

图 11　坡口准备和处理

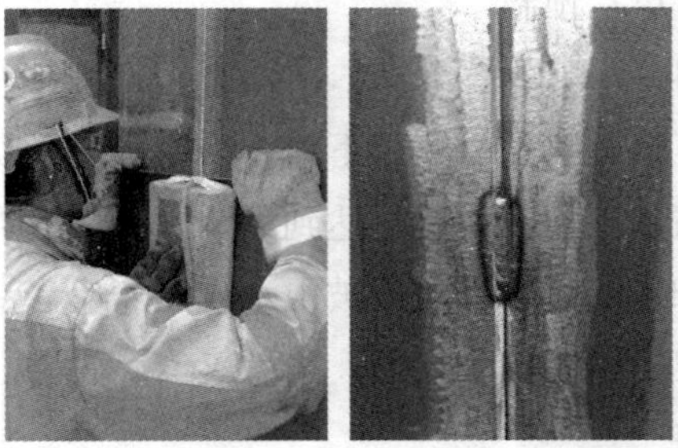
图 12　定位焊充氩装置和定位焊外观

6. 焊接

开始焊接前，两面的焊工提前开启焊枪的保护气，通过正面保护气给对面焊缝提供背面保护，保护气应保持至少 5s 后方可开始焊接。

开始焊接后，两面焊枪应同步施焊，先焊面焊枪在前，后焊面焊枪稍落后于先焊面焊枪，并跟随先焊面焊枪同步移动，间距始终保持为一个熔池长度（5～10mm）以起到保护作用。后焊面焊枪焊接速度由先焊面焊枪移动速度决定，先焊面焊工在保证焊缝饱满的条件下，应尽量使焊接速度稳定，为后焊面焊工的配合创造良好条件。后焊面焊工根据熔池的流动性，在保证既焊透又饱满的条件下，调节好电流，若焊缝出现过高，可加快速度，让电弧适当超过先焊面熔池，使先焊面焊工及时加快焊接速度。若焊缝出现内凹，后焊面焊工可按约定方式通知先焊面焊工减慢焊接速度，加快送丝速度，以达到双方良好的配合（图 13、图 14）。

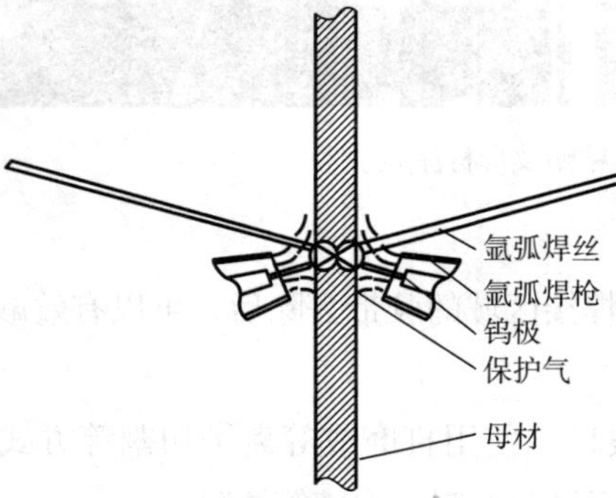

图 13　双面同步钨极氩弧焊焊接俯视图

图 14　双面同步氩弧焊施工图

焊接过程中直接将定位焊熔入焊缝中；焊接层间温度应控制在 150℃以下；喷嘴距熔池约 8mm，钨极尖端距熔池 2～4mm（采用摇摆法焊接时距离适当缩小）。

当一面焊工打算停止焊接时，应提前通知对面的焊工，确保两面焊缝同步成型；再焊接时，需打磨接头，在引弧形成熔池后，方可加焊丝。

当两面焊工熄弧后，应将焊枪气嘴放在焊缝上，延迟保护气应保持至少 5s，以确保焊缝冷却时的气体保护。

为了控制变形，可以采用分段退焊方式进行焊接。

对于壁厚 3～4mm 薄板，宜采用直径 2mm 的钨极氩弧焊焊丝双面同步焊接，可实现一次焊接成型；对于壁厚 4～6mm 薄板，宜采用直径 2.4mm 的钨极氩弧焊焊丝双面同步焊接，可实现一次焊接成型；对于壁厚 6mm 以上板，宜采用直径 2.4mm 的钨极氩弧焊焊丝双面同步焊接后，如无法一次焊接成型，可选择采用常规钨极氩弧焊或者半自动氩弧焊完成盖面工作。焊接参数应满足对应的焊接工艺规程要求（表 1）。

表 1　焊接参数推荐表

焊层	焊接方法	焊材分类号	直径 /mm	电流极性	电流 /A	电压 /V	焊接热输入 /（kJ/mm）	层间温度 /℃
A 面	GTAW	ER2209	2.0/2.4	直流反接	45~60	9~11	0.26~0.44	20~150
B 面	GTAW	ER2209	2.0/2.4	直流反接	45~60	9~11	0.26~0.44	20~150
A 面（或）	TIP TIG	ER2209	1.0	直流反接	95~110	9~11	0.30~0.50	20~150
B 面（或）	TIP TIG	ER2209	1.0	直流反接	95~110	9~11	0.30~0.50	20~150

7. 焊后检查与验收

（1）外观检测：焊接完成后，对焊缝进行外观检测，焊缝表面应成型良好，余高＜ 2mm，无咬边，无裂纹（图 15）。

（2）尺寸检查：所有焊接完成的结构，需要进行尺寸检查，避免因为焊接收缩变形造成尺寸偏差，直线度公差保证在 2mm/m，平整度偏差不超过 3mm，对于不符合要求的结构，需要按照项目中规定的矫正程序进行调直矫正（图 15）。

（3）无损检测：尺寸检测合格后进行渗透检测，线性缺陷长度应≤ 2mm，非线性缺陷长轴尺寸≤ 4mm，焊缝铁素体含量在 30%～60% 之间。

图 15　外观和尺寸检查

8. 焊缝位置涂装

采用人工涂装方式，对焊缝位置、加强板去除位置进行涂装施工，如个别位置需要复涂，应进行干燥和固化，过喷、滴落和污迹应去除，任何涂层损伤或瑕疵应修补。

5.2.4　结构框架预制

1. 下料

按照下料图对结构框架母材进行下料，采用火焰切割或机械切割，严格地进行清洁工作，使母材达到无锈、无油、无杂物状态。材料应存储于干燥通风环境，避免受潮或被雨水淋湿。

2. 涂装

对下料好的结构框架进行车间内整体涂装施工，为了防止结露，母材温度应不低于露点3℃，相对湿度不高于85%。涂装完工表面应无缺陷，外观良好。上层油漆应完全覆盖住底层油漆颜色。

3. 坡口准备和打磨

使用火焰切割方式进行坡口制备，按照单边45°开设坡口，检查坡口加工质量，应无毛刺、沟槽等明显的外观缺陷。如果两侧焊缝内外25mm范围内存在油漆、油脂、铁锈、污垢或其他物质，用砂轮片打磨处理。

4. 组对焊接

对结构框架进行组对和焊接，组对尺寸满足施工图纸要求，表面错皮不超过3mm，焊接工艺按照批准的WPS要求进行焊接。

5. 焊后检查

焊接完成后，对焊缝进行外观检测和渗透检验，焊缝表面应成型良好，余高＜2mm，无咬边，无裂纹，线性缺陷长度≤2mm，非线性缺陷长轴尺寸≤4mm，焊后结构框架尺寸满足图纸要求，直线度误差在2mm/m内，相交杆件中心线的相交点的位置公差在6mm内，垂直距离允许误差在12mm内。

图16　整体拼装建造

5.2.5　整体拼装

（1）按照施工图纸要求，将完成焊接的双相不锈钢薄板单体通过吊车安装到防爆墙结构框架上，具体施工按照项目要求和焊接工艺规程执行（图16）。

（2）保证整体建造的防爆墙尺寸，整体和局部结构尺寸最大允许误差不超过10mm。采用人工涂装方式，对焊缝位置、加强板去除位置进行涂装修补。

5.2.6　运输及翻转

1. 运输

（1）防爆墙结构框架预制后，摆放在自行式模块化运输车及吊机有效运行范围内。

（2）按照索具布置图配置相应索具，起吊前吊装指挥应检查索具，并确保没有其他松动的构件。

（3）安全部门设置吊装警戒线，并阻止所有无关人员进入吊装区域。

（4）慢慢起吊，当吊离支撑物0.3m左右后应停留约1min，对防爆墙体、吊索及吊机等的状态进行观察，确认无异常后方可继续吊装作业。

（5）将防爆墙吊装到自行式模块化运输车上，然后使用倒链或者牵引绳等辅助完成放置。

（6）自行式模块化运输车将防爆墙运输至场地总装区域。

2. 翻转

（1）在预装防爆墙体安装吊装索具。

（2）移动双臂架起重船吊臂，并在防爆墙体底部安装吊装索具（图 17）。

（3）履带式吊车将吊装索具吊装在防爆墙体顶部后进行吊装（图 18）。

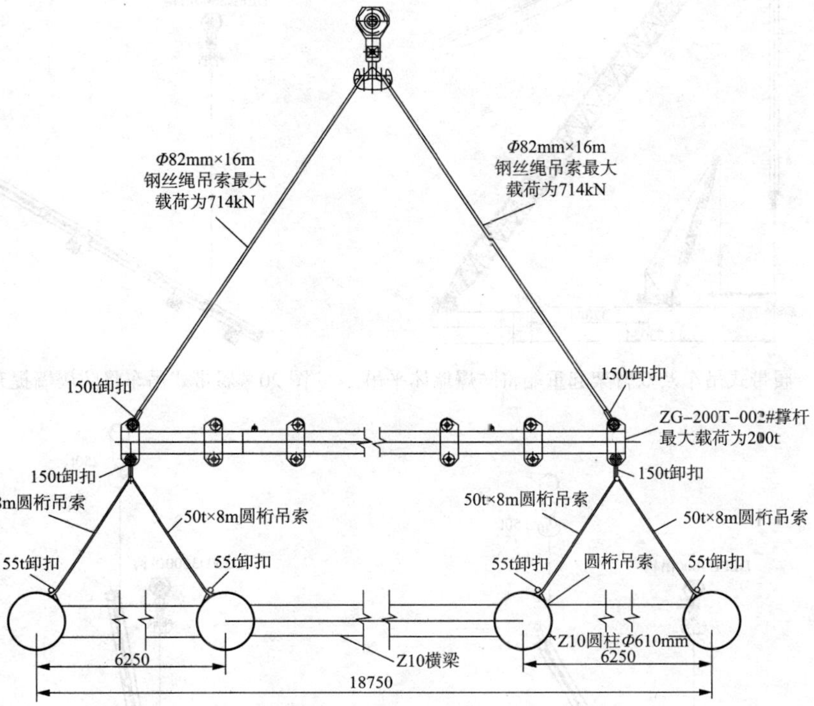

图 17　双臂架起重船锁具布置

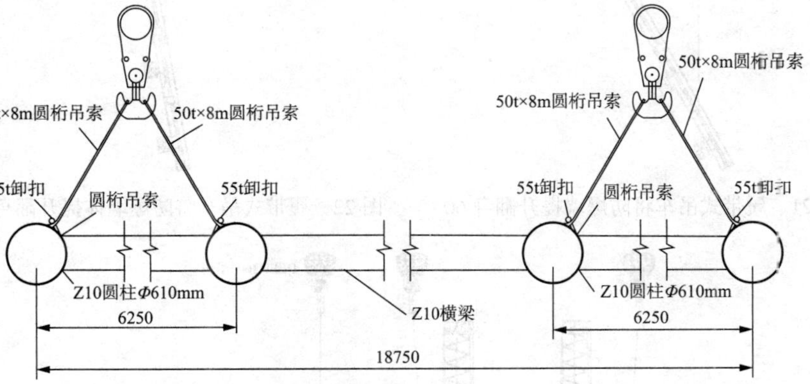

图 18　履带式吊车翻转锁具布置

（4）使用履带式吊车和双臂架起重船吊臂将防爆墙体平吊（图 19）。

（5）使用履带式吊车将防爆墙体提升并翻身至 30°（图 20）。

（6）使用履带式吊车将防爆墙体提升并翻身至 60°（图 21）。

（7）使用履带式吊车将防爆墙体提升并翻身至 80°，将防爆墙体放至地面，双臂架起重船脱钩（图 22）。

（8）双臂架起重船连接吊装锁具，防爆墙体翻身至 90°，并使用高架车将履带式吊车锁具摘掉（图 23）。

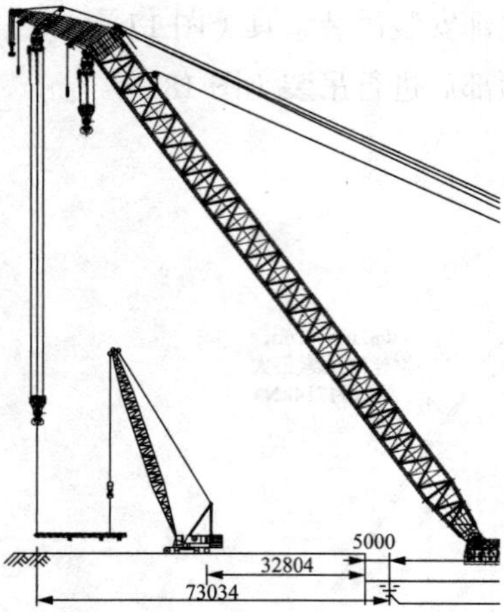

图 19　履带式吊车及双臂架起重船将防爆墙体平吊

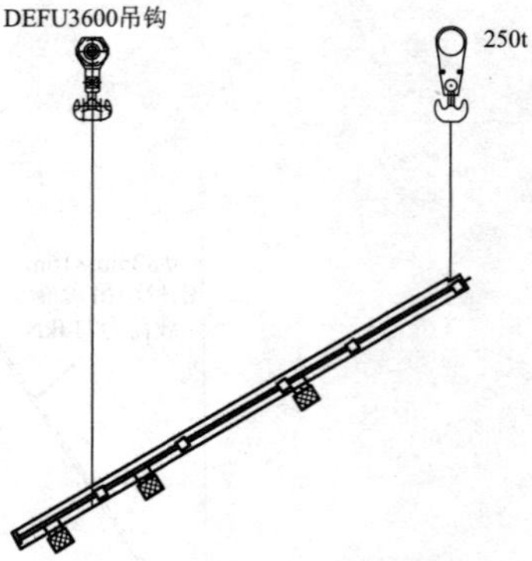

图 20　履带式吊车将防爆墙提升翻身 30°

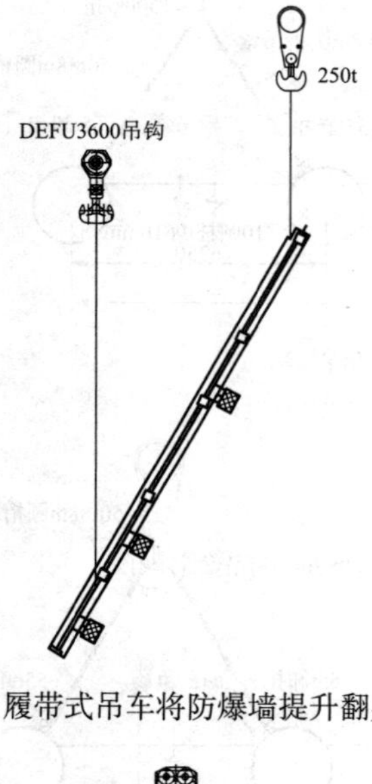

图 21　履带式吊车将防爆墙提升翻身 60°

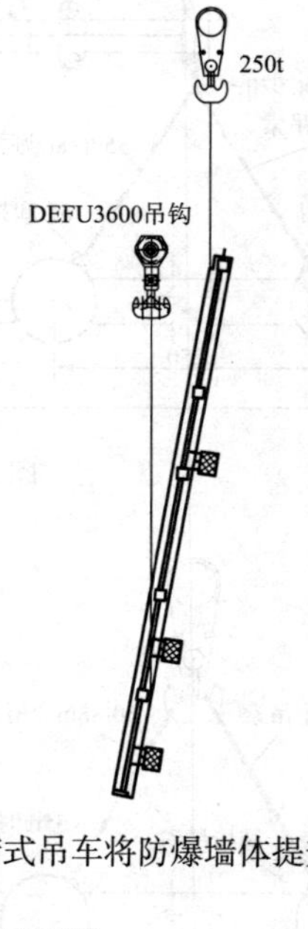

图 22　履带式吊车将防爆墙体提升翻身 80°

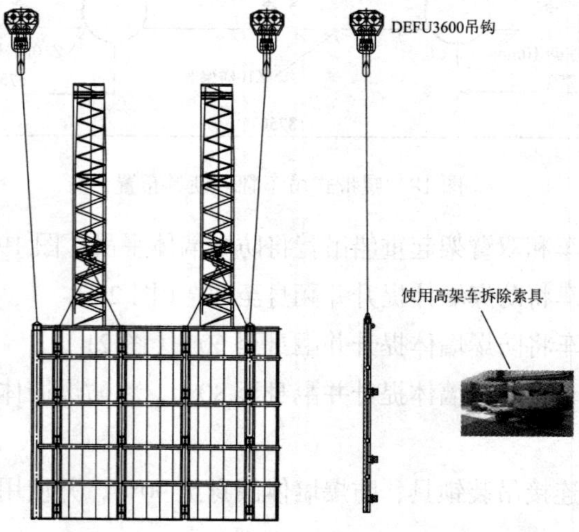

图 23　双臂架起重船将防爆墙体提升翻身 90°

5.2.7 防爆墙安装

1. 起重船吊装（图 24）

（1）防爆墙体翻转完成后，将吊装索具连接到双臂架起重船吊钩上，吊装防爆墙体。

（2）双臂架起重船缓慢移动至浮式生产储卸油装置。

（3）双臂架起重船将防爆墙体安装到浮式生产储卸油装置上。

（4）将防爆墙体吊装到设计位置，并使用倒链保持整个墙体面板直立。

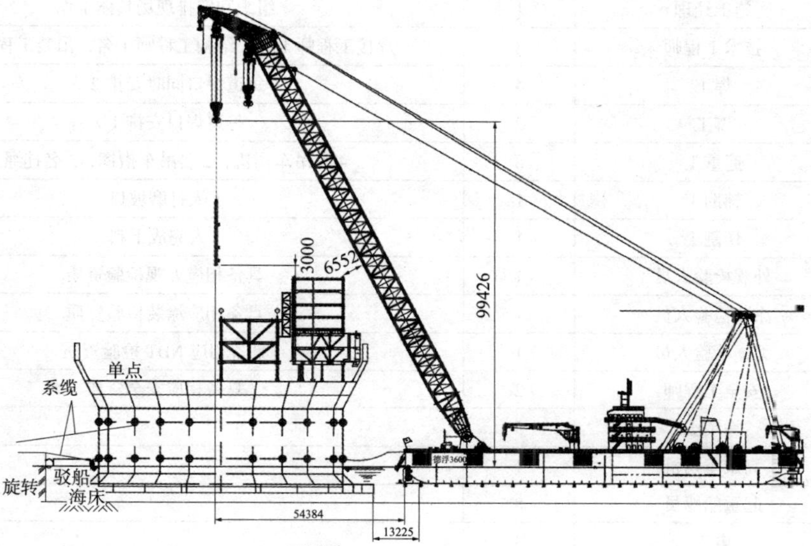

图 24 起重船吊装

2. 焊接固定

（1）将防爆墙体通过焊接连接到船体上。

（2）进行防爆墙整体尺寸检查，满足图纸安装要求，整体和局部结构尺寸误差不超过10mm，垂直距离最大允许误差不超过 12mm。

（3）起重船断开倒链。

3. 焊后检查与验收

（1）对焊缝进行外观和无损检测，焊缝表面应成型良好，余高＜ 2mm，无咬边，无裂纹，线性缺陷长度≤ 2mm，非线性缺陷长轴尺寸≤ 4mm。

（2）所有焊接完成的结构，需要进行尺寸和精度检查，整体和局部结构尺寸误差不超过10mm，垂直距离允许误差不超过 12mm。

4. 涂装修补

采用人工涂装方式，对焊缝位置、固定板去除位置进行涂装施工，如个别位置需要复涂，应进行干燥和固化，过喷、滴落和污迹应去除，任何涂层损伤或瑕疵应修补。

5.2.8 整体释放

所有焊口焊接完成、所有部件完成检验合格后，须按照项目要求提交相关焊接、涂装、尺寸精度检验报告，再进行释放。

5.3 劳动力组织

以壳牌企鹅 FPSO 项目 Z10 模块的双相不锈钢防爆墙为例，Z10 双相不锈钢焊缝总长度为 1300m，壁厚 5mm。劳动力组织见表 2。

表 2 劳动力组织表

序号	工种	数量 / 人	备注
1	项目经理	1	负责项目的组织管理和协调
2	施工经理	1	组织和安排现场具体工作
3	技术工程师	3	焊接工程师 1 名，结构工程师 1 名，吊装工程师 1 名
4	焊工	4	每道焊口同时安排 2 人
5	铆工	2	每道焊口安排 1 人
6	起重工	8	4 名吊车司机，2 名吊车指挥，2 名挂绳工
7	辅助工	1	1 人打磨坡口
8	切割工	1	1 人完成下料
9	外观检验人员	1	具备相应外观检验资质
10	涂装检验人员	1	具备相应涂装检验资质
11	无损检验人员	1	具备相应 NDT 检验资质
12	安全工程师	2	具备相应安全资质
13	涂装工	5	
14	高架车司机	1	
15	起重船船员	8	
16	电工	3	
17	辅助工	4	
合计		47	

6 材料与设备

以壳牌企鹅 FPSO 项目 Z10 模块为例。Z10 模块双相不锈钢焊缝总长度为 1300m，壁厚为 5mm。主要材料如表 3 所示，所使用的主要设备如表 4 所示。

表 3 主要材料清单（以 Z10 模块为例）

序号	名称	规格	单位	数量	备注
1	双相不锈钢氩弧焊焊丝	Φ2.4mm	kg	350	5 kg/ 盒
2	纯度 99.99% 以上 Ar		瓶	2	气体技术指标符合 AWS A5.32 标准要求
3	不锈钢风动砂轮片	180mm × 3mm	片	30	坡口与层间打磨
4	钢丝刷		个	20	坡口与层间打磨
5	电焊护目镜片		片	10	焊工眼部防护
6	白玻璃		块	60	焊工眼部防护
7	98%Ar+2%N_2 的焊接保护气体		瓶	110	气体技术指标符合 AWS A5.32 标准要求
8	80T 圆桁吊索		跟	32	
9	钢丝绳吊索		m	50	
10	防火漆		kg	200	

表 4　主要设备清单（以 Z10 模块为例）

序号	名称	规格	单位	数量	备注
1	桥式起重机	10t，3.2t	台	1	双相不锈钢吊装
2	氩弧焊焊机		台	10	双相不锈钢焊接
3	坡口加工机		台	2	坡口加工、修复
4	风动砂轮机	带备件	台	5	打磨
5	外观检测尺		件	2	
6	电动葫芦	5t	台	6	
7	履带式吊车	50t	台	2	防爆墙体吊装
8	自行式模块化运输车	50t	组	1	防爆墙体运输
9	双臂架起重船	900t×4	台	1	整体集成
10	照明灯		个	20	
11	水准仪		台	2	
12	全站仪		台	1	
13	配电箱		个	8	
14	高架车		辆	1	

7　质量控制

7.1　标准规范

（1）AWS A5.32《Specification for Welding Shielding Gases》

（2）ASME B16.25《Butt welding Ends》

（3）ASME II Part C《Specification for Welding Rods, Electrodes, and Filler Metals Materials》

7.2　质量保证措施

1. 材料到货检验

检查施工材料的质量证明书、规格（包括长度、宽度、壁厚等）、数量和标识，检查焊材整体包装、批号、生产日期与焊材材质证书是否一致。核查焊材名称、牌号、规格、数量等信息，并做好记录。

2. 施工准备

（1）场地：当风速超过 8 km/h 时，就要做好防风措施；在环境相对湿度大于 80% 时，不得进行施焊。在工艺评定试验过程中，要保证有单独的区域进行焊接，以提供良好的焊接环境，保证母材不被飞屑、杂质等污染；要给工人配备全新的工作服和手套，以避免焊接过程中发生二次污染；在进行运输作业之前，应清理行走路线上的所有障碍物，尽量保证车道的平整。

（2）焊材：氩弧焊丝应防止错用，在现场使用时避免沾染油污。

（3）工人：在焊工考试前，就相关工艺、特殊技术要求等做好技术交底，专门组织焊工进行有针对性的操作技能培训，使工人提前对此有一定的熟知度。检验人员和吊装人员也需取得相应资质证书。

（4）设备：所有使用的设备应处于良好状态并得到良好维护。吊装作业前应准备好相应索具证书。所有焊机必须在标定范围内。焊接气嘴尺寸要求不小于 19mm，以保证对根部焊缝熔池充分的气体保护。

3. 单片预制

坡口区域两侧 25mm 范围内要求打磨干净，要使打磨区域有光滑度、露出金属光泽；焊接过程中，如需要打磨时，要用未在碳钢上使用过的不锈钢砂轮片进行打磨。

焊接过程中应注意：①收弧时要填满弧坑，待弧坑冷却后再切断保护气；②焊接过程中要尽可能地用短弧焊接；③每道焊缝的收弧处和引弧处要求进行打磨处理；④焊接过程中不要做大幅摆动，要用小细焊道直线焊接；⑤若是钨极受到了污染，要及时打磨或更换，同时对被污染的焊缝进行打磨，防止造成夹钨缺陷；⑥要求焊道为凸断面；⑦两面焊工要提前进行沟通确定焊接速度，焊接过程中后焊面根据先焊面的焊接速度进行调整；⑧当一面焊工打算停止焊接，应提前通知对面的焊工，确保两面焊缝同步成型；再焊接时，需打磨接头，再引弧形成熔池后，方可加焊丝。当两面焊工熄弧后，应将焊枪气嘴放在焊缝上，延迟保护气应保持至少 5s，以确保焊缝氧化变色合格；⑨为了控制变形，可以采用防爆墙体退焊方式进行焊接。

4. 结构框架预制

下料时严格地进行清洁工作，使母材达到无锈、无油、无杂物状态。材料应存储于干燥通风环境，两侧焊缝内外 25mm 范围内存在油漆、油脂、铁锈、污垢和其他物质，用砂轮片打磨处理，焊后结构框架直线度误差应在 2mm/m 内。

5. 整体拼装

检查焊接区域工况，当风速超过 8 km/h 时，应做好防风措施；在环境相对湿度大于 80% 时，不得进行施焊。焊接过程严格按照焊接工艺规程 WPS 执行，保证整体建造的防爆墙尺寸、水平度和垂直度满足图纸要求。

6. 运输及翻转

吊装现场的天气状况符合风力小于 6 级，且能见度良好。自行式模块化运输车行走路径应在吊装前一天清理干净并且保证平坦。在进行吊装作业之前，应清理吊机及运输车辆行车路径、吊机作业旋转半径范围内的所有障碍物；吊车行车通道不能横跨电缆沟及其他危险区域。

每次吊装前对所有吊具进行质量检查和数量核对，检查倒链、钢丝绳等起重用品的性能是否完好；使用有证书且检查过的拖缆；一台吊机一个起重指挥，由总指挥协调，保证多台吊机平稳作业。

7. 防爆墙安装

在活动前及活动期间每隔 12h 收到 48h 天气预报，吊装作业将在有利的天气条件下进行，从码头将模块吊装到船上期间的环境情况做如下限制：风速≤ 10.0 m/s，浪高≤ 0.5 m，可见度≥ 200m。应该有足够的持续时间（48h）来进行集成和最初海上固定，码头水深大于 9m。如果天气情况差于上述限制，将推迟作业。每次吊装前对所有吊具进行质量检查和数量核对，检查倒链、钢丝绳等起重用品的性能是否完好。

起重船起吊作业时，船舶纵倾超过 2°或横倾超过 3°时，各机构自动停机并限动；正常作业时，吊钩原则上不准斜拉，只能铅垂起吊。在起吊作业前后保持船舶无横倾时，进行四钩联动，允许四钩向内、外纵拉 $\alpha \leqslant 2°$（42 ~ 46m），$\alpha \leqslant 5°$（46 ~ 90m），横拉 $\beta \leqslant 3°$。

8. 整体释放

所有焊缝质量检测报告、尺寸精度检验报告、涂装检测报告满足项目验收要求并取得船级社认可。

7.3 质量关键控制点

质量关键点控制指标见表 5。

表 5 质量关键点控制指标表

阶段	质量控制点	检验方法	质量指示	检验时机和频次
材料到货验收	材料	质量控制人员、结构工程师、焊接工程师、材料工程师检查	1. 母材质量证明书要求满足项目规格书与图纸的要求 2. 数量和标识：根据订货料单、送货单并结合材质证书核查送货数量及标示 3. 使用便携式合金元素分析仪测试双相不锈钢成分是否符合 ASTM A240 要求	材料到货后；逐项检查
施工准备	焊接保护气和焊材	质量控制人员检查	满足焊接工艺规程规 WPS 中要求，保护气体采用 98%Ar+2%N_2，焊材采用 A5.9 ER2209	焊接开始前；逐项检查
	焊接工况	风速测量仪、湿度测量表	风速≤ 8 km/h 湿度≤ 80%	焊接开始前；每 1h 检查 1 次
	焊接工艺规程	质量控制人员 焊接工程师检查	依据 DNV C401 的要求编制焊接工艺规程，取得船级社认可	焊接前
	焊接设备	质量控制人员 焊接监督检查	按照公司要求鉴定证书在有效期内	使用前
单片预制	坡口加工质量	外观检查（肉眼或放大镜）、直尺、焊缝检验尺	坡口表面无毛刺、沟槽等可见损坏	坡口加工后，组对前；每个加工后的坡口
	组对精度	直尺、焊缝检验尺	1. 坡口组对间隙：2 ~ 4mm 2. 钝边尺寸：0.5 ~ 1mm 3. 坡口角度满足 55° ~ 60° 4. 根部错皮量≤ 2mm	组对后，焊接前；每个组对口
	焊接参数	电流、电压表	在焊接工艺规程规定的范围内（GTAW 为电流 45 ~ 60A，电压 9 ~ 11V）	焊接工程中；打底焊道、热焊道每道检查，填充、盖面焊道抽查
	层间温度	接触式或红外线测温仪	在焊接工艺规程规定的范围 20 ~ 150℃	焊接过程中；每次新焊接一道之前，进行温度测量
	焊后外观与尺寸检测	质量控制人员检查	余高＜ 2mm，无咬边 直线度误差＜ 2mm/m，平整度＜ 3mm	焊接完成后
	焊后无损检测	无损检测人员检测	线性缺陷长度≤ 2mm， 非线性缺陷长轴尺寸≤ 4mm 焊缝铁素体含量在 30% ~ 60% 之间	外观检测合格后
结构框架预制	坡口加工质量	外观检查（肉眼或放大镜）、直尺、焊缝检验尺	坡口表面无毛刺、沟槽等可见损坏	坡口加工后，组对前；每个加工后的坡口
	组对精度	直尺、焊缝检验尺	1. 坡口组对间隙：2 ~ 4mm 2. 钝边尺寸：1 ~ 2mm 3. 坡口角度满足 40° ~ 50° 4. 根部错皮量≤ 2mm	组对后，焊接前；每个组对口

续表

阶段	质量控制点	检验方法	质量指标	检验时机和频次
结构框架预制	焊接参数	电流、电压表	在焊接工艺规程规定的范围内（FCAW 为电流 200～240A，电压 20～26V）	焊接工程中抽查
	焊后检测	质量控制人员检查	余高 <2mm，无咬边，角焊缝圆滑过渡 $R \geqslant 2$mm，直线度误差 <2mm/m，相交杆件中心线的相交点的位置公差不超过 6mm	焊接完成后
整体建造	外观检测	质量控制人员检查	余高 <2mm，无咬边，角焊缝圆滑过渡 $R \geqslant 2$mm	焊接完成后
	无损检测	无损检测人员检测	线性缺陷长度≤ 2mm 非线性缺陷长轴尺寸≤ 4mm	外观检测合格后
	尺寸检测	质量控制人员使用全站仪、水准仪检查	整体尺寸、水平度和垂直度满足图纸要求，结构尺寸最大允许误差≤ 10mm，垂直距离最大允许误差≤ 12mm	整体防爆墙建造前和焊接完成后
	涂装检测	质量控制人员检查	涂装完工表面应无缺陷，外观良好	整体涂装完成后，焊缝位置涂装修补完成后
运输与翻转	施工工况	安全工程师和吊装人员检查	吊装和运输车道平整，吊装人员和索具证书齐全，吊装车辆、设备、倒链等无任何故障，风速 <6 km/h，可见度大于 100m	运输和吊装作业前
防爆墙安装	施工工况	安全工程师和吊装人员检查	风速≤ 10.0 m/s，浪高≤ 0.5 m，可见度≥ 200m	活动前及活动期间；每隔 12h
	外观检测	质量控制人员检查	余高 <2mm，无咬边， 角焊缝圆滑过渡 $R \geqslant 2$mm	焊接完成后
	无损检测	无损检测人员检测	线性缺陷长度≤ 2mm 非线性缺陷长轴尺寸≤ 4mm	外观检测合格后
	尺寸检测	质量控制人员使用全站仪、水准仪检查	整体尺寸、安装精度、水平度和垂直度满足图纸要求，整体和局部结构尺寸最大允许误差≤ 10mm，垂直距离最大允许误差≤ 12mm	焊接完成后和整体安装完成后
	涂装检测	质量控制人员检查	涂装完工表面应无缺陷，外观良好	焊缝位置涂装修补完成后
整体释放	报告	检测报告检查	所有焊缝质量检测报告、尺寸精度检验报告、涂装检测报告满足项目验收要求和船级社认可	整体安装完成后

8 安全措施

8.1 施工安全标准

（1）安全生产监督管理总局令 2015 年第 78 号《海洋石油安全管理细则》

（2）安全生产监督管理总局令 2015 年第 78 号《海洋石油安全生产规定》

（3）《海洋石油自行式模块化运输车（SPMT）场内运输及装船推荐做法》

（4）《海洋石油同步液压顶升系统推荐做法》

（5）《海洋石油工程（青岛）有限公司起重作业安全管理细则》

8.2 通用安全措施

（1）组织进场人员进行 HSE 教育，做好各工序安全教育和安全技术交底。

（2）建立工作安全分析会制度，作业前，召开各专业人员参加工作安全分析会，分析作业安全问题，提前提出解决方案。

（3）设专职安全员负责工地安全管理工作，由施工负责人监督日常安全工作，各工种、各施工班组设立兼职安全员，由项目经理、施工负责人、专职安全员组成项目安全检查小组，检查监督项目安全工作，负责对施工全过程进行全方位、全过程监督检查。

（4）施工现场设安全警示牌，划分吊装区域，并在吊装区域内设警示带，派专人负责警示带区域安全工作，吊装施工时严禁闲杂人员进入警示带内。

（5）现场施工人员必须学习现场安全规章制度，特种作业人员必须持有特种作业资格证方能从事特种作业。施工期间，要求劳保整齐。严禁劳保不齐进入施工现场。所有参加施工人员，要求工作界面清晰、分工明确，听从施工负责人统一安排。

（6）施工机具、车辆及人员应与内、外线路保持安全距离，达不到规范要求时，必须采用可靠的安全措施。临时用电必须设专人管理，分片包干，责任到人，非电工人员严禁乱拉、乱接电源线和动用各类电器设备。对临时用电的线路及设备，必须由专业电工每天进行巡视检查，发现各类问题及时处理。

（7）作业线危险源有丙酮、焊枪、烤把、吊车、射线源、坡口机、对口器、千斤顶等，作业施工人员应落实公司相关安全规定，及时熟悉并了解危险源，制定相应的保护措施，确保工人人身安全与工程质量。

（8）制定 24h 安全防护和监控措施，确保及时发现安全隐患。

（9）自行式模块化运输车行走路径应在水平片吊装前一天清理干净并且保证平坦。在进行运输作业之前，应清理平板车行走路线上的所有障碍物。清扫平板车通道，尽量保证车道的平整，场地上小石子在运输前须压实。自行式模块化运输车通道不能横跨电缆沟及其他危险区域。不能避开的，需在电缆沟上铺设 40mm 及以上厚度的板材，此处电缆沟宽度不超过 1m。

（10）吊装现场的天气状况符合作业要求（风力小于 6 级、能见度良好）。

（11）同组吊装的各单肢吊索长度间的差值不大于钢丝绳公称直径的 1.5 倍或者长度的 0.5%，二者取大值。如 2 台以上（含 2 台）吊机联合作业，必须一对一指挥（即 1 台吊机 1 个起重指挥），由总指挥协调，保证多台吊机平稳作业。吊装过程中，每台吊机的利用率不应超过方案中吊装作业表中所计算的理论利用率。

（12）场地地基承载能力应满足吊机在满负荷状态下的承载要求；在进行吊装作业之前，应清理吊机及运输车辆行车路径、吊机作业旋转半径范围内的任何障碍物；吊车行车通道不能横跨电缆沟及其他危险区域；吊装时，任何靠近吊装作业区的施工人员必须远离至安全区域。

（13）每次吊装前对所有吊具进行质量检查和数量核对，检查倒链、钢丝绳等起重用品的性能是否完好。使用有证书并且检查过的拖缆。

（14）在海上吊装之前，天气情况需要再次确认。如果天气突然变坏，应将结构吊回船坞并进行航海，直至天气条件适宜为止。

（15）在综合码头施工期间，应持续监测码头周边港区综合作业，注意经过附近海域往来的船只时，保持低速度避免干扰集成操作。

9 环保措施

9.1 环保标准

《海洋石油工程股份有限公司质量健康安全环保管理规定》

9.2 环保措施

（1）健全环境控制制度，建立环境管理组织机构，落实环保人员岗位职责。指定专人专职或兼职负责环保管理事务，制定环保管理计划和方案。

（2）在整个施工过程中，严格遵守有关环境保护的法令、法规，以及与施工相关的合同规定，认真执行项目环境保护控制程序中的要求，对水质、土壤、噪声、大气、废渣等进行全面的污染控制，把对施工区域邻近的影响减小到最低程度。

（3）严格控制作业线污染源，如铁锈、铁屑、砂轮片、油漆、油污、钢管信号笔标识、冷却液、海水等，严格按照有关规章制度进行清理回收。

（4）施工期间专（兼）职 HSE 监督员对工程施工期间进行环境管理，其管理的内容主要是根据上级有关环保管理规定和施工项目特点制定的环境保护措施，并对作业现场实施监督检查。

（5）施工作业中的焊条头、废砂轮片、废钢丝绳和包装物等每天进行回收，施工过程产生的废弃物随时清理回收，做到“工完料净场地清”。施工中使用的化学溶剂及有毒有害物品，要妥善存放、保管，制定防止泄漏和污染的具体措施。禁止将废弃物直接抛入海中污染海洋。

10 效益分析

以壳牌企鹅 FPSO 项目为例简要分析该技术应用在实际生产项目中的经济效益。根据项目中实际焊接工况条件，该项目大量的双相钢薄板焊缝使用了该焊接工艺进行焊接。使用双面同步焊接后，减少了背部保护气体的消耗，节约了焊接打磨人工，免去了背面充氩保护工装，提升了施工工效。通过统计，采用双面同步焊接技术，相比于传统单面氩弧焊加背面充氩保护的方式节省氩气消耗成本 3.6 万元，节省人工成本 253.5 万元，节省工装材料费用 45 万元，合计节约成本 302.1 万元。

新工艺与传统工艺的对比情况如表 6 所示。

表 6 新工艺与传统工艺对比

焊接工艺		目前完成焊接长度 /m	背部氩气总消耗量 /L	单位长度焊口工装材料消耗量 /m	工装材料消耗总量 /m	单位长度焊口工时 /（人·工日）	总工时 /（人·工日）	2 种焊接工艺背部氩气对比	2 种焊接工艺工装材料对比	2 种焊接工艺工时对比
新工艺	双面同步焊接工艺	4500	0	0	0	0.61	2765	新工艺节约气体共 22500L	新工艺节约工装材料共 4500m	新工艺节约工时共 3250（人·工日）
传统工艺	单面焊工艺	4500	22500	1	4500	1.34	6015			

11 应用实例

实例一：壳牌企鹅 FPSO 项目

2020 年 3 月至 2022 年 11 月，本工法成功应用于壳牌企鹅 FPSO 项目。该项目地理位置为英国北海，双相钢材质为 SAF2304，壁厚 5 ~ 8mm，总计 4500m 的薄板焊缝使用该工法进行焊接，直接节省建造成本 302.1 万元，焊缝的一次焊接合格率达 97%。

实例二：渤中 28-2 南油田二次调整项目

2022 年 10 月至 2023 年 4 月，本工法成功应用于渤中 28-2 南油田二次调整项目。该项目地理位置为渤海，存在不锈钢和双相不锈钢焊缝，材质为 A240 S304 和 S32304，壁厚 5 ~ 8mm，使用该工法进行焊接的焊口数量为 230 道，直接节省建造成本 110 万元，焊缝的一次焊接合格率达 96%。

大型海洋平台动力定位浮托法安装工法

秦立成　宋峥嵘　谢维维　贺　辰　张　勐

海洋石油工程股份有限公司

1　前言

近些年来，我国海洋石油工业发展迅速，各种类型的海上生产采油平台也开始朝着大型化、综合化方向发展，平台的整体质量也随之不断增加。为了解决这些问题，动力定位浮托法应运而生，动力定位浮托是将动力定位船舶与浮托安装技术相结合的一种新型浮托安装技术。动力定位浮托具有施工作业时间短，流程简单、风险低，不需要锚泊系统及辅助拖轮及配套设备，节约费用，提高作业效率等特点。能够抵抗更恶劣的环境条件，增加了施工作业的天气窗口，不需要大型浮吊进行生活支持，节省费用。因此动力定位浮托越来越广泛地得到应用，取得了极大的经济和社会效益。

本工法在惠州 25-8 平台、恩平 20-4 海洋平台上成功应用。应用结果表明，本工法技术先进、经济性好、满足规范要求、拓宽了动力定位船的适用性，能够安全、高效、精准安装海洋平台，是一项值得推广应用的施工工法。

2　工法特点

2.1　安装能力强

动力定位浮托法安装海洋平台施工效率高，采用动力定位浮托完成了国际上最大的海洋平台（23000t）的浮托安装。因此，动力定位浮托法安装质量大、安装效率高、省去了常规浮托一些烦琐的准备。

2.2　适用性广

（1）动力定位浮托法能在底部管线复杂或海底不适合抛锚的海域作业。

（2）运输速度快，因此特别适合长距离的运输，且省去了拖轮。

（3）动力定位浮托法减少了甲板设备布置。

2.3　经济性好

（1）目前世界上大型浮吊数量有限，工作计划排得很满，很难租用到合适的浮吊。

（2）由于大型浮吊日费率和动复员费很高，将会大大增加工程费用。

（3）采用浮托法整体安装海洋平台不仅省去了昂贵的大型浮吊，而且能够在陆地进行海洋平台的整体连接和预调试，大大缩短了海上作业时间，降低了海上作业的风险和难度。

2.4 增加了施工作业的天气窗口

（1）南海浮托海况恶劣，具备连续作业的海况较少，而此工法满足 24h 气象条件即可作业。

（2）由于动力定位浮托省去了锚系，可以直接进船，相当于增加了操作窗口。

3 适用范围

本工法适用于 2 万 t 以内的海洋平台整体安装，尤其适用于海底管道繁多、海底土质不适合抛锚作业或安装距离较远的海域。

4 工艺原理

4.1 基本工作程序

动力定位浮托法是将动力定位技术和浮托技术相结合进行大型海洋平台浮托安装的一种方法，主作业过程为：主作业动力定位船运输组块至海上安装现场，待设计潮位时，通过动力定位系统和推进器将浮托主作业动力定位船推至导管架槽口内的预定位置，继续压载主作业动力定位船到合适高度，推出主作业动力定位船。

4.2 系统组成

整个浮托过程主要分为待机、进船、对接和退船 4 个步骤，为了确保每一步的顺利实施，需要一整套动力定位系统和调载系统来协助完成海洋平台的安装。

4.2.1 适合动力定位浮托的大型船舶

施工船应具有合适的长度、型深、型宽、调载系统、动力定位系统等参数，以保证施工船能够承受海洋平台的质量、运输时满足稳性要求、装船和浮托进船、压载时满足要求等。

4.2.2 桩腿对接耦合装置

桩腿对接耦合装置主要用于缓冲荷载转移，在浮托之前将桩腿对接耦合装置分别安装在导管架的几个主桩腿上。其结构主要由接收器、沙箱、橡胶缓冲垫及其固定支撑结构等组成。

5 施工工艺流程及操作要点

5.1 施工工艺流程

5.1.1 总流程（图 1）

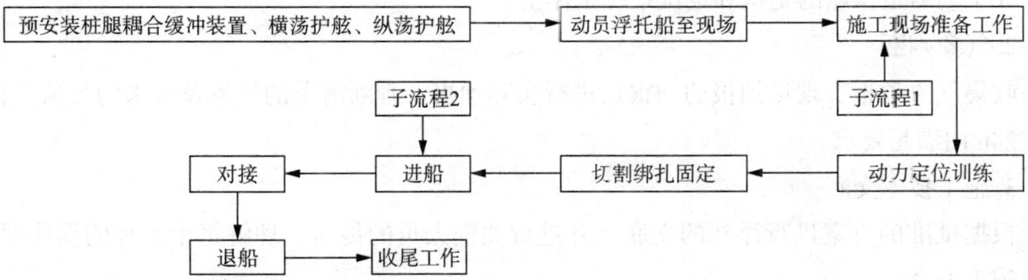

图 1　浮托安装流程图

5.1.2 子流程

（1）子流程1（图2）

人员、材料和设备准备 → 气象判断 → 施工技术交底 → 运动和海况监测 → 航行到训练区

图2 施工现场准备流程

（2）子流程2（图3）

动力定位控船 → 运动检查 → 进船检查

图3 进船流程

5.2 操作要点

5.2.1 预安装桩腿耦合缓冲装置、横荡护舷、纵荡护舷

根据图纸进行现场的定位，确保桩腿耦合缓冲装置、横荡护舷、纵荡护舷安装的位置、方向准确。

浮托施工作业前需要将桩腿耦合缓冲装置、横荡护舷、纵荡护舷主要装置安装就位，受力形变误差为 ±5%。横荡护舷安装后的距离误差为 ±10mm，纵荡护舷安装后的距离误差为 ±10mm。

5.2.2 动员浮托船至现场

出航前进行绑扎固定、物料的准备、油水的检查，确保满足出航要求和海事的要求。

施工船带组块动员至浮托安装现场，在整个航行过程中，选取满足设计的海况航行，确保运输船和平台的安全。

5.2.3 施工现场准备工作

1. 人员、材料和设备准备

（1）按照施工部署准备施工人员、材料和设备材料。

（2）特种作业者必须取得国家市场监督管理部门颁发的特种设备安全管理和作业人员证，及国家应急管理部门颁发的特种作业操作证。

（3）设备工机具的证书齐全，完成入场报验。

（4）现场检验报告齐全，质量合格，误差满足设计和规范要求。

（5）调载系统和船舶吃水的显示正常。

（6）动力定位船的主机和定位系统工作正常。

2. 气象判断

收集气象预报、现场预报的预报员进行实际预报，判断海况的气象及未来的气象变化规律，24h内满足要求。

3. 施工技术交底

根据批准的方案进行浮托的交底，并进行关键人员的传达，理解每个工种的操作要点，确保施工安全。

4. 运动和海况监测

（1）现场开启运动监测、激光定位系统、测波雷达等测试，确保信号正常。

（2）海上风浪流等监测开启，开始记录数据，并进行数据的校核。

5. 航行到训练区

到达施工现场后，对施工各个系统进行检查、测试，确保处于良好工作状态。动力定位船航行到指定的训练区。

5.2.4　动力定位训练

在距离导管架 2km 外进行动力定位训练。动力定位施工船载海洋平台进行前进 200m、后退 200m、旋转 ±1.5° 的测试，记录整个运动的过程，确保运动与设计路径吻合。

5.2.5　切割绑扎固定

动力定位训练完毕后到达现场，根据现场的气象判断是否切割绑扎固定，若满足施工条件，分 3 批次进行固定的切割。

切割过程中，缓慢将切割固定结构放到甲板上，并进行固定，依次进行切割，最后确保所有固定全部切除完毕。

5.2.6　进船

1. 动力定位控船

在进船行进过程中，仔细检查船舶的运动状态，核对距离导管架的位置，推进系统在不同动力定位系统下控船。

2. 运动检查

在进船行进过程中，仔细检查船舶的运动状态，动力定位作用下的船舶运动应满足设计要求。

3. 进船检查

满足进船条件后，开始进船，分别跨过不同的位置，此时桩腿耦合缓冲装置与底部插尖的间隙≥ 1m，继续进船。

进船完毕后，纵荡护舷和导管架接触，上部组块腿中心和下部导管架中心对齐。

5.2.7　对接

进船完毕后动力定位施工船载海洋平台进到导管架槽口开始压载。在开始过程中，确保船舶保持压载过程需要保持船舶纵倾、横倾均为 0。

对接过程中需要根据监测的数据判断桩腿耦合缓冲装置的水平运动≤ 600mm。压载过程需要保持船舶纵倾、横倾为 0，船舶均匀下沉，船舶舱室的水量在 3% ~95% 之间。

继续压水直到载荷转移完毕。当质量 100% 转移后，持续压水进行船舶和组块底部的分离。

5.2.8　退船

动力定位施工船从导管架槽口里面退出。这个过程中需要保持平台底部与施工船最上部的间隙≥ 1m。

5.2.9　收尾工作

退船完毕后进行桩腿耦合缓冲装置的放沙和焊接等工作。

5.3　劳动力组织

本工法劳动力组织情况见表 1。

表 1 劳动力组织表

序号	职务	单位	数量	备注
1	项目总监	人	1	现场组织施工
2	调载工程师	人	1	现场调载
3	安全员	人	2	现场安全员
4	船长	人	1	现场组织船舶
5	大副（动力定位操作）	人	3	操作船舶
6	轮机	人	3	维护船舶设备
7	电工	人	5	电力维护
8	铆工	人	36	切割等
9	焊工	人	24	焊接等
10	监测人员	人	5	风浪流监测
11	船上水手	人	15	辅助工作
12	观察员	人	4	浮托进船、退船观察
合计		人	100	

6 材料与设备

表 2 为我公司惠州 25-8 海洋平台动力定位浮托法安装所用材料和设备。

表 2 主要机具设备和材料

序号	设备名称	规格	数量	主要用途	备注
1	拉力千斤顶	900t	4 台	用于海洋平台拖拉装船	
2	拖点	900t	4 个	与拉力千斤顶配套	
3	液压动力站	325hp（1hp=0.746kW）	8 台	动力站与拉力千斤顶配套	
4	发电机	1500kW	2 台	用于向液压动力站提供电力	1 用 1 备
5	电脑监控系统		1 套	与拉力千斤顶配套	
6	钢绞线	直径 18mm		与拉力千斤顶配套	其中 10% 为备用
7	液压软管、电缆		若干	与拉力千斤顶配套	
8	接头、附备件		若干	与拉力千斤顶配套	
9	全站仪		2 台	测量船体变形	
10	运动监测		1 台	与浮托船一起用	
11	海况监测		1 台	与浮托船一起用	
12	船上拖点	900t 能力	4 个		
13	中控室	标准集装箱	1 个	与潜水泵调载系统配套	
14	系泊绞车	10t/20t	4 台	用于海洋平台拖拉装船	
15	系泊缆	直径 52mm × 170m	1 根	用于海洋平台拖拉装船	

续表

序号	设备名称	规格	数量	主要用途	备注
16	系泊缆	直径 52mm × 170m	1 根	用于海洋平台拖拉装船	
17	系泊缆	直径 52mm × 65m	1 根	用于海洋平台拖拉装船	
18	系泊缆	直径 52mm × 65m	1 根	用于海洋平台拖拉装船	
19	水平仪测量设备		2 套		
20	黄油	400L	5 桶	用于滑道润滑	
21	钢材	200t		备用材料及工具	
22	吊车	100t	1 台	用于安装滑道、绞车等	
23	焊接切割设备		20 套	切割焊接使用	
24	直径 90mm 尼龙缆		2 根	装船时用于滑道定位	
25	动力定位半潜船		1 艘	平台的运输、浮托施工船	
26	氧气、乙炔等		各 80 瓶	切割使用	
27	激光定位系统		1 套	浮托定位使用（备用）	
28	测波雷达定位系统		1 套	浮托定位使用	

7 质量控制

7.1 质量标准

（1）DNV-ST-N001《海上作业操作与海事 2021》

（2）DNV-RP-C205《海况与环境载荷》

（3）API-RP-2SK《浮式结构系泊设计分析》

7.2 质量保证措施

7.2.1 施工环境条件

整个施工过程中，进船、对接、退船的流速≤ 0.45m/s，风速≤ 10 m/s，艏浪≤ 1.5m，横浪≤ 0.5m，斜浪≤ 1.0m。

7.2.2 进船操作条件

进船过程中需要根据监测的数据判断距离两侧的位置，桩腿耦合缓冲装置与底部插尖的间隙≥ 1m。

7.2.3 对接条件

对接过程中桩腿耦合缓冲装置的水平运动≤ 600mm，压载过程需要保持船舶纵倾、横倾为 0，船舶均匀下沉，船舶舱室的水量在 3% ~ 95% 之间。

7.2.4 退船条件

退船过程中需要根据监测的数据判断距离两侧的位置，平台支撑装置与施工船最上部的间隙要≥ 1m。

7.3 关键工序质量控制点

关键工序主要技术指标统计见表 3。

表 3 关键工序主要技术指标统计表

阶段	质量控制点	技术指标	检查方法	检查时机或频次
预安装桩腿耦合缓冲装置、横荡护舷，纵荡护舷	控制位置尺寸	桩腿耦合缓冲装置受力形变误差 ±5%；横荡护舷安装后的距离误差为 ±10mm；纵荡护舷安装后的距离误差为 ±10mm	全站仪测量	安装就位和焊接后各 1 次
动员浮托船至现场	海况	流速 ≤ 0.45m/s，风速 ≤ 10 m/s，艏浪 ≤ 1.5m，横浪 ≤ 0.5m，斜浪 ≤ 1.0m	风浪流监测系统	实时
施工现场准备工作	设备检查	运行状态良好	目测	实时
动力定位训练	运动	运动最大值 ≤ 0.5m	运动监测系统	实时
切割绑扎固定	切除完毕	所有连接筋板切除后连接量为 0	目测	切除完毕后检查 1 次
进船	间隙	桩腿耦合缓冲装置与底部插尖的间隙 ≥ 1m	全站仪测量	实时
对接	运动	桩腿耦合缓冲装置的水平运动 ≤ 600mm；压载过程需要保持船舶纵倾、横倾为 0，船舶均匀下沉，船舶舱室的水量在 3% ~ 95% 之间	全站仪测量 舱室显示	实时
退船	间隙	平台支撑装置与施工船最上部的间隙要 ≥ 1m	全站仪测量	实时
收尾工作	对齐	图纸要求	全站仪测量	就位后 1 次

8 安全措施

8.1 安全标准规范

（1）2021 年 6 月修订《中华人民共和国安全生产法》

（2）国务院令第 393 号《建设工程安全生产管理条例》

（3）国务院令第 708 号《生产安全事故应急条例》

（4）国务院令第 493 号《生产安全事件报告和调查处理条例》

（5）交通运输部令 2021 年第 24 号《中华人民共和国水上水下作业和活动通航安全管理规定》

8.2 安全保证措施

动力定位浮托安装过程中存在很多风险，其中包括：船舶碰撞、恶劣天气、火灾、触电、设备故障等，以上风险都可以通过充分的前期准备和严格的现场管理予以规避，具体措施如下：

（1）所有出海人员必须持有有效的健康证、五小证或四小证等证书，特殊工种必须持证上岗。

（2）所有人员上船必须进行安全培训。

（3）每次施工前必须召集所有施工参与人员召开技术交底会和安全风险会。

（4）整个施工作业期间要严格遵守公司“五想五不干”（风险没有想清楚不干，对付风险的措施没有想好不干，安全防护工具没有想到不干，安全环境没有想明白不干，安全作业技能没有想起不干）的安全作业要求。

（5）作业前检查调载系统、护舷系统、系泊系统等，确保各系统正常工作，若发现故障或潜在隐患应及时加以处理。

9 环保措施

9.1 环保标准规范

本工法应遵守的环境保护法律法规包括但不限于下列各项，应用时以最新颁布的版本为准。

（1）2014 年 4 月修订《中华人民共和国环境保护法》

（2）2023 年 10 月修订《中华人民共和国海洋环境保护法》

（3）2020 年 9 月修订《中华人民共和国固体废物污染环境防治法》

（4）2017 年 6 月修正《中华人民共和国水污染防治法》

（5）2021 年 12 月通过《中华人民共和国环境噪声防治法》

（6）国务院令第 561 号《防治船舶污染海洋环境管理条例》

9.2 环保保障措施

严格遵循国家及公司的相关环保规定，确保动力定位浮托法安装过程中不对海洋环境造成污染。在施工前进行环境影响评估，识别出会对环境造成影响的各个因素，编制控制方案，具体措施如下：

（1）各作业船舶应有海事局要求配备和批准的《油污应急计划》《油类记录簿》《垃圾记录簿》和防污染告示牌。

（2）船舶配备防油污设施，如果发生漏油、溢油事故，应立即进行处理并上报相关部门。

（3）施工期间，专（兼）职 HSE 监督人员必须按照 HSE 方案中的环境控制措施进行环境管理，并做好环境控制措施执行情况检查。

（4）浮托安装完成后应对施工地点海床上杂物进行清理。

10 效益分析

10.1 缩短安装工期，使项目提前投产

浮托法整体安装海洋平台的质量远远大于国内现有起重船的吊装能力。海洋平台可以整体建造并整体安装，大大缩短到海上作业的时间，降低施工作业的风险，并能大大提前项目投产日期。

10.2 节省安装费用，经济效益显著

常规浮托安装大型海洋平台，需要使用大型起重船，而动员大型起重船通常需要 10 天（根据距离远近而定）。通过对比分析可以看出，仅船舶费用就能为项目节省近 2520 万元，总体上节省近 3100 万元。

10.3 社会效益

本工法采用全球先进的动力定位浮托技术，填补了国内空白，引领了行业的技术发展，推动了行业核心技术的进步，拓展了动力定位船的施工领域。为我国大型海上平台安装作业的技术发展提供了宝贵经验。

11 应用实例

实例一：惠州 25-8 海洋平台动力定位浮托安装

2014 年 5 月，我公司顺利完成惠州 25-8 平台海上动力定位浮托安装。惠州 25-8 海洋平台重 12700t。

实例二：恩平 20-4 海洋平台动力定位浮托安装

2023 年 5 月，我公司顺利完成恩平 20-4 平台海上动力定位浮托安装。恩平 20-4 海洋平台重 16300t。

本工法在以上项目中取得了良好的成效，其安全、高效且经济成效显著，值得全面推广。

深水海底管道终端单元（PLET）舷侧安装工法

宋峥嵘，李建楠　高庆有　赵　刚　刘　凯

海洋石油工程股份有限公司

1　前言

深水油田多采用海底管道系统和水下生产系统相结合的深水开发模式。深水油田具有安全等级高，维修难度大，维修费用高等特点。为保证深水油田安全，将海底管道终端单元 PLET（Pipeline End Termination）应用到海底管道系统中，通过连接器和跨接管连接采油树。PLET 具有应急关断管道、清管、试压和流量监控等多功能用途。

常规的浅水安装工艺采用在作业线将 PLET 与海管焊接，通过张紧器和托管架将其下放海底。随着尺寸、质量和水深增加，张紧器、托管架和海管强度无法满足要求，所以研发舷侧安装工艺，成功解决无法使用张紧器等结构以及质量大导致海管应力 / 应变大、悬跨多、船舶载荷大、海况要求高等问题，经过多年的技术开发和实践，形成深水海底管道终端单元（PLET）舷侧标准施工工法（图 1），已成功应用到陵水 17-2 等多个生产项目中，技术水平和施工效率达到国际领先水平，并获得 3 次海洋石油工程股份有限公司科技进步奖，企业级工法 2 项和国家技术发明专利 2 项。

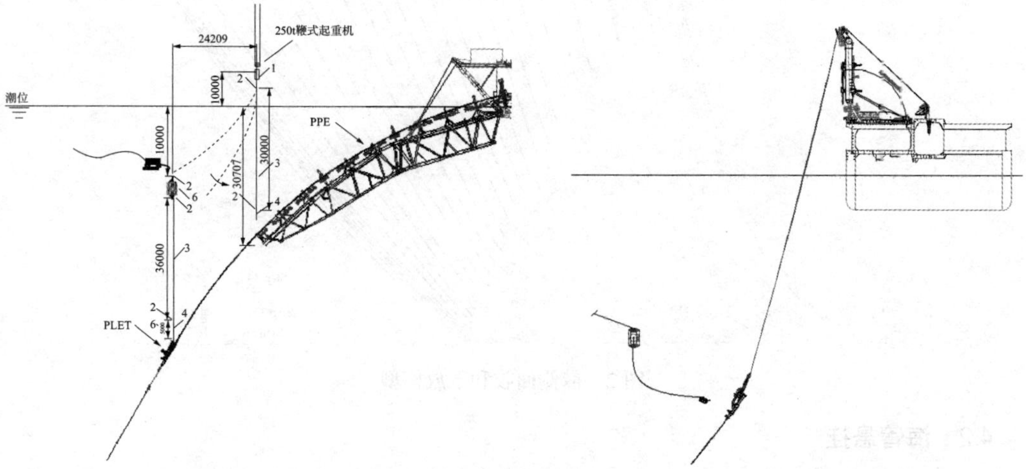

图 1　S-lay 安装模式和舷侧安装模型示意图

2 工法特点

2.1 受力模型好

舷侧安装工艺将传统的水平安装变为竖直安装，使提升力与 PLET 重力和海管重力在同方向，海管下弯段受力更好，底部张力更小，抵抗海况能力更强，并且减少了海管悬跨数量。

2.2 结构多样化

PLET 不再使用张紧器和托管架等结构，对质量和尺寸限制减少，实现了管汇和防沉板的整体式安装。

2.3 机械化和自动化高

舷侧安装工艺关键设备为 PHS（PLET Handing System）系统，该系统可实现海管回收、海管悬挂、组对焊接和下放功能。设备由主框架、支撑臂、绞车系统、导向滑轮、悬挂系统和辅助液压系统组成，使 PLET 和海管组对焊接更加高效、稳定和安全。

2.4 施工质量和安全性高

舷侧安装工艺只有一道焊口，海管依靠重力悬挂稳定，其组对、焊接、检验质量和安全性更高。

3 适用范围

该工法范围适用于深水海底管道终端单元（PLET）舷侧安装施工。

4 工艺原理

利用 PHS 系统将海管从海底回收并悬挂在舷侧，和海管组对和焊接后再下放至海底。本工法主要包含：海管回收，海管悬挂，组对和下放。

4.1 海管舷侧回收

通过控制船舶横向移动距离、回收缆绳的长度和绞车张力，使海管离开泥面。绞车缆通过上部导向滑轮保证出绳角度和海管角度一致，使海管只有一处弯段减小应变和应力（图 2）。

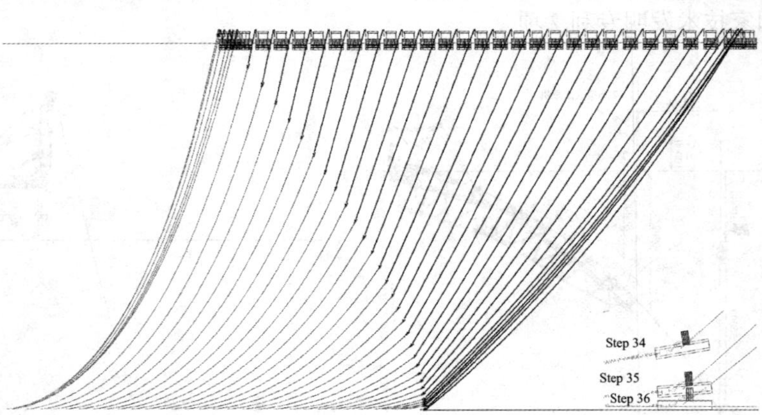

图 2 舷侧回收和下放模型

4.2 海管悬挂

调整悬挂卡角度和海管角度一致，拆除悬挂点保护器将海管悬挂在悬挂卡上，使海管呈 J

形状悬挂在舷侧；悬挂角度一般在 60° ~ 90° 之间，可根据管径、材质和水深的不同进行调整。

4.3 PLET 组对

悬挂框架从水平旋转至竖直方向，调整角度与海管悬挂角度一致，通过调整系统协助管汇和海管组对、焊接、检验和防腐，可使用适配框架调整 PLET 下放点和绞车缆使其在同一水平线上。

4.4 PLET 下放

绞车提升使悬挂点与悬挂卡分离，使海管载荷从悬挂卡转移至绞车上，回收悬挂卡，将悬挂框架旋转至 90° 下放角度，然后控制船舶位移、绞车缆长度和张力，逐步将 PLET 下放至海底（图 3）。

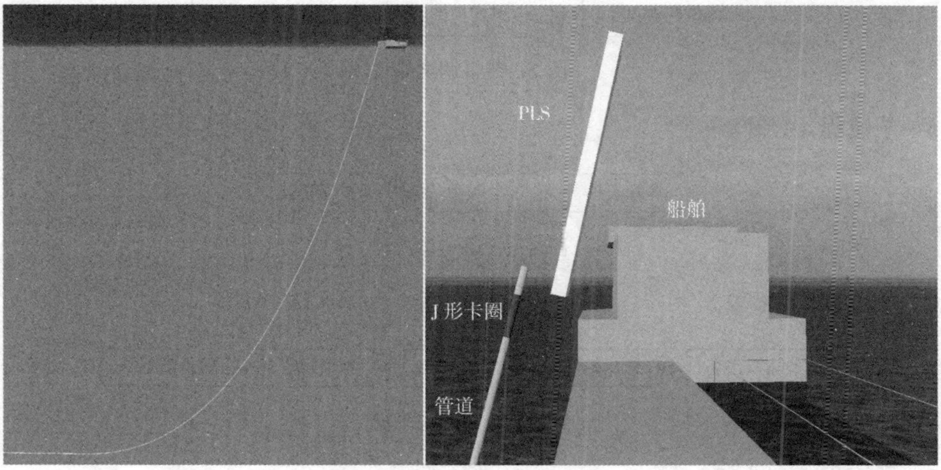

图 3　PLET 舷侧下放模型

5　施工工艺流程及操作要点

5.1　施工工艺流程

（1）总流程（图 4）

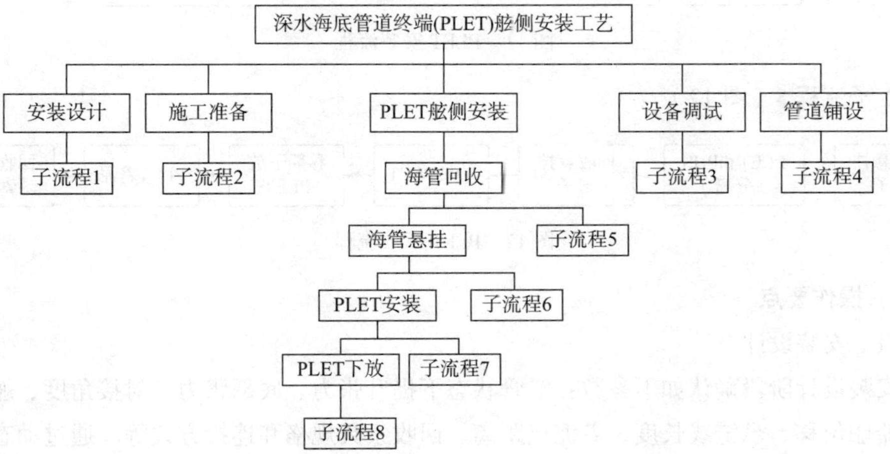

图 4　舷侧安装整体施工工艺流程

（2）子流程 1（图 5）

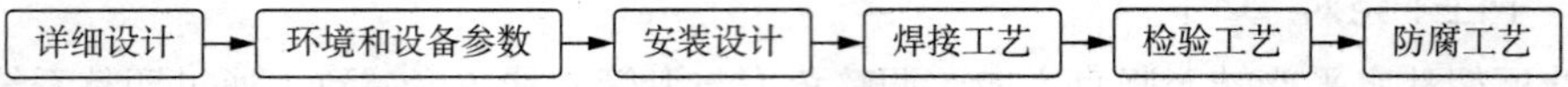

图 5　安装设计流程

（3）子流程 2（图 6）

图 6　施工准备流程

（4）子流程 3（图 7）

图 7　装备调试流程

（5）子流程 4（图 8）

图 8　管道铺设流程

（6）子流程 5（图 9）

图 9　海管回收流程

（7）子流程 6（图 10）

图 10　海管悬挂流程

（8）子流程 7（图 11）

图 11　PLET 安装流程

（9）子流程 8（图 12）

图 12　PLET 下放流程

5.2　操作要点

5.2.1　安装设计

在安装设计阶段确认如下参数：空管状态下提升张力、底部张力、对接角度、船舶初始位置、船舶位移、悬链线长度、着泥点距离、回收索具规格和连接方式等。通过动态分析确定海况，制定充水状态下船舶、设备要求和应急方案。选择合适的水下机器人（ROV）、船舶动力定位系统、绞车、封头和索具。

5.2.2　施工准备

（1）预调查内容：海底表层泥质、安装区域水平度、是否有凹陷和突起物等。

（2）人员动员：吊装人员、组对人员、焊接人员、检验人员和防腐人员等（表1）。

表1　劳动力组织表

序号	职务	单位	数量	备注
1	施工经理	人	1	现场施工组织管理
2	现场工程师	人	2	协助施工组织管理
3	技术员	人	2	现场施工技术跟踪和監督
4	安全员	人	2	现场安全监督
5	PHS系统操作员	人	2	持证上岗
6	绞车操作员	人	2	持证上岗
7	动力定位系统操作员	人	2	持证上岗
8	吊装人员	人	5	持证上岗
9	铆工	人	4	持证上岗
10	焊工	人	4	持证上岗
11	质检人员	人	4	持证上岗
12	防腐人员	人	4	持证上岗
合计		人	34	

（3）工机具动员：①适配套筒；②适配框架；③回收索具；④下放索具；⑤焊接设备；⑥检验设备；⑦防腐设备。

（4）PLET测试：①压力帽/注水帽测试；②阀门关闭状态；③管道内无杂物；④管端满足焊接程序；⑤整体测试。

（5）定位设备：设备校准和测试，布设应对作业区域有效覆盖，目标点位于信标图形中心，信号不受水下设施和地形的干扰。

5.2.3　装备调试

以目前国内唯一具有舷侧安装能力的海洋石油201船为例，主要施工设备如下：

（1）PHS（PLET Handing System）系统：①液压支撑杆；②集成多种液压系统悬挂框架；③导向滑轮；④悬挂卡子和工作平台。

（2）绞车：张力、速度和缆绳信息进行监控和记录。

（3）动力定位系统：使船舶稳定在设计位置并按照指令移船，此前应进行校准和测试。

5.2.4　管道铺设

（1）弃管索具：索具要利于ROV操作通用高强尼龙缆。

（2）弃管精度：海管纵向精度在海管铺设时调整。

5.2.5　海管回收

ROV协助将海管封头索具与回收索具连接，当船舶到达初始设计位置时，控制船舶位移、绞车张力和绞车缆长度将海管回收至舷侧。

（1）回收索具：①悬挂框架至竖直状态；②释放绞车缆至海管封头上；③回收索具和绞车缆连接。

（2）索具连接：绞车缆和封头回收索具连接。

（3）就位：船舶移动至设计回收起始位置。

（4）回收：①控制船舶移动、绞车长度和绞车张力回收海管；②校核悬链线长度和设计结果；③将悬挂卡移出，调整海管倾斜角度、悬挂卡角度与设计一致（图13）。

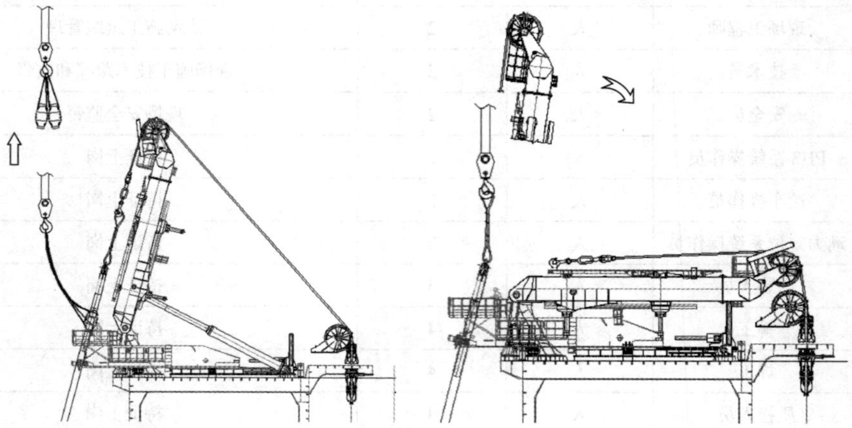

图13 海管舷侧回收

（5）封头拆除：吊机将悬挂结构保护器拆除并回收。

5.2.6 海管悬挂

（1）适配套筒：安装适配套筒使海管和悬挂卡连接紧密。

（2）角度调整：改变船舶位置和绞车缆长度来调整角度。

（3）张力转移：悬挂结构落在悬挂卡上，张力由绞车缆转移至悬挂卡上。

（4）封头拆除：关闭卡具销轴，悬挂框架旋转至水平状态，拆除绞车缆、回收索具和切除封头。

5.2.7 PLET安装

（1）吊装：吊装索具和管汇有安全距离，索具强度满足要求且受力均匀，安装定位信标和水平仪等设备。

（2）连接：将PLET、适配框架和悬挂框架连接。

（3）旋转：安装下放索具，将悬挂框架从水平旋转至对接角度。

（4）焊接：倾斜角度与海管悬挂角度一致，通过多个液压系统实现6个自由度调整，完成组对后（图14），进行焊接和检验。后续进行喷砂、

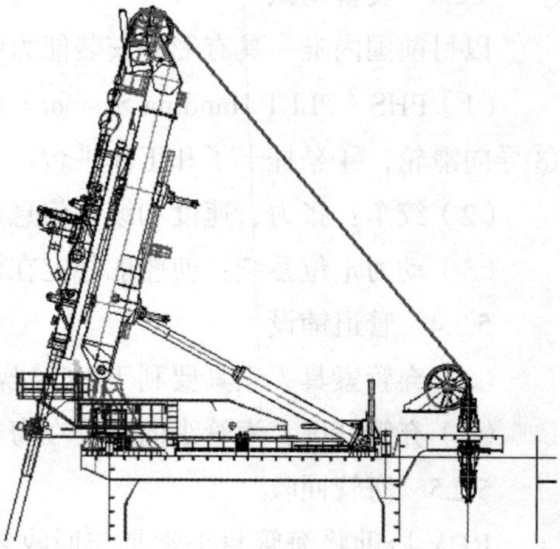

图14 PLET舷侧组对

加热、涂抹，防腐层和安装热缩带，最后进行电火花的测漏工作。

5.2.8 PLET 下放

控制绞车缆长度、船舶移动距离和绞车张力，使海管弯曲段和 PLET 的焊接点 2 处位置的应力和应变满足要求。ROV 对着泥点进行监控，确保铺设位置和方向精度满足要求。

（1）目前下放工艺主要有浮筒式下放和旋转臂式下放 2 种：

①浮筒式：在旋转臂上增加浮筒来提供竖直扶正力，减小质量和避免翻转，降低焊接点应力，并通过绞车提供轴向拉力。

②旋转臂式：合理配置重心和旋转臂旋转点的位置，绞车缆和旋转臂连接，旋转臂在旋转过程中会提供竖直和轴向 2 个方向的张力，旋转臂的竖直分力替代浮筒浮力。

（2）下放流程如下：

①准备：将浮筒索具和 PLET 旋转臂连接，如采用旋转臂式，则将绞车缆和旋转臂连接。

②分离：将海管载荷从悬挂卡转移至绞车，使海管与悬挂卡子和 PLET 与悬挂框架分离后，回收悬挂卡。

③旋转：悬挂框架旋转至 90° 并下放绞车缆。

④下放：利用起吊浮筒提供竖直张力，采用旋转臂式则不需要吊机辅助（图 15）。

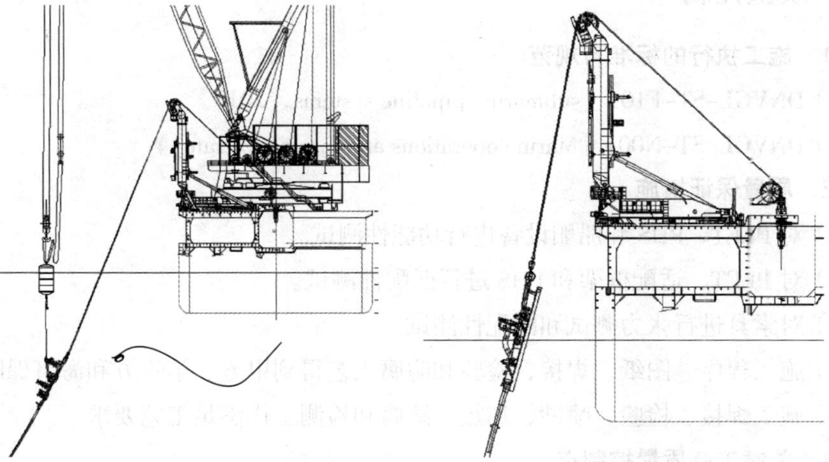

图 15 浮筒式和旋转臂式 PLET 安装

⑤下放 PLET：缓慢移船保持张力并释放 A&R 缆，控制移船距离、绞车缆长度和绞车张力。

⑥浮筒下放入水约 30m 时，ROV 完成浮筒与吊机分离。

⑦ PLET 着泥：继续控制绞车缆，控制船位和绞车缆长度，ROV 监控着泥点和 PLET 姿态、位置，利用 ROV 信标、PLET 信标和海底定位系统确认位置和艏向。

⑧回收索具：ROV 协助分离绞车缆和 PLET，回收深水高精度定位系统。将旋转臂和浮筒分离并释放浮筒；然后调查确认坐标、水平度、艏向等信息。

6 材料与设备

施工中所需要的主要设备如表2所示。

表2 主要机具设备

序号	设备名称	规格	单位	数量	备注
1	PHS系统	400t	套	1	PLET悬挂系统
2	绞车	400t	台	1	PLET回收和下放系统
3	半自动焊接设备	Sub Arc DC 650（SAW）	台	2	
4	检验设备	AUT	台	2	
5	喷砂设备	适用管径	台	2	
6	电加热设备	适用管径	台	2	
7	HSS防腐设备	适用管径	台	2	
8	坡口加工机	磁力切割机	台	2	
9	适配框架		个	1	PLET和PHS间适配结构
10	适配套筒	适用管径	个	1	
11	定位设备	USBL和LBL	套	2	

7 质量控制

7.1 施工执行的标准与规范

（1）DNVGL-ST-F101《submarine pipeline systems，2017》

（2）DNVGL-ST-N001《Marine operations and marine warranty》

7.2 质量保证措施

（1）对PLET、PHS和船舶设备进行功能性测试。

（2）对PLET、适配框架和PHS进行匹配性测试。

（3）对索具进行张力测试和匹配性测试。

（4）施工程序、图纸、焊接、检验和防腐工艺得到甲方、第三方和海事保险批准。

（5）施工焊接、检验、喷砂、加热、防腐和检测工作满足工艺要求。

7.3 关键工序质量控制点

关键工序主要技术指标检查见表3。

表3 关键工序主要技术指标检查表

阶段	质量控制点	技术指标	检查方法	检查时间
安装设计	设计输入	使用最新版详细设计文件	详设版次	设计初期
	设计输出	得到甲方和第三方批准	文件已盖批准章	施工前
	设计审查	得到专家和甲方认可	通过专家审查会	施工前
施工准备	地质	完成预调查	显示无异常	施工前
	人员资质	满足工艺要求	资质证书	施工前
	工机具	满足设计要求	鉴定证书	施工前
	PLET	满足安装要求	陆地测试报告	施工前

续表

阶段	质量控制点	技术指标	检查方法	检查时间
设备调试	PHS 系统	满足安装要求	设备证书和测试	施工前
	绞车	满足安装要求	设备证书和测试	施工前
	动力定位系统	满足安装要求	设备证书和测试	施工前
管道铺设	弃管索具	满足设计要求	索具图纸	海管回收前
	弃管精度	满足设计要求	规格书	海管回收前
	保护器	满足设计要求	图纸	海管回收前
海管回收	回收索具	满足回收要求	图纸	海管回收前
	船舶就位	满足回收要求	计算报告	海管回收前
	海管回收	船舶位移，绞车缆长度和张力匹配	计算报告	海管回收
	保护器拆除	满足拆除条件	图纸和工机具	海管回收前
海管悬挂	适配套筒	和悬挂结构匹配	图纸和实物匹配	海管回收前
	悬挂卡子角度	满足设计偏差要求	现场测量	海管悬挂
	张力转移	满足悬挂卡子强度	现场测量	海管悬挂
	悬挂卡子关闭	满足悬挂要求	现场测量	海管悬挂
	封头拆除	切割位置	图纸和现场测量	海管悬挂
PLET 安装	PLET 吊装	吊装索具匹配性	现场测量	PLET 吊装
		吊装水平度	现场观察	
		索具和 PLET 干涉	现场观察	
	PLET 与 PHS 匹配	无干涉	现场测量	PLET 吊装
	下放索具	下放索具和绞车缆连接	吊装中	PLET 连接
	旋转至设计角度	倾斜角度和海管倾斜角度一致	现场测量	PLET 连接
	组对	组对间隙满足焊接要求	工艺报告和现场测量	PLET 组对
	焊接	满足工艺要求	工艺报告和现场测量	PLET 焊接
	检验	满足规范要求	工艺报告和现场测量	PLET 检验
	防腐	满足规范要求	工艺报告和现场测量	PLET 防腐检测
PLET 下放	PLET 提升	PLET 和绞车缆碰撞	现场观察	PLET 下放
	PLET 和 PHS 分离	PLET 和 PHS 碰撞	现场观察	PLET 下放
	悬挂卡子回收	悬挂卡子无载荷	现场观察	PLET 下放
	移船下放	满足设计要求	安装报告	PLET 下放
	PLET 着泥	满足设计精度要求	定位设备精度控制	PLET 下放
	回收索具	满足 ROV 操作	ROV 操作控制	PLET 下放
	定位系统	精度满足设计要求	ROV 提前进行校准	PLET 下放前

8 安全措施

施工过程风险包括：船舶碰撞、恶劣天气、火灾、触电、ROV 放漂、设备故障等。施工应符合公司安全体系要求和施工方案要求等，具体措施如下：

（1）充分收集基础资料如结构物、水下海底管道和海缆分布完工图等。

（2）出海人员须持有健康证、“五小证”或“四小证”等证书，特殊工种必须持证上岗。

（3）所有人员上船须进行安全培训，施工前须召开技术交底会。

（4）所有索具均须证书齐全，所有设备及工机具须陆地调试。

（5）作业前检查 ROV、绞车、吊机等设备正常工作，若发现故障或潜在隐患应暂停作业并及时处理。

（6）监测天气及海况条件（包括潮位、风速、浪高、流速等），提供至少 72 h 天气预报，并制定恶劣天气的应急计划。

（7）制定船舶应急计划，做好日常演习，防控火灾、人员落水和其他伤害事故。

（8）定期组织作业安全检查，发现安全隐患后应立即实施整改。

9 环保措施

在施工前进行环境影响评估，要符合《防治海洋工程建设项目污染损害海洋环境管理条例》《防治船舶污染海洋环境管理条例》等法律法规和标准规定，并编制控制方案，落实环保政策，具体措施如下：

（1）各作业船舶应有海事局要求配备和批准的《油污应急计划》《油类记录簿》《垃圾记录簿》和防污染告示牌。

（2）船舶配备防油污设施，如果发生漏油或溢油事故，应立即处理并上报相关部门。

（3）海上施工禁止向海中倾倒工业垃圾、污油、塑料制品和其他无法分解的材料。所有排海液体应无害化处理，化学品有环保部门的使用许可方能使用。

（4）专（兼）职安全监督人员必须按照设计方案中的环境控制措施进行环境管理，并做好控制措施执行情况检查。

10 效益分析

PLET 舷侧安装工艺相比传统工艺，可实现整体式安装，PLET 尺寸和质量基本不受限制，海况适应性更高、施工效率高，机械化和智能化高，施工更安全。此工艺是未来深水 PLET 安装主流安装模式。整体工期可提前 2 天，海上安装船队包括铺管船、ROV 支持船、驳船、交通支持船和海监船等，直接节省费用达千万（表 4）。

表 4 经济效益说明

费用科目	S-lay 安装工艺	舷侧安装工艺	经济效益对比
安装工期	3 天	1 天	提前工期 2 天
材料费	1. 节省进口深水浮筒采办约 50 万元 2. 节省钢结构托盘采办费用 20 万元 3. 节省电动液压卡环采办费用 10 万元	1. 不需要深水浮筒 2. 不需要托盘倒运 3. 不需要液压卡环	节省 80 万元

续表

费用科目	S-lay 安装工艺	舷侧安装工艺	经济效益对比
设备费	可节约传统压力帽拆除再重新进行背压测试工作，节省背压测试设备约 50 万元	不需要拆除压力帽	节省 50 万元
船舶费	常规需要防沉板和 PLET 主体分体安装，可节省单独安装防沉板的费用，约 720 万元	可整体式安装节省 720 万元；	节省 720 万元
	传统 S-lay 安装为 3 天	新工艺安装工期为 1 天，可节省 2 天安装船组成本为 782 万元	节省 782 万元
小计	2023 万元	391 万元	1632 万元

11　工程案例

海洋石油工程股份有限公司已将此技术在流花 29-1，流花 16-2，陆丰油田群项目和陵水 17-2 项目等多个深水油田项目中使用。

实例一：流花 16-2 项目、流花 29-1 项目、流花 29-2 项目

2019 年舷侧 PLET 技术成功在流花项目中应用，完成 500m 水深流花 16-2 项目最大 14 寸共 8 个 PLET；完成 1200m 水深流花 29-1 项目 8 个 PLET；完成 1200m 水深流花 29-2 项目 2 个 PLET。实现了国内 PLET 安装多个“首次”和“纪录”。将传统的 S 安装 3 天 1 个，提高至 1 天 1 个，按照 HYSY201 船队每天 391 万计算，3 个流花项目共节省 14076 万元。

实例二：陵水 17-2 项目

2020 年位于海南的陵水 17-2 项目 1500m 水深完成多种管径 PLET 的舷侧安装，水深首次进入 1500m，海管管径为 12in，共有 25 套 PLET，最高效率提升至 14h/ 套. 本项目共节省 19550 万元。

实例三：陆丰油田项目

2022 年在陆丰油田项目 300m 水深完成 5 个 12/18in 双层管整体式 PLET 的舷侧安装，将舷侧安装技术首次引入 300m 浅水。海管为 12/18in 双层管，共有 5 套 PLET，本项目共节省 3910 万元。

基于 ASME 标准的球罐无损检测施工工法

高金保 吴 昊 张 慧 岳 雷 龙 雨

中国石油天然气第七建设有限公司

1 前言

随着公司海外项目的增多，ASME 体系标准下的无损检测施工越来越普遍。在对 ASME 体系标准应用过程中发现检测工艺参数不像国内标准那样给出具体值，而是仅给出范围值，造成无损检测工艺选择的不确定性和多样性。如果不能选择最佳检测工艺会导致人工成本增加、检测效率降低、施工周期延长等问题。

为符合 ASME 体系标准要求，优化无损检测施工工艺，中国石油天然气第七建设有限公司通过在 ASME U2 球罐施工过程中，对比现有球罐施工检测技术，参考 ASME 相关检测规范并结合图纸要求，总结归纳形成了基于 ASME 标准的球罐无损检测施工工法。

本工法在伊拉克 ASME U2 3000m^3 球罐项目以及伊拉克胺液和 TEG 处理项目中得到成功应用，获得了监理和授权检验师的认可。该工法不仅节省了人工，降低了设备、材料使用费，还可以大大降低成本，加快检测进度，提高无损检测经济效益。在同类 ASME 球罐类检测中，技术更加先进，经济效益和社会效益显著。

本工法中采用的“协同双超声探伤设备的一体结构”装置获得实用新型专利（专利号：ZL 2022 2 2840893.3）；取得的“提高球罐 TOFD 图谱一次合格率”QC 成果，获得中国石油工程建设协会一等奖。

2 工法特点

2.1 检测效率高

本工法用 TOFD 检测替代了传统的射线检测。TOFD 设备轻便，便于携带，大大降低了劳动强度，提高检测效率，从而缩短了检测工期。

2.2 缺陷检出率高

通过使用超声波爬波探头，提高了近表面缺陷的检出率。

2.3 安全性好

采用本工法无辐射、安全性好、设备轻便，便于携带设备，坠落风险降低。

2.4 与安装工序紧密结合，指导性强

本工法与现场球罐的安装工序紧密结合，具备球壳板检验、清根检验、焊缝检验及水压试验后检验等多种检测方法，可根据不同阶段的施工工序采取相应检测方法，具有很强指导性。

3 适用范围

本工法适用于材质为碳钢或低合金钢的 ASME U2 球罐的无损检测施工。

4 工艺原理

本工法采用的工艺原理是利用 TOFD 和 UT 检测内部缺陷，MT 检测表面和近表面缺陷，从而完成整个焊缝全覆盖检测。同时在 UT 检测中使用爬波探头，配合专利“协同双超声探伤设备的一体结构”提高近表面缺陷检出率。

4.1 优化 TOFD 检测工艺的关键技术

根据球罐厚度，通过探头选择，优化检测工艺，减少底面盲区。通过理论分析和现场验证确定偏置非平行扫查次数。

4.2 减少 TOFD 图谱信号丢失的关键技术

通过调查分析和现场验证，确定了导致 TOFD 图谱信号丢失的主要因素。通过采取改进拖图工艺、改变编码器的位置、优化防磨钉露出楔块表面高度、保养扫查架弹簧等措施，大大减少了 TOFD 图谱的信号丢失，保证了检测施工质量。

4.3 超声波检测近表面缺陷的关键技术

通过使用爬波探头降低近表面无损检测中超声漏检率的问题。使用专利技术“协同双超声探伤设备的一体结构”，同时使用爬波探头和常规探头，并将手动扫查改为推行的半自动扫查装置，提高了检测效率。同时一对探头可调节方向进行斜向扫查，加上爬波探头的使用，提高了近表面缺陷的检出率，保证了检测质量。

5 施工工艺流程和操作要点

5.1 无损检测施工工艺流程

ASME 球罐无损检测施工工艺流程如图 1 所示。

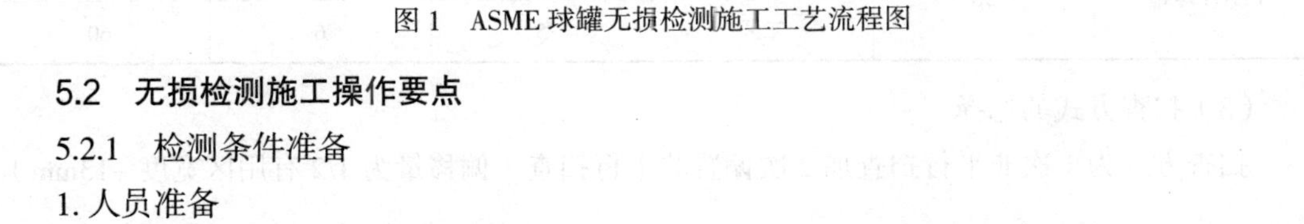

图 1 ASME 球罐无损检测施工工艺流程图

5.2 无损检测施工操作要点

5.2.1 检测条件准备

1. 人员准备

从事 ASME 球罐无损检测的人员资质符合 ASNT-SNT-TC-1A 或同等要求。人员资格证

书必须经过业主代表（监理）和AI授权检验师的书面同意后相关人员方可作业。

2. 检测设备准备

球罐检测所用的无损检测设备须符合ASME体系标准要求。

3. 检测材料准备

球罐检测用到的探头、试块、楔块、渗透剂、磁悬液、灵敏度试片使用前应按照ASME体系标准验证材料的使用性能。

4. 技术准备

（1）检测前根据《球罐建造设计图纸》《球罐建造程序》《无损检测程序》等技术文件确认无损检测要求。

（2）确定检测区域范围

检测区域应包括焊缝及焊缝两侧相邻母材25mm内的体积。

（3）脚手架搭设要求

焊缝两侧300mm范围内，距焊缝表面垂直距离200mm范围内不得有架竿、跳板等障碍物。

焊缝检测时检测人员站位在纵、环缝处，至少应有具备站立1名检测人员的跳板，且跳板距离焊缝处不得超过500mm，上下跳板间距一般为1800mm为宜。

（4）工件表面标识

检测前应在球罐焊缝上标记扫查起始点、扫查方向以及有效长度。

5.2.2 球壳边缘板UT检测

球壳边缘板UT检测应该按照程序文件要求选择探头、试块和灵敏度调校。

5.2.3 焊缝清根的MT检测

焊缝清根MT检测应该按照监理审批的图纸、程序文件、检验计划等进行。

5.2.4 球罐焊缝的TOFD+UT+MT检测

1. 球罐焊缝的TOFD检测

（1）TOFD检测前，对球罐打磨人员进行交底，细化罐体表面打磨的平整度、光洁度等要求，并结合超声波检测的探头移动区域，确定打磨宽度。

（2）探头的选择、分区设置推荐如表1所示

表1 探头选择分区设置推荐表

名称	厚度/mm	分区	探头频率/MHz	探头直径/mm	角度/（°）
LPG球罐	＜50	—	3	6	60
C3/C4球罐	50	一区	5	6	70
		二区	5	6	60

（3）扫查方式的选择

扫查方式为1次非平行扫查加2次偏置非平行扫查（偏移量为1/2有用区宽度+13mm）。

（4）设备仪器调校

检测前应对检测通道的 A 扫描时间窗口进行设置。其时间窗口的起始位置应设置为直通波到达接收探头前 0.5 μs 以上，时间窗口的终止位置应设置为工件底面波后 0.5 μs 以上。

（5）扫查步进设置

扫查步进值设置与工件厚度有关，应按表 2 的规定进行设置。

表 2　扫查步进值的设置

工件厚度 t/mm	扫查步进最大值 ΔX_{max}/mm
12 ~ 50mm	1.0

（6）位置传感器（编码器）的校准

检测前对位置传感器进行校准。扫查装置移动 500mm 时，其误差应小于 1%。

（7）TOFD 检测时，使用防磨钉可调的楔块，将防磨钉设置在 0.5mm，此时既能保证图谱质量，又能减少楔块的磨损。

（8）检测前将编码器填入吸水材料；调整编码器位置，将编码器置于注水孔上方，以减少编码器进水概率。

（9）扫查架弹簧定期保养，作业前加入润滑剂，作业后加入除锈剂，防止造成扫查架弹簧的卡顿。

2. 球罐焊缝的 UT 检测

（1）探头、试块、灵敏度调校按照批准的检测程序要求操作。

（2）焊缝检测时，使用 3 种 K 值探头进行检测，保证焊缝检测全覆盖。

（3）焊接接头爬波检测扫查架的应用

①扫查架可以实现两侧分别挂载一个探头，配合协同双超声探伤设备的一体结构检测，实现两侧同时检测，提高检测效率。

②将手动扫查改为推行的半自动扫查装置，检测时只需将扫查架放置在检测面上，探头调节到焊缝两侧预定的位置，慢慢推动扫查架同时观察 2 台设备界面，如有 1 台设备检测到可疑信号，则切换设备单独进行增益并观察确定缺陷位置。比起单纯"一人一机一探头"的手工操作提高了检测效率。

③扫查架具有可转动调节装置，探头可调节方向对焊缝纵向和横向缺陷进行检测。

3. 球罐焊缝的 MT 检测

（1）磁粉的选择：外侧焊缝应选择黑磁悬液，内侧焊缝选择荧光磁悬液。

（2）工艺验证：每次检测时应进行提升力试验和灵敏度试验，并且需要 AI 授权检验师的见证。

5.2.5　球罐焊缝水压试验后的 MT 检测

（1）检测前对罐体表面的浮锈进行打磨。

（2）检测定位块去除的位置时，须用自制的定位模具进行准确定位。

5.3　劳动力组织

本工法劳动力组织情况见表 3。

表 3　劳动力组织表

序号	职务	单位	数量	备注
1	机组长	人	1	现场协调
2	技术员	人	1	技术管理
3	TOFD 检测人员	人	1	持证上岗
4	TOFD 辅助人员	人	2	培训上岗
5	UT 检测人员	人	2	持证上岗
6	MT 检测人员	人	3	持证上岗
合计		人	10	

6　材料与设备

6.1　主要设备列表

本工法主要设备见表 4。

表 4　主要设备一览表

序号	检测方法	设备名称	设备型号	厂家	单位	数量
1	TOFD	TOFD 探伤仪	PXUT-920S	南通友联	台	2
2	UT	超声波探伤仪	PXUT-390	南通友联	台	2
3	MT	磁粉探伤机	STC-1B	秦皇岛盛通	台	4
4	MT	白光照度计	TES1332A	泰仕电子	台	1
5	MT	辐照计	UV-A	北师大光学仪器厂	台	1

6.2　主要材料列表

本工法主要材料见表 5。

表 5　主要材料一览表

序号	检测方法	材料名称	材料型号 / 规格	质量标准	单位	数量
1	TOFD	TOFD 试块	T=48mm	ASME-V	块	1
2	TOFD	TOFD 试块	T=50mm	ASME-V	块	1
3	TOFD	编码器	—	ASME-V	个	6
4	TOFD	探头对	3.5MHz，Φ10mm	ASME-V	对	3
5	TOFD	探头对	5MHz，Φ6mm	ASME-V	对	3
6	TOFD	探头对	7.5MHz，Φ3mm	ASME-V	对	3
7	TOFD	探头对	10MHz，Φ3mm	ASME-V	对	3
8	TOFD	楔块	70°，Φ6mm	ASME-V	对	6
9	TOFD	楔块	60°，Φ6mm	ASME-V	对	6
10	TOFD	楔块	45°，Φ6mm	ASME-V	对	6
11	TOFD	楔块	45°，Φ10mm	ASME-V	对	6
12	TOFD	扫查架	M1-AL2-400	ASME-V	个	2

续表

序号	检测方法	材料名称	材料型号 / 规格	质量标准	单位	数量
13	UT	试块	T=38mm	ASME-V	块	1
14	UT	探头	2.5Z13 × 13/（45°、60°、70°）	ASME-V	组	6
15	UT	探头线	C5-C5	ASME-V	根	10
16	MT	试片	CX-430	ASME-V	片	4
17	MT	黑磁悬液	MT-BO	ASME-V	瓶	120
18	MT	荧光磁悬液	Ly-500sol	ASME-V	瓶	120

7 质量控制

7.1 工法中涉及的标准、技术性文件

（1）ASME Ⅴ—2019《锅炉和压力容器规范 - 无损检测》

（2）ASME Ⅷ—2019《锅炉和压力容器规范 - 压力容器建造另一规则》

（3）球罐建造图纸

（4）无损检测程序文件

7.2 质量控制措施

7.2.1 现场授权检验师（AI）监管模式，采用 ASME 体系管理

本工法针对 ASME U2 球罐，采用监理和授权检验师的双监管模式；其质量管理采用 ASME 体系。

7.2.2 超声波衍射时差法检测的质量控制措施

（1）新采购的探头到货后通过外观检查、校准、试验进行验收；检测完毕后进行复核。

（2）试块在使用前应进行核查、验收；在使用过程中主要采取涂油保养，防止锈蚀。

（3）在进行 TOFD 检测前应进行编码器的校准，检测完毕后进行复核。

（4）合理设置脉冲重复频率。

（5）TOFD 检测过程中拖动扫查架的速度不宜过快，防止数据丢失。

7.2.3 超声波检测的质量控制措施

（1）检测用的超声波仪器应在检定期内；检测时避开高温时段；数字化仪器屏高线性测试和波幅控制线性测试间隔不应超过 1 年。

（2）探头在使用前进行探头前沿、探头角度的测定，发现与标称值误差过大时应及时更换；检测过程中发现探头磨损后应及时调校复核，误差较大时应及时更换。

（3）使用对工件表面伤害较小的水作为耦合剂。

（4）工作结束时应对仪器进行复核。

7.2.4 磁粉检测的质量控制措施

（1）磁粉检测设备 6 个月内进行核查；每次作业开始前，进行提升力试验，提升力应≥ 45N。

（2）磁悬液的沉淀体积满足每 100mL 非荧光磁粉沉淀体积 1.2 ~ 2.4mL，荧光磁粉沉淀体积 0.1 ~ 0.4mL。

（3）试片进行涂油保养，不可弯折、锈蚀或磨损，否则须更换新的灵敏度试片。

（4）光照度达不到条件时应采取补光措施。

7.3 关键工序质量控制点

关键工序质量控制见表 6。

表 6 关键工序质量控制点

阶段	质量控制点	技术指标	检查方法	检查时机
检测条件准备	TOFD 设备	1. 能提供至少 64 个灰度等级截面视图 2. 可以光存储所有 A 扫信号	查出厂证书	作业前完成
	超声波探伤仪	屏高线性≤ 5% 波幅控制线性≤ 1%	查校准证书	作业前完成
	磁粉探伤仪	使用磁轭最大间距时，每个交流磁轭至少提供 4 ~ 5kg 提升力	查校准证书	作业前完成
球壳边缘板 UT 检测	检测灵敏度	无缺陷部位 50% ~ 70% 底面波发射信号	现场试验	UT 检测前完成，检测后复核
	探头选择	频率 2.25MHz，探头直径 10 ~ 30mm	出厂报告 / 现场验证	UT 检测前完成，检测后复核
焊缝清根的 MT 检测	MT 灵敏度试验	“+” 磁痕显示清晰可见	现场试验	MT 检测前完成
球罐焊缝的 TOFD+UT+MT 检测	TOFD 编码器的校核	每行走 500mm 误差≤ 1%	现场试验	TOFD 检测前完成，检测后复核
	超声波灵敏度调校	DAC 曲线达到满屏高度的 80%	试块试验	UT 检测前完成，检测后复核
	提升力验证	≥ 45N	试块验证	MT 检测前完成，检测后复核
水压试验后的 MT 检测	MT 灵敏度试验	“+” 磁痕显示清晰可见	现场试验	MT 检测前完成

8 安全措施

8.1 主要执行的安全标准

（1）GB/T 50484—2019《石油化工建设工程检测安全技术标准》

（2）JGJ 80—2016《建筑施工高处作业安全技术规范》

（3）JGJ 46—2005《施工现场临时用电安全技术规范》

8.2 技术措施

（1）对作业人员进行入厂安全教育，且作业人员身体健康，无高空禁忌证。

（2）作业前须办理高处作业许可和受限空间许可，落实安全防护措施。

（3）确认脚手架挂绿牌后方可使用。

（4）作业人员正确使用合格的安全防护用品，安全带高挂低用。

（5）高处作业与其他作业交叉进行时，禁止上下垂直作业。

（6）检测设备、材料使用便携式工具包携带。

（7）进入球罐作业前用气体监测仪进行气体监测，确保符合安全要求方可进入。

（8）球罐内保持良好通风，必要时采取强制通风措施。

（9）球罐检测作业开始后，监护人全程在出入口监护，保持与作业人员的联系。

（10）进入球罐作业时使用 12V 安全灯。

（11）作业人员每隔半小时出罐休息，严禁长时间在球罐内作业。

9 环保措施

9.1 环保标准与规范

（1）JGJ 146—2013《建设工程施工现场环境与卫生标准》

（2）SH/T 3024—2017《石油化工环境保护设计规范》

（3）2020 年 4 月修订《中华人民共和国固体废物污染环境防治法》

9.2 环保措施

（1）现场检测垃圾统一存放，集中送至垃圾堆放场。

（2）现场文明检测严格按“5S”要求进行，坚持以“工完料净场地清”为原则。

（3）使用完的磁悬液喷罐进行打孔处理。

10 效益分析

10.1 经济效益

以伊拉克天然气处理厂项目 4 台 $3000m^3$LPG 球罐（Φ18000mm × 44mm）和 2 台 $3000m^3$C3/C4 球罐（Φ18000mm × 50mm）焊缝检测施工为例，每台球罐焊缝长度大约 582m，6 台球罐总共 3492m，对 TOFD 检测和射线检测的经济效益情况进行分析论证（表 7 ~ 表 11）。通过论证，采用此工法，经济效益节约 34.5 万元，明显提高了工作效率及检测质量，不仅节省了人工，降低了设备、材料使用费，还加快了检测进度，提高无损检测经济效益。

表 7 人工费对比表

球罐	检测方法	球罐长度 /m	人数	人均 /（元 / 天）	工期 / 天	人工费 / 元
LPG 球罐（T=44mm）	射线	2328	8	500	80	320000
	TOFD	2328	6	1000	40	240000
C3/C4 球罐（T=50mm）	射线	1164	8	500	40	160000
	TOFD	1164	6	1000	20	120000

表 8 主要材料费对比表

检测方法	球罐长度 /m	主要材料名称	数量	单价	费用 / 元
射线检测	3492	胶片	35 盒	5000 元 / 盒	175000
TOFD 检测	3492	探头	6 个	2000 元 / 个	12000
		楔块	12 个	500 元 / 个	6000
		编码器	6 个	2000 元 / 个	12000

表 9 主要设备费对比表

检测方法	球罐长度 /m	主要设备名称	数量 / 台	单价	费用 / 元
射线检测	3492	X 射线	4	100000 元 / 台	400000
TOFD 检测	3492	TOFD 设备	1	330000 元 / 台	330000

表 10 辐射管理费对比表

检测方法	管理类别	费用 / 元
射线检测	辐射管理	10000
TOFD 检测		0

表 11 经济效益对比表

序号	名称	射线检测 / 万元	TOFD 检测 / 万元	节约费用 / 万元
1	人工费	48	36	12
2	材料费	17.5	3	14.5
3	机械费	40	33	7
4	辐射管理费	1	0	1
合计		106.5	72	34.5

10.2 工期效益

采用此工法，工期比传统射线检测工艺提前了 60 天，检测工期大大缩短，检测效率得到大幅度提高。

10.3 环保效益

该工法成功应用，降低了传统射线检测人员在球罐高处作业带来的极大的安全隐患，同时该工法无辐射，对环境无危害，减少了作业人员和公众人员的安全隐患。

10.4 社会效益

该工法成果的成功应用使得缺陷检出率大大提高，保证了检测数据的准确性，检测工作获得监理和授权检验师的肯定，大大提高了公司的信誉和知名度。在工法应用过程中，培养了一大批具备高素质、高水平的国际化专业人才，为以后开拓市场奠定了基础。

11 应用实例和技术推广

公司配备了相关资源条件，编制了本检测工法，在伊拉克 ASME U2 3000m^3 球罐项目以及胺液和 TEG 处理项目得到成功应用。应用本工法产生的效益为使用 TOFD 检测技术相对于使用传统射线检测技术节约的费用。

实例一：伊拉克哈法亚 ASME U2 3000 立球罐项目（表 12）

表 12 应用实例一一览表

项目名称	检测地点	数量 /m	开 / 竣工日期	应用效果	节约费用 / 万元
伊拉克哈法亚 ASME U2 3000m^3 球罐	伊拉克哈法亚	3055	2022 年 4 月 / 2022 年 10 月	良好	34.5

实例二：伊拉克胺液和 TEG 处理项目（表 13）

表 13 应用实例二一览表

项目名称	检测地点	数量 /m	开 / 竣工日期	应用效果	节约费用 / 万元
伊拉克胺液和 TEG 处理项目	伊拉克哈法亚	50	2022 年 8 月 / 2022 年 12 月	良好	2.5

丙烯腈反应器建造工法

霍世栋　鹿金田　盛小英　周晓燕　黄继兵

中国石油天然气第七建设有限公司

1 前言

丙烯腈反应器（以下简称：反应器）是制造丙烯腈的核心设备，2020年依托海南项目进行建造技术攻关，形成本工法。关键技术包括：①采用内部结构升级、优化安装工艺及焊接顺序，控制焊接热量，形成了超大型丙烯腈反应器空气分布板模块安装技术；②通过采用高压气吹扫、木锤敲击震动及爆破清理等组合方法，研发了多U形冷却水管组（图1）内部清洁技术；③形成了热带沿海工况下超大型丙烯腈反应器现场组焊技术。以上技术经查新，为独创技术（图2）。

图1　多U形冷却水管组

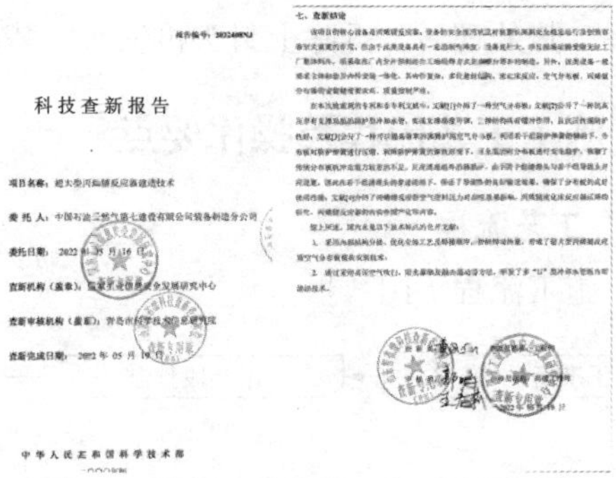

科技查新报告

项目名称：超大型丙烯腈反应器建造技术

委托人：中国石油天然气第七建设有限公司装备制造分公司

中华人民共和国科学技术部

七、查新结论

图2　查新报告

该工法与传统施工方法相比，主要优势体现在对工序全面优化，加大工厂预制深度，在满足运输的前提下，将封头、锥段、内件预制成大片，各部件经整体试组装，做好吻合标记后拆除运输至现场，减少高空作业，将封头、锥段、内件在地面预制为大段，实现快速安装，整体建造工期较国内同类产品缩短4个月。

2022年“大型丙烯腈反应器现场建造关键技术”经中国石油工程建设协会鉴定，达到国内先进水平，形成实用新型专利1件。

基于海南项目的良好业绩，中国石油天然气第七建设有限公司陆续承接了广东石化13万t/a、中化泉州26万t/a反应器建造项目，广东石化项目已于2022年5月份完成建造，一次开车成功，各项指标符合要求；中化泉州项目正在建造中。

2 工法特点

2.1 安装效率高

壳体采用“工厂分片加工、现场单节组焊、分节成段，在此基础上逐段吊装、整体热处理”；封头在工厂内进行预组装，3片组焊后再进行现场安装；冷却水管组在工厂内预制成多U形，大幅减少了现场组焊量，安装周期由13个月缩短至9个月。

2.2 施工安全性高

该工法对工厂预制、现场组焊、内件安装、水压防腐、整体热处理工序进行优化，保证了流程的顺畅，杜绝工序颠倒导致的重复劳动，同时减少交叉作业，保证了施工安全。

2.3 高空作业量小

每台反应器分成7个吊装段预制：裙座为1段，锥体为1段，主体为4段，上封头为1段。全部采用正装法组装。所有吊装段均在预制平台上组装，高空作业量减少20%以上。

3 适用范围

该工法适用于精细化工领域的丙烯腈反应器设备建造，并能够推广至其他大型超限设备现场施工。

4 工艺原理

根据反应器结构型式，将整台反应器化整为零，分解为若干个部件。以满足运输限制为前提，在工厂内进行深度预制，运输到现场后，在地面上组节成段，然后使用吊车自下而上逐段组焊，热处理后，拆除上封头再依次安装内件，最后封口进行压力试验。

5 施工工艺流程及操作要点

5.1 工艺流程

（1）施工流程（图3）

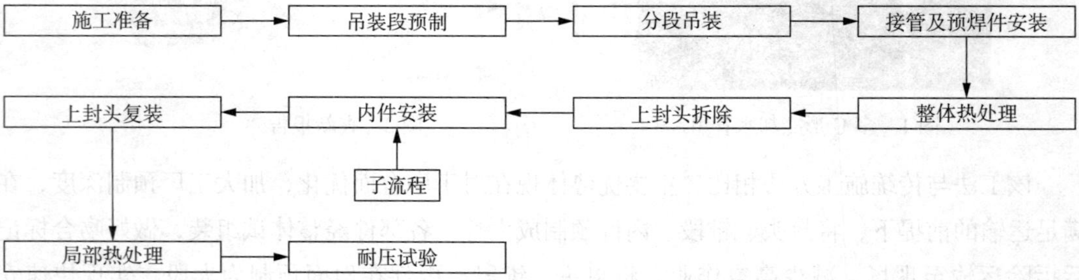

图3 施工工艺流程

（2）子流程（图4）

图4 内件安装流程图

5.2 操作要点

5.2.1 施工准备

（1）内件预制：在工厂内将冷却水管组预制成多U状，进行无损检测及耐压试验，采用独创技术进行内部清洁，使用“爆破法”检查清洁度。

（2）到货验收，规格数量、产品质量符合图纸要求。

（3）搭建组装平台，放样摆放好垫墩。

（4）在垫墩上面组对单节，预留焊接变形余量，控制两侧焊接顺序，保证单节椭圆度和棱角度。

5.2.2 吊装段预制

（1）在平台上进行筒节组装（图5、图6），按照筒体直径布置组装座墩并调平，座墩整体平面度控制在2mm以内。围板时需要控制纵缝的间隙在2～3mm范围，点焊焊缝长度不小于100mm，焊缝厚度不小于15mm。

图5　搭建平台

图6　组焊成筒节

（2）筒体纵缝、环缝采用自动埋弧焊，焊前需预热，焊后需进行消氢处理（图7、图8）。

图7　埋弧焊接

图8　主体立式组焊

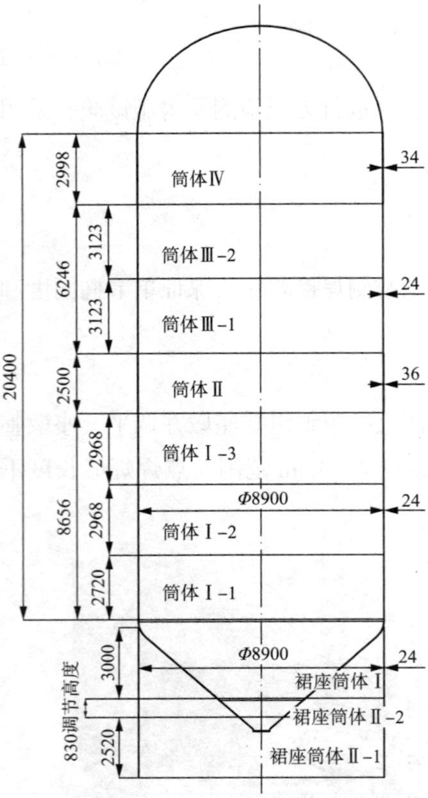

图9　反应器排版图

（3）按照排版图，组节成段（图9）。

整台反应器分成7个吊装段预制，在平台上进行预制。

5.2.3　分段吊装

1. 壳体组对

按照自下而上正装法组对，脚手架随着组对进度搭设（图10～图16）。

2. 壳体焊接

反应器主体直径8900mm，高度31980mm，板厚24、32、34、36mm 4种规格。

图10　第1段基础座就位

图11　第2段组装

图12　第3段组装

图13　第4段组装

图14　第5段组装

图15　第6段组装

图16　第7段上封头临时组装

（1）主要焊接实物工程量（表1）。

表1　焊接工程量（主焊缝长度572m，不含内件）

序号	产品名称	施焊部位	材质	工程量		焊接方法
				规格 /mm	焊缝长度 /m	
1	丙烯腈反应器	裙座纵环缝	Q345R	t=24	66.12	SAW
2		裙座环缝	Q345R/15CrMoR	t=24	28.03	SAW
3		主体纵环缝	15CrMoR	t=24、32、34、36	478.97	SAW
4		接管、内件与壳体	15CrMoR	—	—	SMAW

（2）焊接特点

主体材质为15CrMoR钢，焊接易产生裂纹，盛夏沿海施工，湿度大，需严格执行焊前预热、焊后消氢，主体焊缝及冷却管对接缝进行100%RT检测，焊接量大。

（3）焊接要点

①单节筒体共3条纵缝，定位焊与正式焊接工艺相同，定位焊焊缝长度不小于80mm，相邻两焊点间距不大于500mm，焊缝厚度不小于16mm。组焊时，在施焊处100mm范围以内预热温度150℃，采用电加热片形式进行预热（图17）。

②主焊缝采用埋弧自动焊，接管、内件采用手弧焊。焊接顺序按照先厚板、后薄板，先短缝、后长缝，先纵缝、后环缝，先大坡口、后小坡口的原则进行筒体、封头及裙座的焊接；接管按照先小后大对称施焊。

③消氢处理（图18），焊接完成后立即将施焊处100mm范围以内加热到200～350℃，进行不低于0.5h的消氢处理。

图17　预热

图18　消氢处理

5.2.4　接管及预焊件安装

同规格的接管要严格按照件号安装，严禁混用。

5.2.5　整体热处理

整体热处理工艺见表2。

表 2 热处理工艺

热处理部位	材质	升温速度 / (℃/h)	恒温温度 / ℃	恒温时间 /min	降温速度 / (℃/h)
反应器壳体	15CrMoR	50 ~ 150	690 ± 14	90	50 ~ 190
备注	400℃以上升温和降温过程中，器壁表面上任意两测温点的温差不得大于 200℃				

壳体采用“燃气内燃法”进行整体热处理（图 19）。对反应器裙座与筒体环焊缝进行电热补偿，以确保低温区温度满足整体热处理工艺要求（图 20）。热处理后进行布氏硬度检测。

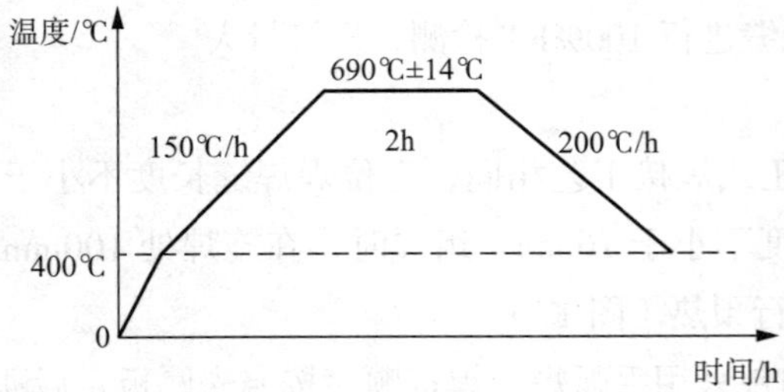

图 19 热处理工艺曲线

图 20 锥体封头底部设置燃烧器

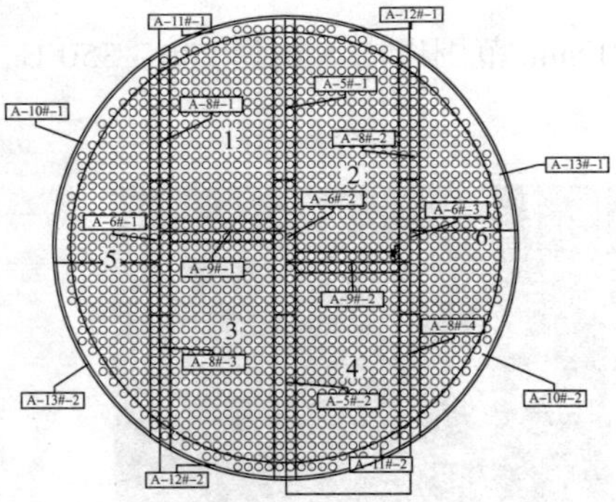

图 21 空气分布板分区图

图 22 支撑梁现场复检

5.2.6 上封头拆除

注意要做好组装标记，采用打磨或切割的方法去掉点焊焊肉，严禁野蛮操作。

5.2.7 内件安装

1. 空气分布板安装

空气分布板组件共 6 个模块，先从中间向两端焊接 6 块模板的底板拼缝，再焊接底板与锥形环板的对接焊缝，再焊接锥形环板与连接环板之间的连接角焊缝，最后再焊接锥形环板分片之间的连接焊缝。将锥形管安装组焊到空气分布板底板上并在检验合格之后将填充物装入并压实，将环形顶板及长条形顶板组对并焊接，焊接完成后焊接锥形管顶部与长条形顶板连接焊缝（图 21 ~ 图 30）。

2. 烯氨分布器安装

安装前调整支撑件的水平度，然后安装分布器组件。安装后，各支管的轴线与主管的轴线位于同一水平面，各支管之间平行度不超过 0.8mm，同一支管上的 2 排喷嘴应对称于通过支管轴线的垂直面，喷嘴应与空气分布板的锥形管中心相对应，同心度控制在 2mm 以内（图 31 ~ 图 34）。

图 23　支撑梁安装

图 24　支撑梁平面度检测

图 25　空气分布板到货验收

图 26　空气分布板组装

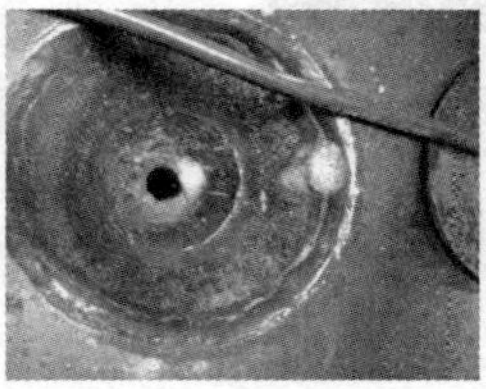
图 27　盖板焊后 PT 检测

图 28　空气分布板气密实验

图 29　锥斗焊缝泄漏点

图 30　平面度复验

图 31　调整支撑梁

图 32　安装支撑梁

图 33　支管安装

图 34　俯视图

3. 冷却水管组安装

冷却水管组采用全位置氩弧焊焊接，焊前预热，焊后消氢，无损检测合格后进行热处理（图 35 ~ 图 37）。

图 35　一层固定梁安装

图 36　二层固定梁安装

图 37　组件吊装

4. 多孔板安装

在冷却水管组件承重梁上铺设平台作为 1# ～6# 多孔板组件的安装操作平台，然后按预制厂标识顺序依次将分片安装就位，调整分片之间的间隙，采用点焊固定，然后焊接。先焊接长焊缝，后焊接短焊缝，采用尽量小的热输入进行焊接，以控制焊接变形。

5. 旋风分离器安装（图 38、图 39）

图 38　料腿吊装

图 39　旋风分离器吊装

（1）吊入前应将直吹扫管分别挂在吊腿旁，旋风分离器吊入内、外圈；各组旋风之间临时固定牢固。

（2）旋风分离器组焊。

（3）料腿组焊。

（4）翼阀组焊。

（5）最后组焊吹扫管连接口。

5.2.8　上封头复装

内件安装完成并检查合格后安装上封头，严格按照安装吻合线进行组焊。

5.2.9　局部热处理

（1）对冷却水管组焊接接口及上封头焊缝采用电加热的方式进行局部热处理。

（2）局部热处理工艺要求如表 3 所示。

表 3　局部热处理工艺要求

热处理部位	材质	壁厚 /mm	升温速度 /（℃/h）	恒温温度 /℃	恒温时间 /min	降温速度 /（℃/h）
环焊缝	15CrMoR	24	50 ~ 150	690 ± 14	90	50 ~ 200
冷却管	15CrMoR	9	50 ~ 150	690 ± 14	30	50 ~ 200
引出孔焊缝	15CrMoR	30	50 ~ 140	690 ± 14	90	50 ~ 196

局部热处理工艺曲线如图 40 和图 41 所示。

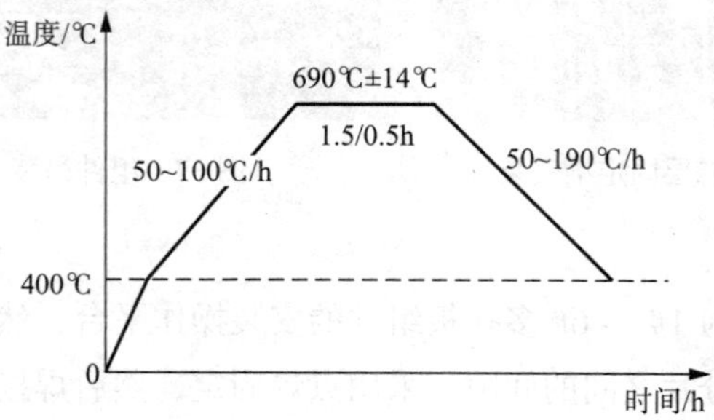

图 40　工艺曲线图

图 41　上封头环焊缝热处理

5.2.10　耐压试验

反应器检查合格后进行水压试验，进出水管口选用空气分布板上部的催化剂进出口。

5.3　人力资源配置表

本工法劳动力组织情况见表 4。

表 4　劳动力组织　　单位：人

工种	2021 年								
	3 月	4 月	5 月	6 月	7 月	8 月	9 月	10 月	11 月
铆工	3	3	3	5	4	4	4	4	4
手把电焊工	8	16	16	22	12	6	5	5	3
氩弧焊工	0	0	0	0	0	1	3	3	0
起重工	1	1	1	1	1	1	1	1	1
气焊工	1	2	2	2	0	0	0	0	0
电工	1	1	1	1	1	1	1	1	1
热处理	3	3	3	3	3	2	2	2	0
力工	4	6	6	8	6	8	2	2	2
架子工	2	2	6	10	10	4	4	4	4
管工	0	0	0	0	0	1	3	3	3
厨师	1	1	1	1	1	1	1	1	1
喷漆工	0	0	0	0	0	0	0	0	2
管理人员	3	5	5	5	5	5	5	5	5
合计	27	40	44	58	43	33	31	31	26

6　材料与设备

6.1　主要施工手段用料

本工法主要施工手段用料情况见表 5。

表 5　主要施工手段用料表

序号	名称	规格	单位	数量
1	角钢	∠ 100mm × 10mm	m	100
2	槽钢	[16	m	100
3	槽钢	[30	m	300
4	工字钢	I12	m	40
5	钢板	δ=20mm	m^2	62
6	脚手架杆		m	1000
7	钢跳板		块	80
8	门式脚手架		套	40

6.2 主要施工设备

本工法主要施工设备情况见表 6。

表 6 主要施工设备明细表

序号	名称	型号	数 量	说明	备注
1	履带吊	100t	1	月租	
2	汽车吊	130t	1	短租	
3	汽车吊	80t	1	短租	
4	汽车吊	25t	1	短租	
5	电焊机	ZX5-400	30		
6	CO_2 焊机	奥泰	5		
7	埋弧焊机		10		
8	空压机		2		
9	烘干箱	ZYH-100	2		
10	除湿机		1		
11	温控柜	360kW	2		
12	倒链	10t	25		
13	厢房		6		
14	加热片	10kW	60		
15	磨光机	150	20		
16	多级试压泵		2		

6.3 主要测量、计量器具

本工法主要测量、计量器具见表 7。

表 7 主要测量、计量器具明细表

序号	名称	型号	数 量	进场时间
1	水平仪		1	
2	经纬仪		1	
3	激光测距仪		1	
4	米尺	5m	5	
5	盘尺	30m	2	
6	水平尺	500mm	2	
7	角尺	500mm	5	
8	焊接检验尺		1	
9	直尺	2m	2	

7 质量控制

7.1 执行的主要标准规范

反应器制造遵照以下规范进行，同时需满足项目专项技术要求（表 8）。

表 8 主要标准规范

标准号	名称
GB 150—2011	《压力容器》
NB/T 47041—2014	《塔式容器》
SH/T 3520—2015	《石油化工铬钼钢焊接规范》

7.2 质量控制措施

7.2.1 施工准备

（1）到货的零部件规格、尺寸、数量符合图样要求。

（2）组装平台应保证刚性不变形，平面度不得大于 2mm。

7.2.2 吊装段预制

（1）封头应按照标识组装，预留焊接收缩余量。

（2）按顺序焊接。

（3）焊后测量平面度、周长、椭圆度。

7.2.3 分段吊装

（1）做好防变形措施，吊点位置进行加固。

（2）采用履带吊和汽车吊进行抬吊。

（3）规划吊车作业半径、旋转角度。

（4）检查组对错边量、度数线和接管位置。

（5）焊后清除卡具并打磨平整。

7.2.4 接管及预焊件安装

（1）接管的高度方向以 B1（第 1 条环缝）为基准号线。

（2）经三检制检查合格后方可接管开孔。

（3）接管组对前应检查接管及法兰的标识。

7.2.5 整体热处理

要实时监控，防止局部过烧或欠烧。

7.2.6 上封头拆除

检查吻合标记合格后方可拆除，拆除后要对原点焊处坡口进行打磨处理，补焊点进行 PT 或 MT 无损检测。

7.2.7 内件安装

（1）安装标高和支撑梁支座、固定梁支座高度须符合图纸要求。

（2）焊接前、后检查反应器内件安装尺寸，采用激光投线仪测量支座的平面度。

7.2.8　上封头复装

原点焊点必须去除，打磨光滑，进行表面检测，确保无气孔。

7.2.9　局部热处理

采用电阻加热的方法，加热片沿设备环缝周向布置，并覆盖保温材料，保温棉对接缝错开至少 250mm，总厚度不小于 60mm。

7.2.10　耐压试验

压力表在有效期内，试验液体温度不低于 15℃。

7.3　关键工序质量控制点

本工法关键工序主要技术指标检验控制见表 9。

表 9　关键工序主要技术指标检验控制表

序号	检验项目	检查时机或工序	指标要求	检查工具或方法
1	筒体直线度	安装后	$0.5L/1000$+8mm	经纬仪
2	筒体圆度	安装后	≤ 0.25%D_i 且不大于 25 mm	钢盘尺
3	上下两封头焊缝之间的距离（总高度）	安装后	± 1.3/1000 且不大于 50mm	钢盘尺
4	基础环底面至反应器下封头与筒体连接焊缝的距离	安装后	1000mm 裙座长偏差不大于 2.5mm，且不超过 ± 6mm	钢盘尺
5	地脚螺栓相邻或任意两孔弦长	安装前	± 2mm	钢卷尺
6	地脚螺栓孔中心圆直径	安装前	≤ 3mm	钢板尺、钢卷尺
7	错边量控制	安装后	≤ 3mm	钢板尺、塞尺
8	棱角度控制	安装后	≤ 4.4mm	钢卷尺
9	空气分布板	安装后	平面度要求≤ 5mm	直角尺、塞尺
10	丙烯氨分布器	安装后	平面度≤ 3mm，平行公差为 0.8mm	直角尺、塞尺
11	分布器喷嘴与空气分布板的锥形管	安装后	中心同心度 2mm	钢盘尺
12	水冷管组垂直度	安装后	垂直度≤ 5mm	经纬仪
13	接管法兰面至塔壳外壁距离	安装后	± 2.5mm	钢卷尺
14	设备开口中心标高及轴向位置	安装后	± 5mm	水准仪
15	与外部管线连接的法兰面垂直度和平面度	安装后	DN ≤ 200mm 时为 ± 1.5 DN > 200mm 时为 ± 2.5	直角尺、塞尺
16	接管法兰应保证法兰的水平或垂直	安装后	≤法兰外径的 1%，且不大于 3mm	直角尺、塞尺

8　安全措施

8.1　主要标准

（1）JGJ 59—2011《建筑施工安全检查标准》

（2）SY 6279—2022《大型设备吊装安全规程》

（3）GB 6067—2010《起重机械安全规程》

8.2 技术措施

（1）进行三级安全教育，健全安全管理制度，落实安全责任制。

（2）正确穿戴好劳保用品（图 42、图 43）。

图 42 生命绳

图 43 安全绳

（3）强化现场安全监督检查。

（4）施工机具在使用前，必须由专业人员安装和调试，合格后方可使用。

（5）重点控制吊装安全，严格执行作业票制度。

（6）严格控制临时用电安全，电缆线须完好。

9 环保措施

9.1 主要执行的规范

（1）HJ 612—2011《建设项目竣工环境保护验收技术规范 石油天然气开采》

（2）SH/T3024—2017《石油化工环境保护设计规范》

9.2 技术措施

（1）施工现场所占用的区域和周边环境要充分考虑地貌恢复和环境保护。

（2）在施工进出道路和作业带要及时洒水控制扬尘。

（3）施工运输车辆要做好防护措施，防止随走随掉。

（4）施工垃圾及生活垃圾及时清理，并进行统一处理。

（5）除锈、喷漆须满足环保要求。

10 效益分析

10.1 经济效益分析

海南反应器节约辅材、人工、机械费共计 163.6 万元。效益对比分析见表 10。

表 10 单台经济效益比较

项目 技术	工期 / 月	单台辅材费 / 万元	单台人工费 / 万元	单台机械使用费 / 万元	合计 / 万元
采用以往工艺技术	13	40	506	146	692
采用本工法工艺	9	17	410.4	101	528.4

续表

项目 \ 技术	工期 / 月	单台辅材费 / 万元	单台人工费 / 万元	单台机械使用费 / 万元	合计 / 万元
节省效益比较	工效提升 30.8%	23	95.6	45	163.6

10.2 社会效益分析

本工法采用新工艺，加大厂内及地面的预制深度，实现了现场快速安装，工法流程简洁高效、充分发挥了工厂内配套齐全的优势，整体建造工期较国内同类项目缩短 4 个月，大部分工作在地面完成，减少高空作业量，大幅降低了安全风险。

11 应用实例

实例一：海南精细化工项目二期 20 万 t/a 丙烯腈装置反应器建造（表 11）

表 11 应用实例一

项目名称	施工地点	规模	数量	开 / 竣工日期	应用效果
吉化海南丙烯腈反应器	东方市	20 万 t/a	2	2021 年 3 月 28 日 /2021 年 12 月 27 日	良好

实例二：广东石化 13 万 t/a 丙烯腈装置反应器建造（表 12）

表 12 应用实例二

项目名称	施工地点	规模	数量	开 / 竣工日期	应用效果
广东石化丙烯腈反应器	揭阳	13 万 t/a	1	2021 年 4 月 1 日 /2021 年 11 月 27 日	良好

实例三：中化泉州 26 万 t/a 丙烯腈装置反应器建造（表 13）

表 13 应用实例三

项目名称	施工地点	规模	数量	开 / 竣工日期	应用效果
中化泉州丙烯腈反应器	泉州	26 万 t/a	2	2022 年 3 月 1 日至今	良好

高温高盐环境下超大体积混凝土加强带结合高效降温措施施工工法

陈　兴　张益权　马玉峰　王伟龙　瞿长宝

中国石油天然气第七建设有限公司

1　前言

随着城市经济的飞快发展，越来越多的超级工程出现在石油石化炼厂中。伴随着超级工程的全面开展，一系列新的问题随之而来。本工法介绍的沿海地区高温超大型大体积混凝土亦是如此。沿海地区高温气候下混凝土单位体积用水量增加，造成混凝土 28 天及后期混凝土强度降低。要达到常温状态下的相同强度，就必须增加单位体积水泥用量，由于大体积混凝土截面厚度大，水化热聚集在结构内部不易散发，导致大量的热量聚集，最终导致温度梯度过大、温度裂缝产生。通缝的出现不仅仅会对工期和美观产生影响，更会对质量与寿命产生巨大影响。因此大体积混凝土施工的降温措施就体现得尤为重要。常规大体积混凝土降温水管施工是在基础钢筋绑扎过程中，钢筋框架内部搭设脚手架杆，用来支撑降温水管，脚手架搭设的位置、层数及高度是根据降温水管布置的数量、混凝土降温的要求决定的，施工过程中脚手架搭设难度很大，并且与基础钢筋绑扎工作同步进行，作业人员施工的安全风险大大增加，施工难度增加，施工人员的作业效率极低。所以采用新型的降温水管支撑布置方法，这种方法既能达到降低水化热的目的又能不破坏其混凝土基础内部结构，还能带来资源上的节约。

中国石油天然气第七建设有限公司梳理总结了广东石化抽余液塔基础在沿海地区高温气候下的施工工法，意在解决大体积混凝土基础施工中遇到的强度和温度控制方面的问题，采用了利用钢筋网片支撑冷却水管的技术方法，降低了安全风险，有效地控制了安装质量，提高了施工效率，缩短了施工工期，节省了脚手架用量，从而节省了大量人工和机械设备台班，降低了成本。为以后超大体积混凝土施工提供一定的理论基础与实践经验。

本工法的关键技术获得 2022 年度中国石油工程建设协会省部级科技进步三等奖；2021 年编写的论文《浅析沿海地区高温气候下超大型大体积混凝土施工方法》荣获中国施工企业管理协会三等奖。

2 工法特点

2.1 提高施工质量

在沿海地区极端高温气候下（平均环境温度 35℃），对超大型大体积混凝土施工进行降温所使用的冷却水管支撑采用马凳筋配合钢筋网片进行固定，增加了混凝土基础内部钢筋的数量，增强了基础的承重结构及强度，大大提高了基础的质量。

2.2 降低施工成本

冷却水管的布置将常规利用脚手架来固定升级为采用马凳筋配合钢筋网片进行固定。节省了脚手架的用量，节省了架子工的投入，提高了施工效率，从而节省了大量人工和机械设备台班，降低了成本。

2.3 降低施工安全风险

降低了作业人员在狭小的空间内搭设脚手架杆的操作困难和风险。

3 适用范围

本工法适用于沿海地区高温地况超大型大体积混凝土浇筑施工。

4 工艺原理

混凝土施工会产生水化反应，反应过程中释放出大量的热，混凝土受热膨胀，体积增大，在产生水化热的同时，混凝土通过与大气或地基接触的表面散发热量，但是随着混凝土构件厚度的增大，热量散发的速度越来越慢，混凝土内部聚集的热量越来越多，特别是沿海地区极端高温气候下（平均环境温度 35℃）超大型大体积混凝土完成的 3～5 天内混凝土水化速度很快，温度明显升高，这样就造成了混凝土内外产生过大的温差，当温差超过 25℃时就容易产生温度裂缝。为防止大体积混凝土产生裂缝，通常在混凝土内部通入降温水管，进行主动降温。通入降温水管后，混凝土水化产生的热量大部分由经过混凝土内部的水带走，相当于降低了混凝土厚度，由于混凝土内部温度和内外温差显著降低，混凝土冷却后容易产生温差裂缝的问题。由于混凝土内部降温法是主动降温，混凝土内部温度容易控制，因此具有明显的优越性。降温水管的支撑与固定的技术原理是将常规脚手架固定升级为通过利用马凳筋配合承台原有的双向钢筋网片进行固定，在原设计 2 层双向钢筋网片的基础上再增设 1 层，并调整原来网片筋的位置与高度，最终形成每隔相近的高度设置 1 层双层钢筋网片的模式，从而达到固定冷却水管的目的。

5 施工工艺流程及操作要点

5.1 施工工艺流程

施工工艺流程如图 1 所示。

5.2 操作要点

5.2.1 施工准备

（1）详细编制大体积基础施工方案，并组织中石油内部专家对方案进行评审，提出多项

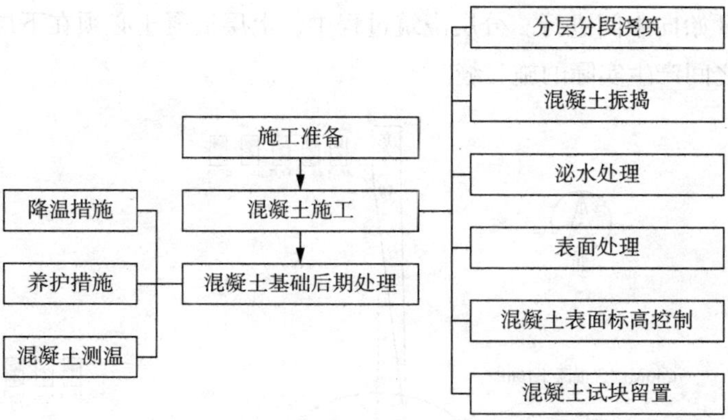

图 1　施工工艺流程图

宝贵意见，为方案的顺利实施，提供了有力支持。

（2）在大体积混凝土浇筑前多次到商品混凝土供货单位对原材储备，生产能力进行考察并对接相关事项，切实确保混凝土按时保质足量供应，确保混凝土施工的连续性。重点关注了砼拌合物用水泥、粗细骨料、外加剂等入机温度；拌和物出机温度、入模温度；拌合物运输、停歇期间塌落度损失等，确保商品混凝土供货质量。

（3）配备了经验丰富的管理人员及施工人员。

（4）浇筑前配备了足够数量的对讲机，保证有效的信息传递与沟通。

（5）由施工方案编制人员对施工人员进行了详尽的技术安全交底，交底分工序、工种进行，确保了进入现场的施工人员均能熟悉施工流程、施工方法和施工要点。

5.2.2　混凝土施工

1. 分层分段浇筑

（1）抽余液塔大体积混凝土浇筑采用斜面分层浇筑的方法（图 2）。混凝土在泵送布料时自然流淌形成一个坡度，随着混凝土浇筑向前推进的同时，布料、振捣棒跟进振捣，保证整个混凝土浇筑层的质量。

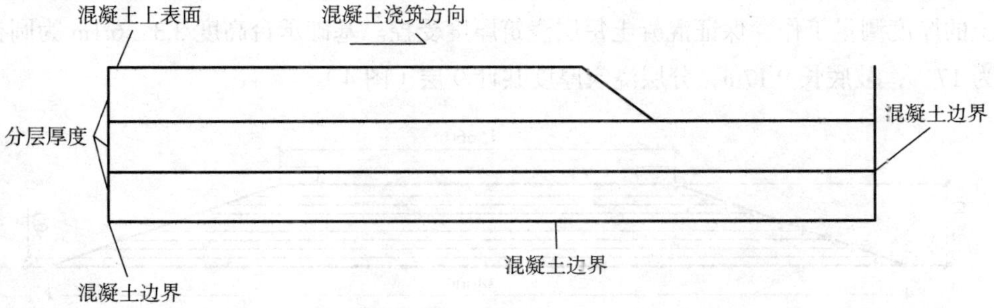

图 2　大体积混凝土全面分层浇筑方法示意图

（2）每层浇筑厚度不超过 300mm，浇筑前由操作人员用标尺测量，并在钢筋及模板中制作标记，从而控制混凝土浇筑厚度。确保在 C35 混凝土与加强带中的 C40 混凝土同时进行浇筑的过程中不出现错层现象。

（3）根据混凝土用量，使用 4 台混凝土泵车（图 3），施工过程中分 20 层进行浇筑，浇筑时泵车从两侧开始向中间进行。分层浇筑过程中，上层混凝土必须在下层混凝土初凝前浇筑，防止混凝土之间产生实际的施工缝。

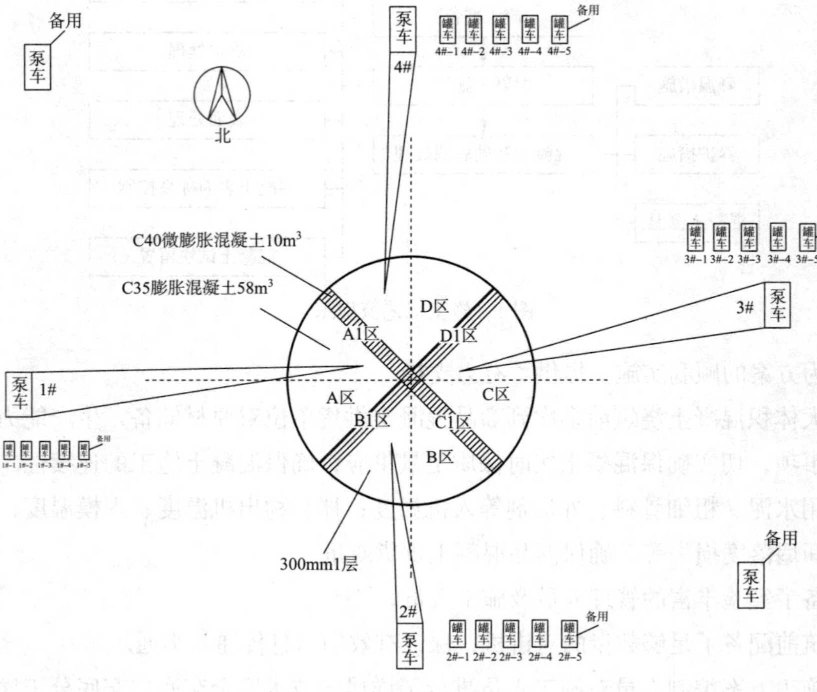

图 3　泵车站位图

（4）设备基础为圆柱体加圆台体的外形结构，基础承台高度 3.3m 以下为圆柱体，且设有 X 形 2m 宽膨胀加强带，浇筑时每台泵车负责 1 块扇形浇筑区域以及就近的 1/4 膨胀加强带的浇筑区域，并将泵车、罐车、浇筑区域进行编号，根据各区域面积，及每天混凝土罐车容许运输量计算，扇形区域每 0.3m 为 1 层，方量为 $58m^3$，需要浇筑 9 车 C35 膨胀混凝土，然后继续用同一台泵车浇筑对应的膨胀加强带，膨胀加强带区域每 0.3m 为一层，方量为 $10.2m^3$，需要浇筑 2 车 C40 膨胀混凝土，依次循环推进，共计 11 层。用匹数尺做好每层混凝土的厚度测量工作，保证混凝土每层浇筑厚度受控。基础承台高度 3.3 ~ 6.1m 为圆台体，坡度为 17°，坡底长 9.17m，分层浇筑厚度共计 9 层（图 4）。

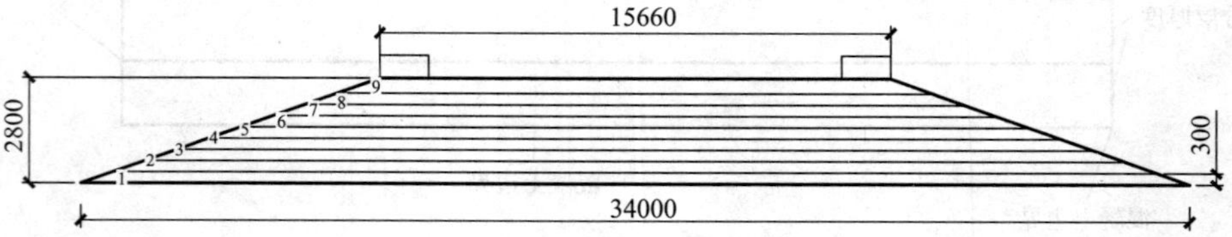

图 4　分层浇筑图

（5）为避免混凝土浇筑出现停顿，每台泵车配备混凝土罐车 8 ~ 10 台，浇筑必须提前 2 天与商品混凝土站泵车组实地勘察，确保场地地基满足支车需求。

2. 混凝土振捣

混凝土按分层浇筑厚度分别进行振捣，确保 C35 混凝土区域与加强带 C40 区域同时振捣，使双标号混凝土浇筑始终在同层，避免出现错层现象。振捣棒的前端插入前一层混凝土中，插入深度不应小于 50mm；振捣棒垂直于混凝土表面并快插慢拔；振捣棒与模板的距离不应大于振捣棒作业半径的 0.5 倍；振捣插点间距不应大于振捣棒作业半径的 1.4 倍。振捣棒插点要均匀排列，离开模板距离宜为 200～250mm，不要跳跃式振捣，以防发生漏振；浇筑过程中严格控制间歇时间，上层混凝土在下层混凝土初凝之前浇筑完毕，浇筑方法采用“由低至高，薄层浇筑，循序退浇，一次到底，连续浇筑”的施工方法（图 5）。为了保证每一处的混凝土在初凝前就被上一层新的混凝土覆盖，采用“斜面分段、分层踏步式”的浇捣方法，分层厚度不大于 300mm，分层浇捣使新混凝土沿斜坡流一次到顶，使混凝土充分散热，从而减少混凝土的热量，且混凝土振捣后产生的泌水沿浇灌混凝土斜坡排走，并在第一次振捣之后 20～30min 进行第 2 次复振（二次振捣，在混凝土初凝时间的 1/2～2/3 的时区内），以保证大体积混凝土的质量。

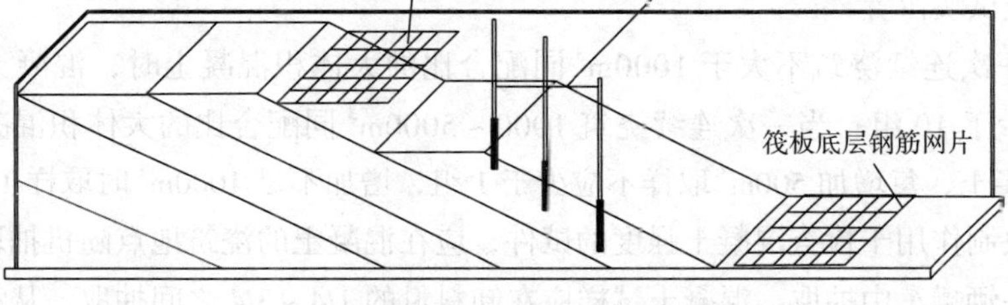

图 5　大体积混凝土浇筑振捣点分布示意图

3. 泌水处理

大体积混凝土浇筑采用双标号混凝土（C35、C40），大流动性混凝土在浇筑和振捣过程中会有游离析出，并顺混凝土坡面下流至坑底，为此可采取以下措施排除泌水。

（1）在基坑中部设置集水坑，通过软抽水机把泌水抽至集水坑内，再用潜水泵将集水坑内的水排出坑外，当混凝土大坡面的坡脚接近坡顶端时，改变混凝土的浇筑方向，即从坡顶端往回浇筑，与原斜坡相交成 1 个集水坑，这样集水坑逐步在中间缩小成小水潭，随后安排专人用水泵及时将泌水排除。

（2）当表面泌水消去后，用木抹子碾压，减少混凝土沉陷时出现沿钢筋表面的裂纹，在混凝土收面时，会存在浮浆排不干净，表面浮浆太厚的现象，此时应适量加入同混凝土级配石子粒径相同大小的石子，并用平板振捣器振捣或用木抹子将石子拍入水泥浆内，然后再按程序收平，以减少混凝土表面的收缩开裂。初凝前铁抹子收面 2～3 次后用提浆收面机抹压 2 次，以闭合收缩裂缝，终凝后按热工计算要求覆盖塑料薄膜及保温材料。

4. 表面处理

（1）由于泵送混凝土表面水泥浆较厚，浇筑混凝土时下层混凝土采用振捣棒振捣，面层采用平板振捣器振捣，浇筑后须在混凝土初凝前用刮尺抹面和木抹子打平。

（2）根据底板面标高，浇筑时多浇筑 20～30mm，在基础四周侧模上开孔，孔底标高与最终底板面标高一致，采用平板振捣器从另一侧往开孔一侧赶浆，在基底垫层外侧设置水池，用水泵将浆液抽走。

（3）在终凝前再进行搓压，采用抹光机抹光，要求至少用抹光机搓压1遍。混凝土浇筑过程中及混凝土浇筑完毕后，密切注意混凝土表面裂缝情况并对混凝土采取二次抹压处理。如混凝土表面在终凝前出现龟裂现象，立即组织人力对裂缝部位进行搓平，直至裂缝完全消失，使混凝土硬化过程初期产生的收缩裂缝在塑性阶段就予以封闭填补，以控制混凝土表面龟裂。

5. 混凝土表面标高控制

（1）双标号混凝土浇筑标高控制采用在底板内马凳筋立筋上粘贴反光标识，间隔距离为6m。标高每间隔500mm标识1次。

（2）基础四周支设比基础筏板顶标高高出150～200mm的外侧模板，高出模板用作蓄水养护围挡，并钉上小铁钉，作为控制混凝土表面标高的标识。铁钉相对基础底板面标高高出100mm，铁钉纵向间距宜不大于6m。待基础筏板顶面混凝土找平时，在铁钉上贴红色电工胶带，增加铁钉的能见度。

6. 混凝土试块留置

（1）当一次连续浇筑不大于1000m^3同配合比的大体积混凝土时，混凝土强度试件现场取样不应少于10组；当一次连续浇筑1000～5000m^3同配合比的大体积混凝土时，超出1000m^3的混凝土，每增加500m^3取样不应少于1组，增加不足1000m^3时取样1组。

（2）试块制作用于检查混凝土强度的试件，应在混凝土的浇筑地点随机抽取，每组试样应随机从同一辆罐车中抽取，混凝土试样应在卸料量的1/4～3/4之间抽取，从第一次取样到最后一次抽取不应超过15min。

5.2.3 混凝土基础后期处理

1. 降温措施

（1）在混凝土中预埋水管，利用管中循环冷水的流动来带走混凝土内部产生的水化热。决定冷却效率的主要因素是管间距、进水温度、水流速度和通水持续时间。

（2）冷却水管采用单层多回路冷却系统（图6～图10）。管径采用*DN*50mm的薄壁钢管，管间距为2.0m，冷却水管与混凝土边缘距离为2.0m；每个回路单元冷却水管长度为120～125m，冷却水管布置在混凝土厚度的中间位置，并且每个回路的冷却水管宜布置在浇筑混凝土的同一水平面，各回路之间应与主管道并联。水流速度为0.8～1.0m/s。

图6 降温水管布置图

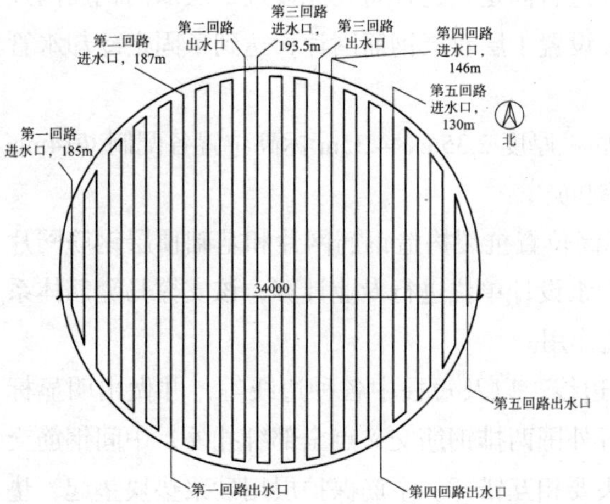

图 7　第 1 层冷却水管平面布置示意图

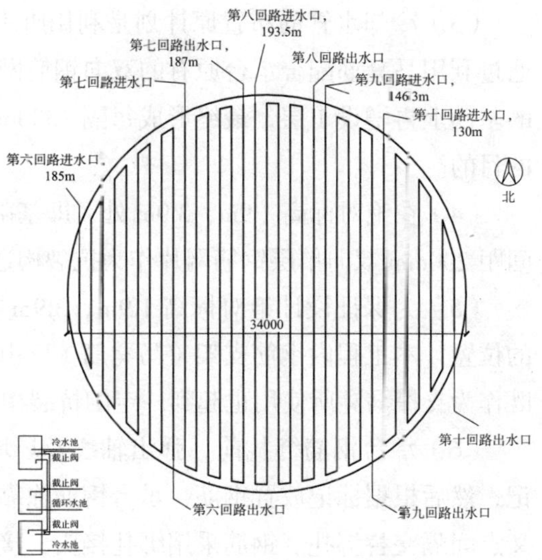

图 8　第 2 层冷却水管平面布置示意图

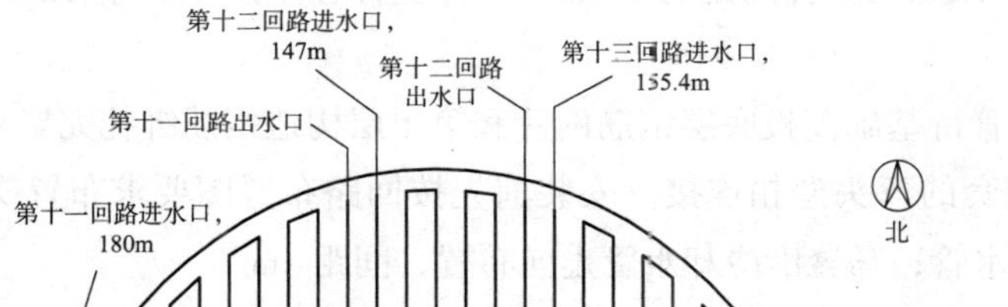

图 9　第 3 层冷却水管平面布置示意图

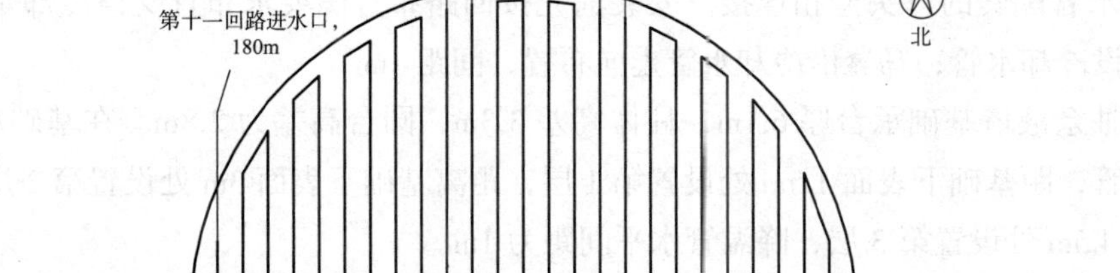

图 10　冷却水管立面布置示意图

（3）冷却水管的布置原计划是利用脚手架来固定，而后通过专家论证全面升级了方案。通过利用马凳筋配合承台原有的双向钢筋网片进行固定，这样将在原设计 2 层双向钢筋网片的基础上再增设 1 层，最终形成每隔 1500mm 设置 1 层双层钢筋网片，达到了固定冷却水管的目的。

（4）在绝对标高 1.9m、3.9m 处，即基础底板厚度 2.35m、4.35m 标高位置各配制 Φ14mm 间距 200mm 双向单层钢筋网片作为抗裂构造钢筋。

（5）为保证设计绝对标高 1.9m、3.9m 标高位置抗裂构造钢筋网片和基础顶层钢筋网片的位置，本工程内钢筋支架（马凳筋）已由图纸设计单位进行专业计算；该支撑马凳筋体系既作为支撑马凳所使用也起到一定的抗裂构造作用。

（6）承台钢筋绑扎前，弹出轴线及环墙边线，以及短柱中各种边线等，并做出明显标记，然后根据标记放置钢筋，承台钢筋除靠近外围两排钢筋交叉点全部绑扎外，中间钢筋交叉点间隔交替绑扎。钢筋采用绑扎接头，接头要相互错开。主筋保护层用砂浆垫块垫起，垫块间距为 800mm，为保证上层筋和中层筋、顶层筋的位置，采用 Φ48mm × 3m 的平台杆作为支撑，步距为 1.5m，立杆间距为 1.0m，立杆支撑在垫层上，垫 100mm × 100mm × 10mm 钢板。

（7）冷却水管待基础筏板底层钢筋网片和第 1 层构造钢筋绑扎完毕后穿插施工。冷却水管采用与水管配套的弯头丝扣连接。安装前先按回路布置图要求布置支撑冷却水管系统马凳，再敷设冷却水管；马凳沿冷却水管走向布置，间距 1m。

（8）抽余液塔基础承台厚 6.1m，柱体高差 3.3m，圆台高差为 2.8m。在基础承台内设 3 层循环水管，距基础下表面 1.5m 处设置第 1 层，距离基础下表面 3m 处设置第 2 层，距离基础下表面 4.5m 处设置第 3 层，降温管水平间距为 1m。

（9）与装置外的最近厂区给水点连接，在基础南侧挖 3 个规格 5m × 3m × 1m 的储水池，其中 1 个是循环水池，2 个冷水池。井点降水抽出的水注入冷水池中，待温度升高后注入循环水池中，作为循环水，直接用污水泵注入循环水管中，置换出来的热水就近排到排水明沟中。

（10）基础承台混凝土浇筑完成 8 ~ 10h 左右后立即启用水泵进行循环水降温。混凝土内部温度基本稳定且与最低大气温度差小于 25℃时，停止循环水降温。不进行循环水降温后，采用细石混凝土或者同标号砂浆进行循环水管封堵。

2. 养护措施

为防止混凝土内外温差过大，造成温度应力大于同期混凝土抗拉强度而产生裂缝，采用保温覆盖的方法进行混凝土的养护，这样可控制混凝土表面温度与内部中心温度之间的差值，使混凝土具有较高的抵抗温度变形的能力，从而达到混凝土不开裂的目的。测温过程中如发现混凝土内外温差过大，将采取增加覆盖保温材料层数的措施，以保证内外温差不大于 25℃。

3. 混凝土测温

（1）混凝土浇筑体内监测点布置，反映混凝土浇筑体内最高温升、里表温差、降温速率及环境温度。抽余液塔的大体积混凝土测温点从基础边缘 500mm 起向内侧布置，考虑到基础的对称性，测温点呈 L 形布置。相邻测温点之间的间距不得超过 4000mm，各轴总数均不得少于5个。当基础承台轴线上有柱等障碍物时，测温点可向轴线两侧偏移1m距离放置。

（2）混凝土入模后，测温工作即行开始，需要测量以下各温度数值：大气温度、混凝土入模温度、混凝土表面温度及混凝土内各测温点的温度。在测温表中，同时应准确记录测温点的编号，混凝土的浇筑日期和时间，测温的具体时间，以便进行数据分析。

（3）升温阶段（一般在浇筑后72h以内，具体以测温数据为准），派专人负责每2h测量1次，降温阶段每4h测量1次，8天后当测得内外温差小于25℃时，可停止测温。若温差还是大于25℃，则继续保持监测。

5.3 劳动力组织

劳动力组织情况见表1。

表1 劳动力组织统计表

序号	职务	单位	数量	备注
1	项目经理	人	1	总体负责
2	项目副经理	人	2	技术管理与施工管理
3	施工队长	人	2	施工现场负责人
4	安全员	人	2	现场安全监督检查
5	质检员	人	2	现场施工质量监督检查
6	技术员	人	2	现场技术跟踪与监督
7	测量员	人	2	工程测量
8	模板工	人	2	模板固定
9	浇筑工	人	15	混凝土浇筑
10	铆工	人	25	降温系统安装
11	架子工	人	8	脚手架搭设
12	钢筋工	人	25	钢筋绑扎
合计		人	88	

6 材料与设备

6.1 施工用主要手段材料

本工法施工用主要手段用料统计见表2。

表2 主要手段用料统计表

序号	名称	规格	单位	数量	备注
1	胶皮管	Φ32mm×3mm	m	1500	混凝土降温与养护
2	彩条布	—	m^2	3000	
3	毛毡布	—	m^2	3000	
4	塑料薄膜	1.2m宽	卷	600	
5	镀锌钢管	*DN*50mm×4mm	m	1000	
6	热电偶测温点	—	个	108	

6.2 施工用主要设备

本工法施工用主要设备统计见表 3。

表 3 施工用主要设备统计表

序号	名称	规格	单位	数量	备注
1	插入式振动器	PZ-50	根	10	自有
2	抽水泵	100WL80-8-4	台	20	自有
3	挖掘机	$1m^3$	台	2	租赁
4	装载机	厦工 50 型	辆	1	自有
5	汽车起重机	25t	台	1	自有
6	载货卡车	10t	辆	1	自有

6.3 施工用主要测量、计量器具

本工法施工用主要测量、计算器具统计见表 4。

表 4 施工用主要测量、计量器具统计表

序号	名称	规格	单位	数量	备注
1	经纬仪	J-2	台	2	测量
2	水平仪	DSZ2	台	2	测量
3	铁水平仪	500mm，0.5mm/m	台	4	测量
4	钢板尺	1000mm	把	2	测量
5	钢盘尺	100m	把	2	测量
6	钢卷尺	5m	把	4	测量
7	测温计	—	个	1	热电偶测温
8	数字万用表	—	个	1	临电

7 质量控制

7.1 执行的主要标准规范

（1）SH/T 3100—2013《石油化工工程测量规范》

（2）GB 50119—2013《混凝土外加剂应用技术规范》

（3）GB 50164—2011《混凝土质量控制标准》

（4）JGJ 107—2016《钢筋机械连接技术规程》

（5）GB 50204—2015《混凝土结构工程施工质量验收规范》

（6）GB 50300—2013《建筑工程施工质量验收统一标准》

（7）GB/T 50107—2010《混凝土强度检验评定标准》

（8）GB/T 50484—2019《石油化工建设工程施工安全技术标准》

（9）GB 175—2023《通用硅酸盐水泥》

（10）JGJ/T 10—2011《混凝土泵送施工技术规程》

7.2 质量保证措施

（1）建立、健全质量保证体系，认真落实质量责任制，确保质量体系有效运行。

（2）严格按照施工图纸，遵照施工规范、标准以及合同质量文件要求认真施工。

（3）对特殊工种持证上岗，经考核合格后方可进入本项目从事施工作业。

（4）施工中各种计量器具均应经计量合格，并在周检期内，否则不得使用。

（5）所有原材料在进入施工现场前必须经过严格的检验，包括合格证、产品质量证明书及有关产品说明等技术文件，无相应质量证明的材料不允许进入现场，从材料源头上把好第一道关，并按照要求进行材料报验。

（6）保护层厚度的控制：承台底部及承台侧向每隔 1m 左右加绑带铁丝的垫块，垫块采用水泥砂浆垫块，垫块的制作应用较高标号水泥砂浆。垫块呈梅花状布置，确保钢筋保护层厚度。

（7）经焊接加工的钢筋，在现场进行绑扎时，对焊接头要按 50% 和 $\geqslant 35d$ 错开接头位置。

（8）钢筋的位置控制：钢筋竖向位置控制必须用水平定距框内外双控进行固定，在墙身模板上口加方木是保证墙身截面和钢筋位置的重要控制措施。

（9）混凝土的配合比，原材料计量、搅拌、养护必须符合施工规范规定。

（10）混凝土强度的试块，取样、制作、养护和试验要符合《混凝土强度检验评定标准》的规定。

（11）混凝土应振捣密实，不得有蜂窝、孔洞、露筋、缝隙、夹渣等缺陷。

（12）控制混凝土入模温度，加拌合料和外加剂，减少水泥用量，降低水化热，减少水化总量。

（13）混凝土浇筑至 1.5m 后每间隔半小时向循环水管中通入循环水 10min，检测是否存在管漏导致水泥砂浆进入堵管，确保循环水管可用。

7.3 关键工序质量要求

现浇结构尺寸允许偏差见表 5。

表 5 现浇结构尺寸允许偏差表

项目			允许偏差 /mm	检验方法
轴线位置	整体基础		15	经纬仪及尺量
	独立基础		10	经纬仪及尺量
	柱、墙、梁		8	尺量
垂直度	层高	$\leqslant 6$m	10	经纬仪或吊线、尺量
		> 6m	12	经纬仪或吊线、尺量
	全高 $H \leqslant 300$m		$H/30000+20$	经纬仪、尺量
	全高 $H > 300$m		$H/10000$ 且 $\leqslant 80$	经纬仪、尺量
标高	层高		±10	经纬仪或拉线、尺量
	全高		±30	经纬仪或拉线、尺量

续表

项目		允许偏差 /mm	检验方法
截面尺寸	基础	+15，−10	尺量
	柱、梁、板、墙	+10，−5	尺量
	楼梯相邻踏步高差	6	尺量
电梯井	中心位置	10	尺量
	长、宽尺寸	+25，0	尺量
表面平整度		8	2m 靠尺和塞尺量测
预埋件中心位置	预埋板	10	尺量
	预埋螺栓	5	尺量
	预埋管	5	尺量
	其他	10	尺量
预留洞、孔中心线位置		15	尺量

8 安全措施

8.1 安全标准

（1）GB 50484—2019《石油化工建设工程施工安全技术规范》

（2）JGJ 46—2005《施工现场临时用电安全技术规范》

（3）JGJ 59—2011《建筑施工安全检查标准》

8.2 安全控制措施

（1）加强施工用电管理，对施工人员进行安全用电教育。

（2）现场各种电气设备未经检查合格不准使用，使用中的电气设备应保持正常的工作状态，严禁带故障运行。

（3）露天使用的电气设备搭设防雨罩，凡被雨淋、水淹的电气设备应进行必要的干燥处理，经检测绝缘合格后方可使用。

（4）钢筋下脚料及钢筋应集中堆放，并及时回收外运处理。

（5）钢筋吊运应选好吊点，捆绑结实，防止坠落，起吊设专人指挥。风力超过 5 级、大雾或夜间照明不足应禁止吊运。

（6）绑扎钢筋时禁止在钢筋骨架上攀爬。

（7）混凝土浇筑时，泵管必须设牵引绳，严禁用手直接扶管操作。

（8）离地面高 2m 以上浇捣混凝土时，不准站在脚手架跳板搭头上操作，如无可靠的安全设施时，必须戴好安全带，并扣好保险钩。

（9）使用振捣棒时应检查电源电压，必须有漏电保护，电源线不得有接头，不得在钢筋和其他锐利物上拖拉，防止割破拉断电线而造成触电伤亡事故。

（10）办理《夜间施工作业许可证》（加班作业票），落实相关安全措施；夜间施工保证混凝土运输车辆行驶路线充足照明。

（11）高空作业人员系挂好合格的安全带；混凝土工程高空作业前要提前落实好脚手架、

安全网、生命绳、临边围护等相应的安全措施。

9 环保措施

9.1 环保标准

（1）国务院令第 253 号《建设项目环境保护管理条例》

（2）中油质安字〔2006〕362 号《中国石油天然气集团公司环境保护管理规定》

9.2 环保控制措施

（1）现场配置金属和非金属垃圾箱，所有废金属和非金属要分类及时放到垃圾箱，垃圾箱满后及时送到垃圾处理场集中处理，严禁随地乱扔垃圾。

（2）包装箱和包装塑料要及时收集并放到垃圾箱，防止刮风将垃圾扩散到其他地方。

（3）机械发生漏油后，要及时清理干净，严禁用土就地覆盖漏油。

（4）施工现场要做到工完、料净、场地清，保证场地清洁和道路畅通。

（5）刷车废水应集中到一处，严禁现场乱流或带至公路。

10 效益分析

本工法混凝土等级与普遍筏座基础的单一混凝土标号不同，本基础内部有十字加强带，共计 2 个混凝土标号（分别为 C35、C40），要求较高（C35/C40），既能减少混凝土的收缩、保证混凝土的强度，又能降低混凝土内部水泥水化反应产生的巨大热量。通过在布设降温水管时直接将降温水管搭设在每层的钢筋网片之上，这种方法降低了安全风险，有效地控制了安装质量，提高了施工效率，缩短了施工工期，节省了脚手架用量，从而节省了大量人工和机械设备台班，最终降低成本。效益对比分析见表 6。

表 6 效益对比分析表

序号	资源投入	传统降温系统安装	本工法降温系统安装	节省
1	人工 / 工日	530	300	230
2	25t 吊车 / 台班	14	6	8
3	50t 吊车 / 台班	4	1	3
4	手段料（钢材）/t	26	10	16
5	脚手架杆 /m	5500	1000	4500
6	工期 / 天	70	18	52

11 应用实例

实例一：中国石油广东石化 260 万 t/a 芳烃联合装置抽余液塔基础浇筑

全球单套生产能力最大的芳烃联合装置，位于我国粤东南海沿岸。整套装置开工于 2020 年 8 月 15 日，竣工于 2022 年 7 月 30 日。中国石油广东石化 260 万 t/a 芳烃联合装置中核心设备抽余液塔基础浇筑应用本工法，一次浇筑顺利完成，赢得了业主、监理、总包商的一致好评。目前沉降观测良好，无不均匀沉降。采用本工法共节省资金 50.82 万元。

实例二：二联合 300 万 t/a 延迟焦化装置Ⅱ焦炭塔框架筏板浇筑

二联合 300 万 t/a 延迟焦化装置Ⅱ焦炭塔框架筏板，单体筏板混凝土一次浇筑约 $4000m^3$，如此大体量的大体积混凝土的施工质量要求十分苛刻。整套装置开工于 2020 年 7 月 20 日，竣工于 2022 年 4 月 30 日。作为广东石化的里程碑式关键控制工程，应用本工法高质量、高效率地完成业主制定的节点目标，大体积混凝土未出现任何温度裂缝，质量控制优良。

大型聚烯烃装置L型排列挤压造粒机安装工法

王　磊　刘丽华　雷　勇　刘永华　代　尧

中国石油天然气第七建设有限公司

1　前言

近年来，随着聚烯烃装置生产规模的不断扩大，对装置关键设备挤压造粒机的安装质量要求也越来越高。目前用于合成树脂造粒的大型挤压造粒机布置形式有L型（图1）和直线型2种。

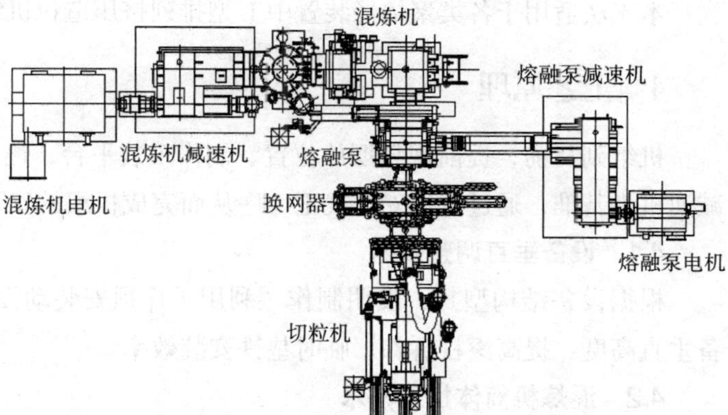

图1　L型排列挤压造粒机布置图

中国石油天然气第七建设有限公司通过对多套挤压造粒机安装技术的研究，总结出了一套大型聚烯烃装置L型排列挤压造粒机的安装工法。该工法与传统工法相比重点叙述了机组的安装、找正方法，施工采用设备垂直调整、混炼机筒体找正、熔融泵联轴器相位调整等技术保证了机组的施工质量和安全。

目前，该工法已成功应用于兰州石化长庆乙烷制乙烯项目40万t/a全密度聚乙烯装置、塔里木乙烷制乙烯项目30万t/a全密度聚乙烯装置。

本工法中，实用新型专利“利用千斤顶安装动设备的工装”已获得授权，形成的“30万t/a进口挤压造粒机组安装关键技术”被中国石油工程建设协会鉴定为国内先进技术。

本工法仅对机组主机部分安装进行阐述，对油系统的冲洗、调试、机组的试运未做说明。

2 工法特点

2.1 施工安全性高

结合各设备基础高度差，采用不同规格型钢制作轨道，相较传统“道木铺垫法”减少了人力搬抬道木、铺垫层数过多易倾倒等安全风险。

2.2 施工成本低

临时轨道平台采用模块式切割、组对，最大限度地提高了材料的使用效率，有效地降低了施工成本。

2.3 施工周期短

本工法采用无垫铁安装的方法，减少了垫铁安装及焊接工程量，缩短了施工时间。

2.4 设备调整效率高

自制设备垂直调整工装，搭配千斤顶使用，可根据需要安全平稳地调整设备高度，提高设备安装和调整效率。

3 适用范围

本工法适用于各类聚烯烃装置中 L 型排列挤压造粒机组的安装施工。

4 工艺原理

机组到货前，提前规划摆放位置、制作工装平台，逐个将设备倒运就位。机组找正以主减速机为基准，通过合理安排找正工序从而完成机组的安装。

4.1 设备垂直调整技术

根据设备结构型式，发明制作“利用千斤顶安装动设备的工装”，安全、平稳地调整设备垂直高度，提高滚杠拆除、临时垫铁安装效率。

4.2 混炼机筒体找正技术

筒体就位后，通过千分尺测量法对筒体轴向位置进行精调，通过转子中心测量法对筒体径向位置进行精调并同步检查筒体水平度，最后用 0.05mm 塞尺检查 3 组支腿与筒体间的间隙，保证筒体的安装质量。

4.3 熔融泵转子相位调整技术

在不解体熔融泵的情况下通过百分表测量法调整万向联轴器的相位，最后根据联轴器偏移量加工传动键并进行安装，保证了熔融泵的安装质量。

5 施工工艺流程及操作要点

5.1 施工工艺流程

5.1.1 总流程（图 2）

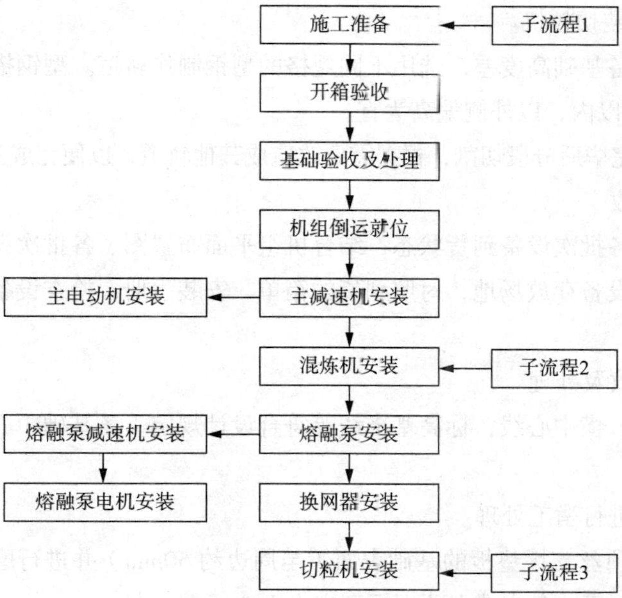

图 2　施工工艺总流程

5.1.2　子流程

（1）子流程 1（图 3）

图 3　施工准备流程

（2）子流程 2（图 4）

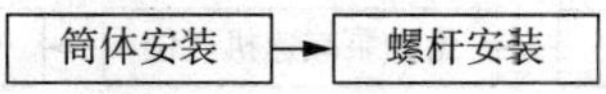

图 4　混炼机安装流程

（3）子流程 3（图 5）

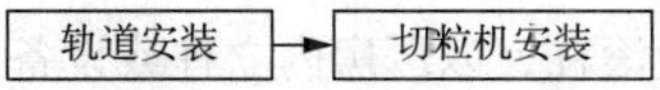

图 5　切粒机安装流程

5.2　操作要点

5.2.1　施工准备

1. 人员、材料和设备准备

按照 5.3 节和第 6 章的要求做好人员、材料和设备准备工作。

2. 技术准备

落实随机资料的到货进展，按设备随机资料编制施工技术方案，并对所有参建人员进行技术交底和相关的作业培训。

3. 轨道平台制作

（1）根据机组平面布置，提前设置 4 条临时轨道完成机组就位工作：1# 轨道用来安装混炼机、主减速机和主电机；2# 轨道安装熔融泵和换网器；3# 轨道安装熔融泵减速机和熔融泵电机；4# 轨道安装切粒机。

（2）根据各设备基础高度差，选用不同规格的型钢制作轨道。型钢搭接处焊接牢固，水平度控制在 2mm/m 以内，以外侧偏高为宜。

（3）轨道使用完毕后分段切割，根据需要改造成其他轨道，以便完成其余设备就位工作。

5.2.2 开箱验收

提前落实机组各批次设备到货状态；结合机组平面布置图、各批次设备的重量尺寸和到货状态，提前规划设备存放场地；对照到货的箱单、安装手册，检查设备参数、数量是否与技术协议相符。

5.2.3 基础验收及处理

（1）基础的纵、横中心线，标高基准线等符合设计规定，各基础中心线的平行度和垂直度符合要求。

（2）基础表面进行凿毛处理。

（3）放置调整顶丝支撑垫板的基础表面（至周边约 50mm）并进行磨平处理，用水准仪测量各支撑点顶面标高，各支撑点顶面标高应小于 2mm。

5.2.4 机组倒运就位

（1）提前将脱脂后设备底板、地脚螺栓放置到位，待设备就位后完成底板与设备的连接。

（2）机组就位顺序

机组呈 L 型布置，按先里后外的原则进行就位，就位顺序见图 6。

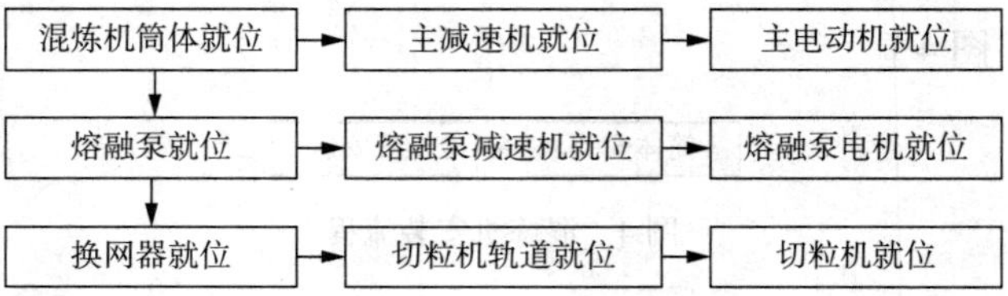

图 6 机组就位流程图

（3）在设备与轨道之间铺设滚杠，以厂房内立柱或设备基础为吊点，利用手拉葫芦和钢丝绳扣与设备连接，通过牵引手拉葫芦逐个将设备平稳地牵引至指定位置（图 7）。

5.2.5 主减速机安装

机组找正以主减速机为基准，安装采用无垫铁的方式进行。机组各设备的一次找正、一次灌浆、二次找正、二次灌浆等工序连续完成，然后再进行其他设备的安装工作。接下来以主减速机为例对设备垂直调整及无垫铁安装方法进行阐述。

（1）主减速机单体重量在 50t 以上，自制龙门架垂直起吊设备的方法占用空间大、拆装困难，安全性和可靠性较差。根据设备结构加工制作“利用千斤顶安装动设备的工装”，与设备吊耳进行连接，搭配螺旋千斤顶分多次同步、缓慢地调整设备高度，拆除滚杠、安装临时垫铁（图 8），解决了设备垂直调整困难的难题。

（2）主减速机采用无垫铁安装的方式，在设备就位前提前将支撑、调整顶丝用的垫板安装到位。垫板安装时需注意：选用的垫板厚度应大于调整顶丝直径；垫板安装后水平度应小

图7 设备倒运就位

图8 主减速机滚杠拆除、临时垫铁安装

于2mm/m，且与基础接触面积不小于50%，否则应重新对垫板底部基础进行打磨。

（3）调整主减速机坐标位置和标高，在减速机指定加工面上检查水平度。

（4）安装主减速机支撑垫板，支撑垫板与主减速机间加2mm调整垫片，按设计要求进行地脚螺栓孔的灌浆工作。

（5）灌浆强度符合设计要求后，对支撑垫板进行灌浆，灌浆高度为支撑垫板厚度的一半。

（6）待强度符合要求后拆除调整顶丝并紧固地脚螺栓，复查主减速机水平度，如超差可通过加减支撑垫板与主减速机间调整垫片的方式进行微调。

5.2.6 混炼机安装

1. 筒体安装

（1）调整筒体中心位置、标高，确保3组支腿位置符合设计要求。

（2）通过a、b、c、d 4点位置测量主减速机与筒体端面间距（图9）。

（3）利用百分表在1～6点位置分别测量并调整主减速机输出轴与筒体同心度（图10），同步检查并调整筒体驱动侧水平度，最后用0.05mm塞尺检查3组支腿与筒体间间隙。塞尺的塞入长度不超过接触面长（宽）度的1/3，确保筒体无挠性变形。

（4）对筒体支腿地脚螺栓孔进行灌浆，待强度符合要求后紧固地脚螺栓，对主减速机与筒体端面距离、主减速机输出轴与筒体同心度、筒体水平度进行复检、调整。

（5）利用塞尺检查并调整筒体支耳与各支腿导

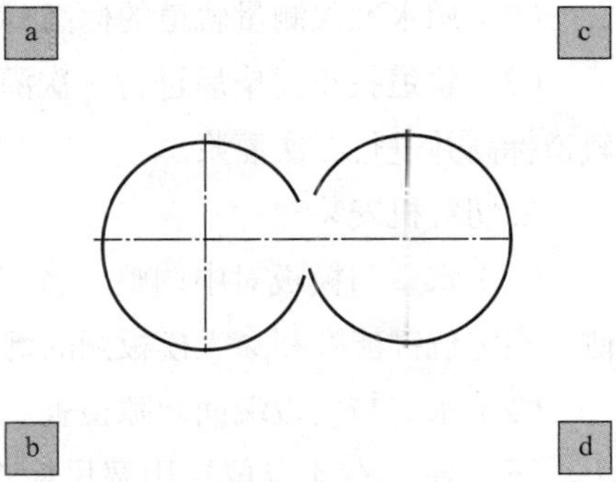

图9 主减速机与筒体端面距离测点示意图

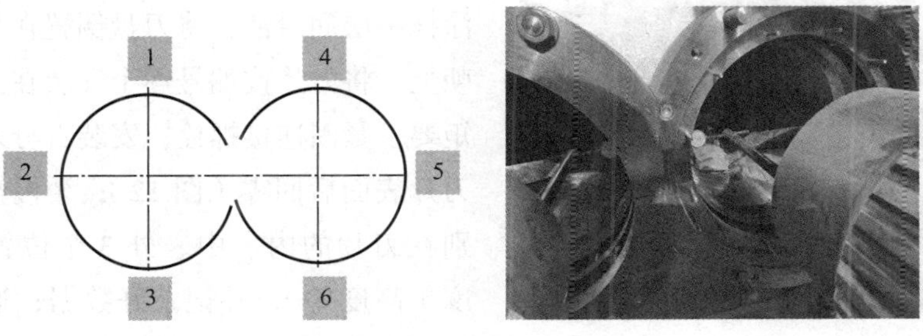

图10 同心度测量示意图

向滑道的间隙，合格后进行二次灌浆工作。

2. 螺杆安装

拆除轴承箱部件，清理筒体、螺杆，安装好专用工具；按标记区分出左、右螺杆，水平吊起螺杆并缓慢地穿入筒体（图11），待螺杆滑出时通过专用工具调整螺杆高度，确保螺杆与主减速机轴顺利配合到位；检查并对齐螺杆与主减速机轴的标记线，安装螺杆联轴器部件；按照上述步骤完成另一根螺杆的安装；回装轴承箱组件；盘动主减速机，检查螺杆是否能自由旋转。

图11　螺杆安装

5.2.7　熔融泵安装

调整熔融泵坐标位置和标高（纵向位置以与筒体连接的最小位置为准），用千斤顶缓慢调整熔融泵，确保熔融泵法兰与混炼机筒体能顺利配合到位，用0.05mm塞尺检查熔融泵与支腿间隙，确保支腿均匀受力，最后按要求对熔融泵进行一次灌浆、二次灌浆。

5.2.8　换网器安装

换网器安装方法与熔融泵相同，此处不再赘述。

5.2.9　切粒机安装

1. 轨道安装

（1）以模板中心为基准，调整轨道坐标位置，确保2条轨道与模板中心线保持平行，间距符合要求。

（2）用水准仪测量轨道的标高，确保轨道上表面各点标高符合要求。

（3）轨道找正完毕后进行一次灌浆，待灌浆达到强度要求后对地脚螺栓进行紧固，复查轨道标高并进行二次灌浆。

2. 切粒机安装

（1）水室与模板对中调整。将切粒小车移动至模板侧，检查并调整切粒小车，确保水室侧4根定位键能顺利穿入模板侧的键槽。

（2）水室与模板端面间隙检查。拆除水室密封面O型圈，将切粒小车移动至模板侧，在上、下、左、右4点位置用塞尺检查水室与模板的端面间隙偏差，确保偏差在1mm以内，否则重新调整切粒机的位置。

（3）刀片安装及调整。在加工平台上均匀涂抹一层润滑油，将刀盘倒置在平台上，表面朝上；将刀片按编号逐个安装在刀盘上，按力矩要求紧固连接螺栓；安装百分表，指针指向刀片表面后回零（图12）；缓慢盘动刀盘，分别在刀片的内、中、外3个位置检查其平面度（高度差），并记录好数据；通过调整垫片的厚度来调整刀片的高度，确保刀片高度差在

图12　刀片平面度测量

0.03mm 以内。

（4）切割轴与水室垂直度找正。刀盘安装后，安装找正工具和百分表。手动盘车，在 8 点位置分别检查并记录百分表读数（图 13），读数应不超过 0.03mm，否则需调整切割单元与水室间的垫片厚度。

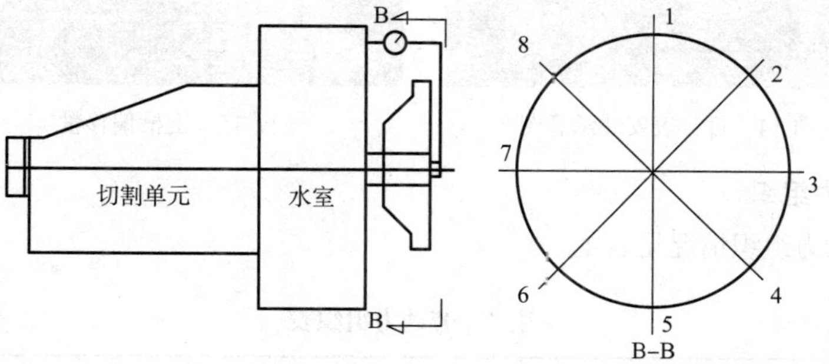

图 13　切割轴与水室垂直度调整及测点示意图

（5）轴对中找正。电动机单试完毕后进行轴对中找正工作。找正采用双表找正法进行，数据符合设计要求。

5.2.10　主电动机安装

（1）调整主电动机的坐标位置和标高使其符合设计要求。将转子调整至磁力中心位置，以主减速机为基准确定轴端距离，对主电动机进行轴向定位。

（2）用“三表找正法”对主电动机进行初对中找正，同时调整电动机横向水平度确保其符合要求。

（3）对主电机进行一次灌浆，灌浆强度达到设计要求后紧固地脚螺栓，复检轴对中数据和电机横向水平度，合格后进行二次灌浆工作。待主电动机单机试运工作结束后，进行同心度的复检和联轴器的安装工作。

5.2.11　熔融泵减速机

熔融泵减速机与熔融泵之间采用上、下 2 根万向联轴器连接，用以补偿熔融泵转子与减速机转子冷态偏差。熔融泵减速机安装参照主减速机的安装方法，安装的关键是调整 2 根万向联轴器的相位。调整步骤如下：

（1）首先完成下部联轴器的安装，然后固定熔融泵下轴。

（2）百分表安装在上部联轴器减速机侧，指针指向熔融泵侧传动键键槽内壁（图 14）。

（3）转动熔融泵上轴，从一侧的啮合接触到另一侧的啮合接触，用百分表测量齿轮行走距离 L。

（4）经多次校核后，再次从一侧到另一侧进行转动，转动的数据为齿轮行走距离的一半。

（5）保持熔融泵上轴固定，根据上部联轴器键槽偏移量（图 15）加工传动键，以达到熔融泵联轴器相位调整的目的。

5.2.12　熔融泵电机

熔融泵电动机安装参照主电动机的安装方法。电动机单机试运完毕后对同心度进行复检，合格后安装联轴器部件。

图 14 百分表安装示意图

图 15 键槽偏移量

5.3 劳动力组织

本工法劳动力组织情况见表 1。

表 1 劳动力组织表

序号	职务	单位	数量	备注
1	班组长	人	1	现场总协调
2	技术员	人	1	现场技术跟踪与监督
3	质检员	人	1	现场施工质量监督检查
4	安全员	人	1	现场安全监督检查
5	钳工	人	5	培训上岗
6	电工	人	1	持证上岗
7	普工	人	2	培训上岗
8	焊工	人	1	持证上岗
9	起重工	人	1	持证上岗
合计		人	14	

6 材料与设备

6.1 主要材料

本工法主要施工消耗材料统计见表 2。

表 2 主要施工消耗材料统计表

序号	名称	规格	单位	数量	备注
1	无缝钢管	Φ89mm × 12mm	m	80	滚杠
2	无缝钢管	Φ114mm × 6mm	m	60	支腿
3	无缝钢管	Φ89mm × 6mm	m	150	斜撑
4	钢板	δ =12mm	m^2	60	
5	钢板	δ =20mm	m^2	8	支腿支撑
6	型钢	HW200m × 200m × 10m	根	2	轨道
7	型钢	HW150m × 150m × 6m	根	2	轨道
8	型钢	HM250m × 175m × 4m	根	2	轨道
9	型钢	HW500m × 350m × 3.5m	根	2	轨道

6.2 主要设备

本工法主要施工设备统计见表 3。

表 3 主要施工设备统计表

序号	名称	规格	单位	数量	备注
1	汽车吊	250t	台	1	
2	手动倒链	10t、5t、2t	台	各 4	
3	螺旋千斤顶	32t	台	4	
4	超薄液压千斤顶	30t	台	4	
5	电焊机	ZX7–400	台	1	
6	液压扭矩扳手	NKC–3	套	2	

6.3 主要计量器具

本工法主要施工计量器具统计见表 4。

表 4 主要施工计量器具统计表

序号	名称	规格	单位	数量	备注
1	条式水平仪	150mm，0.02mm/m	台	4	
2	框式水平仪	200mm × 200mm，0.02mm/m	台	1	
3	光学合相水平仪	165mm	台	1	
4	内径千分尺	50 ~ 1500mm	套	1	
5	外径千分尺	0 ~ 25mm	把	1	
6	塞尺	100mm、150mm、300mm	把	各 1	
7	钢板尺	150mm、1000mm	把	各 1	
8	百分表及磁力表座	0 ~ 10mm	套	8	
9	高精度水准仪		台	1	
10	卷尺	5mm	把	4	

6.4 主要工具

本工法主要施工工具统计见表 5

表 5 主要施工工具统计表

序号	名称	规格 /mm	单位	数量	备注
1	重型套筒扳手	21 ~ 65	套	1	
2	套筒扳手	6 ~ 36	套	1	
3	梅花扳手	8 ~ 32	套	2	
4	开口扳手	8 ~ 32	套	2	
5	呆扳手	41 ~ 70	套	1	
6	力矩扳手		套	1	

7 质量控制

7.1 质量控制标准

（1）GB 50275—2010《风机、压缩机、泵安装工程施工及验收规范》

（2）SH/T 3538—2017《石油化工机器设备安装工程施工及验收通用规范》

（3）设备图纸及随机资料

7.2 质量控制措施

（1）施工前由技术负责人对施工人员进行技术交底，特种作业人员必须持证上岗，计量器具完好且在检定有效期内使用。

（2）设备验收时应多方代表共同参与，对暂不安装的设备进行封箱从而防止零部件丢失或损坏，对检查出现的问题要求厂家及时解决。

（3）基础的纵、横中心线和标高基准线等应标识清楚。基础表面凿毛、麻点深度不小于10mm，密度以 $1dm^2$ 3 ~ 5 个点为宜。设备安装前应将基础表面、地脚螺栓孔全部清理干净。

（4）选用的吊点应牢固、可靠，吊装锁具安装完毕后应检查是否避开管线、槽盒等部位，设备表面应用胶皮或石棉板等进行防护，防止倒运过程损伤设备。

（5）螺杆与主减速机轴连接前，提前将法兰环和 O 型圈等部件安装到位，防止漏装。

（6）水室与模板合模前应提前测量定位键与键槽配合间隙，并处理表面毛刺、高点等。

7.3 关键工序质量要求

关键工序的质量控制要求见表 6。

表 6 质量控制关键点

序号	检验项目	检查内容	允许偏差	检查时机 / 频次	检查方法
1	施工准备	计量器具的检定有效期	在检定有效期内	安装前 /1 次	查检定证书
2	开箱验收	到货数量、规格型号	依据到货清单、技术协议	安装前 /1 次	查实物与清单或协议是否相符
3	基础验收及处理	标高、坐标位置、螺栓孔深度等	标高为 −20mm，坐标位置为 20mm，螺栓孔深度为 20mm	安装前 /1 次	水准仪、卷尺
4	机组倒运就位	安装位置	依据设计图纸	安装前 /1 次	查是否与图纸相符
5	主减速机安装	标高、中心位置、水平度	标高为 ±1mm，中心位置为 2mm，水平度为 0.05mm/m	安装时 /2 次	水准仪、钳工水平仪、钢板尺
6	混炼机安装	标高、中心位置、水平度	中心位置为 2mm，标高为 ±1mm，水平度为 0.10mm/m	安装时 /2 次	水准仪、钳工水平仪
		主减速机与筒体端面间距	间距符合设计要求，允许偏差为 0.10mm		内径千分尺
		主减速机轴与筒体同心度	允许偏差为 0.30mm		百分表
7	熔融泵安装	标高、中心位置	标高为 ±1mm，中心位置为 2mm，以与筒体顺利连接为准	安装时 /2 次	水准仪、钢板尺、塞尺
8	换网器安装	标高、中心位置	标高为 ±1mm，中心位置为 2mm，以与熔融泵顺利连接为准	安装时 /2 次	水准仪、钢板尺、塞尺
9	切粒机安装	轨道标高、间距	标高为 ±1mm，间距差为 1mm	安装时 /2 次	水准仪、卷尺
		刀盘平面度	允许偏差为 0.03mm	安装时 /1 次	百分表

续表

序号	检验项目	检查内容	允许偏差	检查时机 / 频次	检查方法
9	切粒机安装	切割轴与水室法兰垂直度	允许偏差为 0.03mm	安装时 /1 次	百分表
		同心度对中	允许偏差为 0.10mm	安装时 /1 次	百分表
10	主电动机安装	水平度、同心度偏差	横向水平度允许偏差为 0.10mm，同心度允许偏差为 0.10mm	安装时 /2 次	钳工水平仪、百分表
11	熔融泵减速机安装	标高、中心位置、水平度	标高为 ±1mm，中心位置为 2mm，水平度为 0.05mm/m	安装时 /2 次	水准仪、钳工水平仪、钢板尺
12	熔融泵电机安装	水平度、同心度偏差	横向水平度允许偏差为 0.10mm，同心度允许偏差为 0.10mm	安装时、电机单试后 /2 次	百分表

8 安全措施

8.1 安全标准

（1）GB 50484—2019《石油化工建设工程施工安全技术规范》

（2）JGJ 33—2012《建筑机械使用安全技术规程》

（3）JGJ 46—2016《施工现场临时用电安全技术规范》

8.2 安全控制措施

（1）施工人员进厂前必须进行安全教育和安全技术交底。

（2）严格遵守本工种安全操作规程及通用安全操作规程，特种作业人员必须持证上岗。

（3）施工作业前，必须办理作业许可证。

（4）厂房内设置必要的安全警示标识，尽量避免交叉作业，无法避免时要采取隔离措施。

（5）施工的所有机械应保持完好，检查合格后方可使用。

（6）设备拖运就位，应选用合理的施工方法和运输线路，做到吊点牢固、捆绑可靠、就位平稳。

（7）零部件清洗时，周围应设置警戒区域，设置好灭火器材和警戒标志。

9 环保措施

（1）严格遵守业主现场文明施工管理规定，切实执行公司《现场文明施工管理处罚条例》。

（2）设置专人负责现场水电管理，杜绝常明灯、常流水，节约使用能源。

（3）施工现场要做到“工完料净场地清”，保证场地清洁和道路畅通。

（4）施工现场废料和垃圾等及时收回至废料箱和垃圾箱，并定期运送到业主指定的垃圾堆放场地。

（5）施工中所用的各类化学清洗剂不能随便倾倒，要按业主相关要求集中收集并运送到业主指定的场所。

10 效益分析

10.1 社会效益

本工法是在传统安装工艺的基础上进行了创新，能保证挤压造粒机的安装质量和施工进度，确保试车一次成功。运用本工法能在保证施工质量的同时，降低人工成本、缩短工期，不会产生任何环境污染。通过几个工程的应用，不仅赢得了业主及监理的一致赞誉，也为我公司“闯市场、求发展”赢得了信誉。

10.2 经济效益

本工法用在兰州石化公司长庆乙烷制乙烯项目 40 万 t/a 全密度聚乙烯装置挤压造粒机组安装过程中，缩短了施工工期，降低了人工、机械和材料费用，取得了明显的节能、环保效果，具有很好的推广和应用价值（表 7）。

表 7 经济效益对比表

项目	工期 / 天	材料费 / 万元	人工费 / 万元	机械使用费 / 万元	合计 / 万元
传统施工工艺	120	7	86.4	8	101.4
本工法施工工艺	84	2.5	60.48	3	65.98
比较节省	36	4.5	25.92	5	35.42

11 应用实例

应用本工法主要完成了以下工程的施工任务（表 8）。

表 8 工程应用实例统计表

序号	建设单位	工程项目名称	时间	工程量	应用效果	经济效益 / 万元	备注
1	中国石油兰州石化	长庆乙烷制乙烯项目 40 万 t/a 全密度聚乙烯装置	2019 年 6 月 8 日至 2021 年 8 月 3 日	挤压造粒机组 1 套	良好	35.42	
2	中国石油独山子石化	塔里木乙烷制乙烯项目 30 万 t/a 全密度聚乙烯装置	2019 年 6 月 19 日至 2021 年 9 月 3 日	挤压造粒机组 1 套	良好	24.62	

芳烃装置吸附塔施工工法

邓存武　李建江　王瑞奇　赵　军　张　鹏

中国石油天然气第七建设有限公司

1 前言

以往吸附塔采用壳体在安装现场预制，中心管在工厂内预制，然后运至现场进行套装的方法。而中国石油天然气第七建设有限公司在大连恒力石化 4 × 225 万 t/a 芳烃装置吸附塔施工中采用了工厂整体制作方案，即在工厂内完成吸附塔组装、热处理、防腐、清洗、检查验收等工作，然后运至安装现场进行整体吊装。七建公司对吸附塔施工进行总结，最终形成本工法。本工法在大连恒力石化 4 × 225 万 t/a 芳烃装置吸附塔、中化泉州石化 PX 装置吸附塔、昆仑工程广东石化 260 万 t/a 芳烃装置吸附塔、中化弘润 100 万 t/a 吸附分离装置吸附塔、盛虹炼化一体化项目 110 万 t/a 乙烯装置塔器等项目中得到应用，取得了 230 余万元的经济效益。

本工法施工的吸附塔被《中国化工报》评为"2018 年石化装备十大国之重器"；"超大型 PX 吸附塔工厂整体制造关键技术"成果获中石油工程建设协会科技进步奖二等奖；"筒节翻转吊装执行装置""拼装式热处理炉"获实用新型专利。

2 工法特点

2.1 施工流程科学合理，缩短施工工期

采取"厂内分片预制 + 码头组焊"的方式完成整台设备的制造，现场设备吊装就位后进行内件安装。

2.2 加大机械化施工，提高施工效率、保证产品质量

改善了施工环境，施工多为自动、半自动作业，受人为因素影响少，焊接质量更有保证，员工劳动强度降低，工作效率大幅提高。

2.3 采用精准测量仪器，减少了内件安装偏差

在制造过程中，将设备分为多段同时制作，然后再逐段组装起来，采用激光标线仪精准确定安装基准线，避免因多段同时施工带来的偏差累计。

3 适用范围

本工法适用于吸附塔工厂内整体制造及现场内件及填料安装。

4 工艺原理

4.1 吸附塔建造工艺原理

在工厂内完成筒体及封头分片预制工作，然后在码头场地完成吸附塔的整体组焊、热处理、整体试压、防腐发运；现场设备吊装后，安装内部分布管、支撑格栅及吸附剂等塔内组件。

4.2 安装过程关键工艺技术

（1）筒体棱角度及椭圆度控制技术：通过弧度精准计算，确定钢板卷圆时两端的弧度，解决了大直径筒节焊缝棱角度难以控制的问题。

（2）大直径重吨位筒节空中翻转技术：设计制造筒节翻转吊装执行装置，实现了单重60t 筒节的无吊耳翻转工作，消除了以往临时吊耳去除时造成母材损伤的问题。

（3）大直径厚壁塔器环焊缝快速组装技术：通过液压滚轮架组对装备，在不借助其他辅助工装的条件下快速完成环焊缝的组对，大幅度提高了组对效率和组对质量。

（4）大型拼装式热处理炉制造及热处理技术：设计制作了拼装式热处理炉，以天然气为燃料，解决了筒体卧式热处理容易产生变形的难题。

（5）吸附塔内构件安装和吸附剂填料技术：通过吸附剂装填过程中的称重计量、取样分析、分类装填、装填速度控制、分层压实、上表面镜面处理、完整性试验等工序，顺利完成吸附塔内部构件安装和吸附剂的装填。

5 施工工艺流程及操作要点

5.1 吸附塔施工工艺流程

5.1.1 吸附塔施工总流程（图 1）

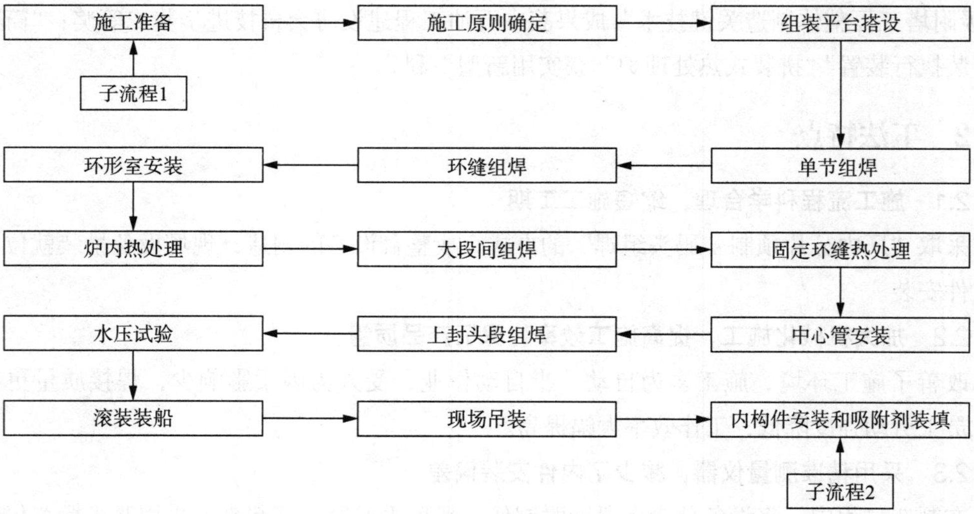

图 1 吸附塔施工总流程

5.1.2　子流程

（1）子流程 1（图 2）

图 2　施工准备流程图

（2）子流程 2（图 3）

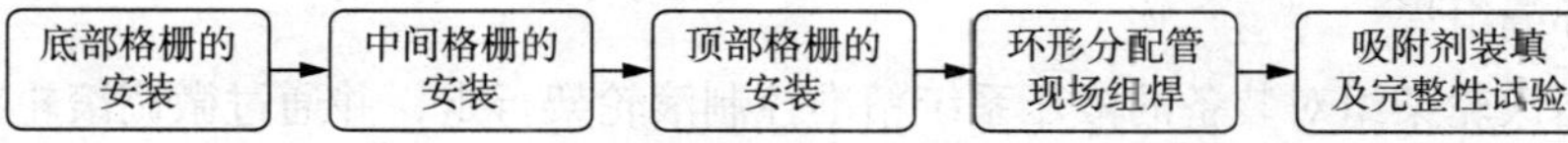

图 3　内构件安装及吸附剂装填流程图

5.2　操作要点

5.2.1　施工准备

（1）进行图纸会审，提出图纸问题并反馈设计单位解决。

（2）编写施工技术方案，进行施工安全及技术交底。

（3）施工所用的人员、设备、机具、手段材料准备。

（4）对到货的设备、材料进行验收、清点。

（5）完成预制、组对场地的夯实及找平处理。

5.2.2　施工原则确定

采用分段组焊、分段热处理、整体组装的施工工艺。将整塔分成若干大段预制，组装选用“350t 履带吊 + 自动调整组对装备”配合完成，然后分段进行炉内热处理，最后再将各段依次组装在一起。

5.2.3　组装平台搭设

平台设置 6 组垫墩，离地高度为 0.5 ~ 0.8m，垫墩顶部用 300mm × 300mm 方板进行找平；平台上表面平面度≤ 3mm（图 4）。

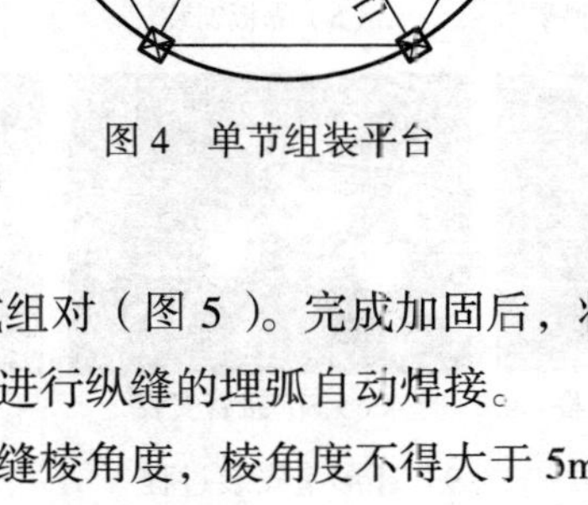

图 4　单节组装平台

5.2.4　单节组焊

筒体单节在组装平台上立式组对（图 5）。完成加固后，将筒节由立位翻转为平位，翻转过程如图 6 所示，并在托辊上进行纵缝的埋弧自动焊接。

焊后用内样板和塞尺检查焊缝棱角度，棱角度不得大于 5mm（图 7）。

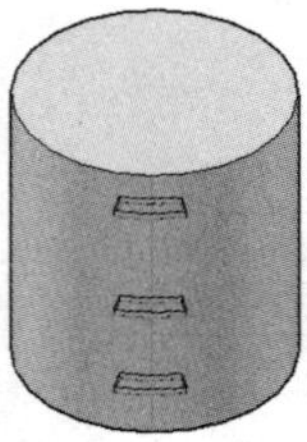

图 5 单节加固

图 6 单节翻转

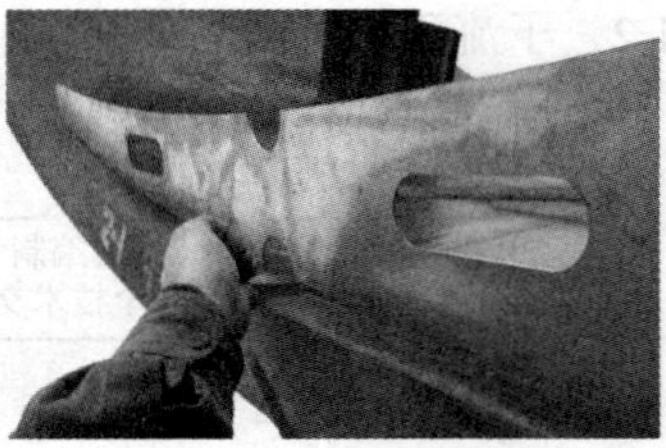

图 7 焊缝棱角度检查

5.2.5 环缝组焊

通过液压滚轮架组对装备的液压系统精准控制滚轮架行走，并通过微调滚轮夹角角度来调整环缝错边及错口量（图 8）。

图 8 液压滚轮架组对环缝

筒节 B 类焊接接头的对口错边量应符合表 1 的规定。

表 1 对口错边量值

对口处的名义厚度 δ_s/mm	按焊缝类别划分的对口错边量 b/mm	
	A 类焊缝	B 类焊缝
84	≤ 4	≤ 6

5.2.6 环形室安装

施工过程中采取分室试漏的方法。这样做可以直观地发现泄漏点，同时也可以最大限度地杜绝因泄漏产生的返工（图 9）。

（a）隔板安装前除锈 （b）隔板安装 （c）接管焊接质量检查

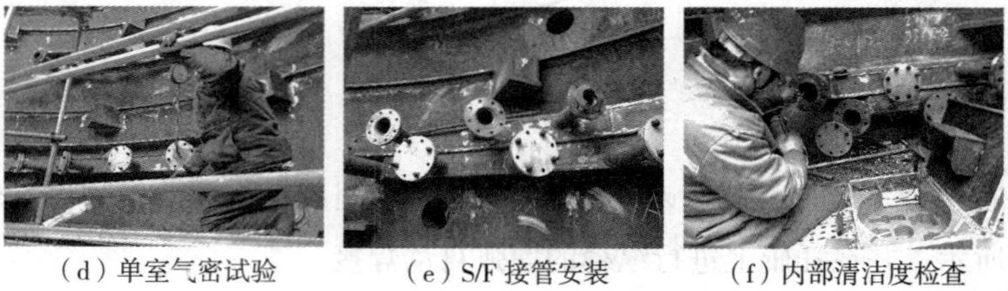

（d）单室气密试验 （e）S/F 接管安装 （f）内部清洁度检查

图 9 环形室安装过程

5.2.7 炉内热处理

设计制作了 12m × 12m × 13m 的可拆装热处理炉（图 10）。该炉分为 3 层炉墙和 1 个顶盖，采用天然气进行加热，可顺利完成设备大段的立式炉内热处理。

5.2.8 大段间组焊

使用液压组对滚轮架进行大段间组对，先将一个大段摆放在鞍座上，再将另一个大段吊装到液压组对滚轮架上进行固定环缝组对（图 11）。

图 10 可拆卸热处理炉

图 11 大段间固定环缝组对

5.2.9 固定环缝热处理

利用模块化控温加热器完成固定环焊缝局部热处理（图 12）。该加热器可自由组合和调整，拆卸方便快捷，可重复利用。

5.2.10 中心管安装

中心管分上、下 2 段，下段在立式的状态下安装（图 13）。

图 12 固定大环缝局部热处理

图 13 中心管下段安装

上段在卧式状态下安装（图 14）。采用 2 台吊车抬入的方式将中心管放入筒体，然后用互成 120° 夹角的 3 根拉撑固定，调整拉撑使中心管与筒体的同轴度≤ 5mm。

图 14 中心管上段安装

5.2.11　上封头组焊

使用液压组对滚轮架组对最后一道固定口。组对合格后，用手工电弧焊焊接。

5.2.12　水压试验

在进行水压试验时需要布置 4 个鞍座，鞍座底部布置 5 组垫墩（图 15）。

图 15　水压鞍座布置及水压试验

5.2.13　滚装装船

装船采用平板车 SMPT（俗称轴线车）（图 16），双列布置时需要将鞍座垫墩净间距保证在 5.6m 以上，设备最低点距地应大于 1.5m（图 17）。

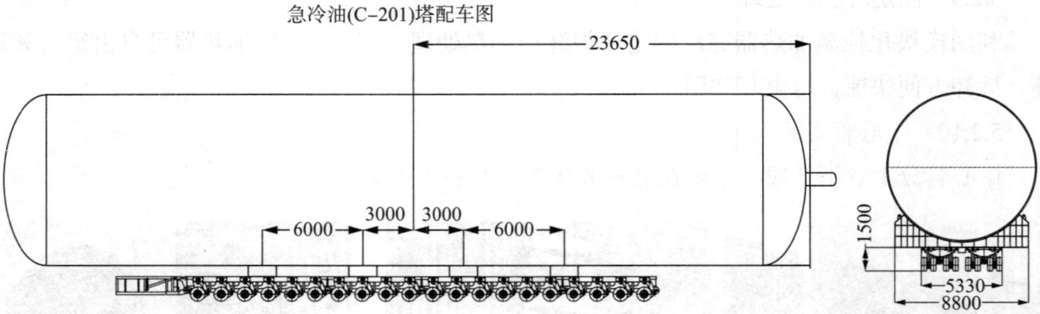

图 16　SPMT 车装载示意图

图 17　滚装装船

5.2.14　现场吊装

（1）设备在吊装前先进行地基承载力试验，确保地耐力满足吊装要求。

（2）采用双机抬吊进行吊装工作，主吊为 3200t 履带吊，遛尾为 1250t 履带吊。

（3）2 台起重机同时受力，平稳提升，将设备抬离 200mm 后，主吊车及抬尾吊车暂停作业，确认吊车结构、液压、控制等方面运转正常；检查吊车受力后的情况，确认吊车承重与方案计算吊车受力基本一致，然后开始正式吊装。

5.2.15　内构件安装和吸附剂装填

1. 底层格栅安装

（1）底层隔栅就位。

（2）对格栅的间隙进行调整。

（3）在不平稳格栅的肋板下缘与格栅支撑圈加塞不同厚度的金属间隙片进行找平。

（4）在格栅间隙间填充陶瓷纤维绳。

（5）底层格栅肋板的上表面进行焊接密封，并进行渗透无损检测。

（6）底层格栅分配器环管组焊。

（7）底部格栅严密性试验。

2. 中间格栅安装

中间格栅的安装同底层格栅，格栅间隙间填充陶瓷纤维绳后进行环形分配管的组焊。

3. 顶层格栅安装

顶层格栅的安装同底层格栅，不同处在于格栅间隙间不需要填充陶瓷纤维绳。

4. 环形分配管现场组焊

吸附塔床层外的底部和顶部分别有 1 套格栅分配器环管，需要进行无应力组焊。

5. 吸附剂装填及完整性试验

（1）吸附剂装填

在吸附剂填装过程中，要分层均匀地装入吸附剂，并需测试床层下方格栅防护罩表面的完整性（图 18）。

（2）完整性试验

封闭吸附室，用净化风加压至 0.35 MPa。打开球阀，通过完整性试验捕集篮筐为吸附室减压，持续时间为 60s。小心地取下篮筐，将它倒扣在黑色胶皮表面上并轻轻敲击，如果发现有吸附剂颗粒，则需重复进行几次完整性试验，直至捕集篮筐中不存在吸附剂颗粒为合格。

图 18　吸附剂装填

5.3　人员配置表

吸附塔人力资源配置见表 2。

表 2　吸附塔人力资源配置表　　单位：人

工种＼月份	第 1 月	第 2 月	第 3 月	第 4 月	第 5 月	第 6 月	第 7 月	第 8 月	第 9 月	第 10 月
铆工	10	20	30	42	43	37	37	30	28	15
手工焊工	10	15	25	45	76	96	62	40	19	8
自动焊工	12	14	14	14	8	8	8	8	0	0
合计	32	49	69	101	127	141	107	78	47	23

6　材料与设备

6.1　施工用主要手段材料

本工法主要施工手段用料见表 3。

表 3　主要施工手段用料表

序号	名称	规格	单位	数量	备注
1	钢板	[10	kg	18200	
2	钢板	δ=20mm	kg	88000	
3	钢板	δ=30mm	kg	124000	
4	钢管	Φ168mm × 8m	kg	37200	
5	垫墩	800mm × 800mm × 600mm	个	240	
6	脚手架杆		m	40000	
7	钢跳板		块	4000	
8	门式脚手架		套	200	

6.2　施工用主要设备

本工法主要施工设备见表 4。

表 4　主要施工设备明细表

序号	名称	规格	单位	数量	备注
1	履带吊	3200t	台	1	
2	履带吊	1250t	台	1	
3	履带吊	350t	台	2	
4	汽车吊	50t	台	1	
5	埋弧焊机（唐山开元）	DZ5-1250	台	14	
6	马鞍形自动埋弧焊机	1600mm × 400mm	台	1	
7	TOFD 探伤仪		套	1	
8	试压泵	70L/min	台	2	
9	可调式组对滚轮架	600t（最大直径 9m）	台	1	

6.3 施工用主要测量、计量器具

本工法主要测量、计量器具见表 5。

表 5 主要测量、计量器具明细表

序号	名称	规格	单位	数量	备注
1	水准仪	DSZ2	台	2	
2	激光标线仪	莱塞 LS628	台	3	
3	红外测温仪	TES–1326S	台	8	
4	焊接检验尺	40 型	块	4	
5	水平尺	500mm，0.5mm/m	个	5	
6	钢卷尺	5m	把	6	
7	钢盘尺	50m	把	1	

7 质量控制

7.1 执行的主要标准规范

（1）TSG 21—2016《固定式压力容器安全技术监察规程》

（2）GB 150—2011《压力容器》

（3）GB 713—2014《锅炉和压力容器用钢板》

（4）NB/T 47013—2015《承压设备无损检测》

7.2 质量控制措施

7.2.1 组对质量控制措施

（1）严格控制卷圆后的弧度偏差，用样板检查单片板的弧度偏差，弧度偏差≤ 3mm，两端偏差≤ 1.5mm。

（2）组对前应对各段筒节的材质、规格等进行检查，确认合格后方可组装。

（3）筒体组对不得采用强力组对，应通过调节液压滚轮架角度调整错边量，满足规范要求。

7.2.2 焊接质量控制措施

（1）焊工领用焊条、焊剂时应使用保温筒。

（2）纵缝焊接时必须加入与纵缝坡口型式相同的引、熄弧板。

（3）焊缝表面不得有裂纹、未焊透、未熔合、表面气孔、弧坑、未填满、夹渣和飞溅物；焊缝与母材应圆滑过渡。

（4）严格控制工艺参数，如焊接层数、电流、电压、焊速等。

（5）焊接过程应注意风速和空气湿度，必要时采取防风、防潮措施。

7.2.3 现场吊装质量控制措施

（1）吊装方案必须报业主和监理审批通过。

（2）吊装前应按照技术方案进行地基承载力试验，确保地耐力满足吊装要求。

（3）吊装前要复核吊耳位置及方位是否正确，检验报告是否完成。

7.2.4 内构件安装质量控制措施

（1）格栅包装箱、吸附剂桶分类摆放，格栅不允许直接接触地面。

（2）吸附剂安装时不允许直接穿鞋在吸附剂上踩踏。

（3）不允许将水或其他液体带入吸附塔内，防止液体物质因挥发或洒漏对吸附剂造成破坏。

7.3 关键质量控制

关键工序质量控制见表 6。

表 6 关键工序质量控制表

序号	关键控制点	检验项目	测量方法	质量指标	检验时机 / 频次
1	单个筒节尺寸	椭圆度 棱角度	尺量检查	椭圆度≤ 20mm 纵缝棱角度≤ 5mm	单个筒节焊接完检验 /1 次
2	壳体尺寸	壳体长度 直线度	尺量检查	壳体总长度 ±40mm 壳体直线度≤ 27mm	每个筒节组装检验 /1 次 壳体组装完成检验 /1 次
3	接管安装尺寸	开孔位置	尺量检查	开孔位置 ±2.5mm	开孔完成检验 /1 次 接管完成检验 /1 次
4	环形气密试验	环形式气密性试验	气密试验	无泄漏为合格	安装完成 /1 次
5	设备水压试验	压力试验	液压试压	无泄漏为合格	安装完成 /1 次
6	吊装	吊耳尺寸 吊耳检验报告	尺量检验 RT/MT 检测	尺寸符合设计图纸 吊耳纵缝 100%RT 检测合格	吊耳预制完毕 /1 次 吊耳安装完成 /1 次
7	格栅	位置间隙 气密性	尺量检查 气密试验	间隙≤ 19mm 0.035MPa 空气试验无泄漏为合格	安装完成 /1 次
8	吸附剂	完整性试验	净化风吹扫	0.035MPa 净化风吹扫 60s，捕集篮筐中不存在吸附剂颗粒为合格	安装完成 /1 次

8 安全措施

8.1 主要执行的安全标准

（1）GB/T 50484—2019《石油化工建设工程施工安全技术标准》

（2）GB 50194—2014《建设工程施工现场供用电安全规范》

8.2 安全技术措施

（1）施工前对施工人员进行详细的安全交底。

（2）各工种严格遵守本工种安全操作规程及通用安全操作规程。

（3）施工作业前，必须按照有关安全管理规定办理各种特种作业许可证。

（4）重物起吊前应对索具、滑轮、绑扎绳等进行一次全面检查，然后方可进行吊装。吊装要由专人负责指挥，信号要统一明确。

（5）电动设备应符合安全用电规定，使用前应检测绝缘及防雨措施。

（6）临时照明线路要符合有关规定，凡与金属物接触的地方应绝缘良好，容器内照明选用 12V 电压。

（7）上下交叉立体作业时，必须采取措施，防止高空坠物伤人，上下传递物品应采用工具包。

9 环保措施

9.1 主要执行的环保标准规范

（1）GB 12523—2011《建筑施工场界环境噪声排放标准》

（2）JGJ 146—2013《建设工程施工现场环境与卫生标准》

9.2 环境保护技术措施

（1）严格遵守业主现场文明施工管理规定。

（2）设置专人负责现场水电管理，节约使用能源。

（3）现场废料和垃圾等及时收回废料箱和垃圾箱，并定期运送到业主指定的垃圾堆放场地。

（4）各类废油不能随便倾倒，要按业主相关要求集中收集并运送到业主指定的场所。

（5）油漆、氧气、乙炔、油料应远离火源，并有消防设施及防毒、防火等安全标志。

（6）配备耳塞、防护眼镜、防护面罩、防护服、口罩等劳动防护用品，并定期检查使用情况。

（7）减少废物的产生和排放，并对紧急事件做好充分应急准备。

（8）采取措施消除粉尘、废气和污水的污染，尽量降低施工噪声。

（9）热处理炉采用天然气，确保燃烧后的排放废气达到环保要求。

10 效益分析

10.1 经济效益

利用芳烃装置吸附塔施工工法顺利完成了多个项目的施工，应用效果良好，采用本工法施工与传统工艺施工进行对比，产生的效益明细如下：

（1）大连恒力石化 4×225 万 t/a 芳烃装置吸附塔项目（表 7）

表 7 经济效益对比分析表

序号	名称	传统工艺	本工法工艺	节省成本
1	人工费	262 万元	204 万元	58 万元
2	材料费	43 万元	30.5 万元	12.5 万元
3	机械费	58 万元	42 万元	16 万元
4	工期	270 天	205 天	65 天

（2）中化泉州石化 PX 装置吸附塔项目（表 8）

表 8 经济效益对比分析表

序号	名称	传统工艺	本工法工艺	节省成本
1	人工费	91 万元	74 万元	17 万元
2	材料费	15 万元	11 万元	4 万元
3	机械费	17 万元	14 万元	3 万元
4	工期	180 天	152 天	28 天

（3）昆仑工程广东石化260万t/a芳烃装置吸附塔（表9）

表9 经济效益对比分析表

序号	名称	传统工艺	本工法工艺	节省成本
1	人工费	163万元	135万元	28万元
2	材料费	33万元	24万元	9万元
3	机械费	28万元	22万元	7万元
4	工期	195天	143天	52天

（4）盛虹炼化一体化项目110万t/a乙烯装置塔器（表10）

表10 经济效益对比分析表

序号	名称	传统工艺	本工法工艺	节省成本
1	人工费	433万元	407万元	26万元
2	材料费	53万元	39万元	14万元
3	机械费	67万元	51万元	16万元
4	工期	300天	243天	57天

（5）中化弘润100万t/a吸附分离装置吸附塔（表11）

表11 经济效益对比分析表

序号	名称	传统工艺	本工法工艺	节省成本
1	人工费	107万元	93万元	14万元
2	材料费	38万元	32万元	6万元
3	机械费	17万元	12万元	5万元
4	工期	170天	143天	27天

10.2 社会效益

芳烃装置吸附塔施工工法从制造安装到质量控制都优于原有的套装工艺，通过固定的工作流程将每道工序的操作规范化、科学化，实现了大型吸附塔工厂化整体建造，施工方法和控制措施更加精确、安全、经济、可执行，具有极大的推广价值和显著的社会效益。

11 应用实例

应用本工法完成了以下项目的施工，施工速度快，避免了不利施工因素的影响，获得效益显著，优质高效完成了任务。具体工程应用如表12所示。

表12 工程应用实例

序号	工程名称	施工地点	开/竣工时间	工程量	应用效果	经济效益/万元
1	大连恒力石化4×225万t/a芳烃装置吸附塔项目	山东省青岛市	2017年6月/2018年4月	4台吸附塔建造	良好	86.5
2	中化泉州石化PX装置吸附塔项目	山东省青岛市	2019年7月/2020年2月	1台吸附塔建造	良好	24

续表

序号	工程名称	施工地点	开 / 竣工时间	工程量	应用效果	经济效益 / 万元
3	昆仑工程广东石化 260 万 t/a 芳烃装置吸附塔项目	山东省青岛市	2020 年 10 月 / 2021 年 5 月	1 台吸附塔建造及内附件安装	良好	44
4	盛虹炼化一体化项目 110 万 t/a 乙烯装置 5 台塔器	山东省青岛市	2020 年 3 月 / 2021 年 6 月	5 台塔器建造	良好	56
5	中化弘润 100 万 t/a 吸附分离装置 2 台吸附塔	山东省潍坊市	2021 年 6 月 / 2022 年 5 月	2 台吸附塔建造及内附件安装	良好	25

4M 型往复式压缩机主机安装工法

刘永华 王 磊 宋启越 蔡志远 陈 晨

中国石油天然气第七建设有限公司

1 前言

往复压缩机安装是一个系统的工程，压缩机主机主要包括曲轴箱、曲轴、十字头、十字头销、连杆、气缸、活塞体、气阀等，这些部件的安装质量直接影响着整个机组的安全运行。

中国石油天然气第七建设有限公司通过对多项工程压缩机安装技术的研究，对 2013—2014 年度“4M 型往复式压缩机机身部件安装工法”进行升级，最终形成了本工法。与原工法相比，本工法范围由曲轴箱部件扩大到整个压缩机主机安装，解决了连杆安装无法控制曲轴位置的难题，通过专利技术的使用解决了十字头销、活塞体、气阀部件安装困难的难题，提高了安装找正效率。

目前，该工法已成功应用于华北石化 340 万 t/a 渣油加氢装置、锦西石化 150 万 t/a 渣油加氢装置、广东石化 420 万 t/a 蜡油加氢处理装置、哈法亚天然气处理厂（GPP）项目，机组试车均一次成功，且自投产以来，运行平稳，赢得了业主的好评。

该工法中“往复式压缩机十字头销安装工具”“活塞式压缩机活塞推进机构”“往复式压缩机气阀组件拆装机构”“一种往复式压缩机组排气阀拆装工装”4 项实用新型专利已获得授权。

2 工法特点

2.1 找正同心度高

曲轴箱水平度测量时增加检查 4 列轴瓦与主轴颈下间隙，确保 4 列轴瓦在同一中心线上。

2.2 螺栓紧固质量可靠

地脚螺栓采用液压拉伸器进行紧固，在地脚螺栓灌浆前将螺栓与灌浆层进行隔离，以保证螺栓紧固质量。

2.3 施工安全风险低、效率高

针对活塞体、十字头销、进排气阀安装时，传统人力安装存在易损坏设备零部件且安装时存在安全隐患的难题，利用本工法的专利技术既降低了安全风险又提高了施工效率。

2.4 施工工序科学合理

将连杆的安装顺序进行调整，调整后传统人力盘车更改为通过盘车装置盘车，节约了人力投入。同时盘车装置与飞轮配合旋转曲轴可有效消除曲轴转动惯性，保证了施工安全。

3 适用范围

本工法适用于炼化装置中散装到货的 4M 型往复式压缩机的安装施工。

4 工艺原理

根据压缩机安装工序，将曲轴箱、曲轴、连杆、十字头、气缸、活塞体等部件组装起来。安装过程经过设备拆解、清洗、检查测量、回装等工序，通过专利技术应用及工序的调整提升施工效率，降低人力投入，完成压缩机的安装工作。

4.1 曲轴箱水平找正施工技术

调整曲轴箱轴向水平度的同时不断用塞尺检查 4 列轴瓦与主轴颈下间隙并应保证无间隙，确保曲轴箱在调整完毕后仍处于自然状态，同时 4 列主轴瓦保持同心。

4.2 连杆施工技术

曲轴盘车时会产生惯性转动，转动位置难以控制，连杆安装空间狭小，施工存在安全隐患。通过调整连杆安装顺序，在飞轮、盘车器安装完成后再进行连杆的安装工作，目的是通过飞轮、盘车器来控制曲轴的转动，消除盘车时因曲臂自重产生的惯性转动对施工造成的安全隐患，并且可以通过盘车器随意控制曲轴的旋转角度，方便连杆安装工作的顺利进行。

4.3 十字头销、活塞体、气阀部件施工技术

往复压缩机组零部件较多，且单个零部件质量大。对于这种运动部件，传统安装多靠人工操作，本工法采用“往复式压缩机十字头销安装工具”“活塞式压缩机活塞推进机构”“往复式压缩机气阀组件拆装机构”“一种往复式压缩机组排气阀拆装工装”4 项实用新型专利技术进行十字头销、活塞体、气阀等关键运动部件的装配，不仅节省了人力，提高了工效，还保证了质量。

5 施工工艺流程及操作要点

5.1 施工工艺流程

施工工艺流程如图 1 所示。

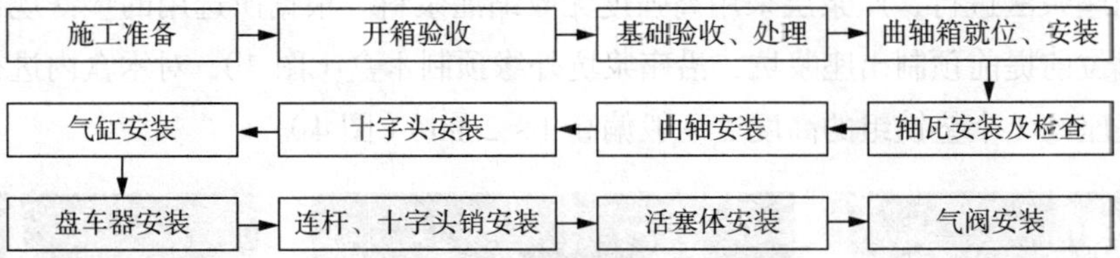

图 1 施工工艺流程图

5.2 操作要点

5.2.1 施工准备

作业前技术人员编写施工技术方案，对施工人员进行施工安全技术交底；施工用工具、量具齐全，量具经校验合格，并在有效期内；手段用料准备齐全。

5.2.2 开箱验收

按装箱单逐箱开箱验收，检查箱数，核对箱号，检查包装箱外观质量；检查随机出厂资料，检查机组及零部件、附件、备品备件、随机工具等的名称规格、型号和数量，对暂不安装的设备和随机配件应分箱保存并做好标识，保存期间应防止腐蚀、丢失、损坏及混杂。

5.2.3 基础验收、处理

（1）按土建图及设备随机资料对基础尺寸进行复测检查。

（2）对基础外观进行检查，不得有裂纹、脱层、孔洞、漏筋等缺陷，基础表面和地脚螺栓预留孔中不得有油污、碎石、泥土、积水等。

（3）需要二次灌浆的基础表面应铲出麻面，麻点深度不小于10mm，密度为$1dm^2$ 3～5个点，同时将表面疏松层铲掉。

（4）验收合格后，办理中间交接手续。

5.2.4 曲轴箱的就位、安装

（1）清理干净曲轴箱底面，在基础上安放临时垫铁并调整到设计高度，用水准仪抄平。

（2）曲轴箱吊装过程保持水平和稳定。吊装设置就绪后，将设备吊起离开支撑面约0.3m，停止吊装，检查无异常后方可进行吊装。

（3）调整曲轴箱坐标位置和水平度。水平度检测列向在十字头滑道处测量，轴向在压缩机曲轴主轴颈处测量，并以两端数值为准，中间值做参考。轴向水平度在测量的同时用0.05mm塞尺检查4列轴瓦与主轴颈下间隙并应保证无间隙，否则重新调整临时垫铁组，直至曲轴箱水平度符合规定要求且4列轴瓦与轴颈下部无间隙。这样做可以保证中间2列轴瓦与轴颈不悬空，并保持4列轴瓦同心，为后续轴瓦与轴颈接触检查做好准备。

（4）对地脚螺栓光杆部分和锚板进行表面防腐处理后将地脚螺栓放入螺栓孔内。锚板安装时应与基础表面能均匀接触且接触面积不小于50%。

（5）曲轴箱一次找正调整完毕后对地脚螺栓进行预紧以及地脚螺栓孔的灌浆。对于采用液压拉伸器紧固的地脚螺栓，在灌浆前用塑料布及透明胶带对地脚螺栓进行包裹（图2），包裹位置为曲轴箱下表面至水泥砂浆上表面，目的是在对地脚螺栓进行液压拉伸紧固时克服座浆层、二次灌浆层对地脚螺栓的阻力。

（6）曲轴箱采用有垫铁安装方式进行，选用表面粗糙度 $Ra \leqslant 6.3\mu m$ 的标准型垫铁。垫铁放置采用座浆法进行，座浆层采用高强度无收缩灌浆料。根据所选用的垫铁规格，在压缩机曲轴箱就位前提前预制出座浆坑，沿座浆坑外缘预制木盒（图3），对木盒内进行灌浆，灌至离设备底座约1个垫铁组的高度（一般偏高1～2mm）（图4）。

图2 地脚螺栓需包裹的位置图

图3 土建单位预制好的座浆层木盒

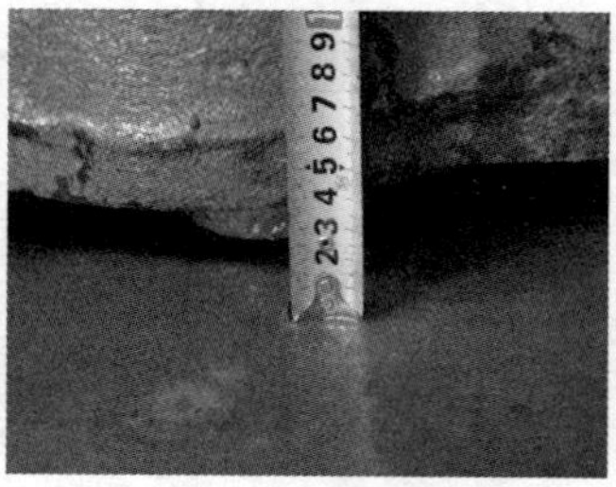

图4 对座浆层高度进行测量

（7）座浆层强度达到约 50% 时安装正式垫铁，安装时用 0.05mm 塞尺不断的检查垫铁间、垫铁与设备底座间的间隙（图 5），直到符合规范要求为止，然后用手锤将垫铁敲实。

图 5　用塞尺检查垫铁与设备底座及垫铁间的间隙

（8）当座浆层强度达到 75% 以上时拆除临时垫铁，进行预安装十字头。十字头安装完毕后复查曲轴箱水平度，重新检查曲轴与下轴瓦、十字头滑道与滑履间间隙，如不合要求需重新调整垫铁组。利用液压拉伸器对地脚螺栓进行拉伸紧固，紧固地脚螺栓时对以上 3 项同步进行测量，如不符合要求应停止紧固并重新调整垫铁。

（9）曲轴箱二次找正合格后将垫铁组点焊固定，并在 24h 内对机器进行二次灌浆，灌浆要连续一次完成，灌浆后应注意养护。

5.2.5　轴瓦的安装及检查

（1）清洗轴瓦、轴承座孔，检查各润滑油路。

（2）使用“着色法”检查轴瓦衬背与轴承座孔、轴瓦与轴颈（待曲轴安装完毕后）的接触情况，其接触情况应符合表 1 的要求。

表 1　轴瓦检查的标准要求

轴瓦衬背与轴承座孔的贴合度	轴瓦外径大小	＞ 200mm
	贴合度	70%
轴瓦与轴颈的接触情况	轴向接触长度	≥ 80%
	接触角度	90° ~ 120°

（3）采用“压铅法”测量轴承径向间隙，测量应在紧固螺栓达到拧紧力矩的条件下进行，选用铅丝的直径应为轴承径向间隙的 1.5 倍，其间隙值应符合技术资料的规定。

（4）用塞尺检查定位轴承的轴向间隙，其间隙值应符合技术资料的规定。

5.2.6　曲轴的安装

（1）对曲轴箱、曲轴进行清洗，特别是主轴颈、曲柄销等配合部位。

（2）曲轴的吊装应保证曲轴水平，吊装使用吊装带进行并做适当的防护。

（3）在下轴瓦上滴入润滑油，水平吊入曲轴。

（4）曲轴就位后装入上轴瓦并利用液压拉伸器对轴承螺栓进行紧固，然后将各曲拐分别置于上、下、左、右 4 个相互垂直的位置上，并分别测量其曲拐臂间距离偏差，测点位置参见图 6。

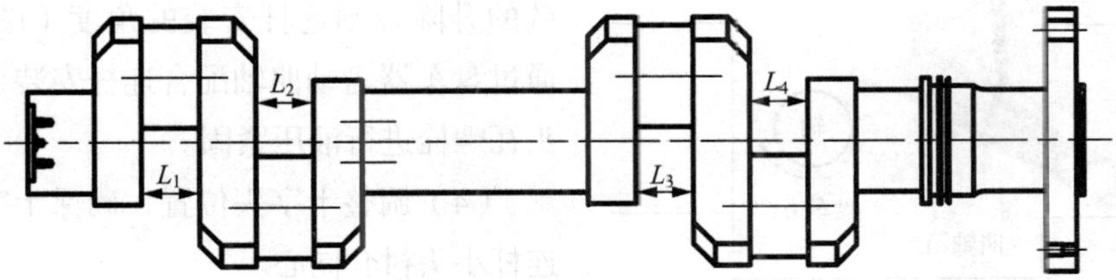

图 6　曲臂开度的测量

5.2.7 十字头安装

（1）清洗十字头部件，安装时应注意其出厂时的对应关系，不得装错。

（2）用塞尺在十字头与滑道全程的各个位置上测量间隙（图 7）。

（3）利用着色法检查十字头滑履与下滑道间的接触面积，接触面积应达到 70% 以上并均匀接触。

（4）检查完毕后将十字头滑至气缸端。

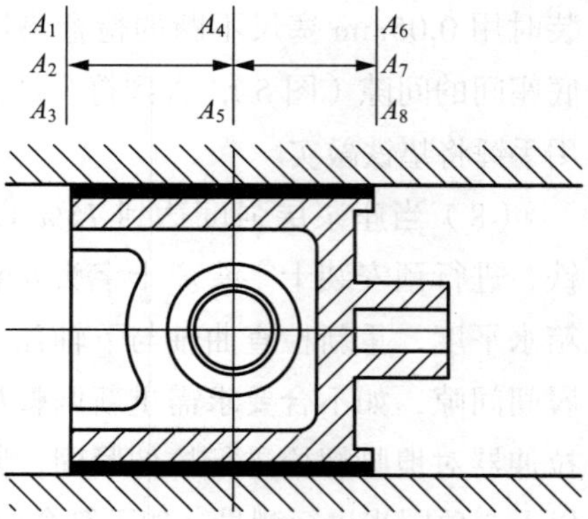

图 7 十字头与滑道间隙测量位置点

5.2.8 气缸安装

（1）气缸安装前检查气缸与曲轴箱配合面，该配合面应平整无毛刺，并将防锈油清洗干净。

（2）气缸吊装过程应保持水平，在配合面均匀涂抹密封胶，然后将气缸缓慢移动到安装位置，安装时注意避免损坏接触面。

（3）按照力矩要求紧固连接螺栓。

（4）安装气缸支腿，使用支腿调节气缸轴向水平度，轴向水平度高向缸头侧 0 ~ 0.05mm 为宜。

5.2.9 盘车器安装

（1）吊起飞轮并移动至曲轴与电机转子中间，并将飞轮固定在曲轴端。

（2）将盘车器吊装至安装位置，调整盘车器齿轮中心与飞轮中心处于同一标高。

（3）调整盘车器处于水平状态。

（4）调整盘车器齿轮与飞轮齿轮的啮合间隙。

（5）调整盘车器齿轮端面与飞轮端面，使其处于平行状态。

（6）对盘车器进行灌浆。

5.2.10 连杆、十字头销安装

（1）检查连杆大头瓦、小头瓦的外观有无损伤、高点、毛刺等，提前进行处理，并对连杆油道进行冲洗、检查。

（2）用内径量表、外径千分尺检查曲柄销、十字头销与连杆大头瓦、小头衬套的配合间隙。

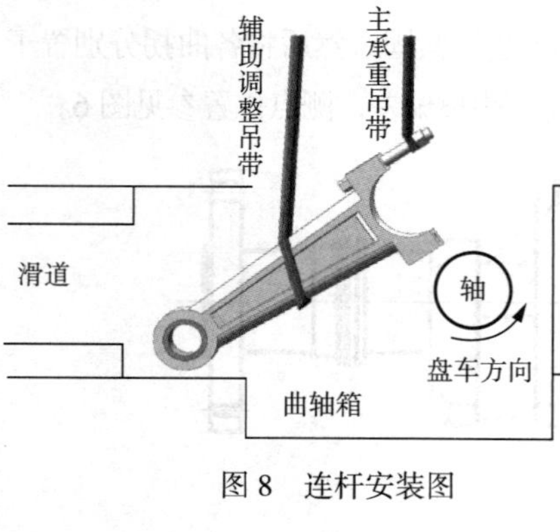

图 8 连杆安装图

（3）连杆安装时，上部穿入 1 根大头瓦连接螺栓做为主吊点，然后使用厂房行车将其吊起。在连杆中间再设置一个辅助吊点，通过倒链的升降控制连杆安装的角度（图 8），然后通过盘车器盘动曲轴配合连杆安装，对连杆大头瓦螺栓进行液压紧固。

（4）调整十字头位置，确保十字头衬套与连杆小头衬套同心。

（5）十字头销与十字头、连杆小头衬套配

合间隙较小，传统施工方法为利用厂房内行车吊起十字头销，搭配人力完成十字头销的安装工作。此方法无法保证十字头销穿入时保持水平状态，安装不当极易损伤连杆小头衬套。通过发明工装（图 9）与十字头销通过螺栓进行连接，利用厂房行车将其吊起，移动工装上的吊耳位置来调整吊点，使十字头销处于水平状态。最后通过摆动框式吊装工装尾部，实现十字头销的顺利穿入。

5.2.11　活塞体安装

（1）清洗活塞体上的防锈油，检查液压拉伸结合部位，该部位不得有毛刺及高点。

（2）检查并测量活塞环及支撑环，确保在环槽内自由转动且轴向间隙符合设计规定。

（3）活塞杆安装保护套，利用厂房行车吊起活塞体，通过倒链调整活塞体的水平度。

（4）活塞体穿入气缸后拆除倒链，依靠人力推动活塞体从而完成与十字头的连接。此种方法针对小型机组较为适用。而针对大型机组，由于活塞体存在质量大、运动后惯性大的特点，推进速度难以控制，极易损伤刮油器和密封部件。发明制作压缩机活塞推进机构工装，使用时将工装安装在气缸端，通过调整顶丝可自由控制活塞体的推进速度（图 10）。

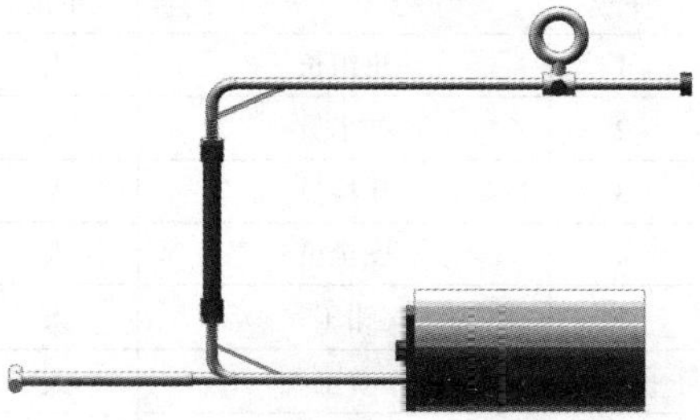

图 9　十字头销安装图

图 10　活塞体安装图

（5）活塞体安装时，活塞环、支撑环相邻 2 道环的开口位置应错开，并应避开进、排气阀口位置。

（6）活塞体安装到位后安装压力体，将活塞体与十字头进行连接。

（7）调整活塞内、外止点间隙，按要求进行活塞体与十字头的液压锁紧工作。

（8）最后按随机技术文件要求测量活塞杆垂直、水平方向的跳动值。

5.2.12 气阀安装

（1）拆除进、排气阀阀盖，压阀罩，清理气缸阀腔、阀盖和压阀罩等部件。

（2）使用气阀提手搭配厂房内行车按对应关系安装进气阀组件。

（3）排气阀组件位于气缸下方，无法采用厂房行车一次吊装到位。传统工艺采用人力搬抬的方法，作业空间小，安装不到位时极易砸伤作业人员，且施工效率较低。针对气阀部件结构特点，发明制作了拆、安工具。

①拆除排气阀阀盖，将安装盘、转换丝头、平衡架等专利附件安装到位，使排气阀的阀体及阀架形成一个整体（图 11）。

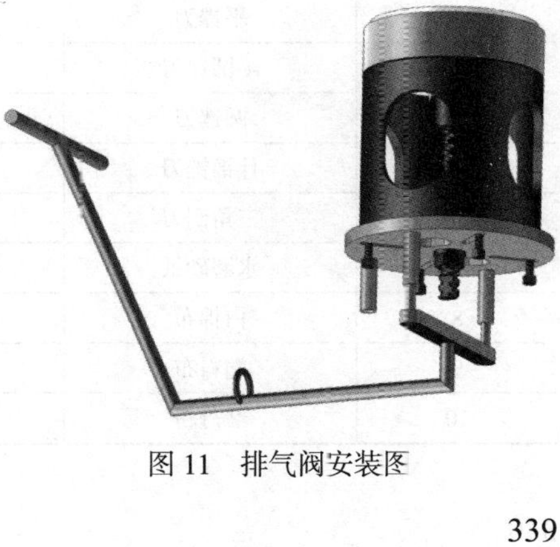

图 11　排气阀安装图

②通过厂房内行车将排气阀部件整体吊入阀腔，摆动平衡架对安装位置进行微调，从而完成安装工作。

③针对特大机型，排气阀位于气缸垂直下方，气阀体积、质量较大，创新发明排气阀拆装工装。工装底座装有3个万向轮及调节螺杆，可使自由移动及调节底座处于水平状态。安装时先将排气阀安装在工装顶部，移动工装至气缸底部，摇动顶升螺杆并通过底座万向轮调整位置，使排气阀平稳、匀速进入阀腔，最终到达安装位置（图12）。

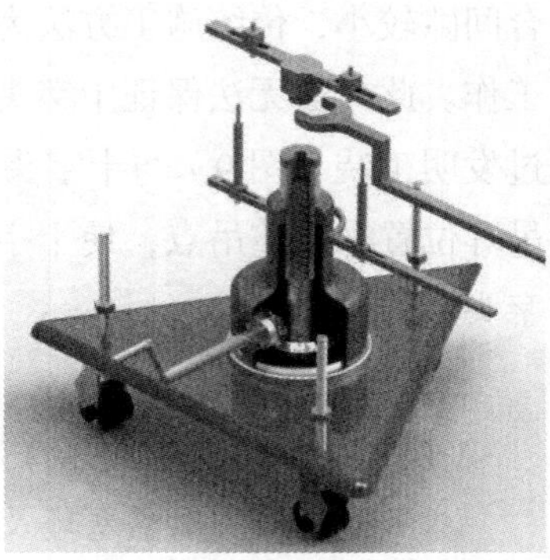

图12 排气阀安装图

5.3 劳动力组织

本工法劳动力组织情况见表2。

表2 劳动力组织表

序号	职务	单位	数量	备注
1	班组长	人	1	现场总协调
2	技术员	人	1	现场技术跟踪与监督
3	质检员	人	1	现场施工质量监督检查
4	安全员	人	1	现场安全监督检查
5	钳工	人	4	培训上岗
6	普工	人	2	培训上岗
7	焊工	人	1	持证上岗
8	起重工	人	1	持证上岗
合计		人	12	

6 材料与设备

6.1 施工消耗材料

本工法主要消耗材料见表3。

表3 消耗材料表

序号	名称	规格	单位	数量
1	煤油		L	50
2	平锉刀	150mm、300mm	把	各5
3	半圆锉刀	150mm、300mm	把	各3
4	圆锉刀	150mm、300mm	把	各2
5	什锦锉刀		套	3
6	三角刮刀	300mm	把	3
7	水磨砂纸	240＃、360＃	打	3
8	白棉布		m	10
9	塑料布		kg	50
10	红丹粉		kg	1

续表

序号	名称	规格	单位	数量
11	密封胶	704	盒	15
12	白面粉		kg	25
13	乳胶手套		副	15

6.2 施工设备

本工法主要施工设备见表4。

表4 施工设备表

序号	名称	规格	单位	数量
1	履带吊	250t	台	1
2	货车	40t	辆	1
3	手动倒链	10t	台	2
4	螺旋千斤顶	25t	台	4
5	液压千斤顶	40t	台	4
6	电焊机	ZX7-400	台	1

6.3 施工计量器具

本工法主要计量器具见表5。

表5 计量器具表

序号	名称	规格	单位	数量
1	条式水平仪	150mm，0.02mm/m	台	4
2	框式水平仪	200mm × 200mm，0.02mm/m	台	3
3	光学合相水平仪	165mm	台	1
4	内径千分尺	50 ~ 600mm	套	1
5	外径千分尺	0 ~ 500mm	套	1
6	塞尺	100mm、150mm、500mm	把	各1
7	内径量表	50 ~ 160mm	套	1
8	曲臂量表		套	1
9	水准仪	DS1	台	1

6.4 施工工具计划

本工法主要施工机具如表6。

表6 施工机具表

序号	名称	规格/mm	单位	数量
1	重型套筒扳手	21 ~ 65	套	1
2	套筒扳手	6 ~ 36	套	1
3	梅花扳手	8 ~ 32	套	1
4	开口扳手	8 ~ 32	套	1
5	呆扳手	41 ~ 70	套	1
6	力矩扳手		套	4

7 质量控制

7.1 执行的标准规范

（1）SH/T 3538—2017《石油化工机器设备安装工程施工及验收通用规范》

（2）SH/T 3544—2022《石油化工往复式压缩机组施工及验收规范》

（3）SH/T 3515—2017《石油化工大型设备吊装工程施工技术规程》

7.2 质量控制措施

（1）施工前对施工人员进行技术交底，特殊工种人员必须持证上岗，检验用的计量器具完好且全部在检定有效期内。

（2）开箱验收由参建各方代表共同对设备进行验收，对暂不安装的设备进行封箱防止零部件丢失或损坏，对检查出现的问题要求厂家及时解决。

（3）基础验收注意各部件基础高度差及相互关系，高度超差的须及时处理。

（4）设备吊装时不得将设备直接绑扎在加工面上，应用软质材料进行防护。

（5）轴瓦间隙测量时不得使用加减垫片的方式调整间隙，必要时应对轴瓦进行刮研。

（6）曲轴安装时应确保曲轴保持水平状态。

（7）十字头滑履与滑道接触不符合要求时，可对滑履进行研刮。间隙调整可通过加减调整垫片的方式进行。

（8）连杆安装应严格按出厂标记进行，防止混装。

（9）活塞杆与十字头液压连接时应确保压力体表面无杂物、毛刺、高点等，液压紧固时应分多次进行。

7.3 关键工序质量要求

关键工序质量控制要求见表 7。

表 7 关键工序质量控制表

序号	检测项目	控制指标	检验工具、方法	检验时机和频次
1	施工准备	计量器具检定合格，在有效期内	查检定证书	施工前检查 1 次
2	开箱验收	到货数量、规格型号符合协议要求	查技术协议和实物	开箱时检查 1 次
3	基础验收、处理	1. 基础外观质量、尺寸符合图纸要求 2. 麻点深度不小于 10mm，密度为 $1dm^2$ 3～5 个点	卷尺	设备就位前检查 1 次
4	曲轴箱就位、安装	标高为 ±5mm，坐标位置为 5mm，水平度 0.05mm/m。	钢板尺、钳工水平仪	设备就位后，检查 2 次
5	轴瓦安装及检查	1. 轴承与轴径接触 80% 以上 2. 轴径间隙为 0.33～0.45mm（仅供参考）	着色法、压铅法	轴承安装时检查 1 次
6	曲轴安装	曲轴水平度为 0.10mm/m	钳工水平仪	曲轴安装时检查 1 次
7	十字头安装	十字头与滑道径向间隙为 0.55～0.70mm（仅供参考）	塞尺	曲轴箱安装时检查 1 次，十字头安装时检查 1 次
8	气缸安装	水平度为 0.05mm/m，宜高向气缸端	钳工水平仪、合相水平仪	气缸安装时检查 1 次
9	盘车器安装	标高为 ±5mm，坐标位置为 5mm，水平度 0.10mm/m	钢板尺、钳工水平仪	设备就位后，检查 2 次

续表

序号	检测项目	控制指标	检验工具、方法	检验时孔和频次
10	连杆、十字头销安装	1. 连杆大头瓦径向间隙为 0.33 ~ 0.45mm（仅供参考） 2. 十字头销与连杆小头衬套径向间隙为 0.23 ~ 0.29mm（仅供参考）	内径量表、外径千分尺	连杆安装前检查 1 次
11	活塞体安装	1. 活塞止点间隙为 5mm ± 0.5mm（仅供参考） 2. 活塞杆跳动值≤ 0.064（仅供参考）	压铅法、百分表测量法	活塞体安装时测量 1 次
12	气阀安装	气阀安装位置准确	按出厂标记安装	气阀安装时检查 1 次

8 安全措施

8.1 执行的标准规范

（1）GB 50870—2013《建筑施工安全技术统一规范》

（2）GB/T 50484—2019《石油化工建设工程施工安全技术标准》

8.2 安全保证措施

（1）施工前对参加施工人员进行详细的安全交底。

（2）各工种严格遵守本工种安全操作规程及通用安全操作规程，特种作业人员必须持证上岗。

（3）施工作业前，必须办理作业许可证。

（4）厂房内设置足够的满足要求的安全警示标识；尽量避免交叉作业，无法避免时要采取隔离措施。

（5）设备拖运就位应选用合理的施工方法和运输线，做到吊点牢固、捆绑可靠、就位平稳。

（6）机组零部件装配时，手指不得伸入与工作无关的间隙。

（7）厂房内的吊装孔、楼梯、楼板及平台边缘应提前安装栏杆。

（8）在起重作业时必须明确指挥人员，指挥人员应佩戴标志明显或颜色特殊的安全帽；吊运时工件下方不得有人。

9 环保措施

（1）严格遵守业主现场文明施工管理规定，切实执行公司《现场文明施工管理处罚条例》。

（2）设置专人负责现场水电管理，杜绝常明灯、常流水，节约使用能源。

（3）施工现场要做到“工完料净场地清”，保证场地清洁和道路畅通。

（4）施工现场废料和垃圾等及时收回废料箱和垃圾箱，并定期运送到业主指定的垃圾堆放场地。

（5）施工现场暂时不安装的零部件要标识清楚、分类摆放、规范防护。

（6）施工中用的各类化学清洗剂不能随便倾倒，要按业主相关要求集中收集并运送到业主指定的场所。

（7）施工过程中做到下铺上盖，避免在进行清洗作业时清洗液洒落污染土壤。

10 效益分析

10.1 经济效益

本工法在 4M 型压缩机组施工中通过发明创新工装、科学合理地调整施工工序，有效地控制了安装质量，缩短了施工工期，从而节省了大量人工，降低了成本（表 10）。

表 10 经济效益对比表

单位：万元

项目	4M 型往复式压缩机主机安装工法	传统往复式压缩机施工方法	节省费用
设备购置费	0	1.35	1.35
人员人工费	21.75	32.4	10.692
设备台班费	6.3	12.5	6.2
提前完工节省	27.54	32.4	4.86
合计	55.59	78.65	23.06

10.2 社会效益

本工法是在传统安装工艺的基础上进行了创新，通过创新专利、合理调整施工工序，保证了大型往复式压缩机的安装质量和施工进度，确保机组试车一次成功。运用本工法能在保证施工质量的同时，降低人工成本、缩短工期，不会产生任何环境污染。通过几个工程的应用，在赢得信誉的同时，得到了业主及监理的一致赞誉。

11 应用实例

实例一：华北石化 340 万 t/a 渣油加氢装置

2018 年至 2019 年，在华北石化 340 万 t/a 渣油加氢装置的压缩机安装工程中安装了 3 套 4M150 新氢压缩机，节约投入约 70 万元，机组试车一次成功。该机组自投产以来，运行平稳，赢得了业主的好评。

实例二：锦西石化 150 万 t/a 渣油加氢装置

2021 年至 2022 年，在锦西石化 150 万 t/a 渣油加氢装置的压缩机安装工程中安装了 2 套 4M125 型往复压缩机，节约投入约 46 万元，施工中保证了施工安全，提升了施工效率。

实例三：广东石化 420 万 t/a 蜡油加氢处理装置

2021 年至 2022 年，在广东石化 420 万 t/a 蜡油加氢处理装置中安装了 1 套 4M125 型往复压缩机，节约投入约 23 万元，投产后运行平稳。

实例四：哈法亚天然气处理厂（GPP）项目

2021 年至 2022 年，在哈法亚天然气处理厂（GPP）项目中安装了 2 套 4M 型往复压缩机，节约投入 20 余万元，投产后运行平稳。

炼化厂区大型烟囱双层平台爬模施工工法

张振霖　雷　勇　付　恒　王志东　刘龙飞

中国石油天然气第七建设有限公司

1　前言

随着炼化企业规模的扩大，大型炼化一体项目在沿海地区建设的增多，混凝土烟囱的耐用性、抗腐蚀性等优势明显，在炼化厂区得到广泛应用。混凝土烟囱的施工特点是施工高度高、施工作业面小且施工分层均布。传统的施工方法多为单层平台翻模施工，或桁架提升式双层平台施工。本工法与传统方法相比较，施工平台以烟囱筒体为支撑点自主提升，实现烟囱的主体混凝土及衬里砌筑同步施工，同时结合双重防坠器以及立体材料运输等工艺，提高了混凝土烟囱的施工效率，对施工安全和经济效益均具有积极意义。

中国石油天然气第七建设有限公司梳理总结施工经验形成的“炼化厂区大型烟囱双层平台爬模施工工法”，目前已经成功应用于中化泉州石化有限公司以及中国石油广东石化分公司广东石化炼化一体化工程中的常减压、加氢裂化等 4 套装置。该工法相关成果于 2021 年被中国石油工程建设协会评价为“国内领先”科技成果，并于 2022 年获得工程建设协会省部级科技进步三等奖，2021 年获工程建设公司技术改进与创新奖二等奖等多项关键性奖项。授权使用实用新型专利 1 项（专利号：ZL 2019 2 0483751.1）。

2　工法特点

2.1　双层平台强度高、质量小、技术含量高

经过验算及试验形成整体计算书，双层平台在地面进行高精度预制。采用高标号钢材结合木质作业平台的方法减轻了整体平台的质量，提高了平台整体强度，拥有较高技术含量。

2.2　安全性高

提升平台使用了全覆盖 3 层安全网，采用了双重防坠器，并通过工程试验，避免了常用提升平台单股钢丝绳破断坠落的风险。同时通过双卷扬机避免了电源断供等风险难题，提高了烟囱高空作业的安全性。

2.3　优化工序，施工工期短

采用可自主提升双层作业平台及 2 幅独立模板，将烟囱本体混凝土浇筑及内衬砌筑工作交替，一次完成施工，极大地提高了工效，减少了高空作业时间，降低了工程成本。

3 适用范围

该工法适用于炼化厂区大型混凝土烟囱（内部砖 / 浇注料，外部混凝土）的安装施工。

4 工艺原理

双层整体提升装置采用 2 层独立的爬模模板分别对烟囱的混凝土及衬里进行施工，其中间的伞式结构采用液压提升装置着力于强度达标的烟囱筒身混凝土结构上进行提升；中部配合双层平台施工及运输人员的吊笼采用卷扬机进行驱动，并采用双层防坠器保证其安全性，底部料斗可同步运输混凝土及衬里材料（图 1）。

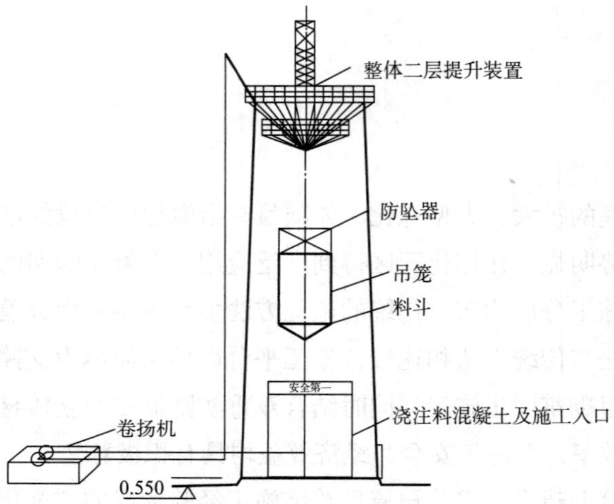

图 1 整体双层平台结合爬模施工的原理图

5 施工工艺流程及操作要点

5.1 施工工艺流程

施工工艺总体流程如图 2 所示。

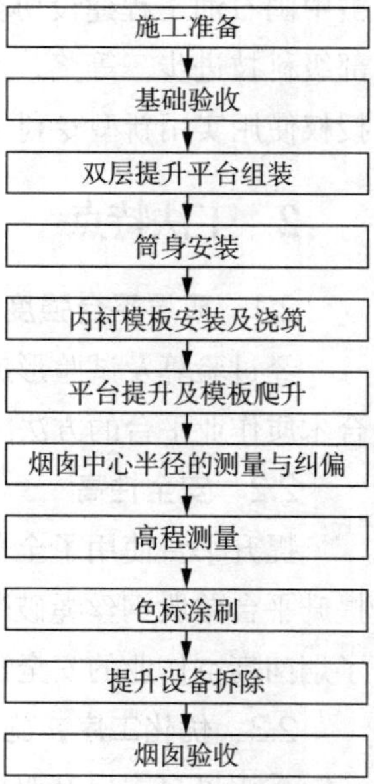

图 2 混凝土烟囱双层平台爬模施工总体流程

5.2 操作要点

5.2.1 施工准备

1. 安全、技术、质量交底

（1）安全、技术、质量交底必须实施逐级交底制度，纵向延伸至班组全体作业人员，交底覆盖率须达到 100%。

（2）交底应将工程概况、施工方法、施工程序、安全技术措施、质量保证措施等向参与施工的全体作业人员和管理人员进行详细介绍。

（3）交底内容应针对烟囱施工给作业人员带来的潜在危险因素和存在的问题详细介绍，并留存纸质材料。

2. 施工材料准备

（1）本工程所用的施工主材要保证来源可靠，以确保施工材料的连续性。

（2）商混站的混凝土供应能力应满足混凝土连续施工需要，不宜低于单位时间所需量的 1.2 倍。

（3）采用浇注法的耐火材料施工必须不中断地连续进行。

3. 提升平台设计

（1）提升平台组成及计算

液压提升系统主要由支承杆、液压千斤顶、液压控制台和油路等部分组成。

平台上临时分散存放材料，液压操作台、内衬浇筑平台、电 / 气设备、随升井架、辐射梁等提升特殊设备时，按实际质量计算设计荷载。

平台设计荷载计算书编制时，按照活荷载、风荷载等 14 个重点方面进行验算及编制。

升降梯计算书编制时，按照几何信息、内里位移等 7 方面进行验算及编制。

（2）监测

监测频率：根据烟囱的施工进度情况，烟囱筒体每施工 10m 对支撑杆的稳定性及垂直度进行复查；每周对操作平台的挠度、变形值进行测量并做好记录。

（3）内鼓圈设置（图 3）

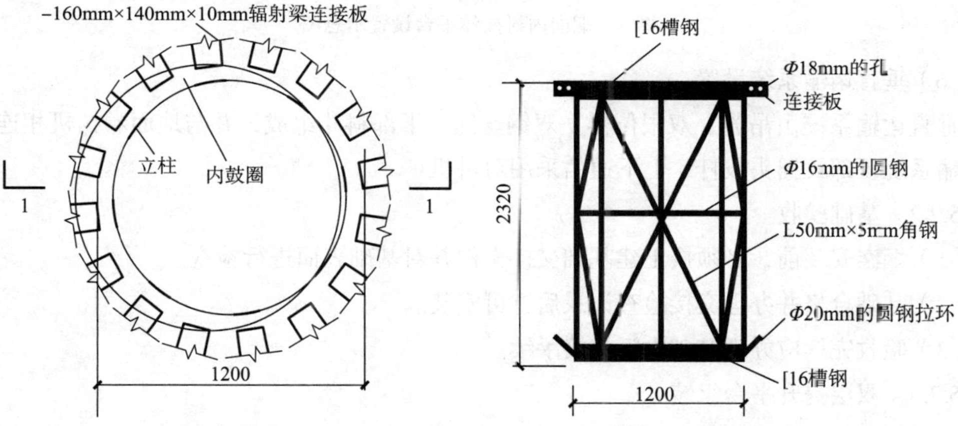

(a)内鼓圈截面图　(b)内鼓圈1–1剖面示意图

图 3　内鼓圈设置示意图

（4）烟囱提升平台设置（图 4）

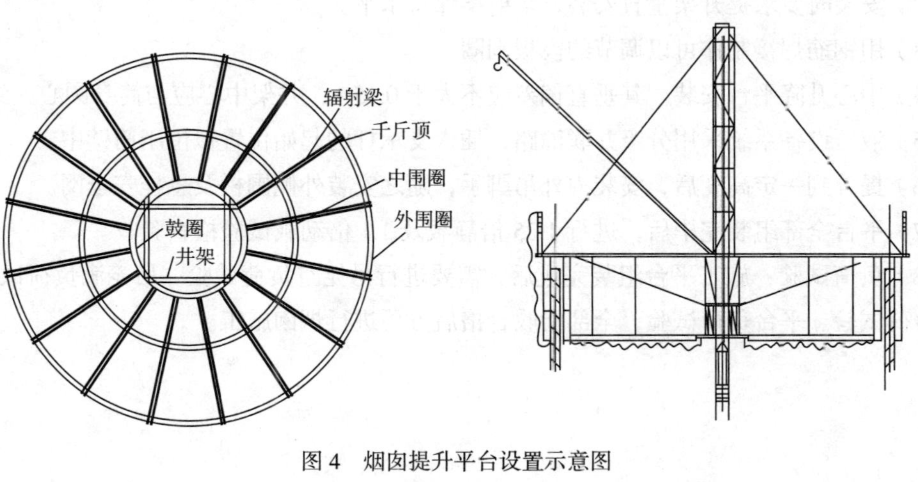

图 4　烟囱提升平台设置示意图

（5）烟囱内衬操作平台设置（图 5）

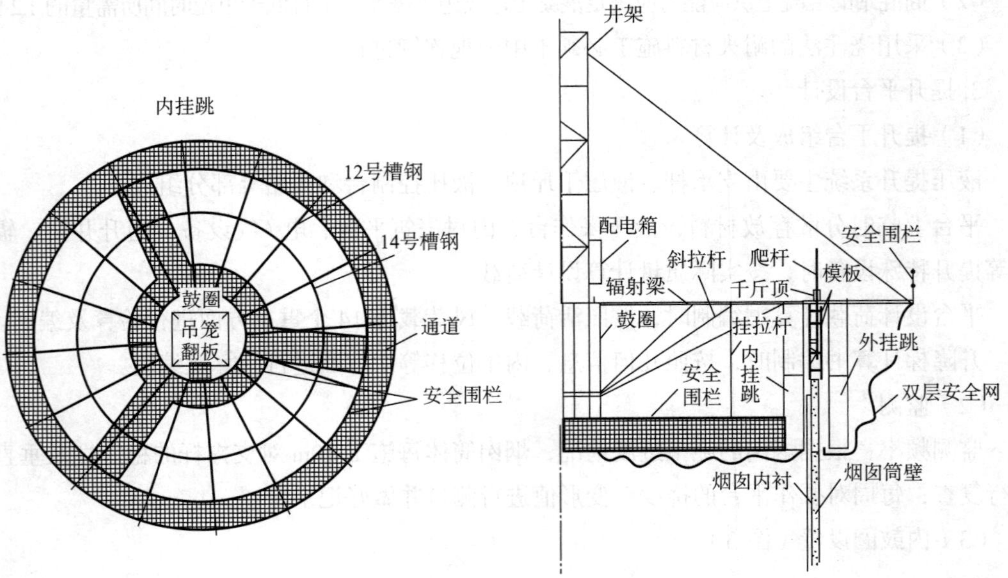

图 5　烟囱内衬操作平台设置示意图

（6）垂直运输系统设置

垂直运输系统由吊笼、双限位器、双钢丝绳、下部料斗组成，并与地面卷扬机相连。垂直运输系统顶部设摇头拔杆，上下通信采用对讲机。

5.2.2　基础验收

（1）烟囱安装前，必须按土建基础交接文件并对基础表面进行检查。

（2）基础合格并办理交接检查记录后方可安装。

（3）验收完毕应办理基础中间交接手续。

5.2.3　双层提升平台组装

双层提升平台按照如下工序进行组装：

（1）16 组辐射梁设置在内外环梁上，用 2 副 M16 螺栓与环梁联接。操作平台、平面骨架、内外圆钢圈共设置 3 道采用 12 号槽钢制作的辐射梁。

（2）安装时要求提升架垂直安装，辐射梁保持水平。

（3）用钢筋焊接制作可以调节的模板围圈。

（4）中心升降平台安装。其垂直偏差应不大于 0.15%，井架中心应与筒身圆心一致。

（5）液压设备系统采用分级并联油路，插入支承杆的起始位置拟位于筒壁中。

（6）提升到一定高度后，安装内外吊脚手，随之安装外侧围栏及悬挂安全网。

（7）平台全部组装完毕后，进行 1.25 倍静载及 1.1 倍动载试验检查验收。

（8）负荷试验：施工平台组装完成后，需要进行吊笼空负荷试验、吊笼满负荷试验、吊笼超负荷试验、平台负荷试验，全部验收合格后方可进行烟囱施工。

5.2.4 筒身安装

1. 筒身钢筋施工

与普遍土建施工无差别，钢筋的搭接位置大于 18mm 的通常采用机械直螺纹连接，小于等于 18mm 的钢筋采用绑扎连接。

2. 筒身模板施工

由于烟囱为圆筒状接口，故外模采用 2mm 镀锌铁皮，外模组装后尺寸为 1.65m × 5m，内模采用 2mm 铁皮和 2.5mm × 4.0mm 方管焊接而成，每模浇注混凝土标高为 1.5m（图 6）。

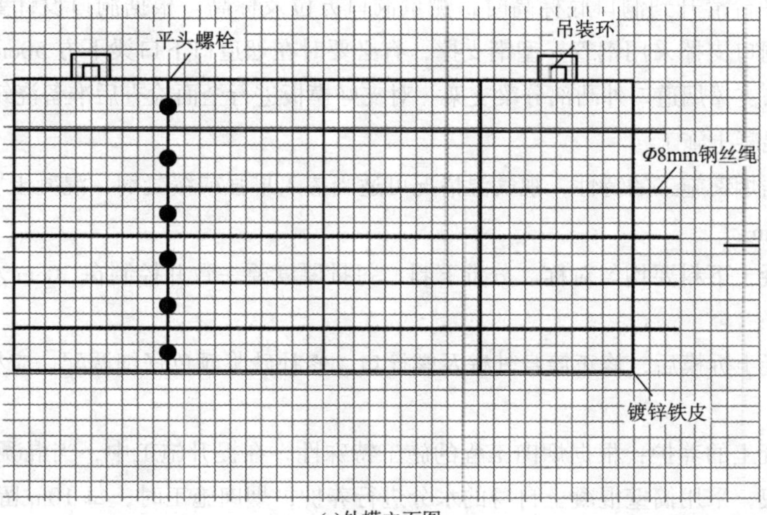

(a)外模立面图

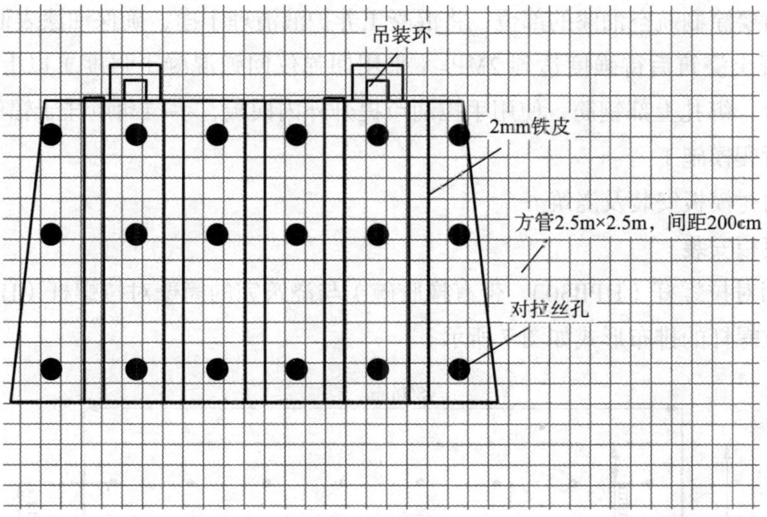

(b)内模立面图

图 6 筒身模板示意图

模板采用定位钢筋定位，定位钢筋长度同壁厚。模板上口设置一根定位钢筋，定位钢筋的直径为 14mm 以上，方向在烟囱半径上，外口是筒壁外半径，第一节模板的定位钢筋焊接在钢筋骨架上，以后均焊接在钢筋骨架上。

先立外模板，再立内模板，然后采用 14mm 的对拉螺杆，底层拉杆间距 45cm，分为上中下 3 道，上下 2 道间距 65cm，采用 Φ18mm 的钢筋抱箍，用卡扣将模板锁牢。

筒体变坡处理：变坡应根据设计边坡值计算好流程表，一般变坡应在 3m 范围内采用过度变坡，避免突变影响筒体处理。

牛腿：牛腿与筒壁整体施工，外模采用原有定型收份外模，内模是 1.5m × 0.15m 的钢模和配制的收分模板，加固还是根据筒壁加固方式，把对拉螺杆进行加密处理。

筒首的施工：筒首花饰的施工采用埋木模芯子，常规爬模方法施工。

洞口：平台滑升到洞口底标高时，测量洞口方位及标高。根据洞口设计要求，安装钢筋、模板。洞口支撑采用钢管、型钢支撑，有必要时在烟道口下口梁下方 50cm 处预先安装预埋件，用来支撑烟道口外凸部分梁支架。对支好模板进行全面检查后准备浇筑。

3. 筒身混凝土施工

（1）根据烟囱施工的特性，视气温情况可适当掺入早强或缓凝剂，混凝土坍落度控制在 150mm ± 30mm。

（2）混凝土下料要均匀对称、分批下料，每批厚度要一致并控制在 30cm 左右，并振捣密实。

（3）混凝土拆模后，修正筒身外壁及螺栓口，修补砂浆颜色仔细调配，应尽量和筒身一致。

（4）混凝土的养护：根据烟囱工程的施工特殊性，在提升施工中，当混凝土壁拆模后，刷一层养生液，采用筒壁混凝土自身的水分进行养护；烟囱施工时，每 10m 留置一组试块，施工时应留置同条件的试块。

（5）对需要涂刷航空油漆的部位，将混凝土养护液清理干净，确保油漆表面清洁。

（6）混凝土浇筑后待强度达到 2MPa（采用回弹仪回弹混凝土强度）以上后拆除模板。提升操作平台，绑扎上部钢筋，使用手拉葫芦提升外内模板，手拉葫芦挂于辐射梁上，以此类推循环进行爬模施工。

5.2.5　内衬模板安装及浇筑

1. 内衬模板安装

（1）使用对拉螺杆（HPB300，带有橡胶碗）与浇筑完的筒壁对拉螺杆（HPB300）预留头焊接。对拉螺杆的排布形式如图 7 所示。

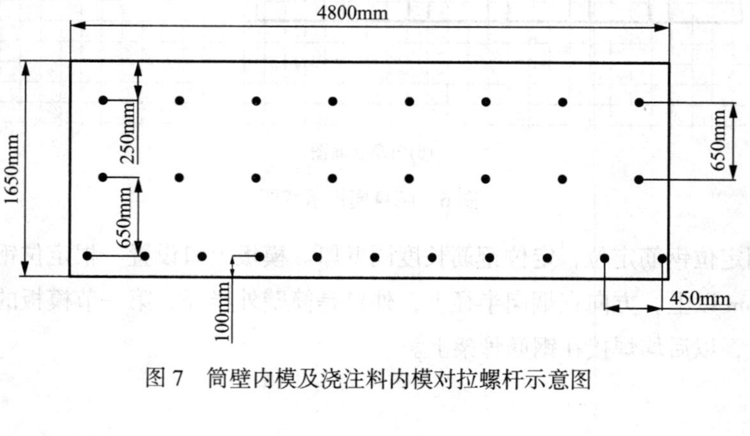

图 7　筒壁内模及浇注料内模对拉螺杆示意图

（2）对留在内衬中的对拉杆涂刷耐酸蚀涂料。

（3）支设模板，模板规格为1200mm×1650mm×2mm，采用4张模板为1组，每张相邻模板之间使用平头螺丝连接；背面加肋，间距为200mm的方管（20mm×40mm）均匀分布。

（4）模板支设时模板应与已施工完成的内衬搭接40～50mm。

（5）待内衬强度达到型式检验报告所示强度后进行模板拆除。使用手拉葫芦提升模板。以此类推循环进行爬模施工。

2. 内衬浇筑

（1）在浇筑耐酸浇注料前，在烟囱筒壁内壁上涂刷一层防腐隔离层。

（2）耐酸浇注料搅拌时要严格按照生产厂家的使用说明和配比要求进行配比和搅拌。

（3）在模板拆除提升后，将螺杆堵头处钢筋切除，再使用压杆将剩余堵头清除后用水玻璃耐酸混凝土进行补孔、抹平。

5.2.6　平台提升及模板爬升

使用提升液压千斤顶连续进行提升，使其提升至1.5m。在上层钢筋绑扎焊接避雷接地系统的同时进行下层模板固定设施的拆除，使用8台同步电动倒链将下层模板爬升至上层进行支设，爬升同时筒壁进行修正保养，包括调正收分、校正中心线、划定标高控制线等。保养完毕后，在新一层模板内埋设铁件，验收后进行混凝土浇筑，待混凝土强度达到2MPa后，进行提升。该工序连续循环进行。

5.2.7　烟囱中心半径的测量与纠偏

1. 筒身中心和垂直度测定

采用线锤法在操作平台中心设置1个20kg重的线锤，线锤以细钢丝悬挂在平台的下部，对应线锤下方的基础中心控制桩，在线锤钢丝绳的上端设置提轮及放线器，随着平台的提升，将钢丝绳放长，每提升1模板测量记录1次，连续记录各点的轨迹，发现偏差及时调整；同时辅以激光垂准仪进行校正偏差。

2. 筒体半径、壁厚、钢筋保护层偏差检查

筒体半径使用激光测距仪，每升高1模测1次。每次模板进行收分时对混凝土壁厚进行检查，及时调整筒体半径，调整钢筋保护层，确保竖向钢筋位置符合设计要求。

3. 纠偏

中心纠偏利用调整平台倾斜面法来控制中心垂直偏差，方法是一边千斤顶抬高3～6cm反向倾斜，根据需要的反斜度而定。

利用手拉葫芦或钢管扣件，一头拉住提升架的上部，一头拉在另一个提升架的下部，然后收紧纠正扭转。但在调径收分时必须放松导链或扣件，调径完再收紧。

5.2.8　高程测量

标高用石笔画在支撑杆上，当施工至烟囱牛腿位置时，用长钢卷尺沿着测中心点的线锤测量烟囱标高，并在牛腿支模时调整标高偏差至准确的牛腿标高。

5.2.9　色标涂刷

航标漆涂刷吊篮采用专业厂家生产的外挂圆弧电动脚手吊篮，吊篮能够满足现场安全和施工要求即可。

5.2.10 提升设备拆除

（1）烟囱筒首、内衬、爬梯、平台及航空色标均施工完成后，有关部门进行验收，验收后对提升系统进行拆卸，拆卸原则：先装的后拆，后装的先拆，先远后近，由上而下，对称拆除。

（2）高空拆卸设指挥1个，负责高空拆卸的全面指挥工作；设电工1人、电焊工1人；上面设开机1人，拆卸5人；下面设指挥1人，负责拆除范围内的安全工作；设开机1人，拉绳卸钩2人，另加1人作为下面安全监护。拆除的人员必须熟悉提模施工工艺，不得中途随意更换。

（3）拆除顺序：先拆除内衬平台，再拆除模板，用两根20#槽钢焊接在筒顶预留的埋件上，将鼓圈支撑固定，开始拆油压泵、千斤顶、油压系统，拆除后将电焊机移至操作台上的木跳板上。将小摇头拔杆（0.5t）从烟囱筒内往下吊运的同时进行外环钢圈拆除，拆除摇臂、天盘、道索以及对称拆除井架上的斜杆撑。而后拆除第2圈外环梁，并对称间隔拆除辐射梁、中环梁。拆除完毕后拆除井字架及电焊机、内鼓圈。最后拆除卷扬机并将小摇头拔杆拆开，分2次用白棕绳送至地面。

4. 拆除要点

（1）拆除过程中使用的机械设备必须经过严格检查合格后方可投入使用。

（2）烟囱筒首处应在拆除环梁和辐射梁之间，满铺硬质木板，各组合件拆除时用绳拴紧扣牢，防止掉落。在拆除过程中，传动受力部件及钢丝绳开机人员每次班前必须认真检查。

（3）参加高空拆除的人员以及配合拆除的人员，思想要高度集中，严格按照高空作业的安全操作规程进行作业，不得麻痹大意，不得自由操作；各种机械、电气设备由指定专人持证操作，专职开机人员思想要高度集中。

（4）完成拆除作业确认上部无遗留根据、材料后，人员由爬梯下至地面。

5.2.11 烟囱验收

（1）烟囱整体垂直度达到质量验收标准。

（2）烟囱筒体强度整体达到标准，且资料查验合格。

（3）烟囱筒体同条件下养护试块及标准条件下养护试块强度验收合格。

（4）衬里材料型式检验报告合格、送样试块及现场试块验收合格。

（5）静电接地施工资料及影像资料验收合格。

（6）混凝土浇筑、衬里浇筑过程资料验收合格。

5.3 劳动力计划

劳动力组织情况见表1。

表1 劳动力组织情况表

序号	职务	单位	数量	备注
1	技术员	人	2	技术跟踪与监督
2	质检员	人	1	质量监督检查
3	安全员	人	1	安全监督检查

续表

序号	职务	单位	数量	备注
4	测量员	人	2	测量
5	焊工	人	3	焊接
6	铆工	人	5	组对
7	钢筋工	人	8	钢筋安装
8	模板工	人	5	模板移位、安装
9	驾驶员	人	2	吊车
10	卷扬机工	人	2	卷扬机操作
11	普工	人	6	配合工作
合计		人	37	

6 材料与设备

6.1 主要设备

本工法现场投入机具及主要设备见表 2。

表 2 现场投入机具及主要设备表

序号	机械或设备名称	规格型号	数量	功能或作用
1	双筒卷扬机	3t	1	中部提升装置
2	卷扬机	2t	1	双重防坠器
3	卷扬机	1t	1	备用
4	装载机	300 型	1	现场运输用
5	叉车	3t	1	现场运输用
6	液压设备	套	1	提升用
7	操作平台	套	1	主要施二区域
8	电气控制设备	套	1	供电
9	二级配电箱	个	1	供电
10	监控设备	套	1	安全防护
11	钢筋制作设备两套	套	1	制作钢筋
12	垂直运输设备（自制）	套	1	运输人、料
13	双重防坠器	套	2	安全设施，一用一备

（1）本工程中拟采用的设备、机具都在使用前组织有关人员对其进行了 1 次大维修和保养，确保机械设备在生产过程中的设备无意外故障。

（2）现场将应用的设备由工程部门提前进行计划准备，若现有的库存设备不能满足需要，将及早安排采购。

（3）由于本工程施工所使用的机械设备均要连续作业，机修人员须跟班作业，当机械出现故障时，须能在施工工艺允许的时间范围内及时进行抢修。

（4）施工现场要留置 1 小块空地放置少量的备用设备，同时作为保养的场地，并且所有机械均须进行三级保养。

（5）提升设备严格按照规范及相关标准要求进行动静载荷等相关试验，合格后方可使用。

6.2 辅助设备

本工法辅助设备统计见表 3。

表 3 辅助设备表

序号	名称	规格型号	单位	数量	备注
1	栏杆围栏	Φ12mm		0.888	0.103
2	安全网	—	—	—	0.1t
3	木板	40mm	m^3	$0.62t/m^3$	1.86t
4	内衬平台	[12	m	12.06kg/m	0.491t
5	推车等小工具	—		70kg/ 台	0.14t
6	道木	250mm × 160mm	根	20	
7	麻绳	Φ20mm	m	40	溜绳
8	水准仪		台	1	测量标高
9	经纬仪		台	2	测量垂直度

6.3 消耗材料

本工法消耗材料统计见表 4。

表 4 消耗材料表

序号	名称	规格型号	单位	数量	备注
1	焊条保温筒	PR-1	个	2	
2	电焊钳	—	个	2	
3	电焊把	—	个	5	

7 质量控制

7.1 质量标准与规范

（1）GB 50300—2013《建筑工程施工质量验收统一标准》

（2）GB/T 50107—2010《混凝土强度检验评定标准》

（3）GB/T 50051—2021《烟囱工程技术标准》

（4）GB/T 50113—2019《滑动模板工程技术标准》

（5）GB 50007—2011《建筑地基基础设计规范》

（6）GB 50009—2012《建筑结构荷载规范》

（7）GB 50011—2016《建筑抗震设计规范》

（8）GB 50017—2017《钢结构设计标准》

（9）GB 50661—2011《钢结构焊接规范》

（10）GB 50204—2015《混凝土结构工程施工质量验收规范》

7.2 质量控制措施

（1）要充分了解现场作业情况，方案需通过专家论证。

（2）混凝土材料供应须连续不间断，混凝土浇筑完成后 24h，待强度达到 2MPa（采用回弹仪回弹混凝土强度）方可进行爬模，而后进行浇注料施工。

（3）施工中的设备、所有提升装置以及垂直运输装置联检并记录，定期进行日检、周检、月检。

（4）烟囱中心质量控制：钢筋混凝土底板上埋设中心点，中心垂球用钢丝绳通过校正器挂在井架校正中心上。井架底部中心点及工作平台上各有 1 人，以便进行数据对比。

（5）筒身质量控制措施：基础与筒身施工缝处理，将基础环壁顶面凿毛并用清水冲刷干净，露半石子为佳。浇筑筒身混凝土前浇水湿润并铺 1 层与混凝土同配合比去石子砂浆，保证混凝土更好结合。

（6）内衬和隔热层质量控制措施：内衬施工操作平台与混凝土筒壁施工操作平台基本原理相同。随着内衬操作平台的变小，辐射梁外围钢丝绳吊点也随之内移并重新固定。

7.3 质量关键点控制

质量关键点控制见表 5。

表 5　质量检查点一览表

序号	检验项目	检查内容	质量标准 / 允许偏差	检查时机 / 频次	检查方法
1	烟囱中心点	烟囱中心引测点和基准点的偏差	5mm	基础完成，开始安装前	激光经纬仪或吊线锤
2	钢制双模板检查	模板外观检查	应四角方正，板面平整，无卷边、翘曲、孔洞及毛刺等	基础完成，开始安装前	观察检查
3	钢制双模板检查	模板几何尺寸检查	应符合现行国家标准《组合钢模板技术规范》GB/T 50214—2013 要求	基础完成，开始安装前	尺量检查
4	模板偏差	内外模板半径差	10mm	每层模板支护后	尺量检查
5	模板偏差	同层模板上口标高差	20mm	每层模板支护后	水准仪和尺量检查
6	烟囱洞口偏差	预留洞口起拱度（$L \geqslant 4$m）	应符合设计要求或全跨长的 1‰～3‰	施工至孔洞支模前	尺量检查
7	围圈尺寸偏差	围圈安装水平度	1%	围圈施工前	水平直尺
8	预留孔洞、烟道口	洞口界面尺寸	± 150mm	洞口浇筑施工前	尺量检查
9	预埋件定位	预埋件中心偏差	10mm	预埋件定位后，浇筑前	水准仪和尺量检查
10	钢筋偏差	钢筋间距	± 20mm	抽查不少于 10 处	尺量检查
11	混凝土质量检查	混凝土配合比及组成材料计量偏差	应符合国家现行标准《混凝土结构工程施工质量验收规范》GB 50204—2015 的规定	浇筑施工前	检查混凝土搅拌记录
12	筒壁偏差	筒壁施工任何截面上的半径	± 25mm	每一模施工后	尺量检查
13	筒壁偏差	筒壁高度偏差	± 0.1%（筒身全高）	每一模施工后	尺量、仪器检查
14	不定型内衬检查	原材料品牌、牌号、配合比	应符合设计要求和国家现行有关材料标准的规定	衬里施工前	检查出厂合格证和试验报告
15	不定型内衬检查	内衬厚度	10mm，−5mm	10 处	测针和尺量检查

8 安全措施

8.1 安全标准与规范

（1）JGJ 80—2016《建筑施工高处作业安全技术规范》

（2）JGJ 46—2005《施工现场临时用电安全技术规范》

（3）JGJ 162—2008《建筑施工模板安全技术规范》

（4）JGJ 59—2011《建筑施工安全检查标准》

（5）SY/T 6444—2018《石油工程建设施工安全规范》

8.2 安全措施

（1）进行三级安全教育，健全安全管理制度，落实安全责任制。

（2）进入施工现场要正确穿戴好劳保用品。

（3）施工机械操作人员必须持有合格项的有效证件上岗，机械设备各安全装置须保持良好状态。

（4）烟囱施工作业要设置警戒区域，并挂警示牌，有专人负责监护。

（5）通过工程试验，研发并采用了双层平台安全防护双重防坠器，提高了烟囱高空作业的安全性。

（6）拆除平台时安全警戒区域应沿烟囱筒壁外围 15m 安装安全警戒围栏。

（7）作业前进行安全技术交底，明确现场作业危险因素及预防措施。

9 环保措施

9.1 环保标准与规范

（1）GB 12523—2011《建筑施工场界环境噪声排放标准》

（2）GB/T 50378—2019《绿色建筑评价标准》

（3）SH/T 3024—2017《石油化工环境保护设计规范》

9.2 环保措施

（1）施工现场所占用的区域和周边环境要充分考虑地貌恢复和环境保护。尤其是烟囱基础的开挖及系统清理，与业主及当地环保部门做好沟通，严格遵守当地法律法规。

（2）在施工进出道路和作业带要及时洒水控制扬尘，并且满足国家最新施工排放标准中对于施工区块的扬尘要求。

（3）施工运输车辆要做好防护措施，防止随走随掉，使施工场地做到标准化、清洁化施工。

（4）施工垃圾及生活垃圾应及时清理，并进行统一处理。

（5）禁止将有毒有害废弃物作为土方回填。对于危废的处理，需要物资部门严格审核危废处理厂家的资质，严格追溯危废处理的源头及路径，做好危废处理的严格管控。

（6）严格控制人为噪声，施工现场不得无故敲打，使用高音喇叭，最大限度地减少噪声扰民。

（7）文明施工，现场的标准化标语、标牌，警示标语做到一致且清晰可见。

10 效益分析

10.1 经济效益分析

该工法与传统的单层平台混凝土烟囱施工，或双层人力输送桁架式双层平台施工方法相比，突出优势是筒身混凝土及衬里浇注料可以一次施工完成，提高工效的同时也降低了施工的安全风险，对于混凝土烟囱的施工进度和经济效益起到了很大的提升作用，具体数据如表 6 所示。

表 6 经济效益比较

项目 技术	工期 / 天	辅材费 / 万元	人工费 / 万元	机械使用费 / 万元	合计 / 万元
采用双层平台结合桁架施工	356	22	194	86	302
采用本工法工艺	176	18	108	68	194
比较节省成本	180	4	86	18	108

10.2 社会效益分析

采用本工法在混凝土烟囱施工中，优化了施工工序及工艺，针对各个工序的施工重点和难点采取相应的措施，确保了烟囱筒体及内衬的施工质量. 高效、安全、经济，具有很好的推广应用价值。

11 应用实例

应用本工法主要完成了以下工程施工任务。本工法施工速度快，避免了不利施工因素的影响，节省成本创造效益，提前完成了施工任务。具体工程如表 7 所示。

表 7 工程应用实例

序号	工程项目名称	开竣工时间	工程量	应用效果	经济效益 / 万元
1	中化泉州 100 万 t/a 乙烯及炼油改扩建项目 260 万 t/a 连续重整装置	2017 年开工 2019 年竣工	新建 100m 混凝土烟囱 1 座	良好	29.2
2	广东石化 1000 万 t/a 常减压装置Ⅰ、广东石化 1000 万 t/a 常减压装置Ⅱ、广东石化 370 万 t/a 加氢裂化装置	2019 年开工 2022 年竣工	新建 130m 混凝土烟囱 2 座、100m 混凝土烟囱 1 座	良好	85.4

油气田站场采用 BIM 技术管道单元预制及自动焊施工工法

王 京 韩志强 刘爱军 胡 博 刁立明 高嘉宁 蒋建国 邱理强 李东根 张俊峰

中油（新疆）石油工程有限公司 中国石油天然气第一建设有限公司

1 前言

随着油气田的不断开发以及油气田站场管道规模的倍增，凸显出焊接量大但工期短等矛盾。目前油气田站场管道施工超过 90% 仍采用手工焊焊接工艺，同时油气田站场管道常规预制程度不高。中油（新疆）石油工程有限公司结合近年来急速发展的信息化和 BIM 技术来提高预制深度，减少了现场安装焊接工作量。

油气田站场采用 BIM 技术管道单元预制及自动焊施工工法，可有效降低劳动强度、减少人为因素对焊口质量的影响、解决高技能焊工劳动力不足的困扰。随着自动焊技术、焊接设备、信息化以及 BIM 技术的不断发展，自动焊及采用 BIM 技术深度预制将成为油气田站场管道施工的主要方式。在提高施工技术水平的同时，还能创造良好的经济、社会效益。

中油（新疆）石油工程有限公司在油气田站场采用 BIM 技术管道单元预制及自动焊施工技术方面进行了深入的探索、研究和实践，总结形成了一套“油气田站场采用 BIM 技术管道单元预制及自动焊施工工法”。本工法包括利用 BIM 技术进行深度预制，管道焊接采用小口径氩弧全自动焊、大口径自保护药芯焊丝自动焊、大口径气体保护药芯焊丝自动焊以及埋弧焊等自动焊焊接工艺，与传统的预制程度及手工焊接工艺对比提高工效 60% 以上。在各类环境下大幅降低了现场施工工作量、焊工施焊难度以及劳动强度。本工法信息化、自动化程度高，采用三维 BIM 技术辅助工厂化预制的方式，结合应用三维预制策划及精准管段图，深度进行工艺预制，同时打通信息平台与现场的通道，物料、管段和焊口推行“三码”管理，使用醒目色标以便区分，采用手机 APP 扫码，掌握物料进出、管段预制程度与焊口信息等。

该工法主要应用于新疆油田呼图壁储气库调整工程（二期）站场管道，预制率、焊接自动化程度及效率与以往工艺相比都具有跨越性的提高。尤其是项目预制比例达到 80%，自动焊实际应用与可应用焊口比例达到 85%，实现了最大化预制。该工法在中国石油天然气第一建设有限公司承建的中俄东线天然气管道工程（永清—上海）安平—泰安段安平联络压气站工程也进行了应用。

本工法因其焊接质量好、工效高、预制程度高、BIM技术应用程度高等特点，具有广阔的应用前景。本工法得到了业主和监理的高度认可，通过了中油（新疆）石油工程有限公司和中国石油天然气第一建设有限公司的工法成果鉴定，应用过程中形成了发明专利1项。

2 工法特点

2.1 施工工效高

利用信息化及BIM技术手段进行管道深度预制，预制场地依托好，可大幅减少除焊接之外的其余工序的耗时。

采用“预制场自动焊工艺 + 现场全位置自动焊”的组合施工方式，扩大了自动焊的使用范围；相较于传统手工焊工艺，工效大大提高。管径越大壁厚越厚，焊接效率提高越明显。

2.2 施工质量好

采用“BIM三维预制管理 + 批量出单线图 + 精准管段图工艺预制”模式提高了管道预制质量。

根据管道的不同材质、管径及壁厚，对管道管段坡口使用对应的坡口机进行加工，采用适宜的管道组对工装，实现油气田站场管道高精度加工及组对，同时大量使用全自动焊接，焊接质量得到极大提高。自动焊相较于手工电弧焊，射线检测焊接一次合格率能提高3%～5%，一级片占比能提高10%左右，整体焊接质量提升明显。

2.3 施工成本低

油气田站场采用BIM技术管道单元预制及自动焊施工工效高，对比常规安装及手工焊在同等条件下工期缩短、各工序用时减少、焊材消耗小，同时焊工用工工日减少，施工成本大幅降低。

2.4 劳动强度低

油气田站场采用BIM技术管道单元预制及自动焊施工，预制场依托较好，作业环境比现场好，施工过程机械化作业程度高；同时焊接采用全自动焊接，操作人员劳动强度大幅度降低，有效实现了文明施工。

2.5 信息化程度高

采用“BIM三维预制管理 + 批量出单线图 + 精准管段图工艺预制”模式，提高了预制及施工下料精度，减少施工人员识图及材料计算的工作量。通过三维预制策划及精准管段图的结合，同时推行“三码”（物料为白码、管段为黄码、焊口为蓝码），管理（图1）采用三色色标进行区分更加醒目。可实时查询施工信息，提高了油气田站场管道施工信息化程度。

（1）物料白码：进场材料验收合格后，系统导入物料信息，生成物料白码，通过扫码实现物料厂家信息、炉批号、现场出入库状态查询等信息化管理。

（2）管段黄码：按照预制策划完成管段图及下料清单，生成管段二维码。每个管段拥有独立二维码，下料组管段下料及坡口加工完成后张贴管段黄码，为预制组对提供管段信息查询。

（3）焊口蓝码：按照预制策划完成管段图及焊口清单，生成焊口二维码。焊口完成后张贴焊口蓝码。每道焊接工序完成后，该道工序焊工通过手机扫码锁定焊接信息，信息同步至

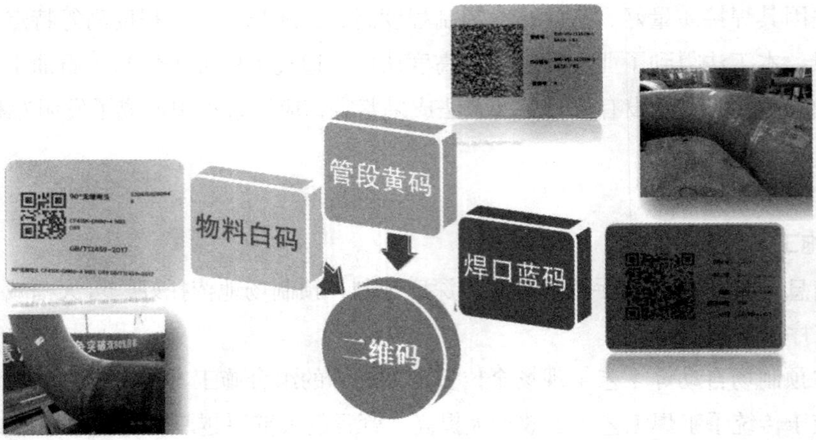

图 1　三码管理图示

焊接管理平台。通过手机 APP 扫描蓝码，可实时查询焊口焊接人员、工艺、日期、安装位置等信息。

2.6　安全风险降低

油气田站场采用 BIM 技术管道单元预制及自动焊施工，大幅减少了现场高空作业及吊装作业工作量，从而减少安全风险，减少现场交叉作业的安全风险。

3　适用范围

本工法适用于各类油气田站场管道（*DN*50 ~ *DN*1200mm）采用 BIM 技术管道单元预制及全自动焊接施工。

4　工艺原理

油气田站场采用 BIM 技术管道单元预制及自动焊施工的主要原理就是针对油气田站场管道采用信息化及 BIM 技术手段进行深度预制策划，合理划分预制部分和现场施工部分，施工时采用物料白码、管段黄码、焊口蓝码的三色色标进行区分和管理，根据焊口型号、规格、材质等选用适宜的全自动焊接方法进行焊口焊。预制管段运输至现场拼装，最终完成油气田站场管道施工。

4.1　管道采用 BIM 技术预制

（1）根据设计蓝图和 IDF 文件，导入 BIM 三维软件生成的注有尺寸信息的管段预制图。技术人员确认后，批量出具单线图，以此作为管道预制的依据，指导预制场下料、加工、组对、焊接、拼装等工序。

（2）在预制策划阶段，详细区分精准预制管段及预留尺寸管段。设备到场前，以精准预制管段为主进行预制工作。最大化油气田站场管道预制工作，尽可能地减少现场安装的工作量。

（3）对于预留尺寸管段，结合现场已施工完成的土建及设备安装情况，现场再次精确复测，开展二次预制，确保最终预制及安装质量。

4.2 管道坡口加工及组对

油气田站场管道坡口加工，需要按照对应焊口的焊接工艺规程上明确要求的坡口形式和参数进行坡口加工；管道、管件、法兰等优先要求制造厂出厂时按照坡口形式和参数要求进行坡口加工；施工时根据管道不同材质、管径及壁厚，使用对应的坡口机进行坡口加工。

根据油气田站场管道管径及焊接工艺，划分管道组对方式。采用与自动焊技术相配套的油气田站场管道内、外组对工装，以此实现自动焊坡口加工和组对的精度要求。

4.3 管道焊接

根据油气田站场管道焊口的型号、规格和材质，采用不同的焊接工艺实施油气田站场管道自动焊：

（1）管道公称直径在*DN*50～*DN*200mm范围内的油气田站场管道，可采用钨极氩弧全自动焊接技术，通过零间隙组对方式，360°全方位进行连续焊接。

（2）管道公称直径在*DN*200～*DN*1200mm范围内的油气田站场管道，可采用气体保护药芯焊丝自动焊、自保护药芯焊丝自动焊等全自动焊接技术，管道壁厚较厚时可采用埋弧焊焊接工艺。

（3）根据不同的油气田站场管道情况采用适宜的全自动焊接方法，从而覆盖所有油气田站场管道，实现油气田站场管道的全自动焊接施工。

5 施工工艺流程及操作要点

5.1 施工工艺流程

5.1.1 总流程（图2）

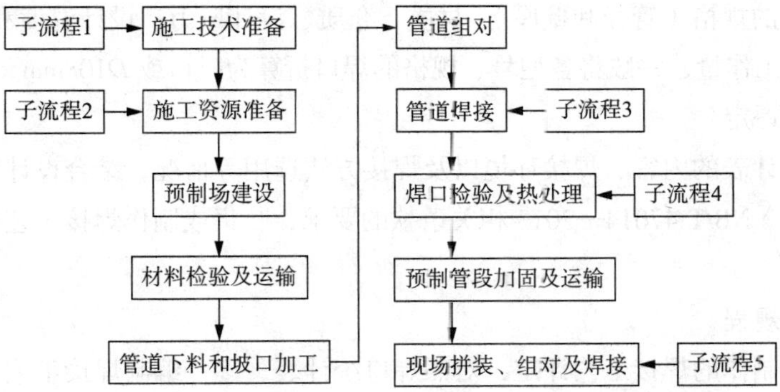

图2 油气田站场采用BIM技术管道单元预制及自动焊施工流程图

5.1.2 子流程

（1）子流程1（图3）

图3 施工技术准备流程

（2）子流程 2（图 4）

图 4　施工资源准备流程

（3）子流程 3（图 5）

图 5　管道焊接流程

（4）子流程 4（图 6）

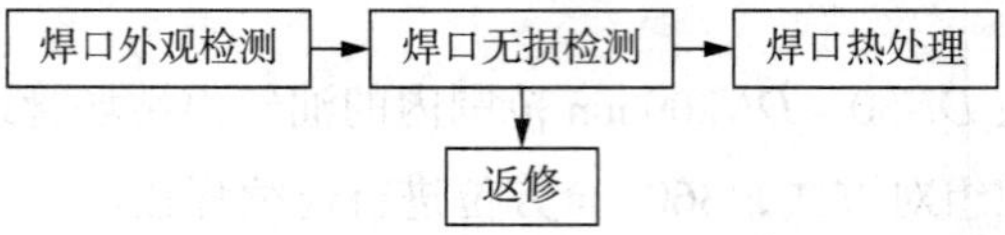

图 6　焊口检验及热处理流程

（5）子流程 5（图 7）

图 7　现场拼装、组对及焊接流程

5.2　操作要点

5.2.1　施工技术准备

1. 统计焊口

根据设计蓝图和 IDF 文件，导入 BIM 三维软件生成的管道单线图及焊口统计表，焊口统计表主要有焊口的规格（管径和壁厚）、材质、介质、设计压力、设计温度和焊口数等参数，为方便计算焊接工作量，一般将各型号、规格的焊口折算为吋口或 D108mm × 4mm 的标准口。

2. 焊接工艺评定

根据焊口统计表的内容、焊接环境以及焊接方法选用等情况，结合设计文件和《承压设备焊接工艺评定》NB/T 47014—2013 相关条款的要求，收集或制作焊接工艺评定，要求覆盖全部焊口的焊接。

3. 焊接工艺规程

根据收集或制作的焊接工艺评定，对照焊口统计表，逐一编制焊接工艺规程并对相关人员进行交底，焊接处张贴相关焊接工艺规程。

4. 管道深度预制策划

采用“BIM 三维预制策划 + 单线图 + 精准管段安装图”开展油气田站场管道深度预制策划（图 8），按照减少现场高处作业及现场安装焊接工作量、深入开展和最大化进行管道预制、最大化应用全自动焊接的策划原则，同时综合考虑现场安装位置、吊装和运输尺寸以及运输质量等影响因素，在三维模型中直接划分标注预制焊口、现场焊口。通过三维预制策划，经技术人员确认，最终在完成油气田站场管道深度预制策划后，按照策划规则批量抽出管道单线图、预制管段安装图等。图中生成管段下料清单和焊口清单，清单中标明管线编号，管段尺寸，材料型号、规格、材质，焊口编号等信息，施工班组可直接使用管道单线图及预制管段安装图开展工艺管道预制及现场安装工作，减少施工班组材料计算提取、管段计算等时间。

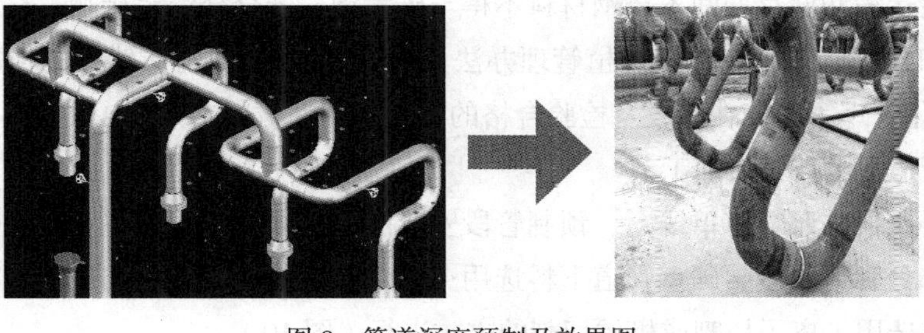

图 8　管道深度预制及效果图

5.2.2　施工资源准备

1. 施工人员准备

按照施工部署准备施工人员，其中进场焊工要求具备焊接工艺评定中有关焊接要求的相关证件和资质，同时焊工须经过进场考试并且成绩合格。

2. 焊材及辅材准备

根据焊口统计表和焊接工艺评定确定的焊接方法计算相关的焊材用量。焊材及辅材根据施工部署分批按要求进场即可。焊材存放和使用严格执行制定的《油气田站场管道焊材标识管理办法》，避免出现焊材错用的情况。

3. 施工机具准备

按照施工部署准备施工机具，其中全自动焊接设备的准备至关重要，焊接设备的性能优良往往直接影响着焊接质量。根据焊接工艺评定确定的焊接方法，通过调研、试用、对比，最终比选出适合目前油气田站场管道全自动焊接要求的焊接设备。通过不断试验反复验证，最终确认各种焊口型号、规格的全自动焊接参数，满足油气田站场管道全自动焊接要求。

5.2.3　预制场建设

根据项目预制工作量、预制工作要求以及全自动焊接需求，建设油气田站场采用 BIM 技术管道单元预制场（图 9），预制场内划分材料存放区、下料加工区、大口径管道预制区、小口径管道预制区、半成品区、热处理区、无损检测区，满足管道施工自材料存放领取、下料加工、预制组对焊接、热处理、预制拼装及无损检测等全过程施工的需要。预制场建设时充分考虑区域及工位布置，设置配套的临时用电系统，同时根据工作量大小，考虑设置相适应的桁吊系统。

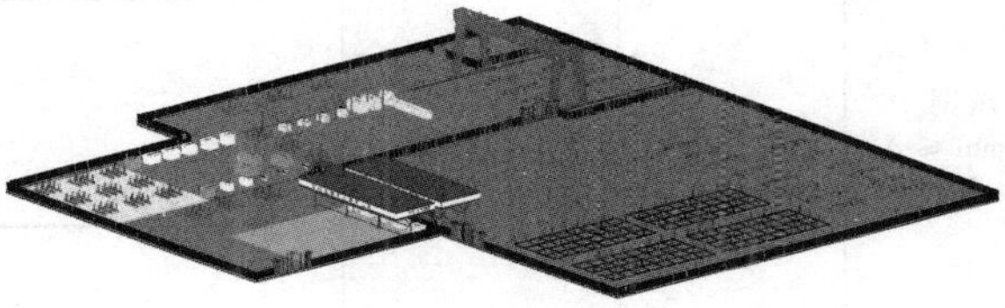

图 9　预制场建设效果图

5.2.4 材料检验及运输

到场材料按照设计、规范及管理要求进行验收。到场材料检验按照《工业金属管道工程施工规范》GB 50235—2010 相关要求进行，验收及检验合格的材料按照施工部署运输至预制场。材料存放和施工过程中妥善保管并做好成品保护工作，不得混淆或损坏，尤其是对于不锈钢材料。在运输和储存期间不锈钢材料不得与碳素钢、低合金钢等接触。材料严格执行制定的《油气田站场管道材料标识移植管理办法》，避免出现材料材质错用的情况。同时按照“三码”信息化管理手段，在验收及检验合格的材料上张贴材料二维码（白码）。

5.2.5 管道下料和坡口加工

管道下料严格按照管道单线图、预制管段安装图等的要求进行，注意现场焊接段的管道下料需预留部分管道长度。碳钢管道下料选用火焰切割、等离子切割或机械切割的方式；不锈钢管道下料选用等离子切割或机械切割的方式进行（图 10）。

管道坡口加工的形式和精度对全自动焊接质量影响较大。根据不同的管道材质、壁厚及焊接工艺，按照焊接工艺规程进行对应的坡口加工；管道坡口加工以坡口机机械坡口加工为主；管道、管件、法兰等优先要求制造厂出厂时按照坡口形式和参数要求进行坡口加工，以减少现场加工工作量。主要坡口形式见表 1。

表 1 主要坡口形式

坡口尺寸	管段类型	坡口角度	坡口形式	示意图
小口径（*DN*50~*DN*150mm）	碳钢	37.5°	V 形坡口	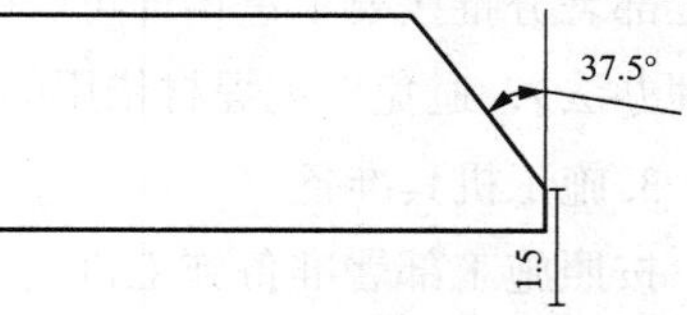
	不锈钢	8°	U 形坡口	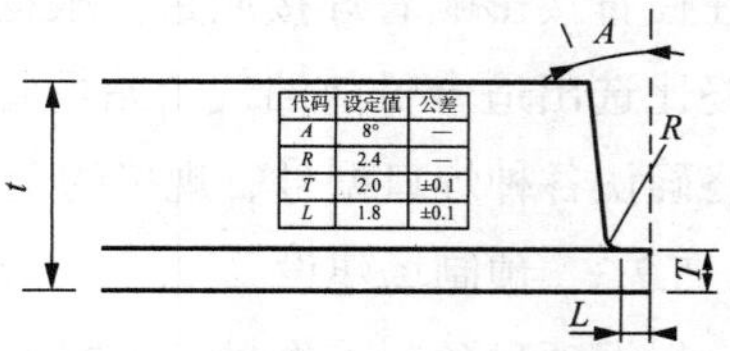
中大口径（*DN*200~*DN*1200mm）	碳钢 25mm/28mm	30° +15°	复合 V 形坡口	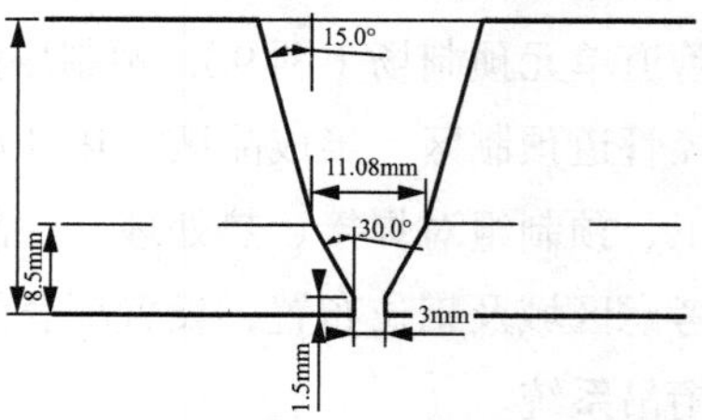
	碳钢 13mm ≤ δ ＜ 20mm	22°	V 形坡口	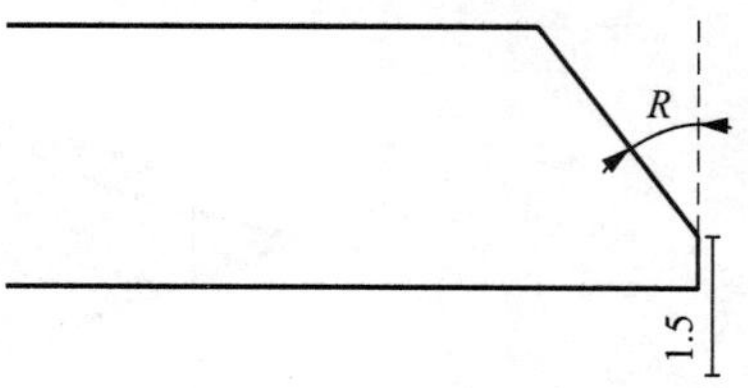

续表

坡口尺寸	管段类型	坡口角度	坡口形式	示意图
中大口径（DN200~DN1200mm）	碳钢 $\delta \leqslant 13$mm	30°	V 形坡口	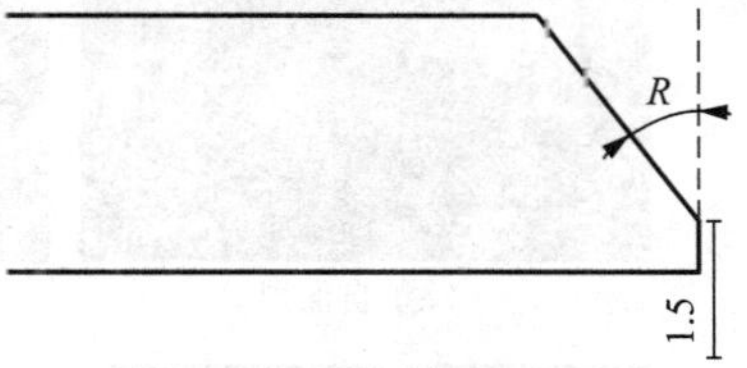
	不锈钢	8°	U 形坡口	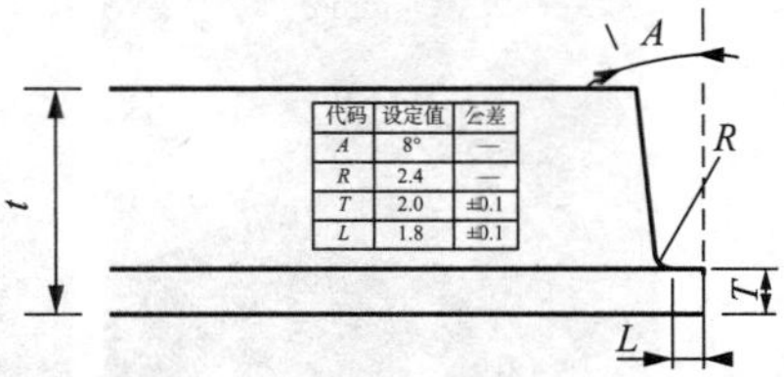

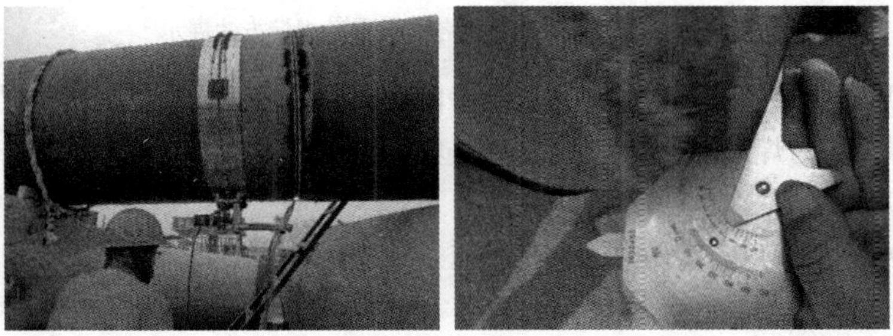

图 10　管道切割及坡口角度检查

5.2.6　管道组对

根据油气田站场管道管径及焊接工艺，选用与自动焊技术相配套的油气田站场管道内、外组对工装，实现自动焊对管道组对的精度要求。管道组对完成后，按照“三码”信息化管理手段，在预制管段醒目位置张贴管段二维码（黄码）。

5.2.7　管道焊接

1. 焊前预热

按照焊接工艺规程要求对需要焊前预热的焊口进行焊前预热，对坡口两侧各＞ 100mm 宽度范围进行焊前预热，使用接触式热电偶测温仪进行测温。

2. 根焊

按照设计及焊接工艺规程要求进行根焊，有气体保护要求的，在根焊过程中不断地进行气体保护，保护气体的种类、纯度和流量须满足焊接工艺规程要求。

3. 填充盖面

按照设计及焊接工艺规程要求进行焊口填充盖面；选用适宜的自动焊焊接方法并在操作过程中严格执行相关的焊接参数要求，焊接时的电流、电压、枪头摆速及摆幅、左右摆动停留时间、焊接送丝速度按照许可范围进行设定、操作；根焊与填充盖面的时间间隔不大于 10min（图 11）。

（a）自保焊 （b）无轨气保焊 （c）有轨气保焊

（d）埋弧焊 （e）氩弧焊 （f）气保焊横焊

图 11　油气田站场管道各类全自动焊接方法展示

焊接完成后，按照“三码”信息化管理手段，在焊口附近醒目位置张贴焊口二维码（蓝码），同时在焊口旁对焊工信息等进行标识，包括注明每层焊工的代号及焊接日期等信息。

4. 后热处理

壁厚＞ 19mm 的焊口需要做热处理，不能立即进行焊后热处理时，应在焊接后立即进行后热处理。后热温度均匀加热至 200 ~ 350℃，并进行保温缓冷，时间不小于 30min，加热范围为焊缝及焊缝每侧各 100mm 范围内（图 12）。

图 12　油气田站场管道全自动焊接现场焊接

5.2.8　焊口检验及热处理

1. 焊口外观检测

焊口焊接完成后由焊工、班组长及质检人员对焊缝余高，焊缝宽度，焊缝错边量，焊道表面残存的焊瘤、焊渣、飞溅等进行焊口外观检验，发现不合格处及时进行处理。

2. 焊口无损检测

经焊口外观检测合格的焊口，由质检人员报送焊口无损检测委托，由监理人员确认后，无损检测单位进行焊口无损检测，注意射线检测严格设置警戒区。

3. 返修

焊口无损检测结果如不合格，需要安排有资质的焊工按照返修规程进行焊口返修。返修完成后进行焊口复探。返修次数不得超过规范及返修规程的要求。

4. 焊口热处理

根据设计、规范及焊接工艺规程要求，壁厚＞ 19mm 的焊口需要做热处理。无损检测合格后方能进行焊口热处理，焊口热处理严格按照技术交底及热处理工艺卡要求执行。热处理完成后及时进行硬度检测，硬度检测合格表明焊口热处理合格。

5.2.9 预制管段加固及运输

现场具备安装条件，按照施工部署将预制管段运输至施工现场进行安装，扫管段二维码（黄码）即可知晓管段安装位置和要求等信息。为防止运输过程中预制管段变形，运输前应进行相应的加固工作。

加固时需要临时点焊的焊接工艺同正式焊接工艺；加固后的管段吊装时需要进行试吊，确保加固措施的可靠性。油气田站场采用 BIM 技术管道单元预制的预制场与现场距离不远，运输车辆采用常规的运输平板车即可。运输时同样需要采用临时固定措施，确保运输安全、平稳及管段运输不变形。

5.2.10 现场拼装、组对及焊接

1. 现场拼装

根据管道单线图、预制管段安装图及扫管段二维码（黄码）进行现场拼装。

2. 现场组对

根据油气田站场管道管径及焊接工艺，选用与现场焊接相配套的油气田站场管道内、外组对工装进行现场组对。

3. 现场焊接

参照 5.2.7 管道焊接相关要求即可。

5.3 劳动力组织

以新疆油田呼图壁储气库调整工程（二期）5# 露点控制装置为例，本工法劳动力组织情况见表 2。

表 2 油气田站场采用 BIM 技术管道单元预制及自动焊施工劳动力组织表

序号	职务	人数	备注
1	焊接工程师	1	主管焊接技术
2	技术员	2	深度预制及焊接实施管理
3	质检员	1	质量检验
4	安全员	1	安全监督
5	氩弧全自动焊焊工	6	每台焊机配 1 人
6	自保护全自动焊焊工	4	每台焊机配 1 人
7	气体保护全自动焊焊工	5	每台焊机配 1 人
8	氩弧打底焊工	2	组对点焊及辅助焊接等
9	埋弧焊焊工	4	每台焊机配 2 人
10	电工	1	临时用电作业及用电设备维保
11	材料员	1	材料供应、后勤管理

续表

序号	职务	人数	备注
12	管工	12	预制及现场组对安装、下料及坡口加工
13	起重工	2	配合材料、设备及焊口组对吊装
14	气焊工	2	预制下料
合计		44	

6 材料与设备

以新疆油田呼图壁储气库调整工程（二期）5# 露点控制装置为例，本工法主要材料统计见表 3，主要机具设备统计见表 4。

表 3 材料表

序号	名称	规格型号	单位	数量	备注
1	灭火器	ABC8	具	12	每处 2 具
2	灭火毯	1.8m × 1.2m	条	12	每处 2 条
3	警戒线	CG-22-40 × 100	卷	50	
4	接地桩	接地电阻＜ 4Ω	组	2	
5	班组用工具	全套工具	套	4	扳手、套筒、榔头、撬杠、敲击扳手等
6	毛毡	T112-41	条	20	

表 4 机具设备表

序号	名称	规格型号	单位	数量	备注
1	无轨卡式全自动管道氩弧焊机	HW-ZD-200	套	6	
2	管道气保护全自动焊机	F500G-P	套	6	
3	全位置管道自保护焊机	FM3501	套	7	
4	埋弧全自动焊机	ESAB LAF 1000 DC	套	2	
5	热处理机	WDK-90	台	4	
6	便携式坡口机	IDE-159	台	6	
7	固定式坡口机	DPFM1224	台	2	
8	门式起重机	MH2-18	台	1	
9	随车式起重机	PFT5314JSQD6A	辆	2	
10	熊谷电焊机	MD-1100CC/CV	台	8	
11	外对口器	WD914	台	4	
12	内对口器	ND627	台	3	
13	风速仪	UT363	台	2	
14	红外测温仪	TM330	个	4	
15	焊接检验尺	HJC40	个	4	
16	四合一气体检测仪	YT-1200H-F4	个	4	

7 质量控制

7.1 施工技术标准及验收规范

（1）相关设计图纸

（2）GB 50235—2010《工业金属管道工程施工规范》

（3）GB 50184—2011《工业金属管道工程施工质量验收规范》

（4）GB 50236—2011《现场设备、工业管道焊接工程施工规范》

（5）NB/T 47013—2015《承压设备无损检测》

（6）NB/T 47014—2023《承压设备焊接工艺评定》

7.2 质量保证措施

（1）统计焊口：统计时需要仔细进行核对，确保所有焊口全部覆盖，同时确保焊接工作量预估准确。

（2）焊接工艺评定：覆盖全部焊口的焊接，焊接工艺评定注意覆盖范围及焊接方法，重点关注设计温度选用能覆盖的低温冲击试验要求，焊后热处理类别及热处理时间与壁厚的覆盖范围。

（3）管道 BIM 技术深度预制策划：策划时综合考虑现场安装位置、吊装和运输尺寸及质量等影响因素；同时需要在现场复核土建基础及设备管口方位、尺寸、标高等关键参数，如有偏差及时调整预制参数，避免预制策划错误。

（4）焊材及辅材准备：油气田站场管道焊材型号、规格和种类多且容易混淆，焊材存放和使用严格执行制定的《油气田站场管道焊材标识管理办法》，避免出现焊材错用的情况。

①焊材库必须干燥通风，库房内不得放置有害和腐蚀性物质。

②焊材储存在架子上，离地面高度和与墙壁距离均不得少于 300mm，并严防焊条受潮。

③焊材应按种类、牌号、批号、规格分类堆放整齐，每垛应有明确标识和入库时间，防止混放。

④焊材储存库内设置去湿机、温度计、湿度计并保持库内温度不低于 5℃，空气相对湿度应不高于 60%。

⑤焊材管理员每天在 9：00 和 16:00 用风速仪、温湿度计测量一次焊材库内和室外现场的情况，并将监测数据进行记录。

⑥领取后的焊条在 4h 内使用完，超过 4h 须退回库房，由焊材管理员登记，重新烘干后方可使用，管理员对发放及回收的焊材做好详细记录，特别是二次烘干后的焊条必须落实到焊工个人的详细记录中。对于烘焙温度超过 350℃的焊材，累计烘焙次数不允许超过 3 次。

⑦焊材管理员每天认真做好焊材库监测数据记录、焊材烘干及方法记录等，将焊材的种类、数量、批号、烘焙次数记录清楚，确保任何焊口所使用的焊材，都能找到烘干和发放记录，具有可追溯性。

（5）预制场建设：预制场按照相关建造标准进行建设；设备安装应确保安装质量；临时用电系统由专业人员进行设计和维护；桁吊系统超吨位的按要求进行报监。

（6）材料检验及运输：严格按照规范要求进行材料检验，注意检验比例、检验形式等须满足要求。

（7）管道下料和坡口加工：全自动焊接质量受管道坡口加工的形式和精度影响较大，严格按照焊接工艺规程进行对应的坡口加工。当管件与管道壁厚不等时，对厚壁侧管口进行削薄处理，防止焊接应力集中，从而降低焊接接头强度。过程中对管道组成件进行信息标注并做好标识移植工作。

（8）管道组对：全自动焊接质量受管道组对的组对间隙、错边量等参数影响较大，严格按照焊接工艺规程进行管道组对，尽可能地选用适合的组对工装，确保管道组对精度；管道组对完成后，对管内、管口进行全面清理，确保管内清洁度，同时将敞口端进行封堵并科学存放。

（9）管道焊接：此工序为本工法的关键工序，管道焊接直接关系工程质量，须严格按照焊接工艺规程的要求进行管道焊接。

①焊接环境保证焊接所需的温度和焊工技能不受影响。

②焊接时风速超过规定时，须有防风设施，否则停止施焊；手工电弧焊风速上限为 8m/s；氩弧焊风速上限为 2m/s。

③焊接电弧 1m 范围内相对湿度不得大于 90%。

④当焊件表面潮湿、覆盖有冰雪或在下雨刮风时，若焊工及焊件无保护措施，不得进行焊接。

（10）焊口检验及热处理：

①焊口外观检测严格执行“三检制”，合格后才能报焊口无损检测。

②返修次数不得超过规范及返修规程的要求。

③焊口热处理严格按照技术交底及热处理工艺卡要求执行。

④相邻 2 层焊接接头不得重叠，应错开 30mm 以上，方便各接头点进行打磨。

⑤除工艺或检验要求需分次焊接外，每条焊缝一次连续焊完，当因故中断焊接时，根据工艺要求采取保温缓冷或后热等防止产生裂纹的措施，再次焊接前检查焊层表面，确认无裂纹后，方可按原工艺要求继续施焊。

⑥焊接前清理干净管口两侧内外表面各 20mm 范围内油污、铁锈、水及其他影响焊缝性能的外来物质。全自动焊接机头行进区域管道表面油污、锈蚀等清理干净。直缝埋弧焊接钢管为保证全自动焊接设备焊接质量及稳定性，对全自动焊接设备焊接行进轨道范围内管道母材直缝进行打磨处理，打磨时须严格控制打磨范围，打磨高度与管道母材表面平齐，严禁打磨低于母材表面，打磨宽度与全自动焊接机头轨道宽度相同。对使用焊接轨道的全自动焊接设备，不对管道母材表面焊缝进行打磨。

⑦焊接完毕后，将焊缝表面熔渣及飞溅物清除干净，并按焊接管理相关规定对焊口进行信息标注。

⑧为保证焊接质量，焊接须严格遵照焊接工艺规程规定的参数进行操作。全自动焊接参数针对管径及壁厚试验合格确定后，焊接人员不得随意调整全自动焊接参数。

（11）预制管段加固及运输：预制管段加固时需加固牢固，如有点焊需采用与管道焊接相同的焊材，加固牢固防止运输过程变形，运输过程缓慢进行，如出现变形，立即停车重新加固后再运输。

7.3 关键工序质量控制点

关键工序主要技术指标检验见表5。

表5 关键工序主要技术指标检验统计表

阶段	质量控制点	技术指标	检查方法	检查时机
施工技术准备	焊接工艺规程	依据GB 50235—2010要求，编制焊接工艺规程	查全部规程	焊接前
	管道单线图、预制管段安装图	管道单线图、预制管段安装图内容无误	查图	预制前
施工资源准备	焊工资格	依据焊工资格证及进场考试上岗证	查证件	上岗前
	计量器具	检定	查检定报告	使用前
	焊材标识	依据管理办法对进出焊材标识	查焊材库	焊材进场后
材料检验	进场验收记录	依据GB 50235—2010要求，进行进场验收	查验收记录	材料进场后
	材料检验记录	依据GB 50235—2010要求，进行进场检验	查检验报告	材料进场后
	材料标识	依据材料出厂标识及材料二维码（白码）	查标识	材料进场后
坡口加工	坡口加工参数	坡口角度、坡口形式、钝边等参数符合要求	焊接检查尺检查	坡口加工后
管道组对	管道组对参数	组对间隙、错边量等参数符合要求	焊接检查尺检查	管道组对后
	管段标识	依据管段标识及管段二维码（黄码）	查标识	管道组对后
管道焊接	焊前预热	按焊接工艺规程要求进行预热	查焊接记录 测温枪检查	焊接前
	焊口标识	依据焊口信息标识及焊口二维码（蓝码）	查标识	焊接完成
	后热处理	按焊接工艺规程要求进行后热处理	查焊接记录 测温枪检查	焊接完成
焊口检验及热处理	焊接外观检查	无裂纹、烧穿、未焊透等缺陷 咬边深度、焊缝高度及宽度符合要求	焊接检查尺检查	焊接完成
	焊口无损检测	依据NB/T 47013—2015要求	检测报告	无损检测后
	焊口热处理	依据热处理工艺卡要求	热处理报告 硬度报告	硬度检测后

8 安全措施

8.1 安全标准

（1）GB 2894—2008《安全标志及其使用导则》

（2）JGJ 46—2005《施工现场临时用电安全技术规范》

（3）JGJ 59—2011《建筑施工安全检查标准》

（4）JGJ 146—2013《建设工程施工现场环境与卫生标准》

8.2 安全保障措施

8.2.1 施工现场安全管理措施

（1）进入施工现场的人员必须严格执行油气田场站的管理规定；进场施工人员严格按照划定的施工区域施工。

（2）施工过程中，作业区域设为警戒区，设置警示牌，任何非施工人员不得进入。

（3）消防器材按标准配备齐全、摆放适当、使用方便，并且在有效期内。

（4）所有施工人员一律穿防静电工作服，佩戴安全帽，设备必须可靠接地。

（5）施工操作人员必须严格执行安全操作规程。

（6）磨口、切割管线时须佩戴防护面罩；吊臂下方严禁站人；施工区域不得乱丢垃圾。

8.2.2 劳保健康安全管理

（1）现场施工人员的防护服款式以符合安全要求为主，兼顾穿戴方便、整体美观、色彩明显以及不影响上岗操作。

（2）从事有触电危害作业的人员，配发绝缘的防护用品。

（3）从事特种作业和在特殊生产作业环境中工作的人员，根据生产作业环境、性质特点及需要，选用不同的特殊劳动防护用品；从事 2m 以上高空作业人员配发安全带等；护目镜根据需要配备防冲击眼镜、风镜等。

（4）特殊劳动防护用品经专业检验单位定期检验；安全帽、安全带须定期送检并附检定报告。

（5）劳动防护用品若超过有效期、破裂或损坏，不能随意丢弃，须交回进行集中统一处理并重新发放合格的劳动个人防护用品。

8.2.3 临时用电安全管理

（1）施工现场配备专职电工负责现场的临时用电。

（2）按照临时用电负荷选择电器和导线，现场定期监督检查。

（3）施工临时用电采用“三相五线”制，配电箱配有漏电保护器，用电设备有重复保护接地。

（4）用电设备使用前须固定牢固，用电设备及手持电动工具使用前须进行检查。

（5）设备使用中应进行经常性检查、维护、保养，确保设备始终处于完好状态。

（6）临时用电作业前必须先验电后操作。

（7）专职电工对现场用电设备进行检查，每月检查漏电保护装置。

（8）现场电焊机保持良好状态，有接零保护和漏电保护，采用铜芯橡胶软套电缆，户外焊机设置防雨措施。

（9）总供电开关、分供电开关、支路总开关有过载自动跳闸的空气开关，其他小开关按负荷接上合适的保险丝，严禁用其他金属代替。

（10）不得用钢丝绳、脚手架等金属构件作为电焊机的地线；电缆做好过路架空、埋地、与金属构件隔离等保护措施。

8.2.4 消防安全管理

（1）施工现场配备足够、有效的灭火器材，灭火器铅封良好并设专人对消防器材进行定期检查，并留有检查记录。

（2）施工现场易燃易爆物须分类存放、标识清楚。

（3）保持施工现场消防道路畅通无阻。

（4）明火或电气焊作业区周围清除可燃物、易燃易爆物。

8.2.5 高处作业安全管理

（1）高空作业人员须系挂好安全带，确保锚固点牢固。

（2）合理规划施工顺序和工作步骤，尽量减少高空作业的频次。

（3）作业前检查所有安全工具是否满足要求。

（4）交叉作业、高处作业区域设置安全平网等隔离防护措施。

（5）高处焊接作业时，工具统一放在工具包中，作业过程中不得从高空往下抛掷工具。

（6）同一平面多人同时作业时，要互相保持足够的安全距离。

（7）高处需搭设脚手架时，脚手架作业平台应铺满，跳板两端用铁丝固定在小横杆上，端部至少伸出横杆 15cm，但不得超过 30mm，跳板接头搭接长度不少于 200mm。

（8）高处作业区域设好警戒线，安全标志牌应位置明显、字迹清晰。

9 环保措施

9.1 环保标准

（1）GB 12523—2011《建筑施工场界环境噪声排放标准》

（2）GB 16297—1996《大气污染物综合排放标准》

（3）GB 8978—1996《污水综合排放标准》

9.2 环保保障措施

（1）施工产生的垃圾及废弃物应及时收集、分类存放。

（2）施工前将相关方案和业主要求向全体人员进行技术交底；施工期间设专职环保监督员对施工现场进行环境管理、监督。

（3）将施工场地和作业限制在允许的范围内，规范围挡，做到标牌清楚、齐全，醒目，施工场地整洁文明。

（4）施工现场制定洒水降尘制度，并由专人负责，在易产生扬尘天气，采取可靠的降尘措施。

（5）施工现场严格废液处理要求，产生的排出液经业主同意可排入排水系统；需要拉运至污水处理厂或垃圾场处理的，按要求拉运处理。

（6）建立健全的控制噪声的管理制度，加强施工现场噪声检测。对产生噪声的源头，采取专人检测、专人管理原则，有效控制噪声源，施工人员须佩戴防噪声的劳保用品。

（7）实现施工现场无环境污染事故，产生的废料、垃圾应妥善处理。

10 效益分析

10.1 施工效率对比

经现场实际应用验证，油气田站场采用 BIM 技术管道单元预制及自动焊施工在大型、布局紧凑（交叉作业多）的装置，大口径、厚壁管道焊接中焊接效率远超常规手工焊，且焊缝外观成形均匀，焊缝力学性能更稳定、更优异。

（1）以新疆油田呼图壁储气库调整工程（二期）项目焊接量最大的 5# 露点控制单元 *D*508mm × 25mm/L415Q 规格焊口为例，在同为 20 名焊工的施工资源条件下，1 名手工焊工完成一道焊口需 8h，完成全部 *D*508mm 焊口需约 20 天完成。

采用气体保护自动焊、自保护自动焊完成一道焊口约 3h，埋弧自动焊完成一道焊口约为 2h，按 18 名自保、气保焊工和 2 名埋弧焊焊工进行分配，1 名自保、气保焊工按照 2 天 5 道口计算，1 名埋弧焊焊工按照 1 天 4 道口计算，全部 *D*508mm 焊口仅需约 10 天便可完成，施工效率大大提高（表 6）。

表 6 与手工焊接比较表

项目	本工法焊接工艺	传统手工焊焊接工艺	备注
5# 露点控制单元 D508mm × 25mm/L415Q 规格焊口（共 385 道）	焊工需求：20 人 焊接周期：10 天	焊工需求：20 人 焊接周期：20 天	

由上表可见，本工法的焊接效率是传统手工焊焊接效率的 2 倍左右。

（2）以新疆油田呼图壁储气库调整工程（二期）项目 5# 露点控制单元安装工作量进行对比：现场安装工期缩短约 15 天，总体工期缩短约 10 天。

10.2 经济效益

以 5# 露点控制单元 D508mm × 25mm/L415Q 规格焊口为例，工法效益分析对比见表 7。

表 7 工法效益分析表

项目	效益对比		备注
	本工法焊接工艺	传统手工焊焊接工艺	
纯焊接周期 / 天	10	20	
焊工工时 /（天 · 人）	200	400	
设备数量 / 台	自保护自动焊机：4 气体保护自动焊机：5 埋弧焊机：2 常规焊机：4	常规焊机 18	
设备折旧费 / 天	1500	500	
设备折旧费 / 万元	1.05	1	
人工费（400 元 / 天）/ 万元	8	16	
不考虑工期的人员设备费 / 万元	9.05	17	

故采用本工法施工，人员设备费用成本可缩减 47% 左右。

10.3 社会效益

油气田站场采用 BIM 技术管道单元预制及自动焊施工工法，提升了油气田站场管道施工的自动化、机械化和信息化程度，符合科学发展、技术进步的总体思路；自动化工效高、焊接质量好、施工成本低、信息化程度高，顺应了当今世界数字化、信息化时代的发展潮流，能从一定程度上解决焊工资源不足、老龄化、培养周期长的问题，也是未来行业发展、社会发展的必然趋势；大幅减少了现场高空作业及吊装作业工作量从而减少了安全风险；减少了现场交叉作业安全风险。

本工法可以在各类油气田站场管道施工中进行应用，焊接信息化、全自动焊接等事物将会逐渐进入到今后的各个施工项目中，给施工企业降低更多成本的同时，也给社会带来更强的发展动力，故本工法有较大的推广应用价值。

11 应用实例

本工法自 2021 年至 2023 年在新疆油田呼图壁储气库调整工程（二期）项目和中俄东线

天然气管道工程（永清—上海）安平—泰安段安平联络压气站得到应用，具有施工工效高，节省成本、创造效益等优势，并且提前完成了施工任务，具体情况见表 8。

表 8　工法应用实例

工程项目名称	地点	施工时间	实物工作量		备注
新疆油田呼图壁储气库调整工程（二期）	呼图壁储气库	2021 年 8 月至 2021 年 11 月	1200 万 m^3/d 烃水露点控制装置	1 套	5# 露点控制单元
新疆油田呼图壁储气库调整工程（二期）	呼图壁储气库	2023 年 4 月至 2023 年 5 月	1000 万 m^3/d 过滤分离单元	1 套	过滤分离单元
中俄东线天然气管道工程（永清—上海）安平—泰安段安平联络压气站	河北省衡水市安平县境	2021 年 10 月至 2022 年 11 月	离心式压缩机组及配套工艺管线	3 套	增压单元

实例一：新疆油田呼图壁储气库调整工程（二期）

新疆油田呼图壁储气库调整工程（二期）是中国石油天然气集团公司重点建设项目，满足了北疆以及西北“甘青宁藏”四省区天然气市场季节调峰及应急供气需求，是冬季能源保供重点项目，也是国家能源安全重要项目之一。该工程主体为新建 1 套 1000 万 m^3/d、功率 24MW 电驱离心压缩机注气系统，新建 1 套 1200 万 m^3/d 烃水露点控制装置，以及 8 口设计压力为 32MPa 的注采单井管道及井场，扩建后呼图壁储气库工作气量达 45.1 亿 m^3，注气规模由 1550 万 m^3/d 上升至 2600 万 m^3/d，采气规模由 2800 万 m^3/d 上升至 4020 万 m^3/d。总承包单位为中油（新疆）石油工程有限公司。

（1）在 1200 万 m^3/d 烃水露点控制装置安装施工中，我公司采用了本工法的全部核心技术，综合各项数据：项目管道预制比例达到 80%，实现了预制最大化，最大程度减少了高空作业、交叉作业和现场工作量，节约了现场施工工期、提高了工程质量，降低了安全风险。管道自动焊实际应用占可应用焊口比例达到 85%，实现了自动焊最大化，提高了焊接效率和质量。创造了新疆油气田地面建设的新纪录。

（2）我公司 2023 年在注气系统过滤分离单元工艺安装施工中，综合各项数据：该单元 D356mm × 17.5mm/L415Q 规格焊口总数为 68 道，D508mm、D559mm × 25mm/L415Q 规格焊口总数为 21 道，预制焊口数为 74 道，管道预制比例达到 83%。该单元管道自动焊焊口总数为 62 道，可应用全自动焊口总数为 72 道，实际应用占可应用焊口比例达到 85%，进一步实现了预制最大化，不仅节约了工期、提高了质量，降低了安全风险，还提高了焊接效率和质量，是对本工法的进一步验证和应用。

实例二：中俄东线天然气管道工程（永清—上海）安平—泰安段安平联络压气站

中俄东线天然气管道工程（永清—上海）安平—泰安段安平联络压气站，位于河北省衡水市安平县境内。该站是在原安平站的基础上进行的改、扩建站场。全站工艺管道共计有焊口 5671 道，合计 107426 吋，其中可用于站场全自动焊的焊口为 1293 道，合计 73222 吋。采用站场全自动焊工艺共计完成焊口 316 道，合计 22699 吋，返修焊口 8 道，总合格率达到 97.47%，站场全自动焊工艺应用比例达到可用该工艺焊口的 31%。总承包单位为中国石油天然气第一建设有限公司。

长距离顶管隧道内管道定向钻回拖施工工法

范琼华 徐 杨 邹业英 朱 江 易万鹏

中油（新疆）石油工程有限公司

1 前言

在大口径长输管道顶管隧道内管道穿越施工中，传统的施工方法如隧道内焊接安装、竖井内焊接安装后牵引进洞等，存在穿越工期长、施工空间狭小、作业安全风险高等诸多缺点，难以适应长距离、大坡度、小空间隧道的管道安装施工。

中油（新疆）石油工程有限公司结合现场施工情况，综合考虑水平定向钻施工技术的成熟性，通过优化施工方法，将顶管隧道内穿越管道在预制作业带上整体预制完成后，采用定向钻一次回拖的方式，使得隧道内穿越管道能够进行流水焊接和整体牵引发送，有效地解决了传统穿越施工时间长、安全风险高等难题。通过工程实践，总结相应的施工工艺，形成了“顶管隧道内管道定向钻回拖施工工法”。

本工法先后运用在中俄东线天然气管道工程（黑河—长岭）前乾引松干渠顶管隧道穿越施工、哈达山百里输水干渠顶管隧道穿越施工中，均一次回拖成功，得到了成功应用，取得了良好的经济效益和社会效益。

本工法施工效率高、施工安全风险低、施工成本低，且劳动强度低，得到了业主认可，并通过了中油（新疆）石油工程有限公司的工法成果鉴定。

2 工法特点

2.1 穿越施工效率高

本工法减少了顶管竖井内管道焊接、防腐、检测等施工时间，顶管隧道内受限空间作业时间，提高了管道穿越的施工效率。

2.2 施工安全风险低

本工法减少了顶管竖井内管道受限空间施工，减少设备、材料、工机具等频繁吊装，降低了施工安全风险。

2.3 成本低

本工法提高了穿越施工效率，降低了施工成本。

2.4 降低了人员的劳动强度

定向钻回拖施工的机械化程度高，减少了顶管隧道内人工作业，降低了工人的劳动强度。

3 适用范围

本工法适用于管径≥ *DN*800mm、壁厚≥ 10mm 的长输管道顶管穿越的回拖施工。

4 工艺原理

顶管隧道曲线顶管施工完成并经验收合格后，采用水平定向钻施工技术，结合现场实际情况确定定向钻钻机位置。根据顶管隧道实际曲线、套管内径及管道外径差值，确定定向钻水平回拖出入土点两侧角度，在顶管隧道内完成导向孔施工。严格控制回拖过程中预制管道与顶管隧道内壁间距，及时纠偏，通过定向钻回拖的方式将已完成预制的穿越管道回拖至顶管隧道内，实现顶管隧道内的管道安装。其工艺原理详见图 1。

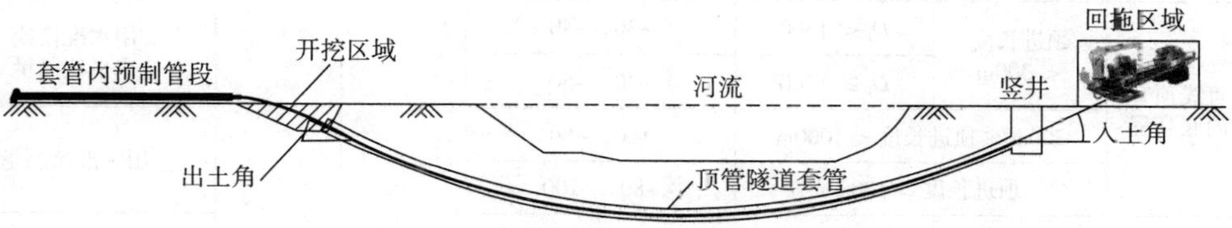

图 1 工艺原理图

5 工艺流程及操作要点

5.1 施工工艺流程

施工工艺流程详见图 2。

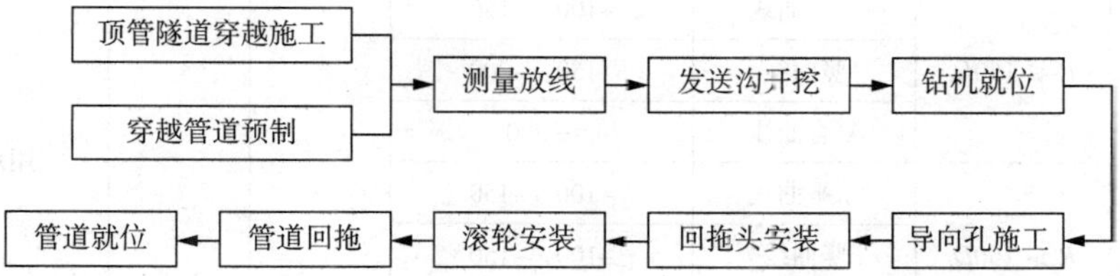

图 2 工艺流程图

5.2 操作要点

中油（新疆）石油工程有限公司在中俄东线天然气管道工程（黑河—长岭）段前乾引松干渠顶管隧道曲线顶管穿越施工的顶管隧道施工完成后，穿越段管道采用了定向钻回拖施工的方法，根据本工法在工程中的实际运用，概括总结出以下操作要点。

5.2.1 顶管隧道穿越施工及穿越管道预制

1. 顶管隧道穿越验收

（1）对套管轴线偏差的验收方法

在套管内可视轴线上选取 2 点，采用激光经纬仪进行通视，量取激光线到套管底高度，与设计曲率半径形成的弧高进行对比验证。顶管施工必须保证套管弧度不大于穿越管线的曲率半径，如果大于穿越管线的曲率半径穿越管线将无法通过。

（2）顶管隧道工程技术验收执行标准

隧道竣工验收应由建设单位、质量监督、设计单位、监理单位、顶管施工单位及管道穿越单位共同进行验收确认，验收应按《油气输送管道穿越工程施工规范》（GB 50424—2015）、《给水排水管道工程施工及验收规范》（GB 50268—2008）的规定进行，顶管施工贯通后管道的允许偏差应符合表 1 的规定。

表 1　顶管施工贯通后管道的允许偏差

检查项目				允许偏差 /mm	检查数量		检查方法
					范围	点数	
1	直线顶管水平轴线	顶进长度＜300m		50	每管节	1 点	用经纬仪测量或挂中线用尺量测
		300m ≤顶进长度＜1000m		100			
		顶进长度≥ 1000m		L/10			
2	直线顶管内底高程	顶进长度＜300m	D_i＜1500	+30，−40			用水准仪或水平仪测量
			D_i ≥ 1500	+40，−50			
		300m ≤顶进长度＜1000m		+60，−80			用水准仪测量
		顶进长度≥ 1000m		+80，−100			
3	曲线顶管水平轴线	$R \leqslant 150D_i$	水平曲线	150			用经纬仪测量
			竖曲线	150			
			复合曲线	200			
		$R > 150D_i$	水平曲线	150			
			竖曲线	150			
			复合曲线	150			
4	曲线顶管内底高程	$R \leqslant 150D_i$	水平曲线	+100，−150			用水准仪测量
			竖曲线	+150，−200			
			复合曲线	± 200			
		$R > 150D_i$	水平曲线	+100，−150			
			竖曲线	+100，−150			
			复合曲线	± 200			
5	相邻管间错口	钢管、玻璃钢管		≤ 2			用钢尺量测，见 GB 50268—2008 第 4.6.3 条的有关规定
		钢筋混凝土管		15% 壁厚，且≤ 20			
6	钢筋混凝土管曲线顶管相邻管间接口的最大间隙与最小间隙之差			≤ ΔS			
7	钢管、玻璃钢管道竖向变形			≤ $0.03D_i$			
8	对顶时两端错口			50			

注：D_i 为管道内径，mm；L 为顶进长度，mm；ΔS 为曲线顶管相邻管节接口允许的最大间隙与最小间隙之差，mm；R 为曲线顶管的设计曲率半径，mm。

2. 穿越管道预制

定向钻施工前，按照图纸要求完成穿越管道的焊接、无损检测、防腐和清管、测径及试压。

5.2.2　测量放线

测量放线时，根据穿越施工图设计的穿越控制桩及线路定位桩坐标点，引出相对坐标点和标高，测量、放出管道中心线位置。根据设计要求和施工方案，确定合理的钻机布置、钻进位置及回拖场地占地的位置和几何尺寸，并绘制施工场地平面布置图，一并进行放线标记。采用GPS定位，全站仪进行测量，测量放线中对测量控制桩全过程保护。首先依据设计图纸复核两端控制桩的准确性，然后根据设计图纸提供的两端控制桩放出管道穿越中心线，并在中心线上每隔50m设加密桩。

5.2.3　发送沟开挖

定向钻施工前，顶管隧道套管至预制穿越管道回拖头之间约100m的长度需先开挖发送沟，调整好管道的入孔角度。入孔角度需与出土角保持一致，避免因管线弯曲造成应力过大而使回拖困难（图3）。

图3　发送沟分层开挖

5.2.4　钻机就位

1. 钻机的确定

穿越管段回拖力主要考虑穿越预制管道和滚轮支座与地面接触的摩擦力。

以中俄东线天然气管道工程（黑河—长岭）哈达山百里输水干渠顶管隧道穿越工程为例，穿越段钢管为D1422mm×25.7mm X80M直缝埋弧焊钢管，预制管道总长为320.55m，设置管箍式管道滚轮支座130组。经计算，D1422mm×25.7mm穿越预制管道质量约为290t，130组管箍式滚轮支架（单个质量约0.5t）的总质量约为65t。

穿越管段回拖力按下式计算：

$$F=k\cdot G\cdot \mu \tag{1}$$

式中，k为动载系数，取1.1；G为管道和滚轮支座质量，290+65=355t；M为滚轮与钢板摩擦系数，取0.3。

经计算，穿越管段回拖力F=117.25t，为确保满足施工需求，选用300t钻机。

2. 钻杆的确定

施工前应根据地质条件，结合施工经验，选用合适的钻杆，并对选用的钻杆进行扭矩分析核算，保证本次定向钻施工的稳定和安全。

3. 钻机就位

施工用设备应根据施工场地规划依次进场就位。

钻机应就位在穿越中心线位置上，地锚抗拉能力满足最大拉力要求。钻机就位完成后，进行系统连接、试运转，保证设备正常工作。

5.2.5　导向孔施工

（1）穿越施工导向孔需先从钻机处钻进至顶管沉井预留洞口约100m处，钻进时每根钻杆平均折角为2°，控向过程中勤测量、勤纠偏，钻进套管后钻头在套管内继续钻进。钻头出套管后，进入已开挖完成的管道发送沟内，可用挖掘机将钻头吊起牵引至穿越管道前端。为确保出入土点的穿越曲线精度，使用高精度的控向系统进行导向孔作业，同时以地面磁场校核系统技术辅助控向，并且每钻进一根钻杆进行一次磁场校正，确保导向孔施工精度（图 4）。

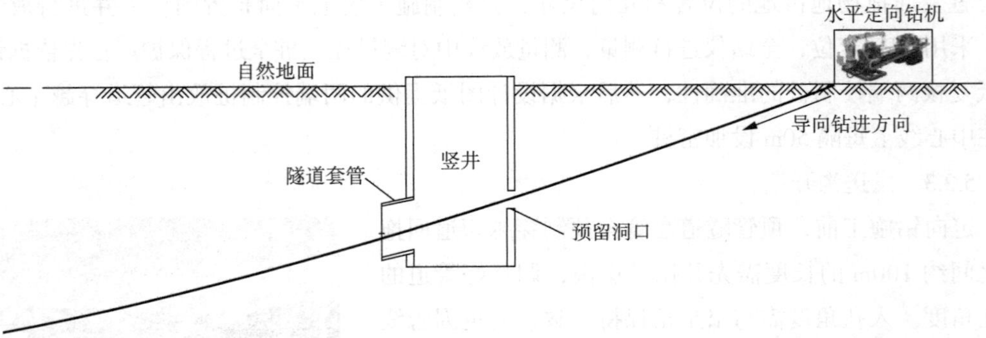

图 4　导向孔施工示意图

（2）导向孔曲线的光滑程度直接影响钻杆钻导向孔时的推力、回拖力和回拖的成功率。如果钻杆在地层中呈 S 形，导致钻杆的推力向前传递受阻，难以控制钻头的方向，引起曲线的不光滑，而且在上升段进行导向孔钻进时由于钻杆和钻头自身的重力下沉而引起抬头难。为避免上述情况发生，在钻导向孔时保证每根钻杆控向角度应小于 1°，而且不能连续地上升和下降（图 5）。

5.2.6　回拖头安装

回拖头要焊接牢固，并经检验确认无缺陷。

管道发送准备就绪后，钻头钻进至穿越管道前端，拆卸钻头并安装扩孔器，用 200t 分动器连接穿越管道回拖头和钻杆（图 6）。

图 5　导向孔施工图

图 6　回拖头安装

5.2.7　滚轮安装

穿越管道在进入顶管隧道口前，按照图纸要求，每 2.5m 设置 1 组滚轮，在穿越管道上安装滚轮支座以减少摩擦阻力，同时保护穿越管道防腐层在隧道内不被损伤。滚轮安装完成后，将焊接完成的 D114mm 光缆套管固定在滚轮上方，钢管内预穿钢丝绳，便于后期硅芯管、光缆穿放（图 7）。

5.2.8　管道回拖

施工中可根据施工实际情况，配合 3 台 90t 吊管机起吊进行辅助发送，保证穿越管道正常入洞、成功回拖（图 8）。

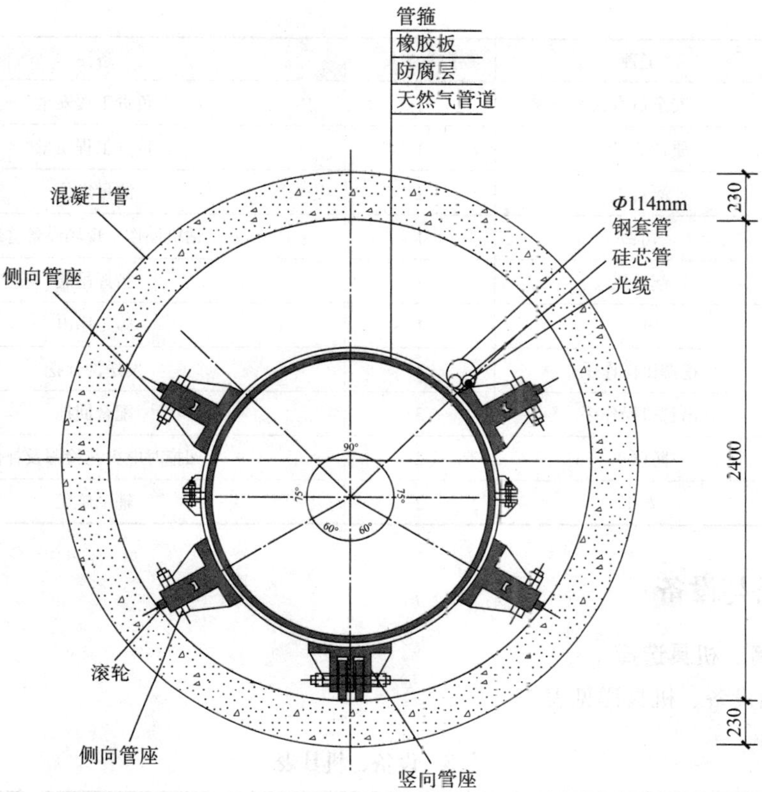

图 7　隧道内管道安装图

图 8　吊管机吊装配合回拖施工

在回拖时进行连续作业，避免因停工造成卡钻。回拖前仔细检查旋转接头、连接头、扩孔器的连接，确定连接牢固方可回拖。回拖时两岸要加强联系，协调配合将管线敷设到预定位置。

由防腐作业人员配合管线回拖作业，在管道回拖前对管道防腐层做全面的漏点检查；回拖时，及时对管道进行检漏，对破损处进行及时补伤。

5.2.9　管道就位

管线回拖至入土点工作坑内，断开回拖头，钻机牵引钻杆及回拖头出土即为回拖完成。

5.3　劳动力组织

本工法人员组织见表 2。

表 2　劳动力组织表

序号	工种	数量 / 人	备注
1	项目经理	1	对工程全面负责
2	项目副经理	1	协助项目经理工作
3	施工班长	1	负责现场施工
4	技术负责人	1	负责工程技术

续表

序号	工种	数量 / 人	备注
5	安全负责人	1	负责工程安全
6	质量负责人	1	负责工程质量
7	测量工	1	测量定位
8	司钻	1	钻机操作、现场设备管理
9	起重工	1	指挥吊装
10	电工	1	施工用电
11	挖掘机操作手	4	发送沟开挖
12	吊管机操作手	3	配合回拖
13	防腐工	2	回拖时电火花检漏及补伤
14	普工	2	辅助施工

6 材料与设备

6.1 设备、机具选择

工程所用设备、机具详见表 3。

表 3 设备、机具表

序号	设备名称、型号	数量 / 台
1	XZ3000 定向钻机	1
2	200kW、200GF 发电机	1
3	SharewelL 导向仪	1
4	挖掘机	4
5	吊管机	3
6	水平仪 BJ3-2	1
7	拓普康 102n 全站仪	1
8	SL-6A、25kV 电火花检漏仪	1

6.2 主要材料

工程所用主要材料详见表 4。

表 4 主要材料

序号	材料名称	规格	数量
1	钻杆	127mm	60 根
2	椭圆形封头	*DN*1400mm	1 只
3	卸扣	200t	2 只
4	吊带	50t	3 副

7 质量控制

7.1 施工执行的标准与规范

（1）GB 50369—2014《油气长输管道工程施工及验收规范》

（2）GB 50424—2015《油气输送管道穿越工程施工规范》

（3）GB/T 50539—2017《油气输送管道工程测量规范》

（4）GB/T 31032—2023《钢质管道焊接及验收》

（5）GB 50268—2008《给水排水管道工程施工及验收规范》

（6）SY/T 6968—2021《油气输送管道工程水平定向钻穿越设计规范》

7.2 质量保证措施

（1）建立健全各级全面质量管理与质量保证体系，成立以项目经理为首的全面质量管理领导小组，积极开展全面质量管理活动。

（2）在测量前，对所涉及的仪器如全站仪、钢卷尺等测量工具进行检验，并保证在有效期内。

（3）测量过程中严格按照相关规定进行测量，并实行复核制度，做到点点有复核，前一步未检核合格，不进行后一步的测量。

（4）钻机的钻头中心线应与管道保持同心，第 1 节钢管的入土点和安装角度在钻孔前应测量准确；导向孔穿越管段曲率半径应尽量取大一些，以保证管道的顺利回拖。

（5）在穿越管道上安装滚轮支座，每 2.5m 设置 1 组滚轮，以减少摩擦阻力，同时保护穿越管道防腐层在隧道内不被损伤。

（6）全程采用吊管机起吊辅助发送，保证穿越管道正常入洞。

（7）管道回拖前检查外防腐层，用挖掘机辅助配合人工全程采用电火花检漏仪严格检查管道外防腐层有无刮痕及漏铁，一旦发现立即进行修补，保障管道入洞前外防腐层无漏点及划痕。

（8）回拖时保障机组 24h 连续作业，一旦电火花检漏仪检查出漏点，马上停止回拖，并及时补漏，待电火花检漏仪再次检查补漏处没有问题后再进行回拖作业。

7.3 施工质量控制项目及控制要点

施工质量控制项目及控制要点详见表 5。

表 5 施工质量控制项目及控制要点

序号	控制项目	控制要点
1	导向孔曲线	1. 横向允许偏差为 $-0.01L \sim 0.01L$（L 为穿越水平长度），且满足 ±3m 2. 上下允许偏差为 $-0.01L \sim 0.01L$（L 为穿越水平长度），且满足 $-2 \sim 1$m
2	出土点	1. 纵向允许偏差为 ±1m 2. 横向允许偏差为 ±1m
3	漏点检验	采用电火花检漏仪对管线外防腐层全部进行检漏，检漏电压为 15kV，保证无漏点

8 安全措施

8.1 施工执行的安全标准与规范

（1）SY/T 6524—2017《石油天然气作业场所劳动防护用品配备规范》。

（2）JGJ 46—2005《施工现场临时用电安全技术规范》。

8.2 安全措施

（1）组织全体施工人员学习国家和地方的施工安全法规，建立出入施工基地和现场的管理制度，严格执行安全操作规程。

（2）施工现场设置专职安全员，并授予其对施工生产中出现不安全因素采取措施的权利，防止事故发生。

（3）各岗位人员在工作前要认真观察周围环境，对环境四周要有一个整体的印象，防止周围物体伤到自己。

（4）现场人员不得在起重吊装的重物下停留或站在起重臂杆下。

（5）操作机械设备的人员要熟知本岗位的安全操作规程，不得违章作业。

（6）机械设备的防护罩等装置必须齐备，不得有裸露的旋转部位。

（7）操作者要严格执行有关着装的规定，确保安全操作。

（8）管道卸车、安装时，起吊管设专人指挥。进入现场的操作人员必须佩戴安全帽。

（9）电气设备使用前必须进行绝缘检测并定期进行检查。雨天或设备修理后，检测合格方可使用。

（10）电气设备必须按规定做好接地或接零保护。

（11）电工必须持证上岗，作业时必须穿好防护用品。

（12）照明必须采用 24V 低压照明设备，灯线用二芯胶皮线引入管内。

（13）用电设施必须符合规范要求的漏电保护器，移动式、手持式电力工具应“一机一闸一保护”，用电设备及其金属外壳按规定接地或接零。

（14）电气设备均要设安全保护设施，并由专人负责。

（15）工作坑设置带扶手的上下扶梯以保证人员上下时的安全；工作台要牢固，严禁在坑壁上掏坑攀登，沿绳索攀登或跳下。

（16）工作井设置上下扶梯并且工作台要牢固。工作井四周要设置牢固的护栏，并配备充足的照明装置和警示灯。

9 环保措施

（1）建立健全 HSE 组织机构，完善 HSE 管理程序和制度。

（2）严格遵守国家和地方政府下发的相关环境保护的法律、法规和制度。

（3）施工现场设置醒目的环保标识，做到文明施工。

（4）发送沟开挖时生熟土分开，以确保耕种的需要。

（5）现场产生的生活垃圾及工业垃圾不得随意丢弃，应集中进行处理。

10 效益分析

10.1 经济效益

采用本工法进行穿越施工，可以将穿越管道提前预制，减少顶管竖井内焊接、防腐时间，缩短焊接机组施工时间。

10.1.1 哈达山百里输水干渠顶管隧道穿越工程

哈达山百里输水干渠顶管隧道穿越管道水平长度为261.9m，单个穿越焊接机组在顶管竖井内完成焊接、防腐所需时间均为22天，而整体预制焊接所需时间约为8天，缩短穿越焊接机组工期14天，防腐所需时间约为2天，缩短防腐机组工期20天，单个穿越焊接机组每天的施工成本约为3万元，单个防腐机组每天的施工成本约为1万元，则节省施工成本为：3万元/天×14天+1万元/天×20天=62万元。

另外，定向钻穿越施工机组完成回拖所需施工时间约为9天，单个定向钻穿越施工机组每天的施工成本约为2万元，则定向钻回拖的施工成本为：2万元/天×9天=18万元。

本工法与传统工法相比，穿越管道可以提前预制，可缩短工期13天，节约成本为：62万元-18万元=44万元。

10.1.2 前乾引松干渠顶管隧道穿越工程

前乾引松干渠顶管隧道穿越管道水平长度为314.9m，单个穿越焊接机组在顶管竖井内完成焊接、防腐所需时间均为26天，而整体预制焊接所需时间约为10天，缩短穿越焊接机组工期16天，防腐所需时间约为2天，缩短防腐机组工期24天，单个穿越焊接机组每天的施工成本约为3万元，单个防腐机组每天的施工成本约为1万元，则节省施工成本为：3万元/天×16天+1万元/天×24天=72万元。

另外，定向钻穿越施工机组完成回拖所需施工时间约为9天，单个定向钻穿越施工机组每天的施工成本约为2万元，则定向钻回拖的施工成本为：2万元/天×9天=18万元。

本工法与传统工法相比，穿越管道可以提前预制，可缩短工期17天，节约成本为：72万元-18万元=54万元。

10.2 社会效益

在当前人力资源紧缺的情况下，通过本工法的应用节约了大量的人力资源，缩短了施工工期，从而节约了管理带来的附加成本。同时本工法的应用，提高了顶管隧道内管道穿越的施工效率，减少了隧道内的受限空间施工，降低了施工安全风险，符合“安全第一，以人为本”的安全施工理念，同时提升了我公司在长输管道方面施工的综合实力，提高了公司的竞争力，并创造了良好的社会效益。

11 应用实例

实例一：中俄东线天然气管道工程（黑河—长岭）哈达山百里输水干渠顶管隧道穿越工程

本穿越工程位于吉林省前郭县四号屯与盖字井村之间，工程等级为中型。顶管隧道内径为2.4m，水平长度为261.9m（两竖井中心距）。始发井采用圆形沉井工法制作，接收端采用开挖基坑的方式接收顶管机。

顶管隧道施工完成后，定向钻穿越施工机组于2019年4月6日进场，4月13日开始进行导向孔施工，4月14日顺利完成穿越管道的回拖施工任务。

实例二：中俄东线天然气管道工程（黑河—长岭）前乾引松干渠顶管隧道穿越工程

本穿越工程位于省松原市前郭县偏脸子村，工程等级为中型。顶管隧道内径为2.4m，水平长度为314.9m（两竖井中心距）。始发井采用圆形沉井工法制作，接收端采用开挖基坑的方式接收顶管机。

顶管隧道施工完成后，定向钻穿越施工机组于 2019 年 5 月 11 日进场，5 月 18 日开始进行导向孔施工，5 月 19 日顺利完成穿越管道的回拖施工任务。

2019 年本工法在中俄东线天然气管道工程（黑河—长岭）进行了多次成功应用，黑河—长岭段干线起自黑龙江省黑河首站，途经齐齐哈尔市、绥化市、大庆市、吉林省松原市，终于长岭分输站，管径为 1422mm，设计压力为 12MPa。在该工程中，采用本工法完成了哈达山百里输水干渠顶管隧道穿越和前乾引松干渠顶管隧道穿越 2 处施工，均一次回拖成功，得到了业主的认可。

油气管道管段全自动焊连接工法

姜 洋 陈 东 李方军 刘艳龙 刘 伟

中油（新疆）石油工程有限公司

1 前言

管道是油气输送的主要方式，焊接是管道建设的关键技术。目前，大口径长输管道主线路焊接主要采用全自动焊接，其焊接工艺为“内焊机根焊 + 双焊炬外焊机热焊、填充、盖面”；连头焊接主要采用“手工 + 自动焊”的组合自动焊接，其焊接工艺为手工钨极氩弧焊根焊、热焊加单焊炬外焊机填充、盖面。

在油气管道施工过程中，穿越公路、铁路、河流及在役管线等一般需提前预制“多接一”穿越管段（如 5 接 1、7 接 1 或 10 接 1 等）。由于预制管段较长，传统的全自动焊接内焊机电源线及操作杆长度不够，穿越处的“多接一”管段焊口无法进行全自动焊接，一般采用组合自动焊（连头工艺）进行焊接。

根据中俄东线天然气管道工程北段、中段、南段所统计分析的焊接质量和工效来看，中俄东线各参建单位组合自动焊平均一次焊接合格率为 94.51%，个别单位仅达到 80% 左右，相较于全自动焊接合格率 97.83%，组合自动焊一次合格率略显不足；全自动焊工艺焊接 1 道口大约需要 1h 的时间，组合自动焊焊接 1 道口大约需要 8～10h 的时间，体现出了组合自动焊效率较低等问题。

中油（新疆）石油工程有限公司与廊坊中油朗威工程项目管理有限公司通过对长输管道穿越管段焊接施工技术的研究，研制出携带内焊设备的管内焊接爬行小车，把内焊机在焊接过程中所需的电源、焊机等移至穿越管内进行内焊焊接，达到“多接一”穿越管段焊口采用全自动焊接的条件，从而有效地减少组合自动焊的工作量，以及减少留头数量，大大地提高了施工效率和质量。该工法先后运用在中俄东线天然气管道工程（安平—泰安）线路施工二标段、中俄东线天然气管道工程（泰安—泰兴）线路施工二标段等管道穿越焊接施工中，通过应用、优化和推广，取得了良好的经济效益和社会效益。该工法被评为中油（新疆）石油工程建设有限公司 2022 年度科学进步一等奖。

2 工法特点

2.1 工效高

本工法将穿越处管段的组合自动焊口转变成全自动连头焊口，提升了施工效率。通过管道内焊接爬行小车，把内焊机在焊接过程中所需的电源、焊机移至穿越管内进行内焊焊接，实现“多接一”穿越管段焊口全自动焊接，与组合自动焊相比，施工工效可提高 8 倍以上。

2.2 质量优

本工法能有效保证焊接质量。将组合自动焊口变为全自动焊口，减少了人为因素对焊接质量的影响，全自动焊接一次合格率可到达 97% 以上。

2.3 成本低

本工法提高了穿越焊接施工效率，可减少穿越留头点数量，降低了人员、设备施工成本；同时降低了返修或不合格重焊产生的质量成本。

3 适用范围

本工法适用于穿越长度小于 200m，且可使用内焊机自动焊接的油气管道管段焊接施工。

4 工艺原理

通过管道内焊接爬行小车，把内焊机在焊接过程中所需的电源、焊机等移至穿越管内进行焊接，从而达到穿越管段处焊口采用“内焊机根焊 + 双焊炬外焊机热焊、填充、盖面”自动焊接的条件，实现“多接一”管段全自动焊施工。

5 施工工艺流程及操作要点

5.1 工艺流程

管段全自动焊连接工艺流程如图 1 所示。

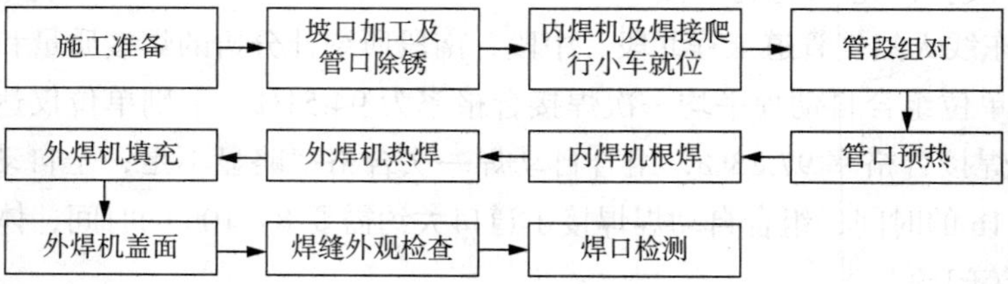

图 1 管段全自动焊连接工艺流程图

5.2 操作要点

根据本工法在工程中的实际应用，以中俄东线天然气管道工程（安平—泰安）线路施工二标段工程（管径为 Φ1219mm、壁厚为 18.4mm）为例概括总结出以下操作要点。

5.2.1 施工准备

（1）在工程开工之前，完成焊接工艺评定及焊接工艺规程编制、审批；完成焊工上岗考试。

（2）组织对施工人员进行技术、质量、HSE 交底。

（3）对投入施工的人员、机具和设备、材料，向业主或监理进行报验审批。

（4）施工现场作业带平整，焊口处挖好作业操作坑。操作坑宽度为焊棚宽度各加宽 1m，深度为管底加深 0.5m。

（5）管段穿越完成后，将焊口两管端底端用沙袋垫起，确保两管端口中心调整在同一直线上。

5.2.2　坡口加工及管口除锈

（1）管端坡口采用坡口机在施工现场进行加工，管端坡口的加工角度和尺寸应符合全自动焊接工艺规程的要求。

（2）针对不等壁厚焊接，应在壁厚较大侧加工内锥孔。内锥孔加工长度和角度应符合全自动焊接工艺规程的要求（图 2）。

接头型式	对接
坡口型式	复合型（如右图所示）
坡口面角度	β=5° ±1.0°，α=45°±1.0°，γ=37.5°±1.0°
钝边(P)	0.8mm±0.2mm
对口间隙(b)	0~0.5mm
拐点至内壁高度(H)	4.8mm±0.2mm
内坡口高度(h)	1.7mm±0.2mm
半坡口宽度(W)	3.3~3.8mm
内锥孔加工(L)	≥110mm
内锥孔角度(θ)	≤15°

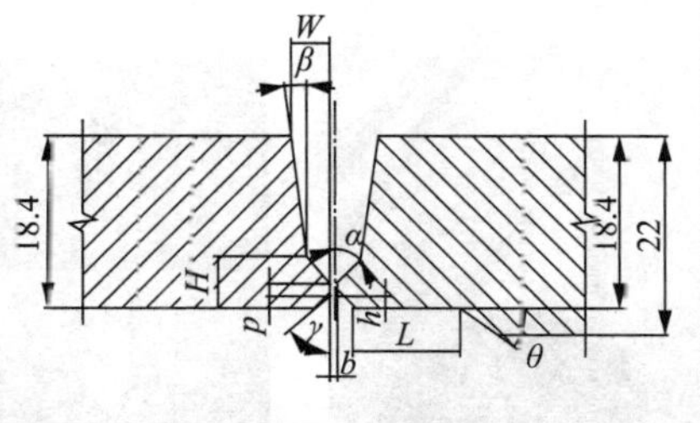

图 2　全自动焊接坡口加工及接头形式图

（3）钢管内外表面坡口两侧 150mm 范围内应清理干净，不应有起鳞、磨损、铁锈、渣垢、油脂、油漆和影响焊接质量的其他有害物质。坡口两侧 25mm 范围内应采用机械法清理至显现金属光泽。采用我单位改造的坡口机管口自动清理装置（图 3），可在加工坡口的过程中完成管口表面清理，无需再单独进行管口清理的工序，从而减少人工打磨清理管口的劳动强度及时间。

图 3　坡口机管口自动清理装置

1—坡口机；2—固定螺栓；3—碗形钢丝刷；4—调节弹簧；5—连接螺栓；6—调节螺母；7—固定支架

（4）管内壁上的浮土采用自制泡沫清管器或人工清理干净。

5.2.3　内焊机及焊接爬行小车就位

将内焊机吊运至焊口处管道内；将焊接爬行小车放置在另一端管口并布置好相应的内焊设备（电源、焊机），开至焊口附近，做好设备的连接（图 4 ~ 图 6）。

5.2.4　管段组对

（1）采用内焊机进行焊口组对（图 7）。

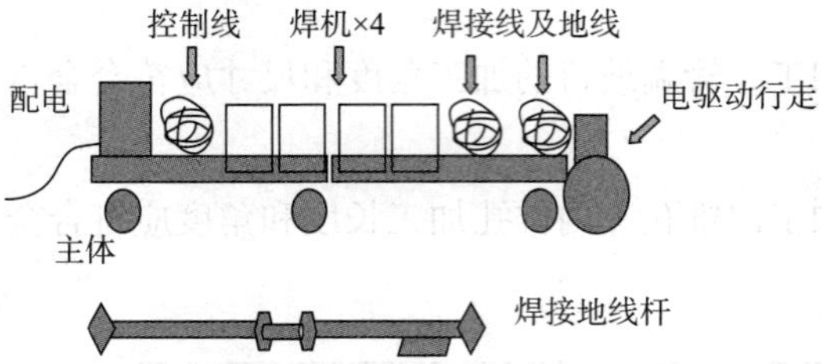

图 4　电动爬行小车示意图

图 5　焊接爬行小车检查准备

图 6　焊接爬行小车连接就位

图 7　内焊机组对

（2）管口组对的错边量应均匀分布在整个圆周上，严禁采用锤击方法强行组对。目前项目所使用的管线均已标注长短轴，组对前做好级配工作。若主管线与穿越管间需加短接，为了保证错边量不超标，尽量在两管口周长相近的位置进行级配。

（3）组对应满足表 1 的要求。

表 1　组对参数表

序号	检查项目	规定要求
1	坡口	符合焊接工艺规程要求
2	管口清理（25mm 范围内）和修口	管口完好无损，无铁锈、油污、油漆、毛刺
3	管端螺旋焊缝或直缝余高打磨	端部 150mm 范围内的内外焊缝余高打磨至与母材齐平
4	两管口螺旋焊缝或直缝间距	错开间距不小于 100mm
5	错边及其校正要求	自动焊的错边量不大于 2.0mm，错边沿钢管圆周均匀分布，并应符合焊接工艺规程要求
6	钢管短节长度	不小于钢管外直径值
7	钢管对接角度偏差	不大于 3°
8	管口组对间隙	按焊接工艺规程执行

5.2.5 管口预热

（1）管口预热采用中频加热器，加热温度严格按照焊接工艺规程执行。

（2）用红外线测温仪对预热温度进行检测，测点在距管口 25mm 处的管口圆周上，应均布且以 4 点为宜。

5.2.6 焊接

（1）正在施焊的钢管应处于稳定状态，根焊焊道全部完成后方可撤离内焊机。

（2）外焊机焊接作业应在全封闭的防风棚内进行。

（3）用专用的焊接地线杆使地线与被焊钢管牢固接触，不应产生电弧使其灼伤母材。引弧应在坡口内或已完成的焊缝表面进行，不应在钢管表面引弧。

（4）100% 根焊焊道完成后方能调整吊管机。若根焊焊道有开裂风险，应在完成 100% 根焊焊道焊接后方能调整或移动吊管机。在钢管稳定在管墩上之前，不能撤离支撑吊具。

（5）外焊时，应注意观察电弧在坡口两侧的熔合情况，随时调整焊炬摆动宽度。

（6）焊接下一焊道前，应用动力角向砂轮机磨除已完成焊道表面的熔渣、密集气孔、引弧点或接头高凸处。焊口完成后，应将接头表面的熔渣、飞溅物等清除干净。

（7）在焊接过程中发现的层（道）间焊接缺陷，应采用打磨、焊接等方式立即进行修补。修补应将缺陷完全去除，并采用原自动焊的焊接工艺进行修补作业。

5.2.7 外观检查

（1）焊工在进行完盖面焊接后，应对所焊焊口外观进行检查，清除焊缝表面熔渣、飞溅和其他污物。

（2）质量员对完成的焊道进行全面的检查，焊缝余高、错边量、焊缝宽度等内容应符合相关规范中焊缝外观的相关要求。

（3）焊缝外观检查合格后，按要求填写焊口相关信息。

5.3 人员配备

人员配备情况见表 2。

表 2 人员配备

序号	岗位（工种）名称	人数	备注
1	机组长	1	全面负责机组施工
2	技术员	1	负责现场施工技术管理兼数字化管道数据采集
3	质量员	1	负责现场施工质量管理
4	安全员	1	负责现场施工 HSE 管理
5	电焊工	4	根焊 2 人、填充盖面 2 人
6	管工	2	对口兼气焊 1 人，坡口加工 1 人
7	起重工	1	布管、配合组对
8	吊管机操作手	2	
9	移动电站操作手	1	
10	挖掘机操作手	1	
11	驾驶员	2	中巴车、客货车各 1 名
12	普工	2	配合卸布管、打砂轮、清理现场、看工地等
合计		19	

6 材料与设备

6.1 材料

应根据焊接工艺规程使用满足要求的材料。中俄东线天然气管道工程（安平—泰安）线路施工二标段工程钢管材质为 X80M（L555M），管径 Φ1219mm，所用填充材料及保护气体具体要求如表 3、表 4 所示。

表 3 填充材料

焊道	根焊	热焊	填充 / 盖面
规范号	AWS A5.28	AWS A5.28	AWS A5.28
型号	ER80S–G	ER80S–G	ER80S–G
规格	Φ0.9mm	Φ1.0mm	Φ1.0mm
牌号（厂家）	BOEHLER SG8–P	BOEHLER SG8–P	BOEHLER SG8–P
焊材烘干	不要求	不要求	不要求

表 4 保护气体

焊道	根焊	热焊	填充 / 盖面
保护气体类型	混合气（Ar–CO_2）	混合气（Ar–CO_2）	混合气（Ar–CO_2）
保护气体类型代号	M21	M21	M21
混合比要求（体积比）	80%Ar+20%CO_2	80%Ar+20%CO_2	80%Ar+20%CO_2
配比用气纯度要求	CO_2 气体纯度≥ 99.5%，Ar 气体纯度≥ 99.96%		
配比用气含水量要求	CO_2 气体含水量≤ 0.005%，Ar 气体含水量≤ 0.005%		
混合气体含水量要求	含水量≤ 0.005%		

注：混合气配制允许误差为 ± 2% 体积分数

6.2 施工机具及设备

本工法主要施工机具及设备见表 5。

表 5 主要施工机具及设备

序号	设备名称	规格型号	单位	数量	备注
1	70t 吊管机	DGY–70	台	2	坡口机吊运、组对焊接
2	挖掘机	CAT320	台	1	配合施工
3	移动电站	YZDZ–80	台	2	
4	全自动内焊机	D1219mm	台	1	熊谷 A–808/48
5	全自动外焊机	D1219mm	套	2	熊谷 A–610
6	坡口机	廊坊海工 D1219mm	台	1	
7	红外线测温仪	麦考特 MT1OO	个	2	
8	接触式测温仪	—	个	2	
9	干湿温度计	WHM5 型	个	1	

续表

序号	设备名称	规格型号	单位	数量	备注
10	风速仪	AR826	个	1	
11	数字式游标卡尺	0～150mm	个	2	
12	万能角度尺	0°～320°	个	2	
13	钳形万用表	DT-266	个	1	
14	复合式多气体检测仪	BH-4	个	1	
15	焊接检验尺	HJC60	个	2	
16	二氧化碳检测仪	GT903-X	个	1	
17	数字万用表	03015	个	1	
18	角向磨光机	Φ150mm/Φ100mm	台	3	

7 质量控制

7.1 施工技术标准及验收规范

（1）GB 50369—2014《油气长输管道工程施工及验收规范》

（2）SY/T 4103—2006《钢质管道焊接及验收》

（3）SY/T 4109—2020《石油天然气钢质管道无损检测》

（4）GB/T 20801.1～6—2020《压力管道规范工业管道》

（5）GB 50424—2015《油气输送管道穿越工程施工规范》

（6）SY/T 0452—2021《石油天然气金属管道焊接工艺评定》

（7）《油气管道工程线路技术规定》

（8）《油气管道工程线路焊接技术规定》

7.2 质量保证措施

7.2.1 焊材管理

焊丝的储存应按照生产厂家产品说明书的要求执行。凡有损坏或变质迹象的焊丝不得用于焊接。拆除包装的焊丝宜连续用完，受潮、生锈的焊丝不得使用。当日未使用完的焊丝可不从送丝机上拆除，但须采取防雨、防潮措施，次日焊接时须去除至少 2m 长焊丝后，方可进行焊接。

7.2.2 管口清理

钢管内外表面坡口及两侧 150mm 范围内应清理干净，不应有起鳞、磨损、铁锈、渣垢、油脂、油漆和影响焊接质量的其他有害物质。坡口及两侧 25mm 范围内应采用机械法清理至显现金属光泽。

7.2.3 坡口加工

（1）管端坡口应采用坡口机在施工现场进行加工，管端坡口的角度和尺寸应符合焊接工艺的要求。

（2）坡口加工前，应检查管端内、外制管焊缝的修磨情况，保证管端 150mm 范围内的内、外制管焊缝修磨至与母材平齐。

（3）应对加工的坡口表面进行外观检查，坡口表面要求平滑且无加工沟槽，不应有分层、裂纹等缺陷。

（4）加工好的坡口宜在 24h 内使用，避免坡口锈蚀及污物腐蚀对焊接质量的影响。

（5）对于钢管表面凹坑，凹坑处有尖点、凹坑位于焊缝处，或凹坑深度超过管道公称直径 2% 的管段应切除。管段切除后，使用坡口机重新加工坡口。

7.2.4　管口组对

（1）管口组对前，应依据 AUT 检测要求绘制参考线。

（2）内焊机组对时不应在钢管内表面留下刻痕、磨痕和油污，不应用锤击法校正错口。

（3）相邻环焊缝间的距离应大于 1 倍钢管直径。

（4）两相邻管的制管焊缝在对口处应相互错开，错开距离不小于 100mm。直缝管制管焊缝宜在钢管周长的上半部分。

（5）错边宜沿钢管圆周均匀分布。

（6）应使用轨道定位器辅助进行焊接小车轨道的安装，应确保焊炬在整个管周并且对准焊接坡口中心。

7.2.5　管口预热

（1）环境温度在 5℃以上时，预热宽度宜为坡口两侧各不小于 50mm；环境温度低于 5℃时，预热宽度宜为坡口两侧各不小于 75mm。

（2）若中断焊接，当重新开始焊接时的层（道）间温度冷却至焊接工艺规程要求的最低温度以下，应重新将焊口加热至预热温度。

（3）宜采用接触式测温仪、红外测温仪或测温笔监测预热温度和层（道）间温度，确定其是否符合工艺规程要求。

（4）预热时不应破坏钢管的防腐层，预热后应清除表面污垢。

7.2.6　焊接

（1）内焊机根焊时，钢管应处于稳定的状态，根焊焊道全部完成后方可撤离内焊机。

（2）外焊机焊接作业应在全封闭的防风棚内进行。

（3）用专用的焊接地线杆使地线与被焊钢管牢固接触，不应产生电弧灼伤母材。引弧应在坡口内或已完成的焊缝表面进行，不应在钢管表面引弧。

（4）当发生导电嘴烧熔或碰壁时，应仔细打磨、清理，直至完全去除铜污染，必要时重新进行坡口加工和焊接，以避免产生热裂纹。

（5）焊接所使用的保护气体，当瓶内气体压力低于 0.98MPa 时，应停止使用。

（6）当现场需要切割焊口时，切割宽度应至少比盖面焊道每侧宽 5mm，以去除原焊缝热影响区。

7.2.7　外观检查

（1）当焊缝余高超高时，宜进行打磨。打磨时应采取有效保护措施避免伤及母材。若打磨伤及母材，打磨后钢管的壁厚不应低于钢管名义壁厚的 95%。

（2）焊缝及其附近表面上不应有裂纹、未熔合、气孔、夹渣、引弧痕迹、有害的焊瘤、飞溅、凹坑及夹具焊点等缺陷。盖面焊缝为排焊时，后续焊道至少宜覆盖前一焊道的 1/3

宽，相邻焊道间的沟槽底部应高于母材，焊道间的沟槽深度（焊道与相邻沟槽的高度差）不应超过 1.0mm。

（3）当咬边≤ 0.4mm 时，任何长度均合格；当咬边超过 0.4mm 且不大于 0.8mm 时，在焊缝任何 300mm 连续长度上不得超过 50mm；当咬边超过 0.8mm 时，任何长度均不合格。

7.3 关键工序质量控制点

关键工序主要技术指标检验统计见表 6。

表 6 关键工序主要技术指标检验统计表

阶段	质量控制点	技术指标	检查方法	检查时机
施工技术准备	焊接工艺评定及规程	依据 GB/T 31032—2014 要求，完成焊接工艺评定，编制焊接工艺规程	查全部焊接工艺评定及规程	焊接前
施工资源准备	焊工资格	依据焊工资格证及进场考试上岗证	查证件	上岗前
	计量器具	依据检定报告	查检定报告	使用前
	焊材标识	依据管理办法对进出焊材标识	查焊材库	焊材进场后
材料检验	进场验收记录	依据 GB 50369—2014 要求，进行进场验收	查验收记录	材料进场后
	材料检验记录	依据 GB 50369 —2014 要求，进行进场检验	查检验报告	材料进场后
坡口加工	坡口加工参数	依据坡口角度、坡口形式、钝边等参数	焊接检查尺检查	坡口加工后
管道组对	管道组对参数	依据组对间隙、错边量等参数	焊接检查尺检查	管道组对后
管道焊接	焊前预热	按焊接工艺规程要求进行预热	查焊接记录接触式测温仪检查	焊接前
	焊口标识	依据焊口信息标识	查标识	焊接完成
焊口检验	焊接外观检查	无裂纹、未熔合、气孔、夹渣等缺陷，咬边深度、焊缝高度及宽度符合要求	焊接检查尺检查	焊接完成
	焊口无损检测	依据 GB/T 50818—2013、SY/T 4109—2020	检查报告	无损检测后

8 安全措施

（1）建立健全 HSE 管理组织机构，完善 HSE 管理程序和制度。

（2）施工现场设置专职 HSE 监督员，负责现场的安全管理。

（3）施工现场设置明显的安全警示标识。

（4）对进入施工现场的人员进行入场前的安全教育。

（5）进入施工现场必须穿工作服、劳保鞋，戴好安全帽。

（6）参与施工的人员按照要求持证上岗，设备由专人操作，不得串岗。

（7）施工前，应对作业现场和施工工序进行风险识别和评价，制定风险消减措施，编制应急预案，并组织对职工进行 HSE 交底。

（8）沟下作业时，吊管机靠近管沟一侧的履带边缘与沟边距离不宜小于 1.5m。

（9）起吊管子的吊带应满足强度要求，并在使用前检查外观，发现破损时应及时更换吊带。

（10）现场设备及机具应定期进行维护，确保状况良好。

（11）在使用焊接小车过程中，因是受限空间作业，需提前识别安全风险隐患，办理受限空间作业票，落实各项安全防范措施，为现场配备空气检测仪、对讲机、氧气罐及急救物品，并采取过程监护措施，确保施工作业安全。

9 环保措施

（1）建立健全 HSE 组织机构，完善 HSE 管理程序和制度。

（2）严格遵守国家和地方政府下发的相关环境保护的法律、法规和制度。

（3）施工现场设置醒目的环保标识，做到文明施工。

（4）施工中，加强对施工作业带的控制，尽量避免超占作业带施工；禁止随意砍伐、碾压施工作业带以外的树木、植被等，防止水土流失和土壤污染。

（5）植被及野生动植物保护：施工过程中，车辆、设备必须在规定的施工便道上行驶，切实保护好施工所经过地带的植被和土壤。

（6）做好管沟开挖时土质分层堆放及垫层和回填土细筛细填，确保恢复原有土质分布类型，不影响作业带范围生态动植物自然环境，减少破坏面积和程度，保证野生动植物的自然生态环境。

（7）现场产生的生活垃圾及工业垃圾不得随意丢弃，应分类回收，集中进行处理。

10 效益分析

10.1 经济效益

本工法较传统的组合自动焊焊接，其经济效益主要体现在功效和一次合格率上。根据以往工程焊接数据，组合自动焊功效约为 0.43 道口 / 天，全自动焊功效约为 9.5 道口 / 天。若每处穿越管段焊口按照 4 道口算，则传统的组合自动焊需施工 8 天左右，用本工法则需 4 天左右。通过综合焊接工效对比分析，每减少一道组合自动焊连头口，可缩减工期约 1 天。

（1）标准化组合自动焊（连头机组）单日综合费用计算如下：

一个连头机组 19 人，每个人成本每天按照 600 元计算，则连头机组每天的人工费为：19 人 ×600 元 / 人 =11400 元。

一个连头机组按 2 台 70t 吊管机、1 台挖沟机、2 台移动电站、1 台坡口机和 1 套组合自动焊设备计算，则连头机组每天的机械设备的费用（含燃油费）为：2600 元 / 台 ×2 台 +2200 元 / 台 ×1 台 +1300 元 / 台 ×2 台 +1100 元 / 台 ×1 台 +1500 元 / 台 ×1 台 =12600 元。

则连头机组每天的成本约为：11400 元 +12600 元 =2.4 万元。

（2）新工法需增加 1 套全自动焊接设备，每天成本约为 0.4 万元。

（3）则采用新工法所缩减的工期每天可节约施工费用为：2.4 万元 –0.4 万元 =2 万元。

中俄东线天然气管道工程（安平—泰安）线路施工二标段项目使用了该项技术，连头机组节约施工天数 60 天，共计节约费用 120 万元；中俄东线天然气管道工程（泰安 – 泰兴）线路施工二标段项目使用了该项技术，连头机组节约施工天数 125 天，共计节约费用 250 万元。

10.2 社会效益

本工法为管段全自动焊连接施工，相较于组合焊连接工艺，提高了生产效率，减少了施工成本，同时也保证了焊接质量。该工法的应用，提升了公司在长输管道方面施工的综合实力，提高了竞争力，为公司在后续的长输管道施工竞争打下了良好的基础，且能够推动我国管道建设事业取得更好更快的发展。

11 应用实例

实例一：中俄东线天然气管道工程（安平—泰安）线路施工二标段工程

2021 年该工法在中俄东线天然气管道工程（安平—泰安）线路施工二标段工程进行了应用，该工程管径为 Φ1219mm，管线长度为 41.8km，设计压力为 10MPa。在该工程中共计有穿越 35 处，使用管段全自动焊连接施工工法焊接 65 处，连头施工机组累计减少施工天数约 60 天，为工程的按期完工奠定了基础。同时该工法的采用，提高了焊接合格率，穿越口的焊接一次合格率为 98.5%。

实例二：中俄东线天然气管道工程（泰安—泰兴）线路施工二标段工程

2022 年该工法在中俄东线天然气管道工程（泰安—泰兴）线路施工二标段工程进行了应用，该工程管径为 Φ1219mm，管线长度为 117.7km，设计压力为 10MPa，共计完成穿越管段焊接 73 处，焊口 127 道，通过采用该施工工法，连头施工机组累计减少施工天数约 125 天，同时该工法的采用，提高了焊接合格率，穿越口的焊接一次合格率为 98.7%。

长输管道地理信息系统（GIS）测量施工工法

蔺志春 蒋 璞 邹业英 徐向阳 罗 诚

中油（新疆）石油工程有限公司

1 前言

长输管道的施工阶段测量因技术更新而不断进步，为了提高测量工作的效率和准确度，为后续开展各项施工、技术方案编制、施工数据核实、外协补偿提供详实的数据基础。中油（新疆）石油工程有限公司近年来充分借鉴无人机航测技术，GIS（地理信息系统）引擎平台，与 CAD 设计图，航测 RTK 数据二、三维影像，政府地籍数据，林班图等基础地理信息数据融合，与其他施工需求数据进行比对和分析，形成全面的长输管道 GIS 测量成果。系列数据成果能快速准确地完成长输管道线路优化，外协征地数据统计、工程难易点分析、施工段落安排等长输管道施工策划管理工作，创新形成“长输管道地理信息系统（GIS）测量施工工法”。我部管道建设项目采取地理信息系统（GIS）测量施工工法现已完成多项工程实践，中缅管道 50# 阀室—三都支线管道工程，中石油西南油气田分公司威远、泸州页岩气输气干线重庆永川段项目采用上述工法，均达到较理想的施工效果。

2 工法特点

2.1 工作效率和成果准确度高

本工法解决了过去长输管道前期施工准备工作从点开始的数据采集效率低和图纸数据（出图的时间一般较早）与线路地貌、构筑物数据不符合的问题，利用线路中线成果表航拍（倾斜扫描功能）线路二、三维图像（线路中心两侧周边宽度可自由选择），2 人 3 天可完成 20km^2 线路数据的拍摄和成图工作，形成了最新的线路全貌图和点位数据。本工法加快了进入线路优化、外协征地数据统计复核、施工机组布置、线路管材运输段落的划分等工作的开展，为项目部科学组织施工创造了先决条件并且提供了详实的数据基础。

2.2 各类图纸、数据交互性好

结合最新的 GIS 引擎平台，可以快速导入航拍的二、三维图像数据，加载长输管道图纸（CAD）、成果表（kml、kmz、shp）和航拍三维转换的 BIM（OBJ、3ds）等数据格式，实现了路径测量、路由分析、地形地貌分析功能，并与政府项目部门的（红线，地质，自然保护区，行政区划，林地林班图、耕地保护矢量数据）无缝融合，提高管道施工策划控制的准确性。

2.3　创新性强

长输管道地理信息 GIS 测量成果拥有直观的图像、全局的视角和最新的线路地貌。在工程前、中、后期的任何时间段形成可追溯、直观的地貌图像和测量基础数据，方便施工的前、中、后期各项施工工作，技术资料和征地补偿资料的实践验证。目前国内长输管道施工工法暂无地理信息系统（GIS）测量工法，我公司结合无人机航测技术及 GIS 综合引擎首创此工法。

2.4　提高沟通效率

GIS 测量成果拥有详实的测量数据和直观的现场实际二、三维影像，可以直接转化为汇报方案，供参建单位讨论和分析，提高工作沟通效率快速解决现场问题。

3　适用范围

长输管道地理信息系统（GIS）测量工法可适用于长输管道施工项目部前期工程策划的原始地貌采集、线路优化比对分析、外协补偿统计、施工机组布置和段落划分；项目中期检查、对比和再优化工作；项目后期的工作量计量、对比、核实和资料报送等。

4　工艺原理

利用 GIS（全球地理信息系统）引擎平台的整合功能，将所有需要的测量、图纸数据（地形地貌）、影像数据 MPT、TIF、lrp 等，线路图纸 CAD 数据、管道路由 KML，各种矢量图 LGD，BIM 模型数据 OBJ、3ds，林班图数据 SHP、构筑物数据 SHP、地籍数据 SHP、焊接位置数据 KML、采集和复核各类施工现场测量数据、现场施工照片 JPG 等施工过程数据进行结合，形成 GIS 的数据成果准确，多种 GIS 数据调取方便，可在 GIS 平台进行分析、量取、复核各项测量和各类施工数据信息，为长输管道项目部施工组织和顺利实施创造科学的基础数据链。

5　施工工艺流程及操作要点

5.1　施工工艺流程

施工工艺流程图见图 1。

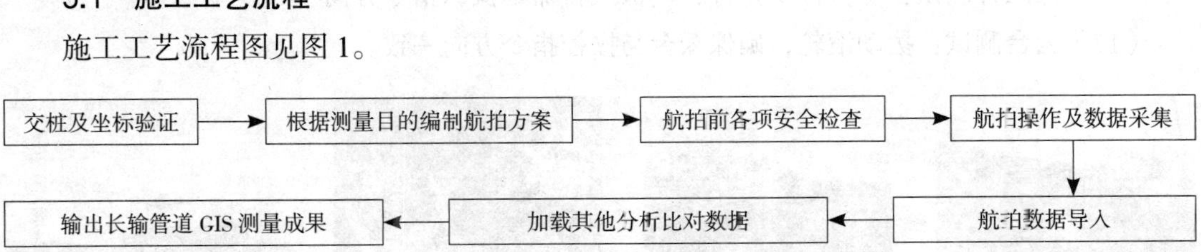

图 1　施工工艺流程图

5.2　操作要点

5.2.1　交桩及验证

长输管道设计单位提供线路控制桩信息（带坐标信息、带数、中央经线）并在现场交桩后，使用 RTK 现场取点，将线路中全部控制桩信息进行解算，将其解算为 2 种坐标，复核所提供坐标的正确性。

5.2.2　根据策划目的进行航拍方案编制

根据长输管道前期策划的要求制定与之契合的航拍方案，比如线路原始地貌及沿线路网采集、站场（阀室）永久用地地貌采集、陡坡三维采集等方案。在方案中应至少包含以下内容：①项目概况及航拍范围；②数学基础坐标系统、高程基准；③明确交付成果：图像标准（成像质量、图像比例等）、数据格式要求（原始航拍影像格式、pos 数据文件、平面精度、成果格式等）；④硬件配置；⑤工期要求；⑥飞行条件确认（禁飞区、干扰区、天气情况）；⑦航线设计等。

5.2.3　航拍前各项安全检查

无人机属于航空器，具有高使用危险性。无人机的不规范使用会危及国家和公共安全，飞行事故有可能造成人身伤害以及经济损失。航拍前主要安全检查要求如下：

（1）地理位置：确认拍摄地点远离机场、政府、军事基地和敏感机构。

（2）地形确认：确保地面平整无明显凹凸起伏，最基本要保障飞行器起落架平稳贴地。

（3）机身扫描：确保没有严重划痕或破损，重点检查飞行器桨叶，如有残缺不得升空。

（4）桨叶安装检查：确保螺旋桨已正确安装，可用手拨动桨叶检查（图 2）。

（5）文件储存卡检查：确保已合理安装 TF 卡，检查储存卡空间和运行状态。

（6）飞行器和遥控器电量检查：确保电量可完成飞行作业。

（7）指南针校准：确保每次飞行前后可以自动返航到记录点（图 3）。

（8）电机预热：夏季 10s，冬季 30s，但不要升空。

（9）GPS 信号检查：检查卫星颗数，等待导航点刷新。

（10）电池温度检查：确保电池温度大于 25℃，电池温度可在遥控器智能电池管理中查看。

（11）返航高度检查：确认返航高度，并允许飞行器在必要条件下自动返航。

（12）飞行模式检查：确保飞行模式为 GPS，姿态模式禁止升空。

（13）飞行器起飞：起飞至 1.5m 悬停预热，夏季 10s，冬季 30s，预热期间不要移动（图 4）。

（14）姿态核对：看飞行器飞行是否平稳（图 5）。

（15）高度核对：目测高度是否与飞行高度一致。

（16）操纵杆测试：全方位微打杆，确保飞行器与操纵指令方向一致。

（17）云台测试：拨动滚轮，确保云台与操控指令方向一致。

图 2　无人机旋叶检查

图 3　校准指南针

图 4　无人机试机

图 5　飞行姿态确认

5.2.4　航拍操作机数据采集

按照所划分的无人机飞行拍摄段落，在遥控器中可以直接执行飞行方案，也可对飞行方案进行微调。尽量选择天气晴好、能见度高的时间段执行飞行拍摄。长输管道地理信息系统（GIS）测量，一般采用建图航拍（图 6），根据飞行方案的具体要求，设置拍摄高度、重叠率、航线速度、对焦方式等。（可在规划区域内根据设置的航线参数（图 7），控制飞行器和负载沿“弓”字形航线完成对地数据采集）。

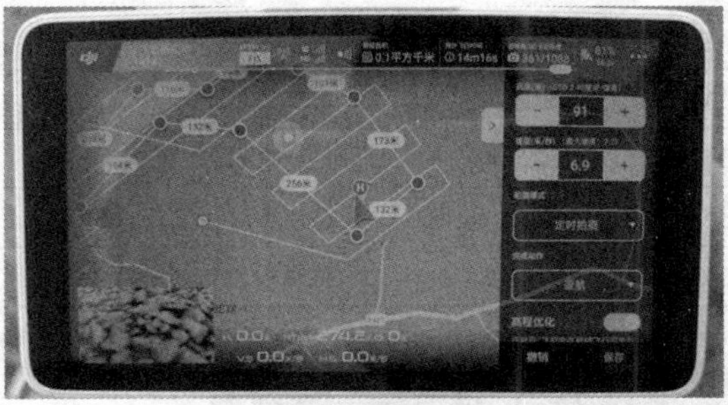

图 6　建图航拍、航线规划

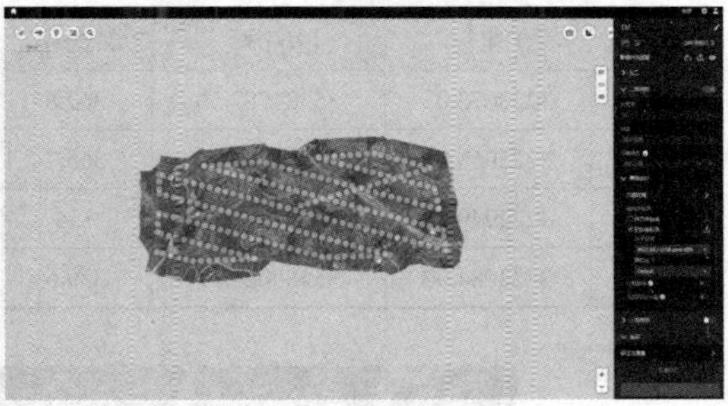

图 7　设置飞行参数

5.2.5　加载施工对比数据

用无人机软件合成拍摄的照片及坐标信息形成二、三维影像，导入 GIS 软件形成可用于管道工序策划的综合平面图，通过加载线路 KML 数据、设计 CAD 图来检查图像与数据的吻合度。根据不同阶段 GIS 策划要求，加载所需的比对数据（图 8、图 9）。

图 8　航拍原始地貌与线路 CAD 数据对比

图 9　回填后航拍图片与焊接采集数据对比

5.2.6　输出长输管道 GIS 测量成果

结合 GIS 的综合特性、长输管道的特点，以及项目实际的管理需要可以形成各类 GIS 测量成果。我公司结合长输管道各工序管控要求和管理需要制定了以下策划方案：线路优化 GIS 测量及策划方案、运输道路 GIS 测量及策划方案、征地拆迁控制 GIS 测量及策划方案、穿越（河流、公路、铁路）GIS 测量及穿越策划方案、保护区域边界控制 GIS 测量及策划方案、特殊的专项 GIS 测量及策划方案、焊口排查 GIS 测量及策划方案等。

1. 线路优化 GIS 测量及策划方案

方案的主要内容：①项目路由基本情况：图纸原线路路由（可通过 GIS 软件加载 CAD 直接生成）、现场实际情况及困难点（通过加载的 GIS 航拍测量图片能直观看出）；②线路

GIS 分析情况及优选改线段（GIS 平台展示）；③详细改线数据情况（GIS 测量模块展示）。

项目实例：BA108-BA111，由于避让坟群进行改线，原水平长度为 331m，改线后水平长度为 304m，减少 27m；原线路使用热煨弯管 5 个，改线后使用 4 个，减少 1 个，改线前后坐标变化见表 1，示意图如图 10 所示。

表 1 BA108-BA111 桩线路改线桩点变化情况

改线前				改线后			
桩点	*Y* 坐标	*X* 坐标	*Z* 高程	桩点	*Y* 坐标	*X* 坐标	*Z* 高程
BA108	3223073.07	35584787.56	362.8	BA108G	3223073.93	35584775.08	360.6
BA109	3222960.02	35584844.26	365.7	BA109G	3223001.68	35584802.98	364.8
BA110	3222949.15	35584938.93	354	BA110G	3222996.49	35584871.98	362.5
BA111	3222984.00	35585029.17	339.6	BA111G	3222984.00	35585029.17	339.6

图 10 GIS 展示改线前后图片

线路优化 GIS 测量及策划方案的优点：通过加载 CAD 管道线路图和航拍图片数据，能快速地、全面地识别出需要优化的标段，减少外业时间；其次通过 GIS 信息系统量测模块，能快速分析出改线前后的桩点坐标及实长变化数据。

2. 大件运输 GIS 测量及策划方案

方案的主要内容：①项目基本情况（航拍运输道路情况）；②拟运输车辆情况（图 11）；③运输过程模拟情况（通过实测运输车辆的具体几何尺寸、利用 1:1 的 BIM 建模在 GIS 平台上进行模拟）（图 12）；④确定最终运输方案。

图 11 还原现场通行条件

图 12 模拟运输情况

方案的优点：通过 RTK 无人机航拍，可实现俯瞰平面图的 1∶1 还原。通过建模演练，可以精确地验证策划方案的可行性。

3. 征地拆迁控制 GIS 测量及策划方案

方案的主要内容：①征地边界范围（设计图纸 CAD 加载在 GIS 平台）（图 13）；②比对分析（快速找出航拍与 CAD 的不同之处，从设计图纸到现场施工一般都有 1 年以上，地貌会存在变化）；③上报征地拆迁工作量（从 GIS 平台可以快速统计出临时用地面积、电杆、光缆杆、坟地、房屋等建〔构〕筑物的数量）。

图 13　GIS 加载征地 CAD 数据

征地拆迁控制 GIS 测量及策划方案优点：根据清点前对全线路由航拍的影像图，首先可以有效解决抢载、抢种的现象，同时有助于地貌恢复工作的顺利开展。根据影像图所显示的需拆迁的一些电杆、光缆杆、房屋等建（构）筑物的数量及位置，与设计图纸进行对比，不一致的地方可以快速统计出来。根据清点前对全线路由航拍的三维坐标信息，与设计图纸提供的三维坐标信息进行对比，可以提前分析出设计给出的临时用地面积是否满足现场实际情况，若不满足，即可在图纸会审时提出。

6　材料与设备

本工法无需特别说明的材料，采用的机具设备见表 2。

表 2　机具设备表

序号	设备名称	设备型号	单位	数量	用途
1	指挥车	越野车	台	2	接送人员、设备、应急处理
2	无人机	大疆（RTK）无人机精灵 4	台	1～2	航测
3	台式电脑	工作站	台	1	航测数据处理、三维数据处理
4	笔记本电脑	高显卡、高运存（联想）	台	1	GIS 软件导入航测数据
5	RTK 测量仪	南方高科	台	1	采集数据、复验数据
6	对讲机	摩托罗拉	台	4	生产指挥

7 质量控制

7.1 工程质量控制标准

（1）GB 50369—2014《油气长输管道工程施工及验收规范》

（2）GB 50251—2015《输气管道工程设计规范》

（3）GB 55018—2021《工程测量通用规范》

（4）无人机（RTK）飞行说明书

（5）GIS 软件（无人机软件使用说明书、GIS 软件相关教程）

7.2 质量保证措施

（1）交接桩测量资料必须齐全，并应附标桩示意图，标明各种标桩平面位置和高程，必要时应附文字说明，依照资料在现场指认移交；交接桩时，各主要标桩应完整稳固；现场标桩应与书面资料相吻合。平面坐标点不应少于 3 个、高程控制点不应少于 2 个。交接桩办理完毕后，必须履行交接桩手续，签署交接桩通知单，并妥善保管相关资料和现场标桩。

（2）根据拍摄方案设置航高、重叠度、航线参数，保证测量方案精度。设置航高：根据所要求的成图比例尺，并参照测图比例尺与地图分辨率值对照表，确定航摄影像地面分辨率；设置像片重叠度：根据《低空数字航空摄影规范》的要求，影像航向重叠度一般为 60%～80%，最小不应小于 53%；旁向重叠度一般为 15%～60%，最小不应小于 8%；设置航线参数：根据测区范围，确定起点和终点的经纬度、航线方向和航线长度，计算摄影基线长度和航线间隔宽度。

（3）关注天气可见光情况，选取天气晴好的时段进行无人机航测。航测过程中关注飞行各项参数和测量模块（飞行速度、飞行高度、信号强度、电源情况、rtk 模块运行情况、测量取景器、激光点云等），确保无人机正常运行，保证完成测量任务

（4）相片控制，要在航线方向 10～14 条基线的地方选择需要布设的像控点，与此同时，要将成图的全部范围包含到布设的像控点中。

（5）像控点测量控制。对像控点的坐标进行测绘的时候，用 RTK 以及全站仪等相关设备，以常规航测外业标准为依据，进行像控点的测量以及精度的复测、复位。

（6）加载 GIS 对比数据，认真核对地质、自然保护区、行政区划、国土空间规划、耕地保护矢量数据等业务数据，加载图层后采用传统外业复核 2～3 个测量点，确保数据加载真实、准确。

质量控制见表 3。

表 3 质量控制表

序号	过程名称	不稳定因素	应对措施	相关规定
1	交桩	交桩资料不齐全，标桩示意图不清楚或未标明平面位置和高程，其他信息未标明并未附带文字说明，现场标桩与书面资料不吻合等	交接桩测量资料必须齐全，并应附标桩示意图，标明各种标桩平面位置和高程，必要时应附文字说明，依照资料在现场指认移交；交接桩时，各主要标桩应完整稳固；现场标桩应与书面资料相吻合；平面坐标点不应少于 3 个、高程控制点不应少于 2 个；交接桩办理完毕后，必须履行交接桩手续，签署交接桩通知单，并妥善保管相关资料和现场标桩	《油气长输管道工程施工及验收规范》GB 50369—2014 《输气管道工程设计规范》GB 50251—2015 《工程测量通用规范》GB 55018—2021 无人机（RTK）飞行说明书 GIS 软件（无人机软件使用说明书、GIS 软件相关教程） 《油气长输管道工程施工及验收规范》GB 50369—2014

续表

序号	过程名称	不稳定因素	应对措施	相关规定
2	航拍方案	沿线新建超高建筑，如信标 / 铁塔，线路落差大，不具备防地飞行，飞行高度不一致，图像不清晰	根据拍摄方案设置航高、重叠度、航线参数，保证测量方案精度。设置航高：根据所要求的成图比例尺，并参照测图比例尺与地图分辨率值对照表，确定航摄影像地面分辨率；设置像片重叠度：根据低空数字航空摄影规范的要求，影像航向重叠度一般为 60% ~80%，最小不应小于 53%；旁向重叠度一般为 15% ~60%，最小不应小于 8%；设置航线参数：根据测区范围，确定起点和终点的经纬度、航线方向和航线长度，计算摄影基线长度和航线间隔宽度	《油气长输管道工程施工及验收规范》GB 50369—2014 《输气管道工程设计规范》GB 50251—2015 《工程测量通用规范》GB 55018—2021 无人机（RTK）飞行说明书 GIS 软件（无人机软件使用说明书、GIS 软件相关教程） 《油气长输管道工程施工及验收规范》GB 50369—2014
3	航拍安全检查	检查作业区域是否禁飞；附近是否有干扰源，使网络中断对飞行器失去控制	关注天气可见光情况，选取天气晴好的时段进行无人机航测，航测过程中关注飞行的各项参数和测量模块（飞行速度、飞行高度、信号强度、电源情况、rtk 模块运行情况、测量取景器、激光点云等），确保正常运行，保证完成测量任务	
4	相片控制	像素点处于相片边缘，成图未包含像控点	相片控制，要在航线方向 10 ~ 14 条基线的地方选择需要布设的像控点，与此同时，要将成图的全部范围包含到布设的像控点中	
5	像素点控制	像控点测量控制，未经 RTK 及全站仪进行复测，坐标不准确	像控点测量控制，对像控点的坐标进行测绘的时候，用 RTK 以及全站仪等相关设备，以常规航测外业标准为依据，进行像控点的测量以及精度的复测、复位	
6	GIS 数据对比	GIS 数据未加入控制点坐标，数据不精准。自然保护区、行政区划、国土空间规划、耕地保护矢量数据等业务数据未加入经 RTK 及全站仪测量的控制点	加载 GIS 对比数据，核对地质、自然保护区、行政区划、国土空间规划、耕地保护矢量数据等业务数据，加载图层后采用传统外业复核 2 ~ 3 个测量点，确保数据加载真实、准确	

8 安全措施

（1）认真贯彻“安全第一，预防为主”的方针，根据国家有关条例规定，结合施工单位实际情况和工程的具体特点，组成安全领导小组，设立专职安全员。实行安全生产责任制，明确各级人员的职责，抓好工程的安全生产。

（2）无人机作业现场按符合防雨、防风、防雷、防砸伤、防机械伤害等安全管理规定及安全施工的要求进行布置和防范，并完善布置各类安全标识、标志。

（3）建立车辆安全检查制度，出车前对值班车辆进行安全检查和司机安全教育，车辆未检查、不符合安全要求，不能出车，以确保交通安全。

（4）飞行前，检查起飞、降落点周边环境，避开线杆密集、交通道路行人多的地点，安排专人守护提醒。

（5）起飞、降落点通信信号必须良好，尽量选择高坡地段。飞行拍摄中随时关注联络信号，信号衰减要及时调整监视器天线位置，通过移动位置保持信号良好。

（6）保持良好的通信联络，防止无人机信号丢失。若信号丢失或炸机，启动查找方案。

（7）无人机设备应纳入设备管理相关制度，购买相关三责险，避免机器损坏坠落时产生额外经济损失。

9 环保措施

（1）在工程施工中严格遵守国家和地方政府下发的有关环境保护的法律、法规和规章，遵守废弃物处理的规章制度，随时接受相关单位的监督检查。

（2）将施工场地和作业限制在一定范围内，各种标识设置醒目、安全。

（3）对施工中可能影响到的各种公共安全设施制定可靠的防止损坏和移位的实施措施，加强实施中的监测、应对和验证，同时做好相关方案的交底工作。

10 效益分析

本工法改变了以往在长输管道策划方案的工作模式，提升了工作效率，节约了施工成本。一是通过减少外业测绘和内业数据整理时间，一定程度缩短了整体的工期；二是通过先进的无人航测技术和 GIS 应用，降低施工项目的人员费、车辆费及办公费（电费），减少了项目的运行成本；三是解决了以往施工项目的地类信息统计时间长及不准确，电子地图时效性差、不清晰和因设计图出图时间较长而造成施工时周边构筑物变化与设计图不符的难题。采用最新航拍图子地图和 CAD 图纸、线路桩点相结合，从各种纸质版资料升级为最新的“上帝视角”电子地图，提高了长输管道施工前的策划时间准确度，从而提高了工作效率。

10.1 效益对比

以项目前期测量 20km 管线采集原始地貌数据为例，采用传统的测量方式及数据处理，需要外业 12 ~ 15 天，采用无人机航测和 GIS 应用的工法仅需 5 天即可完成，工期效益明显，成本节省约 70%（表 4）。

表 4 效益对照表

效益对比	传统测量方式（20km）+ 成果整理		地理信息系统 GIS 测量工法（20km）	
	数量	费用 / 元	数量	费用 / 元
工期对比	外业 12 ~ 15 天	—	5 天	—
设施费对比	测量仪器（RTK）10000 元（按 8 年折旧）	1250	无人机含软件费用 25000 元（按 8 年折旧）	3125
用工数量对比	2 位测量员（12 天），每人每天 833 元	19992	1 位操作人员（5 天），每人每天 833 元	4165
机械费对比	1 辆车（含司机）414 元 / 天（12 天）	4968	1 辆车（含司机）414 元 / 天（5 天）	2070
合计费用	26210 元		9360 元	
结论	与传统方式相比，每测量 1 次，成本费用节约 16850 元，工期节约 7 天			

威远、泸州区块页岩气输气干线工程（重庆永川段），规格为 D 1219mm × 26.4mm/22mm，全线水平长度为 19.85km，材质为 L555M 钢，采用本工法进行施工，涉及地貌采集 1 次、扫线后作业带宽度采集 1 次、线路过程测量 2 次、地貌恢复后采集 2 次，共计全线测量 6 次（每次节约直接成本 16850 元，详见表 4 直接成本对比表），累计节约直接成本为

6×16850=101100 元，节约测量工期约 6×7=42 天，考虑到测量未在关键工序之中，可穿插在施工中，节约总工期约 15 天，节约项目部管理成本约（管理人员工资 500 元/天，食宿 100 元/天，项目部共计 15 人），15×15×（500+100）=135000 元，节约总成本 211645 元。中缅管道 50# 阀室—三都支线管道工程二标段，全线采用 *D* 610mm×14.3mm，管道水平长度为 28.925km，实际长度为 30.073km。后期采用此工法进行地貌恢复的测量，共计全线测量 2 次，节约总成本 93688 元。

10.2 社会效益

长输管道地理信息系统（GIS）测量施工工法有低碳、环保、节能、高效、准确等诸多优点，还能代替传统人工测绘在一些风险较大的区域所带来的安全隐患，具有良好的安全效益，降低了项目安全风险。随着 GIS 技术的不断发展进步，此工法经不断地进行工程应用和改进，逐步提升了长输管道项目部的施工组织、科学决策和管理水平，具有良好的社会效益。

11 应用实例

本工法 2022 年、2023 年相继在中缅管道 50# 阀室—三都支线管道工程，西南油气田威远、泸州区块页岩气输气干线工程项目取得了良好的应用及推广，2023 年在新疆油建公司开始全面推广，截至目前，共有 42 名技术骨干运用此工法辅助编制长输管道的策划方案和施工过程应用。

实例一：中缅管道 50# 阀室—三都支线管道工程

中缅管道 50# 阀室—三都支线管道工程二标段，起自黔南布依族苗族自治州三都水族自治县中和镇板良村中和阀室，于三都水族自治县中和镇上道寨设 2# 阀室，止于三都水族自治县三合街道董跳村的三都末站。管道外径为 610mm，设计压力为 10.0MPa，全线采用 *D* 610mm×14.3mm L450M 螺旋缝埋弧焊钢管和 *D* 610mm×15.9mm L450M 直缝埋弧焊钢管。本设计段管道起自中和阀室，出站后向北敷设，经中和镇、凤羽街道、三合街道到达三都末站。中和阀室－三都末站段管道水平长度为 28.925km，实际长度为 30.073km。其中，一般线路段水平长度为 28.506km，实际长度为 29.637km。本工程线路顶管穿越三荔高速 1 次，高架桥下大开挖穿越 2 次，顶管穿越 G243 国道（原 S243 省道）3 次。

实例二：西南油气田威远、泸州区块页岩气输气干线工程

西南油气田威远、泸州区块页岩气输气干线工程为中石油集团公司 2022 年 15 项重点项目之一，是川渝地区长输管径之最（1219mm），壁厚为 22/26.4mm，重庆段工程全线为 60km，共 5 个标段，我部承揽的为重庆段的最长标段（20.169km），沿线新建站场 1 座（永川站），全段穿越一般道路、水泥路以及沥青路 59 次，穿越永江高速（三环高速）1 次，S206 省道 1 次、S207 省道 1 次，穿越河流小型、沟渠、养殖塘以及连续水田 45 次，穿越地下管道 6 次。

油气田小口径金属管道全自动焊接施工工法

胡景迪　陈光华　朱宏斌　杨　帆　王　萍

中油（新疆）石油工程有限公司

1　前言

当前油气田地面建设工程建设中，手工氩电联焊工艺已普遍使用而全自动氩弧焊接技术当前应用的实例不多。这主要与油田地面建设（相对炼化工程、长输管道工程而言）工作量不大、作业点分散、实施周期长、受地质条件影响工作量变动大等因素有关，也与全自动焊接设备投入高、企业对于相关技术研发相对滞后等原因有关。随着中国人口红利所带来的低人工成本逐渐消失，当前油气田地面建设施工人工成本高、培养周期长，焊接技术人员尤其是高水平的焊接操作人员越来越成为紧缺的施工资源，提高现场机械化水平、减少对焊工人员的依赖成为油气田地面建设工程企业解决用工难题，提升企业盈利能力的必由之路。

对于油气田金属管道的焊接，目前主要采用手工氩电联焊焊接工艺为主，焊接效率比较低，焊接质量受焊工水平的影响很大，焊工劳动强度较大，生产效率低，现有的焊接工艺已经逐渐不能适应目前高效率、高质量工程建设施工的要求，尤其是油气田小口径金属管道焊接问题更为突出。

因此，中油（新疆）石油工程有限公司通过对技术革新和经济方面的论证分析，针对油气田小口径金属管道全自动焊，从室内试验到现场实践，进行了全自动焊接设备及各项资源的优化配置，优化了工艺参数，并针对不同地形地貌制定了相匹配的施工方案和施工组织方式，并在工程中不断总结经验，形成了一套行之有效的施工工法——油气田小口径金属管道全自动焊接施工工法。本工法在风城油田超稠油重 18 井区、重 32 井区工程中得到了成功应用，共焊接约 2.9km，X 射线无损检测一次合格率达到了 97.61%。达到了预期的研究效果，取得了良好的经济效益和社会效益。

2　工法特点

2.1　焊接合格率高

采用对口不留间隙和横摆相结合的焊接技术，根焊、填充、盖面采用横摆方式和下向加上向 360° 环形焊接，使得焊接接头减少，形成美观的焊缝成型（图 1），且焊接作业质量合格率高，焊接一次合格率为 97.61%。

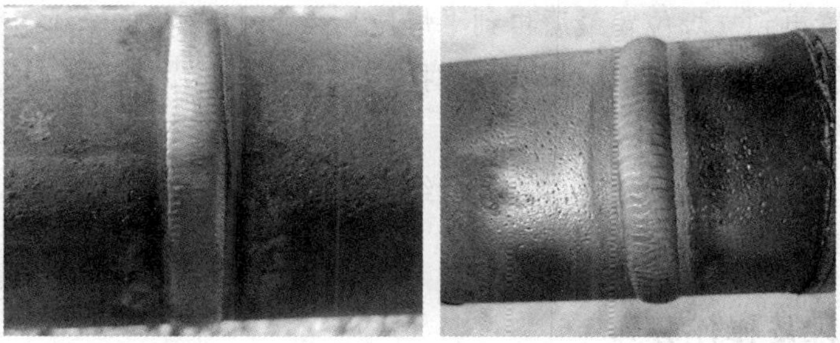

图 1　焊缝成型

2.2　焊接成本低

采用 V 形坡口无间隙对接，对比传统的 V 形坡口需预留 2.0 ~ 3.5mm 对口间隙，焊接成本节约 30%，提高了生产效率，降低了施工成本。

2.3　焊接效率高

通过实施 114mm × 10mm 和 114mm × 8mm 管道的焊接，采用全自动焊接 2 个焊工效率为 10 道口 / 天；采用传统的氩电联焊 2 个焊工效率为 6 ~ 7 道口 / 天，通过焊接工效对比可知当前焊接工艺工效提高 30% ~ 40%。

2.4　降低了劳动强度

管道自动焊所需的各种焊接参数均存储在焊机手持控制器中。焊接参数由焊接工程师预先设定，保证了焊接工艺参数的准确性。在焊接过程中，焊工仅需观察焊接熔池情况，在给定焊接工艺参数范围内微调，极大地降低了焊接操作难度。

3　适用范围

本工法适用于 D 48mm ≤管径≤ D 219mm，壁厚为任意厚度的各类管与管或管与管件全位置角度焊接施工。

4　工艺原理

采用全自动焊机进行根焊、填充、盖面的设备为“焊接电源＋专用机头 + 送丝机一体 + 控制柜”（图 2），焊丝采用与 20#、20G 相匹配的 ER50–6 焊丝，保护气体采用浓度 99.99% 的 Ar。采用 PLC 自动控制系统（图 3）控制焊接专用机头，预先在控制系统中根据不同的焊接位置设置焊接速度、送丝速度、摆动宽度、摆动速度、焊接电压和焊接电流等参数。采用专用机头在卡盘上自动行走（图 4），实现连续送丝完成焊接，把管道连接到一起，从而获得牢固的焊接接头、焊接横摆（图 5）。根焊、填充层、盖面层为焊接专用机头从平焊位置到立

图 2　焊接专用机头

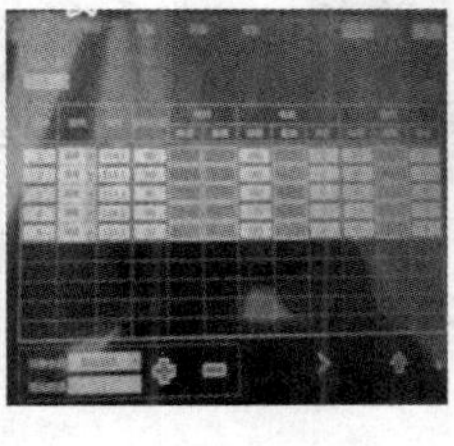

图 3　PLC 自动控制系统

图 4　自动行走焊接

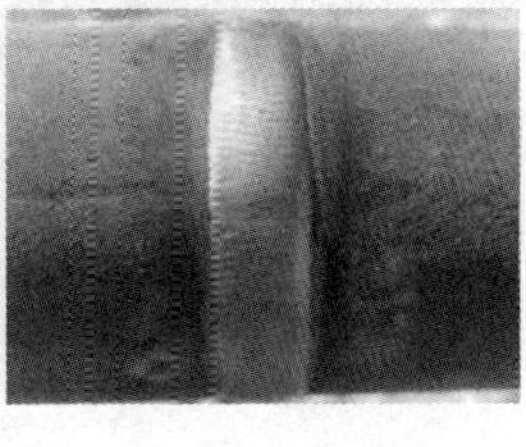

图 5　焊枪横摆式焊接

焊位置到仰焊位置再到立焊位置最后再到平焊位置的 360° 环形平滑过渡焊接过程，减少了焊接接头，提高了焊接效率及合格率。

本工法采用了自行研制的外对口器进行组对（图 6），全自动焊机进行根焊、填充、盖面。

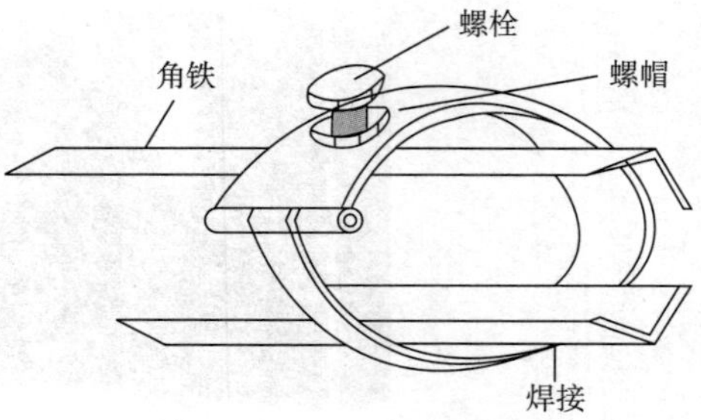

图 6　对口器原理图

5　工艺流程及操作要点

5.1　施工工艺流程

施工工艺流程如图 7 所示。

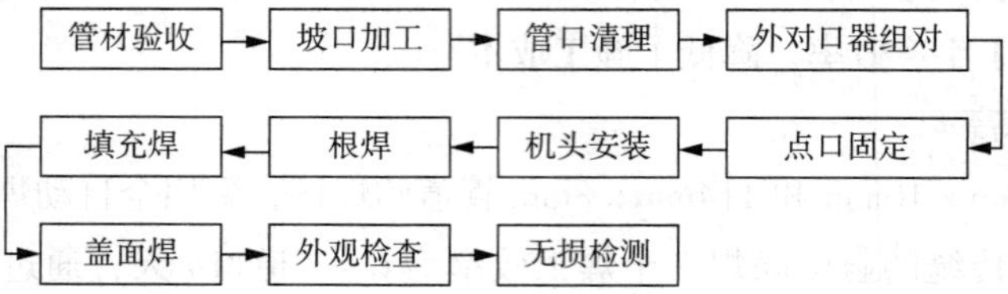

图 7　工艺流程

5.2　操作要点

采用了对口不留间隙的根焊下向焊与上向焊环形打底的焊接方法和填充盖面的下向焊与上向焊相结合的环形焊接方法，对于小口径薄壁管道的焊接，在 0 点位起弧不用进行参数的调整，一次可完成根焊、填充、盖面，完全实现全自动氩弧焊接。根据该工法在工程中的实际运用，概括总结出以下操作要点。

5.2.1　管材验收

对管口椭圆度、壁厚、周长等进行检查验收。管端椭圆度不得超过公称直径的 0.5%，且最大值不超过 2mm。

5.2.2　坡口加工

（1）坡口加工方式：坡口加工必须采用机械加工方式，*D* 48mm ≤管径≤ *D* 114mm 坡口采用电动内胀式坡口见图 8；*D* 114mm ＜管径≤ *D* 219mm 坡口采用电动内胀式坡口（图 9）。

（2）坡口形式：采用 V 形坡口形式（图 10）。

图 8　*D*48 ≤管径≤ *D*114 坡口加工

图 9　*D*114 ＜管径≤ *D*219 坡口加工

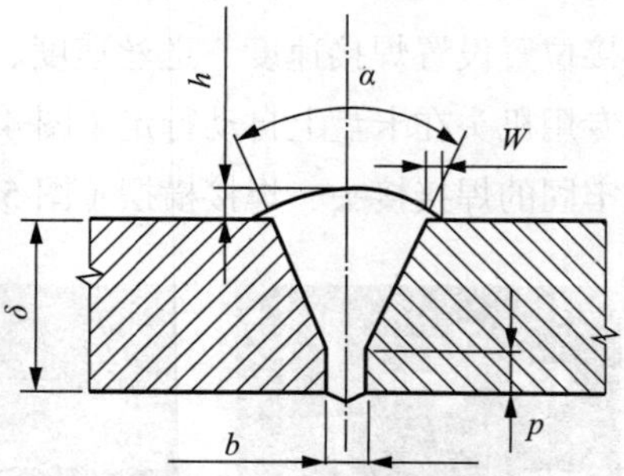

图 10　坡口形式

5.2.3 管口清理

（1）清理工具：动力角向砂轮机与内磨机，砂轮片、内磨机头及钢丝刷等清理工具。

（2）焊口组对前应将坡口及其内外侧表面不小于 50mm 范围内清理干净，不小于 10mm 范围内机械打磨至显现金属光泽，管端部 10mm 范围内的直焊缝余高应打磨去除并平缓过渡。

5.2.4 外对口器组对

（1）采用自制外对口器进行组对，按照错边量≤ 1.5mm 进行控制。

（2）对口操作步骤：

①管口组对前，应确保管内无任何杂物。组对时，两相邻的直管焊缝在对口处应相互错开，距离不应小于 100mm。直缝管的直焊缝宜位于下 45° 附近，并错开管托位置。

②将外对口器安装在组对焊口的前后管段上，旋转稍微带紧螺栓，通过调整外对口器顶丝使焊口错边量达到焊接工艺规程要求。组对间隙宜沿圆周均匀、一致，错边宜沿钢管圆周均匀分布。

5.2.5 点口固定

（1）检查对口质量。

（2）采用手工氩弧焊对焊缝两边立焊 3 点和 9 点位置进行 1 ~ 2cm 长度的定位焊。

（3）固定完成后撤下外对口器。

5.2.6 机头安装

（1）首先将卡盘式机头卡在管子上，保持与管子平行。

（2）然后用直尺测量 0 点、3 点、6 点、9 点位置，看机头与焊缝是否保持平行，确定位置无误后，锁紧机头。

（3）对两侧立缝处的固定点进行打磨修薄。

5.2.7 根焊

（1）根焊采用小口径卡盘式全自动焊接设备。

（2）焊接保护气体为纯度≥ 99.9% 的 Ar。

（3）焊接前需对管子两端包括支管采取防风措施，防止管道内部形成“穿堂风”。

（4）根焊在平焊位置起弧到立焊到仰焊再到立焊最后到平焊收弧，完成 360° 环向根焊。

（5）根焊焊接工艺参数见表 1。

表 1　根焊工艺参数

焊接方法	焊道名称	焊材型号	直径 / mm	极性	焊接方向	焊接电流 /A	焊接电压 /V	焊接速度 /（cm/min）	单道焊或多道焊
GTAW	根焊	ER50-6	1.0	DC-	下向 + 上向	170 ~ 180	8 ~ 13	15 ~ 17	单道

5.2.8 填充、盖面焊

（1）填充焊时，应根据坡口开口度，调整焊枪的摆动速度、横摆角度和焊枪两侧停留时间。

（2）填充焊与盖面焊，同样采用平焊起弧到仰焊再到平焊的 360° 环向焊接。

（3）应严格按照焊接工艺规程要求的最小填充焊层数和道数进行焊接，可根据焊接情况适当增加填充焊的层数和道数，填充焊每层焊缝金属厚度≤ 3.0mm。

（4）在焊接过程中，需要焊工根据焊机行走区间、焊缝截面变化情况等因素，在焊接工艺规程允许的焊接参数范围内微调焊接参数。

（5）在焊接过程中发现的层（道）间焊接缺陷，应采用打磨、补焊等方式立即进行修补。进行修补焊接时，应将缺陷完全去除，并采用原焊接工艺进行修补作业，每处修补长度应大于 50mm。

（6）进行盖面焊接前，应对填充焊道进行检查，如有填充不饱满的地方需进行补焊，填充太满的地方则需适当打磨。

（7）填充、盖面焊接工艺参数见表 2。

（8）每 1 道焊口宜连续施焊完成。当天无法完成的焊口，熔敷金属厚度至少应达到壁厚的 70% 且不应少于 6mm。

表 2　填充、盖面焊工艺参数

焊接方法	焊道名称	焊材型号	直径 /mm	极性	焊接方向	焊接电流 /A	焊接电压 /V	焊接速度 /（cm/min）	单道焊或多道焊
GTAW	填充	ER50–6	1.0	DC–	下向 + 上向	150 ~ 160	8 ~ 13	14 ~ 17	单道
GTAW	盖面	ER50–6	1.0	DC–	下向 + 上向	140 ~ 150	8 ~ 13	12 ~ 13	单道

5.2.9　外观检查

（1）焊缝及其附近表面上不应有裂纹、未熔合、气孔、夹渣、引弧痕迹、有害的焊瘤、凹坑及夹具焊点等缺陷。

（2）焊缝余高宜为 0 ~ 2.0mm，局部≤ 3.0mm 的连续长度宜不大于 50mm。当焊缝余高超高时，宜进行打磨。

（3）焊缝宽度比外表面坡口宽度每侧增加 0.5 ~ 2.0mm。

（4）咬边深度小于 0.3mm 的，任何长度均为合格；咬边深度在 0.3 ~ 0.5mm 之间的，单个长度不应超过 30mm。在焊缝任何 300mm 连续长度内，咬边累计长度不应大于 50mm，累计长度不应大于焊缝周长的 15%。

5.2.10　无损检测

焊接表面质量要求：不允许有裂纹、未熔合、气孔、夹渣、飞溅、咬边；焊缝表面不得低于管道母材；焊缝内表面不应有焊瘤、未熔合、烧穿等缺陷。表面检查合格后及时下发无损检测委托，厚壁管道焊缝射线检测以中心透照为主。

射线检测质量要求：射线检测 100% 合格，合格级别不低于Ⅱ级。

5.3　劳动力组织

本工法人员组织见表 3。

表 3　劳动力组织表

序号	工种	数量	备注
1	项目经理	1	对工程全面负责

续表

序号	工种	数量	备注
2	项目副经理	1	协助项目经理工作
3	施工班长	1	负责现场施工
4	技术负责人	1	负责工程技术
5	安全负责人	1	负责工程安全
6	质量负责人	1	负责工程质量
7	测量工	1	测量定位
8	起重工	1	起重
9	管工	2	组对
10	电焊工	2	焊接
11	电工	1	施工用电
12	辅助工及其他人员	2	辅助施工
合计		15	

6 材料与设备

6.1 设备、机具选择

工程所用设备、机具见表4。

表4 设备、机具表

序号	设备名称及型号	数量
1	发电机组 YD85GF，85kW	1台
2	全自动焊机 IORB5000	1台
3	管子坡口机内胀式 ISE-159	1台
4	管子坡口机紧涨式	
5	外对口器（自制）	1台
6	防风棚（自制）	1台
7	温湿度仪 X-55	1台
8	风速仪（叶轮）AVM-01	1台
9	焊接检验尺 KH45 型	1把
10	焊接防风棚	1个
11	Φ150mm 角向磨光机	1台
12	Φ100mm 角向磨光机	1台
13	X 射线机 XXG-2505	1台

6.2 主要材料

工程所用主要材料见表 5。

表 5 主要材料

序号	材料名称	规格	数量
1	焊丝	ER50-6，Φ1.0mm	0.02t
2	管材	114mm × 8mm/114mm × 10mm	25t
3	氩气	纯度≥99.9%	80 瓶
4	砂轮片	Φ150mm	100 片
5	钢丝刷	6 × 18 孔	30 个
6	吊带	2t	4 条

7 质量控制

7.1 施工执行的标准与规范

（1）GB 50819—2013《油气田集输管道施工规范》

（2）SY/T 4204—2019《石油天然气建设工程施工质量验收规范 油气田集输管道工程》

（3）GB 50235—2010《工业金属管道工程施工规范》

（4）GB 50540—2009《石油天然气站内工艺管道工程施工规范》

（5）GB 50184—2011《工业金属管道工程施工质量验收规范》

（6）NB/T 47014—2011《承压设备焊接工艺评定》

7.2 质量保证措施

（1）焊工必须持有市场监督管理局颁发的《特种设备安全管理和作业人员证》，焊接作业前，焊工应按从事的作业项目进行焊工上岗考试，合格后进行焊接。

（2）各种材料、配件等规格、数量、标识、材质证书等符合设计及规范要求。

（3）焊缝组对间隙、错边量、焊接方法、焊材、焊接工艺、焊缝外观、焊缝几何尺寸、焊口编号等应符合相应焊接要求。

（4）自动焊设备检查、保养：

①遥控器的内部需要定期清理灰尘，防止遥控器失灵导致程序混乱。

②定期检查控制柜与机头各个连接线是否松动，长时间使用是否有内部信号线出现折断、虚接等情况。

③焊接前检查气管是否通畅，焊接前先进行排气至少 1min，将气管内空气、湿气排干净。

④每次换气后注意检测气体纯度是否合格。

（5）在无有效防护措施的情况下，不应在雨、雪天气进行焊接。

7.3 施工质量控制项目及控制要点

施工质量控制项目及控制要点见表 6。

表 6　施工质量控制项目及控制要点

序号	控制项目	控制要点
1	管口清理	采用动力角向砂轮机与内磨机对坡口 20mm 范围内的油污等杂物进行清理
2	管口组对	1. 对口间隙符合要求 2. 管道组对采用外对口器，在点口固定完成后方可撤除 3. 当组对间隙为 0mm 无法达到时，间隙不得大于 0.5mm
3	机头安装	采用校验合格的量具测量进行精确定位
4	管道焊接	1. 焊接时采用平焊起弧 360° 环向焊接 2. 焊缝冷却应采用空冷或风冷，不得采取水冷方式 3. 平焊接头处应多焊 1cm，防止未焊透或接头未接上现象
5	无损检测	1. 现场操作应严格按检测工艺卡进行作业 2. 底片评定应确保底片合格，不合格底片不能进行评定，认真进行复审

8　安全措施

8.1　风险识别

风险因素识别清单见表 7。

表 7　风险因素识别清单

序号	作业	作业风险描述	危害
1	吊装作业	吊物坠落、超重、碰撞	人员伤害、吊物、设备损失
2	焊接作业	漏电、熔渣点燃易燃物、烟尘、灼伤	触电、火灾、烟尘、电弧灼伤
3	机械操作手作业	漏电、机械伤害	人员伤亡
4	物资运输作业	交通事故	人员伤亡、物资损失
5	管道下沟作业	滚管	人员伤害
6	试压扫线	管线出现漏点	试压介质伤人

8.2　安全措施

8.2.1　吊装作业

（1）吊装工作开始作业前检查机具，保证各项性能完好。

（2）严格执行操作规程，起重工、吊车司机必须持有特种作业人员操作证方可上岗。

（3）大件吊装要制定吊装方案，恶劣天气（如风力大于 5 级）不许进行吊装作业。

（4）吊装工作区设有明显标志，并设专人警戒，与吊装无关人员严禁入内。

8.2.2　焊接作业

（1）焊机机体的任何部位禁止与焊把未绝缘的金属部件以及任何裸露的导体相接触。

（2）作业人员要佩戴好劳动保护用品。

（3）作业前清理作业场所周围易燃物，作业完毕认真检查。

（4）在有限空间焊接时做好通风工作。

8.2.3　机械操作手作业

保持设备完好，严格执行操作规程，按规定佩戴个人防护用品。

8.2.4 物资运输

（1）保证作业车辆车况完好，不出病车。

（2）驾驶员证件必须齐全。

（3）特殊道路情况（如雨雪天、冰雪路等）要采取有效的防滑措施，保证平稳行驶。

8.2.5 管道下沟作业

必须严格按照施工规范施工，确保管线与管沟之间的距离正确。两吊点之间的距离要符合规范的规定。

8.2.6 试压扫线

（1）在试压现场及管线两侧 50m 处设置警戒线。

（2）由专人统一指挥，派人沿线巡查。

（3）严格按照试压作业规程执行。

9 环保措施

9.1 环境因素识别

环境因素识别清单见表 8。

表 8 环境因素识别清单

序号	环境因素	产品或活动过程	物质组分	环境影响	影响程度
1	植被破坏	土方、管道工程	植物	土壤沙化	重要
2	能源消耗（水、电、煤、油、气）	施工及活动过程中水、电、油、气、煤消耗	油、煤、电	资源浪费、环境污染	重要
3	火灾（潜在）	施工生活场所	有害烟尘	大气污染	重要
4	有害化学品泄漏、废弃及容器处置	站（场）工程防腐作业	有机质	环境污染	重要
5	油品废弃洒落	机械使用过程	燃油	土壤污染	重要
6	射线产生	管道、容器检测	X 射线	环境污染	重要
7	设备尾气排放	设备使用	二氧化碳	大气污染	一般

9.2 环保管理措施

（1）建立健全 HSE 组织机构，完善 HSE 管理程序和制度。

（2）严格遵守国家和地方政府下发的相关环境保护的法律、法规和制度。

（3）施工现场合理布置、做到标识标牌清楚醒目，场地整洁文明。

（4）施工过程中加强对施工燃油、工程材料、设备、废水、污油、生产生活垃圾、弃渣的控制和治理，将废弃物运送到指定地点统一处理。

（5）施工前对工程机械等设备进行全面检修，施工中及时维修保养，确保性能良好，减少尾气排放对大气的污染。

（6）管道试压废水按当地环保部门指定地点或指定方式进行排放。

10 效益分析

10.1 经济效益

10.1.1 风城油田超稠油重 18 井区东南部 2018～2019 年开发地面工程—集油一区

焊接 1.5km 直径为 *Φ*114mm、壁厚为 10mm 的高压锅炉用无缝钢管。RT 检测按 NB/T 47013—2015 Ⅱ级合格标准进行评定，一次合格率达到 97.61%。

按照 1km 80 道口计算，全自动焊机组、手工氩电联焊机组成本对比如表 9 所示。

表 9 经济效益对比表

焊接方式	全自动焊接	常规手工氩电联焊
人员投入	2 名氩弧焊工	2 名氩弧焊工
工效对比 /（道 / 天）	10	6
合格率对比 /%	97.61	75
焊工成本对比 / 万元	0.8	1.44
综合成本对比 / 万元	1.2	1.98
1.5km 成本对比 / 万元	1.8	2.97

本工法全自动焊与常规手工氩电联焊相比，每 1.5km114mm × 10mm 管道安装节约成本 1.17 万元。

10.1.2 重 32 井区齐古组 J3q$^{22-1}$+J3q$^{22-2}$ 层开发调整地面工程

焊接 1.4km 直径为 *Φ*114mm、壁厚为 8mm 的高压锅炉用无缝钢管。RT 检测按 NB/T 47013—2015 Ⅱ级合格标准进行评定，一次合格率达到 97.61%。

按照 1km 80 道口计算，全自动焊机组、手工氩电联焊机组成本对比如表 10 所示。

表 10 经济效益对比表

焊接方式	全自动焊接	常规手工氩电联焊
人员投入	2 名氩弧焊工	2 名氩弧焊工
工效对比 /（道 / 天）	10	7
合格率对比 /%	97.61	75
焊工成本对比 / 万元	0.8	1.2
综合成本对比 / 万元	1.2	1.74
1.4km 成本对比 / 万元	1.68	2.436

本工法全自动焊与常规手工氩电联焊相比，每 1.4km 114mm × 8mm 管道安装节约成本 0.756 万元。

10.2 社会效益

在当前人口老龄化，人力资源紧缺的情况下，通过本工法的应用节约了大量的人力资源，从而节约了管理带来的附加成本。同时本工法的应用，提升了我公司在油气田地面建设小口径管道施工的综合实力，提高了公司的竞争力。形成了新的利润增长点，为进一步开拓市场，打下了良好的基础，创造了良好的社会效益。

11 应用实例

实例一：风城油田超稠油重 18 井区东南部 2018～2019 年开发地面工程—集油一区

该工程注汽线采用高压锅炉用无缝钢管 1.5km（全长 3.5km），规格为 D 114mm × 10mm，材质为 20G。

最初，采用常规的手工氩电联焊焊接方法，焊接质量差，焊缝外观差，一天虽然能焊 6 道口，但合格率低，返修成本大大提高。

采用小口径全自动焊接施工工法焊接 1.5km 无缝钢管，一天能焊 10 道口，焊接合格率达到了 97.61%，焊缝成形美观，质量得到了有效提高，确保了该工程的顺利投产，得到了业主和监理的认可和好评。

实例二：重 32 井区齐古组 J3q22-1+J3q22-2 层开发调整地面工程

该工程注汽线采用高压锅炉用无缝钢管 1.4km（全长 3km），规格为 D 114mm × 8mm，材质为 20G。

最初，采用常规的手工氩电联焊焊接方法，焊接质量差，焊缝外观差，一天虽然能焊 7 道口，但合格率低，返修成本大大提高。

采用小口径全自动焊接施工工法焊接 1.4km 无缝钢管，一天能焊 10 道口，焊接合格率达到了 97.61%，焊缝成形美观，质量得到了有效提高，确保了该工程的顺利投产，得到了业主和监理的认可和好评。

海外大型天然气处理厂 66kV 变电所施工工法

张 哲 郭 超 田彩刚 王万民 王 璐

中国石油天然气第一建设有限公司

1 前言

66kV 变电所是大型天然气处理厂的核心设施。因其设备电压等级高、安装要点多、结构复杂成为天然气处理厂建设的关键施工线路和施工的难点。在建设中主变压器一般采用现场安装附件和注油，变压器本体和绝缘油很容易受潮。户外开关设备在安装过程中出现误差不及时发现会造成后期隔离开关整体返工。盘柜基础平整度不够，会造成盘柜安装质量差、安装难度高。

中国石油天然气第一建设有限公司在 66kV 变电所主变施工中采用变压器器身感应加热法和绝缘油加热的方法来防止变压器内部和绝缘油受潮，绝缘油含水分析试验一次通过。户外隔离开关安装每完成一相就进行 1 次调整性操作试验，三相完成后进行 1 次鉴定性试验，节约了后期反复调整的时间。盘柜基础在土建施工阶段配合土建预埋铁施工对每 1 块预埋铁使用水准仪高度标定，保证了盘柜基础安装的平整性，大大节省了盘柜安装的时间，提高了盘柜安装质量。通过在施工中总结梳理，形成了本工法。

本工法在伊拉克哈法亚天然气处理厂得到了成功应用，高压开关设备安装一次合格率及精度得到了很大提高，利用网格化施工法让各区域施工可以同步展开，为施工工期节约了 45 天。

本工法安装的变压器、户外开关设备及盘柜设备工艺技术经过实践认证，通过了中国石油天然气第一建设公司企业级工法，具有较好的指导和借鉴作用。

2 工法特点

2.1 关键点质量控制方法得当，施工质量好

施工中应对潮湿环境研究了一种“变压器感应加热法及绝缘油自升温滤油机加热法”来保证变压器安装内部不受潮并且变压器油含水分析在可控范围内，而使用电伴热带加热首先有可能会导致变压器器身油漆受损，其次伴热带加热是由外向里受热，受热速度慢，对变压器内部除湿效果不佳。

施工中设备安装采用设备基础标高定位跟踪法，在土建施工时电气盘柜安装班组就参与进行预埋铁逐件跟踪、逐点定位，使安装误差消灭在土建安装开始阶段。从而提高了设备安装精度和安装速度。

隔离开关安装通过实践操作，总结出了安装完成一相就进行操作性调整试验，三相安装完成后进行鉴定性试验的经验，提高了一次安装合格率。

2.2 合理划分平行施工区域，施工效率高

本工法在主变压器安装就位后，变压器附件、11kV 和 66kV 配电设备安装 3 条主网络线便可分别在 3 个施工片区平行开展施工，分 3 组人员负责 3 个区域，按照施工计划完成，并对每 1 步施工工序进行质量确认签字。和传统施工方法相比避免了窝工，节省了施工时间，同时确保施工质量可控，在劳动或其他资源有限制的条件下，寻求最短工期和最低工程成本，最大限度地提高经济效益。

2.3 运用全新测试设备、统筹策划试验项目，试验精度准

调试期间，运用全新断路器综合测试仪、微欧计、伏安变比极性综合测试仪及继电保护综合测试仪来提高试验精度。对户外断路器套管及变压器 B 相 CT 安装前进行相应的介损试验和变比试验，安装后试验无法进行，确保了试验项目零遗漏。

2.4 变压器整体真空检测法确保密封性，减少渗漏油风险，环保措施得当

变压器组装前，对变压器附件密封性进行检查，变压器安装完成后，运用“变压器真空检测法”对变压器整体进行密封性测试，测试合格后通过进行注油来消除变压器渗漏油风险。

3 适用范围

本工法适用于电压等级在 66kV 及以下高压，为户外开关站类型变电所的电气安装调试施工。

4 工艺原理

本工法对主变压器安装、66kV 户外设备安装、设备基础安装、电气调试工艺步骤进行了程序化安排，使每个分项起始和结束控制在总体计划施工时间内，进行施工质量和工程进度的控制。主变压器安装以预防器身受潮和消除渗漏油为控制目标，户外设备安装程序强调了安装各环节对设备的检查以及调试工作在安装过程中的实时进行，即在安装过程进行调整性操作试验，安装结束后进行鉴定性试验。

4.1 调试运行工艺

66kV 变电所主要是以典型的双进线变电所为例，66kV/11kV/0.4kV 3 个电压等级系统均为双电源进线。运行时母联分开，各系统均可实现备自投功能，11kV 静态无功补偿可根据无功负荷大小进行动态补偿。

4.2 变压器感应加热法工艺

变压器器身加热可使用感应加热法。感应加热是电热应用的较好形式，它是利用电磁感应的原理将电能转变为热能。感应加热法是当交变电流流入感应圈时，感应圈内便产生交变

磁通，使置于感应圈中的工件受到电磁感应而产生感应电势，电势产生电流开始加热。感应加热法的磁化线圈在变压器上的装设方法是：先把油箱表面清扫干净，用石棉类保温材料包裹油箱，而后由油箱下部往上部用 25~50m^2 的绝缘导线作螺旋形水平缠绕，并且在垂直方向用木条把导线压紧，压紧条上可开半圆形孔，将导线嵌进去。缠绕时，上部和中部的线圈要稀一些，下部线圈的匝数占总匝数的 60%。电源采用单相电源较方便。另外需要说明的是判断器身是否需要加温与器身温度、环境温度有关，也与空气相对湿度有关。

4.3 新型试验设备调试工艺

变压器经过长途运输，内部缺陷是运行中的最大安全隐患。选用全自动高精度变压器绕组变形测试仪使用频率响应解析法测试主变压器绕组变形，这种检测方法灵敏度高、抗干扰能力强，现场操作方便。

5 施工工艺流程及操作要点

5.1 施工工艺流程

5.1.1 总流程（图 1）

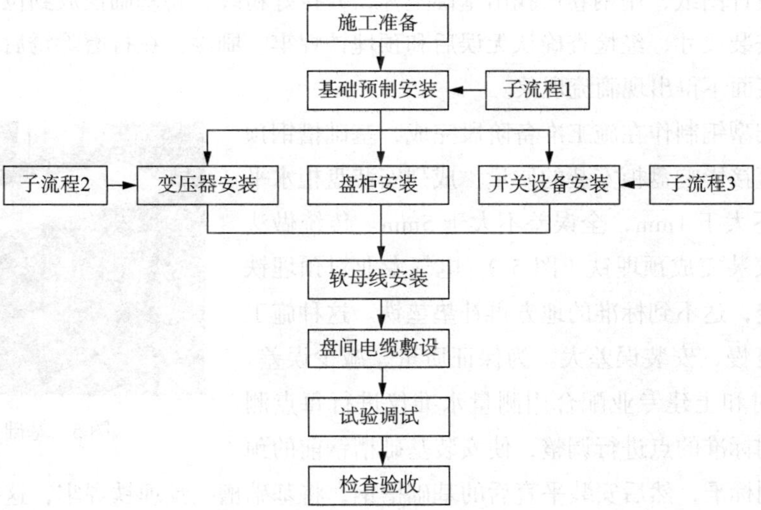

图 1 变电所施工工艺流程

5.1.2 子流程

（1）子流程 1（图 2）

图 2 基础预制安装流程

（2）子流程 2（图 3）

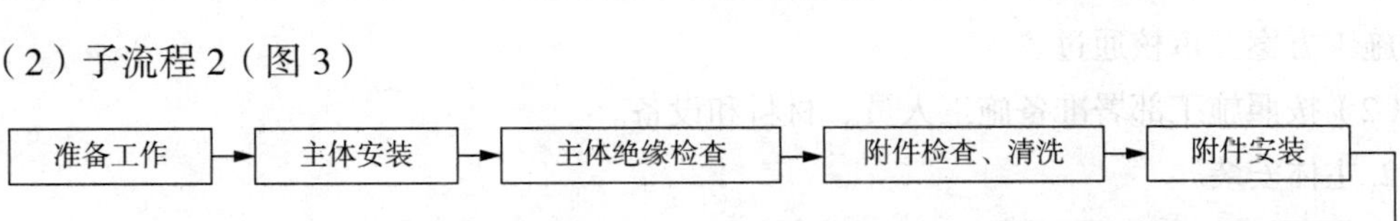

图 3 变压器安装流程

（3）子流程3（图4）

基础找平安装 → 开关设备单体试验 → 开关设备检查 → 开关设备安装 → 鉴定性试验

图4　户外开关设备安装流程

5.2　操作要点

5.2.1　施工准备

准备齐全施工中需要用到的各种技术资料，组织图纸自审，参加建设单位组织的图纸会审；组织编写施工组织设计及专项施工方案，并报监理及建设单位批准，进行技术交底及安全交底；编制施工进度计划、施工机具及材料计划；编制职业健康安全、质量、环保措施。

5.2.2　基础预制安装

（1）下料：使用平直的槽钢，根据图纸尺寸，用拐尺、细石笔在槽钢表面划线，用切割机切割下料。组对：根据图纸将槽钢组对成型，先进行点焊后核对尺寸误差。矫正：量取整列基础的长宽及对角线尺寸以及4个90°直角尺寸，误差偏大应及时校正。焊接：由专业电焊工负责焊接，焊接质量符合规范要求。打磨：槽钢表面打磨干净，无尘土、焊渣凸起等。安装：根据设计图纸，用钢卷尺找出基础坐标，并拉好粉线，将基础摆放到位，使用水准仪找平，校正安装尺寸，经检查确认无误后和预埋铁焊牢。刷漆：在打磨除锈后的槽钢上刷防腐漆，油漆表面不得出现滴流现象。

（2）基础型钢制作在施工准备阶段完成，基础槽钢预埋铁的精度直接影响盘柜安装的质量。成列安装盘柜水平度每米误差不大于1mm，全误差不大于5mm。传统做法是土建专业安装完成预埋铁（图5），电气专业对预埋铁标高进行检查，达不到标准的地方再补垫垫铁。这种施工方法施工速度慢，安装误差大。为保证质量、减少误差，在土建施工时和土建专业配合用测量水准仪进行每点测量，对达不到标准的点进行调整，使安装基础槽钢前的预埋铁标高达到标准，然后安装平直后的基础槽钢，将基础槽同预埋铁焊牢，这样安装的成列盘柜可达到无垫铁安装标准，很大地提高了安装精度，保证了质量要求。

图5　基础预埋铁

5.2.3　变压器安装

1. 准备工作

（1）变压器出库前施工人员应该仔细阅读设计图纸资料，了解其内部的结构，并通知有关人员进行共检；开箱后根据装箱单清点数量，检查变压器附件是否有损坏，检查其尺寸是否与设计相符，检查其外表面是否有损伤等。发现问题应及时报告，并作好设备开箱记录，编制施工方案并审核通过。

（2）按照施工部署准备施工人员、材料和设备。

2. 主体安装

（1）变压器基础验收合格后，方可进行主体安装。核对土建图纸是否与电气施工图纸一致，是否符合变压器的安装要求。变压器的瓦斯继电器侧沿气流方向应有1%～1.5%坡度的升高。

（2）施工前根据图纸准确标出变压器位置，变压器安装完毕后高、低压侧所在的位置就能确定，变压器的位置对低压母线桥的高度、长度以及高压软母线起到决定性作用。

（3）根据施工现场的具体情况选用吊车的大小；吊装钢丝绳的安全系数应大于 6 倍；须正确使用变压器的吊耳。

3. 主体绝缘检查

（1）变压器主体就位后使用高压兆欧表测试变压器线圈是否绝缘。

（2）使用绝缘油介电强度测试仪测试变压器主体绝缘油是否合格。

4. 附件检查、清洗

安装阶段为了防止变压器渗漏油需要对质量不合格的密封部件及时更换。从以下 3 方面检查变压器密封性：

（1）关于附件的严密性可用油泵形成油压，同时在被试部件上安装压力表，当油压达到规定数值以后，保持一定时间，并检查密封面和焊缝有无渗漏油的痕迹。试压用油要求油温在 10℃以上，最好达到 30℃。也可采用压缩空气做密封检查。

（2）密封材料的基本性能要有良好的耐油性、抗老化性，有适当的弹性和较好的机械强度。

（3）做好密封面处理，密封衬垫要规格合适、安装位置正确，在压紧中如果胶垫出现裂纹必须更换。

5. 附件安装

（1）冷却装置安装：安装前使用合格绝缘油进行冲洗；安装时法兰连接螺栓使用力矩扳手紧固。

（2）升高座及高压套管安装：主变套管安装前要进行耐压和介损试验，B 相 CT 要进行相应伏安变比试验，否则安装完成后无法进行。

（3）有载调压装置安装：切换开关的触头及其连接线须完好，接触良好，位置指示正确，清洁切换开关油箱，并做密封试验。

（4）安装油枕、油循环管路、校验合格的瓦斯继电器和其他附件。

（5）防止绝缘受潮：主变压器附件安装过程中，须保持变压器的芯部绝缘并且不受潮。在芯部检查阶段检查芯部受潮有 2 个途径：水滴直接侵入绝缘或从大气中吸潮，所以器身检查时周围空气温度不低于 0℃，器身温度不低于周围空气温度；当器身温度低于周围空气温度时应将器身加热，使其温度高于周围空气温度 10℃左右；当空气相对湿度大于 75% 时，器身不可暴露在空气中。器身检查时，需要清洁场地周围并有防尘措施，雨雪天或雾天不宜在室外进行。

6. 注油准备

（1）变压器本体、油箱、滤油机需要可靠接地，熟悉滤油机操作规程。

（2）变压器本体变压器油及油罐变压器油绝缘强度合格。

（3）注油前将与器身连接不能承受真空的附件隔离，确保与变压器本体连接的管路系统密封性良好，对变压器进行抽真空。

7. 注油

（1）对器身抽真空达到规定标准并保持规定时间。从抽真空开始记录油箱的变形情况，达到规定时间后真空注入合格的变压器油，每分钟注入油量小于 100L。注油使用真空滤油机加注，保持油箱真空度，注满油后保持真空至规定时间，然后解除真空。

（2）静置完毕后，从变压器的油枕、套管、升高座、冷却装置、气体继电器及压力释放装置等有关部位进行多次放气，直至油溢出，表示残余气体排尽。

（3）注油完成后需要对绝缘油进行连续 72h 热油循环，油温应保持在 60℃以上。进行热油循环的主要目的是清除变压器的杂质和水分，同时提高变压器油的绝缘性和稳定性，如果因天气原因无法达到，可以对变压器器身进行保温。

8. 交接试验

（1）变压器各导电部分的连接可靠，接触良好。变压器通电前需要确认好设备的绝缘、接线以免损坏设备或造成人员伤亡，通入的电流、电压值应符合设计定值。

（2）按规定对变压器进行交接试验。

9. 试运行

检查变压器的电流、电压、温度在规定范围内，冷却风机等附件工作正常。

5.2.4　盘柜安装

（1）高、低压柜及保护屏进场：合理安排设备到场日期，保证设备卸车、验收、运输、就位一次完成，减少设备二次倒运、二次包装、看护等费用。

（2）柜体就位：用吊车将配电柜吊至配电室门口，室内用手动叉车将设备运到安装位置，人工进行柜体就位。

（3）柜体找正固定：从边柜进行拼接，边找正边固定，注意核对有母线桥柜体的位置。

（4）主母线安装：从内到外的顺序安装柜内母线，安装时母线连接处先穿上螺丝，不带紧，等所有母线安装位置无误后，统一用力矩扳手紧固。紧固力矩应根据厂家规定，并符合规范要求，完成后进行母线仓清洁工作。

（5）柜内小母线安装：安装时进行查线、套线号、接线，完成后检查电压小母线、合母、控母、交流小母线绝缘情况。

5.2.5　66kV 开关设备安装

1. 基础找平安装

吊装安装前按要求将混凝土基础和钢支架找平、找正（使用水平仪、铅坠）并用钢卷尺测量地脚螺栓和设备安装中心线。

2. 开关设备单体试验

户外高压开关设备安装前应对逐个单体进行相应耐压试验、介损试验、SF6 微水试验，单组设备安装完成后进行操作机构连锁调试。

3. 开关设备检查

（1）清洁：各部件包括灭弧室、触头、油气分离器等关键部件检查清洗。

（2）准确：遵守技术资料和安装工艺守则的规定顺序进行断路器组合。每相的水平误差、三相之间的中心距离和高度误差、水平连杆的直线度、灭弧室部件组装等都应准确符合技术要求。

（3）牢固：螺栓法兰盘的连接要求使用套筒扳手均匀拧紧，不可在螺栓不全的情况下进行紧固，保证传动杆螺纹的拧进深度和轴销的插入长度，螺帽、销针等附件齐全并进行准确安装。

（4）密封：SF6断路器的密封问题主要是防止SF6渗漏，其次是防止水分和潮湿进入气室。

4. 开关设备安装

（1）安装吊装时吊装绳应穿进被吊部件的吊环或绑扎在指定的部位。对于细长的部件，还要加装系绳，根据需要可在吊车钩上加挂倒链。断路器吊装可采用分件组装和单元组装2种方法。

（2）安装SF6断路器时，要做好绝缘部件的保管和检查，已经受潮和污染的部件应进行现场性绝缘处理。绝缘部件的检查分为电气试验和外表观察。

（3）导电回路的检查包括回路电阻测量和接触面外表观察，防止固定式和可动式接触面脏污、氧化和松动。

5. 鉴定性试验

隔离开关在安装过程中进行调整性操作试验。安装结束后应进行鉴定性操作试验，运动速度、动作时间、导电回路电阻的测量调整以及绝缘试验。

5.2.6　软母线安装

（1）根据设计图提出的规格、数量将导线、金具、绝缘子进行清点和检查。绝缘子由试验人员测量绝缘电阻并进行交流耐压试验合格后再安装。

（2）金具压接前检查和导线规格是否一致，金具内部是否光滑，有无凹凸现象，有无氧化及腐蚀，有无裂纹毛刺。

（3）软母线裁剪需要在距裁剪处2cm用铁丝绑扎，用断线剪断开，并用锉刀、砂纸打磨断口。压接时，模具压接速度及压力应均匀一致。

5.2.7　盘间电缆敷设

（1）根据电缆敷设剖面图合理安排电缆敷设顺序，尽量避免电缆交叉，组织好人员机具，清理电缆桥架上的杂物。

（2）电缆敷设前进行绝缘测试并验收合格，敷设完成后再次进行绝缘测试。

（3）电缆敷设时，电缆从盘的上方引出，需要避免电缆在支架及地面上摩擦拖拉。电缆上避免有机械损伤电缆皮导致其破损的现象，电缆敷设完成1根绑扎1根，并安装电缆标识牌。

（4）电缆敷设需要做到横看成线，纵看成行，引出方向一致，余量一致，相互间距离一致，达到整齐美观。

（5）电缆敷设完成后，及时制作电缆终端，如不能及时制作电缆终端，需采用密封措施，防止电缆受潮。

5.2.8　试验调试

（1）66kV断路器作为受送电的核心设备，应作为检查的重点，对于六氟化硫断路器我们应检查以下几点：①测量绝缘电阻；②测量每相导电回路的电阻；③交流耐压试验；④断路器均压电容器的试验；⑤测量断路器的分合闸时间；⑥测量断路器的分合闸速度；⑦测量断路器主、辅助触头分、合闸的同期性及配合时间；⑧测量断路器分、合闸线圈绝缘电阻及直流电阻；⑨断路器操动机构试验；⑩测量断路器内六氟化硫的含水量；⑪ 密封性试验；⑫ 气体密度继电器、压力表和压力动作阀的检查。

（2）变压器试验主要有绕组变形试验（图6）、交流耐压试验、直流电阻试验、连接组别及变比试验、绝缘油耐压试验、油色谱试验、油含水试验、套管介损试验、非电量保护测试、差动保护试验。变压器绕组变形试验采用频率响应解析法，根据对变压器内部绕组特性参数的测量，可以准确判断内部故障的变压器。通过检测变压器各绕组的幅频响应特性，并比较各级检测结果，根据幅频响应特性的变化程度来判断变压器绕组可能发生的变形。

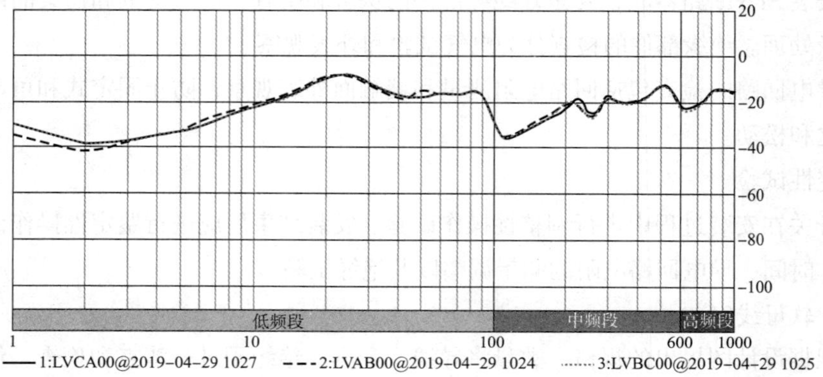

图6　变压器绕组变形试验

（3）11kV单体试验及系统备自投试验，控制系统连锁投运。

（4）按已批准的送电方案进行第1次受电。

（5）调试主要仪器的选用

①综保测试选用继电保护测试仪，这样能节约拆装表计及继电器的时间，使进度加快，数据更准确，重复性更好（图7）。

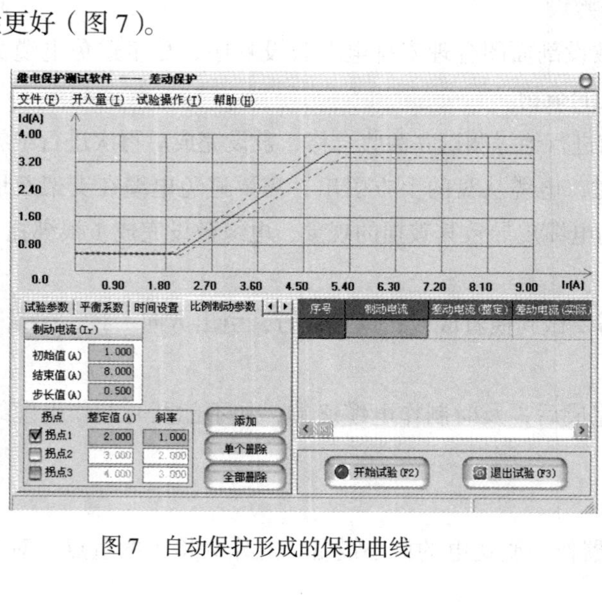

图7　自动保护形成的保护曲线

②主变压器及盘柜CT/PT变比组别直阻试验选用伏安变比极性综合测试仪测试。比过去的电压表法及直流感应法更为快捷准确（一次完成2项试验）。

③真空断路器试验选用断路器综合测试仪，可以大大节省断路器试验时间。回路电阻及接触电阻测试可使用微欧计，这种方法更加方便快捷。

5.2.9 检查验收

验收应分阶段进行，整体土建施工完成后进行一次土建施工验收；户外开关设备及变压器安装完成后进行一次验收；室内盘柜安装完成后进行一次验收；整体调试完成后进行一次验收。

5.3 劳动力组织

变压器安装、盘柜安装、开关设备安装可在3个区域网格化同时展开。安装电工可分为3个作业组，即主变压器安装作业组、11kV配电室及主控制室设备安装作业组、66kV设备安装作业组（断路器、互感器、隔离开关等）。3个作业组按照设定好的施工计划同时施工，试验电工随安装同步进行调试试验，不会影响后续的电缆敷设校线、接线，站内软母线安装等施工项目，避免了窝工、施工工序相互制约等问题。劳动力组织情况见表1。

表1 劳动力组织

序号	工种	人数	岗位职责
1	队长	1	领导组织按流程施工
2	技术专职工程师	1	技术管理，监督检查，质量保证
3	专职质检员	1	质量管理，监督检查质量保证
4	专职材料设备员	1	材料设备供应，机具配件管理
5	电气安装工	4	变压器组对安装
6	电气安装工	6	户外开关站高压设备安装
7	电气安装工	7	高、低压盘柜及控制柜安装
8	电气调试工	2	随安装同步进行试验
9	起重工	2	配合施工班组完成任务
10	气焊工	1	配合施工班组完成任务
11	电焊工	2	配合施工班组完成任务
12	架子工	2	配合施工班组完成任务
合计		30	

6 材料与设备

6.1 电气安装用主要机具及工器具

电气安装用主要机具及工器具见表2。

表2 电气安装用主要机具及工器具

序号	名称	规格	单位	数量	备注
1	汽车吊	25t	台	1	
2	汽车吊	125t	台	1	

续表

序号	名称	规格	单位	数量	备注
3	登高车		台	1	
4	真空滤油机		台	1	
5	空变压器油罐	$200m^3$	个	1	
6	无齿锯	380V	台	2	
7	台钻	Φ16mm	台	1	
8	电焊机	交直流	台	4	
9	气焊工具		套	1	
10	电动套丝机	*DN* 50mm	台	1	
11	液压千斤顶	20t	台	4	
12	倒链	10t	台	2	
13	电动煨弯机	*DN* 100mm	台	1	
14	磨光机	Φ125mm	台	4	
15	手压钻	博士	台	2	
16	热风枪	博士	台	4	
17	电动压接钳	$16\sim240mm^2$	台	2	
18	电动电缆剪	$400mm^2$	台	2	
19	工具房		座	1	

6.2 电气调试用主要仪器仪表

电气调试用主要仪器仪表见表 3。

表 3 电气调试用主要仪器仪表

序号	设备名称	规格型号	单位	数量	备注
1	变压器绕组变形测试仪	HMBR–Z	台	1	
2	交流耐压试验器	150kV/380V，25kV·A	台	1	
3	交流耐压试验器	50kV/220V	台	2	
4	直流耐压试验器	60kV，TDM/2.5/60	台	1	
5	介损测试仪	QS1	台	1	
6	继电保护综合测试仪	1600J	台	2	
7	断路器综合测试仪	KJTC–IV	台	2	
8	直流电阻测试仪	BKZ	台	2	
9	微欧计	Micro	台	1	
10	双钳相位表	MG–29	台	2	
11	伏安特性变比极性综合测试仪	FA–103	台	1	
12	数字兆欧表	福禄克 1550C	台	2	
13	变压器绕组变形测试仪	SB3006	台	1	
14	SF6 检漏测试仪	5750A	台	1	

续表

序号	设备名称	规格型号	单位	数量	备注
15	串联谐振设备	KDXZ-108kV	台	2	
16	全自动变比测试仪	HDB- Ⅱ	台	2	
17	绝缘油介电强度测试仪	HZJC-201	台	2	
18	绝缘油含水分析仪	KDWS-809A	台	1	
19	接地电阻测试仪	福禄克 01623	台	2	
20	无线核相仪	HMEC-2	台	2	
21	低压相序表	福禄克 9040	台	2	
22	绝缘手套		双	2	
23	绝缘靴		双	2	
24	高压验电棒	110kV	套	2	

7 质量控制

7.1 质量标准

（1）国际电工协会 IEC 标准

（2）制造厂家安装说明书及操作手册（如变压器安装使用说明书、SF6 断路器安装使用说明书等）

（3）相关设计图纸

（4）GB 50169—2016《电气装置安装工程接地装置施工及验收规范》

（5）GB 50147—2010《电气装置安装工程高压电器施工及验收规范》

（6）GB 50149—2010《电气装置安装工程母线装置施工及验收规范》

（7）GB 50303—2015《建筑电气工程施工质量验收规范》

（8）GB 19517—2009《国家电气设备安全技术规范》

（9）电气安装标准典型图图册

7.2 质量控制措施

（1）施工过程严格要求，工序过程认真检查，检查员在质量预控点到位并监督检查合格后方可进行下道工序的施工。主要预控点成立 QC 活动小组，如成立“利用 QC 方法解决侧装隔离开关的难题”“开展 QC 活动保质高速安装成列盘柜”等 QC 小组，并取得成果奖，很大程度地保证了施工质量及进度。

（2）设备材料的出库检验：出库设备按 IEC 标准进行检验，随机资料应齐全，材料应有材质合格证明及试验数据，不合格产品及资料不齐全者不能安装使用。

（3）各设备基础的工序交接：从土建工程接收的各设备基础的资料数据应准确、齐全，应进行认真复检，达不到标准要求的不能接收。

（4）高压 SF6 开关的解体检查及机械调整：解体检查及机械调整必须按照技术人员编制的施工方案进行。

（5）母线接头接触面：要求每面必须检查，不能存在不合格点。

（6）接地网安装：设备接地可靠，接地点准确，接地电阻合格。

（7）电气调试：项目完整，符合调试规范，数据真实，资料齐全。

（8）受电试运行：应有严格的方案，电气试验报告齐全，操作人员应进行培训，建立可靠的安全措施。

（9）竣工交接：交工资料齐全，工程完工完整，备品备件完全。

7.3 关键质量控制点

关键工序主要技术指标检验统计见表4。

表4 关键工序主要技术指标检验统计表

阶段	质量控制点	技术指标	检查方法	检查时机
施工准备	试验设备	检定	查检定报告	施工准备完成后
	施工车辆	检定	查检定报告	施工准备完成后
	设备检查	厂家资料，联合检查	外观及合格证书	设备到场后
盘柜基础安装	整体平整度	1mm/m，5mm/ 全长	水准仪	盘柜基础安装完成后，盘柜安装前
变压器安装试验	作业人员资格	特种作业资格证	查证件	上岗前
	变压器注油	抽真空合格，绝缘油合格	绝缘油试验设备	变压器注油前
	变压器一次交流耐压试验	IEC 试验规范，出厂试验值 80%	交流耐压设备	变压器安装完成
高压开关设备安装	隔离开关基础安装	三相基础水平	水平尺及水准仪	隔离开关安装前
	隔离开关安装	三相开关合同期在要求范围内	尺子	隔离开关安装完成后
	六氟化硫断路器安装	六氟化硫无泄露	压力表显示无泄漏	六氟化硫断路器开箱后，吊装前后，投用前
软母线安装	金具压接紧实度	金具类技术规范	压力表	金具压接完成后
盘柜安装	整体垂直度	1.5mm/m，5mm/ 成列	线坠	盘柜安装后
试验调试	变压器差动保护试验	设计定值单	继电保护测试仪	保护屏上电后
	11kV 母线耐压试验	IEC 试验规范	交流耐压设备	11kV 盘柜母线安装完成后
	CT/PT 变比试验	IEC 试验规范	伏安变比测试仪	设备安装完成后

8 安全措施

8.1 安全标准

（1）JGJ 46—2005《施工现场临时用电安全技术规范》

（2）JGJ 80—2016《建筑施工高处作业安全技术规范》

（3）JGJ 59—2011《建筑施工安全检查标准》

（4）GB 50656—2011《施工企业安全生产管理规范》

（5）GB 50348—2018《安全防范工程技术标准》

（6）GB 5070—2011《建设工程施工现场消防安全技术规范》

8.2 安全保障措施

（1）严格按照操作规程作业，建立健全安全保证体系，落实安全生产责任制，建立安全应急预案体系，配备相应人员，准备好安全急救物料。

（2）施工前认真、详细、全面地进行安全技术交底，并要求每个参与作业人员参加，交底结束后进行相关不清楚问题解释、交底确认，然后作业。

（3）进入施工现场带好必要的安全用品，并牢固树立“安全第一，预防为主”思想。

（4）特殊工种如电工、焊工、起重工等须持证上岗，随时接受检查。

（5）在进行各种设备吊装作业前，索具、机具必须经过严格检查，不合格不得使用。

（6）主变压器芯部检查时，现场的仪表、仪器等工具保管人员要登记造册，器身检查完毕按照清册清点回收，以免遗忘在变压器内部。

（7）施工方案要有具体安全防护措施，安装和调试按相应的安全操作规程执行。

（8）电气试验要充分明确试验目的，熟悉试验操作的条件，选用正确的试验设备。

（9）高压设备操作，必须由2人执行，并由对设备熟悉的1人担任监护人。

（10）在已送电的设备上要挂警示牌，设防护栏。

（11）送电严格按已批准的送电方案操作，方案中的安全措施和送电组织机构在送电前应完善、健全。

9 环保措施

9.1 环保法规、规范

（1）GB 12523—2011《建筑施工场界环境噪声排放标准》

（2）GB 16297—1996《大气污染物综合排放标准》

（3）GB/T 50640—2010《建筑工程绿色施工评价标准》

（4）GB 31570—2015《石油炼制工业污染物排放标准》

（5）JGJ 146—2013《建设工程施工现场环境与卫生标准》

9.2 环保保障措施

（1）在施工过程中严格遵守当地政府下发的有关环境保护的法律、法规和规章，加强对施工燃油、工程材料、设备、废弃物的控制和治理，遵守有关防火及废弃物的规章制度，成立对应的施工环境卫生管理机构。

（2）在施工中应保持现场整洁。无用的废料应及时清理、堆放妥当，防止绊倒伤人。

（3）安装前应将所有连接部位擦洗干净。擦洗使用的清洗剂统一收集处理，不得遗撒在现场并做好应急预案。

（4）所有的包装材料及时清运，做到随拆随清。

（5）吊装前对吊装设备各储油点进行全方位检查，保证无泄露发生。

（6）现场垃圾实行分类收集、分类处理，对于有害垃圾进行特殊处理，不得随意丢弃。

（7）本施工方法充分利用了现场的现有设备及静态专利吊具，没有产生噪声的大型特殊设备，经济环保。

（8）加强对现场人员的培训与教育，提高现场人员的环保意识，根据环境管理体系运行的要求，结合环境管理方案，对所有可能对环境产生影响的人员进行相应的培训

（9）所有的设备及主变压器油物处理要管理好，防止油物泄漏，并认真做好原油的回收

处理工作及废油的集中处理工作。

10 效益分析

10.1 经济效益

66kV 变电站电气安装总体施工组织程序安排了 3 条主网络线，分别为 66kV 户外装置安装、11kV 及主控制室设备安装、主变压器安装。在盘柜设备就位后，即可开展电气元件的调试工作，实现安装与调试同步施工。在主变压器安装就位后同时进行 11kV 和 66kV 配电设备安装，3 条主网络线便可分别在 3 个施工片区平行开展施工。做到了施工工期提前 45 天完成，节约费用 102.4 万元（表 5），为哈法亚 GPP 建成投产提供了先决条件。

表 5 工法效益分析表

对比项目 \ 施工方法	传统施工工艺	新施工工艺
施工工期	66kV 户外开关设备安装接线需 20 天；主变附件安装及接线需 20 天；钢芯铝绞线安装需 5 天；高低压柜及附件安装接线需 30 天；电缆敷设及桥架安装需要 30 天；设备单体试验需要 25 天；设备保护调试及连锁调试需要 25 天 施工工期合计：20+20+5+30+30+25+25=155 天	单体试验和盘柜安装可同步进行，需要 30 天；66kV 户外设备和主变安装可同步进行需要 20 天；钢芯铝绞线安装需 5 天；设备保护调试及连锁调试需要 25 天；电缆敷设及桥架安装需要 30 天 施工工期合计：30+20+5+25+30=110 天
人工费	电气安装工、调试工、起重工、技术员以及现场管理人员，共计 30 人 人工费：30 人 ×155 天 ×600 元 /（天・人）=279 万元	电气安装工、调试工、起重工、技术员以及现场管理人员，共计 30 人 人工费：30 人 ×110 天 ×600 元 /（天・人）=198 万元
机械台班费	吊车及登高车费用 22 万元	调试和安装同步进行，吊车及登高车费用 15 万元
管理费	4 人 ×155 天 ×800 元 /（天・人）=49.6 万元	4 人 ×110 天 ×800 元 /（天・人）=35.2 万元
合计	350.6 万元	248.2 万元

10.2 工期效益

伊拉克哈法亚天然气处理厂项目应用本工法，在 4 个月内完成变电所安装调试上电工作，为项目施工节约了 45 天。变电所受电是全场由施工转向试运的一个重要节点，变电所受电将会加速推动全场电机试运。

11 应用实例

本工法在伊拉克哈法亚 GPP66kV 主变电所电气安装工程中进行应用，主要设备为 66kV 容量 40MV·A 三相电力变压器 2 台、11kV 容量 1250kV·A 三相电力变压器 2 台、11kV 接地变压器 2 台、66kV 户外开关设备 2 套、11kV 盘柜 28 面、0.4kV 盘柜 16 面、无功补偿柜 2 套、直流 UPS 系统 2 套、交流 UPS 系统 2 套，保护控制屏 10 面、通讯柜 2 面，相应的继电保护及自动装置。本工法在本次工程的应用中取得了较好的经济效益和社会效益，主变电所于 2023 年 5 月 18 日一次受送电成功，质量一次合格率达 100%。

球罐焊接接头衍射时差技术（TOFD）及相控阵超声（PAUT）联合检测工法

高建峰　张登科　杨　鹏　马磊锋　王业民

中国石油天然气第一建设有限公司

1　前言

在石油炼制工业和石油化工的球罐安装施工中，传统射线检测因其劳动强度大、检测效率低、安全防护要求高、成本节节攀升等因素，越来越难以满足向大型化、大壁厚快速发展的压力容器制造安装对无损检测的要求。在工业领域大型装置的现场安装施工中，射线防护、劳动效率与工期效益的矛盾日益突出，其射线穿透能力更是不能满足特大型压力容器无损检测的要求。常规超声波检测有显示不直观、记录信息少、数据还原性差、人为因素影响较大等不足；射线检测有对面积性缺陷检出率低、射线辐射对人体有害、防护困难，作业时间受限，检测效率低、劳动强度大、成本高等不足，严重制约工期、质量和安全，尤其是随着壁厚的增大造成的影响更加显著。

衍射时差法超声波（简称 TOFD）和相控阵超声（简称 PAUT）检测技术在压力容器对接接头方面的应用日渐成熟，检测结果可靠，安全环保。两种方法联合检测可以互补局限性，具有非常好的检测效果。首先，采用 TOFD 与 PAUT 联合检测相比常规采用 X 射线或 γ 射线检测压力容器的方法，更具有明显的优势。因为相比射线检测：TOFD 与 PAUT 没有射线辐射，没有洗片化学药剂，安全环保；TOFD 与 PAUT 与其他工作可以交叉作业，且 TOFD 与 PAUT 检测效率远远高于射线检测效率，可以及时反馈检测结果，从无损检测方面缩短了施工工期；TOFD 与 PAUT 白天可以作业，降低了夜间作业的安全风险，保障了人员设备的安全；TOFD 与 PAUT 检测不需要电源线，节省了成本，降低了用电安全风险；TOFD 与 PAUT 设备轻便，人员劳动强度小；TOFD 与 PAUT 检测厚度大于射线检测厚度；TOFD 与 PAUT 缺陷检出率高，可以最大程度地发现焊缝缺陷，保障焊接质量；TOFD 与 PAUT 可以准确地定位缺陷，降低返修劳动强度。其次，相比采用常规超声波检测，TOFD 与 PAUT 检测是可记录的超声检测，图谱可以永久储存，为以后检修提供永久建设过程资料；PAUT 检测可以实现波束的聚焦和偏转，检测时不用频繁更换探头；PAUT 检测每个探头含有几十个晶片，波束覆盖面大，采用电子扫查不用前后移动探头，只需步进方向上移动探头即可覆盖焊缝。再次，TOFD 与 PAUT 联合检测可以互补 2 种检测方法的局限性，TOFD 检测技术利用衍射波对缺陷进行检测，缺陷检出不受缺陷方向影响，而 PAUT 检测受缺陷方向影响；TOFD 检测技术对缺陷的定量和定位测量相比 PAUT 检测更精确；TOFD 检测由于直通波存在扫查面盲区，导致近表面缺陷隐藏在直通波中不易识别和测量，而 PAUT 检测技术无检测表面盲区，可以发现 TOFD 无法发现的缺陷；TOFD 采用纵波一发一收检测，有些位置探头只能放置在焊缝一侧，无法采用 TOFD 检测方法，而 PAUT 为脉冲反射法，将探头放置在一侧就可以达到检测的目的；TOFD 图谱呈现可分析的 B 扫描图像，PAUT 可以呈现多个扫描图像（A 扫描、B 扫描、C 扫描和 D 扫描），且多个扫描图像可以互相切换，对缺陷的形状尺寸显示更直观，缺陷定性定位准确；TOFD 图谱为灰白条纹图谱，PAUT 图谱为彩色图谱，缺陷显示更为直观。再者，采用 TOFD 和 PAUT 联合检测，可以在 1 台设备上同步检测，扫查 1 次可以得到 2 种检测方法的图谱，检测速度快、效率高。因此，本文介绍的工法为同时利用 TOFD 和 PAUT 检测技术进行球罐的同步联合检测，局限性互补，安全环保，大大提高了检测效率和缺陷检出率，保证了焊接质量和施工工期。

2021 年 11 月至 2022 年 6 月，对伊拉克哈法亚天然气处理厂（GPP）5 台 $3000m^3$ 球罐焊缝用该工法进行了检测。本工法使用 TOFD 及 PAUT 对钢制球形储罐对接焊缝进行无损检测工作，创新性地使用 TOFD 和 PAUT 进行同步扫查、数据采集、数据分析，解决了 TOFD 单独扫查时存在检测盲区、晶粒噪声等对检测结果的不利影响和 TOFD 检测需多次扫查的问题，同时也解决了 PAUT 单独检测时对层间未熔合检测效果不佳、缺陷高度测量不准确等问题。对球形储罐对接焊缝中存在的各种缺陷检出率高，提高了工作效率，改善了无损检测人员的工作环境，是一种更为绿色环保的检测技术。

本工法应用的“一种多功能双通道接头超声波检测扫查器”装置获得发明专利（专利号：ZL 201310433045.3）；“一种便携式接头衍射时差法超声检测扫查器”装置获得实用新型专利（专利号：ZL201520774862.X）；所使用的《中油检测接头超声相控阵检测工艺仿真软件 1.0》获国家计算机软件著作权；关键技术于 2020 年 5 月通过再次科技查新，处于国内领先水平。

2 工法特点

2.1 绿色安全环保、平行作业

TOFD 和 PAUT 检测技术是一种无辐射、无伤害的绿色环保检测技术，可全天候实施检测，改善了检测人员的作业环境，并可与其他施工工序平行作业。

2.2 检测工期短、成本低

每个操作班组只需 2 ~ 3 人，完成 10 m球罐的焊缝检测，只需要 20 ~ 30min 即可完成全部扫查。材料成本为射线检测的 1/2 以下，检测工序简便、出具检测结果快，与射线检测相比可缩短检测工期 50% 以上。

2.3 设备轻便、劳动强度小

TOFD 和 PAUT 检测设备为 4kg，扫查装置为 3kg。设备和专用扫查装置体积小、质量小、操作便捷；专用扫查装置可根据检测部位的特征装配组合，实施单侧和双侧检测或锯齿扫查。与射线检测相比较人工成本降低率约 81%；设备器材消耗成本降低率约 43.6% 以上。

2.4 检测无盲区

采用1组对TOFD探头和1组对PAUT探头组合，进行1次全扫查可实现检测声束对整个焊缝截面全覆盖，检测无盲区。

2.5 检测可靠性好、缺陷检出率高

使用的衍射波，缺陷检出不受波幅的影响，检测灵敏度高；使用的相控阵超声波，生成可控的声束角度和聚焦深度，分辨率好，灵敏度高，利于多方位缺陷检测，对焊缝中的面积性缺陷检出率远高于射线检测；缺陷显示直观、定位准确，TOFD和PAUT联合使用对焊缝中的体积性缺陷和面积性缺陷检出率远高于射线检测。

2.6 缺陷定位准确、定量精度高

经试验结果比对，缺陷位置测量偏差率500mm内小于 ±1%，缺陷长度测量偏差率为 ±1.5%，缺陷埋藏深度和自身高度测量偏差率为 ±1.4%。

2.7 检测数据显示直观、重复性好、可实时分析和长期保存

TOFD检测数据以B扫描图像和A扫描信号呈现，PAUT结果以S扫措图象、B扫描图像、C扫描图像和A扫描信号呈现，检测结果不受人为因素影响。对焊缝缺陷可实时分析和评判，也可远程分析评定、打印、存盘，便于长期保存。

3 适用范围

本工法适用于石油化工装置中材质为低碳钢或低合金钢，壁厚为12～100mm的球罐对接焊缝的检测。

4 工艺原理

4.1 检测技术原理

TOFD是利用缺陷端点的衍射波信号来检测和测量缺陷尺寸的1种超声波检测方法（图1）。

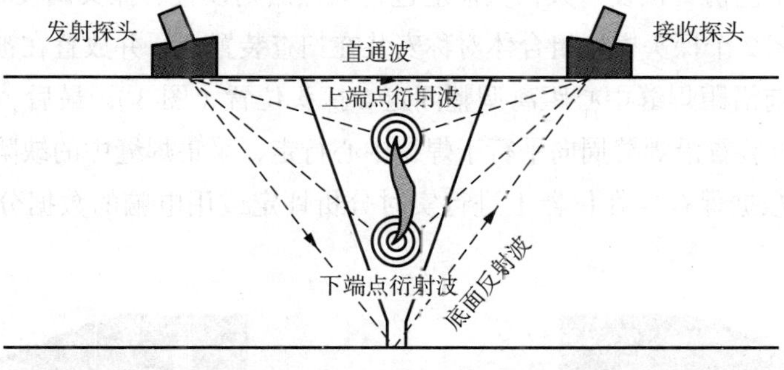

图1 工件中TOFD检测超声波传播途径示意图

使用2个一维线阵自发自收探头置于焊缝两侧，采用机械沿线垂直扫查或机械沿线垂直和手动局部锯齿组合扫查方式，通过计算机控制技术控制探头中各个晶片的激发和接收延迟时间，使声束在工件中偏转和聚焦，形成多维扫描数据图像，最终实现焊缝全截面检测（图2）。

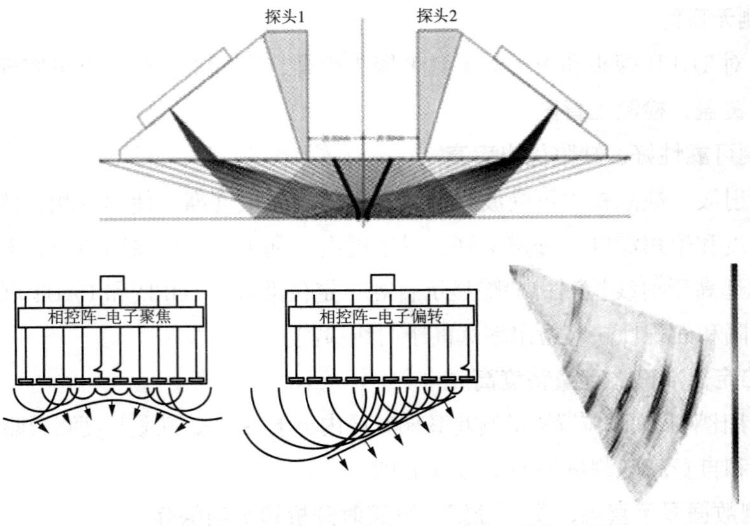

图 2　相控阵超声检测技术原理图、工艺原理图

4.2　球罐对接焊缝检测工艺原理

将 1 组对（或 2 组对）以“一收一发”工作模式的宽带窄脉冲，纵波斜入射的 TOFD 探头和 2 个自收自发的 PAUT 探头，同时安装固定在 1 个带有位置编码器的焊缝专用扫查装置上，并对称分布在焊缝两侧（图 3）；利用数据线将 TOFD 和 PAUT 探头与扫查装置和检测设备连接；开机后，推动扫查装置平行于焊缝移动，对焊缝进行全截面扫查。联合检测扫查如图 3 所示，TOFD 发射探头发射脉冲后，首先到达 TOFD 接收探头的是直通波，然后是底面反射波，最后到达的是底面反射变形波；无缺陷时，只有直通波、底面反射波和底面反射变形波（横波）；有缺陷存在时，接收探头接收到缺陷处产生的衍射波信号，并存在于直通波和底面反射波之间，还有底面反射波和缺陷部位产生的变形波（横波）（图 4）；PAUT 使用 1 个或多个一维线阵探头，采用自收自发工作模式，利用机械或手动进行沿线扫查或锯齿方式扫查。首先，根据被检焊缝规格和坡口形式在工艺仿真软件上进行检测工艺参数预设；其次，按照工艺仿真预设参数在仪器上进行聚焦法则设置、探头调校和 TCG 或 ACD 曲线制作；然后，将 2 个探头楔块组合体对称安装在扫查装置上，并放置在被检焊缝处，按照工艺设定的探头前沿距焊缝中心距离调整固定 2 探头位置（图 3）；最后，开机进入仪器扫查状态，推动扫查装置沿焊缝周向平行于焊缝中心行走，采集焊缝中的缺陷信息数据，完成后将采集的检测数据保存，在仪器上进行实时分析评定或用电脑的数据分析软件进行分析评定。

图 3　检测工艺原理

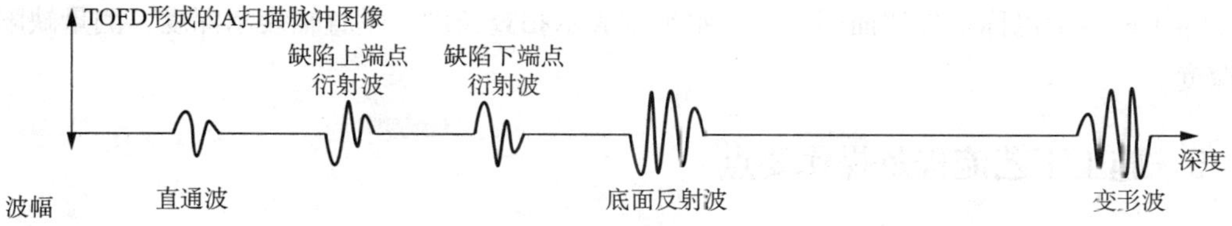

图 4　缺陷处 TOFD 检测 A 扫描信号示意图

4.3　检测数据图像原理

TOFD 检测数据图像：把采集的一系列焊缝 A 扫描数据组合信号，通过信号处理转换为 TOFD 图像；TOFD 图像为 B 扫描显示，是大量 A 扫信号的集合；A 扫信号的波幅在图像中是以灰度明暗显示，通过灰度等级表现出幅度的大小；TOFD 图像中，横坐标代表探头位移距离，纵坐标代表深度；TOFD 图像有利缺陷的识别和分析，可显示出缺陷的位置、长度、埋藏深度和自身高度，图像可以实时分析、远程分析、打印和长期保存，如图 5 中 TOFD 图像所示。PAUT 数据显示图像，是指超声波声程相关于扫查轴或步进轴组成的不同平面显示图像。如图 6 所示，PAUT 焊缝扫描显示：有 A 显示、B 显示、C 显示、S（D）显示。TOFD 和 PAUT 组合效果如图 7 所示。

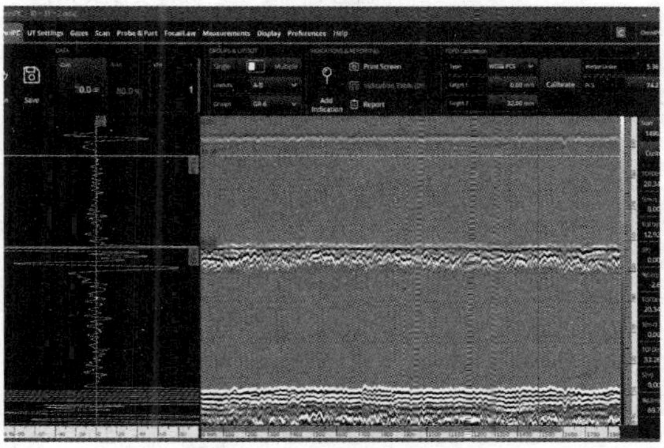

图 5　TOFD 检测数据图像

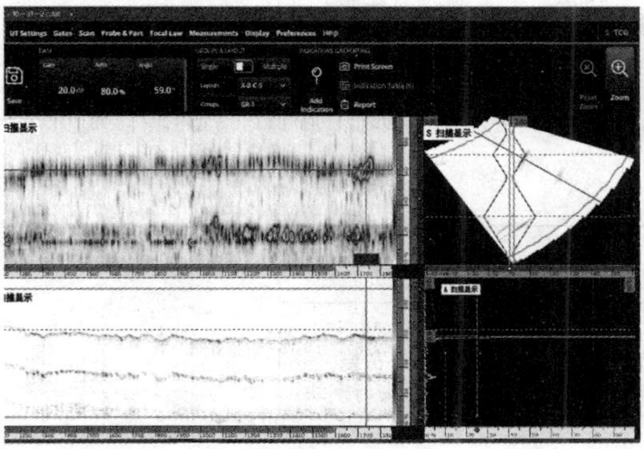

图 6　PAUT 数据图像

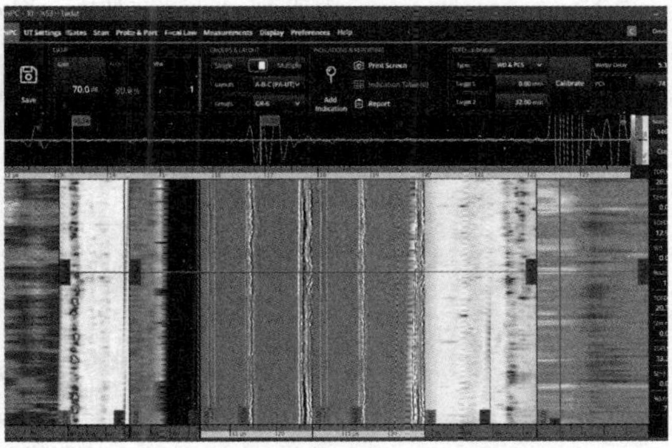

图 7　TOFD 与 PAUT 组合效果扫查图像

（1）A 显示是指接收到的超声回波信号幅度随时间或者声程变化以波形显示呈现，水平轴表示超声波的传播时间，垂直轴表示波幅。

（2）S 显示也称扇形扫描，是通过不同的聚焦法则激发同一组晶片，形成 1 个扇形波束，在一定角度范围内进行扫描，其水平轴为投影距离（焊缝宽度），而垂直轴为焊缝深度，可测量缺陷埋藏深度和自身高度以及在焊缝横截面中的位置。

（3）C 显示也称工件俯视图显示，水平轴表示扫查（焊缝）长度，垂直轴表示水平（焊缝）宽度，可测量缺陷在焊缝宽度和长度方向位置。

（4）B 显示也称工件侧面图显示，水平轴表示扫查长度，垂直轴表示深度，测量缺陷埋藏深度。

5 施工工艺流程及操作要点

5.1 施工工艺流程

5.1.1 联合检测总流程（图 8）

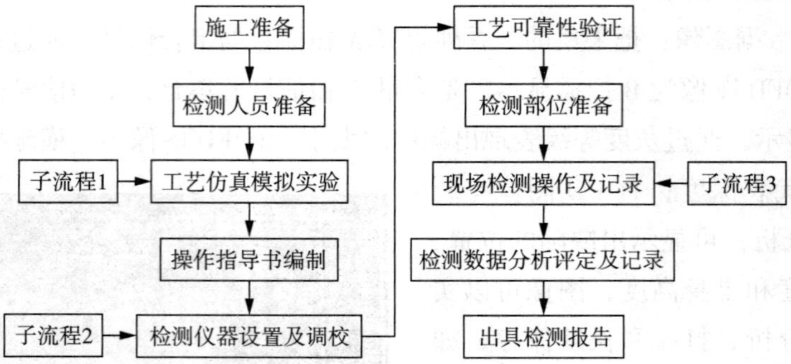

图 8 TOFD 及 PAUT 联合检测施工工艺流程图

5.1.2 子流程

（1）子流程 1（图 9）

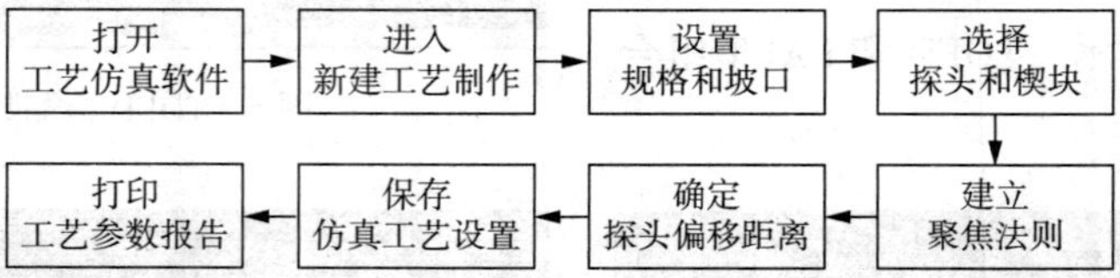

图 9 工艺模拟仿真操作流程

（2）子流程 2（图 10）

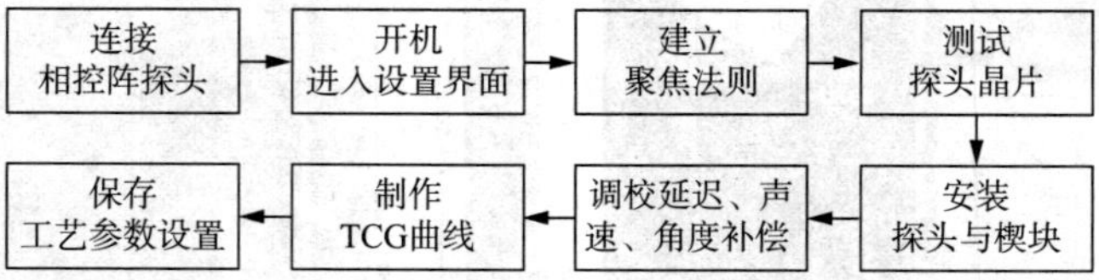

图 10 检测仪器设置和调校流程

（3）子流程 3（图 11）

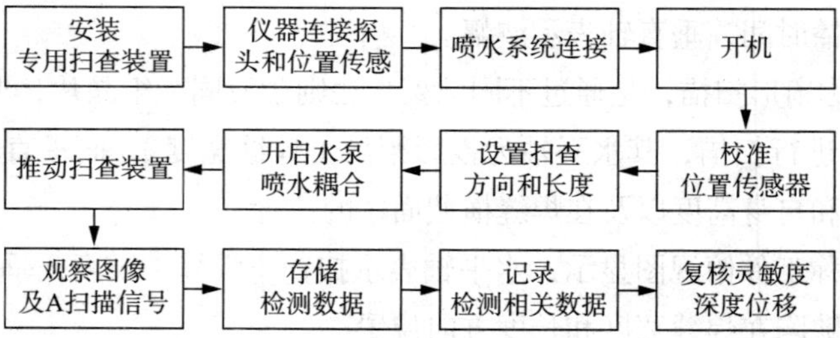

图 11 现场检测操作流程

5.2 操作要点

5.2.1 施工准备

（1）按照施工设备表和器材表准备施工设备和器材。设备运抵施工现场后，向业主提交检测设备情况表。

（2）球罐对接环焊缝 PAUT 系统，包括相控阵超声仪器、扫查装置、耦合装置、标准试块、对比试块、焊缝模拟试块、工艺仿真软件、检测数据分析软件、相控阵超声探头和楔块等（图 12）。

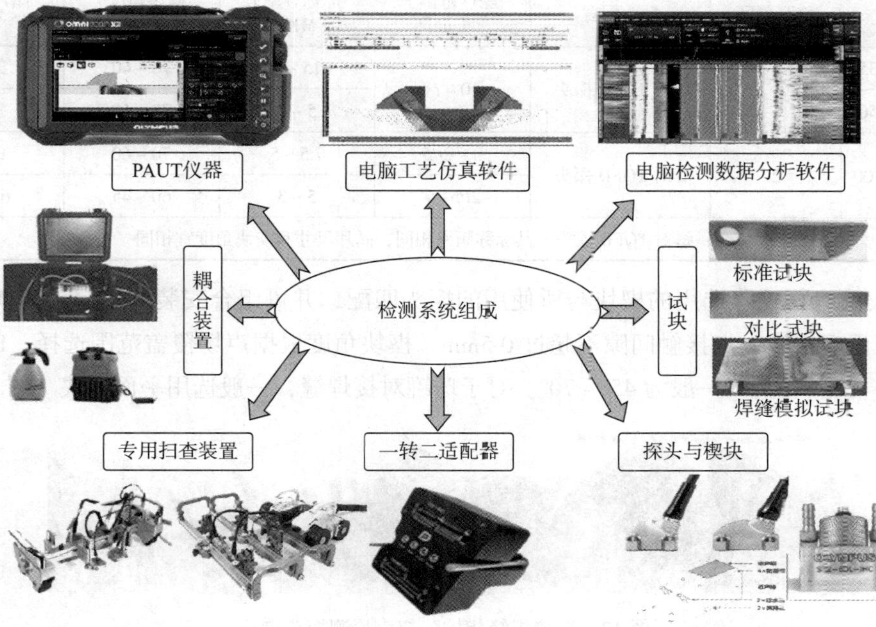

图 12 对接焊缝检测系统图

①仪器：选用发射或接收通道数为 32/128 或 64/128 并具备 TOFD 和 PAUT 联合扫查功能的仪器，具备不少于 2 组 PAUT 探头和 2 对 TOFD 探头扫查设置和显示功能，工件和声场覆盖显示功能，曲线制作功能，A 扫描、B 扫描、C 扫描、S 扫描、D 扫描组合显示功能，以及图像存储、拷贝、分析和调出等功能。

②工艺仿真软件：具有焊缝类型、坡口形式、扫描类型、聚焦法则设置、探头和楔块选择等功能。

③检测数据分析操作软件：具有查看关键检测参数设置和数据图像分析评定功能。

④扫查装置：一般包括探头（含楔块）夹持机构、驱动部分、导向部分、位置传感器和其他附件等，并至少有 2 个 PAUT 探头和 1 对 TOFD 探头。

⑤探头：相控阵选用一维线阵探头，检测时根据焊缝规格、材质、检测部位、检测面形状等选择探头规格，PAUT 探头技术参数选择见表 1，TOFD 探头型号选择见表 2。

表 1　推荐选用 PAUT 探头技术参数

最大探测厚度 mm	频率 / MHz	晶片间距 / mm	激发孔径 / mm	一次激发晶片数 / 个
≥ 12 ~ 20	10 ~ 5	0.3 ~ 0.8	6 ~ 12	8 ~ 32
> 20 ~ 40	10 ~ 4	0.5 ~ 1.0	8 ~ 20	16 ~ 32
> 40 ~ 100	7.5 ~ 2	0.5 ~ 1.5	12 ~ 32	32 ~ 64

表 2　推荐选用 TOFD 探头技术参数

母材厚度 t/mm	检测分区	探头配置	深度范围 / mm	标称频率 / MHz	楔块角度 / （°）	晶片尺寸 / mm
12 ≤ t ≤ 35	1	1 对 TOFD 探头	0 ~ t	15 ~ 5	70 ~ 60	2 ~ 6
35 < t ≤ 50				5 ~ 3	70 ~ 60	3 ~ 6
50 < t ≤ 100	2	2 对 TOFD 探头	0 ~ 2t/5	7.5 ~ 5	70 ~ 60	3 ~ 6
			2t/5 ~ t	5 ~ 3	60 ~ 45	6 ~ 12
说明：每对 TOFD 探头，其标称频率相同，晶片尺寸和楔块角度宜相同						

⑥ 楔块：相控阵选用的楔块与所使用的探头匹配，并可组合安装在一起，其楔块底面与被检表面间任意一点接触间隙不超过 0.5mm，楔块角度根据声场覆盖范围选择，PAUT 一般为 45° ~ 60°，TOFD 一般为 45° ~ 70°。对于球罐对接焊缝，一般选用平面楔块（图 13）。

图 13　对接焊缝相控阵超声检测探头楔块

⑦ 试块：相控阵超声检测试块有标准试块、对比试块、和焊缝模拟试块，试块选择见表 3。

表 3　试块选择

试块名称	类型	用途
标准试块	扫查面为平面 CSK- Ⅰ A	声速测试、楔块延时测试、角度增益校准、探头晶片有效性测试
	声束偏转评定试块	相控阵声束轮廓、声束偏转范围测试
	声束扩散角测试试块	TOFD 探头 12dB 声束扩散角测试
对比试块	PRB-I/ Ⅱ	TCG 曲线制作
	TOFD-A/B/C	灵敏度设置，复核、深度校准
模拟试块	焊缝缺陷	用于工艺参数设置的验证

⑧ 耦合装置及耦合剂：耦合装置包括手动喷壶、电动水泵和连接探头楔块导水管等；耦合剂一般选择水。特殊情况下也可采用机油或工业浆糊作为耦合剂，在环境温度低于 0℃以下可采用含乙醇的液体或相似的液体作为耦合剂。

⑨ 适配器：为一转二适配器，可将仪器单接口转换为 2 个 PAUT 探头的接口。

5.2.2 检测人员准备

现场检测人员必须持有衍射时差和相控阵超声检测操作培训证书，并熟悉所使用的检测设备；检测数据分析评定人员，必须持有相关机构或部门颁发的衍射时差法和相控阵超声检测Ⅱ级资格证书。

5.2.3 工艺仿真模拟实验

编制操作指导书前，根据被检焊缝技术参数和对接类型，利用工艺仿真软件进行模拟试验，按照 5.1.2 小节子流程 1 进行操作如图 14 所示。工艺仿真模拟试验的具体操作如下所述：

首先，使用电脑将工艺仿真软件打开，进入新建工艺制作，输入球罐的规格、坡口等基础信息；接着根据球罐的规格等基础信息，选择检测所使用的探头和楔块；建立检测时所使用的聚焦法则，确定检测工艺参数，如激发晶片数量、聚焦深度、位置扫描类型和步进偏移等检测参数；各项工艺参数设置完毕后，在模拟试块上进行验证，确保根据模拟软件所设置的参数满足检测工艺要求；保存仿真工艺设置文件，打印工艺参数报告。

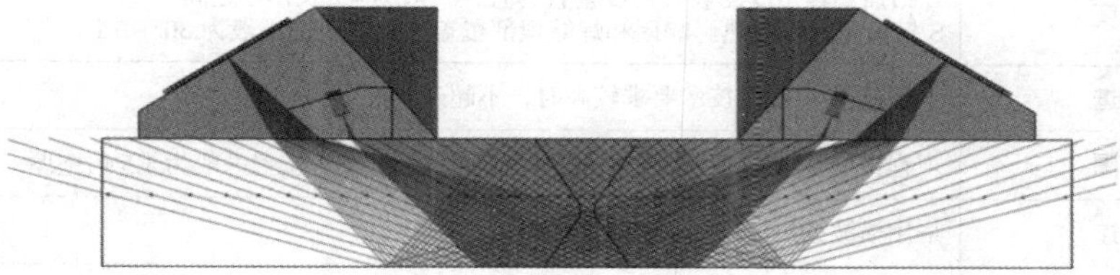

图 14 相控阵超声检测工艺仿真效果图

5.2.4 操作指导书编制

（1）检测前，依据被检焊缝特征、相关技术要求和工艺仿真结果，编制操作指导书。

（2）操作指导书编制完成后，在首次使用前进行工艺可靠性验证。

（3）相控阵超声检测操作指导书内容不少于表 4 中的要求。

表 4 操作指导书基本内容

序号	项目名称	主要内容
1	检测技术要求	执行标准、合格级别、检测时机、检测比例、检测面要求、依据工艺规程编号
2	被检焊缝情况	名称、焊口类型、规格、材质、坡口类型、坡口角度、焊接方法、焊缝尺寸等
3	检测部位要求	检测区域范围、扫查面要求
4	检测设备器材	仪器、探头、楔块、扫查装置、耦合剂、试块
5	检测工艺参数	1.PAUT：聚焦法则设置、角度步进设置、显示范围设置、TCG 或 DAC 曲线（灵敏度）设置、扫查分辨率设置、步进偏移距离、扫描类型、扫描角度或范围等 2.TOFD:TOFD 探头的频率、晶片尺寸、楔块角度、楔块延迟、楔块前沿、探头入射点间距离、时间窗口设置、灵敏度设置、信号平均、检测范围、扫查面盲区高度、深度校准 3. 仪器设置：扫查步进设置、脉冲重复频率、扫查速度、横向缺陷检测方法、位置编码器校准
6	检测标识规定	工程编号、球罐编号、焊口编号、扫查方向或分段编号
7	其他	横向缺陷补充检测方法、检测扫描示意图和检测部位示意图
8	编制技术说明	检测操作程序和检测记录及数据评定的具体要求

5.2.5 检测仪器设置及调校

（1）检测前，按照操作指导书要求进行仪器设置和调校，按5.1.2小节子流程2中步骤逐步进行操作。详细操作如下所述：

首先将相控阵探头与设备连接完毕，按开机按钮将设备打开；接着根据作业指导书的工艺参数在相控阵设备中建立聚焦法则，聚焦法则的设置项目和要求见表5；选取测试晶片所适用的聚焦法则测试晶片是否完好且满足标准要求；将楔块与探头连接起来，根据聚焦法则，逐步调校此聚焦法则下的延时、声束和角度补偿；设备调校完毕后制作TCG曲线，将设置好的工艺参数和制作好的TGC曲线保存在相控阵设备中。

表5 聚焦法则设置项目和要求

项目名称	要求
焊缝设置	按照被检焊缝规格、坡口类型、坡口角度和焊缝宽度等技术参数设置
一次激发晶片数量	一次激发晶片的孔径尺寸与晶片长度孔径之比不小于0.2
激发晶片位置	满足超声波声束覆盖被检焊缝全横截面
声束角度	E扫描偏转角度与坡口角度垂直为宜，一般为45°~70° 之间 S扫描考虑焊缝热影响区和焊缝根部覆盖，角度范围一般为30°~75°
角度步进	不超过1°，检测技术要求较高时，不超过0.5°
聚焦范围	声程聚焦位置一般为焊缝横截面中心处；深度聚焦位置一般为1.5倍壁厚
检测声速	采用横波或纵波声速进行实测
扫描类型	采用S扫描、S+S扫描、S+E扫描
聚焦深度	初始扫查时，宜设置在最大探测声程处；缺陷精确定量时，将焦点设置在该区域
显示覆盖范围	直射法设置为0~1.3倍壁厚，一次反射法设置为0.8~2.2倍壁厚
探头位置	焊缝双侧扫查
TOFD探头中心距离 *PCS*	$PCS=2S=4/3T\times\tan\theta$

（2）探头晶片测试，对所选用的探头晶片完好性进行测试，探头晶片之间灵敏度差值在±2dB以内，失效的晶片数不超过总数的12.5%，且不得有相邻的失效晶片。测试方法为：进入仪器探头晶片测试界面，将无楔块探头放置在试块厚度方向处，底面反射回波调节到满屏的80%，记录每个晶片信号幅值达到80%时的增益（图15）。

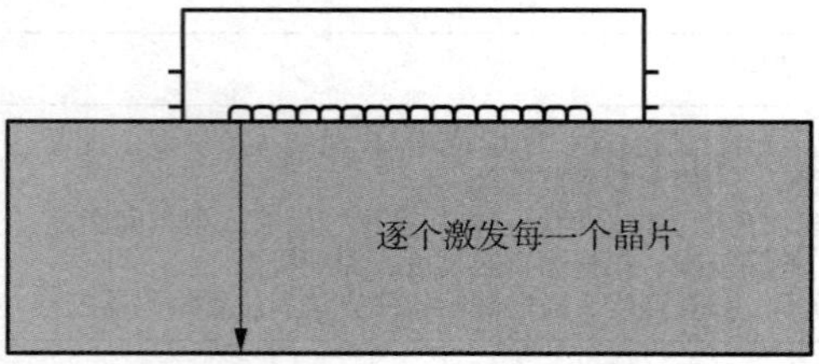

图15 探头晶片测试示意图

（3）声速校准，用CSK-ⅠA试块上的R50和R100半圆弧面，对检测声速进行校准。其方法为：进入声速测试界面，将带有角度楔块的探头连接，按照图16放置探头，随后前后移动探头，找到最大反射波信号，调整增益将第1个信号波高调到满屏的80%，分别用闸门锁定2个信号波，按下确认键得到所检测的材料声速。

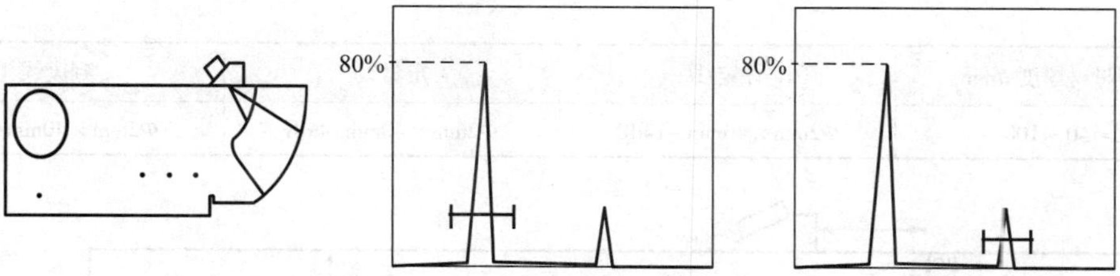

图 16　声速校准方法示意图

（4）探头延迟校准，用 CSK- Ⅰ A 试块的 R50mm 或 R100mm 半圆弧面或已知深度的 Φ2mm 横通孔试块，对探头延时进行校准（图 17）。校准方法为进入仪器延时测试界面，将携带角度楔块的探头放置在试块上，并前后移动探头，调节增益将所建立的包络线位于两条红色虚线之间，按下校准键得到楔块延迟校准值。

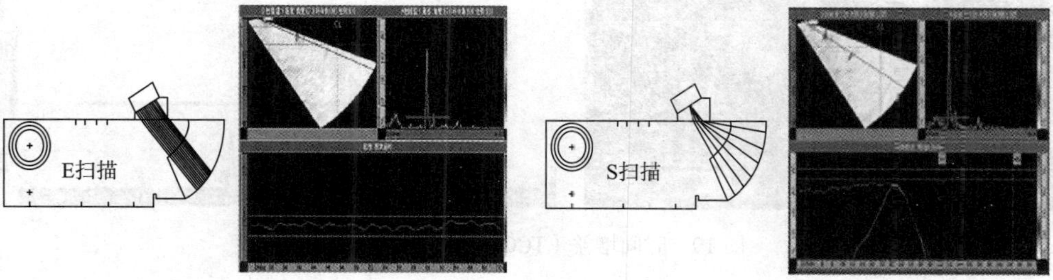

图 17　探头延时校准方法示意图

（5）角度增益（ACG）校准，也称为角度补偿校准，在 CSK- Ⅰ A 试块的 R50 或 R100 半圆弧面进行校准（图 18）。校准方法为在试块上前后移动探头，调节增益将所建立的包络线位于 2 条红色虚线之间，按下校准键得到不同角度增益（ACG）校准（补偿）值。

（6）曲线制作（灵敏度设置），时间增益（TCG）曲线适用于沿线扫查或斜向沿线扫查。

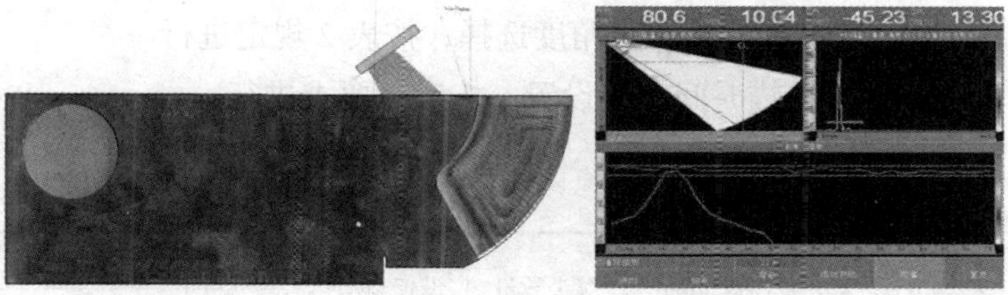

图 18　角度增益校准方法示意图

①制作要求：在不同深度的 Φ2mm 横通孔对比试块上进行，制作不少于 3 点；一次反射法检测时，最深孔不小于 2.2 倍壁厚；直射法检测时，最深孔不小于 1.3 倍壁厚。

②时间增益（TCG）曲线制作，制作方法如图 19 所示。各角度的 TCG 曲线不超过满屏的 80%；校准后，所使用的声程范围内相同反射体的回波高度最大差值不大于满屏高度的 5%；检测横向缺陷时，将灵敏度提高 6dB。TCG 曲线的评定线、定量线和判废线灵敏度按表 6 选择；检测横向缺陷时，将各条线灵敏度提高 6dB。

表 6　TCG 曲线灵敏度

焊缝母材厚度 t/mm	评定线	定量线	判废线
≥ 12 ~ 40	Φ2mm × 40mm−18dB	Φ2mm × 40mm−12dB	Φ2mm × 40mm −4dB

续表

焊缝母材厚度 t/mm	评定线	定量线	判废线
＞40～100	Φ2mm×40mm −14dB	Φ2mm×40mm −8dB	Φ2mm×40mm+2dB

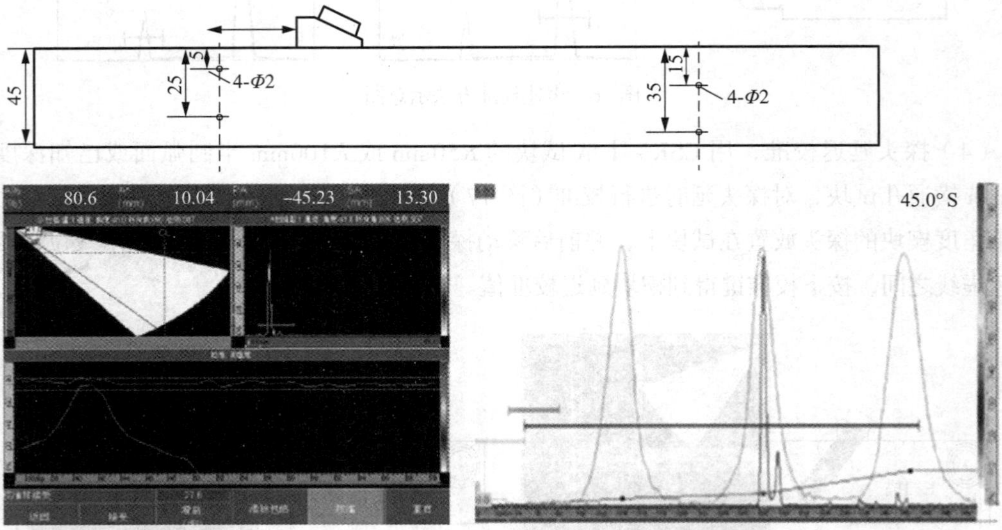

图 19 时间增益（TCG）曲线制作示意图

（7）TOFD 探头中心距离设置，考虑到针对焊缝根部缺陷的检测，宜将汇交点 dm 设置为 3/4T 处，即两探头中心距离计算公式如下：

$$PCS=2S=2dm\tan\theta \tag{1}$$

式中，PCS 为探头中心距离，mm；S 为焊缝中心与探头入射点间距离，mm；θ 为 TOFD 探头楔块角度，（°）；T 为焊缝母材壁厚，mm。

（8）TOFD 检测声束角度选择，按表 2 规定进行。

（9）A 扫描时间窗口设置，按表 7 要求进行。

表 7 A 扫描时间窗口设置

检测方法	公称厚度 t/mm	探头数量	设置参考体	A 扫描窗口设置要求		
				直通波	终止	备注
TOFD	12 ≤ t ≤ 50	1 组对	被检焊缝	前≥ 0.5μs	变形波后≥ 0.5μs	
	t ＞ 50	2 组对	对比试块		底面反射波后≥ 0.5μs	下分区覆盖上分区的深度≥ 25%

（10）TOFD 检测灵敏度设置按表 8 要求进行。

表 8 检测灵敏度设置

检测方法	公称厚度 t/mm	探头数量	设置参考体	灵敏度设置要求		
				直通波	下分区内反射体	底面反射波
TOFD	12 ≤ t ≤ 50	1 组对	被检焊缝	设置为满屏高度的 40%～80%	—	—
	t ＞ 50	2 组对	对比试块		最弱的衍射信号波幅高度达到满屏的 40%～80%	波幅高度达到满屏的 40%～80%，再提高 20～32dB

5.2.6 工艺测试

（1）操作指导书编制完成后，用与被检焊缝相同或相近的规格和材质制作焊缝缺陷模拟试件，并进行工艺可靠性验证。

（2）按编制操作指导书中的工艺要求，配置探头、楔块的调校和设置检测系统。

（3）扫查方式与操作指导书中规定的相同。

（4）PAUT 数据图像，能够清晰显示和测量焊缝缺陷模拟试块中的缺陷。

5.2.7 检测部位准备

（1）被检焊缝两侧的咬边、表面隆起、凹陷等影响检测结果的外观缺陷，要求进行补焊或圆滑过渡修磨。

（2）探头移动区域内不得有焊接飞溅、铁屑、氧化层和油垢等杂物，否则须进行打磨处理。

（3）探头移动区域采用沿线扫查时，不小于探头步进偏移距离加楔块长度；采用锯齿扫查时，不小于一次反射波水平距离再加楔块长度（图 20）。

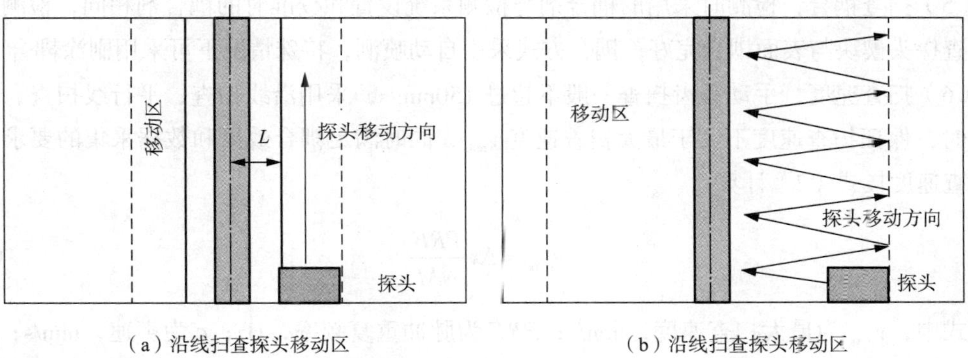

图 20 沿线和锯齿扫查探头移动区域示意图

（4）焊缝标识及分段，检测前在被检焊缝的扫查面对容器编号、焊口编号、扫查起始点、分段扫查标识线、扫查方向和扫查装置运动参考线等进行标识；对焊缝外侧进行分段划线，纵焊缝由上至下，环焊缝按顺时针方向进行，并标注焊缝编号及顺序号，分段方式及扫查方向在球罐排版图上进行标注（图 21）。

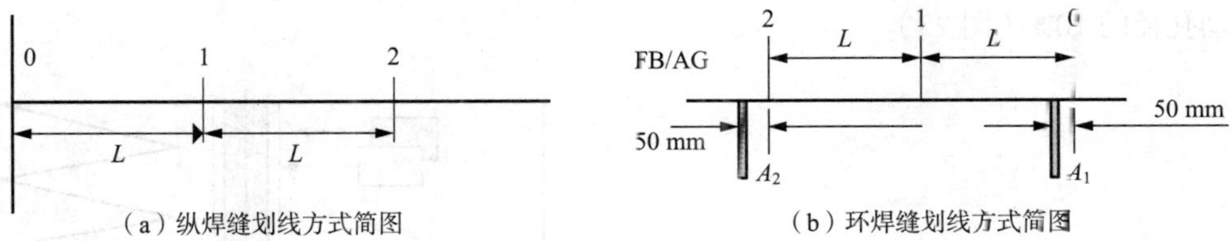

图 21 焊缝标识示意图

5.2.8 现场检测操作及记录

（1）检测时机控制，在焊缝形状尺寸和外观质量检查合格后进行；特殊条件下的焊接接头及有延迟裂纹倾向的材料，在焊接完成 24 h 或按有关检测技术要求进行。

（2）检测温度控制，在 0～50℃范围内进行；若温度过低或过高，可采取有效措施避免；检测仪器设置和校准时的温度与实际检测温度之差不超过 15℃。

（3）现场焊缝 PAUT 检测操作流程，按照 5.1.2 小节子流程 3 规定进行，详细操作如下所述：

首先安装球罐检测专用扫查架，将探头与设备连接，喷水系统与楔块注水孔连接；各系统硬件连接完毕后按开机键开机，校准位置传感器，使其误差在标准要求的范围内；设置扫查方向和扫查长度，开启水泵润湿探头行动轨迹的两侧；检测人员推动扫查架开始检测谱图的采集，采集的同时观察图像质量，查看步进偏移是否在预设的轨迹范围内行走，耦合是否满足要求；一段焊缝扫查结束后，按储存按钮保存采集的检测数据，同时给保存的数据命名；详细记录相关的检测数据，记录要明确保存的数对应哪一条检测焊缝，一一对应；检测结束后要对检测系统进行复核，复核检测灵敏度、深度和位移等参数是否正确。

（4）位置传感器校准，每次检测前对位置传感器进行检查和记录，检查方式是使带位置传感器的扫查装置至少移动 500mm，将检测仪器所显示的位移和实际位移进行比较，其误差小于 1%（最大不超过 10mm）。

（5）扫查耦合，检测时采用的耦合剂与检测系统设置和校准时的耦合剂相同，检测时确认扫查探头楔块与表面耦合完好；耦合方式采用自动喷洒，特殊情况下可采用刷涂耦合。

（6）扫查速度，手动锯齿扫查一般不超过 150mm/s，采用沿线扫查、平行线扫查、斜向扫查时，保证扫查速度不大于最大扫查速度 v_{max}，同时满足耦合效果和数据采集的要求，最大扫查速度按式（2）计算：

$$v_{\max} = \Delta x \frac{PRF}{NM} \tag{2}$$

式中，v_{max} 为最大扫查速度，mm/s；PRF 为脉冲重复频率，Hz；c 为声速，mm/s；S 为最大检测声程，mm；N 为设置的信号均次数；M 为延迟法则的数量（如扇扫描时，角度范围为 40°～70°，角度步进为 1°，则 M=31；线扫描时，总体晶片数量 64 个，激发晶片数量 16 个，扫查步进为 1，则 M=49）；Δx 为设置的扫查步进值，mm（一般为 0.5～1mm）。

（7）探头行走偏移，沿线扫查时探头行走轨迹偏移量不超过步进偏移值的 10%。

（8）扫查覆盖，采用沿线扫查时起点与终点相互重叠长度不小于 20mm；分段扫查时，相邻的分段扫查长度的重叠不少于 20mm（图 22）；采用锯齿扫查时探头每次扫查覆盖率大于被动孔径的 10%（图 23）。

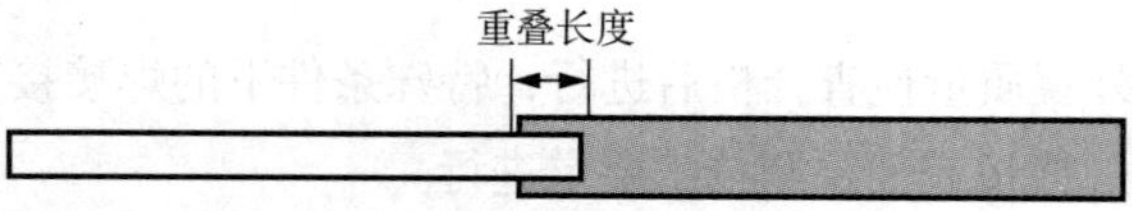

图 22　沿线扫查覆盖示意图

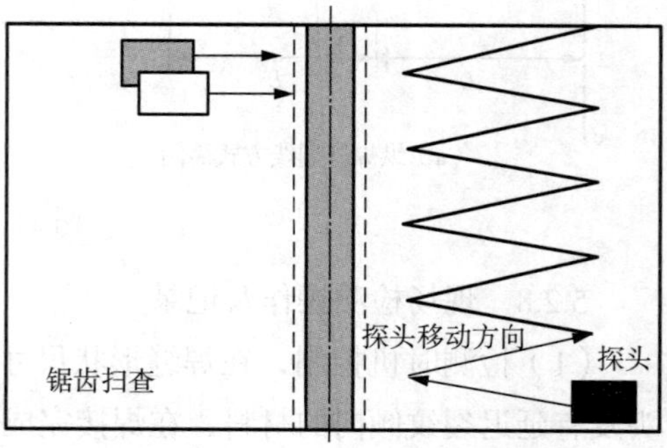

图 23　锯齿扫查覆盖示意图

（9）扫查过程观察，扫查过程中密切注意波幅状况，若发现以下情况则须重新扫查：

① 发现耦合不好的情况重新扫查该区段。

② 发现断线或打滑，对该区段重新扫查。

③ 采用沿线扫查时，扫查轨迹偏差超过预设轨迹的 10%，对该区段重新扫查。

（10）检测数据存储和命名，每幅 PAUT 检测数据，在每 1 次扫查后按仪器存储操作程序要求及时存储。存储名称中至少包含有工程编号、球罐编号、焊缝编号、扫查位置编号、扫查方向、探头位置（如 90° 或 270°）、检测日期等，返工部位加返工标识。

（11）检测系统复核，复核结果要求如下：

① 复核时机为检测前、检测过程中必要时、检测结束后，须进行检测系统复核。

② 灵敏度偏离大于 5% 满屏高度时，重新设置并对上次校准以来所检测的焊缝进行重新检测。

③ 扫查长度位移偏离大于 1% 或 10mm 时，重新校准并对上次校准以来所检测的焊缝进行重新检测。

（12）母材检测，当检测人员有怀疑时，对相控阵超声波束通过区域的母材、采用 A 脉冲超声波直探头或相控阵超声 0° 纵波探头进行检测；凡是缺陷信号幅度超过满屏刻度 20% 的部位，予以记录。

（13）横向缺陷检测，当横向裂纹发生倾向或合同双方有约定要求时，采用斜向扫查或平行扫查（图 24）；如采用平行扫查，将焊缝余高去除后进行。

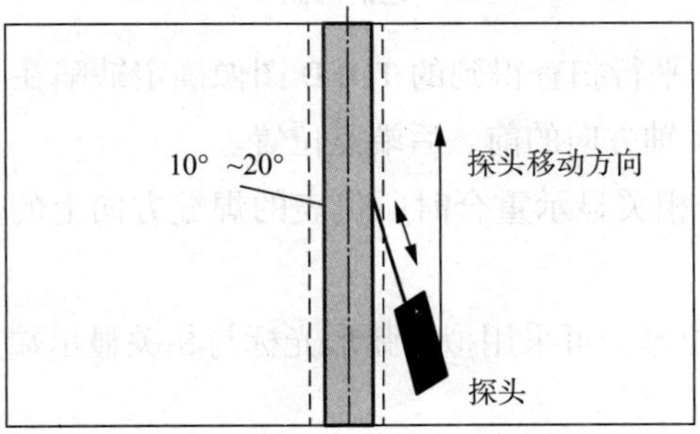

（a）沿线或锯齿向扫查

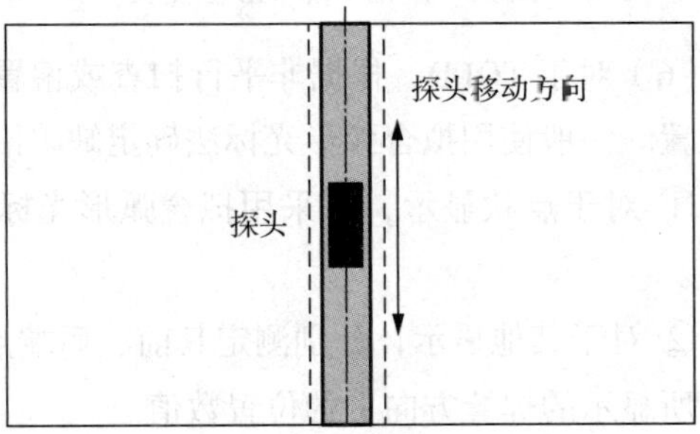

（b）平行扫查

图 24　横向缺陷扫查方式示意图

（14）检测完成后，及时、清晰、准确地填写现场检测记录，并标注检测部位示意图。

5.2.9　检测数据分析评定及记录

（1）检测数据分析前对采集的数据进行有效性评估，若数据无效，纠正后重新扫查，其要求如下：

① 采集的数据量满足所检测焊接接头长度的要求。

② 数据丢失量不得超过整个扫查长度的 5%，且不允许相邻数据连续丢失。

③ 扫查图像中耦合不良长度不得超过整个扫查长度的 5%，单个耦合不良长度不得超过 2mm。

（2）焊缝缺陷显示分类，分为相关显示和非相关显示，对相关显示进行评定。

① 相关显示，是由缺陷引起的显示。

② 非相关显示，是由声束旁瓣和栅瓣、焊缝结构、材料冶金成分的偏差引起的显示。

（3）采用 TCG 缺陷检测时，根据 S 扫描或 E 扫描、B 扫描和 C 扫描图像上的调色板颜色显示数据，结合 A 扫描数据进行定量。

（4）缺陷波幅确定方法，S 扫描时，以移动声束角度线对缺陷所在 A 扫描中最高回波波幅作为该缺陷的波幅；E 扫描时，以移动孔径声束线对缺陷所在 A 扫描中最高回波波幅作为该缺陷的波幅。

（5）缺陷长度测量方法，对于 PAUT 在 S 或 E 扫描上移动角度指针找到缺陷最大 A 扫描波幅，在 B 或 C 扫描图像上进行测量。当采用 DAC 缺陷检测时，测量缺陷长度采用波幅下降 6dB 法测量；当采用 TCG 缺陷检测时，若缺陷最高波幅未超过满屏 100%，用波幅下降 6dB 法测量（图 25）；若缺陷最高波幅超过满屏 100% 用色谱法（暗红与黄交界）测量（图 26）。

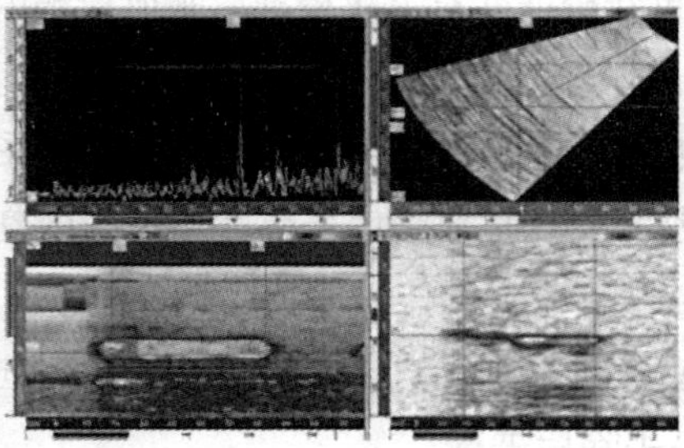
图 25　波幅下降 6dB 法测长

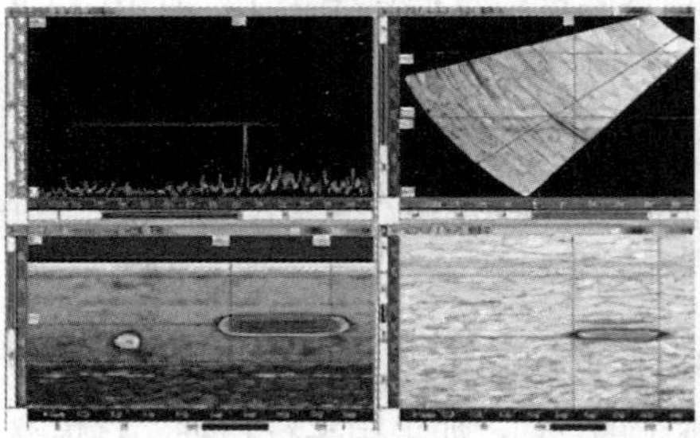
图 26　色谱法测长

（6）对于 TOFD，根据非平行扫查或偏置非平行扫查得到的 TOFD 图像确定缺陷在 X 轴的位置。一般使用拟合弧形光标法确定缺陷沿 X 轴方向的前、后端点位置。

① 对于点状显示，可采用拟合弧形光标与相关显示重合时所代表的焊缝方向上的位置数值。

② 对于其他显示，分别测定其前、后端点位置。可采用拟合弧形光标与相关显示端点重合时所显示的焊缝方向上的位置数值。

（7）缺陷埋藏深度和自身高度测量方法，测量埋藏深度和自身高度，在 E 扫描或 S 扫描显示图像上用波幅下降法（图 27）或色谱法（图 28）进行测量。

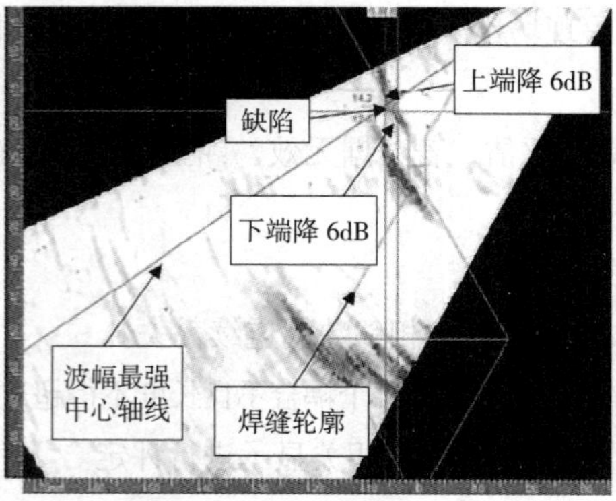

图 27　波幅下降 6dB 法测量

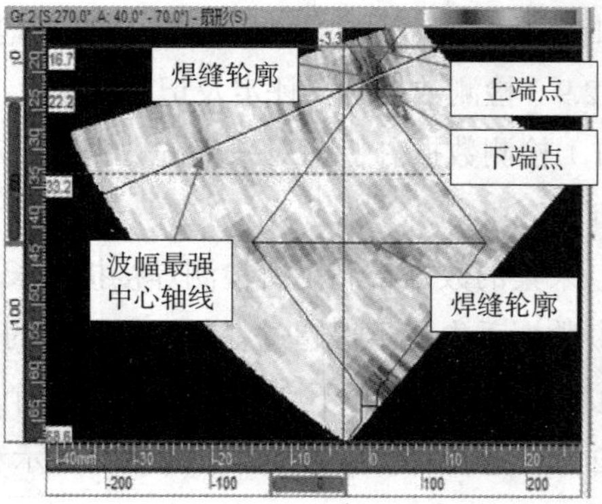

图 28　色谱法测量

对于 TOFD，缺陷自身高度指沿 X 轴方向的某位置，缺陷在 Z 轴投影间距离的最大值，见图 29 中 h。对于表面开口的缺陷，缺陷自身高度指缺陷上端点（下端点）距离底面（扫查面）的最大距离。

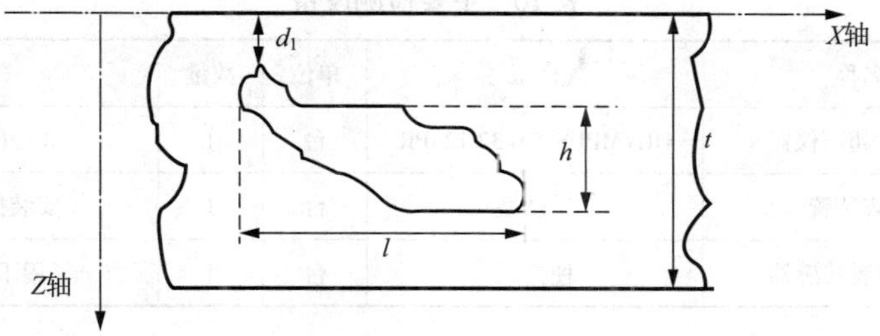

图 29　缺陷自身高度 h

（8）缺陷定性方法，根据缺陷在 E 扫描或 S 扫描显示图像在焊接接头中的位置，并结合 A 扫描显示信号形状和 TOFD 视图判定缺陷的性质。

（9）缺陷评定，对于确认为相关显示的按相关标准要求进行评定。

（10）评定记录，将评定后的检测数据填入评定记录，检测记录不少于以下内容：

① 相关内容：委托单位、工程名称、记录编号、区位号、容器编号、焊口编号等。

② 检测数据评定记录：包含每一数据文件名、缺陷定位、缺陷定量和评定级别。

③ 评定人员和审核人员的签字及资格等级。

④ 检测记录及时、真实、准确、完整、有效，并经相关责任人员签字认可。

5.2.10　出具检测报告

（1）检测结束后，根据评定结果及时出具相控阵超声检测报告。

（2）报告格式按照业主要求的进行，报告编制和审核符合相关法规或标准规定。

5.3　劳动力组织

以伊拉克哈法亚天然气处理厂项目（GPP）气体处理厂 C5 球罐焊缝检测施工为例，劳动组织情况如表 9 所示。

表 9　劳动力组织情况表

序号	职务	单位	数量	备注
1	项目经理	人	1	总体负责
2	技术、质量负责人	人	1	技术管理和现场检测监督
3	安全员	人	1	现场安全监督检查
4	PAUT 和 TOFD 检测人员	人	2	持有 PAUT Ⅱ级资格证和 TOFD Ⅱ级资格证
5	辅助检测人员	人	1	配合现场检测

6　材料与设备

以伊拉克哈法亚油田天然气处理厂（GPP）项目 5 台 3000m^3 球罐 C5 球罐焊缝检测施

工为例，球罐规格为 Φ18000mm × 32mm、每台球罐焊缝长度大约为 582m，5 台球罐总共 2910m，主要检测设备情况见表 10，辅助设备情况见表 11，施工器材配置见表 12，HSE 配置用品情况见表 13。

表 10　主要检测设备

序号	名称	规格型号	单位	数量	备注
1	相控阵超声仪器	OLYMPUS X3-32/128PR	台	1	相控阵超声检测主机
2	扫查装置	手动型	台	1	安装探头和焊缝检测
3	手持位置传感器	便携式	台	1	用于窄小空间检测

表 11　辅助设备

序号	名称	规格型号	单位	数量	备注
1	角向磨光机	Φ100mm	台	1	用于焊缝扫查区域表面打磨
2	喷水泵	交直流便携式	台	1	用于与扫查装置连接喷水耦合
3	工艺仿真软件	NDT SetupBuilder	套	1	用于检测前的工艺制定
4	检测数据分析软件	与仪器配套	套	1	检测后的检测数据分析评定
5	笔记本电脑	可安装工艺仿真和数据分析软件	台	1	用于工艺制定和数据分析评定

表 12　施工器材配置表

序号	名称	规格型号	单位	数量	备注
1	标准试块	CSK- Ⅰ A	个	1	
2	对比试块	PRB-I	个	1	
3	对比试块	TOFD-C	个	1	
4	模拟试块	T=32	个	1	
5	适配器	一转二	个	1	
6	相控阵探头	5L32-A32	个	2	
7	相控阵探头	5L32-A31	个	2	
8	探头楔块	平面 SA32-55S-IHC	个	2	
9	探头楔块	平面 SA31-55S-IHC	个	2	
10	移动硬盘	1T	个	1	
11	卷尺	3m	把	1	
12	直尺	300mm 钢尺	把	1	
13	记号笔	白色	盒	10	
14	抛光砂轮片	Φ100mm	片	50	
15	TOFD 探头	5MHz，Φ6mm	个	4	

续表

序号	名称	规格型号	单位	数量	备注
16	TOFD 楔块	60°	个	4	

表 13 HSE 用品

序号	名称	规格型号	单位	数量	备注
1	安全带		条	5	高空作业
2	安全帽		顶	5	
3	急救包		个	1	
4	防护眼镜		副	3	打磨时佩戴

7 质量控制

7.1 执行标准

（1）ASME BPVC. Ⅴ—2021《ASME 锅炉及压力容器规范　第Ⅴ卷 无损检测》

（2）ASME BPVC. Ⅷ—2021《ASME 锅炉及压力容器规范　第Ⅷ卷 压力容器建造规则》

（3）ASME BPVC. Ⅸ—2021《ASME 锅炉及压力容器规范　第Ⅸ卷 焊接和钎焊接工艺、焊工、钎焊工及焊接和钎焊操作工评定标准》

（4）ASME B31.3—2020《工艺管道 2020》

（5）ASNT-TC-1A—2020《无损检测人员资格鉴定和认证 2020》

7.2 质量保证措施

（1）现场检测人员必须持有相控阵超声检测操作培训证书，并熟悉所使用的检测设备；检测数据分析评定人员，必须持有相关机构或部门颁发的相控阵超声检测Ⅱ级资格证。

（2）现场勘查过程中要充分了解现场作业状况，依据设计要求编制合理的对接焊缝衍射时差技术（TOFD）及相控阵超声（PAUT）联合检测施工工艺规程（方案），并提交监理和建设单位（业主）审批。

（3）施工前，由现场无损检测技术负责人对现场操作人员做好技术交底。

（4）施工前，对所使用的检测设备和器材进行校准、核查和检查；确保在完好的情况下，进行安全、高效地开展检测工作。

（5）施工过程中必须严格按照相关标准规定要求，做好检测设备和器材的校准、核查、运行核查和检查，确保检测结果的准确性。

（6）现场操作必须严格按照操作指导书制定的工艺要求进行检测。

（7）检测工程中由项目技术负责人严格按照本公司质量体系文件规定程序和操作指导书相关要求，做好检测过程的监督抽查和检测结果复核，并做好各项质量监控记录。

（8）严格履行合同中的各项质量要求，做到不漏检、不误判。

（9）积极与建设单位、监理单位保持畅通的联系，发现问题及时请示或通报，并积极配合检测过程中的监督检查。

7.3 关键部位质量控制要求

关键工序质量控制点及检查时机或工序、指标要求、检验工具或方法，详见表14。

表14 关键部位质量控制要求

序号	检测项目	控制指标	检验工具、方法	检验时机和频次
1	仪器性能	1. 水平线性≤1% 2. 垂直线性≤5% 3. 各通道反射延时精度≤5ns	CSK-ⅠA、DB PZ20-2标准试块	每6个月1次
2	探头性能	1. 相邻晶片间灵敏度差值≤±2dB 2. 失效晶片数与晶片总数数之比≤12.5% 3. 相邻晶片不得有失效	CSK-ⅠA标准试块，按工法5.2.5第3条进行	每次检测前
3	工艺参数设置	满足焊缝覆盖，清晰显示设置的缺陷	焊缝模拟试块，按工法5.2.6进行	每次仪器设置和调校完成后
4	灵敏度偏离	TCG曲线任意一点，波幅高度偏离满屏高度≤5%	PRB-I对比试块，测试不少于3点	每次检测前和检测后
5	位移偏离	显示位移与实际位移之比≤1%	按工法5.2.8第4条进行	每次检测前和检测后
6	扫查偏移	采用沿线扫查时，扫查移动轨迹与预设轨迹偏差≤10%	扫查装置行走轨迹	检测中时刻观察
7	直通波	扫查过程	被检焊缝上进行	波幅不低于满屏高度的40%～80%
8	晶粒噪声	扫查过程	被检焊缝上进行	波幅高度低于满屏20%
9	扫查深度（壁厚）	检测后	数据分析软件上测量	≤2mm和壁厚的3%取较大值
10	检测数据（图谱）质量	1. 采集的数据量满足所检测焊缝长度要求 2. 数据丢失量，不得超过每次扫查长度的5%；且不出现相邻数据丢失； 3. 数据图像中的耦合不良，小于整个扫查长度的5%，且不超过2mm	检测工程中在仪器上观察； 检测后在数据分析软件上观察	检测过程和检测后
11	检测数据评定	1. 对图像中缺陷显示的判断准确，定位、定量正确 2. 对缺陷显示的级别评定复符合验收标准要求 3. 记录完整、清晰和准确 4. 检测信息反馈及时	现场检测记录、评定记录、检测报告、返工单、检测报告发放记录	检测过程和检测后监督和抽查，每周1次

8 安全措施

8.1 安全标准

（1）2021年6月修正《中华人民共和国安全生产法》

（2）SY/T 6276—2014《石油天然气工业 健康、安全与环境管理体系》

（3）JGJ 80—2016《建筑施工高处作业安全技术规范》

（4）JGJ 46—2005《施工现场临时用电安全技术规范》

8.2 安全保证措施

（1）现场检测人员必须熟知本人所从事工作的安全技术操作规程，接受用户（委托方）有关部门的安全教育，严格遵守用户的有关安全规定。

（2）进入施工现场作业人员，必须按规定穿戴好劳动保护用品。佩戴的安全帽、安全带定期检查，不符合安全要求的禁止使用。

（3）严禁携带火种、易燃易爆、易腐蚀及有毒的非检测物品进入检测现场，严禁在检测现场抽烟和班前饮酒。

（4）检测人员严格按操作规程使用仪器设备，做好维护保养。发现故障及时排除，保证仪器设备使用安全。

（5）高处作业时必须系安全带、穿防滑鞋。脚手架必须牢固可靠，仪器设备具有可靠的防滑落措施。

（6）受限空间作业必须进行定期气体检测，确保空气中没有有害气体或粉尘；必须进行有效的通风，确保空气质量和操作人员的安全；必须进行有效的沟通和联络，确保操作人员的安全和顺利完成作业；受限空间作业必须有专门的安全管理人员负责监督和指导，确保作业安全。

（7）夜间作业时，必须保证充分的照明。

（8）现场临时用电，配电箱要按照指定形式摆放，用电开关要有漏电保护器，人员离开现场必须切断电源；遇雷雨天气，必须立即停止使用，关闭现场电源。

（9）施工现场必须设专职安全员，做好现场的安全监督和检查。

9 环保措施

9.1 环保标准

（1）SY/T 6276—2014《石油天然气工业 健康、安全与环境管理体系》

（2）JGJ 146—2013《建设工程施工现场环境与卫生标准》

9.2 环保措施

（1）对现场作业人员进行环保理念教育，强化环保意识。

（2）建立环保监督机制，环保责任者对检测过程进行监督。

（3）检测工程中，检测用的废旧物，不允许随便丢弃。

（4）用于相控阵超声检测的耦合剂，使用无污染的水源或对焊缝无腐蚀的其他耦合剂介质。

（5）检测结束后，作业人员要将焊缝刷涂耦合剂部位清理干净，并清理现场固体废旧物，放入固定回收点。

10 效益分析

我公司于 2021 年至 2022 年，用相控阵超声检测技术对伊拉克哈法亚天然气处理厂（GPP）项目 5 台 3000m^{3}C5 球罐焊缝检测进行施工，球罐规格为 Φ18000mm × 32mm、每台球罐焊缝长度大约为 582m，5 台球罐总共 2910m，与 X 射线和 γ 射线检测进行比对，从施工人员投入、人工成本支出情况、设备器材及材料消耗成本等方面进行比对分析。

10.1 经济效益

10.1.1 人工成本支出分析

人工成本支出对比见表 15。

表 15　人工成本支出对比表

检测方法	检测人数	单价 /（元 / 天）	计算公式	合计 / 万元
射线检测（γ 和 X）	8	1200	8 人 ×200 天 ×1200 元 /（天·人）	192
相控阵超声检测	5		5 人 ×60 天 ×1200 元 /（天·人）	36

10.1.2　设备器材及材料消耗成本分析

主要设备器材消耗成本对比见表 16。

表 16　主要设备器材消耗成本对比表

主要设备器材	序号	费用名称	数量	单价 / 万元	计算方式	合计 / 万元
X 射线和 Ir192-γ 源检测	1	300kV-X 射线机（折旧费）	6 台	20	6×20×95%/8 年	14.25
	2	自动洗片机	1 台	15	1×15×95%/8 年	1.7813
	3	γ 源机（折旧费）	1 台	25	1×25×95%/8 年	2.97
	4	购源费	2 颗 100Ci	2.4	2×2.4	4.8
	5	源辫子	2 根	0.2	2×0.2	0.4
	6	废源回收费	2 颗	0.3	2×0.3	0.6
	7	运输费（每颗 2 次）	2 颗	2	2×2×2	8
	8	现场环评测试费	12 次	0.2	12×0.2	2.4
	9	现场储存设施费				8
	10	现场运输费				5
	11	观片灯（折旧费）	2 台	0.8	2×0.8×95%/8 年	0.19
	12	密度计（折旧费）	1 台	0.4	1×0.4×95%/8 年	0.048
	13	剂量仪（折旧费）	4 台	2.8	4×2.8×95%/8 年	1.33
	14	暗袋	1000 个	0.0045	1000×0.0045	4.5
	15	增感屏	1000 付	0.002	1000×0.002	2
	16	胶片	17000 张	0.0012	17000×0.0012	20.4
	17	像质计	100 个	0.002	100×0.002	0.2
	18	显、定影套药（机洗）	25 套	0.05	25×0.05	1.25
	19	暗室及设施				3.5
	20	评片室及设施				3.5
	合计					85.1193
相控阵超声检测	1	相控阵超声仪器（折旧费）	1 台	52	1×52×95%/8 年	6.2
	2	手动扫查器	2 套	15.4	2×15.4×95%/8 年	3.6575
	3	传感器	2 个	0.4	2×0.4	0.8
	4	磁性轮	10 个	0.03	10 个 ×0.03	0.3
	5	相控阵超声探头	4 个	5	4×5	20
	6	TOFD 探头	4 个	0.5	4×0.5	2
	7	相控阵超声探头楔块	10 个	0.2	10×0.2	2

续表

主要设备器材	序号	费用名称	数量	单价 / 万元	计算方式	合计 / 万元
相控阵超声检测	8	试块	8 块	0.5	8×0.5	4
	9	移动硬盘（1T）	2 个	0.1	2×0.1	0.2
	10	笔记本电脑	1 台	0.9	1×0.9	0.9
	合计					40.0575

10.1.3　经济效益对比分析结果

采用本工法大大提高了球罐焊缝检测的经济效益。由表 15 可知。施工人工费节约了 156 万元，人工成本费降低率约为 81%；由表 16 分析可知，施工设备器材消耗成本减少约 45.0618 万元，器材消耗成本降低率约为 52.9% 以上。合计节约成本 201 万元。

10.2　工期效益

由检测施工工期对比（表 17）分析可知，有效施工工期缩短了 140 天，有效工期缩短率为 70%，人员减少率为 37.5%，工效提高率为 81.25%。

表 17　检测施工工期对比表

检测方法	焊缝长度 /m	检测人数	台班数	每天检测量 /m	作业时机	累计有效工期 / 天
射线检测（γ 和 X）	2910	8	1	约 15	夜间	约 200
相控阵超声检测		5	1	约 50	白天	约 60

10.3　健康安全环保效益

该工法是一种无辐射的检测方法。不需要进行辐射防护，对检测人员无伤害，检测设备质量较小，现场操作便捷，检测效率高，劳动强度低，对操作者健康起到了保护作用；该检测技术是一种新型、先进、安全、绿色、环保型的检测方法，对公众和环境无污染、无任何伤害，并可以与其他施工工序同时作业。

10.4　综合效益

本工法的使用有利于推进石油化工装置压力容器焊缝无损检测技术的进步和工艺创新，符合健康、安全、环保的发展理念，满足经济效益、社会效益、生态环境效益和人的发展效益并重的综合效益原则。

11　应用实例

实例一：伊拉克哈法亚天然气处理厂（GPP）项目

2021 年 11 月至 2022 年 6 月，伊拉克哈法亚天然气处理厂（GPP）项目 5 台 3000m^3 球罐焊缝使用该工法进行了检测，球罐规格为 Φ18000mm×32mm、每台球罐焊缝长度大约为 582m，5 台球罐总共 2910m，累计检测 2910m，有效施工工期缩短了 140 天，取得经济效益约 201 万元，应用效果良好。

实例二：伊拉克鲁迈拉（JANUBIYA）项目

2021 年 2 月至 2022 年 2 月，CPECC 中东地区公司伊拉克鲁迈拉（JANUBIYA）项目 1

台 2000m^3 球罐焊缝使用该工法进行了检测，球罐规格为 Φ15700mm × 32mm，球罐焊缝长度大约为 381m，累计检测 381m，有效施工工期缩短了 40 天，取得经济效益约 45.5 万元。

实例三：中化泉州石化 100 万 t/a 乙烯及炼油升级改造项目储运分部

2020 年 4 月至 8 月，中化泉州石化 100 万 t/a 乙烯及炼油升级改造项目的 4 台 3000m^3 球罐焊缝使用该工法进行了检测，球罐规格为 Φ18000mm × 36mm、每台球罐焊缝长度大约为 582m，4 台球罐总共 2328m，累计检测 2328m，有效施工工期缩短了 60 天，取得经济效益约 72 万元。

场站不同口径工艺管道涂料内防腐工法

段丙权　商晓平　罗爱民　王　飞　李　友

中国石油管道局工程有限公司国际分公司

1　前言

2018 年，管道局国际事业部成功中标伊拉克鲁迈拉油田 CPS06 泵群场站项目，该项目防腐工作任务包含部分的工艺管内防腐。工艺管输送介质最高设计温度为 85℃，最大试验压力 35.7MPa，需要内防腐的管件从 2～24in（2in、4in、6in、8in、10in、12in、14in、16in、20in 及 24in），共计 11 种不同管径，焊口数量达到 5000 道左右，且普遍为包括弯头（弯管）、三通、变径等特殊结构的管件。项目技术人员从阿联酋一家经销商处购买内喷砂和内喷涂设备辅材，后经改装，改装成 3 套半自动内喷砂设备和 2 套半自动内喷涂设备（适用范围 2～36in），定制并改造了电火花检漏设备，完全涵盖了项目 11 种不同管径的需求。

2　工法特点

2.1　适用钢管种类多、涂料应用范围广

该工法可满足 2～24in 管径尺寸钢管（长度在 12m 以内）尤其是特殊形状钢管（弯管、弯头、变径、三通等）的内喷砂及防腐作业。还适用于黏度较大的无溶剂型环氧涂料的喷涂。

2.2　工器具易于操作、便携性强

该工法所用器具不仅适用于预制厂房内防腐施工作业，而且适用于现场施工，若是施工地点频繁变化，可以在最短的时间内完成动迁。

2.3　工序衔接较强、整体施工效率高

对于形状特殊的半成品管件，需要在预制场与焊接机组确定最佳的焊接、内防腐、内防腐验收及后续焊接施工顺序；此外，对同种规格管件成批快速进行内防腐作业，在最短时间内交付工艺安装机组（图 1）。

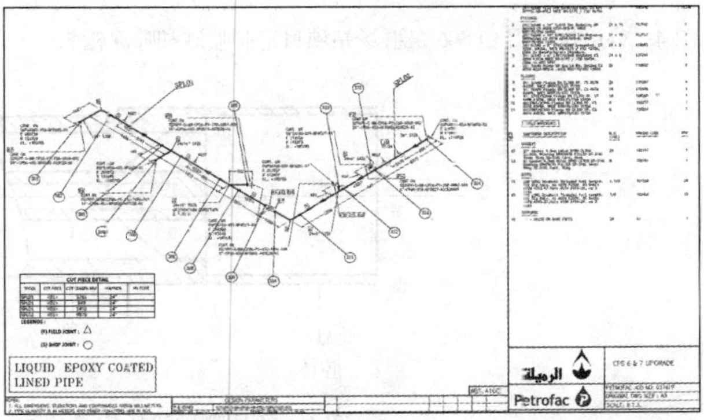

图 1　工艺管焊口焊接及防腐顺序项目图纸实例

3 适用范围

该工法适用于站场 2 ~ 24in 管径的管道及特殊预制管件（曲率半径大于 5*D* 的弯管、0° ~ 90° 弯头、变径、三通等，长度在 12m 内且为两侧带钢法兰或者长度在 6m 内且为单侧带钢法兰）内除锈、内喷涂防腐施工（图 2、图 3）。

图 2　鲁迈拉油田 CPS06 泵群场站项目成品管件实例 1

图 3　鲁迈拉油田 CPS06 泵群场站项目成品管件实例 2

4 工艺原理

以定制的半自动喷砂喷涂设备为基础，对喷涂机架进行适当改装，定制改装电火花检漏检验设备（图 4），满足了从 2 ~ 24in 范围内的任何规格管径的钢管内防腐施工。按不同尺寸，分为环形和离心旋转 2 种内防腐方式。

根据管道具体口径尺寸，选择内喷砂方式：第 1 种方式为环形方式喷砂。如图 5 ~ 图 8 所示，该钢管环形内喷砂机具适用于内径 2 ~ 12in（50 ~ 305mm）的特殊管件。可根据需要更换不同长度的纽扣支腿（适用于 50 ~ 127mm 管径）和可以径向活动的支架（适用于 127 ~ 305mm 管径）（表 1）。

图 4　鲁迈拉油田 CPS06 泵群场站项目定制喷砂和喷涂枪头

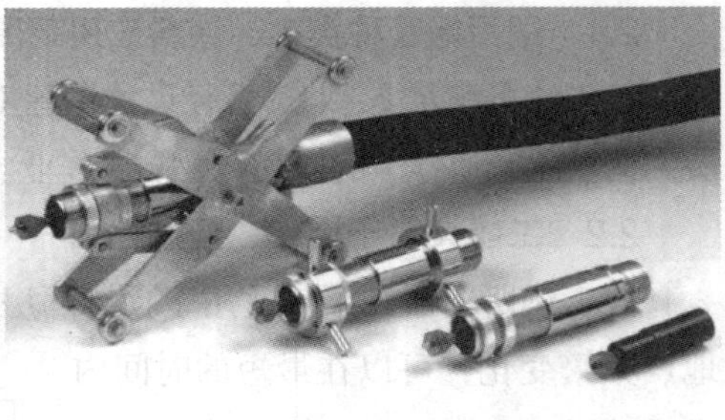

图 5　喷砂枪头实物（2 ~ 12in/50 ~ 305mm）

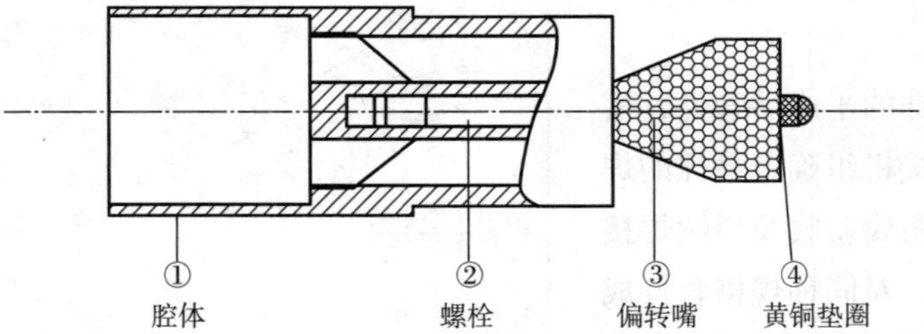

图 6　环形喷砂枪体构造（2 ~ 12in/50 ~ 305mm）

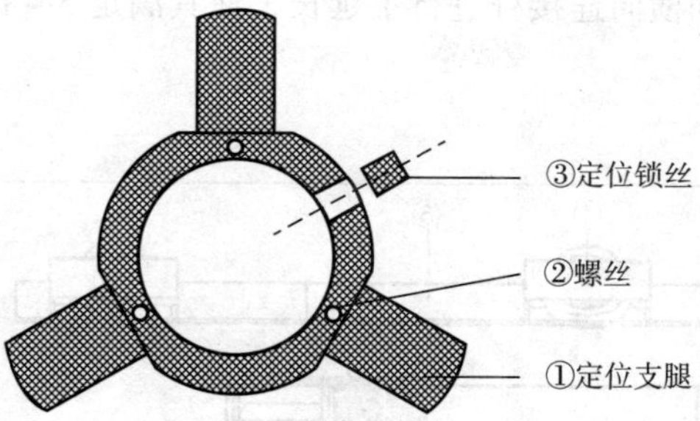

图 7　环形喷砂枪头固定圈及支腿构造
（3～5in/76～127mm）

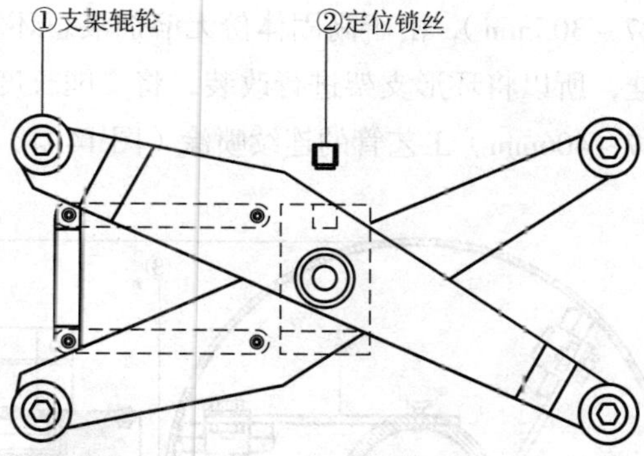

图 8　环形喷砂枪头活动支架构造
（5～12in/127～305mm）

表 1　辅助机具及参数表

钢管直径	机具型号	机具尺寸范围	中心部件	要求喷嘴型号	压缩空气消耗量	
					CFM	m^3/min
2～3in（50～76mm）	CB-0	2～3in（50～76mm）	—	—	400	11.3
3～12in（76～305mm）	CB-1 CB-2	3～5in（76～127mm）	CBC-1	AHBN-8 AHBN-10	225 400	6.4 11.3
	CB-1 CB-2	5～12in（127～305mm）	CBC-2	AHBN-8 AHBN-10	225 400	6.4 11.3

第 2 种方式为离心旋转方式喷砂（图 9、图 10）。该离心旋转喷砂机具适用于内径 8～36in（203～915mm）的特殊管件（表 2）。

表 2　辅助机具及参数表

钢管直径	机具型号	机具尺寸范围	中心部件	要求喷嘴型号	压缩空气消耗量	
					CFM	m^3/min
8～36in（203～915mm）	SB-636-A	8～10in（203～254mm）	SPB-19 使用 120mm 支腿	2×ASB 13 2×ASB 14 2×ASB 16	200 300 450	5.7 8.5 12.8
		10～15in（254～381mm）	SPB-19 使用 190mm 支腿	2×ASB 15	300	8.5
		15～23in（381～584mm）	SPB-19 使用 290mm 支腿	2×ASB 17	450	12.8
		23～36in（584～915mm）	SPB-19 使用 460mm 支腿	2×ASB 17	450	12.8

内喷涂也分为环形方式和旋转离心方式。环形方式如图 11、图 12 所示，通过调整支腿和支架，可以满足 2～16in（50～406mm）管径内喷涂作业；离心旋转喷涂方式适应管内径范围：7～36in（180～915mm）（图 13）。

4.1　内喷涂机具改进技术

对于环形喷涂方式，带有活动支架的环形喷涂机具最初适应钢管内径范围为 5～12in

（127～305mm），由于高固体份无溶剂液态环氧涂料的高黏度特性，使得旋转型内喷涂效果不佳，所以将环形支架进行改装，将支腿长度和横向连接杆进行了延长，使其满足5～16in（127～406mm）工艺管的连续喷涂（图14）。

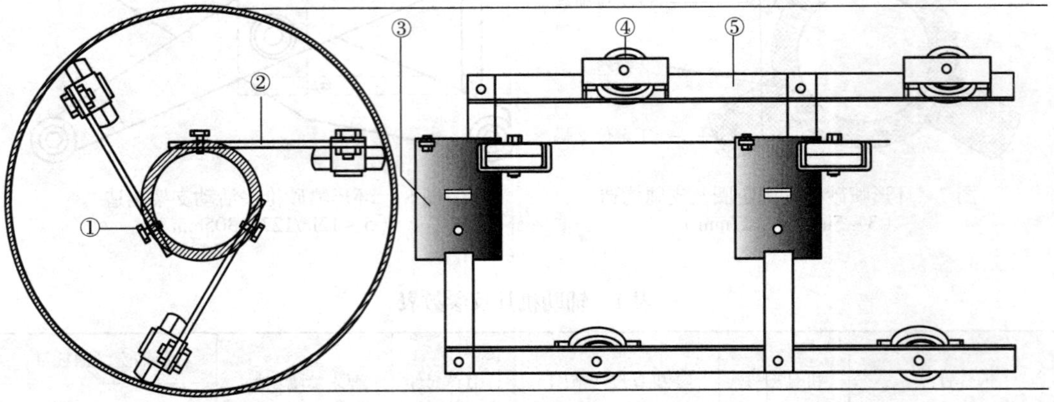

图9 离心旋转喷砂枪头支架具体构造（8～36in/203～915mm）

①固定圈锁丝；②中心定位支腿（120mm、190mm、290mm、460mm）；③支架固定圈；④支架辊轮；⑤辊轮臂

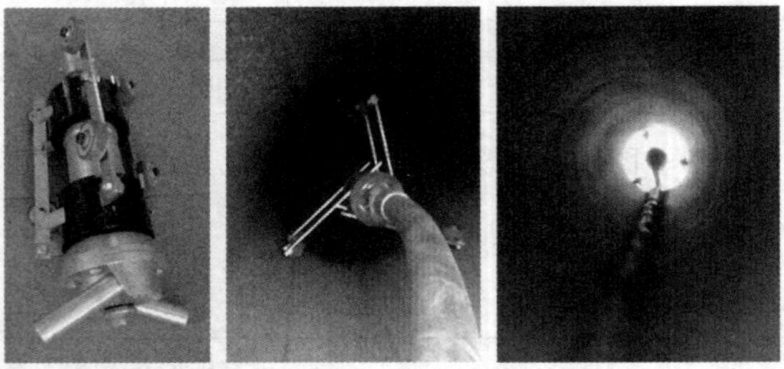

图10 离心旋转型喷砂枪头实物（8～36in/203～915mm）

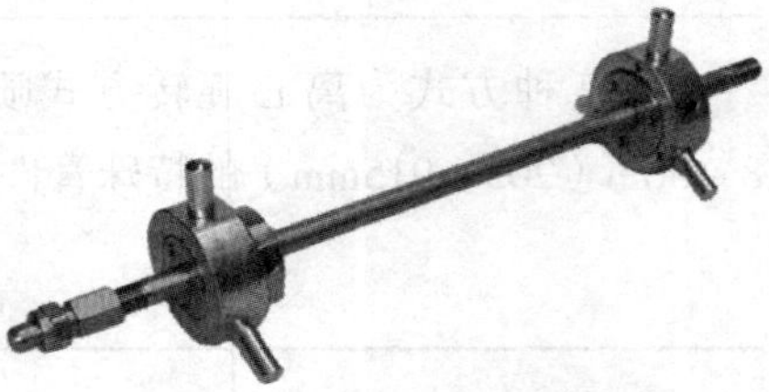

图11 带有不同长度纽扣支腿的环形方式喷涂枪头（2～5in/50～127mm）

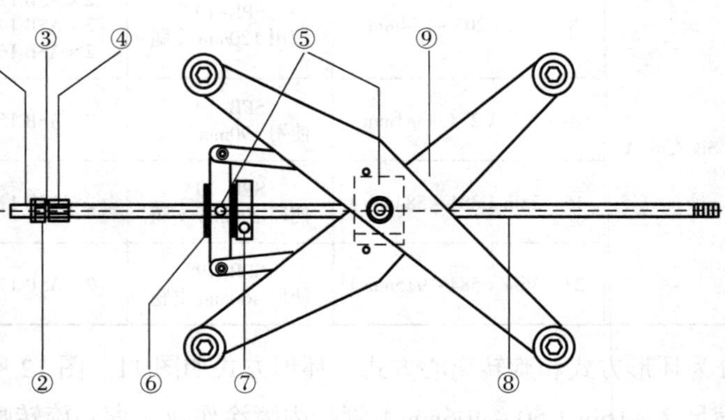

图12 带有活动支架的环形方式喷涂枪头（5～16in/127～406mm）

①不锈钢喷嘴；②不锈钢螺母；③过滤嘴；④不锈钢腔体；⑤固定圈支架（2～5in）；⑥～⑧喷涂杆系统；⑨中心定位支架（5～16in）

图 13　带有活动支架的离心旋转方式喷涂枪头（7～36in/180～915mm）

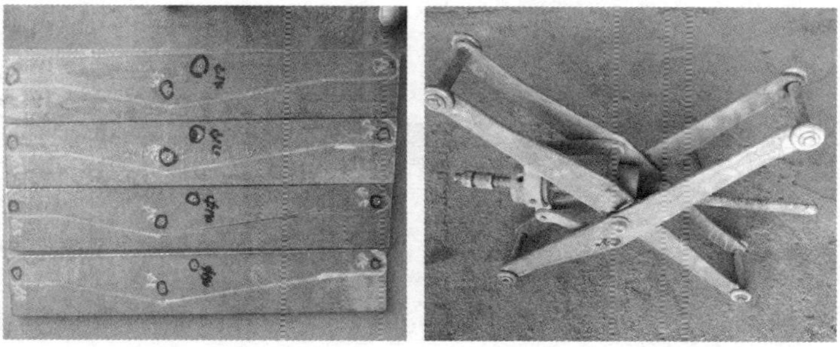

图 14　鲁迈拉油田 CPS06 泵群场站项目改装后的喷砂和涂装枪架（5～16in/127～406mm）

4.2　无溶剂环氧涂料喷涂技术

采用双组份高压无气喷涂泵喷涂技术：一方面，该双组份泵配备了带有加温措施的料桶，分别用来加热和储存基料和固化剂，降低了涂料黏度；另一方面，该设备使基料和固化剂在喷头最近处汇合，缩短了油漆混合后在输料管内的存留时间（图 15、图 16）。

图 15　传统的高压无气单组份喷涂泵

图 16　高压无气双组份喷涂泵（主机、加热料桶及末端枪头）

4.3　电火花检漏技术

内防腐涂层最重要的检测方法之一就是电火花检漏测试，内涂层的检漏覆盖率要达到 100%。

鲁迈拉项目订做了 11 种规格的电火花检漏探头，并制作了电火花检漏探头连接杆（每根长度约 1.5m），最长单侧可伸入管道内部 6m（双侧可达 12m）。可以全方位、无死角地对各种规格尺寸钢管进行检测（图 17～图 20）。

图 17　电火花检漏仪各尺寸探头及附件

图 18　电火花检漏仪各尺寸连接杆及主机

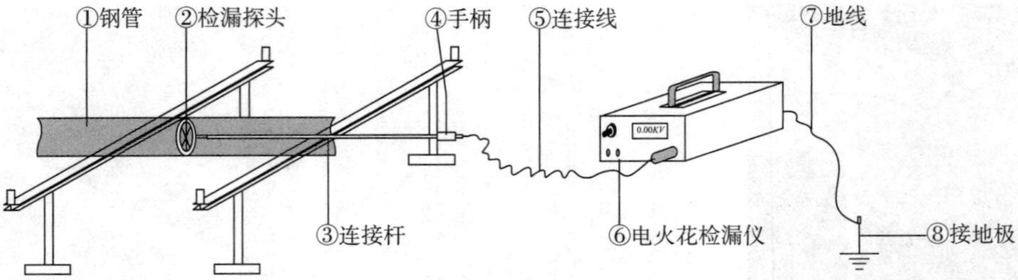

图 19 钢管内防腐层电火花检漏测试示意图

4.4 内补口技术

对于无法进行内防腐补口的焊口（焊口离管端较远，无法进行内除锈和清理的焊口，且无法拆除的管件），需提前做好设计，增加法兰。

对于离管端较近的焊口（焊口离管端较近且可以拆除的管件），对 2 个即将组对的管端预留区域进行预打磨除锈，如图 21 所示，可采用砂轮机或其他可产生锚纹的喷砂工器具对表面进行除锈和粗糙化处理，然后用磨砂头等电动工具对涂层搭接区域进行粗糙化及斜角处理，最后进行组对焊接、拍片、定位焊口，再进行内除锈和内防腐。

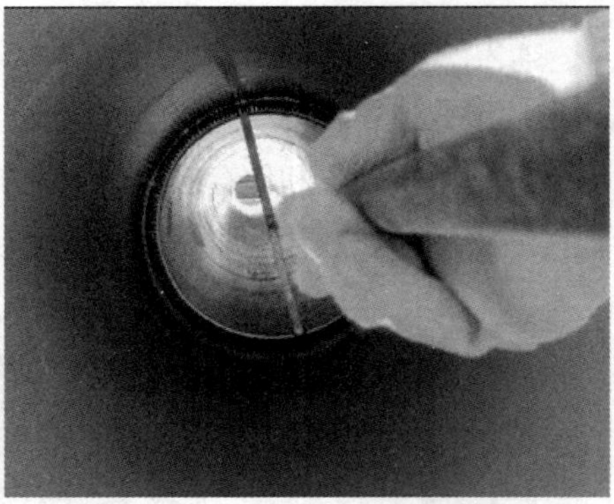

图 20 钢管内防腐层电火花检漏测试实例

图 21 离管口较远焊口的预除锈实例

5 施工工艺流程及操作要点

5.1 施工工艺流程

钢管内防腐施工流程如图 22 所示。

5.2 操作要点

5.2.1 喷砂施工准备

（1）管件移至喷砂区域：将管件按相同内径尺寸分区域摆放。

（2）选取对应设备机具：按管件尺寸选取相应的半自动内喷砂机具进行组装，调整支腿长度或者角度，使机具所有辊轮均贴在管道一端内壁上，且能够轻松移动至另一端。如果管件距离较长，可借助于绳索等将机具拉至另一端。

（3）空压机及砂罐就位：检查现场空压机压力（要求0.7MPa以上），排气量在$13.0m^3/min$以上。待空压机开启运行稳定后，用白色布条或者纸巾检查压缩空气出口质量，关闭压缩空气出口阀门，连接气管及砂罐。

（4）磨料准备：提前倒运及检查石榴石磨料的质量，包括干燥度和颗粒粒径（60～100目），将磨料过筛填入砂罐，过滤掉大粒径杂物。

（5）整体调试：喷砂工和操作工穿戴好劳保，喷砂工立刻就位，操作工开启空压机出气口阀门并调整砂罐出砂阀门，不得有抖管和出砂不均匀的现象发生。

5.2.2 内喷砂除锈作业

（1）控制枪头移动速度：喷砂枪头的移动速度应以内表面出现金属色为准。

（2）特殊管件处理：对于特殊管件，内喷砂设备无法到达的地方，尝试从管件另外一侧进入喷砂，或者采用带弯头的喷砂枪头进行辅助喷砂除锈（图23）。

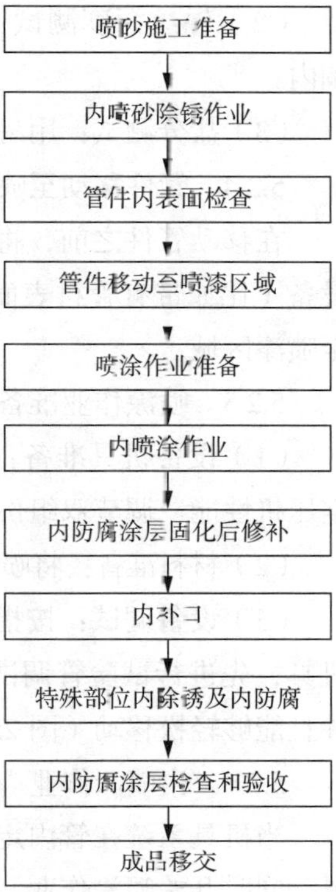

图22 钢管内防腐施工流程图

（3）磨料清理：对于完成内喷砂除锈的管件，需要压缩空气将管件内部存留的磨料进行吹扫。

（4）目视检查：对磨料清理完成后的管件内部进行初步的目视检查，标出除锈效果不佳和漏喷位置，重新进行除锈，直至合格。

5.2.3 管件内表面检查

对喷砂完成的管件进行相关质量检测（图24）。确保没有问题后，移动至喷漆厂房区域。

（1）表面灰尘度测试：把实验用透明胶带粘贴到清理过的管件内表面，指压胶带至密实粘贴，然后撕下胶带，观察胶带表面情况，得出清洁度等级。

图23 带有弯头的外喷砂枪头

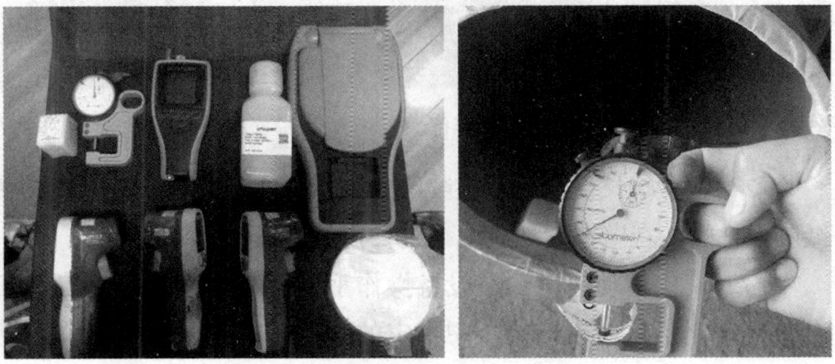
图24 现场检测仪器

（2）锚纹深度测试：用易高锚纹仪进行锚纹深度测试，测试结果应在 75 ~ 125 μm 范围内。

（3）盐分测试：用易高盐分仪进行盐分测试，测试结果不高于 5 $\mu g/cm^2$。

5.2.4 管件移动至喷漆区域

在移动管件之前，将管件所有敞口用管帽、彩条布或者管堵等进行保护，然后用合适的设备（比如带有管材表面损伤保护措施的叉车或抓管机等），将管件按相同尺寸，分区域移至喷漆区域。

5.2.5 喷涂作业准备

（1）设备机具准备：空压机、发电机、双组份喷涂泵就位。按 5.2.1 节第 3 步要求检查空压机性能。调节双组份泵压力比为 60：1。

（2）材料准备：将喷涂用的涂料、稀料加入到双组份喷涂泵相应的料桶中，并进行预热。

（3）设备调试：按指定区域管件尺寸，组装内喷涂机具，连接空压机、喷涂泵和内喷涂机具，先进行试验管调试，然后将内喷涂机具移至管道尾部，机具的所有辊轮应紧贴管壁，并且能够轻松移动（图 25）。

5.2.6 内喷涂作业

当机具系统在管内定位好之后，调节至正确的空气压力，扣动喷枪扳机，以指定速度后退，同时开始喷涂作业，油漆在管内通过旋转圆盘喷嘴以圆周方向喷涂。释放喷枪扳机，喷涂作业即可停止。具体操作细节如下：

（1）记录环境条件：质检员记录环境相对湿度、温度、基材表面温度、露点温度等相关参数，并形成报告（图 26）。

图 25 喷涂作业准备

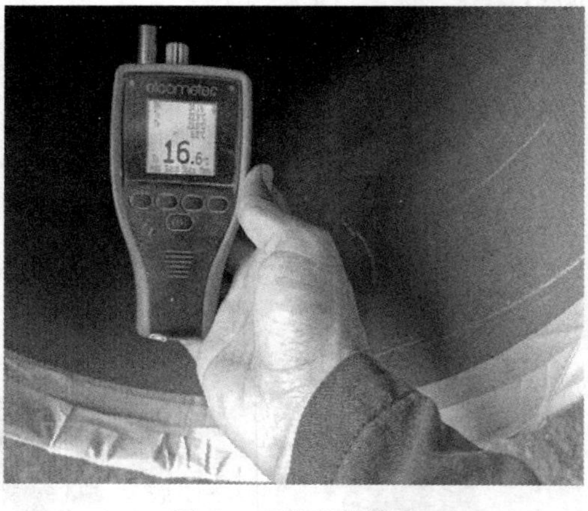

图 26 环境条件测试

（2）预留端长度处理：在喷漆之前，根据管径范围在管口内侧相应长度预留段区域进行纸胶带粘贴，视壁厚增加应适当延长预留端长度。

（3）喷枪移动速度：在设备操作手和喷漆工就位后，喷漆工手扶控制喷枪，等待枪嘴出口呈雾化状喷射，以表 3 中指定的移动速度往回均匀牵拉喷漆设备，得到均匀的内涂装表面。

表3 喷涂机具相关操作参数

设备型号	适应尺寸 /in	移动速度 /（cm/s）	备注
环形喷涂设备	2～4	30±5	按管径尺寸选用对应型号的枪嘴，否则会影响喷涂效率。
	4～8	20±3	
	8～16	10±2	
离心旋转涂装设备	16～18	20±3	需要调整进风量来控制旋转转速，达到最佳的涂装效果。否则出漆量过多会导致流挂，过少则会出现麻点。
	18～24	15±3	

（4）固化后再喷涂：该项目厚度要求较高，需要涂装2次才能满足要求。也可借助湿膜规或者干膜测厚仪不断测量涂层厚度，进而确定重涂次数。在满足表4重新涂装条件下，按内喷涂的步骤重新进行涂装，直至达到指定厚度。

表4 内防腐涂料固化—温度—时间相关参数

基材表面温度 /℃	10	23	40	注：油漆干燥和固化时间需在可以控制的温度和相对湿度低于60% 的条件下确定。厚度为产品指定厚度范围的平均值
表干时间 /h	15	6	1.5	
实干时间 /h	30	12	4	
重涂最短间隔时间 /h	30	12	4	
重涂最长间隔时间 /d	30	14	5	
完全固化时间 /d	15	7	4	

5.2.7 内防腐涂层固化后修补

在内防腐完成之后，应按下列顺序逐步进行涂层质量检查和相应修补：

（1）表观检查：检查涂层光泽度、流挂、橘皮、针孔等表观质量。

（2）厚度检查：进行干膜厚度测试，沿管口圆周方向测4个点。

（3）电火花检漏：用合适尺寸探头圈对钢管进行电火花检漏，探头移动速度为8～10cm/s，检漏电压为2.5kV，并进行100% 检测，有漏点的位置做好标记，然后采用刷涂或者滚涂修补。

（4）附着力测试：在连续生产的基础上，按要求定期对内防腐涂层进行划格法和拉拔式附着力测试。

（5）硬度测试：附着力测试也应在连续生产的基础上，定期进行涂层的硬度测试。然后对测试位置进行打磨补漆，固化后，使用检漏仪进行检漏。

5.2.8 内补口

对于管端法兰焊接口或者其他短节焊口，采用内补口技术，用板刷角磨机进行钢管内部表面打磨除锈，用带磨砂头内磨机进行原有涂层边缘斜角打磨处理。然后刷涂或者滚涂3～4次，以达到指定涂层厚度。

对于可拆卸的管件，需要进行焊前预打磨除锈。待焊接完成后，直接移至现场临时厂房，对焊口位置进行准确定位，然后按照5.2.2节要求进行喷砂，喷砂区域覆盖焊道两侧搭接区域，并进行清理。喷涂前，同样做好焊道定位，然后控制喷涂机头始末位置，并控制好机头后退速度，按照 5.2.6 节要求对内焊道进行内喷涂作业，待涂层固化后，再反向进行喷涂，直至喷涂至指定厚度；若无法满足反向喷涂，需要用滚筒等工具对焊道进行补涂（图 27）。

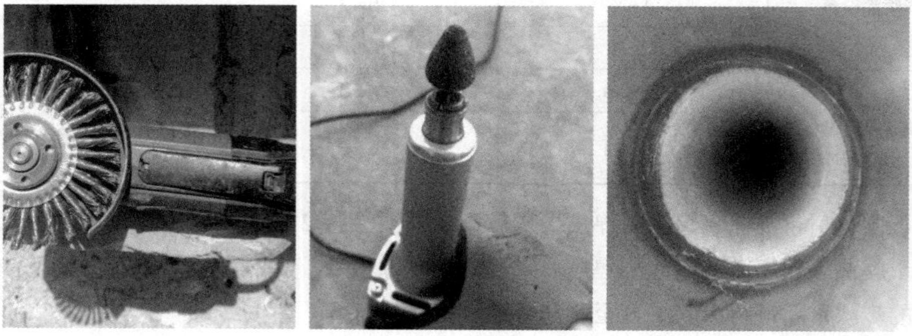

图 27　现场焊口内除锈和表面粗糙化处理

5.2.9　管件特殊部位内喷砂及内防腐

对于特殊管件内除锈和内防腐，采用内喷砂机具和外喷砂枪头相结合的方法，完成对特殊管件的喷砂除锈。在整根特殊管件内防腐之前，对特殊部位，如三通、弯头、变径段等进行预刷涂，按油漆涂覆指导说明要求，须进行刷涂至少 3 遍，保证涂层区域搭接良好。

待内防腐涂层完全固化后，测涂层的厚度，采用相应尺寸的探头进行全方位电火花检漏，确保无漏点存在（图 28）。

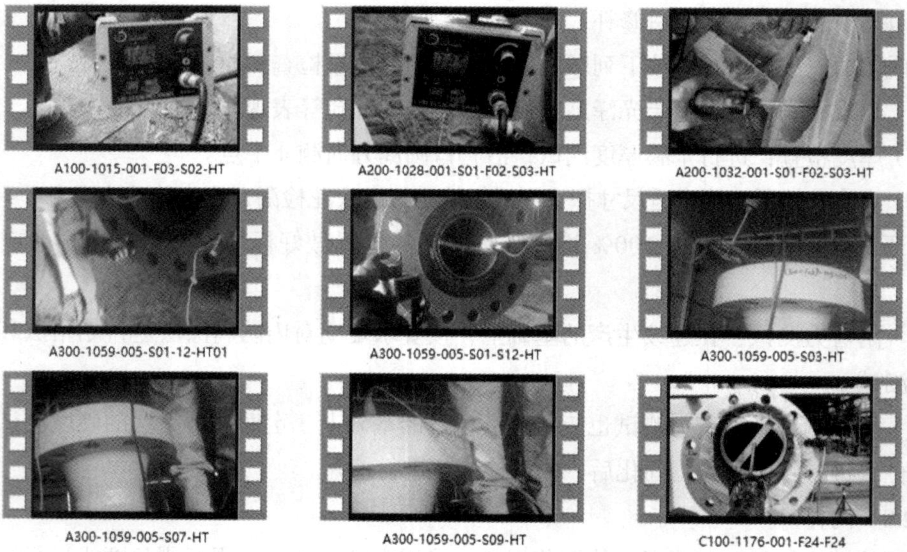

图 28　现场电火花检漏实例

5.2.10　内防腐涂层检查验收

在完成内防腐后，需要按规定频次对防腐层进行附着力及弯曲测试。用合格的拉拔式附着力测试仪和十字划格附着力测试仪对涂层进行综合附着力评定，并对同批次喷涂作业进行弯曲试验（图 29、图 30）。

图 29　试验件十字划格法手柄工具及十字划格试验

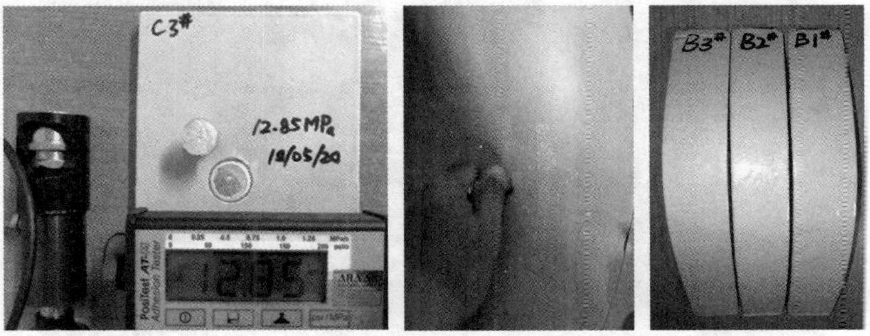

图 30　试验件拉拔试验测试结果

内防腐涂层最终检查验收前，不合格的管件按第 5.2.7 节进行返修或者返工，执行再检查再验收，直至全部合格。

（1）返修：通过目视检查、干膜厚度测试及电火花检漏测试等（图 31），质检员用记号笔标出涂层表面缺陷位置，比如局部厚度不达标、漏点、流挂、凸起、橘皮等表观质量问题，然后打磨修补工采用砂纸或者百叶片角磨机进行该区域打磨，并用滚筒或者板刷进行修补。

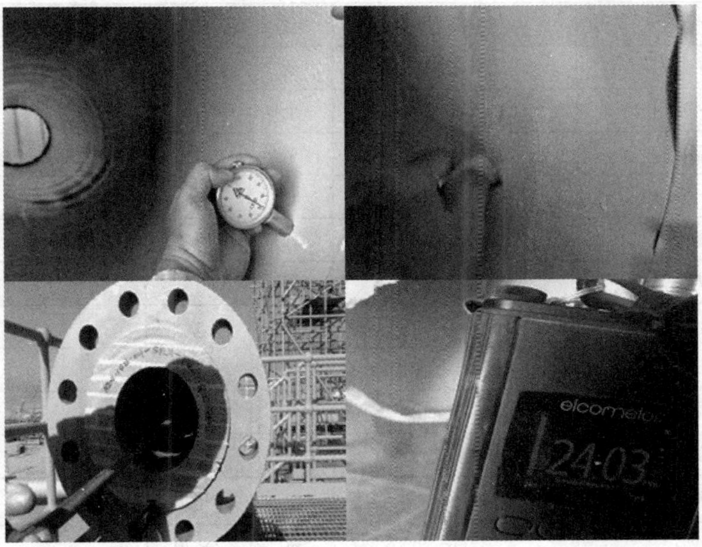

图 31　现场各项试验测试

（2）返工：对于返修3次仍不合格、附着力、拉拔强度、硬度及弯曲试验不合格的涂层，应进行喷砂去除涂层，并重新进行涂装。

5.2.11 成品移交

对于检查验收合格的内防腐管件，需要对管件进行成品保护，对所有敞口进行包裹或者封堵，并做好后续安装区域标记，然后移至成品管堆放区域（图32）。管件底部用垫木垫实，方便后续安装工作。此外，需要按时完成质量过程资料及验收报告。

图32 现场成品保护及标识

6 材料、设备及人力资源配置

6.1 主要材料

主要施工材料以鲁迈拉CPS06泵群场站项目为例进行配置和统计，具体如表5所示。

表5 辅助仪器及材料表

序号	材料名称	规格型号	单位	数量	备注
1	锚纹仪	E224	套	1	
2	红外测温仪	Fluke 572–2	个	1	
3	湿温度仪	Fluke 971	个	1	
4	盐分测试仪	易高130	套	1	
5	拉拔测试仪	易高510	套	1	
6	附着力测试仪	易高150	套	1	
7	邵氏硬度计	LX–D–1	套	1	
8	弯曲试验机	3°，曲率半径100mm	套	1	
9	涂层干膜测厚仪	易高456 B	套	2	
10	电火花检漏仪	DB 190183	套	3	
11	砂管	1¾in	m	2×20	
12	砂管	1in	m	2×20	

续表

序号	材料名称	规格型号	单位	数量	备注
13	气管	1in	m	2×20	
14	油漆输料高压管	3in/8in，3300PSI	m	6×15	
15	石榴石	60 目	t	70	
16	柴油		L	2000	
17	彩条布	4m×50m	m^2	500	
18	铁锹	圆口	把	20	
19	滚筒	2in	个	500	
20	毛刷	0.5in	个	200	
21	纸胶带	0.05m 宽，200 卷 / 箱	箱	10	
22	砂纸	100 目	卷	20	

6.2 主要设备

本项目所需要的关键设备是内除锈和内喷涂设备，其他主要设备为空压机、发电机等。常用的机械设备如下（表 6）。

表 6 主要机械设备配置表

序号	名称	规格 / 型号	数量	备注
1	空压机	≥ 0.7MPa，12.8m^3/min	1	
2	空压机	≥ 1MPa	1	
3	发电机	三相，20kW	1	
4	冷干机	20m^3/min 通量	1	
5	环形内喷砂设备	2 ~ 12in	1	
6	旋转内喷砂设备	8 ~ 36in	1	
7	环形内喷涂设备	2 ~ 16in	1	
8	旋转内喷涂设备	7 ~ 37in	1	
9	砂罐	1.2m^3	1	
10	高压双组份泵	固瑞克 XM60	1	
11	A/B 组份料桶	1000L	2	
12	搅拌器	2.1kW	2	
13	活塞式气泵	7.5kW，1.2m^3/min，0.8MPa	1	

6.3 人力资源配置

本项目主要人员配置见表 7。

表 7 主要人员配置

序号	工种	人数	说明
1	负责人	1	
2	技术员兼质检员	1	

续表

序号	工种	人数	说明
3	HSE 员	1	
4	喷砂工	2	
5	喷漆工	2	
6	电火花检漏工	2	
7	司机	1	
8	普工	4	
合计		14	

7 质量控制

7.1 执行的标准与规范

（1）ISO 8501《涂装前基材表面处理部分　表面清洁度的目视检测》

（2）ISO 8502-3《涂装前基材表面处理部分　表面清洁度的检测方法：涂装前钢材表面灰尘度评价（压敏胶带法）》

（3）ISO 8502-9《涂装前基材表面处理部分　表面清洁度的检测方法：溶解盐水溶液现场电导测试方法》

（4）ISO 8503《涂装前基材表面处理部分　喷砂除锈的钢铁基材表面粗糙度特性》

（5）ASTM D 4417《喷砂清理钢表面轮廓测量标准测试方法》

（6）ISO 8504-2《涂装前基材表面处理部分　表面处理方法磨料喷砂除锈》

（7）ASTM D4541《涂层便携式附着力测试仪拉拔强度测试方法》

（8）ISO 2409《色漆和清漆　划格试验》

（9）ASTM D-522《有机涂层轴心弯曲试验测试方法》

（10）ISO 2808《色漆和清漆　膜厚测定》

（11）NACE SP0274《管道涂层的高压电气检查》

（12）ISO 9001《质量管理体系要求》

（13）CSA 245. 20-06《钢管用熔结环氧外涂层 / 钢管用聚乙烯外涂层》

7.2 质量保证措施

7.2.1 材料的验收、储存及使用

（1）对到场的油漆、稀释剂和固化剂的合格证和出厂时间进行复查，并及时进行报验，其中不合格的产品严禁使用。

（2）油漆品牌、牌号、颜色、保质期在投入使用前应进行核对，油漆不应有结壳、结块和凝结现象。

（3）所有油漆、稀释剂和固化剂必须储存在阴凉、干燥、通风的仓库里。所有过冷、过热、潮湿及阳光直接照射的地方均不得储存油漆、稀释剂和固化剂。

（4）对防腐材料的使用要建立防腐材料收发记录，避免浪费。

（5）在油漆配制前，应检查每 1 种油漆的稀释剂，稀释剂的质量必须满足油漆制造厂商

说明书规定要求。

（6）对多组份油漆，每批均应按油漆制作厂商的使用说明书进行配制并进行相关试验，确认符合质量要求后方可施工。

7.2.2　设备仪器定期校验

按照规定对所使用的锚纹仪、露点仪、测温仪、检测仪、盐分仪、涂层测厚仪、硬度计、附着力拉拔仪、电火花检漏仪等设备仪器进行校准，确保测量结果的准确性。

7.2.3　内除锈质量控制

严格遵守内喷砂除锈技术规范：

（1）空压机空气质量：每班开机前及每隔 4h 测试 1 次。

（2）环境及工件表面温度测试：每班除锈开始前，测试环境温度、相对湿度、露点温度、工件表面温度等参数，并形成记录。

（3）工件除锈质量：表面目视检测、灰尘度等级、锚纹深度须在每班喷漆前检查至少 1 次，且单次检查面积不超过 100 ㎡。

（4）盐分测试：喷砂除锈完成后的管件，在除锈完成第 0 ~ 10 ㎡阶段进行第 1 次测试，确保盐分含量不超标后，持续进行内喷砂作业；累计除锈面积达到 100 ㎡时进行第 2 次测试；达到 200 ㎡时进行第 3 次测试，以此类推。

（5）暴露时间控制：对内喷砂除锈完成的管件，应及时进行内防腐作业。暴露时间即完成除锈到开始喷涂的最长间隔时间，在相对湿度小于 85%，环境温度为室温时，暴露时间一般不超过 4h，若超过 4h，根据返锈情况须进行扫砂或重新喷砂。

7.2.4　内喷涂质量控制

一般情况下，管件预留端长度需根据壁厚来确定（表 8）。

表 8　CPS06 泵群场站项目钢管喷漆前管端预留长度要求

序号	钢管壁厚 /mm	预留端长度 /mm	备注
1	≤ 15	150 ± 5	喷漆前
2	15 ~ 25	200 ± 5	喷漆前
3	25 ~ 35	300 ± 5	喷漆前

在喷涂过程中，用湿膜规检查涂层湿膜厚度，确定达到所需的喷涂速度和次数。此外，喷枪的移动速度必须一致，以保证涂膜均匀性。

8　安全措施

8.1　安全标准

（1）GB 2894—2008《安全标志及其使用导则》

（2）JGJ 46—2005《施工现场临时用电安全技术规范》

（3）GB/T 12801—2008《生产过程安全卫生要求总则》

（4）50016—2006《建筑设计防火规范》

8.2 安全专项技术措施及 HSE 基本要求

8.2.1 安全专项技术措施

1. 材料堆放区域安全技术措施

喷砂用的磨料及时进行报验，堆砂场地、晒砂筛砂场地的排水、运输场地要方便，且要进行防雨、防风、防水措施。

2. 喷砂作业安全技术措施

喷砂机具安装就位后，对机械安全操作进行交底，安全部门定期对喷砂区域进行检查。

3. 高压无气喷涂作业安全技术措施

施工前，喷漆工必须穿戴防毒面罩及喷漆防护服。如涂料溅在皮肤上，要用肥皂和清水洗净，最好不要用溶剂。

8.2.2 HSE 基本要求

（1）各特殊工种持证上岗，严格执行作业票办理制度。

（2）作业人员应按规定佩戴安全帽、防砂衣、喷砂裤、工作鞋、防护眼镜、防尘口罩和手套等防护用品，高处作业时应佩戴好安全带，并检查使用状态。

（3）施工机械和用具经安全检验合格后才能进入施工现场。

（4）在使用手工机械喷砂除锈时，为了避免眼睛受伤和吸入灰尘，应戴防护眼镜和防尘口罩。

（5）保持现场清洁文明，定期清理现场，合理定置施工机械设备，定期打扫和维护现场及设备。

（6）施工现场施工与其他作业同时进行时，施工人员只允许在指定施工区域活动，不得擅自越界。

（7）施工现场须配备必要的消防设施。施工机工具的作业场所须有隔离措施，操作产生火花时，应有足够的措施防止飞溅。

（8）组织安全检查，查防火、防爆、防尘、防暑、防滑、防坠落，查电气设备、危险品仓库、物资仓库等。

（9）施工现场要设置明显的安全标志，危险施工处要采取特殊防护措施。

9 环保措施

9.1 环境保护及文明施工的总体要求

严格遵照当地环境及相关法规，以及对工程环境保护评估报告的要求，确定施工过程中的环境保护工作及具体的工作安排，减少施工过程对周围环境造成的不利影响，并定期进行环保宣传教育活动，不断提高员工的环境保护意识和观念。

9.2 施工阶段环保措施

（1）指定专人负责托管现场和施工活动的环境保护，完成施工环境保护方案和环境保护工作方案中的各项工作。

（2）将环境保护工作和责任落实到岗位、个人，日常施工中随时检查，出现问题及时纠正。

（3）根据不同的施工阶段及时调整环境保护工作内容，保证工作质量。

（4）生态环境部每周对环境保护工作进行一次例行检查，并记录检查结果。

（5）指定专人负责应急计划的制定，组织每季度进行 1 次应急计划落实情况的检查工作，一旦发生事故或紧急状态时，积极处理并及时通知业主。

（6）对易产生粉尘、扬尘的作业过程，须进行足够高度的围挡和保护措施。

（7）各类垃圾及时清扫、清运，不随意倾倒，每班清扫、每日清运。尤其是油漆、稀料等化学物品应按规定运输至指定处理站集中处理，严禁随意倾倒。

（8）对柴油发电机安装防漏油设施，对机壳进行围护，避免漏油渗入地面。

（9）严禁在施工现场焚烧任何废弃物和会产生有毒有害气体、烟尘等。

（10）施工营地的便道，须定期压实地面和洒水，减少灰尘对周围环境的污染。

10 效益分析

10.1 经济效益

以该项目内防腐施工范围为例，按照传统的内防腐作业线施工要求，至少需要 1 条 40m 长作业线（4～24in 尺寸范围内，至少需要 4～5 条作业线才能完全覆盖；小于 4in 的管件，传统作业线较难实现）。且要频繁更换调试喷砂和喷涂机头部件，而且需要特殊轨道，安装关键费用为建设内喷砂除尘系统、内喷涂系统、电火花检漏系统等设备费用。该项目采用便携式半自动化内防腐机具，仅需要 2 台大排量空压机、4 个砂罐，即可满足同时进行不同尺寸的内防腐施工，且效率较高。现将传统内防腐安装建设与该项目防腐机具投资施工成本进行对比：

传统的内防腐安装费用：40 万元（作业线费用）+80 万元（内抛丸及除尘系统费用）+70 万元（内喷涂系统费用）+10 万元（电火花检漏系统费用）=200 万元。此外，传统的内防腐由于其集成化较高，不可避免长期占有较大的土地面积，所以前期的投入会进一步增大。

该项目半自动化内防腐系统合计费用：20 万元（内喷砂系统费用）+10 万元（内喷涂系统费用）+10 万元（2 台空压机）+2 万元（4 个砂罐）+2.5 万元（100m 砂管等）+8 万元（1 台高压无气喷涂泵）+1 万元（改进的手动电火花检漏系统）=53.5 万元。

综上，半自动内防腐系统的合计费用远低于传统的内防腐作业线，约节省成本 146.5 万元（200 万元 –53.5 万元 =146.5 万元）。

10.2 社会效益

应用此施工工艺，鲁迈拉项目高效、高质量地完成了伊拉克鲁迈拉 CPS06 泵群场站工程项目，取得了业主、监理的认可，因此得以顺利签署并完成 CPS06 泵群场站延伸项目；目前，2022 年中标的 PWRI 产出水回注 EPC 项目的 5 个站（CPS01，CPS04 和 CPS05，DG01 和 DG03）工艺管内、外防腐也已接近尾声。此外，鲁迈拉项目也多次应业主邀请参加内防腐施工的专题讨论会，为后续市场奠定了坚实基础。

11 应用实例

实例一：伊拉克鲁迈拉 CPS06 泵群场站工程项目

2018 年，管道局国际事业部成功中标伊拉克鲁迈拉油田 CPS06 泵群场站项目（CPS06

UPGRADE PROJECT），该工法首次得到应用，按期顺利完成了全部内防腐施工任务（图 33~图 35）。

图 33　鲁迈拉油田 CPS06 项目泵房 C200 工艺区完工照片

图 34　鲁迈拉油田 CPS06 项目泵房 C100 工艺区完工照片

图 35　鲁迈拉油田 CPS06 项目 A300 工艺区完工照片

实例二：伊拉克鲁迈拉 CPS06 泵群场站 TRUNK LINE 延伸项目

2021 年，管道局国际事业部成功中标伊拉克鲁迈拉油田 CPS06 泵群场站 TRUNK LINE 项目（CPS06 UPGRADE PROJECT 的延伸项目），该工法又得到了第 2 次推广应用（图 36~图 40）。

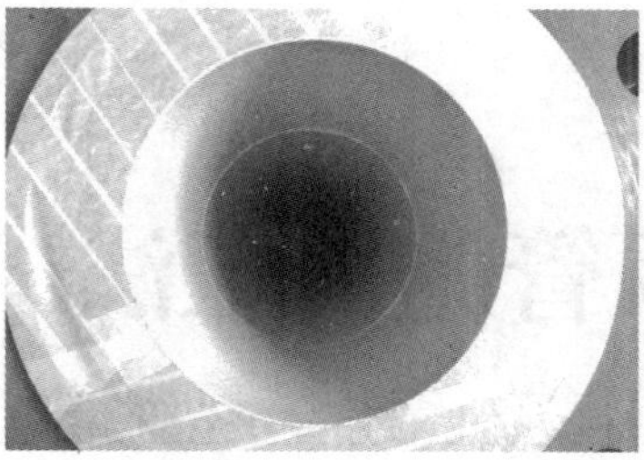

图 36　鲁迈拉油田 CPS06 项目 TRUNK LINE 内防腐照片

图 37　鲁迈拉油田 CPS06 项目 TRUNK LINE 各类异形管件内、外防腐照片

图 38　鲁迈拉油田 CPS06 项目 TRUNK LINE 特殊管件内、外防腐照片

图 39　鲁迈拉油田 CPS06 项目 TRUNK LINE 典型管件内、外防腐照片

图 40　鲁迈拉油田 CPS06 项目 TRUNK LINE 现场完工照片

浅覆土泥水平衡顶管施工工法

段丙权 冯存栋 朱振详 寇宝庆 魏 恒

中国石油管道局工程有限公司国际分公司

1 前言

常规市政顶管施工覆土层厚度在 1.5*D*（*D* 为顶管隧道直径），一般选择在黏土、砂层、淤泥等良好地质条件下施工，具有地下障碍物少等特点。当市政工程中采用顶管法穿越浅覆土地层施工时，城市地表含有大量的树根、地下管网、建筑构基础等，对顶管施工影响较大，常规的顶管工法无法满足浅覆土大口径顶管施工要求。

为掌握浅覆土大口径顶管施工技术，中国石油管道局工程有限公司开展了科研项目“大口径系列化超浅埋复杂地况顶管施工技术研究”，对浅覆土大口径复杂地下环境（树根、地下管网等）顶管机及刀盘、刀具设计配置、浅埋顶管施工中顶管循环泥浆和润滑泥浆配合比、性能参数及泥浆漏失控制技术、浅埋大口径顶管施工掘进参数研究等关键技术进行研究。通过自主研发成果，完成了大口径浅埋复杂地层顶管隧道项目——斯里兰卡排水隧道工程。本项目顶管隧道覆土层厚度在 1 ~ 4.9m，隧道断面树根最大直径在 15cm，地下污水管道（混凝土管和陶土管）在 Φ600mm。通过刀盘刀具配备、泥浆配置和精确的沉降控制等措施，地面沉降控制在规范允许范围内，周边建构筑物未发生沉降，缩短了工期、节约了投资。并据此总结编制了“浅覆土泥水平衡顶管施工工法”。2021—2022 年该工法在斯里兰卡排水隧道项目顶管工程推广应用，该工程大口径（2m、3m）顶管隧道共 6 条，总长度为 1280m。

在工法实施过程中获得发明专利 1 项，为“一种骑马井和骑马井的施工方法”（专利号：202010685581.2）。

2 工法特点

2.1 隧道覆土层浅

该工法隧道覆土层深度在 0.8*D* ~ 1.5*D*（*D* 为隧道直径）（图 1），为市政顶管隧道和油气管道隧道轴线设计提供了一种新思路。

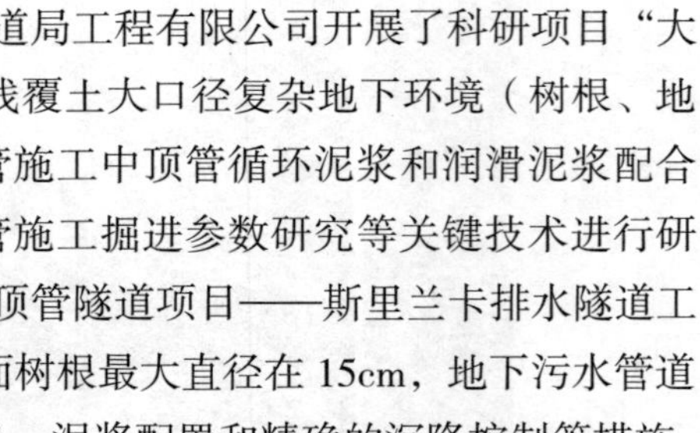

图 1 隧道覆盖层厚度

2.2 地层适应性广

针对砂层、淤泥、黏土等浅覆土，含有树根、地下污水管道等障碍物的复杂地质条件有较好的适应性。

2.3 节约改迁投资

由于该工法在含废弃地下污水管道地层施工，可以降低地下障碍物改迁工作量，有效节省地下障碍物改迁投资，节省施工工期。

2.4 安全可靠性高

由于城市地下施工，采用泥水平衡装置，通过泥水舱内压力设定，能快速补偿掘进面水土压力，保证浅覆土掘进面的稳定和地面沉降的控制（图 2）。

图 2　泥水平衡原理示意图

3　适用范围

适用于覆土层厚度在 $0.8D \sim 1.5D$、2m ≤隧道直径≤ 3m、单次顶进长度≤ 400m 的顶管隧道施工。

4　工艺原理

浅覆土泥水平衡顶管施工的工艺原理是以泥水压力来抵抗开挖面的水土压力，以保持开挖面稳定，在开挖面形成弱透水性泥膜，保持泥水压力有效作用于开挖面；利用刀盘中间布置鱼尾刀、刀盘正面配置锯齿形结构撕裂刀和刀盘边缘贝壳刀的刀具配置，破除地下树根、污水管道等地下障碍物；通过润滑泥浆填充和减阻技术，有效降低浅覆土顶管施工的摩阻力和地面沉降。

5　施工工艺流程及操作要点

5.1 施工工艺流程

5.1.1　总流程图（图 3）

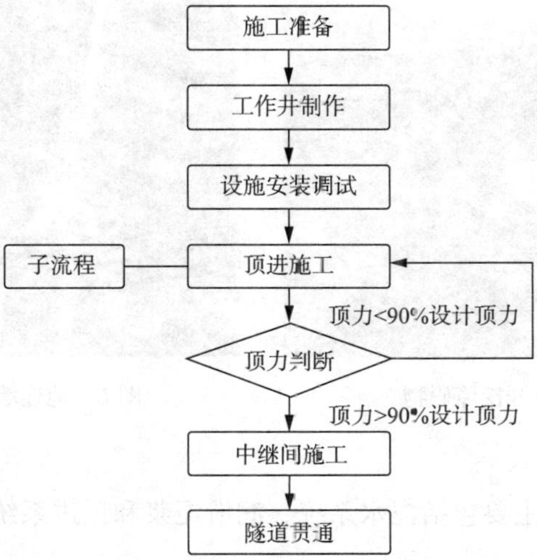

图 3　浅覆土顶管施工工艺流程图

5.1.2 子流程图（图 4）

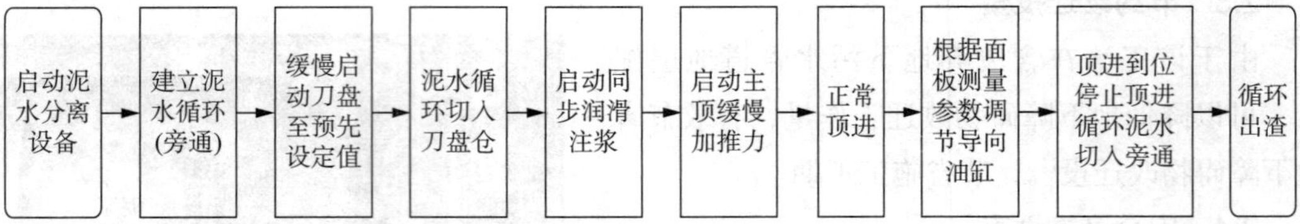

图 4 子流程

5.2 操作要点

5.2.1 施工准备

1. 临时场地建设

施工场地规划与建设，包括竖井施工区、设备物资装卸及下井吊装作业区、设备物资存放区、泥水分离及渣土存放区等，规划应合理考虑周边设施、道路、各设备间连接、安全通道与各设备物资间安全距离等因素。

2. 地面附属设施安装

包括泥水分离，发电机，配电柜，供水、供电线路，顶铁固定装置等地面附属设施的安装、调试。

3. 主材采购及验收

针对施工中的主要材料（混凝土管节、密封胶条、木垫片等）需要按照施工标准要求采购并验收。

5.2.2 工作井制作

根据地质、地下水位情况和经济性，工作井一般选择钢板桩法、逆作法、地下连续墙法、顺作法、沉井法等进行施工。工作井的位置和尺寸考虑地上和地下建构筑设施、交通通行、大树景观等因素，有四边形、五边形和圆形结构的工作井。

工作井施工前先进行探坑开挖，对既有地下电缆、水管、污水管道等市政地下设施进行改迁处理（图 5、图 6）。

图 5 竖井开挖障碍物

图 6 地连墙工作井施工

5.2.3 设施安装调试

顶管施工的设施安装主要包括泥水系统、润滑泥浆和顶进系统 3 部分，安装流程如图 7 所示。

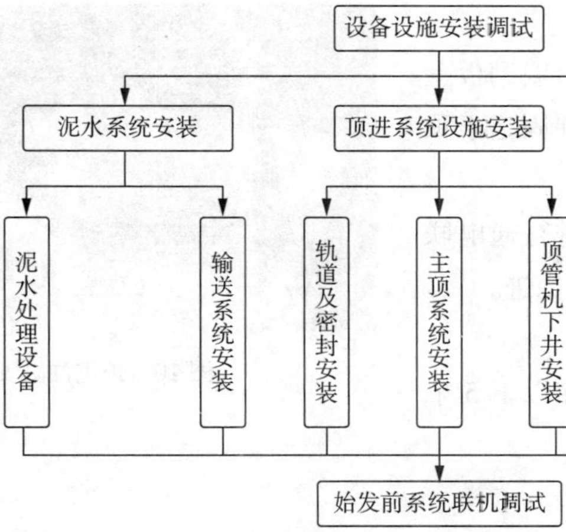

图 7　设备设施安装调试流程

1. 泥水系统安装

泥水系统包括泥水输送和泥水处理部分。

（1）泥水处理部分

泥水处理部分通常由一套泥水分离设备，根据渣场、道路等位置合理确定泥水分离的位置并将其安装就位，然后预制管路将泥水分离连接。

（2）泥水输送部分

泥水输送部分由供浆泵、排浆泵、泥水管道及必要的管件组成（图 8）。

2. 润滑泥浆系统安装

泥浆制备部分由制浆机、注浆泵、管路及必要的管件组成（图 9）。

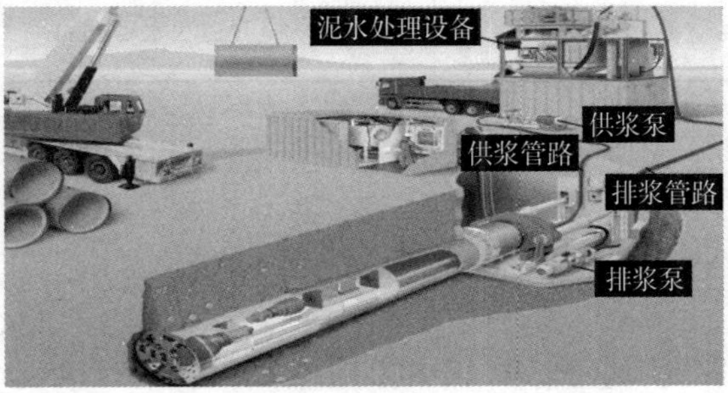

图 8　泥水系统配置图

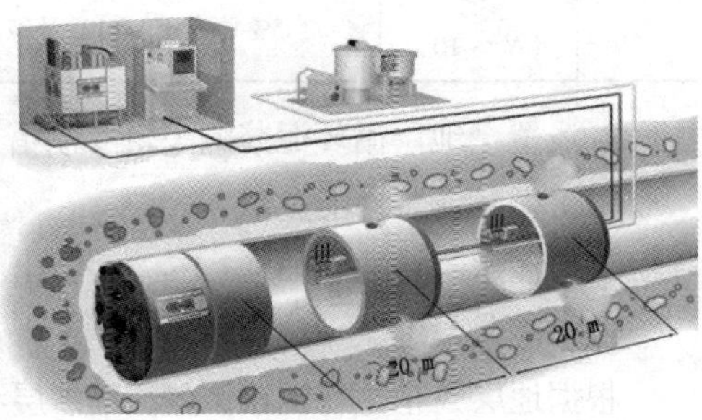

图 9　润滑系统配置图

3. 顶进系统安装

顶进系统由轨道、反力墙、主顶进油缸等部分组成。

（1）轨道安装

首先根据洞门位置及隧道轴线参数确定轨道安装位置，轨道调整就位后通过焊接的方式将其与井底预埋件连成整体，最后用水泥砂浆将轨道地面与井底板之间的间隙填充密实。

（2）反力墙安装

反力墙垂直于轨道轴线，轨道安装完毕后，将反力墙钢板安装就位并通过与井壁预埋件焊接或膨胀螺栓固定的方式，将其固定在竖井混凝土上，钢板与竖井间隙用混凝土填充密实。

（3）顶进油缸安装

首先将主顶油缸支座安装在反力墙钢板上并固定牢固，然后将顶进油缸安装并固定于顶进轨道上（图 10）。

待所有设备设施连接完成后，进行通电联机调试，设备无故障后方可进行始发掘进。

5.2.4　顶进施工

浅覆土地层顶进施工中，需要在以下 5 个方面进行过程重点控制。

图 10　顶进油缸安装

1. 浅覆土地层循环泥浆

泥水比重大可较好地稳定掌子面，但太大则加重设备负担，并影响出渣效率。同时，为保证泥浆在掌子面形成有效泥膜，浅覆土循环泥浆配置需要综合考虑施工进度、质量、安全（表 1）。

表 1　浅埋顶管施工掘进的泥浆配比

分类	密实度	泥浆配方	主要性能指标
细砂	松散（$N \leqslant 10$）	5% 膨润土 +0.05% 纯碱 +0.05% ~0.1% 烧碱 + 0.125%CMC	黏度≥ 40s、API 失水≤ 10mL
	密实（$N > 10$）	5% 膨润土 +0.05% 纯碱 +0.05% ~0.1% 烧碱 + 0.1%CMC	黏度≥ 35s、API 失水≤ 15mL
中粗砂	松散（$N \leqslant 10$）	6% 膨润土 +0.1% 纯碱 +0.1% 烧碱 + 0.125%CMC	黏度≥ 50s、API 失水≤ 10mL
	密实（$N > 10$）	5% 膨润土 +0.1% 纯碱 +0.1% 烧碱 + 0.1%CMC	黏度≥ 45s、API 失水≤ 15mL

2. 浅覆土地层循环泥浆漏失量控制措施

（1）循环泥浆性能参数

进浆泥水维持在 1.05 ~ 1.16g/cm^3，出渣比重保持在不大于 1.35g/cm^3。

（2）泥浆黏度

根据地层 N 值进行泥浆调整，细沙层泥浆黏度不小于 35s，中粗砂层泥浆黏度不小于 45s。

（3）含砂率控制

在砂层中顶进时，顶管隧道施工过程中泥浆含沙率控制在 5% ~8%。

3. 浅覆土地层注浆减阻

润滑减阻泥浆注浆系统可以实现全部或局部管节循环注浆，也可以仅针对局部管（图 11）。充分衡量了浅覆土地层顶管施工的特殊性，减阻浆液配合比和性能参数如表 2、表 3 所示。

表 2　浅覆土砂层条件下润滑泥浆配合比

配方成分	膨润土	CMC	润滑剂	水
比例	5%	0.1%	0.1% ~0.2%	1500kg

表 3　浅覆土砂层条件下润滑泥浆性能参数

土质	黏度 /s	滤水量 /mL	pH
砂层	＞120	＜10	9～11

图 11　泥浆配比与成膜实验

4. 浅覆土顶管施工泥水仓压力控制措施

（1）顶管进、出洞时泥水仓压力控制

顶管要在进出洞口段建立泥水平衡，需要较好的洞口止水条件，既能防止大量泥水浸入井内，又能保证泥水仓泥水压力的平衡与稳定，这时可以考虑止水装置。

（2）掘进速度与泥水仓压力控制

开始推进和结束顶进之前的速度不宜过快，应与泥水压力相匹配，保证开挖面的稳定和相对地层的干扰。

（3）顶管停机时泥水仓压力控制

顶管停机时，开挖面泥水压力往往会有所下降，开挖面的稳定性会受到影响，因此在顶管停机之前减少排泥量，通过挤压提高仓内液体浓度以提高停机时泥水仓内的泥水压力。

5. 地面隆沉监测

在顶管隧道区域设置 5 个横向监测断面，相邻监测断面之间距离为 50m，沿顶管轴线方向共布置了 65 个监测点，相邻监测点之间间距为 1.5m。横向断面监测点以顶管轴线上监测点为中心，左右各布置 6 个（图 12、图 13）。

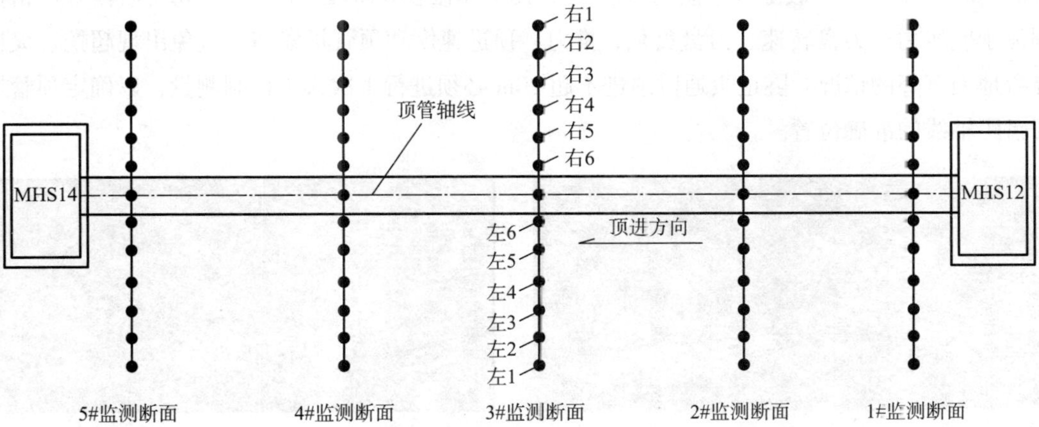

图 12　监测平面布置图

各项监测的时间间隔按现场施工进程确定。当掘进距离公路边线前后不大于25m时，每2h观测1次；其余顶管施工期间每1天观测1次，具体频率参照《建筑基坑工程监测技术规范》。

图13　地面隆沉监测

5.2.5　中继间施工

浅覆土大口径长距离顶管施工中需要布置中继间，按照《顶管施工技术及验收规范》当顶力达到设计顶力90%以上时应启动中继间。中继间动力站可以设置在每个中继间内，也可以为多组中继间设置1个动力站安装于主机内或地面，通过液压阀组和管路连接来减少隧道内动力站的布置，多组中继间设置1个动力站的设计对于小口径隧道尤其适用（图14、图15）。

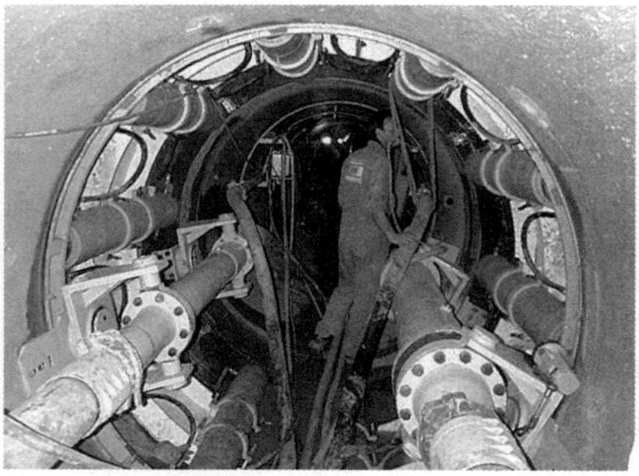

图14　中继间施工

图15　闭合后的中继间

5.2.6　隧道贯通

顶管贯通可分为4个阶段，分别为贯通准备阶段（20m—2m）（图16）、贯通实施阶段（2m—0m）（图17）、破除井壁洞门阶段（图18）和接收井阶段（图19）。每个阶段要严格控制泥水舱压力、刀盘转速、刀盘负载、推力、顶进速度和顶管机姿态，避免出现超挖、欠挖导致地面沉降的情况。隧道贯通段顶进不超20m必须进行1次人工控制测量，以确定顶管机刀盘距轴线的准确位置。

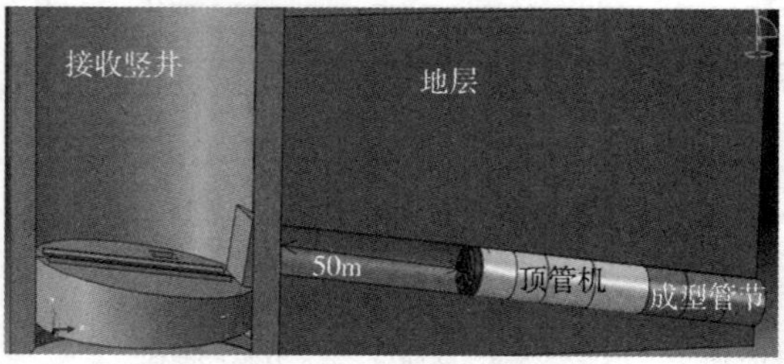

图16　贯通准备阶段顶进示意图

图17　贯通实施阶段顶进示意图

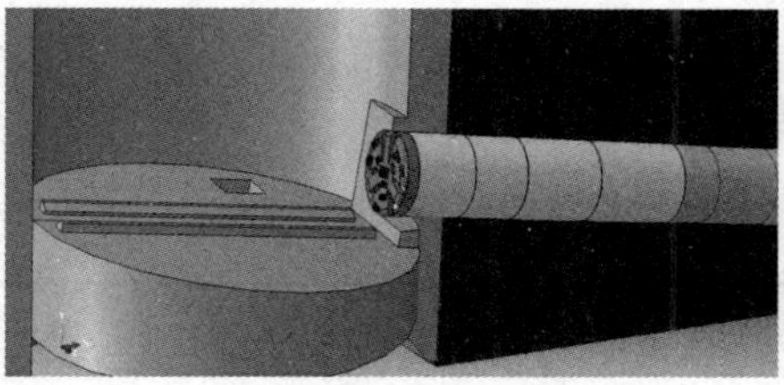

图 18　破除井壁洞门阶段顶进示意图

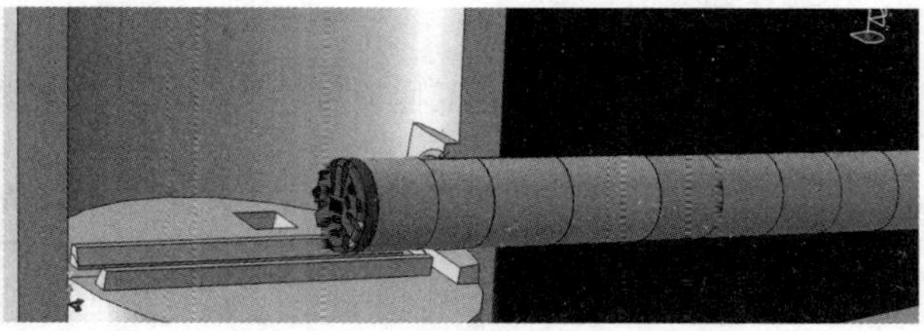

图 19　进入竖井顶进阶段示意图

5.3　劳动力组织

主要人员配置统计见表 4。

表 4　主要人员配置

序号	工种	人数	说明
1	项目经理	1	全面负责项目工作
2	项目副经理	1	负责项目施工、技术、设备物资等管理
3	质量员	2	现场施工测量及质检工作
4	HSE 员	2	HSE 管理
5	技术员	2	现场技术、设备物资管理
6	班组长	2	24h 施工，2 班倒
7	顶管司机	2	顶管机操作
8	电工	2	现场电气设施作业
9	电焊工	2	设备维护维修、焊接
10	起重工	2	指挥吊装作业
11	普工	8	隧道施工作业
合计		26	

6　材料与设备

6.1　材料

以斯里兰卡排水隧道工程项目为例，本工法主要施工材料见表 5。

表 5　主要材料表

序号	材料名称	规格型号	主要功能	备注
1	钢筋混凝土管节		顶进用材	
2	密封胶条	与项目管径一致	管节之间密封	
3	木垫片		管节之间传力	
4	胶黏剂	氯丁胶	管节、密封条、木垫片之间粘接	
5	膨润土	一级、钠基	循环泥浆和润滑减阻浆液	
6	CMC	润滑泥浆	循环泥浆和润滑浆液添加剂	
7	添加剂	纯碱、烧碱	改善泥浆性能	
8	施工用水		泥浆输送、携渣	清洁水

6.2 设备

以斯里兰卡排水隧道工程项目为例，本工法主要施工设备见表6。

表6 主要设备表

序号	设备名称	规格型号	数量	主要功能	备注
1	顶管机	直径2m	1台	顶进施工	质量18t
2	顶管机	直径3m	1台	顶进施工	质量49t
3	中继间	2m	1套	顶进施工 推力储备	
4	中继间	3m	2套	顶进施工 推力储备	
5	顶进油缸		8个	顶进施工	
6	制浆机	$1m^3$	1套	泥浆制备	
7	注浆泵	$1MPa \times 2m^3/h$	1台	润滑注浆	
8	供浆泵		1台	泥水输送	
9	排浆泵		2台	携渣排出	
10	泥水分离设备		1套	泥水处理	
11	吊车	150t	1台	设备吊装	
12	履带吊	75t	1台	管节吊装	
13	JCB		1台	渣土外运	
14	发电机	400kW	2台	电力供应	
15	经纬仪		1台	工程测量	
16	水泵	7.5kW	4台	施工排水	

7 质量控制

7.1 执行的标准与规范

（1）CECS 246—2008《给水排水工程顶管技术规程》

（2）GB 50202—2018《建筑地基基础工程施工质量验收规范》

（3）JC/T 640—2017《顶进施工法用钢筋混凝土排水管》

（4）GB 50268—2008《给水排水管道工程施工及验收规范》

（5）工程所在国的相关规范、标准

7.2 质量保障措施

7.2.1 质量控制关键点

浅覆土顶管施工关键工序分别为钢筋混凝土管生产、工作井与接收井施工、顶进施工和润滑泥浆。质量控制关键点如表7所示。

表 7　质量控制关键点

序号	类别	控制项目及指标	控制方法	检查时间 / 频次
1	材料采购及验收	混凝土管节：裂缝荷载≥ 217kN/m、破坏荷载≥ 326kN/m、混凝土抗压强度为 C50	符合《顶进施工法用钢筋混凝土排水管》要求	入场前
2		密封条：邵氏硬度 50+5A、拉伸强度≥ 9MPa、扯断伸长率≥ 375%、压缩永久变形≤ 60%	符合《橡胶密封件管道用接口密封圈材料规范》要求	
3		木垫片：厚度 10 ~ 30mm、压缩模量≤ 140MPa 的松木或类似木料胶合板	符合《给水排水工程顶管技术规程》要求	
4	始发顶进	洞门、导轨、密封安装误差控制在 5mm 内	采用钢尺、经纬仪等仪器测量并及时调整	安装过程
5		始发轴线偏差不大于 50mm	采用仪器测量并及时调整	
6	顶进施工	隧道测量：勤测量、多微调	参照测量作业指导书	施工全程
7		循环泥浆：黏度 35s 以上，比重 1.05 ~ 1.16g/cm^3，滤失水量 $Fl_{7.5min}$ < 15mL	参照作业指导书	
8		润滑注浆：泥浆黏度 120s 以上	参照作业指导书	施工全程
9		轴线水平方向偏差不大于 150mm，垂直方向偏差控制在 [+100mm，−150mm]	参照施工规范及作业指导书	施工全程
10		中继间施工：顶力＞ 90% 设计顶力时启动	参照施工规范及作业指导书	
11	隧道贯通	贯通前洞门、导轨、密封安装符合图纸设计要求	采用钢尺、经纬仪、吊线等方式测量并及时调整	安装过程
12		贯通时顶管进入洞门轴线误差竖向在 ± 50mm 以内，横向在 ± 30mm 以内	采用人工复测基准点并及时调整导向参数	最后 20m 每 10m 人工复测 1 次

7.2.2　质量控制措施

（1）顶管施工中，顶力作用中心应与管壁中心重合，主顶或中继间顶进推力不得大于混凝土管和工作井许用推力。

（2）后座墙的最低强度应保证在设计顶进力的作用下不被破坏，并留有较大的安全度。

（3）在掘进过程中密切监测掌子面的压力变化，同时巡视顶管轴线地面情况，发现跑浆及时调整掘进压力。

（4）掘进过程中进行地面隆沉监测，通过调整掘进参数减小地面隆沉。

（5）隧道施工时轴线水平偏差控制在 150mm 内，高程偏差控制在 [+100mm，−150mm]，主顶力控制小于工作井与管节许用推力。

（6）贯通时顶管进入洞门轴线误差竖向在 ± 50mm 以内，横向在 ± 30mm 以内。

8　安全措施

8.1　执行的安全法规

（1）JG J46—2005《施工现场临时用电安全技术规范》

（2）Q/SY 1237—2009《工艺和设备变更管理规范》

（3）Q/SY 1245—2009《启动前安全检查管理规范》

（4）Q/SY 1240—2009《作业许可管理规范》

（5）Q/SY 1242—2009《进入受限空间安全管理规范》

（6）工程所在国的安全管理相关规定

8.2 安全保障措施

（1）施工前应对项目重大风险电源进行评估并制定应对措施。

（2）施工现场应在醒目位置设置各类安全标识和交通管制措施。

（3）吊装作业时，起重臂下严禁站人。

（4）当地面发生冒浆、沉降超标等情况时要及时调整泥浆配合比、顶进参数，快速通过不稳定段地层。

（5）人员进入刀盘仓前需要进行可燃及有毒有害气体检测。

9 环保措施

9.1 执行的环保法规

（1）GB 8978—1996《污水综合排放标准》

（2）GB 12523—2011《建筑施工场界环境噪声排放标准 》

（3）GB 3095—2012《环境空气质量标准》

（4）工程所在国的环保管理相关法律、法规

9.2 环保保障措施

（1）施工现场必须建立环境保护、环境卫生管理和检查制度，并应做好检查记录。

（2）施工地点位于城市的，如果需要夜间施工，应采取降噪措施。

（3）施工现场应采取必要的措施避免扬尘，减少对城市空气的污染。

（4）妥善处理泥浆水，未经处理不得直接排入城市排水设施。

10 效益分析

10.1 经济效益

本工法为中国石油在斯里兰卡顶管施工项目中的首次应用。以该项目为例，与一般段大口径顶管施工比较，地表隆沉均在规范允许范围内。在城市区域，极好地保护了地下、地面构（建）筑物，确保了隧道沿线建（构）筑物的安全，未造成环境危害和质量安全问题，降低了浅覆土大口径顶管隧道施工的难度，节省了费用，使顶管施工综合成本降低 9.72%。

10.2 社会效益

浅覆土泥水平衡顶管施工工法穿越对原始地层土体扰动小，保证市政路面及周边构（建）筑物不发生沉降，且不影响正常交通，除基坑施工外不侵占地表土地，地面沉降符合国内外标准要求。采用浅覆土泥水平衡顶管施工工法，有效规避了重要影响区，优化了施工工艺，降低了建设项目资金投入。该工法为顶管隧道和油气管道项目隧道设计提供了一种安全、经济、可靠的施工新方法。

11 应用实例

斯里兰卡排水隧道工程于 2018 年 6 月 1 日开工，于 2022 年 3 月 10 日顶管隧道施工完成（图 20）。其中，大口径（2m、3m）顶管隧道 6 条，共计 1280m。其中 MHT04—MHT05R 段 3m 顶管隧道长 154m，覆盖层厚度为 1 ~ 3.7m，隧道断面有直径 Φ600mm（含底座）沿着隧道断面的废弃地下污水管道 32m，材质为水泥。隧道两侧有密集的大树，隧道断面局部含有树根，树根最大直径为 15cm。本项目的成功实施取得了良好的经济和社会效益，为企业赢得了良好的声誉。

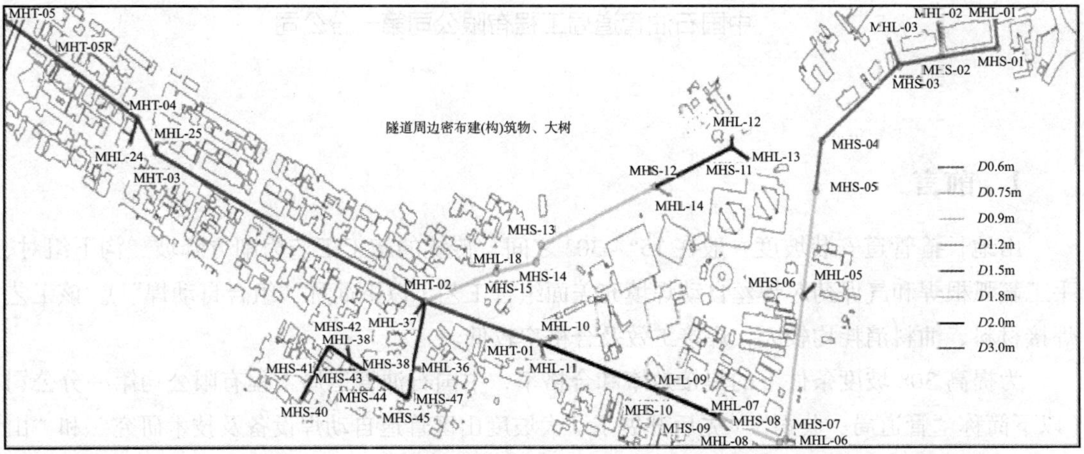

图 20 斯里兰卡排水隧道工程顶管隧道穿越形象图

30°坡度条件下管道全自动焊施工工法

靳红星 楼剑军 王 亮 邓 强 徐跃忱

中国石油管道局工程有限公司第一分公司

1 前言

山地长输管道安装坡度一般在 15° ~ 30° 之间，传统的施工工艺为削方降坡、沟下组对、手工氩弧根焊和气保药芯焊丝自动焊填充盖面组合工艺（以下简称“组合自动焊”）。该工艺焊接材料、油料消耗均较大，焊接工效及合格率较低。

为提高 30° 坡度条件下的焊接效率和合格率，中国石油管道局工程有限公司第一分公司（以下简称“管道局一公司”）先后开展了“大坡度山区管道自动焊设备及技术研究”和“山地全自动焊施工配套技术研究融合示范项目”科研攻关，研制了山地柔性内焊机、山地坡口机等一系列装备及“山地柔性内焊机根焊 + 气保实心焊丝双焊炬自动焊填充盖面”工艺（以下简称“山地全自动焊”），完全满足了 30° 坡度以下的管道全自动焊施工要求。与组合自动焊相比，新研制的山地全自动焊工艺设备具有焊缝填充量少、焊接速度快、焊接工效及合格率高等优势。

2022 年，山地全自动焊工艺设备在西气东输三线中段（中卫 – 吉安）项目枣阳 – 仙桃段线路施工第三标段（以下简称“西三中三标段”）成功应用，累计焊接 D 1219mm × 18.4mm 管道 29.66km。管道局一公司总结梳理了上述施工工艺，提出了“30° 坡度条件下管道全自动焊施工工法”并获得管道局企业级工法。

本工法涵盖的“大坡度山区管道自动焊设备及技术研究”“山地全自动焊施工配套技术研究融合示范项目”科研课题通过了中国石油集团工程股份有限公司和中国石油管道局工程有限公司（以下简称“管道局”）验收，获得“内焊机的动力系统”（专利号：202211082513.2）、“山地型内焊机”（专利号：202211082505.8）、“内焊机焊炬组件”（专利号：202211082516.6）3 项发明专利。参与本工法实施的 CPP114 机组获得“河北省工人先锋号”称号。经资料检索，山地全自动焊焊接在世界上未有先例。

2 工法特点

2.1 山区段实现连续施工

山地柔性内焊机采用双驱动力上下爬行，三段式柔性热煨弯管通行，具有根焊不留断点，山地施工连续性好的优点。

2.2 焊缝填充量少、焊接速度快

与组合自动焊相比，组对采用窄坡口、零间隙，根焊采用山地柔性内焊机，填充盖面采用气保实心焊丝双焊炬自动焊；焊缝截面积减少约 60%，单道口焊接时间缩短至 1h。

2.3 焊接工效及合格率高

与组合自动焊相比，单机组在 20°~30° 坡地段，日工效由 2 道口提高至 6 道口，合格率由 85% 提高至 96% 左右。

2.4 施工安全性高

山地柔性内焊机采用多级制动和无线遥控操作，在 25°~30° 坡度内焊机后部加装安全防坠落装置，施工安全性高。

3 适用范围

适用于坡度≤ 30°，热煨弯管弯曲半径≤ 5*D*、角度小于 90°，管径大于 800mm 的油气长输管道连续施工。

4 工艺原理

30° 坡度条件下，采用窄坡口、沟下施工，山地柔性内焊机完成零间隙组对及根焊，采用气保实心焊丝双焊炬自动焊完成填充盖面焊。

4.1 山地坡口技术

采用高强度、低密度材料轻量化设计；在 30° 坡度条件下加工坡口时，启动调平装置，调整机头的姿态，使其倾斜角度，从而实现山地坡口加工。

4.2 山地组对技术

山地吊管机 30° 坡地条件下组对时，启用调平装置，调整发动机的姿态，使其倾斜角度在 25° 以内，从而实现正常吊装组对工作。吊运管道时，启用夹紧钳稳固钢管，实现坡地管道吊运。上下坡行驶时，利用助推履带，实现双驱爬行和驻车。

4.3 山地根焊技术

山地柔性内焊机，采用多组中负荷弹簧三段式柔性设计，通过遥控方式，能在 5*D* 弯管中行走。采用双动力行走和反向制动设计，能在 30° 以内坡地安全上、下爬行。采用 PWM 驱动控制，实现焊接单元的送丝稳定和焊接电弧匹配；采用数字化焊机，根焊引弧、收弧稳定性和接头熔合率高。

4.4 内焊机防坠落技术

25°~30° 坡度条件下，内焊机后部采用安全防坠落装置，辅助牵引气囊缓冲防坠落。利用卷扬牵引装置辅助内焊机下坡时焊枪对中。

5 施工工艺流程及操作要点

5.1 施工工艺流程

5.1.1 施工工序示意图（图 1）

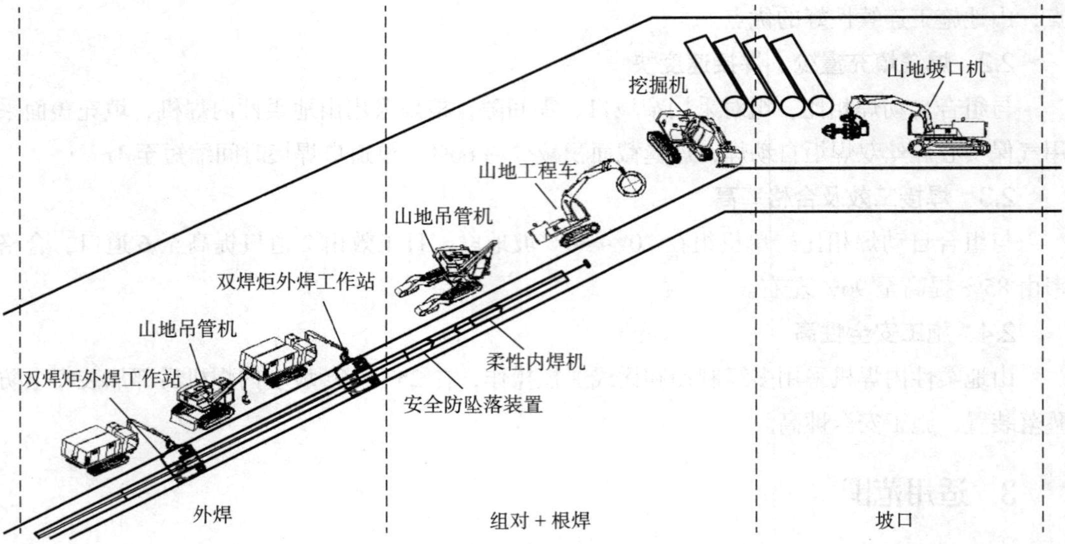

图 1　施工工序图

5.1.2　施工工艺流程框图

（1）总流程图（图 2）

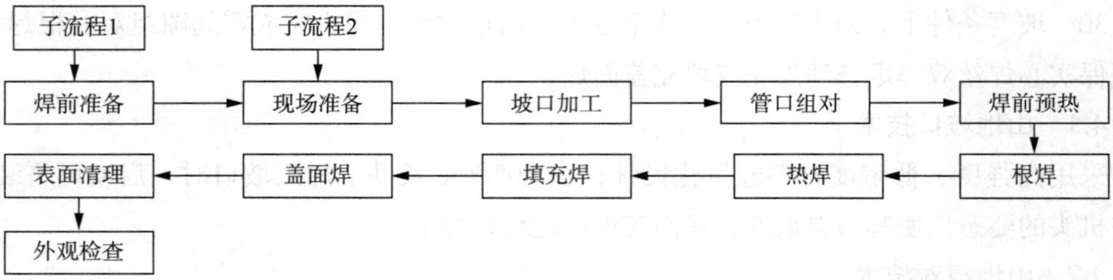

图 2　施工工艺流程图

（1）子流程 1（图 3）

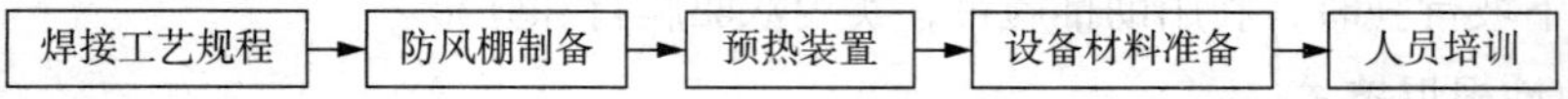

图 3　焊前准备流程图

（2）子流程 2（图 4）

图 4　现场准备流程图

5.2　操作要点

5.2.1　焊前准备

1. 焊接工艺规程

（1）焊接工艺评定的模拟条件

制备 30° 焊接试验台（图 5），进行山地自动焊设备安全性能测试，确定送丝速度、焊接速度、接头搭接长度、焊层余高等参数满足管道内环焊缝力学性能要求。

图 5　30°焊接试验台图

（2）焊接工艺评定

由有资质的单位在 30° 焊接试验台或施工现场，完成焊接工艺评定焊口并进行相关理化试验。

（3）焊接工艺规程

根据合格的焊接工艺评定报告编制焊接工艺规程。

2. 防风棚制备

防风棚采用加强型钢结构，考虑管沟塌方缓冲落石等要求进行设计；考虑将外焊系统设施集成在内部；考虑防风棚吊装时的重心，以满足坡地施工要求（图 6）。

3. 预热装置

选用小功率带式中频加热装置，考虑到其便携性，预热装置集成在外焊防风棚内部（图 7）。

4. 设备材料准备

按照施工设备表、材料表准备。

5. 人员培训

按照劳动力组织表，组织特种人员上岗培训。

5.2.2　现场准备

1. 设备检查

（1）山地吊管检查调平、助推、配重变位器、夹钳、行走、吊重等系统的油液，并空载试运行确认设备是否正常，

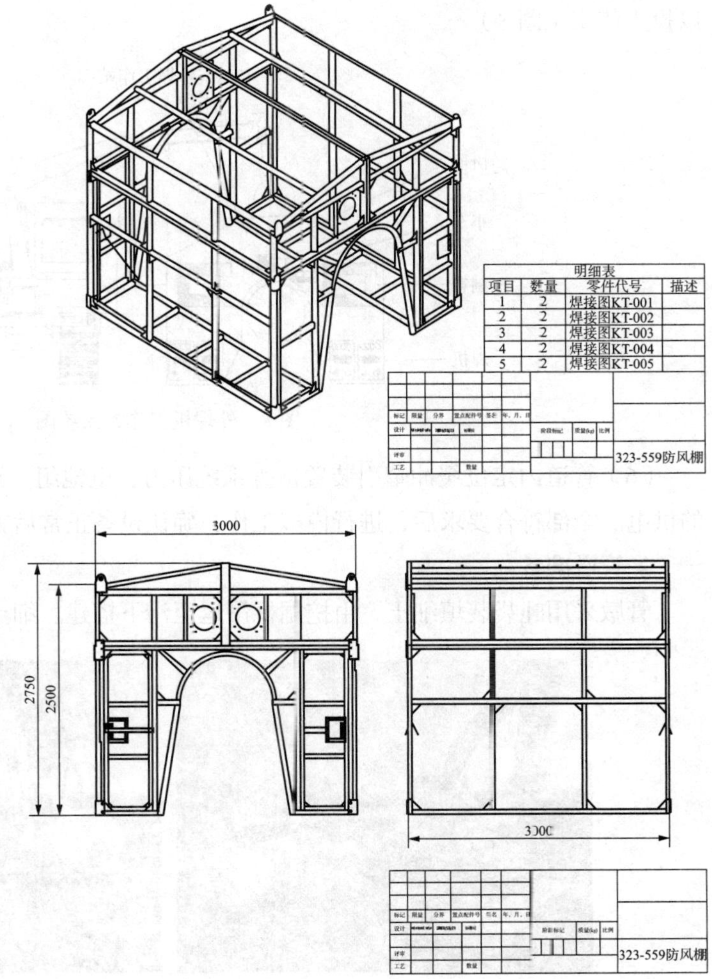

图 6　防风棚结构图

图 7　带式中频加热装置布置图

是否可以投入使用。

（2）山地坡口机根据工艺要求，加装“0° + 4° ”复合、45° 、37.5° 3 把车削刀具；检查液压系统的油液，并空载试运行，系统应不小于 10MPa，刀盘线速度应不小于 30rad/min；刀盘内外除锈钢丝刷应完整；确认设备是否正常，是否可以投入使用。

（3）山地工程车检查吊臂、驻车、回转等液压系统的油液，并空载试运行确认设备是否正常，是否可以投入使用。

（4）山地柔性内焊机检查气压、焊丝、储气罐压力、焊接测试电压、刹车功能、蓄电池电压等。全部符合要求后，进行模拟焊接，确认设备是否正常，是否可以投入使用。

（5）外焊设备检查电源箱、控制箱、送丝机、水箱、焊接小车、手持盒的供电情况，保护气体压力和剩余焊丝量等。全部符合要求后，进行模拟焊接，确认设备是否正常，是否可以投入使用（图 8）。

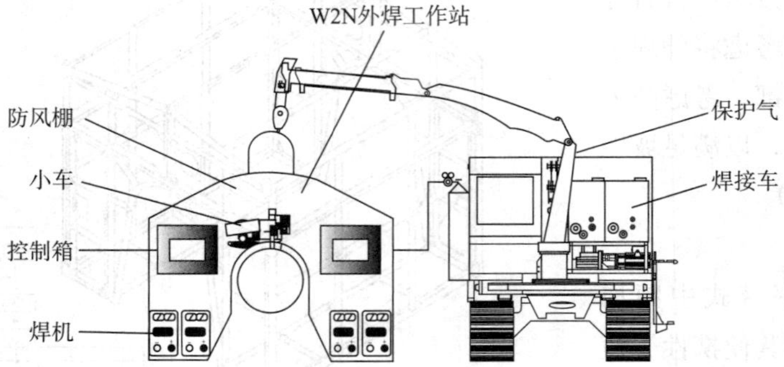

图 8　外焊机工作站系统图

（6）管道内定位缓冲牵引装置检查系统压力，电池组、遥控、行走马达、刹车、液动泵的供电。全部符合要求后，进行模拟工作，确认设备正常后方可投入使用。

2. 管墩准备

管墩采用吨袋装填细土，由挖掘机吊运至沟下搭建。细土装填制备钢制支撑架（图 9）。

图 9　吨袋装填施工图

3. 山地布管

坡地小于 50m 地段，在山顶（或山底）平缓地布管；50 ~ 100m 地段，在中部位置修筑缓存区；管口应间隔 300 ~ 500mm，采用软土、袋装土修筑管墩，管墩高度应控制在 400 ~ 500mm。

4. 管口清理

（1）将管内尘土、杂物清扫干净。

（2）采用砂轮机和钢丝刷清理管口两侧 25mm 范围，使其呈金属光泽。

5. 防风准备

（1）根焊须对管口进行封堵。起始段采用盲板进行封堵；待焊管口采用临时封堵，防止管道内部气流对根焊质量造成影响。

（2）防风棚根据施工坡度，采用长、短吊带进行调整（图 10）。

5.2.3 坡口加工

（1）坡口加工采用挖掘机驱动一体化山地坡口机（图 11），也可采用设备吊装坡口机进行加工（图 12）。

图 10 防风棚角度调整图

图 11 挖掘机驱动一体化坡口机

图 12 现场坡口加工图

（2）坡口加工属于仿型加工，加工前必须对管端母材直焊缝（或螺旋焊缝）进行大于 30mm 轴向宽度打磨，保证管端内壁圆滑过渡。

（3）严格按照焊接规程工艺尺寸加工坡口（图 13）。

接头型式：对接　坡口型式：复合型

坡口面角度：$\beta=5°\pm1°$　$\alpha=45°\pm1°$　$\gamma=37.5°\pm1°$

钝边(P)：1.1±0.2mm　背垫：无　对口间隙 (b)：0~0.5mm

拐点至内壁高度(H)：5.1mm ± 0.2mm

半坡口宽度(W)：3.4~3.8mm内坡口高度 (h)：1.7mm ± 0.2mm

错边：不大于2.0mm，大于2.0mm且不大于2.5mm的局部长度不大于50mm

余高：0~2.0mm，超过2.0mm且不大于3.0mm的局部长度不超过50mm

盖面焊缝宽：坡口上口每侧宜增宽1.0~2.0mm

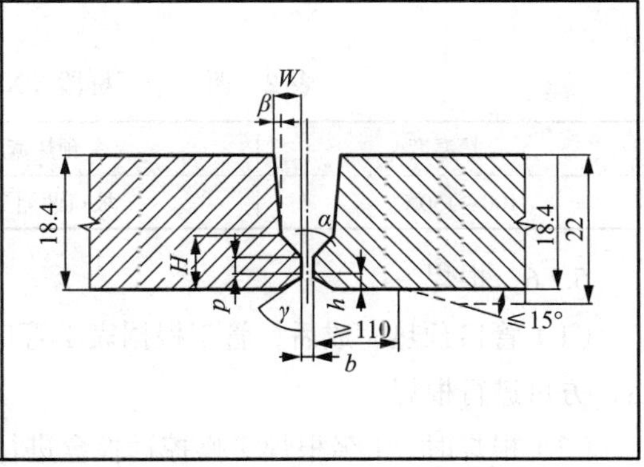

图 13 坡口工艺尺寸图

（4）山地坡口机头穿入管道口后，应检查 4 个刀架浮动轮斜面与管端的严密性，避免管端加工出现斜口。

（5）加工完成后，采用卡尺等量具检查坡口平面度和钝边垂直度，钝边尺寸保证在1.1 ~ 1.2mm。坡口表面不得出现波纹、沟槽或缺陷，不符合要求的坡口必须重新进行加工。

（6）坡口机在进入（或撤出）管口时需缓慢平稳，避免加工好的坡口受损。

（7）使用专用的磁力铁屑收集器收集铁屑。

5.2.4　管口组对

（1）管口组对采用1台挖掘机、2台山地吊管机联合作业；1台山地吊管机跟随在热焊工作站后部吊装固定管道，1台吊管机吊运管道和组对，挖掘机在前端修筑管墩和清理落石。

（2）管口组对步骤：①内焊机前行至管口；②内焊机焊接单元对中及后涨紧固定；③管口组对；④对口间隙调整；⑤前涨紧定位。

（3）管口组对要求见表1。

表1　管口组对要求

组对间隙要求	错边量控制要求	制管焊缝错开要求
组对间隙≤ 0.5mm	尽量分布在管口圆周，最大错边≤ 1.5mm	相邻管在对口处的制管焊缝错开量≥ 100mm

5.2.5　焊前预热

（1）组对完成后，将热焊工作站吊至管口处，操作人员进入棚内进行管口预热。

（2）将中频加热带包覆在管口上，采用数字测温仪进行检测（图14）。预热参数见表2。

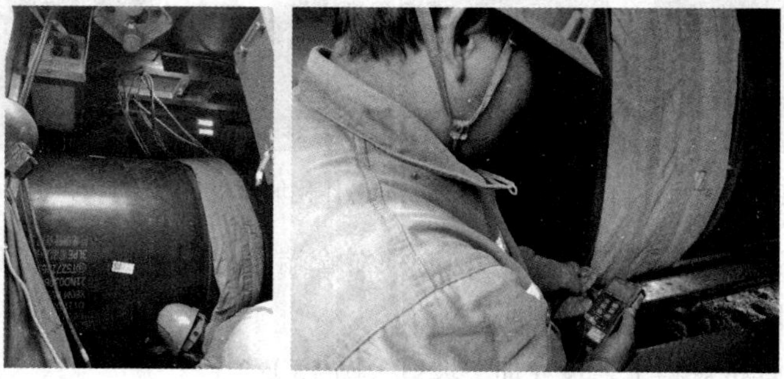

图14　中频预热图

表2　西三中三标段（X80、*D* 1219mm）预热参数

预热温度	预热宽度	测温要求
100 ~ 150℃	坡口两侧 75mm	距管口 25mm 处圆周上测量

5.2.6　根焊

（1）管口预热完成后，管工根据表1管口组对要求，检查管口组对质量，全部符合要求后，方可进行根焊。

（2）根焊时，1名根焊工操控远控盒进行焊接，并观察电压表跳动量，摆动量大于焊接电压1/3时应断开跳动焊炬的电源，焊接另一侧时，将该枪开启后再进行焊接；焊口两侧由2名焊工观察根焊时缝熔深外观成型情况。

（3）为保证接头熔滴过渡良好，正顶点CW1枪与CCW1枪接头搭接量应控制在3 ~ 4mm，其余搭接量≥ 8mm。根焊参数见表 3。

表 3　西三中三标段（X80、*D* 1219mm）全自动根焊参数

序号	参数名称	参数	序号	参数名称	参数
1	焊材类别	ER80S–G	6	焊接电压 / V	19.5 ~ 24.5
2	焊材规格 /mm	0.9	7	焊接速度 /（cm/min）	63 ~ 75
3	保护气体	80%Ar+20%CO_2	8	送丝速度 /（cm/min）	7.0 ~ 11.0
4	气体流量 /（L/min）	25 ~ 30	9	干伸长度 /mm	8 ~ 10
5	焊接电流 /A	172 ~ 239	10	电源极性	DCEP

（4）焊接完成后，应对根焊缝外观进行检查，出现内焊机漏焊、表面气孔、焊缝成形不良等情况时，根据补焊工艺规程，须由焊工进入管道内部及时补焊。

（5）根焊完成全部工序后，柔性内焊机行走至下道口位置进行循环工作。

5.2.7　热焊

（1）根焊完成后，热焊工作站将防风棚吊放在预焊管口处进行热焊焊接。

（2）焊接前，将轨道安装在焊口的上坡方向。用角尺测量并用橡皮锤轻敲轨道边缘，使其与钢管坡口之间的距离控制在 110mm，距离差应小于 0.5mm。

（3）热焊采用双焊炬外自动焊机的单焊炬进行焊接，焊炬在 0° ~ 9° 范围内进行后倾调整。

（4）热焊层高度不应大于坡口 45° 拐点，否则易出未熔合缺陷。热焊层接头与根焊接头应错开 50mm 以上。

（5）热焊参数见表 4（以西三中三标段工程 X80、*D* 1219mm × 18.4mm 管道为例）。

表 4　西三中三标段（X80、*D* 1219mm）全自动热焊工艺参数

序号	参数名称	参数	序号	参数名称	参数
1	焊材类别	ER80S–G	7	焊接电压 /V	20.7 ~ 26.1
2	焊材规格 /mm	1.0	8	焊接速度 /（cm/min）	50 ~ 64
3	保护气体	80%Ar+20%CO_2	9	送丝速度 /（cm/min）	105 ~ 750
4	气体流量 /（L/min）	25 ~ 35	10	干伸长度 /mm	8 ~ 10
5	焊接电流 /A	192 ~ 265	11	电源极性	DCEP
6	摆动宽度 /mm	0 ~ 1.0	12	边缘停留 /ms	20 ~ 50

（6）热焊完成后，焊工检查焊缝外观。对于表面的密集气孔、引弧点、接头高凸处和飞溅物，采用动力角向砂轮机进行清除。

5.2.8　填充焊

（1）填充采用双焊炬外自动焊机，进行前后分布摆动焊接，每次完成 2 层焊道。

（2）填充焊接前，双焊炬在 0° ~ 9° 范围内进行前倾调整。

（3）填充时不同位置焊层摆宽值不同。摆宽 *W*= 当前宽度 $-2d$（d 为焊丝直径），仰脸位置摆宽适当增加 0.2 ~ 0.5mm。最后 1 层填充焊层，应填充至低于管表面 1mm 左右，保证盖面焊接时余高不超标。

（4）填充层厚度控制在 2 ~ 3mm，可根据管材壁厚计算确定。

（5）填充焊接接头应错开 50mm 以上，接头搭接长度 20mm 以上，在下一层焊接前用砂轮打磨。

（6）外焊时，两侧焊工应注意起弧时间，CW 侧焊接超过 600mm 时，另一名焊工开始起弧焊接。修磨接头时，采取挡风措施，避免对面出现密集气孔。

（7）若出现导电嘴烧熔或碰壁情况，应仔细打磨、清理，完全去除铜污，必要时重新进行坡口加工、组对、根焊、外焊。

（8）在焊接过程中发现的层（道）间焊接缺陷，应使用砂轮机将缺陷完全去除，并采用原焊接工艺参数进行自动焊修补，每处修补长度应大于 100mm；若相邻 2 修补处的距离小于 50mm 时，应按 1 处缺陷进行修补；修补焊接过程中应保证层（道）间温度满足焊接工艺规程要求。

（9）填充工艺参数见表 5（以西三中三标段工程 X80、*D* 1219mm × 18.4mm 管道为例）。

表 5　西三中三标段（X80、*D* 1219mm）全自动填充工艺参数

序号	参数名称	参数	序号	参数名称	参数
1	焊材类别	ER80S–G	7	焊接电压 /V	20 ~ 27
2	焊材规格 /mm	1.0	8	焊接速度 /（cm/min）	34 ~ 52
3	保护气体	80%Ar+20%CO_2	9	送丝速度 /（cm/min）	110 ~ 750
4	气体流量 /（L/min）	25 ~ 35	10	干伸长度 /mm	8 ~ 10
5	焊接电流 /A	160 ~ 248	11	电源极性	DCEP
6	摆动宽度 /mm	1 ~ 4.5	12	边缘停留 /ms	10 ~ 100

5.2.9　盖面焊

（1）经检查，填充焊道外观合格后，方可进行盖面焊接。

（2）双焊炬盖面焊接时，双焊炬呈左右分布，实现单层双道排焊。

（3）盖面焊道宽度每侧增宽 1 ~ 2mm 为宜。

（4）盖面仰脸 6 点位置易出现熔滴下坠余高超标的情况，焊接参数须合理设置；余高超标位置采用砂轮机进行圆滑过渡，不能伤及母材。

（5）每道焊口宜连续完成；当日不能完成的焊口应至少完成 50% 钢管壁厚的焊接，并应放置在防风棚内；未完成的焊口应使用干燥、防水、隔热的材料覆盖好；次日焊接前，应预热至焊接工艺规程要求的最低预热温度。

（6）填盖工艺参数见表 6（以西三中三标段工程 X80、*D* 1219mm × 18.4mm 管道为例）。

表 6　西三中三标段（X80、*D* 1219mm）全自动盖面工艺参数

序号	参数名称	参数	序号	参数名称	参数
1	焊材类别	ER80S–G	4	气体流量 /（L/min）	25 ~ 35
2	焊材规格 / mm	1.0	5	焊接电流 / A	95 ~ 138
3	保护气体	80%Ar+20%CO_2	6	摆动宽度 / mm	2 ~ 5

续表

序号	参数名称	参数	序号	参数名称	参数
7	焊接电压 /V	20.5 ~ 25.5	10	干伸长度 / mm	8 ~ 10
8	焊接速度 / (cm/min)	48 ~ 64	11	电源极性	DCEP
9	送丝速度 / (cm/min)	490 ~ 660	12	边缘停留 / ms	30 ~ 80

5.2.10　表面清理

焊接完成后，应使用砂轮机加装钢丝刷对焊缝外观的飞溅进行清理，以满足 AUT 检测需求（图 15）。

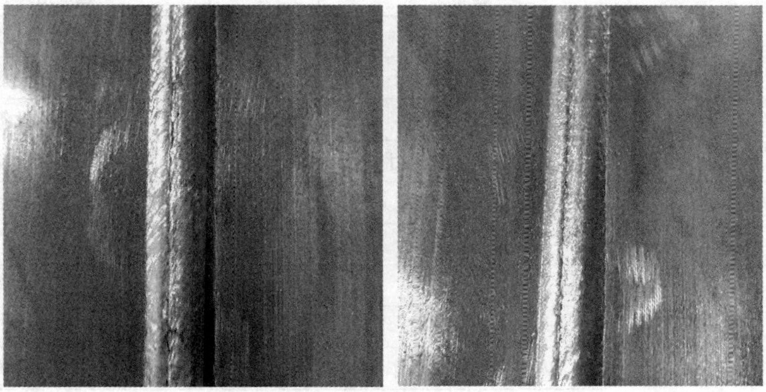

图 15　焊缝外观图

5.2.11　外观检查

对焊口进行外观检查，如有超标的位置，须进行打磨修补，打磨应圆滑过渡，不能伤及母材。

5.3　劳动力组织

作业机组人员配置见表 7。

表 7　劳动力组织表（以 *D* 1219mm 管道为例，4 站 3 棚）

作业机组人员配置				
类别	序号	岗位	人数	岗位职责
管理人员	1	机组长	1	机组全面工作
	2	副机组长	1	生产调度，现场施工
	3	技术员	1	负责施工技术，统计工作
	4	数字采集员	1	负责机组焊接数据采集工作
	5	质量员	1	负责机组质量工作
	6	安全员	1	负责 HSE 管理和安全监督
	7	经济核算员	1	经济核算，劳资工作
	8	材料员	1	负责材料采购
	9	保管员	1	负责材料保管

续表

<table>
<tr><th colspan="6">作业机组人员配置</th></tr>
<tr><th>类别</th><th>序号</th><th colspan="2">岗位</th><th>人数</th><th>岗位职责</th></tr>
<tr><td rowspan="21">操作服务岗</td><td>10</td><td colspan="2">汽车驾驶员</td><td>3</td><td>负责人员、材料的运输</td></tr>
<tr><td>11</td><td colspan="2">炊事员</td><td>2</td><td>负责餐饮服务工作</td></tr>
<tr><td>12</td><td colspan="2">普工</td><td>10</td><td>后勤 2 人，现场辅助 8 人</td></tr>
<tr><td>13</td><td colspan="2">气焊工</td><td>1</td><td>负责管口切割工作</td></tr>
<tr><td>14</td><td colspan="2">电工</td><td>1</td><td>负责用电设备的维修保养</td></tr>
<tr><td>15</td><td colspan="2">工程机械修理工</td><td>1</td><td>负责设备维修、保养</td></tr>
<tr><td rowspan="3">16</td><td rowspan="3">运布管</td><td>起重工</td><td>2</td><td>起重指挥、挂吊带</td></tr>
<tr><td>炮车司机</td><td>1</td><td>驾驶运管车</td></tr>
<tr><td>运管设备操作手</td><td>1</td><td>机械设备操作</td></tr>
<tr><td rowspan="2">17</td><td rowspan="2">坡口</td><td>坡口机操作手</td><td>2</td><td>机械设备操作</td></tr>
<tr><td>30t 挖掘机操作手</td><td>1</td><td>机械设备操作</td></tr>
<tr><td rowspan="2">18</td><td rowspan="2">组对</td><td>吊管机操作手</td><td>1</td><td>机械设备操作</td></tr>
<tr><td>起重工</td><td>1</td><td>起重指挥、挂吊带</td></tr>
<tr><td rowspan="4">19</td><td rowspan="4">根焊</td><td>内焊工</td><td>2</td><td>根焊</td></tr>
<tr><td>管工</td><td>1</td><td>管口组对</td></tr>
<tr><td>内焊机工程车操作手</td><td>1</td><td>机械设备操作</td></tr>
<tr><td>中频预热操作工</td><td>2</td><td>中频设备操纵</td></tr>
<tr><td rowspan="2">20</td><td rowspan="2">填盖</td><td>外焊工</td><td>6</td><td>填盖焊接</td></tr>
<tr><td>焊接工程车操作手</td><td>3</td><td>机械设备操作</td></tr>
<tr><td colspan="4">合计</td><td>51</td><td></td></tr>
</table>

6 材料及设备

6.1 主要施工材料

作业机组主要施工材料见表 8 ~ 表 11。

表 8 焊接材料（以 *D* 1219mm 管道为例）

序号	名称	规格	数量	用途	备注
1	焊丝	ER80S-G，0.9mm，2.5kg	70 道口 / 盘	根焊	
2	焊丝	ER80S-G，1.0mm，15kg	20 道口 / 盘	填充焊、盖面焊	

表 9 吊装材料（以 *D* 1219mm 管道为例）

序号	名称	规格	数量	用途	备注
1	钢丝绳	12mm × 6m	2 根	牵引吊装内焊机	
2	钢丝绳	12mm × 15m	1 根	牵引吊装内焊机	
3	钢丝绳	16mm × 6m	6 根	牵引撬装	
4	吊带	5t	1 条	牵引吊装内焊机	8m/ 根

续表

序号	名称	规格	数量	用途	备注
5	吊带	15t	6 条	吊管	5m/ 根
6	吊带	20t	4 条	吊管	5m/ 根
7	U 形吊环	5t	6 个	牵引内焊机用	
8	U 形吊环	3t	4 个	内焊工用	
9	安全带		4 条	内焊工用	
10	安全绳		60m	内焊工用	
11	安全挂钩		4 个	内焊工用	

表 10　自动焊消耗材料（以 *D* 1219mm 管道为例）

序号	名称	规格	数量	用途	备注
1	坡口刀片		20 道口 / 片	坡口加工	
2	坡口刀垫		20 道口 / 片	坡口加工	
3	小铜网		若干	焊接单元防飞溅用	
4	混合气	$80\%Ar+20\%CO_2$	50 道口 /2 瓶	根焊	
5	混合气	$80\%Ar+20\%CO_2$	20 道口 /4 瓶	外焊	
6	导电嘴	内径 1.0mm	80 道口 /1 个	根焊	
7	导电嘴	内径 1.0mm	10 道口 /2 个	热焊	
8	导电嘴	内径 1.0mm	1 道口 /1 个	填充	
9	砂轮片	*D*150mm、*D*100mm	若干	清理管口、焊道	

表 11　其他辅助材料（以 *D* 1219mm 管道为例）

序号	名称	规格	数量	用途	备注
1	平面钢丝刷	*D* 150mm	若干	清理管口、焊道	
2	电缆	$4 \times 16m^2$	100m	外焊工程车与防风棚供电	
3	电缆	$4 \times 8m^2$	50m	防风棚配电	
4	电缆	$2 \times 2.5m^2$	50m	内焊机充电和根焊除锈用	
5	霸式电缆插头	63A	6 对	用于连接电缆	
6	保护气气管		12 根	工程车与防风棚供保护气	15m/ 根
7	保护气快速接头		12 对	用于连接保护气	
8	霸式电缆插头	63A	6 对	用于连接电缆	
9	逃生绳		50m		
10	逃生梯	6m	4 个		
11	三角木架		6 个	外焊工防风棚内搭建平台	
12	吨袋		每根管 6 个		
13	锉刀		5 把		
14	手锤		4 把		

6.2 主要施工设备

作业机组主要施工设备见表 12 ~ 表 14。

表 12 主要施工设备表（以 D 1219mm 管道为例，4 站 3 棚）

序号	设备名称	规格型号	单位	数量	用途
1	挖掘机	30t	台	1	运布管
2	挖掘机	40t	台	1	修筑管墩
3	挖掘机	20t	台	1	坡口液压站
4	山地坡口机	D 1219mm	台	1	坡口加工
5	山地吊管机	80t	台	1	吊、运管
6	山地柔性内焊机	D 1219mm	台	1	根焊
7	山地工程车	160kV·A	台	4	内焊、外焊供电，吊运防风棚
8	中频加热器	50kW 带式	台	1	预热管口
9	吊管机	90t	台	2	辅助组对
10	自动焊机	双焊炬	站	3	外焊
11	管道运输车	定制	台	2	运输管道
12	皮卡	5 座	台	2	生产用车
13	中巴	18 座	台	2	接送职工

注：辅助组对的 2 台 90t 级吊管机，也可替换成 1 台 80t 级以上山地吊管机。

表 13 附属仪器及设施表

序号	设备名称	型号	单位	数量	用途
1	山地防风棚	D 1219mm	台	3	外焊防风
2	测温仪		个	8	测温度
3	风速仪		个	1	测风速
4	温、湿度仪		个	1	测量温、湿度
5	爬犁		个	1	运输气瓶

表 14 关键设备性能指标一览表

序号	设备名称	规格型号	结构特点	性能指标	所用工序
1	山地坡口机（图 16）	PK48/56	质量设计，带调平装置	整机质量 3t，用液压进行重心调整，满足 30° 坡度条件下坡口要求。适用管径 D 1219 ~ D 1422mm	坡口
2	山地吊管机（图 17）	BGY80	带调平、助推、稳定管道等装置	机身实现纵向 0° ~ 25° 调平。自行装卸钢管，具有单管运输的特点。爬坡能力为 35°，能实现坡道沟下组对。适用管径 D 1219 ~ D 1422mm	吊装组对
3	山地柔性内焊机（图 18）	CPP900 G1 48/56	轻量化、柔性结构设计，带双动力驱动，智能化双级制动装置。PWM 脉宽控制焊接电弧、送丝机构	整机质量 2.5t，5D 弯管行走，爬坡能力为 30°。适用管径 D 1219 ~ D 1422mm	根焊
4	安全防坠落装置（图 19）		带定位、缓冲、牵引绞盘等装置	遥控控制，爬坡能力为 30°，牵引力为 3t。适用管径 D 1016 ~ D 1219mm	根焊

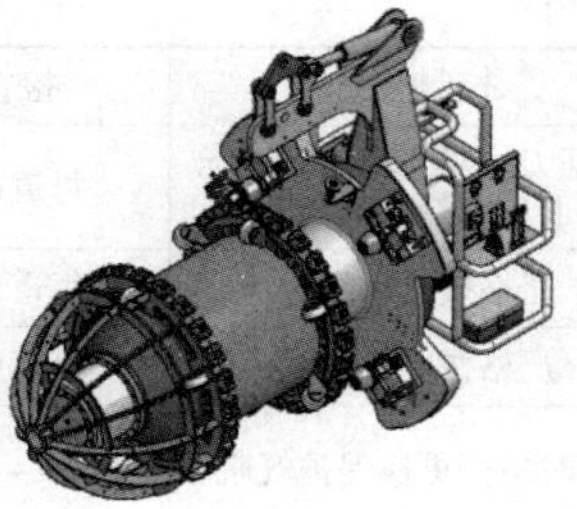

图 16　山地坡口机图

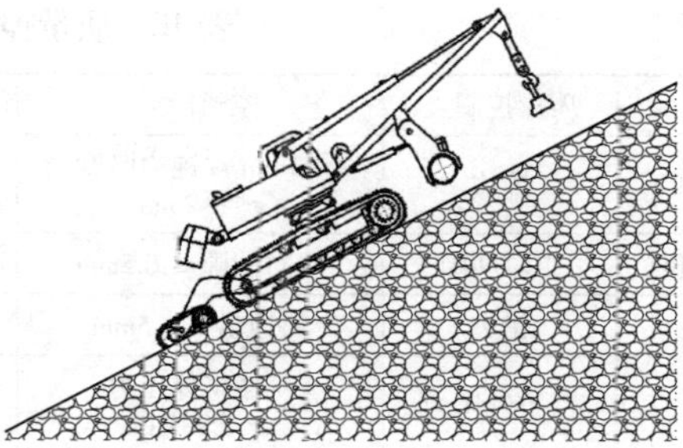

图 17　山地吊管机山地施工示意图

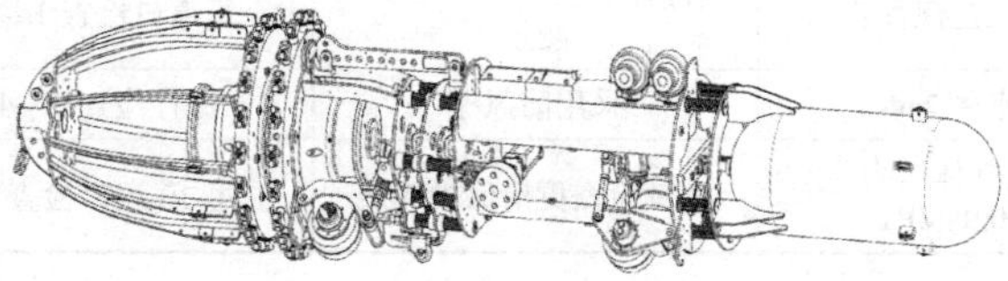

图 18　山地柔性内焊机结构图

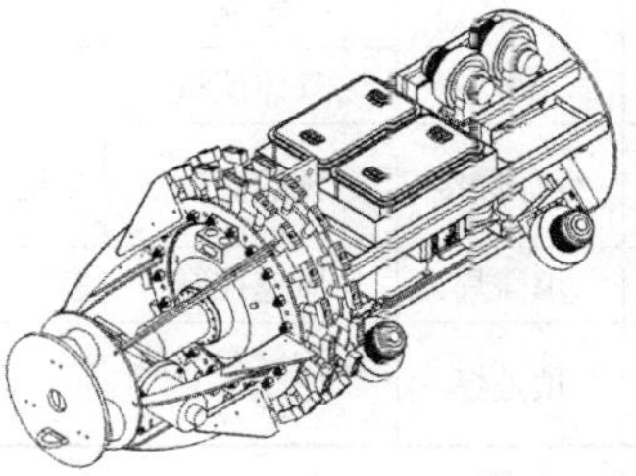

图 19　安全防坠落结构图

7　质量控制

7.1　执行标准

（1）GB/T 31032—2014《钢质管道焊接及验收》

（2）GB 50369—2014《油气长输管道工程施工及验收规范》

（3）SY/T 4109—2020《石油天然气钢制管道无损检测》

（4）SY/T 4208—2016《石油天然气建设工程施工质量验收规范长输管道线路工程》

7.2　质量保障措施

（1）坡口必须由专人加工，更换刀片、刀杆时必须严格按照要求安装。

（2）组对时，使用山地吊管机吊起固定管道，辅助调整对口间隙与错边以及降低焊接过程中的集中应力。

（3）焊接材料严格按照规定保管，防止受潮生锈影响焊接质量。

（4）焊接保护气低于 0.98MPa 时必须更换。

（5）根焊保护气体流量控制在 25 ~ 35L/min，防止气流过小（或过大）出现密集气孔。

（6）内焊机定位器与管端对中时间隙应小于 0.1mm，防止焊缝偏离造成焊接缺欠。

（7）内焊机枪头与管道轴线角度应接近 90°，干伸长度应在 7 ~ 10mm，防止电压过高（或过小）造成的缺欠。

（8）外焊时，经常检查导电嘴，根据实际情况清理或更换导电嘴。每层焊道焊接前将起弧处接头打磨成平滑斜坡，保证接头焊接不出现未熔缺欠。

质量控制点具体情况见表 15。

表 15　质量控制点

序号	控制对象	质量控制点	控制指标	控制措施	检查时机和频次
1	坡口加工	钝边	1.1mm ≤钝边厚度 ≤ 1.2mm	保证刀杆对刀精度；游标卡尺测量钝边厚度	每道口检查 2 ~ 3 次
2	管口组对	组对间隙	组对间隙≤ 0.5mm	严格按要求组对	每道口检查 2 ~ 3 次
3	管口组对	错边	错边量≤ 1.5mm	严格按要求组对	每道口检查 2 ~ 3 次
4	根焊焊接	保护气压力	气瓶气体压力 ≥ 0.98MPa	及时检查更换保护气瓶	每 15 ~ 20 道口检查 1 次
		电压	19 ~ 24.7V	及时检查焊枪干伸长度和线缆接头	每道口检查 1 ~ 2 次
		电流	171 ~ 244A	校正送丝速度	每 10 ~ 20 道口检查 1 ~ 2 次
		气体流量	25 ~ 35L/min	采用流量计测量	每日检查 1 ~ 2 次
5	根焊焊接	预热温度	见焊接工艺规程要求	进行管口预热，并按要求测量	每道口检查 1 ~ 2 次
6	填盖焊	风速控制	风速≤ 2m/s	采用防风棚	每日检查 3 ~ 4 次
7	填盖焊	保护气瓶气体压力	气瓶气体压力 ≥ 0.98MPa	及时检查更换保护气瓶	每 10 道口检查 1 次

8　安全措施

8.1　执行的安全法规

（1）JG/T 5095—1997《管道起重机》

（2）GB/T 6067.1 ~ 7—2010《起重机械安全规程》

（3）DL/T 5248—2010《履带起重机安全操作规程》

8.2　安全保障措施

8.2.1　施工前准备

（1）编制“一坡一案”施工安全作业指导书和消减措施。

（2）所有岗位人员都必须持证上岗并进行安全技术培训。

（3）施工前，应清理作业点上方碎石、工器具及杂物，所有工器具应距离沟边至少 1m。

（4）热煨弯管施工，应检查柔性内焊机焊炬顶点位置是否偏离管端顶点，避免设备翻转。

8.2.2　内焊机辅助安全技术措施

（1）15° ~ 25° 坡度采用机械辅助措施，降低施工安全风险（图 20）。

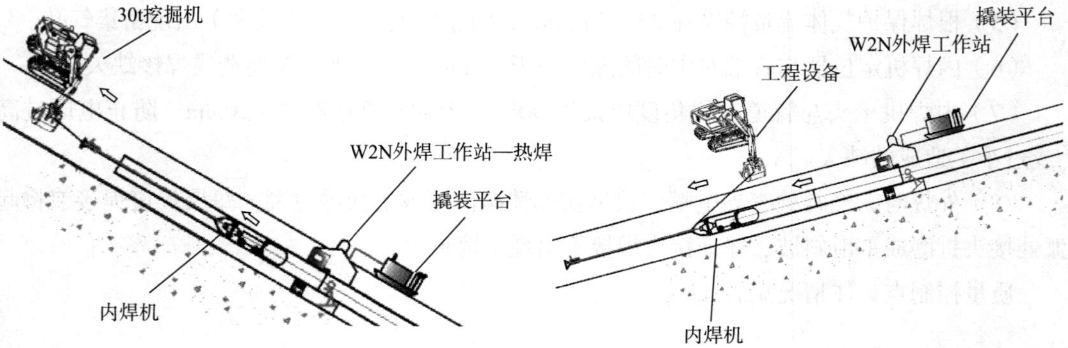

图 20　内焊机辅机械辅助措施图

（2）25°～30° 坡度采用安全防坠落装置在管道内进行跟随定位、卷扬牵引和气囊缓冲（图 21、图 22）。

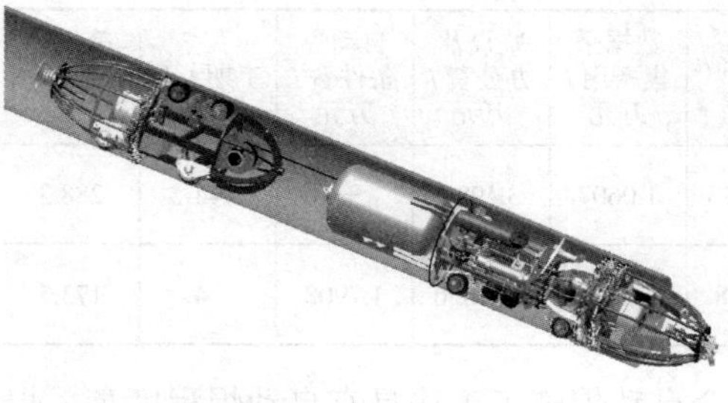

图 21 下坡施工示意图

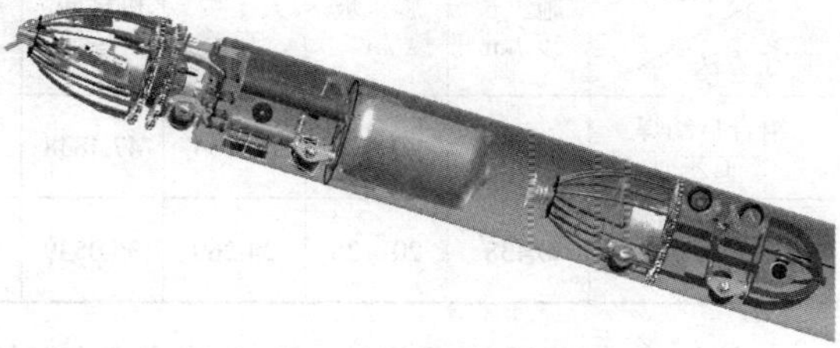

图 22 上坡施工示意图

8.2.3 内补焊安全技术措施

将内焊机固定在内焊缝内 2m 处，操作人员采用安全绳进入内部作业（图 23）。

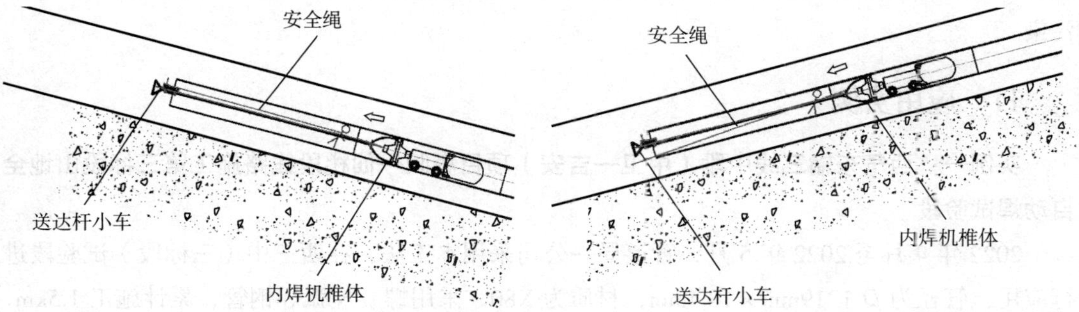

图 23 内补焊施工示意图

9 环保措施

9.1 环保标准

（1）GB 18599—2021《一般工业固体废物贮存、处置场污染控制标准》

（2）GB 3838—2002《地表水环境质量标准》

（3）2020 年 4 月修订《中华人民共和国固体废物污染环境防治法》

（4）2021 年 12 月通过《中华人民共和国环境噪声污染防治法》

9.2 环保措施

（1）施工时，设备必须在规定的施工便道上行驶，严禁随意碾压农田和植被等。

（2）设备维修时，对各种油料的渗、漏、溢、滴，要采取隔离措施，防止污染地面。

（3）焊条（丝）头、废砂轮片、钢丝刷、坡口加工铁屑等应分类回收。

（4）进行强噪声作业时，必须严格控制作业时间。

10 效益分析

10.1 经济效益

2022 年，管道局一公司在西三中三标段（管径 D 1219mm × 18.4mm），选取 2 个坡地进行效益对比（表 16）。

表 16 经济效益表

施工方法＼对比内容	施工长度 /km	施工坡度 /（°）	人工费 / 万元	机械费 / 万元	材料费 / 万元	数据采集费用 / 万元	临设及办公费 / 万元	自动焊备件费 / 万元	工期 / 天	单公里成本 / 万元
组合自动焊工艺	0.386	20 ~ 26	46.134	47.4848	13.4233	1.0607	3.1988	—	44	288.3
山地全自动焊工艺	0.438	20 ~ 25	24.269	35.0539	9.3238	4.0124	307.656	1.7908	14	173.5

与组合自动焊技术相比，30° 坡度条件下管道全自动焊施工工法具有自动焊程度高、焊接速度快、合格率高、综合施工成本低等特点，每公里节省费用约 114.85 万元。

10.2 社会效益

与组合自动焊相比，山地全自动焊工艺减少削方降坡工程量，降低对地表环境破坏程度；焊接填充截面积小，单道口节约焊材约 5kg、节省油料消耗约 80L，并大幅度减少空气污染。

11 应用实例

实例一：西气东输三线中段（中卫—吉安）项目枣阳—仙桃段线路施工第三标段山地全自动焊试验段

2022 年 4 月至 2022 年 5 月，管道局一公司采用本工法，在西三中（三标段）试验段进行应用，管径为 D 1219mm × 18.4mm，材质为 X80，采用螺旋埋弧焊钢管，累计施工 1.5km，一次合格率 96.2%。

实例二：西气东输三线中段（中卫—吉安）项目枣阳—仙桃段线路施工第三标段线路工程

2022 年 5 月至 2022 年 11 月，管道局一公司采用本工法，在西三中（三标段）进行了应用，管径为 D 1219mm × 18.4mm，材质为 X80，采用螺旋埋弧焊钢管，累计施工 29.66km，一次合格率 97.6%，取得经济效益 3406.5 万元。

实例三：川气东送二线天然气管道工程川渝鄂段（威远 / 泸县—铜梁）线路工程第二标段

2023 年 9 月至 2023 年 10 月中旬，管道局一公司采用本工法，在川气东送二线（二标段）进行应用，管径为 D 1219mm × 18.4mm，材质为 X80，采用螺旋埋弧焊钢管，累计焊口约 262 道，一次合格率 98.3%。

顶管工作井钢板桩施工工法

赵建晖　王昊宸　曾庆福　罗　应　刘　洋

中国石油天然气管道第二工程有限公司

1　前言

顶管在非开挖管道敷设中是一种常用的技术手段。以往工程中顶管工作井多采用钢筋混凝土沉井，这种方法造价高、施工工期长。钢板桩支护作为一项成熟的施二工艺，具有施工成本低、施工周期短等优点，但在顶管工作井支护中应用较少。

中国石油天然气管道第二工程有限公司（以下简称“管道二公司”）在顶管施工过程中工作井采用钢板桩支护形式，利用高压旋喷桩土体改良、水泥土搅拌桩土体改良、围檩支护、高压水刀辅助沉桩引孔等技术进行施工，提高了工作井支护效果，缩短了施工工期，降低了施工成本。通过工程实践，归纳总结出了“顶管工作井钢板桩施工工法”。

2020～2022 年管道二公司分别在北京燃气天津南港 LNG 应急储备项目外输管道工程二标段、江苏滨海 LNG 配套输气管线项目线路工程第一标叚、中俄东线天然气管道工程（永清—上海）泰安—泰兴段第七标段顶管施工中利用钢板桩支护工作井共计 116 座。采用本工法施工，施工速度快、效率高、污染小、安全可靠，获得了良好的社会效益和经济效益。

2023 年 5 月，“顶管工作井钢板桩施工工法”获评为中国石油管道局工程有限公司企业级工法。

2　工法特点

2.1　施工周期短，施工成本低

钢板桩支护施工周期短，钢板桩可循环利用，有效节约成本。

2.2　安全风险低

根据工作井的深度设置围檩的规格及层数，同时针对地质条件采取土体改良、固化措施，降低了施工安全风险。

3　适用范围

本工法适用于 4m × 4m 至 6m × 15m 顶管工作井（深度为 5～12m）的支护。

4　工艺原理

通过工作井顶部放坡开挖、高压旋喷桩（或水泥土搅拌桩）土体改良、围檩支护来保证整个钢板桩工作井的安全性。对地层较硬的地段，采用高压水刀引孔打桩。

4.1　高压旋喷桩土体改良技术

高压旋喷桩，是以高压旋转的喷嘴将水泥浆喷入土层，使其与土体混合，形成连续搭接的水泥加固体。

4.2　水泥土搅拌桩土体改良技术

水泥土搅拌桩是用于加固饱和软黏土地基的一种方法。它利用水泥作为固化剂，通过特制的搅拌机械，在深处将软土和固化剂强制搅拌，利用固化剂和软土之间所产生的一系列物理化学反应，使软土硬结并具有整体性、水稳定性和一定强度。

4.3　围檩支护技术

围檩支护是加固钢板桩围护的一种形式，利用 HW 型钢作为钢梁安装在钢板桩围护内部，将整个钢板桩支护结合成一体。围檩是水平支撑的受力点位置，起到固定钢支撑和传递荷载的作用，有效防止钢板桩受到泥土或水压向内坍塌，提高钢板桩围护的整体刚度，保证工作井的整体稳定性。

4.4　高压水刀辅助沉桩引孔技术

沉桩施工时，在桩体下端安装高压水刀（图 1），喷射高压水流切割土体，喷射水流与沉桩同步进行（图 2），解决了打桩过程中难以穿过坚硬土层的问题，同时又保护了桩体。高压水刀辅助钻孔后，沉桩速度加快，效率提高 50% 以上，施工成本降低。

图 1　安装水刀的钢板桩

图 2　射水引孔沉桩

5　施工工艺流程及操作要点

5.1　施工工艺流程

施工工艺流程如图 3 所示。

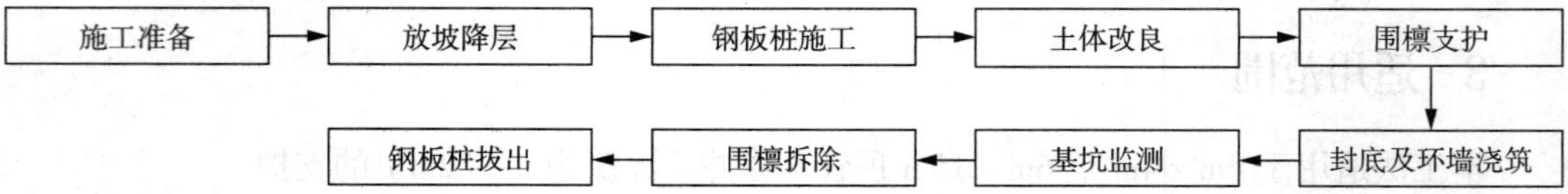

图 3　施工工艺流程图

5.2 操作要点

5.2.1 施工准备

（1）编制完成深基坑支护方案并通过专家评审。

（2）完成人员、设备、材料的报验。

（3）完成“三通一平”及现场围挡、目视化标识等。

（4）全面认真地检修、调试所有施工设备、机具，确保其性能状况良好。

5.2.2 放坡降层

顶部采用挖掘机挖深至设计深度，坡比参考表 1，坡底与钢板桩净间距为 3m。开挖出的土方外运到指定位置堆放。堆放区采用挖排水沟、袋装土围挡、密目网苫盖等措施，防止水土流失。

基坑开挖完成后在坡面喷 C30 混凝土，混凝土厚度为 5cm，以防止雨水冲刷造成坡面不稳。

表 1 深度在 5m 以内开挖的最陡边坡坡度

土壤类别	最陡边坡坡比 i		
	坡顶无荷载	坡顶有静荷载	坡顶有动荷载
中密的砂土	1：1.00	1：1.25	1：1.50
中密的碎石类土（填充物为砂土）	1：0.75	1：1.00	1：1.25
硬塑的粉土	1：0.67	1：0.75	1：1.00
中密的碎石类土（填充物为黏性土）	1：0.50	1：0.67	1：0.75
硬塑的粉质黏土、黏土	1：0.33	1：0.50	1：0.67
老黄土	1：0.10	1：0.25	1：0.33
软土（经井点降水）	1：1.00	—	—
硬质岩	1：0	1：0	1：0
冻土	1：0	1：0	1：0

注：①当冻土发生融化时，应进行现场试挖确定最陡边坡坡度。
②对于高地下水位以及地质条件不良地段，管沟边坡应通过试挖确定。

5.2.3 钢板桩施工

（1）钢板桩选用拉森Ⅳ新型，每延米截面面积为 $236cm^2$；每延米惯性矩为 $39600cm^4$；每延米抗弯模量为 $2200cm^3$。长度选用参考表 2 。

表 2 钢板桩的选用

序号	井深 / m	钢板桩长度 / m	备注
1	5～6	12	
2	6～8	15	
3	8～12	18	10～12m 井需放坡降层

（2）钢板桩的检验及矫正

进场的钢板桩按出厂标准进行检验。对有缺陷的钢板桩要对缺陷部位加以整修；对于锁口已打坏且无法修正的、桩身扭曲变形的钢板桩应弃之不用。

（3）导架的安装

导架采用单层双面形式，由导梁和围檩桩等组成，围檩桩的间距一般为 2.5 ~ 3.5m，双面导架之间的间距不宜过大，一般略比板桩墙厚度大 8 ~ 15mm。

（4）钢板桩打设

① 用打桩机将钢板桩放至插桩位置，插桩时锁口对准。每一流水段落的第 1 块钢板作为定位桩，沿钢板桩的行进方向进行施打，利用振动力把桩沉至离地面 1 米左右停止（防止施工打第 2 根桩时因磨擦过剧而把第 1 根桩带入土中）。然后吊第 2 根、第 3 根并逐步插打。

② 钢板桩应沿导向钢檩进行施打，用全站仪控制垂直度，在打桩行进方向的钢板桩锁口处设卡板，防止锁口中心线移位，阻止板桩移位。插打过程中随时测量、监控每块桩的斜度，确保其不超过 2%，当倾斜和锁口结合部有空隙时，用轴线修正法修正，如发现过大倾斜时，用钢丝绳拉住桩身，边拉边打逐步纠正。当偏斜过大不能用拉齐方法调正时，拔出重打。

③ 钢板桩转角处应采用定制异型钢板桩或转角板桩（图 4 、图 5 ），保证接缝处防水密封效果良好。

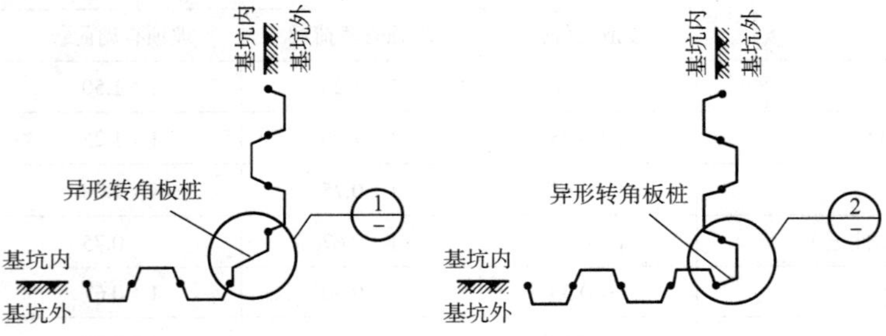

图 4　异形转角板桩

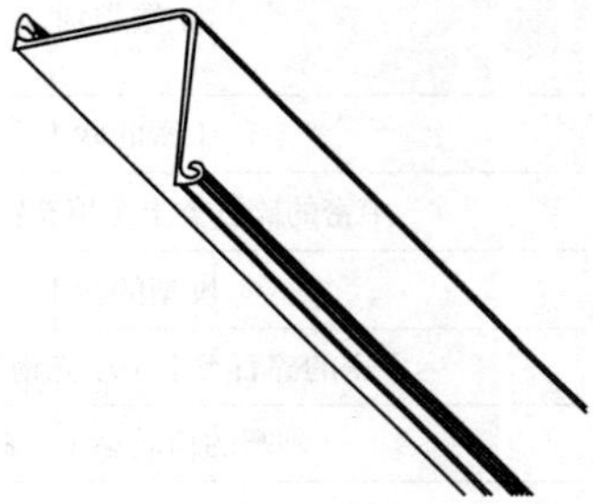
图 5　转角板桩

（5）引孔

当钢板桩难以打入时，采用高压水刀引孔辅助沉桩。

① 将带水刀的钢板桩（以下简称水刀母桩）与高压水泵连接好并试运调试，检查整个装置是否运行正常。

② 用桩机把水刀母桩打入土层 0.5m 左右，打开高压水泵，继续往下打桩，直到打至设计高程并停留 3 ~ 4s。

③ 拔出水刀母桩换夹常规桩，扶正插入前一根已打入的钢板桩启口后，沿引好的孔内插入，施打过程中，应严格控制垂直度并及时进行纠偏，直至打到设计高程。

④ 按照上述方法反复施工，直至钢板桩施打完成，注意引好的孔需及时施打常规桩。

5.2.4　土体改良

1. 土体改良的部位

根据地质条件的不同，分别在钢板井的出入洞口位置、井底、井四周进行土体改良加固。

（1）出入洞口位置：进出洞方向 8m × 6m，加固深度为套管顶、底部各 3m 范围。

（2）井底位置：仅对钢板插入深度范围内为软塑、淤泥质土类的地质进行加固，加固范围为井底整体，深度为井底 5m。

（3）井四周：井四周承载力不足的区域，加固宽度为 1.5m，加固深度自地面以下 1m 至井底 5m。

2. 土体改良的方式

高压旋喷桩可用于处理淤泥、黄土、砂土、碎石土、软塑粉土、素填土等，设备比较简单，施工噪声低、振动小，对进场道路要求低。

水泥搅拌桩可用于处理淤泥、淤泥质土、泥炭土和粉土土质，使用桩机将水泥喷入土体并充分拌和，设备较大、搬运困难，对进场道路要求高。

（1）高压旋喷桩土体改良

采用高压旋喷桩施工工艺（图 6），桩径为 800mm，间距为 600mm。

（2）水泥土搅拌桩土体改良

①采用水泥土搅拌桩施工工艺，桩径为 850mm，组内咬合为 250mm，组与组之间咬合为 250mm。

②水泥掺入比不小于 20%，水灰比 0.6，要求全程复搅复喷，必须确保搅拌均匀，相邻桩施工间隔不得超过 12h，否则应在相邻位置补桩（图 7）。

图 6　高压旋喷桩土体改良

图 7　水泥土搅拌桩土体改良

土体改良时在竖井周边可根据实际放样进行调整，适当加密或叠加，各桩之间应搭接完整，不留孔隙，以确保形成的加固体与竖井井壁紧密结合。

5.2.5　围檩支护

1. 围檩支护材料

围檩、支撑均采用型钢 HW 400mm × 400mm × 13mm × 21mm Q235B 级。

2. 围檩的设置

围檩及支撑设置距离桩顶 0.5m、套管顶 0.5m 处分别设置 1 道，其余按 2 ~ 2.5m 均匀布置。6m × 8m、6m × 4m 井采用单围檩（图 8）；6m × 15m 井第 2 道围檩以下均采用双拼设置（图 9）。

图 8　6m × 8m、6m × 4m 井围檩支护

图 9　6m × 15m 井围檩支护

3. 支护安装

（1）按“由上而下，先撑后挖”的原则施工，每次开挖至每道围檩标高下 500mm，严禁超挖。

（2）挖至可以架设第 1 道围檩位置时，首先将牛腿焊接在钢板桩桩身上，间距为 3m，然后将围檩梁吊放就位并拼装焊接牢固，安装焊接斜撑及对口撑；继续开挖到第 2 道围檩位置时，重复第 1 道围檩施工工序，以此类推，直到开挖至设计底标高，进行混凝土封底作业。

（3）围檩、围檩支撑件连接应焊接，焊接应满焊，焊缝高度为 10mm。支撑平面布置见图 10 ~ 图 12。

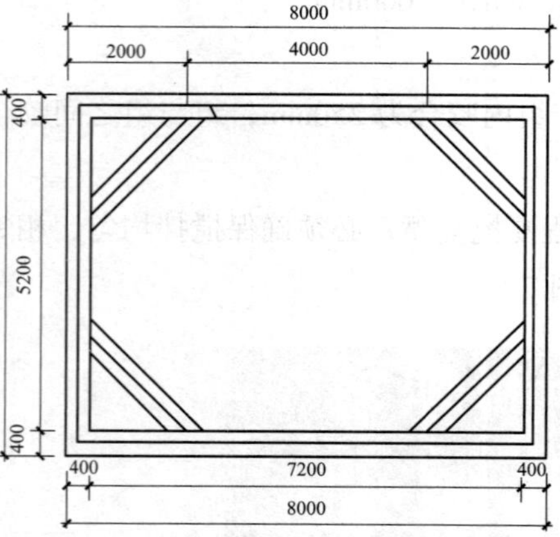

图 10　6m × 8m 井支撑平面布置图

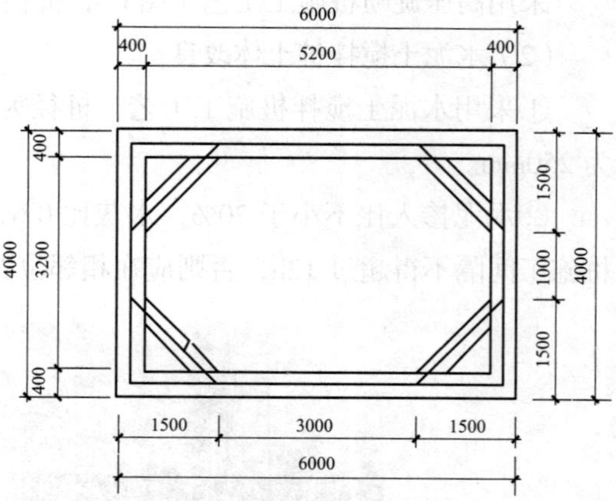

图 11　6m × 4m 井支撑平面布置图

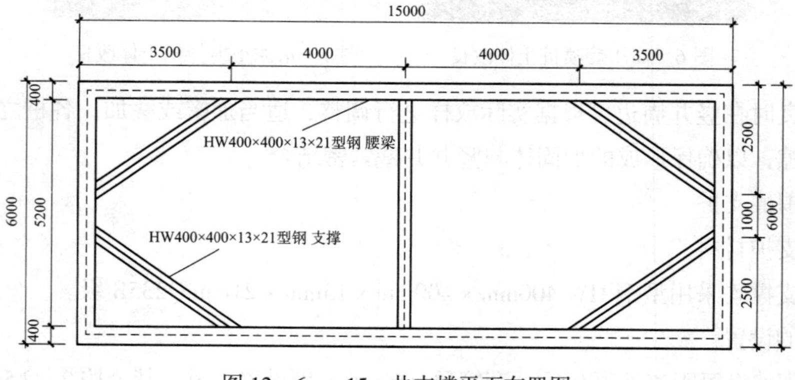

图 12　6m × 15m 井支撑平面布置图

（4）作业坑设逃生梯。采用图集 15J401 钢梯 WT2a-72 型，始发井及接收井内每侧各设置一个（图 13）。

5.2.6　封底及环墙浇筑

（1）井内土方开挖到位后，及时进行封底作业，封底采用 0.5m 厚钢筋混凝土，封底标高宜低于套管底标高 0.4m；封底完成后在井内浇筑钢筋混凝土环墙，厚度为 0.4m，环墙高度宜高于套管顶 0.4m，环墙的浇筑既提高了后背墙（后背墙与环墙同时浇筑，厚度为 1m）的承载力又提高了井的整体稳定性（图 14）。

（2）环墙混凝土浇筑时预留顶管施工洞口，洞口止水见图 15。在顶管进出洞时，需通过设置止水帘布橡胶圈密封防水对洞门进行密封，防止地下水携带泥沙涌入洞门。止水装置处

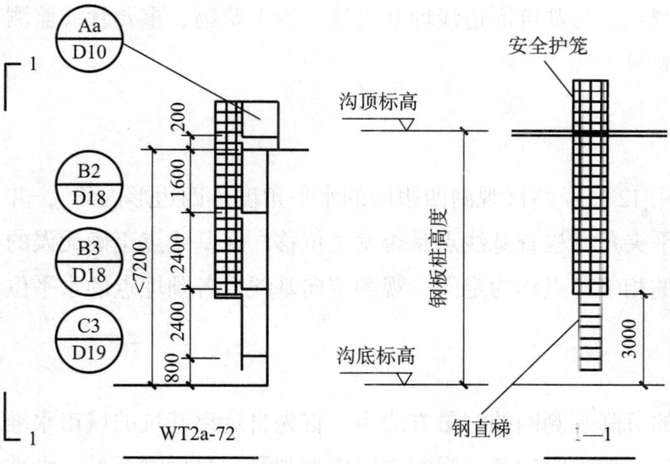

图 13　逃生梯

图 14　封底及环墙

预留注浆孔以便及时注浆，保证出洞阶段和顶管顶进过程中顶管泥浆套的形成及注浆效果良好。

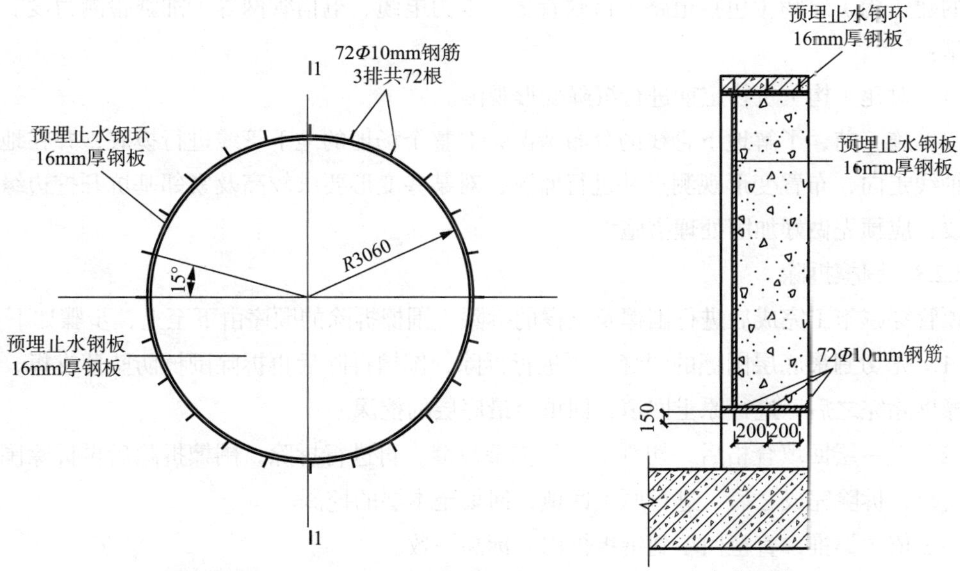

（1）河流段顶管出（进）洞口止水钢环详图　（2）截面图

图 15　洞门止水钢环图

5.2.7　基坑监测

1. 建立基坑支护水平位移与沉降观测网

（1）基坑支护水平位移观测网

在基坑边坡顶上布置基线（每条基坑边设置 1 条），每条基线上设 1～3 个变形观测点，同时作为沉降观测点。

（2）基坑支护沉降观测网

利用远离场区的城市高程系水准控制点或独立水准点作为沉降观测的起算点，与基坑支护水平位移观测点联测，构成基坑支护沉降观测网。

基坑周边附近布置4个沉降观测点，与基坑周边浅埋基础建（构）筑物、重要管线监测点一起构成监测周边环境的沉降观测网。

2. 观测方法

（1）水平位移观测

分别在基线点4个角上设站，用J2型经纬仪观测四边网的水平角度（四边形内角），并与城市的大地控制网三角点联测水平夹角，检查基线点是否发生位移。在基线点正确无误的情况下，在四角测端上分别以对应的相邻角点作为定向，观测定向基线上各预埋点的水平位移量初始读数。

（2）沉降观测

基坑边上的各点及周边点建立的沉降观测网的测量方法为：首先自远离基坑的城市水准控制点开始观测，引测至基坑周围后，按编定的各点观测次序依次观测，最后测至另一水准控制点复核，观测仪器采用S3型精密水准仪。

3. 基坑周围建（构）筑物等监测措施

对基坑周围50m范围内的所有建（构）筑物进行监测，并特别对临近坑边1.5～2.0H范围内的建（构）筑物（包括道路、市政管道、电力电缆、电信管网等）加强检测力度。监测措施是：

（1）对建（构）筑物定期进行沉降变形观测。

（2）施工前，了解地下管线的分布情况，对整个场地的地下管线进行摸底，并在地面投影其轴线走向，布置变形观测点并进行监测；对某些变形要求较高及紧邻基坑开挖边缘的重要管线，应预先做好加固处理措施。

5.2.8　围檩拆除

顶管穿越施工完成后进行围檩及支撑的拆除，围檩拆除的顺序由下至上，步骤如下：

（1）先切割最底层围檩的焊缝，再进行拆除，围檩拆除后再拆除围檩防坠落支撑，最底层围檩拆除完之后，进行原土回填，回填至最底层的挖深。

（2）上一层回填合格后，切割上一层围檩焊缝，再进行拆除，围檩拆除后再拆除围檩防坠落支撑，拆除完成之后，进行原土回填，回填至本层的挖深。

（3）依次类推，直至回填到钢板桩内外标高一致。

5.2.9　钢板桩拔出

先用打拔桩机夹住钢板桩头部并振动1～2min，使钢板桩周围的土松动，产生“液化”，减少土对桩的摩阻力，然后慢慢地往上振拔。拔桩时注意桩机的负荷情况，发现上拔困难或拔不上来时，应停止拔桩，先振动1～2min再往下锤0.5～1m，然后再往上振拔，如此反复可将桩拔出来。

5.3　劳动力组织

以中俄东线天然气管道工程（永清—上海）泰安—泰兴段第七标段线路工程顶管工作井钢板桩支护施工为例，本工程完成6m×4m工作井2座、6m×8m工作井18座、6m×15m工作井16座，人员配备见表3。

表3　劳动力组织

序号	工种	人数	工作职责	备注
1	机组长	1	现场施工协调	
2	技术员	1	现场技术指导	
3	质检员	1	质量检查控制	
4	安全员	1	现场安全监督	
5	测量工	1	现场定位、测量、监测	
6	桩机操作手	1	钢板桩施工	
7	挖机操作手	1	土方开挖	
8	起重工	1	围檩吊装指挥	
9	焊工	2	围檩焊接	
10	电工	1		
11	高压旋喷桩操作手	1	高压旋喷桩土体改良	
12	水泥土搅拌桩操作手	1	水泥土搅拌桩土体改良	
13	吊车司机	1	围檩吊装、配合工作井开挖	
14	普工	2	水泥浆搅拌、注浆等配合工作	
合计		16		

6　材料与设备

以中俄东线天然气管道工程（永清—上海）泰安—泰兴段第七标段线路工程顶管工作井钢板桩支护施工为例，主要材料、设备配备如表4、表5所示。

表4　主要设备表

序号	设备名称	规格型号	单位	数量	备注
1	液压打桩机	XE650DP	台	1	
2	长臂挖机	E6300F	台	1	
3	水泥搅拌桩机	SJB-Ⅱ	台	1	
4	高压旋喷桩机	XL-50	台	1	
5	发电机	100kW	台	1	
6	潜水泵	65WQ-25	台	2	
7	高压泵		台	1	
8	泥浆泵		台	2	
9	拌浆机		台	2	
10	拌浆桶		个	2	
11	激光经纬仪		台	1	
12	水准仪	DZS3-1	台	2	基坑监测
13	吊车	25t	台	1	
14	经纬仪	J2型	台	1	基坑监测

表 5 主要材料表

序号	材料名称	规格型号	单位	数量	备注
1	拉森钢板桩	Ⅳ新型（15/18）	根	48	6m × 4m 井
				68	6m × 8m 井
				104	6m × 15m 井
	拉森钢板桩	异形桩	根	4	每井角桩
2	HW 型钢	400mm × 400mm × 13mm × 21mm Q235B 级	m	32	6m × 4m 井单层围檩及支撑
	HW 型钢	400mm × 400mm × 13mm × 21mm Q235B 级	m	40	6m × 8m 井单层围檩及支撑
	HW 型钢	400mm × 400mm × 13mm × 21mm Q235B 级	m	64	6m × 15m 井单层围檩及支撑
3	混凝土	C25	m^3	56.6	6m × 8m 封底及环墙
	混凝土	C25	m^3	95	6m × 15m 封底及环墙
4	钢筋	—	t	5.94	6m × 8m 封底及环墙
	钢筋	—	t	7.92	6m × 8m 封底及环墙
5	水泥	42.5 级	t	0.3	高压旋喷桩每立方用量
	水泥	42.5 级	t	0.68	水泥土搅拌桩每立方用量

7 质量控制

7.1 质量标准

（1）JGJ 120—2012《建筑基坑支护技术规程》

（2）GB 50205—2020《钢结构工程施工质量验收标准》

7.2 质量保证措施

（1）施工前，必须对场地标高进行复测；施工时用水准仪测量，确保板桩桩顶的标高准确。

（2）在打桩就位后，校正桩架的垂直度，确保板桩垂直，并确保板桩之间较好地咬合。

（3）桩打好后，及时固定，以防止板桩移位。

（4）边挖边设置钢围檩，钢围檩处将内壁面修整齐平，使钢围檩与围护壁面密贴，然后设置钢支撑，并施加一定预应力，钢支撑通过钢围檩与桩体密贴以防止桩体移位。

（5）整个基础施工期间，在挖土、安装顶管设备、下套管、套管顶进等施工过程中，严禁碰撞支撑及围檩，禁止任意拆除支撑及围檩，禁止在支撑及围檩上任意切割、电焊，也不得在支撑及围檩上搁置重物。

（6）土体改良的深度、宽度及改后的土体强度须满足设计要求。

7.3 关键工序质量控制点

关键工序质量控制点见表 6。

表 6 关键质量控制点

序号	检测项目	质量指标	检验方法	检验频次和时机
1	桩外观质量	桩的表面平整、无明显缺损及锈蚀；壁厚均匀；桩身挺直，板桩翼缘应完整	观察检查	逐根检查

续表

序号	检测项目	质量指标	检验方法	检验频次和时机
2	桩身垂直度	1%L	吊垂线	每根桩就位后打入前
3	桩位轴线偏差	± 50mm	经纬仪或尺量检查	先测量放线，后复测
4	桩顶标高	± 100mm	水准仪	逐根检查
5	桩间距	咬合紧密	观察检查	逐根检查
6	围檩强度	围檩的规格型号、材质、强度	查资料、尺量检查	每批次检查
7	土体改良效果	深度、宽度、强度等	按配比计算、现场检查	开挖前，检查所有材料的数量

7.4 监测预警值

监测预警值见表 7。

表 7 监测预警值

序号	监测项目	累计值 /mm	变化率 /（mm/d）	监测频率	备注
1	钢板桩水平位移	60 ~ 80	3 ~ 5	每天不少于 1 次，雨天和雨后增加监测频率，每天不少于 3 次	相对基坑设计深度 H 控制值：0.7% ~ 0.8%
2	竖向位移	20 ~ 30	2 ~ 3		
3	坑底隆起	30 ~ 60	4 ~ 10		
4	临近道路路基沉降	10 ~ 30	3		高速、主干道路
		20 ~ 40	3		一般城市道路

8 安全措施

8.1 安全标准

（1）JGJ 311—2013《建筑深基坑工程施工安全技术规范》

（2）GB 50497—2019《建筑基坑工程监测技术标准》

8.2 安全保证措施

（1）机械施工区域严禁无关人员进入场区内。在挖掘机回转半径范围内不得站人或进行其他作业；机械在行驶或运转前，应确认四周无障碍物，安全后方可开动或运转。

（2）施工现场临时用电必须符合临时用电管理规范要求，严格执行“一机一闸一漏保”。潮湿、受限空间内作业必须采用安全电压设备、照明；潮湿、受限空间内作业漏电保护器额定漏电动作电流不得大于 15mA，漏电动作时间不得大于 0.1s。

（3）施工人员在基坑内作业，严禁往基坑内抛撒物品，基坑上的人员应注意高空坠落；施工人员禁止在基坑旁、基坑内休息。

（4）土方开挖前，在基坑边 1000mm 处设安全警示牌；机械开挖完毕，在基槽边 1000mm 处设 1 道围栏，围栏高 1.2m，设水平栏杆 2 道，并挂密目安全网，沿围栏设低压安全警示灯。

（5）施工现场按要求办理作业许可，落实相关安全措施后方可作业。

（6）当出现钢板桩水平移位、竖向移位、坑底隆起、临近道路路基沉降时，应根据应急方案采取相应的措施。

（7）围檩拆除要逐层回填逐层拆除，回填应分层夯实，防止围檩拆除过程中工作井变形，从而出现安全事故；切割围檩时要做好杆件的稳固措施，防止切割后杆件受力弹出或突然松动，掉落伤人。

9 环保措施

9.1 环保标准

（1）JGJ 146—2013《建设工程施工现场环境与卫生标准》

（2）GB 12523—2011《建筑施工场界环境噪声排放标准》

9.2 环保措施

（1）加强对施工人员的环境保护教育，提高施工人员的环保意识，规范施工人员行为。

（2）加强施工管理，严格控制施工占地面积，减少地表植被的破坏。穿越场地平整及作业带清扫时，应将耕植土和其他土进行分离，待工程结束后将耕植土覆在表面进行还原。

（3）施工过程中，应对材料搬运、施工设备和机具作业等采取可靠的降低噪声措施；夜间不要运行重型运输车辆，防止夜间噪声扰民。

（4）施工过程中，应采取防尘、降尘措施。施工现场的主要道路，宜进行硬化处理或采取其他扬尘控制措施。可能造成扬尘的露天堆储材料，宜采取扬尘控制措施。

（5）应采取沉淀、隔油等措施处理施工过程中产生的污水，不得直接排放；施工完毕后，废弃物、油污及其他杂物要装车运走，场地要干净，并平整地形和恢复地貌、生态。

10 效益分析

10.1 经济效益

以 6m × 15m 井为例进行经济效益分析。施工中采用高压水刀辅助沉桩技术，相比常规打桩，单井施工效率高，施工成本低。相应费用（6m × 15m 井）对比分析如表 8 所示。

表 8 经济费用对比

施工方法 对比项目	常规打桩	高压水刀辅助沉桩
单井施工工期	30 天	20 天
资源投入	XE650DP 打桩机 1 台、长臂挖机 1 台、发电机 1 台	XE650DP 打桩机 1 台、长臂挖机 1 台、发电机 1 台
材料费	油料：120L/ 天 ×30 天（打桩机 20 天、长臂挖机 10 天）×8 元 /L=28800 元	油料：120L/ 天 ×20 天（打桩机 10 天、长臂挖机 10 天）×8 元 /L=19200 元
设备台班费	打桩机：4000 元 / 天 ×20 天 =80000 元 长臂挖机：3000 元 / 天 ×10 天 =30000 元 发电机：500 元 / 天 ×10 天 =5000 元 合计：115000 元	打桩机：4000 元 / 天 ×10 天 =40000 元 长臂挖机：3000 元 / 天 ×10 天 =30000 元 发电机：500 元 / 天 ×10 天 =5000 元 合计：75000 元
其他费用	钢板桩租赁费：108 根 ×17.28 元 /（根・天）×100 天 =186624 元 围檩租赁费：64m/ 层 ×6 层（含双拼）×0.172t/m×6.53 元 /（t・天）×100 天 =43129.3 元 合计：229753.3 元	钢板桩租赁费：108 根 ×17.28 元 /（根・天）×100 天 =186624 元 围檩租赁费：64m/ 层 ×6 层（含双拼）×0.172t/m×6.53 元 /（t・天）×100 天 =43129.3 元 合计：229753.3 元
合计	373553.3 元	323953.3 元

根据以上数据，6m × 4m 井常规打桩费用约 177880 元，高压水刀辅助沉桩费用约 154263 元；6m × 8m 井常规打桩费用约 249035 元，高压水刀辅助沉桩费用约 215968 元。

10.2 社会效益

钢板桩支护是一项比较先进的施工工艺，施工效率高、施工速度快、施工成本低。通过围檩支护提高了井的稳定性，降低了施工中的安全风险。钢板桩及围檩可以重复循环使用，既节约了成本又有利于环保。

11 应用实例

实例一：北京燃气天津南港 LNG 应急储备项目外输管道工程二标段

2020 年 8 月管道二公司承建的北京燃气天津南港 LNG 应急储备项目外输管道工程二标段线路全长 87.869km，地形为沿海冲积平原，地表 0.2m 以下见水，土质多为粉土。管道二公司在 35 条顶管工作井施工中采用钢板桩支护，完成 6m × 4m 工作井 35 座、6m × 8m 工作井 35 座，井深在 6 ~ 8m。采用本工法支护安全可靠，有效缩短了施工周期 4 个月，降低了施工成本。

实例二：江苏滨海 LNG 配套输气管线项目线路工程第一标段

2020 年 12 月至 2022 年 6 月管道二公司承建的江苏滨海 LNG 配套输气管线项目线路工程第一标段线路全长 34.74km，管径为 1219mm，壁厚为 22mm/28mm，顶管穿越以穿越道路、河流为主，管道二公司在 5 条顶管工作井施工中采用钢板桩支护，完成 6m × 4m 工作井 5 座、6m × 8m 工作井 5 座，井深在 6 ~ 8m。采用本工法支护安全可靠，有效缩短了施工周期 1.5 个月，降低了施工成本。

实例三：中俄东线天然气管道工程（永清—上海）泰安—泰兴段第七标段

2021 年 7 月至 2022 年 5 月管道二公司承建的中俄东线天然气管道工程（永清—上海）泰安—泰兴段第七标段线路全长 74.2km，管径为 1219mm，壁厚为 22mm/27.5mm，地形以水稻田和养殖塘为主，地表 1m 以下为流塑淤泥地质。管道二公司在 18 条顶管工作井施工中采用钢板桩支护，完成 6m × 4m 工作井 2 座、6m × 8m 工作井 18 座、6m × 15m 工作井 16 座，井深在 5 ~ 12m。采用本工法支护安全可靠，有效缩短了施工周期 3 个月，降低了施工成本。

管道斜井定向钻穿越工法

郭洪生 张 强 徐 轶 范红胤 罗明磊

中国石油天然气管道第二工程有限公司

1 前言

西北黄土地区地形起伏较大，长输管道敷设不可避免地要经过地质条件相对较差的陡坡、冲沟等地段。地面坡度较大，植被稀疏，夏季又多暴雨，造成了陡壁、落水洞、陷穴等微地貌，更助长了沟壑扩展，加速了水土流失。按照传统的大开挖施工方法会造成占地面积多、土方工程量大、施工进度缓慢、陡坡施工风险高、地貌恢复困难、水土流失对管道运行造成威胁等诸多问题。

为了解决上述问题，中国石油天然气管道第二工程有限公司（以下简称“管道二公司”）从斜井定向钻成孔技术、斜井段管道安装技术、斜井内空隙回填技术以及斜井出入洞口封堵技术等方面研究管道斜井定向钻穿越技术，总结、编制了“管道斜井定向钻穿越工法”，为以后类似工程施工提供经验。

2021 年 9 月至 2022 年 8 月，管道二公司在西一线延安支线工程 54.2km 的 D 406mm 天然气管道 6 处陡坡穿越施工过程中采用管道斜井定向钻穿越工法，只需在坡顶和沟底开挖作业坑，有效地解决了大开挖造成黄土地区原生植被破坏、水土流失、生态环境损害的问题，同时降低了施工风险，提高施工质量，加快施工进度。管道敷设于稳定的土层内，大大降低了运行中的日常维护工作量和维护成本，也为管道的安全运行奠定了基础，获得了良好的经济效益和社会效益。

2023 年 5 月，“管道斜井定向钻穿越工法”获评为中国石油管道局工程有限公司企业级工法。

2 工法特点

（1）避免陡坡明挖及恢复的施工风险，水土保持及水工保护量小。

（2）提前进行双连管或三连管预制，减少斜井现场安装量，施工工效高。

（3）斜井封堵及孔隙回填效率高、效果好，避免运行过程中形成落水洞，消除了安全隐患。

（4）操作简单、机动灵活、适用范围广。

3 适用范围

适用于黄土地区角度为25°～40°的管道斜井定向钻穿越，管径≤ D 660mm。

4 工艺原理

高陡边坡采用斜井定向钻穿越方式，即在坡顶固定定向钻机，向坡底打导向孔以后，在坡底开挖操作坑，连接扩孔器，进行扩孔作业。穿越孔洞完成以后，在坡顶部将管道发送进入斜井内，在坡底与开挖段管道进行连头作业，管道连头后在斜井空隙内注浆填实，将洞口进行防水封堵，最后回填原土，恢复地貌。

4.1 斜井定向钻成孔技术

采用小型钻机单边斜井钻扩孔，不进行管道回拖作业。钻扩孔过程中仅用清水作为润滑剂，不使用膨润土等护壁泥浆。井孔直径应大于管径至少500mm，扩孔器以每4in为一级进行扩孔，扩孔后将扩孔器推放至出土点更换下一级扩孔器，推放过程中用清水对孔壁进行清孔。

4.2 斜井管道安装与溜管技术

根据斜井长度，在入土点附近预制场地组对焊接若干二接一管段，并进行防腐补口，管头加焊管帽。定向钻成孔后孔壁比较光滑，管子能够依靠自身重量克服摩擦阻力，自行向下滑落，从而达到溜管的目的。通过卷扬机牵引，设备吊装，将管道逐段送入斜井内，每段管道滑入斜井内上部管口外露1.5～2.0m方便管道对口处，停止下滑管道，用卷扬机将管道拉住固定。

4.3 斜井孔隙回填与泥浆配比技术

下部洞口采用2:8水泥土进行完全夯填封堵，从上部洞口泵送复合泥浆，泥浆比例按照“水泥（20%）+膨润土（10%）+黄土（70%）”配比，并加2%速凝剂，水固比为1：1，浆液黏度宜为马氏漏斗黏度80～100s，按照12m^{3}泥浆一个注浆段，每2次注浆之间间隔8h，保证每次注入泥浆时，上一次注入的泥浆已经硬化。

4.4 斜井出入洞口封堵技术

以定向钻入土点洞口为中心，半径3m范围内采用防渗封堵，封堵范围内先铺土工布，再铺HDPE防渗膜，在其上再铺土工布，再用3：7的灰土回填0.6m。3：7灰土回填应分层夯实，每层200mm厚，压缩系数不小于0.93。最后回填原土，恢复地貌。

5 施工工艺流程及操作要点

5.1 施工工艺流程图

施工工艺流程如图1所示。

5.2 操作要点

5.2.1 施工准备

（1）按照设计图纸和相关规范标准编制专项施工方案，随后交由监理、业主审核批准。

（2）对进场设备进行检修保养，并进行试运转，检修合格后对设备进行报验。

（3）施工人员到位，并进行人员报验。

（4）施工所需材料进场自检合格后进行报验。

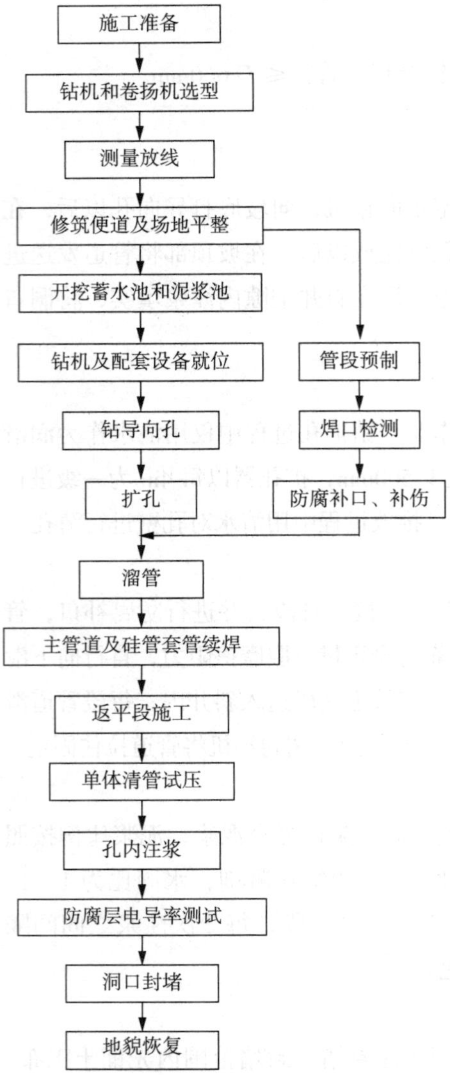

图 1 施工工艺流程图

（5）施工所用的临时用地上报并完成征地工作。

5.2.2 钻机和卷扬机选型

1. 钻机选型

斜井定向钻为单边斜钻穿越，即只进行钻导向孔和扩孔作业，不进行管道回拖作业。采用小型定向钻机（通常为 50t 以下的钻机）即可满足施工要求。采用 XZ320D 型水平定向钻机（图 2）可满足钻孔和扩孔施工要求，运用到的其他设备还有 12 ~ 36in 挤密式扩孔器（图 3），3in 钻杆（图 4），导向仪器（图 5）等。

图 2 XZ320D 型水平定向钻机

图 3 挤密式扩孔器

图 4 钻杆

图 5 卷扬机

2. 卷扬机选型

卷扬机载荷计算方法：

（1）单根管材总质量：

$$M = m_1+m_2+m_3+m_4 \quad (1)$$

式中，m_1 为钢管的质量，kg；m_2 为防腐层的质量，kg；m_3 为硅管钢套管的质量，kg；m_4 为注浆管的质量，kg。

物体质量：

$$m = \rho v \quad (2)$$

式中，ρ 为物体的密度（钢管密度取 7.87，防腐层密度取 0.96），g/cm³；v 为物体的体积，m³。

物体体积：

$$v = \pi（D^2-d^2）\rho \quad (3)$$

式中，D 为钢管外防腐层的半径或钢管外径，m；d 为钢管内径，m。

西一线延安支线工程 Φ406mm 钢管每延米质量 m_1=3.1415926×（$0.203^2-0.1951^2$）×7.85 ≈ 77.5kg。

防腐层每延米重量 m_2=3.1415926×（$0.2067^2-0.203^2$）×0.96 ≈ 5.42kg。

1m 硅管钢套管 Φ114mm×6mm 质量 m_3=3.1415926×（$0.057^2-0.051^2$）×7.85 ≈ 15.98kg。

1m 注浆管 Φ35mm×3mm 质量 m_4=3.1415926×（$0.0175^2-0.0145^2$）×7.85 ≈ 2.367kg。

1m 管材总质量 M ≈ 101.267kg。

（2）按照图 6 受力分解示意，管道下滑力：

$$f = Mg\sin\alpha - KM\cos\alpha \quad (4)$$

式中：f 为管道下滑力，N；M 为钢管质量，kg；g 为重力加速度，取 9.8，N/kg；α 为钻机入土角度，（°）；K 为摩擦系数，取 0.3。

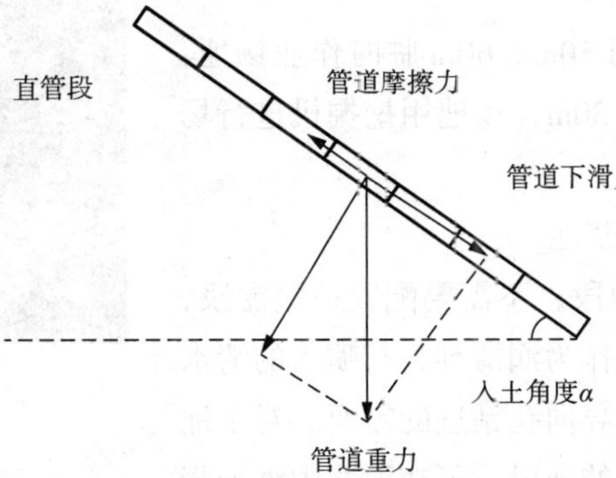

图 6　管道重力分解示意图

根据《建筑卷扬机》（GB/T 1955—2019）第 5.4.2 条规范要求：溜放卷扬机制动器的制动力矩应大于按额定载荷计算的静力矩的 1.75 倍，则卷扬机载荷 = 制动力矩 =1.75 倍管道下滑力：

$$F = 1.75f \quad (5)$$

式中，F 为卷扬机载荷，N。

以 YA172-YA173 桩斜井定向钻为例，穿越段长度为 165m，穿越角度为 29.24°。

管道下滑力 f = 管道重力 ×sin29.24° -0.3× 管道重力 ×cos29.24° =165×101.267×

9.8 ×（sin29.24° −0.3 × cos29.24°）=37120.95N。

卷扬机载荷 F = 制动力矩 =1.75 × 管道下滑力 =1.75 × 37120.95=64961.66N（约 6.5t）。

（3）钢丝绳载荷和容绳量计算方法

钢丝绳所受拉力等于管道下滑力，且不得大于额定牵引拉力 $F_{绳}$的 85%。

$$F_{绳} = f/85\% \tag{6}$$

此处通过计算卷扬机额定牵引拉力必须大于 43671.71N（约 4.4t）。

综合比较制动力矩和额定牵引拉力计算值，取两者中较大值，结合项目其他 5 处斜井力学计算和市面常用吨位，卷扬机选 10t。

容绳量须大于斜井内钢丝绳长度与卷扬机与入土点间距离之和。

该处斜井定向钻实际长度为 165m，卷扬机额定容量：165m+20m+10m（保留 3 ~ 4 圈钢丝绳的长度）≈ 195m。因此，卷扬机额定容绳量必须大于 195m。

5.2.3 测量放线

根据设计斜井长度和坡度，采用 RTK 确定斜井的进出口位置及标高，然后在入土点、出土点间轴线上每隔 10m 放出桩位及标高，并做出明显标记（图 7）。规划出设备停放场、泥浆池、管道预制场、临时便道和施工用地边界。

图 7 导向点测量放线

5.2.4 修筑便道及场地平整

1. 施工便道修筑

施工便道结合山区扫线作业带进行布置，设备进场便道尽量依托现有上山土路，且须满足设备通行需要（图 8）。

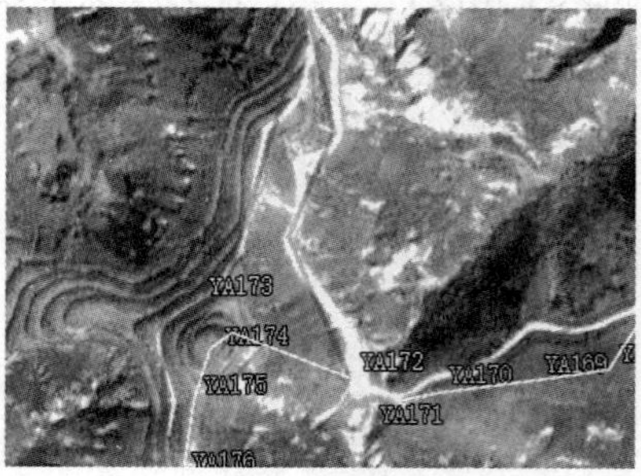

图 8 施工便道

2. 场地的平整

钻机作业场地需要占用 30m × 60m 临时作业场地，出土点侧占地面积为 30m × 30m，场地用挖掘机进行场地平整、压实。

5.2.5 开挖蓄水池和泥浆池

（1）对于一般的黄土地段，不需要配置护壁泥浆，采用无污染的天然黏土细粉作为润滑剂，与喷入的清水混合后形成泥浆，即可满足导向孔钻进的需要。对于地质条件不好，可能出现塌方的地段，可在泥浆中添加膨润土配置泥浆，泥浆黏度值控制在 80 ~ 100s。

（2）在入土点开挖一个 6m × 3m × 2m 蓄水池（图 9），出土点开挖一个 5m × 3m × 2m 的泥浆池。

（3）蓄水池和泥浆池在底部及四周铺设土工布和塑料布，用于防止渗漏。

图 9 蓄水池

5.2.6 钻机及配套设备就位

在入土端摆放钻机设备、钻杆设备等，钻机停放位置开挖1个与穿越斜度设计角度一致的簸箕形工作坑，钻机在工作坑内停放就位，根据地势和设计的入钻角度进行钻机安装和调试，保证钻杆的中心线与斜井穿越轴线同心并保证入土角度（图10）。

图10 入土点现场平面布置

5.2.7 钻导向孔

（1）按照设计的钻孔斜度钻1个直线的导向孔（图11），钻头内装有精确的探测仪器（信号发射器）。当其在地下钻进时，地面上的接收器可由其电磁波显示钻头所在的位置及深度。

图11 钻导向孔

（2）每当钻头到达穿越轴线上每隔10m左右设置的控制点时，记录探头位置参数，以此控制导向孔的钻进，保证钻孔过程中的轴线位置偏差符合要求（图12）。

（3）导向孔实际线形与设计穿越线形的偏差不大于1%。斜井孔洞距离地面厚度不小于5m，根据地形情况，厚度范围通常在10~20m。

5.2.8 扩孔

（1）导向孔钻成后，在出土点及时卸掉钻头、导向探头。第1次扩孔时首先把导向钻头换成*DN* 300mm（12in）的扩孔器（图13）。

图12 领航者E测量导向偏差

（2）第1次扩孔完成后，将扩孔器推至出土点，过程中用清水进行清孔。在出土点拆除扩孔器，换上16in扩孔器进行第2次扩孔，以此类推，最后换成36in扩孔器完成第7次扩孔，最终扩孔直径大于管道外径500mm。

（3）在最后一次扩孔时在蓄水池中添加膨润土，配置泥浆，扩孔后起到护壁的作用，降低塌孔风险。

5.2.9 管段预制

（1）根据斜井长度，预制多组二接一管段（图14）。

（2）在首根预制管段的端部焊接椭圆形封头，封头与管道采用1层满焊。

图13 在出土点安装扩孔器

5.2.10 焊口检测

每道焊口按照设计及规范要求进行无损检测并合格。

5.2.11 防腐补口、补伤

按照设计及规范要求进行防腐补口、补伤，穿越段补口采用纤维增强型热收缩带（带牺牲带），与原管口的补口带搭接100mm，对管道补口带进行保护。

图14 主管道及硅管套管预制二接一

5.2.12 溜管

（1）溜管前首先将2根钢丝绳（一根端部与入土点外

卷扬机连接，控制溜管速度和安全，另一根端部露在出土点，当溜管卡涩时可从出土点拉拽管段）连接在第 1 根管子端部，用挖掘机和吊车将第 1 根（用于斜井底部）管段送进斜井井口，然后利用吊车、挖掘机相互配合使管子靠自重缓慢下滑，同时卷扬机牵引钢丝绳作为辅助，防止滑管（图 15、图 16）。

（2）定向钻成孔后孔壁比较光滑，管子能够依靠自身重量克服摩擦阻力，自行向下滑落；如摩擦力较大，可以利用挖掘机通过吊带给管线施加外力，把管道直接送入斜井内，也可用挖掘机在出土点拉拽钢丝绳使管子滑落。

图 15　卷扬机固定

（3）在管道滑入斜井内至上部管口外露 1.5 ~ 2.0m 方便管道对口时，停止下滑管道，用卷扬机将管道拉住固定。

5.2.13　主管道及硅管套管续焊

1. 主管道续焊

图 16　溜管

（1）从预制场吊取下一个管段，在斜井洞口处进行组对焊接。注意保证无应力组对，同时保持吊装设备稳定（图 17）。

（2）当焊口冷却到自然温度后，及时进行无损检测，检验结果合格后，进行补口、补伤，并对管道防腐层进行检查，检查无误后，用吊车、挖掘机相互配合将管段缓慢送进斜井内就位。

2. 硅芯管套管及注浆管续焊

主管道溜管过程中，同时将 D 114mm 硅芯管钢套管和 Φ35mm 注浆管分别按主管道顺气流方向的 12 点钟和 2 点钟位置用捆绑钢带将其与主管道绑扎，同主管道一样逐根焊接接续，随主管道同孔发送进入斜井。在捆绑点处必须与主管道之间用 5mm 的橡胶板隔离，并捆绑牢固。

图 17　主管道续焊

5.2.14　返平段施工

管道全部穿越完毕后，将斜井顶部管道进行返平段延伸，在上部返平段连接 2 根管后进行下方管道延长焊接，如返平段仍有滑管风险，利用吊带将倒链与地锚连接，拉拽管道防止下滑，待出土点返平段施工完毕后方可撤走临时牵引措施（图 18）。

5.2.15　单体清管试压

穿越段管道清管、试压、干燥应根据设计及规范要求，单独进行强度和严密性试压。

图 18　入土点返平段地锚固定

5.2.16　孔内注浆

（1）试压合格后，先对下部洞口采用 2 : 8 水泥土进行完全夯填封堵，再由上部洞口泵送复合泥浆至扩孔与主管道之间空隙（图 19）。

（2）通过试验，泥浆比例按照“水泥（20%）+ 膨润土（10%）+ 黄土（70%）”配比，并加 2% 速凝剂，水固比为 1∶1。浆液黏度建议宜为马氏漏斗黏度 80 ~ 100s（图 20）。

（3）在斜井低位封堵预留观察管，验证泥浆是否冒出（图 21）。

图 19　出土点 2∶8 水泥土夯填封堵

图 20　浆料适配

图 21　泥浆拌合

5.2.17　防腐层电导率测试

（1）定向钻穿越施工完毕后，应对穿越段外涂层电导率进行测试；测试宜在穿越完成 15 天后且穿越段管线与主管线连接前（图 22、图 23）。

图 22　电导率测试 1

图 23　电导率测试 2

（2）定向钻穿越段外涂层电导率测试结果应按表 1 的规定进行评价。评价结果为“一般或差”时，应对穿越段管道增设适当的阴极保护措施。

表 1　防腐层标称电导率 λ 与防腐层质量对比表

标称电导率 λ/（$\mu S/m^2$）	防腐层绝缘电阻 R/（$\Omega \cdot m^2$）	防腐层质量评价
$\lambda \leqslant 100$	$R \geqslant 10000$	优
$100 < \lambda \leqslant 200$	$10000 > R \geqslant 5000$	良
$200 < \lambda \leqslant 1000$	$5000 > R \geqslant 1000$	一般
$\lambda > 1000$	$R < 1000$	差

5.2.18　洞口封堵

以定向钻入土点洞口为中心，半径 3m 范围内采用防渗封堵，封堵范围内先铺土工布，再铺 HDPE 防渗膜，在其上再铺土工布，再用 3∶7 的灰土回填 0.6m。3∶7 灰土回填应分层夯实，每层 200mm 厚，压缩系数不小于 0.93。最后回填原土，恢复地貌（图 24）。

图 24　洞口防渗封堵

5.2.19　地貌恢复

穿越施工结束后，及时开展水工保护、水土保持工程施工，随后开展地貌恢复和土地复垦工作。

5.3　劳动力组织

劳动力配置情况见表 2。

表 2　劳动力配置表

序号	岗位名称	人数	备注
1	机组长	1	
2	技术员	1	兼数字化
3	质量员	1	
4	安全员	1	
5	控向	1	
6	司钻	1	
7	测量员	1	
8	起重工	1	
9	电工	1	
10	挖掘机操作手	2	
11	自卸吊司机	1	
12	修理工	1	
13	管工	1	
14	焊工	4	
15	防腐工	1	
16	普工	4	
合计		23	

6　材料与设备

6.1　主要设备配备

斜井定向钻施工主要设备统计见表 3。

表 3　斜井定向钻施工主要设备配备表

序号	设备名称	规格型号	单位	数量	备注
1	定向钻机	XZ320D	套	1	
2	发电机	50kW	台	2	
3	挖掘机	徐工 270DX	台	2	
4	自卸吊	12t	辆	1	
5	挤密式扩孔器	12 ~ 36in	套	7	每 4in 一级
6	导向仪器	领航者 E	套	1	

续表

序号	设备名称	规格型号	单位	数量	备注
7	钻杆	89mm × 10mm × 4500mm × nc31 s135 IEU	根	100	
8	GPS	华测 X900	台	1	
9	卷扬机	10t	台	1	
10	电焊机	ZX7-400S-X	台	2	
11	电导率测试仪	SH-5	套	1	
12	防风棚		个	1	
13	水罐车		辆	1	
14	注浆泵	IRG100-125A	台	1	

6.2 主要材料配备

斜井定向钻施工主要材料统计见表 4。

表 4 斜井定向钻施工主要材料配备

序号	设备名称	规格型号	单位	数量	备注
1	管帽	Φ219	个	1	
2	钢丝绳	Φ20	m	600	
3	钢丝绳	Φ5mm	m	300	
4	吊带	10t	条	3	
5	倒链	10t	条	1	
6	塑料布		m²	100	
7	土工布		m²	200	
8	橡胶板	5mm	m²	15	
9	注浆管	Φ35mm	m	220	
10	膨润土		t	15	
11	水泥	P.O 32.5	t	30	
12	速凝剂		t	3	
13	短节	Φ168mm	m	4	
14	苫盖网	20m × 8m	m²	2000	

7 质量控制措施

7.1 质量标准

（1）GB 50369—2014《油气长输管道工程施工及验收规范》

（2）GB 50424—2015《油气输送管道穿越工程施工规范》

（3）DEC-OGP-G-PL-007-2020-1《油气管道水平定向钻穿越技术规定》

（4）DEC-OGP-R-CM-016-2020-1《油气管道工程施工质量管理规定》

7.2 质量保证措施

（1）根据施工图纸放出钻机场地控制线及设备摆放位置线，确保钻机中心线与入土点、出土点成一条直线。

（2）导向完成后根据导向记录用CAD绘制导向剖视图，复核斜孔实际轨迹是否满足不小于600*D*的曲率半径要求，确定无误后再进行扩孔作业，如不符合要求及时再次钻导向孔进行纠正。

（3）焊口补口采用增强型热收缩套，牺牲带应安装牢固。

（4）管材吊装采用牵引绳，由专人指挥，防止磕碰造成管材变形或防腐层损伤。

（5）管材溜管过程匀速下降，防止钢丝绳与钢管端部、卷扬机连接处断裂。保证管道轴线与斜井孔洞轴线一致，防止钢管底部顶在孔壁上，无法顺利溜放。溜管阻力大，孔内塌方，成孔不好时，挖掘机通过吊带反复调整管道底端轴线，给管线施加外力，把管道直接送入斜井内；或用挖机、顶拉式千斤顶把已入孔管线拉回，重新清孔。

（6）硅管钢套管与主管道铁丝捆绑部位垫橡胶板，防止主管道防腐层被钢套管及铁丝磨损。

（7）注浆施工按比例充分拌合，每次注浆不大于12m³，防止底部泥浆终凝前压力过大造成出土点洞口冒浆。

（8）合理安排各工序间的有效衔接，减少孔洞暴露时间，降低塌孔风险。

7.3 关键工序质量控制点

关键工序质量控制点见表5。

表5 关键质量控制点

序号	检测项目	质量指标	检验方法	检验时机和频次
1	导向	导向孔实际线形与设计穿越线形的偏差不大于1%	导向仪	每10m/1次
2	孔径	不小于扩孔直径	卷尺	每级扩孔后
3	防腐层检漏	无漏点	电火花检漏仪	预制管焊接完成补口后1次，溜管前1次
4	孔洞顶部至底部是否畅通，底部注浆料填充是否密实	斜井底部检漏管冒浆	在出土点洞口封堵位置设置1根检漏管	第1次注浆时检查1次
5	防腐层电导率测试	电阻 R 不应小于 5000Ω·m²	电导率测试仪	孔洞注浆后、返平段与一般线路段连头前1次

8 安全措施

8.1 安全法规

（1）JGJ 33—2012《建筑机械使用安全技术规程》

（2）JGJ 160—2017《施工现场机械设备检查技术规程》

（3）JGJ 46—2005《施工现场临时用电安全技术规范》

8.2 安全保证措施

（1）严格执行安全操作规程，设专人负责安全监督，坚决杜绝违章操作。

（2）各种油品、易燃物品要妥善存放，并做好防火标志。

（3）扩孔作业时，坡顶坡底要加强联系，协调配合，密切注意边坡变化情况，及时处理异常情况。

（4）吊装作业时，要有专人指挥，吊具下不得站人。

（5）控向、司钻要严格按照设备操作要求作业，设备运输过程中必须绑扎牢固。

（6）针对施工的风险，施工前应编制好各风险点的应急预案，同时项目组应专门安排应急预案负责人并配备相应的设备和材料。

（7）吊装作业存在吊物坠落、超重、碰撞风险，作业前检查机具，保证其性能完好；大件吊装要制定吊装方案；恶劣天气（如风力大于5级、暴雨等）不得进行吊装。

9 环保措施

9.1 环保标准

（1）JGJ 146—2013《建设工程施工现场环境与卫生标准》

（2）GB 12523—2011《建筑施工场界环境噪声排放标准》

（3）2010年12月修订《中华人民共和国水土保持法》

9.2 环保措施

（1）禁止施工车辆、设备任意碾压、侵占非施工用地，造成植被及农作物的破坏。

（2）施工设备跑、滴、漏对环境的污染，加强设备的维修和检查，发现问题及时处理。

（3）定向钻穿越施工过程中，需要大量的泥浆，未掺和膨润土或添加剂的泥浆施工后进行静置固化，随后就地掩埋。掺和膨润土或添加剂的泥浆按当地具有资质的环保部门要求进行处理，外运时要使用密封好的灌车运输，防止运输过程中泥浆洒落到路途上。

（4）有泥浆漏失时，先挖泥浆坑或围堰进行收集，穿越结束后拉运到当地环保部门指定的地方。

（5）泥浆拉运完毕后，采用单斗挖掘机从泥浆坑的周边进行清理回填土方，恢复地貌。

10 效益分析

10.1 经济效益分析

以西一线延安支线工程YA172-YA173桩斜井定向钻为例进行经济效益分析。该段斜井长度165m，孔洞Φ900mm。斜井定向钻与大开挖施工人员、设备、材料的费用对比分析如表6所示。

表6 斜井定向钻穿越与大开挖穿越施工的经济费用对比

施工方法 / 对比项目	管道斜井定向钻穿越	大开挖穿越
施工工期	21天	26天
资源投入	XZ320D水平定向钻机1台、钻杆300m、扩孔器7套、卷扬机1台、挖掘机2台、自卸吊1辆、双排车1辆、越野车1辆、水罐车1辆、发电机2台、电焊机2台、注浆泵1台、TRK测量1台	徐工270DX挖掘机3台、卷扬机1台、搅拌机1台、双排车1辆、越野1辆、发电机2台、电焊机2台、中巴车1辆、TRK测量1台。
人工费	15人×10天×0.03万元/（天·人）+18人×7天×0.04万元/（天·人）+6人×7天×0.03万元/（天·人）=10.8万元	12人×12天×0.03万元/（天·人）+18人×7天×0.04万元/（天·人）+10人×7天×0.03万元/（天·人）+5人×3天×0.03万元/（天·人）=11.91万元

续表

施工方法 / 对比项目	管道斜井定向钻穿越	大开挖穿越
材料费	柴油：0.00075 元 /L × 600L=0.45 万元；地锚：0.7 万元 /t × 0.2t=0.14 万元；Φ5mm 钢丝绳 600m：1 万元；Φ35mm 注浆管 :0.003 万元 /m × 220m=0.66 万元；10t 吊带 3 条：0.03 万元 / 条 × 3 条 =0.09 万元、10t 卷扬机 1 台：3.9 万元；10t 倒链 1 个：0.25 万元；水：0.0008 万元 /t × 1000t=0.8 万元；膨润土：0.25 万元 /t × 12t=3 万元；速凝剂：0.1 万元 /t × 3t=0.3 万元；水泥：0.046 万元 /t × 10t=0.46 万元 合计：11.05 万元	柴油：0.00075 元 /L × 2000L=1.5 万元；磅秤 1 台：0.3 万元；10t 卷扬机 1 台：3.9 万元；钢丝绳：1 万元；10t 倒链 1 个：0.25 万元；10t 吊带 3 条：0.03 万元 / 条 × 3 条 =0.09 万元；毛石：0.01 万元 /m^2 × 500m^2=5 万元、水泥：0.046 万元 /t × 25t=1.15 万元、沙子：0.019 万元 /m^2 × 150m^2=2.85 万元；水：0.0008 万元 / t × 200t=0.16 万元；聚酯袋：0.00012 万元 / 个 × 4000 个 =0.48 万元；草籽：0.002 万元 / 斤 × 10kg=0.04 万元；紫穗槐：0.000003 万元 / 株 × 12 万株 =0.36 万元 合计：17.08 万元
设备台班费	钻机台班费用：0.2 万元 / 天 × 12 天 =2.4 万元；挖掘机台班费用：0.14 万元 / 天 × 2 台 × 12 天 =4.2 万元；自卸吊：0.1 万元 / 天 × 12 天 =1.2 万元；双排车：0.03 万元 / 天 × 12 天 =0.36 万元；越野车台班费：0.04 元 / 天 × 12 天 =0.48 万元；电焊机：0.005 万元 /（天・台）× 2 台 × 7 天 =0.07 万元；发电机：0.005 万元 /（天・台）× 2 台 × 7 天 =0.07 万元；注浆泵：0.05 万元 × 7 天 =0.35 万元 合计：9.13 万元	挖掘机台班费：0.14 万元 / 天 × 3 台 × 15 天 = 6.3 万元；双排车：0.03 万元 / 天 × 15 天 =0.45 万元；越野车台班费：0.04 元 / 天 × 15 天 =0.6 万元；中巴车台班费：0.05 元 / 天 × 15 天 =0.65 万元；电焊机：0.005 万元 /（天・台）× 2 台 × 7 天 =0.07 万元；发电机：0.005 万元 /（天・台）× 2 台 × 15 天 =0.15 万元 合计：8.22 万元
运输费	挖掘机拉运：0.1 万元 / 次 × 4 次 =0.4 万元；钻机拉运：0.8 万元 / 次 × 1 次 =0.8 万元；钻杆拉运：0.1 万元 / × 2 次 =0.2 万元；发电机、卷扬机、焊机拉运：0.1 万 / × 2 次 =0.2 万元 合计：1.6 万元	挖掘机拉运：0.1 万元 / 次 × 6 次 =0.6 万元；搅拌机磅秤、卷扬机发电机、焊机拉运：0.1 万元 / 次 × 2 次 =0.2 万元 合计：0.6 万元
合计	32.58 万元	37.81 万元

注：6 条斜井定向钻长度 1324.464m，共节约成本 41.98 万元。

10.2 社会效益分析

本工法施工在保证工程质量和缩短施工工期的同时，大大减少了施工占地、减少了土方开挖量和后期水工保护工程量，降低了施工成本。另外，还减少了水土流失，保护了黄土地区脆弱的植被，并增加了管道运行的稳定性，其社会效益显著。

11 应用实例

2021 年 9 月至 2022 年 8 月管道二公司承建的西一线延安支线工程位于陕西省北部，地貌属于黄土高原黄土梁峁沟壑丘陵区，管道沿线有多处垂直于陡坡敷设。管道二公司前期采用机械扫线降坡，土方量大，土方沿陡坡向下滑落，导致陡坡上部管道作业带缺土，影响回填及地貌恢复，扰动后的作业带水保工程量大。此外还采用过人工挖管沟，坡顶预制管放管方法。管沟陡峭工人站立困难，施工风险高，人工开挖回填施工效率低、工期长，管沟回填需用 2∶8 水泥土分层回填，工程量大成本高。后创新采用本工法，完成 6 处陡坡穿越，施工质量高、工效快，节省了施工成本，对周围环境影响小，后期水土保持维护成本低，管道运行安全系数高。

长输管道环焊缝全聚焦超声成像检测（TFM）工法

董济功　王声吉　陶学刚　董军辉　安　闯

中国石油天然气管道第二工程有限公司

1　前言

长输管道环焊缝检测以往采用手动超声波（UT）检测，检测结果不直观且不能永久保存，受个人技术水平影响较大，且只有单通道检测，检测效率低。目前管道环焊缝连头口及返修口采用相控阵超声（PAUT）+ 超声波衍射时差法（TOFD）检测，PAUT+TOFD 检测效率高且数据可永久保存，但缺欠长度和高度测量，因此误差较大。全自动焊缝用全自动超声波（AUT）检测，AUT 同样是相控阵与 TOFD 技术相结合，对焊缝的分区检测，具有效率高、数据可永久保存的特点，但需根据坡口定制专用对比试块，应用范围窄，缺欠当量，根据波幅换算误差较大。

全聚焦超声成像检测技术（TFM）是近年来随着设备高速处理器的发展而出现的一种新的数据处理方法。该检测技术最大优势是数据可以重建和存储，具有单面双侧同时检测和检测结果数字化、永久保存的特点，检测效率高，适用于各种管径、壁厚、坡口、焊接方法的焊缝检测，对缺欠的定量更准确，可实现 3D 成像。

2021 年中国石油天然气管道第二工程有限公司（以下简称“管道二公司”）与国家石油天然气管网集团有限公司合作开展了“油气管道环焊缝超声成像检测技术现场适用性研究”科研课题并通过验收。2021 年 7 月—10 月，管道二公司在中俄东线天然气管道工程（永清—上海）泰安—泰兴项目线路工程第二标段首次应用该技术，完成 335 道焊口检测，结果与 PAUT+TOFD、AUT 以及 RT 相比，TFM 对缺欠的定量更准确，一定程度上降低了焊缝的返修率，节省返修甚至割口等施工成本。由此梳理、归纳、总结形成“长输管道环焊缝全聚焦超声成像检测（TFM）工法”。管道二公司于 2021 年 10 月—12 月在新疆煤制气外输管道广西支干线工程三标段采用本工法共计检测 252 道焊口；于 2022 年 12 月—2023 年 4 月在龙口南山 LNG 接收站配套外输管道工程一期工程采用本工法检测 600 道焊口。TFM 具有检测速度快，缺欠检出率高，成像直观，缺欠定量准确，成本低等优点。

本工法执行标准为《承压设备无损检测 第 15 部分：相控阵超声检测》NB/T 47013.15—2021。

2023 年 5 月，“长输管道环焊缝全聚焦超声成像检测（TFM）工法”获评为中国石油管道局工程有限公司企业级工法。

2 工法特点

2.1 缺欠的检出率高、定量更准确

采用多种数据模式进行采集，受缺欠的形状、角度、光滑度等影响较小，各种缺欠都能检出。使缺欠 3D 成像，直接测出缺欠当量，结果更准确。

2.2 成像直观、图像信噪比极高

TFM 数据图像全部采用正视图模式成像，能直观地观察焊缝内的缺欠情况，实现 3D 成像。使聚焦声束在聚焦位置进行多次的叠加和平均，采集到的图像具有极高的图像信噪比。

2.3 只需 1 对 TFM 探头就能完成检测，声束更聚焦、不存在盲区

检测时只需 1 对 TFM 探头对置扫查，即可完成单面双侧检测。超声波束多次叠加聚焦，在近表面有更大的传播区域，不存在盲区。

2.4 现场操作方便、检测效率高

TFM 设备结构简单，用锂电池供电，整机重 10kg，设备操作简单，适用于一般线路、山区、水网和受限空间等管道环焊缝的检测。只需沿环焊缝扫查一周即可完成检测，检测速度快、效率高。

3 适用范围

本工法适用于工件厚度为 6 ~ 150mm、管径≥ 100mm 的碳钢、低合金钢的环向对接焊缝检测。

4 工艺原理

TFM 技术是采用全矩阵采集（Full Matrix Capture，简写 FMC）数据进行的一种后处理成像算法。全矩阵采集的任何一个数据都可以重新创建和存储，其实现方式是逐一激发阵列探头，从而激发孔径内的单个（或多个）阵元，同时所有阵元（或设定的阵元组）接收，依次遍历激发所有阵元（或阵元组）之后，再根据延迟法则对目标网格化区域内的每一个点进行计算和成像。包括 FMC（全矩阵采集）、AIM（声学响应分布）、TFM（全聚焦成像算法）等。通过 TFM 进行数据处理，可以使得显示区域的每个数据点都聚焦；使用 TFM 评图软件使缺陷形成不同的视图显示，方便进行缺陷的测量。

4.1 全矩阵采集（FMC）

全矩阵采集（FMC）是每次激励阵列探头的一个阵元，所有的阵元都接收，然后逐次遍历所有的阵元进行单独发射和多个晶片接收延迟做了“角度偏转 + 聚焦”算法处理，回波合成以后得到的是“角度偏转 + 聚焦”的声束。图 1 中的每个像素点都按照此种数据处理方式进行处理，得到的就是全体积内的聚焦图像。对于一个全聚焦剖面图像来说，一般是通过网格化处理并填充得到的，即将一个关注区域细分成很多细小的网格，然后通过一系列数据处理后，确定需要填充到该网格的色块，把所有色块全部填充完毕后即形成了全聚焦图像。

4.2　AIM 声学响应分布图

AIM 声学响应分布图是指回波的能量分布模拟图。回波的能量与检测缺欠的类型和方向息息相关，不同的缺欠类型和缺欠方向有着不同的 AIM 图。一般的数据检测模式包括 TT、TTT、TTTT、TTTTT、LL、LLL 等（图 2）。选择 TT 模式，表示横波入射，横波返回；选择 LL 模式，表示纵波入射，纵波返回。LL 模式可以用来检测腐蚀或者母材；TT 模式可以用来检测焊缝中的气孔和夹渣等体积型缺欠；TTTT 模式可以用来检测 V 形坡口本侧的侧壁未熔合类型的缺欠；TTT 模式一般用于检测焊缝根部的裂纹类垂直方向的缺欠。

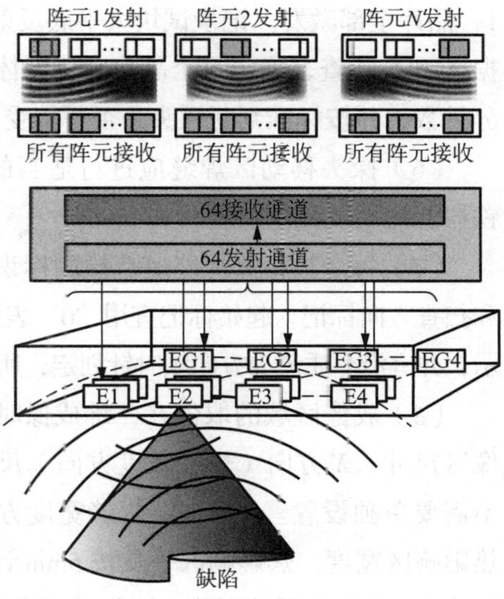

图 1　全矩阵采集超声成像

4.3　全聚焦成像算法

确定好目标区和数据模式后，设定像素点或成像分辨率就可以按照这个数据模式相应的声速进行延迟法则的计算和显示。然后对每一个 A 扫描信号的发射或接受阵元获取相应的幅度值，计算某一个像素点的信号延迟量。再将该像素点对应的所有 A 扫描幅度值叠加在一起，最后遍历所有的像素点，形成 TFM 检测图像。TFM 算法既会提取信号的真实分量，也会提取信号的理论分量，并将两者结合起来完成计算。这种处理方式确保不丢失数据，可清除噪声和伪影，还可以对图像进行微调。生成的图像中，缺陷的聚焦程度高，对缺陷测量更准确。

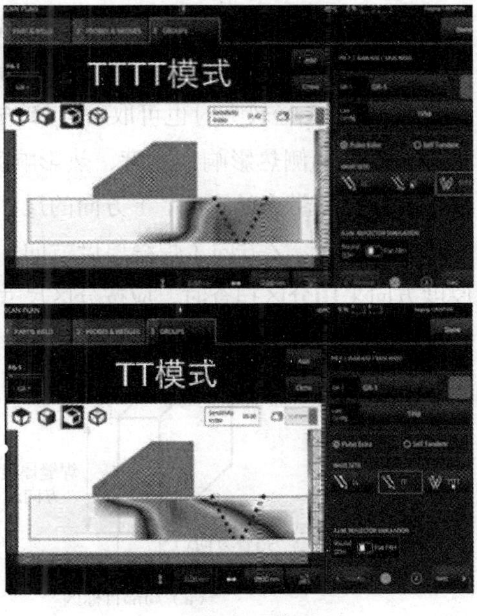

图 2　不同的数据模式

5　施工工艺流程及操作要点

5.1　工艺流程

TFM 检测工艺流程如图 3 所示。

5.2　操作要点

5.2.1　检测前准备

（1）操作仪器人员应经过 UT、PAUT 等超声波培训并取得相关证书。

（2）将 TFM 探头、编码器、分路器分别通过线缆和仪器连接。

（3）根据检测对象规格设置焊缝形式、探头参数。

（4）配置各通道参数，通道通常包含 PA1、PA2、耦合通道。

（5）对相控阵探头设置 0 度聚焦法则，聚焦深度是工件厚度的 1.1 倍，激发晶片数量为

1，晶片全部激发。记录试块大平底反射信号。为确保耦合均匀，根据 A 和 S 扫查，确定每个晶片对反射体的回波高度达到 80%，记录分贝数，并按标准判断探头是否可接受。

（6）探头移动区焊缝应进行适当的修磨，清理焊缝两侧飞溅、铁屑、污垢及其他杂质。

（7）每个被检测焊缝应有检测标识，在平焊位置应有起始标记和扫查方向标记。起始标记宜用“0”表示，扫查方向标记宜用箭头表示，并宜沿介质流动方向顺时针划定，所有标记应对扫查结果无影响。

（8）成像区域的取值在二维成像时，主要根据焊缝尺寸确定成像区尺寸。*X* 方向（焊缝长度方向）尺寸一般为扫查步进值，通常不需要单独设置。*Y* 方向（焊缝宽度方向）尺寸取焊缝宽度加两侧热影响区宽度，热影响区一般按 5mm 计算。为避免轨道安装误差的影响，*Y* 方向的尺寸要略大于焊缝宽度加两侧热影响区的宽度；*Z* 方向（焊缝厚度方向）尺寸一般取母材厚度，当在厚度方向采用分区扫查时，应按分区尺寸分别取值。三维成像时，一般根据焊缝尺寸和探头孔径确定目标区三维尺寸。*X* 方向（焊缝长度方向）尺寸宜取探头孔径的 1/2，孔径较大时也可取 1/4；*Y* 方向（焊缝宽度方向）尺寸取焊缝宽度加两侧热影响区宽度，热影响区一般按 5mm 计算。为避免轨道安装误差带来的影响，*Y* 方向的尺寸要略大于焊缝宽度加两侧热影响区的宽度；*Z* 方向（焊缝厚度方向）尺寸一般取母材厚度，当在厚度方向采用分区扫查时，应按分区尺寸分别取值，如图 4 所示。

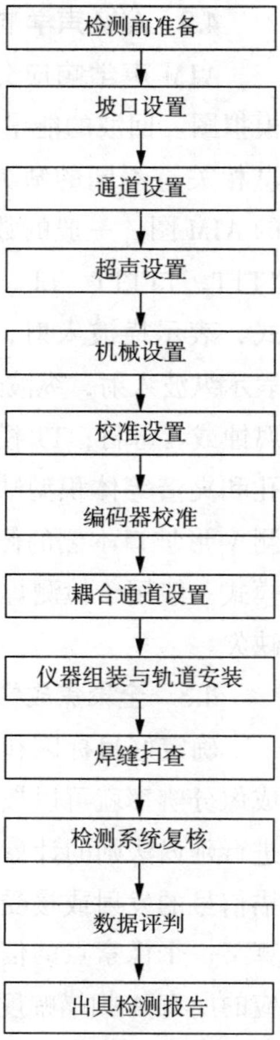

图 3　TFM 检测工艺流程

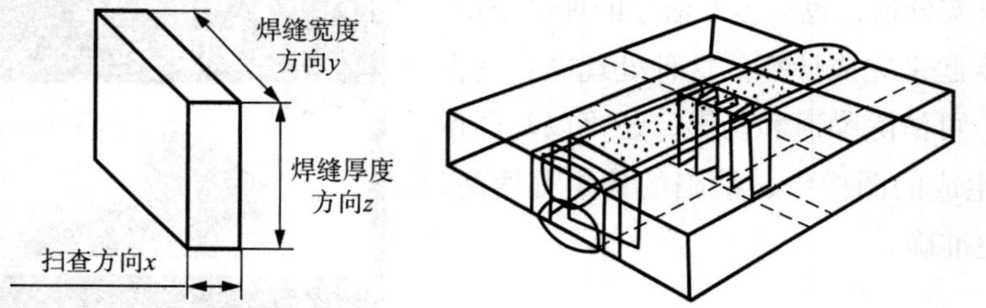

（a）局部目标区　（b）焊缝整体结构

图 4　全聚焦相控阵目标区示意

5.2.2　坡口设置

根据坡口选择的成像区域通常又称为目标区域。目标区域应能覆盖整个被检测区域，当设定的目标尺寸不能一次覆盖整个被检区域时，应采用多次扫查方式保证被检区域的完全覆盖。不同的模式对应着不同的检测情况和缺欠类型，选择合适的检测模式才能够得到最好的检测结果。

以壁厚 22mm V 形坡口为例设置工件（图 5、图 6）：

（1）在工件菜单栏中选择几何工件，并同时选择对应的材料（碳钢）。

（2）通过模型编辑器设置对应的工件参数，并同时将绘制好的 DXF 格式的焊缝坡口导入。

图 5　工件参数设置

（3）在工件下拉菜单选择坡口的覆盖为 1，将坡口显示在视图中。

5.2.3　通道设置

（1）在通道的下拉菜单中选择激发方式为 TFM 脉冲回波，并且选择特殊定制的 7.5MHz、*R*100mm 的 TFM 探头和特制的 55SWOD1219 的曲面楔块（图 7）。

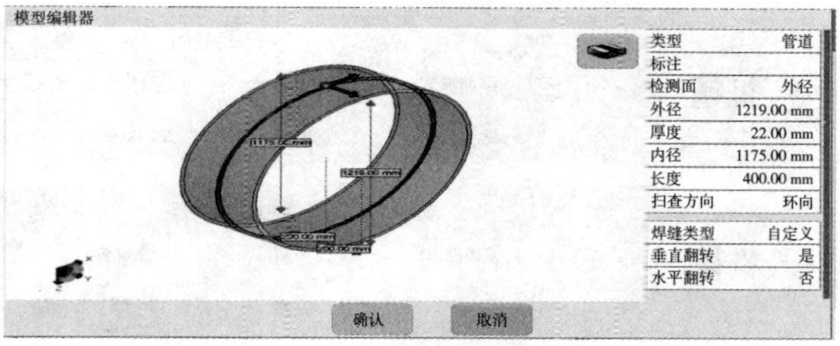

图 6　模拟工具图

（2）点击 TFM 进入 TFM 聚焦法则计算器，设置好对应的扫查偏转角和步进参考。在重建路径中选择 4 种方式，T–T、TT–T、TT–TT、TTTTT 对应不同区域的检测，保证焊缝区域的全覆盖，并设置好 ROI 区域，以覆盖整个坡口。成像分辨率选择为 256dpi × 256dpi，以同时保证成像效果和设备的扫查速度，同时在通道中新建一个线性扫查的相控阵通道作为耦合通道以监控耦合效果。

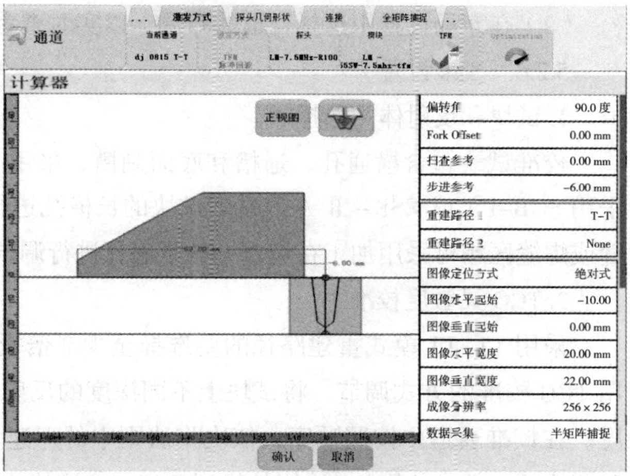

图 7　通道设置

5.2.4　超声设置

（1）在超声设置的下拉菜单中选择合适的滤波器，一般选择带通滤波的数值为频率的 0.5~2 倍之间（图 8）。

（2）在超声设置的下拉菜单中点击数字化，选择最大的采集率和最大的 PRF，以达到最快的检测速度（图 9）。

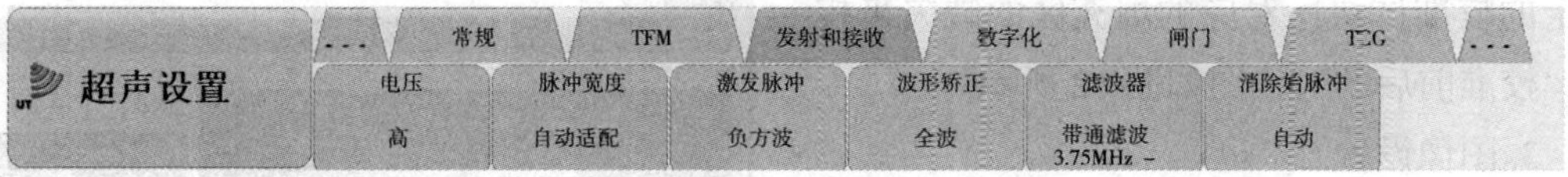

图 8　超声设置

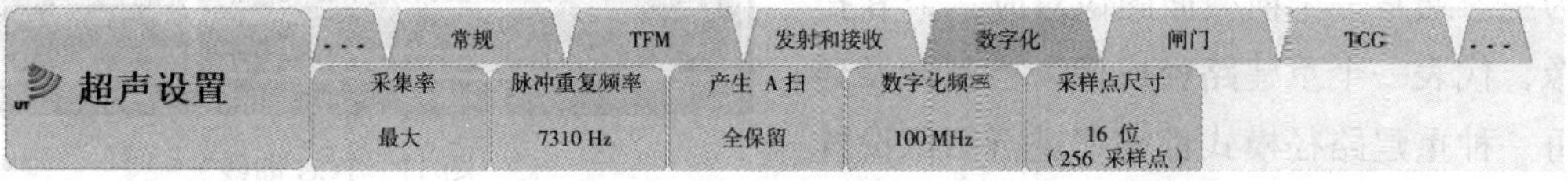

图 9　采集率设置

5.2.5 机械设置

（1）在机械的设置中选择一维线性扫查，并设置扫查长度为略大于管道环焊缝外径的周长，通过下拉菜单中的校准工具，在管道环焊缝上设定一定的距离，以便于校准编码器的分辨率（图 10）。

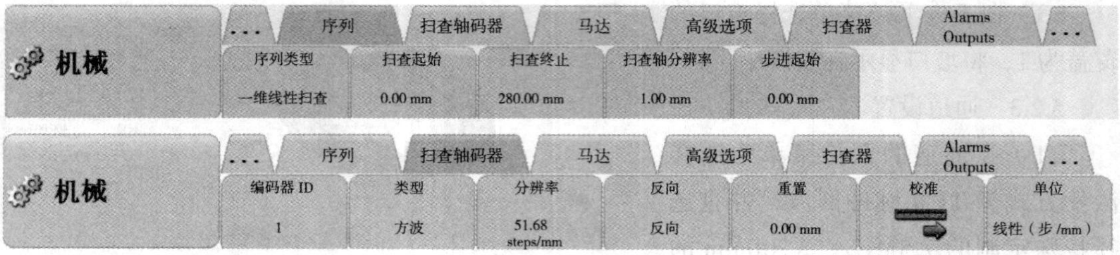

图 10 扫查距离及编码器设置

（2）在布局设置中选择合适的布局，以实时查看扫查过程。

5.2.6 校准设置

1. 试块和反射体的选择

校准试块包含横通孔、通槽和底面刻槽，采用 T–T 和 TT–TT 模式的焊缝或焊缝区域可采用 SGB–PA 或 CSK– Ⅱ A 等系列试块的长横孔进行灵敏度设置。对于采用 TT–T 模式的焊缝或焊缝区域可采用加工在坡口上的平底孔进行调试。

2. TCG 灵敏度校准

采用 TT–TT 模式重建路径的要选择至少 2 倍板厚深度的反射体做校准。检测灵敏度采用 TCG 校准的方式调节，将试块上不同深度的反射体调整到满屏高度的 80% 作为基准灵敏度。在校准通道中按照顺序，依次将法则中的声速、楔块延时和 TCG 校准完毕，声速校准和楔块延时校准使用 PA 通用的船型 CSK–1A 试块或者条形试块。

TCG 校准（图 11）中涉及 3 个不同重建路径，即不同模式的校准，需要分别校准。T–T 模式使用条形试块中的至少 3 个不同深度（10mm、30mm、50mm）的 Φ2mm 横孔进行校准，并做曲线。

TT–TT 模式使用 PA 通用的船型 CSK–1A 试块和 CSK– Ⅱ A– Ⅱ校准、做曲线；TT–T 模式则使用 AUT 模拟试块中或者 TFM 特定的校准试块所对应的填充区的缺欠来校准。校准前后的对比图如图 12 所示。

图 11 TCG 曲线

3. 图像设置

检测图像主要以 B 扫描成像和横截面成像为主。通常一个横截面图像对应一个 B 扫图像，代表一个重建路径成像，检测涉及到的每一种重建路径模式都需要进行图像设置（图 13）。

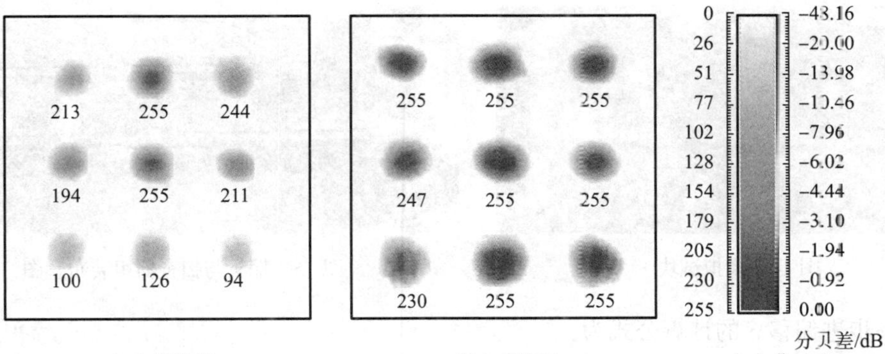

（a）校准前　　（b）校准后　　（c）分贝差

图 12　校准前后的图像

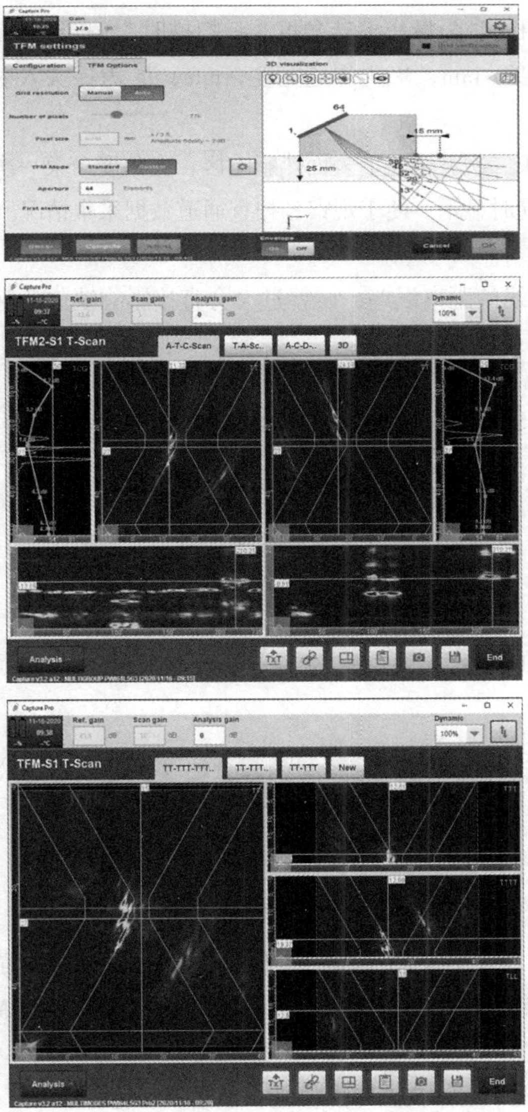

图 13　全聚焦图像设置

4. TFM 模拟试块扫查

在检测实施前应在模拟试块上进行工艺验证，保证声束能覆盖整个需要检测的区域并且能检测出模拟试块上所有的缺欠。焊口检测前应先在标准试块上扫查一遍以确认灵敏度，保留校入数据，在焊口检测结束后再在标准试块上校准一次确保灵敏度符合标准要求，保留校出数据。模拟试块如图 14 所示。

5.2.7　编码器校准

设置目标距离校准时扫查装置移动的最小距离是 500mm，在仪器上点击校准。确认校准后显示距离与实际位移的误差应小于 1%，最大误差不大于 10mm。

5.2.8　耦合通道设置

设置耦合通道来监控耦合状况，采用 0° 角设置，应包含所有检测使用晶片。

5.2.9　仪器组装与轨道安装

1. 将校准完成的 TFM 相控阵探头安装在自动扫查架上（图 15）。

（1）TFM 相控阵 90° 探头安装在管道气流（或油流）的上游，270° 探头安装在管道气流（或油流）的下游。2 个控阵探头应与焊缝中心线对称放置，探头前沿到焊缝中心线的距离应保持与扫查计划中数值相同。也可通过以下公式进行计算：

图 14　模拟试块

图 15　探头与扫查器组装布置图

探头步进偏移 S 的计算公式为：

$$S = 2T \times \tan\alpha + \left(W_{\mathrm{HAZ}} + \frac{W}{2} - L_0 \right) \qquad (1)$$

式中，S 为步进偏移距离，mm；α 为 S 扫描时为最小偏转角度，E 扫描时为偏转角度；T 为工件厚度，mm；W_{HAZ} 为单侧热影响区宽度，mm；W 为焊缝宽度，mm；L_0 为探头入射点到探头前沿距离，mm。

（2）采用扇扫时声束范围应保证小角度声束二次波覆盖上表面热影响区，大角度声束一次波覆盖根部热影响区。扫查时可选多组多模式同时显示，便于观察各扫查通道数据采集情况。

2. 轨道安装

轨道安装应严格控制轨道边缘与焊缝中心线的距离误差，误差过大会直接影响缺欠的判定（图 16）。

图 16　轨道安装精度测量与最终紧固

5.2.10　焊缝扫查

（1）扫查时应保证扫查速度小于或等于最大扫查速度 $V_{\max}$。最大扫查速度 $V_{\max}$ 按以下公式计算：

$$V_{\max} = \frac{PRF}{NA} \Delta x \qquad (2)$$

式中，$V_{\max}$ 为最大扫查速度，mm/s；PRF 为激发探头的脉冲重复频率，Hz；Δx 为设置的扫查增量值，mm；N 为设置的信号平均次数；A 为做 S 扫描时，角度范围内所包含的 A 扫个数（如 35°～75° 的 S 扫描，角度步进为 1°，则 A=41）。

（2）将组装好的扫查器安装到轨道上，并置于起始扫查零点位置，锁紧驱动轮。

（3）扫查停止位置应越过起始位置至少 20mm。若需对焊缝在长度方向进行分段扫查，则各段扫查区的重叠范围至少为 20mm。

（4）扫查过程中应保持耦合良好，有耦合监控功能的仪器可开启此功能。

（5）扫查结束后编辑焊缝信息，保存数据。

5.2.11　检测系统复核

当有下列情况时需要进行系统复核：

① 检测过程中重要设备更换部件；② 检测人员有怀疑；③ 连续工作 4h；④ 检测结束。

5.2.12　数据评判

1. TFM 数据有效性检查

（1）数据是基于扫查增量的设置而采集的。

（2）采集的数据量满足所检测焊缝长度的要求。

（3）数据丢失量不应超过扫查的 5%，且不应出现相邻数据连续丢失。

（4）扫查图像中耦合不良不得超过整个扫查长度的 5%，单个耦合不良长度不得超过 5mm。

（5）若数据无效，应纠正后重新进行扫查。

2. 缺欠测量方法

（1）缺欠长度的测量

当缺欠反射波只有 1 个高点且高点波幅未超过系统记录波高上限时，应以该波幅为基准采用 –6dB 法进行测长。缺欠波幅超过系统记录波高上限时，应以系统记录波高上限为基准，采用 –6dB 法进行测长。

当缺欠反射波峰值起伏变化有多个高点且不小于 40% 时，应采用端点 –6dB 法测其指示长度。

（2）缺欠深度的测量

在 D 扫描图像中测量缺欠深度，以缺欠中最高回波所在的深度位置表征缺欠的深度位置，也可以将缺欠下端点的位置作为缺欠的深度位置。

（3）缺欠高度的测量

可在 S 型显示或 B 型显示上采用相控阵 –6dB 法测量，若缺欠最高波幅超过满屏高度 100%，则在 S 型显示或 B 型显示上找到 A 型显示回波波幅，并降低至不超过满屏高度 100% 的端点部位，再使用端点波幅下降 6dB 法进行缺欠高度测量。

5.2.13　出具检测报告

（1）检测报告应包括：检测标准、被检管线情况（工程编号、规格、材质、坡口型式、焊接方法和热处理状况）、检测设备情况（仪器型号及编号、扫查装置、试块、耦合剂）、检测条件（检测工艺编号、探头设置、检测系统设置和校准的数值、扫查方式、温度）、检测示意图（检测部位、检测区域以及所发现的缺欠位置和分布）、检测数据（数据文件名称、缺欠位置与尺寸、质量级别及缺欠部位）、检测结论。

（2）检测记录和检测报告应由相应责任人员签字确认。

5.3　劳动力组织

以中俄东线天然气管道工程（永清—上海）泰安—泰兴段线路工程为例，人员配备如表 1 所示。

表 1 TFM 检测人员配置表

序号	岗位	单位	数量	备注
1	项目经理	人	1	负责项目的组织、管理和协调
2	技术质量负责人	人	1	现场的技术支持和资料管理
3	安全员	人	1	现场 HSE 措施
4	PAUT Ⅱ级人员	人	1	现场调试设备和检测
5	PAUT Ⅱ级人员	人	1	扫查图评定和出具检测报告
6	TFM 辅助	人	1	协助安装轨道、扫查
7	司机	人	1	1 辆皮卡车
合计		人	7	

6 材料与设备

以中俄东线天然气管道工程（永清—上海）泰安—泰兴段线路工程为例，主要设备和材料配置见表 2、表 3。

表 2 主要设备配备表

序号	名称	规格型号	单位	数量	备注
1	TFM 检测仪	OmniScanX3，32/128	台	1	
2	TFM 探头	7.5MHz，R100mm	个	2	
3	TFM 自动扫查器	四探头	套	1	
4	轮式编码器	—	个	1	
5	软件电子钥匙	—	个	1	
6	刚性轨道	适用直径 813mm	条	2	
7	自供电水泵	20L	台	1	
8	红外测温仪	—	台	1	
9	便携磨光机	—	台	1	

表 3 主要材料配备表

序号	名称	规格型号	单位	数量	备注
1	TFM 探头楔块	55SWOD1219	个	2	
2	TFM 楔块边框总成	—	个	2	
3	TFM 探头连线	加长 5 m	条	2	
4	进水管	加长 5 m	根	1	
5	出水管	医用橡胶管	米	2	
6	四路分水器总成	IT-SCS10	个	1	
7	三通	Y 形三通，Y-PK-3	个	2	
8	轨道安装尺	300mm	把	2	
9	铜锤	尾带内六角	把	2	
10	内六角扳手	公制组合	套	1	

7 质量控制

7.1 质量标准

（1）NB/T 47013.15—2021《承压设备无损检测 第15部分：相控阵超声检测》

（2）DEC-OGP-G-NT-004-2020-1《油气管道工程相控阵超声检测技术规定》

（3）SY/T 4109—2020《石油天然气钢质管道无损检测》

7.2 质量保证措施

（1）清除探头移动区域飞溅、铁屑、污垢及其他杂质，制管焊缝应进行修磨，并作圆滑过渡。

（2）校准包括声速、延时、灵敏度、TCG、编码器，应按照操作指导书的内容严格执行校准。

（3）评定时应结合各扫查通道综合分析，必要时可参考其他检测方法对特定缺欠的处理进行分析。

7.3 关键工序质量控制点

关键工序主要技术指标检验统计见表4。

表4 关键工序主要技术指标检验统计表

序号	检验项目	检查时机或工序	指标要求	检验工具或方法
1	扫查面确认	扫查前	表面平滑	目视或焊接检验尺
2	轨道安装精度	轨道安装时	探头前沿与焊缝中心线误差小于1mm	钢板尺
3	检测仪器校准	校准时	各校准控制在误差范围内	通过标准试块比对
4	数据评定准确性	数据评定后	无错评、漏评	一评一审制

8 安全措施

8.1 执行的安全法规

SY 6444—2019《石油工程建设施工安全规程》

8.2 安全保障措施

（1）沟下检测作业时，应由专职人员进行风险评价，确认放坡、逃生梯、支护安全可靠。

（2）使用磨光机清除表面飞溅、铁锈时，存在伤人风险，应佩戴防护用品。

9 环保措施

9.1 环保标准

（1）2014年4月修订《中华人民共和国环境保护法》

（2）GB 8978—1996《污水综合排放标准》

9.2 环保措施

（1）TFM检测使用自来水耦合，对环境没有污染，在低温环境使用防冻液时，应进行回收。

（2）使用机油作为耦合剂时，应使用专用清洗剂对机油进行清理。

（3）生活和施工废料及时收集、处理，并设置分类的垃圾处置箱。

10 效益分析

10.1 经济效益

以中俄东线天然气管道工程（永清—上海）泰安—泰兴项目线路工程施工第二标为例，管道直径为 1219mm，工期 30 天，不计算项目管理费用，PAUT+TOFD、AUT、TFM3 种检测方法所需要的成本计算见表 5 ~ 表 7。

表 5 PAUT+TOFD 费用计算表

序号	费用项目	投入资源	单位	数量	单价 / 万元	合价 / 万元	备注
1	设备折旧	PAUT 检测仪	月	1	0.56	0.56	原值 40 万元
2	轨道	钢制轨道	条	2	1.10	2.20	
3	配件	楔块、编码器、电机各 1 个	批	1	1.60	1.60	
4	试块	模拟试块	个	1	2.10	2.10	
5	人员	持证人员	人	4	1.50	6.00	
6	车辆	租皮卡车 1 辆	月	1	1.20	1.20	
7	油料	汽油	L	300	7.00	0.21	
合计						13.87	

表 6 AUT 费用计算表

序号	费用项目	投入资源	单位	数量	单价 / 万元	合价 / 万元	备注
1	设备折旧	AUT 检测仪	月	1	2.30	2.30	原值 120 万元
2	轨道	钢制轨道	条	2	1.10	2.20	
3	配件	楔块、编码器、电机各 1 个	批	1	1.90	1.90	
4	试块	对比试块	个	1	2.60	2.80	
5	人员	持证人员	人	7	1.50	10.50	
6	车辆	租皮卡车 1 辆	月	1	1.20	1.20	
7	油料	汽油	L	300	7.00	0.21	
合计						21.11	

表 7 TFM 费用计算表

序号	费用项目	投入资源	单位	数量	单价 / 万元	合价 / 万元	备注
1	设备折旧	TFM 阵检测仪	月	1	1.09	1.09	原值 60 万元
2	轨道	钢制轨道	条	2	1.10	2.20	
3	配件	楔块、编码器、电机各 1 个	批	1	1.20	1.20	
4	试块	模拟试块	批	1	2.10	2.10	
5	人员	持证人员	人	5	1.50	7.50	
6	车辆	租皮卡车 1 辆	月	1	1.20	1.20	
7	油料	汽油	L	300	7.00	0.21	
合计						15.50	

根据计算结果，PAUT+TOFD、AUT、TFM 3 种检测方法的直接成本分别为 13.87 万元、21.11 万元、15.50 万元，成本比为 1：1.52：1.12。对比可见，在不考虑检测组织方式（检测与焊接机组的配备比例）和地形地貌的情况下，TFM 成本介于 PAUT+TOFD 和 AUT 之间，略高于 PAUT+TOFD 成本，比 AUT 成本低很多。

10.2 社会效益

长输管道是保障民生和国家能源安全的重点工程，采用 TFM 方法提高了缺欠定量的准确性和缺欠检出率 2 个重要指标，检测后的数据可以永久保存，是长输管道数字化建设的有力保障。随着 TFM 方法快速推广应用，将在保障民生、国家能源安全和人民生命及财产安全方面起到重要作用。

11 应用实例

实例一：中俄东线天然气管道工程（永清—上海）泰安—泰兴段线路工程施工第二标段

2021 年 7 月至 2021 年 10 月管道二公司承建的中俄东线天然气管道工程（永清—上海）泰安—泰兴段线路工程施工第二标段管道管径为 1219mm，壁厚为 18.4mm 和 22mm，材质为 X80，设计压力为 10MPa。本工程主线路采用全自动焊接方法，连头口采用组合自动焊的焊接工艺。管道二公司采用本工法完成了 335 道焊口检测，通过与 RT、PAUT+TOFD、AUT 相比，检测结果更接近焊缝缺欠实际大小。

实例二：新疆煤制气外输管道广西支干线工程无损检测三标段

2021 年 10 月至 2021 年 12 月管道二公司承建的新疆煤制气外输管道广西支干线工程无损检测三标段管径为 813mm，壁厚为 14.6mm，涉及的地貌复杂，山地、水网、三穿地段较多，主要采用组合自动焊的焊接工艺。管道二公司采用 TFM 检测 252 道口，与 RT 及 PAUT+TOFD 相比，TFM 检测设备较其他检测设备轻便，体积更小，在山区段不需要大型设备配合，应用起来更方便快捷，缺欠定位精度高、长度、高度测量准确性高。

实例三：龙口南山 LNG 接收站配套外输管道工程

2022 年 12 月至 2023 年 4 月管道二公司承建的龙口南山 LNG 接收站配套外输管道工程管径为 1219mm，壁厚为 27.5mm，材质为 L555M，设计压力为 10MPa。本工程主线路采用全自动焊接方法，连头口采用组合自动焊的焊接工艺。管道二公司采用该工法完成了 600 道焊口检测，与 DR、AUT 相比设备操作简单方便，特别是在沟下有限空间检测作业时发挥了重要作用，检测效率高，检测结果准确。

管线桥受限空间管道施工工法

常树禹　高阳阳　侯立津　尹利省　苏兆银

中国石油天然气管道第二工程有限公司

1　前言

随着近年国家大力发展近海平台和海岛 LNG 接收站，加速了管线桥管道工程的发展。管线桥管道安装受海上平台、检修车道过窄和近距离伴行管道的限制，施工空间狭窄，给管道运输、吊装及各项施工造成了极大影响。长距离管线桥设有多个曲线弯和立式补偿器，同时海上湿度大、风速急、天气变化快、施工环境复杂，对大口径管道在管线桥上快速、精确、有序、高效实施自动焊施工造成了极大的困难。

2020 年 10 月至 2021 年 5 月，中国石油天然气管道第二工程有限公司（以下简称“管道二公司”）在江苏沿海管道如东—常熟—太仓输气管线工程二标段管线桥管道工程施工中，创新采用在役管道伴行保护技术、精确定位测量技术、钢管和预制补偿器运输车辆改造技术、补偿器预制双机吊装技术等关键施工技术，实现了大口径、壁厚管道安全、优质、高效施工，具有良好的社会效益和经济效益。管道二公司通过梳理、归纳、总结形成“管线桥受限空间管道施工工法”，为以后类似工程施工提供技术借鉴。

2023 年 5 月，“管线桥受限空间管道施工工法”获评为中国石油管道局工程有限公司企业级工法（图 1）。

图 1　管线桥示意图

2　工法特点

2.1　施工速度快，效率高

通过双向运管车提高管道运输工效；通过对补偿器管段提前机械整圆提高补偿器施工效率；通过对管线桥的桥板位置组合的精确测定，准确定位管道小角度弯管转角中心位置，进而提高组对精度和速度；通过采用补偿器双机吊装技术，使补偿器可以提前在预制场预制成 2 个 S 弯，现场补偿器安装只需在高空焊接 1 道口；通过大量采用全自动焊工艺提高整个工程焊接效率。

2.2 对伴行管道保护效果好，使用成本低

与传统伴行管道保护方式相比，采用石棉防火毛毡包裹加防撞笼外固定保护的软硬组合式保护方式，组装更快速，保护效果更好，还可以重复利用。在有限的施工空间内有效保护在役管道，占用空间小，不影响焊接防风棚的安装。

2.3 安全风险低

对防风棚进行加固设计，焊接施工在加固防风棚内自动化完成，降低了管线桥施工因伴行管道过近造成的物体打击伤害风险，也降低了人员在管线桥衔接缝位置施工时坠海的风险。

2.4 环保效果好

焊接施工在防风棚内自动化完成，防止焊接烟尘无方向性扩散，避免了焊接弧光和烟尘对施工人员的伤害，噪声污染小。在防风棚与管线桥桥板缝隙处搭设跳板，避免了工业垃圾和部分工具掉入海中。

3 适用范围

适用于海上管线桥受限空间大口径、大壁厚管道施工（管径≥ *DN*900mm）。

4 工艺原理

在管线桥大口径管道施工中，管线桥直管段采用全自动焊接，补偿器预制后现场组合自动焊安装。

4.1 管线桥在役伴行管道保护技术

对管线桥上已有的在役管线，在管道表面加 10mm 石棉防火毯进行包裹，外扣组合防撞笼（图 2）。组合防撞笼外层采用 5cm 厚轻质彩钢酚醛防火阻燃夹芯板，骨架采用 4mm 厚弯制扁钢加强筋及∟ 40mm × 4mm 角钢肋筋，内层粘接 5cm 的酚醛保温板作为保护层，对外具有一定防撞强度，对内软质材料充分保护管道，并具有轻便、易拆装的特点。

4.2 精确定位测量技术

管线桥整体有多处小转角位置，对非直线点转角，配合 RTK 精确定位水平转角，采用激光测距仪和激光准直仪对焊口和弯管转角中心位置进行精确定位，同时根据激光测距靶位测定高差，现场反复测量，取平均值，保证误差控制在 2mm 范围内。

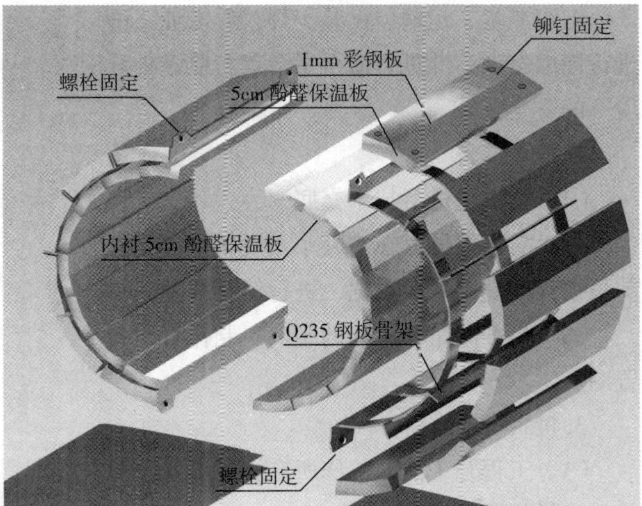

图 2 防撞保护装置

4.3 钢管和预制补偿器运输车辆改造技术

管线桥伴行检修车道净宽只有 4.0m，管线桥每 3km 才有 1 处会车点。将传统运管车辆进行设计

改装，制作长 12m× 宽 2.7m× 高 1.2m 的专用轮式双向运管车，可正反两向操作，运输速度快，效率高。围绕 S 形状的补偿器预制件，将运管车的托管支架进一步改装成前高后低井字支架，使 S 形预制件可稳固在运管车上运输。

4.4 直管段管材和补偿器级配组对技术

直管段通过统计的测量数据和管材数值，采用 BIM 建模，结合管口的坡口损耗、管墩中心位置、焊口位置、弯管位置、补偿器位置及小角度曲线管中心位置，对管材进行级配，级配时再对管口椭圆度进行分类级配。

补偿器连接段，切割后的管口易失圆，管端完成坡口加工后，根据补偿器连接管口椭圆度，采用机械对短管管口进行整圆，再采用精加工椭圆度计量尺对管口椭圆度进行测量。椭圆度计量尺由 1/4 圆 Φ1219mm 精制钢板做成，测量时标明管口椭圆度位置。

4.5 管线桥补偿器预制吊装技术

补偿器采用 4 个 45° 热煨弯管，中间连接 4m 短节，单个补偿器跨度为 26.8m，高 6.8m，重 31t。受管廊上已安装的钢结构支架阻碍，Π 形补偿器整体预制就位难，采用提前预制长（带 4m 短节）、短 2 个 S 弯。现场受空间和桥面载荷影响，施工时选用吊装载荷相同的 2 台 35t 吊车进行双机抬升。采取主、副指挥进行协同，保证 2 台吊车动作一致。先吊装 16.6m 的长 S 弯，将长 S 弯与下面的直管段连接，再吊装 14.2m 的短 S 弯。S 弯就位时应将提前标注的轴心位置进行校正，校正后采用临时管卡进行固定，保证轴心位置和高度一致，误差小于 2mm。

5 施工工艺流程及操作要点

5.1 施工工艺流程图

施工工艺流程如图 3 所示。

5.2 操作要点

5.2.1 施工准备

1. 人员准备

组织测量、运输、吊装、焊接等专业工种进行岗前培训，并进行海上平台等特殊条件环境下的安全演练。

2. 技术准备

（1）全方位进行技术交底。

（2）对管线桥存在多处小角度转角，施工前根据现场精确测量数据，进行管材级配。

（3）精准测量管墩间的距离，制作管墩布置图。

3. 机具设备准备

（1）工程开工前，检修所有施工设备、机具，确保状况良好。

（2）施工前根据现场空间尺寸及管径定制

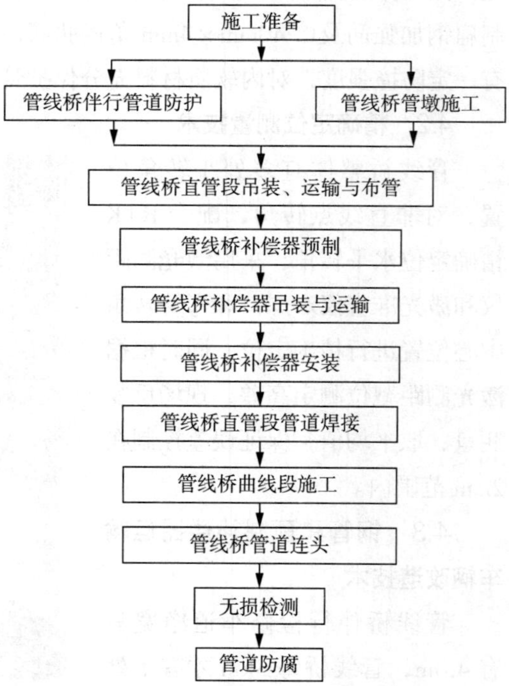

图 3 施工工艺流程图

自动焊防风棚。

4. 物资准备

施工主要材料的储存应能够满足现场施工要求，做好物资采购、运输、保管工作。

5. 现场准备

（1）对影响管道安装的钢结构进行拆除。

（2）办理各项施工进场许可手续，并在施工现场按要求设置隔离带和警示标志。

5.2.2 管线桥伴行管道防护

（1）管墩施工前对施工段内在役管道使用 10mm 石棉防火毯进行包裹，采用防静电尼龙绳进行捆扎，捆扎长度控制在一处间隔 4m，两端捆扎牢固（图 4）。

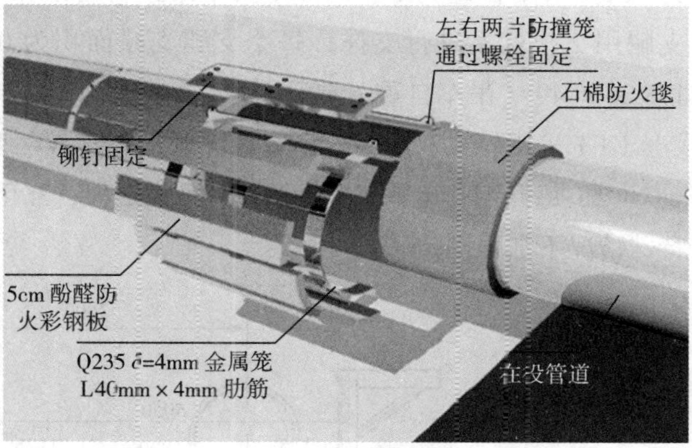

图 4 管道保护

（2）防撞笼安装在石棉防火毯外侧，防撞笼最外层采用 5cm 厚轻质彩钢酚醛防火阻燃夹芯板，骨架采用 4mm 厚扁钢弯制加强筋及∟ 40mm × 4mm 角钢肋筋，内层粘接 5cm 的酚醛保温板作为保护层，用螺栓连接固定。单个防撞笼长 1m，多个一组，每组安装长度为 150m。防撞笼轻便灵活可以循环使用，人工即可移动（图 5）。

5.2.3 管线桥管墩施工（图 6）

（1）激光定位放线：采用 RTK 和激光准直仪将每个支架基础中心位置和边线位置进行定线。采用激光测距仪对相邻基础进行中心定位并弹线，给每个支墩进行编号，标注在提前编辑好的 BIM 图中。

（2）基础管托拉毛处理。

（3）植筋及基础钢筋绑扎：要求钢筋必须顺直，钢筋接头位置应互相错开，其连接区段长度为 35d 且不小于 500mm。

图 5 防撞装置现场安装

图 6 管墩施工

（4）模板安装：采用钢模板和木模板结合。

（5）混凝土浇筑。

（6）混凝土浇筑后立即安装管墩钢弧板。

5.2.4　管线桥直管段吊装、运输与布管

1. 管道吊装

对桥梁进行荷载核算，计算桥梁所能承受的最大补偿架柱脚竖向荷载值，桥梁承载力为 55t。采用自重为 38t 的 35t 汽车吊进行管道吊装，吊装采用方形枕木作为支撑，每个支腿用 2 根枕木进行支撑，每个支腿支撑面积为 $0.81m^2$，整体承载力为 $0.81m^2 \times 4 \times 55t=178.2t \geqslant 49t$（吊车自重 + 单管质量）。

（1）采用轮式双向运管车运输管材及补偿器弯头。

（2）每台钢管运输车辆配备 10t 吊带 2 根，3t 倒链 2 个。另外还配备 3t 绑带 4 根，以备特殊情况下加强固定（图 7）。

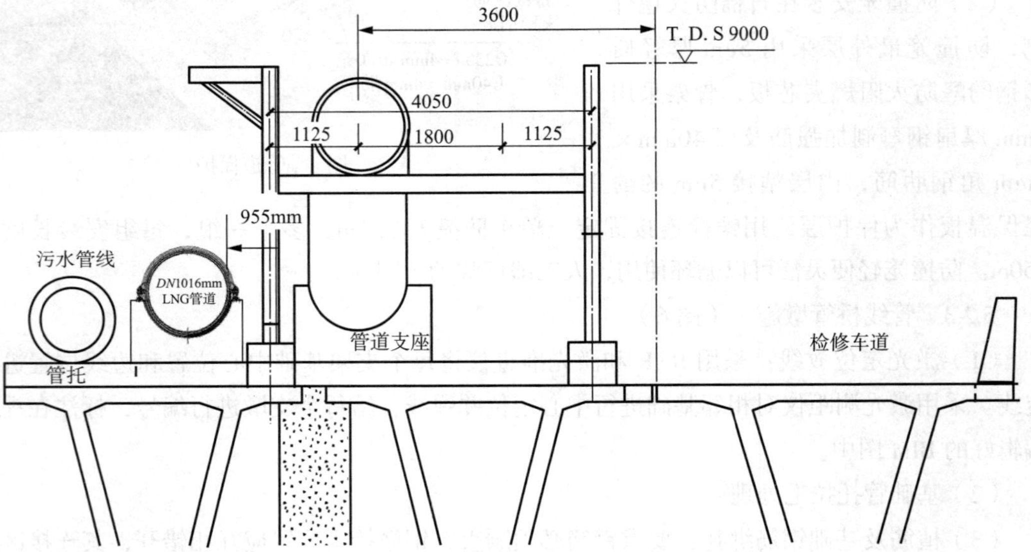

图 7　管线桥布置图

（3）吊钩采用专用吊钩，在吊装过程中，钢管与吊绳的夹角不宜小于 30°。

2. 管材运输

（1）管材运输前根据管材信息统计表和 BIM 图对进场已经编号的管材进行检查确认。

（2）确认完成后根据运管位置确认吊装运输顺序。

3. 布管

（1）布管按图纸进行，根据 BIM 图登记的管号进行布管。

（2）布管前为使焊道避开管墩基础 1m 以上，保证防风棚的作业位置，提前对所有管墩间距进行测量和统计。布管人员逐根测量钢管实际长度、管口周长，检查管口椭圆度，进行管材之间对口的匹配，用记号笔逐根在钢管的防腐层上进行编号。

（3）管道转角和曲线段布管前，根据测量的转角和曲线小角度位置进行现场标注，标出

转角中心点位置后，测量转角中心和管墩之间的距离和高差，避免焊口位置与管墩之间的间距影响防风棚放置。

（4）考虑自动焊设备尺寸，管底距离管线桥桥面必须大于 800mm。

（5）布管时在钢管两端距管口 1.2 ~ 1.8m 处设置稳固的临时管墩。

5.2.5 管线桥补偿器预制

采用斜立式补偿形式，补偿器采用 4 个 45° 热煨弯管，中间连接 4m 短节。补偿器段预制和现场施工均采用组合自动焊。根据图纸和现场管廊架的尺寸，对 S 弯和中间连接段进行测量和预制，S 弯预制前均应进行管口椭圆度级配。

图 8 S 弯运输

5.2.6 管线桥补偿器吊装与运输

（1）将轮式双向运管车的托管支架改装成井字支架，使其成为双向补偿器预制 S 弯运输车。运输时采用前段、顶端和中段三点固定的方式对 S 弯进行固定，固定采用吊带进行绑扎（图 8）。

（2）吊装选用吊装载荷相同的 2 台 35t 吊车进行双机抬升进行吊装。采取主副指挥对 2 台吊车进行协同指挥。先吊装 16.6m 的长 S 弯，将长 S 弯与下面的直管段连接，再吊装 14.2m 的短 S 弯，2 个 S 弯在空中对接。S 弯就位时应将提前标注的轴心位置进行校正，校正后采用临时管卡对其进行固定，保证轴心位置和高度误差小于 2mm。短 S 弯为活动状态，通过 10t 倒链可以微调形态。

图 9 机械整圆

5.2.7 管线桥补偿器安装

（1）自动焊对管口对口椭圆度和间隙要求高，补偿器中间短接施工前进行机械整圆，用百分表进行计量（图 9）管道规格尺寸如表 1 所示。

表 1 管道规格尺寸表

序号	规格型号	总长度 /m	质量 /t	带索具质量 /t
1	D 1219mm × 33mm 带短节 S 弯	16.157	15.70	16.5
2	D 1219mm × 33mm S 弯	12.157	11.813	12.61
3	D 1219mm × 33mm 直管	12	11.66	12.46

（2）采用 22B 工字钢焊接 S 弯临时支撑（图 10），支撑力为 63t，试压结束后拆除。竖梁与现有管廊钢架横梁等高。支撑横梁宽 1.5m，上固定 20mm 胶皮。在 S 弯固定时，保证轴心高度误差小于 2mm，使 S 弯就位后状态稳定且易于对口。

（3）脚手架平台搭设时应预留防风棚空间。上铺木板搭建作业平台，平台尺寸为 4.5m × 3.5m。站人平台的高度低于对口环焊缝高度 0.75m。

图 10 补偿器临时支撑

（4）补偿器预制、现场安装和弯头安装采用氩弧焊根焊和外焊机自动焊填充盖面组合。

5.2.8 管线桥直管段管道焊接

在补偿器段焊接完毕后，进行变壁段及直管段的焊接施工。

1. 坡口加工

（1）采用坡口机现场加工，考虑坡口机自身质量对管道水平位置的影响，管口内偏差控制在 1mm 范围内。

（2）考虑到每道坡口加工后管口损耗约为 2～3mm，补偿器安装完成后会对连头位置进行重新测量，根据补偿器与补偿器之间提前预估的损耗值所级配的管材进行数据比对，如为负偏差，则立即进行管材调整，并在 BIM 图中进行调配。

2. 管口清理、组对、预热

（1）管口组对前应将钢管内外表面坡口两侧 150mm 范围内清理干净，两侧 20mm 范围内清理显现金属光泽。

（2）组对采用内焊机配置的内对口器进行组对。

（3）焊接预热采用中频加热器进行加热，用红外线测温仪测量预热温度。

3. 管道焊接

（1）根据现场施工条件线路平直段采用内焊机根焊和外焊机自动焊填充盖面组合，管线桥现场施工布置图如图 11 所示。

图 11 管线桥直管段管道焊接

（2）管道环焊缝应避开管托位置 1m 以上。

（3）在焊接平焊位置时应适当加快焊接小车行走速度（增加 15%～20%），减小焊接摆幅（减小 0.2～0.4mm），以避免裹渣引起焊接缺陷。

（4）焊接起弧和收弧位置应仔细打磨，去除因电流电压不稳可能产生缺陷的部分，一般去除 2～3cm。根焊 100% 完成后可撤离内焊机。

5.2.9 管线桥曲线段施工

管线桥由灌注桩桥墩上铺混凝土桥板组合而成，部分位置存在微小的角度。每个桥墩间距为 43～51m，部分桥面存在约 0.5°～1.5° 夹角，曲线桥面具有非连续性，整个曲线段桥面总计约 1.2km。

（1）按设计文件要求，小于 3°位置采用弹性敷设，非连续曲线段按设计要求应采用弹性敷设。

（2）为保证自动焊流水作业和精确对口，管线桥曲线段采用激光准直仪和 RTK 配合测量，测定共 25 个 1.5° ± 0.3° 夹角。

（3）受管墩位置影响，X80M 级 *D* 1219mm 的管道无法完成部分位置的短距离弹性敷设。在所有管材测量后生成 BIM 图纸的基础上，结合现场情况对已经测量的具体角度和位置进行标注，根据管墩位置和转角中心位置，确定具体弯管角度和位置。

（4）对管墩之间的高差进行复测，通过 3 次测量平均值最终选取相应级配的直管进行弯制。

5.2.10　管线桥管道连头

（1）管线桥管道连头采用组合自动焊工艺。施工前，根据测量数据进行管道级配，根据施工期间环境、温度对钢管的热胀冷缩进行计算，最终确定两个补偿器之间的连头位置。

（2）下料切割前采用水平调节法对管道进行水平调节，保证整管全部保持在 1mm 水平倾斜范围内。

（3）根据焊接时间和管道涨缩系数计算下料长度。下料、组对时间宜控制在气温相对稳定的夜间 23 时至次日 6 时进行。

（4）组对施工安排在气温降低时，采用外对口器固定后，等待气温升高，即在涨缝的过程中进行点焊和根焊。

5.2.11　无损检测

管道环焊缝均进行 100% 射线和 100%AUT 检测。

5.2.12　管道防腐

管线桥主体补口、补伤的具体形式详见表 2。

表 2　补口、补伤形式

序号	管道段落	补口、补伤形式	备注
1	管线桥直管及冷弯管	环氧富锌底漆 + 环氧云铁中间漆 + 丙烯酸聚氨酯面漆	
2	感应加热弯管		

（1）防腐作业采用机械化防腐。

（2）防腐作业前进行含盐量检测（图 12）。含盐量检测使用蒸馏水，经检测含盐量不应超过 $20mg/m^2$。

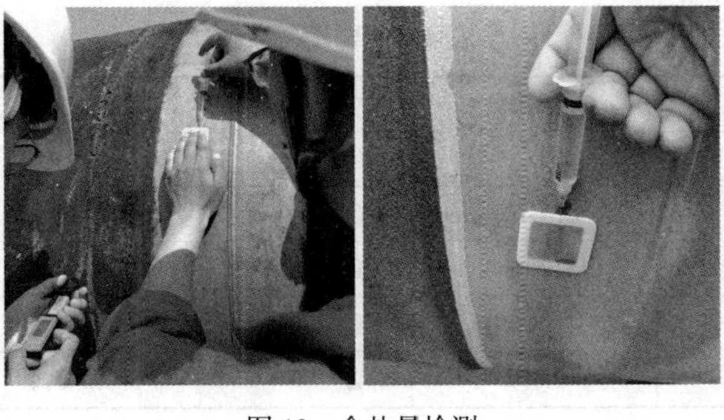

图 12　含盐量检测

5.3 劳动力组织

以江苏沿海管道如东—常熟—太仓输气管线工程二标段管线桥管道工程为例，劳动力配备如表3所示。

表3 劳动力配备表

序号	工种	人数	备注
1	机组长	1	
2	技术员	1	
3	质量员	1	
4	安全员	1	
5	焊接工艺师	1	
6	信息化采集员	1	
7	管工	6	
8	电焊工	14	其中补偿器预制焊工4人
9	起重工	2	
10	电工	1	
11	防腐工	4	
12	冷切割操作手	1	
13	中频加热操作手	1	
14	坡口机操作手	1	
15	双向运管车司机	4	
16	吊车司机	2	
17	随车吊司机	1	
18	司机	4	
19	普工	2	
合计		49	

6 材料与设备

6.1 设备配置

施工中主要设备统计见表4。

表4 主要设备表

序号	设备名称	规格型号	单位	数量	使用机组	备注
1	吊车	35t	台	2	自动焊机组	
2	坡口机	CRC48in	台	2	自动焊机组	坡口加工
3	火焰加热器	D 1219mm	套	12	自动焊机组	
4	熊谷内焊机	A808	套	2	自动焊机组	全自动内焊
5	熊谷外焊机	A610	套	8	自动焊机组	全自动双枪外焊

续表

序号	设备名称	规格型号	单位	数量	使用机组	备注
6	防风棚	—	个	10	自动焊机组	
7	熊谷焊机	WPS-500	台	1	自动焊机组	返修
8	自卸吊	12t	台	4	自动焊机组	防风棚运输吊装
9	气囊	15t	套	2	自动焊机组	
10	空压机	2V，4/5	台	2	自动焊机组	
11	发电机	150kW	台	11	自动焊机组	
12	发电机	100kW	台	2	自动焊机组	
13	磁力切割机	LGK80	台	2	自动焊机组	
14	吊车	25t	台	1	补偿器预制机组	预制时使用
15	坡口机	CRC48in	台	1	补偿器预制机组	
16	环形加热器	PROHEAT35	台	3	补偿器预制机组	
17	熊谷焊机	MPS-500	台	4	补偿器预制机组	根焊
18	熊谷焊机	A305	套	2	补偿器预制机组	
19	防风棚	—	个	2	补偿器预制机组	
20	链条切割机	—	台	2	补偿器预制机组	
21	发电机	DK80GFP	台	2	补偿器预制机组	
22	发电机	100GFP-D	台	3	补偿器预制机组	
23	自动喷砂除锈车	YDPS-1002-6	套	1	防腐机组	含履带工程车、空压机、喷砂及回收机构、执行机构
24	火焰加热设备		套	2	防腐机组	
25	自行式防腐车	14t	辆	1	防腐机组	防腐
26	空压机	2V，4/5	套	2	防腐机组	
27	油漆喷涂机	—	套	3	防腐机组	现场施工用
28	静电喷涂机	—	台	1	防腐机组	弯头防腐用
29	RTK	银河 6	台	2	土建机组	
30	激光测距仪	—	台	1	土建机组	

6.2 主要材料

施工中主要消耗材料统计见表 5。

表 5 主要消耗材料表

序号	名称	备注
1	ER80S-G	
2	ER70S-6，Φ2.4mm	
3	E101T1-GM，Φ1.2mm	
4	E10018-G，Φ3.2mm	

续表

序号	名称	备注
5	80%Ar+20%CO_2	
6	导电嘴	
7	外焊钢带式行走轨道	

6.3 施工专业设备说明

管线桥大部分检修桥面过窄，车辆无法会车，将传统运管车改造成双向运管车，增加反向运输能力，实现双向切换，不必掉头，有效保证管线桥交通便利（图 13）。

图 13 补偿器双向运管车

7 质量控制

7.1 质量标准

（1）GB 50369—2014《油气长输管道工程施工及验收规范》

（2）SY/T 4109—2020《石油天然气钢质管道无损检测》

7.2 质量保证措施

7.2.1 在役管道保护质量保证措施

（1）防撞笼施工前核对作业范围，严格按施工位置进行防撞笼测控。

（2）施工前对防撞笼使用材料的材质、型号、规格等按有关质量标准进行检验，对不满足规范、标准要求的防撞笼严禁使用。

7.2.2 管线桥运输和吊装质量保证措施

（1）吊管必须使用专用吊具，避免对管口造成损伤。

（2）对管道吊装和运输实行全程监控，每道环节都进行外观检查，填写记录签字确认后才能进入下道工序。

（3）捆绑钢管时要注意倒链位置，对可能出现摩擦的地方加垫橡胶皮进行阻隔。

（4）钢管装车前须进行检查。对存在钢管防腐层破损、管口变形、管口无保护圈等质量问题的钢管及时通知发包人进行处理。

7.2.3 管口现场补口补伤质量保证措施

（1）补口采用无气喷涂机，喷涂时调节喷涂枪头，使上下两支枪头的喷涂范围分布均匀。喷枪不能停顿，防止造成流挂。在焊缝、切痕、凸出部位等，须加补一道。

（2）喷射角度控制在 30°～80°，避免正面喷射；喷幅控制在 30～40cm，以减少漆幅搭接，达到增强漆膜附着力的效果。

（3）潮湿气候、雨雾天，上一涂层干后或环境中扬尘过多时，涂装作业应停止。所有清洁完毕后 2h 内，完成第 1 遍底漆。

（4）中间漆、面漆的涂覆应在厂家规定最短时间内完成。当涂覆间隔超过最长时间时，须将前道漆膜表面打磨粗糙后进行涂装作业。

（5）补伤：发生油漆涂层破损，应对破损区域进行打磨至 St3 级，按照同等的涂漆要求对其进行修补，修补边缘应超出破损边缘 50mm。

7.3 关键工序质量控制点

关键工序质量控制点见表 6。

表 6 关键工序质量控制点

序号	检验项目	检查时机	指标要求	检验工具或方法
1	焊接外观检验	焊接完毕	焊缝余高不大于 2mm，局部不超过 3mm	焊接检验尺
2	管口喷砂除锈	喷砂完毕	喷射角度可控制在 30° ~ 80° 之间，喷幅可控制在 30 ~ 40cm 左右，喷枪距工件控制 30 ~ 40cm 左右 Sa2.5 级	锚纹仪
3	管道保护	管材吊装就位前	防撞笼	外层 5cm 厚轻质彩钢酚醛防火阻燃夹芯板，骨架采用 4mm 厚弯制扁钢加强筋及∟40mm × 4mm 角钢肋筋，内层粘接 5cm 的酚醛保温板作为保护层

8 安全措施

8.1 执行的安全法规

（1）GB 50460—2015《油气输送管道跨越工程施工规范》

（2）GB 50194—2014《建设工程施工现场供用电安全规范》

（3）JG 5099—1998《高空作业机械安全规则》

8.2 安全保障措施

（1）防撞笼安装前，做详细的施工方案，报监理和在役管道所属方审批。

（2）施工现场应符合防火、防触电等安全规定。

（3）安全防护设施配置到位，现场派专人进行指挥吊车进行吊装。

（4）施工作业人员配备齐全的安全防护用品，特殊工种按规定戴好防护用具。

（5）防撞笼安拆时严禁乱堆乱放，必须做到固定牢固，防止施工时脱落伤人；吊运时必须拴结牢固，6 级以上的风力禁止施工。

（6）防撞笼安装时，特殊工种防护用具到位严禁徒手施工，防撞笼连接卡扣牢固。

（7）吊装指挥选择指挥位置时，要保证与操作人员之间视线清晰。操作人员有权拒绝违章指挥。操作人员在开车前必须鸣铃示警，吊运中也要鸣铃。

（8）禁止任何人员站在吊件上一同起吊，严禁人员停留在吊装作业范围内。

（9）严禁运管时超载、超限，装车时钢管下部的橡胶垫隔应垫稳，捆扎牢固后方可起运。

（10）起吊重物应绑扎、悬挂牢固。吊索与物件的夹角为 45° ~ 60°，吊装时应用牵引绳牵拉。

9 环保措施

9.1 环保标准

（1）国务院令第 682 号《建设项目环境保护管理条例》

（2）XG-JCGL-CX-YQCY-01-2015-A/2《生产运行控制管理程序》

9.2 环保措施

（1）施工过程中注意环境卫生，保护周围海域的环境，防止废水、粉尘、垃圾等对周围环境造成污染。

（2）进行混凝土开凿和浇筑施工前，必须进行管线桥和检修桥周围缝隙的临时遮挡，防止建筑垃圾掉入海中。

（3）所有建筑垃圾、工业垃圾和生活垃圾必须根据具体分类，在港区环保部门的批准后，按要求进行处置，禁止私自倒入海中。

10 效益分析

10.1 经济效益分析

以江苏沿海管道如东—常熟—太仓输气管线工程二标段工程为例进行经济效益分析。工程位于南通市如东县洋口港，管材为 X80 直缝焊埋弧焊钢管，管径为 D 1219mm，管线桥段长度约为 11.22km，自动焊与组合自动焊相比，费用对比分析如表 7 所示（主要对比下料、组对、焊接效益）。

表 7 管线桥半自动焊和全自动焊的费用对比

对比类目	组合自动焊	自动焊	备注
单日工效及工期	单日 8 道口，有效工时 127 天	单日 11 道口，有效工时 92 天	
施工设备投入	2 台坡口机、3 台 35t 吊车、8 台 DC400 氩弧焊机、6 台熊谷 A305 组合自动焊机、10 台 100kW 发电机、4 台管车	2 台坡口机、3 台吊车、1 套内焊机、3 套熊谷 A610、7 台 100kW 发电机、4 台 DC400、2 套熊谷 A305、2 台双向运管车、1 台补偿器双向运管车	1 个补偿器预制台班，1 个补偿器安装台班
设备费用	2870200 元	1886000 元	
人员投入	管工 6 人、焊工 21 人、坡口工 2 人、火焊 2 人、司机 4 人、普工 6 人	管工 6 人、焊工 15 人、坡口工 2 人、火焊 1 人、司机 3 人、普工 4 人	各有 1 名返修焊工
人工费用	2425700 元	1242000 元	
材料费用	氩弧焊丝：82 元 /kg × 2.5kg × 1009 道 = 206845 元 填充盖面焊丝：66 元 /kg × 8kg × 1009 道 = 532752 元	根焊焊丝：129 元 /kg × 0.25kg × 1009 道 = 32540.25 元 填充盖面焊丝：87 元 /kg × 8kg × 1009 道 = 799128 元	总计焊口 1009 道
合计	6035497 元	3959668.25 元	

10.2 社会效益

管线桥大口径管道自动焊施工技术成熟、施工速度快、质量好、应力少、效率高、机械化程度高、对伴行管道和穿越管道保护效果好；施工过程中操作性好，能够在高要求下提高设备使用效率，在不增加海上特种设备的情况下，能做到更好的环保效果。

11 应用实例

管道二公司承建的江苏沿海管道如东—常熟—太仓输气管线工程二标段位于南通市如东县洋口港，该工程建设时间为 2020 年 10 月至 2021 年 5 月。管材为 X80 直缝焊埋弧焊钢管，

管径为 D 1219mm，管线全长约 16.6km。其中管线桥段长度为 11.22km，含直管段 10.4km，非连续曲线段 1.2km（小角度弯管 25 个），29 个补偿器。该工程为在国内首次在管线桥上狭窄空间施工，也是首次在海上管线桥采用全自动焊进行管道施工。管道二公司采用本工法，管道保护效果好，施工效率高、速度快，各环节衔接紧凑，环保效果好，从开工到完工，实际施工时间仅为 5 个月。

地下水封洞库 10% 斜向巷道施工工法

廖 潇 李晓仕 李 贺 宋宇皓 王仁来

中国石油管道局工程有限公司第四分公司

1 前言

地下水封洞库斜向施工巷道是为满足施工期间设备通行、出渣、通风、给排水、供电、人员通行等需要，从地面通往洞室的专用通道。施工巷道以往全部采用人工站台车开挖掘进，人工钻锚杆孔安装锚杆，人工配合小型湿喷机进行喷浆施工。此方法虽然节省了设备投入，但开挖阶段耗费了大量的人工劳动力，锚杆钻孔增加了支护台架，人工喷混凝土降低了施工质量，易造成掉块现象，导致成本增加。

为解决上述问题，管道四公司开展了科研课题“地下水封储油洞库施工关键技术研究”，针对斜向巷道的爆破开挖工序进行了研究，通过优化爆破参数和调整炮孔布设减少炸药使用和围岩扰动，并针对施工现场地质情况和施工环境，反复进行现场调查复勘验证，将施工巷道掘进方式调整为凿岩台车打炮孔，以减少人工投入。凿岩台车配合台架锚喷挂网支护，湿喷台车进行喷浆作业，抽水机分级抽排出洞外并经沉淀后进入排水通道，形成了斜向施工巷道掘进施工技术。并应用该技术成功完成了某地下水封洞库长 1464.83m、坡度约为 10% 的巷道施工，提高了工程质量，缩短了作业循环时间，降低了人员劳动强度。本公司经梳理、总结，编制了“地下水封洞库 10% 斜向巷道施工工法”。

“地下水封洞库 10% 斜向巷道施工工法”被评为管道局 2021—2022 年度企业级工法。

2 工法特点

2.1 施工成本低

本工法对大断面施工巷道施工机械设备进行了合理优化，采用凿岩台车钻炮孔。支护作业中凿岩台车打设锚杆孔、支护台车进行锚杆安装和网片安装工作，流水化作业提高了施工效率，缩短了项目的工期并降低了项目的成本。

2.2 安全可靠

本工法全面应用新奥法原理指导施工，通过现场良好的施工管理和组织，以及采用控制爆破技术，减少扰动，合理的开挖顺序和开挖方法，初期支护紧跟，确保围岩稳定，施工安全可靠。

2.3 人工作业少

湿喷台车的使用减少了人工作业、降低了喷混凝土掉块率。

2.4 施工效率高

超挖量减少到 4% ~6%，节省了装运、回填、支护等工程量，提高了施工效率。

3 适用范围

（1）本工法适用于对围岩完整性较好、节理裂隙不发育、埋深大、要求严格的地下水封洞库巷道施工。

（2）本工法适用于断面尺寸在 8.0m×9.0m ~18m×25m 的中断面、大断面巷道。

（3）本工法适用于Ⅰ~Ⅴ级围岩及水位埋深较差的巷道。

4 工艺原理

本工法通过超前地质预报探测地下工程岩土体开挖面前方的地质情况，对不良地质进行止水注浆，满足开挖条件后采用凿岩台车进行炮孔钻进，选取光面爆破参数（即炮眼间距、最小抵抗线、装药量和装药结构）实施光面爆破开挖。通过凿岩台车进行锚杆孔快速钻进，后续锚杆安装和网片安装按顺序施工，最后湿喷台车喷射混凝土形成流水作业。在施工过程中，运用监控量测技术对围岩进行监视。

5 施工工艺流程及操作要点

5.1 施工工艺流程

施工工艺流程如图 1 所示。

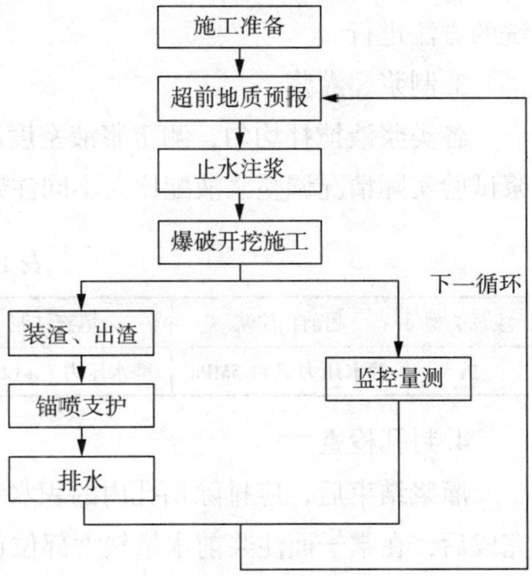

图 1 施工工艺流程图

5.2 操作要点

5.2.1 施工准备

施工前做好用水、用电准备，保证施工顺利进行。爆破设计为一次性掏槽爆破，网路采用数码雷管爆破网路。

5.2.2 超前地质预报

超前地质预报主要采用超前地质雷达预报和超前钻探（图 2），探测地下工程岩土体开挖面前方的地质情况，力求在施工前掌握前方的岩土体结构、性质、状态、地应力情况等地质信息。

图 2 现场地质雷达监测

5.2.3 止水注浆

1. 注浆孔布置

注浆孔位置布置（图 3）应使浆液扩散后孔之间不能出现注浆空白区域，注浆孔一次设置不能

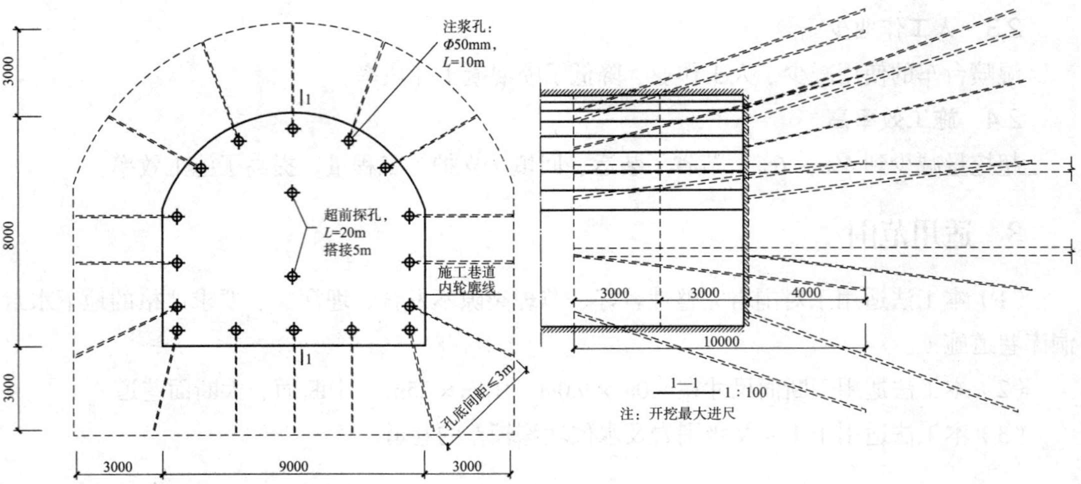

图 3　密封塞以下部位超前预注浆布孔示意图

过多，同时根据实际情况决定是否增设第 2 圈注浆孔进行注浆。

2. 钻孔冲洗

每钻成一段须对该段进行冲洗，洗孔时采用在导管中通入大流量水流，从孔底向孔外冲洗的方法进行。

3. 制浆、灌浆

各类浆液搅拌均匀，测定浆液密度和浆液稳定性等参数，并作好记录。及时根据现场注浆试验实际情况调整浆液配比。不同注浆类型采用不同注浆压力按照表 1 所示。

表 1　注浆压力控制表

注浆类型	超前预注浆	填充注浆	接触注浆	后注浆	封孔注浆
Pr	静水压力 P_s+1.5MPa	静水压力 P_s+1.0MPa	1MPa	静水压力 P_s+1.0MPa	静水压力 P_s+0.5MPa

4. 封孔检查

灌浆结束后，应排除钻孔内的积水和污物，采用全孔灌浆封孔法封孔。超前预注浆施工完成后，在掌子面注浆前水量较大部位钻设检查孔。

5.2.4　爆破开挖

首先进行洞内开挖，因洞室、水幕巷道、施工巷道标高不同，施工巷道必须按 10% 坡度开挖，保证各巷道及洞室连通的同时便于各设备车辆进出；而后进行施作拱墙初期支护。开挖采用凿岩台车钻孔，光面控制爆破。施工步序见图 4，施工现场情况见图 5。

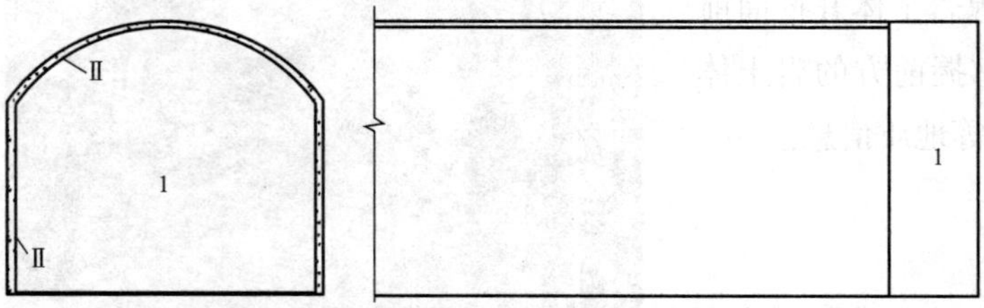

（a）横向施工示意图　　（b）纵向施工示意图

图 4　施工步序图

图 5　施工图

1. 炮孔钻进

采用施工巷道断面激光测量仪进行断面和炮孔画线。中心掏槽孔布孔误差不得超过 ±30mm；其余各孔不得超过 ±50mm。凿岩台车按照测量放线的定位进行炮孔钻进。

2. 炮孔检查及验收

用高压风将炮孔中的碎石泥浆吹净，严格按爆破设计进行装药，周边眼采用间隔装药，导爆索引爆，尽量减少对周边围岩的扰动；掏槽眼、掘进眼采用连续装药。

3. 装药、连线作业

起爆药包孔应采用反向设置，引所有卷的聚能均指向眼孔，爆炸波向眼口传播。连线采用簇联，用胶布或聚丙烯绳捆扎牢固。

5.2.5　装渣、出渣

钻孔前和爆破后，均采用挖掘机清理掌子面剩余的石渣及巷道内的松动岩石，保证作业安全。施工巷道采用正装侧卸式装载机装渣，大型自卸式汽车运渣至指定的弃渣场。

5.2.6　喷锚支护

1. 锚杆施工

按照设计要求加工锚杆，锚杆尾部车制螺纹。钻孔采用凿岩台车钻设锚杆孔。根据施工图纸布置的钻孔位置开孔，孔位偏差≤ 100mm，锚杆孔的孔轴方向应满足施工图纸的要求。系统锚杆施工采用先注浆后插杆方式施工。

2. 钢筋网施工

钢筋网喷射混凝土中的挂网钢筋应采用焊接钢筋网片。铺设时采用人工配合开挖台架铺挂，多片钢筋网片搭接或现场安装。

3. 钢拱架施工

按 1：1 的比例准确放出各片钢拱架大样形状图（图 6），按形状图加工制作。钢拱架加工完毕后编号并按顺序码放，按设计要求在钢架分节接头处焊接连接钢板。安装工序为：

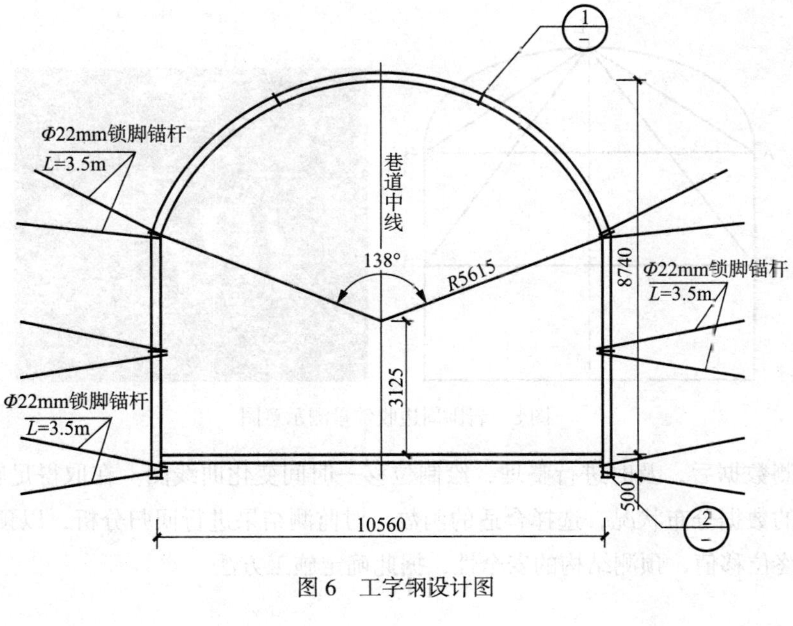

图 6　工字钢设计图

①测量放线；②超欠挖处理；③拱架架设组装；④焊接固定；⑤锚杆、锁脚锚杆、钢筋网；⑥质量检查；⑦下一道工序。

4. 喷射混凝土施工

喷混凝土前对喷射面进行检查，清除开挖面的浮石、墙脚石渣堆积物，处理好光滑岩面，用高风压水枪冲洗喷面。喷混凝土时湿喷台车先粗喷、后找平，先点喷、后面喷，多层喷涂。循环喷射时，底层混凝土采用大排量粗喷，外层采取小排量细喷，直至喷射面光滑平整，达到更大限度地将混凝土拌合料以更小的回弹量附于岩面形成压紧、致密、固化的黏结层。

5.2.7 监控量测

1. 洞内施工监控量测

拱顶下沉量测采用高精度全站仪进行量测（图 7）。断面间距为 10～50m 左右，在隧道开挖毛洞的拱顶设置带挂钩的预埋件作为测桩，对于较差的围岩，锚桩可在锚喷支护后布置。

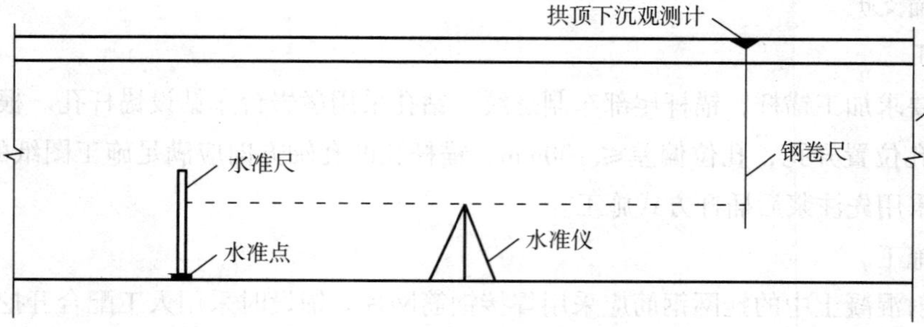

图 7 洞内施工监控量测示意图

拱顶下沉布设的断面一般情况下就布设在围岩收敛断面处，以便更好地了解该断面围岩内部受力情况。围岩周边收敛可采用收敛仪进行量测。断面间距为 10～50m 左右，每个断面布置 5 个测点（图 8）。

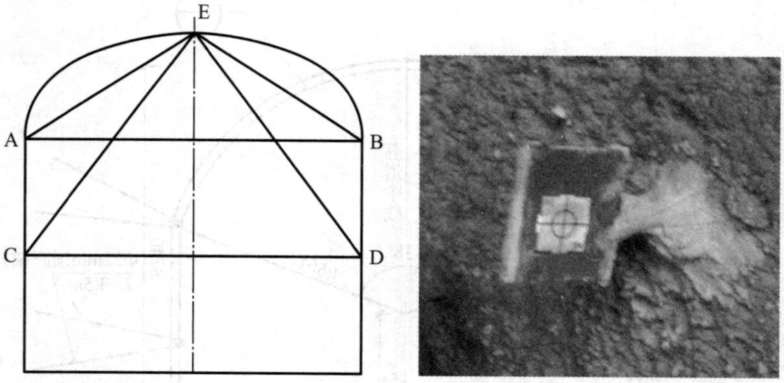

图 8 岩围周边收敛量测示意图

取得监测数据后，及时进行整理，绘制位移—时间变化曲线图。在取得足够的数据后，根据散点图的数据分布状况，选择合适的函数，对监测结果进行回归分析，以预测该测点可能出现的最终位移值，预测结构的安全性，据此确定施工方法。

每次量测后及时进行数据整理，对初期的时态曲线进行回归分析，预测可能出现的最大值和变化速度。数据异常时，及时根据具体情况及时采取加厚喷层、加密或加长锚杆、增加钢架等加固措施。

2. 爆破振动监测

监测前按振动测试具体要求布置测点，观测爆破振动对建筑物的影响，测点布置在洞内边墙上。监测采用 TC-4850 自动记录仪（图 9）记录爆破瞬间振动随时间变化的关系，然后通过专用软件在计算机上处理分析自己需要的各种物理量，如最大振幅、周期、频率、振动速度等。最后应用公式及一元回归方法对建筑物所测得的数据进行回归分析，将得到的振速与安全判据相比较，判断岩体、混凝土是否破坏，建筑物、构筑物是否安全。

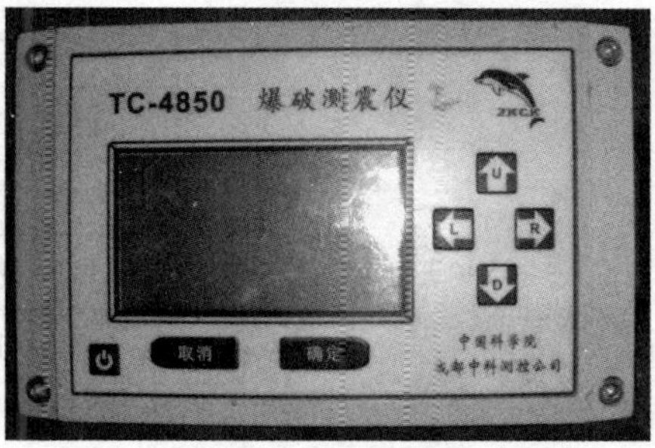

图 9　TC-4850 爆破测震仪

5.3　劳动力组织

5.3.1　开挖班组

主要工作内容：施工巷道及连接巷道掌子面钻孔、装药、爆破及高压供风、供水管道的安装和拆除等（表 2）。

表 2　开挖班组人员配置

班组	工种	人员数量	备注
开挖班组	凿岩台车操作手	4	
	普工	2	
合计		6	

5.3.2　出渣班组

主要工作内容：洞内装碴、机械找顶、转移、推台架、挖截水沟等（表 3）。

表 3　挖装班组人员配置

班组	工种	人员数量	备注
出渣班组	挖机司机	2	
	装载机司机	2	
	自卸车司机	7	
合计		11	

5.3.3　支护班组

主要工作内容：施工巷道锚杆钻孔及安装、钢筋网片加工及安装、立钢拱架、打锁脚锚杆、打超前小导管（含注浆）、打部分注浆孔及施工巷道内喷浆等（表 4）。

表 4 挖装班组人员配置

班组	工种	人员数量	备注
支护班组	注浆工	4	
	喷浆工	3	
	钢筋工	3	
	混凝土工	2	
	凿岩台车司机	1	
	罐车司机	2	
	随车吊司机	2	
	修理工	2	
	电工	2	
	焊工	3	
	普工	8	
合计		32	

6 材料与设备

6.1 材料

材料设备以某项目 3# 施工巷道 K0+758—K0+768 段为例（长度为 1464.83m，巷道断面为直墙拱形状，跨度为 9m，高度为 8m，施工巷道的坡度平均约为 10%），施工主要材料统计见表 5。

表 5 材料表

序号	名称	单位	数量	备注
1	Φ8mm 钢筋	t	3	
2	Φ22mm 钢筋	t	12	
3	I18 型钢	t	4	
4	42.5 水泥	t	5.7	
5	Φ42mm 合金钻头	个	13	
6	电焊条	kg	11	
7	乳化炸药	kg	858	
8	非电毫秒雷管	个	488	
9	导爆索	m	600	

6.2 设备

施工主要设备统计见表 6。

表 6　主要设备表

序号	设备名称	型号规格	数量	施工部位	备注
1	凿岩台车	XT53-2	2	钻孔	
2	挖掘机	CAT320	1	洞内装渣	
3	装载机	WA470-3	1		
4	自卸汽车	CQ3410	6		
5	湿喷台车	MEYCO	1	喷射混凝土	
6	华氏砂浆泵	HS-B2/B2A/B5/B8	1	锚杆	
7	砂浆搅拌机	SJ-150	1		
8	注浆泵	ZJB-30	1		
9	高速制浆机	ZJ400	1		
10	高压注浆泵	KBY50/70	1	止水注浆	
11	混凝土运输车	$8m^3$	2	运输混凝土	
12	轴流风机	SDZ-12.5	2	通风	
13	箱式变压器	630 kV·A	1	供电	
14	柴油发电机	400GF	2		
15	钢筋切断机	GQ-40	1	钢筋加工	
16	钢筋弯曲机	G2W50	1		
17	钢筋调直机	GTJ-14	1		
18	直流弧焊机	AX7-500	1		
19	交流电焊机	BX1-500F	2		

7　质量控制

7.1　执行的质量标准与规范

（1）GB 50996—2014《地下水封石洞油库施工及验收规范》

（2）DL/T 5135—2013《水电水利工程爆破施工技术规范》

（3）GB 6722—2014《爆破安全规程》

（4）DL/T 5099—2011《水工建筑物地下工程开挖施工技术规范》

（5）GB 50086—2015《岩土锚杆与喷射混凝土支护工程技术规范》

（6）JTG/T 3660—2020《公路隧道施工技术规范》

7.2　质量保障措施

7.2.1　质量控制措施

（1）针对不同地段作相应岩石的光面爆破试验，确定和优化爆破参数。

（2）加强钻孔的控制和检查，注意保护好成孔。

（3）遇到可能发生坍塌的危险情况时及时采取紧急措施快速支护。

（4）开挖完毕后，及时对其顶壁开挖面的安全清理质量进行严格检查。

7.2.2 质量控制点

关键质量控制点见表 7。

表 7 关键质量控制点

位置及检查内容		检验项目	检验方法	检验频次
洞身开挖	洞身开挖	开挖断面的中线和高程	全站仪或断面检测仪测量	每开挖一循环检查 1 次
		超欠挖	全站仪或断面检测仪测量周边轮廓断面	每开挖一循环检查 1 次
		光面爆破的炮眼痕迹保存率	检查钻爆设计方案，观察、目测炮痕保存率	每一爆破开挖循环检查 1 次
		断面允许超挖值	尺量和计算	对超挖段进行检查
初期支护	喷混凝土	喷射混凝土厚度	检查断面，布点检查厚度；检查控制喷混凝土厚度的标志	每一次作业循环检查 1 个断面，每个断面从拱顶起每间隔 2m 布设 1 个点检查喷混凝土厚度
	锚杆	锚杆安装	现场尺量、观察	全部检查
	钢筋网	钢筋网的铺挂	观察、施工记录	每批次检验 1 次
		钢筋网搭接长度	尺量	每批次检验 1 次，随机抽取 5 片
	钢拱架	钢筋、型钢材料的弯制和钢架的尺寸	观察、尺量	全部检查

表 8 现场质量控制项目及监测方法

序号	项目名称	方法及工具	布置	测试精度	量测间隔时间			
					1～15 天	16 天～1 个月	1～3 个月	大于 3 个月
1	周边位移	收敛计测量，收敛计	每 5～50m 1 个断面，每断面 1～3 对测点	0.1 mm	1～2 次 / 天	1 次 /2 天	1～2 次 / 周	1～3 次 / 月
2	拱顶下沉	水准测量的方法，水准仪、钢尺等	每 5～50m 1 个断面	0.1 mm	1～2 次 / 天	1 次 /2 天	1～2 次 / 周	1～3 次 / 月
3	锚杆轴力	钢筋计、锚杆测力计	每代表性地段 1～2 个断面，每断面 3～7 个锚杆每根锚杆 2～4 个测点	0.1 kN	1～2 次 / 天	1 次 /2 天	1～2 次 / 周	1～3 次 / 月
4	围岩弹性波测试	各种声波仪及配套探头	在有代表性地段设置	—	—			

注：监测点布置间距可按围岩 Q 值拟定：Q 值≤ 1 地段监测点布置间距为 10m；Q 值在 1～4 之间地段监测点布置间距为 25m；Q 值在 4～40 之间地段监测点布置间距为 50m；Q 值≥ 40 地段监测点布置间距为 100m，视实际情况调整。

8 安全措施

8.1 执行的标准与规范

（1）DL/T 5135—2013《水电水利工程爆破施工技术规范》

（2）GB 6722—2014《爆破安全规程》

8.2 爆破施工安全技术措施

（1）钻机运行之前以及工作过程中不允许任何人站在钻臂工作覆盖范围内。

（2）装药方法严格遵照爆破设计要求进行装药和堵塞炮孔。

（3）加强监控量测，通过将量测的结果与设计给出的判断标准（管理值）相比较，得出围岩包括初期支护是否稳定的结论，进行有效防治。

（4）加强现场施工人员安全教育，灌输“短进尺、弱爆破、强支护、早封闭”的思想，杜绝因现场人员在弱地质围岩地段冒进造成安全事故。

8.3 施工现场安全技术措施

（1）进入施工现场要求所有人员必须正规安全着装，正确佩戴安全帽、身穿反光背心、防毒口罩、防护眼镜、安全防护鞋等安全防护用品。

（2）临时用电工程的安装、维修和拆除，均由经过培训并取得上岗证的电工完成，非专业电工不准进行电工作业。

（3）现场道路平整、坚实、保持畅通，危险地点悬挂现行规范要求的安全色和安全标志规定的标牌。

（4）施工现场的布置符合防火、防爆、防雷电等安全规定及文明施工的要求。

8.4 安全监测

现场安全监测项目及监测方法见表9。

表9 现场安全监测项目及监测方法

序号	项目名称	方法及工具	布置	测试精度	量测间隔时间			
					1~15天	16天~1个月	1~3个月	大于3个月
1	洞内外观测	现场观测，地质罗盘等	开挖及初期支护后进行	—	—			
2	地表下沉	水准测量的方法，水准仪、钢尺等	洞口段，浅埋段（$h_0 \leq 2b$）	0.5mm	1. 开挖面距量测断面前后＜2b时，1~2次/天 2. 开挖面距量测断面前后＜5b时，1次/2~3天 3. 开挖面距量测断面前后＞5b时，1次/3~7天			
3	爆破振动	测震及配套传感器	相互临近巷道；临时建（构）筑物		随爆破进行			
4	围岩体内位移（洞内设点）	洞内钻孔中安设单点、多点杆式或钢丝式位移计	每代表性地段1~2个断面，每断面3~7个测点	0.1mm	1~2次/天	1次/2天	1~2次/周	1~3次/月
5	围岩体内位移（地表设点）	地面钻孔中安设各类位移计	每代表性地段1~2个断面，每断面3~5个钻孔	0.1mm	同地表下沉要求			
6	围岩压力	各种类型岩土压力盒	每代表性地段1~2个断面，每断面3~7个测点	0.01MPa	1~2次/天	1次/2天	1~2次/周	1~3次/月
7	钢架内力及外力	支柱压力计或其他测力计	每代表性地段1~2个断面，每断面钢支撑内力3~7个监测点，或外力一对测力计	0.1MPa	1~2次/天	1次/天	1~2次/周	1~3次/月
8	支护内应力	各类混凝土内应变计及表面应力解除法	每代表性地段1~2个断面，每断面3~7个测点	0.01MPa	1~2次/天	1次/2天	1~2次/周	1~3次/月

9 环保措施

9.1 执行的标准与规范

（1）GB 50996—2014《地下水封石油洞库施工及验收规范》

（2）DL/T 5135—2013《水利水电工程爆破施工技术规范》

9.2 环保措施

（1）弃土、洞渣运至场区内指定弃渣场，生活垃圾、施工垃圾等进行外运统一处理。

（2）沉淀池设置清淤部分，完成晾晒后按照要求将废土排放至指定地点。

（3）加强施工期环境管理，合理安排施工工序，做到文明施工，减少噪声影响。

（4）工程竣工后及时清理杂物，并平整施工场地。

10 效益分析

10.1 经济效益

该工法在掌子面开挖工序中使用凿岩台车进行炮孔打设，人工由原来的 18 人减少至 4 人，单个炮孔的钻孔时间由原来的 16min 减少至 4min，单循环作业由原先的 4.42h 减少至 3.75h，人员由机械化设备代替而减少的同时，节约了作业时间，减少了可能产生的应急抢险成本的投入。

工法在支护过程中进行流水作业，凿岩台车打设锚杆孔，然后进行锚杆安装和网片安装，拱架安装时由锚杆钻机打设缩脚锚杆，最后湿喷台车进行喷混凝土。机械化的流水作业，减少了人工的使用，缩短了工序与工序交接时间，降低了支护成本，与传统施工方法主要技术指标对比详见表 10。

表 10 主要技术指标对比表

序号	方式	爆破时间 /h	锚杆孔钻孔时间 /h	喷混凝土时间 /h
1	传统施工方法	17.67	11.5	8
2	本工法	15	9	6.67
	缩短时间	2.67	2.5	1.33

10.2 社会效益

该施工工法是管道四公司利用承担某地下水封洞库施工项目，经过不断地摸索、提炼、总结出的。在所承担的 3# 施工巷道中应用实施，其相关的人员、设备在项目中得到了充分的锻炼，在缩短工期、保证质量的前提下快速得到业主认可，也为后续承建更多类似的地下水封洞库施工项目积累了宝贵的经验和社会影响力。

11 应用实例

地下水封洞库 10% 斜向巷道施工工法在某石油储备工程施工巷道以及其他部分巷道已经得到实际推广应用。3# 施工巷道长度为 1464.83m，巷道断面为直墙拱形状，跨度为 9m，高度为 8m，起点高程 1728.5m，终点高程为 1585.0m，施工巷道的坡度平均约为 10%，在掘进至 K1+359 处局部存在钠长石化带，钠长石化带内岩体基本上呈砂土状，遇水易软化崩解。

施工巷道开挖爆破开工于 2021 年 9 月 29 日，2022 年 11 月 10 日完成巷道开挖施工，也是整个项目中最先完成施工巷道的单位。项目基于各项标准规范，针对当地地质条件和实际施工环境，使用本工法施工掘进，光面爆破方式爆破，缩短作业循环时间，节约了成本，提高了施工工效，满足质量安全要求，有效避免了工期延误等问题。

R60m 曲率半径隧道盾构施工工法

李广峰 贾 东 白 东 田 黎 孙显程

中国石油管道局工程有限公司第四分公司

1 前言

在我国，多数的老旧城区没有完善的排水系统，由于地面建筑密集、地下管网复杂、城区地面交通繁忙等原因，不具备开挖与修筑中间井的施工条件，通常采用非开挖方式。但大多数城市排水系统管道直径在 2m 及以下，在十字路口或为规避建筑物需要转弯，对于小于 R100m 的隧道施工采用现有的盾构设备及技术难以实现。

国外小曲率半径盾构做得好的国家是日本，最小曲率半径可以做到 R8m，设备制造及施工经验丰富，但日系厂家已退出中国市场，且不提供技术支持。国内地下管道采用盾构法完成最小曲率半径 R160m 施工的工程为南京洪武路污水主干管工程，隧道内径 2.1m。其设备为非常规设备，针对性强且适用性有限。

2020 年管道四公司中标徐州奎河盾构工程，隧道全长 1431m，管片内径 2000mm，最小曲率半径为 R60m，设备要求最小曲率半径为 R45m，隧道平面曲线 18 倍盾构直径。国内无适合此工况设备，无经验可参考。我们开展了“曲率半径 60m 条件下的 Φ2m 盾构施工关键技术研究”，联合生产厂家完成盾构机的研制，从施工装备方面为工程顺利实施奠定了基础。自主研发小断面盾构机静态和实时动态参数计算软件，实时指导转弯段掘进，形成详细可行的施工工艺。经总结，编制了“R60m 曲率半径隧道盾构施工工法”。

“R60m 曲率半径隧道盾构施工工法”被评管道局 2021—2022 年度企业级工法。该技术共申请发明专利 2 项：“一种用于盾构机转弯的控制方法及系统”（专利号 202210758578.8）已通过初审；“装配式地下结构施工拼装质量控制系统”处于申报阶段。

2 工法特点

2.1 安全性能好

盾构机采用仿形刀和双主动铰接系统设计，能完成 R60m 转弯半径施工，成型隧道轴线与设计轴线偏差＜ 50mm，提高了施工效率及安全性。

2.2 施工效率高

采用通用型楔形管片，优化原管片结构形式，满足转弯拼装，解决了不同半径隧道转弯管片分类多、堆放及拼装选型难度大、模具种类多、成本高等问题。

2.3 管片拼装质量高

采用管片拼装点位优选方法，计算不同转弯段管片排列形式，提高了与隧道轴线的拟合度，降低了转弯段管片张开量不均造成的漏水情况的发生。

2.4 掘进精度高

采用小断面盾构机静态和实时动态参数计算软件，实时指导转弯掘进铰接、导向油缸差值参数及盾壳角度，提高了转弯掘进轴线精度，降低了盾构掘进操作难度。

3 适用范围

本工法适用于隧道内径 2～3m，转弯半径 *R*45～*R*70m 转弯段与直线段施工，适用的隧道长度不小于 400m。

4 工艺原理

本工法主要是利用盾构机装备仿形刀和双主动铰接、管片结构形式优化、小曲率转弯掘进施工技术，提高设备半幅超挖及急转弯适应能力，从而实现微型盾构小由率半径转弯施工的稳定性和安全性。

4.1 仿型超挖技术

在刀盘边缘加装仿形刀，仿形刀仅在隧道转弯半径方向进行超挖（图 1），其他区域仿形刀只起保径作用。

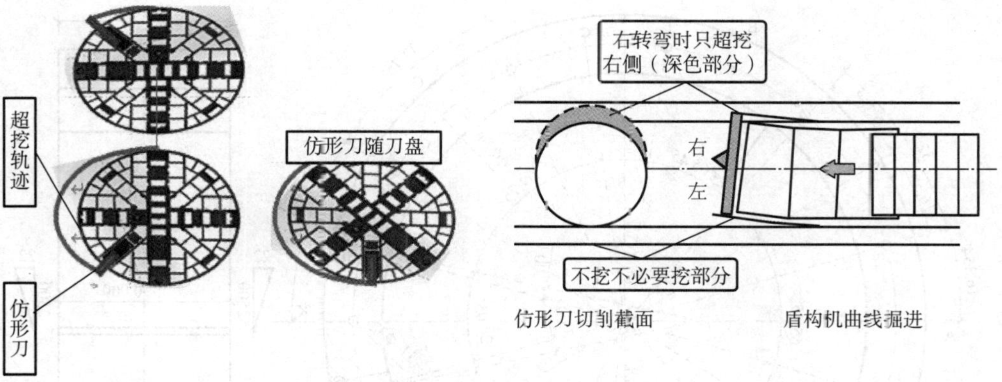

图 1 盾构机仿形刀超挖示意图

4.2 双主动铰接技术

将盾构机主机分 3 节，每 2 节之间设置主动铰接结构。利用盾构主机中心轴线 2 个端点与隧道设计轴线在入弯、在弯、出弯 3 个阶段实时重合状态模拟分析，能够精确完成小曲率半径转弯与加压进仓的要求（图 2）。

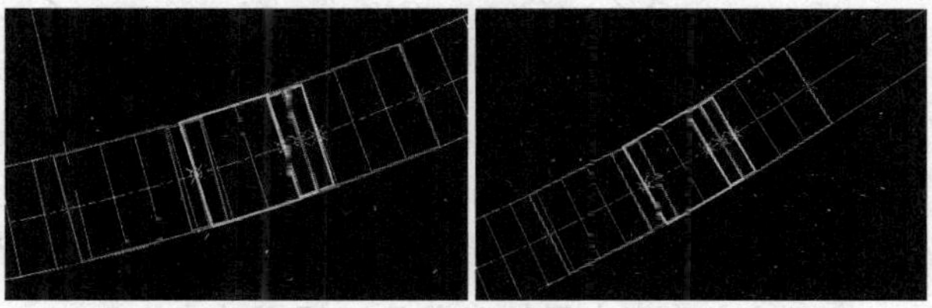

图 2 盾构机转弯模拟

4.3 管片结构设计技术

利用楔形管片盾构隧道曲线设计轴线线路拟合原理，根据管片内径、外径、转弯半径来确定管片环宽和楔形量，接缝处采用斜螺栓连接。

4.3.1 管片环宽确定

隧道内管片吊装回转时，环宽越大掘进施工效率越高。环宽又受隧道内径、连接桥架区域回转空间的影响，隧道转弯半径越小则环宽也需减小才能获得良好的圆弧曲线。通过对 Φ2000mm 盾构 R60m 曲率隧道转弯建模拟合计算，环宽选用 900mm、双侧对称楔形量为 44/2mm。

4.3.2 管片楔形量确定（表 1）

管片形式主要有：直线型和曲线型两大类。

管片结构主要有：楔形、梯形通用型衬砌环。

表 1 微型盾构小曲率半径转弯隧道管片选型表

隧道外径 Φ/mm	隧道内径 Φ/mm	管片厚度 H/mm	曲率半径 R/m	管片宽度 B/mm	楔形量 δ/mm	结构形式	管片材质
2500	2000	250	≥ 55	900	44/2	通用楔形	混凝土
2500	2000	250	≥ 45	900	51/2	通用楔形	混凝土 钢管片

如：隧道内径为 Φ2000mm，厚度为 250mm，环宽为 900mm，楔形量为 44mm/2mm，6 片组成（1K+1A+2B+2C）通用对称楔形环，管片错缝拼装并由弯曲螺栓连接（图 3）。

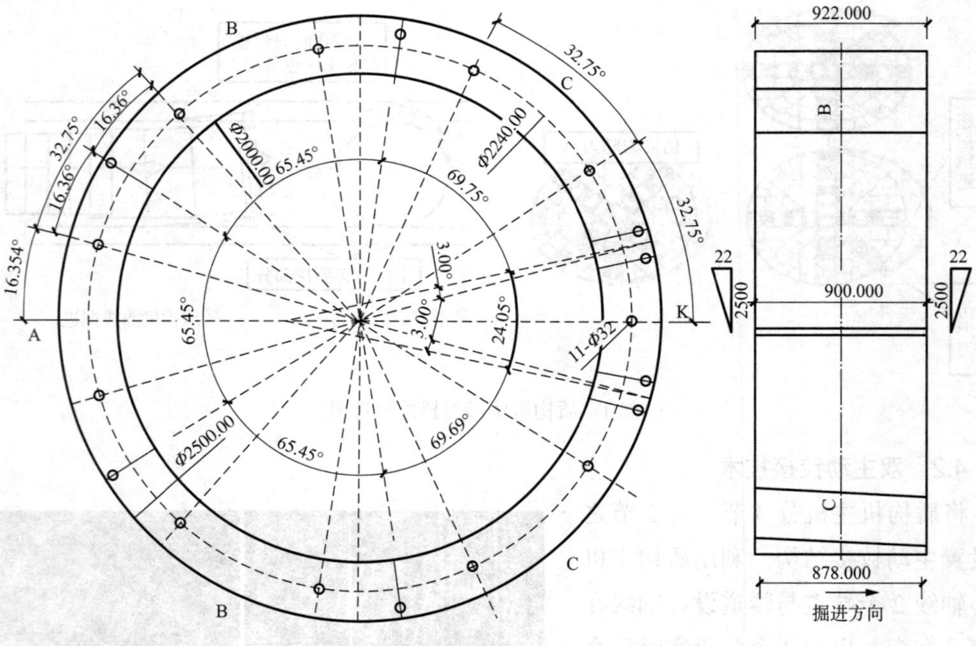

图 3 通用楔形管片结构尺寸图

4.4 小曲率半径转弯段施工掘进技术

选择合适推进油缸油压差和导向油缸行程差进行调整，控制单环纠偏量和盾尾间隙，减小管片错台量，确保盾构轴线平直。当曲线段地质条件较差时，需要进行地质改良以满足设备纠偏要求。

5 施工工艺流程及操作要点

5.1 施工工艺流程

施工工艺流程如图 4 所示。

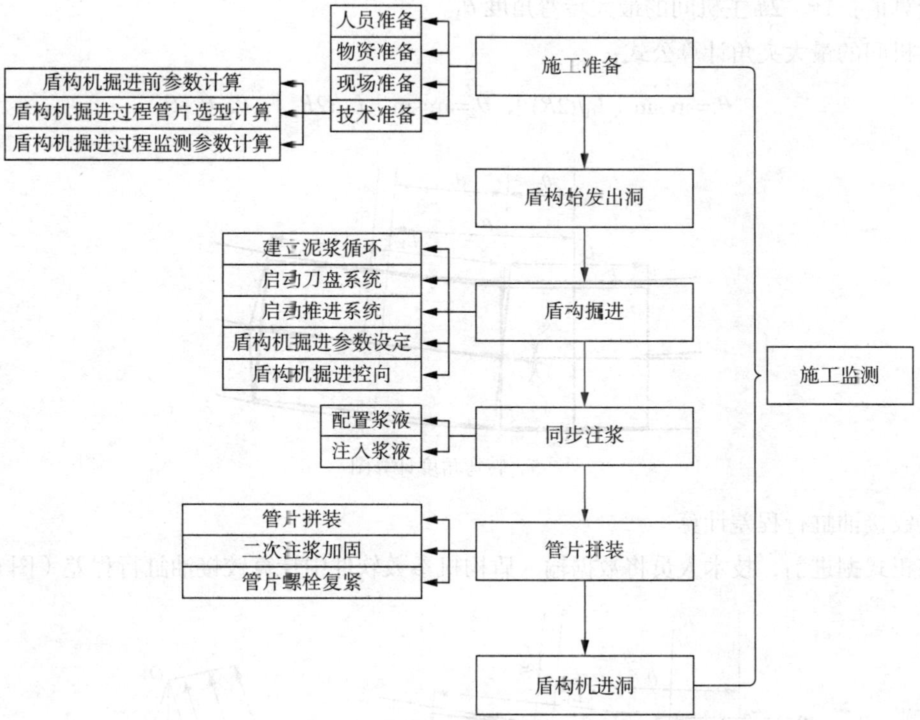

图 4 施工工艺流程图

5.2 工序操作要点

5.2.1 施工准备

1. 人员准备

根据项目人力计划组织人员进场，对各专业人员进行技术培训。同时进行安全、消防和文明施工等方面的教育，向施工人员进行技术交底和质量交底。

2. 生产物资准备

（1）根据图纸及工程地质情况，配备“双主动铰接＋仿形刀”盾构机和生产通用楔形管片。

（2）根据沉降控制要求、地质情况以及现场试验，选择稠度适当、易于流动、适时凝结的注浆配比材料。

3. 现场准备

地上、地下建（构）筑物、地下各类管道，电力通信线缆调查勘测与影响评估，并对有影响的设施采用相应技术规避并采取防护措施。

4. 技术准备

（1）盾构机掘进前参数计算

①盾构机不同转弯半径最大转弯角度计算

在正式掘进前，技术人员将数据输入盾构机参数软件中计算盾构机最大转弯角度（图 5）。

参数输入值：1#、2# 主机的长度 L_1、L_2，转弯半径 R。

中间参数：θ_1、θ_2。

计算值：1#、2# 主机间的最大转弯角度 θ_3。

主机间的最大夹角计算公式：

$$\theta_1=\arcsin\left[L_1/(2R)\right],\ \theta_2=\arcsin\left[L_2/(2R)\right],\ \theta_3=\theta_1+\theta_2 \tag{1}$$

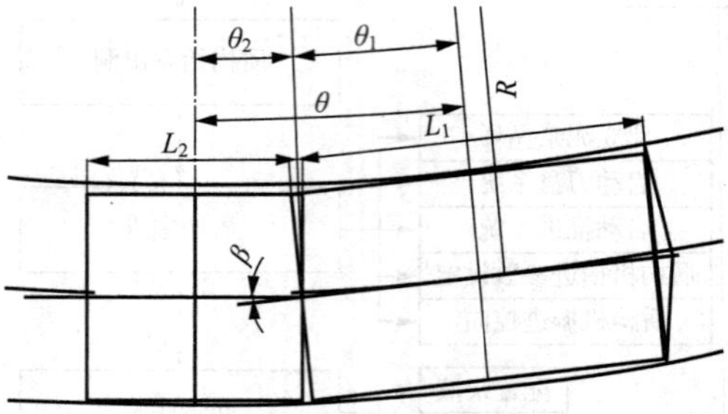

图 5　转弯角度计算图

②铰接油缸行程差计算

在正式掘进前，技术人员将数据输入盾构机参数软件中计算铰接油缸行程差（图 6）。

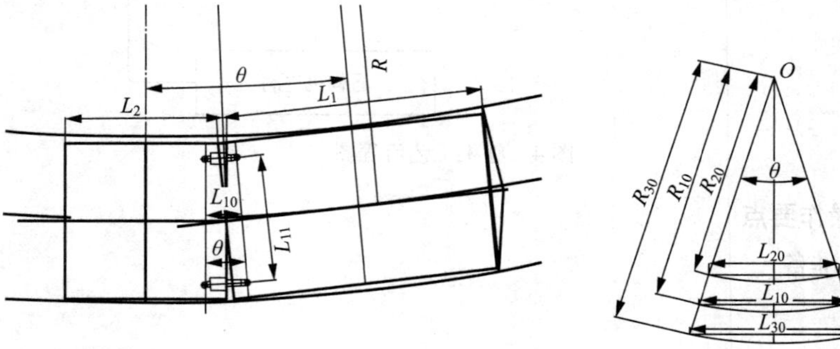

图 6　铰接油缸行程差计算图

参数输入值：1#、2# 主机左右两侧铰接油缸固定销轴中心的间距 L_{11}，铰接油缸的初始长度 L_{10}。

中间参数：1#、2# 主机两节主机铰接中心所在轴线的半径 R_{10}，内侧油缸中心所在的半径 R_{20}，外侧油缸中心所在的半径 R_{30}。1#、2# 主机的标准夹角 θ_3。

计算值：1#、2# 主机油缸的内外最小、最大行程 L_{20}、L_{30} 及最大行程差 ΔL_{10}。

1#、2# 主机油缸的行程及行程差计算公式：

$$R_{10}=180L_{10}/(\pi\theta_3) \tag{2}$$

则

$$R_{20}=R_{10}-L_{11}/2, \tag{3}$$

$$R_{30}=R_{10}+L_{11}/2, \tag{4}$$

计算

$$L_{20}=\pi\theta_3R_{20}/180=L_{10}-(\pi\theta_3 L_{11}/360) \tag{5}$$

$$L_{30}=\pi\theta_3R_{30}/180=L_{10}-(\pi\theta_3 L_{11}/360) \tag{6}$$

油缸最大行程差

$$\Delta L_{10}=L_{30}-L_{20}=\pi\theta_3 L_{11}/180 \tag{7}$$

③水土压力计算

$$P=K_1\gamma_1h_1+K_2\gamma_2h_2 \tag{8}$$

式中，P 为静水压；γ 为土体的平均重度，（kN/m^3）；h 为隧道埋深，m；k_1 为土的侧向静止平衡压力系数。

④同步注浆量计算

$$Q=V\lambda \tag{9}$$

式中，Q 为同步注浆量；λ为注浆率；V为盾构施工引起的空隙；L 为回填注浆段长即管片每环长度。

每环理论注浆量 =（$\pi/4\times D_2-\pi/4\times d_2$）$\times L$；损失系数取 1.2 ~ 1.3。

⑤转弯段每环理论出渣量

每环理论出渣量 =$\pi\times a\times b\times L$；松散系数取 1.1 ~ 1.2。

式中，a 为长半轴；b 为短半轴；L 为管片每环长度。

（2）掘进过程管片拼装选型计算

奎河盾构项目选用管片楔形量 44mm，代入计算 R_1、R_2、R_3、R_4 和 R_5 左右超前量的差值分别为 22mm、38.1mm、44mm、38.1mm 和 22mm（图 7）。

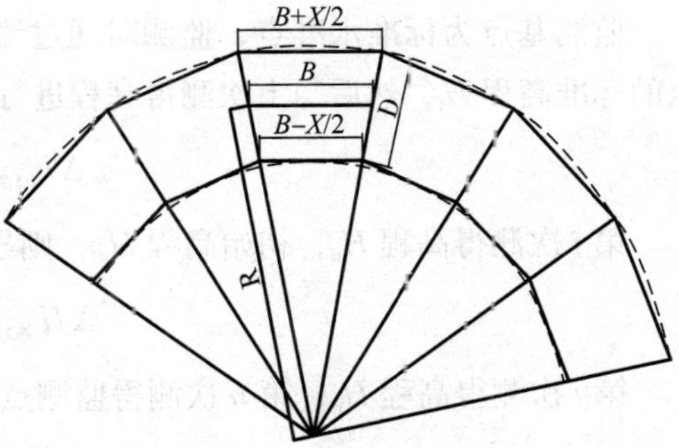

图 7　管片拼接成环示意图

设楔形量值为 X，管片环侧面由原来的矩形转变为上底为 $B-X/2$，下底为 $B+X/2$ 的等腰梯形，理想的情况，将其如图依次拼装即可完成半径 R 的右转弯。根据三角形相似关系，可得：

$$\frac{R}{B}=\frac{R+\dfrac{D}{2}}{B+\dfrac{X}{2}} \tag{10}$$

由此式解得

$$R=\frac{DB}{X} \tag{11}$$

由公式计算可得，当管片位于 R_3（R_9）时，曲线最小转弯半径 R51.1m。该计算结果说明此种管片极限转弯半径为 51m，此时管片呈现 R_3（R_9）点位通缝拼装（图 8）。

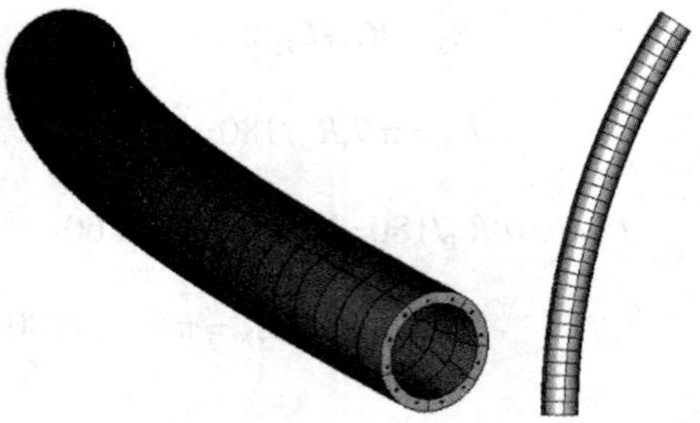

（a）轴侧视图　　（b）俯视图

图 8　管片 R_3 点位通缝拼装仿真模型示意图

施工过程中，不同管片点位的组合拼装成不同转弯半径，对 5 环管片以内的点位组合进行计算（表 2）。

表 2　管片拼装点位与最小转弯半径对应表

拼装点位	平均楔形量 /mm	转弯半径 /m	拼装点位	平均楔形量 /mm	转弯半径 /m
R_1R_5	22	102.27	$R_1R_2R_4R_5$	30.05	74.88
R_2R_4	38.1	59.06	$R_1R_3R_5R_3$	33	68.18
$R_1R_3R_5$	29.33	76.71	$R_2R_3R_4R_3$	41.05	54.81
$R_2R_3R_4$	40.07	56.15	$R_1R_2R_3R_4R_5$	32.84	68.51

（3）掘进过程监测参数计算

①地面沉降监测数据处理

监测基点为标准水准点，监测时通过测得各测点与水准点的高程差 Δh，可得到各监测点的标准高程 H_t，然后与上次测得高程进行比较，差值 Δh 即该测点的沉降值。即：

$$\Delta h_{t(1,2)} = H_{t2} - H_{t1} \tag{12}$$

第 i 次测得高程 H_{ti}，初始高程 H_{t0}，则累计变量 $\Delta H_{累计}$：

$$\Delta H_{累计} = H_{ti} - H_{t0} \tag{13}$$

第 i 次测得高程 H_{ti}，第 n 次测得监测点高程 H_{tn}，则其变化速率 V：

$$V=(H_{ti}-H_{tn})/(n-i+1) \tag{14}$$

在条件许可的情况下，尽量布设水准网，以便进行平差处理，提高观测精度，然后按照测站进行平差，求得各点高程。

②地面沉降监测数据误差处理

常见的水准路线一般分闭合水准路线和附合水准路线 2 种。实测过程中存在误差，使两者不完全相等，两者之差称高差闭合差。

$$f_h = \sum h - (H_B - H_A) \tag{15}$$

闭合路线中起止点同一点，因此理论上各段高差代数和等于零，但实测高差不一定为零，从而产生了闭合差。

$$f_h = \sum h \tag{16}$$

当闭合差在允许的范围内时，可将闭合差反符号平均分配到各段高差上。

③隧道收敛监测数据处理

隧道收敛测量主要使用激光测距仪测量两点之间的距离变化。

激光测距仪测量收敛计算公式：

$$\Delta S = S_1 - S_2 \tag{17}$$

④倾斜监测数据处理

用尺子量出在 X、Y 墙面的偏移值 ΔA、ΔB，然后用矢量相加的方法，计算出该建筑物的总偏移值 ΔD，即：

$$\Delta D = \sqrt{\Delta A^2 + \Delta B^2} \tag{18}$$

根据总偏移值 ΔD 和建筑物的高度 H 即可计算出其倾斜度 i，即：

$$i = \tan\alpha = \frac{\Delta D}{H} \tag{19}$$

式中，i 为建筑物主体的倾斜度；ΔD 为建筑物顶部观测点相对于底部观测点的偏移值，m；H 为建筑物的高度，m；A 为倾斜角，(°)。

5.2.2　盾构始发出洞

按常规盾构工法进行地质改良、洞门密封安装、始发轨道安装，随后开始始发掘进。

5.2.3　盾构掘进

1. 建立泥浆循环

（1）制备泥浆：泥浆采用中生水与膨润土搅拌制浆，添加正电胶、降滤失剂和润滑剂等处理剂控制泥浆性能指标。

（2）建立泥水旁通循环，待泥水压力、流量等调节稳定，切入刀盘舱。

2. 启动刀盘系统

选择刀盘启动按钮，旋转刀盘控制旋钮，使刀盘转速逐渐稳定（图 9）。

3. 启动推进系统

按下推进按钮，根据盾构姿态调整各组推进油缸的压力至适当的值（图 10）。

图 9　刀盘系统操作按钮示意图

图 10　推进油缸操作按钮示意图

4. 盾构掘进参数设定

（1）正常段参照试掘进段参数进行设定，按常规工法进行施工。

（2）进入转弯段掘进，降低盾构机推进速度。

（3）开启仿形刀（图 11）。

转弯段每环出渣量详见 5.2.1 节，按每环理论出渣量计算。

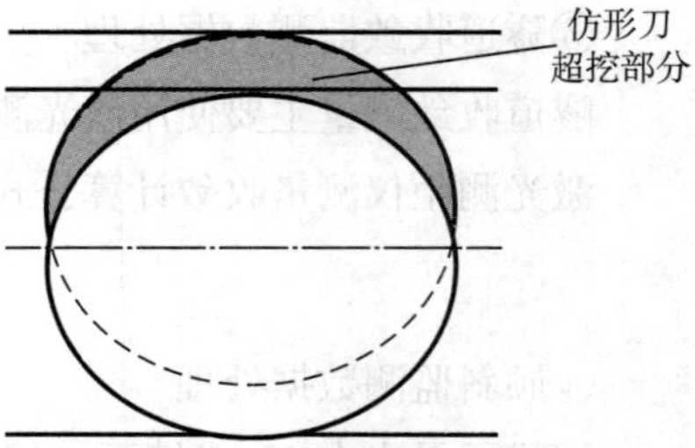

图 11　盾构机仿形刀超挖示意图

（4）进入转弯段前 15 环，根据隧道埋深有无突变，进行水土压力调整。调整原则为增减 0.1bar，最终确定最佳转弯段水土压力。

（5）盾构机在左转弯掘进时，适当加大右侧主顶油缸推力；在右转弯掘进时，适当加大左侧油缸推力。左、右侧主顶油缸压力差在 150bar。

（6）掘进完 8 环后，前铰接行程差由 0mm 变为 65mm，1#、2# 主机角度由 0° 变为 2.595°。

（7）掘进 10 环后，后铰接形成差由 0mm 变为 74mm，2#、3# 主机角度由 0° 变为 2.566°。此时 1#、2# 主机、2#、3# 主机形成稳定角度。

5. 盾构机掘进控向

（1）根据分段轴线拟合控制计划、导向系统姿态信息，通过分区操作推进、导向油缸控制掘进方向。

（2）采用自主研发的计算软件实时指导转弯掘进铰接、导向油缸差值参数及盾壳角度，调整盾构机掘进方向（图 12）。

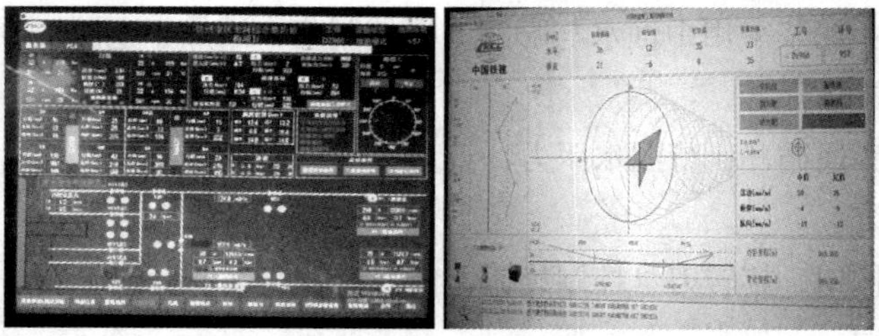
图 12　软件测算数据指导实际施工参数图

（3）随着盾构机向前推进，前移导向系统的基准点和后视基准点，通过导向系统自动测量与人工测量来进行精确定位。通过人工测量成型隧道管片的平面、高程进行校核。

（4）当无法通过盾构掘进和管片拼装来调整盾尾间隙时，可考虑采用楔形管片和直线型管片互换的方式来调整盾尾间隙。

5.2.4　同步注浆

1. 配制浆液

（1）按背填砂浆配合比将膨润土、粉煤灰、42.5 水泥加入到砂浆搅拌罐中进行充分搅拌，直至形成水泥浆液。

（2）按背填砂浆配合比将过筛后的河砂，加入到砂浆搅拌罐中进行充分搅拌，直至砂浆浆液均匀为止。

2. 注入浆液

（1）利用注浆拖车内的注浆泵，使浆液通过盾尾注浆管路注入压入口。

（2）注浆作业与盾构推进同步进行，严禁无浆时掘进。

（3）计算每环理论注浆量，实际注浆值为理论值的 130% ～180%，在裂隙比较发育或地下水量大的岩层地段，实际注浆值为理论值的 150%～250%。

（4）填充盾构机超挖的空隙，R=60 转弯时，须增大同步注浆量，且使超挖一侧的注浆管路比另一侧多注入约 $0.2m^3$ 的注浆量来满足超挖的填充量（图 13）。

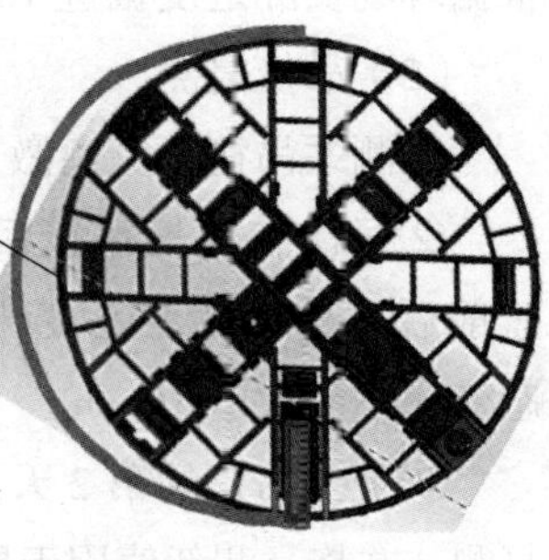

图 13　盾构机超挖示意图

（5）注浆未达到要求时盾构机暂停推进，以防止土体变形。

（6）根据施工中的变形监测情况，随时调整注浆参数。

5.2.5　管片拼装

1. 管片拼装

（1）通过楔形管片盾构隧道曲线设计轴线线路拟合原理，对管片拼装点位进行优化。

（2）分区收回管片拼装区域的推进油缸。

（3）管片就位后安装人员及时连接纵向螺栓并紧固，推进油缸伸长顶紧管片。

（4）按照拼装第 1 块管片的程序及要求由下到上、左右对称拼装剩余管片。

（5）K 形管片安装时，先径向搭接 2/3，再径向插入，边调整位置边缓慢纵向顶推。

（6）整环管片全部安装完后，用风动扳手紧固所有螺栓；上紧所有注浆孔封堵塞。进入下一环的掘进。

2. 二次注浆加固

（1）根据地表沉降监测信息、隧道渗漏水、地层孔隙率等，综合判断是否需要进行二次注浆。

（2）渗漏水封堵注浆的初凝时间可控制在 15～30min，采用水泥砂浆或双液水泥浆，以达到快速固结堵水的目的。

3. 管片螺栓复紧

每环推进结束后，须拧紧当前环管片的连接螺栓，并在下环推进时进行复紧，克服作用于管片推力产生的垂直分力，减少成环隧道浮动。每掘进完成 3 环，对 10 环以内的管片连接螺栓复紧 1 次。

5.2.6　施工监测

1. 盾构隧道监测

（1）管片姿态测量

①在刚拼装好的一环管片上部分放铝合金直尺，直尺中心处贴反射片，并将一把水平尺固定在铝合金直尺中间来控制铝合金直尺是否水平。

②利用全站仪来测量铝合金直尺中心的反射片的三维坐标，数据处理时将反射片的实测高程加上反射片中心距管片中心的距离，这样就转换成隧道中心坐标，最后与同一里程的设

计坐标相比，其差值就是管片姿态（图 14）。

③台车内顶部管片姿态测量：施工进度快时，频率 1 次 / 天，每环 1 测；施工进度慢时，根据现场实际进度掘进 10 环测 1 次。

（2）吊篮复测

①测站吊篮不宜离激光靶过远。

②每次在更换吊篮后要及时记录下更换吊篮前后盾构机的姿态变化值，一般换站前后姿态变化不应大于 10mm。

③更换吊篮的第 2 天及时对更换的吊篮进行复测，并将复测新值用于导向系统测量界面。

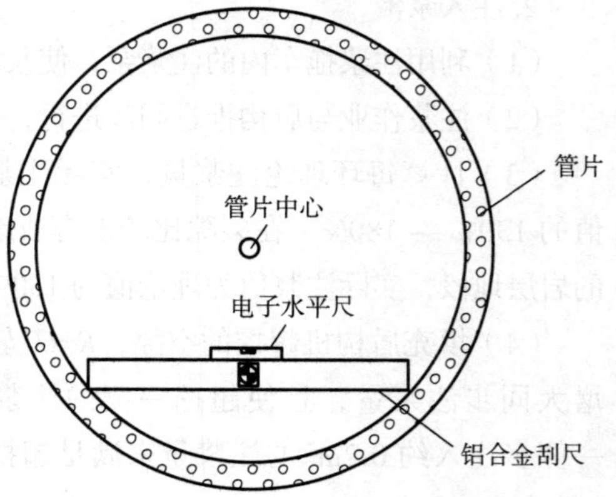

图 14　管片姿态测量示意图

（3）盾构机姿态人工复测

①盾构姿态的人工复测在每次更换吊篮时进行，特别是在隧道贯通前更要加大检测频率。

②对各特征点进行回转角改正，然后通过一定的相对关系换算计算出盾构机的切口、铰接、盾尾中心坐标，盾构机姿态测量误差控制在 10mm 内。

盾构机姿态测量误差及技术要求应满足表 3 内容。

表 3　盾构机姿态测量技术要求表

测量项目	测量误差
平面偏离值 /mm	± 5
高程偏离值 /mm	± 5
纵向坡度 /%	± 1
横向旋转角 /（′）	± 3
切口里程 /mm	± 10

（4）成型管片检测

①每 100 环衬砌环片脱出车架后，必须对衬砌环片进行检测，要求每 5 环测量 1 组，检测内容包括衬砌环片的水平偏差、垂直偏差、横径、竖径。

②平面偏差测量方法：采用 0.8m 铝合金直尺，在中心处贴反射片，将 1 把水平尺固定在刮尺中间控制刮尺是否水平。将直尺平置在所要测环的下弦，用全站仪测量刮尺中心的平面坐标，然后与设计值进行比较，计算出平面偏差（图 15）。

③垂直偏差测量方法：用水准仪测量隧道环片的中心竖径底部和顶部的实测高程值，两者之和除以 2 结果即为环片中心高程，然后与设计值进行比较，计算出垂直偏差（图 16）。

④横径、竖径测量方法：通过测距仪在环

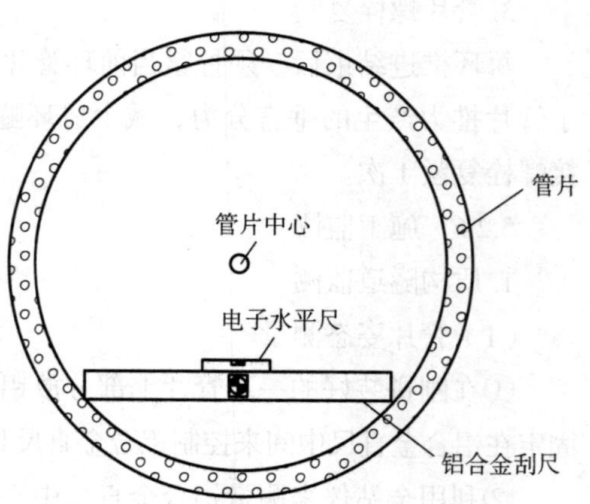

图 15　成型管片平面偏差测量示意图

片腰部及底部测量其直径从而得到横径和竖径（图 17）。

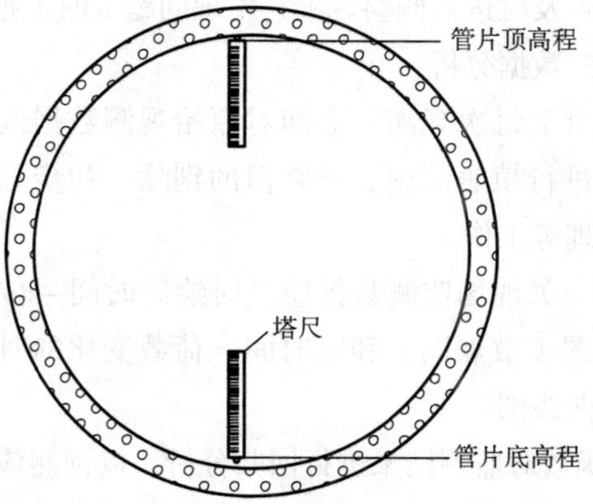

图 16　成型管片垂直偏差测量示意图

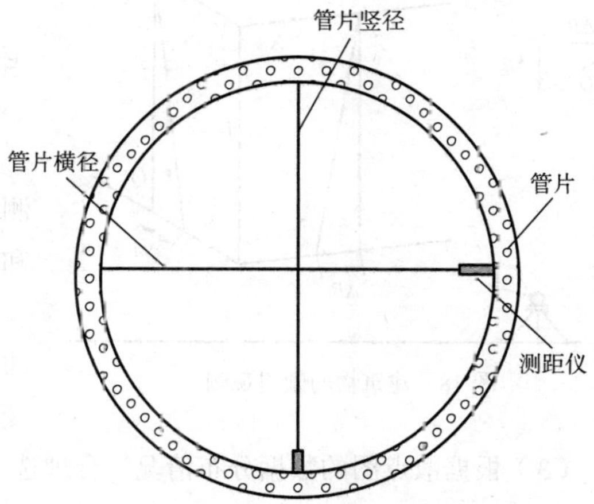

图 17　成型管片横竖径测量示意图

2. 地面监测

（1）初始值采集

对建筑物裂缝监测点、倾斜监测点、隧道推进前 20m 后 30m 范围内的沉降监测点，提前一周测试 3 次，取平均值作为初始值。

（2）沉降测量

①每次观测均以工作基点作为起测点，形成一条二等水准闭合路线，以各线路水准点依据直接进行各监测点的水准测量。

②单点相邻两次的高程变化作为本次垂直变化量，与初测高程的变化作为累计垂直变化量。

（3）裂缝监测

①统计建筑物已有裂缝的分布位置和数量，测定其走向、长度、宽度及深度，选择主要裂缝作为观测对象。

②当裂缝继续发展，两白铁片将逐渐拉开，露出正方形白铁片上原被覆盖没有涂油漆的部分，其宽度即裂缝加大的宽度，可用尺子量出。

③定时进行观测，观测频率按两次观测间裂缝发展不宜大于 0.1～0.5mm 及裂缝所处位置而定。

④裂缝数量和位置无法估计，监测数量和位置也无法确定，应根据现场情况确定。

（4）倾斜监测

①将全站仪安置在固定测站上，测站到建筑物的距离，建筑物高度的 1.5 倍以上。

②瞄准建筑物 X 墙面上部的观测点 M，用盘左、盘右分中投点法，定出下部的观测点 N。用同样的方法，在与 X 墙面垂直的 Y 墙面上定出上观测点 P 和下观测点 Q。M、N 和 P、Q 即所设观测标志。

③一段时间后，在原固定测站上，安置全站仪，分别瞄准上观测点 M 和 P，用盘左、盘右分中投点法，得到 N′和 Q′。如果 N 与 N′、Q 与 Q′不重合，说明建筑物发生了倾斜（图 18）。

④受现场条件限制，某地段无法满足上述测量方法要求时，可根据差异沉降的方法计算

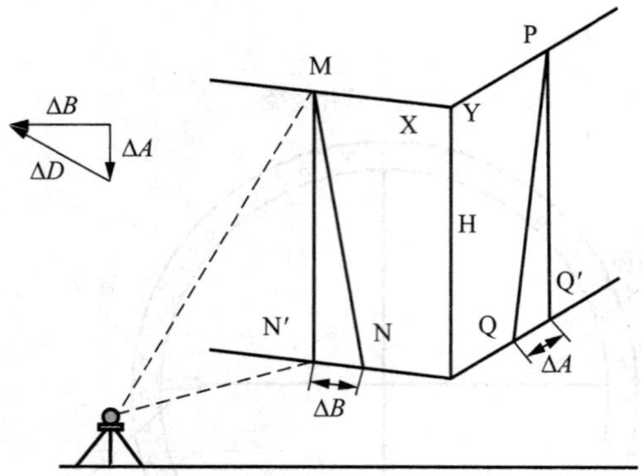

图 18 建筑物的倾斜观测

倾斜。

⑤如发现施工期间房屋沉降较大，根据鉴定报告及时进行倾斜观测，发现问题及时上报。

3. 数据分析

（1）每次观测后立即对原始观测数据或监测值进行填表制图、异常值的剔除、初步分析和整理等工作。

（2）现场监测数据应及时绘制时间 – 位移曲线图（散点图）和随时间、荷载变化的时态变化曲线图。

（3）根据散点图的数据分布情况，合理选择函数对监测结果进行回归分析，以预测该测点可能出现的最大变形值（位移值）和应力值、变化规律和发展趋势，预测结构和建筑物的安全状况，并根据工程的安全状态提出应采取的措施。

（4）根据监测成果对施工情况进行评估，调整施工参数、优化工程施工方法和工艺。

5.2.7 盾构贯通进洞

盾构机到达贯通区域后，按设计要求进行地质改良、洞门密封安装、贯通口管片处理。

5.3 劳动力组织

主要人员配置见表 4。

表 4 主要人员配置

序号	工种	人数	说明
1	班、组长	2	现场施工、调度管理
2	质量员	1	现场施工质检工作
3	HSE 员	1	HSE 管理
4	技术员	2	现场技术管理
5	采购员	1	现场采购、设备、物资管理
6	测量员	1	现场施工测量
7	盾构司机	2	盾构机设备操作、控向
8	电工	2	现场电气设施作业
9	液压工	2	设备维护维修、焊接
10	拼装工	6	管片拼装
11	注浆工	2	隧道注浆施工
12	管路接续工	2	隧道管路接续
13	泥水分离工	2	泥水分离、压滤机、离心机设备操作
14	砂浆搅拌工	4	背填注浆、二次注浆浆液搅拌
15	管片粘贴工	2	管片密封条、止水条、传力垫粘贴
16	物资倒运工	2	现场物资倒运
17	电瓶车司机	2	隧道内物料运输
合计		36	

6 材料与设备

材料与设备以奎河盾构项目为例进行配置，材料与设备如表 5、表 6 所示。

6.1 材料

表 5 主要材料表

序号	材料名称	规格型号	主要功能	备注
1	钢筋混凝土管片	内径 Φ2.0m，环宽 0.9m，壁厚 0.25m，C50	掘进用材	《预制混凝土衬砌管片》GB/T 22082—2017
2	复合钢管片	内径 Φ2.0m，环宽 0.9m，壁厚 0.25m，钢材 Q235，壁厚 0.01m	掘进用材 / 骑马井	《钢结构设计标准》GB 50017—2017
3	密封胶条	DG2000–CB，25mm × 18mm × 1600mm	管片之间止水	
4	传力垫	125mm × 250mm × 1.5mm	管片之间传力	
5	胶黏剂	氯丁－酚醛胶黏剂	管片与密封条之间黏结	
6	絮凝剂	FS–331	分离渣土与水	
7	膨润土	三级	背填注浆	
8	水泥	P. O 42.5	背填注浆	
9	施工用水		泥浆输送、携渣	清洁水

6.2 设备

表 6 主要设备表

序号	设备名称	规格型号	数量	主要功能	备注
1	盾构机	ZTS2730	1	盾构掘进	双主动铰接
2	中继排浆泵	6/4E–AN	1	泥水输送	
3	中继供浆泵	BD200–150–115	1	泥水输送	
4	泥水分离	宜昌黑旋风 250m^3	1	泥水处理	
5	压滤机	XMZG150/1250–U	1		
6	离心机	LM630X1260BP–N	2		
7	液压隔膜上料泵	50LYB–Y	1	浆液传输设备	
8	内燃叉车	CPCD50A5t	1	物资倒运	
9	箱式变电站	ZBW–800/12	1	电力储备	
10	静音柴油发电机	DY115B	1		
11	液压双液注浆泵	双缸双液 7.5kW	1	隧道二次注浆	
12	滤油机	220V	1	液压油回收	
13	全站仪	徕卡 TC1800L	1	工程测量	
14	GPS	—	1		
15	水准仪	苏一光 DSZ2	1		
16	水泵	7.5kW，m^3/h，20m	6	施工排水	
17	挖掘机	小松 PC200	1	渣土外运	

盾构机的径 / 长比系数计算公式如下：

$$\delta_0=\Phi/L \quad (20)$$

$$\delta_1=D/L \quad (21)$$

当 $\delta_0>\delta_1$ 时，盾构机满足转弯时掘进成洞内通过的要求。

式中，Φ 为最大开挖直径；D 为盾构机外径；L 为单节最大长度。

7 质量控制

7.1 执行的标准与规范

（1）GB 50010—2010《混凝土结构设计规范》

（2）GB/T 22082—2017《预制混凝土衬砌管片》

（3）GB 50108—2008《地下工程防水技术规范》

（4）CJJ/T 164—2011《盾构隧道管片质量检测技术标准》

（5）GB/T 50476—2019《混凝土结构耐久性设计标准》

（6）GB 50446—2017《盾构法隧道施工及验收规范》

（7）GB 50204—2015《混凝土结构工程施工质量验收规范》

7.2 质量保证措施

（1）要严格控制推进速度。

（2）注浆过程中密切关注管片变形情况。

（3）当注浆量突然增大时要检查是否发生泄漏或注入掌子面。

（4）合理布设导线点。

（5）应做到勤测勤纠，环环都要纠偏，每环必测盾中、盾尾间隙、超前量，并根据实际情况，随时调整盾构机姿态以及管片姿态。

（6）提高施工人员拼装质量意识，定期进行专业培训。

质量控制关键点见表 7。

表 7 质量控制关键点

序号	作业名称	质量检测及控制项目	检查频次	检测方法	数据标准
1	转弯段管片拼装	管片拼装错台是否符合标准	每环 / 次	软件 + 人工	环内错台 5mm 环间错台 6mm
2	转弯段出渣量控制	转弯段对地层进行超挖，控制出渣量，理论出渣量的 1.2 倍	每环 / 次	理论数据 + 现场实际数据	$6.5m^3$
3	转弯段管片背填注浆控制	转弯段每环背填注浆量理论值的 1.3 ~ 1.5 倍	每环 / 次	理论数据 + 现场实际数据	$1.3\sim1.5m^3$
4	盾尾与管片间隙控制	盾构机的盾尾间隙变化主要体现在水平轴线两侧	每环 / 次	筛尺检测	—
5	盾构掘进与方向控制	1. 转弯段左、右两侧主顶油缸压力差 150bar 2. 导向油缸行程差 40 ~ 50mm（1、2 号主机） 3. 导向油缸行程差 50 ~ 70mm（2、3 号主机） 4. 自动导向系统和人工测量结合	每环 / 次	全站仪 + 水准仪	水平偏差：± 100mm； 垂直偏差：± 100mm

续表

序号	作业名称	质量检测及控制项目	检查频次	检测方法	数据标准
6	设备双主动铰接角度控制	1. 铰接角度 $\alpha=(L_1+L_2)\times180/\pi\times R$，其中 L_1、L_2 分别是铰接盾构的前体和后体，R 为曲率半径；α 为盾构机在小半径曲线上的铰接角度，此角度应小于 2. 盾构机自身的最大铰接角度铰接千斤顶行程差 = 千斤顶最大行程差 ×（左右铰接角度）/ 最大左右铰接角度	每环 / 次	软件 + 人工	1#、2# 主机角度 0°—2.595°—0° 2#、3# 主机角度 0°—2.566°—0°

8 安全措施

8.1 执行的安全法规

（1）GB 18218—2018《危险化学品重大危险源辨识》

（2）GB 2894—2008《安全标志及其使用导则》

（3）GB/T 12801—2008《生产过程安全卫生要求总则》

（4）GB 6067.1 ~ 7—2010《起重设备安全规程》

（5）JGJ 59—2011《建筑施工安全检查标准》

（6）JGJ/T 77—2010《施工企业安全生产评价标准》

（7）JGJ 33—1996《建筑机械使用安全技术规程》

8.2 安全保障措施

（1）各种施工机械设备及盾构施工中的掘进设备，使用前要认真进行检查，经试运转正常后方可使用。

（2）管片吊运时，管片下严禁站人。

（3）隧道内的电力电缆、控制电缆应悬挂固定，严禁随地铺设。

（4）管片拼装时，盾尾空间较小，操作手应与拼装机保持一定安全距离，避免管片落下伤人或夹住人体。

（5）隧道内水平运输，电瓶车司机在转弯段前 100m 鸣笛警示，作业人员听见鸣笛声立刻在最近的避车台躲避。

9 环保措施

9.1 执行的环保法规

（1）GB 12348—2008《工业企业厂界环境噪声排放标准》

（2）GB 16297—2017《大气污染物综合排放标准》

（3）GBZI—2018《工业企业设计卫生标准》

（4）GB 3095—2012《环境空气质量标准》

9.2 环保保障措施

（1）施工现场必须建立环境保护、环境卫生管理和检查制度，并应做好检查记录。

（2）根据施工项目现场环境的实际情况，合理布置机械设备、运输车辆进出口。

（3）现场施工主要光源为夜间照明与材料加工电焊作业，现场采取合理的照明光源布局。

（4）施工现场必须设置洗车池（冲洗槽）和沉淀池，配置有效的冲洗设施及足够的水源。

（5）施工现场四周设置畅通的排水沟，设置沉淀池，确保雨期洪水不污染城市道路、堵塞管道。

（6）为存在扬尘的施工工序制定专门的扬尘防控表。

10 效益分析

10.1 经济效益

徐州市区奎河综合整治工程（苏堤南路—袁桥闸）施工 1 标段工程截污干管施工采用本工法施工，完成了 R60m 转弯半径施工，保障了工程隧道的顺利贯通。本工法同时实时指导转弯掘进铰接、导向油缸差值参数及盾壳角度，提高了转弯掘进轴线精度与隧道轴线的拟合度，降低了施工难度与成型隧道管片破损率。其中，徐州市区奎河综合整治工程（苏堤南路—袁桥闸）施工 1 标工程截污干管施工收入 6393 万元，人工成本 892 万元，设备成本 2056 万元，材料成本 3062 万元，工程利润 383 万元。

10.2 社会效益

20 世纪以来，城市建设快速发展。城市规模不断扩大，老城区排水规划落后，地势低矮，雨季降水集中，降水量大，部分小区出现了不同程度的城市内涝现象。然而城市化进程导致如今城市用地十分紧张，地下空间占用率高，地下管网需要避让既有地下结构，地下管网施工急转弯现象越发常见，连续急转弯小半径盾构输水隧道施工关键技术亟待研究。该工法保障了徐州市区奎河综合整治工程连续急转弯小半径盾构输水隧道安全高效施工，填补了国内急转弯小半径盾构设备和施工技术空白，为同类工程的建设提供技术支撑和工程经验，提升我国城市排水管网盾构隧道建设水平，节约地下空间资源，保障隧道长期运营安全，降低运营维护成本。

11 应用实例

徐州市区奎河综合整治工程（苏堤南路—袁桥闸）施工 1 标段工程于 2020 年 11 月 10 日开工建设，截污干管总长度约 1.43km，主管道管径 Φ2.0m，管片厚度为 0.25m，环宽为 0.9m，工作井内径为 12.4m × 6.4m，壁厚为 0.8m，井深为 14.75m，主要穿越地层 3-1 黏土层、14-1 中风化—微风化石灰岩层、溶洞、14-2 中风化—微风化泥岩层。管道平均覆土约为 9m，最浅覆土为 4m。使用该工法成功穿越 9 个小转弯段，其中最大转弯 R200m，最小连续转弯 R60m。经测量，成型隧道轴线与设计轴线偏差 <50mm，管片错台量合格率≥ 95%。

油气管道穿越工程水域溶洞预处理工法

吉文龙　朱建明　刘　昆　焦子君　朱俊晔

中国石油管道局工程有限公司第四分公司

1　前言

在油气管道工程穿越水域岩溶发育区时，由于溶洞内存在较大空间，因此易发生设备叩头、陷落，工作面失水，同步注浆困难等问题。溶洞受施工影响一旦塌陷，其上方土体涌入溶洞，易造成地面或地表构筑物的沉降和破坏。因此在穿越施工前需要对溶洞进行预处理。施工过程中，对于溶洞的探测如采用单一物探方式，只能探明溶洞的存在，不能探明溶洞的分布范围，对后期岩溶注浆和隧道建设带来很大不确定性。

针对水下溶洞群预处理相关问题，中国石油管道局工程有限公司第四分公司（以下简称“管道四公司”）技术人员采用高密度电法、微动探测和跨孔弹性波 CT 法，准确地确定岩溶位置、规模和形状，解决了水域溶洞探测偏差大的难题。对不同岩溶发育区的注浆材料、配比及注浆方法进行研究，形成了溶洞填充处理技术方法和标准。这项技术优化了钻进成孔方式、设备和止浆装置，避免了注浆过程中返浆污染水体的风险。

2021—2022 年在新疆煤制气广西支干线潇水盾构穿越工程和山川河顶管穿越工程中，应用该技术对中等风化灰岩及白云岩中裂隙强发育地层进行了预处理，岩溶裂隙填充率为 100%，填充物强度≥ 2MPa，设备安全穿越岩溶发育区，未对当地水资源造成污染。为推广岩溶强发育地区穿越施工技术，管道四公司总结编制了“油气管道穿越工程水域溶洞预处理工法”。

“油气管道穿越工程水域溶洞预处理工法”被评为管道局 2021—2022 年度企业级工法，并申请发明专利 1 项：“一种适用于隧道溶洞充填的改性玄武岩纤维动水注浆材料及其制备方法”（受理号：202310607165.4）。

2　工法特点

2.1　水域溶洞探测范围精准

采用高密度电法、微动探测和跨孔弹性波 CT 法多种物探手段，获得不同的物性参数。利用不同物性指标分析同一地质体的地质信息，相比于传统单一物探方式，提高了岩溶探测的准确度。经过现场钻孔验证，探测成果与实际位置在 30m 水平和深度范围内误差不大于 1m，超过 30m 时误差不大于 2m。

2.2 溶洞注浆填充效果好

针对不同地质条件下，不同岩溶裂隙填充物，采用不同浆液进行填充。尤其在动水条件下，改性玄武岩纤维动水注浆材料为全新技术，具有在动水条件下不易分散，凝结时间可控，硬化形成的结石体力学强度大等多项独特优势，能够充分解决现有技术中存在的注浆材料凝结时间不可控、抗分散性和扩散性差，固结强度低，以及原材料获取困难等技术难题。

2.3 节约竖井建设投资

通过精准的溶洞边界及范围探测，可以优化隧道轴线，依次降低竖井深度，有效节约建设项目投资，节省施工工期。

3 适用范围

适用于水深 20m 以内，水面以下 40m 深度以砂卵石、粉质黏土为填充介质的全填充、半填充、无填充型的石灰岩、白云岩复杂地质条件下的溶洞探测、注浆加固及盾构掘进施工。

4 工艺原理

首先利用物探和钻探相结合的探测方法确定溶洞的高程、平面范围，溶洞内填充物及填充饱满情况，溶洞与轴线的相对位置关系。精准探测后，在水面上搭设工作平台，在平台上利用钻机对溶洞区域进行钻孔注浆处理。

4.1 岩溶发育区探测技术

针对小断面泥水盾构水域溶洞，遵循定性 – 定量、概略 – 精细的探测原则，先利用高密度电法和微动探测圈定岩溶发育区的范围，再通过钻探验证开展跨孔弹性波 CT，准确地圈定岩溶的位置、规模、形状以及大小，达到精准探测岩溶。

4.2 岩溶发育区注浆技术

针对不同岩溶填充情况，选取不同注浆介质。通过水上钢平台搭建，将水上溶洞注浆工况变为陆地常态化注浆工况。并针对注浆范围指定钻孔间距、钻孔深度、注浆压力、注浆量等重要指标，最终达到岩溶裂隙填充效果，满足盾构施工。

5 施工工艺流程及操作要点

5.1 施工工艺流程

水域溶洞群预处理施工工艺流程如图 1 所示。

图 1 水域溶洞群预处理施工工艺流程图

5.2 操作要点

5.2.1 施工准备

1. 人员准备

参照 5.3 节表 2 进行人员准备。按要求组织相关人员进行专业技术培训，并进行技术交底。

2. 设备物资准备

参照第 6 章表 3、表 4 进行设备物资准备。现场开工前均须对打孔、注浆设备、物探进行检修，确保设备、仪器性能稳定、工作正常。

水泥：P.O 42.5 普通硅酸盐水泥；水玻璃：39°～42° Bé；膨润土：钠基膨润土，配置泥浆黏度为 60s。

3. 施工现场准备

在注浆前检查所有注浆管和排气管的埋设数量及管头封堵情况。

4. 技术准备

（1）平台选择：根据不同的施工环境和工程需要，选择相应的平台。本工法选取钢管桩栈桥法（表 1）。

表 1　平台类型

平台类型	技术要点	优势	劣势	备注
钢管桩栈桥法（水上施工通道方案）	钢平台下部结构均采用 529 钢管桩，上部结构采用 321 标准 8 排贝雷梁，梁高 1.5m，桥面板采用 8mm 厚花纹钢板，上部横向分配梁采用 I 16 型钢，间距 30cm。桥台背墙顶面高度同贝雷梁高度，台背回填采用宕渣料，层层夯实	施工作业面大、稳定性较好、施工便利性好	施工成本较高	

（2）注浆孔段长划分

①对于洞径大于 3m 且无填充溶洞或半填充溶洞，灌浆管直接伸入空洞内不小于 1.0m，不进行灌浆分段。

②洞径小于 3m 的溶洞充填灌浆分一段进行，灌浆孔应伸入溶洞顶板以下不小于 0.5m。

③全充填的特大溶洞（大于 3m）应分段进行灌浆，一般灌浆长度为 1～2m 左右，最大段长不得大于 3m。

（3）注浆压力

土岩接合面处注浆压力为 0.3～0.5MPa；溶洞注浆压力周边孔按 0.4～0.6MPa 控制，而中央孔按 0.8～1.0MPa 控制。注浆压力应随着灌浆过程逐步提高，达到设计注浆压力并继续注浆 20min 以上。实际注浆压力根据生产性试验适当调整。

（4）注浆结束标准

为减少注浆成本，当经过分析浆液扩散距离远远超出设计范围时，或注浆压力 15min 不上升时，则调整浆液配比，缩短凝胶时间，并采取间歇注浆措施，以控制浆液扩散范围。

当同时满足下述规定时，方可结束灌浆作业：

①在最大设计压力下，灌浆孔段注入率不大于 1.0L/min 时，延续灌注 20min 后可结束灌浆作业。

②灌浆全过程中，若灌浆时间过长，灌浆量过大（超过 100m^3），建议停止灌浆，参建各方召开现场会议进一步研究是否存在特大溶洞，需要采取其他措施等。

5.2.2 岩溶探测

1. 高密度电法测量

（1）测线布置

①以盾构隧道为中心，在盾构隧道顶及两侧平行布置。

②平行布置5条测线，测线间距3～5m，其中盾构隧道顶中心1条，两侧对称各2条。

③一次性布置好电极，电极间距5m，采用发电机或电池供电，供电电压180～480V。

④为取得背景场，勘探范围外侧适当延长，每条测线长度295m，具体实施的测线间距和长度可根据现场及探测情况做适当调整。

（2）数据采集

①测线放点

采用RTK进行测线测点放样，首先放样测线端点；然后用直径大于30mm的绳索穿过河面，固定在河岸两边测线端点处，便于确定测线位置，同时牵引船只平稳移动，避免因风浪和水流引起船只方向偏移；最后再布置电极时加密测点，间距为5m。

②电缆电极敷设

按放样好的测线测点位置布置电缆电极，每条测线一次性布置60根电极，陆地上的每一个电极都挖坑用泥土掩埋，并充分浇水使其接地良好；河道里的电极直接沉入水底。

③断面测量

对于一新建断面，各项参数设置完成后，按“测量”键启动断面测量。

每次测量选用四极装置（a1）及三极装置（AMN、MNB）2种高密度装置进行断面测量，依次测量该测线上不同位置、不同深度处的视电阻率值，再传送至计算机中进行计算、分析、成图，从而得到一条完整的二维视电阻率剖面。

④资料处理

水底高密度电阻率法野外测试完成后，依次进行数据格式转换、滤波处理（剔除坏点数据、干扰数据）、建模反演、绘制视电阻率等值线拟断面图、绘制地质解释成果图。

2. 微动探测法测量

（1）采用圆形排列观测系统，台站半径为2.5m，采样间隔为4ms，采集时间在20min以上。

（2）数据采集：布置多道检波器排列，采用三分量检波器进行数据采集，获得长周期（20min左右）三分量数据。

（3）现场预处理：进行H/V谱比计算之前需要剔除短时干扰（如过往车辆）的影响，需要有效识别出短时干扰，超过阈值的部分视为干扰被舍弃，低于阈值的部分视为稳态信号被采用。

（4）谱比计算：在采集的数据中筛选稳定的数据段计算HV谱比曲线。

（5）联合反演：基于被动源面波和谱比数据，对排列内的频散曲线和谱比曲线进行联合建模与反演，从而获得各测点下的地层结构分布。

3. 跨孔弹性波CT法测量

（1）对比探测剖面的钻孔资料，选择基岩比较完整的钻孔作为发射孔，另一孔作为接收孔。

（2）将发射电缆放入发射孔底部（记下发射深度），同时将接收电缆放入接收孔底部

（电缆线要保持直线状态，并记录下深度）。

（3）开机设置参数，仪器进入采集状态并通知震源操作技术人员开始激发，地震仪采集信号后进行再次叠加，直至记录达到优良以上为止。

（4）记录完成后通知发射端技术人员将发射电缆往上提 1m，再通知震源操作技术人员开始激发，地震仪采集信号达到优良记录。循环此操作过程直至发射电缆至终止探测深度，本剖面探测完成。

4. 溶洞范围确定

利用高密度电法和微动探测法圈定岩溶发育区的范围后，再通过钻探验证开展跨孔弹性波 CT，准确地圈定岩溶的位置、规模、形状以及大小。

5.2.3　水上平台安装

（1）根据不同的施工环境和工程需要选择平台，本工法以钢管桩平台为例。

（2）利用测量仪器定出桩位中心线，在导向架上精确定位管桩中心，以便在插打桩时确定位置。

（3）安装打桩设备，吊车就位后，开始进行打桩作业。

（4）每排桩施工完毕，经检查合格，可焊接连接系、桩顶安装分配梁。

（5）将拼装好的贝雷梁运至需要安装的墩位。利用吊机安装一组梁，准确就位后先牢固捆绑在分配梁上，再安装另一组梁，同时与安装好的两组梁利用支撑架进行连接。依此类推完成整跨梁的安装。

（6）贝雷梁安装调整完成后，用吊机将桥面板吊放在架设好的贝雷梁横梁上。通过焊机将桥面板与横梁焊接，即完成该跨架设，依次逐跨延伸完成栈桥施工。

（7）其他附属设施随着栈桥的延伸一次性施工完成。

5.2.4　钻孔施工

（1）对施工图纸中预先确定的孔位测量定位。

（2）开始钻孔，外层套管设置为 Φ146mm（图 2），跟进通过淤泥、中砂、砾砂、卵石层进入基岩内 1 ~ 2m 后，取消外侧套管跟进。

（3）钻孔入岩 1 ~ 2m 后变为 Φ91mm 成孔到溶洞底板 50cm，并高出地表面约 50cm，高出水面管路在导管头焊接法兰，防止掉入孔内。

（4）袖阀管安装

①溶洞内注浆段采用带射浆孔的袖阀管，注浆段以上为实管。袖阀管每隔 50cm 钻 1 组（4 ~ 8 个孔）射浆孔，射浆孔呈梅花形布设，其外为长 5 ~ 8cm 的橡皮阀包裹。

②下管前，确保袖阀管管节间接可靠，底部加上锥形堵头，避免套壳料进入袖阀管内（图 3）。

（5）护孔套管安装

①袖阀管外围套入 Φ75mm 抗压 PVC 管（图 4），溶洞段内 PVC 管需每 1m 开对孔，且用

图 2　Φ146mm 套管示意图

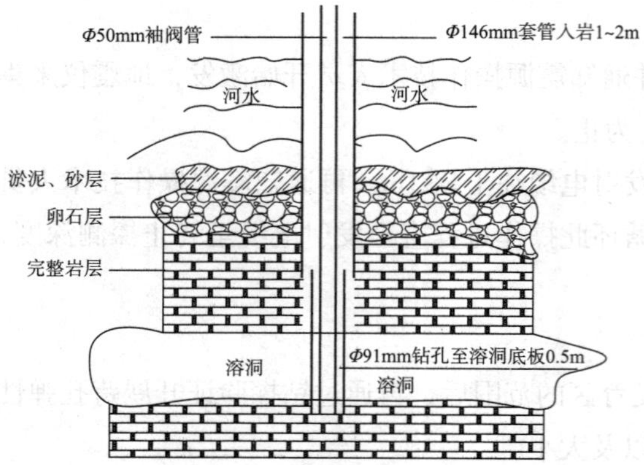

图 3　Φ 50mm 袖阀管示意图

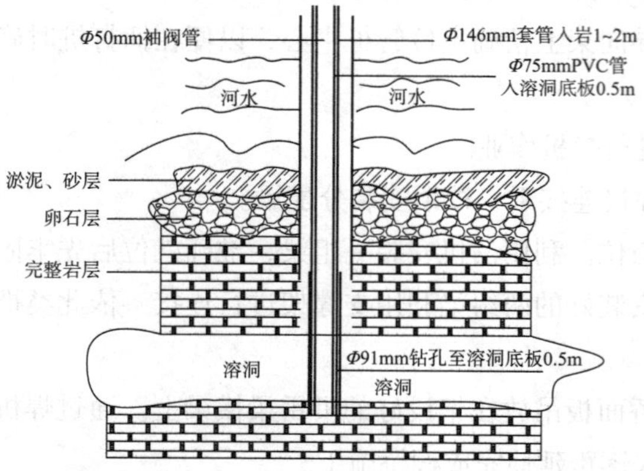

图 4　Φ 75mm 抗压 PVC 管示意图

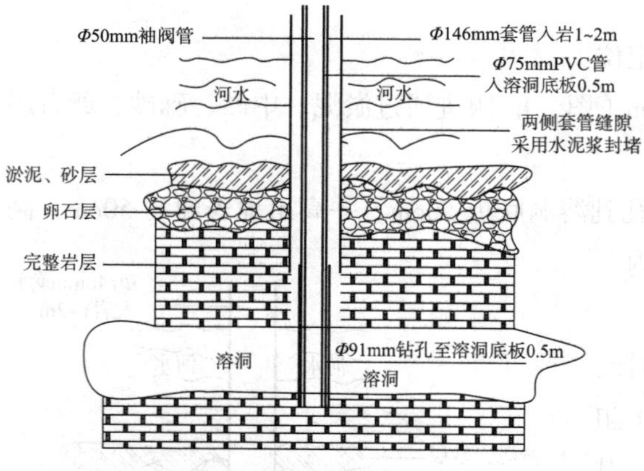

图 5　套管内注浆封堵示意图

滤网包裹，滤网采用扎丝绑扎固定。

②结合河流水文地质条件，PVC 套管引至水面以上合适范围，以免钻孔受到潮汐水位影响。

（6）堵孔封水

采用水泥浆灌入内外两层套管之间进行封孔，防止注浆过程中冒浆导致对基岩内 1 ~ 2m 水质的破坏（图 5）。

5.2.5　岩溶填充及注浆

1. 单双浆液注浆

（1）试泵

①先将三通阀门调到回浆位置，开泵后，待泵吸水正常时将三通阀回浆口慢慢调小，泵的压力缓慢上升。

②当泵的压力达到预定注浆压力并持续 3min 不出故障，即可认为泵的性能正常。试运行时间为 20min。

（2）安装注浆管和止浆塞

①检查注浆管内无阻塞物后，进行注浆管的安装，并在注浆管设置防水板。

②用沾有 CS 胶泥的麻丝绳绕成不小于钻心孔直径的纺锤形柱塞，把管子插入孔内，再用台车将管顶入孔内到要求深度，使麻丝栓塞与孔壁充分挤压紧实。

③在麻丝与孔口空余部分，填充 CS 塑胶泥，使注浆管和止浆塞固定。注浆管外露的长度小于 30 ~ 40cm，以便连接孔口阀门和管路。

④注浆管安装放好后，在注浆管管口加上孔口盖，以防止杂物进入。

（3）压水试验

压水压力由小逐渐增大到预定注浆压力，并持续 15min。

（4）浆液注入

①注浆前用 1.5 ~ 2 倍注浆终压对系统进行吸水试验检查。

②注浆时采用自下而上，分段的方式进行灌注。

③将钻具与注浆泵连接好，先向孔内通清水 15min 或看见孔口返出清水后再进行注浆。

④注浆水灰比为 1 ∶ 1。在实际操作过程中，若注浆比较困难，调整水灰比为 1.2 ∶ 1 后进行注浆；若地层漏水严重，则可适当减少水灰比。

⑤当注浆量明显变小、压力维持在 2MPa 时停止注浆，5min 后进行补注。如补注时注浆压力大于 2MPa 则将钢管提升 50cm 后再进行上一层注浆，直至将溶洞内填充物在桩基施工范围内全部固结。

2. 膨润土、纤维筋膏浆注浆

（1）膏浆制备

使用高速搅拌机与低速搅拌机组合搅拌，首先将膨润土、水和玄武岩纤维放入高速搅拌机中搅拌 3min，再放入水泥搅拌 3min，然后再将膏状浆液注入低速搅拌机中搅拌。

（2）布设注浆孔，注浆孔的孔径设置为 50mm，孔深为溶洞底部。

（3）注浆采用 H-095 型注浆泵，根据前期预注浆试验，确定注浆压力为 0.3 ~ 0.5MPa，现场每 30min 注浆量为 0.5m^3。

（4）注浆方式采取后退分段式注浆工艺，将注浆管放置注浆孔孔底，由下往上依次注浆，每次注浆段为 0.5m，第 1 次注浆完成后回拖注浆管，再进行第 2 注浆段的注浆。

（5）当注浆压力达到设计最大注浆压力时，再注入 20min 后停止注入。

3. 全空溶洞预处理

全空溶洞采取固体填充物充填和纤维加筋膏浆注浆充填 2 种方式。

（1）在探孔区域探测到全空溶洞且空洞内含岩溶水较少时（岩溶水较少时则标明该处的岩溶水一般不具备连通性），先抽出岩溶水，再向溶洞内充填细砂或填充粒径较小的砂石，填充时采取压力吹灌的方式。

（2）当填料达到孔洞高度的 1/3 时，进行一次注浆。

（3）待加固体达到一定强度后继续进行吹灌充填，当填料达到孔洞高度的 2/3 时，进行一次注浆。

（4）待加固体达到一定强度后再进行吹灌充填，填满整个空洞范围后进行注浆，注浆压力可以适当加大。

4. 半填充型溶洞预处理

在探孔区域探测到部分填充溶洞时，向溶洞内填充细砂，或填充粒径较小的砂石料，填充时采取压力吹灌的方式，然后进行单液浆注浆加固。砾石填充按照全空型溶洞进行控制。

5. 全填充型溶洞预处理

在探孔区域探测到完全填充溶洞时，直接向溶洞内灌注 0.5 ∶ 1 ~ 1 ∶ 1 水泥浆。注浆管可采用直径为 70 ~ 110mm 的 PVC 花管。

6. 大量岩溶水填充溶洞预处理

（1）首先对该溶洞的岩溶水进行抽排，抽排的同时注意观测水位的变化，若水位变化较快，则表明该溶洞内的水不具备连通性，此时将溶洞内的岩溶水抽排干净之后，以全空溶洞的处理方式进行处理。

（2）若抽水过程中水位变化较慢或不变化，则表明该溶洞内的岩溶水与地下其他水系具有水力联系（但在无干扰时不具备流动性），此时应立即停止抽排，并扩大探孔的范围，即在既有探孔周边 1～2m 范围内增加探孔，并经过以上探孔向溶洞内灌填粒径较大的石料。

5.2.6 注浆效果检测

1. 物探检测

采用物探对处理溶洞进行跨孔弹性波 CT 探测，检测岩溶填充处理的均匀性，方法见 5.2.1 节。

2. 钻孔及试验检测

采用随机钻孔取芯法进行多指标检测，检测数量不少于注浆孔数的 5%，且要求对每个处理后的溶洞至少检测 1 次。检测手段与检测结果应达到以下要求：

（1）室内压缩实验：检测填充加固体 28 天无侧限抗压强度，要求不小于 0.2MPa。

（2）固结试验：检测填充加固体的压缩模量 Es。

（3）土工试验：检测填充加固体的 c、Φ。

（4）室内变水头试验：测定渗透系数 k，渗透系数不大于 1.0×10^{-5}cm/s。

溶洞注浆加固效果可以通过无侧限抗压强度（UCS）、标准贯击数（SPT）以及岩心采样率（CR）等指标体现。

查看样品是否完整、不破碎，达到坚硬或硬塑状态，如果是，表明固结效果较好，注浆材料与围岩胶结紧密。

5.3 劳动力组织

劳动力组织情况见表 2。

表 2 注浆主要人员配置

序号	工种	人数	说明
1	班长	2	负责全面工作
2	技术员	4	负责现场管理
3	钻机人员	10	负责钻孔工作
4	勘察技术人员	4	负责勘察工作
5	注浆手	6	负责注浆
6	注浆辅工	12	拌合浆液、下注浆管
7	杂工	2	负责场地清理及污水排放
合计		40	

6 材料与设备

6.1 材料

本工法主要材料统计见表 3。

表 3 主要材料表

序号	材料名称	规格型号	主要功能	备注
1	钢筋混凝土管片	根据隧道设计数据确定	掘进用材	

续表

序号	材料名称	规格型号	主要功能	备注
2	密封胶条	与项目管径一致	管片之间密封	
3	胶粘剂	氯丁胶	密封条之间粘接	
4	膨润土	一级、钠基	掘进施工	
5	水泥	P.O 42.5	注浆	
6	柴油		补勘	

6.2 设备

本工法主要设备统计见表 4。

表 4 主要设备表

序号	设备名称	规格型号	数量	主要功能	备注
1	钻机	BHD180	1	补勘施工	
2	顶进油缸	250t × 1850mm	8	顶进施工	
3	地质钻机		1	钻孔施工	
4	注浆泵	10MPa × 2m³/h	3	浆液注入	
5	浆液搅拌		1	泥水输送	
6	箱变 / 发电机	XGN17-12 GF-140	1	电力储备	
7	高密度电法仪	WDA-1B 型	1	物探	
8	跨孔 CT	IPG1005 高压储能发射器	1	物探	

7 质量控制

7.1 执行的标准与规范

（1）CJJ/T 7—2017《城市工程地球物理探测规范》

（2）GB 50021—2001（2009 年版）《岩土工程勘察规范》

（3）SY/T 7023—2014《油气输送管道工程水域盾构法隧道穿越设计规范》

（4）GB 50424—2015《油气输送管道穿越工程施工规范》

（5）SY/T 7022—2014《油气输送管道工程水域顶管法隧道穿越设计规范》

7.2 质量关键控制点

质量关键控制点见表 5。

表 5 质量关键控制点

序号	作业名称	质量检测及控制项目	检测标准	检测频次
1	溶洞探测	探测仪器检验标准	脉宽 1 ~ 60s 输入阻抗≥ 50MΩ	进场送检
2		探测范围	先探范围、再探高程、最后探填充	质检员 技术员 浆液搅拌工

续表

序号	作业名称	质量检测及控制项目	检测标准	检测频次
3	钻孔	孔斜偏差值	≤孔深 1%	10m/ 次
4		钻孔开孔孔位偏差	≤ 10cm	1 孔 /1 次
5	注浆	注浆压力波动值	± 10%	实时监测
6		注浆温度	40°	3min/ 次
7	检测	钻孔取心获取率	≥ 80%	全部检测
8		孔压水试验透水率	≤ 10Lu	≥ 5 次
9		注浆固结体 28 天无侧限抗压强度	≥ 0.15 MPa	全部检测

7.3 质量保障措施

（1）检测单位必须具备相应的资质，检测仪器进场前必须送检，第三方部门出具合格报告后方可进行施工。

（2）注浆水泥采用强度等级不低于 42.5 的普通硅酸盐水泥，其品质必须符合规范的有关标准，细度要求通过 80μm 的方孔筛的筛余量不大于 5%。

（3）钻孔开孔孔位偏差一般不得大于 10cm，因故变换孔位时，应征得设计同意，实际孔位、孔深、孔口高程应予以测量、记录。

（4）必须设置质量检查孔，孔径为 Φ76mm。

（5）钻孔过程中应采取可靠的防斜措施，保证孔向准确，孔斜偏差值不得大于孔深的 1%。

（6）灌浆浆材具体配比应根据现场试验确定。

（7）所有灌浆孔及其配套进行的检查孔等均应严格地进行封孔处理。

（8）所有灌浆孔与检查孔灌浆（或压水）结束后应紧接着进行灌浆封孔。灌浆封孔采用压力灌浆封孔法。

（9）为了确保封孔质量，所有封孔施工宜在监理工程师的现场指导下进行。

8 安全措施

8.1 执行的安全法规

（1）GB 18218—2018《危险化学品重大危险源辨识》

（2）GB 2894—2008《安全标志及其使用导则》

（3）GB 6067.1 ~ 7—2010《起重机械安全规程》

（4）JGJ 59—2011《建筑施工安全检查标准》

（5）JGJ/T 77—2010《施工企业安全生产评价标准》

（6）JGJ 33—2012《建筑机械使用安全技术规程》

8.2 安全保障措施

（1）高压泥浆泵、空压机、高压清水泵必须指定专人操作，压力表应定期检修检定，以保证正常工作。

（2）钻机操作人员应具有熟练操作技术。

（3）注浆过程中，作业人员应使用防护用具。

（4）施工前应检查高压设备和管路系统，其压力和流量须满足设计要求，应检查管道的耐久性以及管道连接是否可靠，泵体、注浆管及喷嘴内不得有任何杂物，各类密封圈必须良好，无渗漏现象，否则接头断开、软管破裂，将会导致浆液、高压水流飞散，软管甩出等安全事故。安全阀中的安全销要进行试压检验（试压检验到当地压力容器检验所检验），必须确保在达到规定压力时能断销卸压，绝不能轻易安装未经试压检验的自制安全销。

（5）浆液目前一般以水泥浆为主，但有时也加入其他化学添加剂。一般来说浆液硬化后对人体无害，但硬化前的液体进到眼睛里时，必须立即进行充分清洗，并及时到医院治疗。

（6）吊、放喷射管路时，严禁管下站人。不得将电缆浸泡在水和泥浆中，防止漏电伤人。

9 环保措施

9.1 执行的环保法规

（1）GB 12348—2008《工业企业厂界环境噪声排放标准》

（2）GB 16297—1996《大气污染物综合排放标准》

（3）GBZI—2010《工业企业设计卫生标准》

（4）GB 3095—2012《环境空气质量标准》

9.2 环保保障措施

（1）盾构泥浆循环利用，携渣能力降低排放至泥浆池，经三级沉淀后清水洒水降尘，残留泥浆用压滤机进行压滤处理。

（2）禁止在河流两岸堤防以内、溶洞处理钢平台上给施工机械加油、存放油品储罐、清洗施工机械和排放污水。

（3）泥浆池要按照规范设立，其容积要考虑40%的余量，以防雨水冲刷外溢；泥浆池底要采用防渗膜进行防渗处理，保证泥浆不渗入地下。

（4）施工现场内无废弃混凝土和砂浆，运输道路和操作面落地料及时清用。混凝土、砂浆倒运时应采取防洒落措施。

（5）江上在施工地点下游50m内用吸油毡做截泄措施，形成拦截屏障，避免对下游水体造成污染，造成石油类指标超标。

10 效益分析

10.1 经济效益

本工法能够使水深20m以内，水面以下40m深度全填充、半填充、无填充型等复杂地质条件下的溶洞探测、注浆加固及盾构掘进施工顺利实施。2021—2022年期间在广西支干线潇水盾构工程和山川河顶管工程中应用了本工法。传统工法采用单一探测手段，精度差，只能大概探测岩溶范围，不能准确定位注浆范围，在注浆过程中，对探测到的范围进行大量浆液注入，从而达到填充效果。

通过本工法的使用，岩溶范围探测更加精准，注浆范围更加明确，本工法的应用，可通过岩溶探测，直接定位注浆范围，减少注浆量，节省了大量材料成本（表6）。

表 6 节约费用

项目类别	项目	内容	数量	单价	费用 / 万元	总费用 / 万元
潇水盾构	原工法	物探（高密度法）			40	744
		钻探	1600m	650 元 /m	104	
		注浆量	$10000m^3$	800 元 /m^3	600	
	现工法	物探（高密度）			40	628
		跨孔 CT	30 条	1 万元 / 条	30	
		钻探	1200m	650 元 /m	78	
		注浆量	$6000m^3$	800 元 /m^3	480	
	节约	744 万元 −628 万元 =116 万元				
山川河顶管	原工法	物探（高密度法）			20	468.75
		钻探	750m	650 元 /m	48.75	
		注浆量	$5000m^3$	800 元 /m^3	400	
	现工法	物探（高密度）			20	360.3
		跨孔 CT	15 条	1 万元 / 条	15	
		钻探	500m	650 元 /m	32.5	
		注浆量	$3660m^3$	800 元 /m^3	292.8	
	节约	468.75 万元 −360.3 万元 =108.45 万元				

10.2 社会效益

采用纵断溶洞探测、平台施工、溶洞注浆、盾构掘进等方法进行全面优化，该工法首次在盾构隧道施工中应用，填补了该领域技术空白，为油气管道穿越江河提供了一种安全、经济、可靠的施工新方法。

11 应用实例

实例一：新疆煤制气广西支干线潇水盾构穿越工程

潇水盾构穿越工程是新气管道广西支干线工程中的关键控制性工程，盾构隧道全长469m，内径为 2.44m。盾构穿越所处施工地域溶沟溶槽、地下暗河分布广泛，给盾构穿越施工带来了极大风险和挑战。为降低潇水盾构施工风险，全面掌握掘进轴线地层详细情况。项目部在原有详勘基础上进行岩溶专项勘察，利用物探高密度电法、钻探、跨孔电阻率 CT 成像相结合，多种勘察方式并用，并根据勘察结果对盾构穿越轴线进行优化，有效降低了盾构穿越溶洞处的施工风险。

作为我局首条水下溶洞群盾构施工工程，潇水盾构利用物探 + 钻孔对溶洞进行补勘，采用钢栈桥式水上平台、水上钻孔注浆、岩溶裂隙发育盾构施工，填补了多项技术空白。

实例二：新疆煤制气广西支干线山川河顶管穿越工程

山川河顶管工程位于广西壮族自治区桂林市，地质条件属于典型桂林喀斯特特性，属于岩溶强发育区域。顶管全长 172m，顶管顶进于 2023 年 2 月 10 日始发，2 月 28 日顺利贯通。

工程施工中利用高密度电法及地质雷达法等多种物探方法开展溶洞探测。高程 160 ~ 172m

之间电阻率显示为低值异常，局部呈团块状圈闭，电阻率值小于 130Ω·m，推测该层溶洞多发，其中 7 处岩溶发育区。通过钻孔验证，成果吻合。根据探测发现的溶洞类型，采用不同填充方式、不同填充物的预处理技术，约 $3660m^3$ 溶洞全部预处理完成，并达到了预期的效果。

码头栈桥钢桁架管桥整体预制安装工法

赵保存 高云宇 何江涛 马永庆 郭英奇

河北华北石油工程建设有限公司

1 前言

长输管道敷设在特殊地形条件下经常采用跨越设计。大跨度钢桁架预制安装往往是施工中的难题。针对海上码头跨越工程，采用传统的陆上分段运输、钢栈桥搭设、钢管架支撑搭设、钢桁架分段拼装的方法，施工周期长、现场环境影响大，不能满足建设要求。

河北华北石油工程建设有限公司承揽的钦州港三墩岛 30 万 t 级原油码头管道项目，管道跨越码头吹填区围堰体和已建栈桥采用 72m 钢桁架一跨形式设计。针对钢桁架的预制安装，先利用软件进行钢桁架整体吊装时的稳定性校核，再进行钢桁架整体预制、钢丝绳选用、吊耳制作、选用吊装及运输设备，最后进行整体吊装、运输和安装。现场施工不仅缩短了工期、降低成本，还提高了钢桁架施工质量，将现场环境影响降到最小，取得了良好效果。通过系统总结和梳理，形成了本工法。

本工法施工周期约 1 个半月，比原计划工期缩短 3 个半月，安装工程质量优异，得到了业主的认可。

2021 年 1 月，钦州港三墩岛 30 万 t 级原油码头管道项目获评公司质量先进项目部荣誉称号。

2 工法特点

2.1 施工工期短

与传统的陆上分段运输、钢栈桥搭设、钢管架支撑搭设、钢桁架分段拼装的方法比较，本工法全部施工周期仅需 1 个半月，缩短近 3 个半月施工周期。

2.2 施工质量高

与传统的分段安装方法比较，钢桁架整体预制、吊装，结构稳定、质量高。

2.3 施工成本低

与传统的陆上分段运输、钢栈桥搭设、钢管架支撑搭设、钢桁架分段拼装的方法比较，本工法节省费用约 152 万元，大大降低施工成本。

3 适用范围

（1）适用于单跨小于 75m、质量 180t 以下的矩形、梯形结构的钢管、型钢桁架工程。

（2）适用于水域条件钢管、型钢桁架吊装施工。

（3）陆域大型构件吊装在钢丝绳选用、吊耳结构设计时也可参考本工法。

4 工艺原理

对钢桁架整体吊装时的稳定性进行校核，采用胎架正组组装法进行钢桁架整体预制，钢桁架整体吊装到大型驳船进行海上运输至安装地点，利用大型浮吊通过提升吊移法将钢桁架整体吊装到承台基础上。

5 施工工艺流程及操作要点

5.1 施工工艺流程

施工工艺流程见图 1。

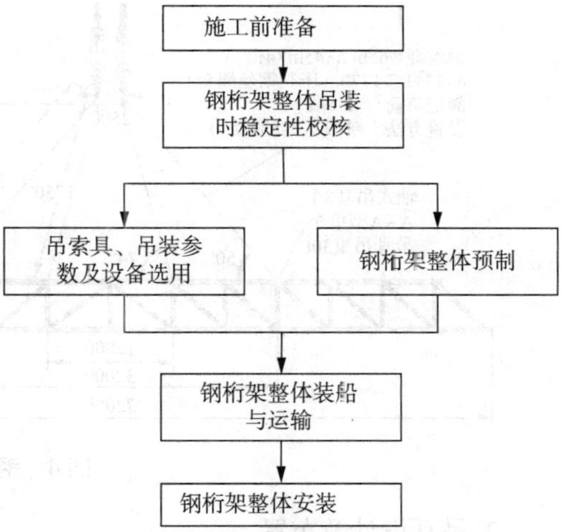

图 1 工艺流程图

5.2 操作要点

5.2.1 施工前准备

（1）施工方案按要求进行审批，技术人员按批准的施工方案对施工人员进行技术、质量、安全交底。

（2）施工机具、测量仪器均已检验合格且在有效期内。

（3）对进场的材料进行检查、检验，并分类存放。

（4）检查桩基、承台的尺寸、位置、中心线、标高线是否符合设计要求；检查地脚螺栓中心、标高、露出长度是否符合设计要求；桩基、承台强度至少达到 80%。

5.2.2 钢桁架整体吊装时稳定性校核

钢桁架采用梯形空间钢管桁架，跨度为 72m，上弦宽度为 2.8m，下弦宽度为 4.5m，桁架高度为 4.5m，采用 Q355C 级钢管焊接而成；桥面满铺钢格栅板，管道通过滚动支座固定安装在桥面上（图 2、图 3）。

利用 Sap2000 软件进行计算，整体吊装时组合载荷为 175.2t，包括钢桁架自重、钢桁架桥面附属结构质量、风载荷；整体吊装时，桁架结构稳定。

5.2.3 吊索具、吊装参数及设备选用

1. 钢丝绳选用

采用 4 根长度 45m，直径 65mm 的钢丝绳（6×37+FC），钢丝绳两端分别套在桁架 8 个轴式吊耳上，钢丝绳中间段分别系挂在浮吊主吊钩两侧（图 4）。

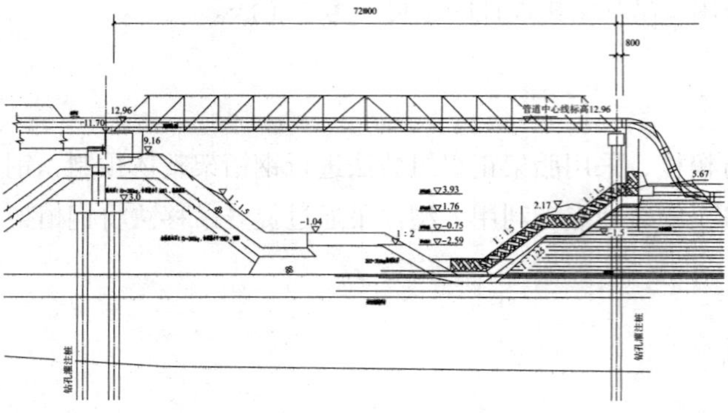

图 2 钢桁架立面布置图

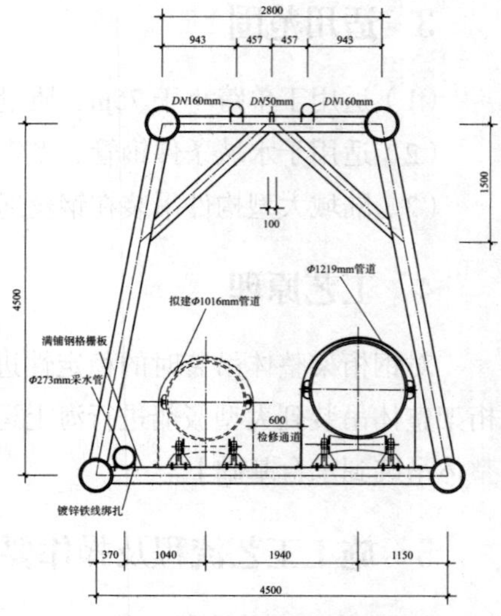

图 3 钢桁架截面及桥面布置图

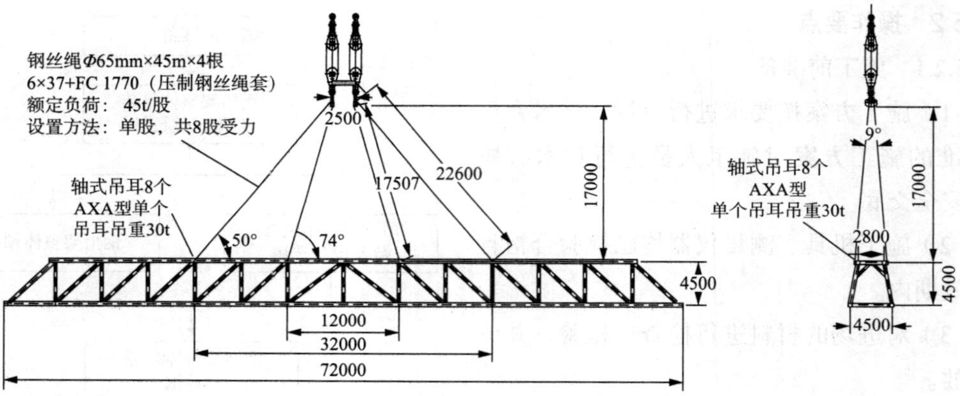

图 4 钢丝绳系挂示意图

2. 吊耳设计及布置

吊耳为轴式吊耳设计，单个吊重 30t，共 8 个。吊耳管轴规格为 Φ273mm × 12mm，材质为 Q355C；补强板厚度 8mm，材质为 Q355C；外挡板厚度为 16mm，材质为 Q235B（图 5）。8 个轴式吊耳分别设置在上弦 2 根主管的两侧，内侧 2 个吊耳中心间距 12m，外侧 2 个吊耳中心间距 32m（图 4）。

3. 吊装参数及设备选用

钢桁架安装地点附近海域水深平均 5.5m（最低潮位 1m）。综合考虑吊装时长、潮汐影响及水下抛石等影响，浮吊吊装的安全距离最小为 30m（图 6）。

吊装高度参数以最低潮位为基准，在最低潮位 1m 时进行吊装，H=（吊钩以下钢丝绳高度）17m+4.5m（桁架高度）+12.5m（桁架基础至最低潮位高度）=34m（图 7）。

安装地点吊装参数见表 1。

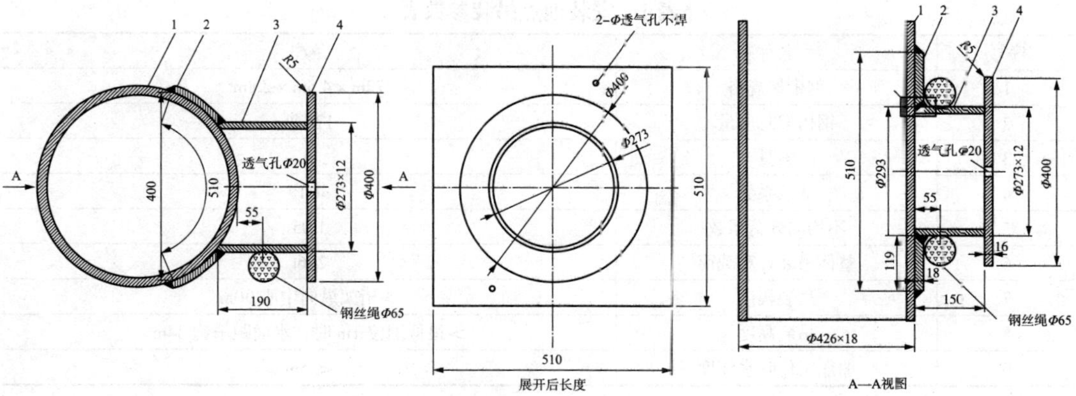

图 5　轴式吊耳图

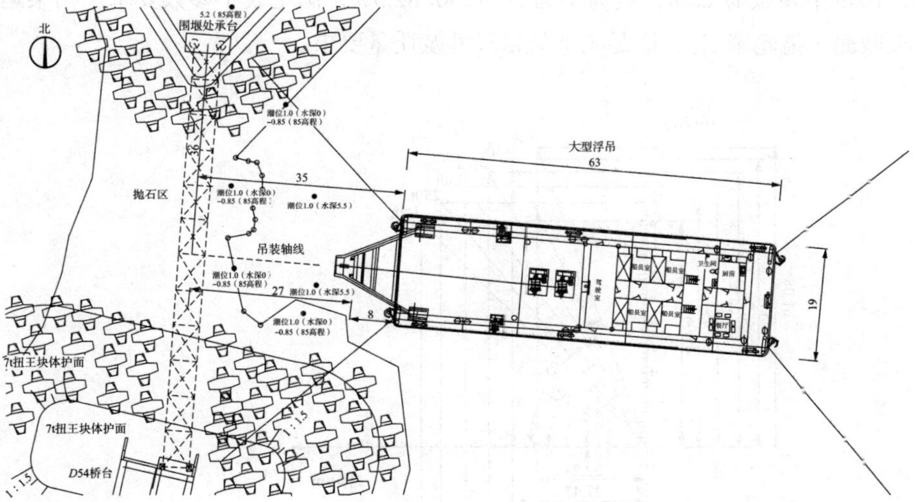

图 6　安装地点吊装平面图

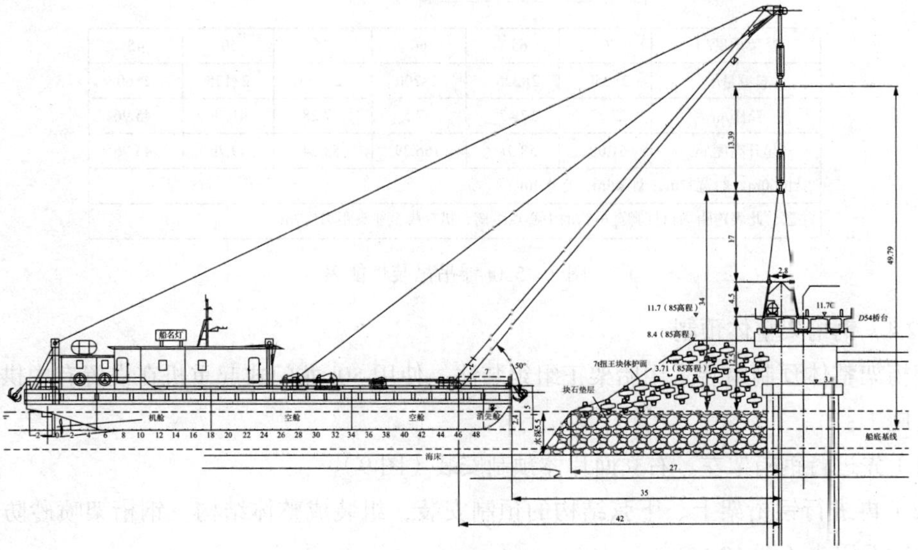

图 7　安装地点吊装立面图

表 1 安装地点吊装参数表

序号	名称	备注
1	钢桁架规格	72m × 4.5m × 2.8m
2	钢桁架总质量	175.2t
3	索具	3t
4	动载系数	1.1
5	不均匀载荷系数	1.05
6	整体吊装计算载荷	206t
7	吊装幅度	＞桁架纵向中心 30m
8	吊装高度	＞最低潮位 1m 时，水面距吊钩 34m
9	船舶工作吃水深度	＜ 5m

选用 500t 浮吊吊装时（浮吊吊装性能表见图 8），吊装幅度为 41.78m，吊装高度为 49.79m，额定吊装载荷 250t，负荷率为 206/250=82.3%，满足表 1 参数要求。桁架运输就近选用大型驳船（拖轮牵引），满足桁架规格尺寸及质量要求。

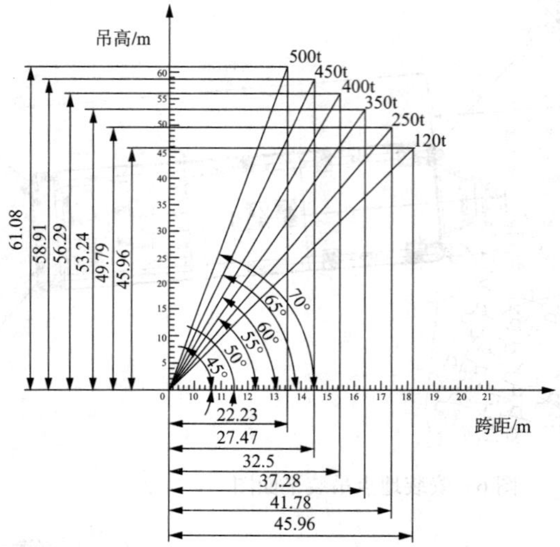

臂架角度/（°）	70	65	60	55	50	45
起重量/t	2×250	2×225	2×200	2×175	2×125	2×60
跨距/m	22.23	27.47	32.5	37.28	41.78	45.96
起升高度/m	61.08	58.91	56.29	53.24	49.79	45.96
船长60m，船宽22m，型深5m，吃水4m						
注意：此表跨距为扒杆脚至吊钩的中心点距离，扒杆脚至船头距离为7m						

图 8 500t 浮吊吊装性能表

5.2.4 钢桁架整体预制

钢桁架整体预制组装采用胎架正组组装法，使用 50t 龙门式起重机在设置有中拱的胎架上进行施工：

（1）先进行钢桁架左、右立面片体预制安装（图 9）。

（2）再进行钢桁架上、下弦结构的预制安装，组装成整体结构。钢桁架喷砂防腐完成后，运输至码头（图 10）。

图 9　桁架左、右立面片体预制

图 10　桁架整体

5.2.5　钢桁架整体装船与运输

1. 码头钢桁架整体起吊

起吊步骤：①浮吊在待吊桁架的码头边水域进行抛锚定位；②浮吊船艏用绞缆的方式绞至岸边，放下吊钩；③将索具连接吊钩及待吊桁架；④桁架吊起至合适的高度后，浮吊用绞后缆、松前缆的方法，使船体向后位移。

试吊时检查吊索连接是否合适、吊索受力是否均匀；钢桁架整体脱离支墩约 200mm 后对吊耳与吊索的受力情况、起重机的机械运转状况等进行检查，正常后正式吊装（图 11）。

2. 码头钢桁架装船

装船步骤：①浮吊向后退至合适的位置后，调整锚位向驳船的方向平移；②将桁架移至驳船甲板的上方（驳船甲板上提前放置道木作为桁架支垫），根据驳船甲板的桁架预定位置，调整浮吊；③待浮吊位置调整完毕后，将桁架平稳地放在驳船的甲板上，对桁架进行尼龙吊带拉固（图 12）。

图 11　码头钢桁架整体吊装

图 12　钢桁架装船

3. 钢桁架整体运输

预制场码头与钢桁架安装位置直线距离为 3km 左右，航行距离为 12.5km 左右。驳船确认封船牢固后，同浮吊一同行驶至桁架安装地点。

5.2.6　钢桁架整体安装

1. 吊装设备就位

就位流程：①将驳船停放到桁架安装位置东侧并与桁架基础连线平行的合适位置；②浮

吊位于驳船东侧与驳船成垂直状态；③浮吊和驳船分别抛锚定位（图 13）。

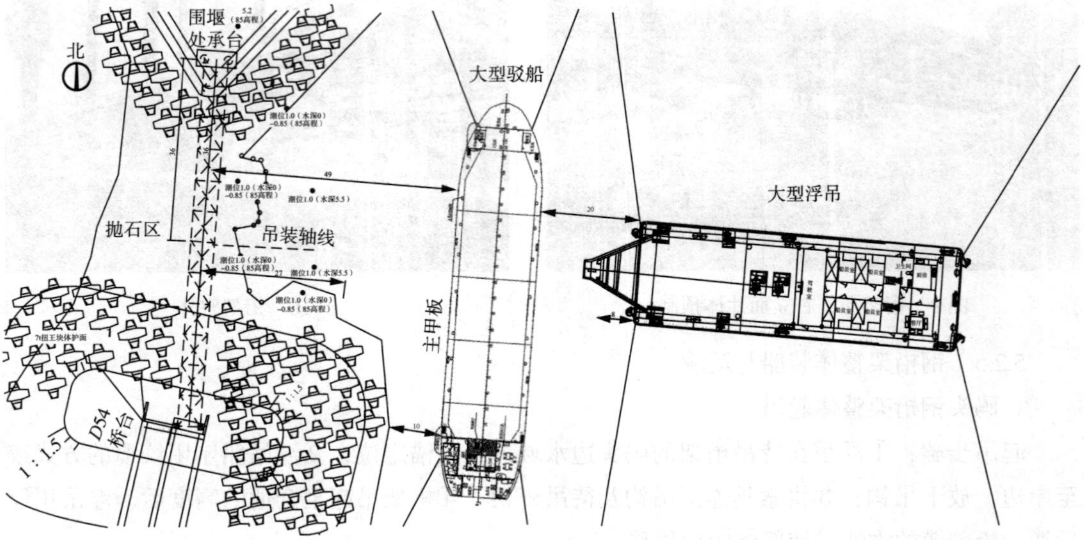

图 13　安装地点浮吊与驳船抛锚定位平面图

2. 钢桁架整体吊装

采用提升吊移法直接将钢桁架整体吊起安装在桁架的基础上（图 14）。

图 14　桁架现场安装

整体吊装流程：①浮吊起吊半径为 27.5m（主臂倾角 65°）；②索具连接到 2×250t 级主钩；③现场进行联合检查，确认安全无异常情况；④浮吊缓慢提升桁架，使桁架底部离开支架顶部 0.2m，观察起重船和索具的受力情况，检查浮吊吃水情况，确认安全后，开始正式吊装；⑤提升桁架，保持作业半径不变，在桁架底部超出基础顶部 1m；⑥浮吊通过绞缆和松缆的方法前进，使桁架两端位于两基础中心正上方，缓慢回钩；⑦当桁架底部离基础 0.2m 时，利用两端溜绳基本调整到位；⑧使用千斤顶、倒链配合将桁架精确就位在基础上；⑨摘钩，完成钢桁架的整体吊装。

5.3　劳动力组织

5.3.1　施工管理人员配置（表 2）

表 2　施工管理人员

序号	岗位名称	人数	备注
1	项目经理	1	
2	技术负责人	1	
3	质量负责人	1	
4	HSE 负责人	1	

续表

序号	岗位名称	人数	备注
5	生产负责人	1	
合计		5	

5.3.2 机组人员配置（表3）

表3 机组人员

序号	岗位名称	人数	备注
1	工艺组	18	钢桁架预制
2	海上运输组	6	钢桁架运输
3	海上吊装组	8	钢桁架吊装
4	安装组	6	钢桁架安装
合计		38	

6 材料与设备

6.1 材料

本工法主要材料统计见表4。

表4 材料明细

序号	材料名称	型号规格	单位	数量	备注
1	无缝钢管	Q345C × 168mm × 6.5mm	m	87	
2	无缝钢管	Q355C × 325mm × 10mm	m	78	
3	无缝钢管	Q355C × 245mm × 12mm	m	128.5	
4	无缝钢管	Q355C × 273mm × 12mm	m	330.5	
5	无缝钢管	Q355C × 203mm × 8mm	m	119	
6	无缝钢管	Q345C × 273mm × 12mm	m	185	
7	无缝钢管	Q355C × 273mm × 12mm	m	70	
8	无缝钢管	Q355C × 426mm × 18mm	m	178	
9	无缝钢管	Q345C × 426mm × 18mm	m	115	
10	钢格栅板	G505/30/100mm	m^2	315	
11	管道滚动支座	D1219mm	套	15	
12	药芯焊丝	YCJ501NI–DHL，Φ1.2mm	kg	200	
13	三层复合防腐		m^2	2809	
14	钢丝绳	Φ=65mm × 48m（6 × 37–FC）	根	4	
15	钢丝绳	Φ=26mm	m	200	
16	钢丝绳卡扣	Y8–25	只	100	
17	倒链	5t	只	8	
18	道木	5000mm × 225mm × 150mm	根	2	
19	麻绳	Φ12 ~ Φ15mm	m	200	
20	千斤顶	50t	个	2	
21	倒链	20t	个	2	

6.2 设备

本工法主要设备统计见表 5。

表 5 设备明细

序号	设备名称	型号规格	单位	数量	备注
1	数控火焰切割机	CNC-8000	台	1	
2	CO2/MAG 焊机	YU-500CL5HGE	台	6	
3	50t 龙门式起重机	QLM I50/10-45/18，A5	台	1	
4	移动式喷砂机	SH-6050	台	1	
5	电动空压机	ERC-30SA	台	1	
6	高压无气喷涂机	GPQ6C	台	1	
7	平板运输车	100T	台	1	
8	80t 汽车吊	XCT80L5	台	1	
9	全站仪	中纬 ZT80	台	1	
10	水准仪	DNA03/10	台	1	
11	浮吊	特顺起重 3 号，500t	艘	1	
12	运输船	2700t 驳船	艘	1	
13	拖轮	600 ~ 800hp（1hp=0.75kW）	艘	1	牵引运输船
14	警戒船		艘	1	
15	挖掘机	CAT460	台	1	
16	对讲机	—	个	8	

7 质量控制

7.1 质量标准

（1）GB 50755—2012《钢结构工程施工规范》

（2）GB 50205—2020《钢结构工程施工质量验收标准》

（3）GB 50661—2011《钢结构焊接规范》

（4）SY/T 4218—2018《石油天然气建设工程施工质量验收规范 油气输送管道跨越工程》

（5）SH/T 3536—2011《石油化工工程起重施工规范》

（6）SH/T 3515—2017《石油化工大型设备吊装工程施工技术规程》

（7）GB 8918—2006《重要用途钢丝绳》

7.2 质量保证措施

（1）所有用于施工的机具、材料必须符合标准、规范要求；测量仪器必须检定合格且在有效期内。

（2）必须按照标准、规范和焊接作业指导书的要求进行焊接作业。

（3）钢桁架构件组装前应对胎架的定位轴线、标高等进行复查并符合要求。

（4）钢桁架整体装运、吊装等过程中，应做好桁架保护措施，避免碰撞、滑移等造成桁架损坏。

（5）钢桁架安装前，必须认真核对盖梁位置及高程、支座中心线及预埋件等是否准确，并在盖梁顶面放样桁架腹板边线及支座中心线。

（6）浮吊在移船和主钩起落过程中要缓慢平稳，保持桁架在空中平稳移动。

（7）钢桁架整体就位后，要快速下降主钩，防止因风浪影响造成吊钩上下浮动，使桁架重复起落，造成支座及桁架破坏。

7.3 关键工序质量控制点

关键工序对检测结果的影响很大，主要控制点见表 6。

表 6 关键工序质量控制点

序号	工序控制点	质量指标	衡量	检验时机
1	基础验收	基础外形尺寸、坐标位置、标高、地脚螺栓中心位置符合设计要求	现场查看验收记录、使用测量工具现场检查	结果验收
2	钢桁架组装、焊接	钢管、钢板、焊材等材质、规格、制作、焊接要求满足设计及规范要求	质量证明文件、测量工具检查、探伤报告检查	结果验收
3	吊耳质量	吊耳材质、规格、制作、焊接要求满足技术方案要求	现场查看、测量工具检查、探伤报告检查	结果验收
4	钢丝绳验收	长度、规格满足技术方案要求	外观检查、实际测量、质量证明文件检查	结果验收
5	吊装就位	桁架质量、吊点位置、吊装高度、吊装半径等技术参数满足技术方案要求	使用水准仪、经纬仪等工具现场测量	过程控制、结果检查

8 安全措施

8.1 安全法规及标准

（1）GB/T 50484—2019《石油化工建设工程施工安全技术规范》

（2）GB 6067.1 ~ 7—2010《起重机械安全规程》

（3）JGJ 46—2005《施工现场临时用电安全技术规范》

（4）JGJ 80—2016《建筑施工高处作业安全技术规范》

8.2 安全保证措施

（1）施工方案按照要求进行报验审批，落实各项施工准备；按照风险识别评估内容，逐项落实风险消减控制措施，按要求办理相应的作业许可。

（2）参加施工的电焊工、气焊工、起重工、设备操作手和电工等特种作业人员，必须经考试合格并持有地方安监部门颁发的特殊工种安全上岗证。

（3）在施工现场的所有工作人员应穿戴劳动防护用品，如安全帽、安全靴、安全护目镜等。

（4）吊装作业前，对起重机械、吊具、索具、安全装置等进行检查，确保其处于完好状态。

（5）起吊前应进行试吊，试吊中检查全部机具受力情况，发生问题应将吊物放回地面，排除故障后重新试吊，确认正常后方可正式吊装。

（6）参与施工的各种船舶（包括配合施工作业的交通船、运输船等）必须做到合法合规，持有各种有效证书，按规定配齐各类合格船员。

（7）施工作业前各类船舶应向当地海事局取得开展水上、水下施工作业的相关许可，并在批准的航线航道内航行。

9 环保措施

9.1 环保法规及标准

（1）GB 16297—1996《大气污染物综合排放标准》

（2）GB 12348—2008《工业企业厂界环境噪声排放标准》

9.2 环保措施

（1）施工设备杜绝跑、冒、漏、滴所造成的环境污染，对生产垃圾要及时清除，保持环境卫生清洁。

（2）在船舶上配备垃圾储集容器，将生活垃圾进行分类袋装。对塑料制品（包括各种合成纤维缆绳、塑料垃圾袋等），禁止投入水域内。

（3）可能造成污染事故应采取紧急措施，并及时通告可能危及的人员和政府主管部门。

10 效益分析

10.1 经济效益

传统的陆上分段运输、钢栈桥搭设（须进行冲孔才能安装平台基础）、钢管架支撑搭设、钢桁架分段拼装的方法，施工周期共需约 5 个月，工期无法满足要求，且费用高、现场拼接质量风险大。

钢桁架采用整体预制、海上运输及吊装，施工周期仅需 1 个半月，大大缩短施工周期，且钢桁架整体质量高，比传统施工方法节省费用约 152 万元（表 7）。

表 7 经济效益综合对比表

施工方法	工期 / 天	施工费 / 万元	效率	QHSE
传统方法（陆上分段运输、钢栈桥搭设、钢管架支撑搭设、桁架分段拼装）	147（桁架预制与钢平台同时施工）	434.95	1. 现场抛石、扭王字块多，清理困难，只能采用冲孔方式进行桩基施工，钢平台搭设周期长 2. 拼装施工需要搭设钢支撑体系，技措材料多、施工周期长	1. 运输需通过狭窄的吹砂围堰区运输条件差，运输风险高 2. 现场施工条件差，钢桁架拼装质量风险高 3. 作业环节多，QHSE 风险点多 4. 海域作业，受天气影响较大、时间长
本工法（整体预制、海上整体运输及吊装）	42	283	1. 装船、运输、吊装时间短 2. 不需现场拼装	1. 钢桁架整体质量高。 2. 作业环节少，QHSE 风险点少

10.2 社会效益

本工法填补了企业海上大型工件吊装的空白，同时也验证了海上大跨距桁架设计及施工的可行性，缩短了施工周期，经济效益、社会效益、环境效益显著，将在今后的海上、水上吊装施工中得到大力推广和应用。

11 应用实例

实例一：钦州港三墩岛 30 万 t 级原油码头管道项目

工程项目名称：钦州港三墩岛 30 万 t 级原油码头管道项目。

施工地点：广西壮族自治区钦州港三墩路东侧。

结构形式：钢桁架采用梯形空间钢管桁架，跨度为 72m．上弦宽度为 2.8m，下弦宽度为 4.5m，桁架高度为 4.5m，采用 Q355C 级钢管焊接而戎；桥面满铺钢格栅板，管道通过滚动支座固定安装在桥面上。

施工时间：2021 年 4 月至 2021 年 5 月。

实物工作量：72m 钢桁架 1 个。

应用效果：实际施工周期缩短 3 个半月，既缩短了工期，也保证了质量及环保要求。

实例二：河北新天唐山 LNG 接收站外输管线项目永清末站工程

工程项目名称：河北新天唐山 LNG 接收站外输管线项目永清末站工程。

施工地点：河北省廊坊市永清县永清镇鲁村村北。

结构形式：汇气管规格为 $D1219$mm，长度为 43m，总重约为 107t。

施工时间：2021 年 8 月至 2022 年 9 月

实物工作量：$D1219$mm 汇气管 1 套。

应用效果：工法在结构校核、钢丝绳选用及吊装方法选择等方面得到局部应用，取得了高效率、低成本的良好效果。

浅海区 PHC 管桩施工工法

赵保存 刁慧娟 庞 静 郭英奇 李雅杰

河北华北石油工程建设有限公司

1 前言

沿海桩基工程中，地质条件多为较浅岩层或存在大量孤石，一般采用作业船冲孔、灌注混凝土形成桩基。此方法施工周期长，质量稳定性相对较差，容易出现断桩、露筋、泥浆等问题，受现场环境影响大、施工周期长，不能满足建设要求。

河北华北石油工程建设有限公司承揽的钦州港三墩岛 30 万 t 级原油码头管道项目，在抛石多、岩层较浅的浅海区，管道采用连续梁式跨越，管架承台基础采用 PHC 预应力管桩设计。针对抛石多、岩层较浅的浅海区管桩施工，研制出钢栈桥辅助施工，钻孔灌注桩和打桩机锤击预制桩的方法相结合的工艺，即在 PHC 管桩预制的同时先进行施工区域钢栈桥安装，以满足设备作业要求；再利用冲击钻孔机进行预引孔穿透抛石层、进入岩层达到设计深度，成孔后植入 PHC 管桩；最后采用打桩机锤击 PHC 管桩至贯入度满足设计要求。不仅缩短了工期、降低成本，还提高了桩基质量，将现场环境影响降到最小，取得了良好效果。通过系统总结和梳理，形成了本工法。

本工法施工周期约 65 天，比原计划提前完成，得到了业主的认可。

2021 年 1 月，钦州港三墩岛 30 万 t 级原油码头管道项目获评公司质量先进项目部荣誉称号。

2 工法特点

2.1 施工工期短

与传统的作业船冲孔、灌注混凝土成桩的方法相比，本工法 PHC 管桩可提前在预制厂预制，不需要现场等待 28 天龄期，现场设备利用率及劳动效率高，大大缩短施工周期。

2.2 施工质量高

PHC 管桩桩身混凝土密度高、抗腐蚀能力强、抗压抗弯能力优良，质量相对稳定。

2.3 环保效果好

运输吊装方便、接桩快捷、施工现场整洁文明、污染小。

2.4 施工成本低

与传统的作业船冲孔、灌注混凝土成桩的方法相比，本工法节省费用 100.5 万元，大大降低了施工成本。

3 适用范围

适用于各种土层、砂层、岩层较浅或存在大量孤石等陆地、10m 以下浅水区的桩基工程。

4 工艺原理

针对抛石多、岩层较浅的浅海区管桩施工，研制出钢栈桥辅助施工，钻孔灌注桩和打桩机锤击预制桩的方法相结合的工艺，即在 PHC 管桩预制的同时先进行施工区域钢栈桥安装满足设备作业要求；再利用冲击钻孔机进行预引孔穿透抛石层、进入岩层达到设计深度，成孔后植入 PHC 管桩；最后采用打桩机锤击 PHC 管桩至贯入度满足设计要求。

5 施工工艺流程及操作要点

5.1 施工工艺流程

施工工艺流程如图 1 所示。

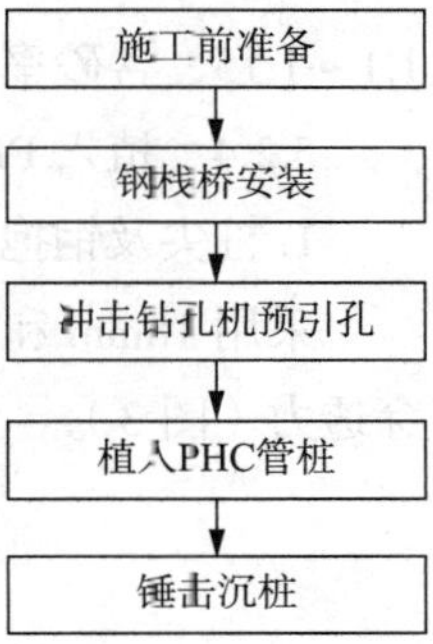

图 1 工艺流程

5.2 操作要点

5.2.1 施工前准备

（1）施工方案按要求进行审批，技术人员按批准的施工方案对施工人员进行技术、质量、安全交底。

（2）施工机具、测量仪器均已检验合格且在有效期内。

（3）对进场的材料进行检查、检验，并分类存放。

（4）在预制厂进行 PHC 管桩制作，并符合设计要求。

5.2.2 钢栈桥安装

钢栈桥采用上承式钢结构。上部结构为：桥面 8mm 厚防滑钢板、横向分配梁 I20a 型钢、主纵梁 321 型贝雷片、主横梁 2I40a 型钢；下部结构为：钢管桩 Φ630mm × 8mm 钢管，钢管桩间采用 2[20a 槽钢剪刀撑连成整体。钢栈桥分为 8m 主栈桥通道和 6m 作业平台 2 个部分。

5.2.3 冲击钻孔机预引孔

1. 钻孔机、冲锤选择

选用 JKD6 型冲击钻孔机，冲锤为十字形锤头。锤头直径为 1m，重量为 3t。

2. 埋设护筒

护筒内径为 1m，厚度为 8mm，长度为 12m。使用履带吊和振动锤将护筒沉入海底砂层 3m，护筒顶高出桥面 0.3m。护筒上端部用 4 根 [10a 槽钢成十字形分别点焊在钢栈桥面上（图 2）。

图 2 护筒埋设

3. 泥浆循环系统

泥浆循环系统由泥浆循环池（Φ1000mm钢管）、泥浆沉淀池、泥浆泵、输送软管组成。在冲孔施工过程中，对沉渣及废弃泥浆随时清理，严防泥浆溢流。

4. 冲孔

（1）利用冲锤自由落体进行冲孔，冲孔过程中，始终保持孔内水位高于海平面2m左右。

（2）根据土层控制泥浆比重；在砂黏土地层冲进时，泥浆比重控制在1.2～1.3，既能获得较高的冲进速度，又能做到不塌孔；在抛石层冲进时，泥浆比重提高到1.35左右，适当降低冲进速度。

（3）捞取冲渣与地质资料进行核对，根据核对判定的土层调整冲程。

（4）成孔达到设计标高后，采用测绳及钢筋笼测孔器对孔深、孔径、孔壁、垂直度等进行检查。

5. 清孔

孔内存在地下水，采用泵吸反循环抽浆的方法将孔底沉淀物清出，清孔时泥浆比重降在1.1～1.15，含砂率小于4%，黏度在10～25s。

5.2.4 植入PHC管桩

1. 桩尖及钢抱箍预制

采用18mm和22mm厚钢板预制成十字形桩尖，焊接在第1节PHC管桩前端，增加管桩穿透力（图3）。

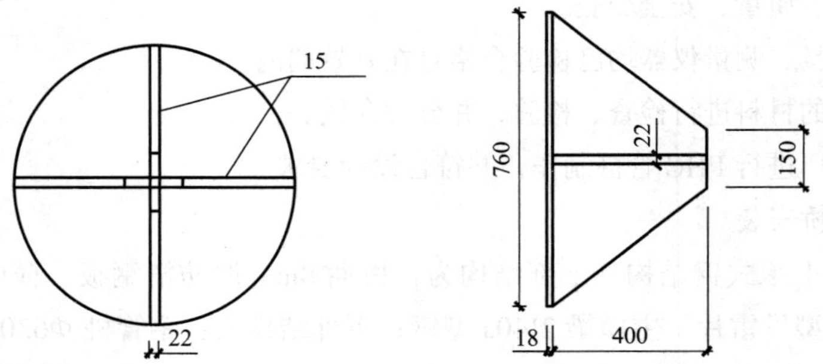

图3 桩尖示意图

采用16mm和20mm厚钢板预制成钢抱箍，用螺栓连接的方式将钢抱箍安装在第1节PHC管桩末端距桩顶0.5m处，临时固定管桩防止下落（图4）。

2. 植桩

（1）海底岩层较浅（PHC管桩入海底5～8m后达到持力层），PHC管桩桩身需进入强风化和中风化岩深度6～14m，每个桩位配桩约30m，需接桩2根或3根。

（2）利用履带进行吊装作业，将第1节管桩吊放到桩孔内至钢抱箍处，松开吊绳；吊装第2节管桩，将第2节管桩端板与第1节管桩端板进行焊接；接桩完毕后拆卸钢抱箍，将钢抱箍安装在第2节管桩末端，继续第3节管桩接桩，直至达到设计桩长。

（3）植桩至靠管桩自重不能下沉后，进行锤击沉桩。

5.2.5 锤击沉桩

1. 打桩机选择

打桩机选用JB80E型步履式桩架和HD80型柴油锤，锤头重8t，冲程为1.8～2.2m。

2. 管桩施打

（1）打桩机就位时，应垂直平稳地架设在打桩部位，桩锤应对准桩位，确保放打时不发生歪斜或移动。

（2）桩锤与桩帽，桩帽与桩身之间加弹性衬垫，桩锤、桩帽与桩身中心线保持一致。

（3）开始沉桩应起锤轻压并轻击数下，观测桩身、桩架、桩锤是否垂直一致，若一致转入正常施打。柴油锤在施打时应保持跳动正常。

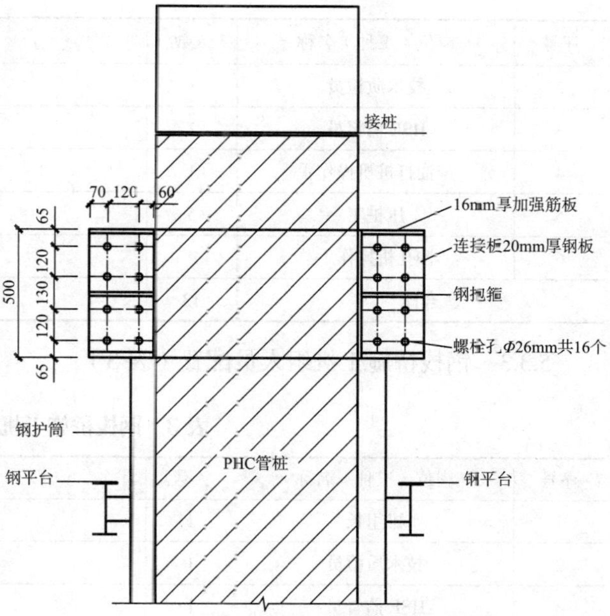

图4 钢抱箍安装示意图

（4）当桩基施打接近于设计桩长时，及时准确地测量每阵贯入度，当三阵的贯入度符合设计要求时停止施打，将桩机移至另一根桩位进行施工。

5.3 劳动力组织

5.3.1 施工管理人员配置（表1）

表1 施工管理人员组织

序号	岗位名称	人数	备注
1	项目经理	1	
2	生产经理	1	
3	总工程师	1	
4	HSE经理	1	
5	土建工程师	1	
6	质量工程师	1	
7	采办管理	1	
8	经营管理	1	
合计		8	

5.3.2 桩基施工机组人员配置（表2）

表2 桩基施工机组人员

序号	岗位（工种）名称	人数	备注
1	机组长	1	施工协调、人员调配

续表

序号	岗位（工种）名称	人数	备注
2	技术质检员	1	技术质量管理
3	HSE 监督员	1	现场安全管理
4	柴油打桩机操作手	1	预应力管桩施工
5	压桩工	5	
6	冲孔机操作手	4	
合计		13	

5.3.3　钢栈桥施工机组人员配置（表 3）

表 3　钢栈桥施工机组人员

序号	岗位（工种）名称	人数	备注
1	机组长	1	施工协调、人员调配
2	技术质检员	1	技术质量管理
3	HSE 监督员	1	现场安全管理
4	履带吊操作手	1	履带吊操作
5	测量工	1	施工测量
6	电焊工	5	钢结构焊接
7	吊装工	2	吊装作业
8	安装工	4	栈桥安装
合计		16	

6　材料与设备

6.1　材料

本工法主要材料统计见表 4。

表 4　材料明细

序号	材料设备名称	规格型号	单位	数量	备注
1	PHC 管桩	Φ800mmAB130	m	900	32 根
2	钢管桩	Φ630mm × 8mm	m	1260	
3	钢护筒	Φ1000mm × 8mm	m	50	
4	钢栈桥		m^2	2340	贝雷架 + 承重梁等

6.2　设备

本工法主要设备统计见表 5。

表 5　设备明细

序号	名称	型号	单位	数量	备注
1	液压挖掘机	PC460	台	1	

续表

序号	名称	型号	单位	数量	备注
2	履带吊	75t	台	1	
3	振动锤	DZ60 型	台	1	
4	柴油打桩机	HD80	台	1	JB80E 步履式桩架 +HD80 柴油锤
5	截桩机	Y1121-2	台	1	
6	冲击钻孔机	JKD6	台	4	
7	自卸运输车	东风 25t	台	2	
8	发电机	QF-250-2	台	1	
9	电焊机	HZF600	台	1	
10	CO_2 气体保护焊机	BX3-500	台	1	
11	RTK		台	1	
12	经纬仪	ET-D2/TDJ2E	台	2	
13	水准仪	DSZ2	台	1	

7 质量控制

7.1 质量标准

（1）GB 50460—2015《油气输送管道跨越工程施工规范》

（2）GB 50755—2012《钢结构工程施工规范》

（3）GB 50205—2020《钢结构工程施工质量验收标准》

（4）JGJ 94—2008《建筑桩基技术规范》

（5）JGJ 106—2014《建筑基桩检测技术规范》

（6）JGJ/T 406—2017《预应力混凝土管桩技术标准》

7.2 质量保证措施

（1）所有用于施工的机具、材料必须符合标准、规范要求；测量仪器必须检定合格且在有效期内。

（2）护筒埋设完，再次进行复测，采用焊制的坐标架校正护筒中心同桩位中心，使其保持一致。

（3）冲孔中及时测定孔斜，保证孔斜率小于 1%，若发现孔斜过大，立即采取纠斜措施。

（4）接桩时，上下节桩应保持顺直，错位偏差不宜大于 2mm。

（5）锤击沉桩过程中设置 2 台经纬仪随时对桩身进行观测，以保证桩管垂直，经纬仪应架设在不受振动影响的地方。

（6）遇刮大风时，应采取必要的挡风措施以确保焊接施工质量，6 级以上必须停止作业。

7.3 关键工序质量控制点

关键工序对检测结果的影响很大，主要控制点见表 6。

表 6　关键工序质量控制点

序号	工序控制点	质量指标	衡 量	检验频次和时机
1	孔的中心位置	＜ 50mm	RTK	冲孔前
2	倾斜度	＜ 1%	测孔器	冲孔过程及成孔后
3	孔深	符合设计要求	标准锤检测	每个孔成孔后检测
4	沉淀厚度	符合图纸要求；图纸无要求时，应≤ 1000mm	标准锤检测	每个孔成孔后检测
5	预引孔质量	预引孔的中心、孔径、孔深、倾斜度、清孔检测符合规范要求	现场查看验收记录、使用测量工具现场检查	结果验收
6	PHC 管桩贯入度	符合设计要求	现场查看验收记录、使用测量工具现场检查	结果验收

8　安全措施

8.1　安全法规及标准

（1）GB/T 45001—2020《职业健康安全管理体系 要求及使用指南》

（2）GB 6067.1 ~ 7—2010《起重机械安全规程》

（3）JGJ 46—2005《施工现场临时用电安全技术规范》

（4）JGJ 80—2016《建筑施工高处作业安全技术规范》

8.2　安全保证措施

（1）施工方案按照要求进行报验审批，落实各项施工准备；按照风险识别评估内容，逐项落实风险消减控制措施，按要求办理相应的作业许可。

（2）参加施工的电焊工、气焊工、起重工、设备操作手和电工等特种作业人员必须经考试合格并持有地方安监部门颁发的特殊工种安全上岗证。

（3）在施工现场的所有工作人员应穿戴劳动防护用品，如安全帽、安全靴、安全护目镜等。

（4）配电箱应达到“一机、一闸、一漏、一箱”要求，漏电保护器应每月进行定期检查；配电箱箱门应配安全锁具，有安全标识和危险标识，注明责任人（电工）和联系电话，并用警戒装置将其隔离。

（5）吊装作业前，对起重机械、吊具、索具、安全装置等进行检查，确保其处于完好状态。

（6）吊装作业中如遇 6 级及以上大风或阵风，应立即停止作业。

（7）夜间作业保持良好的照明，施工区域悬挂醒目的安全警示牌和警示灯。

9　环保措施

9.1　环保法规及标准

（1）GB 16297—1996《大气污染物综合排放标准》

（2）GB 12348—2008《工业企业厂界环境噪声排放标准》

9.2　环保措施

（1）施工期间设专职 HSE 监督员对施工现场进行环境管理、监督。

（2）施工设备应坚持日常检查制度，定期保养，严禁“跑、冒、滴、漏”现象发生。

（3）专人管理废物，设置专职垃圾清扫人员，每天对现场进行清扫，保证垃圾不过夜。严禁未经许可现场处理、处置、焚烧、掩埋各种垃圾。

（4）临时运输道路经常洒水湿润，减少道路扬尘；当运输泥土、碎片、沙子、砂砾、石头或其他混合料时运输全过程都采取覆盖措施。

（5）合理安排作业时间，尽量避免在夜间施工；必须进行夜间施工的作业，采取措施最大限度减少噪声。

10 效益分析

10.1 经济效益

传统的作业船冲孔、灌注混凝土成桩的方法，施工周期需 190 天，工期无法满足业主要求，且费用高，质量稳定性相对较差，容易出现断桩、露筋、泥浆等问题。

本工法 PHC 管桩可提前在预制厂预制，不需要现场等待 28 天龄期，现场设备利用率及劳动效率高，施工周期仅需 65 天，大大缩短了施工周期；PHC 管桩桩身混凝土密度高，抗腐蚀能力强，抗压、抗弯能力非常优良，质量相对稳定，比传统施工方法节省费用 100.5 万元（表 7）。

表 7 经济效益综合对比表

施工方法	工期 / 天	施工费（含材料费）/ 万元	效率	QHSE
传统方法（作业船、冲锤预引孔、灌注桩）	190	528	1. 海上船舶作业劳动效率低、设备利用率低 2. 现场混凝土龄期 28 天，施工周期长	1. 海上船舶作业，受天气、浪涌影响较大，条件限制多，质量安全不易控制，风险因素较多 2. 附近浅海区养殖多，海上作业环保要求高，设备、材料污染风险高影响大 3. 质量稳定性相对较差，容易出现断桩、露筋、泥浆等问题
本工法（钢平台、冲锤预引孔、植入 PHC 管桩、锤击沉桩）	65	427.5	1. 作业条件好，设备利用率高、劳动效率高，速度快 2. PHC 管桩可提前在预制厂预制，不需要现场等待 28 天龄期，施工周期短 3. 运输吊装方便、接桩快捷	1. PHC 管桩桩身混凝土密度高，抗腐蚀能力强，抗压、抗弯能力非常优良，质量相对稳定 2. 设备污染易于及时处理，不产生海上污染 3. 施工现场整洁文明、污染小

10.2 社会效益

跨越施工是项目的控制性工程，海上跨越更为特殊和复杂。本工法对海域环境危害的风险小，对周边水产养殖、水质的破坏风险小，社会效益、环境效益显著。在今后的类似工程中可进行大力推广和应用。

11 应用实例

实例一：钦州港三墩岛 30 万 t 级原油码头管道项目

工程项目名称：钦州港三墩岛 30 万 t 级原油码头管道项目。

施工地点：广西壮族自治区钦州港三墩路东侧。

结构形式：管道采用连续梁式跨越（承台＋管桩），长度为120m，跨越间距为15m，每榀管架承台下均设4根预应力高强钢筋混凝土管桩（PHC800 AB 130型），桩身混凝土强度为C80，桩径为800mm，桩长为25～30m。

施工时间：2020年12月至2021年2月。

实物工作量：PHC800管桩900m（32根）。

应用效果：取得了高质量、高效率、低成本的良好效果，又为施工单位赢得了作业时间，提前完成全部施工，为后续的工作打下了坚实的基础。

实例二：钦州港三墩岛30万t级原油码头管道项目

工程项目名称：钦州港三墩岛30万t级原油码头管道项目。

施工地点：广西壮族自治区钦州港三墩路东侧。

结构形式：管道采用连续梁式跨越（承台＋管桩），长度为420m，跨越间距为15m，每榀管架承台下均设2根预应力高强钢筋混凝土管桩（PHC800 AB 130型），桩身混凝土强度为C80，桩径为800mm，桩长为15～24m。

施工时间：2020年12月至2021年2月。

实物工作量：PHC800管桩3410m（170根）。

应用效果：取得了高质量、高效率、低成本的良好效果，提前完成全部施工。

长距离大口径海底管道底拖施工工法

于燕龙　李明涛　雷　磊　程艳超　黄　健

天津大港油田集团工程建设有限责任公司

1　前言

受水深及潮汐影响，海底管道登陆施工通常采用施打限位桩并浮拖沉管、建设栈桥平台并加设立管、预挖管沟并修筑围堰逐一安装管道等传统工艺方式。上述各项工艺成本费用较高、施工及恢复作业工期较长、环境影响较大。

中国石油管道局工程有限公司天津大港油田集团工程建设有限责任公司（以下简称“大港油建公司”）在承建的阿曼拉斯玛卡兹原油罐区项目海底管道工程中（以下简称“阿曼项目”），受天气和海况影响，需要在节约成本费用、减小环境影响的前提下，于短期内快速完成 2 条并行的海底管道登陆施工作业。基于上述原因，在阿曼项目中采用了海底管道底拖登陆施工工艺，针对项目中登陆距离较长、管道规格较大、精度要求较高等难点，对管缆选型、浮力单元连接件结构、摩擦力控制等方面开展了细致研究和总结，形成本工法。

2023 年，本工法在大港油建公司承建的印尼国家石油公司拉维拉维单点系泊及陆上设施项目中参考应用并获得成功，取得了显著效益。

本工法于 2023 年 5 月获评管道局局级工法。

2　工法特点

本工法与其他传统的海底管道登陆工艺相比，具有以下特点：

（1）节约成本：无需建设和恢复限位桩、建设栈桥或修筑较大规格的围堰等设施。

（2）节约工期：采用直接底拖的方式，无需在海底管道登陆作业前对登陆段全程进行管沟预挖。

（3）绿色环保：避免了大规模的海上预挖沟及维护、海上临时措施的修筑，最大程度上降低了对周围海域环境的影响。

（4）技术先进：对管缆选型、浮力单元连接件结构、摩擦力控制等方面开展了细致研究和总结，实现了对长距离、大口径海底管道的底拖登陆作业。

3 适用范围

本工法适用于所有海底管道建设项目登陆段安装作业，尤其针对距离长、规格大且安装作业时间要求紧的海底管道登陆项目，如：

（1）底拖登陆长度超过 1km。

（2）海底管道规格超过 *DN* 1000mm。

（3）受天气、海况影响，或受制于业主要求、工程客观条件等，要求海底管道登陆施工作业采用时间最短的施工工艺。

4 工艺原理

本工法工艺流程如下：

（1）在海上指定就位点处的铺管船作业线上逐根完成海底管道的安装作业并采用 S 形铺管法将管道沉入海底。

（2）使用拖拉钢缆连接海底管道管端与设置在陆上登陆点处的线性绞车。

（3）在拖拉钢缆和海底管道上设置浮力单元，采用浮力升管技术控制海底管道与海床间的摩擦力。

（4）陆上登陆点处的线性绞车，采用拖拉牵引技术，将沉入海底、加载浮力单元的海底管道逐步底拖登陆。

5 工艺流程及操作要点

5.1 工艺流程

施工工艺流程如图 1 所示。

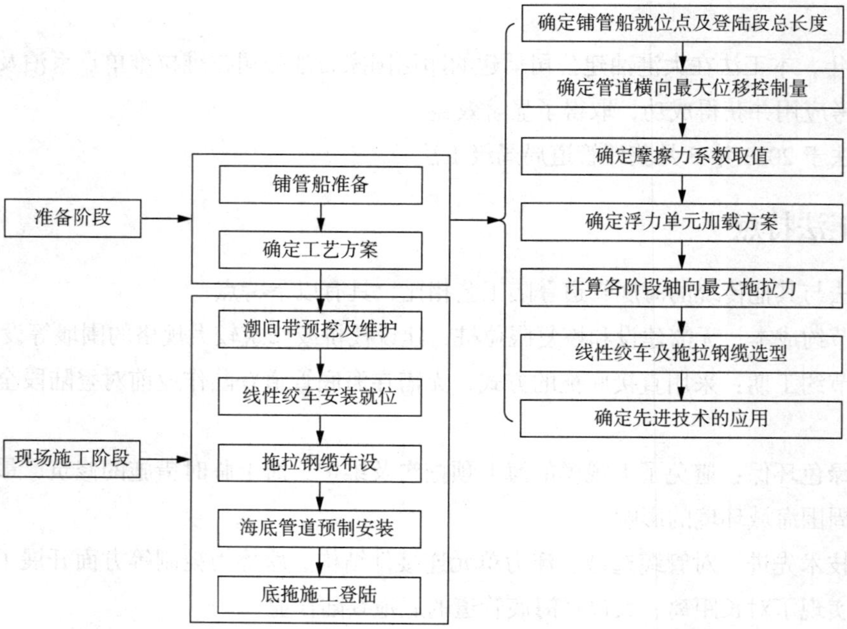

图 1 施工工法工艺流程图

5.2 操作要点

5.2.1 铺管船准备

确定本工程拟定选取的铺管船，布置作业线设备，针对建设项目特点及要求，聘请第三方对铺管船进行验船。

在施工作业前，按照第三方验船报告，对不符合项进行整改。分别对船舶及作业线的操作系统和设备进行整体调试和联动试车。

按照施工计划，准备船舶所需搭载的各项材料及物资，并动迁船舶抵达施工现场待命。

5.2.2 确定工艺方案

1. 确定铺管船就位点及登陆段总长度

各项目拟定选用的铺管船不尽相同，铺管船在海上的就位点应根据表 1 进行确定。

表 1 铺管船就位点选取条件参考表

序号	项目	说明
1	海况条件	项目所在地的水深、潮汐等条件
2	铺管船吃水深度	选定船舶的结构吃水深度
3	安全间距	1. 考虑潮汐、荷载的前提下铺管船船底距离海床的安全间距 2. 根据安装设计，需要考虑托管架尾端距离海床的安全间距
4	锚泊分析（如有）	如采用锚系船舶，能够根据安装设计进行布锚

根据上述参考条件，确定铺管船的海上就位点。

采用 OFFPIPE 等专业软件对 S 形铺管法进行计算分析，确定管道悬浮段长度及管道与海床接触点（着泥点）的精确位置，着泥点到登陆点的长度即为底拖登陆实际长度（图 2）。

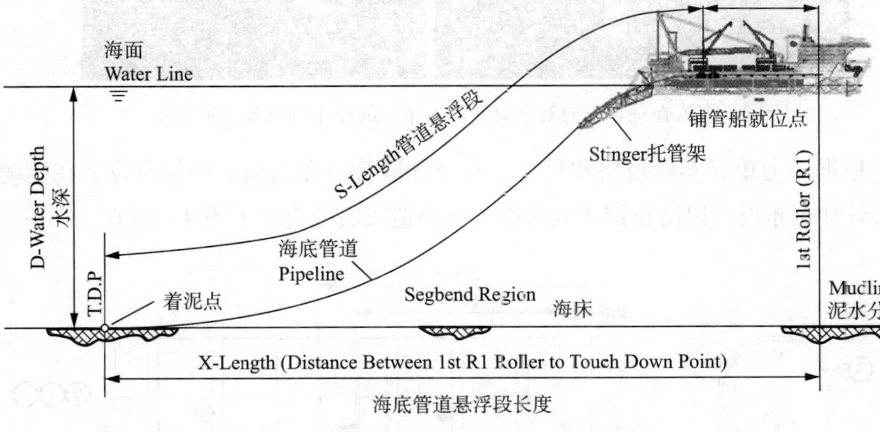

图 2 S 形铺管工艺悬浮段管道长度示意图

2. 确定管道横向最大位移控制量

在底拖施工前，应根据表 2 确定海底管道允许的横向偏移界限值：

表 2 管道偏移允许界限值影响因素参考表

序号	项目	备注
1	建设单位或其他方要求或需求	各方要求

续表

序号	项目	备注
2	海上或水下现有建（构）筑物的影响	规避
3	海床表面和海床下埋设的设施、落石、沉船、落锚、渔业资源设施等	规避
4	详细设计、安装设计计算分析要求	

3. 确定摩擦力系数取值

通过 PSI 分析（管土作用力分析），确定底拖登陆段各区域管道与海床的摩擦力系数上限、最佳估值、下限及破断值，作为底拖施工作业的核心计算数据。

通常选取最高的管土摩擦系数破断值作为计算依据，钢缆与海床的摩擦系数通常取值为 1.0。

4. 确定浮力单元加载方案

海底管道的横向位移控制是依靠管道与海床的摩擦力来实现的。通过计算分析，在作业窗口期内，选取最大海流流速，根据现有资源情况选取浮力单元并模拟海流在垂直方向作用于管道的极限条件下，控制管道横向位移达到允许上限时，登陆段管道所能加载的总浮力数值（图 3）。

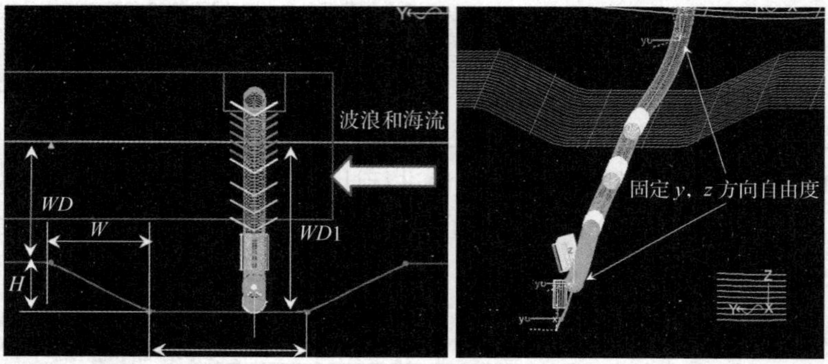

图 3　海流在垂直方向对管道及浮力单元的作用分析效果示意图

随后，根据浮力单元实际规格和尺寸，在登陆段管道和钢缆上均匀布设，在钢缆锁节、管端拖拉头处加密布设，以防止钢缆或管端入泥而造成底拖失败（图 4 ~ 图 6）。

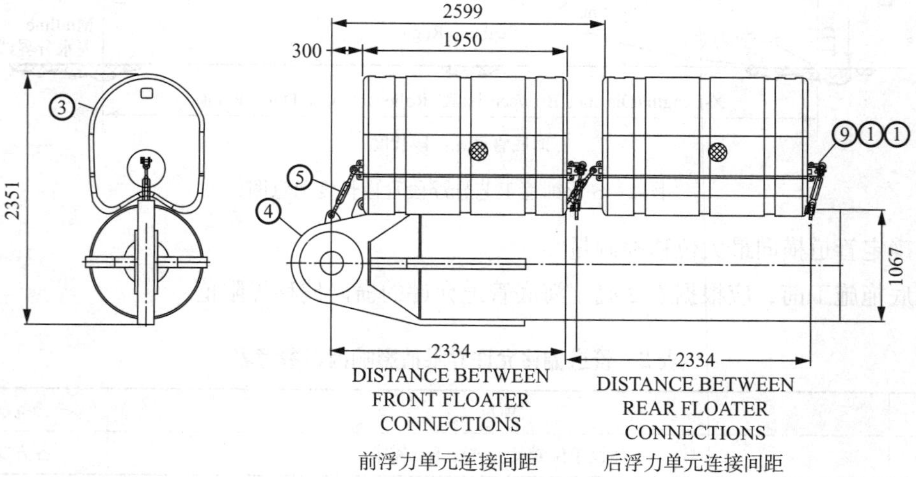

图 4　管端拖拉头浮力加载单元布置示意图

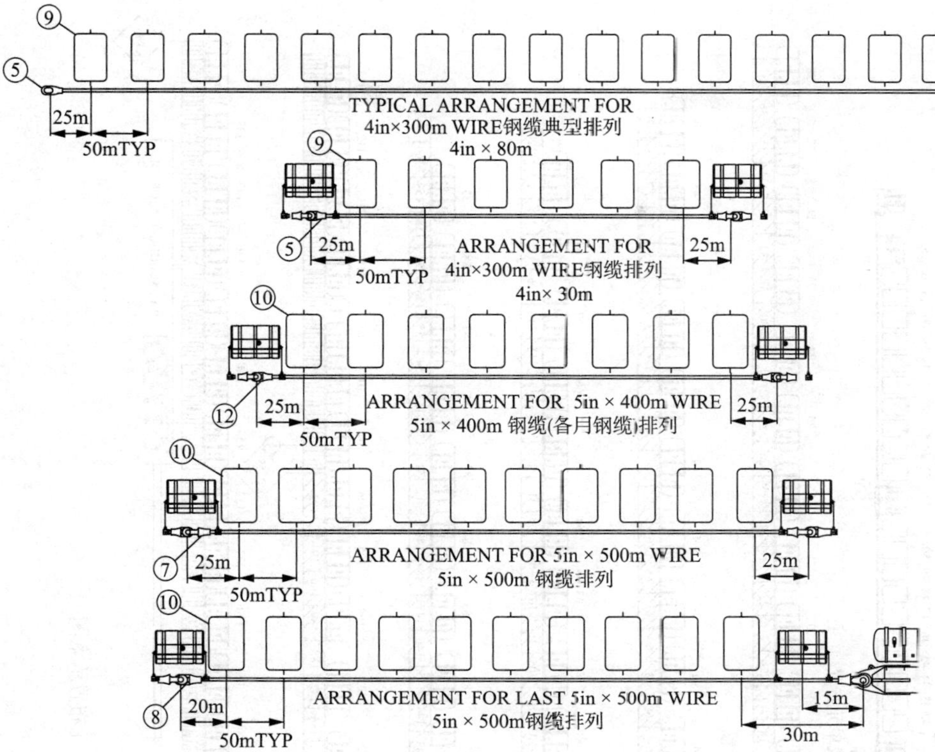

图 5　拖拉钢缆浮力加载单元布置示意图

5. 计算各阶段轴向最大拖拉力

首先，如选用的浮力单元为气囊，则须考虑在水深不同的情况下，水压对气囊作用而造成的浮力损失（水深每增加 1m，水压增加 0.01MPa），浮力的损失会造成轴向拉力的增加。

在浮力单元加载确定后，进行轴向拖拉力计算分析，对关键点位的受力进行逐一计算，以确定各段的轴向拉力及全程最大拖拉力。随后，即可确定线性绞车的规格选型及各段拖拉钢缆的规格型号。

以阿曼项目为例，底拖轴向最大拉力为 715t，计算结果如表 3 所示。

表 3　轴向拖拉力在各阶段的拉力计算分析表　　单位：t

管线数量	流程点位	拖拉头位置 KP	平潮期拖拉力（摩擦力上限）	高潮期拖拉力（摩擦力上限）	平潮期拖拉力（摩擦力下限）	高潮期拖拉力（摩擦力下限）	高潮期拖拉力（破断摩擦力）	平潮期拖拉力（破断摩擦力）
管端	拖拉头	2995	144	154	80	86	154	144
1	第 1 根管线	2983	144	154	80	86	154	144
57	锁节 4in	2300	196	213	116	126	258	236
122	锁节 4in	1507	287	314	177	193	432	393
147	锁节 5in 并更换 5in 钢缆	1202	322	350	201	218	495	452
188	锁节 5in	701	370	405	231	253	594	540
193	混凝土配重层调整 80 ~ 110	640	373	409	233	255	603	546
226	最后 1 根管线	238	480	478	305	297	715	709

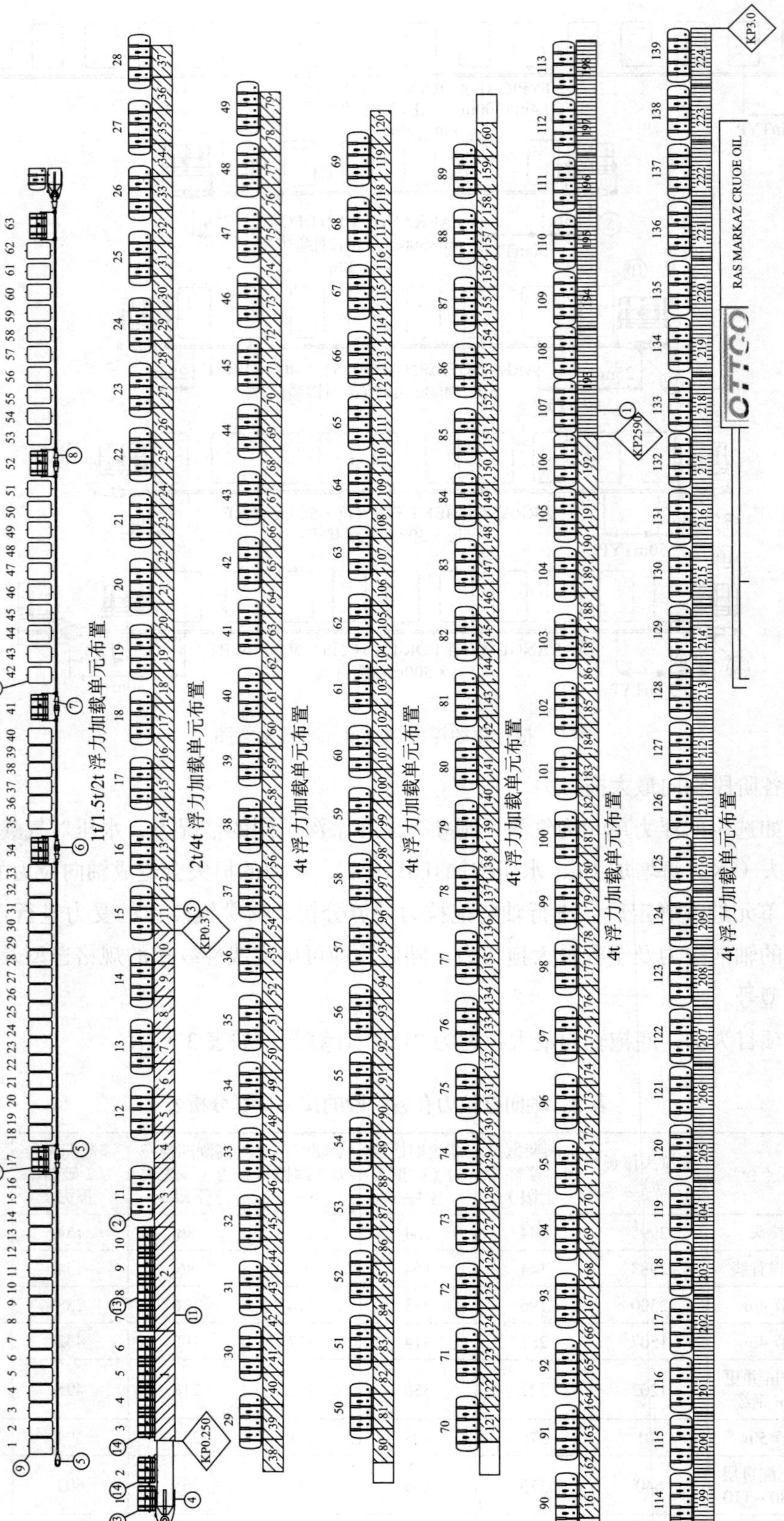

图 6　登陆段管道浮力加载单元布置示意图

6. 线性绞车及拖拉钢缆选型

（1）根据全程最大拖拉力计算结果，确定线性绞车的规格选型，线性绞车的额定最大能力须满足 1.5 倍安全系数的要求。

（2）根据各阶段的拖拉力计算分析结果，选取不同规格的拖拉钢缆，拖拉钢缆的破断力须满足 1.5 倍安全系数的要求。

7. 确定先进技术的应用

（1）浮力单元连接结构件

以往的传统工艺通常采用麻绳、铁丝或钢丝等材料在拖拉钢缆和海底管道上绑扎浮力单元，在与海床接触摩擦时，连接处易断裂损坏，造成浮力单元脱落而损失浮力，或浮力单元点位位移，造成局部浮力缺失。

本工法采用更为先进的连接锁具，能够有效避免上述风险的产生并易于拆卸（图 7）。

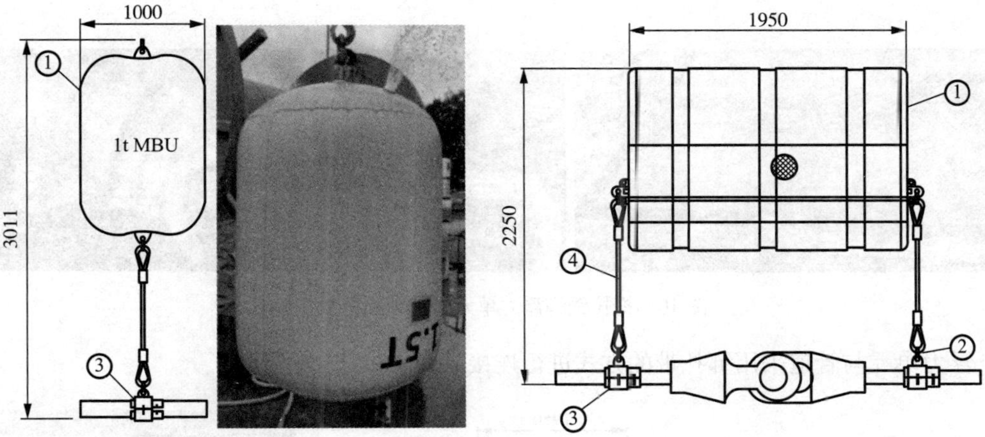

图 7　拖拉钢缆浮力单元连接示意图

浮力单元通过锁链与提前布设在拖拉钢缆上的锁扣连接，锁件本体设计为钢制结构，并设置有连接卡环，通过螺栓紧固，内部与拖拉钢缆的接触面采用胶皮形式，以增加摩擦力（图 8、图 9）。

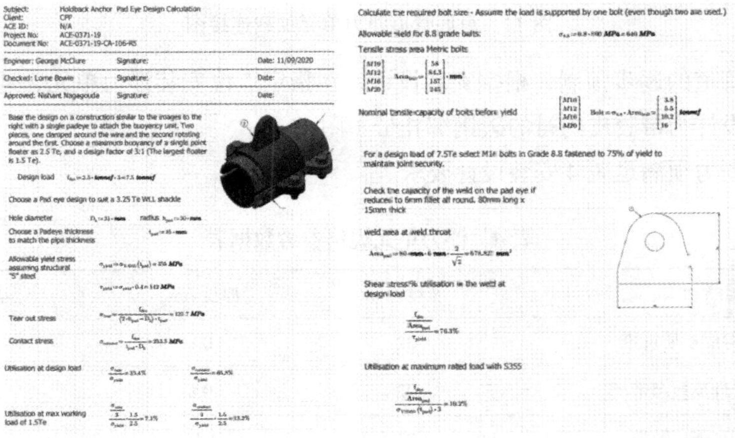
Subject: Holdback Anchor Pad Eye Design Calculation
Client: CPP
ACE ID: N/A
Project No: ACE-0371-19
Document No: ACE-0371-19-CA-106-R5

Engineer: George McClure	Signature:	Date: 11/09/2020
Checked: Lorne Bowie	Signature:	Date:
Approved: Nishant Nagagouda	Signature:	Date:

Base the design on a construction similar to the images to the right with a single padeye to attach the buoyancy unit. Two pieces, one clamped around the wire and the second rotating around the first. Choose a maximum buoyancy of a single point floater as 2.5 Te, and a design factor of 3:1 (The largest floater is 1.5 Te).

Design load

Choose a Pad eye design to suit a 3.25 Te WLL shackle

Hole diameter　radius

Choose a Padeye thickness to match the pipe thickness

Allowable yield stress assuming structural "S" steel

Tear out stress

Contact stress

Utilisation at design load

Utilisation at max working load of 1.5Te

Calculate the required bolt size - Assume the load is supported by one bolt (even though two are used.)

Allowable yield for 8.8 grade bolts:

Tensile stress area Metric bolts

Nominal tensile capacity of bolts before yield

For a design load of 7.5Te select M16 bolts in Grade 8.8 fastened to 75% of yield to maintain joint security.

Check the capacity of the weld on the pad eye if reduces to 6mm fillet all round. 80mm long x 15mm thick

weld area at weld throat

Shear stress% utilisation in the weld at design load

Utilisation at maximum rated load with S355

图 8　拖拉钢缆浮力单元连接锁扣设计

图 9　拖拉钢缆浮力单元连接锁扣实物图

在施工作业前，须对抽取的连接件进行轴向及横向拉力试验（图 10），并由独立第三方进行见证。连接件荷载超过最大浮力荷载，未发生断裂、位移等现象，则能够满足施工需求。

图 10　拖拉钢缆浮力单元连接锁扣荷载试验

浮力单元与管道采用绑扎带的方式进行连接（图 11）。

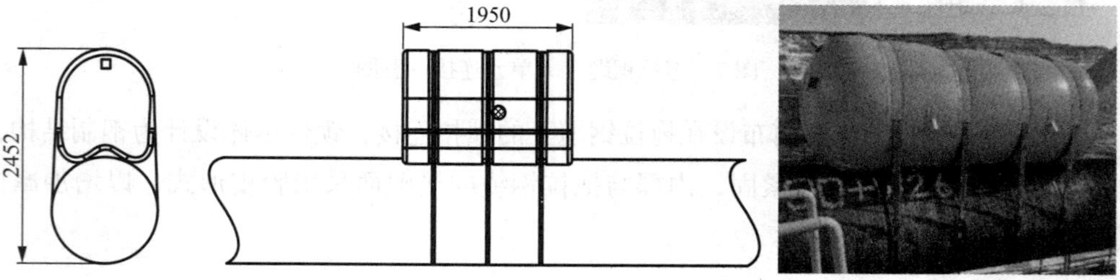

图 11　海底管道浮力单元加载连接图

随着海底管道的逐步预制，根据安装设计，在指定点位安装浮力单元，通过绑扎带进行稳固。绑扎带设计为带胶皮内衬的碳钢绑扎带（图 12）。

绑扎带破断力须满足表 4 安装设计要求。

表 4　浮力单元规格参考数据表

等级	宽度 /mm	厚度 /mm	破断荷载 /N
普通等级皮质绑带	32	0.8	20000
热处理皮质绑带	32	0.8	25400
碳钢高强度绑带	32	1.12	40200

图 12　绑扎带实物图

须对绑扎带进行荷载试验，对抽取的绑扎带加载超过浮力的荷载，未出现断裂、位移等现象，能够满足施工作业需求（图 13）。

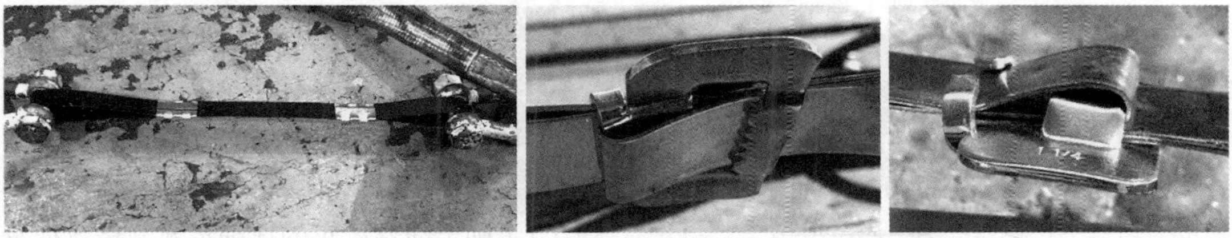

图 13　绑扎带荷载测试

（2）拖拉钢缆的优化选型

对全过程拖拉力进行分析计算，针对各阶段选取不同规格的拖拉钢缆，便于布缆、收缆作业并降低采购、施工费用支出（图 14）。

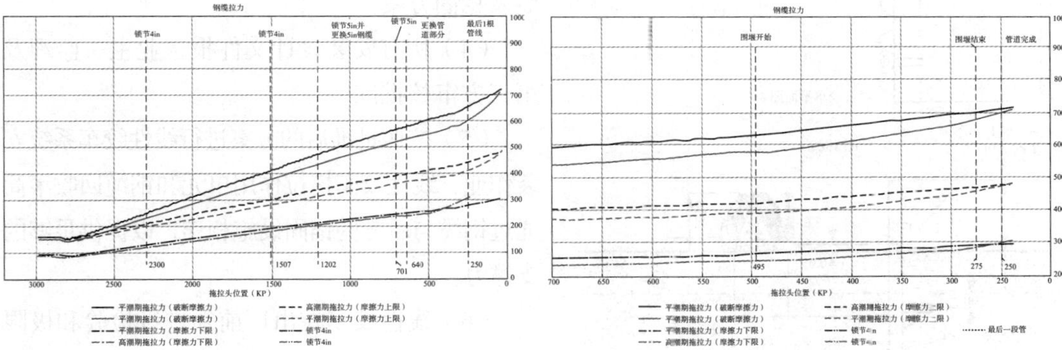

图 14　全过程轴向拉力变化曲线示意图

5.2.3　潮间带预挖及维护

为保证整段底拖管道在施工过程中使管道及加载的浮力单元能够在天文最低潮位时也能完全浸没在水中，避免浮力损失而造成轴向拉力增加，需要根据各项目的实际现场情况，在受潮汐影响的潮间带区段进行预挖沟作业并采取维护措施。

此段管沟的预挖不应依据设计管底标高，而需根据现场实际地貌、实测的天文最低潮位以及管道、浮力单元具体截面尺寸确认。

维护措施推荐采用承插式拉森钢板桩的方式。此种方式具有市场资源多、采购或租赁成本低、施工便捷等优点，可在高潮期采用驳船搭载打桩和挖沟设备或在低潮期采用陆上施工设备等传统方式进行作业。对施打钢板桩的区域进行土壤、海流侧向作用力分析，以确定是否需要加设横向支撑（图 15）。

图 15 施工现场钢板桩围堰及挖沟示意图

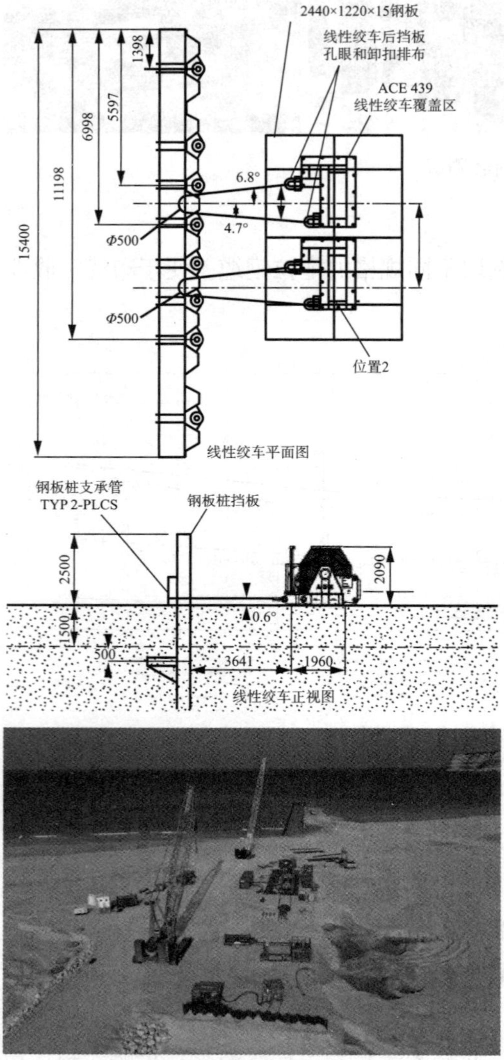

图 16 线性绞车布置示意图

5.2.4 线性绞车安装就位

线性绞车的安装与测试（图 16）应根据以下工艺流程执行：

（1）确定线性绞车的详细技术规格数据及平面布置图。

（2）根据测量勘查报告，确定线性绞车布置场地的高程及地质情况。

（3）开展安装设计分析，确定线性绞车安装及稳固方案。

（4）所有安装设计文件报送业主、监理及第三方审核批准。

（5）按照批准后的方案进行线性绞车系统安装作业，线性绞车拖拉作用单元和钢缆回收滚筒通过钢缆与后方的锚固设施相连，以提供足够的支撑力。

（6）线性绞车在出厂前须进行检验和极限拉力测试，到场安装完成后须再次进行极限拉力测试，以确保绞车系统的可靠性和有效性。

（7）拖拉钢缆在出厂前须进行拉力测试并取得合格证书。

5.2.5 拖拉钢缆布设

底拖施工所采用的拖拉钢缆规格和质量很大，通常采用小型拖轮进行布缆作业，推荐采用多功能小型 DP 船舶（如国外常用的 MULTICAT 类型船舶）作为布缆船，能够更为有效地确保钢缆铺设精度，缩短布缆工期，降低施工风险。布缆工艺流程如下：

（1）铺管船抵达就位点并完成布锚和联动调试，确保所有准备工作的完成和审批，并且达到正式作业状态；

（2）线性绞车完成安装就位及测试。

（3）在陆上排布拖拉钢缆和牵引缆，并使各段逐一连接。牵引缆通常使用尼龙绳，尼龙绳的规格选型与具体项目的钢缆尺寸和钢缆浮拖的最大拖拉力相匹配，牵引缆的长度取决于线性绞车到布缆船的位置。

（4）使用挖掘机等设备将拖拉钢缆接入线性绞车最前端的钢缆导向和牵引装置中，并牵引至海岸线位置，将拖拉钢缆的缆端与牵引缆的末端相连。

（5）布缆船就位于钢板桩围堰末端。

（6）启动线性绞车的钢缆导向和牵引装置，在钢板桩围堰内向前缓慢输送牵引缆，与此同时，现场作业人员按照安装设计图纸在拖拉钢缆上的指定位置逐一安装浮力单元。

（7）当牵引缆漂浮移动至布缆船处后，由布缆船开始拖拽牵引缆和拖拉钢缆沿设计路由航行至铺管船处。

（8）使用铺管船吊机将牵引缆通过托管架滚轮向上引导至作业线，并不断回收，直至拖拉钢缆的缆端抵达作业线上的海底管道管端处。

（9）拆除牵引缆，将拖拉钢缆与海底管道管端的拖拉头连接稳固。

（10）铺管船张紧器与线性绞车协同作业，缓慢增加轴向拉力至30t，对拖拉钢缆和海底管道进行预拉测试。

（11）测试完成后，海上测量团队对整段拖拉钢缆进行复测和检查，对偏离路由的钢缆进行复位。

（12）随后，即可正式开展底拖登陆施工作业。

5.2.6 底拖施工

底拖施工（图17）工艺流程如下：

图17 底拖施工作业图

（1）在铺管船作业线上开始进行海底管道的焊接、检测、防腐作业。

（2）使用拖拉钢缆连接陆上登陆点处的线性绞车和铺管船作业线上管道端部的拖拉头，线性绞车启动收绞钢缆并保持20～30t张紧力。

（3）铺管船与绞车操作团队协同作业，每完成1根管道组装及浮力单元绑扎后，启动线性绞车并缓慢拖拉，铺管船上的张紧器同步向前输送海底管道。

（4）待一根管道输送完成后，立即停止拖拉作业。此时，铺管船张紧器停止输送管道，线性绞车缓慢释放拉力至预留张紧力范围内。

（5）底拖施工作业期间，采用水下摄像和测量系统，全程监控拖拉钢缆、海底管道及浮力单元的实时状态。

（6）当拖拉钢缆连接锁节抵达线性绞车前端导向装置时，停止作业。拆卸锁节，并将后方钢缆重新连接绞车滚筒。随后，继续开展底拖施工。

（7）陆上登陆点处的施工人员，逐一拆卸负浮力单元，统一整理并再次运输至铺管船上进行反复利用。

（8）待海底管道管端抵达陆上登陆点后，确定测量数据符合工艺方案及位移偏差控制量要求，水下监控确认海底管道无异常情况，即可确认完成海底管道底拖登陆施工。

5.2.7 劳动力组织

以阿曼项目为例，本工法的劳动力组织见表 5。

表 5 劳动力组织表

序号	名称	单位	数量	备注
1	项目经理	人	1	负责项目的组织、管理与协调
2	现场工程师	人	5	有类似工程施工经验
3	安全工程师	人	2	安全管理
4	潜水员	人	8	具备相应资质
5	测量员	人	7	具备相应资质
6	铺管船船员	人	88	具备相应资质
7	铺管船管理人员	人	24	负责铺管船各项事宜的组织、管理与协调
8	作业线人员	人	38	有类似工程施工经验
9	辅助工	人	20	有类似工程施工经验
10	外雇船舶管理人员	人	39	具备相应资质
11	线性绞车操作人员	人	5	具备相应资质，且有类似工程施工经验
合计		人	237	

6 材料与设备

6.1 工程材料

以阿曼项目为例，本工程管线规格为 42in × 26.8mm，钢管材质为 API 5L PSL2 X65，管线采用三层 PE 防腐，混凝土配重层厚度为 80mm 和 110mm。

主要技术措施用料见表 6。

表 6 主要技术措施用料表

序号	材料名称	型号	规格	数量	备注
1	浮力单元	气囊	1.5t	120	

续表

序号	材料名称	型号	规格	数量	备注
2	浮力单元	浮筒	3t	275	
3	连接锁具		—	若干	
4	拉森钢板桩	400	H400mm × 10mm × 15mm	若干	围堰
5	拖拉头		42in	5个	
6	拖拉钢缆		4in、5in	7km	
7	牵引绳		Φ12mm、Φ32mm、Φ90mm	3km	

6.2 机具设备

使用的主要船舶和机械设备见表7。

表7 主要船舶配置

序号	设备	单位	数量	规格	备注
1	铺管船	艘	1	根据项目选型	海上预制安装管道并沉管至海床
2	其他辅助船舶	艘	若干	根据项目选型	配合海上施工
3	铺管船作业线施工设备	套	1	—	坡口加工、焊接、检测、防腐等
4	线性绞车	台	1	根据项目选型	拖拉施工
5	水下影像设备	套	1	根据项目选型	ROV
6	海上测量设备	套	1	根据项目选型	测量、定位
7	挖掘机	台	4	350	陆上场地修筑及潮间带预挖
8	履带吊车	台	2	150 t	设备、材料吊装
9	打桩设备	套	1	根据项目选型	潮间带管沟打桩

7 质量控制

7.1 施工执行的质量标准与规范

如下内容列举了施工中所执行的有关质量控制的主要指导标准与规范，在具体施工过程中，承包方须根据业主及设计的实际要求执行。

（1）DNVGL-ST-F101《Submarine Pipeline System》

（2）DNV 1981《Rules for Submarine Pipeline System》

（3）API Std. 1104: 2005 年 第 20 版《管道及有关设施的焊接》

7.2 质量保证措施

（1）依据质量体系管理要求，编制施工过程中的有关质量管理文件，维护业主的质量方针、要求和目标，自觉接受业主、PMC、第三方的质量监督、检查和指导，坚持执行业主、PMC、第三方的指令、意见和规范要求。

（2）在工程开工前编制质量检验计划并报审，经业主、PMC及第三方等部门批准后执行。质量检验计划应包括质量管理体系组织机构、质量方针、质量目标、质量职责及权利、质量验收规范、质量检验表等内容。

（3）在工程开工前编制质量保证和控制计划，详细描述施工的质量系统在履行合同中有效实施的程序和措施。在开工前，组织有关施工人员进行项目质量技术交底，施工过程中严格按照设计文件和相关技术标准进行施工，对过程中发生的质量问题分析原因，及时整改，保证实现工程建设质量目标。

（4）根据设计文件、标准等要求，按时对过程中的规定工序、产品、过程执行试验或检验，如线性绞车试车、背拉锚稳固、拖拉钢缆测试、锁节锁具测试等，必须在试验或检验合格并经相关人员签字认可后才能进行下道工序。

（5）为各工序编制独立的质量控制表，并对质量控制内容进行汇总管理。关键点质量控制表如表8所示。

表8　关键点质量控制表

序号	内容	控制方法	指标及频次
1	岸拖施工质量控制	绞车及钢缆拉力检测	绞车安装完成后调试并进行拉力测试1次，拉力值缓慢增加至绞车额定功率并维持10min为合格
2	负浮力单元质量控制	负浮力单元抽查，充气稳压测试	出厂前逐一测试，到场后抽查测试1次，抽查率为10%，冲压至额定数值后稳压30min无泄漏为合格
3	锁节锁具	荷载拉力测试	出厂前进行荷载拉力测试1次并取得相关证书
4	锁扣、绑扎带	轴向、垂向、摩擦荷载测试	出厂前逐一测试，到场后抽查测试1次，抽查率为10%，达到额定荷载断裂、损坏为合格
5	拖拉头	强度、水压测试	制造完成后进行强度和稳压测试，测试要求应与海底管道设计试压要求一致，无泄漏为合格
6	铺管船	船舶锚系及作业线设备测试	1. 铺管船到场后，锚泊系统按照锚位图进行布设，并进行拉力测试1次，达到系统额定值的75%，维持30min无溜锚为合格 2. 铺管船到场后，作业线联动试车1次，完成1道完整接口坡口、焊接、检测、防腐为合格

注：上述检验标准应以实际项目中的规范、业主、PMC、第三方要求，以及设备或船舶具体性能参数综合考量并进行调整

（6）在工程的停检点，提前48h通知业主、PMC、第三方等有关方，经各方联合检查验收合格后才能进行下道工序。未经各方检查确认合格，不得进入下道工序作业。接受业主、PMC、第三方等各方的检查，并积极配合检查，对检查中提出的问题立即进行认真整改，直至合格。

（7）收集整理施工过程质量信息并负责统计、分析与上报。

8　安全措施

8.1　施工执行的安全标准与规范

如下内容列举了施工中所执行的有关安全控制的主要指导标准与规范，在具体施工过程中，承包方须根据业主及设计的实际要求执行。

（1）DNVGL-ST-F101-2017《Submarine Pipeline Systems》

（2）DNV RP-F105《Free Spanning Pipelines》

（3）DNV RP-F107《Risk Assessment of Pipeline Protection》

（4）DNV RP-E305-1988《On-Bottom Stability Design of Submarine Pipelines》

8.2 安全保证措施

（1）组织进场人员进行 HSE 相关教育和培训，做好各工序安全教育和安全交底。

（2）每一项工序须制定独立的安全作业计划及风险识别、防控措施等文件，安全工程师对施工全过程进行全方位、全过程监督检查。

（3）特殊工种及专业施工人员须持证上岗，所有施工人员都要进行“四小证”培训，并持证上岗。施工人员要穿戴好劳动防护用品，水上作业人员作业时必须穿戴救生衣。

（4）安排专人及时获得台风、大浪、潮位信息，提前做好防风、抗浪的准备工作，大风、大浪的天气严禁在海上作业。遇到危及人身和设备等气象灾害时，人员要及时撤离，设备进行有效防护。

（5）作业前通知海事部门，请海事部门帮助管理作业区域通航安全，作业船舶与海事高频保持畅通。同时，现场安排拖轮、交通船在工作之余进行守护。

（6）施工前根据施工海域实际情况绘制锚位图并严格执行，安排专人检查是否有流锚现象，一经发现立即停止施工，检查移位状况，直至重新抛锚就位。

（7）底拖施工过程中发现任何异常，立即停止施工，同时与业主、PMC 取得联系，查找原因并消除隐患后方可继续施工。

（8）成立应急组织机构，编制应急预案，按时组织应急演练，施工船舶将路由数据输入电子海图，在作业海图上用红线标示现有设施，并保证船舶通信畅通。

（9）编制海上应急救援程序，施工中遇到突发意外事件、工伤事故、台风等情况，严格按应急程序执行，避免人员伤亡和设备损害。

9 环保措施

（1）施工前明确海域环境保护要求。

（2）在施工作业期间，对可能产生的废渣、生产和生活垃圾等进行统一收集和处理。

（3）按照要求对海域内的生物进行监控和保护。

（4）制定环境保护制度，认真执行项目环境保护控制程序中的要求，对水质、土壤、噪声、大气、废渣、生产和生活垃圾等进行全面的污染控制。

（5）对现场周边的生态环境妥善保护，未经绿化主管部门批准，不准乱砍滥伐移植树木或破坏草地。

（6）施工前，对各项设备进行检查和测试，对船舶进行第三方验船，杜绝燃油、润滑油等污染物的泄漏。

（7）场地机具、设备、材料等按计划撤离现场后，清理工程杂物并及时回收。

10 效益分析

以大港油建公司承建的阿曼拉斯玛卡兹原油罐区施工工程为例，根据本项目的特点及业主要求，海底管道登陆段不具备采取立管、浮拖、栈桥等工艺进行施工的可能性，故仅对本工法与传统围堰式海底管道登陆施工方案的经济性方面进行简要比较（表 9）。

表 9 经济效益分析比对表

序号	项目	取费标准	节约费用
1	围堰建造及恢复	石方的采购及施工单价为 400 美元（1 美元 ≈ 7.25 人民币），节省石方总量约 $3000m^3$	约 120 万美元
2	钢板桩的施工及恢复	钢板桩的采购及施工单价为 3000 美元，节省钢桩围堰长度约 100m	约 30 万美元
合计			约 150 万美元

本工法于 2023 年成功应用于公司承建的印尼国家石油公司拉维拉维单点系泊及陆上设施项目中，效果显著，并取得了良好的社会效益。

本工法与其他传统工艺相比，能够节约成本、缩短工期、保护环境、技术先进，所获得的经济效益和社会效益优越。

11 应用实例

实例一：阿曼拉斯玛卡兹原油罐区项目海底管道工程

公司承建的阿曼项目，分别实现了表 10 两条海底管道的长距离底拖登陆施工作业。

表 10 应用实例表一

序号	海底管道	规格	底拖长度	实施时间
1	南部管道	42in × 26.8mm+80mm/110mm（混凝土配重层）	2.75km	2021 年 1 月 17 日至 2021 年 1 月 31 日
2	北部管道	42in × 26.8mm+80mm/110mm（混凝土配重层）	2.75km	2021 年 2 月 15 日至 2021 年 2 月 21 日

实例二：印尼国家石油公司拉维拉维单点系泊及陆上设施项目

公司承建的印尼项目，实现了表 11 海底管道的长距离底拖登陆施工作业。

表 11 应用实例表二

海底管道	规格	底拖长度	实施时间
单条管道	52in × 25.4mm+100mm（混凝土配重层）	2.06km	2023 年

施工过程中，未出现任何管道损伤、断裂、偏移、钢缆断裂等质量、安全事故，2 项工程实例均一次性成功实施了底拖登陆施工作业。

通过以上工程的运用实例证明，本工法在大口径海底管道铺设施工领域具有较高的推广价值。

$8\times10^4m^3$LNG全容储罐低温混凝土罐壁施工工法

巩向楠　赵　鑫　祝亚朝　代柏秀　穆维平

天津大港油田集团工程建设有限责任公司

1　前言

低温混凝土罐壁施工是LNG全容罐外罐施工重要分部工程。8×10^4LNG全容罐外罐建设在国内尚属首次，如果按照原有全容罐施工工艺施工，会导致现场安全风险增大，工效降低。

本工法在原有LNG全容罐施工工艺的基础上进行了总结创新，针对项目储罐结构特点，在设计的指导下，优化钢筋网片直径和间距，减轻了单片钢筋网片质量，节约了材料，减少了高空安装困难。根据储罐半径和罐壁曲率，通过增大单块模板的长宽尺寸和弧度，精简挂壁模板的组装块数，形成爬模工艺，减少了工作量，提升了施工效率。与国内大学合作，优化了混凝土配方，使混凝土浇筑提高了效率，表观质量好，强度高，并且减少了水泥的用量。

天津大港油田集团工程建设有限责任公司在承揽的湖北黄冈LNG储气设施项目中实施上述新工艺，降低了施工成本，提高了施工质量和效率，通过总结、梳理，形成了"$8\times10^4m^3$LNG全容罐低温混凝土罐壁施工工法"，较好地完成了国内首座$8\times10^4m^3$LNG全容罐外罐施工任务。

本工法获评为管道局局级工法。

2　工法特点

2.1　材料节约

（1）通过优化钢筋网片直径和间距，节省了钢筋搭接次数、减少了钢筋用量。

（2）精简罐壁模板的组装块数，进一步提升施工效率和施工质量。

（3）就地筛选符合相关规范要求的原材料，研制适用于在 −40 ~ −197℃之间环境或状态的低温混凝土配合比。根据混凝土特性和罐壁半径、曲率制定适合外罐的浇筑工艺，在全面保障施工质量的同时，降低施工成本。

2.2　施工效率高

通过优化预制钢筋网片、模板，将高空拼装作业流程简化，工效提高30%左右。

2.3 降低安全风险

通过优化模板尺寸，减轻了安装质量，降低了员工在高处作业的难度以及安全风险。

3 适用范围

本工法适用于 8×10⁴LNG 全容罐低温混凝土外罐施工，对于其他容积的储罐也可以参考使用。

4 工艺原理

4.1 工艺原理

LNG 全容罐外罐结构为钢筋混凝土圆筒形的筒体，从基础承台开始，按设计要求的弧度，设计分层高度，用双层钢筋网片安装绑扎骨架，外用预制好的大块模板里外支护，进行混凝土浇筑。按设计要求的分层高度，由底圈到顶圈分层施工，形成钢筋混凝土圆筒形的筒体结构。

4.2 关键技术

4.2.1 钢筋网片优化技术

项目最重的钢筋网片为 12m×8m、单片质量为 4t，存在高空作业绑扎困难、危险程度高等问题。经过与设计协商，优化钢筋直径和间距，将单个钢筋网片质量减少为 3t，便于塔吊吊装和高空绑扎作业，节省了钢筋搭接次数，减少了钢筋用量。

4.2.2 罐壁模板优化技术

精简罐壁模板的组装块数，进一步提升施工效率和施工质量。根据储罐半径和罐壁曲率，通过增大单块模板的长宽尺寸和弧度，精简挂壁模板的组装块数，由原来的 42 块精简为 36 块，减少了工作量，提升了施工效率。优化前后详见表 1，模板排布见图 1。

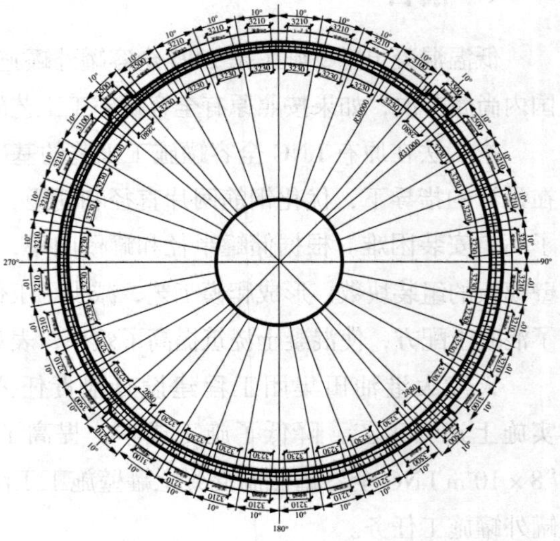

图 1 模板排布及主要参数

表 1 模板数量对比

名称	模板数量 / 组	模板尺寸 /m	模板弧度 / (°)	备注
原 8 万 m^3 设计储罐模板	42	4×4.2	8.6	
优化后 8 万 m^3 储罐模板	36	4×5	10	单层节省模板提升 12 次

4.2.3 低温混凝土优化技术

研制适用于在 −40～−197℃之间环境或状态的低温混凝土配合比，一是对本地区的砂石料进行实验分析，选取符合相关规范要求的原材料，降低施工成本；二是根据配合比和低温混凝土的和易性，优化罐壁混凝土浇筑施工工艺，合理设定罐壁浇筑的层高，优化分层浇筑的时间和振捣次数，减少罐壁有害裂缝的产生，提高施工效率和施工质量。

5 施工工艺流程及操作要点

5.1 施工工艺流程

5.1.1 主流程（图 2）

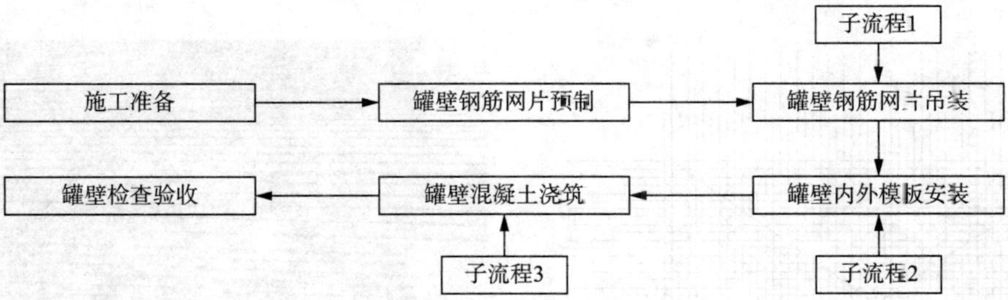

图 2 施工工艺主流程图

5.1.2 子流程

（1）子流程 1（图 3）

图 3 钢筋网片安装流程图

（2）子流程 2（图 4）

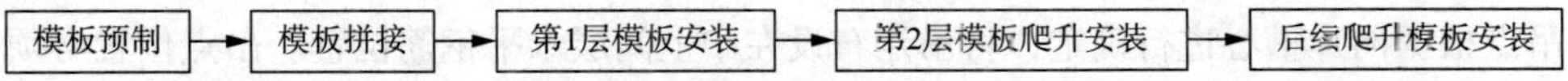

图 4 模板安装流程图

（3）子流程 3（图 5）

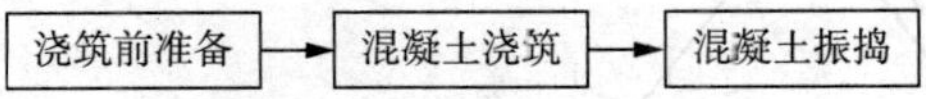

图 5 混凝土浇筑流程图

5.2 操作要点

5.2.1 施工准备

1. 人员准备

（1）按 8×10^{4}m^{3}LNG 全容储罐低温混凝土罐壁施工工法，配置相应工种人员等。

（2）有特种作业要求的工种，应持证上岗。

（3）按项目需要设立项目部，并制定岗位职责等。

2. 技术准备

（1）根据罐壁半径及曲率，确定钢筋网片规格和模板尺寸、数量。

（3）根据罐壁层高和低温混凝土特性，确定混凝土浇筑工艺。

3. 材料、设备准备

（1）对钢筋质量、模板质量、造型木的弧度、钢围檩的平整度等检查验收。

（2）对低温混凝土的材料进行材料检验和配合试验，浇筑性能和质量应合格。

5.2.2 罐壁钢筋网片预制

（1）将进场的钢筋去除表面浮锈，随后调直并按尺寸截取（图 6）。

（2）墙体网片绑扎点应满绑，为保证网片的整体稳定性，采用 16# 镀锌铁丝进行八字形绑扎，再对筋网片左右两侧边缘进行加固（图 7）。

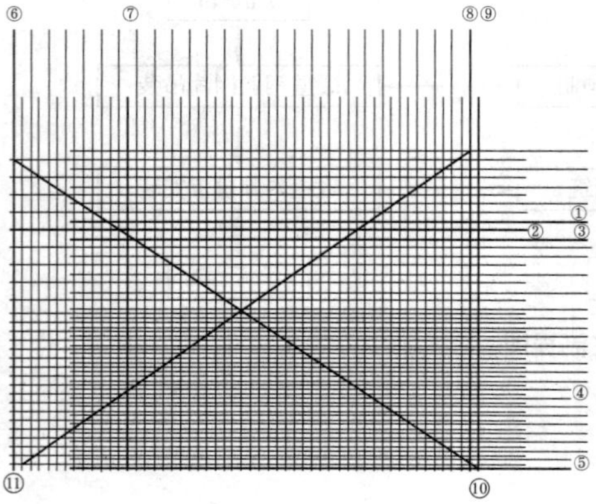

图 6 钢筋网片设计图

图 7 现场钢筋网片绑扎

5.2.3 罐壁钢筋吊装

1. 吊装工器具准备

（1）吊点设置

吊点根据网片重心进行确定，将吊点布设在中上间层水平钢筋位置。吊点位置必须与吊梁上的位置一致（图 8）。

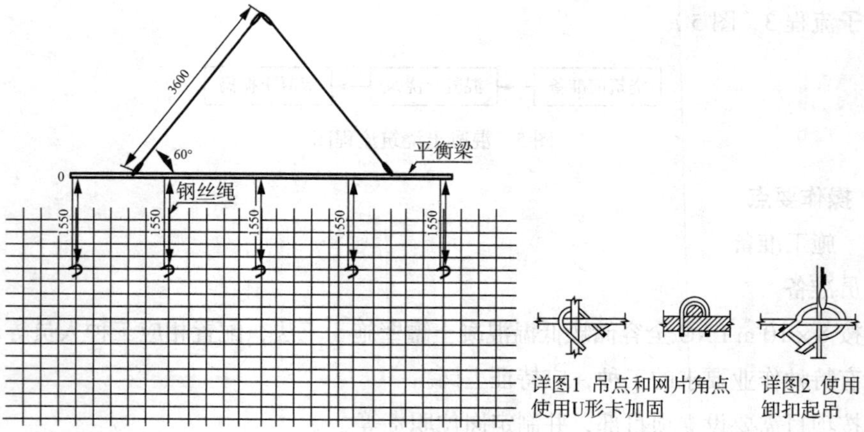

图 8 钢筋网片吊点设计图

（2）吊装工器具配备

按照相关规范要求配备相应钢丝绳、吊耳。

（3）吊装区域布置

分组吊装钢筋网片，将预制区域设置在接近建设物两侧，减少二次运输及施工绑扎完成时间（图 9）。

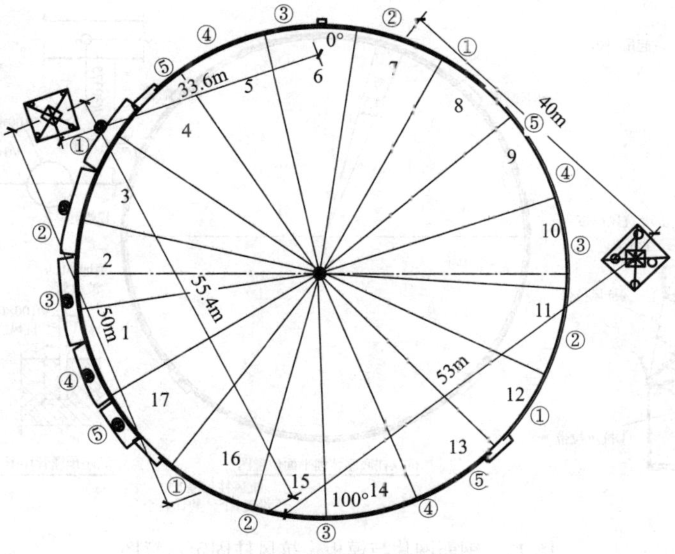

图 9　钢筋网片吊装示意图

2. 内侧钢筋网片安装

（1）将内侧低温钢筋网片从预制区域吊装到罐壁上（图 10）。

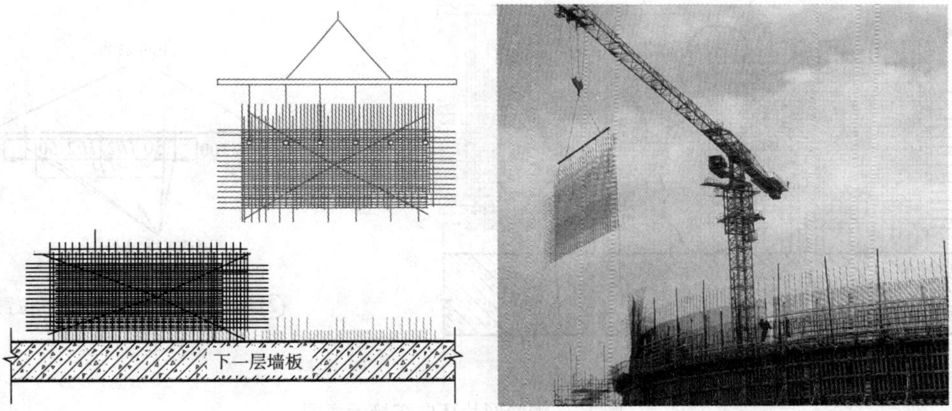

图 10　钢筋网片吊装图

（2）钢筋与模板及抗风柱整体固定，使用抗风拉带将钢筋网片与模板平台、抗风柱固定。通过塔吊将钢筋网片移动到距离安装部位上方 2～3m 处时用牵引绳牵引，绑扎期间，塔吊不松钩。先将钢筋网片与抗风柱固定，然后用抗风拉带临时固定在模板平台上（图 11）。

（3）内侧环向钢筋网片搭接绑扎，第 1 块与第 2 块内侧网片环向搭接，环向钢筋搭接处（如图 12 所示②位置）利用铅丝绑扎。具体绑扎方法如图 12 所示。

3. 外侧钢筋网片安装

内侧钢筋网片基本安装完毕后再进行外侧钢筋网片安装，安装步骤与内侧网片安装相同（图 13）。

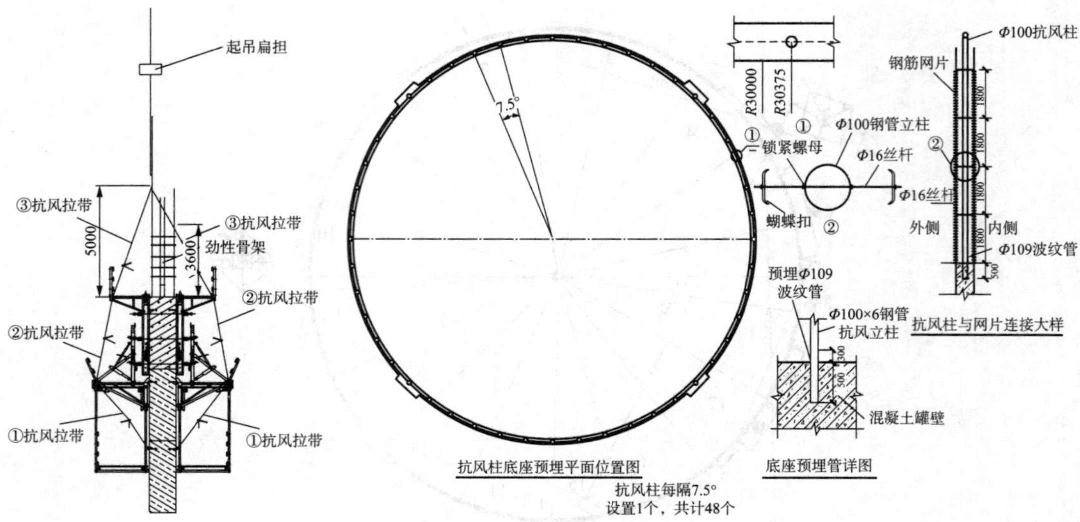

图 11　钢筋网片与模板、抗风柱固定示意图

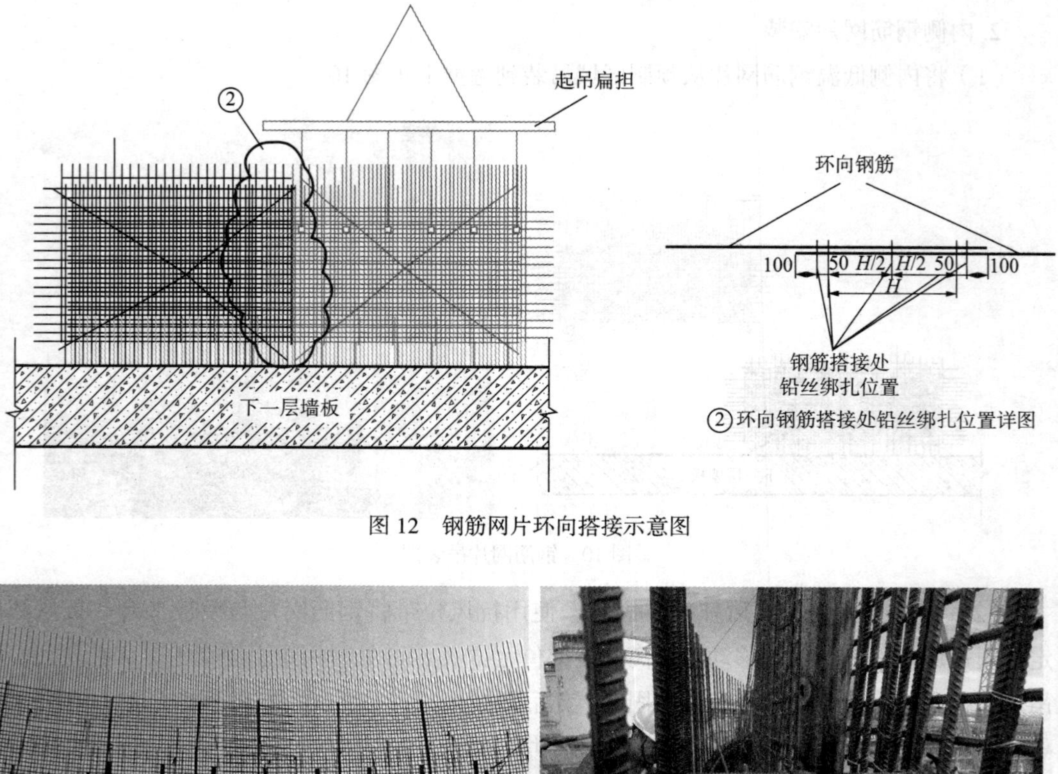

图 12　钢筋网片环向搭接示意图

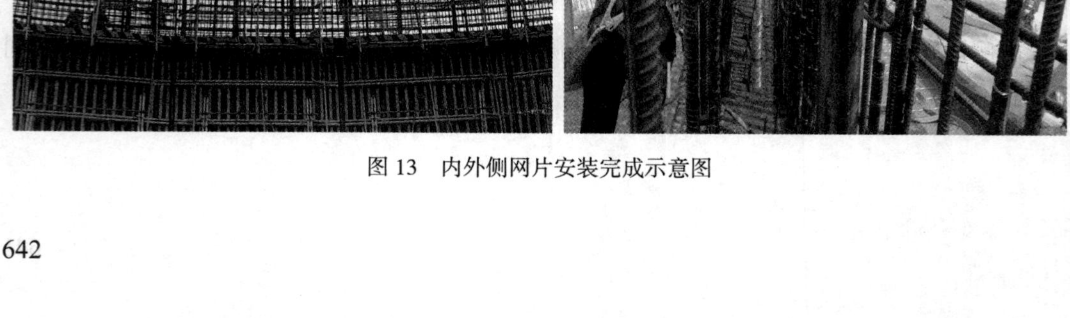

图 13　内外侧网片安装完成示意图

5.2.4　罐壁内外模板安装、提升

1. 模板制作

按优化后的模板图纸制作模板。制作完成后，检查模板尺寸、曲率是否符合要求。

2. 模板拼接

（1）加工连接木方，连接时先将连接木方用六角螺栓连接到槽钢上，再把造型木的两头和中间用螺栓与双拼槽钢连接。

（2）用木螺丝将木工字梁与造型木连接，在木工字梁上画出螺栓孔，把吊环根据图纸安装到木工字梁上，面板拼装时根据排版图摆放模板。

（3）上层平台安装：三脚架安装时根据图纸将三脚架安装到模板上，上方用螺栓、下方用六角木螺丝和螺栓固定。

（4）组装剪刀撑与竖向钢围檩，将剪刀撑与竖向钢围檩通过销钉和弹簧插销连接好，保证连接可靠且动作灵活（图14）。

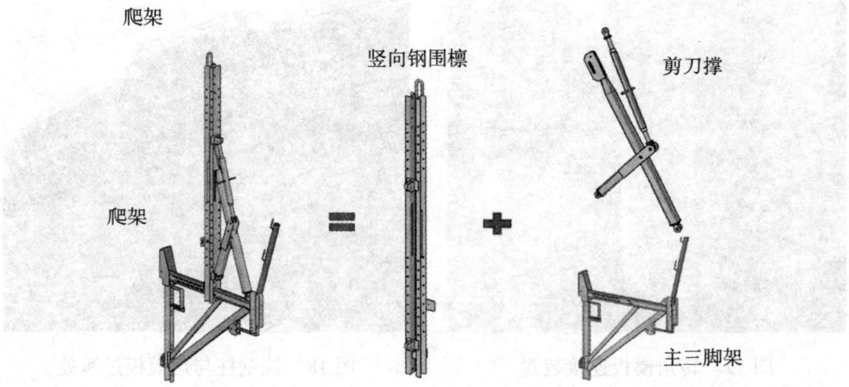

图14　竖向钢围檩与剪刀撑连接图

（5）将组装成型的大模板与爬架系统组装成型（图15）。

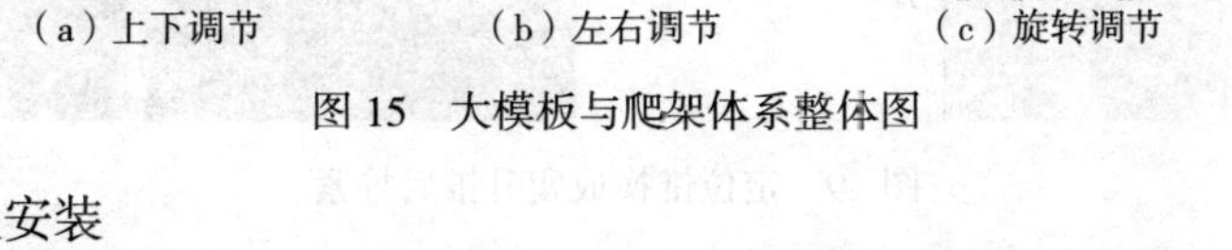

图15　大模板与爬架体系整体图

3. 第1层模板安装

（1）首先将内模的剪刀撑固定装置用膨胀螺栓安装到承台上面；然后将内模起吊至竖向钢围檩处，并将模板用勾头螺栓与竖向钢围檩连接；最后将预埋锚固件旋入定位锥，与钢筋绑扎牢固（图16）。

图 16　连接件连接内侧模板安装

（2）扶壁柱外模安装完成后，用转角模板连接装置将扶壁柱模板与扶壁柱角模连接（图 17、图 18）。

图 17　转角模板连接装置

图 18　扶壁柱与角模板过渡处

4. 第 2 层模板爬升安装

（1）第 1 层模板拆模后将定位锥取出，然后将爬升锥装到定位锥位置并拧紧，爬升锥的拧紧方式宜用专业扳手拧紧，并设置专人负责检查拧紧（图 19）。

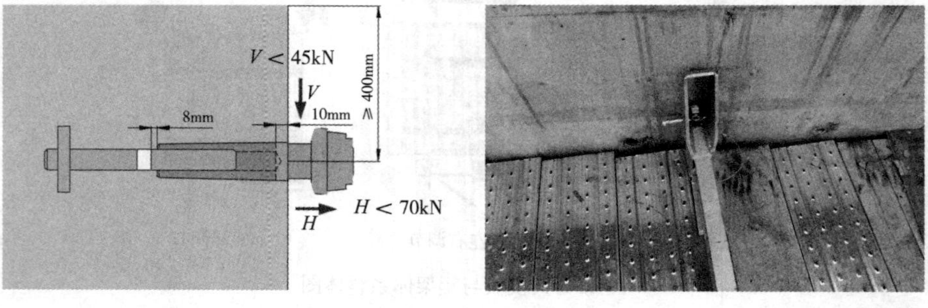

图 19　定位锥换成爬升锥后拧紧

（2）将爬升挂架和竖向钢围檩吊起安放到爬升锥上，并插好安全插销。吊钩吊在竖向钢围檩的吊环上，贴紧墙面慢慢放到爬升锥上，竖向钢围檩通过勾头螺栓和调节丝杆与大模板连接，通过塔吊直接将整体模板与爬升挂架安装连接（图 20）。

图 20　第 2 层模板爬升安装及调节丝杆

5. 后续爬升模板安装

将第 2 层施工用的整个模板体系用塔吊提升到预埋在第 2 层混凝土中的锥体上，逐层模板按“拆一榀、提一榀、固定一榀”的原则进行逐层固定爬升安装（图 21）。

图 21　第 3 层模板爬升安装

6. 模板提升要点

用塔吊提升单块组装完成的模板到预埋在下一层混凝土中的爬升锥体上，用螺栓将下挂平台与爬升挂架牢固连接，并打紧竖向钢围檩下端的钢楔板，使面板贴紧在下一层已经浇筑好的混凝土面上。在模板上预埋定位锥体，开始浇筑混凝土。至此，整个模板体系全部安装完毕（图 22）。

图 22　模板整体提升

5.2.5　罐壁混凝土浇筑

1. 浇筑前准备

（1）混凝土浇筑完成，模板提升以后，测量罐壁内径。

（2）浇筑方法：本项目罐壁单层层高为 3.67m，总高为 39m，累计浇筑混凝土 6200m^3。根据浇筑条件，确定采用大斜坡自流平分层浇筑法，每层浇筑混凝土厚度不大于 1m，分 4 次浇筑，最大自由下落高度不超过 2m。为避免混凝土初凝，前后两次浇筑须控制在 2h 之内，以防止产生混凝土冷缝（图 23）。

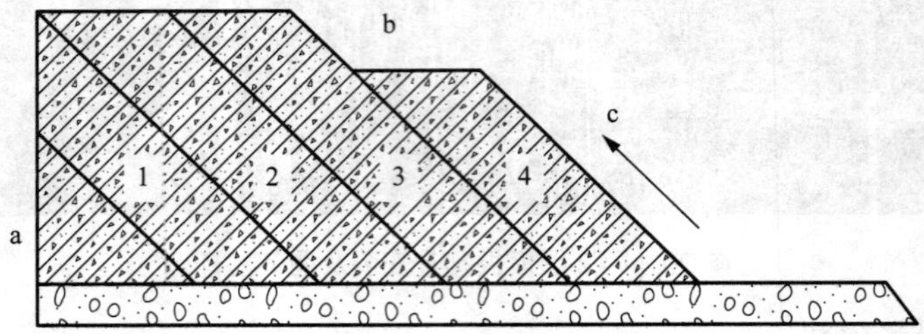

图 23 大斜坡自流平分层浇筑法

2. 混凝土浇筑

（1）为提高混凝土浇筑的效率，确保罐壁圆周长范围全覆盖，项目根据储罐罐壁的周长和层高，在 1～4 层浇筑施工时安排 2 台 60m 泵车同时对称进行浇筑施工。在进行第 4 层以上罐壁施工时，再增加 1 台 45m 的泵车同时均布进行浇筑施工，避免产生施工冷缝。

（2）浇筑过程中，根据混凝土的和易性，控制单点浇筑的时间。混凝土自流至 15m 处，即可形成大斜坡形态，厚度控制在 1m 左右，及时调整泵管位置至 15m 末端再进行循环浇筑（图 24）。

图 24 混凝土浇筑施工

3. 混凝土振捣

（1）振捣上层混凝土时振动棒插入下层混凝土深度不小于 5cm。混凝土振捣采用直径 50mm 的高频插入式振动器，在使用时从低向高处振，梅花形插点布置，上层混凝土的振捣需在下层混凝土初凝前进行。浇筑期间，保证落料口底部距离混凝土面不超过 2m，超过时应增加导管或溜槽等设施。

（2）施工过程中，每个泵管周围安排 2 名扶管人员，每间隔 15m 安排 1 名振捣人员。单层浇筑完毕后，在混凝土未终凝前，在表面进行拉毛处理。

5.2.6 罐壁检查验收

混凝土浇筑完成后，对罐壁外观及尺寸偏差进行检查验收，包括但不限于罐壁的垂直度、外罐壁内径、混凝土外观质量、墙体裂缝情况。验收结果应符合《石油化工立式圆筒形低温储罐施工质量验收规范》SH/T 3560—2017、《混凝土结构工程施工质量验收规范》GB 50204—2015 的要求。

5.3 劳动组织

以 LNG 储气设施项目 $8\times10^4m^3$ 全容罐为例，本工法的劳力组织如表 2、表 3 所示。

5.3.1 管理人员

表 2 管理人员组织表

序号	岗位	人数	备注
1	项目经理	1	统筹协调
2	技术负责人	1	技术指导
3	质量管理	2	质量管理
4	安全监督	2	安全管理
5	测量员	2	测量放线
6	施工员	2	施工管理
合计		10	

5.3.2 施工人员

表 3 施工人员组织表

序号	岗位	每层人数	备注
1	钢筋工、木工、混凝土工	75	
2	预应力工	7	
3	电焊工	2	
4	架子工	5	
5	汽车吊司机	3	
6	塔吊司机	2	
7	司索指挥	4	
合计		105	

6 材料与设备

6.1 工程材料

以黄冈 LNG 储气设施项目 $8\times10^4m^3$ 全容罐为例，原材料用料表如表 4 所示。

表 4 原材料用料表

序号	材料名称	数量	单位	备注
1	内模	36	块	$20m^2$
2	外模	36	块	$20m^2$
3	角模	8	块	$4m^2$
4	对拉螺栓	4000	m	
5	锥体	3000	个	
6	脚手架管	60	t	

6.2 工程设备

以黄冈 LNG 储气设施项目 $8 \times 10^4 m^3$ 全容罐为例，工程设施使用情况如表 5、表 6 所示。

表 5 混凝土施工用工程设备

序号	设备名称	型号规格	数量	施工部位	备注
1	混凝土泵车	62m	3 台	外罐	
2	混凝土罐车	$12m^3$	12 台	外罐	
3	提浆机		2 台	外罐	
4	混凝土振捣棒	$\Phi 30 \sim \Phi 50$mm	10 个	外罐	

表 6 其余工程设备

序号	设备名称	型号规格	数量	施工部位	备注
1	潜水泵		2 台	外罐	
2	空压机		2 台	外罐	
3	塔吊	PT7022A-12	2 台	外罐	
4	汽车吊	25t	1 台	外罐	

7 质量控制

7.1 施工执行的质量标准与规范

（1）JGJ 80—2016《建筑施工高处作业安全技术规范》

（2）GB 51081—2015《低温环境混凝土应用技术规范》

（3）SH/T 3560—2017《石油化工立式圆筒形低温储罐施工质量验收规范》

7.2 质量保证措施

（1）模板组装完毕后每块模板必须编号，并分组堆放；模板制作尺寸准确。

（2）模板安装就位后，要仔细检查其垂直度，如发现不垂直现象，要及时通过调节支撑杆调整模板的垂直度，直至达到设计的要求。

（3）相邻模板间的胶合板接缝处应用销钉打紧，或用其他现场可采用的合理措施将其打紧，以防止漏浆并保证接缝处的平整。

（4）钢筋、模板工程完毕后，必须重新检查模板面、支撑体系和连接件，插销和紧固盘，同时做好混凝土标高控制点。

（5）侧模提升前，混凝土必须达到强度要求，须有项目通知方可进行提升。

（6）混凝土浇筑必须严格控制速度和高度，墙板混凝土大斜坡分层浇筑，振捣应布点均匀。二次回振不能遗漏，浇筑时严格控制混凝土的坍落度及和易性。

（7）混凝土浇筑时，应安排专人检查钢筋和模板，避免露筋和松动。

（8）质量关键控制点如表 7 所示。

表 7　质量关键控制点

序号	检查项目	测试 / 试验项目	测试 / 试验方法	频率 / 时间	参考文件程序 / 控制文件	验收标准
1	施工前准备	混凝土配合比设计		施工前 180 天	混凝土配合比设计报告 / 低温性能试验报告	JGJ 55—2011 GB/T 50107—2010
		混凝土低温试验		施工前 180 天	混凝土低温实验报告	GB 50081—2015
2	钢筋检验项目	绑扎钢筋网片	用钢尺测量钢筋网片间距	吊装前验收 / 钢筋安装前		钢筋间距 ±10mm
		同一连接区段接头面积百分率	目测搭接率是否合格	每层验收 / 钢筋安装前		50% 错开搭接，钢筋尺寸及搭接长度满足图纸要求
3	模板工程检查项目	模板预制检查（造型木长度）	卷尺测量检查尺寸偏差	一层验收 / 使用前	GB 50204—2015 及细化图纸	±5mm
		模板安装（检查组装牢固，有无缝隙）：模板四周垂直度	全站仪复测偏差	每层验收 / 浇筑前	GB 50204—2015 及相关图纸	±1mm
		模板安装（检查组装牢固，有无缝隙）：内外模之间距离（截面尺寸）	用钢尺测量尺寸偏差	每层验收至少 10 个点 / 浇筑前	GB 50204—2015 及相关图纸	±8mm
4	混凝土浇筑检查项目	坍落度	钢尺配合塌落桶检查塌落度	每天第一车及后续每 50m³ 一次 / 入模前	配合比报告	180±30mm
		浇筑厚度	现场检查商混凝土浇筑厚度	每次浇筑 / 浇筑中	GB 50204—2015	≤1000mm
		标高		每次浇筑 / 浇筑中	GB 50204—2015 及相关图纸	±20mm
		混凝土试块留置	现场留置试块	每次浇筑 / 浇筑中	GB 50204—2015 及技术规格书	低温混凝土留置 100mm 立方体试块 12 块
5	模板拆除、提升检查项目	—	现场检查模板的完整性	每层墙体 / 提模前	同养试块强度报告	同养试块强度达到 10MPa 可松开拉杆，达到 20MPa 可提升模板
6	墙体外观及尺寸偏差检查项目	垂直度	线坠配合全站仪检查垂直度	每层墙体 / 浇筑前	GB 50204—2015 及技术规格书	≤ H/400
		外罐壁内径	全站仪检测内模角点位置	每层墙体 / 浇筑后	GB 50204—2015 及技术规格书	±35mm
		混凝土外观检查	模板提升后检查外罐质量	每层墙体 / 提升模板之前	GB 50204—2015 及技术规格书	外墙现场打磨检查通过，内墙打磨通过安装单位交接验收
		墙体裂缝检查	检查测量裂缝宽度、深度	每层墙体 / 提模后	GB 50204—2015 及技术规格书	预应力张拉完成后，0.2mm 以上进行标记和处理

8　安全措施

8.1　施工执行的安全标准与规范

（1）GB 6067.1～7—2010《起重机械安全规程》

（2）JGJ 80—2016《建筑施工高处作业安全技术规范》

8.2 安全保证措施

（1）模板上堆物不得超载，不得堵塞通道。上层平台堆载不得超过150kg/m^2，中层平台堆载不得超过300 kg/m^2，下层平台不得超过75 kg/m^2。

（2）作业高度在2m以上时，应设置合格的架设以保证作业面的合理，高度大于5m时设安全网防护。所有交叉作业，作业层之间采取隔离措施以防止人员坠落或物体坠落，高处作业应使用工具袋。

（3）在6级风以上或雷电、暴雨、大雾等影响施工安全的恶劣气候条件下，禁止进行露天高处作业。

9 环保措施

9.1 施工执行的环保标准与规范

（1）GB/T 12523—2011《建筑施工场界噪声限值》

（2）GB 3095—2012《环境空气质量标准》

9.2 环境保护措施

9.2.1 施工环境保护

贯彻执行国家和地方环境保护法规，并教育职工自觉遵守环保、环境卫生管理条例，做文明职工。

9.2.2 声控控制措施

严格按照《中华人民共和国噪声标准》GB 12523—2011和当地政府有关噪声的要求、规定执行。

9.2.3 扬尘控制措施

贯彻落实《中华人民共和国空气质量标准》GB 3095—2012，保证在敏感体能测得的总悬浮颗粒符合标准。

10 效益分析

10.1 经济效益

以黄冈LNG储气设施项目为例，主要针对罐壁施工的主要工序进行了功效比分析，在节省材料的基础上，提升了功效、缩减了工期（表8）。

表8 优化前后施工工效对比表

序号	对比项	优化前	优化后	结论
1	钢筋预制、绑扎	3d	2d	节省施工周期约30%，提升了施工效率，节省了资源投入
2	模板预制、安装	3d	2d	
3	混凝土浇筑	11h	7h	
4	三层以上	7d	5d	
5	一层至三层	60d	45d	
6	总施工周期	120d	90d	

具体经济分析对比如表 9 所示。

表 9　人、机、材节约成本表

名称	数量	节约天数	节约费用 / 万元
人员	90 人	30	111
设备	7 台	30	17.5
材料	50t		108
合计			236.5

综上所述，从成本表便可看出，从人、机、材等各方面，本工法均有节约。

10.2　社会效益

通过使用本工法施工，提升工效比约 30%、降低相关费用约 10%，提高了现场施工的安全性和可靠性。

11　应用实例

实例一：黄冈 LNG 储气设施项目

本项目为新建 1 座容积为 8 万方的 LNG 低温全容罐及相关配套设施（图 25 ~ 图 28）。

图 25　罐壁首层

图 26　罐壁标准层

图 27　罐壁内部

图 28　罐壁外部

（1）储存容积：8 万 m^3。

（2）外罐尺寸：Φ60m × 39m。

（3）外罐罐壁厚度 750mm，混凝土型号为 C50P8F200。

整个罐壁施工期间，单层钢筋绑扎等工序约 3d、模板安装约 3d、浇筑混凝土约 8h，标准层单层施工约 7d，总工期 90d 左右。

实例二：滨海 LNG 接收站项目

滨海 LNG 接收站项目简称江苏 LNG，计划在江苏滨海建成一座承担基荷、调峰、储备功能的接收站（图 29 ~ 图 32）。

图 29 罐壁首层

图 30 罐壁标准层

图 31 罐壁内部

图 32 罐壁外部

（1）储存容积：22 万 m^3。

（2）外罐尺寸：Φ88m × 45.4m。

（3）外罐罐壁厚度 1000mm，混凝土型号为 C50P8F200。

整个罐壁施工期间，单层钢筋绑扎等工序约 5d、模板安装约 3d、浇筑混凝土约 12h，标准层单层施工约 9d，总工期 120d 左右。

大型 LNG 薄膜罐内罐施工工法

蒋小波　魏　明　王　军　向苍义　胡承杰
中国石油天然气第六建设有限公司

1　前言

薄膜型 LNG 储罐是一种新型储罐，在提升安全稳定性、增大有效罐容、降低单方造价、缩短建造周期以及实现节能降耗等方面具有技术和经济优势，内罐围护系统安装要求施工环境在 20～30℃，波纹板安装精度偏差在 ±2mm 以内。

中国石油天然气第六建设有限公司作为北京燃气天津南港 LNG 项目薄膜罐内罐的施工承包商，一阶段 2 台 22 万 m^3 薄膜罐于 2022 年 12 月 30 日机械完工，通过对一阶段及二阶段 4 台 22 万 m^3 薄膜型 LNG 储罐内罐的施工技术进行总结，形成了“大型 LNG 薄膜罐内罐施工工法”。

本工法应用过程中获得以下成果：“一种大直径圆形空间结构用无连墙件承插型盘扣式脚手架”获得实用新型专利（专利号：ZL 2022 2 1746474.7）；“一种适应于大型 LNG 薄膜罐角区波纹板自动焊机行走轨道”获得实用新型专利（专利号：202321563316.2）；“LNG 薄膜罐飞机板焊接防变形方法及装置”获得实用新型专利（专利号：202322159431.X）；“提高 LNG 薄膜罐波纹板焊接熔深合格率”和“提高薄膜型 LNG 储罐二级薄膜 SE 区薄板建造精度一次合格率”获得 2023 年度石油工程建设协会 QC 成果一等奖；本工法获得 2021—2022 年度公司级一级工法。

2　工法特点

（1）薄膜罐内罐罐壁安装采用搭设环形盘扣式工作架的方式进行施工，工作架安全稳定、便于多作业面同步展开，承台部位波纹板采用扇形分区中心扩散方式进行分段安装，施工作业面广，工作效率高。

（2）采用空调系统控制罐内温湿度，绝热模块与波纹板均实现了工厂化预制；采用先进的机械设备提高 LNG 储罐施工的自动化水平和施工质量。

（3）利用薄膜罐氮气系统对次屏蔽膜和主屏蔽膜分别进行声音试验和氨氦试验，检测方法方便快捷，检测结果直观可靠。

3　适用范围

本工法适用于 3 万 ~ 22 万 m^3 薄膜型 LNG 储罐内罐施工，其他具有类似结构的薄膜系统可参照使用。

4　工艺原理

本工法采用了一种罐内特种环形工作架作为作业平台的方式，自上而下地完成了壁面划线、螺柱安装、绝热模块安装、波纹板安装焊接等工作；利用电动葫芦进行绝热模块和波纹板的吊装及就位；主屏波纹板采用等离子自动焊焊接工艺和手工氩弧焊焊接工艺进行焊接，采用氦氮试验检漏技术对波纹板焊缝进行密性检测。

5　施工工艺流程及操作要点

5.1　施工工艺流程

施工工艺流程图见图 1。

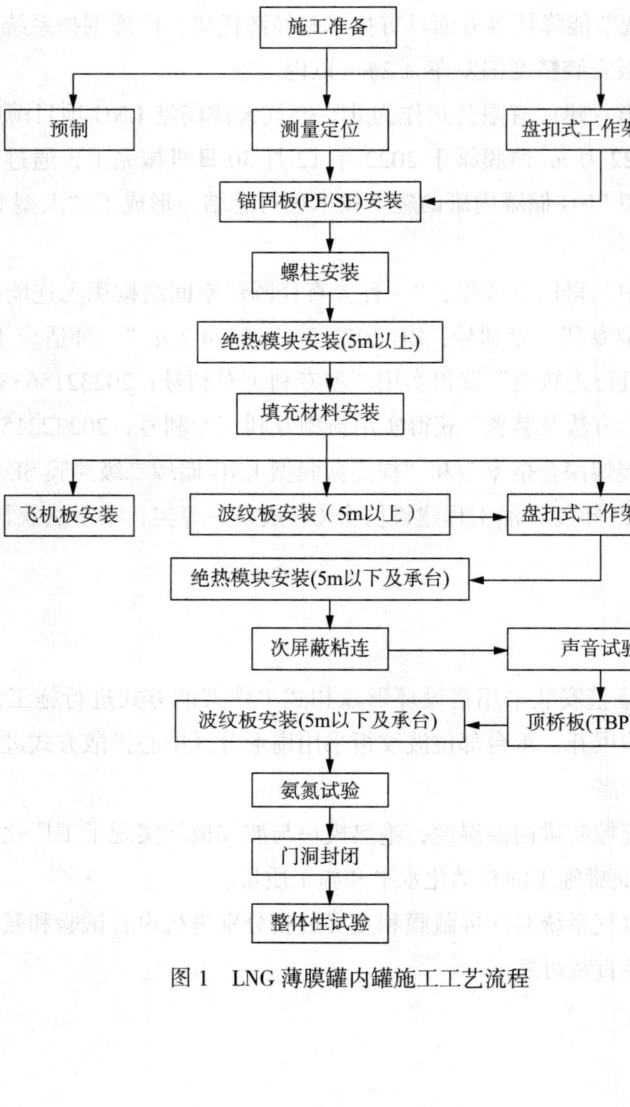

图 1　LNG 薄膜罐内罐施工工艺流程

5.2 操作要点

5.2.1 施工准备

施工作业前完成绝热模块安装工艺试验（MPQT）、次屏蔽粘连工艺试验（BPQT）、波纹板焊接工艺试验（WPQT）、作业人员培训考试、恒温存储仓库、恒温恒湿空调系统的布置等工作，空调系统原理图见图 2。

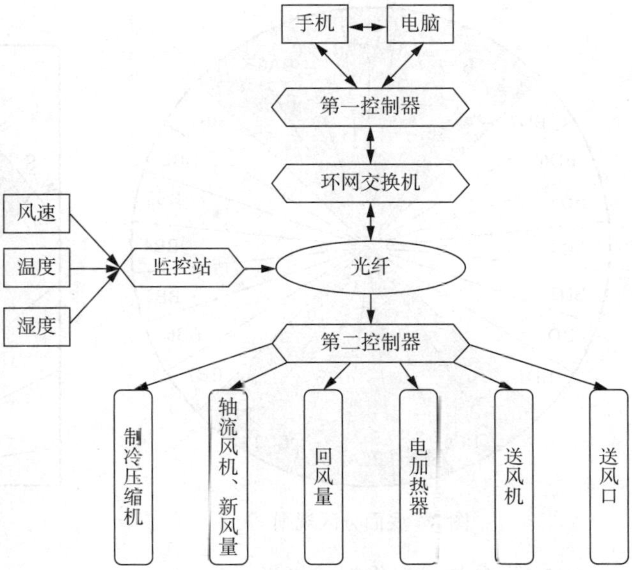

图 2 空调系统原理图

5.2.2 预制

薄膜型 LNG 储罐内罐系统的预制包括绝热模块的制作、波纹板的下料及波形的压制、波纹板的预拼装（图 3～图 6）。

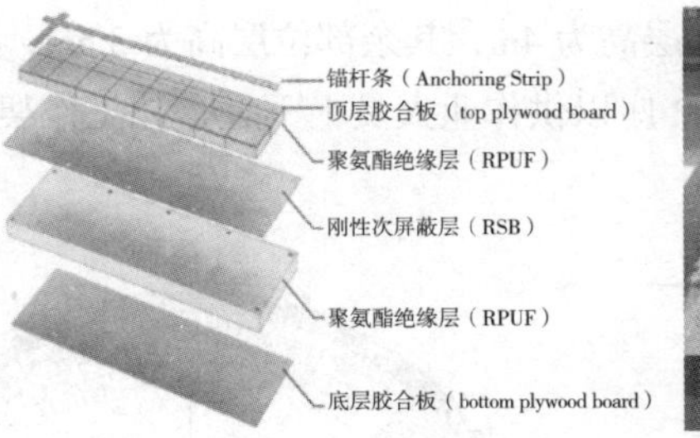

图 3 绝热模块

图 4 波纹板压制

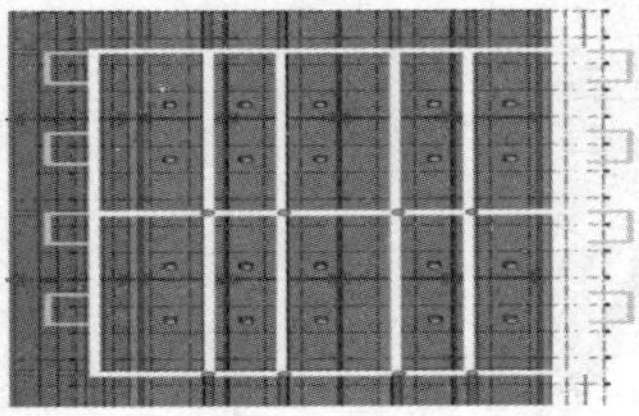

图 5 壁面波纹板预拼

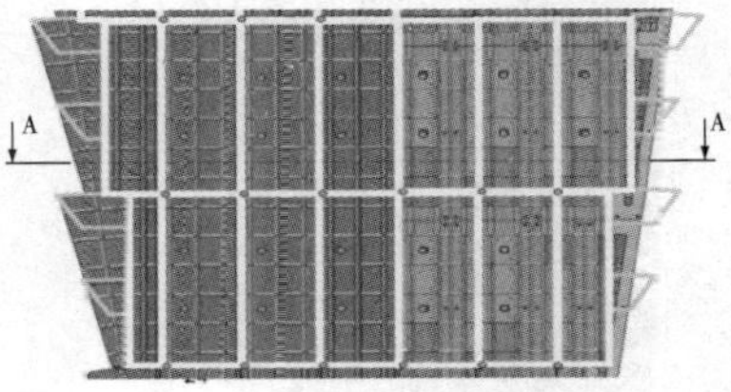

图 6 承台波纹板预拼

5.2.3 测量定位

罐体测量分区如图 7 所示。

（1）罐底承台：储罐中心区域（CA），区域［28 个，扇区（Sector）］，见图 8。

（2）罐壁面：外罐内壁分为 56 个墙面（Wall），次屏蔽端部（SE），主屏蔽端部（PE），见图 9。

（3）其他特殊区域：泵塔基座（TS）、大小门洞（TO），见图 7。

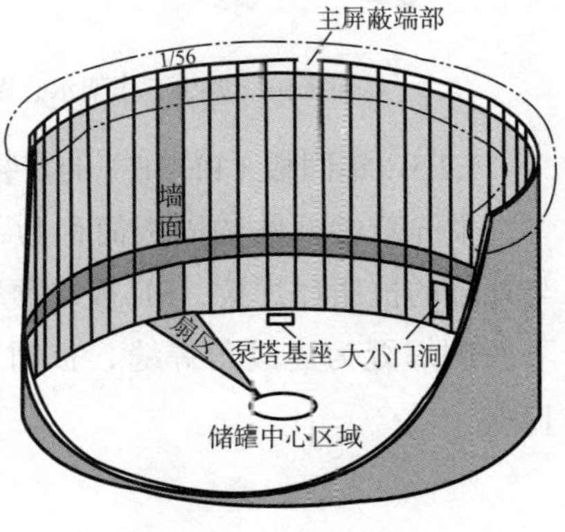

图 7 罐为分区示意图

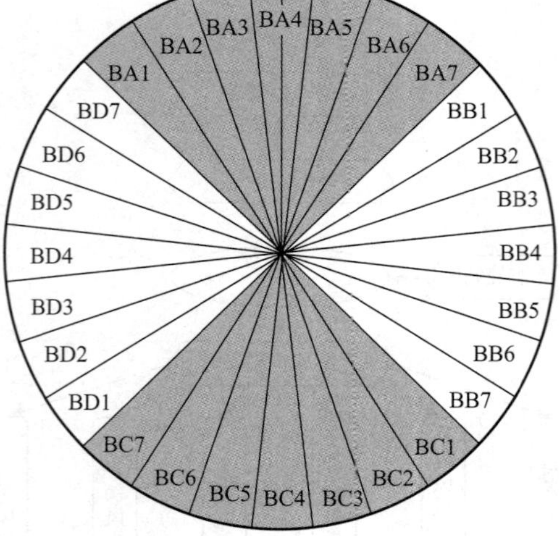

图 8　底面分区规则

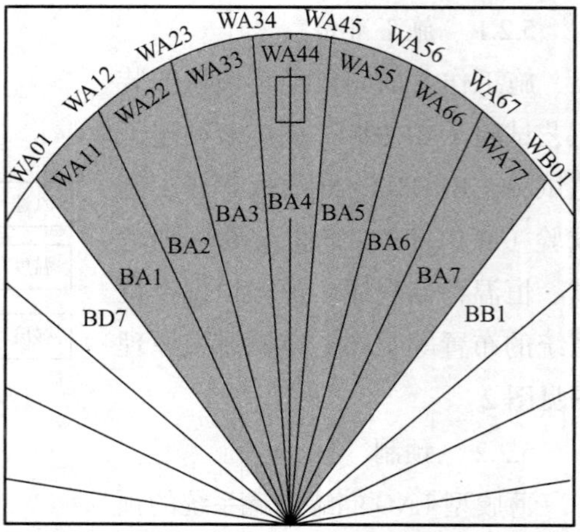

图 9　壁板分区规则

5.2.4　盘扣式工作架的搭设

LNG 薄膜罐内罐环形盘扣式工作架：外直径为 86.8m、环向最大跨距为 9.3m、高度为 43m，分 12 层搭设，顶层层高为 3m，底层层高为 4m，其余部位层高为 3.5m，呈 56 个工作布置；底部设置吊物通道口 4 个，设置侧梯 3 座以供作业人员上下，盘扣工作架效果见图 10～图 12。

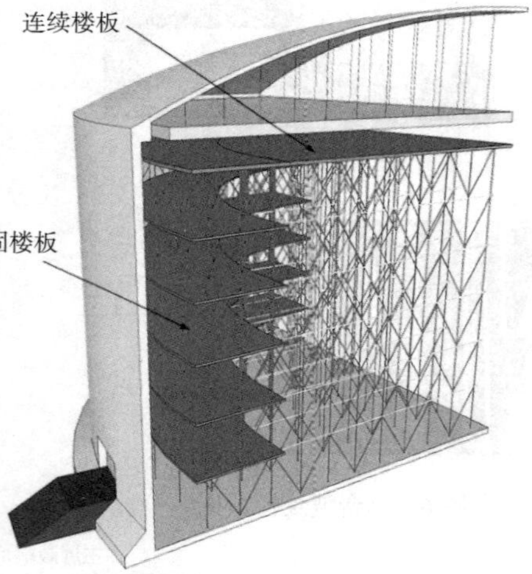

图 10　盘扣工作架示意图

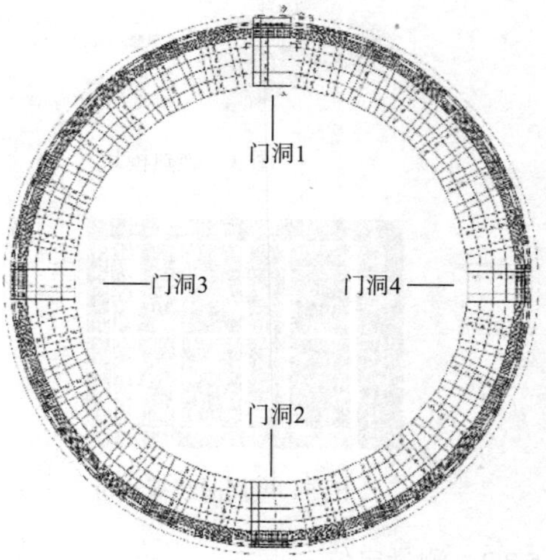

图 11　盘扣工作架俯视图

5.2.5　锚固板（PE/SE）的安装

主屏蔽端部的锚固板简称为 PE 板，次屏蔽端部的锚固板简称为 SE 板。其中 PE 板与外罐的抗压环焊接，SE 板与预埋在混凝土墙上标高 5m 位置的 9%Ni 钢板进行焊接，上下两侧焊缝为连续角焊缝，板间为对接焊缝，钢板材质为 304L，厚度为 6～10mm（图 13）。

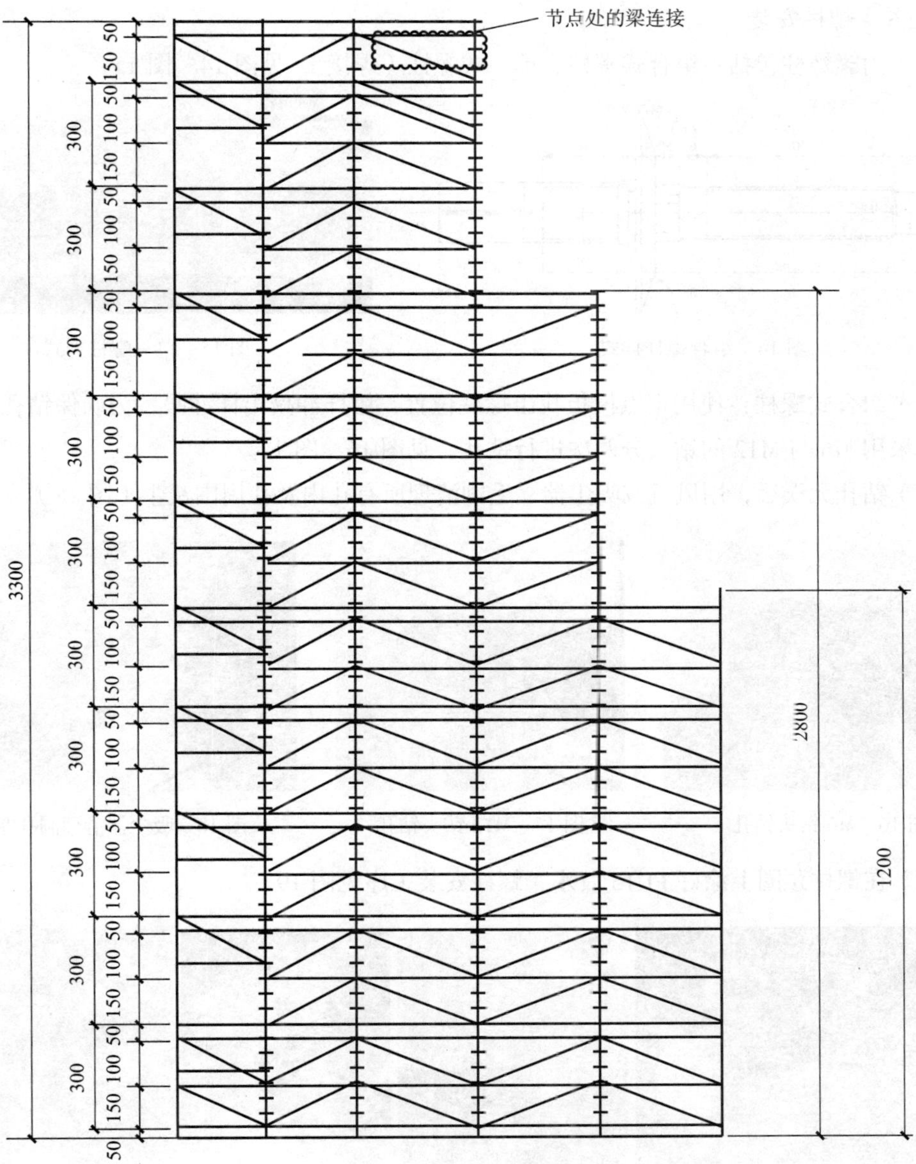

图 12　盘扣工作架立面图

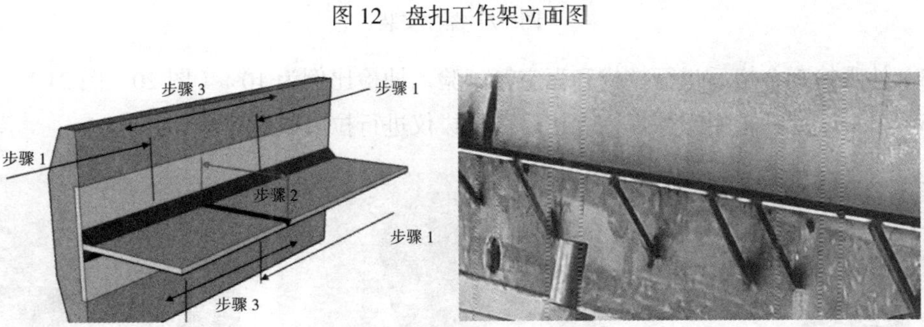

图 13　PE 板、SE 板结构型式

PE 板采用的焊材型号为 E309-15，SE 板焊材型号为 ENiCrMo-6，焊接时应先对图 13 中的角焊缝进行焊接。

5.2.6　螺柱安装

（1）内罐螺柱包括：组合式螺柱、单一式螺柱（焊接），见图 14、图 15。

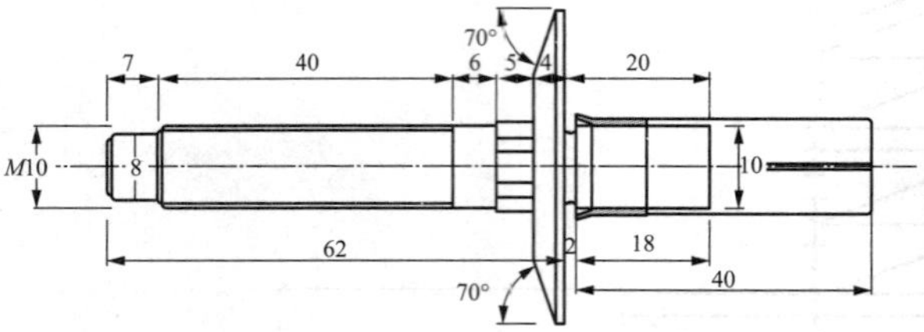

图 14　组合螺柱样式

图 15　单一螺柱样式

（2）组合式螺柱：使用定点模板找出螺柱位置，用样冲敲出样冲眼，为确保钻孔不出现偏差，采用 M6 与 M12 的钻头分两次进行钻孔，见图 16、图 17。

（3）钻孔无误后，用风机或吸尘器、毛刷清理所有孔内及孔周围灰尘（图 18）。

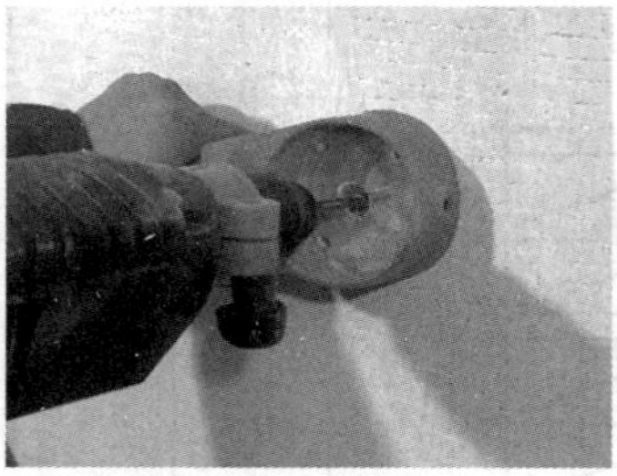

图 16　M6 钻头钻孔

图 17　M12 钻头钻孔

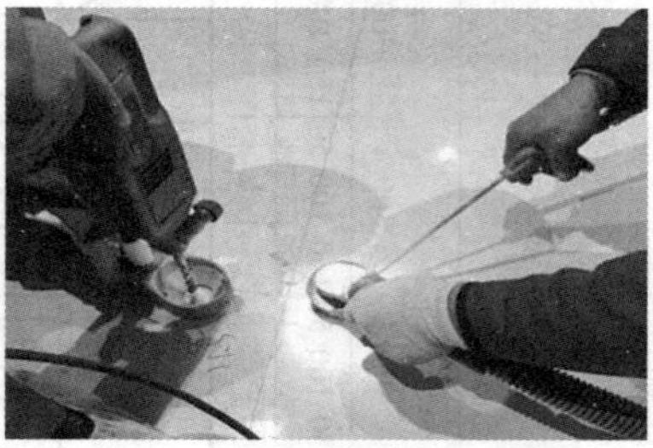

图 18　吸尘器清理洞孔灰尘

（4）在螺柱颈圈上涂好 PU15 胶水，螺柱安装工序见图 19。

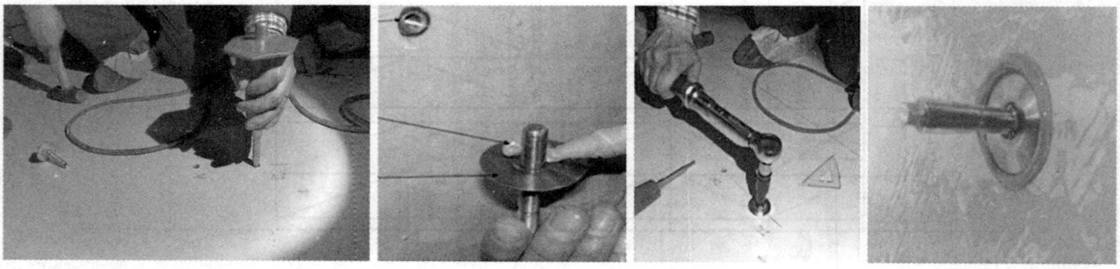

图 19　螺柱安装

（5）外观检查合格后进行拉拔和真空箱试验，抽检比例为 10%（图 20、图 21）。

（6）单一式螺柱采用螺柱焊，焊接后用拉拔仪进行拉力试验（图 22）。

图 20　组合螺柱拉力试验

图 21　组合螺柱真空箱试验

图 22　单一螺柱拉力试验

5.2.7 绝热模块安装（5m 以上部位）

1. 基准楔块的安装

根据平整度软件计算结果，螺柱的位置使用双面胶粘贴对应厚度的木楔块，基准楔块安装见图 23。

2. 柔性泡棉（SIS）安装

柔性泡棉安装位置要求在壁面绝缘模块的下方（图 24、图 25）。

图 23 基准楔块调平

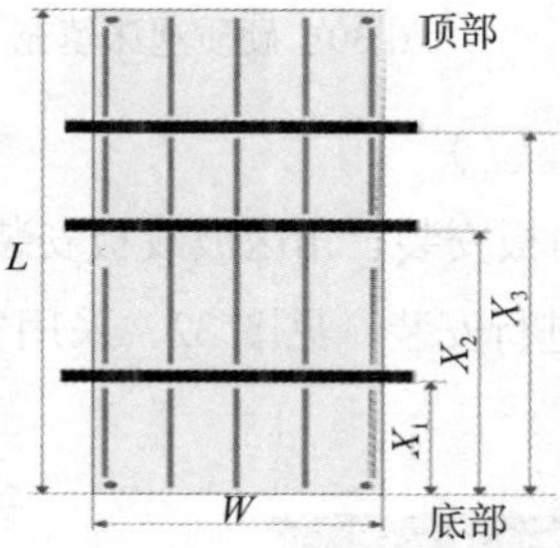

图 24 柔性泡棉位置

图 25 柔性泡棉安装

3. 绝缘模块安装

绝热模块壁面结构依托盘扣专用工作架自上往下依次进行安装，先角区绝缘模块，后平面绝缘模块。选择相应的涂布形式（200L 树脂机和 80L 便携式环氧树脂机）进行涂布（图 26）。

采用电动葫芦将树脂涂布完成的绝缘模块运送至对应的盘扣工作架工作层的指定位置（图 27）。

涂布完成的绝热模块运送至安装位置后进行初步固定和找平工作（图 28）。

图 26 树脂涂布

图 27 绝缘板垂直运输

图 28 绝缘板安装

5.2.8 填充材料的安装

1. 圆柱泡沫塞的安装

绝热模块位置定位及紧固达标后，开始安装圆柱泡沫塞，泡沫塞安装前涂抹树脂以锁紧螺母，将泡沫塞装入螺栓孔，可使用橡胶或塑料锤辅助，泡沫塞安装见图 29。

2. 硬质泡沫填充件（JF）的安装

对过渡区域的安装间隙进行测量，确定 JF 的厚度并准备相应的材料，将其安装在相邻角区模块的侧壁上，其安装见图 30。

3. 玻璃棉件（FJ）的安装

模块安装报验通过后即可开展玻璃棉的安装工作，采用手工涂胶后在间隙中插入玻璃棉，其安装见图31。

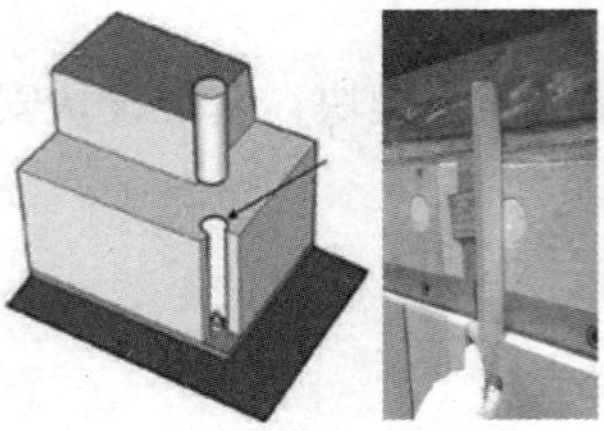

图29 泡沫塞安装

图30 硬质泡沫填充

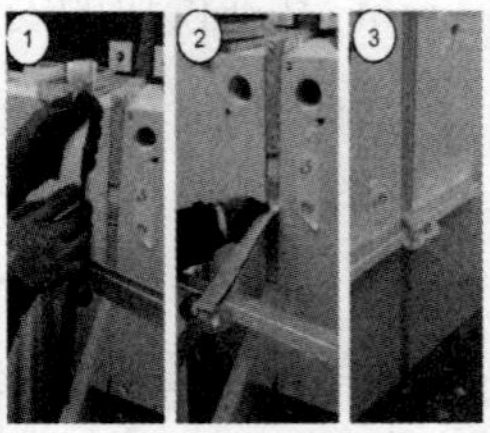

图31 玻璃棉件填充

5.2.9 波纹板安装（5m以上部位）

（1）波纹板安装包括PE区折角板安装、角区波纹板安装、平面波纹板安装、端帽等特殊件安装，波纹板采用自上而下的方式进行安装，见图32，采用安装在罐内顶部轨道梁的电动葫芦进行吊装就位。

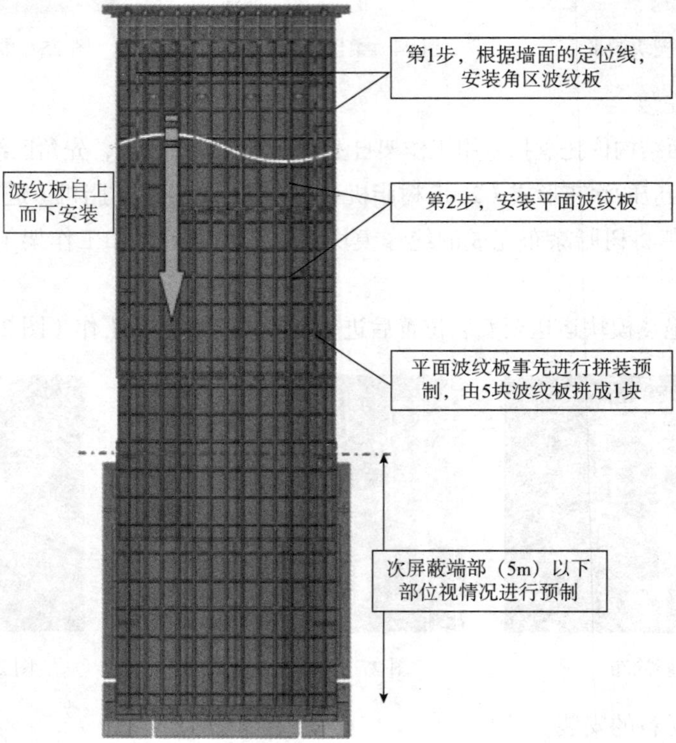

图32 波纹板安装顺序

（2）安装第1块无压肩的波纹板，调整好波纹板位置后用工装固定，对波纹板进行点焊和间断焊，确保间隙小于0.3mm。

（3）安装第2块带有一处压肩的波纹板，第2块波纹板安装后需使用大小波纹梳对搭接的波纹进行间距的检查和调整，定位焊顺序见图33，点焊和间断焊完成后，需要对波纹板进行完整性的封闭焊，焊接方式分为手工氩弧焊和等离子自动焊，手工焊顺序见图34。

（4）当出现质量缺陷时，应对缺陷进行认定并采取重新焊接或打补丁的方式进行返修。

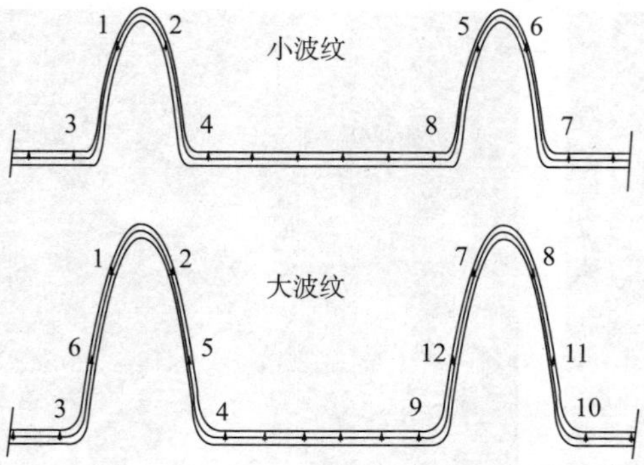

图 33　定位焊顺序

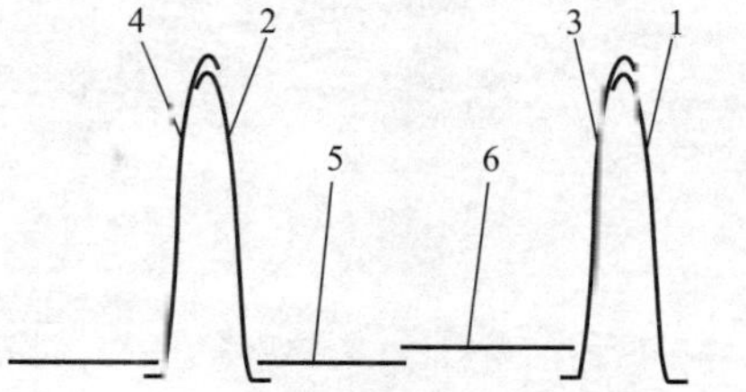

图 34　手工焊顺序

5.2.10　飞机板安装

（1）飞机板位于罐内次屏蔽端部 5m 位置处，SE 区折角板与次屏蔽间过渡的位置，结构示意见图 35，其材质为 304L，厚度为 3mm；薄膜罐有 56 个壁板，单条焊缝长为 300mm。

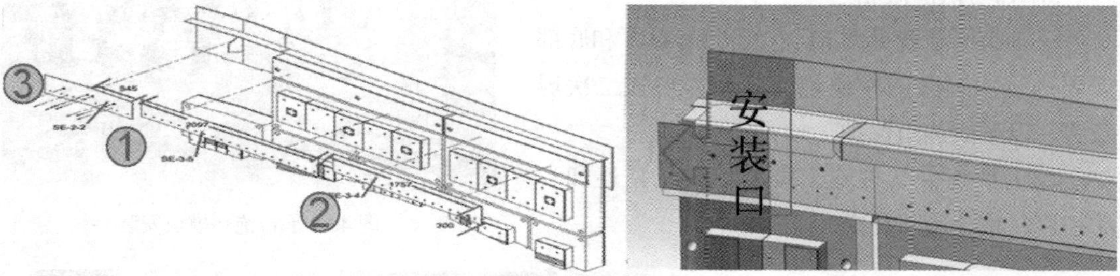

图 35　飞机板结构示意图

（2）把预制焊缝设置在平板位置，安装焊缝设置在角区位置，为控制焊缝的变形量，需要制造专用的夹板式工装（图 36），焊接过程中控制线能量输入。飞机板焊接完成后进行 10% 射线检验，检验合格之后，用螺钉紧固飞机板，保障飞机板与绝热板紧密贴合，螺钉头部与飞机板表面齐平。

图 36　夹板式工装

5.2.11　盘扣式工作架拆除

（1）盘扣式工作架依次从最顶层往下逐层拆除，盘扣式工作架拆除照片见图 37。

（2）通过电动葫芦将材料运输到承台部位，电动葫芦设置见图 38。

（3）运输物料的区域应避免材料集中堆放，材料堆放见图 39。

5.2.12　绝热模块安装（5m 以下及承台）

在盘扣式工作架拆除后，对 5m 以下的罐壁部分及其他被设备材料堆放占用的区域进行绝

图 37　盘扣式工作架拆除

图 38　电动葫芦设置

图 39　材料堆放

热模块安装（图 40）。

图 40　承台绝热模块安装

5.2.13　次屏蔽粘连

（1）次屏蔽膜见图 41，壁面 5m 以下和底部需要进行次屏蔽的粘连施工，粘连形成二次屏蔽膜，以形成热角保护。

（2）粘连分 2 种施工类型：手工粘连和自动粘连，粘连施工见图 42。

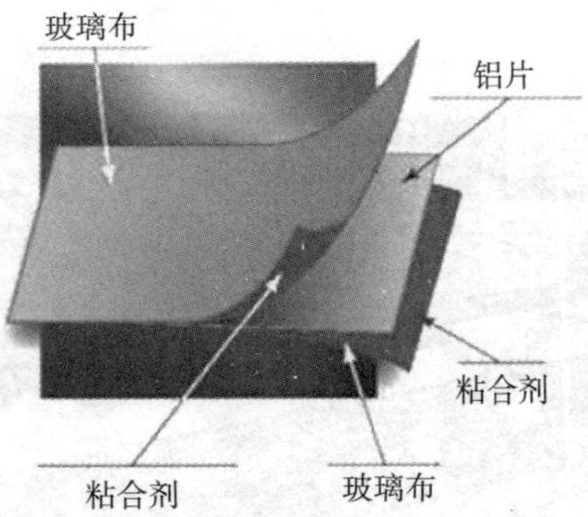

图 41　次屏蔽膜结构

图 42　手动、自动粘连

（3）热压板安装见图 43。

（4）次屏蔽膜检验应通过圆棒点压进行表面检查，泡沫塞和填缝位置不能点压，圆棒点压见图 44，承台位置的次屏蔽粘连区域应进行真空试漏试验。

5.2.14　声音试验

（1）声音试验目的是验证次屏蔽的严密性，次屏蔽空间处于负压状态，通过听取气体泄漏声音和观测次屏蔽空间的压力

图 43　热压板

图 44　圆棒点压

变化曲线来判断次屏蔽的严密性。

（2）声音试验在夜间进行，次屏蔽粘连结束至少 24h 后进行声音试验。

（3）通过真空泵将次屏蔽空间置于真空压力条件下，当达到 –50kPa 时，关闭阀门，30min 内通过检查压力上升情况来进行初步快速检查。该步骤循环 2 次，声音试验压力数据及变化曲线见图 45。

SGS	SOUND TEST (After TPX completion)		REP.NO	SGS/LT/TJ/ST01
			TK No	T6203
			PAGE	1 of 3
PROJECT NAME	220.000m³ GST	DATE	[illegible]0 September 2022	
OWNER	BEIJING GAS GROUP	SHIPBUILDER	HQC	

1.Test pressure variation

No	Operation	Time		Pressure/mbar					Remark
		Start	Stop	A.P	Start	Stop	Pgauge	ΔP	
1	Pumping	16:30	18:20	1015	1015.0	513.4	–501.4	–501.6	
2	Holding	18:20	18:50	1015	513.4	523.6	–490.9	10.2	
3	RePumping	18:50	19:00	1015	523.6	513.4	–501.5	–10.2	
4	Holding	19:00	19:30	1015	513.4	522.4	–492.6	9.0	
5	RePumping	19:30	19:40	1015	522.4	514.9	–500.3	–7.5	
6	Holding	19:40	20:40	1016	514.9	530.7	–485.0	15.8	
7	Dry air Injection	20:50	23:26	Completed					
BLANK									

REMARK:

Pressure rise rate

(1) Presure rise rale of first holding　　10.2 mbar/30min

(2) Presure rise rale of second holding　　9.0 mbar/30min

(3) Pressure rise falce of third holding　　15.8 mbar/1h

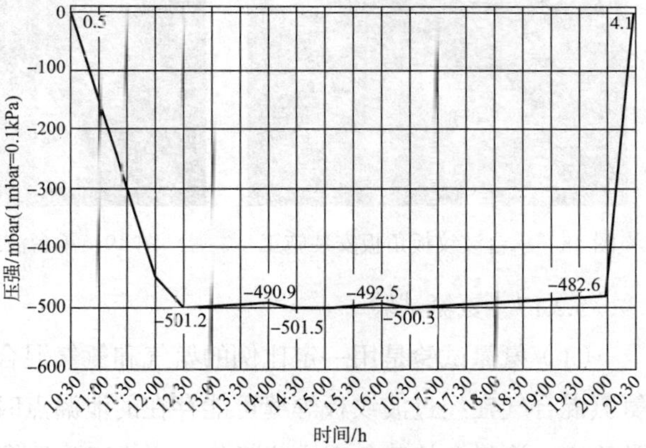

图 45　声音试验压力数据及变化曲线

5.2.15　顶桥板（TBP）的安装

（1）顶桥板简称为 TBP，用于填充次屏蔽区域的空隙，以形成完整的绝热系统。

（2）在 TBP 安装之前，须使用特制模板检查安装尺寸，以确保符合安装公差要求，如果 TBP 厚度超标，须小心地对其底部刨平，以调整到适当的厚度。

（3）使用许可的吸尘器对安装区域的次屏蔽表面进行清洁。

（4）手工涂抹胶水时需根据作业指导书要求进行胶量的计算，然后进行手工涂胶并安装。

（5）采用自动涂胶机时，粘连施工前需要对 TBP 自动涂胶机进行每日测试，自动涂胶见图 46。

（6）TBP 放置到安装位置后，使用夹紧工装调整两侧间隙，调整完成后使用压条进行固定，胶水完成固化后拆除压条，TBP 安装照片见图 47。

5.2.16　波纹板安装（5m 以下及承台）

（1）在 TBP 安装完成之后，可以开展 5m 以下及承台区域的波纹板安装和焊接工作；罐底波纹板共分为 28 个扇面，每个扇面按照从中心至边缘顺序进行铺设，承台与罐壁连接位置采用 90° 特殊角件连接；泵塔基座位置采用端帽进行封闭。

（2）安装波纹板之前，需要核实氮气管线以及仪表测温元件是否安装完毕，波纹板安装的定位线是否验收合格。

（3）每个扇面应先安装左右两侧的扇形波纹板，完成点焊及间断焊后铺设中间预制好的矩形波纹板，施工见图 48、图 49。

（4）承台与罐壁形成的最外圈的波纹板尺寸需要根据现场的实际数据进行切割和调整，

图 46　自动涂胶机

图 47　TBP 安装固定

以满足角区特殊件的安装搭接要求。

（5）在罐壁与承台波纹板安装完毕后，安装角区的特殊件，以使罐壁与承台形成封闭的整体，特殊件安装见图 50。

图 48　承台波纹板角板安装施工

图 49　承台波纹板施工

图 50　角区件安装

5.2.17　氨氮试验

（1）氨氮试验是用一定比例的氨气和氮气混合气体填充主屏蔽与次屏蔽之间的空间，当氨氮混合气在经过波纹板焊缝可能存在的泄漏点时，与提前涂布在待检焊缝上的涂料发生化学反应，涂料会从黄色变成蓝紫色，氨氮试验显像剂喷涂见图 51、漏点显示见图 52。

（2）在整个测试过程中，需要实时监控和控制主屏蔽与次屏蔽层的压力，在主层空间中注入氨气混合气体（氨气含量 25% 以上），压力达到 2kPa 时，则停止注入。

（3）修补后进行 PT 检测和真空箱检验（图 53）。

图 51　氨氮试验显像剂喷涂

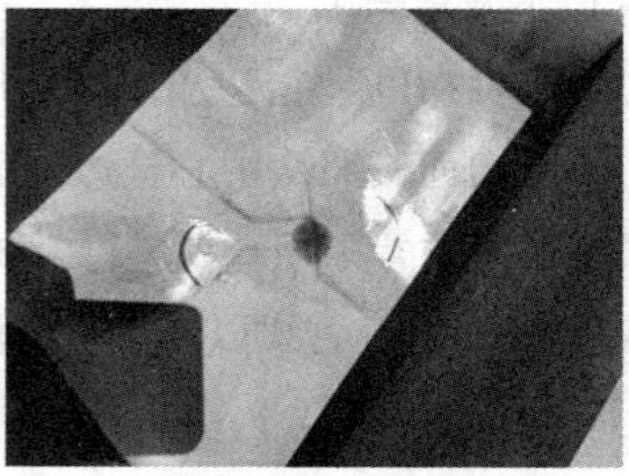

图 52　氨氮试验漏点显示

图 53　漏点真空箱试验

5.2.18　门洞封闭

氦氮试验结束之后对门洞进行封闭，需先拆除临时门洞的封板，门洞封闭后需要对未参加氦氮试验的焊缝进行 100% 渗透和真空箱检测，门洞封闭施工见图 54、图 55。

图 54　门洞封闭施工

图 55　100% 渗透检测

5.2.19　整体性试验

（1）门洞封闭前后各开展 1 次整体性试验，对两次的压力衰减率进行对照，压力差的最大值达到 –80kPa 时，记录压力上升测试过程中记录的压力衰减率。

（2）在最开始的 1h 内，每 10min 测量 1 次压力读数，在随后的时间里，每 30min 测量 1 次。每 1h 记录 1 次压力读数。如果在开始的几个小时内，真空衰减曲线不稳定，则重复测试，直到得到稳定的真空衰减率，只要绝缘空间的压力上升与第 1 次整体性试验的读数没有显著差异，就认为检验是合格的。

6　材料与设备

6.1　劳动力统计表

劳动力统计表见表 1。

表 1　劳动力统计表（以 2 台 22 万 m^3 薄膜罐为例）

序号	工种	人数	序号	工种	人数
1	管理人员	66	10	设备操作	15
2	铆管工	50	11	模块安装工	110
3	电焊工	108	12	测量人员	12
4	打磨工	10	13	粘连工	40
5	气焊工	5	14	辅助工	120
6	电工	2	15	螺柱工	25
7	起重工	2	合计	597	
8	仪表工	2			
9	架子工	30			

6.2 机具设备

主要施工设备见表 2。

表 2 主要施工设备机具一览表（以 2 台 22 万 m^3 薄膜罐为例）

序号	设备名称	规格 / 用途	数量	序号	设备名称	规格 / 用途	数量
1	电动叉车	CPD 型 3.5t	2	14	等离子焊机	Mark3	8
2	叉车	DJ-500Z	4	15	压肩机	UG-50	1
3	叉车	7t	2	16	推台锯	MJ6132BD	1
4	激光追踪仪	—	3	17	立式锯床	500	2
5	激光扫平仪	—	2	18	空压机（木工）	2 极 1600×4	1
6	200L 树脂机	MGD200L	3	19	空压机（气源）	—	6
7	微型树脂机	—	1	20	电动葫芦	1t	20
8	微型树脂机	MAX-80L	1	21	电动葫芦	350kg	20
9	螺柱焊机	N800i	2	22	氩弧焊机	BET-202	40
10	自动供胶粘连机	MAX-38L（Tank）	3	23	全数字直流脉冲氩弧焊机	—	40
11	手动供胶机	MAX-38L（Tank）	5	24	空调系统	—	6
12	热压板系统（REGA）	—	19	25	正负压设备（氨氮设备）	套	2
13	80L TBP 供胶机	—	4				

7 质量控制

7.1 本工法执行的标准

执行标准清单见表 3。

表 3 执行标准清单

序号	文件名称	标准编号
1	用于储存操作温度介于 0～165℃的低温液化气体的现场建造立式圆筒型平底钢制储罐的设计和建造	EN 14620—2006
2	承压设备焊接工艺评定	NB/T 47014—2011
3	焊接、钎接和粘接评定	ASME IX
4	承压设备无损检测	NB/T 47013—2015
5	薄膜罐内罐围护系统安装手册	OPNB-MTD-001087

7.2 质量保证措施

（1）熟悉 GTT 专利商的施工图纸，必须严格按照 GTT 公司的工艺要求执行。

（2）所有材料和设备必须通过 GTT 专利商审查认证，要有合格证或质保书，严格执行自检、互检、专检的“三检制”，对重要部位设质量控制点，上道工序未经检验合格，下道工序不得施工。

8 安全措施

8.1 安全标准

（1）GB/T 50484—2019《石油化工建设工程施工安全技术标准》

（2）JGJ 46—2005《施工现场临时用电安全技术规范》

（3）GB 55023—2022《施工脚手架通用规范》

8.2 安全保证措施

（1）罐内盘扣工作架搭拆需按照“危大工程”进行管理，日常做好工作架的变形量监控工作。

（2）按操作规程要求着装并佩戴整齐劳保用品。

（3）高空作业人员必须系好安全带，做好防止高处坠落的措施，脚手架作业层上杜绝垂直交叉作业。

9 环保措施

9.1 环保标准

（1）GB 12523—2011《建筑施工场界环境噪声排放标准》

（2）2020 年 4 月修订《中华人民共和国固体废物污染环境防治法》

9.2 环保措施

作废的树脂、渗透检测试剂、氨氮检测试剂等化学品，禁止随地丢弃，应归集给化学品回收单位做专项处理。

10 效益分析

薄膜型 LNG 储罐内罐施工经济效益分析见表 4。

表 4 薄膜型 LNG 储罐内罐施工经济效益分析

工法名称	大型 LNG 薄膜罐内罐施工工法			
项目	盘扣工作架工法费用 / 万元	垂直升降平台工法费用 / 万元	差额 / 万元	备注
一阶段 2 台 22 万 m^3 薄膜型 LNG 储罐内罐				
设备一次投入	1820（2 套）	1440（12 × 120）	−380	
设备搭拆	450（2 套搭拆）	360（12 × 30）	90	
人工费	2686.5	3582	895.5	施工工期节约 30 天
小计	4956.5	5382	425.5	
二阶段 2 台 22 万 m^3 薄膜型 LNG 储罐内罐				
设备租赁费	364（2 套）	288（12 × 24）	−76	按 5 年等额折算
设备搭拆	450	360（12 × 30）	90	
人工费	2686.5	3582	895.5	施工工期节约 30 天
小计	3500.5	4230	909.5	
合计	1334.5 万元			
经济效益计算说明（包括计算依据、公式、计算过程和结果）：二阶段设备投入采用设备租赁费扣减模式可节约 909.5 万元；合计节约总费用：425.5+909.5=1334.5 万元				

11 应用实例

实例一：北燃天津南港 LNG 应急储备项目储罐一阶段工程 T6203、T6204 储罐内罐

22 万 m^3 薄膜型 LNG 储罐内罐于 2022 年 1 月 24 日开工，2022 年 12 月 30 日机械完工，储罐于 2023 年 7 月 26 移交业主单位。采用该工法单台储罐安装螺钉 30810 个，绝热板 17447m^2，波纹板 8988 张（焊缝 3500m），特殊件 3020 个；施工周期短，施工质量优，节约人工成本。

实例二：北燃天津南港 LNG 应急储备项目储罐二阶段工程 T6205、T6206 储罐内罐

22 万 m^3 薄膜型 LNG 储罐内罐于 2023 年 1 月 20 日开工，2023 年 12 月 30 日机械完工。采用该工法单台储罐安装螺钉 30810 个，绝热板 17447m^2，波纹板 8988 张（焊缝 3500m），特殊件 3020 个；施工周期短，施工质量优，节约人工成本。

大型机组油系统大流量冲洗施工工法

钟 耿 唐志和 姜 平 陆 敏 张 鹏

中国石油天然气第六建设有限公司

1 前言

大型机组是石油化工装置中的核心设备，是装置生产正常运行的重要保障。机组从安装到投料出产品需经过机组安装、机组油循环冲洗、机组调试和机组开车四个环节。其中机组油循环冲洗时间的长短直接影响整套装置的工期，油系统的洁净程度直接影响到压缩机组的使用寿命，甚至影响到整个厂的经济效益。机组的油循环冲洗在整个机组的运行中起着至关重要的作用，它是决定整个机组能否正常运行的关键。传统大型机组的油系统冲洗施工方法比较简陋，冲洗施工的时间较长，不能有效清除管道内部的杂质，成为项目施工的瓶颈，因此寻求一种优质、高效、安全的油冲洗方法是大型机组施工的迫切需要。

中国石油天然气第六建设有限公司于 2012 年成立了大型机组油冲洗科研课题，开发了机组大流量油冲洗方法及设备，该项技术获国家发明专利、2015 年石油工程建设科技进步二等奖；利用该技术开发的油冲洗工法，获 2015 年石油工程建设施工工法，近年来该工法在应用中不断完善、改进，在原工法基础上用滤油与控制装置代替回油总管平板滤网，用一种管道过滤装置及组件代替传统自制过滤网。解决了传统平板滤网过滤面积小、易堵、易漏、拆洗麻烦等缺点；滤油与控制装置还具备积液后声光报警，消除了油管被堵导致漏油的风险。本工法已经在广东石化 120 万 t/a 乙烯裂解装置、榆林乙烷制乙烯项目、大庆石化连续重整装置、中海油珠海高栏终端项目和西气东输抚州压气站项目中成功应用，为各项目节省了成本，缩短了施工时间。

2 工法特点

2.1 缩短施工周期

本工法利用自主研发的设备来完成大型机组管线清洁和油冲洗作业，单台大型机组清洁的工期一般为 15～30 天，可以大幅度缩短施工周期。

2.2 提高油冲洗质量

本工法是利用自主开发的冲洗设备，将现场配管的管线拆下连成回路单独冲洗，加大冲洗油的流量，使管道内部液体流动处于充满的紊流状态，冲洗的质量明显提高。专利产品

“一种管道过滤装置及油管组件”采用橡胶圈密封，消除了自制过滤网掉渣、掉密封胶的现象，确保了冲洗油质量。

2.3 无环境污染、节省施工成本

本工法采用专用的可变接头和金属软管连接形成回路，能承受较高温度和大流量，金属软管密封好，避免了漏油而污染场地的风险。可变接头和金属软管可以重复利用，节约了材料成本。

2.4 劳动的强度低、节省大量人力

自制冲洗设备设有为双联过滤器，滤网过滤面积较大，从而减少滤网清洗次数，可在不停机的情况清理滤网，保证了油冲洗作业可以连续进行。回油总管使用抽屉过滤器，容易拆洗，减轻了劳动强度。

3 适用范围

本工法适用于石油化工装置和油气集输场站大型压缩机机组油系统的管道清洁和油冲洗施工作业。

4 工艺原理

利用大流量冲洗设备、变径法兰、金属软管，将油系统管道、各个部件连成回路，分步进行化学清洗和油冲洗。冲洗过程中采用大流量使冲洗油在管内高速流动，形成紊流，增加流体对管壁的摩擦；通过控制冲洗油的油温进行冷热交替、外力振动管道，使附着在管道上的颗粒物容易脱落，并被冲洗油带走，达到高效清理的目的。图 1 大型机组油系统分类清洁示意图中所示为 3 个分类清洗的部位。

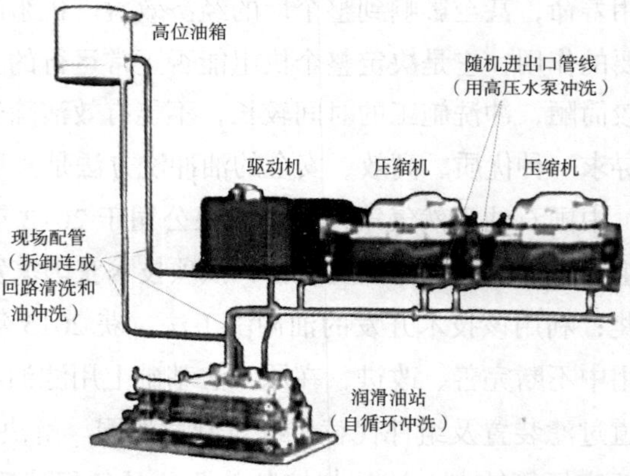

图 1 大型机组油系统分类清洁示意图

4.1 大流量冲洗技术

利用自主开发的清洗设备对现场配管进行循环清洗，清洗过程中用大流量泵，使管道内部从层流变成紊流状态。如图 2 所示，增加流体对管道内壁的摩擦，以达到有效带走其内部的浮锈、焊渣和其他杂质的目的。

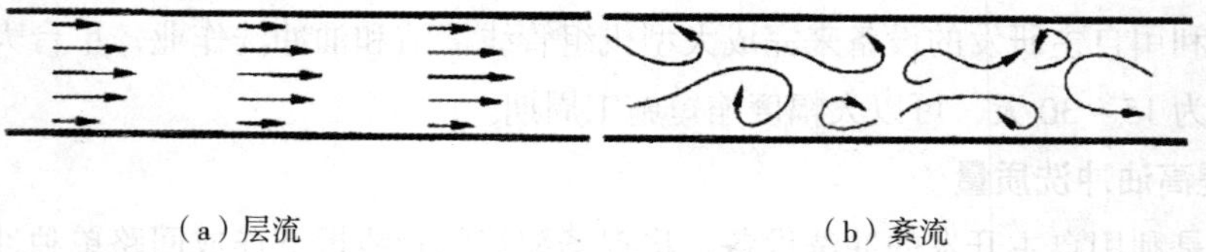

（a）层流 （b）紊流

图 2 机组油系统流体在管内层流和紊流状态示意图

4.2 管道酸洗、油冲洗多功能设备技术

根据管道酸洗和油冲洗施工都需要形成回路的共同特性，利用同一设备在管线酸洗完成以后进行油冲洗。管道酸洗、油冲洗共用设备见图3。

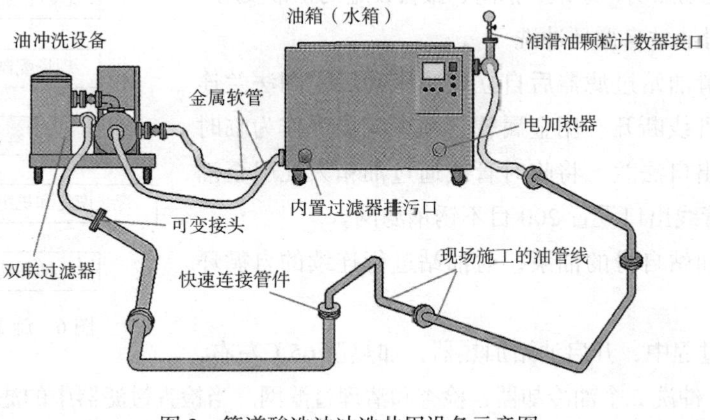

图3 管道酸洗油冲洗共用设备示意图

4.3 变径法兰连接技术

利用金属软管和可变接头代替传统的临时法兰和胶管用作冲洗管线回路连接，操作简便、配合精度高、不会因高温而老化，避免了铁丝捆绑引起的漏油和胶管破裂污染场地（图4）。

图4 变径法兰快速连接管件示意图

4.4 先进的滤油与控制装置

在冲洗油回油箱前设计使用抽屉过滤器，实现过滤网的快速更换（图5），并设置有液位计和液位报警设施，增加了从视觉、听觉上判断过滤网堵塞情况的依据，从而安全、准确地判断更换过滤网的最佳时机。

图5 抽屉式过滤器现场安装

5 施工工艺流程及操作要点

5.1 大型机组油系统冲洗施工工艺流程

施工工艺流程图见图6。

5.2 操作要点

5.2.1 油冲洗准备

（1）按照机组油系统图对油系统管路流程、阀门管件位置、仪表接口等进行逐一检查，

发现问题应立即整改。

（2）清理润滑油站油箱、高位油箱、轴承箱内的残留润滑油，再用面团将油箱内的灰尘和碎屑残渣等清理干净。

（3）确认现场照明、通讯、消防、报警设施均正常投用。

5.2.2 润滑油站自循环冲洗

（1）将润滑油站过滤器后自立式减压阀后手阀法兰连接外部的系统管线断开。用金属软管和可变接头作为临时管线连接油站出口法兰，将临时管线通过油箱人孔引至油箱内，在临时管线出口设置 200 目不锈钢滤网。

（2）开启油站自身的油泵，对油站进行连续的自循环冲洗。

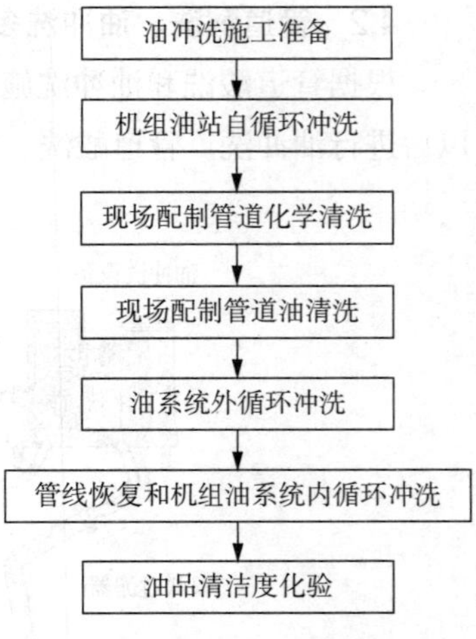

图 6 施工工艺流程图

（3）冲洗过程中，开启油站加热器，加热至 65℃左右，定期切换阀轮，冲洗 2 个油冷却器，检查和清理过滤网。当检查过滤器中的滤网没有肉眼可见的硬颗粒时为冲洗合格。

5.2.3 现场配制管道的酸洗。

如现场配制管道酸洗和油冲洗流程图（图 7）所示，将设备和管线连接形成回路，利用自制的清洁冲洗装置（14、15），对现场配管（16）进行酸洗。

（1）在大型机组油系统安装完成，现场不再有焊接作业后，将润滑油系统现场配管 16 拆出，先手工清理可见的焊渣和毛刺，然后用高压清洗机，用高压水喷射管道内壁，将管线逐条冲洗清理，检查确认管内无杂物。

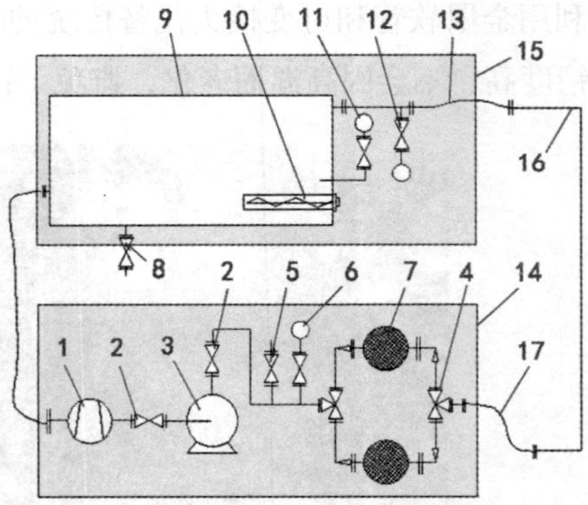

图 7 现场配管酸洗和油冲洗流程图

（2）管线经检查合格后，将这部分管线（16）水平连接，异径法兰可通过可变接头和快速连接管件将其连接。管线的水平位置应高于油（水）箱（9），并用回流管（13）和金属软管（17）将其与油冲洗设备（14）和油箱（15）连成回路，此时将双联式过滤器（7）和颗粒计数器（12）从回路中拆除，冲洗管（17）直接接通离心泵（3）的出口管路。

（3）接好电源，空载确认电动机转动的正反向。

（4）在油（水）箱（9）中加入清洁水，开启离心泵（3）循环，检查是否有泄漏。

（5）在油（水）箱（9）内按要求分别加入相应的脱脂液、酸洗液和中和液［液面高度为油（水）箱 9 深度的 3/4］，启动离心泵（3）进行循环冲洗。脱脂液、酸洗液和中和液的配方、冲洗时间和温度要求如表 1 所示。

表1 管线酸洗配方和要求表

溶液	成分	浓度/（kg/m^3）	温度/℃	时间/min
脱脂液	氢氧化钠	40	60（启动电加热器10）	240
	清洗剂	1~2		
酸洗液	氢氟酸	40	常温	240~360
	乌洛托品	1~2		
	氟化氢氨	5~10		
中和液	氢氧化钙	50	常温	30~120

最后用清水［液面高度为箱式容器（9）深度的3/4］冲洗，用pH试纸检查管线内表面，当pH=7时为合格。

（6）清洗合格后，将现场配管（16）拆出回路，排空回路中各个液压部件的水，清理干净各个液压部件中的杂质和水分，通入净化的压缩空气，吹扫各个液压部件和现场配管（16）内部，在现场配管（16）的管口用白布打靶检查5min发现无杂质和水分即为合格。

5.2.4 现场配制管道油冲洗

（1）当管道酸洗完成，回路中的水分杂质清理干净后，将现场配管16重新接通于回流管（13）和冲洗管（17），使现场配管（16）与泵给单元（14）和回流单元（15）形成回路，此时将拆除的双联式过滤器（7）和颗粒计数器（12）接入回路中的原位置。

（2）箱式容器（9）中加入冲洗油［液面高度为箱式容器（9）深度的4/5］，开启离心泵（3）循环冲洗现场配管（16）。

（3）开启电加热器（10），对冲洗油进行冷热交替加温，使油温自动控制在35~65℃之间。

（4）油冲洗过程中，从氮气入口（5）通入氮气（氮气的压力为0.8~1.0MPa），每通5 min停15 min，交替进行，视机组管线（16）的清洁情况，重复注入氮气20~30次。

（5）在不停机的情况下，通过切换阀（4）切换双联过滤器（7）的导通，每4h清洗1次停用过滤器的过滤网，当过滤网中杂质变少时，逐步延长清理间隔，直至每24h清理1次。

（6）当检查到过滤网中的杂质很少时，利用颗粒计数器12检查润滑油的清洁净化情况，污染度达到计数器厂家说明书要求时为合格。

5.2.5 油系统外循环冲洗

（1）外循环冲洗前将随机进出口管线从机组中拆下，先用高压清洗机逐条清洗该管线内壁，当清洗干净后，通入净化压缩空气吹扫干燥，并用白布打靶检查确认，打靶5 min无杂质和污染物为合格。

（2）把清理干净的现场配制管道、随机管道和阀门按照下述方法改好冲洗流程，连接成冲洗回路。

① 将压缩机、汽轮机各轴瓦管线上拆除，接临时跨线使润滑油跨过压缩机、汽轮机直接经回油总管线流回润滑油箱。

② 使用临时跨线跨接高位油箱进、溢流油管线法兰，三阀组中的单向阀换向，润滑油直接经高位油箱溢流油管线返回润滑油箱，在入油箱前加200目过滤网。

③ 断开控制油至调速器管线，接临时跨线至回油总管。调速器上各进、回油接口用临时盲板进行封堵。

④ 在冲洗油回油箱前设计使用抽屉式过滤及控制装置（图 8）。

图 8　抽屉式过滤器现场应用

（3）机组润滑油系统外循环冲洗

① 检查确认机组润滑油系统外循环冲洗流程畅通，投用润滑油系统内所有现场压力表、温度计，启动任意一台润滑油泵。

② 缓慢关闭泵出口安全阀副线阀和自力式压控阀副线，通过调节泵出口自力式压控阀前手阀和副线阀的开度来控制润滑油泵出口压力，使之为 0.65 ~ 1.2MPa。必要时开启 2 台润滑油泵，以提供大流量冲洗。

③ 润滑油系统外循环冲洗初期，操作人员应每隔 1 ~ 2h 切换 1 次油过滤器、油冷器，根据泵出口压力上升的情况，不定期停泵清理润滑油箱各回油管线的临时过滤网；当泵出口压力稳定后，可每隔 2 ~ 4h 切换一次油过滤器、油冷器，每隔 8h 停泵清理一次临时过滤网，直至合格为止。每次清理临时过滤网均应做好相关清理记录，并留下影像资料。

5.2.6　管线恢复和机组油系统内循环冲洗

（1）机组外循环冲洗合格之后，恢复高位油箱正常流程。根据设备厂家指定，投用干气密封隔离气。

（2）在下述进调速器入口、压缩机各轴承润滑油供油线入口、汽轮机各轴承润滑油供油线入口处增加 200 目临时过滤网；在回油总管保留抽屉式过滤及控制装置。

（3）做好上述准备工作后按照下述方法进行机组内循环冲洗。

① 投用试车干气密封隔离氮气，内循环冲洗过程中需严密监控隔离气压力和流量，当出现隔离气压力降低至规定值以下时，应及时停油站润滑油泵。

② 启动油泵进行油冲洗，并按要求调整油压、检查过滤器、过滤网的工作情况，并根据现场检查情况及油压变化，及时清理更换滤网和滤芯。

③ 用木棒或木锤不断敲打润滑油管线的焊缝、弯头、三通、盲端以及其他易存杂质之处。

④ 开启润滑油箱电加热器对润滑油进行加热，加速污垢从管壁上脱落，润滑油油温控制在 75℃之内；投用油冷器冷却水对润滑油进行降温，控制油温在 25℃左右，高温和低温油运交替进行，每个循环周期不小于 8h。

⑤ 压缩机、汽轮机各轴承入口滤网连续 2 次检查，没有可见硬质颗粒，可拆除这些滤

网，只保留回油总管滤油及控制装置中的滤网。继续冲洗，直至回油总管滤网在每间隔 4h 的冲洗检查过程中，连续 2 次，没有可见硬质颗粒，每平方厘米可见软颗粒不超过 2 点为油冲洗合格。

5.2.7 油品清洁度化验

现场检查滤网认为合格后，可从油箱和供油管道内取润滑油样品，送检化验，送检主要检查水分、机械杂质和酸值等质量指标。对有特殊要求的机组可检查清洁度。样品应符合随机文件要求。

5.3 人员配置表

人员配置表见表 2。

表 2 机组大流量冲洗项目人员配置表

序号	岗位	单位	数量	备注
1	施工班长	人	1	组织和安排现场具体工作
2	技术人员	人	1	施工现场的技术支持和资料管理
3	机械钳工	人	6	清洗和油冲洗操作人员
合计		人	8	

6 材料与设备

主要材料与设备见表 3 ~ 表 5。

表 3 主要设备

序号	名称	规格型号	单位	数量	备注
1	润滑油颗粒度监测仪	维克森 VIC-WB	台	1	
2	清洗和油冲洗设备	40 ~ 60m^3/h	套	1	专利产品
3	清洗和油冲洗油箱	3 m^3	套	1	自制
4	金属软管	*DN* 65mm × 200 ~ 2500mm	根	8	
5	金属软管	*DN* 80mm × 200 ~ 2500mm	根	8	
6	可变接头	*DN* 40 ~ *DN* 250mm	套	1	专利产品
7	异径法兰连接管件	*DN* 40 ~ *DN* 350mm	套	1	专利产品
8	高压清洗机	HD6/13C 德国	台	1	
9	设备运输车	3 ~ 5t	台	1	
10	吊车	25t	台	1	
11	抽屉滤油及控制装置		台	1	专利产品

表 4 机具

序号	名称	规格型号	单位	数量	备注
1	手提式砂轮机	Φ150mm	把	1	
2	钢卷尺	5m	把	1	
3	常用工具钳工工具		套	1	

续表

序号	名称	规格型号	单位	数量	备注
4	活动扳手	6in	把	1	
5	活动扳手	12in	把	1	

表5 HSE设施

序号	名称	规格型号	单位	数量	备注
1	灭火器	8kg	个	3	
2	警示牌		个	2	
3	急救包		个	1	

7 质量控制

7.1 执行标准

（1）GB 50275—2010《风机、压缩机、泵安装工程施工及验收规范》

（2）SH/T 3553—2013《石油化工汽轮机施工及验收规范》

（3）SH/T 3539—2019《石油化工离心式压缩机组施工及验收标准》

7.2 质量保证措施

（1）技术人员在施工前要熟悉有关施工规范和厂家的技术文件和技术要求，以保证按照有关施工规范及厂家的随机文件进行施工。

（2）施工前对现场工作人员做好技术交底，使他们明确各部分的质量要求。

（3）做好设备和零部件的保护工作，所有开口的油管、管口必须用塑料布或胶带封闭，防止管内受到污染。

（4）轴承解体清洗过程中，机身上的进油管孔用清洗油进行清洗，并用压缩空气吹扫，轴承箱内壁清洗干净后用面团将壳体内部的灰尘和碎屑残渣等清理干净。

（5）酸洗钝化完的润滑油管线先用内窥镜检查管线内部的洁净度，再进行安装，确保油运质量和进度。

（6）开启润滑油箱电加热器对润滑油进行加热，加速污垢从管壁上脱落，润滑油油温控制在75℃之内；高温和低温油运交替进行。

7.3 关键工序质量控制点

关键工序主要技术指标检验统计见表6。

表6 关键工序主要技术指标检验统计表

序号	检验项目	检查时机或工序	指标要求	检验工具或方法
1	油箱内壁清理	油站自循环冲洗前	无水、锈、杂质	肉眼、面团沾内壁
2	油站清洁度	油站自循环冲洗后	无硬质颗粒，软质颗粒不超过2点	肉眼检查过滤器
3	现场配管清洁度	设备在酸洗前	系统内无油污、锈、杂质	肉眼检查
4	现场配管冲洗回路	设备在酸洗前	流程畅通、无泄漏	气动泵水压检查
5	现场管线酸洗	酸洗结束	无杂物、pH值为7中性	pH试纸

续表

序号	检验项目	检查时机或工序	指标要求	检验工具或方法
6	现场管线回路清洁情况	管线回路吹扫后	无水分、杂质	净化压缩空气
7	润滑油温度	外、内部循环油冲洗	40～60℃	红外线测温仪
8	润滑油清洁度	外部现场管线油冲洗	机械杂质含量在0.005%以下	1. 油品化验 2. 颗粒计数器
9	机组油系统冲洗清洁度	内部机组油系统冲洗后	1. 无水分、杂质 2. 无硬质颗粒 3. 软质颗粒不超过2点	1. 油品化验 2. 颗粒计数器 3. 肉眼

8 安全措施

8.1 安全标准

（1）GB 8978—1996《污水综合排放标准》

（2）GB 2894—2008《安全标志及其使用导则》

（3）JGJ 46—2005《施工现场临时用电安全技术规范》

（4）GB 50484—2019《石油化工建设工程施工安全技术规范》

8.2 安全保证措施

（1）施工前必须对所有作业人员进行安全技术交底和入场安全教育，增强施工安全意识。

（2）进入施工现场的人员不得携带火种，必须关闭手机。

（3）施工设专职安全员，做好现场的安全监督和检查。

（4）作业现场保证消防通道畅通，现场由专职安全员配备灭火器材。

（5）确认现场照明、通讯、消防、报警设施均正常投用。

（6）确认压缩机机房周围环境清洁干净，半径10m范围内无动火作业，用警戒绳将现场油运区域予以隔离，严禁无关人员进出。

9 环保措施

9.1 环保标准

（1）GB 12523—2011《建筑施工场界环境噪声排放标准》

（2）GB 8978—1996《污水综合排放标准》

9.2 环保措施

（1）油冲洗前检查设备及管道的严密性，发现漏油及时修理，漏油的地面应及时进行处理，防止地面污染。

（2）拆检过滤器处要铺放毛毡和塑料，过滤器附近有专门盛放含油杂质的容器。

（3）排污口要用塑料包裹，防止污染。

（4）清洗设备时，各种清洗油要集中保管，废油及抹油布等应及时回收，施工产生的垃圾、废料应定点堆放，定期清理。

（5）用金属软管和可变接头管件，取代了传统油冲洗用临时胶管，避免管线的泄漏，污染环境。

（6）产生的含油污水及化学清洗废水按照建设单位的要求转移至指定地点进行回收及无害化处理。

10 效益分析

10.1 经济效益

本工法通过在广东石化乙烯裂解装置、大庆石化连续重整装置、珠海高栏终端项目、西气东输抚州站项目等共 10 台大型压缩机组的施工应用统计分析，按常规油冲洗计划共需 274 天，而用本工法施工仅需 154 天，各种费用都有明显的降低。

采用该工法对 4 个项目压缩机组的酸洗和油冲洗进行施工，共节约项目成本 200 万元：其中节约材料费用 3 万元；节约人工 59 万元；缩短施工周期节约电费 37 万元；节约润滑油损耗 4.7 万元；管道酸洗自行施工节约费用 32 万元。

10.2 社会效益

本工法应用大流量冲洗清洗设备，提供清洗高速冲洗液；利用金属软管和可变径接头作为临时管道确保无泄漏连接冲洗设备及管道，从而形成冲洗回路；应用过滤和控制装置作为过滤器来过滤杂物和检测冲洗效果，缩短了工期、降低了劳动强度、减少了环境污染因素，促进了施工技术进步，受到业主及相关方的好评，提高了企业知名度。

11 应用实例

实例一：中国石油广东石化乙烯裂解装置（3 台离心压缩机机组油系统冲洗）

中油六建公司于 2021 年 1 月至 2022 年 12 月参加了中国石油广东石化 120 万 t/a 乙烯裂解装置的建设。2022 年 6 月 1 日至 2022 年 8 月 20 日采用本工法对 3 台机组进行冲洗作业，计划冲洗工期为 80 天，实际用时 60 天，节省施工时间为 20 天，为项目投产试运行赢得了宝贵的时间。

实例二：中国海洋石油珠海高栏终端项目（3 台外输气压缩机组油系统冲洗）

中油六建公司于 2011 年 9 月至 2014 年 1 月参加了中国海洋石油珠海高栏终端项目的建设。2013 年 6 月 1 日至 2013 年 6 月 25 日采用本工法对 3 台机组进行冲洗作业，业主和厂家计划冲洗工期为每台 28 天，即共需要 84 天，而实际施工仅用时 22 天，节省施工时间 62 天，冲洗作业得到业主监理一致好评。项目于 2013 年投产至今，3 台机组均为一次投产成功，并安全平稳运行至今。

大型悬吊式结构高压蒸汽锅炉本体安装施工工法

王鹏飞　郭　瑞　莫振东　蒋明道　阳江华

中国石油天然气第六建设有限公司

1　前言

中国石油天然气第六建设有限公司通过大型悬吊式结构锅炉安装工程的施工，形成工法“大型悬吊式结构高压蒸汽锅炉安装施工工法”，并在多个锅炉建设项目中应用。

六建公司在应用过程中发现该工法仍存在优化空间，通过引进大型吊车在锅炉施工中的吊装技术和应用，总结出了：①平衡配重法吊装锅筒；②接力法吊装过热器等吊装技术；③通过优化包墙过热器等部件的施工工艺，有效提高了施工效率，解决高空作业空间局促的问题；④应用了简易自制炉管组对工具和双缺口检查尺等小发明有效提高了炉管焊接质量。

六建公司对原锅炉工法进行了修订和升级。修订后的”大型悬吊式结构高压蒸汽锅炉本体安装施工工法”在吉林石化动力一厂新建锅炉项目中成功应用。

2　工法特点

2.1　减少高空作业，降低安全风险

锅炉钢结构组框预制使用大吊车整体吊装，结合座浆法施工提高锅炉钢结构施工效率，减少高空作业，降低安全风险。

2.2　单机吊装通用性强

使用大型吊车采取平衡配重法单机吊装锅筒，减少钢结构平台缓装，巧妙调整锅筒水平，方便安装就位，提高安装效率，减少高空作业，增加安全性。

2.3　有效提高施工作业环境

优化包墙过热器部位施工方法，采用接力法吊装包墙过热器，解决空间狭窄，不利于施工的问题，提高施工效率和安装质量。

2.4　专用工具提高安装质量

质量管理措施方面，制作转运胎具减少蛇形管变形；使用简易自制炉管组对工具和双缺口检查尺，减少过热器管焊缝角变形，提高焊接质量。

3 适用范围

本工法适用于A级散装悬吊式结构蒸汽锅炉本体安装。

4 工艺原理

本工法在本体结构及受热面的施工方面采用了钢结构组框施工技术、锅筒偏心吊装技术、水冷壁炉膛管屏分段预制安装技术和接力法吊装包墙过热器等技术。

4.1 锅炉钢结构组框施工技术

钢结构预制时，形成4根立柱一组的框架结构，用400t吊车整体吊装的方式进行安装，采用座浆法进行标高控制，保证安装效率和质量。

4.2 锅筒偏心吊装技术

利用吊装物体重力与外力平衡的规律，采用偏心吊装方法。吊装过程中调整锅筒重心的位置，避开障碍，在地面增加配重，调整锅筒水平度，完成就位安装。

4.3 水冷壁炉膛管屏分段预制安装技术

将水冷壁、水冷屏等受热面管屏在地面进行分段组合，安装附件，再利用大吊车分段吊装就位。上段和下段在空中组对焊接，焊接部位搭设临时施工平台。

4.4 接力法吊装包墙过热器安装技术

在地面将过热器蛇形管组合成蛇形管排，利用250t吊车将管排逐一从地面吊装到包墙过热器管屏侧面，在空中将蛇形管排转移至手动滑车吊装，水平运输到包墙过热器管屏内部进行组对安装。

5 施工工艺流程及操作要点

以吉林石化动力一厂新建锅炉项目为例，描述本工法工艺流程和操作要点，该项目锅炉结构特点如下：

（1）锅筒外径Φ1740mm，全长约11.53m，总质量为42t，安装中心线标高为42270mm，悬吊安装于顶梁DL–15正下方4.8m位置。顶梁DL–15与锅筒中心线垂直平面重合（图1）。

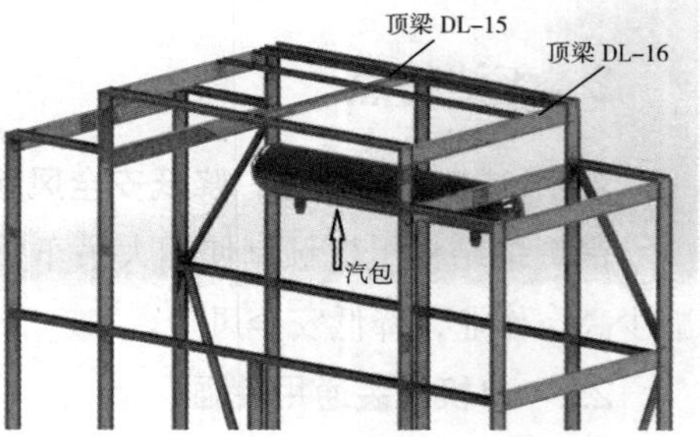

图1 锅筒位置示意图

（2）炉膛水冷壁和炉膛内悬挂的水冷屏、屏式过热器均为膜式壁结构，通过刚性吊杆悬吊安装于顶梁下方。

（3）包墙过热器位于尾部竖井，其外部包墙过热器膜式壁管屏，内部由上至下依次为吊挂管、三级过热器蛇形管排、一级过热器蛇形管排，下部是上级省煤器、下级省煤器，均采用悬吊式安装。其结构如图2所示。

5.1 施工工艺流程

针对上述工程对象，施工工艺流程见图3。

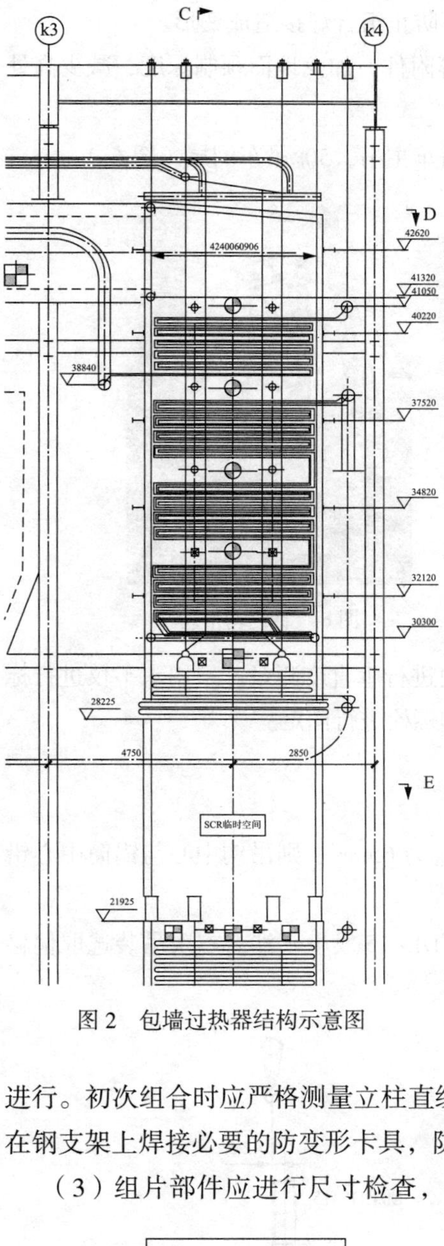

图 2　包墙过热器结构示意图

5.2　操作要点

5.2.1　施工准备

（1）人员进场培训，设备进场检验合格。

（2）进行图纸会审、编制并审核施工方案，进行安全技术交底。

（3）办理锅炉安装监督检验告知手续，取得锅炉监检计划。

（4）进行施工场地平整，锅炉材料验收。

5.2.2　锅炉钢结构组框预制和安装

1. 锅炉基础划线及座浆块施工

（1）验收基础，用墨线画出实测标高、纵横中心线。

（2）在基础上进行划线定位座浆块位置，凿毛。使用无收缩混凝土制作座浆块，座浆块面积不小于垫铁组面积，高度约等于灌浆层厚度。

（3）每一组座浆块初凝前，上表面各平放一块平垫铁，用水平仪测量其标高和水平度，标高偏差 ±0.5mm 内（图 4）。座浆块养护期满后可以进行钢结构安装。

2. 锅炉钢结构组框预制、安装

（1）搭建组合支架，支架标高统一，水平度偏差小于 5mm，高度要便于底部焊缝焊接。组合支架应相互连接，保证整体刚度。

（2）钢结构组合使用组片和成框相结合的方式进行。初次组合时应严格测量立柱直线度、间距、平行度、对角线等关键数据，验收合格后在钢支架上焊接必要的防变形卡具，防止组合焊接时造成变形、位移。

（3）组片部件应进行尺寸检查，验收合格后，进行组框预制。组合时应测量空间对角

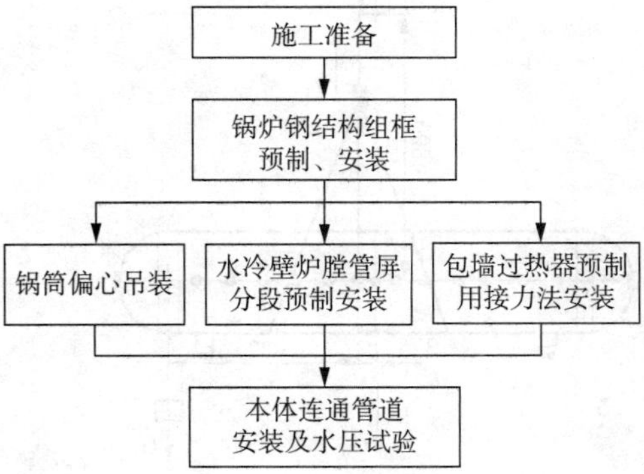

图 3　施工工艺流程图

图 4　座浆块制作

线，验收合格后用钢丝绳、钢梁等材料加固组合部件，防止组合焊接造成变形。

（4）成框部件应在地面安装好斜梯、栏杆、平台等附件，加大地面预制深度，减少高处作业风险（图 5）。

（5）预制阶段使用 50t 吊车配合。吊装使用 250t 吊车主吊，50t 吊车溜尾（图 6）。

图 5　钢结构预制组合

图 6　钢结构吊装

（6）吊装就位时，采用经纬仪在 90° 夹角 2 个方向进行垂直度测量。采用水平仪进行标高测量。测量数据合格后，立刻拉紧缆风绳、拧紧地脚螺栓进行固定。

5.2.3　锅筒偏心吊装

1. 理论计算

顶梁 DL-15 宽 B 为 600mm，吊装时钢丝绳直径 D_0 为 65mm，则吊钩中心与锅筒中心铅垂线偏移最小距离 $L_0 > (B+D_0)/2=(600+65)/2=332.5$mm。

因此，L_0 取值大于 332.5mm 时，吊索将不与顶梁 DL-15 发生干涉。本次吊装选取偏移距离 L_0=375mm，如图 7 所示。

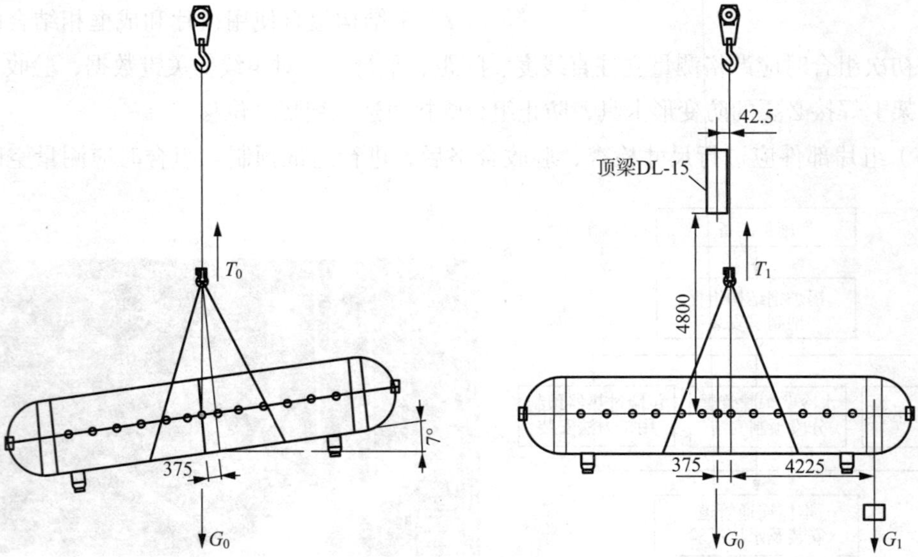

图 7　计算示意图

根据力系平衡原理，起吊时吊钩中心垂线未经过锅筒重心，锅筒会出现倾斜，需在锅筒上扬端施加一个向下的力才能使其达到水平状态，本次吊装中将该力作用点设置在距锅筒中心 4.6m 处。根据力矩平衡法则：

$$G_0 \times L_0 = G_1 \times L_1 \tag{1}$$

式中，G_0 为锅筒总质量，取 42t；L_0 为吊钩中心垂线与锅筒重心垂线的水平偏移距离，取 375mm；L_1 为吊钩中心垂线与外力作用点的水平距离，取 4225mm。

经计算可得 G_1=3.7t，即需额外施加 3.7t 荷载作用在距锅筒中心 4.6m 处。

2. 锅筒偏心吊装实施步骤

（1）把锅筒吊运至炉前框架内，将 U 形吊杆固定支架和 2 根 U 形吊杆固定在锅筒上，调整好吊杆间的间距和垂直度。在上扬端系挂平衡重物的吊索具（图 8）。

（2）吊车从顶部板梁之间放下吊钩，在计算好的吊点处，系挂吊具并向上提升锅筒（图 9）。

（3）锅筒提升至指定高度后暂停，在锅筒上扬端的吊绳下面系挂重物（图 10）。

（4）继续提升锅筒直至到达安装位置，锅筒吊杆穿过吊挂梁，找正并拧紧吊杆上段螺栓（图 11）。

图 8　锅筒吊杆及附件安装

图 9　锅筒倾斜提升

图 10　系挂重物调平锅筒

图 11　锅筒安装就位

（5）卸掉锅筒一端系挂的重物，并解除锅筒上的吊装索具，吊装结束。

5.2.4　水冷壁炉膛管屏分段预制安装

1. 水冷壁预制

图 12　水冷壁组合支架

（1）搭设水冷壁组合用的钢支架见图 12。钢支架上表面水平度偏差小于 5mm。支架高度在 1m 左右，便于工人进入底部进行仰焊及打磨作业。支架之间采用钢梁支撑，加强支架的刚性。

（2）水冷壁和联箱部件，在开箱验收时应进行长度、宽度、对角线检查，进行吹扫和通球试验。检查合格后进行预制。

（3）部件组合时应测量整体长度、宽度、对角线等关键尺寸，对于超标尺寸，通过修磨鳍片宽度、管口长度等方式进行尺寸校正。

（4）组合水冷壁及其附件如图 13 所示，应尽可能将水冷壁及附件都安装完毕，包括联箱、刚性梁、密封盒等。

图 13　水冷壁组合及附件安装

（5）其中对于循环流化床锅炉（煤粉炉）的水冷壁，要控制其整体平整度。其迎火面的焊缝，应在检测完毕后打磨光滑。

（6）水冷屏、屏式过热器的预制组合步骤和要求与水冷壁相同。

2. 水冷壁及水冷屏、屏式过热器吊装

（1）预先安装吊挂梁和刚性吊杆，在刚性吊杆外侧搭设作业平台。

（2）水冷壁上段管屏预制完成后，使用 400t 吊车主吊，50t 或 25t 吊车溜尾，将水冷壁从结构顶部吊入安装位置，用钢丝绳、倒链临时挂在吊挂梁上，调整位置连接刚性吊杆，完成水冷壁就位（图 14、图 15）。

（3）依次安装左、右、前、后水冷壁上段管屏。

（4）安装水冷壁顶棚管管屏，顶棚管暂时使用钢丝绳垂直吊挂、暂存在前水冷壁侧。

（5）将下段管屏依次倒运到炉膛底部，吊车从炉顶下钩，向上提升下段管屏如图 16 所示。配合使用 4 组倒链，与上段管屏进行组合，完成侧墙水冷壁上下段组合（图 17）。

（6）提升顶棚水冷壁，安装正式吊杆，搭设脚手架，与前侧、后侧水冷壁进行组合，完成安装。

（7）使用 400t 吊车依次吊装水冷屏、屏式过热器管屏，从顶部穿入顶棚管（图 18）。最后用刚性吊杆固定完成安装。

（8）合拢水冷壁四周墙壁，使用刚性梁进行环向固定。

（9）使用自卸吊车、倒链安装锅炉底部布风板、燃烧室等部件（图 19）。

（10）炉膛整体密封焊接及剩余附件安装。

图 14　水冷壁吊装

图 15　水冷壁于刚性吊杆连接

图 16　水冷壁下段吊装

图 17　水冷壁上下段组合焊接

图 18　水冷屏屏式过热器吊装

图 19　炉底安装

5.2.5　包墙过热器预制并用接力法安装

包墙过热器预制安装的子流程如图 20 所示。

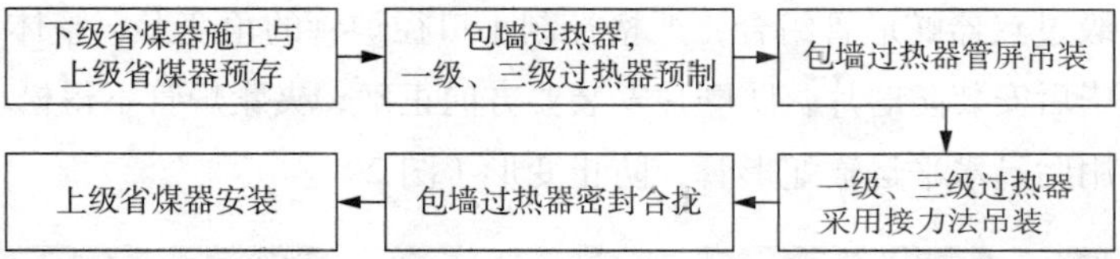

图 20　包墙过热器部位施工流程图

1. 下级省煤器施工与上级省煤器预存

（1）在空气预热器管箱上部搭设作业平台，将外护板吊装至安装位置附近暂存（图 21）。

（2）使用大吊车将下级省煤器蛇形管逐片吊装到安装位置，使用倒链依次将蛇形管安装在通风梁下并焊接（图 22、图 23）。

图 21　平台搭设和外护板暂存

图 22　下级省煤器吊装

图 23　省煤器组对焊接

（3）将外护板合拢密封。在护板外部安装省煤器进、出口联箱（图 24）。

（4）将上级省煤器的蛇形管和中间联箱暂时存放在包墙下部（图 25）。

2. 包墙过热器、一级、三级过热器预制

（1）搭设预制平台。包墙过热器管屏预制使用水冷壁预制平台施工。一级、三级过热器的蛇形管组合平台单独制作，高度控制在 1m 左右，便于底部仰焊和打磨作业（图 26）。

（2）用锅炉厂提供的平台框架材料，制作蛇形管专用转运胎具（图 27），用以在蛇形管组合件转运和吊装中防止变形。

图 24　下级省煤器进、出口联箱安装

图 25　上级省煤器蛇形管预存

图 26　蛇形管组合平台

图 27　蛇形管转运胎架

（3）包墙过热器管屏按前、后、左、右、顶棚 5 部分分片预制。联箱、密封盒、刚性梁等附件要一起安装。

（4）包墙过热器顶棚下部安装手动滑车导轨及滑车（图 28）。

（5）一、三级过热器蛇形管组合，严格控制小口径炉管的角变形、整体平整度等关键尺寸。焊缝检测完毕后安装防磨片，防磨片安装要方向正确，夹紧炉管不得松动。

（6）使用专用胎具水平运输蛇形管，防止变形（图 29）。

图 28　手动滑车及导轨安装

图 29　蛇形管使用专用胎具进行转运

3. 包墙过热器管屏吊装

（1）包墙过热器预制管屏依次吊装就位。使用正式吊杆安装在正式位置，暂不进行密封焊。

（2）预留左侧管屏暂时不吊装（图 30）。

（3）顶棚管和后侧管屏组合焊接（图 31）。

（4）安装顶棚上部的省煤器出口联箱及吊挂管（图 32）。

4. 一、三级过热器采用接力法吊装

（1）将过热器蛇形管固定在转运胎架上，防止蛇形管在吊装过程中弯折变形。

（2）使用 250t 吊车主吊，25t 吊车配合溜尾。蛇形管直立起来后，将胎架拆除（图 33）。

图 30　包墙过热器管屏安装

图 31　包墙过热器管屏焊接

图 32　省煤器出口联箱及吊挂管安装

图 33　吊装过程中转运胎架保护蛇形管

（3）将蛇形管从锅炉顶部吊装到包墙管屏左侧，人工将手动滑车吊钩挂到蛇形管上并拉紧，拆除大吊车的吊钩，完成吊物的空中接力（图 34）。

（4）拉拽手动滑车向过热器内部移动（图 35）到达位置后，使用倒链、钢丝绳将蛇形管吊挂在顶棚导轨上。将过热器出口管穿出包墙过热器前后管屏，完成和吊挂管的组对焊接。

（5）重复以上步骤，逐片完成蛇形管的安装。

5. 包墙过热器合拢

（1）拆除顶棚的滑车及导轨，将包墙过热器左侧管屏吊装就位。

（2）将包墙过热器前、后、左、右管屏合拢，使用刚性梁进行周向固定，进行密封焊接。

图 34　接力法吊装蛇形管过程

图 35　蛇形管水平移动

（3）在包墙过热器前后管屏的外侧，利用刚性梁和钢结构搭设平台，完成一、三级过热器联箱的安装（图 36）。

6. 上级省煤器安装

（1）包墙过热器合拢后，用倒链将预存在通风梁上的省煤器中间集箱提升到过热器下部，搭设脚手架作业平台，将中间集箱和吊挂管组对焊接（图 37）。

（2）用倒链将预存在通风梁上的上级省煤器蛇形管组，依次提升至中间联箱底部，与中间联箱组合焊接（图 38）。

（3）上级省煤器外护板安装，在护板外安装上级省煤器联箱。

图 36　过热器联箱安装

图 37　省煤器中间联箱安装

图 38　上级省煤器安装

5.2.6　锅炉本体连通管安装及整体水压试验

1. 本体管道安装

复测锅筒及各部位联箱的实际位置尺寸。根据实际尺寸，修磨连通管道的长度。依次安装本体管道、刚性吊架、弹簧吊架、减温器、阀门、安全阀等管道设备。

2. 整体水压试验

锅炉本体无损检测合格后，进行锅炉整体水压试验，水压试验的实施要求如下：

（1）锅炉水压试验宜用 3 块压力表，分别安装在高点主蒸汽出口，锅筒顶部，低点水压泵出口。

（2）试压用水宜采用除盐水，应采取措施对水进行加热及对锅筒进行保温，使锅炉试压水温维持在 30～70℃之间。

（3）水压试验结束后要及时放水，如果长时间放置，未及时进行烘煮炉工作，则要对锅炉受热面进行充氮保护，防止受热面氧化生锈。

6 材料与设备

6.1 主要施工机具设备表

施工机具清单见表 1。

表 1 施工机具清单

序号	设备分类	设备名称	型号规格	数量	备注
1	吊装设备及机具	履带吊	400t	1 台	锅筒、钢煤斗、栈桥吊装
		履带吊	250t	1 台	厂房顶钢结构、包墙、旋风分离器吊装
		履带吊	50t	1 台	结构预制，吊装
		汽车吊	25t	1 台	
		卡车	15m	1 台	
		小卷扬机	1t	2 台	
		手动滑车	3t	1 台	
		钢丝绳	Φ48mm × 14m	4 条	
		卸扣	35t	4 个	
		吊带	5t	4 条	
		路基箱	5m × 2.4m × 0.3m	6 块	
		千斤顶	15t	2 台	
		手拉葫芦	3t，5t，10t	12 台	
		缆风绳	Φ12mm	1200m	
2	焊接及加工设备	电焊机	ZX5-400D	40 台	
		CO_2 气体保护焊机	YD-350KRTVTA	4 台	
		烘干箱	ZYH-100	2 台	
		砂轮切割机	Φ400mm	2 台	
		角向磨光机	Φ100mm	30 台	
		自动坡口机	*DN* 60mm	2 台	受热面组合，管口制备
3	检测及测量设备	经纬仪	DSZ2	2 台	
		水平仪		1 台	
		钢盘尺	50m	4 把	
		钢卷尺	5m	20 把	
		钢直尺	1m	10 把	
		角尺	300、500mm	各 10 把	
		弹簧拉力计	20kg	4 把	
		U 形管	Φ10mm	50m	

6.2 主要施工安全设施列表

安全设施清单见表 2。

表 2 安全设施清单

序号	名称	规格	数量	备注
1	安全网	6m × 12m	10 副	
2	圆钢爬梯	Φ12mm	300m	

续表

序号	名称	规格	数量	备注
3	安全绳	Φ12mm	300m	
4	安全警示带		400m	
5	安全带		60 副	
6	防坠器		30 副	
7	对讲机		10 副	

6.3 主要手段用料表

手段用料清单见表 3。

表 3 手段用料清单

序号	名称	规格	数量	备注
1	钢板	δ=14mm	20 m^2	
2	工字钢	20#	300m	
3	枕木	250mm × 250mm × 2500mm	100 根	
4	木跳板	300mm × 50mm × 3000mm	100 块	
5	架子管	Φ48mm × 4.5mm	2000m	

7 质量控制

7.1 本工法常用的质量控制及验收依据、标准和规范

（1）TSG 11—2020《锅炉安全技术规程》

（2）DL/T 5210.2—2018《电力建设施工质量验收规程 第 2 部分：锅炉机组》

（3）DL 5190.2—2019《电力建设施工技术规范 第 2 部分：锅炉机组》

（4）DL/T 869—2021《火力发电厂焊接技术规程》

7.2 关键及特殊部位的安装质量要求及控制措施

7.2.1 钢架组合安装质量控制措施

（1）钢结构安装开始前应进行锅炉安装告知，取得监督检验计划。

（2）利用吊坠、钢板尺、卷尺、弹簧拉力计、经纬仪、水平尺等器具进行尺寸测量、标高测量、垂直度测量。

7.2.2 锅筒安装质量控制措施

利用钢卷尺、塞尺、U 形管、经纬仪、水准仪等设备进行测量，利用导链、千斤顶等工具进行调整。

（1）锅筒到场后必须进行外观检查

（2）锅筒安装之前，引测安装标高至安装位置附近立柱上。

（3）用 U 形管测量锅筒水平度。

7.2.3 水冷壁、包墙过热器等膜式壁管屏结构组合安装质量控制措施

（1）利用钢卷尺进行长度、宽度、对角线等外形尺寸测量。

（2）使用钢丝，钢尺、卷尺测量管口平整度，并用坡口机、打磨机进行管口修磨和校正。

7.2.4 水冷壁炉膛内，屏式过热器等立式过热器组合安装质量控制措施

利用线坠和钢直尺检查过热器管排的平整度，针对超标部位采用热校正的方法进行调整。

7.2.5 上、下级省煤器和一级、三级过热器组合安装质量控制措施

（1）利用线坠和钢直尺检查蛇形管的平整度和垂直度，通过热校正方式进行调整。

（2）使用钢尺进行管排间隙的检查和控制。

（3）蛇形管排组件组合、运输、吊装，必须有操作平台和专用的固定胎具，防止因本身刚度不足，造成变形。

7.2.6 受热面管子的焊接质量控制措施

利用锅炉厂供货材料的余料，刚性螺纹吊杆、角钢、钢板等，自制对夹式的简易对管器，可以有效提高小口径炉管焊接合格率，其结构如图 39 所示。

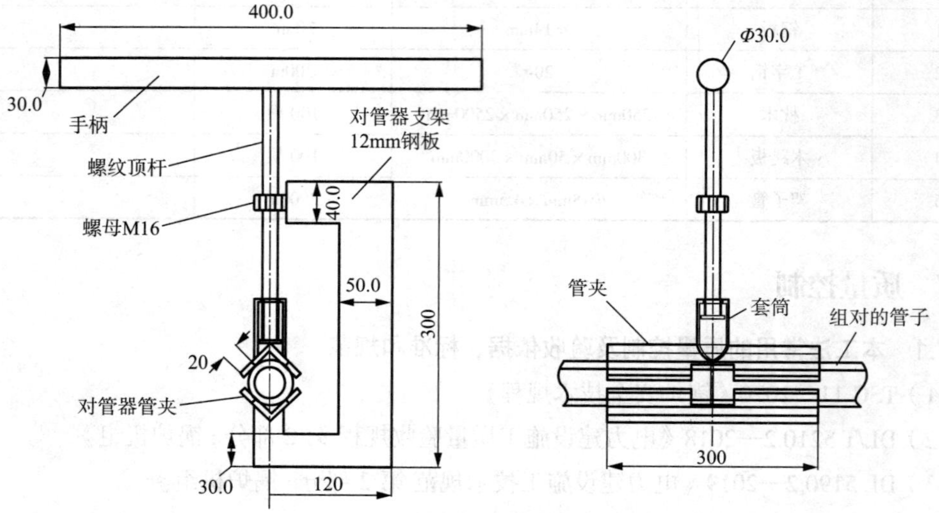

图 39 简易对管工具示意图

炉管对管和焊接过程中，用对管器对焊缝两侧的管子进行夹持，使其保持相对固定，控制过热器管子焊缝角变形（图 40）。

图 40 对管工具使用

7.2.7 锅炉整体水压试验质量要求及控制措施：

（1）锅炉用水应有水质合格报告，压力表量程、精度符合要求并在检定合格期内。

（2）升压、泄压速度严格按照升压曲线进行，严格控制超压阶段压力和时间。

（3）巡检阶段检查人员按部位逐一检查。

（4）水压试验开始前，刚性吊杆应确认紧固到位。弹簧支吊架的限位销、安全阀的阀瓣确认处于锁定状态，不能拆除。

8 安全措施

8.1 应遵守的主要安全法规

（1）JGJ 80—2016 建筑施工高处作业安全技术规范

（2）GB 50194—2014 建设工程施工现场供用电安全规范

8.2 一般规定

8.2.1 人员要求

（1）所有人员必须进行入场安全教育培训，接受安全技术交底。

（2）特殊工种必须持证上岗，并经过能力评价合格。

（3）参加安全技术交底并书面签字，作业前进行班前会，分析施工风险。

（4）配备合格的劳动防护用品，并学会正确的使用方法。

8.2.2 设备使用的安全控制

（1）设备进场前的能力认证，安全验收检查合格。

（2）特种设备经过有资质的检测检验机构检验合格后使用。

（3）测量设备需进行检定合格。

（4）定期检查设备，并及时排除设备故障。

8.3 针对本工法实施的特殊规定

8.3.1 高处作业安全措施

（1）高处作业人员应进行体检，高血压、心脏病、恐高症等高处禁忌证者不得从事高处施工作业。

（2）脚手架工必须持证上岗。

（3）高处作业工人必须穿戴安全带，并高挂低用。

（4）高处作业必须携带工具包、接火盆等，禁止高空抛物。

8.3.2 吊装作业安全措施

（1）吊装方案审批合格，建立吊装作业组织机构，吊装前进行吊装安全技术交底，并签字确认。

（2）设立吊装警戒区域，派专人进行安全监督。

（3）严格执行“十不吊原则”，禁止违章作业和违章指挥。

（4）通讯设备齐全，吊装指令清晰明确。

（5）锅筒吊装必须要在地面进行试吊。

（6）锅筒调平时，外部载荷应分级施加，避免出现较大冲击。

（7）系挂外载荷的吊索具长度应合适，保证外挂重物离地即可。

（8）接力法吊装过热器时，工作人员应配备延长钩等工具用于牵拉吊绳。

（9）接力法吊装时，换钩处应搭设可靠的操作平台。

9 环保措施

9.1 执行的环保法规

（1）GB 12523—2011《建筑施工场界环境噪声排放标准》

（2）GB 8978—1996《污水综合排放标准》

9.2 文明施工管理措施

（1）设置垃圾区、废料区、吸烟区、卫生间等，杜绝在施工现场发生睡岗、吸烟、随地大小便、乱扔垃圾等行为。

（2）定期清理施工废料、生活垃圾，保持施工现场的清洁整齐。

（3）每天下班前15min，进行作业区域清扫，确保“工完料净场地清”。

9.3 环境保护措施

9.3.1 污染控制措施

（1）设置废弃物临时置放点，并在临时存放场地配备有标识的废弃物容器。

（2）场内裸土道路定时洒水降尘。外运垃圾、废料车辆，必须覆盖严实，防止散落。

（3）合理安排夜间施工作业内容，减少噪声。

9.3.2 废料收集与处理

（1）工业垃圾和废料按施工碎砖石、废钢和废金属、包装板分类收集，放在指定的场所，定期清除到专门的处置场所。

（2）禁止现场掩埋、焚烧处理。

（3）废料的收集与处理应由专人负责。各种废物，如施工垃圾和废料外运处理前，应获得主管部门的同意。

10 效益分析

以吉林石化公司动力一厂新建2#锅炉和新建1#锅炉2个项目为例，对比显示采用本工法能有效缩短工期，降低安全风险，提高施工质量。各项费用节约95.458万元。

10.1 接力法吊装包墙过热器施工技术效益分析

应用接力法吊装包墙过热器技术的效益分析详见表4。

表4 接力法吊装包墙过热器施工技术效益分析

项目	2#锅炉采用散件寄存，单片用倒链提升，组合安装技术	1#锅炉采用地面集中预制，接力法吊装、安装技术	效益对比
工期	70天	30天	工期节省40天
人工费（作业人员）	12人×70天×400元/（天·人）=33.6万元	12人×30天×400元/（天·人）=14.4万元	−19.2万元
250t履带吊租赁费	17500元/天×70天=122.5万元	17500元/天×30天=52.5万元	−70万元
焊接合格率	96%	98.3%	2.3%
经济效益统计	节约89.2万元		
质量效益统计	焊接合格率提高2.3%		

10.2 简易对管器效益分析

简易对管器便于制作和使用，就地取材，材料成本低。提高了小口径管道对口质量。主要效益分析见表5。

表 5 简易对管器效益分析

项目	新建 2# 锅炉项目 未采用简易对管器技术	新建 1# 锅炉项目 采用简易对管器技术	效益对比
焊缝角变形数量	38	6	–32
返修作业人工费	3 人 ×4 天 ×320 元 /（天·人）=3840 元	3 人 ×1 天 ×320 元 /（天·人）=960 元	–2880 元
预制组合工期	35 天	20 天	–15 天
直接人工费	[焊工 6 人 ×450 元 /（天·人）+ 管工 4 人 ×320 元 /（天·人）] ×35 天 =139300 元	[焊工 6 人 ×450 元 /（天·人）+ 管工 4 人 ×320 元 /（天·人）] ×35 天 =79600 元	–59700 元
经济效益统计	节约 6.258 万元		
质量效益统计	焊缝折角质量缺陷下降 100%×（32/38）=84.2%		

以上节约经济效益合计：89.2 万元 +6.258 万元 =95.458 万元。

10.3 社会效益

工法可以应用于大型悬吊式结构蒸汽锅炉的安装工程，一方面充分利用大吊车的吊装优势，降低安全风险，加快施工进度，另一方面通过施工工序的小革新，自制工具小发明提高安装和焊接质量，有效推进了锅炉建设项目机械化、模块化、创新化发展，具有良好的社会效益。

11 应用实例

实例一：动力一厂动力锅炉环保达标项目——新建 2# 锅炉项目

工程名称：动力一厂动力锅炉环保达标项目——新建 2# 锅炉项目。

建设时间：2016 年 5 月至 2017 年 10 月。

建设单位：吉林石化公司动力一厂。

施工单位：中国石油天然气第六建设有限公司。

实例二：动力一厂新建 1# 锅炉项目——主体工程项目

工程名称：动力一厂新建 1# 锅炉项目——主体工程项目。

建设时间：2018 年 5 月至 2019 年 10 月。

建设单位：吉林石化公司动力一厂。

施工单位：中国石油天然气第六建设有限公司。

以上 2 个项目，均建设有 1 台大型悬吊式结构的高压循环流化床锅炉，锅炉的额定蒸发量为 220t/h，额定过热蒸汽压力为 9.81MPa，过热蒸汽温度为 540℃。项目均提前中交，一次投产成功至今，运行平稳。

2021—2022年度

石油工程建设工法汇编

下册

石油工程建设工法编辑委员会◎编

中国石化出版社

·北京·

图书在版编目（CIP）数据

2021—2022年度石油工程建设工法汇编 / 石油工程建设工法编辑委员会编. — 北京：中国石化出版社，2024.6

ISBN 978-7-5114-7588-6

Ⅰ. TU276-65

中国国家版本馆 CIP 数据核字第 2024L68K33 号

中国石化出版社出版发行

地址：北京市东城区安定门外大街 58 号

邮编：100011　电话：（010）57512500

发行部电话：（010）57512575

http：//www. sinopec-press. com

E-mail：press@ sinopec. com

北京科信印刷有限公司印刷

全国各地新华书店经销

*

787 毫米 ×1092 毫米　16 开本　84 印张　2124 千字

2024 年 6 月第 1 版　2024 年 6 月第 1 次印刷

定价：598.00 元（上、下册）

Contents 目录

薄膜型LNG储罐外罐海水试压施工工法
…………………………………… ………… 魏 明 蒋小波 张雪峰 王 军 向苍义（693）
LNG接收站码头卸料臂拆卸及回装施工工法
…………………………………………………… 廖志成 缪晓晨 郭海涛 马 星 田 博（703）
超大型塔器整体预制安装工法…………………………… 秦芳珍 吕远锋 董瑞卿 秦有年（715）
乙烯装置汽油加氢单元模块化施工工法…… 黎泳宏 吕远锋 胡定亿 董瑞卿 李州成（725）
框架厂房内卧式设备高空就位机安装工法…… 王少腾 田展超 朱华 刘川 张家书（737）
炼化装置大厚壁合金钢管道全自动焊接施工工法
…………………………………………………… 蒋汉建 孔祥超 陈君龙 石彦庆 耿彦海（748）
大型电动机吊点转换平衡吊装施工工法…… 张 锋 董 原 张 鹤 吴俊新 潘颖男（759）
LNG双金属全容储罐倒装法施工工法 …… 徐艳明 邵秀生 张 伟 李明杰 娄鲲鹏（768）
多联机空调冷媒铜管安装施工工法……… 徐燕方 郭 超 张俊生 田彩刚 陈 通（779）
双金属复合管山区全自动焊接施工工法…… 余尚林 李 宁 刘 霓 黄成于 蒋国志（790）
山区管道单焊炬外焊自动焊施工工法…… 黄 俊 张光毅 彭建超 黄 涛 李 翔（805）
天然气处理厂管廊架管道滚动牵引就位安装施工工法
…………………………………………………… 吴 迪 陈思宇 唐 勇 王浩嘉 李 伟（819）
高含硫山地碳钢管道组合全自动焊接施工工法
…………………………………………………… 杨 旭 刘 霓 龚 毅 李 宁 郝敏雷（833）
石化装置动设备基础施工工法· ………… 杨子仪 韩 亮 蒋 硕 宋戈力 薛耀兰（849）
大口径弯管预制施工工法…………………… 郭有田 段又天 胡海伦 王寅吉 何 岭（860）
天然气处理厂大型模撬式水冷壁蒸汽锅炉安装工法
…………………………………………………… 陈世强 田彩刚 李全诚 郭 超 张俊生（869）

油气田阴极保护埋地钢质管道组合同步检测工法
……………………………………………… 陈　剑　郑浩楠　李成山　刘　幸　郑长成（882）
预制式变电站安装施工工法………… 杨　茸　赵搏文　罗丙艳　安琳琳　胡　浩（898）
在役管道斜 45° 开孔工法 ………… 陈社鹏　边江伟　田　磊　张伯淳　管继东（908）
油气管道不停输维抢修双级封堵施工工法
……………………………………………… 陶伟莉　王媛媛　杨明昊　王社超　王焕涛（925）
在役压力管道取样装置安装工法………… 姜修才　王　琥　马　宁　龚　岩　孙华强（936）
在役油气管道主动密封封堵工法………… 陶伟莉　刘　博　杨明昊　孙志波　李智伟（950）
油气管道惯性测绘内检测工法………… 李春晖　刘承磊　吕　岩　苗小波　杨金生（965）
储罐罐板防腐预制自动化流水作业施工工法
……………………………………………… 刘月芳　李佳铮　陈友君　王留彬　董向涛（980）
储罐罐壁机器人防腐工法………… 刘月芳　吴　阳　陈友君　胡　南　孙建勋（994）
LNG 储罐承台基础桩柱一体混凝土灌注桩一次成型工法
……………………………………………… 毕研军　邵春磊　李　林　王雅辉　赵人庆（1007）
钢制管道缺陷碳纤维材料修复补强施工工法
……………………………………………… 王　龙　王晓佳　苏　杭　张卫云　孙万东（1025）
在役管道加装球体套筒修复施工工法 … 陈建锋　张　鹏　赵玉春　刘　辰　武　航（1039）
200～400m 中深水固定平台施工工法… 阳连丰　张占立　张大伟　黄仁贵　白　冰（1054）
30MW 双抽凝汽式汽轮发电机组安装工法
……………………………………………… 陈喜斌　林　林　王福林　李　嵩（1065）
25° 以下山区管道全自动焊接施工工法 … 谭永亮　韩佩君　刘　建　张　亮　石　璐（1079）
薄壁 X80 油气管道下向单焊炬自动焊施工工法
……………………………………………… 张　亮　吴　迪　谭永亮　孙　锐　孙艳新（1089）
大口径定向钻穿越管道内加装 PE 管降浮施工工法
……………………………………………… 张皓添　彭　博　杨春雷　孟　岩　国苏新（1100）
隧道内大口径管道全自动焊分段发送施工工法
……………………………………………… 谭永亮　刘　建　张天阳　齐　超　刘云梁（1110）
地下管道套洗拆除施工工法………… 尹　航　黄　锦　胡方亮　林　野　刘英鞠（1123）
DMTO 装置反应器建造安装工法……… 石　强　唐明伟　李俊周　狄春光　梁国盛（1135）
LNG 储罐墙体双层钢筋网片预制及安装工法
……………………………………………… 章凯华　王生亮　吴树勤　刘　洋　于洪利（1150）
椭球形储罐内外工装同步提升倒装施工工法
……………………………………………… 秦海盟　朱　聪　刘云芳　陈顺康　叶　慧（1166）
高寒地区光伏发电工程水上施工工法… 童小庆　刘满军　周德军　刘　佳　王　飞（1178）

注入站母液混配阀组模块化预制安装施工工法
…………………………………………… 田立炜 柳开梅 陈 健 关 颂 裴国军（1188）
三带八支柱球罐支柱与赤道板空中组焊施工工法
…………………………………………… 刘圣光 张光宇 杨 洋 黄国越 宋佳凝（1205）
油田地下玻璃钢管网模块化预制安装施工工法
…………………………………………… 程国帅 马丰伟 章 彪 杨 光 张天亮（1214）
大型钢结构管廊模块化预制安装施工工法
…………………………………………… 农式鹏 蔡玉华 许 雷 李江兵 王 彪（1227）
城市桥梁模块化拆除施工工法………… 姜国璐 胡恩鹏 李文华 梁兆鑫 曹发伟（1242）
湿地环境光伏桩基础子母模成型振动沉桩施工工法
…………………………………………… 董 荔 孟伟煜 孙政国 周俊鹏 李洪志（1254）
油田地面大口径排水管悬辊预制安装工法
…………………………………………… 李洪志 刘海鹰 李 波 闫 冰 王宏伟（1268）
低山丘陵地区大口径长输管道沟下组合自动焊施工工法
…………………………………………… 李义祥 陆 健 谭建军 刘全庆 姚 锐（1281）
大型污水池板块组合法施工工法 ……… 王 义 张 军 孙铭峰 闫召军 高广镇（1290）
球形储罐内壁旋转支架防腐施工工法 … 王 义 孙朝忠 夏振东 朱 尧 王 强（1305）
铝镁合金料仓卧式制作整体安装工法… 孙清涛 牛家傲 柏 琳 韩向利 刘 畅（1316）

薄膜型 LNG 储罐外罐海水试压施工工法

魏　明　蒋小波　张雪峰　王　军　向苍义

中国石油天然气第六建设有限公司

1　前言

大型 LNG 接收站选址在淡水资源相对匮乏的海港岸线或近海岛屿，薄膜型 LNG 储罐属于大型 LNG 接收站核心设备；储罐水压试验介质一般采用淡水，如采用海水应证明试验用水的适用性，需要验证防潮层被海水浸泡后对其性能的影响，考虑可能出现的腐蚀。

中国石油天然气第六建设有限公司于 2020—2023 年在北京燃气天津南港 LNG 应急储备项目建设了 6 台 22 万 m^3 薄膜型 LNG 储罐，在国内首次采用海水进行了薄膜型 LNG 储罐外罐水压试压，通过总结和提炼形成了“薄膜型 LNG 储罐外罐海水试压施工工法”。

本工法在开发过程中“薄膜型 LNG 储罐外罐临时门非焊接封闭技术”获得实用新型专利（专利号 ZL202210935043.3）1 项；“薄膜型 LNG 储罐水压试验门洞非焊接密封方法及装置研制”获得 2023 年度石油工程建设协会 QC 成果二等奖；工法获得了 2021—2022 年度公司级Ⅱ等工法；“22 万立薄膜罐外罐水压试验工艺设计”荣获 2022 年度公司“五小”创新成果一等奖，在石油工程建设期刊发表《薄膜型 LNG 储罐外罐水压试验临时封闭门的设计与分析》论文 1 篇。

2　工法特点

2.1　效率高

采用潜水泵绑扎配套浮筒在汇总管前连接橡胶软管的方式抽取海水，克服了取水点海水涨潮退潮过程中水位变化对抽水的影响，减少了后期储罐冲洗的工作量；采用重力自排与潜水泵抽排相结合的排水方式，加快了排水速度，整体周期可控制在 31 天以为。

2.2　质量优

临时封闭门采用 P 形水封密封，克服了采用焊接方式封闭门洞后因储罐门洞预埋件受热变形撕裂防潮层的缺点；排水过程中在自制浮筏上采用高压水枪对罐壁防潮层进行淡水冲洗，实现了防潮层表面高效清洗、清洁；利用罐内恒温恒湿空调进行升温、抽湿，实现了罐内积水快速风干。

2.3　安全性强

采用光电钢尺水位计测量水位，水位高度自动换算，安全高效。

2.4 节料环保

采用海水试压节约大量淡水（单台储罐可节约 14 万 m^3），减少了进排水管线工作量；站内进排水管线全部采用法兰连接，可以根据工艺流程需要快速变更管道路由。

3 适用范围

本工法适用于 LNG 接收站选址在淡水资源相对匮乏的海港岸线或近海岛屿内的薄膜型 LNG 储罐外罐水压试压施工。

4 工艺原理

工法原理：薄膜罐外罐水压试压介质用海水取代淡水，利用浮筒自浮升降的原理，控制海水抽水泵吸水口随海水潮位自动升降，将海水抽入 LNG 储罐外罐内；临时门洞位置的非焊接门板借鉴 P 形水封闸门闭水原理，依托倒链和水位压力对门板施压，确保门洞位置无水外溢；排水阶段利用水压自重力与罐内潜水泵抽水相互结合的方式将海水外排入排水管；排水过程中作业人员在浮筏上用高压洗车泵水枪对罐壁防潮层表面进行淡水清洗，检查人员用浮筏对罐壁防潮层进行质量检查。

5 施工工艺流程及操作要点

5.1 施工工艺流程

施工工艺流程如图 1 所示。

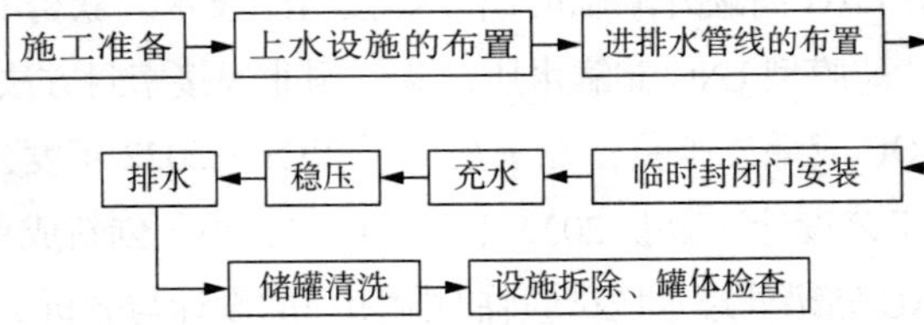

图 1 施工总流程

5.2 操作要点

5.2.1 施工准备

1. 技术准备

（1）明确相关标准规范、LNG 储罐的设计要求。

（2）完成取水口海水和罐内冲洗用淡水的水质报告，水的 pH 数值应在 6 ~ 8.3 之间，水体内无 H_2S，可采用四合一气体检测仪对 H_2S 进行测定。

（3）在取水口位置提前准备防潮层涂刷试板并进行海水浸泡试验，按水压试验周期 31 天准备，采用高压水枪进行淡水冲洗查看冲洗效果，表面进行拉拔试验，拉拔合格标准为 2.4 MPa 以上。

2. 设备设施准备

（1）施工机具准备齐全，满足施工要求。

（2）规划好进水和排水管线的路由布置，避免与接收站其他作业发生冲突。

（3）进场材料钢管、高压胶管、电缆等清点验收，抽水泵的安装和调试，单机试运不少于 24h。

（4）确定沉降观测点位置及数量，获得首次沉降数据，外罐防潮层施工完毕，验收合格。

5.2.2　上水设施的布置

（1）上水设施布置原理图见图 2，3 台抽水泵（配套浮筒）见图 3，配套发电机或配电变压器见图 4，采用吊车（钩机）布置或拖船布置，方法见图 5。

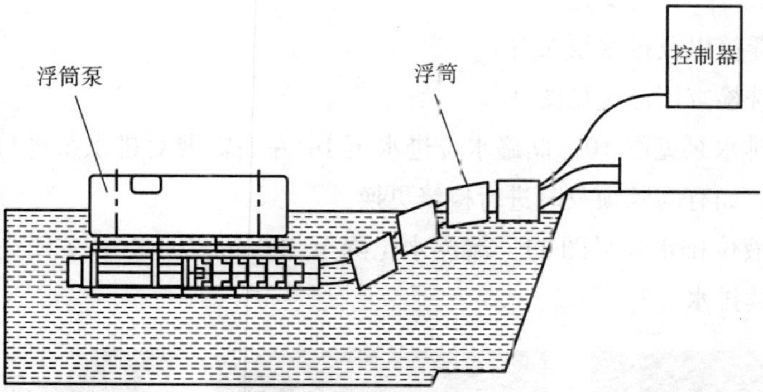

图 2　海水上水设施原理图

图 3　海水抽水泵装浮筒

图 4　配置发电机

图 5　钩机布设水泵

（2）水泵放置位置需要保证最低潮位时水位淹没水泵本体抽水口，水泵采用 Φ6mm 的不锈钢钢丝绳绑扎铁锚或水泥墩，使之沉入海底。

（3）配套的电缆需要根据水泵的功率选取，避免过热，电缆需要与高压软管绑扎固定，并包扎铁皮防护，避免水泵摇摆过程中，电缆表皮被磨损造成漏电。

5.2.3　进排水管线的布置

（1）接泵高压软管及汇水管见图 6，每台泵独立配备 1 根高压软管，汇流管前端配 1 只止回阀，确保各台泵独立工作，互不影响；汇流管出水端配置压力表 1 块，量程为（0 ~ 1MPa），用于监测出口压力，实际测算 1000m 管线 +23m 储罐水位，压力约为 0.6 ~ 0.8MPa。

（2）进水管线及截止阀见图 7，进水管线全部采用工厂预制法兰管，便于频繁拆装变更路由。

（3）排水管线及截止阀见图 8，进水阀和排水阀根据工艺流程要求合理配置，确保进水工况与排水工况相互独立，满足 2 台储罐同时进水、同时排水，1 台进水和 1 台排水等工况的需要。

图 6　接泵软管及汇水管

图 7　进水管线及截止阀

图 8　排水管线及截止阀

5.2.4　罐内浮筏以及排水泵布置

（1）罐壁清洗检查用浮筏见图 9。

（2）高水位排水泵见图 10，储罐水位进水至 1m 左右需要对排水泵进行抽水试验，确认泵可以正常工作，如有问题须及时进行检修更换。

（3）罐底低液位排水泵见图 11，罐内水位降至 300mm 以下时，关闭高水位排水泵，布设小型抽水泵继续排水。

图 9　罐内浮筏

图 10　高水位排水泵

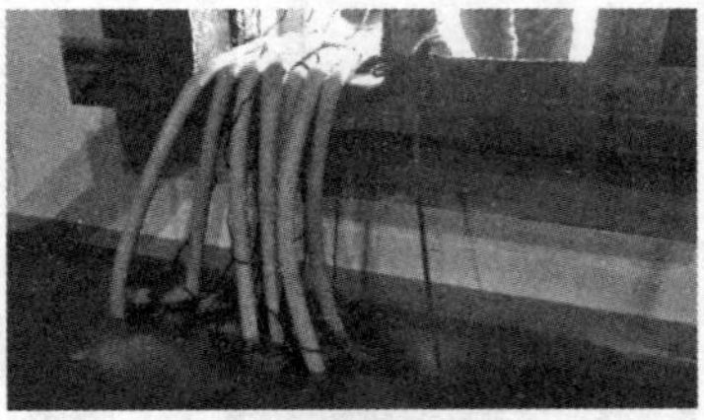

图 11　低水位排水泵

5.2.5　临时封闭门的安装

（1）临时封闭门采用非焊接方式安装，临时门洞尺寸见图 12。

（2）临时封闭门设计结构如图 13 所示，门洞封闭前需对预埋件进行打磨，确保表面光滑，无毛刺。

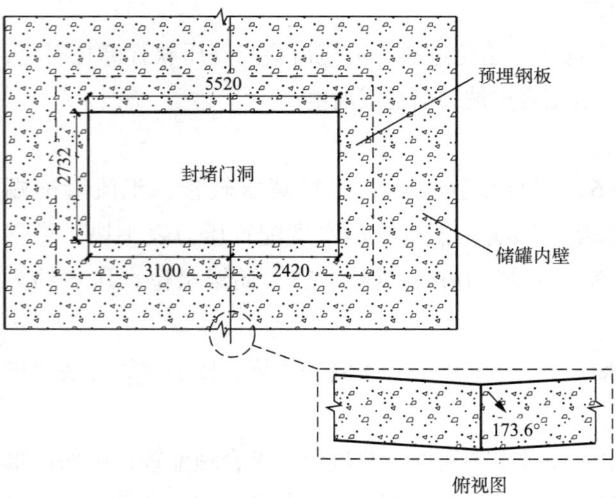

图 12　门洞尺寸

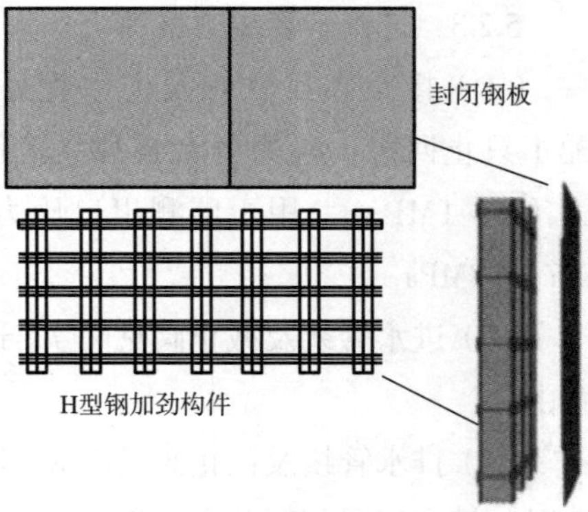

图 13　临时门结构型式

（3）组装效果见图 14，安装后采用倒链加持力使门板与埋件间的 P 形水封夹紧，以达到密封效果（图 15）。

图 14　P 形水封安装示意

图 15　门板受力后状态

5.2.6　充水

（1）5 台泵参数为：Q=400m³/h，H=82m，P=160kW，3 台用于抽水，2 台用于储罐内部排水，水泵参数见图 16。

AT350QJ400

序号 NO	型号 Type AT350QJ400	流量 Flow rate/ (m³/h)	扬程 Head/ m	配用功率 Power/ kW	外径 Outer diameter/ mm	出水口径 Outlet diameter/ mm	配用电缆截面积 Cable cross sectional area/ mm²	机组高度 Height/ mm	机组重量 Weight/ kg
1	AT350QJ400-28/1	400	28	63	320	8	35	1900	343
2	AT350QJ400-56/2		56	120			70	3070	704
3	AT350QJ400-84/3		84	180			70×2	3580	877
4	AT350QJ400-112/4		112	260	360		95×2	3300	1104
5	AT350QJ400-140/5		140	300			120×2	3610	1207
6	AT350QJ400-168/6		168	350			150×2	3970	1340
7	AT350QJ400-196/7		196	410			150×2	4330	1473

图 16　水泵参数

（2）在充水过程中同时使用 3 台海水泵，理论进水流量约为 1000m³/h，经过计算，理论进水时间约 140h，输水管线配套采用 DN 300mm × 8mm，进水效果见图 17。

（3）通过拱顶人孔 M1 进入铝吊顶，利用 50m 钢尺水位计（图 18）按要求平均每 2h 通报 1 次水位度数。

图 17　储罐进水效果

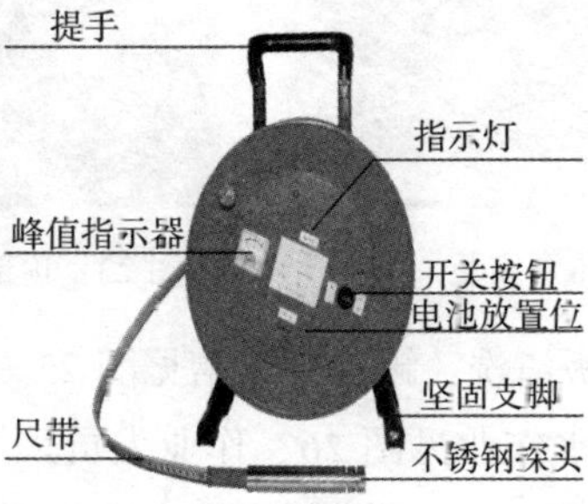

图 18　50m 水位测度尺

（4）充水过程中按设计要求进行沉降观测。

（5）海水泵由值班操作人员进行控制，在水位即将到达试验水位时，通过电源开关水泵数量及进水阀门控制进水速率确保沉降观测时间满足沉降观测要求。

5.2.7 稳压

水压试验要求在 23.694m 的试验水位至少保持 48h 后对外罐混凝土墙体进行检查，无异常为合格。

5.2.8 排水

（1）利用排水临时管道重力自排和罐内排水泵相结合的方式将试压用水排入海水取水点或附近雨水井，理论排水周期为 264h；罐内排水泵可根据现场时间周期要求开启，缩短排水周期，减少电费投入，排水管线及排水口布置见图 19 ~ 图 21。

图 19 进排水阀位置

图 20 集水点排水

图 21 雨水井排水

（2）在排水时应保证储罐的罐顶接管口与外界直接相通，防止罐内产生憋压（负压）。

（3）储罐排水试压各阶段，当排水高度至 21.000m、18.000m、15.000m、12.000m、6.000m 时，监测并记录罐底板、罐壁的渗漏情况；监测并记录罐壁外部及承台底部裂缝分布、长度及宽度的变化情况。

5.2.9 储罐清洗

（1）淡水水源通过淡水供水管道、临时蓄水池、消防车运输等取得，增压泵扬程需满足储罐淡水提升需要，淡水增压泵的设置见图 22，淡水储水箱的布置见图 23，罐壁清洗方式见图 24，作业人员伴随着罐内水位下降对罐壁进行淡水冲洗。

图 22 增压泵安装

图 23 顶部淡水储水箱布置

图 24 罐壁清洗

（2）储罐底板清洗：罐内集水槽见图 25。

（3）罐底集水作业见图 26，作业人员采用塑料铲和推雪铲进行集水，严禁采用铁铲集水，避免铲坏防潮层，底部采用高压水枪分区域进行淡水冲洗（图 27）。

图 25　集水槽集水

图 26　人工收集污水

图 27　罐底清洗

5.2.10　设施拆除、罐体检查

（1）储罐水位降至 300mm 时可以启动临时封闭门的拆除工作，放松门板手拉葫芦拆力；沿原门板焊接位置将门洞切割为两部分。

（2）罐底清洗干净后采用恒温恒湿空调系统加热烘干罐底淡水及罐壁附着的水汽，并分区域对罐底防潮层外观进行检查，按每个分区随机抽取 1 点进行拉拔试验确认拉拔强度达到 2.4MPa 以上，个别破损点及拉拔试验的破损点按防潮层修复文件要求进行修复。

6　材料与设备

6.1　劳动力统计表

本工法劳动力统计见表 1。

表 1　2 台 22 万 m^3 薄膜型 LNG 储罐外罐水压试验人力统计表

序号	工种	人数	备注
1	管理人员	4	质量检查、沉降观测
2	电工	2	昼夜值班
3	电焊工	4	门洞制作、部分管线焊接
4	铆工	10	管线安装、门洞就位、值班测量
5	气焊工	1	
6	起重工	1	
7	辅助工	30	罐底清水作业
合计		52	

6.2　材料表

本工法主要消耗材料统计见表 2。

表 2　2 台 22 万 m^3 薄膜型 LNG 储罐外罐水压试验工装材料一览表

序号	材料名称	单位	数量	备注
1	预制临时封闭门（配 P 形水封）	套	2	约 15t
2	*DN* 300mm × 8mm 管线	m	1200	12m/ 根（100 根）
3	闸阀 *DN* 300mm，耐压 10kg	个	8	

续表

序号	材料名称	单位	数量	备注
4	汇水管带配套止回阀	个	1	
5	高压胶管	m	60	*DN* 200mm × 25kg，法兰：耐压 10kg
6	*Φ*6mm 钢丝绳	m	90	不锈钢材质
7	管路浮体	个	18	高压胶管漂浮
8	配电控制柜（泵自配）	台	5	185kW，室外型，软启
9	5t 手拉倒链	套	20	门洞封闭
10	自吸喷射泵	台	15	2in 输出口
11	胶管	m	100	接喷射泵
12	高压水枪洗车机	套	3	洗罐
13	普通对讲机	台	10	
14	含氧量检测仪	台	1	
15	钢尺水位计	台	1	

6.3 主要设备一览表

本工法主要设备统计见表 3。

表 3　2 台 22 万 m^3 薄膜型 LNG 储罐外罐水压试验设备一览表

序号	设备名称	规格型号	数量	备 注
1	汽车吊	25t	1	
2	半挂车	12m	1	
3	钩机	25m 臂长	1	
4	发电机	220V	3	现场发电
5	潜水泵	AT400QJW400-82/160kW	5	取水，排水
6	微型抽水泵	—	20	
7	高压洗车机	出口压力≥ 7MPa	4	

7 质量控制

7.1 本工法执行的标准

（1）BS EN 14620-5：2006《工作温度 0 到 -165℃的冷冻液化气体储存用现制立式圆筒平底钢罐的设计与制造 第 5 部分：试验、干燥、吹扫和冷却》

（2）GB/T 26978—2021《现场组装立式圆筒平底钢质低温液化气储罐的设计与建造》

7.2 质量控制要点

（1）海水 pH 数值应控制在 6.0 ~ 8.3 之间，海水进排水管口增加隔栅过滤除去固体颗粒，禁止大量海洋生物及其残骸进入罐内。

（2）做好防潮层海水浸泡试验板试验（按 31 天），海水不得影响防潮层性能，对防潮层表面没有腐蚀及破坏作用；海水水压试验后对防潮层随机抽取的 84 点进行拉拔试验，拉伸试验标准为 2.4 MPa 以上为合格；高压喷洗应使用干净的淡水，其氯化物含量小于 250ppm（$1ppm=1\times10^{-6}$），喷洗机出口压力应大于 7MPa，便于冲洗掉防潮层附着的脏物，储罐喷洗后应进行空调通风干燥。

8 安全措施

8.1 执行的法律规范

安全监管总局令 2013 年 5 月第 59 号《工贸企业有限空间作业安全管理与监督暂行规定》

8.2 安全措施规定

（1）参加储罐罐壁清洗作业的人员需要穿戴救生衣，并具备一定的水性。

（2）储罐顶部按受限空间作业管理，进出人员需进行签字确认，定时检测罐内氧含量。

（3）罐内配备应急照明，罐内直爬梯为逃生通道，工作人员佩戴对讲机。

9 环保措施

9.1 环境保护法律规范

（1）JGJ 146—2013《建设工程施工现场环境与卫生标准》

（2）GB 3097—1997《海水水质标准》

（3）GB/T 23248—2020《海水循环冷却水处理设计规范》

9.2 现场储罐试压用海水处理措施

厂内建设 1 座 15m × 5m 的简易雨水沉降池，日常严禁将废水直接排入雨水收集系统。

10 效益分析

10.1 经济效益

以 22 万 m^3 薄膜型 LNG 储罐外罐水压试验为例，经济效益统计见表 4。

表 4 经济效益统计表

工法名称		薄膜型 LNG 储罐外罐海水试验施工工法			
项目	费用类目	薄膜型 LNG 储罐外罐水压试验	其他项目 LNG 储罐试压试验	差额	备注
一阶段 2 台 22 万 m^3 薄膜型 LNG 储罐外罐水压试验	设备一次投入 / 万元	78	78	0	
	发电机油耗 / 万元	30	30	0	
	材料费 / 万元	56	67.2	11.2	节约管材 200m
	人工费 / 万元	45	52.5	7.5	节约工期 10 天
	临时门洞 / 万元	15（可重复利用）	20	5	
	水压试验周期 / 天	30	45	—	缩短 15 天
	小计 / 万元	224	247.7	23.7	

续表

工法名称		薄膜型 LNG 储罐外罐海水试验施工工法			
二阶段 4 台 22 万 m^3 薄膜型 LNG 储罐外罐水压试验	发电机油料 / 万元	20（市电费用）	60	40	取消发电机供电
	其他投入 / 万元	224	247.7	23.7	
	小计 / 万元	244	307.7	63.7	
合计		87.4			

各栏目计算依据：
1. 人工费 =500 元 /（天·人）×15 人 ×60 天 =45 万元，减少了储罐清理及临时管线布置施工时间约 10 天
2. 机械费：潜水泵含配套柜子及电缆 15.6 万元 ×5 台 =78 万元，进排水设备投入相等
3. 材料费：Φ300mm×6mm×12，总长度为 1000m，含配套法兰、弯头、阀门、螺栓等共计 56 万元；后期增加采购 10 万元，其他项目采用上部进液模式，需要增加管线 200m
4. 临时门洞设计及计算及材料费 15 万元，门洞可重复利用，安装拆除方便简单；发电机及油料消耗 30 万元 /2 台储罐
5. 二阶段改为变压器供电，按 0.5 元 / 度收费

采用海水介质进行 22 万 m^3 薄膜型 LNG 储罐外罐水压试验，每台储罐可节约淡水 14 万 m^3，海水水压试验循环后的海水并无其他有害物质，经过简单沉淀后即可回排入海，节约了大笔污水处理费用。

10.2 社会效益

薄膜罐外罐水压试验成功标志着国内首个采用薄膜罐技术建造的大型陆上薄膜型 LNG 储罐完成了一项重大施工节点，国有首次实现通过采用海水为介质进行薄膜型 LNG 储罐外罐水压试验，解决了现场水压试验水源供应不足的难题，有利地保证了项目施工进度快速推进；节约了淡水资源，体现了六建公司在低温储罐建造领域的技术领先地位。

11 应用实例

实例一：北京燃气天津南港 LNG 应急储备工程一阶段 2 台 22 万 m^3 薄膜型 LNG 储罐

2 台薄膜型 LNG 储罐内罐于 2022 年 1 月 24 日开工，防潮层施工完毕后进行外罐水压试验，单台储罐注水 14 万 m^3，试压周期：（T6203）2021 年 12 月至 2022 年 1 月，（T6204）2022 年 2 月至 2022 年 3 月。水压试压周期满足进度要求，防潮层表面无腐蚀，污染物易清理，达到了节水要求。

实例二：北京燃气天津南港 LNG 应急储备工程二阶段 4 台 22 万 m^3 薄膜型 LNG 储罐

4 台薄膜型 LNG 储罐内罐于 2022 年 11 月 24 日开工，防潮层施工完毕后进行外罐水压试验，单台储罐注水 14 万 m^3，试压周期：2022 年 11 月至 2022 年 12 月（T6205），2023 年 01 月至 2023 年 2 月（T6206），2023 年 02 月至 2023 年 3 月（T6208），2022 年 11 月至 2022 年 12 月（T6209）；水压试压周期满足进度要求，防潮层表面无腐蚀，污染物易清理，达到了节水要求。

LNG 接收站码头卸料臂拆卸及回装施工工法

廖志成　缪晓晨　郭海涛　马　星　田　博

中国石油天然气第六建设有限公司

1　前言

LNG 卸料臂是 LNG 接收站用于接卸 LNG 的重要工艺设备，目前国内部分 LNG 接收站卸料臂自投产以来已连续运行多年，达到了大修的时限。中国石油天然气第六建设有限公司于 2021 年首次参与了江苏 LNG 项目 2 台卸料臂 L-1101A、L-1101B 的大修施工。在此基础上通过对施工方法的全面总结和提炼形成了“LNG 卸料臂拆卸及回装施工工法”。

本工法介绍了 LNG 卸料臂从拆卸至回装的施工方法，首次采用自升式多功能海上作业平台及履带式起重机进行卸料臂吊装，在吊装过程中创新地采用卷扬机及绞车系统对卸料臂进行平衡控制，解决了在狭小的 LNG 码头作业场所内吊装大型设备的难题，为后续类似工程的开展积累了宝贵的经验。

2　工艺特点

2.1　保证施工安全平稳

采用自升式多功能海上作业平台配合履带起重机的吊装方式可解决海上狭小空间设备吊装困难的问题，保证吊装系统的稳定性；在吊装作业过程中采用卷扬机及绞车系统对卸料臂设备进行平衡控制，降低了卸料臂与相邻设备发生碰撞的风险，保证了卸料臂在吊运过程中的安全平稳。

2.2　提高施工工效

采用本工法可不考虑潮汐及浪涌的影响，只要风力小于 6 级，即可完成卸料臂的吊装作业，提高了施工作业效率。

2.3　施工灵活受控

采用本工法可使卸料臂吊装作业计划有效受控，灵活地将吊装作业穿插安排在接收站 LNG 接船窗口期内进行，保证接收站在卸料臂检修期间其他设备设施的正常生产运行。

3 适用范围

本工法适用于 LNG 接收站 60t 及以下卸料臂的拆卸及回装施工。

4 工艺原理

4.1 自升式海上平台与履带吊组合吊装技术

本工法的核心工艺是在卸料臂拆卸及回装过程中，利用自升式多功能海上作业平台（以下简称海上平台）进行卸料臂的吊装及运输。海上平台主要由平台主体、桩腿、升降锁紧装置等组成。提前在平台上组装好履带式起重机，工作时用升降装置将平台主体提升到海面以上，依靠桩腿的支撑稳定地站立在海面上进行吊装作业。将卸料臂吊装到海上平台并固定之后，降下平台主体到海面，拔起桩腿，航行到指定位置卸船，海上平台的工作原理如图 1 所示。

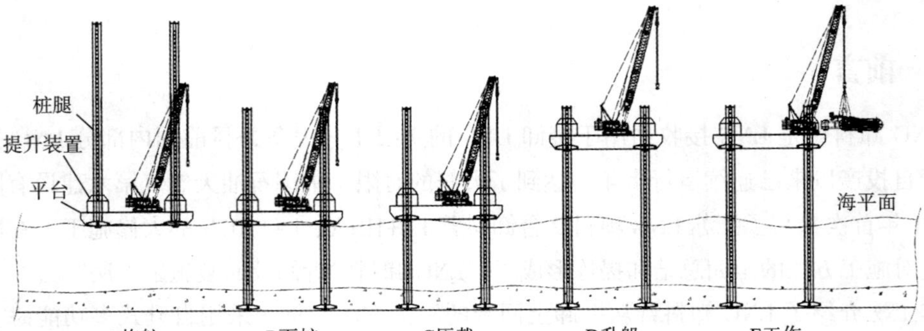

图 1 海上平台施工原理图

4.2 吊装平衡控制技术

采用一套钢丝绳平衡控制系统，用来保持卸料臂在吊装过程中的平衡，避免与相邻设备发生碰撞，该系统主要包括：2 台卷扬机及其钢丝绳用于将卸料臂旋转调整成为水平状态，4 台绞车及其钢丝绳用于控制卸料臂吊装时水平方向的平衡。在吊装过程中通过控制卷扬机及绞车钢丝绳的收放来控制卸料臂的平衡，平衡控制系统的工作原理如图 2 所示。

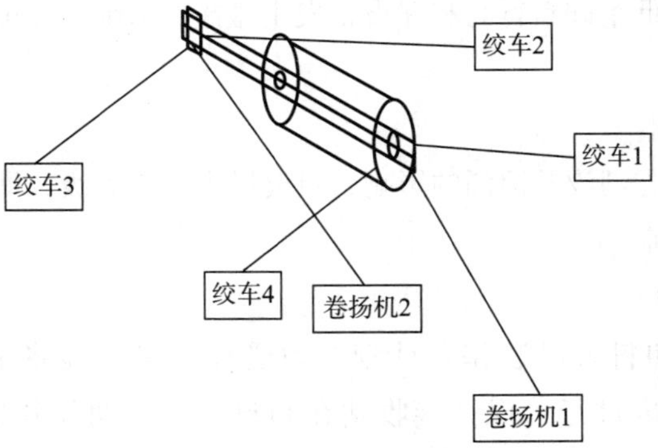

图 2 吊装平衡系统原理图

5 施工工艺流程及操作要点

5.1 施工工艺流程

施工工艺流程见图 3。

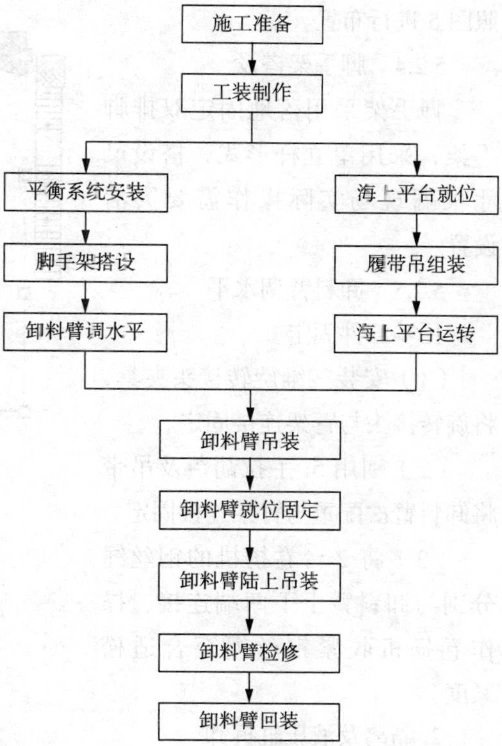

图 3 施工工艺流程图

5.2 操作要点

5.2.1 施工准备

1. 技术准备

（1）准备设备厂商文件，进行图纸会审，熟悉卸料臂各组成部件的详细参数。

（2）列出技术方案目录清单及编制计划，开展技术方案的编制报审。

2. 人员准备

（1）编制人力计划并组织人员进场，进行入场教育培训及技术交底。

（2）检查特种作业人员资质证书是否符合要求，并报验合格。

3. 设备机具准备

（1）准备卸料臂拆卸需要使用的施工工具、专用工具、机械设备并报验合格。

（2）制作卸料臂支架、支座、夹具等材料。

5.2.2 工装制作

1. 卸料臂存放支架

制作 1 套存放支架，主要包括：1 座卸料臂中心支座、1 台边缘支架。

2. 卸料臂固定夹具

制作 1 套旋转接头固定夹具，夹具须依照内臂尺寸和 2 个支撑尺寸制作，配好连接螺栓。固定夹具的制作参考图 4 进行。

5.2.3 平衡系统安装

1. 卷扬机安装

卷扬机的安装位置应实地察看及分析，避免钢丝绳与附近钢结构、管线等设施发生碰撞。将卷扬机底座与平台钢结构梁焊接牢固。

2. 绞车安装

吊装过程中采用 4 台绞车及配套钢丝绳进行水平方向的平衡控制，4 台绞车分别安装在卸料臂两侧，通过钢丝绳与卸料臂连接。卷扬机及绞车按

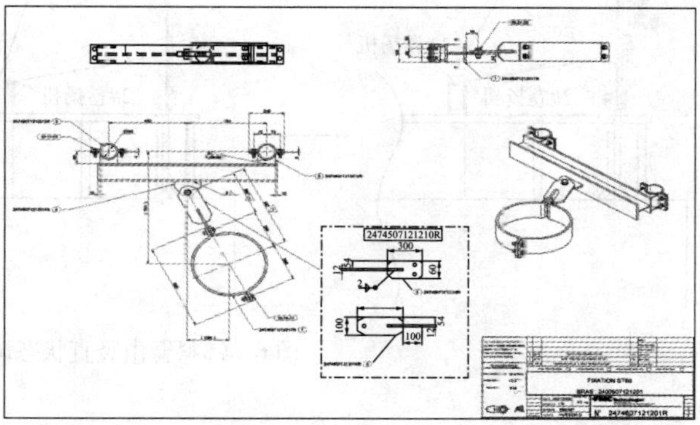

图 4 旋转接头固定夹具制作

照图5进行布置。

5.2.4 脚手架搭设

脚手架采用落地固定双排脚手架，采用单立杆形式，搭设尺寸根据现场实际操作需要灵活设置。

5.2.5 卸料臂调水平

1. 零部件固定

（1）安装三维旋转接头夹具，将旋转接头与臂架连接固定。

（2）利用5t手拉葫芦及吊带将卸料臂次配重与臂架连接固定。

（3）将2台卷扬机的钢丝绳分别与卸料臂上下两端连接，操作卷扬机收紧钢丝绳至合适松紧度。

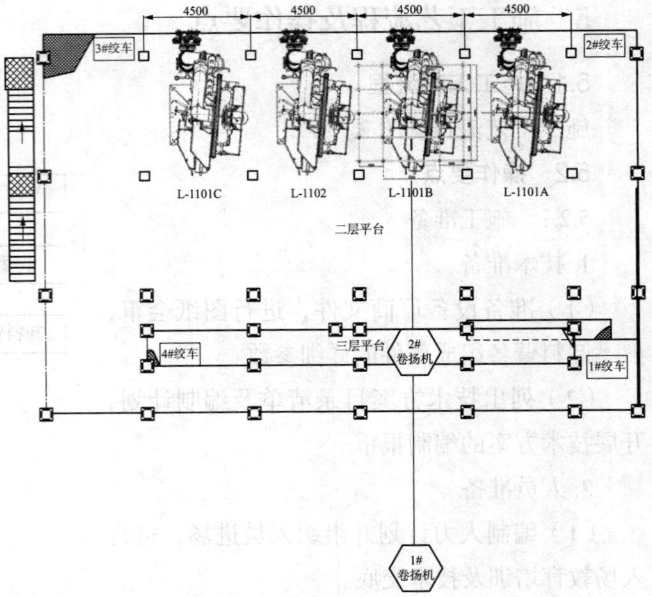

图5 卷扬机及绞车安装布置图

2. 隔离及液压缸拆卸

（1）隔离卸料臂的电源，对液压管线和液压缸泄压，切断并拆卸液压油管线。

（2）先拆卸水平旋转转动控制液压缸，后拆外臂上下控制液压缸。

（3）液压缸在拆除前应采用软质海绵将活塞杆外露部分进行包裹防护。

3. 卸料臂调水平

（1）同时操作2台卷扬机牵引钢丝绳收、放，2台卷扬机的操控速度应保持一致，控制卸料臂慢慢旋转至水平状态。调整的过程如图6所示。

（2）卸料臂由竖直状态调整为水平状态后，将4台绞车的钢丝绳与卸料臂连接。

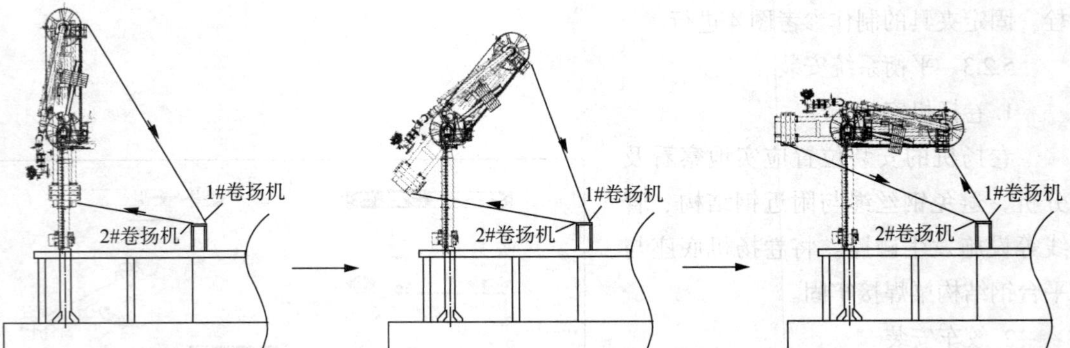

图6 卸料臂由竖直状态调整为水平状态

5.2.6　海上平台就位

（1）将海上平台运转靠泊在重件码头。

（2）海上平台在靠泊前，应先完成码头前沿水域水下探摸工作。

（3）海上平台靠泊时，其边缘距离码头前沿不得超过 3m 并控制平台与码头前沿保持平行。

（4）海上平台靠泊就位之后开始插装作业，4 根桩腿全部插入海底泥沙之中约 6m，使平台稳固。

（5）控制 4 根桩腿的液压插销升降系统，缓慢将平台提升，直至与码头平齐。

5.2.7　履带吊组装

按照履带吊的组装方案进行履带吊组装。

5.2.8　海上平台运转

（1）履带吊在海上平台组装完成后随平台进行运转，操作 4 根桩腿的液压插销升降系统，将平台缓慢降低至海平面。

（2）继续下降平台直至平台吃水约 2.3m，开始进行拔桩作业。

（3）当海上平台的 4 根桩腿全部提升之后开始平台的运转，采用拖轮拖带至接收站 LNG 接卸码头前沿。

（4）海上平台在靠泊前，应先完成 LNG 接卸码头前沿水域水下探摸工作。

（5）按照第 5.2.6 节的要求，完成海上平台在 LNG 接卸码头的靠泊、插装及平台提升操作。

5.2.9　卸料臂吊装

1. 落钩连接

将履带吊主钩调整至被吊设备重心上方，将吊索具底部的卸扣挂至卸料臂吊耳上。吊索具的安装如图 7 所示。

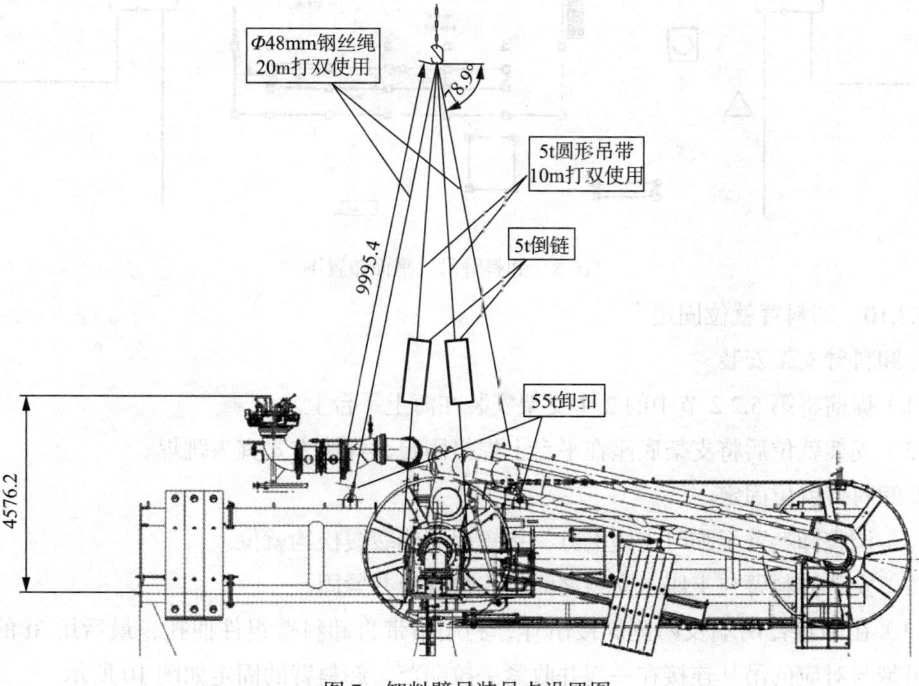

图 7　卸料臂吊装吊点设置图

2. 设备吊装

（1）安排 2 名起重指挥，分别负责码头及海上平台上的起重指挥工作。

（2）控制吊车吊钩慢慢上升，直至吊索受力至 55t 左右。

（3）在拆卸卸料臂与立柱基座连接螺栓过程中，利用 4 台绞车及钢丝绳控制卸料臂拆卸过程中的平稳。

（4）连接螺栓拆卸完毕后，控制履带吊继续提升卸料臂，直至卸料臂离开基座 2m 后停止。

（5）指挥履带吊缓慢旋转主臂，使卸料臂缓慢离开平台区域，旋转过程中应密切关注并指挥绞车、卷扬机操作人员控制卸料臂与周围设施的间距。卸料臂的吊装布置图如图 8、图 9 所示。

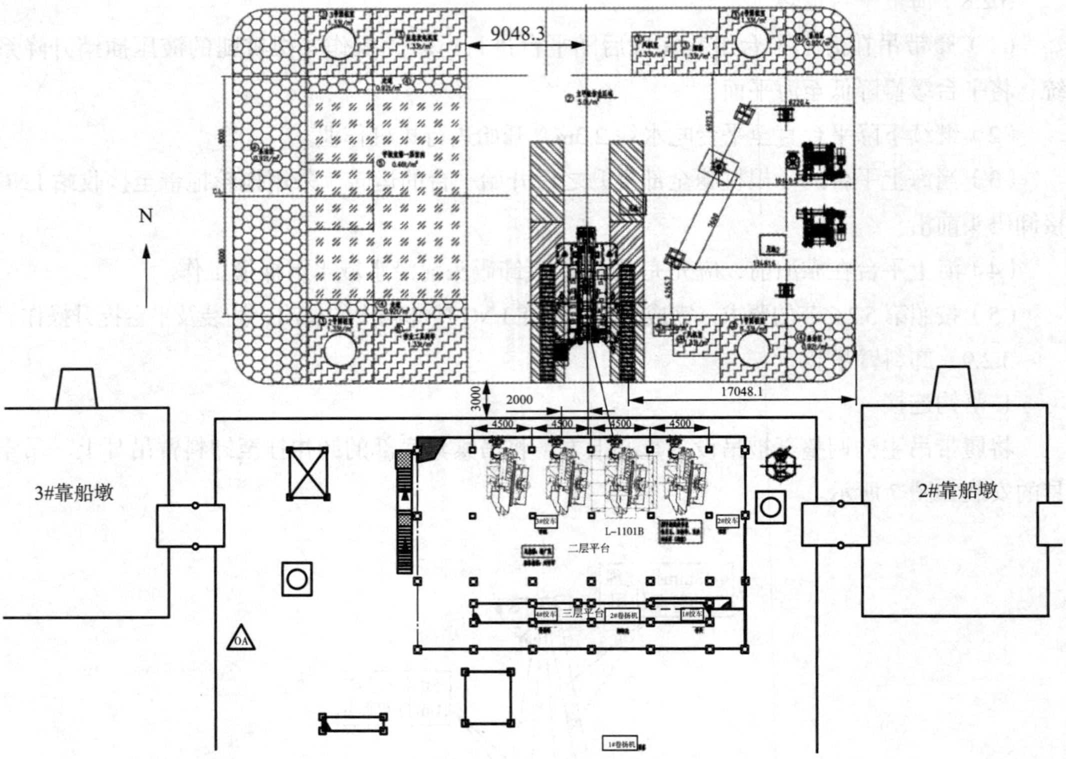

图 8　卸料臂吊装平面布置图

5.2.10　卸料臂就位固定

1. 卸料臂支架安装

（1）提前将第 5.2.2 节中的 2 个支架安装在海上平台上。

（2）支架就位后将支架底座在平台上焊接固定，焊接方式宜为跳焊。

2. 卸料臂就位固定

（1）调整卸料臂至临时支座上方，指挥起重船缓缓松钩就位。

（2）安装卸料臂与支座、支架之间的连接螺栓并紧固。

（3）在卸料臂两端及两侧焊接吊耳，利用吊带将卸料臂组件捆扎，最后用 3t 的手拉葫芦将吊带与对应的吊耳连接在一起并收紧手拉葫芦。卸料臂的固定如图 10 所示。

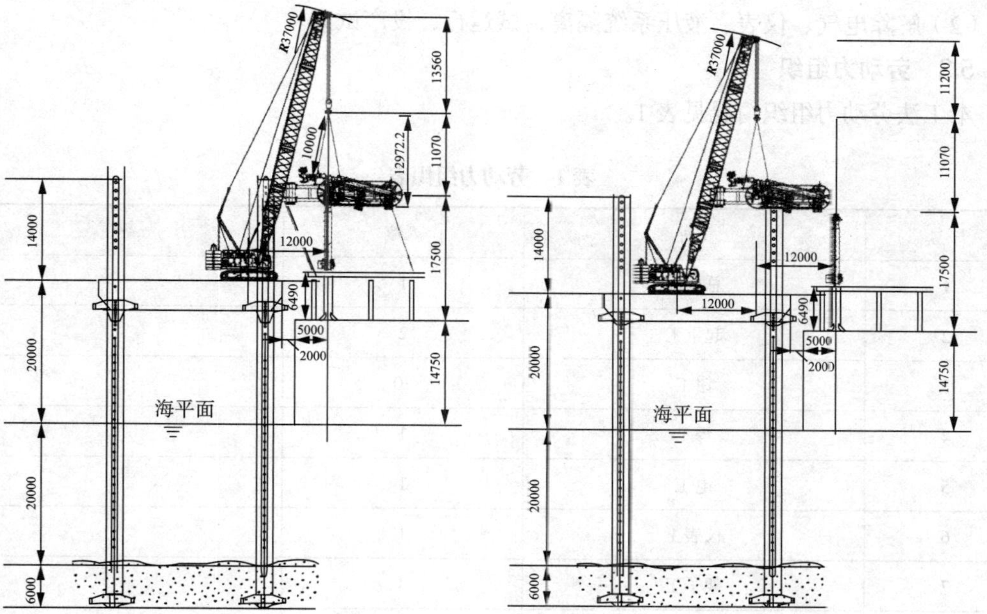

图 9　卸料臂吊装立面布置图

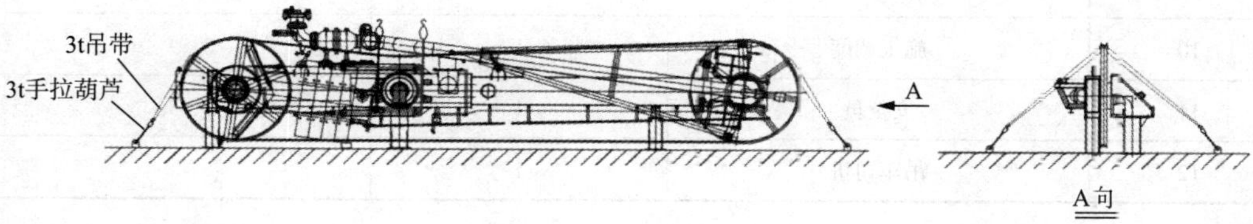

图 10　卸料臂固定示意图

（4）当卸料臂在海上平台上固定牢靠并检查确认后开始松钩。

（5）按照第 5.2.8 节将海上平台运输至接收站南侧重件码头。

5.2.11　卸料臂陆上运转

（1）海上平台到达重件码头后，根据操作规程依次完成靠泊、插装、平台提升等操作。

（2）提前准备好运输拖车，将卡车停放在重件码头预定位置。

（3）松开卸料臂固定用的倒链，利用平台上的履带吊将卸料臂连同支架一起吊装至拖车上。

（4）再次用倒链及吊带将卸料臂与拖车车身进行固定。

（5）用拖车将卸料臂沿既定路线运输至维修车间，最后将卸料臂吊装至地面。

5.2.12　卸料臂检修

（1）采用汽车吊依次将卸料臂的三维旋转接头、次配重、主配重等组件拆卸。

（2）依次对卸料臂的旋转接头、管道、密封件、润滑油管线、螺栓垫片等进行拆卸、检修、维护、施工。

（3）对主要结构部件如臂架、管道、配重等进行解体后打磨除锈、刷防腐漆处理。

（4）检修完成后按照与拆卸相反的顺序完成卸料臂的组装。

5.2.13　卸料臂回装

（1）按照卸料臂拆卸的相反顺序，吊装完成卸料臂的回装。

（2）解除电气、仪表、液压系统隔离，试运行，投产试车。

5.3 劳动力组织

本工法劳动力组织情况见表 1。

表 1 劳动力组织表

序号	工种	人数	备注
1	总指挥	1	
2	起重工	2	
3	钳工	20	
4	焊工	1	
5	电工	1	
6	仪表工	1	
7	架子工	4	
8	火焊工	1	
9	辅助工	4	
10	施工调度	1	
11	安全员	1	
12	吊车司机	1	

6 资源配置

6.1 主要工装材料一览表

主要工装材料见表 2。

表 2 卸料臂检修工装材料一览表

序号	材料名称	单位	数量	备注
1	钢丝绳 Φ48mm × 20m	条	2	
2	吊带 10t × 10m	条	4	
3	吊带 5t × 10m	条	10	
4	倒链 5t	条	4	
5	倒链 3t	条	10	
6	卸扣 55t	个	4	
7	卸扣 17t	个	12	
8	支撑架材料	t	28	

6.2 主要机具设备一览表

主要机具设备见表 3。

表 3 卸料臂检修机具设备一览表

序号	设备名称	型号规格	制造厂家	单位	数量
1	自升式作业平台	海牧 16	江苏韩通船舶重工有限公司	台	1
2	徐工 220t 履带吊	XLC220	徐工	台	1
3	5 轴超重型拖车	120t	一汽解放	辆	1
4	350t 汽车吊	QAY350	中联重科	辆	1
5	120t 汽车吊	QUY120	抚挖	辆	1
6	25t 汽车吊	QY25E	徐工	辆	1
7	手摇绞车	JC1-1800LBS	成华机械	台	4
8	卷扬机	5t	上海神威机械	台	2

7 质量控制

7.1 本工法执行的标准

本工法执行标准见表 4。

表 4 本工法执行标准

序号	文件名称	标准编号
1	石油化工大型设备 / 构件吊装工程规范	GB 50798—2012
2	石油化工工程起重施工规范	SH/T 3536—2011
3	石油化工大型设备吊装工程施工技术规程	SH/T 3515—2017
4	建筑施工扣件式钢管脚手架安全技术规范	JGJ 130—2011
5	机械设备安装工程施工及验收通用规范	GB 50231—2009

7.2 质量控制措施

（1）建立项目质量保证体系，确保质量体系的有效运行，明确各专业人员的质量职责。

（2）实行班前技术交底制度，各工种作业人员在布置任务时，应强调施工质量要求。

（3）严格执行自检、互检、专检的“三检制”。

（4）海上平台靠泊码头时，应控制平台与码头的间距不超过 3m。

（5）在海上平台上提前规划吊车占位及卸料臂存放的位置，对定位点进行测量检查。

（6）对于施工过程中发现的质量问题做到及时发现及时处理，并做好记录，保证可追溯性。

7.3 关键工序的质量要求

本工法关键工序的质量要求见表 5。

表 5 关键工序质量要求

阶段	质量控制点	技术指标	检查方法	检查时机
平衡系统安装	设备安装	1. 设备安装位置是否符合施工平面布置图要求 2. 安装地基是否坚固，机械是否稳固 3. 传动部分是否灵活可靠，制动器是否可限位，保险装置是否有效，机械的润滑情况是否良好	检查设备实体	投用前

续表

阶段	质量控制点	技术指标	检查方法	检查时机
海上平台就位	平台与码头间距	1. 平台边缘与码头前沿间距不得超过3m 2. 平台插桩作业保持匀速，缓慢进行，平台保持水平	实测	就位过程
卸料臂海上吊装	吊装工艺控制	1. 吊装方案经过审批、论证 2. 检查吊装设备工况及现场布置符合方案要求 3. 检查钢丝绳、卸扣、吊耳等吊索具符合规范要求 4. 吊装作业人员交底、培训及吊装演练	检查方案及实体	吊装前

8 安全措施

8.1 执行的安全标准

本工法执行的安全标准见表6。

表6 安全标准

序号	文件名称	标准编号
1	施工现场临时用电安全技术规范	JGJ 46—2005
2	建筑施工高处作业安全技术规范	JGJ 80—2016
3	建筑施工安全检查标准	JGJ 59—2011
4	建设工程施工现场消防安全技术规范	GB 50720—2011
5	建筑机械使用安全技术规程	JGJ 33—2012

8.2 针对本工法实施的特殊规定

8.2.1 防起重伤害安全措施

（1）卷扬机操作人员、起重工持证上岗。

（2）海上平台及履带吊必须经行业检测机构检测验收后使用。

（3）起重作业前，进行吊索具、车况的安全检查，卷扬机进行试运行。

（4）起重作业时，作业半径内警示，防止无关人员进入，吊物下禁止站人。

8.2.2 防高处坠落、物体打击安全措施

（1）高处作业必须100%系挂好全身式安全带。

（2）无法系挂安全带位置，拉设生命线。

（3）临边、洞口使用硬护栏防护。

8.2.3 防人员落水措施

（1）在施工船舶和水上施工作业点配置一定数量的救生圈、救生抛绳等设施。

（2）将施工平台临边安装硬质防护栏杆，平台洞口周围采用脚手架进行硬维护。

（3）所有海上平台作业人员配备救生衣。

9 环保措施

9.1 执行的环保标准

本工法执行的环保标准见表7。

表 7　环保标准

序号	文件名称	标准编号
1	建设工程施工现场环境与卫生标准	JGJ 146—2013
2	一般工业固体废物贮存、处置场污染控制标准	GB 18599—2020
3	公共场所卫生监测技术规范	GB/T 17220—1998
4	污水综合排放标准	GB 8978—1996

9.2　环境保护措施

9.2.1　污染控制措施

（1）设置废弃物临时置放点，并在临时存放场地配备有标识的废弃物容器。

（2）有毒有害废弃物要与其他废弃物区分开，单独封闭存放，防止再次污染。

（3）废弃物在运输过程中，必须覆盖严实，不得出现遗撒。

9.2.2　废料的收集与处理

（1）工业垃圾和废料，按边角料（金属）、包装板分类收集，放在指定的容器或场所。

（2）生活垃圾、生活废水、废液要分类堆放或处理。

（3）任何情况下都不允许将垃圾、废油和废液排入海中。

10　效益分析

10.1　经济效益

运用本工法进行卸料臂海上拆卸及回装施工，解决了施工中出现的相关技术问题，采用自升式海上作业平台作为起重机的工作平台，保障了工程安全，缩短了工期，各项费用能节省 503.8 万元，详见表 8。

表 8　经济效益分析对比

费用科目	采用浮吊或平板驳船吊装	采用自升式海上平台	效益对比
设备及工器具、工装 / 万元	15	6.8	8.2
人工费 / 万元	153.9	102.6	51.3
设备租赁费 / 万元	40.5	27	13.5
	375	267	177
	69		
其他管理成本 / 万元	18	12	6
效益统计（1 台）/ 万元	671.4	415.4	256
效益统计（2 台）/ 万元	8.2+（51.3+190.5+6）×2=503.8		
工期 / 天	90	60	工期节省 30 天

10.2　社会效益

采用该工法可以直接用于卸料臂的检修作业，在施工过程中可以灵活地将卸料臂吊装作业穿插安排在码头接卸 LNG 的“窗口期”，保证接收站在卸料臂检修期间其他设备设施的正常生产运行，具有良好的社会效益。

11 应用实例

实例一：江苏 LNG 卸料臂 L-1101B 安拆工程

江苏 LNG 卸料臂 L-1101B 安拆工程，项目位于江苏省南通市如东县洋口港阳光岛，工期为 2021 年 4 月 13 日至 6 月 11 日，中国石油天然气第六建设有限公司采用本工法进行卸料臂 L-1101B 拆卸、维修、回装工作，共计 60 天完成所有施工任务。该卸料臂自 2021 年 6 月 11 日投用至今，运行安全平稳。

实例二：江苏 LNG 卸料臂 L-1101A 安拆工程

江苏 LNG 卸料臂 L-1101A 安拆工程，该项目内容与江苏 LNG 卸料臂 L-1101B 安拆工程施工内容一致。作业时间为 2021 年 5 月 10 日至 7 月 8 日，共计 60 天完成所有施工任务。该卸料臂自 2021 年 7 月 8 日投用至今，运行安全平稳。

超大型塔器整体预制安装工法

秦芳珍 吕远锋 董瑞卿 秦有年

中国石油天然气第六建设有限公司

1 前言

随着炼化装置大型化发展，装置中的一些核心设备也在往大型化发展，同时随着国内重型运输车辆和大型起重设备能力的提升，越来越多的直径大于10m、质量达千吨的超大型设备由现场分段预制、高空逐段组装的安装模式转变为工厂内整体预制后整体交货，现场一次吊装的安装模式。2021年广东石化炼化一体化项目2台直径为12m的千吨级超大型塔器急冷油塔、急冷水塔预制安装施工成功应用了本工法。通过该项目，中国石油天然气第六建设有限公司形成了“超大型塔器整体预制安装工法”。该工法采用了立式分段预制、卧式合拢口组对、整体运输、整体吊装等施工技术，提高了大型塔器的建造质量，降低了施工成本，极大地减少了施工周期。

“超大型塔器整体预制安装工法”成果被评为2021年度中国石油天然气第六建设有限公司企业二级工法。经广西壮族自治区桂林图书馆文献信息检索查新中心国内查新，证明了本工法关键技术的新颖性。

2 工法特点

2.1 施工周期短

塔器分多段同时预制，液压滚轮架高效组对合拢口，现场整体卧式安装附塔管线及劳动保护各工序有序搭接施工，塔器整体一次吊装安装，极大地缩短了施工周期。

2.2 预制质量好

采用立式分段预制技术，塔段预制质量优良。采用液压滚轮架卧式组对合拢口，对口质量好。

2.3 安全性好

卧式组焊分段口减少了超高空作业风险。

2.4 经济效益好

采用本工法，减少了人工时、吊车台班和脚手架搭拆费用，缩短现场安装周期，有效地节省了施工成本。

3 适用范围

本工法适用于直径为 10 ~ 14m，高度 80m 以下的大型塔器整体预制及现场整体吊装安装施工。

4 工艺原理

根据塔器壳体及内件结构特点、吊装设备、组对装备能力，对大型塔器进行分段预制，采用液压滚轮架按顺序卧式组对合拢口，最后组对固定口将塔器组焊成整体。塔器整体组焊合格后进行试压，采用 SPMT 和货船海陆联运将塔器整体运至项目现场，再整体吊装安装。

4.1 立式分段预制技术

分片卷制壳体板，在高支墩平台上立式分片围板组焊塔段，并在支墩上立式安装各管口和内件。

4.2 液压滚轮架卧式组对合拢口技术

转动液压滚轮架进行合拢口的方位对准，并调节错边量、组对间隙、直线度等参数。在滚轮架上采用埋弧焊焊接合拢口内外缝。

4.3 大型塔器整体运输技术

采用全方向回转功能的重型液压平板车实现塔器装车及滚装上船，通过海陆联运将塔器整体运输至现场。

4.4 整体吊装技术

采用 2 台吊车单机提升单机溜送法整体吊装塔器。

5 施工工艺流程及操作要点

5.1 主要施工工艺流程

5.1.1 施工总流程（图 1）

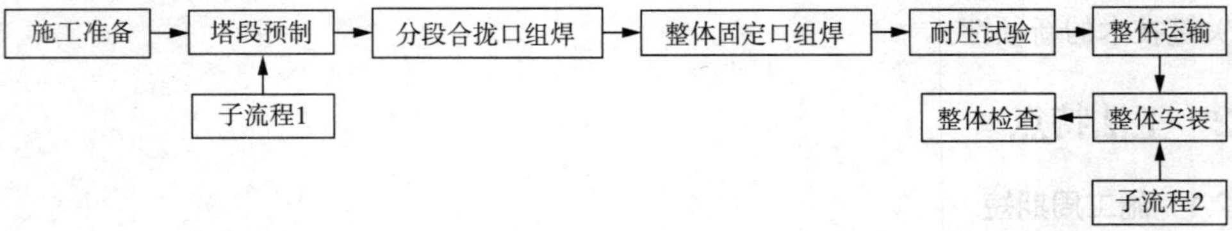

图 1 主要施工工艺流程图

5.1.2 子流程 1（图 2）

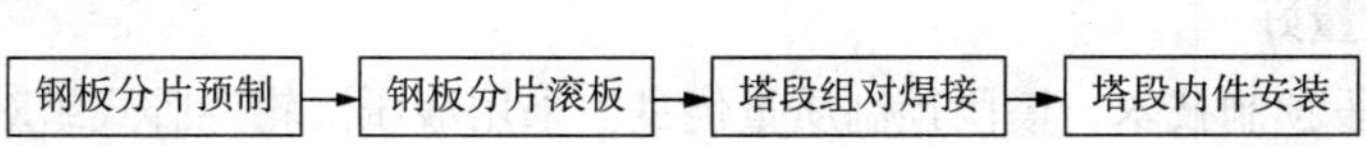

图 2 塔段预制流程图

5.1.3 子流程 2（图 3）

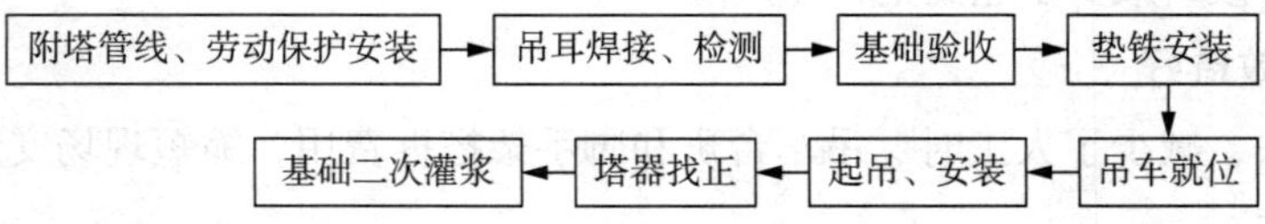

图 3 整体安装流程图

5.2 操作要点

5.2.1 施工准备

（1）编制塔器预制安装方案、吊装方案，进行方案、安全技术交底。

（2）材料入场验收、复验。

（3）施工设备检查、保养，大型吊车进场安装、检查、验收。

（4）根据施工方案对塔器水压试验场地、大型吊车行走路线、吊装作业区域进行地基耐压力检测，对不满足要求的地基进行开挖、回填、夯实 / 压实。

5.2.2 塔段预制

1. 分片预制

钢板采用数控切割机下料，采用半自动火焰切割机开坡口，采用砂轮机打磨去除坡口表面熔渣和氧化皮。

2. 分片滚板

采用数控滚板机分片冷卷壳体钢板，将钢板立在平台板上，用 *D*/6 弦长的弧形样板检查钢板的滚板质量。

3. 塔段组对焊接

将塔器划分成高度为 12 ~ 16m 的塔段并同时组焊，分段塔段采用立式正装法组装（图 4）。塔节组焊过程用日字卡调节焊缝错边量、组对间隙、塔段直线度、上口水平度，在塔节内部采用支撑杆调节塔节椭圆度。塔段组对完成后对称均布多名焊工，采用手工电弧焊焊接塔段纵环缝。

图 4 立式正装法组装塔段

4. 塔段内件安装

各塔段同时在高支墩上由下往上安装塔内件，采用 CO_2 气体保护焊焊接塔内件与塔体角焊缝。

5.2.3 分段合拢口组焊

将预制好的塔段 1 和塔段 2、塔段 3 和塔段 4 成对依次放到组对合拢口。

合拢口组对前布置液压滚轮架，滚轮架放置位置处不得有影响整周转动的管头或预焊件。采用吊车将准备对口的塔段抬吊放上滚轮架（图 5），合拢口组对时，通过调整主、从滚轮架顶升高度来调整塔段端口高度、组对间隙、错边量、塔体直线度。采用全站仪检查整段塔段直线度，合格后采用埋弧焊焊接合拢口。

图 5 抬吊塔段放入滚轮架

5.2.4 整体固定口组焊

根据布置图摆放鞍座及重型滚轮架，并调整高度，将塔体固定段吊入鞍座，活动塔段吊入重型滚轮架，吊车配合实现固定口两端塔段的方位线对正，采用日字卡调整固定口间隙、错边量，用全站仪检测塔体直线度，合格后采用手工电弧焊焊接固定口。

5.2.5 耐压试验

塔器预制质量联合验收合格后，在水压试验场进行整体水压试验，水压试验操作要求执行 GB 150.4—2011 的相关规定。

5.2.6 整体运输

整体运输前完成运输线路上的道路运输条件、码头条件、运输途中障碍情况等的详细调查和勘测。根据塔器规格、质量及运输条件选配合适的 SPMT 和货船。

1. 设备运输绑扎要求

（1）塔器采用 120° 包角鞍座支撑，用扁钢带将塔器与鞍座收紧并将扁钢与鞍座焊接牢固。

（2）设备两侧用手动葫芦捆扎，每个捆扎点的两头分别与设备的捆扎点和平板车组转盘的捆扎耳环呈八字形对称进行绑扎。

（3）设备上船后，将运输鞍座与船板上的支墩焊接牢固，焊缝长度不得小于绑扎校核计算长度。

（4）每台设备使用钢丝绳进行围捆柔性绑扎。在垂直方向使用围捆，向船尾和船首方向以斜拉方式紧固，钢丝绳与甲板夹角在 45°～60° 范围内。

2.SPMT 运输

（1）计算货物横向倾翻临界角，保证安全角度大于 7°。

（2）计算车辆制动产生的离心力 F_L、塔器与车板摩擦力 Q，保证摩擦力 $Q>$ 离心力 F_L，确保车辆在制动时的平稳安全。

（3）运输线路清障，确保 SPMT 道路通畅。专人统一指挥 SPMT 行驶，按运输路线运输。

3. SPMT 滚动上船

在码头与驳船之间铺垫跳板，当驳船与码头满足滚装要求后（平潮或涨潮时），开始滚装作业，滚装过程中，当驳船甲板平面下沉与码头平面相差约 100mm 时车组停止行进，等待压舱水的调整和潮水上升将驳船抬高，当甲板再次高于码头约 100mm 时，车组再前进一段。不断重复上述过程，直到车组全部上船（图 6）。

图 6 急冷油塔滚装上船

4. 海上运输

严格按海运航道路线运输，海运前做好相应的内部协调工作以及海上运输工作。

5. 滚卸及运输

滚卸、运输到安装现场的要求与装运要求一致。

5.2.7 整体安装

1. 附塔管线、劳动保护安装

设备抵达现场联合验收合格后，在设备基础旁卧式安装梯子平台、附塔管线、仪器仪表、电线电缆、照明、保温绝热等分项工程。

2. 吊耳焊接、检测

按设计图纸要求焊接轴式吊耳和溜尾吊耳，并对吊耳焊缝进行100%MT检测。

3. 基础验收

查验基础质量证明文件，确认其混凝土配合比、养护、强度符合要求，对设备基础外观、标高基准线、中心线、地脚螺栓间距、地脚螺栓外伸高度、地脚螺栓垂直度及预埋件等进行全面验收检查，确认其符合要求。

4. 垫铁安装

按照静设备安装施工规范安装垫铁，垫铁布置到位后使用水平仪检查每组垫铁的顶部标高，全部垫铁组标高差宜控制在5mm内。

5. 吊车就位

（1）复测吊车站位区域的地耐力，确认满足要求后，组织主、副吊车入场，在指定位置组车，组车完毕后应进行整车安装性能验收。

（2）吊装实施前，由吊装工程师对参与吊装的起重作业人员及塔器安装人员进行交底。

（3）检查吊索具，确认符合质量和安全要求，将吊索具与塔器吊耳、起重机吊钩正确连接并检查合格。

6. 起吊、安装

（1）采用主吊车单机提升单机溜尾法进行吊装。

（2）准备工作完成后，先进行试吊，将塔器提升200～500mm，静置2min，对吊索具、吊耳受力情况，起重机机械运转情况，地基情况进行检查，确认安全可靠。

（3）经试吊确认安全后，即可进行正式吊装，主吊与溜尾吊车充分协调配合，主吊提升，溜尾吊车递送，当塔器呈垂直状态后，摘除溜尾吊车吊索具，主吊缓慢提升塔器至基础上方并高出地脚螺栓顶部，调整塔器方位，再缓慢地将塔器就位于基础之上。

7. 塔器找正

（1）塔器就位后，采用经纬仪在互成90°的2个方向测量塔器垂直度，并通过主吊车的配合调整垫铁完成找正。

（2）塔器垂直度的调整和测量要避免在一侧受阳光照射及风力大于4级的条件下进行。在塔器完成初步找正后，将各组垫铁互相点焊牢固，紧固螺栓。

（3）主吊车在塔器找正合格后摘除吊钩及吊索具。

8. 基础二次灌浆

设备灌浆前对塔器垂直度进行二次复测，合格后24h内完成二次灌浆。

5.2.8　整体检查

待塔器二次灌浆层养护合格后，在无阳光照射影响且风力小于4级的时段，在互成90°的两个方向对塔器直线度进行整体检查，结果满足安装标准要求即塔器安装检验合格。

5.3　劳动力组织

劳动力组织情况见表1。

表 1　劳动力组织情况表

序号	职务 / 岗位	人数	备注
1	项目经理	1	项目总协调
2	施工经理	1	现场总协调
3	技术员	2	技术指导与监督
4	质检员	2	施工质量监督检查
5	计划统计员	1	施工统计
6	安全员	2	现场安全监督检查
7	焊工	56	焊接
8	铆工	28	组装
9	吊车司机	4	吊装作业
10	起重工	8	配合吊装作业
11	热处理工	4	塔器热处理
12	防腐、包装工	6	防腐、包装
合计		115	

6　材料与设备

6.1　施工手段用料

主要施工手段用料情况见表 2。

表 2　主要施工手段用料汇总表

序号	名称	规格型号	单位	数量	备注
1	钢管	Φ406mm × 18mm，Q235A	m	30	组对支墩
2	钢板	δ=30mm，Q235A	m^2	12	组对支墩
3	钢板	δ=12～20mm，Q235A	t	0.6	组对用工卡具
4	钢板	δ=20mm，Q235B	m^2	200	运输鞍座
5	钢板	δ=18～60mm，Q235B	t	5.5	临时吊耳
6	脚手架管	Φ48mm × 3.5mm	m	7200	
7	钢跳板		块	600	

6.2　机具设备

主要施工设备机具见表 3。

表 3　主要施工设备机具汇总表

序号	名称	规格型号	数量	备注
1	履带起重机	80t，QUY80	1 台	塔段预制

续表

序号	名称	规格型号	数量	备注
2	履带起重机	180t，ZCC1800H	1台	塔段预制及组对合拢口
3	履带起重机	320t，三一重工	1台	组对合拢口
4	履带起重机	400t，中联	1台	组对合拢口
5	重型焊接滚轮架	600t	1套	组对固定口
6	液压组对滚轮架	ZHGK300	2套	组对合拢口
7	自行式液压模块车	4纵列26轴	1辆	装卸船，短途陆运
8	履带起重机	4000t	1台	吊装主吊车
9	履带起重机	1250t	1台	吊装溜尾吊车

6.3 计量器具

主要施工计量器具见表4。

表4 主要施工计量器具汇总表

序号	名称	规格型号	数量	备注
1	自动安平水准仪	DS-32	2台	塔段预制
2	水平尺	600mm，0.5mm	4把	塔段预制
3	激光测距器	博世	2台	塔段预制
4	红外线激光水平仪	博世	2台	塔段预制
5	全站仪	徕卡	1台	塔段预制
6	经纬仪	ET-20C	2台	塔器安装

7 质量控制

7.1 主要标准、规范

（1）TSG 21—2016《固定式压力容器安全技术监察规程》

（2）GB 150.1～4—2011《压力容器》

（3）NB/T 47041—2014《塔式容器》

（4）SH/T 3088—2012《石油化工塔盘技术规范》

（5）NB/T 47015—2011《压力容器焊接规程》

（6）GB 50461—2008《石油化工静设备安装工程施工质量验收规范》

（7）SH/T 3542—2007《石油化工静设备安装工程施工技术规程》

7.2 质量控制措施

本工法关键工序质量控制措施见表5。

表 5 关键工序质量控制措施

序号	关键工序	质量控制点	采取的措施
1	塔段预制	端口水平度偏差≤ 3m	1. 钢材数控下料，控制钢板下料尺寸偏差 2. 控制塔节间环缝组对间隙 3. 组对过程逐节检测塔节上口水平度
		直线度偏差≤ L/1000，且≤ 12mm	1. 用支撑将塔段撑圆控制塔段椭圆度 2. 采用加强板、合理的焊接顺序控制大开孔焊接变形
		内件层间距偏差≤ 3m； 支撑件水平度偏差≤ 5m	1. 每段塔体统一基准划线，减少划线误差 2. 采用激光水平仪检测划线和安装水平度偏差
		对接缝焊接棱角度偏差≤ 5m	1. 跨纵缝焊接弧形加强板 2. 制定合适的焊接工艺，严格焊接纪律，过程实时检查
2	分段合拢口组焊	直线度偏差≤ L/1000， 且≤（0.5L/1000+15）mm	1. 塔器组对用鞍座及滚轮架的高度及同轴度偏差在 ±3mm 内 2. 用全站仪检测塔体组对直线度，合格后方能施焊
3	整体运输	道路勘察	实地考察运输路线，提前排除障碍
		地面承载力检查	对地面承载力不足的位置进行加固
		滚装装卸船	1. 校核塔器运输鞍座的强度及绑扎强度校核 2. 加固后按图确认
4	整体安装	基础质量	1. 基础强度检验 2. 基础验收，基础上不得有裂纹、蜂窝、露筋等缺陷
		垫铁安装质量	1. 基础垫铁面积不得小于计算值 2. 垫铁组须焊接固定，焊缝不得有未融合、裂纹等缺陷
		垂直度偏差≤ H/1000，且≤ 50mm	1. 在风力小于 4 级，无光照影响的时段进行测量 2. 在互成直角的两个方向测量 3. 塔器安装经初测，二次灌浆前复测，二次灌浆养护合格后再测来确认塔器最终垂直度

8 安全措施

8.1 主要法规、标准、规范

（1）GB/T 50484—2019《石油化工建设工程施工安全技术标准》

（2）SY/T 6279—2016《大型设备吊装安全规程》

（3）GB/T 6067.1 ~ 7—2010《起重机械安全规范》

8.2 安全控制措施

8.2.1 危险作业安全控制措施

采用本工法存在高空作业、脚手架作业、有限空间作业、吊装作业等危险作业，这些危险作业应按相关安全技术标准和规范采取相应的安全控制措施。

8.2.2 工序作业安全控制措施

1. 液压组对滚轮架摆放安全控制

合拢口组对前布置液压组对滚轮架，采用全站仪测量滚轮架参照点，确保各滚轮架轴向和高度偏差在 ±3mm 内，以防止塔节转动过程发生窜动移位和滚轮架偏移倾倒。

2. 路线及障碍安全控制

选用 SPMT 运输，运输前核实道路承载力，确保地面承载力必须达到运输载荷要求，确保运输通道宽度、净高、坡度满足通行要求；对运输路径提前进行模拟，特别对各拐弯处进行模拟（图 7），排除障碍物，确保运输道路通畅及运输安全。

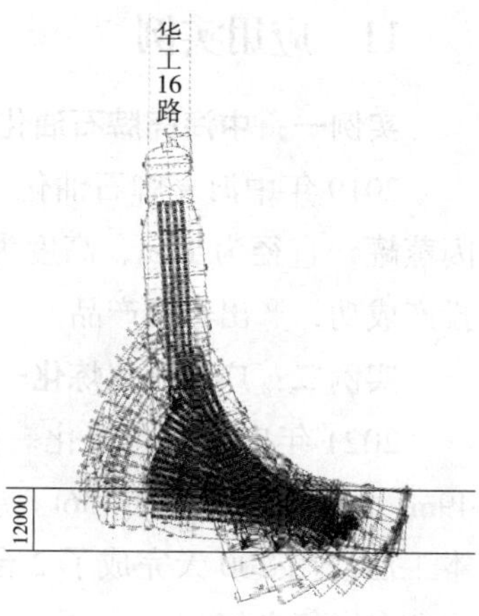

图 7 拐弯模拟

9 环保措施

9.1 主要法规、规范

（1）HJ 612—2011《建设项目竣工环境保护验收技术规范 石油天然气开采》

（2）SH/T 3024—2017《石油化工环境保护设计规范》

（3）GB/T 50484—2019《石油化工建设工程施工安全技术标准》

9.2 环保控制措施

（1）施工垃圾做到集中、分类堆放。下班前要清理场地，做到“工完料净场地清”。生活垃圾设专用加盖垃圾箱，每日清运。

（2）喷砂作业分段在厂房内进行，减少扬尘对环境的污染。

（3）废弃油漆桶不得随意堆放或燃烧，应统一回收管理。

10 效益分析

10.1 经济效益分析

对广东石化项目急冷油塔、急冷水塔预制安装效益进行分析，采用“超大型塔器整体预制安装工法”预制安装大型塔器可从以下方面节约成本。

（1）人工费：采用液压滚轮架卧式组对合拢口技术，减少人工费 5 万元。

（2）机械台班费：采用液压滚轮架组对合拢口、现场卧式安装附塔管线及劳动保护，减少吊车台班费用 40 万元。

（3）脚手架措施费：采用液压滚轮架组对合拢口、现场卧式安装附塔管线及劳动保护，减少脚手架搭设措施投入，节约成本 10.46 万元。

（4）间接费：采用同时分段预制技术、整体运输、整体安装技术减少现场安装工期产生的间接费 30 万元。

（5）采用本工法实现节约成本共计 85.46 万元。

10.2 社会效益、安全效益分析

超大型塔器整体预制安装工法在工厂内采用数控设备下料、卷制壳体板，采用液压滚轮架组对焊接合拢缝，提高了大型塔器预制的机械化率，提升了大型塔器整体预制质量。大型塔器采用工厂内整体预制、整体运输、整体安装技术形成了一种新的大型塔器建造模式，极大地减少项目现场安装周期。“超大型塔器整体预制安装工法”较“大型塔器现场逐段高空组对焊接安装模式”减少了超高空合拢缝的组对焊接作业，提高了塔器安装过程的安全性。采用超大型塔器整体预制与安装工法社会效益、安全效益显著。

11 应用实例

实例一：中海壳牌石油化工有限公司 SMPO/POD 项目

2019 年中海壳牌石油化工有限公司 SMPO/POD 项目 63/30 万 t/a SMPO 装置 EBHP 第二闪蒸罐，直径为 10m，高度为 33m，应用本工法制造安装，工期提前了 20 天。该设备一次投产成功，产出合格产品。

实例二：广东石化炼化一体化项目

2021 年广东石化炼化一体化项目 120 万 t/a 乙烯装置急冷油塔，直径为 12m，高度为 49m，整体吊装质量 1436t。急冷水塔直径为 12m，高度为 61m，整体吊装质量 1500t，应用本工法仅用 200 天完成了 2 台塔器预制安装工作，节约成本 85.46 万元。2 台塔器一次投产成功，运行良好。

乙烯装置汽油加氢单元模块化施工工法

黎泳宏　吕远锋　胡定亿　董瑞卿　李州成

中国石油天然气第六建设有限公司

1　前言

乙烯装置汽油加氢单元模块为梁柱结构工艺模块，与基础通过地脚螺栓连接固定。中国石油天然气第六建设有限公司以广东石化炼化一体化项目 120 万 t/a 乙烯装置汽油加氢单元模块化设计为依托，在钦州设备制造分公司进行工厂模块化建造，由海陆联运，运输至广东石化施工现场就位安装。

汽油加氢单元模块传统的施工方式为：先进行土建施工，后续各专业按顺序逐步展开的施工模式；工厂模块化施工方式为：现场土建施工和工厂模块化建造同时进行的施工模式，土建完成即可进行模块整体就位安装，加快了项目现场的建设速度。本工法编制是在汽油加氢单元模块成功建造并安装就位的基础上，经过总结和提炼，形成此工法。

本工法有效缩短汽油加氢单元模块施工时间，减少现场工程量，提高现场施工进度，取得了较好的经济效益和社会效益。在施工过程中，总结形成的实用新型专利“用于立柱与底板组对的定位工装”，为模块化施工创造了较好的经济效益。

2　工法特点

2.1　模块化划分，各个模块独立并行施工，节省工期

每个模块均在场外进行模块化建造，最后进行模块化运输就位安装。

2.2　模块化建造及运输，节省机械台班费用，节约现场施工场地

各分模块可直接利用车间吊车、露天龙门吊等固有机械设备，实现工厂一体化建造。室外主要进行模块的分片吊装，模块运输采用 SPMT（自走式模块化平板车）进行运输。

2.3　SPMT 就位安装，质量好、安全风险低、建造成本低

现场采用 SPMT 就位，以达到机械化程度高、工效高的目的；车间作业环境好，减少了质量缺陷；大量地面作业，降低安全风险；减少了机械台班、脚手架施工等投入。

3　适用范围

本工法适用于乙烯装置汽油加氢单元模块的模块化建造施工，其他装置梁柱框架结构模

块可参考应用。

4 工艺原理

本工法主要工艺原理为：基于模块三维模型的数据采集及分析的工厂化预制安装。把现场施工变成工厂化模块化建造，最大程度降低现场工作量。预制与总装协同进行，通过合理地划分模块进行模块化预制、模块化吊装，减少总装阶段安装工程量，施工现场直接通过SPMT 就位固定与基础连接，各专业通过黄金口连接。

4.1 多专业并行的模块化预制技术

结构、管道、设备、电气仪表支架等专业同步进行材料采购，根据模块的安装顺序进行模块化预制，先吊装的模块单元先预制，实现预制安装交叉进行，缩短建造工期。

4.2 模块化吊装、模块化安装技术

总装时采用搭积木式模块化施工。先吊装分片预制的立柱模块，然后吊装立柱之间的平台模块，形成稳定的空间结构。首层平台吊装完即进行首层的设备吊装、管道安装，按此顺序依次完成上部平台及设备管道的安装。

4.3 海陆联运整体就位技术

明确运输路径，对道路进行排障及加固，确定模块运输加固方式，利用 SPMT 滚装上船，通过海陆联运运输至现场，利用 SPMT 整体就位模块。

5 施工工艺流程及操作要点

5.1 施工工艺流程

5.1.1 总流程（图 1）

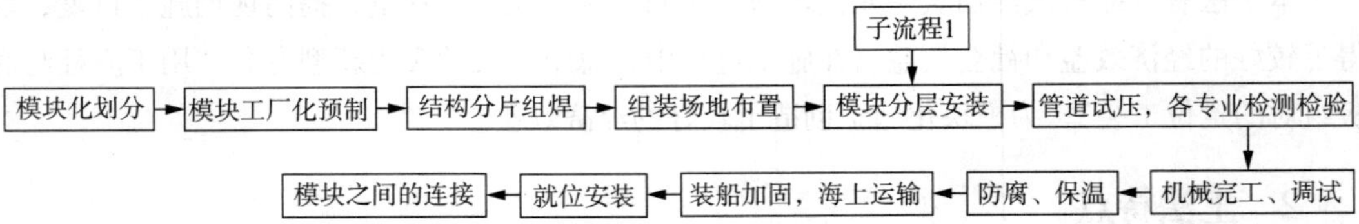

图 1 施工工艺流程图

5.1.2 子流程（图 2）

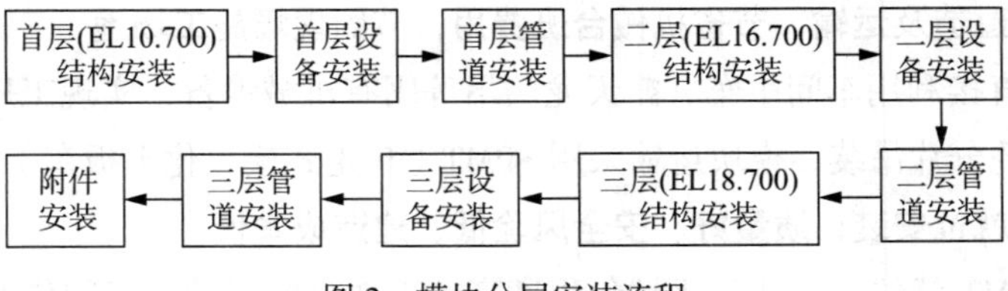

图 2 模块分层安装流程

5.2 操作要点

5.2.1 模块化划分

汽油加氢单元工艺设备划分成加氢反应模块 PAU1（ST-8001）、加氢换热模块 PAU2（ST-8002）、反应换热模块 PAU3（ST-8003）、汽提塔换热模块 PAU4（ST-8004）、PAR-01

（ST-8005）管廊模块、PAR-02（ST-8006）管廊模块共 6 个模块。模块布置图见图 3，模块原布置于地面的设备、管道、仪电等设施抬高布置到模块的首层横梁上，模块之间距离统一为 4.5m，便于 SPMT 顺利进出。

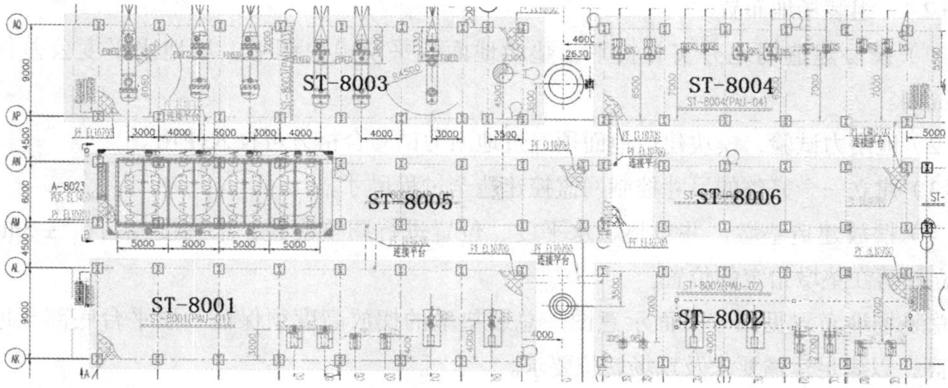

图 3　模块布置图

5.2.2　工厂模块化预制

（1）从模型数据库提取材料，进行模块化分类，模块化工厂预制，采购过程中的所有材料进行集中计划，分批采购供货。

（2）利用车间钢结构生产线、管道自动焊生产线进行流水线生产预制。

（3）选用数控设备：采用数控切割机进行排版切割节点板，锯床切割型钢及管道，数控钻床钻孔，船型自动焊焊接 H 型钢，管道自动焊机进行管道预制口的焊接。

（4）构件预制装配时，核实尺寸以及方向。重要部件立柱组焊时，必须对照图纸核实节点在柱子上的方位、标高，以柱子底脚位置为基准确定标高，每层节点标高都要从柱脚板处引基准线（图 4）。

（5）管道预制时，碳钢与不锈钢必须进行有效隔离．每根管段必须有一个独立的识别牌，标有图纸号、单管号、材料等级、喷涂代码、区域代码，试验数字等信息。根据焊接数据库，将预制口焊接工作放在预制阶段完成（图 5）。

图 4　钢结构工厂化预制

图 5　管道工厂化预制

5.2.3　钢结构分片组焊

对钢结构合理进行分片，并在车间完成分片组焊。根据设计图纸结构尺寸及节点形式进行分片。

立柱与横梁之间的组片及每层各分片平台之间的组焊必须在验收合格的平台上进行，按图纸尺寸及技术要求安装构件，焊接完成后复核水平度，长、宽及对角线偏差，分片对接点需预留安装间隙。

5.2.4　组装场地布置

（1）模块建造场地夯实并找平，垫墩地面找平及模块调平，场地水平度公差保证在 ± 5mm 内。

（2）地耐力试验，模块建造地面须经过地耐力试验合格方可投入使用。

（3）建立一个完整的尺寸控制网监控建造全过程尺寸。

（4）摆放建造垫墩，并对垫墩水平度、位置进行调整检验，水平度控制在 ± 3mm 内，保证立柱落在垫墩指定的位置。

总装场地布置见图 6 平面示意图。总装垫墩的摆放高度须保证一层平台底部至地面约 0.9m 高，以满足运输要求及现场就位要求。

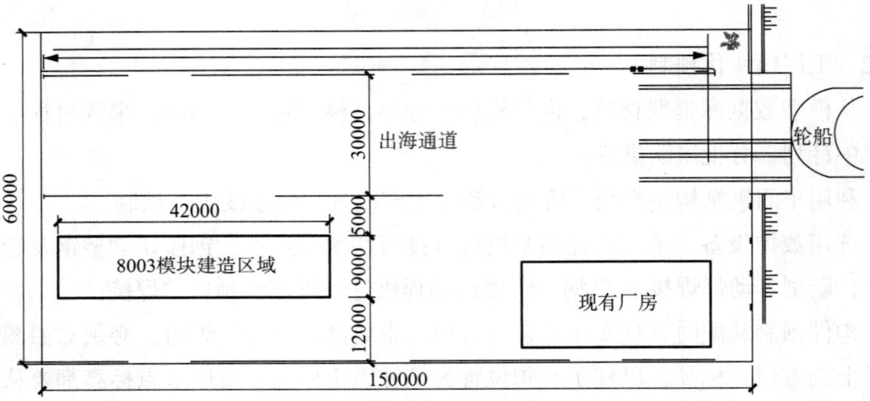

图 6　8003 模块建造场地布置图

5.2.5　模块分层安装

（1）确定关键设备吊装参数，根据设备质量、吊装幅度、高度选用合适的吊车。

（2）搭积木式安装方式：①立柱分片安装；②第 1 层平台结构、格栅及护栏安装；③第 1 层设备安装；④第 2 层平台结构、格栅及护栏安装；⑤第 2 层设备安装；⑥穿管线；⑦附件安装；⑧电气安装；⑨试压、调试。

施工详细步骤描述如下：

第 1 步：垫墩布置如图 7 所示。

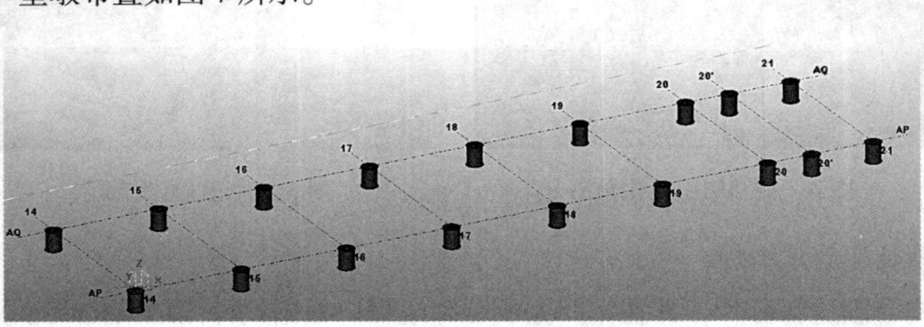

图 7　垫墩布置图

第 2 步：立柱（1# ~ 9# 片）组片安装如图 8、图 9 所示。

图 8　分片组焊的结构

图 9　结构分片吊装

每片结构采用缆风绳固定，吊装就位后调整直线度偏差。

第 3 步：第 1 层 EL（+）10.700（10# ~ 16# 片）安装如图 10 所示。

图 10　10# ~ 16# 片吊装

安装前需复核长度、宽度、对角线尺寸，立柱与立柱间的横梁穿插吊装。

第 4 步：第 1 层 EL（+）10.700 设备管道安装如图 11 所示。

第 5 步：第 2 层至顶层结构片组装 EL（+）13.700（17# 片）、EL（+）16.7（18# ~ 21# 片）、EL（+）18.700（22# ~ 24# 片）、EL（+）22.200（25# 片）如图 12 所示。

图 11　EL(+)10.700 设备管道吊装

图 12　17# ~ 25# 片钢结构吊装

第 6 步：第 2 层设备管道安装如图 13 所示。

图 13　第 2 层设备管道吊装

第 7 步：剩余的管道、电气仪表支架安装如图 14 所示。

第 8 步：附件安装，如爬梯、设备平台等如图 15 所示。

图 14　剩余管道、电气仪表支架安装

图 15　附件平台预制安装

5.2.6　管道试压，各专业检测检验

（1）按试压包编号进行试压，试压前的准备工作是重点（试压包查线消项、工装工具准备）。

（2）电气仪表线路敷设安装完成并验收合格后，进行回路测试，最终形成回路测试合格报告。

5.2.7　机械完工，调试

模块试压检测完成后，按图纸要求进行试运行，对各系统进行调试，如进行照明调试（图 16）。

图 16　电气照明调试

5.2.8　防腐、保温

整个模块组装完成，验收合格后再进行补漆、设备管道保温工作。

5.2.9　装船加固，海上运输

1. 运输路线地面承载力计算

拟选用 2 个 64 轴 SPMT 轴线车，采用三点支承方式连接。地面承载力计算如下：

车、货总质量 $G_{总}=G_{模块}+G_{车}+G_{其他}=680+288+10=978\text{t}$。

运输车与地面名义接触面积 $S=(n_{轴}-1)\times$ 相邻轴线中心距 $\times$ 单桥轮胎轴向中心距（常量，取 0.62m）$\times n_{纵}=219\text{m}^2$。

地面承载力 $P_{地}=G_{总}/S=978/219=4.5\text{t/m}^2$。综合影响系数取 1.5，$P_{地}=4.5\times1.5=6.7\text{t/m}^2$。

2. 运输稳定性计算

SPMT 稳定性计算模型如图 17 所示，通过配车（图 18）计算，模块重心距离 SPMT 支撑最短距离为 h_3=2113mm，设备预估重心高度 H=6000mm。则静态倾翻角大小为：$\theta=\arctan(h_3/H)=\arctan(2113/6000)\approx 19°$，运输稳定性满足要求。

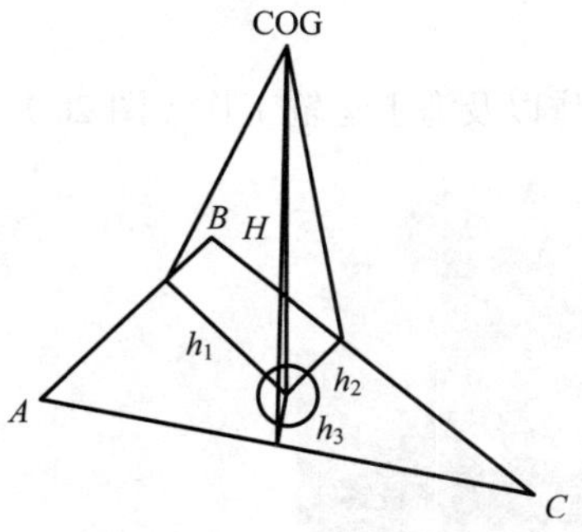

图 17　稳定性计算模型

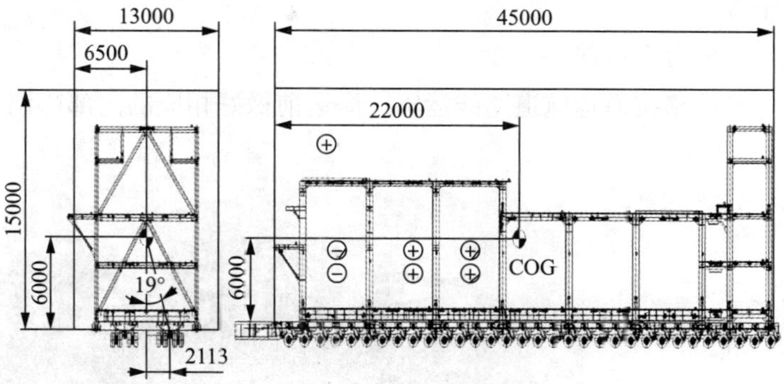

图 18　模块配车图

3. 海运强度校核

货物捆扎方式：货物捆扎采用硬捆扎和钢索捆扎结合的方式。

（1）在货物的前后左右四侧设备立柱上的支撑点用工字钢做支撑杆硬连接在甲板上。

（2）在货物的左右两侧及前后甲板上各焊接三角形地令，用钢丝绳兜套在货物吊耳和货物本体上并与地令连接捆扎，钢丝绳两头用钢丝绳夹头夹紧。支撑固定如图 19 所示。

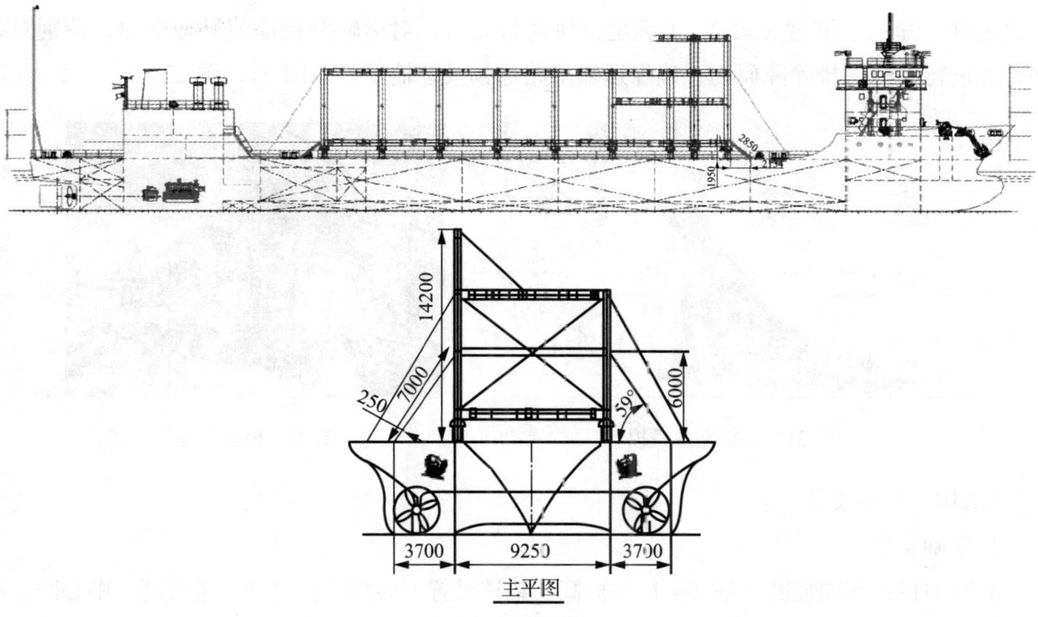

图 19　模块加固

4. SPMT 运输

（1）确保 SPMT 道路通畅，且道路已经完成有效加固。

（2）调整 SPMT 与模块接触部位并有效加固。

（3）SPMT 提升至模块离地 200mm 左右，观察模块是否存在可见变形，存在异响等问题。

（4）专人统一指挥 SPMT 行驶，按运输路线运输。

5. 滚装上船

上船的过程中，运输船将根据调载数据进行前后左右进行调载，确保运输船与码头保持平齐。

6. 海上运输

严格按海运航道路线运输，海运前做好相应的内部协调工作以及海上运输工作（图 20）。

图 20　海上运输

7. 滚装卸船及运输

滚装卸船运输到安装现场的运输要求与装船步骤一致。

8. 项目路线及障碍说明

选用 SPMT 运输，运输前核实道路承载力，确保地面承载力必须达到 6.7t/m^2，确保运输通道宽度、净高、坡度（≤ 2%）满足模块通行要求；对运输路径提前进行模拟，特别对各拐弯处进行模拟，排除障碍物，确保运输道路通畅及运输安全（图 21、图 22）。

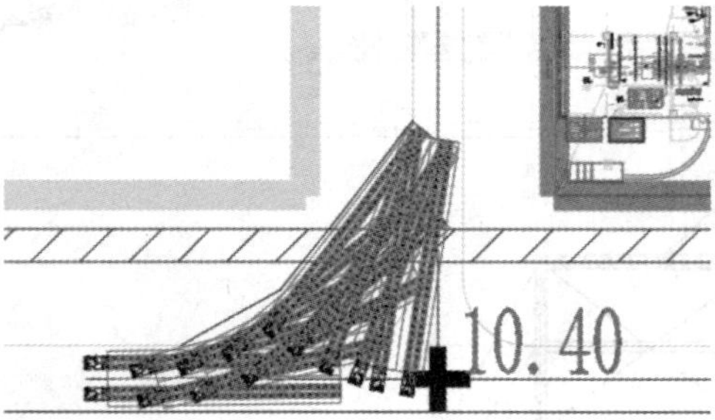

图 21　运输路线模拟

图 22　模块运输

5.2.10　就位安装

1. 基础验收

验收项目：基础强度、基础坐标、标高、垫铁设置、地脚螺栓直径、垂直度、中心距、标高及露出基础长度符合设计或规范要求，地脚螺栓的螺母和垫圈配套，螺纹和螺母保护完好。

2. 模块就位

（1）SPMT 缓慢沿着预留路线移动，直至模块安装位置。通过 SPMT 调整模块各钢柱中心位置，位置符合要求后缓慢下移，直至模块立柱底板与基础紧密接触，继续下调 SPMT 车高度，直至 SPMT 与模块脱离。紧固地脚螺栓，SPMT 缓缓退出模块就位区域。

（2）模块制造质量验收：复核模块定位尺寸、模块直线度、方位，以及相关质量证明文件。

（3）对基础进行灌浆，灌浆过程中采用轻敲柱脚板的方式振捣，确保灌浆层密实（图 23）。

图 23　基础灌浆

5.2.11　模块之间的连接

1. 模块之间工艺管线的组焊（黄金口焊接）

模块之间预留 Hook up 管线，在模块就位固定后与模块内管线焊接连成完整的工艺系统。黄金口焊接位置须满足 100% 内部无损检测要求，确保焊接质量满足标准要求。

2. 防腐保温修补

防腐保温工作仅在黄金口连接部位及现场 Hook up 管线施工，无损检测合格后，即可进行防腐保温施工。

3. 电气仪表系统安装

现场主要完成主电缆敷设接线；接地母排到干线施工；现场安装的配电箱到模块的第一个接线盒的电缆及其附件的安装，实现各个线路的接线连通。

4. 模块预试车

完成汽油加氢单元模块所有的管道、电气、仪表等专业管路、线路的调试检测，对模块进行预试车。

5.3　劳动力统计

劳动力统计情况见表 1。

表 1　劳动力统计

工种	管理人员	铆工	管工	电焊工	火焊工	防腐保温工	电工	仪表工	起重工	配合工	总数
数量 / 人	8	13	10	16	4	8	6	2	2	6	75

6　材料与设备

本工法主要辅助材料见表 2，主要施工机具见表 3。

表 2　主要辅助材料

序号	名称	规格型号	数量	备注
1	钢板	δ=30mm	100m^2	平台，可再次利用
2	H 型钢	HW250mm × 250mm	150m	运输加固，可再次利用
3	枕木	250mm × 250mm × 2000mm	20 根	模块运输，可再次利用
4	钢管	Φ168mm × 6mm	100m	临时支撑，可再次利用

表3 主要施工机具

序号	名称	规格型号	数量	备注
1	行吊	20/10/5	2/2/4	车间设备
2	自驱动模块组合运输车（SPMT）	四轴、六轴线 SPMT	12	租赁
3	汽车吊	130t	1	总装阶段使用
4	汽车吊	50t	1	总装阶段使用
5	汽车吊	25t	1	总装阶段使用
6	卡车	30t	1	材料倒运

7 质量控制

7.1 本工法执行的标准规范

（1）GB 50205—2020《钢结构工程施工质量验收标准》

（2）HG/T 20275—2017《化工设备工程施工及验收规范》

（3）GB 50235—2010《工业金属管道工程施工规范》

7.2 质量控制措施

关键工序及质量控制点见表4。

表4 关键工序及质量控制点一览表

序号	关键工序	质量控制点	采取的措施
1	分片钢结构安装	1. 防止构件变形 2. 柱底板标高及位置精确度偏差在 ±3mm 内 3. 整体垂直度≤ L/1000，且≤ 10mm 4. 横梁平面度≤ L/1000，且≤ 10mm	1. 地基处理，支撑临时加固 2. 以检定合格的测量仪器逐根测量 3. 每片吊装就位后均控制好其垂直度，平面度保证整体尺寸
2	管道焊接	1. 焊工 2. 焊材 3. 焊接方法 4. 焊接设备 5. 焊接过程	1. 管道焊工必须持证并经现场考试合格才能上岗 2. 按设计及规范要求选用与母材匹配的焊条及焊丝 3. 按设计及规范要求采用全氩弧焊或氩电联焊 4. 焊前检查焊接设备的完好性 5. 按设计及规范要求严格执行焊前预热、后热及焊后热处理
3	热处理	1. 保温温度、保温时间、升温 / 降温速度 2. 热处理曲线	1. 检查热处理设备的完好性 2. 安排专职质检员现场监督热处理包裹质量 3. 检查热处理过程曲线图
4	无损检测	各项检测、复探、扩探	1. 制定管道焊缝返修工艺 2. 安排专职质检员现场监督返修质量
5	模块运输	1. 道路勘察 2. 地面承载力检测，承载力≥ $6.7t/m^2$ 3. 滚装上船	1. 实地考察路线，提前排除障碍 2. 对地面承载力不足位置进行加固 3. 海运时对模块进行受力校核 4. 加固后按图确认

8 安全措施

施工前进行安全风险分析，施工过程中严格执行相关安全要求，以下施工生产过程中重点加强管理。

（1）进入厂区及施工区域的人员，一律按操作规程要求着装并佩戴整齐劳保用品。

（2）高空作业人员必须系好安全带，所使用的工具、卡具必须放牢，或放入工具箱（袋）内，防止坠落伤人。

（3）起重吊装作业前，一切索具吊装前必须严格检查，合格后才能使用。应检查起重机的性能状况并试吊。吊装时，应该选择无风或小风天气吊装，以减小风力对吊装的影响。

（4）吊装作业时，要注意复查吊点位置是否可靠。注意周围障碍物，防止设备碰撞损伤，索具不得与其他附件磕碰摩擦。

（5）焊接、火焰切割作业处下方不允许有人工作或逗留，防止焊渣、火花等物落下伤人。

（6）注意安全用电，施工临时设施及焊件应进行可靠接地，用电开关应设专人管理，并注意经常检查绝缘情况。焊机、角向磨光机应接地良好。砂轮机导线、焊把线应绝缘良好，不得有破皮漏电。磨光机导线从漏电开关引出。

（7）焊接时，场地附近不得有易燃易爆物品。在焊接时，必须放置好焊条筒、焊渣锤、磨光机、焊条回收桶等，以防坠落伤人。焊条头必须放在回收桶，严禁高空乱扔焊条头。内部施焊时，应保证良好的通风条件。

9 环保措施

9.1 执行的主要法规、标准、规定

（1）GB 8978—1996《污水综合排放标准》

（2）SH/T 3024—2017《石油化工环境保护设计规范》

9.2 环保控制措施

（1）污水经过三级沉淀处理后再外排放。

（2）施工产生的垃圾及废弃物及时收集、分类存放。

（3）任何情况下废物都不允许直接回填，严禁未经过批准进行焚烧。

（4）施工场地要做到“工完料净场地清”，保证场地清洁和道路畅通。

10 效益分析

10.1 经济效益

（1）主要材料费：工厂化预制结合数控切割设备性能进行钢板、型钢的套料排版，材料损耗较少；现场预制仅进行手工简单排版，损耗率较高，此项可节约材料成本 38 万元。

（2）人工费：工厂化组焊施工条件较好，在厂内进行流水化作业，减少制造工时，且高空作业较少；现场施工环境复杂，工时较多，高空作业多，工价较高，此项可节约成本 53 万元。

（3）机械台班费：模块化建造大量的组焊作业在厂内进行，使用桥吊，自动化生产组焊设备，高空车等设备，施工环境好，施工效率高；现场吊车机械台班较高，脚手架施工作业量大，此项节约 29 万元。

应用本工法节约成本开支：38+53+29=120 万元。

10.2 社会效益

工厂模块化建造在固定的场地施工完成，减少固体废弃物的排放及环境的污染，同时便

于废弃物的处理及回收利用，具有较好的环保效益。模块化建造利用现代制造技术、信息网络技术、数据库技术等最新工业化、信息化发展的成果，推动工程建设从劳动密集型向技术密集型发展，具有较好的社会效益。

11 应用实例

2021 年 4 月至 2021 年 8 月，中国石油天然气第六建设有限公司负责广东石化炼化一体化项目 120 万 t/a 乙烯工程汽油加氢模块的模块化施工。该模块已运输至现场安装就位完成，并顺利通过工程验收。应用本工法取得了良好的经济效果，同时保证了该项工程的进度、质量和安全，计划圆满完成。

框架厂房内卧式设备高空就位机安装工法

王少腾　田展超　朱华　刘川　张家书

中国石油天然气第六建设有限公司

1　前言

炼油化工装置中框架结构以及厂房内的设备和管道布局紧凑，尤其是内部大型设备都具有质量大、体积大、数量多及安装位置受限的特征，安装难度较大。现场受安装进度、设备到货滞后等问题影响，一直以来采用安装胎具及轨道，通过手拉葫芦使设备及安装胎具整体在轨道上滑移平移至基础正上方，或使用吊车及手拉葫芦配合接力倒运框架内部，再安装至指定位置。这种施工方法，需制作专用胎具、轨道，在吊索具斜拽过程中风险高，且人工成本投入大，劳动效率低，风险系数高。

本工法在大连石化大检修项目、广东石化精细化工项目、广东石化五联合项目进行使用，对装置内框架设备进行安装。高空就位机在炼化装置设备安装中的应用，达到了提高工作效率、工程质量和项目效益，降低安全风险、项目成本和劳动强度的目标。

本工法应用过程中，“一种新式管束抽装机主行车”获得实用新型专利（专利号：202111125537.7）;《换热器高空就位机的应用》获 2021 年度公司质量月优秀论文；“高空就位机在框架厂房内卧式设备安装中的应用”获得 2023 年度中国寰球工程有限公司科学进步奖三等奖。

2　工法特点

（1）采用高空就位机安装框架内设备的施工方法，可避免因设备到货滞后对整体施工进度的影响，有效地保证了施工工期。

（2）采用高空就位机安装框架内设备的施工方法，可以使设备随到随装，优化了施工流程。施工作业人员只需操作高空就位机和手拉葫芦即可将设备就位。

（3）可降低施工成本。无需制作专用安装胎具及轨道，节省吊车台班、机械费用、人工及时间成本，最大限度节约施工资源。

（4）安全性能良好，操作简单、工效高，降低了吊索具斜拽造成的安全风险。

3 适用范围

本工法适用于框架内、厂房内、无法直接吊装就位的卧式设备安装。适用于质量在 60t 以下，直径 2000mm 以下卧式设备的安装。可以广泛用于框架平台内和厂房内其他机泵设备、换热器、卧罐、撬块设备的安装。特别对于工期紧、任务重、作业区域分散的检修项目，可将高空就位机进行大力推广。

4 工艺原理

本工法核心工艺是采用高空就位机进行框架厂房内卧式设备安装，高空就位机由抽装机主行车、减速箱、随动小车、电控柜、电机、操作开关、轴承座组成。机器采用行星摆线针轮减速机做动力，利用梯形丝杆传动，进行就位。设备安装时，先将设备安放在高空就位机的小车上，用吊车将高空就位机和设备整体吊运至框架边，将高空就位机镶嵌梁伸入框架内设备基础上方，制动小车将设备平移至框架内基础上方，进行安装就位。本工法核心工艺流程见图 1 ~ 图 4。

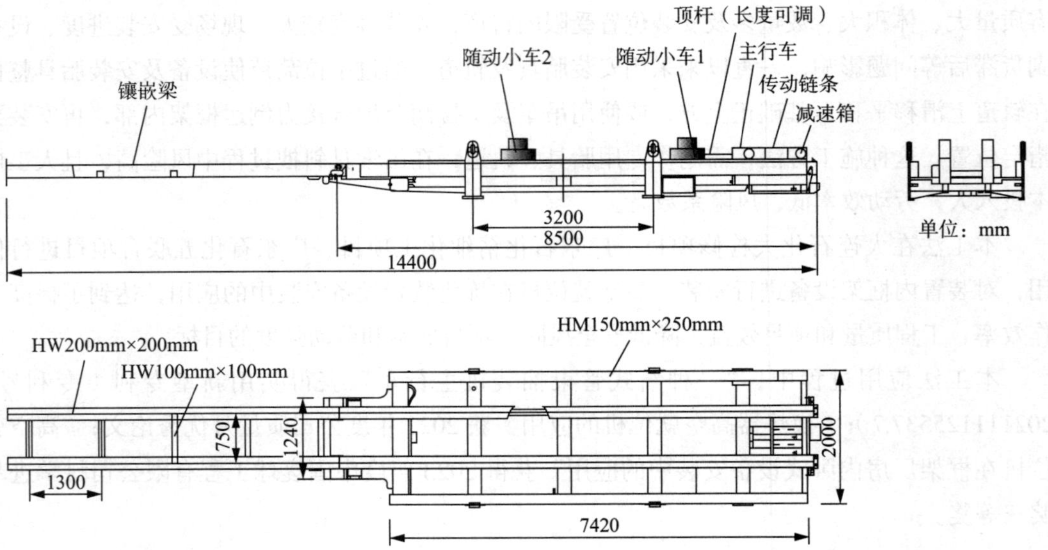

图 1 高空就位机结构简图

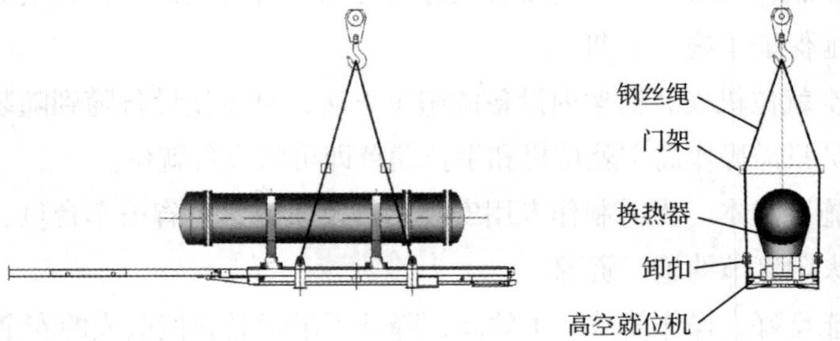

图 2 设备、吊索具安装布置图

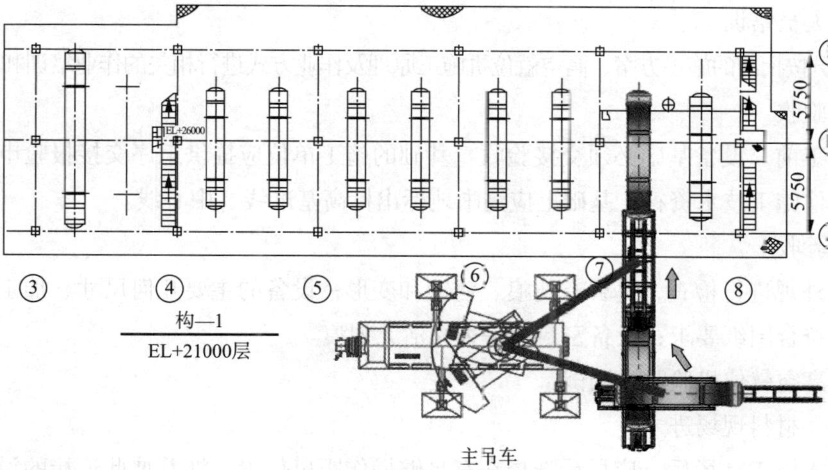

图 3　设备吊装平面布置示意图

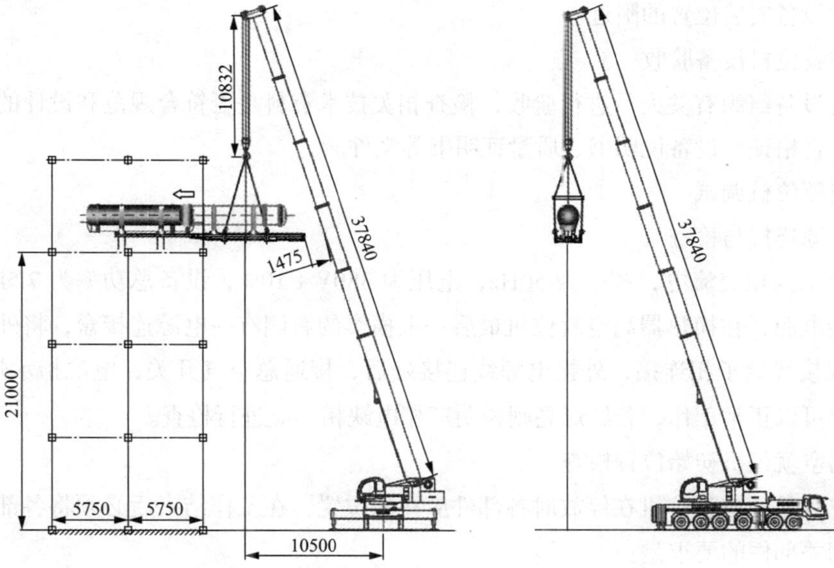

图 4　设备吊装立面布置示意图

5　施工工艺流程及操作要点

5.1　施工工艺流程

施工工艺流程如图 5 所示。

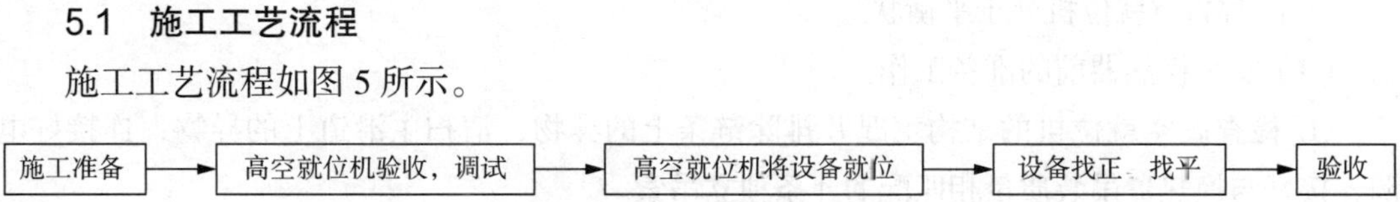

图 5　高空就位机使用流程图

5.2　操作要点

5.2.1　施工准备

1. 操作人员、材料和设备准备

按照施工部署准备施工人员、材料和设备。

2. 操作人员培训

操作人员按批准的施工方案、高空就位机施工原理及作业方式进行相关的作业培训和安全培训。

3. 基础验收

安装施工前，设备基础必须交接验收。基础的施工单位应提供工序交接报验申请表、测量记录及其他施工技术资料；基础上应清晰地标出标高基准线、中心线。

4. 设备验收

对设备外观进行检查，是否有伤痕、锈蚀和变形；设备的主要几何尺寸、加工质量和管口方位是否符合图纸要求；设备密封面是否光洁无划痕。

5.2.2　高空就位机验收、调试

1. 设备、材料现场进入

设备进入施工现场后，应尽量选择在有足够操作距离位置，涉及彼此连接的设备应把握好设备之间的相对位置和距离，同时不能占用消防通道，不能对现有设备设施造成损坏，并兼顾电源、设备安装位置的附近。

2. 高空就位机设备验收

对到货设备组织有关人员进行验收，检查相关技术资料是否符合规范和设计的要求，如是否有出厂合格证、设备说明书、质量证明书等文件。

3. 高空就位机调试

（1）电源连接与检查

电源使用三相交流电，频率为 50Hz，电压为 380V ± 10%，设备总功率为 7.5kW。使用时连接外接电源，在换热器高空就位机最后一根横梁的右侧有一电源连接盒，将外接电源线与电源盒内接线端子相连接，外接电源线连接好后，接通总空气开关，电源指示灯绿灯亮，则电控系统可以正常工作，若红灯亮则说明三相电缺相，应进行检查。

（2）高空就位机初始位置检查

初始位置是高空就位机在停放时各部件应在的位置，在工作结束后必须将各部件置于初始位置，相关部件的要求是：

① 镶嵌梁在高空就位机上端，镶嵌梁的前端与主梁的前端用螺栓固定。

② 2 部随动小车置于镶嵌梁上部前端，并于前端牢靠锁住，2 部小车之间也应牢靠锁住。

③ 主行车靠近镶嵌梁后端。

④ 此时高空就位机处于平衡状态。

（3）安装换热器前的准备工作

① 检查高空就位机的结构工况并排除链条上的异物，清扫主滑道上的异物，连接好电源，接好与换热器吊装质量相匹配的 4 条独立吊索。

② 检查电控系统、遥控系统是否正常工作。

③ 通电检查主行车是否正常工作。

5.2.3　高空就位机将设备就位

1. 设备放置于高空就位机

将需要安装的设备安放在高空就位机上，将高空就位机吊装至要安装的换热器附近地面工作平台，吊运时高空就位机应处于平衡状态且应切断电源。具体流程见图 6。

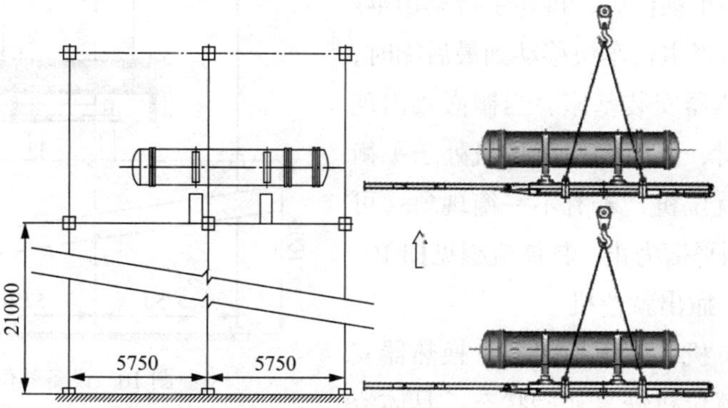

图 6　设备放置于高空就位机

2. 高空就位机伸入框架

卸下镶嵌梁的固定螺栓，找到镶嵌梁的中心平衡点，吊起镶嵌梁，并与高空就位机主梁对接。将主梁与镶嵌梁用螺栓连接固定牢靠，解除前部随动小车与镶嵌梁的锁定，同时解除 2 部随动小车的锁定状态，并将后一部随动小车与主行车锁定，将主行车开到最后端。具体流程见图 7。

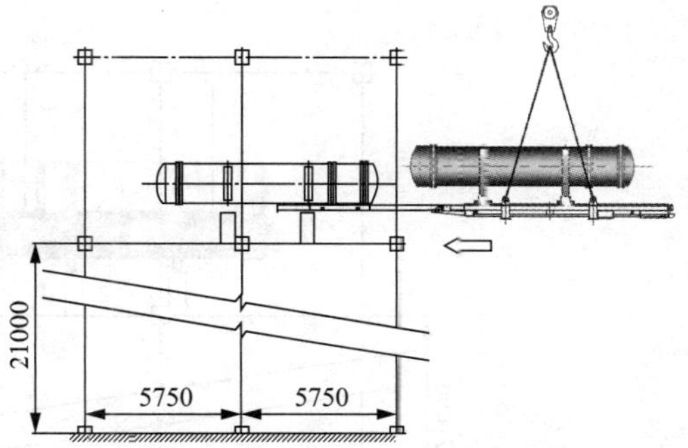

图 7　高空就位机吊装至设备安装位置

3. 小车带动设备平移至框架

将换热器基座用 M20 螺栓与 2 部小车固定牢靠，缓慢吊起高空就位机，并通过移动主行车调整高空就位机的平衡；将调整平衡后的高空就位机吊装到需要安装的换热器基座上，缓慢放下高空就位机，使高空就位机的镶嵌梁前端钩住里面的基座，并且镶嵌梁平稳地与 2 个安装基座接触。

具体流程见图 8、图 9。

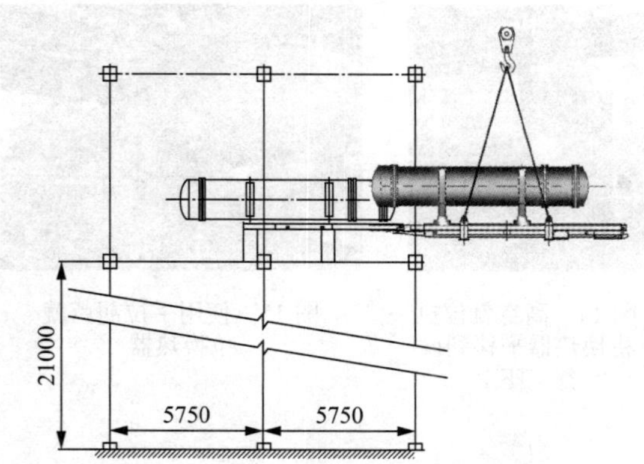

图 8　高空就位机与设备基础固定

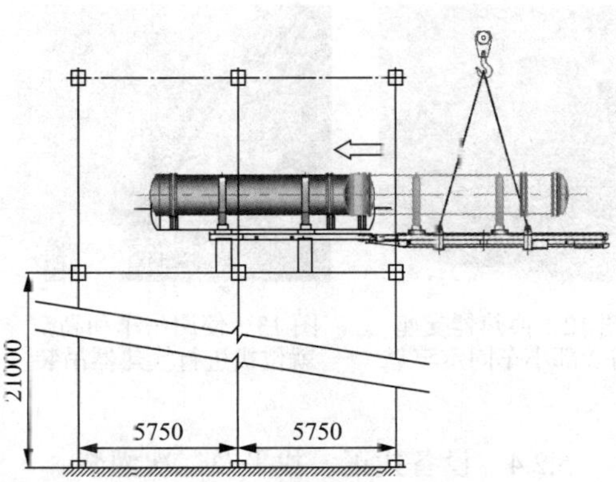

图 9　设备平移至基础上方

4. 设备进行就位

拆除换热器与随动小车之间的固定螺栓，用手拉葫芦吊起换热器。换热器被吊起的高度以高空就位机便于被吊出的高度为宜。顶杆收回，将2部随动小车锁住后，再与主行车锁牢。向后开动主行车，当主行车快移动到最后端时，注意镶嵌梁与换热器安装基座，当镶嵌梁出现与安装基座分离时，此时高空就位机处于平衡状态。吊起高空就位机，若有不平衡现象，可通过主行车调整到平衡为止。具体流程见图10。

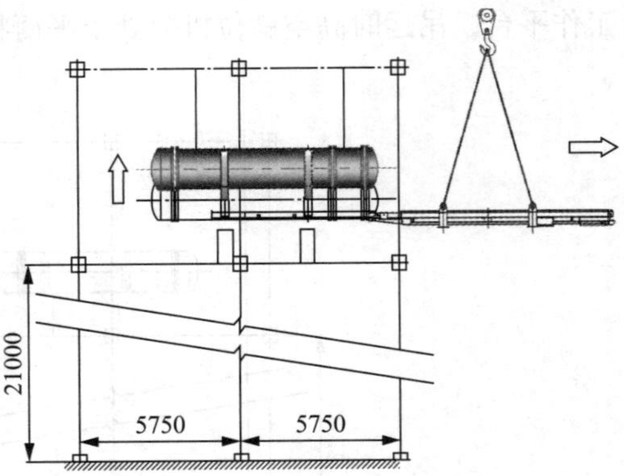

图10 设备就位至基础上

5. 检查合格，撤出就位机

吊走高空就位机，落下换热器，换热器安装结束，将高空就位机恢复初始状态。具体流程见图11。

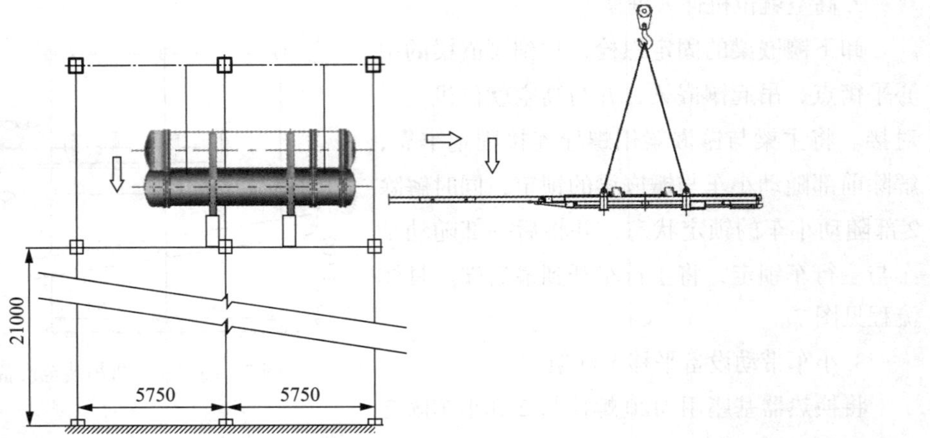

图11 高空就位机移出

6. 各装置在本工法中的使用

各装置在本工法中的使用情况如图12～图15所示。

图12 换热器支座与2部小车固定牢靠

图13 使用吊车和高空就位机进行换热器吊装

图14 高空就位机将换热器平移到设备支座上

图15 使用手拉葫芦就位换热器

5.2.4 设备找正、找平及二次灌浆

1. 设备找正、找平

设备安装找正、找平采用调整垫铁来进行，垫铁应在基础处理合格后进行摆放。

垫铁组应成对使用，斜垫铁应斜向且相向使用，放在有加强筋的设备底座下，其搭接长度不小于全长的 3/4。每组垫铁一般不超过 4 块，高度控制在 30～80mm 范围内。

2. 二次灌浆

设备找正、找平后，经检查验收合格后将垫铁组点焊定位，但不得将设备底座板与垫铁组点焊在一起。随后完成垫铁安装隐蔽工程记录，通知监理进行检查，合格后进行二次灌浆工作。

5.2.5　验收

组织相关方进行联合验收，验收合格后，进行成品保护，并进行周边卫生清扫。

5.3　劳动力组织

劳动力组织见表 1。

表 1　劳动力组织表

序号	类别	岗位	人数	职责
1	非直接人员	项目经理	1	现场总负责
2		项目副经理	2	负责现场的施工生产及技术质量工作
3		安装责任师	1	负责设计设备安装方案及技术指导工作
4		吊装责任师	1	负责设计安装施工方案及技术指导工作
5		安全工程师	1	负责施工现场的安全管理工作
6		QA、QC 工程师	1	负责质量控制工作
7	直接人员	钳工	4	负责垫铁安装及设备找正工作
8		焊工	1	负责垫铁焊接工作
9		吊车司机	1	负责吊车操作
10		起重工	2	负责吊装作业准备及实施
11		力工	4	辅助工作
合计			21	

6　材料与设备

本工法主要设备、材料统计见表 2。

表 2　主要设备、材料表

序号	名称	规格型号	单位	数量	备注
1	设备就位机		台	1	含配套专用吊索具
2	吊车	130t 汽车吊	台	1	根据实际选用
3	手拉葫芦	5t	条	4	
4	警示带		m	300	
5	麻绳		m	300	
6	口哨		个	4	
7	钢盘尺	50m	把	1	
8	钢卷尺	5m	把	2	

续表

序号	名称	规格型号	单位	数量	备注
9	对讲机		台	4	
10	水准仪		台	1	
11	水平尺		把	4	

7 质量控制

7.1 工程质量控制标准

（1）GB 50461—2008《石油化工静设备安装工程施工质量验收规范》

（2）GB 50798—2012《石油化工大型设备吊装工程规范》

（3）SH/T 3536—2011《石油化工工程起重施工规范》

（4）SH/T 3515—2017《石油化工大型设备吊装工程施工技术规程》

7.2 质量保证措施

（1）施工前组织作业人员进行详细技术交底，使其熟悉高空就位机操作规程，严格按操作规程进行操作。

（2）建立健全质量管理制度，严格按质量检查程序要求进行自检、互检、专检来控制施工质量。

（3）安装场地（吊车站位行走路线等）必须平整夯实，做好地基处理，以防地基下陷而发生事故。

（4）设备安装时吊车吊载逐渐变小，吊车选用应按最大吊载考虑。严禁吊车超负荷工作。

（5）用于施工测量及质量检查的计量器具应准确可靠，并在检定有效期内，经进场报验合格。

7.3 质量控制点

质量控制点见表 3。

表 3 质量控制点

序号	控制点	类别	控制内容
1	设备及附件检验	A	型号规格、出厂合格证及有关资料
2	吊车选型	A	按最大吊载选用吊车，考虑高空就位机本体及设备本体质量
3	基础检验验收	A	坐标、标高、地脚螺栓孔位置等
4	基础处理	B	基础表面处理，外观垫铁找平
5	设备安装	B	标高进出口位置
6	组装找平	C	各部间隙，轴封的正确组装，联轴部位找正
7	二次灌浆	B	砂浆充实，满足螺栓孔充砂要求等
8	竣工验收	A	工程文件齐全，编号、汇编手续齐全

8 安全措施

8.1 安全控制标准

（1）GB/T 50484—2019《石油化工建设工程施工安全技术标准》

（2）SY/T 6444—2018《石油工程建设施工安全规范》

（3）JGJ 59—2011《建筑施工安全检查标准》

（4）JGJ 33—2012《建筑机械使用安全技术规程》

（5）JGJ 46—2005《施工现场临时用电安全技术规范》

（6）GB/T 12801—2008《生产过程安全卫生要求总则》

（7）GB 6067.1 ~ 7—2010《起重机械安全规程》

8.2 安全保证措施

（1）做好安全培训工作，在进行技术交底的同时进行安全交底，并履行签字手续。

（2）开展作业前安全分析，有效识别安全风险，制定并落实风险消减措施。

（3）加强用电机具的管理和维护工作，出现断电、短路情况，立即找专业维修电工处理，严禁擅自违章操作。

（4）现场临时用电，配电箱要按照指定形式摆放，用电开关要有漏电保护器，人员离开现场必须切断电源。

（5）动火作业应遵守现场动火作业管理规定，应按要求配备足够的消防器材和设施。

（6）施工前必须对钢缆绳进行检查，断丝、老化、锈蚀的钢缆绳不能用于施工作业。

（7）特殊工种必须持有效证件上岗；吊装作业须由起重工指挥，并使用统一指挥信号，杜绝违章作业和违章指挥，并对作业场所悬挂警示标志。

（8）建立施工隔离区，无关人员禁止入内。

9 环保措施

9.1 环保控制标准

（1）2014 年 4 月修订《中华人民共和国环境保护法》

（2）JGJ 146—2013《建设工程施工现场环境与卫生标准》

（3）GB 12523—2011《建筑施工场界环境噪声排放标准》

9.2 环保措施

（1）施工前将相关方案和业主要求向全体施工人员进行详细技术交底；施工期间设专职 HSE 监督员对施工现场进行环境管理、监督。

（2）将施工场地和作业限制在工程建设允许的范围内，合理布置、规范围挡，做到标牌清楚、齐全，各种标识醒目，施工场地整洁文明。

（3）防止大气污染的措施：施工现场制定洒水降尘制度，指定专人负责，在易产生扬尘季节，采取洒水降尘。

（4）防止水体污染措施：施工现场严格按照废液处理要求进行处理，处理指标达标，产生的排出液经业主方许可后方可排入排水系统。需要拉运至污水处理厂处理或垃圾场填埋的絮状体可通过曝晒后干燥拉运。

10 效益分析

10.1 经济效益

应用本工法主要完成了以下工程的施工任务。施工速度快，节省成本，创造效益，提前完成了施工任务。以广东石化精细化工项目为例，进行经济效益分析。详细分析见表 4。

表 4 工法效益分析表

费用科目	采用一般方法	采用高空就位机安装	效益对比
施工过程中用设备及工器具、工装	30000 元	10000 元	66.7%
人工费（管理 + 作业人员）	4 人 ×16 天 ×600 元 /（天・人）+6 人 ×16 天 ×500 元 /（天・人）=86400 元	4 人 ×8 天 ×600 元 /（天・人）+6 人 ×8 天 ×500 元 /（天・人）=43200 元	50%
设备租赁费	130t 汽车吊：8000 元 / 天 ×16 天 =12800 元	130t 汽车吊：8000 元 / 天 ×8 天 =64000 元	50%
效益统计	129200 元	69600 元	46.1%
工期	16 天	8 天	工期节省 8 天

一般方法，1 台换热器就位要 8 人及若干手拉葫芦，安装最少 8h，吊车 8 台班。部分位置还要使用型钢平台，额外增加材料费用和制作费用。

使用高空就位机：1 台换热器就位仅需 4 人，手拉葫芦只通过高空就位机将换热设备卸在基础或结构上，配合设备安装调整就位。手拉葫芦可减少三分之一，安装 2 ~ 3h，吊车 2 ~ 3 台班。人工费、机械台班费、材料费用节省 50%，更换效率提升 40% 以上。

大连石化大检修项目合计提高经济效益百分比为 51.8%。

广东石化精细化工项目提高经济效益百分比为 46.1%。

广东石化五联合项目提高经济效益百分比为 49.5%。

10.2 工期效益

大连石化大检修项目上使用本工法，在 15 天时间内完成了 16 台设备就位工作，比一般方法至少节约工期 10 天。

广东石化精细化工项目上使用本工法，在 8 天时间内完成了 48 台设备就位工作，比采用一般方法节约工期 8 天。

广东石化五联合项目上使用本工法，在 8 天时间内完成了 8 台两两叠加型换热器就位工作，比采用一般方法节约工期 8 天。

10.3 环保、安全效益

高空就位机在炼化装置设备安装中的应用，达到了提高工作效率、工程质量和项目效益，降低安全风险、项目成本和劳动强度的“三高三低”目标。相较传统设备安装模式，优势十分明显，不仅提高了施工效率，节省了人力、物力消耗，减少了脚手架搭设量和手拉葫芦使用量，同时降低了高空作业安全风险，节约了成本，达到提质增效，降低成本的目的。

11 应用实例

实例一：大连石化 2020 年大检修项目

大连石化 2020 年大检修项目的应用，应用时间为 2020 年 6 月至 2020 年 8 月，采用本工法更安全、环保，节省 10 天工期，提高经济效益 51.8%。

实例二：广东石化精细化工项目

广东石化精细化工项目的应用，应用时间为 2021 年 5 月至 2021 年 7 月，采用本工法更安全、环保，节省 8 天工期，提高经济效益 46.1%。

实例三：广东石化五联合项目

广东石化五联合项目的应用，应用时间为 2021 年 7 月至 2021 年 11 月，采用本工法更安全、环保，节省 8 天工期，提高经济效益 49.5%。

炼化装置大厚壁合金钢管道全自动焊接施工工法

蒋汉建　孔祥超　陈君龙　石彦庆　耿彦海

中国石油天然气第六建设有限公司

1　前言

炼化装置大厚壁合金钢管道现场预制焊接施工以往的焊接工艺分为 2 种模式："手工打底 + 手工填充盖面"或"手工打底 + 自动焊填充盖面"。管道的打底焊接还完全局限于手工操作，还不能真正实现整道焊口全自动焊接。这 2 种传统的焊接工艺都需要有较高水平焊工施焊，焊接效率低，焊工劳动强度大，焊接质量很大程度上也受到制约，而且高水平手工管道焊工培训周期长、费用高。

针对以上问题，中国石油天然气第六建设有限公司应用了炼化装置大厚壁合金钢管道全自动焊接施工工艺。该工艺使用机械下料、机械开破口、自动焊接系统，形成了炼化装置大厚壁合金钢管道流水线作业全自动焊接施工。本工艺的核心是全自动氩弧焊打底与埋弧焊填充、盖面焊接工艺相结合；该工艺还通过深入研究不同管径、大壁厚材料组对间隙范围、焊接参数、常见焊接缺陷及预防措施等，解决了管道自动焊打底焊困难问题，实现了大厚壁合金钢管道现场预制焊接整道焊口全自动焊接工艺。与传统工艺相比，具有保证质量、缩短工期、降低成本、降低用工水平，同时通过提高现场管道预制的深度，从而减少了高空作业，提高了安全性等优点。该施工工艺在榆林长庆乙烷制乙烯项目、塔里木乙烷制乙烯项目、广东石化炼化一体化项目乙烯分项目已成功应用，并取得了良好的经济和社会效益。其关键技术"自动钨极氩弧焊打底技术在管道预制中的应用"获得寰球工程有限公司的科学技术三等奖。

2　工法特点

2.1　安全性高

本工法提高了现场管道预制的深度，减少了高空作业，有效降低了施工风险，提高了安全系数。

2.2　施工质量优异

该工艺采用的是全自动焊接工艺，焊接质量高，大大降低了工人的劳动强度，减少了人为因素的影响，更容易保证焊接质量。

2.3 施工效率高、成本低、经济效益好

本工法采用的是全机械化焊接施工，一次焊接合格率高，减少了焊缝返修，提高了焊接效率，缩短了施工周期，降低了用工水平，焊工单价较低，从而降低了施工成本。

3 适用范围

本工法适用于以下炼化装置的管道焊接施工：

（1）合金钢材质：P91、P9、P5、P22、P11。

（2）管径：*DN* 168 ~ 1200 mm；壁厚：20 ~ 60mm。

（3）焊接方法：自动氩弧焊打底 + 埋弧焊填充、盖面。

（4）焊接位置：1G（水平转动）。

4 工法原理

利用（卧式双柱管道高效切割带锯床）机械下料；（固定式管道双向端面坡口机）机械开焊接坡口；采用的管道自动焊接系统（管钳式多工艺自动焊接中心）是主要工艺，由以下3个重点机械化工艺技术组成。

4.1 锯床下料工艺技术

由材料传送、定位、固定和切割4个工艺技术步骤组成。材料传送：采用机械传送自动进料，材料被放到机器的进料端口，机器自动将材料传送到切割区域；材料定位：材料传送到切割区域，需要对材料进行定位。本切割机采用的是红外线的方式检测下料的位置，起到精准定位下料；材料固定：下料位置定位确认后，进行材料固定。采用切割机中配有夹具或压轮等固定工具，以达到夹紧固定材料效果；材料切割：调好切割速度和进刀量，启动切割按钮，以达到切割效果。

4.2 坡口机开坡口工艺技术

利用电动升降机构和液压夹紧机构将管道升降至一定的中心标高后，进行管道夹紧，在控制面板上调节所需加工坡口的角度等参数，利用铣削动力头带动刀具旋转进行坡口加工。刀具可进行自动径向进刀，铣削动力头可进行轴向移动，最终达到加工效果。

4.3 管道自动焊接系统工艺技术

由开口式管钳、自动焊接操作架、升降式托架、压辊式变位机、焊接电源、焊枪系统工艺技术组成，形成一个管件转动、焊枪固定的管道自动焊接工艺。管道自动焊接系统设备见图1。

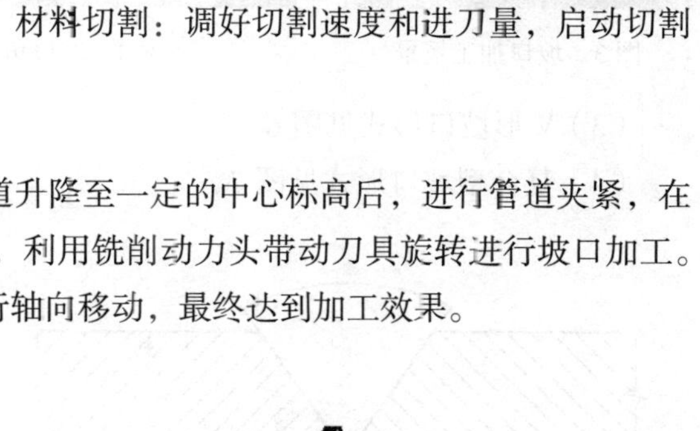

图1　管道自动焊接系统设备

5 施工工艺流程及操作要点

5.1 施工工艺流程

施工工艺流程见图2。

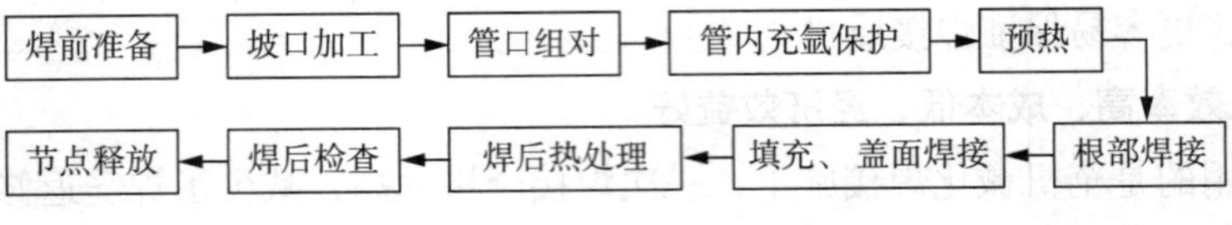

图 2　施工工艺流程

5.2　操作要点

5.2.1　焊前准备

（1）参与施工的设备安装就位调试，应达到使用条件并定期保养维护。

（2）选择（制定）合理的焊接工艺评定，依据焊接工艺评定，以及现场实际情况要求编制好焊接工艺规程，明确焊接技术要点，确定焊工、焊材以及焊接参数。

（3）检查焊接设备是否满足焊接工艺要求，且设备能否准确地显示焊接工艺参数；检查是否储存所需焊接参数，若没有保存所需参数，就根据焊接工艺规程设计好所需参数并保存。

（4）专职质检员要检查焊剂是否按要求烘烤，确认无误后，方可使用。

5.2.2　坡口加工

（1）坡口加工前要核对好管段机械下料的尺寸，确认无误后，方可加工坡口。

（2）坡口加工利用机械开坡口，坡口参数要求均匀、大小、一致，而且成型平整，误差在 ±0.5°以内。坡口加工场景见图 3；坡口角度检测见图 4；坡口成型见图 5。

图 3　坡口加工场景

图 4　坡口角度检测

图 5　坡口成型

（3）V 形坡口形式见图 6。

（4）复合型坡口形式见图 7。

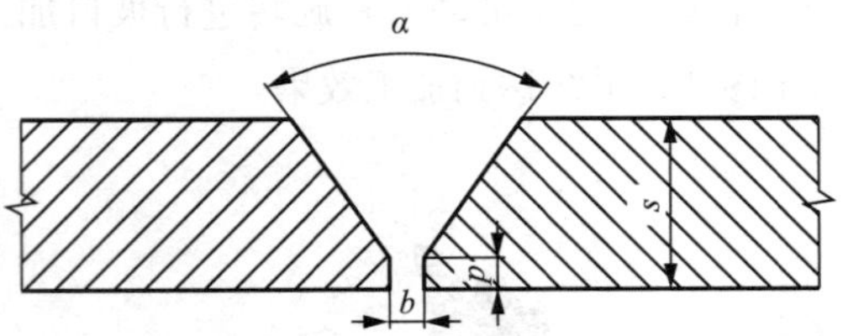

厚壁s/mm	坡口角度α/(°)	钝边/mm
20≤s≤60	60	0.5~1

图 6　V 形坡口形式

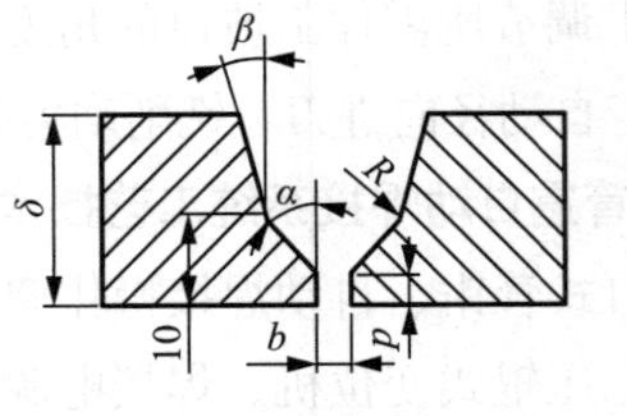

复合型坡口				
壁厚δ/mm	β/(°)	α/(°)	P/mm	R/mm
30＜δ≤60	10	35	0.5~1	10

图 7　复合型坡口形式

5.2.3　管口组对

管口组对，作业班组挑选有丰富经验的管工，组成一个“摊”，执行摊位长负责制，并安排专职质检员检查组对参数。

（1）管口组对前采用磨光机对坡口及坡口两侧 20mm 范围以内的油漆、铁锈等杂物清理干净，直至见金属光泽为止，并对合金钢管道坡口进行着色（PT），检查是否有裂纹、分层等缺陷。坡口 PT 检测见图 8。

（2）焊件不得进行强行组对，不允许用火焰校正等热膨胀法对口。

（3）20mm 以上厚度的管口，组对的间隙为 1.5 ~ 2mm。

（4）管口组对要均匀，满足内壁错边量不大于 0.5mm，外壁错边量不大于 1.5mm。

图 8　坡口 PT 检测

（5）点焊要求：点焊位置按正式预热工艺参数进行火焊局部预热，管内有充氩保护要求的材质，要在进行充氩保护后，采用高频焊机手工氩弧焊进行点焊，再利用火焊对点焊缝及时进行消氢处理，$\Phi168\text{mm} \leqslant DN \leqslant \Phi400\text{mm}$ 的管口点焊 4 点，每一点的长度不大于 25mm；大于 $\Phi400$mm 的管口点焊 4 ~ 6 点，每一点的长度不大于 20mm。点焊第 1 点，长度不大于 10mm，点焊完其余几点后，再补长第 1 点点焊的长度。点焊的焊肉要薄且圆滑成型过渡，确保每一焊点都无焊接缺陷。点焊完成后，对焊点质量进行专项检查，如发现焊接缺陷，及时处理。焊点管内成型对比情况：正确焊点管内成型见图 9；错误焊点管内成型见图 10。

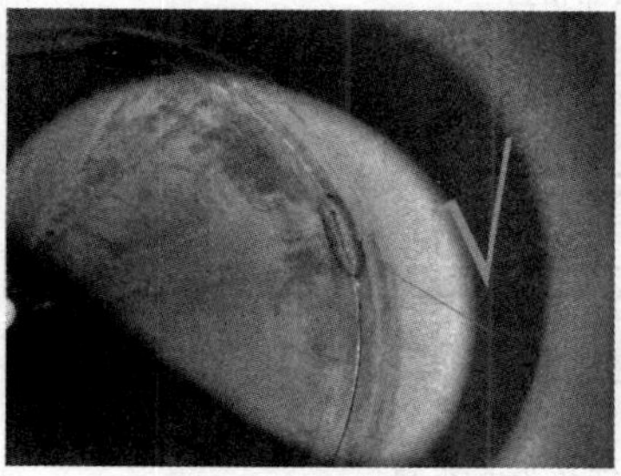

图 9　正确焊点管内成型

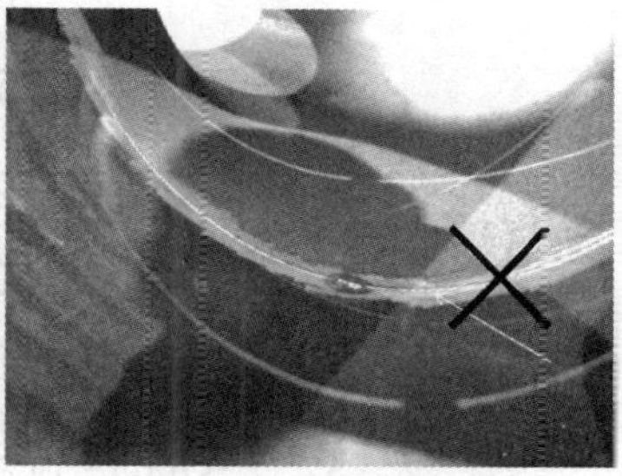

图 10　错误焊点管内成型

（6）执行三检制（自检、互检、专检）检测组对的间隙和错边量。间隙检测见图 11，错边量检测见图 12。

图 11　间隙检测

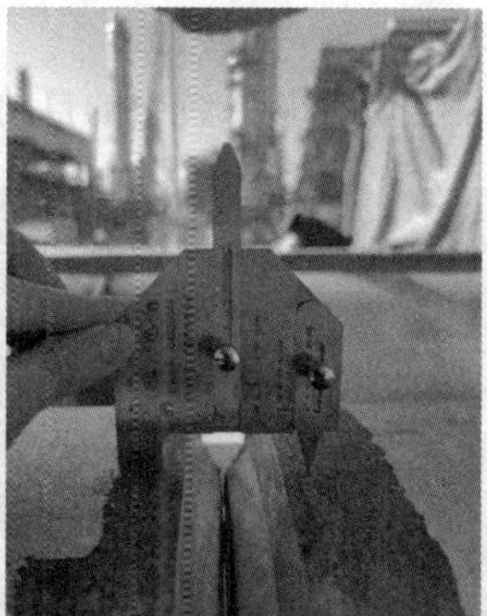

图 12　错边量检测

（7）部分管子与管配壁厚不相等，按下列方法处理。

不等壁厚的工件组对时，错边量不符合规定时，焊件端部按图 13 的规定，使用锉刀或砂轮机进行削薄修整。端部削薄修整后的壁厚不得小于设计规定的最小厚度。

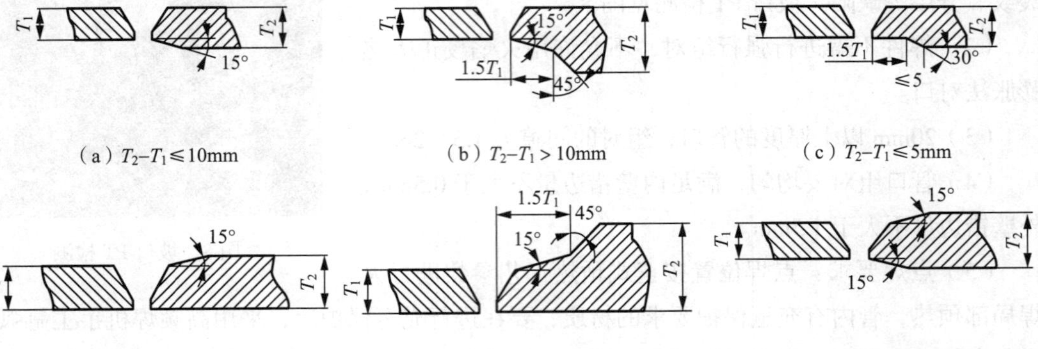

（a）$T_2-T_1 \leqslant 10$mm （b）$T_2-T_1>10$mm （c）$T_2-T_1 \leqslant 5$mm

（d）$T_2-T_1 \leqslant 10$mm （e）$T_2-T_1>10$mm （f）$T_2>T_1$

图 13　不等厚加工

5.2.4　管内充氩保护

P11 焊接不需要管内充氩保护；P91、P9、P5、P22 施焊前进行管内充氩保护程序，气体流量 8 ~ 15L/min，管内空气排尽后方可施焊。管内充氩保护方式示意见图 14。

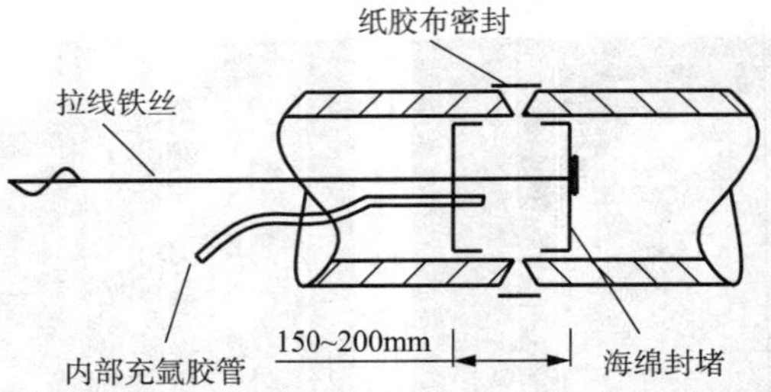

图 14　管内充氩保护方式示意

5.2.5　预热

施焊前进行焊前预热，预热要求及参数按照合格的焊接工艺规程执行。预热方法采用电加热，用红外线测温仪测温。自动钨极氩弧焊打底焊电加热预热见图 15。

5.2.6　根部焊接

（1）根部焊接采用自动焊接系统中的自动钨极氩弧焊。自动钨极氩弧焊操作场景见图 16。

图 15　自动钨极氩弧焊打底焊电加热预热

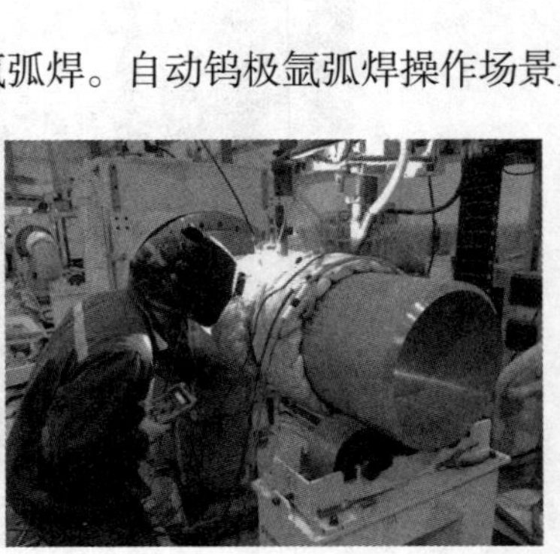

图 16　自动钨极氩弧焊操作场景

（2）使用自动氩弧焊打底前，按动面板上的检气按钮排尽气管内的空气，并检查气体流量大小。

（3）焊接保护气体的氩气纯度≥ 99.99%。

（4）焊枪的正确位置及角度调至管道 11 点与 12 点位置之间（顺时针方向焊），焊枪与母材的角度处于 90°；焊丝与钨极之间的距离为 1 ~ 2mm；钨极与工件的距离为 2 ~ 3mm，焊丝与钨极之间的夹角为 80° ~ 90°。自动氩弧焊焊枪的角度实况见图 17。

图 17　自动氩弧焊焊枪的角度实况

（5）自动氩弧焊打底时，检查管口间隙，从间隙小的段落开始焊接，间隙≤ 1mm 的位置，焊枪不需要摆动，间隙＞ 1mm 的位置，要开启焊枪的摆动功能。

（6）自动氩弧焊打底相比手工氩弧容易出现未熔合和内凹等问题，打底焊时控制好管件的转动速度、焊枪摆动参数、送丝速度以及焊接电流电压参数等，在焊接过程中要时刻注意观察熔池情况，及时进行调整。

图 18　埋弧焊接操作场景

（7）打底焊接工艺参数详见 5.2.7 节合金钢自动焊焊接参数表（表 1）。

5.2.7　填充、盖面焊接

（1）填充、盖面焊接采用自动焊接系统中的埋弧焊。埋弧焊接操作场景见图 18。

（2）使用埋弧焊前，把遗留在焊剂漏斗中的焊剂排放干净，加入新烘烤好的焊剂。

图 19　埋弧焊焊枪的角度实况

（3）焊剂的颗粒度要符合相应的有效规范要求。

（4）埋弧焊枪的位置及夹角与自动钨极氩弧焊要求一致［详见 5.2.6 中的第（4）条］。埋弧焊焊枪的角度实况见图 19。

（5）埋弧焊焊丝伸出长度为 20 ~ 25mm，埋弧焊焊丝伸出长度示范见图 20。

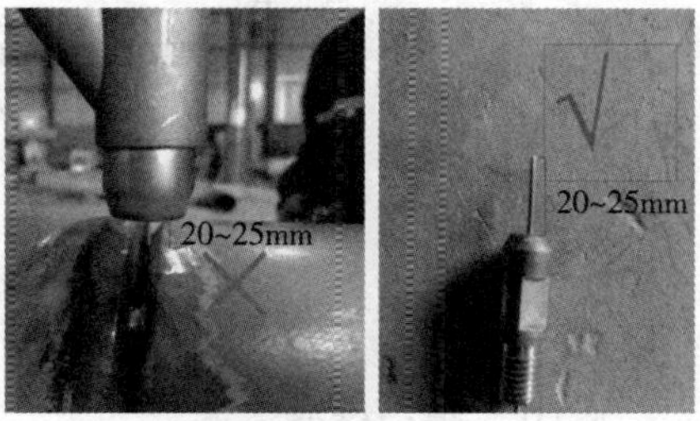

图 20　埋弧焊焊丝伸出长度示范

（6）合金钢焊接要控制层道间温度大于预热温度，并使用校验合格的测温仪检测。层道间温度监测见图 21。

（7）每道焊后立即用砂轮机对道间进行清理，并进行外观检查，发现缺陷并清除后，方可进行下一道焊接。

（8）埋弧焊前坡口及坡口两侧的杂物要按焊接工艺要求清理干净；埋弧焊层道间排道焊要合理；焊道间凹凸槽需要圆滑成 U 形。

图 21　层道间温度监测

（9）盖面焊时，遇到管口错边量＞ 1mm 时，在填充次层后，需要用砂轮机打磨高出一侧，磨至平整，再进行盖面焊接，根据焊接工艺规程要求进行排道焊接完成。

（10）焊接参数详见表 1。

表 1　合金钢自动焊焊接参数

母材规格（直径）	自动氩弧焊打底 /Φ1.2mm				埋弧焊填充盖面 /Φ1.6mm			
	电流 /A	电压 /V	送丝速度 /（mm/min）	转速 /（r/min）	电流 /A	电压 /V	送丝速度 /（mm/min）	转速 /（r/min）
168mm ≤ DN ≤ 218mm	180 ~ 200	16 ~ 18	800 ~ 1000	50 ~ 70	200 ~ 230	32 ~ 34	1700 ~ 2300	250 ~ 300
218mm ＜ DN ≤ 609mm	200 ~ 250	16 ~ 18	1000 ~ 1500	60 ~ 100	200 ~ 300	32 ~ 34	2000 ~ 3200	250 ~ 300
DN ＞ 609mm	200 ~ 300	16 ~ 18	1500 ~ 2000	60 ~ 100	200 ~ 350	32 ~ 34	2000 ~ 4000	200 ~ 300

5.2.8　焊后热处理

合金钢管焊口焊接完成后，根据焊接工艺规程要求进行焊接接头消氢或消应力热处理。

（1）焊后热处理工艺参数按照焊接工艺规程要求进行，并打印清晰的热处理曲线图佐证。

（2）热处理要专人负责，正式热处理开机前，要检查好测温点的装设是否符合要求。

（3）热处理接线方式见图 22。热处理控制器要放在干燥、通风的绝缘物上，接头处要绝缘良好。

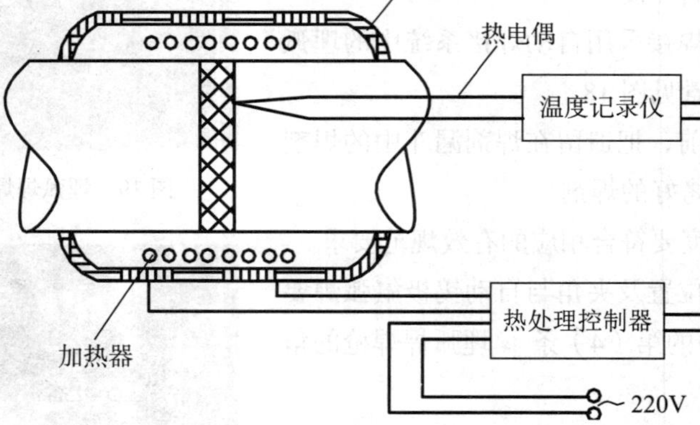

图 22　热处理接线方式

5.2.9　焊后检查

（1）外观检查

焊缝与母材要圆滑过渡；焊缝表面不得有裂纹、未熔合、夹渣、气孔、飞溅、焊疤等缺陷；管道焊缝余高 0 ~（1+0.1δ），且最大为 3mm，焊缝余高差不大于 2mm；焊缝宽度比坡口增宽≤ 4mm（每侧增宽≤ 2mm）；其咬边深度≤ 0.5mm，焊缝两侧咬边总长度不大于焊缝全长的 10%，且≤ 100mm。

（2）无损检测（RT）检查

检测比例及等级按照设计及有效规范要求进行，焊后 24h 做 RT 检测，Ⅱ级为合格。

5.2.10　节点释放

本工法焊接施工完成并经检验合格后，按照项目工艺安装流程进行报验并进行节点释放。

5.3　劳动力组织

劳动力组织见表 2。

表 2　人员配置表（以 1 条流水线作业为例）

序号	岗位	单位	数量	备注
1	技术人员	人	1	
2	HSE 管理员	人	1	
3	施工班长	人	1	
4	铆工	人	3	
5	火焊工	人	1	兼任操作坡口机（开坡口）
6	焊工	人	5	
7	起重工	人	1	
8	射线检测工	人	1	
合计		人	18	

6　材料与设备

6.1　材料表

主要措施用料见表 3。

表 3　主要措施用料表

序号	名称	型号规格	备注
1	焊丝	钨极氩弧焊丝，Φ1.2mm	
		埋弧焊丝，Φ1.6mm	
2	焊剂	烧结埋弧焊剂 / 粒度，10 ~ 16 目	
3	砂轮片	Φ150mm	
		Φ100mm（厚）	
		Φ100mm（薄）	
4	氩气	纯度 99.9% 以上	
5	钨极	铈钨极，Φ2.5mm	
		铈钨极，Φ3.2mm	
6	电焊面罩	头戴式	
7	电焊面罩	手提式	
8	铆工手套		
9	焊工手套		
10	钢丝刷		
11	锯片		

6.2 机具设备

主要施工设备机具一览表见表 4。

表 4 主要施工设备机具一览表（以 1 条流水线作业为例）

序号	名称	规格型号	数量	单 位	备注
1	卧式双柱管道高效切割带锯床	WPQR EN 1590	1	台	
2	固定式管道双向端面坡口机	DPFM80-1500	1	台	
3	管钳式多工艺自动焊接中心	KB1250-TMS-H	4	台	
4	红外线测温仪		4	台	
5	温、湿度仪		1	个	
6	风速仪		1	个	
7	焊检尺	KH45 型	1	把	
8	磨光机	Φ100mm	10	台	
9		Φ150mm	10	台	
10	手电筒		8	把	
11	焊条烘干箱	500℃	3	台	
12	X 光机	EX-250EG-S2	2	台	
13	防风移动棚		6	个	

7 质量控制

7.1 本工法执行的质量控制规范标准

（1）GB 50235—2010《工业金属管道工程施工规范》

（2）SH/T 3501—2021《石油化工有毒、可燃介质管道工程施工及验收规范》

（3）GB 50236—2011《现场设备、工业管道焊接工程施工规范》

（4）NB/T 47014—2023《承压设备焊接工艺评定》

7.2 质量保证措施

（1）施工技术人员和作业人员应认真学习施工规范，熟悉施工图纸，必须严格按照施工图、施工规范及规程施工。

（2）加强原材料和设备的质量管理工作，所有材料和设备必须要有合格证或质保书，并做好收集汇总、保管等工作。

（3）实行班前技术交底制度，各工种作业人员在布置任务时，应强调施工质量要求，并在施工日记上备案，确保按图施工且符合施工规范的要求。

（4）严格执行自检、互检、专检的“三检制”。对重要部位设质量控制点，上道工序未经检验合格，下道工序不得施工。

（5）根据施工地区特点注意采取防风、防雨、防雪等措施，焊接环境（温度≥ 0℃、湿度＜ 90%、氩弧焊时风速＜ 2m/s）不达标准禁止焊接。

8 安全措施

8.1 本工法执行的安全法律法规及标准

（1）GB 8978—1996《污水综合排放标准》

（2）GB 2894—2008《安全标志及其使用导则》

（3）JGJ 46—2005《施工现场临时用电安全技术规范》

8.2 安全保证措施

（1）施工的全过程必须遵守相关 HSE 管理规定。

（2）按操作规程要求着装并佩戴整齐劳保用品。

（3）做好现场施工的安全用电，每台电气设备须安装漏电保护器，并接地良好。

（4）做好应急救援和防火灾事故的安全措施。

9 环保措施

9.1 本工法执行的环保法律法规及标准

（1）GB 12523—2011《建筑施工场界环境噪声排放标准》

（2）GB 8978—1996《污水综合排放标准》

9.2 环境保护控制措施

（1）施工区域围护要美观、牢固，施工材料要分类堆放整齐。

（2）为避免施工产生的废弃物污染场地，集中运到业主指定的地点存放或处理。

（3）下班前要清理场地，将废料、余料堆放整齐，做到“工完料净场地清”。

10 效益分析

10.1 经济效益

本工法已在多个项目炼化装置大厚壁合金钢管道焊接施工中成功应用。以榆林长庆乙烷制乙烯项目为例，此项目采用本工法焊接施工焊口总量 7.5 万吋，一次焊接合格率为 99.12%，采用本工法施工与传统施工方法的经济效益对比见表 5。

表 5 经济效益分析对比

项目	本工法（新工艺）	传统工艺	
	自动焊打底 + 自动焊填充、盖面	手工焊打底 + 自动焊填充、盖面	手工焊打底 + 手工焊填充、盖面
完成的焊口吋量 / 吋	7.5 万	7.5 万	7.5 万
合格率对比	99.12%	97.23%	95.46%
焊工单价 /（元 / 天）	400	500	600
每位焊工每天平均焊接当量 /（吋 / 天）	200	100	50
总工用时 /h	375	750	1500
用工费用 / 万元	15	37.5	90
设备费用 / 万元	10	7	2

续表

项目	本工法（新工艺）	传统工艺	
	自动焊打底 + 自动焊填充、盖面	手工焊打底 + 自动焊填充、盖面	手工焊打底 + 手工焊填充、盖面
综合成本对比 / 万元	13.95	24.55	38.72
总费用 / 万元	38.95	69.05	132.72
焊材费用对比	通过应用项目，专项核算后得知：3 种工艺在焊接同样焊口量时焊材消耗的费用相当		

经济效益计算说明（包括计算依据、公式）：
1. 总用工时（个）= 完成的焊口吋量 / 每位焊工每天平均焊接当量（吋 / 天）
2. 用工费用（万元）= 总工用时（个）× 焊工单价（元 / 天）
3. 综合成本（万元）= 返修费（万元）+ 扩探伤检测费（万元）+ 焊工的吃住费（万元）+ 焊工保险费（万元）+ 焊工现场技能培训费等费用的总和（万元）
4. 总费用（万元）= 用工费用（万元）+ 设备费用（万元）+ 综合成本（万元）
5. 经济节约（万元）= 传统工艺总费用（万元）– 本工法（新工艺）总费用（万元）

10.2 社会效益

炼化装置大厚壁合金钢管道全自动焊接施工具有生产效率高，焊接合格率高，焊接成型美观等优点，能够更好地为石油化工建设行业业主服务；用普通工种替代高技能工种达到了降低成本，提高自动焊覆盖率的目的，推动了全自动焊在以工艺管道施工为核心的石油、石化、化工、海工项目施工建设中的广泛应用。

11 应用实例

实例一：榆林长庆乙烷制乙烯项目

本工法完成焊接量 7.5 万吋焊口，一次焊接合格率为 99.12%。应用时间为 2020 年 4 月至 2020 年 10 月。节约施工成本共 93.77 万元。

实例二：塔里木乙烷制乙烯项目

本工法完成焊接量 6.5 万吋焊口，一次焊接合格率为 98.96%。应用时间为 2020 年 6 月至 2020 年 11 月。节约施工成本共 81.27 万元。

实例三：广东石化炼化一体化项目乙烯分项目

本工法完成焊接量 12 万吋焊口，一次焊接合格率为 99.08%。应用时间为 2021 年 6 月至 2022 年 2 月。节约施工成本 150.032 万元。

大型电动机吊点转换平衡吊装施工工法

张　锋　董　原　张　鹤　吴俊新　潘颖男

中国石油天然气第一建设有限公司

1　前言

近几年，随着国内制造业的快速发展，大型往复式压缩机的规格不断取得突破，与之配套的电动机规格也随之增大。受道路运输限制，部分大型电动机无法进行整体运输，所以导致部分大型电动机采用定子和转子分体到货的形式运输到施工现场，然后在现场进行二次组装后整体吊装就位。

中国石油渣油加氢装置核心设备为 2 台往复式新氢压缩机组。其中配套电动机采用佳木斯电机股份有限公司生产的电动机，电机型号为 TZYW/TAW5800–18/2900WF2 型。电动机主体分 2 部分到货，电动机转子和电机底座整体到货，电动机定子单独到货。其中电动机转子净重约 23t，电动机定子净重约 22t，需要现场进行二次组装后方可吊装就位。本次施工根据设备参数及吊装机械性能，选用一台 150t 履带吊采用单机旋转法的吊装工艺进行施工。在定子和转子的组装过程中，需要配合倒链和平衡梁进行多次主吊点的更换，最终将电动机定子和转子组装完成。

本工法主要分析大型往复式压缩机配套的电动机现场进行二次组装及吊装的成功范例，为以后同类设备的组装及吊装提供可以借鉴的经验。采用此种施工工法，可以有效改进大型电动机现场组装及吊装的施工技术，提高施工效率，降低施工成本，保证施工质量。

2　工法特点

2.1　施工工艺简单，可操作性强

采用 1 台吊车，配合 1 根自制平衡梁和若干个倒链，通过多次变换主吊点位置，一次性完成电动机转子和定子的组装和吊装工作。整个施工过程工艺简单，可操作性强，而且此施工工艺对其他同类设备的安装具有很强的借鉴性，所以技术的推广性强。

2.2　施工操作平稳，安全系数高

电动机定子和转子组装后的间隙很小，整个组装过程中很容易发生磕碰，造成设备的损坏。此工法中除采用橡胶垫对设备进行隔离外，整个操作过程全部采用倒链进行微调，能够很好地控制操作精度，提高了操作的平稳性，同时能够有效地保护设备的安全。

2.3 施工周期短，经济效益高

按照厂家提供的常规施工工艺，需要采用压缩机厂房内的双小车吊钩桥式起重机配合临时支架通过多次倒运，方可完成电动机的组装。但是现场压缩机安装过程中，往往压缩机厂房尚未完成施工，不具备使用桥式起重机的条件。该工法和常规施工工艺相比，能够有效缩短施工工期，减少现场临时支架的制作，尤其对于多台大型电动机的组装效率提升更为明显。

3 适用范围

本工法适用于受道路运输限制、无法进行整体运输的电动机，分体到货后的现场组装及吊装。

4 工艺原理

大型电动机吊点转换平衡吊装施工工法，适用于分体到货的大型电动机的现场组装及吊装的施工。根据电动机安装形式及到货状态，电动机组装主要采用单机旋转法的吊装工艺进行施工。

在定子和转子的组装过程中，采用自主设计的多吊点专用平衡梁配合多台倒链分阶段对电动机定子和转子进行组装。通过多次转换转子的吊点，将整个转子穿过定子中心，然后将定子和转子一起吊装。要求保证定子和转子之间不得发生接触，最终将电动机定子和转子组装完成。

通过采用以上施工技术，实现了单台起重机在不需要任何支架支撑的情况下，一次性完成电动机定子和转子组装的施工任务，取得了良好的效果。此方法充分利用平衡梁和倒链的配合，通过多次更换吊点的方式，实现了转子在不落地的情况下顺利完成组装工作。为以后同类设备组装提供了宝贵的经验。

与传统的施工方法相比，施工中采用了平衡梁吊点转换平衡吊装技术、模块化施工技术、基于 BIM 的吊装模拟技术等，提高了施工效率，降低了施工风险，保证了装置的稳定运行。该工法具有施工工期短、施工质量高、施工风险低、施工成本低等特点，通过对关键施工技术的使用、操作要点的控制保证了工程质量。通过合理的施工组织，使得大型电动机施工更加安全、高效。

5 施工工艺流程及操作要点

5.1 施工工艺流程

施工工艺流程如图 1 所示。

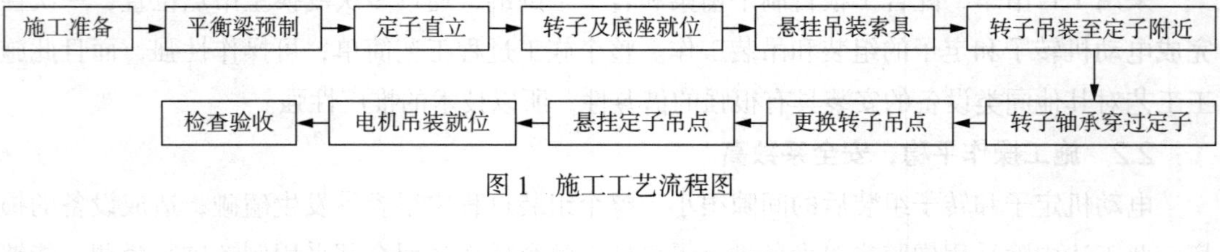

图 1 施工工艺流程图

5.2 施工过程及操作要点

5.2.1 施工准备

（1）技术准备：在施工准备阶段，要求相关人员熟悉设备资料及现场情况。技术人员编制安全可行的施工技术措施，并按程序进行报批，施工前对施工作业人员进行详细的技术安全交底。

（2）施工机具及材料准备：按照技术措施要求配备吊装设备，吊装吊车应具有技术质量监督局颁发的特种设备准用证；吊装钢丝绳、倒链等吊装机具必须具有质量合格证且保证机具的完好性。

（3）施工现场准备：对现场施工区域合理布局，吊车站位区域地基达到吊装要求。电动机定子摆放区域平整完成后铺设 20mm 厚的钢板，并留有足够大的空间满足转子安装的空间需求。

（4）人员准备：组织施工经验较强、操作娴熟的钳工及起重作业人员，入厂前进行安全教育。特种作业人员必须持证上岗。

5.2.2 平衡梁预制

为了满足现场施工需要，根据电动机转子的规格及施工工艺要求，设计制作 1 根专用平衡梁。专用平衡梁采用多吊点形式，主梁选用 Φ325mm × 10mm 的无缝钢管制作，吊耳板选用 4 个 20t 级吊耳，吊装平衡梁示意图如图 2 所示。

图 2 吊装平衡梁示意图

5.2.3 定子直立

电动机到场后将电机转子包装箱及定子包装箱拆除，转子包装箱拆除时注意保护转子裸露部分，防止造成部件磕碰损坏。电动机定子为卧式到货，组装前需要采用 150t 履带吊将定子直立起来。定子摆放位置要求铺设 20mm 厚的钢板，压实找平，以保证定子直立的稳定性。定子摆放过程中要注意转子的安装方向。定子周围需要有足够的空间利于转子装配。

5.2.4 转子及底座就位

电动机组装前，需要将转子及底座先摆放到电机基础上并进行初找平。在电机基础上放置垫铁组，每个地脚螺栓孔周围放置 2 组垫铁，使用水平仪将各垫铁组调整到设计标高，然后将转子和底座整体吊装到基础上，初步调整底座的水平度，保证底座和转子水平度满足后续调平需要。

使用工具依次将定子上的盖板、端罩板、挡风板拆除，在定子上下左右 4 个方位上铺设厚度为 10mm 的橡胶板，防止定子和转子碰撞。

5.2.5 悬挂吊装索具

平衡梁上部设置 4 个吊点，1# 和 4# 吊点采用 Φ47mm 的钢丝绳对折使用，通过 25t 卸扣和上部吊耳连接；2# 和 3# 吊点采用 Φ39mm 的钢丝绳双对折使用，通过 10t 倒链、25t 卸扣和上部吊耳连接。平衡梁下部设置 4 个吊点，1# 吊点采用 1 根 20t 的吊装带通过 25t 卸扣和下部吊耳连接；2#、3# 和 4# 吊点分别通过 25t 卸扣、2 个 10t 倒链和下部吊耳连接。

5.2.6　转子吊装至定子附近

转子及底座初找平完成后，拆除转子轴承上的轴瓦。在转子两侧的轴承上设置保护橡胶板，然后将 1#、2# 和 3# 吊点的索具连接完成。吊车吊钩缓慢提升，待 1# 吊点即将脱离轴瓦时，调整 2# 和 3# 吊点的 4 个倒链同步受力，使整个转子整体脱离底座上的轴瓦。随后吊车缓慢起升吊钩，使转子底部标高高于周围建筑标高后，吊车缓慢旋转至电动机定子摆放位置（图 3）。

5.2.7　转子轴承穿过定子

电动机转子吊装至定子附近后，调整转子的安装方向和中心标高。吊车缓慢旋转，使转子的轴承沿 4# 吊点的方向穿过定子的中心。待 4# 吊点方向的轴承穿过整个定子后，吊车停止旋转（图 4）。

5.2.8　更换转子吊点

连接 4# 吊点的索具，调整 4# 吊点的 2 个倒链使其同步受力。待 4# 吊点受力完成后，拆除 2# 和 3# 吊装索具，随后吊车缓慢旋转，使整个转子和定子的中心重合（图 5）。

5.2.9　悬挂定子吊点

将 2# 和 3# 吊点的索具连接到电机定子顶部的 4 个吊耳上，调整 2# 和 3# 吊点的 4 个倒链同步受力，使整个定子内部结构和转子完全脱离。随后吊车缓慢起升吊钩，使整个电机脱离地面，同时通过调整倒链的受力，保证定子和转子之间不发生碰撞（图 6）。

图 3　电机组装示意图一

图 4　电机组装示意图二

图 5　电机组装示意图三

图 6　电机组装示意图四

5.2.10　电机吊装就位

吊车缓慢起升吊钩，使定子底部标高高于周围建筑物标高后，吊车缓慢旋转臂杆至电机底座顶部，吊车停止旋转。调整电机安装方位，随后吊车吊钩缓慢回落，将电机安装至底座固定位置。进行设备安装找平后，拆除吊装索具，设备安装结束。

5.2.11　检查验收

设备安装就位后，进行设备找正调整工作。主要检查项目包括电机水平度，主电机定、转子间隙，励磁机定、转子间隙，轴承间隙，浮动迷宫环与轴的间隙等内容。所有内容检查合格后，填写检查记录，报监理及业主进行检查验收。

5.3 劳动力组织

本工法劳动力组织情况见表 1。

表 1 劳动力组织表

序号	职务	单位	数量	备注
1	现场负责人	人	1	现场总负责
2	施工班长	人	2	施工现场负责
3	安全员	人	1	现场安全监督检查
4	技术员	人	2	现场技术跟踪与监督
5	质检员	人	1	现场施工质量监督与检查
6	起重工	人	6	负责电机吊装工作
7	钳工	人	5	负责电机安装工作
8	普工	人	4	施工配合
9	司机	人	2	吊车驾驶
合计		人	24	

6 材料与设备

主要施工材料及设备见表 2。

表 2 主要施工材料及设备一览表

序号	名称	规格	单位	数量	备注
1	履带吊	150t	台	1	吊装设备
2	皮卡车	—	台	1	倒运材料
3	水准仪	DS32	台	1	安装找正
4	百分表	0 ~ 10mm	个	10	找正找平
5	卷尺	0 ~ 3m	个	5	找正找平
6	游标卡尺	0 ~ 300mm	把	3	找正找平
7	游标卡尺	0 ~ 100mm	把	3	找正找平
8	条式水平仪	0.02mm/m	个	4	找正找平
9	倒链	10t	台	8	吊装
10	卸扣	25t	个	10	吊装索具
11	吊装带	20t	根	1	吊装索具
12	钢丝绳	Φ47mm × 14m	对	1	吊装索具
13	钢丝绳	Φ39mm × 12m	对	3	吊装索具
14	无缝钢管	Φ325mm × 10mm	m	5.4	制作平衡梁
15	钢板	δ=28mm	m^2	1	制作平衡梁
16	钢板	δ=20mm	m^2	20	支垫定子
17	橡胶板	δ=10mm	m^2	2	设备保护隔离

续表

序号	名称	规格	单位	数量	备注
18	脚手架	Φ48mm × 3.6mm	t	1	安装平台搭设
19	卡扣	—	kg	100	安装平台搭设
20	钢跳板	—	块	50	安装平台搭设
21	帆布	—	m^2	100	设备防护
22	手套	—	双	20	劳保

7 质量控制

7.1 执行标准

（1）电动机厂家随机资料

（2）GB 50231—2009《机械设备安装工程施工及验收通用规范》

（3）SH/T 3536—2011《石油化工工程起重施工规范》

7.2 质量保证措施

（1）设备到货后，由物资部门组织做好到货设备的验收工作，对照施工图纸、设备随机资料及质量验收规范进行全面检查验收。

（2）要求所用吊装绳扣无断丝，其他索具无明显变形、表面磨损等缺陷。所有倒链应保证性能良好，安全设施齐全。

（3）所有吊装索具与设备本体接触的位置，均需铺设橡胶板，防止在吊装过程中损伤设备本体。

（4）定子摆放位置应提前对区域地基进行处理，保证摆放区域地基的平整度及密实度。处理完成后在地面铺设 20mm 厚的钢板，防止在电动机组装过程中发生定子失稳倾倒事件。

（5）平衡梁的制作必须按照图纸要求进行预制，所有材料必须具有质量证明文件。平衡梁焊接采用的焊材必须满足焊接工艺评定要求，焊接完成后按照要求进行 100% 的渗透检测，Ⅰ级为合格。

（6）设备安装前，由施工部门组织进行基础验收。

（7）在转子及定子组装前，应在定子铁心内侧铺设橡胶板，防止在穿转子过程中发生磕碰，损伤设备。

（8）转子和定子组装完成后，开始悬挂定子的吊装索具。采用提升倒链的方法缓慢使定子脱离地面，随后吊车缓慢起升吊钩，使定子和转子同时处于悬空状态。在这个过程中，需要及时调整各个吊点倒链的受力情况，保证定子和转子完全独立，不发生磕碰。

（9）将电动机底座安装在设备底座上，加薄垫片找水平。用激光水平仪在 90° 的 2 个方向上进行检查，以保证地脚螺栓拧紧后底座上表面在一个水平面上。将电动机放在底座上，上好底座螺栓并拧紧，在没找正之前不要拧紧底座螺栓。

7.3 质量控制要点

加氢装置电机组装施工质量控制要点见表 3。

表3　加氢装置电机组装施工质量控制要点

序号	检查部位	检验项目	控制指标	检验时机	检验工具/方法
1	电机水平度	纵向底座水平度	≤ 0.05mm	组装前、组装后	钳工水平仪
		横向底座水平度	≤ 0.10mm	组装前、组装后	钳工水平仪
2	主电机定、转子间隙	电机气隙不均匀度	≤ 8%	组装后	塞尺［（最大或最小值－平均值）/平均值］
3	励磁机定、转子间隙	电机气隙不均匀度	≤ 8%	组装后	塞尺［（最大或最小值－平均值）/平均值］
4	轴承间隙	径向轴承间隙	0.57～0.67mm	组装前，组装后	外径千分尺/压铅丝法
5	浮动迷宫环与轴的间隙	密封间隙	≤ 0.08	组装前，组装后	塞尺

8　安全措施

8.1　安全标准

（1）GB/T 50484—2019《石油化工建设工程施工安全技术标准》

（2）SH/T 3536—2011《石油化工工程起重施工规范》

8.2　安全保障措施

（1）技术方案按照程序批准后，由专业工程师对所有参加作业的人员进行安全技术交底，使施工人员熟悉整个施工过程、掌握关键控制要点、明确岗位职责和安全注意事项。

（2）根据电机组装的施工特点，进行危害因素辨识和风险评价，制定安全保证措施。

（3）作业时作业区域设置警戒线，并由专职HSE管理人员现场监督．无关人员严禁进入作业现场。吊装作业时，起吊重物及吊车吊臂下严禁站人。

（4）作业的特殊工种，如起重工、架子工及电工必须持证上岗。

（5）吊装、登高作业人员，必须接受专项安全作业培训，作业前必须做好安全条件确认并办理作业票，设置专人监护。

（6）严禁高空抛物，小件物品要随身携带或使用绳索、工具包，作业过程中切除的材料、余料及工具要有防止高处坠落措施。

（7）高处作业所用的工具和材料均应摆放平稳，临边和孔洞均应采取防护措施，杜绝高空坠物。

（8）脚手架搭设完成后，经安全管理人员、技术员及施工人员联合检查确认合格后方可使用。高处作业人员必须系安全带并正确使用。

9　环保措施

9.1　环保标准

（1）国务院令第253号《建设项目环境保护管理条例》

（2）《中国石油天然气集团公司环境保护管理规定》

9.2　环境保护措施

（1）对施工人员进行环保教育，开展整顿、素养、清扫、清洁、整理“5S”管理。

（2）对施工现场进行科学规划，做到合理有序、整齐美观。

（3）设置专人随时清扫施工现场，保证场地清洁和道路畅通。

（4）设置专人负责现场水电管理，杜绝常流水和常明灯，节约使用能源。

（5）设置专人负责洒水工作，保证施工现场无粉尘。

（6）非工程车辆禁止进入施工现场，减少尾气排放。对施工车辆、倒链等施工机械设备定期维护保养，杜绝漏油。

（7）施工现场暂时不用的材料要标识清楚，分类摆放，规范防护。

（8）施工废料、设备包装和垃圾及时分类回收，并运至指定的堆放场地。

10 效益分析

10.1 经济效益

大型加氢装置电动机吊点转换平衡吊装施工工法在中石油锦州石化公司新建 150 万 t/a 渣油加氢装置得到了成功应用。施工中采用了平衡梁吊点转换平衡吊装技术、模块化施工技术、基于 BIM 的吊装模拟技术，改变了施工工艺，减少了施工作业时间，保证了施工质量，提高了劳动效率。对人工费、材料费、机械费、管理费进行成本核算，与传统的安装方法相比，节约费用 14.6275 万元，详见表 4。

表 4 与传统的施工方法相比经济效益参数表

施工方法 / 对比项目	传统施工工艺	新施工工艺
施工工期	制作临时支架 5 天，安装电机 3 天，清理现场 1 天 施工工期合计：5+3+1=9 天	制作平衡梁 1 天，现场施工准备 1 天，安装电机 1 天 施工工期合计：1+1+1=3 天
人工费	架子工、焊工、起重工、铆工、钳工以及现场管理人员，共计 29 人 人工费：29 人 ×9 天 ×500 元 /（天·人）=13.05 万元	架子工、焊工、起重工、铆工、钳工以及现场管理人员，共计 26 人 人工费：26 人 ×3 天 ×500 元 /（天·人）=3.9 万元
材料费	制作临时支架 2 万元，脚手架材料 2t×5000 元 /t=1 万元 合计费用：3 万元	制作平衡梁费用 2000 元，脚手架材料 2t×5000 元 /t=1 万元 合计费用：2.2 万元
机械台班费	150t 吊车机械台班使用费：3 天 ×4160 元 / 天 =12480 元，50t 吊车机械台班使用费：6 天 ×2536 元 / 天 =15216 元 合计费用：12480+15216=27696 元	150t 吊车机械台班使用费：1 天 ×4160 元 / 天 =4160 元，50t 吊车机械台班使用费：2 天 ×2536 元 / 天 =5072 元 合计费用：4160+5072=9232 元
管理费	（13.05+3+2.7696）×24%=4.5167 万元	（3.9+2.2+0.9232）×24%=1.6856 万元
合计	23.3363 万元	8.7088 万元

10.2 社会效益

在多个石化工程的施工过程中，通过采用此工法进行电动机现场分体安装，取得了很好的社会效益。主要体现在以下几个方面：

（1）由于压缩机区域施工周期长，并且需要提前试机，所以在整个工程的施工计划中一般都是关键线路。通过采用此工法施工，在压缩机厂房及行车安装前，采用履带式起重机完成压缩机及电机的安装，使设备安装的整体进度大幅提前。可以将设备安装调试和压缩机厂房结构施工同步进行，为后续压缩机区的工艺管线及电气仪表的施工争取了时间，有效地缩短了整个装置的施工工期，为业主实现早日投产的目标奠定了基础。

（2）转子和定子组装过程中，通过设置平衡梁和倒链的配合使用，实现了一台吊车在不需要外部支撑的情况下更换吊点，保证了转子在不落地的情况下顺利穿过定子中心的目的，有效地减少了制作辅助支座的成本。

（3）在保证设备本体不进行焊接作业的前提下，通过使用多台倒链密切配合，实现了狭窄间隙条件下设备的精准安装，避免了采用履带式起重机安装的过程中，因机械设备操作幅度较大，从而无法实现精准安装的缺点。

（4）在整个电动机组装过程中，业主、总包、监理及相关单位部分领导到现场进行了观摩。对我们在施工技术上能够大胆创新给予了充分肯定，并对此工法的应用效果大加赞赏，取得了很好的社会效益。

11 应用实例

实例一：中国石油锦州石化公司 150 万 t/a 渣油加氢装置

中国石油锦州石化公司 150 万 t/a 渣油加氢装置共有往复式压缩机 2 台，型号为 4M125D-42/24-211.5-BX，2 台往复式压缩机均为四列四级压缩，驱动机采用电动机驱动。配套电机为电动机，型号为 TZYW/TAW5800-18/2900WF2，电机整体质量约为 60t，电机为分体到货，现场组装。采用此工法，仅用 1 天的时间就完成了 2 台电机的组装及吊装施工，得到了业主及总包的认可。目前该装置已经顺利中交，处于开工准备阶段。

实例二：中国石油锦西石化公司 150 万 t/a 蜡油加氢裂化装置

中国石油锦西石化公司 150 万 t/a 蜡油加氢裂化装置 2 台新氢压缩机由美国德莱塞兰制造。该机组驱动主电机采用佳木斯电机股份有限公司制造的增安型无刷励磁同步电动机，机组配套有独立的油站，2 台压缩机共用 1 个水站。压缩机整体到货难度较大，本体及驱动主电机分体到货，现场进行组装。2 台压缩机电机采用此工法进行安装。该工程于 2014 年 9 月投产至今，设备运行平稳高效。得到业主及相关单位的认可，验证了本工法的先进性和可靠性，取得了显著的经济效益和社会效益。

LNG双金属全容储罐倒装法施工工法

徐艳明 邵秀生 张 伟 李明杰 娄鲲鹏

中国石油天然气第一建设有限公司

1 前言

拱顶型储罐一般采用倒装法进行施工，而LNG双金属全容储罐结构型式为立式圆筒形平底自支撑式拱顶双金属罐壁全包容结构，分主容器和次容器，构、配件种类繁多，结构复杂，且内、外罐间的空间有限，使用常规倒装法施工难度较大。中国石油天然气第一建设公司采用先倒装外罐，后倒装内罐的施工方法，优化施工流程，并采用了高效的内罐组装、材料转用、试验检测等技术，极大地提高了作业效率，降低了作业风险。

河南省天然气储运有限公司豫西南LNG应急储备中心的1台2万m^3LNG储罐和咸阳市天然气有限公司LNG储气库—储罐区EPC项目的2台1万m^3LNG储罐即采用此工法施工，施工效率、质量以及安全性都得到保证。通过对该种施工方法的总结，形成了本工法。

2 工法特点

2.1 施工效率高

内罐吊顶与外罐拱顶结构提前组合在一起，随外罐倒装一同提升，减少高处作业和大量手段用料的使用，施工便捷。

罐顶网架结构下设置临时滑道，避免了罐顶开天窗，便于后期内罐壁板安装、夹层空间内保冷等作业的开展，对倒运作业人力和机械的节约效果显著。

采用简易送板车运送、铺设各层底板，极大地提高了工效。

2.2 施工质量好

热角保护各圈壁板组对完成后，使用胀圈进行刚性加固控制焊接变形，整体成型质量较好，为提高焊接接头质量和保证膨胀珍珠岩的保冷效果提供保障。

制作弧形真空箱进行弧形热角保护转角板检测，提高准确率，确保严密性。

2.3 安全风险低

内、外罐同一角度底圈壁板留1张板不安装作为临时进出料口，所有内罐进出料施工均在底部进行，降低安全风险。

在沿罐壁布置的顶升机构顶部设置操作平台，便于上部焊道处理、无损检测、酸洗钝化等操作，与下部壁板安装互不影响，安全可靠。

3 适用范围

此工法可适用于新建 LNG 双金属全容储罐罐体的倒装法施工（储罐规格：1 万 ~2 万 m^3 双金属全容储罐），亦可用于同类型旧储罐的维修改造。

4 工艺原理

采用沿罐壁均布的液压或电动葫芦提升机构进行罐体到装施工，先倒装外罐，再倒装内罐。首先将外罐顶部结构和内罐吊顶组合成整体，内罐顶部结构随外罐倒装施工一同提升。外罐施工至最后一圈壁板时预留施工门洞作为内罐进出料口。内罐倒装由外罐罐顶网架下的临时滑道和 1 台 5t 卷扬机组成的转运机构配合提升机构进行内罐倒装施工。

5 施工工艺流程及操作要点

5.1 施工工艺流程

施工工艺流程如图 1 所示。

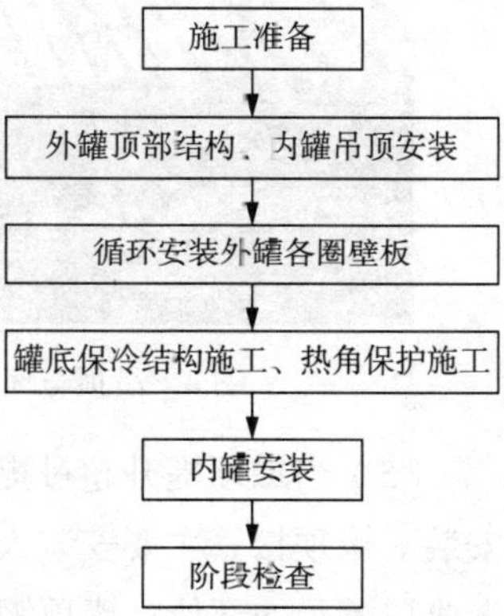

图 1 施工工艺流程图

5.2 操作要点

5.2.1 施工准备

本工法实施前需完成如下工作：

（1）图纸会审、方案审批完毕；完成 WPS、PQR 文件。

（2）构、配件预制完成，外罐底板安装完成。

5.2.2 外罐顶部结构、内罐吊顶安装

1. 施工程序

①内罐吊顶板组焊；②承压环安装；③罐顶网架安装；④滑道安装测试；⑤提升系统安装调试；⑥顶圈壁板安装；⑦罐顶附件安装。

2. 操作要点

（1）在外罐底板上进行吊顶板组焊，防止后续进料困难。

（2）外罐罐顶网架成形后在罐顶梁处设置滑道，滑道置于内罐壁板正上方（图 2、图 3）。滑道弧度要充分满足慢速卷扬机可靠行走并保证卷扬机能够覆盖所有内罐壁板安装方位。滑道安装后调试卷扬机小车，确保卷扬机小车行走平稳无卡顿。

图 2 罐顶网架安装

图 3 滑道安装

（3）倒装提升施工计算（以豫西南 2 万 m^3LNG 储罐施工为例）

$$最大提升载荷\ G_{max}=K(G_{顶}+G_{附}+G_n) \quad (1)$$

式中，K 为摩阻系数；$G_{顶}$为罐顶质量，t；$G_{附}$为附加施工荷载，t；G_n 为从 2～20 圈壁板质量，t。

经计算，外罐 $G_{max}\approx 540t$，内罐 $G_{max}\approx 240t$。

提升装置数量为 n 组，外罐 $n=G_{max}/p=540/20=27$ 组（实际按等分采用 32 组）；内罐 $n=G_{max}/p=240/20=12$ 组（实际按等分采用 20 组）。其中 p 为单台提升设备额定荷载，取 20t。

（4）当罐顶提升至吊顶设计高度后，连接吊顶与罐顶间悬挂臂形成整体（图 4），随外罐倒装施工一同提升（图 5）。

图 4　吊顶与罐顶连接

图 5　吊顶板随外罐顶一同提升

（5）当罐顶提升超过提升系统高度后即开始罐顶蒙皮板安装、罐顶接管和主要的钢结构安装。罐顶接管主要安装人孔等可作为后期进出料口、罐顶中心区域外部接管等现场吊车工况难以满足的部位；罐顶钢结构主要为劳动保护，降低后期罐顶高处作业风险。

5.2.3　循环安装外罐各圈壁板

1. 施工程序

① 罐壁内侧胀圈固定；② 壁板外侧围板并组焊外口；③ 提升罐体；④ 壁板里口组焊；⑤ 胀圈移位；⑥ 依次安装剩余各圈壁板；⑦ 施工门洞留置。

2. 操作要点

（1）在储罐内部距罐壁 400mm 左右同心圆上均布提升装置。提升装置通过拉杆支座与设置在罐壁下端胀圈相连接。首次提升 200mm 后进行联合检查，检查无误后方可正式提升。在提升过程中密切注意提升是否平稳，各提升装置是否同步，若不同步则单独调节个别提升装置后继续提升。当下一层壁板组对焊接后，打开松卡装置将提升杆以及胀圈下降到下一层壁板下部胀紧，继续反复提升，直到最后一层壁板组焊完成（图 6）。

图 6　罐壁顶升

（2）在提升系统上部设置操作平台。该平台由常规储罐施工内挂三脚架修改而成，焊接在倒装柱顶部（图 7），便于进行壁板在里口进行焊道打磨、返修、无损检测、酸洗钝化等作业。

（3）底圈壁板组对焊接时预留 1 块封口调节板暂不安装并做防变形加固（图 8），作为物料临时出入门，待内罐施工完成后再将临时出入门用正式壁板封闭。

图 7　顶升机构上部操作平台

5.2.4　罐底保冷结构和热角保护施工

1. 施工程序

① 二次底板下层保冷安装（图 9）；

② 二次底板安装；

③ 热角保护保冷安装；

④ 热角保护板安装（图 10）；

⑤ 二次底板上层保冷安装；

⑥ 交付内罐施工。

图 8　施工门洞留置

2. 操作要点

由于热角保护板材薄，且背部与外罐壁板间设置有泡沫玻璃砖保冷层，因此设计采用带垫板单面焊。其中，热角保护壁板焊接变形和焊接质量以及对背部玻璃砖的热影响控制是重点。

图 9　罐底保冷结构施工图

图 10　热角保护背衬玻璃砖施工

（1）热角保护壁板通过设胀圈加固、选择合理的施焊顺序并采用小电流快速焊的方式控制焊接变形（图 11）。热角保护壁板组焊完成后通过真空箱法检漏 2～3 遍，以确保无渗漏点。其中，热角保护转角板为弧形构件，制作专用弧形真空箱（真空箱面板采用亚克力等具有一定强度和韧性的透明材质）进行检漏（图 12）。

图 11　热角保护壁板安装

图 12　热角保护转角板真空箱法检漏

（2）对背部玻璃砖的保护措施

① 焊接过程中，使用小电流分段快速焊工艺，防止局部温度集中。

② 在对接缝背面加薄层玻璃棉毡作为隔热层（图13）。

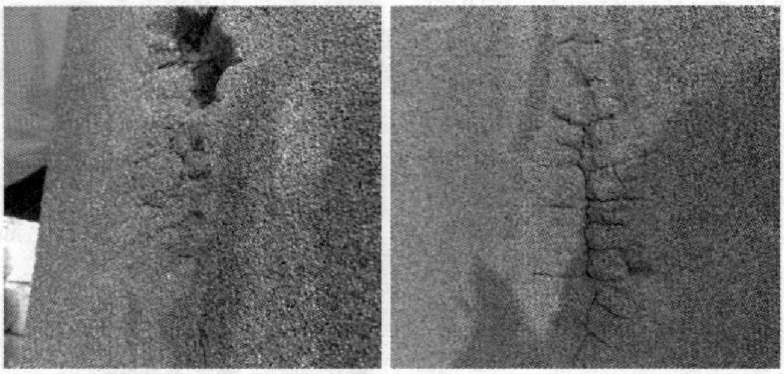

图13 泡沫玻璃砖在直接接触焊接和加玻璃棉毡隔绝情况下的焊接后损伤对比图

③ 在保证变形量的情况下胀圈到焊缝的距离适当调宽，防止壁板紧贴泡沫玻璃砖，在焊接受热过程中使焊缝向内侧收缩。

④ 调整壁板对接缝位置，尽量使得焊缝位置在泡沫玻璃砖的1/3位置处，确保泡沫玻璃砖不会居中大面积开裂。

5.2.5 内罐安装

1. 施工程序

① 底板安装；② 顶圈壁板安装；③ 提升系统安装调试；④ 依次倒装各圈壁板；⑤ 罐壁与吊顶板连接。

2. 操作要点

（1）内罐底板进料时采用自制进料车，操作便利且对母材几乎无损伤。进料车规格依据现场到货板材规格确定（图14）。

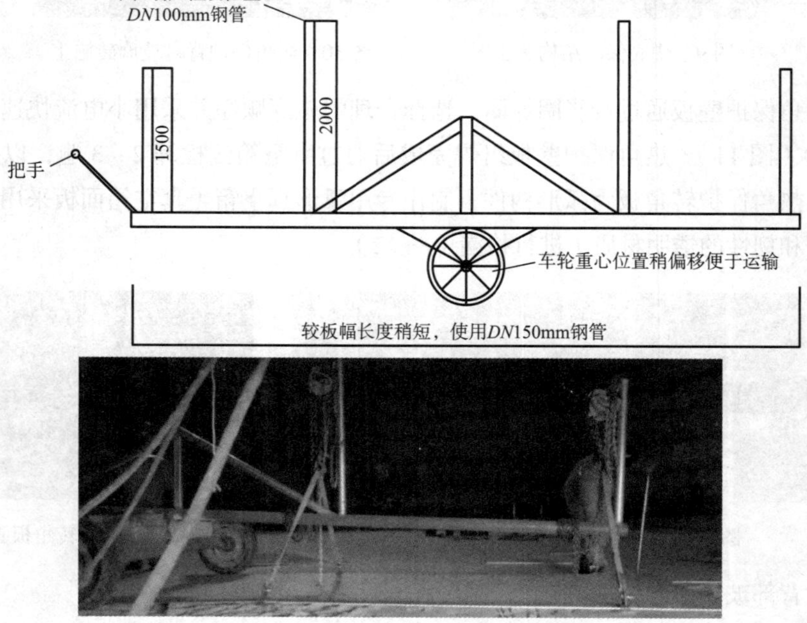

图14 底板进料车

（2）内罐壁板采用与外罐安装同样的倒装法施工，进料时采用吊车从临时门洞处送板、临时滑道上 5t 卷扬机配合的方式进行壁板运输组对（图 15）。卷扬机开启慢速开关，确保运送平稳无磕碰。

图 15　内罐壁板转运

（3）其他事项

① 内罐提升至设计高度后与吊顶的连接部位精确控制间隙，防止进料后冷缩造成结构破坏（图 16）。

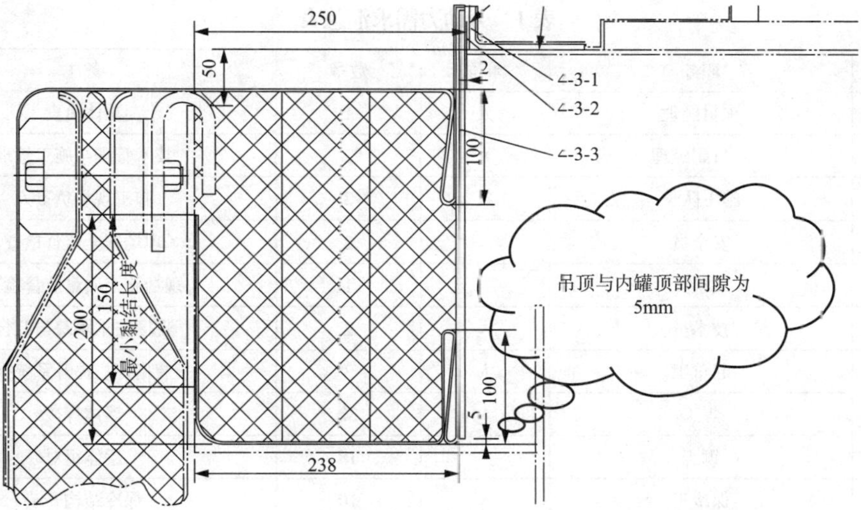

图 16　吊顶与内罐连接处密封装置示意图

② 在内、外罐间的夹层空间内有部分管道沿外罐内壁敷设，应使用不锈钢支架固定。此处支架尺寸严格控制，杜绝支架因超长靠近内罐壁而造成热传导（图 17）。

③ 无损检测：制作 2 套无损检测小车（图 18），高度覆盖 2 圈壁板范围。这种方法可以免除射线检测机器的来回搬运，方便现场无损检测单位施工，降低作业强度，提高工效（图 18）。

5.2.6　阶段检查

进行内、外罐整体几何尺寸检查，附件安装完整性检查，检查合格后办理交接手续进行水压试验等后续工序。

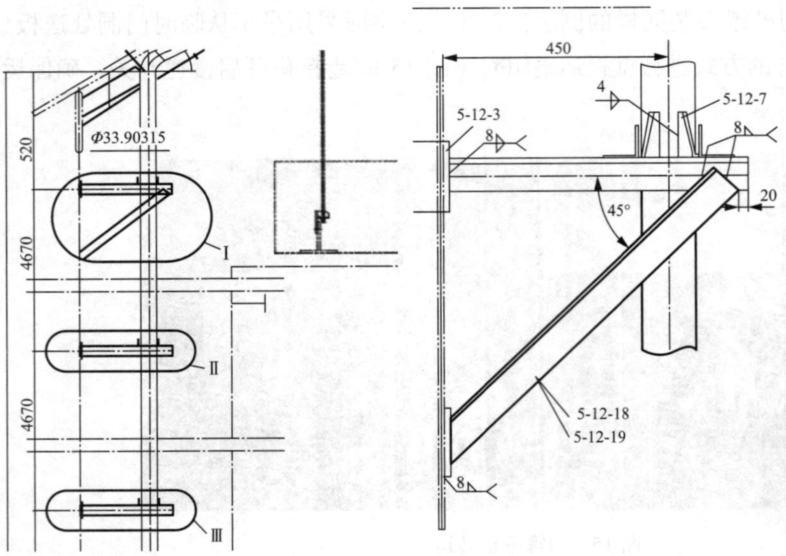

图 17 夹层空间内支架示意图

图 18 射线检测操作小车

5.3 劳动力组织

劳动力需求汇总见表 1。

表 1 劳动力需求汇总表

序号	职务	单位	数量	备注
1	项目经理	人	1	总体负责
2	项目副经理	人	2	技术管理与施工管理
3	施工队长	人	2	施工现场负责人
4	安全员	人	2	现场安全监督检查
5	质检员	人	1	现场施工质量监督检查
6	技术员	人	2	现场技术跟踪与监督
7	起重工	人	3	吊装指挥、提升系统操作
8	焊工	人	32	罐体焊接
9	铆工	人	18	罐体组对
10	保冷工	人	10	保冷结构安装

6 材料与设备

6.1 主要手段用料

本工法主要手段用料汇总见表 2。

表 2 手段用料汇总表

序号	名称	规格型号	数量	备注
1	工字钢	I32	110m	自制环形滑道
2	槽钢	[32	110m	内、外罐用胀圈

续表

序号	名称	规格型号	数量	备注
3	槽钢	[25	100m	热角保护用胀圈
4	槽钢	[18	180m	各类胎具
5	角钢	∠ 63mm × 5mm	320m	倒装柱拉杆、挂壁三脚架等
6	钢管	Φ219mm × 6mm	128m	倒装柱
7	钢板	10mm	$10m^2$	垫板、筋板等
8	钢板	16mm	$5m^2$	吊耳

6.2 主要机具设备

本工法主要机具设备汇总见表 3。

表 3 机具设备汇总表

序号	设备名称	型号	数量	备注
1	汽车吊	25t	1 台	
2	单拖挂车	30t	1 辆	
3	水准仪	DZS3	1 台	
4	经纬仪	DS2800	1 台	
5	卷扬机	5t	1 台	定制钢丝绳满足提升高度
6	焊机	ZX7-500N	17 台	
7	焊机	ZX7-400N	17 台	
8	焊条烘干箱	200 型	1 台	
9	角向磨光机	180	10 台	
10	角向磨光机	150	20 台	
11	送板车		1 辆	自制
12	提升系统		1 套	
13	提升系统上部平台		1 套	自制
14	滚板机	W11-25 × 2500	1 台	
15	坡口机	BY200	2 台	
16	空压机	RI1.6	2 台	
17	真空泵	ZX-30	2 台	

7 质量控制

7.1 主要执行的标准

（1）SH/T 3537—2009《立式圆筒形低温储罐施工技术规程》

（2）GB/T 50185—2019《工业设备及管道绝热工程施工质量验收标准》

（3）SY/T 0608—2014《大型焊接低压储罐的设计与建造》

（4）GB/T 24511—2017《承压设备用不锈钢和耐热钢钢板和钢带》

7.2 关键质量控制点和预控对策

关键质量控制点和预控对策见表 4。

表 4 关键质量控制点和预控对策

序号	工程部位	关键质量控制点	预控对策
1	储罐底板安装	1. 基础安装前检查 2. 底板安装组对	1. 复查基础安装基准线 2. 采用水准仪检测边缘板安装基准线位置高差 3. 边缘板对接焊缝间隙采用钢板尺进行控制 4. 中幅板铺设，制作专用卡具，保证中幅板搭接宽度 5. 底板点焊时保证对接焊缝错边量，采用钢板尺检查
2	储罐壁板安装	1. 外形尺寸 2. 垂直度	1. 第 1 圈板安装前，在罐底板画出安装基准线，并制作卡具，采用钢盘尺检查画线尺寸是否符合设计要求 2. 内罐每圈壁板倒运就位时控制滑道卷扬机行走速度，确保无磕碰、跌落。组对完成后使用钢盘尺测量上口外径，保证筒体上下直径相同 3. 环缝和纵缝间隙采用加工好的定量片控制，保证焊缝组对尺寸 4. 采用线坠沿罐壁周围设点测量，保证储罐垂直度符合规范要求 5. 倒装控制系统调试合格，确保均匀提升。专人检查各吊点位置，如遇异常停止提升，处理完毕后方可继续提升
3	储罐焊接	检验、检测	1. 检测手段主要采取真空试漏、RT 和 PT 3 种方式 2. 在重要工序，如罐顶、罐底、大角缝及罐本体组焊完成后，均需立刻开展检验、检测工作 3. 外罐壁内侧热角保护板、外罐底板、二次底板、内罐底板焊接后都须进行真空试漏，水压试验后内罐底板再次进行真空试漏

8 安全措施

8.1 主要执行标准

（1）JGJ 46—2005《施工现场临时用电安全技术规范》

（2）JGJ 80—2016《建筑施工高处作业安全技术规范》

（3）GB 30871—2022《危险化学品企业特殊作业安全规范》

8.2 安全措施

8.2.1 临时用电

双金属全容储罐内、外罐间的夹层空间内存在大量的受限空间作业，临时用电安全尤为重要。

（1）在热角保护顶板处设置绕罐一周的 LED 灯带，满足照明需要。

（2）所有线缆挂设在内罐锚带上并设绝缘垫衬。

（3）日常维护中加强巡检，线缆破损及时修复。

8.2.2 吊装作业

卷扬机沿罐周围移动罐板时开启慢速开关，吊顶上卷扬机处和板材转运处均设专人监护，防止卷扬机、板材脱落并对其他构配件造成磕碰。

8.2.3 受限空间作业

主要控制内、外罐间夹层空间作业通道的畅通和作业环境氧含量。

（1）焊机等材料设备的堆放必须留出足够 1 人通行的通道。

（2）夹层空间内通风主要通过底部的氮气置换环管进行强制通风。

8.2.4 高处作业

（1）吊顶上作业及吊顶与内罐连接处密封装置安装时，安全带挂设在吊顶悬挂臂上。

（2）提升机顶部作业平台至少要设置 2 组上下通道，平台上设护栏方便挂设安全带。

（3）夹层空间内需上下作业时，专人操作卷扬机并密切关注吊篮平稳升降。吊篮内作业人员佩戴防坠器，防坠器与临时滑道牢固连接。

8.2.5　动火作业

（1）夹层空间内动火所用的气瓶必须放置在罐外，局部需要切割的部位使用砂轮片切除，尽量减少使用气割作业。

（2）热角保护转角板背部垫衬玻璃棉耐高温和耐火性能一般，施工中需密切关注，如有引燃现象及时扑灭并更换。

9　环保措施

9.1　主要执行标准

（1）JGJ 146—2013《建设工程施工现场环境与卫生标准》

（2）GB 3095—2012《环境空气质量标准 》

（3）《中国石油天然气集团公司环境保护管理规定》

9.2　环境保护措施

施工过程中产生的污染主要有水压试验完毕后罐内试验用水的排放、膨胀珍珠岩填充时飘散的颗粒物和保冷玻璃棉、泡沫玻璃砖废料的处置。

（1）水压试验后余水作为消防用水二次利用，罐底剩余污水集中统一处理。

（2）膨胀珍珠岩充填过程中，易从罐顶珍珠岩充填口喷出，对周围区域造成环境污染。施工过程中，无关的充填口封闭，仅留充填处附近的 2 个充填口并设编织袋进行遮挡，待填充完毕后将编织袋内的膨胀珍珠岩和过程中地面洒落的物料交厂家运回统一处理。

（3）委托当地专业垃圾处理机构对保冷玻璃棉、泡沫玻璃砖废料进行集中处置。

10　效益分析

10.1　经济效益

以豫西南 LNG 应急储备中心 1 台 2 万 m^3 LNG 双金属全容储罐项目为例，采用本工法施工经济效益分析如表 5 所示。

表 5　经济效益分析表

序号	项目内容	经济效益分析	人工费用	材料费用	机械费用
1	内罐底板、二次底板采用自制送板车进行铺设	内罐底板和二次底板铺设各提前 1 个工作日	减少人力投入 5 人，节省 2 个工作日，节约费用 500×5×2=5000 元		
2	采用在外罐底板上组装吊顶板	地面作业，提升工效，节省吊顶板铺设胎具	减少胎具加工拆除 5 人，节省 2 个工作日，节约费用 500×5×2=5000 元	胎具钢材购置费用 2×5300=10600 元	减少胎具倒运拆装 2 台班 25t 汽车吊 1200×2=2400 元

续表

序号	项目内容	经济效益分析	人工费用	材料费用	机械费用
3	在罐顶网架处设置临时滑道配合 5t 卷扬机配合进行吊装作业	内罐壁板和热角保护板安装时节省大量倒运人力投入。热角保护壁板安装原计划 15 个工作日，实际仅用 8 个工作日；内罐壁板安装（18 圈壁板、6 圈加强圈）原计划需 40 个工作日，实际仅用 25 个工作日	1. 热角保护板安装减少倒运人力投入 6 人，节约费用 500 × 6 × 7=21000 元，另外工期提前节约费用 500 × 8 × 40=160000 元 2. 内罐壁板安装减少倒运人力投入 6 人，节约费用 500 × 6 × 15=45000 元，另外工期提前，节约费用 500 × 15 × 40=300000 元		工期提前 23 个工作日，减少台班使用费 25t 汽车吊 1200 × 23= 27600 元
4	在提升装置顶部设置操作平台	便于无损检测、焊道处理等作业的进行，上部组焊、PT 检测、酸洗钝化与下部组焊互不影响，缩短整体工期约 7 个工作日	工期提前节约费用 500 × 7 × 40=140000 元		
合计节省支出：71.6 万元					

10.2 社会效益

本工法施工提高了施工效率，降低了施工风险，有效地缩短了施工周期，且采用该工法施工，工序安排紧凑，高空作业少，交叉作业少，质量可靠，对同类型 LNG 储罐的施工具有较大的积极作用。

11 应用实例

实例一：豫西南 LNG 应急储备中心 2 万 m^3LNG 双金属全容储罐项目

该工程位于河南省南阳市唐河县昝岗乡，主要内容为新建 1 座 2 万 m^3LNG 常压双金属全容储罐及其附属设施的整体 EPC 成套供应。本工程于 2019 年 12 月 20 日开工，2020 年 9 月 25 日竣工，投运一次成功，被评为 2020 年度化工工程建设安全文明工地。

实例二：咸阳 LNG 储气库——储罐区 EPC 项目

该工程位于陕西省咸阳市礼泉县骏马镇坡底村南侧，主要内容为新建 2 座 1 万 m^3LNG 常压双金属全容储罐及其附属设施。本工程于 2021 年 7 月 20 日开工，2022 年 4 月 30 日竣工，投运一次成功，运行平稳，蒸发率指标达到国内同类型储罐领先水平。

多联机空调冷媒铜管安装施工工法

徐燕方　郭　超　张俊生　田彩刚　陈　通

中国石油天然气第一建设有限公司

1　前言

多联机空调是一种特殊的分体式空调，在有防爆要求化工装置中运用较为广泛。调查研究发现空调不能正常运行的大多数问题都是冷媒系统故障导致。例如，冷媒铜管内部杂物导致系统管路在内、外机堵塞；冷媒铜管焊接接头泄漏满足不了正常运行压力；冷媒介质分配不均导致分支管路内存有气室。

冷媒铜管接头连接方式中钎焊运用最为普遍，但由于施工标准的不统一容易造成焊接施工质量缺陷。针对这一质量问题，中国石油天然气第一建设有限公司对以往铜焊施工工艺进行优化，总结出一套完整的铜管标准化施工工艺，有效地避免了铜管施工中的低老坏问题，保证了铜管施工质量。同时，主、分支导流管（分歧管）的首次应用，有效地解决了空调运行时制冷剂分配不均匀的问题，进而确保冷媒系统稳定运行。

该标准化施工工艺在伊拉克哈法亚油田天然气处理厂项目综合楼与实验楼多联机空调铜管施工中得到应用，缩短了施工工期，提高了施工效率。总结该工程施工工艺，形成了本工法，并获评为中国石油天然气第一建设有限公司的企业级工法成果。

2　工法特点

2.1　标准化的施工流程，提高铜管施工质量

多联机空调系统冷媒铜管的预制加工、装配、钎焊、气压检验等的规范化、标准化，避免了铜管施工低老坏恶习，大大提高了铜管施工质量，保证了空调冷媒系统的平稳运行。

2.2　优化焊接工艺、设置分歧管，有效确保施工质量

铜管钎焊时，采用背部充氮气保护的措施，有效减少了铜管焊接时产生的氧化皮，保证了铜管内部的清洁度；铜管安装时，在分支位置采用分歧管代替普通三通管件，保证了空调运行时，制冷剂的平均分配。

2.3　工期效益显著，经济和社会效益好

通过优化焊接工艺，提高了焊接合格率，确保了试压和试漏均一次通过，缩短了铜管施工工期，节约了施工成本，杜绝了制冷剂慢泄漏、同系统内多联机冷热不均等问题，取得了

良好的经济效益和社会效益。

3 适用范围

本工法适用于多联机空调系统冷媒铜管钎焊施工，其他空调系统铜管钎焊施工亦可参考。

4 工艺原理

本工法采用火焰钎焊方法。钎焊是利用钎料在低于母材固相线但高于钎料液相线的温度下融化，液态钎料在毛细作用下，在钎缝间隙中的母材表面湿润、铺展、流动和填充，并与母材相互溶解或扩散，最终在钎料凝固后使母材实现连接的方法。

铜管火焰硬钎焊时，采用背部充氮气的保护措施，减少氧化皮的产生，保证铜管内部的清洁度。

铜管安装时，采用分歧管连接主管与支管的方式，保证制冷剂在整个系统中的平均分配。

5 施工工艺流程及操作要点

5.1 施工工艺流程

5.1.1 总流程（图 1）

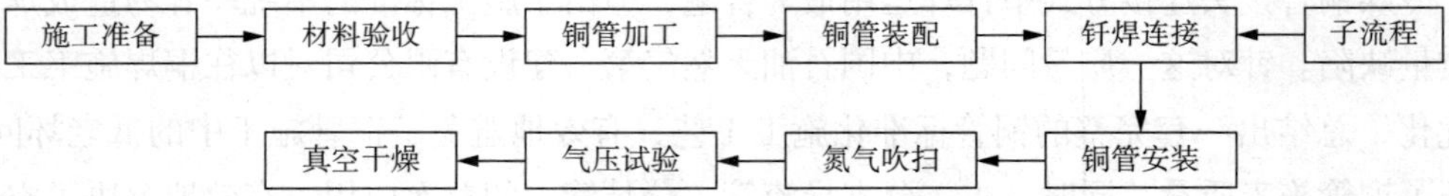

图 1 施工工艺流程图

5.1.2 子流程（图 2）

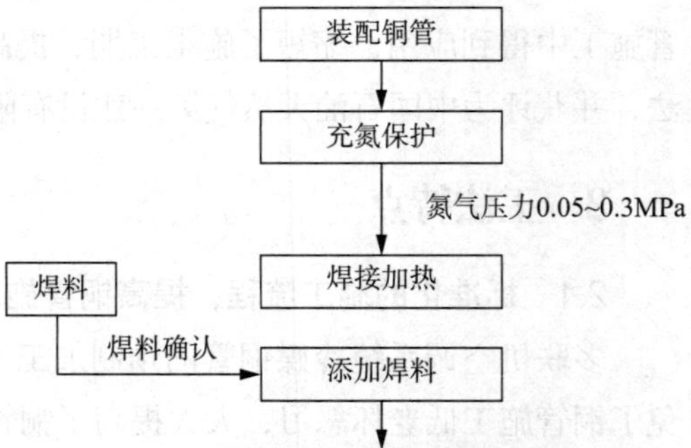

图 2 钎焊焊接流程图

5.2 操作要点

5.2.1 施工准备

1. 现场核对

安装前首先核对图纸，检查管道布置是否与结构及其他专业管道、电缆等交叉、冲突；核对管道预埋件、支架、套管的位置、标高是否正确；检查前期土建施工过程中预留孔洞是否准确、齐全。

2. 材料机具准备

核对该工程用到的各类材料包括铜管、分歧管、保温等，并准备施工所需的工机具，确保满足施工需求。

3. 人员准备

根据工程内容确定施工人员人数，参与铜管钎焊焊接工须持有有效证件并进行铜管钎焊培训，培训合格后上岗作业。

5.2.2　材料验收

（1）材质：无缝紫铜管。

（2）外观：管道的内、外表面应无针孔、裂纹、起皮、起泡、铜粉、积碳层、绿锈、脏污和严重氧化膜，并不允许存在明显的划伤、凹坑、斑点等缺陷。

5.2.3　铜管加工

1. 铜管切割

采用专用割管器切割铜管，切割效果见图 3。用锉刀将切割面打磨平滑并去除毛刺，打磨时管口侧向下以免粉屑进入管内。用铰刀沿管口内侧旋转去除锐边和毛刺，使铜管切口平整光滑。

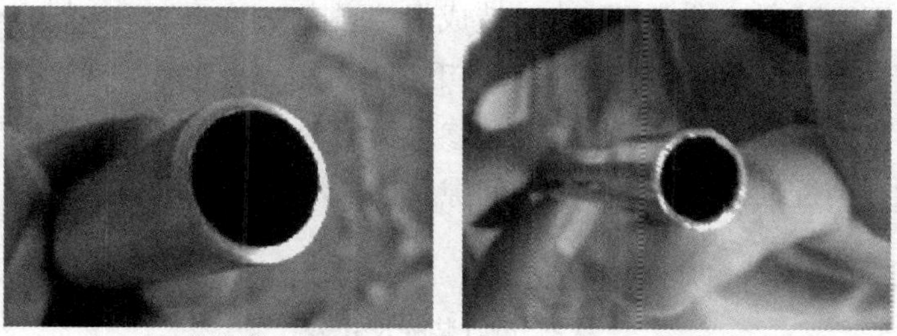

（a）割管器切割　　（b）锯弓切割

图 3　铜管切割效果对比图

2. 铜管弯管

管径 $\Phi \leqslant 12.7$mm 铜管可直接弯管，12.7mm $< \Phi <$ 22.2mm 使用弯管器弯管。弯管两侧需留有不小于管径 2 倍的直管段，铜管的弯曲半径取 3.5 ~ 4 倍铜管直径，椭圆率不大于 8%。$\Phi \geqslant 22.2$mm 采用冲压弯头，但不得使用弯由半径小于 1.5Φ 压制弯管。

3. 管端胀管

铜管端部用胀管器胀成承口，再进行承插连接。承插的胀管方向应迎着冷媒流向。承插组对错边量不大于 0.1 倍壁厚，且不大于 1mm。承口深度不应小于管径。胀管后的内径 D 应为管道外径 Φ+（0.1 ~ 0.15mm）。胀管示意图见图 4。

图 4　胀管示意图

4. 管端扩口

铜管与机组螺纹接口连接时应对铜管端头进行扩口（扩喇叭口）操作。扩口应使用专用扩口器进行加工，尺寸见表 1。

表 1　铜管扩口尺寸表

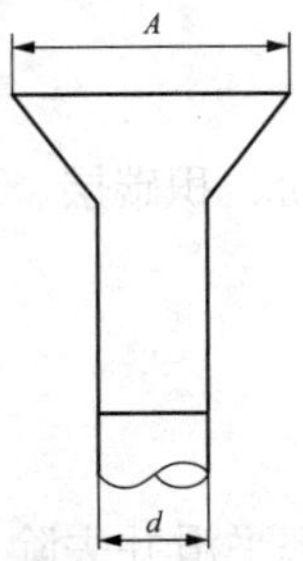

铜管扩口尺寸	
配管外径 d/mm	口部尺寸 A/mm
6.35	8.4 ~ 8.8
9.52	12.2 ~ 12.8
12.7	15.6 ~ 16.2
15.88	18.8 ~ 19.4
19.05	23.1 ~ 23.7

5.2.4　铜管装配

铜管组对间隙及插入深度直接影响焊缝接头强度。间隙过小，钎料不能顺利地进入间隙内，造成焊接强度不够或虚焊；间隙过大，则妨碍熔化钎料的毛细作用，钎料使用量增多，并且由于钎料难以均匀地渗入而出现气孔，导致泄漏。装配简图见图 5，装配间隙及插入深度见表 2。

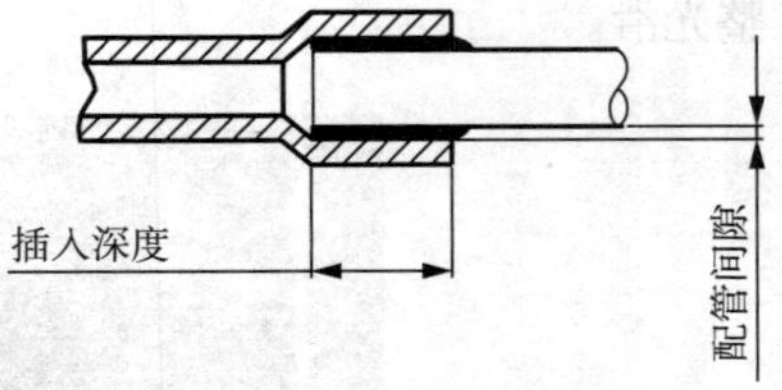

图 5　铜管承插钎焊连接示意图

表 2　铜管装配尺寸表

单位：mm

序号	管外径	最小插入深度	配合间隙（单边）
1	5~8	6	0.05~0.35
2	8~12	7	0.05~0.35
3	12~16	8	0.05~0.45
4	16~25	10	0.05~0.55
5	25 及以上	12	0.05~0.55

5.2.5　钎焊连接

1. 钎料选择

选择铜磷钎料。磷能够降低钎料的熔点，且具有去除氧化膜的作用，钎焊时能减少或避免使用钎剂。

2. 表面清理

铜管钎焊之前，要对接头位置及周围 10mm 范围内进行清理。将焊件表面存在的油污等进行清理，再使用专用的细纱布进行擦拭，除去焊件表面的氧化物，然后使用酒精进行清洗，最后用干净毛巾擦干。擦干后不能用手直接接触，要立即展开钎焊加工。

3. 选用钎剂

选择主要成分是醇类与硼化物的新型钎剂。此种钎剂具有较强的抗氧化性、较低的熔点，使用后能够迅速在焊缝周边形成保护层，抵御有害气体侵入，提升焊接质量，也能让焊缝的金属颗粒细化，提升焊缝的抗腐蚀能力。

4. 背部充氮保护

（1）焊接前向铜管内部充入纯度为 99.8% 以上的氮气，防止在焊接过程中钎焊部位铜管表面氧化，其临时管路连接见图 6。

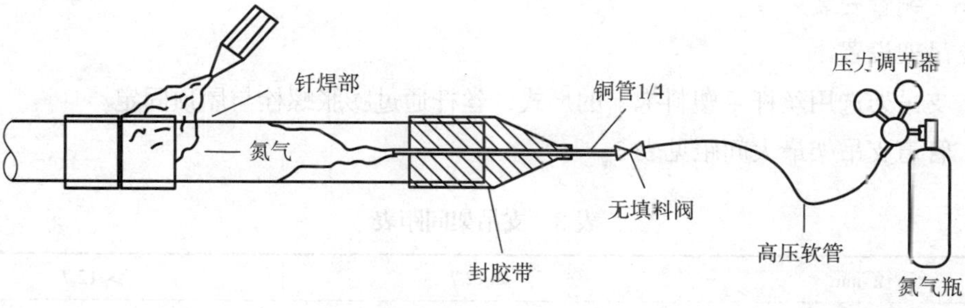

图 6　充氮示意图

（2）调节氮气瓶上的压力表使压力保持在 0.05～0.3MPa，让氮气定向充入正在钎焊的管道内。焊接完成待铜管完全冷却后，方可停止充入氮气。

（3）铜管钎焊，充氮与不充氮的焊接效果对比见图 7。

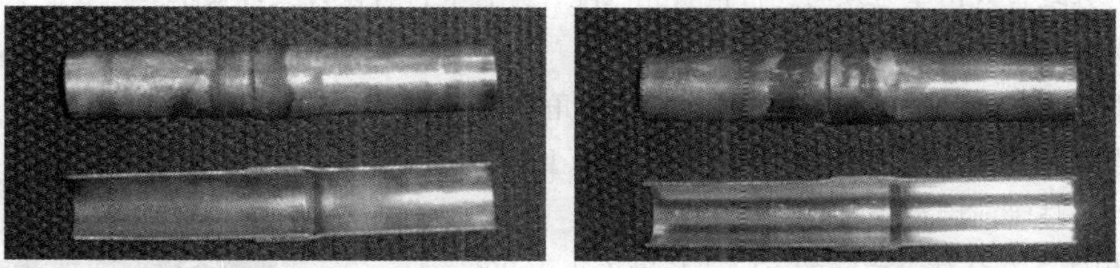

（a）未充氮保护　（b）充氮保护

图 7　铜管焊接充氮与不充氮效果对比

5. 焊接温度与火焰

焊接温度应比铜管熔点温度低，一般在 700~800℃之间。当火焰将铜管烤成暗红色或鲜红色时，焊料即可熔化。温度过高或过低均会造成焊接不佳。强火焊接会造成氧化严重或使铜管变形，从而影响焊接强度。相反，用弱火加热（慢加热）会使熔点低的金属和熔点高的金属分层。

钎焊紫铜时使用中性焰，一般采用外焰。铜管接头处加热应均匀，并注意根据铜管尺寸分配热量。

6. 钎焊操作

（1）一般先加热插入管，再沿整个接头长度方向来回摆动火焰，使其均匀加热到接近钎焊温度，然后环绕加热铜管至钎焊温度（铜管为暗红）。此时钎料随之环绕加入，均匀填满接头间隙。注意，不能直接对钎料加热，钎料应被烧红的铜管所熔化。

（2）当观察到钎料熔化后，应使火焰稍稍离开工件，等钎料填满间隙后，继续加入少量钎料以形成光滑饱满的钎角。

（3）钎焊操作宜向下或水平侧向进行，不宜仰焊和倒立焊接。

（4）在钎焊时，应采取有效的冷却和保护措施（包湿布等），且避免火焰直烧易损部件。在有条件的情况下，可将易烧损部件拆卸下来以减小损坏。

（5）在焊缝完全凝固以前，不能移动焊件或使其受到振动。

（6）焊缝表面应光滑，填角均匀饱满，圆弧自然过渡。钎焊接头无过烧、焊堵、裂纹、焊缝表面粗糙、烧穿等缺陷。焊缝无气孔、夹渣、未焊满、虚焊、焊瘤等缺陷。

5.2.6 铜管安装

1. 支吊架设置

（1）支吊架选用丝杆 + 塑料抱卡的形式，丝杆通过膨胀螺栓与屋顶固定。

（2）管道支吊架最大间距见表3。

表3 支吊架间距表

管径 /mm	≤ 12.7	＞ 12.7
支吊架最大间距 /m	1	1.5

注：在液管和气管共同悬吊时，以液管尺寸为准。

2. 分歧管安装

分歧管的主要作用是将制冷剂合理分流（图8）。安装时要注意以下几点：

（1）分歧管规格型号须与连接铜管相匹配，并且应符合设计文件要求。

（2）分歧管的安装方式分为以下2种：

水平安装：3个端口在同一水平面上，夹角不应＞15°。

竖直安装：须保证3个端口在同一个立面上且不应倾斜。

（3）分歧管前后直管段要求：

① 相邻2个分歧管之间的直管段长度不小于800mm。

② 分歧管主管端口前的直管段不小于800mm。

③ 分歧管支管到室内机部分直管段不小于800mm。

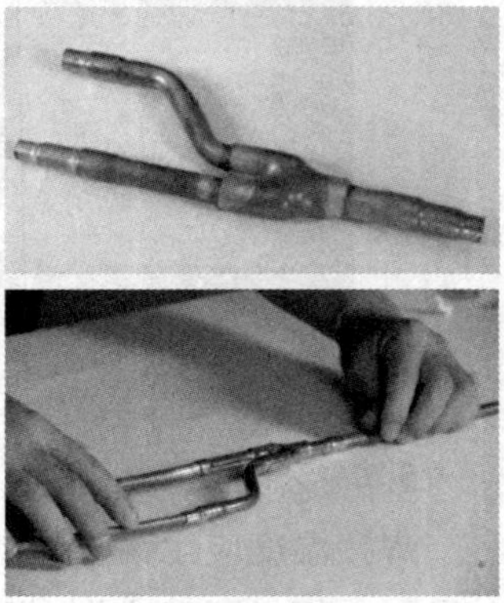

图8 分歧管

3. 存油弯安装

当系统的配管存在较大的落差时，为防止冷冻机油无法有效回到压缩机，需在竖直管路上设置存油弯（图9）。

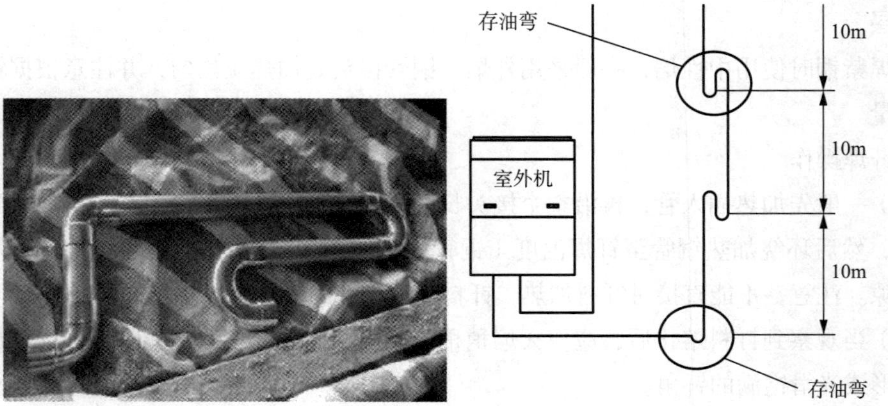

图9 存油弯

（1）存油弯可设置成U形或者O形。

（2）气路立管从下往上每隔10m设置1个存油弯，同时在气路立管的最低点设置存油弯，最高点加设止回弯。

5.2.7　氮气吹扫

铜管安装完毕，与室内机连接之前，必须用氮气进行吹扫，以确保冷媒系统管路内部干燥、清洁。

吹扫压力为 0.4～0.6MPa。气管和液管分开单独进行吹扫，用绑有白布标靶检测，直至纱布干净方为吹扫合格。

5.2.8　气压试验

（1）气压试验介质选用氮气。

（2）冷媒铜管系统，必须从气管、液管两侧同时加压，以保护室内机侧电子膨胀阀等部件。

（3）试压分 3 阶段进行。第 1 阶段：0.3MPa 加压 3min 以上，用以检查是否有大的漏点；第 2 阶段：1.5MPa 加压 3min 以上，用以检查较大的漏点；第 3 阶段：4.0MPa 加压 10min 以上，可发现微小漏点。

（4）试验工装示意图见图 10。

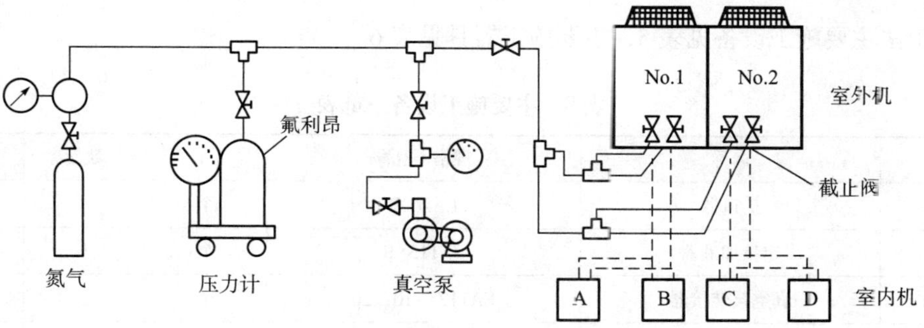

图 10　临时管路连接示意图

（5）气压过程采用无纸曲线记录仪进行实时检测，可有效地辨别系统是否存在泄漏。

（6）试压过程中如发生泄漏，必须泄压后再处理，严禁带压处理。

5.2.9　真空干燥

1. 真空泵的选择

使用真空度在 –755mmHg（表压 –0.1MPa）以下、排气量 40L/min 以上的真空泵。

2. 干燥注意事项

（1）室外机不抽真空，应首先确认室外机气侧、液侧的截止阀关紧。

（2）系统真空度必须满足设计文件及相关规范要求。

（3）抽真空完成后，先关闭表式分流器全部阀门，再关闭真空泵。

5.3　劳动力组织

本工法劳动力组织情况见表 4。

表 4　劳动力组织表

序号	职务	单位	数量	备注
1	机组长	人	1	现场总协调
2	技术员	人	1	现场技术跟踪与监督

续表

序号	职务	单位	数量	备注
3	质检员	人	1	现场施工质量监督检查
4	安全员	人	1	现场安全监督检查
5	管工	人	2	培训上岗
6	焊工	人	2	持证上岗
7	电工	人	1	持证上岗
8	材料员	人	1	培训上岗
9	普工	人	6	
合计		人	16	

6 材料与设备

本工法主要施工设备见表 5，主要施工器具见表 6。

表 5 主要施工设备一览表

序号	名称	规格 / 型号	单位	数量	备注
1	扩口器	EA200B	个	4	
2	定量加液器	EA113XR	个	1	
3	真空泵转接器	EA112X-10-220	个	2	
4	真空泵	EA112TK-220	个	2	
5	冷媒泄漏检知器	EA70AD-2	个	2	
6	组合扩口器	EA6	个	4	

表 6 主要施工器具一览表

序号	名称	规格 / 型号	单位	数量	备注
1	R410a 用集管仪表	BM2-6-DS-410A	个	2	
2	割管刀（大）	EA203C	个	6	
3	割管刀（小）	EA203B	个	6	
4	力矩扳手	EA723A-26	个	2	
5	力矩扳手	EA723A-29	个	2	
6	数字式温度计	EA701CA	个	3	
7	温度探头	EA701CA-4	个	3	
8	5in/8in 弯管器	EA215-5	个	4	
9	翘片修正器	EA109	个	2	
10	翘片修正钳	EA542B	个	2	
11	R22 双头压力表	BM2-6-DS-R12	个	6	
12	清洗泵	KYC-20A	个	2	

续表

序号	名称	规格 / 型号	单位	数量	备注
13	压力表（低压用）	M2-250-DS-R12	个	5	
14	压力表（高压用）	M2-500-DS-R12	个	5	
15	加料管	CCL-36	个	2	
16	加料管	CCL-60	个	2	
17	加氮用异型接口	RP2100H-1	个	4	
18	火焊工具	—	套	3	

7 质量控制

7.1 工程质量控制标准

（1）ASTM B280《空调与制冷用无缝铜管》

（2）GB 50243—2016《通风与空调工程施工质量验收规范》

（3）CECS 228—2007《建筑铜管管道工程连接技术规程》

（4）CB-T 3832—1999《铜管钎焊技术要求》

7.2 质量保证措施

（1）按照公司质保体系程序文件的规定，建立健全质量保证体系，认真落实质量责任制，确保质量保证体系有效运行。

（2）对于 R410A 冷媒系统，铜管要选用无油铜管。采用普通铜管（含油）进行施工时，则必须用纱布蘸取四氯乙烯溶液对铜管进行清洗，清洗干净后方可施工。

（3）液管不得向上装成“Ω”形，气管不得向下装成“凹”形；液体支管引出时，必须从干管底部或侧面接出；气体支管引出时，必须从干管顶部或侧面接出。

（4）铜管焊接，必须选用成熟的火焊工，且经过钎焊培训学习后上岗操作。焊接时必须进行充氮保护，严格按照操作要点进行操作，保证焊接质量。

（5）铜管试压时，对所有接头部位进行检查，确保整个系统无任何泄漏。

（6）铜管吹扫时，对每个分支口进行检查，确保整个冷媒系统内部清洁。

（7）铜管抽真空时，必须保证真空度。追加冷媒时，冷媒要适量，严格按照液管长度计算得出的冷媒量进行追加。

7.3 关键工序质量控制点

关键工序主要技术指标检验统计见表 7。

表 7 关键工序主要技术指标检验统计表

阶段	质量控制点	技术指标	检查方法	检查时机
施工准备	计量仪器	检定	查检定报告	施工准备完成
铜管焊接	焊缝质量	焊缝表面应光滑，填角均匀饱满，圆弧自然过渡；钎焊接头无过烧、焊堵、裂纹、焊缝表面粗糙、烧穿等缺陷；焊缝无气孔、夹渣、未焊满、虚焊、焊瘤等缺陷	目测	铜管焊接完成

续表

阶段	质量控制点	技术指标	检查方法	检查时机
氮气吹扫	铜管内部清洁度	铜管内部无氧化皮、杂物等	用白布在铜管末端检查	铜管安装完成
气压试验	铜管强度及系统严密性	4MPa，稳压24h，不降压	压力表及压力记录仪	气压试验
抽真空	系统真空度	–0.1MPa，稳压1h	真空表	抽真空

8 安全措施

8.1 安全标准

（1）GB 50194—2014《建设工程施工现场供用电安全规范》

（2）JGJ 46—2005《施工现场临时用电安全技术规范》

8.2 安全保障措施

（1）在施工现场的所有工作人员应穿戴劳动防护用品，如安全帽、劳保鞋、安全护目镜等。

（2）施工前对所有设备进行安全检查，确认符合要求后方可作业，并注意用电安全。电气设备设置可靠接地，必须经过检查后方可供电。

（3）气压试验时，设置警戒区，严禁无关人员入内。如发现渗漏须停止升压，且严禁带压处理漏点。

9 环保措施

9.1 法规和标准

（1）GB/T 28001—2011《职业健康安全管理体系规范》

（2）JGJ 146—2013《建筑施工现场环境与卫生标准》

9.2 环保措施

（1）施工现场的材料要标识清楚，分类摆放，规范防护。

（2）施工现场的工业废料和垃圾及时分类收回至废料箱和垃圾箱，并及时运至指定的堆放场地。

10 效益分析

10.1 经济效益

对比传统安装工艺，以伊拉克哈法亚天然气处理厂项目（GPP）综合楼和实验楼多联机空调铜管施工为例，进行经济效益分析。

针对GPP项目综合楼和实验楼VRV空调系统，需各工种作业人员12人，节约工期36天，人工平均成本700元/天。

12人×700元/（天·人）×36天=30.24万元，经济效益合计30.24万元。

10.2 社会效益

通过优化铜管钎焊工艺、合理布置分歧管以及控制预制和装配质量，提高焊接及安装质量。极大减少了制冷剂泄漏情况的发生，进而避免了对环境造成的污染。同时，增加了系统的安全稳定性，降低了多联机空调系统故障率。

11 应用实例

伊拉克哈法亚天然气处理厂（GPP）项目综合楼和实验楼多联机空调铜管管径范围 $\Phi 9.53 \sim \Phi 41.8$mm，总长度约 3100m，不同规格分歧管使用 179 个。该工程于 2022 年 8 月 1 日开工建设，验收一次成功。2022 年 12 月 10 日多联机空调系统投运至今，整个空调系统运行平稳。采用本工法共计节省 36 天工期，节约费用 30.24 万元。

双金属复合管山区全自动焊接施工工法

余尚林 李 宁 刘 霓 黄成于 蒋国志

四川石油天然气建设工程有限公司

1 前言

近年国内、外越来越多酸性油气田被探明和开发，酸性原油或天然气中往往包含着 H_2S、S、Cl_2 等酸性介质且浓度逐年增加，极易对碳钢管道造成严重内腐蚀。因此采用内衬为不锈钢（耐腐蚀合金），外衬为碳钢或低合金钢的双金属复合管作为运输管道是解决高酸性管道腐蚀问题相对安全有效、经济节约的途径之一。

国内西南片区已探明的大部分酸性油气田地理环境都位于人烟稀薄的山区地带。山区地势起伏、管道路径高低差跨度较大（图 1、图 2）。2012 年我公司形成的“双金属复合管焊接施工工法”采用手工焊焊接施工作业，但该工法对于山区双金属复合管焊接施工受到一定的限制。为此在“双金属复合管焊接施工工法”基础上我公司经过技术攻关，升级开发了一套完整的“双金属复合管山区全自动焊接施工工法”，用以应对此类山区地段双金属复合管施工。

图 1 山区路径陡峭

图 2 山区焊接难度大

本工法已成功地应用于 2 项高酸性气田工程建设项目：

（1）2021—2022 年四川剑阁区块礁滩气藏试采地面工程双金属复合管为规格 Φ168.3mm×（8+2.5）mm 的 UNS N08825（覆层）+L360QS（基层）的材料，为国内首次双金属复合管山区全自动焊施工，取得了很好的效果。

（2）2022—2023 年本工法再次在四川盆地铁山坡气田飞仙关组气藏开发产能建设项目双金属复合管为规格 Φ323.9mm ×（12+3）mm/(15+3)mm 的 UNS N08825（覆层）+L360QS（基层）中成功得到应用。

工法获得专利情况：

（1）发明专利：一种复合管仪表嘴开孔及焊接方法；专利号：ZL 2017 1 0833121.8。

（2）发明专利：一种复合热煨弯管及其制备方法；专利号：ZL 2018 1 1579264.1。

工法查新情况：目前国内、外公开文献中未见同类技术（四川省科学技术信息研究所科技查新报告：20235100901730）。

2 工法特点

2.1 焊接质量好

工法针对双金属复合管焊接的特点，预先设定焊接工艺参数，形成全焊接方向、全焊接位置的脉冲 TIG 全自动焊技术，质量可控性高于手工焊。力学和抗腐蚀性能经验证均能够满足工程设计和标准要求，验证了焊缝质量的可靠性。

2.2 适用性强

本工法从工程实际情况出发，可对各类管端堆焊的双金属复合管管道进行施工，同时不受地形、地域等条件的限制，可推广应用于其他工程建设。

2.3 施工强度低、安全性好

本工法通过对焊接过程进行自动化控制，操作简便。实行施工作业风险识别并采取了风险控制措施，安全性较好。

2.4 施工效率高

本工法全自动焊接效率比传统人工焊接效率高 1 ~ 1.5 倍，有效提高了工程施工效率。

2.5 成本低

采用“一管一焊”单设备的机组模式，相较于手工氩弧焊为工程节约了近 1 倍的人工、设备成本。

3 适用范围

（1）本工法适用于基层为碳钢或低合金钢，覆层为奥氏体不锈钢（含镍基合金）管端堆焊的双金属复合管管道。

（2）适用于管径 *DN* 150mm 及以上的双金属复合管焊接。

（3）适用于山区、丘陵及平原段的双金属复合管管道施工。

4 工艺原理

（1）焊接方法：本工法采用电流大、热输入小的脉冲 TIG 全自动焊接方法。由峰值电流熔化母材并形成熔池，然后由基值电流维持电弧稳定燃烧和焊丝预热。平均热输入更低，焊缝更均匀，保证了根部焊缝耐腐蚀性能。实现了电弧和送丝的分别控制，预先设定焊接参数有效减少人为因素产生的焊接缺陷。同时焊接双面成型、无飞溅的特点节省了焊后清理、打磨工作，减少了焊接过程中烟雾及焊后打磨的粉尘污染，改善了作业环境，符合绿色环保、以人为本的发展要求。

（2）接头坡口形式：采用 U 形坡口无间隙组对形式（图 3、图 4），比手工焊 V 形坡口更小。这种坡口形式增加了根部焊接宽度，能使前 2 道焊缝与碳钢层隔离，有效降低，甚至避免了碳钢对根部焊缝耐腐蚀合金元素的稀释作用，保证了焊缝的耐腐蚀性能。

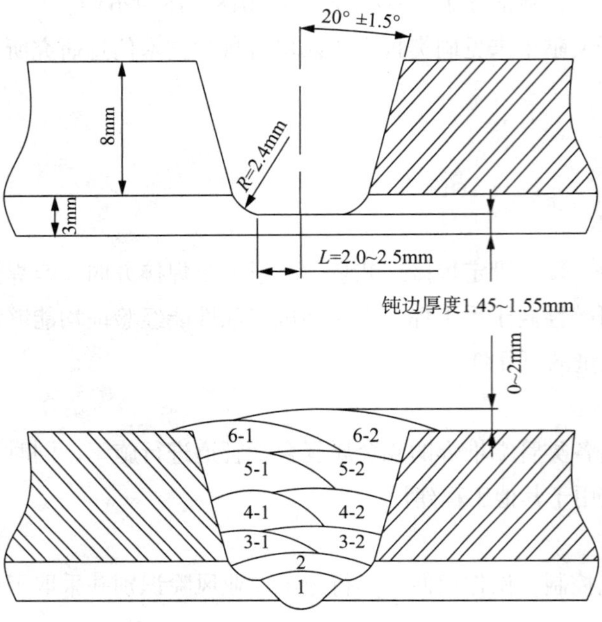

图 3　坡口形式及焊接顺序

图 4　U 形坡口组对图

5　工艺流程及操作要点

5.1　施工工艺流程

施工工艺流程见图 5。

5.2　操作要点

5.2.1　施工前准备

根据设计文件推荐线路进行测量、挖沟、复测、管材订制和布管 5 项程序。

首先采用专用设备进行测量，编制施工测量成果表提供实测线路长度数据和弯管的准确度数（图 6）。

随后根据施工测量成果表数据对施工线路路径进行开挖，特殊地段采用人工开挖的方式作业（图 7）。

复测、整理出最终版施工测量成果表，移交双金属复合管厂家（图 8）。

双金属复合管生产厂家根据施工测量成果表，对生产管材进行定尺加工（图 9）。每根复合管固定对接编号，如“1、2、3”依序排列（图 10）。

最后按照施工测量成果表依序布管（图 11）。

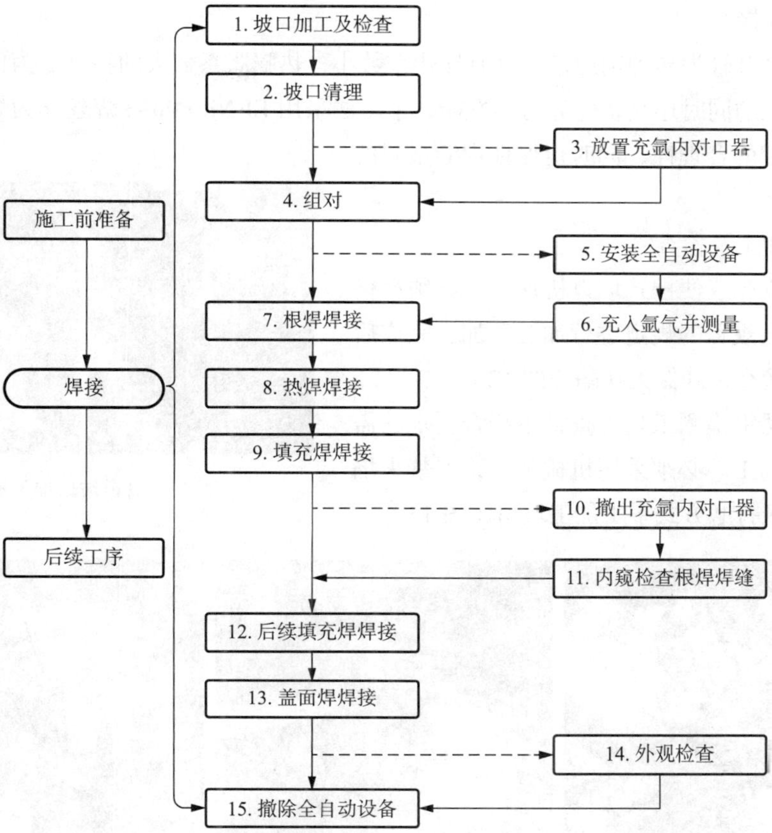

图 5　工法工艺流程及焊接工艺流程

图 6　测量

图 7　开挖

图 8　复测

图 9　定尺双金属复合管

图 10　对应编号

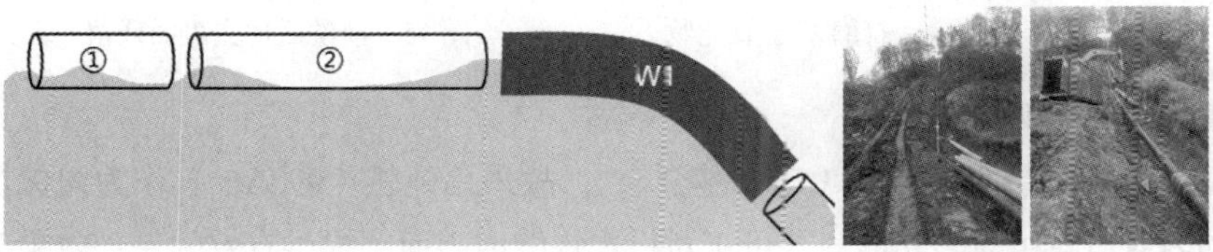

图 11　依序布管

5.2.2 焊接

双金属复合管为异种钢焊接，具有导热系数小，热膨胀系数大的特点。为保证其具备优良耐腐蚀性能的同时还具备优异力学性能，本工法采用 ERNiCrMo-3 焊丝作为焊接材料，以保证焊材匹配的合理性，同时也保证焊缝金属的耐腐蚀性能。

1. 坡口加工及检查

可采用机床或便携式坡口机加工，必须严格按照焊接工艺规程的规定进行加工。加工完成后对坡口进行检查，确保无缺陷（图 12）。

图 12 管道坡口加工示意图

采用不锈钢检测工具检查，不符合要求的需要进行二次加工。必须采用机械加工，严禁火焰切割和砂轮机打磨方式手工加工坡口（图 13）。

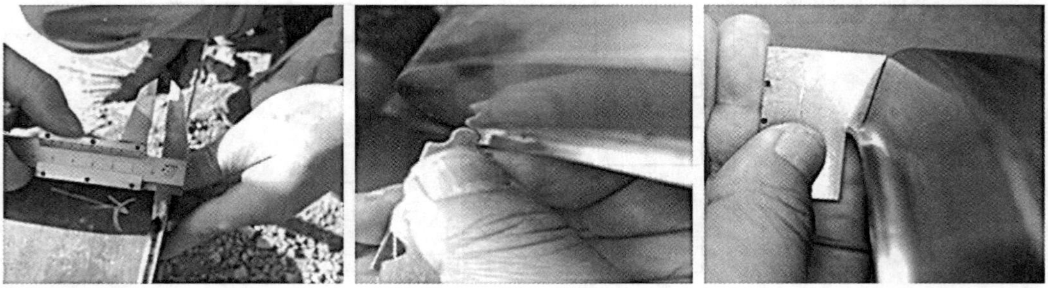

图 13 坡口参数检查

2. 坡口清理

采用不锈钢钢丝轮打磨坡口附近金属表面使其显露金属光泽（图 14），然后用酒精或丙酮清洗并擦去表面油污、杂质（图 15）。

图 14 打磨基层氧化物

图 15 清洗后擦去表面残留

3. 放置充氩内对口器

双金属复合管覆层为不锈钢（含镍基合金），故采用纯氩（99.99%）作为内保护气体，带充氩功能的内对口器组对，功能气孔可正对根焊焊缝内表面，提供有效的保护效果（图 16）。

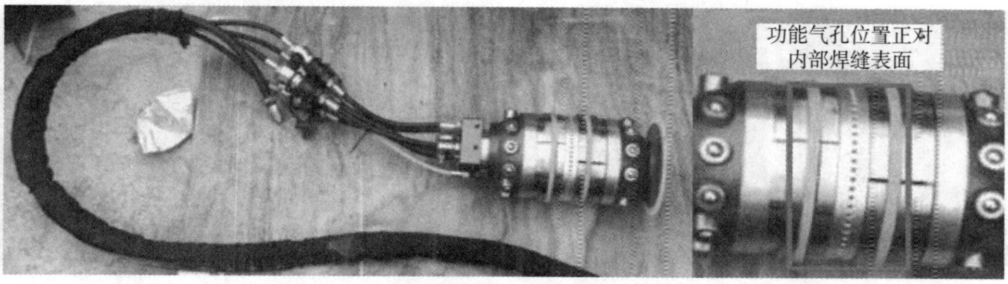

图 16　充氩内对口器

先将对口器放入固定管端一侧，功能气孔距离坡口边缘约 2 ~ 3mm 后固定（内胀）在管内壁（图 17）。随后将气路和牵引绳从移动管端一侧引出，便于焊接后将对口器牵出（图 18）。

图 17　固定对口器

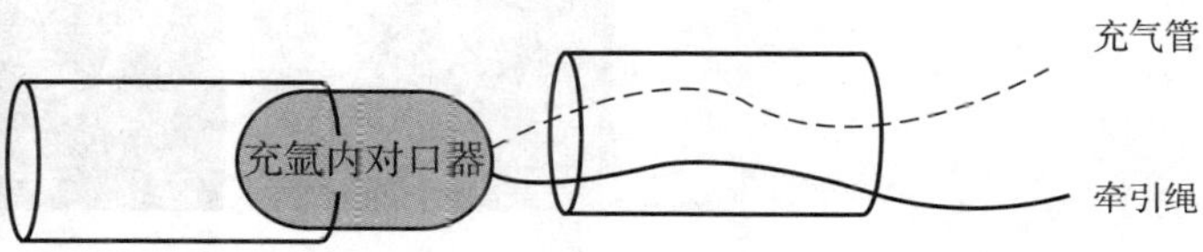

图 18　对口器放置完成示意图

4. 组对

将另一侧双金属复合管移向充氩内对口器并缓慢嵌入，确定位置后开启内对口器液压膨胀，完成组对（图 19）。

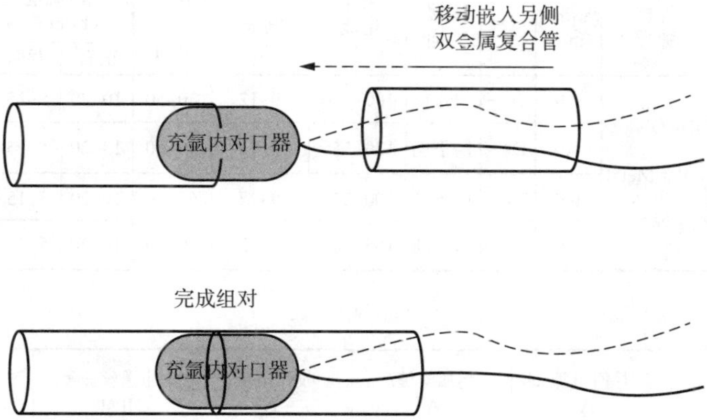

图 19　组对示意图

5. 安装全自动设备

先安装轨道并检查松紧度（图 20），然后架入全自动焊接机头，调整机头设备，检查其是否达到焊接要求（图 21）。

6. 充入氩气并测量

充入氩气并采用测氧仪对气体进行检测（图 22），待氧含量达到焊接工艺规程要求后，方可施焊。

图 20　安装轨道

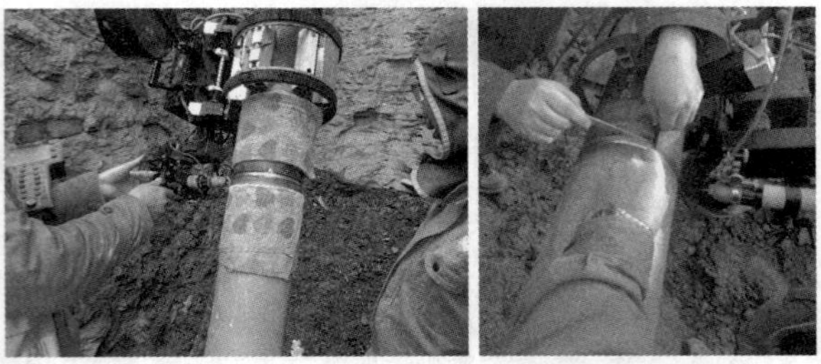

图 21　安装机头并检查、调整位置

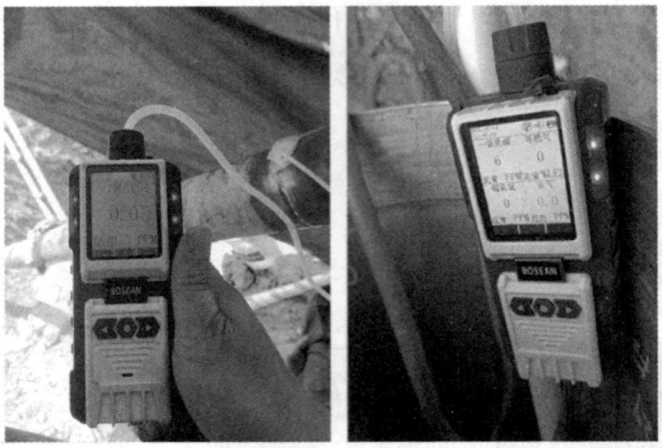

图 22　内部氧含量检测图

7. 根焊焊接

根焊焊接参数必须满足焊接工艺规程要求（图 23）。

峰值焊接参数

焊道	焊接方法	焊材牌号	规格Φ/mm	极性	焊接方向	峰值电流/A	电弧电压/V	送丝速度/IPM	气体流量/(L/min)		热输入/(KJ/mm)
									正面	背面	
根焊	GTAW	INCONEL Filler Metal 625	0.9	DC−	上向	100~140	9~12	30~50	10~20	5~15	0.34~0.64
热焊	GTAW		0.9	DC−	上/下向	120~155	9~12	30~60	10~20	5~15	0.41~0.71
填充	GTAW		0.9	DC−	上/下向	200~250	9~12	65~80	10~20	5~15	0.89~1.66
盖面	GTAW		0.9	DC−	上/下向	165~200	9~12	40~60	10~20	5~15	0.88~1.46

基值焊接参数

焊道	基值电流/A	起弧电流/A	收弧电流/A	脉冲送丝速度/IPM	摆动宽度/mm
根焊	15~35	30~50	15~35	15~35	无摆动
热焊	15~40	30~50	15~40	15~40	无摆动
填充焊	35~50	40~60	35~50	35~50	无摆动
盖面焊	20~40	40~60	20~40	20~40	1~2

图 23　焊接工艺参数图

焊接顺序由 12 点位置下向焊方向焊接到 6 点位置，再由 6 点位置上向焊方向一次焊接至 12 点起弧位置，整圈焊接完成根焊（图 24）。根据情况微调行走速度、摆动幅度等参数。观察根焊焊缝成型和颜色（图 25），若发现焊缝成型和颜色未达到要求应及时调整直到符合要求。

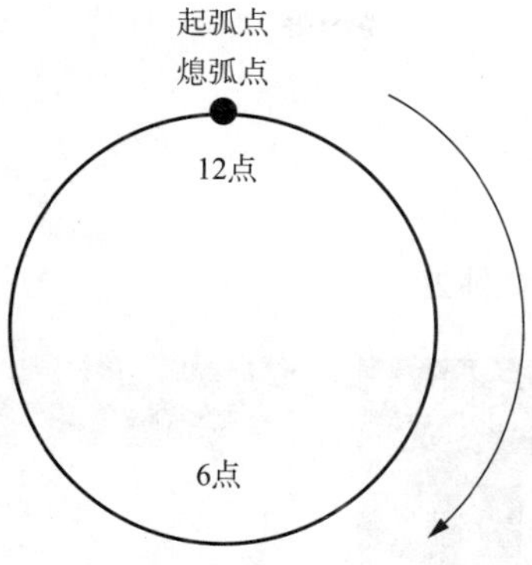

图 24　整圈焊接示意图

图 25　根焊层正面成型图

此外，根焊时还应注意以下问题：

（1）钨极伸长长度应保持在 3~4mm，钨极端部距熔池表面距离应保持在 1.5~2.2mm 的范围内。

（2）焊接过程焊工应随着焊枪的行走，使用手握控制器对焊缝进行参数微调（图 26）。若实时数据传输出现超过焊接规程的参数数据报警，应停止焊接，打磨不合格参数焊缝以后重新焊接。

图 26　焊接过程参数微调

（3）机头移动速度要遵守焊接工艺规程要求，若机头停留过久容易导致烧穿。

（4）背部氩气应持续提供，不得擅自中断，若特殊情况导致充氩中断需重新进行置换，测量合格以后方可施焊。

（5）焊接结束时，为防止焊缝出现氧化，应在熄弧后保持焊炬保护气体延后约 20s 再关闭的操作。

8. 热焊焊接

热焊焊接与根焊焊接一致，不再复述。

9. 填充焊焊接

建议先将双金属复合管冷却至室温，尽量加快焊接速度，保证足够小热输入完成第 1 道填充焊层。注意控制层间温度，采用合理的物理降温方式对双金属复合管进行冷却（图 27）。

图 27　填充焊正面成型及物理降温图

10. 撤出充氩内对口器

焊缝厚度至少已有 6mm 时可关闭保护气体并牵引撤出充氩内对口器。

11. 内窥检查根焊焊缝

充氩内对口器撤出以后应进行内窥检测（图 28），检查根焊内表面焊缝颜色，也可以直观检查是否存在内凹、未焊透等焊接缺陷。检查合格后，继续后续工序。不合格焊缝割除并按第 5.2.2 节进行操作。

12. 后续填充焊焊接

与之前填充焊操作一致，不再复述。

13. 盖面焊接

盖面层的焊接与填充层焊接一致，不再复述（图 29）。

图 28　内窥检查根焊焊缝图

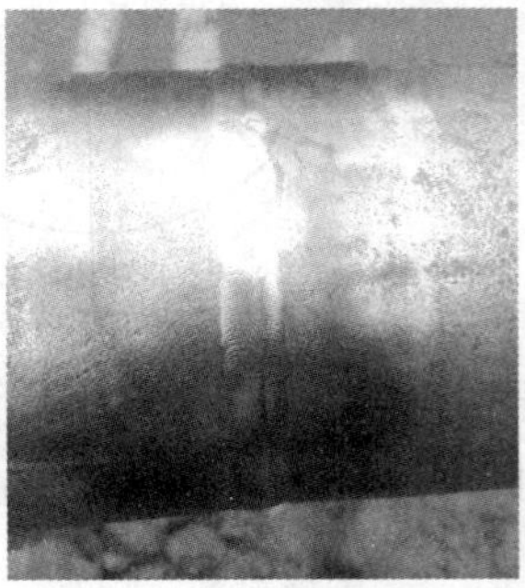

图 29　盖面焊焊缝排焊成型图

14. 外观检查

遥控自动焊机头移动一段距离观察焊缝外观。采用不锈钢钢丝网进行清理，去除表面飞溅、表面氧化膜等（图 30）。清理完毕后按照相关标准进行检查，对于超标缺陷应根据相关要求进行修补（图 31）。

15. 撤除全自动设备

外观检查合格以后，应将全自动焊接设备进行撤除并检查设备完整性，为下一道焊口施工做好准备（图 32）。

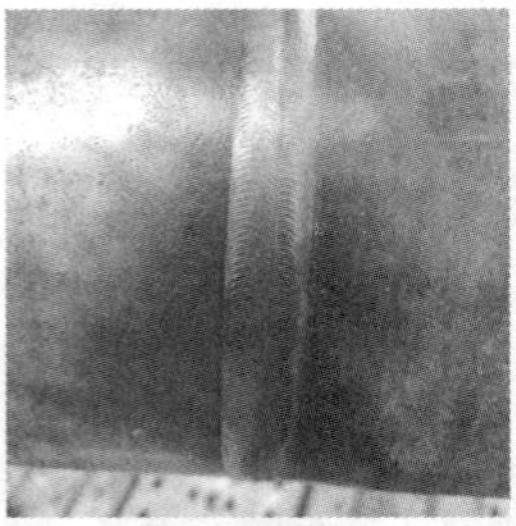

图 30　清理完成图

图 31　表面缺陷打磨图

图 32　撤除全自动设备并检查设备完整性

5.2.3　后续工序

后续应对焊口进行单独的射线检测（DR）、超声检测（UT）、相控阵超声检测（PAUT）、全自动超声波检测（AUT），或者它们的组合检测。一般 DR 和 RT 都为 X 射线检测，对体积型缺陷检测能力更强，如常见的气孔、熔孔和未焊透等。PAUT 和 AUT 都属于超声波检测，对面积型缺陷的探查能力更好，如常见的裂纹、未熔合等。双金属复合管山区自动焊无损检测具体执行以工程设计文件要求为准。检测不合格的焊缝接头，根据焊接缺陷的长度、深度决定返修或者割除接头。割除焊接接头的剩余双金属复合管应重新按照第 5.2.2 节工序开始。

合格焊口完成后续防腐、回填工序。

6 材料与设备

本工法在施工过程中，使用到的材料、设备和仪器主要有：

（1）双金属复合管：符合国家现行标准的双金属复合管。

（2）焊接材料：符合 AWS A5.14 标准要求的 ERNiCrMo-3 材料（表 1）。

表 1 焊接材料

焊接材料	标准号	型号	规格 Φ/mm
焊丝	AWSA5.14	ERNiCrMo-3	不限

（3）保护气体：氩气（99.99%）。

（4）坡口机：内涨式坡口机。

（5）焊机：具备脉冲功能的一体化全自动焊机设备。

（6）测温仪：红外线测温仪。

（7）测氧仪：测量精度达到 10ppm（$1ppm=1\times10^{-6}$）以下的测量仪。

（8）对口器：充氩内对口器。

（9）防风棚：具备防风功能的钢结构棚（图 33）。

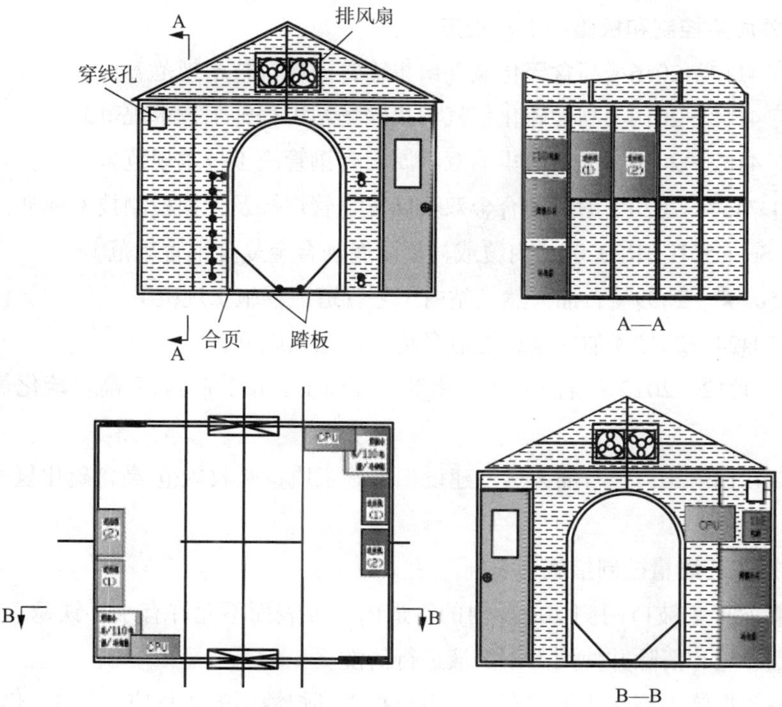

图 33 防风、防塌棚示意图

（10）内窥设备：内窥镜或自动成像内窥设备。

（11）主要设备仪器清单见表 2。

表 2 主要设备仪器清单

序号	机具设备、材料名称	型号	备注
1	发电机组	100kW	具备野外移动功能
2	自动氩弧焊机及配套机头	PI350	根焊、热焊、填充焊、盖面焊
3	充氩内对口器		背部充氩和组对
4	坡口加工机	REB 14	加工坡口
5	切割机		二次加工坡口
6	钨针打磨机		打磨钨针
7	三脚架		起吊管道
8	测氧仪	KL400-Ar	测量背部氧气浓
9	焊检尺、测温仪、风速仪、温湿度仪		检查焊接参数
10	坡口尺寸测量器		检查坡口参数
11	清洗剂		丙酮或酒精
12	消磁机		消除磁性
13	特斯拉计	A862	测量管道磁场
14	不锈钢切割片		电动角砂轮机
15	不锈钢钢丝轮		电动角砂轮机

7 质量控制

7.1 相关质量控制和检验标准及规范

（1）SY/T 4117—2016《高含硫化氢气田集输管道焊接技术规范》

（2）SY/T 4118—2016《高含硫化氢气田集输场站工程施工技术规范》

（3）SY/T 4132—2016《油气田集输双金属复合钢管施工技术规范》

（4）SY/T 7464—2020《耐腐蚀合金双金属复合管焊接及无损检测技术标准》

（5）API Spec 5LD（R2020）《内覆或衬里耐腐蚀合金复合钢管规范》

（6）GB 50540—2009《石油天然气站内工艺管道工程施工规范》

（7）GB 50424—2015《油气输送管道穿越工程施工规范》

（8）SY/T 4212—2017《石油天然气建设工程施工质量验收规范 高含硫化氢气田集输场站工程》

（9）SY/T4213—2017《石油天然气建设工程施工质量验收规范 高含硫化氢气田集输管道工程》

7.2 焊接工艺质量控制措施

（1）焊接前接头坡口两侧 20mm 内的管道内、外表面不允许有水、铁锈、油污等杂质，应使用不锈钢砂轮片清除并使用丙酮溶液进行清洗。

（2）严格依据施工测量成果表布管，组对相邻环焊缝间的距离应大于 1.5 倍的钢管直径。准备一节 5～6m 的全冶金复合管以保证管线正常安装。

（3）自动焊质量控制

① 自动焊接设备性能与焊接工艺评定要求一致，应满足项目焊接性能要求。

② 其焊接设备和行走机构应做好维护保养。

③ 现场加工的坡口形式、组对、错边等应满足焊接工艺规程要求。

④ 焊接工艺参数由技术员设定，焊工只能在允许范围内进行微调。

（4）焊接接头必须使用专用不锈钢砂轮片或不锈钢刷打磨，焊道清理干净后方可进行下一层的焊接。

（5）焊接过程应注意环境风速，若风速大于要求须采取防风措施。

（6）焊接过程严格控制层间温度，当层间温度超出规程规定范围时，应停止施焊，采用物理降温或自然冷却方法待温度达到要求后方可进行施焊。

8 安全措施

8.1 风险识别

主要危害辨识及控制措施见表 3。

表 3 主要危害辨识及控制措施

作业活动	危险源	主要控制措施
坡口加工	机械伤害	严格按照操作规程操作，操作期间必须佩戴劳动保护用品
	铁屑灼伤	严格按照操作规程操作，操作期间必须佩戴劳动保护用品
组对焊接	两管口挤伤人	组对作业时严禁手扶管口、严禁人员正对管口
	电弧或焊渣伤人	穿戴好劳动保护用品，施工中必须按照操作规程操作，施工人员之间应配合默契，互相做好保护
	烟尘中毒	施工环境采用敞开式作业，在封闭、半封闭空间作业时，必须强制通风，加强施工时人员监护，严禁内修口作业
	触电	设备必须接地或接零，电缆线有损坏处理或接电时必须专人操作
	铁屑伤眼	必须配戴合格的护目镜，使用磨光机时相互间要加强保护
	磨光机、砂轮片伤人	使用合格产品，磨光机操作时按照安全操作规程使用
	火灾、爆炸	焊接作业附近 3m 区域内严禁存放易燃易爆物品
	中暑	做好防暑工作，配备常用药物、饮用水
	滚管、溜管伤人	管道支墩必须使用牢固可靠的大支墩
野外作业	雷电、山洪等	根据实际情况制定方案，落实到每个施工人员

8.2 安全措施

（1）认真执行企业的 HSE 规章制度。

（2）对参与施工的人员进行 HSE 培训教育，保证施工作业的正常进行。

（3）进入施工现场的人员必须按规定穿戴安全劳动保护用品，不按规定使用的不准作业。

（4）没有有效的安全措施不准作业，发现事故隐患未及时排除不准作业。

（5）现场所有焊工、电工等特殊工种人员必须持证上岗，非特殊作业人员不准从事特种作业。

（6）机械、电器设备安全防护装置不齐全不准作业。

（7）对机械、设备、工具的性能不熟悉不准作业。

（8）必须保障电气设备无漏电、短路等故障发生。

（9）危险地带须设立隔离带或安全警戒线以及警示标志。

（10）施工过程注意机械伤害。

9 环保措施

9.1 作业带限制

（1）严格执行业主规定的作业带宽度，施工作业严格限制在作业带范围内。

（2）作业带清理前对作业带内的建筑设施、树木、青苗等进行登记，查清归属及清除后的影响，与地方有关部门协商处理善后工作。

（3）在保证施工的前提下，尽量不破坏植物原有根系。

（4）对作业带内的沟、渠、涵管采取保护措施，确保通畅。

9.2 废弃物管理

（1）每个作业段设置一个位置适中的临时垃圾存放场地。

（2）对产生小件废弃物的工种（如电焊工、砂轮工等），配备可携带的废弃物盛装容器。

（3）所有垃圾定期拉运到当地政府部门指定的地点集中处理。

（4）施工完毕后，拆除所有临时建筑设施，建筑材料（如废弃的管道短截、架设的临时电气线路、过水管、便桥等）妥善处理。

（5）危险有毒有害物质必须交由政府部门认定的具备处理资质的单位进行处理，禁止擅自倾倒、掩埋或者交付没有资质的单位处理。

10 效益分析

10.1 效率成本分析

（1）2021—2022 年剑阁区块礁滩气藏试采地面工程施工长度约 1.42km。由于为国内首次应用，本工法与 2017 年传统手工焊施工的伊朗 MIS 复产项目工程进行对比效益成本分析，分析如表 4 所示。

表 4 剑阁项目成本效益分析表

工程名称	传统复合管氩电联焊技术			山区复合管自动焊技术			节约成本 / 万元
	成本 /（元 / 达因）	总焊接量 / 达因	总计成本 / 万元	成本 /（元 / 达因）	总焊接量 / 达因	总计成本 / 万元	
伊朗 MIS 复产项目	650	906	58.9	—	—	—	39.2
剑阁区块礁滩气藏试采地面工程	—	—	—	217	906	19.7	
备注	1. 焊接成本为人工费、机具租赁费、材料费和辅助费用 2. 由于伊朗 MIS 复产项目焊口总数较多，故总焊接量以本次剑阁礁滩气藏试采工程完成 151 道焊口，总复合管焊接达因量计算，达因系数均为 1 3. 1 达因 $=10^{-5}$N						

（2）四川盆地铁山坡 气田飞仙关组气藏开发产能建设项目采用 12° U 形坡口角度形式，无间隙组对减少了焊接熔敷金属量，该项目焊材节省 480kg，约 28 万元。具体见表 5。

表 5　铁山坡项目成本效益分析表

<table>
<tr><th>序号</th><th>位置</th><th>材质</th><th>规格 / mm</th><th>外径 / mm</th><th>根焊计算外径 / mm</th><th>壁厚 / mm</th><th>预计焊口数量</th><th>焊材种类</th><th>单口根焊 /mm</th><th>累计 / mm</th><th>单口填盖 /mm</th><th>累计 / mm</th></tr>
<tr><td rowspan="2">1</td><td rowspan="2">手工焊线路</td><td rowspan="2">API 5LD–X52QS PSL2，Alloy 625 0VERLAID</td><td rowspan="2">DN300</td><td rowspan="2">324</td><td rowspan="2">300.00</td><td rowspan="2">15</td><td rowspan="2">250</td><td rowspan="2">镍基焊材</td><td colspan="2">焊丝 Φ2.0/Φ2.4</td><td colspan="2">焊条 Φ2.4/Φ3.2</td></tr>
<tr><td>0.54</td><td>134.39</td><td>2.73</td><td>681.88</td></tr>
<tr><td rowspan="2">2</td><td rowspan="2">自动焊线路</td><td rowspan="2">API 5LD–X52QS PSL2，Alloy 625 0VERLAID</td><td rowspan="2">DN300</td><td rowspan="2">324</td><td rowspan="2">300.00</td><td rowspan="2">15</td><td rowspan="2">250</td><td rowspan="2">镍基焊材</td><td colspan="2">焊丝 Φ0.9</td><td colspan="2">焊条 Φ1.14</td></tr>
<tr><td>0.24</td><td>60.00</td><td>0.80</td><td>200.00</td></tr>
</table>

目前剑阁区块礁滩气藏试采地面工程已平稳运行 1 年，未添加缓蚀剂等材料，为建设单位共计节省运维成本超 60 万元。

10.2　社会效益

本工法通过在工程中的运用，为工程项目早日投产见效、促进经济发展做出了积极贡献。双金属复合管山区自动焊接工法为我公司目前独有的一项自动焊技术，受到了国内多家石油石化单位的关注。同时也为石油行业管道建设提供了一项全新的焊接技术。

10.3　前景分析

国内之前对于复杂腐蚀介质油气田建设项目均采用碳钢加缓蚀剂方案来解决管道内腐蚀问题，长期加注缓蚀剂，后期费用消耗大，管理成本较高且运行期间缓蚀剂加注量、加注方式等需根据管道的腐蚀监测数据进行调整，出现事故概率较大。在国际上已基本采用合金及以上的耐蚀合金材料作为防腐蚀方案。从材质本身解决管道的腐蚀问题，可极大提高耐腐蚀性、复杂介质油田开发工程的安全性、可靠性，同时简化工艺流程，便于后期维护管理，具有广泛的应用前景。

随着国内、外高酸性油气田的开发，双金属复合管管道的建设和使用已成为市场趋势。本工法将用于指导今后工程建设中双金属复合管山区全自动焊接。

11　工程实例

实例一：剑阁区块礁滩气藏试采地面工程

本工法于 2021 年首次在我公司剑阁区块礁滩气藏试采地面工程——内部集输采气支线双金属复合管施工工程上应用，应用效果良好，不仅保证了焊接接头的质量，而且提高了双金属复合管的施工效率（图 34）。

图 34　剑阁区块礁滩气藏试采地面工程施工现场图

实例二：四川盆地铁山坡气田飞仙关组气藏开发产能建设项目

本工法应用于 2022—2023 年四川盆地铁山坡气田飞仙关组气藏开发产能建设项目。集气支线管材为 Φ323.9mm ×（12+3）mm 和 Φ323.9mm ×（15+3）mm L360QS+825 耐蚀合金内衬双金属复合管。该项目于 2022 年 12 月开工，已焊接完成 161 道口（图 35）。

图 35　铁山坡气田飞仙关组气藏开发产能建设项目

山区管道单焊炬外焊自动焊施工工法

黄　俊　张光毅　彭建超　黄　涛　李　翔

四川石油天然气建设工程有限责任公司

1　前言

油气管道在低山、丘陵地区敷设的传统做法一般为在冲沟处留头，后续调动组合自动焊机组进场施工。而组合自动焊接存在坡口开口大、焊接效率低、劳动强度大、焊接质量不稳定、对焊工技术水平要求高等诸多缺点。为了避免以上缺点，填补山区管道自动焊技术的空白，实现真正意义上的山区管道自动焊，四川油建公司积极开展了山区管道“穿越冲沟管下涵单焊炬外焊自动焊”施工技术。

本工法已成功在广西 LNG 配套外输管道桂林支线工程、中贵线与元坝—普光管道联通工程、威远—泸州区块页岩气集输干线工程、西气东输三线中段等项目上应用。

本工法形成了 QC 成果，并荣获中国石油工程建设有限公司质量管理小组优秀成果一等奖（证书编号：2023-QC-095）；石油工程建设质量管理小组二等奖；工程建设质量管理小组三等奖（证书编号：C20233927）。

2　工法特点

2.1　施工效率高

本工法通过采用管涵铺设、削山降坡、浅挖深埋等技术减缓地形坡度，减少线路冷热煨弯管用量，同时对自动焊坡口型式的创新设计及焊接顺序的合理安排，使山区狭窄冲沟地段管道留头量减少 90%，全自动焊接连续施工能力强，单口焊接效率提高 50%。

2.2　经济效益显著

通过减少冷热弯用量及现场留头，节约机组二次进场调遣时间，缩短焊接施工周期来降低施工成本、减少施工工期。

2.3　提高焊接质量

克服了组合自动焊工艺效率低、质量不稳定的问题，本工法提高了焊缝机械性能和焊口一次合格率，提高了焊接效率和质量。

2.4　生态环境影响小

本工法将山区削方降坡产生的土方用于冲沟回填，有效控制了山区超占地，减少植被破坏及对周边土壤结构、地表形态的改变，对生态环境的影响降至最低限度。

2.5 安全性高

本工法可以减少沟下焊作业，有效避免管沟塌方、坠石、物体打击、机械伤害等风险。

2.6 适用范围广

工人经简单培训便可上岗，既适用于大机组流水线焊接作业，也适用于山区零星段面小机组作业，同时具备热煨弯管和连头焊接能力，可广泛应用于各种山区焊接作业。

3 适用范围

本工法适用于山区管道 45°（6G）及以下坡度焊接，管径适用范围为 $\Phi323 \sim \Phi1422$mm，壁厚≥ 5mm。

4 工艺原理

4.1 山区冲沟管下涵处理

通过对冲沟管下涵所处场区的水文地质资料来计算所用过水涵管所需的规格型号及水保措施。再将长输管道安装在涵管上方，最后在管道上方修建检修便道。山区大口径管道穿越冲沟管下涵平面及剖面图如图 1、图 2 所示。

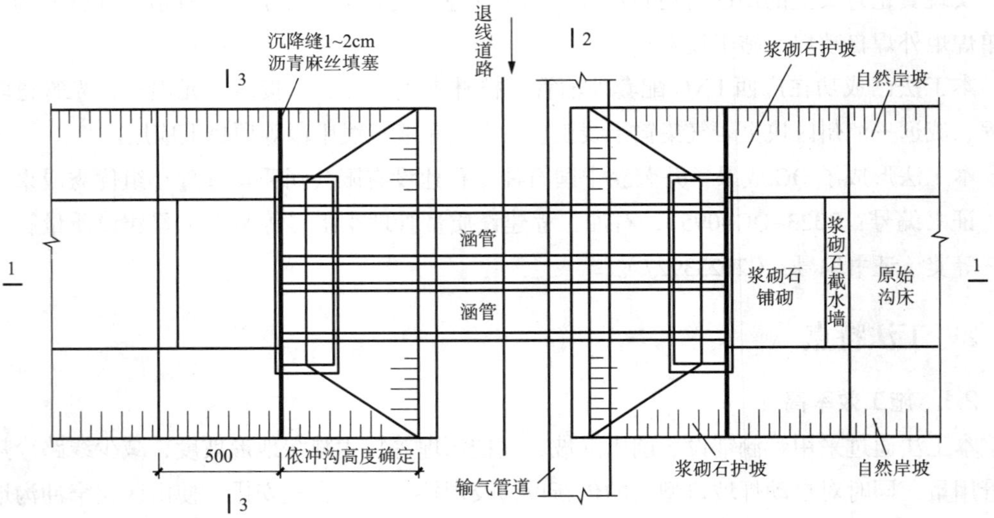

图 1　山区冲沟管下涵平面图

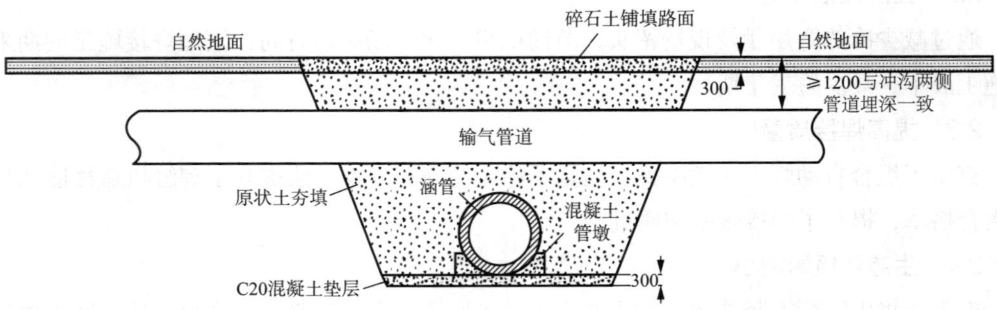

图 2　山区冲沟管下涵剖面图

地勘资料来源主要为现场实际走访调查、设计地勘单位前期探查资料。水文资料来源主要为水位站观测资料、文献考证资料、洪水调查资料。施工现场地勘资料、水文资料一般以设计地勘单位前期探查资料（地勘报告）、洪水调查资料（防洪评价报告）为主。

施工前排水涵管的设置应视冲沟来水量大小确定，汇水量较小的冲沟可设置 1 排涵管。汇水量较大的冲沟可设置 2 排或多排涵管。施工前进行水文调查，根据施工地地勘资料、水文资料相关数据计算山洪最大瞬时流量，并对管涵管径选型。选型主要是通过涵管过流量计算，计算结果须满足山洪瞬时流量要求。

4.2 山区单焊炬外焊自动焊工艺

4.2.1 坡口形式

针对山区管道施工创新设计了 U 形坡口形式（图 3）。

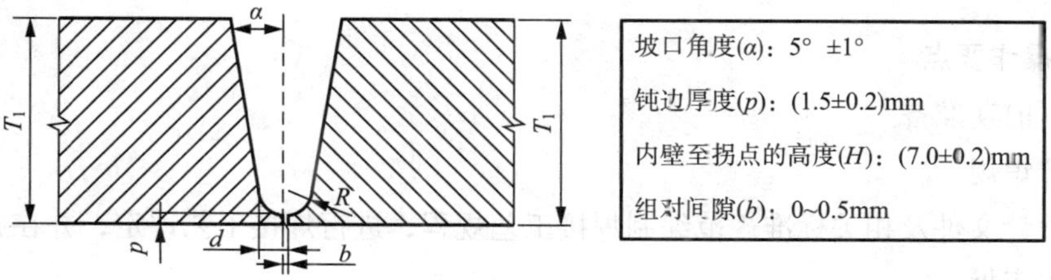

图 3 U 形坡口形式

4.2.2 焊接方法

焊接方法为自动钨极氩弧焊上向焊根焊 + 实心焊丝下向焊填充、盖面（GTAW ↑ + GMAW ↓）。

4.2.3 焊接材料

本工法中自动钨极氩弧焊工艺使用直径为 1.0mm 的实心焊丝，解决了大直径的实心焊丝仰面内凹、成型不良，钝边未焊透、焊穿、飞溅大、操作性较差等问题，焊缝正反面成型情况如图 4 所示。

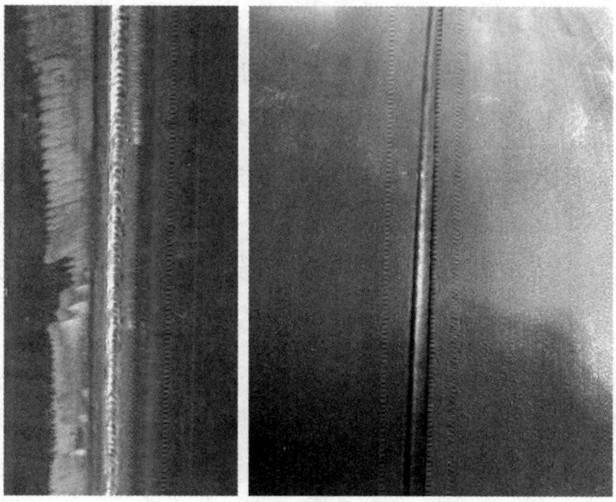

图 4 采用实心焊丝自动氩弧焊根焊正面 / 背面成型情况

4.2.4 焊接用保护气体

（1）自动钨极氩弧焊根焊使用 100%Ar 作为保护气体，填充、盖面使用 80%Ar+20% CO_2 混合气体。

（2）气体纯度和含水量要求见表 1。

表 1 焊接用保护气体

配比用气体纯度要求	Ar 纯度≥ 99.96%；CO_2 气体纯度≥ 99.5%
配比用气体含水量要求	Ar 含水量≤ 0.005%

5 施工工艺流程及操作要点

5.1 施工工艺流程

施工工艺流程如图 5 所示。

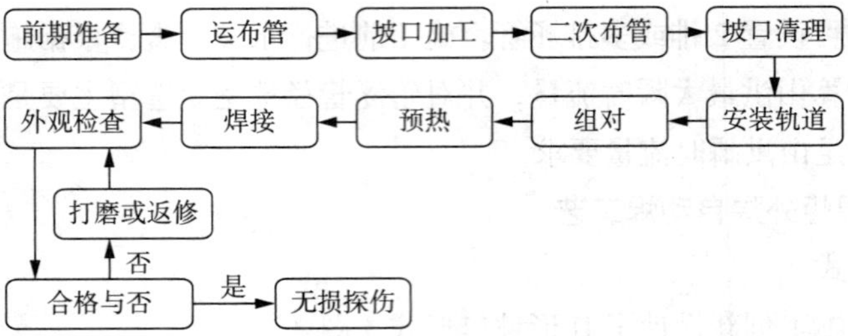

图 5 施工工艺流程图

5.2 操作要点

5.2.1 前期准备

1. 焊评焊规

根据设计文件及相关标准规范编制焊接工艺规程，进行焊接工艺评定，并在施工前通过监理、业主审批。

2. 施工作业带

施工前对作业带中冲沟进行管下涵处理，根据《桥涵水文》中经验公式 $Q_p= CS_p^{\beta}F^{\lambda}$ 计算各个冲沟山洪最大瞬时流量。

式中，Q_p 为 50 年一遇的洪峰流量，m/s；S_p 为 50 年一遇的雨力，mm/h；F 为流域集水面积，km^2；C、β、λ 均为模型参数。

根据公式：水通过流量 = 管截面积 × 流速（通常取 1.5m/s）计算所需管涵直径（管涵水通过流量大于 Q_p）。

先浇筑混凝土垫层再铺设管涵，最后在上方铺土回填、分层夯实，回填土要求嵌入原始岸坡稳定层 0.2 ~ 0.5m。

3. 焊缝打磨

采用角向砂轮机清除坡口边内外 150mm 范围内制管焊缝余高并平滑过渡，如图 6、图 7 所示。

4. 二次布管

机组设置专人对钢管管口长短轴、周长进行测量核对。椭圆度须满足现场焊接要求，并对管口局部变形较大、划痕较深、带强磁处进行处理后方可使用。

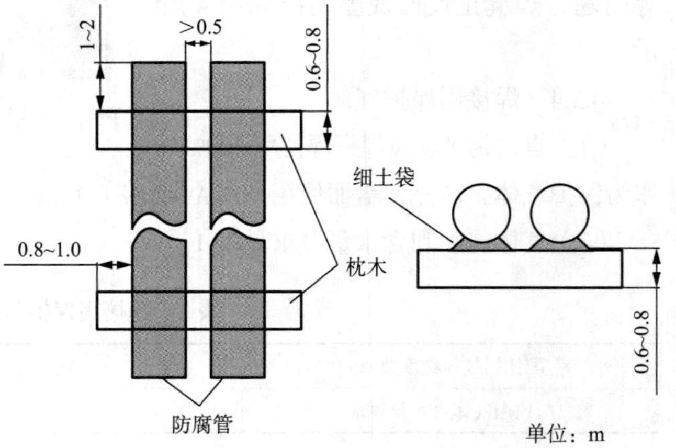

图 6 防腐管坡口加工布置

二次布管时根据管口所标周长进行选管，选择管口所标周长长度相近的钢管一次摆放，且须按照 A-A、B-B 端进行布管（图 8）。

5.2.2 运布管

对于山区复杂地形、丘陵地带运布管，使用具有助推装置和抓管锁止装置的山区专用抓管机进行运布管。这种抓管机具备一定爬坡能力且后方增加助推装置，防止上坡或下坡时履带打滑，并由安全员进行现场监督，保证运布管过程的安全可靠（图 9）。

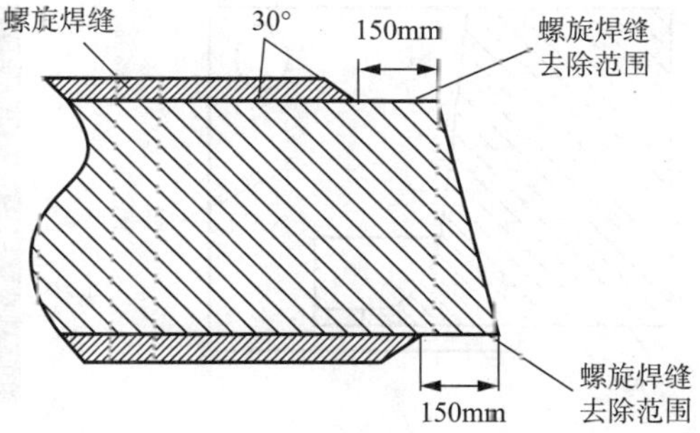

图 7 制管焊缝余高去除示意图

图 8 管口测量及长短轴匹配

图 9 山区、丘陵地带运布管

5.2.3 坡口加工

坡口加工可采用 2 种方式进行：采用带外跟踪功能的外卡式坡口机或内涨式坡口机进行坡口加工；山区施工中坡口需修复时也可采用便携式坡口机。

（1）加工完成后的坡口尺寸应满足焊接工艺规程要求。内涨式坡口机采用复合坡口刀具、外卡式坡口机采用一体成型刀具进行坡口加工（图 10）。

图 10 坡口机加工坡口

（2）坡口加工完成后，先目视检查坡口表面是否平滑，无加工沟槽、分层和裂纹等缺欠。再使用游标卡尺、焊接检测尺或坡口对比样板等专业测量工具对坡口角度、钝边厚度等关键尺寸进行初检测量（图 11、图 12）。每完成 10 道坡口，用万用量规准确检测坡口状况，以便调整刀具。同一机组坡口加工角度偏差允许范围为 ±1°。

（3）对于不等壁厚对接接头内镗孔，由管材生产厂家完成内镗孔后运抵现场。现场准备便携式坡口机可进行内镗口的修补加工（图 13）。

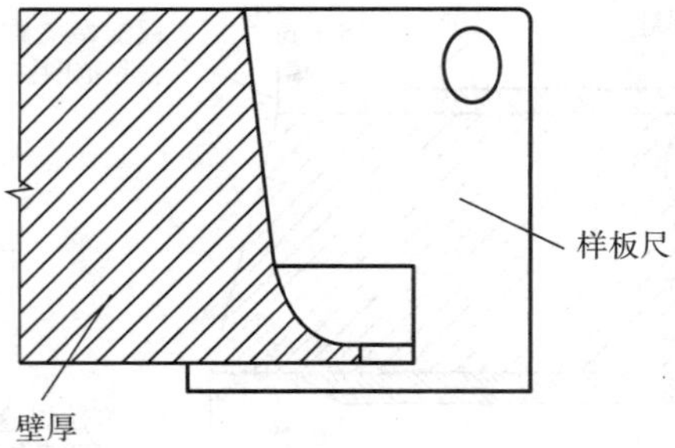

图 11 坡口样板尺快速检测坡口校验示意图

图 12 钝边测量、角度校验示意图

图 13 管口镗孔加工和坡口修复

5.2.4 二次布管及坡口清理

坡口加工完成后需将钢管进行二次布管，也是按照机组前方等间距有序放置在管墩上。钢管与管墩接触处应具备一定防护措施，避免伤及防腐层。

在进行管口组对前，需进行管口清理工作：

（1）采用锉刀或电动砂轮机清除管端坡口机械加工形成的内卷边。

（2）坡口加工时利用坡口机自带钢丝刷，清理管端外壁 150mm 范围的起鳞、磨损、铁锈、渣垢、油脂、油漆和影响焊接质量的其他有害物质。如图 14 所示，采用电动角磨机 + 钢丝刷或者抛光片清理坡口两侧 20mm 范围内铁锈、毛刺等，直至露出金属光泽，或者采用激光除锈装置进行除锈（图 15）。

图 14 管口自动化清理

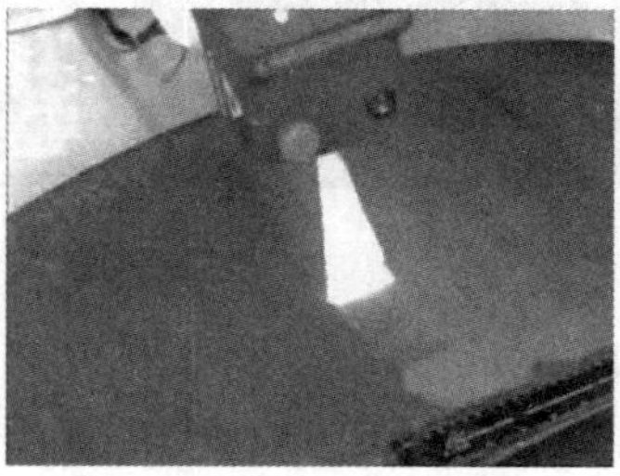

图 15 移动式激光除锈

5.2.5 轨道安装及坡口标注

轨道安装质量严重影响自动焊焊接质量，轨道安装人员必须由经过培训合格的人员担任。轨道安装人员由 2 人对称安装，防止在安装过程中轨道受力不均产生变形，轨道支撑要避开制管焊缝（图 16、图 17）。

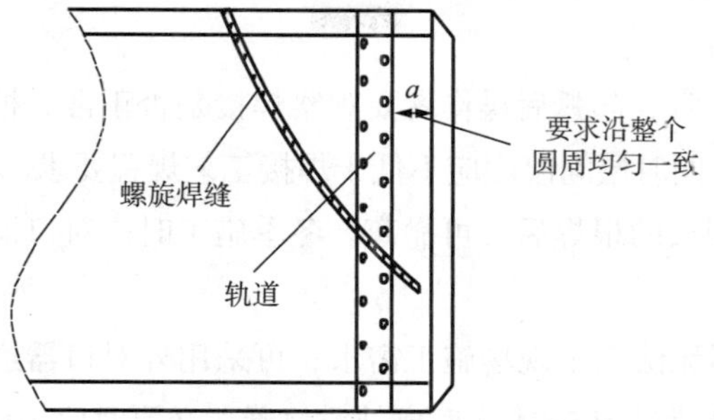

图 16　轨道安装示意图

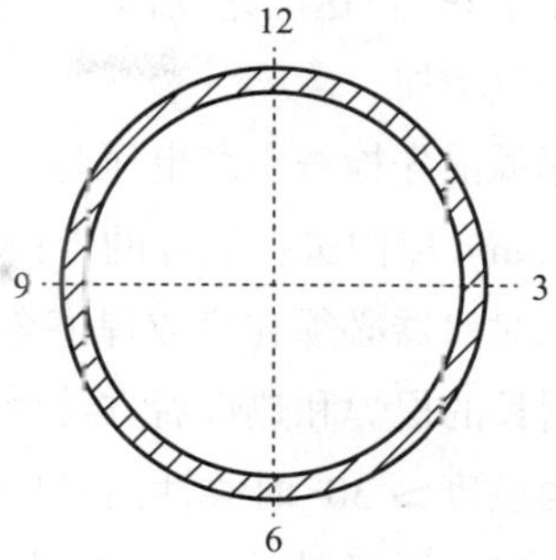

图 17　坡口标注示意图

5.2.6　管口组对

在坡度＜ 30° 时，可使用山地柔性内对口器完成组对工作（图 18）。其中柔性山地内对口器具备通过 6D 热煨弯管及爬坡 25° 的能力；在坡度≥ 30° 时，山区柔性内对口器无法组对的情况下，可使用新型外对口器，其需具备组对间隙紧密可调和锁紧功能（图 19）。

图 18　山地内对口器组对

图 19　外对口器组对

5.2.7　预热

使用内对口器组对时预热宜选用中频感应加热器（图 20），中频加热器具有温度显示和恒温自动控制功能，焊接过程中保证预热温度及层间温度符合焊接工艺规程要求。

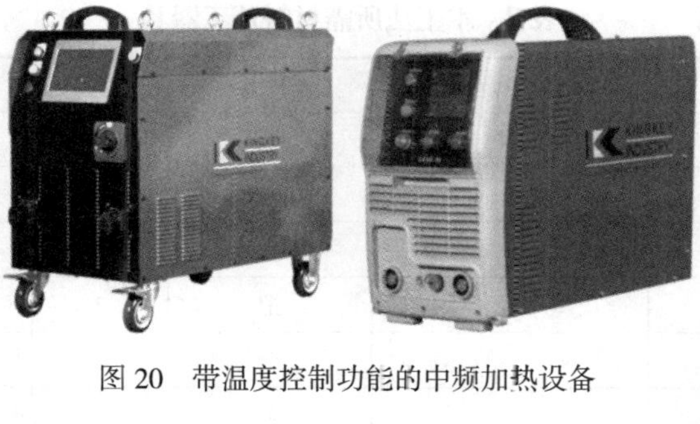

图 20　带温度控制功能的中频加热设备

5.2.8　焊接

单焊炬外焊最大焊接坡度可达 45°，单面焊双面成型良好。

（1）焊接前对送气系统、送丝系统、行走机构等进行检查，正常运行后方可进行焊接。

（2）参数设置：对于设置好的程序，除了摆幅和左右，尽量不要在焊接过程中调节其他参数。

（3）6G 位参数设定：应注意 5G 位焊接参数和 6G 位焊接参数不一样，6G 位与 5G 焊接参数区别在于 6G 位送丝速度偏小、左右停留时间不一致、焊接速度稍快、单层（道）更薄，层道数也相应增加。

（4）起弧前先检查空载电压是否正常，起弧后操作者要观察焊接是否正常。根焊焊道完成后应在 15min 以内进行热焊的焊接，同时层间温度应不低于焊接工艺规程要求。

（5）内对口器必须在完成焊道全周长的根焊后方可撤离。冬季施工时内对口器必须在完成焊道全周长的根焊和热焊后方可撤离。

（6）当坡度＞ 30° 时柔性内对口器无法满足现场施工需求，可采用外对口器进行组对焊接。使用外对口器组对时，应对称焊接超过 50% 才能撤离外对口器，必要时应 100% 完成根焊焊接方可撤离。

5.2.9 表面清理

盖面焊道完成后对焊缝表面进行清理，要求清理干净焊缝表面的熔渣、飞溅等，并对过高的焊缝余高进行修磨并圆滑过渡。修磨过程中采用的保护措施不得伤及母材，打磨后有效壁厚须满足工程设计要求。

5.2.10 外观检查及修补

清理完毕后迅速检查焊缝的外观质量，如表面存在密集气孔、未熔合等缺陷，应打磨彻底后，使用盖面焊参数进行修补。修补完成后再次检查且打磨余高，最终须满足焊缝外观质量要求。

5.2.11 无损探伤

外观检查合格后，依据本工程采纳的相关标准及设计文件进行无损检测。无损检测应跟进作业，及时反馈焊口不合格的详细情况，便于自动焊及时调整焊接参数。

6 材料与设备

本工法在施工过程中，使用到的材料及工器具见表 2，使用到的设备见表 3。

表 2 本工法所需材料及工器具

序号	材料名称	规格型号	单位	数量	备注
1	钢管	Φ323.3 ~ Φ1420mm	根	—	
2	实心焊丝	Φ1.0mm	kg	—	
3	游标卡尺	0 ~ 150mm	把	2	
4	红外测温仪		把	2	
5	混合气检测仪		个	2	
6	其他检测仪器		个	2	
7	百米绳		条	2	百米绳
8	钢卷尺		把	2	钢卷尺
9	木桩	长 0.5m	个	5	木桩
10	白灰		袋	1	白灰

续表

序号	材料名称	规格型号	单位	数量	备注
11	塔尺		个	1	塔尺
12	自喷漆	红色	瓶	1	自喷漆
13	对讲机		个	10	对讲机

表3 本工法所需设备

序号	名称	规格型号	单位	数量	备注
1	自动氩弧焊设备	A-305T	台	2	
2	单焊炬设备	A-305	台	2	
3	内嵌式液压坡口机	Φ323.3 ~ Φ1420mm	台	1	
4	外卡式坡口机	Φ323.3 ~ Φ1420mm	台	1	
5	山地柔性内对口器	Φ323.3 ~ Φ1420mm	台	1	匹配管径 Φ323.3 ~ Φ1420mm
6	外对口器		台	1	带锁止功能
7	中频加热器	80kW	台	1	
8	吊管机		台	2	
9	山区布管机		台	1	具备一定爬坡能力，且具有锁紧和稳定装置
10	挖掘机	30t 级	台	1	开挖、倒土、回填（每个作业面根据现场需要增减设备）
11	发电机	100kW	台	1	为水泵提供电力
12	水泵	4in ~ 6in	台	1	抽水（如果存有明水）
13	RTK		台	1	测量管道中心线和焊口坐标采集
14	中巴车	19 座	辆	1	接送人员上下班
15	挖掘机	30t 级	台	1	开挖、倒土、回填（每个作业面根据现场需要增减设备）
16	发电机	100kW	台	1	为水泵提供电力

7 质量控制

7.1 本工法执行的相关标准规范

（1）GB/T 31032—2023《钢质管道焊接及验收》

（2）GB 50369—2014《油气长输管道工程施工及验收规范》

（3）SY/T 4109—2020《石油天然气钢制管道无损检测》

（4）GB/T 50818—2013《石油天然气管道工程 全自动超声波检测技术规范》

7.2 基坑开挖

检查基底土质的均匀性，地基稳定性及承载力，基坑平面尺寸、位置、标高是否符合图纸设计。挖后的基坑底面应平整、坚固、干燥，铺设垫层并夯实。

7.3 焊接质量控制措施

（1）对钢管进行选管、级配工作，减小两管口椭圆度之差。

（2）坡口质量控制是影响根焊质量的主要因素，应严格执行“三检”制度，确保坡口尺寸符合焊接要求。

（3）组对质量控制：

① 组对间隙应控制在 0 ~ 0.5mm。

② 错边量控制：不大于 1.5mm。

③ 相邻制管螺旋缝 / 直缝应错开 100mm 以上，且分布于钢管上半圈部分。

（4）根焊焊接开始前应进行预热，温度应不低于焊接工艺规程要求的最低预热温度。

（5）焊接前应先检查设备运行情况，如连线、气体、送丝机构、行走机构、电源显示等是否异常。

（6）对于焊接过程中出现的质量问题，使用角向磨光机进行必要打磨，宜采用原参数进行修补。

（7）焊道接头打磨及搭接要求：

① 接头打磨时所使用的砂轮片厚度不宜超过 3.5mm。

② 单焊炬接头打磨时应将接头处的单层焊道按照 30° 左右的斜面进行打磨，打磨时应将已完成的焊道的起弧处完全打磨，且不得伤及上层焊道，如图 21 所示。

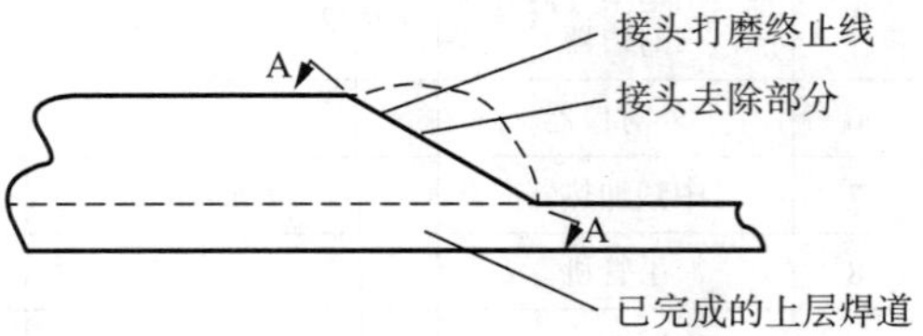

图 21　接头打磨方式示意图

③ 在接头打磨过程中如果发现有未熔合等焊接缺陷时，应沿打磨终止线平行推进，直至缺陷清除。

④ 在接头的打磨平面上，应将需打磨的焊道进行平面打磨，特别是在焊道与坡口的接触面，不得留下夹角部位（图 22）。

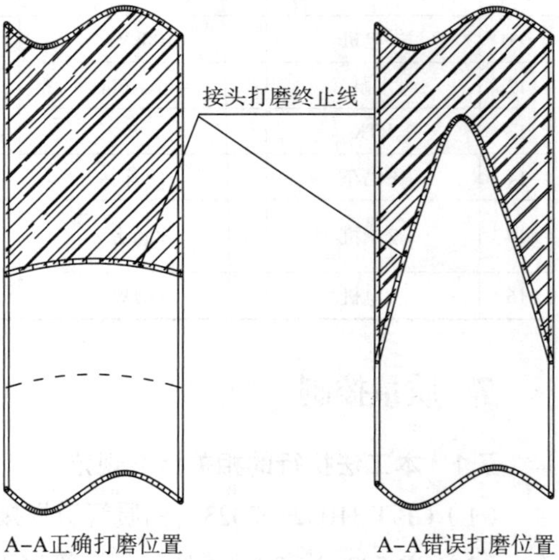

图 22　接头打磨面示意图

⑤ 接头打磨后，焊接起弧点应超过接头打磨面，待焊接完成后再将接头的超高部分进行打磨，直至与正常焊道高度一致（图 23）。

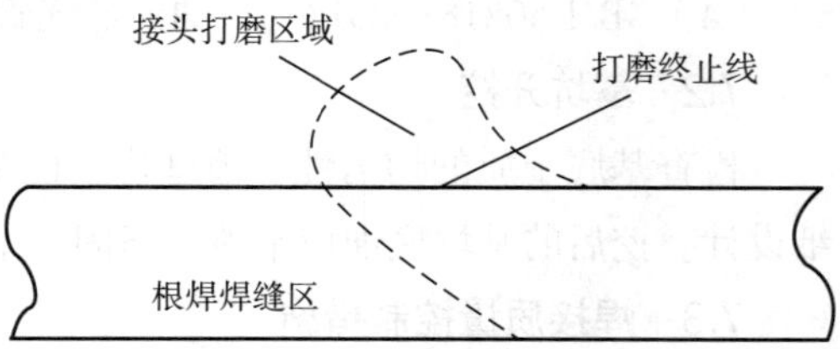

图 23　接头搭接示意图

8　安全措施

本工法施工中主要的风险有机械伤人、触电、高处坠物、火灾、爆炸、雷电、山洪等，具体安全措施如下：

（1）应严格执行企业的 HSE 规章制度。

（2）对参与施工的人员进行 HSE 培训教育，保证施工作业的正常进行。

（3）进入施工现场的人员必须按规定穿戴安全劳动保护用品，不按规定使用的不准作业。

（4）没有有效的安全措施不准作业，发现事故隐患未及时排除不准作业。

（5）现场所有焊工、电工等所有特殊工种人员必须持证上岗，非特殊作业人员不准从事特种作业。

（6）对机械、设备的性能不熟悉不准作业。

（7）机械、电器设备安全防护装置不齐全不准作业。

（8）运布管过程中应设置安全专员监督，发现违规操作、履带打滑、有侧翻风险等情况应及时制止，确保安全后再恢复施工。

（9）大坡度6G位安全注意事项：现场安全员针对山区雨季施工具备一定的隐患识别能力，如山体滑坡、设备溜车、侧翻等，不具备安全条件不允许山区施工。

（10）每日上班前，针对山区段施工，安全员应进行安全交底，对可能存在的风险进行全员提醒。

（11）大坡度6G位管道施工，每日下班前应将机械设备停留在地势平坦且地基较硬的地方，并设有安全警示带。

（12）焊接人员必须穿戴好防护服，防止热金属飞溅；戴好护目镜，避免电弧灼伤眼睛。

（13）劳动保护用品、保护装置和设施，必须保证齐全、完好、灵敏、有效。

（14）必须保障电气设备无漏电、短路等故障发生。

（15）高压气瓶、压力表、流量计必须保证安全、可靠、灵敏、有效。

（16）施工作业带应设立隔离带或安全警戒线，以及警示标志。

（17）施工过程注意机械伤害，山区用吊管机、抓管机、挖机等运行过程中安全员应全程监督。

9 环保措施

9.1 作业带限制

（1）严格执行业主规定的作业带宽度，施工作业严格限制在作业带范围内。

（2）作业带清理前对作业带内的建筑设施、树木、青苗等进行登记，查清归属及清除后的影响，与地方有关部门协商处理善后工作。

（3）在保证施工的前提下，尽量不破坏植物原有根系。

（4）清理产生的废弃物应在指定地点堆放整齐，且不能对堆放地点周边环境产生影响。

（5）对作业带内的沟、渠、涵管采取保护措施，确保通畅。

9.2 废弃物管理

（1）每个作业段设置一个位置适中的临时垃圾存放场地。

（2）对产生小件废弃物的工种（如电焊工、砂轮工等），配备可携带的废弃物盛装容器。

（3）所有垃圾定期拉运到当地政府部门指定的地点集中处理。

（4）施工完毕后，拆除所有临时建筑设施，建筑材料（如废弃的短截管道，架设的临时电气线路、过水管、便桥等）妥善处理。

（5）危险有毒有害物质必须交由政府部门认定的具备处理资质的单位进行处理，禁止擅自倾倒、掩埋或者交付没有资质的单位处理。

10 效益分析

10.1 经济效益

本工法提高了山区管道工程施工效率，降低了工程成本。根据西三中山区段施工现场数据，该工法经济效益体现在以下方面：

（1）可达到大流水作业施工条件。相比传统组合焊安装而言，安装费用节省 44%，焊接施工时间减少 85%，地貌影响减少 42% 以上。

（2）同种机组配置下，使用自动氩弧焊工艺焊接完成 87 道 D1219mm × 22mm 焊口，用时 22 天，焊接口数最高 6 道 / 天，日平均焊口数量为 87/22=3.95 道 / 天。使用组合自动焊工艺完成焊口 65 道 D1219mm × 22mm 焊口，用时 32 天，焊接口数最高 3 道 / 天，日平均焊口数量为 65/32=2.03 道 / 天。单日工效比对相较于组合自动焊提高 3.95/2.03 ≈ 2 倍。具体见表 4。

表 4 D1219mm × 22mm 环焊接头平均焊接时间对比表

序号	工序名称	时间 /min		备注
		钨极自动钨极氩弧焊 t_1	组合自动焊 t_2	
1	根焊	23	50	整圈时间，含打磨接头时间
2	热焊	12	40	整圈时间，含打磨接头时间
3	填充盖面	105	330	含打磨接头时间
合计		140	420	包含加热时间，不含坡口时间、起吊防风棚、设备移动时间

由表 4 可知，钨极氩弧焊自动焊相比于组合自动焊单口焊接效率提高 66.7%

（3）单公里焊接成本统计

经过对现场设备、材料、人员等的费用进行实际汇总和记录，单公里成本与组合自动焊对比如表 5 所示。

表 5 现场验证成本对比表 单位：万元

序号	工艺名称	人工费	材料费	机械费	生活费	房租	其他	合计
1	自动钨极氩弧焊焊接	38.61	24.94	67.59	1.828	2.285	1.517	136.769
2	组合自动焊焊接	66.71	36.08	104.9	2.433	1.154	2.059	213.334

注：对比表中的各项数据已根据实际成本与实际焊接工作量折合为单公里后的数据（万元），平均功效为当月实际焊口数与施工天数的比值。

从上述单公里焊接成本分析：采用自动钨极氩弧焊焊接相较于组合自动焊单公里成本减少 76.565 万元，即单公里节省成本约 35.89%。

10.2 环保效益

本工法大大减少山区施工超占地现象的发生，施工对周边植被、地形地貌影响较小，环保效益突出。

10.3 社会效益

通过实际工程应用，本工法技术先进、安全，施工效率高、质量高，环保效益好，社会效益明显，具有很高的推广应用价值。

11　工程应用实例

实例一：广西 LNG 配套外输管道桂林支线工程

广西 LNG 配套外输管道桂林支线工程于 2021 年 9 月开始建设，2022 年 12 月完工，实际总建设工期为 13 个月，比合同约定的 15 个月工期缩短了 2 个月。此外，焊缝质量的射线探伤和 PAUT 双检合格率达到了 96.2%（图 24）。

图 24　广西 LNG 配套外输管道桂林支线工程施工现场

实例二：泸州区块页岩气集输干线工程

泸州区块页岩气集输干线工程于 2021 年 3 月开始建设，管线全长 52km，共计完成单焊炬自动焊焊口 2000 多道，焊缝质量的射线探伤 +PAUT 双检合格率达到了 97%（图 25）。

图 25　威远—泸州区块页岩气集输干线工程施工现场

实例三：中贵线与元坝—普光管道联通工程

中贵线与元坝—普光管道联通工程于 2022 年 10 月开始建设，本工程采用单焊炬自动焊焊接工艺共计完成焊接 1150 余道口，经过 RT 和 PAUT 双检，一次合格率分别为 99.7%、98.1%。采用本工法进行施工，有效减少了留头以及机组的频繁转场（图 26）。

图 26　中贵线与元坝—普光管道联通工程施工现场

实例四：西气东输三线中段（中卫—吉安）项目中卫—枣阳段线路工程

西气东输三线中段（中卫—吉安）项目中卫—枣阳段线路工程于 2022 年 4 月开始建设，存在大范围的山区及隧道管道施工。本工程应用本工法共焊接 210 道口，一次合格率为 98%，连续焊接，有效减少连头和转场频率，同时也节省施工成本（图 27）。

图 27　西气东输三线中段（中卫—吉安）项目中卫—枣阳段线路工程施工现场

天然气处理厂管廊架管道滚动牵引就位安装施工工法

吴　迪　陈思宇　唐　勇　王浩嘉　李　伟

四川石油天然气建设工程有限责任公司

1　前言

传统的管廊管道施工时，需要布管一段，焊接一段，人员、机具、设备在管廊上频繁转场。且由于天然气处理厂的管廊架通常有层数多、空间小、管道排布密集等特点，作业风险高、施工环境差。

基于上述情况，本工法采用工位固定、管道牵引移动的方法，改变了传统的管廊施工方式，该新方式是通过在管廊的横梁上安装管道传送器，将管道吊运至管廊上预先设立的固定焊接位置点进行管道焊接作业，管道焊接完成后将其沿管道传送器的传送轮牵引至管廊末端，直到整个管线安装完毕。

该施工方法在长庆油田上古天然气处理总厂工程、长庆第一净化厂气质提升工程、冀东油田神木气田佳县区块南区产能建设地面工程中得到了成功应用，并在工程中不断总结经验，形成了一套完整的施工工法。

2　工法特点

2.1　机组位置固定，施工效率高，经济性高

本工法将传统“人随管走”的施工模式改为“管动人定”，采用吊车在一处进行布管，电动卷扬机进行牵引，焊接班组在固定位置进行布管、组对、焊接、传动，人员、吊车、焊机、气瓶等焊接设备无需频繁移动，减少了人员、机具转场，安装效率高、设备利用率高，经济效益好。

2.2　焊接、组对安装位置固定，施工风险低、施工质量高

应用本工法后，管工、焊工可以在一个固定、宽敞的位置进行所有的组对焊接作业，极大减少了天然气处理厂中交叉施工对施工的影响，且由于施工位置固定便于搭设防风棚、脚手架等安全质量保护措施，施工风险低、施工质量高。

2.3　轻便便携，适用性强

本工法研制的管道传送器，通过安装滚轮使管道可在牵引装置的辅助下在管廊上滑动，

该管道传送器制作简单、小巧轻便、固定牢靠、易于安装和移动，适用性较强，可在各个天然气处理厂项目中广泛应用。

3 适用范围

本工法适用于天然气处理厂和各类油气站场的管廊架管道安装施工，包括管道吊装、布管、组对、焊接，最佳适用范围为地势空间狭窄且公称直径在 *DN* 800mm 以下管廊架管道直管段的安装施工作业。

4 工艺原理

4.1 管道牵引敷设原理

传统管廊架施工时，我们需要将管道一节一节地铺满管廊架后，由施工班组移动到每一节点处进行焊接。

本工法在管廊架上选定一个开阔的位置作为固定焊接位置，依次用吊车将管道放置在固定组对焊接点，1 台吊车可配合 3 个焊接台班进行预制施工作业，3 个班组的吊装、组对、焊接、牵引依次轮流作业（图 1）。

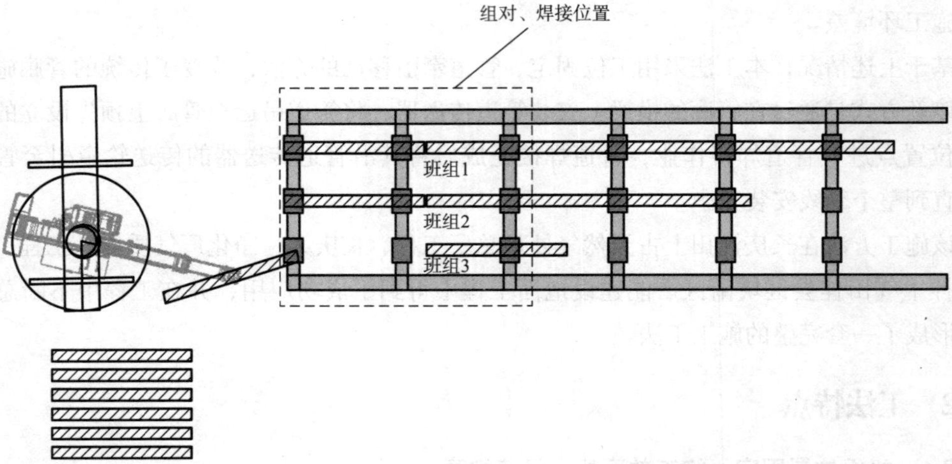

图 1 固定位置施工示意图

焊接完成后在最后一节管道上套上牵引绳，采用卷扬机通过管道传送器将已经在固定位置焊接完成的管道向管廊末端水平移动至指定位置（图 2）。

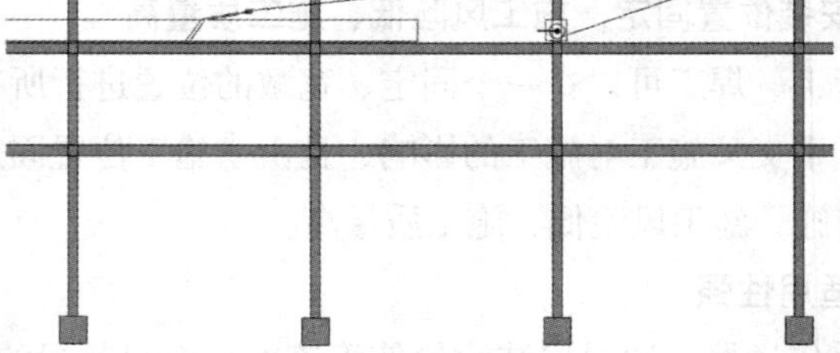

图 2 牵引施工示意图

4.2 管道传送器

管道传送器是滚轮滑动敷设的核心部件，若管道传送器设计不合理可能造成严重的质量或安全事故。本节将对管道传送器的强度、管道稳定性、传送器对管道及防腐质量影响进行分析核算。

4.2.1 传送器示意图

本工法采用的管道传送器如图 3、图 4 所示，图中尺寸均为 mm。

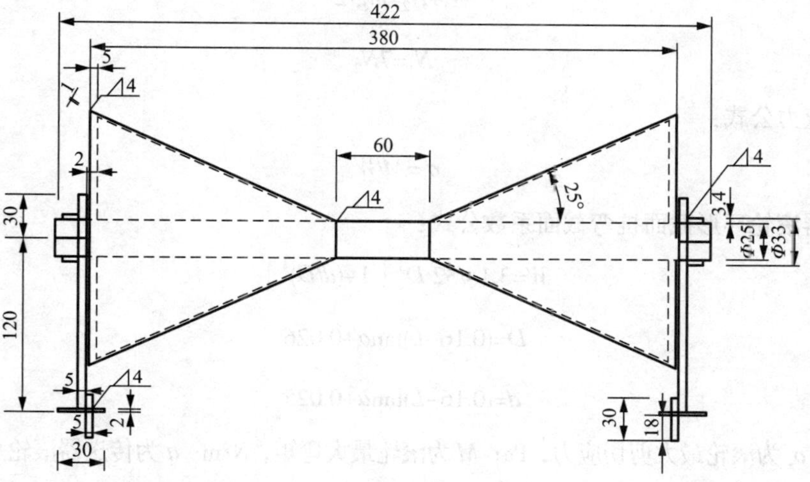

图 3 传送器平面图

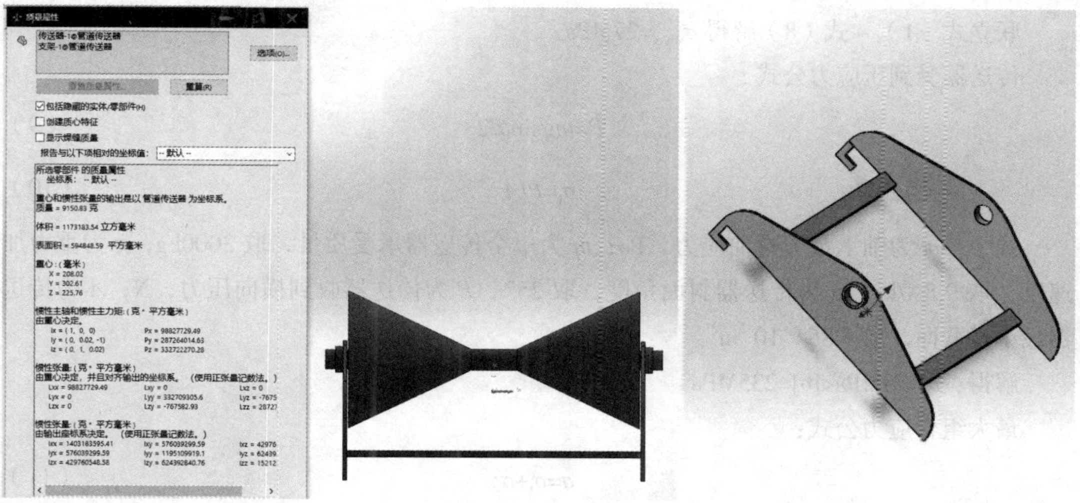

图 4 传送器三维图

4.2.2 管道传送器滚动强度校核

管道传送器由于承受较大载荷，廊跨距一般为 5~6m，因此单个管道传送器在正常情况下承受的管线质量为 6~12m 管长的管线质量。本工法以 813mm × 12mm 钢管 235kg/m 为最大质量，单个传送器承受最大质量 2.8t（取 3t）；406mm × 8mm 钢管 78kg/m 为最小质量，单个传送器承受最小质量 0.5t，因此按单个最大载荷 3t 进行静应力校核。

1. 传送器滚轮

传送器滚轮主要受到管道重力载荷影响，主要为弯曲应力和压缩应力。

传送器滚轮弯矩公式：

$$f_s=N_1 \quad (1)$$

$$f_sL^2=M \quad (2)$$

$$N_1+N_2=mg/2 \quad (3)$$

$$N_1=7N_2 \quad (4)$$

剪切应力公式：

$$\sigma_s=M/W \quad (5)$$

传送器滚轮环形截面抗弯截面系数公式：

$$W=3.14/32\,D^3\left[1-(d/D)^4\right] \quad (6)$$

$$D=(0.16-L)\tan\alpha+0.026 \quad (7)$$

$$d=(0.16-L)\tan\alpha+0.025 \quad (8)$$

式中，σ_s 为滚轮最大剪切应力，Pa；M 为滚轮最大弯矩，N·m；q 为传送器滚轮承受载荷，t；f_s 为弯曲力，N；L 为与支座间距，取 0.02m 时弯矩最大；α 为传送器斜面角度，取 25°；D 为传送器外径，m；d 为传送器内径，m。

联立式（1）~式（8）解得 σ_{smax}=27MPa。

传送器受到压应力公式：

$$P=mg\sin\alpha/2 \quad (9)$$

$$\sigma_t=P/A \quad (10)$$

式中，σ_t 为轴承最大弯曲应力，Pa；m 为单个传送器承受质量，取 3000kg；g 为重力加速度，取 9.8N/kg；α 为传送器斜面角度，取 25°；P 为传送器收到横向压力，N；A 为传送器最小横截面，取 $7.85\times10^{-5}m^2$。

解得：$\sigma_t=79MPa<[\sigma]=235MPa$。

最大组合应力公式：

$$\sigma=\sigma_t+\sigma_s \quad (11)$$

式中，σ_t 为支座最大压应力，79MPa；σ_s 为支座最大弯曲应力，27MPa；σ 为支座收到组合应力。

解得：σ=106MPa。

$$\sigma=106MPa<[\sigma]=235MPa \quad (12)$$

2. 轴承静应力核算

轴侧主要受到管道重力载荷影响，主要为弯曲应力。

剪切应力公式：

$$\sigma_s = M/W \qquad (13)$$

圆截面抗弯截面系数公式：

$$W = (\pi D^3)/32 \qquad (14)$$

轴承最大弯矩公式：

$$M = 0.02 \times 3mg/8 \qquad (15)$$

式中，σ_s 为轴承最大剪切应力，Pa；M 为轴承最大弯矩，N·m；m 为单个传送器承受质量，取 3000kg；g 为重力加速度，取 9.8N/kg；D 为轴承直径，取 0.025m。

联立式（13）~ 式（15）得：

$$\sigma_s = 144\text{MPa} < [\sigma] = 235\text{MPa} \qquad (16)$$

4.2.3　solidworks 应力模拟

利用 solidworks 进行三维建模并进行应力分析。

1. 静载模拟

在只受重力载荷，单个传送器承受 12m 长 813mm × 12mm 钢管情况下的模拟如图 5 所示，最大载荷为 83.88MPa。

2. 动载模拟

在受重力、10m/s 风压载荷，单个传送器承受 12m 长 813mm × 12mm 钢管情况下的运动模拟如图 6 所示，最大载荷为 88.25MPa。

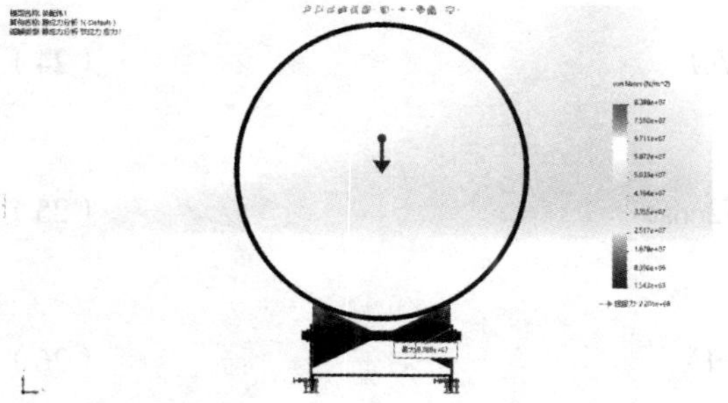

图 5　传送器承受静载模拟图

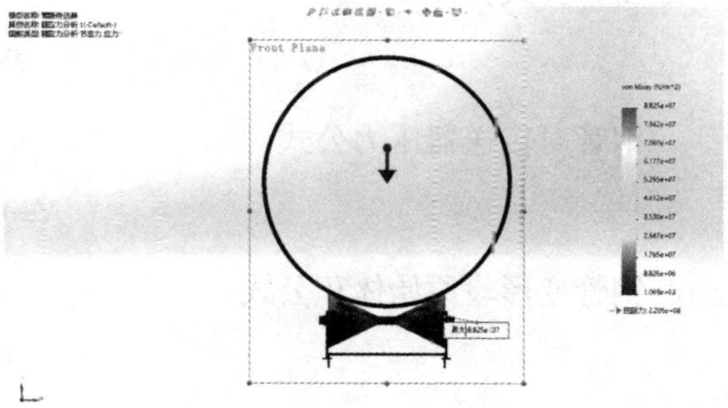

图 6　传送器承动载模拟图

4.2.4　稳定性核算

按照 14m/s 风速（1.4 倍吊装允许最大风速）核算管道稳定性。

风压公式：

$$W_p = v^2/1600 \qquad (17)$$

受力方程：

$$N\sin\alpha > W_p L 2r \qquad (18)$$

$$N\cos\alpha = mg \qquad (19)$$

力矩方程：

$$M = \int_{r-r\cos\alpha_1}^{r+r\cos\alpha_1} W_p hL\mathrm{d}s \tag{20}$$

$$M<mgr\sin\alpha_1 \tag{21}$$

式中，W_p 为风压，kPa；v 为风速，取 14m/s；N 为管道对压力，N；L 为受风长度，取 12m；α_1 为传送器不失稳斜面角度，(°)；r 为钢管外半径，取 0.406m；m 为单个传送器承受质量，取 3000kg；g 为重力加速度，取 9.8N/kg；h 为受风压点相对于传送器和钢管接触点高差，m；ds 为微原长度，m。

联立公式（17）~ 式（21）解得：$\alpha>\alpha_1>22°$，管道不会失稳。

4.2.5　管道传送器对管道影响分析

管道传送器与管道间存在摩擦，在运行过程中可能造成管道或防腐层（天然气管道常采用环氧富锌底漆，附着力为 7MPa）磨损。为保证施工质量，必须保证传送器在滚动摩擦下不破坏防腐层。

1. 无防护措施时

钢管体积变形公式：

$$8\int_0^{h_0}\sqrt{rRh\left(\frac{h_0-h}{\sin\alpha}\right)}\mathrm{d}h = 2\int_0^V \mathrm{d}V \tag{22}$$

体积弹性模量公式：

$$-k\mathrm{d}V/V_0=\mathrm{d}p \tag{23}$$

压力公式：

$$P=N/A \tag{24}$$

钢管对传送器压力公式

$$N=mg/2\cos\alpha \tag{25}$$

钢管变形段原始体积公式：

$$V_0=A\delta \tag{26}$$

受压水平投影面积公式：

$$A = 8\sqrt{rRh_0/2\left(\frac{h_0-h_0/2}{\sin\alpha}\right)} \tag{27}$$

式中，h_0 为钢管最大变形深度，m；h 为钢管变形深度，m；R 为传送器与钢管接触点处半径，m；V 为钢管变形体积，m^3；N 为管道对压力，N；α 为传送器斜面角度，取 25°；r 为钢管外半径，取 0.406m；m 为单个传送器承受质量，取 3000kg；g 为重力加速度，取 9.8N/kg；k 为碳钢体积弹性模量，$k=E/[3(1-2u)]=1.67\times10^{11}$，$E$ 为弹性模量，u 为泊松比；P 为压应力，Pa；A 为受压水平投影面积，m^2；δ 为管道壁厚，取 0.018m。

联立公式（22）~ 式（27）得：P=65.1MPa>1/3HB（碳钢布氏硬度约为 131HBS）。根据黏着摩擦理论压应力 >1/3HB，将产生严重磨损。

2. 包裹 5mm 橡胶皮后

为避免严重磨损，在管道传送器外表面包裹 5mm 橡胶皮。由于碳钢与橡胶相比弹性差别巨大，因此忽略碳钢变形。

橡胶皮厚度能够满足变形条件：

$$h_0 \leqslant 5\text{mm} \tag{28}$$

橡胶皮变形长度不超过传送器条件：

$$L = 2\sqrt{2rh_0} < 170\text{mm} \tag{29}$$

式中，h_0 为最大变形深度，m；r 为钢管外半径，取 0.406m；L 为最大变形长度，m。

将橡胶碳钢体积弹性模量 $k_2=4.3\times10^7$ 代入式（22）~ 式（27）得：h_0=3.3mm，满足式（28)、式（29）条件。

因此 P=1.9MPa<1/3HB，不会产生严重磨损。

5　工艺流程及操作要点

5.1　工艺流程图

施工工艺流程如图 7 所示。

5.2　操作要点

5.2.1　制作管道传送器

本次的管道传送器由钢板、钢制滚轮、锁紧螺栓构成。

该传送滚轮是根据需求制作的钢制滚轮，单体质量 3kg 左右，小巧轻便，包裹橡胶外皮后，可满足碳钢管和不锈钢管道的传送需求。

5.2.2　安装管道传送器

（1）认真清理每榀管廊梁上的杂物，确认梁的平整度。

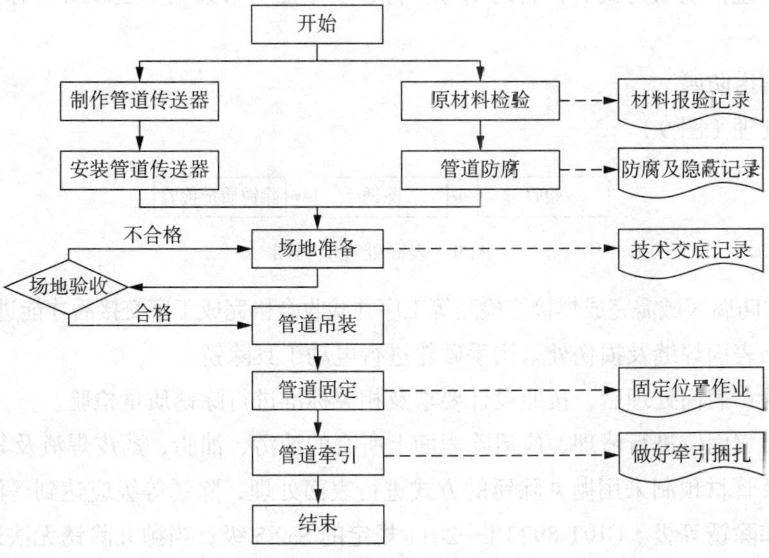

图 7　工艺流程图

（2）根据图纸上的管线布局，提前确认好每一根管线的位置，并在管廊架的首端打好标记，然后将管道传送器依次安装在每一榀梁的管道上。

（3）安装管道传送器时，保证管道传送器固定端的位置与管道拖动方向相反。

（4）安装完成后，检查滚轮是否能够正常活动，确保管道传送器在一条直线上。

安装示意图如图 8 所示。

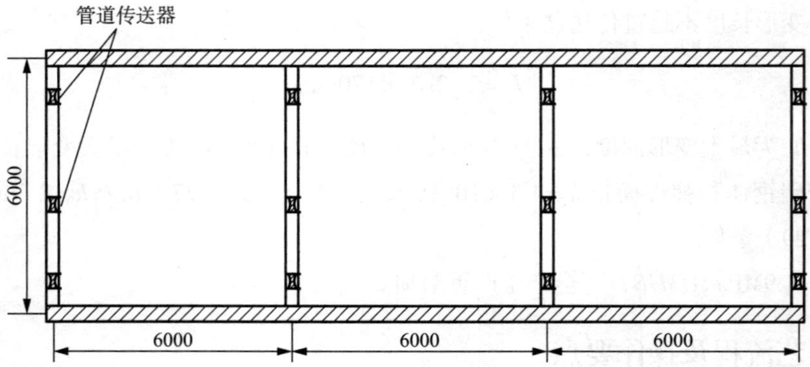

图 8 管道传送器安装示意图

5.2.3 管道材料要求

（1）检查钢管是否具有质量证明书或产品合格证，内容是否齐全。

（2）钢管的规格、材质必须符合设计要求。代用材料由物资供应部拟订材料改代单，经设计单位同意，并出具书面文件后方可生效。

（3）检查钢管的外径、壁厚尺寸偏差及理化指标是否符合国家现行有关标准或有关技术要求的规定。

（4）钢管在预制前进行外观检查，表面无裂纹、夹渣、折叠和重皮等缺陷，且无超过壁厚负偏差的锈蚀和机械损伤的钢管为合格。

（5）对质量证明书与到货钢管的钢号不符、质量证明书数据不全或对其有怀疑的钢管均需进行复验。

5.2.4 管道防腐

1. 表面处理（图 9）

图 9 表面处理流程图

验收：需防腐区域需完成焊接、检测等工序并验收合格完成工序交接后才能进行防腐施工。

除锈：外表面焊缝及损伤处采用手砂轮进行电动工具除锈。

质量检验：表面处理后，按照设计要求及相关标准进行除锈质量检验。

除锈前，表面应进行清理，应清除表面上所有的油污、油脂、药皮焊渣及其他异物。

钢结构及管材预制采用抛丸除锈的方式进行表面处理，除锈等级应达到《涂装前钢材表面锈蚀等级和除锈等级》GB/T 8923.1—2011 规定的 Sa2.5 级。当抛丸除锈无法进行施工及在现场对损伤区域的修补时，采用电动工具除锈，除锈等级应达到《涂装前钢材表面锈蚀等级和除锈等级》GB/T 8923.1—2011 规定的 St3 级。

当环境或钢材表面温度低于露点温度 3℃时，不得进行表面处理。除锈时，设备表面应是干燥的，如表面有水，则应采取相应措施将表面进行处理，待干燥后才能继续除锈

2. 涂装施工（图 10）

图 10　涂装施工流程图

底漆涂覆：表面处理并检查合格后，进行底漆的涂覆，待表干后再进行下一遍涂装。

中间漆涂覆：需等底漆实干并经质量验收合格后进行中间漆涂覆，待表干后再进行下一遍涂装。

面漆涂覆：需等中间漆实干并经质量验收合格后进行面漆涂覆，待表干后再进行下一遍涂装。

涂层质量检验：在油漆涂覆过程中及施工完成后，按照设计及相关标准要求进行涂层质量检验。

防腐层修补：对运输及安装过程中造成的防腐涂层损伤及焊缝部位进行局部修补。

设计所选涂料到货后，检查产品名称、质量证明书、符合设计质量标准的第三方质检报告、使用说明书、储存要求、保质期、安全数据表和包装完好程度。不符合要求的产品不得使用。

应按厂家使用说明所规定的比例及工艺要求配制涂料，并充分搅拌均匀。配好的涂料应根据生产厂家的要求进行熟化后方可使用。

被涂覆表面在涂覆前应清洁、干燥、无尘。表面处理后，在被涂覆表面反锈前应进行底漆涂覆。如果被涂覆表面被污染或返锈，应重新进行表面处理。

每道涂层的厚度及涂层总厚度应满足要求，不允许涂层总厚度由某一道涂层来弥补。在进行每一道涂层施工前，应对上一道涂层的干膜厚度进行检测，所有涂层厚度不够和损坏的部位都必须处理完成才能进行下一道涂层的施工。

每道涂层的涂覆道数应使涂层达到设计规定的该涂层的干膜厚度。

当环境或钢材表面温度低于 5℃时，不得进行涂覆。

下一道涂层的喷涂必须在上一道涂层完全实干后进行。复涂时间间隔应符合油漆厂家的要求。

油漆涂层外观应无流挂、下垂、针孔、孔洞、水泡、褶皱、龟裂、气泡等缺陷。

5.2.5　场地准备

（1）了解工程施工现场及周边区域的具体情况，确认是否符合吊装条件。

（2）被吊设备经质检部门检查，符合设计要求，需要加固的部位已经加固。

（3）吊装机索具的规格、布置与方案一致。

（4）施工现场清理完毕，起重机、吊车上的多余材料清理干净。

（5）作业区域的警戒线按照要求设置完成。

（6）起重机具范围内构筑物采取有效保护措施。

（7）吊装机具作业场地处理达到使用要求，若有必要，应对吊装场地进行平整或用砂砾石夯实。

（8）与当地气象部门联系，掌握起吊当天的天气状况。

5.2.6 管道吊装

在管廊的一端准备一辆吊车，将管道吊装至提前敷设好的焊接班组 1 的管道传送器上，并通过管道传送器传送至固定焊接点进行焊接，待第一个点焊接完成后，进行下一个点的吊装、组对、焊接作业，按照顺序轮流进行作业（作业顺序：班组 1—班组 2—班组 3），吊装示意图如图 11 所示。

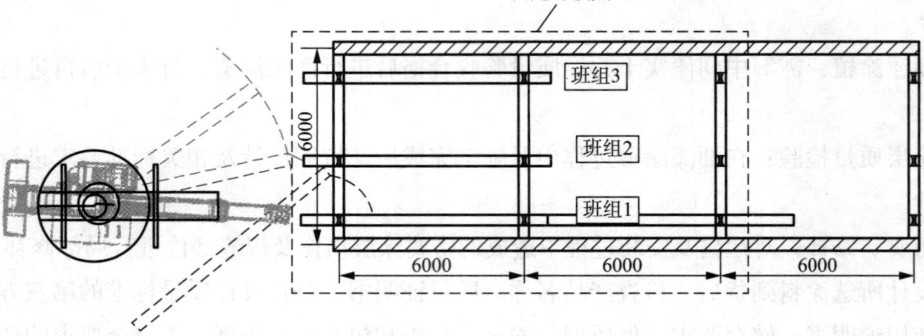

图 11 管道吊装示意图

5.2.7 管道固定

1. 管道焊接作业

在管廊预设的固定位置上搭设好防风棚，将管道吊装至固定位置进行焊接作业。

2. 管道固定作业

将焊接完成的管道穿上牵引绳后，将其固定到首个管道传送器处，准备进行传送（图 12）。

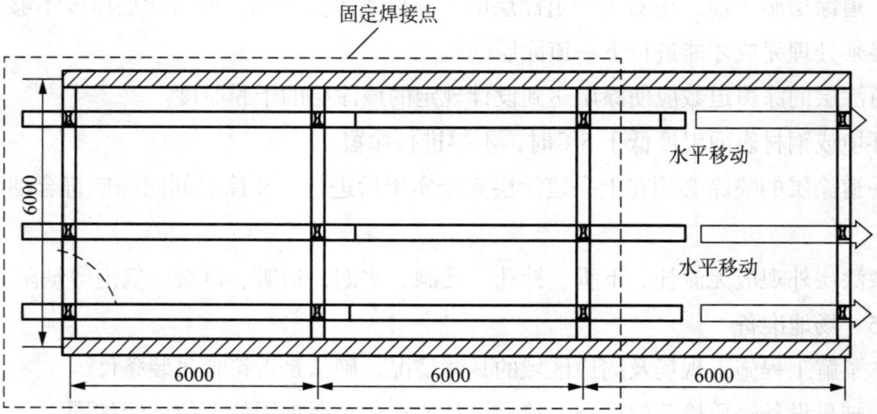

图 12 牵引示意平面图

5.2.8 管道牵引

管道焊接完成后，将传送滚轮 + 电动绞盘组合安装到管廊的最末端，沿管道传送器水平匀速向管廊末端水平移动至指定位置，牵引示意图如图 13 所示。

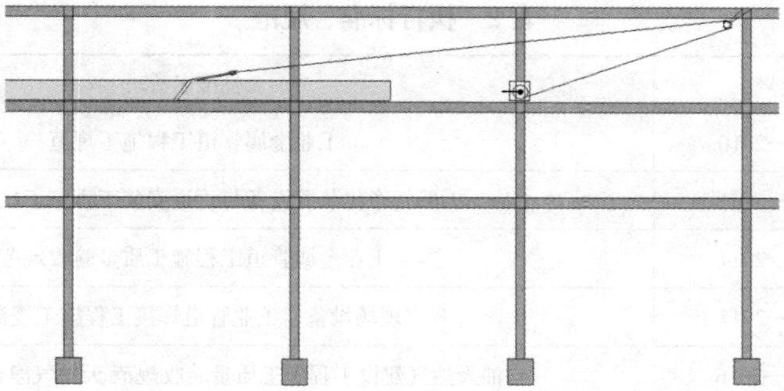

图 13 牵引示意立面图

6 主要施工机具设备及材料

本工法主要施工机具、设备、材料见表 1。

表 1 施工机具、设备、材料一览表

序号	名称	规格	单位	数量	备注
1	汽车吊	25t	台	1	
2	管道传送器		套	40	
3	倒链		副	6	
4	手动葫芦		套	2	
5	熊谷逆变式焊机		台	3	
6	测温仪		台	2	
7	风速仪		台	2	
8	焊检尺		套	2	
9	焊条烘干桶		个	5	
10	焊条保温筒		个	10	
11	砂轮机		套	5	
12	氩弧焊枪		套	5	
13	安全带		套	10	
14	防风棚		个	3	

7 质量控制

7.1 质量管理

建立和落实质量责任制，加强质量管理，强调工序交接，严格执行标准，做好检查验收，加大质量检查考核力度。

7.2 执行标准、规范

执行标准、规范见表 2。

表 2 执行标准、规范

序号	标准代号	标准名称
1	GB 50235—2010	工业金属管道工程施工规范
2	SY/T 0460—2018	天然气净化装置设备与管道安装工程施工技术规范
3	GB 50184—2011	工业金属管道工程施工质量验收规范
4	GB 50236—2011	现场设备、工业管道焊接工程施工规范
5	SY/T 4209—2016	石油天然气建设工程施工质量验收规范 天然气净化厂建设工程
6	ASME B31.3—2014	ASME 压力管道规范—工艺管道
7	SH/T 3501—2021	石油化工有毒、可燃介质钢制管道施工及验收规范

7.3 质量控制要点

7.3.1 材料控制

（1）施工所用管材、管件、设备等的型号、规格、数量及技术条件必须符合设计规定。

（2）所有材料应当有产品合格证、质量证明书、试验报告等齐全的质量证明文件。

7.3.2 相关检查手段控制

采用相应有效期内的仪器、仪表进行专业检验，如金属测厚仪、焊接检验尺、专业检验（送检验机构鉴定）、钢卷尺等。

7.3.3 特殊工种资质审查控制

特殊工种人员必须按规定和程序进行培训、考核，取得相应的资质证后上岗。保证在场的电焊工的资质证书在有效期内，并报审至监理审核通过后，经过现场考试合格后方能现场作业。

7.3.4 管道输送位置尺寸控制

吊装前在现场核对管道尺寸，管径不得大于 *DN* 800mm，管道长度不超过 12m。

7.3.5 管道位置质量控制

在管廊架上复核管道传送器的位置是否正确，偏移量不得大于 50mm。

7.3.6 施工质量控制

传管前，在管道传送器的轴承处敷设橡胶皮，防止管道牵引过程中出现管道及防腐层破损。待管道传管完成后，检查管道保护层是否出现破损，若出现破损需要及时进行修复。

8 安全措施

（1）开工前，对施工人员进行安全知识培训、应急预案演练，并进行安全技术交底。

（2）施工现场的人员按规定穿戴好劳动保护用品。

（3）保持消防通道畅通，配备必要的消防设施。

（4）管道传管前，对牵引设备进行检查，检查牵引绳与管道和管廊上的连接点是否已安装牢固，牵引绳及吊带等须无破损且在许用范围内。

（5）管道规格不能超出传送器使用范围限制。

（6）牵引传管时，要缓慢匀速，时刻注意管道的走向，及时纠偏。

（7）搬运氧气瓶、乙炔瓶时，不准摔、碰、撞击。

（8）临时搭的架子要经过检查，确认牢固后方可使用。

（9）氧气瓶、乙炔瓶、丙烷瓶的放置，要避开输电线路垂直下方，距明火要在10m以上，氧气瓶与乙炔瓶的间距大于5m。

（10）如遇强风、暴雨等极端天气，应立刻停止作业。

（11）吊装作业应设警戒区，作业半径内严禁无关人员进入。

9 环保措施

（1）每个施工班组配备一个回收桶，用于存放焊渣、药皮、砂轮片等固废。

（2）配备施工作业人员防护用品，保证作业人员身体健康。

（3）作业平台用电及照明设备做到人走断电，减少隐患、节约电能。

（4）作业产生的垃圾必须及时进行清理，废料不得堆积在平台上，不得堵塞安全通道。

（5）尽可能减少设备使用和维修过程中燃油的泄漏，如有“跑冒滴漏”，及时维修，并清理、储存所漏液体，运送到指定地点处理。

（6）采购经有资质的厂家生产、灌装的氧气、乙炔、液化石油气等危险化学品，避免泄漏或爆炸引发环境风险。

10 效益分析

四川石油天然气建设工程有限责任公司开发的处理厂管廊架管道轴承滚轮滑动敷设施工工法为冀东油田神木气田佳县区块南区产能建设地面工程提供了一套科学有效的施工方法。该方法在长庆油田上古天然气处理总厂工程、长庆第一净化厂气质提升工程、冀东油田神木气田佳县区块南区产能建设地面工程中取得了良好的经济效益、社会效益。

10.1 经济效益

采用该工法后，解决了传统现场吊装设备场地受限、吊装时间长、管道架上焊接移动频繁、焊接防风操作困难、时间耽搁过长等问题。

利用该工法进行的管廊管道安装作业，每次仅需1台吊车，且只需要1名配合工人就能完成管道的吊管、挂管工作，并且可以满足1天的管道安装工作量。

固定了焊接位置后，不需要在管廊架上搭设满堂脚手架。

该工法在长庆油田上古天然气处理总厂工程、长庆第一净化厂气质提升工程、冀东油田神木气田佳县区块南区产能建设地面工程施工中进行应用，减少了吊车和人员和脚手架的使用，实现经济效益127.9万元。

10.2 社会效益

在冀东油田神木气田佳县区块南区产能建设地面工程中通过运用本工法，成功且快速安装了管廊管道，使原本的管廊管道安装工期缩短了15天，确保了工程项目在“1030”投产成功。

10.3 前景分析

油田公司纷纷提出改革创新、提质增效方案，尤其近几年的天然气处理厂建设越来越多。本工法总结形成一套完整的处理厂管廊架管道安装方法，可用于指导天然气处理厂管廊管道工程的安装施工。

11 应用实例

该工法成功应用于长庆油田上古天然气处理总厂工程、长庆第一净化厂气质提升工程、冀东油田神木气田佳县区块南区产能建设地面工程施工，取得了良好的效果，得到了建设单位、监理单位和厂家一致认可，为项目整体顺利进行“1030”投产创造了条件（图14、图15）。

图14 冀东油田神木气田佳县区块南区产能建设地面工程施工管道滑轨施工安装施工现场

图15 长庆第一净化厂气质提升工程施工管道滑轨施工安装施工现场

高含硫山地碳钢管道组合全自动焊接施工工法

杨 旭 刘 霓 龚 毅 李 宁 郝敏雷

四川石油天然气建设工程有限责任公司

1 前言

近年来，国内西南片区已探明的大部分酸性油气田都在川东北地区，其中川东北高含硫气田开发项目之一铁山坡气田中的 H_2S 极高，以组分计约 571.5mg/m^3，按体积百分比分类含量高达 16.59%，为目前国内最高。气田地貌属大巴山中低山区以及川东北低山丘陵区，地势陡峭、沟壑纵横。设计选用 L360QS，规格 Φ406.4mm × 18/22mm 酸性介质碳钢管道作为集输干线，从材料本质上降低了腐蚀风险，同时为了保证焊接质量，项目要求管道检测使用 X 射线数字成像检测（DR）和相控阵超声检测（PAUT）双检测方式，使得焊口无损检测的评片标准成为史上最严检测标准，缺陷检出率和分辨率比常规 RT 射线检测高出 60% 以上。

行业内传统的高含硫管道焊接通常采用手工氩弧焊 + 手工焊条电弧焊组合焊接工艺，施工质量好，但焊工劳动强度大，施工效率相对较低。我公司经过技术研究，考虑山区作业的施工条件苛刻，采用成熟手工氩弧焊根焊，保证焊接质量稳定可靠；同时自主创新，采用参数稳定可控的单焊炬外焊机自动焊填充、盖面，形成高含硫山地碳钢、低合金钢管道组合全自动焊接施工工法，既达到了在 DR+PAUT 检测方式下焊接质量合格率，又降低了劳动强度，提高了生产效率，开创了在山区抗 H_2S 碳钢管道施工领域的新局面。

针对高含硫碳钢管道组合自动焊接技术研究，我公司在新工法应用同时开展“提高铁山坡超高含硫自动焊接一次合格率”QC 小组活动，目前该 QC 成果已获中国石油工程建设有限公司 QC 成果一等奖，并向中国石油工程建设协会申报优秀 QC 成果。

该工法解决了高含硫气田开发地面建设集输管道在山地施工中焊接质量合格率技术问题，提高了生产效率，成果将直接运用到下一个类似超高含硫管道安装项目——渡口河—七里北气田飞仙关组气藏开发产能建设项目中。

2 工法特点

2.1 保证焊接质量

工法针根据 L245NS、L245QS、L360NS、L360MS、L360QS 等抗酸性介质的碳钢管在山

区的使用特点，如沟壑纵横、坡度达到 84° 等，采用外对口器对口、手工钨极氩弧焊打底，并增加 1 道手工氩弧焊热焊的工序，防止全自动焊接因为电流过大发生烧穿现象，保证根焊成型的工艺；在填充、盖面选用具有抗硫性能的气体保护药芯焊丝作为填充材料。预先设定焊接工艺参数和现场的标准化施工，减少了人为因素对于焊缝质量的影响，形成了全焊接方向、全焊接位置的全自动焊技术，能够满足高含硫气田开发对管道环焊缝接头的性能要求，焊接一次合格率达到 95% 以上，满足项目 DR+PAUT 检测评片标准。

2.2 保障安全性

山地施工地形变化复杂，传统的手工焊接焊工在管道底部停留时间较长，而自动焊接只需要不定时观察，降低了焊工受伤害风险。并通过对焊接过程质量的有序控制，细化施工操作流程，实行施工作业的风险识别并采取了风险控制措施，安全得到了保障。

2.3 效益可观

传统的高含硫管道填充盖面采用的手工焊条电弧焊，1 个合格焊工需要培训 3~5 个月，且达到项目要求的焊接合格率还需要实践 1 年左右，而新型高含硫管道全自动填充盖面工艺培训 1 名合格焊工只需要 2 个月，且不需要上线实践就能达到项目焊接合格率要求。本工艺可以减小企业对成熟焊工的依赖和影响，减少人工不确定性，降低生产成本。

2.4 技术前景远大

长远来看，随着该焊接工艺成熟运用以及工人对该技术成熟掌握，可以提高焊接施工效率，降低生产成本，为公司以后在高含硫项目领域创新技术、开展优质施工奠定基础，为类似高含硫气田开发地面管道安装施工储备了技术力量，前景远大。

3 适用范围

本工法在高含硫山地碳钢管道管径 *DN*150 ~ *DN*500mm 范围内，焊接施工优势较为明显。

4 工艺原理

4.1 选择适宜的根焊焊接方法

通过对比全自动焊接和手工焊接对管口组对要求：

（1）全自动根焊错边要求：≤ 1.0mm。

（2）手工钨极氩弧焊根焊错边要求：≤ 2.0mm。

全自动根焊的管口组对要求更高。

标准高含硫化氢气田钢质管道环焊缝射线检测对根部焊缝的无损检测要求极高，而现场受到管子椭圆度和山区地形地貌等条件限制，坡口加工、组对的机械设备不能全面有效使用。为保证根部焊缝质量，决定使用对坡口加工质量、组对要求相对宽松的手工钨极氩弧焊进行根焊和热焊，单焊炬自动外焊机进行填充、盖面的焊组合自动焊接方式进行施工。

4.2 组合自动焊可提高施工效率

传统的高含硫气田开发地面建设工程，采用的管道焊接方法通常为手工钨极氩弧焊（GTAW）和手工焊条电弧焊（SMAW）组合焊接。本工法为了提高施工效率，开发了手工钨极氩弧焊根焊、热焊 + 自动焊填充盖面焊（手工 GTAW+ 自动 FCAW-G）的组合自动焊工艺。组合自动焊的焊接参数与焊接工艺试验一致，更加保证了高含硫管道焊接的内在质量，焊接效率也提高一倍。

4.3 选择适宜山区施工的操作工艺

选择满足山地施工的自动焊焊接设备，在严格执行焊接工艺规程的情况下，通过微调焊枪角度、焊枪摆动宽度、焊枪摆动频率、坡口两侧电弧停留时间等操作参数，结合多层多道焊接的工艺要求，保证自动焊设备在坡度最大为84°的陡坡上进行管道施焊。

4.4 满足工艺要求的控制措施

为满足高含硫管道组合全自动焊接的质量要求，宜做到以下保证措施：

（1）焊接材料必须满足相应的力学性能、抗氢致开裂性能试验HIC和抗硫化物应力腐蚀开裂性能试验SSC。

（2）管道切割和坡口加工应为机械加工，钝边在0.5~1.0mm为宜，以保证手工钨极氩弧焊在根焊部位焊透（图1）。

图1 坡口加工示意图

（3）管口组对时，焊缝间隙在2.5~3.5mm、错边量小于1.6mm为宜，以保证后续自动焊接时坡口宽窄一致，避免焊道宽窄不一从而形成的焊接线性缺陷（图2）。

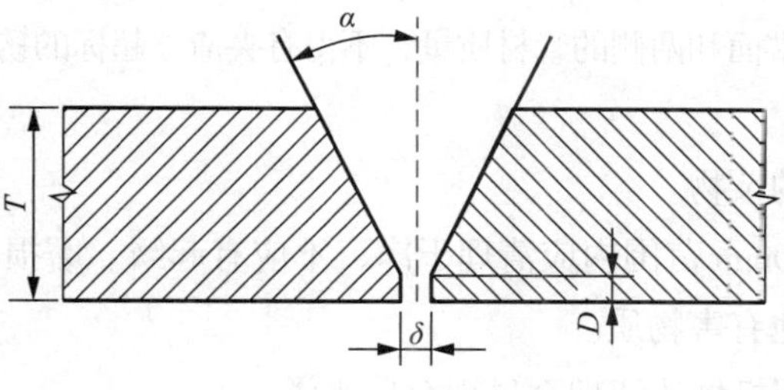

图2 管道组对示意图

（4）焊接机头小车轨道安装应牢固，轨道端面与接头端面保持平行，避免焊接小车跑偏（图3）。

图3 管道焊接示意图

5 工艺流程及操作要点

5.1 工艺流程

工艺流程见图4。

5.2 操作要点

5.2.1 焊接材料检查

（1）焊接材料在使用前，每批次按规定进行力学性能复验、HIC试验和SSC试验，复验性能指标应满足设计文件和标准规范要求。

（2）焊接材料储存应按照生产厂家产品说明书和标准JB/T 3223—2017的要求执行。

（3）拆除包装的焊丝宜连续用完，受潮、生锈的焊丝不应使用。

（4）当日未使用完的焊材应采取薄膜密封和防潮剂组合使用的方法，保证不受潮。

（5）保护气体使用前应开气吹扫 1min，去除粉尘杂质和气路管内的空气。CO_2 气体使用前，应采取措施将瓶内的水汽排干净，以达到 99.5% 的纯度，水汽含量低于 0.005% 的要求。

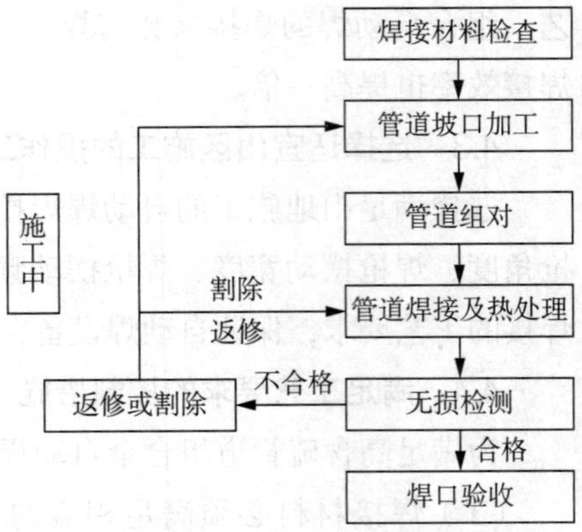

图4　工艺流程图

5.2.2　焊接设备及检测工具

（1）为避免焊缝夹钨，手工钨极氩弧焊焊接设备应具备高频引弧功能；钨极削磨宜用专门的削磨机，保证钨极的削磨的均匀性。

（2）填充、盖面焊接设备应具备斜 45° 的自动焊接功能，具备自动跟踪和焊接参数记录储存功能；焊接小车行走和焊枪摆动稳定。

（3）焊接班组配备防风棚，防止环境风对焊接的影响。

（4）焊接班组配备检定或校验合格的测温仪、焊检尺、风速仪和温湿度计。

5.2.3　管道坡口加工

（1）管道焊接坡口应使用机加工设备进行加工，不得使用火焰加工及切割。

（2）加工后的坡口形式、尺寸符合焊接工艺规程要求。

（3）坡口加工完成后，仔细检查坡口端面和两侧的管材质量，不得有夹渣、超标的锈蚀凹坑。

5.2.4　管道组对

（1）管道组对前清除管道内部残留的杂物。

（2）钢管内、外表面坡口及两侧 150mm 范围内应清理干净，不应有起鳞、磨损、铁锈、渣垢、油脂、油漆和影响焊接质量的其他有害物质。

（3）坡口及两侧 25mm 范围内应采用机械法清理至显现金属光泽。

（4）管道组对应使用外对口器或内对口器进行组对，不得使用点固焊的方式进行管道组对。

（5）不应用锤击法校正错口。

（6）相邻环焊缝间的距离应大于 1.5 倍钢管直径。错边宜沿钢管圆周均匀分布；直缝管制管焊缝宜在钢管周长的上半部；两相邻的制管焊缝在对口处应相互错开，距离不应小于 100mm；对口间隙宜沿圆周均匀一致。

（7）对口器撤离的时机：正在施焊的钢管应处于稳定的状态。使用外对口器时，应在根焊道均匀对称完成 50% 以上且单段焊道长度不小于 100mm 后撤离，对口吊具则应在根焊道全部完成后方可撤除；使用内对口器时，只有根焊道全部完成后方可撤离。若根部焊道承受敷设应力比正常情况高，且有可能发生裂纹，宜在完成热焊道后撤离内对口器。

5.2.5　管道焊接及热处理

1. 焊前预热

预热温度应达到 90 ~ 150℃，预热宽度应符合焊接工艺规程的要求。采用红外测温仪或测温笔监测预热温度是否符合工艺规程要求。

2. 根焊焊接

（1）焊前检查坡口尺寸及组对的质量，达标后，依据焊接工艺规程规定的电流、电压、焊接速度进行焊接。

（2）焊前注意做好防风措施，避免环境风对焊接的影响，避免产生气孔等缺陷。

（3）焊接过程观察熔池的宽度和亮度，及时调整焊枪的摆动频率、角度和宽度，避免未熔合、焊瘤、内凹等缺陷产生。

（4）根焊焊缝厚度为 3 ~ 3.5mm 为宜。

（5）根焊焊缝应一次性连续焊接完成，中间中断时间不应超过 4min，以避免产生根焊焊缝冷却后造成的应力撕裂，或对焊口进行持续性加热保证预热温度。

（6）其他要求：焊接施工前，使用试电板进行试焊接，确保电焊机输出的焊接参数、保护气体流量稳定，且与焊接工艺规程保持一致后再行正式焊接。

3. 热焊焊接

（1）根焊焊接完成后，及时进行热焊，其间隔时间在 10min 以内。

（2）注意测量层间温度，应满足焊接工艺规程的要求。监测层间温度的位置宜在焊接方向前方距施焊处 200mm 左右的焊缝金属上。

（3）热焊的电流不宜过大，控制好焊接热输入，避免将根焊焊缝烧熔或烧穿。

（4）热焊焊道的焊缝厚度 1.5 ~ 2mm 为宜。

4. 自动焊填充焊接

（1）监测层（道）间温度的位置宜在焊接方向前方距施焊处 200mm 左右的焊缝金属上进行。若焊接中断，当重新开始焊接时的层（道）间温度冷却至焊接工艺规程要求的最低温度以下时，应重新将焊口加热至预热温度。

（2）焊接前应保证根焊和热焊总的焊缝厚度达到 4mm 以上，以避免自动焊接将根部焊缝烧熔或烧穿。

（3）焊接轨道安装应牢固，避免滑动。使用试电板进行试焊接，避免焊接设备的搬运和拆卸等施工行为对焊接参数的影响。确保焊接参数输出稳定后，再进行正式焊接。

（4）当焊道表面宽度达到 12mm 时，宜采取多道焊接；焊道表面宽度大于 18mm 时，采取 3 道焊接。

（5）在坡度大于 10° 地段焊接时，焊接熔池会出现由于重力因素引起的下坠情况，应注意调整焊枪角度和焊枪摆动宽度和摆动频率。

（6）为了避免线性或点状性缺陷的产生，焊接时确保小车行走速度（焊接速度）、焊枪摆动宽度、焊枪摆动频率、坡口两侧停留时间等参数稳定，保证焊接过程的焊接电压一致，层间清理打磨时不应出现较深的沟槽，以确保焊接熔合良好。

（7）应在前一焊道全部完成后再开始下一焊道的焊接。

（8）焊接用保护气体，当瓶内气体压力低于 0.98MPa 时，应停止使用。

5. 自动焊盖面焊接

（1）在填充焊缝深度距表面 1 ~ 2mm 时，可以进行填盖焊接。焊接前主要将坡口内和外表面的飞溅、焊渣、接头打磨清理干净。

（2）因管道厚度较厚，坡口开口较大，故盖面焊至少焊接 3 道焊才能完成。在坡口度数较大或在斜坡段位置，盖面焊道还要增加 1 ~ 2 道。后一道焊缝应覆盖前一道的 1/3 ~ 1/2，依次排列焊接。相邻焊道间的沟槽底部应高于母材，焊道间的沟槽深度（焊道与相邻沟槽的高度差）不应超过 1.0mm。相邻焊道间的焊缝起止焊接接头应错开 20mm 以上。

（3）焊接过程应调整好焊枪的摆动宽度和坡口边缘停留时间，避免造成外坡口未熔合或咬边缺陷。

（4）当焊缝余高超高时，宜进行打磨，打磨应避免伤及母材。若打磨伤及母材，打磨后钢管的壁厚不应低于钢管名义壁厚的 95% 且不低于最小设计厚度。

6. 焊后热处理

（1）焊接完成并经射线检测合格后按设计要求进行焊后热处理。

（2）热处理参数应符合焊接工艺规程的要求。

5.2.6 无损检测

（1）焊接完成后，进行射线检测。根焊焊缝若存在任何缺陷均应切除焊口。填充、盖面焊层按照设计文件和标准规范执行。

（2）焊口在射线检测合格后，进行焊后热处理。热处理完成后，进行里氏硬度检测。

（3）里氏硬度在转换后，硬度值不大于 200（HBW）。

（4）焊后热处理和硬度检测完成后，进行相控阵超声检测。

5.2.7 返修及割除

（1）应使用动力角向砂轮机去除缺陷，返修焊接前应目视检查焊道以证实缺陷完全清除。

（2）采用动力角向砂轮机打磨坡口，坡口宜打磨成近似 V 形。打磨坡口打磨两端过渡段的长度应不小于打磨深度的 2 倍。

（3）返修时，采用火焰加热、电感应加热或电加热对整个焊口进行预热。

（4）监测层（道）间温度宜在距施焊处 25mm 范围内的焊缝金属上进行。中断焊接，当重新开始焊接时的层（道）间温度冷却至焊接工艺预规程要求的最低温度以下时，应重新将焊口加热至预热温度。

（5）根部缺陷和裂纹缺陷不得返修。同一部位的焊缝仅可返修 1 次，返修不合格的焊缝应采用机械方法割除。

（6）每处返修长度应大于 50mm。相邻两返修处的距离小于 50mm 时，按 1 处缺陷进行返修。返修焊总长度应不大于 1/3 管周长。

（7）用卡具使地线与被焊钢管牢固接触，不应产生电弧灼伤母材。

（8）焊接设备启动前，应检查设备、指示仪表、开关位置和电源极性。在正式焊接前，应在试电板上进行焊接工艺参数调试，不应在坡口以外的管表面上起弧。

（9）施焊时应保证层（道）间温度达到规定的要求。焊接前每个引弧点和接头应修磨，并在前一焊道全部完成后再进行下一焊道的焊接。

（10）焊工在焊接过程中发现的层（道）间焊接缺陷，应采用打磨、焊接等方式立即进行修补。

6 材料与设备

6.1 主要材料表

施工中，钢管的制管标准、材质、管径、壁厚见表 1；本工法使用到的焊接材料执行标准、型号、规格见表 2；本工法使用到的保护气体见表 3。

表 1 钢管

对接钢管	制管标准	材质（钢级）	管径 *D*/mm	壁厚 *T*/mm
钢管 1	GB/T 9711—2017/S2021209D-0000-9990-MA-SPC-0003-00_A	L360QS PSL2	406.4	18.0 ~ 22.0
钢管 2	GB/T 9711—2017/S2021209D-0000-9990-MA-SPC-0003-00_A	L360QS PSL2	406.4	18.0 ~ 22.0

注：1. 适用于直管—直管，直管—冷弯管的焊接。
2. 当施工用钢管碳含量≥ 0.34 时，不适用于本工法。

表 2 焊接材料

焊道	执行标准	型号	规格	焊材烘干
根焊	GB/T 39280—2020 Z3	ER50-G	*Φ*2.5mm	不要求
热焊	GB/T 39280—2020 Z3	ER50-G	*Φ*2.5mm	不要求
填充 / 盖面	AWS A5.29	E71T5-GC	*Φ*1.2mm	不要求

表 3 保护气体

焊道	保护气体类型	气体纯度要求	含水量要求
根焊	单一气体 Ar	Ar 纯度≥ 99.96%	Ar 含水量≤ 0.005%
热焊	单一气体 Ar	Ar 纯度≥ 99.96%	Ar 含水量≤ 0.005%
填充 / 盖面	混合气（80% Ar + 20%CO_2）	CO_2 纯度≥ 99.5% Ar 纯度≥ 99.96%	CO_2 含水量≤ 0.005% Ar 含水量≤ 0.005%

6.2 主要设备表

本工法使用到的主要设备见表 4。

表 4 主要设备表

序号	设备名称	单位	数量	用途	备注
1	全自动电焊机	台	2	焊接	
2	外对口器	台	1	对口	
3	坡口机	台	1	坡口加工	
4	环形加热器	台	1	焊前预热	
5	干湿温度计	台	1	温度、湿度监控	
6	点温仪	台	1	层温监控	
7	风速仪	台	1	风速监控	
8	焊接检验尺	台	1	焊口外观检查	

续表

序号	设备名称	单位	数量	用途	备注
9	钨极打磨机	台	1	打磨钨极	
10	高频引弧焊枪	台	1	焊接	
11	热处理机	台	1	焊后热处理	
12	检测设备	台	2	DR 和 PAUT	

6.2.1 全自动焊机

全自动焊机设备应具备自动焊接跟踪功能和焊接参数存储功能。焊接设备外观见图 5。

6.2.2 坡口机

坡口加工机见图 6。

图 5 单焊矩全自动焊机设备

图 6 坡口机

6.2.3 对口器

外对口器和内对口器见图 7。

6.2.4 环形加热器

环形加热器见图 8。燃料使用的是石油液化气。

图 7 对口器

图 8 环形加热器

6.2.5 钨极削磨机具

各班组配备专用钨极削磨机，避免打磨出现的钨极度数不均、表面纹路粗糙、易断的问题。削磨机削磨效果见图 9。

6.2.6 高频引弧焊枪

配置 15m 长距离高频引弧焊枪。长距离焊把可以解决山区施工中设备的频繁移动和重置问题，提高了焊接工作效率；高频焊枪则采用了隔空起弧方式，代替了原有的刮擦起弧焊枪，避免因起弧、收弧出现的针孔缺陷和夹钨情况。设备及工具见图 10。

图 9　专用钨极削磨机和削磨效果

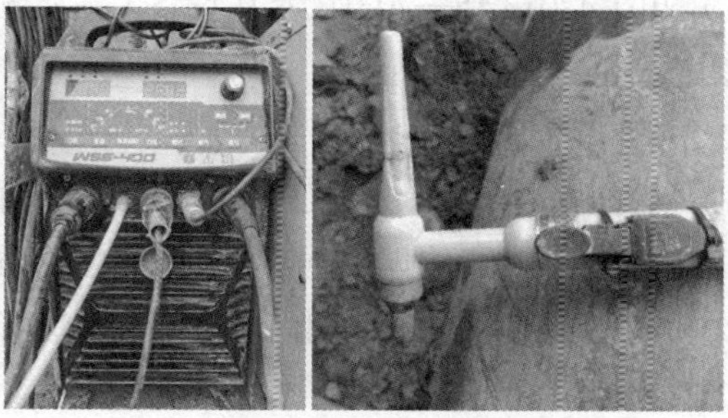

图 10　高频焊枪和配套焊把线

6.2.7　风速仪

主要利用两侧沟体和防风伞阻挡山风，测试风速均小于 2m/s 标准值。常用的风速仪见图 11。

6.2.8　焊接检验尺（图 12）

图 11　现场风速测量

图 12　焊接检验尺

6.2.9　焊后热处理机（图 13）。

6.2.10　DR、PAUT 检测设备

常见的 DR 和 PAUT 检测设备见图 14。

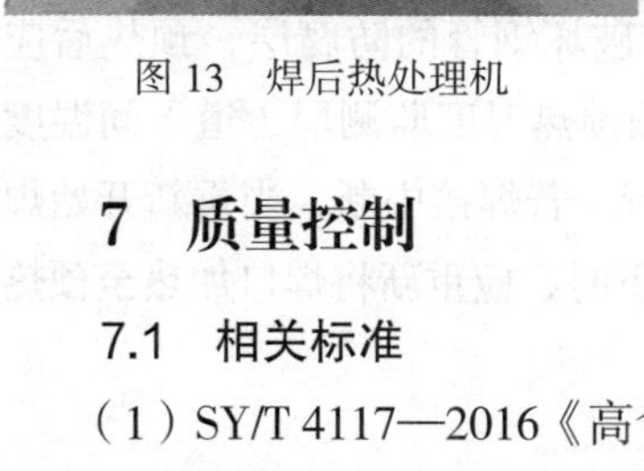

图 13　焊后热处理机

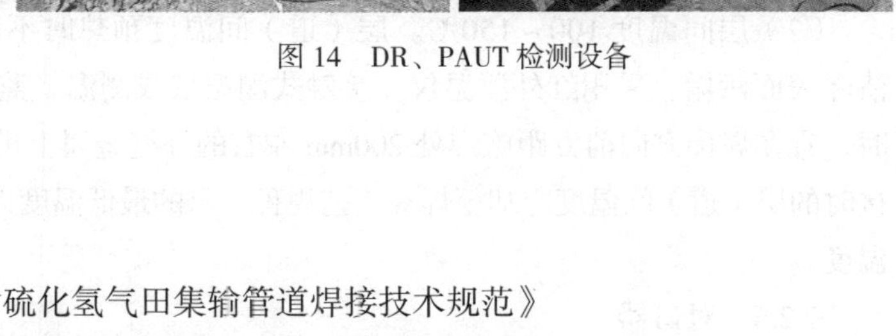

图 14　DR、PAUT 检测设备

7　质量控制

7.1　相关标准

（1）SY/T 4117—2016《高含硫化氢气田集输管道焊接技术规范》

（2）SY/T 4119—2016《高含硫化氢气田集输管道工程施工技术规范》

（3）SY/T 4120—2018《高含硫化氢气田钢质管道环焊缝射线检测》

（4）NB/T 47013.11—2015《承压设备无损检测 第11部分：X射线数字成像检测》

（5）NB/T 47013.15—2021《承压设备无损检测 第15部分：相控阵超声检测》

7.2 质量要求及控制措施

7.2.1 管口清理

（1）钢管内、外表面坡口及两侧150mm范围内应清理干净，不应有起鳞、磨损、铁锈、渣垢、油脂、油漆和影响焊接质量的其他有害物质。

（2）坡口及两侧25mm范围内应采用机械法清理至显现金属光泽。

7.2.2 坡口

（1）坡口加工前，应检查管端内、外制管焊缝的修磨情况，保证管端150mm范围内的内、外制管焊缝修磨至与母材平齐。

（2）应对加工的焊接坡口表面进行外观检查，坡口表面要求平滑无加工沟槽，不应有分层、裂纹等缺欠。

（3）加工好的坡口宜在24h内使用，避免坡口锈蚀及污物腐蚀对焊接质量产生影响。

（4）钢管需要进行切割时，宜采用机械式冷切割方法，当采用机械式氧—乙炔火焰切割后，切割面应采用角向磨光机或机械切削的方法去除至少0.5mm的厚度。

7.2.3 焊材管理

（1）焊丝的储存应按照生产厂家产品说明书的要求执行。凡有损坏或变质迹象的焊丝不应用于焊接。

（2）拆除包装的焊丝宜连续用完，受潮、生锈的焊丝不应使用。

（3）当日未使用完的自动焊焊丝可不从送丝机上拆除，但应采取防雨、防潮措施，次日焊接时应去除至少2m长焊丝后，方可进行焊接。

7.2.4 管口组对

组对时，不应在钢管表面留下刻痕、磨痕和油污，不应用锤击法校正错口。

相邻环焊缝间的距离应大于1.5倍钢管直径。错边宜沿钢管圆周均匀分布。直缝管制管焊缝宜在钢管周长的上半部。两相邻的制管焊缝在对口处应相互错开，距离不应小于100mm。对口间隙分布宜沿圆周均匀一致。

7.2.5 预热和层（道）间温度

（1）预热温度应达到90～150℃，预热宽度应符合焊接工艺规程的要求。采用红外测温仪或测温笔监测预热温度是否符合工艺规程要求。

（2）层间温度100～150℃。层（道）间温度预热时不应破坏钢管的防腐层，预热后应清除表面污垢。采用红外测温仪、接触式测温仪或测温笔监测预热温度监测层（道）间温度时，宜在焊接方向前方距施焊处200mm左右的焊缝金属上进行。若焊接中断，当重新开始焊接时的层（道）间温度冷却至焊接工艺规程要求的最低温度以下时，应重新将焊口加热至预热温度。

7.2.6 对口器

使用外对口器时，应在根焊道均匀对称完成50%以上且单段焊道长度不小于100mm后撤离，对口吊具则应在根焊道全部完成后方可撤除。

7.2.7 焊接

（1）在焊接过程中发现的层（道）间焊接缺陷，应采用打磨、焊接等方式立即进行修补。

（2）进行修补焊接时，应将缺陷完全去除，并采用原自动焊的焊接工艺进行修补作业。

（3）修补焊接过程中应保证层（道）间温度满足焊接工艺规程要求。

（4）每道焊口宜连续完成。当日不能完成的焊口应完成 50% 钢管壁厚的焊接且不小于 3 层，并应放置在防风棚内。次日焊接前，应预热至焊接工艺规程要求的最低预热温度。

（5）当现场需要切割焊口时，切割宽度应至少比盖面焊道每侧宽 5mm，以去除原焊缝热影响区。

7.2.8 外观检查

（1）焊缝外观成形应均匀一致，焊缝宽度宜比外表面坡口宽度每侧增加 1.0~2.0mm。

（2）焊缝余高应不低于母材表面，并与母材圆滑过渡。焊缝余高宜不大于 2mm，局部不大于 3mm 的连续长度宜不大于 50mm。当焊缝余高超高时，宜进行打磨，修磨时不应伤及母材。修磨过程中若伤及母材，应测量打磨处母材的厚度，剩余壁厚不小于钢管标准壁厚的 95% 且不低于最小设计厚度。

（3）咬边的深度不大于 0.4mm 时，任何长度均合格；咬边深度大于 0.4mm，不大于 0.8mm 时，在焊缝任何 300mm 连续长度上不超过 50mm；咬边深度大于 0.8mm 时，任何长度均不合格。

7.2.9 无损检测

焊接完成后应进行“100%DR +100%PAUT 无损检测”，检测标准参照设计文件和标准规范执行。

7.2.10 焊后热处理

（1）射线检测焊口合格后，进行焊后热处理。

（2）焊后热处理严格按照焊接工艺规程要求的热处理加热曲线进行。热处理保温棉厚度应≥ 50mm，每侧宽度比加热块的宽度≥ 100mm。

（3）热处理完成后，进行里氏硬度检测和超声检测。检测值应满足设计要求。

7.2.11 焊接缺陷及处理

行业内首次在高含硫项目开发中使用 X 射线数字成像检测（DR）+ 相控阵超声检测（PAUT）的双检测方式。DR 技术可通过电脑软件进行局部放大，调整像素和分辨率，使用锐化、变色、增强对比度、浮雕等方法对射线图片的清晰度进行修复和真实度还原，检出率和分辨率比常规 RT 射线检测底片高出 60% 以上。DR 数字成像下缺陷的正常显示和浮雕显示对比图见图 15。

对出现的焊接缺陷，采取如下处理措施：

（1）根部气孔缺陷处理。成因主要为操作、环境和保护气体本身的情况。采取措施：①做好根焊焊接的保护，如防风棚的密封问题；②焊工检查气路有无漏气和保护不力等情况；③使用纯度更好的 99.999%Ar。

（2）根部夹钨缺陷处理。主要原因是根焊划擦引弧或焊接粘条、钨极尖熔断掉落到焊缝当中。采取措施：①配备专用钨极削磨机，削磨成度数一致、纹路细腻的尖端；②配置高频引弧焊枪，避免划擦起弧、短路粘条情况出现。

（3）未熔合缺陷处理。主要成因是坡口钝边、电流大小、运条不稳。采取措施：①控制焊接电流在一个合理范围区间；②保证焊接熔池宽度比间隙宽 0.5 ~ 1mm；③为焊工创造良好的焊接空间，保证运条的顺畅。

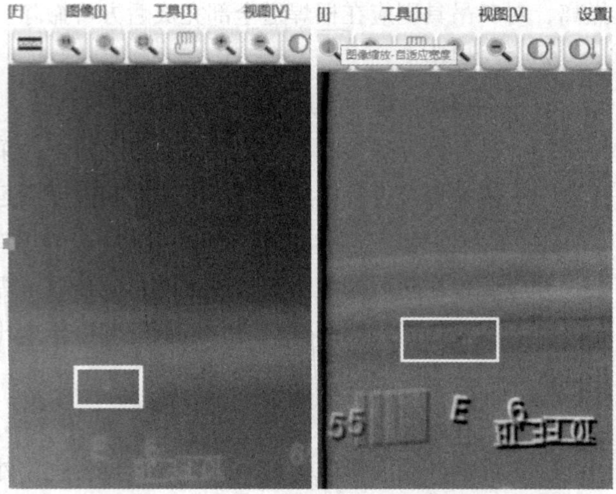

图 15 DR 数字成像下缺陷的正常显示和浮雕显示

（4）根焊内凹、烧熔缺陷处理。主要成因是根焊焊缝厚度较薄和热焊热输入过大。采取措施：①根焊焊缝厚度不小于 3mm；②降低热焊的热输入，在电流不变的情况下，使用快速焊接的方式进行热焊，热焊厚度控制在 1.5 ~ 2mm。

（5）自动焊接填盖焊线状缺陷、未熔合等缺陷。主要成因是焊枪摆宽不够、焊接速度和焊枪两侧停留时间不匹配、焊道接头打磨不规范、道间打磨坡口受到破坏。采取措施：①适当调整焊枪摆宽，避免坡口出现线状未熔合缺陷；②在焊接工艺规程规定范围内，适当调整焊接速度和焊枪两侧的停留时间，保证前进速度与两侧停留时间匹配；③焊接层（道）间打磨的接头不大于 30°，楔形长度大于 10mm，长度保证接头部位焊透；④清渣打磨时，不应破坏坡口形状，不应形成深度 1mm 以上的沟槽。

8 安全措施

8.1 健康管理措施

（1）建立健全职业卫生管理机构，合理配备管理人员，制定职业卫生管理制度。按照《职业健康监护管理办法》的有关规定，建立职业健康监护制度，对从事接触职业病危害作业的劳动者进行职业健康检查。

（2）按工种为作业人员进行上岗前健康检查，做好上岗前职业卫生相关知识的培训（如常见急症、救护概念、突发灾害现场救护、气道梗塞急救法、心肺复苏、意外伤害等），组织自救、互救演练，确保应急预案的时效性。

（3）为本项目工程建设全部员工办理工伤社会保险，并出具证据、证明。

（4）负责管辖范围内的职业病及日常健康管理工作，并对承包商职业健康管理工作进行监督管理，对项目建设期间因职业健康监护不到位发生的人员伤亡事件负责。

（5）配备专职职业健康管理人员。开工前组织开展风险辨识和验证评价，确定各区段、各工序职业健康风险点，形成风险清单。

（6）开工前编写职业病监护及健康管理方案，组织各项措施的落实；完工后，编制施工期间职业病防治总结报告，并出具职业病防护设施施工过程法律责任承诺书。

（7）组织职业健康管理法律法规、预防管理、防治知识等宣传培训和健康教育，督促员工遵守职业病防治法律、法规、规章和操作规程，指导员工正确使用职业病防护设备和个人使用的职业病防护用品。

（8）建立个人职业健康监护档案，对存在职业病危害的岗位，完善职业病防护设施，为劳动者配备符合国家标准的职业病危害防护用品。

（9）配合国家安监部门组织的日常职业健康监督检查工作。

（10）按照职业病防护设施设计和有关施工技术标准、规范进行施工，并对职业病防护设施的工程质量负责。

（11）营地撤离通道畅通，明确应急集合点。根据营地周围环境，采取防蚊、防蝇、防鼠、防蛇虫等措施。

（12）加强对员工食堂的管理，尤其是高温、高湿状况下，杜绝群体性食物中毒事件的发生。食堂工作人员每年进行一次健康检查，经专业培训合格后，持所在地区防疫部门办理的健康证上岗，做好个人卫生，上岗操作时必须穿戴好工作服、发帽，并保持清洁整齐。

（13）采取综合防尘措施和无尘或低尘的技术、工艺，使施工作业场所的粉尘浓度不超过国家卫生标准。

（14）夏季配备防高温、防高湿的个人防护用品及药品、饮料等。

8.2 安全管理措施

（1）对参建全体员工进行有计划、有目标的 HSE 培训，确保集团公司“HSE 管理九项原则”“六条禁令”等规范得到有效的宣贯并执行。对关键岗位人员进行能力评价，使其达到能够掌握和严格遵守相关 HSE 规章制度的要求。

（2）运用工作安全分析法等对施工现场危害因素进行识别，采用 LEC 法或半定量风险矩阵法进行风险评价。针对评价所确定的危险源，建立重大危险源登记表，制定风险控制措施，并作为机组每天施工前安全讲话的重要内容。

（3）定期组织召开 HSE 管理分析会议，归纳总结存在的问题，制定有效的消减措施。

（4）接受发包人的 HSE 监督检查，对查出的缺陷和隐患及时整改。

（5）定期开展 HSE 检查及考核，检查内容覆盖《石油企业现场安全检查规范 第 7 部分：管道施工作业》中规定的范围。

（6）进入特殊区域时，严格遵守该区域的有关要求，制定相关措施，符合该特殊作业的特殊健康、安全与环境要求，并在进入前报发包人批准。同时，特种作业人员必须持有效的特种作业操作证，非特种作业人员严禁从事特种作业。

（7）配备满足工程建设需求的劳动防护用品、安全检测仪器、消防设备器材、应急药品等 HSE 保障物资，不得使用不符合规定的物资、器材和用品。

（8）使用的危险品或受控物品，应按国家、地方有关规定和要求运输、储藏、搬运和使用，并制定有关的防护措施，保证其安全。

（9）全面负责并加强对所承担项目管道及其相关设施、设备在施工和正式移交运行单位前的安全管理工作，接受和服从发包人对其相关工作开展情况的监督管理。

（10）负责按照批准的《管道保护管理方案》开展管道保护工作，确保管道交付运行时无违章占压和预装的盗气装置，以及由于第三方和自然与地质灾害等原因导致的管体及防腐层损伤，直至管道移交项目发包人。

（11）已建成管道及附属设施汛期发生水毁时，及时进行修复。

（12）管道正式投产前组织进行全线检查和漏点检查，及时消除存在的安全隐患。

（13）当现场出现可能伤及人员的危险时，启动相应应急预案，直到危险状况得到消除；任何表现出不安全因素的设备或机具立即停止使用；所有违反安全规定并危及生命和财产安全的人员将从施工现场清除出去。

8.3 其他

（1）认真执行企业的 HSE 规章制度。

（2）对参与施工的人员进行 HSE 培训教育，保证施工作业的正常进行。

（3）劳动保护用品、保护装置和设施，必须保证齐全、完好、灵敏、有效。

（4）施工过程注意机械伤害。

（5）遵守用电安全准则；正确使用机械，检查电气设备、线路防护性能是否完好，地面有无积水；设立警示区；配置灭火器；使用合格的电焊设备、电缆。

9 环保措施

9.1 施工区

（1）严格执行业主规定的作业带宽度，施工作业严格限制在作业带范围内。

（2）作业带清理前对作业带内的建筑设施、树木、青苗等进行登记，查清归属及清除后的影响，与地方有关部门协商处理善后工作。

（3）在保证施工的前提下，尽量不破坏植物原有根系。

（4）机械设备运行时应防止油污泄漏污染环境。

（5）对作业带内的沟、渠、涵管采取保护措施，确保通畅。

9.2 废弃物

（1）设置位置适中的临时垃圾存放场地。产生的废弃物应在指定地点堆放整齐，且不能对堆放地点周边环境产生影响。严禁随处丢弃焊丝、焊条头和砂轮片等工业垃圾，并配备垃圾回收桶。过程产生的工业固体废弃物不得倒入水体或任意遗弃，应随时清理回收，做到“工完料尽场地清”。

（2）住房和办公区设置固定垃圾回收点，每个施工班组配备垃圾桶和回收桶。

（3）对产生小件废弃物的工种（如电焊工、砂轮工等），配备可携带的废弃物盛装容器。

（4）所有垃圾定期拉运到当地政府部门指定的地点集中处理。

（5）施工完毕后，临时建筑设施建筑材料（如废弃的管道短截、架设的临时电气线路、过水管、便桥等）妥善处理。

（6）危险有毒有害物质必须交由政府部门认定的具备处理资质的单位进行处理，禁止擅自倾倒、掩埋或者交付没有资质的单位处理。

10　效益分析

10.1　效率成本分析

10.1.1　节约焊工培训费用

传统的高含硫管道填充盖面采用的手工焊条电弧焊合格焊工培训需要 3～5 个月，且达到项目要求的焊接合格率还需要实践 1 年左右，而新型高含硫管道全自动填充盖面工艺合格焊工只需要培训 2 个月左右，且不需要上线实践就能达到项目焊接合格率要求。成本对比见表 5。

表 5　焊工培训费用对比表

序号	焊工培训类别	培训时间 / 月	上岗实践时间 / 月	费用计算	总费用 /（元 / 人）
1	手工焊条电弧焊填充盖面焊工	5	6	30 × 5 × 400	60000
2	全自动焊填充盖面	2	1	30 × 2 × 600	36000

通过费用对比，培训一个焊工可以节约费用：60000−36000=24000 元 / 人；上岗实践节约：5 × 30=150 天。

10.1.2　施工费用节约

采用手工填充盖面 Φ406mm × 18mm/22mm 酸性介质碳钢管道，通常是 2 个焊工施焊 3h 左右完成，1 个焊工则需要约 6h。单焊炬外焊机自动焊填充、盖面在山地采用全自动焊接 Φ406mm × 18mm/22mm 酸性介质碳钢管道，只需要 1 个焊工 2.5h，外加自动焊接准备时间，折算为 3h。

由此可见，Φ406mm × 18mm/22mm 每个焊口采用 1 个焊工施焊，采用全自动填充盖面可节约 3h，本工程共计可节约 740 道焊口 × 3h=2220h，约 278 个工日。现场人员费用计算见表 6。

表 6　现场人员费用计算表

序号	项目	人员		设备			油料
		机组职工	配合民工	挖掘机	移动电站	焊机	
1	数量	6 人	2 人	1 台	1 台	2 台	—
2	单价	600 元 / 人	200 元 / 人	1100 元 / 辆	100 元 / 辆	300 元 / 台	—
3	金额 / 元	3600	400	1100	100	600	1000
合计		6800 元					

共节约 6800 元 / 工日 × 278 工日 =189 万元。

10.2　社会效益

本项目在亚洲第一的超高含硫油田开发项目中首创使用了自动焊填充、盖面焊接方法，首创使用了 DR 数字评片无损检测标准，焊口一次合格率可达到 95%，为后期高含硫项目碳钢管线的焊接培训及现场施工积累了宝贵的经验，使业内高含硫项目焊接标准提升到了一个全新的高度，开创了施工领域新局面。

10.3 前景分析

该工法在铁山坡项目的成功应用，使得公司积累了大量碳钢自动焊施工经验，为争取后期大型项目四川盆地渡口河—七里北气田飞仙关组气藏开发建设项目开发打下坚实基础。

11 工程实例

本工法在铁山坡气田飞仙关组气藏开发建设产能项目首次大规模应用（图 16），集气干线使用材质 L360QS、管道规格 Φ406mm × 18mm/22mm 酸性介质碳钢管道，几乎全山地施工，施工难度大；公司在史上最严苛的检测标准下，首次在高含硫项目的碳钢管材上使用手工钨极氩弧焊根焊、热焊 + 自动焊填充盖面焊（手工 GTAW+自动 FCAW-G）焊接工艺，该项目于 2022 年 8 月开工，目前已焊接完成 1488 口，目前一次合格率达 95.1%。

图 16 铁山坡气田飞仙关组气藏开发产能建设项目

石化装置动设备基础施工工法

杨子仪　韩　亮　蒋　硕　宋戈力　薛耀兰

四川石油天然气建设工程有限责任公司

1　前言

随着我国国民经济的快速发展，石油化工行业大型工业设备安装不断增加，种类及数量越来越多，体积和功率越来越大。而处于核心地位的动设备种类十分丰富，其在使用过程中产生的较大震动，会给设备的使用安全带来不良影响，此时动设备基础本身的施工质量、设备与基础的连接质量都被提出了更高的要求。设备基础重点部位的施工方法会直接影响设备安装精度、运行安全，以及施工方的经济效益，如预留螺栓孔、设备基础模板安装和混凝土浇筑等。

设备基础的地脚螺栓预留孔作为设备与基础之间连接的主要工艺，其施工精准质量必须得到保证。传统的螺栓预留孔施工工艺中，一般采用木模支设预留孔，往往将其制作成下口小、上口大且表面很光滑的楔形模板。在施工过程中可以发现木模拔出后混凝土表面较光滑，预留螺栓孔达到一定深度时拆模很困难，木模可能无法拆出，或木模断裂而导致遗留在孔内，且孔内二次凿毛和清理困难，影响螺栓和混凝土的握裹力。由于模板是下小上大，在预埋螺栓时，二次浇筑的混凝土与基础混凝土黏结性很差，再加上二次浇筑混凝土的收缩，设备运行过程中螺栓很容易松动甚至被拔出。这样的设备螺栓孔预埋会产生较大的偏差，处理难度相当大，可能会造成基础整体返工，给施工单位带来巨大的经济损失，同时也会耽误工程进度，并留下安全隐患。因此我单位在基础施工中研发并引入预留螺栓孔整体预埋件工艺，采用角铁和高密度聚苯乙烯泡沫板形成整体预埋件，成功解决了设备预留螺栓孔容易产生偏差的问题，提高了基础施工的精准度。

本工法已成功应用于塔里木油田博孜—大北区块地面骨架工程博孜天然气处理厂建设工程等 3 个项目的动设备基础施工中，减少了施工周期，避免了螺栓孔预留精度不高导致需扩孔、设备运作震动大等常见问题。在今后的石化装置动设备基础施工中，此工法技术将拥有更为广阔的应用前景。

2　工法特点

2.1　施工快速，功效高

基础传统的预留螺栓孔木模支设时极易与基础钢筋骨架位置冲突。新方法只需在基础的垫层完成后即可施工，且施工时预留螺栓孔与基础钢筋骨架、基础模板互不影响，施工作业面可多组作业人员同时施工，快速完成基础钢筋骨架、基础模板、预留螺栓孔预埋件的安装。

2.2 施工精度高，安装牢固

基础传统的预留螺栓孔木模支设安装时定位困难，且通常仅采用镀锌铁丝与钢筋骨架进行绑扎固定，浇筑混凝土时受到混凝土冲击可能会移位从而造成预留孔偏差，更可能歪斜撞击上基础模板，使其变形造成返工。新方法施工时在垫层上可精准定位预留螺栓孔，并且整体预埋件上下部均焊接固定，还可与钢筋骨架、模板支撑体系形成一个整体，可保证安装牢固，后期浇筑混凝土时不会移位。目前采用此工法完成的基础和预留螺栓孔尺寸、定位、牢固性一次合格率均达到 100%。

2.3 预留螺栓孔内部成型好，保证基础与二次浇筑混凝土紧密结合

基础传统的预留螺栓孔木模支设预留孔拆模后预留孔内壁光滑，二次浇筑混凝土时黏结性差。新方法采用高密度聚苯乙烯泡沫板填充，利用高温金属在泡沫板上留下一定深度、宽度的纵横沟槽，待浇筑完成后预留孔内壁会形成相应的纵横凸起线条，保证二次浇筑的混凝土紧密结合。同时也可将高密度聚苯乙烯泡沫板制作成与传统木模相反的下口大、上口小的楔形形状，进一步增强混凝土浇筑的结合性，增加设备运行的稳定性。

2.4 无需拆模，工序简化

传统木模支设预留孔拆模时由于木模容易受到混凝土挤压，导致木模不易拆除，影响设备安装。新方法采用高密度聚苯乙烯泡沫板填充，选择与聚苯乙烯泡沫板相溶的有机溶剂即可溶解去除填充的聚苯乙烯泡沫板，施工简便快捷。

3 适用范围

本工法适用于石油化工装置动设备基础的螺栓孔预留（设备基础的预留螺栓孔尺寸 100mm × 100mm 及以上）。

4 工艺原理

动设备基础施工工艺原理主要为：在测量放线和基础垫层施工完成后，采用高密度聚苯乙烯泡沫板螺栓孔快速成型技术进行基础的螺栓孔预留，即用与预留孔相同尺寸的高密度聚苯乙烯泡沫板固定在图纸设计的预留孔位置进行预留孔的预留。具体为定制与预留孔长、宽、高尺寸一样的高密度聚苯乙烯泡沫板，利用高温金属在高密度聚苯乙烯泡沫板上留下宽度、深度为 1cm，间距 5cm 的纵横沟槽，用 4 根角铁固定在高密度聚苯乙烯泡沫板的四角上，通过数道铁丝绑扎形成整体预埋件。该技术是把此整体预埋件通过设备基础垫层上的定位钢筋进行下部焊接固定，待基础钢筋绑扎、模板支撑体系完成后利用钢筋骨架对整体预埋件的中、上部进行焊接固定，最后基础混凝土浇筑并养护完成后，用与高密度聚苯乙烯泡沫板相溶的有机溶剂进行溶解、清理，得到符合要求的预留孔。最后再进行设备的地脚螺栓安装和二次浇筑混凝土，完成基础施工。

5　工艺流程及操作要点

5.1　施工工艺流程

施工工艺流程如图 1 所示。

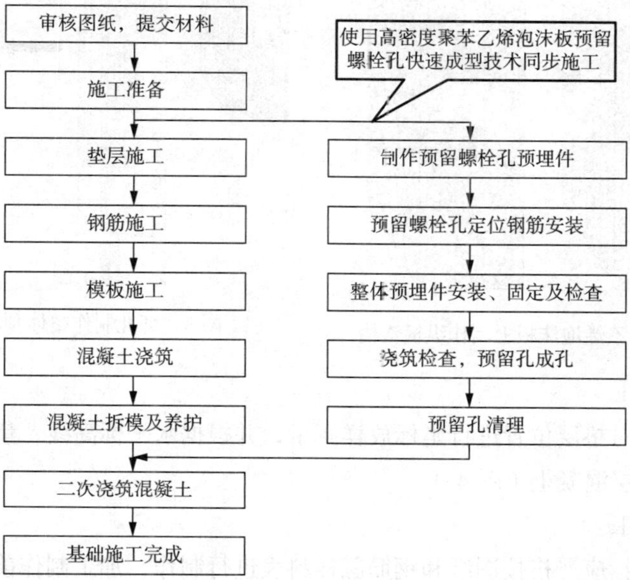

图 1　施工工艺流程图

5.2　操作要点

5.2.1　审核图纸，提交材料

审查土建基础施工图中位置、标高尺寸等是否存在错误，同时要对照设备安装基础图核对基础尺寸，无误后按图施工。

根据图纸统计基础混凝土标号方量、钢筋用量、预留孔数量及尺寸等，采购基础材料及预留螺栓孔预埋件材料（角铁采用∠ 30×3mm 及以上型号，高密度聚苯乙烯泡沫板采用密度分类中的Ⅳ类及以上）。

5.2.2　施工准备

（1）材料准备：材料进场后对材料进行自检，检查材料是否符合设计文件，合格后完成材料报验工作。

（2）机具准备：施工前先将机械设备调试完毕。工程计量用的仪器、测量工具、压力表、温度计等经鉴定合格，并在有效周检期内。

（3）人员准备：技术人员认真熟悉图纸，认真做好技术管理人员、班组长、操作人员的施工方案技术交底工作。

5.2.3　制作预留螺栓孔预埋件

（1）利用高温金属在高密度聚苯乙烯泡沫板上留下宽度、深度为 1 cm，间距为 5cm 的纵横沟槽，以保证后期二次浇筑混凝土紧密结合（图 2）。

（2）角铁按照图纸中预留孔上表面到基础底部的长度进行下料，将 4 根角铁固定在泡沫板的四角上，通过铁丝绑扎形成所需整体预埋件（图 3）。

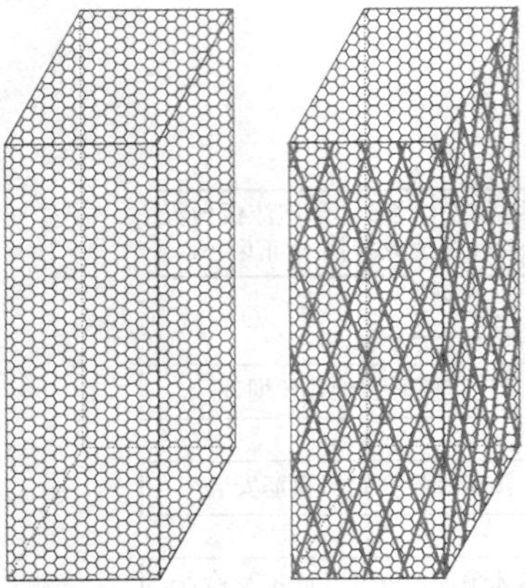

图 2　聚苯乙烯泡沫板上制作纵横沟槽

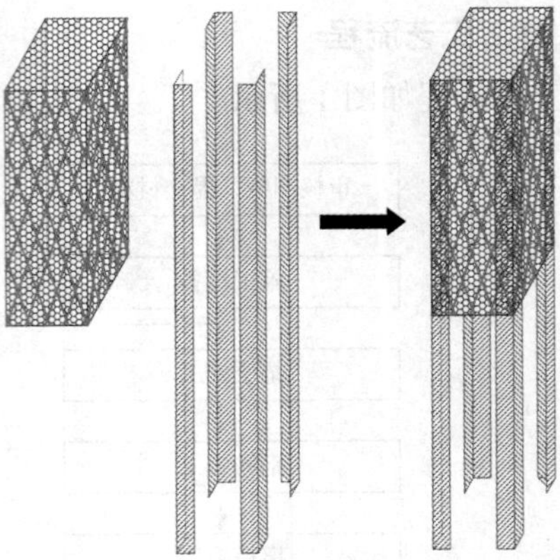

图 3　绑扎制作整体预埋件

5.2.4　垫层施工

按照设计图纸对垫层位置进行坐标放样测量，并根据水平标高线，量测出垫层标高，支垫层模板，浇筑垫层混凝土（图 4）。

5.2.5　钢筋施工

（1）钢筋加工：应严格按图纸和钢筋翻样料表进行制作，加工制作前应由专人对翻样结果进行复核，确保钢筋翻样成果准确无误。钢筋半成品按规格、使用部位等分类堆放，挂牌标识，所有钢筋半成品经验收合格后方可按使用部位投入使用。所有钢筋加工机械如调直机、弯曲机、对焊机均应由专人负责，并须持证上岗。

（2）绑扎钢筋：钢筋采用集中加工、现场绑扎；钢筋搭接方式应为绑扎搭接，其搭接长度、搭接率等均须符合设计规范要求。

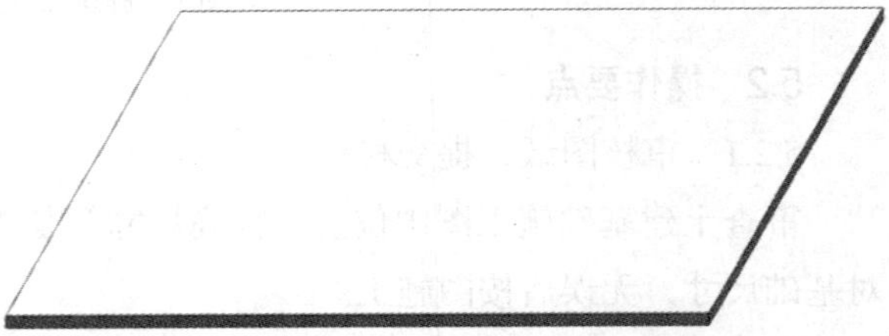

图 4　基础垫层施工

5.2.6　预留螺栓孔定位钢筋安装

（1）按照图纸通过仪器、尺子、墨斗等工具，将预留孔的位置准确定位在垫层上并用墨线标记，保证其中心线、截面尺寸符合要求（图 5）。

图 5　垫层上预留螺栓孔定位标记

（2）需在预留孔墨线的四角上植入 Φ12mm 及以上的定位钢筋用于整体预埋件的定位及焊接，先用电钻在垫层上钻孔后植入长度约为 200mm 的钢筋，钢筋外露 100mm（图 6）。

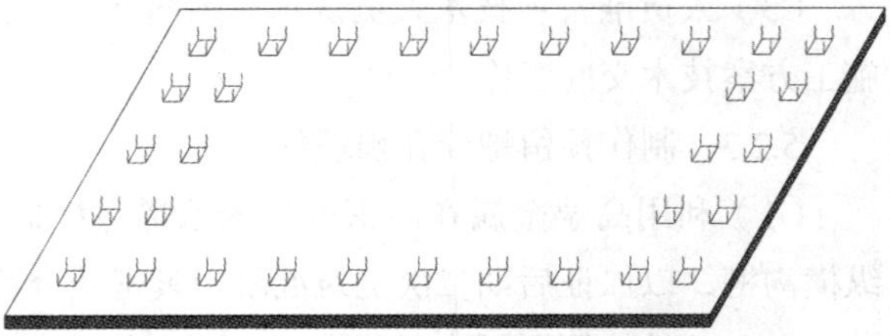

图 6　预留孔四角植入定位钢筋

5.2.7 模板施工

（1）在基础工程中应尽量根据基础图纸进行模板设计，采用可拆式模板，可以使混凝土浇筑工作更加便捷、高效。

（2）模板和支架系统安装、使用和拆除过程中，应采取安全稳定措施。

（3）模板使用前应清理整平并刷脱模剂，拆模后要及时堆放到指定地点。模板安装时木模表面要刨光，防止混凝土施工完毕后出现凸凹现象。

（4）拆模时间应满足混凝土的强度要求，当模板作为保温养护措施的一部分时，其拆模时间应根据温控要求确定。

5.2.8 整体预埋件安装、固定及检查

（1）整体预埋件安装时利用水平尺、磁性线坠等工具对整体预埋件进行调整，使其垂直度满足需求后焊接固定在定位钢筋上（图7）。

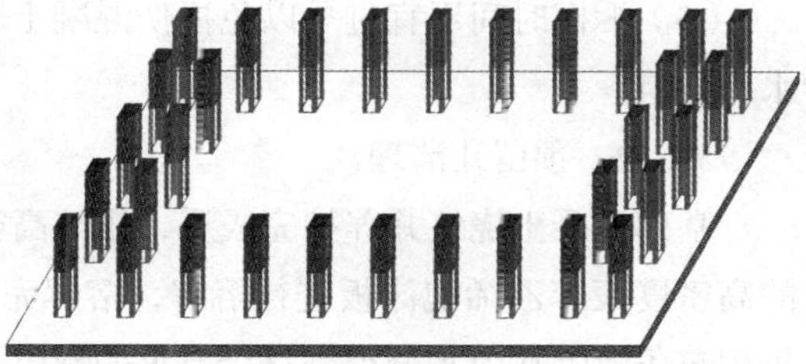

图7 整体预制件与定位钢筋焊接固定

（2）待基础钢筋绑扎、模板支撑体系完成后，复查整体预埋件的垂直度、尺寸是否正确，确认无误后用 Φ12mm 及以上的附加钢筋对整体预埋件的中、上部与钢筋骨架进行焊接固定，使整体预埋件、钢筋骨架、模板支撑体系形成一个整体。对基础整体模板进行加固检查，逐层核对模板墨线标高，把水平支撑以及拉杆固定撑牢，最后校核模板几何尺寸、轴线位置，复核无误后将钢筋位置固定牢靠（图8）。

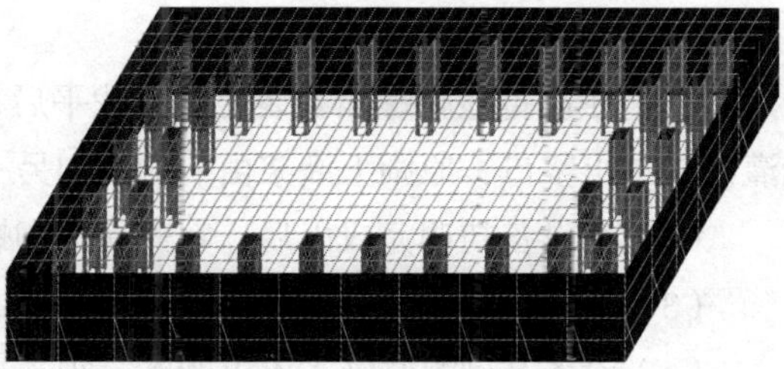

图8 整体预埋件与钢筋骨架、模板支撑体系形成整体

5.2.9 混凝土浇筑

（1）浇筑方法：施工时采取斜面分层、依次推进、整体浇筑的方法。

（2）在浇筑过程中，我们将采取‘分区定点、一个坡度、分层浇筑、循序推进、逐步到顶”的方法，即混凝土从一端向另一端，以同一坡度一次到顶向前连续浇筑。

（3）混凝土采用机械振捣棒振捣。振捣棒的操作，要做到快插慢拔，上下抽动，均匀振捣，插点要均匀排列，采用并列式和交错式均可；插点间距约为 500mm，插入到下层尚未初凝的混凝土中约 50mm，振捣时应依次进行，不要跳跃式振捣，以防发生漏振。

5.2.10 浇筑检查，预留螺栓孔成型

（1）浇筑前：最后一次确认整体预埋件的垂直度、尺寸、高度、数量是否正确，固定钢筋是否牢固，确认完成后方可进行浇筑。

（2）浇筑时：派专人看护，落灰口不能对准整体预埋件，振动棒不准碰到整体预埋件，混凝土的浇筑标高必须控制在规范允许的范围内，并实时监控预埋件是否发生偏移、变形等问题。

（3）浇筑后：及时使用测量仪器对预留孔的坐标、尺寸、间距等要求进行复核，如有偏差及时采取纠偏措施调整预留孔的位置。

5.2.11　混凝土拆模及养护

（1）基础应进行保温、保湿养护，在每次混凝土浇筑完毕后，大体积混凝土基础除应按普通混凝土常规养护外，还要及时按温控技术措施的要求进行保温养护。

（2）派专人负责保温养护工作。

（3）保湿养护的持续时间不得少于14天，并应经常检查塑料薄膜的完整情况，保持混凝土表面湿润。

（4）保温覆盖层的拆除应分层逐步进行，当混凝土的表面温度与环境最大温差小于20℃时，可全部拆除。

（5）拆模时间不宜过早以免损伤混凝土表面，拆模也不易过迟，避免因养护推迟，造成水化受阻。

5.2.12　预留孔清理

基础混凝土浇筑并养护完成后，用与高密度聚苯乙烯泡沫板相溶的有机溶剂对预留孔内的高密度聚苯乙烯泡沫板进行溶解，溶解完成后用清水反复冲洗直到预留孔内清洁无杂物，再用布条清除孔内水分得到符合要求的预留孔。最后用干净的布条封堵住预留孔的上部防止雨水、风沙等杂物进入，等待后续设备安装。

5.2.13　二次浇筑混凝土

（1）在设备地脚螺栓安装无误且找平后，要立即进行灌浆作业。灌浆时，需事先选择好灌浆口与出浆口，原则上灌浆由一侧灌向另一侧。

（2）在设备初调完成以后，宜先灌地脚螺栓。

（3）灌浆过程中可采用提高灌浆口高度或挤压法加速灌浆，但应避免振捣产生气泡。

（4）设备基础灌浆施工不可间断，须一次完成。

（5）灌浆完毕后，必须做好防水、防尘等遮蔽防护措施，并避免日光暴晒。

6　材料与设备

本工法在施工过程中，使用到的材料、工器具及仪器主要见表1。

表1　材料、工器具及仪器使用表

序号	材料与设备	名称	规格型号	单位	数量	备注
1	材料部分	高密度聚苯乙烯泡沫板	表观密度不小于40.0kg/m³；压缩强度不小于200kPa；吸水率不大于2%			高密度聚苯乙烯泡沫板预留螺栓孔快速成型技术材料
		角铁	∠30×3mm			
		铁丝	14#			
		钢筋	Φ12mm			
		有机溶剂	与高密度聚苯乙烯泡沫板相溶			
		混凝土	根据基础设计图纸			基础施工材料
		钢筋	根据基础设计图纸			
		模板				

续表

序号	材料与设备	名称	规格型号	单位	数量	备注
2	工器具及仪器	电钻		台	1	根据不同情况选择
		焊机		台	1	
		全站仪		台	1	
		水准仪		台	1	
		温度计		台	2	
		水平尺		台	1	
		磁力线坠		台	1	
		混凝土振动棒		台	1	
		混凝土天泵车		台	1	
		钢筋调直机		台	1	
		钢筋弯曲机		台	1	
		钢筋切断机		台	1	
		木工多用机		台	1	

7 质量控制

7.1 相关标准规范

（1）GB 50204—2015《混凝土结构工程施工质量验收规范》

（2）GB 50666—2011《混凝土结构工程施工规范》

（3）GB/T 10801.1—2021《绝热用模塑聚苯乙烯泡沫塑料（EPS）》

7.2 质量保证措施

7.2.1 图纸的控制

施工前会同有关人员对图纸上基础、钢筋、预留螺栓孔进行详细对照审查，并进行仔细复核，发现问题及时向监理工程师及设计人员反映。

7.2.2 人员的控制

施工前对项目管理人员、作业层全员进行技术交底，学习质量标准及施工工艺，并掌握使用方法，同时对规范中要求的中心线位置、截面尺寸、深度、垂直度偏差须按照规范严格执行；在工序施工结束后，认真进行工程质量检验评定，做好技术文件。

7.2.3 材料、机具的控制

凡施工中使用的材料（如混凝土、钢筋、高密度聚苯乙烯泡沫板、角铁等）的规格、型号、材质等特征参数按有关质量标准进行验收，不合格者不得使用；对所用的机具、检测仪器等的规格、完整性进行详细检查。

为防止高密度聚苯乙烯泡沫板受到混凝土挤压发生变形，现场采用的高密度聚苯乙烯泡沫板须达到《绝热用模塑聚苯乙烯泡沫塑料（EPS）》GB/T 10801.1—2021 按密度分类中的Ⅳ类及以上，其主要物理机械性能为表观密度不小于 40.0kg/m^3，压缩强度不小于 200kPa，吸水率不大于 2%（图 9）。

表 3 物理机械性能

项目			单位	性能指标					
				Ⅰ	Ⅱ	Ⅲ	Ⅳ	Ⅴ	Ⅵ
表观密度		不小于	kg/m³	15.0	20.0	30.0	40.0	50.0	60.0
压缩强度		不小于	kPa	60	100	150	200	300	400
导热系数		不大于	W/(m·K)	0.041		0.039			
尺寸稳定性		不大于	%	4	3	2	2	2	1
水蒸气透过系数		不大于	ng/(Pa·m·s)	6	4.5	4.5	4	3	2
吸水率(体积分数)		不大于	%	6	4	[illegible]			
熔结性[1]	断裂弯曲负荷	不小于	N	15	25	35	60	90	120
	弯曲变形	不小于	mm	20					
燃烧性能[2]	氧指数	不小于	%	30					
	燃烧分级			达到 B_2 级					

1) 断裂弯曲负荷或弯曲变形有一项能符合指标要求即为合格。
2) 普通型聚苯乙烯泡沫塑料板材不要求。

图 9 《绝热用模塑聚苯乙烯泡沫塑料（EPS）》性能表

7.2.4 预留螺栓孔的控制

（1）预留螺栓孔使用的高密度聚苯乙烯泡沫板加工尺寸误差必须与设计图纸一致，尺寸偏差超出规范范围时坚决不能使用。

（2）预留螺栓孔的整体预埋件焊接必须牢固，可在预埋件的两侧采用剪刀形支撑钢筋分别与预埋件角钢和基础钢筋骨架焊接牢固，预埋件角钢下部与定位钢筋焊接长度应大于 3cm，且焊接方式均不采用点焊方式。

（3）预留螺栓孔洞位置由中心线及实测标高严格控制，施工中中线及基准标高线测设必须进行复核，未经复核的中线及基准标高线不准使用，确保中线及基准标高线设置正确。

（4）混凝土浇筑入模时，不得集中倾倒冲击模板、钢筋骨架或泡沫板预埋件，当浇筑高度超过 2m 时，应采用串筒、溜管下料，出料管口至浇筑层的倾落自由高度不得大于 1.5m，且须均匀在预埋件两侧进行下料，并实时监测螺栓孔预埋件是否发生偏移、变形。如发生偏移或变形等问题，立即暂停浇筑，重新复核螺栓孔预埋件的尺寸和位置，并从预埋件的各个方向增加钢筋与预埋件的焊接固定。

（5）施工过程中严格执行自检、互检、专检的“三检制”，放线完成、整体预埋件与定位钢筋焊接完成、整体预埋件与钢筋骨架焊接完成、混凝土浇筑前必须进行“三检制”确认。混凝土浇筑时必须有专人看护。

7.2.5 环境的控制

布置好临时设施，做好防雨、防雪等天气变化的准备。

8 安全措施

8.1 相关标准规范

（1）GB/T 50484—2019《石油化工建设工程施工安全技术标准》

（2）GB/T 45001—2020《职业健康安全管理体系 要求及使用指南》

（3）JGJ 33—2012《建筑机械使用安全技术规程》

8.2 风险识别

预留螺栓孔工艺施工步骤实施程序风险及措施见表 2。

表 2　预留螺栓孔工艺施工步骤实施程序风险及措施一览表

序号	实施工序步骤	存在风险	预防控制措施
1	切割钢筋、角钢	1. 工件没有夹紧就开始作业，造成飞溅伤人 2. 切割片没有停止旋转就去取工件，造成机械伤害 3. 切割时，周围有易燃易爆物，火花飞溅到易燃易爆物上，引起火灾或爆炸 4. 用切割片的侧面打磨工件，引起切割片爆裂，切割片的碎片飞出伤人 5. 机械伤害切割不当或用力过猛，造成高速旋转的切割片爆裂	1. 将工件夹紧后才能进行切割 2. 严格按切割机的安全操作规程进行操作 3. 戴好口罩和护目镜，切割机附近不得有易燃易爆物 4. 严格按切割机的安全操作规程操作，严禁用切割片的侧面打磨工件 5. 严格按切割机的安全操作规程操作，被切割的工件要垫平、卡紧，切割时用力不得过猛
2	焊接钢筋、角钢	1. 焊接过程中焊把、电线线路漏电，造成人员触电 2. 焊接作业时未佩戴护目镜、面罩、绝缘手套，造成身体伤害 3. 焊接烟尘、弧光造成职业病	1. 使用前检查焊把、电线线路绝缘层是否完好，开关箱漏电保护器是否完好 2. 焊接时按要求佩戴护目镜、面罩、绝缘手套等防护用品 3. 穿戴好防护用品，定期进行职业体检

8.3　安全控制措施

（1）劳动保护用品、保护装置和设施，必须保证齐全、完好、灵敏、有效。

（2）机械、电器设备安全防护装置不齐全不准作业。

（3）对机械、设备、工具的性能不熟悉不准作业。

（4）严格按规程指挥、作业，安排专人监护。

（5）夜间施工必须有足够的照明灯。

9　环境保护措施

（1）认真执行国家有关环境保护的法律、法规，文明施工。

（2）对进出现场的车辆进行严格清扫，文明进出施工现场。

（3）施工区域设置 1 个位置适中的临时垃圾存放场地。

（4）施工现场设置废液回收点，对泡沫板溶解后的废液进行单独桶装存放，并在施工完成后集中回收处理，不得随地排放。

（5）选用安全环保无毒的有机溶剂，并在基础周围地面铺设塑料膜，防止清理螺栓孔时废液对施工环境产生污染。

（6）施工结束清理现场，做到“工完料尽场地清”。

10　效益分析

10.1　经济效益

本工法和传统设备基础施工工艺相比，其效益主要体现在高密度聚苯乙烯泡沫板螺栓孔快速成型技术的应用。

博孜—大北区块地面骨架工程博孜天然气处理厂建设工程中，应用本工法完成 5 台压缩机、5 台空冷器、3 台外输泵等共计 53 个设备基础，合计 630 个预留螺栓孔施工。

采用本工法缩短工期 15 天，节约施工费用合计 28.54 万元（表 3）。

表 3 经济效益对比表

工作内容	传统施工费用	本工法施工费用	备注
螺栓孔工艺材料	木模及固定材料与泡沫板及固定材料持平		费用结合工程当地情况
螺栓孔木模制作	70 工日 ×500 元 / 工日 =3.5 万元	40 工日 ×500 元 / 工日 =2 万元	费用结合工程当地情况
螺栓孔二次凿毛及清理	40 工日 ×260 元 / 工日 =1.04 万元	无	费用结合工程当地情况
动设备吊车安装	200t 吊车（含调遣）、100t 吊车（含调遣）、50t 吊车使用费用共计约 50.5 万元	200t 吊车（含调遣）、100t 吊车（含调遣）、50t 吊车使用费用共计约 24.5 万元	基础进行集中浇筑，设备进行集中吊装，避免吊车多次进场，减少吊车滞留时间

10.2 社会效益

本工法在塔里木油田场站建设中应用广泛，明显缩短了工期，树立了良好的企业形象，社会效益明显；建设单位及监理单位对本工法的施工工效快、施工精度高、施工质量好等方面的优点赞誉有加，并推荐在石化行业地面建设项目中推广使用。

11 工程实例

实例一：博孜—大北区块地面骨架工程博孜天然气处理厂建设工程

在博孜—大北区块地面骨架工程博孜天然气处理厂建设工程中，应用本工法完成 5 台压缩机基础、5 台空冷器基础、3 台外输泵基础施工（图 10 ~ 图 17）。

图 10 垫层施工、预留螺栓孔定位放线

图 11 整体预埋件与定位钢筋焊接固定

图 12 钢筋施工

图 13 模板施工

图 14 整体预埋件固定及检查

图 15 混凝土浇筑

图 16 混凝土养护、施工完成

图 17 预留螺栓孔清理

实例二：哈得逊油田玉科区块碳酸盐岩油气藏开发地面工程哈一联扩建工程

在哈得逊油田玉科区块碳酸盐岩油气藏开发地面工程哈一联扩建工程中，应用本工法完成 4 台压缩机基础、4 台空冷器基础施工（图 18 ~ 图 25）。

图 18　垫层施工、预留螺栓孔定位放线

图 19　整体预埋件与定位钢筋焊接固定

图 20　钢筋施工

图 21　模板施工

图 22　整体预埋件固定及检查

图 23　混凝土浇筑

图 24　混凝土养护、施工完成

图 25　预留螺栓孔清理

实例三：塔西南天然气综合利用工程

在塔西南天然气综合利用工程中，应用本工法完成压缩机基础施工（图 26 ~ 图 33）。

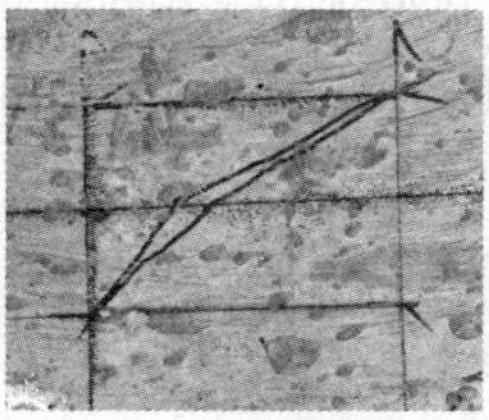

图 26　垫层施工、预留螺栓孔定位放线

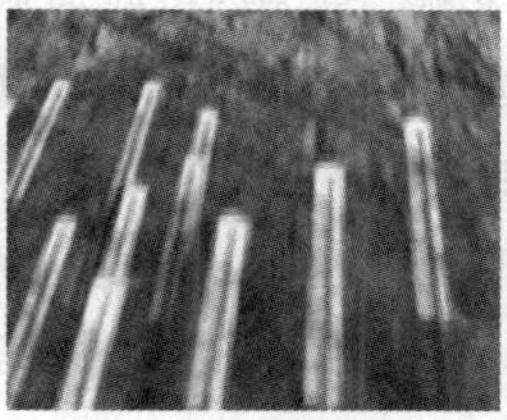

图 27　整体预埋件与定位钢筋焊接固定

图 28　钢筋施工

图 29　模板施工

图 30　整体预埋件固定及检查

图 31　混凝土浇筑

图 32　混凝土养护、施工完成

图 33　预留螺栓孔清理

大口径弯管预制施工工法

郭有田 段又天 胡海伦 王寅吉 何 岭

四川石油天然气建设工程有限责任公司

1 前言

近年来中俄、中缅等管线均大规模采用自动焊施工，国家管网《油气管道工程线路焊接技术要求规定》DEC-NGP-G-WD-002-2020-1 规定“弯管宜采用孔锥形坡口满足现场等壁厚焊接要求，不等壁厚钢管应在厚度大的部件上进行削薄处理”。为满足自动焊施工需要，需匹配自动焊焊机现场内焊施工和环焊缝焊后检测。管端内壁减薄从最开始的 10～20mm 过渡到 45mm（PAUT），再过渡到 100mm（AUT），最后达到山区自动焊最高要求 140mm 减薄深度。因此开发高效、高质的大口径弯管预制工法迫在眉睫。

2019—2022 年，应国家管网西南管道业主和西南油气田业主的要求，四川油建公司自主研发了可以适用于野外施工环境的一系列弯管内壁减薄装置，形成了大口径弯管预制施工工法，解决了弯管加工难题，使弯管与线路管实现平滑过渡，减少应力集中，完美适配了现场自动焊焊机施工，通过了焊后 PAUT 检测，保证了焊接质量。本工法成功地应用在威远、泸州页岩气集输气干线管道工程、广西 LNG 外输管道桂林支线工程和广南支干线南宁互联互通工程等重点项目中。2022 年 7 月 25 日，“一种带内镗孔功能的弯管坡口加工装置”获得中国石油工程建设有限公司技术改进与创新奖二等奖。

2 工法特点

2.1 电动调节

电动弯管摆放平台研发，可使弯管工件电动上下、左右、前后移动，便于刀架找中心。

2.2 固定夹具，提高管口圆度，便于找正

弯管端部直管段液压夹紧装置研发，使管端固定在液压圆形夹具中，起到固定和找正的作用。

2.3 替代人工操作，效率高

在浮动刀架的研发中，导轮沿着外壁做圆周运动，弹簧浮动刀架带动车刀在内壁沿着内表面进行切削，切削深度和宽度均匀稳定，与外壁导向轮行走轨迹相同。浮动刀架替代人工打磨，同时浮动车制，避免了壁厚不均匀。

2.4 经济效益明显

占地少、速度快，使得施工工期缩短和施工成本降低。

2.5 尺寸精度控制高

内壁减薄深度误差可控制在 ±1mm 内，内壁减薄厚度偏差可控制在 ±0.5mm 内，过渡角度误差可控制在 0.5° 内。

3 适用范围

本工法适用于管径 Φ711 ~ Φ1422mm，壁厚 6mm 以上的大口径长输管道用弯管预制施工，匹配施工焊接需求见表 1。

表 1 施工焊接需求

外径 D/mm	曲率半径 R	直管段长度 L/m	弯制步距	单管最大弯曲角度 /（°）	内壁减薄深度	内壁减薄厚度	减薄过渡角度
1016 ≤ D ≤ 1219	≥ 50D	≥ 2	300 ~ 400	直缝管不大于 10°；螺旋管不大于 8°	10 ~ 150mm（误差 ±1mm）	0.5mm ≤切削厚度≤ δ–3mm（δ 为管子壁厚）	0°≤过渡角度≤ 90°（角度偏差≤ 0.5°）
1219 ≤ D ≤ 1422	≥ 50D	≥ 2.5	300 ~ 400	直缝管不大于 6°；螺旋管不大于 5°	10 ~ 150mm（误差 ±1mm）	0.5mm ≤切削厚度≤ δ–3mm（δ 为管子壁厚）	0°≤过渡角度≤ 90°（角度偏差≤ 0.5°）
1016 ≤ D ≤ 1219	≥ 50D	≥ 2	300 ~ 400	直缝管不大于 10°；螺旋管不大于 8°	10 ~ 150mm（误差 ±1mm）	0.5mm ≤切削厚度≤ δ–3mm（δ 为管子壁厚）	0°≤过渡角度≤ 90°（角度偏差≤ 0.5°）
1219 ≤ D ≤ 1422	≥ 50D	≥ 2.5	300 ~ 400	直缝管不大于 6°；螺旋管不大于 5°	10–150mm（误差 ±1mm）	0.5mm ≤切削厚度≤ δ–3mm（δ 为管子壁厚）	0°≤过渡角度≤ 90°（角度偏差≤ 0.5°）

4 工艺原理

为保证弯制后的椭圆度，外径和壁厚的比值大于 70 的弯管制作应放置胎芯，并确保胎芯有足够的支撑力与钢管内壁接触，焊缝应放在受力时变形最小的位置，以减少管材弯曲时应力对焊缝的影响；弯制过程中应将胎芯中心与上模中心对正，胎芯应充分撑起，在弯制时胎芯的受力位置应与胎具的施力位置相同，以确保冷弯管的椭圆度和波浪高度在规定范围内（图 1）。

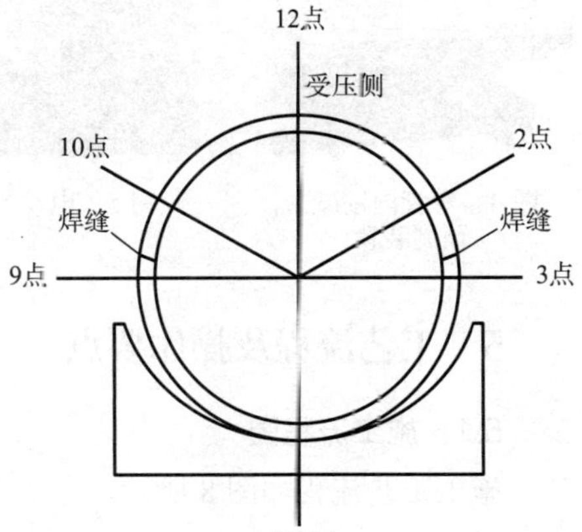

图 1 焊缝放置位置示意图

大口径长输管道的弯管内镗孔示意图一般如下：将图 2 的弯管管壁本身的形状预制为图 3 减薄后的形状，管壁减薄由切削深度 L、切削厚度 h、过渡角度 α 构成。

通过采用浮动刀架、液压卡具、移动式升降平台等装置，使装置具备内壁减薄功能。弯管内壁减薄预制装置如图 4 所示，分别由以下 3 个关键创新装置组成：

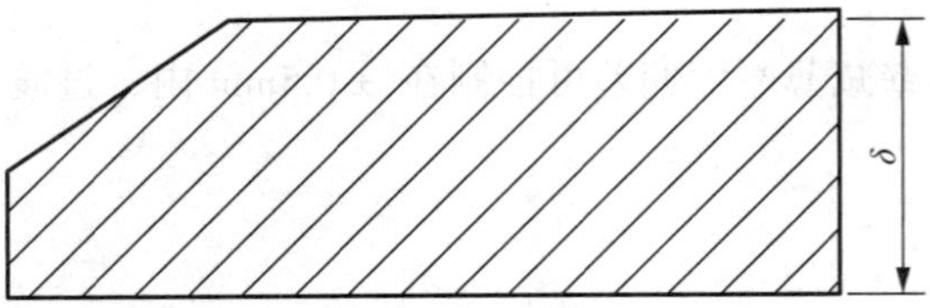

图 2　弯管预制前管壁形状

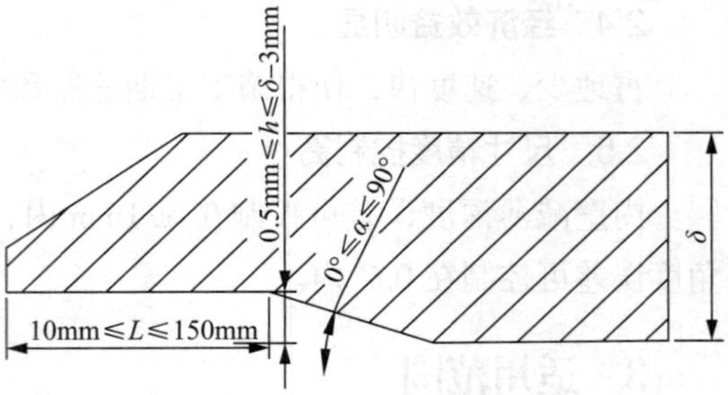

图 3　弯管预制成型后所需管壁减薄形状

（1）采用电动弯管摆放平台（图 5），可使工件电动上下、左右、前后移动，便于坡口刀架找中心。

（2）采用弯管端部直管段液压夹紧装置（图 6），使管端固定在液压圆形夹具中，起到固定和找正的作用。

（3）采用浮动内镗孔刀架（图 7），浮动刀架主要由导轮、弹簧、刀具 3 部分构成。

① 根据管径调整刀架整体在滑道的位置，并采用螺栓固定。

② 刀架内部弹簧起正压力作用，弹簧带动滚轮贴紧钢管外壁，根据钢管壁厚调整固定好车刀与滚轮的相对距离，保证车刀贴合内壁。

③ 导轮沿着外壁做匀速顺时针圆周运动，同时动力头带动整个刀盘向弯管管端方向匀速直线前进。弹簧浮动刀架带动车刀在内壁沿着内表面进行均匀切削，刀具与外壁导向轮行走轨迹完全相同，只要弯管管端外壁圆滑过渡，即可保证切削深度和宽度尺寸精确稳定。

图 4　弯管内壁减薄预制装置

图 5　电动弯管摆放平台

图 6　弯管端部直管段液压夹紧装置

图 7　浮动刀架装置

5　工艺流程及操作要点

5.1　施工流程图

施工工艺流程如图 8 所示。

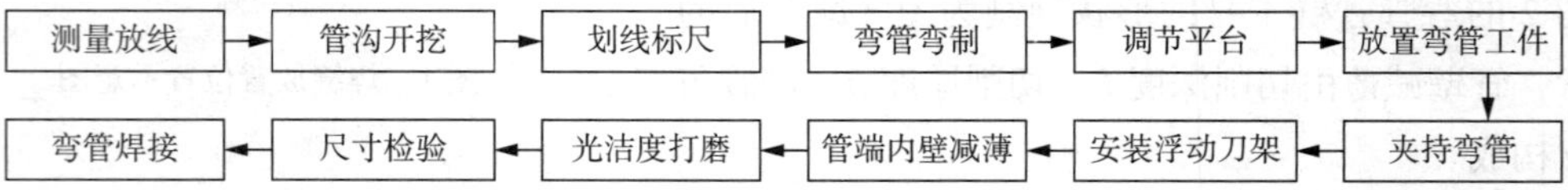

图 8　施工流程图

5.2 操作要点

5.2.1 测量放线

建立坐标系，使用特定的仪器设备测量（图 9）。

5.2.2 管沟开挖

管沟开挖时必须设有确实可行的排水措施，避免沟槽积水，影响土结构稳定（图 10）。

5.2.3 弯管弯制

弯制过程中应将胎芯中心与上模中心对正，胎芯应充分撑起，在弯制时胎芯的受力位置应与胎具的施力位置相同，以确保冷弯管的椭圆度和波浪高度在规定范围内（图 11）。

图 9 测量放线

图 10 管沟开挖

图 11 弯管弯制

5.2.4 弯管管端处理

打磨焊缝余高至与管体高度一致呈圆弧过渡；打磨处理弯管管端外表面锈蚀、凹坑等不平整处（图 12）。

5.2.5 调节平台

6 轴移动，电机分别控制平台前进、后退、上升、下降、左移、右移（图 13）。

图 12 弯管管端处理

图 13 调节平台

5.2.6 放置弯管工件

找正弯管圆心对准刀架中心（图 14）。

5.2.7 夹持弯管

不同管径的弯管需要选取不同的夹具，夹持头内部液压装置夹紧弯管直管段，夹持长度为 300mm，起到稳定作用（图 15）。

5.2.8 安装浮动刀架

（1）根据弯管外径不同，调整刀架在滑道的位置并用螺栓固定。

（2）根据弯管壁厚不同调整刀具与导轮平行间的相对距离（图16）。

图14　放置弯管工件

图15　夹持弯管

图16　安装浮动刀架

5.2.9　管端内壁减薄

（1）在弯管最终成型需要的壁厚相应位置处（如21mm减薄3mm则在18mm处）画定位线。

（2）在弯管最终成型需要的深度位置处（如内镗100mm深度），利用刀架底座的游标尺处做好标记。

（3）车制过程中，导轮和刀具始终平行，相对位置固定，即可保证尺寸精度（图17）。

5.2.10　光洁度打磨

卸下刀具，利用抛光片均匀打磨内壁光洁度（图18）。

5.2.11　尺寸检验

（1）采用测厚仪多点测量并记录成型后的弯管壁厚。

（2）采用游标尺多点测量成型后的内镗孔深度（图19）。

（3）采用焊检尺测量成型后的内镗孔过渡角度。

5.2.12　弯管焊接施工

预制成型的弯管，由于尺寸精度高，一次组焊合格率高（图20）。

5.3　加工尺寸及合格标准

加工尺寸及合规标准满足《油气输送用钢制感应加热弯管》SY/T 5257—2012、《油气管道工程线路焊接技术要求规定》DEC-NGP-G-WD-002-2020-1、《油气管道工程感应加热弯管技术规格书》DEC-OGP-S-PL-001-2020-1和相关图纸要求。弯管施工符合《油气田集输管道施工规范》GB 50819—2013相

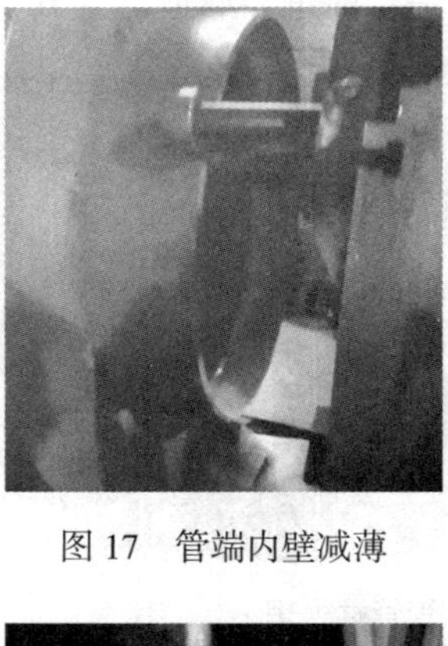

图17　管端内壁减薄

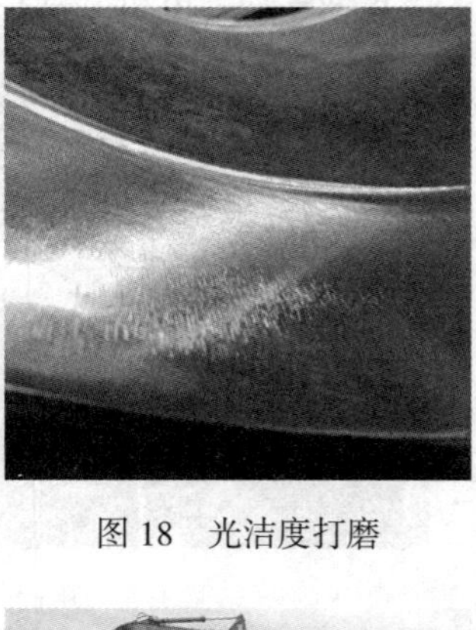

图18　光洁度打磨

图19　尺寸检验

图20　弯管焊接施工

关规范要求。

6 材料及设备

6.1 材料

（1）刀片：刀片1套。采用YT5型号硬质合金刀片。

（2）砂轮机及砂轮片：采用150砂轮机，125抛光片。

（3）胎芯：对应规格的胎芯1套。

6.2 设备

本工法主要施工设备统计见表2。

表2 主要施工设备汇总表

序号	设备名称及型号	数量	单位
1	冷弯机	1	台
2	管端减薄装置	1	台
3	浮动刀架	1	套
4	液压夹紧装置	1	台
5	电动台车	1	套
6	直角尺	1	套
7	焊检尺	1	套
8	数显测厚仪	1	套

7 质量控制

7.1 质量控制标准

本工法预制的弯管符合《钢质管道冷弯管制作及验收规范》SY/T 4127—2018规范要求。弯管减薄后尺寸要求满足《油气管道工程线路焊接技术要求规定》DEC-NGP-G-WD-002-2020-1、工程技术规格书和相关图纸要求。

7.2 质量控制点

（1）弯管管端焊缝余高应去除≤0.3mm，如管端外壁存在深坑需要打磨圆滑过渡。

（2）找准弯管中心点，中心点与刀盘偏差控制在±2mm以内。

（3）安装刀架时，需要根据弯管外径、壁厚的不同，调整刀架在滑道、刀具与导轮间的精确位置，误差应≤0.5mm。

（4）需要在最终成型所需的厚度和深度处做好定位标记。

（5）外径和壁厚的比值大于70的弯管制作应放置胎芯，以保证冷弯管端口和弯曲部分的椭圆度。

（6）弯制前应根据原料管的壁厚调整好胎芯的主要参数，以确保胎芯有足够的支撑力与钢管内壁接触，以确保冷弯管椭圆度。

（7）弯制过程中应将胎芯中心与上模中心对正，胎芯应充分撑起，在弯制时胎芯的受力位置应与胎具的施力位置相同，以确保冷弯管的椭圆度和波浪高度在规定范围内。

（8）弯制过程中应使弯曲中心线在同一平面内。

7.3 质量保证措施

（1）材料：刀片具有出厂合格证和材质证明书，到厂后使用前逐个检查刀片尺寸，不合格的刀片不予使用。

（2）施工机具和设备应有专人进行维护保养，确保设备处于良好状态，电机运转稳定。

（3）定期校准检查游标尺、测厚仪、焊检尺等计量器具。

8 安全措施

8.1 风险点及措施

8.1.1 起重伤害及控制措施

（1）作业前进行安全技术交底。

（2）佩戴好劳动防护用品。

（3）严格执行作业许可制度。

（4）严格执行起重作业“十不吊”规定。

（5）根据吊装方案正确选用起重设备与吊索具，并确保完好。

（6）作业前确保设备运转良好及安全防护装置完好有效。

（7）吊物捆绑牢固、平稳，吊装时用溜绳牵引。

（8）作业半径范围内禁止人员通行和停留。

8.1.2 触电及控制措施

（1）作业前进行安全技术交底。

（2）佩戴好劳动防护用品。

（3）严格执行作业许可制度。

（4）严格按规程指挥、作业，安排专人监护。

（5）作业前确保设备、线路、漏电保护器等完好。

8.1.3 机械伤害及控制措施

（1）作业前进行安全技术交底。

（2）佩戴好劳动防护用品。

（3）严格执行作业许可制度。

（4）作业前确保设备运转良好及安全防护装置完好有效。

（5）作业人员与机械设备保持安全距离。

8.2 其他安全措施

（1）认真执行国家有关健康、安全、环境的法律、法规和企业的HSE规章制度。

（2）编制详细的施工技术方案，对安全风险进行识别，并编制风险削减措施。

（3）施工人员必须经过安全培训后持证上岗。各类机械必须有专人负责，做到定员定岗。

（4）进入施工现场必须戴好安全帽，所有作业人员必须正确穿戴好各类劳保用品。劳动保护用品、保护装置和设施，必须齐全、完好、有效。

（5）所有配电设备和配电柜应安装漏电保护装置，并张贴安全用电标识，严禁无电工操作证人员进行电工作业，定期进行安全用电检查，不符合要求的立即整改。

（6）定期对施工设备进行检查、保养和维修，保证施工设备安全可靠，各种设备必须严格按照安全操作规程进行操作，严禁违章作业。

（7）工地必须设置警示线和安全警示牌，夜间施工必须有足够的照明灯。

9 环境保护措施

（1）液压油和润滑油存放在指定地点或库房内。

（2）减少设备使用和维修过程中液压油和润滑油的泄漏，如有“跑冒滴漏”，及时维修并清理、储存所漏液体，运送到当地环保部门处理。

（3）预先在地面铺设防油垫层，以防污染地表。

（4）定期检查用电设备和消防设备，保证用电安全。

（5）认真执行国家有关环境保护的法律、法规，依法施工。

（6）对进出现场的车辆，进行严格的清扫，做好防遗撒工作。

（7）施工结束清理现场，做到“工完料尽场地清”。

10 效益分析

10.1 经济效益

预制 1 个内壁减薄的弯管耗时如下：

（1）打磨外焊缝余高 1min。

（2）弯管上夹具找正、夹紧固定 5min。

（3）安装刀架 30s。

（4）车制 20min。

（5）光洁度打磨 5min。

加工 1 道口总计需要 31.5min，改善了常规镗床、坡口机无法解决的加工成型壁厚不均的问题，大大减少了校圆和找正消耗的时间，加工效率提高了 5 ~ 6 倍。

本工法解决了公司大口径弯管预制施工内壁减薄难题，在 2021—2022 年应用到了威远、泸州页岩气集输气干线管道工程、广西 LNG 外输管道桂林支线工程，完成内镗孔加工 *D*1219mm 弯管 1063 只，*D*1016mm 弯管 1474 只，广西 LNG 外输管道桂林支线工程和广南支干线南宁互联互通工程 *D*813mm 弯管 448 只。实现了机械化预制作业，加工效率提高了 5 ~ 6 倍，减少了人工投入，累计节约成本约 293.13 万元，提高了油建公司弯管市场竞争力，同时避免了业主线路管和弯管等壁厚的超成本投资，提升了弯管与直管的焊接质量，提高了油气管道的安全性（表 3）。

表 3 经济效益分析表

序号	工程	工程产值 / 万元	弯管数量 / 个	弯管质量 /t	节约成本 / 万元
1	威远、泸州页岩气集输气干线管道工程 *D*1016mm	2168.52	1474	2254.48	144.75
2	威远、泸州页岩气集输气干线管道工程 *D*1219mm	2737.39	1063	3764.25	104.39
3	广西 LNG 外输管道桂林支线工程 *D*813mm	413.11	448	573.77	43.99
合计		5319.02	2985	6592.5	293.13

10.2 社会效益

本工法技术先进、安全，施工效率高、质量好，具有广泛适应性，社会效益明显。解决了弯管预制施工管端减薄难题，为山区自动焊、柔性内焊机和双焊炬的使用创造了条件，避免了业主等壁厚的线路管和弯管的超成本投资，有效提升管道弯管与直管的焊接质量，保障了现场的焊接可靠性，提高了管道的安全性，为同行业起到了模范带头作用。

11 工程实例

实例一：威远、泸州页岩气集输气干线管道工程

2020—2022 年完成了 1063 只 *D*1219mm 和 1474 只 *D*1016mm 弯管预制施工任务。

实例二：广西 LNG 外输管道桂林支线工程和广南支干线南宁互联互通工程

2020—2021 年完成了 448 只 *D*813mm 弯管预制施工任务。

天然气处理厂大型模撬式水冷壁蒸汽锅炉安装工法

陈世强　田彩刚　李全诚　郭　超　张俊生

中国石油天然气第一建设有限公司

1　前言

天然气处理厂项目的蒸汽锅炉为厂区核心设备，有着设备体积大、施工工序复杂、施工难度高等特点；传统水冷壁蒸汽锅炉安装型式为整体到货后整体吊装（海外无法实现），或散件到货现场组装。整体到货锅炉对运输和吊装设备有很高要求，散件到货现场组装型式对现场施工条件要求高，人工机械成本及施工工期的不确定性较大。

相较于传统的安装方法，中国石油天然气第一建设有限公司采用了部分模撬化到货、部分现场组装的安装型式并通过优化模块到货顺序、调整现场安装工序、控制模撬就位精度、制作D形墙组对工装等方法缩短了预制及安装工期、降低了运输成本、提高了验收一次合格率并降低了对环境的影响，取得了良好的效果，通过总结梳理，形成了本工法。

本工法在伊拉克哈法亚天然气处理厂项目4台蒸汽锅炉施工中进行使用，相较甲方制定的工期提前32天完成了该项施工任务，施工进度和质量得到了业主认可。本工法通过了中国石油天然气第一建设有限公司的工法成果鉴定。现将此工法推荐给业内同行，希望该施工方法在业内得到进一步的推广应用。蒸汽锅炉立体图示见图1。

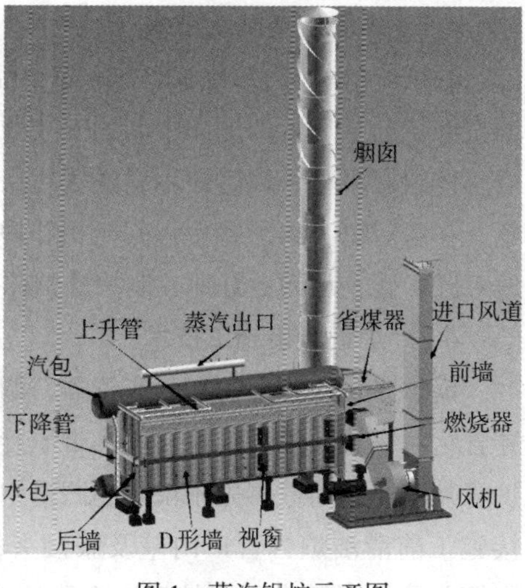

图1　蒸汽锅炉示意图

2　工法特点

2.1　采用模撬化到货及安装的方式，施工效率高

该锅炉烟囱、省煤器、锅炉筒体及屏风墙、右侧墙等为工厂模块化预制，到现场后可直

接安装，减少现场组装工作量，大大提高锅炉整体施工效率。

2.2 炉管集合为炉管面板且采用了炉墙组对工装，整体施工质量好

锅炉主要焊接量为炉管之间的密封条焊接。该锅炉提前将多根炉管集合成炉管面板，减小炉管之间的焊接量，从而减小因焊接导致的炉墙整体尺寸收缩。同时使用炉墙组对工装，锅炉整体施工质量好。

2.3 现场安装工期短，节省了大型吊装设备，经济效益好

境外加工厂模撬化预制加工，人力、运输成本低；模撬化到货提高机械使用率，减少现场人工投入，降低了施工成本，为企业创效。

3 适用范围

本工法适用于化工装置中各类水冷壁式蒸汽锅炉安装施工，同时适用于胀接密封形式的炉管胀接施工。

4 工艺原理

该水冷壁式蒸汽锅炉安装将原本散装到货、现场组对的安装型式优化为部分模撬化到货、部分现场组装的安装型式，将有利于在工厂内集中加工制作的部分（锅炉主体模块、省煤器、烟囱等）提前预制为设备模块，把易导致设备体积超大影响运输的、现场易于安装的部分毛料到场现场实测下料安装。同时优化模块到货及现场施工工序，既达到了便于设备运输，提高了现场安装效率，极大地减少了现场组装工作量，降低现场人工机械投入，同时又避免了部分构件因预制误差导致现场安装困难的问题。

4.1 炉墙组装施工技术

炉墙组装主要使用吊车与升降车配合，人工使用倒链将炉管穿入锅筒的方法，将 D 形墙按照从前、后墙两侧向中间的安装顺序穿入汽包、水包 2 锅筒，并使用组对工装卡具将炉墙整体组对平整，最后使用扁铁密封条在炉墙面板之间通过焊接方式将墙体整体密封。需注意，在组对好一组炉管后将其与相邻炉管每隔约半米设置工装卡具，使用工装卡具可以更快地对齐炉管，从而更好地控制炉墙整体平面度，减少反复调整的次数，提高施工效率。

4.2 炉管胀接施工技术

锅炉胀管使用电动自动胀管器，调整胀管器主机负载值及胀头的伸出长度，将胀头伸进穿管组对完成的炉管管端，胀头带压旋转带动滚珠扩张炉管，使其与锅筒器壁产生挤压，将炉管外壁压进筒壁事先预留好的凹槽中，从而达到炉管与锅筒胀接密封的目的。需注意，胀接施工前清洁炉管管口内壁及胀接头，胀接时胀接头与炉管内壁的接触面加润滑油润滑，胀管前按图纸要求的胀接深度在胀接头上做好标记。这种方法易于观察，且胀接一次合格率高。

5 施工工艺流程及操作要点

5.1 施工工艺流程

施工工艺流程如图 2 所示。

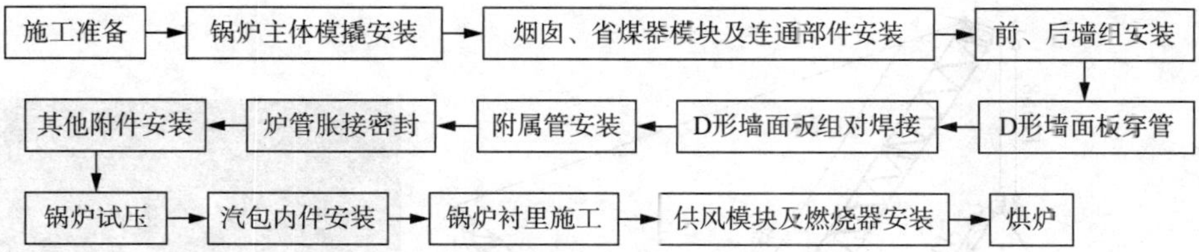

图 2　模撬化蒸汽锅炉安装施工工艺流程图

5.2　操作要点

5.2.1　施工准备

1. 技术准备

熟悉制造图纸及相关规范，完成图纸会审工作；确认锅炉材质并编制焊接工艺，完成施工班组技术交底工作。准备所有锅炉施工需使用到的计量器具，检查计量器具完好性，检查检定、校验证书，确保在有效期内。

2. 现场准备

完成设备吊装、安装场地平整工作，铺设预制平台，规划现场材料存放区域，拉设临时用电，配备齐全施工机具。

3. 材料、制造件现场检验

完成材料到货验收：检查箱单与到货实物是否一一对应，检查材料撬块到货数量及尺寸，检查焊道焊接外观及涂漆位置油漆厚度、表面状态，检查到货产品有无损坏或变形，检查各产品质量证明文件、合格证及工厂化预制资料是否齐全，并做好材料验收记录。

4. 基础验收

锅炉筒体就位前，先进行基础复测验收及交接工作，确保基础坐标、标高均在误差范围之内，同时滑动板应测量水平度并涂抹油脂；还需复测水包鞍座底板的水平度及螺栓孔间距并检查炉体方位与图纸是否一致，这样才能保证锅炉吊装就位一次成功。

5.2.2　锅炉主体模撬安装

1. 吊装准备

地基处理，整个施工区域铺垫戈壁土，用铲车平整后再用振动压路机碾压夯实，在吊车站位区域铺设厚钢板，保证吊车行走和吊装站位区域处场地的地耐力。技术人员确认已制定的其他吊装工艺，做好吊装准备。

2. 主体模撬吊装

确认锅炉主体模撬方位及安装坐标，采用吊车抬送法完成锅炉主体模撬吊装。整个吊装过程平稳、缓慢；需要注意滑动螺栓孔内壁不可与地脚螺栓接触，检查滑动余量，保证炉体运行时滑动端能自由滑动。锅炉主体模撬安装见图 3、图 4。

5.2.3　烟囱、省煤器模块及连通部件安装

1. 烟囱模块安装

锅炉烟囱模块分上、中、下 3 部分，现场按图纸顺序及方位将其在地面组装为整体，进行整体吊装。每节烟道的法兰在连接前检查平整度并清洁，将垫片合理正确地安装在法兰之间。烟囱安装见图 5。

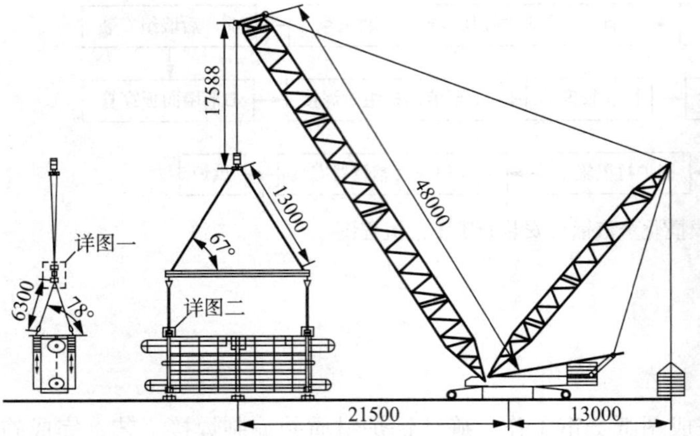

图 3 锅炉主体模撬吊装示意

图 4 锅炉主体模撬吊装

2. 省煤器模块安装

省煤器由省煤器本体及其支撑结构组成。将支撑结构组装为整体框架并吊装就位，并将支撑结构连接螺栓紧固至力矩值并将框架找正；确认省煤器设备信息及方位，将其吊装固定在支撑结构上，完成省煤器安装。省煤器安装见图 6。

图 5 烟囱安装

图 6 省煤器安装

3. 连通部件安装

锅炉主体、省煤器、烟囱之间使用烟道和膨胀节连接。先将膨胀节在地面直接安装在烟道两侧，再整体吊装与锅炉主体、省煤器、烟囱等连接；安装前测量锅炉主体、烟囱、省煤器的相对位置，测量出的数值与烟道、膨胀节实际制造尺寸对比，不得超出其安装偏差范围；按照图纸调整膨胀节尺寸，不能随意压缩或者拉伸，最终验收前移除膨胀节限位螺栓。

5.2.4 前、后墙组安装

1. 尺寸检查

前（后）墙的集合管为现场组对口，先将前（后）墙水平放置在预制平台上，测量并调整前、后墙体整体水平度，使其在允许误差范围。测量已就位找正的锅炉主体前（后）墙集合管管口间距、上下接管直线度及对应接管长度，确认墙体尺寸。

2. 下料安装

确定尺寸后在前、后墙集合管管端划线切割、加工坡口，使用吊带将前（后）墙吊装至相应位置，利用事先搭设好的脚手架组对焊接。集合管焊接时需控制焊接导致的墙体位置偏移，采取2个焊工在墙体两侧同时焊接的方法减小焊接收缩变形，焊接过程中随时测量前、后墙之间的间距变化。前、后墙组安装见图7。

图7　前后墙组安装

5.2.5　D形墙面板穿管

1. 穿管准备

墙面板穿管前，按照D形墙面板编号复核侧墙面板数量；检查D形墙面板平整度及面板整体尺寸，使其符合图纸公差；逐一清理、检查锅筒开孔内壁及侧墙炉管管端。管端内、外壁打磨至露出金属光泽，管端不得有明显的纵向划痕损伤；D形墙面板管端测量见图8。

图8　D形墙面板管端测量

2. 面板穿管

穿管采用吊车与登高车配合，同时施工人员使用倒链调整D形墙管端间距的方法将炉管逐一穿入水包、汽包内；穿管时不得使用金属锤直接敲击炉管，可使用木方衬垫敲击，严禁生拉硬拽。吊装时D形墙面板加以固定，防止变形。D形墙穿管见图9。

图9　D形墙穿管

5.2.6　D形墙面板组对焊接

1. 墙面板组对

在侧墙的立面分上、中、下3个位置拉设横向通长的粉线作为立面平面度检查的参考线，使用工装卡具将炉管对齐，再在炉管之间进行密封条组对，侧墙找平、对齐首先从立面开始，其次为上面、下面；密封条组对的宽度根据面板之间的实际宽度进行调整，组对顺序从前、后墙两侧相对一起向炉体中间移动，组对时将扁铁条放置在炉管的中间位置且与炉管之间不可有间隙，先分段组对，再整体组对；组对完成后检查墙体平面度是否符合图纸公差要求。D形墙密封条组对见图10。

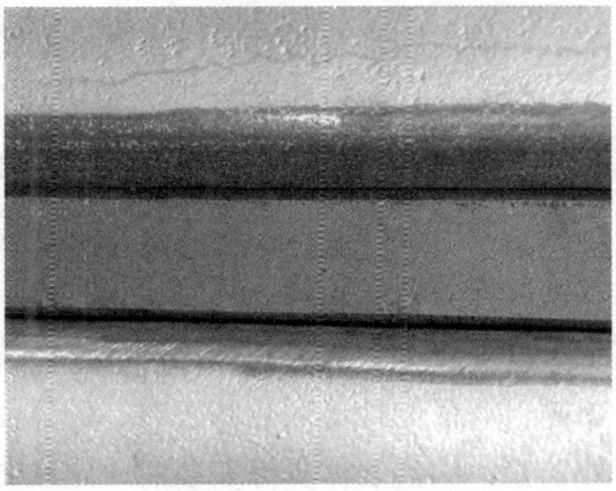

图10　D形墙密封条组对

2. 墙面板焊接

密封条组对完成后先将D形墙与前、后墙连接位置的密封条（第一条和最后一条）满焊固定，其余位置先间断焊后再逐条焊；焊接过程中炉管会向前、后两侧收缩，因此先不进行D形墙中间位置的组对焊接，待其他部位置密封条整体焊接完成后根据实际宽度最终组对焊接。密封条的焊接质量检查按照图纸规范严格执行。D 形墙密封条焊接见图 11。

图 11 D 形墙密封条焊接

5.2.7 附属管安装

附属管为现场组对焊接的安装方式。安装前检查材料到货质量情况，检查管径、壁厚、直线度、弯头角度等是否符合图纸要求。通过实际测量，切割附属管至组对尺寸并加工坡口，然后吊装组对，焊接安装。各附属管安装时机：蒸汽顶管在炉体就位、找正后直接安装，不影响其他工序；上升管需在 D 形墙安装完成后组对安装；前、后下降管在前、后墙安装时一同安装。

5.2.8 炉管胀接密封

1. 管端清理

检查确定管端、管孔无影响胀接的缺陷后，对管端、管孔打磨处理，炉管的打磨仅除去炉管表面油漆及管口内的锈蚀，使其露出金属光泽，不得减薄管壁厚度。

2. 初胀

炉墙整体穿管完成后，对所有管口先初胀、再终胀，这样在炉管终胀时，炉管会相对固定。根据管径的大小，设置胀管器负载至初胀值，初胀开始前，再次清理管端内壁，且保证切割后的管端无毛刺、边缘光滑；初胀结束后检查所有管口内径尺寸。

3. 终胀

终胀前检查胀管器状态（检查设备转子及碳刷）、检查清理胀头及滚轴，调整胀头伸出长度至胀管要求。胀管前用布清理管口内壁使其保持清洁，胀头用润滑油润滑；胀管过程中随时观察胀管器扭矩值及胀管器温度，扭矩值过高或胀管器温度过高会致使胀管器负载过大从而损坏胀管器，终胀完成后，使用内径百分表逐一对胀接管口进行检查，在锅筒的外侧使用游标卡尺检查炉管的外径，并目视观察炉管是否有明显的扩张痕迹，做好检查标识，胀管完成的最终状态要符合胀管详图要求。锅筒内胀管及胀管后内径测量见图 12、图 13。

图 12 锅筒内胀管

5.2.9 其他附件安装

其余附件的安装（该锅炉附件主要包括炉墙加固梁、侧墙支撑、前后墙支撑、视窗安装等）保证各构件安装位置正确，焊接质量良好，符合图纸及施工规范要求；其中，锅炉侧墙支撑为滑动型限位支撑，在锅炉处于运行状态时，炉体受热部位会向外扩张，因此墙体支撑安装时一定按图纸要求保证滑动余量。

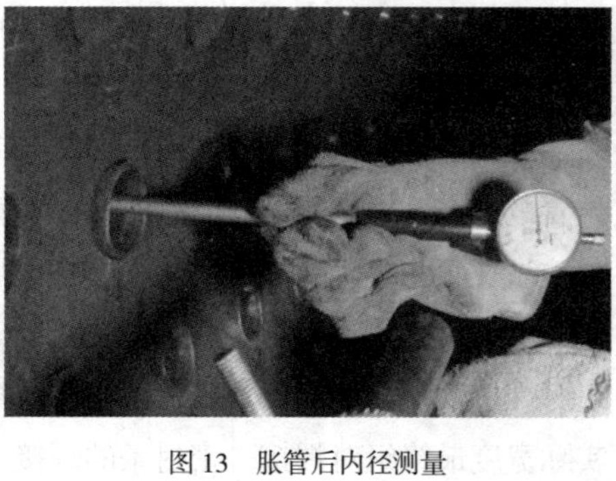

图 13 胀管后内径测量

5.2.10 锅炉试压

1. 试压范围

锅炉试压范围为锅炉本体（锅炉上、下汽包、水包，锅炉前后墙、左右侧墙及省煤器）及 ASME 试压范围要求的附属管线，采用炉体强度测试及炉管胀接密封的泄漏试验。

2. 试压条件

锅炉试压前，所有与受压部件连接的焊接工作已经完成，所有的无损检测已经结束并全部合格；炉体及管道内所有异物已清理完成，炉体外部清洁完成；所有用于试压的计量器具须经过鉴定并出具鉴定证书。

3. 试压介质及温度

水压试验用水及温度按照设计文件及规范执行。

4. 试压检查

锅炉试压过程稳定增压，试验压力及保压时间按照图纸及规范要求执行。

在试验压力下进行炉体及管道严密性检查，对所有焊缝和高应力区域进行检查；水压试验后，再次对炉体及管道进行视觉和尺寸检查，炉体不得有任何永久性变形；水压试验完成后，清理炉体内部积水并吹扫干燥炉体及管道。

5.2.11 汽包内件安装

1. 内件及汽包内清理

内件安装前需对内构件及汽包内部彻底清理，保证安装清洁度。

2. 内件安装

将内构件清点测量，使用吊车将构件调至人孔处，再通过人工搬运的方式安装至对应预焊件位置；将所有内件按图纸用栓接固定，螺栓终拧值需达到相应力矩值。内件安装顺序为：①除沫器；②底部支撑件；③不锈钢支撑板；④给水分布管；⑤旋风分离器。汽包内件安装见图 14、图 15。

图 14 旋风分离器支撑板安装

图 15 旋风分离器安装

5.2.12 锅炉衬里施工

1. 锚固件检查

衬里施工前检查所有锚固件是否已按图纸焊接完成，焊接质量及焊接位置是否正确；各浇筑位置清理、清洁完成。

2. 模板制作及模板固定

根据浇筑位置的实际尺寸现场测量制作衬里模板，使用胶合板、木方等材料，并在相应位置搭设承重脚手架等进行支撑固定。

3. 搅拌、浇筑及养护

执行衬里厂家的材料配比及施工指导说明。浇筑前，所使用模具刷废机油便于模板拆除；衬里养护期间不得有碰撞和重物的冲击。

4. 衬里检查

施工后的衬里应外形平整、厚度均匀，厚度允许偏差为 5mm。衬里施工养护后，用手锤对整个衬里表面进行敲击，敲击声音应坚实，不允许有空洞声。浇注料表面不得有剥落、裂缝、孔洞等缺陷，不允许有贯穿性裂纹存在。

5.2.13 供风模块及燃烧器安装

1. 进口风道及风机安装

将进风通道在地面预先组装成整体，同时将风机吊装就位，后调整风机坐标至设计坐标并将预先组装好的进风通道吊装至其支撑框架，微调整风道法兰与风机进口法兰同心并用软连接相连；风机找正遵从厂家操作手册及相关规范。

2. 燃烧器及出口风道安装

在前墙预留孔测量划线确定燃烧器位置，将 2 台燃烧器按从下到上的顺序吊装至前墙侧并通过法兰连接固定；连接风机出口法兰与燃烧器法兰、出口软连接法兰完成供风系统组装。

5.2.14 烘炉

烘炉按设计规定的烘炉曲线和烘炉操作规程进行。预先制定烘炉曲线和操作规程，包括烘炉期限、升温速度、恒温时间、最高温度、烘炉措施和操作规程等。烘炉过程中，需均匀升温；烘炉后应组织有关人员对衬里进行全面的检查，并做好检查记录，如有损坏应及时分析原因并加以修补。

5.3 劳动力资源

蒸汽锅炉施工劳动力需求计划见表 1。

表 1 劳动力需求计划表

序号	职务	单位	数量	备注
1	铆工	人	15	锅炉模块安装、组装
2	焊工	人	6	炉管、接管焊接
3	起重	人	4	吊装作业
4	衬里	人	5	衬里施工
5	架子工	人	5	持证上岗
6	防腐保温	人	5	锅炉及附件保温
7	管理人员	人	4	施工及质量管理
合计		人	44	

6 材料与设备

主要施工机械见表 2。

表 2 主要施工机械一览表

序号	名称	规格	单位	数量	备注
1	履带吊	400t	台	1	炉体吊装

续表

序号	名称	规格	单位	数量	备注
2	履带吊	200t	台	1	炉体吊装
3	汽车吊	50t	台	2	吊装
4	汽车吊	25t	台	2	吊装、材料倒运
5	半挂车	30t	台	1	材料倒运
6	货车	15t	台	1	材料倒运
7	叉吊	10t	台	1	材料倒运

主要施工器具见表3。

表3 主要施工器具一览表

序号	名称	规格	单位	数量	备注
1	金属测厚仪	—	台	1	金属厚度检测
2	漆膜测厚仪	—	台	1	油漆测厚
3	打压泵	—	台	1	锅炉试压
4	空压机	8～9m^3/min	台	1	吹扫
5	强制搅拌机	250～300L	台	2	衬里施工
6	电焊机	ZX7-500	台	15	焊接
7	氩弧焊焊机	ZX7-400ST	台	15	焊接
8	电动吸尘器	—	台	2	锅炉内部清理
9	轴流风机	—	台	4	施工通风
10	空调	—	台	4	锅筒内降温
11	经纬仪	J-2	台	2	安装找正
12	水准仪	C32	台	1	安装找正
13	烘干箱	Y2H2-500℃	台	2	焊条烘干
14	角向磨光机	—	台	30	焊口打磨
15	烘干箱	Y2H2-500℃	台	2	焊条烘干

主要施工手段用料见表4。

表4 主要施工手段用料一览表

序号	名称	规格	单位	数量	备注
1	脚手架	Φ42mm×4mm	t	50	脚手架
2	卡扣	—	t	0.4	脚手架
3	钢跳板	—	块	300	脚手架
4	防风布	—	m^2	200	防护
5	氧气	—	瓶	150	切割
6	乙炔	—	瓶	100	切割

续表

序号	名称	规格	单位	数量	备注
7	钢板	10mm	m^2	20	辅助料
8	型钢	HW300mm × 300mm	m	150	辅助料
9	铁丝	—	kg	100	辅助料
10	缓冲罐	4.8MPa	台	1	试压
11	消防带	*DN*50mm	m	100	试压
12	高压软管	*DN*25mm	m	20	试压
13	钢管	*DN*25mm/*DN*50mm	m	40	试压
14	阀门	*DN*25mm/*DN*50mm	台	6	试压
15	帆布	—	m^2	300	防护
16	手套	—	双	200	劳保
17	水表	—	台	1	用水测量
18	丙烷	—	瓶	30	辅助料
19	氩气	—	瓶	30	辅助料
20	焊条	E-7018	t	5	辅助料
21	焊丝	ER70S-3	t	1.5	辅助料
22	道木	—	根	30	辅助料

7 质量控制

7.1 执行标准

主要相关施工标准和验收规范：

（1）ASME Boilers and Pressure Vessels and 2019 Section I Edition Set《锅炉和压力容器》

（2）AWS A2.4《焊接、钎接和无损检测》

7.2 质量保证措施

蒸汽锅炉组装过程中质量保证要点包括：

（1）健全质量体系，加强各质量关键点质量管控。

（2）加强撬块材料到货验收质量管控，对各安装部件成品到货状态及焊接外观逐一检查并记录，及时反馈并制定整改方案。

（3）锅炉焊接质量控制，严格遵守已批准的焊接工艺，做好焊接专项交底，焊接过程中做好焊接防护，严格焊材发放管理，保证焊接质量。

（4）炉墙组对尺寸控制，采取小电流、分段焊及焊接过程炉墙尺寸监控等措施保证炉墙平面度及炉墙整体尺寸。

（5）锅炉胀管质量控制，做好炉管胀接前的清洁工作；胀管过程中胀接头加注润滑油防止炉管内壁损伤，注意控制自动胀管器负载率，宜采用小负载多次胀的方式；所有炉管胀节完成后逐一检查测量，保证炉管胀接质量。

（6）锅炉水压试验是锅炉胀管及锅炉整体耐压强度的重要检查点，水压试验前对现场所有参与试压的压力部件逐一检查，确认所有的受压部件均已安装并焊接完成，所有无损检测合格并出具报告，压力强度达到试验压力，保压时间达到规范要求。

（7）使用的计量器具已经过校验并在有效期内。

7.3 具体质量预控对策

锅炉安装质量预控对策见表5。

表5 锅炉安装质量预控对策一览表

序号	检验项目	控制指标	检验工具及方法	检验时机及频次
1	基础验收	标高、几何尺寸	线坠、水准仪、钢卷尺	基础支模浇筑前、后
2	基础验收	基础外观	目视检查	拆模后
3	炉体安装质量	方位、水平度、垂直度、标高	经纬仪，水准仪、钢卷尺	安装后
4	墙体安装质量	水平度、几何尺寸	粉线、弯尺、盘尺	安装后
5	接管安装质量	水平度、垂直度	水平尺、钢卷尺、线坠	安装后
6	胀管质量	胀管内径、胀管深度、外伸长度	内径百分表、游标卡尺	胀管完成后
7	墙体密封焊接质量	PT检测	PT试剂、目测	焊后
8	管件材料外观质量	几何尺寸	游标卡尺、钢卷尺、目测	材料验收
9	焊道外观检查	外表面检测	目测	焊后，1次
10	管道无损检测	探伤	探伤仪	外表面合格，1次
11	锅炉水压试验	压力表值	压力表、目测	试压时，1次
12	内件安装质量	内构件数量及安装位置、螺栓力矩	力矩扳手、目测	内件安装完成后
13	筑炉衬里材料质量	抗压强度、永久线性变形	试验报告	到货验收取样，1次
14	筑炉衬里外观质量	平整度、厚度、外观	卷尺、目测	施工后，多次
15	油漆涂层质量	漆膜厚度、附着力	漆膜测厚仪、十字划格器	固化后，多次

8 安全措施

8.1 安全法规和标准

（1）GB 50798—2012《石油化工大型设备吊装工程规范》

（2）GB 50194—2014《建设工程施工现场供用电安全规范》

（3）GB/T 50484—2019《石油化工建设工程施工安全技术标准》

（4）GB 50720—2011《建设工程施工现场消防安全技术规范》

（5）JGJ 130—2011《建筑施工扣件式钢管脚手架安全技术规范》

（6）JGJ 80—2016《建筑施工高处作业安全技术规范》

（7）TSG G0001—2020《锅炉安全技术监察规程》

8.2 安全保障措施

（1）锅炉受限空间作业，设置专职监护人员，严肃人员进出登记，进入受限空间前做好气体检测及通风措施。

（2）气割及打磨作业前确认配合人员及其他人员处在飞溅物可伤害范围外；作业人员应佩戴护目镜、手套，作业前应对工具进行检查和试运转。

（3）搭设符合要求的脚手架，并经验收合格；操作升降车人员应经过培训并持证。

（4）高空作业人员应正确使用安全带；高空作业人员应定期体检，确认其无惧高症。

（5）在必要的位置设置生命绳，并加装防坠网。

（6）施工用电线路采用绝缘良好的橡皮或塑料绝缘导线，施工现场不得架设裸体导线，现场临时用电设备必须采用"一机、一闸、一保护"。

（7）施工时避开高温时间，尤其锅炉受限空间内需加设空调，施工人员配备解暑、降温药品等。

（8）吊装前进行锁具、吊点的检查和安全注意事项交底；吊装时各岗位分工明确，指挥信号准确无误，严禁随意操作，现场设监护人。

（9）清理吊车旋转范围内人员，现场拉警戒绳，风力大于6级时不允许进行吊装。

9 环保措施

9.1 法规和标准

（1）GB/T 24001—2016《环境管理体系 要求及使用指南》

（2）GB 5749—2022《生活饮用水卫生标准》

（3）GBZ 117—2022《工业探伤放射防护标准》

（4）JGJ 146—2013《建设工程施工现场环境与卫生标准》

9.2 环保保障措施

（1）组织实施现场文明施工标准化管理。

（2）按区块科学合理划分现场休息室、停车棚、预制场、材料库等，各类材料合理有序堆放，保证现场干净整洁。

（3）做好各类材料的成品保护工作，避免因现场环境及其他作业导致的材料损坏及污染。

（4）每天施工完成后清理各自施工区域，做到"工完料净场地清"。

（5）规划现场临厕，金属垃圾、非金属垃圾堆放点，并定期清理。

10 效益分析

伊拉克哈法亚天然气处理项目结合项目实际情况，在海运大体积、大质量设备运输受限的情况下，采用部分模块化预制成撬到货、部分构件现场组装的安装模式，减小了运输成本及现场安装工作量，降低了现场人工机具投入，提高了安装效率，节约了施工成本，缩短了施工周期。

10.1 经济效益

工法效益分析见表6（1美元≈7.2元）。

表6 工法效益分析表

费用科目	模块化到货部分现场组装	散件到货安装	效益对比
人工费	135天 ×40人 ×110美元/（天·人）=59.4万美元	160天 ×50人 ×110美元/（天·人）=88万美元	28.6万美元

续表

费用科目	模块化到货部分现场组装	散件到货安装	效益对比
吊车租赁费	200t 履带吊 6 天 ×7600 美元 / 天 =4.56 万美元	50t 汽车吊：80 天 ×2140 美元 =17.12 万美元	12.56 万美元
合计			41.16 万美元

伊拉克哈法亚油田天然气处理厂项目蒸汽锅炉施工合计节约费用 41.16 万美元。

10.2 工期效益

在完成哈法亚天然气处理厂的首台锅炉现场安装组装工作后，按照该工法对其余 3 台锅炉进行工序及人员机具配置优化，总体比原计划提前 32 天完成锅炉组装施工，施工效率显著提高，缩短施工工期的同时节省了施工费用。

10.3 环保、安全效益

锅炉成撬化、模块化到货的安装形式，避免了现场大量的炉管组对焊接工作，也降低了现场起重机高频次的使用，减少了焊接废气及车辆尾气等有害大气污染物的排放，减少了施工现场的空气污染，降低了施工人员患呼吸道疾病的风险。

成撬化、模块化安装及优化后的施工工序减少了顶部接管安装与 D 形墙穿管等施工的交叉作业，减少了右侧墙炉管安装的脚手架搭设量，总体上降低了锅炉组装的作业风险，更好地保证了施工人员的人身安全。

10.4 综合效益

该工法阐明了水冷壁式蒸汽锅炉部分模撬化、部分现场安装组装的安装方法及炉管胀接施工步骤，优化了施工程序。模块化到货减少了现场安装及焊接工作量，减少了吊装次数，一定程度上缩减了施工周期，保证了施工质量和施工进度，增加了收益。该工法的成功应用证明了该技术应用的可行性，为以后类似工程提供了施工参考。

11 应用实例

伊拉克哈法亚天然气处理厂项目 4 台蒸汽锅炉为该厂区核心设备。该锅炉由巴基斯坦 DESCON 公司设计，4 台蒸汽锅炉设计压力 2.9MPa，设计温度 260℃，单台换热面积 748m^2，单台产能 70t/h。锅炉主体结构尺寸 14500mm（锅筒长度）×5435mm（炉管中心）×4715mm（锅筒中心），总质量为 92t。该项目是伊拉克哈法亚米桑石油公司、总包方、施工方等各方重点关注的施工项目，该工程于 2022 年 8 月开工建设，中交验收一次成功。与传统安装方法相比，采用本工法更安全、环保，节省 32 天工期，节约费用 41.16 万美元（1 美元≈ 7.2 元）。

油气田阴极保护埋地钢质管道组合同步检测工法

陈　剑　郑浩楠　李成山　刘　幸　郑长成

大庆油田有限责任公司技术监督中心

1 前言

油气管道的防腐蚀系统对保障管道安全具有重要作用，油气田埋地钢质管道通常采用防腐层加阴极保护的防腐蚀系统。根据国家标准《埋地钢质管道腐蚀防护工程检验》GB/T 19285—2014、《压力管道定期检验规则》规定，应定期检测评价阴极保护埋地管道防腐蚀系统的有效性和管道的安全状况。

目前，对于阴极保护埋地管道检验检测，还存在以下技术问题：①通常采用的交流电信号检测技术，如交流电流衰减技术（PCM）、交流电位梯度技术（ACVG）和音频检漏技术（PEARSON），主要检测评价管道防腐层状况，并不能检测评价管道的阴极保护有效电位（不含土壤 IR 降）、防腐层破损点严重程度、管体腐蚀活性状态，影响检验检测质量；②采用的直流电信号检测技术，如密间隔电位测量（CIPS）和直流电位梯度检测（DCVG），虽然可以检测评价阴极保护有效电位、防腐层破损点严重程度和管体腐蚀活性状态，弥补了交流电信号检测技术的不足，但是检测速度慢、效率低，检测工艺还有待开发和提升。

为解决阴极保护埋地管道的检验检测技术难题，发挥交、直流电信号检测技术优势，提高检验检测质量和工效，大庆油田技术监督中心特种设备检验中心通过研究，开发出油气田阴极保护埋地钢质管道组合同步检测工艺技术。通过交、直流电信号组合检测工艺实现高质量、高效率检测评价防腐层状况、阴极保护有效性和管体腐蚀状态等项目，形成了交、直流电信号检测通路设置技术、组合检漏技术、交直流电信号组合同步检测评价关键技术。

该技术已成功应用在油田压力管道检验检测工程项目中，提高了检验检测质量和工效，提升了检测能力，对保障油田管道安全发挥了重要技术支撑作用，推广应用前景广阔。经过工程应用、总结和归纳，形成了“油气田阴极保护埋地钢质管道组合同步检测工法”。

本工法的关键技术荣获多项科技创新成果奖，其中：

（1）“油气田阴极保护埋地管道防腐蚀组合同步检测技术研究”荣获中国工业防腐蚀技术协会科技进步奖二等奖。

（2）“油气田在役埋地集输管道防腐蚀 ECDA 高效检测技术的研究应用”荣获中国腐蚀与防护学会科学技术奖二等奖。

（3）“在役油气埋地钢质防腐蚀高效组合同步检测评价技术的研究应用”荣获中国工业防腐蚀技术协会科技进步奖二等奖。

（4）“油田在役管道检测与评价技术的革新”荣获大庆油田有限责任公司重大技术革新成果奖一等奖。

（5）“油井集输管道检测施工工艺技术的革新”荣获大庆油田有限责任公司重大技术革新成果奖一等奖。

2 工法特点

2.1 检测工艺先进

开发的 DCVG+CIPS 组合检测评价技术，直接利用埋地管道阴极保护馈电信号进行检测，实现了对阴极保护埋地管道的全线阴极保护有效电位、防腐层破损点严重程度和管体腐蚀活性状态等项目的检测评价。提升了检测评价的数字化、信息化、自动化水平。

2.2 检测评价质量高

开发的双侧多点接地检测通路技术，提高了埋地管道检测电磁信号强度和检测灵敏度；开发的组合检漏技术，组合应用交、直流电信号检测，提高了管道防腐层漏点的检测质量和检出率；开发的 DCVG+CIPS 组合检测评价技术，实现了对管道阴极保护有效性、防腐层状况和管体腐蚀状态的检测评价；通过 SCM 杂散电流检测技术提高了对管道敷设环境的检测评价质量；通过管道安全状况综合评价，提高了检测评价质量。

2.3 检测工效高

研发的交、直流电信号组合同步检测工艺，平均提高检测工效 2 ~ 3 倍，实现高效检测评价，降低检测作业强度。

3 适用范围

本检测工法适用于油气田陆上阴极保护埋地钢质管道的检验检测施工。

4 工艺原理

首先设置交、直流电信号检测通路，采用双侧多点接地交流检测通路，提高检测信号强度和检测灵敏度；在管道阴极保护回路中串接 CIPS 和 DCVG 的断流器，设置断流器的工作频率，建立直流检测通路。随后进行地面检测，通过组合应用 PCM、ACVG、PEARSON，同步检测埋地管道的路由、外防腐层电阻率和防腐层破损点等项目，探测检测信号强度，保证检测灵敏度；断开交流检测电信号，在检测管道路由的基础上，组合应用 CIPS、DCVG，同步检测管道阴极保护有效电位、防腐层破损点严重程度和管体腐蚀活性状态等项目。

根据地面检测结果进行抽样开挖检测，检测开挖点的土壤腐蚀性、管道外防腐层状况、管体腐蚀状况等项目。同步检测敷设环境杂散电流。

依据评价标准和检测结果综合评价阴极保护埋地管道的安全状况等级。

4.1 交、直流电信号检测通路技术

交流电信号检测通路：根据管道敷设环境在埋地管道的两侧均匀对称地布置连接多个接地极，通过增加检测通路接地面积，降低接地电阻，提高埋地管道交流检测电信号强度和检测灵敏度。

直流电信号检测通路：在阴极保护回路中串接 CIPS 和 DCVG 的断流器，设置断流器的工作频率，建立 CIPS 和 DCVG 的同步检测通路，实现阴极保护埋地管道直流电信号检测。

4.2 组合检漏技术

在检验检测施工中，通过组合应用 DCVG、ACVG 和 PEARSON，提高对埋地管道防腐层破损点的检测灵敏度、检出率和检测质量。

4.3 交、直流组合同步检测评价技术

组合应用 PCM、ACVG、PEARSON，高效、同步地检测埋地管道的路由、外防腐层电阻率和防腐层破损点等项目；组合应用 CIPS、DCVG，高效、同步地检测评价埋地管道的阴极保护有效电位、防腐层破损点严重程度和破损点管体腐蚀活性状态。

5 施工工艺流程和操作要点

5.1 工艺流程

主要工艺流程图见图 1。

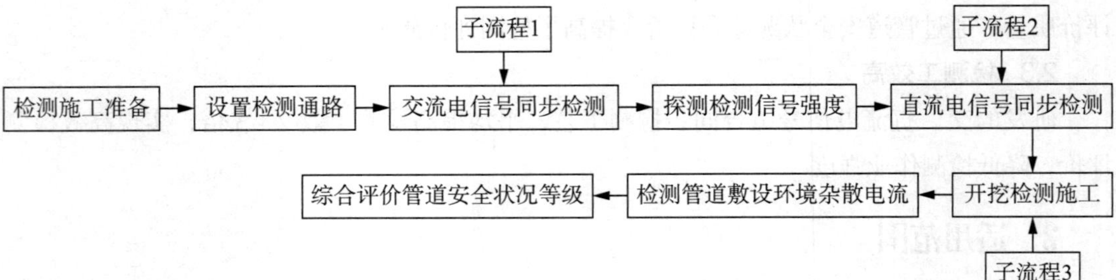

图 1 阴极保护埋地钢质管道组合同步检验工艺流程图

（1）子流程 1：（图 2）

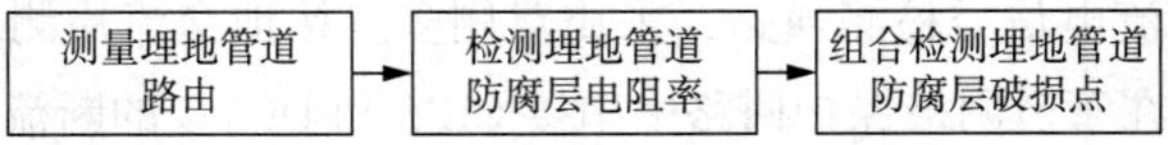

图 2 交流电信号同步检测工艺流程图

（2）子流程 2：（图 3）

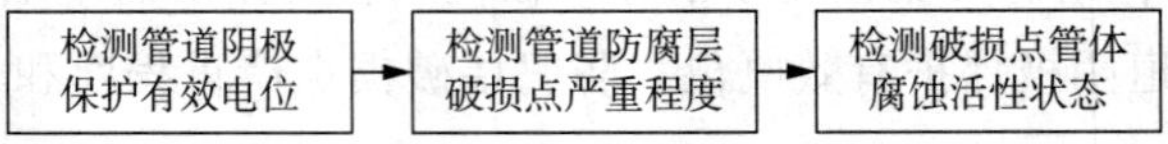

图 3 直流电信号同步检测工艺流程图

（3）子流程 3：（图 4）

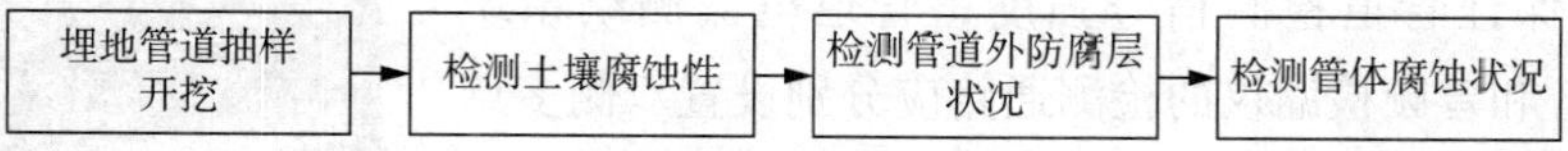

图 4　管道抽样开挖检测工艺流程图

5.2　操作要点

5.2.1　检测施工准备

（1）根据工程情况编制检测施工技术文件，做好安全技术交底工作，组织检测人员、设备和物资入场，进行施工现场准备。

（2）准备直流电位梯度检测仪及附件，包括 DCVG 主机、探杖、探杖手柄及连线、充电器及扩展线、断流器、断流器 GPS 天线、木塞固定件、木塞、饱和硫酸铜溶液等。

（3）对 DCVG 主机的指针进行机械调零。在未开机上电的情况下，平放 DCVG 主机，如果指针未在表盘的中间位置，则需要通过一字螺丝刀调节调零螺丝，将指针调整至表盘中间。检测前对设备充电，补充探杖内的饱和硫酸铜液体。

（4）对 DCVG 主机的量程进行调平。使 DCVG 的 2 个探杖底端木塞在土壤中相互接触或者相互靠近放置于水中，打开 DCVG 的开关至“On”挡位，将量程调节至最小挡位，打开其中任意一个探杖手柄上的调平开关，手动调节旋钮使主机上的指针，使其指示在表盘中间位置。完成最小量程的调平后，其他量程也完成调平。

（5）准备密间隔电位检测仪及附件，包括 CIPS 主机、探杖、探杖手柄及连线、断流器、断流器 GPS 天线、木塞固定件、木塞、饱和硫酸铜溶液等。将检测用的漆包线缠绕到尾线轮上，将尾线轮固定到检测仪背架上。CIPS 检测仪探杖中应加注饱和硫酸铜溶液并安装探杖头，探杖头在使用之前需用纯净水浸泡。检测前对设备充电。

5.2.2　设置检测通路

1. 连接直流电信号检测通路

（1）在埋地管道的阴极保护回路中串接 CIPS/DCVG 仪器的 GPS 同步断流器。断流器可以连接到阴极保护设施的阳极端，也可以连接到阴极保护设施的阴极端，但应保证阴极保护的电流从断流器的红色端流入，从黑色端流出（图 5）。

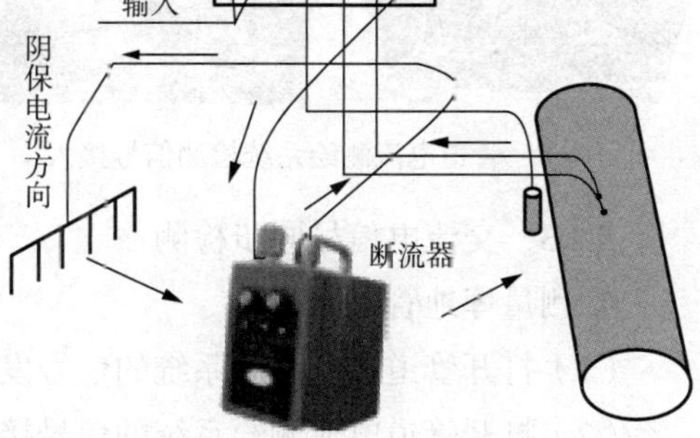

图 5　连接直流电信号检测通路

（2）在断流器上连接 GPS 卫星天线，并将 GPS 卫星天线放置到空旷的地方。设置断流器的中断挡位。打开断流器等待 GPS 信号，当 GPS 信号指示灯由红变绿后，断流器就完成了和 GPS 卫星同步（图 6）。

2. 连接交流电信号检测通路

（1）为保证管道检测信号强度，管道电流测绘系统（PCM+/DM）和音频检漏仪的检测通路应分别设置双侧多点接地（图 7），在目标管道的两侧均匀对称地布置多个接地极。接地极应垂直距离埋地管道 20m 以上，每根接地极嵌入土壤深度应不小于 1m，相邻接地极的间距在 2m 以上，同一检测通路的接地极之间用导线连接好。同时，检测人员在接地极位置做好安全防护工作。

图 6　设置直流电信号检测通路

（2）管道电流测绘系统（PCM+/DM）检测信号接入

设备信号发射机和目标管道的垂直距离应达到 20m 以上，以防止信号干扰。连接好设备信号发射机的电源线、信号线和接地线（图 8）。将设备接地线连接到对应的检测通路接地极上，然后将发射机的信号线连接到检测信号接入点位置。在检测信号源位置做好安全防护工作。

图 7　双侧多点接地

（3）大功率音频检漏仪检测信号接入

大功率音频检漏仪的信号发射机和目标管道的垂直距离应达到 20m 以上，以防止信号源干扰。连接好设备信号发射机的电源线、信号线和接地线（图 9）。将管道检测信号源接入点位置的铁锈和油漆打磨掉，保证导电性良好，然后将设备接地线连接到对应的检测通路接地极上，再将发射机的信号线连接到管道检测信号源接入点位置。检测信号源位置应做好安全防护工作。

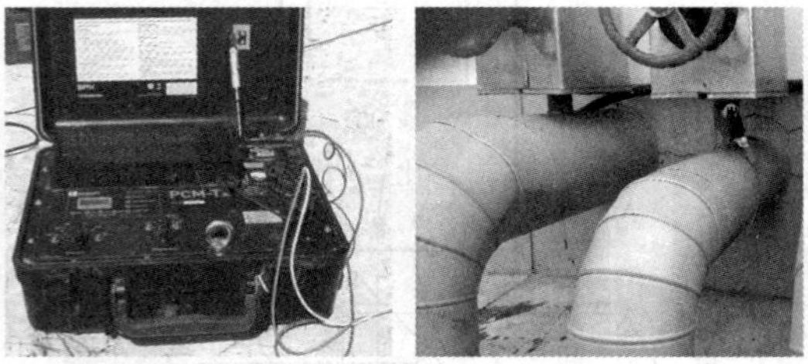

图 8　管道电流测绘系统检测信号接入

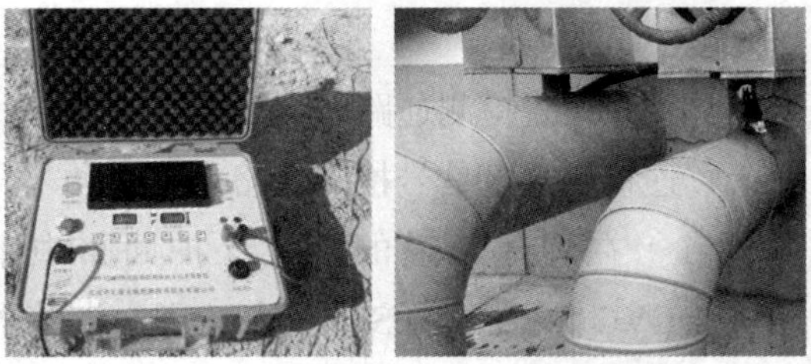

图 9　音频检漏仪检测信号接入

5.2.3　交流电信号同步检测

1. 测量埋地管道路由

（1）打开管道电流测绘系统的信号发射机，设置合适的检测信号频率和输出电流。

（2）打开管道电流测绘系统的信号接收机，选择与信号发射机相同的检测频率。

（3）检测人员应用信号接收机探测埋地管道中的电磁场信号，根据信号强度准确探测和定位埋地管道的路由位置（图 10）。

（4）应用 RTK 系统测量并记录埋地管道的起、止点，拐点，测量采样点，破损点，分支点，穿越、跨越点等位置坐标。

2. 检测埋地管道防腐层电阻率

在探测埋地管道路由的同时，检测人员应用埋地管道电流测绘系统的信号接收机沿管道正上方一般每隔20～30m左右的距离测量一次管道电流值和管道埋深值，同时采用RTK系统测量并记录采样点的位置坐标。当2个测量采样点的电流值变化较大时，应在两点间加密测量，缩小测量间距，找到电流突变点，并在该点做好标记。

图10　测量埋地管道路由

3. 组合检测埋地管道防腐层破损点

检测人员根据施工现场实际情况组合应用音频检漏和交流电位梯度检测方法，检测埋地管道防腐层破损点。

（1）音频检漏

连接好设备信号线，打开音频检漏仪的信号发射机和信号接收机，设置好合适的检测信号频率、输出电流值和增益值。

2名检测人员应用音频检漏仪的信号接收机和信号线组成检测通路，两人前后保持3～5m左右的距离沿埋地管道的上方匀速行走，同时观察信号接收机的信号值，检测人员根据信号值的变化情况确定埋地管道外防腐层是否存在缺陷（图11）。

图11　音频检漏检测施工

检测出埋地管道的外防腐层破损点后，2名检测人员采用平行移动探测定位方法对外防腐层破损点进行精确定位。首先，其中1名检测人员站在埋地管道的上方，另1名检测人员则撤离管道站在管道的外侧，两人保持3～5m左右的距离沿埋地管道的路由方向平行移动并且观察检漏仪的信号值（图12），找到缺陷信号值最大的位置。随后，检测人员在该位置沿管道路由的垂直方向移动并且观察设备信号值，找到缺陷信号值最大的位置，该位置就是埋地管道外防腐层破损点的准确位置。

图12　定位埋地管道防腐层破损点

（2）交流电位梯度检测

检测人员将交流电位梯度检测设备（PCM+/DM）的A字架连接到该设备的信号接收机上，设置好检测设备工作模式后，手持A字架和信号接收机沿着管道路由进行检测，检测过程中每间隔3～5m将A字架的2个探针插入土壤中，检测人员需要观察信号接收机显示的2个探针之间电位梯度dB数值，根据电位梯度值确定埋地管道防腐层破损点（图13）。

图13　交流电位梯度检测施工

检测人员探测出埋地管道外防腐层破损点的准确

位置后，记录破损点的信号值，然后应用 RTK 系统测量该点的位置坐标，记录该破损点的位置坐标等信息（图 14），并做防腐层破损点的地面标识。

图 14 标记埋地管道破损点

5.2.4 探测检测信号强度

在检测施工过程中，管道电流测绘系统（PCM+/DM）和音频检漏仪施加到埋地管道中的交流电磁检测信号强度，随着检测距离的增加逐渐减弱。检测人员应根据检漏仪的信号值和增益值的变化情况及时采用探管仪探测埋地管道中的检测信号强度，并根据探测值确定检测信号的有效性，以保证检测灵敏度和检测质量。

5.2.5 直流电信号同步检测

完成交流电信号同步检测后，先断开交流电信号，再进行直流电信号检测。

1. 检测埋地管道阴极保护有效电位

（1）将 CIPS 探杖、卫星天线及背架连接到 CIPS 主机上，将尾线连接到管道测试桩上。打开 CIPS 主机，进入“主菜单”，选择“中断周期”，该周期必须与断流器的中断周期相同。选择“清除内存”，按“ENT”键即可清除内存数据。再选择“模式设置”，在模式设置中选择“CIPS 测量”，即可进行 CIPS 测量。

图 15 检测管道阴极保护有效电位

（2）检测人员背着 CIPS 检测设备沿管线路由进行测量（图 15），左右探杖应放置在管道路由的正上方。在测量的过程中应保证 2 个探杖中至少有 1 个探杖与土壤充分接触，CIPS 主机自动记录埋地管道的阴极保护电位检测数据。

（3）完成检测后，通过数据线连接 CIPS 主机和计算机，打开应用软件，将 CIPS 设备主机的检测数据导出到计算机中进行数据分析。

2. 检测管道防腐层破损点严重程度

检验人员连接设置好 DCVG 检测设备后，携带该设备手持 2 个探杖沿着管道路由进行检测，检测过程中 2 个探杖应在管道路由上方一前一后相距 1 ~ 2m 和土壤充分接触，检测人员需要观察 DCVG 设备的指针摆动情况，根据指针摆动情况确定管道防腐层破损点情况（图 16）。

图 16 DCVG 检测管道防腐层破损点

如果在检测过程中 2 个探杖平稳地放置在土壤中，设备指针只发生偏转但没有发生有规律的摆动，则说明该处管道的防腐层完好；如果设备指针发生有规律的摆动且摆动的频率和断流器同步，则说明该位置附近存在防腐层破损点，当检测位置越靠近破损点时指针的摆动幅度会越来越大，远离破损点时指针的摆动幅度会越来越小。测量过程中经过破损点后，指针会发生反向指示，通过指针的变化可以粗略定位防腐层破损点。

在进行破损点定位的过程中，当2个探杖在破损点形成的同一地面等势线上时，DCVG主机的指针会居中并且不发生摆动偏转现象。此时这2个探杖在地面上连线的中垂线通过防腐层破损点，再用相同的方法在垂直于管道的方向上定位1条中垂线，两条中垂线的交点就是埋地管道防腐层破损点的准确位置（图17）。

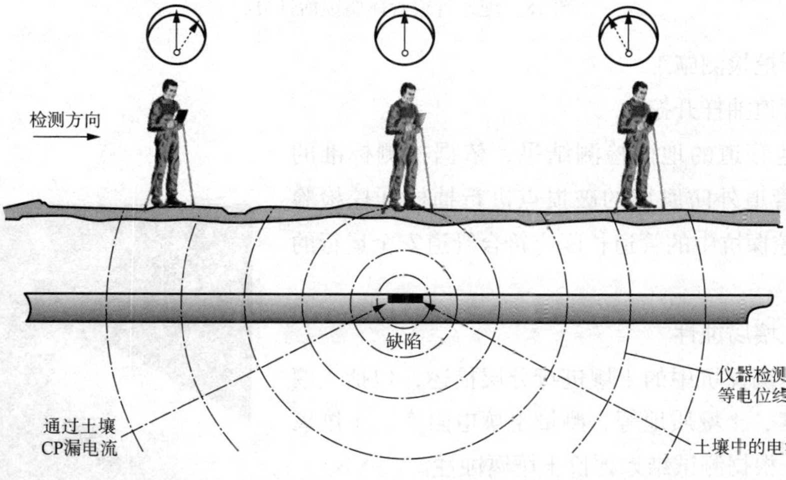

图17　DCVG定位埋地管道防腐层破损点

检测定位阴极保护埋地管道的防腐层破损点后，采用直流电位梯度检测仪测量地面上破损点中心点到远地点的DCVG信号振幅值，测量破损点处管道到远地点的DCVG信号振幅值，将这些数据代入公式 $IR\%=\dfrac{\text{破损中心点对远地点 DCVG 信号振幅}}{\text{计算破损处管道对远地点 DCVG 信号振幅}}\times 100\%$ 计算防腐层破损点严重程度 *IR*% 值，依据计算结果将阴极保护埋地管道的防腐层破损点严重程度进行分级（表1）。

表1　防腐层破损点严重程度评估表

防腐层破损严重程度 *IR*/%	防腐层破损情况	采取措施
1～15	低严重程度	不用维修
16～35	中严重程度	考虑维修并监测
36～60	中到大严重程度	适时维修并监测
61～100	非常大裸露面积	立即维修

3. 检测破损点管体腐蚀活性状态

检测定位阴极保护埋地管道的防腐层破损点后，将直流电位梯度检测仪的右手探杖放置在地面破损点中心点位置，左手探杖放置在距离管道1～2m的一侧，观察设备主机指针的摆动方向，根据通断的瞬间指针位于表盘的C/A区域来确定防腐层破损点的管体腐蚀活性状态。根据现场的检测结果可以将破损点的管体腐蚀活性进行分类，可分为C/C（阴极/阴极）、C/N（阴极/中性）、C/A（阴极/阳极）、A/A（阳极/阳极）这几种类型（图18）。

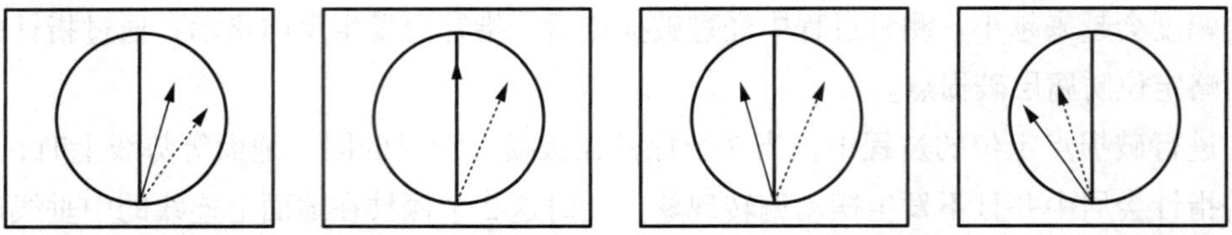

（a）C/C有CP电流保护破损点，没有CP时为阴极性

（b）C/N有CP电流保护的破损点，没有CP时呈中性

（c）C/A有CP电流保护破损点，没有CP时为阳极性

（d）A/A没有CP电流保护破损点，总为阳极性

图 18　埋地管道管体腐蚀活性分类

5.2.6　开挖检测施工

1. 埋地管道抽样开挖

根据埋地管道的地面检测结果，依据检测标准的要求对埋地管道外防腐层的破损点进行抽样开挖检验（图 19）。开挖探坑中的管道长度应符合管道安全运行的要求。

图 19　管道抽样开挖

2. 检测土壤腐蚀性

对每个检测探坑中的土壤进行分层描述，包括土壤颜色、干湿度、土壤质地等，测量土壤电阻率、土壤氧化还原电位，根据测试结果评价土壤腐蚀性。

（1）检测土壤电阻率

应用接地电阻表采用等距法测量埋地管道的平均土壤电阻率（图 20），接地电阻表的电极距离应为管道的埋深值。

图 20　土壤电阻率测量

（2）检测土壤氧化还原电位

应用土壤氧化还原电位测量仪和铂电极、饱和硫酸铜电极测量开挖探坑处的土壤氧化还原电位值（图 21）。铂电极和饱和硫酸铜电极均插入测量土壤中，铂电极接设备的正极，饱和硫酸铜电极接设备的负极，平衡 1h 后，读取测量数据并做好记录。

图 21　氧化还原电位测量

3. 检测管道外防腐层状况

检测人员检测开挖探坑处的埋地管道外防腐保温层的种类结构、外观、破损点等项目，应用磁性测厚仪测量开挖探坑处的埋地管道外防腐保温层的厚度（图 22）。对探坑处的外防腐保温层状况进行拍照记录。

4. 检测管体腐蚀状况

（1）清除破损防腐层后，对管道金属表面的腐蚀产物、金属腐蚀状况进行检测和记录。

（2）外观目检：描述金属腐蚀的部位，腐蚀产物分布、颜色、结构、紧实度，并对现场腐蚀状况进行拍照。

（3）清除腐蚀产物后，记录腐蚀形状、位置，判断腐蚀类型。若均匀腐蚀与点蚀掺杂，可按主要腐蚀倾向予以估计，并对腐蚀的管体进行拍照。

（4）管体腐蚀坑深和腐蚀面积测量：对金属管壁腐蚀区域进行管壁金属腐蚀深度测量。用超声波法和深针法测量管道剩余壁厚（图 23）和最大腐蚀坑深。当管体存在大面积腐蚀坑时，除上述测量外，须以管道最小要求壁厚为基准，测量截面的最大轴向分布长度和最大环向分布长度。

图 22　管道外防腐层检测

图 23　检测管道管体厚度

5.2.7　检测管道敷设环境杂散电流

（1）将感应电流检测仪（SCM）的感应板放置到检测位置，感应板应保持水平且垂直于埋地管道方向。

（2）将感应板与笔记本电脑串口相连，通过串口设置检测方式、检测时间、检测文件名等相关参数。

（3）需要检测管地电位的波动情况，还需要通过感应板上的电位测试接口，将管道和硫酸铜参比电极的信号输入到感应板中。

（4）如果现场环境情况较复杂，还需要给感应板连接智能探针，将智能探针直接插到土壤中，使智能探针能够尽可能地靠近管道顶部的中心位置。

（5）完成设置后，启动检测设备采集杂散电流数据（图 24）。

（6）将采集的数据保存到电脑中，应用专用软件进行数据分析，确定管道敷设环境杂散电流的干扰强度、方向、流入和流出点。

图 24　检测杂散电流

5.2.8　综合评价管道安全状况

根据各项检测结果和检测标准评定管道腐蚀防护系统等级和管道本体等级，再依据管道腐蚀防护系统等级和管道本体等级综合评价管道安全状况等级（表 2），分析管道腐蚀的原因，提供管道的维护建议，明确再评价的检测周期。

表 2　管道安全状况综合评价等级

腐蚀防护系统评价等级	管道本体评价等级			
	1	2	3	4
1	1	2	3	4
2	2	2	3	4
3	3	3	3	4
4	3	3	4	4

5.3 劳动力组织

劳动力组织情况见表 3。

表 3 管道检测施工机组劳动力配备表

序号	工种	人数	备注
1	机组长 / 技术员	1	负责施工现场技术质量管理
2	安全员	1	负责施工现场 HSE 管理
3	检测员	3	管道检测施工
4	司机	1	工程车辆驾驶
合计		6	

6 材料和设备

6.1 主要材料

本工法主要材料清单见表 4。

表 4 主要材料清单

序号	名称	规格型号	单位	数量（每 100km）
1	电池	1 号	节	100
2	电池	5 号	节	20
3	电池	7 号	节	20
4	耦合剂	超声波耦合剂	管	2
5	木桩	10mm × 10mm × 200mm	根	1000
6	油漆	10kg	桶	2
7	饱和硫酸铜电极	硫酸铜	支	6
8	饱和硫酸铜溶液	硫酸铜	瓶	20
9	漆包线	铜	m	100000

6.2 主要机具、设备

本工法主要机具、设备见表 5。

表 5 主要设备、机具

序号	设备名称	型号	单位	数量	备注
1	直流电位梯度检测仪	DCVG	台	1	检测埋地管道外防腐层
2	密间隔电位测量仪	CIPS	台	1	检测阴极保护电位
3	管道电流测量系统	PCM+/DM	台	1	检测埋地管道外防腐层
4	埋地管道外防腐层检漏仪	HT–TOM–1	台	1	检测埋地管道外防腐层
5	RTK 测量系统	LT400HS	台	1	测量埋地管道路由
6	超声波测厚仪	TT110	台	1	检测埋地管道壁厚
7	涂层测厚仪	LYT–2003	台	1	检测埋地管道外防腐层厚度
8	土壤氧化还原电位测量仪	ZKW180	台	1	检测土壤氧化还原电位

续表

序号	设备名称	型号	单位	数量	备注
9	接地电阻表	ZC-8	台	1	检测土壤电阻率测试
10	感应电流检测仪	SCM	台	1	测量敷设环境杂散电流
11	万用表	MS8217	台	1	检测埋地管道管地电位
12	发电机	YAMAHA EF1600	台	1	设备工作电源

7 质量控制

7.1 质量控制标准

（1）GB/T 19285—2014《埋地钢质管道腐蚀防护工程检验》

（2）GB/T 21246—2020《埋地钢质管道阴极保护参数测量方法》

（3）SY/T 0087.1—2018《钢质管道及储罐腐蚀评价标准 第1部分：埋地钢质管道外腐蚀直接评价》

（4）TSG D7003—2022《压力管道定期检验规则 长输管道》

（5）TSG D7004—2018《压力管道定期检验规则 公用管道》

（6）TSG D7005—2018《压力管道定期检验规则 工业管道》

7.2 质量保证措施

（1）技术人员应做好检测施工技术交底工作，让检测人员明确检测标准和方法。

（2）检测人员应经过专业技术培训，考试合格并取得资格证书后方可从事检测工作。

（3）检测施工所用的计量器具应经过计量检定合格且在有效期内方可使用。

（4）DCVG主机的指针应进行机械调零，对DCVG探杖进行调平。

（5）CIPS检测仪探杖中应加注饱和硫酸铜溶液并安装探杖头，探杖头在使用之前需用纯净水浸泡。

（6）DCVG和CIPS设备的断流器连接GPS卫星天线，并将GPS卫星天线放置到空旷的地方，设置断流器的中断挡位，保证断流器和GPS卫星同步。

（7）管道电流测绘系统和音频检漏仪的信号发射机应垂直距离目标管道20m以上，减少场源信号的干扰，保证检测质量。

（8）为保证检测信号强度和检测灵敏度，音频检漏仪和管道电流测绘系统的检测通路应分别设置双侧多点接地，在目标管道的两侧均匀对称地布置多个接地极。接地极应垂直距离埋地管道20m以上，每根接地极嵌入土壤深度应不小于1m，相邻接地极的间距在2m以上，同一检测通路的接地极之间用导线连接好。

（9）通过组合同步检测工艺技术提高检测质量和工效。

（10）在应用管道电流测绘系统测量埋地管道的管中电流时，测量采样点的距离一般应控制在30～50m以内，当2个测量采样点的电流值变化较大时，应加密测量。

（11）CIPS检测设备的左右探杖应放置在管道路由的正上方。在测量的过程中应保证2个探杖中至少有1个探杖与土壤充分接触。

（12）检验人员连接设置好DCVG检测设备后，携带该设备手持2个探杖沿着管道路由进行检测。检测过程中 2 个探杖应在管道路由上方一前一后相距 1 ~ 2m 和土壤充分接触。

（13）采用十字交叉法确定埋地管道防腐层破损点的位置。

（14）检测定位阴极保护埋地管道的防腐层破损点后，将直流电位梯度检测仪的右手探杖放置在地面破损点中心点位置，左手探杖放置在距离管道 1 ~ 2m 的一侧，观察设备主机指针的摆动方向，根据电流通断的瞬间指针位于表盘的 C/A 区域来确定防腐层破损点的管体腐蚀活性状态。

（15）检测定位阴极保护埋地管道的防腐层破损点后，采用直流电位梯度检测仪测量地面上破损点中心点到远地点的 DCVG 信号振幅值，测量破损点处管道到远地点的 DCVG 信号振幅值，通过将数据代入公式 $IR\%=\frac{\text{破损中心点对远地点 DCVG 信号振幅}}{\text{计算破损处管道对远地点 DCVG 信号振幅}}\times 100\%$ 计算 $IR\%$ 值，评估防腐层破损点严重程度。

（16）检测人员在检测施工过程中探测埋地管道中的检测信号强度，根据探测值确定检测信号的有效性，以保证检测质量。

（17）采用等距法测量土壤电阻时，电极之间的距离应等于测量点处的管道埋深。

（18）应用磁性涂层测厚仪测量埋地管道外防腐层厚度时，应先对系统校准后再进行测量。

（19）应用超声波测厚仪测量管体厚度时，应先对系统校准后再进行测量。

（20）检测开挖探坑处的土壤氧化还原电位值，铂电极和饱和硫酸铜电极均插入测量土壤中，铂电极接设备的正极，饱和硫酸铜电极接设备的负极，平衡 1h 后，读取测量数据并作好记录。

（21）将杂散电流检测仪（SCM）的感应板放置到检测位置，感应板应保持水平稳定且垂直于埋地管道方向。

（22）RTK 测量系统应在固定解状态下进行测量，保证测量精度。

（23）根据埋地管道的防腐蚀系统、管体的安全状况综合评价埋地钢质管道的安全状况等级，分析管道腐蚀的原因，提供管道的维护建议，明确再评价的检测周期。

7.3 质量控制关键点

质量控制应符合工程施工规范要求。质量控制关键点的检验项目、方法、指标及频次应符合表 6 的要求。

表 6 质量控制表

序号	项目	质量控制方法	检验指标	检验频次
1	设置检测通路接地质量	双侧多点接地	在管道两侧均匀对称地布置多个接地极，接地极应垂直距离埋地管道 20m 以上，每根接地极嵌入土壤深度应不小于 1m，相邻接地极的间距在 2m 以上	检验检测施工前
2	直流电位梯度检测质量	DCVG 设备设置	DCVG 主机指针机械调零，DCVG 探杖调平	检验检测施工前
3	直流电位梯度检测质量	检测工艺	DCVG 2 个探杖应在管道路由上方一前一后相距 1 ~ 2m 和土壤充分接触。采用十字交叉法定位埋地管道防腐层破损点	检验检测过程中

续表

序号	项目	质量控制方法	检验指标	检验频次
4	检测管道阴极保护电位检测	密间隔电位测量	CIPS 检测仪探杖中加注将饱和硫酸铜溶液，探杖头在使用之前需用纯净水浸泡	检验检测施工前
5	检测管道阴极保护电位	密间隔电位测量	CIPS 检测设备的左右探杖应放置在管道路由的正上方，探杖与土壤充分接触	检验检测施工过程中
6	检测防腐层破损点严重程度	DCVG 方法	测量地面上破损点中心点到远地点的 DCVG 信号振幅值，测量破损点处管道到远地点的 DCVG 信号振幅值	检验检测施工过程中
7	检测管体腐蚀活性状态	DCVG 方法	将 DCVG 右手探杖放置在地面破损点中心点位置，DCVG 左手探杖放置在距离管道 1 ~ 2m 的一侧，观察设备主机指针的摆动方向	检验检测施工过程中
8	管道路由测量精度	RTK 固定工作模式测量	测量精度：5cm	检验检测施工过程中
9	检测盲区	远点信号接入	发射机垂直距离管道 ≥ 20m	每次接入检测信号
10	音频检测和交流电位梯度检测	检测信号强度	音频检漏仪输出电流值 ≥ 3A，管道电流测绘系统输出电流值 ≥ 1A	检验检测施工前
11	外防腐层电阻率	测量点距离和电流	测量点的间距 ≤ 30m，电流值 ≥ 100mA	多数测量点
12	土壤电阻率	接地电阻表测量	测量电极距离等于测量点的管道埋深	每处测量点
13	土壤氧化还原电位	铂电极的平衡时间	时间 ≥ 1h	每处测量点
14	外防腐层厚度	磁性涂层测厚仪校准	测量精度：0.01mm	每处测量点
15	管道壁厚	超声波测厚仪校准	测量精度：0.1mm	每处测量点
16	杂散电流	SCM 感应法	感应板应保持水平稳定且垂直于埋地管道方向	每处测量点

8 安全措施

8.1 安全标准

（1）SY/T 6276—2014《石油天然气工业 健康、安全与环境管理体系》

（2）GB/T 28001—2011《职业健康安全管理体系 要求》

（3）Q/SY 178—2009《员工个人劳动防护用品管理及配备规定》

8.2 安全保证措施

（1）在检测施工前，安全管理人员应组织所有检测人员开展安全意识的教育、培训，做好安全技术交底工作，让检测施工人员明确安全技术措施和安全要求。

（2）在检测过程中严格遵守安全规章制度、安全规程、设备操作规程。

（3）在检测施工中，检测人员应按要求穿戴好工作服和安全帽等防护用品。

（4）为保证作业安全，在检测施工作业区的检测信号源、接地极等位置应做好安全防护工作，设专人负责看护。

（5）检测用电设备和装置均应可靠接地，保证用电安全。

（6）检测施工中在进行设备接地作业时，应当明确接地位置的地下构筑物分布情况，防止接地极触碰到地下构筑物。

（7）开挖埋地管道缺陷探坑前应明确开挖点的地下构筑物分布情况。开挖作业应做好安全防护工作，并设专人负责看护。开挖的探坑应及时按原土层结构和地貌进行回填恢复。

（8）在施工作业场所禁止吸烟。

（9）气温较低时应做好防寒保暖工作，检测作业人员应穿戴好棉工服和棉工鞋等防护用品。

（10）夏季施工中应配备好防暑降温物品，做好防暑降温和防蚊虫叮咬工作。

（11）雨、雪天应停止施工作业，做好防雷、防电的安全工作。

（12）应将设备仪器的电池取出后放置在阴凉、干燥处保存。

（13）检测施工应注意安全，远离泥浆池、水塘等区域。

（14）沟下作业时，首先要观察放坡是否符合安全规定；沟上设观察哨，时刻观察沟内的安全情况；施工区域内要有逃生梯。严禁雨天沟下作业。

（15）加强车辆的检修和保养；防止疲劳驾驶；保证车辆状况完好和安全行车。

9 环保措施

9.1 环保标准

JGJ 146—2013《建设工程施工现场环境与卫生标准》

9.2 环保措施

（1）施工前应对作业现场和施工工序进行风险识别和评价，制定风险消减措施，编制应急预案，组织施工作业人员进行 HSE 交底工作。

（2）在施工过程中严格遵守环境保护的法律、法规和规章制度，加强对施工材料、设备及废弃物的控制和治理。

（3）施工场地合理布局，做到标牌清楚、齐全，材料、设备摆放有序，场地整洁文明，检测全过程达到“工完料净场地清”。

（4）做好探坑开挖的土层堆放和回填工作，恢复施工场地原貌，保护自然生态环境。

（5）集中回收处理废旧电池，防止污染环境。

（6）施工过程中，施工车辆应在规定的路面上行驶，保护好施工所经过地带的植被和野生动植物。

（7）检测车辆应定期检修保养，控制机动车尾气污染和扬尘污染。

（8）保管好生产用油料，加强设备维修保养，防止渗漏造成环境污染。

10 效益分析

10.1 社会效益

油气田阴极保护埋地钢质管道组合同步检验工法解决了埋地管道检测重大技术难题，填补了检测技术空白，提升了检验检测质量和工效，有利于安全、节能和环保，对保障油田管道安全发挥重要技术支撑作用，增强了企业核心技术竞争力，为企业赢得了良好的知名度。

10.2 经济效益

应用本工法可以实现对油田阴极保护埋地管道的阴极保护有效电位（不含土壤 IR 降）、防腐层破损点管体腐蚀活性、防腐层破损点严重程度的检测，增加的检测项目能为企业创造检测收入和效益。根据庆油造价发〔2020〕4号文件《在用油气压力管道（公用及集输）定期检验技术服务价格》，在用压力管道的检测取费标准为4873元/km，其中增加的管道检测项目取费标准为1350元/km，大庆油田技术监督中心特种设备检验中心每年检测该类管道约750km，应用该检测工艺技术每年可为企业创造产值365.5万元，经济效益约101.3万元。

11 工程实例

实例一：大庆油田有限责任公司采气分公司在用埋地压力管道防腐检测工程

2021—2022年，该检测工法应用在大庆油田有限责任公司采气分公司在用埋地压力管道防腐检测工程项目施工中，检测Φ219mm×9mm、Φ168mm×7mm、Φ89mm×12mm等埋地阴极保护管道369km，工程检测质量均达到标准要求，为企业创造产值179.8万元，经济效益约49.8万元。

实例二：大庆油田有限责任公司第三采油厂在用埋地压力管道防腐检测工程

2021—2022年，该检测工法应用在大庆油田有限责任公司第三采油厂在用埋地压力管道防腐检测工程项目施工中，检测Φ273mm×7mm、Φ219mm×7mm、Φ168mm×6mm等埋地阴极保护管道116km，工程检测质量均达到标准要求，为企业创造产值56.5万元，经济效益约15.7万元。

实例三：大庆油田有限责任公司第六采油厂在用埋地压力管道防腐检测工程

2021—2022年，该检测工法应用在大庆油田有限责任公司第六采油厂在用埋地压力管道防腐检测工程项目施工中，检测Φ600mm×8mm、Φ325mm×7mm、Φ219mm×7mm等埋地阴极保护管道119km，工程检测质量均达到标准要求，为企业创造产值57.9万元，经济效益约16.1万元。

预制式变电站安装施工工法

杨 苴 赵搏文 罗丙艳 安琳琳 胡 浩

中国石油天然气管道通信电力工程有限公司

1 前言

常规变电站是将待安装的单体设备及其附件在现场组装就位，并通过一次设备安装、二次设备安装、电缆光缆连线、二次系统联调、一二次系统联调等工序，完成变电站的建设。预制式变电站采用标准化设计、工厂化加工实现预制式变电站一体化预制，提出装配式建筑的建设理念，实现优质高效的安装施工。

2 工法特点

2.1 集成化效率高

主要设备和二次设备高度集成，一二次设备采用紧凑型设计，工厂采用模块化生产，集成度高。

2.2 安装效率高

预制式变电站在工厂内完成电气设备的制作、组装、配线、调试等一整套的装配工作，整体运到现场后只需进行简单的拼装组合对接即可投运，安装效率大大提高。

2.3 工程质量优

预装式变电站采用工厂化生产、模块化组装，现场安装和调试工作少，受人员技术水平和施工环境影响小，能够更好地保证设备装配质量。

3 适用范围

适用于 35kV 及以下电压等级的预装式变电站集成装配。

4 工艺原理

预制式变电站是将中压配电网变电站不同单元预先在工厂内制造装配，并配置在一个公用的外壳内，按相应标准通过了型式试验的一种成套变电站。

施工单位将整体运输至项目施工现场的预制舱并吊装就位于土建基础上。各舱室间的电缆和光缆采用工厂化预制集成的线缆连接，最后进行试验调试工作，从而完成整个变电站的安装工作。

5 施工工艺流程及操作要点

5.1 施工工艺流程

施工工艺流程如图 1 所示。

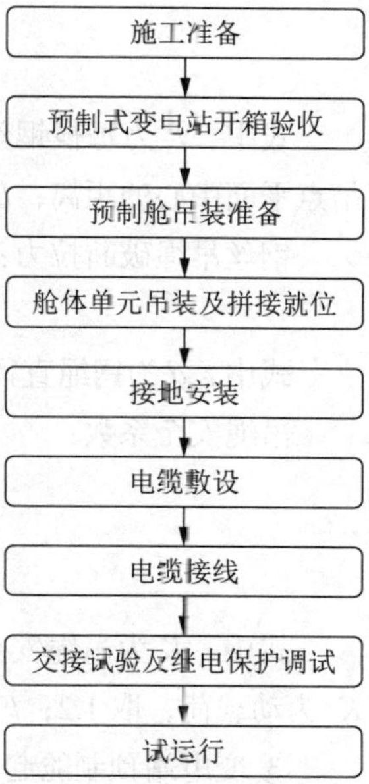

图 1 施工工艺流程图

5.2 操作要点

5.2.1 施工准备

（1）确定变电站预装舱的作业安装范围，根据吊车作业半径设置临时围栏。

（2）确定吊车吊装作业前的合理停靠位置。

（3）检查吊车支撑腿的支撑点四周地面是否满足吊装要求。

（4）验收变电站预装舱的基础，办理工序交接手续。

（5）准备安装用的工器具。

5.2.2 预制式变电站开箱验收

（1）开箱验收须通知业主、监理工程师等进行联合验收，全过程做好设备开箱检查记录。

（2）检查预装舱外部木箱包装是否良好。

（3）检查舱内设备本体的外观，重点检查是否存在严重划痕、锈蚀。

（4）检查设备柜门、百叶窗等，门栓是否灵活、柜门的开闭、上锁是否可靠。

5.2.3 预制舱吊装准备

（1）根据设备质量、尺寸、图纸与安装说明，制作吊装横撑（图 2）。吊装横撑采用 10# 槽钢，长度为箱式变电站吊装宽度两端各加 5～10cm，两端开半圆孔或纵向牢固焊接 10#～12# 槽钢 10～15cm。

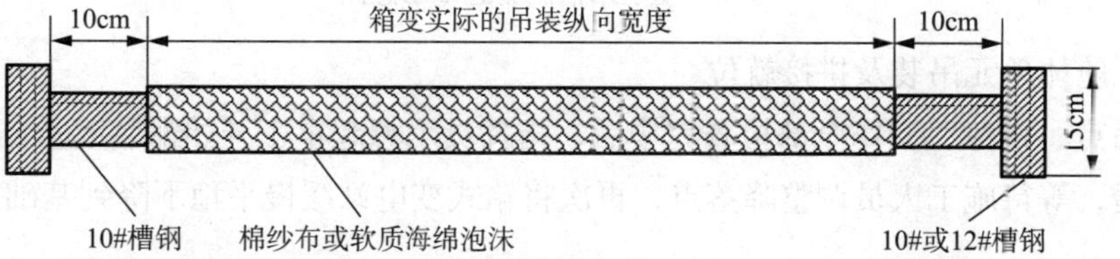

图 2 吊装横撑加工示意图

（2）安装吊装横撑：操作人员将起重挂钩悬挂在变电站预装舱的吊点上，检查吊带是否有破损，承重钢筋是否存在部分钢筋断裂；检查挂钩是否安全弹回以及锁扣是否紧固。

（3）根据理论、材料及结构力学计算选择适当吊装索具，保证吊装可靠安全。

① 受力分析图（图 3）

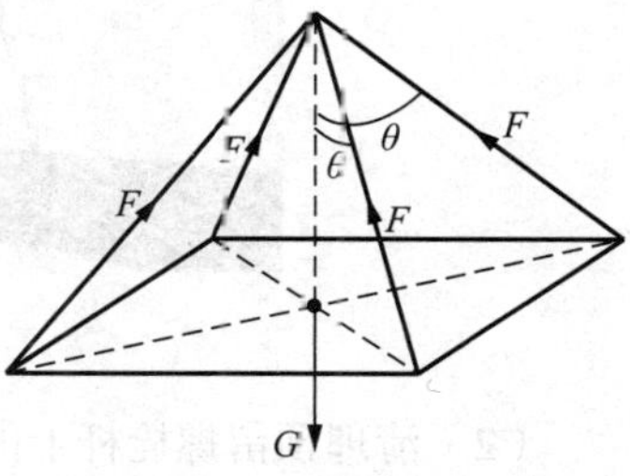

图 3 变电站受力分析图

② 载荷计算

每根吊绳的受力：

$$F=\frac{GL}{4\sqrt{L^2-\frac{L_1^2+L_2^2}{4}}} \tag{1}$$

式中，F 为每根钢丝绳所受的力；G 为钟罩的质量；L 为每根吊绳的长度；L_1 为吊钩至吊点平面中心的距离；L_2 为吊点至吊点平面中心的距离。

钢丝吊绳破断拉力：

$$P=50d^2 \tag{2}$$

式中，d 为钢绳直径。

吊绳安全系数：

$$K=\frac{P_{破}K_0}{FK_1K_2}>6 \tag{3}$$

式中，K 为吊绳安全系数；K_0 为钢丝绳折减系数，取 75%；K_1 为不平衡系数，取 1.1；K_2 为动载荷，取 1.2；F 为每根钢丝绳所受的力；$P_{破}$为所选钢丝绳的破断力。

③ 变电站预制舱起重吊装示意图（图 4）

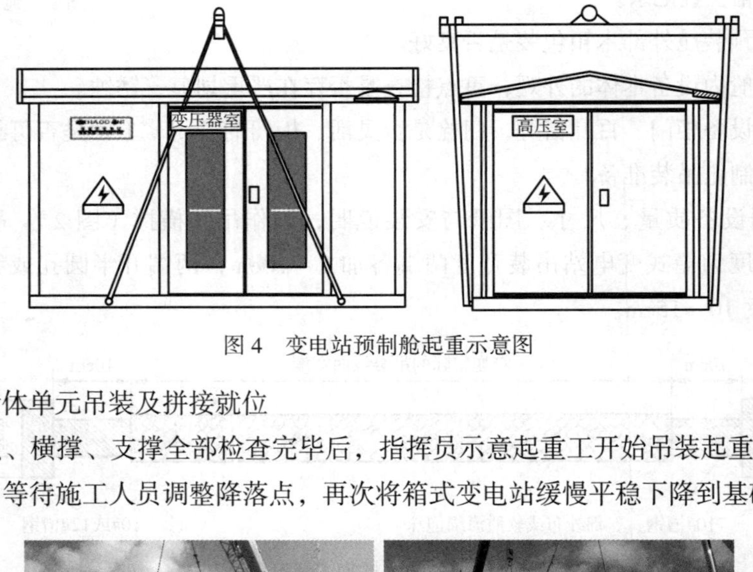

图 4　变电站预制舱起重示意图

5.2.4　舱体单元吊装及拼接就位

（1）吊点、横撑、支撑全部检查完毕后，指挥员示意起重工开始吊装起重；预装舱下降过程应缓慢，等待施工人员调整降落点，再次将箱式变电站缓慢平稳下降到基础上（图 5）。

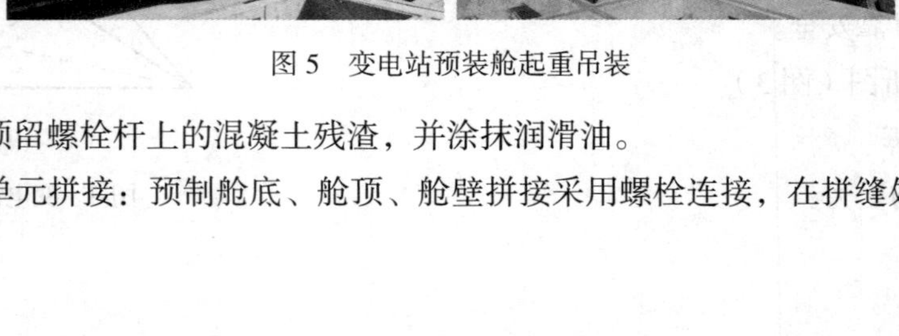

图 5　变电站预装舱起重吊装

（2）清理预留螺栓杆上的混凝土残渣，并涂抹润滑油。

（3）舱体单元拼接：预制舱底、舱顶、舱壁拼接采用螺栓连接，在拼缝处涂抹密封胶或贴密封胶条，并通过预留孔洞注入保温材料，提高舱体保温性能。

（4）利用仪器测量预制舱整体的水平度，保证整体水平度在有效安装误差范围内，查看基础四周是否存在缝隙，如存在，应采用水泥灌浆将缝隙填堵（图6）。

图6　箱式变电站测量水平度

5.2.5　接地安装

（1）预制舱拼接并检查无误后，应根据设计图纸设置接地。

（2）接地至少为2点接地；分别在一端及该端的对角侧设接地。

（3）接地线采用25mm^{2}黄绿接地线，开口接线端子与箱变外壳接地端子紧固相连，临时接地线就近与已完成的接地点可靠连接。

5.2.6　电缆敷设

（1）按照电缆敷设顺序表及排列布置图逐根施放电缆。

（2）电缆敷设时应排列整齐，不宜交叉，及时加以固定，并装设标志牌。

（3）电缆应符合《电气装置安装工程电缆线路施工及验收规范》的要求。

（4）电缆敷设完毕后，应及时清除杂物，盖好盖板。

5.2.7　电缆接线

（1）一次线缆主要用于连接主变压器与进出线模块及其他各模块。电缆采用舱体底部进线的方式，将线缆从下入孔连接舱内与舱外。

（2）二次电缆在工厂内提前预制插接头，给每个模块配置1个专门的接线端口箱，然后每个模块再配置到集中的接线端口箱上，再安装提前预制好的插接头。

5.2.8　交接试验及继电保护调试

（1）电力变压器：测量变压器的绝缘电阻、直流电阻，进行变压器交流耐压试验、变压器变比试验。

（2）断路器试验：测量断路器绝缘电阻、回路电阻，进行辅助回路和控制回路绝缘电阻测试、断路器主回路交流耐试验、断路器的分合闸时间及同期测试。

（3）高压电缆试验：电力电缆绝缘电阻测量、电缆交流耐压试验。

（4）高压母线试验：母线的绝缘电阻测试、开关柜母线交流耐压测试。

（5）继电保护调试：保护调试应根据国标规程进行定值核对、零漂检查、通道采样检测、时钟的整定与核对检查、四遥检查、定值校验等项目的检测。

5.2.9　试运行

（1）操作人员必须是专业人员，而且对变电站进行以下详细检查，并确保无误后，才能进行通电。

（2）送电应按批准的试运行方案进行，带电后的设备应观察仪表指示是否正确、声音是否正常。

（3）变电所送电后，由施工单位运行 72h，且运行单位参与运行（图 7、图 8）。

图 7　预制式变电站实景图一

图 8　预制式变电站实景图二

5.3　劳动力组织

劳动力组织情况见表 1。

表 1　施工劳动力资源一览表

序号	工种	人数	备注
1	指挥	1	总体管理
2	安全员	1	现场安全管理
3	质检员	1	现场质量管理
4	材料员	1	材料管理
5	电工	4	安装、就位、试验
6	起重工	1	吊装
7	登高工	1	高处作业

6　材料与设备

本工法主要施工材料见表 2，主要施工机具见表 3，主要仪器、仪表见表 4。

表 2　施工材料

序号	材料名称	型号规格	数量	备注
1	电力电缆	YJY_{23}–0.6/1kV，（4×120+1×70）mm^2	440m	
2	电力电缆	YJY_{23}–0.6/1kV，（5×4）mm^2	1439m	
3	电力电缆	ZR–YJY_{23}–0.6/1kV，（3×4）mm^2	2150m	
4	电力电缆	ZR–YJY_{23}–0.6/1kV，（5×10）mm^2	560m	
5	热镀锌钢管	热镀锌钢管 *DN* 100mm	100m	
6	热镀锌钢管	*DN* 25mm	166m	
7	电缆标识桩	—	30 个	

续表

序号	材料名称	型号规格	数量	备注
8	热镀锌角钢	∟63×5mm，2500mm	9根	
9	热镀锌扁钢	—50×5mm	1100m	
10	防静电释放柱	IP65 Exib Ⅱ BT4 Gb	3套	
11	接地标识桩	—	30套	
12	砂子	—	$9m^3$	
13	砖	—	4000块	
14	冷缩电缆接头	3m，35kV	2套	
15	低压电缆头	NSY-1/4×2	9套	
16	低压绝缘胶带	黄、绿、红、蓝	90卷	

表3　施工机具

序号	设备名称	型号规格	数量	额定功率/kW	用于施工部位
1	自备吊车	古河	1	2.0	运输
2	千斤顶	5t	6	—	变压器
3	吸尘器	2kW	2	2.5	充气柜安装
4	台钻	13mm	1	0.85	母线
5	弯管机	Φ80mm	1	1.5	母线
6	冲击电钻	HK250t	1	2.5	母线
7	切割机	50mm	1	2.2	厂区
8	电气焊设备	10kW	1	18.5	厂区
9	电动套丝机	RIDGID-1224	1	2	厂区
10	康明斯发电机	ZCDL-C50	1	45	厂区供电
11	导线压接钳	Φ400mm	1	1.25	电缆
12	放缆支架	10t	1	—	电缆
13	手摇跨顶	10t	3	—	开关柜
14	倒链	5t	3	—	开关柜
15	角磨机	220V	2	1.5	设备安装
16	起重吊装机械	25t	1	—	预装变电站

表4　仪器、仪表

序号	仪器设备名称	型号规格	数量	用途
1	串联谐振	HVFRF	1套	耐压试验
2	高压直流绝缘测试仪	KHHV-120kV	1台	电缆
3	自动变比测试仪	ZBY-2B	1台	变压器
4	电力多功能测试仪	PMM-1	1台	调试
5	互感器极性测试仪	CTER-91	1台	CT

续表

序号	仪器设备名称	型号规格	数量	用途
6	断路器特性测试仪	CT-6500	1 台	断路器
7	三相继电保护测试仪	M2000	1 台	继电保护
8	接地电阻测试仪	HIOK13151	1 台	接地网
9	绝缘电阻测试仪	1557	1 台	调试
10	抗干扰介质测试仪	AI-6000	1 台	变压器
11	回路电阻测试仪	HLSM40-100A	1 台	断路器

7 质量控制

7.1 施工质量执行的标准与规范

（1）GB 50147—2010《电气装置安装工程 高压电器施工及验收规范》

（2）GB 50150—2016《电气装置安装工程 电气设备交接试验标准》

（3）GB 50169—2016《电气装置安装工程 接地装置施工及验收规范》

（4）GB 50171—2012《电气装置安装工程 盘、柜及二次回路接线施工及验收规范》

（5）GB 50254—2014《电气装置安装工程 低压电器施工及验收规范》

（6）GB 50257—2014《电气装置安装工程爆炸和火灾危险环境电气装置施工及验收规范》

7.2 质量控制要点

质量控制要点见表 5。

表 5 质量控制要点

序号	类别	工序	控制内容
1	主控项目	设备就位	位置正确，附件齐全，满足设计及规范要求
2		接地安装	根据图纸所有设备应与接地网连接；所有连接应可靠，紧固件及防松零件齐全
3			箱变接地端子应用直径不小于 12mm 的铜质螺栓连接；箱变高压室、低压室、变压器室的专用接地导体应相互联接
4		预制舱安装	地脚螺栓固定的螺帽齐全，拧紧牢固；预制舱位置、水平度、防火、防水、防爆满足设计及规范要求
5		交接试验	交接试验必须按现行国家标准《电气装置安装工程 电气设备交接试验标准》GB 50150—2016 的规定进行项目进行
6			试验数据要结合产品的技术文件要求
7	一般项目	绝缘件应无裂纹、缺损和瓷釉损坏等缺陷，外表清洁，测温仪表指示准确	
8		箱式变电所内、外涂层完整、无损伤，通风口防护网完好	
9		箱式变电所的高、低压柜内部接线回路标记清晰，回路名称准确	

7.3 质量控制措施

（1）组织施工人员学习掌握电气施工有关标准、规范及设计要求。

（2）组织服务人员进行技术培训。

（3）仪器、仪表由专人管理，定期维护，确保设备始终保持良好状态。

（4）工序作业人员严格执行相应技术标准、规范、作业指导书，并按照质量记录控制程序认真填写。

（5）根据不同的环境制定不同的服务方法，消除环境对质量的不利因素。

8 安全措施

8.1 施工安全执行的标准与规范

（1）2021 年 6 月修正《中华人民共和国安全生产法》

（2）2021 年 4 月修正《中华人民共和国消防法》

（3）SY/T 6276—2014《石油天然气工业 健康、安全与环境管理体系》

（4）2018 年 12 月修正《中华人民共和国职业病防治法》

8.2 起重机吊装作业的安全措施

（1）起重机械的作业场地应平整，要避开沟、河和松软土质。

（2）起吊用的钢丝绳和吊索应根据起吊物重选用，严禁超载起吊。

（3）起吊前应进行起重臂的空载试运转，从而确定起吊角度、高度和回转范围，以便觉察吊件上下可能遇到的障碍。

（4）在吊件和吊臂活动范围内的下方不得有人停留或通行。

（5）风力达到 6 级时，不得在露天进行吊装工作。

8.3 电缆施工安全措施

（1）敷设电缆前，应做好安全技术交底及签证工作。

（2）电缆敷设时应由专人指挥，统一行动，并有明确联系信号，号令统一。

（3）电缆敷设时拐弯处的施工员应站在电缆外侧，防止被电缆挤压。

（4）敷设电缆时临时打开的孔洞应设栏杆或标志，夹层沟道内应保持照明充足，通风良好。

8.4 电气试验安全措施

（1）试验人员必须具有相应工种的特种作业证。

（2）高压试验工作不得少于 2 人；试验负责人应由有经验的人员担任；负责人应对全体试验人员详细布置试验中的安全事项。

（3）在试验现场应装设遮栏或围栏，悬挂“止步，高压危险！”等标示牌，并派专人看守。

（4）试验结束时，试验人员应拆除自装的接地短路线，并对试品进行检查和现场清理。

8.5 变电所试运行安全措施

（1）变电站所送电及试运行，应严格按照批准的方案进行。

（2）所有参与的试运行人员应保证通信畅通。

（3）试运行期间要严格执行国标电业安全工作规程相关内容。

（4）试运行后非运行人员禁止进入现场，舱门及柜门应上锁。

9 环保措施

9.1 施工环保执行的标准与规范

（1）2014 年 4 月修订《中华人民共和国环境保护法》

（2）2010 年 12 月修订《中华人民共和国水土保持法》

（3）2019 年 12 月修订《中华人民共和国森林法》

（4）2019 年 8 月修正《中华人民共和国土地管理法》

9.2 临时工程（营地）

（1）营地内生活污水及生产污水设沉淀池，用于场地降尘、绿化。

（2）垃圾进行分类处理，并运送至指定地点处理。

（3）加强所有人员的环保教育。

10 效益分析

传统变电站与预装式变电站的效益比较见表 6。

表 6 传统变电站与预装式变电站的效益比较

序号	对比项目	传统变电站	预装式变电站
1	建站模式	土建建筑工作量巨大	各组成模块全部实现工厂化；土建工作量低，无钢构施工
2	建站周期	3～5 个月	1～2 个月
3	现场施工	土建建筑工作量大，施工场地环境复杂	模块化结构，现场吊装，装配周期短
4	现场安装	所有设备需现场安装并接线调试，工作量大	工厂化加工，工厂化联调，现场只需进行通信对调、定值调试及验收调试等简单工作
5	站址要求	占地面积较大	占地小，采用分模块形式，对站址无特殊要求，建站方式灵活，适用于不同地形
6	工程管理	土建与现场施工要与设备的安装调试同步，存在多头管理、协调工作量大的问题	土建与预制舱安装界面清晰，工厂化使现场工作量最大限度地减少，施工更加简单化
7	施工质量	现场安装和调试，受限于现场人员的专业水平和施工设备的先进水平，施工质量可能较施工标准降低	全工厂化，设备先进，能够更好地保证设备装配质量
8	运行维护	空间密闭性较好，检修空间充足，受天气影响较小	较传统建筑密闭性较差，户外检修，公用场区面积，受天气影响大
9	舒适性	对于人员及设备，传统土建变电站舒适性较好	对于人员及设备，较传统土建变电站舒适性较差

10.1 经济效益

在经济效益方面，我方节约的施工成本主要是施工周期缩短，人员和外租车辆费用降低 2 方面，对比见表 7（以某条管线 35kV 站为例，不含厂区施工资源投入）。

传统变电站模式，35kV 变电站施工周期平均 3～5 个月，平均劳动力投入为每日 15 人，25t 吊车外租 30 天；预装式变电站施工周期 1～2 个月，平均劳动力投入为每日 10 人，25t 吊车外租 10 天。

表 7　新工法与旧工法的费用比较

应用	对比	人工费	吊车费	合计
某 35kV 预装式变电站	新工法	10 人 ×0.03 万元 /（天・人）×60 天 =18 万元	0.25 万元 / 天 ×10 天 =2.5 万元	20.5 万元
	旧工法	15 人 ×0.03 万元 /（天・人）×90 天 =40.5 万元	0.25 万元 / 天 ×30 天 =7.5 万元	48 万元
	对比			节省 27.5 万元

10.2　社会效益

预装式变电站的模块化设计，在投产后安全可靠性高，在运转维护成本方面要低于常规变电站，减少大量人力、物力投入，极大地提高电网的运转和管理水平。

预装式变电站的工厂预制化生产，减少了现场工作量，节约了变电站的占地及建筑面积，节约了建筑工程量，减少能源消耗，为建设资源节约型、环境友好型社会做出贡献。

11　应用实例

2022 年 4 月本工法应用于 SYGD 项目，共分 3 个标段，其中一标段站场阀室电气工程项目工作内容包括雪水河首站、纳赤台泵站、西大滩分输站、昆仑—山口泵站、沱沱河分输泵站、格尔木调度指挥中心 6 个站场。二三标段站场阀室电气工程项目工作内容包括安多分输泵站、那曲分输站、当雄分输站、拉萨末站、那曲油库分输末站 5 个站场。每座场站 15 天内即可完成预装式变电站的安装就位及调试工作。通过对该施工方法的应用，大大缩短了施工工期，提高了施工质量，保质、保量并且按时完成了业主的要求（图 9～图 12）。

图 9　那曲分输站送电

图 10　安多分输站送电

图 11　西大滩站预装舱吊装

图 12　那赤台站预装舱吊装

在役管道斜 45° 开孔工法

陈社鹏　边江伟　田　磊　张伯淳　管继东

中国石油管道局工程有限公司维抢修分公司

1　前言

随着油气管道维抢修技术的不断发展和完善，新领域的需求也逐渐增加。在役管道开孔技术不单单使用在油气介质钢制管道，以不锈钢材质为主的 LNG 工艺管道的改造和维修需求也逐年增加，因此无论是碳钢类管道还是 LNG 不锈钢类管道，在 2022 年 5 月之前，国内、外类似斜开孔接支线未曾有过案例，从工艺角度看，需要解决三通的设计、在役焊接、带压开孔等在整个施工过程中的关键技术难题。

中国石油管道局工程有限公司维抢修分公司（以下简称“管道局维抢修分公司”）以湖北某 LNG 斜 45° 不锈钢开孔项目为契机，短期内开发出不锈钢 45°、不锈钢在役焊接技术，45° 开孔工艺，最终实现 45° 新旧管道连接。

这些技术和工艺成功地在黄冈 LNG 储气设施项目 EPC 总承包项目动火连头工程和黄冈 LNG 工厂 BOG 回收改造项目 TP-1905 带压开孔工程中进行应用，产生经济效益 159 万余元，并获得了管道运营方的高度认可。此项技术是国内首次应用于在役管道上，并经过验证，具有一定的推广价值。

本工法的形成是通过工程前期的不断研究和实验及 2 次工程项目实践归纳总结而成的，其涵盖了碳钢和不锈钢管道的在役带角度的带压开孔方法，为以后类似工程提供通用的施工方法。

2　工法特点

2.1　45° 开孔三通特点

斜 45° 开孔技术与垂直开孔和水平开孔相比，三通的结构形式发生了变化，并基于这种变化，实现了 45° ~ 90° 范围内不同角度下的开孔作业。三通的材质可以是碳钢也可以是不锈钢，满足了不同材质管道的需求（图 1）。

图 1　管道现场开孔

2.2　施工高效率、低成本，短周期

新建管道与在役管道在运行的状态下进行连接，此

种方式可以减少运行管道的置换和断管。通过在运行管道上焊接 45° 斜开孔三通，规避了常规接支线需要放空、置换、断管、接支线等复杂工序的弊端，直接通过带压开孔技术，达到新旧管线连接的目的。与放空动火工艺相比，施工周期大幅度缩短，成本大幅度降低，施工效率明显提高（图 2）。

图 2　LNG 管道现场开孔完毕

2.3　安全环保

使用斜 45° 不锈钢开孔三通，在能够达到新旧管线斜 45° 连接的情况下，不会造成管内介质的泄漏。开孔全程在密封状态下完成，不会对周围环境造成污染，特别是在施工过程中也不会对作业现场造成任何安全隐患（图 3）。

图 3　在役焊接时的降温措施

3　适用范围

此工法适用开孔角度 45° ~ 90° 范围内介质类钢制管道、不锈钢管道的在役斜开孔施工。

4　工艺原理

4.1　在役 45° 开孔接支线原理

在役 45° 开孔接支线是通过专门设计的 45° ~ 90° 范围的开孔三通进行的一种在役开孔技术，适用于各种介质类钢制管道和输送 LNG 的不锈钢管道。它是利用带压开孔工艺，在不影响介质且全程密闭的状态下实现新旧管线的连接（图 4）。

图 4　施工工艺原理

4.2　关键技术

4.2.1　45° 开孔接支线技术

45° 开孔接支线技术是一种实现带压介质管道在服役状态下的新旧线路连接的技术。主要是通过在管道上焊接专门设计的开孔三通，并通过开孔机在管道上进行带压开孔后，通过法兰将新管线连接或焊接在服役管线上的一种技术。

4.2.2　在役焊接技术

在役焊接技术是在服役的管道上进行带压焊接的一种工艺。此技术有别于常规管道建设时采用的焊接工艺，因管道内存在流动的、具有一定压力的介质，因此焊接时需要考虑施焊压力，防止烧穿造成介质泄漏、燃烧甚至爆炸，所以此技术需要有严苛的焊接工艺，并由具有资质的焊工实施。它是在役管道维修改造的专属技术，适合碳钢和不锈钢管道的在役焊接。

4.2.3 定位技术

定位技术是斜开孔工艺中的关键技术之一。一旦定位发生偏差，就会造成开孔过程中筒刀扫膛甚至出现中心钻钻偏造成筒刀切到护板甚至卡刀等恶劣后果。定位需要专门设计定位块，在安装过程中由管工在管道上进行定位划线，焊工进行焊接，三通组装后支管中心轴线与定位块中心重合。

5 施工工艺流程及操作要点

5.1 施工工艺流程

本工法的工艺流程如图 5 所示。

管道斜 45° 开孔示意图如图 6 所示。

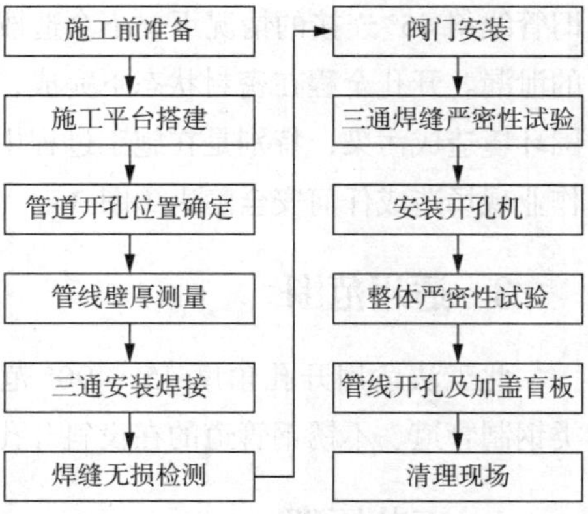

图 5 工艺流程

图 6 管道斜 45° 开孔

5.2 施工操作要点

5.2.1 施工前期准备

前期需要对施工点进行踏勘，熟悉开孔管线周围设施，确定开孔位置，征地修建进场道路，平整夯实场地。要求路面平整、坚实，足以承受 50t 以上吊车通过，施工区域外围设置安全警戒区并有明显标识。工具材料准备齐全，搭建施工作业平台，施工人员、机具到位（图 7）。

动火方案经建设单位审批完毕，填写动火申请，提前办理好动火工作许可等手续；完成对全体施工人员施工方案的技术交底及施工安全教育工作，让全体施工人员熟悉掌握在役不锈钢焊接工艺、动火方案、熟悉《应急预案》以及相关规范（图 8）。

5.2.2 施工平台搭建

项目中需搭建高空作业平台，采用脚手架及铁跳板搭建。平台四周搭建牢固的防护栏，搭建便于人员上下平台的通道。

图 7 管廊管道布置情况

脚手架平台搭设的流程：①拉警戒线；②场地平整、夯实；③定位；④设置通长脚手板底座；⑤纵向扫地杆；⑥立杆；⑦横向扫地杆；⑧横向水平杆；⑨纵向水平杆；⑩剪刀撑；⑪ 连墙件（与管道或开孔封堵管件的连接件，用于固定整体平台）；⑫ 铺脚手板；⑬ 设置防护栏杆；

⑭ 设置安全网（特殊要求）；⑮ 检查验收；⑯ 拆除脚手架。

此次作业脚手架平台高度约 7m，面积 4m × 4m，共 $16m^2$。

脚手架平台需设置手扶杆和栏杆，手扶杆距离平台高度应为 0.5 ~ 0.6m，栏杆高度应为 1.2m。

平台还需设置爬梯 2 个，分别设置在管线两侧（图 9）。

图 8　施工现场勘查

图 9　作业平台搭建

5.2.3　管道开孔位置确定

开孔部位尽量避开管道焊缝，无法避开时，对开孔刀切削部位的焊道宜适量打磨，注意中心钻不应落在焊缝上（图 10）。

5.2.4　管线壁厚测量

打磨环焊缝焊接位置，测量壁厚，避开严重腐蚀区域，壁厚测量如图 11 所示。三通焊缝区域采用超声波进行检测并留存记录。

管线壁厚复测是为了更进一步确定焊接部位的管线实际壁厚，采用测厚仪实施此项作业。一般进行套筒安装位置的 2 个环向角焊缝和 2 个横向焊缝位置的管道壁厚的测量，每个焊道位置的测量点位置不能少于 12 个，且均匀分布。具体见图 12 和图 13。

根据标准《钢质管道带压封堵技术规范》GB/T 28055—2023 进行运行管道最高施焊压力计算。

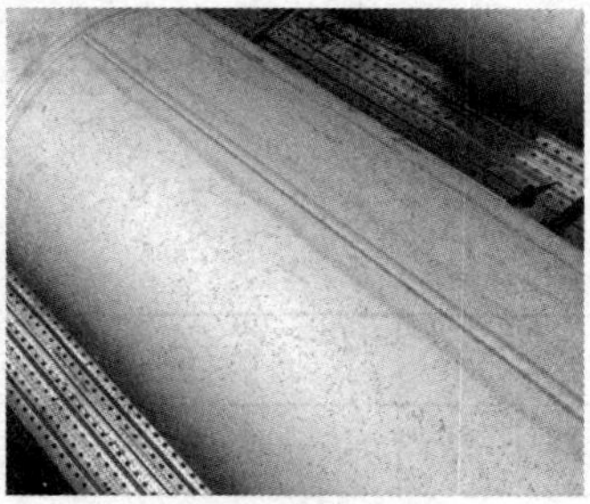

图 10　作业位置确定

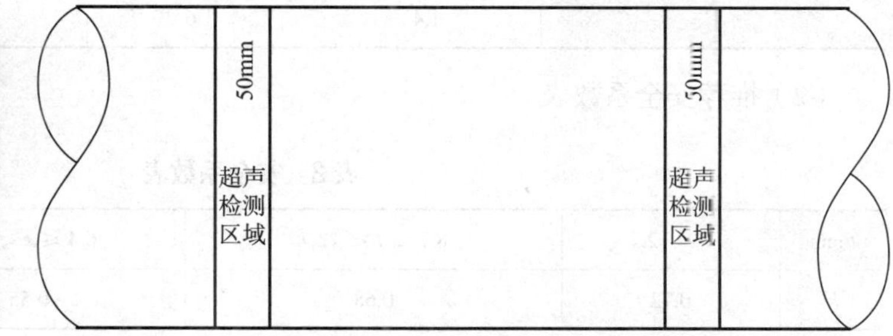

图 11　确定作业位置

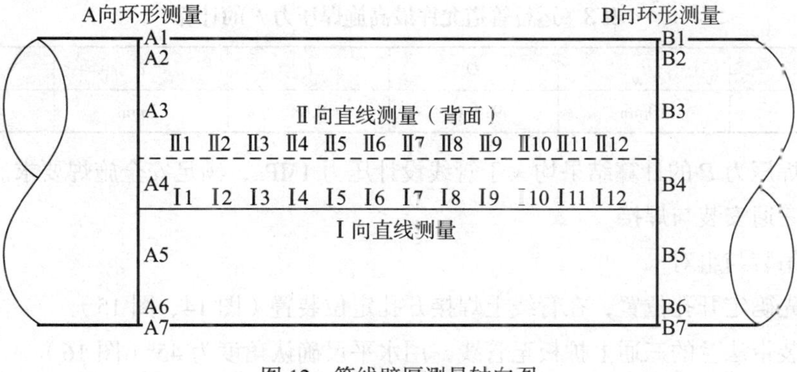

图 12　管线壁厚测量轴向图

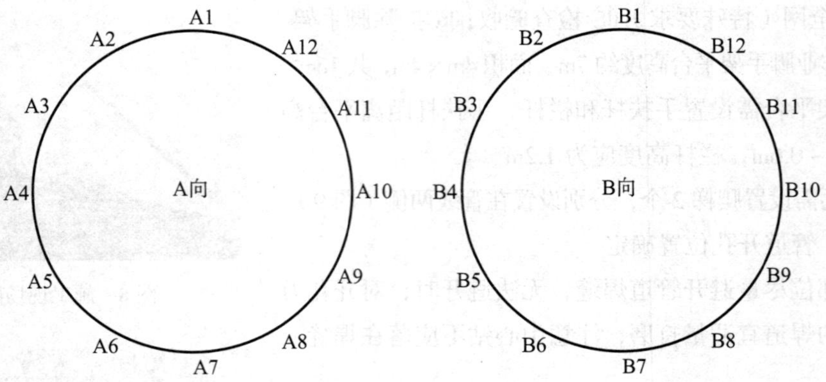

图 13　管线壁厚测量周向图

运行管道允许的最高施焊压力：

$$P=\frac{2\sigma_s(t-c)}{D}F \quad (1)$$

式中，P 为管道允许带压施焊的压力，MPa；σ_s 为管材的最小屈服极限，MPa；t 为焊接处管道实际壁厚，mm；c 为因焊接引起的壁厚修正量参见表 1，mm；D 为管道外径，mm；F 为安全系数参见表 2。

（1）推荐修正量表

表 1　修正量表

焊条直径 /mm	< 2.0	2.5	3.2	4.0
C	1.4	1.6	2.0	2.8

（2）推荐安全系数表

表 2　安全系数表

t/mm	$t \geqslant 12.7$	$8.7 \leqslant t < 12.7$	$6.4 \leqslant t < 8.7$	$t < 6.4$
F	0.72	0.68	0.55	0.4

（3）运行管道允许最高施焊压力 P 的计算（表 3）

表 3　运行管道允许最高施焊压力 P 的计算

σ_s	t	D	F	c	P
205MPa	10mm	914mm	0.68	2mm	2.4MPa

最高施焊压力 P 的计算结果均大于管线设计压力 1MPa，满足安全施焊要求。

5.2.5　三通安装与焊接

1. 三通吊装与组对

（1）首先确定开孔位置，在管线上焊接开孔定位装置（图 14、图 15）。

（2）吊装带法兰的三通上护板至管线，用水平尺确认角度为 45°（图 16）。

图 14　三通准备吊装

图 15　中心定位块确定位置

图 16　三通组装

（3）通过在管道与护板之间圆周方向均匀垫压电焊条的方式来控制护板与管道的正常间隙，减少三通焊接应力。插入焊条数量为 4 ~ 8 根。

（4）当三通与管线间缝隙和角度满足开孔要求后，点焊固定三通。

（5）吊装下护板到管子上，将三通上、下护板用链条卡具紧固好，调整上、下护板之间横缝的间隙。上、下护板的横向对接焊缝应 100% 焊透，其根部间隙（对接面的间隙）宜为 3 ~ 6mm。

（6）确认管线间隙无误后，点焊固定（图 17）。

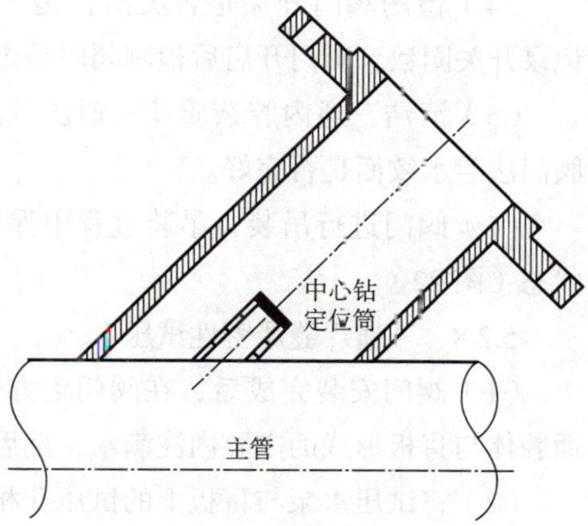

图 17　组装后示意图

2. 三通焊接

（1）横焊缝和环焊缝的焊接顺序如图 18 所示。

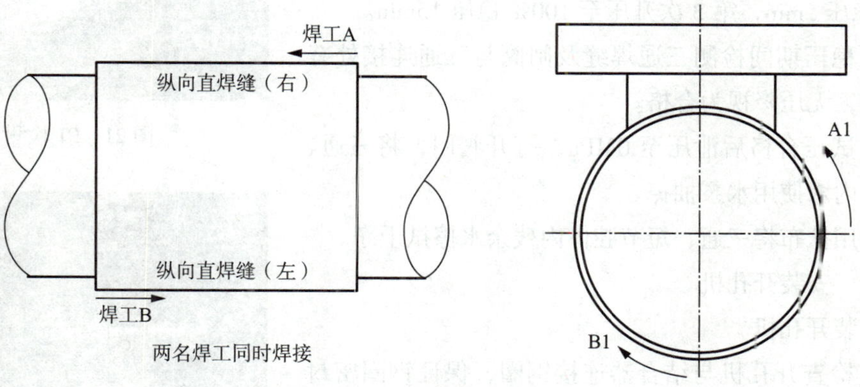

图 18　焊接顺序

（2）三通焊接采用手工电弧焊，不锈钢焊条进行焊接（图 19、图 20）。

（3）管件焊接时，气体流速不超过 10m/s。

（4）垫层焊接时不应和三通相连。

（5）焊接时严格控制层间温度。

5.2.6　焊缝无损检测

（1）横焊缝及环焊缝焊接完成后，须进行无损检测，检测采用 PT 或 UT（图 21）。

（2）三通焊接完毕 24h 后（且在打压试验完成后），应对焊缝进行第 2 次检测。

5.2.7 阀门安装

（1）阀门安装前，对阀门进行详细检查并做好记录，并检验阀体压力试验记录。

（2）测量阀门内孔与三通法兰内孔的同轴度，同轴度误差不应超过 Φ1mm。

（3）检测阀门螺栓孔对中度，清洁并检查螺栓及螺母的螺纹是否有损伤，螺栓是否有裂纹等缺陷，对不合格的要进行替换。

（4）检测阀门开关是否灵活，是否能够开关到位；记录开关圈数，阀门开启后检测阀门是否完全打开。

（5）清洁三通内腔杂质及三通法兰面水纹线，检验阀门法兰水纹面是否完好。

（6）阀门进行吊装，吊装过程中保持阀门处于关闭状态（图 22）。

5.2.8 三通焊缝严密性试压

（1）阀门安装完成后，在阀门上方安装盲板，将三通腔体与盲板形成的空腔内注满水，然后关闭阀门。

（2）将试压水泵与盲板上的试压孔相连接。

（3）使用手动试压泵分 3 次将压力升至管线运行压力的 1.1 倍，第 1 次升压至 50% 稳压 5min；第 2 次升压至 80% 稳压 5min，第 3 次升压至 100% 稳压 15min。

（4）稳压期间检测三通焊缝及闸阀与三通连接处有无渗漏点，无压降视为合格。

（5）试压合格后泄压至 0MPa，打开阀门，将三通、短节腔体内水使用水泵抽掉。

（6）用抹布将三通、短节腔体内残余水擦拭干净。

5.2.9 安装开孔机

1. 组装开孔机

（1）检查开孔机与结合器连接钢圈，保证钢圈密封处无损坏。

（2）检查清理法兰水纹线及钢圈槽，确保安装后密封性完好。

（3）检查筒刀刀齿是否完好，测量筒刀直径深度及椭圆度完好。

（4）安装开孔结合器。

（5）清理开孔结合器连接螺栓及螺孔。

（6）按螺栓紧固细则紧固开孔机与结合器连接螺栓。

图 19 现场焊接一

图 20 现场焊接二

图 21 PT 检测

图 22 阀门安装

（7）安装开孔筒刀。

（8）使用游标卡尺进行多点测量。

（9）测量计算开孔尺寸。

2. 吊装开孔机

由于本次开孔作业为高空斜开孔作业，使用链条锁具、吊葫芦、吊带等吊装开孔机收尾两固定吊点（分别为 $Q_{主}$和 $Q_{副}$），保持开孔机呈 45° 安装至闸阀，并紧固螺栓。

3. 安装开孔机至阀门

（1）组装开孔机后，保持吊装状态进行开孔工作，同时下方搭建脚手架平台至开孔机机头位置加以支撑稳定，防止开孔机下沉。开孔机缓慢吊装至阀门上（图 23、图 24）。

（2）安装短节及泄压阀。

5.2.10　整体严密性试验

（1）把打压软管连接至氮气瓶和开孔机上的泄流阀，并安装压力表。

（2）打开氮气瓶调节阀，向三通、阀门及开孔结合器内注入氮气，置换腔体内空气，从开孔结合器上的排空口进行氧含量检测，当氧气含量低于 2% 视为合格。

（3）整体严密性试验的压力采用管线运行压力 1.0 倍进行。

（4）稳压 15min，用肥皂水喷淋连接处，压力不下降、无气泡则说明严密性测试合格。

（5）把设备内压力升至略高于管线运行压力（图 25）。

5.2.11　管线开孔及加盖盲板

（1）当现场开孔条件已经满足时，向运行方现场代表确认工作许可。

（2）连接开孔机液压管，确认各连接部位无松动；开启开孔机开孔通过标尺杆记录开孔尺寸。

（3）开孔时，当开孔机切削到预定尺寸后停机，随后手动操作开孔机使开孔刀前进 5 ~ 10mm，确认孔完全被开透，方可上提刀具（图 26）。

（4）开孔作业时管线内介质压力、流速应尽量保持稳定。如果运行方需对管线运行参数进行较大变动必须提前通知施工方项目经理，由双方协商决定。

（5）开孔到最终完成尺寸时进行校核。

（6）开孔完成后将刀退出，关闭阀门，关闭开孔控制阀，关闭液压站，通过泄压阀排出开孔机腔体内的残余压力。

图 23　开孔机吊装

图 24　开孔机安装至阀门上

图 25　整体打压

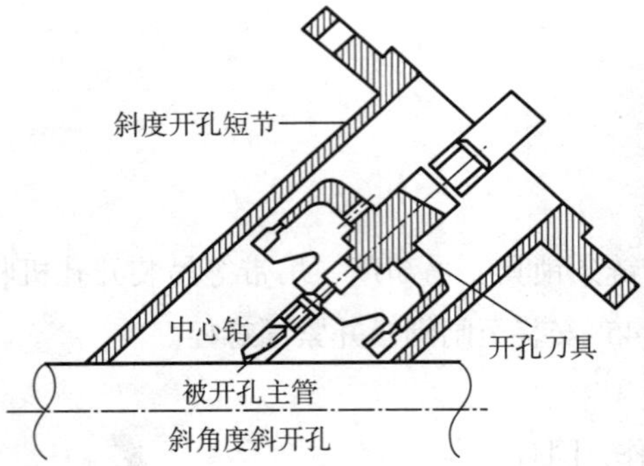

图 26 45° 开孔示意图

（7）移除泄压阀打压管。

（8）拆除开孔机，加盖盲板至闸阀，若是碳钢管道作业，最后增加防腐作业。

5.2.12 清理现场

完工后，人员和设备撤场（图 27）。

图 27 撤场吊装

5.3 施工人员统计

施工人员统计见表 4。

表 4 施工人员统计表

序号	名称	人数	备注
1	项目经理	1	负责项目整体实施和节点控制
2	技术总负责	1	负责整体项目的技术
3	安全总监	1	整个项目安全总负责
4	质量员	1	现场施工质量控制
5	电工	2	根据排班次数决定
6	焊接作业技术人员	6	具有在役自动焊焊接资质
7	封堵工	2	负责开孔
8	起重工	1	

注：施工过程人员配置根据项目实际情况调整。

6 材料与设备

以黄冈 LNG 工厂 BOG 回收改造项目 TP-1905 带压开孔工程项目为依据，编制以下材料与设备明细。实际所用材料与设备必须根据具体工程情况进行选择，注意如果在役管道为钢制管道，焊接材料需选择低合金钢专用焊条，并增加防腐材料（黏弹体 + 聚乙烯或聚丙烯防腐外带）。

6.1 主要设备明细

主要设备见表 5。

表 5 主要设备明细表

序号	装载器材名称	规格型号	单位	数量	备注
1	发电机	120kW	台	1	
2	电焊机	DC400	台	2	
3	烘干箱		台	1	
4	开孔机	美亚	套	1	配套液压站
5	开孔接合器	*Φ*219mm，2.5MPa	台	1	
6	球阀	6 分—压力表—打压头	个	2	
7	球阀	2 寸	个	2	
8	筒刀	*Φ*219mm	个	2	
9	中心钻	*Φ*219mm	个	2	
10	短接	2 寸锥—锥	个	2	装球阀
11	短接	6 分	个	4	
12	短接	4～6 分	个	2	
13	打压铜头		个	1	
14	液压站	4 型方驱	台	1	
15	打压管		根	2	
16	电动打压泵		台	1	
17	轴流风机		台	2	
18	防爆灯		个	2	
19	测厚仪		台	1	
20	测温仪		台	1	
21	测爆仪		台	1	
22	风速仪		台	1	

6.2 主要材料明细

主要材料见表 6。

表 6 主要材料明细表

序号	材料名称	规格型号	单位	数量	备注
1	焊条	E308L-16，2.6mm	kg	10	
2	焊条	E308L-16，3.2mm	kg	50	
3	金属缠绕垫片	*DN* 200mm，PN16	片	4	
4	防爆插头	32A，220V，三芯	个	1	
5	防爆插头	32A，380V，五芯	个	1	
6	氧气	工业级，99.2%，40L/ 瓶	瓶	12	
7	乙炔气	高纯，99.99%，40L/ 瓶	瓶	6	
8	氮气	普通，99.6%，40L/ 瓶	瓶	8	开孔期间置换等
9	液化气	YHQ，一级，15kg/ 瓶	t	0.06	

7 质量控制

7.1 工程质量控制标准

（1）GB/T 28055—2023《钢质管道带压封堵技术规范》

（2）化学工业出版社《危险化学品安全技术全书》

（3）GB 50369—2014《油气长输管道工程施工及验收规范》

（4）SY/T 5858—2004《石油工业动火作业安全规程》

（5）API2201—2003（2020）《石油及石化行业热开孔操作规范》

（6）SY/T 6554—2019《石油工业带压开孔安全规程》

（7）不锈钢在役焊接规程

7.2 质量保证措施

7.2.1 开工准备

（1）施工前，项目部必须向全员进行技术交底，做好交底记录。

（2）完成施工前的车间 45° 模拟实验。

（3）完成奥氏体不锈钢在役焊接工艺制作。

（4）对施工用物资进行检查，确认其合格性和适用性，有检查记录。

（5）施工中认真填写施工检查表、尺寸计算表、施工记录。

（6）熟悉 LNG 奥氏体不锈钢焊接规程和作业指导书。

7.2.2 焊接作业

（1）焊接作业前，应根据现场管廊和周围设施的情况，确定工作台的搭建方式。

（2）焊接 45°开孔三通时，严格按照焊接工艺规程的要求进行焊接。焊接前，焊条进行 300～350℃烘干处理，严格控制层间温度，按焊接工艺规程条款严格执行。

7.2.3 质量控制点

（1）套筒安装前，委托有设计资质的单位根据现场管道的壁厚、材质、设计压力等数据设计 45° 开孔三通，委托有生产、加工资质的单位按设计图纸加工、制造符合设计要求的三通，并附产品合格质量证明文件。对三通护板及焊缝进行检测，确保三通无本体缺陷。核实三通护板及支管的外形尺寸和角度，在三通与管道间通过垫焊条等方式提高组对安装精度，保证间隙均匀，方便施焊，进而提高焊接质量。组对安装套筒必须按照《钢制管道带压封堵技术规范》GB/T 28055—2023 执行，并要求做好标记、记录。

（2）规范焊接工艺规程，委托有资质单位对焊接工艺规程进行升级，焊评模拟最恶劣工况，模拟测试多种参数下的焊接过程并进行质量评价，给出最优化方案，确保在现场施工时具备可操作性。焊评对各个施工步骤提出明确的指导意见，包括工艺选择、焊材选择、焊接程序等。

（3）严格按照规程施焊，施焊过程中严格按照该规程要求，控制焊接速度、热输入量和层间温度（不锈钢三通焊接时，层间温度控制在 80℃以下；碳钢三通焊接时，层间温度≥ 90℃）。

8　安全措施

8.1　安全标准

（1）GB 2894—2008《安全标志及其使用导则》

（2）GB 18218—2018《危险化学品重大危险源辨识》

（3）GB 6067.1 ~ 7—2010《起重设备安全规程》

（4）GB/T 28001—2011《职业安全健康管理体系要求》

（5）GB 15630—1995《消防安全标志设置要求》

（6）GB/T 12801—2008《生产过程安全卫生要求总则》

8.2　安全保证措施

8.2.1　一般规定

（1）施工过程中，作业点 10m 内设为警戒区，任何非施工人员不得进入，安全警戒线安排专人负责。

（2）施工现场设置施工公告牌、安全标志、警句，设置“严禁吸烟”警示标志。在作业前和作业中对作业点周围居民做好相关的安全教育和宣传工作。

（3）施工设备、材料及消防器材，按标准配备齐全，其中 4kg 干粉灭火器 8 个，摆放适当；急救箱 1 个，按要求位置摆放，使用方便，确认有效日期。

（4）定期对施工设备进行检查，发现隐患应立即采取措施。

（5）施工前办理开工许可证、动火票等相关手续，并得到管理处的许可。

（6）施工过程中，所有施工人员一律穿防静电工作服，佩戴安全帽，禁穿有铁钉的鞋。

（7）组织施工人员学习施工方案及安全措施，增强安全意识，每天召开班前会议（图 28）。

图 28　每日作业前的安全喊话

（8）施工前召开技术协调会，甲、乙双方共同制定紧急情况应急措施。

（9）施工前清除作业区内各种易燃物。

（10）现场作业完工，施工现场必须做到“工完料净场地清”。

（11）建立通信的通信网络，保证施工中甲、乙双方工序衔接的安全性。

（12）动火前清理现场易燃物并用可燃气体测爆仪检测周围环境，确认安全方可动火。若施工现场可燃气体含量过高，将采用强制通风的方法控制空气中可燃气体含量。动火期间按规定间隔定时抽查，并间插不定时检查。动火必须在指定范围内进行，不得擅自扩大动火范围。

（13）作业现场保证人员疏散通道及消防通道畅通，灭火器材专人到位。现场临时用电所使用的配电箱摆放要符合安全规定，设立用电警示牌，用电开关要有漏电保护，人员离开现场必须切断电源。

（14）动火操作人员必须严格执行安全操作规程。全部动火部位必须设专人监护，工程结束后，甲、乙方安全人员组织现场清理工作，确认施工现场余火全部熄灭。

（15）所有车辆均停放在作业区外，车辆进入作业区后应听从安全员的指挥。

（16）施工前提前了解天气状况，并准备好防雨措施。

8.2.2 焊接作业安全措施

（1）焊接必须符合焊接规程的要求。焊接操作人员必须经过专门培训，经考核合格并持有特种人员（焊工）操作证。

（2）焊工应熟悉焊接工艺规程。

（3）焊接、气割作业时人员应使用护眼用具、护耳用具等防护用具。

（4）气瓶距易燃材料至少10m，氧气瓶应与燃气易燃物质隔离开，应有6m的间距，并在存放处应竖立醒目的警示牌。

（5）空瓶应单独存放，并标有“空”字样，空瓶上的阀应当关闭，拧紧阀的保护帽。

（6）漏气的压缩气瓶或超压的钢瓶应立即从存放处移走，关闭各个阀门，并在远离火源处放空。

（7）焊机上附设的附属线路应予接地，含有可燃气体或液体的管道以及导电体不能做接地回路，链条、钢丝绳、吊车和起重机不能用作输送焊接电流。

（8）带有接头或距焊把3m以内修复过绝缘层的线缆不许使用。

（9）焊工身体的任何部位禁止与未绝缘的金属部件以及任何裸露的导体相接触。在潮湿地带进行焊接时，必须设置干燥平台以供焊工站立之用，吸潮的布料不能作为绝缘物质使用。

8.2.3 电工作业安全措施

（1）电工必须经过专门培训，经考核合格并持有特种人员（电工）操作证。

（2）严禁带负荷或带故障进行停、送高压断路器。

（3）在送电时，应先合总开关，后合分路开关，停电时相反。

（4）雷雨时不得进行保险器熔丝更换工作，也不能进行电器外线作业。

（5）带电作业时，应设专人监护，使用绝缘工具，穿戴好个人防护用品。

（6）工作时要保证人体与大地之间，与其他相线、零线、导线之间的绝缘良好，保持安全距离。

（7）带电导线未采取绝缘措施时，工作人员不得穿越。应有防止相间断路和单相接地的措施，带电部分只允许在操作者的一侧。

（8）在无架空地段，应采用护套缆线，缆线易损坏线段要采取保护措施。

（9）配电线路的每一支路的始端要装设断路开关和有效的短路及过载保护。

（10）所有电器设备的金属外壳以及与电器设有连接的金属构架，必须采取保护接地或保护接零。接地、接零线应使用多股铜线，禁止使用独股铝线。接地、接零线中间不得有接头，与设备及端子连接必须牢固可靠，接触良好。接点应设在明显处，导线不应承受拉力。

（11）采用接零线保护的单相220V电器设备，应设有单独的保护接零，不得利用设备自身的工作零线兼做接零保护。

（12）配电箱应坚固、完整、严密，箱门上应喷涂红色“电”字或红色危险标志。配电箱内所有配线要绝缘良好，排列整齐，绑扎成束并固定在盘面上。导电剥头不得过长并压接牢固。

配电箱、盘的操作面上的操作部位不得有明露的带电体。使用中的配电箱内禁止放置杂物。

（13）各种开关、熔断器、热继电器等的选择：其额定容量应与被控制的用电设备容量相匹配。各种开关接触器均应动作灵活，其触点应接触良好，不得存在严重烧灼等现象。在繁华地段施工，不宜采用落地式配电箱。

（14）凡移动式设备及手持式电动工具，必须装设漏电保护装置。其电源线应使用三芯（单相）或四芯（三相）橡胶套缆线。接线式缆线护套应放进设备的接线盒，并加以固定。

（15）凡露天使用的电器设备，应有良好的防雨性能或有妥善的防雨功能。

（16）室外、潮湿的场所开关保护：在室外，潮湿的场所开关、电路控制板、电机控制器应配备防雨的开关或电柜。

（17）电工工具的使用、设备的保护：电工所使用的便携式电工工具应使用合格的、绝缘性能良好的。为维护设备应当有接地保护措施。

8.2.4 材料及设备的搬运与储存作业安全措施

（1）设置专人、专车负责材料运输，运输过程中驾驶人员应严格执行交通管理部门的规定。

（2）运输车辆进入现场要佩戴防火帽。

（3）存放区内的通道至少要有 1m 宽且不能用于贮物，材料和设备均不能摆放在安全通道上。

（4）在存放区应放置灭火器。

（5）存放的位置应避开架空电力线。

（6）材料及设备的存放要注意防雨、防潮，应配备防雨篷布。

（7）在施工现场，设备必须定置摆放，保证安全通道及安全距离。

9 环保措施

9.1 环保标准

（1）SY/T 6276—2014《石油天然气工业 健康、安全与环境管理体系》

（2）GB 12348—2008《工业企业厂界环境噪声排放标准》

（3）GB 16297—1996《大气污染物综合排放标准》

（4）GBZ 1—2010《工业企业设计卫生标准》

9.2 环境保护措施

（1）成立对应的施工环境卫生管理机构，在工程施工过程中严格遵守国家和地方政府下发的有关环境保护的法律、法规和规章，加强对施工燃油、工程材料、设备、废水、废油、生产生活垃圾、弃渣的控制和治理，遵守有防火及废弃物处理的规章制度，随时接受相关单位的监督检查。

（2）将施工场地和作业限制在工程建设允许的范围内，合理布置、规范作业，做到标牌清楚、齐全，各种标识醒目，施工场地整洁文明。

10 效益分析

10.1 经济效益

本工法采用斜 45° 开孔三通进行新旧管线连接，替代了由业主指定的开孔短节的工艺，采用了斜 45° 开孔三通工艺，组装和焊接效率提高大约 23% ~ 27%，大幅度缩减了工程项目的施工周期，有效降低了施工方的工程成本，节约了运行方的工程造价，有效控制了安全风险系数，降低了对环境的污染，提高了施工效率。

工程效益见表 7。

表 7 经济效益表

序号	工程项目名称	开工时间	竣工时间	维抢修公司给出的工艺	业主选用设计的工艺	与传统工艺相比节约成本
1	黄冈 LNG 储气设施项目 EPC 总承包项目动火连头工程	2022.5.25	2022.9.3	斜 45° 开孔三通接支线工艺及动火连头工艺	斜 45° 开孔短节接支线工艺及动火连头工艺	23%
2	黄冈 LNG 工厂 BOG 回收改造项目 TP-1905 带压开孔工程	2022.8.10	2022.9.13	斜 45° 开孔三通接支线工艺	斜 45° 开孔短节接支线工艺	27%

10.2 社会效益

管道局维抢修公司 2022 年接到湖北黄冈项目，项目涉及 LNG 奥氏体不锈钢管道的动火连头及开孔接支线项目。在维抢修公司近 3 个月的不断研究实验和验证中，突破了工艺壁垒，通过优化设计，加工制造，焊接工艺评定制作及厂内实验验证等工作，最终形成了一套完整可行的不锈钢开孔工艺。在项目中实施效果超出预期，扩大了维抢修公司的业务范围，进一步奠定了其社会影响力。

10.3 环境效益

本工法实施不需要进行管道的断管，直接采用开孔嫁接技术将新旧管线连接，对环境无任何污染和破坏，保证了在施工作业中不会对植被及地质造成污染，在环保方面具有一定的优越性。

11 应用实例

实例一：黄冈 LNG 储气设施项目 EPC 总承包项目动火连头工程

黄冈 LNG 储气设施项目 EPC 总承包项目动火连头工程，施工地点位于湖北省黄冈市。本工程的目的是对黄冈 LNG 储气设施项目中新建、改扩建、改造管路需要与已建设施进行碰头、连接、衔接等动火连头，在液化工厂已建的管路（管线号：OG-2309-1K2-800-PP-75）上进行不停输带压开孔作业。本次项目共计 *DN* 800 ~ *DN* 400mm 不锈钢斜 45° 带压开孔施工一处，*DN* 50 ~ *DN* 600mm 动火连头 13 处（图 29）。

黄冈 LNG 储气设施项目 EPC 总承包项目动火连头工程的过程因涉及到焊接工艺评定制作，高处脚手架作业平台搭建及拆除，管段测量，新管段预制焊接，管段管件试压，管段下料切割，动火管道置换隔离，管线打开，动火连头，管线带压开孔及前期开孔试验等多个工序，明确每道工序的具体施工步骤以及工艺十分重要，因此必须对整个过程的机具、人员、工期等进行严密组织，明确职责，统筹安排。动火时间为 2022 年 5 月 25 日至 2022 年 9 月 3 日（图 30）。

序号	位号	模型图	现场位置示例	安装图	口径	动火级别	材质	介质	工作量
1	TP-2104	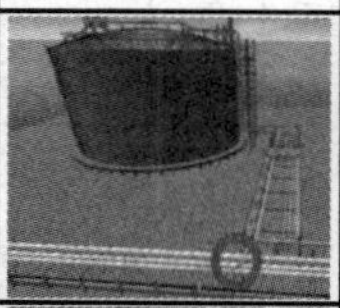		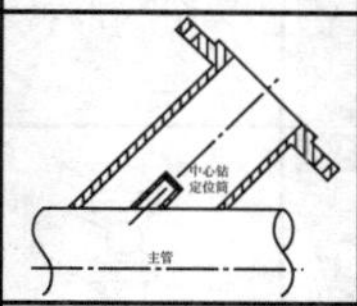	*DN*800～*DN*400	特级动火	ASTM A312 TP304	放空气	带压开*DN*400孔，斜45°设计、制造开孔三通； 焊接工艺评定； 开孔阀门甲供； 开孔施工前进行试验。
2	TP-1901			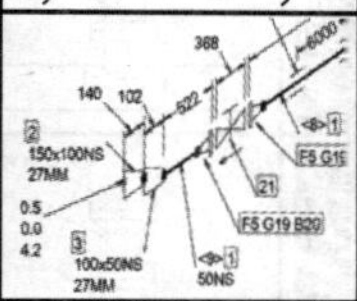	*DN*150	一级动火	ASTM A106 Gr.B	BOG	吹扫置换后，切掉封头连接新管道； *DN*150机械切管：1道； *DN*150-*DN*100大小头安装1个； *DN*100-*DN*50大小头安装1个； 安装*DN*50法兰：1片； 安装*DN*50阀门1台； 安装*DN*50盲板1片； 预制短节试压。
3	TP-1904	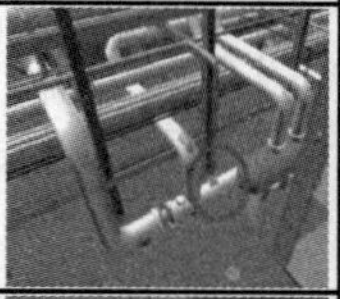		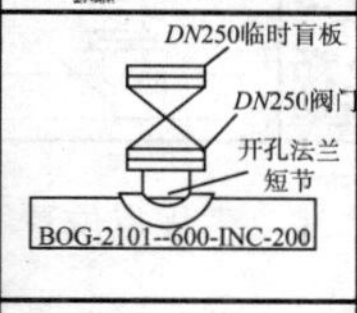 	*DN*600	一级动火	ASTM A312 TP304	BOG	吹扫置换后，直管加三通； 管道放空后不带压开2寸孔1个，配合进行管道置换。 *DN*600机械切管：2道； *DN*600-*DN*250三通安装1个； 安装*DN*250法兰1个； 安装*DN*250阀门1台； 安装*DN*250盲板1片； 预制短节试压。
4	TP-2801			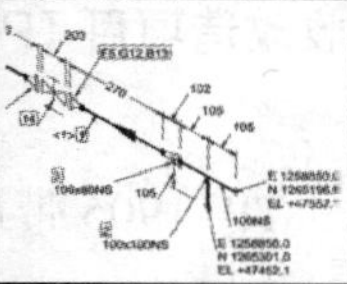	*DN*100	特级动火	ASTM A106 Gr.B	燃料气	吹扫置换后，弯头改三通 *DN*100机械切管：2道； 安装*DN*100等径三通1个； 安装*DN*100-*DN*80异径接头1个； 安装*DN*80法兰1个； 安装*DN*80阀门安装：1台； 安装*DN*80盲板1片； 预制短节试压。
5	TP-1902			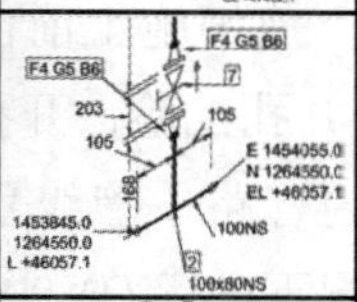	*DN*100	二级动火	ASTM A312 TP304	空气	管道放空后，切断直管加三通； *DN*100机械切管2道； *DN*100-*DN*80异径三通安装：1个； 安装*DN*80法兰：1片； 安装*DN*80阀门1台； 安装*DN*80盲板1片； 预制短节试压。
6	TP-1903			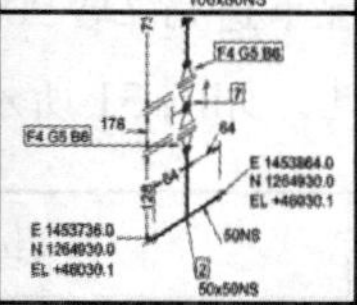	*DN*50	二级动火	ASTM A53 Gr.B	氮气	管道放空后，切断直管加三通； *DN*50机械切管：2道； *DN*50三通安装1个； 安装*DN*50法兰1个； 安装*DN*50阀门1台； 安装*DN*50盲板1片； 预制短节试压。
7	TP-2802			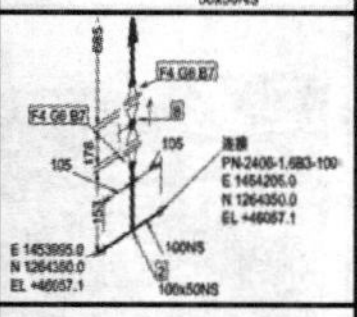	*DN*100	二级动火	ASTM A53 Gr.B	氮气	管道放空后，直管加三通； *DN*100机械切管：2道； 安装*DN*100-*DN*50三通1个； 安装*DN*50法兰1个； 安装*DN*50阀门1台； 安装*DN*50盲板1片； 预制短节试压。
8	TP-3805	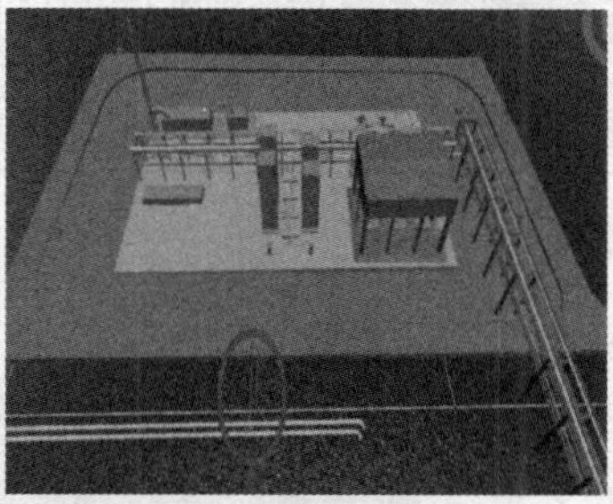		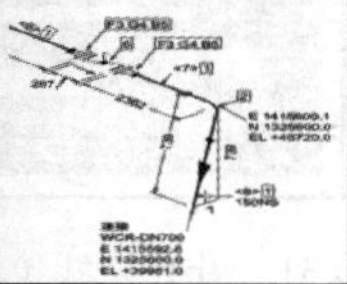	*DN*150	二级动火	ASTM A53 Gr.B	循环热水	直管接支管： *DN*700管线开*DN*150孔2处； *DN*150角接：2处； 安装*DN*150弯头：4个； 安装*DN*150法兰：2个； 安装*DN*150阀门：2台； 安装*DN*150盲板：2片； 预制短节试压。
9	TP-3806			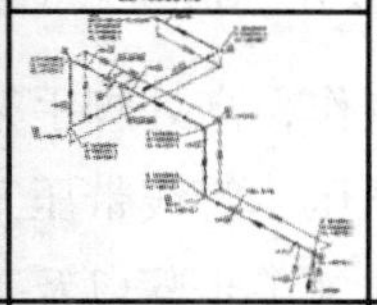		二级动火		循环冷水	
10	TP-2901			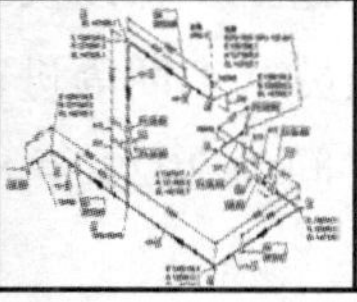	*DN*150	管道打开作业	ASTM A106 Gr.B	天然气	站外预制，站内法兰安装： *DN*150法兰拆除：2道； *DN*150阀门拆除：2台； 安装*DN*150阀门：3台； 安装*DN*150弯头：4个； 安装*DN*150三通：1个； 安装*DN*150法兰：5个； 安装*DN*150盲板：1片； 预制短节试压。

图 29　工程点位置

11	TP-2102			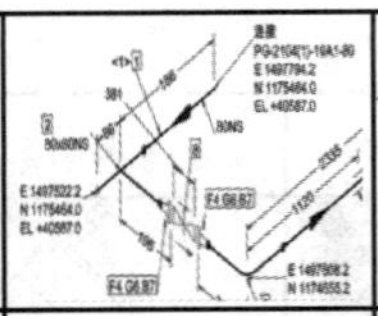	DN80	管道打开作业	ASTM A106 Gr.B	天然气	关闭连接点两侧阀门，拆除阀门中间短节，移至站外与新管道连接； 安装DN80等径三通：1个； 安装DN80弯头：1个； 安装DN80阀门：1台； 安装DN80法兰：1片； 预制短节试压。
12	TP-2107			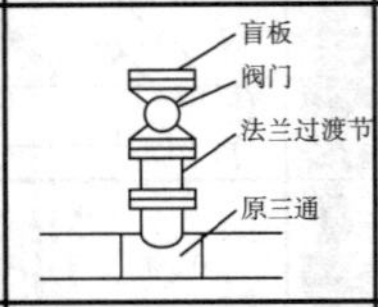	DN50	管道打开作业		空气	管道放空后拆除盲板安装阀门： DN50焊接：1道； 拆除DN50盲板：1片； 安装法兰过渡短节：1个； 安装DN50阀门：1台； 安装DN50盲板1片； 预制短节试压。
13	TP-2108			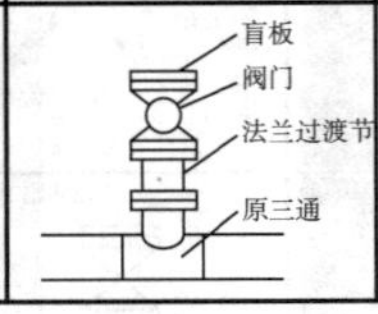	DN100	管道打开作业		氮气	管道放空后拆除盲板安装阀门： DN100焊接：1道； 拆除DN100盲板：1片； 安装法兰过渡短节：1个； 安装DN100阀门：1台； 安装DN100盲板1片； 预制短节试压。

图 29　工程点位置（续）

实例二：黄冈 LNG 工厂 BOG 回收改造项目 TP-1905 带压开孔工程

黄冈 LNG 工厂 BOG 回收改造项目 TP-1905 带压开孔工程，施工地点位于湖北省黄冈市。现场施工前由我方设计、制造开孔三通，并进行 45° 斜开孔试验，开孔阀门由甲方提供。在保证液化工厂已建的管路（管线号 OG-2306-1K2-900-PP-75）正常输送的情况下进行 *DN* 900 ~ *DN* 200mm 不锈钢斜 45° 带压开孔施工 1 处，如图 31 所示。

图 30　现场施工情况

位号	模型图	现场位置图	工作量
TP-1905	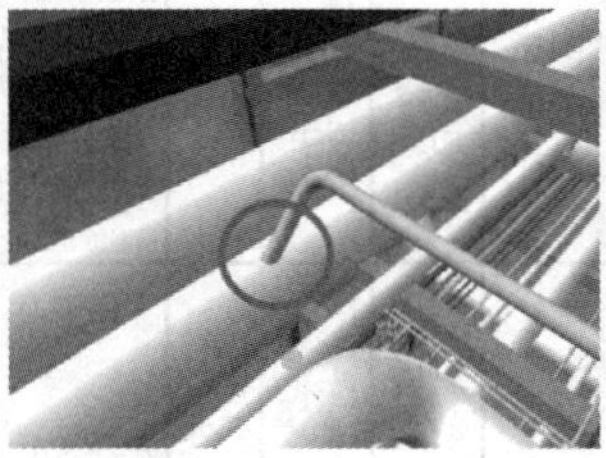		1.设计、制造开孔三通 2.基地内进行45°斜开孔试验 3.开孔阀门由甲方提供 4.带压斜45°开*DN*200mm孔

图 31　开孔管线位置图

该工程因涉及到焊接工艺评定制作，高处脚手架作业平台搭建及拆除，三通及阀门安装试压，管线带压开孔等多个工序，因此明确每道工序的具体施工步骤以及工艺十分重要，必须对整个过程的机具、人员、工期等进行严密组织，明确职责，统筹安排。焊接时间为 2022 年 8 月 10 日至 2022 年 9 月 13 日（图 32）。

图 32　现场施工情况

油气管道不停输维抢修双级封堵施工工法

陶伟莉　王媛媛　杨明昊　王社超　王焕涛

中国石油管道局工程有限公司维抢修分公司

1　前言

随着油气管道的长期运行及城市规划的变迁，油气管道经常需要进行换管、维修、改线等作业，管道不停输封堵技术作为一种安全可靠的作业方式被长期采用。传统的单级盘式封堵技术被广泛使用，但该技术存在受管内焊道、铁屑等影响而造成密封不严密的现行缺陷，因此在封堵工艺上还需要加装1道隔离气囊来隔离封堵头泄漏的介质。

为确保封堵作业的安全，降低施工成本，提高维抢修效率，课题组成员研发双级封堵技术，可实现一次下封堵达到2道密封的效果。通过试验测试后于2021年4月，在北京芦各庄桥高压B燃气闸室改移不停输封堵工程中成功应用，并于2021年11月在庐山站管道隐患治理项目中成功应用，2次应用均实现零泄漏密封，实现了现有封堵技术的突破。并在此基础上，形成了本工法。

该技术装备及工艺方法已经申请国家发明专利1项，并获得管道局技术革新一等奖。

2　工法特点

2.1　安全环保性高

通过采用新型的双级封堵技术，可以实现一次性封堵达到双重密封效果，实现零泄漏密封，安全性更高。同时，可以实时监测两道密封之间泄漏介质，以确保施工安全。

2.2　对主管道影响小

不需要主管道停输作业，优化在役油气管道开孔封堵工艺，可省去下囊作业，省去开下囊孔，焊接下囊三通，最终在管道上减少2个永久留存下囊三通，减少对管道的影响。

2.3　施工成本低

该新型封堵技术施工方法由原来的焊接6个三通减为焊接4个三通，开孔作业由原来的开6孔减为开4孔，大大减少焊接作业、开孔作业量，降低施工成本。

3　适用范围

本工法适用于管径 *DN* 300～*DN* 1500mm，运行压力＜10MPa的油气管道不停输封堵施工作业。

4 工艺原理

油气管道不停输维抢修双级封堵技术是在油气管道正常输送的情况下进行的一种封堵技术。利用架设旁通管线的方式实现管道不停输，再通过双级封堵装置截断需要更换管段的上下游介质，再实施换管作业，实现管道的完全修复（图 1）。

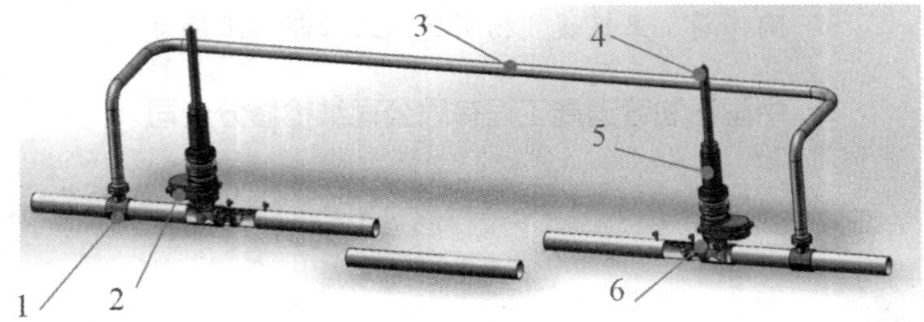

图 1 油气管道不停输双级封堵施工工艺

1—三通；2—夹板阀；3—旁通管线；4—封堵缸；5—封堵接合器；6—双级封堵头

采用双级封堵技术的带压封堵作业是在需要封堵的油气管道上先安装封堵三通、旁通三通，然后在封堵三通上安装夹板阀。在开孔作业后，组装封堵器、双级封堵头和封堵接合器等设备并组对安装在夹板阀上，对组装好的设备进行试压，试压完成后进行管线带压封堵作业。

带压封堵过程是在封堵设备密闭状态下，利用封堵器将双级封堵头送入油气管道内，并借助两级机构的皮碗对管道进行密封。采用密闭状态是为了防止正常运行的油气管道介质泄漏后对封堵作业造成危害；采用封堵皮碗是为了隔离管道内的介质（图 2）。

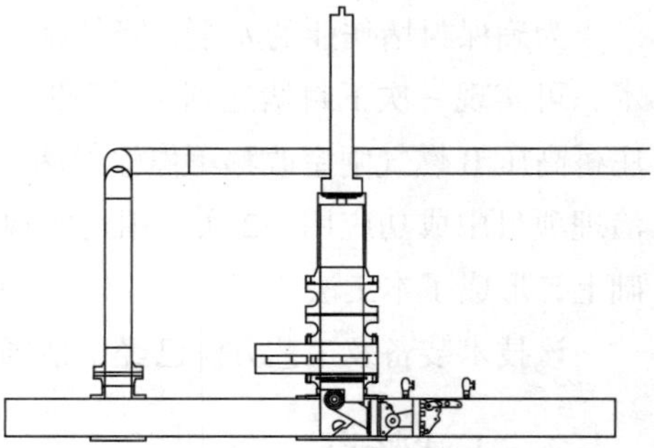

图 2 带压封堵示意图

4.1 肘式多关节技术

双级封堵装置采用新型肘式多关节机构（图 3）。一级与二级机构之间通过肘式转动臂与转动轴连接，可自由转动。每级封堵机构具备 1 个密封皮碗，封堵作业时可实现 2 个皮碗同时密封。

4.2 轨迹控制技术

在封堵器下放双级封堵头至管道过程中，通过多组不同大小的导向轮组合可由竖直状态顺利转动到水平封堵状态。下放过程首先第 2 级密封机构的导向行走轮接触管底，带动第 2 级密封机构转向进入管道，依

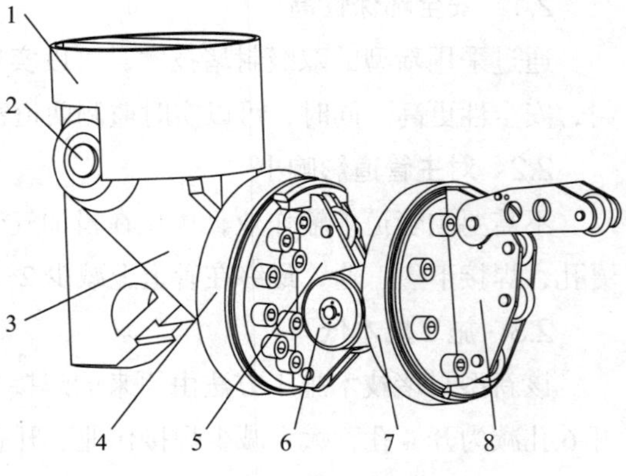

图 3 多关节机构组成

1—主支架；2—转动轴；3—一级肘式转动臂；4—一级主密封；5—一级导向机构；6—二级肘式转动臂；7—二级次密封；8—一级导向机构

次经过第2级行走轮的导向引导，实现第2级的多次轨迹翻转进入管道。接下来第1级机构推动第2级机构翻转进入的同时通过行走轮的方向转向进入管道，最终一级、二级恰好同时达到垂直封堵管道的最佳封堵状态。

4.3 顶块对中技术

利用上、下顶块与管壁支撑时产生的对中作用实现封堵头位置对中，封堵到位实现顶块贴紧管内壁，主支架上、下两点接触贴紧管内壁和三通内壁，实现三点支撑的稳定封堵状态。

5 施工工艺流程及操作要点

5.1 施工工艺流程

施工工艺流程如图4所示。

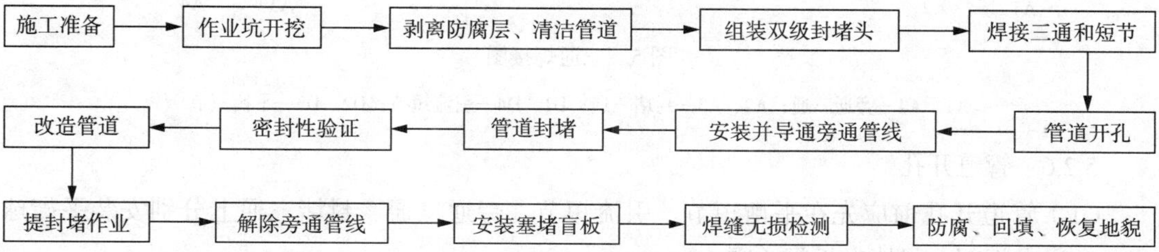

图4 油气管道不停输维抢修双级封堵施工工艺流程图

5.2 操作要点

5.2.1 施工准备

当接到上级指令或业主委托时，需要派人去勘察维修或抢修施工现场，根据现场具体情况制定维修或者抢修方案，同时做好施工前的（如调动人力资源、准备施工设备、报批施工方案等）准备工作。

5.2.2 作业坑开挖

（1）埋地管道作业坑尺寸具体要求应符合《钢质管道封堵技术规程 第1部分：塞式、筒式封堵》SY/T 6150.1—2017和《钢质管道封堵技术规程 第2部分：挡板—囊式封堵》SY/T 6150.2—2018的规定。

（2）作业平台的搭建：架空管道上施工，对开三通（或对开四通）的法兰端面高于地面1.3m，应搭建设作业平台；埋地管道上施工，对开三通（或对开四通）的法兰端面高于作业坑底1.3m，应搭建设作业平台；作业平台上应有足够的操作空间，牢固且有护栏和上下爬梯。

（3）开挖作业坑时要求管道两侧和两头分别留有方便作业人员逃生的应急通道。

（4）应在作业区外设置安全警戒区，并在明显位置设置安全标识。

5.2.3 剥离防腐层，清洁管道

（1）根据防腐层的防腐形式确定其剥离方法，如人工剥离、机械剥离和火焰剥离。

（2）将剥离后的管道利用角磨机进行清洁，使焊接部位没有残留防腐层，并露出金属表面。

5.2.4 组装双级封堵头

按照第1级至第2级顺序逐步安装各零部件，安装主支架、第1级转动臂和后玉板，安装一级主密封与一级导向机构连接，将二级转动臂后压板与一级导向机构连接，将二级前压板、二级导向板与弹簧导向机构连接，连接二级后压板与二级次密封，完成整体组装。

5.2.5　焊接三通和短节

与传统不停输封堵工艺相比，省去焊接下囊三通，每侧封堵位置焊接1个引流短节用于双级封堵装置两级之间引流、排放介质，焊接1个平衡短节用于压力平衡（图5）。

封堵三通与引流短节、平衡短节的位置选择需要注意：一、二级导向轮行走轨迹要避开焊道，底块与顶块行走轨迹要避开焊道，需测量焊道位置后确定封堵三通位置；引流短节在一、二级封堵机构之间，平衡短节在弹簧导向架后面。

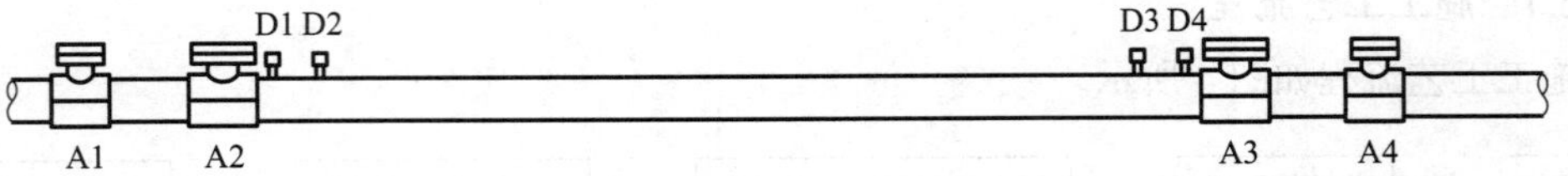

图5　三通焊接图

A1、A4—旁通三通；A2、A3—封堵三通；D1、D4—引流短节；D2、D3—平衡短节

5.2.6　管道开孔

（1）管道开孔前应先在平衡短节、引流短节、旁通三通、封堵三通上分别安装平衡球阀、旁通夹板阀、封堵夹板阀（图6）。

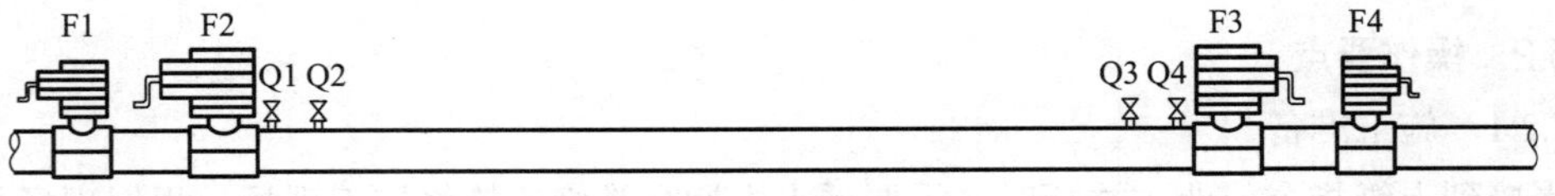

图6　阀门安装图

F1、F4—旁通夹板阀；F2、F3—封堵夹板阀；Q1、Q2、Q3、Q4—球阀

（2）连接平衡孔、引流孔，安装球阀、压力表、三通短节，将每一侧引流短节与平衡短节连通（图7）。

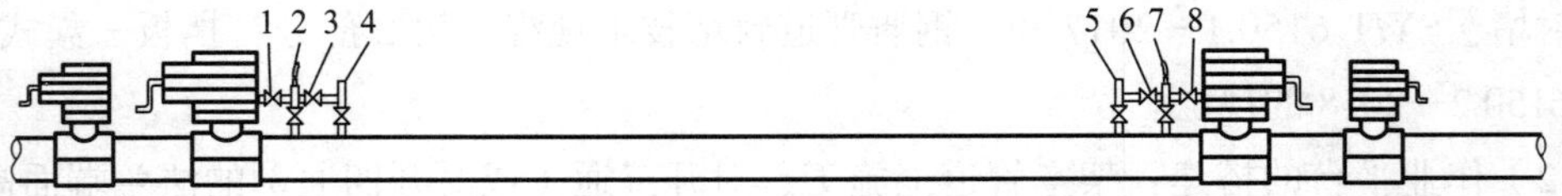

图7　短节连接安装图

1、8—压力表；2、3、6、7—球阀；4、5—短节

（3）组装开孔机、开孔结合器、筒刀和中心钻。开孔设备组装完成后将开孔结合器连接平衡短节，氮气置换后进行压力平衡。启动开孔机，分别开旁通孔、封堵孔（图8）。

5.2.7　安装并导通旁通管线

要求对焊道进行100%X射线拍片检测，旁通管道试压，试验压力为管道运行压力的1.25倍。将预制合格的旁通管线安装到旁通夹板阀上，并导通旁通线。

5.2.8　管道封堵（图9）

（1）组对安装封堵器、封堵结合器和双级封堵装置。

（2）将组装完成的封堵设备按要求进行试压。

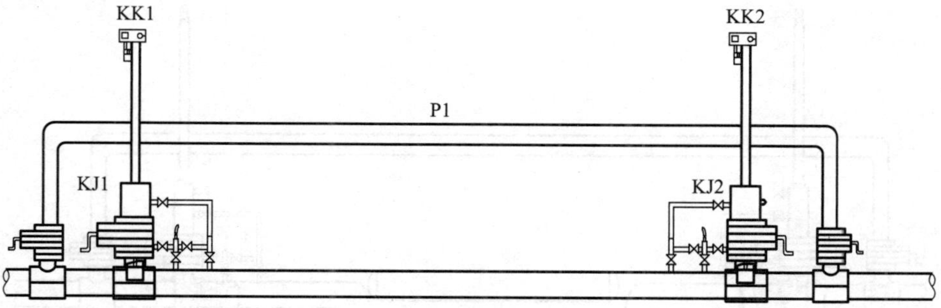

图 8　管道开孔示意图

P1—旁通管线；KK1、KK2—开孔机；KJ1、KJ2—开孔接合器

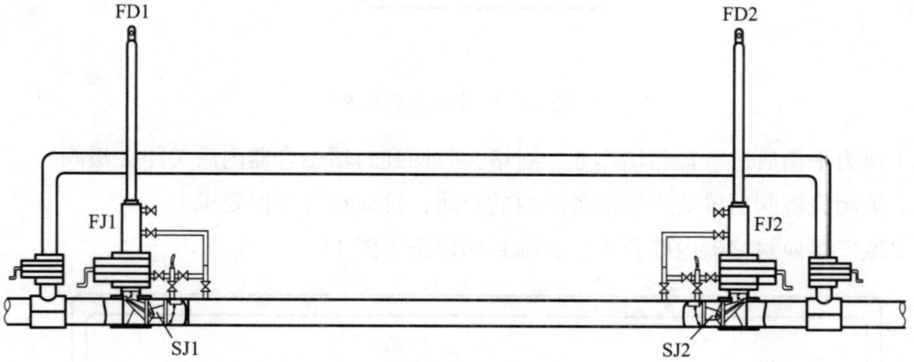

图 9　管道封堵示意图

FD1、FD2—封堵器；FJ1、FJ2—封堵结合器；SJ1、SJ2—双级封堵头

（3）将封堵结合器与平衡短节连通，进行压力平衡。压力平衡后，进行下封堵作业，直至双级封堵到位。

5.2.9　密封性验证

两级封堵装置到位后，打开两级封堵之间的引流短节进行引流排放，同时通过平衡孔排放封堵段介质，将封堵段压力卸至零，且应符合环保要求。封堵段介质排放完毕后进行压力监测、密封性验证。其间持续保持封堵两级之间引流排放，在两级之间的引流管上监测压力与介质排放流量。

5.2.10　改造管道

（1）持续保持两级之间引流排放，直至封堵管段改造完毕。验证密封性后，对改造管段进行氮气置换，测量可燃气体浓度，进行断管作业。对于管段改造可利用爬管机、切管机、锯管机或手动割管刀进行切管，在断口处修磨焊口。

（2）断管作业完成后，进行管线对口焊接，连通新管段（图 10）。

5.2.11　提封堵作业

（1）新管段改造完毕后，对改造管段充介质使其达到管线运行压力，并用平衡管对封堵器与新管段进行压力平衡。打开引流短节与平衡短节之间球阀，使两级封堵机构前后压力与新管段之间压力保持平衡。

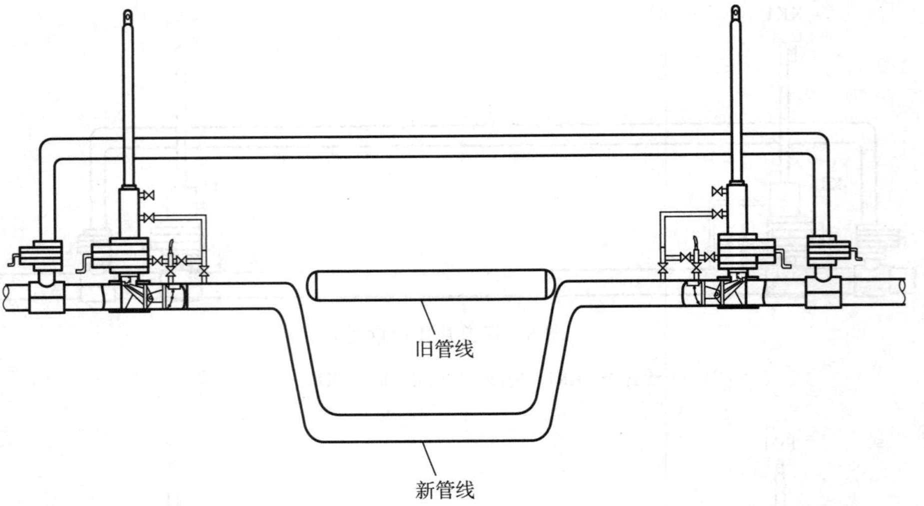

图 10　断管改造示意图

（2）压力平衡后进行提封堵作业，封堵头收回到封堵结合器内后关闭夹板阀。

（3）关闭夹板阀后排放封堵设备腔内的介质，且应符合环保要求。

（4）氮气置换封堵器内腔介质后拆除封堵设备（图 11）。

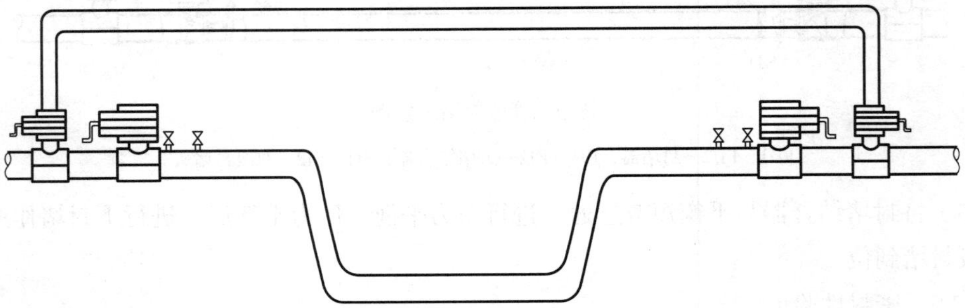
图 11　提封堵头及拆除封堵设备示意图

5.2.12　解除旁通管线

解除旁通管线如图 12 所示。

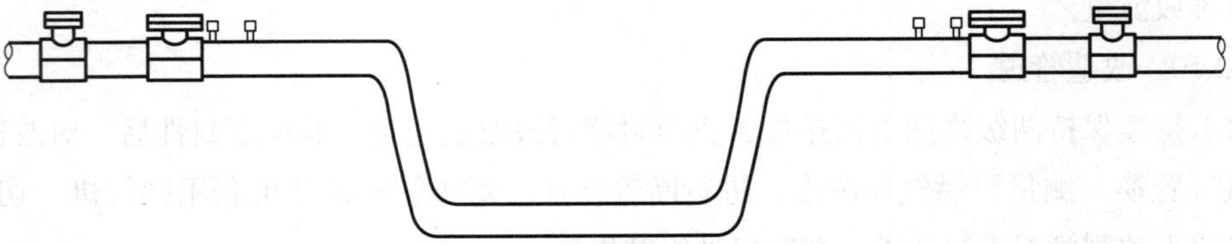
图 12　解除旁通线及安装盲板示意图

5.2.13　安装塞堵和盲板

（1）安装塞堵前应组装开孔机和开孔结合器，利用其安装塞堵。

（2）对组装完成后的开孔机和开孔结合器进行气密性试压。

（3）安装塞堵前应先平衡夹板阀上下压力，压力平衡后打开夹板阀。

（4）打开夹板阀后，利用开孔机将塞堵送入到三通内，并用卡环锁住塞堵。

（5）塞堵安装完成后按程序收回开孔机主轴。

（6）排放开孔结合器腔内介质，且应符合环保要求。

（7）拆除开孔机、开孔结合器和夹板阀。

（8）安装盲板。

5.2.14　无损检测

对焊缝进行无损检测，并在检测合格后进行防腐、回填、地貌恢复。

要求：按防腐、回填、地貌恢复的相关技术要求进行。

6　材料与设备

以 Φ508mm 管道（10MPa）为例，按照不停输封堵进行作业，所需材料、人员和设备分别见表 1 ~ 表 3。

表 1　施工材料配备表

序号	材料名称	规格、型号	单位	数量	备注
1	封堵三通	Φ508mm	个	2	
2	旁通三通	Φ508mm × 325mm	个	2	
3	开孔刀（含中心钻）	Φ508mm	把	2	
4	开孔刀（含中心钻）	Φ325mm	把	2	
5	短节	2in	个	4	
6	钢管	325mm × 8mm，16Mn	m	30	
7	弯头	325mm × 10mm，16Mn	个	4	
8	法兰	325，10MPa	片	2	

表 2　人员组织配备表

序号	职务	资格（工种）	人数	评价结果
1	项目部主任	高级工程师	1	合格
2	项目经理	工程师	1	合格
3	技术总监	工程师	1	合格
4	技术员	工程师	2	合格
5	封堵工	封堵工（持有封堵工证）	4	合格
6	焊工	电焊工（持有焊工证）	4	合格
7	管工		2	合格

表 3　机具设备配备表

序号	设备名称	规格、型号	单位	数量	备注
1	开孔机	1200XL	套	2	
2	液压站	1200XL	台	2	
3	开孔机	101b 型	台	2	
4	三明治阀	Φ508mm，10MPa	个	2	
5	三明治阀	Φ325mm，10MPa	个	2	

续表

序号	设备名称	规格、型号	单位	数量	备注
6	开孔结合器	Φ508mm，10MPa	个	2	
7	开孔结合器	Φ325mm，10MPa	个	2	
8	封堵缸	Ⅱ b	个	2	
9	封堵头	Φ508mm，10MPa	个	2	
10	封堵结合器	Φ508mm，10MPa	个	2	
11	过渡节	Φ508mm，10MPa	个	4	
12	封堵皮碗	Φ508mm，2MPa	个	4	
13	电焊机		台	4	
14	发电机		台	1	
15	灭火器	5kg	个	8	
16	测厚仪		台	2	
17	测爆仪		台	2	
18	工程指挥车		辆	1	
19	考斯特		辆	1	
20	半挂		辆	3	
21	吊车	25t	辆	2	

7 质量控制

7.1 工程质量控制标准

（1）GB 50683—2011《现场设备、工业管道焊接工程施工及验收规范》

（2）GB 50184—2011《工业金属管道工程施工质量验收规范》

（3）GB/T 28055—2023《钢质管道带压封堵技术规范》

7.2 质量保证措施

（1）开孔、封堵前对开孔（封堵）结合器以及三通壳体进行试压，用肥皂水检查气密性。开孔、封堵要严格按操作规程进行并保持压力平衡。

（2）开孔作业时，可能产生卡刀现象，一旦发生立即停机，并手动退刀 0.5in，再重新起机开孔。在选择开孔位置时，尽量选择管道变形小的位置，这一点对封堵作业也尤为关键。

（3）组装封堵头时将一级、二级压圈对中安装，避免下封堵时刮蹭管口。

（4）下封堵前检查顶块、压圈尺寸，避免与现场管线壁厚不匹配造成密封不佳而产生泄漏。

（5）开孔、封堵设备的氮气置换

开孔完毕，拆卸开孔机前，要先向开孔机内打入氮气以置换干净存留在开孔机内的可燃气体，通过引流管把置换出的可燃气体引流放空处理，防止存积在开孔机内的可燃气体引爆。置换完毕，经检验合格后方可拆卸开孔机。

拆卸封堵器前，向封堵接合器内打入氮气以置换净存留在封堵器内的可燃气体，通过二寸平衡管把置换出的可燃气体放空处理，防止存积在封堵器内的可燃气体引爆。置换完毕经检验合格后方可拆卸封堵器。

（6）封堵隔离管段的氮气置换

两点封堵完毕，经验证泄漏可控后排放封堵段内的介质，然后进行封堵隔离管段的氮气置换，符合要求后方可进行断管、焊接等作业。

（7）旁通管道及新管道导通前的氮气置换

旁通管道及新管道导通前均需进行氮气置换，达到要求后导通管道。旁通线拆除前应该先通过管道上的排污口排放介质，然后用氮气置换，合格后拆除旁通线。

8 安全措施

8.1 安全标准

（1）GB 2894—2008《安全标志及其使用导则》

（2）GB 12523—2011《建筑施工场界噪声限值》

（3）JGJ 130—2011《建筑施工扣件式钢管脚手架安全技术规程》

（4）JGJ 46—2005《施工现场临时用电安全技术规范》

（5）Q/SY 64—2007《油气管道作业管理规范》

8.2 安全保证措施

（1）作业点 10m 内设为警戒区，任何非施工人员不得进入。本次作业设置 2 道安全警戒线，第 1 道外围警戒线内，非本次动火作业工作人员不得入内；第 2 道作业坑外警戒线，非当值工作人员不得入内。每道安全警戒线安排专人负责。

（2）特殊工种必须持有效证件上岗；吊装作业须由起重工指挥，并使用统一指挥信号，杜绝违章作业和违章指挥，并对作业场所悬挂警示标志。

（3）作业前，用可燃气体检测仪检测周围环境，确认安全后方可进行作业。作业期间应不定期检测可燃气体浓度，保证施工安全。

（4）所有施工人员穿戴劳动保护用品，并正确使用安全防护用品，噪声大于 80dB 区域佩戴防护耳罩。

（5）施工现场设置安全通道，确保安全通道及消防通道畅通。

（6）施工现场设置施工公告牌、安全标志、警句，设置“严禁吸烟”警示标志。在作业前和作业中对作业点周围居民做好相关的安全教育和宣传工作。

（7）现场临时用电所用的配电箱要按照指定形式摆放．用电开关要有漏电保护器，人员离开现场必须切断电源。

（8）作业现场应配备消防设备，灭火器材由专人负责到位。

（9）动火前清理现场易燃物并用可燃气体测爆仪检测周围环境，确认安全方可动火。

（10）开孔、封堵作业前用氮气置换开孔结合器与旁通管线内的空气。

（11）工程结束后，安全人员组织现场清理工作。

9 环保措施

9.1 环保标准

（1）GB 16297—1996《大气污染物综合排放标准》

（2）JGJ 146—2013《建筑施工现场环境与卫生标准》

9.2 环境保护措施

（1）将施工场地和作业限制在施工作业范围内，合理布置作业区域围挡，做到标牌清楚、齐全、各种标识醒目，施工场地整洁文明。

（2）施工前检查设备润滑部位的油位情况，发现漏油及时修理，漏油的地面应及时进行处理，防止地面污染；对液态管线施工出现的废油进行集中处理；对洒落到地上的油污进行及时处理。

（3）加工坡口时产生的铁销及时清扫回收。

（4）焊接过程中产生的焊丝头、焊条头收集到废物回收箱中集中进行处理。

（5）为管道改造段内的残液、原油、成品油回收，准备足够的接油油槽、油桶和带衬里的编织袋，及时回收原油，防止落地污染环境。

10 效益分析

10.1 经济效益

油气管道不停输维抢修双级封堵装置施工工法降低了施工成本、提高了在役油气管道维抢修质量和效率，显著降低了业主的经济损失，间接地创造了社会效益。引领维抢修行业的先进技术，为油气管道安全运行保驾护航。节约成本明细见表 4。

表 4 节约成本明细表

节约明细	单价 / 元	一处标准不停输所用数量	总金额 / 元
508 下囊短节	6800	2	13600
508 隔离囊	2500	2	5000
焊工焊接量	400/ 工作日	4	1600
开孔机运行折旧	1200/ 台班	12	14400
防腐	1500	2	3000
合计	37600		

经济效益：

经济效益 =［合同额 – 总成本（①+②+③+④+⑤+⑥+⑦）］×70%。

式中，①人员费；②材料费；③油料费；④设备调遣费；⑤氮气置换；⑥临时管线安装及试压；⑦ HSE 措施费。

2021 年经济效益 =［合同额 – 总成本］×70%=［（380+155.87）–（112+130+20+15+120+10）］×70% =90.209 万元。

累计经济效益：90.209 万元。

10.2 社会效益

油气管道不停输外双级封堵施工工法技术先进、应用效果明显，节省了成本，简化了操作工艺，提高了在役油气管道不停输封堵施工质量和效率。既维护了管道的稳定运营，又保障油气管道的安全运行，增加了施工作业的安全性。随着油气管道建设的不断发展，会有越来越多的管道不停输外接支线施工建设工程，因此，油气管道不停输双级封堵施工工法具有很高的推广价值，具备明显的社会效益。

11 应用实例

在油气管道不停输维抢修双级封堵装置施工工法的指导下，中国石油天然气管道局维抢修分公司完成如下的工程实例。

实例一：北京芦各庄桥高压 B 燃气闸室改移不停输封堵工程

2021 年 4 月，北京芦各庄桥高压 B 燃气闸室改移不停输封堵工程应用油气管道不停输维抢修双级封堵施工工法进行施工。现场施工工艺采用标准双封不停输封堵工艺，将原有废弃管段改迁至新管线。现场管径 Φ508mm，壁厚为 8.9mm，封堵压力 1.9MPa，管内流速 0.77m/s，现场应用照片见图 13。

现场省去下囊三通，在一、二级封堵头之间焊接短节并开孔用于引流，在第 2 级封堵头后面焊接短节并开孔用于压力平衡，其他工艺流程与传统标准不停输封堵工艺一致。后续双级封堵装置顺利下到位且实现完全无泄漏密封。

此项工程的实施给业主方降低了施工成本，间接地创造了社会效益，充分发挥了此施工工法的优越性。

图 13 现场应用照片

实例二：庐山站管道隐患治理项目

在庐山站管道隐患治理项目中，双级封堵技术成功应用。干线管道为 Φ508mm，壁厚为 12mm，本次换管采用不停输带压封堵工艺进行施工，依靠新型封堵装置省去安装下囊三通及后续下囊作业流程，新型封堵装置应用更加成熟，施工成本进一步降低。现场照片见图 14、图 15。

图 14 现场照片一

图 15 现场照片二

在役压力管道取样装置安装工法

姜修才 王 琥 马 宁 龚 岩 孙华强

中国石油管道局工程有限公司维抢修分公司

1 前言

近年来随着油气能源的广泛使用，压力管道已经被证明了是最高效的气液介质输送方式。国内已建成的在役压力管道近百万公里，其长久安全的运营离不开日常的监督与监控，管道上预安装取样装置是实施监督与监控的有效手段。然而，因为外部或是内部自身等原因，压力介质管道上的原有取样装置不可避免地会出现一定比例的失效损坏；或是原来没有规划监测，而当下又因实际情况需要增加新的取样装置。无论是对在役压力管道更换或增设新的取样装置，目前市面常规技术都需要主管道先降压、停输、放空，然后才能安全更换或增装。这种工艺对在役压力管道的上、下游用户生产影响巨大，因此在役压力管道取样装置安装的需求应运而生。中国石油管道局工程有限公司维抢修分公司研究开发出了在役压力管道专用的开孔取样承载短节，通过带压开孔、在线安装取样装置于承载短节上等工艺，继而形成了“在役压力管道取样装置安装工法”。2021年以来，工法成果在浙江浙能天然气运行有限公司的北仑站、德清站、上虞站分析小屋取样点带压开孔项目和工艺区带压开孔施工工程等项目中成功应用，安全高效地完成了工程任务的同时，赢得了业主的高度赞誉。

近年来不断对工法相关成果进行优化与改进，目前“一种油气管道开孔短节”（ZL 201810040344.3）取得了1项授权发明专利；另外“场站分析小屋取样装置的加装新方法”获2022年度管道局技术革新三等奖；“北仑站、德清站、上虞站分析小屋取样点带压开孔项目”获2022年度管道局维抢修公司成果转化优秀奖。

2 工法特点

2.1 安全环保性高

此工法涉及的开孔工艺，是在充满惰性气体的专用加装取样装置短节管件与在营压力介质管道间形成的密封腔体内带压开孔。由麻花形中心钻具旋转伸进，在压力管道上切割出大于取样装置下套管外径的圆孔，在与外界全隔绝的状态下（图1）下入式安装取样装置，惰性气体杜绝了燃烧、爆炸的风险，密闭腔体则保证了全程无油气外泄，100%保证了作业的安全环保性。

2.2　对在役压力管道运行无影响

在役压力管道取样装置安装过程中只焊接1件专用短节管件于主管道上，焊缝的焊接增加量不超过350g，对主管道的焊接应力影响可以忽略；同时，专用短节管件对接带压开孔设备，可在压力介质管道不停输的情况下实现开孔、安装取样装置，不影响主管正常的输送油气，保证施工作业期间上下游平稳供应油气。

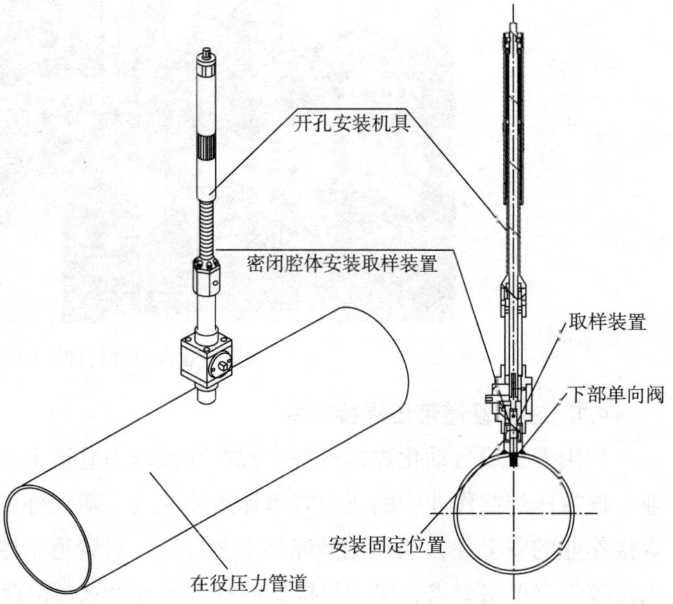

图1　密闭状态下开孔 / 加装取样装置示意图

2.3　适用范围广：全尺寸、全压力可用

此工法的常用承载短节尺寸为 *DN* 50mm、压力为10MPa，具备放大、缩小的改造能力，故对应用于安装取样装置的管道可为 *DN* 25 ~ *DN* 3500mm、0 ~ 30MPa 全规格的长输油气、城市燃气管网、市政热力管道、化工炼化等在役的压力管道，全方位地适用于各尺寸、各压力的管道在役安装取样装置。

2.4　周期短、成本低

以带压开孔的应用方式来安装取样装置，只需加装1件管件——取样装置专用短节，是点对点直接在压力介质管道上在线加装的取样装置。相较停输加装方式，采用专利技术的取样装置承载短节管件，基于带压开孔技术的应用是一种不停输、不影响下游用户、不需要排空管道的直接作业方式，且单点取样装置安装时间仅为2 ~ 3h，这样既极大地缩短了管道改造周期，又降低了管道改造施工成本。

3　适用范围

本工法适用于在役压力介质管道需要不停输的安装取样装置的施工作业，具体参数覆盖 *DN* 25 ~ *DN* 3500mm、0 ~ 30MPa 的各型全规格管道，尤其适用于场站、阀室等取样装置（图2）安装需求较多的场所。另外，对炼化、化工厂加装相关温度、压力、流量、物位和分析等的取源部件也可推广应用。

4　工艺原理

此工法是在在役压力管道不停输的情况下实现安装取样装置的一种方法，其工艺过程涉及到了多种关键技术。

图 2 管道上建设时并行加装的取样装置

4.1 在役管道带压焊接技术

利用人工或自动化焊接设备实现在在役压力管道上不停输焊接钢制管件的一种专业化作业。该带压焊接作业中的压力管道涵盖除氧气、氯气外的各类其他介质管道。为了保证带压焊接作业的安全性，须预先做焊接工艺评定，对管道壁厚、管输压力、焊材选择、焊接热输入量等都有严格要求，保证焊接后的管件装备可永久留存于管道上。

4.2 非常规管件的组配技术

成品的取样装置的构造原仅适用于建设期非在役的无介质管道安装（图 3）。为了实现取样装置在在役压力管道上的安装，专门针对取样装置的形状、接口、尺寸等设计开发了非标的配对承载短节。该短节可实现与成品取样装置的紧密结合，并代替常规非在役管道安装取样装置安装的基座凸台（图 4），同时，也可实现与带压开孔阀门、开孔机具的连接。这样的非常规管件的组配技术就成为了实现在役带压管道安装取样装置的基石和媒介。

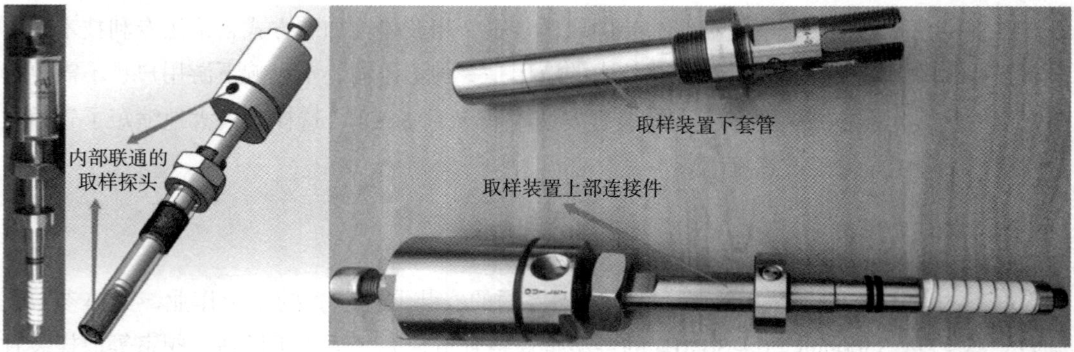

图 3 成品取样装置拆解图

4.3 管道不停输带压开孔技术

在管道密闭状态下，以机械切削方式在管道上加工出圆形孔的一种作业方式，即为管道不停输带压开孔。该技术依托于专用的焊接于待开孔管道上的管件、机械阀门、机械切削开孔机等装备，组装形成待开孔的密闭空间，通过惰性气体置换、平衡密闭空间，再进行机械切削开孔，切削产生的火花或热量在无氧环境下不影响安全。此技术即使是对高爆的油气介质管道进行带压开孔同样适用，而且安全性能够 100% 保证。

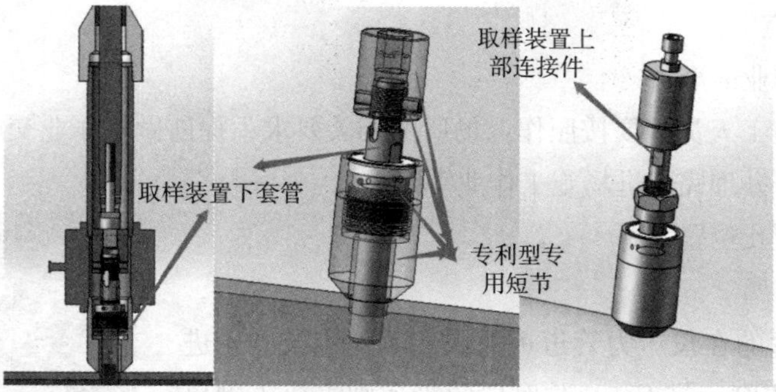

图 4　在役压力管道安装取样装置工法关键工艺图

4.4　压力介质的隔离密封技术

安装取样装置的基座短节内部在带压开孔后要承受管道内介质压力反作用。该内部设置有专门的椎管螺纹密封、非金属密封隔离压套和外盖帽等多重隔离密封结构，100% 保证取样装置安装后的长久安全性（图 5）。

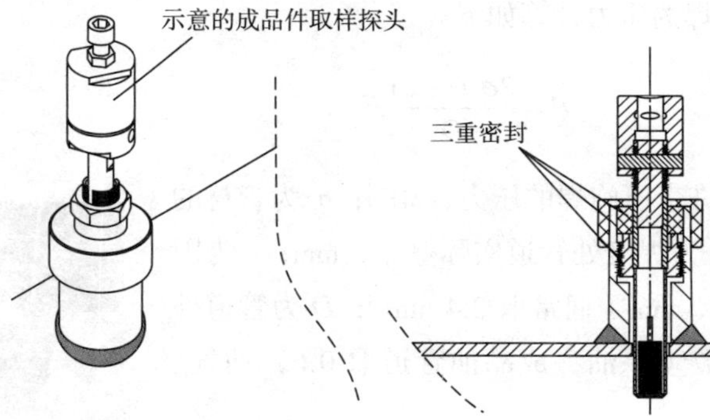

图 5　压力介质的三重隔离密封示意图

5　施工工艺流程及操作要点

5.1　工法施工工艺流程

工法施工工艺流程如图 6 所示。

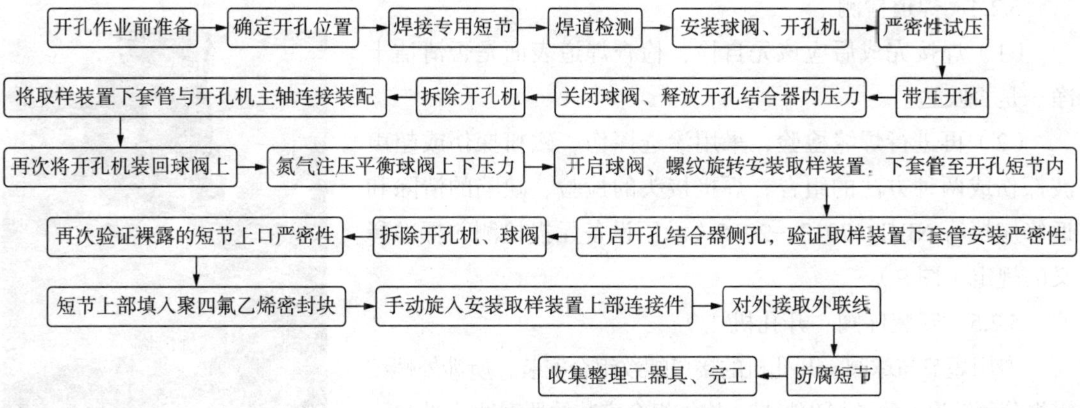

图 6　在役压力管道安装取样装置工艺流程

5.2 操作要点

5.2.1 开孔作业前准备

开孔作业前施工人员需要按照作业场所的相关要求，提前做好作业交底，穿戴好劳保用品，齐备工器具，办理完成进场施工作业手续。

5.2.2 确定开孔位置

1. 清除管表防腐

只带有防腐漆的在役压力管道可以采用钢丝刷或砂轮进行打磨去除管表防腐，带有PE防腐层的管道则需要先剥离PE防腐层，再打磨管表面。

2. 测量管表壁厚（图7）

图7 管表壁厚测量

选取点壁厚符合《钢质管道带压封堵技术规范》GB/T 28055—2023中对运行压力与壁厚的焊接要求。

在役压力管道在线焊接施焊前，管道压力必须满足施焊要求。管道允许带压施焊的压力计算如下：

$$P=\frac{2\sigma_s(t-c)}{D}F \tag{1}$$

式中，P为管道允许带压施焊的压力，MPa；σ_s为管材的最小屈服极限，MPa；t为焊接处管道实际壁厚，mm；c为因焊接引起的壁厚修正量，mm（通常取2.4 mm）；D为管道外径，mm；F为安全系数（原油、成品油管道取0.6，油气、煤气管道取0.5）。

5.2.3 焊接专用短节

焊前办理好动火作业票，焊工持证上岗，严格依照焊接工艺评定进行施焊。按照焊接工艺评定要求对焊接部位进行加热，加热的温度满足工艺要求，层间温度也严格按照工艺要求执行（图8）。

图8 焊接专用短节

5.2.4 焊道检测

（1）焊接完成后应该先自检，检查焊道表面是否清洁干净、是否咬边。

（2）再进行焊缝检验，采用渗透探伤、磁粉探伤或超声波探伤或两种方法的组合，焊接接头的检验、缺陷的清除和返修应执行NB/T 47013—2015《承压设备无损检测》标准释义的规定（图9）。

图9 短节焊缝检测

5.2.5 安装球阀、开孔机

专用短节与球阀、开孔机的接口螺纹组合安装，所涉外螺纹需提前预缠聚四氟乙烯生料带，增加组合安装的严密性（图10）。

5.2.6 严密性试压

验证短节本体、焊缝和阀门的严密性，试压机由开孔机下部侧面的注压孔接入，试验压力宜等于管道运行压力，最高不应超过管道运行压力的 1.1 倍（图 11）。

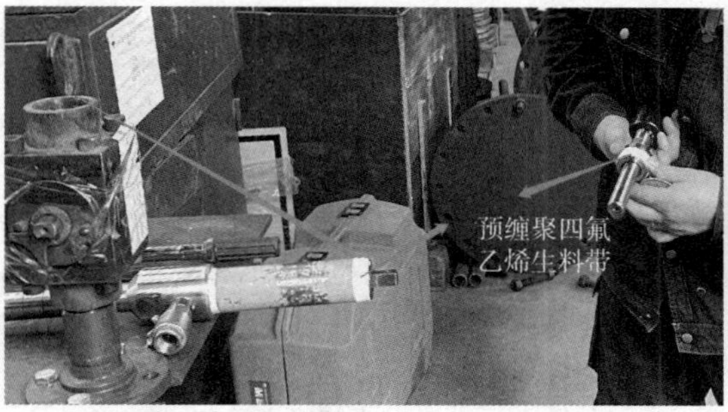

图 10 球阀安装

图 11 短节、焊缝和阀门压密性试压

5.2.7 带压开孔

1. 开启开孔球阀

在确认开孔机各部位无泄漏后，开启全部开孔球阀连通短节与结合器腔体。

2. 进刀抵至主管顶

记录该时刻主轴伸出尺寸，计算出中心钻在管道上开孔的最终尺寸。

3. 手动开孔

由人工实施管道带压开孔，开孔机主轴行进至计算的开孔最终尺寸（图 12）。

5.2.8 关闭球阀、释放开孔结合器内压力

反向提升开孔机主轴及中心钻尺寸至球阀以上，关闭球阀并通过结合器上的外连试压口排出其中的可燃油气，释放阀门上部压力。

5.2.9 拆除开孔机

确认开孔结合器中的可燃油气全部排空并用氮气置换完毕。先应用一把管钳反向备紧球阀，再放松开孔机连接螺纹拆下开孔机，全程保证球阀不松动（图 13）。

图 12 管道带压开孔

图 13 拆除开孔机

5.2.10　将取样装置下套管与开孔机主轴连接装配

连接稳固，尤其是要锁紧带内、外 NPT 螺纹的过渡连接丝母，其将永久地安装于开孔短节内（图 14 ~ 图 17）。

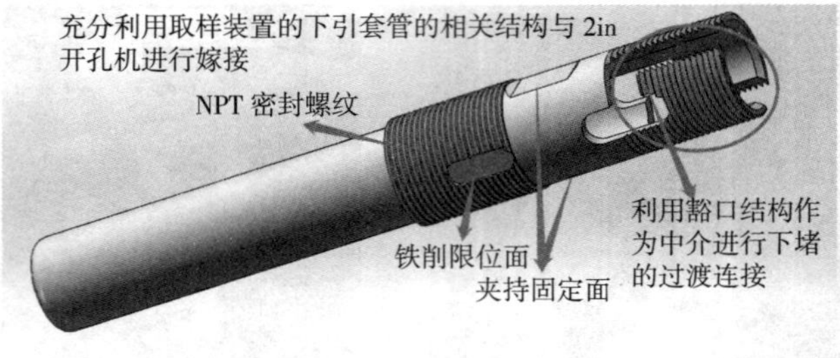

图 14　取样装置下套管的异型结构

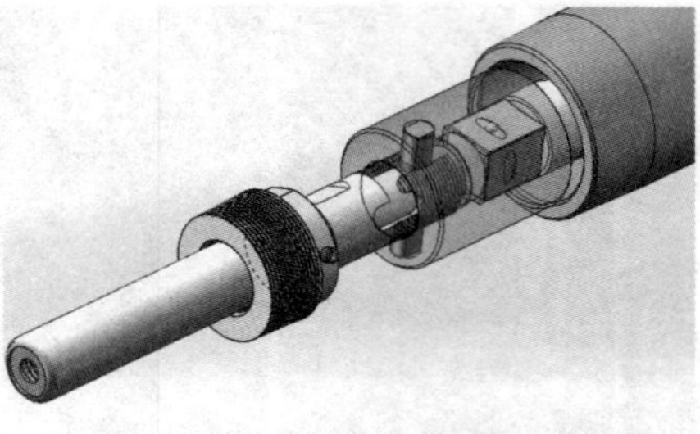

图 15　下套管与开孔机主轴连接的内部形式示意

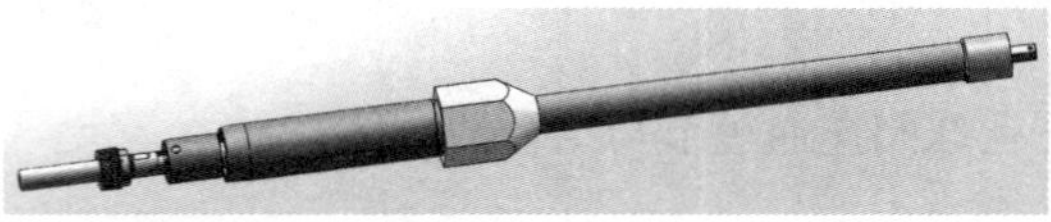

图 16　下套管与开孔机主轴连接的总体示意图

图 17　预先将下套管与开孔机主轴连接

5.2.11　再次将开孔机装回球阀上

通过开孔结合器上的外连短节注氮气，以此平衡管线压力。

5.2.12　开启球阀、螺纹旋转安装取样装置下套管至开孔短节内

开启开孔控制阀门，连通开孔球阀上下腔体，通过手动螺旋将取样装置下套管安装至开孔短节内（图 18、图 19）。

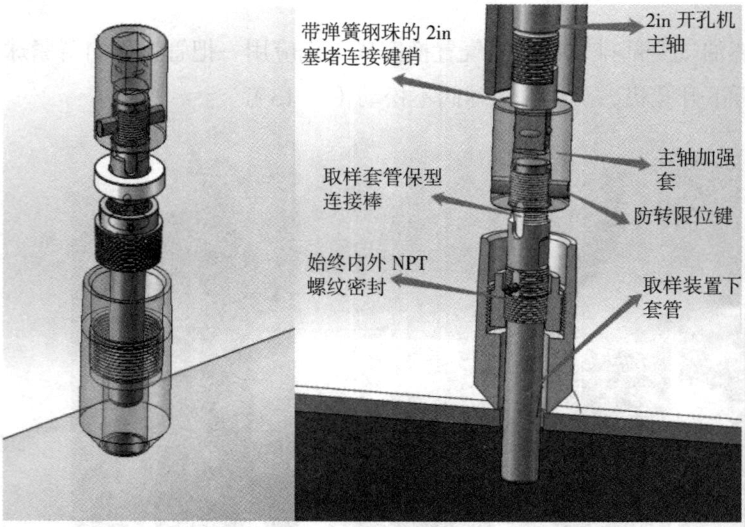

图 18　安装取样装置下套管示意图

图 19　实际应用开孔机手动下套管

5.2.13 验证取样装置下套管后的严密性

通过开启开孔结合器的侧孔，来验证取样装置下套管后的严密性。

5.2.14 拆机

氮气吹扫置换开孔结合器内油气后，方可实施拆机作业，包括开孔机和球阀的拆除。

5.2.15 再次验证裸露的短节上口严密性

应用泡沫水验证 NPT 螺纹密封的严密性。若全程无气泡生成，则可认为密封严密（图 20 ~ 图 22）。

图 20 验密前去除聚四氟乙烯生料带的残渣

图 21 泡沫水验密一

图 22 泡沫水验密二

5.2.16 短节上部填入聚四氟乙烯密封块

该操作是为了避免塞堵长期地暴露于空气中，雨水、人为等原因引起失效（图 23、图 24）。

图 23 填盖聚四氟乙烯压块一

图 24 填盖聚四氟乙烯压块二

5.2.17 手动旋入安装取样装置上部连接件

该步要用专用工具安装，确保不松动已安装的取样装置下套管的 NPT 螺纹密封（图 25、图 26）。

5.2.18 对外接取外联线

接取外接线时注意不要松动已安装的取样装置下套管的 NPT 螺纹密封（图 27）。

5.2.19 短节防腐

对取样装置下部的辅助开孔短节进行干燥、抛光或喷砂除锈，再根据管道要求进行防腐处理，可选择喷漆、热收缩套、防腐缠带等方式进行防腐。

图 25　取样装置上部安装最终试验照

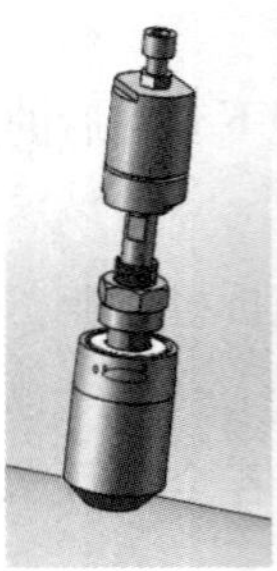

图 26　取样装置上部安装模拟与现场照

图 27　取样装置接取外部连接线

5.2.20　完工

收集整理工器具和作业垃圾，满足环保处置要求。

5.3　劳动力组织

以北仑站、德清站、上虞站分析小屋取样点带压开孔施工项目的 6.3MPa，Φ323.9mm/Φ168mm 天然气管道取样装置在线加装为例，劳动力组织情况如表 1 所示。

表 1　劳动力组织情况表

序号	人员类别	人数	备注
1	管理人员	1	负责项目整体实施和节点控制
2	技术人员	1	负责整体项目的技术
3	安全员	1	整个项目安全总负责
4	封堵工	1	开孔、安装作业
5	电焊工	1	焊接作业
6	电工	1	现场接电、调电作业
合计		6	

6　材料与设备

对在役压力管道取样装置在线加装施工中所需的材料，主要有取样装置的专用短节、取样装置成品、聚四氟乙烯生料带、氮气、开孔中心钻、动力柴油和电焊条等耗材，其具体需用量需根据加装多少而定，并考虑一定的施工损耗。

以 6.3MPa，Φ323.9mm/Φ168mm 三点天然气管道取样装置在线加装为例，配置的主要耗材和机械设备如表 2 所示。

表 2　6.3MPa，Φ323.9mm/Φ168mm 三点天然气管道取样装置在线加装主要耗材和设备

序号	材料或设备	规格	单位	数量	备注
1	专用短节	2in	套	4	
2	取样装置	成品标件	套	4	
3	开孔机接合器	2in	套	1	
4	下堵装置连接器		套	1	

续表

序号	材料或设备	规格	单位	数量	备注
5	焊条	E5015，Φ3.2mm	kg	10	
6	球阀	2in	个	1	
7	砂轮片	125mm × 3mm	片	10	
8	砂轮片	125mm × 6mm	片	10	
9	电焊手套	五指，牛皮	副	1	
10	绒手套	五指	双	5	
11	钢丝刷	125mm，平型	片	5	
12	电工胶布		卷	5	
13	护目镜	白色	副	2	
14	口罩		个	20	
15	防水绝缘胶布	1mm × 20mm × 30m	盘	5	
16	生料带		卷	5	
17	密封胶	高分子型 SANO 三和 100g	瓶	1	
18	氮气	40L/ 瓶	瓶	3	
19	管钳	18in	把	2	
20	活动扳手	12in	把	2	
21	吊带	3t	条	2	
22	大锤		把	1	
23	水平尺		把	1	
24	钢板尺	1m	把	1	
25	手钳		把	1	
26	直角尺		把	1	
27	撬棍		把	1	

7 质量控制

7.1 工程质量控制标准

（1）GB/T 28055—2023《钢质管道带压封堵技术规范》

（2）GB/T 34275—2017《压力管道规范 长输管道》

（3）GB/T 31032—2023《钢质管道焊接及验收》

（4）NB/T 47013—2015《承压设备无损检测》标准释义

（5）GB/T 8923.1—2011《覆涂料前钢材表面处理 表面清洁度的目视评定 第 1 部分：未涂覆过的钢材表面和全面清除原有涂层后的钢材表面的锈蚀等级和处理等级》

（6）GB/T 36701—2018《埋地钢质管道管体缺陷修复指南》

（7）GB/T 50430—2017《工程建设施工企业质量管理规范》

（8）TSG 7006—2020《压力管道监督检验规则》

（9）Q/SY 1245—2009《启动前安全检查管理规范》

7.2 质量保证措施

7.2.1 焊接作业

（1）清洁管道表面，在焊缝位置处用电动钢刷打磨，除去表面油污、底漆，短节的坡口应打磨处理。

（2）焊接短节前，采用测厚仪测管道壁实际厚度，尽量避开严重腐蚀区域。焊接工艺上采用直流反接，降低母材的温度，并控制焊接电流。

（3）短节焊接前，焊条进行烘干处理，烘干温度在 250 ~ 300℃之间。焊条从烘干箱取出后，应马上放入保温桶，并立即进行焊接，1h 内未使用完的焊条要放回烘干箱进行烘干。

（4）短节管件焊接时，管道内液体流速不应大于 5m/s，气体流速不应大于 10m/s。

7.2.2 开孔作业

开孔前对结合器以及短节壳体进行试压，用肥皂水检查气密性。

7.2.3 开孔设备的氮气置换

开孔完毕，拆卸开孔机前，要先向开孔机内充入氮气以置换干净存留在开孔机内的油气，防止存积在开孔机内的油气引爆。置换完毕，经检验引流出的可燃气体的含量达到要求（甲烷含量小于 1%）后，方可拆卸开孔机。

8 安全措施

8.1 安全标准

（1）2021 年 6 月修正《中华人民共和国安全生产法》

（2）GB 18218—2018《重大危险源辨识》

（3）GB 15630—1995《消防安全标志设置要求》

（4）JGJ 46—2005《施工现场临时用电安全技术规范》

（5）Q/SY 64—2007《油气管道作业管理规范》

8.2 安全保证措施

（1）认真贯彻执行党和国家的安全生产方针、政策，严格执行国家有关施工规范和安全技术规程，树立“安全第一、预防为主”的思想，成立安全领导小组，由项目经理主管安全，监理安全生产组织机构。

（2）特殊工种必须持有效证件上岗；吊装作业须由起重工指挥，并使用统一指挥信号，杜绝违章作业和违章指挥，并在作业场所悬挂警示标志。

（3）建立施工隔离区，无关人员禁止入内。

（4）组织人员学习施工方案及安全措施，增强安全意识。

（5）所有施工人员一律穿着防静电工作服，戴好安全帽，禁止穿打钉鞋。

（6）建立畅通的通信网络，保证维抢修施工衔接的安全可靠。

（7）现场临时用电所用配电箱要按照指定形式摆放，用电开关要有漏电保护器，人员离开现场必须切断电源。

（8）作业前，用可燃气体检测仪检测周围环境，确认安全后方可进行作业。作业期间应不定期检测可燃气体浓度，保证施工安全。

（9）作业现场应配备消防设备。

（10）作业前清理现场易燃物，施工隔离区内不准存放易燃物。

（11）开孔作业前，用氮气置换开孔结合器腔内的空气。

（12）作业现场保证消防通道畅通，灭火器材由专人负责到位。

（13）工程结束后，安全人员组织现场清理工作，确认现场余火全部熄灭。

9 环保措施

9.1 环保标准

（1）2014 年 4 月修订《中华人民共和国环境保护法》

（2）国务院第 253 号令《建设项目环境保护管理条例》

（3）GB 16297—1996《大气污染物综合排放标准》

（4）GB 12523—2011《建筑施工场界环境噪声排放标准》

（5）GB 12523—2013《建筑施工场界噪声限值》

（6）JGJ 146—2013《建筑施工现场环境与卫生标准》

9.2 环保指标

对液态管线施工出现的废油进行集中处理；对洒落到地上的油污进行及时处理。

9.3 环境保护措施

9.3.1 施工区域布置

将施工场地和作业限制在施工作业范围内，合理布置作业区域围挡，做到标牌清楚、齐全，各种标识醒目，施工场地整洁文明。

9.3.2 噪声控制

将发电机放置在距离作业点 50m 外的位置，防止因噪声污染造成安全事故，保证了施工人员的健康。

9.3.3 固体、油料废弃物控制

（1）施工前检查设备润滑部位的油位情况，发现漏油及时修理，漏油的地面应及时进行处理，防止地面污染。

（2）加工坡口时产生的铁销及时清扫回收。

（3）焊接过程中产生的焊丝头、焊条头收集到废物回收箱中集中进行处理。

9.3.4 管道改造段内的残液、原油、成品油回收

准备足够的接油油槽、油桶和带衬里的编织袋，及时回收原油，防止落地污染环境。

10 效益分析

10.1 经济效益

近年来中国石油管道局工程有限公司维抢修分公司采用在役压力管道取样装置安装工法进行的管道改造施工项目效益见表 3。

表3 采用在役压力管道取样装置安装工法项目经济效益表

序号	工程项目名称	开工时间	竣工时间	经济效益 / 万元
1	北仑站、德清站、上虞站分析小屋取样点带压开孔施工项目	2021.8.18	2021.8.23	125
2	工艺区带压开孔施工工程	2023.4.9	2023.4.25	0（暂未入账）
合计				125

经济效益的具体计算见表4。

表4 北仑站、德清站、上虞站分析小屋取样点带压开孔施工项目经济效益计算表

序号	类别	费用 / 万元	备注
节约成本			
1	节约设计费	20	
2	节约加工费	20	自主加工相比外委加工节约费用
3	节约安装费	50	相比管道停输安装或主管道开孔封堵式不停输截断加装节约费用
小计节约成本		20+20+50=90万元	
生产创效			
1	合同价款	45	
2	专用短节设计加工费	1.5	
3	焊接工艺评定费	2	
4	试验费	2	
5	配套材料费	0.5	
6	现场施工费	2	
7	人工费	2	
小计生产创效		45−1.5−2−2−0.5−2−2=35万元	
总经济效益		90+35=125万元	

10.2 社会效益

在役压力管道取样装置安装工法可指导在运行的压力管道中进行带压不停输安装取样的装置，其技术先进、应用效果明显，节省了采用管道停输方式加装取样装置的成本，简化了操作工艺，为管道的抢修改造提供了一种有益手段。同时，应用该工法技术将对管道的不利影响降到了最低水平，既维护了管道的稳定运营，又增加了施工作业的安全性。随着油气管道建设的不断发展，会有越来越多的在役压力管道取样装置不停输加装施工建设工程。因此，在役压力管道取样装置安装工法具有很高的推广价值，具备明显的社会效益。

11 应用实例

在在役压力管道取样装置安装工法的指导下，中国石油管道局工程有限公司维抢修分公司完成了2项工程应用。

实例一：北仑站、德清站、上虞站分析小屋取样点带压开孔施工项目

本工程的建设单位是浙江浙能天然气运行有限公司，施工单位是中国石油管道局工程有限公司维抢修分公司，建设项目的名称是北仑站、德清站、上虞站分析小屋取样点带压开孔施工项目，施工地点在浙江省宁波市、湖州市、绍兴市。项目背景是业主单位所属三处天然气站，需在管道不停输情况下，带压开 2in，并安装取样装置共计 3 个。我方需设计加工 2in 开孔机接合器、下堵装置连接器以及 2in 短节，并进行带压开孔、探针安装试验。取样探针由业主单位进行提供（图 28、图 29）。

图 28 现场作业一

改造工程主要内容为开孔机接合器等管件设计图纸编制，开孔机接合器等管件加工定制，进行带压开孔、探针安装试验，站内带压开孔作业，安装取样探针共计 3 处。

本工程实施日期为 2021 年 8 月 18 日至 2021 年 8 月 23 日。

实例二：工艺区带压开孔施工工程

本工程的建设单位是浙江浙能天然气运行有限公司，施工单位是中国石油管道局工程有限公司维抢修分公司，建设项目的名称是工艺区带压开孔施工工程，施工地点在浙江省嘉兴市、衢州市、湖州市、金华市。项目背景是业主单位所属的七处天然气站（屠甸站、嘉兴站、龙游站、下窑站、安吉站、东阳站和一模拟试验点），需要在进站区管道上指定位置安装带有 NPT3/4 内螺纹的支管台及相关取样装置。

图 29 现场作业二

改造工程主要内容为开孔机接合器等管件设计图纸编制，开孔机接合器、专用短节等管件加工定制，进行带压开孔、探针安装实验，站内带压开孔作业，安装取样探针共计 7 处。

本工程实施日期为 2023 年 4 月 9 日至 2023 年 4 月 25 日。

在役油气管道主动密封封堵工法

陶伟莉 刘 博 杨明昊 孙志波 李智伟

中国石油管道局工程有限公司维抢修分公司

1 前言

长期运行的油气管道经常需要进行换管、维修、改线等作业。管道不停输封堵技术作为一种安全可靠的作业方式被长期采用（图 1）。传统单级盘式封堵技术被广泛使用，但该技术存在受焊道、铁屑等影响而造成密封不严密的限行缺陷，因此在封堵工艺上还需要加装一道隔离气囊来隔离封堵头泄漏的介质。2021—2023 年，在北京燃气公司三河市轨道交通 *DN* 500mm 高压 B 燃不停输接驳工程等 3 项管道封堵施工中，中国石油管道局工程有限公司维抢修分公司（简称“维抢修公司”）通过采用盘管收放、液压动力主动压缩胶筒密封、推扫铁屑等施工技术优化了工艺流程，保证了施工质量，提高了施工效率，降低了施工成本，可以省去下隔离囊工艺，减少焊接下囊短节开下囊孔作业。在工程实践基础上，我们收集、整理相关资料，编制了在役油气管道新型主动密封封堵工法施工工法（图 2）。

图 1 油气管道不停输封堵施工工艺

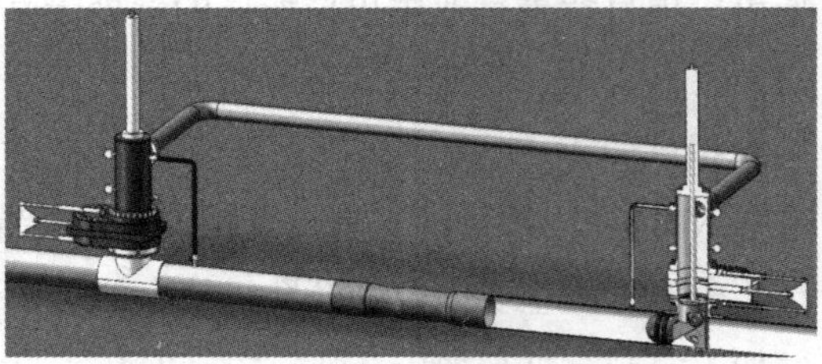

图 2 在役油气管道新型主动密封封堵工法

“管道密封封堵装置”（专利号 ZL 2021 1 1171968.7）申请国家发明专利 1 项。在国家标准 GB/T 28055—2023 中写入在役油气管道新型主动密封封堵工法关键施工技术要求。

2 工法特点

2.1 安全环保性高

在役油气管道新型主动密封封堵技术由传统被动塞入密封转为液压动力主动膨胀密封，实现封堵介质压力越高密封效果越好的同时，可实现安全可靠的零泄漏封堵密封，提升作业安全。

2.2 对主管道影响小

采用该新型主动密封封堵技术及施工方法由原来的焊接 6 个三通减为焊接 2 个三通，开孔作业由原来的开 6 孔减为开 2 孔，最终在主管道上少残 2 个旁通三通和 2 个下囊三通。

2.3 施工成本低

可同时省去下隔离囊作业和焊接旁通三通，大大减少作业焊接、开孔作业量，降低施工成本，提高抢修效率。

3 适用范围

本工法适用于管径 *DN* 300 ~ *DN* 1500mm，运行压力≤ 10MPa 在役油气管道不停输封堵施工作业。

4 工艺原理

通过采用专用封堵器将主动密封堵头从管道开孔位置下放到管道内，依靠行走轮和转动臂带动堵头转动 90°达到垂直管轴线状态，再通过液控阀组启动堵头油缸系统挤压密封胶筒。胶筒膨胀后主动压实封堵密封管道，通过加装位移传感器时刻监控胶筒压缩变形量，以保证封堵密封安全，同时装备结构确保介质助推越压越紧，实现安全可靠、零泄漏封堵（图 3）。

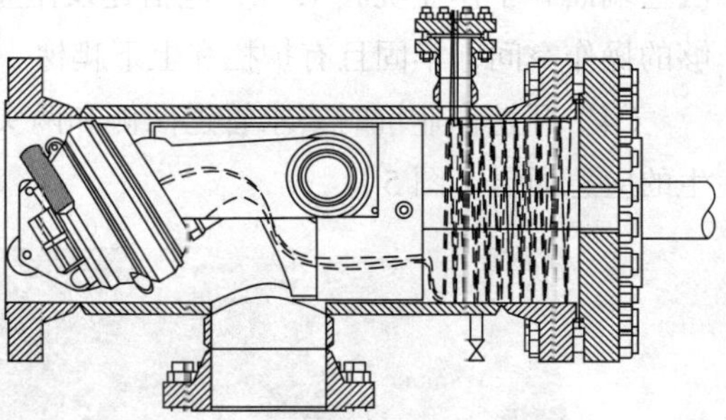

图 3　结构原理图

4.1 液压动力主动密封技术

利用专用封堵器将主动密封堵头从管道开孔位置下放到管道内并达到预定姿态后，再采用法兰穿墙引入的液压管路系统将液压动力输送到堵头油缸系统挤压密封胶筒。液压动力通过液控阀组实现对堵头油缸系统的精准控制，胶筒膨胀后主动压实封堵密封管道与管壁形成封堵塞，从而阻断介质流通，实现安全可靠的封堵密封。

4.2 密封数据转换计量技术

采用位移传感器对密封部件轴向压缩量进行精确计量，结合橡胶与管道接触应力计算，可精确计算出不同材料、不同硬度胶筒封堵管道相应介质压力的压缩量。

4.3 推扫铁屑技术

通过轨迹模拟和干涉分析，堵头斜推环位置安装一定高度、一定宽度的扫屑刷，在堵头下放行走过程中，自动完成开孔铁屑的清扫，确保密封胶筒部位的铁屑清扫干净，从而实现无泄漏密封效果。

5 施工工艺流程及操作要点

5.1 施工工艺流程

施工工艺流程如图 4 所示。

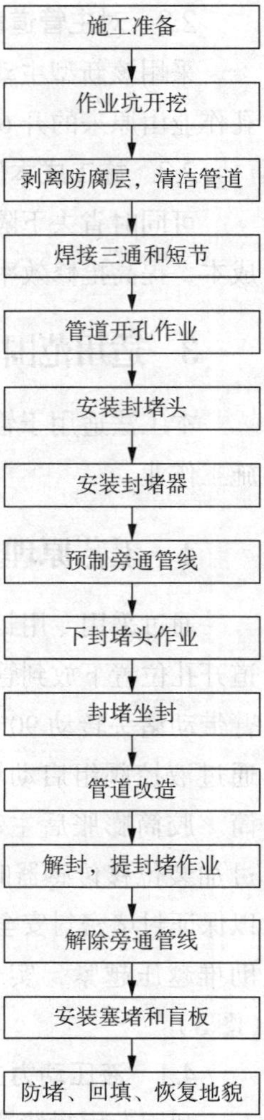

图 4　在役油气管道主动密封封堵施工工艺流程图

5.2　操作要点

5.2.1　施工准备

当接到上级指令或业主委托时，需要派人去勘察维修施工现场，根据现场具体情况制订维修方案，同时做好施工前的（如调动人力资源、准备施工设备、报批施工方案等）准备工作。

5.2.2　作业坑开挖

（1）埋地管道作业坑的宽度要求应符合 SY/T 6150.1—2017《钢质管道封堵技术规程　第 1 部分：塞式、筒式封堵》标准的规定。

（2）埋地管道作业坑的长度要求应该符合 SY/T 6150.1—2017《钢质管道封堵技术规程　第 1 部分：塞式、筒式封堵》标准的规定。

（3）作业平台的搭建：在架空管道上施工，对开三通的法兰端面高于地面 1.3m，应搭建设作业平台；在埋地管道上施工，对开三通的法兰端面高于作业坑底 1.3m，应搭建设作业平台；作业平台上应有足够的操作空间，牢固且有护栏和上下爬梯。

（4）开挖作业坑时要求管道两侧和两头分别留有方便作业人员逃生的应急通道（图 5）。

图 5　作业坑开挖

（5）应在作业区外设置安全警戒区，并在明显位置设置安全标识。

5.2.3　剥离防腐层，清洁管道

参考“在役长输油气管道维抢修施工工法”石油工程建设工法（SYGF–47—2013）5.2.3。

5.2.4　焊接三通和短节

（1）测量焊接三通位置管道壁厚，并利用壁厚计算在役管道焊接部位可承受的最大介质压力。

（2）测量焊接三通位置管道的圆度，其圆度误差应小于管道外径的 1%。

（3）利用专用夹具安装封堵三通和短节。

（4）依据维修和抢修所制订的焊接工艺评定、焊接工艺规程和焊接作业指导书进行焊接。

（5）焊工数量：护板长度大于或等于 750mm 的对开三通（对开四通）在进行纵向直焊缝的焊接时，每道焊缝应至少 2 名焊工同时施焊；在管道外径大于或等于 325mm 的管道上进行对开三通（对开四通）环向角焊缝的焊接时，每道焊缝应至少 2 名焊工同时施焊，且两电弧间应相距至少 50mm。

（6）三通焊接顺序：每道纵向直焊缝焊接时，应按图 6 所示焊接顺序同时焊接；对开三通（对开四通）的 2 道环向角焊缝不应同时焊接；当焊接环向角焊缝时，应按图 7 所示焊接顺序同时焊接（图 8）。

（7）上述各步骤的具体要求应符合《钢质管道封堵技术规程　第 1 部分：塞式、筒式封堵》SY/T 6150.1—2017 的规定。

（8）与传统不停输封堵工艺相比，省去焊接旁通三通、下囊三通，三通之间焊接 2 个平衡短节用于压力平衡与氮气置换，以保持各位置的压力平衡（图 9）。

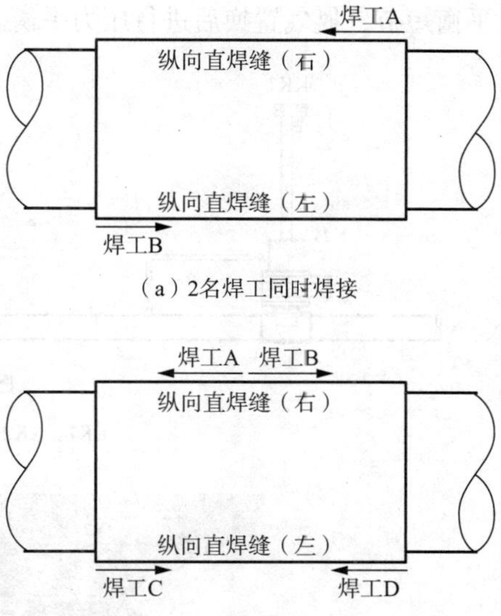

（a）2名焊工同时焊接

（b）4名焊工同时焊接

图 6　纵向直焊缝焊接顺序

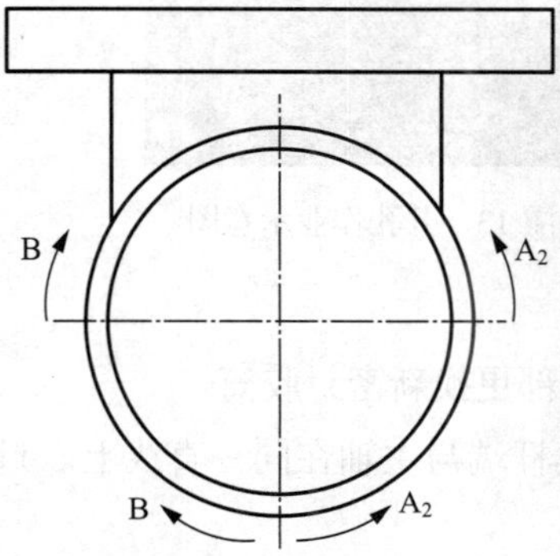

图 7　环向角焊缝焊接顺序

图 8　三通焊接作业

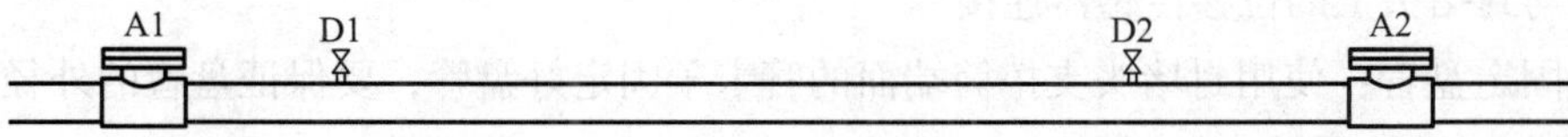

图 9　三通焊接图

A1、A2—封堵三通；D1、D2—二寸短节

5.2.5　管道开孔作业

（1）管道开孔前应先在平衡短节与封堵三通上安装二寸球阀与夹板阀（图 10）。

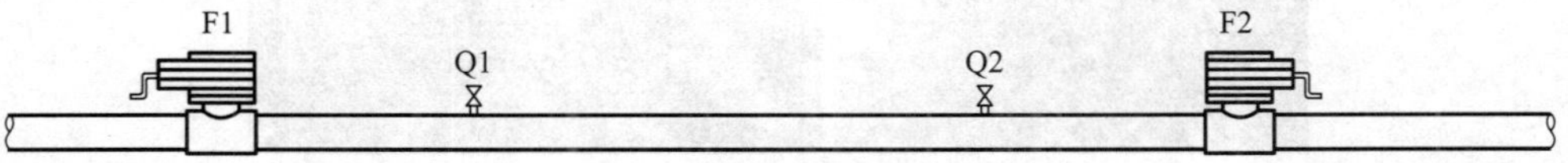

图 10　阀门安装图

F1、F2—封堵夹板阀；Q1、Q2—二寸球阀

（2）组装开孔机、开孔结合器、筒刀和中心钻。开孔设备组装完成后将开孔结合器连接

平衡短节，氮气置换后进行压力平衡。启动开孔机，开封堵孔、二寸孔（图 11 ~ 图 13）。

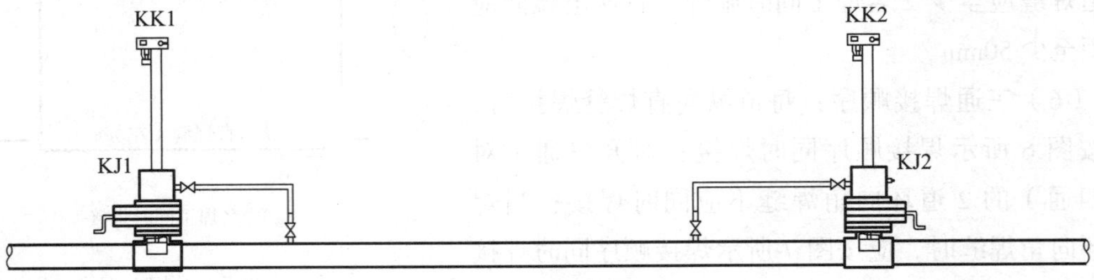

图 11　管道开孔示意图

KK1、KK2—开孔机；KJ1、KJ2—开孔结合器

图 12　筒刀、中心钻安装示意图

图 13　开孔作业示意图

5.2.6　组装封堵头

（1）封堵头使用前需检查胶筒并要先拆卸堵头前部更换新密封胶筒。

（2）将封堵头连接至主轴前要吊起封堵头，使其杆端与主轴在同一直线上。封堵头的方向必须与控制阀和平衡管接头的方向一致。

（3）连接盘管与布管：将盘管中的进出油管分别与封堵头的进出油管通过对丝连接，水密接插件与封堵头上的位移传感器连接。

（4）固定盘管：使用封堵头支撑筒端面的管卡子固定好盘管，要保证盘管的外径尺寸略小于封堵头支撑筒的外径（图 14）。

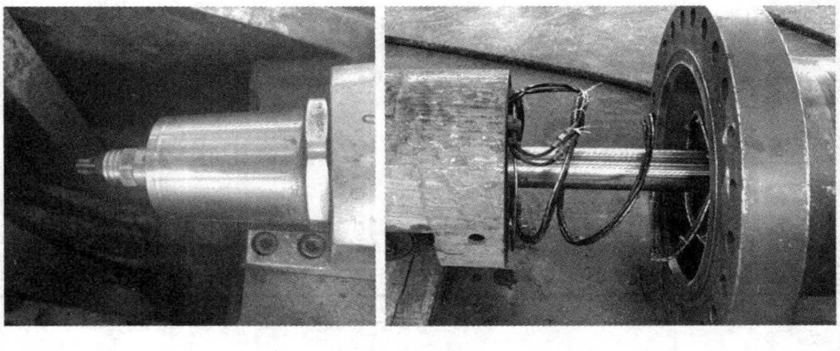

图 14　盘管及位移传感器

（5）胶筒预压缩检测：封堵头安装完成后需对封堵头动作进行检测，启动液压站（调压至 6 ~ 10MPa），动作封堵头先后进行压缩胶筒坐封与释放胶筒解封动作，同时监测各管路接

头是否漏油，位移传感器是否正常工作。

（6）预压缩完毕后，将封堵头收回至封堵结合器法兰面内（图 15）。收回封堵头时应注意盘管是否能跟随封堵头顺利收进结合器内，若有干涉需重新调整盘管安装。

（7）将盲板固定端一侧的 2 根液压管和电缆连接到 3 寸法兰盲板上，并使用自密封接头固定（图 16）。

图 15 堵头回收至结合器内

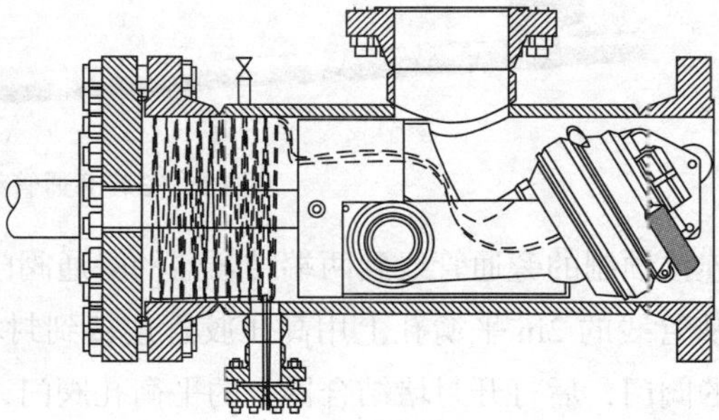

图 16 结合器内部盘管布局

5.2.7 安装封堵器

（1）封堵作业期间不应清管、调整管道运行参数，必须保持压力稳定。

（2）组装封堵器。注：液压缸、封堵结合器与封堵头组装在一起称为封堵器；封堵头上的压板第一轮必须和液压缸上的换向阀及封堵结合器上的平衡孔方向一致。

（3）封堵头组装到封堵器主轴后，连接盘管与堵头部分的接头，一路为电缆的水密接插头，另外两路为液压管路接头。

（4）连接控制台与液压站、控制台与结合器 3 寸盲板的液压管路。

（5）连接好电源电缆到 3 寸盲板上。

（6）启动液压站，在操控台进行胶筒预压缩检测，同时检测位移传感器数据，检查液压管路接头有无泄漏（图 17）。

（7）测量封堵头顶块到封堵结合器法兰面的距离。

（8）测量封堵头第一轮到封堵结合器法兰面的距离。

（9）在夹板阀的法兰面上放置密封垫片。

（10）封堵设备吊装到夹板阀上之前，确认封堵头的封堵方向为被封堵管段。

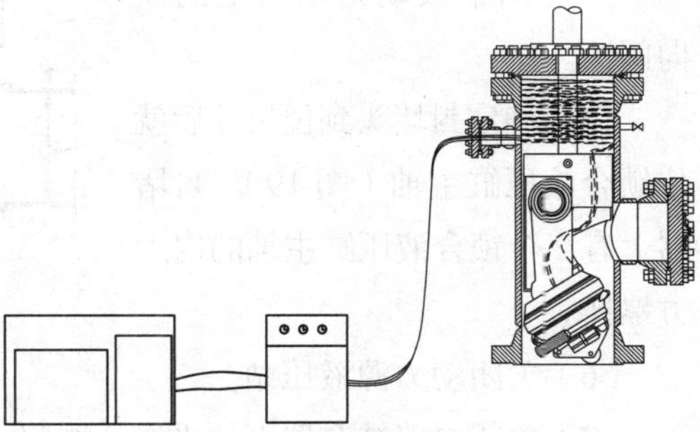

图 17 液压管路与传感器电缆接线

（11）把封堵器吊装到夹板阀的法兰面上，均匀的拧紧螺栓。封堵结合器上的平衡孔必须与管线上的 2in 平衡孔处于相对的位置。在封堵结合器的平衡孔和放气孔上安装阀门。

（12）加装封堵结合器的旁通阀门，安装前放置好垫片。

5.2.8　预制旁通管线

（1）测量三通结合器旁通法兰间距，根据尺寸组对焊接预制旁通管线（图 18）。

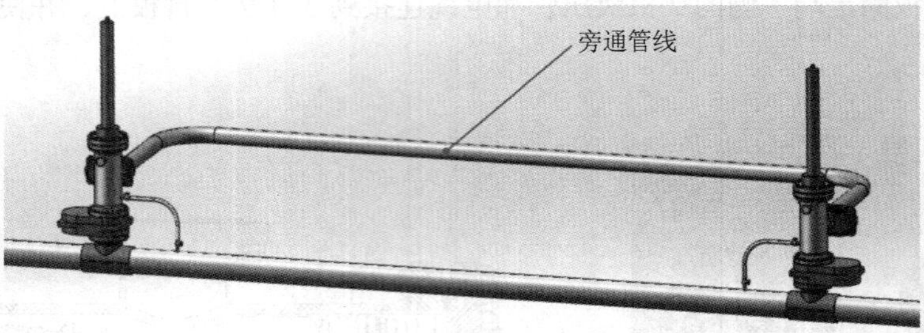

图 18　安装旁通管线

（2）连接预制的旁通管线到两端结合器的旁通阀门上。

（3）从管线的 2in 平衡孔上用高压胶管连接到封堵结合器的平衡孔阀门上，先打开 2in 平衡孔上的阀门，后打开封堵结合器上的平衡孔阀门，此操作需缓慢进行。

（4）氮气置换封堵结合器和旁通管线内的空气，并关闭放空阀门。

5.2.9　下封堵头作业

（1）打开封堵夹板阀。注：记住夹板阀的开启圈数。

（2）从动力源液压站上连接液压软管到封堵器上。

（3）启动动力源液压站，控制溢流阀门输送动力，且溢流阀门不能完全关闭。

（4）向下扳动封堵器上的换向阀柄。

（5）确定封堵头到位尺寸后就位锁合液压缸主轴（图 19）。封堵器上有 2 个锁合液压缸主轴的内六方螺杆。

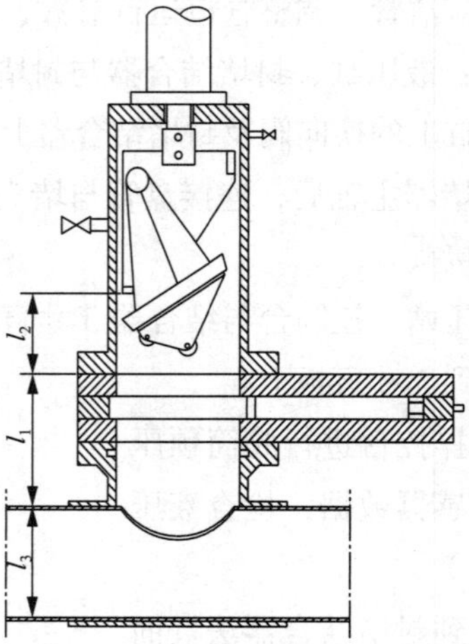

	尺寸/mm
l_1	
l_2	
l_3	
总尺寸	
	总尺寸=$l_1+l_2+l_3$

图 19　封堵尺寸计算表

（6）关闭动力源液压站。

（7）关闭封堵结合器上的平衡孔阀门。

（8）关闭管线上的 2in 平衡孔阀门。

（9）从封堵结合器上拆除高压软管（图 20）。注：此操作应谨慎进行，防止高压软管内有余压。

5.2.10　封堵坐封

（1）启动液压站，操控堵头油缸压缩胶筒封堵作业。油缸坐封压力值详见坐封数据表监测位移传感器数值，确定达到初封位移值后，可关停液压油路，进行验封（图 21）。

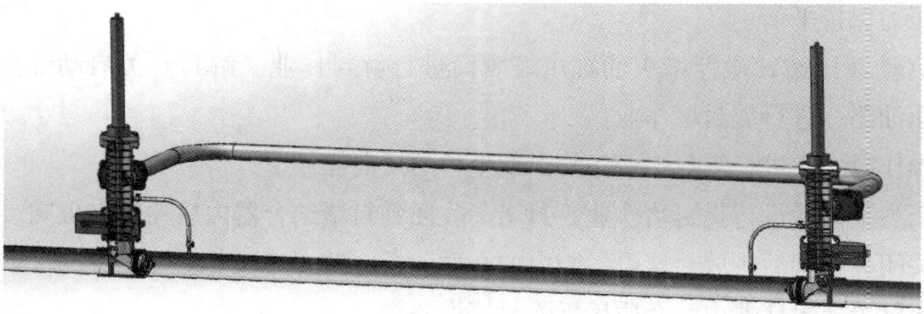

图 20　下封堵作业

（2）验证封堵效果：打开平衡孔降压，压力降至管线运行压力的 2/3，观察 5min，若封堵隔离段管道压力没有回升，则封堵成功。若压力回升过快，则启动堵头进油路液压站，并提高油路压力继续压缩胶筒，观察当位移不大于 28mm 时，继续验封，若压力依旧回升过快，则提封堵头，查找原因，解决问题后再重复以上步骤。若压力回升缓慢，则将 2 个 2in 平衡孔同时打开，通过 2 个平衡孔控制其微小的泄漏量，然后通过下囊孔在管线内安装双隔离囊。注：封堵管段的封堵效果取决于以下参数：原油管线封堵泄漏量不应大于 0.05 m^3/h；成品油管线封堵泄漏量不应大于 0.03 m^3/h；易燃易爆气体管线封堵泄漏量不应大于 $5m^3/h$。

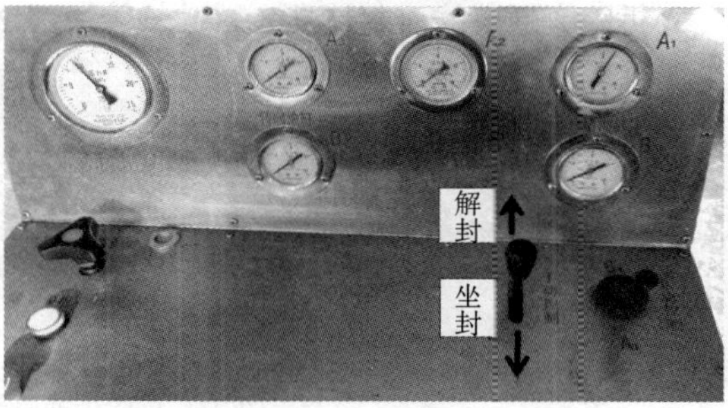

图 21　封堵坐封操控

（3）若封堵效果不满足以上条款，必须重新进行封堵操作。

（4）封堵成功后，应拆除堵头行走液压管。

（5）封堵成功后，堵头油缸液压管无需拆除。

（6）封堵期间位移监测系统应实时监测。

5.2.11　改造管道

参考“在役长输油气管道维抢修施工工法”石油工程建设工法（SYGF–47—2013）5.2.1（图 22）。

图 22　管道改造作业

5.2.12　解封、提封堵作业

（1）新管段改造完毕后，对改造管段充介质使其达到管线运行压力。用平衡管对封堵器与新管段进行压力平衡。打开引流短节与平衡短节之间球阀，使两级封堵机构前后压力与新管段之间压力保持平衡。

（2）启动液压站，操控堵头油缸压缩胶筒进行解封作业。解封开关启动维持 5min 后，可关停液压油路，进行提封堵作业。

（3）操作封堵头进行解封作业（解封即坐封的反向操作）。

（4）压力平衡后进行提封堵作业，封堵头收回到封堵结合器内后关闭夹板阀。

（5）关闭夹板阀后排放封堵设备腔内的介质，且应符合环保要求。

（6）氮气置换封堵器内腔介质后拆除封堵设备。

5.2.13　解除旁通管线

拆除旁通管线、封堵器、二寸软管（图 23）。

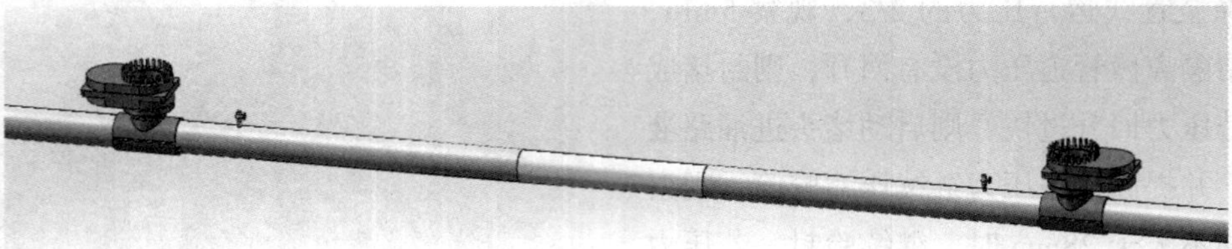

图 23　拆除旁通管线、封堵器、二寸软管

5.2.14　安装塞堵和盲板

（1）安装塞堵前应组装开孔机和开孔结合器，利用其安装塞堵。

（2）对组装完成后的开孔机和开孔结合器进行气密性试压。

（3）安装塞堵前应先平衡夹板阀上下压力，压力平衡后打开夹板阀。

（4）打开夹板阀后，利用开孔机将塞堵送入到三通内，并用卡环锁住塞堵。

（5）塞堵安装完成后按程序收回开孔机主轴。

（6）排放开孔结合器腔内介质，且应符合环保要求。

（7）拆除开孔机、开孔结合器和夹板阀。

（8）安装盲板（图 24）。

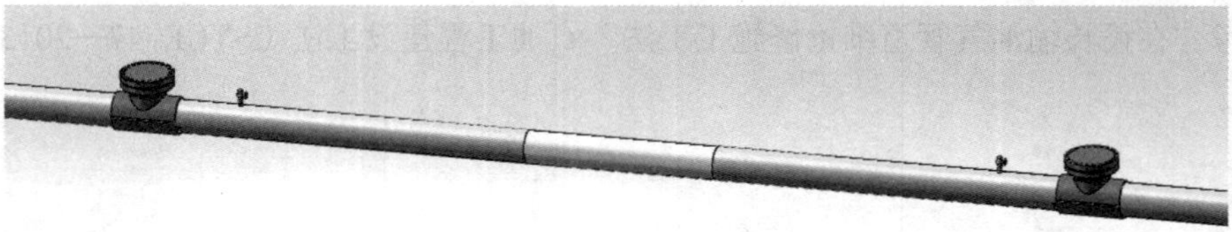

图 24　安装盲板示意图

5.2.15　无损检测

焊缝进行无损检测，并进行防腐、回填、地貌恢复。

6　材料与设备

以 Φ508mm 管道（10MPa）为例，按照不停输封堵进行作业，所需材料、人员和设备分别见表 1 ~ 表 3。

表1　施工材料配备表

序号	材料名称	规格型号	单位	数量	备 注
1	封堵三通	Φ508mm	个	2	
2	开孔刀（含中心钻）	Φ508mm	把	2	
3	短节	2in	个	6	
4	钢管	325mm × 8mm，16Mn	m	30	
5	弯头	325mm × 10mm，16Mn	个	4	
6	法兰	325mm，10MPa	片	2	

表2　人员组织配备表

序号	职务	资格（工种）	人数	评价结果
1	项目部主任	高级工程师	1	合格
2	项目经理	工程师	1	合格
3	技术总监	工程师	1	合格
4	技术员	工程师	2	合格
5	封堵工	封堵工（持有封堵工证）	4	合格
6	焊工	电焊工（持有焊工证）	4	合格
7	管工		2	合格

表3　机具设备配备表

序号	设备类型	设备名称	规格型号	单位	数量	备注
1	开孔设备	开孔机	1200XL	套	2	
		液压站	1200XL	台	2	
		三明治阀	Φ508mm，10MPa	个	2	
		开孔结合器	Φ508mm，10MPa	个	2	
2	封堵设备	封堵缸	Ⅱ b	个	2	
		封堵头	Φ508mm，10MPa	个	2	
		自旁通封堵结合器	Φ508mm，10MPa	个	2	
3	电焊设备	电焊机	林肯	台	4	
		角磨机	Φ125mm	个	2	
		焊条烘烤箱		台	1	
		焊条保温桶		个	2	
		发电机		台	1	
4	排油排水设备	抽油泵		台	2	
		抽水泵		台	2	
		油槽子		个	1	
		胶管		m	40	

续表

序号	设备类型	设备名称	规格型号	单位	数量	备注
5	动力设备	电缆线		m	若干	
		配电箱		个	2	
		电瓶		个	2	
		千斤顶	5t	个	4	
		空压机		台	1	
6	安全用具	灭火器	5kg	个	8	
		安全帽		个	若干	
		测厚仪		台	2	
		测爆仪		台	2	
7	车辆配备	工程指挥车		辆	1	
		考斯特		辆	1	
		半挂	东风牌	辆	3	
		吊车	25t	辆	2	

7 质量控制

7.1 质量控制标准

（1）GB 50683—2011《现场设备、工业管道焊接工程施工及验收规范》

（2）GB 50184—2011《工业金属管道工程施工质量验收规范》

（3）GB/T 28055—2023《钢质管道带压封堵技术规范》

7.2 质量保证措施

（1）开孔、封堵前对开孔（封堵）结合器以及三通壳体进行试压，并用肥皂水检查气密性。开孔、封堵要严格按操作规程进行并保持压力平衡。

（2）开孔作业时，可能产生卡刀现象，一旦发生立即停机，并手动退刀0.5in，再重新起机开孔。在选择开孔位置时，尽量选择管道变形小的位置，这一点对封堵作业也尤为关键。

（3）组装封堵头时将压圈对中安装，避免下封堵头时剐蹭管口。

（4）下封堵前检查顶块、压圈尺寸，检查胶筒硬度，避免因与现场管线壁厚、介质压力不匹配造成密封不佳而产生泄漏。

（5）组装封堵头时，检查封堵头油管与电缆盘管固定是否牢固，检查盘管与封堵缸主轴间隙是否足够，避免封堵头收回至结合器后挤压油管与电缆。

（6）下封堵前在管外进行坐封测试，测量坐封、解封行程，检查与传感器显示数据对比是否一致。

（7）开孔、封堵设备的氮气置换

开孔完毕、拆卸开孔机前，要先向开孔机内打入氮气以置换干净存留在开孔机内的可燃气体，通过引流管把置换出的可燃气体引流放空处理，防止存积在开孔机内的可燃气体引爆。置换完毕经检验合格后方可拆卸开孔机。

拆卸封堵器前，向封堵结合器内打入氮气以置换净存留在封堵器内的可燃气体，通过二寸平衡管把置换出的可燃气体放空处理，防止存积在封堵器内的可燃气体引爆。置换完毕经检验合格后方可拆卸封堵器。

（8）封堵隔离管段的氮气置换

两点封堵完毕，经验证泄漏可控后排放封堵段内的介质，然后进行封堵隔离管段的氮气置换，符合要求后方可进行断管、焊接等作业。

（9）旁通管道及新管道导通前的氮气置换

旁通管道及新管道导通前均须进行氮气置换，达到要求后导通管道。旁通线拆除前应该先通过管道上的排污口排放介质，然后用氮气置换，合格后拆除旁通线。

8 安全措施

8.1 安全标准

（1）GB 2894—2008《安全标志及其使用导则》

（2）GB 12523—2011《建筑施工场界噪声限值》

（3）JGJ 130—2011《建筑施工扣件式钢管脚手架安全技术规程》

（4）JGJ 46—2005《施工现场临时用电安全技术规范》

（5）Q/SY 64—2007《油气管道作业管理规范》

8.2 安全保证措施

（1）作业点 10m 内设为警戒区，任何非施工人员不得进入。本次作业设置 2 道安全警戒线，第 1 道外围警戒线内，非本次动火作业工作人员不得入内；第 2 道作业坑外警戒线内，非当值工作人员不得入内。每道安全警戒线安排专人负责。

（2）特殊工种必须持有效证件上岗；吊装作业须由起重工指挥，并使用统一指挥信号，杜绝违章作业和违章指挥，并对作业场所悬挂警示标志。

（3）作业前，用可燃气体检测仪检测周围环境，确认安全后方可进行作业。作业期间应不定期进行检测可燃气体浓度，保证施工安全。

（4）所有施工人员穿戴劳动保护用品，并正确使用安全防护用品，噪声大于 80dB 区域佩戴防护耳罩。

（5）施工现场设置安全通道，确保安全通道及消防通道畅通。

（6）施工现场设置施工公告牌、安全标志、警句，设置“严禁吸烟”警示标志。在作业前和作业中对作业点周围居民做好相关的安全教育和宣传工作。

（7）现场临时用电所用的配电箱要按照指定形式摆放，用电开关要有漏电保护器，人员离开现场必须切断电源。

（8）作业现场应配备消防设备，灭火器材由专人负责到位。

（9）动火前清理现场易燃物并用可燃气体测爆仪检测周围环境，确认安全方可动火。

（10）下封堵前检查封堵头所有液压管路连接处是否密封完好。

（11）开孔、封堵作业前用氮气置换开孔结合器与旁通管线内的空气。

（12）工程结束后，安全人员组织现场清理工作。

9 环保措施

9.1 环保标准

（1）GB 16297—1996《大气污染物综合排放标准》

（2）JGJ 146—2013《建筑施工现场环境与卫生标准》

9.2 环境保障措施

（1）将施工场地和作业限制在施工作业范围内，合理布置作业区域围挡，做到标牌清楚、齐全、各种标识醒目，施工场地整洁文明。

（2）施工前检查设备润滑部位的油位情况，发现漏油及时修理，漏油的地面应及时进行处理，防止地面污染；对液态管线施工出现的废油进行集中处理；对洒落到地上的油污进行及时处理。

（3）加工坡口时产生的铁销及时清扫回收。

（4）焊接过程中产生的焊丝头、焊条头收集到废物回收箱中集中进行处理。

（5）管道改造段内的残液、原油、成品油回收，准备足够的接油油槽、油桶和带衬里的编织袋，及时回收原油，防止落地污染环境。

10 效益分析

10.1 经济效益

在役油气管道新型主动密封封堵工法降低了施工成本、提高了在役油气管道维抢修质量和效率，显著降低了业主的经济损失，间接地创造了社会效益，引领维抢修行业的先进技术，为油气管道安全运行保驾护航（表 4）。

表 4 工法节约成本分析（以 1 处不停输封堵为例）

序号	节约费用项目	节约明细	节约费用计算	合计 / 万元
1	材料	1. 节省 Φ508mm 下囊短节 2 个 2. 节省 Φ508mm 隔离囊 2 个 3. 节省 Φ508mm 旁通三通 2 个 4. 节省作业坑开挖量 300m^3	1. 节省下囊短节费：0.68mm × 2 个 =1.36 万元 2. 节省隔离囊费：0.25mm × 2 个 =0.5 万元 3. 节省旁通三通费：0.9mm × 2 个 =1.8 万元 4. 节省土石方开挖费用：300m^3 × 0.01 万元 / m^3= 3 万元	6.66
2	焊接作业	1. 节省焊接旁通三通 2 个 2. 节省焊接下囊短节 2 个	节约焊接费用：8 人 ×1 天 ×0.05 元 /（天·人）=0.4 万元	0.4
3	开孔作业	节省开孔机运行折旧 20 台班	节约开孔机运行折旧费：0.12 万元 / 台班 × 20 台班 =2.4 万元	2.4
4	作业坑开挖量	采用自旁通新工艺减少作业坑开挖 150m^3	节约土石方开挖费用：150 m^3 × 0.02 万元 / m^3= 3 万元	3
5	管件防腐	省去下囊、旁通三通的防腐量 4 处	节约防腐施工费：0.15 万元 / 处 ×4 处=0.6 万元	0.6
合计				13.06

经济效益计算说明：

经济效益 = 合同额 – 总成本（①＋②）。

式中，①工程 1 成本；② 工程 2 成本。

2022 年累计经济效益 =［合同额 – 总成本］× 技术占比 =［（348.62+102.1）–（73.01+63.22）］× 70%=220.07 万元。

10.2　社会效益

油气管道主动封堵施工工法技术先进、应用效果明显，节省了成本，简化了操作工艺，提高了在役油气管道不停输封堵施工质量和效率，最大限度避免了对下游用户的影响，既维护了管道的稳定运营，保障油气管道的安全运行，又增加了施工作业的安全性。

10.3　环境效益

本工法的实施减少了在管道上焊接封堵三通、下囊三通、开下囊孔作业，对环境污染和破坏降低，在施工作业中不会对植被及地质造成污染，在环保方面具有一定的优越性，可保障管道运营区域周边社会、环境安全。

11　应用实例

在役油气管道新型主动密封封堵装置施工工法的指导下，中国石油天然气管道局维抢修分公司完成如下工程实例。

实例一：三河市轨道交通 22 号线神威大街站 *DN* 500mm 高压 B 燃不停输接驳工程

2022 年 9 月，该技术被成功应用于北京燃气公司三河市轨道交通 22 号线神威大街站 *DN* 500mm 高压 B 燃不停输接驳工程。此次项目下游作业点场地狭窄、作业坑及上方设施较多，空间紧凑，如采用常规盘式封堵工艺将无法实施（图 25）。

图 25　三河市轨道交通 22 号线神威大街站 *DN* 500mm 高压 B 燃不停输接驳工程

实例二：兰成渝管道广元站内漏阀门整改项目

2022 年 11 月，该技术被成功应用于兰成渝管道广元站内漏阀门整改项目。该项目为国家管网西南管道兰成渝 508 成品油管线广元站更换 4 个内漏阀门，施工方法采用停输上游关阀，下游站外农田内停输封堵、排油后实施阀门切割、更换（图 26）。

图 26 兰成渝管道广元站内漏阀门整改项目

实例三：临沂创业路次高压燃气管道改造项目

2023 年 5 月，该技术被成功应用于临沂创业路次高压燃气管道改造项目。该项目为 323.9 天然气管线双侧不停输工程，采用该新型主动封堵技术，提高了维修效率，降低了施工成本（图 27）。

图 27 临沂创业路次高压燃气管道改造项目

油气管道惯性测绘内检测工法

李春晖　刘承磊　吕　岩　苗小波　杨金生

中油管道检测技术有限责任公司

1　前言

我国的油气管道沿线环境复杂，管道建设或运营期可能因地质灾害等因素承受较大的外载荷，使管道产生弯曲变形和横向位移，大大增加管道断裂、屈曲等潜在失效风险。因此，准确检测管道中心线轨迹，检测管道弯曲应变，并周期性监测管道是否存在应变量增大或横向位移，对于保障管道安全具有重要的意义。

惯性测绘内检测技术利用高精度惯性测量单元（Inertial Mapping Unit, IMU）与传统的内检测技术结合，通过内检测实现弯曲应变检测。周期性地开展惯性测绘内检测，可以识别和监测受地质灾害影响产生的弯曲变形和位移。基于以往项目成果应用和经验积累，中油管道检测有限责任公司细化梳理、完善了油气管道惯性测绘内检测的施工工艺，并形成了“油气管道惯性测绘内检测工法”。

本项检测技术研制和应用过程中同时形成了多项成果：

（1）“管道弯头惯性测量系统开发”获中国石油天然气管道局2016年技术革新奖一等奖。

（2）“Φ610mm/Φ559mm三轴漏磁检测器+mapping长距离管道检测供电方案设计及实施”获中国石油天然气管道局2017年度技术革新奖一等奖。

（3）“基于多元数据的管道凹陷应变评价研究与应用”获中国石油管道2022年度技术革新奖三等奖。

2　工法特点

2.1　技术可实施性和适用性强

惯性测绘内检测技术适用于各种口径管道，管道工况只需具备日常清管条件即可实施，现场施工工艺流程和操作简单；实现IMU单元的小型化后，可以挂载在传统的漏磁或变形检测设备上，即惯性测绘内检测和传统的漏磁或变形检测同时开展。IMU与其挂载设备图片见图1。

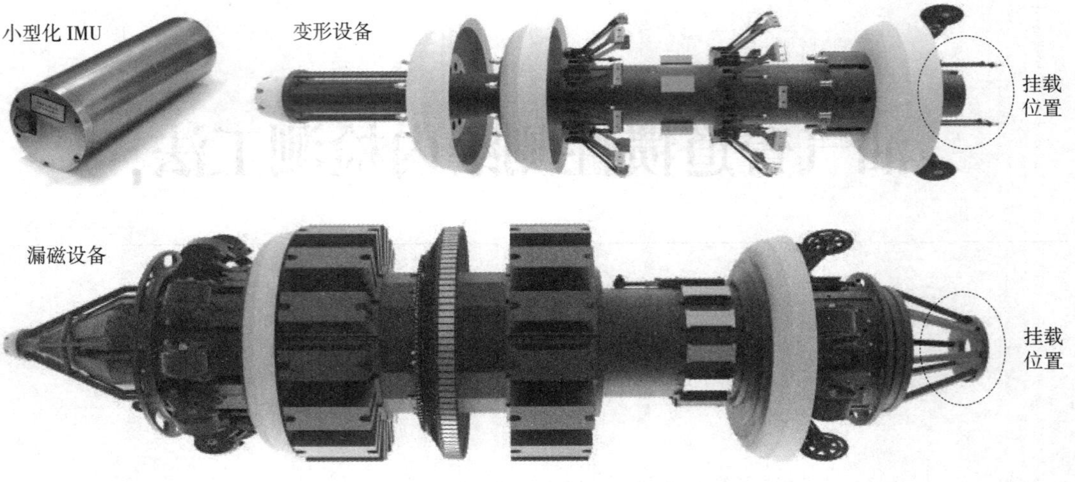

图 1　小型化 IMU 与挂载变形或漏磁检测设备

2.2　检测效率高，节省人力、物力成本

惯性测绘内检测技术通过单次检测可以获取管道中心线轨迹和坐标，也可以识别和量化管道上存在的所有弯曲变形特征；周期性开展检测还可以识别和量化外载荷引起的管道位移。该技术的定位和量化精度高，突破了传统应变检测和监测技术单点监测需要现场开挖、测量不稳定等局限性，大大提高了地质灾害管理效率，提升了山区管道安全运营水平，节省了管理成本。

2.3　施工安全性高

惯性测绘内检测通过非开挖的手段实现弯曲应变及位移的识别和量化，现场施工量较少，避免了传统方法现场开挖工作产生的风险，提升了安全性。

3　适用范围

本工法适用于 *DN* 100mm ≤管径≤ *DN* 1400mm 的具备清管条件的油气管道。

4　工艺原理

本工法的实施过程如图 2 所示，是利用惯性导航系统和地面控制点的协同作用，获得管道中心线轨迹、三维坐标、弯曲应变和位移的一种内检测技术。将惯性测量单元挂载在检测设备上，随设备在管道中的运行采集管道中心线三轴加速度和角速度。对惯性测绘数据转换和误差修正，解算出管道中心线轨迹和坐标，进一步定位和量化管道上存在的弯曲应变和横向位移。

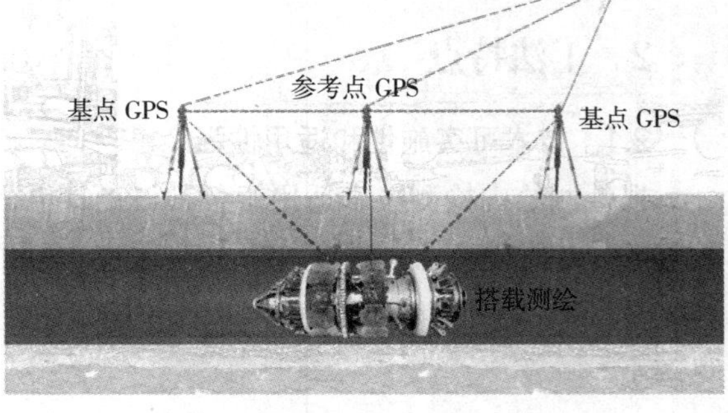

图 2　惯导检测过程示意图

4.1　惯性测绘内检测数据采集技术

惯性导航测绘技术的核心部件是

IMU 单元，IMU 单元由三轴正交的陀螺仪和加速度计组成。将 IMU 单元挂载在内检测设备上，与管道中心线保持同轴，并且载体具有里程计数系统，可以随着检测或清管设备的运行高频率（200Hz 以上）测量其角速度、加速度以及里程。IMU 单元采集精度、采集频率、功耗、尺寸等关键参数应能保证惯性测绘内检测过程的稳定性和结果的准确性。

如果挂载在内检测设备上，则需要同时采集漏磁 / 变形数据和 IMU 数据。此时应采用双模式数据采集与存储电子包，实现多类数据的同时采集，兼顾数据采集效率和数据处理准确性。包括以下 2 项关键技术：

（1）单主控芯片双模式采集共用技术：通过一块主控芯片 FPGA 实现了 2 种采集模式，即固定频率采集模式（采集管道走向数据）和触发采集模式（采集管道运行温度、运行压力数据），并实现了电子系统的小型化和集成化。典型电子包 PCB 设计如图 3 所示。

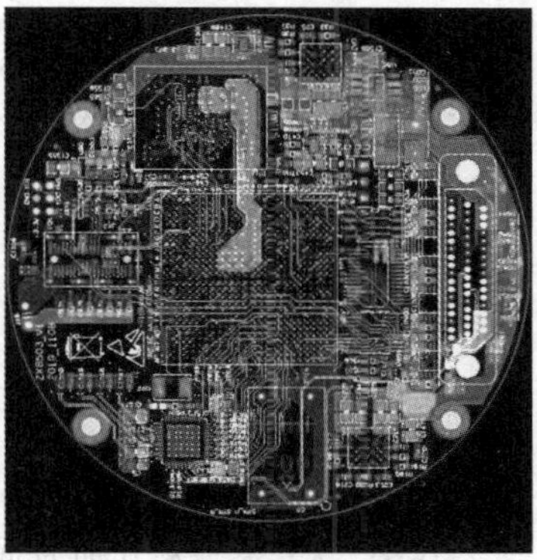

图 3　电子包的 PCB 设计

（2）存储介质实时分区存储管理技术：管道检测数据与管道运行压力、温度数据由于数据的产生方式不同需要相互独立。该技术实现了在一块存储介质中划分不同分区并进行管理和实时分区存储，将存储阵列统一管理，并进行实时分区存储。

4.2　管道中心线轨迹和坐标解算技术

基于 IMU 采集到的三轴角速度和加速度，对时间进行积分和坐标系转换，可解算出初始的管道三轴姿态角和中心线轨迹。针对检测过程和初始解算方法引入的测量误差，利用设标点高精度地面测绘坐标和专业的数据解算软件，对姿态角和中心线轨迹进行误差削减和修正。图 4 为软件的中心线轨迹解算的可视化界面。解算出的管道中心线坐标精度误差绝对值小于 1m。

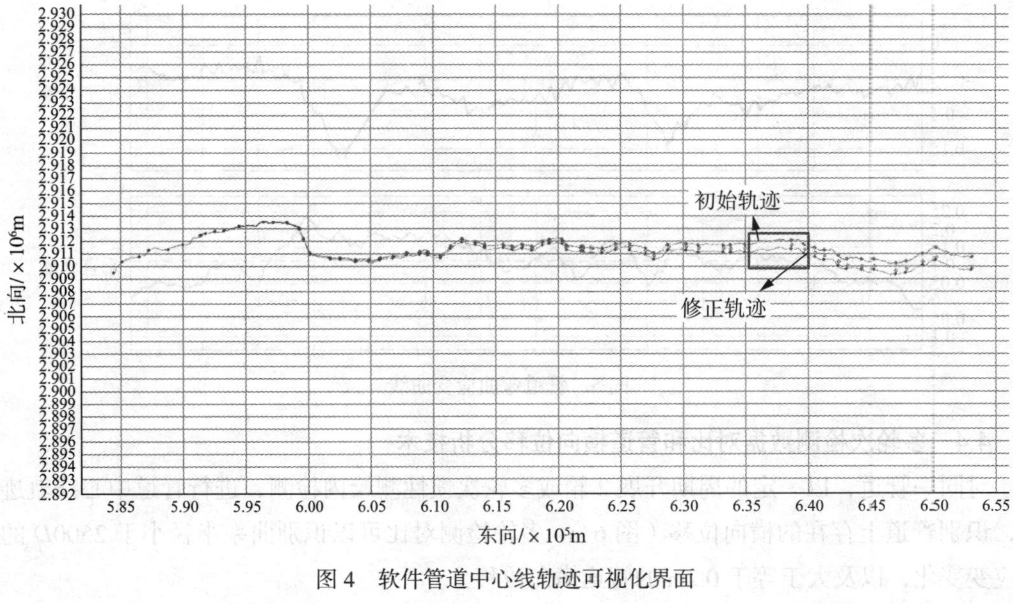

图 4　软件管道中心线轨迹可视化界面

4.3 管道弯曲应变识别与定位技术

基于管道中心线俯仰角和航向角随时间的变化量 ΔA 和 ΔP 以及里程间距 ΔS，遵循直梁弯曲理论计算管道弯曲应变，公式如下：

$$\kappa_{\mathrm{v}} = \frac{\Delta P}{\Delta S} \tag{1}$$

$$\kappa_{\mathrm{h}} = \frac{\Delta A}{\Delta S}\cos P \tag{2}$$

$$\kappa = \sqrt{\kappa_{\mathrm{v}}^2 + \kappa_{\mathrm{h}}^2} \tag{3}$$

$$\varepsilon_{\mathrm{v}} = \kappa_{\mathrm{v}} D / 2 \tag{4}$$

$$\varepsilon_{\mathrm{h}} = \kappa_{\mathrm{h}} D / 2 \tag{5}$$

$$\varepsilon = \sqrt{\varepsilon_{\mathrm{h}}^2 + \varepsilon_{\mathrm{v}}^2} \tag{6}$$

式中，κ_{v}、κ_{h}、κ 分别为垂直曲率、水平曲率和总曲率；ε_{v}、ε_{h}、ε 分别为垂直弯曲应变、水平弯曲应变和总弯曲应变。

分析管道弯曲应变随里程分布情况，识别典型弯曲应变（图 5）。单次检测可识别曲率半径小于 400D 的弯曲应变。

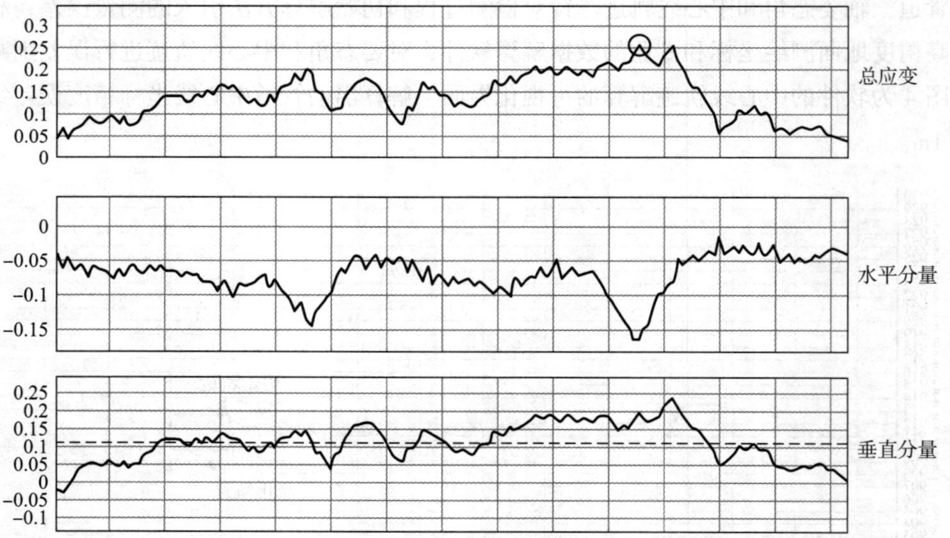

图 5 管道弯曲应变曲线

4.4 多轮次检测数据对比和管道横向位移分析技术

对同一管道，以一定的周期开展 2 轮或多轮次惯性测绘内检测，进行管道中心线轨迹对比，识别管道上存在的横向位移（图 6）。多轮检测对比可以识别曲率半径小于 2500D 的弯曲应变变化，以及大于等于 0.2m 的管道横向位移。

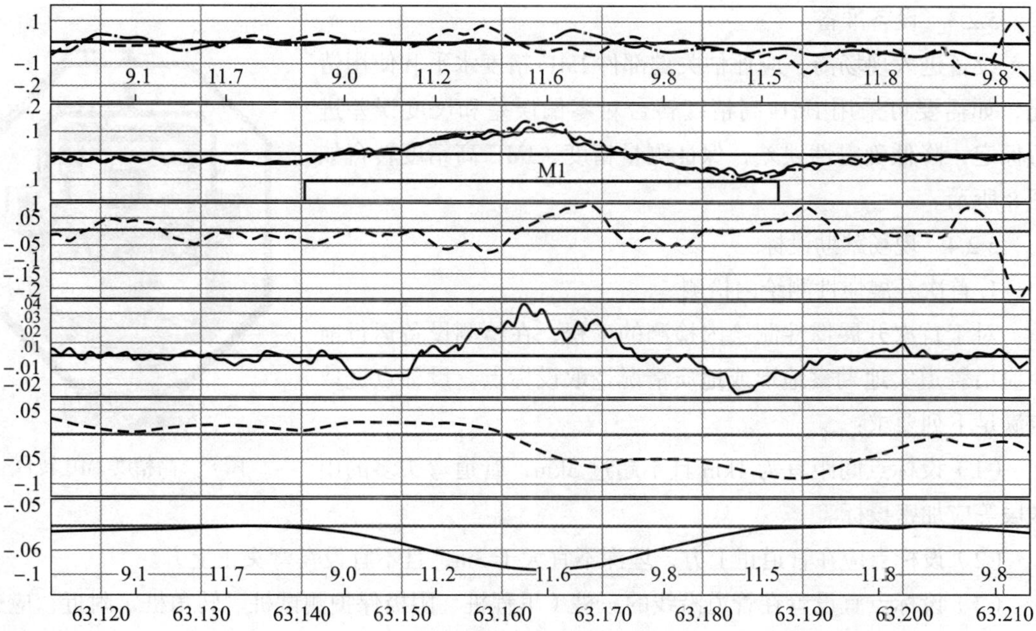

图 6　典型管道横向位移曲线

5　施工工艺流程及操作要点

5.1　施工工艺流程

惯性测绘内检测施工工艺流程如 7 所示。

5.2　操作要点

5.2.1　管道调查

当惯性测绘内检测与变形或漏磁检测同时开展时，检测方应按照变形或漏磁检测要求详细了解施工现场信息，包括但不限于站场、收发球筒、管道工况、沿线敷设环境等，评估当前工况是否满足开展内检测要求，如果不满足，提出相应的改造方案。要求管道运营方认真填写管道调查表，提供与检测相关的管道建设、维护维修资料。

5.2.2　拟定检测方案

基于实际勘查和评估结果，严格按照施工要求拟定检测方案并经管道运营方批准。方案中包括但不限于内容：①项目概况；②编制依据及说明；③检测组织及准备；④检测过程；⑤风险识别与应急处置；⑥ QHSE 管理。

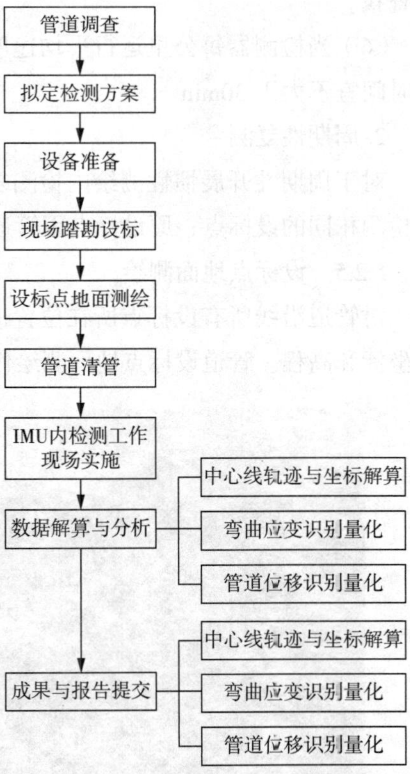

图 7　油气管道惯性测绘内检测施工工艺流程图

5.2.3 设备准备

设备进入现场前，应评估关键部件 IMU 精度水平和使用情况，如需要可采用 IMU 高精度转台对零偏误差和尺度误差进行标定，降低确定性误差，保证测量精度。IMU 高精度转台如图 8 所示。

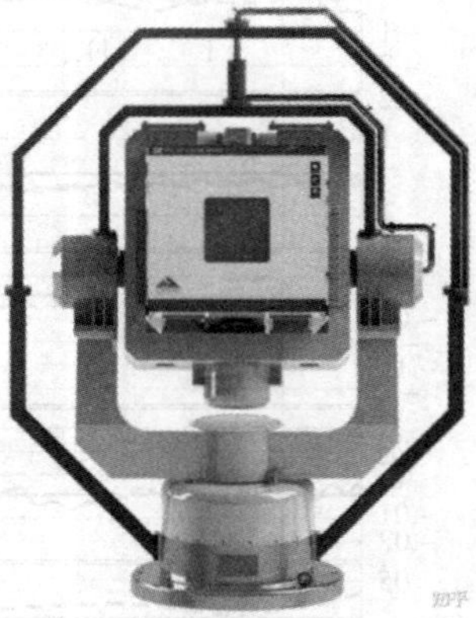

图 8 高精度 IMU 转台

5.2.4 现场踏勘设标

1. 首次开展惯性测绘内检测

对于首次开展惯性测绘内检测的工程，在检测设备运行前期应沿管道实地勘察地形或地质情况选取设标点。设标点选取应满足下列要求：

（1）设标点间距宜为 1km 且不超过 3km，管道弯头多的山区段等应加密设标。

（2）设标点应在管道正上方，埋深不宜大于 3m，且不宜设在弯头正上方。

（3）设标点宜设置在管道沿线的三桩（里程桩、阴极保护测试桩、转角桩）附近，应避开高压线、火车道、公路等有干扰的地域。

（4）收发球筒、泵站、阀室、大型穿跨越等重点位置应设标。

（5）应在设标点处做明显标记并统一编号，编号名称宜与测试桩名称保持一致，便于日后查找。

（6）当检测器每公里运行平均速度低于 2km/h 时，宜加密设标，检测器通过 2 个设标点的时间宜不大于 30min。

2. 周期性复测

对于周期性开展惯性测绘内检测复测的工程，应通过实地勘察确认，尽可能采用与上一轮检测相同的设标点；原设标点因管道敷设环境变化等原因无法采用的，应重新设标。

5.2.5 设标点地面测绘

对管道沿线所有设标点所在位置进行地面测绘，获取设标点处管道中心线高精度的经纬度坐标和高程。管道设标点地面测绘作业如图 9 所示。

图 9 管道设标点地面测绘作业

设标点地面测绘工作要求如下：

（1）测量方法应符合 CH/T 2009—2010 的规定。

（2）在有连续运行参考站系统（CORS）信号覆盖的情况下，应使用 CORS+RTK 测量。

（3）在无 CORS 信号覆盖区域应建立控制网，控制点等级应不低于 D 级，宜采用 GPS+RTK 技术进行测量。

（4）确保地面测绘点与实际设标点保持一致，并位于管道正上方。

5.2.6 管道清管

IMU 单元可挂载在变形或漏磁检测设备上，需按照技术方案要求进行顺序清管，如常规清管、测径清管、特殊清管等，确保最终清管效果满足变形或漏磁设备发送要求。

5.2.7 IMU 内检测现场实施

1. 检测器投运

检测器发送主要分成 3 个部分，包括准备工作、设备调试以及检测器发送。

（1）准备工作

管道运营方按照技术方案要求调整输量和压力，在投运过程中维持各项参数稳定运行。检测器发送前检测方确认设备电量是否充足，根据运行时间要求合理使用或更换电池。

（2）设备调试

设备发送前应分别对 IMU、变形 / 漏磁检测设备的数据传输、电气连接等进行调试，确保设备状态满足检测要求。IMU 单元在发送前应在发球筒内进行静置，并进行初始对准。

（3）检测器发送

设备调试完成后，按照技术方案要求发送检测设备。

2. 检测器跟踪

检测期间，对检测器的跟踪应满足以下要求：

（1）跟踪组之间、跟踪组与管道运行管理部门之间应保持通信畅通。

（2）根据管道情况选取设标点进行检测器跟踪，阀室、大型穿跨越处、转角桩处或可能存在管道位移的管段应重点跟踪。

（3）跟踪时应确认检测器通过并记录通过时间，在设标点处管道正上方放置地面标记盒；应填写跟踪记录，典型跟踪记录表如表 1 所示。

表 1 检测器跟踪记录表

<table>
<tr><td colspan="7">项目名称：</td><td colspan="3">工程编号：</td></tr>
<tr><td colspan="7">记录人：</td><td colspan="3">组长：</td></tr>
<tr><td colspan="7">发球时间：</td><td colspan="3">收球时间：</td></tr>
<tr><td colspan="10">填表要求：</td></tr>
<tr><td>序号</td><td>桩号</td><td>位置 /m</td><td>AGM 盒号</td><td>GPS 坐标</td><td>GPS 间距 /km</td><td>埋深 /m</td><td>到达时间</td><td>时间增量</td><td>备注</td></tr>
<tr><td></td><td></td><td></td><td></td><td></td><td></td><td></td><td></td><td></td><td></td></tr>
</table>

3. 压力和排量监测

设备运行期间，管道运营方应配备专门人员严密监测并记录管道的压力和排量变化情况。如遇异常（如压力在检测器运行期间陡然上升后发生陡降的现象）应及时向项目指挥部汇报，并通知跟踪人员。

4. 检测器接收

按照检测技术方案要求接收检测器，并满足以下要求：

（1）当有可能清出 FeS 或其他自燃物时，应在开盲板前对收球筒采取注水、喷淋等防护措施。

（2）将检测器从收球筒中取出后，应对其进行外观检查和清洁处理。

5. 数据完整性检查

检测器接收后，对检测数据进行下载并初步评估数据的完整性，包括以下内容：

（1）地面标记盒数据完整性：地面标记盒触发率宜不低于 90%，被触发的相邻定标盒间距不宜超过 3km。

（2）里程轮数据完整性：里程轮应全程完整记录数据，管道检测里程与运营方提供的里程误差应在规定允许范围内。

（3）惯性测绘数据完整性：惯性测绘数据有效采集时间应与检测设备发送至接收时间一致，且中间无间断。

（4）评估数据完整性是否可接受，若不可接受应及时分析原因，并确定是否需重新检测。

5.2.8 数据解算与分析

1. 管道中心线轨迹与坐标解算

现场采集的惯性测绘内检测数据和地面测绘数据移交至数据处理人员。采用数据解算软件进行数据转化、误差修正以及坐标解算等，获取的管道中心线坐标误差应在 ± 1m 范围内。

2. 管道弯曲应变分析

采用数据解算软件识别和量化典型弯曲应变，并提取弯曲应变的关键信息，如起始点里程 / 坐标、最大应变处里程 / 坐标、终止点里程 / 坐标、弯曲应变水平 / 垂直分量、弯曲应变总量等。数据解算软件应能够识别曲率半径小于 $400D$ 的弯曲变形。

3. 管道弯曲应变变化和横向位移分析

对于惯性测绘内检测复测项目，应与上一轮检测数据进行对比，识别弯曲应变变化管段和管道横向位移管段，提取关键信息，如起始点里程 / 坐标、最大应变处里程 / 坐标、终止点里程 / 坐标、弯曲应变变化水平 / 垂直分量、弯曲应变变化总量、水平 / 垂直位移分量、位移总量等。惯性测绘内检测复测项目应能够识别曲率半径变化量小于 $2500D$ 的弯曲应变变化，以及最小位移变化量为 0.2m 的横向位移。

4. 制定和实施维护、维修方案

分析过程中疑似与地质灾害相关性较高的弯曲应变或管道位移，如发现总应变在 0.4% 以上或水平应变在 0.15% 以上的弯曲应变，或水平 / 垂直位移在 0.2m 以上的管道位移，应与管道运营方沟通，确认是否位于地质灾害区域内或附近，并明确主要的地质灾害类型，如滑坡、地质沉降、冻胀融沉等。

检测方应根据调查情况，协助管道运营方制定维护管理方案，主要维护方法包括地质灾害治理、应变开挖释放和相关缺陷维修等（图 10、图 11）。

图 10　典型地质灾害治理

图 11　管道应变开挖释放

5.2.9　检测成果和报告提交

1. 中心线检测结果

（1）提供管道沿线各点三维坐标，格式为“北东高”. 平面坐标系统可采用 CGCS2000 或 WGS84 坐标系，高程系统应为 1985 国家高程。

（2）当惯性测绘内检测与变形 / 漏磁检测同时开展时，宜提供具有变形 / 漏磁报告特征的坐标。

（3）中心线测绘结果应符合国家法律法规关于测绘的保密要求。

2. 弯曲应变分析报告

（1）报告曲率半径小于 400D（应变量大于 0.125%）的弯曲应变，如合同另有约定，按照约定的阈值，报告阈值范围内的弯曲应变信息。

（2）提供弯曲应变特征沿里程分布的信号图谱，包括总应变、水平应变、垂直应变等，（图 12）。

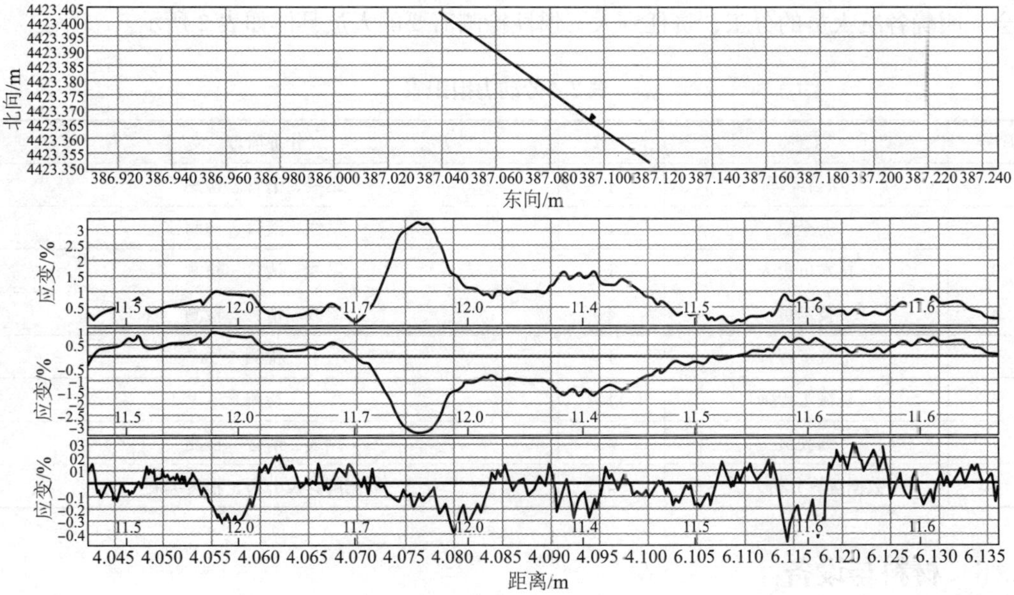

图 12　典型弯曲应变图谱

（3）对于弯曲应变值较大的，或地质灾害相关性较高的弯曲变形，应在弯曲应变分析报告中提供相关针对性的建议。

3. 位移分析报告

（1）报告曲率半径小于 2500*D*（应变量大于 0.02%）的弯曲应变变化和 0.2m 以上的管道位移，并提供详细信息；如合同另有约定，按照约定的阈值，报告阈值范围内的位移信息。

（2）提供位移沿里程分布的信号图谱，包括水平弯曲应变（两次值）、垂直弯曲应变（两次值）、水平弯曲应变差值、垂直弯曲应变差值、高程差值和横向位移值等（图 13）。

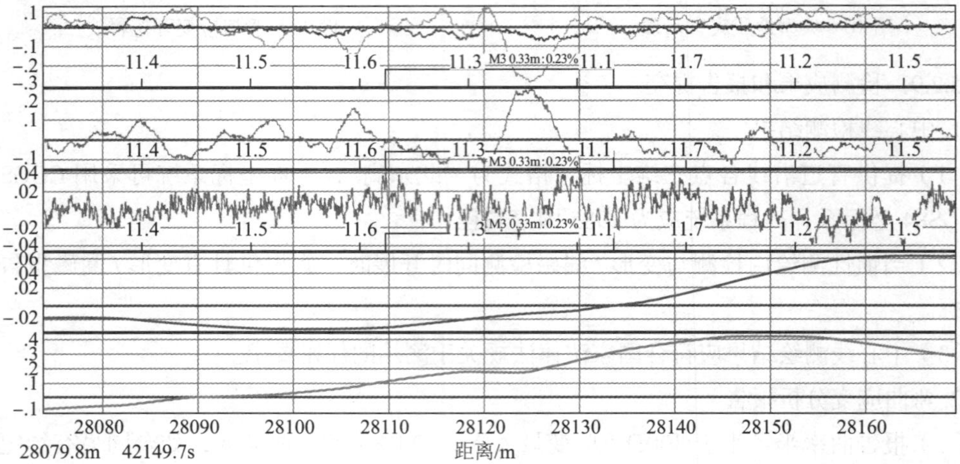

图 13　典型弯曲应变变化和位移图谱

5.3　劳动力组织

根据工作量的大小，确定施工的质量控制人员和操作工人的数量，施工前召开技术交底大会，明确各级人员的分工，责任到人。惯性检测需要的人员具体如表 2 所示。

表 2　劳动力组织表

序号	工种	人数	作业阶段
1	项目经理	1	踏线、清管、检测
2	安全员	1	踏线、清管、检测
3	技术负责人	1	踏线、清管、检测
4	技术员	4	踏线、清管、检测
5	电气工程师	1	检测
6	机械工程师	1	检测
7	驾驶员	4	踏线、清管、检测
8	数据解算分析人员	4	数据解算及分析、报告编制

6　材料与设备

以乌兰成品油线瓜州—玉门内检测项目为例，管线长度为 100km，设计压力为 8.0MPa，管径 Φ559mm。IMU 挂载在漏磁检测器上。

本工法主要技术措施用料见表 3，推荐的惯性传感器及检测参数见表 4。

表3 主要技术措施用料表

序号	设备、机械名称	型号	单位	数量	备注
1	四碟清管器	Φ559mm	台	1	
2	两直四碟清管器	Φ559mm	台	1	
3	两直四碟测径清管器	Φ559mm	台	1	
4	钢刷清管器	Φ559mm	台	1	
5	磁力清管器	Φ559mm	台	1	
6	多通道变形检测器	Φ559mm	套	1	
7	三轴漏磁检测器	Φ559mm	套	1	
8	托盘	Φ559mm	个	1	
9	平台车	2t	台	1	
10	机械工具箱	Φ559 mm	台	1	
11	电气工具箱	Φ559 mm	个	1	
12	钢板	1.5 mm × 3m	块	2	
13	巡管仪	RD8000	台	1	
14	发射机	CPPI	台	2	
15	接收机	CPPI	台	3	
16	AGM 盒	CPPI	个	300	
17	跟踪车		台	4	
18	叉车	CPPI/3.5t	台	1	
19	吊车	25t/50t	辆	1	临时
20	卡车	8t	辆	1	临时
21	防爆轴流风机		台	1	
22	可燃气体检测仪		台	2	
23	清管器直皮碗	CPPI-559D-1	个	20	
24	清管器碟皮碗	CPPI-559C-2	个	40	
25	测径板	CPPI-559G	个	2	
26	清管器钢刷	CPPI-559B	个	12	
27	检测器皮碗	MFL-559-00	个	10	
28	检测器钢刷	STMFL-22-2-8-00	个	16	
29	锂电池	—	节	45	

表4 惯性测量传感器推荐度及检测参数表

项目	技术指标	精度
陀螺仪	零偏稳定性	≤ 0.5°/h
加速度计	零偏稳定性	≤ 100μg
里程计	采样间距	≤ 3.3mm
跟踪仪	定位误差	± 0.5m

续表

项目	技术指标	精度
各传感器时间一致性	分辨率	0.001s
设标点	间距	≤ 1km
检测器运行状态	平均速度（1km）	＞ 2km/h
设标点坐标测绘	平面误差	≤ 5cm
设标点埋深测量	限差	± 0.15H

7 质量控制

7.1 执行标准

（1）GB/T 27699—2023《钢质管道内检测技术规范》

（2）SY/T 6597—2018《油气管道内检测技术规范》

（3）Q/SY GDJ 0509—2020《管道内检测惯性测量技术规范》

（4）T/CAS 452—2020《地下管道三维轨迹惯性定位测量技术规程》

（5）Q/SY 1180.6—2009《管道完整性管理规范 第 6 部分：数据库表结构》

7.2 质量保障措施

（1）投运惯性测绘内检测前，严格检查清管效果，确保投运检测设备的条件。

（2）对检测器进行检查、调试，保证设备完好性。

（3）如果仪器停用 6 个月以上，启用前在实验室对仪器进行充分测试。测试项目主要有电气联调、软件测试、数据下载、备用电池检测及充电等，重点关注 USB 电缆制作和 Mapping 通信的通畅性。

（4）每段检测完成后检查设备的机械结构，更换存在隐患的部件。每段检测前后进行技术交流，分析总结经验。

（5）建立完善的现场记录，对检测设备投运前、投运中、投运后出现的情况进行详细记录，以便出现问题后能及时、准确地找出原因和解决方法。

8 安全措施

8.1 执行标准

（1）Q/SY 1002.1—2013《健康、安全与环境管理体系》

（2）SY/T 6186—2020《石油天然气管道安全规范》

（3）Q/SY 05065—2020《油气管道安全生产检查规范》

（4）SY/T 6276—2014《石油天然气工业 健康、安全与环境管理体系》

8.2 安全保障措施

（1）进入输油气场所一律禁止吸烟，严禁携带任何非防爆电子产品。

（2）对所有参加施工人员进行入场安全教育；现场检测作业要严格遵守业主方及公司关于外出工作各项安全作业管理规定。

（3）设置安全监督员，检查各项安全措施的执行情况。

（4）检测前必须对工作环境进行危害辨识，对辨识出的危害因素制定控制措施，保证安全措施到位后方可作业。

（5）由项目经理组织施工人员，对实施方案进行讨论，将每项责任落实到人。抓好各关键环节，确保整个检测工程安全顺利完成。

（6）在清管、检测期间，运行调度及操作人员随时注意压力变化，如发现异常及时汇报调度室，现场指挥决定采取措施及时处理。站内制定干部值班表，保证在检测设备运行期间，至少有1名干部在调度室值班。

（7）建立突发事故的应急预案和处置预案，确保管道安全生产。

（8）施工的所有机械设备应保持完好，进场后还应进行安全检查，合格后方可使用。

9 环保措施

9.1 执行标准

（1）GB 31571—2015《石油化学工业污染物排放标准》

（2）SH/T 3024—2017《石油化工环境保护设计规范》

（3）SY/T 6276—2014《石油天然气工业 健康、安全与环境管理体系》

9.2 环境保障要求

（1）检测过程中产生的污染物，由指定的人员指挥检测作业人员收集保存（对于含油污水及废油等液体废弃物，排入有盖、不渗漏、不外溢的容器内）。

（2）以上及其他固、液废弃物处理，按照当地政府及业主规定要求进行处理。

（3）准备消防设施（灭火器）以及安装检测装置或手持气体成分探测器对液化天然气泄漏进行预防。

10 效益分析

10.1 经济效益

本工法技术先进，具备高度的实用性和操作便利性，已在多个项目中应用。如2020年涩宁兰一线涩北首站至大水桥段四段管道定期检验项目，共计501.7km。检测公司按照本工法的流程，有序开展工作，获得管道走向，识别潜在的弯曲应变区域。该项目新增利润81.22万元，新增税收4.87万元。具体经济效益分析见表5。

表5 经济效益分析 单位：万元

合同收入	成本	利润	新增税收
620	295.1	81.22	4.87

10.2 社会效益

本工法通过单次检测可以测量管道中心线轨迹和坐标，识别管道弯曲变形。通过周期性检测可识别和监测管道因外载荷引起的横向位移，技术适用性强，检测效率高，检测结果准确可靠。对于途经地质灾害频发区域的山区管道，可以极大地提高地质灾害和安全管理效率，减少维护管理成本，提升管道安全水平。该技术的应用取得了行业的广泛认可，带来显著的经济和社会效益，具备良好的推广前景。

11 应用实例

实例一：西二线永昌至中卫段 IMU 内检测项目

西二线永昌压气站至古浪压气站管道于 2009 年 12 月建成投产，管道长 203km，设计压力为 12MPa，管径 Φ1219mm。

2019 年 8 月至 2019 年 10 月，中油管道检测技术有限责任公司采用本工法对该管道进行了惯性测绘内检测，并进行了弯曲应变分析。分析发现 72 处弯曲应变大于等于 0.125%（对应管道曲率 1/400D）的弯曲变形。最大的弯曲应变大小为 0.299%，位于该管道检测里程的 14160.129m 处，该处的弯曲应变图谱如图 14 所示。中油管道检测技术有限责任公司将全部应变报告给业主，并提醒业主需要关注的区域。

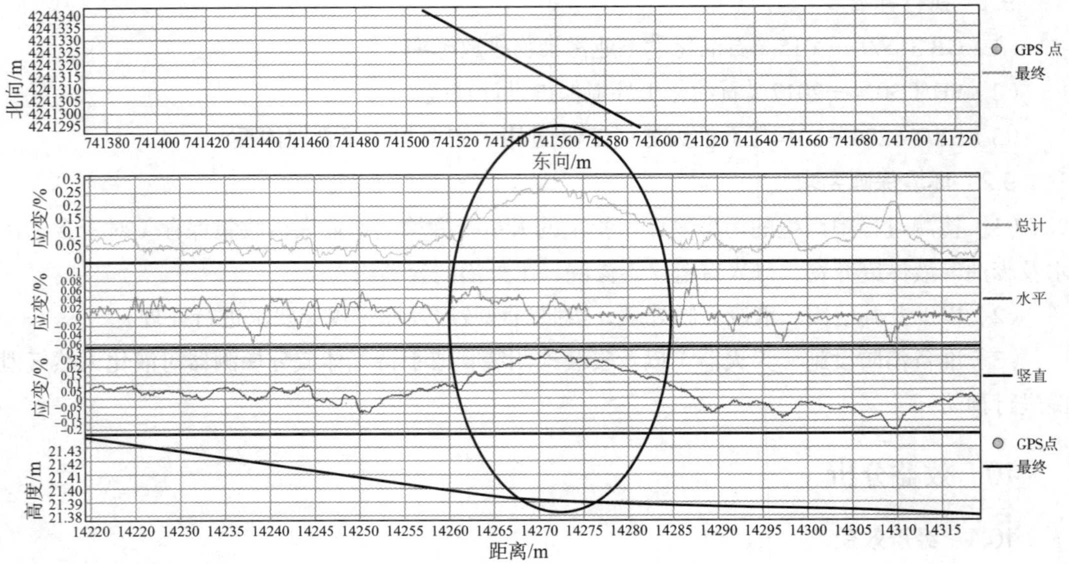

图 14 永昌压气站至古浪压气站弯曲应变图谱（弯曲应变 0.299%）

实例二：涩宁兰一线、涩宁兰复线湖东至西宁管道 IMU 内检测技术服务项目

Φ660mm 涩宁兰一线湖东至西宁管道长 86.5km，穿越日月山、拉脊山等。由于管道途经地区冬季和夏季温差较大，部分敷设区域存在冻土层且穿越山区，管道有可能受位移载荷影响。

2019 年 8 月和 2019 年 12 月，中油管道检测技术有限责任公司采用本工法对该管道进行了 2 次惯性测绘内检测，并对两次检测数据进行对比和位移分析。通过数据对比，共发现 2 处疑似产生横向位移区域，位移量均在 0.12m 左右，位于业主重点关注的冻土段。管道运营方基于检测和对比结果在山区和冻土区域制定了防护策略，降低了管道的潜在风险。

实例三：2022 年国家管网西南公司中缅天然气管道安顺—贵阳段超高清内检测项目

中缅天然气管道安顺—贵阳段全长 78.1km，途经地区多为山区，且存在滑坡、泥石流等地质灾害潜在风险。

2019 年 6 月和 2022 年 5 月，中油管道检测技术有限责任公司采用本工法对该管道进行了 2 次惯性测绘内检测。对两次检测数据进行位移分析发现，2022 年与 2019 年相比并未存在明显增大的弯曲应变，且 2022 年与 2019 年相比共发现 4 处弯曲应变值减少的情况，通过与运营方沟通，2020—2021 年，业主对这 4 处区域均进行了开挖和焊缝检测（图 15）。这些开挖活动造成了管体的回弹，弯曲应变绝对值减小。从另一方面证明了弯曲应变开挖释放活动可以有效削减管道风险。

图 15　管道弯曲应变开挖和检测活动作业

储罐罐板防腐预制自动化流水作业施工工法

刘月芳　李佳铮　陈友君　王留彬　董向涛

中油管道防腐工程有限责任公司

1　前言

储罐罐板防腐预制自动化流水作业技术是一项全新的对罐板进行防腐底漆双面自动化涂敷的技术。该技术形成了一条完整的储罐罐板防腐预制自动化流水作业线，主要用于罐底板、罐壁板、浮船板等部位防腐底漆工厂化预制喷涂施工。进而达到储罐罐板底漆机械化工厂预制的目的，替代传统的机械 / 人工喷砂 + 人工喷涂的施工工艺，提高了涂敷质量和生产效率，降低了施工成本，减少了对环境的污染。

依托中国石油管道局工程有限公司防腐公司防腐技术与装备的研究和生产经验，以及防腐工艺技术的设计与开发，实现了储罐罐板防腐预制的吊装上线、预热、抛丸除锈、吹扫除尘、留端贴纸、底漆喷涂固化、喷码、吊装下线等全流程自动化作业，是我国首次应用在储罐罐板防腐层预制领域的新技术。2021 年，储罐罐板防腐预制自动化流水作业技术成功应用于广东储罐项目，完成了 34 台 15 万 m^3 储罐罐板底漆防腐预制施工，目前已经形成了一套成熟完整的施工方法。

2　工法特点

2.1　施工效率高

本工法施工效率高，劳动强度低，操作便捷。

2.2　应用范围广

本工法适用于罐底板、罐壁板、浮船板等部位防腐底漆工厂化预制喷涂施工，喷涂效率高，施工质量稳定。

2.3　工程造价低

采用预热进行罐板施工前处理、烘干室加速漆膜固化，避免受天气影响不能施工，实现了工厂化预制，降低了工程成本。

2.4　劳动强度低

一条作业完成了吊装上线、预热、抛丸除锈、吹扫除尘、留端贴纸、底漆喷涂固化、喷码、吊装下线全流程自动化作业，操作人员的劳动强度大幅下降。

3 适用范围

本工法适用于储罐底板、壁板、浮船板的底漆预制及浮船桁架防腐预制施工作业。

4 工艺原理

储罐罐板防腐预制自动化流水作业施工是通过滚轴和链板传动带形成作业线的传送机构。使用遥控吊装上板、下板设备，完成自动钢板的自动上、下线；钢板上线后通过传送机构送至钢板预热装置，板到设备随即开始加热；对钢板表面完成预热初漉后送入喷砂除锈室，通过自动识别钢板厚度和宽度，控制开启抛头数量，除锈完成后自动对钢板上残留的钢砂进行吹扫除尘，同时完成回收；自动贴纸装置识别到钢板后自动开启，完成钢板四边贴纸；进入喷涂室，根据项目技术规格书要求，完成底漆涂敷；涂敷完成后进入烘干室，达到漆膜表干；自动喷码装置识别到钢板后完成喷标打码动作；吊装下线归至垛区养护。

4.1 作业线自动输送技术

整条作业线由滚轴传送带和板链传送带连接形成自动化流水线，实现钢板在整条作业线的自动运输。

4.2 上板、下板吊装技术

上板采用磁吸附式龙门吊将钢板放置在作业线上，可实现工人线外操作。这种方法增加了作业安全性，提高了吊装施工效率，降低了整体施工成本。下板采用开合式卡具行吊，当板材末端完全脱离固化炉后，吊装工人使用遥控控制行吊，卡住钢板留端位置，将钢板吊至指定堆放区，避免触碰涂层，划伤漆膜。

4.3 测高测宽技术

自动测量板材的高度和宽度，便于自动计算启动抛头的数量，避免钢丸和钢砂的浪费。

4.4 自动贴纸技术

采用横向自动贴纸和纵向自动贴纸 2 个机构。钢板经过抛丸和清扫后进入自动贴纸位置，可同时实现 4 个边上下双面贴纸，贴纸宽度为 50mm，以防止漆雾粘覆。

4.5 双面自动喷涂技术

自动喷漆室实现对钢材的自动喷漆。喷漆室是薄壁箱形结构。喷漆室内设有上、下 2 套往复机。在上、下往复机上各装有 2 支喷枪，可通过不同操作方式提出单覆盖、双覆盖甚至三覆盖的要求，以满足涂敷要求。

4.6 烘干室漆雾处理和有机溶剂处理技术

采用烘干室使喷涂后的漆膜快速表干，避免沾上飞虫、灰尘等杂物，保证漆膜质量，同时进行漆雾处理使排放达标，满足环保要求。

4.7 自动喷码技术

当板材送出烘干室后，自动识别钢板位置，并在指定位置喷涂钢板对应的二维码标识，实现喷码的全自动化，减少人员配置，降低施工成本。

5 施工工艺流程及操作要点

5.1 施工工艺流程图

施工工法流程如图 1 所示。

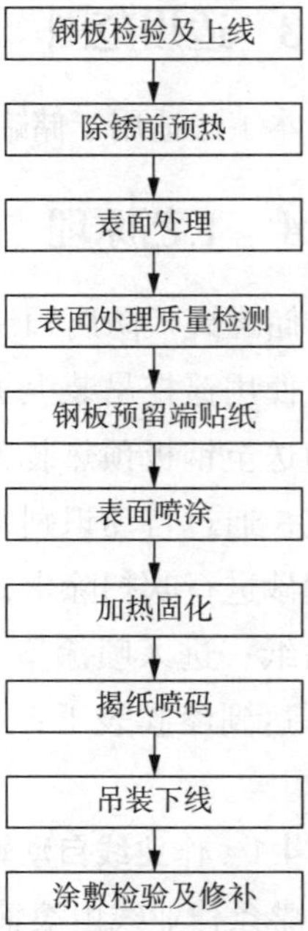

图 1 储罐预制施工工艺流程图

5.2 操作要点

5.2.1 钢板检验及上线

（1）利用龙门吊将钢板放置在作业线上，按照 GB/T 9823.4—2017 标准要求对进入进板平台的钢板表面进行检查，检查项目包括板面平整度、摔坑、腐蚀坑、周边棱角等，对板号、钢级、厚度、规格尺寸等，对这些项目进行检查记录，不合格的钢板退出进板平台另行处理。

（2）开机前准备

① 检查周围环境，清除障碍物，解除制动状态。

② 检查机械设备、电气部分和防护保险装置是否完好、可靠。

③ 试运行各机构动作，确认运行正常。

④ 将重物吊起，高度不得超过 0.5m，确认制动装置是否安全可靠。

（3）运行

① 操作人员必须在确认指挥信号后方能进行操作，开车前应先鸣铃。

② 当接近卷扬限位器，大小车临近终端或与邻近行车相遇时，速度要缓慢。

③ 工作停歇时，不得将起重物悬在空中停留。运行中，地面有人或落放吊件时应鸣铃警告。

（4）停车

工作完毕，吊车应停在规定位置，升起吊钩，将龙门吊开到轨道两端并切断电源（图 2）。

图 2 钢板检验及上线

5.2.2 除锈前预热

（1）开机前准备

① 设备启动前，检查电路是否正常运行。

② 设备燃气压力请确保在 5 ~ 8kPa。

③ 设备在炉内运行之前，务必先打开排风系统。

④ 设备使用前请确认燃气管道以及电路的正确连接。

⑤ 加热器放置好之后，密封好抽风口及其他缝隙。

（2）启动电源开关，等待温控器待机，将风机调速器调到 4000 转左右。

（3）接通电源开启控制器点火按钮开始点火，温控器绿色指示灯点亮则代表燃烧器点火成功，正常燃烧。

（4）设定钢板加热温度 60℃，预热后的钢板进入抛丸除锈工序（图 3）。

图 3　除锈前预热

5.2.3　表面处理

钢板进入除锈室后，根据钢板宽度和表面处理质量要求开启抛头，调整抛丸速度及作业线速度；除锈完成后在除锈室出口位置自动清理回收。

（1）操作前准备

① 检查除锈机内磨料的存储量（检查分离器储砂斗内的余量即可）。如果料仓内磨料不足，要按配比加入磨料（钢丸、钢砂 2∶1 配比，推荐随用随加，每生产 5 万～8 万 m^2 添加 1 次）。

② 检查提升机沙斗螺丝是否上紧。提升带松紧度，检查沙斗是否齐全，螺旋输送机是否通畅，是否有异物卡死。

（2）开机操作

① 开启除尘风机。

② 开启布袋除尘器脉冲反吹系统。

③ 开启顶部分离螺旋输送机。

④ 开启提升机。

⑤ 开启底部螺旋输送机。

⑥ 依次开启收丸螺旋、清扫滚刷、吹丸风机。

⑥ 抛丸器启动完毕后再依次启动下砂闸门，进行除锈生产。

（3）抛丸除锈后的钢板进入下一道表面处理质量检测工序（图 4）。

图 4　表面处理

5.2.4　表面处理质量检测

检查抛丸除锈后的钢板质量、表面清洁度、锚纹深度，将除锈质量达不到标准要求的钢板或除锈后发现表面有严重损伤点、板表面严重点蚀、夹层等缺陷的钢板吊装下线，存放至待处理区，合格钢板则进入下一道工序。

钢材表面抛丸清理到 Sa2.5 级（用彩色照片对照），使用粗糙度仪测量锚纹是否达到标准要求，应用压缩空气吹净钢材表面，4h 内完成底漆涂覆（图 5）。

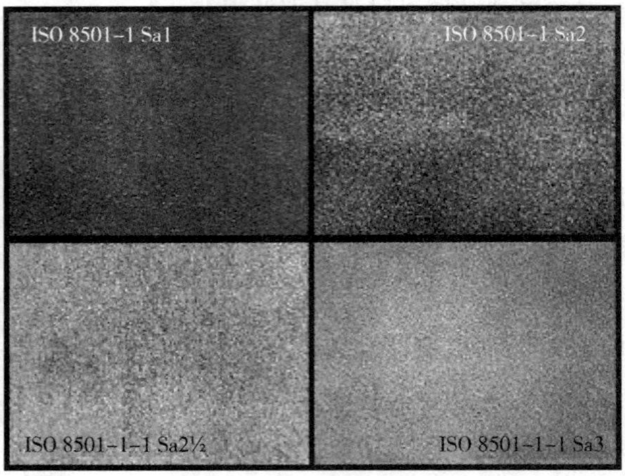

图 5　表面处理质量检测

5.2.5　钢板预留端贴纸

（1）在涂敷前采用自动贴纸装置，对齐外侧边缘，将贴纸在钢板边缘上下压实，贴纸宽度为 50mm（浮船板 30mm，底板边缘板圆弧端 230mm）。

（2）设置贴纸宽度，启动程序后完成自动贴纸（图 6）。

图 6　预留端贴纸

5.2.6　表面喷涂

（1）操作前准备

① 穿戴好工作服、安全帽、手套、口罩等劳动用品。

② 打扫区域卫生、检查往复机轨道。确保轨道上无杂物，轨道无破损后方可进行反馈。

（2）涂料准备

涂料开桶后，将含填料的组分搅拌均匀，涂料组分及时加盖，尤其注意异氰酸酯组分的密闭。

（3）涂料加热及循环

按照生产商涂料使用说明要求，设定喷涂机的输送比例，并对涂料进行预热、循环和保温，确保涂料喷涂良好雾化。

（4）喷枪速度及运行距离设定

根据钢板运行速度及漆膜厚度要求，设定喷枪速度，速度过快易导致喷枪启停不准确。

根据钢板宽度设定喷枪运行距离，确保设备行程够宽，以免碰到限位报警。

（5）开启自动喷涂运行程序，自动喷涂时，上下面可同时喷涂。采用高压无气喷涂机喷涂，根据不同的涂料及所喷部位，选择不同的喷涂枪嘴。板材通过喷涂室后，测量湿膜厚度，检验是否符合标准要求（图 7）。

图 7　表面喷涂

（6）及时清洗喷漆泵和喷枪。每天清理喷漆房下面通风管道内漆雾残渣，检查油漆过滤棉堵塞情况，发现堵塞及时更换。每天下班前擦拭伺服电机传感器和传感器反馈板。

5.2.7　加热固化

（1）检查燃气阀门是否打开，燃气压力表的压力指针是否正常。

（2）打开燃烧机调压阀组前的管路阀门。

（3）开启操作控制箱的电源旋转开关，设置温控表温度，如有偏差可校正温度。

（4）按下循环风机启动按钮，可调节出风口的风量大小，保证出风均匀。

（5）开启燃烧机加热旋转开关，可调节阀组中电磁阀的流量。旋流开关调节火焰大小。

（6）观察温控仪，板材不间断通过烘干室，表面漆膜可达到表干状态（图 8）。

图 8　加热固化

5.2.8　揭纸喷码

（1）板材送出烘干室后，喷码装置自动识别钢板位置，进行喷标打码（图 9）。

（2）利用铲刀等工具撕掉钢板两侧预留段胶带。

5.2.9　吊装下线

（1）板材末端完全脱离固化炉后，遥控操作开合式卡具行吊，卡住钢板留端位置，避免触碰涂层、划伤漆膜，将钢板吊至指定堆放区。

（2）下线的钢板吊至漆膜养护区，码放时板与板之间

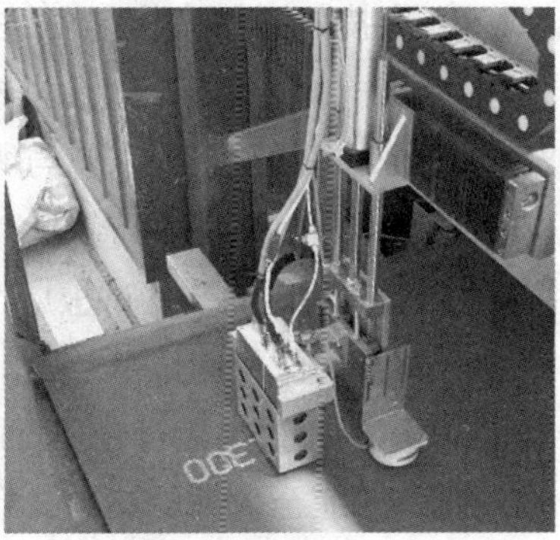

图 9　自动喷码

用木制或钢制垫块隔离，保持80mm的间距（图10）。

图10 吊装下线

5.2.10 涂敷检验及修补

板材放置不低于24h，检查涂层确认其达到实干后，进行防腐层检验。

（1）防腐层检验

① 应对防腐层进行100%目测检查，每道涂层的外观应平整、颜色一致，无漏涂、泛锈、气泡、流挂、皱皮、咬底、剥落、开裂等缺陷。

② 每道湿膜厚度或金属涂层厚度应符合设计文件要求。

③ 涂装间隔时间应符合涂料施工指导说明书及设计文件的要求。

④ 测厚仪厚度检测见表1。

表1 厚度检测

储罐容积 V/m^3	检测点数/个							
	罐底	罐壁	罐顶	其他附件	浮盘下表面	浮盘上表面	浮舱外缘板	每个浮舱内表面
150000	80	160	100	80	80	60	40	2

（2）涂层漏点检测

① 漏点检验前，防腐层表面应干燥。

② 采用电火花检漏仪检测时，涂层的检漏电压应为5V/μm。连续检测时，检漏电压应每4h校正1次。检查时，探头应接触防腐层表面，探头移动速度为0.2m/s。

③ 采用低压检漏仪检测时，宜采用低压湿海绵法进行漏点检验。检漏时电解液距金属裸露面的距离不应小于13mm，检漏电压宜为9V。

④ 涂层应全部进行漏点检验，检验出的漏点应进行补涂。应将漏点周围至少50mm范围内的防腐层用砂轮或砂纸打毛，然后涂刷涂料至符合要求。固化后应再次进行漏点检验直至合格。

（3）附着力检验和试验要求

① 涂层附着力测量和试验组合宜符合现行国家标准《色漆和清漆 拉开法附着力试验》GB/T 5210—2006的相关规定，测量结果应符合业主给定的技术规范。

② 应按不同的涂装方案分别制作涂层附着力检测试板。同样的涂装方案下，每1000m² 应至少制作1块试板；储罐加热盘管、浮盘、浮舱等复杂结构应至少分别制作1块试板。试板的表面处理及涂层要求应与所代表的部位一致；试板表面处理和涂装应与所代表的部位在相同环境下同时施工。

③ 每一块已涂装的试板应在储罐防腐蚀现场环境下干燥并应放置规定的时间。除非另有规定，检测前试板应至少干燥16h。

④ 试板的大小应符合现行国家标准《色漆和清漆 拉开法附着力试验》GB/T 5210—2006的规定，并应至少满足6次试验组合的需要。

（4）修补、复涂及重涂

存在以下情况时应对防腐层进行修补、复涂及重涂：

① 防腐层外观存在缺陷或机械损伤时，应根据缺陷状况进行修补、复涂或重涂；防腐层不平整时应进行复涂，防腐层未固化、分层起皮时应进行重涂。

② 防腐层厚度不满足规定要求时，应进行局部复涂或整体复涂；不合格点数不超过该部分总检测点数的 5% 时，应按标准规定进行局部复涂直至合格；不合格点数超过 5% 时，应在相同部分内再次进行检测，检测点数量应与上次检测数量相同，检测位置应与上次检测位置不同，再次检测出的不合格点数仍超过 5% 时，检测部分的防腐层厚度为不合格，应进行整体复涂。

③ 每一部分防腐层漏点数每平方米不超过 1 个时，应对漏点处进行修补；该部分防腐层漏点数每平方米超过 1 个时，应先对漏点修补后再进行全面复涂。

④ 因附着力检测损坏的防腐层应进行修补，附着力检测不合格的防腐层应进行重涂。

5.3 劳动力组织

作业机组人员配置见表 2。

表 2 储罐罐板预制作业机组配置表

序号	工序 / 岗位	操作项目	人数
1	作业线操作人员	钢板上线、除锈工序、喷涂工序、钢板下线	5
2	电工	配电设备及辅助	1
3	涂料配制	配料、上料	2
4	检验岗位	除锈质量检验、漆膜质量检验	3
5	管理人员	机组长	1
		技术员	1
		安全员	1
合计			14

6 材料与设备

6.1 材料

储罐罐板底底漆预制防腐涂料可根据项目技术规格书和环保要求选择，一般分为溶剂型和水性涂料 2 类，性能指标如表 3、表 4 所示。

表 3 溶剂型环氧富锌涂料及涂层性能指标

序号	项目	指标	试验方法
1	容器中状态（组分 A、B）	粉末：应呈微小的均匀粉末状态； 液料和浆料：搅拌混合后应无硬块，呈均匀状态	目测
2	不挥发份中金属锌含量 /%	≥ 70	HG/T 3668—2020
3	不挥发物含量（组分 A）/%	≥ 70	GB/T 1725—2007

续表

序号	项目		指标	试验方法
4	干燥时间（23℃ ± 2℃）	表干时间 /h	≤ 1.5	GB/T 1728—2020
		实干时间 /h	≤ 24	
5	贮存稳定性（组分 A）（50℃ ± 2℃，30d）	沉降程度 / 级	≥ 6	GB/T 6753.3—1986
		黏度变化 / 级	≥ 6	
6	耐冲击性 /cm		≥ 50	GB/T 1732—2020
7	附着力 /MPa		≥ 6	GB/T 5210—2006
8	3%NaCl（60℃ ± 2℃，30d）		不起泡、不生锈、不开裂、不脱层	GB/T 9274—1988
9	耐盐雾性（1000h）		不起泡、不生锈、不开裂、不脱层	GB/T 1771—2007

表 4　水性环氧富锌涂料及涂层性能指标

序号	项目		指标	试验方法
1	容器中状态（组分 A、B）		粉末：应呈微小的均匀粉末状态； 液料和浆料：搅拌混合后应无硬块，呈均匀状态	目测
2	不挥发物含量 /%		≥ 70	GB/T 1725—2007
3	不挥发分中金属锌含量 /%		≥ 70	HG/T 3668—2020
4	干燥时间（23℃ ± 2℃）	表干时间 /h	≤ 4	GB/T 1728—2020
		实干时间 /h	≤ 24	
5	贮存稳定性（组分 A）（50℃ ± 2℃，30d）	沉降程度 / 级	≥ 6	GB/T 6753.3—1986
		黏度变化 / 级	≥ 6	
6	耐冲击性 /cm		50	GB/T 1732—2020
7	附着力 /MPa		≥ 6	GB/T 5210—2006
8	3%NaCl（60℃ ± 2℃，30d）		不起泡、不生锈、不开裂、不脱层	GB/T 9274—1988
9	耐盐雾性（1000h）		不起泡、不生锈、不开裂、不脱层	GB/T 1771—2007

其他防腐材料性能应满足 SY/T 0319—2021 的相关要求。储罐防腐预制施工材料见表 5。

表 5　储罐防腐预制施工材料

序号	名称	规格		用途
1	抛丸磨料	钢砂、钢丸	G18 ~ G25，S290 ~ S330	抛丸除锈用
2	液化气	50kg 装		预热、烘干用

6.2　设备

储罐防腐预制施工配备基本设备见表 6。

表 6　储罐防腐预制施工设备

序号	名称	型号规格	单位	数量
1	龙门起重机	16t	台	2
2	储罐罐板防腐预制生产线		套	1

续表

序号	名称	型号规格	单位	数量
3	空压机	$17m^3$	台	2
4	空压机	$10m^3$	台	1
5	空压机	$5m^3$	台	1
6	高压无气喷涂机	XP70	台	2
7	预热炉		台	1
8	烘干炉		台	1

6.3 检测仪器

储罐防腐预制施工所使用基本检测仪器见表 7。

表 7 储罐防腐预制施工检测仪器

序号	设备名称	型号	数量
1	露点仪	ElcometerG319	1
2	锚纹深度测试仪	Elcometer124	1
3	测厚仪	Elcometer456	1
4	电火花检漏仪	Elcometer236	1
5	温湿度仪		1
6	邵氏硬度计	TH210	1
7	测温仪	ElcometerG319	1
8	粘接强度测试仪（拉拔仪）	Elcometer106	1
9	盐分测量仪	ElcometerSCM400	1
10	VOCs 检测仪	泵吸式	1

7 质量控制

7.1 执行的质量标准与规范

（1）GB/T 50393—2017《钢质石油储罐防腐蚀工程技术标准》

（2）SY/T 0319—2012《钢质储罐液体涂料内防腐层技术标准》

（3）SY/T 7036—2016《石油天然气站场管道及设备外防腐层技术规范》

（4）SY/T 4204—2019《石油天然气建设工程施工质量验收规范　油气田集输管道工程》

（5）GB/T 8923—2011《涂装前钢材表面锈蚀等级和除锈等级》

（6）GB/T 38597—2020《低挥发性有机化合物含量涂料产品技术要求》

（7）GB 37822—2019《挥发性有机物无组织排放控制标准》

7.2 质量保障措施

7.2.1　表面处理质量检查

钢表面经表面处理后应全面检查，只有表面处理合格的钢表面才能进行涂料涂敷。

（1）除锈等级检查方法

钢表面除锈等级的测定应采用目视对比测定法，测定时应符合 GB/T 8923.1—2011 的规定，并应进行拍照记录。

（2）钢表面粗糙度的测定

应采用表面粗糙度测量仪进行测定，测定时应符合 GB/T 10610—2009 和 GB/T 50393—2017 附录 F2.2 的规定。

（3）钢表面可溶性氯化物的测定

钢表面可溶性氯化物的测定方法应符合 GB/T 18570.5—2005 和 GB/T 50393—2017 附录 F.2.3 的规定。

（4）钢表面灰尘度的测定

表面灰尘等级应达到 GB/T 18570.3—2005 规定的 2 级或 2 级以上。

7.2.2 涂层涂敷过程中的质量检查

（1）应按照施工工艺规程确定每道湿膜的涂敷厚度，可采用刷规、轮规和千分尺等，检测方法应符合 GB/T 13452.2—2008 的规定。每一道漆涂敷完成后，应在不同部位测定漆膜的湿膜厚度是否满足要求，如不符合要求，则应及时对涂料黏度、喷涂压力、喷嘴直径、喷涂速度等工艺参数进行调整。

（2）每道涂漆的外观应平整、颜色一致，无漏涂、泛锈、气泡、流挂、皱皮、咬底、剥落、开裂等缺陷，如有缺陷应及时进行修补或复涂。

（3）最后一道面漆实干后固化前应检查防腐层的厚度，厚度小于规定的涂层厚度时，应增加涂敷遍数直至合格。

7.2.3 防腐层最终质量检验

防腐层施工完成，漆膜完全固化后，应对涂层进行外观、厚度、漏点和附着力进行检验，并做好记录。

（1）外观检验

① 所有涂层均应进行外观检验，外观检验采用目视检查法。

② 涂层表面应平整、光滑、颜色一致，不得有发黏、脱皮、气泡、斑痕等缺陷，涂层应当完全覆盖焊缝处，如有缺陷应及时进行修补或复涂，修补使用的涂料和涂敷厚度应与原涂层相同。

（2）厚度检验

① 宜将储罐表面分为罐底、罐壁、罐顶、钢质浮盘和其他附件 5 个部分进行检测。

② 各部位检测布点应均匀。

③ 焊缝处的检测点不得少于总检测点数的 20%。

④ 应按照 GB/T 13452.2—2008 中的规定选用磁性测厚仪测定干膜厚度。

⑤ 厚度检测结果应符合“90–10”的规则，即允许 10% 的读数低于规定值，但每一单独读数不得低于规定值的 90%。

⑥ 如厚度不满足①的要求，则应进行补涂。

（3）漏点检测

① 漏点检测应在涂层完全固化后进行，防腐层表面应干燥。

② 涂层应全部进行漏点检测，漏点应进行补涂，补涂部位涂层完全固化后应再次进行漏点检测直至合格。

③ 绝缘型涂层检测时采用电火花检漏仪进行，当涂层厚度小于 200μm 时，采用低压检

漏仪进行检测；导静电型涂层应采用低压检漏仪进行检测。

④ 采用电火花检漏仪进行检测时，涂层的检漏电压应为 5V/μm；连续检测时，检漏电压应每 4h 校正 1 次；检测时，探头应接触防腐层表面，探头移动速度宜为 0.2m/s。

⑤ 采用低压检漏仪进行检测时，宜采用低压湿海绵法进行漏点检测，检测时电解液距金属裸露面的距离不应小于 13mm，检漏电压宜为 9V。

（4）附着力检测

① 附着力检测采用拉开法，附着力检测应满足 GB/T 5210—2006 的规定。

② 附着力检测采用附着力检测试板，检测试板的制作需满足 GB/T 5210—2006 的规定，并应至少满足 6 次检测组合的需要。

③ 试板表面处理、涂装等应与待测部位的涂敷环境、涂敷工序、涂敷方式、涂敷厚度等相同。

④ 试板表面涂敷的涂层完全固化后，才能进行附着力测试。

⑤ 不同涂装部位（如罐底外表面、管内壁板等）、涂装方案的涂层附着力测试需分别制作检测试板，同样的涂装部位、涂装方案每 1000m^2 应至少制作 1 块试板，浮盘、浮舱等复杂结构应至少制作 1 块试板。

8 安全措施

8.1 执行的安全法规

（1）GB 18218—2018《危险化学品重大危险源辨识》

（2）GB 2894—2008《安全标志及其使用导则》

（3）GB/T 50484—2019《石油化工建设工程施工安全技术规范》

8.2 安全保障措施

8.2.1 抛丸作业

（1）作业时，操作工人应佩戴整齐劳保用品。

（2）严格执行“五想五不干”制度，组织施工人员进行安全培训、安全教育。

（3）使用的设备有合格证明，并定期检验。

（4）作业前必须检查所有设备及工具的性能，发现问题及时处理，确认无隐患后方可进行作业。

8.2.2 喷涂作业

（1）作业人员必须穿戴好劳动保护用品，喷漆作业人员穿好防静电工作服。

（2）油漆、涂料定点存放，做好防火防爆安全防护措施。

（3）喷漆作业结束后，油漆以及施工产生的易燃垃圾及时清离现场。

8.2.3 吊装作业

（1）起吊设备必须由专人操作。所有的起吊工具都必须定期检查、标定、标识。未经标定、标识的设备不许使用。可能被尖锐物损伤的吊具不许使用。

（2）禁止用起吊设备拖拉任何不易移动的物品。

（3）确保所装卸的货物各个方位结实、牢固。在起吊前将手移开，当货物落下时，站在吊车司机可看见的位置。装卸钢材时，起重工要站在钢材后面。

（4）吊装过程中，坚决执行安全“十不吊”。

8.2.4 预热及烘干作业

（1）在液化气首次或再次使用前要进行设备连接处和附属设施、管道的全面检查，并用氮气进行冲空置换。

（2）在开启每只气体管道阀门时切记要缓慢开启，防止气流瞬间压力冲坏压力表或接口，造成危险事故。

（3）使用瓶装液化石油气，应选用合格的液化石油气钢瓶。使用时，应先打开钢瓶角阀，后打开燃气管道送出阀门。用后应先关闭钢瓶角阀，后关闭燃气管道送出阀门，严禁只关燃气管道送出阀门，不关钢瓶角阀。

（4）每次用气后，应对液化石油气钢瓶角阀和燃气管道送出阀门的关闭情况进行检查，以防漏气。

9 环保措施

9.1 执行的环保法规

（1）GB 12348—2008《工业企业厂界环境噪声排放标准》

（2）GB 16297—1996《大气污染物综合排放标准》

（3）GB 3095—2012《环境空气质量标准》

（4）GB/T 38597—2020《低挥发性有机化合物含量涂料产品技术要求》

（5）GB 37822—2019《挥发性有机物无组织排放控制标准》

9.2 环保保障措施

（1）防腐层施工过程中VOCs超过标准、规范和国家、地方法律、法规规定的限值要求时，应配备废气收集处理系统。

（2）除锈、涂敷生产过程中，各种设备产生的噪声应符合GB/T 50087—2013的有关规定。

（3）除锈、涂敷生产过程中，空气中粉尘含量应符合GB 16297—1996的有关规定。

（4）除锈、涂敷生产过程中，空气中有害物质浓度应符合GB/T 38597—2020的规定。

（5）除锈、涂敷生产过程中，VOCs控制指标及措施应符合GB 37822—2019的规定。

（6）除锈、涂敷生产过程中，所有机械设施的转动和运动部位应设置保护。

10 效益分析

10.1 工艺对比

本工法采用工厂化集中预制模式，施工工艺使用自动喷涂作业线。应用于广东储罐项目的本项施工工艺是国内首次大规模应用。相比传统的人工喷涂工艺，新工艺改善了原来的生产组织模式，大幅提高工效、节约成本，同时对施工质量稳定性、安全环保性也有良好的改善。效果对比见表8。

表 8　工艺对比表

对比项目	预制流水作业线	传统人工施工工艺
作业效率	200 张板 / 班	50 张板 / 班
工人数量	10 人 / 班	25 人 / 班
施工质量	喷涂质量稳定，厚度均匀，固化快	喷涂厚度不好控制，普遍偏厚，固化慢
材料损耗	作业线施工相比人工材料损耗节约 10% 以上	
HSE 指标	1. 除锈配有除尘及回收 2. 漆雾处理后达到排放要求 3. 安全性更高，避免高空坠落	1. 开放式喷涂，环境污染和对人体伤害较大 2. 频繁吊装，增加作业风险
施工场地	60m × 20m	30m × 30m

10.2　经济效益

储罐罐板防腐预制自动化流水作业施工技术的工作效率是传统施工工艺的 4 倍，除锈质量和喷涂质量的可控性更高、更稳定。预制防腐层厚度更均匀，加热固化缩短了固化时间，节约了工期。在 HSE 性能指标方面，抛丸除锈机除锈带有回收除尘装置，喷涂增加了漆雾处理装置，排放均达到了环保要求。

以管道局广东储罐项目为例，该项目储罐板材防腐预制采用本工法所述集中预制模式，施工工艺采用自动喷涂作业线，是该技术的国内首次大规模应用。相比传统的人工喷涂施工方式，新技术大幅提升罐板的防腐预制功效、质量稳定性、安全环保性并节约施工成本。

10.3　社会效益

储罐罐板防腐预制自动化流水作业技术实现了储罐罐板机械化、自动化防腐底漆的预制，形成了一套完整的储罐罐板防腐预制自动化流水作业线。该条作业线采用人工遥控操作行吊吊装钢板上下线，其余工序均已实现自动化流水施工作业，提高了工程质量和工作效率，降低了施工成本，减少了对环境的污染。

11　应用实例

实例一：管道局广东储罐项目

该工程为防腐公司承揽的管道局国家重点工程，采用储罐罐板防腐预制自动化流水作业施工工艺完成 32 座 15 × 104m^3 原油储罐，2 座 1000m^3 柴油储罐，2 座 1.5 × 104m^3 消防水罐的储罐罐板底漆预制施工。原油储罐的型式为钢质双盘外浮顶油罐，柴油储罐和消防水罐均为拱顶罐。

实例二：725 油库扩容改造项目

该工程为防腐公司承揽的二级石油库储罐建设项目，采用储罐罐板防腐预制自动化流水作业施工工艺完成 4 座 1 万 m^3 储罐，5 座 5000m^3 储罐罐板底漆预制施工。

实例三：舟山外钓岛光汇油库储运基地工程储罐防腐保温施工项目

该工程为防腐公司承揽的舟山外钓岛光汇油库储运基地工程储罐防腐保温施工项目，采用储罐罐板防腐预制自动化流水作业施工工艺完成 8 台 10 万 m^3 储罐、6 台 5 万 m^3 储罐、2 台 3 万 m^3 储罐罐板底漆预制施工。

储罐罐壁机器人防腐工法

刘月芳　吴　阳　陈友君　胡　南　孙建勋

中油管道防腐工程有限责任公司

1　前言

储罐罐壁防腐施工一般采用吊篮人工施工或搭脚手架施工。此种作业方式工期较长、施工作业人员较多、高空作业风险大、施工质量也不可控。所以如何实现机械化、自动化的储罐罐壁防腐施工成为亟待解决的问题。中油管道防腐工程有限责任公司（以下简称“防腐公司”）研究出了储罐罐壁机器人防腐施工技术，在国内首次实现了储罐罐壁防腐机械化施工和规模化应用，总结梳理了储罐罐壁防腐施工工艺，编制了本工法。

2020 年先后应用于东北中石油国际事业有限公司罐区储罐浮盘维修防腐工程，完成 4 台储罐的防腐层维修；广东储罐项目完成 32 台 15 万 m^3 储罐罐壁防腐层施工；舟山储罐项目完成 4 台 10 万 m^3 储罐罐壁防腐层施工。编制形成了《储罐机器人安全防腐施工技术规范》Q/SY GDJ 0527—2022，申报发明专利 2 项；通过了中国机械工业联合会的成果鉴定，鉴定结果表明该技术及工艺属于国内首创，达到国际先进水平。

2　工法特点

2.1　机械化程度高

实现机械化、自动化作业，替代传统人工作业。除锈、拉毛、清洁、喷涂均采用人工地面遥控进行，摄像采集画面控制施工效果，无需人工高空辅助作业，操作便捷。

2.2　高空作业风险低

采用机器人替代人工进行高空防腐作业，规避了施工人员高空作业的风险。

2.3　施工质量高

表面处理和防腐层涂敷质量相比传统人工施工工艺更加均匀、稳定、可控。

2.4　施工效率高

喷涂效率是普通人工的 16 倍，大大缩短施工工期。

2.5　环境污染小

机器人高压水除锈和密闭喷砂除锈均配备循环回收处理装置，机器人喷涂配有防风罩，避免了漆雾扩散，减小环境污染和人体健康危害。

3 适用范围

本工法适用于采用机器人对在役储罐罐壁（板）防腐层维修和新建储罐罐壁（板）防腐层涂敷防腐施工。

4 工艺原理

储罐罐壁机器人防腐的工艺原理是采用无线遥控方式，通过地面控制柜和遥控手柄远程控制机器人作业；机器人再通过即插即用的末端工装，完成储罐罐壁的表面处理、拉毛清洁、自动喷涂等工序施工。

4.1 施工装备

4.1.1 高压水除锈机器人

通过机器人搭载高压水密闭喷射磨盘去除罐体表面旧涂层。配备水循环处理系统，将使用后的高压水通过真空负压回收后进行处理，达到超高压泵用水标准，可再次循环使用（图 1）。

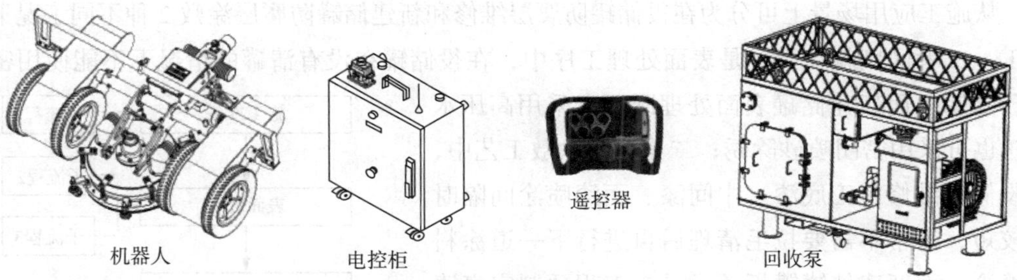

图 1 机器人高压水表面处理装备

4.1.2 多功能爬壁机器人

考虑机器人在曲率壁面上的吸附可靠性与运动灵活性，选择三轮两驱结构的机器人底盘，采用永磁吸附技术吸附于立面上进行作业。机器人的前轮为 2 个结构相同的吸附驱动一体化单元，设置于车架前端左右两侧，主要用于提供机器人运动所需的驱动力和吸附力。车轮正常工作状态下采用伺服电机驱动方式，通过实时控制两轮速度实现机器人在竖直表面的灵活精准运动；机器人后轮采用内置磁体的万向轮形式，用于提供部分吸附力以及车架在壁面的稳定支撑。

为了实现一台机器人适配多种防腐作业的目的，在机器人的结构上增加了升降平台、水平滑台以及快装机构，保证机器人可以快速更换不同功能的执行机构（图 2 ~ 图 4），实现高度和水平方向上的位置调节，达到在罐体表面除锈、拉毛清洁、自动喷涂作业的目的。采用自动纠偏系统保持机器人水平行走，保证机器人喷涂搭接宽度稳定。

4.2 关键技术

4.2.1 施工工艺设计

防腐公司自主开发了在役储罐罐体高压水循环防爆防腐装置和新建储罐罐体多功能防腐层施工装置。提出了一种用于机器人施工的储罐罐壁施工工艺，解决了储罐防腐施工作业风险高、施工效率低、环境污染重、质量不稳定、在役储罐清罐停运等问题。

图 2　机器人搭载喷砂除锈执行机构示意图

图 3　机器人搭载拉毛吹扫执行机构示意图

图 4　机器人搭载喷涂执行机构示意图

4.2.2　参数与工艺关系模型

为保证表面处理和喷涂涂层质量及一致性，建立了爬壁机器人的运动参数与防腐工艺参数的关系模型，使施工质量稳定可控。

5　施工工艺流程及操作要点

5.1　施工工艺流程图

从施工应用场景上可分为在役储罐防腐层维修和新建储罐防腐层涂敷 2 种不同工况下的施工。二者区别就在于一是表面处理工序中，在役储罐在没有清罐的情况下不能使用密闭喷砂除锈，而新建储罐表面处理既可以采用高压水除锈也可采用密闭喷砂除锈；二是涂层涂敷工艺中，在役储罐维修施工底漆、中间漆、面漆喷涂间隔时间较短，通常不需要拉毛清理后再进行下一道涂料的喷涂，而新建储罐罐板通常是在工程预制完底漆后进行罐体组装，底漆和中间漆喷涂间隔时间较长，已经完全固化，所以需要拉毛清理后再进行中间漆的涂敷，以保证涂层之间的粘接力达到标准要求。

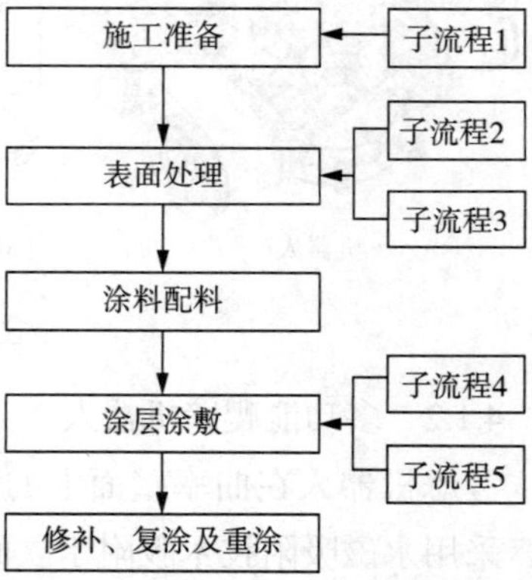

图 5　储罐罐壁机器人防腐施工工艺流程图

5.1.1　总流程（图 5）

5.1.2　子流程

（1）子流程 1（图 6）

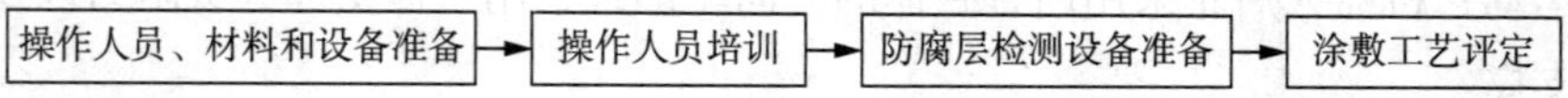

图 6　施工准备流程

（2）子流程 2（图 7）

图 7　新建储罐表面处理流程

（3）子流程 3（图 8）

图 8　在役储罐表面处理流程

（4）子流程 4（图 9）

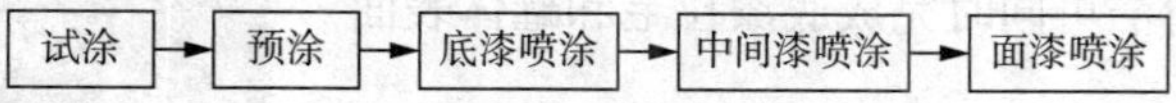

图 9　新建储罐涂层涂敷流程

（5）子流程 5（图 10）

图 10　在役储罐涂层涂敷流程

5.2　操作要点

5.2.1　施工准备

1. 操作人员、材料和设备准备

按照施工部署准备施工人员（参照表 1）、材料和设备（参照表 2 ~ 表 4）。

2. 操作人员培训

操作人员按批准的施工方案、操作规程进行相关的作业培训，并取得相应的上岗资格。

3. 防腐层检测设备准备

按施工方案将相关设备检修完好并运抵施工现场，进入现场后应二次进行性能完好性试验。

4. 涂敷工艺评定试验

（1）应用所选定的防腐层材料在涂敷生产设备上进行工艺评定试验，并对防腐层性能进行检测。当防腐层材料生产厂家或牌（型）号改变时，应重新进行工艺评定试验。工艺评定试验合格后，涂敷方应按照工艺评定试验确定的工艺参数进行防腐层喷涂生产。

（2）底漆、中间漆、面漆的各层防腐层厚度及总厚度应符合项目技术规格书要求。

（3）高压水喷射表面处理机器人作业时，根据表面防腐层实际情况进行试处理，确定机器人的行走速度 v（m/min）、高压水泵的出口喷射压力 P（MPa）等工艺参数，合理匹配并满足钢板表面处理要求。

（4）储罐表面处理按照 GB/T 9823.4—2013 要求进行检测，表面处理质量和喷涂间隔时间满足涂料使用要求。

（5）喷涂机器人进行喷涂作业时，根据不同涂料进行试喷，确定机器人行走速度 v（m/min）、喷嘴的流量大小 L（L/min）、涂层湿膜厚度 h（μm）、喷涂扇面宽度 W（mm）、搭接宽度 w（mm）、喷涂遍数。工艺参数应合理匹配，并满足涂层厚度要求。

（6）依据经验、涂料性能和现场环境，可适当增加喷涂遍数，防止因为一次喷涂过厚产生流挂等现象。

5.2.2　表面处理

1. 新建储罐表面处理

（1）机器人喷砂除锈表面处理

采用干燥、洁净的磨料对储罐罐壁表面焊缝、返锈等需要处理的部位进行喷砂处理。当采用密闭循环喷砂除锈时，宜采用钢丸（S290 ~ S330）和钢砂（G18 ~ G25）的混配磨料（图 11）。

（2）机器人拉毛清洁

① 机器人拉毛清洁可同时完成底漆拉毛和罐体表面吹扫清洁的工作。

② 长时间固化后的漆膜在下一道漆喷涂前，应对漆面进行拉毛清洁。一般用于新建储罐罐壁中间漆喷涂前，对工厂预制底漆进行拉毛清洁，以增加两道漆膜间的附着力。

③ 在每班作业之前，应对吹扫的压缩空气质量进行测试，朝一张白色的纸垫喷气约 1min，纸面无可见油、水痕迹即为合格（图 12）。

图 11　喷砂除锈

图 12　清除灰尘

2. 在役储罐表面处理

（1）高压水喷射设备试机

表面处理前应对高压水喷射设备进行检查，检查设备性能运转是否良好，高压水射流压力应不小于 220MPa。

（2）部分附件进行保护

在役储罐需要提前对光纤光栅火灾报警器、电位跨接线及其他防雷防静电设施用帆布进行包扎保护或用挡板护罩防护。

（3）机器人高压水喷射表面处理

采用高压水喷射表面处理机器人进行表面处理作业（图 13），去除储罐外壁及浮盘上表面所有松散锈蚀、氧化皮、旧涂层、杂物等；表面处理过程需达到罐壁原基层初始表面状态没有可见的锈蚀、旧涂层和其他杂物。

（4）严重腐蚀部位处理

如作业中发现储罐存在严重腐蚀点，应及时通知业主现场负责人进行检查确认。

（5）废水处理

图 13　机器人高压水表面处理

表面处理使用的高压水通过高压水回收循环利用系统，经过三级过滤后循环使用，项目结束后剩余的废水交由废水处理公司处理。

5.2.3　涂料配料

（1）双组分涂料应在使用前进行配制，且应使用专用的干净容器。若容器重复使用，应将残留的涂料和污物等清除干净。涂料开桶后，应放置于阴凉通风处，并按照产品说明书要求密封贮存。

（2）涂料的配制应按照涂料产品说明书的要求进行，涂料的各个组分在使用前应分别采用专用搅拌器搅拌均匀，然后按规定的比例混配，并充分搅拌均匀。如产品说明书有规定熟化时间的，应达到规定熟化要求后方可使用。

（3）不应使用超过规定使用期的已混合涂料。

5.2.4 涂层涂敷

1. 新建储罐涂层涂敷

（1）试涂

涂装前进行试涂，确定机器人行走速度、水平倾角补偿角度、喷枪高度、扇面宽度、两把喷枪搭接宽度及喷枪间距，试涂合格后可进行正式涂装。

（2）预涂

对锐角、焊缝等不规则表面应进行预涂。

（3）底漆喷涂

① 机器人底漆喷涂应在规定时间内完成。涂敷过程中，如被涂敷表面被污染或返锈，应重新进行表面处理。

② 储罐罐壁采用机器人喷涂施工作业，将调试好的喷枪正对储罐罐壁，按照试涂确定的机器人行走速度，遥控行走气枪进行喷涂（图 14）。喷涂完成后停枪，机器人走 S 形路线来到下道漆喷涂位置，启枪行进，保证搭接宽度技术喷涂。如此往复，直至完成本施工段储罐罐壁的防腐层涂敷作业。

图 14 机器人喷涂

③ 每道涂层表面应无漏涂、脱落、剥离、涂层流挂、漆膜发花等现象，应颜色一致、外观光滑。涂层外观检验合格后方可进行下一道漆的喷涂。固化已久的防腐涂层应在拉毛后进行下一道涂料的涂敷作业。

④ 防腐层每道漆涂敷后，可按下述方法进行固化程度检查：

表干——手指轻触防腐层不黏手或虽发黏，但无漆黏在手指上。

实干——手指用力推防腐层不移动。

固化——手指甲用力刻防腐层不留痕迹。

（4）中间漆喷涂

中间漆喷涂应在底漆检验合格后进行，涂敷工艺同（3）底漆喷涂。

（5）面漆喷涂

面漆喷涂应在中间漆检验合格后进行，涂敷工艺同（3）底漆喷涂。面漆涂敷完成后对防腐层进行整体质量检验，三层防腐层干膜总厚度应达到技术要求。

2. 在役储罐涂层涂敷

在役储罐涂层涂敷主要包括试涂、预涂、中间漆喷涂、底漆喷涂。

5.2.5 修补、复涂及重涂

存在以下情况时应对防腐层进行修补、复涂及重涂：

（1）防腐层外观存在缺陷或机械损伤时，应根据缺陷状况进行修补、复涂或重涂；防腐层不平整时应进行复涂，防腐层未固化、分层起皮时应进行重涂。

（2）防腐层厚度不满足规定要求时，应进行局部复涂或整体复涂；不合格点数不超过该部分总检测点数的 5% 时，应按标准规定进行局部复涂直至合格；不合格点数超过 5% 时，应在相同部分内再次进行检测，检测点数量应与上次检测数量相同，检测位置应与上次检测位置不同，再次检测出的不合格点数仍超过5%时，检测部分的防腐层厚度应为不合格，应进行整体复涂。

（3）每一部分防腐层漏点数每平方米不超过1个时，应对漏点处进行修补；该部分防腐层漏点数每平方米超过1个时，应先对漏点修补后再进行全面复涂。

（4）因附着力检测损坏的防腐层应进行修补，附着力检测不合格的防腐层应进行重涂。

5.3 劳动力组织

作业机组人员配置见表1。

表1 储罐罐壁机器人防腐施工作业机组配置表

序号	工序 / 岗位	操作项目	人数
1	机器人操作岗	3台机器人 除锈、拉毛吹扫、喷涂功能根据项目需要选择配置	3
2	电工	配电设备及辅助	1
3	涂料配制	配料、上料	1
4	检验岗位	质量检验	2
		修补	
5	管理人员	机组长	1
		技术员	1
		安全员	1
合计			10

6 材料与设备

6.1 材料

储罐外部防腐层结构一般为环氧富锌底漆、环氧云铁中间漆和丙烯酸聚氨酯面漆。防腐层的厚度应符合表2的规定。

表2 无保温层储罐外防腐层结构

设计寿命 / 年	防腐层结构	腐蚀性等级	干膜厚度 / μm	
			底漆	总干膜厚度
≤ 7	富锌涂料 / 环氧云铁中间漆 / 丙烯酸聚氨酯涂料或氟碳涂料、聚硅氧烷涂料、聚天门冬氨酸酯涂料	C5	≥ 160	≥ 200
		C4	≥ 60	≥ 120
		C5	≥ 60	≥ 180
7 ~ 15	富锌涂料 / 环氧云铁中间漆 / 丙烯酸聚氨酯涂料或氟碳涂料、聚硅氧烷涂料、聚天门冬氨酸酯涂料	C4	≥ 80	≥ 180
		C5	≥ 80	≥ 240
		CX	≥ 80	≥ 320
≥ 15	富锌涂料 / 环氧云铁中间漆 / 丙烯酸聚氨酯涂料或氟碳涂料、聚硅氧烷涂料、聚天门冬氨酸酯涂料	C3	≥ 80	≥ 200
		C4	≥ 80	≥ 260
		C5	≥ 80	≥ 320
		CX	≥ 80	≥ 360

6.2 设备

储罐机器人防腐施工配备基本设备见表 3、表 4。

表 3 新建储罐机器人防腐施工设备

序号	名称	规格型号	单位	数量
1	回收式喷砂机	500kg × 2	台	1
2	空压机	20m^3	台	1
3	无气喷涂机	K45FL0	台	1
4	多功能爬壁机器人		台	3
5	二级配电柜		台	1
6	工程板车	2.9m × 13m	辆	1

表 4 在役储罐机器人防腐施工设备

序号	名称	规格型号	单位	数量
1	高压水机器人		台	1
2	超高压水泵	250TJ3（280MPa、42L/min）	台	1
3	水循环回收处理装置		台	
4	无气喷涂机	K45FL0	台	1
5	空压机	10m^3	台	
6	多功能爬壁机器人		台	3
7	二级配电柜		台	1
8	工程板车	2.9m × 13m	辆	1

6.3 检测仪器

储罐罐壁机器人防腐施工所使用基本检测仪器见表 5。

表 5 施工检测仪器

序号	设备名称	型号	数量
1	露点仪	ElcometerG319	1
2	风速仪	—	1
3	锚纹深度测试仪	Elcometer124	1
4	测厚仪	Elcometer456	1
5	电火花检漏仪	Elcometer236	1
6	邵氏硬度计	TH210	1
7	测温仪	ElcometerG319	1
8	粘接强度测试仪（拉拔仪）	Elcometer106	1
9	盐分测量仪	ElcometerSCM400	1

7 质量控制

7.1 执行的质量标准与规范

（1）GB/T 8923.2—2008《涂覆涂料前钢材表面处理 表面清洁度的目视评定 第 2 部

分：已涂覆过的钢材表面局部清除原有涂层后的钢材表面的处理等级》

（2）GB/T 8923.4—2013《涂覆涂料前钢材表面处理　表面清洁度的目视评定　第4部分：与高压水喷射处理有关的初始表面状态、处理等级和闪锈等级》

（3）GB/T 9286—2021《色漆和清漆　划格试验》

（4）GB/T 13452.2—2008《色漆和清漆　漆膜厚度的测定》

（5）GB/T 18570.6—2011《涂覆涂料前钢材表面处理　表面清洁度的评定试验　第6部分：可溶性杂质的取样 Bresle 法》

（6）GB/T 50393—2017《钢质石油储罐防腐蚀工程技术标准》

（7）SY/T 0041—2012《防腐涂料与金属粘结的剪切强度试验方法》

（8）SY/T 0319—2021《钢质储罐防腐层技术规范》

7.2　质量保障措施

7.2.1　一般质量保障措施

（1）根据施工环境气候温度变化，及时进行施工工艺评定，确保工艺参数的准确性。

（2）按照规定对所使用的检测仪表进行校准，确保测量结果的准确性。

（3）施工人员应进行防腐施工培训并考核合格后方可进行储罐罐壁机器人防腐施工。

（4）当存在下列情况之一，且无有效防护措施及加热设备时，不应进行露天施工：① 雨天、雪天、风沙天；② 风力超过4级（7.9m/s）；③ 相对湿度大于85%；④ 储罐表面温度在露点温度以上3℃之内，或者低于涂料生产商推荐的温度。

7.2.2　表面处理质量检验

（1）高压水除锈等级检查：表面处理等级达到 Wa2.5 级，喷涂前对高压水表面处理的闪锈等级按照 GB 8923.4—2013 规定进行评定，要求不高于 M 级。表面处理完成当天宜进行底漆喷涂。

（2）喷砂除锈等级检验：罐体表面喷砂处理后，按照 GB/T 8923.1—2011 规定对罐体表面进行目视检查，表面除锈质量应达到 Sa2.5 级的要求。

（3）灰尘等级检验：每4h至少检测1次钢管表面灰尘等级，每次至少随机选择2点进行检测，按照 GB/T 18570.3—2005 规定的方法进行表面灰尘等级评定，表面灰尘等级应达到2级及以上等级要求。

（4）盐分测试：表面可溶性氯化物残留量不应高于 $5\mu g/cm^2$，符合 GB/T 50393—2017 要求。

（5）表面粗糙度应满足设计文件和所用涂料的要求。

7.2.3　防腐层质量检验

防腐层固化后，应检测防腐层外观、厚度、漏点和附着力，检测结果应做好记录。

1. 外观检测

（1）储罐内表面及附件、储罐外表面及附件的防腐层应全部进行目测检查。

（2）防腐层表面应平整连续、光滑，不应有未固化、起泡、分层起皮、流挂、漏涂等缺陷。

2. 防腐层厚度检测

（1）应按照 GB/T 13452.2—2008 规定的方法采用磁性测厚仪检测防腐层厚度。

（2）储罐表面罐底、罐壁、罐顶和附件4个部位应按表6检测点数及分布要求进行防腐层厚度检测，焊缝处的检测点数不应少于总检测点数的 20%。

（3）合格应为每一检测点的读数不低于规定值。

表 6 储罐表面检测部位及点数分布

储罐容积 /m^3	检测点数 / 个			
	罐底	罐壁	罐顶	附件
＜ 1000	10	20	10	10
1000 ~ 5000	16	40	16	16
5000 ~ 10000	20	60	28	20
10000 ~ 30000	28	80	40	28
30000 ~ 50000	40	100	60	40
50000 ~ 100000	60	140	80	60
＞ 100000	80	160	100	80

3. 漏点检测

（1）应采用电火花检漏仪或低压检漏仪对储罐内外壁及附件的全部防腐层进行漏点检测。

（2）厚度大于 200μm 的绝缘型防腐层应采用电火花检漏仪进行检测，检漏电压应为 5V/μm；导静电型防腐层和厚度不超过 200μm 的绝缘型防腐层应采用低压检漏仪进行检漏，合格应为无漏点。

4. 附着力检测

（1）宜按照 GB/T 5210—2006 规定的方法在喷涂的试件或储罐上进行附着力检测，单组分涂料形成的防腐层附着力应≥ 3MPa，双组分涂料形成的防腐层附着力应≥ 5MPa。防腐层厚度≤ 250μm 时，可按照 GB/T 9286—2021 规定的方法进行附着力检测，附着力等级应≤ 1 级。

（2）制作试件检测时，应在相同施工条件下同时处理和涂敷钢板试件，试件材质、表面处理等级和防腐层厚度应与储罐相同，试件尺寸宜不小于 200mm × 200mm × 4mm；每种防腐层结构平行试件不应少于 3 件；试件检测有 1 件不合格应判定储罐该部分防腐层为不合格。

7.3 质量控制表

表面处理质量控制表见表 7，涂敷质量控制表见表 8。

表 7 表面处理质量控制表

序号	项目	检验频次	评价指标	检验方法
1	除锈等级	每 4h	Sa2.5 级 /Wa2.5 级	目视检验
2	锚纹深度	每 4h	40 ~ 100μm/ 技术规格书要求	锚纹测试仪
3	灰尘度等级	2 点 /4h	2 级	灰尘度测试仪
4	盐分含量	1 次 / 天	≤ 5μg/cm^2	盐分测试仪

表 8 涂敷质量控制表

序号	项目	检验频次	评价指标	检验方法
1	相对湿度	1 次 / 每班开始作业	不大于 85%	温湿度测试仪

续表

序号	项目	检验频次	评价指标	检验方法
2	露点温度	1 次 / 每班开始作业	不低于罐体表面温度 3℃	露点仪
3	湿膜厚度	监测	达到设计厚度	湿膜规
4	固化程度	监测	固化	手触检验
5	外观检查	逐道漆	防腐层表面应无漏涂、脱落、剥离、涂层流挂、漆膜发花等现象，颜色一致，外观光滑	目视检验
6	厚度检测	逐道漆	不小于设计厚度	磁性测厚仪
7	漏点检测	逐道漆	无漏点	电火花检漏仪
8	附着力检测	1 次 / 班	参照设计文件规定	粘接强度测试仪（拉拔仪）

8 安全措施

8.1 执行的安全法规

（1）GB 18218—2018《危险化学品重大危险源辨识》

（2）GB 2894—2008《安全标志及其使用导则》

（3）GB 50484—2019《石油化工建设工程施工安全技术标准》

（4）GB 50348—2018《安全防范工程技术标准》

8.2 安全保障措施

（1）现场作业人员应经过作业安全培训，掌握现场作业危险源、危害源的辨识和防范知识，严格按照安全相关规定以及施工方的现场安全作业规程进场和作业，并持证上岗。

（2）作业时，操作工人应佩戴整齐劳保用品。

（3）用栏杆和围绳隔离作业区域，专人管理，严禁无关人员进入。

（4）涂装作业区域相对的上部、前后、左右的毗邻部位属于禁火区，严禁火花溅入或进行明火作业，作业时做好安全隔离。涂装作业区域内所有的电气设备、照明设施，必须符合国家有关防爆规定，并设置禁止烟火的安全标志。进入作业区的人员，不得携带火种，不得进行有可能引起机械火花、静电等任何作业。

9 环保措施

9.1 执行的环保法规

（1）GB 12348—2008《工业企业厂界环境噪声排放标准》

（2）GB 16297—1996《大气污染物综合排放标准》

（3）GB 3095—2012《环境空气质量标准》

（4）GB/T 38597—2020《低挥发性有机化合物含量涂料产品技术要求》

（5）GB 37822—2019《挥发性有机物无组织排放控制标准》

9.2 环保保障措施

（1）加强环境保护教育培训，提高作业人员环保意识，依据现场实际情况制定出环保方案。

（2）水喷射作业应注意水回收，严禁随意排放造成污染。

（3）施工过程中加强对施工燃料、喷涂清洗产生的废料、工程材料、设备、生产生活垃圾的控制和治理，遵守有关防火及废弃物处理的规章制度，将废弃物运送到指定地点统一处理。

（4）各种设备产生的噪声，应符合 GB/T 50087—2013 的有关规定。

（5）空气中粉尘含量应符合 GBZI 的有关规定。

（6）空气中有害物质浓度应符合 GB/T 38597—2020 的规定。

（7）VOCs 控制指标及措施应符合 GB 37822—2019 的规定。

10 效益分析

10.1 工艺对比

本工法运用了储罐罐壁机器人防腐施工工艺，与传统的手工操作工艺相比具有明显的优势，效果对比见表 9。

表 9 工艺对比表

对比项目	机器人施工工艺			传统人工施工工艺		
作业效率	除锈	拉毛	喷涂	除锈	拉毛	喷涂
	$30m^2/h$	$450m^2/h$	$800m^2/h$	$7m^2/$（人·h）	$3m^2/$（人·h）	$4Cm^2/$（人·h）
工人数量	10 人（3 台机器人）			26 人		
施工质量	质量稳定，喷涂厚度均匀			质量不均匀，涂层普遍偏厚		
材料损耗	机器人作业相比人工材料损耗节约 20%					
HSE 指标	1. 安全性更高，避免工人高空作业，降低对人体健康危害 2. 高压水机器人配有水循环回收利用系统，节约用水的同时减少废水污染 3. 喷涂机器人配有防护罩，避免漆雾飞散			1. 开放式水喷砂、喷涂，对环境污染和人体伤害都比较大 2. 脚手架或吊篮施工，增加工人高空作业风险		
设备成本	机器人喷涂与传统人工作业相比节约了脚手架和部分吊篮的费用					

储罐罐壁机器人防腐施工与传统人工施工工艺相比，人员数量节省近 2/3，原材料节约 20%，功效提升 3～4 倍。

10.2 经济效益

储罐罐壁机器人防腐施工具有可靠的施工质量，可减少储罐罐壁防腐施工的高额人工成本，也具有较高的施工效率。以 15 万 m^3 储罐 1～4 圈壁板为例，在不受恶劣天气、焊接滞后等因素影响的情况下，每台机器人喷涂效率可达 800 ㎡ /h。一台储罐配 3 台机器人进行施工，平均 3 天时间完成除锈、拉毛、喷涂作业，极大程度地缩短了工期。

共完成 32 台储罐 1～4 圈外壁防腐，经济效益约为 301 万元。

10.3 社会效益

储罐罐壁机器人防腐施工技术不仅创造了经济效益，也获得了良好的社会效益。该技术成功替代了传统人工施工工艺，在国内首次实现了大规模应用，提升了自动化作业程度，降低了安全风险，减少了环境污染，确保了储罐防腐涂层的均匀一致性，为储罐长期运行安全提供有力保障。

11 应用实例

实例一：东北中石油国际事业部储罐维修项目

该工程为防腐公司承揽的在役储罐维修工程，采用储罐罐壁机器人防腐施工工艺的施工周期为 2020 年 8 月至 2021 年 6 月，累计应用于 NT-403#、NT-605#、NT-502#、NT-704# 罐防腐层维修。

实例二：管道局广东储罐项目

该工程为防腐公司承揽的管道局国家重点工程，采用储罐罐壁机器人防腐施工工艺的施工周期为 2021 年 11 月至 2022 年 9 月，累计应用于 32 台 15 万 m^3 储罐壁板防腐施工。

实例三：舟山外钓岛光汇油库储运基地工程储罐防腐保温施工项目

该工程为防腐公司承揽的舟山外钓岛光汇油库储运基地工程储罐防腐保温施工项目，为 2022 年 4 月采用储罐罐壁机器人防腐施工工艺的施工，共完成 8 台 10 万 m^3 储罐、6 台 5 万 m^3 储罐、2 台 3 万 m^3 储罐施工。

LNG 储罐承台基础桩柱一体混凝土灌注桩一次成型工法

毕研军　邵春磊　李　林　王雅辉　赵人庆

中国石油管道局工程有限公司油气储库分公司

1　前言

LNG 储罐承台为高出地面一定尺寸的高承台，支撑其的基础为桩柱一体混凝土灌注桩。桩柱一体混凝土灌注桩的结构主要分为 2 部分：地下桩体和地面短柱。两者通过钢筋笼主筋进行连接而形成一个整体，将承台及上部结构传来的外力通过桩体传递到较深的地基持力层中。

桩柱一体灌注桩的传统施工工艺为先进行地下桩体灌注，等到其混凝土强度大于 80% 后进行地下桩体桩头凿除。地下桩体露出主筋长度满足设计搭接要求后，将地面短柱主筋和地下桩体主筋进行搭接（采用焊接方式），然后进行地面短柱模板支护和灌注。

2021 年中国石油管道局工程有限公司在黄冈 LNG 储气设施项目中，针对桩柱一体混凝土灌注桩（嵌岩桩）施工进行研究，对钢筋笼预制、泥浆配合比、桩基成孔、钢筋笼吊装、钢筋笼下放、沉渣反吹、地下桩体混凝土灌注、地面短柱灌注等工艺进行研究论证。

结合黄冈 LNG 储气设施项目 252 根桩柱一体混凝土灌注桩施工工序，公司组织有关技术人员进行梳理总结，编制了本工法，解决了桩柱一体混凝土灌注桩一次成型困难的施工难题，提高了工程整体质量，缩短了施工周期，降低了施工成本，具有较大的推广价值。

2　工法特点

2.1　提高工程质量

地下桩体与地面短柱钢筋笼一体成型，避免了短柱二次钢筋连接，有效提高了高承台桩中钢筋抵抗水平力作用的能力。

地下桩体 + 地面短柱一次灌注成型施工不留置施工缝，使地下桩体与地面短柱形成一个整体，避免了预留施工缝和短柱施工时“烂根”现象的发生。

2.2　缩短施工工期

地下桩体 + 地面短柱一次灌注成型，不仅减少了土方开挖、桩头凿除、短柱钢筋笼制作与安装等工序，还可与地面以下灌注桩部分形成流水作业。高空平台拆除、桩顶清理、支立并校正模板、混凝土灌注等工序在 4h 以内可以完成，不占用总工期，可有效加快工程整体施工进度。

2.3 降低工程造价

地下桩体 + 地面短柱一次灌注成型，不仅减少了土方开挖、凿桩头、短柱钢筋笼制作等工序，且混凝土泵车、混凝土罐车等大型机械设备无须二次进场，可大幅度降低工程造价。

3 适用范围

适用于 1×10^4~$27\times10^4m^3$LNG 储罐承台基础地下桩体与地面短柱一体的混凝土灌注桩基工程。

4 工艺原理

采用旋挖钻机在泥浆配合的基础上钻孔成型，钢筋笼吊装就位，进行地下桩体混凝土灌注，拔出导管和套筒，安装地面短柱模板，进行地面短柱混凝土灌注并养护成型。

4.1 桩基成孔技术

首先进行测量放线，确保桩基中心位置符合设计要求。利用旋挖钻机旋进桩孔 3m，埋设护壁钢筒，以防止重复下钻、提钻对地表扰动造成塌孔。随后将制备完成符合地质需求的泥浆注入桩孔中，在旋挖成孔过程中对孔壁起到保护作用。合适的泥浆配合比是桩孔不坍塌的先决条件，要求泥浆密度满足 $1.05<\rho<1.10$（图 1）。

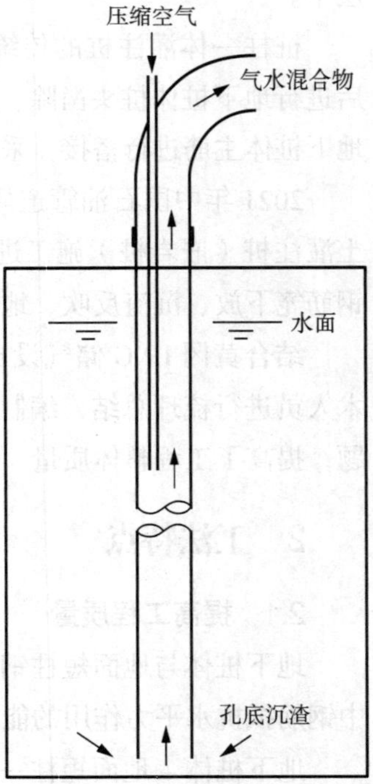

图 1 气举反循环清孔

4.2 桩孔沉渣反吹（气举反循环清孔）技术

当入岩深度达到设计要求后，钢筋笼吊装就位，安装灌注导管，测量桩孔深度与钢筋笼、导管安装前桩孔测量深度进行对比，若差值超过 50mm 采用气举反循环工艺进行二次清孔，以提高桩灌注后的竖向支撑力。

气举反循环时在导管内插入风管，向风管内通入压缩空气，利用导管内外的压力差带动孔底沉渣从导管内排除，同时对桩孔补充泥浆。高压气体喷出风管后和泥浆混合，分散在导管内形成许多（密度小）气泡，这些气泡受到泥浆向上的浮力并带动泥浆（黏滞力）向上运动，并且在上升过程中压力降低，体积增大。因此在气液混合段下方形成负压，由该段下部的泥浆不断补充，孔底沉渣在泥浆运动的带动下进入导管，随泥浆排出孔外，形成一个连续稳定的运动过程（图 2）。

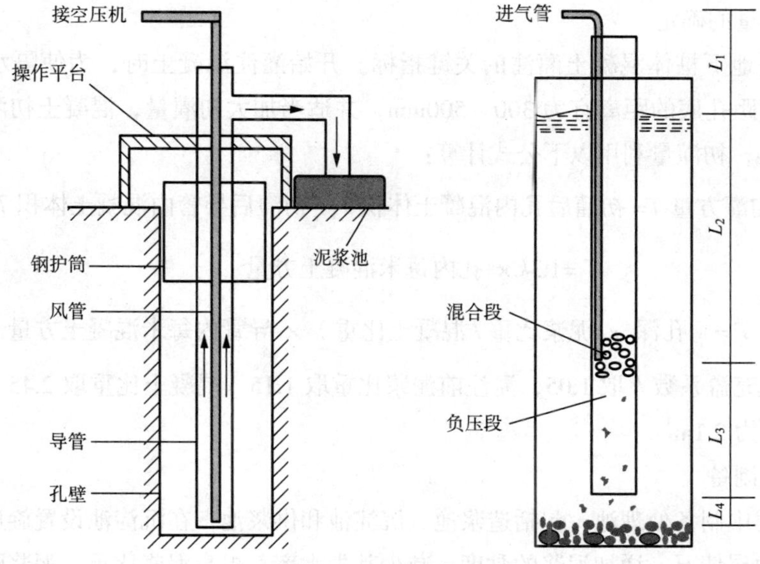

图 2　气举反循环清孔

5　施工工艺流程及操作要点

5.1　施工工艺流程

5.1.1　总流程（图 3）

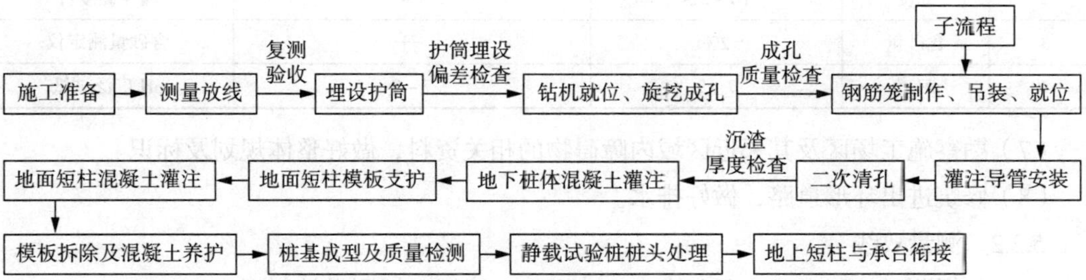

图 3　高承台桩施工工艺流程图

5.1.2 子流程（图 4）

图 4　子流程（钢筋笼制作、吊装及就位）

5.2　操作要点

5.2.1　施工准备

（1）入场人员安全培训并取证，特种作业人员持证上岗。

（2）根据灌注桩的设计桩型、桩径、桩长，桩顶标高相互关系，地层结构情况，入持力层深度，泥浆排放及处理条件等情况，合理配备相应的施工机械及其配套设备。

（3）材料满足施工需要进行见证取样并取得报告。

（4）完成施工图纸会审、设计交底、施工方案审批以及技术安全交底。

（5）初灌量的确定

初灌量是地下桩体混凝土灌注的关键指标。开始灌注混凝土时，为使隔水栓能顺利排出，导管底部距孔底的距离宜为 300 ~ 500mm，并适当加大初灌量，混凝土初灌埋管深度应不小于 800mm，初灌量利用以下公式计算：

$$\text{初灌方量 } T=\text{初灌后孔内混凝土体积 } T_1+\text{初灌后导管内混凝土体积 } T_2 \quad (1)$$

$$T_1=1.3k\times\text{孔内每米混凝土方量} \quad (2)$$

$$T_2=(\text{孔深}\times\text{泥浆比重}/\text{混凝土比重})\times\text{导管内每米混凝土方量} \quad (3)$$

灌注桩桩充盈系数 k 取 1.05，灌注前泥浆比重取 1.15，混凝土比重取 2.45，计算得出初灌混凝土方量为 $2.1m^3$。

（6）泥浆制备

① 设置集中制备处理池，包括造浆池、沉淀池和供浆池，在沉淀池设置旋风除砂器。

② 根据地层情况，增加泥浆的黏度，减少其失水率，提高泥浆比重，泥浆配置（参数详见表 1）时宜选用膨润土、纯碱。

表 1　泥浆参数一览表

序号	项目	泥浆制备参数	成孔过程中泥浆参数	测定方式
1	比重	1.05 ~ 1.10	1.05 ~ 1.15	泥浆比重计
2	黏度	16 ~ 22s	18s	漏斗黏度计
3	含砂量	2%	—	含砂量测定仪
4	pH 值	7 ~ 9	7 ~ 9	pH 广泛试纸

（7）勘察施工场区及其邻近区域内障碍物的相关资料，做好整体规划及标识。

（8）修筑进出环形道路，做好排水。

5.2.2　测量放线

（1）依据测量控制点、高程基准点，建立施工区域二级测量控制网。

（2）桩位测放前计算桩位坐标，填写“施工桩位坐标一览表”。

（3）根据施工进展分批测放桩位，采用 Φ14mm 钢筋做标识，入土深度不少于 300mm。

（4）测量放线采用“三级检查一级审定一级验收制”。

（5）测量放线控制措施

① 测量仪器：有关部门鉴定合格并在有效期内。

② 测量员：培训合格并持证上岗。

③ 测量控制点：根据设计提供测量方格网点及有效的书面控制点资料进行现场实际复测。

④ 测量控制网：控制网根据现场实际情况进行布置，绘制控制网布置图，对测量控制数据进行确认，并定期复查控制网点坐标。

⑤ 桩位测放：根据设计提供的坐标及坐标系对桩位坐标进行计算，并进行三级复核，提供“桩位坐标一览表”，确保桩顶平面位置偏差、桩基轴线位移满足设计及规范要求。

⑥ 桩基施工：开钻前利用四角桩对桩基中点位置进行定位并复测，埋设护筒后对中心位

置进行变差校核，确保桩位允许偏差满足设计及规范要求。

5.2.3　埋设护筒

（1）四角控制桩用 Φ14mm 钢筋制作，在拟埋设钢护筒外缘对称设置，间距不小于 500mm，打入土中大于 400mm，定位后严禁移动。

（2）埋设钢护筒

① 护筒采用 12mm 厚钢板卷制而成，长度一般为 3000mm，直径比设计桩径大 200mm，顶部设置溢浆孔，供加浆、排浆使用。

② 护筒埋设由旋挖钻机挖深至 1500mm，再用人工配合钻机将护筒放入钻孔中，并利用引出的 4 个控制点进行护筒对位。位置放正后，用钻机钻杆将钢护筒压至预设深度。

③ 护筒顶高出地面 200mm，周围填黏土并捣实，避免漏浆。护筒中心与桩位中心偏差 ≤ 50mm，并保证护筒垂直、上口水平。

④ 护筒埋设完成后，对护筒中心和顶标高进行校核确认。

5.2.4　钻机就位及旋挖成孔

（1）钻机钻头对准四角控制桩十字线交点，符合偏差要求即可开始钻进。

（2）为防止孔内缺浆造成孔口坍塌，开孔前必须在护筒周围做围堰，形成一个缓存泥浆池，缓存池容量不小于 1.5m^3。

（3）钻具完全下到孔底后，及时向孔内补充泥浆，使缓存泥浆池内充满泥浆。在钻杆提升过程中，缓存泥浆池中泥浆及时回流至孔内，确保钻孔内不缺浆。

（4）钻进过程中，应根据地层情况及时更换适宜的钻头进行钻进。

（5）采用跳挖方式，至少间隔 2 桩进行跳打，且钻头倒出的渣土距孔口的最小距离应大于 6000mm。

（6）在松散层中钻进时，每次进尺控制在 500mm 以内，采用少钻多提方式，在钻进过程中要经常检查钻头通气孔，必须保证钻头通气孔的畅通无阻。

（7）成孔速度不宜过快，钻头挖满后，先慢速转动 2 周，再提升钻杆，防上塌孔现象发生。

（8）钻孔深度符合设计要求后，应使用挖砂钻头进行一次清孔，清孔后的泥浆比重、沉渣厚度应符合规范要求。

（9）清孔自检合格报专业监理工程师验收，同时做好孔口防护工作，验收合格后安放钢筋笼和下设导管，进行混凝土灌注。

5.2.5　钢筋笼制作、吊装及就位

1. 钢筋笼制作

（1）主筋连接

① 根据成孔深度计算钢筋笼长度，两节钢筋笼之间纵向钢筋连接采用电焊 + 绑扎搭接连接，单接采用直螺纹套筒机械连接的形式。

② 连接接头的混凝土保护层厚度宜满足纵向受力钢筋最小保护层厚度的要求，且不得小于 60mm。

③ 检查丝扣外露不超过 $2p$（p 为螺距）。保证丝头在套筒中央位置相互顶紧，有效减少接头的残余变形，保证钢筋接头安装质量。

④ 同一截面钢筋机械连接接头的数量不大于主筋数量的 50%，相邻机械连接接头错开不小于 35*d*。

（2）箍筋焊接

加强箍筋采用搭接焊，搭接长度不小于 35*d*，焊接工艺严格按照《钢筋焊接及验收规程》JGJ 18—2012 要求执行。

（3）钢筋笼成型

钢筋笼的绑扎、焊接质量、外形尺寸、主筋接头间距等均应符合设计与施工规范要求，地下桩体和地上短柱两者钢筋笼为同一钢筋笼。

（4）声测管制作安装

① 声测管采用钳压式钢管，钢筋笼内沿圆周均匀布置 3 根声测管。

② 声测管应下端封闭、上端加盖，管内无异物，连接处应平滑过渡，管口应高桩顶 100mm 以上，且各声测管管口高度应一致。

2. 钢筋笼吊装及就位

（1）当钢筋笼吊至孔口时，中心对正后缓慢匀速下入孔内，严禁摆动碰撞孔壁。钢筋笼下放时安装混凝土保护层钢筋环及砂浆垫块（图 5），每 4000mm 绑扎 1 道垫块，每道 4 块，确保混凝土保护层厚度不小于 60mm；制作混凝土垫块用混凝土强度同桩身混凝土抗压强度保持一致。

图 5 垫块安装

（2）当预制的钢筋笼不能满足桩长要求时，预制短接钢筋笼，在孔口进行搭接。

（3）连接好所有接头后，缠绕上螺旋箍筋。吊起钢筋笼，取掉钢筋笼限位器的限位楔，然后缓慢匀速下入孔内，边下钢筋笼边设置好保护块。用同样方法直到最后一节钢筋笼下入孔内。最后确定笼顶标高满足地上短柱标高和延伸至承台预留钢筋长度的要求后，插入限位楔将其固定在护筒上口。

3. 钢筋笼安装注意事项

（1）钢筋笼吊装过程中保持竖直，中心线与桩中心尽量重合，缓慢下放，减少钢筋笼对孔壁的剐蹭，遇阻时不得强行下放，就位后要立即固定。

（2）钢筋笼定位根据桩顶设计标高及护筒顶标高确定。

（3）钢筋笼吊装完成后，应进行隐蔽工程验收，验收合格后下设导管。

5.2.6 灌注导管安装

（1）导管安装前检查是否干净、畅通，并注意检查密封圈的完好性和两头丝扣有无破损。

（2）导管检测合格后，按顺序依次下放至孔内。下放过程中使用专门的吊具和导管固定卡盘，导管应垂直置于孔位中心，防止导管接头钩挂钢筋笼骨架。

（3）导管安装到位后底口距孔底约 300 ~ 400mm。

5.2.7 二次清孔

（1）导管下设完成后及时测量沉渣厚度，若沉渣厚度超标，则采用气举反循环工艺进行清孔。

（2）气举反循环清孔时采用 12m^3 空压机。二次清孔过程中需要多摆动导管，改变导管在孔底的位置，保证沉渣置换彻底，并及时补充新鲜泥浆，防止塌孔。

（3）二次清孔完成后，进行下一道工序前，应及时对泥浆指标进行检测，清孔后各项指标要求详见表 2。

表 2　清孔指标要求

试验项目	孔底沉渣	孔底 500mm 以内的泥浆		
		黏度	比重	砂率
指标	≤ 50mm	≤ 28s	< 1.25	≤ 8%

5.2.8　地下桩体混凝土灌注

（1）灌注桩施工各道工序应连续，清孔后及时灌注混凝土。在施工过程中保证混凝土充盈系数满足设计要求。

（2）根据工程施工经验，为确保混凝土初灌方量满足设计要求，每个灌注班组拟配备 1 个 2.0m^3 的料斗，混凝土充满料斗后，由混凝土泵车对准料斗连续放料，以保证混凝土灌注连接不间断。

（3）隔水塞

灌注混凝土前在导管口处放置隔水塞，隔水塞的直径应比导管内径略小。在下导管前，应对导管进行通球试验。清孔完成后将隔水塞放入导管内，混凝土运至孔口后，应先检测混凝土的和易性和坍落度，满足设计要求的混凝土方可灌入孔内。

（4）测绳

测绳主要用来测量混凝土面上升高度。测绳使用前要进行校准，并填写相应记录。

（5）混凝土灌注

① 监理工程师下达指令后开始灌注。灌注过程中要及时用测绳测量混凝土面上升高度，计算导管埋置深度，确定导管拆卸长度。二次清孔完成并安装灌注漏斗后应立即进行灌注。

② 水下混凝土灌注时每次灌混凝土应确保足够数量。导管埋深小于 2000mm 时，严禁将导管提出混凝土面，同时埋管不宜大于 8500mm，以免提管困难。每根导管长度 3000mm，当混凝土面上升超过 6000mm 后，用吊车缓慢提升导管，提升高度超过 3000mm，卸掉第 1 根导管；之后混凝土面每上升 3000mm，就提升 1 次导管并拆卸，混凝土中导管长度小于 3000mm 时不再提升，直至灌注结束统一提升。

③ 正常灌注时，严格控制进料速度，以保持混凝土面均匀连续上升，上升速度不小于 2000mm/h；水下混凝土必须连续施工，每根桩的灌注时间按初盘混凝土的初凝时间控制。

④ 在灌注混凝土时要匀速灌注，减小混凝土对孔壁的冲击力。

⑤ 在灌注将近结束时，由质量员负责核对灌注高度。混凝土灌注至地面后，宜继续灌注将含杂质的混凝土直接顶出孔口，并配合人工清理，直到桩顶混凝土全部为新鲜混凝土时，才可提拔最后一节导管。

⑥ 灌注完毕且达到设计要求后要立即将孔内导管缓慢匀速拔出，避免速度太快在桩顶形

成“软芯”。

（6）护筒起拔

混凝土灌注至地面后，利用吊车缓缓提出护筒。起拔时先将护筒少量上提，补充一定量混凝土，确保混凝土不低于地面。

（7）为保持施工现场干净整洁，在灌注和清洗过程中，要及时清除泥浆和渣土，并外运到政府指定的地点，保持现场清洁，方便施工。

5.2.9 地面短柱模板支护

1. 超灌与混凝土清理

（1）混凝土灌注至地面标高后，首先要进行超灌控制。在护筒出水口位置加入挡板，然后继续灌注混凝土，直到有新鲜混凝土面流出。在清理钢筋笼里面夹杂的混凝土前，先将孔口周围的杂土清理干净，并保证在设计标高以下 100mm 左右。然后清理出钢筋里面的混凝土浮浆或泥砂，用振捣棒振捣。拔护筒时要保持垂直，且速度要缓慢，确保不影响护筒里混凝土横向移动。在清理混凝土面时，如有水泥砂浆从桩顶冒出，应将其清除，并加入少许混凝土。

（2）在清理完桩头混凝土后，将短柱顶设计标高标记在钢筋笼上，根据短柱顶标高确定模板下口位置。模板下口拼缝位置应控制在设计地坪标高下 100mm 处，用坍落度不大于 100mm 的混凝土在桩周边铺设厚 100mm 的垫层，垫层宽度大于模板内边不少于 200mm，保证模板底部安放在平整、坚实的地面上。为缩短垫层凝结时间，可采取在垫层表面撒干水泥等措施。

2. 模板支护

（1）模板采用成型钢模板，单节制作，内径为 1200mm，模板下沿宽度不宜小于 200mm，且模板侧壁底端伸出下沿 10～30mm。使用前拼装模板，检查接缝严密、无错台再使用；模板打磨时先用钢丝刷将浮锈清除，钢丝刷打磨不到的部位，用细砂纸打磨。模板表面有变形或麻面的可用腻子打底，干燥后再进行下步工作。

（2）模板安装用成品脱模剂均匀涂刷板面。模板拼缝用双面胶填好，填充好后将多余部分修切整齐。

（3）模板安装时，采用人工配合汽车吊将组装好的模板安放在铺好的垫层上，将模板吊装到位后，测量钢筋笼的中心位置，确定其是否满足钢筋笼中心偏差在 ±50mm 以内。如果不能满足，用手拉葫芦将钢筋笼调正，直到满足要求后再固定模板。模板与钢筋笼同心，保证钢筋保护层偏差 ±10mm 以内，垂直度偏差 1% 以内，将钢筋笼用地锚固定牢固。自检合格后报监理工程师验收，验收通过后灌注混凝土。

5.2.10 地面短柱混凝土灌注

地面短柱混凝土坍落度控制在 180～200mm，灌注时控制每层的高度不大于 500mm。振点间距不超过 300mm，插入下层混凝土不小于 300mm。

地上短柱混凝土高度要超过钢筋笼上标记的短柱顶 10～30mm，如上部有浮浆时应将其清除并振捣密实。

5.2.11 模板拆除及混凝土养护

混凝土灌注完成 24h 后拆模，拆除模板后立即喷洒养护剂，随后在裸露桩身混凝土外面套塑料薄膜养护，养护时间不少于 14 天。短柱混凝土上面撒满碎木屑防止水分蒸发，模板拆除后及时进行清理和维修。

5.2.12　桩基成型及质量检测

根据设计要求，施工完成并养护 28 天后桩基成型，进行桩基质量检测。检测内容包括低应变检测、超声波检测和静载荷试验。

5.2.13　静载试验桩（3 根）桩头处理

因静载试验桩需在桩顶堆载压载块，因此竖向筋未做预留。静载完成后，将桩头凿除，露出竖向筋螺纹，采用丝头连接。钢筋连接完成后对此部分桩头进行混凝土补充。

5.2.14　地上短柱与承台衔接

（1）在地上短柱养护完成后进行桩间地坪处理并采用盘扣式脚手架搭建承台支撑体系，在支撑体系上铺设承台底部模板，然后进行桩头凿毛清理。

（2）桩头凿毛清理完成后，铺设承台底层钢筋和马凳筋，然后将桩头钢筋按照钢筋 15d 的标准进行弯锚。

（3）桩头钢筋弯锚完成后，搭设承台上部钢筋。承台上部钢筋与桩头弯锚钢筋采用钢丝绑扎在一起，使桩头钢筋与承台钢筋连成一体。

（4）承台钢筋绑扎完成后，进行承台混凝土分区灌注。经养护合格后完成 LNG 储罐承台基础桩柱一体施工。

5.3　劳动组织

5.3.1　施工关键人员配置要求

（1）QHSE 管理人员和特种作业人员必须经过培训和考试，并取得相应的上岗证书和资格证书。

（2）技术人员必须经过上岗培训，且有 3 年以上高承台桩施工经验方可从事相关技术工作。

5.3.2　人力资源配置

主要施工人员配置详见表 3。

表 3　施工班组人员配备（（以 8 万 m^3LNG 混凝土全容储罐为例））

序号	工种	人数	备注
1	机组长	1	
2	安全员	2	
3	质量员	2	
4	技术员	2	兼职做资料
5	材料员	1	
6	旋挖钻机操作手	3	
7	旋挖钻机普工	3	
8	装载机司机	2	
9	挖掘机司机	2	
10	钢筋工	6	
11	电焊工	6	

续表

序号	工种	人数	备注
12	钢筋加工普工	3	
13	吊车司机	2	
14	混凝土灌注班长	2	
15	混凝土灌注普工	8	
16	支模机混凝土振捣普工	6	
17	电工	1	
18	机械维修人员	1	
19	采购员	1	
合计		54	

6 材料与设备

6.1 材料

施工材料详见表4，劳动保护材料根据规范标准的要求进行配备。

表4 材料表（以8万m^3LNG混凝土全容储罐为例）

序号	材料名称	规格型号	单位	数量	备注
1	钢筋	Φ8mm	t	1.048	钢筋笼制作
2	钢筋	Φ14mm	t	23.209	钢筋笼制作
3	钢筋	Φ16mm	t	11.41	钢筋笼制作
4	钢筋	Φ20mm	t	10.107	钢筋笼制作
5	钢筋	Φ28mm	t	86.609	钢筋笼制作
6	商品混凝土	C35，p8	m^3	4500	桩体浇筑
7	钢筋连接套筒		个	3672	钢筋机械连接
8	声测管	*D*50mm	m	2268	用于桩体检测
9	材料库房	3m × 6m	间	2	集装箱板房
10	混凝土地面	25m × 60m	m^2	1	钢筋笼预制场地
11	碎石场地	25m × 60m	m^2	1	钢筋笼存放场地
12	钢筋笼加工棚	15m × 25m	m^2	1	钢筋笼预制
13	混凝土浇筑平台	3m × 3m × 5m	个	2	混凝土浇筑
14	钢制模版	Φ1.2m × 2m	套	22	地上短柱浇筑
15	钢制护筒	Φ1.4m	节	6	钻孔护筒
16	施工用水		m^3	4735	用于泥浆制备
17	膨润土		kg	500	用于泥浆制备
18	纯碱		kg	100	用于泥浆制备
19	纤维素		kg	20	用于泥浆制备
20	塑料薄膜		m^2	2600	地上短柱养护
21	钢筋笼吊具	Φ80mm × 1.2m	套	2	钢筋笼吊装

续表

序号	材料名称	规格型号	单位	数量	备注
22	防水彩条布		m^2	3000	钢筋覆盖
23	钢筋绑扎丝		kg	200	钢筋笼绑扎
24	消防水龙带		m	100	泥浆输送
25	LED 探照灯	500W	盏	8	夜间照明
26	焊条		kg	300	钢筋笼等焊接
27	筛子	80 目	个	2	岩石取样
28	钢丝绳	Φ20mm	m	40	钢筋笼吊装
29	安全带	3m	套	5	混凝土浇筑
30	混凝土抗压试模	150mm × 150mm × 150mm	个	90	混凝土试块制作
31	抗渗试模	175mm × 185mm × 150mm	个	30	混凝土抗渗试块制作
32	坍落度筒	100mm × 200mm × 300mm	套	1	测混凝土坍落度
33	测绳	30m	m	100	测孔深
34	塔尺	5m	个	1	定位测量
35	钢尺	30m	个	2	定位测量
36	盒尺	5m	个	5	定位测量
37	干粉灭火器	4kg	瓶	32	现场安全

6.2 设备

主要施工机具和设备配置情况详见表 5。

表 5　主要施工机具设备配备（以 8 万 m^3LNG 混凝土全容储罐为例）

序号	机械或设备名称	型号规格	单位	数量	备注
1	旋挖钻机	360 型	台	1	
2	泥浆泵	3PNL	台	2	
3	空压机	$12m^3$	台	1	
4	泥浆净化器	黑旋风 ZX-100	台	1	
5	挖掘机	220 型	台	1	
6	装载机	50 型	台	1	
7	钢筋直螺纹滚丝机	HGS-40B	台	2	
8	钢筋电焊机	BXI-400	台	8	
9	钢筋切断机	GQ40D	台	2	
10	钢筋切割机	SQ-500	台	2	
11	钢筋弯曲机	GW40	台	2	
12	钢筋卷筒	自制	台	1	
13	汽车式吊车	25t	台	3	
14	渣土车	$12m^3$	台	1	
15	混凝土灌注导管	Φ260mm	m	60	

续表

序号	机械或设备名称	型号规格	单位	数量	备注
16	抽砂泵	3PS	台	2	
17	混凝土泵车	37m	台	1	
18	插入式振捣器	50mm	套	2	备用 1 台
19	污水泵	QW 型	台	2	
20	后勤车	JMC	辆	1	
21	电脑	联想	台	2	
22	全站仪	NTS-362R	台	1	
23	水准仪	NAL	台	1	
24	泥浆比重计	NB-1 型	个	1	
25	泥浆黏度计	1006 型	个	1	
26	含砂量测定仪	NA-1 型	个	1	
27	混凝土测温计	JDC-2	套	1	
28	超声波检测仪	RSM-SY7（T）	套	1	
29	基桩低应变测试仪	10.31Mv/ms-2	套	1	
30	加速度计	20-2000Hz	套	1	
31	自动记录仪	RSM-JC5	套	1	
32	千斤顶	6300kN	个	2	
33	位移传感器	FP-501 型	个	4	

7 质量控制措施

7.1 执行的质量标准

（1）GB 50204—2015《混凝土结构工程施工质量验收规范》

（2）GB 50164—2011《混凝土质量控制标准》

（3）GB/T 50107—2010《混凝土强度检验评定标准》

（4）GB 50026—2020《工程测量标准》

（5）JGJ 94—2008《建筑桩基技术规范》

（6）JGJ 107—2016《钢筋机械连接技术规程》

（7）JGJ 18—2012《钢筋焊接及验收规程》

（8）GB/T 1499.2—2018《钢筋混凝土用钢 第 2 部分：热轧带肋钢筋》

（9）JGJ/T 27—2014《钢筋焊接接头试验方法标准》

（10）GB/T 50152—2012《混凝土结构试验方法标准》

（11）GB/T 50080—2016《普通混凝土拌合物性能试验方法标准》

（12）GB 50119—2013《混凝土外加剂应用技术规范》

（13）GB 50666—2011《混凝土结构工程施工规范》

（14）JGJ 106—2014《建筑基桩检测技术规范》

7.2 质量控制措施

7.2.1 管理及作业人员的控制

（1）质量员及特种作业人员必须保证所从事的项目与持证内容相符，非持证人员不得上岗作业。

（2）认真做好开工前的图纸会审工作和技术交底工作，确保按技术方案施工，保证作业质量。

7.2.2 机具设备控制

（1）机具设备配备的数量、种类、比例、生产能力、性能以及精度等级必须持久、稳定地满足工序的工艺、技术、质量、工期和使用环境的要求，并在开工前对设备进行能力验证，达到规定要求方可开工。

（2）对于关键、特殊工序，要求计算机具设备的测量能力指数，以保证所选配的检验测量试验设备的测量范围和不确定度与要求的测量能力一致，建立管理台账和周期检定校准计划，实行微机化管理。

（3）对施工现场参与施工的机具设备按规定的时间、项目及时进行检查、维护和保养，保证所有设备运转正常。在使用过程中发现设备运转出现异常或性能不稳定时，及时停止使用，通知设备主管部门安排检修。

7.2.3 材料控制

工程所用材料必须具有齐全的质量证明文件，否则不能使用。对领取的材料安名称、规格、型号、数量、产地做好标识。对露天存放的物资应分区、分类加标签标识，并合理堆放。对专料专用和特殊要求的材料，在标识中标明使用范围。

7.2.4 施工方法控制

（1）施工过程中严格按照和执行施工三检制度，做好施工自检、互检原始记录，发现质量问题及时整改。加强技术基础资料的整理，做到合格齐全。试压、试漏、隐蔽验收等重要工序，必须经验收合格确认后，方可进入下道工序的施工。

（2）施工过程中作业人员严格按施工技术方案和作业指导书规定进行施工作业。技术人员对执行情况及实施效果跟踪检查指导，确保桩基质量。

7.2.5 施工环境控制

（1）通过对作业环境条件进行控制，保持稳定、适宜的环境条件，确保施工质量。

（2）混凝土灌注前，关注天气情况，避开雨天施工，确保混凝土灌注质量。

7.2.6 施工质量关键控制点（表 6）

表 6 施工质量关键控制点

施工环节	质量控制要点	质量指标	检验方法	检验时机与频次
原材料	1. 材料规格型号与设计要求相符 2. 原材料质量符合设计及规范要求	材料对号率 100%	外观检查和复检	1. 材料进场外观检验 1 次 2. 核对质量证明文件 1 次 3. 送第三方检测核对送检报告 1 次

续表

施工环节	质量控制要点	质量指标	检验方法	检验时机与频次
测量放线	桩位测量偏差	桩中心偏差＜50mm	GPS 或全站仪测量	1. 控制桩测放 1 次 2. 桩位分批测放 26 次，每 10 根 1 组 3. 每根桩钻进前复测 1 次 4. 标高每根桩测量 1 次
	标高偏差	标高偏差 ±50mm	水准仪测量	
成孔	护筒下深度、垂直度及偏差	护筒上口高出地面 300mm；底口进入原状土 200mm；垂直度偏差＜10mm/m	护筒埋设标高采用 5m 卷尺；垂直度采用钻杆垂线法	护筒埋设时测量每根桩 1 次
	桩位偏差	桩位偏差＜50mm	桩位偏差采用 GPS 或全站仪	每根桩钻孔前复测 1 次
	桩径	桩径不小于设计桩径	桩径采用探孔器	每个孔径成孔后测量 1 次
	成孔深度	成孔深度不小于设计深度	深度采用测绳测量	每根桩成孔后测量 1 次
	孔垂直度	成孔垂直度＜1% 桩长，且不大于 500mm	成孔垂直度采用钻杆垂线法测量	每根桩成孔后测量 1 次
	泥浆性能指标	泥浆性能：黏度 18～22s；含砂率 1%～4%；pH 值 7～9	泥浆黏度采用黏度仪；含砂率采用洗沙器；pH 值采用 pH 试纸	钻孔开始前测量 1 次；分批次测量沉淀池内回收泥浆
	入持力层深度	入持力层现场判定	入持力层设计、监理、施工三方现场判定	每根桩入岩后进行现场判定
	孔底沉渣厚度	孔底沉渣厚度 ±50mm	孔底沉渣厚度采用标准测锤	每根桩测量 1 次
钢筋笼制作	钢筋质量	钢筋质量合格率 100%	外观检查；质量证明文件核查；复检	1. 钢筋进场前外观检查 1 次 2. 核对质量证明文件 1 次 3. 每 60t 复检 1 次
	钢筋直螺纹套筒机械连接或点焊加绑扎搭接质量	钢筋直螺纹套筒机械连接或点焊加绑扎搭接质量合格率 100%	外观检查和复检	钢筋机械连接 500 个 1 批次复检
	笼长偏差	笼长偏差 ±100mm	尺量检查	钢筋搭接连接 300 个接头 1 批次复检
	笼径偏差	笼径偏差 ±5mm	尺量检查	每个钢筋笼检查 1 次
	主筋间距	主筋间距 ±10mm	尺量检查	每个钢筋笼检查 1 次
	箍筋间距	箍筋间距 ±20mm	尺量检查	每个钢筋笼检查 1 次
商品混凝土	桩身混凝土强度等级 C35P8，添加阻锈迹	每工作班拌制不足 100 盘时，取样不得少于 1 次；每次取样应至少留置 1 组试件	检查混凝土开盘报告	每批抽样数量不应少于 1 次
	混凝土各项指标满足设计与规范要求	混凝土的强度等级必须符合设计要求。用于检验混凝土强度的试件应在浇筑地点随机抽取	试块送检	每批抽样数量不应少于 1 次
地下桩体混凝土灌注	灌前沉渣厚度	灌前沉渣厚度不大于 50mm	钢丝和吊锤检测	每根桩进行检查 1 次
	钢筋笼安放	钢筋笼安放确保保护层厚度 ±5mm	尺量检查	每根桩进行检查 1 次
	导管密封性及埋置深度	导管密封性使用前试压；导管底部标高按实际孔底悬空 300～500mm	试压和尺量检查	每根桩进行检查 1 次
	桩顶标高	桩顶标高 ±50mm	水准仪测量	每根桩进行检查 1 次
	桩顶超灌量	标高见新鲜混凝土	观察	每根桩进行检查 1 次
	护筒起拔	护筒起拔保持轴线竖直和位置居中，逐步提升	观察	每根桩进行检查 1 次

续表

施工环节	质量控制要点	质量指标	检验方法	检验时机与频次
地上短柱混凝土灌注	钢筋清理，桩头钢筋绑扎	桩头无残余的松散混凝土	观察	每根桩进行检查 1 次
	模版支设	模版与钢筋笼同心，保证钢筋保护层偏差 ±1mm 以内，垂直度偏差 1% 以内	观察和尺量检查	每根桩进行检查 1 次
	地面以上混凝土密实性	混凝土塌落度控制在 180～200mm	塌落度检测仪	每根桩进行检查 1 次
	拆模时间	混凝土浇筑完成 24h 后拆模	观测	每根桩进行检查 1 次
	混凝土养护	拆除模版后立即喷洒养护剂，随后在裸露桩身混凝土外面套塑料薄膜养护	观测	每根桩进行检查 1 次
	桩顶标高	桩顶标高 ±50mm	水准仪测量	每根桩进行检查 1 次

8 安全措施

8.1 执行的安全标准

（1）GB 50348—2018《安全防范工程技术规范》

（2）JGJ 46—2005《施工现场临时用电安全技术规范》

（3）JGJ 59—2011《建筑施工安全检查标准》

（4）JGJ 80—2016《建筑施工高处作业安全技术规范》

（5）JGJ 33—2012《建筑机械使用安全技术规程》

8.2 安全措施

（1）施工前，组织施工人员进行安全技术交底。

（2）入场前，所有管理人员及作业人员进行入场前安全培训，培训合格方可入场。

（3）针对特种作业人员进行专项安全培训，并考试合格。

（4）针对高危作业严格执行作业许可制度，办理临时用电、动火、吊装及高处作业票。

（5）安装临时线路时，确定排线线路和敷设方式，确保施工用电安全。用电作业必须由专业电工进行，所有一、二级配电箱必须上锁，每天由电工进行巡视检查。用电设备要有良好的安全接地，在用线路必须有可靠的绝缘接地，更换线路时，要有专业电工操作。

（6）各类施工人员正确穿戴和使用安全防护用品，并应掌握本岗位安全作业措施，熟悉相关岗位安全作业措施。

（7）起重司索工必须持证上岗，吊装作业前检查工具、索具、吊具及设备是否完好，严格按操作规程操作，不能超负荷使用，检查物件绑扎是否安全牢固可靠；吊耳及其他承重件使用前，应校验其承载能力是否满足使用要求，焊后检查焊缝质量是否满足要求，符合要求后方可使用。

（8）高处作业人员必须正确穿戴安全带。

9 环保措施

9.1 执行的环保标准

（1）JGJ 146—2013《建设工程施工现场环境与卫生标准》

（2）GB 12523—2011《建筑施工场界环境噪声排放标准》

（3）GB 3095—2012《环境空气质量标准》

（4）GB 3096—2008《声环境质量标准》

（5）GB 8978—1996《污水综合排放标准》

9.2 环保措施

（1）实现清洁生产，保护自然与生态环境，妥善处理合同执行过程中各种生产、生活废物，避免环境污染事故和社会投诉事件，排除水土流失隐患。环境保护、水土保持工作满足设计要求，符合国家、地方相关法律、法规要求。

（2）施工现场做好扬尘控制措施。

（3）每天做好垃圾分类回收工作，并按环保部门的要求送至指定垃圾处理厂。

（4）注意施工设备燃油“跑、冒、滴、漏”问题，做好防护措施，防止污染环境。

（5）对于使用完成的泥浆，委派相关政府部门指定的专业单位进行集中回收处理。

10 效益分析

10.1 社会效益

黄冈 LNG 储气设施项目桩基工程应用本工法，优质、高效地完成了全部 252 根桩柱一体高承台混凝土灌注桩一次成型施工任务，252 根桩小应变检测、52 根桩超声波检测、3 根桩静载试验全部合格，验收一次性全部通过，得到政府质监站、建设单位、监理单位的一致好评。

本工法填补了管道局在桩柱一体高承台混凝土灌注桩一次成型施工的技术空白，为管道局承揽类似工程施工提供了良好的技术借鉴，同时增加了技术储备和市场竞争力。本工法的逐步推广必将带来更好的经济和社会效益。

10.2 经济效益

本工法简便易行，成本投入小，缩短了工期，减少了直接成本及管理费。黄冈 LNG 储气设施项目管理人员定编 10 人，管理费每年 42 万元 / 人；施工人员 54 人，每日工资 0.04 万元 / 人（表 7）。

表 7 经济效益对比表

费用名称	传统工艺	一次成型工艺	经济效益 / 万元	备注
管理费	工期 50 天	工期 30 天	① 42 ÷ 365 ×（50−30）× 10=23.01	项目部管理人员定编 10 人，每年管理费 42 万元 / 人
人工成本	工期 50 天	工期 30 天	② 54 × 0.04 × 20=43.2	施工人员 54 人，单日工资 0.04 万元 / 人
	破桩头普工 4 人，钢筋搭接焊工 4 人	无	③ 30 × 4 × 0.035+30 × 4 × 0.05=10.2	普工每日工资 0.035 万元 / 人，焊工每日工资 0.05 万元 / 人

续表

费用名称	传统工艺	一次成型工艺	经济效益 / 万元	备注
设备成本	手持电动镐 2 台	无	④ 2×0.2=0.4	每台 0.2 万元
合计：① + ② + ③ + ④ =76.81 万元				

采用桩柱一体高承台混凝土灌注桩一次成型工法，黄冈 LNG 储气设施项目较传统施工工艺共计节约成本 76.81 万元。

11 应用实例

实例一：黄冈 LNG 储气实施工程

黄冈 LNG 储气设施项目位于湖北省黄冈市，在已建成的液化工厂建设 1 座 8 万 m^3LNG 混凝土全容储罐。储罐外罐承台投影线半径为 33200mm，基础采用高承台桩基工程，桩基为钢筋混凝土灌注桩，基桩最外圈中心线半径为 32000mm，设计 252 根桩（图 6），地下桩设计长度不小于 10000mm，设计入岩深度不小于 1000mm。地上短柱分为 2 种，最外两圈环形布置 ZH–2 型桩 100 根，地上短柱长 1530mm；中间成矩形布置 ZH–1 型桩 152 根，地上短柱长 1730mm。原计划施工周期 50 天，通过应用本工法将施工周期缩短为 30 天。低应变检测 252 根，其中Ⅰ类桩 244 根占 96.8%，Ⅱ类桩 8 根占 3.2%；超声波检测 52 根，全部为Ⅰ类桩；竖向静载荷试验检测 3 根，沉降量分别为 11.13mm、12.62mm 和 15.53mm。

实例二：临汾液化调峰储备集散中心项目

临汾液化调峰储备集散中心项目位于山西省临汾市，1 万 m^3 双金属全容罐桩基（图 7）为 129 根钢筋混凝土灌注桩，地下桩设计长度不小于 22000mm，施工过程中制定钢筋笼预制、泥浆配合比、桩基成孔、钢筋笼吊装、钢筋笼下放、沉渣反吹、地下桩体混凝土灌注等工艺方案，采用一次成型工艺工期提前 5 天。低应变检测 35 根，其中Ⅰ类桩 33 根占 94.3%，Ⅱ类桩 2 根占 5.7%；检测桩波速值介于 3672~3982m/s 之间，平均波速 3819.7m/s；竖向抗压静载荷试验检测 3 根，单桩竖向抗压承载力特征值均为 800kN，满足设计要求。

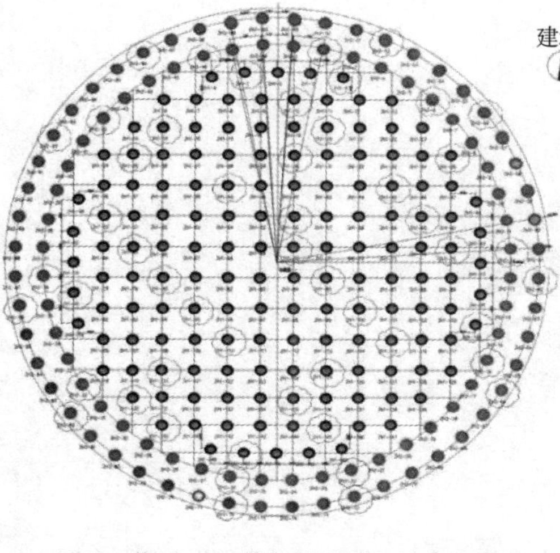

图 6　黄冈 LNG 储气设施项目桩点布置图

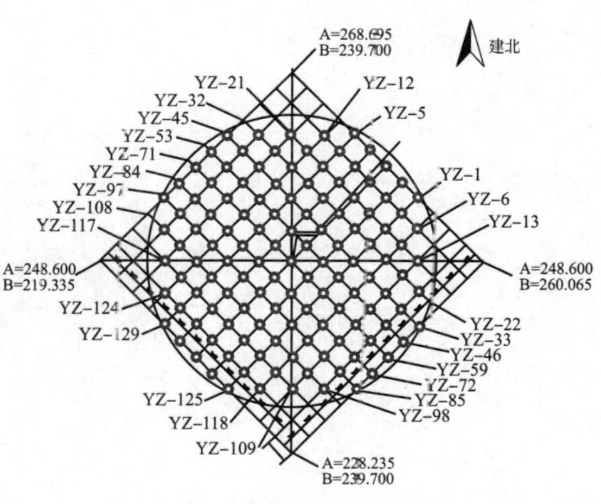

图 7　临汾液化调峰储备集散中心项目 1 万 m^3LNG 储罐桩点布置图

应用实例统计见表 8。

表 8　应用实例统计表

工程项目名称	地点	开 / 竣工日期	工程量 / 根	应用效果	节约费用 / 万元
黄冈 LNG 储气设施项目	黄冈市	2021.9.29/2021.10.28	252	良好	76.81
临汾液化调峰储备集散中心项目	临汾市	2017.4.1/2017.5.5	129	良好	13.7
合计					90.51

实践证明该工法经济效益显著、质量优良、安全可靠、操作规范，值得推广应用。随着后续 LNG 储罐建设，本工法必将以其施工快捷、成本低、质量优等优点得到更加广泛的应用。

钢制管道缺陷碳纤维材料修复补强施工工法

王　龙　王晓佳　苏　杭　张卫云　孙万东

西安西北石油管道有限公司

1　前言

随着运行年限增加，管道会出现腐蚀、破损等现象，将对人民生命财产安全造成一定威胁。目前，管道修复方法主要包括焊接补强及夹具补强。焊接补强成本低，但对人员、材料、设备要求较高，还存在焊穿、氢脆、冷脆及管道与补强钢材间的传力和性能不匹配等问题；夹具补强虽可规避焊穿、氢脆和冷脆风险，但存在费用高、补强寿命短等问题。

为解决上述问题，西安西北石油管道有限公司在深入研究碳纤维增强技术的基础上，结合现场实际需求，开展碳纤维修复管线作业。其核心工艺是通过在管道缺陷表面缠绕高强碳纤维布与环氧树脂，与管道共同承担应力、应变，从而保证管道安全运行。该方法不影响管道正常生产运营，可避免焊穿、氢脆、冷脆等风险的发生，具有修复速度快、操作安全、施工成本低等优势，是管道修复技术的未来发展方向。

西安西北石油管道有限公司通过总结和梳理，形成了“钢制管道缺陷碳纤维材料修复补强施工工法”。该工法依据《管道缺陷碳纤维修复补强技术规范》（QSYGD0215—2011）执行，已成功应用于青海油田采气一厂、采油一厂天然气集输管线上。在保证施工安全的基础上，降低施工成本，缩短施工时间，为油气管道安全运营提供了切实保障。

“钢制管道缺陷碳纤维材料修复补强施工工法”已被评为中国石油管道局工程有限公司2023年管道局工法，以及西安西北石油管道有限公司2021年度优秀工法成果二等奖。

2　工法特点

2.1　安全可靠

碳纤维修复技术无须在服役管道上焊接，可有效降低焊穿、氢脆及冷脆风险；碳纤维材料紧紧包覆在管道外层，共同承载管内压力，强度不随时间衰减，保证管道正常运行。

2.2　实用性强

碳纤维具有耐强酸、耐强碱，耐高温、耐摩擦等优异性能，碳纤维补强操作方便，工序简单且应用范围广，可对任意管径、材质的管道进行修复。

2.3 降低成本

碳纤维修复时间短、效率高、成本低，无须管线停输，无须氮气置换，大幅降低运营商损失。

3 适用范围

碳纤维复合材料适用于油气田各类单井管线、集输管线等钢制管线，同时还应满足以下要求：

（1）适用于修复壁厚腐蚀深度（厚度）小于 80% 的钢制管线。

（2）管线修复时，为保证施工人员安全，须泄压到运行压力的 60%。

（3）碳纤维复合材料不适用于泄漏型、环焊缝、壁厚腐蚀深度大于 80% 的缺陷以及会继续发展内腐蚀的缺陷。

4 工艺原理

4.1 碳纤维修复管线补强工艺原理

碳纤维复合材料管道修复补强是由高强度碳纤维、专用填平材料以及高性能树脂黏结剂 3 部分组成（图 1）。在缺陷修复时，首先利用专用填平材料对缺陷进行填平处理，然后在管道外缠绕碳纤维复合材料。碳纤维复合材料固化后具有极高的抗拉强度和弹性模量，它将通过具有抗压能力的填平树脂限制缺陷处的径向膨胀变形，降低缺陷处的拉伸应力，从而实现对管道缺陷的补强修复。

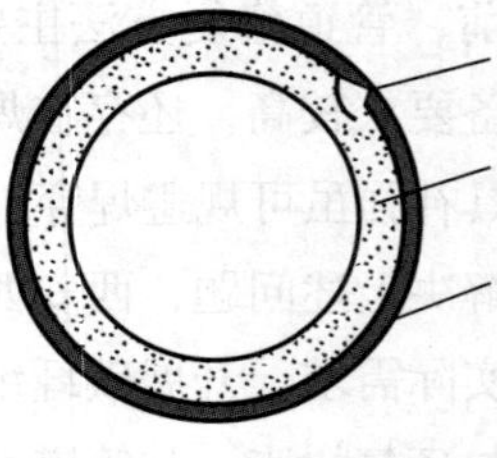

图 1 碳纤维修复管线补强原理图

4.2 碳纤维修复设计计算

4.2.1 碳纤维层厚度的计算公式

（1）当管道采用内压引起的周向应力计算，修复层的最小厚度公式（1）如下（《油气管道管体修复技术规范》Q/SY 5592—2019）：

$$t_{\min}=\frac{D}{2\sigma_{\mathrm{s}}}\left(\frac{E_{\mathrm{s}}}{E_{\mathrm{c}}}\right)\times\left(p-p_{\mathrm{s}}\right) \tag{1}$$

式中，$t_{\min}$ 为最小修复厚度，mm；D 为管道外径，mm；σ_s 为管道的规定最小屈服强度，MPa；E_s 为管道材料的拉伸模量，MPa；E_c 为复合材料的周向拉伸模量，MPa；p 为管道的设计内压，MPa；p_s 为管道的最大允许工作压力，MPa。

（2）实际修复时，修复层的厚度应大于等于公式（1）所确定的值。

4.2.2 碳纤维层轴向长度的计算公式

修复层的总轴向长度采用公式（2）计算得到（《油气管道管体修复技术规范》Q/SY 5592—2019）：

$$L=2L_{\mathrm{over}}+L_{\mathrm{defect}}+2L_{\mathrm{taper}} \tag{2}$$

式中，L 为修复层的总轴向长度，mm；L_{over} 为修复层与原管道重叠区的长度，mm；

L_{defect} 为管道的缺陷长度，mm；L_{taper} 为修复层末端的削边长度，mm，一般最小锥度为 5：1（水平与垂直之比）。

4.2.3 修复层与原管道重叠区的长度计算公式

修复层与原管道重叠区的长度计算公式表示如公式（3）所示（《油气管道管体修复技术规范》Q/SY 5592—2019）：

$$L_{over}=2\sqrt{Dt} \quad (3)$$

式中，t 为原管道的壁厚，mm。

5 施工工艺流程及操作要点

5.1 施工工艺流程

5.1.1 总流程（图 2）

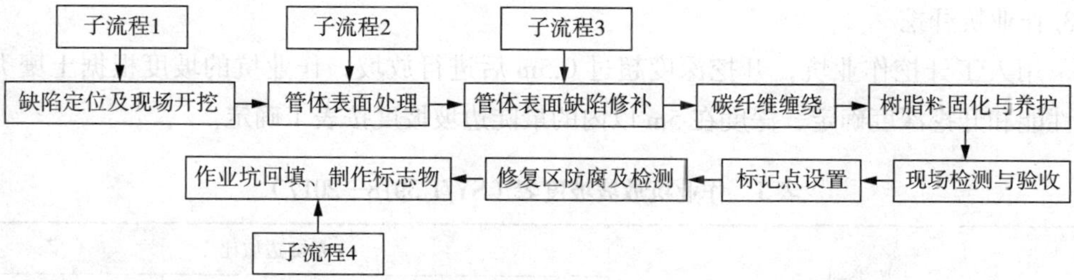

图 2 施工工艺总流程图

5.1.2 工艺子流程

（1）工艺子流程 1（图 3）

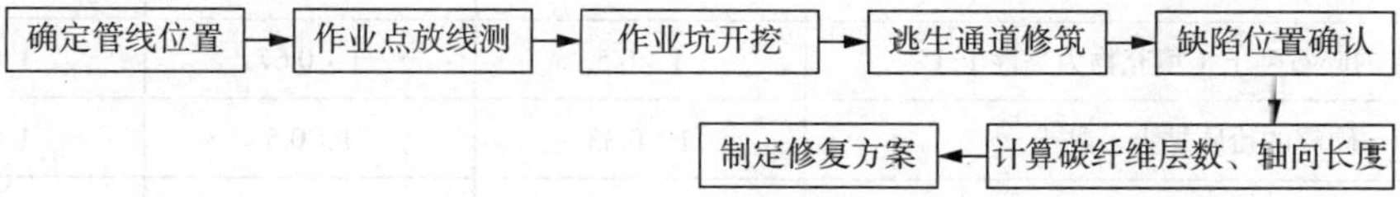

图 3 缺陷定位及现场开挖流程

（2）工艺子流程 2（图 4）

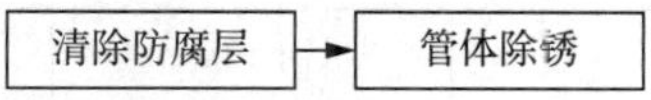

图 4 管道表面处理流程

（3）工艺流程 3（图 5）

图 5 管体表面缺陷修补流程

（4）工艺流程 4（图 6）

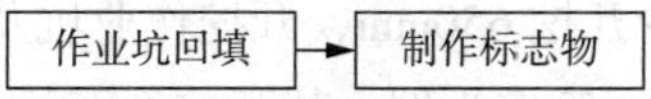

图 6 作业坑回填、制作标志物流程

5.2 操作要点（以采气一厂输气管线碳纤维补强项目为例）

本工法将以采气一厂输气管线碳纤维补强项目为例，对操作要点进行说明。台南气田高压集气干线管道外径为 559mm，管道材质 X60，最小屈服强度 245MPa，拉伸模量为 1.22×440MPa，设计内压 6.3MPa，最大允许工作压力为 4MPa，复合材料周向拉伸模量为 3400MPa。经外检测开挖验证，发现存在 1 处管壁腐蚀缺陷，长度为 100mm。管线无泄漏、无管体屈服，现对缺陷点进行碳纤维补强。

5.2.1 缺陷定位及现场开挖

1. 确定管线位置

采用人工方式开挖作业坑，并在开挖前使用智能地下管线探测仪确认管道走向及埋深。

2. 作业点放线

确定管道位置及走向后，以管线为中心，左右各 1.5m、前后各 1.5m 进行放线，标记出需开挖位置及边界线。

3. 作业坑开挖

采用人工开挖作业坑，开挖深度超过 0.5m 后进行放坡，作业坑的坡度根据土壤类别、力学性能和开挖深度确定，深度在 5m 以内的最陡边坡坡度按表 1 确定。

表 1 作业坑放坡坡度表（SY/T 5918—2017）

土壤类别	最陡边坡比		
	坡顶无载荷	坡顶有静载荷	坡顶有动载荷
中密的砂土	1 : 1	1 : 1.25	1 : 1.5
中密的碎石类土（填充物为砂土）	1 : 0.75	1 : 1	1 : 1.25
硬塑的粉土	1 : 0.67	1 : 0.75	1 : 1
中密的碎石类土（填充物为黏性土）	1 : 0.5	1 : 0.67	1 : 0.75
硬塑的粉质黏土、黏土	1 : 0.33	1 : 0.5	1 : 0.67
老黄土	1 : 0.1	1 : 0.25	1 : 0.33
软土（经井点降水）	1 : 1	—	—
硬质岩	1 : 0	1 : 0	1 : 0
冻土	1 : 0	1 : 0	1 : 0
当冻土发生融化时应进行现场实验确定其坡度			

4. 逃生通道修筑

作业坑两侧应留出 0.8m 宽的安全通道，安全通道上不应摆放任何施工机具、物件，两侧留有坡度不大于 30° 的安全踏步，宽度应为 0.8m（图 7）。

5. 缺陷位置确认

确定管线大体缺陷位置。用电火花检漏仪等设备检查缺陷位置，缺陷的轴向方向两侧至少多开挖 800mm，管道两侧至少开挖 650mm，开挖作业坑及放坡要求参照 SY/T 5918—2017 规定执行，详见表 1，以 Φ559mm 管道为例，其开挖剖面示意图见图 8。

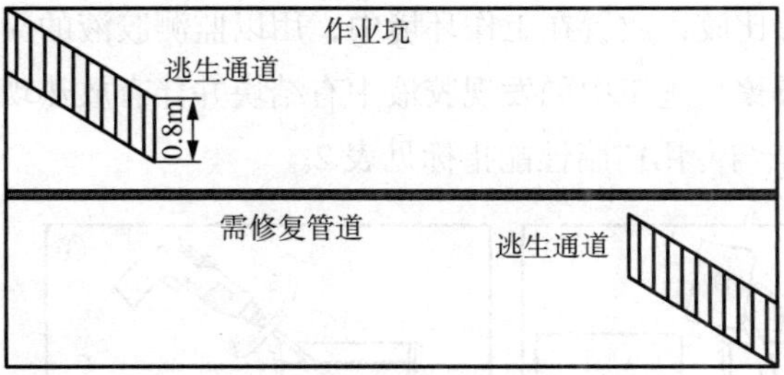

图7　逃生通道示意图

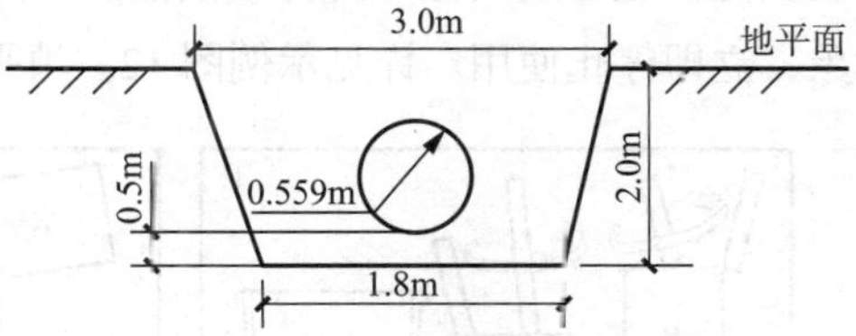

图8　现场施工开挖作业坑剖面示意图

6. 计算碳纤维层数、轴向长度

（1）利用公式（1）计算出碳纤维修复厚度为0.414mm，碳纤维单层厚度为0.167mm，需缠绕碳纤维层数为2.48层，结果取整为3层。

（2）利用公式（3）计算出修复层与原管道重叠区的长度为140mm。

（3）利用公式（2）计算出修复层的总轴向长度为680mm，计算值取700mm。

碳纤维布、专用填平腻子、树脂用量则按照碳纤维布质量的1.5～2倍准备即可。检查树脂、固化剂、碳纤维布等所有材料是否在保质期内。碳纤维布宽度为0.5m、厚度为0.167mm。

5.2.2　管道表面处理

1. 清除防腐层

用扁铁铲子、刨刀或砂轮清除旧防腐层长度至少超出待修复缺陷两侧各500mm（图9）。清除后的表面应无明显的旧涂层残留，清除过程中避免损伤管体金属。清除下来的旧防腐层不得现场弃置，应收集并按照环保要求统一处理。

图9　人工清理防腐层

2. 管体除锈

管道表面处理：用磨光机带钢丝轮打磨除锈，再用磨光机带抛光片打磨使管道表面达到St2级标准（图10）。

图10　人工打磨管道表面

5.2.3　管体表面缺陷修复

1. 腻子修复

用填平腻子将管道表面凹陷部位（缺陷处、蜂窝、麻面、小孔等）修补至平整，凸出部位（焊缝、金属凸起）修补至平滑过渡，确保碳纤维布缠绕时与管道表面紧密接触，无任何空隙、死角。完成修补后晾置20～40min，直至填平腻子表面干燥（图11）。

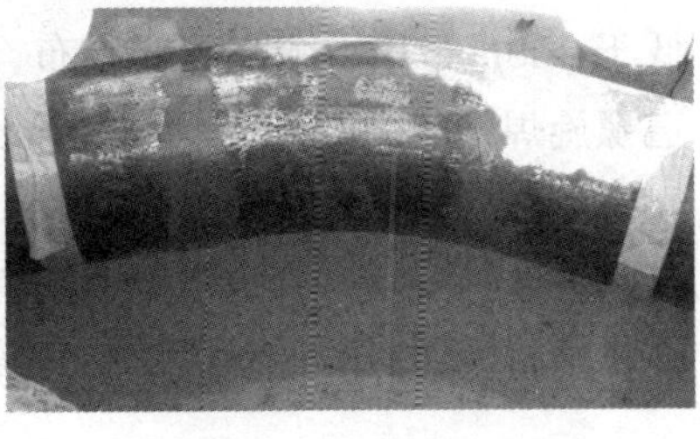

图11　腻子修复管道凹陷部位

2. 树脂与固化剂配置

将树脂与固化剂按3:1的比例称量准确后放入容器内，用搅拌器搅拌2～3min，确保充分混合后方可使用。单次配置总量应控制在5kg以内，搅拌后胶液应在适用期 30min 内使用完毕。配置完成留 20g 参比胶，放置在工作环境中，用以监测胶液的凝胶状况。施工期间注意搅拌胶液散热，防止爆聚。施工中如发现胶液中有结块并伴有放热现象，立即停止使用。详见示例图 12。填平腻子与专用树脂性能指标见表 2。

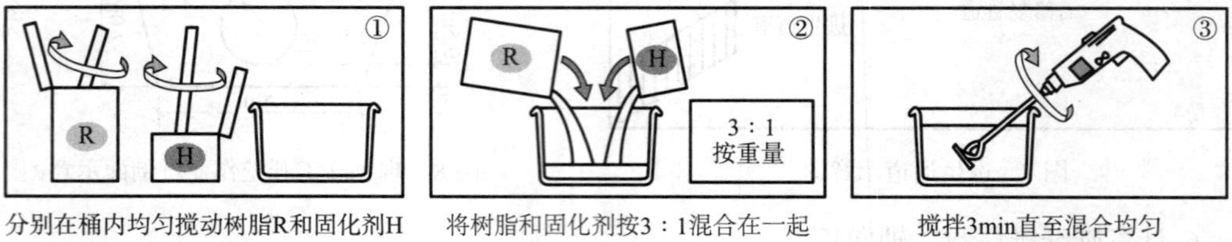

图 12　树脂和固化剂配置示例图

表 2　填平腻子与专用树脂性能指标

序号	检验项目		测试标准	指标要求
1	固化树脂	试用期（25℃）	GB/T 12007.7—1989	30 ~ 90min
2		凝胶时间（25℃）	GB/T 12007.7—1989	50 ~ 120min
3		拉升强度	GB/T 2567—2021	≥ 40MPa
4		耐冲击强度	SY/T 0315—2013	≥ 3J
5		附着力	SY/T 0315—2013	≤ 2 级
6		固化时间（25℃）	GB/T 14074—2017	0.8 ~ 2h
7	填平腻子	填料细度	ASTM D 1210	≤ 100μm
8		抗压强度	GB/T 2567—2021	≥ 50MPa

5.2.4　碳纤维缠绕

（1）开始缠绕碳纤维布（3 层），缠绕时以缺陷部位为中心，确保纤维与管道轴向垂直，每缠绕 1 周，在纤维表面涂刷 1 层胶液，确保碳纤维布完全被胶液浸润后方可继续缠绕（图 13）。

（2）控制树脂用量与碳纤维质量比控制在 500 ~ 600g/m^2，避免施工后管道下端多余树脂流挂，影响后续防腐层涂装。

图 13　缠绕碳纤维

（3）修复螺旋焊缝缺陷时，距离缺陷轴向距离不低于 400mm 开始缠绕碳纤维布，纤维缠绕方向与管道螺旋焊缝走向相反，轴向搭接长度为纤维布幅宽的 20% ~ 40%。对于修复螺旋焊缝缺陷程度大于 50% 壁厚的管段，完成上述步骤后，可在螺旋焊缝经过的 6 点钟位置，使用宽度不低于 400mm 的碳纤维布，环向缠绕 2 层以上，详见示例图 14。

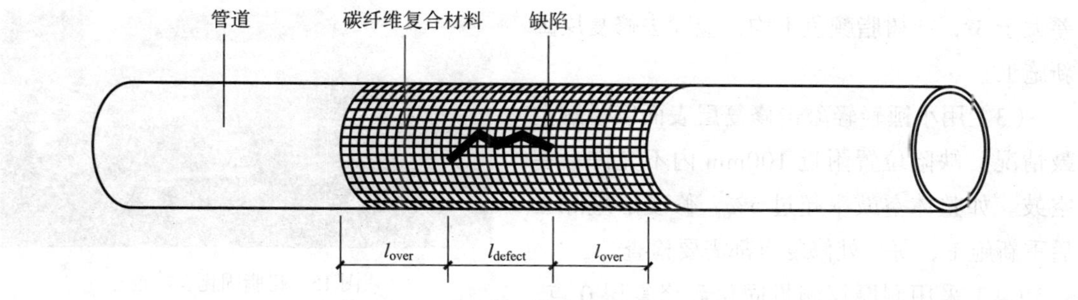

图 14　碳纤维湿缠绕示例图

（4）施工过程中，碳纤维布层间不应留有气泡，可用滚刷沿纤维方向反复滚压，对焊缝的拱起部位要向相反的方向滚压以去除气泡，并使胶液充分渗透碳纤维布，保证修复层表面光滑无褶皱，无胶液流挂。施工完成后，检查纤维布与胶液浸润情况，如发现有未浸润纤维应立即返工。

（5）施工中纤维布如需周向搭接，搭接长度不应小于 100mm。

（6）完成缠绕后，使用刷子或刮板，将剩余胶液涂敷在管道修复层两侧，防止水汽从两侧进入修复层内部。

（7）施工过程中，注意温度、湿度变化，严格控制在修复技术适用的环境条件下施工（表 3）。

表 3　碳纤维复合材料技术性能指标

序号	检验项目		测试标准	指标要求
1	碳纤维布	拉升强度	GB/T 3362—2017	≥ 2000MPa
2		布面密度	HB 7736.3—2004	≥ $200g/m^2$
3		单层拉升强度	GB/T 3354—2014	≥ 900MPa
4		单层拉升模量	GB/T 3354—2014	≥ 150GPa
5		断裂伸长率	GB/T 3354—2014	1% ~ 5%
6	填平腻子	与钢粘接抗剪强度	SY/T 0041—2012	≥ 15MPa
7		与钢材附着力	SY/T 0315—2013	≤ 2 级
8		耐冲击强度	SY/T 0315—2013	≥ 10J
9		阴极剥离（65°C，28d）	SY/T 0037—2012	≤ 2mm

5.2.5　树脂固化与养护

（1）在树脂固化期间，管道如果出现树脂流挂现象，可用刮板将多余树脂刮除。

（2）修复层固化期间应使用遮挡物防止风沙或雨水污染修复层表面。

5.2.6　现场检查与验收

（1）修复层固化后，修复层实际黏结面积不应少于设计面积，位置偏差不应大于 10mm（图 15）。

（2）检查修复层外观，如发现纤维褶皱高度超过 2.5mm、纤维未浸润、纤维铺设角度偏差大于 3°，或树脂颜色不均，应除去修复层重新施工。

（3）用小锤轻轻敲击修复层表面以了解空鼓情况，缺陷位置附近 100mm 内不允许存在空鼓。如整体空鼓率超过 5%，修复层应除去后重新施工，每一处修复点都需要检查。

图 15　树脂固化、检查

（4）采用测厚仪测量固化后修复层 0 点、3 点、6 点、9 点处厚度，每处测量 3 次，90% 以上检测点厚度不低于 0.5mm。

（5）按照《管道缺陷碳纤维修复补强技术规范》QSYGD0215—2011 附录 G 进行修复层附着力测试，等级至少达到 2 级（被撬离的修复层≤ 50%）。

5.2.7　标记点设置

（1）碳纤维复合材料为非导磁性材料，因此在内检测时，有可能将此处缺陷检测到。为了避免对已经用复合材料修复过的位置重复评价，施工完成后需要对该位置进行标记。

（2）标记采用与管体材质相同的钢材制作。为防止对纤维造成损伤，标识应加工成圆形等无尖锐角状。标记粘贴介质同样采用环氧树脂，树脂应涂抹适当的厚度以使钢片与管壁之间无空隙。钢片尺寸为直径 D =30mm，厚度 $H \geqslant$ 3mm。

（3）沿油流方向在碳纤维修复的起点和终点位置都应作上标记。每一处标记包含 2 ~ 3 个并排的小圆钢片，沿管道环向分布，间隔为 D/2。上游位置的标记紧贴修复起点粘贴，终点标记紧贴修复终点粘贴，所有标记应安装在管道正上方，安装示意图见图 16。

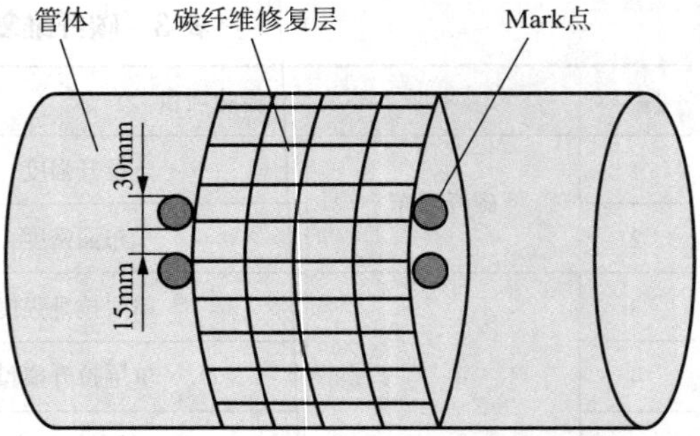

图 16　标记点设置示例

5.2.8　修复区防腐及检测

（1）当修复层树脂表干（不黏手）后进行防腐处理，铺设防腐层前去除修复层表面水汽、灰尘等杂质。防腐层宜选用冷缠胶带。

（2）树脂表干超过 6h 后进行防腐处理时，应在铺设防腐层前用粗砂纸轻轻打磨修复层表面树脂，直至树脂出现明显粗糙度后方可进行防腐处理。新防腐层与原管道防腐层应搭接完好。

（3）采油电火花检漏仪进行检测，探头触及修复管道表面，仪器未发生报警即为检测合格。

5.2.9　作业坑回填、制作标志物

1. 作业坑回填

（1）对于弹性敷设的管段，如果管体有较大变形，回填前应在应力释放侧全段用干土草袋垒实加固，防止管道进一步变形。

（2）管道下方及管道上方 50cm 以下采用细土回填，防止土块或石块等损伤管道防腐层。

2. 制作标志物

管道回填后，应在管道中心线上方做标示，禁止堆放重物、停靠车辆设备等。

5.3 人员配置表

主要机具设备如表 4 所示。

表 4 人员配置表

序号	岗位	人数	备注
1	项目经理	1	工程全面管理
2	技术员	1	负责整个工程的技术和资料
3	HSE 监督员	1	负责整个施工安全监督
4	防腐工	6	根据不同管径安排防腐工人数
5	电工	1	现场用电操作
6	驾驶员	1	人员运输
合计		10	

6 材料与设备

主要机具设备如表 5 所示。

表 5 机具设备配备表

序号	设备名称		规格型号	单位	数量	备注
1	设备	发电机	88kW	台	1	
2		搅拌器		个	1	
3		磨光机	150	台	2	
4		污水泵	AS30	台	1	带水管
5		智能管线探测仪	vLoc3-P	台	1	
6	安全用具	灭火器	ABC8KG	个	6	
7		测厚仪	MiniTest400	个	1	
8		复合气体检测仪	PGM2000	台	1	
9		海洋王全方位泛光灯	SFW6HCC	台	2	
10		防爆对讲机	GP328	台	2	
11		测温仪	红外	台	1	
12		电火花检漏仪	KQD-11	台	1	
13		正压式空气呼吸器	SDP1100	套	2	
14	车辆配备	双排车	5t	辆	1	
15		工程越野车		辆	1	

主要施工材料如表 6 所示。

表 6　施工材料表

序号	名称	型号	数量	备注
1	碳纤维布	$300g/m^2$	$50m^2$	
2	腻子		5kg	
3	环氧树脂	FC-SRS	50kg	
4	固化剂	FC-SRS	20kg	
5	冷缠带		$80m^2$	
6	钢丝轮	150	10	
7	抛光片	150	20	
8	警示带		20 盘	
9	防渗膜		50kg	
10	彩条布	6m × 15m	8 卷	
11	滚筒刷		20 个	
12	毛刷		30 个	
13	橡胶手套		30 双	
14	刮板	塑料	10 个	

7　质量控制

7.1　质量标准

（1）Q/SY 5592—2019《油气管道管体修复技术规范》

（2）SY/T 5918—2017《埋地钢质管道外防腐层保温层修复技术规范》

7.2　质量保障措施

施工过程中须严格执行规范要求，施工准备、施工过程中须保证不影响管线的正常运行。

（1）施工中所用材料必须有出厂合格证书、产品质量证明书，对质量若有疑问时，必须按产品标准进行复验，其性能指标应符合现行国家或行业标准的有关规定。

（2）所有材料在使用前应按设计要求核对其规格、型号。

（3）施工所用的设备要严格满足施工载荷需求，并进行调试运转。

（4）施工现场应有足够的作业场地、操作空间，确保逃生通道畅通无阻。

（5）填写缺陷修复表、操作记录、施工日志。

7.3　关键工序质量控制点

关键工序主要技术指标检验统计见表 7。

表 7　关键工序主要技术指标检验统计表

序号	检验项目	指标要求	检查时机或频次	检验工具
1	碳纤维布、修补材料、树脂胶、固化剂	检验材料尺寸、质量、生产日期	进场时	测厚仪 钢板尺

续表

序号	检验项目	指标要求	检查时机或频次	检验工具
2	进场道路平整、作业坑开挖	作业坑尺寸符合要求；作业坑逃生通道不少于2条，且坡度不大于30°，且安全踏步宽度不小于1m；作业坑底有水时应挖掘集水坑	开挖完成后	目视 钢卷尺
3	剥离防腐层	防腐层清除长度应为缺陷位置两侧各50cm；防腐层清除完毕后，手工清除管道残余的底漆及铁锈	剥离完成后	钢卷尺 目视
4	管道表面清理	基层处理质量应达到St2级	防腐层清理后	目视
5	腻子配制及涂敷	表面凹陷部位（缺陷处、蜂窝、麻面、小孔等）修补至平整，凸出部位（焊缝、金属凸起）修补至平滑过渡	涂覆时	目视 钢板尺
6	树脂胶配制及涂刷	将树脂与固化剂按3:1的比例称量准确后放入容器内，用搅拌器搅拌2～3min，确保充分混合后方可使用。单次配置总量应控制在5kg以内，搅拌后胶液应在适用期30min内使用完毕	配置中	目视
7	碳纤维布缠绕	缠绕以缺陷部位为中心，确保纤维与管道轴向垂直，每缠绕1周，在纤维表面涂刷1层胶液，确保碳纤维布完全被胶液浸润后方可继续缠绕	缠绕完成后	目视 钢板尺
8	管线防腐	电火花，15kV	逐个进行电火花检漏	电火花检漏仪
9	回填	管道回填后，管道中心线上方做标示	回填后	目视

7.4 验收检查

非破坏性验收方法在施工过程中以及施工结束后，对碳纤维补强层、碳纤维补强层与基体钢管的黏结性能及基体钢管进行检查（表8）。

表8 碳纤维补强验收检查项目

序号	验收项目分类	验收检查对象	验收要求 / 允许极限	备注
1	修复前的基体管道	基体管道材料	确认基体管材可被碳纤维材料修复	
2		几何形状	修复区域不应有尖锐的几何形状改变，所有的倒角半径应大于5mm；不满足此要求的倒角应进行填平处理	
3		表面处理	表面处理应符合设计要求；表面处理的轴向范围应于设计相符	
4		管道缺陷	管道缺陷尺寸与类型不得超过补强材料立用范围	
5		修复位置	修复区域的位置和轴向范围与设计要求一致	
6	界面	分层、空鼓	敲击补强层测试是否有分层与空鼓；在补强材料边缘不得有空鼓	
7	树脂涂抹	裂纹	无	
8		异物、气泡、坑	最大尺寸宽10mm，高2.5mm	
9		褶皱	厚度差别不得超过2.5mm	
10		树脂颜色	与设计一致	
11		未被树脂涂抹区域	无	
12		针孔	不得超过补强厚度	

续表

序号	验收项目分类	验收检查对象	验收要求 / 允许极限	备注
13	碳纤维材料补强层	碳纤维铺设方向	与设计一致	
14		补强层数	与设计一致	
15		未被树脂浸润纤维	无	
16		暴露、未封边纤维	无	
17		异物	无	
18		轴向尺寸和修复区域	符合设计要求，不得超出表面处理区域	

8　安全措施

8.1　安全标准

（1）GB 2894—2008《安全标志及其使用导则》

（2）JGJ 46—2005《施工现场临时用电安全技术规范》

8.2　安全保证措施

8.2.1　现场安全措施

（1）作业坑开挖时应远离作业坑边缘，边缘非施工需要不得有人行走、停留，施工方现场安全员负责作业坑的监护，发现异常及时采取措施。

（2）发电机、配电箱、每处配备 8kg 干粉灭火器 2 具，用火现场配备 8kg 干粉灭火器 8 具。

（3）施工过程中，施工区域外 30m 设为警戒区，任何非施工人员不得进入。

（4）施工现场设置施工公告牌、安全标志，警戒线。

（5）施工设备、材料及消防器材，按标准配备齐全、合理摆放，以方便使用，并确认在有效期内。

（6）定期对施工设备进行检查，若发现隐患，应立即采取措施。

（7）施工前办理开工许可证、作业许可证等相关手续。

（8）保障施工现场安全通道畅通。

（9）施工人员一律穿着防静电工作服，佩戴安全帽。

（10）作业现场严禁吸烟。

（11）现场作业完工后，施工现场必须做到“工完料净场地清”。

9　环保措施

9.1　环保标准

（1）GB 8978—1996《污水综合排放标准》

（2）GB 12523—2011《建筑施工场界噪声限值》

9.2　环保指标

（1）作业区域干净整洁，现场标识标语牌齐全醒目。

（2）废水（液）、固体废物、废气全部达标排放。

（3）严格控制现场的噪声排放。

9.3 环境保护措施

在遵守与环境有关的法律、法规和条例的基础上，采取有效措施减少对环境的破坏，主要包括：

（1）落实各项规章制度和各级人员环境保护职责。

（2）实施具体的环境保护培训以及环保监督和检查。

（3）不准乱丢废弃物，不准乱倒废油、废液，要集中送到指定地点处理。不准随便乱倒生活污水、垃圾，应将垃圾废弃物进行集中焚烧、深埋或送指定地点处理。不准向河流、湖泊中乱扔废弃物。

10 效益分析

10.1 经济效益

以采气一厂 Φ559mm 输气管线修复为例，将碳纤维修复管线与卡具方式修复成本进行对比分析（表 9）。

表 9 施工费估算对比表

费用价格 费用名称	卡具方式修复管线缺陷工艺			本工法		
	数量 / 天	单价 /（元 / 天）	成本 / 万元	数量 / 天	单价 /（元 / 天）	成本 / 万元
工期	1	5000	0.5	1	5000	0.5
工艺安装	—	—	5	—	—	5
调遣费	—	—	10	—	—	10
其他材料费	—	—	12	—	—	6
合计	27.5 万元			21.5 万元		

由上表可知，碳纤维修复管线可节约施工成本 6 万元，降低施工成本约 21.81%。

10.2 社会效益

（1）碳纤维修复方式可有效降低施工成本，避免由于长时间停输而造成片区油气供应停滞，影响居民正常生活。

（2）碳纤维修复方式安全可靠，可有效降低管线日常维护风险，适合永久性修复。

11 应用实例

实例一：青海油田采气一厂输气管线碳纤维补强项目

青海油田采气一厂台南气田高压集气干线经外检测开挖验证，发现存在管线缺陷 1 处，管道规格为 Φ559mm × 8.8mm，管线总长为 30km，管道材质为 X60，设计压力为 6.3MPa，运行压力为 4MPa，于 2009 年投运。

因该管线无法停输，2020 年 6 月 17 日，西北管道公司决定采用碳纤维方式修复管体缺陷，在保证安全的前提下，1 天完成管体修复工作，大幅降低了管道运行企业的经济损失，受到业主、监理单位的一致好评。

实例二：采油一厂跃进接转站至尕斯联合站输气管道补强项目

青海油田采油一厂输气管道经外检测开挖验证，发现存在管线缺陷 1 处，管道规格为 Φ219mm × 5mm，管线总长为 22km，管道材质为 L245N，设计压力为 2.5MPa，运行压力 0.4MPa，于 2013 年投运。

因该管线无法停输，2021 年 5 月 22 日，西北管道公司决定采用碳纤维方式修复管体缺陷。由于有类似施工经验，不到 1 天即完成全部修复工作，为进一步在业主单位推广碳纤维修复技术奠定了坚实基础。

在役管道加装球体套筒修复施工工法

陈建锋　张　鹏　赵玉春　刘　辰　武　航

西安西北石油管道有限公司

1　前言

目前我国油气管道网络已颇具规模，油气管网的安全、平稳、高效运行影响着各行各业。经多年运行，油气管网进入维修、改造期。为不影响上下游企业正常生产及居民日常生活，管道不停输修复逐渐成为主流修复方式，主要包括不停输开孔封堵换管，缺陷点打磨、补焊，套筒修复。不停输开孔封堵换管工序繁杂，造价相对较高；缺陷点打磨、补焊只能修补表层细小缺陷；套筒修复常用的有环氧套筒和 B 型套筒，却不适用于管道缺陷点存在有褶皱、凹凸不平、补板、非同轴线焊口等情况。

西安西北石油管道有限公司依据《油气钢制管道管体缺陷修复规范》，经过不断的模拟实验和现场实践，总结并编制了“在役管道加装球体套筒修复施工工法”，该工法投资低，能有效降低施工成本，在不影响管道运行状态的情况下能有效修复管道连头环焊缝存在褶皱、凹凸不平、补板、腐蚀等缺陷。此工法在西安输气分公司管道环焊缝开挖验证及修复（2021 年第一批修复）工程中得到成功应用，得到了业主及监理的高度评价。

在此基础上，西安西北石油管道有限公司总结并编制了“役管道加装球体套筒修复施工工法”，该工法荣获西安西北石油管道有限公司 2021 年度优秀工法一等奖并被评为中国石油管道局局级工法。

2　工法特点

2.1　施工难度较小，成本低

与传统施工方法（不停输开孔封堵换管）相比，采用焊接球体套筒进行缺陷修复，工作量小、无须大型设备、对进场道路要求低、不需要停输、不会影响管道下游用户以及不用放空或排油。

2.2　适用范围广

当管道焊缝存在错口、补板等无法采用普通 B 型套筒进行修复的缺陷时，可用球体套筒进行修复。可根据非同轴线角度和错口厚度等管线实际情况制作专用球体套筒，不受非同轴线角度、焊缝错边量、缺陷类型影响，不受管道现状限制安装，可修复多种复杂情况下的焊缝缺陷。

2.3 工艺简单、施工安全性高

施工工序单一，仅安装、焊接 2 个步骤，相比于不停输开孔封堵换管，不需要管线打开等特殊作业，施工安全性较高。

3 适用范围

球体套筒主要适用于介质为气体、液体，压力等级≤ 15MPa，材质为 X80 以下的钢质长输管道和油田集输管道，可对存在褶皱、凹凸不平、补板、腐蚀及存在非同轴线焊口等无法采用普通 B 型套筒的环焊缝进行缺陷修复。

4 工艺原理

4.1 球体套筒结构设计

采用三段式结构 : ①上游变径管段；②中间球壳段；③下游变径管段（图 1）。其中变径段为车间加工而成的一体式变径段，中间球壳为模具压制成型的 2 个标准半球形封头，可包容待修复管道及折角等缺陷部位。上下游变径段分别与中间球壳段现场焊接为一体，对缺陷进行修复。

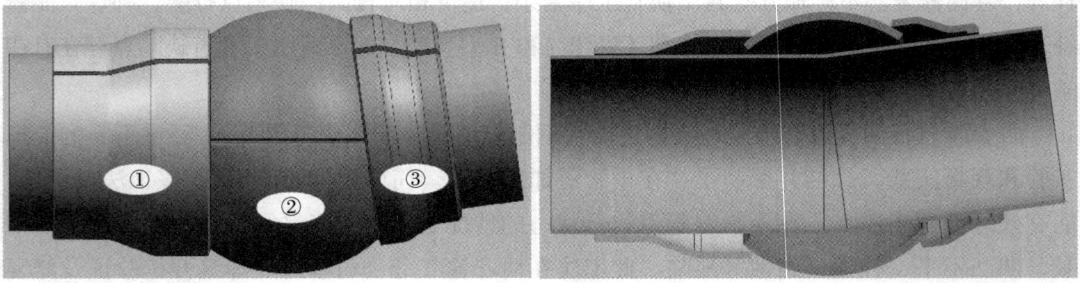

图 1 球体套筒修复示意图

三段套筒分别由上、下 2 块护板组成，共计 6 件，需要焊接 4 道环焊缝，6 道纵焊缝。采用三段式结构设计，可有效地避免现场焊接时出现环焊缝与纵焊缝十字交叉情况。球体套筒球壳采用标准的半球形封头结构，尺寸计量便捷且球形结构更利于避免应力集中现象，可空间旋转 360°，任意方向无焊口对接角度问题。球壳两侧的开孔直径大于管道在役管道直径，便于调整两对接管道水平和垂直 2 个方向夹角形成的空间角度以及现场因角度测量不准确而带来的问题。

根据在役管道设计参数（设计压力、设计系数等）及现场缺陷点管线非同轴线角度、错边量、管线壁厚测量，可调整球体套筒尺寸、厚度，以及角度。

4.2 球体套筒厚度的选用

套筒厚度 δ 应按下式进行计算：

$$\delta=\frac{PD}{2[\sigma]} \tag{1}$$

式中，P 为管道设计压力，MPa；D 为选用球壳直径或变径较大端外径，mm；$[\sigma]$ 为许用应力，MPa。

其中 $[\sigma]$ 许用应力应按下式计算：

$$[\sigma]=K\sigma_S\phi \tag{2}$$

式中，K 为设计系数；σ_S 为球体套筒选用钢材的最低屈服强度，MPa；ϕ 为焊缝系数。

相关系数参考《输油管道工程设计规范》GB 50253—2014。

根据计算的套筒厚度 δ 分别选用球壳和变径段的厚度。

4.3 球体套筒强度校核

计算由内压产生的套筒环向应力 σ_h：

$$\sigma_h=\frac{Pd}{2\delta} \tag{3}$$

式中，P 为管道设计压力，MPa；d 为球壳内径或变径大端内径，mm；δ 为套筒厚度，mm。

计算的环向应力 σ_h 应小于许用应力 $[\sigma]$，安全系数$S=\dfrac{\sigma_S}{\sigma_h}\geqslant 1$。

5 施工工艺流程及操作要点

5.1 施工工艺流程

5.1.1 总流程（图 2）

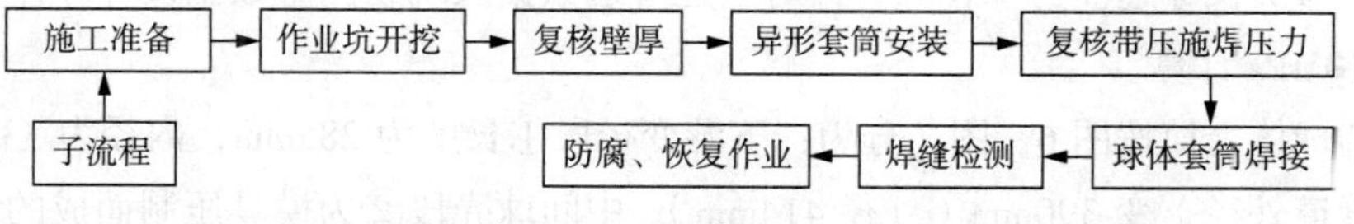

图 2 在役管道管体缺陷加装球体套筒修复施工工艺流程图

5.1.2 子流程（图 3）

图 3 施工准备流程

5.2 操作要点（以 Φ323.9mm 管道缺陷修复为例）

5.2.1 施工准备

1. 探坑开挖

对管道排查出的缺陷点进行探坑开挖，开挖的探坑尺寸满足测量人员作业即可。推荐开挖长度 2m 以上，宽度 2m，坑底距离管底 0.7m 以上。

2. 缺陷点防腐层剥离

对缺陷点管道防腐层采取人工剥离，剥离面积不宜过大（测量完尺寸，再设计球体套筒，直至套筒生产出来需要一定时间，在此期间应最大限度减少管道裸露时间），在测量完成后及时进行防腐。

3. 缺陷点管线非同轴线角度、错边量、管线壁厚测量

对隐患治理现场管线进行查验（图4），对折角对焊处俯视方向和正视方向折角进行测量（图5）。

图4 缺陷管道现场图

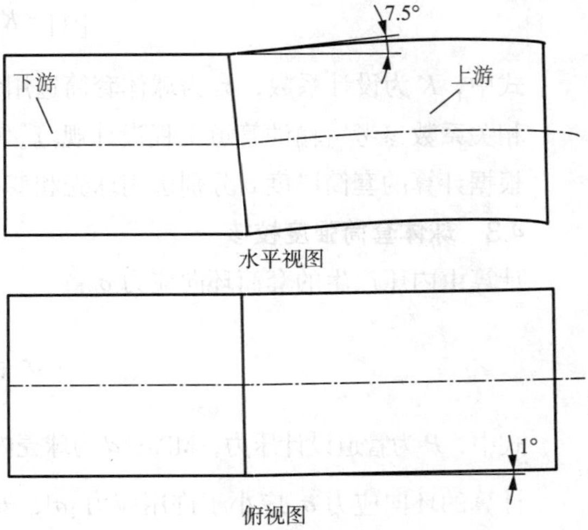

图5 缺陷管道折角示意图

4. 球体套筒设计加工

管线管径为 Φ323.9mm，材质为L360MB，设计压力9MPa，介质为成品油，壁厚一般段为6.4mm，弯头及穿越段为7.1mm。针对上述管道数据及现场测量数据设计球体套筒，设计压力按照10MPa计算。

设计的球体套筒按图6、图7分为：下游变径段①长度为285mm，内径为330mm（适应323.9mm管道外径）变390mm（外径414mm）；中间球壳段②为模具压制而成的2个标准半球形封头，球壳内径为 Φ450mm（GB/T 25198—2023），有效弦长约为270mm；下游变径段③长度为155mm，内径为330mm（适应323.9mm管道外径）变390mm（外径414mm），与中间球壳段现场对接焊接。套袖总体伸展长度约为740mm。

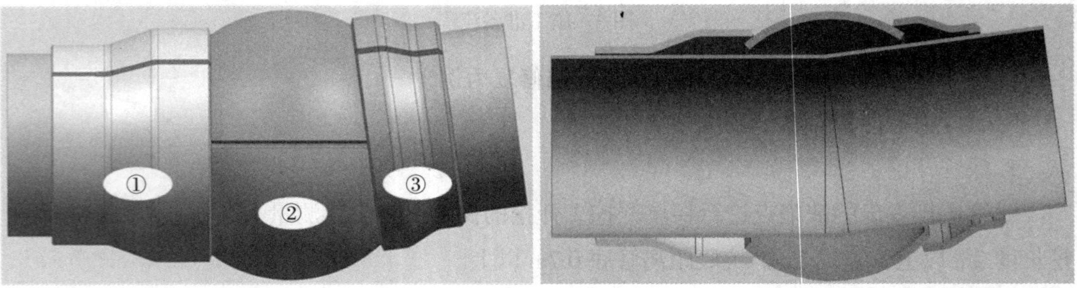

图6 球体套筒设计示意图

三段套筒分别由上、下2个护板组成，共计6件。

5. 球体套筒厚度的选用

根据管道原始数据可知，其管道基本是按二级地区设计，因此本次套筒的设计也相应的按二级地区进行设计。

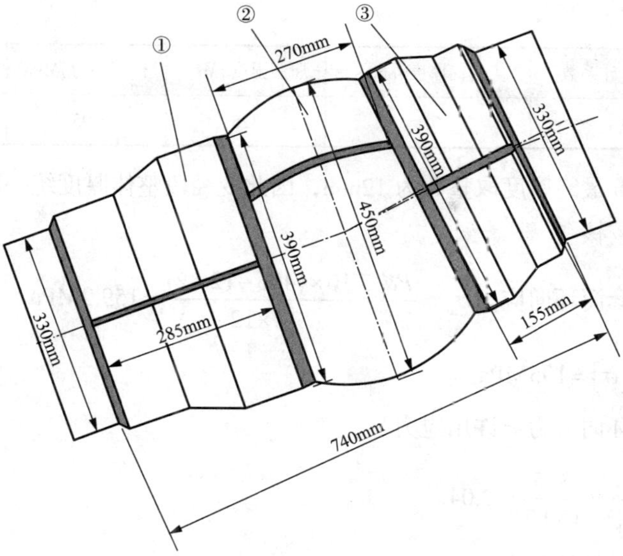

图 7　球体套筒设计尺寸图

（1）球体厚度的计算

球体套筒整体最大径为封头直径 Φ450mm，设计压力按 10MPa 计算，因此其封头计算厚度如表 1 所示。

表 1　球体套筒球体厚度计算表

地区等级	强度设计系数	半圆形封头厚度 /mm	屈服强度 /MPa	许用应力 /MPa	外径 /mm	压力等级
一级	0.72	14.64	325	195	478	10
二级	0.6	12.2	325	195	478	10
三级	0.5	10.17	325	195	478	10
四级	0.4	8.14	325	195	478	10

选用二级地区，强度设计系数为 0.6，计算封头基础厚度为 12.2mm，考虑变径管段的加工变形影响，最终取封头厚度为 14mm。

（2）变径段厚度的计算

同样选用二级地区，其变径大端外径为 Φ414mm，计算厚度如表 2 所示。

表 2　球体套筒变径段厚度计算表

地区等级	强度设计系数	套筒厚度 /mm	屈服强度 /MPa	许用应力 /MPa	外径 /mm	压力等级
一级	0.72	12.72	325	195	414	10
二级	0.6	10.6	325	195	414	10
三级	0.5	8.84	325	195	414	10

续表

地区等级	强度设计系数	套筒厚度 /mm	屈服强度 /MPa	许用应力 /MPa	外径 /mm	压力等级
四级	0.4	7.1	325	195	414	10

选用二级地区，最终厚度取整数为 12mm，因此变径段整体厚度统一取 12mm。

6. 变径套筒的校核

由内压产生的套筒环向应力$\sigma_h = \frac{Pd}{2\delta} = \frac{10\times(406-12\times2)}{2\times12} = 159.2\text{MPa}$。

套筒许用应力$[\sigma] = 195\text{MPa}$。

经计算，套筒环向应力<许用应力。

安全系数$S = \frac{\sigma_s}{\sigma_b} = \frac{325}{159.2} = 2.04$。

因此，可得出的结论为安全。

5.2.2　作业坑开挖

根据《钢质管道封堵技术规范 第 1 部分：塞式、筒式封堵》SY/T 6150.1—2017 中的要求，作业坑底最小宽度按照式（4）计算：

$$W=D+K \tag{4}$$

式中，W 为坑底最小宽度，m；D 为管道外径，m；K 为作业坑底宽度方向作业间隙。

5.2.3　复核壁厚

复核壁厚，确定套筒安装点位置。图 8 为套筒焊接点壁厚测量示意图，环向宜测量 12 个点，顺时针依次从 0：00（12：00）位置每间隔 1：00 测量 1 个点，并填写管线测量记录。

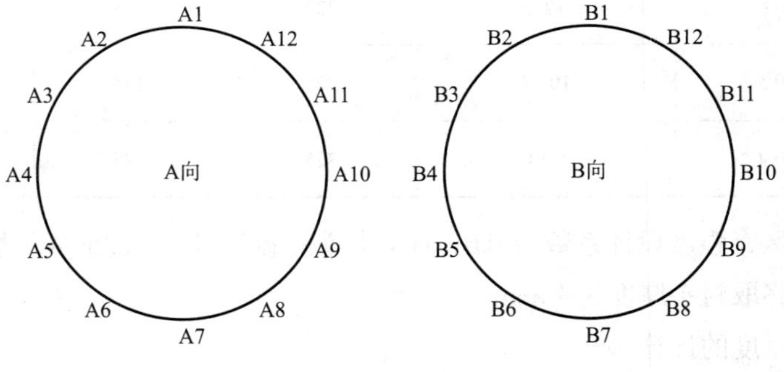

图 8　管线壁厚测量周向图

5.2.4　球体套筒安装

在管道上分别画出长变径管段、球壳段、短变径段距离斜接口环焊缝的大致纵向位置标记（图 9）。

将球壳护板按图 10 安装到管线上，纵焊缝可先初步定位在 3 点和 9 点钟位置，吊耳处穿入螺钉，拧紧螺母，纵焊缝垫起 3mm，护板上端面垫起 10mm（可调节高度）。旋转球壳，使纵焊缝分别在 2 点钟和 8 点钟方向（图 10）。

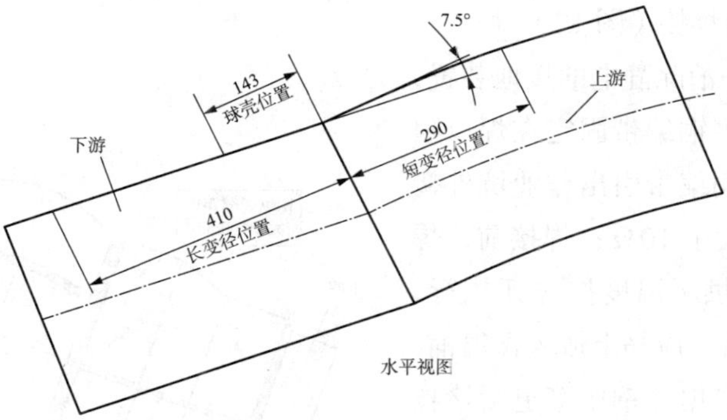

图 9　球体套筒安装位置标记示意图

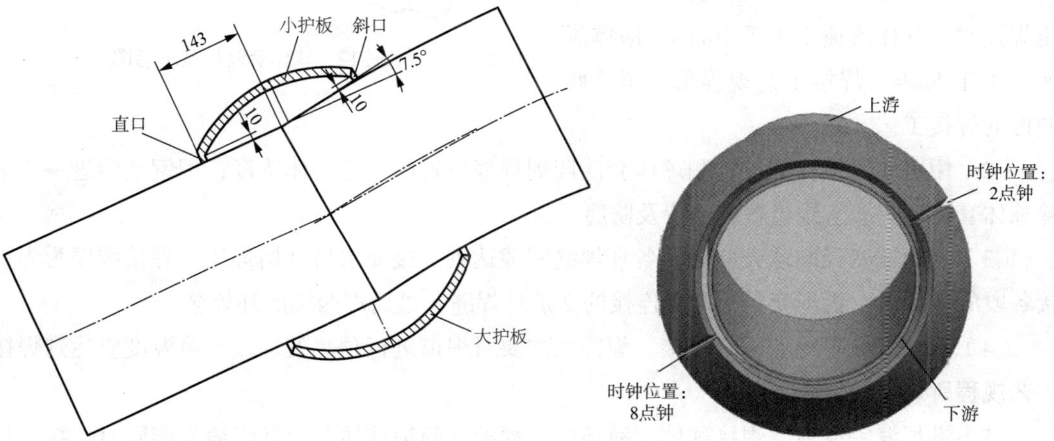

图 10　球体套筒球壳护板安装位置示意图

将长变径护板安装在下游，短变径护板安装在上游（两个变径不分上、下护板），环焊缝处垫起3mm，吊耳处穿入螺钉，拧紧螺母，纵焊缝垫起 3mm，纵焊缝在 3 点和 9 点钟位置，在长变径护板横焊缝处塞入挡条（图 11）。

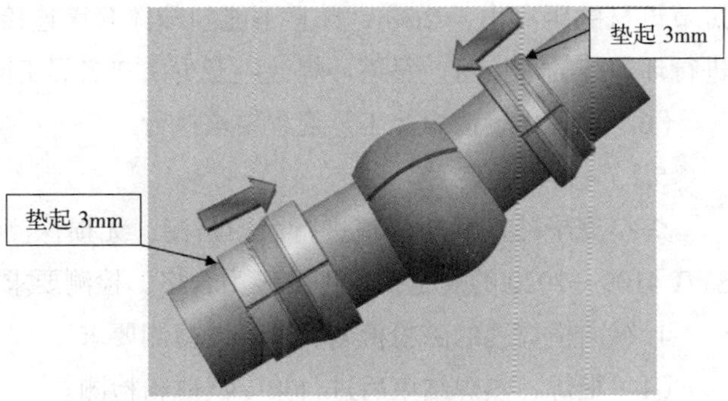

图 11　球体套筒变径护板安装位置示意图

5.2.5　复核带压施焊压力

焊接套筒期间必须保证管道压力稳定，管道带压施焊压力要求依据《钢质管道封堵技术规范 第 1 部分：塞式、筒式封堵》SY/T 6150.1—2017 6.2.1 管道施焊压力计算公式：

$$P=2\sigma_s(t-c)F/D \tag{5}$$

式中，P 为管道允许带压施焊的压力，MPa；σ_s 为管材的最小屈服极限，MPa；t 为焊接处管道实际壁厚，mm；c 为因焊接引起的壁厚修正量，mm；D 为管道外径，mm；F 为安全系数。

5.2.6　球体套筒焊接（图 12）

（1）焊接前装好消除静电的接地装置，用专用固定橡胶带将铜编带固定在焊口附近管道上。然后将铜编带引出作业坑外接地，接地电阻不应大于 10Ω；焊接前，焊条进行烘干处理，烘干温度按焊评执行，焊条从烘干箱取出后，应马上放入保温桶，并立即进行焊接。依据《钢质管道封堵技术规范 第 1 部分：塞式、筒式封堵》SY/T 6150.1—2017 6.2.2 要求：输气管道管件带压焊接时，气体流速不大于 10m/s，液体流速不大于 5m/s；焊接工艺规程采用裂纹倾向低的焊接工艺。

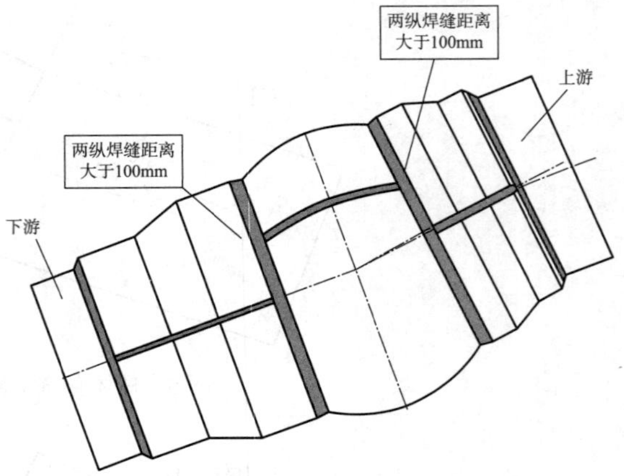

图 12　球体套筒焊接示意图

（2）用可燃气体检测仪检测球体套筒四周焊缝位置的可燃气体浓度；用钢丝刷进一步清除球体套筒环焊缝管线位置的油漆及防腐。

（3）将两端变径向球壳移动，各环焊缝间隙达到焊接要求后开始焊接。焊接顺序为先焊接各段的纵焊缝，再焊变径与球壳连接的 2 道环焊缝，最后焊两端的环焊缝。

（4）前 2 道纵焊缝应同时焊接。焊接之前要对焊道进行预热处理，预热温度应达到焊接工艺规程所规定的温度。

（5）纵焊缝完成后，焊接球体套筒环向角焊缝。两道球体套筒环焊缝不能同时焊接。焊接之前要对焊道进行预热处理，预堆层焊接前应做好标识，预堆层第 1 条焊道要保证与三通短节母材的距离小于 2mm，并且不能与球体套筒连接。在管道外径不小于 325mm 的管道上进行环焊缝的焊接时，每道环焊缝应至少由 2 名焊工同时施焊。

（6）具体焊接按焊接工艺规程要求执行。

5.2.7　焊缝检测

焊接完毕冷却后对焊道进行无损检测，无损探测应按《石油天然气钢质管道无损检测》SY/T 4109—2020 的规定执行，Ⅱ级为合格，检测要求如下：

1. 纵向横焊缝的磁粉检测和超声波检测要求

（1）根焊、热焊结束后进行第 1 次磁粉检测。

（2）填充焊接至 50% 进行第 2 次磁粉检测。

（3）盖面完毕保温后进行超声 + 湿式磁粉检测。

（4）焊接结束 24h 后进行延迟裂纹检测（超声 + 磁粉检测）。

2. 环向角焊缝的分层磁粉检测要求

（1）根焊、热焊结束后进行第 1 次磁粉检测。

（2）填充焊接至 50% 进行第 2 次磁粉检测。

（3）盖面完毕保温后进行湿式磁粉检测。

（4）焊接结束 24h 后进行延迟裂纹检测（磁粉检测）。

5.2.8 防腐及恢复作业

动火口处的焊口手工除锈必须达到 St 3 级。先用黏弹性防腐胶带（STOPAQ）防腐，然后用聚丙烯冷缠带加强防腐。

防腐施工完毕应对防腐层进行外观、厚度、黏结力和漏电点进行检测。埋地设备和管件在回填前的电火花检漏电压应不小于 15kV，以无漏点为合格。

作业坑回填时，生熟土要分开回填，管道悬空部位要采用细土回填并夯实管基础软土层部位，每回填 200 ~ 300mm 厚时夯实 1 次，回填时用编织袋装土保护好光缆，回填至地面 300mm 时用熟土回填，回填土要高出地面 100mm。

5.3 人员配置表

具体人员配置见表 3。

表 3 人员配置表

序号	岗位	人数	备注
1	项目经理	1	工程全面管理
2	技术员	1	负责整个工程的技术和资料
3	HSE 监督员	1	负责整个施工安全监督
4	焊工	4	根据不同管径安排焊工人数
5	管工	1	负责安装套筒
6	电工	1	现场用电操作
7	起重工	1	现场司索指挥
8	辅助工	2	配合打磨和套筒安装
9	驾驶员	4	人员运输
合计		16	

6 材料与设备

6.1 主要机具设备

主要机具设备见表 4。

表 4 机具设备配备表

序号	名称	规格	单位	数量	备注
1	发电机	88kW	台	2	
2	电焊机	直流逆变	台	6	
3	焊条烘干箱	ZYH30	台	1	
4	壁厚测量仪	MiniTest400	台	1	
5	测温仪	红外	台	1	
6	可燃气体检测仪	XP3110	个	2	
7	氧气检测仪	XP3180	个	2	
8	防爆轴流风机	BT35	台	2	
9	海洋王全方位泛光灯	SFW6HCC	台	2	

续表

序号	名称	规格	单位	数量	备注
10	电火花检漏仪	KQD-11	台	1	
11	电王		台	1	自发电
12	中频加热器		台	2	
13	工程越野车		辆	1	
14	后勤保障车		辆	1	
15	中巴车		辆	1	
16	货车	10t	辆	1	
17	磨光机	125	台	12	
18	磨光机	150	台	12	
19	干粉灭火器	8kg 干粉	台	8	手提式
20	倒链	3t	台	6	
21	排水泵		台	2	

6.2 主要施工材料

主要施工材料见表 5。

表 5 施工材料配备表

序号	名称	规格	单位	数量	备注
1	球体套筒	*D*323.9mm	个	1	
2	焊条（E5015-G）	*Φ*3.2mm/*Φ*4.0mm	kg	200	
3	电缆线		m	200	
4	砂轮片	*Φ*125mm	片	200	
5	砂轮片	*Φ*100mm	片	200	
6	砂轮片	*Φ*150mm	片	300	
7	竹夹板		块	100	
8	枕木		根	40	
9	毛毡		捆	16	
10	警示带		盘	50	
11	排水胶管	2in	m	150	
12	彩条布	6m × 15m	卷	8	
13	液化气		瓶	4	
14	去防腐层工具刀		把	10	
15	黏弹体		m^2	20	
16	聚丙烯冷缠带		m^2	30	
17	大雨伞		把	3	
18	保温被		条	6	

7 质量控制

7.1 质量标准

（1）GB/T 28055—2023《钢质管道带压封堵技术规范》

（2）SY/T 6150.1—2017《钢质管道封堵技术规范 第 1 部分：塞式、筒式封堵》

（3）Q/SY GD0192—2009《油气钢制管道管体缺陷修复规范》

（4）Q/SY 1592—2013《油气管道管体修复技术规范》

（5）SY/T 5918—2017《埋地钢质管道外防腐层修复技术规范》

（6）SY/T 4109—2020《石油天然气钢质管道无损检测》

（7）GB 50236—2011《现场设备、工业管道焊接工程施工》

（8）GB 50369—2014《油气长输管道工程施工及验收规范》

7.2 质量保障措施

（1）在施工过程中要严格执行参照规范的要求及本方案规定的工艺程序和安全质量保证要求，施工准备、施工过程中要保证不影响管线的正常运行。

（2）施工中所用球体套筒、焊条等必须有出厂合格证书及材质单，球体套筒等管件使用的焊条必须经烘干处理。

（3）所有球体套筒及施工设备在使用前应按设计要求核对其规格、材质和型号。

（4）参加焊接人员必须经过考试取得相应焊工资格，施焊人员必须具备带压焊接经验。

（5）施工所用的设备及配件要严格满足施工载荷需求，并进行运转调试。

（6）在管焊接生产中，对于任何初次使用的钢种、焊接材料和焊接方法都应进行焊接工艺试验和评定，焊接工艺试验应符合《钢质管道焊接及验收》SY/T 4103—2006 第五章的规定。

7.3 关键工序质量控制点

关键工序主要技术指标检验见表 6。

表 6 关键工序主要技术指标检验表

序号	检验项目	指标要求	检查时机	检验工具
1	作业坑开挖	1. 作业坑放坡符合要求，作业坑尺寸符合要求 2. 作业坑逃生通道不小于 2 条，坡度不大于 30°，且安全踏步宽度不小于 1m 3. 作业坑周围留出 1.5m 安全通道，通道内不应摆放任何机具及设备 4. 作业坑底有水时应挖掘集水坑	开挖完成后	目视、钢卷尺
2	剥离防腐层	1. 防腐层清除长度应比球体套筒长度每侧均长出 100mm 以上 2. 防腐层清除完毕后，手工清除管道残余的底漆及铁锈	剥离完成后	钢卷尺、目视
3	安装、焊接球体套筒	1. 球体套筒外观检测及夹层检测 2. 球体套筒查验合格证明材料 3. 球体套筒护板与管道间隙宜为 1.5 ~ 3mm，管道圆度误差不得超过管外径的 1%，且不大于 3mm 4. 管道壁厚不低于规范规定最低施焊要求，且不小于 4.8mm 5. 球体套筒两纵焊缝距离大于 100mm 6. 球体套筒焊接电流、电压，焊接速度，焊道高度、宽度及焊道层数符合焊规，且环焊角缝焊道高度与宽度不小于管道壁厚的 1.4 倍 7. 管道内气体流速不大于 10m/s 8. 接地电阻不大于 10Ω	安装前、安装中、安装后	测厚仪、水平尺、钢板尺、接地电阻测试仪、卡尺、目测、焊接检验尺

续表

序号	检验项目	指标要求	检查时机	检验工具
4	管线防腐	电火花 15kV	逐个进行电火花检漏	电火花检漏仪

8 安全措施

8.1 安全标准

（1）GB/T 28001—2011《职业安全健康管理体系 要求》

（2）Q/SY 1002.1—2013《健康、安全与环境管理体系》

（3）SY/T 6276—2010《石油天然气工业健康、安全与环境管理体系》

（4）GB/T 24001—2016《环境管理体系 要求及使用指南》

（5）GB 2894—2008《安全标志及其使用导则》

（6）JGJ 46—2005《施工现场临时用电安全技术规范》

（7）Q/SY 64—2012《油气管道动火规范》

8.2 安全保证措施

8.2.1 现场安全措施

（1）作业坑开挖时应远离作业坑边缘，作业坑内有人作业期间，作业坑边缘非施工需要不得有人行走、停留，施工方现场安全员负责作业坑的监护，发现异常及时采取措施。

（2）发电机、配电箱、电焊机每处配备 8kg 干粉灭火器 2 具，用火现场配备 8kg 干粉灭火器 8 具。

（3）施工过程中，施工区域外 30m 设为警戒区，任何非施工人员不得进入。

（4）施工现场设置施工公告牌、安全标志、警戒线。

（5）施工设备、材料及消防器材，按标准配备齐足合理摆放，确认在有效期内。

（6）定期对施工设备进行检查，发现隐患应立即采取措施。

（7）施工前办理开工许可证、作业许可证等相关手续。

（8）保障施工现场安全通道畅通。

（9）施工人员一律穿着防静电工作服，佩戴安全帽。

8.2.2 电气焊作业安全措施

（1）焊工应熟悉焊接工艺规程。

（2）焊接、气割作业时人员应使用护眼用具、护耳用具等防护用具。

（3）气瓶距易燃材料至少 15m，氧气瓶应与燃气易燃物质隔离开，并有 6m 的间距，在存放处应竖立醒目的警示牌。

（4）所有电焊设备都应进行日常的故障检查，有故障的设备要做检修，完好后方可使用。

（5）焊接引线端：焊机的引线端不可连接在焊机的框架上。

（6）带有接头或距焊把 3m 以内修复过绝缘层的线缆不许使用。

8.2.3　动火安全措施

（1）办理用火、破土和进入受限空间作业许可证，持证作业。

（2）动火现场道路畅通，利于消防车进出。

（3）动火前组织有关施工人员认真学习施工技术方案，进行安全教育，提高安全意识。

（4）施工现场防火、防爆必须做到器材落实、人员落实，消防器材必须专人看管，安全监护人必须到达现场并一直在现场监护。

（5）动火前清理现场易燃物，施工现场 20m 以内不准存放易燃物。

（6）动火必须在指定范围进行，不得擅自扩大动火范围。施工期间每隔 30min 进行 1 次检测，认真做好检查记录。

（7）动火操作人员必须严格执行安全操作规程。全部动火部位必须设专人监护。

（8）作业人员一律穿着防静电工作服、鞋靴和防护服，关闭手机。

8.2.4　消防设施、器材及数量表（表 7）

表 7　消防设施、器材及数量表

序号	名称	数量	性能	备注
1	8kg 干粉灭火器	32 个	良好	
2	泡沫消防车	2 台	良好	

9　环保措施

9.1　环保标准

（1）GB 8978—1996《污水综合排放标准》

（2）GB 12523—2011《建筑施工场界噪声排放标准》

9.2　环保指标

（1）作业区域干净整洁，现场标识标语牌齐全、醒目。

（2）废水（液）、固体废物、废气全部达标排放。

（3）严格控制现场的噪声排放。

9.3　环境保护措施

（1）加强对施工人员环境保护知识的培训和教育，树立良好的环保意识。

（2）严格控制施工作业区域，施工机具和人员必须在限定的作业范围内活动。

（3）严格遵守国家有关环境保护的法律法规。

（4）现场配备垃圾桶，对施工作业中的焊条头、废砂轮片、废钢丝绳、玻璃片和防腐补口中产生的废弃物等进行回收，统一送回营地集中处理。

（5）加强噪声控制，施工前对工程机械等大型设备进行全面检修，确保性能良好，减少震动和噪声，或通过调整工作时间等方式，避免噪声影响当地居民或站内运行人员的休息。

（6）施工前规划材料堆放场地，材料堆放遵循分类摆放原则，施工结束后，要做到“工完料净场地清”。

（7）工器具在工具房内摆放整齐，以方便取用，符合防火有关规定。

（8）施工完毕后，及时采取清理施工现场，及时进行地貌恢复。

10 效益分析

10.1 经济效益

以西安输气分公司管道环焊缝开挖验证及修复项目为例进行成本效益分析。采用本施工工法与管道不停输开孔封堵换管工艺相比，估算经济效益如表 8 所示。

表 8 施工成本估算对比表

项目名称	传统工艺	本工法
人工费 [350 元 /（工日・人）]		
施工准备及恢复	施工准备、作业坑开挖及恢复：（40 人、15 天）40 × 350 × 15=21 万元	施工准备、作业坑开挖及恢复（20 人、7 天）：20 × 350 × 7=4.9 万元
动火作业	动火作业（45 人、6 天）：45 × 350 × 6=9.45 万元	动火作业（16 人、3 天）：16 × 350 × 3=1.68 万元
施工工艺		
临时用地协调	10 万元	4 万元
工艺安装	双侧单封不停输开孔封堵：40 万元	焊接球体套筒：6 万元
材料费	三通短节等：12 万元	球体套筒：5 万元
间接成本		
住宿、餐饮等	10 万元	2.5 万元
施工费用合计		
合计	102.45 万元	24.08 万元

从上表可知，采用球体套筒进行缺陷修复的方法可节约施工成本 78.37 万元。综上所述，本例中采取新工法可以节约成本 78.37/102.45=76.49%。

10.2 社会效益

此工法可以在管道不停输的情况下对管道缺陷进行修复且工艺简单、费用低，对管道正常运行的影响较小，能大幅提高施工的安全性和效率，也不影响下游用户正常使用，尤其是冬季用气、用油高峰，应用此种方法可以避免管道“带病”运行。此工法可大幅降低业主的施工投资额，且隐患治理难度较低，方便快捷，施工成功率高。

11 应用实例

2021 年 5 月，兰郑长管线管道通球检测时发现 1 处焊缝缺陷，为保证管线后期正常运行，消除安全隐患，拟采用焊接球体套筒的治理方案进行缺陷焊缝整改。西北管道公司于 2021 年 8 月采用本工法完成缺陷焊缝修复任务，处理了管道运行安全隐患，确保了管道运行安全（图 13、图 14）。

图 13　现场缺陷焊缝照片

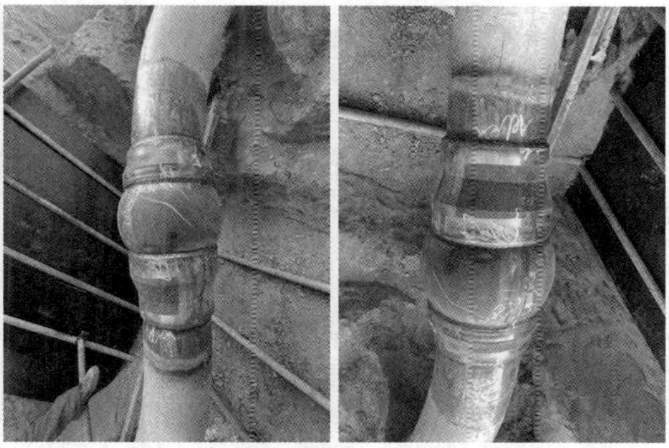

图 14　焊接完成照片

实践证明采用此工法可以在普通 B 型套筒无法对缺陷管段进行修复补强时对管道隐患进行治理，节约了管道不停输封堵换管的成本且缩短了施工周期，消除了运行管道的安全隐患。此项施工方法的成功应用，极大填补了在役管施工过程中由于道形复杂、现场条件恶劣、焊缝存在褶皱、凹凸不平、补板、腐蚀缺陷等方面的技术欠缺，得到了业主、监理各单位的好评。

200 ~ 400m 中深水固定平台施工工法

阳连丰 张占立 张大伟 黄仁贵 白 冰

海洋石油工程股份有限公司

1 前言

200 ~ 400m 中深水固定平台应用市场前景广阔，陆丰 15-1 导管架是中国海油在 300m 中深水区域的首次尝试。为推广中国 200 ~ 400m 中深水导管架平台开发模式项目的良好做法、管理经验及技术创新，基于陆丰 15-1 导管架项目进行开发建设实践，通过总结梳理，形成了本工法。本工法实现了对环境的最小影响，效果良好。

本工法在陆丰 15-1 深水导管架和流花 11-1 深水导管架上进行使用，成功完成亚洲首座 200 ~ 400m 中深水固定平台的建造安装工作。

本工法创新性使用了多项建造新技术：人字架整体预制和吊装工艺；大跨度导管插入式总装工艺；插入式装配精度控制工艺；地球曲率所致的尺寸测量工艺；横向延迟裂纹原因分析及控制技术，有效地提高了导管架的建造效率，减少了高空作业量，保证了导管架的建造质量和建造安全。

海洋石油工程股份有限公司通过自主创新 200 ~ 400m 中深水固定平台建造技术，总结实践经验，形成“200 ~ 400m 中深水固定平台施工工法”，该工法经过实践证明技术先进、安全可靠、经济适用，满足规范需求，降本增效显著，是一项值得推广应用的施工工法。

2 工法特点

2.1 设计标准化

采用卧式建造法、模块化组装工艺、扣片法建造非对称结构等，可提高整片吊装施工工效。

2.2 工期可控，质量可靠

工期短，占用滑道时间短，修订焊接管控措施有效防止延迟横向裂纹发生，基于自由测站模式的坐标控制网布设方式实现导管架建造精度控制。

2.3 安全性强

采用卧式建造，降低施工作业高度和施工作业风险。采用人字框架和蓝状式结构安装，大量工作可在低空完成，减少了超高空作业，提高了作业的安全性。

3 适用范围

本工法适用于中国 200～400m 水深固定式导管架平台的建造。

4 工艺原理

4.1 人字架整体预制和吊装工艺

新整体预制吊装工艺，在平地上将人字架和下水桁架顶部结构片预制成篮装结构，再整体吊装并完成空间安装（图 1、图 2）。

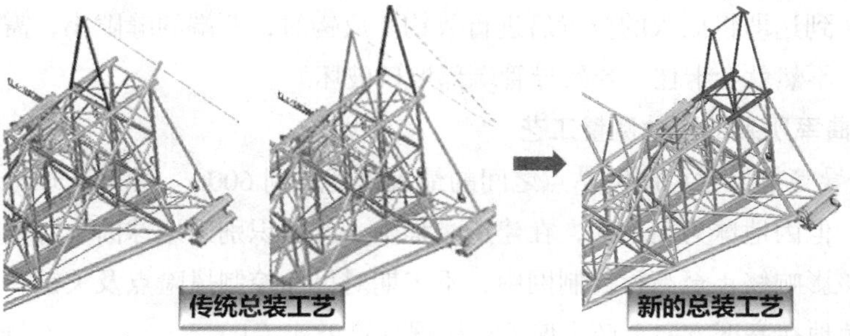

图 1 传统工艺和新工艺示意图

图 2 篮装结构整体预制、吊装

4.2 大跨度导管插入式总装工艺

卧式建造过程中，如图 3 所示，导管长度为 58.2m，净重 535t，重心离地高度为 95m，而后面两层水平片单独成框架，导致该处导管在竖直方向没有支撑杆件，如增加临时支撑，耗费大量人力、物力，且后期拆除困难。在大跨度导管插入前通过将测量结果进行温度修正，确保在不同温度下测量时温度修正补偿后测量结果一致。根据测量结果对导管进行余量切割，按照焊接程序留出组对间隙，选择修订温度范围内的时段进行导管插入作业，确保吊装作业一次成功（图 3）。

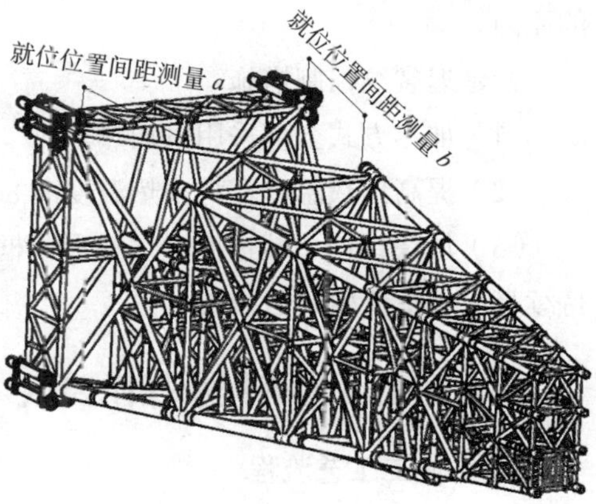

图 3 就位位置数据的测量与统计分析

4.3 插入式装配精度控制工艺

（1）技术人员计算导管长度因吊装变形产生的弹性变形位移，选择合适的吊点位置，控制吊装变形使其在组对间隙之内。

（2）在吊装前做尺寸拟合，根据拟合结果对管端余量进行切割，将控制端部的组对间隙控制在焊接规格书的组对间隙要求之内。

（3）在吊装就位过程中，起重指挥需要克服履带吊启动、运行不同步影响。起重总指挥和两边的起重指挥要随时沟通，及时给出指令。

（4）高空需要精准控制导管的倾角，保持姿态，确保停钩下放精确就位过程又稳又准。

（5）履带吊到达即将插入的位置后进行放钩。放钩时，两端的缝隙小，需要 2 台吊机的司机同步放钩，不然就会卡住，导致导管端部坡口破坏。

4.4 地球曲率所致的尺寸测量工艺

陆丰 15-1 导管架尺寸控制网站点之间的最大跨度达到 600m。导管架理论上需要在水平面内卧式建造，但因地球为椭球面，在建造过程中，首次识别出地球曲率对于导管架尺寸测量的影响，将该影响修正至高程控制网中，不定期对尺寸控制风险点及关键节点的尺寸进行复查。不可避免地在高度方向上产生偏差，根据计算公式（1）：

$$\Delta H = D^2 / 2R \tag{1}$$

式中，R 为地球半径。

可知 600m 范围内，高度方向差值为 28.3mm，已超出规范要求。示意图如图 4 所示。

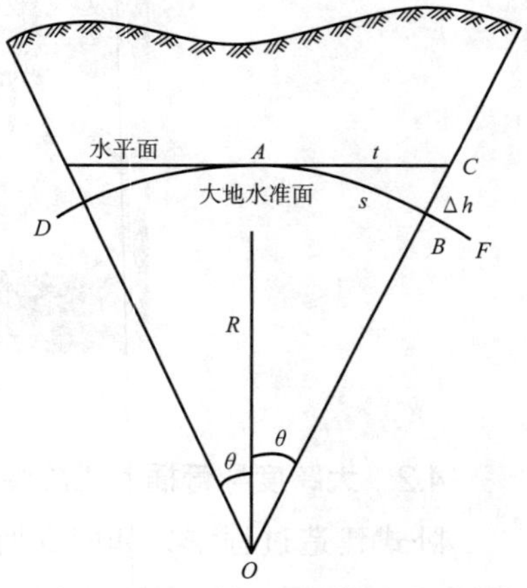

图 4 地球曲率对于尺寸测量的影响

4.5 横向延迟裂纹原因分析及控制技术

1. 延迟横向裂纹特点

延迟横向裂纹的主要特点是焊后不立即出现，产生延迟现象，所以称为延迟裂纹。延迟裂纹的出现与氢有关，所以又称氢致延迟裂纹，具有延迟特性。当碳钢焊接时，焊接材料中的水分、电弧周围空气中的水蒸气、焊丝和母材表面上的铁锈油污等杂质，都是产生氢元素的原因。

2. 延迟裂纹控制措施

（1）加热方式全部采用电加热。

（2）提高预热温度：将预热温度由 80℃提高到 110℃。

（3）加快结构总装进度，尽快形成框架结构，减少建造工况下自由端状态时间，防止在持续高应力下产生延迟裂纹。

5 施工工艺流程及操作要点

5.1 施工工艺流程

施工工艺流程如图 5 所示。

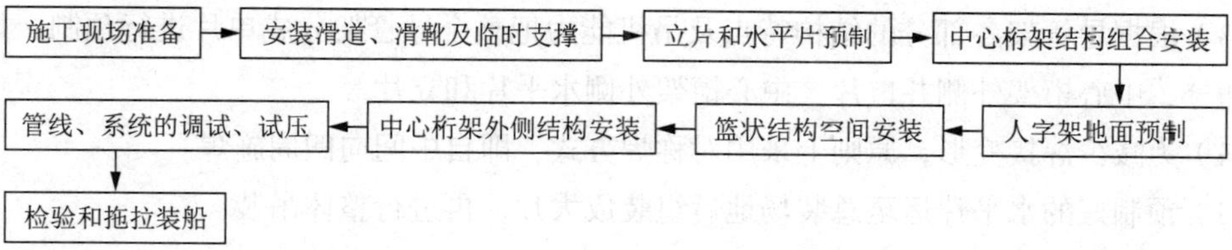

图5　施工工艺流程图

5.2　操作要点

5.2.1　施工现场准备

1. 操作人员、材料和设备准备

按照施工部署准备施工人员（参照表1）、材料和设备（参照表2、表3）。

2. 施工技术交底

技术人员按详细设计的设计图纸和规范开展加工设计工作；施工人员按批准的施工方案及作业方式进行相关的技术交底培训和安全培训。

3. 钢结构单件预制

生产车间根据工艺要求、详细设计尺寸，使用各种生产设备（包括但不限于锯床、切割机、剪板机等设备）对物料进行加工。车间根据加工设计图纸要求，将零部件铆焊成满足详细设计要求的构件。

4. 无损检验

施工人员根据设计图纸停检点要求，完成焊接后报给检验人员，检验人员根据检验规格书要求进行检验，检验合格后进行下一道工序。

5.2.2　安装滑道、滑靴及临时支撑

清理滑道，滑道处理完毕之后，根据设计图纸要求将滑块摆放到预设位置，随后在滑道上摆放滑靴，同时在滑道外侧布置临时支撑（图6）。

图6　滑道及滑靴的布置

5.2.3　立片和水平片的预制

（1）水平片预制的场地要求足够平整，保证水平片摆放方向与所在跨相邻边缘的距离满足图纸要求，方便翻身。

（2）室外场地采用现有垫墩（或利用余料制作）调平，垫墩的垂直度应控制在 ±3mm 的范围内。

（3）根据导管架各部分的结构特点及吊机能力把整个导管架分成单片进行预制，如中心桁架部分、中心桁架外侧井口片、中心桁架外侧水平片和立片等。

（4）为减少焊接变形，原则上采用对称焊方式，即自中间向四周施焊。

（5）预制好的水平片运至总装场地后组装成大片，再进行整体吊装。

5.2.4　中心桁架结构组合安装

在预制区域组装中心桁架组合片及立片结构，需焊接到滑靴上的导管先摆放在滑靴上，且不要使导管的方位发生扭转，其他的导管用临时支撑固定。待下一道工序的结构片吊装后再完成组合焊接（图7）。

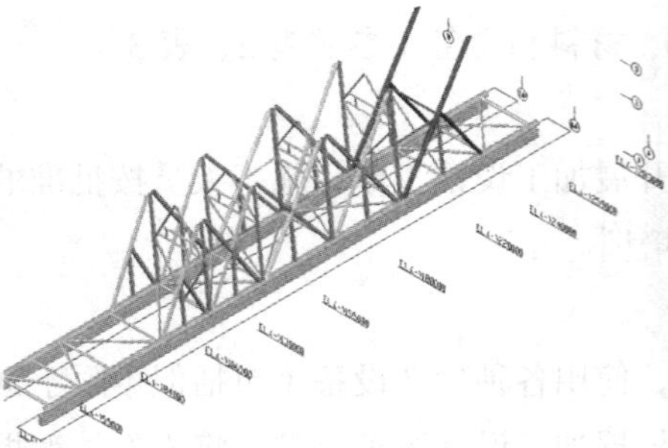

图7　中心桁架结构安装

5.2.5　人字架地面预制

（1）深水导管架在采用卧式建造的过程中，下水桁架与导管架顶面拉筋通过人字形结构进行连接形成框架，再通过1根拉筋将2个人字架连接，最后将其与下水桁架顶面水平片预制成整体，形状似竹篮，称为“篮状”结构（图8）。

（2）在地面预制时，预制场地选择靠近滑道总装就位位置，减少大型结构物倒运作业（图9～图11）。

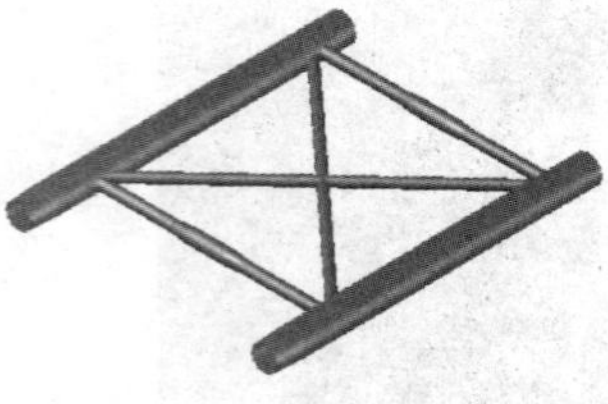

图8　下水桁架顶部ROW L2片

图9　人字架1H片

图10　人字架2H片

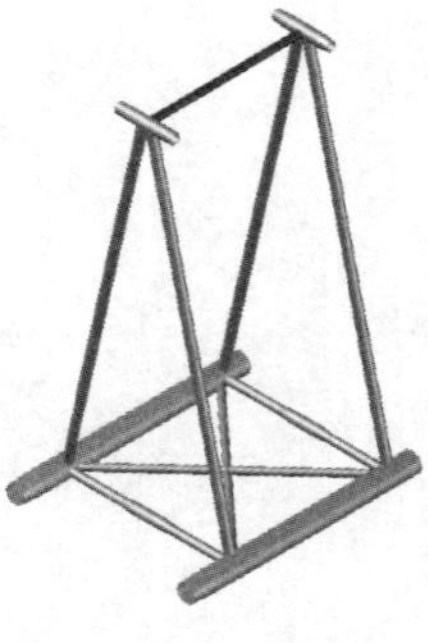

图11　安装人字架间的横向拉筋

篮装结构吊装就位后与水平方向存在一定倾角，因自重会产生前倾，因此人字架安装应考虑增加斜拉钢丝绳、倒链等辅助控制变形措施，便于后期与其他结构杆件对接时调整组对间隙。

5.2.6　篮状结构空间安装

根据篮状结构的质量计算，选择合适的履带吊机，利用履带吊将篮状结构吊装就位

（图 12、图 13）。

图 12　篮状结构整体吊装

图 13　篮状结构整体吊装就位

5.2.7 安装中心桁架外侧结构

中心桁架两侧同时施工，分段安装外侧 4 根导管，中心桁架外侧水平片、井口片、立片等结构。

（1）管段在车间完成卷管、接长并完成焊接。

（2）对完成的纵缝焊道和环缝焊道做无损检验。

（3）根据建造程序完成单片结构的组装。

（4）根据单片结构的质量进行吊机起重计算，选配合适的履带吊。

（5）将单片结构运输至总装区域，完成空间组对。搭设脚手架完成现场焊道焊接工作。

（6）对组对后的结构进行尺寸检验及无损检验（图 14）。

图 14　中心桁架外侧现场吊装

5.2.8　管线系统的调试、试压

深水导管架的主要特点之一便是管线系统复杂，所有结构安装完成后，需要进行一系列的调试、试压工作。包括导管、滑靴的气密实验，泥浆管线、注水管线的吹扫和压力实验，裙装套筒的通径实验，封隔器、卡桩器控制管线的调试。立管的通径和压力实验、阳极监测管线的调试等则保证了将来平台的顺利运行和采油作业的顺利开展。

5.2.9　检验和拖拉装船

（1）导管架完成陆地建造后应对完整性进行检查。

（2）运输船舶航行至码头并进行清驳。

（3）布置拖拉钢丝绳、千斤顶，摆放滑道、特氟龙等。

（4）拖拉前驳船至预定位置。

（5）装船固定焊接（图 15）。

（6）NDT 检验、海事局检验合格后，将导管架

图 15　完成装船

运输至海上安装。

5.3 劳动力组织

本工法劳动力组织情况见表 1。

表 1 劳动力组织表

序号	职务	单位	数量	备注
1	项目经理	人	1	施工技术和现场负责
2	项目管理人员	人	8	协调施工技术及现场管理
3	班组长	人	1	现场总协调
4	技术员	人	25	现场技术跟踪与监督
5	质检员	人	10	现场施工质量监督检查
6	安全员	人	12	现场安全监督检查
7	焊工	人	100	持证上岗
8	铆工	人	200	持证上岗
9	辅助工	人	200	持证上岗
10	脚手架	人	70	持证上岗
11	车辆司机 / 起重指挥	人	25	持证上岗
12	保护电工	人	10	持证上岗
13	检验人员	人	5	持证上岗
14	材料员	人	10	持证上岗
15	调试工程师	人	20	持证上岗
合计		人	789	

6 材料与设备

6.1 工程材料

主要工程材料见表 2。

表 2 工程材料清单

序号	名称	规格	单位	数量
1	钢板	δ=32mm	m^2	50
2	钢板	δ=20mm	m^2	280
3	型钢	C20	m	160
4	角钢	L100 × 10mm	m	150
5	H 型钢	不小于 HW350	m	40
6	H 型钢	HW250 或 HM294	m	480
7	槽钢	C20a	m	50
8	钢跳板	300mm × 3000mm	块	1200

6.2 机具设备

主要机械设备见表 3。

表 3 主要机械设备表

序号	设备名称	型号	单位	数量
1	履带吊车	Manitowoc 16000	台	2
2	履带吊车	LIEBHERR 1750	台	4
3	履带吊车	日本神钢 CKE2500 型	台	4
4	汽车吊	50t	台	1
5	汽车吊	25t	台	1
6	拖车	270t	台	1
7	航吊	30t	台	5
8	倒链	3 ~ 5t	套	26
9	千斤顶	30 ~ 50t	套	8
10	重型载货车	15t	辆	1
11	轻型载货车	1.5t	辆	1
12	逆变焊机	ZX_7–400	台	15
13	CO_2 气体保护焊机	NBC–400	台	4
14	等离子切割机	LGK–60	台	2
15	角向磨光机	Φ100 ~ Φ150mm	台	25
16	轴向磨光机		台	10
17	烘干箱	AYH–100	套	2
18	恒温箱	101–4	套	3

7 质量控制

7.1 本工法执行的标准规范

（1）GB 50661—2011《钢结构焊接规范》

（2）AWS A2.4:2007《焊接、钎接和无损检测》

（3）API Spec 2B—2001《结构钢管制造技术规范》

（4）API RP 2A—WSD—2014《海上固定平台规划、设计和建造的推荐做法》

（5）API RP 2X—2004《海上结构件超声检测和磁粉检测推荐作法及无损检测人员资格指南》

（6）GB 55006—2021《钢结构通用规范》

（7）GB/T 11263—2017《热轧 H 型钢和部分 T 型钢》

（8）YB 3301—2005《焊接 H 型钢》

7.2 质量保证措施

（1）建立健全质量保证体系，认真落实质量责任制。

（2）建立 QHSE 管理体系。

（3）编制质量计划和 ITP 计划。

（4）进行管理体系内部审核和项目内审。

（5）开工前对技术规范、标准和相关要求进行培训。

（6）不定期检查各类人员对规格书的了解程度。

（7）特殊工种必须做到持证上岗。

（8）加强质量意识及技能教育。

8 安全措施

8.1 施工安全标准

（1）GB/T 50484—2019《石油化工建设工程施工安全技术标准》

（2）JGJ 130—2011《建筑施工扣件式钢管脚手架安全技术规范》

（3）JGJ 80—2016《建筑施工高处作业安全技术规范》

（4）GB/T 6067.1—2010《起重机械安全规程 第 1 部分：总则》

（5）AS 2550.1—2002《起重机械、吊升机械和绞车使用安全》

（6）2021 年 6 月修正《中华人民共和国安全生产法》

8.2 安全措施

（1）做好各工序安全教育和安全技术交底。

（2）搭设脚手架的材料必须合格。

（3）在高 2m 以上的工作面作业的人员必须穿戴全身式安全带，安全钩挂于稳固结构上，使用时高挂低用。

（4）高处作业上下攀登的用具，结构必须牢固可靠。作业用的梯子梯脚底部应坚实，不得垫高使用。立梯工作角度以 75° 为宜，踏板上下间距以 30cm 为宜，立梯不得有缺陷。

（5）禁止拆除高处作业设置的护栏和安全网。因工作需要，临时拆除或变动安全防护设施时，必须经施工负责人同意，并及时恢复。

（6）施工现场除指定吸烟点外禁止吸烟。

（7）在高空进行焊接和气焊工作时必须使用内铺防火毯的接火盘，下方若有易燃易爆物品要铺防火毯。

（8）按规定办理动、用火证，动火证指定专人办理，并由动火人随身携带。

（9）动火前要清理动火区域的易燃易爆物，看火人必须坚守岗位，并配备相应的灭火器具。动火后要在检查无误后方可撤离。

（10）设备或大型结构件吊装，必须编制吊装方案并审批。吊装作业前向吊装作业人员进行安全技术交底。

9 环保措施

9.1 环保标准

（1）2023 年 10 月修订《中华人民共和国海洋环境保护法》

（2）2017 年 3 月修订《中华人民共和国海洋倾废管理条例》

9.2 环保措施

（1）严格遵守国家和地方政府有关环境保护的法律、法规，认真执行公司环境保护控制章程中的要求。

（2）在醒目位置设环境保护标识。

（3）严禁向海洋内倾倒垃圾、废物。

（4）实施洒水降尘措施，控制扬尘。

（5）实施全过程监督检查。

（6）做到“工完料净场地清”。

（7）定期对设备和车辆进行维护。

10 效益分析

10.1 建造施工效益

本工法针对陆丰 15-1 导管架项目，缩短 2 台 1600t 吊机动租赁期 1 个月，节省成本约 920 万元；人字架整体预制和吊装工艺解决了拉筋与节点处马鞍口在高空焊接施工难度大、效率不高的问题。节约成本约 78 万元；大跨度导管插入式总装工艺，避免了导管因顺序施工，导致后两层水平片散装的问题。减少了散装拉筋和缆风绳，缩短了导管架建造工期。节约成本约 525 万元。

10.2 环保、安全效益

本工法在陆地建造施工时达到施工环保要求，在项目施工周期内安全工时达到 1000 万，未发生可记录的安全事故，安全效益显著。

10.3 综合效益

本工法是基于陆丰 15-1 导管架项目而形成的工法。陆丰 15-1 导管架平台是中国海油在南海 300m 级水深陆坡区域的首次尝试，相关设计、建造技术在陆丰 12-3 和流花 11-1 两座海基系列导管架设计、建造中得到推广应用，“海基系列”深水导管架家族发展壮大。陆丰 15-1 导管架平台成功投产刷新了我国海洋工程领域新纪录，标志着我国超大型深水固定式海洋油气平台自主设计建造安装能力再获新突破。

11 应用实例

实例一：陆丰 15-1 导管架项目应用

陆丰 15-1 导管架（“海基一号”）是国内第 1 座 300m 级深水导管架平台。它的成功投产标志着我国在超大型海洋油气平台导管架的设计建造中取得了重大突破。陆丰 15-1 导管架是中国海油首次全面掌握的 300m 级深水导管架设计、建造、安装技术。本项目设计、建造、安装阶段产生的总经济效益 31736.74 万元。其中，技术创新产生的经济和社会效益合计节省 23960.74 万元；建造板块合计节省约 1523 万元；材料和海上安装合计节省约 6000 万元。

实例二：流花 11-1 导管架项目应用

流花 11-1 DPP 导管架平台所在海域平均水深 324.4m，导管架设计高度 338m，是一座突破300m水深的导管架平台。但随着水深的增加，导管架的结构质量和结构尺寸急剧增大，这就对场地建造能力、施工精度控制、用钢量、钢材等级以及导管架服役安全等技术管控提出了诸多挑战。陆丰15-1形成的施工工法成功应用到流花11-1项目中，提供了成熟的施工工法和经验，为施工的顺利开展奠定良好基础，为安全、质量提供坚实保障。

本工法经过深水导管架平台项目的工程实践证实，此施工方法是安全、高效、经济和值得推广的。

30MW 双抽凝汽式汽轮发电机组安装工法

陈喜斌　林　林　王福林　李　嵩

中油吉林化建广东石化动力中心项目部

1　前言

汽轮发电机是由锅炉产生的过热蒸汽进入汽轮机内膨胀做功，使叶轮转动而带动发电机发电，主要用于火力发电厂或核能发电厂。汽轮机组装配精度高，热膨胀冷态控制复杂，对汽轮机的安装质量有较高的要求。中油吉林化建工程有限公司安装团队根据汽轮发电机组结构特点进行分析，经过辽宁本溪合成氨项目原料气透平压缩机组、吉林吉化动力二厂 40×10^4t/a ABS 装置二期工程配套热电联产项目 4# 汽轮发电机组和广东石化动力中心项目 30MW 双抽凝汽式汽轮发电机组，多个项目的汽轮机组安装的实践、总结和探索，逐步优化安装程序，形成了目前的双抽凝汽式汽轮发电机组的安装工法。指导的 3 套发电机组均一次开车成功，验证了工法的可靠性和高效性，获得了一定的经济效益和社会效益。由于安装程序清晰，可操作性强，此工法可供同类型汽轮发电机组安装借鉴。

2015 年总结的“汽轮机本体安装施工工法”获得中国化工施工企业协会 2013—2014 年度全国化工施工工法（部级）；本工法 2022 年获得中油吉林化建工程有限公司优秀工法（企业级）。

2　工法特点

2.1　施工新材料应用

基架滑板上镶嵌的石墨柱有效地解决了以往汽轮机长周期运行后，轴承箱在基架上热位移的润滑不均匀导致卡涩的问题。

2.2　施工质量稳定

工法对汽轮机各部套的安装步骤要求、检查项目、验收标准及注意事项详细、系统、实用，指导的 3 套机组安装和试车均为一次成功。

2.3　油冲洗方法优化

本工法增加 2 台油净化装置参加油循环，定期清洗油箱杂质的步骤，比传统油循环油冲洗时间短。

3 适用范围

本工法适用于单缸、双抽、凝汽式汽轮发电机机组的安装（图 1）。

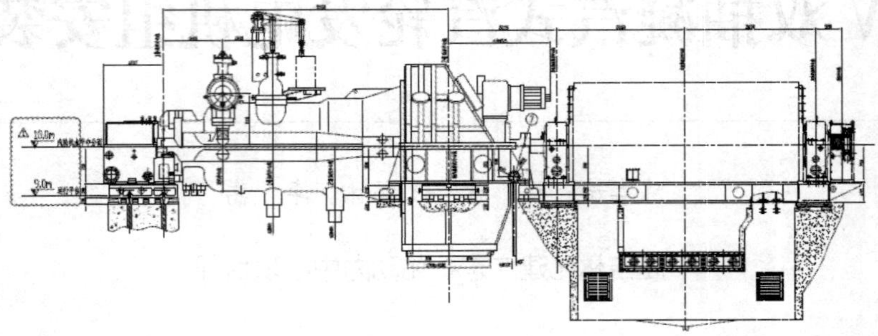

图 1 汽轮发电机外形图

4 工艺原理

汽轮机安装时，沿着基础台板向上，从内至外的安装方向，以汽轮机组低压轴承箱的支承轴承的死点位置作为轴系安装的基准点。汽轮机的前缸和后缸组合后，就位到前后轴承箱上进行轴系中心调整；汽轮机轴承箱和机壳的纵向、横向标高找正合格后，进行汽缸的内缸零部件安装及内部间隙检测；试扣盖，核对无误后正式扣盖；安装发电机；与汽轮机之间的轴对中；机组灌浆工作；最后安装其他附件和管路。

5 工艺流程及操作要点

5.1 工艺流程

施工工艺流程如图 2 所示。

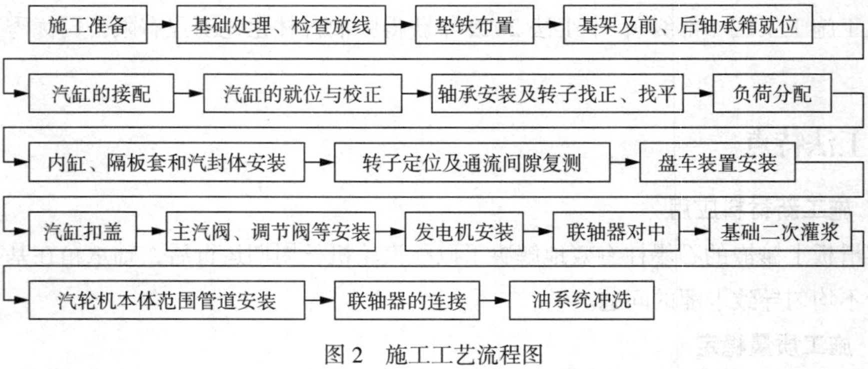

图 2 施工工艺流程图

5.2 施工准备

（1）设备开箱检验完成，记录齐全。

（2）所有使用的计量器具检定合格并在有效期内。

（3）厂房内行车经检验合格，具备安装使用条件。

（4）机组安装方案编制审批完成。

（5）设备基础交接记录齐全，影响设备安装的质量问题均已整改完成。

5.3 基础处理、检查放线

（1）设备安装前，基础进行交接验收，办理中间交接手续。

（2）机器安装前应对基础做如下处理：

① 应铲掉基础表面疏松层，密度以每平方分米内有 3 ~ 5 个麻点为宜，其深度不小于 10mm（图 3）。

② 放置垫铁处的基础表面应铲平（图 4）。

图 3 基础处理及检查

图 4 垫铁布置

5.4 垫铁布置

（1）放垫铁的位置应凿出新的坚实平整的毛面，保证铲除区比垫铁周边宽 70 ~ 100mm。

（2）垫铁与基础面的总接触面积应在 50% 以上且无翘动；比传统的压浆法安装垫铁少了砂浆层，垫铁组更为坚实。

（3）垫铁之间的接触面用红丹粉着色检查，锉刀修研，接触面积占全部面积 70% 以上，垫铁四周 0.05mm 塞尺塞入不超过垫铁长度的 1/3，比以往不修研的垫铁接触面更充分。

（4）二次灌浆前，各垫铁侧面应定位焊牢。

5.5 基架及前、后轴承箱就位

5.5.1 就位前的准备工作

（1）仔细清理轴承箱，各油管路、箱内各腔室应清洁、畅通，无任何杂物。

（2）轴承箱煤油渗漏试验：保持 24h 无渗漏。

5.5.2 前、后轴承箱滑销系统的接触与配合要求

（1）基架表面与轴承箱箱底结合面的接触应均匀，接触面积不小于 75%，滑动面要求四周 0.03mm 塞尺不入。

（2）轴承箱箱底与导向键间隙、轴承箱与压板间隙安装的要求

① 轴承箱的 2 个导向键应在同一直线上，不得有歪扭现象。基架滑板上镶嵌的石墨柱有效地解决了以往汽轮机长周期运行，轴承箱在基架上热位移的润滑不均匀导致卡涩的问题（图 5）。

② 轴承箱两侧的压板在安装位置间隙符合要求后，将压板向发电机方向移动 20 ~ 30mm，检查该处间隙是否同样符合要求，然后将压板装回原位（图 6）。

（3）轴承箱就位后，用拉钢丝方法找正时，采用耳机测量钢丝距凹窝左右两侧距离，使两侧距离偏差控制在 0.5mm 以内，比传统的目测千分杆距钢线距离更易操作和精准（图 7）。

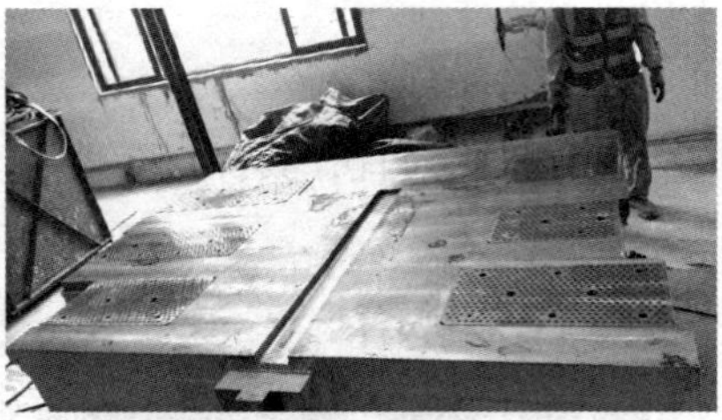
图 5 轴承箱滑销检查

图 6 轴承箱压板检查

图 7 拉钢丝法轴系找中心

（4）轴承箱就位后应找平并确定其标高

① 横向水平调整应与负荷分配协调考虑。

② 纵向水平和标高应根据汽轮机转子静挠度曲线来确定。

（5）安装横键时，横键与箱体接触面积不小于 75%，自由状态下 0.03mm 塞尺不入。

5.6 汽缸的接配

（1）对汽缸进行彻底清理，去除防锈油脂。

（2）汽缸接配步骤

① 将汽缸前部、后部下半吊至接配位置找平，打入径向定位销，然后按冷紧要求把紧垂直结合面法兰上的 1/3 螺栓，结合面间隙 0.05mm 塞尺不入，合格后垂直结合面加上涂料，把紧其上的所有螺栓。

② 将汽缸前部上半吊在下半上，打入水平中分面定位销，检查水平中分面自由状态下间隙，然后把紧 1/3 螺栓再检查间隙。

③ 将汽缸后部上半吊在下半上，打入径向定位销或骑缝销，检查水平中分面自由状态下间隙，然后把紧 1/3 中分面螺栓再检查间隙。这样能确保上下缸间和前后缸间的紧密结合，比传统工艺分别组对缸体的位置度公差小。

④ 打入水平中分面定位销，把紧垂直中分面法兰上的 1/3 螺栓，结合面间隙 0.05mm 塞尺不入，合格后垂直结合面加上涂料，把紧垂直法兰面上所有螺栓。

⑤ 汽缸接配完毕后，吊开上半汽缸组合，将中分面朝下妥善放置，并采取合理可靠的支撑和保护措施。

5.7 汽缸的就位与校正

（1）将汽缸下半吊放在前、后轴承箱的猫爪支撑上，调整轴承箱与汽缸的相对位置，装好猫爪的横键和螺栓，并穿好基架的地脚螺栓。

（2）汽缸就位时，要求保证前、后轴承箱油挡侧端面至汽缸端面的尺寸符合图纸要求。

（3）安装猫爪横键和螺栓时，应检查各项间隙值使其符合图纸要求。

（4）汽缸就位后，以前后轴承的洼窝中心为基准，拉钢丝初步汽缸找中。

（5）初步调整汽缸的水平：汽缸的横向水平和纵向水平可根据出厂记录数据进行初步调整。横向和纵向水平测量应按在制造厂总装时划定的刻线位置进行。

5.8 轴承安装及转子找正、找平

（1）轴承安装前，检查轴瓦巴氏合金表面是否完好无损。轴承上所有的油通道、沟槽均应进行彻底清洗。

（2）打好中分面定位销后，中分面不允许有错口，而且中分面接触应达 75% 以上且均匀接触，自由状态下轴承中分面间隙 0.03mm 塞尺不入。

（3）轴承的安装

轴承的安装应和转子找中协调进行，精调汽缸和轴承箱的水平，进行负荷分配，并应符合下列要求：

① 保证转子扬度、同轴度符合要求。

② 轴瓦和轴颈间隙、轴承与轴承座间配合及推力瓦配合均应符合要求。

③ 保持转子、汽缸和轴承座的相对位置符合图纸要求。

④ 负荷分配和汽缸水平应协调考虑。

（4）找中时允许在轴承垫块下加备用垫片，但每块垫块下垫片不得超过 2 片，减少了轴瓦刮研的复杂工作。

（5）轴承安装完后，轴承巴氏合金表面均匀涂抹洁净的汽轮机油，放入转子进行全面联调找正。转子中心、转子扬度、轴承箱标高、轴承箱与汽缸的横向水平、轴承箱与汽缸间的开档尺寸及同轴度均应符合随机图纸要求。

（6）联调找正完成后，轴承箱与汽缸间的滑销系统安装好后不应有歪扭和憋劲现象。

（7）地脚螺栓已紧固，各垫铁与基架、垫铁与垫铁之间的接触应密实，基架与前轴承箱间导向键间隙应在同一侧，不得歪扭。

5.9 负荷分配

汽轮机安装找正过程应进行半空缸负荷分配，目的是将汽缸的质量合理地分配到各个承力面上，汽轮机在现场安装过程中使用猫爪垂弧法。

猫爪垂弧法负荷分配的操作方法如下：

（1）工器具准备：百分表、千斤顶、扳手、少量薄不锈钢垫片。

（2）操作时须满足如下条件：

① 汽缸和轴承箱初步找水平、找中和轴向定位完成；前、后轴承箱各地脚螺栓紧固牢。

② 汽缸处于完全自由状态，与汽缸连接的管道等未连接。

③ 汽缸猫爪下已采用工艺垫片临时安装就位。

（3）猫爪垂弧法测量：

① 安装全部猫爪螺栓并拧紧，确保各猫爪均处于压紧状态。

② 拆卸左前猫爪紧固螺栓，在猫爪上表面适当位置安装 1 块 0 ~ 5mm 百分表并调整至 3mm 位置，用记号笔在猫爪上百分表指针处画位置点，测量记录百分表指针点距猫爪端面距离作为后续右前猫爪百分表指针安放位置依据。

③ 使用千斤顶缓慢顶起左前猫爪约 0.5mm，抽出左前猫爪下部工艺垫片，缓慢松开千斤顶，记录百分表读数 H_1。

④ 用千斤顶再次缓慢顶起左前猫爪，复装入左前猫爪工艺垫片至百分表恢复 3mm 位置，

紧固左前猫爪螺栓。

⑤ 计算猫爪垂弧：$H_{左前}=3mm-H_1$。

⑥ 拆卸右前猫爪紧固螺栓，在猫爪上表面与左前对应位置安装百分表并调整至3mm位置。按照前述相同的方法测量H_2、H_3、H_4，然后再计算猫爪垂弧$H_{右前}$、$H_{左后}$、$H_{右后}$。一般要求猫爪左前与右前垂弧值接近，左后与右后垂弧值接近。

采用猫爪垂弧法进行负荷分配，负荷的调整过程均应综合兼顾汽缸与轴承箱的水平、中心、转子扬度等。

5.10 内缸、隔板套和汽封体的安装

（1）安装前应把部件彻底清洗干净。

（2）按图样及钢印号清理并配齐每一部套所属零部件，如汽封圈，悬挂销、键，压板，垫片等。

（3）放入内缸（喷嘴室）下半就位：

① 在内缸就位前，应将高压进汽管所配的外缸进汽管按要求装入外缸；内缸所配密封环按要求装入内缸进汽口处。

② 检查内缸下半与外缸进汽管位置，在落内缸下半时应使进汽管位置与内缸下半的孔对准。

③ 精确调整汽缸、内缸（喷嘴室）同心度。

（4）逐级放入隔板套（持环）、汽封体：

① 按随机图纸要求找好中心，复查各处间隙与转子的同轴度，配准底部定位键，把紧各紧定螺钉，找正并固定好汽封体下半，打入销子。

② 每段汽封体采用3个弹簧支撑，以保证与转子的汽封间隙，有效地解决了以往用弹片支撑汽封体，热疲劳后弹力下降导致密封不严降效的问题（图8）。

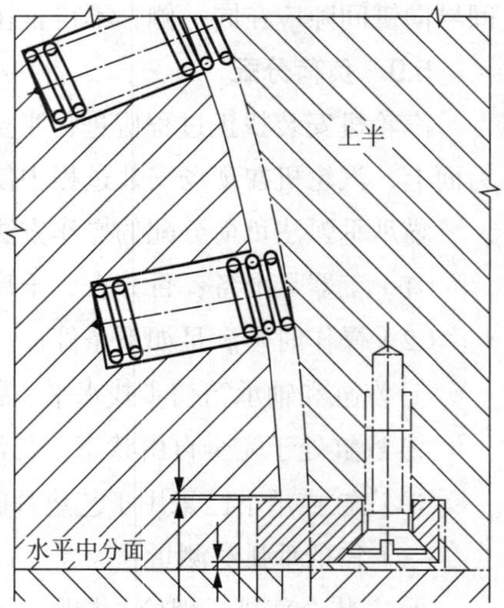

图8 汽封体安装示意图

（5）安装内缸（喷嘴室）、隔板套（持环）、汽封体上半。

5.11 转子定位及通流间隙复测

（1）将转子吊起调平后，在轴颈和轴承表面均匀涂以洁净的汽轮机油，然后将转子缓慢放入汽缸。

（2）将工作推力瓦块下半装入正向配合面，并通过移动轴承使工作瓦紧贴转子推力盘工作面，两接触面间0.02mm塞尺不入。

（3）复测定位尺寸合格，工作推力瓦块与推力盘间接触面间隙0.02mm塞尺不入，测取全部通流值和汽封径向间隙。

（4）安装定位瓦块及安装环，测量推力盘至定位瓦工作面间隙，该间隙应符合证明书要求。

（5）复测各轴承侧隙，用压铅法复测顶隙，轴承箱盖压铅测过盈（图9）。

5.12 盘车装置安装

（1）盘车装置安装前，应检查传动系统齿轮啮合质量（图10）。

（2）将盘车装置就位，打入定位销，检查合格后把紧全部螺栓。

（3）盘车装置全部安装后应进行不少于 3 次的投入、甩开试验，均能够轻松自如地投入、甩开后方可进入启动运行状态。

图 9　通流间隙检查

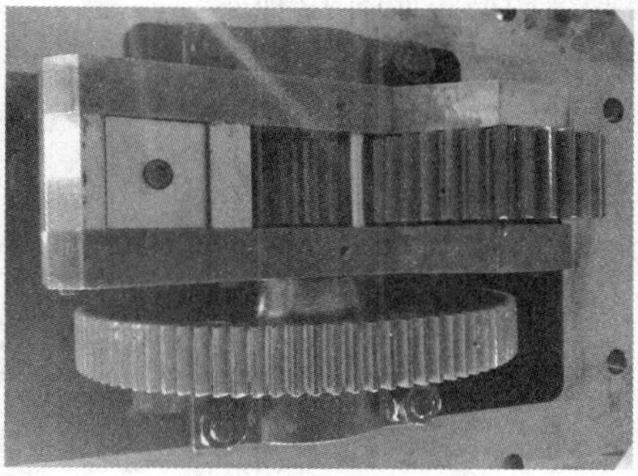

图 10　盘车装置内部结构

5.13　汽缸扣盖

（1）汽缸扣盖的条件

① 垫铁装齐，地脚螺栓紧固；汽缸、轴承箱找正完；滑销系统调整合格。

② 转子找中合格；轴承安装合格；各间隙值符合图纸要求。

③ 将汽缸内部彻底吹扫干净。管口用堵头封闭。

④ 全面清查汽缸内部各零部件，应齐全合格。

（2）试扣汽缸上半，检查水平中分面间隙符合表 1 规定。

表 1　水平中分面间隙

构件	水平中分面间隙 /mm	
	自由状态	紧 1/3 螺栓
内缸（喷嘴室）	0.05	0.03
外缸	0.05	0.03

（3）正式扣合上半持环（隔板套）、汽封体，打入定位销，把紧螺栓。

（4）扣合内缸（喷嘴室）上半，打入定位销以精确定位，把紧中分面螺栓（图 11）。

图 11　汽缸扣盖

（5）在汽缸下半水平中分面均匀涂以 0.5mm 厚的高温涂料；热紧螺栓，螺纹表面清理干净并涂以二硫化钼，螺栓经加热后，应由一个人的力矩拧至规定位置。

5.14 主汽阀、调节阀等安装

1. 主汽阀和调节阀结构型式

主汽阀和调节阀结构型式如图 12 所示。

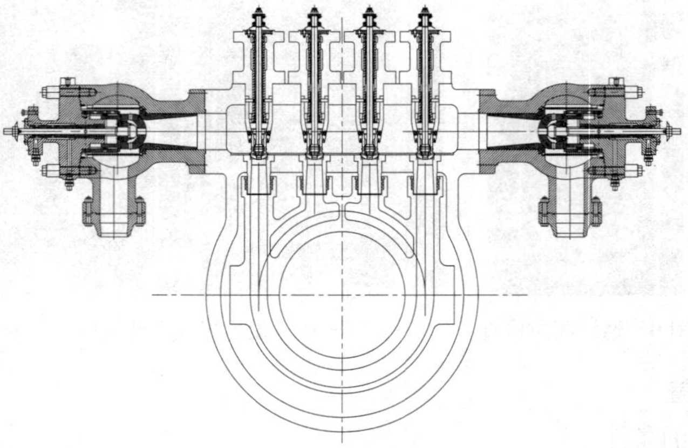

图 12 主汽阀和调节阀结构型式

2. 安装步骤

（1）对主汽阀、调节阀、抽汽调节阀、油动机和油动机支架进行仔细清理，去掉防锈油脂，阀内无任何杂质。

（2）主汽阀、调节阀、抽汽调节阀等在现场拆卸清洗后，必须严格按照制造厂的图纸要求复装和调整，各间隙值和空间位置符合图纸要求，并紧固阀盖螺栓。这样做避免了试车时发生阀门内漏的风险，复装时应注意以下几点：

①阀碟和阀座间应用涂色法检查接触，应保证有全周连续的线接触印痕。

②各间隙、行程必须符合图纸要求。

③未装操纵座时，拉动阀杆，应活动自如，无任何卡涩。

（3）与缸体相连接的每条管道配制安装到第 2 个弯头处，安装正式支吊架进行固定相同，管内可以采用酸洗等措施进行清洗并封口，为下步轴对中找正做好准备，避免了传统工艺的找正后配管，管道焊接产生的热应力导致轴对中偏移返工。

5.15 发电机安装

发电机基础处理和垫铁安装要求与汽轮机部分相同，安装注意事项如下：

（1）在发电机台板与底座间铺设厚度 4～5mm 的不锈钢垫片，用于后期的轴对中找正调整。

（2）发电机定子与转子轴向位置的确定：考虑机组轴系热膨胀的影响，应将定子、碳刷架向发电机励端轴头方向偏移。

5.16 联轴器对中

（1）发电机以汽轮机转子为基准进行找正。

（2）把两轴的跳动角度对正后，按转子工作方向盘动转子，在 0°、90°、180°、270° 4 个位置分别测量 a、b、b' 的值，见图 13，采用三表法进行轴对中找正，直到偏差数值符合联轴器找中要求，避免了以往轴对中找正虽合格，但两轴端跳动偏差过大，无法铰孔的问题。

垂直方向轴心偏差：$E_1=(a_1-a_3)/2$。

水平方向轴心偏差：$E_1=(a_2-a_4)/2$。

上下张口：$P_1=(b_1+b_3')/2-(b_1'+b_3)/2$。

左右张口：$P_2=(b_2+b_4')/2-(b_2'+b_4)/2$。

汽轮机转子与发电机转子间联轴器找中要求如下：

① 圆周轴心 a 偏差不大于 0.02mm。

② 端面张口 $b-b'$ 不大于 0.03mm。

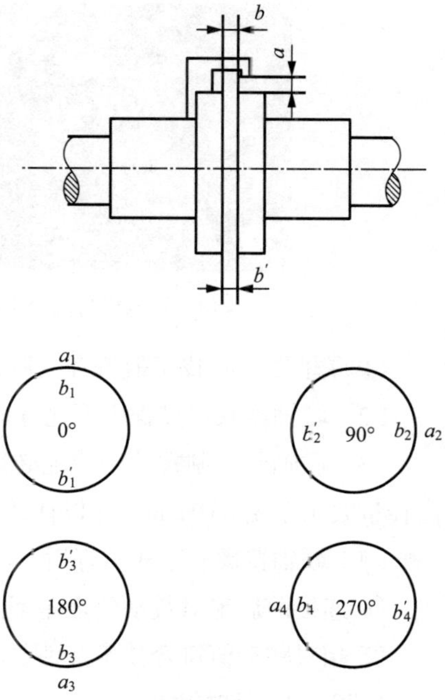

图 13　联轴器对中

5.17　基础二次灌浆

（1）机组联轴器找正合格后，即可进行基础二次灌浆。

（2）二次灌浆要求：

① 基础的毛面必须吹扫干净，无杂物、油漆、油污等。

② 汽轮机和发电机垫铁点焊完成。

③ 在灌浆前 24h 应对浇灌处洒水，且灌浆工作应连续进行。

（3）二次灌浆水泥充满各腔室，灌浆高度低于基架与轴承箱接触面 30 ~ 50mm 左右。

（4）二次灌浆后应复核联轴器对中情况。

5.18　汽轮机本体范围内管道的安装

（1）汽水管道的安装包括主汽管、汽水系统所属阀门、控制机构、疏水管和汽封管道等。

（2）主汽管应在现场复验材质，并做好记录。

（3）主汽管应分段进行酸洗处理，并用压缩空气吹干后焊接。

（4）主汽管焊接时应用氩弧焊打底，焊缝进行 100% 射线探伤，并按规范要求做水压试验，合格后进行蒸汽吹扫。

（5）主汽管安装时按图纸要求沿汽轮机轴线往机头侧冷拉以后，将主汽调节阀固定。

（6）所有汽封管道应朝汽封加热器方向倾斜，倾斜率为 1/50，管道焊接时应注意留出蒸汽吹管时的接口和出口。

（7）所有与汽轮机汽缸和阀门相连接的管道应保证自由对口，使汽缸或阀门不受额外作用力。

（8）本体范围内管子焊接好后应复查联轴器对中情况，并铰配联轴器螺栓。

5.19　联轴器的连接

（1）在下列条件下可进行联轴器的连接工作（图 14、图 15）。

① 二次灌浆的混凝土强度达 70% 以上。

② 主汽管、再热汽管、主要抽汽管道和排汽管道已与汽缸接好。

图 14 发电机与汽轮机联轴器对中

图 15 联轴器的连接

③ 联轴器中心找正值符合主机证明书要求。

（2）联轴器联接过程中不允许进行任何可能扰动联轴器中心的工作。

（3）联轴器特制螺栓的装配必须严格按照图纸要求进行，螺栓孔的测量采用了高精度的内径量表（精度 0.01mm）比以往的内径千分杆精度更高。

（4）联轴器螺栓正式紧好后，联轴器外圆跳动应符合下列要求：

① 连接前后绝对跳动值之差不大于 0.02mm。

② 相对跳动值符合技术文件要求。

5.20 油系统的冲洗

（1）油系统的所有管道、阀门、油泵、油箱、滤油器、冷油器等都应进行冲洗，参加油冲洗的管道必须是酸洗、磷化后的管道。

（2）冲洗用油为 ISOVg46 或 ISOVg32，油质应符合国标规定的汽轮机油标准。

（3）按照流程油冲洗可分为以下几个回路进行冲洗：

① 润滑油系统：油箱、油泵、冷油器、贮油箱、油净化装置、各轴承箱及其连接管道。

② EH 油系统：调节部套之间的连接管道。

③ 顶轴装置的油管道与润滑油同系统运行。

（4）冲洗各轴承时，所有阀门处于最大开度，轴瓦上盖，推力瓦块全部拆除，轴承回油从轴承中分面到轴承箱流回油箱。

（5）调节保安部套用专用 EH 油进行冲洗。采用将调节、保安部套的压力油管与部套断开，将油管路短路的方法进行冲洗。

（6）冲洗时应使各油泵同时投入运行冲洗，油净化装置应一直参加循环，以提升油冲洗效率。

（7）机组油系统冲洗时，应使油温发生冷热交替变化，冲洗以 8h 为 1 个循环周期，油温控制参照图 16。

（8）在冲洗时，可用铜锤敲击油管路及其焊缝，使油管内壁得到充分的清洗。

（9）每冲洗一个循环周期，应及时清理临时滤网，同时增加清洗油箱杂质的步骤，比传统油循环油冲洗时间短。

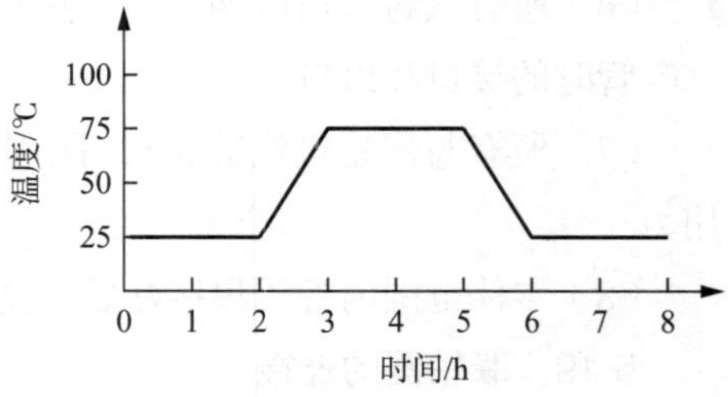

图 16 油温控制

（10）油系统冲洗合格后，排去冲洗用油，清洗易存冲洗油部位，油箱装入合格新油。

（11）油系统冲洗结束后所有轴承进行翻瓦清扫，仔细去掉粘在轴承和轴颈上的固体颗粒和杂质，确信轴承清洁后，装上测温元件、节流孔板、工作瓦块和定位瓦块，紧固轴瓦上半，安装并紧固轴承箱盖，装上箱盖上的测温元件，并尽快进入试运阶段。

（12）油系统冲洗达到下列标准时冲洗合格：

① 在各回油管及进油口处插入 200 目 /in 滤网，在正常冲洗油量下，隔 2h 取出上述全部滤网，无硬质颗粒，则认为油系统外循环冲洗合格。

② 润滑油和顶轴油油质达到或优于 NAS6 级，则认为润滑油系统冲洗合格。

③ EH 油进入调节保安部分油质颗粒度要求符合 NAS16386 级，则认为冲洗合格。

6 材料与设备

6.1 材料需求计划

主要施工材料统计见表 2。

表 2 主要施工材料统计表

序号	名称	规格材质	单位	数量
1	平垫铁	Q235B，δ=16mm	块	400
2	不锈钢薄板	0Cr18Ni9，δ=0.05～1mm	m^2	10
3	斜垫铁	各种规格	组	300
4	洗油		kg	200
5	红丹粉		kg	1
6	密封胶（硅）		支	50
7	密封胶（高温）		桶	6
8	道木		根	100
9	白布		m	30
10	绳索	各种规格	m	200
11	白面		kg	50
12	紫铜棒	Φ35mm	m	0.7
13	塑料布		卷	1
14	钢线	Φ0.5mm	kg	2
15	半圆锉刀	12in	把	5
16	砂轮磨片	Φ100mm	片	50
17	无齿锯片	Φ400mm	片	20
18	手电筒		个	2

6.2 设备需求计划

主要施工设备统计见表 3。

表3 主要施工设备统计表

序号	名称	规格型号	单位	数量
1	厂房桥式起重机	50t	台班	60
2	液压千斤顶	50t	台	4
3	千斤顶	20t	台	8
4	打击扳手	36～90mm	套	2
5	轻型套筒扳手	17～50mm	套	2
6	角向磨光机	Φ100mm	台	2
7	无齿锯	Φ400mm	台	1
8	块规		套	1
9	合像水平仪	200mm×200mm，精度为 0.01	个	2
10	框式水平仪	200mm×200mm，精度为 0.02	个	4
11	内径千分尺	1m	套	2
12	经纬仪		个	1
13	内径量表	50～75mm	套	1
14	水准仪		台	1
15	外径千分尺	0～25mm	个	1
16	外径千分尺	50～75mm	个	1
17	游标卡尺	500mm	把	1
18	深度游标卡尺	300mm	把	1
19	钢卷尺	20m	把	2
20	磁力表架		套	12
21	百分表	10mm	块	12
22	塞尺	500mm	把	6
23	试压泵	16MPa	台	1
24	气泵	$8kg \cdot f/cm^2$	台	1
25	导链	20t	台	4
26	导链	2～10t	台	10
27	液压扳手	双同步	套	1
28	扭矩扳手	3000kg·m	套	1
29	内六角扳手	10 件	套	2
30	常规扳手		把	20
31	磁力线坠	5m	把	4
32	测振仪		把	2
33	测温枪	500℃	把	2
34	螺栓加热器		套	6

7 质量控制

7.1 质量控制依据

（1）DL 5190.3—2019《电力建设施工技术规范 第 3 部分：汽轮发电机组》

（2）DL/T 5210.3—2018《电力建设施工质量验收规程 第 3 部分：汽轮发电机组》

（3）设备厂家东方汽轮机提供的随机资料

7.2 关键部位和关键工序质量控制措施

7.2.1 基础验收和垫铁安装质量的控制

（1）按照《电力建设施工技术规范 第 3 部分：汽轮发电机组》DL 5190.3—2019 要求，对汽轮发电机组基础按设备基础图进行验收，并应达到规范要求。

（2）安放垫铁处的基础表面应凿平，垫铁与基础应接触密实、四角无翘动；每叠垫铁组数量为 3 块，垫铁间接触密实，用 0.05mm 塞尺检查，进入长度不大于边长的 1/4。

7.2.2 汽轮发电机组开箱和保管的控制

（1）汽机设备按专业进行开箱，各专业技术员、设备员和施工人员同时在场清点设备和零件并领取保管。

（2）设备零部件保管建立专门的库房，在货架上按设备标牌分类摆放。

7.2.3 汽轮发电机组安装质量的控制

（1）滑销系统间隙测量调整：外缸纵、横、立销间隙，轴承座纵横销、角销间隙，螺栓膨胀间隙应符合厂家要求。

（2）通流部分汽封间隙的检测：汽封径向间隙测量时，应将汽封块临时固定，左右侧间隙应用塞尺测量，上下间隙可用贴橡皮膏的方法检测。

（3）汽轮发电机组安装的各部间隙符合随机资料要求，并经过监理、厂家和业主在报检资料上签字确认。

7.2.4 机具设备的控制

（1）所使用的机具、量具处于检定、校准合格状态，确保质量控制的准确性。

（2）现场的桥式起重机（50t）载荷试验合格验收后方可投入使用，并由有特殊工种作业证的天车工操作和保养。

8 安全措施

（1）施工作业人员要有相关作业资格证书，特殊工种要有特殊工种作业证；施工作业前必须对作业人员进行安全技术交底，并要求相关的施工人员进行签字。

（2）施工班组每天进行安全班前会，明确当天的工作任务及潜在危险的评估及应对措施。

（3）汽缸下部的孔洞，在汽缸就位后就用跳板进行铺设，防止施工人员或工机具掉落伤人。

（4）吊装作业应设专人指挥，指挥口令清楚，信号明确，发现问题及时反馈。

（5）在油运期间，现场 15m 范围内严禁进行任何的动火作业。

（6）油运现场拉上警戒绳并挂设警示牌，非工作人员严禁入内。

（7）GB 50484—2019《石油化工建设工程施工安全技术规范》

（8）GB/T 28001—2011《职业健康安全管理体系 要求》

9 环保措施

（1）用于清洗设备的洗油和废机油，要回收到危化品库房，统一运到指定地点，依照业主规定统一进行处理，避免污染周边环境。

（2）采取措施防止因试车、调试、试运行过程中产生的物料泄漏。

（3）依据《中华人民共和国环境保护法》规定进行施工。

10 效益分析

以广东石化动力中心项目中 30MW 双抽凝汽式汽轮发电机组主机安装为例，对新、传统工艺进行经济效益对比分析，由于施工机械为厂房内的桥式起重机，为此施工机械不参加分析。

（1）传统工艺条件：需要人力 8 人、完成时间为 150 天（人工单价为 450 元 / 天）。人工费用：8×450×150=540000 元。

（2）新工艺条件：需要人力 5 人、完成时间为 110 天（人工单价为 450 元 / 天）。人工费用：5×450×110=247500 元。

节省人工费 = 传统工艺总费用 – 新工艺总费用 =540000–247500=292500 元（表 4）。

表 4 传统工艺、新工艺费用对比表

工艺对比	传统工艺	新工艺	总差值
人工费 / 元	540000	247500	292500
工期 / 天	150	110	40

广东石化动力中心项目中，安装 1 台东方汽轮机有限公司生产的 30MW 双抽凝汽式汽轮发电机组，型号：CC30–11.5/4.3/0.7，主机安装实际工期 110 天具备试车条件，节约成本 292500 元，节省工期 40 天，为现场试车投产创造了有利条件。

通过进度效果和经济效益数据统计，该工法在保证了质量的情况下优化了施工程序，降低了操作难度，同时缩短了工期。适用于工期短、质量要求高的抽汽、背压式常规转速汽轮机安装，该方法值得推广，可将施工成本降至较低水平。

11 应用实例

近期本工法指导安装的广东石化动力中心项目中 1 台东方汽轮机有限公司生产的 30MW 双抽凝汽式汽轮发电机组，已经试运行合格，通过吉林梦溪监理有限公司监理部的现场验收，得到了建设单位、监理单位及设备厂家的一致好评，为业主提供了精品工程和满意服务，取得了较好的社会效益。工程实例还包括：吉化动力二厂 40×10^4t/a ABS 装置二期工程配套热电联产项目 4# 机组的安装工作。

25° 以下山区管道全自动焊接施工工法

谭永亮　韩佩君　刘　建　张　亮　石　璐

辽河油田建设有限公司

1　前言

新气管道工程广西支干线三标段天然气管道工程地处于湖南省永州市境内，业主要求全自动焊占工程总体焊接 60% 以上。传统的自动焊内焊机能够完成坡度≤ 15° 的山区焊接，为满足山区陡坡地段自动焊施工条件，传统的施工方法采用削方降坡方式使其坡度≤ 15° 来满足自动焊接要求。这种方法对山体坡度和削方有严格要求，既增加施工成本，又影响环境（图 1）。

图 1　山区自动焊现场施工照片

为了有效解决大面积削方和提高山区自动焊坡度问题，辽河油田建设有限公司通过在内焊机焊接好单元驱动系统来增加柔性活接；通过把橡胶轮更换成加强级聚氨酯轮，增大滑动摩擦力。最终研制出了能够完成爬坡能力≤ 25° 的柔性内焊机，并在焊接单元加装了视觉定位监测系统，加强组对精度，通过调整焊接参数进行坡口设计，克服熔池在 6G 位下坠的问题，实现了山区地段能够采用全自动焊接的作业方式，并总结出 25° 以下山区管道全自动焊接施工工法。

本工法核心技术“一种基于视觉定位的管道内焊弯头对口器及对口方法”已获得国家发明专利（专利号 202111358913.7）（图 2）。

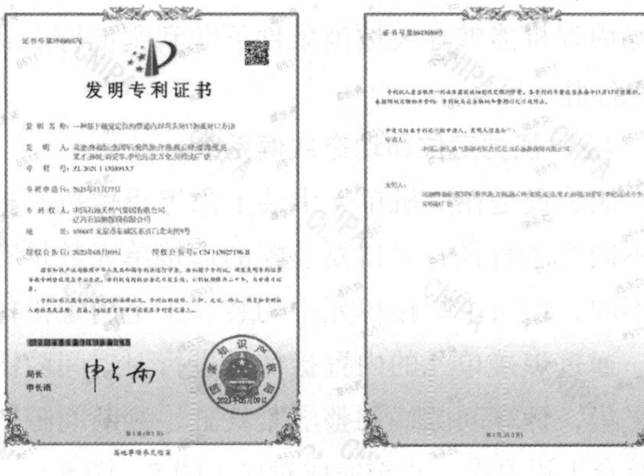

图 2　国家发明专利

2 工法特点

2.1 提高施工效率

通过优化内焊机结构设计，实现了 15° ~ 25° 的全自动焊接，提高了施工效率。

2.2 提高焊接质量

焊机具备管内视觉定位监测系统，保证内焊接根焊时的组对精度。通过调整外焊机每层的焊接参数，解决了熔池下坠问题，提高焊接质量。

2.3 节约成本

内焊机能够进行坡度 <25° 的爬坡焊接，减少削坡开挖的土方量，降低施工成本。

3 适用范围

本工法适用于山区坡度 <25°，管径为 Φ406 ~ Φ1219mm，壁厚 7.1 ~ 33mm 的长输油气管道全自动焊接施工。

4 工艺原理

将焊接单元和驱动系统通过柔性活接连接，研制出具备了≤ 25° 爬坡能力的山区自动焊内焊机，增加视觉定位系统，实现精准组对；优化动力系统设计，增大驱动轮表面纹路，进而滑动摩擦力；对刹车片进行改造，增大吸附能力，解决了 25° 以内驱动轮滑落难题；通过调整外焊机每层的焊接参数，减小熔池重力、增大电弧力、加快熔池冷却速度，解决了熔池下坠问题。

4.1 自主研制山区施工内焊机设备研发及配套设施

优化动力设计使设备轻量化，将焊接单元和驱动系统通过柔性活接连接，具备了 <25° 的爬坡能力，对对口、刹车、行走功能进行优化设计，实现了 6G 位置内焊机根焊焊接（图 3）。

图 3 焊接单元与驱动系统活接柔性连接

对内焊机行走及刹车机构进行了优化设计，选用更大扭矩的气动马达，改变驱动轮表面材料及表面纹路，将传统橡胶轮更换为加强级聚氨酯轮，增大滑动摩擦力，解决了驱动轮滑落问题，确保内焊机能够在大坡度条件下顺利爬坡行走和平稳停驻（图 4）。

图 4 山地管道对口一体机照片

4.2 视觉定位和动态纠偏系统

该装置是在焊机单元中装上内置摄像机，根据不同管道直径，对口器装配的焊接单元数量有所不同，但每个焊接单元中均装有 1 个内置摄像机。通过焊接单元的内置摄像机进行对口间隙图像采集，计算间隙，调整涨紧气缸，判断间隙是否符合工程要求，直至完成对口（图 5、图 6）。

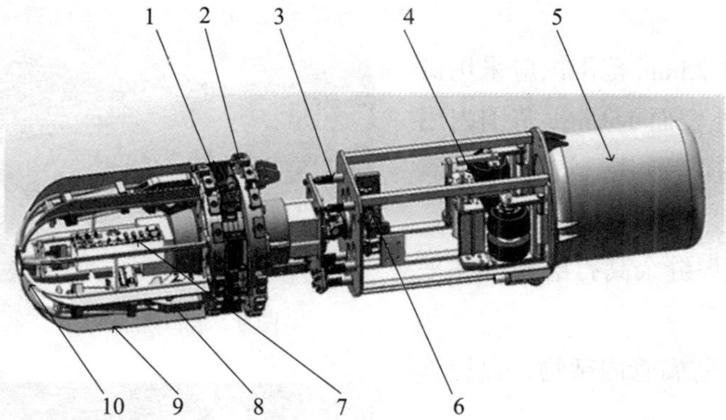

图 5　山地管道对口一体机结构图

图 6　山地管道对口一体机大样图

1—焊接单元；2—涨紧机构；3—机头柔性偏转机构；4—行走机构；5—储气罐；6—刹车机构；7—控制箱；8—涨紧气缸；9—导向保护板；10—机架

4.3　自主研制配套工艺参数，解决熔池下坠难题

采用迭代式试验和矩阵式试验，完成 50 组坡口方案设计与现场试验，研制出最优坡口方案：

（1）复合型坡口的内焊单边角度由 5° 的调整为 4°，解决内咬边和根部未熔缺陷。

（2）外焊坡口角度由 30° 调整为 22°，提升坡角对熔池托举力，防止铁水下坠，解决了自动外焊层间焊接质量难题（图 7）。

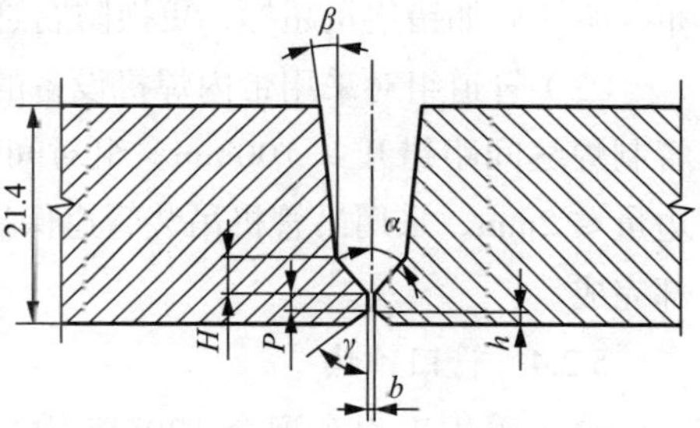

图 7　坡口工艺设计图

5　施工工艺流程及操作要点

5.1　工艺流程

施工工艺流程如图 8 所示。

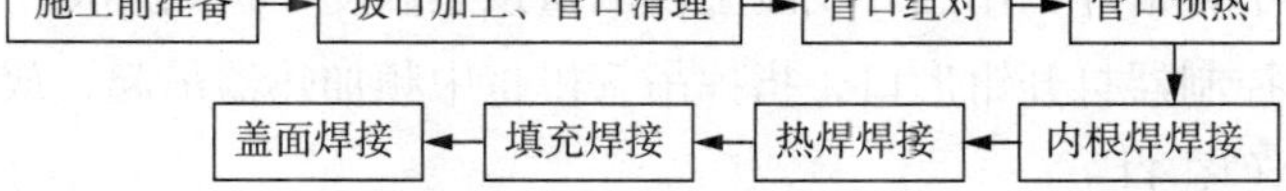

图 8　施工工艺流程图

5.2　操作要点

5.2.1　施工前准备

1. 操作人员、材料和设备准备

按照施工部署准备施工人员（参照表 1）、材料和设备（参照表 2、表 3）。

2. 操作人员培训

操作人员按批准的施工方案、山区自动焊机操作原理及作业方式进行相关的作业培训和安全培训。

5.2.2　坡口加工、管口清理

（1）全自动焊接坡口形式为复合坡口，钢管端面坡口加工尺寸、角度应符合焊接工艺规程的要求。

（2）钢管内外表面坡口及两侧 25mm 范围内应采用机械法清理至显现金属光泽，钢管外表面 150mm 范围内用钢丝刷进行清理，不应有起鳞、磨损、铁锈、渣垢、油脂、油漆和影响焊接质量的其他有害物质（图 9）。

（3）端部 150mm 范围内管制焊缝余高打磨掉，并平缓过渡。

（4）采用自制简易清管器清除防腐管内杂物，保持管内部清洁。

图 9　坡口加工照片

5.2.3　管口组对

（1）自动焊接管口组对前，由管工对管口进行级配测量，将周长差控制在 0 ~ 4mm。对口过程中如发现有错边量超标现象，应对管线进行旋转调整，使错边量均匀分布，旋转后如错边量超标，更换防腐管重新组对。

（2）管道组对采用带内焊机设备的内对口器（图 10），管制焊缝间距错开≥ 100mm。组对间隙为 0 ~ 0.5mm，错边量≤ 2mm，采用吊管机吊装管道保持平稳直至内根焊全部完成。

图 10　内焊机组对照片

5.2.4　管口预热

（1）采用工程车配合 120kW 中频加热器对管口进行预热 90 ~ 150℃ 。距坡口 25mm 处的圆周上均匀测量 4 点，加热宽度为坡口两侧各不小于 75mm。

（2）将中频加热器吊到焊口位置，由辅助工操作启动控制器将加热圈的钳形口打开，缓慢下放就位中频加热圈，防止过快撞伤防腐层。

（3）预热过程中，根焊工用红外线测温仪测量预热温度，达到焊接工艺规程要求的温度后，由辅助工操作控制器打开钳形口，指挥吊管机将中频加热器吊起，放置到指定位置，等待下一道口的预热（图 11）。

5.2.5　内焊根焊焊接

（1）内焊焊工确认各项组对指标及预热温度是否符合焊接工艺规程的要求后，操作送达杆控制盒焊接控制按钮进行根焊焊接（图 12）。

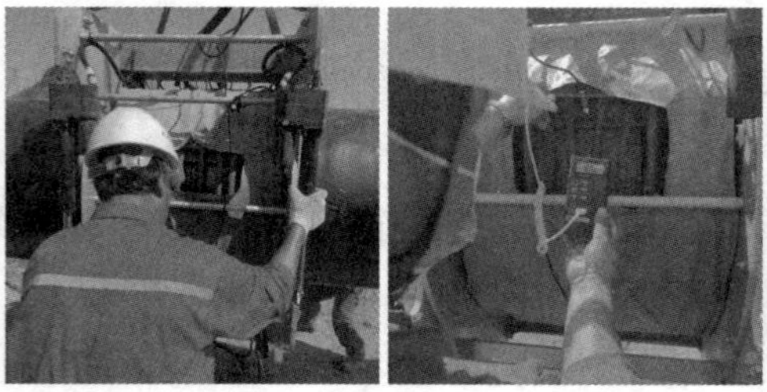

图 11　管口预热照片

图 12　内焊根焊焊接照片

（2）焊接过程中，出现跳丝、电压不稳或焊枪不起弧等情况时，负责送𡏴杆控制盒的焊工及时作出相应焊枪的关闭处理，待整个焊道完，经现场监理同意后，由具有资格证的内补焊焊工按照焊接工艺规程要求进入管内对存在缺陷的位置进行打磨、焊接处理。

（3）根焊完成后采用视频检测系统对根焊质量进行检测，合格后进行下一工序，不合格进行返修。山区沟下焊时，应在完成100%热焊道焊接后方能调整或移动吊管机。在钢管放置稳定在管墩上之前，不能撤离支撑吊具。

5.2.6 热焊焊接

（1）根焊完成后，将热焊防风保温房缓慢放置到需要焊接的相应焊口上（图13）。

（2）焊工进入防风保温房内，将焊接小车轨道卡到防腐层的指定位置，并将CPP900外焊机卡在轨道上，焊接地线放入焊缝内。

（3）焊工将电加热带卡在裸露的管口一侧，并打开加热控制器按钮。

（4）焊接前，热焊焊工对焊口进行检查、处理，保证层间温度符合焊接工艺规程要求，并在焊前进行试气。

（5）焊接过程中，热焊工时刻注意观察电弧在坡口两侧的熔合情况，随时调整焊炬的姿态。

（6）焊接完成后，热焊工对热焊焊道进行自检，必要时用角向磨光机进行打磨、补焊。

图13 热焊焊接照片

5.2.7 填充焊接

（1）热焊接头打磨处理完成后，采用电加热带进行层间加热，焊工进行填充焊接（图14）。

（2）焊接前，焊工先要对焊口进行检查、处理，保证层间温度符合焊接工艺规程要求，并在焊前进行试气。采用接触式测温仪或经接触式测温仪现场比对的红外测温仪监测层（道）间温度，在焊接方向前方距施焊处200mm左右的焊缝金属上进行。

（3）焊接过程中，焊工时刻注意观察电弧在坡口两侧的熔合情况，随时调整焊炬姿态和摆动宽度。

（4）焊接完成后，焊工对填充焊道进行自检，必要时用角向磨光机进行打磨、补焊。

图14 填充焊接照片

5.2.8 盖面焊接

（1）焊接前，先要对焊口进行检查、处理，保证层间温度符合焊接工艺规程要求，焊前进行试气。

（2）焊接过程中，焊工时刻注意观察电弧在坡口两侧的熔合情况，随时调整焊炬姿态和摆动宽度。

（3）焊接完成后，焊工对完成焊道进行自检，必要时用角向磨光机和钢丝刷对焊口进行修磨、补焊。

（4）外观检查完成后，焊工进行外焊机、焊接轨道和电加热带的拆除（图 15）。

图 15 盖面焊接照片

5.2.9 劳动力组织

劳动力组织见表 1。

表 1 劳动力组织表

序号	职务 / 工种	人数	备注
1	机组长	1	负责现场总体施工安排
2	技术员	1	负责现场技术管理和指导
3	质检员	1	负责现场质量管理
4	HSE 员	1	负责现场安全监督工作
5	管工	3	指挥管墩搭建、吊运钢管和管口组对
6	焊工	12	根焊 3 名，热焊 2 名，填盖 6 名，返修 1 名
7	起重工	1	负责管材吊装作业
8	设备维修工	2	负责自动焊设备维修
9	坡口工	1	负责现场坡口加工
10	吊管机操作手	3	坡口 1 名，对口 2 名
11	挖掘机操作手	1	现场平整地面和管墩的修筑
12	焊车操作手	4	多功能 2 名，融通 2 名
13	辅助工	8	装土袋 4 名，清口 1 名，铁屑回收 1 名，看夜 2 名
合计		39	

6 材料与设备

6.1 主要材料

主要施工材料统计见表 2。

表 2 主要材料

序号	材料名称	规格型号	单位	数量	备注
1	根焊焊丝	—	kg	2000	打底焊
2	填盖焊丝	—	kg	20000	填盖焊
3	保护气体	—	瓶	5000	保护气体
4	吊带	—	条	20	组对
5	砂轮片	—	片	1000	清根打磨
6	U 形环	—	个	20	吊装
7	黑玻璃	—	块	100	焊接

6.2 主要设备配置

主要施工设备统计见表 3。

表 3 主要施工设备

序号	设备名称	规格型号	数量	用途	备注
1	吊管机	70t	2 台	布管、组对	
2	吊管机	40t	1 台	坡口加工	
3	挖掘机	PC360	2 台		
4	内焊机	—	1 台	根焊焊接	
5	林肯焊机	—	4 台	根焊焊接电源	
6	外焊机	CPP900	18 台	外焊焊接电源	
7	焊接轨道	$D406 \sim D1219$mm	10 套	焊接轨道	
8	焊接工程车	管道人 HY120	7 台	管道焊接	
9	防风保温房	$D406 \sim D1219$mm	6 座	焊接防护	
10	电加热带	$D406 \sim D1219$mm	6 套	层间加热	
11	钳式电流表	UT202	1 台	焊机电流、电压测试	
12	风速仪	TEST0417	1 台	风速测试	
13	温湿度仪	TM820M	1 台	温度、湿度测试	
14	红外线测温仪	T02ST20	4 台	加热温度测试	
15	焊接检验尺	40 型	6 台	组对、焊接数据测量	

7 质量控制

7.1 执行标准

（1）GB 50369—2014《油气长输管道工程施工及验收规范》

（2）SY/T 4208—2016《石油天然气建设工程施工质量验收规范长输管道线路工程》

（3）国家管网相关 DEC 文件

7.2 质量控制措施

质量控制措施见表 4。

表 4 质量控制措施表

序号	控制要点	控制措施
1	气孔控制	用气体检测仪检测保护气体的浓度、纯度，检查是否未打开保护气阀门或保护气流量不够，保护气体流量是否过大，保护防护罩是否松动
2	未熔缺陷控制	错边较大时，将错边高的一侧稍微打磨；填一之前，将未熔的地方打磨，同时略加填一一枪的送丝速度，增加电流加大熔深
3	外表面成型控制	轨道固定与焊道平行，调整焊接参数，局部余高超标位置进行圆滑过渡打磨
4	组对间隙控制	用焊接检测尺对组对检测进行测量，通过控制柔性内焊机的涨爪对组对间隙进行微调，保证组对间隙满足焊接工艺评定要求
5	焊材保管控制	按不同型号和批号对焊材进行抽样送检，保证焊材质量合格；建立焊材库；控制焊条存放温度及湿度符合规范要求；现场做好焊材防潮处理；建立焊材收发台账

续表

序号	控制要点	控制措施
6	坡口角度控制	采用坡口角度检测工具，对复合型坡口角度进行测量；定期对坡口机的刀头进行维修、更换，保证坡口加工角度与焊接工艺评定参数一致

7.3 关键工序质量控制点

关键工序主要技术指标检验统计见表 5。

表 5 关键工序主要技术指标检验统计表

序号	检查项目	指标要求	检查时机或频次	检验工具、方法
1	气孔缺陷	评定区 10mm × 10mm，小于 6 点	焊接完成检查，每道口检查	焊工检测尺、X 射线检测机、超声检测机
2	未熔缺陷	不允许	焊接完成检查，每道口检查	X 射线检测机、超声检测机
3	外表面缺陷	被检表面不应有影响检测的锈蚀、氧化皮、焊接飞溅、毛刺、铁屑及各种防护层	焊接完成检查，每道口检查	焊工检测尺
4	组对间隙超标	0 ~ 0.5mm	组对前进行检查	焊工检测尺
5	焊材复检、存放	复检合格，满足焊材存放要求	每批次，每型号，每日检测	焊材复检报告、温湿度仪
6	复合型坡口	内焊单边角度 5°，外焊 22°	每根管	坡口角度检测工具

8 安全措施

8.1 安全标准

（1）GB 2894—2008《安全标志及其使用导则》

（2）GB 12523—2011《建筑施工场界环境噪声排放标准》

（3）JGJ 46—2005《施工现场临时用电安全技术规范》

8.2 安全风险点和控制措施

安全风险点和控制措施见表 6。

表 6 安全风险点和控制措施

序号	安全风险点	安全控制措施
1	触电风险	设备使用前，应检查并确认电气箱内各部件的完好性，确保接触点无松动情况，焊接电缆线与发电机连接电缆线均为整根电缆，避免接头漏电
2	机械伤害风险	作业前，对机械设备进行安全性检查，设备行走动作前先鸣笛警示
3	物体打击风险	作业前，对吊装设备及吊索具进行检查，设备旋转半径区域内禁止站人
4	弧光伤害风险	焊接作业人员佩戴好劳保着装，未佩戴焊帽人员不允许直视焊接工程

9 环保措施

9.1 环保标准

（1）GB 8978—1996《污水综合排放标准》

（2）GB 12523—2011《建筑施工场界环境噪声排放标准》

9.2 环保风险点和控制措施

环保风险点和控制措施见表 7。

表 7　环保风险点和控制措施

序号	环保风险点	环保控制措施
1	油污风险	对施工设施定期维护，杜绝跑、冒、漏、滴对山区段造成的环境污染
2	生态破坏风险	不准超作业带宽度用地，不得破坏山区动物巢穴，不准捕杀野生动物
3	垃圾污染风险	焊接完的焊条头回收到焊条回收桶内，每日焊条领取以前日焊条回收为基础，杜绝废焊条的随意丢弃行为
4	火灾风险	禁止在保护区内吸烟，施工区域动火点下方铺放灭火毯，防止发生火灾

10　效益分析

10.1　经济效益

以辽河油田建设有限公司新气管道三标段项目为例，采用全自动焊焊接完成 12 处坡度 ≤ 25° 的山区施工，共计 760 道口，每道 Φ813mm 焊口焊丝填充量减少约 3kg，每处山坡平均减少削方量 3000m^3，累计节约成本 59.16 万元，节约工期 30 天。经济效益分析如表 8 所示。

表 8　经济效益分析表

焊接方式	组合自动焊	全自动焊	效益对比
焊材费用	760 道口 ×9kg×0.007 万元 /（kg· 道口）=47.88 万元	760 道口 ×6kg×0.007 万元 /（kg· 道口）=31.92 万元	15.96 万元
削方量	12 处 ×15000m^3×0.0012 元 /（m^3· 处）=216 万元	12 处 ×12000m^3×0.0012 元 /（m^3· 处）=172.8 万元	43.2 万元
效益统计	263.88 万元	204.72 万元	59.16 万元
工期	180 天	150 天	工期节省 30 天

10.2　社会效益

全自动焊具有劳动强度低，生产率高和环保等优点，通过全自动焊接的推广应用能够保证焊接工艺的执行，实现低合金高强钢的薄层多道焊，提高焊接一次合格率，提高企业在国内管道建设市场的核心竞争力。

10.3　节能与环保

陡坡削方量减少，周边作业带超占地面积大大减少，实现节地的绿色施工要求。

11　应用实例

实例一：国家管网新疆煤制气外输管道工程广西支干线第三标段

2021 年 7 月 10 日至 2021 年 11 月 10 日，在国家管网新疆煤制气外输管道工程广西支干线第三标段，辽河油田建设有限公司采用“25° 以下山区管道全自动焊接施工工法”技术成果，提高了整体施工速度，节约了施工成本，完成 4 处 15°＜坡度≤ 25° 的山区施工，共计 240 道口，每道 Φ813mm 焊口焊丝填充量减少约 3kg，每处山坡平均减少削方量 3000m^3，累计节约成本 19.9 万元。

实例二：中俄东线天然气管道工程南段（安平—泰安）线路施工第六标段

2021 年 9 月 6 日至 2021 年 12 月 10 日，在中俄东线天然气管道工程南段（安平—泰安）线路施工第六标段，辽河油田建设有限公司采用“25° 以下山区管道全自动焊接施工工法”

技术成果，提高了整体施工速度，节约了施工成本，完成 4 处 15°＜坡度≤ 25° 的山区施工，共计 22 道口，每道 Φ813mm 焊口焊丝填充量减少约 3kg，每处山坡平均减少削方量 $3000m^3$，累计节约成本 18.72 万元。

实例三：西气东输三线中段（中卫—吉安）项目枣阳—仙桃段线路施工第二标段

2022 年 11 月 30 日至 2022 年 12 月 26 日，在西气东输三线中段（中卫—吉安）项目枣阳—仙桃段线路施工第二标段，辽河油田建设有限公司采用“25° 以下山区管道全自动焊接施工工法”技术成果，提高了整体施工速度，节约了施工成本，完成 4 处 15°＜坡度≤ 25° 的山区施工，共计 300 道口，每道 Φ813mm 焊口焊丝填充量减少约 3kg，每处山坡平均减少削方量 $3000m^3$，累计节约成本 20.52 万元。

薄壁 X80 油气管道下向单焊炬自动焊施工工法

张 亮 吴 迪 谭永亮 孙 锐 孙艳新

辽河油田建设有限公司

1 前言

古浪—河口天然气联络管道工程途经甘肃省武威市、白银市，线路全长 91.68km。其中，白银市景泰县线路长度 43.9km，采用的管径为 Φ914mm × 13.1mm 和 15.8mm，材质为 X80。针对该规格的钢管，为规避薄壁 X80 油气管道易出现的问题，通过对自动焊设备的调研和反复的焊接实验，最终采用自动内焊机根焊下向焊和全自动单焊炬下向填充、盖面焊工艺的研究，确定了焊接工艺基本参数，形成了一套合理的焊接工艺和施工方法，既能够保证焊接质量，又能保证施工效率。

2 工法特点

2.1 焊接时便于焊工操控

由于只使用单焊炬进行焊接作业，在施焊的过程中不需要频繁切换前后枪，只需要观察一把焊枪即可，更易于焊工对熔池的观察和设备的操控。

2.2 提高焊接合格率高

每道工序仅使用 2 台单焊炬外焊接电源，其焊接电压更稳定。单层焊接能够更加精准测量焊层厚度，对于焊接参数的调节更加便捷，尤其能够减少烧损导电嘴的情况，避免了大量渗铜焊接裂纹缺陷的产生。

2.3 节约成本

焊接电压的稳定、焊接质量的提升，既减少了焊材的损耗，又提升了施工效率，从而节省了施工成本。

3 适用范围

本工法适用于管径为 Φ711 ~ Φ1219mm，壁厚≤ 19mm 的长输油气管道自动焊施工。

4 工艺原理

本工法的核心工艺原理为针对该材质的管径与壁厚进行焊接实验，采用内焊机根焊 + 单焊炬向下填盖的自动焊工艺，解决了薄壁 X80 钢管温度不易控制，克服了自动焊速度快不易掌控等难题，达到保证焊口质量，提升施工效率，节约施工成本的目的。

4.1 内焊机可视装置的研发

在内焊机的焊接单元加装内置摄像机，利用其内置的摄像机进行对口间隙的图像采集、间隙运算，实时动态调节焊接参数和焊枪摆幅，监控打底焊质量。焊后通过监视系统对打底焊成型进行检查，并拍摄焊缝内表面图像或视频，把图像或视频传输到管道外部上位机，检测人员利用上位机，实时监控管道焊接时管道内部的焊缝。该装置已获得国家发明专利（图 1）。

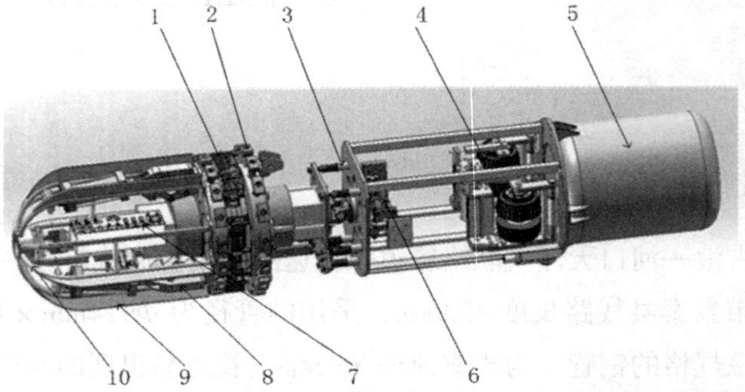

1—焊接单元；2—涨紧机构；3—机头柔性偏转机构；4—行走机构；5—储气罐；6—刹车机构；7—控制箱；8—涨紧气缸；9—导向保护板；10—机架

图 1 发明专利“一种基于视觉定位的管道内焊弯头对口器及对口方法”

4.2 坡口参数设计

由于薄壁管在焊接中温度上升较快，为了能更好控制熔池温度及层间温度，外焊焊接时采用下向单焊炬进行焊接。在焊接过程中便于操控，因此坡口尺寸参数进行重新设计，将外开口的尺寸降低 0.2 ~ 0.3mm，钝边的尺寸增加 0.2 ~ 0.3mm，解决了薄壁管因升温过快导致根部烧熔、钝边过热引起的根部未熔合技术难题，提升了施焊速度，增加了焊缝中填充金属的比例，有利于提高焊接质量。坡口形式如图 2 所示。

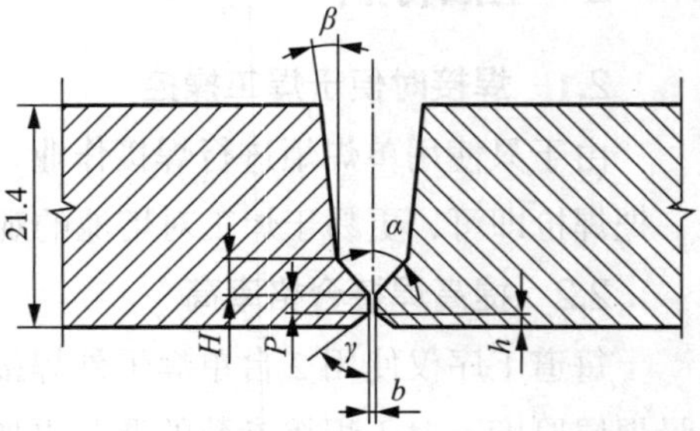

图 2 双 V 形复合坡口

坡口形式为双 V 形复合型；钝边 P 为 1.3 ± 0.3mm；内坡口高度 h 为 1.7 ± 0.3mm；对口间隙 b 为 0 ~ 0.5mm；钝边至变坡口拐点高度 H 为 2.3 ± 0.3mm；错边 ≤ 2.0mm；坡口面角度 β=5° ± 0.5°，α=45° ± 1.5°，γ=37.5° ± 1.5°；余高宜为 0 ~ 2.0mm，局部不大于 3.0mm 的长度 ≤ 50mm。

4.3 优化焊接工艺参数

由于单焊炬的可操控性较强，根据薄壁管焊接的特点，采用了大电流快速焊的焊接工艺参数，焊接速度提升 5 ~ 10cm/min，送丝速度提升 0.3 ~ 0.8m/min。大电流的使用减少了焊接飞溅的产生，解决了导电嘴频繁烧损引起卡丝、导电性差的技术难题，能够确保焊接过程中电弧的稳定性，熔池与坡口两侧的良好熔合，有效保证焊缝质量。

以 Φ914mm × 13.1mm 管径壁厚为例所调试的焊接工艺参数见表 1。

表 1 焊接工艺参数

焊道	焊接方法	焊接方向	极性	电流 /A	电压 /V	摆动宽度 /mm	边缘停留 /ms	送丝速度 /（m/min）	保护气体流量 /（L/min）	焊接速度 /（cm/min）	热输入 /（kJ/mm）
根焊	GMAW	下向	DCEP	150 ~ 255	18 ~ 26	1	—	7.6 ~ 11.7	23 ~ 36	62 ~ 74	0.32 ~ 0.45
热焊	GMAW	下向	DCEP	150 ~ 285	19 ~ 26	0 ~ 2.0	10 ~ 100	11.2 ~ 14.2	23 ~ 36	61 ~ 77	0.32 ~ 0.49
填充	GMAW	下向	DCEP	120 ~ 260	19 ~ 26	1.0 ~ 5.0	10 ~ 100	7.0 ~ 14.3	23 ~ 36	29 ~ 50	0.43 ~ 0.86
盖面	GMAW	下向	DCEP	95 ~ 140	19 ~ 26	1.0 ~ 5.0	10 ~ 100	5.3 ~ 6.6	23 ~ 36	32 ~ 47	0.37 ~ 0.47

注：① DCEP 一表示焊丝与焊接电源正输出端关联；②摆宽、边缘停留时间等参数为参考值，焊接时，应根据坡口尺寸进行设置与调节。

5 施工工艺流程及操作要点

5.1 工艺流程

本工法中的焊接参数以古浪—河口天然气联络管道工程主线路施工为例，其他工程工序流程不变，根据管径和材质调整相应焊接参数以及辅助用工装参数即可。

施工工艺流程如图 3 所示。

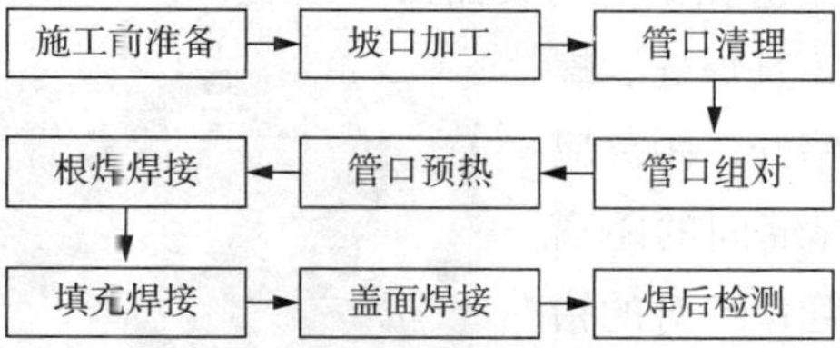

图 3 施工工艺流程图

5.2 操作要点

5.2.1 施工前准备

选用的焊接设备熊谷自动焊设备如图 4 所示。配套设备增加了焊接熔池热成像跟踪纠偏系统，能够在焊接过程中，自动调整干伸长度与坡口的距离，减少人为的干预，更好地控制熔池，确保焊接电弧的稳定性。

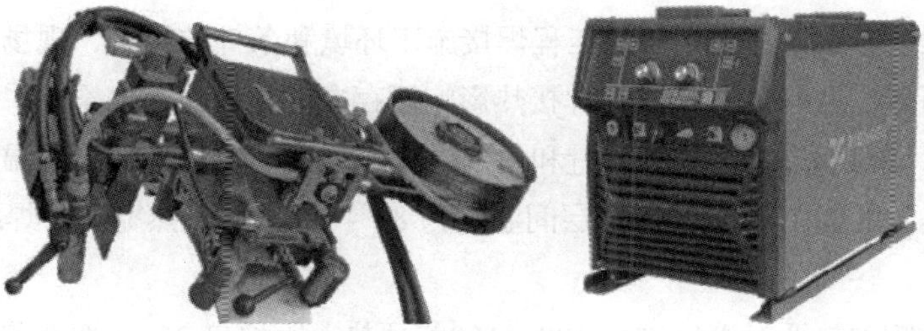

图 4 配套设备

5.2.2 坡口加工、管口清理

（1）管墩的施工应与布管同步，管端坡口应根据焊接工艺规程的要求加工。

（2）现场坡口采用坡口机进行加工，坡口机宜“一用一备”或“两用一备”。坡口机应能够满足自动焊工艺所需要的坡口形式和加工精度要求。

（3）在坡口机上安装铁刷，坡口机旋转的同时也将母材上的锈除净，打磨出金属光泽。

（4）加工完成后的需要检查内坡口、钝边、外坡口的精度，不符合标准的需重新加工。

（5）单焊炬下向自动焊接坡口形式为复合坡口，钢管端面坡口加工尺寸、角度应符合焊接工艺规程的要求。

（6）钢管内外表面坡口及两侧 25mm 范围内应采用机械法清理至显现金属光泽；钢管外表面 150mm 范围内用钢丝刷进行清理，不应有起鳞、磨损、铁锈、渣垢、油脂、油漆和影响焊接质量的其他有害物质（图 5）。

图 5 坡口加工照片

5.2.3 管口组对

管口组对前，应依据 AUT 检测要求画好检测基准线。组队时应采用内焊机进行坡口组对。使用内焊机组对时，不应在钢管内表面留下刻痕、磨痕和油污，不应用锤击法校正错口。两相邻管的制管焊缝（直焊缝、螺旋焊缝）在对口处应相互错开，距离应不小于 100mm。相邻环焊缝间的距离宜大于 1.0 倍钢管直径。管口组对的错边量应不大于 2.5mm，且 50mm 长范围内的局部错边量应不大于 3.0mm。错边宜沿钢管圆周均匀分布。应使用轨道定位器辅助进行焊接小车轨道的安装，应确保焊炬在整个管周对准焊接坡口中心（图 6）。

图 6 组对照片

5.2.4 管口预热

（1）焊接工艺参数。考虑到管道工程焊接施工环境和条件的限制，现场焊接难以进行较高温度的焊前预热。另外，因 X80 钢焊接热影响区存在软化现象，也不宜采用较高的预热温度。同时，为保证根部焊缝的成型质量和内部质量，焊接前应采取适当的温度进行预热。本文所使用的预热温度为 100～150℃，层间温度为 80～120℃，预热宽度为焊缝两侧各 100mm 以上。

（2）采用中频加热器对管口进行 100～150℃预热。距坡口 25mm 处的圆周上均匀测量 4 点，加热宽度为坡口两侧各不小于 75mm（图 7）。

图 7　管口预热

5.2.5　根焊焊接

根焊采用熊谷内焊机 A808/810 焊接完成。管道内环缝全位置的自动焊接由 2 组焊炬（1# ~ 4# 焊炬为 1 组、5# ~ 8# 焊炬为 1 组）按焊接顺序各自完成 180° 中心角对应钢管弧长的下向焊接。焊接时，1# ~ 4# 焊炬同时起弧，沿管道左侧的内环缝下向焊接，5# ~ 8# 焊炬不工作。每个焊炬负责焊接 45° 中心角对应的圆弧长度，焊到相应位置时，焊炬息弧，停止焊接。此时，5# ~ 8# 焊炬同时起弧，沿管道右侧的内环缝下向焊接，且每个焊炬负责焊接 45° 中心角对应的圆弧长度，焊到相应位置时，焊炬息弧，停止焊接。此时，管道内环焊缝焊接完毕，8 个焊炬重新回到初始位置（图 8）。

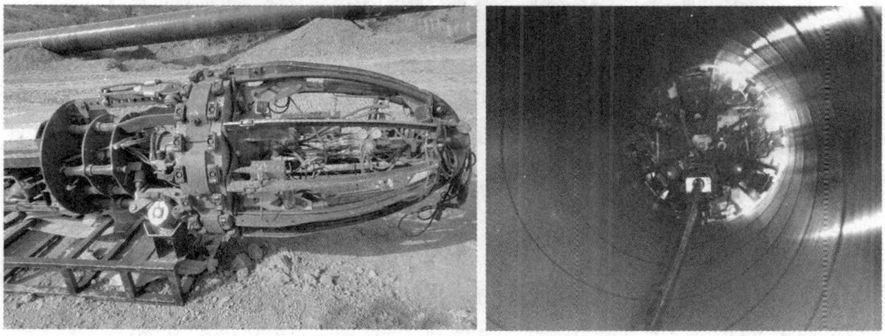

图 8　根焊焊接照片

5.2.6　填充焊接

（1）热焊接头打磨处理完成后，采用熊谷 A305 单枪自动焊进行填充焊（图 9）。

图 9　填充焊接照片

（2）焊接前，焊工先进行外焊机轨道和电加热带安装，轨道安装完成后，监测轨道距离焊道的间距，通过 0、3、6、9 点位进行测量，确保轨道与焊道平行。焊接前对焊口进行检查、处理，保证层间温度符合焊接工艺规程要求，焊前进行试气。焊接过程中，焊工时刻注意观察电弧在坡口两侧的熔合情况。A305 枪炬增加红外线动态纠偏系统，通过自动观测进行信息处理，从而实现动态调整焊炬姿态和摆动宽度。

（3）焊接完成后，焊工对填充焊道进行自检，必要时用角向磨光机进行打磨、补焊。

5.2.7 盖面焊接

（1）焊接前，先要对焊口进行检查、处理，保证层间温度符合焊接工艺规程要求，焊前进行试气。

（2）焊接过程中，焊工时刻注意观察电弧在坡口两侧的熔合情况，对焊炬动态调整姿态和摆动宽度（图 10）。

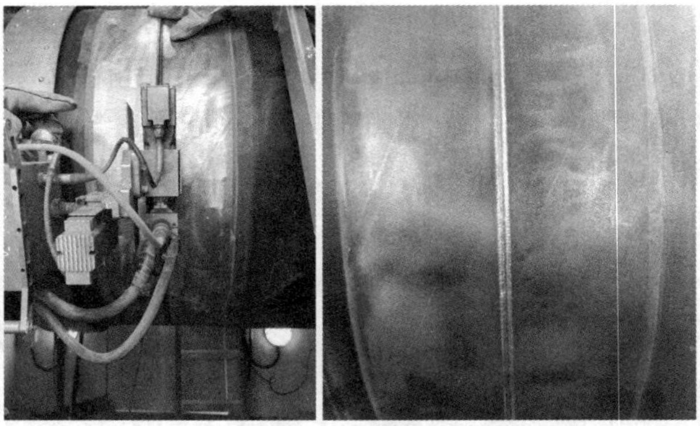

图 10 盖面焊接照片

5.2.8 焊后检测

（1）焊接完成后，焊工对完成焊道进行自检，必要时用角向磨光机和钢丝刷对焊口进行修磨、补焊。检查无误后，将焊接小车、焊接轨道及电加热带进行拆除。

（2）现场使用已校验合格的计量器具对焊缝外观进行测量。分别测量 0、3、6、9 点范围内的数据，在工艺卡内填写测量好的数据。

（3）外观检查完成后，进行无损检测（图 11）。

图 11 外观检测照片

5.2.9 劳动力组织

劳动力组织情况见表 2。

表 2 劳动力组织表

序号	职务 / 工种	人数	备注
1	机组长	1	负责现场总体施工安排
2	技术员	1	负责现场技术管理和指导
3	质检员	1	负责现场质量管理
4	HSE 员	1	负责现场安全监督工作
5	管工	3	指挥管墩搭建、吊运钢管和管口组对
6	焊工	12	根焊 3 名，热焊 2 名，填盖 6 名，返修 1 名
7	起重工	1	负责管材吊装作业
8	设备维修工	2	负责自动焊设备维修
9	坡口工	1	负责现场坡口加工
10	挖掘机操作手	1	现场平整地面和管墩的修筑
11	操作手	4	多功能 2 名，融通 2 名，吊管机 3 名
12	辅助工	8	装土袋 4 名，清口 1 名，铁屑回收 1 名，看夜 2 名
合计		39	

6 材料与设备

6.1 主要材料

主要施工材料统计见表 3。

表 3 主要材料

序号	材料名称	规格型号	单位	数量	备注
1	根焊焊丝	—	kg	2000	打底焊
2	填盖焊丝	—	kg	20000	填盖焊
3	保护气体	—	瓶	5000	保护气体
4	吊带	—	条	20	组对
5	砂轮片	—	片	1000	打磨
6	U 形环	—	个	20	吊装
7	黑玻璃	—	块	100	焊接

6.2 主要设备配置

主要施工设备配置见表 4。

表 4 主要施工设备

序号	设备名称	规格型号	数量	用途	备注
1	挖掘机	PC360	3 台		
2	逆变焊机	—	2 台	根焊焊接	

续表

序号	设备名称	规格型号	数量	用途	备注
3	50kW 发电机组	—	1 台	根焊焊接电源	
4	熊古焊机	—	4 台	外焊焊接电源	
5	焊接轨道		10 套	焊接轨道	
6	120kW 发电机组	—	2 台	管道焊接	
7	防风保温房		6 座	焊接防护	
8	电加热带		4 套	层间加热	
9	炮车		2 台	二次运管	
10	中巴车	25 座	2 台	值班车辆	
11	皮卡车	四驱	1 台	值班车辆	
12	危险品运输车	2.5t	1 台	危险品运输	
13	坡口机	CPP900-FM56	1 台	复合坡口加工	
14	钳式电流表	UT202	1 台	焊机电流、电压测试	
15	风速仪	TEST0417	1 台	风速测试	
16	温湿度仪	TM820M	1 台	温度、湿度测试	
17	红外线测温仪	T02ST20	2 台	加热温度测试	
18	焊接检验尺	60 型	2 台	组对、焊接数据测量	

7 质量控制

7.1 执行标准

（1）GB 50369—2014《油气长输管道工程施工及验收规范》

（2）GB/T 31032—2023《钢质管道焊接及验收》

（3）SY/T 4109—2020《石油天然气钢质管道无损检测》

（4）GB/T 32563—2016《无损检测 超声检测 相控阵超声检测方法》

（5）SY/T 4208—2016《石油天然气建设工程施工质量验收规范长输管道线路工程》

（6）国家管网相关 DEC 文件

7.2 质量控制点和控制措施

质量控制点和控制措施见表 5。

表 5 焊接质量控制点和控制措施表

序号	控制要点	控制措施
1	自动焊设备出现问题所产生的未熔缺陷	厂家更换控制箱内的焊接电源控制板；外焊机控制箱重新输入程序；调整送丝箱里的压丝轮
2	因混合气体配比和气体流量过大或过小而产生的未熔	每批新进场的混合气体均需进行配比确认，每 10 道焊口进行气体流量检测确认，保证保护气体的配比及流量能够满足工艺规程要求；保护气体用尽更换新的保护气体前应对保护气体的浓度、纯度、混合气体的配比进行确认，并调整好保护气体的流速
3	管材椭圆度不均匀导致的组对错边问题	对管口椭圆度长短轴进行测量形成记录，并进行总结，发现超标严重的不予用于焊接

7.3 关键工序质量控制点

关键工序主要技术指标检验统计见表 6。

表 6 关键工序主要技术指标检验统计表

序号	检查项目	指标要求	检查时机或频次	检验工具
1	气孔缺陷	评定区 10mm × 10mm，小于 6 点	焊接完成检查，每道口检查	焊工检测尺、X 射线检测机、超声检测机
2	未熔缺陷	不允许	焊接完成检查，每道口检查	X 射线检测机、超声检测机
3	外表面缺陷	被检表面不应有影响检测的锈蚀、氧化皮、焊接飞溅、毛刺、铁屑及各种防护层	焊接完成检查，每道口检查	焊工检测尺
4	两管口螺旋焊缝或直缝间距	错开间距不小于 100mm	组对完成检查，每道口检查	焊工检测尺

8 安全措施

8.1 安全标准

（1）GB 2894—2008《安全标志及其使用导则》

（2）GB 12523—2011《建筑施工场界环境噪声排放标准》

（3）JGJ 46—2005《施工现场临时用电安全技术规范》

8.2 安全风险点和控制措施

安全风险点和控制措施见表 7。

表 7 安全风险点和控制措施

序号	安全风险点	安全控制措施
1	触电风险	设备使用前，应检查并确认电气箱内各部件的完好性，确保接触点无松 动情况；焊接电缆线与发电机连接电缆线均为整根电缆，避免接头漏电
2	机械伤害风险	作业前，对吊装设备及吊索具进行检查，设备旋转半径区域内禁止站人
3	弧光伤害	电焊工戴好护目镜和焊接面罩等防护劳保用品，其他人员禁止直视焊道
4	火灾爆炸	各类气瓶分类存放，氧气乙炔间隔 5m，与明火间隔 10m；胶管、减压阀、阻火器等无破损
5	起重伤害	吊索具完好有效，吊装作业时有起重工指挥，并有专人监护；吊装作业范围内禁止有人员经过或停留，吊物下严禁站人；严格执行“十不吊”
6	烫伤	明确发热源，保持安全距离，穿戴好劳保防护用品
7	物体打击	戴好安全帽，人员勿在吊棚、吊臂吊钩，以及管子下方穿行，管子上方勿放置物品；使用砂轮时应佩戴护目镜和面罩，查看砂轮片是否紧固，切线方向严禁站人
8	车辆伤害	出车前检查车辆性能，严禁超速、酒驾、不系安全带等行为；作业带内行走车辆限速 5km/h

9 环保措施

9.1 环保标准

（1）GB 8978—1996《污水综合排放标准》

（2）GB 12523—2011《建筑施工场界环境噪声排放标准》

9.2 环保风险点和控制措施

环保风险点和控制措施见表 8。

表 8 环保风险点和控制措施

序号	环保风险点	环保控制措施
1	油污风险	对施工设施定期维护，杜绝跑、冒、漏、滴对水田水网段造成的环境污染
2	垃圾污染风险	焊接完的焊条头回收到焊条回收桶内，每日焊条领取以前日焊条回收为基础，杜绝废焊条的随意丢弃行为
3	火灾风险	禁止在保护区内吸烟，施工区域动火点下方铺放灭火毯，防止发生火灾

10 效益分析

10.1 经济效益

以辽河油田建设有限公司古浪—河口天然气联络管道工程第一标段管道线路工程为例，采用单焊炬下向自动焊接工艺焊接 40.15km，焊接合格率为 98.9%，创日焊接 45 道焊口的线路日焊接纪录。相同地段 10km 的施工，对比双枪自动焊施工，工期减少 15 天，累计节约成本 75.75 万元。经济效益分析如下：

节约人工费用：23 × 0.04 × 15=13.8 万元。

节约设备费用：15 × ［2000 × 3（挖掘机）+1500 × 1（坡口机）+150 × 2（氩弧焊机）+500 × 3（发电机组）］/10000=13.95 万元。

节约削方量：18 × 1000 × 0.003=54 万元。

自动焊机台班费用：4 × 0.1 × 15=6 万元。

合计节约成本：13.8+13.95+54−6=75.75 万元。

10.2 社会效益

（1）单焊炬全自动焊具有劳动强度低、生产率高和环保等优点，焊缝的质量稳定性好。

（2）焊工的培训周期短，手工电弧焊工一般需要培训半年并进行工程锻炼 1 年左右；双焊炬全自动焊工只有焊接基础培训 2 ~ 3 个月，而单焊炬焊工只需要 1 个月左右即可焊出优质焊缝。

11 应用实例

实例一：古浪—河口天然气联络管道工程

2022 年 7 月至 2023 年 4 月我公司承建了古浪—河口天然气联络管道工程第一标段管道线路工程。采用本工法成功进行施工 40.15km，率先完成主线路施工，焊接机组创单日焊接 45 道焊口的日焊接纪录，共节约成本 75.75 万元，取得良好的经济效益和社会效益。

实例二：西气东输三线中段（中卫—吉安）项目枣阳—仙桃段线路施工

西气东输三线中段（中卫—吉安）项目枣阳—仙桃段线路施工第二标段，采用该工法于 2022 年 11 月至 2023 年 1 月成功应用到该项目，提高了整体施工速度，节约了施工成本，现场完成薄壁管径线路施工 8.7km，合格率为 98.7%，提前 13 天完成该壁厚的线路施工，节省施工成本 9.3 万元。积累了宝贵的薄壁管自动焊施工经验，为后续公司参与投标和施工打下了良好的基础。

实例三：中俄东线天然气管道工程（永清—上海）南通—角直线路施工

中俄东线天然气管道工程（永清—上海）南通—角直段线路施工第三标段，线路全长 48.991km，其中薄壁管施工 13.08km，管径为 *D* 1219mm，设计压力为 10MPa，材质为 X80M。该工法于 2022 年 11 月至 2023 年 3 月成功应用到该标段的主线路施工，提高了整体施工速度，节约了施工成本，合格率为 99.1%，提前 15 天完成线路施工，节省施工成本 17 万元，施工项目和焊接机组在标段评比中均荣获第一名。

大口径定向钻穿越管道内加装 PE 管降浮施工工法

张皓添 彭 博 杨春雷 孟 岩 国苏新

辽河油田建设有限公司

1 前言

随着油气管道建设的发展，复杂的地质条件下水平定向钻穿越工程越来越多，而且管道口径也越来越大，主要干线直径甚至达到 D1422mm。管道回拖是定向钻穿越施工的关键环节，其成败直接决定了整个定向钻工程的成败。大口径管道定向钻施工中，要经过多次扩孔，由于扩孔器的自重及离心力等因素的影响，最终地下孔洞形状近似梨状，如果回拖时管道受浮力作用向上浮起较多，很可能导致管道被楔入上部狭窄空间内，从而造成回拖困难甚至损伤防腐层影响管线使用寿命。因此必须采取降浮措施。

为解决上述难题，技术人员提出了在回拖管线内加装 PE 管从而降低管线浮力这一方案，即在穿越管线内安装一 PE 管，在其空间内充满水，抵消部分管线的浮力，降低回拖管线与孔壁顶层的摩擦。为使该项施工工艺更加规范化、标准化，在工程实践的基础上总结提高，编制了本工法。

本工法已被评为 2022 年度辽河油田公司企业级工法。

2 工法特点

2.1 降低施工风险

由于在大口径管线施工过程中需要多次扩孔，且受到惯性及自身重力影响，最终的扩孔形状类似鸭梨状。管内加装 PE 管降浮可避免管子中心靠近孔洞上部，造成扩孔扭矩过大，从而降低钻具断裂风险。

2.2 降低管线防腐层磨损，延长管线使用寿命

采用 PE 管降浮措施可使管线浮力降低，避免管线顶部与孔洞间的摩擦，从而降低管线防腐层的磨损，延长管线使用寿命。

3 适用范围

本工法适用于地质条件复杂多变且穿越管径大于 D1016mm 的定向钻穿越工程。

4　工艺原理及关键技术

在大口径管道定向钻施工中，要经过多次扩孔，由于扩孔器的自重导致孔洞的中心轴线下移，地下孔洞近似梨状，如果回拖时管道受浮力作用向上浮起较多，很可能导致管道被楔入上部狭窄空间内，从而造成回拖困难甚至损伤防腐层影响管线使用寿命。因此需在回拖管线内加装 PE 管充水后抵消部分浮力（图 1），从而使管线位于孔洞中心，保证管线顺利回拖。以某工程穿越长度 784m，管径 Φ1219mm，降浮管管径 *DN*800mm 为例，对本工法进行详细阐述。

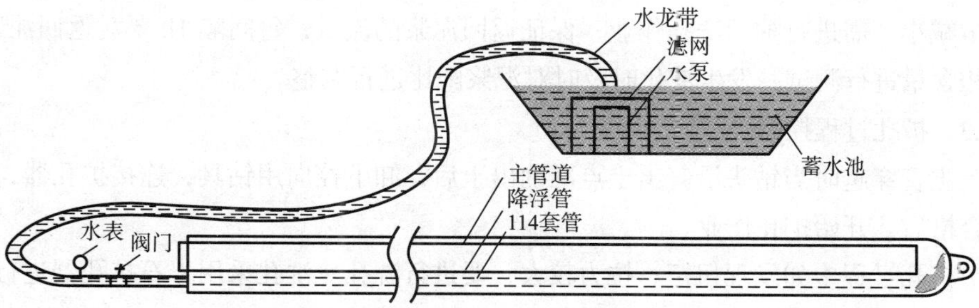

图 1　管道内加装 PE 管注浆降浮示意图

由于穿越管道管径较大，浮力较大，需在穿越管道内加装与回拖管线等长的 PE 管并注水以降低浮力。采用热熔方法将 PE 管线焊接在一起，并使用滚轮将焊接并注水完成后的 PE 管穿入回拖管线内部，从而平衡回拖管线浮力，使管线悬浮在孔洞内，顺利完成回拖。

5　施工工艺流程及操作要点

5.1　施工工艺流程

施工工艺流程如图 2 所示。

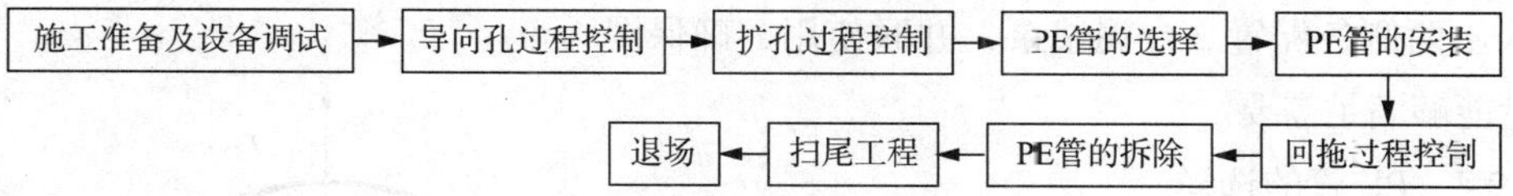

图 2　施工工艺流程图

5.2　操作要点

5.2.1　施工准备及设备调试

（1）开工前，对现场所有设备进行检修保养，排除设备隐患，保证开工后不能因为设备故障导致停工。

（2）施工材料的检查：开工前严格检查进场材料的质量，保证质量满足施工要求。

（3）倒运泥浆管路和抽浆泵要做好检修，并安装到合适的位置，保证泥浆罐车出入方便。

（4）钻具的检查：包括检查钻杆钻具的完好性，水眼是否通畅等。

5.2.2　导向孔过程控制

（1）开钻前仔细分析地质资料，确定控向方案，泥浆与司钻重视每一个环节，认真分析各项参数，互相配合钻出符合要求的导向孔。

（2）导向孔曲线图每道口取 1 点（三维坐标），并按《数字化管道技术规格书》要求录入数据库。穿越出、入土点的管线连接按每个焊口测 1 点（三维坐标）录入数据库。

（3）钻进速度控制在 0.5m/min 左右，防止 Inc 井斜角因急升或急降而造成导向孔出现 S 弯。

（4）导向孔钻进时应随时监测泥浆的参数，并与钻头的切削量进行比较；随时进行实际地质与勘察地质的比较并记录，出现较大偏差时，应及时通知相关方。

（5）泥浆控制：钻导向孔阶段要求尽可能将孔内的泥沙等钻屑携带出孔外，并维持孔壁稳定。在钻孔初始阶段要使钻进速度控制在 1m/min，增大泥浆的排量，使孔内的钻屑充分被携带出来，保证环空畅通，为后续钻进打下良好的基础。严格监控返回泥浆情况，如果返回泥浆流量减小，需进行抽回洗孔作业，保证返回泥浆的流量，每间隔 1h 要对返回泥浆的 pH 值及固相含量进行测试，发生变化时及时对泥浆配比进行调整。

5.2.3　扩孔过程控制

（1）主管穿越时当钻头沿着出土点准确出土后，卸下控向用钻具，连接扩孔器，喷射泥浆检查合格后，开始扩孔作业。

（2）扩孔过程中如发现扭矩、拉力较大，要进行洗孔。洗孔采用岩石扩孔器进行；洗孔结束后，再继续进行扩孔；扩孔结束后，如发现扭矩、拉力仍较大，可再进行洗孔作业。

（3）扩孔时，根据扩孔孔径的大小，必要时，要使用中心定位扶正器扶正钻杆，防止钻杆因自重发生下沉。

（4）扩孔过程中启动出土端的泥浆回收系统，泥浆泵配合入土端打浆，以增加泥浆排量，使孔内钻屑有效排出。

（5）扩孔完成后，根据排出的细砂体积判断孔内的含砂量，如果孔内的含砂量大于 30%，需进一步洗孔以降低含砂量。要求泥浆具有很好携带能力，确保回拖管线的成功。

（6）扩孔时应严格控制回扩速度，扩孔速度应控制在 500mm/min 以内。

（7）间隔 500m 宜增设 1 个补浆短节，以增加泥浆流动性，提高置换孔内泥浆的速度。出、入土两侧各配置 2 台泥浆泵，并联使用，确保泥浆排量能够满足需要。

5.2.4　PE 管的选择

为降低管道回拖时的阻力，在回拖过程中，应使管道在孔洞内保持悬浮状态。要使管道在孔洞中处于悬浮状态，需通过计算得出向管内的注水量（图 3）。在注水期间，不可能一次性直接将需要的水量注入主管道中，通过在主管道内布置 1 根直径适当的 PE 管，PE 管的长度与主管道的长度相同，PE 管与主管道之间注满水，使注入的水的质量均匀分布在整个管道长度上。

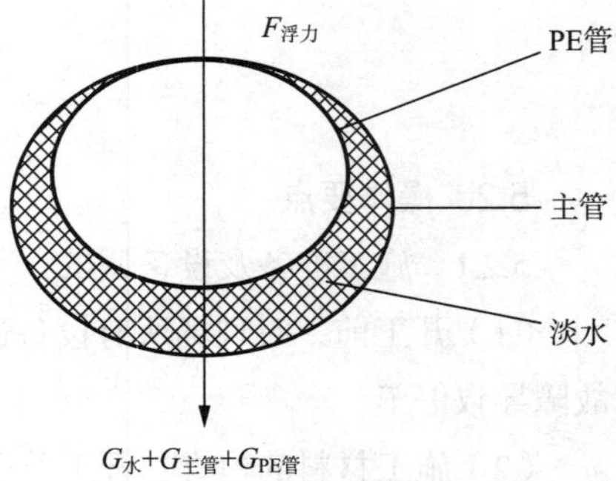

图 3　管道受力分析图

若使管道在充满泥浆的孔洞中悬浮，重力与浮力比 n 在 70% ~ 90% 为理想状态，须满足公式（1）：

$$nF_{浮}=G_{水}+G_{主管}+G_{PE管} \tag{1}$$

式中，$F_{浮}$为主管所受浮力，N；$G_{主管}$为主管所受重力，N；$G_{PE管}$为PE管所受重力，N；$G_{水}$为注水重力，N。

根据计算验证，PE 管选择 DN 800mm × 30.6mm 规格时，主管在孔洞中达到悬浮状态，满足降浮减阻要求。

5.2.5　PE 管的安装

PE 管每根长约 12m，其对口焊接有专用的工具。首先是对口，用 300℃的铣板加热 2 根管的管口，再用液压装置挤压进行热熔焊接（图 4）。

PE 管拖进主管前，在主管中穿入 1 根钢丝绳，以备牵引 PE 管到主管中。焊接完成 1 根就拖入 1 根进主管（图 5）。

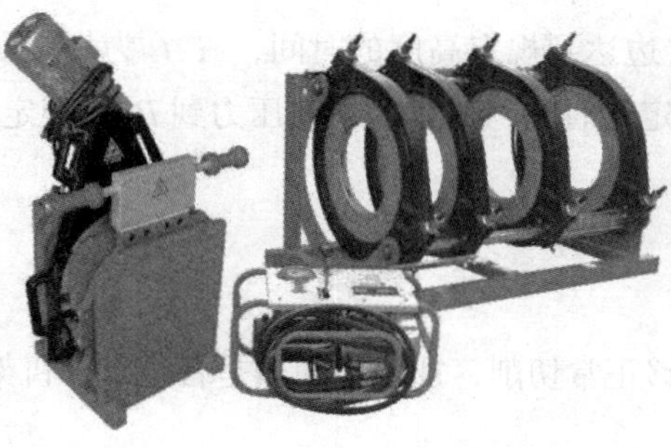

图 4　热熔焊设备

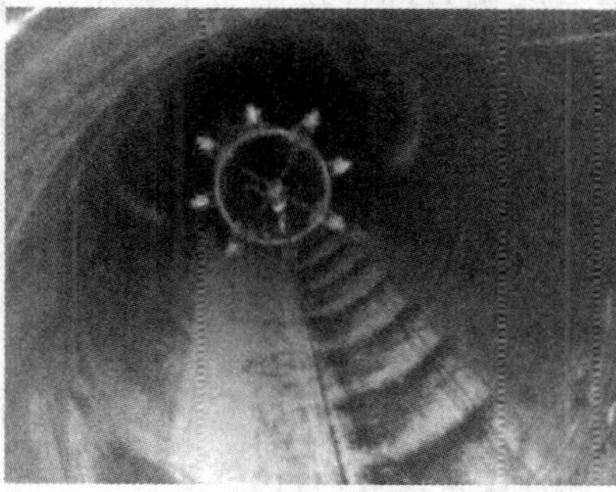

图 5　PE 管穿装

在 DN 800mm 的 PE 管拖入主管的同时使用 1 根 114mm 钢管进行定点注水降浮。PE 管全部拖入后，卸下钢丝绳和滚轮，DN 800mmPE 管用特制的封头将其密封，并采用焊接 114mm 钢管将其固定，防止因主管在孔洞内旋转而使 PE 管在主管中滚动，造成主管摆动。由于安装的 PE 管管径较大，难以控制拖拽力，需对 PE 管的最大拖力进行计算：

$$F_{max}=\frac{14\pi d^2}{3K_{SDR}} \tag{2}$$

式中，F_{max} 为允许最大拖拉力；d 为管道外径；K_{SDR} 为 PE 管外径与壁厚的尺寸比。

计算出最大拖拉力为 55t。另外为了减少 PE 管与主管内壁的摩擦，在每根 PE 管上安装 8 个尼龙滑轮，使 PE 管在管内滑行，保证 PE 管成功拖入主管内。

5.2.5.1　热熔对接主要分为 5 个阶段

（1）预热阶段：即电热板预热卷边阶段，两管材（件）端口施加一定压力使其熔融卷边。

（2）吸热阶段：施加一个较小的压力在一定的时间内使热量在所要连接的管材（件）内扩散，达到均匀吸热。

（3）转换阶段：加热板抽击阶段。连接管材（件）相接处的时间越短越好。

（4）焊接阶段：两管材（件）熔化端熔合在一起，并施加一定压力。

（5）冷却阶段：熔合的部位自然冷却，注意不能有张力和机械应力。

热熔对接焊接工艺折线图如图 6 所示。

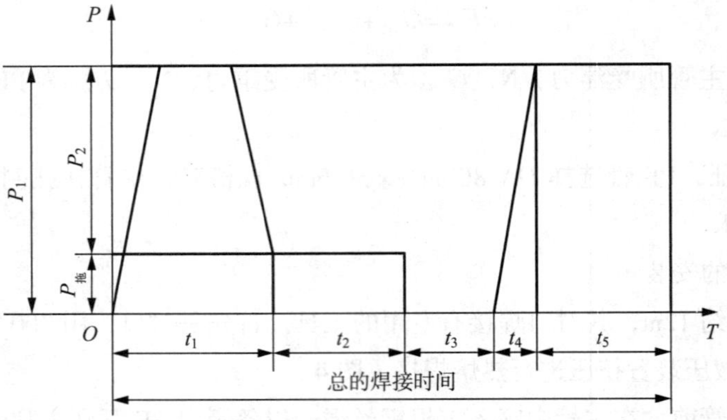

图 6 热熔对接焊接工艺

图中，P_1 为总的焊接压力（表压），MPa，$P_1=P_2+P_{拖}$；P_2 为焊接规定的压力（表压），MPa；$P_{拖}$为拖动压力（表压），MPa；t_1 为卷边达到规定高度的时间，s；t_2 为焊接所需要的吸热时间，t_2= 管材壁厚 ×10；t_3 为切换所规定的时间，s；t_4 为调整压力到 P_1 所规定的时间，s；t_5 为冷却时间，min。

5.2.5.2 PE 管焊接步骤

1. 焊接前的准备

检查热熔机电源是否接好，铣刀是否能够正常切削，加热板加热是否正常，机架油缸是否运行；保证设备良好运行。

2. 焊接

（1）将管道或管件置于平坦位置，放于对接机上，留足 10 ~ 20mm 的切削余量。

（2）夹紧：根据所焊制的管材、管件选择合适的卡瓦夹具，夹紧管材，为切削做好准备。

（3）切削：切削所焊管段、管件端面杂质和氧化层，保证两对接端面平整、光洁、无杂质。

（4）除污：用棉纱蘸取酒精，对管道头部进行清洗擦拭，除去灰尘泥污等物。

（5）对中：两焊管段端面要完全对中，错边不能超过壁厚的 10%，且越小越好，否则将影响对接质量。

（6）加热：加热板加热时间冬夏有别，以两端面熔融长度为 1 ~ 2mm 为佳。

（7）切换：将加热板拿开，迅速让两热融端面相粘并加压。为保证熔融对接质量，切换周期越短越好。

（8）熔融对接是焊接的关键，对接过程应始终处于熔融压力下进行，卷边宽度以 2 ~ 4mm 为宜；压力应当适宜，太大的压力将导致熔融物全部被挤跑，反而连接不牢。

（9）冷却：保持对接压力不变，让接口缓慢冷却，冷却时间长短以手摸卷边生硬，感觉不到热为准。

（10）对接完成：冷却好后松开卡瓦，移开对接机，重新准备下一接口连接。

3. 焊接过程中工艺参数确定

PE 管热熔焊接有 3 个重要参数，分别为温度、压力和时间。

（1）温度的确定

聚乙烯材料的加工温度在材料黏流态转化温度之上，只有在这种条件下，聚乙烯产生熔融流动，聚合物的大分子才能进行相互扩散形成缠绕，得到最大的强度和高质量的焊接结果；实践证明，温度低于 180℃，即使加热时间长，也不能达到高质量的焊接结果。如果温度过高，将有可能激活分子链中的 C 键与氧发生反应，使材料降解，聚乙烯材料将受到氧化破坏，从而析出挥发性的物质和气体，使材料结构发生变化，生成不饱和烃，出现杂质，最终使焊接质量降低。

（2）时间的确定

① 加热时间的确定：焊接端面平整后 10× 壁厚（mm），单位为 s。

加热时间的长短，决定了焊接的质量。是否能将温度均匀传递到焊接面及一定的深度，在转换的阶段保持最佳的焊接温度。管端面熔化的最佳时间，是随着需要加热的面积增大而增大的，更重要的是对流和辐射传播的能量，会随着管壁厚度的增加而减小。管端面的不平度，造成热量的传递不均匀，窝藏空气，产生气孔，最终影响焊接质量，所以需要和压力的密切配合，在加热的同时施加一定的压力，平整焊接面，促进塑化，形成理想的焊接面进行热传递，然后降压吸热。

② 切换时间的确定：10s 内尽可能地缩短切换时间，其端面冷却非常快，对接速度慢直接影响焊接质量。

③ 冷却时间的确定：1.15 ~ 1.33× 壁厚（mm），单位为 min。聚合物材料的导热性差，只有金属的几十分之一，冷却速度也相对缓慢，在冷却的时间内需要进行结晶、收缩，所以需要有充分的时间降到结晶温度，进行充分的晶粒生长，消除内应力，在一定的压力下冷却，避免焊接端面有缩孔。

5.2.6　回拖过程控制

管道回拖前，将施工现场所有设备整体检修 1 次，加油注水，更换过滤器，保证设备在最佳状态下工作。使用电火花检漏仪按设计要求的检漏电压全面检查防腐层，如有损伤应及时修补。

就位时吊管机严禁单机作业，起吊点距管道环焊缝应不小于 2m，起吊高度以 1m 为宜，起吊点间距不应超过 26m，吊具使用橡胶辊轮吊篮，严禁直接使用钢丝绳。就位后，按图纸标识的位置，保证整个穿越段的设计长度，其留头位置要保证与线路连接在同一个中心线和深度，做好管头位置标记。回拖阶段要求泥浆具有很好的护壁、携带、润滑能力，减少摩阻和扭矩。

主管回拖的钻具组合为：6-5/8inS-135 钻杆 +60in 桶式扩孔器 +500t 万向节 + 拖拉头 + 主管线。

回拖时采用挖机吊住管尾，钻机边回拖边注水。回拖时注水泵连接 1 根注水管，采用定点注水的方法，注意防止发送沟内的水进入管道中。以上方式要求设备在施工过程中密切配合，管尾采取半盲的方式（图 7），上端留出 35cm 空隙即可保证注水管正常注水，亦可使主管内空气正常排出。另外为了防止盲板与注水管在回拖时有剐蹭，在盲板与注水管接触的地方加带有角度的铁板（喇叭口）。

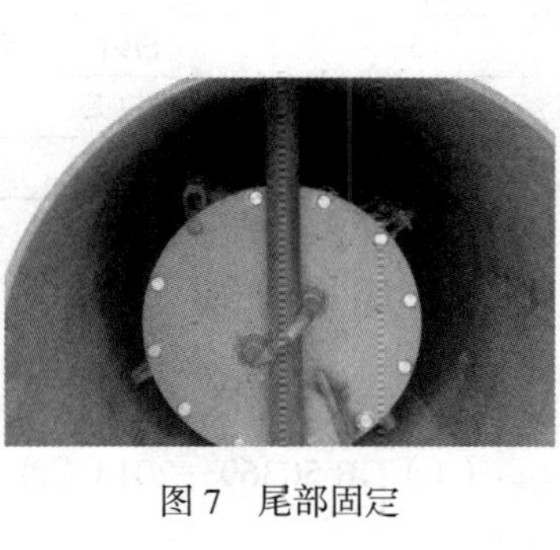

图 7　尾部固定

回拖时应保证扩孔器转速和回拖速度均匀，速度控制在2.5m/min左右，经计算注水速度需2.1m³/min，采用180m³/h的注水泵可满足注水需求，如果达不到注水量要求，可采用加设水泵并采取并联的方式满足要求。

5.2.7 PE管的拆除

定向钻回拖管线回拖完成后，从管子后方将PE管抽出，在焊缝处将PE管割断，清洗完成后，可重复使用。

5.2.8 扫尾工程

整体施工完成后留一部分设备、人员对补口处及人为损伤集中处理。

5.2.9 退场

待施工完成后，拆除警示线等临时建筑物，并将现场清理干净，将工程移交项目部。

5.3 人员配置表

人员配置情况见表1。

表1 人员配置表

序号	工种	人数	序号	工种	人数
1	机组长	1	8	热熔焊工	6
2	技术员	1	9	操作手	4
3	质量员	1	10	起重工	2
4	安全员	1	11	电工	2
5	控向	2	12	普工	4
6	司钻	2	13	修理工	1
7	泥浆工	2	14	测量员	1

6 主要设备及材料

主要设备及材料统计见表2。

表2 主要设备及材料表

序号	名称	型号	单位	数量	用途
1	PE管	800mm × 30.6mm	m	1200	工艺主材
2	钢管	114mm × 5mm	m	1200	注水
3	钢丝绳	30 ~ 56mm	m	1530	辅助拖管
4	滚轮托架	定做	个	100	辅助拖管
5	槽钢	8m × 10cm	根	10	加工托架
6	拖拉头	800mm	个	2	辅助拖管
7	热熔焊机	*DN* 800mm	台	1	PE管焊接

7 质量控制

7.1 执行标准

（1）GB 50369—2014《油气长输管道工程施工及验收规范》

（2）GB 50423—2013《油气输送管道穿越工程设计规范》

（3）GB 50424—2015《油气输送管道穿越工程施工规范》

（4）SY 4208—2016《石油天然气建设工程施工质量验收规范输油输气管道线路工程》

（5）SY/T 4216.1—2017《石油天然气建设工程施工质量验收规范 油气输送管道穿越》

（6）CJJ 101—2016《埋地聚乙烯给水管道工程技术规程》

7.2 质量控制措施

（1）充分做好技术及施工准备工作，施工前应做好技术交底工作。

（2）严格控制 PE 管的焊接质量、注水量及注水速度，确保达到降浮效果，对各工序进行三检制。

（3）测量人员将各种测量工具准备齐全，并经校验合格且在有效使用期内。

（4）管道回拖为连续进行，除不可抗拒的原因外，严禁在施工中无故停拖，从而增加施工风险。

（5）回拖管应漂浮在注满水的发送沟内，管道与发送沟下底及两侧无应力接触，避免硬性回拖。

（6）回拖过程中，通过半盲口及时观察 PE 管外观及管线内壁，防止回拖过程中造成 PE 管及回拖管损伤。

7.3 关键工序质量控制点

关键工序主要技术指标检验统计见表 3。

表 3 关键工序主要技术指标检验统计表

序号	检查项目	指标要求	检查时机	检验工具
1	PE 管外观检查	PE 管外表无划痕	PE 管穿装前	目测
2	回拖管线内壁检查	管线内测无氧化皮、铁锈、毛刺等	PE 管穿装前	目测
3	PE 管热熔焊接温度	温度 200～300℃	PE 管安装	测温枪

8 安全施工措施

8.1 安全标准

（1）GB 2894—2008《安全标志及其使用导则》

（2）GB 12523—2011《建筑施工场界环境噪声排放标准》

（3）JGJ 46—2005《施工现场临时用电安全技术规范》

8.2 安全保障措施

（1）认真贯彻“安全第一、预防为主”的方针，明确安全生产责任制。

（2）施工全体人员要认真遵守当地国家安全法令、法规，遵守施工现场的安全条例。

（3）在施工现场的所有工作人员应穿戴劳动防护用品，如安全帽、安全靴、安全护目镜等。

（4）施工前对所有设备进行安全检查，确认符合要求后方可作业，并注意用电安全。电气设备应设置可靠接地，必须经过检查后方可供电。

（5）保持通信系统畅通，以便遇到紧急情况时拨打急救电话请求支援。

（6）严格遵守各项安全、规章制度及相关规定，施工人员严禁触碰正在运行的生产设施；严禁动用与自己施工无关的设备等。

（7）为防止触电及烧伤事故发生，使用电焊机及电动工具要遵守操作规程，暂时用电必须按照“一机一闸一保护”的原则。

（8）为防止火灾，及时办理动火票，安全措施落实好后方可动火；在施工现场配置足够的干粉灭火器，做到“工完料尽场地清”。

9 环境保护措施

9.1 环保法规、规范

（1）GB 4281—1984《石油化工水污染物排放标准》

（2）GB 12523—2011《建筑施工场界环境噪声排放标准》

（3）GB 16297—1996《大气污染物综合排放标准》

9.2 环保保障措施

（1）施工前将相关方案和业主要求向全体施工人员进行详细技术交底；施工期间设专职 HSE 监督员对施工现场进行环境管理、监督。

（2）将施工场地和作业限制在工程建设允许的范围内，合理布置、规范围挡，做到标牌清楚、齐全，各种标识醒目，施工场地整洁文明。

（3）防止大气污染的措施：施工现场制定洒水降尘制度，指定专人负责，在易产生扬尘季节，采取洒水降尘。

（4）防止水体污染措施：施工现场严格按照废液处理要求进行处理，处理指标达标，产生的排出液经业主同意后方可排入排水系统。需要拉运至污水处理厂处理或垃圾场填埋的絮状体可通过暴晒后干燥拉运。

（5）防止噪声污染的措施：建立健全控制人为噪声的管理制度，加强施工现场的噪声检测，对产生噪声的地方采取专人检测、专人管理原则，有效控制噪声源，施工人员佩戴防噪声劳保用品。

（6）实现施工现场无环境污染事故，所产生的废料、垃圾要妥善处理。

10 效益分析

10.1 经济效益

以辽河油田建设有限公司承建的中俄东线（长岭—永清）北运河穿越工程为例，管线管径 D1219mm，管线穿越长度为 784m，可减少切削量、泥浆使用量、废弃泥浆处理量等，节约成本 35 万元，经济效益分析如下：

泥浆材料：5t × 1.2 万元 /t=6 万元。

土方切削：12000m^3 × 7 元 /m^3=8.4 万元。

泥浆处理：710m^3 × 290 元 /m^3=20.6 万元。

10.2 社会效益

采用 PE 管降浮技术，可大大提高长距离、大口径扩孔的成功率，规避因回拖管线浮力过大而造成回拖过程中磨损防腐层、回拖拉力、扭矩过大等问题带来的工程风险，具有良好的社会效益。

10.3 节能与环保

使用 PE 管降浮技术，可降低泥浆使用量、处理量，减少占地面积，满足绿色施工相关要求。

11 应用实例

实例一：中俄东线（长岭—永清）北运河穿越工程

2020 年我公司承建了中俄东线（长岭—永清）北运河穿越工程。管线管径 D1219mm，管线穿越长度为 784m，采用本工法成功进行施工，共节约成本 35 万元，产生利润 50 万元，取得了良好的经济效益和社会效益。

实例二：河北新天唐山液化天然气接收站外输管线项目

2021 年我公司承建了河北新天唐山液化天然气接收站外输管线项目（曹妃甸—宝坻段）穿越南水北调配套工程宁汉供水工程地下管涵。管线管径 D1422mm，管线穿越长度 784m，采用本工法成功进行施工，共节约成本 65 万元，产生利润 70 万元，取得了良好的经济效益和社会效益。

隧道内大口径管道全自动焊分段发送施工工法

谭永亮 刘 建 张天阳 齐 超 刘云梁

辽河油田建设有限公司

1 前言

西气东输三线中段（中卫—吉安）项目枣阳—仙桃段线路工程管线二标段起自枣阳联络压气站，桩号 EA101，终止于仙桃联络压气站，桩号 EE041，线路全长 258.3km，管径为 1219mm，壁厚为 22mm，设计压力为 10MPa，材质为 L555M（X80M），山体隧道穿越 2 次，穿越长度为 1.88km。

黄杨山 1# 隧道（图 1）水平长度 722m，采用一字坡设计，坡度为 3.39%，业主要求 2022 年 12 月 30 日全线贯通，隧道交付日期为 2022 年 11 月 30 日，传统隧道内运管 + 组合自动焊施工周期为 45 天。辽河油田建设有限公司对传统施工工艺进行改进，采用全自动焊工艺，通过研制滚轮支架，利用拖拉头牵引和分段发送工法，于 2022 年 12 月 26 日完成隧道两侧连头施工，较传统施工周期缩短近 50%，特总结出隧道内大口径全自动焊分段发送施工工法。

图 1 黄杨山 1# 隧道现场施工照片

本工法核心技术“一种基于视觉定位的管道内焊弯头对口器及对口方法”已获得国家发明专利（专利号 202111358913.7）（图 2）。

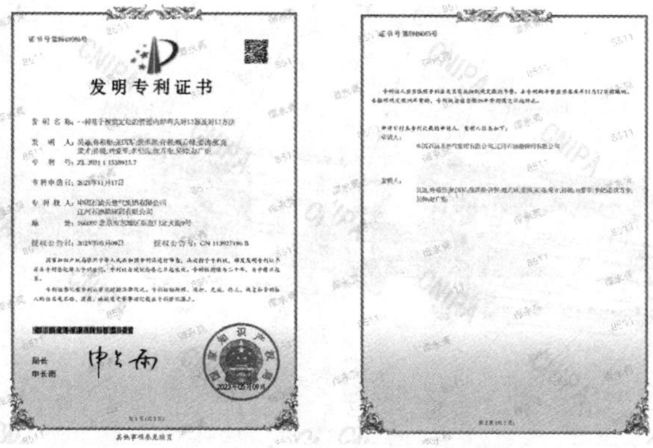

图 2　国家发明专利

2　工法特点

2.1　施工周期短

滚轮支架的研制，实现了分段焊接 + 全自动焊方法的应用，与传统运管 + 组合自动焊相比，工期缩短近 50%。

2.2　提高焊接质量

全自动内焊机附带视觉定位监测系统，保证内焊接根焊时组对精度。通过调整外焊机每层的焊接参数，与组合自动焊相比提高焊接质量，焊接一次合格率达到 99%。

2.3　改善了作业环境

传统的组合自动焊，在隧道内部进行施焊，焊接烟尘滞留在隧道内，对作业人员人身健康影响较大，本工法在隧道外进行全自动焊接，改善了作业环境，解决了狭窄空间焊接烟尘对人员身体健康的影响。

3　适用范围

本工法适用于山区坡度小于 8°，管径为 $\Phi813 \sim \Phi1422$mm 的长输油气管道隧道内管道安装施工。

4　工艺原理

利用滚轮架和拖拉头装置 + 全自动焊施工工艺，实现了山岭隧道的分段预制和发送，较传统的隧道内管道安装，提高施工效率，缩短工期，一次合格率得到显著提高。

4.1　视觉定位和动态纠偏系统

该装置是在焊机单元装上内置摄像机，根据不同管道直径，对口器装配的焊接单元数量有所不同，但每个焊接单元中均装有 1 个内置摄像机。通过焊接单元的内置摄像机进行对口间隙图像采集，计算间隙，调整涨紧气缸，判断间隙是否符合工程要求，直至完成对口（图 3）。

4.2　分段发送技术

通过自主设计完成可拆卸滚轮架和拖拉头设计，利用吊管机牵引，实现分段发送。

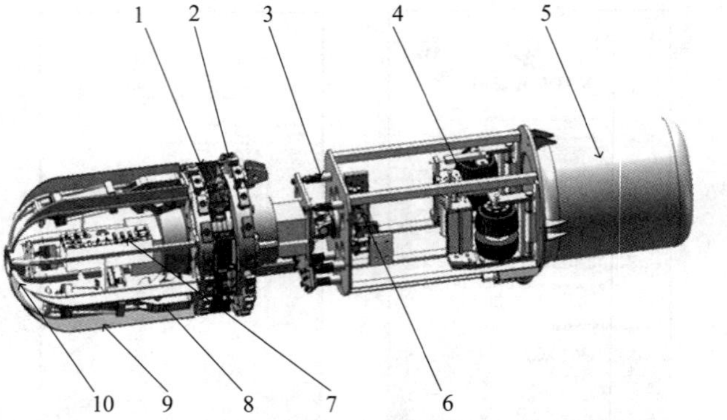

图 3　可视监控内焊机大样图

1—焊接单元；2—涨紧机构；3—机头柔性偏转机构；4—行走机构；5—储气罐；
6—刹车机构；7—控制箱；8—涨紧气缸；9—导向保护板；10—机架

滚轮架底座、滚轮总成、滚轮，每个设计承载力为 10t，可拆卸设计实现了隧道内狭窄空间倒运及安装固定难题（图 4）。

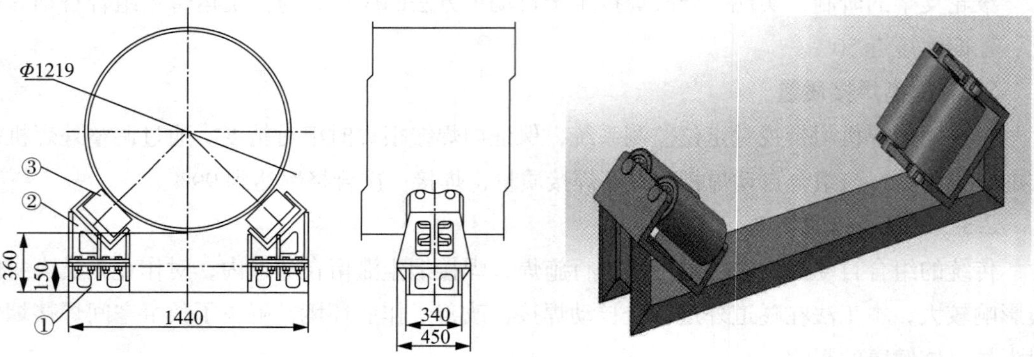

图 4　可拆卸滚轮架大样图

拖拉头在第 1 段管线前端焊接，设计抗拉强度为 900MPa，用于管道牵引（图 5）。

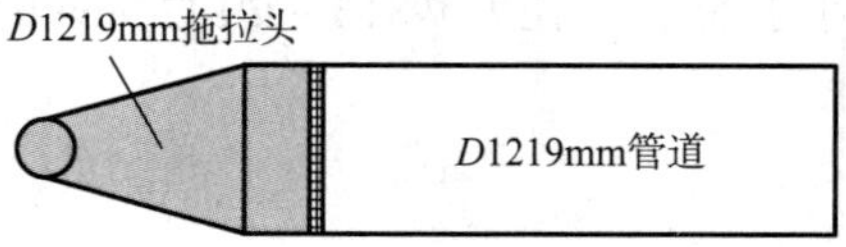

图 5　拖拉头大样图

5　施工工艺流程及操作要点

5.1　工艺流程

施工工艺流程如图 6 所示。

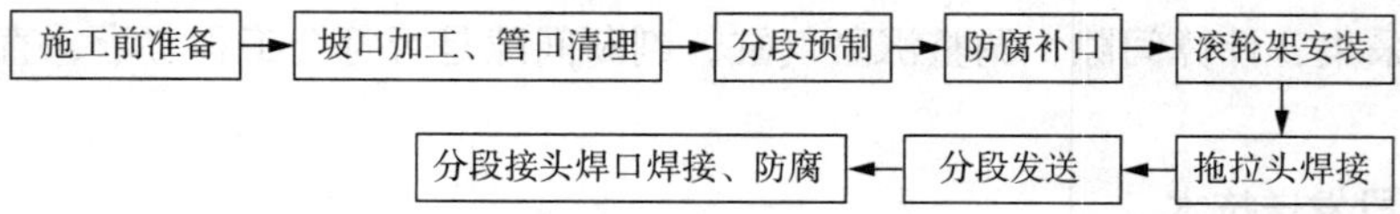

图 6　施工工艺流程图

5.2 操作要点

5.2.1 施工前准备

1. 操作人员、材料和设备准备

按照施工部署准备施工人员（参照表 1）、材料和设备（参照表 2、表 3）。

2. 操作人员培训

操作人员按批准的施工方案、山区自动焊机操作原理及作业方式进行相关的作业培训和安全培训。

5.2.2 坡口加工、管口清理

（1）全自动焊接坡口形式为复合坡口，钢管端面坡口加工尺寸、角度应符合焊接工艺规程的要求。

（2）钢管内、外表面坡口及两侧 25mm 范围内应采用机械法清理至显现金属光泽，钢管外表面 150mm 范围内用钢丝刷进行清理，不应有起鳞、磨损、铁锈、渣垢、油脂、油漆和影响焊接质量的其他有害物质（图 7）。

图 7 坡口加工照片

5.2.3 分段预制

1. 组对

（1）自动焊接管口组对前，由管工对管口进行级配测量，将周长差控制在 0 ~ 4mm。对口过程中如发现有错边量超标现象，应对管线进行旋转调整，将错边量均匀分布，旋转后如错边量仍超标，更换防腐管重新组对。

（2）管道组对采用带内焊机设备的内对口器，管制焊缝间距错开不小于 100mm。组对间隙 0 ~ 0.5mm，错边量不大于 2mm，采用吊管机吊装管道保持平稳直至内根焊全部完成（图 8）。

图 8 组对照片

2. 管口预热

（1）采用工程车配合120kW中频加热器对管口进行90～150℃预热。距坡口25mm处的圆周上均匀测量4点，加热宽度为坡口两侧各不小于75mm。

（2）将中频加热器吊到焊口位置，由辅助工操作启动控制器将加热圈的钳形口打开，将中频加热圈缓慢下放就位，防止过快撞伤防腐层（图9）。

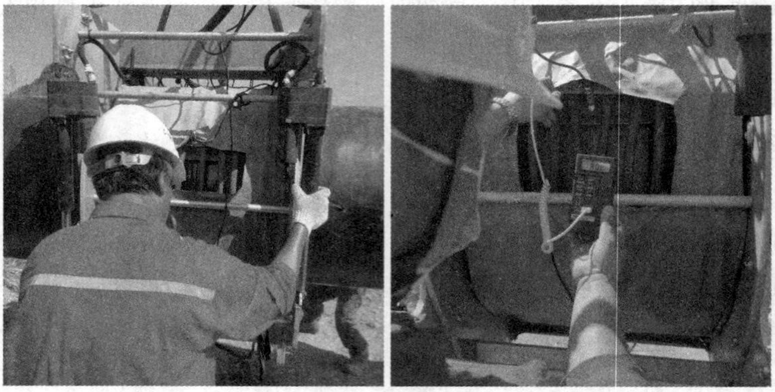

图9　管口预热照片

3. 内焊根焊焊接

（1）内焊焊工确认各项组对指标及预热温度符合焊接工艺规程的要求后，操作送达杆控制盒焊接控制按钮进行根焊焊接。

（2）焊接过程中，出现跳丝、电压不稳或焊枪不起弧等情况时，负责送达杆控制盒的焊工及时作出相应焊枪的关闭处理，待整个焊道完，采用视频检测系统对根焊质量进行检测，若合格进行下一工序，若不合格经现场监理同意后，由具有资格证的内补焊焊工按照焊接工艺规程要求进入管内对存在缺陷的位置进行打磨、焊接处理（图10）。

图10　内焊根焊焊接照片

4. 热焊焊接

（1）根焊完成后，将热焊防风保温房缓慢放置到需要焊接的相应焊口上。

（2）焊工进入防风保温房内，将焊接小车轨道卡到防腐层的指定位置，并将CPP900外焊机卡在轨道上，焊接地线放入焊缝内。

（3）焊工将电加热带卡在裸露的管口一侧，并打开加热控制器按钮（图11）。

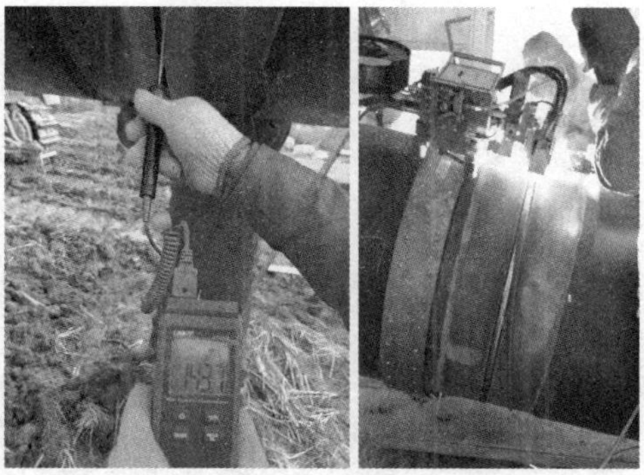

图 11　热焊焊接照片

5. 填充焊接

（1）热焊接头打磨处理完成后，采用电加热带进行层间加热，焊工进行填充焊接。

（2）焊接前，焊工先要对焊口进行检查、处理，保证层间温度符合焊接工艺规程要求，焊前进行试气。采用接触式测温仪或经接触式测温仪现场比对的红外测温仪监测层（道）间温度，温度监测在焊接方向前方距施焊处 200mm 左右的焊缝金属上进行（图 12）。

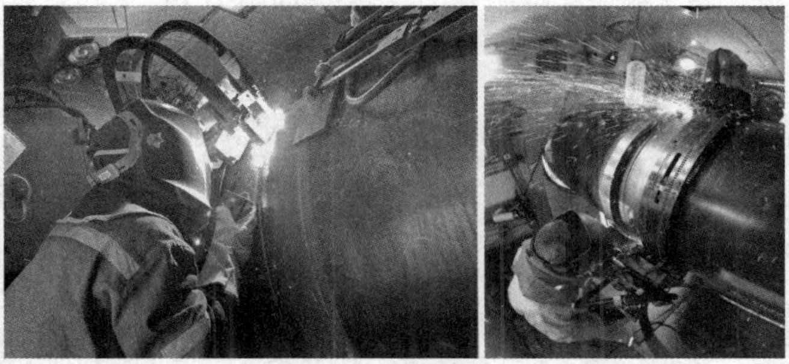

图 12　填充焊接照片

6. 盖面焊接

（1）焊接前，先要对焊口进行检查、处理，保证层间温度符合焊接工艺规程要求，焊前进行试气。

（2）焊接过程中，焊工时刻注意观察电弧在坡口两侧的熔合情况，随时调整焊炬姿态和摆动宽度。

（3）外观检查完成后，焊工进行外焊机、焊接轨道和电加热带的拆除（图 13）。

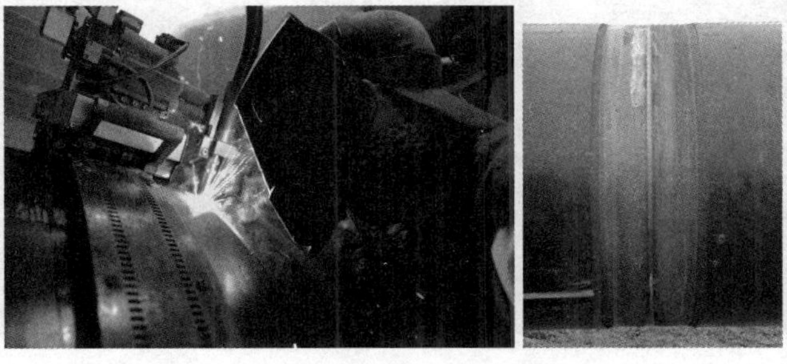

图 13　盖面焊接

5.2.4 防腐补口

焊缝无损检测合格后立即进行管线补口补伤，除锈采用自动喷装置进行喷砂，隧道管道采用压敏胶型热收缩带（无底漆）进行补口，防腐补口质量由现场监理进行确认，满足规范要求，并做好施工记录和剥离试验（图 14）。

图 14 防腐补口照片

5.2.5 滚轮架安装

隧道内滚轮架在管道支墩顺气流前方 2m 位置，间距为 12m，滚轮架底部设有防倾倒装置（图 15）。

图 15 滚轮架安装照片

5.2.6 拖拉头焊接

第 1 根三接一预制管道入洞端焊接拖拉头。拖拉头焊接工艺执行管道焊接工艺，其前端用钢丝绳和 U 形环固定（图 16）。

图 16 拖拉头焊接照片

5.2.7　分段发送

隧道出口位置设置2台吊管机进行牵引，隧道内管线在隧道入口处外进行预制、焊接，均为三接一管道。第1根三接一预制管道入洞端焊接拖拉头，将第1根预制管道放在滚轮架上，再吊装第2根三接一预制管道与第1根预制管道进行组对焊接。隧道内和隧道两侧安排3名起重工，通过对讲机进行统一指挥，管道拖拉速度控制在2m/min，以顺位顺序依次组对焊接（图17）。

图17　分段发送照片

5.2.8　分段接头焊口焊接、防腐

分段接头焊口焊接防腐同预制段管线，采用压敏胶型热收缩带补口（图18）。

图18　分段接头焊接防腐照片

5.2.9　劳动力组织

劳动力组织情况见表1。

表1　劳动力组织表

序号	职务/工种	人数	备注
1	机组长	1	负责现场总体施工安排
2	技术员	1	负责现场技术管理和指导
3	质检员	1	负责现场质量管理
4	HSE员	1	负责现场安全监督工作
5	管工	3	指挥管墩搭建、吊运钢管和管口组对
6	焊工	14	根焊3名，热焊2名，填盖8名，返修1名
7	起重工	3	负责管材吊装、牵引拖拉指挥

续表

序号	职务 / 工种	人数	备注
8	设备维修工	2	负责自动焊设备维修
9	坡口工	1	负责现场坡口加工
10	吊管机操作手	3	坡口 1 名，对口 2 名
11	挖掘机操作手	1	现场平整地面和管墩的修筑
12	焊车操作手	4	多功能 2 名，融通 2 名
13	辅助工	8	装土袋 4 名，清口 1 名，铁屑回收 1 名，看夜 2 名
合计		41	

6 材料与设备

6.1 主要材料

主要施工材料见表 2。

表 2 主要材料

序号	材料名称	规格型号	单位	数量	备注
1	滚轮架	—	组	62	发送管道
2	拖拉头	Φ1219mm	个	1	发送管道
3	钢丝绳	—	m	800	发送管道
4	根焊焊丝	—	kg	2000	打底焊
5	填盖焊丝	—	kg	20000	填盖焊
6	保护气体	—	瓶	5000	保护气体
7	吊带	—	条	20	组对
8	砂轮片	—	片	1000	清根打磨
9	U 形环	—	个	20	吊装
10	黑玻璃	—	块	100	焊接

6.2 主要设备配置

主要施工设备配置见表 3 。

表 3 主要施工设备

序号	设备名称	规格型号	数量	用途	备注
1	吊管机	90t	5 台	布管、组对、牵引	
2	吊管机	40t	1 台	坡口加工	
3	挖掘机	PC360	2 台		
4	内焊机	—	1 台	根焊焊接	
5	外焊机	CPP900	18 台	双枪自动焊	
6	焊接轨道	D406 ~ D1219mm	10 套	焊接轨道	

续表

序号	设备名称	规格型号	数量	用途	备注
7	焊接工程车	管道人 HY120	7 台	管道焊接	
8	防风保温房	$D406\sim D1219$mm	6 座	焊接防护	
9	电加热带	$D406\sim D1219$mm	6 套	层间加热	
10	钳式电流表	UT202	1 台	焊机电流、电压测试	
11	风速仪	TEST0417	1 台	风速测试	
12	温湿度仪	TM820M	1 台	温度、湿度测试	
13	红外线测温仪	T02ST20	4 台	加热温度测试	
14	焊接检验尺	40 型	6 台	组对、焊接数据测量	
15	锚纹深度仪	0918 型	1 台	检测锚纹深度	
16	涂层测厚仪	CT-100	1 台	检测漆膜厚度	

7 质量控制

7.1 执行标准

（1）GB 50369—2014《油气长输管道工程施工及验收规范》

（2）GB 50424—2015《油气输送管道穿越工程施工规范》

（3）GB/T 31032—2023《钢质管道焊接及验收》

（4）GB/T 32563—2016《无损检测 超声检测 相控阵超声检测方法》

（5）GB/T 22375—2008《压敏胶粘制品的制造、使用和回收导则》

（6）SY 4207—2007《石油天然气建设工程施工质量验收规范 管道穿跨越工程》

（7）SY/T 4109—2020《石油天然气钢质管道无损检测》

（8）国家管网相关 DEC 文件

7.2 质量控制措施

质量控制措施见表 4。

表 4 质量控制措施表

序号	控制要点	控制措施
1	气孔控制	用气体检测仪检测保护气体的浓度、纯度，检查是否未打开保护气阀门或保护气流量不够，保护气体流量是否过大，保护防护罩是否松动
2	未熔缺陷控制	错边较大时，将错边高的一侧，稍微打磨；填一之前，将未熔的地方打磨，同时略加填一一枪的送丝速度，增加电流，加大熔深
3	外表面成型控制	轨道固定与焊道平行，调整焊接参数，局部余高超标位置进行圆滑过渡打磨
4	组对间隙控制	用焊接检测尺对组对检测进行测量，通过控制柔性内焊机的涨爪对组对间隙进行微调，保证组对间隙满足焊接工艺评定要求
5	焊材保管控制	按不同型号和批号对焊材进行抽样送检，保证焊材质量合格，建立焊材库，控制焊条存放温度及湿度符合规范要求，现场做好焊材防潮处理，建立焊材收发台账
6	坡口角度控制	采用坡口角度检测工具，对复合型坡口角度进行测量，定期对坡口机的刀头进行维修、更换，保证坡口加工角度与焊接工艺评定参数一致

7.3 关键工序质量控制点

关键工序主要技术指标检验统计见表 5。

表 5 关键工序主要技术指标检验统计表

序号	检查项目	指标要求	检查时机或频次	检验工具、方法
1	气孔缺陷	评定区 10mm × 10mm，小于 6 点	焊接完成检查，每道口检查	焊工检测尺、X 射线检测机、超声检测机
2	未熔缺陷	不允许	焊接完成检查，每道口检查	X 射线检测机、超声检测机
3	外表面缺陷	被检表面不应有影响检测的锈蚀、氧化皮、焊接飞溅、毛刺、铁屑及各种防护层	焊接完成检查，每道口检查	焊工检测尺
4	组对间隙超标	0 ~ 0.5mm	组对前进行检查	焊工检测尺
5	焊材复检、存放	复检合格，满足焊材存放要求	每批次，每型号，每日检测	焊材复检报告、温湿度仪
6	复合型坡口	内焊单边角度 5°，外焊 22°	每根管	坡口角度检测工具

8 安全措施

8.1 安全标准

（1）GB 2894—2008《安全标志及其使用导则》

（2）GB 12523—2011《建筑施工场界环境噪声排放标准》

（3）JGJ 46—2005《施工现场临时用电安全技术规范》

8.2 安全风险点和控制措施

安全风险点和控制措施见表 6。

表 6 安全风险点和控制措施

序号	安全风险点	安全控制措施
1	触电风险	设备使用前，应检查并确认电气箱内各部件的完好性，确保接触点无松动情况，焊接电缆线与发电机连接电缆线均为整根电缆，避免接头漏电
2	机械伤害风险	作业前，对机械设备进行安全性检查，设备行走动作前先鸣笛警示，分段牵引由 2 名起重工通过无线对讲机进行统一指挥
3	物体打击风险	作业前，对吊装设备及吊索具进行检查，设备旋转半径区域内禁止站人
4	弧光伤害风险	焊接作业人员佩戴好劳保着装，未佩戴焊帽人员不允许直视焊接工程

9 环保措施

9.1 环保标准

（1）GB 8978—1996《污水综合排放标准》

（2）GB 12523—2011《建筑施工场界环境噪声排放标准》

9.2 环保风险点和控制措施

环保风险点和控制措施见表 7。

表 7　环保风险点和控制措施

序号	环保风险点	环保控制措施
1	油污风险	对施工设施定期维护，杜绝“跑、冒、漏、滴”造成的环境污染
2	生态破坏风险	不准超作业带用地，对施工过程破坏的植被，施工后予以恢复
3	垃圾污染风险	焊接完的焊条头回收到焊条回收桶内，每日焊条领取以前日焊条回收为基础，杜绝废焊条的随意丢弃行为

10　效益分析

10.1　经济效益

以辽河油田建设有限公司西气东输三线中段（中卫—吉安）项目枣阳—仙桃段第二标段线路工程为例，采用隧道内大口径全自动焊分段发送施工工法施工，共计完成 2460m，缩短工期 70 天，自动焊机组人员 49 人，自动焊机 18 台，360 挖掘机 2 台。本工法较传统组合自动焊增加 90t 吊管机 3 台，内焊机 1 台，滚轮架 205 组，累计节约成本 190.2 万元。经济效益分析如表 8 所示。

表 8　经济效益分析表

费用科目	隧道内管道安装	隧道全自动焊分段发送	效益对比
人工费用	134 天 ×49 人 ×0.04 万元 /（天・人）=262.64 万元	64 天 ×49 人 ×0.04 万元 /（天・人）=125.44 万元	137.2 万元
设备台班费	134 台班 ×[20 台 ×0.075 万元 /（台班・台）+2 台 ×0.15 万元 /（台班・台）–3 台 ×0.15 万元 /（台班・台）–1 台 ×0.3 万元 /（台班・台）]=140.7 万元	64 台班 ×[20 台 ×0.075 万元 /（台班・台）+2 台 ×0.15 万元 /（台班・台）–3 台 ×0.15 万元 /（台班・台）–1 台 ×0.3 万元 /（台班・台）]=67.2 万元	73.5 万元
滚轮架费用		20.5 万元	–20.5 万元
效益统计	263.88 万元	204.72 万元	190.2 万元
工期	134 天	64 天	工期节省 70 天

10.2　社会效益

隧道内大口径全自动焊分段发送施工工法的应用，缩短了施工工期，达到了业主要求工期目标，提高了焊接一次合格率，提高了企业在国内管道建设市场的核心竞争力。

10.3　节能与环保

随着施工工期缩短，施工能效降低，实现了节能的绿色施工要求。

11　应用实例

实例一：西气东输三线中段（中卫—吉安）项目枣阳—仙桃段线路施工第二标段

2022 年 12 月 6 日至 2022 年 6 月 30 日，在西气东输三线中段（中卫—吉安）项目枣阳—仙桃段线路施工第二标段，辽河油田建设有限公司采用“隧道内大口径全自动焊分段发送施工工法”技术成果，提高了隧道整体施工速度，节约了施工成本。黄杨山 1# 隧道长 0.72km，合格率为 100%，按时完成业主工期要求，较传统施工方法缩短工期 20 天，降低施工成本56.2万元。

实例二：西气东输三线中段（中卫—吉安）项目枣阳—仙桃段第三标段

2022年1月5日至2022年1月24日，在西气东输三线中段（中卫—吉安）项目枣阳—仙桃段第三标段线路工程，辽河油田建设有限公司采用“隧道内大口径全自动焊分段发送施工工法”技术成果，提高了隧道整体施工速度，节约了施工成本。当英山隧道长0.9km，合格率为99%，按时完成业主工期要求，较传统施工方法缩短工期27天，降低施工成本70.5万元。

实例三：国家管网新疆煤制气外输管道工程广西支干线第三标段

2022年2月15日至2022年3月5日，在国家管网新疆煤制气外输管道工程广西支干线第三标段，辽河油田建设有限公司采用“隧道内大口径全自动焊分段发送施工工法”技术成果，提高了整体施工速度，节约了施工成本。国家管网新疆煤制气外输管道工程第三标段线路工程高山隧道长0.84km，合格率为100%，按时完成业主工期要求，较传统施工方法缩短工期23天，降低施工成本62.5万元。

地下管道套洗拆除施工工法

尹　航　黄　锦　胡方亮　林　野　刘英鞠

辽河油田建设有限公司

1　前言

2022年，辽河油田建设有限公司承建的储运供水公司长输（油气）管道大辽河隐患整改工程，需要对废弃的旧管道进行拆除施工。被拆除的两根管道埋设于辽河入海口底部，沿岸施工作业带位于环境敏感区内，两侧均为养虾池。如采取开挖方式拆除施二，岸上部分就会涉及对养虾池的征迁工作；水下施工部分须采用抓斗船与自航泥驳船配合进行清淤作业，还需要专业潜水员配合水下切割作业，施工工序繁复、作业环境苛刻。为了实现在不开挖情况下完成废旧管道的拆除，辽河油田建设有限公司组织专业技术人员进行技术攻关，充分借鉴定向钻钻杆解卡技术及施工经验，设计研制了双马达动力管道套洗设备和配套清孔设备，同步编制了套洗管道施工方案，根据实地情况调整了套洗解卡泥浆配制方案。为促该项施工工艺更加规范化、标准化，在工程实践的基础上总结提炼了本工法。

2　工法特点

2.1　环境保护好

施工方法隐蔽于地下，不破坏管道上方的地表附着物，对施工作业区域的生态环境保护好。

2.2　施工质量好

套洗拆除施工是定向钻穿越施工的一种解卡操作，拆除管道过程与回拖管道施工相类似，仅靠一个孔洞就能够实现，施工质量好。

2.3　工程造价低

施工工期较大开挖方式大幅缩减，施工作业区域大幅降低，减少了征迁、设备调遣、施工措施和人工等费用，降低了工程造价。

2.4　施工安全性高

与大开挖方式相比，无须深基坑多级放坡、抓斗船与自航泥驳船清淤、潜水员水下作业等危大工程施工和人员高危作业，降低了施工风险等级，施工安全性更高。

3 适用范围

本工法适用于采取定向钻穿越方式埋设的地下管道拆除施工，规格≤ *DN*1000mm 管径钢质管道。

4 工艺原理

4.1 管道清洗原理

根据化学置换原理对被拆除管道进行清洗，包括废弃管道内油品推送转移和内壁清洗。

4.2 管道套洗原理

根据定向钻钻杆解卡技术原理，利用钻机的推力带动套洗环在被拆除管道上向前滑行，同时喷射泥浆润滑、降温并清洗管道上的泥屑，完成被套洗管道松动、与地层剥离操作（图 1、图 2）。

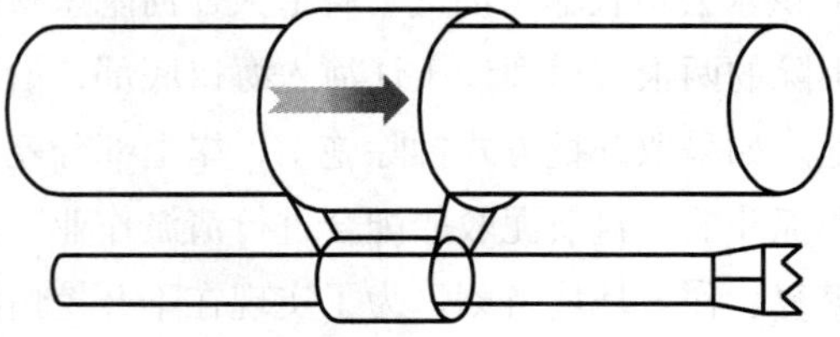

图 1 单 8 字环套洗示意图

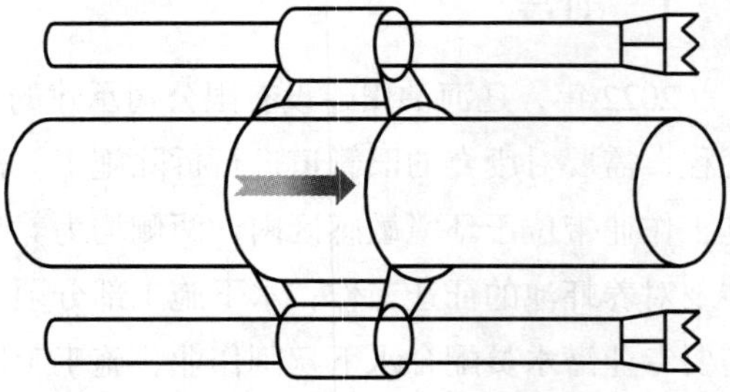

图 2 双马达动力套洗施工示意图

4.3 关键技术

4.3.1 管道清洗

（1）油品推送转移：使用气化氮气加压使管道内的清管器推动管内的油品，将油品注入施工罐车内进行转移。

（2）废弃管道内壁清洗：在废弃管道两端安装收发球筒，在发球筒端安装清管器，注入 80℃热水和清洗药剂，经过注液—浸泡—置换过程，实现对管道内壁附着物的清理。

4.3.2 管道套洗

水平定向钻机配合专门的套洗工具进行套洗施工，严格控制每根钻杆的推拉力和泥浆压力，防止钻杆断裂和沿途冒浆。

4.3.3 管道拆除

套洗完成，管道可以在孔内松动后，利用钻机的牵引力和夯管锤的助力将管道从孔洞内拔出。

5 施工工艺流程及操作要点

5.1 施工工艺流程

施工工艺流程如图 3 所示。

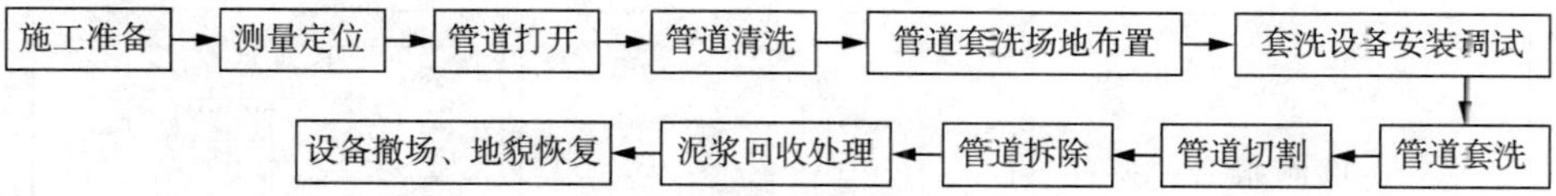

图3　工艺流程图

5.2　操作要点

5.2.1　施工准备

（1）施工人员进场前做好三级教育，特殊岗位人员全部持证上岗，做好登记、造册、备案的管理工作。

（2）施工前交底培训，使施工人员充分掌握现场的地形、地貌和水文地质资料。

（3）对作业区的水源进行检测，提前做好泥浆方案设计。

5.2.2　测量定位

（1）根据设计图纸及业主提供的复测报告，进行旧管道走向测量，标记旧管道轴线。

（2）根据测量轴线及相关方案要求放出施工所需作业范围边线。

5.2.3　管道打开作业

1. 定位开挖

根据设计图纸和管道复测报告，利用 RTK 测量找到旧管道管头位置，开挖出 3m × 2m × 2m 深作业坑。作业坑内铺设防渗布，作业坑周边布置吸油毡。

2. 管道打开及预制件安装

剥离管道外防腐层及保温层采用冷切割的方式将管道切断打开。施工前预制清管器收发装置 1 套，安装清洗用转换头及阀门。

5.2.4　管道清洗

1. 检压试漏

启动氮气机向管道内注入氮气升压。管道压力升至 0.8MPa 后，12h 内稳压在 0.7MPa 以上视为检压合格。

2. 清管器清除管内残油

投入清管器，注入 80℃热水，清洗期间管道压力控制在 0.8MPa 以内。向前推进清管器，当确定清管器进入接收装置后，卸净管内余压。取出清管器后，封闭系统。

3. 化学除油除垢清洗

将 80℃热水与清洗药剂注入管道内，浸泡 6h。重复“注液—浸泡—置换”的过程，直至开孔检测合格。

4. 热水冲洗

注入热水进行冲洗，当注入水量达到 3 倍管容后，每半小时取水样进行化验，直至检测合格（图 4、图 5）。

5. 清管器清除管内残液

将存水清除，采用压缩空气继续进行空气吹扫，将管内风干。

6. 以上程序所产生洗出液送到业主指定地点。

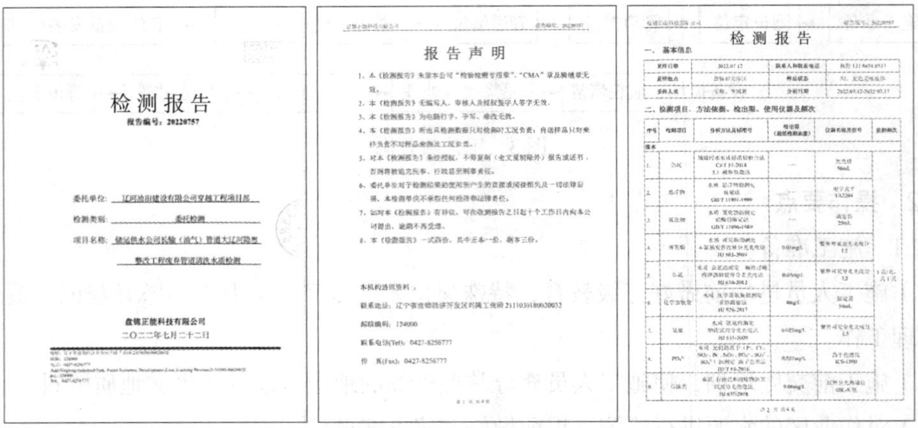
检 测 报 告
报告编号：20220757

委托单位：辽河油田建设有限公司穿越工程项目部
检测类别：委托检测
项目名称：锦运供水公司长输（油气）管道大辽河隐患整改工程废弃管道清洗水质检测

盘锦正能科技有限公司
二〇二二年七月二十二日

报 告 声 明

1．本《检测报告》未盖本公司“检验检测专用章”、“CMA”章及骑缝章无效。
2．本《检测报告》无编写人、审核人及授权签字人签字无效。
3．本《检测报告》为电脑打字，手写、涂改无效。
4．本《检测报告》所出具检测数据只对检测时工况负责；自送样品只对来样负责不对样品来源及工况负责。
5．对本《检测报告》未经授权，不得复制（全文复制除外）报告或证书，否则将被追究民事、行政甚至刑事责任。
6．委托单位对于检测结果的使用所产生的直接或间接损失及一切法律后果，本检测单位不承担任何经济和法律责任。
7．如对本《检测报告》有异议，可在收到报告之日起十个工作日内向本公司提出，逾期不再受理。
8．本《检测报告》一式四份，其中正本一份，副本三份。

本机构通讯资料：
联系地址：辽宁省盘锦经济开发区兴隆工业园 211103180020032
邮政编码：124000
联系电话(Tel)：0427-8256777
传　真(Fax)：0427-8256777

检 测 报 告
一、基本信息
二、检测项目、方法依据、检出限、使用仪器及频次

图 4　管道清洗水质检测报告

图 5　管道清洗流出液对比图

5.2.5　管道套洗场地布置

（1）清理、平整施工作业带，将范围内的沟、坎等处进行适当平整。

（2）修筑进场便道，保证大型超长重型车辆通过，对裸露地面进行覆盖。

（3）挖 1 个泥浆池，表面铺防渗膜防止泥浆渗漏。四周采用钢管或隔栅进行安全防护。

（4）开挖地锚坑：将地锚放入后，地锚与墙的余空填混凝土加固，保证在管道拔出过程中地锚稳固。

（5）配浆区布置：配浆区主要设备为水罐、配浆罐、倒浆罐、除砂罐、泥浆泵。

5.2.6　套洗设备安装调试

（1）套洗钻进前应对钻机、钻具、泥浆泵等设备完好性进行检查，确保满足施工要求。

（2）将钻机就位在拆除管道中心线位置上，钻机支设角度严格按照图纸设置。单 8 字环套洗施工使用 1 台钻机，双马达动力套洗施工使用 2 台钻机。

（3）钻杆和钻头严格按照要求进行试钻，各项参数正常即可正常钻进。

5.2.7　管道套洗

根据被拆除管道规格及防腐方法进行自主设计加工，分单 8 字环套洗头（图 6）和双马达动力套洗头（图 7）2 种。套洗环规格为大环内径大于被拆除管道外径 100 ~ 300mm，小环内径大于螺杆马达直径 30 ~ 50mm。

图 6　单 8 字环套洗头

图 7　双马达动力套洗头

1. 单 8 字环管道套洗施工

单 8 字环管道套洗适用于 *DN* 400mm 及以下管径的管道。

采用 8 字环套洗头正向套洗管道，大环套在管道上，小环焊接在螺杆马达弯点后 50mm，连接钻杆钻机，利用钻机的推力带动套洗环在管道上向前滑行。

使用钻具组合：三牙轮钻头 +8 字环套洗头 + 钻杆。

螺杆马达沿被拆除管道轨迹向前推动，施工过程中倾角、方位角变化与被拆除管道保持一致。推力小于钻杆形变最小推力，泥浆排量保证螺杆工作压力不低于 1.5MPa。

套洗过程中泥浆排量保持在合理范围内，既能保证充分携带钻屑，又能避免因泥浆排量过大造成塌孔（图 8）。

图 8　单 8 字环套洗钻机就位

2. 双马达套洗施工

双马达套洗适用于 *DN* 400 ~ *DN* 1000mm 管径的管道。

采用双马达套洗头正向套洗管道，大环套在管道上，小环焊接在螺杆马达弯点前 30 ~ 50mm，采用 2 台钻机同步推动套洗环在管道上向前滑行（图 9）。

使用钻具组合：三牙轮钻头 + 双泥浆马达套洗头 + 钻杆。

套洗施工中螺杆马达处于被拆除管道两端部位，沿日管道地下埋设轨迹向前推进（图 10）。

图 9　双马达套洗施工钻机就位

图 10　双马达套洗施工

操作过程及要点与单 8 字环相同。

3. 泥浆性能保证

（1）套洗钻进阶段保持稳定的流变性，要求尽可能将孔内的泥沙携带出孔外。

（2）套洗过程中能够维持孔壁的稳定，防止泥浆漏失，减少推进阻力。

（3）管道拆除阶段提供润滑功能，减少管道拔出时的摩阻。

5.2.8 管道切割

使用水力式内割刀对被拆除管道进行切割。切割过程中旋转速度在 30~50r/min，当水压降低至 0.5MPa 时，可以判定切割完毕（图 11）。

图 11 水力割刀试车工作照

5.2.9 管道拆除

管道松动后，利用钻机的牵引力（或滑轮组）和夯管锤的助力对管道进行试拆除。

（1）管道规格直径≤ *DN* 400mm，长度≤ 600m。

可以利用割刀在切割过程中产生管涌带入管道内的泥沙产生的大摩擦阻力，将被拆除管从套洗孔洞内拉出（图 12）。

图 12 用切割刀直接拉出被套洗管道

（2）管道规格直径≥ *DN* 400mm。

使用滑轮组 + 夯管锤辅助，通过钻杆将管道与滑轮组的拖头相连，缓慢将被拆除管道拉出（图 13、图 14）。

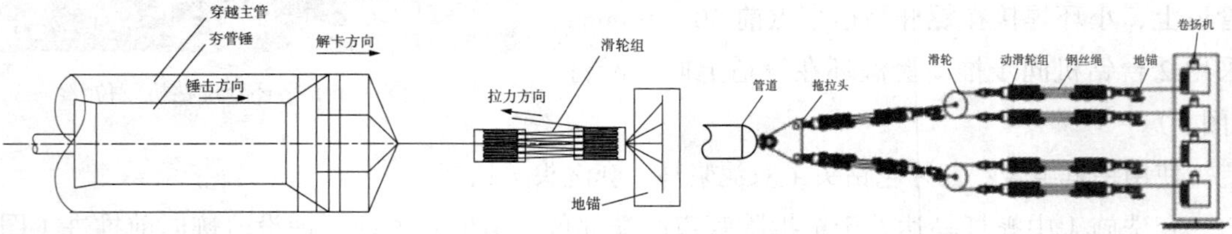

图 13 滑轮组与夯管锤结合使用示意图

图 14 夯管锤与滑轮组回拖管道施工图

5.2.10　泥浆回收处理

（1）泥浆回收：在套洗施工中，泥浆经过三级除砂处理，可重复再利用。

（2）泥浆外运：废弃泥浆外运，使用密封好的罐车运送到专业厂家处理。

5.2.11　设备撤场、地貌恢复

工程完工后，拆除所有临时设施并清理场地，将地表恢复到原有状态。

5.3　人员配置

根据被拆除管道规格确定设备，人员配置详见表 1 施工人员配置。

表 1　施工人员配置

序号	岗位	人数	备注
1	项目经理	1	组织、管理
2	技术总工	1	技术
3	生产协调	1	征地协调
4	机组长	1	施工运行
5	技术员	2	技术、资料
6	质检员	1	质量控制
7	安全员	1	HSE
8	试压人员	4	试压
9	控向员	2	控向
10	司钻工	3	定向钻机操作
11	操作手	2	配合施工
12	泥浆工	2	配置泥浆
13	电工	1	临时用电接线及电器管理
14	电焊工	1	电焊、火焊
15	清洗工	12	清管作业
16	起重工	1	指挥吊装作业
17	司机	3	皮卡、中客、越野车
18	材料员	1	材料管理
19	普工	2	配合施工
20	炊事员	1	后勤保障
合计		43	

6　设备与材料

6.1　机具设备

管道清洗、注浆施工主要设备机具见表 2，管道套洗施二主要设备机具见表 3。

表 2　管道清洗、注浆施工主要设备机具表

序号	名称	规格型号	单位	数量	备注
1	试压封头		套	2	
2	清管器		套	2	推油及清管作业

续表

序号	名称	规格型号	单位	数量	备注
3	泡沫清管器		套	2	
4	收发球筒		套	2	
5	氮气装置		套	1	
6	发电机	220kW	套	2	
7	空压机		套	1	
8	电焊机		台	2	
9	鼓风机	20kW	台	1	
10	PE 管	*D* 25mm	m	2100	
11	压力表	0～10MPa	块	4	
12	气体检测仪		台	1	
13	吊车	30t	台	1	设备吊装
14	吊车	25t	台	1	配合吊装作业
15	挖掘机		台	1	
16	罐车	30t	台	20	
17	水泥泵车		台	2	
18	水泥车		台	2	
19	卡车	5t	台	6	
20	皮卡		台	2	
21	无人机		套	1	全景监控
22	施工作业船		艘	1	漏油应急

表 3 管道套洗施工主要设备机具表

序号	名称	规格型号	单 8 字环套洗	双马达套洗
1	水平定向钻机		1 台	2 台
2	控向软件		1 套	1 套
3	套洗头		1 个	1 个
4	清孔器		1 个	1 个
5	泥浆泵	$3m^3/min$	1 台	2 台
6	泥浆回收装置	$200m^3/min$	1 套	1 套
7	发电机	220kW	1 台	1 台
8	泥浆罐		1 个	2 个
9	快速水化装置		1 个	2 个
10	螺杆马达	6-5/8in	1 个	2 个
11	三牙轮钻头	9-1/2in	1 个	2 个
12	钻杆	5-1/2in	拆除长度 +100m	2 倍拆除长度 +200m
13	螺杆泵	4in	2 个	2 个
14	电焊机		台	2 台
15	夯管锤		1 套	1 套
16	滑轮组		1 套	1 套

续表

序号	名称	规格型号	单 8 字环套洗	双马达套洗
17	千寻 /RTK		1 套	1 套
18	吊车	30t	1 台	1 台
19	挖掘机		1 台	1 台
20	中客	20 座	1 台	1 台

6.2 材料

主要施工材料见表 4。

表 4 主要施工材料表

序号	名称	规格型号	单位	数量	备注
1	液氮		t	4	
2	清洗剂		t	5	
3	水龙带	4in	m	150	
4	发泡剂		t	20	
5	吸油毡	2m × 5m	包	4	
6	拦油网	5m	m	200	
7	膨润土		t	—	
8	羧甲基纤维素钠	CMC	t	—	
9	纯碱		t	—	
10	烧碱		t	—	
11	水龙带	4in	m	150	
12	电源线	$3 \times 95mm^2$	m	30	
13	信号线	$6mm^2$	m	—	拆除长度 ×2
14	槽钢			—	
15	焊条 / 焊丝				
16	灭火器	8kg	个	8	
17	警示牌		个	16	
18	警戒带		m	1000	
19	彩条布	10m	m	400	
20	防渗布	15m	m^2	800	
21	防爆灯		个	6	
22	照明电缆	$3 \times 2.5mm^2$	m	400	
23	地线	$16mm^2$	m	20	
24	急救包		个	1	

7 质量控制

7.1 执行标准

（1）GB/T 25146—2010《工业设备化学清洗质量验收规范》

（2）GB 8978—1996《污水综合排放标准》

（3）GB 50424—2015《油气输送管道穿越工程施工规范》

（4）SY 4207—2007《石油天然气建设工程施工质量验收规范管道穿越工程》

7.2 质量保障措施

（1）管道清除残油过程和管道清洗过程控制好清管器推进的速度。

（2）暖管和清管过程控制好热水温度和清洗剂的加入比例。

（3）双马达动力套洗施工，应保持通信畅通，2 台钻机司钻与操作口令配合一致，操作过程协调统一，确保钻杆推进稳定、同步。

（4）在套洗施工后，可进行被拆除管道试回拖。如果回拖拉力大可对套洗孔洞进行清孔操作。

（5）清孔操作推力不大于 120kN/m（12t），泥浆泵排量不大于额定排量（图 15）。

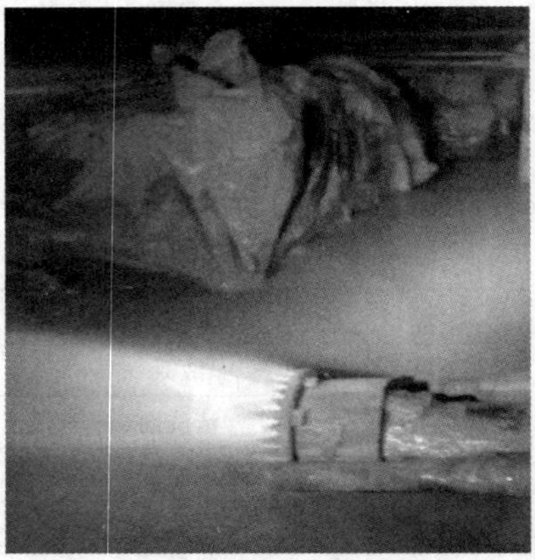

图 15 清孔施工

7.3 关键工序质量控制点

关键工序主要技术指标检验统计见表 5。

表 5 关键工序主要技术指标检验统计表

序号	检验项目	检查时机或工序	指标要求	检验工具或方法
1	检压试漏	注氮 12h 后	压力维持在 0.7MPa 以上	压力表
2	清除残油效果	残油清理	无残油	打开收球筒检查
3	管道清洗效果	内壁清洗	气体和水质化验合格	检测
4	套洗设备安装调试	套洗施工之前	钻机就位在中心线位置上，钻机倾角满足要求	千寻 /RTK 定位，陀螺仪测量
5	泥浆系统	套洗施工之前	泥浆排量≤ 5MPa	泵表，试车
6	钻具试车	套洗施工之前	钻具完好、水眼通畅	钻具检测、观察
7	套洗孔洞质量	套洗施工之后	拔出拉力≥计算拉力	推拉力表和扭矩表

8 安全施工措施

8.1 执行标准

（1）JGJ 33—2012《建筑机械使用安全技术规程》

（2）JGJ 59—2011《建筑施工安全检查标准》

（3）JGJ 276—2012《建筑施工起重吊装工程安全技术规范》

（4）GB/T 29639—2020《生产经营单位生产安全事故应急预案编制导则》

（5）JGJ 46—2005《施工现场临时用电安全技术规范》

（6）GB 2894—2008《安全标志及其使用导则》

8.2 安全保证措施

安全保证措施见表 6。

表 6 安全保证措施汇总表

序号	类别	内容
1	人员	1. 所有施工人员要明确分工，听从项目负责人的统一指挥 2. 特种作业人员必须持证上岗，关键岗位人员上岗前须进行技术考核
2	施工现场	1. 开挖工作坑超过 1.2m 深，采用放坡夯实处理，全程有安全人员进行检查监护；地质条件不稳定的工作坑进行围挡支护 2. 在工作坑两侧各设置明显的施工标示牌 3. 施工现场要设置足够的警示灯及照明设施 4. 泥浆池位置设置防护栏，螺杆泵加设保护支架
3	设备	1. 各种电气设备均应检修完好，并经常检查电源装置的安全情况 2. 施工所用高压胶管、管接头、贮气罐等应符合耐压要求，安全可靠
4	可燃气体检测	管道切割完成后利用可燃气体检测仪进行残留气体检测，如残留气体中可燃气体含量过高，则采用大功率鼓风机将可燃气体含量降低到规范允许范围
5	注氮过程	操作人员做好劳动保护用品防止冻伤；氮气放空期间存在可燃气体聚集排出风险，现场存在氧气稀少风险；作业过程中增加用可燃气体检测仪检测频率，同时做好防护工作

9 环境保护措施

9.1 执行标准

（1）2014 年 4 月修订《中华人民共和国环境保护法》

（2）GB 8978—1996《污水综合排放标准》

（3）GB/T 24001—2016《环境管理体系 要求及使用指南》

（4）GBZ/T 229.4—2012《工作场所职业病危害作业分级　第 4 部分：噪声》

9.2 环保措施

环保保障措施见表 7。

表 7 环保保障措施汇总表

序号	类别	内容
1	垃圾处理	1. 产生的垃圾在施工区内集中存放，并及时运往指定垃圾场 2. 设置废弃物、可回收废弃物箱，进行分类存放 3. 工地临时厕所指定专人清理，定期喷洒灭蝇药，避免其污染环境，传播疾病
2	污水污油	1. 在清管作业过程中，地表大面积铺设防渗布，防止作业区油品落地 2. 在生产、生活区域内设置排水沟，将生活污水、场地雨水排至指定排水沟，不随意排放 3. 机械设备运行时应防止油污泄漏污染环境
3	粉尘污染	1. 在推、装、运输泥浆等粉状材料时，轻拿轻放以减少扬尘，并采取遮盖措施 2. 车辆不带泥沙出施工现场，以减少对周围环境污染；施工区域道路上定期洒水降尘

10 效益分析

10.1 经济效益

管道套洗施工与大开挖施工费用对比见表 8。

表8 管道套洗施工与大开挖施工费用对比表

序号	对比内容	管道套洗施工	大开挖施工	节省费用 / 万元
1	施工工期	40天	80天	
2	人工费	每天2班，每班12人：24人 ×300元 /（人·班）×40天 =28.8万元	每天2班，每班8人：16人 ×300元 /（人·班）×23天 =11.04万元	−17.76
3	材料费	膨润土：900元 /t×12t=1.08万元 控向线：1000m×7元 /m=0.7万元 合计：1.08万元 +0.7万元 =1.78万元	周边建筑及管道保护加固材料费：5万元	3.22
4	油料费	柴油：6.8元 /L×22000L=14.96万元	含所有工程施工机械、船舶所用燃料：40万元	25.04
5	机械费	135t定向钻机2台：5000元 /（天·台）×40天 ×2台 =40万元 吊车30t：3000元 / 台班 ×4台班 =1.2万元 挖掘机2台：1500元 /（台班·台）×40台班 ×2台 =12万元 中客1台：380元 / 天 ×40天 =1.52万元 合计：40万元 +1.2万元 +12万元 +1.52万元 =54.72万元	吊车、挖机等各种机械费：15万元 船舶调遣费：60万元 合计：15万元 +60万元 =75万元	20.28
6	措施费	水力内切割：12万元	管道水下切割：20万元 水下管头封堵：6万元 管道分段切割后吊运：40万元 水下开挖及回填：120.48万元 合计：20万元 +6万元 +40万元 +120.48万元 =186.48万元	174.48
合计		112.26万元	317.52万元	205.26

10.2 社会效益

管道套洗拆除施工工法是定向钻穿越施工的一种逆向施工形态，是地下管道拆除施工的一种创新工艺。管道拆除过程全部在地下完成，避免了地上部分的大范围征地工作，对城区交通、河流航运、海口渔业及居民正常生产生活没有影响，最大限度地保护生态环境。

11 应用实例

实例一：储运供水公司长输（油气）管道大辽河隐患整改工程

该项目施工地点位于盘锦市辽滨开发区与营口市交界，被拆除管道采用定向钻穿越施工方式埋设于入海口底部，管顶高程为 −18.84m。管道输送介质为柴油，管道规格为 D 355.6mm×7.9mm 螺旋埋弧焊钢管，材质为 L290，防腐为加强级环氧粉末加常温型 3PE 外防腐，拆除长度为 450m。拆除施工时间为 2022 年 10 月 2 日至 2022 年 11 月 5 日。

实例二：储运供水公司长输（油气）管道大辽河隐患整改工程

该项目间距 20m 位置段，采用定向钻穿越施工方式埋设于入海口底部的原油管道，管顶高程为 −19.08m。管道规格为 D 508mm×8.7mm 螺旋埋弧焊钢管，材质为 L360，拆除长度为 470m。防腐为加强级环氧粉末外防腐，保温采用聚氨酯泡沫保温层（40mm）黄夹克保护（4.5mm）。本工程施工任务情况与实例一相同。拆除施工时间为 2022 年 11 月 6 日至 2022 年 12 月 14 日。

DMTO 装置反应器建造安装工法

石　强　唐明伟　李俊周　狄春光　梁国盛

中建安装集团有限公司

1　前言

我国石油资源的储备量有限，甲醇制取低碳烯烃是石油危机下的一种尝试。目前，DMTO 系列技术已累计技术许可 31 套工业装置（投产 16 套），对应烯烃产能 2025 万 t/a。反应器为 DMTO 装置的核心设备，DMTO- Ⅲ工艺设备与 DMTO- Ⅱ代反应器有所不同，处理产能大，内件设计更复杂，对设备制造要求更高，安装过程更复杂。中建安装集团有限公司在反应器制作安装过程中，开发出深度制作筒体成段，采用双燃烧器、整体热处理技术，大型吊车分段正装，内件热处理后安装的工艺，成功地缩短了施工周期，降低了施工成本。目前，该工艺已在多套新建工程中应用。实践证明，该工艺技术适应需要，符合发展趋势，综合效益显著，不仅能确保安装工期，而且能够保证安装质量和安全性。发布了 2 篇论文，获得 2023 年中国安装协会科学技术进步奖、申请 2 项发明专利。该成果经过查新和江苏省安装行业协会科学技术委员会评价该成果总体达到国内领先水平。

2　工法特点

2.1　采用模块组装，预制深度深

本工法采用模块化组装，将深度制作成 4 段，成功将高处作业转移到地面作业。地面模块化组装，改善了工人作业条件，利于安全操作，同时巧妙地化解了安装工期短，无法完成大量组焊作业的困难，使工期得到了保证，实现了预制化作业。

2.2　采用整体热处理方式，减少热处理次数

本工法采用了整体热处理的模式，和炉内分段热处理相比，减少了分段热处理后合拢焊缝的热处理次数，减少了燃油的消耗、加热炉的搭设等费用，并减少施工场地的占用时间，缩短了施工工期，给其他专业施工提供了足够的空间。

3　适用范围

适用于 DMTO 装置反应器建造安装工程。

4 工艺原理

本工法工艺原理：反应器制作安装采用模块化，进行现场分段组对、分段吊装、高空拼装，采用有限元仿真软件建立热处理模型，采用外部保温、内设双燃烧器工，通过自动控制技术，进行整体热处理。热处理完成后，再从下至上安装内件，待上封头重新封顶后，再进行旋风分离系统的调整、焊接。

4.1 反应器模块化预制技术

采用模块化预制，利用胎架进行瓜瓣工厂化预制。将设备分解成满足模块化要求的功能块，进行现场分段组对、分段吊装、高空拼装缩短高空组对时间，提高了组对效率。

4.2 整体热处理技术

（1）基于反应器设计结构及热处理初始方案的工艺参数，采用有限元仿真软件建立其热处理过程的简化模型结构。简化模型进行热处理过程中的结构强度验算，核算反应器整体热处理过程中的结构强度。

（2）采用外部保温、内设双燃烧器工艺，通过自动控制技术，对异形反应器进行整体热处理，消除残余应力，减少裂纹的发生，改善 DMTO- Ⅲ反应器焊接接头和热影响区的组织性能，降低硬度，提高塑韧性。

4.3 内件安装

外壳体上封头临时固定，进行整体热处理，热处理前，上筒体内焊接完成旋风分离器用临时支架，待热处理完成后，再从下至上安装内件，待上封头重新封顶后，再进行旋风分离系统的调整、焊接。

5 施工工艺流程及操作要点

5.1 施工工艺流程

施工工艺流程如图 1 所示。

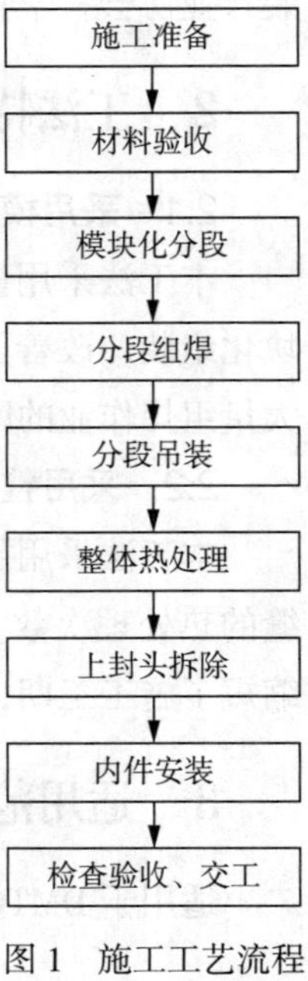

图 1 施工工艺流程

5.2 操作要点

5.2.1 施工准备

施工前应进行图纸会审、工艺文件编制、工艺文件交底等工作，焊工须持证上岗，工机具、材料等必须齐全方可施工。

5.2.2 材料验收

（1）壳体到货资料要有明确物资名称、规格型号、材质、数量、质量标准、技术要求、排版图及监检报告等内容。

（2）椭圆形封头、锥形过渡段采用冷模压成型，投料厚度为图样厚度。

（3）零部件外表面应有制造厂代号（商标）、规格、材料牌号和批号等标识，并与质量证明文件相符。零部件的表面不得有裂纹，外观应光滑、无氧化皮，表面的其他缺陷不得超过产品标准规定的允许深度。焊接件的焊接接头应成型良好，且与母材圆滑过渡，不得有裂纹、未熔合、未焊透、咬边等缺陷。

（4）焊条包装完整、标识清晰、无受潮现象，并在有效期内。焊丝无锈蚀，每盒都有标识。焊材的型号、牌号、规格、炉批号等与质量证明书相符。

5.2.3　模块化分段

反应器（Φ16900mm/Φ9000mm × 37811mm × 40mm）模块化分四大段，分段情况如图 2 及表 1 所示。

表 1　反应器模块化分段情况

分段情况	分段位置	高度 /m	金属质量 /t
第 1 段	裙座、下筒体、下封头	9	104.7
第 2 段	锥段、上筒体	12.13	208.97
第 3 段	上筒体	12.37	206.48
第 4 段	上封头	4.31	99.15

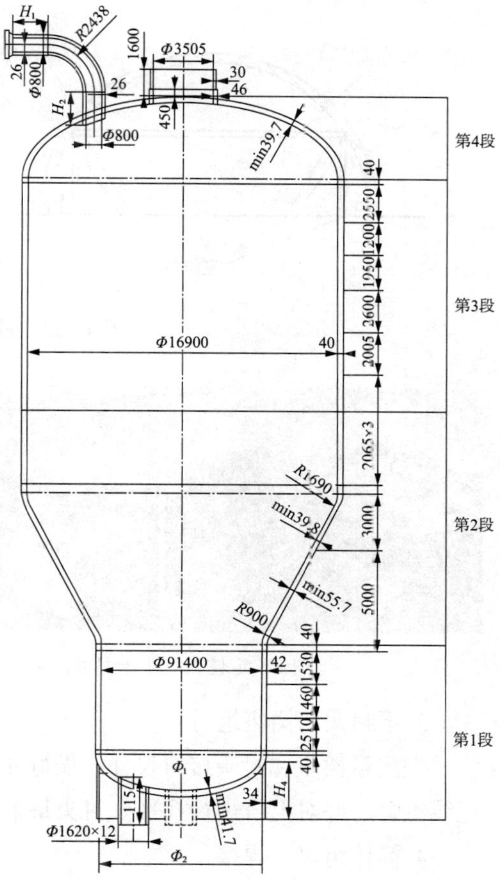

图 2　反应器模块化结构图

5.2.4　分段组焊

1. 裙座组装焊接

先将底座环拼装完成，尺寸无误后将底座环焊接。裙座筒体用吊车围板，把 7 片拼成圆筒状，每隔 400mm 焊接 100mm，内部采用 Φ159mm × 6mm 的无缝钢管在距裙座上口 800mm 设十字支撑，防止裙座的变形。组对完成后，先焊内侧，外侧气刨清根后施焊（图 3）。

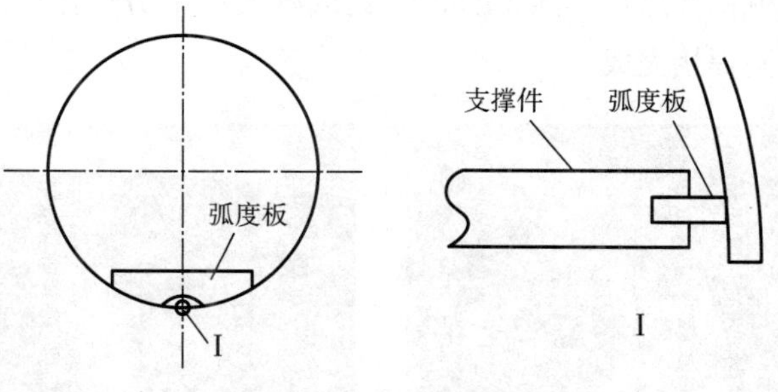

图 3　裙座支撑图

2. 封头组装焊接

利用封头组装正十二边形胎具，以定位板为基准进行围板，用工卡具使瓣片紧靠定位板，依次连接成圆（图 4、图 5）。用工卡具调整对口间隙、错边量、棱角度、椭圆度。

胎具用 Φ159mm × 6mm 的无缝钢管，或者 [16a 槽钢。

封头每条纵缝同时施焊，沿圆周均布 8 名焊工同时对环焊缝进行施焊，焊满每条焊缝大坡口侧 2/3 深度，前两层分段退焊。再按上述顺序将所有焊缝外侧焊满（图 6）。

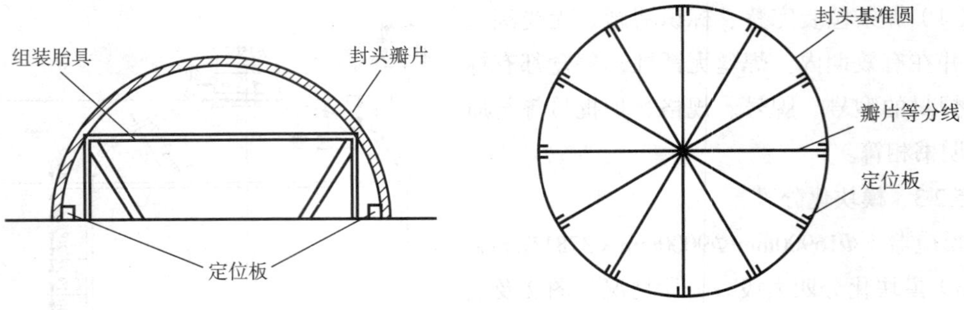

图 4　定位板、工卡具及胎具示意图

图 5　定位板、工卡具及胎具现场图

图 6　封头尺寸检查

3. 下封头与裙座组对

先测量裙座和封头接口尺寸，做好 4 条方位标记线，用吊车将封头吊到组装位置，使标记线重合，并对上口进行找平。封头每条纵缝应置于裙座预开豁口处。

4. 筒体组对、焊接

（1）下筒体筒节在最上筒节用 Φ219mm × 10mm 增加米字十字撑，第 2 段、第 3 段上筒节同增加 Φ273mm × 10mm 米字支撑，确保不变形。

（2）采用 TOFD 探伤检测（图 7），待焊缝探伤合格后按照排版图在相应位置处开口。开口前先把补强圈安装就位并点焊牢固（图 8）。完成后做好 0° 方位标记。

（3）附属平台一同焊接完成。

图 7　探伤检测

图 8　焊接预热

5.2.5　分段吊装

第 1 阶段：使用 SCC4000 型 400t 履带吊吊装第 1 段。

第 2 阶段：使用 XGC15000 型 800t 履带吊装第 2 ~ 4 段。其中，第 4 段上封头吊装分 2 次进行，第 1 次吊装在热处理之前吊装，对 DMTO- Ⅲ反应器仅吊装金属壳体，待 DMTO- Ⅲ反应器整体热处理之后，再将上封头吊下，翻身，做衬里、平台等附件。做完后，最终再吊装一次，完成 DMTO- Ⅲ反应器的封顶工作。

为了保证 DMTO- Ⅲ反应器吊装时，防止筒体出现变形，在 DMTO- Ⅲ反应器筒体内部增加支撑（图 9 ~ 图 11）。

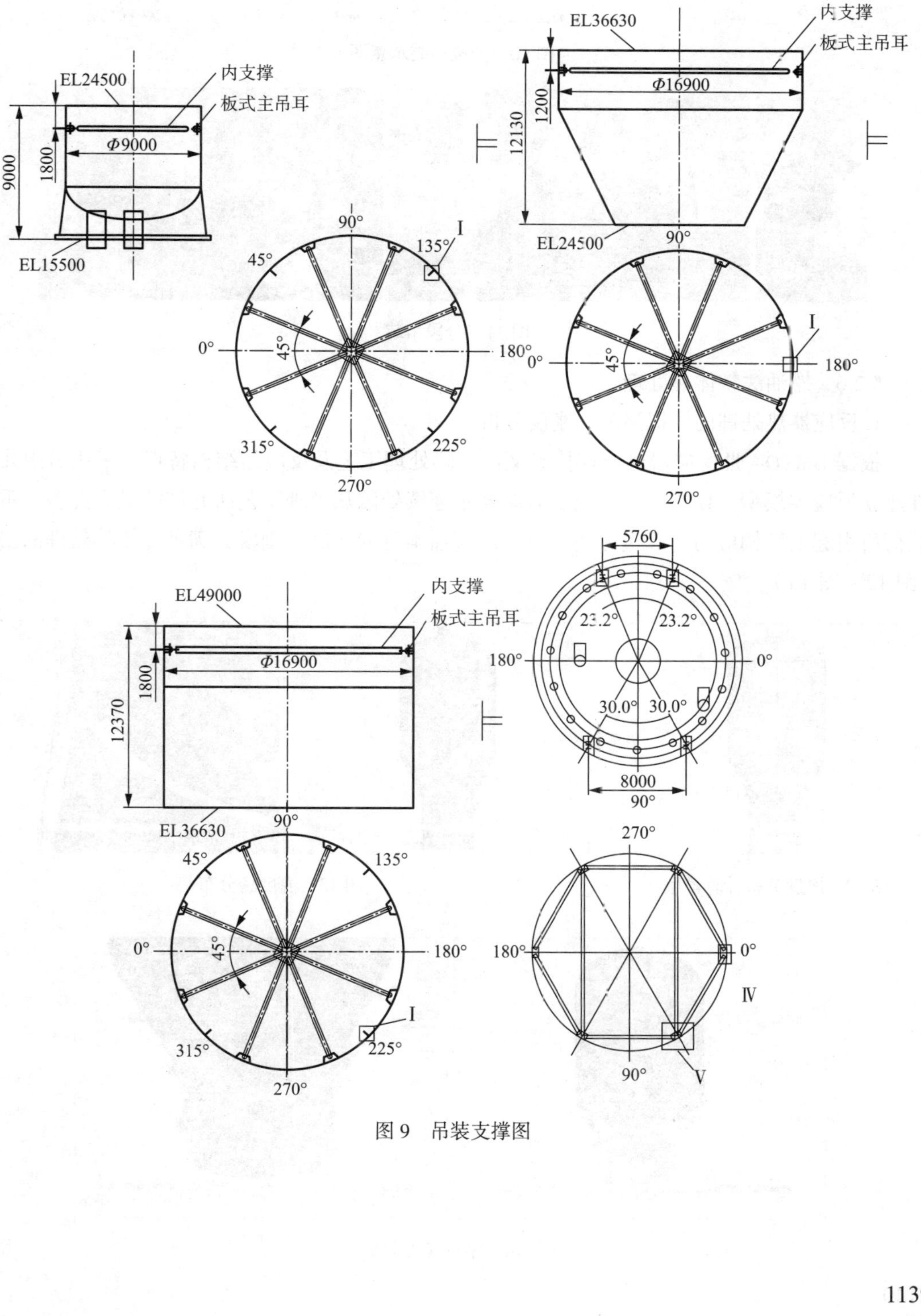

图 9　吊装支撑图

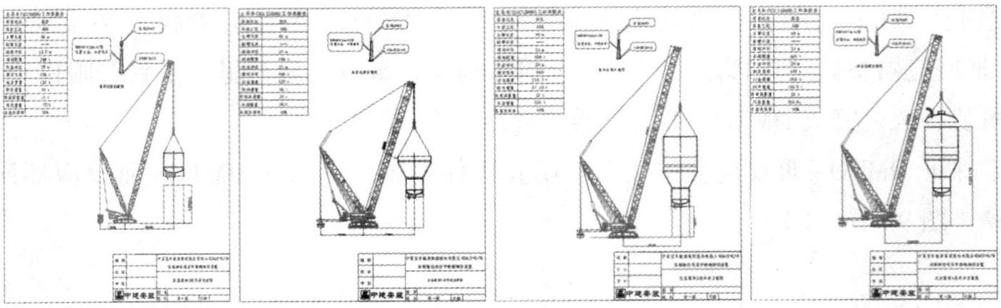

图 10　分段吊装示意图

图 11　分段吊装

5.2.6　燃油法整体热处理

1. 反应器热处理前模拟强度、刚度分析

根据 DMTO- Ⅲ反应器热处理技术文件、热处理工艺及反应器结构特点，采用有限元软件建立反应器模型。模拟不同工况下各结构不连续处因热处理工艺所允许的最大温差、重力载荷所引起的结构应力。经过分析计算，反应器本身的强度、刚度，满足整体热处理的要求（图 12 ~ 图 14）。

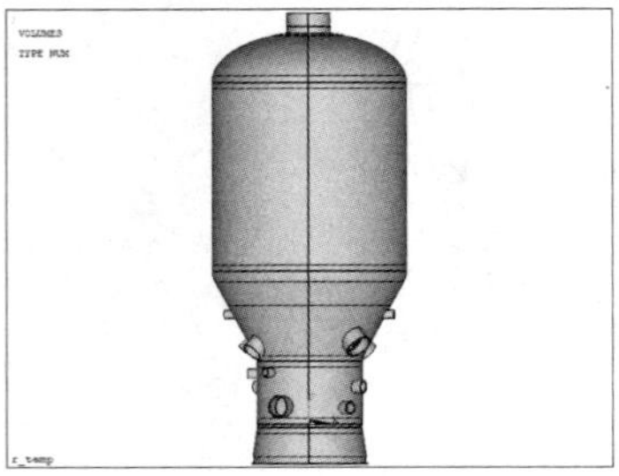

图 12　刚度分析计算模型

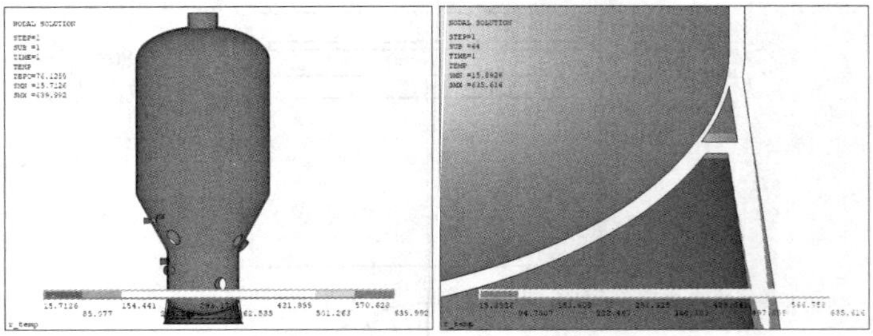

图 13　温度场分布

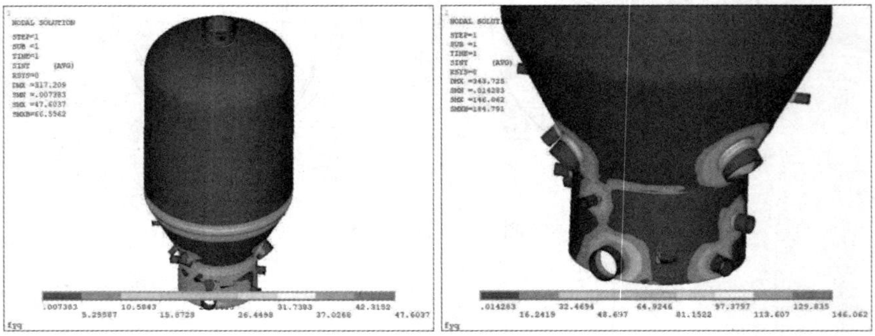

图 14　结构应力分析

2. 热处理前保温

保温厚度为 100mm，DMTO- Ⅲ反应器热处理时，裙座与下封头处设置热箱（图 15）。

3. 测温点布置

测温点应均匀布置在设备外表面，相邻测温点的间距不大于 4500mm。本次热处理在塔体上共设测温点热电偶 73 个，详见测温点布置图（图 16）。

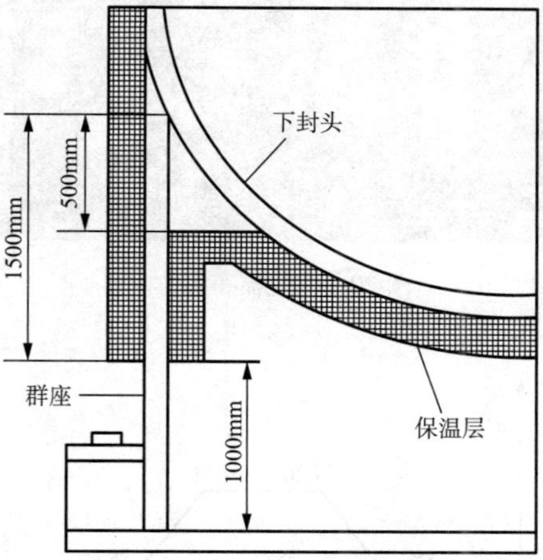

图 15　结构应力分析

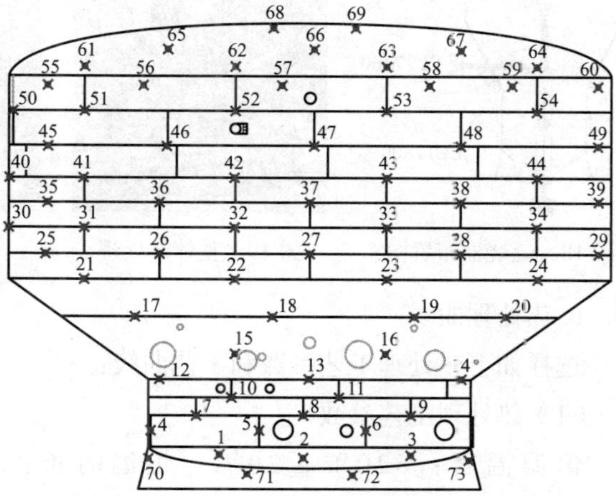

图 16　测温点布置图

4. 烟道系统

（1）烟囱高 1.5m，由 1 节 Φ500mm × 1500mm 钢管组成。烟道顶部设置自动风门，由 DCS 控制系统控制风门开度。

（2）为了 DMTO- Ⅲ反应器热处理温度均匀，采用多点排烟，将 DMTO- Ⅲ反应器工艺孔作为辅助烟囱，烟囱采用直径 Φ219mm 钢管制作。

（3）DMTO- Ⅲ反应器不与燃烧器对接的法兰，都应用过渡盲板或盲板对接上，保证热处理期间不会漏烟气，盲板材料用 6mm 钢板制作（图 17）。

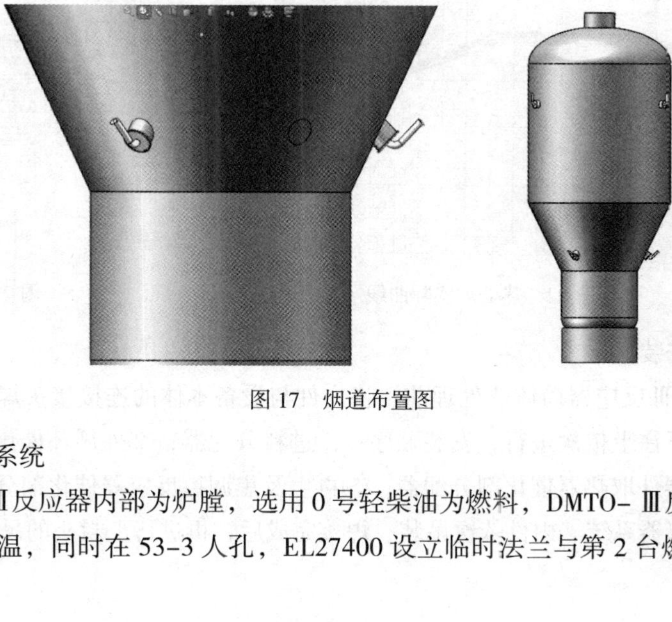

图 17　烟道布置图

5. 燃烧加热系统

以 DMTO- Ⅲ反应器内部为炉膛，选用 0 号轻柴油为燃料，DMTO- Ⅲ反应器外部用保温材料进行绝热保温，同时在 53–3 人孔，EL27400 设立临时法兰与第 2 台燃烧器对接，并设置弯管等装置，对上塔体部分进行补温加热（图 18 ~ 图 20）。

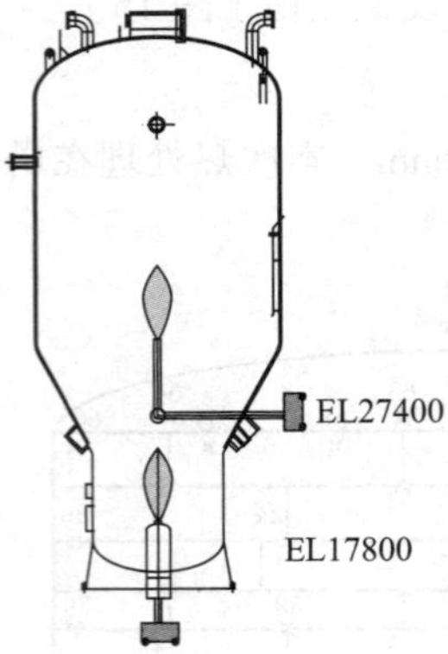

图 18　燃烧器布置图

图 19　整体热处理

图 20　燃烧器布置

6. 热处理曲线

选择如下热处理工艺参数和工艺曲线：

（1）热处理工艺参数

恒温温度：620℃ ± 20℃；恒温时长：2.3h；恒温时的最大温差：≤ 40℃；升温速度：55 ~ 80℃/ h（≤ 400℃时可不予控制）；升温时的最大温差：≤ 120℃；降温速度：55 ~ 80℃/ h；降温时的最大温差：≤ 120℃。

（2）热处理曲线图如图 21、图 22 所示。

（3）热处理硬度报告如图 23 所示。

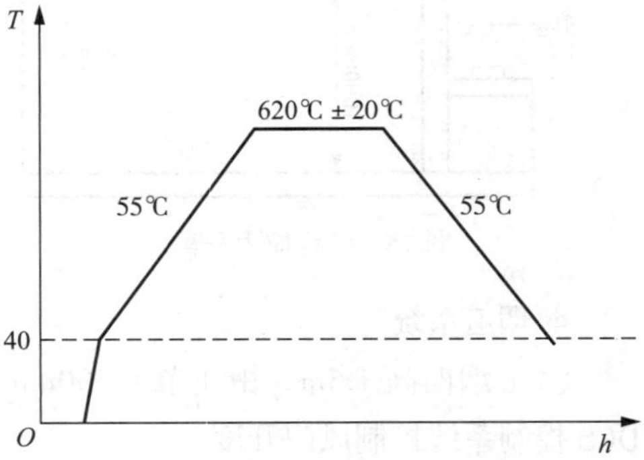

图 21　热处理曲线图

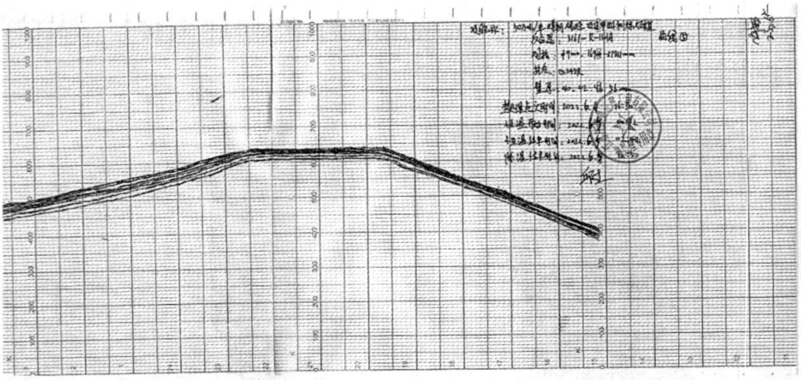

图 22　热处理实际曲线

硬度检测报告

第 1 页 共 1 页

委托单位	[illegible]	施工单位	[illegible]	报告编号	BF-3161RI101A-YDJC022-001
检件名称	容器及其配管	检测标准	[illegible]	验收标准	GB/T231.1-2009
检件规格	[illegible]	检件材质	Q245R	检测比例	100%
检测方法	里氏硬度试验法	热处理状态	热处理后	设备型号	HDY330

检测部位编号	硬度值	检测部位编号	硬度值	检测部位编号	硬度值
B2-0/1-1	173	B5-21000/1-2	192	B13-28874/1-1	172
B2-0/1-2	192	B7-0/1-1	189	B13-28874/1-2	193
B2-7000/1-1	168	B7-0/1-2	185	A95/1-1	168
B2-7000/1-2	184	B7-13290/1-1	168	A95/1-2	192
B2-14000/1-1	174	B7-13290/1-2	189	A101/1-1	168
B2-14000/1-2	192	B7-26583/1-1	169	A101/1-2	193
B2-21000/1-1	176	B7-26583/1-2	192	A107/1-1	170
B2-21000/1-2	190	B7-28874/1-1	167	A107/1-2	193
B5-0/1-1	170	B7-28874/1-2	187	A113/1-1	168
B5-0/1-2	193	B13-0/1-1	175	A113/1-2	189
B5-7000/1-1	168	B13-0/1-2	192	以下空白	
B5-7000/1-2	183	B13-13290/1-1	166		
B5-14000/1-1	168	B13-13290/1-2	185		
B5-14000/1-2	193	B13-26583/1-1	168		
B5-21000/1-1	172	B13-26583/1-2	192		

检测结论：

共检测 40 点，符合标准要求 40 点，不符合标准要求 0 点。

试验人：　资格：　审核人：　资格：　检测单位：（公章）　报告日期：2022 年 06 月 [illegible] 日

图 23　热处理硬度报告

5.2.7　内件安装

（1）DMTO- Ⅲ反应器筒体热处理前，将内件与设备本体的连接接头焊接完成。热处理后，内件安装从下往上依次进行，安装顺序：①进料分配器；②外循环催化剂分配器；③内取热器；④反应器外取热器催化剂分配器；⑤再生及焦调控反应器催化剂分配器；⑥催化剂快分；⑦旋风分离器系统。内件依次吊装、焊接完成后，再进行上封头的吊装。

（2）旋风分离器安装

旋风分离器系统主要由反应器粗旋分离器、反应器内圈单级右旋风分离器、反应器外圈单级左旋风分离器构成，与 DMTO-Ⅱ带技术相比，变成 1 组 3 个，总计 15 组，45 个分离器。分离器下方为料腿、拉紧装置、翼阀等构成，上方为出口管、支座台、吊杆等构成，上封头下方为集气室。

用临时支架支撑，将旋风分离器系统放置在上面，旋风分离器临时支架主要选用 H 型钢、槽钢、角钢等材料，详见图 24。旋风分离器待上封头安装完毕后，在 DMTO-Ⅲ反应器内部，用倒链将其从临时支架上提升。

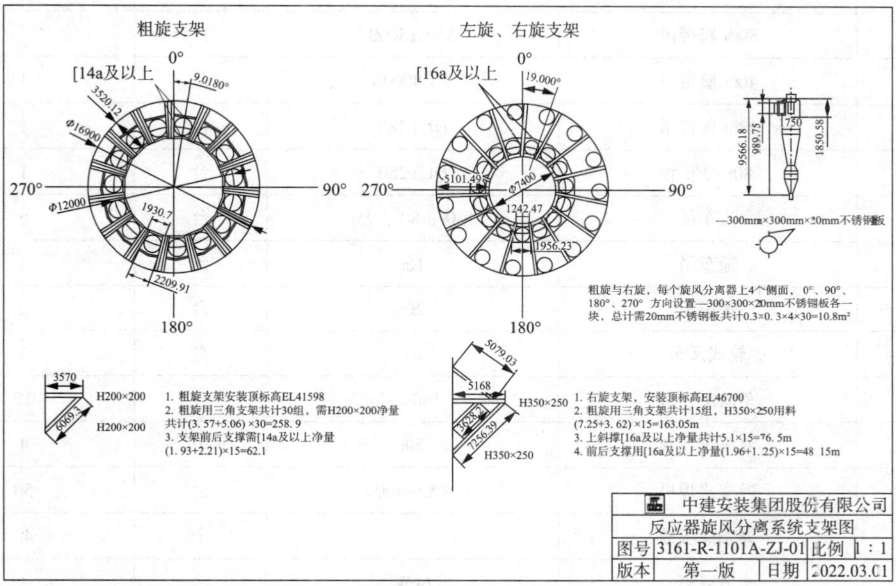

图 24　旋风分离系统支架图

（3）料腿、拉杆、翼阀、防倒锥的安装

待旋风分离器安装完成后，将料腿从旋风分离器开始，自上而下逐段组对起来，临时点固焊，料腿、拉杆安装完成后，进行翼阀安装。翼阀安装前，应先将捆扎用的铁丝、折翼板和阀体弯管间的泡沫塑料去除，并将吊环、折翼板和阀体弯管接触面上的防锈油脂清洗干净；然后根据制造厂的试验数据，用平衡催化剂重新作静态试验；若现场试验角度与制造厂提供的角度出入较大，应反复试验、校核（图 25）。

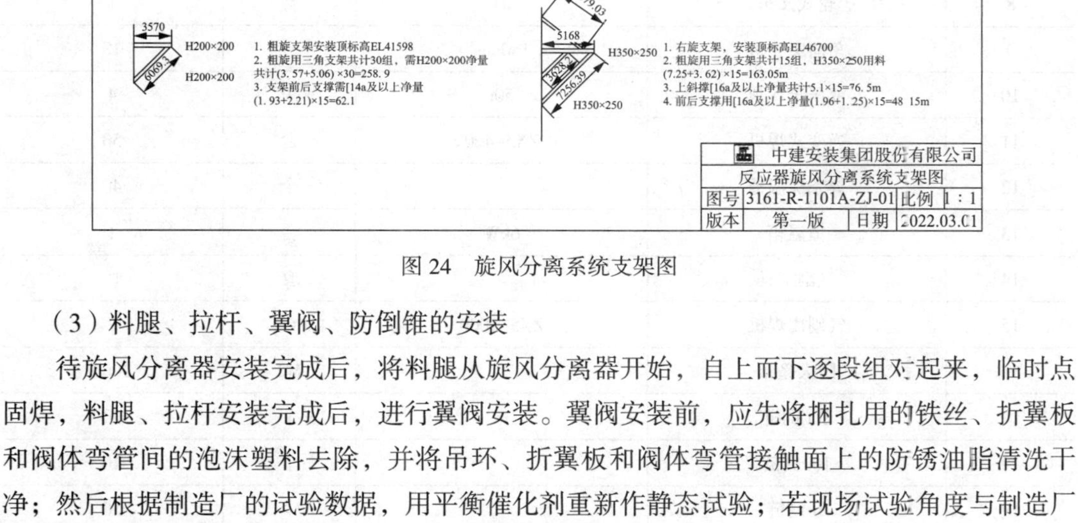

图 25　内件安装图

5.2.8 交工验收

内件安装完成后进行验收，填写交工资料。

6 设备与材料

6.1 主要机械、设备

根据本工程实际情况，投入的主要施工机械和设备见表2。

表2 主要工机具计划

序号	机械名称	型号规格	单位	数量
1	800t履带吊	XGC15000	台	1
2	400t履带吊	SCC4000A	台	1
3	280t履带吊	QUY280	台	1
4	80t履带吊	QUY280	台	1
5	汽车吊	130t、80t、25t	台	5
6	随车吊	16t	台	1
7	平板车	20t	台	2
8	轮式叉车	10t	台	1
9	角向磨光机	150mm	台	18
10	液压千斤顶	50t	个	4
11	逆变式焊机	ZX5-400	台	50
12	焊条保温桶		个	40
13	恒温箱	6kW	台	1
14	气割工具		套	10
15	气刨用焊机	ZX5-1000	台	2
16	防火篷布		M2	2000
17	20t倒链		个	30
18	10t倒链		个	40
19	5t倒链		个	20
20	钢卷尺	100m	个	2
21	直尺	1m	个	1
22	超声波测厚仪		个	1
23	焊缝检验尺	HJC-40	个	2
24	经纬仪		个	1
25	红外线测温仪		个	1

6.2 主要措施用料

投入的主要措施用料见表3。

表 3 主要措施用料

序号	名称	型号规格	单位	数量	备注
1	槽钢	[14b	m	600	反应器上封头支撑、锥段支撑、下封头支撑、旋风料腿定位平台
2	钢板	δ=6mm	m^2	170	旋风料腿定位平台、卡具
3	硅酸铝棉卷毡	50mm 厚	m^3	200	
4	钢管	Φ219mm × 10mm	m	38	
5	钢管	Φ273mm × 10mm	m	143	
6	角钢	∠ 50mm × 5mm	m	170	

7 劳动力组织

单台反应器劳动力见表 4 。

表 4 反应器制造所需人员计划

序号	工种	人数（安装阶段）
1	打磨	6
2	电工	2
3	焊工	20
4	技术员	2
5	铆工	20
6	普工	15
7	起重工	2
8	安全员	2
9	材料员	2
合计		71

8 质量控制措施

8.1 标准规范

（1）GB 150.4—2011《压力容器 第 4 部分：制造、检验和验收》

（2）SH/T 3601—2009《催化裂化装置反应再生系统设备施工技术规程》

（3）NB/T 47013—2015《承压设备无损检测标准释义》

（4）NB/T 47015—2011《压力容器焊接规程》

（5）NB/T47014—2011《承压设备焊接工艺评定》

8.2 质量保证措施

（1）材料进场时，逐张检查曲率，允许偏差≤ 3mm；同一筒节各板宽相对差≤ 2mm；每节筒节外周长累计允许偏差 ± 10mm，相邻两筒节外周长差＜ 10mm。椭圆封头、锥形过渡段成形要求见表 5。

表 5　椭圆封头、锥形过渡段成形要求

检查项目	允许偏差 /mm
样板与瓣片间隙（上、下端口）	≤ 3
长度方向的弦长	± 2.5
任意宽度方向的弦长	± 2
对角线弦长	± 3

单节筒体组对质量要求见表 6。

表 6　单节筒体组对质量要求

检查项目	允许偏差 /mm
端面不平度	≤ 2
端口圆度	≤ 25
对口间隙	2 ± 1
对口错边量	≤ 3
棱角度	≤ 5

锥形过渡段头组装质量要求见表 7。

表 7　锥形过渡段头组装质量要求

检查项目	允许偏差 /mm
组对间隙	2 ± 1
错边量	≤ 3
棱角度	≤ 5
过渡段高度	± 2.5
过渡段直边褶皱	≤ 1.5
上、下环口圆度	≤ 25
上、下环口外周长	± 10
端口不平度	≤ 2

封头组对质量标准见表 8。

表 8　封头组对质量标准

检查项目	允许偏差 /mm
错边量	3
对口间隙	2 ± 1
端口椭圆度	25
曲面高度偏差	20
封头直边高度	+5；−3
周长	± 10

（2）焊接应按焊接工艺文件的规定进行施焊，焊后将焊缝两侧的卡具等拆除，焊疤、焊瘤飞溅等缺陷打磨干净，两器的焊缝不得有咬边，其余焊缝咬边深度≤ 0.5m，焊缝两侧咬边

的连续长度≤ 100mm，并在距离焊缝 50mm 的位留打上焊工钢印。

筒体焊接后质量要求见表 9。

表 9　筒体焊接后质量要求

检查项目	允许偏差 /mm
外圆周长允差	± 8
端口圆度	≤ 25
棱角度	≤ 5

封头与锥段焊后的质量标准见表 10。

表 10　封头与锥段焊后的质量标准

检查项目	允许偏差 /mm
底部外圆周长允差	± 5
端面水平度	≤ 2
端口圆度	≤ 25
对口错边量	≤ 2
棱角度	≤ 3

（3）热处理控制质量控制措施

热处理过程中，裙座与下封头连接处以下 500mm 内温降不超过 80℃，1000mm 内温降不超过 250℃；*DN* 500mm 以上接管与主体之间的最大壁温温差控制在 120℃以内；热处理时应松开地脚螺栓，保证热处理过程中裙座部能够径向滑动。

（4）内件安装质量要求

旋风分离器安装垂直度偏差不大于 5mm，吊杆与旋分轴线偏差不大于 3mm。料腿长度偏差控制在 ± 20mm 以内。组装拉杆时，每根拉杆水平度偏差要小于 2mm/m，翼阀安装于料腿上后，折翼板的倾斜角应等于现场静态试验时所确定的折翼板实际开启的角度，其允许偏差为 0° ~ 0.5° 。

9　安全措施

（1）要求施工班组进场前进行安全教育培训，作业前进行安全交底，每日进行检查，特种作业人员持证上岗。

（2）配置足够数量的各种安全生产设施，做好施工场地的围护和安全警示标志，设立安全绿色通道，保障高处平台的作业安全。高处作业要使用合格的脚手架和安全带，安全带应高挂低用，严禁上下投掷材料或工具。

（3）现场施工动火，要取得安全动火许可证，并按规定时间和级别动火；焊接时氧气与乙炔分开存放，氧气瓶、乙炔瓶间距不小于 5m，离动火点不小于 15m，并不得放在地井盖上。

（4）脚手架搭拆必须持证上岗，需要经过验收合格后方可挂牌使用。

（5）吊装前对站位点进行处理，确保承载力合格，必须对吊装卡扣、钢丝绳进行检查，对每一个吊耳的焊接质量进行检查，吊装过程中必须确保拖拉绳、倒链安全可靠；操作人员必须熟悉“十不吊”规定，并认真执行。起重吊装严格按批准的吊装方案进行吊装作业，严格遵从吊装技术操作规程。

（6）进入受限空间作业前，必须办理受限空间作业许可证，对进入密闭空间作业所用照明及施工用电应使用不超过 12V 的安全电压和安全行灯。进入密闭空间作业的人员、工具、材料要登记，作业前后应清点，并配备应急救护器具和灭火器材；作业人员熟悉紧急状况时的外出路线、方法，每次作业时间不宜过长，应保证空气流通。

10 环保措施

（1）施工现场垃圾要及时清理出现场，并运到指定地点，严禁随意凌空抛洒；施工现场应指定专人定期洒水清扫，并形成制度，防止扬尘；作业面做到工完场清。

（2）有毒有害物品、易燃易爆物品（各种气体、油漆）等应设专用仓库保管，储存和使用都要有防泄漏措施，并设警示标识牌，有专人看护。对容易出现油品泄漏的机械和部位设置接油盘，防止油品泄漏；施工过程按规范使用专用容器和工具进行操作，避免遗洒；备好防护用品，做好应急准备。

（3）对施工过程产生的废弃物进行分类，将其中可再利用或可再生的材料进行回收再利用，不可再利用的及时清运，作业队将自产固废物倒入指定的存放处，做到日产日清，工完场清。

（4）射线检测时做好防护及警示标志，派专人进行巡视，避免射线对人、畜等的伤害。

11 效益分析

11.1 经济效益

宁夏宝丰能源集团股份有限公司 50 万 t/a 煤制烯烃项目工程运用 DMTO- Ⅲ反应器现场制作、整体热处理制造关键技术制造 DMTO- Ⅲ反应器，缩短了建设周期，节省了人工费、材料费、机械费，缩短了工期，共产生经济效益 83.67 万元（表 11）。

表 11 经济效益对比表

施工方法 对比项目	应用本工法	常规方法	效益对比
机械费	280t 吊车 40 个台班 400t 吊车 30 个台班	280t 吊车 47 个台班，1.5 万元 / 台班 400t 吊车 34 个台班，2.3 万元 / 台班	节约 19.7 万元
检测费	TOFD 检测 1155m，60 元 /m	RT 检测，3850 张片子，每张 40 元	节约 8.47 万元
措施费	内燃法热处理燃油 5t，人工 500 元 / 工日，人工 70 工日	炉内热处理，加热炉搭设 20 万元 铺设轨道 3 万元 400t 履带吊 4 个台班，2.3 万元 / 天，燃料消耗 20t 人工 420 元 / 工日，人工 70 工日	节约 55.5 万元
节约费用			节约 83.67 万元

11.2 社会效益

宁夏宝丰能源集团股份有限公司 50 万 t/a 煤制烯烃项目甲醇制烯烃装置，通过实施

DMTO- Ⅲ反应器现场制作、整体热处理关键建造技术，节省了施工人员、机械及材料消耗，极大地缩短了工期，提高了施工效率和施工质量，为 DMTO- Ⅲ反应器如期完成提供了技术保障，体现了中建安装制造技术的可靠性、经济性、先进性，具有技术先进性与行业引领性，增强了企业核心竞争力，取得了良好的社会和经济效益，为今后类似设备制造的技术应用，提供有效的理论支持，具有广阔的推广前景。

12 应用实例

实例一：宁夏宝丰能源集团股份有限公司 50 万 t/a 煤制烯烃项目

本工法于 2021 年 11 月至 2022 年 12 月在宝丰能源集团股份有限公司 50 万 t/a 煤制烯烃项目甲醇制烯烃装置 DMTO- Ⅲ反应器现场制造建设成功应用实践。实践后，项目工期减少了约 35 天，减少费用 83.67 万元。项目施工质量优秀，受到业主和监理等单位的高度赞扬。

实例二：内蒙古宝丰煤基新材料有限公司一期 260 万 t/a 煤制烯烃和配套 40 万 t/a 植入绿氢耦合制烯烃项目

2022—2023 年公司承接了内蒙古宝丰煤基新材料有限公司一期 260 万 t/a 煤制烯烃和配套 40 万 t/a 植入绿氢耦合制烯烃项目甲醇制烯烃装置 MTO 核心设备 DMTO- Ⅲ反应器的制造，取得了良好的效果，无任何质量、安全问题发生。

LNG 储罐墙体双层钢筋网片预制及安装工法

章凯华 王生亮 吴树勤 刘 洋 于洪利

中国建筑第二工程局有限公司核电建设分公司

1 前言

LNG 储罐墙体钢筋施工一般采用现场绑扎或者预制单层钢筋网片吊装工艺，但是随着 LNG 接收站朝着大型化的方向发展，建造效率提升，大型 LNG 储罐墙体钢筋工程采用现场绑扎或者单层网片预制吊装工艺，会带来钢筋、人力资源的浪费，增加建造工期，同时无法满足高处作业安全要求。

中国建筑第二工程局有限公司以漳州及龙口 LNG 储罐工程为依托，为改善以上不利情况，公司及项目组研发人员对储罐钢筋工程施工工艺及安全保障措施进行研究，形成了“LNG 储罐墙体双层钢筋网片预制及安装工法”。该工法结合装配式设计理念以及钢结构抗风柱原理的优点，创新采用双层钢筋网片预制吊装施工工艺以及设置可拆卸抗风柱用于抵抗风荷载固定钢筋网片，实现墙体钢筋工程 100% 预制吊装，有效解决了大型储罐工期较长，资源消耗量较大，安全风险较高的问题。

本工法在漳州 LNG 接收站项目以及龙口南山 LNG 接收站项目进行使用，施工质量、进度、安全得到了业主认可，收到业主国家管网集团南山（山东）天然气有限公司的表扬信。本工法通过了中国石油工程建设协会的成果鉴定，关键技术达到国内领先水平。本工法中的“一种固定墙体钢筋网片可拆卸钢管劲性柱”技术申报实用新型专利获得授权，专利号为 ZL202021047470.0。

2 工艺特点

2.1 装配式施工，效率高

钢筋工程施工是以双层钢筋网片的形式提前在地面预制完成，最后通过塔吊进行吊装就位，减少了储罐高空作业安全风险，同时该方法不占用现场过多绑扎时间，较以往现场直接绑扎施工方式以及单层钢筋网片预制吊装方式缩短墙体工期 65% 以上。

2.2 节约钢筋、人力资源

预制双层钢筋网片，较单层网片以及传统现场绑扎，可减少 50% 竖向钢筋搭接用量，同时预制钢筋网片吊装，人员投入远远少于传统现场直接绑扎。

2.3 质量好

利用吊装工具扁担梁六点起吊钢筋网片，并且设置八字剪刀撑，有效防止了大型钢筋网片在起吊过程中容易出现的变形、绑扎铁丝断裂以及倾斜等情况。

2.4 安全性强

LNG 接收站建设于沿海地带，同时储罐建设高度一般超 50m，在整个建设周期内，受大风天气影响较大，在施工过程中利用可拆卸抗风柱与双层钢筋网片连接形成稳固的受力结构，确保了 LNG 储罐安装过程安全可靠。

3 适用范围

本工法适用于 LNG、丙烷、乙烯等全容式预应力混凝土储罐工程建设。

4 工艺原理

4.1 双层钢筋网片预制工艺

钢筋工程施工是以钢筋网片的形式提前在地面预制完成，每两层墙体预制一次钢筋网片，网片宽度最大为 12m，每次需预制 26 ~ 28 张钢筋网片。钢筋网片预制完成后，利用塔式起重机将单张网片吊装至墙体相应部位与上一层钢筋进行搭接绑扎。

4.2 钢筋网片吊装抗变形工艺

双层墙体钢筋网片吊装采用扁担梁进行六点起吊，为防止钢筋网片变形破坏，在每张网片上设 2 道八字剪刀撑钢筋。剪刀撑钢筋与网片钢筋必须满绑扎，且绑扎采用八字形扣，严禁往一个方向绑扎。同时对于吊点位置的竖向及水平钢筋，100% 绑扎 2 道十字扣。

4.3 钢筋网片加固抗风工艺

钢筋网片吊装完成后，立即与钢管抗风柱进行刚性连接，形成稳固的受力结构有效抵抗风荷载。抗风柱采用直径 110mm、壁厚 10mm 的无缝钢管，在上一层混凝土浇筑前，提前预埋钢套管，待混凝土强度达到 10MPa 时，将抗风柱插入套管内。每张钢筋网片设置 3 道抗风柱，每道抗风柱与钢筋网片连接不少于 3 处。完成墙体模板施工后，拆除抗风柱重复周转使用。

5 工艺流程与施工要点

5.1 工艺流程

5.1.1 总流程（图 1）

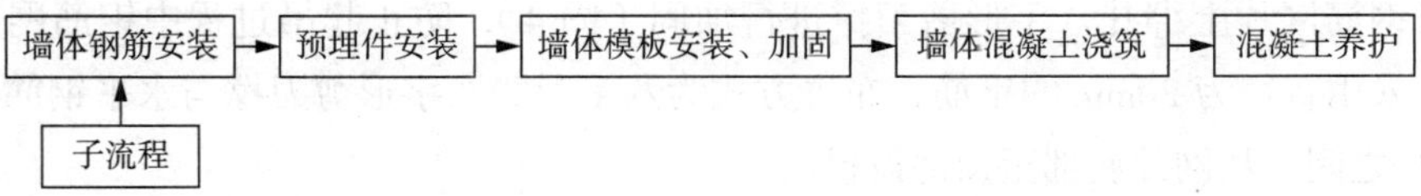

图 1 LNG 储罐墙体施工流程图

5.1.2 子流程（图 2）

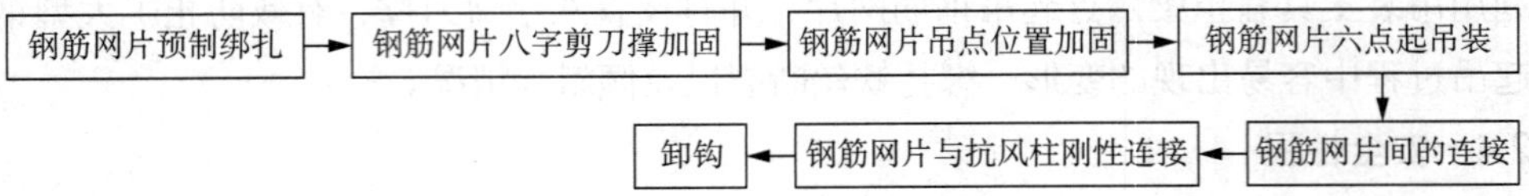

图 2 子流程

5.2 施工要点

5.2.1 墙体钢筋安装

1. 钢筋网片预制绑扎

（1）每个储罐周边选择 2 处场地，每处浇筑约 150m^2 混凝土平台用于钢筋网片制作。平台必须保证在现场塔吊使用覆盖范围内，防止预制网片构件存在二次周转现象。

（2）根据设计图纸、施工方案要求，在地面划好环向钢筋位置线，先摆放环向钢筋，预留出两侧钢筋搭接位置及搭接长度，环向钢筋上划出竖向钢筋位置线，在环向钢筋上摆放竖向钢筋，同时预留出上下钢筋搭接位置及搭接长度。

（3）钢筋预制网片采用 18 号镀锌铁丝绑扎（图 3），相邻绑扎点为八字形，此绑扎方法比较紧固，不容易产生移动和滑动，严禁往一个方向绑扎。

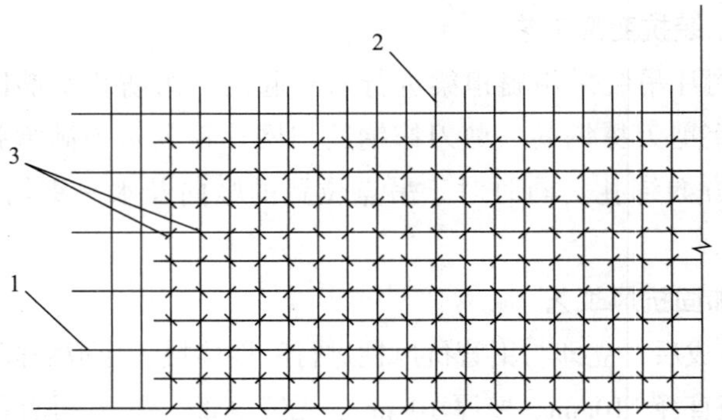

图 3 钢筋网片八字形绑扎点示意图

1—墙体环向钢筋；2—墙体竖向钢筋；3—18# 镀锌铁丝八字形绑扎

（4）每张钢筋网片高度按照 2 层墙体高度进行预制，宽度一般为 12m，最后一张网片需根据塔吊端部起重质量进行宽度核算。墙体外侧自首层开始，1—2 层、3—4 层、5—6 层、7—8 层、9—10 层、11—12 层分别制作钢筋网片。内侧自二层开始，2—3 层、4—5 层、6—7 层，8—9 层，10—11 层、12—环梁分别制作钢筋网片，每层墙体钢筋网片数量为 26~28 张。

2. 钢筋网片八字剪刀撑加固

每张钢筋网片上绑扎八字形剪刀撑进行加固（图 4），防止起吊过程中钢筋网片的变形或脱落。采用直径为 20mm 的钢筋，布置方式为八字形。八字形剪刀撑与水平钢筋角度宜为 45°~60°之间，从网片底部至顶部设置。

3. 钢筋网片吊点位置加固

每张钢筋网片采用扁担梁进行六点吊装，为防止吊点及附近钢筋集中受力而导致绑扎铁丝断裂，吊点及以上 3 道水平钢筋全部绑扎 2 道 18# 镀锌铁丝，要求该 2 道铁丝绑扎形式为交叉十字扣，吊点所在的竖向钢筋同样全部绑扎成十字扣（图 4）。

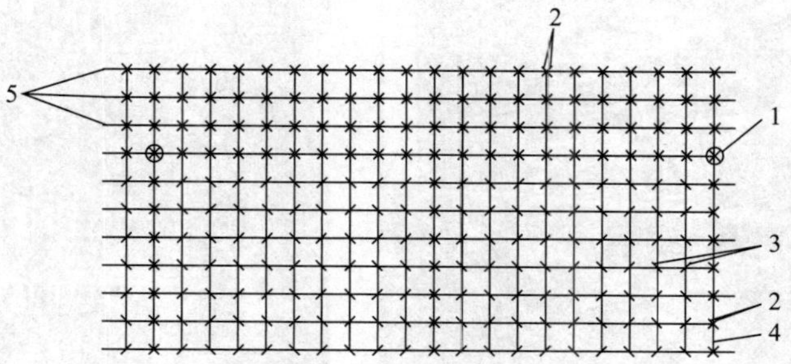

图 4　钢筋网片交叉十字扣绑扎示意图

1—起吊点；2—交叉十字扣绑扎；3—18# 镀锌铁丝八字形绑扎；4—吊点处竖向钢筋；5—吊点处以上 3 根水平钢筋

4. 钢筋网片六点起吊装

（1）钢筋网片进行吊装前检查确认并设置牵引绳，第 1 次吊装进行吊装试验，检查机械设备各项性能是否满足要求。

（2）钢筋网片吊装利用现场固定施工塔吊，因钢筋网片尺寸较大，因此预先加工一扁担横梁，采用六点进行起吊装（图 5）。横梁加工完成后进行验收，包括对焊缝的检测、载荷试验等，验收合格后方可使用。

（3）钢筋网片利用六点（六道绳索）吊装，各点同时受力，保证起吊过程中钢筋网片受力均匀。

（4）钢筋网片编号对应墙体安放位置、塔吊吊装距离及质量满足自身工况要求。

（5）钢筋网片起吊离地高度 300mm 左右时，应观察各吊点固定情况、钢筋网片是否有变形、绑扎点是否有松动等情况。

（6）吊至待安装位置的前上方，慢慢下降钢筋网片，待钢筋网片降至指定搭接位置后，进行绑扎连接。

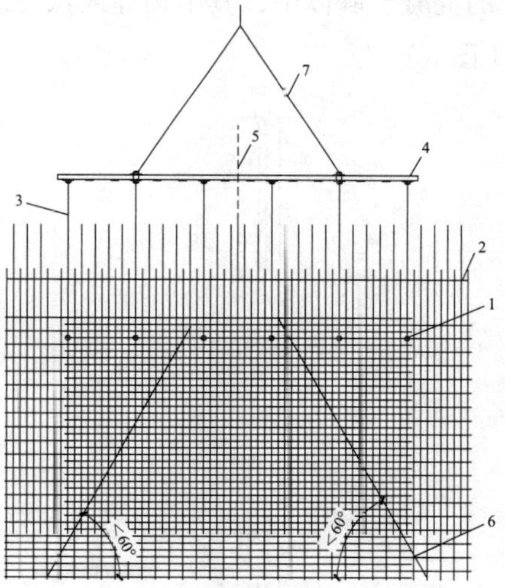

图 5　钢筋网片吊装示意图

1—3t 卡环；2—横向临时固定措施钢筋；3—14# 钢丝绳；4—扁担梁；5—网片中心；6—八字形剪刀撑；7—20# 钢丝绳

5. 钢筋网片间的连接

（1）同一侧相邻钢筋网片之间连接，绑扎搭接接头按设计要求错开，绑扎搭接长度必须满足设计要求的搭接倍数，每道水平钢筋或竖向钢筋绑扎点不少于 5 道（图 6）。

（2）在钢筋网片搭接位置（水平和竖向）全部绑扎完进行内外侧钢筋网片拉钩安装绑扎（图 7）。要求拉钩按照设计要求间距进行 100% 挂设，且用 18# 镀锌铁丝将拉钩与内外侧钢筋网片绑扎牢固。在所有拉钩完成安装绑扎后，再进行抗风柱连接、加固（图 7）。

6. 钢筋网片与抗风柱刚性连接

（1）抗风柱作用：钢管抗风柱起到稳固墙体钢筋网片，防止在大风天气或其他特殊情况下可能造成墙体钢筋网片倾覆的安全事件。

图 6 相邻钢筋网片搭接连接图

图 7 内外侧钢筋网片拉钩连接图

（2）制作抗风柱套筒埋件，采用半成品规格为 Φ133mm × 10mm 的普通钢管进行切割下料，每个套筒埋件长度 900mm，将切割好的抗风柱套筒埋件按照抗风柱位置提前埋在拟浇筑的混凝土墙体中，其中预埋入拟浇筑的混凝土 300mm，露出拟浇筑的混凝土面高为 600mm（图 8）。

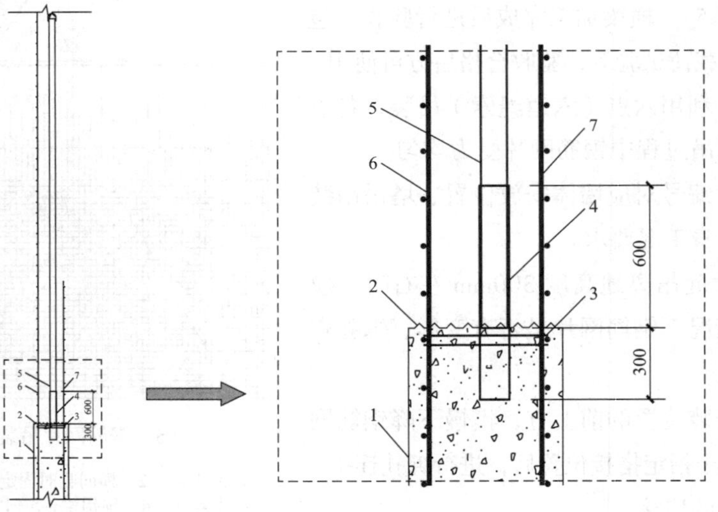

图 8 墙体预埋抗风柱套筒埋件安装示意图

1—墙体混凝土；2—施工缝；3—抗风柱预埋套筒固定钢筋；4—抗风柱预埋套筒；5—抗风柱；6、7—墙体钢筋网片

（3）制作抗风柱，采用半成品规格为 Φ110mm × 10mm 的普通钢管进行切割下料，每根抗风柱长度 8m，分别在 4.5m、6m、7.5m 位置开 20mm 孔。抗风柱顶部焊接吊耳。

（4）在钢筋网片吊装前，利用现场塔吊将抗风柱吊装插入已浇筑完成混凝土的预埋套管内。

（5）每张钢筋网片吊装就位，并且墙体相邻的钢筋网片搭接绑扎完成后，将直径 17mm 的高强螺杆穿过钢管抗风柱钻好的孔眼，利用三角螺母、垫片以及措施钢筋夹具将抗风柱与钢筋网片进行拉结固定（图 9）。每根抗风柱与钢筋网片拉结 3 道，每张钢筋网片均匀分布 3 根抗风柱，共同与钢筋网片进行刚性连接形成一个整体（图 10）。

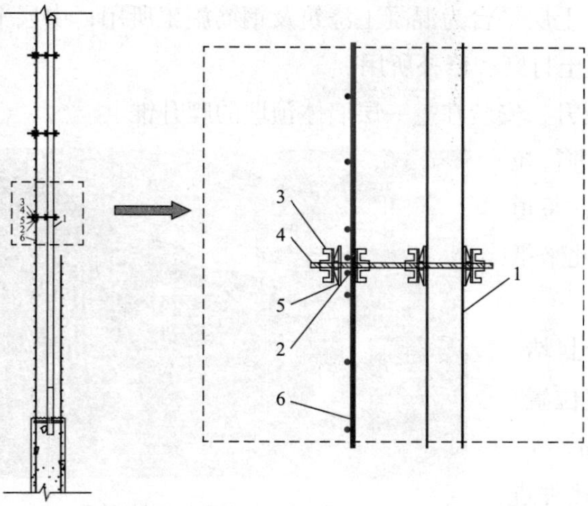

图 9　钢筋网片与抗风柱刚性连接示意图

1—抗风柱；2—措施钢筋夹具；3—三角螺母；4—高强螺杆；5—垫片；6—墙体钢筋网片

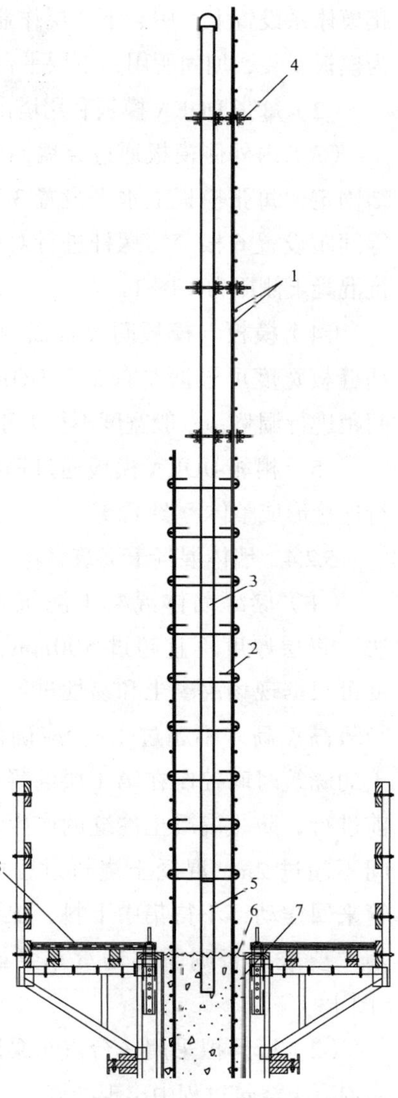

图 10　钢筋网片安装示意图

1—钢筋网片；2—拉钩；3—抗风柱；4—抗风柱与钢筋网片连接；5—抗风柱套筒；6—施工缝；7—混凝土墙体；8—作业平台

（6）待墙体模板提升安装完成后、浇筑混凝土前，将钢管抗风柱拆除以重复周转利用。

7. 卸钩

钢筋网片完成抗风固定后，塔吊慢慢松钩卸力，由专人负责将 6 个吊点吊索具进行拆除，全部拆除后进行下一张钢筋网片吊装。

5.2.2　预埋件安装

1. 钢结构埋件安装

（1）钢结构预埋件用塔吊吊至安装位置后可用铁丝或用附加定位钢筋进行临时固定，使埋件位置和垂直度偏差满足设计要求。

（2）埋件连接处进行（点）焊接，然后由测量人员对埋件进行检查，符合规范要求后，对埋件接口处进行焊接、打磨、检测、验收，可进行内模板提升安装。

（3）完成内侧模板提升后，利用混凝土螺杆支撑，通过内外模板夹紧固定，使钢结构埋件贴于内模表面。

2. 预埋波纹管安装

（1）制作措施支架，采用直径 16mm 的钢筋，制作固定波纹管用的支架。支架垂直度调整完成后，将支架与外侧钢筋网片绑扎固定牢靠。

（2）支架安装固定完成后，将波纹管放置于支架上，用铁丝将波纹管与支架绑扎牢固，支架间距不得超过 1.5m。

5.2.3　墙体模板安装、加固

（1）储罐墙体模板采用 DOKA 爬模体系。内外侧各 52 张，每张宽度 5m，高 4m。DOKA

爬模体系设置上、中、下3层作业平台，上层平台为混凝土浇筑及钢筋施工所用；中层平台为模板安装、加固所用；下层平台为混凝土打磨、修补所用。

（2）每张DOKA模板利用塔吊进行提升，安装在上一层墙体预埋的爬升锥上。

（3）内外侧模板通过穿墙高强螺杆进行拉结固定，每张模板上水平设置3道拉结，每道等间距设置6根穿墙螺杆进行对拉，以此来抵抗混凝土侧压力（图11）。

图11 内侧模板安装图示

（4）模板与模板间设置插缝板进行封堵，插缝板宽度可根据左右2个DOKA爬模位置、间距进行调整，一般宽度不得大于300mm。

（5）相邻DOKA模板通过钢结构连接件进行连接形成整体（图12）。

图12 模板连接件图示

5.2.4 墙体混凝土浇筑

（1）储罐墙体混凝土浇筑采用分层浇筑法，每层厚度不宜超过500mm，具体分层厚度可根据现场混凝土和易性进行调整，最低点与最高点高差不超过1m。应确保第2层混凝土的浇筑时间控制在第1层混凝土初凝时间之前进行，防止混凝土冷缝的产生，一般间隔时间不超过2h。混凝土浇筑过程中，汽车泵臂管来回摆动，不得集中下料，保证分层振捣及落差要求，否则需移动汽车泵或增加汽车泵（图13）。

（2）墙体拟采用3台汽车泵同时浇筑，以防混凝土浇筑过程中出现冷缝。

（3）混凝土自由下料高度不宜超过2m，将再增加1节泵车软管并向墙体下部伸入，减少因下料高度过高而导致混凝土浇筑过程中粗细颗粒的不均匀分布。

图13 墙体混凝土浇筑图示

（4）振捣采用直径为50mm的插入式振动棒，做到垂直插入，快插慢拔，且上层混凝土的振捣需在下层混凝土初凝前进行。振捣上层混凝土时振动棒插入下层混凝土深度不小于5cm也不应超过10cm，以防止振动下层已振实混凝土。插点间距宜为300~400mm，振动时间在25~30s左右（直至无气泡出现），以保证混凝土密实但不离析。

（5）对角落部位加强振捣，保证混凝土振捣密实；在振捣时严禁振动棒碰到预应力管道、预埋件、插筋和模板。

（6）混凝土振捣密实，严防漏振。采用2次振捣工艺，以提高混凝土密实度，减少表面收缩裂缝。

（7）混凝土浇筑是要避免形成冷缝，采用 2 台汽车泵同时从一处向两方向进行浇筑，另 1 台汽车泵浇筑与其中 1 台交接覆盖，每一次浇筑高度都要保证在下层混凝土初凝之前进行浇筑（图 14）。

5.2.5　混凝土养护

混凝土浇筑完毕强度达到 1.2N/mm^2 之前，混凝土表面上严禁上人、堆物和进行其他施工工作。对于墙体两侧，在模板提升后刷养护液进行养护。墙体顶部浇水保湿养护。

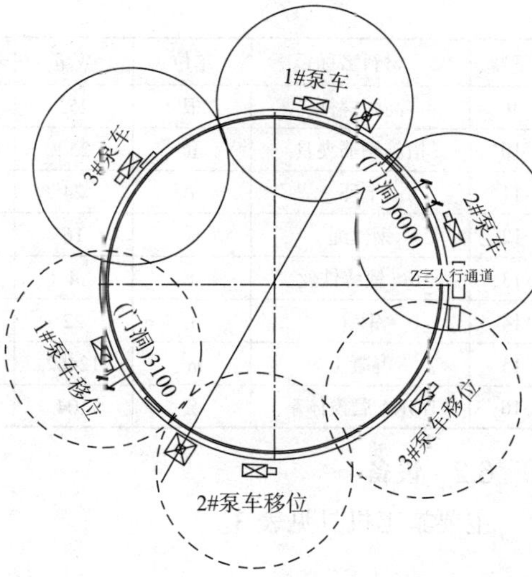

图 14　天泵站位图示

5.3　劳动力组织

劳动力组织情况见表 1。

表 1　墙体施工人员配置明细表（以 22 万 m^3 储罐为例）

序号	工种名称	人数	备注
1	钢筋工	32	负责钢筋网片预制及安装
2	吊装工	4	负责抗风柱安装及连接
3	塔吊司机	2	钢筋网片及模板吊装起重
4	塔吊指挥	4	负责钢筋网片及模板吊装指挥
5	模板工	32	负责模板安装
6	混凝土工	30	负责混凝土浇筑
7	焊工	2	负责现场焊接作业
8	电工	1	负责现场施工用电

6　材料与设备

6.1　材料

主要施工材料统计见表 2。

表 2　主要材料表（以 22 万 m^3 储罐为例）

序号	材料名称	单位	数量	型号规格	备注
1	普通钢筋	t	1226	Φ16mm、Φ25mm、Φ28mm、Φ32mm（HRB400E）	墙体外侧预制网片
2	低温钢筋	t	593	Φ25mm（GRADE500 级）	墙体内侧预制网片
3	钢筋拉钩	t	24	Φ16mm（GRADE500 级）	内外侧网片连接
4	抗风柱	根	84	Φ110mm × [illegible]0mm	固定钢筋网片
5	扁担横梁	根	2	长 10.6m	吊装钢筋网片
6	抗风拉带	根	248	1.5t	临时固定安装网片
7	三角螺母	个	1008	Φ17mm	固定钢筋网片
8	垫片	个	1008	100mm × 100mm	固定钢筋网片

续表

序号	材料名称	单位	数量	型号规格	备注
9	高强螺杆	根	252	Φ17mm	固定钢筋网片
10	措施钢筋夹具	套	252	长度 500mm	固定钢筋网片
11	卡环	个	24	3t	固定网片吊点
12	钢丝绳	根	16	6m	起吊钢筋网片
13	18# 镀锌铁丝	t	4	18#	钢筋网片预制
14	钢管	t	22	Φ48mm	模板安装
15	混凝土	m^3	12462	C50P8	
16	DOKA 爬模体系	套	104	模板宽 5m，高 4m	

6.2 设备

主要施工机具见表 3。

表 3 主要机具表（以 22 万 m^3 储罐为例）

序号	机具名称	单位	数量	型号规格	备注
1	塔吊	台	2	QTZ7535	用于钢筋网片吊装
2	钢筋切断机	台	3	GQ50A	钢筋加工
3	钢筋弯曲机	台	3	GW-40	钢筋加工
4	交、直流电焊机	台	4	BX1-400	抗风柱套筒预埋
5	台式砂轮机	台	2	S1S-200	抗风柱加工
6	水准仪	台	2	DS05	模板及钢筋网片测量
7	全站仪	台	2	CC330	模板及钢筋网片测量
8	塔尺	把	2	5m	模板及钢筋网片检查
9	钢卷尺	把	2	0 ~ 5m	模板及钢筋网片检查
10	插入式振动器	台	16	HZ6X-50	混凝土浇筑
11	天泵	台	3	臂长 56m	混凝土浇筑
12	混凝土搅拌车	台	6	12m^3	混凝土浇筑
13	汽车吊	台	1	25t	材料倒运

7 质量控制

7.1 执行的质量标准与规范

（1）GB 50666—2011《混凝土结构工程施工规范》

（2）GB 50204—2015《混凝土结构工程施工质量验收规范》

（3）GB 50300—2013《建筑工程施工质量验收统一标准》

（4）GB 1499.2—2018《钢筋混凝土用钢第 2 部分：热轧带肋钢筋》

（5）YB/T 4641—2018《液化天然气储罐用低温钢筋》

（6）GB 50026—2020《工程测量标准》

（7）GB 50009—2012《建筑结构荷载规范》

（8）JGJ 74—2017《建筑工程大模板技术规程》

（9）JGJ 162—2014《建筑施工模板安全技术规范》

7.2 质量保证措施

7.2.1 墙体钢筋安装质量保证措施

（1）钢筋原材运到现场必须有质量合格证，待现场抽检复试报告合格后方可制作。

（2）低温钢筋与普通钢筋应分开堆放，用标识牌标明，并做好覆盖等成品保护措施，尤其对低温钢筋的领用，应由专人负责。

（3）钢筋网片制作完成后挂上钢筋料牌，料牌应写上钢筋网片编号、使用部位和角度位置。

（4）钢筋网片预制完成后不宜现场放置时间过长，以防止长时间扎丝生锈对吊装整体稳定性产生影响。

（5）钢筋网片预制完成后及吊装前应进行各项检查，包括绑扎丝的要求、网片的加固、吊装扁担横梁焊接、吊索具等检查。

（6）钢筋网片安装前，先将制作好用于固定网片的钢管抗风柱安装好，并检查抗风柱的数量及是否牢靠，应满足方案中相关要求。

（7）严格控制钢筋保护层厚度，垫块不得遗漏，垫块宜事先加工，并且垫块要用同级别混凝土用水泥制作，以满足强度要求。保护层垫块必须垫在钢筋交叉点上或附近处。

（8）钢筋网片安装到位，将网片搭接位置全部绑扎完成和网片加固检验合格后，才能去掉吊钩。吊装过程使用双牵引绳。

（9）若钢筋位置与其他预埋件相互冲突，则该钢筋将被移开或弯曲。优先考虑预应力管道及预埋件（优先次序：①墙体内侧预埋件 / 预应力管道；②外侧预埋件；③模板定位锥；④钢管抗风柱；⑤对拉螺杆；⑥墙体钢筋），总体原则是优先保证预埋情况下可对钢筋网片做适当调整。

（10）混凝土浇筑时，应安排专人看模和看钢筋，检查钢筋是否有弯曲，螺母是否松动，钢筋绑扎点松开处要及时扎紧。

7.2.2 墙体模板安装质量保证措施

（1）合模时一定要打紧竖向钢围楞下端的钢楔板，使模板面板底部与下层混凝土面压紧密封，以防止漏浆情况的发生。钢板楔打紧后必须全数检查。

（2）模板安装就位后，要仔细检查其垂直度，如发现不垂直现象，要及时通过调节支撑杆调整模板的垂直度，直至达到设计的要求。

（3）相邻模板间的胶合板接缝处应用销钉打紧，或用其他现场可采用的合理措施将其打紧，以防止漏浆和保证接缝处的平整。

（4）严格检查对拉螺杆，避免拉杆出现斜拉现象，造成模板面与底部导墙面存在间隙。对墙体模板上所有对拉螺栓进行检查，确保对拉杆紧固并与波纹管无相碰情况。

7.2.3 墙体混凝土浇筑质量保证措施

（1）钢筋、模板工程完毕后，必须重新检查模板面、支撑体系和连接件、插销和紧固盘，同时做好混凝土标高控制点。

（2）混凝土浇筑前，必须做好混凝土浇筑前清理工作，对施工人员统一进行交底，要有完善的组织准备工作，提前注意天气变化，避免在雨中进行浇筑。

（3）混凝土浇筑质量必须落实到人，振捣工人实行责任制，做到谁施工谁负责，做好记录。

（4）混凝土浇筑必须严格控制速度和高度，墙体混凝土分层浇筑，振捣应布点均匀，内实外光。二次回振不能遗漏。振捣时，严禁碰撞预埋件，预应力套管。浇筑完成后安排人员进行通球试验。浇筑时严格控制混凝土的坍落度及和易性。

（5）由于混凝土浇筑时间长，应确保每个布料点均有人监督，确保浇筑全过程质量。

（6）对现场搅拌站混凝土入模温度进行检查，并要求搅拌站对原材料采取必要降温措施，确保入模温度不超过 30°。

7.3 关键工序质量控制点

关键工序质量控制点见表 4。

表 4 关键工序质量控制表

阶段	质量控制点	技术指标	检查方法	检查时机及频次
钢筋安装	钢筋原材料	钢筋应平直、无损伤，表面不得有裂纹、油污、颗粒状或片状老锈	观察	进场时和使用前，全数检查
	钢筋加工	图纸要求依据 GB 50204—2015 的要求检查加工尺寸，钢筋加工的允许偏差详见表 7	尺寸检查	按每工作班同一类型筋、同一加工设备抽查不应少于 3 件
	钢筋连接	受力钢筋连接方式及接头位置搭接尺寸，钢筋搭接尺寸详见表 9、表 10	观察，钢尺检查	钢筋网片吊装完成后，抽查 10%
	钢筋安装	钢筋安装允许偏差，详见表 6	钢尺检查	钢筋网片吊装完成后，抽查 10%
模板安装加固	模板准备工作	涂刷模板隔离剂，不得沾污钢筋和混凝土接搓处	观察	模板安装前及安装完成后，全数检查
	模板安装	模板的接缝不应漏浆；在浇筑混凝土前，木模板应浇水湿润，但模板内不应有积水；浇筑混凝土前，模板内的杂物应清理干净	观察	模板安装前，全数检查
		依据 GB 50204—2015 的要求检查安装尺寸，模板安装允许偏差详见表 8	钢尺检查	模板安装完成后，抽查 10%
	模板拆除	混凝土强度达到 15MPa	检查同条件养护试件强度试验报告	全数检查
		侧模拆除时的混凝土强度应能保证其表面及校角不受损伤	观察	拆除模板后，全数检查
混凝土施工	混凝土原材料	依据 GB 50204—2015 的要求进行原材料抽检复验	检查产品合格证、出厂检验报告和进场复验报	检查数量按进场的批次和产品的抽样检验方案确定
	混凝土制作	配合比及砂石含水率	检查含水率测试结果和施工配合比通知单	每工作班检查一次
	施工缝处理	按照施工技术方案执行	观察，检查施工记录	全数检查
	混凝土养护	按照施工技术方案执行	观察，检查施工记录	抽查 10%
	结构尺寸	拆模后的尺寸，允许偏差详见表 5	钢尺检查	拆模后，抽查 10%

表 5 现浇结构尺寸允许偏差和检验方法

项目		允许偏差 /mm	检查方法
轴线位置	基础	15	钢尺检查
	独立基础	10	
	墙、柱、梁	8	
	剪力墙	5	

续表

项目			允许偏差 /mm	检查方法
垂直度	层高	≤ 5m	8	经纬仪或吊线、钢尺检查
		＞ 5m	10	经纬仪或吊线、钢尺检查
	全高 *H*		*H*/1000 且≤ 30	经纬仪、钢尺检查
标高	层高		± 10	水准仪或拉线、钢尺检查
	全高		± 30	
截面尺寸			+8，-5	钢尺检查

表 6　钢筋安装允许偏差和检验方法

项目			允许偏差 /mm	检验方法
绑扎钢筋网	长、宽		± 10	钢尺检查
	网眼尺寸		± 20	钢尺量连续 3 档，取最大值
绑扎钢筋骨架	长		± 10	钢尺检查
	宽、高		± 5	钢尺检查
受力钢筋	间距		± 10	钢尺两端、中间各 1 点，取最大值
	排距		± 5	
	保护层厚度	基础	± 10	钢尺检查
		柱、梁	± 5	钢尺检查
		板、墙、壳	± 3	钢尺检查
绑扎箍筋、横向钢筋间距			± 20	钢尺量连续 3 档，取最大值
钢筋弯起点位置			20	钢尺检查

表 7　钢筋加工的允许偏差

项目	允许偏差 /mm
受力钢筋顺长度方向全长的净尺寸	± 10
弯起钢筋的弯折位置	± 20
箍筋内净尺寸	± 5

表 8　现浇结构模板安装的允许偏差及检验方法

项目		允许偏差 /mm	检验方法
轴线位置		5	钢尺检查
底模上表面标高		± 5	水准仪或拉线、钢尺检查
截面内部尺寸	基础	± 10	钢尺检查
	柱、墙、梁	+4，-5	钢尺检查
层垂直高度	≤ 5m	6	经纬仪或吊线、钢尺检查
	＞ 5m	8	经纬仪或吊线、钢尺检查
相邻两表面高低差		2	钢尺检查
表面平整度		5	2m 靠尺和塞尺检查

表 9　普通钢筋搭接、锚固长度要求

直径 /mm	锚固长度 /mm	搭接长度 /mm
16	520	720
20	650	900
25	800	1125
28	980	1375
32	1120	1565

表 10　低温钢筋搭接、锚固长度要求

直径 /mm	锚固长度 /mm	搭接长度 /mm
16	620	870
20	770	1090
25	960	1340
28	1170	1640
32	1340	1870

8　安全措施

8.1　执行的质量标准与规范

（1）GB 55029—2022《安全防范工程通用规范》

（2）GB 6067—2010《起重设备安全规程》

（3）JGJ 33—2012《建筑机械使用安全技术规程》

（4）JGJ 59—2021《建筑施工安全检查标准》

（5）JGJ 46—2005《施工现场临时用电安全技术规范》

8.2　安全措施

8.2.1　钢筋安装安全措施

（1）参与网片吊装作业人员已经接受相应安全教育并考试合格。

（2）钢筋网片吊装应进行吊装前的检查确认并设置牵引绳，第 1 次吊装应进行吊装试验。

（3）钢筋网片安装前检查墙体中固定抗风柱是否安装完成并牢固。

（4）钢筋网片起吊后，底下不得站人，周围人员要注意避让。现场专人监护，并提醒网片吊运行走过程中下方不得有人通过。

（5）六级风以上和雷电、暴雨、大雾等恶劣气候条件下影响施工安全时，禁止进行露天高处作业。

（6）离地面 2m 以上高空作业人员，应系上符合要求的五点式安全带。

（7）作业工人在安装就位的钢筋网片上操作时，包括搭接相邻网片、挂设拉钩、塔吊摘吊钩等，安全带挂在可靠牢固点处。

（8）钢筋网片安装及加固完成经现场工程师确认后，作业工人方可将挂在钢筋网片上吊装用的卡环摘除。

8.2.2 模板安装安全措施

（1）提模之前试块强度记录必须达到规定且技术负责人签字后方可提模。采用同条件试块，抗压强度达到 15MPa 后方可施工。

（2）模板在提升时，拆除所有模板间的连接件及下层平台连接跳板，清除平台上的所有零散物件，固定好竖向钢梁底端的钢板楔。

（3）塔吊在进行模板的提升时，司机一定要按照专门塔吊指挥员输出的信号进行操作。执行一机（塔吊）一人制度，保证吊机有专人指挥、协调。提升现场要有专人进行监护，并提醒提模下方不得有人通过。

（4）模板外侧张挂安全网，操作平台设置 3 道安全防护栏杆和挡脚板。

（5）模板上下平台爬梯前端设置挂钩以保证爬梯固定牢固。

（6）模板上堆物不得超载，不得堵塞通道。上层平台堆载不得超过 150kg/m^2，中层平台堆载不得超过 200kg/m^2，下层平台不得超过 75kg/m^2。

8.2.3 混凝土浇筑

（1）安全防护装备的使用人员每天上班前应认真检查所使用的安全用具是否完好，如有损坏应立即停止使用。

（2）泵车后台及泵臂下严禁站人，按要求操作，泵管支撑牢固。

（3）振捣和拉线人员必须穿胶鞋、戴绝缘手套，以防触电。

（4）作业后，必须将料斗内和管道内混凝土全部输出，然后对泵机、料斗、管道进行清洗。

（5）用压缩空气冲洗管道时，管道出口端前方内不得站人，并用金属网篮等收集冲出的泡沫橡胶及砂石粒。

（6）作业前，检查电源线路无破损漏电，漏电保护装置灵活可靠，机具各部件连接紧固，旋转方向正确。

（7）振捣器不得放在初凝的混凝土、楼板、脚手架、道路和干硬的地面上进行试振。如检修或作业间断时，必须切断电源。

（8）插入式振捣器软轴的弯曲半径不得小于 50cm，且不得多于 2 个弯；操作时振捣棒自然垂直地插入混凝土，不得用力硬插、斜推或使钢筋夹住棒头，也不得全部插人混凝土中。

（9）振捣器保持清洁，不得有混凝土黏结在电动机外壳上妨碍散热。发现温度过高时，停歇降温后方可使用。

（10）作业转移时，电动机的电源线保持有足够的长度和松度，严禁用电源线拖拉振捣器。

（11）电源线路要悬空移动，注意避免电源线与地面和钢筋相摩擦，以及车辆的碾压。经常检查电源线的完好情况，发现破损立即进行处理。

（12）振捣器与平板保持紧固，电源线必须固定在平板上，电器开关装在把手上。

（13）人员必须穿戴绝缘胶鞋和绝缘手套。

（14）作业后，必须切断电源，做好清洗、保养工作。振捣器要放在干燥处，并有防雨措施。

9 环保措施

9.1 环保法规、规范

（1）GB 12523—2011《建筑施工场界环境噪声排放标准》
（2）GB/T 24001—2016《环境管理体系 要求及使用指南》
（3）GB 8978—1996《污水综合排放标准》
（4）GB/T 45001—2020《职业健康安全管理体系要求及使用指南》
（5）GB 39800.1—2020《个体防护装备配备规范 第 1 部分：总则》
（6）JGJ 146—2013《建设工程施工现场环境与卫生标准》

9.2 环境保护措施

9.2.1 水环境保护措施

（1）混凝土养护用水、现场废水排放严格执行《污水综合排放标准》GB 8978—1996。

（2）将工地钢筋废料、工程废料及废油分类堆放，将建筑垃圾每天收集，并及时集运至当地环保部门指定的地点，避免造成污染。对有害物质和施工废水进行处理，严禁直接排放。

（3）施工时特别注意排水是否符合规范要求，一定将模板加固牢靠，保证产生的混凝土浆液不外泄，避免环境污染。

（4）优先安排电动机械施工，对柴油发电机安装防漏油设施，对机壳进行覆盖围护，避免漏油污染。

（5）选择临时施工场地时，设置排水沟，防止生活污水污物排放入海，保护生态环境。

（6）现场浇筑混凝土过程中产生的混凝土渣不得乱弃，必须及时清理干净，罐车浇筑后清洗的水不得直接排放在水体中。

（7）禁止施工人员向江河中抛弃垃圾，排放废水、废油和冲洗物。

9.2.2 噪声控制措施

（1）选用性能优良、噪声低、保养良好的施工设备，并加强设备的现场维修和保养，保证设备长期处于正常的运转状态。

（2）对自卸货车、起重机等移动机械采用安装排气管消音器减低噪声；对空压机、搅拌机、水泵、柴油机组、电动机组等固定机械采用隔离机器的振动部件来降低噪声。

（3）合理安排施工作业时间，尽量降低夜间车辆出入频率，夜间施工不得安排噪声很大的机械。

（4）机械车辆途经居住场所时应减速慢行，不鸣喇叭。

（5）合理安排工作进度和工作面，适当控制机械布置密度，条件允许时拉开一定距离避免机械过于集中形成噪声叠加。

9.2.3 文明施工措施

（1）在施工队伍进场前，首先对所有参建职工进行精神文明和文明施工教育，增强文明施工意识，创建安全文明工地，在本工程中树立文明企业形象。

（2）施工现场做到挂牌施工，工地现场机具、料具和施工材料堆放整齐，工地生活设施清洁文明。

（3）在施工班组推行“6S 管理”，现场材料和周转料堆放整齐，科学合理，标识明确，严禁混放混用。施工完毕及时清理，做到现场整洁有序、工完料净。

（4）机械设备专人负责，保养良好、清洁，停放有序。

（5）对施工中频繁使用的道路及时清理、修整、洒水，确保路面整洁畅通。

10 效益分析

10.1 经济效益

本工法提供了一种 LNG 储罐墙体预制钢筋网片安装方法，可以减少高空作业施工的安全风险，极大地缩短施工工期。墙体钢筋施工常规采用现场绑扎。LNG 储罐结构高大，墙体较高，钢筋规格及数量较多，通过工艺改进，现场采用钢筋网片预制吊装的方式，与传统工艺比较，极大缩短工期，节约人工费、措施性材料费及机械使用费。钢筋预制吊装与传统现场钢筋绑扎节约施工成本如下：

（1）每层墙体钢筋现场绑扎，人工费、机械使用费合计 15.306 万元。

（2）采用预制钢筋网片吊装工艺，每层墙体工期提前 4 天完成，人工费、机械使用费合计 5.446 万元。

（3）采用双层钢筋网片，可减少 50% 竖向钢筋搭接用量，每层可节约钢筋材料费用 3.82 万元。

（4）单个储罐每层墙体钢筋工程经济创效 :15.306−5.446+3.82=13.68 万元。

（5）2 个储罐共计 24 层墙体，经济创效合计 :13.68 × 24=328.32 万元。

10.2 社会效益

储罐墙体钢筋工程施工中，采用了预制网片及安装新工艺，质量满足设计及规范要求，过程中总包方、监理方及建设单位给予了较高的评价，预制网片组装速度快，缩短工期，增加工效，极大地降低成本费用，降低墙体高空作业钢筋绑扎施工人员的安全风险，获得较高的社会效益，对后续工程施工具有指导意义。

11 应用实例

施工中的具体应用见表 11。

表 11 施工的具体应用

序号	业主	EPC 总承包	规模	项目名称	建设时间	工作范围
1	国家管网集团闽投（福建）天然气有限责任公司	海洋石油工程股份有限公司	2 座 16 万 m^3 储罐和 300 万 t/a LNG 配套的气化和输送装置及其配套的公用工程系统	漳州 LNG 液化天然气（LNG）项目	2018 年 12 月 30 日至 2021 年 4 月 30 日	2 座 16 万 m^3 混凝土外罐
2	国家管网集团南山（山东）天然气有限公司	海洋石油工程股份有限公司	6 座 22 万 m^3 储罐和 500 万 t/a LNG 配套的气化和输送装置及其配套的公用工程系统	龙口南山 LNG 接收站一期工程接收站工程	2019 年 3 月 1 日至 2023 年 4 月 30 日	2 座 22 万 m^3 混凝土外罐

椭球形储罐内外工装同步提升倒装施工工法

秦海盟 朱 聪 刘云芳 陈顺康 叶 慧

中建安装集团有限公司

1 前言

目前储罐的施工方法主要有内脚手架正装法、外脚手架正装法、液压顶升法、电动葫芦提升倒装法。

椭球形储罐（图 1）与常规的储罐结构相比，多出了承压过渡段和球形罐顶。常规的施工技术无法解决承压过渡段和球形罐顶不能开天窗难题。针对椭球形储罐的特点，从预制到安装进行攻关，对关键技术进行创新性改进，中建安装集团有限公司总结了椭球形储罐的内外 2 套工装同步提升倒装施工技术、罐内防腐旋转平台等关键技术，形成了椭球形储罐内外工装同步提升倒装施工工法，在大型石化椭球形储罐中适用。形成了 5 项成果（表 1）、4 项实用新型专利（表 2），经过查新和经江苏省安装行业协会科学技术委员会评价该成果总体达到国内领先水平。

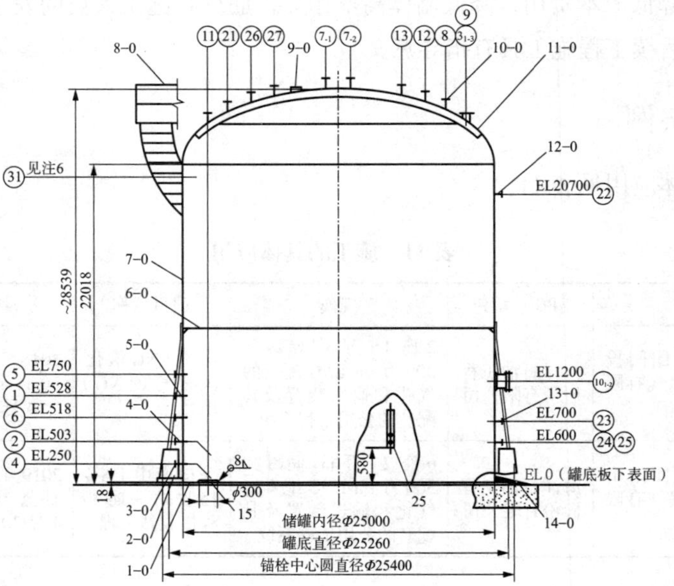

图 1 椭球形储罐结构简图

表1 获奖成果表

序号	获奖名称	奖励类别	获奖年限
1	2022 年度科学进步奖三等奖	中国安装协会	2022 年
2	2021 年度科技创新奖三等奖	江苏省安装行业协会	2021 年
3	2021 年度科技成果一等奖	中建安装集团有限公司	2022 年
4	2021 年“五小”创新成果	杭州市建设系统	2022 年
5	论文一等奖	南京市施工专业学会	2022 年

表2 专利列表

序号	专利名称	专利号
1	一种椭球型储罐承压过渡段现场组装胎具	ZL2022213490704
2	一种罐内防腐旋转升降平台	ZL2022213285748
3	一种储罐承压过渡段预拼装胎具	ZL202221342042X
4	一种椭球型大型低压储罐外提升工装	ZL202221345818.3

2 工法特点

（1）工艺方法简单，节省大量施工机具及脚手架。

（2）施工中承压过渡段和球形罐顶工厂化预制，不占用现场资源，有利于 提高施工质量和加快施工进度。

（3）过渡段预拼装胎具可在工厂内实现预组装，减少预制误差，施工质量容易保证。

（4）现场组装胎具，平台的刚性和稳定性强，安装、拆卸简单，搭设速度快，不损伤母材，可重复利用，节约成本。

（5）罐内防腐旋转升降平台具备自动升降和旋转功能，解决了椭球形储罐内防腐、满堂脚手架施工周期长、危险性高等问题，提高了施工效率，缩短了施工工期，节省人力和机械成本。

3 适用范围

适用于 300～50000m^3 拱顶罐储罐，尤其适用于椭球形储罐。

4 工艺原理

本工法采用内外 2 套同步提升工装和储罐内防腐旋转平台，解决椭球储罐无法开天窗的问题和传统储罐防腐满堂脚手架的问题。

1. 内外两套工装同步提升倒装施工技术

结合罐体受力技术分析罐体结构和吊装应力，采用了罐内外 2 套同步提升工装，提出了罐外工装及使用方法，外部提升装置用于提升罐顶和过渡段，罐内部工装提升罐体。解决了椭球形储罐无法开天窗，常规倒装法无法提升罐顶和过渡段的技术难题。

2. 罐内防腐用旋转平台技术

采用了罐内防腐用旋转平台，具备自动升降和旋转功能，解决了椭球形储罐内防腐、满堂脚手架施工周期长、危险性高等问题，提高了施工效率，缩短了施工工期，节省人力和机械成本。

5　工艺流程及操作要点

5.1　施工工艺流程

施工工艺流程见图 2。

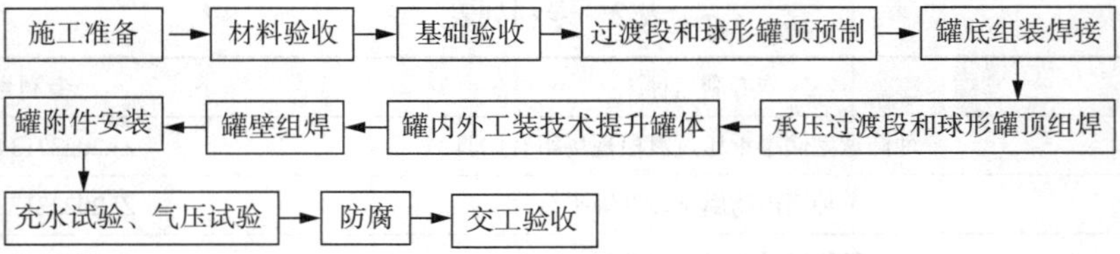

图 2　椭球形储罐施工工艺流程框图

5.2　操作要点

5.2.1　施工准备

施工前应充分勘察现场，做好现场准备工作。人员做好技术交底并持证上岗，工机具、材料等必须齐全方可施工。

5.2.2　材料验收

（1）所有钢材、附件产品质量合格证或质量复验合格报告齐全。当无质量合格证或对质量合格证有疑问时，对材料进行复验，合格后方可使用。

（2）开箱验收：浮盘附件、附件、成套构件等相关材料的开箱验收由专业分部、供货商、施工单位共同按照装箱清单做相应的检查。

（3）材料的堆放：检验合格的材料按规格材质分类摆放好，钢板做好标记再存放，防止钢板产生变形。严禁用带棱角的物体垫底，材料摆放示意图见图 3。

图 3　材料摆放示意图

5.2.3　基础验收

采用拉线法和水准仪对基础中心标高、任意两点高差、平整度等进行验收（图 4）。

图 4　基础验收示意图

5.2.4　承压过渡段和球形罐顶预制

承压过渡段和球形罐顶采用工程化预制、现场安装的方式，在加工厂设计一套专用模具和组装胎具用于预制（图 5）。

5.2.5　罐底组装焊接

1. 储罐底板的组装

（1）底板的铺设：先铺设垫板，再铺设边缘板，最后铺设中幅板。中幅板按从中心向外铺设的顺序，先铺中心通长板，再依次铺条形板。

（2）铺板的顺序为：Ⅰ—Ⅱ—Ⅲ—Ⅳ，每排板的顺序按 1—2—3—5—5—6—7 的顺序进行（图 6）。

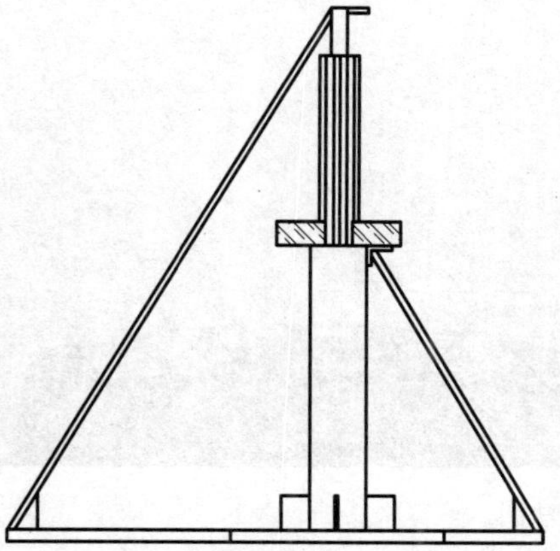

图 5　预组装胎具示意图

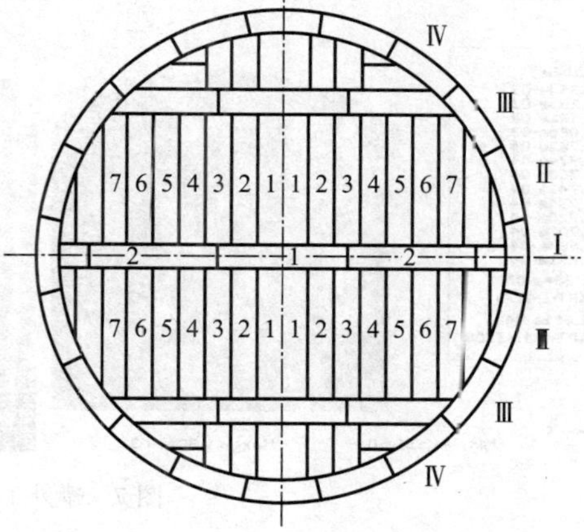

图 6　1 万 m^3 储罐底板铺设顺序

2. 储罐底板的焊接

（1）边缘板、垫板对接焊缝采用手工电弧焊，大角缝焊接采用手工电弧焊打底埋弧自动焊填充盖面的焊接工艺。

（2）中幅板对接缝采用手工焊打底或二氧化碳气体保护焊打底，埋弧自动焊焊填充盖面的焊接工艺。

5.2.6　承压过渡段和球形罐顶组焊

1. 承压过渡段组焊

（1）所有对接焊缝必须全焊透、全熔透。

（2）承压过渡段之间的焊接接头应按 NB/T 47013.2—2015 进行 100% 射线检测，检测技术等级 A、B 级，Ⅱ级为合格。

（3）除过渡段之间的焊接接头外，罐顶所有钢板之间的对接接头应按照 NB/T 47013.2—2015 进行 100% 超声检测，I 级为合格。

（4）过渡段与过渡段焊完后其焊接接头应进行焊后热处理。

（5）过渡段之间的焊接接头在热处理 36h 后，焊接接头的内、外表面应按 NB/T 47013.2—2015 进行 100% 磁粉检测，I 级为合格。

2. 球形罐顶组焊

（1）中心顶板、中心环板、罐顶板、中心环上下支持板预制完成后须确保为球面形状。

（2）径向支撑须按球面半径预制。

（3）中心顶板、中心环板、罐顶板、型钢预制完毕后，堆放和起吊时应采取措施防止变形。

5.2.7　罐内外工装技术提升罐体

1. 罐外工装法施工

（1）采用 2 套提升工装进行低压拱顶罐安装，一套罐内工装、一套罐外工装。同时为满足业主对工期的要求，4 台低压拱顶罐同时施工，并采用 8 套提升工装。安装前对储罐进行应力计算分析。安装具体施工流程：首先在罐外安装 1 套提升工装，待承压过渡段和球形罐顶焊接完后进行提升，待提升至第 2 圈壁板后，开始安装罐内工装，提升至第 3 圈壁板后拆除罐外工装，第 4～8 圈利用罐内工装进行提升。罐外工装具体做法如图 7 所示。

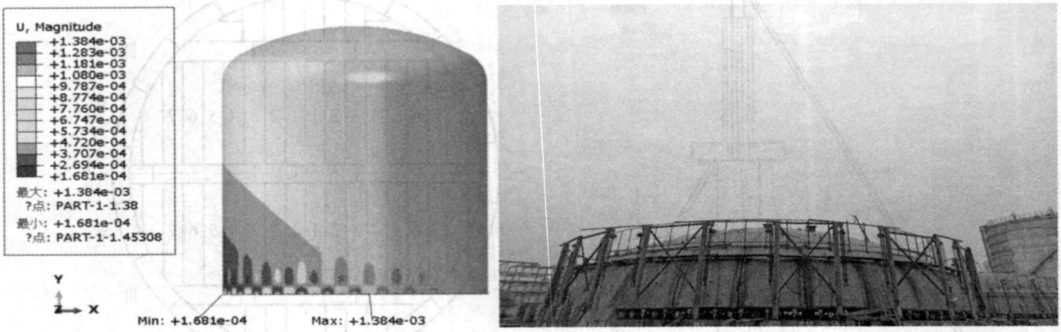

图 7　罐外工装做法图

（2）罐外工装采用 Φ323.9mm × 8.38mm 无缝钢管作为立柱，长度为 5.5m，延罐一周均匀布置，每块过渡段 1 根立柱，共计需用 30 根立柱。立柱吊耳采用 20mm 厚钢板制作，罐壁吊耳采用 15mm 厚钢板制作，具体做法如图 8 所示。

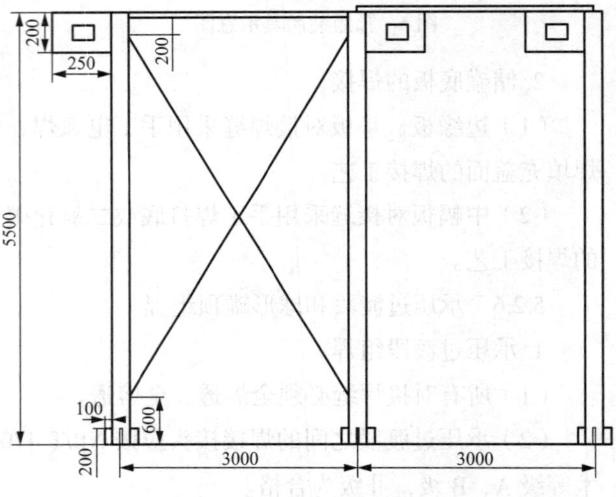

图 8　罐外工装做法详图

（3）计算说明

①工装立柱承重计算：承压过渡段质量为 115.85t，球形罐顶质量为 58.018t，罐顶栏杆质量为 5.6t，吊索具质量约 2t。采用 60 台 10t 电动葫芦进行提升，每个立柱挂 2 个电动葫芦。总提升质量 =115.85+58.018+5.6+2= 170.558。

②计算电动葫芦最大受力总和 $\sum N_{\max}$，以 10000m^3 为例，$\sum G/n$=170.558/60=2.85t。

③ Φ323.9mm × 8.38mm 支柱钢管抗弯强度 =（$3FL$）/（$2bh^2$）=10t ＞ 2.85t，因此选用 Φ323.9mm × 8.38mm 无缝钢管作为支柱符合要求，支柱不会产生弯曲变形。

2. 承压过渡段和球形罐顶工装技术

承压过渡段和球形罐顶安装采用内部搭设伞型架与挂架混合式散装法进行组装，即先搭设伞型架和挂架（图 9），每块承压过渡段另外再单独安装 1 根立柱，用以支撑自身质量。承压过渡段焊接时，应在罐外设置防风措施。进行过渡段隔片组装，先组装第 1 块，再组装第 3 块，然后组装第 5 块，以此类推一直组装到第 30 块，过渡段吊装就位后采用龙门卡将其固定住，按照球罐组对要求对其进行检查，合格后进行焊接。所用吊装方法类似于球罐赤道带组装，如图 9 所示。

图 9　过渡段、球形罐顶、散架、挂架、支柱安装详图

3. 罐内工装法施工

（1）倒装法顶升（图 10）

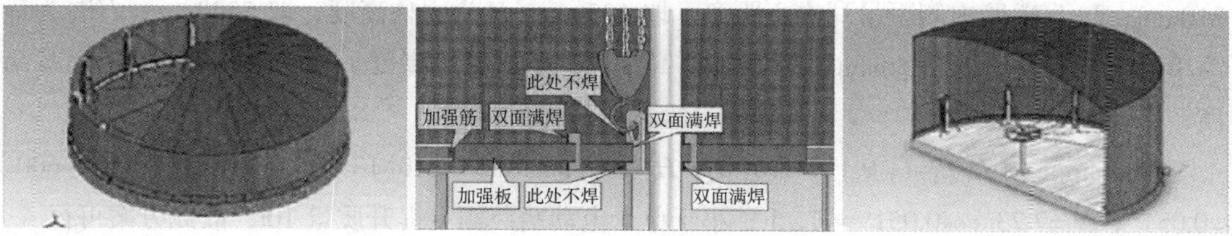

图 10　倒装法提升示意图

（2）计算说明

结构受力图如图 11 所示。

①储罐参数的确定：

单台 1 万 m^3 储罐需提升质量为球形罐顶 + 承压过渡段 + 壁板 + 胀圈 + 吊索具 =58.02+115.85+291.89+3.21+3.8+2=563.76t。

罐壁总高度为 22m，储罐直径为 25m，单圈壁板最大宽度为 2.75m。

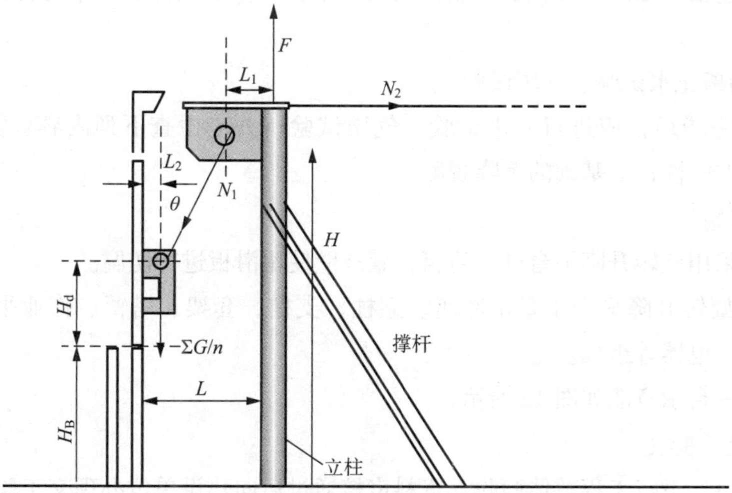

图 11　结构受力示意图

②电动葫芦数量的确定：

为保证罐壁受力的均匀、提升的平稳，以及罐壁板厚度，1 万 m^3 储罐采用 60 台 10t 电动葫芦。

③总提升质量的确定：

1 万 m^3 $G_{总}$ = 罐本体质量 + 胀圈及索具的质量 =563.76t。

④电动葫芦最大受力总和$\sum N_{max}$的确定：

1 万 m^3 $\sum G/n$=563.76/60=7.73t。

即单个提升装置受力 $N_1=(\sum G/n)/\cos\theta=7.73/\cos\theta$。

因为 $0°<\theta<90°$，所以 θ 越大，N_1 越大，即提升高度升至最高时电动葫芦受力最大。

$$\theta=\arctan(L-L_1-L_2)/(H-HB_1-H_Z-H_d) \tag{1}$$

式中，L 为立柱中心距壁板内侧距离，取 500mm；L_1 为立柱中心距吊点中心距离，取 210mm；L_2 为罐壁内侧距吊耳中心距离，取 135mm；H 为立柱高度，取 5500mm；HB_1 为最高单带壁板高度，取 2750mm；H_Z 为支撑高度（即壁板架空高度），取 500mm；H_d 为吊耳高度，取 600mm。

即 $\theta=\arctan(L-L_1-L_2)/(H-HB_1-H_Z-H_d)=\arctan(500-210-135)/(5500-2750-500-600)=0.051°$，$N_1=7.73/\cos0.051°\approx7.75$t，小于单个电动葫芦额定提升质量 10t，故此方案可行。

支柱稳定性计算同罐外工装法一致，这里不再赘述。

5.2.8 罐壁组焊

（1）罐壁组装前，应对预制成型的壁板的几何尺寸进行检查，合格后方可组装；当壁板几何尺寸需要校正时，应防止出现锤痕。

（2）罐壁组装应符合 GB 50128—2014 以及图纸要求。

（3）焊接以及无损检测符合设计及规范要求。

5.2.9 附件安装

附件主要包括加强圈与加强筋的制作安装，平台、梯子栏杆的制作安装，罐壁接管的制作安装。

5.2.10 储罐充水试验、气压试验

储罐建造完毕后，应进行充水试验、气压试验，并应检查下列内容：①罐底严密性；②罐壁强度及严密性；③基础的沉降观测。

5.2.11 防腐

（1）罐内采用旋转升降平台进行防腐，罐外壁使用滑板进行防腐。

（2）罐内旋转升降平台主要由底座、立柱、支柱、套架、塔臂、作业平台、提升机装置、连动滑轮、电器等组成。

（3）旋转平台示意图如图 12 所示。

5.2.12 交工验收

防腐完成后，进行工程整体验收，资料审核通过后向建设单位办理交工验收。

6 材料与设备

6.1 主要机械、设备

根据本工程实际情况，投入的主要施工机械和设备见表 3。

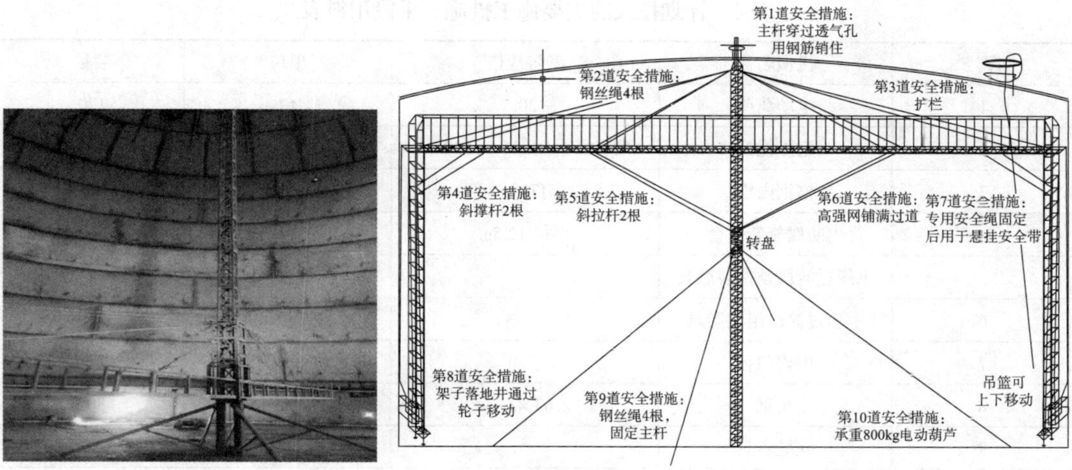

图 12　旋转平台图

表 3　主要工机具计划

序号	机械名称	型号规格	单位	数量
1	装载机	3t	台	1
2	三辊卷板机	20mm × 2500mm	台	1
3	三辊卷板机	30mm × 2500mm	台	1
4	逆变电焊机	zx7-500	台	60
5	逆变气刨电源	1250A 型	台	5
6	埋弧自动焊机	1250A 型	台	2
7	等离子切割机	80 ~ 120	台	6
8	半自动火焰切割机	GC01-30	台	5
9	空压机	$1m^3$	台	7
10	试压抽水泵	*DN* 200mm	台	1
11	试压抽水泵	*DN* 100mm	台	1
12	二相水泵	*DN* 65mm	台	3
13	50t 汽车吊	50t	台	1
14	平板车	50t	台	2
15	25t 汽车吊	50t	台	2
16	焊剂干燥箱	YJJ-A-200，12kW	台	2
17	焊条烘干箱	YDHA-100，10kW	台	2
18	立式吊板卡具	10t	套	2
19	立式吊板卡具	8t	套	3
20	平式吊板卡具	5t	套	3
21	角磨机	125	台	50

6.2　主要施工措施、手段用料

主要施工措施、手段用料见表 4。

表 4 计划投入的主要施工措施、手段用料表

序号	机械名称	型号规格	单位	数量
1	电动葫芦	20t	台	120
2	起重桅杆	Φ219mm × 8mm × 5500mm	根	120
3	槽钢内模	[32 b	m	800
4	内防腐旋转平台	半径 12.5m	台	1
5	承压过渡段预拼装胎具		套	1
6	承压过渡段组装胎具		套	1
7	内模门板		块	250
8	角钢	∠63 × 6mm	m	300
9	立缝卡具		个	80
10	环缝卡具		个	300
11	马镫	高度 *DN* 350mm	个	300
12	垫块	*t*=12mm	个	500
13	钢跳板	2.8m	块	200
14	撬棍		个	30
15	三脚架		个	240
16	背杠	10# 工字钢	m	180
17	10# 槽钢	[10	m	100
18	20# 槽钢	[20	m	80
19	临时防护栏扶手		套	2

7 质量控制

7.1 质量控制标准

质量控制标准见表 5。

表 5 质量控制标准

序号	编号	名称
1	GB 50128—2014	《立式圆筒形钢制焊接油罐施工及验收规范》
2	GB 50461—2008	《石油化工静设备安装工程施工质量验收规范》
3	NB/T 47014—2023	《承压设备焊接工艺评定》
4	BN/T 47018—2017	《承压设备用焊接材料订货技术条件》
5	JB/T 6046—1992	《碳钢、低合金钢焊接构件焊后热处理方法》
6	NB/T 47013.1 ~ 13—2015	《承压设备无损检测》
7	SH/T 3167—2012	《钢制焊接低压储罐》
8	SH/T 3530—2011	《石油化工立式圆筒形钢制储罐施工技术规程》
9	GB/T 12337—2014	《钢制球形储罐》

7.2 罐体几何尺寸

严格控制每圈壁板的垂直度、水平度、弧度、对缝间隙、错边量。通过第 1 圈壁板的调节卡具及楔铁的调节使第 1 圈壁板的垂直度不大于 3mm，相邻 2 点水平度不大于 2mm、任意两点不大于 6mm，每张板最少检查 3 点；其他各圈壁板环缝及垂直度采用 10# 工字钢进行调节，间距约为 995mm；组对壁板纵缝时，采用 3 组纵缝组对卡具进行调节，使纵缝间隙控制在 4 ~ 5mm 之间，错边量控制在 1/10 板厚之内且不大于 1.5mm，组对后检查每条焊缝，最少检查 3 点。

7.3 罐体焊接质量控制

（1）储罐底板任意焊缝根部焊接完毕后，用磨光机进行清理，做渗透检测，I 级为合格，合格后再进行下道工序的施工。

（2）严格按照合格的焊接工艺和焊接方法进行焊接。

（3）壁板纵缝在组装调整间隙时，利用纵缝卡具通过预变形的方法防止变形，用方销使板端向外预变形 2 ~ 3mm，再在纵缝上点焊 1m 长的防变形弧板，每道焊缝均布 3 块弧板。

（4）通过对自动焊机的改进，增大焊机焊接的板幅范围，实现罐体立缝和环缝的全自动焊接，使焊接质量得到有效保证。

（5）焊接顺序及防变形控制措施

为了保证焊接工艺的正常进行，确保焊接质量，在施工现场必须采取以下措施：

①焊接设备及附件在检查施焊前，应仔细检查焊接设备、焊接电源、气体预热器、焊接电缆有无破损泄漏，控制电缆接头是否接触良好。一旦发现问题应及时修复后再进行焊接，不得带故障运行。

②采用多层多道焊、分段退焊、跳焊、隔缝施焊的焊接顺序，控制焊接变形。先用龙门卡具将过渡段固定住，进行打底焊接，过渡段之间对接焊缝先焊接外侧初层焊道，然后进行背面清根，焊接内层焊道。焊接完内侧焊道之后，再从外侧开始焊接，内外侧焊道交替焊接，以减少焊接收缩应力，控制焊接变形。

7.4 罐体防腐质量控制

（1）防腐工程施工前，施工人员应详细了解防腐材料的特性及施工要求，防腐技术员应做好技术交底工作，使施工人员熟悉施工方法，明确防腐标准和技术要求。

（2）除锈、防腐不得同时运行，焊缝除锈后、涂刷前应通知项目部进行质量检查，待检查合格后方可进行防腐作业。

（3）钢表面除锈处理后，应在 4h 之内涂底漆。当发现有新锈时，应重新进行表面处理。

（4）外观检查：每道油漆施工后，均应进行外观检查，用肉眼或放大镜观察，发现针孔、裂纹、脱落、漏涂时，必须修整或补涂，允许少量流挂存在。

（5）防腐工程全部完工后，养护周期应符合涂料说明书的规定。

8 安全措施

8.1 安全执行标准

安全执行标准见表 6。

表6 安全执行标准

序号	编号	名称
1	GB/T 50484—2019	《石油化工建设工程施工安全技术规范》
2	JGJ 46—2005	《《施工现场临时用电安全技术规范》
3	JGJ 80—2016	《建筑施工高处作业安全技术规范》
4	GB 6067.1—2010	《起重机械安全规程第1部分：总则》
5	GB/T 15579.1 ~ 12—2013	《弧焊设备》
6	GB 15630—1995	《消防安全标志设置要求》
7	国家安全生产监督管理总局令第59号	《工贸企业有限空间作业安全管理与监督暂行规定》

8.2 安全生产保证措施

（1）要求施工班组进场前进行安全教育培训，作业前进行安全交底，每日进行检查，特种作业人员持证上岗。

（2）配置足够数量的各种安全生产设施，做好施工场地的围护和安全警示标志，设立安全绿色通道，保障高处平台的作业安全。

（3）针对物体打击和高空坠落事故的原因，采取下列措施：

①戴好安全帽，系好安全带，高空作业时做到安全带高挂低用；

②高处作业应使用合格的脚手架，脚手架应经安全员检查认可挂牌标识，并办理工序交接手续后，方可使用。

③在坑、洞、平台边缘等处设置护栏，防止高空坠落事故。

（4）使用提升工装时的安全注意事项：

①对提升装置进行安全验收，设立提升工作总负责人1名，负责指挥、控制罐体提升速度，对各种应急事件进行处理，收集巡视员的信息，安排巡视员的工作。

②罐外设立巡视员2名，提升时对罐体的提升情况进行检查，随时将信息反馈给总负责人，根据总负责人的指示安排各工位操作工的工作。

③提升时应严密监控人员进出，防止提升装置发生意外造成事故。

（5）有限空间作业必须执行有限空间作业规定，采用风机保证罐内空气流通。

9 环保措施

（1）施工现场垃圾要及时清理出现场，并运到指定地点，严禁随意凌空抛撒；施工现场应指定专人定期洒水清扫，并形成制度，防止扬尘。

（2）禁止将有毒有害废弃物作为土方回填。

（3）焊条头、焊渣等各种废弃物进行分类后统一存放、统一处理。

（4）射线检测时做好防护及警示标志，派专人进行巡视，避免射线对人、畜等造成伤害。

（5）现场防腐时油漆桶应放置在托架上，严禁与地面接触，用完后的废弃油漆桶应放置于指定地点。

（6）现场设置挡风措施，防止油漆喷涂时被风吹走。

（7）试压用水进行循环使用。

10　效益分析

10.1　经济效益

通过本工法产生经济效益 192 万元，经济效益显著（表 7）。

表 7　经济效益分析

施工方法 / 对比项目	应用本工法	常规方法	效益对比
人工费	人工 450 元 / 工日，使用 400 个人工：400×450=18 万元	人工 450 元 / 工日，使用 1520 个人工：1520×450=68.4 万元	节约 50.4 万元
机械费	50t 汽车吊 1 个台班 2800 元，使用 80 个台班，费用：2800×80=22.4 万元	50t 汽车吊 1 个台班 2800 元，使用 160 个台班：2800×160=44.8 万元	节约 22.4 万元
措施费	内防腐旋转平台费用：4×50000=20 万元	满堂脚手架费用：4×350000=140 万元	节约 120 万元
费用合计	60.4 万元	253.2 万元	192.8 万元

10.2　社会效益

浙江石油化工有限公司 4000 万 t/a 炼化一体化项目二期工程运用内外工装同步提升倒装施工技术有效地解决了椭球型罐建造难题，提高了施工效率和施工质量，为项目如期完成提供了技术保障，社会效益显著。

11　应用实例

本工法已经用于 2 个工程，取得了良好的经济效益和社会效益。

实例一：浙江石油化工有限公司 4000 万 t/a 炼化一体化项目

浙江石油化工有限公司 4000 万 t/a 炼化一体化项目二期炼油 2 标段安装工程，地点为浙江省舟山市岱山县鱼山岛，工程造价 8800 万元，占地面积 150000m^2，开工日期为 2020 年 6 月 22 日，竣工日期为 2021 年 5 月 19 日。

实例二：广厦（舟山）能源集团有限公司黄泽山石油中转储运工程

广厦（舟山）能源集团有限公司黄泽山石油中转储运工程二期罐区项目安装工程（图 13），地点为浙江省舟山市岱山县衢山镇黄泽山岛，工程造价 23160 万元，占地面积 220000 m^2，开工日期为 2021 年 9 月 29 日，竣工日期为 2023 年 3 月 29 日。

图 13　应用照片

高寒地区光伏发电工程水上施工工法

童小庆 刘满军 周德军 刘 佳 王 飞

大庆油田建设集团有限责任公司

1 前言

在国家大力发展新能源的背景下，绿色低碳发展走入快车道。随着近几年光伏的发展，受土地性质的限制，光伏电站已经在往山地发展，即便这样可用于建设光伏电站的土地资源依然越来越紧张。在此背景下水上光伏电站成为近两年比较热门的话题，水上光伏电站的特点在于不占用土地资源，水体对光伏组件有冷却效应，可以抑制组件表面温度上升，整体发电量比同等条件下的屋顶或地面光伏发电系统高出 10% ~ 15% 左右，从而获得更高的发电量。

2021 年起大庆油田利用属地湖泡较多的优势，在水面上规划建设光伏发电工程的计划，由大庆油田建设集团有限责任公司承建的大庆油田星火水面光伏示范工程作为首个在高寒地区建设的水上光伏发电项目，起到为油田新能源建设探索经验，为后续大规模建设新能源发电项目建设示范的作用。

2 工法特点

本工法由 2 个部分组成：冰面光伏桩基础施工以及水上光伏设备安装。

2.1 施工效率高

与传统的地面光伏对比，地面光伏基础施工一般采用静压打桩机，桩机质量大，移动速度慢，打桩速度慢。本工法采用柴油锤式打桩机施工桩基础，打桩速度快，效率高；同时利用高寒地区冰冻期较长的特点，避免水上施工桩基础，降低了成本，为后续重点水上施工工序的顺利开展打好基础。

2.2 施工工期短

通过自行研制的水上作业平台，进行水上光伏支架及组件安装，提高了工作效率，与低纬度地区采用大型船只全水上作业相比，施工难度明显降低，降低了成本。

3 适用范围

本工法适用于冬季周期较长地区的冰上光伏桩基础施工，以及湖泡区域水上光伏设备的安装。

4 工艺原理

本工法工艺原理为利用高纬度地区冬季较长的特点，采用锤式打桩方式将桩基础夯入地下，利用冬季枯水期、冰冻期完成光伏桩基础施工；在冰面融化后，使用自行制作的水上作业平台，完成光伏支架、组件安装。

5 施工工艺流程及操作要点

5.1 施工工艺流程

施工工艺流程如图 1 所示。

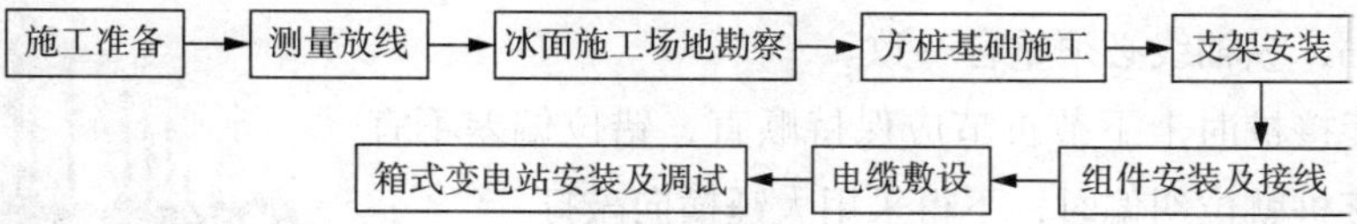

图 1 施工工艺流程图

5.2 操作要点

5.2.1 施工准备

认真熟悉设计图纸，做好图纸会审工作，及时解决疑难问题；做好施工前的技术交底及安全交底工作；做好材料设备的进场验收工作。

5.2.2 测量放线

根据实际打桩线路图，按施工区域划分测量定位控制网，一般一个区域内根据每天施工进度放样 150 ~ 200 根桩位，在桩位中心点地面上打入 1 支 Φ6.5mm 长 30 ~ 40cm 的钢筋，并用小彩旗做好标示。

5.2.3 冰面施工场地勘查

通过凿冰打孔检查、确定施工区域的冰层厚度。采用钻孔机打孔，并用直尺测量冰层厚度，每天早、中、晚分别测量冰层厚度，并做好记录，保证冰层具有足够的承载力。做好施工路线标识，在施工区域两边插上旗帜，拉好警戒线，严禁盲目冒险施工。在冰面上作业时，要先试行，探索进行；荷载不能集中堆放，要分散。

5.2.4 方桩基础施工

1. 桩机就位

打桩前采用钻孔机引孔、钻孔。桩机就位时，应对准桩位，将桩机调至水平并保持稳定，确保在施工中不发生倾斜、移动。

2. 吊桩就位

采用铲车配合履带吊车将方桩拖至打桩地点，将预制桩吊至桩机锤帽下，使桩尖垂直对准桩位中心，夹紧并放入土中。移动桩机锤调节桩垂直度，符合要求后将桩机调至水平并稳定。桩尖插入桩位时垂直度偏差不得超过 0.5%。打桩前，应在桩的侧面或柱架上设置标尺，以便在施工中观测、记录。

3. 打桩

（1）桩机施工前应选用 10 根工程桩作为试验桩，并记录最后 10 击贯入度。打夯过程中只要锤芯锤打正常即可正常打桩；桩锤、桩帽和桩身应保持在同一纵轴线上，每根桩必须连续施打，如需停打，应尽量缩短停锤时间。

（2）距离方桩要求标高200mm时，起重指挥应同步观测水准仪，操作手减小桩机油门，控制锤击力度，保证每次打桩深度为10mm左右。当达到标记刻度时停止锤击，进行复测，达到标高时，停止锤击。

4. 接桩施工

（1）根据图集20G361要求，本工程桩长为12m、15m，其中15m桩需要接桩。

（2）接桩时，上下节桩的中心偏差不得大于5mm。焊接接桩时，预埋件表面应保持清洁，上下节桩桩顶平整度偏差必须小于2mm，纵轴线必须重合一致。

（3）焊接接桩时上下节桩节应保持顺直，错位偏差不宜大于2mm；接桩就位纠偏时，不得采用大锤横向敲打。

5. 简易方桩对口器的应用

15m方桩接桩时，方桩组对焊接成为新的难题。为了提高焊接质量，技术人员研制出一种方桩对口器（图2），采用可调节尺寸形式，能够快速拆装，提高组对焊接效率3～4倍，保证焊接质量（图3）。

图2 简易方桩对口器的应用

图3 接桩施工

5.2.5 支架安装

（1）光伏支架采用水上作业平台运至桩基安装点附近。作业平台采用绳索固定在方桩立柱上，每1组支架可实现3～4个作业平台同时使用。

（2）光伏立柱与方桩预留埋件组对焊接；焊接前采用水准仪测量、定位；光伏立柱整体水平度应在一轴线上。

（3）耳板焊接时，要保证耳板侧面垂直度与立柱中心在同一垂直线上。

（4）将固定支架斜梁安装在支架立柱上，采用量角器测量斜梁角度与水平角度以满足设计要求。

（5）安装檩条。檩条采用螺栓连接，连接紧密、牢固；安装完成后，确定檩条在同一平面（图4、图5）。

图4 支架安装一

图5 支架安装二

5.2.6 组件安装及接线

（1）操作水面作业平台将光伏组件运到方阵的行或列之间的通道上。

（2）光伏组件的安装应自下而上，逐块安装。安装过程中必须轻拿轻放以免破坏表面的保护玻璃；光伏组件安装必须做到横平竖直，同方阵内的光伏组件间距保持一致；注意光伏组件接线盒的方向。将2根放线绳分别系于光伏组件方阵的上下两端，并将其绷紧。以放线绳为基准分别调整其余光伏组件，使其在一个平面内，紧固所有螺栓。

5.2.7　电缆敷设

（1）电缆敷设前，检查电缆外观是否损伤、绝缘是否良好。

（2）水上电缆敷设采用作业平台配合滑轮的方法。滑轮固定在支架上，采用多个作业平台组合的方式，扩大敷设电缆作业面。

（3）电缆应排列整齐，不宜交叉。

5.2.8　箱式变电站安装及调试

箱变采用吊车吊装就位，将箱体校正、固定，并验收合格。一次、二次设备的试验及检查，按照《电气装置安装工程 电气设备交接试验标准》GB 50150—2016 的要求进行。

5.3　创新应用水上作业平台

5.3.1　水上作业平台（水面版）简介

水上作业平台（水面版）（图 6）上下采用木质合板作为框架，平台长 6m，宽 3m，厚度为 0.6m，框架内填充 2 个泡沫板作为浮漂；泡沫板采用阻燃材料，使用钢钉和 8# 铁线进行固定，每个平台配备 2 个救生圈；根据作业需求，可在平台上搭设移动脚手架来调整作业高度；移动时可采用人工撑杆的方式；施工时平台采用绳索与桩基绑扎牢固，方便人员站立在平台上面施工，如安装光伏支架、敷设电缆等；本工法中投入此类平台数量为 120 个。

图 6　水上作业平台（水面版）

5.3.2　水上作业平台（沼泽版）简介

水上作业平台（沼泽版）（图 7）由于使用环境为水位上升前的沼泽地形，不需要考虑浮力作用。平台底部做成船型，该型平台长 6m，宽 3m，动力采用履带设备拖拽。船体内搭建移动脚手架，方便作业人员施工，本工法中投入此类平台数量为 30 个。

图 7　水上作业平台（沼泽版）

5.4　劳动力组织

主要人员配置见表 1。

表 1　主要人员配置

序号	工种	人数	说明
1	项目经理	1	负责项目全面工作
2	项目副经理	1	负责项目生产、技术
3	质量员	2	现场施工测量及质检工作
4	HSE 监督员	4	HSE 管理
5	技术员	3	现场技术、施工管理
6	安全员	2	现场安全管理
7	试验工	4	电气试验

续表

序号	工种	人数	说明
8	测量工	4	测量放线
9	电工	40	现场电气设施作业
10	电焊工	30	焊接
11	普工	180	施工作业
12	起重工	10	起重作业

6 材料与设备

6.1 材料

主要设备、材料需用计划见表2。

表2 主要设备、材料需用计划表

序号	名称	规格型号	单位	数量	备注
1	光伏组件	单晶硅双面650Wp（2384mm×1303mm×40mm）	块	28812	
2	逆变升压一体装置	2500kW（附保护测控装置）	套	4	
3	逆变升压一体装置	2000kW（附保护测控装置）	套	2	
4	光伏直流防雷汇流箱	1.5kV，16回路	个	72	
5	光伏组件电缆	PV1-F，1×4mm^2	km	165	
6	直流电缆	YJLV22-1.8kV，2mm×300mm	km	22.128	
7	控制电缆	RVSP22-0.45/0.75，2mm×1.5mm	km	22.128	
8	铝合金电缆梯架	800mm×200mm×6000mm	km	0.864	
9	铝合金电缆梯架	400mm×200mm×6000mm	km	0.654	
10	铝合金电缆梯架	200mm×200mm×6000mm	km	2.5	
11	接地扁钢	—60mm×6mm	km	14	
12	接地角钢	∠50mm×5mm×2500mm	根	1086	
13	电力电缆	ZC-YJV-26/35，3mm×95mm	km	5.53	
14	光伏支架	2×28矩阵	组	470	
15	光伏支架	2×28矩阵	组	89	
16	箱式变电站	一次舱、二次舱、SVG舱	座	1	

6.2 施工机械设备与机具需用计划

主要施工机械设备和机具需用计划见表3。

表3 施工机械设备和机具需用计划表

设备类型	序号	设备名称	规格型号	单位	数量	备注
施工机械	1	手持电钻		台	50	
	2	胶轮焊机	THL315	台	10	

续表

设备类型	序号	设备名称	规格型号	单位	数量	备注
施工机械	3	电焊机	ZX7-400S	台	10	
	4	焊条烘干箱	60kg	台	2	
	5	吊装机具及锁具		套	6	
	6	汽车吊	NK-12E	台	4	
	7	汽车吊	25t	台	4	
	8	拖板车	40t	台	2	
	9	载重汽车	CA109L2	台	2	
	10	履带挖掘机	325	台	10	
	11	柴油锤击打桩机	16t	台	11	
	12	高频锤振动桩机	490	台	4	
	13	柴油发电机		台	15	
	14	焊条保温桶		台	20	
	15	水上作业平台		套	120	水面版
	16	水上作业平台		套	30	沼泽地版
检测设备和仪器	1	经纬仪	J2-1	台	10	
	2	水准仪	DZS3	台	10	
	3	游标卡尺	0～300mm	把	10	
	4	钢卷尺	5m	把	20	
	5	内外直角检测尺	JZC	把	10	
	6	温度计	0～100℃	个	2	
	7	磁力线坠		个	2	
	8	焊接检验尺	HJC40B	把	8	
	9	水平尺		把	10	
	10	RTK		台	4	
	11	接地电阻测试仪		台	2	
	12	可燃气体检测仪		台	1	
	13	万用表		台	10	
	14	绝缘电阻测试仪		台	4	
	15	角度尺		个	10	

7 质量控制

7.1 执行的标准与规范

施工应执行的标准汇总见表 4。

表 4 施工应执行的标准汇总表

序号	标准、规范名称	标准规范代号	备注
1	《工程测量规范》	GB 50026—2020	
2	《建筑地基基础工程施工质量验收标准》	GB 50202—2018	
3	《钢结构工程施工质量验收规范》	GB 50205—2020	
4	《建筑电气安装工程施工及验收规范》	GB 50303—2015	
5	《钢结构工程施工规范》	GB 50755—2012	
6	《施工现场临时用电安全技术规范》	JGJ 46—2005	
7	《黑龙江省建筑工程施工质量验收标准 统一标准》	DB 23/724—2017	
8	《大庆油田基本建设工程施工组织设计编制规范》	Q/SY DQ1456—2019	
9	《电气装置安装工程高压电器施工及验收规范》	GB 50147—2010	
10	《电气装置安装工程电气设备交接试验标准》	GB 50150—2016	
11	《电气装置安装工程电缆线路施工及验收规范》	GB 50168—2018	
12	《电气装置安装工程接地装置施工及验收规范》	GB 50169—2016	
13	《电气装置安装工程盘、柜及二次回路接线施工及验收规范》	GB 50171—2012	
14	《电气装置安装工程 变压器 油浸电抗器 互感器施工及验收规范》	GB 50148—2010	
15	《光伏电站接入电网技术规定》	Q/GDW 617—2011	
16	《光伏电站接入电网测试规程》	Q/GDW 618—2011	
17	《光伏发电站设计规范》	GB 50797—2012	
18	《太阳能发电站支架基础技术规范》	GB 51101—2016	
19	《光伏发电站施工规范》	GB 50794—2012	
20	《光伏发电工程施工组织设计规范》	GB/T 50795—2012	
21	《建筑基桩检测技术规范》	JGJ 106—2014	
22	《光伏发电工程验收规范》	GB/T 50796—2012	

7.2 质量保障措施

7.2.1 质量控制关键点

（1）光伏组件倾斜角度偏差在 ±1°以内。

（2）光伏组件整体平直度。

（3）桩基础的垂直度及水平度。

7.2.2 质量控制措施

（1）建立健全质量管理组织机构，建立以项目经理负责的组织机构；制订项目部质量管理机构或部门及各类人员的质量职责，做到职责明确、工作内容清楚，责任及具体工作落实到人。

（2）加强落实三检制（自检、互检、交接检）以及隐蔽工程验收、试运检查制度等。

（3）加强分部、分项工程质量评定和验收工作。

（4）在施工桩基础过程中，使用经纬仪及水准仪，实时监测、控制桩基础的垂直度及水平度。

（5）组件安装过程中，采用角度尺控制组件的安装角度，采用吊线的方法控制组件的整体平直度。每一个子方阵上部光伏组件安装合格后，方可安装下边组件。

（6）高压电气设备试验合格后，方可投入使用。

8 安全措施

8.1 执行的安全法规

施工执行的法律、法规汇总见表5。

表5 施工执行的法律、法规汇总表

序号	法律、法规名称	颁布部门	实施时间	备注
1	《中华人民共和国建筑法》	全国人大常委会	2019.4.23	
2	《中华人民共和国安全生产法》	全国人大常委会	2021.9.1	
3	《中华人民共和国环境保护法》	全国人大常委会	2015.1.1	
4	《中华人民共和国劳动法》	全国人大常委会	2018.12.29	
5	《中华人民共和国环境噪声污染防治法》	全国人大常委会	2018.12.29	
6	《中华人民共和国职业病防治法》	全国人大常委会	2017.11.5	
7	《建设工程质量管理条例》	国务院	2019.4.23	
8	《安全生产许可证条例》	国务院	2014.7.29	
9	《建设工程安全生产管理条例》	国务院	2004.2.1	
10	《建设项目环境保护管理条例》	国务院	2017.10.1	
11	《安全生产培训管理办法》	国家安全生产监督管理总局	2015.7.1	

8.2 安全风险点源及应对措施

安全控制关键点见表6。

表6 安全控制关键点

序号	活动场所	危险因素	顶端事件	级别
1	起重吊装	钢丝绳有锈蚀、磨损、断丝、变形、经过高温烘烤等情况	起重伤害、物体打击	一般
2	交通运输	驾驶员酒后驾车	交通事故	一般
		车辆带病行车		
		延缓报废车辆，日常维护保养不良		
3	高处作业	抛、扔物件违反安全操作规程	物体打击	一般
4	施工用电	电气设备线路老化、违反操作规程	火灾、触电	一般
5	工业动火	动火前，未按规定报批动火报告	火灾	一般
		动火级别不符合规定要求		
		未针对动火作业制定相应安全技术措施		
		动火作业过程中，未按措施执行		
6	水上作业	人员坠落	溺水	一般
7	浮船固定不牢固	人员坠落	溺水	一般
8	焊接作业	焊渣飞溅、触电	火灾、触电	一般
9	浮船倾覆	人员坠落	溺水	一般

8.3 安全保障措施

高风险作业前，要办理相关作业票，落实风险消减措施，现场安全监督人员到位后，方可进行相关施工作业。作业完毕后，及时关闭作业票。作业人员必须穿戴好劳动防护用品。

8.3.1 水上作业

施工作业平台配置有效的通信、消防、救生设备，并定期进行演练，提高施工人员水上逃生能力。

上下平台安设跳板、通道，作业场所设防滑装置。

8.3.2 起重吊装

编制能够确保吊装安全可靠的施工方案或施工技术措施。吊装前应经有关人员全面检查方案实施情况，确认无误后方可起吊。

施工人员应熟知施工方案、起重设备性能、操作规程、指挥信号和安全要求。

起重吊装要严格按照操作规程进行，被起吊的重物下方和起重机杆下面严禁站人，避免在吊装过程中吊物脱落，对人员造成伤害。

8.3.3 高处作业

参加高处作业人员考试合格后方可入场，应按规定要求戴好安全帽、扎好安全带。安全带按规范要求高挂低用，并要认真做到“十不准”。

高处作业前应进行安全技术交底，作业中发现安全设施有缺陷和隐患必须及时解决，危及人身安全时必须停止作业。

高处作业人员随身携带的工具应装袋精心保管，较大的工具应放好、放牢。

9 环保措施

9.1 环保标准

环保标准见表 7。

表 7 环保标准

序号	标准号	标准名称
1	JGJ 146—2013	《建筑工程施工现场环境与卫生标准》
2	GB 12523—2011	《建筑施工场界环境噪声排放标准》

9.2 环境保护措施

（1）施工现场垃圾要及时清理出现场，并运到指定地点，严禁随意抛撒；施工现场应指定专人定期洒水清扫，并形成制度，防止扬尘；禁止在施工现场焚烧垃圾。

（2）钢筋头、焊条头和焊渣等各种固体废弃物进行分类后统一存放、统一处理。

（3）施工完毕后，应恢复地貌，并压实回填土，及时清理设备周围各类废弃物，做到现场整洁、无杂物。

（4）加强机械设备的维修保养，保证机械设备的完好率，确保施工噪声达到环境保护标准要求。

10 效益分析

本工法应用安装太阳能单晶硅双面 650Wp 组件 28812 块及配套支架系统及接地系统，敷设电缆等 200 余公里。

通过合理组织、精细筹划，使用锤式打桩方法加快进度，使用水面作业平台，克服环境因素，经核算节约工时 35 天，节约施工成本粗略估算 111.9 万元。整体上具备良好的经济收益（表 8）。

表 8 经济效益对比表

费用类别	本工法	传统工法	节省费用
人工费	300 元 /（天・人）×120 天 ×140 人 =288 万元	300 元 /（天・人）×155 天 ×86 人 =399.9 万元	111.9 万元

11 应用实例

该工法在大庆油田星火水面光伏示范工程得到广泛应用。工程新建分布式光伏电站 1 座，装机规模为 18.73MWp，采用单晶硅双面 650Wp 组件 28812 块；新建 1 座 35kV 箱式变电站，配套相关电气配套设备。通过使用自制水上、泽上操作平台克服环境气候影响，降低成本，使用后明显节约工期，取得了良好的经济效益和社会效益。

注入站母液混配阀组模块化预制安装施工工法

田立炜 柳开梅 陈 健 关 颂 裴国军

大庆油田建设集团有限责任公司

1 前言

油田注入站母液混配阀组具有汇管多，长度超长，支管多和阀门（仪表）多等特点。以往都是在现场进行工艺安装或者制造厂家将混配阀组部分组装后运至现场再与汇管进行安装。此方法工作效率低、施工质量差、投入费用高，并且受现场环境制约，受土建交叉作业影响，安全隐患多。

随着大庆油田积极推进“六化”工作，实现工程项目建设提质增效、快速建产，大庆油田建设集团有限公司快速推进工厂化预制、模块化安装，并在大庆油田第五采油厂杏十一区西 2 块 1 号、2 号注入站 2 项工程施工中，结合注入站母液混配阀组相同结构、相同尺寸管段多等特点，深化图纸设计，利用机械化设备进行工厂内模块化预制，再运至现场整体安装，保证了注入站工程项目施工高质、高效、安全地完成。

本工法的成功应用，提高了注入站工程项目施工质量，缩短了施工周期，取得了良好的经济效益和社会效益，被评为 2022 年度大庆油田有限责任公司企业级工法，具有推广价值。

2 工法特点

2.1 焊道质量好

管道坡口采用相贯线数控等离子切割工作站、数控坡口机加工，表面光滑无毛刺，满足自动焊焊接工艺要求。且阀组工艺管道自动焊焊口比例可达 70% 以上，焊道成型美观，无损检测一次合格率可达 98% 以上。

2.2 安装精度高

应用预制软件建模管理，自动生成预制管段图，下料尺寸精确；采用橇块整体预制分段拆解现场复装的预制施工方式，对母液混配阀组橇块间汇管安装精度进行有效控制，达到现场安装完美对接无错位。

2.3 机械化程度高

预制过程采用机械加工坡口、自动焊焊接设备，下料、组对、焊接、倒运、组装等工序均为机械化作业，效率高，工期短。

2.4 安全性高

将注入站母液混配阀组的施工由施工现场转移到预制工厂内施工，避免了交叉作业以及其他不安全环境因素的影响，安全可控有保障。

3 适用范围

该工法适用于油气田地面工程注入站母液混配阀组施工，对同类成排上线的气、液流程阀组同样具有指导作用。

4 工艺原理

将现场施工的注入站母液混配阀组，结合现场工况，经深化设计，分解成不同井式独立的模块化橇装阀组。阀组模块在预制工厂内预制组装，通过拉运吊装运至施工现场进行安装。具体可分为模块图纸分解、模块预制及组装、模块吊装及运输、模块安装等关键技术。

4.1 模块图纸分解

将注入站整个母液混配阀组图分解成多种不同井式标准化阀组模块图纸，可重复利用；利用 PDSOFT 预制管理软件，将阀组模块图纸拆解为可独立预制的单线图。

4.2 模块预制及组装

通过制定合理的预制工序、组装顺序，利用合适的辅助工具和反变形控制等措施，使预制完成的母液 / 混配阀组模块相同的工艺管线尺寸一致，阀门仪表安装高度、方向相同，相邻橇块之间底座及多根汇管完美对接无错位。

4.3 模块吊装及运输

通过对多井式母液混配阀组模块质量、尺寸、工艺管线等因素进行分析，制作吊装工具——平衡梁，并进行受力分析、计算、验证。选择合适的运输车辆，并对橇装进行保护和加固，防止运输过程中受到损坏。

4.4 模块安装

将母液混配阀组模块吊装就位在基础上，进行找正、模块间工艺连接、与基础连接固定等工序，经验收合格，完成模块安装。

5 施工工艺流程及操作要点

5.1 施工工艺流程

5.1.1 总流程

施工工艺总流程图见图 1。

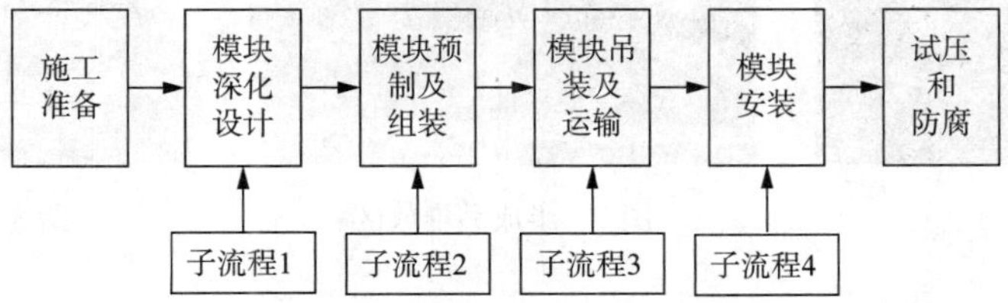

图 1 工艺总流程图

5.1.2 子流程

（1）子流程 1（图 2）

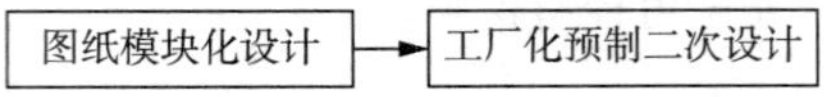

图 2 模块深化设计

（2）子流程 2（图 3）

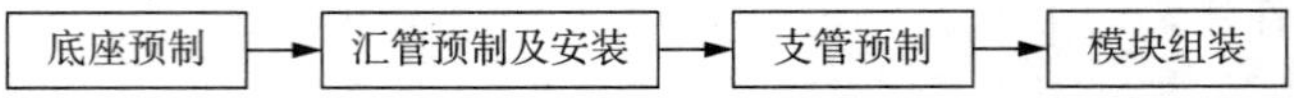

图 3 模块预制及组装

（3）子流程 3（图 4）

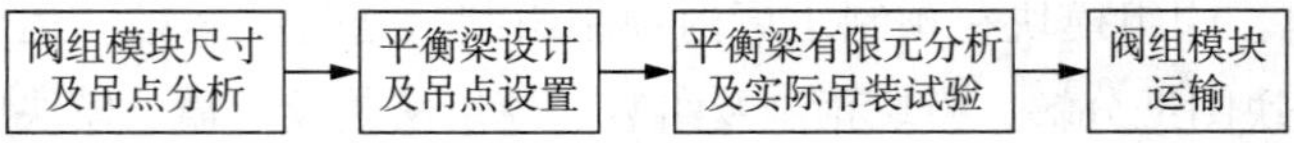

图 4 模块吊装及运输

（4）子流程 4（图 5）

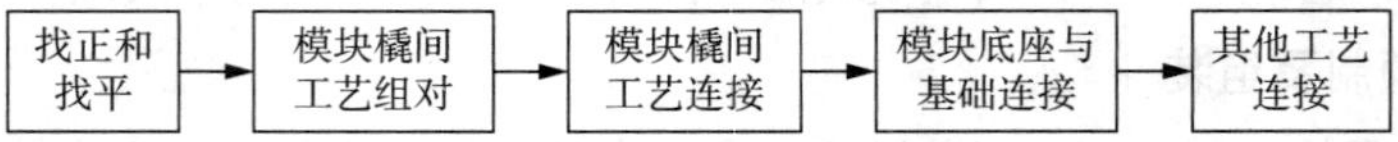

图 5 模块安装

5.2 操作要点

5.2.1 施工准备

（1）技术准备：技术人员进行图纸会审，分析阀组模块工艺特点和预制安装难点，编制模块化预制安装施工方案，进行技术交底。

（2）人员准备：根据实际预制安装的工程量，合理配备施工人员，培训合格后上岗。

（3）材料准备：所有工程用料、设备应符合设计图纸要求及现行标准规定；预制部分材料设备运至预制厂，其余材料运至施工现场，并进行数量清点和外观检查。

（4）预制厂布置：根据母液混配阀组模块预制和组装的特点，定制化布局预制生产线，综合考虑了横向及纵向物流传输及工序衔接，确定了最佳的预制顺序和作业流程，规划了切割下料区至总装工区 9 个功能区域（图 6 ~ 图 11）。

图 6 总装工区

图 7 半成品堆放区

图 8 坡口打磨区

图 9　焊接区

图 10　组焊区

图 11　切割下料区

5.2.2　模块深化设计

1. 图纸模块化设计

设计部门根据施工部门反馈的现场环境、拉运条件、预制施工装备及技术能力等情况，结合注入站设计规模，确定模块化阀组形式、尺寸及施工工艺要求，设计注入站母液 / 混配阀组标准化复用图（图 12、图 13）。

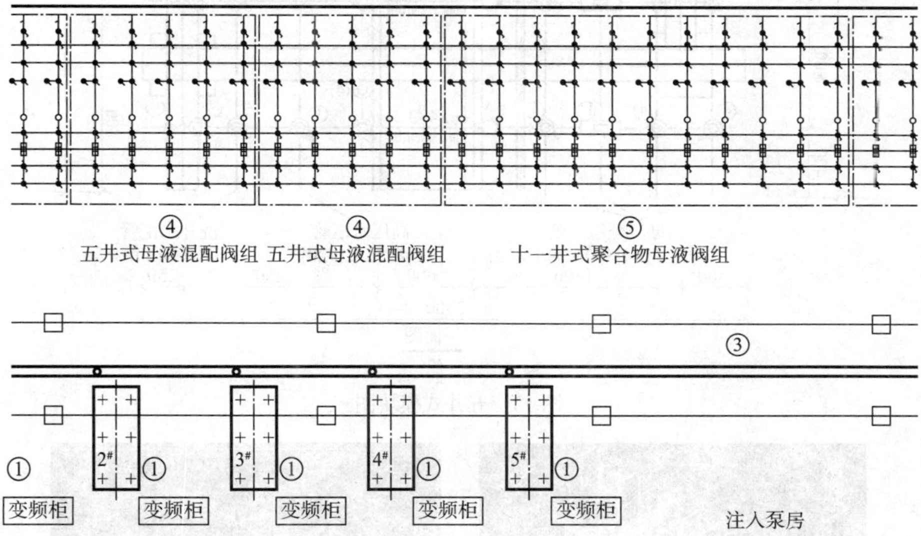

图 12　母液混配阀组模块分解

2. 工厂化预制二次设计

将设计部门提供的三维配管 IDF 文件导入 PDSOFT 预制管理软件，生成母液混配阀组模块的 3D 模型（图 14）。进行管段预制加工设计，生成预制管段单线图（图 15）及安装图，优化预制及安装顺序，预制班组可按照单线图下料，并进行预制。预制管理更加直观、高效、清晰。

5.2.3　模块预制及组装

1. 底座预制

底座型钢按照设计尺寸，带锯床切割下料，采用焊接方式连接。为了保证多个橇体汇管连接的精确度，将注入站 4 个母液混配阀组底座联接为整体（图 16）。通过斜铁调整好底座上表面水平度，技术人员进行检查验收（图 17）。

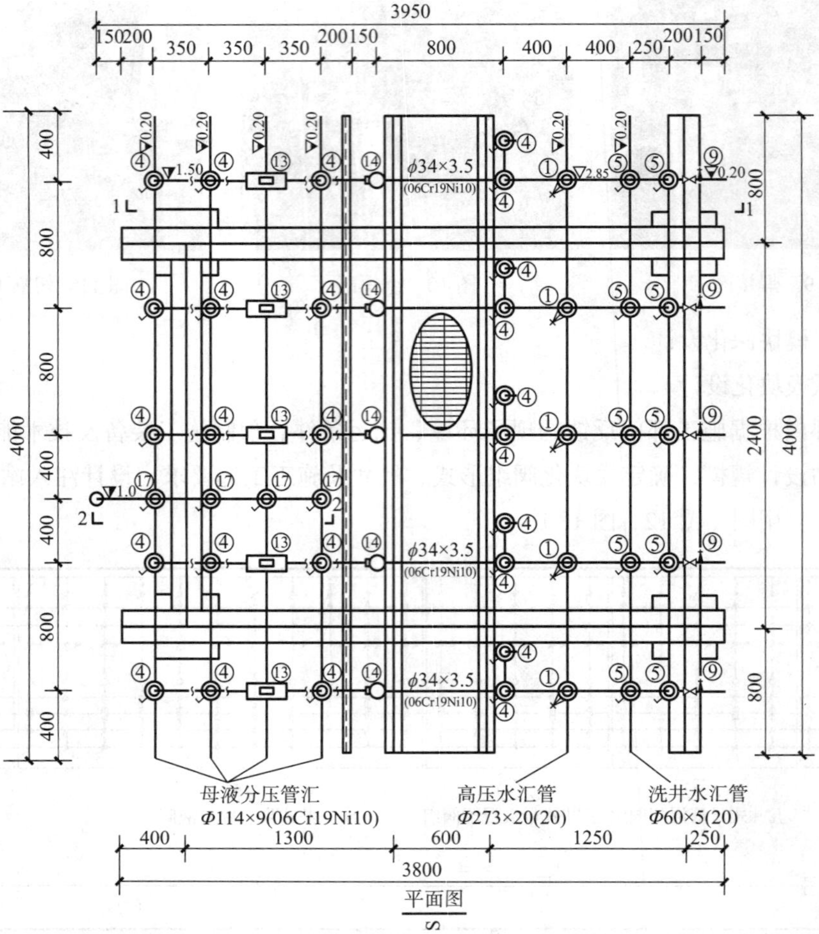

图 13　五井式模块图

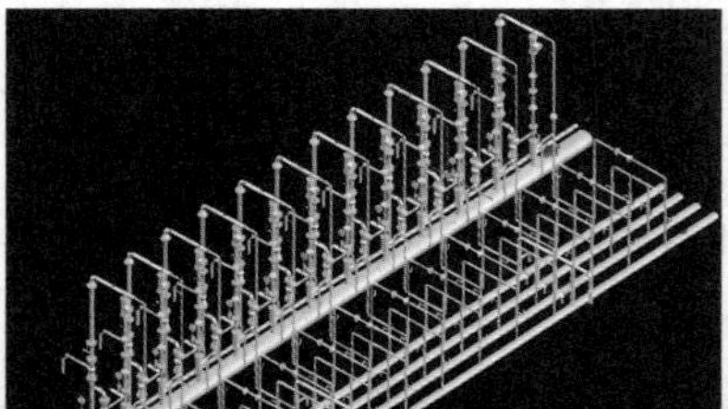

图 14　注入站橇装模块三维模型

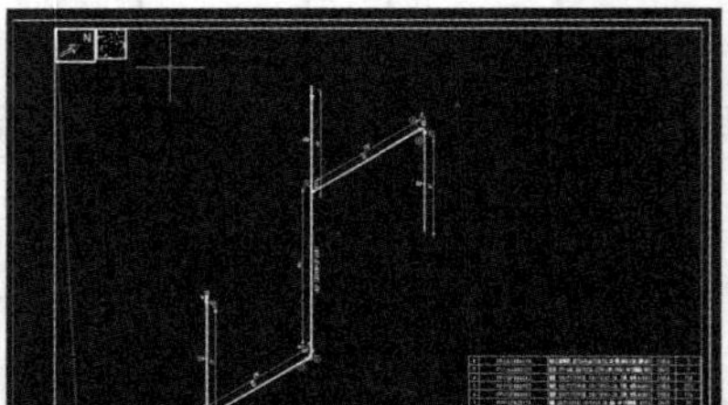

图 15　PDSOFT 预制软件生成管道单线图

图 16　底座联成整体

图 17　技术人员核验

2. 汇管预制及安装

（1）汇管预制采用带锯床、五轴数控等离子切割工作站切割下料、开孔，磨光机进行打磨，尽量保证单独阀组橇上的汇管无对接焊口（图 18、图 19）。

图 18　汇管开孔

图 19　汇管开孔处打磨

（2）用测量仪器在底座型钢上测好基准点，确定每根汇管位置，并做好标记（图 20）。采用磁力钻打孔，用 U 形管卡将汇管固定在底座上（图 21）。

图 20　制作汇管安装标记

图 21　底座钻孔

3. 支管预制

（1）支管工艺管段下料、管件组焊、构件成型均采用样板标准，统一尺寸、流水作业、对标预制，严格控制尺寸精度（图 22、图 23）。

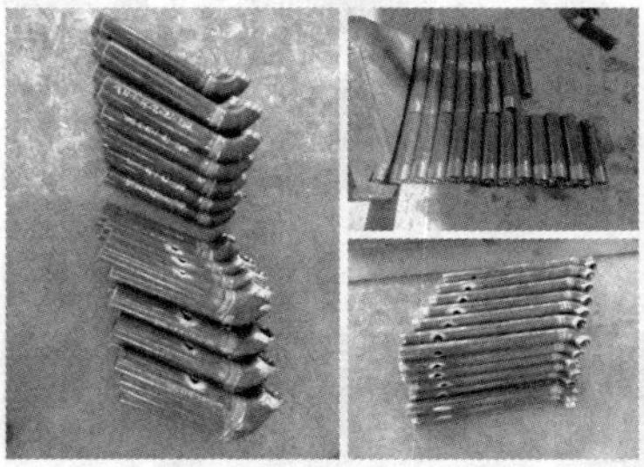
图 22　工艺管段、管件组焊

图 23　构件预制组焊成型

（2）利用三维柔性组对平台，自制立管阀门安装工具以及组对间隙控制丝等，提高预制效率，保证预制尺寸精度（图 24 ~ 图 26）。

（3）选择合理的焊接方法（图 27），减少线能量输入，采取刚性固定法、充水冷却法（图 28），控制焊接热变形。成型后的工艺构件逐一进行变形检验及校正（图 29），以实现预制精度控制。

图24　三维柔性预制平台

图25　自制立管阀门安装工具

图26　组对间隙控制丝

图27　隔焊跳焊法

图28　刚性固定法、充水冷却法

图29　焊接变形校正

（4）预制过程使用Open5D焊接管理平台进行管理，可实现焊接数据、焊接进度管理，生成无损检测委托等报表。焊道无损检测按设计要求比例跟随预制进度进行（图30、图31）。

（5）预制过程中，采用水准仪、钢卷尺、直角尺、激光水平仪等校验合格的测量工具进行检查验收。用自制的检测工具测量多根汇管预留端面的平整度，以此来控制预制精度，实现精准对接（图32、图33）。

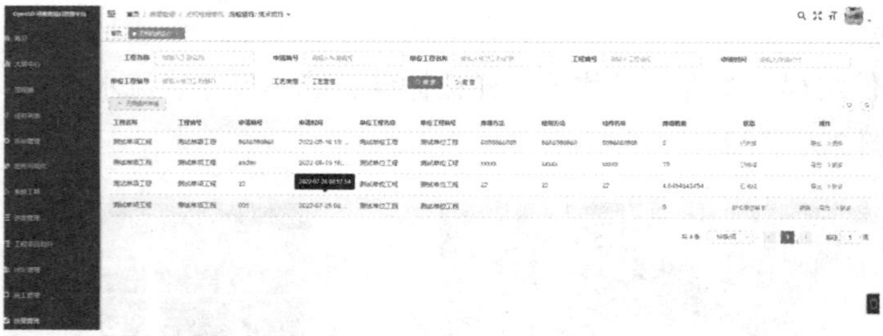

图30　Open5D焊接管理平台

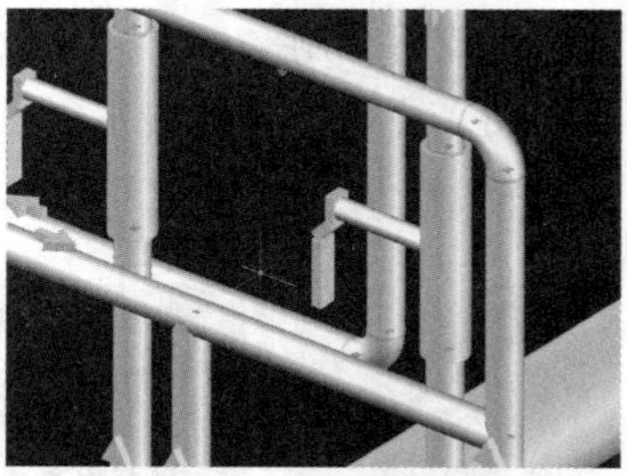

图31　焊口标注

图32　三维水准仪测量底座

图33　测量多根汇管预留端面

4. 模块组装

（1）整体组装

同一注入泵房内的母液混配阀组模块连接在一起组装。按照底座、汇管、单井注入工艺、单井母液工艺、管架支撑等依次进行组装，利用基准定位标记、标准样板、组对工装、反变形措施、检测工具等手段，保证工艺预制半成品构件尺寸一致，组装后成排、上线、阀门角度相同，并满足相邻 2 个阀组模块之间精准对接的要求（图 34）。

图 34　母液混配阀组组装完成

（2）模块橇间分割

同一注入泵房内母液混配阀组整体组装完成后，按照阀组分解图纸的五井式、十二井式、十四井式等不同类型模块进行橇间分割，形成单体模块橇装（图 35）。

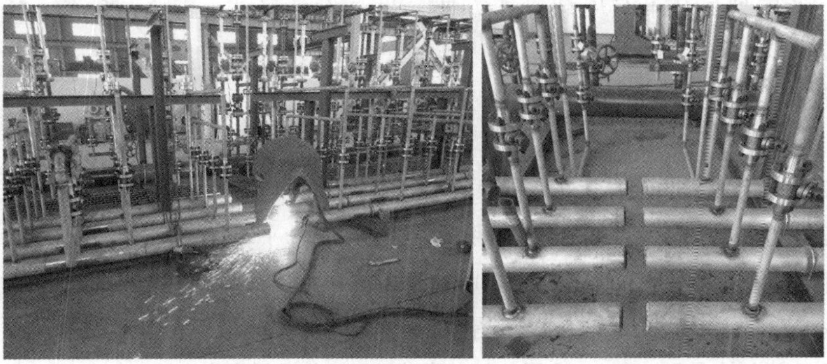

图 35　模块橇间分割

5.2.4　模块吊装及运输

1. 阀组模块尺寸及吊点分析

不同井式阀组模块规格见表 1。

表 1　不同井式阀组模块规格一览表

序号	名称	井口数	尺寸规格	质量/t	备注
1	五井式母液混配阀组模块	5	4.0m × 3.95m × 2.92m	2	
2	十二井式母液混配阀组模块	12	9.6m × 3.95m × 2.92m	5.85	
3	十四井式母液混配阀组模块	14	11.2m × 3.95m × 2.92m	6.4	

如表 1 所示，十四井式母液混配阀组尺寸最大，质量最重。以它为对象进行吊装分析，设置 4 个吊点（图 36），吊点设置在模块底座梁上，通过试吊确定吊点具体位置，确保起吊后底座梁无挠曲变形和倾斜。吊耳由 10mm 厚 Q235 钢板制成，受力最大处为吊耳与底座框架梁的焊接处，按照受力分析可计算得出满足吊装抗拉强度的最小焊接截面积 S_{min}。

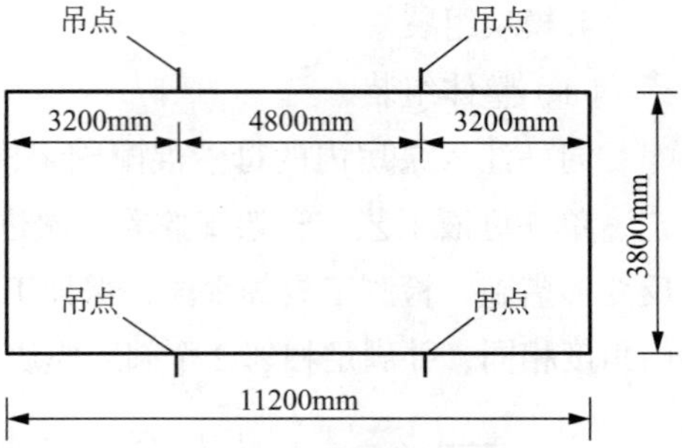

图 36 阀组模块底座吊点设置

$$S_{min}=\left(Q/n\right)/\sigma_b \tag{1}$$

式中，S_{min} 为最小焊接截面积，mm^2；Q 为阀组模块重量，kg；n 为吊点数量；σ_b 为吊耳材质的最小抗拉强度，kg/mm^2，Q235 钢材最小抗拉强度 345MPa（$38kg/mm^2$）。

经计算，吊耳最小焊接截面积为 $6.4/4\times1000/38=42.11mm^2$。10mm 钢板吊耳最小焊接长度 L_{min} 如公式（2）所示。

$$L_{min}=S_{min}/\delta \tag{2}$$

式中，L_{min} 为吊耳最小焊接长度，mm；δ 为吊耳钢板厚度 mm。

经计算，吊耳最小焊接长度 L_{min}=42.11/10=4.211mm，即每个吊点与底座框架梁的焊接长度大于 4.211mm 即可满足起吊要求。考虑到吊装卡具安装操作方便，吊耳设计尺寸如图 37 所示。实际制作的吊耳的焊接边长为 180mm，大于 4.211mm，吊耳与底座梁采用满焊工艺，完全满足吊装需求。

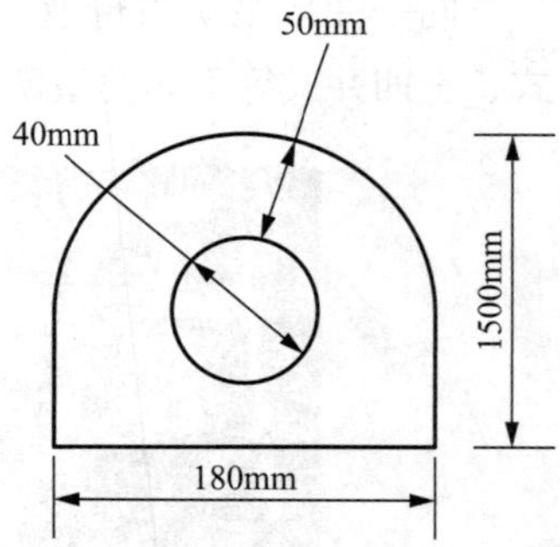

图 37 吊耳尺寸示意图

2. 平衡梁的设计及吊点设置

阀组模块起吊后要保持整体平稳，钢丝绳倾斜角度以不刮碰工艺管线为宜，需要制作专用吊装平衡梁。平衡梁框架采用 H 型钢（HM300mm × 200mm × 20mm）2 根、HM200mm × 150mm × 16mm 型钢 2 根（图 38、图 39）。平衡梁上下均设置吊耳，下方吊耳规格尺寸与阀组底座的吊耳一致，吊耳位置根据阀组底座梁吊耳位置尺寸确定。平衡梁上方的吊耳受力为阀组重量和平衡梁自重之和（平衡梁自重 1.3t）。按照式（1）计算得出满足吊装抗拉强度的最小焊接截面积 S_{min}=（6.4+1.3）/4 × 1000/38=$50.7mm^2$。

选用 10mm 钢板制作吊耳，按照式（2）计算吊点最小焊接长度 L_{min}=50.7/10=5.07mm。

每个吊点与底座框架梁的焊接长度大于 5.07mm 即可满足起吊要求。而为了保证吊装安全，平衡梁上方的吊耳采用 20mm 钢板制作，尺寸与平衡梁下方吊耳尺寸一致。通过试吊确定吊点具体位置，起吊后平衡梁无挠曲变形和倾斜。

3. 平衡梁有限元分析及实际吊装试验

利用有限元分析软件验算平衡梁吊点受力分布情况及变形量。按照十四井式阀组模块吊装信息进行建模（平衡梁重约 1.3t，吊物重量约为 6.4t），计算结构主体强度及稳定性（图 40）。

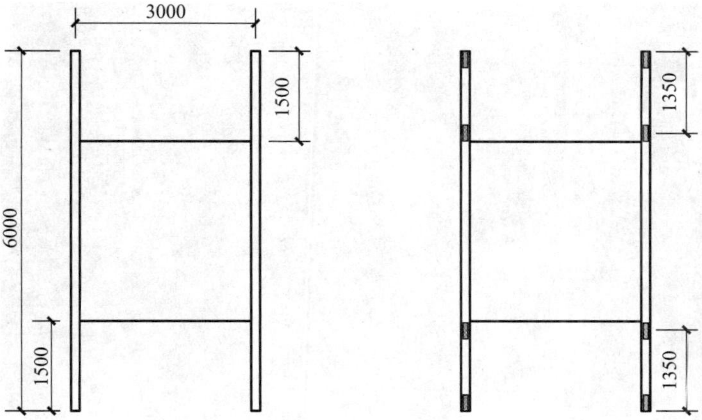

图 38　平衡梁结构示意图

图 39　平衡梁实体

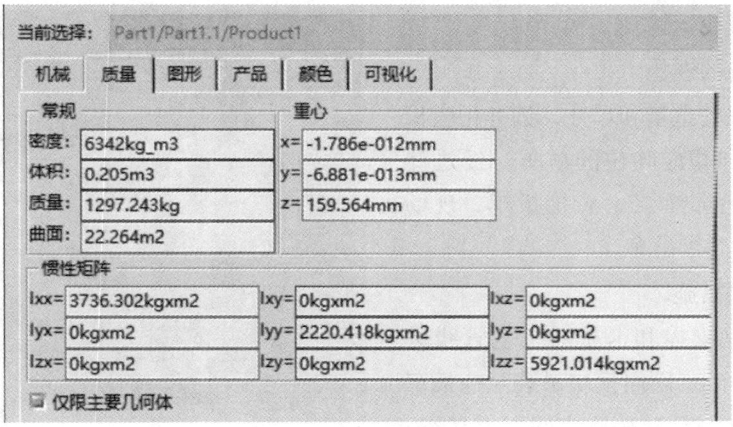

图 40　有限元分析软件分析数据

吊装应力分析。经监测平衡梁钢结构整体平均应力约 1.2MPa（图 41），最大应力 12MPa 为吊耳处局部应力（图 42）。

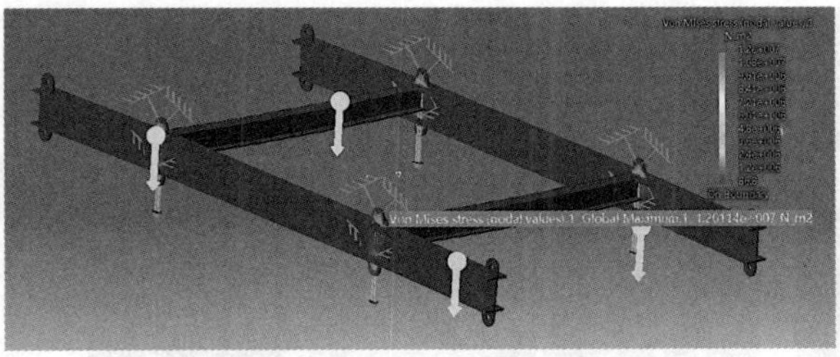

图 41　平衡梁应力分布情况

图 42　吊耳应力分布情况

吊装平衡梁变形量模拟计算（图 43）。最大位移为 0.37mm 左右，为平衡梁两端，变形量较小，满足吊装需求。

通过车间 10t 起重机利用平衡梁对已成型的最大阀组模块（6.4t）进行了吊装试验（图 44）。试验过程中阀组橇底部起吊高度 0.2m，时间为 15min，然后检查平衡梁，未发现有变形、焊道撕裂等情况发生。

图 43 平衡梁变形模拟分析

4. 阀组模块运输

（1）设备的选择

根据橇块的重量和尺寸，选择相应长度的拖板车和相应吨位的吊车。经过计算，本次拉运选择 13m 长拖板车，现场吊装选择 25t 履带吊车。

图 44 平衡梁吊装试验

（2）加固措施

采用角钢支撑和卡子对工艺管线进行紧固（图 45）。阀组模块吊装至拖板车上后，拖板车与橇装底座之间不得悬空，用木楔找平，防止拉运过程中颠簸使阀组局部变形。橇装底座与拖板车之间用 8# 铁线绑扎紧固（图 46），防止拉运过程中造成惯性位移。

图 45 阀组橇底座绑扎固定

图 46 管线加固与铺垫

（3）阀组模块运输

提前勘察好拉运路线，办理大件拉运手续。拉运时避开车流量高峰时间，车速应平稳缓慢，不得超过 30km/h。

（4）现场吊装

对现场吊车吊装区域地面进行平整硬化处理，使地面承载力符合吊装需要。阀组模块拉运至施工现场后，按照相应顺序依次吊装就位于混凝土基础上（图 47）。

图 47　阀组现场吊装就位

5.2.5　模块安装

1. 找正和找平

使用拉线法，将粉线按照设计标高和坐标位置悬拉，阀组两端各拉 1 组粉线。使用吊车或者自制吊链架将阀组模块吊至悬空，通过撬棍使阀组模块按照粉线坐标位置进行找正，坐标位置确定后用斜铁进行找平（图 48）。合格后进行下一个相邻阀组模块的找正、找平。找正、找平按照顺序依次进行，不可颠倒顺序，以汇管能够满足对接焊接工艺要求为准。

图 48　阀组模块现场找正、找平

2. 模块橇间工艺组对

经过找正、找平的相邻模块橇装，6 根汇管应分别在同一条直线上。阀组橇在预制时所留为净尺寸，坡口已加工完毕，仅需调整好汇管间的组对间隙即可。

3. 模块橇间工艺连接

模块间工艺连接采用焊接连接，焊接工艺符合焊接工艺评定要求，由具备焊接资格的成熟焊工进行焊接。

4. 模块底座与基础的连接

阀组模块整体固定好以后，将底座、调平的垫铁和混凝土基础预埋件进行焊接连接。

5. 其他工艺连接

汇管进液管和单井出液管的连接（图 49），均采用设计要求的焊接工艺连接。

6. 无损检测

现场工艺连接完毕后，检查所有焊道，并按照设计要求对焊道进行无损检测。

图 49　模块现场工艺连接

5.2.6 试压和防腐

按照设计图纸及标准规范要求，对所有工艺管线进行联合试压，试压合格后进行焊口防腐。

5.3 劳动力组织

劳动人员配置及分工见表 2。

表 2 主要人员配置

序号	岗位工种名称	人数	分工
1	总工程师	1	全面技术质量管理
2	项目经理	1	组织生产
3	工长	1	组织实施
4	HSE 监督员	1	负责现场安全监督管理
5	管工班长	3	管线下料、工艺安装
6	技术员	1	负责现场技术指导
7	测量员	2	测量放线
8	质检员	1	负责现场质量监督检查
9	起重工	3	起重作业
10	电工	3	电力线路恢复
11	电焊工	15	负责焊接
12	普工	10	施工作业

6 材料与设备

6.1 材料

施工主要材料见表 3。

表 3 主要材料表

序号	材料名称	规格型号	单位	数量	主要用途
1	焊丝	ER316L/Φ1.0mm、H08Mn2SiA/Φ2.5mm	kg	若干	焊接
2	焊条	CHE427/Φ3.2mm、E316L-16/Φ3.2mm	kg	若干	焊接
3	保护气体	氩气、混合气体	m^3	若干	气体保护焊
4	钢丝绳	26mm	m	16	吊装
5	钢丝绳	12mm	m	20	吊装
6	H 型钢	HM300mm × 200mm × 20mm	m	12	平衡梁制作
7	H 型钢	HM200mm × 150mm × 16mm	m	6	平衡梁制作
8	钢板	20mm、10mm	m^2	各 1	吊耳及盲板
9	铁线	8#	m	50	绑扎固定
10	角钢	∟ 50mm × 5mm	m	110	临时固定及支撑

6.2　设备

施工主要设备见表 4。

表 4　主要设备表

序号	设备名称	规格型号	单位	数量	主要功能
1	全自动氩弧焊机	DASKBWH-100	套	2	管线、管件焊接
2	十字臂焊机	DPS-500 500A	套	4	焊接
3	相贯线等离子切割工作站	PDN20-630	套	1	用于切割开孔
4	数控金属带锯床	法因 /BS1000	套	1	用于切割
5	三维柔性组对平台	HT250U	套	1	组对
6	龙门吊	10t	台	2	预制厂吊装
7	电焊机	ZX7-500S	台	15	焊接
8	焊条烘干箱		台	2	焊接
9	拖板车	13m，20t	台	3	阀组模块拉运
10	履带式吊车	25t	台	1	现场吊装
11	磁力钻	J1C-FF-23S	台	1	钢结构钻孔
12	角磨机	Φ100mm	台	4	打磨
13	温湿度计	TH702F	台	1	监测
14	风速仪	MT-4615	台	1	测量
15	水准仪		台	1	测量
16	激光定位仪		台	1	测量定位
17	塞尺	1m	把	2	测量
18	焊检尺		把	2	测量

7　质量控制

7.1　执行的标准与规范

（1）GB 50236—2011《现场设备、工业管道焊接工程施工规范》

（2）GB 50683—2011《现场设备、工业管道焊接工程施工质量验收规范》

（3）GB 50235—2010《工业金属管道工程施工规范》

（4）GB 50184—2011《工业金属管道工程施工质量验收规范》

（5）GB 50205—2020《钢结构工程施工质量验收标准》

（6）GB 50540—2009《石油天然气站内工艺管道工程施工规范》

7.2　质量控制措施

7.2.1　管道预制

（1）管道预制应按单线图规定的数量、规格、材质选配管道组成件，并按单线图标明管道系统号和按预制顺序标明各组成件的顺序号。

（2）管子切口质量应符合下列规定：切口表面应平整、无裂纹、重皮、毛刺、凸凹、缩口、熔渣、氧化物、铁屑等，切口端面倾斜偏差不应大于管子外径的 1%，且不得超过 3mm。

7.2.2 管道安装

（1）对预制的管道应按管道系统编号和顺序号进行对号安装。

（2）管道安装垂直度和水平度，要符合规范要求。

（3）当管道安装工作有间断时，及时密封敞开的管口。

7.2.3 阀门安装

（1）螺栓及螺母的螺纹光洁、无划痕、毛刺等缺陷，螺栓与螺母配合良好，禁止出现松动或卡涩现象。

（2）检查法兰密封面及密封垫片，对有影响密封性能的划痕、斑点等缺陷，及时修复或更换。

（3）当阀门与管道以法兰或螺纹方式连接时，阀门应在关闭状态下安装。

（4）端部为焊接连接的阀门，施焊时所采用的焊接程序以及热处理应避免阀座的严密性被破坏。

7.3 关键工序质量控制点

质量关键控制点见表 5。

表 5 关键工序质量控制点

序号	检验项目	检查工序	指标要求	检验工具或方法
1	管道开孔	管件下料	开孔边缘与相邻焊缝的距离＞100mm	直尺
2	汇管开孔与支管连接间隙	管道安装	0.5～2mm	塞尺
3	直管段两对焊口中心面距离	管道安装	$DN \geqslant$ 150mm 时，应不小于 150mm； $DN <$ 150mm 时，应不小于管子外径	直尺、卷尺
4	法兰间应平行	阀门安装	偏差≤法兰外径的 1.5‰，且应≤ 2mm	游标卡尺
5	螺纹外露长度	阀门安装	0～3 个螺距	直接观察
6	同一平面阀门安装	阀门安装	同一平面或间距偏差应≤ 5mm	游标卡尺
7	高压管道，不锈钢管道焊缝	管道组对、焊接	不应存在咬边、错皮	直接观察
8	垫铁设置	模块安装	垫铁组的设置须符合规范要求，现场检查	钢卷尺、钢板尺、水平尺
9	模块间安装精度调整	模块安装	各模块标高、水平度一致，各模块相连汇管中心轴同轴	水准仪、水平尺、拉线法

8 安全措施

8.1 执行的安全标准

（1）GB 50870—2013《建筑施工安全技术统一规范》

（2）JGJ 59—2011《建筑施工安全检查标准》

（3）GB 50656—2011《施工企业安全生产管理规范》

（4）Q/SY TZ 0363—2013《吊装作业安全管理标准》

（5）GB/T 50484—2019《石油化工建设工程施工安全技术规范》

8.2 安全保障措施

（1）作业人员必须戴好安全帽，穿戴好劳动保护用品，酒后严禁进入施工现场。

（2）各种电气设备、钢平台、吊车必须有良好的接地，电器检修、拉接施工电源必须由专业电工进行，其他施工人员严禁乱拉乱接。

（3）吊装时，吊装耳板焊接牢固，吊耳的焊接必须由有资质的焊工焊接。

（4）模块拉运前，要绑扎牢固；拉运时避开车流量高峰时段。

9 环保措施

9.1 环保标准

（1）JGJ 146—2013《建筑工程施工现场环境与卫生标准》

（2）GB 12523—2011《建筑施工场界环境噪声排放标准》

（3）GB/T 24001—2016《环境管理体系 要求及使用指南》

（4）SY/T 6276—2014《石油天然气工业 健康、安全与环境管理体系》

9.2 环保措施

（1）垃圾及时清理并运到指定地点，严禁随意抛撒。

（2）现场工器具、材料堆放整齐，不乱堆乱放，文明施工。

（3）机器设备加油时，地面要铺上废旧木屑或塑料布，回收后统一处理，防止造成污染。

（4）现场设置 HSE 监督管理员，对现场的环保情况进行监督检查。

10 效益分析

10.1 经济效益

通过该工法的应用，使油田注入站工程工艺管道安装工厂化预制率达 80%；预制完成的橇装模块在现场安装一次合格率 100%；注入站混配阀组橇块工厂化预制的自动焊比例达 73%。工程项目快速建产，单项工程施工净工期缩短 12 天及以上，节省了成本，创造了效益。以采油五厂杏十一区西 2 块 1 号注入站工程为例，采用本工法节省成本 23 万元（表 6）。

表 6 经济效益对比分析表

施工方法 / 对比项目	注入站母液混配阀组模块化预制安装施工方法	传统的施工方法	效益对比
工期 / 天	16	28	12
机械费 / 万元	3.5	8.8	5.3
材料费 / 万元	80	85	5
人工费 / 万元	7.8	20.5	12.7
合计	91.3	114.3	23

10.2 社会效益

本工法解决了注入站母液混配阀组现场施工低质低效、安全风险高的难题，降低了安全风险，确保了施工安全，保证了施工质量，加快了施工进度，提高了施工效率。它改变了传统的纯现场施工方式，为企业提升了施工生产能力和市场竞争实力，具有极其重大的推广价值和显著的社会效益。

11　应用实例

本工法应用的工程项目见表 7。

表 7　工程应用实例统计表

序号	建设单位	工程项目名称	开 / 竣工日期	工作量	应用效果	经济效益 / 万元
1	大庆油田第五采油厂	杏十一区西 2 块 1 号注入站工程	2022 年 5 月 / 2022 年 11 月	预制施工母液 / 混配阀组模块 4 个（5 井式 1 个，12 井式 3 个）	良好	23
2	大庆油田第五采油厂	采油五厂杏十一区西 2 块 2 号注入站工程	2022 年 5 月 / 2022 年 11 月	预制施工母液 / 混配阀组模块 4 个（5 井式 1 个，14 井式 3 个）	良好	26
3	大庆油田第五采油厂	杏十一区纯油区西部 2 块（2022）聚驱注水系统工程	2022 年 5 月 / 2022 年 11 月	混配间模块 1 座（6 井式）	良好	3

三带八支柱球罐支柱与赤道板空中组焊施工工法

刘圣光　张光宇　杨　洋　黄国越　宋佳凝

大庆油田建设集团有限责任公司

1 前言

在油田改造工程中，常出现多台球罐因存在安全隐患，需拆除后原址新建的情况。一般的球罐，下支柱与带支柱赤道板常规工艺是采取地面组装的方式，球壳板进场后大面积堆放在空旷场地中，然后在地面制作钢平台，将球罐下支柱与带支柱赤道板放在钢平台上，进行组对和焊接使其成为一个整体，然后吊装至基础上，再进行整个球罐的组装。这种施工工艺受到施工场地、钢平台、支柱中心线刻画精度以及球罐赤道板尺寸的制约，并不适用于小型球罐的拆除改造工程。

大庆油田建设集团有限责任公司，在天然气分公司光明轻烃储库安全隐患治理工程中，根据现场实际情况，针对本次拆除并新建的8台三带八支柱1000m^{3}球罐，梳理总结了下支柱与带支柱赤道板空中组焊的施工工法，解决了施工场地受限问题，节约了措施材料及机械投入，缩短了施工周期，同时极大地提高了球罐的整体组装精度，为焊接施工奠定了坚实基础，使球罐的整体组装工期较计划提前了45天。

本工法通过实践验证，在工艺上突破了固有习惯，改变了常规的施工方式，获得2022年度大庆油田企业级工法，经国内外检索查新，未见相同报道。本施工方法可以在相同施工环境及条件的工程中得到应用。

2 工法特点

2.1 施工效率高

本工法采取的空中组焊方式，省去了地面制作和调试过程，同时减少了赤道板反复吊装倒运的过程，提高了施工效率，大幅度缩短施工周期。

在空中组对后，球罐整体还可进行多次微调，与常规的施工方式相比，调整方式多样，调整难度低，在调整方面极大地缩短了施工周期。

2.2 施工质量好

在空中组焊支柱时因支柱的对接焊缝是活动状态，比较有利于球罐整体调整精度，较为灵活多变，径向和周向 2 个方向的精度都可以随时调整，同时赤道板也可以局部小幅度调整，极大地提高了每条焊缝不同位置的组对精度，为后续焊接奠定了基础。

2.3 施工成本低

常规的下支柱与带支柱赤道板在地面组焊时，钢平台的制作需要 40mm 厚钢板 $50m^2$，机械下料加工制作，并调整水平度，同时需要 50t 吊车和一般机具配合完成。本工法完全省去以上材料及施工机具，极大地降低了施工成本。

3 适用范围

本工法适用于支柱分上、下两段的 1000 ~ $2000m^3$ 三带八支柱球罐的施工阶段。

4 工艺原理

三带八支柱球罐由 8 根下支柱、8 块带上支柱赤道板、8 块不带支柱赤道板、14 块上下极板组成。

本工法在球罐组对时，先将 8 根下支柱安装在球罐基础上，然后从 0°开始顺时针吊装第 1 块和第 2 块带支柱赤道板，在空中与下支柱组对并调平固定，然后在两板中间吊装插入第 1 块不带支柱赤道板，以此类推逐步完成赤道板的组对。赤道板组对全部完成后初步调整赤道带精度，然后对上下支柱进行点焊固定，再进行上下极板的吊装组对，最后球罐整体组对调整精度后，将上下支柱对接焊缝进行焊接，工艺原理见图 1。

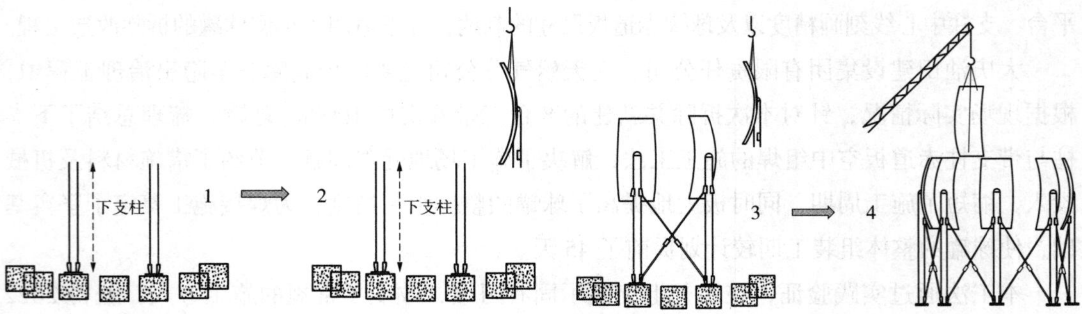

图 1 空中组焊工艺原理图

5 工艺流程及操作要点

5.1 工艺流程

施工工艺流程如图 2 所示。

5.2 操作要点

5.2.1 施工准备

（1）人员和设备准备。按照施工部署准备施工人员（参照表 1）和设备（参照表 2），对人员进行安全技术交底，对设备进行进场检查。

（2）材料准备。按照标准规范要求，对进场的下支柱和球壳板进行逐一检验；对工装卡具进行安全性检验；对脚手架卡扣和管件进行检验；对焊条进行力学性能及扩散氢复检。

（3）基础检查验收。验收时检查基础的标高基准线、纵横中心线、沉降观测点、相邻支柱基础中心距、地脚螺栓与基础中心圆距离、支柱基础上表面的标高、相邻支柱基础标高差、单个支柱基础上表面的平面度等是否符合标准要求；检查基础外观是否有裂纹、蜂窝、空洞、露筋等缺陷。

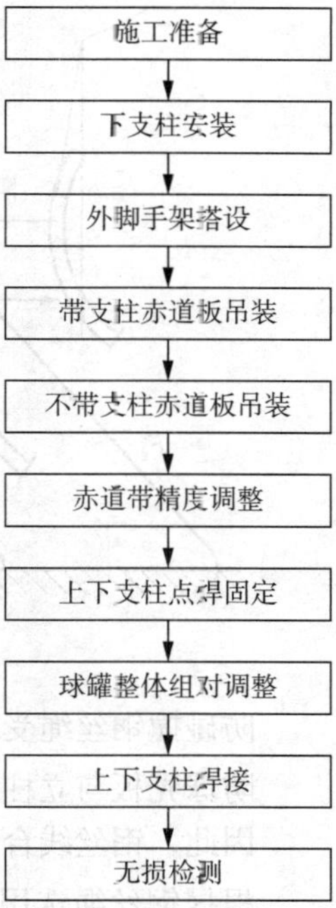

图 2　工艺流程图

5.2.2　下支柱安装

（1）在下支柱顶部向下 10～15cm 位置，沿周向均匀焊接 4 组定位块，用于吊装和组对。

（2）分别吊装 8 根下支柱放于球罐基础上，根据球罐直径和直埋地脚螺栓位置初步调整 8 根下支柱的位置，调整水平度、垂直度，使其在周向和径向位置上均匀分布，并与球罐直径保持一致。

（3）采用临时垫板与螺栓帽一同安装并拧紧，然后安装下部拉杆。下支柱安装见图 3。

5.2.3　外脚手架搭设

（1）下支柱安装完成后，将下极板组件吊装至球罐基础中心内部，便于后续的下极板组装。

（2）搭设外脚手架。为便于施工，首次搭设高度为下支柱与带支柱赤道板组对完成后的计算高度。脚手架搭设时应充分考虑球罐焊缝位置和球罐直径，应以便于施工为前提，同时符合标准规范要求。

图 3　下支柱安装图

5.2.4　带支柱赤道板吊装

外脚手架搭设验收合格后开始吊装带支柱赤道板，吊装前应按照组对要求，将球壳板及上支柱的定位块、临时吊耳焊接完成。焊接应按照球罐正式焊接工艺要求焊接，焊接位置见图 4。吊装过程采用 80t 汽车吊。

（1）从 0° 开始吊装第 1 块带支柱赤道板，使其安装在下支柱上。为防止吊装过程中球壳板碰撞发生倾倒，采用 2 根缆风绳（钢丝绳）作为临时加固防碰撞及防倾倒措施，受力分析见图 5；吊装落位后测量偏差，调整支柱整体垂直度后，采用组对卡具进行临时固定。为施工方便，可在吊装时将拉杆及松紧螺母临时安装在支柱上一同吊装。

图 4　定位块、吊耳焊接

钢丝绳选用计算如下：

惯性力计算：吊物从匀速运动状态至撞击障碍物后停止惯性力 $F=ma$，其中，m 为球壳板质量，取 6900kg；a 为球壳板加速度，$a=(v_2-v_1)/t$，吊装过程近似匀速运动，$v_1=0.01\text{m/s}$，$v_2=0\text{m/s}$。

因此，$F=6900\text{kg}\times0.01\text{m/s}^2=69\text{N}$。

钢丝绳合力计算：

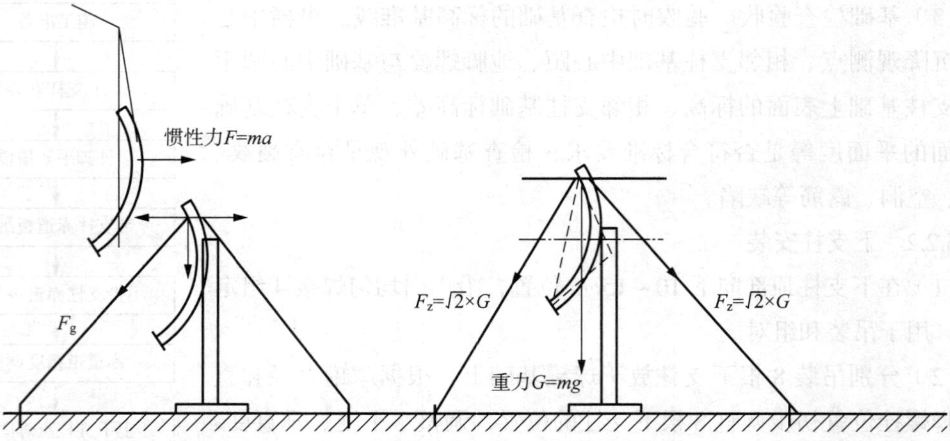

图 5　赤道板受力分析图

防碰撞钢丝绳受力计算 $F_g=\sqrt{2}\,F=1.414\times68\text{N}=97.6\text{N}$。

防球壳板与立柱组对倾倒钢丝绳计算 $F_z=\sqrt{2}\,G=1.414\times7000\text{kg}\times9.8\text{N/kg}=97\text{kN}$。

因此，钢丝线合力为 $F_h=F_g+F_z\approx98\text{kN}$。

根据钢丝绳选用规范 GB/T 8918—2006 可知，钢丝破断拉力总和＞ 98kN 的钢丝绳即公称直径大于 14mm 可满足施工需求。

（2）顺时针吊装第 2 块带支柱赤道板，使其安装在下支柱上，加固及防倾倒措施与第 1 步相同，调整好支柱整体垂直度后，采用组对卡具进行临时固定，具体位置见图 6。

图 6　下支柱与带支柱赤道板安装

5.2.5　不带支柱赤道板吊装

（1）吊装不带支柱赤道板，插装在已就位的 2 块带支柱赤道板中间，大致找好坡口间隙和错边，并用组装卡具加以固定。

（2）依次顺时针按照上述步骤，将剩余的赤道板吊装就位。缆风绳在第 1 块和最后 1 块赤道板吊装过程中需一直使用；吊装过程全程采用 3 台经纬仪进行垂直度偏差控制，沿周向均匀分布于球罐外侧合适位置。

5.2.6　赤道带精度调整

（1）调整赤道带的组装精度，赤道带是整个球罐的基准带，调整内容主要有：赤道板水平度垂直度，对接焊缝坡口间隙、棱角量、错边量、椭圆度，支柱垂直度和上、下环口的平齐等项目，为防止组装时产生过大的附加应力，禁止强力组装。

（2）调整时在上支柱与下支柱的接缝处进行微调，调整方式是局部敲击组装卡具，可使赤道板微小范围内转动，从而调整每块赤道板的向心度；同时敲击赤道板上的组装卡具，可调整焊缝组对间隙等；敲击下支柱底座和上支柱定位块可调整支柱的整体垂直度。

5.2.7　上下支柱点焊固定

（1）赤道带的组装精度初步调整完成后，上下支柱的对接焊缝会受到组对影响，局部出现焊缝组对间隙大小不一的情况，此时需要微调支柱上的4组卡具，使组对间隙保持基本一致。

（2）将8根支柱的上下接缝处采用点焊固定，点焊的焊接工艺应采用大电流焊接，单面焊双面成型，其他要求与正式焊接要求相同；同时紧固组装卡具，使上下支柱成为一个整体。

5.2.8　球罐整体组对调整

（1）赤道带初步组装完成，上下支柱点焊完成后，开始分别吊装组对球罐的下极各球壳板及上极各球壳板，采用组装卡具固定并局部调整组装精度。

（2）球罐整体组装完成后，按照调整赤道带的方式，对球罐整体组装精度进行调整，符合标准要求后进行定位焊固定；在赤道板、上下级板的定位焊后再次进行复查．组对间隙不合格的焊缝必须重新调整。

5.2.9　上下支柱焊接

（1）确定球罐整体组装精度调整完成，符合设计图纸及标准规范要求后，进行上下支柱对接焊缝的焊接。

（2）上下支柱对接焊缝的点焊位置与正式焊接工艺相同，在正式焊接时可根据实际情况不做处理，对接焊缝的首遍打底焊应满足单面焊双面成型要求，填充和盖面焊接应符合焊接工艺指导书要求。

5.2.10　无损检测

根据设计图纸要求，对上下支柱接焊缝进行无损检测。

5.3　劳动力组织

主要人员配置见表1。

表1　主要人员配置

序号	岗位	单位	数量	备注
1	项目经理	人	1	负责项目全面工作
2	技术员	人	1	现场技术、施工管理
3	材料员	人	1	材料管理
4	质量员	人	1	现场施工测量及质检工作
5	SHE管理员	人	1	HSE管理
6	铆工	人	1	操作人员
7	电工	人	1	操作人员
8	电焊工	人	2	操作人员
9	起重工	人	2	操作人员
10	架子工	人	4	操作人员

续表

序号	岗位	单位	数量	备注
11	管工	人	1	操作人员
12	力工	人	4	操作人员
合计		人	20	

6 材料与设备

主要施工设备、材料见表2。

表2 主要施工设备、材料一览表

序号	名称	规格型号	单位	数量	备注
1	电焊机	ZX7-400B	台	2	
2	移动式起重机	80t 汽车吊	台	1	
3	焊条烘干箱	YDH-A	套	3	
4	焊条保温箱		套	4	
5	水准仪		台	1	
6	经纬仪	DE2A-L	台	3	
7	测温仪		台	2	
8	激光测距仪		台	1	
9	温湿度计		套	2	
10	工装卡具		套	500	
11	脚手架		套	1000	
12	钢丝绳	14mm，长25m	根	4	
13	钢丝绳	30mm，长25m	根	2	
14	线坠		个	2	
15	水平管	自制	个	1	
16	焊检尺		个	2	
17	钢卷尺		个	2	
18	弧度样板	内外弧	个	2	需校准

7 质量控制

7.1 执行的标准与规范

（1）GB 12337—2014《钢制球形储罐》

（2）GB 50094—2010《球形储罐施工规范》

（3）TSG 21—2016《固定式压力容器安全技术监察规程》

（4）GB 50236—2011《现场设备、工业管道焊接工程施工规范》

（5）GB 50235—2010《工业金属管道工程施工规范》

7.2 质量控制关键点

关键工序质量控制要求见表 3。

表 3 关键工序质量控制要求

检查工序	项目	标准规范	检验方法	检验时间
球壳板、支柱进场验收	球壳板的曲率及几何尺寸、支柱的尺寸等	标准 GB 50094—2010	内外弧样板、钢卷尺等检查	组对前
球罐基础的检验	基础方位、直径、中心距等	标准 GB 50094—2010	水平仪、经纬仪等	组对前
下支柱吊装就位检验	支柱的水平度、垂直度	标准 GB 50094—2010	线坠、水平仪	组对中
	相邻两支柱的间距、周向和径向距离	施工图纸	激光测距仪	组对中
带支柱赤道板吊装检验	水平误差、垂直度	标准 GB 50094—2010	水平管、线坠	组对中
	支柱整体垂直度、直线度	标准 GB 50094—2010	线坠、经纬仪	组对中
球罐组对精度的检验	组对间隙、错变量、棱角度、水平度、内径等	标准 GB 50094—2010	焊检尺、弧样板、激光测距仪等	组对中
球罐定位焊接检验	焊接预热、焊材、焊接质量等	焊接工艺卡、标准 GB 50094—2010	红外测温仪、焊检尺等	组对中
上下支柱对接焊缝检验	焊接外观质量、支柱整体直线度等	焊接工艺卡、标准 GB 50235—2010	焊检尺、线坠等	组对后

7.3 质量控制措施

（1）原材料审查时，球壳板的材质单和检验报告应与现场板材标号一致，如有板材存在质量缺陷要及时标注并通知厂家整改。

（2）定位块、吊耳等的焊接应按照正式焊接工艺卡进行，需要提前预热的必须按照要求预热和缓冷，并做好记录。

（3）支柱的检验分为下支柱和带支柱赤道板检验，要分别进行直线度的检验，避免组对过程中支柱整体检查不合格时无法判定原因。

（4）下支柱与带支柱赤道板组装时应控制吊车的吊装速度，避免磕碰对球壳板及支柱造成不必要的损伤。

（5）上下支柱对接焊缝焊接时应尽量分层分道焊接，减少焊接线能量的输入，防止局部发生变形。

8 安全措施

8.1 安全标准

（1）JGJ 59—2011《建筑施工安全检查标准》

（2）JGJ 160—2016《施工现场机械设备检查技术规范》

（3）JGJ 184—2009《建筑施工作业劳动防护用品配备及使用标准》

（4）SY/T 6444—2018《石油工程建设施工安全规范》

（5）Q/SY 1240—2009《作业许可管理规范》

（6）JGJ 46—2005《施工现场临时用电安全技术规范》

（7）GB/T 6067.1—2010《起重设备安全规程　第 1 部分：总则》

（8）GB 2894—2008《安全标志及其使用导则》

8.2　安全措施

（1）在施工前，结合施工特点识别出存在的安全风险，并编制相应的安全技术措施，对所有施工人员进行安全技术交底。高风险作业前，要办理相关作业票，落实风险消减措施，现场安全监督人员到位后，方可进行相关施工作业。

（2）赤道带整体组对完成后，一定要及时将上下支柱点焊固定，在组对过程中也要时刻注意每块赤道板的位置，检查好各卡具是否牢固，避免产生脱落风险。

（3）加强进场施工机器具验收、确认。进入施工现场的施工机器、工具工况必须完好，不存在安全隐患，不得带病运行。吊装前仔细检查吊装工具是否完好，如钢丝绳、卡具、U 形环。吊装过程中严禁用手直接校正被吊物的钢丝绳，防止勒伤手部。

9　环保措施

9.1　执行标准

（1）2017 年 4 月修订《中华人民共和国环境保护法》

（2）2017 年 7 月修订《建设项目环境保护管理条例》

（3）JGJ 146—2013《建设工程施工现场环境与卫生标准》

（4）GB 12523—2011《建筑施工场界环境噪声排放标准》

9.2　控制措施

（1）所有施工人员，均在指定的作业范围内从事施工活动，使用施工机具、设备。

（2）施工焊接所剩的焊条头设回收桶，做到“工完料净场地清”。

（3）施工切割及钻孔产生的碎屑及时清运。

（4）现场内禁止吸烟，生活垃圾及时清理掩埋。

（5）现场设置 HSE 监督管理员，严格控制作业区域，组织员工进行施工前的环保法规和环保意识培训，掌握保护环境知识；与周围居民和谐相处，避免发生扰民情况。

10　效益分析

10.1　经济效益

以单台 1000m^3 球罐组对安装为例，采用一般的地面组对下支柱与带支柱赤道板的方式，从施工准备到球罐组装完成，至少需要 15 ~ 20 天时间，各类人员 26 人，倒运 2 次以上；采用本工法只需 7 天时间，各类人员 20 人，倒运 1 次，具体效益分析见表 4。

表 4　效益分析对比表　　单位：万元

方式＼费用	机械费	材料费	人工费	合计
一般方式	11	7.6	12	30.6
本工法施工方式	5	3.2	8	16.2
经济效益	6	4.4	4	14.4

从上表中可以看出，采用本工法施工，施工成本共计可节约 14.4 万元，施工经济效益显著。该工程共计 8 台三带八支柱 1000m³ 球罐，累计节约成本 115.2 万元。

10.2 工期效益

天然气分公司光明轻烃储库安全隐患治理工程中，8 台三带八支柱 1000m³ 球罐从施工准备到球罐组装完成总工期比计划提前了 45 天，避开了冬季与夏季极端的施工环境，为后续的施工争取了时间。

10.3 环保、安全效益

本工法在环保方面，节约了大量平台措施材料和机械台班，降低了能源消耗，对环境污染更小。

11 应用实例

2022 年 8 月至 2022 年 10 月，本工法应用于大庆油田天然气分公司光明轻烃储库安全隐患治理工程中。该工程新建 8 台三带八支柱 1000m³ 球罐，单台球罐组装用时 4 ~ 7 天，组装一次合格率为 100%。

油田地下玻璃钢管网模块化预制安装施工工法

程国帅 马丰伟 章 彪 杨 光 张天亮

大庆油田建设集团有限责任公司

1 前言

在以往的玻璃钢管道（GRE）施工中，因其管线安装形式的特殊性，常采用现场量尺、边预制边安装的施工方法，将预制、预拼装、造锥粘接等工序全部在安装现场逐一完成。其特点是现场作业时间较长，造锥机等施工设备频繁倒运导致机械台班浪费，等待粘接胶液固化时间较长导致施工人员窝工。为克服以上不利因素，大庆油田工程建设公司在伊拉克哈法亚油田施工项目中，根据 GRE 管线的施工特性以及施工工序等因素，改变施工思路，按照现场实际情况重新划分预制单元，并将划分后的管道布置图、ISO 图进行二次深化整理及预制尺寸标注，分单元在预制区域集中完成所有管线的预制、造锥粘接、预拼装等工作，通过采用该方法克服了常规型施工方法的诸多弊端，在施工中形成了一套单元模块化预制、现场连续化安装的施工工法。

该工法在 2017 年伊拉克哈法亚油田三期项目 GRE 管道地下管网施工中首次应用，目前为止各管道系统运行平稳。在后续 2018 年哈法亚 CPF2 电厂扩建项目、2022 年伊拉克哈法亚天然气处理厂（GPP）项目地下管网施工中继续得到了广泛应用。本工法可全面提高玻璃钢管道预制安装施工效率和过程质量控制，在施工过程中形成了“提高 GRE 管道安装验收合格率”的 QC 成果，获得石油工程建设优秀质量管理 QC 小组活动成果二等奖，以及 2022 年度大庆油田有限责任公司企业级工法。

2 工法特点

2.1 施工质量好

与传统安装方式相比，采用集中区域预制能更好地改善作业环境，能够完全满足管线接口粘接对环境温度、湿度的要求，粘接接头合格率得到了较大提高；集中区域预制便于进行质量监督管理，出现不合格品能够及时进行处置，降低不合格品产出率。

2.2 安全风险低

由于采用管道及组成件集中预制、集中运输及安装、最后进行单元间连头工作，减少了 GRE 管线现场安装与其他专业施工的交叉作业，缩减了现场沟内受限空间作业时间及现场作业劳动强度，有效地降低了施工安全风险。

2.3 安装效率高

由于站场内地下管线复杂，不同标高管线交错布置，采用单元模块化预制、现场连续安装的方式可以保证同沟不同标高的 GRE 管道一次性连续安装完成，既克服了施工现场施工环境不良造成的工作效率降低，又避免因工序原因导致人员窝工的情况，与以往施工方法相比安装效率可提高约 20%，为项目整体统筹管理及进度完成提供了有力保证。

2.4 经济性效益好

采用本工法减少了施工设备、工器具及材料的频繁倒运，预制工作可形成流水作业避免了因工序原因（粘接后等待胶液固化）造成的人员窝工，有效节约了施工成本。

2.5 有利于环境保护

传统施工方法将安装现场产生的施工废料、切割粉末、剩余胶液等施工垃圾分散于整个施工现场，不利于收集及处理，在固定区域集中预制，产生的施工垃圾全部集中在预制区域，便于分类收集、集中处理。

3 适用范围

本工法适用于石油化工工程地下玻璃钢管网施工。

4 工艺原理

（1）按照工艺管道安装图进行现场勘查测量，依据实际安装位置、场区道路设置情况以及交叉作业情况对施工单元进行重新划分，划分后对安装图纸进行二次深化整理，形成管段尺寸拆分图。深化内容主要包括：区域界线标注，单元内 ISO 图预制尺寸分解、标注，单元内施工材料统计整理等。

（2）深化后图纸后，按现场安装顺序在预制场完成各施工单元不同管径及管件的全部预制、预拼装及标识工作，最后在各施工单元完成安装工作，把全部预制、预拼装工作安排在预制场完成，尽量缩短安装现场作业时间。这样既克服了施工现场施工环境不良造成的工作效率降低，又降低了因交叉作业各专业间带来的诸多不便。

（3）将各单元预制件及管道附属件运输至现场后集中安装，最后完成单元之间连接工作，形成单元模块化预制现场连续化安装的新模式。

5 施工工艺流程及操作要点

5.1 工艺流程

5.1.1 总工艺流程（图 1）

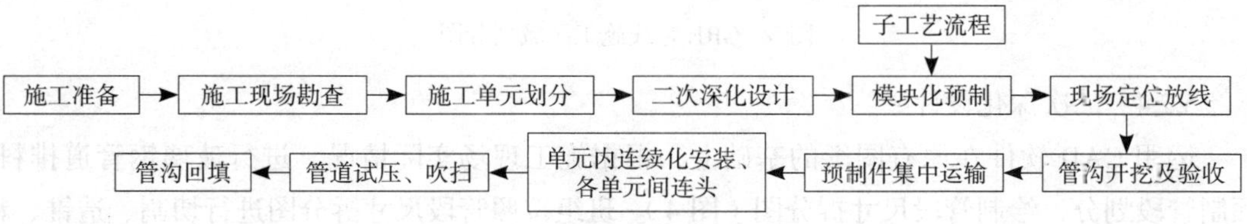

图 1 模块预制连续化安装流程图

5.1.2 子工艺流程（图2）

图2 模块化预制流程

5.2 操作要点

5.2.1 施工准备

（1）组织人员进行图纸审查，明确设计意图，不同专业间相互有无矛盾冲突。

（2）根据人力资源计划组织人员到场，进行安全教育和技术交底工作，重点做好施工质量问题预防工作。

（3）根据施工进度计划组织施工机具到场，措施用料按照施工工序先后进场。

（4）原材料领取、运输、复验、标识。

5.2.2 施工现场勘查

勘查玻璃钢管道安装现场及周边环境，确定是否有阻碍物影响管道管沟开挖及管道安装，对影响安装作业因素进行排除，不能排除的，对其进行测量标注，将障碍物详细坐标标注于设计图纸上，以备施工单元详细划分使用，勘察时还需注意玻璃钢管道安装对其他专业作业带来的影响，提前进行策划，将影响降到最低。

5.2.3 预制单元划分

依据设计结构、施工部署并充分考虑现场安装情况，便于在以人员机械组织协调为前提的条件下可按厂区道路、钢结构管廊或场区施工道路为边界对施工现场按区、块进行预制单元划分。在伊拉克哈法亚天然气处理厂（GPP）项目中，根据我单位承包工程量，以场区道路及钢结构管廊为界线共计划分10个预制单元（图3）。

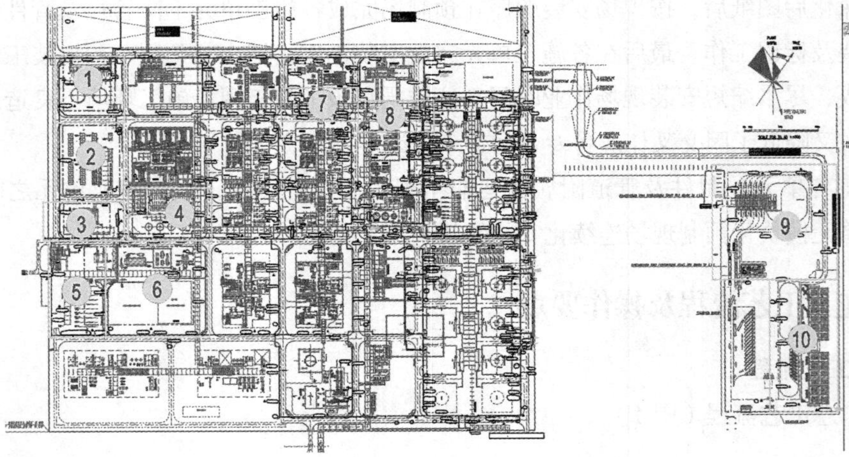

图3 GRE管线施工区域划分图

5.2.4 二次深化设计

运用CAD软件在原有图纸的基础上，根据施工现场实际情况，进行玻璃钢管道排料、预制管段划分，绘制管段尺寸拆分图（图4）。班组按照管段尺寸拆分图进行切割、造锥、粘接，预制时进行严格质量控制。

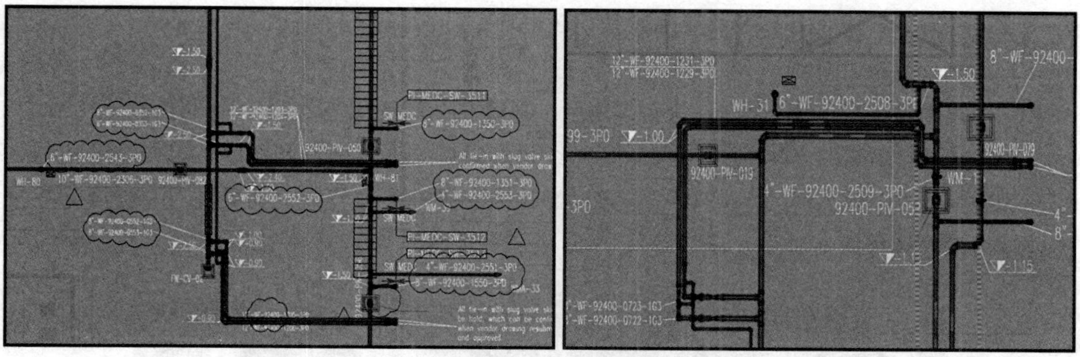

图 4　GRE 管线区域拆分详图（区域④、区域⑧）

根据已划分完毕的施工单元，对各单元的施工 ISO 图进行二次深化整理，按照施工坐标进行划分，若管段全部在划分的子区域内，现场复核后可以按照 ISO 图尺寸进行预制；管段横跨 2 个区域或多个区域的，根据划分区域坐标对该管段进行分割，分割后进行详细尺寸标注，预制阶段按照深化后的 ISO 图进行预制并详细标识（图 5）。

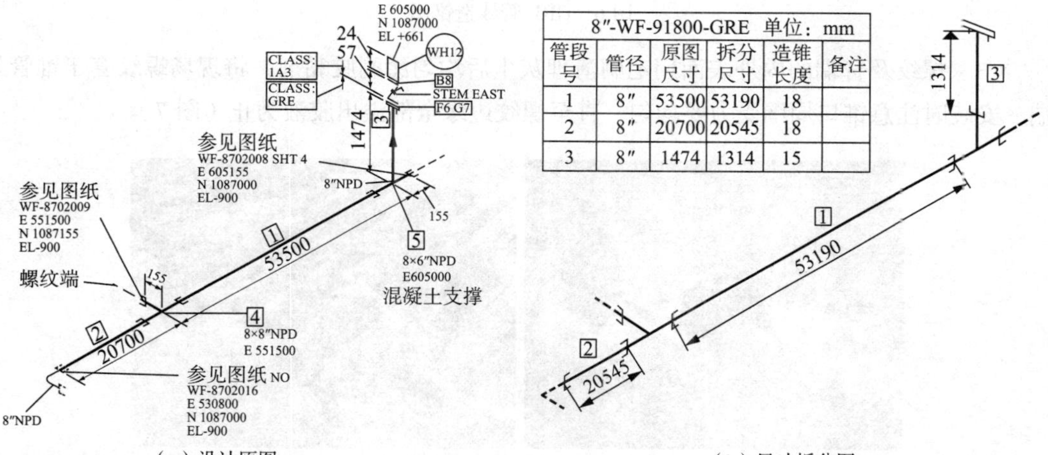

8″-WF-91800-GRE　单位：mm					
管段号	管径	原图尺寸	拆分尺寸	造锥长度	备注
1	8″	53500	53190	18	
2	8″	20700	20545	18	
3	8″	1474	1314	15	

（a）设计原图　　（b）尺寸拆分图

图 5　GRE 管线预制尺寸拆分 ISO 图

5.2.5　模块化预制

材料进场验收后，根据管线安装尺寸拆分图进行集中下料、标识，复测尺寸后即进行管口造锥。造锥时严格控制管端的磨削深度及角度，以保证锥口与现场螺纹内锥面紧密贴合；造锥完成即进行现场螺纹的粘接工作，为保证粘接质量，在粘接过程中严格监控胶液固化时间，待粘接胶固化强度达到 90% 后才可以进行预拼装工作。预拼装螺纹插入深度必须满足标准要求，所有螺纹都进行预拼装，拼装完成后按照管线安装图进行连接口标识，并对拆卸后的螺纹加装螺纹保护帽加以保护。

1. 材料运输及验收

（1）在玻璃钢管道进场运输过程中，由于玻璃钢材质的管道具有脆性，装卸用的吊绳使用柔韧皮带或吊带。管线运输时管线与车辆接触处进行软防护，避免车辆箱板与玻璃钢管道直接接触。现场采用橡胶板隔离，防止管线运输过程中发生脆性损坏。

（2）进场材料应符合标准及规范要求，按照质量证明文件详细查验。

2. 下料、造锥及标识

（1）根据管线安装尺寸拆分图进行画线后，管道采用无齿锯进行切割，严格控制下料尺寸。

（2）造锥前核对造锥管段尺寸及配套螺纹角度，调整造锥机磨削角度，以便磨削出与之匹配的锥面，造锥过程中要注意锥口与现场螺纹内部锥度的契合度，如果锥口与螺纹间隙过大将直接影响粘接质量（图 6）。

图 6　GRE 管线造锥图

（3）螺纹及管端的内外表面用毛刷清理灰尘后均匀涂刷胶黏剂，将现场螺纹套于锥管外端，安装时注意锥口周围受力要均匀，直至螺纹边缘全部溢出胶液为止（图 7）。

图 7　GRE 管线螺纹粘接图

（4）螺纹粘接后，用刮片刮掉接口处溢出的胶黏剂，防止管道内部出现胶质流坠，影响管道内壁平滑度。预制管段需待胶黏剂固化强度达到 90% 以后再进行预拼装工作。

（5）在管段预制完成后，及时进行管线标识，防止在装卸、运输过程中造成错乱现象，以保证后续现场安装的准确性及高效性。

3. 模块化预制及预拼装

由于各区域管线设计流程不同，根据施工图纸安装形式，在不影响现场其他相邻管线安装的情况下，在预制区把各管道组成件最大程度拼接，以减少现场安装工作量，加快现场安装速度。

管段螺纹粘接后，胶液固化强度达到 90% 以上即可进行单元预拼装，在不涂抹螺纹密封胶的情况下组装管线。预拼装工作是为防止现场安装时出现密封胶初步固化但螺纹又没有安装到位的情况发生，从而造成材料浪费及返工。确认螺纹与管件间连接顺畅后进行正式拼装工作（图 8）。

图 8　GRE 管线拼装图

4. 标识检查及质量确认

管段预制后检查标识是否有遗漏或不清晰的情况，对预制件外形尺寸、螺纹粘接质量、螺纹粘接处管线内壁是否有胶质流坠及螺纹是否有破损等情况，及时整改，避免现场安装后造成返工情况发生。

5.2.6　现场定位放线

现场定位放线及后续管沟开挖工作同预制工作同时展开，根据设计图纸提供管道坐标、管道直径及管沟内管道敷设数量综合考虑管沟开挖宽度，在测量人员测放的管沟中线两侧标记开挖边线，并用白灰标识，用木桩标识管沟中心位置，以便控制同沟管道轴线控制桩。

5.2.7　管沟开挖及验收

同沟管道安装标高不同时采用分级开挖的方法，一般使用机械开挖、人工清槽的方法。机械难以行驶到的部位、短的管沟或小直径支管可采用人工方法开挖；沟底留有 10cm 左右土层暂时不开挖，待铺管前用人工清理至设计标高（图 9）。

图 9　管沟开挖图

5.2.8　预制件集中运输

将预制件运输至各个施工单元进行现场安装，运输要求同 5.2.5（1）。

5.2.9　单元内连续化安装、各单元间连头

（1）预制件运抵现场后安装前现场安装人员要对预制件进行质量检查和管道标识确认，按照深化后图纸进行连续化安装，不同管径、不同标高的同沟管道同时进行集中安装（图 10），接口安装方法同 5.2.5（3）。

（2）确保管道中心线与管道轴线控制桩坐标一致；并检查其坐标、标高和坡度，管底与管基是否紧密接触。

（3）各单元间连头安装时，由于连头为固定口，采用手糊的方法进行连接（图 11）。

图 10 GRE 管线现场安装图

图 11 GRE 管线连头安装图

5.2.10 管道试压、吹扫

管道安装完毕后，按设计文件及业主要求对管道系统进行强度试验和严密性试验。在进行压力试验时，逐步缓慢增加压力，当升至试验压力时，稳压 10min，再缓慢降压至设计压力，稳压 30min，无压降、无渗漏为合格（图 12）。

图 12 GRE 管线试压图

5.2.11 管沟回填

玻璃钢在试压完成后采用分层回填的方式，第 1 层采用细砂回填，保证管道上部及周围细沙厚度不低于 100mm，之后进行细土分层回填，每层回填厚度 300mm，分层压实，最后回填至地坪，并在地面做好标记以防开挖破坏或大型机械重载破坏（图 13）。

图 13 管沟回填图

5.3 劳动力组织

本工法劳动力组织情况见表 1。

表 1 劳动力组织表

序号	工种	单位	数量	备注
1	项目经理	人	1	项目的组织、管理和协调
2	施工经理	人	1	组织和协调现场施工

续表

序号	工种	单位	数量	备注
3	技术员	人	1	技术支持和资料整理
4	安全员	人	1	
5	质检员	人	1	
6	玻璃钢工	人	6	
7	普工	人	10	
8	电工	人	2	
9	起重工	人	2	
10	操作手	人	2	
合计		人	27	

6 材料与设备

6.1 主要施工机械、设备

主要施工机具设备清单见表2。

表2 主要施工机具设备清单

序号	设备名称	规格型号	单位	数量	备注
1	汽车吊	25t	台	2	*DN* 200mm 以上管线吊装
2	叉车	5t	台	1	管件倒运
3	卡车	15t	辆	1	材料运输
4	造锥机	HY4800	套	2	管口造锥
5	磨光机	GWS 75-125	台	5	管口打磨
6	带钳	750N·m	把	12	
7	橡胶锤	5lb	把	5	
8	毛刷	1½寸	把	100	
9	水平尺	600mm × 23mm	台	4	
10	拐尺	500mm × 190mm × 34mm	台	4	
11	游标角度尺	0° ~ 320°	台	2	
12	坡度仪	± 130°	台	2	
13	手拉葫芦	2t	台	5	
14	扳手	14 ~ 37	把	10	

6.2 主要施工措施用料

主要施工措施用料见表3。

表 3 主要施工措施用料表

序号	名称	规格型号	单位	数量	备注
1	现场螺纹	2 ~ 24in	个	1680	
2	玻璃布	400 ~ 1000	kg	450	
3	现场螺纹粘接剂	MA300	组	1800	
4	螺纹安装密封脂	TOP-201	组	1800	
5	环氧树脂	CYD-127	kg	400	
6	固化剂	匹配环氧树脂	kg	150	

7 质量控制

7.1 主要施工技术标准及验收规范

主要施工技术标准及验收规范见表 4。

表 4 主要施工技术标准及验收规范

序号	标准号	标准名称
1	ASME B31.4	《Pipeline Transportation Systems for Liquids and Slurries， ASME Code for Pressure Piping》
2	API 15LR	《Specification for low pressure Fiberglass Line Pipe and Fittings》
3	HFY-FC-PM-PD-0059	《GRE Pipeline construction procedure》
4	GB 50268—2008	《给水排水管道工程施工及验收规范》
5	CECS129：2001	《埋地给水排水玻璃纤维增强热固性树脂夹砂管管道工程施工及验收规程》
6	XD/WI P 5.7.1.2-04	《高压玻璃纤维地面管安装说明书》

7.2 质量控制措施

（1）GRE 管材和管件在堆放及运输过程需要用垫板或柔性材料隔离，不得相互挤压、摩擦和损坏 GRE 材料外壁抗氧化涂层。

（2）根据设计要求严格检查进场材料质量，确保管道质量满足规范要求。

（3）埋地管道长时间暴露于阳光下，受阳光中紫外线辐射老化，安装前需进行遮光处理。

（4）水压试验时应缓慢升压、降压，避免 GRE 管道因水压冲击导致玻璃纤维断裂等情况发生。

7.3 关键工序质量控制点

关键工序质量控制点见表 5。

表 5 关键工序质量控制点

序号	关键控制点	检查时机或频次	指标要求	检验工具或方法
1	人员培训	施工前检查	培训证明入场考试合格	安装工艺卡齐全及考试结果核实
2	管线、管件	定期检查	标准规范厂家安装说明	游标卡尺、钢板尺逐件检验
3	材料质量证明文件	材料入场前	质量证明文件与材料逐项对应核查	质量证明文件参数与材料相关尺寸逐项对应核查
4	施工机械、工具	设备入场前	机具设备数量及性能	设备机具进行实操验收
5	螺纹口及造锥口粘接	粘接口施工时	施工标准及程序文件	根据标准及程序文件要求旁站监督

续表

序号	关键控制点	检查时机或频次	指标要求	检验工具或方法
6	螺纹口现场安装	螺纹口现场安装过程中	施工标准、程序文件及厂家安装说明	根据标准及程序文件要求旁站监督
7	试压	安装后进行检查	采用分区域试压方法进行，压力为设计压力的 1.5 倍	压力表、安全阀
8	回填	回填前	施工标准及程序文件	按照标准及程序文件要求验收

8 安全措施

8.1 主要施工安全标准及规范

主要施工安全标准及规范见表 6。

表 6 主要施工安全标准及规范

序号	标准号	标准名称
1	GB/T 50484—2019	《石油化工建设工程施工安全技术规范》
2	GB 50720—2011	《建设工程施工现场消防安全技术规范》
3	JGJ 33—2012	《建筑机械使用安全技术规程》
4	JGJ 46—2017	《施工现场临时用电安全技术规范》
5	SY/T 6279—2022	《大型设备吊装安全规程》

8.2 安全控制措施

根据施工中涉及的各项风险因素配备相应安全人员、相关安全措施及安全应急物资，施工前进行详尽的技术、安全交底工作，并将安全责任落实到个人。

在 GRE 管道施工中主要存在的安全风险有吊装作业、施工用电、受限空间作业 3 种作业风险。

8.2.1 吊装作业安全措施

（1）特殊工种必须持有效证件上岗；吊装作业须由起重工指挥，杜绝违章作业和违章指挥，并对作业场所悬挂警示标志。

（2）建立施工隔离区，无关人员禁止入内。

（3）GRE 管线吊装须采用软质吊带，吊索具、机具必须经过严格检查，不合格严禁使用。

（4）吊物捆绑必须牢靠。

（5）禁止施工人员随吊物起吊或在吊钩、吊物下停留。

（6）管线吊装时，为确保吊装平稳，吊物两端必须安装溜绳。

8.2.2 施工用电安全措施

（1）施工用的机械设备应有漏电保护装置。

（2）所有用电设备均应设有安全防护设施，室外的用电设备要采取防雨设施，同时注意保护设备电缆。

（3）现场临时用电，用电开关要有漏电保护器，人员离开现场必须切断电源。

（4）使用电动工具要遵守操作规程，临时用电必须按照“一机一闸一保护”的原则。

8.2.3 受限空间作业安全措施

（1）编制受限空间作业应急预案，各类防护设施和救援物资应配备到位。

（2）在进入受限空间前，所有相关作业人员全部参与工作安全分析，辨识危害因素，进行风险识别，熟记应对措施，保证施工安全。

（3）进入受限空间时，应将相关的作业许可证、安全工作方案、应急预案、连续监测记录等相关文件存放在现场。

（4）出入受限空间的安全通道，严禁占用、堵塞。

（5）进入受限空间作业应指定专人监护，不得在无监护人的情况下作业。

（6）受限空间作业应通过合理的工序安排避免垂直交叉作业。

9 环保措施

9.1 主要施工环保标准

主要施工环保标准见表 7。

表 7 主要施工环保标准

序号	标准号	标准名称
1	GB 12523—2011	《建筑施工场界环境噪声排放标准》
2	GB/T 24001—2016	《环境管理体系要求及使用指南》
3	SY/T 6276—2014	《石油天然气工业健康、安全与环境管理体系》
4	GB 16297—1996	《大气污染物综合排放强制性国家标准》

9.2 环保控制措施

（1）施工过程必须严格遵守当地环境保护的法律、法规和规章制度，加强对工程废弃物的控制和管理，遵守有关防火及处置废弃物的规章制度。

（2）根据环境管理体系运行的要求，结合环境管理方案，对所有可能对环境产生影响的人员进行相应的培训。

（3）现场垃圾实行分类收集、分类处理，对于 GRE 粘接过程中产生的废弃、剩余胶液及胶液储存容器等有害垃圾设置专人进行收集，集中储存，定期回收。

（4）预制场地设定专人定期洒水清扫，并形成制度，防止扬尘。对于管线切割过程中产生的细颗粒物、散体材料和废弃物的运输、堆放采取可靠的防扬尘措施。

（5）噪声排放达标：白天＜ 70dB，夜间＜ 55dB。采取设立隔音棚、隔音罩等消音措施，对于机器的噪声无法控制时，应采取相应的个人防护以避免给操作者带来职业性疾病。

10 效益分析

10.1 经济效益分析

通过对本工法的使用，既提高了施工效率，又降低各专业在同一施工地点交叉施工带来的安全风险，实现了各区域快速突击安装，与传统的安装方法比较而言减少施工机械区域间倒运设备、材料等工序，较大程度地降低了施工成本。具体经济情况分析见表 8、表 9［按照伊拉克哈法亚天然气处理厂（GPP）项目施工情况（图 3）进行分析]。

表 8　GPP 项目 GRE 管线人工量统计表

施工区域	施工量 /m	传统方法 / 工日	使用本工法 / 工日	节约人工 / 工日	备注
消防水区①、冷却水区②	1287	288	263	25	伊拉克 GPP 项目 GRE 管线施工人员：管道安装工 6 人、普工 10 人、电工 2 人、起重工及操作手 4 人
仪氮风区③、软化水区④	1030	178	156	22	
集输区 A/B（⑤、⑥）	1530	393	365	28	
1# 变电所⑦、WORKSHOP 区⑧	1153	231	207	24	
LPG 卸车区 A/B（⑨、⑩）	1618	431	401	30	
合计	6618	1520	1391	129	

表 9　GPP 项目机械台班统计表

施工区域	施工量 /m	传统方法 / 台班	使用本工法 / 台班	节约机械 / 台班	备注
消防水区①、冷却水区②	1287	30	24	6	伊拉克 GPP 项目 GRE 管线施工使用机械主要包括：吊车、卡车、叉车
仪氮风区③、软化水区④	1030	25	20	5	
集输区 A/B（⑤、⑥）	1530	35	28	7	
1# 变电所⑦、WORKSHOP 区⑧	1153	30	24	6	
LPG 卸车区 A/B（⑨、⑩）	1618	40	32	8	
合计	6618	160	128	32	

伊拉克地区人工平均单价 150 美元 / 工日，机械台班平均价格 260 美元 / 工日，伊拉克哈法亚天然气处理厂（GPP）项目 GRE 管线施工根据表 8、表 9 节省人工及机械可得出：

人工单价（150 美元 / 工日）× 节约工日（129 工日）+ 机械台班费（260 美元 / 台班）× 节约机械台班（32 台班）=27670 美元（折合人民币 191476 元）。

10.2　工期效益

伊拉克哈法亚天然气处理厂（GPP）项目采用本工法，因其施工思路的改变，所有粘接口集中区域预制及现场连续性安装，能够有效解决 GRE 管线等待粘接强度时间（粘接后胶液强度达到 90%）的问题，实现了预制及安装的连续性及高效性。采用本工法相较于传统施工方法节约工期 15 天。

10.3　综合效益

本工法的使用有利于推进 GRE 管线施工技术进步和安装思路的创新，提高了 GRE 管道安装质量，又保证了施工的连续性及高效性。不仅缩短施工周期，同时有效避免与其他同台施工的企业、队伍交叉作业，降低安全风险，提高施工组织与管理的效率。管线投产后运行平稳可靠，赢得了业主及监理的高度赞赏，企业也获得了很好的社会信誉。

11 应用实例

实例一：伊拉克哈法亚天然气处理厂（GPP）项目

伊拉克哈法亚天然气处理厂（GPP）项目施工时间为 2022 年 10 月至 2023 年 1 月，GRE 管线 6618m，管件 695 个，粘接口约 1624 道。在该工程中使用本工法施工，顺利高效完成玻璃钢管网的施工任务，地下管网安全平稳运行，共计节约工期 15 天，节约费用 19.15 万元。

实例二：伊拉克哈法亚油田 CPF2 电厂扩建项目

伊拉克哈法亚油田 CPF2 电厂扩建项目施工时间为 2018 年 12 月至 2019 年 1 月，GRE 管线 2445m，管件 257 个，粘接口数量 599 道。在该工程中使用本工法施工，顺利高效完成玻璃钢管网的施工任务，地下管网安全平稳运行，共计节约工期 9 天，节约费用 7.08 万元。

实例三：伊拉克哈法亚油田地面工程建设三期工程

伊拉克哈法亚油田地面工程建设三期工程施工时间为 2017 年 8 月至 2018 年 1 月，GRE 管线 8400m，管件 882 个，粘接口约 2058 道。在施工过程中运用本工法施工，顺利高效完成玻璃钢管网的施工任务，地下管网安全平稳运行，共计节约工期 19 天，节约费用 24.3 万元。

通过 3 个工程项目 GRE 管线使用该工法的实践证实，此工法是安全、高效且经济的，希望能在同行业内得到推广。

大型钢结构管廊模块化预制安装施工工法

农式鹏　蔡玉华　许　雷　李江兵　王　彪

大庆油田建设集团有限责任公司

1　前言

对于钢结构工程，我们常用的施工方法就是在施工现场对原材料进行加工预制，而后再进行现场安装。安装的时候一般都采用先安装钢柱再搭设脚手架，最后在脚手架平台上完成构件梁和附件的高空安装。但对工期、场地和人工成本要求比较高的一些海外钢结构工程，该方法存在效率低、成本高、加工精度低、出错率高的弊端，同时还增加了原材料的浪费。

大庆油田建设集团有限责任公司在伊拉克哈法亚天然气处理厂（GPP）项目钢结构管廊工程中采用“模块化图纸拆分、国内模块化数控预制、模块化打包运输、利用专业吊篮进行模块化安装”一整套施工方法展开摸索和实践。

应用该施工方法后，有效提高了工程施工效率，保证了预制和安装精度，节省了海外人工成本，提高了原材料利用率，不需要搭设脚手架就能完成现场快速安装。同时，在有效降低海外施工风险和环保等方面也取得了良好效果。通过总结梳理，形成了本工法。

本工法采用的关键技术为：

（1）采用钢结构深化设计软件完成拆图和模块划分。同时利用套料软件对所有钢板零件进行排版，提高原材料利用率。

（2）选用专业钢结构数控加工生产线设备进行数字化预制，确保加工精度。

（3）将整个工程进行模块化拆解后，完全按照模块化组织预制、打包、发运及现场安装。

（4）设计、制造并使用专用的钢结构吊篮，其上自带夹紧装置和悬臂结构，在吊车的配合下完成操作人员和钢构件的同步提升和下降，不需要脚手架平台的搭设和拆除。

该工法于 2023 年 3 月被评审为企业级工法。

2　工法特点

2.1　现场作业量有效减少，缩短整体工期

效率高，现场作业量较少，工人劳动强度低，较大幅度地缩短了现场工期。

2.2　预制和安装精度高，能保障高效率、高品质

切割、钻孔均采用数控机床批量操作，加工效果及精度、外观品质比常规方法好，成活快。

2.3 节约钢结构原材料

使用钣金软件（Radan）的套料加工模块，将整个模型的板类零件进行统一排版，边角料和余料较少，能够最大限度地提高板材利用率。

2.4 降低施工安全风险

集中在工厂车间工作，有效减少了风险较大的施工现场作业人数，减少了现场预制过程中产生的施工风险。

2.5 减少了施工现场的固体废物产生，达到环保要求

所有构件在国内预制，废铁剩料由回收公司直接收购，减少境外现场产生的废钢铁等施工垃圾，减少现场氧气、乙炔使用量。

2.6 无须搭设脚手架

采用带夹紧装置悬臂结构的特制吊篮及升降车配合作业，节省了脚手架采购费及搭拆脚手架的人工费，并缩短施工工期。

3 适用范围

本工法适用于螺栓连接的大型钢结构预制安装施工工程。

4 工艺原理

通过钢结构深化设计软件等数字化手段，在计算机中建立出一个数字化信息模型，形成一个完整的包含逻辑关系的钢结构信息库。该信息库不仅是几何形状的视觉信息，而且还包含大量的非几何信息，如材料材质、钢号等级、零件相对位置及关系、构件的采购信息等。使用数据信息指导数控机床进行数控剪板和制孔。在项目现场安装期间，根据仿真钢结构数据信息进行模块单元拼装，然后利用吊车配合吊篮及升降车作业完成所有模块单元及散件的安装。

4.1 划分模块技术

按钢结构管廊图纸走向，把一次设计图纸的相关信息分段输入深化设计软件，进行模块划分。

4.2 数字化加工技术

三维模型中导出零件的数字化信息，拷贝到数控机床即可进行数字化加工。

4.3 模块化打包技术

根据深化设计软件划分的模块编号进行构件打包，按体积或质量以每包3～14t用槽钢或角钢焊接螺栓进行固定和打包并设置吊耳，以便装车运输。

4.4 专用吊篮安装技术

按管廊强轴方向的最大及中间跨距确定吊篮长度，同时在其顶部横梁上增加带夹紧装置的悬臂结构，使吊篮能够同时提升操作人员与钢梁。

4.5 模块化安装技术

根据深化设计图纸的弱轴立面布置图划分钢结构模块，每一榀弱轴构件为一个模块单元，多个模块连续匹配组装后进行流水线安装，提高工效。

5 施工工艺及操作要点

5.1 施工工艺流程

5.1.1 总工艺流程（图 1）

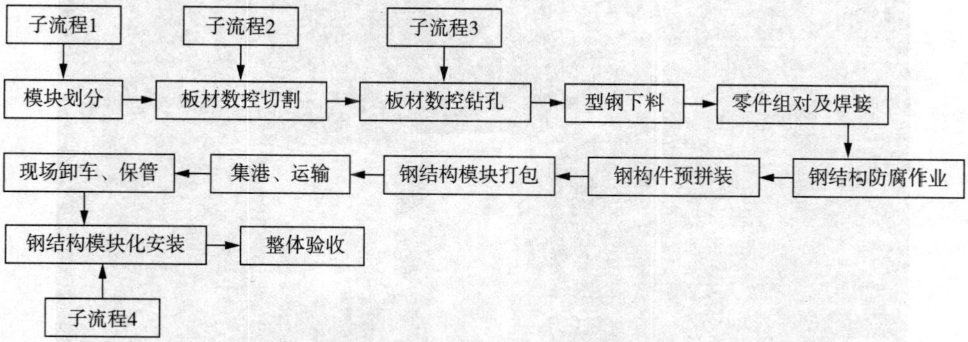

图 1 大型钢结构管廊模块化预制安装施工流程图

5.1.2 子流程

（1）子流程（图 2）

图 2 模块划分流程

（2）子流程（图 3）

图 3 板材数控切割流程

（3）子流程（图 4）

图 4 板材数控钻孔流程

（4）子流程（图 5）

图 5 钢结构模块化安装流程

5.2 操作要点

5.2.1 模块划分

根据钢结构一次设计图纸的各单元分界线进行钢结构单元的划分，钢梁、钢柱及桁架结构按单个构件长度不超过 15m，质量不超 3t 分节。相邻单元共用的构件划分至长度占比较大一侧的单元，通过分段建模完成模块划分。

1. 节点计算

使用钢结构节点分析和设计软件（RAM Connection）进行节点受力计算及设计，确保每根螺栓及每块节点板均满足自身轴力荷载允许值（图 6）。

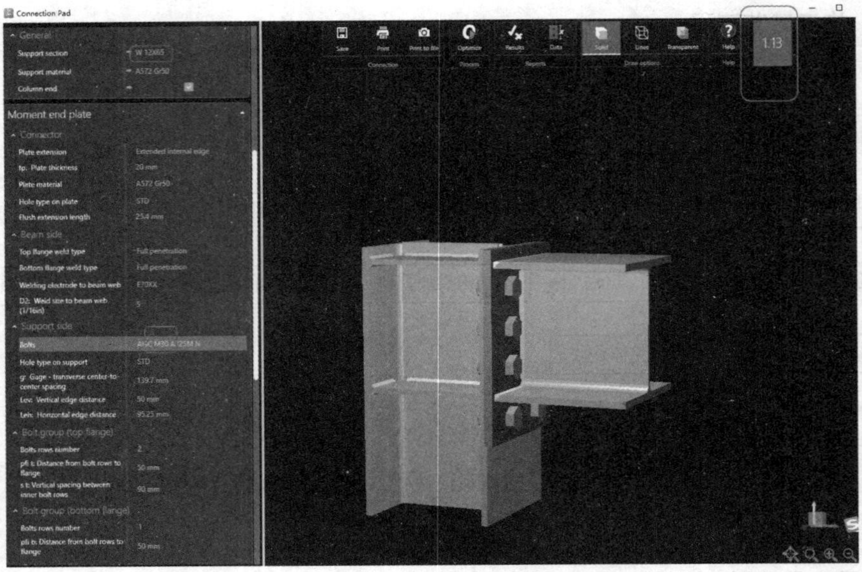

图 6　节点计算

2. 深化设计准备

在钢结构深化设计软件（Tekla）中分段创建轴网（图 7）并创建，设定工程中所用到的截面类型（图 8），确定深化设计编号准则。

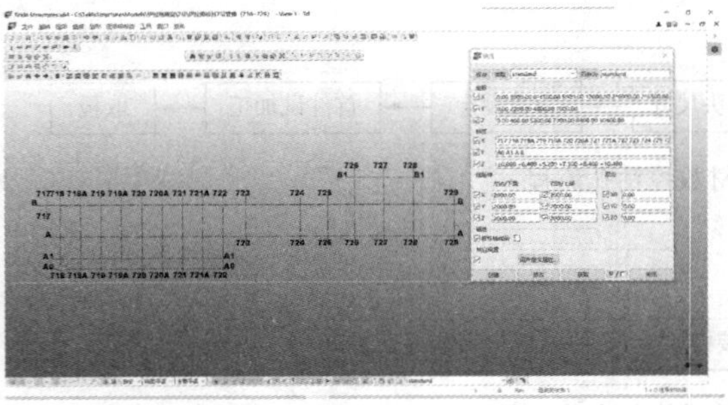

图 7　创建本工程的轴网

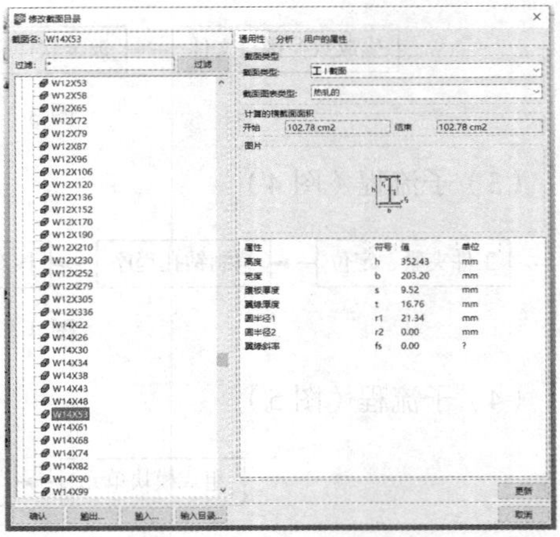

图 8　导入型钢截面

3. 建立整体三维模型

分段搭建三维模型（图 9），对每个节点进行装配，完成模块划分。根据深化设计的编号原则对构件及节点进行编号。

4. 生成材料报告

使用深化设计软件统计所有构件的用钢量，并按照构件类别、材质、构件长度进行归并和排序，同时输出构件数量、单重、总重及表面积等统计信息（图 10）。

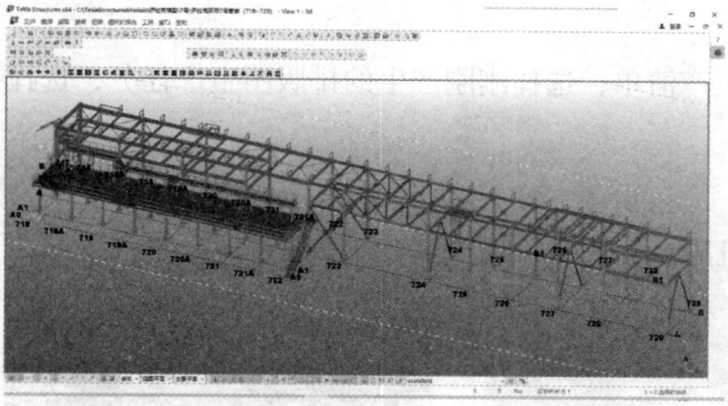

图 9　建立整体三维模型

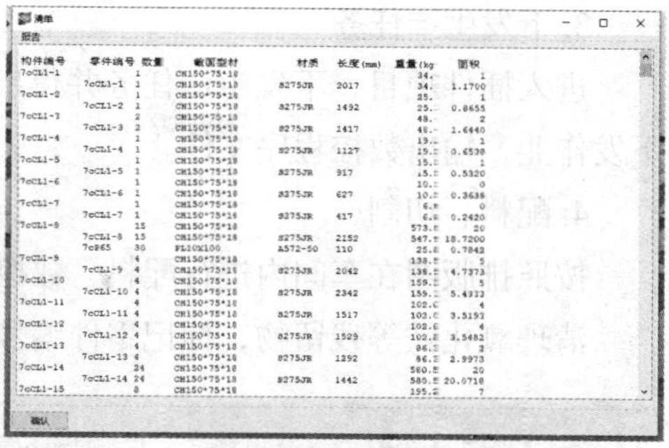

图 10　钢结构材料报告

5. 施工详图设计制图

在深化设计软件（Tekla）中对所有构件编号后生成布置图、构件图、零件图等（图 11）。

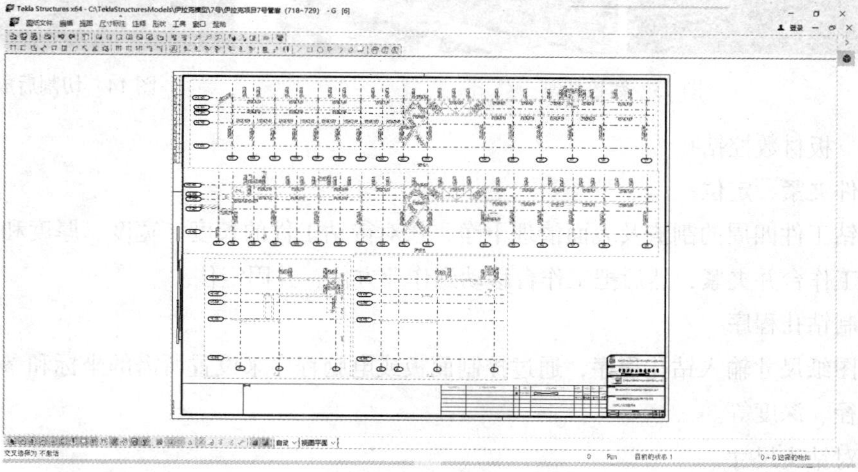

图 11　施工详图设计制图

5.2.2　板材数控切割

1. 生成数控接口文件

从钢结构深化设计软件（Tekla）模型中导出所有节点板、加劲板等零件的数控接口文件，然后拷贝至相应的磁盘。

2. 钣金软件套料排版

打开钣金加工编程软件（Radan 2019 R1），使用处理插件（Radan 2019 Tekla）导入板材的数控接口文件，进行自动排版，生成机床程序代码，保存排样结果（图 12）。

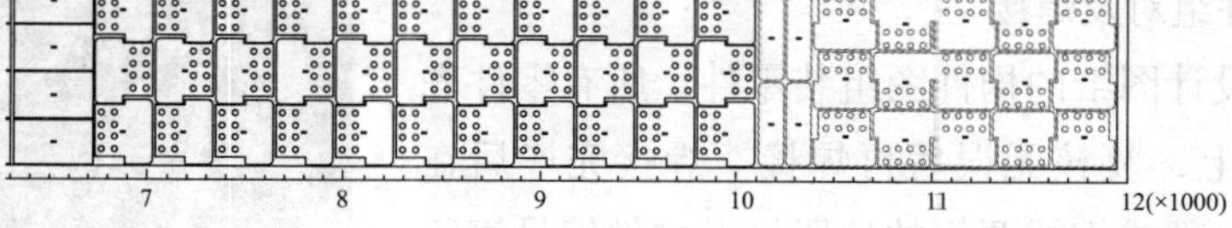

图 12　板材套料排样图

3. 下发生产任务

进入插件项目，下发生产任务并得出生产清单，选择刚刚产生的排版图生产任务，选择下发作业，输出数控程序文件。

4. 配料、切割

按照排版图在车间内进行配料，数控机床执行数控切割（图 13）。

清理氧化铁等残留物，标记零件编号，检查尺寸，合格后进行下一道工序（图 14）。

图 13　数控切割

图 14　切割后成品

5.2.3　板材数控钻孔

1. 工件夹紧、定位

将待钻工件四周的割渣及表面清理干净，核对待钻工件的长度、宽度、厚度和尺寸，将工件装上工作台并夹紧，然后把工作台移动到作业方位，并固定住。

2. 编制钻孔程序

按照图纸尺寸输入钻孔程序，通过控制面板或电脑程序来设置所需的坐标和参数，例如钻孔的直径、深度等。

3. 核对钻头尺寸

查看钻头尺寸是否与钻孔程序相符，检查其刀刃情况，严禁使用刀刃磨钝的钻头加工工件。

4. 参数设定

依据钻头直径设定转数，根据切削手册或实践经验设定钻进速度。

5. 首件试加工

做完第 1 版后，对孔径进行自检，自检合格且报质检员首检合格后方可进行批量生产。

6. 取板

按下数控钻孔暂停按钮，用工具去除钻头上的钻屑，取下工件（图 15）。

5.2.4　型钢下料

根据钢结构深化设计图纸的零件图尺寸，对型钢进行人工切割、定位、钻孔（图 16、图 17）。

5.2.5　零件组对及焊接

根据深化设计图纸的构件图组装零件。所有零件先点焊至主零件上，复核无误后再焊接。焊接完毕后在构件靠近钢柱底部或钢梁两侧的位置打上构件编号钢印（图 18）。

图 15　数控钻孔

图 16 型钢下料

图 17 型钢钻孔

图 18 构件组装

5.2.6 钢结构防腐作业

对钢构件进行除锈，然后涂刷防腐漆。防腐涂料品牌、涂装遍数、涂层厚度应符合设计要求。面漆刷完后将构件编号移植到构件表面（图 19）。

5.2.7 钢构件预拼装

在工厂内根据构件布置图拼装钢构件，严格控制其拼装尺寸，确保接口处精度、定位孔精度，以及高强螺栓孔与连接板等装配定位相对精度满足质量验收规定（图 20）。

5.2.8 钢结构模块打包

钢结构模块包装为每件 4～14t，按模块编号分类进行构件打包，模块相邻构件之间用橡胶隔开，整捆用槽钢或角钢焊接螺栓进行固定，并设置吊耳。将唛头等信息塑封后固定在每个立方体外包装的适当位置并应保证整洁、清晰、牢固和显著（图 21）。

图 19 钢结构防腐

图 20 钢结构预拼装

图 21 钢结构模块打包

5.2.9 集港、运输

钢结构成品，以每车 3 包左右装车，送到指定港口海运至项目所在地（图 22）。

5.2.10 现场卸车、保管

构件到货后按照模型给定的模块编号和位置信息进行导运和卸车（图 23）。

5.2.11 钢结构模块化安装

1. 组成模块单元

根据构件布置图上的构件编号挑选所需构件，按立面布置图拼装成模块单元，检查尺寸和精度是否符合规范要求。确保构件拼装姿态与安装姿态下的定位大体相近（图 24）。

图 22 钢结构集港

图 23 钢结构卸车

图 24 组成模块单元

2. 安装模块单元

（1）使用吊车将第 1 片模块吊装就位，用揽风绳及手拉倒链将其固定至钢柱基础两侧，调整钢柱垂直度。

（2）按照步骤（1）吊装第 2 片模块。

（3）按标高从低至高的顺序，使用吊篮对各层框架梁进行安装（图 25）。

（4）拆除第 1、2 片模块的揽风绳，吊装第 3 片模块，从第 3 片开始不再设置揽风绳。

（5）重复第（3）、（4）步骤，直到完成整条管廊的构件安装。

3. 次梁等散件安装

使用吊车及升降作业车对各层次梁、水平支撑及垂直支撑、散件等以嵌补的安装方式进行施工（图 26）。

5.2.12　整体验收

主要立面全部检查整体垂直度和整体平面弯曲允许偏差，应符合规范要求（图 27）。

图 25　模块安装

图 26　次梁、支撑、散件嵌补安装

图 27　整体验收

5.3　劳动力组织

本工法劳动力组织情况见表 1、表 2。

表 1　施工劳动力表（工厂预制）

序号	岗位	单位	数量	备注
1	项目经理	人	1	
2	生产经理	人	1	
3	采购工程师	人	1	
4	节点计算工程师	人	2	
5	详图设计工程师	人	6	
6	翻译及文控	人	1	
7	数控机床下料工	人	3	
8	焊工	人	20	
9	铆工	人	10	
10	防腐工	人	6	
11	起重工	人	2	
合计		人	53	

表2　施工劳动力表（现场安装）

序号	岗位	单位	数量	备注
1	项目经理	人	1	
2	生产经理	人	1	
3	工程师	人	1	
4	安装工	人	14	
5	铆工	人	10	
6	起重工	人	5	
合计		人	32	

6　材料与设备

6.1　主要施工机械、设备

主要施工机械、设备见表3。

表3　主要施工机械、设备

序号	名称	规格型号	单位	数量	备注
1	气保焊机	松下 YD-500KR	台	8	
2	剪板机	江苏宏威重工机床 QC11Y-25×2500	台	2	
3	电焊机	上海东升	台	14	
4	天车	中源矿山	台	12	
5	法因钻床	山东法因数控机 DPPD-1610	台	2	
6	数控下料	哈尔滨华崴焊切 HG5011	台	3	
7	摇臂钻	沈阳第五机床厂 Z3040×13	台	2	
8	半自动气割机	上海麦华	台	3	
9	空心钻（磁力）	江苏东成机电 JIC-FF-23	台	1	
10	数控钢板火焰切割机	上海金凤焊割机械 CNG-4000	台	1	
11	抛丸机	青岛黄河铸造机械	台	4	
12	喷涂泵	长江牌	台	7	
13	曲臂高空作业车	GENIE 27m	台	3	
14	50t 汽车吊	XCMG 50	台	10	
15	拖车	12m	台	4	
16	自控远红外电焊条烘干器	ZYH-100	台	4	

6.2　主要施工机具

主要施工机具见表4。

表4　施工机具

序号	名称	规格型号	单位	数量	备注
1	焊把线		套	14	
2	内磨机	125mm	台	20	

续表

序号	名称	规格型号	单位	数量	备注
3	磨光机	125mm	台	30	
4	活动扳手	22 ~ 36mm	把	12	
5	开口扳手	22 ~ 36mm	套	6	
6	梅花扳手	22 ~ 36mm	套	6	
7	锤击扳手	36mm、41mm	把	12	
8	锤击扳手	46mm、50mm	把	6	
9	氧气乙炔带		套	12	
10	大锤		把	4	
11	电动扭矩扳手	虎啸 T500	台	6	
12	电动扭矩扳手	虎啸 T300	台	2	
13	卸扣	10t	个	10	
14	卸扣	5t	个	6	
15	导链	5t	台	6	
16	导链	2t	台	6	
17	千斤顶	5t	台	6	
18	千斤顶	2t	台	6	

6.3 主要施工措施用料

主要施工措施用料见表 5 。

表 5 施工措施用料

序号	名称	规格型号	单位	数量	备注
1	砂轮片	Φ125mm	片	3000	打磨
2	钢丝绳	Φ11.5mm-6 × 37+1-1700	m	200	固定框架
3	吊装带	5t × 10m	根	10	吊装绳
4	吊装带	10t × 8m	根	10	吊装绳
5	道木	200mm × 200mm	根	40	垫腿
6	麻绳	Φ14mm	m	80	溜绳
7	钢板	δ=20	m^2	40	拼装平台
8	工字钢	I 25	m	100	拼装平台
9	钢板	200mm × 250mm × 20mm，Q235A	块	25	基准平台
10	警戒线		m	1000	

6.4 主要测量仪器

主要测量仪器见表 6。

表 6　施工测量仪器

序号	名称	规格型号	单位	数量	备注
1	经纬仪	常州大地 DE2K–L	台	2	
2	全站仪	南方测绘	台	2	
3	盘尺	50m	个	4	
4	钢板尺	500mm	把	10	
5	水平尺	1m	把	10	
6	水准仪	NAL124	台	4	
7	游标卡尺	0 ~ 150mm	把	2	
8	塞尺	Deli，0.02 ~ 3mm	套	2	

7　质量控制

7.1　主要施工技术标准及验收规范

主要施工技术标准及验收规范见表 7。

表 7　主要施工技术标准及验收规范

序号	标准号	标准名称
1	AWS D1.1	《钢结构焊接规范》
2	SSPC	美国除锈标准、美国保护涂层协会标准
3	AISC 360	《钢结构建筑规范》
4	AISC 348	《ASTM A325 或 A490 螺栓的结构接头规范》
5	API Spec 2B	《装配式结构钢管规范》
6	GB 50205—2020	《钢结构工程施工质量验收标准》
7	T/ CSCS 015—2021	《钢结构深化设计制图标准》
8	T/CECS 606—2019	《钢结构工程深化设计标准》
9	ASTM A6/A6M	《轧制结构钢棒材、板材、型材和板桩的一般要求》
10	GB 50661—2011	《钢结构焊接规范》
11		相关设计图纸、程序文件

7.2　质量保证措施

（1）拆图模块划分从三维实体模型和深化设计图纸两方面来进行质量审核控制。

（2）参加数控切割施工的电、火焊工必须持证上岗，切割前要根据图纸认真复核切割程序。

（3）钻孔加工主要是控制连接螺栓孔的间距和孔径，严格控制数控程序的正确性和稳定性。

（4）数控设备的质量证明文件须齐全，工厂预制全过程监造，现场安装要严格执行行业标准及项目已批准的程序文件要求。

7.3　关键工序质量控制点

质量控制点、技术指标、检验工具或方法及检查时机或频次详见表 8。

表 8 关键工序质量控制点统计表

序号	质量控制点	技术指标	检验工具或方法	检查时机或频次
1	深化设计	按原结构设计图核对模型正确与否	执行二校三审制度	深化设计过程
2	深化设计制图	仔细检查有无错误、遗漏	执行二校三审制度	深化设计制图过程
3	数控切割	1. 钢材切割面或剪切面应无裂纹、夹渣、毛刺和分层 2. 机械剪切的允许偏差 零件宽度、长度：±3.0mm 边缘缺棱：1.0mm	钢尺、塞尺	加工第 1 个零件后
4	数控钻孔	螺栓孔允许偏差： 直径：0.0 ~ 1.0mm 圆度：2.0mm 垂直度：0.03*t*，且不大于 2.0mm，*t* 为钢板厚度 同一组内任意两孔间距：±1.0mm 相邻两组的端孔间距：±1.5mm	游标卡尺或孔径量规	加工第 1 个零件后
5	焊工资格	持证焊工在焊工资格证认可范围内施焊	检查焊工合格证及其认可范围、有效期	上岗前
6	焊接工艺规程	按 GB 50661—2011 的规定，编制焊接工艺规程	检查焊接工艺规程，焊接过程参数测定、记录	焊接前
7	钢结构安装	柱脚底座中心线对定位轴线的偏移允许偏差:5.0mm 柱子定位轴线的偏移允许偏差：1.0mm 柱基准点标高允许偏差：-5.0 ~ 3.0mm 单层柱轴线 垂直度允许偏差：*H*/1000，且不大于 25.0mm 整体立面偏移允许偏差：*H*/1000，且不大于 25.0mm 整体平面弯曲允许偏差：*L*/1000，且不大于 50.0mm	经纬仪、水准仪、全站仪、钢尺	主体钢结构安装完成后

8 安全措施

8.1 安全标准

主要施工安全标准及验收规范见表 9。

表 9 主要施工安全标准及验收规范

序号	标准号	标准名称
1	GB/T 50484—2019	《石油化工建设工程施工安全技术标准》
2	JGJ 33—2012	《建筑机械使用安全技术规程》
3	JGJ 46—2005	《施工现场临时用电安全技术规范》
4	JGJ 276—2012	《建筑施工起重吊装安全技术规范》
5	GB 2894—2008	《安全标志及其使用导则》

8.2 安全措施

8.2.1 起重作业安全措施

（1）特殊工种必须持有效证件上岗；吊装作业须由起重工指挥，并使用统一指挥信号，杜绝违章作业和违章指挥，并对作业场所悬挂警示标志。

（2）建立施工隔离区，无关人员禁止入内。

（3）禁止施工人员在吊钩、吊物下停留。

（4）吊挂重物时，起吊绳、链所经过的棱角处应加衬垫。

（5）不得绑挂和起吊不明质量的重物。

（6）人员与吊物应保持一定的安全距离。

（7）风天吊装应使用揽风绳，5 级风以上禁止吊装作业。

8.2.2 高空作业安全措施

（1）施工前应对高处作业的全体员工进行安全教育及交底，落实所有安全技术措施和人身防护用品。

（2）高处作业中的安全标志、工具、仪表、电气等各种设备，必须在施工前加以检查。

（3）高处作业人员必须系好安全带、戴好安全帽，衣着要灵便，禁止穿硬底或带钉易滑的鞋，安全带应高挂（系）低用。

（4）吊篮及高空作业车应每周检查，以防损坏。

8.2.3 用电安全措施

（1）设备接地线时要根据本设备用电量大小选择电线的规格，严禁超载。

（2）与用电设备相关的电焊机房、金属板房、钢平台、金属构架等都应进行接零或接地保护。

（3）现场临时用电，配电箱要按照指定形式摆放，用电开关要有漏电保护器，人员离开现场必须切断电源。

（4）使用电焊机及电动工具要遵守操作规程，临时用电必须执行“一机一闸一保护”的原则。

8.2.4 施工动火安全措施

（1）动火作业的施工现场，必须按规定配置消防器材，并保持消防通道畅通。

（2）动火部位附近有可燃物、易燃易爆物品，在未作清理或未采取有效的安全防范措施前，不得动火。

（3）施工完毕，应仔细检查清理现场，熄灭火种、切断电源后方可离开。

9 环保措施

9.1 环保标准

主要施工安全标准及验收规范见表 10。

表 10 主要施工安全标准及验收规范

序号	标准号	标准名称
1	GB 12523—2011	《建筑施工场界环境噪声排放标准》
2	GB/T 24001—2016	《环境管理体系要求及使用指南》
3	SY/T 6276—2014	《石油天然气工业健康、安全与环境管理体系》

9.2 环保措施

（1）施工现场垃圾包装物要及时清理出现场，并运到指定地点，严禁随意凌空抛撒。

（2）施工现场应指定专人定期洒水清扫，并形成制度，防止扬尘。对易飞扬的细颗粒物、散体材料和废弃物的运输、堆放应具备可靠的防扬尘措施。

（3）禁止在施工现场焚烧垃圾。

（4）施工产生的垃圾及废弃物及时收集、分类后统一存放、统一处理，并符合当地政府要求。

10 效益分析

10.1 经济效益

经济效益对比分析见表 11。

表 11 经济效益对比分析表

对比项目＼施工方法	应用本工法	常规方法	效益对比
人工费（预制）	工期 163 天，单日平均施工人员 53 人，人工取费 400 元 / 工日；人工费：400×53×163=3455600 元	工期 246 天，单日平均施工人员 52 人，人工取费 750 元 / 工日；人工费：750×52×246=9594000 元	节约 613.84 万元
人工费（安装）	工期 237 天，单日平均施工人员 30 人，人工取费 750 元 / 工日；人工费：750×30×237=5332500 元	工期 347 天，单日平均施工人员 29 人，人工取费 675 元 / 工日；人工费：675×29×347=6792525 元	节约 146 万元
材料费	吊篮制作、深化设计软件年费等：450000 元	脚手架钢管、跳板及扣件摊销等：580800 元	节约 13.08 万元
机械费（预制）	工期 125 天，单日平均数控机床数量 9 台，台班取费 1200 元 / 工日；机械费：1200×9×125=1350000 元	工期 246 天，单日平均吊车数量 2 台，台班取费 2047.5 元 / 工日；机械费：2047.5×2×246=1007370 元	浪费 34.26 万元
机械费（安装）	工期 237 天，单日施工机械平均数量吊车 4.5 台，板车 1.5 台，升降车 4 台；机械费：（2047.5×4.5+1340×1.5+1574.5×4）×237=4152654.75 元	工期 347 天，单日施工机械平均数量吊车 5.5 台，板车 2 台；机械费：（2047.5×5.5+1340×2）×347=4837613.75 元	节约 68.5 万元
海运费	1840000 元	1539000 元	浪费 30.1 万元
其他措施费	出渣、换刀、围护、临电、模块打包等措施费用：377500 元	转运、吊装、围护、通风照明、临电等措施费用：395346 元	节约 1.78 万元
费用合计	1695.825 万元	2474.665 万元	节约 778.84 万元

10.2 工期效益

工期效益对比分析见表 12。

表 12 工期效益对比分析表

对比项目＼施工方法	应用本工法	常规方法	效益对比
预制	工期 163 天，海运 50 天，共 213 天	工期 246 天	节约 33 天
安装	工期 237 天	工期 347 天	节约 110 天
工期合计	450 天	593 天	节约 143 天

10.3 环保、质量、安全效益

环保、质量、安全效益对比分析见表 13。

表 13　环保、质量、安全效益对比分析表

施工方法 / 对比项目	应用本工法	常规方法	效益对比
环保效益	板材和型材废料在国内可回收再利用	钢铁废料在项目所在国无法回收利用	减少 198.09t 固体垃圾
质量效益	加工效果、精度、外观品质好	加工效果、精度、外观品质一般	提高加工质量、精度和准确率
安全效益	集中在车间工厂进行施工，大部分为数控机床作业	露天高温作业、交叉作业多，所有作业均为人工作业	增加员工施工安全性

11　应用实例

应用本工法主要完成了以下工程的施工任务。施工速度快，节省成本创造效益，提前完成了施工任务。具体应用工程见表 14。

表 14　工程应用实例统计表

序号	建设单位	工程项目名称	时间	工作量	应用效果	经济效益 / 万元
1	中国石油工程建设有限公司伊拉克分公司	伊拉克哈法亚油田天然气处理厂（GPP）项目工程	2021 年 6 月至 2022 年 12 月	主管廊钢结构 3078t	良好	778.84
2	中国石油工程建设有限公司伊拉克分公司	伊拉克哈法亚油田 CPF3 及配套项目 CPF2 电站扩建工程	2019 年 8 月至 2020 年 2 月	变电所、综合楼及棚子钢结构 450t	良好	93.5
3	中国石油工程建设有限公司伊拉克分公司	伊拉克哈法亚油田 CPF3 及配套项目 CPF2 开关站工程	2018 年 7 月至 2019 年 1 月	电龙门架及门型架、轻钢综合楼及电缆沟支架 657t	良好	147.25

城市桥梁模块化拆除施工工法

姜国璐　胡恩鹏　李文华　梁兆鑫　曹发伟

大庆油田工程建设有限公司路桥公司

1　前言

随着油田产能的增加及城市发展建设，很多现有桥梁存在设计荷载偏低、交通通行量不足等问题，已不满足油田基本建设及城市发展的需求。尤其是有些桥梁因投入使用年限较长，主要构件破损严重，出现诸多安全隐患。且部分桥梁因紧邻铁路、住宅小区等原因无法实现爆破拆除。

大庆油田工程建设有限公司路桥公司承揽了对庆虹桥的拆除施工。由于该桥横跨通让铁路线，地处城市闹市区，桥梁周围是住宅小区，且包括桥梁主体、附属、引桥、引道等多部位的拆除，在安全环保、文明施工方面需要更高的标准要求，不能影响周围居民的生活，挖掘机破碎锤拆桥不能满足安全文明施工标准，且旧桥存在因原始设计图纸缺失或不完整等原因无法确定梁体质量及重心的问题。为此，路桥公司展开技术攻关，依托庆虹桥拆除及以往施工经验，突破常规拆除工艺，采用建模技术还原旧桥的各部分构造，将整个桥梁全部模块化。采用金刚石绳锯切割法进行梁体切割后，分块吊运，极大地改善了整体施工条件，同时对周围居民及铁路的正常运营造成的影响降到了最低，并总结形成了“城市桥梁模块化拆除施工工法”。

“城市综合性桥梁拆除施工工法”获 2021 年度大庆油田公司企业级工法，为今后城市桥梁拆除提供参考。

2　工法特点

2.1　施工模块化易于管理，节约工期

本法采用建模技术还原旧桥的各部分构造，按施工规划进行拆分，将桥梁梁体进行分解，并将分解后的梁体吊离。大件分隔吊卸，形成模块化梁体切割吊运，降低了梁体整体调运的施工难度，更便于现场施工管理，同时节省施工工期。

2.2　减少施工环境污染

本工法采用金刚石绳锯机切割技术分解梁体，不会产生混凝土掉块、掉渣、扬尘等现象，形成的噪声、振动较小，有效避免环境污染，且声音污染可控，将对铁路运营的影响降至最低。

2.3 施工平稳，安全性高

本法采用金刚石绳锯机切割技术分解梁体，相较于传统的整梁拆运，可以实现任意方向切割，且切割模块化后吊运梁块较小，有效降低吊运的安全风险。

2.4 设备需求低，降低施工成本

本法将整桥模块化分解后拆除吊运，减少了大型设备的需求，且采用的运输、吊运等设备都相对较少，有效降低了施工成本。

3 适用范围

本工法适用于无法实现爆破、破碎拆除的钢筋混凝土桥梁施工作业。

4 工艺原理

4.1 模块化拆除技术

本工法采用建模技术还原桥梁构造，对需拆除的梁板、盖梁及墩柱进行模块化分解，通过确定合理切割方案及分块吊装质量，先切割后吊装，实现梁体合理分解与吊装拆除。切割前对梁体进行临时支撑及加固，保证梁体切割分解作业状态稳定；梁体拆除后，下部构造依然按照模块化分解，分块拆运。

4.2 金刚石绳锯切割技术

本法中均采用金刚石绳锯切割。金刚石绳上镶嵌着许多金刚石颗粒，金刚石具有硬度极高的特点，金刚石颗粒与被切割物体表面接触时，由于金刚石颗粒的硬度大于被切割物体的硬度，金刚石颗粒能够在短时间内将被切割物体切断。金刚石绳锯需要将金刚石绳绕在2个滚轮上，使其成为一个环形的锯条。由于金刚石绳的柔韧性，在切割过程中需要使用导向轮来引导金刚石绳的运动方向，这就使得绳锯可实现任意形状的切割。

5 施工工艺及操作要点

5.1 施工工艺流程

5.1.1 总流程（图1）

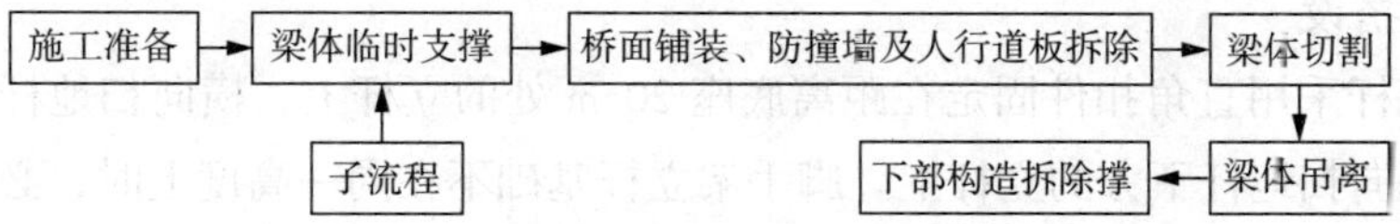

图1 施工工艺流程图

5.1.2 子流程（图2）

图2 梁体临时支撑工艺流程图

5.2 工艺操作要点

本工法施工工艺以拆除庆虹西路匝道桥施工为例作详细介绍。

5.2.1 施工准备

1. 内业准备

根据设计图纸，结合现场条件实地勘察，制定可行的施工组织方案及专项方案。管理人员及作业人员进行安全培训和技术交底。

2. 现场准备

（1）对施工现场进行全封闭围挡，建立门禁系统，禁止非施工人员进入。

（2）机械设备入场验收合格。

（3）人员及其他应急准备要素到位。

3. 桥梁模块化分隔

通过运用 OpenBridge Modeler 软件还原旧桥构造，并对桥梁进行整体模块化分解建模，将整桥切割位置进行定点，同时计算出各模块的重心位置及吊点位置，以便切割分块后及时吊运离场。

5.2.2 梁体临时支撑

1. 场地平整

对桥下原地面进行清理找平、机械夯实，已达到施工要求。

2. 铺设垫层

为保证地基承载力要求，按照设计要求在原地面上铺设 10cm 碎石垫层，铺设宽度每侧超出桥面宽 1m，并采用振动夯夯实。同时周边设置排水沟，保证无积水浸泡地面。

3. 定位放样

依据桥梁梁板平面位置，在垫层上进行定位放样，标出支撑架纵、横向立杆点位。

4. 立杆搭设

依据计算书算出的立杆间距放样点位，按井字布置搭设立杆，紧靠墩柱部位距离控制在 0.5m 左右。立杆的高度低于梁底面 10cm，便于在梁底铺设厚度不小于 5cm、长度不少于 2 跨、宽度不小于 20cm 的木垫板。立杆伸出顶层水平杆中心线至支撑点的长度不得超过 0.5m。立杆高度不够采用扣件接长。立杆可调底座、可调托撑螺杆伸出长度不超过 30cm，插入立杆内长度不小于 15cm。

5. 扫地杆搭设

纵向扫地杆采用直角扣件固定在距离底座 20cm 处的立杆上，横向扫地杆采用直角扣件固定在紧靠纵向扫地杆下方的立杆上。脚手架立杆基础不在同一高度上时，必须将高处纵向扫地杆向低处延长 2 跨并与立杆固定，高低差不应大于 1m。靠边坡上方的立杆轴线到边坡距离不小于 50cm。

6. 水平杆搭设

满堂架水平杆按纵、横向双向布置。水平杆的间距依据计算书算出的水平杆间距布置。纵向水平杆设置在立杆内侧，单根长度不得小于 3 跨。纵向水平杆接长采用对接扣件连接或搭接。

7. 剪刀撑搭设

为增加满堂支架的稳定性，设置加强型剪刀撑。当立杆纵横间距为 0.6m × 0.6m ~ 0.9m ×

0.9m（含 0.6m × 0.6m、0.9m × 0.9m）时，在架体外侧周边及内部纵横向每 5 跨（且不小于 3m）由底至顶设置连续竖向剪刀撑，剪刀撑宽度为 5 跨。

5.2.3　桥面铺装、防撞墙及人行道板拆除

对庆虹西路匝道桥用风镐拆除桥面铺装层自 14 孔往西逐孔拆除。机械振动力要均匀，防止过大造成梁体破坏，再对称拆除人行道火烧板及人行道钢筋混凝土。整孔完毕后，顺序拆除下孔桥面铺装层及人行道，拆除的废料采用装载机配合自卸汽车运输至指定位置。防撞墙采用绳锯切割，先用水钻每 3 延长米打出吊点，用绳锯把防撞墙切成每 3m 一段（每段约重 2.7t），用吊车将切成段的防撞墙吊下，吊车吊装时两侧交替吊装，以保持桥面质量平衡。拆除时一侧防撞墙不可同时拆除 3m 以上，以保持桥面质量平衡。

5.2.4　梁体切割

1. 分割线放样

（1）12 孔放样

用弹线进行分割线放样标注，自 12# 墩柱起将梁板横向划分成 4m+3m × 4+2m 至 11# 墩，共计 6 块，其中最重块为 37t。为方便梁体分割块吊卸，在距切割线两侧 50cm 处，紧贴腹板在每侧翼缘板上标出吊点位置，分割图及吊点位置如图 3 所示。

（2）13 孔放样

用弹线进行分割线放样标注，将该孔梁体均分成 2.667m × 33 块，每块重约 30t。同时按（1）所述方法标出吊点位置，分割图及吊点位置如图 4 所示。

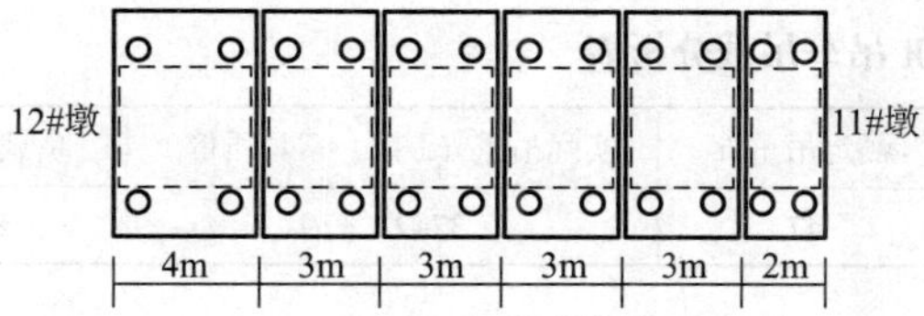

图 3　12 孔分割及吊点位置图

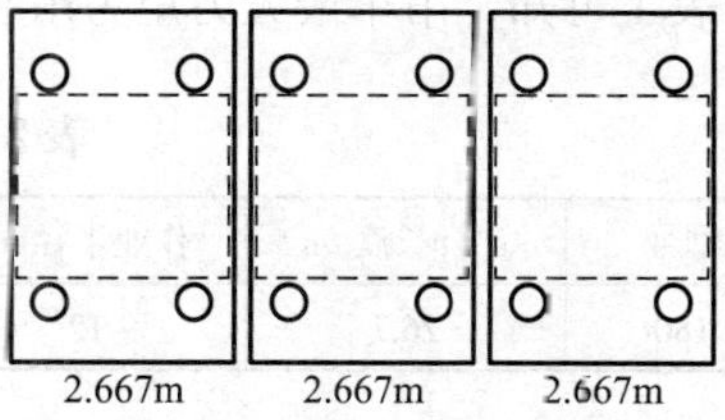

图 4　13 孔分割及吊点位置图

（3）14 孔放样

如图 5 所示用弹线进行分割线放样，将该孔梁体分成 6 块，每块重约 31.7t。同时定出每分割块重心位置，依据重心位置在其四周标注 4 个吊点位置，分割图及重心位置如图 5 所示。

2. 梁体分割

依照切割线指定位置采用金刚石绳锯进行梁体分割。施工人员严格按照切割位置线进行切割，位置偏差不得超过 10mm。同时，采用水钻在标注的吊点位置钻出 $\Phi150$mm 透孔。水钻及金刚石绳锯操作均由专业人员进行（图 6）。

5.2.5　梁体吊离

1. 吊车选用

以 12 孔（最重分割块为 37t）为典型，选用 1 台中联 180t 汽车吊单车作业，吊车站位在 12 孔中间位置，表 1、表 2 为 180t 吊车工况分析。

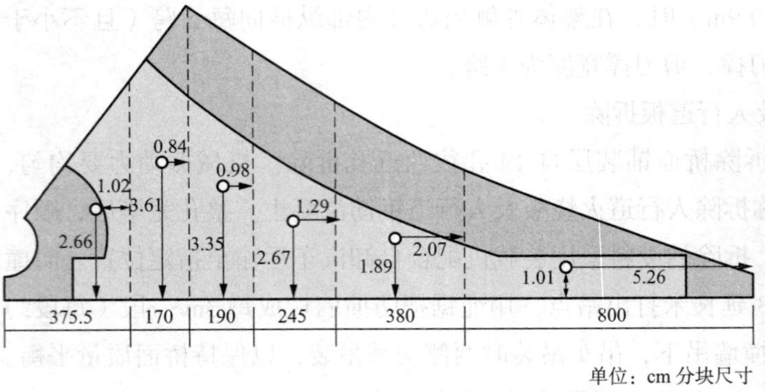

图 5 14 孔分割及重心位置图

图 6 现场切割施工图

表 1 180t 吊车力矩分析表

拆除部位（12 孔）	吊车承重 /t	作业半径 /m	力矩 /（kN·m）
1 分割块	37	12	4440
2 分割块	28	10	2800
3 分割块	28	8.5	2380
4 分割块	28	8.5	2380
5 分割块	28	10	2800
6 分割块	18	12	2160

由表 1 可知，吊车最大力矩为吊装 1# 分割块时，作业半径为 12m。

表 2 180t 吊车吊载分析表

吊车型号	出杆长度 /m	作业半径 /m	额定吊重 /t	实际吊重 /t（钩、索具质量）	负载率 /%
中联 180t	26.7	12	47	（37+2）=39	83

180t 吊车单车作业，额定吊重 47t ＞ 42.9t，吊车选型满足要求。

2. 梁板吊卸

采用 1 台 180t 汽车吊单车作业，臂长 26.7m，工作半径为 12m，额定吊重为 47t，配备 2 根直径 52mm，型号为 6×37S+FC，公称抗拉强度 1670 级的纤维芯钢丝绳，有效长度为 16m。吊卸切下的梁体混凝土块用吊车吊装至运输车上直接运出现场。

吊装前将钢丝绳通过透孔进行兜底捆绑吊装。为防止混凝土边角对钢丝绳的损害，采取隔离措施（弧形钢板或橡胶轮胎）进行隔离，具体捆绑如图 7 所示。

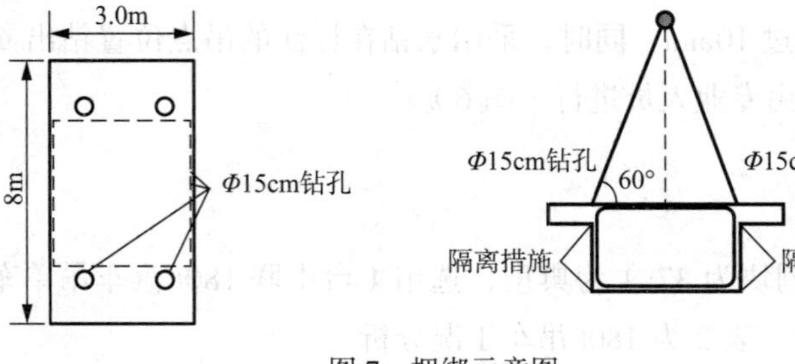

图 7 捆绑示意图

对 13 孔 ~ 1 孔混凝土块吊装：吊车站位在每孔中间南侧距离桥位中心 8m（梁边 4m）处逐块吊卸。吊装图如图 8 所示。

对 14# 简支板：吊车站位在主桥第 15 孔下，距匝道桥 14# 中间墩柱东侧 6m 处，逐块吊卸（图 9）。

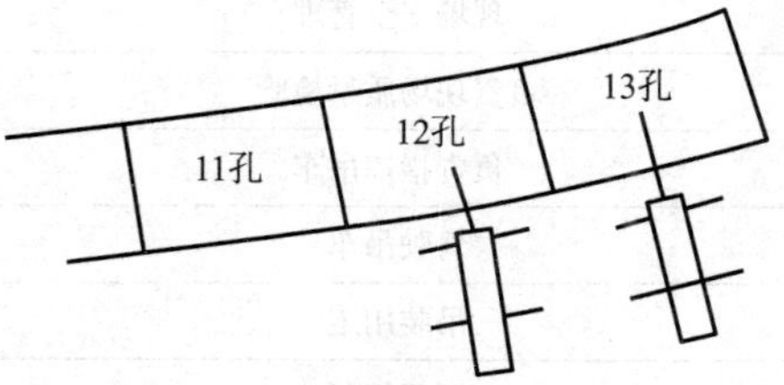

图 8　1–13 孔吊装示意图

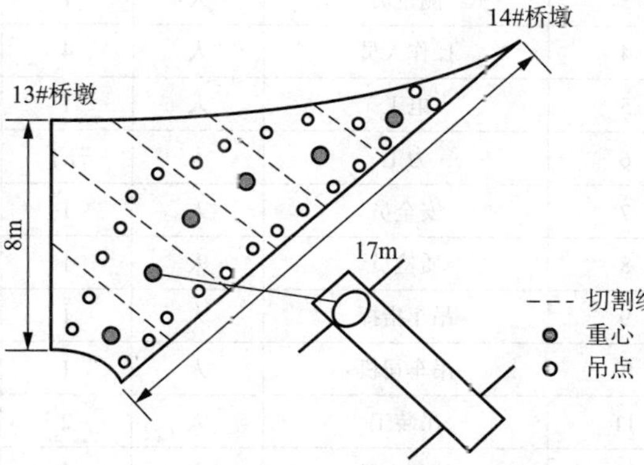

图 9　14 孔吊装示意图

5.2.6　下部构造拆除

1. 盖梁拆除

依据现场测算，4 墩结构盖梁质量约为 56t。首先搭设脚手架作业平台，作业人员在作业平台上采用绳锯切割方式按切割线 1（图 10）将盖梁切割成 3 段，分别为 3.6m、11.8m、3.6m。然后按切割线 2 在距离盖梁底部 0.5m 处切割中间 2 根墩柱。全部切断后，将 11m 盖梁及中间 2 根连接墩柱（质量约 47t）用 2 台 100t 吊车整体移除。剩下两边的 3.6m 盖梁及墩柱（质量约 15t）按切割线 3 在距离盖梁底部 0.5m 处切断，用 1 台吊车整体移除。最后将剩余 4 根墩柱用长臂凿岩机自上而下凿除。

2. 墩柱拆除

采用长臂凿岩机自上而下依次破除，清除废料集中拉运至指定场地。施工前，铺设施工作业平台（宽 5m、高 1.5m），平台距离破除墩柱的距离不小于 10m，以保证施工安全（图 11）。

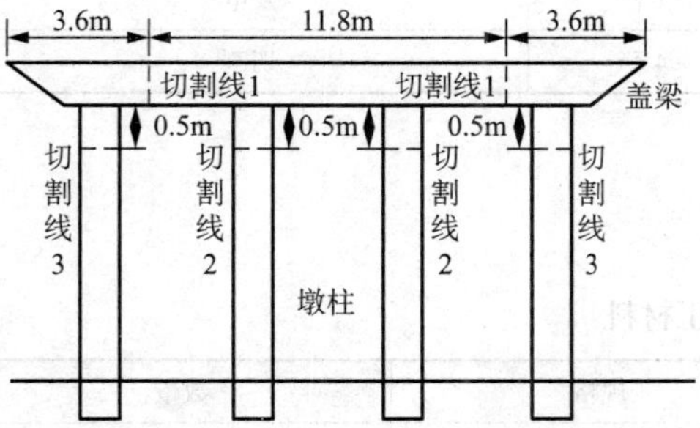

图 10　盖梁拆除示意图

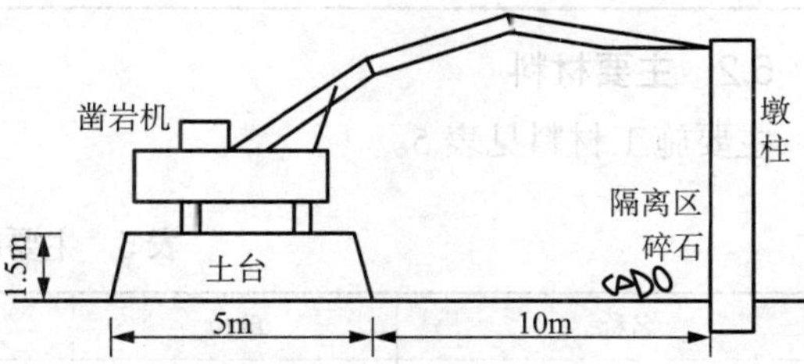

图 11　墩柱拆除示意图

施工时在拆除区设专人看守，任何人严禁进入施工作业区内。

5.3　人员配置表

本工法以庆虹桥安全隐患治理工程拆除为例，人员配备详见表 3。

表 3 人员配置表

序号	岗位	单位	数量	备注
1	工长	人	2	负责拆除现场的组织、管理和协调
2	技术员	人	1	负责现场的技术指导
3	测量员	人	1	测量放样
4	操作人员	人	4	拆除机具的操作
5	电工	人	1	负责施工现场临时用电架设与维护
6	力工	人	若干	
7	安全员	人	1	现场安全管理
8	质检员	人	1	负责现场质量检验
9	吊车指挥	人	1	负责指挥吊车
10	吊车司机	人	1	驾驶吊车
11	吊装工	人	2	吊装用工
12	切割人员	人	4	用于切割

6 设备与材料

6.1 主要设备

主要施工机具见表 4。

表 4 主要施工机具

序号	名称	数量	备注
1	180t 汽车吊	1 台	梁板吊卸
2	小松长臂凿岩机	1 台	拆除墩柱
3	液压金刚石绳锯机 D–LP30	5 台	切割
4	盘锯机 D–LP32	2 台	切割
5	水钻	5 台	钻孔
6	发电机 200kW	1 台	发电
7	气割设备	4 套	切割

6.2 主要材料

主要施工材料见表 5。

表 5 主要施工材料

名称	单位	规格	数量
钢管	m^3	Φ48.5mm × 3.6m	34365
可调托座	个	扣件式	10200
扣件	个	Φ48A	36400
防护网	m^2		500

7 质量控制

7.1 质量控制标准

（1）CJJ 248—2016《城市梁桥拆除工程安全技术规范》

（2）T/CECS G:M61—01—2019《公路混凝土桥梁拆除技术规程》

（3）T/CECS 472—2017《既有混凝土结构钻切技术规程》

（4）GB 8918—2006《重要用途钢丝绳》

（5）JTG 3362—2018《公路钢筋混凝土及预应力混凝土桥涵设计规范》

（6）GB 50007—2011《建筑地基基础设计规范》

（7）GB 50205—2020《钢结构工程施工质量验收标准》

（8）GB 50017—2017《钢结构设计标准》

7.2 关键质量控制

关键质量控制见表 6。

表 6 关键质量控制表

序号	检查项目	允许偏差	检查方法 / 频率	检测工具
1	切割受力角数目	≤ 2 个	全检	目测
2	钢丝绳外观检查	5% ~6%	全检 / 每周	宽钳口的游标卡尺
3	立杆垂直度	绝对偏差≤ 50mm	全检	全站仪及钢板尺
4	支架沉降观测	＜ 10mm	每 $20m^2$1 点 / 每天	水准仪
5	水平杆、斜杆的钢管弯曲	≤ 30mm	全检	钢板尺、水平仪

7.3 质量控制措施

7.3.1 梁板切割技术措施

（1）金刚石绳锯机要牢固安装，驱动轮、导向轮、金刚石绳锯与切割面位于同一平面内，金刚石绳锯切割受力角数目不大于 2。

（2）金刚石绳锯与驱动轮接触长度不小于 1/2 驱动轮圆周长，导向轮直径不小于 25cm。

（3）绳锯必须安装防护罩，施工时架设防护挡板，切割绳锯旋转方向前后严禁站人。绳锯施工人员必须距离机械 3m 以外，现场人员不得在绳锯锯条转动方向正面 10m 内行走，且不能在绳锯施工范围 5m 内逗留。金刚石绳锯切开机进行工作时，半径 6m 区域内不得有人员进入，避免绳锯开裂溅伤人员。

7.3.2 吊装作业技术措施

（1）起重吊装作业前，进行吊装作业安全技术交底，并执行作业许可管理制度，划定警戒区域，设警示标志，设专人监护，无关人员不得通过或停留。

（2）吊装作业有专人指挥、明确分工，信号指挥发出的信号应清晰、准确，传递及时，参加吊装的作业人员坚守岗位，按指挥命令和信号作业。

（3）起重作业人员必须穿防滑鞋、戴安全帽，高处作业应佩挂安全带，并应系挂可靠，严格遵守高挂低用。

（4）起重机工作时，吊臂的最大仰角不应超过其操作手册中的规定值。

7.3.3 支撑架施工技术措施

（1）支撑架施工前应根据施工对象、地基承载力、搭设高度，按本规程的基本要求编制专项施工方案，并经审核批准后方可实施。

（2）满堂支架立杆搭设位置应按专项施工方案放线确定。定位应准确，不得任意搭设。立杆之间的连接采用对接扣件，且交错布置，两根相邻立杆的接头不能设置在同步内，同步内隔一根立杆的两个相邻接头在高度方向错开的距离不小于 50cm，各接头中心至主节点的距离不大于步距的 1/3。

（3）严格按技术交底搭设脚手架。接点错开，大横杆间距不得大于 1.2m，接头错开；小横杆间距不得大于 1.5m，结构的连接要用标准扣件拧紧螺栓，不准用铁丝绑扎。

（4）按规定铺好脚手架铺板。脚手架的铺板必须层层满铺，距离墩身面的空间不得大于 20cm，板与板之间不得有空隙和探头板、飞跳板，脚手板搭接长度不得小于 20cm。脚手板对接时架设双排小横杆，间距不得大于 20cm，在架子转弯处的脚手板交叉搭接，脚手板用木块垫平并钉牢，不得用砖垫板。上料斜道的铺设宽度不得小于 1.5m，坡度不得大于 1：3，防滑条间距不得大于 30cm，经常清除架板上杂物，保持清洁、平整、畅通。

8 安全措施

8.1 安全标准

（1）Q/SY 1248—2009《移动式起重机吊装作业安全管理规范》

（2）SY/T 6279—2016《大型设备吊装安全规程》

（3）JGJ 80—2016《建筑施工高处作业安全技术规范》

（4）JGJ 33—2012《建筑机械使用安全技术规程》

（5）JGJ 184—2009《建筑施工作业劳动防护用品配备及使用标准》

（6）JGJ 130—2011《建筑施工扣件式钢管脚手架安全技术规范》

（7）Q/SY 08136—2017《生产作业现场应急物资配备选用指南》

8.2 安全保证措施

8.2.1 吊装作业过程安全控制

（1）吊装前现场负责人办理吊装作业许可证，相关人员到场，特种作业人员持证上岗。

（2）吊装前对起重机械进行空转检查或试验，确认制动装置、保险装置和安全保护装置运行正常。

（3）大型吊装联合检查完成后，检查人员应在联合检查集中签字。吊装指挥在确认联合检查符合要求，签署吊装命令后，方可进行试吊，确认无问题后正式起吊。

（4）施工人员在作业过程中避免发生碰撞，进入施工现场必须戴好安全帽并做好安全防护。

（5）起重吊装要严格按照操作规程进行。被起吊物的重物下方和起重机杆下面严禁站人，避免在吊装过程中吊物脱落，对人员造成伤害。

（6）需将设备或物件吊起在其底物作业时，要用枕木或其他物体将其垫实，方可在下作业，避免在作业过程中，吊物坠落砸伤人员。

8.2.2 切割作业过程安全控制

（1）施工前检查机械各部连接件和传动件有否松动或缺损，是否缺润滑油，冷却系统是否正常及有无泄漏（绳锯冷却水箱的水不少于0.15m^3），各种部件动作是否灵活，全部合格后方准施工。

（2）切割机行车时注意随机电缆，以防压坏和拉断。

（3）金刚石切割混凝土时，不准突然停机、绳锯反向运转，换取绳锯后也严禁翻转。

（4）电源、水源的连接、断开要时刻注意，如发生停电立即退出绳锯。

（5）混凝土切开时，要时刻留意被切开钢筋混凝土实体的受力改变，出现异常立即停机检查。同时观察锯机运转情况，避免出现卡住锯片、绳锯等。

（6）水平或倾斜切割时要及时向已完成的切割缝中塞入支撑钢楔，塞入时要停机作业并切断电源。

9 环保措施

9.1 环保标准

环保标准见表7。

表7 环保标准

序号	标准号	标准名称
1	JGJ 146—2013	《建筑工程施工现场环境与卫生标准》
2	GB 12523—2011	《建筑施工场界环境噪声排放标准》

9.2 环境保护措施

9.2.1 减少噪声污染措施

（1）施工现场提倡文明施工，尽量减少人为的大声喧哗，增强全体施工人员防噪声扰民的自觉意识。合理安排工期、加大现场管理力度，减少夜间施工机械的使用。

（2）采用噪声、振动低的机械；噪声超标的机械设备，采取消音措施；设置封闭的机械棚，以减少强噪声的扩散；尽量避开人们休息时间，禁止夜间使用，防止噪声扰民。

（3）在居民稠密区进行作业时，晚间不超过18时，早晨不早于6时，特殊情况需连续作业（或夜间作业）的，采取降噪措施，事先做好周围群众的工作，并振工地所在的区环保局备案后再行施工。

（4）机械车辆途经居住场所时减速慢行，不鸣喇叭。在比较固定的机械设备附近，修建临时隔音屏障，减少噪声传播。

（5）车辆运输时，不得高音鸣笛，尽量避开居民休息时段，以免噪声影响他人休息。

9.2.2 降低扬尘污染措施

（1）梁板拆除通过绳锯切割方式，避免碎渣飞溅。机械破除施工时，配备洒水喷淋装置，有效降低现场扬尘。

（2）施工垃圾做到及时清运，日战日清，活完底净。不能及时清运的，在施工工地设置临时密闭性垃圾堆放场地进行保存。清运时将车辆进行覆盖，土方装车高度不得超过车厢，土方运送必须采取全覆盖的密封措施，必须装载规范，保持密闭运输和车容整洁，不得沿途飞扬、洒漏和带泥上路。

（3）严禁运输过程中掉土，如有掉土情况，清扫人员应及时清理打扫，适时洒水，控制扬尘。道路表面洒水，露天存放时严密遮盖，以减少扬尘。

（4）施工产生的废水和生活污水，在场地内布设系统排入污水管线，不能随意排放，污染周边环境。生活区的垃圾废弃物，每天有专人负责及时清理。

（5）施工工地运输车辆驶出工地前进行除泥土、除尘处理，配置高压水枪，对驶出车辆进行冲洗，严禁将泥土、尘土带出工地。冲洗车胎在钢筋网上进行，清洗下的泥土及时用人工铲到手推车内，推到指定地点堆卸。

10 效益分析

10.1 经济效益

本工法与传统整梁吊拆施工方法相比，加快了施工进度，提高了机械设备利用率，同时减少大型吊运设备及拆除设备的投入，节约了设备租赁费用，节约了施工成本。在庆西路沙田 1 号桥梁改造工程中，施工工期提前 20 天完成，节约成本 30.7 万元。在庆虹桥安全隐患治理工程中，施工工期提前 30 天完成，节约成本 50 万元。以庆虹桥安全隐患治理工程为例，具体资源投入经济效益对比详见表 8。

表 8 资源投入经济效益对比表

序号	投入类型	资源投入	整梁吊拆数量	本法数量	单价 /（元 / 天）	备注
1	人工投入	吊装工	4	2	400	
2		吊车指挥	2	1	300	
3		吊车司机	2	1	400	
4		挖掘机司机	2		400	
5		切割工		5	500	
6		凿岩机司机	3	1	450	
7	设备投入	180t 吊机	1	1	12000	
8		550t 吊机	1		21000	
9		长臂凿岩机	3	1	1500	
10		液压金刚石绳锯机 D–LP30		5	2000	
11		盘锯机 D–LP32	2	2	800	
12		挖掘机	2		1000	

采用本法拆除的人工、设备投入约 620 万元，采用整梁吊拆的人工、设备投入约 670 万元，按工期综合计算合计节约 50 万元。

10.2 社会效益

本工法采用建模的方法，运用金刚石绳锯机分解梁体，可以实现任意方向切割且切割分离平稳。与传统整体吊运、挖沟机破碎锤拆除的方法相比，安全风险降低，且切割作业振动、噪声小。庆虹桥工程周围都是住宅小区，减小噪声，降低粉尘对周围的居民是最大的社会效益。

11 应用实例

实例一：庆虹桥安全隐患治理工程

庆虹桥安全隐患治理工程建设单位是大庆石油管理局有限公司，工程造价为 1100 万元。原庆虹桥桥长 812m，桥宽 16m，2021 年 5 月 1 日开工，2021 年 12 月 30 日完工，节约工程成本 50 万元。本法同时具备施工进度快、安全可靠、环保节能等优点，施工过程中得到了业主、监理、业内人员的好评。

实例二：庆西路沙田 1 号桥梁改造工程

庆西路沙田 1 号桥梁改造工程（图 12）建设单位是大庆石油管理局有限公司油田道路管理公司，工程造价为 1430 万元。原桥桥长 144m，桥宽 9m，2018 年 9 月 15 日开工，2019 年 10 月 31 日完工，节约工程成本 30.7 万元。拆迁工程得到了业主、监理、业内人员的好评。

图 12 施工现场照

湿地环境光伏桩基础子母模成型振动沉桩施工工法

董　荔　孟伟煜　孙政国　周俊鹏　李洪志

大庆油田建设集团有限责任公司

1　前言

在低洼地带安放太阳能光伏板，充分利用闲置低洼地带建设微光伏项目，既不占用耕地，又能很好地利用太阳能资源，是油田新能源发展的必要途径。采用桩基础支架无论从经济、耐久性，还是环境保护上都是首选之举，但夏季进行光伏方桩施工，又存在诸多不便。为了提高光伏桩基础生产效率及安装质量，大庆油田建设集团有限责任公司对方桩原有制造工艺进行改进和创新，设计专用方桩母桩生产模具，利用子母桩成型法，进行方桩基础制造，以达到质量好、速度快，效率高的目的。为了达到提前沉桩，利用高效减水剂，减少养生时间，提高桩基础早期强度，降低成本。“湿地环境光伏桩子母模成型振动沉桩施工工法”在 2022 年被大庆油田有限责任公司评为企业级工法，经过查新检索，光伏桩基础子母桩模生产工艺，目前处于国内行业先进水平。2022 年通过总结油田光伏项目方桩基础预制安装工程实践经验形成本工法。

2022 年应用“湿地环境光伏桩子母模成型振动沉桩施工工法”为大庆油田采油一厂、七厂和九厂微光伏试验项目安装施工了长为 6m 和 7m 的 350mm × 350mm 方桩 1657 根，5.5m 和 6.5m 长 300mm × 300mm 方桩 1793 根，使油田微光伏项目在 2 个月即完成了 3451 根方桩的沉桩就位工作，为微光伏项目按期投产落成打下了坚实的基础。通过现场工程沉桩完整性检测，桩基础合格率达 100%，并创造了显著的经济效益和社会效益。

2　工法特点

2.1　混凝土早期强度高、周期短、速度快

采用小碎石作为粗骨料，掺入高性能减水剂配制 C40 专用混凝土，混凝土和易性好、强度高、翻模周期短、速度快。

2.2　模具占用场地少、生产效率高

采用子母桩生产工艺，以生产出的母桩平铺为模板生产子桩，母模可重复使用 5 茬以

上，可以成片生产，占用场地少，生产效率高。

2.3 部分配合蒸汽养护，养护成本低

采用热平台对方桩进行短期湿热蒸汽养护，缩短蒸养时间，节能环保，蒸汽养护成本低。

2.4 高频振动沉桩工艺，沉桩速度快，方便施工

方桩顶部增加埋件及角钢护角，选用高频振动沉桩设备进行沉桩，解决大型锤击沉桩设备入场困难，降低施工措施费，沉桩速度快，效率高。

3 适用范围

本工法适用于油田湿地环境下桩长为 5 ~ 10m、边长为 300 ~ 500mm 的混凝土光伏方桩基础的成型及高频振动沉桩施工（图 1）。

图 1 湿地光伏

4 工艺原理

4.1 母桩预制工艺原理

母桩设计由底模、中间共用固定侧模、活动侧模及立柱 4 个部分组成（图 2）。通过木顶支撑，进行模具调直、校准，内部安装钢筋骨架及垫块，顶面延模具布料，浇筑 C40 混凝土，配合部分蒸汽养护，12h 达到 75% 以上，即可脱模出窑。

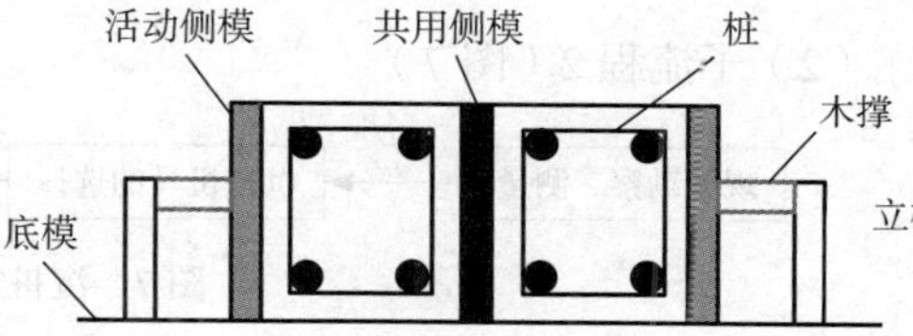

图 2 母桩预制工艺原理

4.2 子母模成片浇筑原理

利用专用模具生产母桩，在钢平台上布置母桩，以母桩为侧模板，中间布置钢筋骨架，垫置垫块，仅增加活动桩尖模板，成片生产子桩，一天能够生产 60 ~ 80 根子桩。母桩可在重复使用 5 ~ 10 茬后进行更换，以保证子桩外观质量（图 3）。

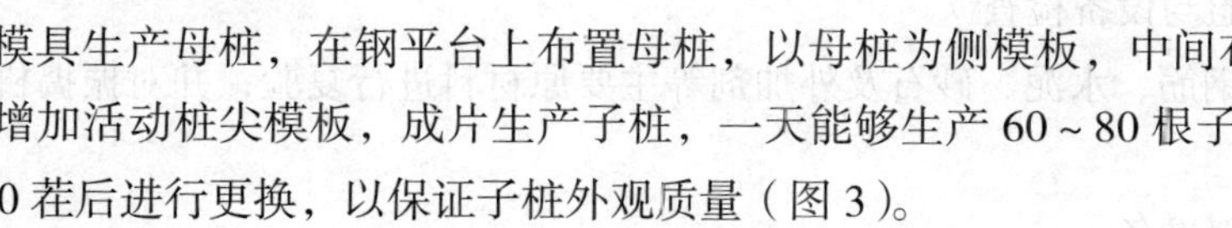

图 3 子母模成片浇筑原理

4.3 高频振动沉桩工艺原理

利用桩头钢板及护角，专用夹具夹紧桩头，并进行就位、扶正，高频振动向下挤压沉桩，保证桩在 5 ~ 10min 内达到要求标高及位置（图 4）。

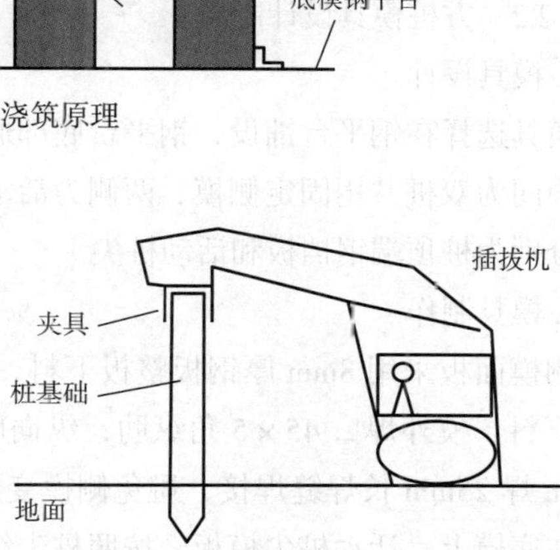

图 4 高频振动沉桩工艺原理

5 施工工艺及操作要点

5.1 施工工艺流程

5.1.1 总流程（图5）

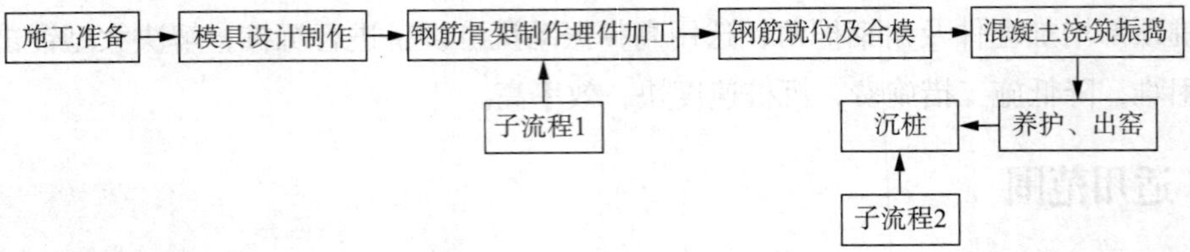

图5 工艺流程图

5.1.2 子流程

（1）子流程1（图6）

图6 钢筋骨架制作埋件加工子流程图

（2）子流程2（图7）

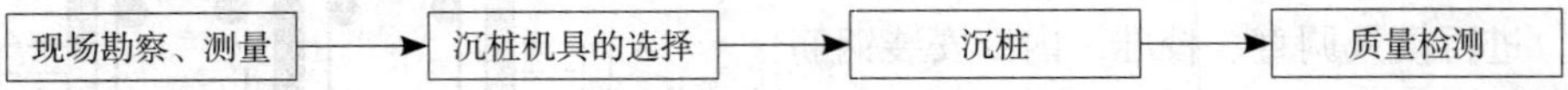

图7 沉桩施工工艺子流程图

5.2 施工操作要点

5.2.1 施工准备

1. 材料检验与设备检查

施工前对钢筋、水泥、砂石及外加剂等主要原材料进行复验，并对振捣机具、沉桩设备进行检查。

2. 辅助材料准备

对隔离剂、塑料布、标志旗等辅助材料及小型机具设备进行准备。

5.2.2 方桩模具设计制作

1. 模具设计

模具选择在钢平台铺设，钢平台底部通蒸汽，进行蒸汽养护。以2个方桩为1组制作模具，中间为双桩共用固定侧模，两侧为活动侧模，靠角钢柱和方木顶子进行模具校准。模具两端分别为桩顶端钢挡板和活动桩尖。

2. 模具制作

侧模面板采用8mm厚钢板整板下料，高度以方桩截面为准。为保证板边平齐，采用剪板机下料。模外焊∟ 45×5角纵肋，纵向肋板上下两根通常，竖向间距1m 1道，采用间断100mm焊25mm长焊缝焊接，避免侧模变形。中间立模制作采用中间角钢，两侧模铺钢板，立焊在底模上。活动桩尖模板，按照桩尖结构尺寸，制作成正四棱台形，三面封闭，上面敞开，便于安装及抹面。模具制作图见图8。

3. 模具组装定位

①钢平台抄平，将钢平台清理干净，焊点打磨平整光滑，定位放线，确定中间固定立模、侧模、端模及桩尖位置；②按照预先设定位置，在模板内侧四角及中间底板上焊 Φ6mm 长 30mm 的短钢筋挡；③组对焊接中间立模板，保证其垂直度，并与底板段焊，焊缝间距为 100mm，长度为 20～30mm；④焊接角钢立柱，间距为 1.5m，离活动侧模间距为 150mm，用木顶子支撑侧模；⑤安装活动桩尖，桩尖平稳地坐在平台上；⑥安装桩顶挡板，根据桩的长度进行调整，内侧角钢挡定位，保证其垂直度。模具安装图见图 9。

图 8　模具制作图

图 9　模具安装图

5.2.3　钢筋骨架制作及埋件加工

1. 钢筋下料

（1）钢筋下料前，进行钢筋外观检查，清除钢筋表面油污及浮锈，钢筋检验合格后方可使用。

（2）主筋下料：为保证主筋下料长度，桩主筋可以采用焊接连接，同一根钢筋焊接不得超过 2 段，数量不得超过钢筋总数的 50%。

（3）箍筋自动下料：为保证箍筋外形尺寸和保护层厚度，偏差不得超过 5mm，末端弯钩为 135°。

2. 钢筋骨架绑扎

（1）在绑扎架上进行，根据桩长度设定绑扎架间距，为减少钢筋弯曲，绑扎架间距不得大于 3m，保证钢筋架支点以 2m—3m—2m 间距布置。

（2）角部钢筋采用全扣绑扎，八字方向交替向前进行；腰筋采用间断扣进行绑扎。骨架绑扎见图 10。

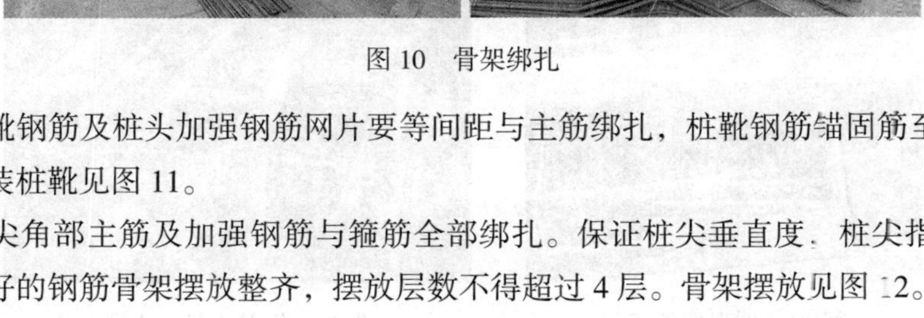

图 10　骨架绑扎

（3）桩靴钢筋及桩头加强钢筋网片要等间距与主筋绑扎，桩靴钢筋锚固筋至少 2 点与主筋绑扎，安装桩靴见图 11。

（4）桩尖角部主筋及加强钢筋与箍筋全部绑扎。保证桩尖垂直度，桩尖指向桩的正中心。将绑扎好的钢筋骨架摆放整齐，摆放层数不得超过 4 层。骨架摆放见图 12。

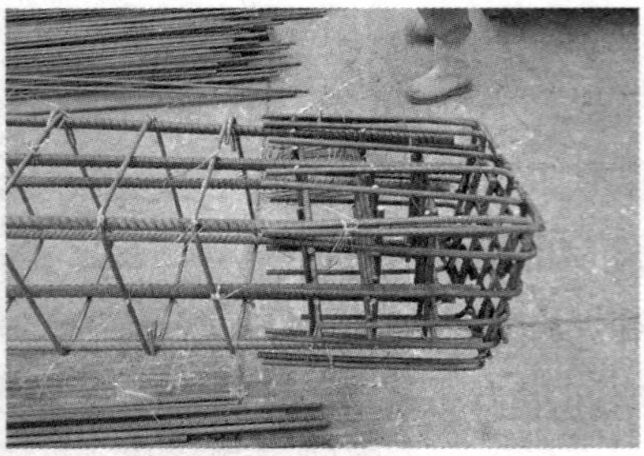
图 11　安装桩靴

图 12　骨架摆放

3. 埋件焊接

桩头加强埋件制作焊接，严格按图纸进行。桩顶埋件外形尺寸应小于 5mm 以便安装，锚筋的 T 形环焊缝采用 506 焊条，焊缝高度不小于 6mm。

5.2.4　钢筋就位及合模

（1）将安装好的钢模打好钉子，保证钢模截面尺寸，涂刷隔离剂，安装活动桩尖模板，均匀放置垫块，垫块间距 800 ~ 1000mm（图 13）。

图 13　支模

（2）将钢筋骨架两点起吊平稳放入钢模内，垫块垫在箍筋外侧，底部及侧面垫块对称放置，将钢筋骨架固定在模具中心位置。钢筋入模、卡紧见图 14。

（3）安放端头埋件，锚筋插入垫筋网片内，与端板靠严，用钢筋卡子卡紧（图 14）。

（4）安放吊环，吊环位于桩两端 0.2L（L 为桩长）处，中间腰筋的两侧，便于起吊平稳。其余钉子打紧，保证模具与钢筋骨架形成一体，准备进行混凝土浇筑（图 15）。

图 14　加强埋件安装

图 15　钢筋入模、卡紧

当生产出 5 根以上母桩后，就可以利用母桩为模板，在钢平台上定位，进行方桩子母桩法生产（俗称“下崽”）。选用的母桩必须是采用钢模具生产的方桩，桩体不得有棱角损伤，保证母桩与底平台接触严密，母桩上只需活动桩尖和尾部端板即可。子母模钢筋布置见图 16。

图 16　子母桩钢筋布置图

（5）将所有模具及钢筋安装完毕后，由专职质检员进行验收，评定合格后浇筑混凝土。

5.2.5　混凝土浇筑振捣

（1）集中搅拌的 C40 混凝土，坍落度控制在 75 ~ 90mm。浇筑前进行坍落度检测，并制作标准养护试块及同条件养护试块，数量不少于 3 组。

（2）混凝土浇筑从桩尖开始向桩尾进行，可将桩内混凝土灌满后集中振捣，边振捣边跟锹补灰，保证混凝土振捣完毕，刚好没过模板，与模板齐平。混凝土浇筑见图 17。

（3）后面紧跟抹面，先用木抹子粗找平，将模板周围及上部混凝土及时清理干净，收起利用，模板外不得有混凝土遗洒。方桩抹面不少于 2 次，保证表面平整密实。抹面压光见图 18。

图 17　混凝土浇筑

图 18　抹面压光

5.2.6　养护、出窑及堆放

（1）方桩养护采用底板钢平台底部送蒸汽，上表面覆盖塑料布进行养护，养护时间不得少于 8h，养护时将塑料布沿着模具撑起，保持蒸汽流通均匀（图 19）。

图 19　蒸汽养护

（2）严格控制养护时间和温度，并认真做好测温记录。

（3）混凝土强度达到 C40 的 75% 以上且桩表面与外界温差小于 25℃时方可掀开塑料布出窑、摆放。

（4）方桩脱模时，先将所有木顶子敲打掉、放松，用撬棍轻轻将活动侧模撬开，使其与桩体分离。再用吊车将方桩吊起出窑，先向外移动，与中间固定模分开，再平稳起吊，吊至摆放场地堆放。

（5）方桩堆放高度不得超过 5 层，且总高度不得超过 1.5m。摆放时垫木上下垂直，且垫置在吊环里侧（图 20）。

（6）方桩出窑时随时跟踪检查，进行外观质量、检验，确认合格后进行标识，并逐一喷涂，标识清楚规格型号、生产日期等重要信息。

图 20　摆放

5.2.7　沉桩

1. 现场勘察、测量

（1）测量前必须由技术员或管理人员进行交底，并现场选择桩位，测量放线，安装沉桩控制网。

（2）在水下沉桩时，采用插彩旗作为沉桩点位，进行定点标识。

（3）将拉运到现场的桩按预定沉桩顺序进行摆放。

2. 沉桩机具的选择

对于钢筋混凝土方桩，可采用锤击沉桩设备，桩锤质量不小于 2t，也可采用高频振动沉桩设备，根据桩沉深度选择振动频率和挤压力，此类桩桩头需要增加预埋铁件和角钢护角。沉桩前选择 3～5 根桩进行试沉桩，检测沉桩深度、垂直度及桩身位置。检测桩身完整性，特别是外露桩头不得有破损。

3. 沉桩

（1）确定沉桩点位及沉桩顺序，按照预定桩位依次进行沉桩。

（2）预先将桩预定沉桩位置进行摆放，以不影响机械设备行走为宜（图 21）。

（3）在桩点位进行螺旋钻引孔，引孔深度不小于 2m（图 22）。

（4）进行沉桩指挥，由 1 个钩机进行配合，2 人挂钩吊桩。

（5）通过人工配合将桩提起、摆正、沉桩，随时监控桩入土深度和垂直度，进行桩位校准、调直（图 23）。

（6）控制好桩顶标高，偏差小于 50mm。

图 21　定位准备

图 22　引孔

图 23　沉桩

4. 质量检测

（1）桩运到现场检查桩身，桩身不得有缺棱掉角、裂纹等外观质量问题。

（2）沉桩过程中进行桩垂直度、桩中心位置检测。桩身应完整，不得有裂纹、倾斜等质量问题，采用低应变法检测桩身完整性。

5.3 劳动组织

所有的人员分工按施工所需分配，光伏桩基础预制所需的主要人员及分工见表 1。

表 1　主要人员分工表

序号	岗位工种名称	人数	分工
1	总工	1	全面技术质量管理
2	项目经理	1	组织生产
3	项目副经理	1	现场指挥
4	工长	1	组织实施
5	班长	2	组织班组管理实施
6	技术员	2	现场技术指导
7	质检员	1	现场质量监督检查
8	起重工	8	起重作业
9	钢筋下料操作工	4	预应力钢筋及螺旋筋下料、加二
10	钢筋工	12	支模、混凝土浇筑及出窑
11	实验工	2	配合比及强度实验
12	电焊工	2	电焊作业
13	起重工	8	吊装、拉运及沉桩吊装作业
14	沉桩机械操作手	4	沉桩作业
15	沉桩指挥	2	电焊作业

6 材料与设备

6.1 混凝土方桩主要用料

混凝土方桩主要用料见表 2。

表 2　单根 350mm × 350mm × 7m 方桩主要用料表

序号	名称	规格型号	数量 /kg
1	水泥	P.O 42.5 普通硅酸盐水泥	283
2	砂	中砂	341
3	碎石	5 ~ 20mm	728
4	水	饮用水	93
5	外加剂	HRT–S19 聚羧酸高效减水剂	4.3
6	钢筋	HRB400E 级 Φ14mm	75.3

续表

序号	名称	规格型号	数量 /kg
7	螺旋筋	HPB300 级 Φ6mm	30
8	钢板	Q235，σ=8mm	15
9	角钢	50mm × 50mm × 6mm	18

6.2 主要机具、设备

主要机具、设备见表 3。

表 3 主要机具、设备表

序号	名称	规格型号	单位	数量	备注
1	双梁起重机	16.5M–5T	台	4	
2	调直切断机	QJ–40	台	2	
3	电焊机	ZX7–315	台	2	
4	卷扬机	JJZK–3T	台	1	
5	搅拌站	HZ120	个	1	
6	振捣棒	Φ50mm	个	4	
7	放料斗	1.5m	个	1	
8	翻斗车	$2m^3$	辆	1	
9	高频液压打桩机	25t	辆	1	
10	平板车	25t	辆	2	

7 质量控制

7.1 质量控制标准

质量控制标准见表 4。

表 4 质量控制标准表

序号	标准号	标准名称
1	20G361	《钢筋混凝土方桩》
2	GB/T 5223—2014	《预应力混凝土用钢丝》
3	GB/T 1499.1—2017	《钢筋混凝用钢 第 1 部分：热轧光圆钢筋》
4	GB/T 1499.2—2018	《钢筋混凝用钢 第 2 部分：热轧带肋钢筋》
5	GB/T 14685—2022	《建筑用卵石、碎石》
6	GB 175—2007	《硅酸盐水泥、普通硅酸盐水泥》
7	GB 50204—2015	《混凝土结构工程施工质量验收规范》
8	JGJ 63—2006	《混凝土拌合用水标准》
9	GB 50202—2018	《建筑地基基础工程施工质量验收标准》
10	GB 8076—2008	《混凝土外加剂》

7.2 关键质量控制

关键质量控制见表 5。

表5 关键质量控制表

项次	质量关键控制点	检验内容	控制方法	质量特性	质量指标
1	模板制作及安装	细部尺寸、平整度	量测，观察	合模严密，可重复100次以上	长度 ±5mm，宽度 ±5mm，高度 ±5mm
2	钢筋垫块	外形尺寸、焊接质量	量测、观察	尺寸合格，位置准确	厚度偏差 ＝5mm
3	混凝土浇筑	振捣工艺	测定、观察	不露浆，振捣密实，表面平整	无外观蜂窝麻面质量缺陷
4	蒸汽养护	养护时间、强度	试块实验	10h，达到脱模	无裂纹、达到脱模 75%
5	安装施工	中心距离、顶标高、垂直度	测量、水准仪测定	桩体完整，位置合格	垂直度 <10mm，桩顶高≤ 50mm
项次	质量关键控制点	检验仪器	检验时机	频次	控制手段
1	模板及安装制作	钢尺、塞尺	下料前、焊接组装前、模具制作完	10 次	模具制作完成验收，支模后检查
2	钢筋垫块	钢尺	下料后、焊接完后	5 次	跟踪检查，隐蔽前验收
3	混凝土浇筑	钢尺、秒表	振捣浇筑时	5 次	混凝土浇筑过程检查
4	蒸汽养护	测量	出窑前	1 次	每窑测定 1 次
5	安装施工	钢尺、水准仪	安装时	2 次	边施工边检测

7.3 质量控制措施

7.3.1 模板制作及安装质量控制措施

（1）面板可采用自动火焰分段切割，冷却后断开连接段。吊运时应保持平稳以减少变形。

（2）模板制作先进行定位焊接，再两侧对称间隔焊接，以减少变形。焊点打磨光滑，保证外形尺寸。

（3）模具定位桩与模具间距为 200mm，便于支模。立桩加强肋一一对应，控制侧面不发生变形。

（4）模具稳好后进行编号，保持活动侧面与底模结合严密。混凝土浇筑完毕，不得发生模具翘曲、跑浆。

（5）专门负责人进行模具安装及使用过程检查。桩尖与模具主体对接严密。

7.3.2 钢筋垫块质量控制措施

（1）钢筋骨架入模前检查验收，保持钢筋位置、数量、骨架间距及绑扎质量满足要求。

（2）骨架入模后保证桩靴钢筋外皮距端部埋件 50mm，保护层一致。

（3）制作 50mm × 50mm × 30mm 的标准垫块，均匀布置底模两侧，并进行逐一检查。箍筋外侧、正中间位置采用三面垫置垫块。

7.3.3 混凝土浇筑控质量制措施

（1）重点对桩尖进行振捣密实，不发生跑浆、漏振现象。

（2）混凝土放料根据经验确定放料数量，保证放料长度，避免局部放料不均增加跟锹的劳动强度。

（3）桩混凝土振捣必须做到快插慢拔。表面出现附浆应及时填补缺失混凝土，移走多余混凝土。

（4）振捣过程采用桩两侧梅花式振捣，保证振捣过程钢筋骨架不发生位置变化。

（5）抹面过程专人负责，及时将吊环扶正，确保吊环位置正确。混凝土面至少进行 2 遍抹压密实。

7.3.4　蒸汽养护质量控制措施

（1）蒸汽养护采用热平台低压饱和蒸汽养护，升降温速度每小时不得超过 25℃，以免产生温度裂纹。蒸汽养护总时间不得小于 8h，根据养护温度进行调整。

（2）养护前制作混凝土同条件试块，并进行同条件养护。脱模前，测定混凝土同条件强度，达到脱模强度方可拆模、出窑，方桩脱模强度不小于 C40 的 75%。

（3）方桩出窑采用在钢模生产时，将活动侧模与桩分离，需要敲击侧模肋板或撬动活动侧面使其与桩体分离，同时保持面板不受损伤和变形。

（4）锁紧吊环先向外移动，保持桩与中间模板分开，再向上起吊，严禁夹模造成桩棱角损坏。对于局部缺陷可以用比主体高一标号的水泥浆进行及时修补，修补后再进行养护。

7.3.5　安装施工质量控制措施

（1）安装前对桩位进行定位网复验，在水泡低洼地带可插红旗作为标志。

（2）采用高频振捣沉桩设备，用钢丝绳将桩吊起扶正。严禁采用桩头夹紧器直接咬合桩顶进行扶正，防止桩顶破坏。

（3）为防止桩顶破坏，增加桩顶钢板及护角埋件，做到桩提起扶正，能拿能放，一次到位。桩体转向应平稳进行，减少反复操作，发生桩尾损失，造成沉桩失败。

（4）有条件的时候，尽量采用锤击沉桩。沉桩机具的选择要充分考虑地下土层分布及土体质量。

（5）对于沙土或细沙地质需增加引桩深度，在水下作业引桩钻孔完毕，立即进行沉桩作业，减少引桩孔内土体塌陷，而造成的沉桩困难。

（6）沉桩过程需要纵、横 2 个方向人员指挥，调整桩位、桩身垂直度、方桩转角方向。

8　安全措施

8.1　安全标准

安全标准见表 6。

表 6　安全标准表

序号	标准号	标准名称
1	GB 50870—2013	《建筑施工安全技术统一规范》
2	JGJ 59—2011	《建筑施工安全检查标准》
3	GB 50656—2011	《建筑施工企业安全生产管理规范》
4	Q/SY TZ 0363—2013	《吊装作业安全管理标准》
5	GB 9448—1999	《焊接与切割安全》

续表

序号	标准号	标准名称
6	JGJ 46—2005	《施工现场临时用电安全技术规程》
7	GB 50194—2014	《建筑工程施工现场供用电安全规范》
8	GB 6067.1—2010	《起重机械安全规程　第1部分：总则》

8.2 安全措施

本工法中应控制的风险有机械伤害、物体打击、触电等安全风险，主要存在于钢筋下料、用电、起重吊装、沉桩等工序中。

8.2.1 钢筋下料操作安全措施

（1）箍筋下料时，钢筋调直下料弯曲机使用前，应检查钢筋头是否安装到位，润滑油是否充足，应在开机空转正常以后再进行下料操作。下料时操作人员远离转动装置，女员工将头发盘起，佩戴好安全帽、工服和手套等防护用品。

（2）主筋下料时，钢筋断料必须握紧钢筋，待活动刀片后退时，及时将钢筋送进刀口，不要在活动刀片已开始向前推进时，向刀口送料，以免断料不准，甚至发生机械及人身安全事故。

8.2.2 用电安全措施

（1）混凝土振捣前，检查电源线是否完好无损，插座不得有虚联，保证一机一闸，确保接地和漏电保护设施齐全有效。

（2）设备接地时要根据设备用电量大小正确选择接地线的规格，严禁超载。

（3）所有用电设备均应设有安全防护设施，室外的用电设备要采取防雨设施，同时注意保护设备电缆，对已损坏的电缆要及时更换。

（4）夜间施工，保持照明亮度，做到人走电断。

（5）定期对用电设备进行检查，维修保养。

（6）各岗位工人必须严格遵守安全规则，上岗时必须穿工作服、工作鞋，戴手套和安全帽。

8.2.3 起重作业安全措施

（1）操作人员听从指挥人员的指挥，并及时报告险情。

（2）选择合适的吊具和吊索并且正确使用。

（3）禁止施工人员随吊物起吊或在吊钩、吊物下停留。

（4）人员与吊物应保持一定的安全距离。

（5）吊运灰斗、方桩保证起升和大车行走分开进行，及时打铃，轻起轻落，平稳吊装。

9 环保措施

9.1 环保标准

环保标准见表7。

表 7 环保标准表

序号	标准号	标准名称
1	JGJ 146—2013	《建筑工程施工现场环境与卫生标准》
2	GB 12523—2011	《建筑施工场界环境噪声排放标准》

9.2 环保措施

本工法在实施过程中对环境的危害主要是粉尘污染、固体废弃物污染、噪声污染等，防范措施如下：

（1）垃圾要及时清理运到指定地点，严禁随意抛撒；专人定期洒水清扫，形成制度，防止扬尘；易飞扬的细颗粒物、散体材料和废弃物的运输、堆放应具备可靠的防扬尘措施；禁止焚烧垃圾。

（2）杜绝长明灯，及时检查、维修管线，减少能源浪费，力求以最小的能源消耗获得最大的经济效益。

（3）钢筋头、焊条头和焊渣等固体废弃物分类后统一存放、处理。

（4）散落在地的混凝土及时回收利用，及时清理施工现场，做到“工完料净场清”。

（5）机器设备加油，加注部位地面要铺废旧木屑或塑料布，统一回收处理，防止对土壤和水源造成污染。

（6）混凝土振捣要佩戴手套，与其他作业分开，以减少产生噪声伤害。

（7）方桩沉桩施工远离生产生活区，避免夜间作业，以减少对居民影响。

（8）施工现场严格按照公司 QHSE 体系运行，以减少环境污染。

10 效益分析

10.1 经济效益

2022 年应用本工法预制安装光伏桩基础 2451 根，本工法相对于原单模施工预制及锤击沉桩工艺可提高生产安装效率，节约人工费用，提高质量并减少二次修复。

10.1.1 生产成本节省计算

本工法可提高方桩生产效率 50%，由原来的每天生产 40 根上升到每天 60 根，每天节省人工 3 人，按生产 2 个月计算，按 200 元 / 工日计算，可节约人工成本：$M_1=3\times200\times2\times30=36000$ 元 =3.6 万元。

10.1.2 模具制作成本节省计算

本工法采用子母工艺，仅需制作 8 套母桩模具，与常规单模生产方式相比，可节省模具制作 50 套，每套模具需钢板、角钢总共 0.4t，按 6000 元 /t 计算，节约 50 套模具成本：$M_2=6000\times0.5\times50=150000$ 元 =15 万元。

10.1.3 提高生产安装效率创效计算

2022 年共生产并安装 2451 根方桩，按每根生产安装创效 180 元计算，可创效：$M_3=180\times2450=44.1$ 万元。

2022 年应用本工法共创效：$M=M_1+M_2+M_3=56.7$ 万元。

经济效益分析见表 8。

表 8　经济效益一览表

单位：万元

年度	节约人工成本	节约模具成本	生产效益	创效总额
2022	3.6	9	44.1	56.7

10.2　社会效益

本工法从生产安装工艺到质量控制都优于原有工艺，技术更加全面。应用本工法生产安装钢筋混凝土光伏方桩基础，减少了质量通病的出现，提高了生产效率，提升了钢筋混凝土方桩在低洼地带安装的质量，保证油田低洼地带湿地环境新能源项目的顺利开展，得到用户和公司领导的一致认可和好评，市场前景广阔。

11　应用实例

本工法在大庆油田采油一厂、采油七厂和采油九厂微光伏试验项目等多项工程中得到推广应用，工程检测合格率达 100%，获得显著的经济效益和社会效益（表 9）。

表 9　工程应用实例

序号	建设单位	工程项目名称	时间	工作量	应用效果	效益分析 / 万元
1	大庆油田公司	采油一厂微光伏试验项目	2022 年 4—5 月	预制安装长为 7m 的 350mm × 350mm 方桩共 1657 根	良好	27.3
2	大庆油田公司	采油七厂微光伏试验项目工程	2022 年 5—6 月	预制安装长为 5.5m 的 300mm × 300mm 方桩共 324 根、6.5m 长 300mm × 300mm 方桩共 177 根	良好	8.2
3	大庆油田公司	采油九厂微光伏试验项目工程	2022 年 7—8 月	预制安装长为 5.5m 和 6m 的 300mm × 300mm 方桩共 1293 根	良好	21.2

油田地面大口径排水管悬辊预制安装工法

李洪志 刘海鹰 李 波 闫 冰 王宏伟

大庆油田建设集团有限责任公司

1 前言

钢筋混凝土排水管预制安装是油田地面建设的重要组成部分。由于其结构合理，经久耐用，安装便捷，一直在油田地面输水排污工程中广泛应用。尽管如此，在直径超过 *D* 1500mm 大口径排水管制造安装过程中，经常会出现内壁露筋、上部混凝土塌落、外观质量差、修复量多、生产效率低等问题。为了提高大口径排水管生产效率，降低施工成本，保证工程质量，大庆油田建设集团有限公司对大口径排水管制造安装工艺进行改进和创新，采用悬辊自动成型工艺，设计钢筋固定支架，利用局部支撑，混合石及掺合料配制专用配合比，成功地解决了原有工艺存在的各类问题。“油田地面大口径排水管悬辊预制安装工法”2021 年被大庆油田有限责任公司评为企业级工法。经过查新检索，大口径排水管悬辊预制安装工艺仍处于行业先进水平。通过总结大口径排水管预制安装施工经验，形成本工法。

2020 年和 2021 年，在油田各大排污及清淤工程中应用本工法预制安装了 *D*1500mm 排水管 970 节，*D*1800mm 排水管 21 节，一次合格率达到 100%，取得显著的经济效益和社会效益。

2 工法特点

本工法从钢筋笼焊接、悬辊成型及脱模、出窑及安装等方面来看具有以下 4 方面特点。

2.1 钢筋笼成型速度快、精度高、稳固性好

采用纵筋自动下料，螺旋筋滚焊成型，制造单片钢筋笼，钢筋支架进行绑扎连接，形成双层钢筋笼。通过支架支撑管模内壁使钢筋笼与排水管模具形成整体。钢筋笼成型速度快、精度高、稳固性好。

2.2 混凝土辊压密实，成型时间短，效率高

悬辊机上作业，传送带上自动伸缩布料，管模旋转辊压成型，每根管浇筑仅需 3~5min。

2.3 养生时间短，模具周转快，能源成本低

采用混合石加粉煤灰配制干硬性混凝土，夏季进行塑料布覆盖自然养生，冬、春季适量蒸汽入窑养生，节能环保，模具周转时间短、速度快、成本低。

2.4　机械作业、安装施工速度快，安全性高

采用叉车进行管装卸，挖沟机构件吊管就位，机械作业安装施工速度快、安全性高。

3　适用范围

本工法适用于油田地面建设沟渠排水及输水工程中应用直径为 D 1500 ~ D 1800mm 钢筋混凝土排水管预制安装施工。

4　工艺原理

调速电机通过悬辊轴带动管模旋转，伸缩传送带喂进管模内的混凝土在离心力的作用下也随着管模一起旋转，当喂进混凝土的厚度超过挡圈的高度后，经过悬辊轴垂直方向的管壁内混凝土受到悬辊轴的辊压力，在悬辊轴和管模内壁的共同作用下，达到密实成型的目的（图 1）。

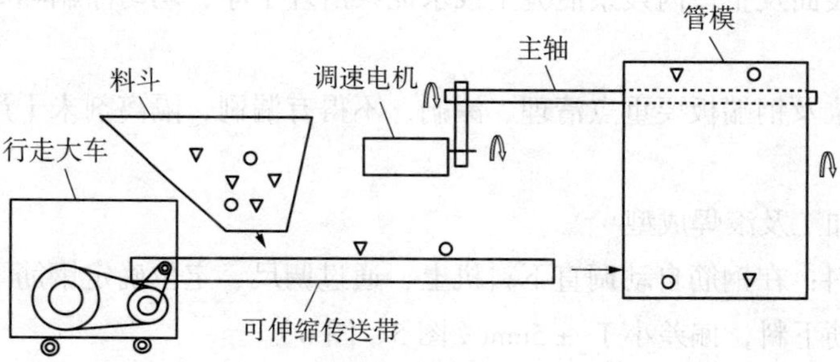

图 1　悬辊成型工艺原理图

4.1　钢筋笼滚焊及绑扎成型技术

利用滚焊机将螺旋筋滚焊缠绕在排水管纵向主筋上，双 U 形支架将内外层钢筋网片绑扎分割形成整体；支架支腿支撑在钢模内壁上，使钢筋骨架与管模可靠连接，牢固固定，不发生移位，从而达到悬辊过程骨架与管模同步旋转，骨料均匀分布的目的。

4.2　混合石粉煤灰混凝土配制技术

利用卵石、碎石和粉煤灰配制 C40 干硬性混凝土，以达到混凝土易于挤压、表面光亮、自然养生早期强度高等效果，从而实现 12h 脱模，每天模具周转 1 次。降低了生产成本，提高了生产效率。

5　施工工艺及操作要点

5.1　施工流程

5.1.1　总流程（图 2）。

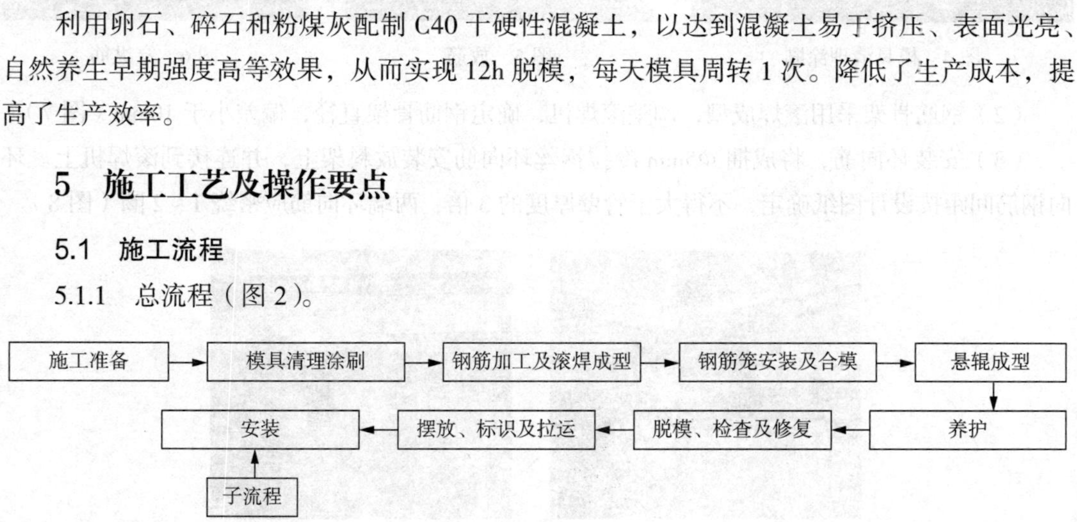

图 2　工艺总流程图

5.1.2 子流程（图 3）

放线及开挖 → 安装及封口 → 砌浇筑洞口

图 3 排水管安装工艺子流程图

5.2 施工操作要点

5.2.1 施工准备

（1）材料检验与设备检查。施工前对使用的钢筋、砂石、水泥等原材料进行检验，并对吊车和养生管线等设备、设施进行检查。

（2）对隔离剂、支撑钢板等辅助材料及气动扳手、振捣棒、电焊机等小型机具、工具进行准备。对滚焊机、悬辊机等设备及吊装机具进行检查及试运转，检查其是否具备作业条件。

5.2.2 模具清理、涂刷

（1）将模具表面及企口内残余混凝土或水泥浆清理干净，均匀涂刷隔离剂，不得粘有其他杂物。

（2）企口部位及钢端板要重点清理、涂刷，不得有漏刷，隔离剂未干严禁放置钢筋骨架（图 4）。

5.2.3 钢筋加工及滚焊成型

（1）纵筋下料：在钢筋自动调直下料机上，通过调尺、定位确定钢筋下料长度，按图纸要求尺寸进行纵筋下料，偏差小于 ±5mm（图 5、图 6）。

图 4 模具清理涂刷

图 5 放筋

图 6 穿纵筋

（2）钢筋骨架采用滚焊成型，调整滚焊机，确定钢筋骨架直径，偏差小于 10mm（图 7）。

（3）安装环向筋，将成捆 Φ5mm 冷拉钢丝环向筋安装放料架上，并连接到滚焊机上。环向钢筋间距按设计图纸确定，不得大于管壁厚度的 3 倍，两端环向筋应密绕 1 ~ 2 圈（图 8）。

图 7 滚焊成型

图 8 绑扎钢筋

（4）采用双层钢筋网片，其内外环向钢筋净保护层为20mm。控制好钢筋支架的位置及尺寸。

（5）钢筋支架制作，按照内外钢筋净距及管外保护层厚度设计确定，专人弯曲，采用Φ8mm钢筋制作，内保护层需较理论值大10mm，以确保钢筋骨架安装牢固。

（6）钢筋支架绑扎：将滚焊好的内外钢筋骨架套在一起，钢筋对齐，错开起焊点。绑扎支架按间隔1道纵筋，8点或12点双排均匀分布进行绑扎固定，双线6点绑扎，要绑扎牢固，达到设计要求（图9）。

图9　支架绑扎

5.2.4　钢筋笼安装及合模

（1）安放钢圈，钢圈与企口靠紧并连接严密。

（2）2人抬起安放钢筋笼，采用吊装，按4点对称起吊，保证钢筋笼不变形，各部分允许误差应符合设计要求。

（3）吊车吊起另一半管模与下半管模对接，企口对接严密，保证对接部位对接正确无误。

（4）合模拧螺丝，用气动扳手按两侧对称拧紧螺栓，将管模连接成整体。先将两侧钢模分4点拧紧固定，再逐一对称拧紧。保证模具合口严密，管壁模与挡圈无缝隙。

（5）检查钢筋骨架，保证钢筋骨架与模具结合紧密，保护层、模具的尺寸符合要求（图10）。

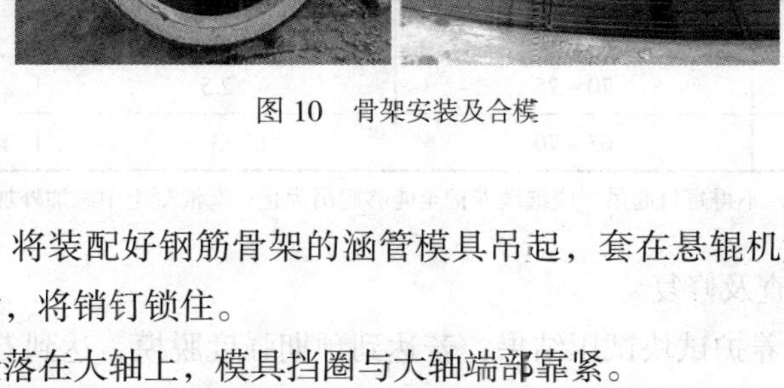

图10　骨架安装及合模

5.2.5　悬辊成型

（1）打开挡门，将装配好钢筋骨架的涵管模具吊起，套在悬辊机大轴上，随后关闭挡门，插入销钉，拧紧，将销钉锁住。

（2）将模具完全落在大轴上，模具挡圈与大轴端部靠紧。

（3）启动悬辊机，大轴转速由慢到快带动模具旋转，旋转速度均匀稳定。

（4）混凝土集中搅拌。采用干硬性混凝土，控制好用水量，随时监控混凝土和易性，确保在混凝土悬辊过程中，有效地黏合在一起（图 11）。

（5）混凝土搅拌完毕，拉运、吊放到上料平台上，放到自动下料斗内。2 人看护，及时捅料，确保下料顺畅、均匀。

（6）悬辊机操作手通过遥控操作进行喂料，由两侧向中部喂料，一次达到喂料厚度，速度要均匀，并在喂料不足时及时补充。

（7）悬辊机转速要符合“低速—高速—低速”操作规程。喂料行走速度均匀，行走 1 ~ 3min 将料喂足。应连续作业，不得有长时间等料现象。

（8）总喂料量以控制压实后超出挡圈 3 ~ 5mm 为宜。对碾压不实或有混凝土颗粒迸出部位，及时散开加水，保证内壁混凝土挤压密实，高速旋转 2 ~ 3min，并撒水泥砂混合干料进行表面罩面处理。

（9）悬辊完毕，减速停止，将管模吊离大轴。

（10）解除安全锁，打开挡门，吊离管模。

图 11　悬辊布料

（11）管模下机后，内部进行钢板支护，采用上下垂直支点，支点不少于 3 点，防止混凝土坍落。

（12）检查内壁如有露石、塌落、蜂窝、麻面、鱼鳞状翘起等外观质量缺陷，可用 1 : 2 细砂浆进行补修、压光。

（13）将管模吊运到预定地点或窑坑内进行静停、养护（图 12）。

图 12　内壁支护

5.2.6　养护

（1）采用自然养护，也可采用蒸汽养护，特别是春、秋、冬季。管模具入窑时轻吊轻放，避免碰撞，以防引起混凝土脱落。

（2）养护应符合混凝土排水管养护制度的要求（表 1）。

表 1　混凝土排水管蒸汽养护制度

序号	温度 /℃	恒温 /h	降温 /h
1	75 ~ 80	2	2
2	70 ~ 75	2.5	2
3	65 ~ 70	3	2

注：①养护未达到出窑强度，不得盲目起吊，应继续养护至能够起吊为止；②混凝土中添加外加剂或其他技术要求以技术部门通知为准。

5.2.7　脱模、检查及修复

（1）根据同条件养护试块试压结果，若达到预期强度脱模，达到 C30 的 60% 以上即可脱模。

（2）脱模前带模吊运要轻起轻落，用气动扳手松开螺栓，先吊出上半模具，并放到旁边。卸管时，用专用吊具，通过挡圈钩住管子，离地高度小于 200mm，用大锤敲击下半模具肋板，下半模具自动脱落。要小心操作，不可硬敲硬砸，不可敲击混凝土管体，防止管体损坏（图 13）。

（3）连带挡圈将管子吊到摆放场地，两侧掩死，防止滚动。

（4）将挡圈吊回到配套模具，进行清理、涂刷，重复利用。

（5）管子脱模后进行外观质量检查，做好标记。发现外观缺陷如掉角、破边、露石等，按标准采用有效方法进行修补，应使颜色接近。

5.2.8　摆放、标识及拉运

（1）检验合格标识，要标明生产日期及规格型号。

（2）管子堆放不宜超过 2 层。

（3）成品按 GB/T 11836—2023 规定作尺寸公差、外观和物理性能检验。堆放场地应坚实平整，堆放应整齐。分规格堆放整齐，不合格产品单独堆放，并没有明显标志（图 14）。

图 13　脱模吊装

图 14　排水管拉运及摆放

（4）平板车拉运，用叉车装车，将排水管进行固定，运输车速不得超过 60km/h。

5.2.9　排水管安装

1. 放线及开挖

（1）对沟槽进行定位放线，确定坡边线、坡脚线、管道中心线位置。

（2）选择挖掘机械，从下游向上游开挖，采用正铲挖土，侧方斜土，及时运走，基底 200 ~ 300mm 采用人工清底。边坡堆载距离大于 1.0m，堆载高度小于 1.5m．使用防尘网覆盖。

（3）基底采用碎石砂垫层填筑，填筑厚度为 0.15m，压实系数不小于 90%。

（4）安装支撑，管道中轴线安装模板支撑，浇筑管道基础（图 15）。

2. 安装及封堵

（1）使用钩机或吊车进行排水管安装，安装顺序由下游至上游。对于承插口排水管，先清理承插口，再抹润滑油、安装胶圈，再进行承插口对接（图 16）。

图 15　沟槽开挖及垫层填筑

图 16　吊装及安放橡胶圈

（2）外管口进行二次封堵：管口清理干净、润湿，采用水泥：石棉绒：砂 =1：0.2：3 拌合物进行封堵处理。二次抹灰用铺塑料薄膜及洒水的方式进行养护，防止开裂，达到防水要求。外管口进行二次封堵见图 17。

（3）内管口抹带处理：油麻塞入缝隙中，用水泥、石棉绒和砂拌合物嵌收缝隙，再用基比例的拌合物进行抹灰。内管口抹带处理见图 18。

（4）对于长距离管道，需安装检查井并进行闭水试验及闭气试验。

3. 砌筑洞口

（1）油田管涵一般采用一字和八字墙洞口。采用一字形洞口，即端墙式洞口，使用石料或混凝土浇筑。采用八字形洞口，进口沟床和出口沟槽使用铺砌长度不小于 1m 的混凝土。

（2）在排水管两侧不小于 2 倍管身范围内，砂砾换填层对称回填，小型夯压机分层填筑夯实，夯压高度达到原路面（图 19）。

图 17　外管口进行二次封堵

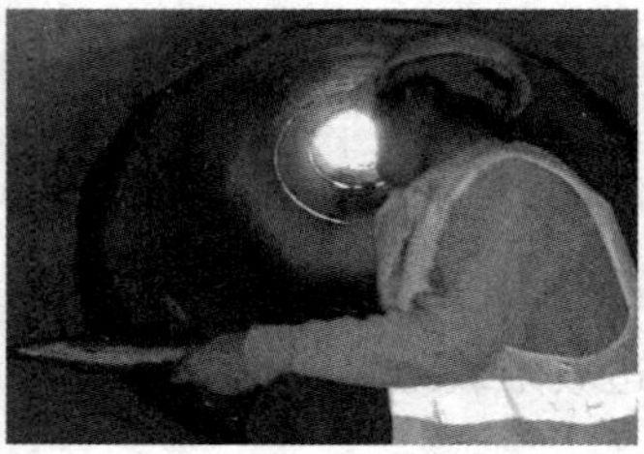

图 18　内管口抹带处理

图 19　安装成型

5.3　劳动组织

主要人员分工情况见表 2。

表 2　主要人员分工表

序号	岗位工种名称	人数	分工
1	总工	1	全面技术质量管理
2	项目经理	1	组织生产
3	工长	1	组织实施
4	班长	1	组织班组管理实施

续表

序号	岗位工种名称	人数	分工
5	技术员	1	负责现场技术指导
6	质检员	1	负责现场质量监督检查
7	起重工	2	起重作业
8	钢筋工	4	负责钢筋下料、滚焊成型及绑扎
9	混凝土工	8	布料、表面修复
10	实验工	1	配合比及强度实验
11	电焊工	1	维修、保养
12	气焊工	1	气焊切割

6 材料与设备

6.1 主要用料

主要用料见表 3。

表 3 单个 *D*1500mm 排水管主要用料表

序号	名称	规格型号	数量 /kg
1	水泥	P.O 42.5 普通硅酸盐水泥	730.5
2	砂	中砂	1460.2
3	碎石	5 ~ 20mm	2160.5
4	水	饮用水	205
5	钢筋	Φ8mm	15.4
6	钢筋	Φ5mm	497.3

6.2 主要机具、设备

主要机具、设备见表 4。

表 4 主要机具、设备表

序号	名称	规格型号	单位	数量	备注
1	双梁起重机	30M–40T	台	2	
2	滚焊机	GJGH–2200P	套	4	
3	悬辊机	QJ–40	台	2	
4	电焊机	CHV–560	台	4	
5	卷扬机	JJZK–3T	台	1	
6	搅拌站	HZ120	个	1	
7	翻斗车	2m^3	辆	1	
8	气动扳手	Φ28mm	把	6	
9	叉车	10t	台	1	

7 质量控制

7.1 质量控制标准

质量控制标准见表5。

表5 质量控制标准表

序号	标准号	标准名称
1	GB/T 14684—2022	《建筑用砂》
2	GB/T 14685—2022	《建筑用卵石、碎石》
3	GB 175—2007	《硅酸盐水泥、普通硅酸盐水泥》
4	JGJ 19—2010	《冷拔钢丝预应力混凝土构件设计与施工规程》
5	GB 50204—2015	《混凝土结构工程施工质量验收规范》
6	JGJ 63—2006	《混凝土拌合用水标准》
7	GB 8076—2008	《混凝土外加剂》
8	GB 1499.1—2017	《钢筋混凝土用钢 第1部分：热轧光圆钢筋》
9	GB/T 11836—2023	《混凝土排水管》
10	JTJ/TF 50—2011	《公路桥涵施工技术规范》

7.2 关键质量控制

关键质量控制见表6。

表6 关键质量控制表

项次	质量关键控制点	检验内容	控制方法	质量特性	质量指标
1	支架加工	细部尺寸、平整度	测量、验算	支架高度，间隔角度满足支撑和保护层厚度要求	长度 ±5mm、宽度 ±5mm、高度 ±5mm
2	滚焊成型	外形尺寸、焊接质量	测定、观察	尺寸合格，螺旋筋间距及焊接质量满足规范要求	焊接压入深度 ≥2mm，不存在漏焊
3	骨架安装	支架绑扎质量、骨架与模具连接可靠	测定、观察	与模具贴合牢固、不松动，达到保护层厚度	内外保护层大于20mm
4	悬辊成型	厚度、平整度	测定、观察	混凝土压实，无悬浮混凝土颗粒	厚度超厚小于10mm
5	外观修复	修复过程和结果	观察、钢尺测量	高一级混凝土修复，密实平整	不得有缺棱掉角、裂纹等质量缺陷
6	安装	轴线、接缝严密	测定、观察	轴线及补扣满足规范要求	接缝严密，内外补口光滑
项次	质量关键控制点	检验代器	检验时机	频次	控制手段
1	支架加工	钢尺	下料前、弯曲成型后	10次	制作过程跟踪检测
2	滚焊成型	钢尺、观察	滚焊后	5次	制作过程跟踪检测
3	骨架安装	钢尺、观察	合模后、悬辊前	5次	批量检查
4	悬辊成型	钢尺、观察	修复时、修复完成后	2次	检验批进行检测
5	外观修复	钢尺、水平尺	厂前	2次	跟踪检查
6	安装	钢尺、观察、水平尺	安装时	5次	安装过程跟踪检查

7.3 质量控制措施

7.3.1 支架加工质量控制措施

（1）支架加工要严格控制支腿高度、支环筋间距，支腿高度要 30mm 有韧性。

（2）支架加工分为单层钢筋支架和双层钢筋支架，钢筋支架采用 $\Phi6 \sim \Phi8$mm 钢筋制作。单层支架采用 $\Phi6$mm 钢筋制作，双层支架采用 $\Phi8$mm 钢筋制作。

7.3.2 滚焊成型质量控制措施

（1）滚焊前准确计算钢筋骨架直径，调整好纵向钢筋铜管间距，保证成型后骨架与设计相符。

（2）纵向钢筋插入深度一致，无漏焊，保证焊接深度。

（3）起点和终点边缘钢筋要密绕 2 圈。

7.3.3 骨架安装质量控制措施

（1）每隔 1 根纵向钢筋，绑 2 个支架，要绑扎在纵横筋连接处，6 点绑扎连接成一体。

（2）钢筋骨架安装前模体涂刷隔离剂，涂刷应均匀、全面、无堆积。

（3）钢筋骨架内模与底模贴合紧密后，再安装上半钢模。

（4）依次对称拧紧合模螺丝、螺栓、垫片，并使松紧一致。

（5）钢筋骨架与模具靠严，钢筋不得深入模具企口内。保护层应达到要求。

7.3.4 悬辊成型质量控制措施

（1）启动悬辊机，保持悬辊机正常运转速度，从里向外均匀喂料，里侧混凝土达到布料厚度，平稳向前移动。

（2）先循环布满两端混凝土厚度，再逐步向中间合龙。

（3）最后不足部位，进行补充布料。

（4）布料完毕后，观察内壁有无裸露钢筋，内壁是否平整光滑，并高速滚压 2 ~ 3min。进行细砂水泥混合料罩面，且保证平稳降速。

7.3.5 外观修复质量控制措施

（1）悬辊后混凝土局部塌落，露筋及表面不光滑部位，采用 1:2.5 水泥砂浆进行修复。

（2）出窑后局部麻面及缺棱掉角等部位及时进行修复。

7.3.6 安装施工质量控制

（1）采用机械开挖余 200 ~ 300mm 人工清底，进行地基处理和基础施工。

（2）安装过程要平稳下落，避免碰撞损坏。承插口及企口管要套好胶圈，做好内外补扣密封。

（3）对管体护墙进行混凝土浇筑，防止管体移动。

8 安全措施

8.1 安全标准

安全标准见表 7。

表7 安全标准表

序号	标准号	标准名称
1	GB 50870—2013	《建筑施工安全技术统一规范》
2	JGJ 59—2011	《建筑施工安全检查标准》
3	GB 50656—2011	《建筑施工企业安全生产管理规范》
4	Q/SY TZ 0363—2013	《吊装作业安全管理标准》
5	QSY 1236—2009	《高处作业安全管理规范》
6	GB 9448—1999	《焊接与切割安全》
7	JGJ 46—2005	《施工现场临时用电安全技术规程》
8	GB/T 50484—2019	《石油化工建设工程施工安全技术规范》
9	GB 50194—2014	《建筑工程施工现场供用电安全规范》
10	GB 6067.1—2010	《起重机械安全规程 第1部分：总则》

8.2 安全措施

本工法中应控制的风险有机械伤害、物体打击、高空坠落、触电等安全风险，主要存在于支架加工、滚焊成型、悬辊成型、起重作业等工序中。

8.2.1 钢筋支架下料安全措施

（1）使用调直切断机前应检查刀片是否安装牢固，润滑油是否充足，应在开机空转正常后再操作。

（2）断料时必须握紧钢筋，待活动刀片后退时，及时将钢筋送进刀口，不要在活动刀片已开始向前推进时，向刀口送料，以免断料不准，甚至发生安全事故。

8.2.2 钢筋滚焊操作安全措施

（1）作业人员熟悉滚焊机设备性能并熟练操作。新上岗人员必须进行岗前安全培训，戴好护目镜，穿戴好劳动保护，设备例行保养。

（2）滚焊机作业前应检查各部位螺栓紧固情况和台车行走限位开关。

（3）接通气路，检查牵引架托架动作是否灵活。

（4）接通电源，旋转“控制电源”开关使指示灯亮起。

（5）经常检查电极铜块磨损腐蚀和导电性能情况，工作时观察通电时间和电极是否正常，并根据钢筋笼直径选定电极配筋板，台车夹具及调整支架的高度。

（6）严格按操作程序进行操作，检查确定电压和气压是否正常，注意用电安全。

（7）滚焊结束后应先打开夹具，再卸下钢筋；工作结束，切断电源、气源，做好环保卫生工作。

8.2.3 悬辊机操作安全措施

（1）开机前应检查、通知无关人员撤离，清除影响安全的其他物件，做好开机准备。

（2）开机后操作人员不得擅自离岗，必须密切注意、监视机器运行情况，发生异常时应立即查明原因并及时处理；机器不准带病运行，严禁他人擅自开机。

（3）设备检查修理必须由专业维修人员进行；设备机架、电机和控制柜外壳，必须有可靠的安全接零或接地保护。

（4）严禁在设备通电工作时打开控制柜，用手接触电器件，以免发生意外触电。

（5）开机前，必须检查悬辊轴端方滑座与调丝杆之间的间隙是否在2mm左右，若顶紧应及时进行调整，以防发生意外。

（6）开机后，紧密配合，喂料速度不得过快、过猛，物料均匀，避免过载。

（7）严禁加料时造成局部严重超厚，以防发生悬辊断裂、开焊，电机过载烧毁等严重事故。

（8）喂料过程中，应采取正确的喂料姿势，在规定区域进行，清除工作面上的物料，以免造成模具运转不平稳。严禁在模具运转过程中，清除悬辊机轴上的附着物。

（9）电机启动时，应将电子调速电位器旋转钮左旋到零，不得带载启动。

（10）悬辊机工作时，不得在中途停机后重新启动。

（11）悬辊机运行和调升速度时，防止增速过快造成电机过载和烧坏调速器等故障。

（12）每次悬辊成型完毕后，应清除悬辊机上的混凝土附着物，每班工作结束清理、保管工具，做好交接。

8.2.4　起重作业安全措施

（1）操作人员听从指挥人员的指挥，并及时报告险情。

（2）选择合适的吊具和吊索并正确使用。

（3）禁止施工人员随吊物起吊或在吊钩、吊物下停留。

（4）人员与吊物应保持一定的安全距离。

（5）排水管安装采用专用吊具和起重机械进行，安装时应安全平稳，并由专人指挥。

8.2.5　用电安全措施

（1）正确选择接地线的规格，严禁超载。

（2）所有用电设备均应设有安全防护设施、防雨设施，同时注意保护设备电缆及时更换。

（3）施工用的机械设备应有漏电保护装置，做到人走电断。

9　环保措施

环保标准见表8。

表8　环保标准表

序号	标准号	标准名称
1	JGJ 146—2013	《建筑工程施工现场环境与卫生标准》
2	GB 12523—2011	《建筑施工场界环境噪音排放标准》

对环境的危害主要是粉尘污染、固体废弃物污染、噪声污染等，防范措施如下：

（1）垃圾及时清理、运到指定地点，严禁随意抛撒；定期洒水清扫，并形成制度，防止扬尘；细颗粒物、散体材料和废弃物的运输、堆放应具备可靠的防扬尘措施；禁止焚烧垃圾。

（2）杜绝长明灯现象，及时检查、维修管线，减少能源浪费。

（3）各种固体废弃物分类后统一存放、统一处理。

（4）悬辊过程散落在地的混凝土及时回收利用，做到“工完料净场地清”。

（5）机器设备加油时，加注部位的地面上要铺上废旧木屑或塑料布，回收后统一处理，防止污染。

（6）脱模后及时将灰渣清理干净，做到“工完料净场地清”。

（7）涂刷隔离剂严禁洒落到地面上，做好通风处理，及时回收，清离现场，达到安全环保的目的。

（8）施工现场严格按照公司 QHSE 体系运行，以减少环境污染。

10 效益分析

10.1 经济效益

2020 年和 2021 年，应用本工法为大庆油田各采油厂预制安装 D1500mm × 2000mm 排水管共计 970 节，D1800mm × 2000mm 排水管共计 210 节，经济效益计算如下：

投入：制作 30 套支架及模板，每天 50 元，总投入：M_1=30 × 50=1500 元 =0.15 万元。

产出：①节约修复成本，按每根管节约维修费 20 元计算，970 根管则节约：M_2=20 × 970=19400 元 =1.94 万元。

② 760 根 D1500mm 排水管，每节预制安装单价 2032 元，210 根 D1800mm 排水管，每节预制安装单价 2850 元，按 15% 利润计算，可创造经济效益：M_3=2032 × 0.15 × 760+2850 × 0.15 × 210=32.14 万元。

总效益 = 产出 − 投入 =M_3+M_2−M_1=32.14+1.94−0.15=33.93 万元。

10.2 社会效益

本工法对传统排水管预制安装工艺进行优化和创新，有效地解决了大口径排水管容易坍塌、振动不密实、露石、麻面等质量问题，使悬辊法生产大口径排水管在大庆油田得到推广应用，节约了新型生产线的建设成本，为油田采油建设做出巨大贡献。工程质量一次合格率达到 100%，应用市场前景广阔。

11 应用实例

2020 年和 2021 年，本工法在采油一厂采油三厂配水渠清淤维修工程、采油一厂多项工程中得到推广应用，工程检测合格率达 100%，获得显著的经济效益和社会效益（表 9）。

表 9 工程应用实例

序号	建设单位	工程项目名称	时间	工作量	应用效果	经济效益 / 万元
1	大庆油田公司	采油一厂红旗渠英西泡至铁路南段排水渠清淤工程	2020 年 7—9 月	预制安装 D1500mm 排水管 264 节	良好	8.81
2	大庆油田公司	采油三厂配水渠清淤维修工程	2021 年 4—5 月	预制安装 D1500mm 排水管 496 节	良好	16.56
3	大庆油田公司	采油一厂一矿排水改造工程	2021 年 6—8 月	预制安装 D1800mm 排水管 210 节	良好	8.56

低山丘陵地区大口径长输管道沟下组合自动焊施工工法

李义祥　陆　健　谭建军　刘全庆　姚　锐

大庆油田建设集团有限责任公司

1　前言

为解决全自动内焊机在低山丘陵地区受坡度及热煨弯管限制无法有效作业的情况，我们对大口径长输管道全自动焊接技术进行了优化。结合低山丘陵地区高差大、地势起伏多的地貌特点，采用手工氩弧焊代替全自动内焊机进行根焊和热焊，填充及盖面继续采用全自动外焊机，因而形成了低山丘陵地区大口径长输管道沟下组合自动焊施工技术。该技术在威远、泸州区块页岩气集输干线工程中得到了良好应用（图 1）。

图 1　威远、泸州区块页岩气集输干线工程

由于低山地区海拔在 500 ~ 1000m，相对高度 500m 左右，往往与丘陵地区交错分布，多为沟谷地形，地势起伏较大且频繁，每公里冷弯管和热煨弯管安装数量达到 25 ~ 30 个。内焊机带双枪全自动焊接的大流水作业在低山丘陵地区无法应用，大管径手工半自动焊接效率较低，经现场反复研究、分析，采用手工氩弧焊根焊、热焊 + 自动焊外焊机填充、盖面的组合自动焊方式进行管道沟下焊接施工（图 2）。本工法既解决了低山丘陵地区对于全自动焊的限制，又在保证了焊接质量和安全情况下，加快了施工进度。

2 工法特点

2.1 施工进度快

采用高压气囊＋外对口器进行管口组对，氩弧焊根焊、热焊＋外焊机自动焊填充、盖面的沟下组合自动焊施工，坡口简单，管口组对快，焊接速度高于半自动焊，管道沟下焊接减少了二次下沟，施工进度大幅加快。

图 2 管道沟下焊接施工

2.2 施工质量好

采用高压气囊辅助管口组对，组对精度较好、速度快；全自动焊填充盖面，工艺参数按照规程一次性设置完成，自动摆动和行走，减少了人为因素对焊接质量的影响。

2.3 施工安全可靠

填充采用自动焊劳动强度低，且沟下焊接采用专用工棚，人员操作少，环境质量、安全得到提升，既防风、防塌又降低了施工风险。

3 适用范围

本工法适用于低山丘陵地区 DN 800mm ≤ $DN_{适用}$ ≤ DN 1400mm 大口径长输管道施工（图 3、图 4）。

图 3 长输管道施工图一

图 4 长输管道施工图二

4 工艺原理

（1）采用高压气囊＋外对口器进行管口组对，即在管口固定端一侧底部预先放置 1 个高压气囊充当临时管墩，将焊接单管吊装至固定管端碰口，安装外对口器。活动端采用吊管设备调节管道标高和左右位移，然后采用高压气囊调节固定端管道标高，辅助快速完成沟下管口组对。

（2）采用手工氩弧焊根焊、热焊＋全自动焊外焊机填充、盖面的组合方式进行管道沟下焊接，即组对完成后，先是采用手工氩弧焊完成单面焊双面成型的打底根焊和具备后热、去氢、固底的热焊，然后采用全自动焊完成焊缝的填充、盖面。

5 施工工艺流程及操作要点

5.1 工艺流程

施工工艺流程如图 5 所示。

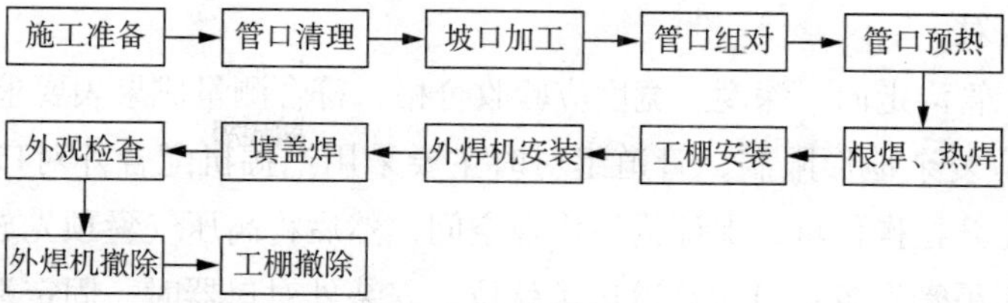

图 5　施工工艺流程图

5.2　主要操作要点

5.2.1　施工准备

（1）施工组织设计编制审批完成，施工方案、应急预案编制完成并经建设、监理单位审批合格，技术、质量、安全交底完成。

（2）施工用履带挖掘机、发电机组、氩弧焊机、全自动外焊机、焊接材料、保护气体等经自检合格。

（3）施工工作棚制作完备，管道焊接规程、制度在工棚表面标识清晰，工装拖船制作完成，工器具安装固定牢靠。

（4）焊工上岗准入考试完成，焊工、电工、起重工、挖掘机操作手等特殊工种报验、审核完成。

（5）利用载波相位差分技术和余弦定理，测算出变坡点及转角点的大地坐标、绝对高程和相应角度。

5.2.2　管口清理

（1）钢管内外表面坡口及两侧 150mm 范围内应清理干净，不应有起鳞、磨损、铁锈、渣垢、油脂、油漆以及影响焊接质量的其他有害物质。

（2）坡口及两侧 25mm 范围内应采用机械法清理至显现金属光泽。

5.2.3　坡口加工

（1）管端坡口为常见通用的 V 形，角度和尺寸应符合工艺规程要求（图 6）。

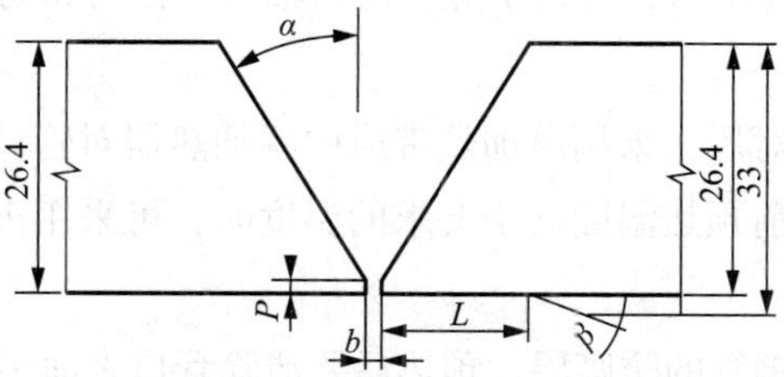

图 6　V 形坡口角度、尺寸

（2）坡口加工前，应检查管端内、外制管焊缝的修磨情况，保证管端 150mm 范围内的内、外制管焊缝修磨至与母材平齐。

（3）应对加工的焊接坡口表面进行外观检查。坡口表面要求平滑无加工沟槽，不应有分层、裂纹等缺欠。

（4）加工好的坡口当天及时使用，避免坡口锈蚀及污物腐蚀对焊接质量产生影响。

5.2.4　管口组对

（1）组对前，管沟走向、深度、宽度应验收合格，符合测量成果表要求。

（2）为了适应复杂地形限制，管道组对时主要采用挖掘机配合外对口器 + 高压气囊进行。组对前应首先开挖操作坑，保证沟下作业空间，然后将高压气囊预先放置于管口固定端一侧底部，再采用吊管设备将组对管道运送就位。安装外对口器时，固定端采用高压气囊调节管道标高，活动端采用吊管设备调节管道标高和左右位移。组对后，为防止活动端管道意外移动，在其下方铺设土袋进行支撑（图 7、图 8）。

图 7　管口组对一

图 8　管口组对二

（3）管道组对时不应在钢管内外表面留下刻痕、磨痕和油污，严禁锤击钢管和强力组对。对于切割过的钢管，需清理管端 150mm 范围内的母材螺纹焊缝或直焊缝，使其圆滑过渡。

（4）管道组对时应严格按照测量成果表给定转角点和弯头角度进行组对。

（5）其他相关技术要求如下：

①相邻环焊缝间的距离至少大于 1.0 倍钢管直径且满足质量规范要求。

②错边宜沿钢管圆周均匀分布且不超标准，对口间隙宜沿圆周均匀一致。

③两相邻管的制管焊缝在对口处应相互错开，距离不应小于 100mm。

④使用外对口器组对完毕后，管口不应有任何轴向、径向和周向的移动。

5.2.5　管口预热

（1）外对口器完成组对后，采用电加热带或中频加热器对管口进行预热，预热温度达到焊接规程要求，若根焊焊前预热温度低于要求的温度时，可采用火焰加热方式补偿后再开始焊接。

（2）预热时不能破坏钢管的防腐层，预热后要清除管口表面污垢。

（3）现场采用红外测温仪监测预热温度是否符合要求，监测位置在焊接方向前方距施焊处 200mm 左右的焊缝金属上进行。

（4）现场如中断焊接，当重新开始焊接时，应重新将焊口加热至焊接工艺规程要求的预热温度值。

5.2.6　根焊、热焊

（1）用卡具将地线与被焊钢管牢固接触，不应产生电弧灼伤母材。引弧应在坡口内或已完成的焊缝表面进行，不应在钢管表面引弧。

（2）根焊、热焊时控制好焊接速度，及时做好层间检查、清理工作。

（3）焊接采取2名焊工在管道两侧同时进行的方式，开始前对管道两侧的管端进行封挡，避免管内空气扰动影响焊接。

（4）根焊结束与热焊开始的时间间隔要小于10min，避免二次预热，以达到后热、去氢、巩固打底厚度效果。

图9　工棚整体结构

5.2.7　工棚安装

（1）工棚整体结构为方钢管+角钢框架，采用镀锌薄板包覆，工棚内安装空调，具备防风、防塌、温湿度可控、吊装轻便的特点（图9）。

（2）工棚吊装前，对管沟底部进行平整、铺垫，保证工棚沟内安放平稳。

（3）工棚内预先合理布局安置，便于焊接操作，并预置自动焊机和轨道、预热等设备机具的固定摆放位置和稳固措施，防止工棚吊装时损伤焊机和机具掉落风险（图10）。

图10　稳固措施

（4）结合低山丘陵地区特点，在管道进出工棚处，按需要加装坡地工棚支撑支架和挡风板，以满足坡地焊接作业条件。

（5）低纬度、高温天气施工时，现场工棚顶部可以预备隔热板材铺设，辅助工棚小环境空调温控系统，以减小能耗。

图11　焊机安装

5.2.8　外焊机安装

（1）工棚就位后，将外焊机轨道安装在焊口一侧，调整到准确位置后固定，并将焊机安装到轨道上（图11）。

（2）对自动焊机进行调试，主要包括焊接参数设定、焊枪位置校正、焊枪角度校正、焊枪爬行速度调试等（图12）。

（3）安装焊丝，调试送丝机，避免出现卡顿现象。

5.2.9　填盖焊接

（1）填充盖面时，2名焊工单枪双向作业，一辆焊接小车宜从管顶起弧焊接，另一辆待对侧小车焊过3点或9点位置后，再从管顶起弧焊接。

（2）根据焊接摆动宽度范围选择单道焊或多道焊。当坡口面宽度大于12mm时，宜排焊2道；填充焊道的各层接头应错开30mm以上，接头搭接长度20mm以上，并在

图12　自动焊机调试

下一遍焊接前用砂轮机进行打磨处理。

（3）每道焊缝宜连续完成，当日不能完成的焊口应完成 50% 钢管壁厚且不少于 3 层焊道，并应放置在工棚内。

（4）焊接用保护气体使用前应进行预热和干燥，当瓶内气体压力低于 0.98MPa 时，应停止使用。

（5）每层焊道焊接完成后，采用角向砂轮机修磨缺欠，检查合格后再进行后续层道焊接作业。

5.2.10　外观检查

（1）焊缝外观成形应均匀一致，焊缝上口宽度每侧增宽 1.0 ~ 2.0mm。

（2）焊缝余高应不低于母材表面，高度符合焊接工艺规程要求，并与母材圆滑过渡。当焊缝余高超高时，可进行修磨，但不应伤及母材。

（3）盖面焊缝为排焊时，相邻焊道间的沟槽底部应高于母材，焊道间的沟槽深度（焊道与相邻沟槽的高度差）不应超过 1.0mm。焊缝表面鱼鳞纹的余高和深度应符合排焊的沟槽要求。

（4）焊缝及其附近表面上不应有裂纹、未熔合、气孔、夹渣、引弧痕迹、有害的焊瘤、凹坑及夹具焊点等缺陷，咬边深度符合质量验收标准和焊接工艺规程要求。

（5）焊缝信息填写应准确、及时。

5.2.11　焊机撤除

焊缝外观检查合格后，关闭焊接电源、气源，依次拆卸外焊机、轨道，将各自安放在棚内预留位置固定，整理好线缆，收置妥当。

5.2.12　工棚撤除

检查工棚本体与管道所有连接点解除完毕，内部附件固定稳妥，吊装锁具齐全、挂接完好后，工棚撤出吊装至下一个工位。

5.3　劳动力组织

劳动力组织情况见表 1。

表 1　Φ1219mm 管道沟下组合自动焊焊接机组人员基本配置情况

序号	职务 / 工种	人数	职责
1	质检员	1	负责焊接质量监督工作
2	安全监督员	1	负责焊接安全监督工作
3	管工	2	负责管道组对工作（其中 1 名担任班长）
4	焊工	6	根热焊 2 人、填盖焊 4 人
5	辅助工	4	负责管口清理、坡口加工等焊接辅助工作
6	设备操作工	2	负责焊接设备操作

6　主要施工设备和材料

主要施工设备及材料统计见表 2。

表 2　Φ1219mm 管道沟下组合自动焊焊接机组主要设备、材料配置情况

序号	名称	规格型号	单位	数量	备注
1	履带挖掘机	485	台	1	
2	履带挖掘机	320	台	1	
3	沃尔沃发电机组	HW250DS/PM400	套	1	
4	米勒发电机焊机	SK500XD	套	2	
5	电王外焊机	DW–EW–I	套	2	
6	工棚	*DN* 1200mm	个	2	
7	打气泵	$1.6m^3$	台	2	
8	高压气囊	*DN* 1200mm	套	1	
9	中频加热器	HGZ40	套	1	
10	电加热带	*DN* 1200mm	套	1	
11	外对口器	*DN* 1200mm	套	1	
12	红外测温仪	AS842A	台	2	
13	风速仪	AR826+	台	2	
14	焊检尺	HJC60	把	2	
15	温湿度计	G337	个	1	
16	万能角度尺	0° ~ 320°	把	1	

7　质量保证措施

7.1　质量标准

（1）GB 50369—2014《油气长输管道工程施工及验收规范》

（2）GB/T 50539—2017《油气输送管道工程测量规范》

（3）SY/T 4127—2018《钢质管道冷弯管制作及验收规范》

（4）SY/T 4109—2020《石油天然气钢质管道无损检测》

（5）GB/T 31032—2022《钢质管道焊接及验收》

7.2　质量措施

（1）做好原材料进场检验工作，着重检查焊接材料的材质证明和复检报告是否满足焊接工艺要求。每日下班后，及时将剩余焊材回收至现场干燥的材料库中存放。

（2）着重把控焊口预热工序，用测温仪对焊口温度进行测量，按焊接规程要求达到焊接作业环境条件。

（3）严格控制坡口尺寸，特别是内坡口和钝边的尺寸必须符合焊接操作规程的相关要求。

（4）设置合格的焊接参数，在焊接作业中及时跟踪和调整焊接姿势，发生不稳定的焊接状态时，立即停止和纠正，将缺陷及停弧接头打磨干净后再继续焊接。

（5）在填充焊接时，焊丝横向摆动合适，确保填充金属与母材金属充分熔合。当出现停枪、熔池发生变化等影响焊接质量问题时，应及时处理，与下道工序完美结合。

（6）焊后进行管口及焊缝表面检查和清理，做到无飞溅、裂纹、焊疤、气孔和夹渣等缺陷。

8 安全措施

8.1 安全标准

（1）GB 2894—2008《安全标志及其使用导则》

（2）GB 6067.1—2010《起重设备安全规程 第 1 部分：总则》

（3）JGJ 46—2005《施工现场临时用电安全技术规范》

（4）Q/SY 1240—2009《作业许可管理规范》

8.2 安全措施

（1）管口打磨前，作业人员必须穿戴好劳保用品，护目镜擦拭干净，保证目视清晰。砂轮片旋转方向前不能站人。

（2）管口组对时，要有专人进行安全监护，专人进行指挥，哨令一致。

（3）管口组对时，施工人员严禁进入管口正前方及下方危险区域作业，采用气囊顶升辅助管口组对。

（4）工棚制作时，钢管框架要牢固稳定，满足沟下防塌方需要。

（5）现场铺垫垫板并挖设临时电缆沟，对焊机电缆线进行有效防护，防止电缆线破损漏电。

（6）结合现场情况，提前设置焊接设备布置平台，保证焊接设备安置稳定。

（7）工棚内焊接作业人员和沟上安全监督人员配备对讲机，保证信息及时交流。

9 环保措施

9.1 环保标准

（1）JGJ 146—2013《建设工程施工现场环境与卫生标准》

（2）GB 12523—2011《建筑施工场界环境噪声排放标准》

9.2 环保措施

（1）施工过程产生的工业固体废弃物不得倒入水体或任意遗弃，应随时清理回收，做到“工完料尽场地清”。

（2）施工作业中的焊条头、废砂轮片和包装物等应每天进行回收、集中处理。

（3）施工期间产生工业污油、污水等废液，应设置专用回收装置，禁止乱倒乱排。

（4）施工完毕后，应恢复地貌，并压实回填土，及时清理设备周围各类废弃物，做到现场整洁、无杂物。

10 效益分析

10.1 经济效益

低山丘陵地区大口径长输管道通过采用高压气囊 + 外对口器进行管口组对，氩弧焊根焊 + 外焊机自动焊填充盖面进行管道焊接的沟下组合全自动焊施工，管道组对快，组对质量好。同时管道填盖焊接采用自动焊，焊接速度快，焊接质量好，施工工期大幅缩短。

本工法与低山丘陵地区沟上全自动焊工法和低山丘陵地区沟下半自动焊工法对比情况如表 3 所示。

表 3　经济效益对比分析表

序号	项目	对比情况（以机组为单位、D1219mm 管道线路 20km 为例）		
		沟上全自动焊	沟下组合自动焊	沟下半自动焊
1	施工质量	最好	较好	一般
2	施工进度 / 天	180	210	280
3	人工费 /（万元 / 天）	1.01	0.66	0.66
4	机械费 /（万元 / 天）	1.27	0.75	0.75
合计 / 万元		410.40	296.10	394.80
综合费用对比 / 万元		296.10+114.30	296.10	296.10–98.70

经对比分析，在低山丘陵地区焊接机组采用沟下组合自动焊工法比沟上全自动焊工法节约成本 114.3 万元，比沟下半自动焊工法节约成本 98.7 万元。

10.2　社会效益

在低山丘陵地区采用沟下组合全自动焊接进行大口径管道施工，降低了工人的劳动强度。同时沟下焊接时在防风棚内作业，降低了沟下作业的安全风险，人员安全得到有效保证。

11　应用实例

该施工工法在 2021—2022 年度威远、泸州区块页岩气集输干线工程（五标段）中进行了成功应用。该工程自 2022 年 2 月 20 日打火开焊，9 月 10 日完成主体焊接，施工工期缩短 20 天，焊接 RT 检测一次合格率达到 97.5%，PAUT 检测一次合格率达到 93%，得到了建设单位的一致肯定。另外在同期项目（Φ1219mm 管径）的其他 2 个标段单位也应用了该工法施工，质量、进度优良。

在 2021 年度西南油气田分公司的威远—乐山输气管道工程项目（Φ813mm 管径）和 2023 年度四川中油天然气管道公司眉山高新技术产业区供气管道工程项目（Φ813mm 管径）中也成功应用，RT 和 PAUT 检测一次合格率优异。

大型污水池板块组合法施工工法

王 义 张 军 孙铭峰 闫召军 高广镇

大庆油田建设集团有限责任公司

1 前言

近些年全国石化炼化行业迅速发展，石油化工炼厂不断增产扩能，配套的原油储备库建设速度及规模也随之增大。为使原油储备的应急污水存储量与储备库的存储规模相适应，污水池的规模也越建越大。污水池施工工程量大、周期长、质量要求高、施工投入人工、设备较多。

大庆油田建设集团有限责任公司承建的广东揭阳 520 万 m^3 原油商业储备库建设工程污水池建设规模为 214.5m × 142m × 6.0m，蓄水能力 12 万 m^3。该池基础采取灌注桩加素混凝土配重的形式，该池钢筋混凝土用量 4.4 万 m^3，桩基 1600 根，工程量大，工期紧张。为保证施工按期完成，施工过程采取板块组合式分区流水作业，混凝土跳仓浇筑，将塔吊设置在水池中央，水池底板作为塔吊基础，实现了降低成本、提高施工效率的目标，取得了良好的效果。通过总结梳理，形成了本工法。

本工法通过了大庆油田建设集团有限责任公司的工法成果鉴定，获得 2021 年度大庆油田有限责任公司企业级工法。

2 工法特点

2.1 施工效率高

桩基、池底、池壁和池顶施工采取板块组合分区流水作业，从水池一侧向另一侧施工，做到了桩基与池底，池底与池壁施工的有序衔接，同时池底、池壁采取跳仓法施工，提高了施工效率。

2.2 投入成本低

模板采取区块化安装和拆除，流水化施工，降低了材料损耗率及施工工期。利用水池底板作为塔吊基础，将塔吊设于水池中间，解决了塔吊半径不够的问题，减少了起重设备的投入。

2.3 施工质量高

先浇水池底板与后浇带之间采用密目钢丝网片隔离，与后浇带之间采用遇水膨胀条止水，保证了混凝土面粗糙度及止水效果。

3 适用范围

本工法适用于 2 万 m^3 及以上现浇钢筋混凝土大型污水池施工。

4 工艺原理

桩基采用旋挖钻成孔，多台桩机均布，分区同时施工，旋挖机隔点钻孔，灌注桩桩尖入中等风化岩层留取岩样。水池底板采取分区跳仓施工，做到连续循环流水作业。每个区块（仓室）的柱子、顶板所用模板尺寸相同，可重复利用。后浇带两侧采用免拆密目钢丝网代替模板，区块间池底板、壁板和顶板混凝土连续浇筑，减少了连续浇筑需要等待混凝土养护和拆模的时间。水池底板代替塔吊基础，基础做加厚处理，与灌注桩连接成整体，基础四周设置遇水膨胀止水条（图 1）。

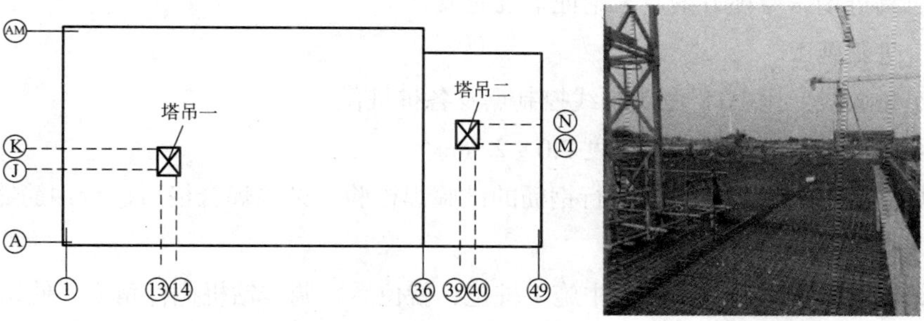

图 1　塔吊平面布置图

5 施工工艺流程及操作要点

5.1 施工工艺流程

5.1.1　总流程（图 2）

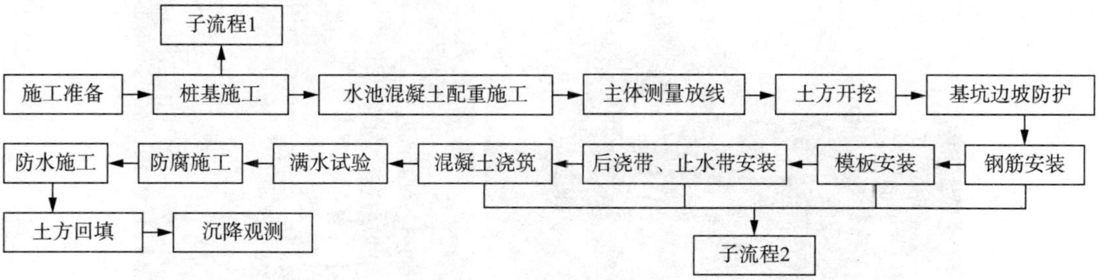

图 2　污水池施工流程图

5.1.2　子流程

（1）子流程 1（图 3）

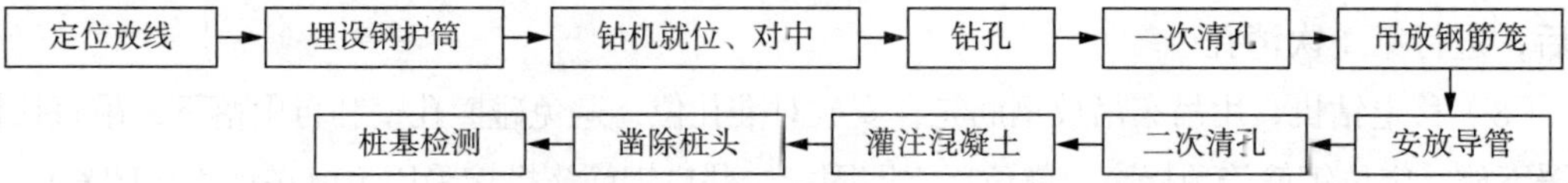

图 3　子流程 1

（2）子流程2（图4）

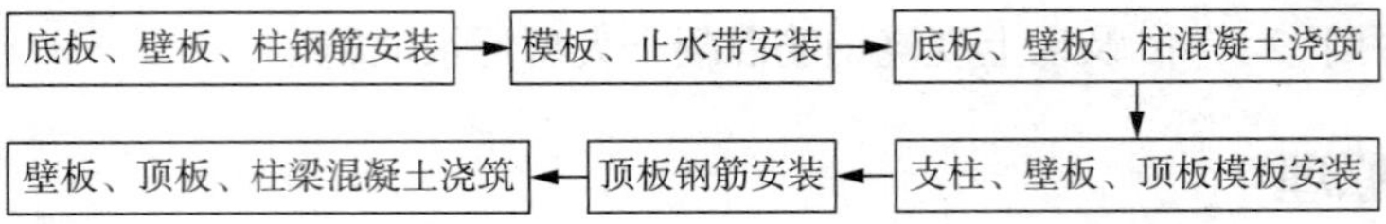

图4 子流程2

5.2 操作要点

5.2.1 施工准备

（1）对全体施工人员进行全面技术交底，明确底板混凝土分块浇筑序及壁板施工顺序、安装要求和安全注意事项。

（2）材料进场验收完成，并按要求进行复验。

（3）机具进场，专项方案专家论证审批完成。

5.2.2 桩基施工

（1）定位放线：用RTK测放轴线控制点及各桩桩位。

（2）埋设钢护筒：护筒埋设深度2.0～2.5m。

（3）焊接钢筋笼时焊工首先进行钢筋的试验焊检验，试验焊合格后进行钢筋笼焊接。主筋采用单面搭接焊。

（4）钻机沿施工设计的路线对中施工桩位，就位后，调整钻机桅杆角度，使钻杆垂直。

（5）采用膨润土造浆。根据地质条件和循环泥浆稠度、比重以及含砂率情况，采取捞渣或不断置换泥浆措施保证泥浆的质量。

（6）钻机就位准确后开始旋挖钻进，钻进时每回次进尺控制在30～60cm左右，低速钻进（图5）。

图5 旋挖机钻孔

（7）钻孔达到中等风化岩不小于1m岩面的要求后检验孔深、孔径以及桩孔垂直度，合格后，进行第1次清孔。

（8）移走钻机，用吊车吊放钢筋笼，安放对准孔位，避免碰撞孔壁和自由落下，吊直扶稳，缓缓下放，定位钢筋笼顶标高，就位后立即固定。井口钢筋笼搭接采用10*d*单面焊（图6）。

图 6　钢筋笼制作与吊放

（9）安装完钢筋笼及导管后，测量孔底沉渣、孔位、孔径、孔深、垂直度、孔深、沉渣厚度等，进行混凝土灌注工作。

（10）商品混凝土进场后，混凝土的坍落度控制在 180 ~ 220mm 之间。灌注前，导管底距离孔底 300 ~ 500mm；第 1 次灌注后，孔内导管一次埋入混凝土灌注面以下不少于 0.8m。开灌前，导管上口采用隔水栓封堵，储料斗放入混凝土至满足开灌要求后，吊车提出隔水栓，同时使用混凝土罐车将混凝土放入料斗增加初灌混凝土量。混凝土灌注过程中，必须连续施工，严格控制每根桩的灌注时间，控制提拔导管的速度，设专人测量导管埋深及管内外混凝土灌注面的高差，随时测量混凝土面上升情况，及时准确提拔导管，使埋管深度在 2 ~ 6m 之间。严禁将导管提出混凝土灌注面。

（11）控制桩顶标高：灌注混凝土至设计桩顶标高左右时，控制最后一次灌注量，以确保混凝土超灌高度在桩顶标高以上 1.0m 左右。

（12）待混凝土达到龄期后进行基坑开挖、桩头凿除（图 7）、承载力检测等相关工作。

图 7　施工完成后的灌注桩

5.2.3　水池混凝土配重施工

水池混凝土配重厚度为 1m，按照大体积混凝土施工方法进行施工，混凝土浇筑之前对混凝土的配合比、坍落度、水灰比、运输时间等进行控制。混凝土浇筑过程中，控制混凝土的入模温度、模板温度、浇筑时空气温度，浇筑完毕后控制混凝土内外温度差不超过 20℃，对混凝土温度进行检测，并采取保温、保湿措施（图 8）。

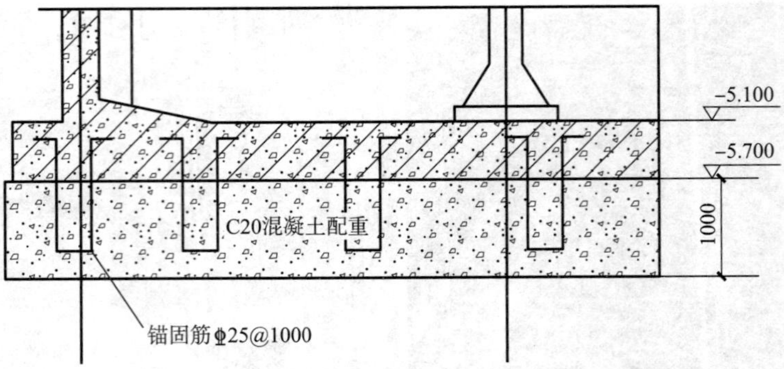

图 8　水池底混凝土配重

5.2.4　主体测量放线

（1）交接、复核测量控制点。

（2）布设平面控制网。

（3）首级控制方格网完成后，以首级控制网为基准，依据平面图确定轴线控制网。

（4）± 0.00 以下结构施工测量放线。

5.2.5　土方开挖

为减轻边坡土方的侧压力，在基坑的四周井点管部位设 1 道 1000mm 宽的缓台，以防边坡侧压力过大引起塌方（图 9）。

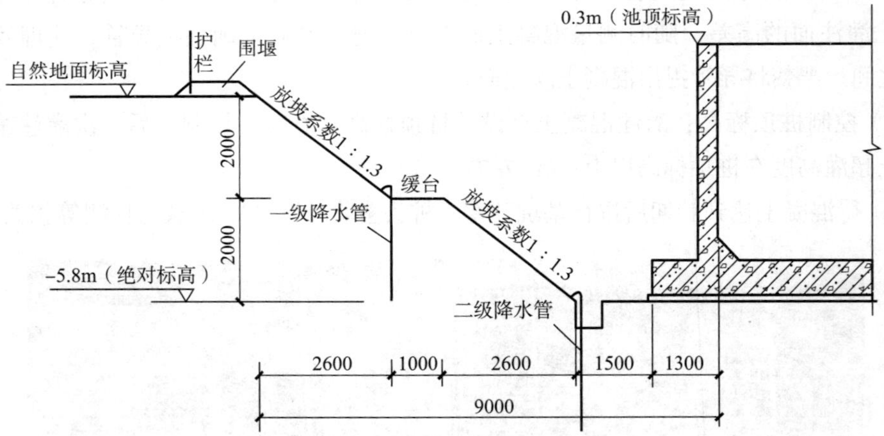

图 9　基坑放坡剖面图

5.2.6　基坑边坡防护及排水

1. 边坡做法

采用 HRB400 直径 14mm，长 600 ~ 800mm 短钢筋做土钉。土钉纵横间距排距为 2m，上铺丝径不小于 2.5 ~ 3mm，网孔为不大于 100mm × 100mm 镀锌钢丝网，再喷射 60mm 厚细石混凝土面层。

2. 积水明排

基坑顶部、底部降排水采用集水明排法。基坑顶部、底部每角各设置 1 处集水井，其他集水井间距不大于 50m。

3. 轻型井点降水

在基坑外设置一级轻型井点降水，降水为连续降水，降水周期为水池外四周回填土分层回填至地下水位上不小于600mm标高位置。部分位置达不到预期效果，采用二级轻型井点降水，井点沿一级台阶距支护钢板桩外沿1.0m位置环圈状单排设置（图10）。

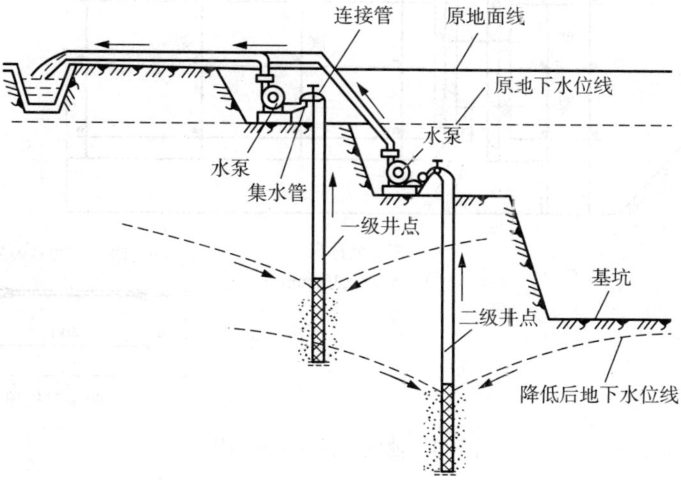

图10　轻型井点降水示意

5.2.7　钢筋安装

（1）钢筋连接：钢筋考虑以直螺纹套筒连接接头为主，Φ16mm以上采用直螺纹套筒连接，Φ16mm及以下的钢筋采用绑扎接头。

（2）底板上层钢筋采用Φ25mm钢筋铁马凳作为上层钢筋的支托，纵横间距为1000mm。

（3）底板钢筋绑扎，先清理垫层上的杂物，用墨线弹出各底板的钢筋位置，按设计的钢筋型号、规格进行布筋、绑扎，中间采用梅花格状绑扎。

5.2.8　模板安装

（1）主要结构采用15mm木模板、50mm × 80mm的木方作为搭设池壁模板的支撑系统。选用成品带止水环的防水对拉螺栓作为池壁模板的对拉螺栓（图11、图12）。

（2）池壁两侧模板预先制作成定型模板，并在壁板中间加Φ14mm穿心螺栓。

（3）壁板模板支设顺序：①搭设模板脚手架；②铺设楞木；③铺设组装模板；④支撑固定；⑤复核模板平整度及标高。

（4）水池内采用满堂脚手架搭设（图13）。

（5）池壁模板安装前池外搭双排支架，内搭满堂红支架。

5.2.9　后浇带、止水钢板、止水带施工

1. 后浇带施工

先浇水池底板与后浇带之间采用钢丝网片隔离，与后浇带之间采用预水膨胀条止水。该部位施工时预埋PVC塑料管作为预留槽，在现浇带施工完毕后拆除钢丝网片、PVC塑料管，在后浇带施工前混凝土表面凿锚，安装预水膨胀条并压入槽坑压实。

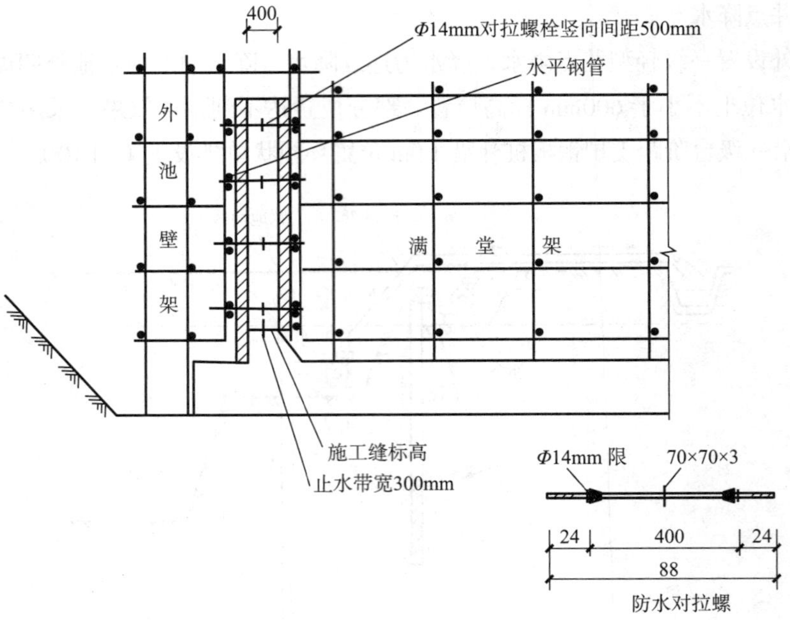

图 11 池壁模板安装示意图

图 12 池壁模板安装

图 13 满堂式支架安装

2. 止水钢板定位

不锈钢止水钢板放置在池壁中间位置，安装施工前在钢筋上每隔 3m 左右做出标记。

（1）止水钢板焊接方法：不锈钢钢板搭接 50mm，采用氩弧焊焊接，焊丝为 ER308。

（2）不锈钢止水钢板位置确定好后，用池壁位置的拉钩筋临时上下夹紧固定，然后进行钢板接缝焊接。

3. 橡胶止水带

（1）在浇注混凝土时保证橡胶止水带在混凝土中的正确位置。固定止水带时利用模板和固定钢筋固定。

（2）橡胶止水带采取焊接连接，搭接长度为 10cm。

（3）在止水带与模板接触处用密封胶或发泡胶堵漏。

5.2.10 混凝土浇筑

1. 采用商品混凝土浇筑，将浇筑区段划分为 17 个，采取跳仓浇筑。

2. 基础底板混凝土一次浇筑，由一侧向另一侧后退浇筑（图 14）。

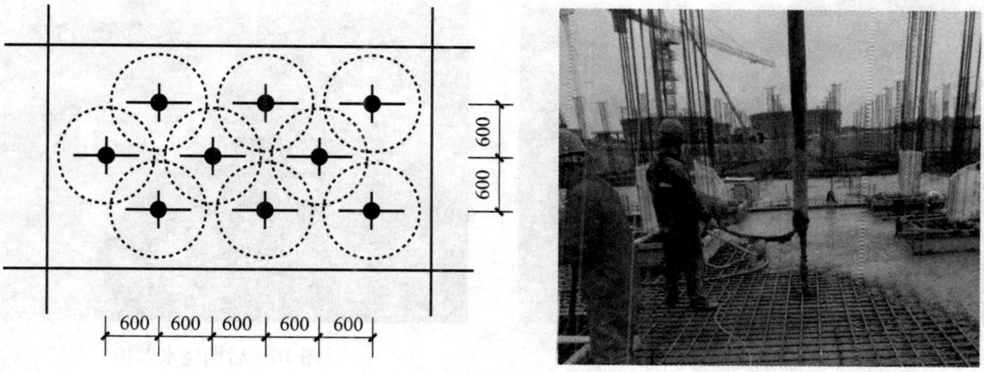

图 14　混凝土浇筑示意图

3. 混凝土浇筑

根据变形缝位置分块浇筑，流水作业，分别自水池两边向中间方向流水作业。底板混凝土浇筑 17 个区块分批次进行浇筑，每个浇筑批次约 $850m^3$，分 2 层进行浇筑。壁板、柱及梁混凝土每个区块分批浇筑，每个浇筑批次约 $730m^3$，浇筑高度为 5.1m。浇筑池壁混凝土前与下层混凝土结合处，在底面上均匀浇筑 5cm 厚与池壁混凝土成分相同水泥砂浆。混凝土应分层浇筑振捣，每层浇筑厚度控制在 60cm 左右。浇筑池壁混凝土连续进行，模板与模板之间缝隙采用双面泡沫胶带填缝。

4. 混凝土养护

（1）在浇筑完毕后的 12h 以内对混凝土加以覆盖和浇水，夏季缩短 2 ~ 3h；养护时间不得少于 14 天。

（2）养护方法

①土工布覆盖浇水养护：

底板、顶板养护采用一层土工布对混凝土表面加以覆盖并浇水。

②薄膜布养护：

柱养护采用不透水、汽的塑料薄膜布养护，用薄膜把混凝土表面敞露的部分全部严密地覆盖起来。

③浇水自然养护：

现浇混凝土 7 天以后，底板和顶板混凝土表面采用洒水、自然养护。浇水次数应能保持混凝土处于湿润状态（图 15、图 16）。

5.2.11　满水试验

（1）水池施工完毕并经 28 天养护后，进行满水试验，在蓄水试验中进行外观检查。

（2）池体的混凝土达到设计强度后，回填土以前进行水池蓄水试验。

（3）试验方法

①向水池内充水分 3 次进行，第 1 次充水为设计水深的 1/3；第 2 次充水为设计水深 2/3；第 3 次充水至设计水深。先充水至池壁底部的施工缝以上，检查底板的抗渗质量，若无明显渗漏，再继续充水至第 1 次充水深度。

图 15 前期浇水养护

图 16 后期浇水养护

②充水时的水位上升速度不超过 2m/d。相邻两次充水的间隔时间大于 24h。

③每次充水后测读 24h 的水位下降值，计算渗水量。在充水过程中和充水以后，对水池作外观检查，发现渗水量过大时，停止充水，待做出处理后方可继续充水。

（4）渗水处理措施

①表面湿润未成股流下，池壁内表面刷水泥防水涂层进行处理，池壁表面清理干净，涂刷厚度为 1.2mm。

②渗透处有明显水波，选用高压注浆法进行修补，渗水池壁打孔安装高压注入阀，启动注入泵，注入高压聚氨酯浆料，有渗漏时再停泵。

5.2.12 防腐施工

池壁外侧表面人工清理干净后，人工涂刷环氧沥青涂料防腐，防腐厚度不小于 500μm（图 17）。

5.2.13 防水施工

（1）池壁外侧及池顶部采用 4mm 厚 SBS 复合防水卷材做防水。

（2）操作工艺：①基层清理；②涂刷基层处理剂；③附加层处理；④铺设卷材（图 18）；⑤保护层施工（图 19）。

图 17 防腐施工

图 18 防水卷材施工

图 19 保护层施工

5.2.14 土方回填

基坑底地坪清理干净后，采用素混凝土分层回填、分层夯实。

5.2.15 沉降观测

水池周围设置 10 个沉降观测点，采用水准仪观测并计算沉降量（图 20）。

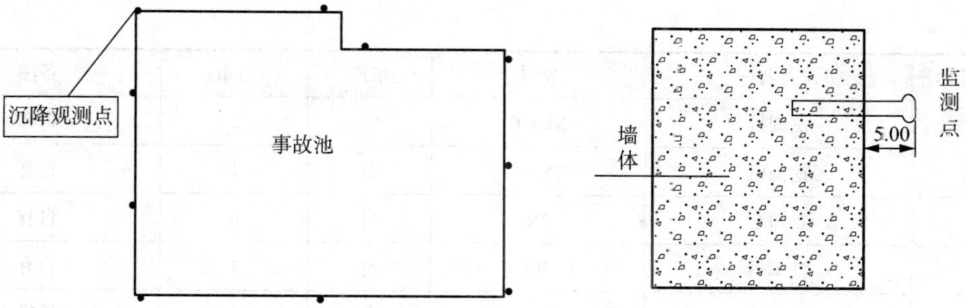

图 20　沉降观测布局

5.3　劳动力组织

劳动力组织情况见表 1。

表 1　劳动力组织表

序号	工种	单位	数量	备注
1	管理人员	人	7	
2	技术人员	人	4	
3	安全员	人	2	
4	试验、质检员	人	2	
5	测量员	人	2	
6	操作手、驾驶员	人	10	
7	钢筋工	人	73	
8	模板工	人	40	
9	混凝土工	人	20	
10	电工	人	2	
11	电焊工	人	4	
12	架子工	人	16	
13	其他施工人员	人	55	
合计		人	237	

6　材料与设备

6.1　主要设备

主要设备统计见表 2。

表 2　主要设备

序号	设备名称	型号	单位	数量	备注
1	塔式起重机	TC6513–6	台	2	租赁

续表

序号	设备名称	型号	单位	数量	备注
2	挖掘机	XE370	台	2	自有
3	挖掘机	PC60	台	1	自有
4	自卸车	25t	台	4	自有
5	汽车吊	70t	台	1	自有
6	汽车吊	25t	台	1	租赁
7	混凝土罐车	$9m^3$	台	4	租赁
8	混凝土泵车	50m	台	2	租赁
9	载重汽车	8t	台	2	自有
10	推土机	D85	台	1	自有
11	装载机	50 型	台	1	自有
12	振动碾	18t	台	1	自有
13	振动碾	小型	台	1	自购
14	洒水车	16t	台	1	自有
15	打夯机	125 型	台	3	自购
16	电焊机	虎峰 315 400 型	台	6	自有
17	钢筋加工机具	GF20-36	台套	若干	自有
18	旋挖机	6105ZLY4	台	7	
19	降水设备	鹏翔 7.5kW	套	10	
20	发电机	30kV	台	2	
21	水准仪		套	1	
22	RTK		套	1	

6.2 主要施工周转材料

主要施工周转材料见表 3。

表 3 主要材料

序号	周转材料名称	规格型号	单位	数 量	备注
1	胶合模板	15mm	m^2	9000	结构模板支设
2	木方	50mm × 100mm	m^3	2400	结构模板支设
3	木方	100mm × 100mm	m^3	300	结构模板支设
4	钢管	48.5mm × 3.5mm	t	270	脚手架及模板支设
5	扣件		个	12000	脚手架及模板支设
6	脚手板	钢跳板	m^2	900	脚手架及模板支设
7	安全立网	$10 \times 10cm^2$，2000 目数	片	300	脚手架及模板支设

7 质量控制

7.1 质量标准

质量标准见表 4。

表 4 质量标准表

序号	标准号	标准名称
1	GB 50204—2015	《混凝土结构工程施工质量验收规范》
2	GB 50164—2011	《混凝土质量控制规范》
3	GB 50300—2013	《建筑工程施工质量验收统一标准》
4	GB 50666—2011	《混凝土结构工程施工规范》
5	SH/T 3535—2012	石油化工混凝土水池工程施工及验收规范
6	GB 50026—2020	《工程测量规范》
7	JGJ 92—2016	《钢筋混凝土工程施工操作规程》
8	GB 50164—2011	混凝土质量控制指标
9	GB 50202—2018	《建筑地基基础工程施工质量验收规范》
10	JGJ 107—2016	《钢筋机械连接技术规程》

7.2 质量关键点控制

质量关键点控制见表 5。

表 5 质量关键点控制

序号	关键工序控制点	检查时机或工序	指标要求	检验工具或方法
1	人员资格	人员入场前检查	人员资质证书和入场考试	资质证书及考试结果核实
2	材料质量证明文件检查及复验	材料入场前验收	查资料、查实物	质量证明文件及复检报告核实
3	钻孔深度	钻孔完毕后	查资料岩石样本	观察、检查
4	止水带、钢板安装	安装完毕后	位置、连接、稳定情况	观察、检查
5	混凝土内缓凝剂情况	材料进场时	满足 3h 缓凝	开盘报告
6	钢筋安装	绑扎后验收	查隐蔽记录	观察、检查
7	混凝土强度	拆模前	强度不低于 50%	试块检测报告
8	满水试验	上水过程中	沉降观测记录、池壁渗水情况、水位下降情况	观察水位、池壁外观
9	后浇带浇筑	后浇带浇筑前	浮渣清掉及凿毛情况	外观检查

7.3 质量控制措施

（1）原材料进场，核对质量证明文件，需要复检的材料进行复检。

（2）检查第三方试验室出具的配合比。最大水胶比为 0.50，最小水泥用量为 300kg/m^3。

（3）后浇带位置施工完防水附加层，经验收合格后再进行防水层施工。

（4）在后浇带两侧设 4mm 厚，300mm 宽不锈钢止水钢板，进入缝两侧池壁各 150mm。不同块钢板连接必须满焊，钢板 U 形口朝向迎水面。

（5）底板混凝土浇筑前要对后浇带止水钢板进行隐蔽验收。

（6）浇筑后浇带混凝土浇筑前，应先将两侧混凝土表面的浮浆、松动的石子及松散混凝土剔除，表面凿毛，用棉纱等浸水，并湿润 24h 以上。

（7）为保证后浇带的质量，后浇带混凝土选用具有补偿收缩作用的微膨胀混凝土。

（8）混凝土浇筑后及时养护，养护时间不少于 14 天。

（9）水池壁用于固定模板的螺栓采用一次性止水对拉螺杆。螺栓上应加焊厚 70mm × 70mm 止水片（图 21）。

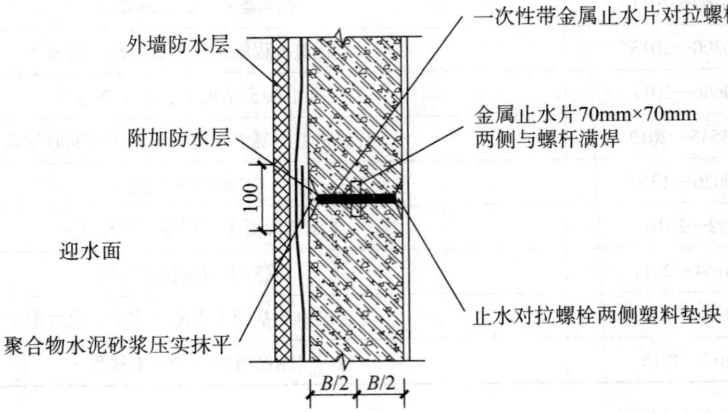

图 21　对拉螺栓示意图

8　安全措施

8.1　安全标准

安全标准见表 6。

表 6　安全标准表

序号	标准号	标准名称
1	GB 50870—2013	《建筑施工安全技术统一规范》
2	JGJ 59—2011	《建筑施工安全检查标准》
3	GB 50656—2011	《建筑施工企业安全生产管理规范》
4	QSY 1236—2009	《高处作业安全管理规范》
5	GB 9448—1999	《焊接与切割安全》
6	JGJ 46—2005	《施工现场临时用电安全技术规程》

8.2　安全措施

（1）建立健全安全生产管理网络，责任到人。

（2）每道工序开工前做好安全技术交底工作，谁负责生产就必须负责安全。

（3）对安全隐患及事故，坚持"四不放过"原则，认真落实整改措施。

（4）各专业工种必须持证上岗，现场适时布置各种安全标语和安全警示牌。

（5）每天坚持收听、收看天气预报，汛期做好防汛、防台风工作，夏季做好防暑降温工作。

（6）各类特殊作业人员必须经培训考核后持证上岗。

（7）所有安全措施及架子，任何人不得随意拆改。

（8）基坑（槽）、沟边沿 2m 范围内不得堆土、堆料和停置机械设备。

（9）高处作业人员必须系好安全带。

（10）非机电人员不得动用机电设备，所有操作环境要有足够的照明。

（11）脚手架的搭设必须符合规定要求，所有扣件应拧紧，架子与建筑物应拉结，脚手板要铺严、绑牢，不得超载；拆模板、脚手架时，应有专人监护，并设警示标志。脚手架搭设完成后，必须经过有关人员验收后方可使用。

（12）对所有可能坠落的物体、物料应堆放平稳，不妨碍通行和装卸。工具应随手放入工具袋；作业中的走道、通道，登高用具，临边作业部位必须随时清扫干净；拆卸下的物料、余料和废料应及时清理运走，不得随意乱堆或直接往下丢弃；传递物体禁止抛掷。

（13）夜间施工应有足够的照明，现场禁止使用明火。

（14）各种电气设备应装设专门开关，不准一机多带。

（15）对进场设备必须进行检查，并由电工按指定配电箱接线，不可随意拉设电源线。所用配电箱选用有关部门推荐的标准配电箱。

（16）现场施工机具，如打夯机、振捣棒等应安装灵敏有效的漏电保护装置。

9 环保措施

9.1 环保标准

环保标准见表 7。

表 7 环保标准表

序号	标准号	标准名称
1	JGJ 146—2013	《建筑工程施工现场环境与卫生标准》
2	GB 12523—2011	《建筑施工场界环境噪声排放标准》

9.2 环境保护措施

本工法在实施过程中对环境的危害主要是粉尘污染、固体废弃物污染、土壤和水源造成污染等。针对以上危害依据标准制定防范措施如下：

（1）施工现场垃圾要及时清理出现场，并运到指定地点，严禁随意抛撒；施工现场应指定专人定期洒水清扫，并形成制度，防止混凝土车辆运输导致大量扬尘；对易飞扬的细颗粒物、散体材料和废弃物的运输、堆放应具备可靠的防扬尘措施；禁止在施工现场焚烧垃圾。

（2）杜绝长明灯现象，及时检查、维修管线，减少能源浪费，力求以最小的能源消耗获得最大的经济效益。

（3）固体废弃物进行分类后统一存放、统一处理。

（4）液压千斤顶设备或设备加油时，加注部位的地面上要铺上废旧木屑或塑料布，回收后统一处理，防止对土壤和水源造成污染。

（5）施工现场严格按照公司 QHSE 体系运行，减少环境污染。

10 效益分析

10.1 经济效益

以广东揭阳 520 万 m^3 原油商业储备库建设工程为例进行经济效益分析。塔吊布置在池子中间与塔吊布置在水池边缘的方法进行对比（布置水池边缘的塔吊吊装半径覆盖池子面积的 50%），节省成本 115.4 万元。效益对比如表 8 所示。

表 8 经济效益对比分析表

对比项目 \ 施工方法	应用本工法	传统施工方法	效益对比 / 万元
人工费	工期 170 天，人工 45900 天，人工费 200 元 / 天。人工费：45900 × 200=918 万元	工期 180 天，人工 48600 天，人工费 200 元 / 天。人工费：48600 × 200=972 万元	54
周转材料费	模板 5.9 万 m，120 元 /m^2 材料费：59000 × 120=708 万元	模板 6 万 m^2，120 元 /m^2 材料费：60000 × 120=720 万元	12
机械费	工期 170 天，塔吊设备 2 台，设备租赁费取费 1300 元 / 天。设备费：170 × 1300 × 2=44.2 万元	工期 180 天，塔吊设备 4 台，设备租赁费取费 1300 元 / 天。设备费：180 × 1300 × 4=93.6 万元	49.4
费用合计	1670.2 万元	1785.6 万元	115.4

10.2 社会效益

在事故水池施工中使用本工法，在保证施工质量的前提下，缩短了施工周期，保证项目投产试运顺利，为后续大型污水厂施工提供了借鉴。

11 应用实例

应用本工法主要完成广东揭阳 520 万 m^3 原油商业储备库建设工程、辽阳石化俄罗斯原油加工优化增效改造公用工程的水池施工，施工速度快，节省成本创造效益，提前完成了施工任务（表 9）。

表 9 工程应用实例

序号	建设单位	工程项目名称	时间	工作量	应用效果	经济效益 / 万元
1	中国石油天然气股份有限公司广东揭阳商业储备油分公司	广东揭阳 520 万 m^3 原油商业储备库建设工程	2021 年 5—11 月	新建 1 座 12 万 m^3 含油污水池	良好	115.4
2	中国石油集团东北炼化工程有限公司	辽阳石化俄罗斯原油加工优化增效改造公用工程	2017 年 5—10 月	新建 1 座 2 万 m^3 塔底水池	良好	5.12

球形储罐内壁旋转支架防腐施工工法

王　义　孙朝忠　夏振东　朱　尧　王　强

大庆油田建设集团有限责任公司

1　前言

球形储罐内壁防腐的常规施工方法通常是搭设满堂脚手架。满堂脚手架以其传统、简单等优点得到了广泛的应用，但其脚手架搭设工程量使得球形储罐内壁防腐施工造价高、成本大的同时还存在着施工周期长、施工效率低、作业强度大等不足。

为适应施工企业发展建设需要，大庆油田建设集团有限责任公司在多年的工程实践中，从提高工作效率、降低施工成本角度出发，开发出了采用球形储罐内壁旋转支架法进行储罐内壁防腐施工的方法。本工法改变了传统施工方法，球形储罐内壁防腐采用旋转支架替代了搭设满堂脚手架的方法，极大程度上提高了施工效率、保证了施工安全。

在大庆宏伟庆化石油化工有限公司 15 万 t/a 丙烯项目储运工程及广东石化炼化一体化项目液体装卸车设施液氨罐组工程中，球形储罐内壁旋转支架防腐施工工法得到了推广应用，应用效果显著，有效降低了施工成本、劳动强度及施工风险，提高了工作效率、节省了工期，保证了工程的施工质量和工程进度，获得了显著的经济效益和社会效益。通过不断总结施工经验，优化施工工艺，总结形成本工法。本工法获得大庆油田有限责任公司 2022 年度企业级工法。

2　工法特点

2.1　施工效率高

本工法创新地采用旋转支架代替搭设满堂脚手架进行球罐内壁防腐，具有施工速度快、时间短等优点，单台 3000m^3 球罐施工时间节省了 10 天，提高了工作效率，缩短了施工工期。

2.2　劳动强度低

旋转支架升降自如，操作灵活，自动化程度高，降低了工人的劳动强度。

2.3　施工风险低

旋转支架操作平台安全稳固、结构简单、零部件少，施工时防腐人员无需上下攀爬，降低了高空坠落等安全风险，提高了施工的安全性。

2.4 施工成本低

应用旋转支架代替满堂脚手架节省了脚手架租赁、运输及搭拆费用，降低了施工成本、提高了经济效益。

3 适用范围

本工法适用于 1 万 m^3 以下的球形储罐内壁防腐。

4 工艺原理

使用旋转支架进行球罐内壁防腐，按球罐直径和高度定制旋转支架，旋转支架通过设置在支架底部的动力提升装置调节操作平台的升降高度，人工牵引缆绳来实现支架平台的旋转，操作工人在支架两侧操作平台上对球罐内壁进行除锈及喷漆作业（图 1）。

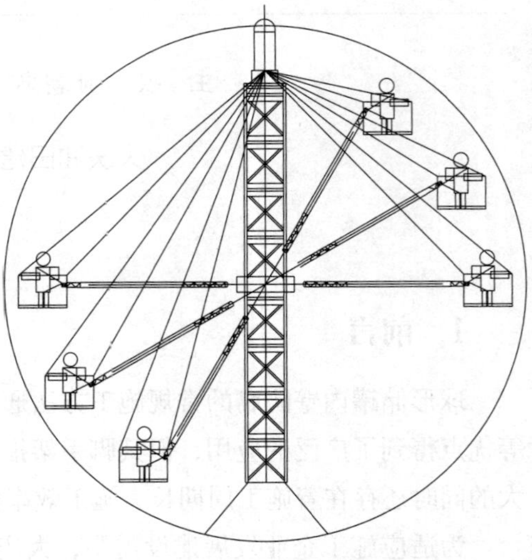

图 1 工艺原理图

5 施工工艺流程及操作要点

5.1 施工工艺流程

施工工艺流程如图 2 所示。

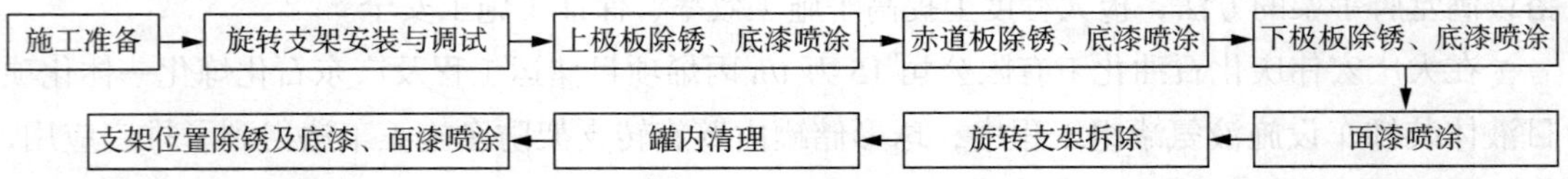

图 2 工艺流程图

5.2 施工操作要点

5.2.1 施工准备

1. 支架选用

根据球罐实际高度及内壁直径，确定选用支架的立柱高度及支架旋转平台长度。

2. 支架零部件检查

支架安装前对支架各零部件进行清点及检查，有缺陷、破损的部件进行修复或更换。

3. 防爆电机使用前检查

使用前必须测量绕组对机壳的绝缘电阻，并确保其符合标准规定，防爆外壳各零部件连接妥当，接地牢固可靠，电机接线端子与电缆的连接符合要求，如发现不妥之处应及时处理。

4. 其他部件的安全检查

对支架所有组成件进行安全检查，漏电保护开关确认完好，使用的电缆无破损，电缆接头处采用防爆插接接头，使用绝缘胶带加强绝缘处理。引入接线盒的电缆用卡板将其固定在接线盒斗上，电缆出线盒处采用格兰以防电缆拔脱。

5.2.2　旋转支架安装与调试

1. 底座安装

（1）底座的定位

球罐下极板中心位置为圆心，底座连接杆与支架立柱呈∠5°安装。

（2）底座的安装

底座采用 4 根斜支撑柱将旋转支架固定在球罐下极板上。

（3）支架底板安装

支架底板与球罐下极板间满焊，位置避开下极板焊缝、保证架体稳定，形式见图 3。

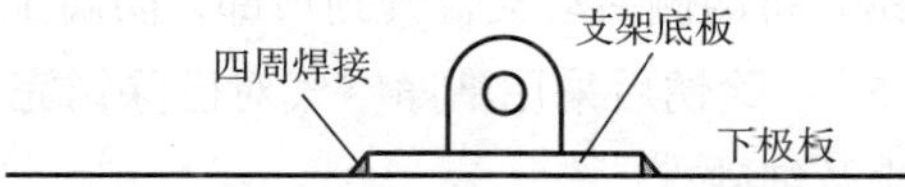

图 3　连接底板安装图

2. 动力提升系统安装

（1）动力系统的组成

它是采用电动机、减速器、连动滑轮、钢丝绳及控制箱组成的一套提升系统。

（2）动力提升系统的安装

首先在支架底座立柱上安装防爆电机，防爆电机与支架为螺栓连接，然后在相应位置安装减速器、连动滑轮、钢丝绳等部件，将控制箱安装在支架底座附近的合适位置（图 4）。

图 4　旋转支架底座及动力系统

3. 支架旋转盘及立柱安装

（1）旋转盘安装

在底座立柱上安装旋转盘组装套架，并用高强度螺栓固定。旋转盘由角钢等型钢焊接而成，现场组装，内侧有滚轮，可沿主立柱弦杆滚动，起导向作用。

（2）立柱的安装与固定

将立柱标准节放入套架之内，采用倒装法逐级安装固定，直至球罐顶部透气孔或者呼吸孔处，将立柱顶部用绳索加固。

（3）水平度及垂直度控制

严格控制旋转盘安装的水平度及立柱安装的垂直度，安装过程中由专人负责测量及记录。

4. 活动支臂安装

（1）活动支臂长度确定

根据施工的球罐直径等参数选择合适的支臂标准节长度。

（2）活动支臂的安装与固定

将支臂标准节放置在预先搭设好的脚手架上，将其一端连接在套架上，另一端使用钢丝缆绳与套架上端连接，安装支臂要注意两边对称进行，以便使立柱受力平衡稳定。接头部位采用螺栓连接。

5. 支架调试

当旋转支架安装完毕后进行试运转及预压试验，确认支架的旋转及支臂的上下摆动情况可以满足安全施工需要。

5.2.3 上极板除锈、底漆喷涂

（1）球罐上极板喷砂除锈。将两侧活动支臂升到顶部，防腐工站在操作栏内对球罐上极板进行喷砂作业（图 5 、图 6 ）。除锈后采用洁净空气对已除锈完毕的部分进行吹扫，去除附着在上极板内表面上的粉尘及细砂。

（2）球罐上极板底漆喷涂。喷砂除锈后对锚纹深度、灰尘度进行验收，防腐工站在操作栏内对球罐上极板喷涂底漆。

（3）除锈及喷漆作业时，防腐工将安全带挂钩挂在操作栏护栏上部扶手上。施工过程中随时进行气体浓度检测，保证施工安全。

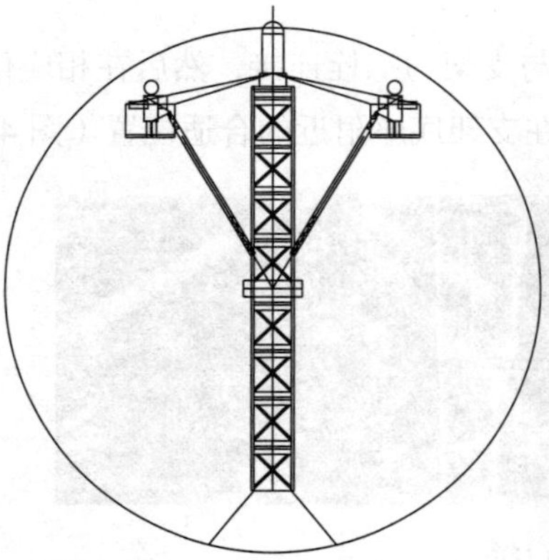

图 5 上极板防腐示意图

图 6 上极板防腐图

5.2.4 赤道板除锈、底漆喷涂

（1）球罐赤道板喷砂除锈。将两侧活动支臂升到赤道板位置，已涂刷底漆部分采用三防布防护，防腐工站在操作栏内对球罐赤道板进行喷砂作业（图 7、图 8）。除锈后采用洁净空气对已除锈完毕的部分进行吹扫，去除附着在赤道板内表面上的粉尘及细砂。

（2）球罐赤道板底漆喷涂。喷砂除锈后对锚纹深度、灰尘度进行验收，防腐工站在操作栏内对球罐赤道板喷涂底漆。

5.2.5 下极板除锈、底漆喷涂

（1）球罐下极板喷砂除锈。将两侧活动支臂调整到球罐下部，已涂刷底漆部分采用三防布防护，防腐工站在操作栏内对球罐下极板进行喷砂作业（图 9）。除锈后采用洁净空气对已除锈完毕的部分进行吹扫，去除附着在下极板内表面上的粉尘及细砂。

（2）球罐下极板底漆喷涂。喷砂除锈后对锚纹深度、灰尘度进行验收，防腐工站在操作

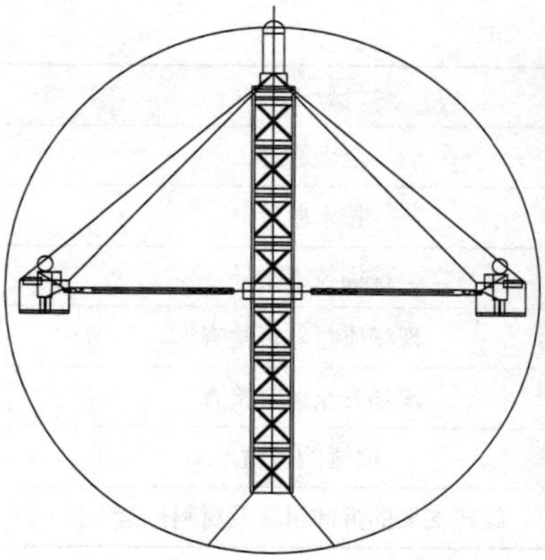

图 7　赤道板防腐示意图

图 8　赤道板防腐图

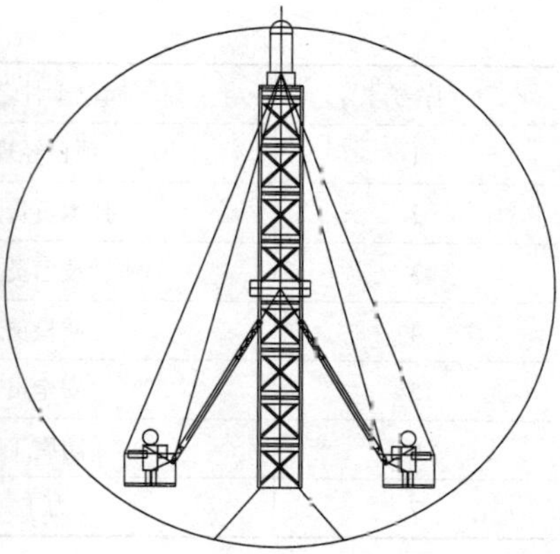

图 9　下极板防腐示意图

栏内对球罐下极板喷涂底漆。

5.2.6　面漆喷涂

（1）球罐内表面底漆喷涂完毕达到设计要求的漆膜厚度后，调整旋转支架活动支臂的位置，以上极板、赤道板、下极板的顺序喷涂面漆。

（2）面漆整体喷涂完毕达到设计要求的漆膜厚度、外观，且验收合格后方可拆除旋转支架。

5.2.7　旋转支架拆除

1. 支架拆除

从上至下依次拆除支架立柱及活动支臂，最后拆除旋转盘及支架支撑等，拆除后的支架零部件由人工逐次运至球罐外。

2. 支架底板拆除

旋转支架底板由于与球罐下极板满焊，可不进行拆除，需拆除支架底板上的固定卡环。

5.2.8　罐内清理

球罐内的砂子等所有施工垃圾完全清出储罐，清理出来的垃圾统一运至指定地点。

5.2.9　支架位置除锈及底漆、面漆喷涂

1. 除锈

对原支架位置下极板喷砂除锈（图 10）。

2. 底漆喷涂

除锈完毕后将砂子清至罐外，锚纹深度、灰尘度检查合格后喷涂底漆。

3. 面漆喷涂

底漆完全干透且漆膜厚度检测合格后，进行面漆喷涂，待面漆干透后，进行漆膜厚度检测。

图 10　支架位置喷砂除锈

5.3　劳动力组织

所有的人员分工按施工所需分配，所需的主要人员及分工见表 1。

表 1 主要人员分工表

序号	岗位工种名称	人数	分工
1	项目经理	1	全面管理
2	技术负责人	1	技术质量
3	技术员	1	现场技术指导
4	质检员	1	现场质量监督检查
5	安全员	1	现场安全监督检查
6	防腐工	4	储罐的防腐
7	力工	2	旋转支架的拆卸组装及材料倒运

6 材料与设备

主要施工机具、材料见表 2。

表 2 主要施工机具、材料表

序号	名称	规格型号	单位	数量	备注
1	升降旋转支架		套	1	
2	空压机	10m/min	台	2	
3	喷砂机	3m/min	台	2	
4	防爆风机	7.5kW	台	1	
5	漆膜测厚仪	AP9000	台	1	
6	棕绳	Φ30mm	m	50	
7	防爆箱		台	1	
8	防爆照明灯	200W	支	4	
9	各式喷枪	电动	台	5	
10	无气喷涂机	GPQ13CB	台	2	
11	锚纹深度仪	0918	台	1	
12	电火花检漏仪	YC–6	台	1	
13	干湿温度计	GM1363	台	1	
14	滚刷		把	20	
15	气体检测仪	四合一	台	1	

7 质量控制

7.1 质量控制标准

质量控制标准见表 3。

表 3 质量控制标准表

序号	标准号	标准名称
1	SH/T 3022—2019	《石油化工设备和管道涂料防腐蚀设计标准》

续表

序号	标准号	标准名称
2	GB/T 50393—2017	《钢质石油储罐防腐蚀工程技术标准》
3	GB/T 8923.1—2011	《涂装前钢材表面锈蚀等级和除锈等级》
4	SY/T 0407—2012	《涂装前钢材表面处理规范》

7.2 关键质量控制

关键质量控制见表4。

表4 关键质量控制表

序号	质量关键控制点	检验内容	控制方法	质量指标
1	涂料	种类、颜色、质量	取样送检	涂料的品种、颜色、质量符合设计规定且合格证及第三方检测报告齐全
2	涂装前钢材表面除锈	除锈等级、锚纹深度	抽检	除锈等级和锚纹深度符合设计图纸及规范要求
3	绝缘型涂料漏点检查	电火花检测过程	检测、观察	绝缘型涂料漏点检查应无空隙，以不打火花为合格，内防腐层检漏电压符合设计的规定
4	涂层厚度	漆膜厚度	抽检	漆膜厚度符合设计图纸要求
5	涂层表面	外观检查	检测、观察	涂层表面应平整、光滑，无漏涂、发黏、脱皮、气泡和斑痕等现象

7.2.1 涂料质量控制措施

（1）所使用的涂料外观完好，在有效期内使用。

（2）所使用的涂料的合格证、检测报告等质量证明文件齐全。

（3）涂料的第三方复检报告齐全。

7.2.2 涂装前钢材表面除锈质量控制措施

（1）除锈方法符合设计图纸要求。

（2）除锈等级、灰尘度、锚纹深度等符合设计图纸及规范要求。

（3）除锈完成后由专职质检员进行检查，检查合格后方可进行下一步工序。

（4）金属表面除锈处理完成之后应及时进行底漆涂装，避免返锈而造成返工。出现返锈情况时，必须重新进行除锈处理后再进行涂装。

7.2.3 绝缘型涂料漏点检查质量控制措施

（1）绝缘型涂料检查时绝缘型涂料漏点检查应无空隙。

（2）绝缘型涂料检查时以不打火花为合格。

（3）内防腐层检漏电压符合设计的规定。

（4）由专职质检员进行电火花检测，并做好相关检测记录。

7.2.4 涂层厚度质量控制措施

（1）底漆、中间漆及面漆的涂刷厚度应符合设计要求。

（2）涂层总厚度应符合设计要求。

（3）每层漆膜涂刷完毕后由专职质检员进行检查，检查合格后方可继续涂刷，并做好相关检查记录。

（4）漆膜全部涂刷完毕后由专职质检员进行检查，并做好相关检查记录。

7.2.5 涂层表面质量控制措施

（1）涂层表面应平整、光滑，无漏涂、发黏、脱皮、气泡和斑痕等现象。

（2）涂装作业采用高压无气喷涂，喷涂压力为 11.8 ~ 16.7MPa。焊缝及涂层破损部位以及零星小工件的涂装可以采用空气喷涂或手工刷涂 / 滚涂。

（3）进行喷涂时喷枪喷嘴与被喷面距离保持在 150 ~ 300mm 的范围内，喷涂机进气压力为 0.4 ~ 0.7MPa。

（4）漆膜全部涂刷完毕后由专职质检员进行涂层外观检查，并做好相关检查记录。

8 安全措施

8.1 安全标准

安全标准见表 5。

表 5 安全标准表

序号	标准号	标准名称
1	JGJ 46—2005	《施工现场临时用电安全技术规范》
2	GB 50870—2013	《建筑施工安全技术统一规范》

8.2 安全措施

本工法中应控制的风险有机械伤害、物体打击、高空坠落、窒息、触电等安全风险，主要存在于旋转支架组装、拆卸，高处作业，照明及临时用电等工序中，依据标准制定以下安全防范措施。

8.2.1 旋转支架组装、拆卸安全措施

（1）严禁带故障和超载使用升降旋转支架。

（2）使用的工具、零部件等应配备齐全，有专人发放。

（3）施工时应避免交叉施工。

8.2.2 高处作业安全措施

（1）凡参加高处作业人员必须经医生体检合格后，方可进行高处作业。对患有精神病、癫痫病、高血压、视力和听力严重障碍的人员，一律不准从事高处作业。

（2）凡参加高处作业人员，应在开工前进行安全教育，并经考试合格。

（3）参加高处作业人员应按规定要求戴好安全帽、扎好安全带，安全带按规范要求高挂抵用，需将佩戴的五点式带减震器的安全带挂钩牢固地挂在平台安全护栏支架上。衣着符合高处作业要求，穿软底鞋，不穿带钉易滑鞋，并要认真做到“十不准”。

（4）高处作业人员随身携带的工具应装袋精心保管，较大的工具应放好、放牢，施工区域的物料要放在安全不影响通行的地方，必要时要捆好。

（5）高处作业前应进行安全技术交底，作业中发现安全设施有缺陷和隐患必须及时解决，危及人身安全时必须停止作业。

8.2.3　临时用电安全措施

（1）设备接地时要根据设备用电量大小正确选择接地线的规格，严禁超载。

（2）所有用电设备设有安全防护设施，注意保护设备电缆，对已损坏的电缆要及时更换。

（3）人走电断。

（4）施工用的机械设备设有漏电保护装置。

（5）旋转支架使用的电机等设备选用防爆设备，接线需三规且保证绝缘。

（6）每天施工前检查电机等用电设备的防爆、绝缘状况，保持良好的接地。

（7）每天派专人对升降旋转支架进行安全检查、维护保养，对破损的部件及时更换和修复。

8.2.4　照明安全措施

（1）球罐底部放置的照明电源选用安全电压。

（2）施工人员头部佩戴防爆头灯。

8.2.5　窒息伤害安全措施

（1）球罐顶部呼吸孔安装轴流风机进行强排风。

（2）球罐上、下部各种设备孔均打开。

（3）施工人员佩戴的防尘面罩须及时更换。

9　环保措施

9.1　环保标准

环保标准见表6。

表6　环保标准表

序号	标准号	标准名称
1	JGJ 146—2013	《建筑工程施工现场环境与卫生标准》
2	GB 12523—2011	《建筑施工场界环境噪声排放标准》

9.2　环境保护措施

本工法在实施过程中对环境的危害主要是粉尘污染、固体废弃物污染、噪声污染等。针对以上危害依据标准制定防范措施如下：

（1）在施工前，由项目HSE管理部组织对作业人员进行环境保护相关知识的培训，提高环保意识，严格遵守业主现场文明施工管理规定。

（2）施工过程产生的废弃物如油漆桶、稀料、废弃毛刷、工程砂等工业废料统一收集处理，严禁现场焚烧任何废弃物，防止产生有毒有害物。

（3）施工中使用的油漆、化学溶剂及有毒有害物品，要妥善存放、保管，制定出防止泄漏和污染的具体措施。严禁闲人出入，严禁烟火，禁止金属击打火星，挥发性物料必须盛装在密闭的容器内。

（4）现场的电缆、导线、电焊把线等要统一规划，合理布置，不准乱拉乱扯。

（5）施工现场暂时不用的材料要标识清楚，分类摆放，防护规范。

（6）喷砂除锈扬尘较严重时，使用洒水车从罐顶呼吸阀孔洒水以降低扬尘。设置专人定期洒水，保证施工现场无粉尘，随时清扫施工现场，保证场地清洁和道路畅通。

10 效益分析

10.1 经济效益

以大庆宏伟庆化石油化工有限公司 15 万 t/a 丙烯项目储运工程项目（4 台 $3000m^3$）为例进行对比（表 7）。

表 7 经济效益对比表

内容 \ 项目	搭设满堂脚手架法施工	使用旋转支架施工	比较
工期 / 天	100	60	40
人工费 / 元	41118.92	33600.00	7518.92
措施费 / 元	66480.00	67265.28（购买旋转支架 50000 元）	−785.28
材料费 / 元	15396.72	15396.72	0
总计 / 元	122995.64	116235.00	6760.64

10.2 社会效益

球形储罐内壁防腐施工，采用旋转支架技术，上下旋转平稳，降低了劳动强度及施工风险，提高了工作效率，节省了工期，保证了工程的施工质量和工程进度，充分证明了球形储罐内壁旋转支架防腐施工技术应用的可行性，为今后类似工程施工提供了借鉴。

11 应用实例

实例一：大庆宏伟庆化石油化工有限公司 15 万 t/a 丙烯项目储运工程

大庆宏伟庆化石油化工有限公司 15 万 t/a 丙烯项目储运工程（4 台 $3000m^3$ 球形储罐）中得到成功应用，施工工期为 2014 年 1 月 25 日至 2015 年 4 月 30 日，施工质量经检测达到标准规范和设计要求（图 11）。

图 11 15 万 t/a 丙烯项目储运工程

实例二：广东石化炼化一体化项目工程液体装卸车设施液氨罐组工程

广东石化炼化一体化项目工程液体装卸车设施液氨罐组工程（4 台 $2000m^3$ 球形储罐）中得到成功应用，施工工期为 2020 年 12 月 20 日至 2022 年 9 月 20 日，施工质量经检测达到标准规范和设计要求（图 12）。

图 12　液体装卸车设施液氨罐组工程

铝镁合金料仓卧式制作整体安装工法

孙清涛　牛家傲　柏　琳　韩向利　刘　畅

大庆油田建设集团有限责任公司

1　前言

铝镁合金料仓常用的施工方式为立式倒装施工，首先将底锥与裙座、筒体与仓顶分两段预制，预制完成后将底锥与裙座安装就位，然后利用大型吊车在高空完成料仓最终的组焊，这种施工方法以其传统、简单等优点得到了广泛的应用，同时也存在着因需要搭设脚手架增加费用、长期占用大型吊装设备、焊接合格率低、高处作业风险大等缺点。

大庆油田建设集团有限责任公司在总结卧式容器制造工艺的基础上，开展了一系列的铝镁合金料仓施工技术创新活动，将常用的立式倒装施工变为卧式分段施工，由分段吊装变为整体吊装，电动转动胎具与半自动熔化极同步旋转施焊，极大程度上提高了施工效率、保证了施工安全，最终通过梳理总结，形成了“铝镁合金料仓卧式制作整体安装工法”。

在宁夏石化 500 万 t/a 炼油改扩建项目和浙江舟山 4000 万 t/a 炼化一体化项目（一期）等两项工程中，铝镁合金料仓施工工法得到了推广应用，应用效果显著，提高了施工效率的同时，降低了施工作业风险，保证了施工质量和经济效益。本工法于 2020 年获大庆油田有限责任公司企业级工法。

2　工法特点

2.1　数字化下料，安装精度高

使用三维建模软件建模 1∶1 实物还原，优化排版，进行焊缝与开孔位置的合理规划。应用排版展开功能精准下料，有效地避免了材料的浪费。输出的 DXF 格式图纸直接应用于等离子切割机，施工过程高度数智化。

2.2　卧式施工，节约施工成本

创新施工工艺，将常用的立式倒装施工转变为地面卧式施工，减少搭设脚手架的环节、不用长期占用大型吊装设备、降低高处作业工作量 95% 以上。

2.3　分段预制，提高工效

铝镁合金料仓筒体在滚动胎具上进行预制，预制完成后再与裙座及锥体、仓顶进行组焊，所有施工均在现场预制场内完成，3 个分段同时进行，前后衔接紧密，便于流水作业，减少倒运次数，缩短施工周期，安装效率高，施工质量好。

2.4 施焊位置简单，焊接质量好

利用电动转动胎具将料仓筒体环焊缝施焊位置的焊接由横焊变为平焊，焊接难度小，焊接成型好；使用电动转动胎具配合半自动熔化极交流氩弧焊同步旋转施焊，焊接效率高，焊接应力小，同时降低产生气孔、裂纹、未焊透等缺陷的几率。

2.5 料仓整体吊装，作业安全有序。

料仓采用大型吊车整体吊装，降低工人劳动强度，节约大量施工措施用料，施工操作简单易行。

3 适用范围

本工法适用于 1000m^3 及以下的铝镁合金料仓的施工。

4 工艺原理

本工法主要采用卧式组焊施工工艺和整体吊装施工工艺，首先在地面完成锥底、裙座、筒体和仓顶的整体组焊，再利用大型吊车对铝镁合金料仓完成一次性吊装就位。

4.1 数字化排版技术

选取合理的线膨胀系数对工件进行放大，使用 PRO E 软件进行铝镁料仓三维建模，利用软件生成的 AutoCAD 图纸完成数控等离子切割和数控滚板二件。

4.2 数控切割技术

通过 AutoCAD 图纸的格式转化、程序转换，存入控制柜，通过选择适合的切割速度和输入电流，调整割枪在铝镁合金板上位置，切割铝镁合金工件。

4.3 卧式组焊技术

利用电动转动胎具旋转已预制完成的料仓各部件，通过调整电动转动胎具旋转速度，使其适用于半自动熔化极交流氩弧焊，从而达到完成铝镁合金料仓的组焊的目的。

4.4 整体吊装技术

在地面将铝镁合金料仓的底锥、裙座、筒体、仓顶等部件预制完成后，将料仓组焊成整体，然后实施一次性吊装就位。

5 施工工艺及操作要点

5.1 施工工艺流程

施工工艺流程如图 1 所示。

5.2 操作要点

5.2.1 施工准备

1. 施工机具准备

施工设备及机具进场前进行全方位检修，保证机具的可用性。

2. 施工技术准备

建立铝镁合金料仓三维模型，完成料仓

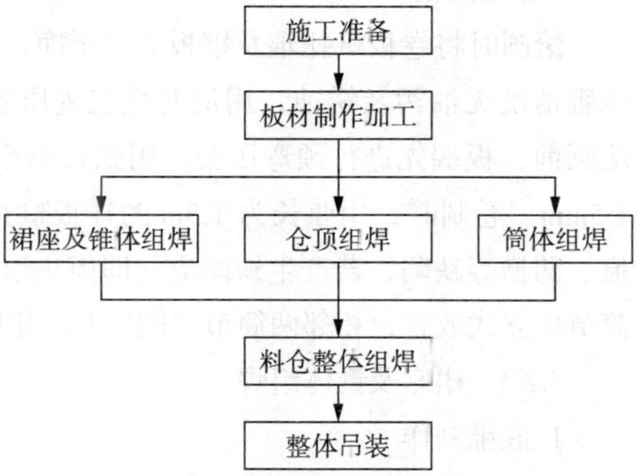

图 1 施工总流程图

的排版图、下料图，制定焊接工艺规程。

3. 焊工准备

审查焊工资质，所有焊工须考试合格。

4. 工装准备

平台搭设完毕，平台胶皮铺设完成，钢制胀圈、各种规格支撑、平衡梁制作完成，钢丝绳完成外套胶管、卡环外垫橡胶板。

5. 材料准备

料仓的主体、主要零部件及焊接所用材料验收合格。

5.2.2 板材制作加工

1. 板材下料

使用 PRO E 软件对铝镁料仓进行三维建模，1∶1 显示锥体上接管的位置，对曲面进行展开，导入 Auto CAD 中进行板幅划分，合理控制焊缝间距。

使用数控等离子切割机对铝镁合金板切割时，首先把 Auto CAD 软件的工件图转换为 DXF 格式，将 DXF 格式的工件图导入 Fast Cam 中进行套料，转换程序，存入控制柜。选择适合的切割速度和输入电流，调整割枪在铝镁合金板上位置，切割铝镁合金工件，板材下料允许偏差见表 1。

表 1　板材下料尺寸的允许偏差应符合下表的规定

项目		允许偏差 /mm
板长		± 1.5
板宽		± 1
对角线之差		2
直线度	长边	2
	短边	1

2. 坡口加工

薄板采用单面坡口，厚板采用双面坡口，根据板厚的不同调整坡口角度，坡口加工角度详见图 2。

3. 弧板成型

滚圆时将卷板机托辊及钢板清扫干净，对托辊上存在的缺陷进行补焊打磨，用洗洁精将压辊清洗无油污及锈蚀，用尼龙绳包裹压辊，包裹部位的宽度大于板材的最大宽度。卷板滚圆前，板端先进行预弯压头，用弦长不小于 250mm 的样板检查圆弧度，其间隙不得大于 1.5mm。卷制时，用弦长为 1.5m 的样板检查，其间隙不得大于 3mm。实时检查是否产生刮痕、凹槽等缺陷，若产生缺陷应立即停止滚圆，分析原因，并重新包裹托辊。滚圆完成后的筒节应立式放置，相邻两筒节之间留有一定间隙，以便于通风，防止氧化。

5.2.3 裙座及锥体组焊

1. 底锥制作

（1）底锥纵焊缝：平台上根据每一圈锥体板的内径设置 8 ~ 16 块限位板，用以控制锥体

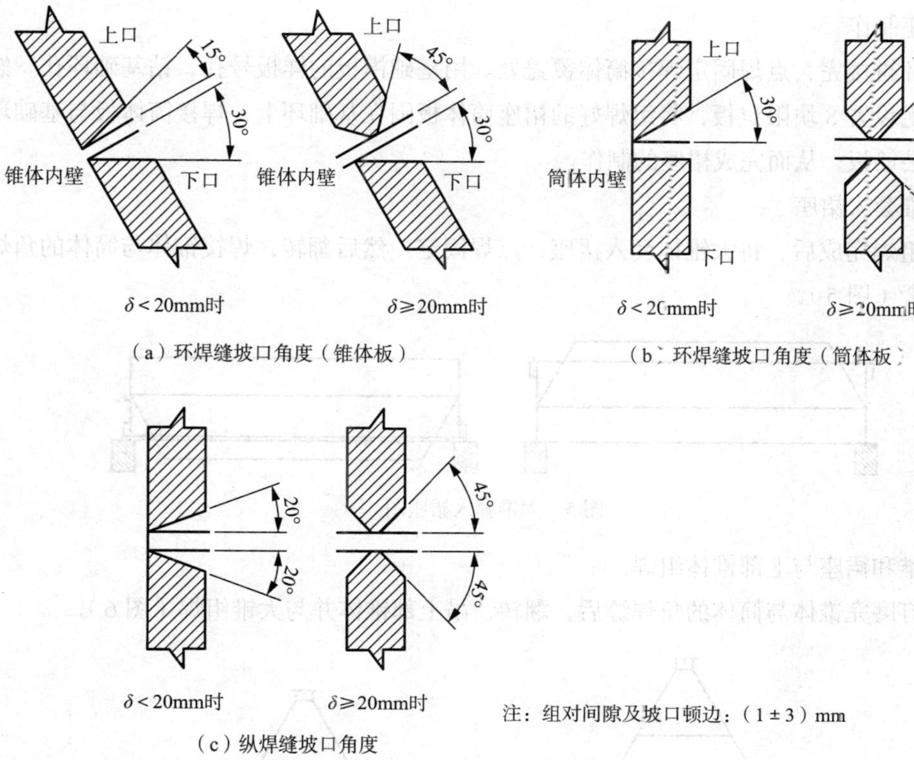

图 2　坡口加工角度图

内直径。将卷好的锥体扇形板分片放在平台上形成锥体，清洁坡口，焊接成整体。焊接完成后将锥体内侧焊缝打磨光滑。锥体纵焊缝焊接完成后，用锥体内样板核查弧度，若有凹凸用木锤校正，形变较大的用千斤顶加支撑将其撑圆（图 3）。

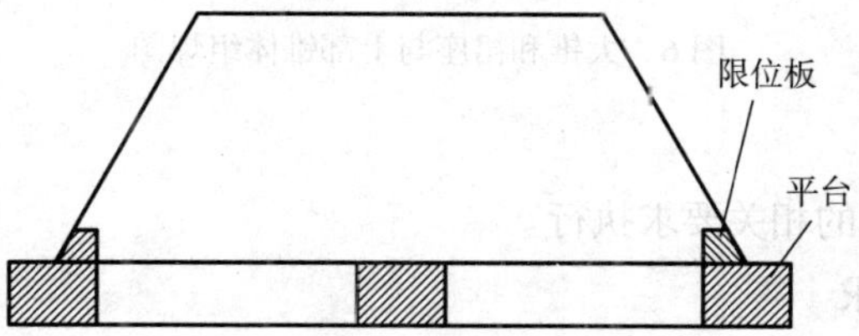

图 3　底锥限位板图

（2）锥底环焊缝：将小锥体提起，进行小锥体和中锥体的组对，焊接环焊缝并打磨光滑，然后再将小锥体和中锥体组焊成的整体与大锥体组焊。锥体最大一圈板只组焊纵焊缝，不与上一圈锥体组焊（图 4）。

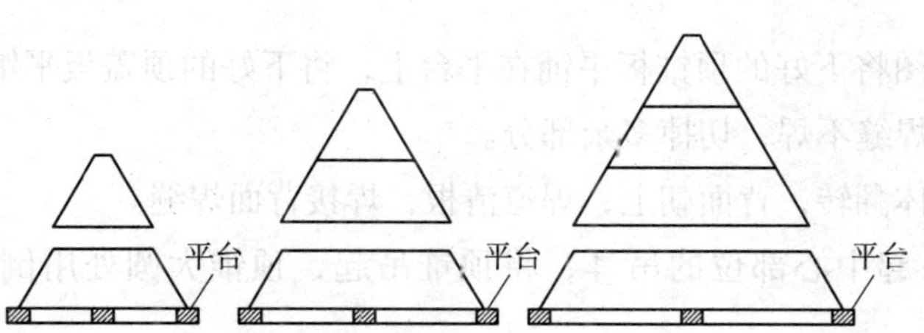

图 4　锥底组对图

2. 裙座制作

基础环拼接完，点焊固定焊接筒体覆盖处。用基础模板的样板号孔，钻基础环孔。然后在基础环上设置 8 块限位板，将组焊好的裙座筒体板围在基础环上，焊接筒体板与基础环角焊缝，安装筋板，从而完成裙座的制作。

3. 大锥套入裙座

裙座组焊完成后，将大锥体套入裙座，点焊固定。然后翻转，焊接锥体与筒体的角焊缝并打磨光滑（图 5）。

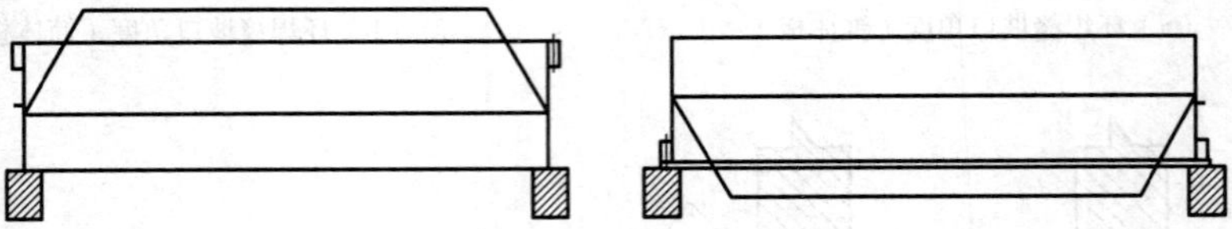

图 5　大锥套入裙座图

4. 大锥和裙座与上部锥体组焊

焊接打磨完锥体与筒体的角焊缝后，翻转，吊上部锥体并与大锥组焊（图 6）。

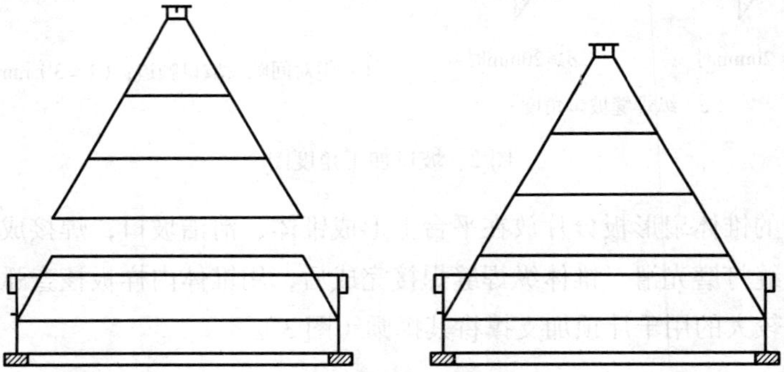

图 6　大锥和裙座与上部锥体组焊图

5. 焊接要求

参照 5.2.5 筒体组焊的相关要求执行。

6. 煤油渗漏试验要求

参照 5.2.5 筒体组焊的相关要求执行。

7. 无损检测要求

参照 5.2.5 筒体组焊的相关要求执行。

5.2.4　仓顶组焊

1. 仓顶制作

（1）根据排版图将下好的顶锥板平铺在平台上，将下好的顶盖板平铺在木平台上，组焊成整体，切角位置焊缝不焊，切掉多余部分。

（2）顶盖板整体翻转，背面朝上，焊道清根，焊接背面焊缝。

（3）用吊车吊起中心部位的吊耳，将顶锥吊起，顶锥大圆处用倒链收口，然后组焊成型。

（4）焊接完成的顶盖在切角处会存在一定的棱角，用木锤将棱角校正，使其圆滑过渡，并释放焊接应力（图 7）。

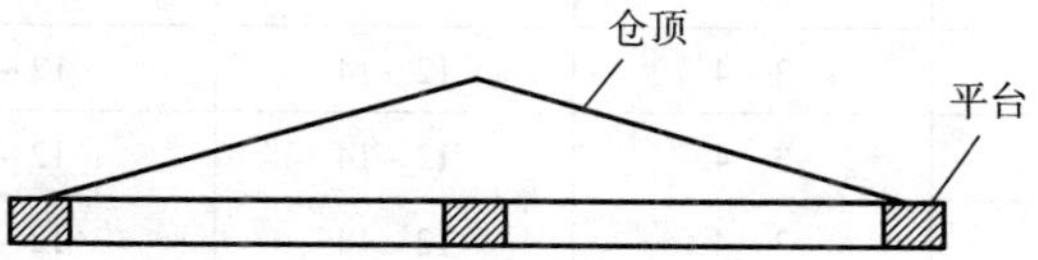

图 7 仓顶制作图

2. 仓顶拼装

将仓顶和与之相连的筒体进行正装组焊，组焊完毕后安装仓顶内外加强筋，安装接管及仓顶预焊件等（图 8）。

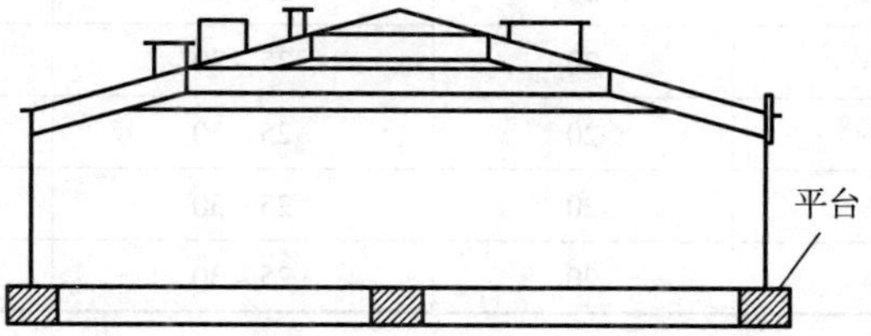

图 8 仓顶拼装图

3. 焊接要求

参照 5.2.5 筒体组焊的相关要求执行。

4. 煤油渗漏试验要求

参照 5.2.5 筒体组焊的相关要求执行。

5. 无损检测要求

参照 5.2.5 筒体组焊的相关要求执行

5.2.5 筒体组焊

1. 焊接

筒体的纵焊缝、仓顶和裙座及锥体的对接焊缝均采用手工钨极交流氩弧焊焊接，双人双面同步施焊；仓顶和裙座及锥体的角焊缝、筒体的环焊缝均采用半自动熔化极交流氩弧焊焊接。钨极氩弧焊焊材：ER5356 Φ5mm/Φ6mm。熔化极氩弧焊焊材：SAL5356 Φ1.6mm。

打底焊接时采用双人同步手工钨极氩弧焊，两名焊二的焊接速度要基本相当，通过不断的调整两名电焊工的焊接电流和氩气流量，达到最佳焊接状态。打底完毕后采用手工钨极氩弧焊单面进行焊接作业，焊接过程中要特别注意焊接层间温度的控制。手工钨极氩弧焊和熔化极半自动氩弧焊焊接参数见表 2、表 3。

对于筒体或者锥体焊缝单面坡口的情况，内侧焊缝需打磨至与母材齐平，外侧焊缝要保证焊道成型美观。

表 2 手工钨极氩弧焊焊接工艺参数

母材厚度 /mm	焊丝直径 /mm	钨极直径 /mm	喷嘴直径 /mm	氩气流量 /（L/min）	焊接电流 /A
4～6	5/6	3～4	12～14	10～12	240～250

续表

母材厚度 /mm	焊丝直径 /mm	钨极直径 /mm	喷嘴直径 /mm	氩气流量 /（L/min）	焊接电流 /A
8 ~ 10	5/6	3 ~ 4	12 ~ 14	12 ~ 14	250 ~ 260
12 ~ 14	5/6	3 ~ 4	12 ~ 14	12 ~ 16	240 ~ 320
16 ~ 18	5/6	3 ~ 4	12 ~ 14	12 ~ 16	240 ~ 320
18 ~ 20	5/6	3 ~ 4	12 ~ 14	12 ~ 16	240 ~ 320
20 ~ 30	5/6	3 ~ 4	12 ~ 14	12 ~ 18	240 ~ 320

表 3　熔化极半自动氩弧焊焊接工艺参数

母材厚度 /mm	焊丝直径 /mm	喷嘴直径 /mm	氩气流量 /（L/min）	焊接电流 /A	电压 /V
8 ~ 10	1.6	20	25 ~ 30	140 ~ 280	20 ~ 30
12 ~ 14	1.6	20	25 ~ 30	260 ~ 300	25 ~ 30
16 ~ 18	1.6	20	25 ~ 30	260 ~ 300	25 ~ 30
18 ~ 20	1.6	20	25 ~ 30	260 ~ 300	25 ~ 30
20 ~ 30	1.6	20	25 ~ 30	280 ~ 320	25 ~ 30

2. 煤油渗漏试验

（1）料仓所有对接焊缝均需进行煤油渗漏检测，煤油涂刷在焊缝里侧，石灰水涂刷焊缝外侧。根据现场施工的天气特点及施工季节，以及煤油易挥发的特性，现场的煤油渗漏检测一般放在上午 9 点以前或下午 3 点以后。

（2）对料仓的清洗按照设计要求，除去表面的油渍及杂物，采用工业用水和中性的清洗剂对焊缝内外表面进行清洗。

（3）将焊接接头能够检查的一面清理干净，涂以白粉浆，晾干后，在焊接接头另一面涂以煤油，使表面得到足够的浸润，经 0.5h 后以白粉上没有油渍为合格。

3. 焊缝无损检测

（1）料仓主体上所有焊缝均需要进行 100%PT 检测，合格等级为 I 级。

（2）经检测不合格的焊缝必须返修，返修后重新检测，同一部位返修不宜超过 2 次。

5.2.6　料仓整体组焊

（1）筒体在摆放至转动胎具后，将筒体圆度调整至合格，必要时进行加固支撑，筒体端口须在同一平面，进行筒体环焊缝组焊。完成环焊缝焊接后，再分别将仓顶、裙座及锥体放置在转动胎具上，进行此 3 个分段的焊接连接（图 9）。

图 9　料仓整体组焊

（2）焊接要求参照 5.2.5 筒体组焊的相关要求执行。

（3）煤油渗漏试验要求参照 5.2.5 筒体组焊的相关要求执行。

（4）无损检测要求参照参照 5.2.5 筒体组焊的相关要求执行

5.2.7　整体吊装

采用大型吊车主吊配合溜尾吊车的吊装方法进行整体吊装。

（1）铝镁料仓整体吊装前，基础须验收合格。

（2）试吊：主吊车、溜尾汽车吊同步缓慢起钩，缓慢将设备提升 0.3m 后停吊检查，地基、吊车、索具及设备等均检查合格后，开始正式吊装。

（3）正式吊装：主吊车继续缓慢起钩，并按预定方向转杆并趴杆，溜尾车吊缓慢向主吊车方向转杆，通过起钩 / 落钩进行配合溜送，溜送过程中保持设备底部高出地面障碍约 0.2m，吊装过程中 2 台吊车动作协调统一，直至设备直立，摘除溜尾索具。

（4）就位：主吊杆抬至作业半径后，保持半径缓慢转杆，调节角度使设备位于基础正上方，调整设备方位后对准地脚螺栓孔，主吊车缓慢落钩，将设备就位。

5.3 劳动力组合

劳动力组合见表 4。

表 4 施工劳动力组合表

序号	工种	人数	作业天数
1	电焊工	10	30
2	铆工	4	20
3	起重工	1	30
4	电工	2	20
5	力工	6	30
6	操作手	1	20

6 材料与设备

6.1 主要施工机械、设备

主要施工机械、设备见表 5。

表 5 铝镁料仓施工主要机械、设备

序号	名称及规格型号	单位	数量	备注
1	汽车吊 130t	台	1	
2	汽车吊 25t	台	1	
3	拖车 50t	台	1	
4	电动调速胶转胎 100t	台	4	
5	滚板机 2000mm × 25mm	台	1	
6	空压机 W-6/7DY	台	1	
7	高频交流氩弧焊机	台	32	
8	等离子切割机 LGK-160B	台	1	
9	角向磨光机 Φ150mm	台	20	
10	角向磨光机 Φ100mm	台	10	
11	不锈钢钢丝刷	把	30	
12	电动铣刀	把	10	
13	木锤 Φ150mm	把	6	
14	撬棍（圆钢）Φ20mm	m	6	
15	氩气表	块	20	

6.2 主要施工措施用料

主要施工措施用料见表 6。

表 6 铝镁料仓施工主要措施用料

序号	名称及规格型号	单位	数量	备注
1	平垫铁，140mm × 70mm	块	80	
2	斜垫铁，140mm × 70mm	块	160	
3	撬棍	个	4	
4	Φ159mm × 6mm 钢管	m	6	
5	钢板，δ=20mm	m^2	4	
6	吊带，5t	个	2	
7	钢丝绳，4 分	m	20	
8	角铁，50mm × 5mm	m	3	
9	槽钢，[80	m	6	

7 质量控制

7.1 施工主要技术标准及验收规范

施工主要技术标准及验收规范见表 7。

表 7 施工主要技术标准及验收规范

序号	标准号	标准名称
1	SH/T 3513—2019	《立式圆筒形料仓施工及验收规范》
2	JB/T 4734—2002	《铝制焊接容器》
3	NB/T 47003.2—2009	《常压容器 第 2 部分：固体料仓》
4	NB/T 47013.3—2015	《承压设备无损检测 第 3 部分：超声检测》

7.2 质量保证措施

（1）壁板焊缝可采用丁字缝对接，相邻筒节的纵焊缝弧长距离或对头焊缝的端点和相邻筒节纵焊缝的弧长距离应不小于 100mm。

（2）同一筒节两相邻焊缝间弧长距离应不小于 200mm，最短的筒节长度应不小于 200mm。

（3）内、外件和壳体焊接的焊缝边缘及壳体的纵、环缝边缘的距离应不小于壳体厚度。

（4）滚制完的壁板一定要放置在壁板胎具上，以防止壁板变形。

（5）避免在焊缝及其边缘开孔，若必须开孔，则被开孔的两侧焊缝应经探伤检验合格，探伤长度应为焊缝被去除的长度，且不小于 100mm。

（6）对接不等厚板，当两板厚度差超过 3mm 时，应按图 10 规定切削。

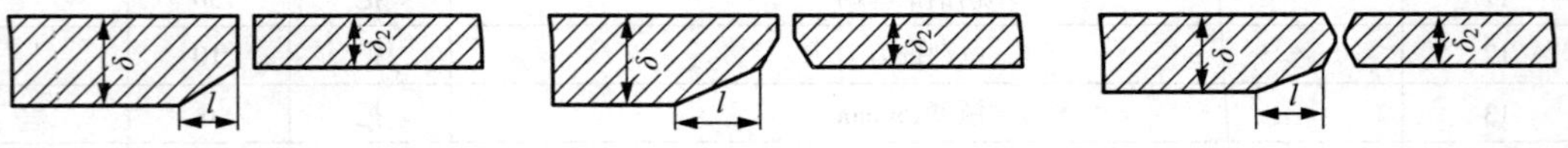

图 10 不等厚板切削图

（7）料仓整体制造及安装质量标准详见表 8。

表 8　料仓制造及安装检查表

检查项目		允许偏差值 /mm	检查方法
中心线位置	$D \leqslant 2000$	±5	钢尺检查
	$D > 2000$	±10	钢尺检查
标高		±5	水平尺、钢尺检查
垂直度		$H/1000$ 且 $\leqslant 30$	经纬仪、吊坠、钢尺检查
方位		$\leqslant 15$	用钢尺延底座环、支座环圆周检查
筒体直线度	$L \leqslant 2000$	$2L/1000$ 且 $\leqslant 20$	沿圆周 0°、90°、180°、270° 4 个部位拉 0.5mm 细钢丝并用钢尺检查，检查的位置离纵焊缝的距离不应小于 100mm，当筒体厚度不同时，应减去厚度差
	$2000 < L \leqslant 3000$	$\leqslant L/1000$	
	$3000 < L \leqslant 5000$	$L/1000$ 且 $\leqslant 35$	
料仓高度	筒体高度	≤设计高度的 0.4% 且≤ 30	钢尺检查
	总高度	≤设计高度的 0.5% 且≤ 60	

注：L 为筒体高度；D 为筒体直径；H 为料仓高度。

（8）接管法兰螺栓孔不应和设备主轴中心线相重合，应对称地分布在他们两侧或按设计图纸要求施工。

（9）容器的筒体法兰面和接管法兰面应分别垂直于筒体或接管的中心线，安装法兰时，严格按照图纸管口方位施工。

（10）施工图中未标注的角焊缝高度应按较薄焊件厚度确定，筒体及锥体内所有的焊缝应在其内表面磨平，保证内表面的光滑。

（11）料仓焊接完毕后，应进行煤油渗漏试验，即将焊缝能够检验的一面清洗干净，涂以自沾浆，待干后，在焊缝另一面涂以煤油，使表面得到足够的浸润，过 0.5h 以后检查，白粉表面不应有油渍。

（12）铝材的运输、堆放过程中，避免与坚硬物体碰撞、摩擦，严禁与地面接触，严禁与碳钢材料混放，露天存放要遮盖好，防止材料及半成品受潮。在运输过程中，板间必须衬垫隔离纸，防止板间静电击伤。

（13）用于料仓板材吊装的绳索采用吊装带，以免在吊装过程中损伤铝材，卡环外垫胶板或木板，防止划伤、碰伤铝合金板材；自制酸碱槽 1 套，用于焊条氧化膜的化学清理。

（14）铝板面上不得用洋冲打眼，应用不褪色记号笔进行标记。

（15）铺设道木平台用于摆料组对等施工。

（16）自制型钢胀圈和各种规格支撑，用于筒体组对和找圆；自制平衡梁，用于仓体组对。

7.3　关键工序质量控制点

关键工序质量控制点及检查时机详见表 9。

表9 关键工序质量控制点统计表

序号	检查项目	检验工具或方法	检查时机
1	底锥段制作	排版图及拼板尺寸或验收记录	制作完成
2	仓顶制作	排版图及拼板尺寸或验收记录	制作完成
3	筒体检验	水平度、椭圆度、尺寸或安装记录	制作完成
4	焊缝检查	工艺评定报告、外观质量、探伤报告或验收记录	焊接过程
5	料仓整体验收	水平度、椭圆度、尺寸或验收记录	焊接完成后
6	煤油渗漏试验	渗透试验记录	部件完成后

8 安全措施

8.1 施工主要安全标准及验收规范

施工主要安全标准及验收规范见表10。

表10 施工主要安全标准及验收规范

序号	标准号	标准名称
1	JGJ 33—2012	《建筑机械使用安全技术规程》
2	JGJ 46—2005	《工现场临时用电安全技术规范》
3	SY/T 6279—2022	《大型设备吊装安全规程》

8.2 安全主要应对措施

在施工中主要存在安全风险有：起重作业、施工用电、高处坠落、物体打击4种作业风险。

8.2.1 起重作业风险消减措施

（1）操作人员听从指挥人员的指挥，并及时报告险情。

（2）根据重物的具体情况和吊装方案要求选择合适的吊具与吊索，并保证正确使用。

（3）吊物捆绑必须牢靠。

（4）禁止施工人员随吊物起吊或在吊钩、吊物下停留。

（5）吊挂重物时，起吊绳、链所经过的棱角处应加衬垫。

（6）不得绑挂和起吊不明质量的重物。

（7）人员与吊物应保持一定的安全距离。

（8）风天吊装应使用揽风绳，5级风以上禁止吊装作业。

8.2.2 用电风险消减措施

（1）设备接地线时要根据本设备用电量大小选择电线的规格，严禁超载。

（2）所有用电设备均应设有安全防护设施，室外的用电设备要采取防雨设施，同时注意保护设备电缆，对已损坏的电缆要及时更换。

（3）预制平台应有2点以上的静电接地；焊机外壳外侧和闸箱必须接地。

（4）照明电压不得高于安全电压。

（5）戴皮革手套，穿安全鞋。

（6）焊工应经常检查电缆及砂轮线的绝缘好坏，如有损坏应及时修理或更换。

8.2.3 高处坠落风险消减措施

（1）作业人员身体经检查合格。

（2）作业人员着装符合工作要求。

（3）作业人员正确佩戴安全帽、安全带，对2m以上的作业，安全带必须挂牢方可作业，禁止安全带低挂高用；安全带挂在作业处上方牢固的构件上，不得系挂在有尖锐棱角的部位，安全带系挂点下方应有足够的净空。

（4）作业点下方设警戒区，并有警戒标志。

（5）攀登或作业时要手抓牢、脚登稳，避免滑跌，重心失稳。

（6）现场搭设的脚手架按规范搭设，跳板要锁牢。梯子、防护围栏不得有探头板，绑扎须牢固、安全可靠。

（7）尽量避免夜间高空作业；如有夜间作业要有足够的照明。

（8）严禁使用吊车、卷扬机运送作业人员。

8.2.4 物体打击伤害的风险消减措施

（1）现场设专人监护，及时清理高处附着物，检查构件是否松动。

（2）作业区域下方设围栏警戒，禁止区域内有人走动。

（3）作业人员正确佩戴安全帽。

（4）施工人员配备工具袋，施工工具和工件等有防滑落措施；不得上下交叉作业，如有分层作业，中间应有可靠的隔离措施，必要时设安全网。

（5）严禁向下抛掷物体。

（6）采取正确的施工方法，作业人员不得有侥幸心理。

9 环保措施

9.1 施工主要环保标准及验收规范

施工主要环保标准及验收规范见表11。

表11 施工主要环保标准及验收规范

序号	标准号	标准名称
1	GB 12523—2011	《建筑施工场界环境噪声排放标准》
2	GB/T 24001—2016	《环境管理体系要求及使用指南》
3	SY/T 6276—2014	《石油天然气工业健康、安全与环境管理体系》

9.2 施工环保措施

（1）施工现场拆箱板、金属切削物、钢丝轮、砂轮片等要及时清理出现场，并运到指定地点，严禁随意凌空抛撒。

（2）施工现场应指定专人定期洒水清扫，并形成制度，防止扬尘。对易飞扬的细颗粒物、散体材料和废弃物的运输、堆放应具备可靠的防扬尘措施。禁止在施工现场焚烧垃圾。

（3）焊条头、焊渣等各种废弃物进行分类后统一存放、统一处理。

（4）在居住密集区施工时，控制施工噪声，尽量减少夜间作业。

10 效益分析

10.1 经济效益

应用本工法施工的铝镁合金料仓与传统施工方法相比，以单台 1000m³ 铝镁合金料仓为例，缩短施工周期 20 天，铝镁合金料仓施工均在预制场内完成，焊接质量得到了保证，同时带来了更好的经济效益，其费用对比见表 12。

表 12 单台 1000m³ 铝镁合金料仓费用对比表

费用类别 / 项目	本工法	立式倒装法	节省费用 / 万元
人工费	300 元 /（天・人）×30 天 ×14 人 =12.6 万元	300 元 /（天・人）×50 天 ×10 人 =15 万元	2.4
机械费	2000 元 /（天・台）×30 天 ×2 台 =1.2 万元	2000 元 /（天・台）×50 天 ×2 台 =20 万元	18.8
节省费用合计			21.2

10.2 社会效益

本工法应用于铝镁料仓的施工，在数字化下料、工厂化预制、铝镁合金焊接和整体吊装等环节，均制定和形成了较科学、完善的工艺措施和方法，可在今后类似工程中广泛予以应用，增强了公司技术储备和竞争力。

11 应用实例

实例一：宁夏石化 500 万 t/a 炼油改扩建项目

宁夏石化 500 万 t/a 炼油改扩建项目，建设单位为中国石油宁夏石化公司，建设地点为宁夏回族自治区银川市西郊兴泾镇，本工程包含 4 台 750m³ 铝镁合金料仓、1 台 500m³ 铝镁合金料仓、1 台 100m³ 铝镁合金料仓。

2012 年 4 月 20 日至 2012 年 12 月 31 日，在宁夏石化 500 万 t/a 炼油改扩建项目实施过程中，大庆油田建设集团有限责任公司采用本工法对项目中 6 台铝镁合金料仓进行施工，自项目投产至今，装置安全平稳运行。

实例二：浙江舟山 4000 万 t/a 炼化一体化项目（一期）

浙江舟山 4000 万 t/a 炼化一体化项目（一期），建设单位为浙江石油化工有限公司，建设地点为浙江省舟山市鱼山岛，本工程包含 2 台 1000m³ 铝镁合金料仓。

2018 年 8 月 1 日至 2018 年 12 月 31 日，在浙江舟山 4000 万 t/a 炼化一体化项目（一期）实施过程中，大庆油田建设集团有限责任公司采用本工法对项目中 2 台铝镁合金料仓进行施工，自项目投产至今，装置安全平稳运行。